Duale Reihe

# Physiologie



Die überdurchschnittliche Ausstattung dieses Buches wurde
durch die großzügige Unterstützung von einem Unternehmen ermöglicht,
das sich seit langem als Partner der Mediziner versteht.

Wir danken der

**MLP** Marschollek, Lautenschläger & Partner AG

Nähere Informationen hierzu siehe am Ende des Buches.

**Duale Reihe**

# Physiologie

Jan C. Behrends
Josef Bischofberger
Rainer Deutzmann
Heimo Ehmke
Stephan Frings
Stephan Grissmer
Markus Hoth
Armin Kurtz
Jens Leipziger
Frank Müller
Claudia Pedain
Jens Rettig
Charlotte Wagner
Erhard Wischmeyer

630 Abbildungen, 93 Tabellen

Thieme

*Bibliografische Information der Deutschen Nationalbibliothek*
Die Deutsche Nationalbibliothek verzeichnet diese Publikation in der Deutschen Nationalbibliografie; detaillierte bibliografische Daten sind im Internet über <http://dnb.d-nb.de> abrufbar.

Begründer der Dualen Reihe
und Gründungsherausgeber:
Dr. med Alexander Bob und
Dr. med. Konstantin Bob

Zeichnungen: Karin Baum, Paphos, Zypern
Gay & Sender, Bremen
Christine Lackner, Ittlingen
Markus Voll, München
Layout: Arne Holzwarth, Stuttgart
Umschlaggestaltung: Thieme Verlagsgruppe
Umschlagfoto: gettyimages®

**Wichtiger Hinweis:**

Wie jede Wissenschaft ist die Medizin ständigen Entwicklungen unterworfen. Forschung und klinische Erfahrung erweitern unsere Erkenntnisse, insbesondere was Behandlung und medikamentöse Therapie anbelangt. Soweit in diesem Werk eine Dosierung oder eine Applikation erwähnt wird, darf der Leser zwar darauf vertrauen, dass Autoren, Herausgeber und Verlag große Sorgfalt darauf verwandt haben, dass diese Angabe *dem Wissensstand bei Fertigstellung des Werkes* entspricht.
Für Angaben über Dosierungsanweisungen und Applikationsformen kann vom Verlag jedoch keine Gewähr übernommen werden. *Jeder Benutzer ist angehalten*, durch sorgfältige Prüfung der Beipackzettel der verwendeten Präparate und gegebenenfalls nach Konsultation eines Spezialisten festzustellen, ob die dort gegebene Empfehlung für Dosierungen oder die Beachtung von Kontraindikationen gegenüber der Angabe in diesem Buch abweicht. Eine solche Prüfung ist besonders wichtig bei selten verwendeten Präparaten oder solchen, die neu auf den Markt gebracht worden sind. *Jede Dosierung oder Applikation erfolgt auf eigene Gefahr des Benutzers.* Autoren und Verlag appellieren an jeden Benutzer, ihm etwa auffallende Ungenauigkeiten dem Verlag mitzuteilen.
Geschützte Warennamen (Warenzeichen) werden **nicht** besonders kenntlich gemacht. Aus dem Fehlen eines solchen Hinweises kann also nicht geschlossen werden, dass es sich um einen freien Warennamen handelt.


Rüdigerstraße 14, D-70469 Stuttgart
Unsere Homepage: www.thieme.de

Printed in Germany

Satz: Druckhaus Götz GmbH, 71636 Ludwigsburg
Druck: Offizin Andersen Nexö Leipzig GmbH, Zwenkau

ISBN 978-3-138411-9 1 2 3 4 5

# Vorwort

Die Physiologie ist eine Grundlagendisziplin der Medizin, die sowohl analytisch als auch in hohem Maße integrativ arbeitet. Sie versucht auf allen Ebenen das Funktionieren des menschlichen Körpers naturwissenschaftlich zu erklären. Für den modernen Mediziner ist dabei eine klare Vorstellung von molekularen Vorgängen, z. B. der Struktur-Funktionsbeziehungen in einzelnen Proteinen, das Schalten von Ionenkanälen oder zellulärer Transport- und Kommunikationsvorgänge, ebenso wichtig wie ein gutes Verständnis ganzer Organsysteme wie Herz oder Niere und der organübergreifenden Regelsysteme wie Hormonsystem oder vegetatives Nervensystem. Dies wird besonders deutlich bei der Einarbeitung in pathophysiologische und pharmakologische Zusammenhänge, die unbedingt solide Grundkenntnisse der Physiologie voraussetzen. Ein weites Feld also! Und eine große Herausforderung für die Konzeption eines kompakten Lehrbuchs, das für Studierende der Humanmedizin brauchbar und zuverlässig sein will – neben Klarheit, Praxisnähe und Aktualität der Inhalte muss vor allem auch die Prüfungsrelevanz im Vordergrund stehen.

Der neue Band „Physiologie" in der Dualen Reihe kombiniert ein ausführliches Lehrbuch – konzipiert nach dem aktuellen Gegenstandskatalog – mit einem Kompendium der wichtigen Fakten, das den Haupttext in Form einer Randspalte auf jeder Seite begleitet. Dieses duale Konzept hat sich in vielen Bänden zur klinischen und vorklinischen Ausbildung hervorragend bewährt. Es vereinfacht den Lernvorgang durch klare Strukturierung des Haupttextes, durch Hervorhebung von Schlüsselfakten und hilfreiches „Vor-Augen-Führen" mittels zahlreicher aussagekräftiger Abbildungen. In gesonderten Klinik-Kästen werden klinische Bezüge zu den Themen des Haupttextes in Verbindung mit vielen Fotografien und Untersuchungsbefunden aus dem klinischen Alltag dargestellt, wodurch die Verknüpfung mit der ärztlichen Praxis immer gewährleistet ist. Das Kompendium schließlich dient als Wegweiser für Wiederholungen des Stoffes sowie für Prüfungsvorbereitungen. Es kann als eigenständiges Repetitorium gelesen werden, das eine dem Gegenstandskatalog entsprechende Aufstellung der physiologischen Begriffe und Konzepte der Vorklinik darstellt.

Die Autoren der Dualen Reihe Physiologie haben sich bemüht, das große Gebiet der Humanphysiologie übersichtlich und bewältigbar darzustellen und hoffen, dass das Buch den angehenden Medizinern einiges von der Faszination physiologischer Vorgänge vermitteln kann. Da uns eine enge Zusammenarbeit mit den Lesern sehr wichtig ist, bitten wir Sie herzlich, uns Ihre konstruktive Kritik und Verbesserungsvorschläge zu diesem Buch per E-Mail über kundenservice@thieme.de mitzuteilen.

Die Autoren bedanken sich beim Thieme-Team für die engagierte und konstruktive Unterstützung bei der Entwicklung dieses Buches. Insbesondere gilt unser Dank den Fachredakteurinnen Frau Dorothea Thilo, Frau Mirjam Tessmer und Frau Claudia Seitz, dem Programmplaner Herrn Dr. Jochen Neuberger, dem Hersteller Herrn Manfred Lehnert sowie den Grafikern Frau Karin Baum, Frau Christine Lackner und Herrn Markus Voll.

Im November 2009 *Die Autoren*

# Inhalt

5 Blutkreislauf

## 5 Blutkreislauf ........ 110

*S. Grissmer*

Quellenverzeichnis

Sachverzeichnis

## ► verklinikte Vorklinik: Die Idee

Anhand von Fallgeschichten aus dem klinischen Alltag lernen Sie nicht nur ausgewählte Krankheitsbilder kennen, sondern können durch die anschließenden Fragen zur physiologischen Hintergründen dieser Erkrankungen Ihr erworbenes Wissen testen und direkt anwenden. Die gleichen Patienten werden auch in den beiden anderen Duale-Reihe-Lehrbüchern für die Vorklinik (Anatomie und Biochemie) vorgestellt und ihr Krankheitsbild unter den jeweils fachspezifischen Gesichtspunkten vertieft. Diese fächerübergreifende Vernetzung trainiert den Blick für Zusammenhänge und eignet sich somit perfekt zur Vorbereitung auf den mündlichen Teil der 1. Ärztlichen Prüfung sowie auf Ihre spätere ärztliche Tätigkeit.

# Die Autoren – Was ist für Sie das Faszinierende an der Physiologie?

### Prof. Dr. med. Jan C. Behrends

Physiologisches Institut der Universität Freiburg
Engesserstr. 4 / 79108 Freiburg i. Br.

„Physiologie war in der Antike der Begriff für die gesamte Naturwissenschaft – und auch die moderne Physiologie bietet das gesamte Spektrum experimenteller und analytischer Methoden der Physik und der Chemie, nun allerdings in Anwendung auf das Lebendige und seine Funktionen.
Ein erfolgreiches Experiment mit einem der immer neu entwickelten und verbesserten Messverfahren lässt die Dynamik des Lebendigen – vom Organismus über das Organ und die Zelle bis hinunter zum einzelnen Protein – direkt (typischerweise in Echtzeit!) erfahrbar werden und ihre Gesetzmäßigkeiten unmittelbar hervortreten.
Nicht nur schlagen also in der Physiologie des Lebens Pulse frisch lebendig, sondern auch das Verstehen seiner Funktionen hat den Charakter lebendiger Erfahrung.
Auch insofern – aber nicht nur deshalb – ist die Physiologie die Mutter aller Disziplinen der klinischen Medizin: Die durch immer neue Methoden ermöglichte lebendige Erfahrung liefert auch dort die für Diagnose und Therapie entscheidenden Erkenntnisse."

### Prof. Dr. Josef Bischofberger

Universität Basel
Departement Biomedizin
Institut für Physiologie
Pestalozzistr. 20
CH-4056 Basel

„Mich beeindruckt die Leichtigkeit mit der ein gesunder Organismus, der aus über 10 Billionen Zellen besteht, durch die Landschaft läuft und sich nebenbei mit weiteren 10 Billionen Zellen übers Kino unterhält. Mache beides deshalb gerne."

### Prof. Dr. rer. nat. Rainer Deutzmann

Institut für Biochemie, Genetik und Mikrobiologie/Lehrstuhl für Biochemie I/Univ. Regensburg
Universitätsstr. 31
93053 Regensburg

„Die Physiologie ist allein schon dadurch interessant, dass sie eine interdisziplinäre Wissenschaft darstellt, das Spektrum reicht von der Physik bis hin zur Verhaltensbiologie.
Insbesondere ist jedoch für mich als Naturwissenschaftler faszinierend, wie sich biochemische/zellbiologische und physiologische Forschungen ergänzen; erst die Analyse der molekularen Details zeigt, welche vorher unvorstellbaren Leistungen die Natur erbracht hat, um Metabolismus, Homöostase/Anpassung der Körperfunktionen und neuronale Informationsverarbeitung in stabil laufende Netzwerken zu integrieren, so dass ein perfekt arbeitender Organismus entsteht."

### Prof. Dr. Heimo Ehmke

Institut für Vegetative Physiologie und Pathophysiologie
Zentrum für Experimentelle Medizin
Universitätsklinikum Hamburg-Eppendorf
Martinistraße 52
20246 Hamburg

„Die Physiologie sucht nach dem Unterschied zwischen dem Ganzen und der Summe seiner Teile. Diese Suche führt vielleicht am nächsten an das heran, was Leben und Krankheit ausmacht."

### Prof. Dr. Stephan Frings

Universität Heidelberg/Abteilung für Molekulare Physiologie
Im Neuenheimer Feld 230
69120 Heidelberg

„Die Physiologie ist ein riesiger Abenteuerspielplatz für neugierige Menschen. Sie bietet eine gigantische Vielfalt von spannenden Forschungsfragen, die letztlich alle darauf zielen, den Menschen zu verstehen. Dabei kennt die Physiologie keine Fachgrenzen: Molekulare Zusammenhänge gehören genauso dazu wie das Zusammenspiel von Organen und die psychologischen Aspekte von Motivation, Lernen und Verhalten.
Konzeptionell und methodisch ist die Physiologie die vielseitigste Biowissenschaft. Hier werden alle Einzeldisziplinen zusammengeführt, um die fundamentalen Rätsel von Lebensfunktion und Lebensleistung zu beantworten. Diese Orientierung am Ganzen macht die Physiologie so besonders spannend."

### Prof. Dr. Stephan Grissmer

Institut für Angewandte Physiologie
Universität Ulm
Albert-Einstein-Allee 11
89081 Ulm

„Mit einfachen physikalischen, chemischen und zellbiologischen Grundlagen sich herleiten und dadurch verstehen können, wie etwas in unserem Körper funktioniert. Das erleichtert das Lernen und vertieft sowohl das Verständnis der normalen, physiologischen wie auch der pathophysiologischen Vorgänge in unserem Körper."

### Prof. Dr. Markus Hoth

Institut für Biophysik
Medizinische Fakultät und Zentrum für Human- und Molekularbiologie
Universität des Saarlandes
Kirrberger Str. 58
66421 Homburg

„An der Physiologie fasziniert mich, dass sie verschiedenste naturwissenschaftliche Disziplinen und Techniken vereint, um eine der spannendsten Fragen überhaupt zu untersuchen: Wie „funktioniert" der Mensch?"

### Prof. Dr. Armin Kurtz

Institut für Physiologie
Universität Regensburg
Universitätsstraße 31
D-93040 Regensburg

„Das Faszinierende an der Physiologie ist, dass sie Einblick und Verständnis von Funktionen und Funktionszusammenhängen des Körpers vermittelt. Obwohl die Physiologie schon viel Wissen auf dem Gebiet erarbeitet hat, kommen täglich neue spannende und auch überraschende Befunde hinzu, die nicht selten den aktuellen Wissensstand revidieren oder sogar widerlegen."

### Prof. Dr. Jens Leipziger

Institut for Fysiologi og Biofysik
Aarhus Universitet
Ole Worms Allé 160
DK-8000 Aarhus C/Dänemark

„Physiologie bedeutet für mich, immer wieder neue Begeisterung dabei zu empfinden, die „Logik des Lebens" sichtbar und verstehbar zu machen. Es gibt so viele wunderbare unbeantwortete Fragen und ein bedeutender Überraschungsbefund kann den forschenden Lehrer für Wochen tief glücklich machen."

**Prof. Dr. rer. nat. Frank Müller**

Institut für Strukturbiologie und Biophysik – Zelluläre Biophysik (ISB-1)
Forschungszentrum Jülich
52425 Jülich

„Vor allem zwei Aspekte machen die Physiologie für mich spannend. Sie untersucht eine große Vielfalt an Fragen mit einem breiten Methodenspektrum und sie ist bestrebt, den gesamten Organismus in all seinen dynamischen Prozessen zu erfassen. Sie beschreibt die Physik des Herzschlags und die komplexe Steuerung unseres Körpers durch Hormone genauso wie die integrative Funktion unseres Sinnes- und Nervensystems. Kurz, die Physiologie hilft uns, Antworten zu finden auf eine der wesentlichen Fragen: Warum wir so sind, wie wir sind."

**Dr. med. Claudia Pedain**

Clinica Sagrada Familia
Cuarta planta. Consultorio 4.1
C/ Torras i Pujalt 11 – 29
E-08022 Barcelona/Spanien

„Für mich als klinisch tätige Gynäkologin ist momentan das Faszinierendste an der Physiologie, dass mir meine im Studium erworbenen Kenntnisse es erlauben, wichtige Kinderfragen wie „Wo kommt das Pipi her und warum ist das gelb?" zur vollsten Zufriedenheit meines Sohnes beantworten zu können."

**Prof. Dr. Jens Rettig**

Universität des Saarlandes/Institut für Physiologie
Kirrberger Str. 8
Gebäude 59
66421 Homburg/Saar

„Ich finde faszinierend, wie sich aus dem Studium einzelner Prozesse und Moleküle urplötzlich ein Verstehen von Zusammenhängen, z. B. bei der Funktion einzelner Organe, ergibt."

**Prof. Dr. Charlotte Wagner**

Institut für Physiologie
Universität Regensburg
Universitätsstraße 31
D-93040 Regensburg

„Die große Breite des Fachs Physiologie von molekularen Mechanismen und zellulären Vorgängen bis zu komplexen Funktionen der einzelnen Organe und deren Zusammenwirken im Gesamtorganismus hat mich immer fasziniert."

**Prof. Dr. Erhard Wischmeyer**

Universität Würzburg
Physiologisches Institut
Röntgenring 9
97070 Würzburg

„Die Faszination der Physiologie entsteht, wie bei anderen Wissenschaften auch, im Auge des Betrachters. Aber dieses ist ein physiologischer Prozess, und das ist das Faszinierende."

# Grundlagen der Zellphysiologie

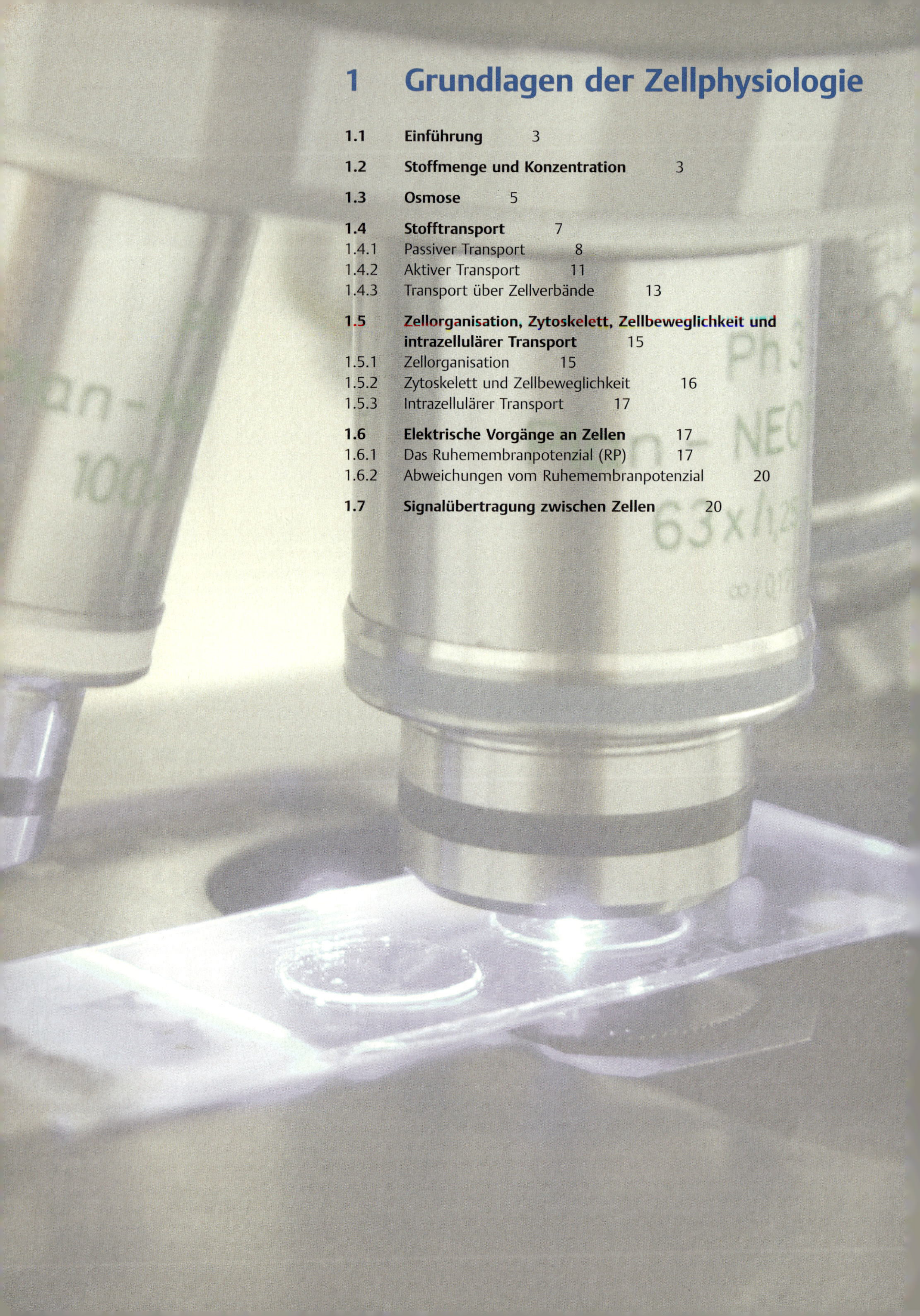

# 1 Grundlagen der Zellphysiologie

# 1 Grundlagen der Zellphysiologie

## 1.1 Einführung

**Wie funktioniert der menschliche Körper**? Das ist eine der wichtigsten Fragen, die in den ersten zwei Jahren des Studiums der Humanmedizin beantwortet werden sollen. Anatomie, Biochemie und Physiologie bilden den Schwerpunkt, um später klinische Zusammenhänge verstehen zu können. Vereinfacht könnte man sagen, dass die Anatomie die „Hardware" des menschlichen Körpers beschreibt, wohingegen Biochemie und Physiologie die „Software" dazu liefern.

**▶ Definition.** Unter **Physiologie** versteht man die Lehre von den natürlichen Lebensvorgängen.

Diese müssen angehende Ärztinnen und Ärzte verstanden haben, damit sie später veränderte (krankhafte, pathophysiologische) Vorgänge im menschlichen Körper erkennen, verstehen und behandeln können.
In diesem einführenden Kapitel werden **Grundlagen** behandelt, die in vielen Bereichen der Physiologie von großer Wichtigkeit sind. Dazu gehören:

- Stoffmenge und Konzentration (s. u.)
- Osmose (s. S. 5)
- Stofftransport (aktive und passive Transportformen, Transport über Zellverbände) (s. S. 7)
- Zellorganisation, Zytoskelett, Zellbeweglichkeit und intrazellulärer Transport (s. 15).

Einige Abschnitte sind sicherlich relativ „trocken", aber dennoch sehr relevant für das Verständnis der nachfolgenden Kapitel. So wird beispielsweise anhand der Nierenfunktion sofort ersichtlich, warum es sehr wichtig ist, die **Konzentrationen** (s. u.) verschiedener Substanzen in den unterschiedlichen „Bereichen" des Körpers zu kennen: Harnpflichtige Substanzen sollen effizient ausgeschieden werden, ohne dass der Körper zu viel Wasser verliert. Aus diesem Grund müssen diese Substanzen im Endharn in hoher Konzentration vorliegen. Dazu ist es notwendig, dass dem Primärharn durch **Osmose** (s. S. 5) Wasser entzogen wird. Das Wasser wird dabei durch Wasserkanäle **(Aquaporine)** transportiert (s. S. 5), die in der Plasmamembran der Epithelzellen integriert sind. Dieser einfache lebensnotwendige Prozess veranschaulicht zwei zentrale Themen des ersten Kapitels: „Konzentration" und „Transport".

## 1.2 Stoffmenge und Konzentration

**Grundlagen:** Die unterschiedliche Konzentration eines Ions oder Moleküls in Zellkompartimenten ist Grundvoraussetzung für alle zellulären Prozesse. Um die **Konzentration** eines Moleküls anzugeben, benötigt man ein Maß für seine **Menge**. Diese kann man als Masse [kg], Stoffmenge [mol] oder Volumen [$m^3$] bzw. [l] angeben, wobei ein Liter einem Volumen von $10 \times 10 \times 10\,cm^3$ entspricht.

**1 mol** enthält **$6{,}022 \times 10^{23}$ Teilchen (Avogadro-Konstante)**. Dies entspricht der Anzahl von $^{12}C$ Atomen in 12 g reinem Kohlenstoff. Die **atomare Masseneinheit** ist definiert als $^1/_{12}$ eines Kohlenstoffatoms $^{12}C$ und wird in Da (Dalton) angegeben. Das **relative Molekulargewicht** eines Atoms oder Moleküls wird auf diese Masseneinheit bezogen, d. h. reines $^{12}C$ hat die atomare Massenzahl 12 Da. Aus der **Massenzahl** (Atom- oder Molekülgewichtstabelle) lässt sich demnach ableiten, wie viel Gramm einer Substanz man benötigt, um eine bestimmte Konzentration dieser Substanz in einem Lösungsmittel herzustellen.

**Beispiel:** Reines NaCl hat eine Massenzahl von 58,44 Da. Dementsprechend wiegt 1 mol NaCl 58,44 g. Folglich muss man 58,44 g NaCl in einem Liter $H_2O$ lösen, um eine NaCl-Lösung der Konzentration 1 mol/l zu bekommen.

1 Grundlagen der Zellphysiologie

1.1 Einführung

**▶ Definition.**

1.2 Stoffmenge und Konzentration

**Grundlagen:** Um die **Konzentration** eines Stoffes anzugeben, benötigt man ein Maß für seine **Menge**:

- Masse [kg]
- Volumen [$m^3$] oder [l]
- Stoffmenge [mol].

**1 mol** entspricht **$6{,}022 \times 10^{23}$ Teilchen (Avogadro-Konstante)**.
Aus der **Massenzahl** lässt sich ableiten, wie viel Gramm einer Substanz nötig sind, um eine Lösung bestimmter Konzentration herzustellen.

**Beispiel:** Bei einer Massenzahl von 58,44 Da muss man 58,44 g NaCl in einem Liter $H_2O$ lösen, um eine Konzentration von 1 mol/l zu bekommen.

▶ **Definition.**

▶ **Definition.** Die Konzentration eines Stoffes kann man als
- **molare Konzentration** in mol/l = M oder
- **molale Konzentration** in mol/kg angeben.

Die molare Konzentration wird aus praktischen Gründen in der Medizin wesentlich häufiger benutzt.

Die molare Konzentration bezieht sich auf das **Volumen der Gesamtlösung**, während sich die molale Konzentration ausschließlich auf die **Masse des Lösungsmittels** bezieht.
Die molale Konzentration hat dabei den Vorteil, dass die Masse von Lösungsmitteln konstanter gegenüber Temperaturschwankungen oder anderen äußeren Parametern ist als deren Volumen. Die molare Konzentration wird aus rein praktischen Gründen in der Medizin jedoch wesentlich häufiger benutzt.

**Aktivität:** Durch die in höher konzentrierten Lösungen wirkenden **Anziehungskräfte** können sich nicht mehr alle Teilchen völlig unabhängig voneinander bewegen. Daher ist die **wirksame Konzentration/Aktivität A** kleiner als die wirkliche Konzentration c:

$$A = c \times f$$

**Aktivität:** In höher konzentrierten Lösungen wirken **Anziehungskräfte** zwischen den gelösten Ionen und in geringerem Maß auch zwischen anderen gelösten Teilchen. Dadurch können sich nicht mehr alle Teilchen völlig unabhängig voneinander bewegen, wie in einer idealen Lösung angenommen. Die Anziehungskräfte bewirken, dass weniger gelöste Teilchen frei verschiebbar sind und somit die **wirksame Konzentration (Aktivität)** kleiner ist als die wirkliche Konzentration. Die **Aktivität A** ergibt sich aus dem Produkt von Konzentration c und Aktivitätskoeffizient f:

$$A = c \times f$$

Der **Aktivitätskoeffizient f** ist eine komplexe Funktion der sog. Ionenstärke I.

Der **Aktivitätskoeffizient f** ist eine komplexe Funktion der sog. Ionenstärke I.

**pH-Wert:** Die Konzentration freier Wasserstoffionen ($[H^+]$) variiert in der Medizin innerhalb vieler Zehnerpotenzen. Daher gibt man sie als negativen dekadischen Logarithmus in Form des pH-Werts an:

$$pH = -\log [H^+]$$

**pH-Wert:** Die Konzentration freier Wasserstoffionen ($[H^+]$) hat eine besondere Bedeutung für die Medizin, da die Eigenschaften von Proteinen stark von der sie umgebenden $H^+$-Ionenkonzentration abhängig sind. Da sie sich außerdem um viele Zehnerpotenzen ändern kann, wird die $H^+$-Ionenkonzentration in logarithmischer Form als pH-Wert angegeben. Es gilt:

$$pH = -\log [H^+]$$

Beispielsweise kann im Magen ein pH von 1 vorherrschen und würde demnach eine $H^+$-Ionenkonzentration von 100 mM bedeuten, während der pH des Blutes mit 7,4 einer $H^+$-Ionenkonzentration von 39,8 nM, also $39{,}8 \times 10^{-9}$ M entspricht.
Im Blut wird der pH durch die Puffersysteme $CO_2/HCO_3^-$ und Proteine (insbesondere Hämoglobin) in sehr engen Grenzen konstant gehalten. Bei pH-Werten unter 7,36 spricht man bereits von einer **Azidose**, bei pH-Werten über 7,44 von einer **Alkalose** (s. S. 270). Im Urin herrscht normalerweise ein pH-Wert von 4,5 – 8,0 (Abb. **1.1**).

Bei pH-Werten im Blut von $<7{,}36$ spricht man bereits von einer **Azidose**, bei pH-Werten $>7{,}44$ von einer **Alkalose** (s. S. 270).

**Gelöste Gase:** Innerhalb eines Gasgemischs übt jedes Gas einen seinem Anteil **(Fraktion $F_{Gas}$)** am Gemisch proportionalen **Partialdruck** aus:

$$P_{Gas} = F_{Gas} \times P_{gesamt} \text{ [mm Hg oder kPa]}$$

**Gelöste Gase:** Im menschlichen Körper spielt die Konzentration von in Flüssigkeiten gelösten Gasen (z. B. $O_2$ oder $CO_2$) eine wichtige Rolle. Jedes Gas übt innerhalb eines Gasgemischs einen Teildruck **(Partialdruck $P_{Gas}$)** des **Gesamtdrucks $P_{gesamt}$** aus, der seinem Anteil am Gemisch **(Fraktion $F_{Gas}$)** proportional ist:

$$P_{Gas} = F_{Gas} \times P_{gesamt}$$

Der Partialdruck wird in mm Hg oder kPa angegeben.
Das **Dalton-Gesetz** besagt, dass sich die einzelnen Partialdrücke zum Gesamtdruck eines Gasgemischs addieren.
Die Konzentration eines in Flüssigkeit gelösten Gases ist seinem Partialdruck proportional, wobei der **Löslichkeitskoeffizient ($\alpha_{Gas}$)** ein Maß für die Löslichkeit des Gases darstellt. Nach dem **Henry-Gesetz** gilt:

$$C_{Gas} = P_{Gas} \times \alpha_{Gas}$$

Nach dem **Dalton-Gesetz** addieren sich die einzelnen Partialdrücke zum Gesamtdruck.

Nach dem **Henry-Gesetz** ist die Konzentration des physikalisch gelösten Gases proportional zu dessen Partialdruck:

$$C_{Gas} = P_{Gas} \times \alpha_{Gas}$$

Dabei ist der **Löslichkeitskoeffizient $\alpha_{Gas}$** ein Maß für die Löslichkeit des Gases.
Zu Normwerten der **Blutgase** siehe Tab. **1.1**.

Tab. **1.1** gibt einen Überblick über die Normwerte der **Blutgase**. Im Gegensatz zum $P_{O_2}$ ist der $P_{CO_2}$ im arteriellen und venösen Blut relativ konstant (vgl. hierzu Kap. 8, S. 241).

≡ 1.1

≡ **1.1 Blutgase – Normwerte**

| | *arteriell* | *venös* |
|---|---|---|
| $P_{O_2}$ | 70 – 100 mm Hg | 35 – 45 mm Hg |
| $P_{CO_2}$ | 36 – 44 mm Hg | 40 – 50 mm Hg |
| $O_2$-Sättigung | 92 – 97 % | 55 – 70 % |

**1.1 Referenzskala für Urinteststreifen („U-Stix") und ihre diagnostische Bedeutung**

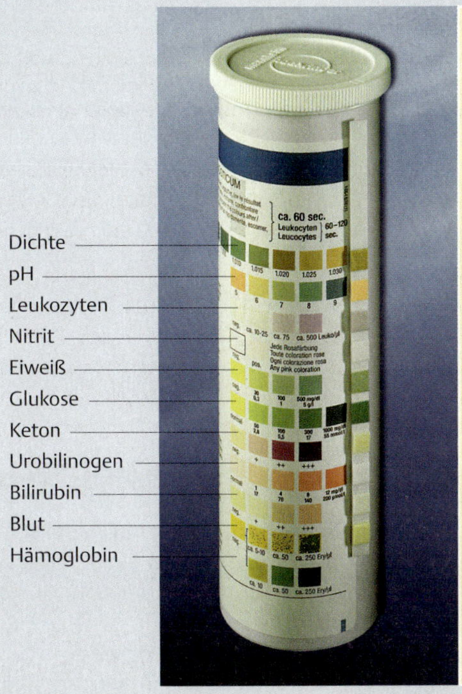


| Test | normal | Bedeutung des pathologischen Befundes |
|---|---|---|
| pH-Wert | 4,5–8,0 | große physiologische Schwankungsbreite; bei Fleischnahrung sauer, bei pflanzlicher Nahrung alkalisch; bei bakterieller Besiedelung und therapeutisch bei Harnsäuresteinen anhaltend alkalisch; therapeutisch bei Infektsteinen: anhaltend sauer |
| Glukose | negativ | Diabetes mellitus, renale Glukosurie |
| Keton | negativ | diabetische Ketoazidose, Hungerzustand |
| Protein | negativ/ schwach positiv | jede Nierenkrankheit; Fieber, körperliche Anstrengung, Herzinsuffizienz, Hypertonie, Alkohol |
| Urobilinogen | negativ | Hämolyse, evtl. Hepatitis |
| Bilirubin | negativ | Verschlussikterus, evtl. Hepatitis |
| Nitrit | negativ | Harnwegsinfekt (nicht beweisend) |
| Leukozyten | < 20/ml | Harnwegsinfekt, Tuberkulose |
| Erythrozyten | < 10/ml | renal: Glomerulonephritis, Nierenkarzinom extrarenal: Zystitis, Blasentumor, Prostatakarzinom |

## 1.3 Osmose

1.3 Osmose

**▶ Definition.** Unter **Osmose** versteht man die **Diffusion** (s. S. 8) eines Lösungsmittels (im Körper im Allgemeinen Wasser) durch eine **semipermeable** (halbdurchlässige) **Membran.** Ursache hierfür sind die **Konzentrationsgradienten** der Stoffe, für die diese Membran nicht permeabel ist.

▶ Definition.

Eine **ideal semipermeable Membran** ist ausschließlich für das Lösungsmittel durchlässig. Die in ihm gelösten Stoffe können die Membran nicht passieren, d. h. der **Reflexionskoeffizient σ** ist für diese Stoffe 1. Könnten sämtliche Teilchen ungehindert diffundieren, wäre er 0.

Der **Reflexionskoeffizient σ** gibt die Durchlässigkeit einer Membran an: 0 bedeutet völlig durchlässig und 1 völlig undurchlässig für die gelösten Teile **(ideal semipermeabel).**

**Beispiel: Lipidmembranen** sind semipermeable Membranen. Ohne geeignete Transportproteine wie **Ionen-** (s. S. 10) oder **Wasserkanäle** (Aquaporine, Abb. **1.2**) sind sie für viele Substanzen nicht durchlässig. Wasserkanäle werden in fast allen Zellen exprimiert, wobei es verschiedene Isoformen gibt (s. S. 311).

**Beispiel:** Semipermeable **Lipidmembranen** sind ohne geeignete Transportproteine wie **Ionen-** (s. S. 10) oder **Wasserkanäle** (Aquaporine, Abb. **1.2**) für viele Substanzen nicht durchlässig.

**1.2 Schematische Darstellung eines Aquaporins**

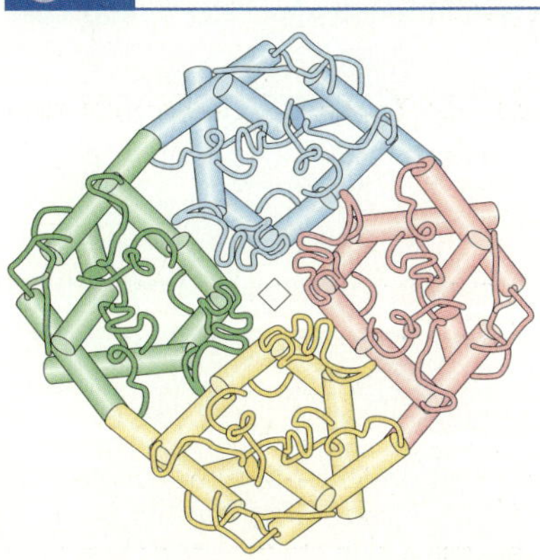

Draufsicht auf ein Aquaporin (Tetramer aus 4 AQP1-Untereinheiten).

1.2

1.3

1.3 Osmose

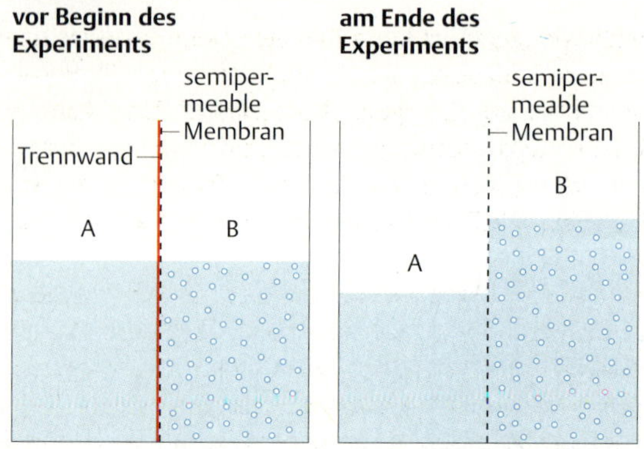


Das Wasser strömt entlang seines Konzentrationsgefälles in die Zuckerlösung ein, während die Zuckermoleküle durch die semipermeable Membran an der Passage gehindert werden.

Anhand eines **Experiments** (Abb. **1.3**) lassen sich osmotische Vorgänge gut beschreiben: Trennt man beispielsweise eine Zuckerlösung durch eine semipermeable Membran von reinem Wasser, so strömt das Wasser entlang seines Konzentrationsgefälles in die Zuckerlösung ein und baut dabei einen **hydrostatischen Druck** auf. Die Zuckerteilchen, die die Membran nicht passieren können, üben ihrerseits einen **osmotischen Druck** aus. Dieser entspricht dem durch Diffusion des Wassers entstandenen hydrostatischen Druck und ist nach **van't Hoff** definiert als:

$$p_{osm} = R \times T \times \sigma \times c$$

Osmotische Vorgänge lassen sich gut anhand des folgenden **Experiments** (Abb. **1.3**) nachvollziehen, bei dem reines Wasser durch eine semipermeable Membran von einer Zuckerlösung gleichen Volumens getrennt wird. Da die Zuckerteilchen Wasser verdrängen, ist in diesem Kompartiment die Wasserkonzentration kleiner. Folglich strömt Wasser entlang seines Konzentrationsgefälles durch die Membran in die Zuckerlösung ein. Die Zuckerteilchen können die Membran nicht passieren und üben daher einen ihrer Teilchenzahl proportionalen osmotischen Druck aus. Durch den Wassereinstrom wird in der Zuckerlösung kontinuierlich ein hydrostatischer Druck aufgebaut, der wiederum einen Wasserausstrom bewirkt. Der **hydrostatische Druck**, bei dem sich Wasserein- und Wasserausstrom schließlich die Waage halten, entspricht dem **osmotischen Druck** $p_{osm}$, den die gelösten Teilchen ausüben. Nach **van't Hoff** gilt:

$$p_{osm} = R \times T \times \sigma \times c$$

Hierbei ist R die allgemeine Gaskonstante, T die absolute Temperatur in Kelvin, σ der Reflexionskoeffizient des gelösten Stoffes und c die Konzentration osmotisch wirksamer Teilchen.

▶ Merke.

▶ **Merke.** Im menschlichen Organismus wird der **hydrostatische Druck** wesentlich durch die **$Na^+$-Konzentration** bestimmt, da $Na^+$ extrazellulär das dominierende Kation darstellt (s. S. 18).

▶ Definition.

▶ **Definition.** Die Konzentration osmotisch wirksamer Teilchen kann man entweder als
- **Osmolarität** [osmol/l] bezogen auf das Volumen der Gesamtlösung oder als
- **Osmolalität** [osmol/kg] bezogen auf die Masse des Lösungsmittels (also analog zur Massenkonzentration) angeben.

▶ Definition.

▶ **Definition.** Der osmotische Druck, der durch große Makromoleküle (Kolloide, überwiegend Proteine) entsteht, wird auch als **kolloidosmotischer** oder **onkotischer Druck** bezeichnet.

▶ Klinik. Die Osmose hat eine extrem wichtige Bedeutung für viele Körperfunktionen:

**Diabetes mellitus** (s. S. 403): Insulinmangel führt beim Diabetes mellitus oft zu einer Erhöhung des Blutglukosespiegels und dadurch häufig auch zu einer Glukosurie (d.h. Glukose im Urin). Durch den glukosehaltigen, „honigsüßen" Urin kam die Krankheit zu ihrem Namen. Glukose ist osmotisch wirksam und induziert dadurch einen Anstieg der Wasserausscheidung (osmotische Diurese). Patienten, die sehr viel trinken, ohne dass es dafür offensichtliche Gründe gibt, sollte man daher auf Diabetes mellitus untersuchen.

**Gewebeverträglichkeit von Lösungen:** Die Osmolarität ist von immenser Bedeutung für die Gewebeverträglichkeit von Lösungen. Infusionslösungen sollten möglichst **isoton** sein, d.h. den gleichen osmotischen Druck wie das Blutplasma erzeugen. Ist die Osmolarität höher, spricht man von einer **hypertonen** Lösung, ist sie niedriger, von einer **hypotonen** Lösung. Zur parenteralen Flüssigkeitssubstitution (z.B. perioperativ oder bei Dehydratation, s.S. 322), als Trägerlösung für Medikamente oder auch kurzzeitig als Volumenersatz bei Blutverlusten dienen daher sog. Vollelektrolytlösungen (z.B. Sterofundin oder Jononsteril), deren Osmolarität vergleichbar mit der des Blutplasmas ist. Möchte man höher konzentrierte Lösungen infundieren (z.B. Kalium bei Hypokaliämie oder parenterale Ernährung mit hochkonzentrierter Glukoselösung), muss man dies – ab einer bestimmten Konzentration – über einen sog. zentralvenösen Katheter (ZVK) tun, da es sonst zu Venenwandreizungen kommen kann. Über den ZVK, der bis unmittelbar vor die Einmündung der V. cava superior in das rechte Atrium vorgeschoben wird, gelangt die Infusionslösung quasi direkt in den rechten Vorhof und wird dementsprechend gut verdünnt.

**KCl-Vergiftung:** Bei Hypokaliämie wird der Kaliummangel oftmals mittels Infusion ausgeglichen. Dazu wird einer Infusionslösung eine dem Kaliummangel angepasste Menge an KCl beigemischt. Dabei muss unbedingt darauf geachtet werden, dass das KCl nicht überdosiert oder sogar versehentlich anstelle der Infusionslösung die konzentrierte KCl-Lösung verabreicht wird. Beides kann lebensbedrohliche Konsequenzen haben, da eine zu hohe KCl-Konzentration im Blut zur Dauerdepolarisation von Herzmuskelzellen und dadurch zu Herzversagen führen kann (s.S. 92).

**Ödeme** (s. S. 141): Als Ödeme bezeichnet man Flüssigkeitsansammlungen im interstitiellen Raum. Eine Erhöhung des hydrostatischen bzw. eine Erniedrigung des kolloidosmotischen Druckes im Blut führt dazu, dass Flüssigkeit aus den Gefäßen in das interstitielle Gewebe abfiltriert wird, wodurch Ödeme gebildet werden können. Eine mögliche Ursache ist eine vermehrte renale $Na^+$- oder Proteinausscheidung (Proteinurie). Die Proteinurie kann durch Entzündungen des Glomerulums (Glomerulonephritis) oder Schädigungen des tubulären Systems verursacht sein. Eine erniedrigte Produktion von Proteinen in der Leber (z.B. bei einer Leberzirrhose) kann über die Erniedrigung des kolloidosmotischen Druckes ebenfalls zu Ödemen führen. Bei vollständigem akutem Nierenversagen wird zu wenig Wasser ausgeschieden, was zu „ubiquitären" Ödemen führen kann. Hier sind insbesondere Lungenödeme gefährlich. Als **Therapie** bei Ödemen werden harntreibende Substanzen (Diuretika) oder sog. Osmotherapeutika (niedermolekulare, hypertone Lösungen) eingesetzt.

▶ Klinik.

## 1.4 Stofftransport

Die Stoffmenge praktisch aller Moleküle ist nicht gleichmäßig im menschlichen Körper verteilt. Dies wird im Wesentlichen durch **Kompartimentierung** (Zellen, Organellen) erreicht, aber auch innerhalb eines Kompartiments kann es zu Unterschieden in der Konzentration kommen. Transport von Stoffen innerhalb von Kompartimenten und zwischen Kompartimenten (in der Regel über Membranen) spielt eine zentrale Rolle für sämtliche Funktionen im menschlichen Körper. Man unterscheidet folgende zwei **Transportprinzipien** (Abb. **1.7**):

- passiver Transport
- aktiver Transport.

1.4 Stofftransport

Die **Kompartimentierung** von Zellen und Organen ist eine Grundvoraussetzung für die Ungleichverteilung von Molekülen. Der Transport zwischen Kompartimenten über Membranen ist eine Grundvoraussetzung für sämtliche Zellfunktionen, man unterscheidet dabei prinzipiell den **passiven** vom **aktiven Transport**.

1.4.1 Passiver Transport

## 1.4.1 Passiver Transport

▶ Definition.

▶ **Definition.** **Passiver Transport** bedeutet Bewegung von Substanzen entlang eines Konzentrations- oder Ladungsgradienten.

Zu den passiven Transportformen gehören Diffusion, Filtration und Konvektion.

Zu den passiven Transportformen gehören:
- Diffusion
- Filtration
- Konvektion.

Diffusion

### Diffusion

▶ Definition.

▶ **Definition.** Als **Diffusion** bezeichnet man die Bewegung von Stoffen in wässrigen Lösungen und Gasen, aber auch durch Lipidmembranen. Ursache ist die zufällige thermische Eigenbewegung der Moleküle **(Brown'sche Molekularbewegung)**, die den Ausgleich von Konzentrationsunterschieden bewirkt.

Teilchen stoßen an Orten höherer Konzentration häufiger zusammen und bekommen dadurch einen gerichteten Impuls, sich zu Orten niedrigerer Konzentration zu bewegen.

▶ Merke.

▶ **Merke.** Eine Bewegung von Substanzen erfolgt immer entlang des Konzentrationsgradienten vom Ort der höheren zum Ort der niedrigeren Konzentration. Der Konzentrationsgradient ist somit die chemische Triebkraft der Diffusion.

Die Lipiddoppelschicht einer Zellmembran (s. S. 15) ist ohne Transportproteine für die meisten Substanzen unüberwindlich. Eine Ausnahme bilden lipophile Substanzen und Gase.

Nach dem **1. Fick'schen Diffusionsgesetz** gilt:

$$J = -D \times A \times \Delta c$$

Die pro Zeiteinheit transportierte Stoffmenge ist also proportional zu Konzentrationsgradient und Fläche der Membran.

Man unterscheidet:
- einfache Diffusion
- erleichterte Diffusion.

Die Lipiddoppelschicht einer Zellmembran (s. S. 15) ist ohne Transportproteine für die meisten Substanzen eine unüberwindliche Barriere. Nur für lipophile Substanzen und Gase ist sie relativ gut durchlässig, da diese aufgrund ihrer hydrophoben Eigenschaften eine gute Löslichkeit in einer Lipidumgebung aufweisen.
Beim Transport über Membranen gilt das **1. Fick'sche Diffusionsgesetz**, das besagt, dass die pro Zeiteinheit transportierte Stoffmenge J proportional zu Konzentrationsgradient Δc und Fläche A der Membran ist. Es gilt:

$$J = -D \times A \times \Delta c$$

Hierbei ist D der Diffusionskoeffizient, eine Stoffkonstante, die vom Stoff und von den Eigenschaften der zu durchtretenden Fläche (z. B. Membran) abhängt. D beinhaltet in dieser Version des Gesetzes auch die Dicke der Membran, die umgekehrt proportional zum Teilchenfluss ist; das negative Vorzeichen ist Konvention.
Man unterscheidet folgende **Formen der Diffusion**:
- einfache Diffusion
- erleichterte Diffusion.

Einfache Diffusion

#### Einfache Diffusion

▶ Definition.

▶ **Definition.** Bei dieser Form der Diffusion handelt es sich um den Stofftransport in freien Flüssigkeiten oder Gasen bzw. um die Passage von Lipidmembranen ohne Beteiligung von Transportproteinen.

**Beispiele** für einfache Diffusion:
- Membranpassage von **Steroidhormonen** im Rahmen der Signaltransduktion
- Diffusion von $\mathbf{O_2}$ aus den Alveolen der Lunge in das Blut der Lungenkapillaren.

**Beispiele: Steroidhormone** können Membranen ohne die Hilfe von Transportproteinen passieren und dienen so der Signaltransduktion (s. S. 343).
Das wichtigste Beispiel für einfache Diffusion aus der Gasphase in die Flüssigkeitsphase ist die Diffusion von **Sauerstoff** aus den Alveolen der Lunge in das Blut der Lungenkapillaren (s. S. 241). Die Ventilation (Belüftung) der Lunge ist für eine gleich bleibend hohe $O_2$-Konzentration in den Alveolen wichtig. So kann hier ein ständiger mittlerer $O_2$-Partialdruck ($P_{O_2}$) von ca. 13,3 kPa = 100 mmHg aufrechterhalten werden. Dieser permanent bestehende Konzentrationsgradient dient als Triebkraft für die ständige $O_2$-Diffusion aus den Alveolen in die angrenzenden Blutkapillaren. Das dünne einschichtige Epithel (Deckzellen; Pneumozyten) der Alveolen erleichtert dabei die $O_2$-Diffusion.

▶ Klinik. Zu den **chronisch obstruktiven Atemwegserkrankungen** (s. auch S. 238) werden die chronisch obstruktive Bronchitis und das Lungenemphysem zusammenfasst. Beide gehen mit Ventilations- und Diffusionsstörungen einher:
Von **chronischer Bronchitis** spricht man, wenn Husten und Auswurf (produktiver Husten) an den meisten Tagen während mindestens je 3 aufeinander folgenden Monaten in 2 aufeinander folgenden Jahren vorlagen. Hauptursache bei über 80% der Patienten mit chronischer Bronchitis ist das Rauchen. Durch die chronische Entzündung kommt es zu Veränderung und Schädigung der Bronchialschleimhaut und vermehrter Schleimbildung. Das geschädigte Flimmerepithel kann den Schleim nicht mehr abtransportieren. Aufgrund des Schleims und der zunehmenden Zerstörung der Lungenstruktur (bis hin zum Lungenemphysem, s.u.) kommt es zu verminderter Ventilation der Lunge und verminderter Diffusion von $O_2$ aus den Alveolen in die Lungenkapillaren. Dies kann schließlich zu Dyspnoe (erschwerte Atemtätigkeit, die mit subjektiver Atemnot einhergeht), Leistungsabfall, respiratorischer Insuffizienz und Cor pulmonale druckbelastetes rechtes Herz infolge einer pulmonalen Hypertonie, vgl. S. 132) führen.
Das **Lungenemphysem** ist eine irreversible Erweiterung der Lufträume distal der Bronchioli terminales (Abb. **1.4**), die durch die Zerstörung von Alveolarwänden und Lungensepten entsteht. Ursache ist eine vermehrte Aktivität von Proteasen (v.a. Elastase), die die Lunge andauen und somit deren Struktur zerstören. Beim Lungenemphysem kommt es zwar zu einer erhöhten Ventilation, allerdings sind durch die Zerstörung von Lungengewebe die alveoläre Austauschfläche und damit auch die Gasdiffusion gestört. Im fortgeschrittenen Stadium weisen die Betroffenen einen sog. Fassthorax mit horizontal verlaufenden Rippen, tief stehende, gering verschiebliche Lungengrenzen, einen hypersonoren Klopfschall, ein leises Atem- und Herzgeräusch und eventuell auch geblähte Schlüsselbeingruben auf.

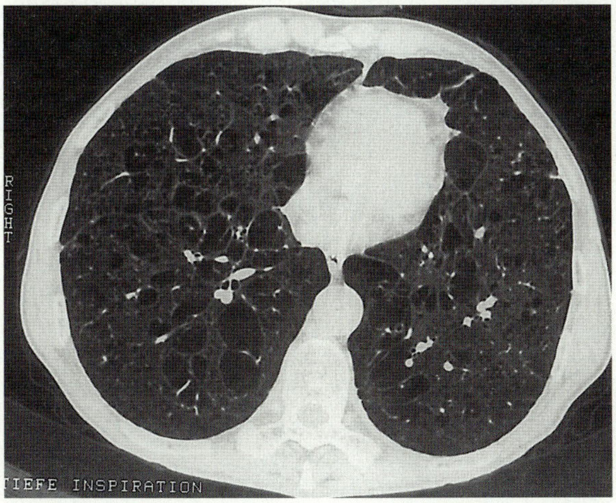


1.4

**Lungenemphysem**

Das CT-Bild zeigt in beiden Lungenflügeln zahlreiche Emphysemblasen.

▶ Klinik.

## Erleichterte Diffusion

▶ Definition. Als **erleichterte Diffusion** bezeichnet man den Stofftransport durch Diffusion mithilfe integraler Membranproteine, sog. Transportproteine.

**Hydrophile Substanzen** und **Ionen** können Membranen mittels einfacher Diffusion nur in vernachlässigbar geringen Mengen passieren. Ihr Transport muss somit mithilfe von **Transportproteinen** erfolgen (s. auch S. 11).

Erleichterte Diffusion

▶ Definition.

**Hydrophile Substanzen** und **Ionen** passieren Membranen mithilfe von Transportproteinen (s. auch S. 11).

## Filtration

▶ Definition. Unter **Filtration** versteht man den Stofftransport durch einen Filter (z.B. eine Membran) aufgrund eines hydrostatischen Druckgradienten.

Neben dem Stofftransport durch Diffusion ist der Nettofluss von Wasser aus den Gefäßen (überwiegend aus Kapillaren) ins Interstitium durch Filtration wichtig für

Filtration

▶ Definition.

Dabei wird das Wasser entweder **transzellulär** (durch Wasserkanäle) oder **parazellulär** durch diskontinuierliches oder fenestriertes Epi- oder Endothel filtriert. Dabei können gelöste Teilchen mitgerissen werden **(Solvent drag)**.

viele Körperfunktionen. Dabei wird das Wasser entweder **transzellulär** oder **parazellulär** durch diskontinuierliches oder fenestriertes Epi- oder Endothel filtriert. Auf diese Weise können z.B. gelöste Moleküle ins Interstitium gelangen und die Zirkulation der Lymphflüssigkeit wird gewährleistet. Das „Mitreißen" gelöster Teilchen bezeichnet man als **Solvent drag**.

► Klinik.

► Klinik. **Aszitesentstehung** („Wasserbauch"): Als Aszites bezeichnet man eine Ansammlung freier Flüssigkeit in der Bauchhöhle. Ursache können ein erhöhter Pfortaderdruck aufgrund einer Leberthrombose oder Leberzirrhose (s.S. 161 und Abb. **1.5**) oder ein erniedrigter kolloidosmotischer Druck aufgrund von Eiweißmangel durch Unterernährung oder Leberinsuffizienz sein. Der Aszites kann darüber hinaus durch erhöhte parazelluläre Transportraten aufgrund einer erhöhten Kapillarpermeabilität bedingt sein, die toxische, entzündliche oder hypoxische Ursachen haben kann. Häufig ist auch der maligne Aszites im Rahmen eines intraabdominellen Tumors oder einer Peritonealkarzinose (Karzinommetastasen im Peritoneum). Bei Aszites ist die Nierendurchblutung erniedrigt, sodass geringe Mengen eines konzentrierten Harns ausgeschieden werden (Oligurie). Die Behandlung des Aszites umfasst Natriumrestriktion, Gabe von Diuretika und ggf. Punktion. Häufig lässt sich die Ursache des Aszites nicht beseitigen.

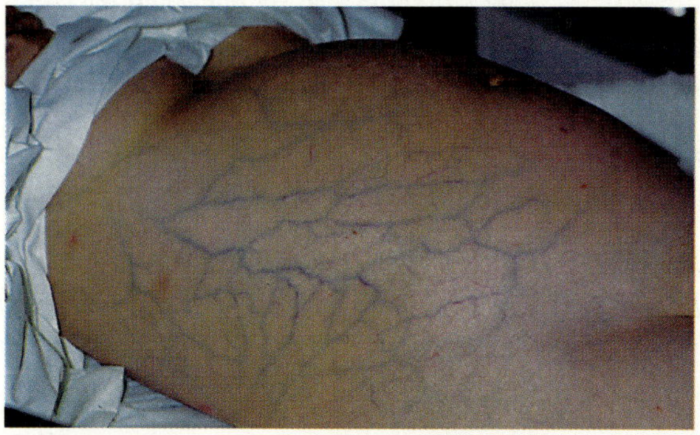

1.5 **Aszites bei Leberzirrhose**

## Konvektion

► Definition.

## Konvektion

► Definition. Wird Materie oder Energie mithilfe von Trägerstoffen transportiert, spricht man von **Konvektion**.

Beispiele hierfür sind der Transport von Stoffen über den Blutkreislauf oder die Atmung.

So können Stoffe z.B. über den Blutkreislauf oder die Atmung wesentlich schneller und in größeren Volumina transportiert werden als durch Diffusion oder Filtration. Dabei wird auch Energie in Form von Wärme transportiert.

## Passiver Membrantransport durch Kanäle

**Ionenkanäle**, **Aquaporine**, **junktionale Kanäle** und verschiedene **Uniporter** sind passive Transporter (Abb. **1.7**, S. 12). Der Transport erfolgt entlang des chemischen bzw. elektrochemischen Gradienten.

## Passiver Membrantransport durch Kanäle

Ein Transport mittels **passiver Membrantransportproteine (Kanäle)** folgt immer dem chemischen (oder osmotischen) und bei geladenen Teilchen zusätzlich dem elektrischen Gradienten. Daher spricht man in diesem Fall von der elektrochemischen Triebkraft. Die wichtigsten passiven Transporter sind **Ionenkanäle**, **Aquaporine** (Wasserkanäle, s.S. 5), **junktionale Kanäle** (Gap- junction- oder Tight-junction-Kanäle, s.S. 14) und verschiedene **Uniporter** (s. Abb. **1.7**, S. 12). Uniporter transportieren entlang des elektrochemischen Gradienten nur in eine Richtung, ohne dass auf der anderen Membranseite ein Substrat angeboten wird. Zu den bekanntesten Uniportern gehören der Glukose-Uniporter in Dünndarm (s.S. 501) und Niere (s.S.309) und ein $Ca^{2+}$-Uniporter in der inneren Mitochondrienmembran.

**Eigenschaften:** Da die Anzahl der Kanäle und die Transportrate pro Kanal begrenzt sind, ist der Transport durch Kanäle **sättigbar**.

**Eigenschaften:** Der Transport durch Kanäle ist **sättigbar**, da die Anzahl der Kanäle und die Transportrate pro Kanal begrenzt sind. Allerdings können die maximalen **Transportraten** eines einzelnen Kanals etwa 10000-mal so hoch sein wie die von aktiven Transportern (**$10^4$–$10^8$ Ionen pro Sekunde**; aktive Transporter transportieren etwa $10^2$–$10^4$ Ionen/Substanzen pro Sekunde). Da Ionenkanäle die potenzielle

Energie eines elektrochemischen Gradienten ausnutzen, verbrauchen auch passive Transporter Energie, nämlich die Energie, die benötigt wird, um den elektrochemischen Gradienten aufrecht zu erhalten.
Außerdem sind passive Transporter oft **substratspezifisch**. $Na^+$-Ionenkanäle z. B. sind hochselektiv für $Na^+$ gegenüber allen anderen Ionen. Zu den nicht selektiven Ionenkanälen gehört u. a. der nikotinerge Acetylcholinrezeptor(kanal). Spannungsaktivierte Ionenkanäle werden auf S. 26 im Detail dargestellt.

Außerdem sind passive Transporter oft **substratspezifisch**.

▶ Klinik. **Mukoviszidose, zystische Fibrose (CF)**: Die „Krankheit vom zähen Schleim" wird autosomal-rezessiv vererbt. Mutationen im CFTR-(zystische-Fibrose-Transmembran-Regulator-)Gen führen zur Bildung defekter Chlorid-Ionenkanäle. Dadurch kommt es zu einem gestörten Wasser- und Elektrolyttransport, wodurch in allen exokrinen Drüsen (Bronchialsystem, Pankreas, Gallenwege, Schweißdrüsen, Gonaden, Dünndarm) zäher Schleim gebildet wird. **Klinisch** weisen die Betroffenen u. a. ein verschleimtes Bronchialsystem mit chronischem Husten und rezidivierenden bakteriellen Infekten und eine unzureichende Funktion des exokrinen Pankreas (Pankreasinsuffizienz) auf. Durch die gestörte Sekretion von Verdauungsenzymen und Ionen kommt es zu Maldigestion (Störung der intraluminalen Verdauung in Magen/Darm) mit chronischen Durchfällen und Gedeihstörungen (Abb. **1.6**). Den bei Mukoviszidose erhöhten NaCl-Gehalt des Schweißes nutzt man bei der **Diagnostik** (quantitative Bestimmung der Elektrolyte im Schweiß nach Pilokarpin-Iontophorese). Eine weitere diagnostische Methode ist der Nachweis der genetischen Mutation im CFTR-Gen (z.Z. wird routinemäßig auf ca. 20 Mutationen gescreent). Die **Therapie** ist in erster Linie symptomorientiert und beinhaltet u. a. Mukolyse durch Inhalations- und Physiotherapie (Atemgymnastik, Klopfmassagen, etc.), Antibiotikatherapie bei Bronchialinfekten, ausreichende NaCl-Zufuhr und Substitution fettlöslicher Vitamine und Pankreasenzyme. Derzeit werden vielversprechende Studien zur somatischen (also nicht vererbbaren) Gentherapie durchgeführt, bei der gesunde CFTR-Gene transferiert werden. Die **mittlere Lebenserwartung** bei CF ist in den letzten Jahren deutlich gestiegen und wird für jetzt Geborene auf >40 Jahre extrapoliert.

▶ Klinik.

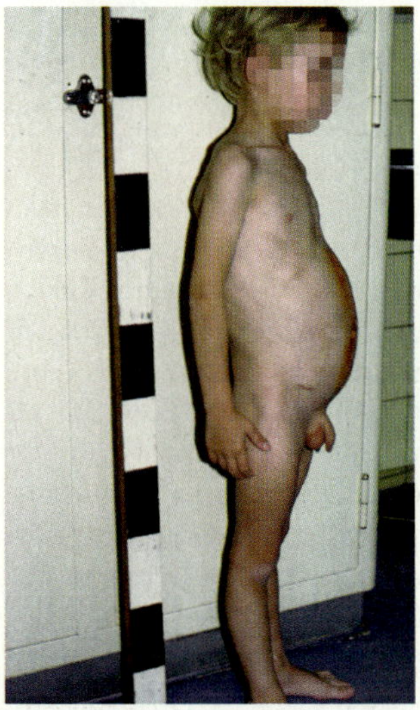

**1.6 Zystische Fibrose (CF)**

5½-jähriger Junge mit Mukoviszidose. Das vorgewölbte Abdomen und die dünnen Extremitäten gehören zu den typischen klinischen Aspekten der Erkrankung.

## 1.4.2 Aktiver Transport

1.4.2 Aktiver Transport

▶ Definition. Beim **aktiven Transport** werden Substanzen mithilfe von **Carriern** unter Aufwendung von Energie entgegen ihres Konzentrationsgradienten transportiert.

▶ Definition.

1.7

**1.7 Aktive und passive Membrantransporter**

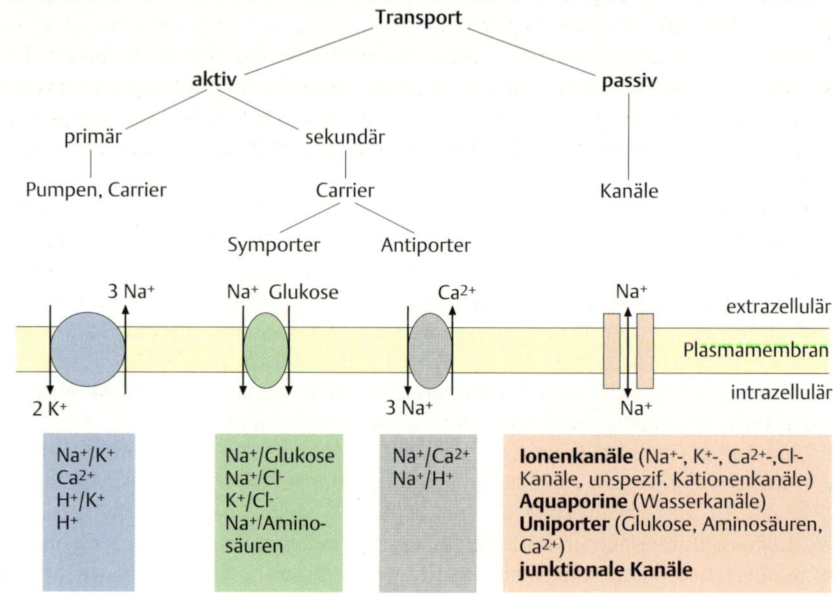


**Eigenschaften:** Aktiver Transport ist in der Regel spezifisch, sättigbar und die Transportraten liegen deutlich unter denen der meisten Kanäle (s. S. 10).

Man unterscheidet den **primär aktiven** vom **sekundär aktiven Transport** (Abb. **1.7**).

**Eigenschaften:** Aktive Transporter sind in der Regel **spezifisch** für bestimmte Ionen oder Substanzen. Aktiver Transport ist **sättigbar** und die **Transportraten** liegen mit **etwa $10^2$–$10^4$ Ionen/Substanzen pro Sekunde** deutlich unter denen der meisten Kanäle (s. S. 10).

Man unterscheidet folgende Formen des aktiven Transports:

- primär aktiver Transport
- sekundär aktiver Transport (Abb. **1.7**).

### Primär aktiver Transport

**Prinzip:** Moleküle werden mithilfe von Carriern unter direktem Verbrauch von ATP durch die Membran transportiert.

**Beispiele** hierfür sind:

- $Na^+$-$K^+$-ATPase
- $Ca^{2+}$-ATPase
- $H^+$-$K^+$-ATPase
- $H^+$-ATPase.

Wird dabei, wie z. B. durch die $Na^+$-$K^+$-ATPase, eine Nettoladung transportiert, handelt es sich um einen **elektrogenen** Transport.

**Prinzip:** Beim primär aktiven Transport binden Carrier zu transportierende Moleküle auf der einen Membranseite und geben sie auf der anderen Seite wieder frei. Bei diesem Transport wird direkt ATP verbraucht.

**Beispiele:** Das bekannteste Beispiel für primär aktiven Transport ist die **$Na^+$-$K^+$-ATPase**. Diese wird in praktisch allen Zellen exprimiert und ist permanent aktiv. Sie erhält die $Na^+$- und $K^+$-Gradienten aufrecht, indem sie während eines Zyklus unter Verbrauch eines Moleküls ATP 3 $Na^+$ ins Interstitium und 2 $K^+$ ins Zytosol befördert. Sie ist demnach **elektrogen**, transportiert also pro Zyklus eine Nettoladung und baut dadurch ein geringes Membranpotenzial von wenigen mV auf. Sie ist jedoch nicht in der Lage, ein Membranpotenzial von ca. –70 mV aufzubauen, wie es z. B. unter Ruhebedingungen in Nervenzellen vorherrscht. Dazu sind Ionenkanäle erforderlich (s. S. 18). Eine Erhöhung der intrazellulären $Na^+$-Konzentration führt zu einer gesteigerten Expression der $Na^+$-$K^+$-ATPase in der Plasmamembran und steigert so die Transportraten für $Na^+$ und $K^+$.
Weitere Beispiele für den primär aktiven Transport sind die **$Ca^{2+}$-ATPase**, die für die sehr niedrige zytoplasmatische $Ca^{2+}$-Konzentration von ca. $0{,}5 \times 10^{-7}$ M sorgt und die **$H^+$-$K^+$- und $H^+$-ATPasen**, die z. B. $H^+$ für die Bildung von HCl im Magen (s. S. 484) liefern. Die Existenz einer $Cl^-$-ATPase ist nicht gesichert.

### Sekundär aktiver Transport

**Prinzip:** Beim sekundär aktiven Transport wird die potenzielle chemische Energie (Triebkraft) eines bereits bestehenden Gradienten ausgenutzt, um Substanzen (Ionen) gegen ihren Gradienten zu transportieren.

**Prinzip:** Beim sekundär aktiven Transport wird die potenzielle chemische Energie (Triebkraft) eines bestehenden Gradienten, der zuvor unter ATP-Verbrauch aufgebaut worden ist, ausgenutzt, um andere Ionen oder Substanzen gegen ihre Konzentrationsgradienten zu transportieren. Daher spricht man auch von **gekoppeltem Transport**. Man unterscheidet hierbei zwischen Antiportern und Symportern:

- **Antiporter** transportieren Moleküle im Austausch gegeneinander, also in entgegengesetzter Richtung. Der **$Na^+$-$Ca^{2+}$-Antiporter** z. B. transportiert pro Zyklus 3 $Na^+$ in die Zelle und 1 $Ca^{2+}$ aus der Zelle hinaus. Der $Na^+$-Gradient wird für den $Ca^{2+}$-Transport genutzt, d. h. indirekt wird also auch ATP verbraucht, da die $Na^+$-$K^+$-ATPase den $Na^+$-Gradienten ja erst schaffen muss. $Na^+$-$Ca^{2+}$-Antiporter spielen z. B. beim $Ca^{2+}$-Transport in Herzmuskelzellen insbesondere bei deren Erschlaffung eine wichtige Rolle (s. S. 82). Ein weiteres Beispiel ist der **elektoneutrale $Na^+$-$H^+$-Antiporter**.
- **Symporter** transportieren Moleküle in die gleiche Richtung. Beim **$Na^+$-Glukose-Symporter** wird z. B. Glukose im Verhältnis 1:1 mit $Na^+$ unter Ausnutzung des $Na^+$-Gradienten in Enterozyten im Darm aufgenommen (s. S. 501). Weitere Beispiele sind der $Na^+$-Aminosäuren-Symporter, der $Na^+$-$Cl^-$-Symporter und der **$K^+$-$Cl^-$-Symporter**, der für den Aufbau des $Cl^-$-Gradienten zuständig ist. Im Skelettmuskel erfolgt der Aufbau des $Cl^-$-Gradienten allerdings passiv über $Cl^-$-Ionenkanäle (s. S. 59). Beim $K^+$-$Cl^-$-Symporter handelt es sich um einen **elektroneutralen** Transporter, da keine Nettoladung transportiert wird.

- **Antiporter** transportieren Moleküle in entgegengesetzter Richtung.
  Beispiele hierfür sind der **$Na^+$-$H^+$-Antiporter** oder der **$Na^+$-$Ca^{2+}$-Antiporter**. Hierbei wird der unter ATP-Verbrauch aufgebaute $Na^+$-Gradient für den $Ca^{2+}$-Transport in die Zelle benutzt.
- **Symporter** transportieren Moleküle in die gleiche Richtung.
  Beispiele hierfür sind der **$Na^+$-Glukose-Symporter**, der $Na^+$-$Cl^-$-Symporter, der $Na^+$-Aminosäuren-Symporter und der elektroneutrale **$K^+$-$Cl^-$-Symporter**.

## 1.4.3 Transport über Zellverbände

Die Epithelien in Haut, Magen, Darm, Lunge und anderen Organen sowie die Endothelien der Blutgefäße und auch die Gliazellen des ZNS bilden großflächige Barrieren, die bestimmte Bereiche des Körpers von anderen Bereichen abtrennen. Wichtige Beispiele sind die **Blut-Hirn-Schranke** (s. S. 25), die den Extrazellularraum des ZNS vom restlichen Körper abtrennt, oder die **Blut-Liquor-Schranke**, die den Liquor des Gehirns vom Blutkreislauf isoliert. Durch solche Barrieren erfolgt ebenfalls ein gerichteter Transport von Ionen und anderen Substanzen. Dabei unterscheidet man folgende Transportprinzipien:
- transzellulärer Transport
- parazellulärer Transport
- interzellulärer Transport.

1.4.3 Transport über Zellverbände

Epithelien und Endothelien bilden großflächige Barrieren, die bestimmte Bereiche des Körpers von anderen Bereichen abtrennen. Wichtige Beispiele sind die **Blut-Hirn-** bzw. die **Blut-Liquor-Schranke** (s. S. 25). Durch solche Barrieren werden Substanzen mittels **trans-**, **para-** oder **interzellulärem Transport** befördert.

### Transzellulärer Transport

**Prinzip:** Beim transzellulären Transport (Abb. **1.8**) werden Stoffe **durch die Zellen** hindurch transportiert.

Dafür ist die **funktionelle Polarisation** der Epithel- und Endothelzellen von großer Bedeutung. Diese besitzen im Gegensatz zu vielen anderen Zelltypen mit rundum einheitlich aufgebauter Membran eine **basolaterale** (dem Blut zugewandte) und eine **apikale** (nach außen gewandte) **Membran.** Durch die unterschiedliche Expression von Transportproteinen in der basolateralen und apikalen Membran wird zum Beispiel die Aufnahme von $Na^+$, $K^+$ und $Ca^{2+}$ im Darm aus dessen Lumen über die apikale Membran in die Epithelzelle und weiter über die basolaterale Membran ins Blut möglich. Je nach elektrochemischem Gradienten können dabei passive oder müssen aktive Transporter benutzt werden. So kann z. B. an der apikalen Seite der

Transzellulärer Transport

**Prinzip:** Hier erfolgt der Transport **durch die Zellen** hindurch (Abb. **1.8**).

Der transzelluläre Transport wird durch eine **funktionelle Polarisierung** der Zellen vereinfacht. Durch die Expression unterschiedlicher Transportproteine in der **basolateralen** und **apikalen Membran** können Substanzen auf der einen Seite in die Zelle aufgenommen und auf der anderen wieder abgegeben werden. Je nach elektrochemischem Gradienten sind dazu aktive oder passive Transportmechanismen notwendig.

**1.8 Transport über Zellverbände**

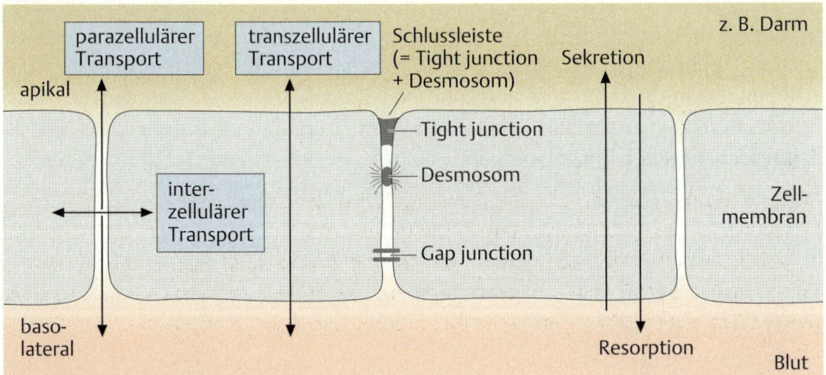


1.8

Epithelzelle $Ca^{2+}$ aus dem Darmlumen passiv in die Zelle aufgenommen werden, muss dann aber aktiv an der basolateralen Seite z. B. über $Ca^{2+}$-ATPasen ins Blut abgegeben werden. Man bezeichnet den Transport durch Epithelien von der Außenseite ins Blut als **Resorption**, den Transport in umgekehrter Richtung als **Sekretion**.

## Parazellulärer Transport

**Prinzip:** Stoffe werden **zwischen den Zellen** hindurch transportiert (Abb. **1.8**).

Die Epithelzellen sind durch den aus Tight junctions und Desmosomen bestehenden **Schlussleistenkomplex** miteinander verbunden.

Die **Dichtheit des Epithels** wird definiert als die Permeabilität der **Tight junctions** (eine Form von **junktionalen Kanälen**, s. auch Abb. **1.10**, S. 16) im Verhältnis zur Permeabilität der apikalen Membran.

Je nach Lokalisation und Funktion kann diese **Dichtheit** des Epithels ganz unterschiedlich ausgeprägt sein: **leck**, **relativ dicht** oder **undurchlässig**.

Die Tight junctions bilden auch eine Barriere für Membranproteine in lateraler Richtung und sorgen für die mechanische Stabilität der Epithelzellen.
**Desmosomen (Macula adhaerens)** dienen ebenfalls dem Zusammenhalt der Zellen und erhöhen somit die Stabilität.

## Parazellulärer Transport

**Prinzip:** Beim parazellulären Transport (Abb. **1.8**) werden Stoffe **zwischen den Zellen** hindurch transportiert.
Hierbei hängt die Transportrate von der Fenestrierung („Löchrigkeit") des Epi- oder Endothels ab. Die Zellen sind durch den aus Tight junctions und Desmosomen gebildeten **Schlussleistenkomplex** miteinander verbunden.
**Tight junctions (Zonula occludens)** (s. auch Abb. **1.10**, S. 16) bestehen aus drei Proteinklassen: den junktionalen Adhäsionsmolekülen (JAM), den Claudinen und den Occludinen. Sehr wahrscheinlich bilden die Claudine dabei Tight-junction-Kanäle für Kationen und $Cl^-$. Zusammen mit den Gap junctions (s. u.) werden diese als **junktionale Kanäle** bezeichnet. Die genaue Proteinzusammensetzung der Tight junctions bestimmt die **Dichtheit des Epithels**. Diese wird definiert als Permeabilität der Tight junctions im Verhältnis zur Permeabilität der apikalen Membran. Je nach Lokalisation und Funktion kann die Dichtheit ganz unterschiedlich ausgeprägt sein:
- **Lecke Barrieren** mit gering ausgebildeten Schlussleisten, wie im proximalen Tubulus der Niere oder im Dünndarm, erlauben einen guten parazellulären Transport (Transport zwischen den Zellen hindurch). Hier ist auch der **Solvent drag**, das Mitreißen von in Wasser gelösten Teilchen (s. S. 10), eine wichtige Transportart.
- Bei **relativ dichten Barrieren**, wie in großen Teilen der Blut-Hirn-Schranke, im distalen Nephron oder im Dickdarm, spielt der parazelluläre Transport hingegen eine untergeordnete Rolle.
- **Undurchlässige Epithelien** findet man nur in der Blase und der Epidermis. Hier hat das Epithel demnach eine reine Barrierefunktion.

Neben der Barriere in transepithelialer Richtung bilden die Tight junctions auch eine Barriere für Membranproteine in lateraler Richtung und sorgen für die mechanische Stabilität der Epithelzellen.

**Desmosomen (Macula adhaerens)** sorgen gemeinsam mit den Tight junctions für die mechanische Stabilität der Epithelzellen und sind ebenfalls Teil des Schlussleistenkomplexes. Die Desmosomen werden von Transmembranproteinen (Desmogleinen) gebildet.

## Interzellulärer Transport

**Prinzip:** Hier erfolgt der Transport zwischen **benachbarten Zellen** (Abb. **1.8**).

**Konnexone (Gap junctions, Nexus)** bilden elektrische Synapsen oder Epithelzellverbindungen, die u. a. dem Stofftransport zwischen Zellen dienen.

▶ **Klinik.**

## Interzellulärer Transport

**Prinzip:** Beim interzellulären Transport (Abb. **1.8**) findet ein Transport zwischen **benachbarten Zellen** statt.

**Konnexone (Gap junctions, Nexus)** sind porenförmige Zellverbindungen, die z. B. Epithelzellen, Nervenzellen oder Herzmuskelzellen miteinander verbinden. Sie dienen dem Ionen- und Stofftransport zwischen benachbarten Zellen und bilden elektrische Synapsen aus (s. S. 37).

▶ **Klinik.** Bakterielle Gifte können durch eine gesteigerte cAMP (und eventuell auch $Ca^{2+}$)-abhängige Aktivierung von $Cl^-$-Kanälen die $Cl^-$-Sekretion in den Darm erhöhen. Dadurch kommt es aufgrund von Osmose zu einer gesteigerten Flüssigkeitssekretion, die zu gefährlichen **Diarrhöen** (Durchfällen) führen kann. Die Einnahme osmotisch wirksamer, aber schlecht resorbierbarer Substanzen kann zu einer sog. **osmotischen Diarrhö** führen. Durch den Flüssigkeits- und Elektrolytverlust besteht die Gefahr einer nichtrespiratorischen Azidose (s. S. 280), einer Exsikkose (s. S. 330) und im Extremfall eines hypovolämischen Schocks (s. S. 158).

# 1.5 Zellorganisation, Zytoskelett, Zellbeweglichkeit und intrazellulärer Transport

## 1.5.1 Zellorganisation

### Zellbestandteile und ihre Aufgaben

Zellen sind **funktionell** durch Membranen **kompartimentiert**. Eine **Lipidmembran**, wie z. B. die Plasmamembran einer Zelle, besteht aus einer **Lipiddoppelschicht**. Diese entsteht, indem sich amphiphile (in polaren und unpolaren Lösungsmitteln lösliche) Phospholipide aufgrund von hydrophoben Wechselwirkungen in wässriger Umgebung zusammenlagern (Abb. **1.9**). Diese Lipidmembranen grenzen das Zytosol vom Extrazellularraum ab und ermöglichen so den Aufbau von Konzentrationsunterschieden von Ionen, Proteinen etc. zwischen Zytosol und Extrazellularraum. An der Membran werden darüber hinaus von extrazellulär ankommende **Signale** in intrazelluläre Signale umgewandelt und dadurch Zellfunktionen ausgelöst.
Die **Zellorganellen** (Abb. **1.10**) werden ebenfalls durch Membranen vom Zytosol abgetrennt. Sie haben u. a. folgende **Funktionen**:

- **Zellkern:** Als Steuerungszentrum enthält er die Erbinformation (DNA). Hier findet die Transkription statt.
- **Endoplasmatisches Retikulum (ER):** Das ER spielt eine zentrale Rolle bei der Proteinbiosynthese (insbesondere für Membranproteine und Proteine, die sekretiert werden sollen) und der Lipidsynthese. Es ist der Hauptspeicher von intrazellulärem $Ca^{2+}$. In der Muskulatur wird es sarkoplasmatisches Retikulum genannt (s. S. 59).
- **Golgi-Apparat:** Er ist wichtig für die Sortierung und Modifikation von Produkten aus dem ER. Außerdem werden für den Export bestimmte Substanzen (Proteine) in Versikel verpackt.
- **Mitochondrien:** Sie sind die Hauptenergielieferanten der Zelle durch oxidative Phosphorylierung (ATP-Synthese in der Atmungskette). Der vorgeschaltete Zitratzyklus läuft ebenfalls in den Mitochondrien ab. Während der Zellaktivierung spielen sie überdies eine wichtige Rolle für die $Ca^{2+}$-Homöostase.
- **Lysosomen:** Diese Vesikel dienen dem Abbau von Makromolekülen. Ihr pH ist sauer, damit verschiedene Enzyme (saure Hydrolasen) die Moleküle abbauen können.
- **Ribosomen:** Sie sind zuständig für die Translation von mRNA in Proteine. Sie liegen entweder als freie Ribosomen oder gebunden an das ER vor (raues ER).

### Intrazelluläre Botenstoffe (Second messenger)

Bei der Umwandlung extrazellulär ankommender Signale in intrazelluläre Signale spielen sowohl **Transportproteine** als auch **Rezeptoren** eine sehr wichtige Rolle. Die

1.5 Zellorganisation, Zytoskelett, Zellbeweglichkeit und intrazellulärer Transport

1.5.1 Zellorganisation

**Zellbestandteile und ihre Aufgaben**

Zellen sind **funktionell** durch **Lipidmembranen** (Abb. **1.9**) **kompartimentiert**, die das Zytosol vom Extrazellularraum abgrenzen und so den Aufbau von Konzentrationsunterschieden verschiedener Substanzen ermöglichen.
Weiterhin dienen die Membranen der Weitergabe von **Signalen** aus dem Extra- in den Intrazellularraum.

Die wichtigsten **Zellorganellen** (Abb. **1.10**) und ihre relevantesten **Funktionen** sind:

- **Zellkern:** DNA, Transkription.
- **Endoplasmatisches Retikulum (ER):** Protein- und Lipidsynthese, $Ca^{2+}$-Speicher.
- **Golgi-Apparat:** Proteinsortierung, -modifikation und -verpackung in Vesikel.
- **Mitochondrien:** ATP-Synthese, $Ca^{2+}$-Homöostase.
- **Lysosomen:** Abbau von Makromolekülen.
- **Ribosomen:** Translation von mRNA.

**Intrazelluläre Botenstoffe (Second messenger)**

An der Membran spielen **Transportproteine** und **Rezeptoren** bei der Umwandlung extrazellulärer in intrazelluläre Signale eine wichtige Rolle.

**1.9 Die Zellmembran**

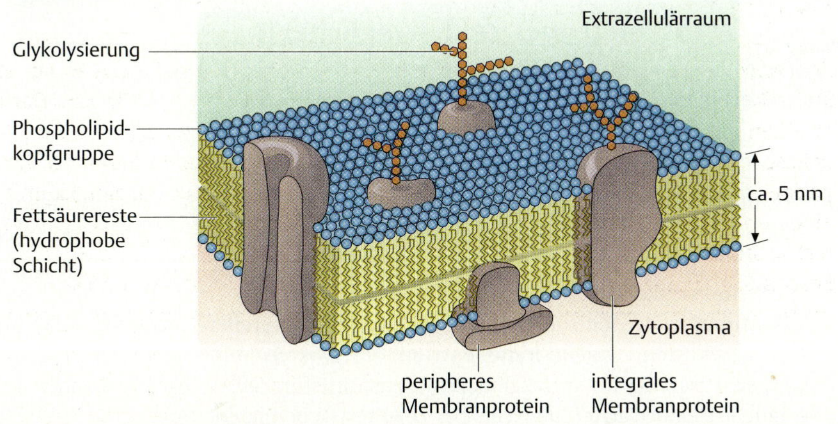


1.9

1.10

1.10 **Schematischer Aufbau einer Eukaryontenzelle**

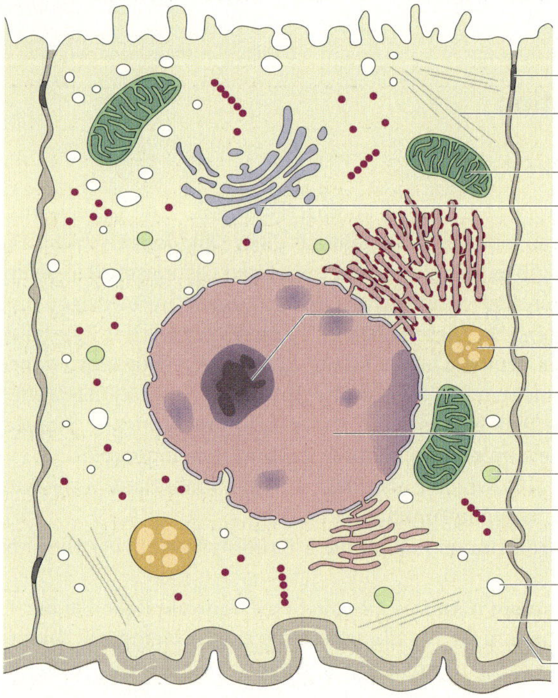


Die schematische Abbildung zeigt die wichtigsten Organellen einer Eukaryontenzelle. Diese können in Größe, Anzahl und Anordnung zwischen den verschiedenen Zelltypen stark variieren.

**Botenstoffe:** Zu den universalen Botenstoffen, die in vielen Zelltypen wichtige Funtionen erfüllen, gehören:
- zyklisches Adenosinmonophosphat **(cAMP)**
- Inositol-1,4,5-trisphosphat **($InsP_3$)** und **$Ca^{2+}$**.

Rezeptoren können u.a. Signalkaskaden und Botenstoffe aktivieren, die Zellfunktionen auslösen oder steuern.

**Botenstoffe:** Zu den universalen Botenstoffen, die in vielen Zelltypen wichtige Funktionen erfüllen, gehören u.a. **zyklisches Adenosinmonophosphat** (cAMP) sowie **Inositol-1,4,5-trisphosphat** und **$Ca^{2+}$** ($InsP_3/Ca^{2+}$):
- **cAMP** ist einer der zentralen Second messenger, der nach Rezeptorstimulation durch die Aktivierung der Adenylatzyklase aus ATP gebildet wird. Er kann direkt die Aktivität bestimmter Ionenkanäle beeinflussen und über die Aktivierung der Proteinkinase A Proteine durch Phosphorylierung steuern. Über die Bildung von cAMP wird z.B. die Herzfunktion den Bedürfnissen angepasst (Abb. **4.23**, S. 103).
- Die Generierung von **$InsP_3$** führt zu einer Erhöhung der intrazellulären **$Ca^{2+}$**-Konzentration, die z.B. für die Steuerung der Genexpression in Lymphozyten wichtig ist. Außerdem steuern $InsP_3$ und $Ca^{2+}$ u.a. die Sekretion von Verdauungsenzymen im Pankreas.

1.5.2 Zytoskelett und Zellbeweglichkeit

## 1.5.2 Zytoskelett und Zellbeweglichkeit

Zytoskelett

### Zytoskelett

Das **Zytoskelett** dient der **Strukturerhaltung** und **Bewegung** der Zellen:
- **Aktinfilamente** definieren die Zellform und sind wesentlich für die Zellbeweglichkeit.
- **Mikrotubuli** sind wichtig für intrazellulären Transport, Zellteilung und Zilienbildung.

Das **Zytoskelett** der Zellen dient der **Strukturerhaltung** und **Bewegung** von Zellen. Es besteht aus Aktinfilamenten, Mikrotubuli und Intermediärfilamenten:
- **Aktinfilamente** sind doppelsträngige flexible Strukturen, die im Wesentlichen die Zellform definieren. Zusammen mit einer Vielzahl von akzessorischen Proteinen (z.B. Motorproteinen, s.u.) spielen sie eine wichtige Rolle bei Zellformänderungen und Zellbeweglichkeit.
- **Mikrotubuli** sind Hohlzylinder und bilden deutlich steifere Strukturen, die am Zentrosom, dem Organisationszentrum der Mikrotubuli, angeheftet sind. Sie sind sehr wichtig für intrazellulären Transport, für Zellteilung und können bewegliche Zellfortsätze (Zilien) an der Zelloberfläche bilden.

- Die Proteine der **Intermediärfilamente** bilden ein dichtes Maschenwerk von etwa 10 nm dicken Fasern, die den Zellen mechanische Festigkeit verleihen.

- **Intermediärfilamente** verleihen den Zellen mechanische Festigkeit.

### Zellbeweglichkeit

▶ **Synonym.** Zellmigration.

Die Zellbeweglichkeit basiert auf einem **Umbau des Zytoskeletts**, der durch Transportprozesse über die Plasmamembran initiiert wird. Bei einer Vorwärtsbewegung der Zelle ist wahrscheinlich ein transienter, auf das „vordere" Zellende begrenzter $Ca^{2+}$-Einstrom der auslösende Faktor, der von einem Einstrom von Wasser und anderen Ionen begleitet wird. Aktin wird zum Teil polymerisiert und es bilden sich neue Matrixkontakte. Das Zytoskelett am „hinteren" Zellende wird kontrahiert und so nach vorne bewegt. Die Plasmamembran wird z.T. endozytiert und über Mikrotubuli nach vorne transportiert. Am „hinteren" Zellende werden Wasser und Ionen in den Extrazellularraum transportiert.

**Auslöser** für einen gerichteten Transport kann z.B. die Bindung chemotaktischer Substanzen an einen Rezeptor sein. Zellbeweglichkeit spielt natürlich auch im Rahmen der **Muskelkontraktion** eine wichtige Rolle. Hier interagiert das Motorprotein Myosin mit Aktin und das Aktin-Myosin-Filament kann in ATP- und $Ca^{2+}$-abhängiger Weise verkürzt werden (s.S. 59).

Zellbeweglichkeit

▶ Synonym

Die Zellbeweglichkeit basiert auf einem **Umbau des Zytoskeletts**, der durch Transportprozesse über die Plasmamembran initiiert wird.

**Auslöser** für einen gerichteten Transport kann z.B. die Bindung chemotaktischer Substanzen an einen Rezeptor sein. Zellbeweglichkeit spielt natürlich auch im Rahmen der **Muskelkontraktion** eine wichtige Rolle (s.S. 59).

▶ **Klinik.** Das Gift der Herbstzeitlosen, **Colchicin**, inhibiert die Funktion der Mikrotubuli und damit die Zellbeweglichkeit und Zellteilung. Eine Colchicin-Vergiftung kann dadurch u.a. zu (Atem-) Lähmungen und Krämpfen führen. Bei **Gicht** (Hyperurikämie) wird Colchicin wiederum therapeutisch eingesetzt, da es eine Hemmung der Beweglichkeit von Phagozyten (s.S. 198) bewirkt. Diese phagozytieren die im Rahmen der Gicht anfallenden Harnsäurekristalle und tragen damit erheblich zur Entzündungsentstehung bei. Aufgrund seiner ausgeprägten Nebenwirkungen (z.B. Diarrhöen, Übelkeit und Erbrechen; Nierenschädigung bei zu hoher Dosierung; selten Blutbildveränderungen) gilt Colchicin allerdings nur noch als Mittel der Reserve.

▶ Klinik.

### 1.5.3 Intrazellulärer Transport

Natürlich finden auch innerhalb von Zellen zahlreiche Transportvorgänge statt. So wird z.B. RNA durch Kernporen aus dem Zellkern ausgeschleust, während Proteine und Enzyme hineintransportiert werden. Außerdem kommt es zu Transporten durch die Membranen der Zellorganellen. So werden z.B. $H^+$-Ionen in Lysosomen aufgenommen und Metabolite wieder an das Zytosol abgegeben. In Nervenzellen gibt es den sog. axoplasmatischen Transport (s.S. 23).

1.5.3 Intrazellulärer Transport

Auch innerhalb von Zellen existieren zahlreiche Transportvorgänge, wie z.B. das Ein- und Ausschleusen von Stoffen im Bereich von Zellkern oder Zellorganellen.

## 1.6 Elektrische Vorgänge an Zellen

Die an Membranen stattfindenden Transportprozesse sind Grundlage für elektrische Vorgänge an Zellen. Für jeden Zelltyp gibt es einen charakteristischen Ruhezustand (Ruhemembranpotenzial, s.u.). Die Abweichungen hiervon werden auf S. 20 besprochen.

1.6 Elektrische Vorgänge an Zellen

Für jeden Zelltyp gibt es einen charakteristischen Ruhezustand (Ruhemembranpotenzial, s.u.). Die Abweichungen hiervon werden auf S. 20 besprochen.

### 1.6.1 Das Ruhemembranpotenzial (RP)

▶ **Definition.** Unter dem **Ruhemembranpotenzial** versteht man die Potenzialdifferenz zwischen Innen- und Außenseite der Membran im Ruhezustand einer Zelle (Membranspannung in Ruhe).

1.6.1 Das Ruhemembranpotenzial (RP)

▶ Definition.

Dabei wird das extrazelluläre Potenzial per definitionem auf 0 mV gesetzt. Sämtliche bislang analysierten Zellen weisen ein negatives Ruhemembranpotenzial auf. Die

Sämtliche bislang analysierten Zellen weisen ein negatives RP auf. Die Ausprägung variiert je nach Zellart.

1.2

**1.2 Ionenverteilung zwischen intra- und extrazellulärem Milieu**

| | *intrazellulär [mM]* | *extrazellulär [mM]* |
|---|---|---|
| $Na^+$ | 10–15 | 130–150 |
| $K^+$ | 140–155 | 3,5–4,5 |
| $Ca^{2+}$ | etwa $0{,}5 \times 10^{-7}$ | 1 (frei)–2,5 (gesamt) |
| $Mg^{2+}$ | 1 (frei)–9 (gesamt) | 0,7 (frei)–0,9 (gesamt) |
| $Cl^-$ | 4–20 | 100–130 |
| $HCO_3^-$ | 5–15 | 20–30 |
| makromolekulare Anionen (Aminosäuren, Proteine) | 130–155 | 4–10 |

- Neurone: –70 mV
- Skelettmuskelzellen: –80 bis –90 mV
- Gliazellen: –90 mV.

Größe variiert dabei je nach Art der Zelle. So misst man in Neuronen ein RP von –70 mV, in Skelett- und Herzmuskelzellen –80 bis –90 mV und in Gliazellen –90 mV.

### Entstehung des Ruhemembranpotenzials

Ursache für die Ausbildung eines RP sind die für die verschiedenen Ionen zwischen Intra- und Extrazellulärraum bestehenden **Konzentrationsgradienten** und die unterschiedliche **Membranpermeabilität** (Tab. **1.2**).

## Entstehung des Ruhemembranpotenzials

Entscheidend für die Ausbildung des RP sind Transportvorgänge, die direkt an der Zellmembran ablaufen. Ursache dafür sind die für die verschiedenen Ionen zwischen Intra- und Extrazellulärraum bestehenden **Konzentrationsgradienten** und die unterschiedliche **Membranpermeabilität**. Um die elektrische Aktivität von Zellen zu verstehen, ist es also erforderlich, die Ionenverteilung zwischen intra- und extrazellulärem Milieu zu kennen (Tab. **1.2**).

Zum Verständnis des RP betrachten wir die folgenden drei Transporter (Abb. **1.11**):

- $Na^+$-$K^+$-ATPase
- $Na^+$-Kanäle
- $K^+$-Kanäle.

Gemäß ihrer durch die $Na^+$-$K^+$-ATPase verursachten Konzentrationsgradienten kommt es aufgrund der entstehenden **chemischen Triebkraft** zu einem $Na^+$-Ein- und einem $K^+$-Ausstrom. Da die Plasmamembran unter Ruhebedingungen für $K^+$ etwa 20-mal besser leitfähig ist als für $Na^+$, gehen wir zunächst vereinfachend von einer $K^+$-selektiven Membran aus. Durch den $K^+$-Ausstrom entsteht ein **Membranpotenzial** (Abb. **1.11a**).

Das Membranpotenzial übt eine **elektrische Kraft** auf die $K^+$-Ionen aus. Sind elektrische und chemische Kraft im Gleichgewicht, entspricht das Membranpotenzial dem sog. **Nernst-**, **Gleichgewichts-** oder **Umkehrpotenzial** für $K^+$ (Abb. **1.11b**).

Die $Na^+$-$K^+$-ATPase befördert $Na^+$ nach extra- und $K^+$ nach intrazellulär und baut so die Gradienten für $Na^+$ und $K^+$ auf. Aufgrund der dadurch entstehenden **chemischen Triebkraft**, die sich aus dem Fick'schen Diffusionsgesetz (s. S. 8) ableiten lässt, wird – sofern entsprechende Ionenkanäle geöffnet sind – $Na^+$ nach innen und $K^+$ nach außen diffundieren. Unter Ruhebedingungen ist die Plasmamembran für $K^+$ in Neuronen und vielen anderen Zelltypen etwa 20-mal besser permeabel als für $Na^+$. Angenommen die Membran sei für $K^+$ selektiv permeabel, dann kann lediglich $K^+$ nach außen diffundieren (Abb. **1.11a**). Dadurch wird die Membranaußenseite positiv und die Innenseite negativ, es entsteht also ein **Membranpotenzial**.

Das Membranpotenzial übt nun seinerseits eine **elektrische Kraft** auf die $K^+$-Ionen aus, die diese zurück nach intrazellulär zieht. Ist die elektrische Kraft gleich der chemischen Kraft für $K^+$, fließt kein Nettostrom mehr durch die geöffneten $K^+$-Kanäle. Das Membranpotenzial, bei dem dies der Fall ist, nennt man **Nernst-**, **Gleichgewichts-** oder **Umkehrpotenzial** (in diesem Fall für $K^+$, Abb. **1.11b**).

► Merke.

► Merke. Geöffnete Ionenkanäle treiben das Membranpotenzial immer in Richtung des Gleichgewichtspotenzials der jeweiligen Ionen.

Das Gleichgewichtspotenzial E eines Ions x lässt sich anhand der **Nernst-Gleichung** berechnen:

$$E_x = \frac{R \times T}{z \times F} \times \ln \frac{[x]_a}{[x]_i}$$

Anhand der **Nernst-Gleichung** lässt sich das Gleichgewichtspotenzial E eines Ions x berechnen:

$$E_x = \frac{R \times T}{z \times F} \times \ln \frac{[x]_a}{[x]_i}$$

Dabei ist R = allgemeine Gaskonstante (8,314 J/[mol × K]),
T = absolute Temperatur (310 K, entspricht 37 °C),
F = Faradaykonstante (96 487 C/mol),
z = Ladung des betreffenden Ions und
[x] = effektive Konzentration (intrazellulär/**i**nnen bzw. extrazellulär/**a**ußen) des betreffenden Ions x.

Berechnet man nun den Vorfaktor (R × T) / (z × F) und wandelt den natürlichen Logarithmus (ln) in den dekadischen Logarithmus (log) um, erhält man folgende Gleichung:

$$E_X = \frac{61\,\text{mV}}{z} \times \log \frac{[X]_a}{[X]_i}$$

Setzt man nun für $[K^+]_a = 4{,}0$ mM und für $[K^+]_i = 150$ mM ein, erhält man ein $K^+$-Gleichgewichtspotenzial von etwa –92 mV. Die Gleichgewichtspotenziale für $Na^+$ und $Ca^{2+}$ (z = 2!) liegen unter physiologischen Bedingungen etwa bei +65 mV und +150 mV. Das Gleichgewichtspotenzial für $Cl^-$ (Anion! – beim Einsetzen in die Gleichung Vorzeichen beachten!) liegt in den meisten Zellen nahe dem Ruhemembranpotenzial zwischen –60 und –90 mV.

Setzt man nun die entsprechenden Zahlenwerte ein und rechnet den natürlichen Logarithmus in den dekadischen um, erhält man:

$$E_X = \frac{61\,\text{mV}}{z} \times \log \frac{[X]_a}{[X]_i}$$

Für die verschiedenen Ionen ergeben sich folgende **Gleichgewichtpotenziale**:
$K^+$: ca. –92 mV
$Na^+$: ca. +65 mV
$Ca^{2+}$: ca. +150 mV
$Cl^-$: –60 bis –90 mV.

▶ **Merke.** Mithilfe der **Nernst-Gleichung** lässt sich das Ruhemembranpotenzial einer nur für eine Ionenart perfekt selektiven Membran berechnen.

▶ **Merke.**

Da die Membran eines Neurons jedoch nicht nur für $K^+$, sondern auch für andere Ionen, v. a. für $Na^+$ und $Cl^-$, permeabel ist, entspricht das $K^+$-Gleichgewichtspotenzial nicht dem Ruhemembranpotenzial der Nervenzelle.

Da die Membran eines Neurons jedoch nicht selektiv permeabel für $K^+$-Ionen ist, entspricht das $K^+$-Gleichgewichtspotenzial nicht dem RP der Nervenzelle.

▶ **Merke.** Mithilfe der **Goldman-Gleichung** kann man das Ruhemembranpotenzial einer für mehrere Ionen permeablen Membran berechnen.

▶ **Merke.**

Diese erhält man, wenn man die elektrische mit der chemischen Kraft gleichsetzt. Die **Goldman-Gleichung** für $Na^+$, $K^+$ und $Cl^-$ lautet:

$$E = \frac{R \times T}{F} \times \ln \frac{P_{Na}[Na^+]_a + P_K[K^+]_a + P_{Cl}[Cl^-]_i}{P_{Na}[Na^+]_i + P_K[K^+]_i + P_{Cl}[Cl^-]_a}$$

Dabei ist P der Permeabilitätskoeffizient, der die Durchlässigkeit der Membran für das jeweilige Ion beschreibt.

Die **Goldman-Gleichung** für $Na^+$, $K^+$ und $Cl^-$ lautet:

$$E = \frac{R \times T}{F} \times \ln \frac{P_{Na}[Na^+]_a + P_K[K^+]_a + P_{Cl}[Cl^-]_i}{P_{Na}[Na^+]_i + P_K[K^+]_i + P_{Cl}[Cl^-]_a}$$

Dabei ist P der Permeabilitätskoeffizient.

▶ **Merke.** Das **Ruhemembranpotenzial** von Neuronen liegt bei ca. –70 mV (Abb. **1.11c**).

▶ **Merke.**

Nimmt man für $Na^+$ und $Cl^-$ eine Permeabilität von Null an, ergibt sich aus der Goldman-Gleichung wiederum die Nernst-Gleichung für $K^+$, mit der man das $K^+$-Gleichgewichtspotenzial ausrechnen kann.

▶ **Merke.** Der direkte Beitrag der $Na^+$-$K^+$-ATPase sowie anderer aktiver Transporter zum RP beträgt nur wenige mV!

▶ **Merke.**

Das kann man z. B. experimentell überprüfen, indem man die $Na^+$-$K^+$-ATPase mit Digitalis oder anderen Herzglykosiden (s. u.) hemmt und den Effekt auf das RP misst: Es verändert sich nur um wenige mV. Erst eine längere Blockade über Stunden führt zu einer größeren Depolarisation der Membran, die dann allerdings durch den Zusammenbruch der $Na^+$- und $K^+$-Gradienten bedingt ist.

**1.11 Ruhemembranpotenzial**

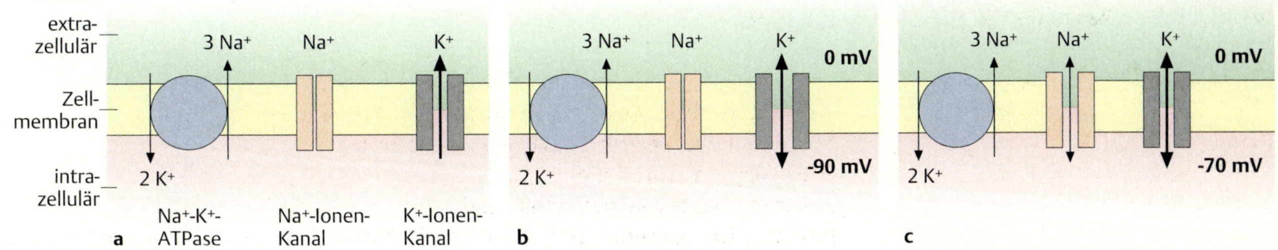


**a** $K^+$-selektive Membran. **b** Nernst-Potenzial für Kalium. **c** Ruhemembranpotenzial.

► Klinik.

► Klinik. **Herzglykoside** sind pflanzlichen Ursprungs (Digitalis = Fingerhut). Sie werden bei manifester chronischer Herzinsuffizienz (Funktionsstörung des Herzens, durch die der Organismus unzureichend mit Blutvolumen versorgt wird) und bestimmten Formen der Tachyarrhythmie (zu schneller und unregelmäßiger Herzschlag) eingesetzt. Durch Bindung an die $Na^+$-$K^+$-ATPase wird der $Na^+$-$K^+$-Antiport gehemmt, woraufhin $[Na^+]_i$ ansteigt und $[K^+]_i$ abfällt. Folglich wird $Ca^{2+}$ nicht mehr so effizient durch den 3-$Na^+$-$Ca^{2+}$-Antiporter aus der Zelle transportiert. Dadurch steigt $[Ca^{2+}]_i$ an, was die Kontraktilität der Herzmuskelzellen erhöht (= **positiv inotrop**). Durch die erhöhte Pumpleistung verbessert sich die Zirkulation und folglich sinkt die Herzfrequenz (= **negativ chronotrop**). Diese war zuvor vom Organismus erhöht worden, um das pro Zeit geförderte Blutvolumen zu steigern. Außerdem hemmen Herzglykoside auf bislang unverstandene Weise die Erregungsüberleitung am AV-Knoten (= **negativ dromotrop**), was ein erwünschter Effekt bei supraventrikulären Tachyarrhythmien (Arrhythmien, die ihren Ursprung oberhalb der Ventrikel haben) ist. Eine Erhöhung des Serumkaliums (Hyperkaliämie) hemmt die Wirkung der Herzglykoside, indem deren Affinität zur $Na^+$-$K^+$-ATPase gesenkt wird. Im Falle einer Hypokaliämie besteht hingegen eine herabgesetzte Toleranz für Glykoside, das Risiko von gefürchteten Nebenwirkungen bzw. Intoxikationserscheinungen wird erhöht. Die Kontrolle des Kaliumspiegels ist im Rahmen einer Behandlung mit Herzglykosiden deshalb von großer Bedeutung.

**1.6.2 Abweichungen vom Ruhemembranpotenzial**

An nahezu allen Zellen kann es zu Abweichungen vom RP kommen. Als **elektrisch erregbar** bezeichnet man jedoch nur diejenigen Zellen, die ein sog. Aktionspotenzial (AP; zur Entstehung s. S. 30) ausbilden können. Beispiele für elektrisch erregbare Zellen sind: **Nervenzellen**, **Muskelzellen** (Skelett-, glatte, Herz-) und **Sinneszellen** sowie chromaffine Zellen der Nebenniere und β-Zellen des Pankreas.

### 1.6.2 Abweichungen vom Ruhemembranpotenzial

An nahezu allen Zellen kann es zu Abweichungen vom Ruhemembranpotenzial kommen. Als **elektrisch erregbar** bezeichnet man jedoch nur diejenigen Zellen, die ein sog. Aktionspotenzial ausbilden können. Die Entstehung des Aktionspotenzials, bei der spannungsgesteuerte Natriumkanäle eine wesentliche Rolle spielen, wird am Beispiel der **Nervenzellen** beschrieben (s. S. 30). Weitere Beispiele für elektrisch erregbare Zellen sind:

- **Muskelzellen** (Skelettmuskelzellen, s. S. 57, glatte Muskelzellen, s. S. 64, und Herzmuskelzellen, s. S. 74)
- **Sinneszellen** (s. S. 586)
- chromaffine Zellen der Nebenniere (s. S. 388)
- β-Zellen des Pankreas (s. S. 390).

**1.7 Signalübertragung zwischen Zellen**

Die interzelluläre Signalübertragung findet an **elektrischen** und **chemischen Synapsen** statt. Die Unterschiede sind ab Seite 37 im Zusammenhang beschrieben.

## 1.7 Signalübertragung zwischen Zellen

Die Vorgänge interzellulärer Signalübertragung finden an sog. **Synapsen** statt. Man unterscheidet hierbei **elektrische** von **chemischen Synapsen**. Die Unterschiede in Vorkommen, Aufbau und Funktionsweise sind ab Seite 37 im Zusammenhang beschrieben.

# Grundlagen der Neurophysiologie

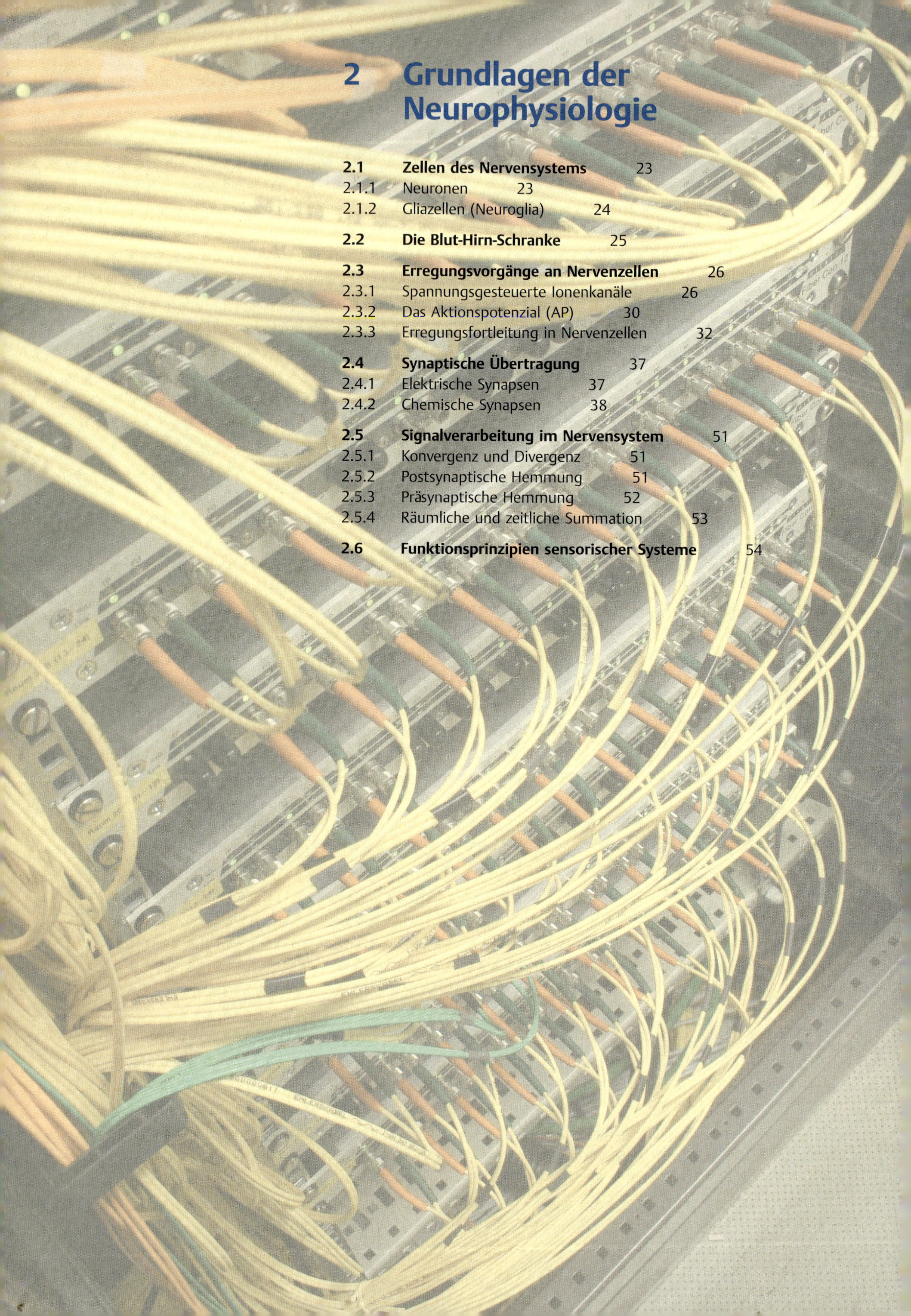

# 2 Grundlagen der Neurophysiologie

# 2 Grundlagen der Neurophysiologie

2 Grundlagen der Neurophysiologie

## 2.1 Zellen des Nervensystems

Das **Nervensystem** ist aus zwei verschiedenen Zelltypen aufgebaut: **Neurone** (Nervenzellen) und **Gliazellen**. Gehirn und Rückenmark bilden das **zentrale Nervensystem (ZNS)**, Hirnnerven, Spinalnerven und periphere Ganglien (also alle Nervenstrukturen außerhalb des ZNS) bilden das **periphere Nervensystem (PNS)**.

2.1 Zellen des Nervensystems

Das Nervensystem ist aus **Neurone** und **Gliazellen** aufgebaut. Man unterscheidet das zentrale **(ZNS)** vom peripheren Nervensystem **(PNS)**.

### 2.1.1 Neuronen

#### Aufbau und Funktion

**Aufbau:** Ein typisches Neuron besitzt einen Zellkörper (Perikaryon, Soma), Dendriten, ein Axon und präsynaptische Endigungen (Abb. **2.1**). **Dendriten** dienen der Aufnahme afferenter Signale anderer Nervenzellen. Das **Axon** entspringt am Axonhügel und dient der Fortleitung des efferenten Signals des Neurons zu anderen Nervenzellen. Axone werden häufig von Markscheiden (Myelinscheiden, s. u.) umgeben, die die Nervenleitgeschwindigkeit erhöhen. Im **Zellkörper** liegen Zellkern, raues endoplasmatisches Retikulum (Nissl-Substanz), Golgi-Apparat, Mitochondrien, Lyso- und Peroxisomen und Zytoskelettbestandteile (Neurofilamente, Aktinfilamente und Mikrotubuli).

2.1.1 Neuronen

Aufbau und Funktion

**Aufbau:** Ein typisches Neuron besitzt einen Zellkörper (Perikaryon, Soma), Dendriten, ein Axon und präsynaptische Endigungen (Abb. **2.1**).

**Funktion:** Aufgabe der Neuronen ist die Bildung, Verarbeitung, Übertragung und Weiterleitung elektrischer und chemischer Signale im Nervensystem. Damit ermöglichen sie die wichtigsten Funktionen des Nervensystems, zu denen Motorik, Sensorik und Gedächtnis gehören.

**Funktion:** Aufgabe der Neuronen ist die Bildung, Verarbeitung, Übertragung und Weiterleitung elektrischer und chemischer Signale im Nervensystem.

#### Transport in Nervenzellen

In Neuronen gibt es den sog. **axoplasmatischen Transport**, der als **schneller** oder **langsamer** Transport Zellorganellen und Proteine vom Soma zur Synapse **(anterograd)** oder zurück **(retrograd)** transportieren kann.

**Anterograder axoplasmatischer Transport:**

- Über den **schnellen anterograden Transport** werden Vesikel mit darin gespeicherten Proteinen und Zellorganellen mithilfe von **Kinesinen** (= Motorproteine) unter ATP-Verbrauch entlang von Mikrotubuli transportiert. Dabei werden Geschwindigkeiten von bis zu 400 mm pro Tag erreicht.
- Über den **langsamen anterograden Transport** werden Komponenten des Zytoskeletts und einige Enzyme mit einer Geschwindigkeit von etwa 1 – 10 mm pro Tag transportiert.

**Retrograder axoplasmatischer Transport:** Für den retrograden Transport, der Geschwindigkeiten bis zu 200 mm pro Tag erreicht, sind **Dyneine** und dyneinähnliche Motorproteine verantwortlich. Die physiologische Funktion des retrograden Transports ist nicht vollständig geklärt. Man nimmt an, dass er für die Proteinbiosynthese im Soma von Bedeutung ist.

Transport in Nervenzellen

In Neuronen findet **schneller** oder **langsamer** antero-/bzw. **retrograder axoplasmatischer Transport** von Zellorganellen und Proteinen statt.

**Anterograder axoplasmatischer Transport:**

- Über den **schnellen anterograden Transport** (bis zu 400 mm/d) werden Vesikel und Zellorganellen mithilfe von **Kinesinen** entlang von Mikrotubuli transportiert.
- Über den **langsamen anterograden Transport** (ca. 1 – 10 mm/d) werden Zytoskelettkomponenten und bestimmte Enzyme transportiert.

**Retrograder axoplasmatischer Transport:** Dieser erfolgt mithilfe von **Dyneinen**, erreicht bis zu 200 mm/d und ist wohl für die Proteinbiosynthese im Soma von Bedeutung.

**2.1 Aufbau einer Nervenzelle**

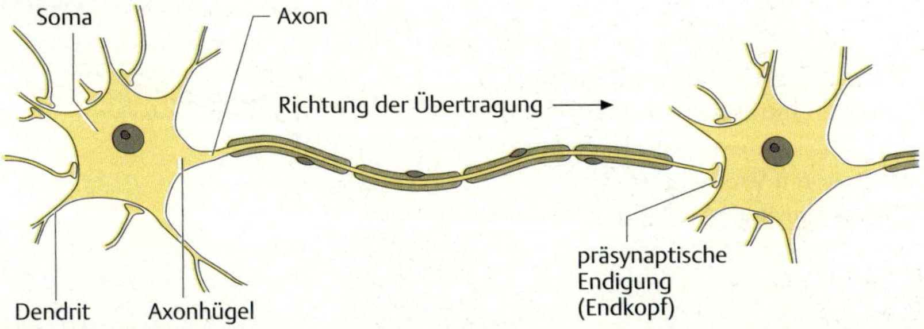


2.1

► Klinik.

► Klinik. Über den retrograden Transport können auch bestimmte Viren in das Soma von Nervenzellen transportiert werden. Dazu zählen u. a. das **Polio-Virus** (Erreger der Kinderlähmung), das **Herpes-simplex-Virus** (Erreger der „Fieberbläschen", Abb. **2.2**) und das **Varicella-Zoster-Virus** (Erreger der Windpocken, Abb. **2.3**, bzw. Gürtelrose; gehört ebenfalls zu den Herpesviren). Herpesviren persistieren typischerweise lebenslang im Körper und bei Störung der Immunsituation, z. B. im Rahmen von Malignomen oder Infektionen, bei Fieber, Stress, psychischer Belastung oder auch durch Sonneneinwirkung, kann es zu einer Reaktivierung mit entsprechender Symptomatik kommen.

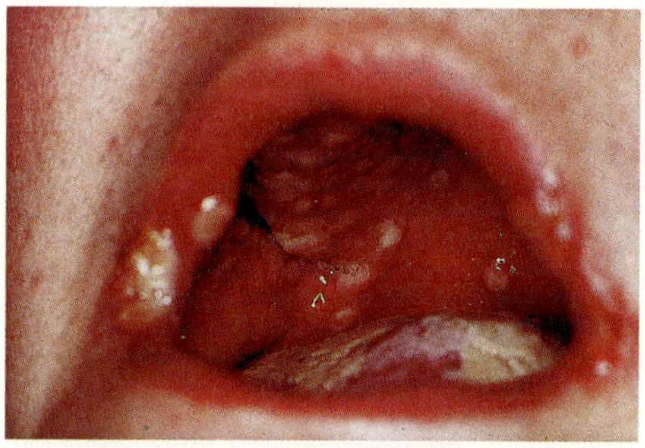

2.2 **Gingivostomatitis herpetica**

Mundschleimhaut und Lippen sind stark gerötet und weisen zahlreiche fibrinbedeckte Aphthen auf, welche aus in Schüben auftretenden Bläschen entstehen.

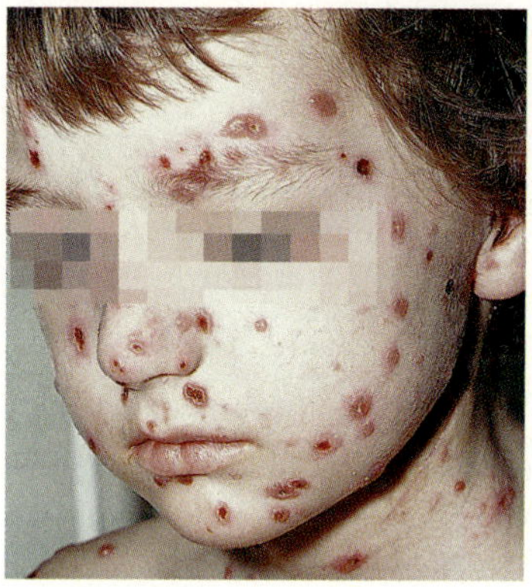

2.3 **Varizellen bei einem Kleinkind**

Zu erkennen ist das typische Nebeneinander verschiedener Stadien: rote Flecken, Papeln, Bläschen und beginnende Krustenbildung.

2.1.2 Gliazellen (Neuroglia)

Gliazellen kommen im Nervensystem 10- bis 50-mal häufiger vor als Neuronen. Man unterscheidet:
- im **ZNS**: Astrozyten, Mikroglia und Oligodendrozyten (Abb. **2.4**)
- im **PNS**: z. B. Schwann-Zellen.

**Astrozyten** spielen eine Rolle bei der Energieversorgung von Neuronen, sorgen für die $K^+$-Homöostase im ZNS, dienen der Synapsenabschirmung, bilden Wachstumsfaktoren, sind an der Bildung der Blut-Hirn-Schranke beteiligt, übernehmen die Stützfunktion im ZNS und nehmen über Transporter Neurotransmitter auf. Man unterscheidet **fibrilläre** von **protoplasmatischen Astrozyten**.

## 2.1.2 Gliazellen (Neuroglia)

Gliazellen sind im Nervensystem 10- bis 50-mal häufiger als Neuronen. Im Gegensatz zu diesen können sie keine Aktionspotenziale bilden. Zu den Gliazellen gehören:
- im **ZNS**: Astrozyten, Mikroglia und Oligodendrozyten (Abb. **2.4**)
- im **PNS**: Schwann-Zellen und weitere Zelltypen.

Ihre Funktion im ZNS wird wahrscheinlich unterschätzt, da sie noch längst nicht so gut untersucht sind wie Neuronen.

**Astrozyten** erfüllen zahlreiche Funktionen im Nervensystem. Sie
- garantieren die **Energieversorgung** der Neuronen, indem sie große Mengen Glykogen speichern und zu Laktat abbauen, das den Neuronen wiederum als Energiequelle dient
- sorgen für die extrazelluläre **$K^+$-Homöostase** im ZNS, indem sie bei Aktionspotenzialen (s. S. 30) freigesetztes $K^+$ aufnehmen und damit unerwünschter Depolarisation von Neuronen entgegenwirken
- schirmen die **Synapsen** (s. S. 37) ab, so dass sich die Transmitterwirkung v. a. auf den synaptischen Spalt beschränkt
- produzieren **Wachstumsfaktoren**
- sind an der Bildung der **Blut-Hirn-Schranke** (s. u.) beteiligt

**2.4 Gliazellen des ZNS**

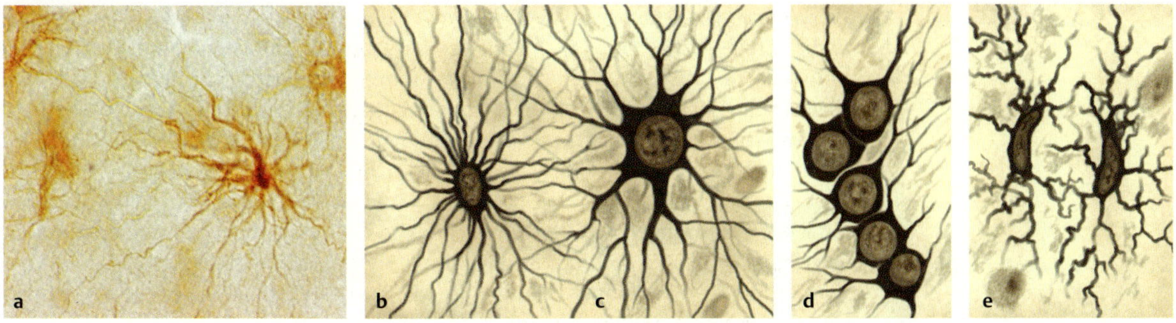

**a** Immunzytochemische Darstellung eines Faserastrozyten (fibrillärer Astrozyt).
**b** Fibrillärer Astrozyt.
**c** Protoplasmatischer Astrozyt.
**d** Oligodendrozyten.
**e** Mikroglia.
**b–d** Halbschematische Zeichnungen nach Versilberungspräparaten.

- übernehmen die **Stützfunktion** im ZNS, analog zum bindegewebigen Stützgewebe in anderen Organen
- nehmen über Transporter **Neurotransmitter** (s. S. 41) auf und verhindern so z. B. die neurotoxische Wirkung von Glutamat.

Man unterscheidet anhand der Anzahl der Fasern zwischen **fibrillären Astrozyten**, die in der weißen Substanz vorherrschen, und **protoplasmatischen Astrozyten**, die hauptsächlich in der grauen Substanz vorkommen.

**Mikrogliazellen** spielen eine wichtige Rolle bei Entzündungs- und Abwehrprozessen im ZNS („Makrophagen des Gehirns").
**Oligodendrozyten** bilden die **Myelinscheide** der zentralen Axone. Dabei handelt es sich um eine durch zahlreiche sog. **Ranvier-Schnürringe** unterbrochene Isolierschicht, die in diesen Nervenzellen eine wesentlich schnellere Fortleitung von Aktionspotenzialen (s. S. 30) ermöglicht. Im PNS erfüllen die myelinisierenden **Schwann-Zellen** diese Aufgabe.

**Mikrogliazellen** sind wichtig bei Entzündungs- und Abwehrprozessen im ZNS.

**Oligodendrozyten** bilden die Myelinscheide der zentralen Axone. Im PNS sind dafür die **Schwann-Zellen** zuständig.

## 2.2 Die Blut-Hirn-Schranke

Die Blut-Hirn-Schranke (Abb. **2.5**) trennt die Hirnsubstanz vom Blutkreislauf und sorgt so für ein stabiles Milieu innerhalb des ZNS. Gebildet wird sie von den **Endothelzellen** der Hirnkapillaren und den diese umgebenden **Astrozyten** (s. o.). Astrozyten sind durch Gap junctions (s. S. 14) miteinander verbunden, die auch für größere Moleküle durchlässig sind. Als eigentliche Barriere wirken die Endothelzellen, die durch Tight junctions (s. S. 14) so eng miteinander verbunden sind, dass

**2.2 Die Blut-Hirn-Schranke**

Die Blut-Hirn-Schranke (Abb. **2.5**) trennt die Hirnsubstanz vom Blutkreislauf und sorgt so für ein stabiles Milieu innerhalb des ZNS. Gebildet wird sie von den **Endothelzellen** der Hirnkapillaren und den diese umgebenden **Astrozyten** (s. o.), wobei die durch Tight junctions verbundenen Endothelzellen die eigentliche Barrierefunktion erfüllen.

**2.5 Die Blut-Hirn-Schranke**

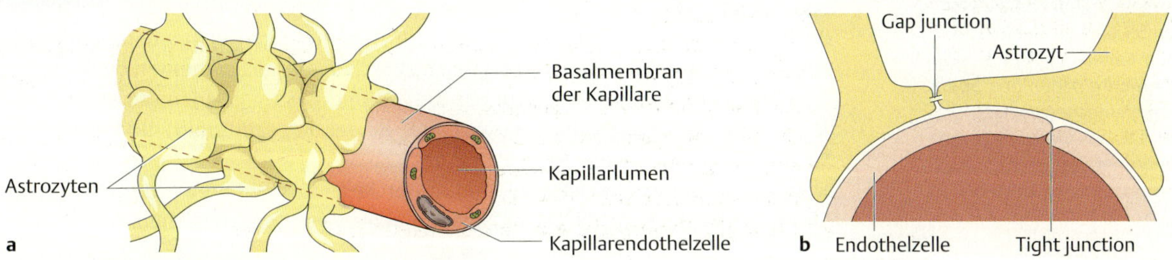


**a** Schematische Darstellung der aus den Endothelzellen der Hirnkapillaren und den diese umgebenden Astrozyten bestehenden Blut-Hirn-Schranke.

**b** Querschnitt.

kein parazellulärer Transport mehr möglich ist. So wird der unkontrollierte Übertritt großer Proteine, Neurotransmitter (Botenstoffe) und geladener Moleküle ins ZNS verhindert. Die (transzelluläre) Passage der Blut-Hirn-Schranke erfolgt für lipidlösliche Stoffe (z.B. $O_2$, $CO_2$, Narkosegase) mittels Diffusion, für andere sind Ionenkanäle, Carrier oder bestimmte Rezeptoren nötig. In einigen wenigen Bereichen (z.B. Hypophysenhinterlappen, zirkumventrikuläre Organe) besteht die Blut-Hirn-Schranke aus fenestriertem Epithel, um die Passage von Hormonen zu ermöglichen.

► Klinik.

► Klinik. Störungen der **Blut-Hirn-Schranke**, die durch Hirntumoren, Entzündungen (z.B. bakterielle Meningitis) oder starke Hyperosmolarität des Blutplasmas hervorgerufen werden können, können über Elektrolytstörungen zu irreversiblen neuronalen Schädigungen führen.

2.3 Erregungsvorgänge an Nervenzellen

Voraussetzung für die Ausbildung und Weiterleitung von Erregungen und somit auch von Aktionspotenzialen (s. S. 30) sind spannungsgesteuerte Ionenkanäle in der Zellmembran.

## 2.3 Erregungsvorgänge an Nervenzellen

Neuronen gehören zu den erregbaren Zellen (s. S. 20), weil sie auf Abweichungen von ihrem Ruhemembranpotenzial mit der Ausbildung eines Aktionspotenzials (s. S. 30) reagieren können. Voraussetzung für die Ausbildung und Weiterleitung von Erregungen sind spannungsgesteuerte Ionenkanäle in ihrer Zellmembran.

2.3.1 Spannungsgesteuerte Ionenkanäle

► Definition.

### 2.3.1 Spannungsgesteuerte Ionenkanäle

► Definition. Bei **spannungsgesteuerten Ionenkanälen** werden die Zustände **„offen"** und **„geschlossen"** durch die vorliegende Membranspannung, also den Wert des Membranpotenzials, geregelt.

Dazu gehören (s. auch Tab. **2.2**, S. 30):
- $Na^+$-Kanäle
- $K^+$-Kanäle
- $Ca^{2+}$-Kanäle
- $Cl^-$-Kanäle.

Beispiele für spannungsgesteuerte Ionenkanäle sind:
- $Na^+$-Kanäle
- $K^+$-Kanäle
- $Ca^{2+}$-Kanäle
- $Cl^-$-Kanäle.

Tab. **2.2**, S. 30 gibt eine Übersicht über die verschiedenen Arten von Ionenkanälen.

**Funktion:** Die spannungsgesteuerten **$Na^+$-, $K^+$- und $Ca^{2+}$-Kanäle** spielen eine entscheidende Rolle bei der Signalweiterleitung in Nervenzellen.
Spannungsgesteuerte **$Cl^-$-Kanäle** sind z. B. für die Erregbarkeit von Skelettmuskelzellen wichtig.

**Funktion:** Spannungsgesteuerte **$Na^+$-, $K^+$- und $Ca^{2+}$-Kanäle** bilden die Grundlage für das Verständnis der elektrischen Erregung (Aktionspotenziale) und der Signaltransduktion in Nervenzellen. Diese Kanäle werden durch eine Änderung des Membranpotenzials in positive Richtung (= Depolarisation) aktiviert.
Spannungsgesteuerte **$Cl^-$-Kanäle** spielen ebenfalls eine wichtige Rolle für viele Zellfunktionen, z. B. für die Erregbarkeit von Skelettmuskelzellen.

**Aufbau:** Die porenbildende **α-Untereinheit** der **$Na^+$-Kanäle** besteht aus einem aus vier Domänen aufgebauten Protein (Abb. **2.6a**). Jede Domäne besteht aus sechs transmembranären Segmenten (S1–S6). Spannungsgesteuerte **$K^+$-Kanäle** bestehen aus vier zusammengelagerten α-Untereinheiten, die ebenfalls aus je sechs Transmembransegmenten aufgebaut sind (Abb. **2.6b**). Der Bereich zwischen S5 und S6 kleidet die Kanalporen beider Kanäle aus. Die positiv geladenen S4-Segmente bilden den **Spannungssensor**. Spannungsgesteuerte **$Cl^-$-Kanäle** sind i.d.R. aus Dimeren zusammengesetzt, die wahrscheinlich aus je 18 transmembranären Domänen bestehen.

**Aufbau:** Die porenbildende **α-Untereinheit** eines spannungsgesteuerten **$Na^+$- oder $Ca^{2+}$-Kanals** besteht aus einem Protein, das aus vier Domänen aufgebaut ist (Abb. **2.6a**). Jede dieser Domänen besteht wiederum aus sechs die Membran durchdringenden Segmenten (S1–S6), die jeweils aus einer α-Helix gebildet werden.
Ein spannungsgesteuerter **$K^+$-Kanal** ist dagegen aus vier zu einem Tetramer zusammengelagerten α-Untereinheiten (Proteinen) aufgebaut (Abb. **2.6b**). Jede dieser Untereinheiten weist analog zur $Na^+$-Kanal-Domäne sechs Transmembransegmente (S1–S6) auf.
Beiden Kanalarten gemeinsam ist, dass die Transmembransegmente S5 und S6 der Pore am nächsten liegen und der Bereich zwischen diesen Segmenten die Kanalpore auskleidet. Die vier S4-Segmente der Kanäle sind positiv geladen (an jeder dritten Stelle eine positiv geladene Aminosäure, in der Regel Arginin) und bilden den **Spannungssensor** für die Aktivierung des Kanals.
Spannungsgesteuerte **$Cl^-$-Kanäle** sind in der Regel aus Dimeren zusammengesetzt, die wahrscheinlich aus je 18 transmembranären Domänen bestehen.

**2.6 Spannungsgesteuerte Ionenkanäle**

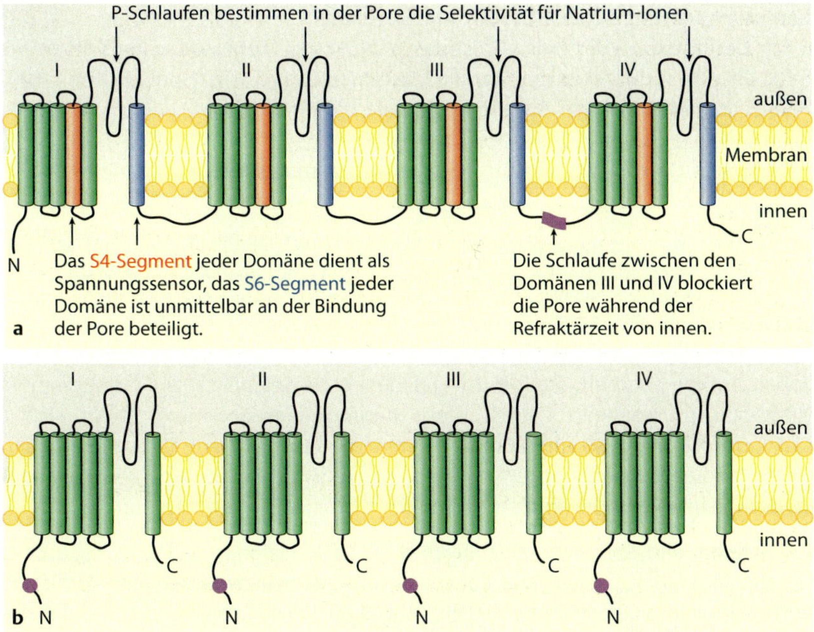


**a** Struktur der porenbildenden α-Untereinheit eines spannungsgesteuerten **$Na^+$-Kanals** mit vier Domänen (I–IV).
**b** Ein spannungsgesteuerter **$K^+$-Kanal** ist aus vier zu einem Tetramer zusammengelagerten α-Untereinheiten (I–IV) aufgebaut. Die Pore wird gegen Ende des Aktionspotenzials von den globulären Strukturen im Bereich der N-Termini verschlossen.

Neben den porenbildenden α-Untereinheiten der spannungsgesteuerten Kanäle gibt es akzessorische Untereinheiten, von denen die meisten sog. **β-Untereinheiten** sind. Sie können Lokalisation, Aktivierung und Inaktivierung (s.u.) der Kanäle modulieren. Zur Aufklärung der Struktur von Ionenkanälen hat u.a. die Röntgenstrukturanalyse beigetragen.

Die akzessorischen Untereinheiten (meist **β-Untereinheiten**) können Lokalisation, Aktivierung und Inaktivierung modulieren.

**Selektivität:** Über die Ladung von Aminosäuren und den Durchmesser ihrer Kanalporen kontrollieren die Ionenkanäle, dass nur ganz bestimmte Ionen passieren können. Ohne diese Selektivität wäre die Entstehung von Aktionspotenzialen (s. S. 30) und damit die Informationsübertragung im Nervensystem unmöglich.
Den engsten Bereich der Kanalpore bezeichnet man als **Selektivitätsfilter**. Bei $Na^+$-Kanälen hat dieser einen Durchmesser von ca. 0,5 nm, bei $K^+$-Kanälen ca. 0,3 nm. Um einen Ionenkanal passieren zu können, müssen die Ionen ihre Hydrathülle fast vollständig abstreifen.
Die **Wand der $Na^+$-Kanalpore** ist negativ geladen, weswegen hier elektrostatische Anziehungskräfte eine wichtige Rolle bei der Selektivität spielen. Nach Abstreifen der Hydrathülle können die kleineren $Na^+$-Ionen näher an die negativ geladene Kanalwand gelangen und haben so einen Permeationsvorteil.
Die **$K^+$-Kanalwand** ist ungeladen, weshalb elektrostatische Wechselwirkungen keine große Bedeutung haben. Hier ist vielmehr entscheidend, wie leicht die Ionen ihre Hydrathülle vor dem Kanaldurchtritt abstreifen können. $K^+$-Ionen haben dabei aufgrund ihrer Größe einen Vorteil und passieren einen $K^+$-Kanal daher leichter.

**Selektivität:** Die verschiedenen Ionenkanäle lassen nur bestimmte Ionen passieren.
Als **Selektivitätsfilter** bezeichnet man den engsten Bereich der Kanalpore. Zur Passage müssen sich Ionen ihrer Hydrathülle entledigen.
Danach können die kleineren $Na^+$-Ionen sehr nahe an die negativ geladene **$Na^+$-Kanalwand** gelangen, was ihren Permeationsvorteil bedeutet.
Die **$K^+$-Kanalwand** ist ungeladen. Da $K^+$-Ionen ihre Hydrathülle sehr schnell abstreifen können, haben sie hier einen Permeationsvorteil.

**Aktivität:** Wie aktiv ein Kanal ist, hängt von der pro Kanalöffnung hindurch strömenden Ionenzahl **(Einzelkanalstrom)** und von seiner **Offenwahrscheinlichkeit** ab. Die Offenwahrscheinlichkeit kann man aus der Zeit, die ein Kanal pro Zeiteinheit offen ist, ableiten.

**Aktivität:** Je höher **Einzelkanalstrom** und **Offenwahrscheinlichkeit** eines Ionenkanals sind, desto höher ist seine Aktivität.

**▶ Merke.** Bei den spannungsgesteuerten $Na^+$- und $K^+$-Kanälen steigt die Offenwahrscheinlichkeit bei Depolarisation (s. S. 31) an.
Die $K^+$-Kanäle, die für das Ruhemembranpotenzial verantwortlich sind, sind z.T. spannungsunabhängig. Ihre Offenwahrscheinlichkeit ist im gesamten Spannungsbereich gleich.

**▶ Merke.**

Die **Leitfähigkeit** einer Membran ist davon abhängig, welche und wie viele Ionenkanäle geöffnet sind.
Es gibt mehrere Möglichkeiten der Berechnung des **Gesamtstroms eines Ions x** durch eine Membran:
- $I_x = p \times i \times n$
- $I_x = g_x \times (E - E_x)$ **(Ohm-Gesetz)**, $g_x = \frac{1}{R_x}$

Die **Leitfähigkeit** einer Membran ist davon abhängig, welche und wie viele Ionenkanäle geöffnet sind. Den **Gesamtstrom eines Ions x** durch eine Membran kann man auf unterschiedliche Arten berechnen:

- Der **Gesamtstrom des Ions x** $I_x$ ist das Produkt aus Offenwahrscheinlichkeit p der für das Ion x durchlässigen Kanäle (zwischen 0 und 1, entspricht 0 und 100 %), Einzelkanalstrom i und Anzahl der Kanäle n:
$$I_x = p \times i \times n$$
- Nach dem **Ohm-Gesetz** gilt für den Gesamtstrom des Ions x:
$$I_x = g_x \times (E - E_x),\ g_x = \frac{1}{R_x}$$

Dabei ist $g_x$ die Leitfähigkeit der Membran für x, $R_x$ der Widerstand der Membran für x, E das aktuelle Membranpotenzial und $E_x$ das Nernst-Potenzial für x.

**Aktivierbarkeit:** Das **S4-Segment** (Abb. **2.6a**) kann sich spannungsabhängig in der Membran bewegen. Durch die entstehenden **Konformationsänderungen** wird die Kanalpore zwischen **S5** und **S6** geöffnet. Bei $K^+$-Kanälen verläuft dieser Mechanismus langsamer als bei $Na^+$-Kanälen.

**Aktivierbarkeit:** Die **S4-Segmente**, die den Spannungssensor bilden (Abb. **2.6a**), können sich bei Spannungsänderungen innerhalb der Membran bewegen. Bei einer Depolarisation werden die positiv geladenen S4-Segmente zur Außenseite der Membran hin verlagert. Durch diese **Konformationsänderung** öffnet sich die Kanalpore zwischen **S5** und **S6** und die Ionen können entlang ihres elektrochemischen Gradienten transportiert werden. Die Aktivierung verläuft bei $N^+$- und $K^+$-Kanälen prinzipiell sehr ähnlich, wobei die $K^+$-Kanäle langsamer sind.

**Inaktivierbarkeit:** Spannungsgesteuerte **$Na^+$-Kanäle** bleiben nur kurzzeitig geöffnet: Innerhalb von 1–2 ms nach ihrer Öffnung werden sie inaktiviert (Abb. **2.6a**).

**Inaktivierbarkeit:** Spannungsgesteuerte **$Na^+$-Kanäle** bleiben nur kurzzeitig geöffnet. Für die Inaktivierung des $Na^+$-Kanals ist ein Bereich zwischen der dritten und vierten Kanaldomäne verantwortlich (Abb. **2.6a**). Besonders wichtig ist dabei ein hydrophober Bereich, der aus den Amimnosäuren Isoleucin, Phenylalanin und Methionin (IFM-Motiv) aufgebaut ist. Die Kanalpore wird durch ihn wie mit einem Deckel von innen verschlossen und somit inaktiviert.

▶ Merke.

▶ **Merke.** Ein spannungsgesteuerter **$Na^+$-Kanal** geht durch Depolarisation vom **geschlossen-aktivierbaren Zustand** zunächst in den **geöffneten Zustand** und anschließend relativ schnell (innerhalb von 1–2 Millisekunden) in den **geschlossen-inaktivierten Zustand** über. Um wieder in den geschlossen-aktivierbaren Zustand zurückkehren zu können, sind negative Membranpotenziale im Rahmen der Repolarisation erforderlich.

Spannungsgesteuerte **$K^+$- und $Ca^{2+}$-Kanäle** bleiben meist länger geöffnet als $Na^+$-Kanäle.

Diese sehr schnelle Inaktivierung findet sich auch bei einigen wenigen **$K^+$-Kanälen**, eine langsamere ähnlich ablaufende Inaktivierung findet sich bei fast allen **$K^+$- und $Ca^{2+}$-Kanälen**.

▶ Klinik.

▶ **Klinik.** Für fast alle Ionenkanäle gibt es selektive Inhibitoren (im klinischen Jargon als „Blocker" bezeichnet), die teilweise auch in der Klinik Verwendung finden: **$Na^+$-Kanalblocker** werden u. a. als lokal wirkende Betäubungsmittel **(Lokalanästhetika)** eingesetzt. So blockiert z. B. Lidocain die spannungsabhängigen $Na^+$-Kanäle, wodurch die Bildung und Fortleitung von Aktionspotenzialen (s. S. 30) und damit die Empfindung von Schmerz verhindert wird. Außerdem werden sie als sog. **Klasse-I-Antiarrhythmika** eingesetzt: Durch die Blockade der $Na^+$-Kanäle wird in der Herzmuskelzelle die relative Refraktärzeit (Zeit, in der selbst durch stärkere Reize nur Aktionspotenziale mit kleinerer Amplitude ausgelöst werden können) verlängert (s. S. 81). Dadurch werden zusätzliche arrhythmische Erregungen der Herzmuskelzellen verhindert.
Zu den **$K^+$-Kanalblockern** gehören die **Klasse-III-Antiarrhythmika**, wie z. B. Sotalol, welches diejenigen $K^+$-Kanäle blockiert, die zur Wiederherstellung des Ruhepotenzials (repolarisierende $K^+$-Kanäle) dienen (s. S. 80). Dadurch ist die Herzmuskelzelle längere Zeit nicht wieder erregbar und zusätzliche arrhythmische Erregungen werden verhindert.
Tab. **2.1** gibt eine Übersicht über klinisch genutzte Substanzen, die mit $Na^+$-, $K^+$- und $Ca^{2+}$-Kanälen interferieren.

**2.1 Klinisch genutzte Substanzen, die mit Natrium-, Kalium- und Kalziumkanälen interferieren**

| *Kanaltyp* | *Substanz* | *Einsatz als* | *Indikation (I) und Wirkmechanismus (W)* | *Nebeneffekte* |
|---|---|---|---|---|
| **spannungsgesteuerte $Na^+$-Kanäle** | Lidocain | Lokalanästhetikum | **I:** alle Formen der Lokalanäshesie (u. a. bei Zahnbehandlungen, Eingriffen an Extremitäten)<br>**W:** Inhibierung von $Na^+$-Kanälen → Verhinderung der Aktionspotenzialbildung; Blockierung der Schmerzrezeptoren (s. S. 604) → Blockierung der Erregungsüberleitung | ZNS: u. a. Schwindel, Ohrensausen, Sehstörungen, Parästhesien, Tremor, Krämpfe |
| | | Antiarrhythmikum der Klasse I | **I:** ventrikulären Herzrhythmusstörungen<br>**W:** Verlängerung der relativen Refraktärzeit am Herzen (s. S. 81) durch Inhibierung von $Na^+$-Kanälen | Herz: u. a. Reduktion von Kontraktilität und Überleitungsgeschwindigkeit |
| | Tetracain | Lokalanästhetikum | **I:** hauptsächlich für Spinalanästhesien und korneale Anästhesien<br>**W:** Inhibierung von $Na^+$-Kanälen → Verhinderung der Aktionspotenzialbildung; Blockierung der Schmerzrezeptoren (s. S. 604) → Blockierung der Erregungsüberleitung | Herz: Reduktion der Kontraktilität |
| **epithelialer $Na^+$-Kanal (ENaC)** | Amilorid | Diuretikum | **I:** Einsatz zur Wirkungsverstärkung anderer Diuretika, v. a. da durch den Einsatz von ENaC-Inhibitoren die $K^+$-Rückresorption nicht beeinträchtigt ist<br>**W:** Blockierung der epithelialen $Na^+$-Kanäle (ENaC, s. S. 376 → fehlende Depolarisation der luminalen Zellmembran → geringere $K^+$-Sekretion | Hypovolämie (Volumenmangel), Hypokalzämie, Hypomagnesiämie |
| **spannungsgesteuerte $K^+$-Kanäle** | Sotalol | Antiarrhythmikum der Klasse III | **I:** ventrikuläre Extrasystolen, Kammertachykardie<br>**W:** Blockierung repolarisierender $K^+$-Kanäle → Verlängerung der totalen Refraktärzeit am Herzen (s. S. 80) | aufgrund gleichzeitiger Blockierung von β-adrenergen Rezeptoren: Bradykardie, AV-Block, Herzinsuffizienz |
| **ATP-abhängige $K^+$-Kanäle** | Minoxidil | Vasodilatatoren | **I:** therapieresistente arterielle Hypertonie<br>**W:** Hyperpolarisation der Zellen durch Öffnen von $K^+$(ATP)-Kanälen in der glatten Muskulatur (s. S. 66) → Verringerung der intrazellulären $Ca^{2+}$-Konzentration → Vasodilatation → Blutdrucksenkung | reflektorischer Sympathikotonus mit Tachykardie, Kopfschmerzen durch zerebrale Gefäßerweiterung |
| **spannungsgesteuerte $Ca^{2+}$-Kanäle** | Phenylalkylamine (z. B. Verapamil), Benzothiazepine (z. B. Diltiazem) | Antiarrhythmikum der Klasse IV (Vasodilatoren) | **I:** u. a. supraventrikuläre Tachykardie, arterielle Hypertonie, koronare Herzkrankheit (KHK), Angina pectoris<br>**W:** Blockierung spannungsgesteuerter $Ca^{2+}$-Kanäle der Herzmuskelzellen (s. S. 80) → Inhibition des $Ca^{2+}$-Einstroms → Herabsetzung der Kontraktilität des Herzens | AV-Block, Blutdruckabfall, Kopfschmerzen, Schwindel, Beinödeme |
| | Dihydropyridine (z. B. Nifedipin) | Vasodilatatoren | **I:** u. a. arterielle Hypertonie, stabile koronare Herzkrankheit (KHK)<br>**W:** Verringerung der intrazellulären $Ca^{2+}$-Konzentration in der glatten Muskulatur (s. S. 66) → Vasodilatation → verbesserte Koronardurchblutung | Blutdruckabfall, Kopfschmerzen durch zerebrale Gefäßerweiterung, Knöchelödeme |

▶ Exkurs.

▶ Exkurs. **$Na^+$- und $K^+$-Kanalblocker außerhalb der klinischen Anwendung**

**Tetrodotoxin (TTX)** ist das Gift des japanischen Pufferfisches. Es hat eine hohe Affinität zum $Na^+$-Kanal und blockiert diesen spezifisch. Dadurch kann es zu motorischen und sensiblen Paralysen kommen, die letztlich auch zum Tod führen können (Atemlähmung!). Da es zu gefährlich und zudem sehr teuer ist, findet TTX zwar keine klinische Anwendung, hat aber bei der Aufklärung der molekularen Struktur des $Na^+$-Kanals eine wichtige Rolle gespielt.

Zu den spezifischsten $K^+$-Kanalblockern zählen u. a. **Skorpion- und Schlangengifte**, wie z. B. Dendrotoxin (= Gift der grünen Mamba), das Krämpfe und Herzversagen verursachen kann.

**2.2 Verschiedene Arten von Ionenkanälen**

| ***Bezeichnung*** | ***Gen*** | ***gebräuchliche Terminologie*** | ***Art der Aktivierung*** | ***wesentliche Funktionen*** |
|---|---|---|---|---|
| $Na_V1.1$ bis $Na_V1.8$ | SCNa1 bis SCNa8 | spannungsgesteuerte Natriumkanäle | Depolarisation | AP-Aufstrich |
| $K_V1.1$ bis $K_V3.4$ (nicht $K_V1.4$)<br>KCNQ1 – 4HERG, Eag | KCNA1 bis KCNC4<br>KCNQ1 – 4<br>KCNH2 | spannungsgesteuerte Kaliumkanäle („verzögerter Gleichrichter“) | Depolarisation | AP-Repolarisation<br>KCNQ1: langsame Repolarisation am Herz und Sekretion von $K^+$ in Endolymphe des Ohrs<br>KCNQ2,3: auch Ruhemembranpotenzial |
| $K_V1.4$, $K_V4.1$ bis $K_V4.3$ | KCNA4<br>KCND1 – 3 | spannungsgesteuerte inaktivierende Kaliumkanäle | Depolarisation (diese ist für Aktivierung und Inaktivierung verantwortlich) | AP-Repolarisation, Steuerung der AP-Ausbreitung im Axon, Rhythmogenese<br>$K_V1.4$: auch Steuerung der synaptischen Übertragung |
| $K_{ir}1 – 5$ und $K_{ir}7$ Familien | KCNJ1 – 10, 12 | einwärts-gleichrichtende Kaliumkanäle („Einwärtsgleichrichter“) | Hyperpolarisation | Ruhemembranpotenzial<br>$K_{ir}1$: Sekretion von $K^+$ unter pH-Kontrolle in der Niere<br>$K_{ir}3$ (G-Protein-gekoppelt): parasympatische Regulation der Herzfrequenz |
| $K_{ir}6$ Familie, mit Sur-Untereinheit | KCNJ11 | ATP-abhängige Kaliumkanäle | Senkung der ATP-Konzentration | Steuerung der Insulinsekretion in den B-Zellen des Pankreas |
| BK, SK1 – 4 | KCNM,<br>KCNN1 – 4 | $Ca^{2+}$-aktivierte Kaliumkanäle | Depolarisation | Nachhyperpolarisation |
| KCNK0 – 13 | KCNK0 – 13 | spannungsunabhängige Kaliumkanäle (Leckkanäle) | ? | Ruhemembranpotenzial |
| $Ca_V1.1 – 1.3$<br>$Ca_V2.1 – 2.3$<br>$Ca_V3.1 – 3.3$ | CACNA1S,C,D<br>CACNA1A,B,E<br>CACNA1G,H,I | spannungsabhängige Calciumkanäle | Depolarisation | elektromechanische Kopplung<br>Transmitterfreisetzung<br>Depolarisation im Sinus- und AV-Knoten |
| ClC-1 bis ClC7<br>ClCka, ClCkb | ClCN1 – 7<br>CLCNKa, Kb | spannungsabhängige Chloridkanäle | Depolarisation | Regulation des Membranpotenzials und der Muskelerregbarkeit, Regulation der Chloridkonzentration, Ansäuerung von Vesikeln |

2.3.2 Das Aktionspotenzial (AP)

## 2.3.2 Das Aktionspotenzial (AP)

▶ Definition.

▶ Definition. Unter einem **Aktionspotenzial** versteht man eine durch eine überschwellige Depolarisation ausgelöste und in charakteristischer Form ablaufende vorübergehende Abweichung des Membranpotenzials vom Ruhepotenzial.

Das AP bildet die zentrale Grundlage der Informationsübertragung im Nervensystem.

Das Aktionspotenzial bildet die zentrale Grundlage der Informationsübertragung im Nervensystem. Außer in Nervenzellen (s. u.) werden AP auch in Sinnes- (s. S. 587), Herz- (s. S. 77) und Skelettmuskelzellen (s. S. 49) gebildet.

## Entstehung eines Aktionspotenzials

Das Aktionspotenzial (AP) stellt eine „Alles-oder-Nichts"-Änderung des Membranpotenzials dar. Ausgehend vom Ruhemembranpotenzial benötigt die Nervenzelle einen adäquaten Reiz, um ein AP zu generieren. Dieser Reiz kann z. B. von sensorischen Systemen kommen oder über eine Synapse entstehen (s. S. 37). Gemeinsam ist beiden Reizen, dass sie die Nervenzelle leicht depolarisieren (= Änderung des Membranpotenzials in positive Richtung). Dies geschieht in der Regel durch das Öffnen von ligandengesteuerten Kationenkanälen (s. S. 39) in der postsynaptischen Zelle einer neuronalen Synapse (s. Abb. **2.13**, S. 39). Das Öffnen eines Kationenkanals bei einem Ruhemembranpotenzial von etwa – 70 mV führt zu einem Nettokationeneinstrom. Im Wesentlichen strömt dabei $Na^+$ in die Zelle ein und depolarisiert diese. In der postsynaptischen Zelle nennt man diese Depolarisation auch das **exzitatorische postsynaptische Potenzial (EPSP).** Erreicht die Depolarisation nicht die nötige Schwelle von ca. – 50 mV für die Aktivierung von spannungsgesteuerten $Na^+$-Kanälen, gibt es lediglich ein lokal begrenztes unterschwelliges EPSP, welches funktionell ohne Bedeutung ist (Abb. **2.7a**). Überschreitet das EPSP jedoch die genannte Schwelle, werden sämtliche verfügbaren spannungsgesteuerten $Na^+$-Kanäle sehr schnell aktiviert und die einzelnen Phasen des AP (s. u.) stereotyp nacheinander durchlaufen.

**Entstehung eines Aktionspotenzials**

Das Aktionspotenzial (AP) stellt eine „Alles-oder-Nichts"-Änderung des Membranpotenzials dar. Ausgehend vom Ruhemembranpotenzial benötigt die Nervenzelle einen adäquaten Reiz, um ein AP zu generieren. Durch das Öffnen ligandengesteuerter Kationenkanäle in der Postsynapse wird die Nervenzelle zunächst leicht depolarisiert – im Wesentlichen strömt dabei $Na^+$ in die Zelle ein. Wird bei der Depolarisation eine Schwelle von ca. – 50 mV überschritten, werden sehr schnell sämtliche verfügbaren spannungsgesteuerten $Na^+$-Kanäle aktiviert und die einzelnen Phasen des AP (s. u.) stereotyp nacheinander durchlaufen.

► Merke. Für das AP gilt das **„Alles-oder-nichts-Gesetz"**: Wird die Reizschwelle überschritten, werden alle verfügbaren $Na^+$-Kanäle geöffnet und es entsteht ein entsprechend maximales AP. Ist der Reiz zu gering, wird kein AP ausgelöst, sondern es bleibt bei der lokalen Antwort.

► Merke.

## Phasen des Aktionspotenzials

Das eigentliche **Aktionspotenzial** (Abb. **2.7**) besteht aus:
- Depolarisationsphase mit Overshoot
- Repolarisationsphase.

Daran schließt sich meist noch ein Nachpotenzial, eine sog. **Hyperpolarisation,** an. Darauf kann wiederum noch ein depolarisierendes Nachpotenzial folgen.

**Depolarisationsphase:** Sie umfasst den steilen Anstieg der Kurve, den sog. **Aufstrich** des AP, zwischen Reizschwelle und Maximum des AP (bis ca. +30 mV). Der durch Überschreiten der Reizschwelle ausgelöste schnelle $Na^+$**-Einstrom** strebt dabei dem Gleichgewichtspotenzial von $Na^+$ entgegen. Im Bereich des Aufstrichs erreicht die Offenwahrscheinlichkeit der $Na^+$-Kanäle ihr Maximum. An der Spitze des AP sind die meisten $Na^+$-Kanäle bereits wieder inaktiviert. Denjenigen Bereich des AP, in dem das **Membranpotenzial positiv** ist, bezeichnet man als **Overshoot**.

**Phasen des Aktionspotenzials**

Das **Aktionspotenzial** (Abb. **2.7**) besteht aus:
- Depolarisationsphase mit Overshoot
- Repolarisationsphase.
  Meist schließt sich eine **Hyperpolarisation** an.

**Depolarisationsphase:** Sie umfasst den durch schnellen **Na+-Einstrom** verursachten steilen Aufstrich (bis ca. +30 mV) des AP. Denjenigen Bereich des AP, in dem das Membranpotenzial positiv ist, bezeichnet man als Overshoot.

**2.7 Aktionspotenzial und Membranpermeabilität für $Na^+$ und $K^+$**

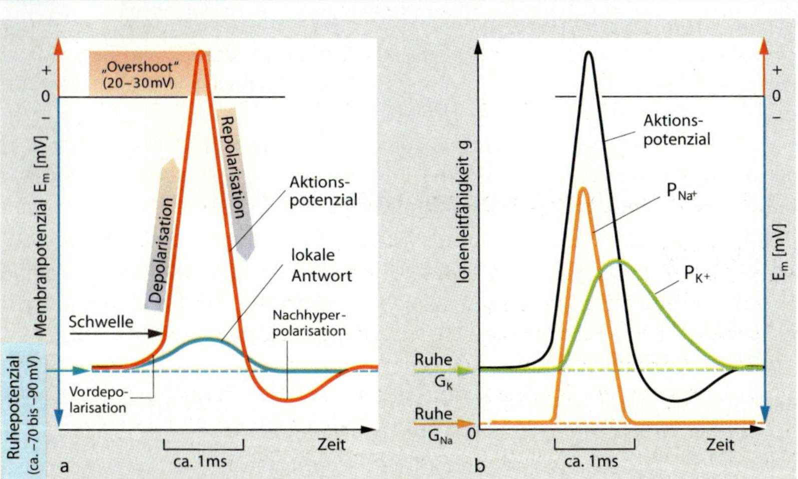


**a** Zeitlicher Verlauf eines Aktionspotenzials (AP).
**b** Membranpermeabilität für $Na^+$- und $K^+$-Ionen während eines AP. $P_{K+}$ stellt eine Mischpermeabilität verschiedener $K^+$-Kanäle dar, da für die Aufrechterhaltung des Ruhemembranpotenzials (RP) und die Repolarisation während des AP unterschiedliche Arten von $K^+$-Kanälen verantwortlich sind.

**Repolarisationsphase:** Hier kommt es durch Inaktivierung der $Na^+$-Kanäle und Aktivierung der $K^+$-Kanäle mit folgendem **$K^+$-Ausstrom** zur Wiederherstellung des Ruhepotenzials.

**Repolarisationsphase:** Durch die Inaktivierung der $Na^+$-Kanäle und die verzögerte Aktivierung spannungsgesteuerter $K^+$-Kanäle mit nachfolgendem **$K^+$-Ausstrom** kommt es zur Repolarisation und damit zur Wiederherstellung des Ruhepotenzials. Man spricht daher auch von $K^+$-Kanälen vom Typ „verzögerter Gleichrichter".

**Hyperpolarisation:** Da nicht alle aktivierten $K^+$-Kanäle sofort nach erfolgter Repolarisation geschlossen werden, sinkt das Membranpotenzial durch den ahaltenden **$K^+$-Ausstrom** vorübergehend unter das Ruhepotenzial.

**Hyperpolarisation:** Der Repolarisationsphase schließt sich in der Regel eine Hyperpolarisation an, da nicht alle aktivierten $K^+$-Kanäle sofort nach erfolgter Repolarisation geschlossen werden. Durch den weiterhin andauernden **$K^+$-Ausstrom** in Richtung $K^+$-Gleichgewichtspotenzial sinkt das Membranpotenzial vorübergehend unter das Ruhepotenzial. Diese Hyperpolarisation könnte die Funktion haben, die $Na^+$-Kanäle möglichst schnell wieder erregbar zu machen, d. h. vom geschlossen-inaktivierten in den geschlossen-aktivierbaren Zustand zu überführen.

**Depolarisierendes Nachpotenzial:** Die Repolarisation nach länger andauernder Hyperpolarisation kann als Depolarisation wirken und eine weitere Depolarisation auslösen.

**Depolarisierendes Nachpotenzial:** Wenn die Hyperpolarisation über einen gewissen Zeitraum anhält, kann die Nervenzelle die anschließende Repolarisation in Richtung Ruhemembranpotenzial als Depolarisation „empfinden" und darauf mit einem depolarisierenden Nachpotenzial reagieren.

#### Dauer von Aktionspotenzialen

Bei verschiedenen Zelltypen dauern AP unterschiedlich lange:
- **Neuronen:** 1–2 ms
- **Skelettmuskelzellen:** 2–20 ms
- **Herzmuskelzellen des Arbeitsmyokards:** bis zu 450 ms (s. S. 79).

### Dauer von Aktionspotenzialen

In Neuronen und Skelettmuskeln werden die AP generell durch den oben beschriebenen Mechanismus gebildet. In **Neuronen** dauert ein AP ca. 1–2 ms, in manchen **Skelettmuskeln** dagegen bis zu 20 ms. Die AP in den sich kontrahierenden **Herzmuskelzellen des Arbeitsmyokards** sind komplexer und dauern mit bis zu 450 ms auch wesentlich länger. Sie sind durch ein dem initialen Aufstrich folgendes langes Plateau gekennzeichnet, welches durch die Öffnung spannungsabhängiger $Ca^{2+}$-Kanäle zustande kommt (s. S. 79).

#### Die Refraktärphase

- Die **absolute Refraktärphase** ist diejenige Zeit während und nach einem AP, in der unabhängig von der Reizstärke kein erneutes AP ausgelöst werden kann.
- Die **relative Refraktärphase** ist diejenige Zeit nach einem AP, in der die Reizschwelle erhöht ist und das entstehende AP eine niedrigere Amplitude hat.

### Die Refraktärphase

Die Zelle ist für eine gewisse Zeit nach erfolgter Depolarisation zunächst gar nicht und später nur schwer und schwächer erregbar. Diese Zeiträume bezeichnet man als absolute bzw. relative Refraktärphase:
- Die **absolute Refraktärphase** ist diejenige Zeit während und nach einem AP, in der unabhängig von der Reizstärke kein erneutes AP ausgelöst werden kann, da die $Na^+$-Kanäle inaktiviert sind.
- Die **relative Refraktärphase** ist diejenige Zeit nach einem AP, in der die Reizschwelle erhöht ist, also nur mit einem stärkeren Reiz ein AP ausgelöst werden kann. Da aber noch nicht wieder alle $Na^+$-Kanäle aktivierbar sind, hat das entstehende AP eine niedrigere Amplitude.

**Auswirkung:** Begrenzung der maximalen AP-Frequenz.

**Auswirkung:** Die Refraktärphase begrenzt die maximale AP-Frequenz.

#### 2.3.3 Erregungsfortleitung in Nervenzellen

#### Das Prinzip der elektrotonischen (passiven) Erregungsfortleitung

Bei der **elektrotonischen (passiven) Erregungsfortleitung** fließt Strom zwischen einem erregten und einem nicht erregten Membranbereich. Durch Depolarisierung jeweils benachbarter Bereiche setzt sich die Erregung über die Nervenfaser fort. Die **Geschwindigkeit** ist abhängig von:
- Membranwiderstand $R_M$
- Membrankapazität $C_M$
- innerer Längswiderstand $R_i$.

## 2.3.3 Erregungsfortleitung in Nervenzellen

### Das Prinzip der elektrotonischen (passiven) Erregungsfortleitung

Die Erregungsfortleitung in Nervenfasern ist ein elektrisches Phänomen: Zwischen einem erregten und einem nicht erregten Membranbereich fließt ein Strom, durch den der zunächst nicht erregte Bereich ebenfalls depolarisiert wird. Auf diese Weise setzt sich die Erregung nach und nach über die Nervenfaser fort. Man spricht hierbei von der **elektrotonischen (passiven) Fortleitung**. Sie ist vergleichbar mit den Vorgängen in einem gut isolierten Stromkabel. Die Größe der Potenzialänderung nimmt mit zunehmender Entfernung exponentiell ab. Die **Geschwindigkeit**, mit der sich die Erregung auf diese Art ausbreiten kann, ist von folgenden Faktoren abhängig:
- Membranwiderstand $R_M$
- Membrankapazität $C_M$
- innerer Längswiderstand $R_i$.

**Membranwiderstand $R_M$:** Eine Zunahme des Faserdurchmessers bewirkt eine Reduktion von $R_M$, was sich negativ auf die Fortleitungsgeschwindigkeit auswirkt.

**Membranwiderstand $R_M$:** Strom, der den $R_M$ passiert, steht nicht mehr für die Ausbreitung in Längsrichtung entlang der Membran zur Verfügung. Bei einer Zunahme des Membranwiderstands fließt weniger Strom über die Membran und der Strom kann sich folglich schneller in Längsrichtung entlang der Membran ausbreiten. Eine Zunahme des Faserdurchmessers bewirkt eine Reduktion von $R_M$.

**Membrankapazität $C_M$:** Eine Membran fungiert als Kondensator. Die Membrankapazität [Farad] besagt, welche Ladungsmenge [Coulomb] die Membran pro Spannung [Volt] aufnehmen kann. Dabei gilt: 1 Farad = 1 Coulomb/Volt. Die Fortleitungsgeschwindigkeit der Erregung wird durch eine Verminderung der Membrankapazität gefördert. Eine Zunahme des Faserdurchmessers bewirkt eine Erhöhung der $C_M$.

**Membrankapazität $C_M$:** Eine Membran fungiert als Kondensator. Mit zunehmendem Faserdurchmesser steigt $C_M$, was einen negativen Effekt auf die Fortleitungsgeschwindigkeit hat.

**Innerer Längswiderstand $R_i$:** Die Erregung kann sich umso schneller ausbreiten, je geringer der innere Längswiderstand ist. Eine Zunahme des Faserdurchmessers bewirkt eine Abnahme des $R_i$.
Physikalisches Äquivalent einer Membran ist eine Parallelschaltung von Ohm-Widerstand und Kondensator.

**Innerer Längswiderstand $R_i$:** Mit zunehmendem Faserdurchmessers sinkt $R_i$, was sich positiv auf die Leitungsgeschwindigkeit auswirkt.

▶ **Merke.** Eine Erhöhung des Membranwiderstands $R_M$ sowie eine Reduktion von Membrankapazität $C_M$ und innerem Längswiderstand $R_i$ fördern die Fortleitungsgeschwindigkeit.

▶ Merke.

**Reichweite der Erregungsfortleitung:** Für die in der Entfernung x gemessene **maximale Spannungsänderung $\Delta E_{max}$** gilt:

$$\Delta E_{max}(x) = \Delta E_{max}(0) \times e^{-x/\lambda}$$

Dabei ist: $\Delta E_{max}(x)$ = maximale Spannungsänderung in der Entfernung x; $\Delta E_{max}(0)$ = maximale Spannungsänderung am Ort 0 (Ausgangsort der elektrischen Erregung); x = Entfernung vom Ausgangsort; $\lambda$ = Längskonstante (s. u.).

**Reichweite der Erregungsfortleitung:** Für die in der Entfernung x gemessene **maximale Spannungsänderung** gilt:

$$\Delta E_{max}(x) = \Delta E_{max}(0) \times e^{-x/\lambda}$$

▶ **Definition.** Die **Längskonstante λ** ist definiert als die Entfernung, bei der noch 37 % der ursprünglichen Potenzialdifferenz gemessen werden können.

▶ Definition.

Dabei gilt: Längskonstante $\lambda = \sqrt{\frac{r \times R_M}{2\,R_i}}$, wobei r der Radius des Axons ist.

Bei Axonen beträgt λ zwischen 0,1 und 5 mm.

▶ **Merke.** Für die **elektrotonische Weiterleitung** eines elektrischen Signals in der Nervenfaser gilt analog zu den physikalischen Kabelgleichungen:
- Die Reichweite eines elektrischen Signals ist proportional zur Längskonstante der Nervenfaser.
- Die Längskonstante ist proportional zum Faserdurchmesser, d. h. dicke Fasern haben eine größere Reichweite als dünne, sie leiten mit weniger Verlust.
- Die Leitungsgeschwindigkeit ist proportional zur Längskonstante.
- Die Längskonstante der Nervenfaser ist proportional zum Membranwiderstand.

▶ Merke.

**Erregungsfortleitung in Dendriten:** Die sehr dünnen Dendriten haben eine sehr niedrige Längskonstante und verhalten sich meist wie Stromkabel, da die Dichte der spannungsabhängigen Ionenkanäle äußerst gering ist. Damit gelten für dendritische Fortsätze die o.g. Gesetzmäßigkeiten für die **elektrotonische Fortleitung** und die Längskonstante entscheidet, wie schnell und effizient eine elektrische Potenzialdifferenz weitergeleitet wird. Die „physikalischen" Eigenschaften der Dendriten beeinflussen die an ihnen eingehenden Signale und spielen somit eine wichtige Rolle für die Übertragung von elektrischen Signalen zwischen Neuronen: Ein einzelnes überschwelliges Potenzial im Dendriten reicht meist nicht aus, um am Axonhügel ein AP auszulösen. Dazu sind räumliche und/oder zeitliche Summation (s. S. 53) notwendig.

**Erregungsfortleitung in Dendriten:** Für die sehr dünnen Dendriten gelten die Gesetzmäßigkeiten der **elektrotonischen Erregungsfortleitung**. Ihre physikalischen Eigenschaften (insbesondere der Faserdurchmesser) sind wichtig für eine effiziente Weiterleitung von elektrischen Potenzialdifferenzen.

## Fortleitung von Aktionspotenzialen

In Axonen wird die Art der Erregungsfortleitung und damit auch deren **Geschwindigkeit** (Abb. **2.10**) entscheidend dadurch beeinflusst, ob die jeweilige Nervenfaser eine Myelinscheide besitzt oder nicht. Man unterscheidet die
- **kontinuierliche Erregungsfortleitung** bei nicht myelinisierten (marklosen) Nervenfasern und die
- **saltatorische Erregungsfortleitung** bei myelinisierten (markhaltigen) Nervenfasern.

Die **Klassifikation von Nervenfasern** ist in Tab. **2.3** dargestellt.

### Fortleitung von Aktionspotenzialen

Die **Geschwindigkeit** der Signalausbreitung in Axonen wird entscheidend durch den Myelinisierungsgrad der Nervenfasern beeinflusst. Man unterscheidet
- **kontinuierliche** und
- **saltatorische Erregungsfortleitung.**

Zur Klassifikation von Nervenfasern s. Tab. **2.3**.

**2.3 Klassifikation von Nervenfasern**

| *Faserklasse nach Erlanger und Gasser* | *Faserklasse nach Lloyd und Hunt (nur Afferenzen)* | *Myelinisierung* | *Durchmesser (µm)* | *Leitungsgeschwindigkeit (m/s)* | *Vorkommen* |
|---|---|---|---|---|---|
| Aα | I | ++ | 10–20 | 60–120 | afferent: Muskelspindelafferenzen<br>efferent: α-Motoneurone |
| Aβ | II | + | 7–15 | 30–70 | afferent: Mechanoafferenzen der Haut |
| Aγ | | + | 4–8 | 15–50 | efferent: Muskelspindelefferenzen |
| Aδ | III | + | 2–7 | 10–40 | afferent: Thermoafferenzen, nozizeptive Afferenzen („heller Sofortschmerz") |
| B | | + | 1–3 | 3–20 | efferent: präganglionäre vegetative Fasern |
| C | IV | marklos | 0,5–1,5 | 0,5–2 | afferent: nozizeptive Afferenzen („dumpfer Spätschmerz")<br>efferent: postganglionäre vegetative Fasern |

Die dieser Tabelle zugrunde liegenden Messungen wurden an Katzen durchgeführt. Beim Menschen geht man davon aus, dass die entsprechenden Nervenleitgeschwindigkeiten um etwa 25 % reduziert sind.

### Kontinuierliche Erregungsfortleitung

Diese Art der Erregungsfortleitung findet man bei **nicht myelinisierten Nervenfasern** (Tab. **2.3** und Abb. **2.8**). Aufgrund ihrer schlechten Isolation ist hier die Reichweite der elektrotonischen Fortleitung gering. Da durch überschwellige Depolarisation aber **ständig neue AP** ausgelöst werden, ist eine Signalweiterleitung über größere Distanzen trotzdem möglich – allerdings zulasten der Geschwindigkeit.

Die **Leitungsgeschwindigkeit markloser Axone** kann nur durch eine Erhöhung des Axondurchmessers gesteigert werden.

### Kontinuierliche Erregungsfortleitung

Diese Art der Erregungsfortleitung findet man bei **nicht myelinisierten Nervenfasern** (Tab. **2.3** und Abb. **2.8**). Da sie einen höheren inneren Längswiderstand haben und aufgrund der fehlenden Myelinscheide schlechter isoliert sind als ein Stromkabel, ist die Reichweite der passiven elektrotonischen Fortleitung hier nur sehr gering. Marklose Nervenfasern können Signale aber dennoch über größere Distanzen fortleiten, da durch überschwellige Depolarisation ständig neue AP ausgelöst werden. Da die **ständige Neubildung von AP** aber wesentlich zeitaufwendiger ist als die passive elektrotonische Potenzialausbreitung, leiten nicht myelinisierte Fasern deutlich langsamer (ca. 1 m/s).

Die **Leitungsgeschwindigkeit markloser Axone** kann nur durch eine Erhöhung des Axondurchmessers gesteigert werden. Nimmt dieser zu, verringert sich zwar der elektrische Widerstand und die Membrankapazität nimmt zu, gleichzeitig nimmt jedoch der innere Längswiderstand proportional zum Faserdurchmesser ab. Da dieser Effekt die anderen dominiert, nimmt die Leitungsgeschwindigkeit entlang der Faser entsprechend zu.

▶ **Merke.**

▶ **Merke.** Je größer der Faserdurchmesser ist, desto höher ist die Leitungsgeschwindigkeit.

### Saltatorische Erregungsfortleitung

Durch Kombination aktiver und passiver Erregungsleitungsmechanismen wird in **myelinisierten Nervenfasern** eine sehr hohe Leitungsgeschwindigkeit möglich (Tab. **2.3**).

Die durch Schwann-Zellen gebildeten isolierenden Myelinscheiden erhöhen den Membranwiderstand und senken entsprechend die Membrankapazität. Die Erregungsleitung erfolgt hier elektrotonisch (passiv). Diese myelinisierten Bereiche nennt man **Internodien** (Abb. **2.9a**).

### Saltatorische Erregungsfortleitung

An **myelinisierten Nervenfasern**, wie z. B. den α-Motoneuronen, die die Skelettmuskulatur innervieren, misst man sehr viel höhere Leitungsgeschwindigkeiten (bis 120 m/s bzw. 432 km/h, Tab. **2.3**). Dies wird durch eine Kombination aktiver (AP-Neubildung) und passiver (elektrotonischer) Erregungsleitungsmechanismen ermöglicht:

Das Axon wird durch Schwann-Zellen isoliert, die sich vielfach um die Nervenfaser „wickeln" und so die Myelinscheide (Markscheide) bilden (Abb. **2.9a**). Diese myelinisierten Bereiche bezeichnet man als **Internodien**. Sie weisen einen hohen Membranwiderstand und eine geringe Membrankapazität auf. Dadurch wird die elektrotonische (passive) Erregungsfortleitung in den Internodien verbessert und die Geschwindigkeit der Erregungsausbreitung steigt an. Im Bereich der Internodien entstehen keine AP.

2.8

**2.8 Kontinuierliche Erregungsfortleitung**

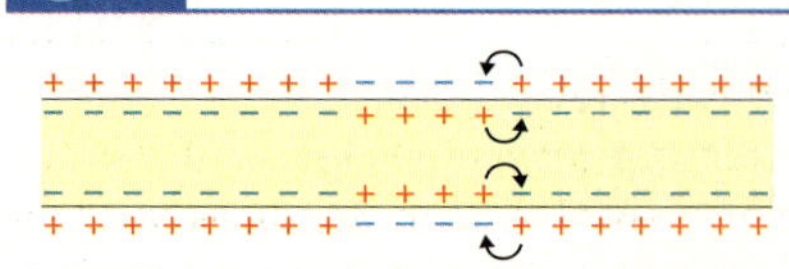

Jede Spannungsänderung (innen +, außen –) entspricht einem Aktionspotenzial.

**2.9 Saltatorische Erregungsfortleitung**

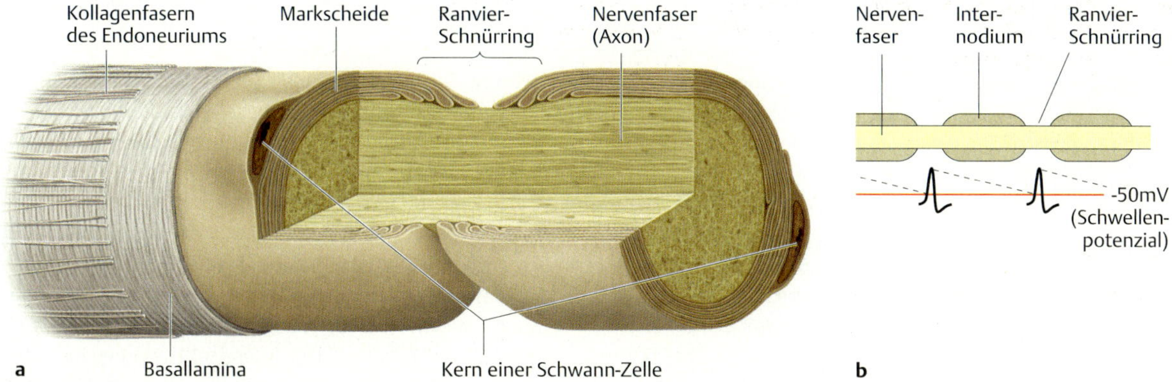


**a** Aufbau eines Ranvier-Schnürrings.
**b** Schematische Darstellung der saltatorischen Erregungsleitung. An den Ranvier-Schnürringen werden AP gebildet. Die Potenzialänderung wird elektrotonisch über die Internodien fortgeleitet, wobei die Längskonstante λ (s. S. 33) den exponenziellen Abfall bestimmt.

Die Bereiche zwischen den Schwann-Zellen bezeichnet man als **Ranvier-Schnürringe**. Hier befinden sich – anders als in den Internodien – sehr viele spannungsgesteuerte $Na^+$-Kanäle. Erreicht die Erregung einen Schnürring, wird dort ein AP ausgelöst. Dabei muss die Entfernung zwischen zwei Schnürringen so klein sein, dass die elektrotonische Weiterleitung des AP vom ersten Schnürring noch ausreicht, um ein AP am zweiten Schnürring auszulösen. Auf diese Art „springt" die Erregung mit hoher Geschwindigkeit von Schnürring zu Schnürring. Man bezeichnet diesen Vorgang deshalb auch als **saltatorische Erregungsleitung** (Abb. **2.9b**).

An den zwischen den Internodien gelegenen **Ranvier-Schnürringen** befinden sich viele spannungsgesteuerte $Na^+$-Kanäle. Erreicht die Erregung einen Schnürring, wird dort ein AP ausgelöst, das wiederum den benachbarten Schnürring depolarisiert. Auf diese Art „springt" die Erregung mit hoher Geschwindigkeit von Schnürring zu Schnürring (**saltatorische Erregungsleitung**, Abb. **2.9b**).

**▶ Merke.** Aufgrund der Isolation des Axons kann sich die elektrische Erregung mittels **saltatorischer Erregungsleitung** mit hoher Effizienz und Geschwindigkeit entlang der myelinisierten Membran ausbreiten.

▶ Merke.

Abb. **2.10** zeigt die Nervenleitungsgeschwindigkeiten myelinisierter Axone der Katze und nicht myelinisierter Axone des Tintenfisches im Vergleich.

Zum Vergleich der Nervenleitungsgeschwindigkeiten myelinisierter und nicht myelinisierter Axone s. Abb. **2.10**.

**2.10 Nervenleitungsgeschwindigkeiten myelinisierter und nicht myelinisierter Axone** (nach Berne et al.)

2.10

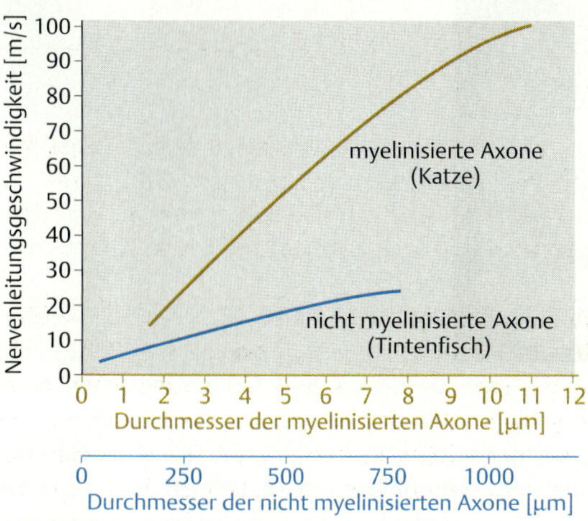


Es werden die Nervenleitungsgeschwindigkeiten von präparierten myelinisierten Axonen der Katze und nicht myelinisierten Axonen des Tintenfisches verglichen. Beide zeigen eine lineare Abhängigkeit vom Faserdurchmesser, allerdings leiten die myelinisierten Fasern deutlich besser.

**▶ Klinik.** **Messung der Nervenleitungsgeschwindigkeit**

In der klinischen Praxis kann man die Nervenleitungsgeschwindigkeit am Patienten natürlich nicht an präparierten Nervenfasern messen. Man kann allerdings Messungen mit Elektroden auf der Haut durchführen. Dabei setzt man einen elektrischen

▶ Klinik.

Reiz an der einen Elektrode und misst die Zeit, die vergeht, bis das Signal an der anderen Elektrode ankommt. Über den Abstand der Elektroden kann man daraus die Nervenleitungsgeschwindigkeit ausrechnen.

**Richtung der Erregungsfortleitung:** Da Membranbereiche nach abgelaufenem AP zunächst noch refraktär gegenüber erneuter Erregung sind, ist die physiologische Ausbreitungsrichtung **(orthodrom)** gewährleistet.

**Richtung der Erregungsfortleitung:** Die physiologische **(orthodrome)** Richtung der Erregungsfortleitung wird sowohl bei der kontinuierlichen als auch bei der saltatorischen Fortleitung dadurch gewährleistet, dass die Membranbereiche nach abgelaufenem AP zunächst noch refraktär gegenüber erneuter Erregung sind. Daher kann sich die Erregung nicht „rückwärts" **(antidrom)** ausbreiten.

▶ Klinik.

▶ Klinik. Eine Zerstörung der Myelinsubstanz führt zu einer Störung der Erregungsfortleitung. Zu den sog. **demyelinisierenden Erkrankungen des ZNS** gehört die **Multiple Sklerose** (MS, Encephalomyelitis disseminata). Dabei handelt es sich um eine in Schüben oder chronisch progredient verlaufende Krankheit, bei der es zur Ausbildung disseminierter Entmarkungsherde (sog. Plaques) in Gehirn und Rückenmark kommt (Abb. **2.11**). Die Erkrankungswahrscheinlichkeit ist in nordeuropäischen Ländern höher als in südlichen, wobei Studien zufolge der Aufenthaltsort vor und in der Pubertät entscheidend für das jeweilige Erkrankungsrisiko ist. Außerdem gibt es eine genetische Prädisposition. Zu den Symptomen gehören u. a. Parästhesien, Paresen, Schmerzen und Schwäche im Bereich der Gliedmaßen, Sehstörungen, Miktionsstörungen, Koordinations- und Artikulationsstörungen, depressive Verstimmung oder Euphorie und die Charcot-Trias aus Nystagmus, skandiertem Sprechen und Intensionstremor. Die Plaques lassen sich mittels MRT darstellen, im Liquor findet man häufig eine IgG-Vermehrung mit oligoklonalen Banden sowie eine Pleozytose. Eine kausale Therapie der MS gibt es nicht. Mithilfe von immunsuppressiven Medikamenten versucht man die Schubdauer zu verkürzen bzw. die Schubrate und den Progress der Erkrankung zu reduzieren.

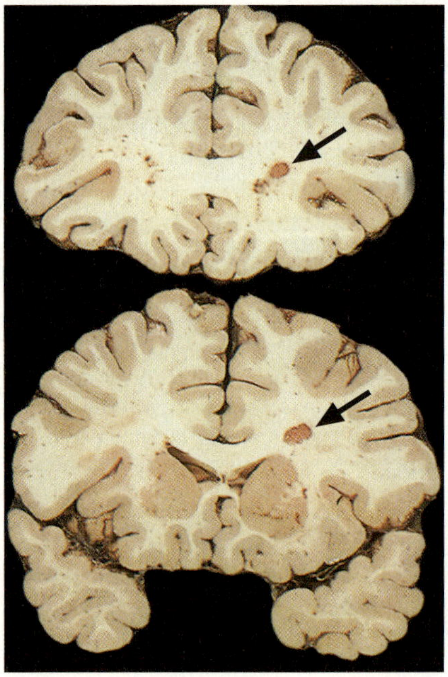

**2.11 Multiple Sklerose**

In der weißen Substanz dieser frontalen und temporalen Hirnschnitte sind lachsrote bis zu erdnussgroße frische Entmarkungsherde (Pfeile) zu erkennen.

**Polyneuropathien** sind Erkrankungen mehrerer **peripherer Nerven**. Dabei liegt meist eine Mischform aus Demyelinisierung und Axondegeneration vor. Häufigste Ursachen sind Diabetes mellitus und Alkoholismus. Zu den Symptomen gehören Schmerzen, Parästhesien, Paresen und Sensibilitätsstörungen. Letztere sind sowohl bei der alkoholtoxischen als auch bei der diabetischen Polyneuropathie meist distal symmetrisch, also handschuh- bzw. strumpfförmig ausgeprägt. Außerdem kann es auch zu einem Befall der Hirnnerven kommen. Die Therapie richtet sich nach der jeweiligen Grunderkrankung. Außerdem kommen u. a. Analgetika und Physiotherapie zum Einsatz.

# 2.4 Synaptische Übertragung

2.4 Synaptische Übertragung

**▶ Definition.** **Synapsen** sind spezialisierte Kontaktstellen zwischen Zellen, an denen die Erregungsübertragung von der einen zur anderen Zelle erfolgt.

▶ Definition.

**Arten:**
- elektrische Synapsen und
- chemische Synapsen.

**Arten:**
- elektrische Synapsen
- chemische Synapsen.

**Allgemeiner Aufbau:** Synapsen bestehen aus
- Präsynapse (enthält synaptische Vesikel),
- synaptischem Spalt (nur bei chemischen Synapsen) und
- Postsynapse (enthält Neurotransmitter-Rezeptoren).

**Allgemeiner Aufbau:**
- Präsynapse
- synaptischer Spalt (nur bei chemischen Synapsen)
- Postsynapse.

## 2.4.1 Elektrische Synapsen

2.4.1 Elektrische Synapsen

**▶ Definition.** **Elektrische Synapsen** sind Zellkontakte, an denen die Erregungsübertragung über Poren in speziellen Membranproteinen (Konnexonen) direkt von der prä- auf die postsynaptische Zelle erfolgt (= **elektrische Kopplung** von Zellen).

▶ Definition.

### Aufbau elektrischer Synapsen

Elektrische Synapsen (Abb. **2.12**) entstehen, indem sich die Membranen zweier benachbarter Zellen bis auf einen ca. 2 nm breiten Spalt einander annähern und sog. **Gap junctions** (**Nexus**, Zellverbindungen ohne Membranverschmelzung) ausbilden. In diesem Bereich sind in beiden Membranen als **Konnexone** bezeichnete Proteinkomplexe eingelagert, die jeweils aus 6 Connexin-Untereinheiten bestehen. Die Connexine sind kreisförmig angeordnet und bilden in ihrer Mitte eine Pore. Indem zwei in benachbarten Zellmembranen liegende Konnexone miteinander in Verbindung treten, bilden die Poren zwischen den beiden Zellen einen Kanal mit 2 nm Durchmesser aus, durch den neben Ionen auch niedermolekulare Stoffe (z. B. ATP, $IP_3$ und cAMP) zwischen den Zellen ausgetauscht werden können.

Aufbau elektrischer Synapsen

Elektrische Synapsen (Abb. **2.12**) entstehen, indem sich gegenüberliegende Membranen in sog. **Gap junctions** einander annähern und in den Membranen eingelagerte **Konnexone** miteinander in Verbindung treten. Die Poren zweier gegenüberliegender Konnexone bilden einen gemeinsamen Kanal, durch den Ionen und niedermolekulare Stoffe zwischen den beiden Zellen ausgetauscht werden können.

### Prinzip der Erregungsübertragung

Wird die präsynaptische Zelle durch ein Aktionspotenzial depolarisiert, kommt es aufgrund der dadurch entstandenen Potenzialdifferenz zwischen ihr und der nicht depolarisierten postsynaptischen Zelle zu einem dem Potenzialgefälle entsprechen-

Prinzip der Erregungsübertragung

Bei Depolarisation einer präsynaptischen Zelle kommt es aufgrund der Potenzialdifferenz zu einem Ionenstrom durch die Konnexone, wodurch die postsynaptische Zelle ebenfalls de-

**2.12 Elektrische Synapse**

2.12

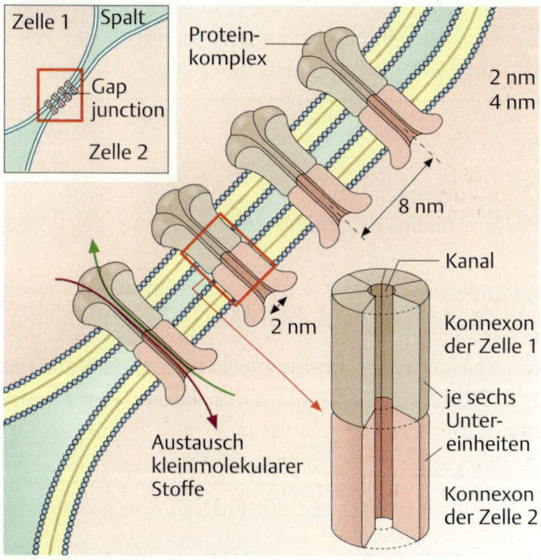


Schematische Darstellung einer **Gap junction** mit ihren elementaren Bausteinen, den Konnexonen.

polarisiert wird **(elektrische Kopplung)**. Bei Überschreiten der Reizschwelle entsteht hier wiederum ein AP.

den Ionenstrom durch die Konnexone. Dadurch wird auch die postsynaptische Zelle depolarisiert. Es handelt sich hierbei um eine sog. **elektrische Kopplung**. Wird an der postsynaptischen Zelle die Reizschwelle überschritten, kommt es hier ebenfalls zur Ausbildung eines Aktionspotenzials.

**Eigenschaften elektrischer Synapsen**

An elektrischen Synapsen:
- können Erregungsübertragung und Stofftransport in beide Richtungen erfolgen
- erfolgt die Erregungsübertragung nahezu ohne Zeitverlust
- liegt die Stromquelle in der Präsynapse
- kann die Öffnung der Kanalporen über pH-Wert und intrazelluläre $Ca^{2+}$-Konzentration gesteuert werden.

### Eigenschaften elektrischer Synapsen

An elektrischen Synapsen:
- können Erregungsübertragung und Transport von Ionen und niedermolekularen Substanzen in beide Richtungen erfolgen
- erfolgt die Erregungsübertragung von der prä- auf die postsynaptische Zelle nahezu ohne Zeitverlust
- liegt die Stromquelle im Bereich der Präsynapse
- kann die Öffnung der Kanalporen über pH-Wert und intrazelluläre $Ca^{2+}$-Konzentration gesteuert werden: Ein Abfall des pH-Wertes bzw. ein Ansteigen der intrazellulären $Ca^{2+}$-Konzentration (z. B. im Rahmen eines Zellschadens) führt zum Verschluss der Poren.

**Vorkommen und Aufgaben**

Beim Menschen dienen elektrische Synapsen v. a. der Synchronisation von Zellaktivität. Daher findet man sie z. B.:
- zwischen Herzmuskelzellen
- zwischen glatten Muskelzellen
- z. T. im ZNS.

Die **Herzmuskelzellen** sind über Gap junctions zu einem **funktionellen Synzytium** verbunden (s. S. 74).

### Vorkommen und Aufgaben

In höheren Organismen wie dem Menschen existieren nur relativ wenige elektrische Synapsen. Diese dienen dann vornehmlich der Synchronisation von Zellaktivität. So findet man elektrische Synapsen z. B.:
- zwischen Herzmuskelzellen
- zwischen glatten Muskelzellen
- z. T. im ZNS.

Die **Herzmuskelzellen** sind durch Gap junctions zu einem sog. **funktionellen Synzytium** verbunden, damit die elektrische Erregung möglichst schnell von Zelle zu Zelle weitergeleitet wird, wodurch eine Synchronisation der Zellaktivität erreicht wird (s. S. 74).

► Klinik.

► **Klinik.** Im Rahmen eines **Herzinfarkts** (Myokardinfarkt, Untergang von Herzmuskelgewebe durch Sauerstoffmangel aufgrund fehlender Durchblutung, s. S. 92) kommt es in den betroffenen Herzmuskelzellen über einen Anstieg der intrazellulären $Ca^{2+}$-Konzentration und einen pH-Abfall zu einem Verschluss der elektrischen Synapsen. Dadurch wird das noch intakte funktionelle Synzytium von den durch die fehlende Durchblutung geschädigten Herzmuskelzellen abgekoppelt, wodurch die Ausbreitung der Schädigung in gewissen Grenzen gehalten wird.

**2.4.2 Chemische Synapsen**

► Definition.

## 2.4.2 Chemische Synapsen

► **Definition.** An **chemischen Synapsen** erfolgt die Erregungsübertragung mithilfe von Überträgerstoffen **(Neurotransmittern)**, die bei Depolarisation aus der Präsynapse freigesetzt werden, über den synaptischen Spalt zu Rezeptoren an der Postsynapse gelangen und dort die Öffnung von Ionenkanälen bewirken.

**Aufbau chemischer Synapsen**

Die **Präsynapse** enthält neben Mitochondrien in einer dem synaptischen Spalt zugewendeten Membranverdichtung, der sog. aktiven Zone, zahlreiche mit Transmittern beladene Vesikel.
In der sog. postsynaptischen Dichte der **Postsynapse** finden sich die entsprechenden Rezeptoren.
Durch den aus Matrixproteinen gebildeten **synaptischen Spalt** wird die korrekte Anordnung von Prä- und Postsynapse gewährleistet (Abb. **2.13**).

### Aufbau chemischer Synapsen

**Präsynapse**: Die präsynaptische Endigung enthält u. a.:
- eine Vielzahl von **Mitochondrien** zur unabhängigen Energieversorgung der Präsynapse und
- eine große Anzahl an synaptischen **Vesikeln**, die v. a. in der Membranverdichtung **(aktive Zone)** angereichert sind und die **Transmittermoleküle** (s. S. 41) enthalten.

**Postsynapse:** Eine Membranverdichtung an der postsynaptischen Membran, die **postsynaptische Dichte** (PSD), enthält die korrespondierenden **Rezeptoren** für die Transmitter.

**Synaptischer Spalt:** Zwischen Prä- und Postsynapse klafft der 20 – 50 nm breite synaptische Spalt, durch den die Neurotransmitter zur Bindung an den postsynaptischen Rezeptor diffundieren müssen. Er wird durch extrazelluläre Matrixproteine gebildet und sorgt für die korrekte Anordnung von Prä- und Postsynapse (Abb. **2.13**).

2.13 **Chemische Synapse**

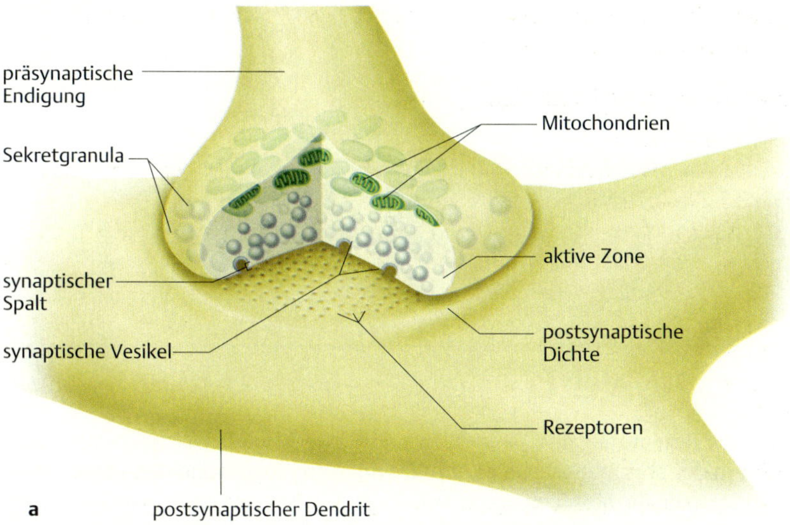


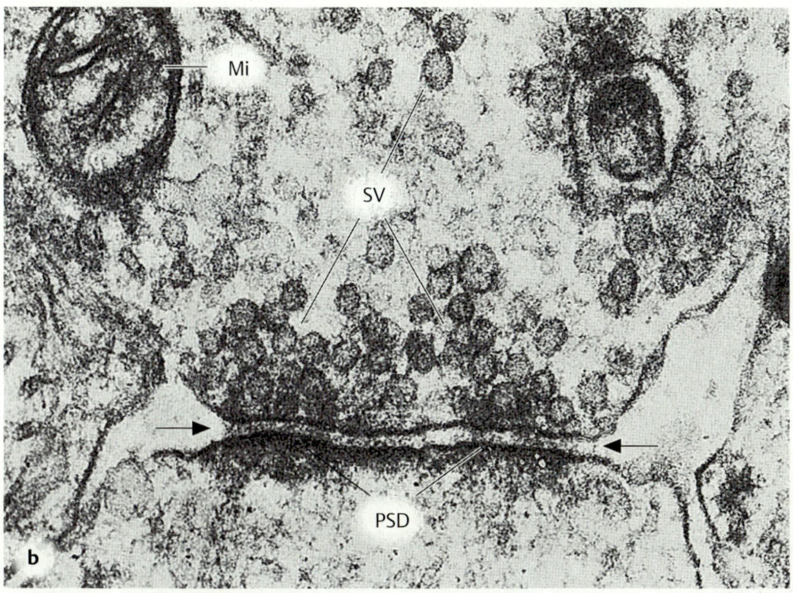


**a** Schematische Darstellung.
**b** Elektronenmikroskopisches Bild (50 000fache Vergrößerung). Mi = Mitochondrium, PSD = postsynaptische Dichte, SV = synaptische Vesikel.

## Rezeptoren, Transmitter, Cotransmitter, Modulatoren, Agonisten und Antagonisten

### Rezeptoren

Bei den **transmitterbindenden Rezeptoren** unterscheidet man zwischen:
- ionotropen Rezeptoren und
- metabotropen Rezeptoren.

**Ionotrope Rezeptoren** sind selbst Ionenkanäle bzw. Teile von Ionenkanälen, die durch Bindung eines Transmitters geöffnet werden (Abb. **2.14**). Man bezeichnet sie deshalb auch als **ligandengesteuerte Ionenkanäle** bzw. **Rezeptorkanäle**. Sie kommen v.a. in der postsynaptischen Dichte vor und können sowohl exzitatorisch als auch inhibitorisch wirken.

**Rezeptoren, Transmitter, Cotransmitter, Modulatoren, Agonisten und Antagonisten**

**Rezeptoren**

Man unterscheidet an der Postsynapse zwischen:
- ionotropen Rezeptoren
- metabotropen Rezeptoren.

**Ionotrope Rezeptoren (ligandengesteuerte Ionenkanäle, Rezeptorkanäle)** sind selbst (Teile von) Ionenkanälen und werden direkt durch Bindung eines Transmitters geöffnet (Abb. **2.14**).

2.14

2.14 **Ionotroper Rezeptor**

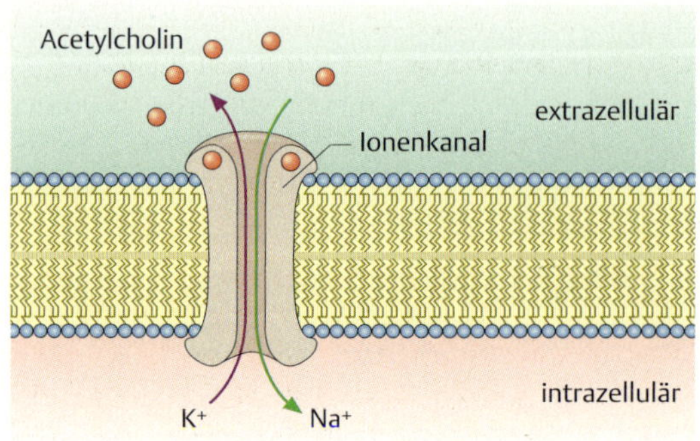


Der nikotinische Acetylcholin-Rezeptor öffnet nach Bindung von ACh und lässt $Na^+$ und $K^+$ entlang ihrer jeweiligen Konzentrationsgradienten fließen.

**Metabotrope Rezeptoren:** Nach Bindung eines Liganden an einen metabotropen Rezeptor kommt es über die Aktivierung von **G-Proteinen** und nachfolgende Signaltransduktionskaskaden zur Öffnung von Ionenkanälen (Abb. **2.15**).

**Metabotrope Rezeptoren** sind über die gesamte Membranoberfläche der Zielzellen und sogar in der präsynaptischen Membran (Autorezeptoren) und den umgebenden Gliazellen verteilt. Sie bestehen aus einem einzelnen Protein mit in der Regel sieben oder mehr Transmembran-Domänen und interagieren über ihre zytoplasmatischen Bereiche mit heterotrimeren **G-Proteinen** (Abb. **2.15**): Bindet ein Ligand an einen metabotropen Rezeptor, wird ein G-Protein aktiviert, wobei es in eine GTP-bindende Gα- und eine βγ-Untereinheit zerfällt. Beide Untereinheiten führen direkt oder indirekt über intrazelluläre Signaltransduktionskaskaden zur Öffnung von Ionenkanälen und somit zur Entstehung postsynaptischer Potenziale. Diese können sowohl inhibitorisch als auch exzitatorisch sein (s. S. 47). Die Aktivierung von G-Proteinen über metabotrope Rezeptoren kann darüber hinaus auch, z. B. durch

2.15 **Metabotroper Rezeptor**

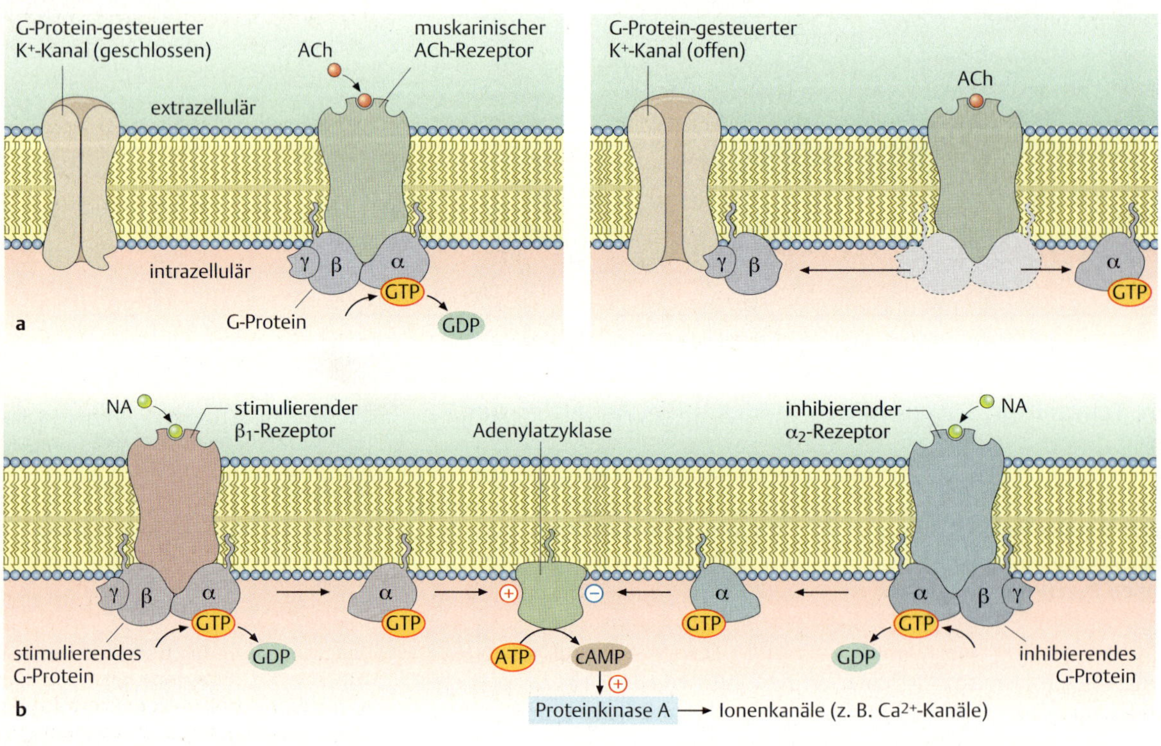


**a Muskarinischer Acetylcholinrezeptor** (z. B. im Herzmuskel). Der muskarinische ACh-Rezeptor aktiviert nach ACh-Bindung heterotrimere G-Proteine, die zur Öffnung G-Protein-gesteuerter $K^+$-Kanäle führen.

**b Noradrenalin-Rezeptor** (z. B. in postganglionären Neuronen des Sympathikus). Bindung von Noradrenalin an $\beta_1$- bzw. $\alpha_2$-Rezeptoren führt über stimulierende bzw. inhibierende G-Proteine zur Modulation der Aktivität der Adenylatzyklase. Diese aktiviert Proteinkinase A, welche wiederum die Einzelkanalleitfähigkeit zahlreicher Ionenkanäle moduliert.

Phosphorylierung von $Ca^{2+}$-Kanälen oder Regulation der Genexpression, zur Modulation der synaptischen Übertragung durch ionotrope Rezeptoren führen.

► **Merke.** Die Transmitterwirkung über **metabotrope Rezeptoren** setzt durch die Zwischenschaltung von Signaltransduktionskaskaden grundsätzlich erheblich später ein, hält dafür aber länger an als über **ionotrope Rezeptoren**.

► **Merke.**

An die verschiedenen Rezeptoren binden typischerweise jeweils bestimmte Transmitterstoffe (s. u.).

An die verschiedenen Rezeptoren binden jeweils bestimmte Transmitterstoffe (s. u.).

### Transmitter

Die Übertragung an den ca. $10^{14}$ chemischen Synapsen im Nervensystem des Menschen wird durch eine Vielzahl an Substanzen ermöglicht und moduliert (s. Tab. **2.4**, S. 43).

Zu den **klassischen Transmittern** (Überträgerstoffe, Neurotransmitter) gehören:

- **Aminosäuren**, wie z. B. Glutamat, Aspartat, γ-Aminobuttersäure (GABA) und Glycin,
- **biogene Amine**, also Serotonin, Histamin, Dopamin, Noradrenalin und Adrenalin und
- **Acetylcholin** (ACh).

Die Neurotransmitter werden in Vesikeln von 50 – 200 nm Durchmesser gespeichert. Der Effekt eines Neurotransmitters auf das Membranpotenzial an der postsynaptischen Membran hängt davon ab, welche Ionen die durch ihn geöffneten Ionenkanäle bevorzugt passieren lassen. Dementsprechend spricht man von

- **exzitatorischen** (erregenden, depolarisierenden) **Synapsen**, an denen ein **exzitatorisches postsynaptisches Potenzial (EPSP)** (s. S. 47) oder
- **inhibitorischen** (hemmenden, hyperpolarisierenden) **Synapsen**, an denen ein **inhibitorisches postsynaptisches Potenzial (IPSP)** (s. S. 47)

ausgelöst wird.

Nach ihrer Wirkung unterscheidet man deshalb

- exzitatorische Neurotransmitter von
- inhibitorischen Neurotransmittern.

**Exzitatorische Neurotransmitter: Glutamat** ist der wichtigste Vertreter dieser Gruppe im ZNS. Es bindet sowohl an metabotrope Glutamat-Rezeptoren als auch an folgende drei ionotrope Glutamat-Rezeptoren:

- NMDA-Rezeptor
- AMPA-Rezeptor
- Kainat-Rezeptor.

AMPA- und Kainat-Rezeptoren bezeichnet man auch als Rezeptoren vom **non-NMDA-Typ.**

**AMPA** (α-Amino-3-hydroxy-5-methyl-4-isoxazol-Propionsäure)- und **NMDA** (N-Methyl-D-Aspartat)**-Rezeptoren** sind in vielen Postsynapsen kolokalisiert, wobei der AMPA-Rezeptor für die schnelle Komponente und der NMDA-Rezeptor für die langsame Komponente der glutamatinduzierten EPSP verantwortlich ist. Der NMDA-Rezeptor ist bei bestehendem Ruhepotenzial durch $Mg^{2+}$-Ionen blockiert. Bindet nun Glutamat an den AMPA-Rezeptor, kommt es zum Einstrom von $Na^{+}$-Ionen und somit zu einer Depolarisation der Postsynapse. Erst wenn durch eine längere Reizserie eine ausreichende Depolarisation erreicht wurde, wird $Mg^{2+}$ aus den Rezeptorkanälen verdrängt und somit die Blockade des NMDA-Rezeptors, durch den neben $Na^{+}$- und $K^{+}$-Ionen zusätzlich noch $Ca^{2+}$-Ionen passieren können, aufgehoben. Das einströmende $Ca^{2+}$ kann über die Aktivierung verschiedener Enzymsysteme eine Vermehrung der Glutamatfreisetzung aus der Präsynapse und eine Erhöhung der Glutamat-Empfindlichkeit an der Postsynapse (z. B. durch vermehrten Rezeptoreinbau) bewirken. Dies kann zu einer enormen Steigerung der Übertragung an dieser Synapse führen, die mehrere Stunden bis Tage anhalten kann. Man spricht dabei von der sog. **Langzeitpotenzierung**, die man als eine

---

### Transmitter

Die Übertragung im Nervensystem wird durch eine Vielzahl an Substanzen ermöglicht und moduliert (s. Tab. **2.4**, S. 43).

Zu den **klassischen Neurotransmittern** gehören:

- **Aminosäuren**
- **biogene Amine**
- **Acetylcholin** (ACh).

Sie werden in Vesikeln gespeichert. Je nachdem welche Ionenkanäle durch den Transmitter geöffnet werden, kommt es zu einem

- **exzitatorischen postsynaptischen Potenzial** (EPSP, s. S. 47) oder
- **inhibitorischen postsynaptischen Potenzial** (IPSP, s. S. 47).

Dementsprechend spricht man von exzitatorischen oder inhibitorischen Synapsen.

Nach ihrer Wirkung unterscheidet man daher exzitatorische von inhibitorischen Neurotransmittern.

**Exzitatorische Neurotransmitter: Glutamat** ist der wichtigste Vertreter dieser Gruppe im ZNS. Es bindet an metabotrope und ionotrope (NMDA-, AMPA-, Kainat-) Rezeptoren.

AMPA- und Kainat-Rezeptoren sind Rezeptoren vom **non-NMDA-Typ.**

**AMPA-** und **NMDA-Rezeptoren** sind in vielen Postsynapsen kolokalisiert. Bei einer länger andauernden Reizserie wird die Postsynapse so stark depolarisiert, dass schließlich das den NMDA-Rezeptor blockierende $Mg^{2+}$ aus der Pore verdrängt wird. Dadurch kommt es zum Einstrom von $Ca^{2+}$, was letztlich über eine erhöhte Glutamat-Freisetzung aus der Präsynapse und eine erhöhte Glutamat-Empfindlichkeit an der Postsynapse zu einer enormen Steigerung der Übertragung an dieser Synapse führt. Diese kann mehrere Stunden bis Tage anhalten **(Langzeitpotenzierung**) und wird als wichtig für Lernen und Gedächtnis angesehen. Den umgekehrten Effekt bezeichnet man als **Langzeitdepression**.

**Acetylcholin** wirkt ebenfalls exzitatorisch und bindet u. a. an ionotrope nikotinerge Acetylcholin-Rezeptoren an der neuromuskulären Endplatte (s. Abb. **2.14**, S. 40 sowie S. 49) und metabotrope muskarinische Acetylcholinrezeptoren im Herzen (s. Abb. **2.15a**, S. 40).

wichtige Komponente des Lernens und der Gedächtnisbildung ansieht. Den umgekehrten Effekt bezeichnet man als **Langzeitdepression**.

Ein weiterer exzitatorisch wirkender Neurotransmitter ist **Acetylcholin**. Es bindet u. a. an

- ionotrope nikotinerge Acetylcholin-Rezeptoren an der neuromuskulären Endplatte (s. Abb. **2.14**, S. 40) (Synapsen zwischen motorischen Nervenfasern und Muskelfasern, s. S. 49 und
- metabotrope muskarinische Acetylcholinrezeptoren im Herzen (s. Abb. **2.15a**, S. 40).

**Inhibitorische Neurotransmitter:** Zu den wichtigesten Vertretern dieser Gruppe gehören:

- γ-Aminobuttersäure (GABA)
- Glycin.

**Inhibitorische Neurotransmitter:** Häufigster Vertreter dieser Gruppe im ZNS ist die **γ-Aminobuttersäure (GABA)**. Sie bindet an die $Cl^-$-selektiven ionotropen $GABA_A$- und $GABA_C$-Rezeptoren sowie an die metabotropen $GABA_B$-Rezeptoren. **Glycin** bindet an den ebenfalls $Cl^-$-selektiven ionotropen Glycin-Rezeptor, der z. B. in den Renshaw-Zellen, über die die α-Motoneuronen des Rückenmarks gehemmt werden (s. S. 733), zu finden ist.

**Biogene Amine** binden überwiegend an metabotrope Rezeptoren. Aufgrund der großen Heterogenität ihrer Rezeptoren haben die biogenen Amine äußerst komplexe Wirkungen.

Die Gruppe der **biogenen Amine** (Serotonin, Histamin, Dopamin, Noradrenalin und Adrenalin) bindet überwiegend an metabotrope Rezeptoren. Aufgrund der großen Heterogenität der entsprechenden Rezeptoren – es ist z. B. eine zweistellige Zahl an Serotonin(5-Hydroxytriptamin, 5-HT)-Rezeptoren bekannt – ist die Wirkung der biogenen Amine äußerst komplex. So führt die Bindung von Noradrenalin an $\alpha_2$- bzw. $\beta_1$-Rezeptoren über stimulierende bzw. inhibierende G-Proteine zur Modulation der Aktivität der Adenylatzyklase. Diese aktiviert die Proteinkinase A, welche wiederum durch Phosphorylierung die Einzelkanalleitfähigkeit vieler Ionenkanäle moduliert (Abb. **2.15b**). Die Axone noradrenerger Neuronen im Locus coeruleus bzw. serotonerger Neuronen in den Nuclei raphes ziehen in verschiedene Regionen wie z. B. den Kortex, das Kleinhirn und das Rückenmark und regulieren komplexe kognitive und vegetative Funktionen.

► Klinik.

► Klinik. Das serotoninerge System spielt offensichtlich eine wichtige Rolle bei affektiven Erkrankungen des ZNS wie **Depressionen**. Sog. Serotonin-Reuptake-Hemmer wie Fluoxetin, Paroxetin und Fluvoxamin gehören zu den gängigsten etablierten Antidepressiva. Diese Wirkstoffe verhindern die Wiederaufnahme des Serotonins in die Präsynapse durch Blockade des Serotonin-Transporters (SERT) und sorgen so für eine längere Verweilzeit des Serotonins im synaptischen Spalt.

**Ecstasy** ist ein Amphetamin, von dessen Einnahme aufgrund gefährlicher Nebenwirkungen nur abgeraten werden kann. Ecstasy hemmt im Wesentlichen die Wiederaufnahme von Serotonin und auch Dopamin an zentralnervösen Synapsen und führt dadurch zu emotionaler Enthemmung, erhöhter Konzentrationsfähigkeit, bei Überdosierung aber auch zu Halluzinationen und Psychosen. Es kommt normalerweise zu einer Erhöhung von Blutdruck und Pulsfrequenz. Bei anhaltendem Konsum von Ecstasy oder Einnahme höherer Dosen kann es zu neuronalen Schädigungen mit schwer wiegenden Folgen wie Depressionen oder Verfolgungswahn kommen. Diese könnten eventuell auf einem durch die Droge bedingten Untergang von Serotonin- und Dopamin-Rezeptoren beruhen. Da beide Transmitter auch wichtige Rollen außerhalb des ZNS spielen, kann es entsprechend auch zu drastischen Nebenwirkungen, z. B. auf Herz, Kreislauf, Niere und Leber, kommen.

### Neuromodulatoren und Cotransmitter

► Definition.

### Neuromodulatoren und Cotransmitter

► Definition. **Neuromodulatoren** sind Überträgerstoffe, die gemeinsam mit klassischen Transmittern ausgeschüttet werden **(Cotransmission)**. Sie bewirken an der postsynaptischen Membran nicht direkt eine Öffnung von Ionenkanälen, sondern beeinflussen stattdessen Intensität und Zeitdauer der Effekte der klassischen Transmitter.

Zu den als **Neuromodulatoren** wirkenden Überträgerstoffen gehören:

- Neuropeptide
- nicht peptiderge Neuromodulatoren
- die Gase NO und CO.

Zu den als **Neuromodulatoren** wirkenden Überträgerstoffen gehören:

- sog. **Neuropeptide** wie Enkephalin, Substanz P, Angiotensin II, Somatostatin, Dynorphin und Endorphin,
- **nicht peptiderge Neuromodulatoren** wie ATP und
- die **Gase** NO und CO (Stickstoff- bzw. Kohlenmonoxid).

**2.4 Auswahl von Stoffen, die an verschiedenen Synapsentypen den Funktionsablauf ändern** (nach Klinke, R., Pape, H.-C., Silbernagl, S.: Physiologie. 5. Aufl., Thieme, Stuttgart 2005)

| | *Glutamat* | *Glycin* | *GABA* | *5-HT = Serotonin* | *Dopamin* | *Noradrenalin Adrenalin* | *Opioidpeptide* |
|---|---|---|---|---|---|---|---|
| **Rezeptoren** | NMDA<br>AMPA<br>Kainat<br>$mGluR_{1-5}$ | GlyR | $GABA_A$<br>$GABA_B$<br>$GABA_C$ | $5\text{-}HT_{1-7}$ | $D_1$-$D_5$ | $\alpha_1$, $\alpha_2$, $\beta_2$ | μ, δ κ |
| **Einflüsse auf: Transmittersynthese** | – | – | Allylglycin hemmt GAD | – | α-Methyl-DOPA<br>→ falscher Transmitter | α-Methylmetatyrosin | – |
| **Transmitterspeicherung** | – | – | – | Speicherentleerung durch Hemmung der Wiederaufnahme | Reserpin | | – |
| **Transmitterfreisetzung** | | | | | | | |
| *verstärkt* | – | – | – | – | Amphetamin | | – |
| *abgeschwächt* | $Mg^{2+}$ | $Mg^{2+}$ | $Mg^{2+}$ | $Mg^{2+}$, LSD | $Mg^{2+}$ | $Mg^{2+}$ | – |
| **Einflüsse an postsynaptischen Rezeptoren: Agonisten** | NMDA<br>AMPAKainat<br>AP4 (mGluR) | Taurin | $GABA_A$: Muscimol, indirekt: Benzodiazepine, Barbiturate; $GABA_B$: Baclofen; $GABA_C$: CACA | LSD<br>α-methyl-5-HT | Bromocriptin | $\alpha_1$: Phenylephrin, Dopamin<br>$\alpha_2$: Clonidin<br>$\beta_1$: Dobutamin, $\beta_2$: Salbutamol } Isoproterenol | μ: Morphin |
| **Antagonisten** *kompetitiv* | APV<br>CNQX | Strychnin | $GABA_A$: Bicucullin; Gabazin; $GABA_B$: Phaclofen | Cyproheptadin<br>Methysergid<br>LSD | Haloperidol | $\alpha_1$: Prazosin, $\alpha_2$: Yohimbin } Phenoxybezamin<br>$\beta_1$: Atenolol, $\beta_2$: Butoxamin } Propranolol | Naloxon |
| *nicht kompetitiv* | $Mg^{2+}$, Kynureninsäure, Ketamin (NMDA) | Picrotoxin | $GABA_A$, $GABA_C$: Picrotoxin | – | – | – | |
| **Inaktivierung des Transmitters** | – | – | Wiederaufnahme gehemmt durch 4-Methyl-GABA | Wiederaufnahme gehemmt durch Imipramin, Amitriptylin, Fluoxetin (Antidepressiva) | Kokain, Imipramin hemmen Wiederaufnahme | | Enkephalinasehemmer verstärken Wirkung |
| | | | Aminooxyessigsäure hemmt GABA-Transaminase | | Catechol-O-Methyltransferase-Hemmer verzögern Abbau | | |
| | | | | Monoaminoxidasehemmer hemmen Abbau | | | |

–: spezifische Substanzen fehlen

**Neuropeptide:** Viele der mehr als 50 bekannten Neuropeptide wirken als Neuromodulatoren. Sie werden als Vorläuferpeptide synthetisiert und durch langsamen anterograden Transport (s. S. 23) in die Präsynapse transportiert. Die Vorläuferpeptide werden in „Large-dense-core"-Vesikeln (LDCV) von etwa 200 nm Durchmesser durch spezifische Endopeptidasen gespalten und dort gespeichert. In vielen Synapsen werden Neuropeptide aus den LDCV gemeinsam mit Transmittern aus anderen Vesikeln ausgeschüttet und wirken synergistisch auf die Zielzelle. Man spricht dabei vom Vorgang der **Cotransmission**, wobei die Neuropeptide als **Cotransmitter** wirken und als **Neuromodulatoren** Intensität und Zeitdauer der Transmitter-Effekte beeinflussen.

**Neuropeptide:** Die in „Large-dense-core"-Vesikeln von ca. 200 nm Duchmesser gespeicherten Neuropeptide werden in vielen Synapsen als **Cotransmitter** gemeinsam mit den Transmittern ausgeschieden **(Cotransmission)** und beeinflussen als **Neuromodulatoren** deren Effekte.

▶ Klinik.

▶ Klinik. Einen besonderen Stellenwert nehmen die körpereigenen Opioide **Enkephalin**, **Dynorphin** und **Endorphin** ein. Sie binden an metabotrope μ-, δ- und κ-Rezeptoren in Rückenmark und Hirnstamm und hemmen dort über G-Proteine die Schmerzweiterleitung (s. S. 613). Genauso wirkt das im Rohopium enthaltene Alkaloid **Morphin:** Es bindet als Agonist ebenfalls an μ-Rezeptoren und wird klinisch als Schmerzmittel verwendet.

**ATP** ist in fast allen synaptischen Vesikeln enthalten, wird gemeinsam mit dem Transmitter ausgeschüttet **(Cotransmission)** und wirkt über die Bindung an Purinorezeptoren neuromodulatorisch.

**ATP:** Nahezu alle synaptischen Vesikel enthalten ATP. Es wird bei Fusion der Vesikel gemeinsam mit dem Transmitter ausgeschüttet **(Cotransmission)**, bindet an sog. Purinorezeptoren (P1-, P2x- und P2y-Rezeptoren), die sowohl ionotrop als auch metabotrop sein können und wirkt so als Neuromodulator der synaptischen Übertragung.

**CO und NO** (Abb. **2.16**): Die beiden diffusiblen Gase haben eine sehr kurze Halbwertszeit und wirken im Nervensystem über die Aktivierung der cGMP-Synthase fördernd auf Prozesse wie Langzeitpotenzierung (s. S. 41). NO wirkt außerdem vasodilatierend (s. S. 147).

**CO und NO:** Auch die diffusiblen Gase Stickstoffmonoxid (NO, ugs. „Stickoxid") (Abb. **2.16**) und Kohlenmonoxid (CO) wirken als Neuromodulatoren der synaptischen Übertragung: NO wird vornehmlich in glutamatergen Synapsen nach NMDA-Rezeptor-abhängiger Aktivierung der NO-Synthase gebildet. Ebenso wie CO hat NO eine sehr kurze Halbwertszeit und wirkt im Nervensystem über die Aktivierung der cGMP-Synthase fördernd auf Prozesse wie Langzeitpotenzierung (s. S. 41). Darüber hinaus wird NO auch in Endothelzellen produziert und wirkt nach Ausschüttung gefäßerweiternd (s. S. 147).

▶ Merke.

▶ Merke. Sog. **Modulatoren** werden häufig als Cotransmitter ausgeschüttet und verändern die Wirkung des eigentlichen Transmitters daraufhin entweder präsynaptisch, indem sie auf Bildung oder Freisetzung des Transmitters Einfluss nehmen, oder postsynaptisch, indem sie Second messenger oder direkt Ionenkanäle beeinflussen.

## Agonisten und Antagonisten

▶ Definition.

## Agonisten und Antagonisten

▶ Definition.

- **Agonisten:** Als Agonisten bezeichnet man einen Wirkstoff, der die Wirkung eines Transmitters bzw. eines Signalmoleküls an dessen Rezeptor nachahmt oder seine Wirkung verstärkt.
- **Antagonisten:** Ein Wirkstoff, der die Wirkung eines Signalmoleküls an dessen Rezeptor hemmt oder seiner Wirkung entgegenwirkt, wird als Antagonist bezeichnet.

Man unterscheidet zwischen **kompetitiven** und **nicht kompetitiven** Agonisten/Antagonisten.
Die Bindung zwischen einem Agonisten/Antagonisten und dem Rezeptor kann **reversibel** oder **irreversibel** sein.

Findet zwischen dem Agonisten bzw. Antagonisten und der eigentlichen Übertragersubstanz ein Wettbewerb um den Rezeptor statt, spricht man von einem **kompetitiven** Agonisten bzw. Antagonisten. Erfolgt die Bindung an den Rezeptor zufällig, bezeichnet man den Agonisten bzw. Antagonisten als **nicht kompetitiv**. Die Bindung zwischen dem Agonisten/Antagonisten und dem Rezeptor kann sowohl **reversibel** als auch **irreversibel** sein.

2.16

2.16 **Stickstoffmonoxid (NO) als direkt intrazellulär wirkender Transmitter**

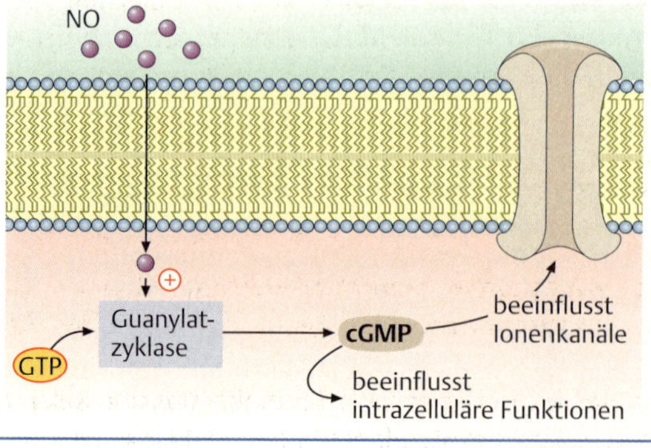

► Klinik. **Curare (d-Tubocurarin)**, das Pfeilgift der südamerikanischen Indianer, verdrängt als kompetitiver Antagonist selektiv Acetylcholin (ACh) von seiner Bindungsstelle am Rezeptor, induziert aber selbst keinen Ionenstrom und somit kein EPSP. Folglich kommt es zu Muskellähmungen. Mithilfe von Cholinesterasehemmern (z.B. Eserin = Physiostigmin) wird der Abbau von ACh gehemmt. Durch die daraus resultierende Erhöhung der ACh-Konzentration wird d-Tubocurarin wieder vom Rezeptor verdrängt. Curareähnliche Substanzen (nicht depolarisierende Muskelrelaxanzien) werden in der Anästhesie zur Muskelrelaxation eingesetzt, wobei der Patient bei vollständiger Relaxation beatmet werden muss.
**Succinylcholin** wird ebenfalls als Muskelrelaxans im Rahmen von operativen Eingriffen eingesetzt. Es besetzt als Agonist den ACh-Rezeptor und führt dort zu einer Depolarisation, die sich durch Muskelzuckungen bemerkbar macht. Über eine Dauerdepolarisation der postsynaptischen Membran kommt es schließlich jedoch zur Erschlaffung der Muskulatur.

► Klinik.

## Prinzip der Signalübertragung an chemischen Synapsen

Die überwiegende Mehrzahl der Synapsen im zentralen und peripheren Nervensystem des Menschen sind chemische Synapsen. An diesen Synapsen wird das **elektrische Signal** (Aktionspotenzial) auf der präsynaptischen Seite in ein **chemisches Signal** (Neurotransmitter) umgewandelt, um auf der postsynaptischen Seite wieder in ein **elektrisches Signal** (postsynaptisches Potenzial) umgewandelt zu werden. Diese auf den ersten Blick recht umständlich anmutende Konvertierung hat vier wichtige, physiologische **Konsequenzen:**

- Der Informationsfluss an einer chemischen Synapse ist immer **gerichtet**, und zwar von präsynaptisch (sendende Zelle) nach postsynaptisch (empfangende Zelle).
- Je nach benutztem Neurotransmitter kann die postsynaptische Wirkung entweder **erregungsfördernd** (exzitatorisch) oder **erregungsmindernd** (inhibitorisch) sein.
- Durch die Umwandlung des elektrischen in ein chemisches Signal entsteht eine **Verzögerung in der Signalübertragung** von 2–3 ms (synaptic delay).
- Während elektrische Signale nach physikalischen Gesetzmäßigkeiten stereotyp ablaufen, sind chemische Signale vielfach modulierbar. Diese **Modulierbarkeit** (s. S. 42) bildet die Grundlage für die Plastizität unseres Nervensystems (Lernen, Gedächtnisbildung, Demenz).

**Prinzip der Signalübertragung an chemischen Synapsen**

An chemischen Synapsen wird ein **elektrisches Signal** (AP) zunächst in ein **chemisches Signal** (Neurotransmitter) und anschließend wieder in ein **elektrisches Signal** (AP) umgewandelt.

Der **Informationsfluss** an chemischen Synapsen

- ist gerichtet,
- kann je nach Neurotransmitter exzitatorisch oder inhibitorisch wirken,
- verläuft mit einer Verzögerung von 2–3 ms (synaptic delay) und
- ist vielfältig modulierbar (s. S. 42).

### Präsynaptische Transmitterfreisetzung

Der Mechanismus der präsynaptischen Neurotransmitterfreisetzung ist ein zeitlich und räumlich hoch koordinierter Prozess. Die Verschmelzung synaptischer Vesikel mit der Plasmamembran erfolgt ausschließlich in der aktiven Zone, und die Zeitspanne zwischen Stimulus und Fusion beträgt weniger als eine Millisekunde.

Bei Depolarisation der präsynaptischen Endigung durch eintreffende Aktionspotenziale öffnen sich in der aktiven Zone lokalisierte **spannungsabhängige $Ca^{2+}$-Kanäle**. Daraufhin strömt $Ca^{2+}$ aus dem Extrazellulärraum in die Präsynapse ein und die intraterminale $Ca^{2+}$-Konzentration steigt an. $Ca^{2+}$ bindet an das synaptische Vesikelprotein **Synaptotagmin** ($Ca^{2+}$-Sensor für die Transmitterfreisetzung) woraufhin sog. **SNARE-Proteine** (das synaptische Vesikelprotein Synaptobrevin und die Membranproteine Syntaxin und SNAP-25, Abb. **2.17b**) die Verschmelzung der Vesikelmembran mit der Plasmamembran vermitteln. So gelangen die im Vesikel enthaltenen Transmitter in den synaptischen Spalt und diffundieren durch diesen bis zur postsynaptischen Membran, wo sie an entsprechende Rezeptoren binden. Das leere Vesikel wird durch clathrinvermittelte Endozytose wieder in die Zelle aufgenommen und erneut mit Transmittern befüllt. Das Vesikel steht dann nach weiteren Maturierungsschritten zur erneuten Fusion zur Verfügung (Abb. **2.17a**).

**Präsynaptische Transmitterfreisetzung**

Die präsynaptische Neurotransmitterfreisetzung ist ein zeitlich und räumlich hoch koordinierter Prozess und dauert weniger als 1 ms.

Bei Depolarisation der Präsynapse kommt es zum Einstrom von $Ca^{2+}$ durch **spannungsabhängige $Ca^{2+}$-Kanäle**. $Ca^{2+}$ bindet an **Synaptotagmin** woraufhin über sog. **SNARE-Proteine** die Verschmelzung der Vesikelmembran mit der Plasmamembran vermittelt wird und die Neurotransmitter in den synaptischen Spalt freigesetzt werden. Das leere Vesikel wird per Endozytose wieder in die Zelle aufgenommen, erneut mit Transmittern befüllt und steht schließlich zur erneuten Fusion zur Verfügung (Abb. **2.17**).

**Steuerung des Ausmaßes der präsynaptischen Neurotransmitterfreisetzung:** Die Anzahl der freigesetzten Neurotransmittermoleküle kann auf vielfältige Art moduliert werden:

- Die Anzahl der fusionsbereiten Vesikel in der aktiven Zone, die den sog. **Release Ready Pool** (RRP) bilden, kann u. a. durch Proteinkinasen aktivitätsabhängig moduliert werden.

Das **Ausmaß der präsynaptischen Neurotransmitterfreisetzung** kann auf vielfältige Art moduliert werden:

- Die Größe des **Release Ready Pools** und
- die **Fusionswahrscheinlichkeit** der Vesikel können durch Proteinkinasen moduliert werden.

**2.17 Präsynaptische Neurotransmitterfreisetzung**

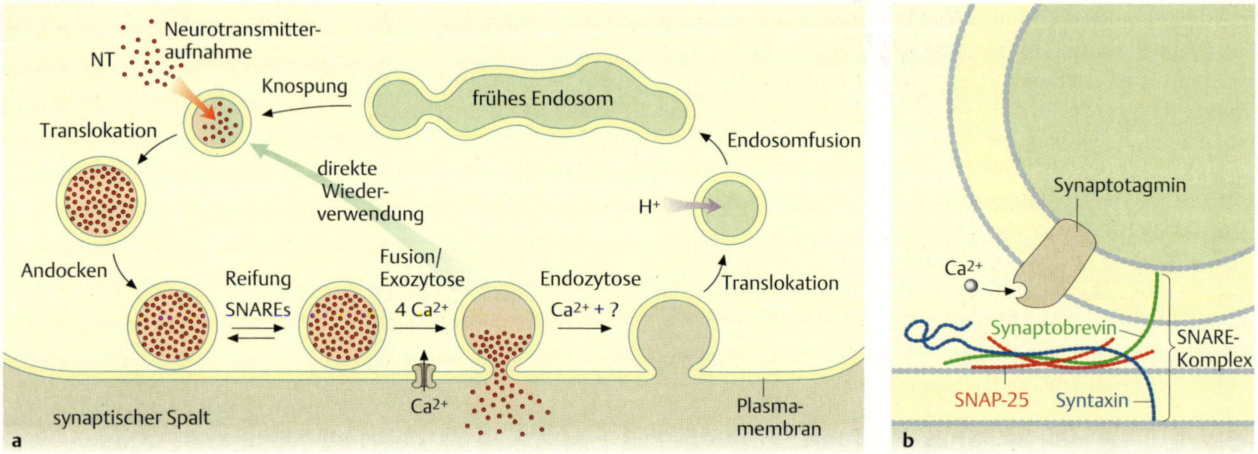


**a** Die synaptischen Vesikel durchlaufen in der Präsynapse einen zyklischen Prozess. (nach Südhof 1995)

**b** Nach Bindung von $Ca^{2+}$ an das synaptische Vesikelprotein Synaptotagmin vermitteln die SNARE-Proteine Synaptobrevin, Syntaxin und SNAP-25 die Verschmelzung der Vesikelmembran mit der Plasmamembran.

- Die **Größe eines Quantums** kann durch Modulation der für die Befüllung der Vesikel verantwortlichen Transporter gesteuert werden.
- Die intraterminale $Ca^{2+}$-Konzentration wird von der Lokalisation und Einzelkanalleitfähigkeit der $Ca^{2+}$-Kanäle und der zeitlichen Abfolge eingehender AP bestimmt. Kurz hintereinander stattfindende Depolarisationen können über eine Erhöhung der intraterminalen $Ca^{2+}$-Konzentration zu einer verstärkten Transmitterfreisetzung führen (= **Bahnung**). Tetanische Stimuli können auch eine synaptische **Depression** zur Folge haben.

- Ein Vesikel aus dem RRP fusioniert nur mit einer gewissen **Wahrscheinlichkeit** (in zentralnervösen Synapsen liegt diese unter 5%). Diese Wahrscheinlichkeit kann ebenfalls durch Proteinkinasen moduliert werden.
- Die **Größe eines Quantums** (Inhalt eines Vesikels) kann durch Modulation der Aktivität der vesikulären Transporter, die für die Befüllung der Vesikel mit Neurotransmittern verantwortlich sind, gesteuert werden.
- Die Stärke der präsynaptischen Neurotransmitterfreisetzung hängt außerdem entscheidend von der Höhe der intraterminalen $Ca^{2+}$-Konzentration ab. Diese wird durch die Lokalisation der spannungsabhängigen $Ca^{2+}$-Kanäle, deren Einzelkanalleitfähigkeit und durch die zeitliche Abfolge eingehender Aktionspotenziale gesteuert. Wird die Präsynapse von zwei kurz aufeinander folgenden AP depolarisiert, ist das zweite EPSP größer als das erste. Der Grund für diese synaptische **Bahnung** ist die nach dem ersten AP intraterminal noch erhöhte $Ca^{2+}$-Konzentration („Restkalzium"). Die synaptische Bahnung wird als molekulare Basis des Kurzzeitgedächtnisses angesehen.
  An manchen Synapsen kann ein tetanischer Stimulus (= lange Serie hochfrequenter Depolarisationen) auch das Gegenteil, eine synaptische **Depression**, hervorrufen. Als Ursache wird die Reduktion des RRP diskutiert.

► Klinik.

► **Klinik.** Proteine, die eine essenzielle Rolle bei der präsynaptischen Neurotransmitterfreisetzung spielen, sind Angriffspunkt verschiedener Toxine. Die **Bakteriengifte Tetanustoxin** (Tetanospasmin) und Botulinumtoxin spalten als Endoproteasen selektiv und spezifisch SNARE-Proteine:

Das Bakterium **Clostridium tetani** ist der Erreger des Wundstarrkrampfs. Gelangt es in eine Wunde, kann es sich unter anaeroben Bedingungen vermehren und das Neurotoxin **Tetanospasmin** bilden. Dieses wird bei Autolyse der Bakterienzelle freigesetzt und gelangt entweder axonal aufsteigend oder auf dem Blutweg ins ZNS. Tetanospasmin spaltet SNARE-Proteine in den glycinergen Renshaw-Zellen des Rückenmarks. Folglich fehlt deren hemmender Einfluss (Renshaw-/Rückwärtshemmung, s. S. 733) und es kommt zu Überaktivierung der neuromuskulären Signalübertragung. Zu den klinischen Folgen gehören ein erhöhter Muskeltonus und durch äußere Reize (optisch/akustisch) ausgelöste Krämpfe. Diese beginnen häufig in der Gesichtsmuskulatur und gehen dann auf Nacken- und Rückenmuskulatur über, was sich als Risus sardonicus (ein seltsam verzerrter Gesichtsausdruck zwischen Lachen und Weinen), Trismus (Kiefersperre) und Opisthotonus (Überstreckung durch Steifheit von Rücken- und Nackenmuskulatur) zeigt. Sind Zwerchfell und Glottis betroffen, kann es zum Tod durch Ersticken kommen.

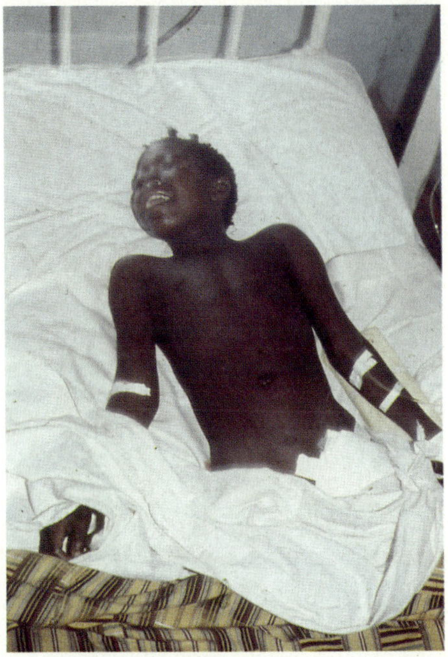

2.18 **Tetanus**

Zu erkennen sind Risus sardonicus und Opisthotonus.

Das Bakterium **Clostridium botulinum** bildet sieben verschiedene Typen eines Neurotoxins (A-G). Beim lebensmittelbedingten Botulismus kommt es über den Genuss verunreinigter Lebensmittel, in denen C. botulinum unter anaeroben Bedingungen sein Toxin gebildet hat (z.B. Konserven), zu einer Intoxikation. Botulinumtoxin bewirkt über die irreversible Hemmung der Acetylcholinfreisetzung an der peripheren Nervenendplatte ein Ausbleiben der Muskelerregung. Folge sind Lähmungserscheinungen (v.a. der Kopfnerven). Dadurch kommt es u.a. zu Doppeltsehen, Ausbleiben der Speichelsekretion, Schluck- und Sprechstörungen und Obstipation bis hin zum Ileus (Darmlähmung/Darmverschluss). Eine Lähmung der Atemmuskulatur kann letztlich zum Tod führen. Das **Botulinumtoxin A** führt lediglich zur Abschwächung der Neurotransmitterfreisetzung und findet in entsprechender Dosierung vielfältige Verwendung als Anti-Faltenmittel in der Schönheitschirurgie.

### Postsynaptische Potenziale

Bindet ein aus der Präsynapse freigesetzter Transmitter nach Diffusion über den synaptischen Spalt an einen ionotropen Rezeptor in der Postsynapse, kommt es zur Öffnung des Kanals. Daraufhin werden Ionen entlang ihres elektrochemischen Gradienten durch den Kanal transportiert, wodurch es zu einer Potenzialänderung kommt, die man als **postsynaptisches Potenzial** bezeichnet (Abb. **2.19**).
**Glutamat-** und **Acetylcholin-Rezeptoren** lassen hauptsächlich $Na^+$-Ionen passieren. Daher hat das postsynaptische Potenzial eine depolarisierende Wirkung und wird folglich **exzitatorisches postsynaptisches Potenzial (EPSP)** genannt (s. S. 31).
**$GABA_A$-**, **$GABA_C$-** und **Glycin-Rezeptoren** lassen vornehmlich $Cl^-$-Ionen passieren, während **$GABA_B$-Rezeptoren** indirekt über G-Proteine $K^+$-Kanäle öffnen. Da das daraus resultierende postsynaptische Potenzial eine hyperpolarisierende Wirkung hat, handelt es sich um ein **inhibitorisches postsynaptisches Potenzial (IPSP)**.

### Präsynaptische Transmitterfreisetzung

Man unterscheidet **exzitatorische postsynaptische Potenziale (EPSP)** und **inhibitorische postsynaptische Potenziale (IPSP)**, die durch die Selektivität der ligandengesteuerten Rezeptoren determiniert werden (Abb. **2.19**).
**Glutamat-** und **Acetylcholin-Rezeptoren** lassen hauptsächlich $Na^+$-Ionen passieren, weshalb hier **EPSP** ausgelöst werden.
**$GABA_A$-**, **$GABA_C$-** und **Glycin-Rezeptoren** lassen vornehmlich $Cl^-$-Ionen passieren und **$GABA_B$-Rezeptoren** öffnen indirekt $K^+$-Kanäle, woraus letztlich IPSP resultieren.

▶ **Merke.** Je nach assoziierten G-Proteinen können metabotrope Rezeptoren desselben Transmitters sowohl EPSP als auch IPSP generieren (s. Abb. **2.15b**, S. 40).

▶ **Merke.**

Postsynaptische Potenziale werden elektrotonisch, d.h. mit exponentiellem Amplitudenabfall, bis zum Axonhügel der postsynaptischen Nervenzelle weitergeleitet, wo die einkommenden EPSP und IPSP aufsummiert (räumliche und zeitliche Summation, s. S. 53) werden. Wird hier die Reizschwelle überschritten, wird die Information in Form von Aktionspotenzialen weitergegeben.

Postsynaptische Potenziale werden elektrotonisch weitergeleitet und am Axonhügel aufsummiert. Bei Überschreiten der Reizschwelle werden entsprechende AP fortgeleitet.

**2.19 Postsynaptische Potenziale**

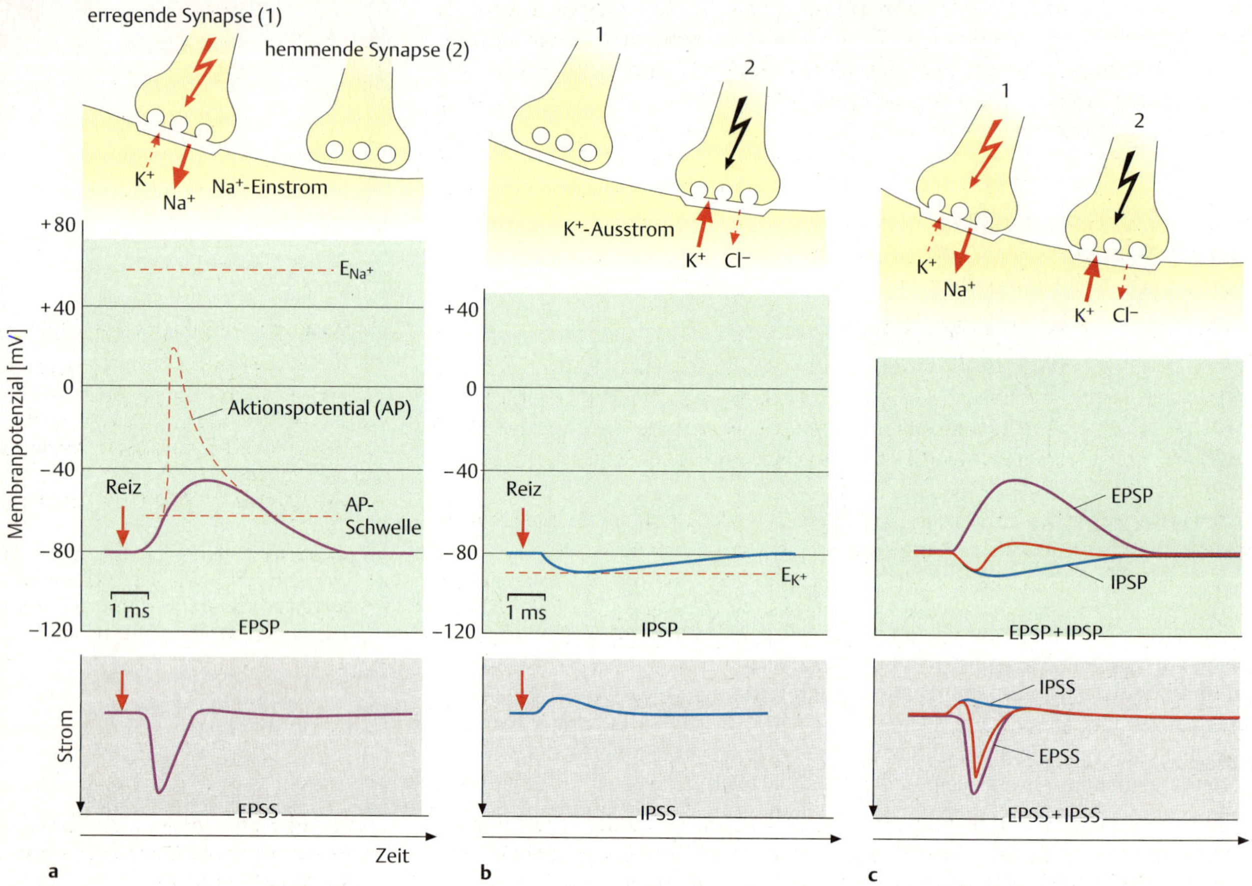


Postsynaptische Potenziale nach Aktivierung einer exzitatorischen (**a**) oder einer inhibitorischen (**b**) Synapse bzw. bei gleichzeitiger Aktivierung beider Synapsenarten (**c**). Überschreitet das Potenzial am Axonhügel den Schwellenwert, wird ein AP ausgelöst. EPSP = exzitatorisches postsynaptisches Potenzial, IPSP = inhibitorisches postsynaptisches Potenzial, EPSS = exzitatorischer postsynaptischer Strom, IPSS = inhibitorischer postsynaptischer Strom.

Exizatorische Synapsen sind als **axodendritische Synapsen** meist weiter vom Axonhügel entfernt als inhibitorische Synapsen, die überwiegend am Soma lokalisiert sind **(axosomatische Synapsen)**.

Die **Stärke der Signalübertragung** auf der postsynaptischen Seite kann über
- eine Erhöhung der **Einzelkanalleitfähigkeit** oder
- einen vermehrten **Einbau von Rezeptoren** in die postsynaptische Dichte (synaptische Plastizität)

moduliert werden.

Im zentralen Nervensystem finden sich die exzitatorischen Synapsen üblicherweise an den Dornfortsätzen (spines) der Dendriten **(axodendritische Synapse)**, während inhibitorische Synapsen oft am Soma anzutreffen sind **(axosomatische Synapse)**. Die physiologische Konsequenz dieser anatomischen Anordnung ist, dass der inhibitorische Einfluss aufgrund der kürzeren Wegstrecke zum Axonhügel dominiert. Einzelne EPSP reichen in der Regel nicht aus, um die nachgeschaltete Zelle überschwellig zu erregen. Eine Ausnahme bilden hierbei die neuromuskuläre Endplatte und die Kletterfasersynapsen des Zerebellums.

Zu den verschiedenen Möglichkeiten, die **Stärke der Signalübertragung** auf der postsynaptischen Seite zu modulieren, gehören:
- die Erhöhung der **Einzelkanalleitfähigkeit** durch Phosphorylierung und/oder Austausch von Untereinheiten und
- der durch akzessorische Untereinheiten oder verstärkte Genexpression vermittelte vermehrte **Einbau von Rezeptoren** in die postsynaptische Dichte, der einen wichtigen Mechanismus der synaptischen Plastizität darstellt (Langzeitpotenzierung bzw. -depression, s. S. 41).

► Klinik. Ligandengesteuerte Ionenkanäle sind wichtige Angriffspunkte für Medikamente: So wird in der Klinik **Ketamin**, ein Antagonist des Glutamat-Rezeptors, als Narkosemittel eingesetzt. **Barbiturate**, die an GABA-Rezeptoren binden und die inhibitorische Wirkung verstärken, werden als Schlaf- und Beruhigungsmittel sowie als Antiepileptika verwendet. Auch **Benzodiazepine** verstärken die GABAerge Wirkung und werden als Antiepileptika eingesetzt. Das Krampfgift **Strychnin** wirkt als kompetitiver Agonist zum Glycin auf den Glycinrezeptor und führt durch den Verlust der inhibitorischen Hemmung der α-Motoneuronen zu Muskelkrämpfen. Strychninvergiftungen werden mit Diazepam (Valium) behandelt, das die inhibitorische Wirkung der synergistisch arbeitenden $GABA_A$-Rezeptoren verstärkt.

► Klinik.

### Beendigung der synaptischen Übertragung

Der Prozess der synaptischen Übertragung muss schnell wieder beendet werden, damit beispielsweise nach hochfrequenten Aktionspotenzialsalven wieder genügend Rezeptoren zur Verfügung stehen und eine zu starke und lange andauernde Aktivierung von Synapsen verhindert wird. Dazu stehen verschiedene Mechanismen zur Verfügung:

- **Enzymatischer Abbau** von Transmitterstoffen. So wird z. B. in cholinergen Synapsen wie der neuromuskulären Endplatte Acetylcholin durch die Cholinesterase in Acetat und Cholin gespalten. Cholin wird dann über Transporter wieder in die Präsynapse aufgenommen. Auf diese Art steht schnell wieder ACh zur erneuten Freisetzung zur Verfügung. Auch viele Neuropeptide werden auf diese Weise mittels spezifischer Aminopeptidasen und Endopeptidasen inaktiviert.
- **Wiederaufnahme** des Transmitters in die Präsynapse oder benachbarte Gliazellen mithilfe hochaffiner Transporter.
- **Diffusion** von Transmitterstoffen aus dem synaptischen Spalt.

Verbleibt der Neurotransmitter zu lange im synaptischen Spalt, kommt es zum Prozess der **Desensitisierung**. Dabei wird der Kanal trotz andauernder Ligandenbindung geschlossen und folglich kann kein postsynaptisches Potenzial generiert werden.
Viele Psychopharmaka und auch manche Drogen wie Kokain oder Ecstasy wirken als so genannte Reuptake-Hemmer (Wiederaufnahmehemmer) spezifisch gegen diese Transporter (s. S. 43).

**Beendigung der synaptischen Übertragung**

Um stets genügend Rezeptoren zur Signalübertragung zur Verfügung zu haben und eine zu lange und starke Synapsenaktivierung zu verhindern, stehen folgende Mechanismen zur Verfügung:

- **Enzymatischer Abbau** von Transmitterstoffen
- **Wiederaufnahme** des Transmitters in Präsynapse oder benachbarte Gliazellen
- **Diffusion** von Transmittern aus dem synaptischen Spalt ins Interstitium.

Verbleibt der Neurotransmitter zu lange im synaptischen Spalt, kommt es zum Prozess der **Desensitisierung**.
Psychopharmaka und manche Drogen blockieren als **Reuptake-Hemmer** die Wiederaufnahme von Neurotransmittern (s. S. 43).

## Die neuromuskuläre Endplatte (motorische Endplatte)

**Die neuromuskuläre Endplatte (motorische Endplatte)**

► Definition. Die **neuromuskuläre Endplatte** ist die synaptische Verbindung zwischen α-Motoneuron und Skelettmuskel.

► Definition.

Sie stellt aus historischen Gründen die am besten untersuchte chemische Synapse dar. Unter anatomischen und physiologischen Gesichtspunkten ist sie aber eine eher untypische chemische Synapse.

Die neuromuskuläre Endplatte dient als Modellsystem einer chemischen Synapse.

**Eigenschaften:** Da es physiologisch notwendig ist, dass zentralnervös gesteuerte Muskelbewegungen mit hoher Präzision und Verlässlichkeit durchgeführt werden können, sind die Synapsen der neuromuskulären Endplatte sog. **1:1-Synapsen**. Das bedeutet, dass jedes Aktionspotenzial im α-Motoneuron zu einer Kontraktion im Muskel führt. Deshalb haben neuromuskuläre Endplatten große Präsynapsen mit mehreren aktiven Zonen und eine ungewöhnlich hohe Freisetzungswahrscheinlichkeit der Vesikel aus dem Release Ready Pool (RRP, s.o.). Die Einstülpung der postsynaptischen Membran dient der Oberflächenvergrößerung und einer entsprechend höheren Zahl an Rezeptoren.
Anhand dieser Synapse werden die Mechanismen der **interzellulären Signalübertragung** nochmals **exemplarisch** zusammengefasst:
Kurz vor dem Erreichen der Muskelfaser verzweigt sich das Axon eines α-Motoneurons und bildet motorische Endplatten aus (Abb. **2.20**). Etwa 10 000 Moleküle Acetylcholin (ACh) sind in kleinen Vesikeln (SCV) verpackt, die dicht gedrängt an der aktiven Zone liegen. Ein über das Axon des α-Motoneurons laufendes Aktionspotenzial öffnet präsynaptische spannungsabhängige $Ca^{2+}$-Kanäle und der resultierende $Ca^{2+}$-Einstrom führt zur Fusion der Vesikel mit der

**Eigenschaften:** Als sog. **1:1-Synapse**, bei der jedes AP im α-Motoneuron zu einer Kontraktion im Muskel führt, ermöglicht sie präzise und verlässlich gesteuerte Muskelbewegungen. Dazu verfügen neuromuskuläre Endplatten über große Präsynapsen mit mehreren aktiven Zonen und eine ungewöhnlich hohe Freisetzungswahrscheinlichkeit der Vesikel. Die postsynaptische Membran ist zur Oberflächenvergrößerung eingestülpt (Abb. **2.20**).

**2.20 Die neuromuskuläre Endplatte**

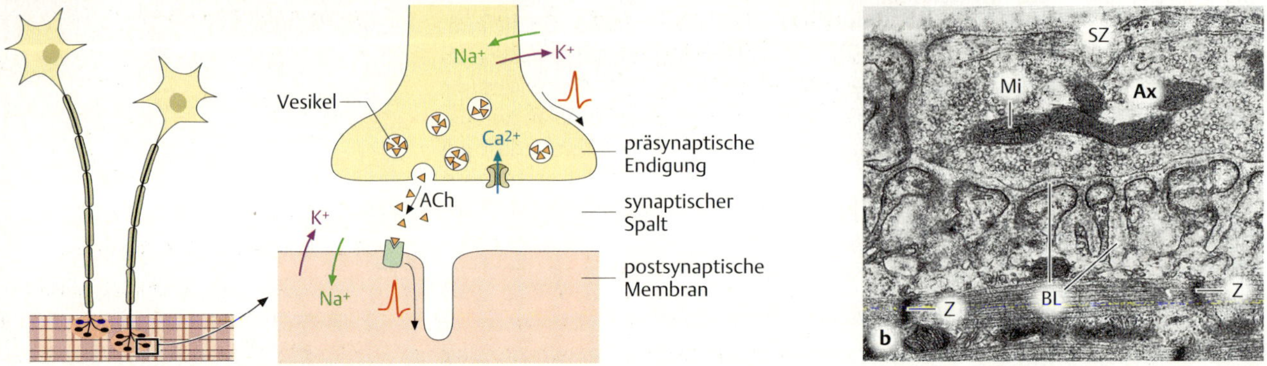


**a** Schematischer Aufbau einer neuromuskulären Endplatte.

**b** Elektronenmikroskopische Aufnahme einer neuromuskulären Endplatte (19 000fache Vergrößerung): Ax = Axonende mit synaptischen Vesikeln und Mitochondrien (Mi), SZ = Schwann-Zelle, BL = Basallamina, Z = Z-Scheibe.

präsynaptischen Membran. Je zwei ACh-Moleküle binden nach Diffusion durch den synaptischen Spalt an den postsynaptischen, nikotinergen ACh-Rezeptor, der daraufhin im Wesentlichen $Na^+$- aber auch $K^+$-Ionen durch seine Pore passieren lässt und ein exzitatorisches postsynaptisches Potenzial auslöst. Die depolarisierende Wirkung des EPSP führt zum Öffnen spannungsabhängiger $Na^+$-Kanäle, die ein Muskel-Aktionspotenzial generieren und zur Initiation der Muskelkontraktion führen (s. S. 57). Die im synaptischen Spalt lokalisierte Acetylcholinesterase sorgt durch Spaltung des ACh in Acetatreste und Cholin für ein schnelles Ende der synaptischen Signalübertragung.

▶ Klinik.

▶ **Klinik.** Bei der **Myasthenia gravis** verursachen Autoantikörper (= gegen körpereigene Proteine gerichtete Antikörper) eine Blockierung und Zerstörung postsynaptischer nikotinerger ACh-Rezeptoren der neuromuskulären Endplatte. Dadurch kommt es zu einer belastungsabhängigen Schwäche der Skelettmuskulatur (Abb. **2.21**), Doppelbildern, Ptosis, Schluck-, Kau- und Sprachschwierigkeiten. Ein Großteil der Patienten weist Veränderungen im Bereich des Thymus auf. Zur medikamentösen Therapie gehört neben der symptomatischen Therapie mit Acetylcholinesterasehemmern (z. B. Pyridostigmin, Neostigmin), die die Verweildauer von ACh im synaptischen Spalt verlängern, die immunsuppressive Therapie u. a. mit Kortikosteroiden, Azathioprin und Immunglobulinen. Ggf. ist eine Thymektomie (d. h. operative Entfernung des Thymus) angezeigt.

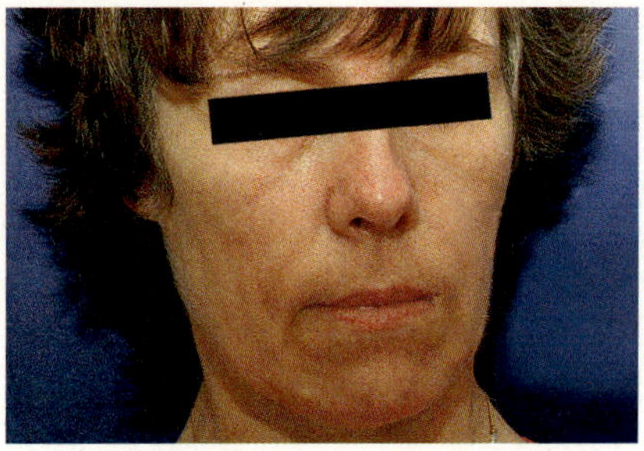

**2.21 Facies myopathica bei Myasthenia gravis**

Beim **Lambert-Eaton-Syndrom** ist die ACh-Freisetzung aufgrund einer Blockade spannungsabhängiger $Ca^{2+}$-Kanäle durch Autoantikörper gestört. Das Krankheitsbild kommt häufig in Verbindung mit dem kleinzelligen Bronchialkarzinom oder im Rahmen von Autoimmunerkrankungen vor und äußert sich klinisch durch Schwäche und Schmerzen im Bereich der proximalen Muskulatur, die nach längerer Belastung zunehmen. Daher kann es zu Verwechslungen mit der Myasthenie kommen. Die Therapie beinhaltet neben der Behandlung der Grundkrankheit die medikamentöse Therapie mit Acetylcholinesterasehemmern und Medikamenten zur Stimulation der ACh-Ausschüttung.

# 2.5 Signalverarbeitung im Nervensystem

Das menschliche Nervensystem besitzt etwa $10^{11}$ (100 Milliarden!) Nervenzellen. Nur etwa 0,1 % dieser Neuronen sind unmittelbar mit afferenten (Somatosensibilität, s. S. 594) oder efferenten (Somatomotorik, s. S. 725) Aufgaben betraut. Die überwältigende Mehrzahl (99,9 %) ist aber mit der Informationsverarbeitung in sog. neuronalen Netzwerken beschäftigt. Um diese Informationsverarbeitung besser verstehen zu können, ist es nützlich, sich mit grundlegenden Mechanismen der Signalverarbeitung vertraut zu machen.

**2.5 Signalverarbeitung im Nervensystem**

Komplexe neuronale Netzwerke dienen der Informationsverarbeitung im ZNS.

## 2.5.1 Konvergenz und Divergenz

Jede der 100 Milliarden Nervenzellen formt im Durchschnitt etwa 1000 Synapsen mit anderen Nervenzellen. In der überwiegend hierarchischen Anordnung der Nervenzellen im ZNS erhält eine nachgeschaltete Zelle somit Informationen nicht nur von einer, sondern von einer Vielzahl von vorgeschalteten Zellen. Aus dieser einkommenden Information aus EPSP und IPSP entscheidet sich am Axonhügel – je nachdem ob die Reizschwelle überschritten wird oder nicht – ob die Information in Form von Aktionspotenzialen weitergeleitet wird.

**2.5.1 Konvergenz und Divergenz**

Jede der 100 Milliarden Nervenzellen formt im Durchschnitt etwa 1000 Synapsen mit anderen Nervenzellen.

▶ **Definition.** Die Tatsache, dass an einer Nervenzelle Signale aus vielen anderen Neuronen zusammentreffen, bezeichnet man als **Konvergenz** (Abb. **2.22**).

▶ **Definition.**

Viele Axone im Nervensystem bilden wiederum zahlreiche Kollateralen und innervieren somit nicht nur eine, sondern eine Vielzahl nachgeschalteter Nervenzellen.

▶ **Definition.** Die Verteilung der Information auf mehrere Nervenzellen nennt man **Divergenz** (Abb. **2.22**).

▶ **Definition.**

## 2.5.2 Postsynaptische Hemmung

### Rückwärtshemmung

Häufig erhält ein inhibitorisches Neuron eine Axonkollaterale von einem vorgeschalteten exzitatorischen Neuron, auf das es dann wiederum eine inhibitorische Synapse zurückbildet. Als Folge wird die Aktivität des vorgeschalteten exzitatorischen Neurons gehemmt und man spricht von einer Rückwärtshemmung (Abb. **2.23**).

**2.5.2 Postsynaptische Hemmung**

**Rückwärtshemmung**

Die Hemmung vorgeschalteter Nervenzellen durch inhibitorische Interneuronen bezeichnet man als Rückwärtshemmung (Abb. **2.23**).

**2.22 Konvergenz und Divergenz**

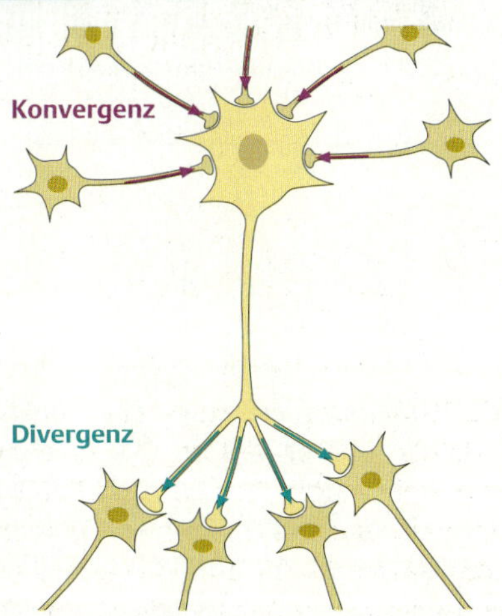


2.22

2.23

**2.23 Rückwärts- und Vorwärtshemmung**

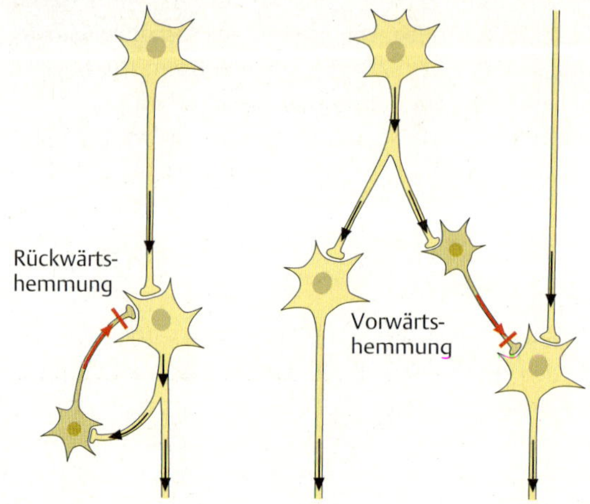


**Beispiel**

**Beispiel:** Die sog. **Renshaw-Zellen** im Rückenmark erhalten Kollateralen von einem α-Motoneuron und bilden ihrerseits eine glycinerge Synapse auf dieses α-Motoneuron (und auf ipsilaterale γ-Motoneuronen sowie auf kontralaterale Interneuronen) zurück. Diese auch **Renshaw-Hemmung** bzw. **rekurrente Hemmung** genannte Rückwärtshemmung dient dem Schutz vor überschießender Kraftentwicklung des Muskels (s.S.733).

**Vorwärtshemmung**

Bei der Vorwärtshemmung wird die Aktivität der nachgeschalteten Nervenzelle gehemmt (Abb. **2.23**).

### Vorwärtshemmung

Hierbei bildet das inhibitorische Neuron eine glycinerge Synapse nicht auf das vorgeschaltete Neuron, durch das es selbst erregt wird, sondern auf ein anderes Neuron in der Nachbarschaft, von dem es wiederum selbst keine Signale erhält. Folglich wird also die Aktivität dieser nachgeschalteten Nervenzelle gehemmt (Abb. **2.23**).

**Laterale Hemmung**

Die laterale Hemmung ist eine besondere Form der postsynaptischen Hemmung und dient der Kontrastverschärfung im Bereich von benachbarten rezeptiven Feldern sensibler bzw. sensorischer Afferenzen.

### Laterale Hemmung

Hierbei handelt es sich um eine besondere Form der postynaptischen Hemmung, die sowohl rückwärts- als auch vorwärtsgerichtet sein kann. Sie dient der Kontrastverschärfung im Bereich von benachbarten rezeptiven Feldern sensibler bzw. sensorischer Afferenzen, z.B. bei der Unterscheidung von zwei nah beieinander liegenden Druckpunkten in der Haut (Zweipunktschwelle, s.S. 601).

► Merke.

**► Merke.** Sowohl Vorwärts- als auch Rückwärtshemmung führen dazu, dass durch die Bildung inhibitorischer postsynaptischer Potenziale die Aktivität des neuronalen Netzwerkes verringert wird. Man spricht dabei von einer **postsynaptischen Hemmung.**

**2.5.3 Präsynaptische Hemmung**

Bei der präsynaptischen Hemmung kann über eine axoaxonale Synapse zwischen einem inhibitorischen Interneuron und einer erregenden Synapse die Aktivität der erregenden Synapse reduziert werden. Dies ermöglicht die selektive Steuerung einzelner synaptischer Eingänge.

## 2.5.3 Präsynaptische Hemmung

Diese Form der Hemmung ist insbesondere im Rückenmark zu finden. Dabei kommt es zur Ausbildung einer axoaxonalen Synapse zwischen einem inhibitorischen Interneuron und einer erregenden Synapse. Ein **Beispiel** hierfür ist die axoaxonale Synapse zwischen einem inhibitorischen Interneuron und der Synapse zwischen Ia-Afferenz und α-Motoneuron (s.S. 730). Wird das Interneuron vor der Ia-Afferenz erregt, kommt es zu einer Hemmung des durch die Ia-Afferenz am α-Motoneuron ausgelösten EPSP. Die Aktivität der nachgeschalteten Synapse wird also verringert und es kommt zu einer zeitlich begrenzten Reduktion des Muskeldehnungsreflexes. Die präsynaptische Hemmung ermöglicht so die selektive Steuerung einzelner synaptischer Eingänge.

2.24 **Präsynaptische Hemmung**

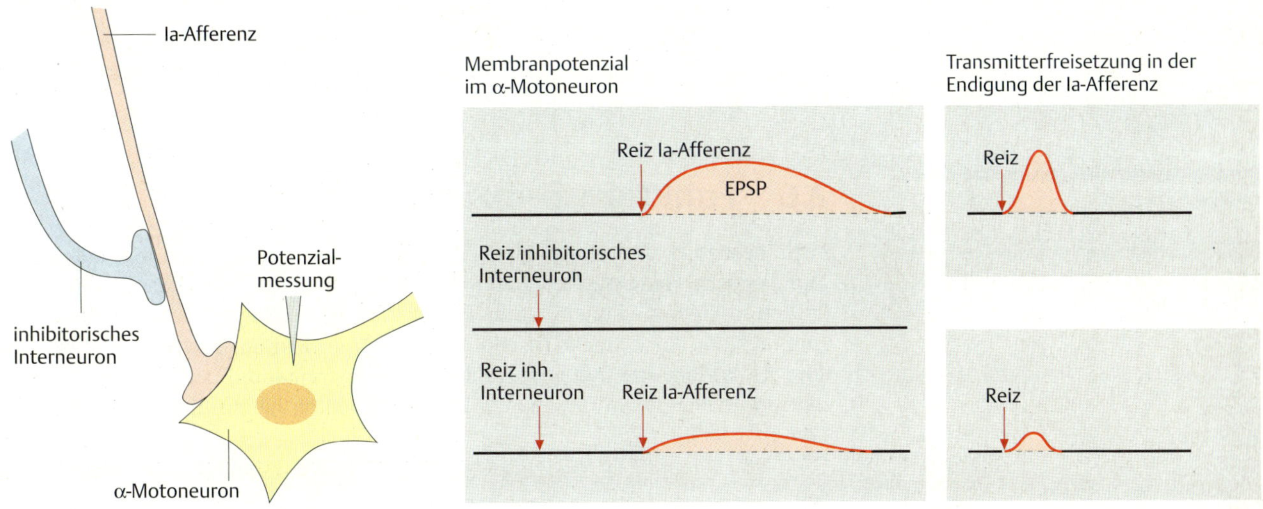


Wird das inhibitorische Interneuron zeitlich vor der Ia-Afferenz erregt, kommt es zu einer Hemmung des am α-Motoneuron ausgelösten EPSP.

## 2.5.4 Räumliche und zeitliche Summation

Da EPSP meist an axodendritischen Synapsen generiert werden, reichen einzelne EPSP durch den Amplitudenabfall der elektrotonischen Weiterleitung größtenteils nicht aus, um am Ort der Informationsintegration, dem Axonhügel, ein Aktionspotenzial auszulösen und damit die Information weiterzuleiten (Abb. **2.25a**). Deshalb muss die depolarisierende Wirkung mehrerer Aktionspotenziale summiert werden.

**Räumliche Summation:** Nach dem Prinzip der Konvergenz (s.o.) erhält eine Nervenzelle Informationen von vorgeschalteten Nervenzellen über Tausende von Synapsen. Werden nun zur gleichen Zeit an unterschiedlichen Synapsen einer Nervenzelle EPSP generiert, so summiert sich ihre depolarisierende Wirkung (Amplitude) und kann somit zur Auslösung eines Aktionspotenzials am Axonhügel führen (Abb. **2.25b**).

**Zeitliche Summation:** Die Stärke eines Signals wird im ZNS über die Frequenz der Aktionspotenziale codiert. Üblicherweise feuert ein Axon somit nicht einzelne Aktionspotenziale, sondern Aktionspotenzialsalven. Ist der zeitliche Abstand zwischen zwei an einer Synapse ankommenden Aktionspotenzialen gering, werden

### 2.5.4 Präsynaptische Hemmung

Ein einzelnes an einer axo-dendritischen Synapse generiertes EPSP reicht meist nicht aus, um am Axonhügel ein AP auszulösen (Abb. **2.25a**).

**Räumliche Summation:** Werden gleichzeitig an unterschiedlichen Synapsen einer Nervenzelle EPSP generiert, summiert sich ihre depolarisierende Wirkung und kann somit zur Auslösung eines AP am Axonhügel führen (Abb. **2.25b**).

**Zeitliche Summation:** Folgen zwei AP zeitlich dicht aufeinander, addieren sich die resultierenden EPSP, wodurch wiederum ein AP ausgelöst werden kann (Abb. **2.25c**).

2.25 **Summation**

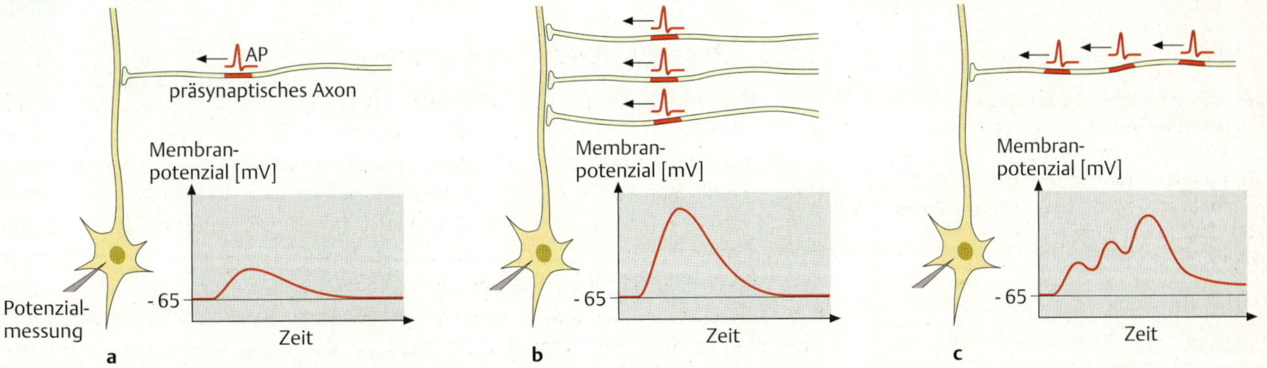


**a** Durch ein einzelnes AP ausgelöstes unterschwelliges EPSP.

**b** Räumliche Summation mit überschwelligem EPSP.

**c** Zeitliche Summation mit überschwelligem EPSP.

sich die resultierenden EPSP überlagern. Man spricht von einer zeitlichen Summation, die im Falle von EPSP wiederum zur Auslösung eines Aktionspotenzials (oder Aktionspotenzialsalven) führen kann (Abb. **2.25c**).

Beide Prinzipien gelten auch für IPSP.

Die Prinzipien der räumlichen und zeitlichen Summation gelten auch für IPSP, die durch ihre anatomische Nähe zum Axonhügel meistens die überschwellige Depolarisation des Axonhügels verhindern.

2.6 Funktionsprinzipien sensorischer Systeme

Nähere Einzelheiten zu grundlegenden Funktionsprinzipien sensorischer Systeme siehe Kapitel **17.1** ab S. 583.

## 2.6 Funktionsprinzipien sensorischer Systeme

Auch bezüglich der verschiedenen Sinneswahrnehmungen des Körpers gibt es grundlegende neurophysiologische Funktionsprinzipien, die allen diesen sensorischen Systemen gemein sind. Beispielhaft seien hier die Übersetzung der empfundenen Reize in elektrische Aktivität **(Transduktion)** sowie deren Umwandlung in Serien von Aktionspotenzialen **(Transformation)** zur Weiterleitung in zentrale Hirnregionen genannt. Nähere Einzelheiten hierzu finden Sie im Kapitel **17.1** ab S. 583.

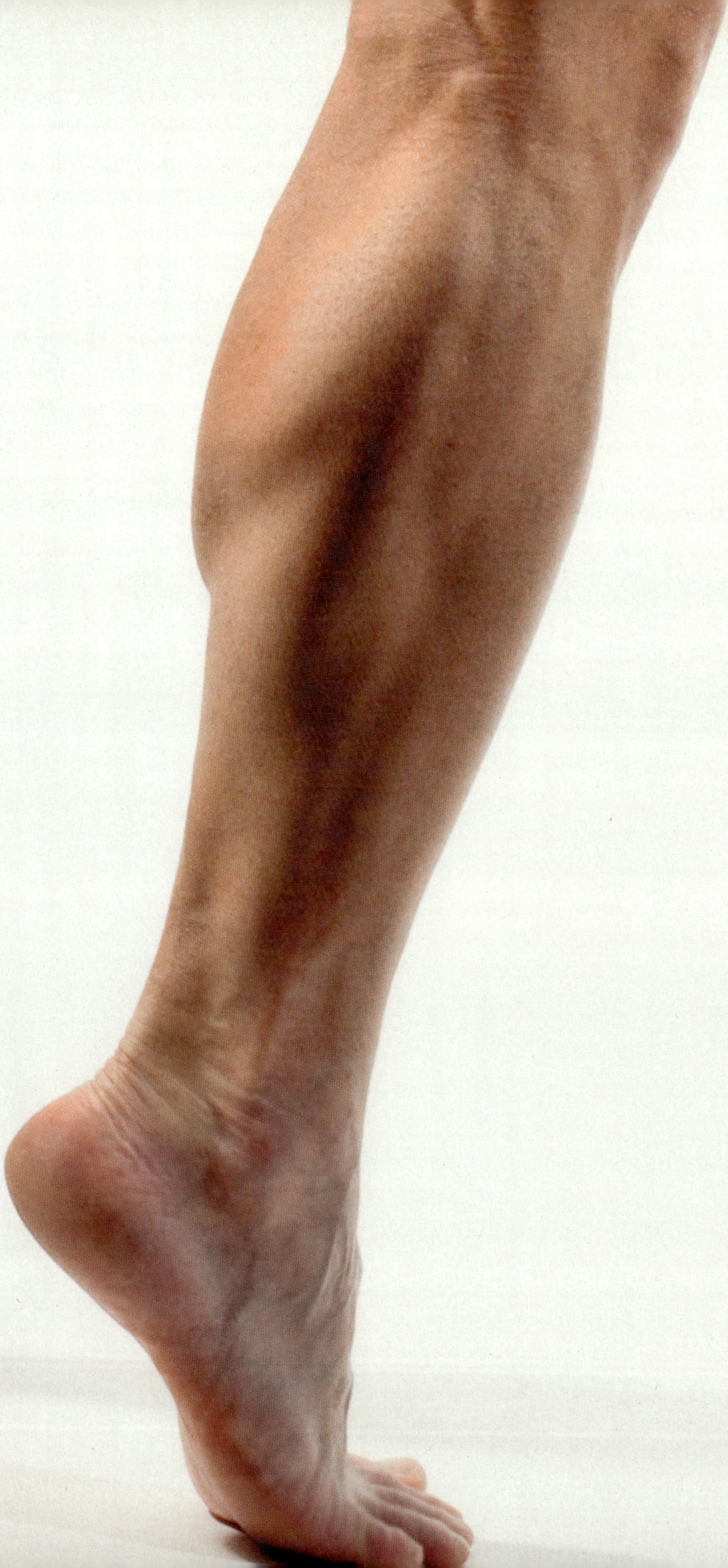

# Grundlagen der Muskelphysiologie

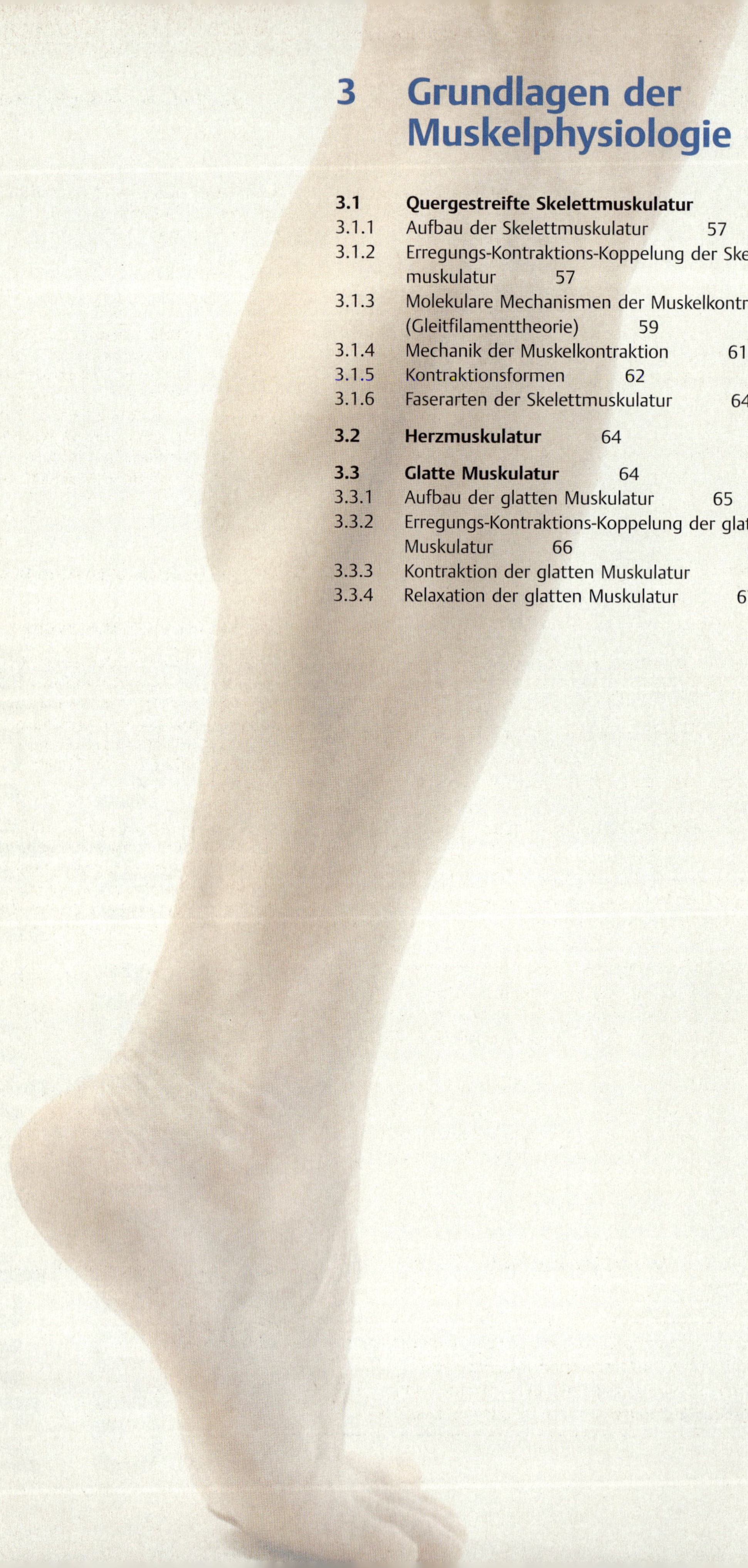

# 3 Grundlagen der Muskelphysiologie

# 3 Grundlagen der Muskelphysiologie

Die Muskulatur des Menschen macht etwa 50% seiner Körpermasse aus. Grundsätzlich werden dabei drei Typen von Muskulatur unterschieden:
- quergestreifte Skelettmuskulatur,
- quergestreifte Herzmuskulatur und
- glatte Muskulatur.

Von diesen drei Muskeltypen ist lediglich die quergestreifte Skelettmuskulatur **direkt** über neuromuskuläre Endplatten mit Nervenfasern des ZNS (α-Motoneurone) verbunden (vgl. hierzu S. 49 bzw. S. 727). Quergestreifte Herzmuskulatur und glatte Muskulatur des Single-unit-Typs entwickeln über Schrittmacherzellen Spontanaktivität **(myogener Tonus)**, deren Frequenz durch das vegetative Nervensystem moduliert wird. Glatte Muskulatur des Multi-unit-Typs wird sowohl durch sympathische als auch durch parasympathische Fasern des vegetativen Nervensystems aktiviert **(neurogener Tonus)**.

## 3.1 Quergestreifte Skelettmuskulatur

### 3.1.1 Aufbau der Skelettmuskulatur

Die etwa 400 Einzelmuskeln des Menschen bestehen aus vielkernigen, meist parallel angeordneten Muskelzellen **(„Muskelfasern")** von bis zu 100 µm Durchmesser und bis zu mehreren Zentimetern Länge (Abb. **3.1**). Die Muskelzellen sind von einer erregbaren Zellmembran, dem **Sarkolemm**, umgeben. Eine Muskelzelle besteht aus einer Vielzahl zylindrischer Strukturen, den **Myofibrillen**. Myofibrillen sind ihrerseits aus **Sarkomeren** zusammengesetzt, die die kleinste kontraktile Einheit eines Muskels darstellen (Abb. **3.2**).

Jedes Sarkomer enthält **dünne Filamente**, die aus Aktin bestehen, und etwa halb so viele **dicke Filamente**, die aus Myosin bestehen. Ein Sarkomer besitzt zwei **I-Banden** (polarisationsmikroskopisch **i**sotrop) und eine zentrale **A-Bande** (**a**nisotrop), die dem Skelettmuskel im Lichtmikroskop die **charakteristische Querstreifung** verleihen – dort erscheint die I-Bande hell, die A-Bande aufgrund der hier vorhandenen Überlappung der Aktin- und Myosinfilamente dunkel (Abb. **3.1e** sowie Abb. **3.5**).

Sarkomere sind durch **Z-Scheiben**, die α-Aktinin enthalten, voneinander getrennt. Die Aktinfilamente sind durch Interaktion mit diesem α-Aktinin an den Z-Scheiben verankert. In der Mitte eines Sarkomers befindet sich die **H-Zone**, die kein Aktin enthält. Sie ist unterteilt durch die **M-Linie**, die aus Myomesin besteht und die dicken Filamente miteinander verbindet.

Neben Aktin und Myosin findet sich in der Skelettmuskelzelle noch ein weiteres Filament: **Titin**, ein fadenförmiges Protein, welches sich zwischen Z-Scheiben und M-Linie eines Sarkomers ausspannt (Abb. **3.2b**) und durch seine gleichzeitige Interaktion mit Myosin die elastischen Eigenschaften der Skelettmuskulatur wesentlich mitbestimmt (s. S. 62).

Im Ruhezustand beträgt die Länge eines Sarkomers etwa 2,2 µm.

### 3.1.2 Erregungs-Kontraktions-Koppelung der Skelettmuskulatur

▶ **Definition.** Unter dem Begriff **motorische Einheit** werden Muskelfasern zusammengefasst, die gemeinsam von einem α-Motoneuron innerviert werden. Dabei besitzt jede Muskelfaser der motorischen Einheit für die neuromuskuläre Signalübertragung eine eigene **motorische Endplatte** (weitere Details hierzu s. S. 49).

---

**3 Grundlagen der Muskelphysiologie**

Es gibt drei verschiedene Typen von Muskeln, die Bewegungen ausführen:
- Skelettmuskeln,
- Herzmuskeln und
- glatte Muskeln.

Lediglich die Skelettmuskulatur ist über neuromuskuläre Endplatten **direkt** mit dem ZNS verbunden. Quergestreifte Herzmuskulatur und glatte Muskulatur vom Single-unit-Typ entwickeln über Schrittmacherzellen Spontanaktivität **(myogener Tonus)**, glatte Muskulatur vom Multi-unit-Typ wird durch das vegetative Nervensystem aktiviert **(neurogener Tonus)**.

**3.1 Quergestreifte Skelettmuskulatur**

**3.1.1 Aufbau der Skelettmuskulatur**

Ein Muskel besteht aus zahlreichen vielkernigen **Muskelfasern** (= Muskelzellen, Abb. **3.1**). Diese sind aus vielen **Myofibrillen** aufgebaut, die vom **Sarkolemm**, der Zellmambran, umgeben sind. **Sarkomere** sind die kleinste kontraktile Einheit einer Muskelzelle (Abb. **3.2**).

Hauptbestandteil der Sarkomere sind aktinenthaltende **dünne Filamente** und myosinenthaltende **dicke Filamente**. Aufgrund ihrer spezifischen Anordnung lässt sich mikroskopisch die **charakteristische Querstreifung** der Skelettmuskulatur nachweisen (Abb. **3.1e** sowie Abb. **3.5**):
- **Z-Scheibe** → α-Aktinin
- **I-Bande** → v. a. Aktin
- **A-Bande** → Überlappung von Aktin und Myosin
- **H-Zone** → v. a. Myosin
- **M-Linie** → Myomesin

Mit **Titin** (Abb. **3.2b**) findet sich neben Aktin und Myosin in der Skelettmuskelzelle noch ein weiteres Filament, das u. a. die elastischen Eigenschaften des Skelettmuskels wesentlich mitbeeinflusst (s. S. 62).

Sarkomere sind im Ruhezustand etwa 2,2 µm lang.

**3.1.2 Erregungs-Kontraktions-Koppelung der Skelettmuskulatur**

▶ **Definition.**

3.1

3.1 **Aufbau eines Skelettmuskels**

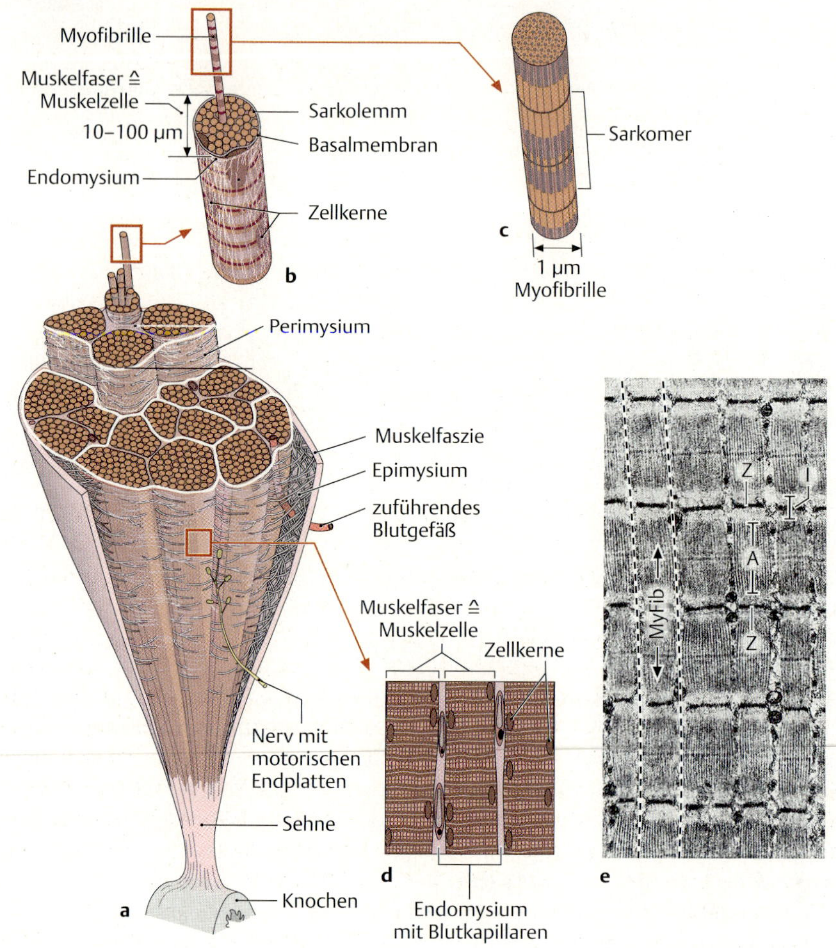


Quer angeschnittener Skelettmuskel **(a)** mit einer herausvergrößerten Muskelfaser **(b)** bzw. einer Myofibrille **(c)**. Eine Ausschnittsvergrößerung im Längsschnitt **(d)** ist darüber hinaus elektronenmikroskopisch in ca. 6600facher Vergrößerung dargestellt **(e)**.

3.2 **Die Feinstruktur der Sarkomere einer Skelettmuskelfaser**

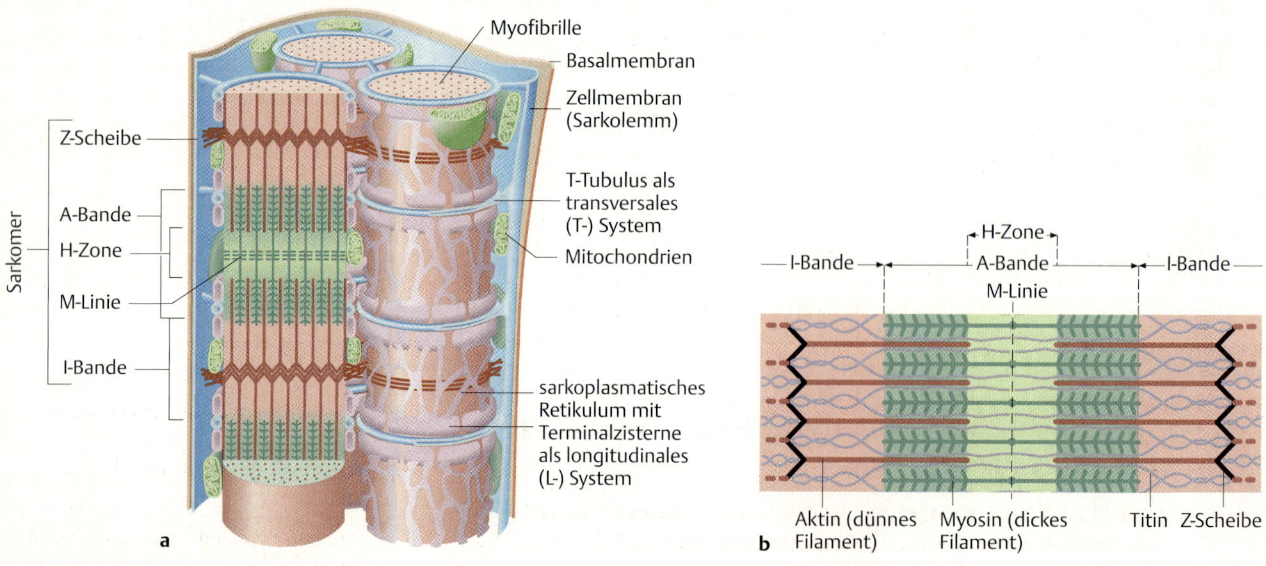

**3.3 Erregungs-Kontraktions-Koppelung im Skelettmuskel**

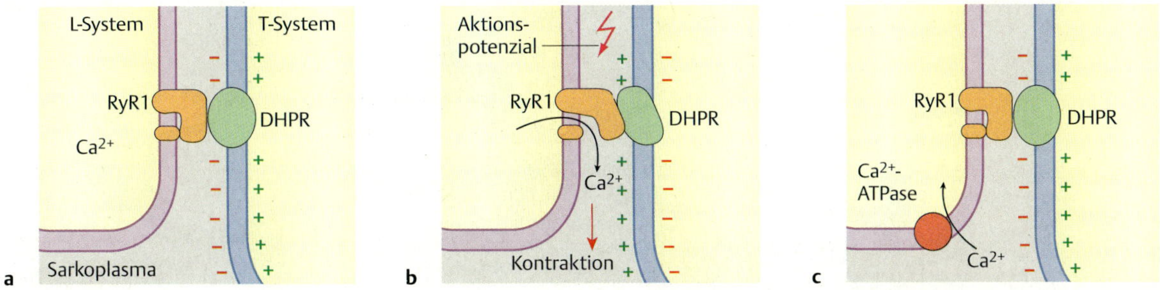


**a** Ruhezustand.

**b** aktionspotenzialinduzierte Kontraktion.

**c** Beendigung der Kontraktion.

Das an der postsynaptischen Membran der Muskelfaser generierte Aktionspotenzial pflanzt sich entlang des Sarkolemms fort und erreicht das transversale Tubulus-System (**T-System,** vgl. Abb. **3.2a**), wo es die Öffnung spannungsabhängiger $Ca^{2+}$-Kanäle **(Dihydropyridin-Rezeptoren, DHPR)** induziert (Abb. **3.3**). Die folgende Konformationsänderung dieser Kanäle führt über eine Protein-Protein-Wechselwirkung zur Aktivierung der **Ryanodin-Rezeptoren** (im Vergleich zur in der Herzmuskulatur vorhandenen RyR2-Isoform, s. S. 81, handelt es sich hierbei um die RyR1-Isoform) in der Membran des sarkoplasmatischen Retikulums (SR), das mit seinen Terminalzisternen das longitudinale Tubulus-System (**L-System**, vgl. Abb. **3.2a**) bildet und im Gegensatz zum T-System keinerlei Verbindung zum Extrazellulärraum vorweist. $Ca^{2+}$ fließt durch die Ryanodin-Rezeptoren entlang seines elektrochemischen Gradienten in das Zytoplasma der Muskelfaser **(Sarkoplasma)** und initiiert dort die im folgenden Abschnitt beschriebene **Kontraktion** (Abb. **3.3 a, b**).
Die Kontraktion wird beendet, wenn $Ca^{2+}$ durch eine **$Ca^{2+}$-ATPase** entgegen seines elektrochemischen Gradienten wieder in das SR zurückgepumpt wird (Abb. **3.3 c**).

Eine motorische Einheit reagiert auf Aktionspotenziale des α-Motoneurons mit einer Erhöhung der zytoplasmatischen $Ca^{2+}$-Konzentration, welche die **Kontraktion** initiiert. Die Erhöhung der $Ca^{2+}$-Konzentration ist auf die Öffnung spannungsabhängiger sarkolemmaler $Ca^{2+}$-Kanäle **(Dihydropyridin-Rezeptoren)** sowie auf die konsekutive Aktivierung von **Ryanodin-Rezeptoren** in der Membran des sarkoplasmatischen Retikulums zurückzuführen (Abb. **3.3 a, b**).

Das Absenken des zytoplasmatischen $Ca^{2+}$-Spiegels durch eine **$Ca^{2+}$-ATPase** des SR beendet die Kontraktion (Abb. **3.3 c**).

► **Klinik.** Durch erbliche Mutationen im Bereich des Ryanodin-Rezeptors kann es im Rahmen von Narkosen (Allgemeinanästhesien) zu einer lebensbedrohlichen Komplikation in Form der **malignen Hyperthermie** kommen; sie tritt bei 1 von ca. 20 000 Narkosen auf. Nach Gabe von sog. Triggersubstanzen (z. B. Inhalationsanästhetika wie Halothan oder Muskelrelaxanzien wie Succinylcholin, s. S. 45) kann es zur überschießenden Freisetzung von $Ca^{2+}$ aus den intrazellulären Speichern in die Muskelzelle kommen, es resultiert eine Dauerkontraktion der Skelettmuskulatur. Weitere Einzelheiten zu den daraus resultierenden Symptomen und der entsprechenden Therapie siehe S. 527.

► **Klinik.**

Neben spannungsabhängigen $Na^+$-, $Ca^{2+}$- und $K^+$-Kanälen spielen auch spannungsabhängige $Cl^-$-Kanäle eine wichtige Rolle bei der Erregbarkeit des Skelettmuskels.

An der Erregbarkeit des Skelettmuskels sind spannungsabhängige $Na^+$-, $Ca^{2+}$-, $K^+$- und $Cl^-$-Kanäle beteiligt.

► **Klinik.** Mutationen im ClCN1-Gen, welches für den ClC-1 Cl–Kanal codiert, führen zu einer reduzierten Cl–Leitfähigkeit und einer verminderten Repolarisation. Als Folge davon entsteht die **Myotonia congenita**, die durch eine Hypererregbarkeit der Skelettmuskulatur gekennzeichnet ist.

► **Klinik.**

### 3.1.3 Molekulare Mechanismen der Muskelkontraktion (Gleitfilamenttheorie)

Die Freisetzung von $Ca^{2+}$ aus dem sarkoplasmatischen Retikulum in das Sarkoplasma führt dazu, dass die intrazelluläre $Ca^{2+}$-Konzentration von $< 10^{-7}$ mol/l auf etwa $10^{-5}$ mol/l ansteigt. Das $Ca^{2+}$ bindet an **Troponin**, welches im Ruhezustand zusam-

**3.1.3 Molekulare Mechanismen der Muskelkontraktion (Gleitfilamenttheorie)**

Bei Erhöhung der sarkoplasmatischen $Ca^{2+}$-Konzentration bindet $Ca^{2+}$ an Troponin, Myosin kann an die freiwerdende Stelle auf

**3.4 Querbrückenzyklus**

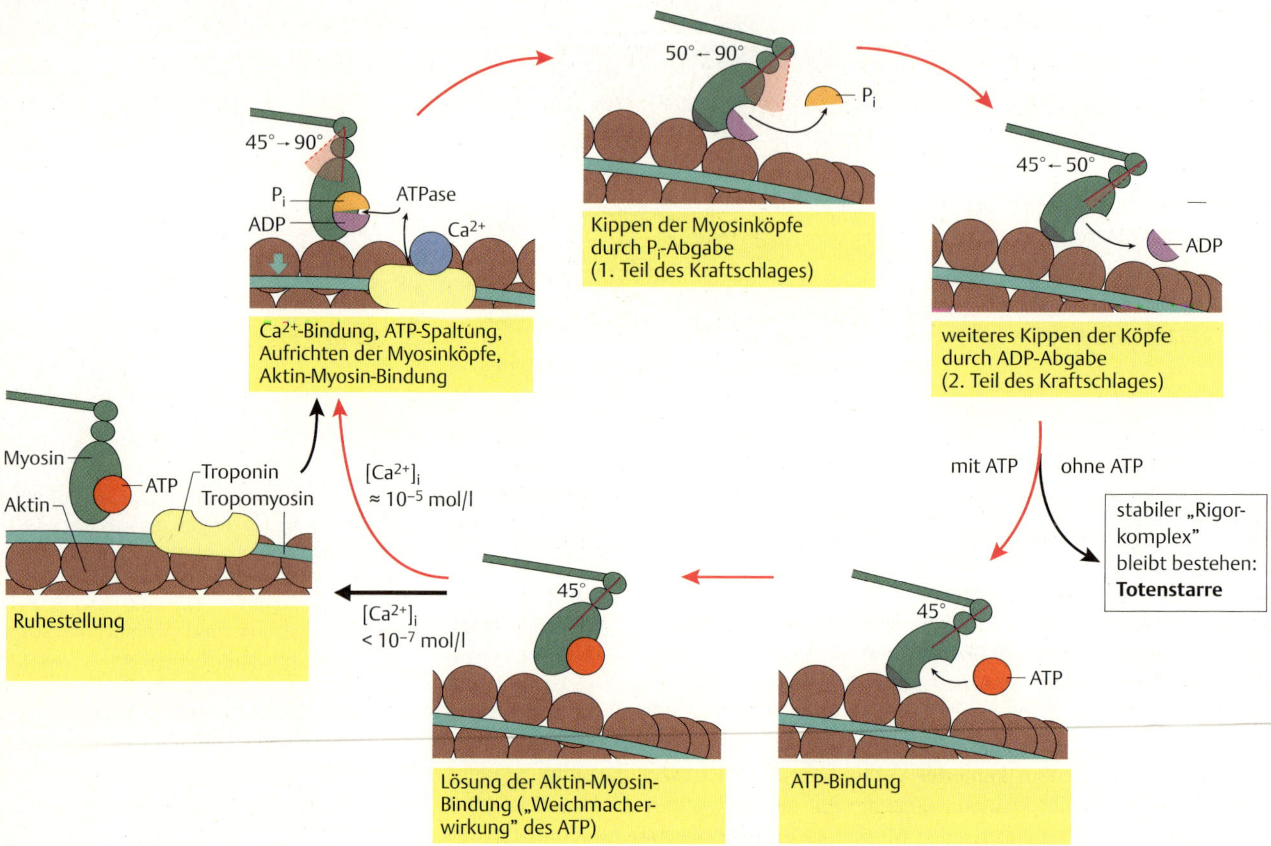


dem Aktinfilament binden – damit startet der Querbrückenzyklus (Abb. **3.4**).

men mit **Tropomyosin** die Myosin-Bindungsstelle auf dem dünnen Aktinfilament blockiert. **Myosin** kann nun mit seiner Kopfregion an die freigewordene Stelle des **Aktins** binden und bildet eine Querbrücke, es entsteht das sog. **Aktomyosin** (Abb. **3.4**).

Spaltung, Abgabe und erneute Bindung von **ATP** bilden die Grundlage für das Aufrichten und Abkippen des Myosinkopfes.

Die Bindung von **ATP** an den Myosinkopf führt zum Verlust der Aktin-Myosin-Wechselwirkung, der Myosinkopf gleitet am Aktinmolekül entlang. Die Hydrolyse von ATP im Myosinkopf durch eine dort befindliche ATPase führt zu einem Abklappen des Myosinkopfes und bei unverändert hoher $Ca^{2+}$-Konzentration zur erneuten Bindung an das Aktinmolekül an einer anderen Stelle. Diese Bindung ist zunächst von geringer, später dann von stärkerer Affinität.

**▶ Merke.**

**▶ Merke.** Im sog. **Querbrückenzyklus** einer Muskelzelle wird also ATP an den Myosinkopf angelagert, die Spaltung von ATP in ADP und freies Phosphat ($P_i$) liefert die Energie zur Kontraktion **(Kraftschlag)**.

Ein neuer Zyklus wird durch den Austausch von ADP gegen ATP am Myosinkopf eingeleitet.

Ein erneuter Zyklus, der etwa 10 – 100-mal pro Sekunde abläuft, wird durch den Austausch von ADP gegen ATP im Myosinkopf gestartet.

**▶ Klinik.**

**▶ Klinik.** Nach dem Tod tritt aufgrund des bestehenden ATP-Mangels die sog. Totenstarre **(Rigor mortis)** ein: Der Muskel wird starr, weil sich die Myosinköpfe nicht mehr vom Aktin lösen können.

Das zyklische Binden/Lösen von Myosin an Aktin führt zum Übereinandergleiten der dicken und dünnen Filamente (**Gleitfilamenttheorie**, Abb. **3.5**).

Das zyklische Binden/Lösen der Aktin-Myosin-Interaktion führt zu einem Übereinandergleiten der Aktin- und Myosin-Filamente (**Gleitfilamenttheorie**, Abb. **3.5 a**). Bei einer Kontraktion bewegen sich so die Aktinfilamente auf die M-Linie zu, wobei die I-Banden und die H-Zone schmaler werden, während die A-Bande unverändert bleibt (Abb. **3.5 b**).

**3.5 Gleitfilamenttheorie**

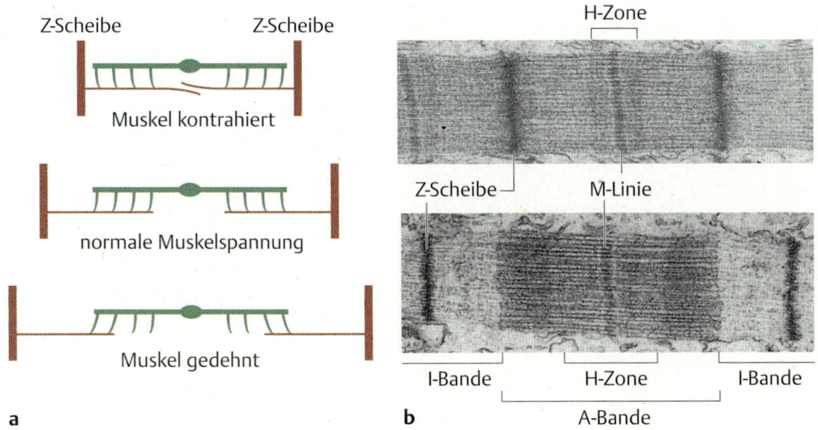


**a** Durch das zyklische Binden/Lösen der Aktin-Myosin-Interaktion während der Kontraktion kommt es zu einem Übereinandergleiten der Aktin- und Myosinfilamente **(Gleitfilamenttheorie)**. Mit zunehmender Dehnung des Muskels wird demgegenüber der Überlappungsgrad der Aktin- und Myosinfilamente und damit die Zahl der maximal möglichen krafterzeugenden Querbrücken vermindert.
**b** Veränderungen des elektronenmikroskopischen Streifenmusters eines Sarkomers im Rahmen der Kontraktion: Im kontrahierten Zustand (oben) ist die I-Bande im Vergleich zum leicht gedehnten Muskel (unten) komplett verschwunden, die H-Zone deutlich verschmälert (ca. 25 000fache Vergrößerung).

3.5

Einen Animationsfilm zu diesem Thema finden Sie darüber hinaus unter: www.sci.sdsu.edu/movies/actin_myosin_gif.html (San Diego State Universität).

## 3.1.4 Mechanik der Muskelkontraktion

Der Skelettmuskel kann sich beim Eintreffen eines überschwelligen Reizes verkürzen **(Längenänderung)** oder Spannung entwickeln **(Kraftänderung)**. Experimentell bestimmt man ein solches Verhalten am isolierten Muskel und erhält durch Auftragen der Muskelkraft gegen die Muskellänge die sog. **Ruhedehnungskurve** (Abb. **3.6**).

Verhindert man eine Längenänderung durch Fixation der Muskelenden, führt der Muskel bei Stimulation eine **isometrische Kontraktion** durch (→ Kraftentwicklung bei unveränderter Länge). Lässt man die Muskelenden frei, beobachtet man nach Stimulation eine **isotonische Kontraktion** (→ Muskelverkürzung bei unveränderter Kraft). Bei gleichzeitiger Veränderung von Muskellänge und Kraft spricht man von einer **auxotonischen Kontraktion**.

Ermittelt man experimentell die Auslenkung der isometrischen bzw. isotonischen Kontraktionen bei jeder gegebenen Muskelvordehnung (Ruhedehnungskurve, s.o.), erhält man die Kurven der **isometrischen** bzw. **isotonischen Maxima** (Abb. 3.6).

Hebt eine Person ein Gewicht vom Boden hoch, so vollführt der Muskel zunächst eine isometrische, anschließend eine isotonische Kontraktion. In diesem Falle spricht man von einer **Unterstützungszuckung**.

Beim Kieferschluss hingegen findet eine sog. **Anschlagszuckung** statt, da der Muskel sich zunächst isoton bis zu einem vorgegeben Anschlag verkürzt, anschließend jedoch isometrisch Kraft entwickelt.

Die Kontraktionskraft, die ein Skelettmuskel entwickeln kann, hängt auch von seiner **Ausgangslänge** ab. Dies beruht u.a. darauf, dass sich der Überlappungsgrad der Aktin- und Myosinfilamente und damit die Zahl der maximal möglichen krafterzeugenden Querbrücken mit zunehmender Dehnung vermindert (Abb. **3.5 a**). Bei sehr starker Dehnung, die allerdings nur experimentell erzeugt werden kann, findet man überhaupt keine Überlappung der Filamente, somit ist auch keine Kraftentwicklung mehr möglich.

### 3.1.4 Mechanik der Muskelkontraktion

Die **Ruhedehnungskurve** beschreibt die Abhängigkeit der Muskelkraft von der Muskellänge (Abb. **3.6**).

Durch Konstanthaltung von Kraft und/oder Länge des Muskels ergeben sich die **isometrische**, **isotonische** und **auxotonische Kontraktion.**

Ausgehend von der Ruhedehnungskurve lassen sich die Kurven der **isometrischen** bzw. **isotonischen Maxima** ableiten (Abb. **3.6**).

Eine Kombination aus isometrischer und anschließender isotonischer Kontraktion bezeichnet man als **Unterstützungszuckung**.

Im umgekehrten Fall spricht man von einer **Anschlagszuckung**.

Aufgrund des unterschiedlichen Überlappungsgrads der Aktin- und Myosinfilamente hängt die mögliche Kontraktionskraft eines Skelettmuskels auch von seiner **Ausgangslänge** ab (Abb. **3.5 a**).

**3.6 Ruhedehnungskurve eines Skelettmuskels und schematische Darstellung der einzelnen Kontraktionsarten**

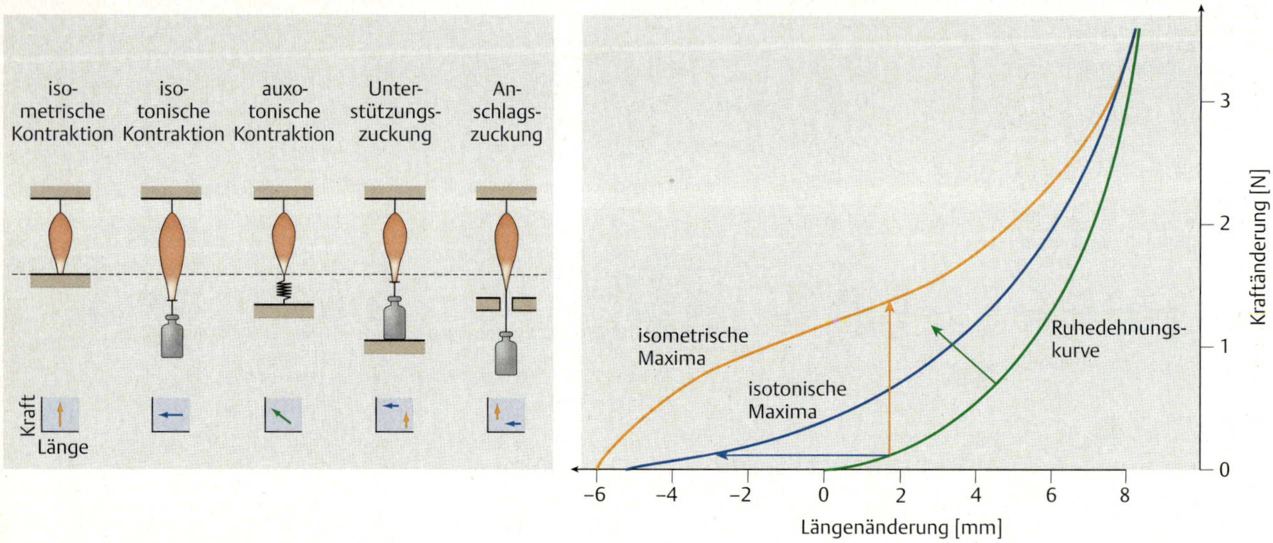


Diese wird wesentlich durch die elastischen Eigenschaften des **Titins** (s. Abb. **3.2b**, S. 58) bestimmt.

Die Ausgangslänge eines Muskels wird wesentlich durch die elastischen Eigenschaften des mit den Myosinfilamenten interagierenden **Titins** bestimmt (s. Abb. **3.2 b**, S. 58).

### 3.1.5 Kontraktionsformen

Die Kontraktionskraft eines Muskels wird zentralnervös entweder durch **Rekrutierung** zusätzlicher motorischer Einheiten oder durch Erhöhung der Aktionspotenzialfrequenz **(Frequenzkodierung)** gesteuert.

## 3.1.5 Kontraktionsformen

Die Steuerung der Kontraktionskraft eines Muskels kann zentralnervös entweder durch eine Veränderung der Aktionspotenzialfrequenz des innervierenden α-Motoneurons **(Frequenzkodierung)** oder über die Variation der Zahl motorischer Einheiten **(Rekrutierung)** erreicht werden. Es resultieren daraus die im Folgenden beschriebenen Kontraktionsformen.

**Einzelzuckung:** Diese Kontraktionsform wird durch einen einzelnen, überschwelligen Reiz ausgelöst. Sie ist je nach Muskeltyp von unterschiedlicher Kinetik und Dauer (Abb. **3.7 b**).

**Einzelzuckung:** Wird die Kontraktion eines Muskels durch einen einzelnen, überschwelligen Reiz ausgelöst (z. B. beim Muskeldehnungsreflex, s. S. 730), reagiert der Muskel mit einer Einzelzuckung. Eine Einzelzuckung hat je nach Muskeltyp eine unterschiedliche Kinetik und Dauer, Abb. **3.7 b** zeigt das Beispiel einer 150 ms dauernden Kontraktion.

▶ **Merke.**

▶ **Merke.** Grundsätzlich gilt, dass die *aufsteigende* Phase einer **Einzelzuckung** weniger Zeit benötigt als die *abfallende* Phase, da die Freisetzung des $Ca^{2+}$ aus dem SR schneller stattfindet als das Zurückpumpen in das SR.

In Abb. **3.7 b** wird die maximale Kraft bereits nach 50 ms, also etwa einem Drittel der Zuckungsdauer, erreicht. Ein nach vollständiger Beendigung der Kontraktion, z. B. nach ca. 200 ms, eintreffender Reiz des α-Motoneurons führt zu einer erneuten Einzelzuckung.

**Tetanus:** Eine weitere, wesentlich häufigere Kontraktionsform ist der sog. Tetanus. Dieser lässt sich wiederum in zwei Formen unterteilen:

**Tetanus:** Physiologisch gesehen ist die Stimulation eines Muskels durch ein einzelnes Aktionspotenzial äußerst selten, da unser ZNS seine Information u. a. über die Frequenz der Aktionspotenziale kodiert (s. o.). Folgt ein zweites Aktionspotenzial, bevor der Muskel sich vollständig entspannen kann, entsteht ein sog. Tetanus, der sich in eine unvollständige und eine vollständige Form unterteilen lässt:

**3.7 Kontraktionsformen der Skelettmuskulatur** (bei verschiedenen Aktionspotenzialfrequenzen des innervierenden α-Motoneurons)

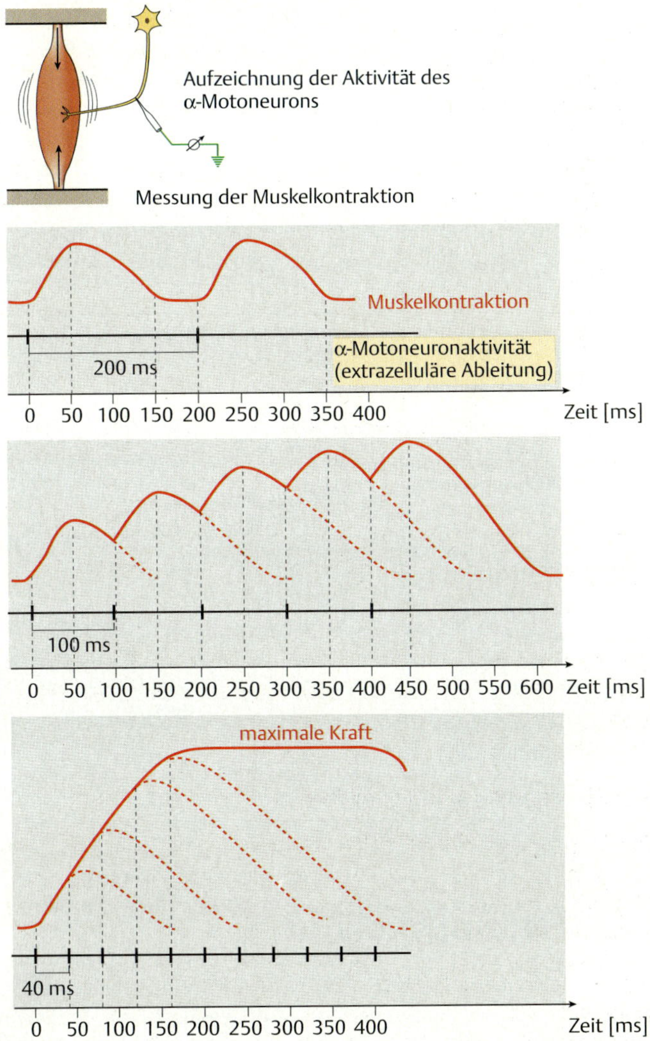


**a Messanordnung.**
**b Einzelzuckung** (5 Hz).
**c unvollständiger Tetanus** (10 Hz).
**d vollständiger Tetanus** (25 Hz).

- Ein **unvollständiger Tetanus** entsteht immer dann, wenn die Zuckung als Antwort auf das zweite Aktionspotenzial während der *abfallenden* Phase der Zuckung als Antwort auf das erste Aktionspotenzial entsteht. In Abb. **3.7 c** ist dies die Phase zwischen 50 und 150 ms, entsprechend einer Frequenz von 6,6 – 20 Hz.
- Beginnt die Zuckung als Antwort auf das zweite Aktionspotenzial noch während der *aufsteigenden* Phase der Zuckung als Antwort auf das erste Aktionspotenzial, so entsteht ein **vollständiger Tetanus**, der als **maximale Kraftentwicklung des Muskels** definiert ist (Abb. **3.7 d**).

Die Frequenz, an der der Übergang zwischen unvollständigem und vollständigem Tetanus stattfindet, bezeichnet man als **Verschmelzungsfrequenz**. Die Verschmelzungsfrequenz befindet sich immer am Maximum der Einzelzuckung (maximale Amplitude), im dargestellten Beispiel also bei 20 Hz.

**▶ Merke.** Da eine **Willkürbewegung** durch das ZNS meist mit einer Aktionspotenzialfrequenz im Bereich von 8 – 20 Hz angesteuert wird, ist der **unvollständige Tetanus** die am häufigsten vorkommende, physiologische Kontraktionsform der menschlichen Skelettmuskulatur.

3.7

- Beim **unvollständigen Tetanus** folgt ein zweites AP mit folgender Muskelzuckung während der abfallenden Phase der Zuckung infolge des ersten APs (Abb. **3.7 c**).
- Beim **vollständigen Tetanus** beginnt die Zuckung infolge des zweiten APs in der aufsteigenden Phase der Zuckung, die das erste AP beantwortet (Abb. **3.7 d**).

Der Übergang von unvollständigem zu vollständigem Tetanus erfolgt bei der sog. **Verschmelzungsfrequenz**.

**▶ Merke.**

3.1.6 Faserarten der Skelettmuskulatur

Es werden drei Skelettmuskelfasertypen unterschieden, die im Muskelgewebe gemischt vorkommen: Die langsam zuckenden **Typ-I-Fasern** und die schnell zuckenden **Fasertypen IIa und IIb**.

Typ-I-Fasern zeigen kaum Ermüdung **(tonische Fasern)** und verrichten eher Haltearbeit. Fasern des Typs IIa und IIb bewirken eher schnelle Kontraktionen (**phasische Fasern**, s.a. Tab. **3.1**).

3.1

### 3.1.6 Faserarten der Skelettmuskulatur

Man unterscheidet zwischen drei verschiedenen Skelettmuskelfasern, die im Muskelgewebe üblicherweise gemischt vorkommen: Der **Fasertyp I** exprimiert eine Myosin-Isoform mit geringer ATPase-Aktivität und generiert dementsprechend weniger Kontraktionen pro Zeiteinheit (langsam zuckend) als die schnell zuckenden **Fasertypen IIa und IIb**. Gleichzeitig enthalten Typ-I-Fasern mehr Myoglobin und sind deshalb rot gefärbt.
Langsame Fasern des Typs I ermüden kaum und werden vorzugsweise für langsame Kontraktionen (Haltearbeit, **tonische Fasern**) verwendet, während Fasern des Typs IIa und IIb eher für schnelle Kontraktionen **(phasische Fasern)** zuständig sind. Die wichtigsten Eigenschaften der Fasertypen sind in Tab. **3.1** zusammengefasst.

**3.1 Eigenschaften der Skelettmuskelfastertypen**

| *Fasertyp* | *I* | *IIa* | *IIb* |
|---|---|---|---|
| **Kontraktionsverlauf** | langsam zuckend | schnell zuckend | schnell zuckend |
| **Myosin-ATPase-Aktivität** | niedrig | hoch | hoch |
| **Farbe** | rot | rot/rosa | weiß |
| **Myoglobingehalt** | hoch | hoch | niedrig |
| **Laktatdehydrogenase-Aktivität** | niedrig | mittel oder hoch | hoch |
| **Stoffwechsel** | oxidativ | glykolytisch und oxidativ | glykolytisch |
| **Mitochondriendichte** | hoch | hoch | niedrig |
| **Ermüdbarkeit** | gering | mittel | schnell |

3.2 Herzmuskulatur

Der Herzmuskel generiert im Sinusknoten selbstständig Aktionspotenziale **(Automatie)**, die über Gap junctions auf alle Herzmuskelzellen übergreifen.

Eine Modulation dieser spontanen Aktivität erfolgt durch das **vegetative Nervensystem** (s. hierzu auch S. 74).

## 3.2 Herzmuskulatur

Der ebenfalls quergestreifte Herzmuskel stellt eine einzige motorische Einheit (sog. **Single-unit-Typ**) dar und generiert – im Gegensatz zur Skelettmuskulatur – durch Eigenerregung selbstständig Aktionspotenziale **(Automatie)**. Die im Sinusknoten generierten Aktionspotenziale werden über Gap junctions in den Glanzstreifen an benachbarte Muskelzellen weitergegeben und breiten sich so über das gesamte Herz aus.
Auch wenn das ZNS an der spontanen Aktivität des Herzmuskels nicht direkt beteiligt ist, wird der Rhythmus der Kontraktion und damit die Pumptätigkeit des Herzens über das **vegetative Nervensystem** durch die Neurotransmitter Adrenalin und Noradrenalin (Sympathikus) bzw. Acetylcholin (Parasympathikus) moduliert. Zu weiteren Einzelheiten bzgl. des Aufbaus und der Regulation der Herzmuskulatur s. S. 74.

3.3 Glatte Muskulatur

Die in Aufbau und Funktion sehr heterogene glatte Muskulatur kommt prinzipiell in zwei Typen vor:
- **Single-unit-Typ** (Kommunikation über Gap junctions, myogener Tonus)
- **Multi-unit-Typ** (Innervation durch das vegetative Nervensystem).

## 3.3 Glatte Muskulatur

Die glatte Muskulatur des menschlichen Körpers ist in ihrem Aufbau und ihrer Funktion sehr heterogen, sie ist jedoch häufig von einer **Bindegewebsmatrix** umhüllt. Glatte Muskelzellen kommunizieren entweder wie Herzmuskelzellen über Gap junctions miteinander (**Single-unit-Typ**; z.B. in Hohlorganen und kleinen Blutgefäßen) und können in diesem Falle praktisch zeitgleich kontrahieren. Alternativ sind glatte Muskelzellen durch eine basalmembranähnliche Schicht voneinander isoliert und werden von Neuronen des vegetativen Nervensystems innerviert (**Multi-unit-Typ**; z.B. in Bronchien und großen Blutgefäßen). In Single-unit-Typ-Muskelzellen sorgen spontan aktive Schrittmacherzellen für eine rhythmische Aktivität, den **myogenen Tonus**.

Durch **Dehnung** öffnen sich mechanosensitive Kationenkanäle in der Membran der Schrittmacherzellen und erhöhen deren rhythmische Aktivität sowie die Kontraktion der glatten Muskelzellen. Dieser **Bayliss-Effekt** spielt insbesondere bei der Autoregulation der Organdurchblutung, z.B. in der Niere, eine große Rolle (s. S. 294).

Durch **Dehnung** einer glatten Muskelzelle kann ihre Kontraktion verstärkt werden **(Bayliss-Effekt)**. Wichtig ist dies bei der Autoregulation der Organdurchblutung, z. B. in der Niere (s. S. 294).

## 3.3.1 Aufbau der glatten Muskulatur

Zwar ist der kontraktile Apparat der glatten Muskulatur wie in Skelettmuskelzellen aus **Aktin** und **Myosin** aufgebaut, es existiert jedoch keine Myofibrillenstruktur und demzufolge auch keine Querstreifung. Anstelle von Troponin dient in der glatten Muskelzelle **Calmodulin** als $Ca^{2+}$-bindendes Protein (s.u.). Statt der Z-Scheiben besitzen glatte Muskelzellen an der Zellmembran anliegende **Dense bodies**, die α-Aktinin enthalten und an denen die Aktinfilamente verankert sind. Untereinander sind diese Dense bodies durch **Intermediärfilamente** vernetzt (Abb. **3.8**).
Weiterhin unterscheiden sich glatte Muskelzellen durch ihre deutlich **geringere Zellgröße** (Länge ca. 30 – 200 µm, Durchmesser 5 – 10 µm) und die Tatsache, dass sie nur **einen Zellkern** besitzen, von den vielkernigen Zellen der Skelettmuskulatur (vgl. hierzu S. 57).

### 3.3.1 Aufbau der glatten Muskulatur

Der kontraktile Apparat der glatten Muskulatur besteht aus **Aktin** und **Myosin** ohne Myofibrillenstruktur. Das $Ca^{2+}$-bindende Protein ist hier **Calmodulin**. Ein weiteres Strukturelement sind die **Dense bodies**, die durch **Intermediärfilamente** miteinander vernetzt sind (Abb. **3.8**).

Glatte Muskelzellen sind im Vergleich zu Skelettmuskelzellen **kleiner** und besitzen nur **einen Zellkern**.

**3.8 Aufbau der glatten Muskulatur sowie grundlegende Mechanismen ihrer Kontraktion bzw. Relaxation**

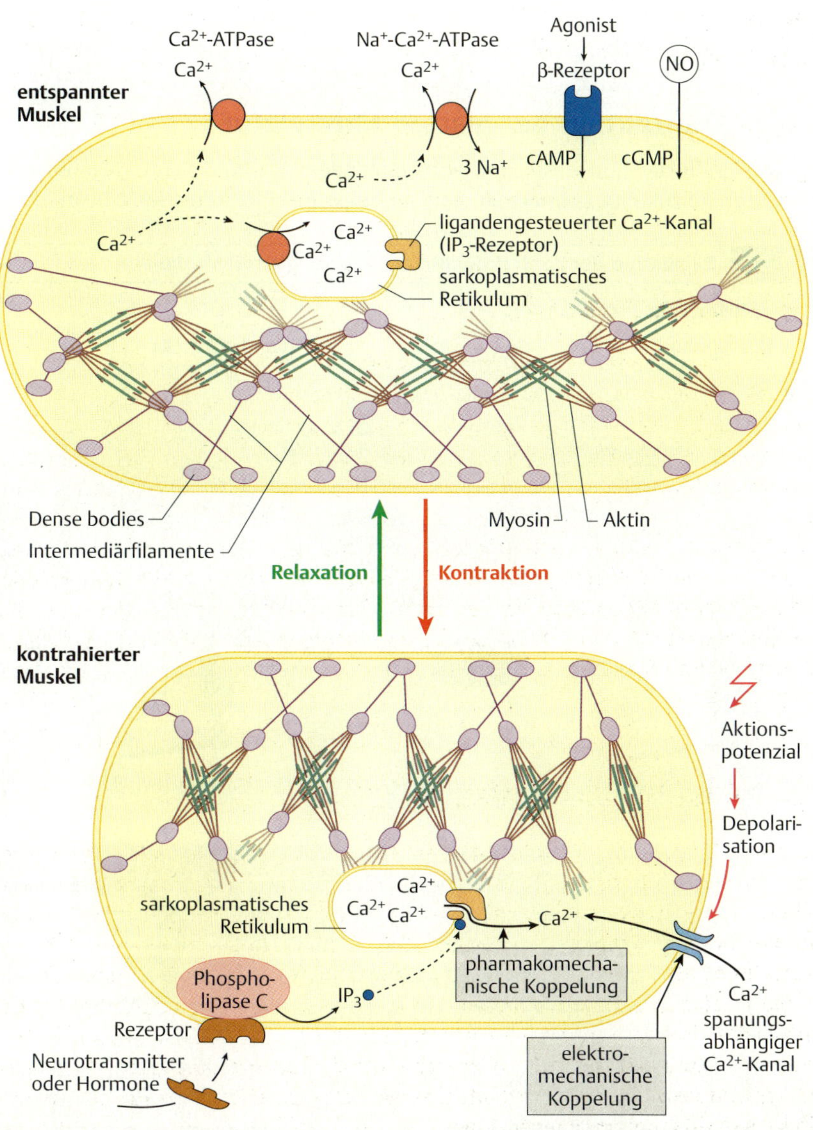


3.8

3.3.2 Erregungs-Kontraktions-Koppelung der glatten Muskulatur

**Elektromechanische Koppelung:** Sie wird in der Regel durch **Aktionspotenziale** initiiert, die von den Schrittmacherzellen generiert werden.

Jedoch kann auch eine lang anhaltende Depolarisation durch Veränderung der $K^+$-Leitfähigkeit zu einer Tonusveränderung führen **(metabolische Kontraktion)**.

Die Depolarisation verursacht eine Erhöhung der intrazellulären $Ca^{2+}$-Konzentration. Anders als im Skelettmuskel strömt das $Ca^{2+}$ hier vor allem von extrazellulär ein (Abb. **3.8**).

**Pharmakomechanische Koppelung:** Hierbei erfolgt die $Ca^{2+}$-Freisetzung aus dem SR depolarisationsunabhängig durch **Neurotransmitter-, Hormon-** oder **Pharmakonwirkung**.

Neurotransmitter und Hormone bewirken dabei die Bildung von $IP_3$, welches zur Freisetzung von $Ca^{2+}$ aus dem SR führt (Abb. **3.8**).

3.3.3 Kontraktion der glatten Muskulatur

Das intrazelluläre $Ca^{2+}$ bindet an **Calmodulin**. Der $Ca^{2+}$-Calmodulin-Komplex aktiviert dann

3.9

## 3.3.2 Erregungs-Kontraktions-Koppelung der glatten Muskulatur

**Elektromechanische Koppelung:** Die Kontraktion glatter Muskelzellen wird wie in Skelettmuskelzellen üblicherweise über **Aktionspotenziale** initiiert. Diese werden von den Schrittmacherzellen generiert und können sehr verschiedene Formen haben (z. B. Spike- oder Slow-wave-Potenziale [vgl. hierzu S. 472] sowie Potenziale mit Plateau).

Allerdings kann auch eine lang anhaltende Depolarisation durch Veränderung der $K^+$-Leitfähigkeit zu einer Veränderung des Tonus führen (**metabolische Kontraktion** – analog gilt das für die **metabolische Dilatation** durch eine $K^+$-bedingte Hyperpolarisation der glatten Muskelzelle).

Die Depolarisation verursacht eine Erhöhung der intrazellulären $Ca^{2+}$-Konzentration von $< 10^{-7}$ mol/l in Ruhe auf etwa $10^{-6}$–$10^{-5}$ mol/l. Im Gegensatz zum Skelettmuskel fließt das Kalzium dabei vornehmlich durch spannungsabhängige $Ca^{2+}$-Kanäle aus dem Extrazellulärraum ein (Abb. **3.8**).

**Pharmakomechanische Koppelung:** Neben der elektromechanischen existiert noch die pharmakomechanische Koppelung, bei der die Kontraktion durch **neurotransmitter-**, **hormon-** oder **pharmakavermittelte**, depolarisationsunabhängige $Ca^{2+}$-Freisetzung aus dem sarkoplasmatischen Retikulum ausgelöst wird.

Im Falle der neurotransmitter- bzw. hormonvermittelten $Ca^{2+}$-Freisetzung (z. B. stimuliert durch Noradrenalin über den $\alpha_1$-Rezeptor, s. Abb. **5.36**, S. 150) wird nach Aktivierung der Phospholipase C Inositoltriphosphat ($IP_3$) gebildet, welches durch Bindung an den $IP_3$-Rezeptor ($IP_3R$) zur Freisetzung von $Ca^{2+}$ aus dem sarkoplasmatischen Retikulum führt (Abb. **3.8**).

## 3.3.3 Kontraktion der glatten Muskulatur

Das intrazellulär, nun gesteigert vorkommende $Ca^{2+}$ bindet im Gegensatz zur Skelettmuskelzelle an **Calmodulin** statt an Troponin – letzteres fehlt beim glatten

**3.9 Regulation der Kontraktion/Relaxation der glatten Muskulatur**

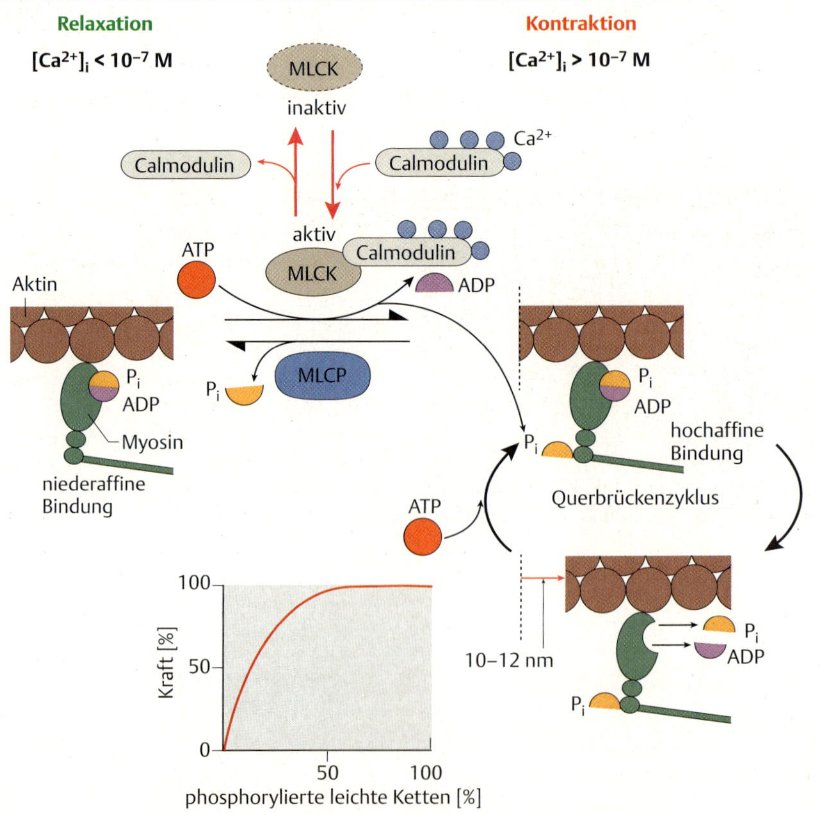

Muskel vollkommen (s.o.). Das $Ca^{2+}$-gebundene Calmodulin aktiviert wiederum die **Myosin-leichte-Ketten-Kinase (MLCK)**, die Phosphorylierung der leichten Kette führt zur Aktivierung der ATPase-Aktivität des Myosins und damit wie bei der Skelettmuskulatur zum Übereinandergleiten der Aktin- und Myosinfilamente (Abb. **3.9**). Eine Kontraktion der glatten Muskelzelle ist die Folge. Die Stärke der Kontraktion ist dabei vom Ausmaß der Phosphorylierung der leichten Ketten abhängig (Abb. **3.9**).

die **Myosin-leichte-Ketten-Kinase (MLCK)**, die in der Folge das Übereinandergleiten der Aktin- und Myosinfilamente und somit die Kontraktion bewirkt (Abb. **3.9**).

## 3.3.4 Relaxation der glatten Muskulatur

Die Pumpaktivität von **$Ca^{2+}$-ATPase** und **$Na^+$-$Ca^{2+}$-Austauscher**, die unter Zuhilfenahme des $Na^+$-Gradienten $Ca^{2+}$ in den Extrazellulärraum bzw. einen geringen Anteil auch zurück in das sarkoplasmatische Retikulum befördern, führt zur Erniedrigung des intrazellulären $Ca^{2+}$-Spiegels auf $< 10^{-7}$ mol/l. Der Zerfall des **$Ca^{2+}$-Calmodulin-Komplexes** und die Dephosphorylierung der leichten Ketten des Myosins durch die **Myosin-leichte-Ketten-Phosphatase (MLCP)** führen zur Relaxation (Abb. **3.9**). Auch eine Konzentrationserhöhung der zyklischen Nukleotide **cAMP** und **cGMP** durch Stimulation des **β-Rezeptors** oder diffundierendes Stickstoffmonoxid **(NO)** führt zu einer Relaxation der glatten Muskulatur (Abb. **3.8**).

**3.3.4 Relaxation der glatten Muskulatur**

Der intrazelluläre $Ca^{2+}$-Spiegel wird durch eine **$Ca^{2+}$-ATPase** und einen **$Na^+$-$Ca^{2+}$-Austauscher** abgesenkt. Des Weiteren bewirken der Zerfall des **$Ca^{2+}$-Calmodulin-Komplexes,** die Dephosphorylierung des Myosins durch die **Myosin-leichte-Ketten-Phosphatase (MLCP,** Abb. **3.9**) sowie eine Stimulation von **β-Rezeptoren** oder diffundierendes Stickstoffmonoxid **(NO)** eine Relaxation der glatten Muskulatur (Abb. **3.8**).

► Klinik. Viele **Herz-Kreislauf-Erkrankungen** wie Bluthochdruck (s. S. 129), Asthma (s. S. 199) oder Arteriosklerose (s. S. 189) sind u. a. auf eine fehlerhafte Funktion der glatten Muskulatur zurückzuführen. In Anbetracht der Tatsache, dass Herz-Kreislauf-Erkrankungen die häufigste Todesursache in Industrieländern darstellen, ist vom klinischen Standpunkt her betrachtet die physiologische Funktion der glatten Muskulatur dementsprechend von großer Bedeutung. Die Heterogenität und Komplexität der glatten Muskulatur erschweren jedoch das Verständnis ihrer Funktion/Fehlfunktion bei den genannten Krankheiten teilweise sehr.

► Klinik.

► Klinik. Starke Kontraktionen der glatten Muskulatur des Gallengangs, insbesondere beim Vorhandensein von Gallensteinen (Choledocholithiasis, Abb. **3.10**), können zu kolikartigen Schmerzen **(Gallenkolik)** führen. Die Gabe von Spasmolytika (Krampflösern) führt zur schnell wirksamen Senkung des Muskeltonus. Während Nitroglyzerin seine Wirkung durch vermehrte Freisetzung von Stickstoffmonoxid (NO) entfaltet, führt die intravenöse Gabe von Buscopan zur Blockade muskarinischer ACh-Rezeptoren.

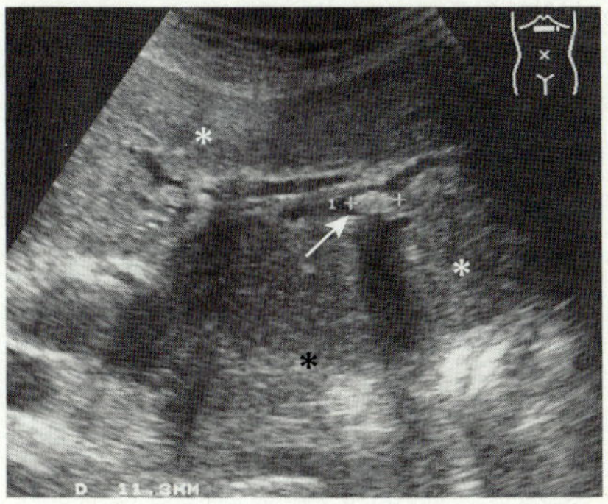

3.10

**Ultraschallbefund eines Gallengangsteins**

Gallenstein (Pfeil) in einem intrahepatischen Gallengang. Neben der Darstellung des Steins selbst ist häufig der typische „Schallschatten“ (= Auslöschung der Schallechos hinter stark reflektierenden Strukturen) diagnostisch wegweisend. Zur topografischen Orientierung im Ultraschallbild ist das umgebende Leberparenchym durch Sternchen gekennzeichnet.

► Klinik.

## ▸ ver$_{k}$lin$_{i}$kte Vorklinik: Muskeldystrophie

**Anamnese:** Sebastian Neugebauer, ein 7-jähriger Junge, kommt mit seiner 35-jährigen Mutter in die Sprechstunde der Abteilung für Neuropädiatrie einer Kinderklinik. Sie stellen sich vor wegen nachlassender Leistung im Schulsport und zunehmenden Schwierigkeiten beim Treppensteigen, so dass Sebastian die elterliche Wohnung in der 2. Etage nur noch mit großer Mühe erreichen kann. Schmerzen hat Sebastian nicht. Die Beschwerden haben schleichend begonnen und sich über mehrere Jahre verschlechtert, sind jedoch bisher nie ärztlich abgeklärt worden.
Schwangerschafts- und Geburtsverlauf beschreibt die Mutter als unauffällig, wesentliche Vorerkrankungen sind nicht bekannt. Bei den bisherigen kinderärztlichen Vorsorgeuntersuchungen, von denen die letzte kurz vor Sebastians 2. Geburtstag stattgefunden hat (U7), war lediglich eine leichte motorische Entwicklungsverzögerung aufgefallen. Die vorgesehenen Untersuchungen im Alter von 4 und 6 Jahren (U8 und U9) wurden nicht wahrgenommen. Die Dokumentation der Entwicklung von Körperlänge und -gewicht zeigt einen Verlauf knapp unterhalb der 50. Perzentile mit geringen Schwankungen. Der Mutter ist aufgefallen, dass Sebastian – im Gegensatz zu seiner gesunden 6-jährigen Schwester – erst mit 2 Jahren laufen gelernt hat. Noch heute fällt er häufiger hin. Zudem beschreibt sie ein ungewöhnliches Gangbild („Entengang"). Im Schulsport war Sebastian von Anfang an schlechter als die anderen Jungen der Klasse, jedoch war der Sportlehrerin die zunehmende Verschlechterung so auffällig vorgekommen, dass sie Frau Neugebauer zu einem Gespräch gebeten und ihr einen Besuch beim Kinderarzt empfohlen hatte.

**Körperliche Untersuchung:** (Pseudo-)Hypertrophie der Wadenmuskulatur beidseits mit Verhärtung (Induration), Atrophie der Muskulatur im Bereich des Schulter- und Beckengürtels (Abb. **c**). Beim Aufstehen aus der Rückenlage dreht sich Sebastian zunächst auf den Bauch, nimmt eine Vierfüßlerstellung ein und stützt sich während des Aufrichtens mit den Händen an den Beinen ab (Gowers-Zeichen, Abb. **a**). Das Besteigen eines Hockers (in Höhe einer Treppenstufe) bereitet ihm große Mühe und ist nur mit Hilfestellung zum Abstützen möglich. Das Gangbild erscheint watschelnd und mühevoll. Die Wirbelsäule zeigt eine verstärkte Lendenlordose (Abb. **b**).

**Laboruntersuchungen** (Angabe der jeweiligen Normwerte in Klammern): Kreatinkinase (CK) 12 180 U/l (31 – 152), entsprechend 203 µkatal/l (0,52 – 2,53); Aspartat-Aminotransferase (AST = GOT) 942 U/l (< 50), entsprechend 15,7 µkatal/l (< 0,83); Alanin-Aminotransferase (ALT = GPT) 138 U/l (< 40), entsprechend 2,3 µkatal/l (< 0,67); Laktatdehydrogenase (LDH) 780 U/l (141 – 237) entsprechend 13 µkatal/l (2,35 – 3,95)

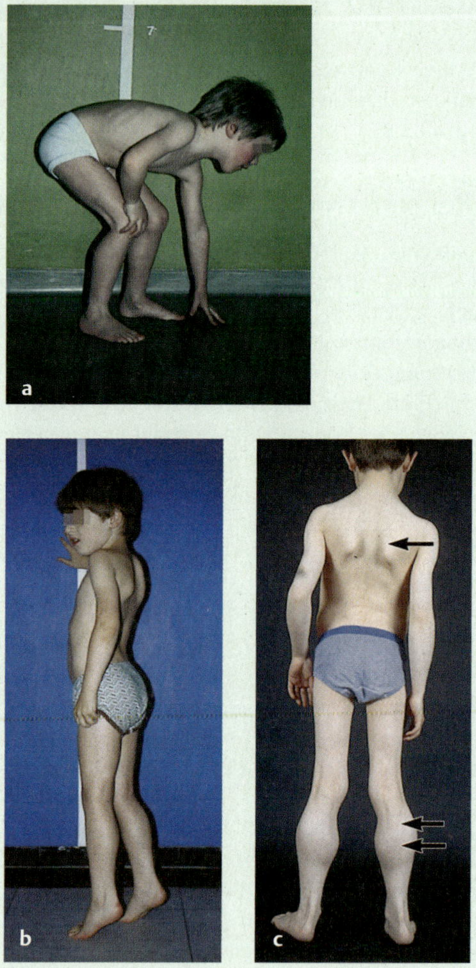


**Beispiele für klinische Befunde bei Duchenne-Muskeldystrophie.** **a** Gowers-Zeichen; **b** Hyperlordose, Spitzfußstellung durch Gelenkversteifungen infolge der Muskelschwäche; **c** proximale Muskelatrophie, die u. a. zu abstehenden Schulterblättern (Scapulae alatae ←) führt, (Pseudo-)Hypertrophie der Wadenmuskulatur (⇇).

**Elektromyografie (EMG):** Verkürzte und erniedrigte, teils polyphasische Einzelpotenziale mit deutlicher Spontanaktivität auch in Ruhe, bereits bei leichter Anspannung dichtes Aktivitätsmuster. Bei maximaler Anspannung deutlich verminderte Amplitude des Summenpotenzials.
**Muskelbiopsie:** Die einzelnen Muskelfasern unterscheiden sich deutlich in ihrem Kaliber. Ihre Form ist abgerundet, teilweise sind Kerne in Zellmitte zu sehen. Insgesamt sind relativ wenige Muskelfasern vorhanden, dafür deutlich verbreiterter Interzellularraum, teils mit Fettgewebseinsprengseln. Immunhistochemisch ist kein Dystrophin nachweisbar.

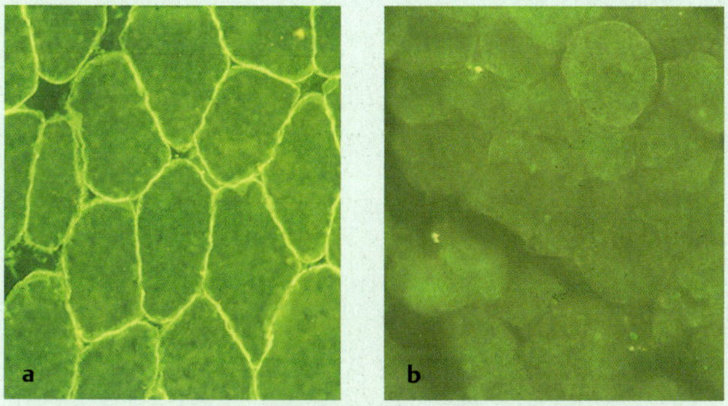


**Immunhistochemischer Dystrophinnachweis** (Immunfluoreszenz). **a** bei normalen Muskelfasern ist Dystrophin als heller Randsaum nachweisbar; **b** fehlend bei Duchenne-Muskeldystrophie.

**Fragen mit physiologischem Schwerpunkt:**

1. Wie kommt es zu den Veränderungen, die in dem Elektromyografie-Befund von Sebastian beschrieben werden?
2. Bewegungsstörungen und Muskelatrophien können durch Störungen im Muskel selbst (Myopathie) oder durch eine Schädigung des innervierenden Nervs (Neuropathie) entstehen. Eine Differenzierung ist mithilfe des EMG-Befundes möglich. Welche Veränderungen würden Sie im Falle einer neurogenen Ursache vermuten?

**Antwortkommentare:**

**Zu 1.** Mithilfe einer Elektromyografie-(EMG-)Untersuchung kann die elektrische Aktivität der motorischen Einheiten während einer Depolarisation gemessen werden. Motorische Einheiten setzen sich zusammen aus Muskelfasern und dem jeweils innervierenden Motoneuron. Bei der bei Sebastian vorliegenden Muskeldystrophie Typ Duchenne liegt der Schaden im Muskel selbst. Einzelne Muskelfasern gehen diffus, also unabhängig von ihrer Zugehörigkeit zu einem Nerv zugrunde: Die Zahl der zu einer motorischen Einheit gehörenden Muskelfasern nimmt ab, die Anzahl der Neurone, entsprechend der motorischen Einheiten, bleibt jedoch unverändert.

Eine myogene Schädigung führt im EMG zu charakteristischen Änderungen, die sich sowohl in der Potenzialanalyse einzelner motorischer Einheiten (= Potenzial einer motorischen Einheit, PmE) als auch bei maximaler Willküraktivität zeigen: Durch den Untergang von Muskelfasern nehmen Amplitude und Potenzialdauer der PmE ab. Veränderungen in der Muskelmembran führen dazu, dass die einzelnen Muskelfasern unterschiedlich stark erregbar sind. Die Depolarisation breitet sich daher nicht mehr gleichmäßig aus, die Phasenzahl der PmE nimmt zu (polyphasisches Muster). Um den Kraftverlust der betroffenen motorischen Einheit zu kompensieren, kommt es zu einer vorzeitigen Aktivierung (Rekrutierung) weiterer motorischer Einheiten. Dies führt im EMG typischerweise zu einem dichten, niedrigamplitudigen Interferenzmuster bei maximaler Willküraktivierung.

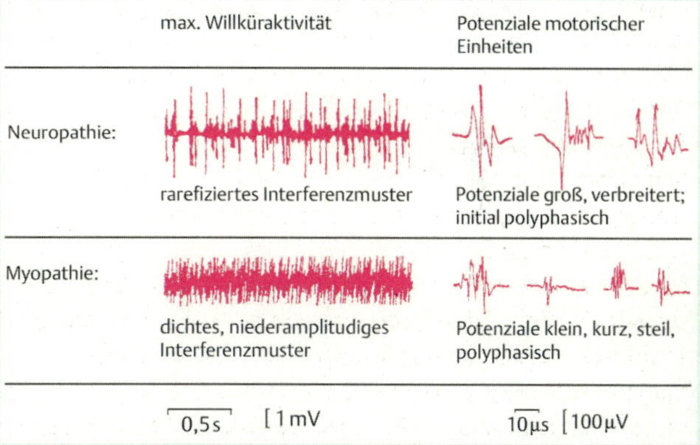


Vergleich der **EMG-Befunde** bei maximaler Willkürinnervation und Einzelpotenzialanalyse im Falle von neurogenen und myogenen Schädigungen.

**Zu 2.** Bei einem neurogenen Schaden gehen im Prinzip ganze motorische Einheiten zugrunde. Denervierte Muskelfasern reagieren sehr empfindlich auf Acetylcholin, so dass es zu spontanen Entladungen auch bei kompletter Muskelentspannung kommt. Von intakten motorischen Einheiten sprossen Nervenfasern aus und verbinden diese mit den denervierten Muskelfasern (sog. Sprouting), die motorische Einheit wird größer. Dies zeigt sich im EMG durch eine Zunahme der Amplitude. Da das Nervenaktionspotenzial zu den „angekoppelten" Muskelfasern eine weitere Laufstrecke hat, ist die Potenzialdauer des PmE verlängert. Angekoppelte und ursprüngliche Muskelfasern werden nicht zum selben Zeitpunkt erregt, die Anzahl der Phasen nimmt zu. Bei maximaler Willküraktivität zeigt sich der Ausfall der motorischen Einheiten anhand eines lichten, großamplitudigen Interferenzmusters.

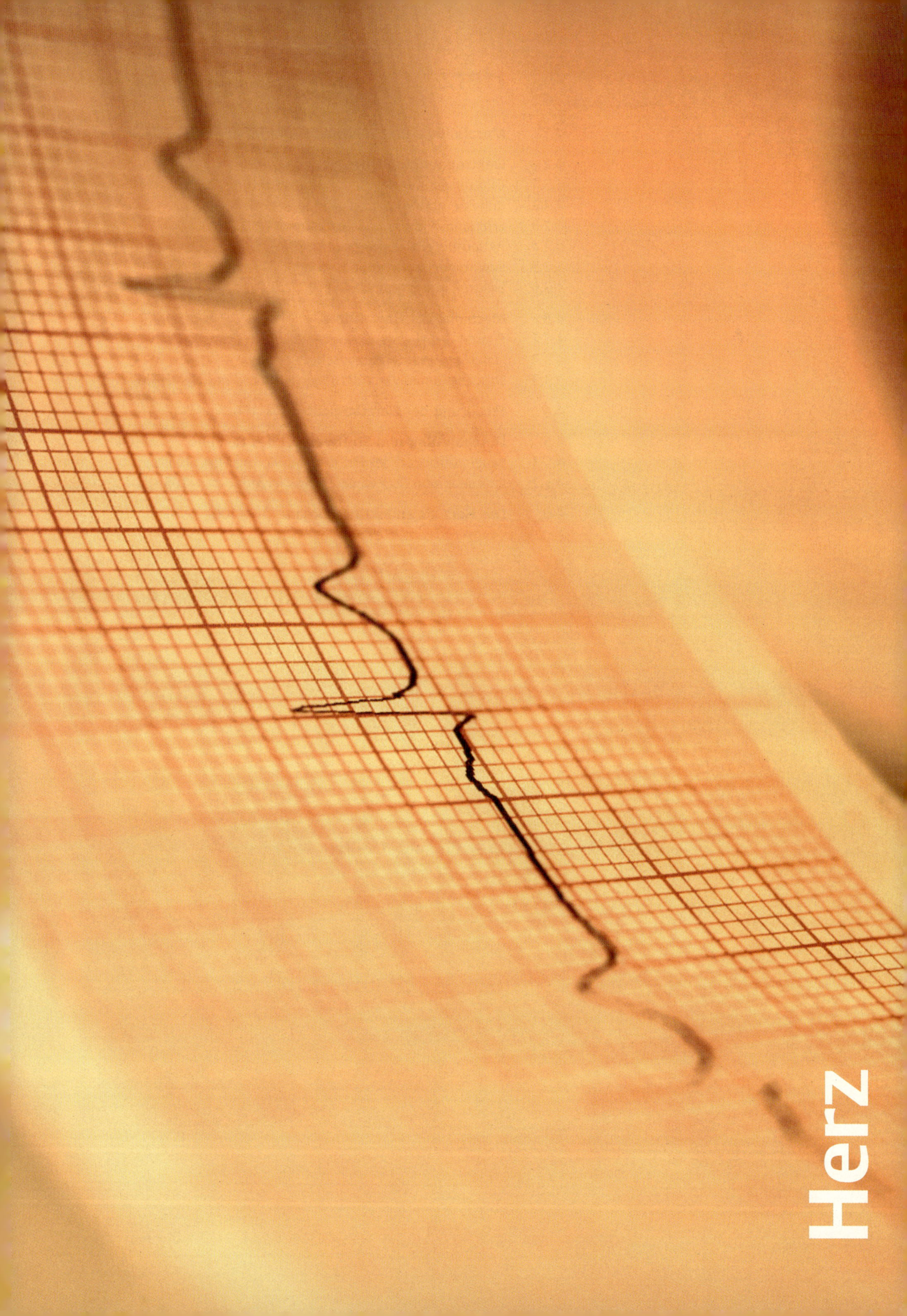

# Herz

# 4 Herz

# 4 Herz

## 4.1 Morphologie und Funktion

Das Herz ist ein im mittleren Mediastinum lokalisierter Hohlmuskel, dessen rechte und linke Hälfte durch Septen voneinander getrennt sind. Beide Hälften werden jeweils in einen **Vorhof** (=Atrium) und eine **Herzkammer** (=Ventrikel) unterteilt (Abb. **4.1**). Vorhöfe und Kammern sind durch **Segelklappen** (Atrioventrikularklappen) voneinander getrennt, im rechten Herzen durch die Trikuspidalklappe, im linken durch die Mitralklappe (Bikuspidalklappe).

Das Herz liefert die nötige mechanische Energie, um den Organismus über den **Körperkreislauf** (=großer Kreislauf) mit Blut zu versorgen und das Blut im **Lungenkreislauf** (=kleiner Kreislauf) mit Sauerstoff zu beladen. Die Pumpwirkung erfolgt durch einen rhythmischen Wechsel zwischen Kontraktion (Systole) und Erschlaffung (Diastole) der Herzkammern:

- Während der **Systole** befördert das rechte Herz sauerstoffarmes (venöses) Blut aus den Venae cavae inferior und superior durch Kontraktion des rechten Ventrikels über die Arteria pulmonalis in den Lungenkreislauf (Abb. **4.1a**). Das linke Herz pumpt gleichzeitig sauerstoffreiches (arterielles) Blut durch Kontraktion des linken Ventrikels über die Aorta in der Körperkreislauf (Abb. **4.1b**).
- Während der **Diastole** werden die Ventrikel erneut mit Blut befüllt. Die **Taschenklappen** (Semilunarklappen, Aorten- und Pulmonalklappe) verhindern, dass Blut aus den großen Arterien (Aorta und Truncus pulmonalis) zurück in die Kammern fließt.?

**▶ Merke.** Um die Druck- und Volumenverhältnisse im Kreislauf aufeinander abzustimmen, pumpen linkes und rechtes Herz pro Zeit die gleiche Menge Blut **(Herzzeitvolumen)**.

Wechselnde Belastungen des Organismus und seiner Organe erfordern vom Herzen eine größtmögliche **Anpassungsfähigkeit** an den geänderten Bedarf: Das **Herzminutenvolumen** kann von etwa 5 l/min in Ruhe auf etwa 25 l/min bei körperlicher Anstrengung ansteigen. Eine besondere Koordination und Steuerbarkeit der Einzelfunktionen wie Erregung, Kontraktilität, Durchblutung ist deshalb besonders wichtig.

Zu den anatomischen Besonderheiten des fetalen Herz-Kreislauf-Systems s. S. 158.

### 4 Herz

### 4.1 Morphologie und Funktion

Beide Herzhälften werden jeweils in einen **Vorhof** (=Atrium) und eine **Herzkammer** (=Ventrikel) unterteilt (Abb. **4.1**). Vorhöfe und Kammern sind durch **Segelklappen** voneinander getrennt.

Das Herz liefert die nötige mechanische Energie, um den Organismus über den **Körperkreislauf** mit Blut zu versorgen und das Blut im **Lungenkreislauf** mit Sauerstoff zu beladen. Die Pumpwirkung erfolgt durch einen rhythmischen Wechsel zwischen Kontraktion (**Systole**, Abb. **4.1**) und Erschlaffung (**Diastole**) der Herzkammern. **Taschenklappen** verschließen die Arterien während der Diastole.

**▶ Merke.**

Wechselnde Belastungen des Organismus erfordern eine größtmögliche **Anpassungsfähigkeit** des **Herzminutenvolumens** an den geänderten Bedarf:

- HMV in Ruhe: ca. 5 l/min
- HMV bei körperlicher Anstrengung: bis ca. 25 l/min.

Zum fetalen Herz-Kreislauf-System s. S. 158.

**4.1 Blutfluss durch das Herz**

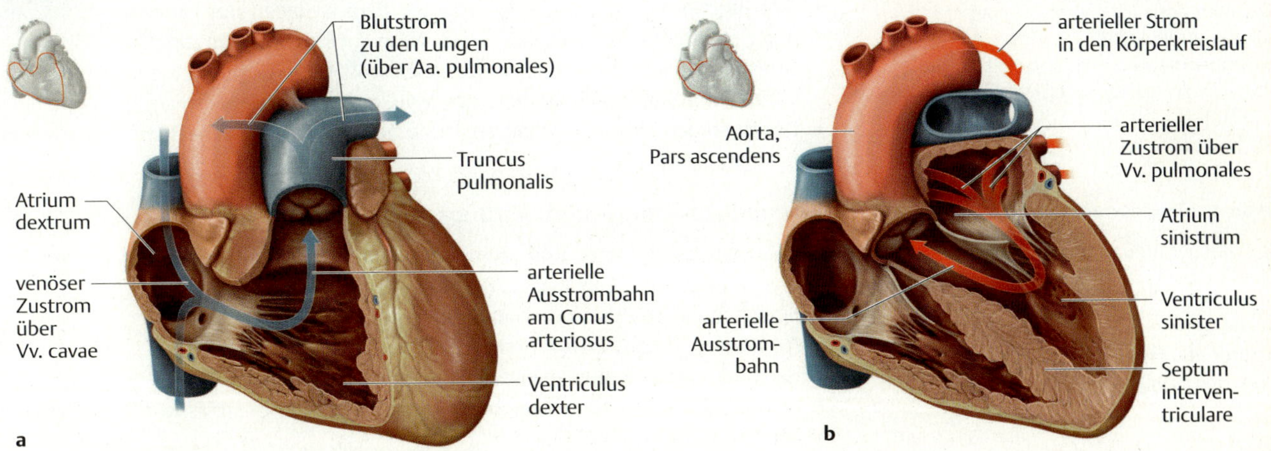


**a** Blutfluss im rechten Herzen.

**b** Blutfluss im linken Herzen.

► Klinik.

► Klinik. Veränderungen in der Morphologie und der Funktionsfähigkeit des Herzens können z. B. mithilfe der **Echokardiografie** dargestellt werden. Dabei wird die Reflexion von Ultraschallwellen zwischen Medien unterschiedlicher akustischer Impedanz (z. B. Blut und Gewebe) benutzt, um mit Schallfrequenzen zwischen 2 und 10 MHz z. B. die Herzkammern und die größeren Gefäße sowie Wanddicke und Klappenaktionen darzustellen. Mit dieser Ultraschallmethode lassen sich sowohl Narbenbildungen nach einem Herzinfarkt als auch Klappenfehler diagnostizieren.
Mit der **Dopplerechokardiografie** kann unter Ausnutzung des Dopplereffektes (= Frequenzverschiebung des Schalls durch bewegte Flüssigkeit, s. auch S. 136) auch die Blutströmung gemessen werden.

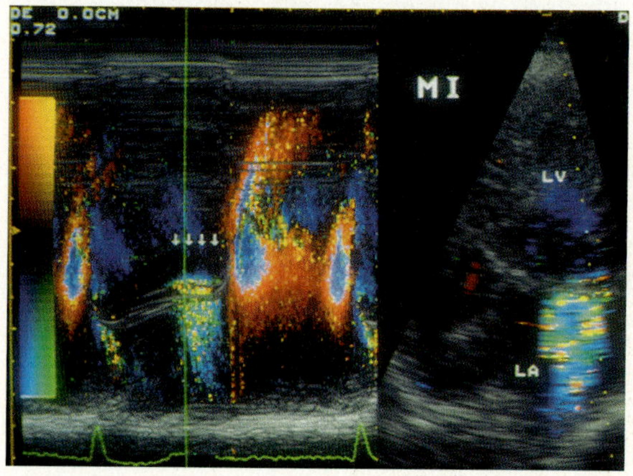


4.2

**Farbkodierte Echokardiografie**

Man erkennt einen deutlichen systolischen transmitralen Reflux in den linken Vorhof. LA = linker Vorhof, LV = linker Ventrikel, MI = Mitralinsuffizienz.

4.2 Elektrophysiologie des Herzens

4.2.1 Differenzierung der Herzmuskulatur

Man unterscheidet Zellen des Arbeitsmyokards und Zellen des Erregungsbildungs- und -leitungssystems.

Arbeitsmyokard

Die quergestreiften, langgestreckten, verzweigten Muskelzellen des Arbeitsmyokards (Abb. **4.3**) bilden über die sog. **Glanzstreifen** eng miteinander gekoppelte **funktionelle Synzytien**. Wichtige Strukturen innerhalb der Glanzstreifen sind
- **Gap junctions** (→ chemische und elektrische Kommunikation, s. auch S. 14) und
- **Desmosomen** (→ mechanischer Zusammenhalt der Zellen, s. auch S. 14).

# 4.2 Elektrophysiologie des Herzens

## 4.2.1 Differenzierung der Herzmuskulatur

Bei den Zellen des Herzens unterscheidet man zwischen Zellen des Arbeitsmyokards und Zellen des Erregungsbildungs- und -leitungssystems.

### Arbeitsmyokard

Bei den Zellen des Arbeitsmyokards handelt es sich um quergestreifte, langgestreckte, verzweigte Muskelzellen, die meist einen zentral gelegenen Kern enthalten (Abb. **4.3**). Über die sog. **Glanzstreifen** (= besondere Kontaktstrukturen an den Zellenden der Herzmuskelzellen) bilden sie eng miteinander gekoppelte **funktionelle Synzytien**. Innerhalb dieser Glanzstreifen sind folgende Strukturen lokalisiert:
- **Gap junctions** (Konnexone, Nexus): Sie dienen neben der chemischen v. a. auch der elektrischen Kommunikation (s. auch S. 14): Über Gap junctions können Aktionspotenziale sehr schnell weitergeleitet werden, wodurch die synchrone Aktivität funktioneller Teilbereiche des Myokards gewährleistet werden kann.
- **Desmosomen** (Macula adhaerens): Sie halten die Zellen mechanisch zusammen (s. auch S. 14).

Erregungsbildungs- und -leitungssystem

Hierarchischer Aufbau (Abb. **4.4**, S. 78):
- Sinusknoten
- AV-Knoten
- His-Bündel
- rechter und linker Kammerschenkel
- Purkinje-Fasern.

### Erregungsbildungs- und -leitungssystem

Das Erregungsbildungs- und -leitungssystem ist aus folgenden Strukturen hierarchisch aufgebaut (Abb. **4.4**, S. 78):
- Sinusknoten (Nodus sinuatrialis)
- AV-Knoten (Nodus atrioventricularis)
- His-Bündel (Fasciculus atrioventricularis)
- rechter und linker Kammerschenkel (Crus dextrum et sinistrum, Tawara-Schenkel)
- Purkinje-Fasern (Rami subendocardiales).

Dabei handelt es sich um **modifizierte Herzmuskelzellen**, die weniger T-Tubuli, kontraktile Elemente und Mitochondrien enthalten

Dabei handelt es sich um **modifizierte Herzmuskelzellen**. Diese sind mehrkernig, enthalten im Vergleich zu den Zellen des Arbeitsmyokards weniger T-Tubuli,

**4.3 Herzmuskelzelle**

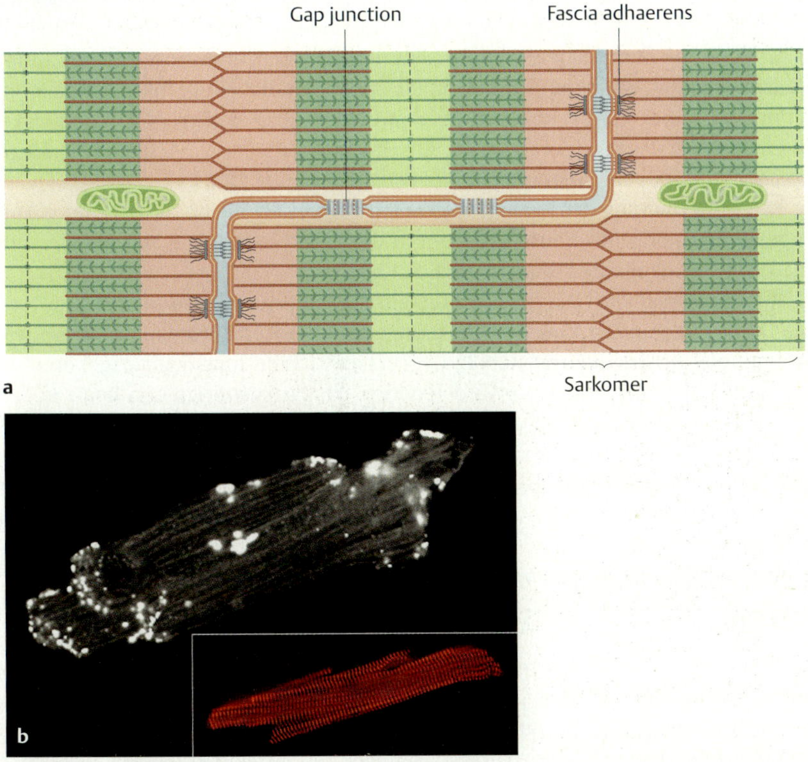


**a** Schematische Darstellung eines Glanzstreifens zwischen zwei Herzmuskelzellen.
**b** Einzelne Herzmuskelzellen mit immunzytochemisch angefärbten Konnexonen (Cx43). Die kleine Abbildung zeigt die typische Querstreifung nach Anfärbung mit einem Antikörper gegen Aktin (Aufnahme von PD Dr. S. Maier/J. Muck).

4.3

kontraktile Elemente und Mitochondrien, sind dafür aber breiter und voluminöser und haben einen hohen Glykogengehalt. Diese Merkmale spielen eine entscheidende Rolle für eine schnelle Erregungsübertragung.

als das Arbeitsmyokard, dafür aber breiter, voluminöser und glykogenreich sind.

Im Unterschied zu den Zellen oberhalb des AV-Knotens sind die Zellen des Erregungsleitungssystems unterhalb des AV-Knotens miteinander durch zahlreiche **Gap junctions** verbunden, wodurch die hohe Geschwindigkeit der Erregungsübertragung gesichert ist. Lediglich bei der Weiterleitung von den Purkinjefasern auf die Zellen des Arbeitsmyokards gibt es eine ähnlich hohe Dichte an Konnexonen.

In den Zellen des Erregungsleitungssystems unterhalb des AV-Knotens wird durch zahlreiche **Gap junctions** die hohe Geschwindigkeit der Erregungsübertragung gesichert.

Konnexone können durch eine starke Erhöhung der zytosolischen $Ca^{2+}$-Konzentration oder durch Absinken des pH-Werts geschlossen werden. Dies tritt v.a. dann auf, wenn die Zellen verletzt oder unzureichend mit Sauerstoff versorgt werden. In diesem Fall können beschädigte Bereiche des funktionellen Synzytiums durch das Schließen der Gap junctions vom funktionsfähigen Gewebe abgekoppelt werden, wodurch der Ausbreitung eines Schadens (z.B. Myokardinfarkt) entgegengewirkt wird (s. auch Klinik S. 38).

**► Merke.** Die Geschwindigkeit der Erregungsübertragung wird wesentlich von der Anzahl der **Gap junctions** zwischen den Herzmuskelzellen bestimmt. Diese sind besonders zahlreich im Bereich der Kammerschenkel und Purkinje-Fasern.

**► Merke.**

## 4.2.2 Ruhemembranpotenzial (RP)

Im nicht erregten Zustand weisen die Herzmuskelzellen ein Ruhemembranpotenzial auf. Ursache dieses Potenzials ist die durch die jeweilige Permeabilität der Zellmembran bedingte unterschiedliche Verteilung einwertiger Ionen ($K^+$, $Na^+$ und $Cl^-$) im Intra- und Extrazellulärraum.

**4.2.2 Ruhemembranpotenzial (RP)**

Im nicht erregten Zustand weisen die Herzmuskelzellen ein durch die unterschiedlichen Membranpermeabilitäten für einwertige Ionen bedingtes Ruhemembranpotenzial auf.

Ruhepotenzial im Arbeitsmyokard

Das **Ruhepotenzial der Arbeitsmyokardzellen** beträgt **ca. – 80 mV**.

Die $Na^+$-$K^+$-ATPase sorgt für die Aufrechterhaltung der Ionengradienten.

Das Ruhepotenzial wird durch den $K^+$-Strom $I_{K1}$ stabilisiert. Die zugehörigen Kanäle werden als sog. **gleichrichtende $K^+$-Kanäle** bzw. **Einwärts-Gleichrichter** bezeichnet.

### Ruhepotenzial im Arbeitsmyokard

Da die Zellen des Arbeitsmyokards im Wesentlichen für $K^+$-Ionen permeabel sind ($p_{K^+} >> p_{Na^+}$), kann ihr Ruhepotenzial näherungsweise durch die Nernst-Gleichung für $K^+$ (s. S. 19) beschrieben werden. Für eine $K^+$-Konzentration von 4,5 mmol/l extrazellulär und 140 mmol/l intrazellulär ergibt sich dabei ein Ruhepotenzial von – 91 mV. Da aber unter Ruhebedingungen auch eine geringe $Na^+$-Leitfähigkeit besteht, beträgt das **Ruhepotenzial der Arbeitsmyokardzellen** tatsächlich **ca. – 80 mV**. Berechnen lässt es sich mithilfe der Goldman-Gleichung (s. S. 19).
Zur Aufrechterhaltung der Ionengradienten transportiert die $Na^+$-$K^+$-ATPase ständig $K^+$ gegen den Konzentrationsgradienten in die Zelle hinein-, und $Na^+$ aus der Zelle hinaus (elektrogener Transport, s. auch S. 12).
Das Ruhepotenzial wird durch einen auch in Ruhe aktiven $K^+$-Strom stabilisiert, der eine Depolarisation der Zelle kompensieren kann. Dieser $I_{K1}$ genannte Strom wird von sog. **gleichrichtenden $K^+$-Kanälen** verursacht (diese Ionenkanäle gehören zur Kir2-Familie; Kir steht für $K^+$-inward-rectifier, das dazugehörige Gen heißt *KCNJ2*). Ihre Aufgabe besteht unter Ruhebedingungen (also nicht während eines Aktionspotenzials!) darin, bei leichter Depolarisation kompensatorisch $K^+$-Ionen aus der Zelle heraus zu leiten und somit das negative Membranpotenzial zu stabilisieren. Nur bei starker Hyperpolarisation der Zellmembran leiten sie $K^+$-Ionen in die Zelle hinein. Deshalb werden diese Kanäle auch **Einwärts-Gleichrichter** genannt, was – bezogen auf die physiologische Funktion – eher irreführend ist.

▶ Klinik.

▶ **Klinik.** Mutationen im *KCNJ2*-Gen können Arrhythmien des Herzens auslösen. Durch eine verminderte $K^+$-Leitfähigkeit entsteht dabei eine leichte Depolarisation der Zellen, was die Bildung von **Extrasystolen** (= außerhalb des regulären Herzrhythmus auftretende Herzaktionen, s. S. 90) fördert und so zu Herzrhythmusstörungen führen kann. Solche pathophysiologischen Erregungszentren bezeichnet man auch als **ektope Erregungszentren**.

Die sog. **Tandem-Poren-Kaliumkanäle** bilden den **Hintergrundstrom $I_{KP}$**, der ebenfalls zur Aufrechterhaltung des Ruhepotenzials beiträgt.

**Hyper- oder Hypokaliämie** können zu Rhythmusstörungen führen (s. S. 92).

Eine andere Population von Kaliumkanälen, die abgleitet von ihrer Struktur als **Tandem-Poren-Kaliumkanäle** bezeichnet werden, bilden den **Hintergrundstrom $I_{KP}$**. Diese Kaliumkanäle tragen ebenfalls zur Aufrechterhaltung des Ruhepotenzials bei und können über eine Vielzahl von Signalstoffen, wie z. B. Arachidonsäure oder den extrazellulären pH-Wert, reguliert werden. Beide Substanzen inhibieren die Kanäle und wirken somit depolarisierend.
Ionenverschiebungen insbesondere von $K^+$ **(Hyper- oder Hypokaliämie)** können sich ebenfalls direkt auf das Ruhemembranpotenzial auswirken und dadurch Herzrhythmusstörungen verursachen (s. S. 92).

Ruhemembranpotenzial im Erregungsbildungs- und -leitungssystem

Aufgrund des fehlenden $K^+$-Stroms $I_{K1}$ beträgt das Ruhepotenzial in den **Sinusknotenzellen** nur **ca. – 60 mV**, wodurch **spontane Depolarisationen** möglich werden.

Im **übrigen Erregungsbildungs- und -leitungssystem** ist das RP stabil und liegt bei **ca. – 90 mV**.

### Ruhemembranpotenzial im Erregungsbildungs- und -leitungssystem

Anders als im Arbeitsmyokard ist in den **Sinusknotenzellen** und in den Zellen des AV-Knotens kein $K^+$-Strom $I_{K1}$ vorhanden. Deshalb ist das instabile Ruhepotenzial mit **ca. – 60 mV** auch deutlich positiver als das der Arbeitsmyokardzellen. Gleichzeitig ist es instabil, was das Auftreten **spontaner Depolarisationen** möglich macht.
In den **anderen Bereichen des Erregungsbildungs- und -leitungssystems** ist das Ruhemembranpotenzial stabil und liegt bei **ca. – 90 mV**.

4.2.3 Erregungsbildung und Fortleitung

Unter physiologischen Bedingungen breitet sich eine Erregung von ihrem Ursprung über die gesamte Herzmuskulatur aus.

Physiologischer Ablauf eines Erregungszyklus

Die Erregung pflanzt sich ausgehend vom Sinusknoten über die Vorhöfe, den AV-Knoten, das His-Bündel, die Kammerschenkel und die Purkinje-Fasern über den gesamten Herzmuskel fort (s. Abb. **4.4**, S. 78).

## 4.2.3 Erregungsbildung und Fortleitung

Das Herz wird als funktionelles Synzytium unter physiologischen Bedingungen nach dem „Alles-oder-Nichts"-Gesetz erregt, d. h. es wird ausgehend von der Erregungsbildung eine komplette Erregung aller Zellen mit anschließender Kontraktion ausgelöst.

### Physiologischer Ablauf eines Erregungszyklus

Ein Erregungszyklus wird im Normalfall durch die **spontane Depolarisation** der Schrittmacherzellen des **Sinusknotens**, der in der hinteren oberen Wand des rechten Vorhofs gelegen ist, ausgelöst (s. Abb. **4.4**, S. 78). Von hier breitet sich die Erregung (Aktionspotenzial) zunächst über das **Vorhofmyokard** aus und erreicht schließlich den auf der rechten Seite des Vorhofseptums an der Grenze von Atrium und

**4.1 Hierarchie der Schrittmacherzentren**

| *Struktur* | *Funktion* | *Frequenz* |
|---|---|---|
| Sinusknoten | primärer Schrittmacher | 60 – 80/min |
| AV-Knoten | sekundärer Schrittmacher | 40 – 50/min |
| ventrikuläres Erregungsleitungssystem | tertiärer Schrittmacher | 30 – 40/min |

4.1

Ventrikel gelegenen **AV-Knoten**. Die bindegewebige Ventilebene sorgt für eine elektrische Isolierung von Vorhof und Kammer. Nur über das vom AV-Knoten ausgehende **His-Bündel** kann die Erregung auf die Kammern übergeleitet werden. Das His-Bündel verläuft zunächst im Ventrikelseptum weiter in Richtung Herzspitze und teilt sich schließlich in den **rechten und linken Kammerschenkel**, wobei der linke in einen vorderen und einen hinteren Anteil aufgespalten wird. Diese zweigen sich wiederum in die fein verästelten **Purkinje-Fasern** auf, welche die Erregung auf die Innenschicht der **Ventrikelmuskulatur** leiten. Da die Zellen des Arbeitsmyokards über zahlreiche Gap junctions elektrisch miteinander gekoppelt sind, breitet sich die Erregung gleichmäßig über das gesamte Arbeitsmyokard aus.

### Hierarchie der Schrittmacherzentren

Unter physiologischen Bedingungen übernimmt der **Sinusknoten** die Funktion des Schrittmachers **(→Sinusrhythmus)**. Fällt er aus, können die anderen Strukturen des Erregungsbildungs- und -leitungssystems seine Aufgabe übernehmen, wobei diese lediglich deutlich geringere Herzfrequenzen erzeugen können als der Sinusknoten. Hierarchie und Frequenzen der verschiedenen Schrittmacherzentren sind in Tab. **4.1** aufgeführt.
Als **aktuellen Schrittmacher** bezeichnet man jeweils denjenigen Schrittmacher, der gerade den Rhythmus vorgibt. Die nicht aktiven Schrittmacher, die durch die Überleitung ausgehend vom aktuellen Schrittmacher erregt werden, nennt man **potenzielle Schrittmacher**.

#### Hierarchie der Schrittmacherzentren

Normalerweise übernimmt der **Sinusknoten** die Funktion des Schrittmachers. Fällt er aus, können die anderen Strukturen des Erregungsbildungs- und -leitungssystems seine Aufgabe übernehmen (Tab. **4.1**).

- **Aktueller Schrittmacher** = der Schrittmacher, der gerade den Rhythmus vorgibt.
- **Potenzielle Schrittmacher** = nicht aktive Schrittmacher.

### Leitungsgeschwindigkeit

In der Arbeitsmuskulatur des Atriums beträgt die Leitungsgeschwindigkeit etwa 0,5 – 1 m/s und es dauert etwa 60 ms, bis die Erregung den **AV-Knoten** erreicht hat. Hier reduziert sich die Leitungsgeschwindigkeit auf **ca. 0,05 – 0,1 m/s**, so dass die Kontraktion der Vorhöfe abgeschlossen ist, bevor die Kontraktion der Ventrikel beginnt. Der AV-Knoten bildet also einen **Verzögerungsmechanismus** der Erregungsübertragung. Vorzeitig einfallende Impulse werden nicht übergeleitet.
Die Erregungswelle durchläuft das **His-Bündel** und die **Purkinje-Fasern** mit einer Geschwindigkeit von **1 – 4 m/s**, damit die Erregung möglichst schnell sämtliche Bereiche des Myokards erreicht. Im Arbeitsmyokard der Ventrikel sinkt die Leitungsgeschwindigkeit auf 0,5 – 1 m/s ab. Innerhalb von 60 ms breitet sich die Erregung über die gesamte Kammer aus, was wesentlich kürzer ist als die absolute Refraktärzeit (= Zeit, während der in einer Herzmuskelzelle nach einer Erregung kein erneutes Aktionspotenzial auslösbar ist, s. S. 81) andauert. Dadurch ist gewährleistet, dass eine fortgeleitete Erregung nur zu einer einmaligen Kontraktion der Ventrikel führt.

#### Leitungsgeschwindigkeit

Der **AV-Knoten** reduziert die Leitungsgeschwindigkeit auf **ca. 0,05 – 0,1 m/s** und sorgt so dafür, dass die Kontraktion der Vorhöfe vor Beginn der Ventrikelkontraktion abgeschlossen ist. Er bildet also einen **Verzögerungsmechanismus** der Erregungsübertragung.
Im **His-Bündel** und in den **Purkinje-Fasern** ist die Erregungsübertragung am schnellsten **(1 – 4 m/s)**, damit die Erregung möglichst schnell alle Bereiche des Myokards erreicht.

## 4.2.4 Aktionspotenziale (AP)

#### 4.2.4 Aktionspotenziale (AP)

### Form der Aktionspotenziale

Aufgrund des unterschiedlichen Vorkommens von Kanalproteinen und der damit verbundenen Ionenströme haben die Aktionspotenziale in den verschiedenen Strukturen des Herzens unterschiedliche, aber charakteristische Formen (Abb. **4.4**). Die Länge der Aktionspotenziale in den Zellen des Arbeitsmyokards und des Erregungsbildungs- und -leitungssystems wird im Wesentlichen durch die Anzahl an funktionellen $K^+$-Kanälen bestimmt.

#### Form der Aktionspotenziale

Die AP unterscheiden sich je nach Ableitort sehr stark in ihrer Form (Abb. **4.4**).

Die Länge der AP in den verschiedenen Strukturen des Herzens hängt von der Anzahl an funktionellen $K^+$-Kanälen ab.

4.4

**4.4 Darstellung des Erregungsbildungs- und -leitungssystems mit den zugehörigen Aktionspotenzialen**

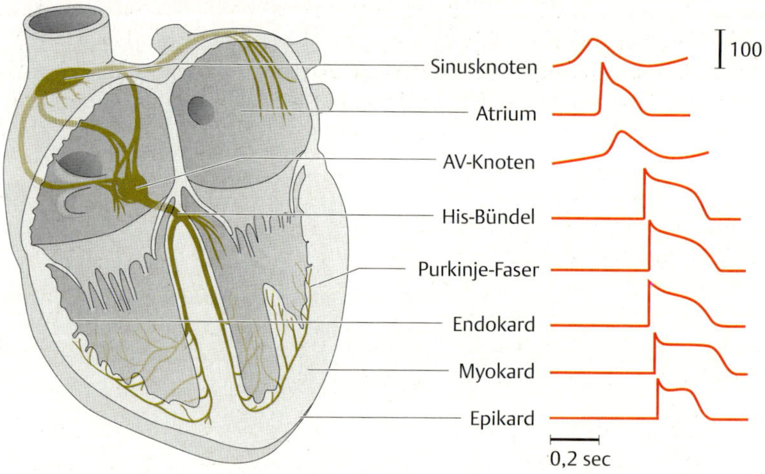


**AP im Erregungsbildungs- und -leitungssystem**

Die AP in Sinus- und AV-Knoten sind kürzer als die des Arbeitsmyokards (s. u.). Sie steigen weniger steil an und haben kein ausgeprägtes Plateau.

Die AP in His-Bündel und Purkinje-Fasern ähneln in ihrer Form denen des Arbeitsmyokards (s. u.)

**AP im Arbeitsmyokard**

Die AP der Arbeitsmuskulatur sind durch einen steilen Anstieg und ein anschließendes **Plateau** gekennzeichnet.

Die AP in den Vorhöfen sind kürzer als die in den Ventrikeln. Im subendokardialen Myokard können die AP wiederum doppelt so lang sein wie die im subepikardialen Myokard.

**Entstehung der Aktionspotenziale**
**AP-Entstehung im Erregungsbildungs- und -leitungssystem**

**Sinusknoten:** Da hier der stabilisierende $K^+$-Strom $I_{K1}$ fehlt, treten ausgehend von einem RP von ca. –60 mV spontane Depolarisationen auf. Der für die Spontandepolarisation wichtige Kationenstrom $\mathbf{I_f}$ (sog. Schrittmacherstrom) sorgt für eine langsame Depolarisation bis zu einer Schwelle von etwa –40 mV.
Nach Erreichen der Schwelle öffnen **spannungsgesteuerte $Ca^{2+}$-Kanäle,** und die Sinusknotenzellen werden durch den $Ca^{2+}$-Einstrom depolarisiert (Aufstrich des AP).

### AP im Erregungsbildungs- und -leitungssystem

Die Aktionspotenziale in Sinus- und AV-Knoten sind im Vergleich zu denen im Arbeitsmyokard (s. u.) kürzer, haben in der initialen Phase eine geringere Anstiegssteilheit und ihnen fehlt das ausgeprägte Plateau.

Die Form der Aktionspotenziale im His-Bündel und in den Purkinje-Fasern ist denen des Arbeitsmyokards (s. u.) sehr ähnlich. Insbesondere in den Purkinje-Fasern können sie genauso lang oder sogar länger sein als die längsten Aktionspotenziale im Ventrikel. Daraus ergibt sich, dass die Purkinje-Fasern aufgrund ihrer damit einhergehenden langen Refraktärität (s. S. 81) als Frequenzfilter für die Übertragung auf die Ventrikel wirken.

### AP im Arbeitsmyokard

Da die Zellen der gesamten Arbeitsmuskulatur sehr schnell depolarisieren, sind ihre Aktionspotenziale durch einen steilen initialen Anstieg gekennzeichnet. Anschließend folgt ein deutlich ausgeprägtes **Plateau**.
Die Aktionspotenziale in den Vorhöfen sind prinzipiell kürzer als die in den Ventrikeln. In den verschiedenen Bereichen des Ventrikelmyokards dauern die Aktionspotenziale wiederum unterschiedlich lange an: Im subendokardialen Myokard beispielsweise können die Aktionspotenziale doppelt so lang sein wie die im subepikardialen Myokard.

## Entstehung der Aktionspotenziale

### AP-Entstehung im Erregungsbildungs- und -leitungssystem

**Sinusknoten:** Da in den Sinusknotenzellen der stabilisierende $K^+$-Strom $I_{K1}$ fehlt, treten ausgehend von einem Ruhepotenzial von ca. –60 mV spontane Depolarisationen auf (Frequenz: 60–80/min, s. Tab. **4.1**, S. 77). Der Beginn dieser langsamen diastolischen Depolarisation wird durch das Öffnen von unspezifischen Kationenkanälen eingeleitet, durch die vor allem $Na^+$-Ionen in die Zelle gelangen. Dieser für die Spontandepolarisation wichtige Kationenstrom $\mathbf{I_f}$ (sog. Schrittmacherstrom) sorgt für eine langsame Depolarisation bis zu einer Schwelle von etwa –40 mV.
Nach Erreichen der Schwelle öffnen **spannungsgesteuerte $Ca^{2+}$-Kanäle** vom L- und T-Typ. Durch den $Ca^{2+}$-Einstrom werden die Sinusknotenzellen depolarisiert (Aufstrich des AP). Im Vergleich zum Ventrikel erfolgt die Depolarisation jedoch langsamer, da keine schnellen spannungsgesteuerten $Na^+$-Kanäle des kardialen Typs ($Na_V1.5$) beteiligt sind (diese sind am Sinusknoten praktisch nicht vorhanden).

Die Repolarisation erfolgt durch das Öffnen von spannungsgesteuerten $K^+$-Kanälen mit nachfolgendem $K^+$-Ausstrom.

Die Repolarisation erfolgt über spannungsgesteuerte $K^+$-Kanäle.

**AV-Knoten:** Die Aktionspotenziale im AV-Knoten sind denen im Sinusknoten sehr ähnlich. Allerdings wird der AV-Knoten im Normalfall noch bevor er seine Erregungsschwelle erreichen kann, durch eine über Gap junctions vom Sinusknoten über die Vorhöfe fortgeleitete Erregung aktiviert. Die Schnelligkeit des Aufstrichs der Aktionspotenziale bestimmt im Wesentlichen die Überleitungszeit, die im AV-Knoten ca. 0,05 – 0,1 m/s beträgt.

**AV-Knoten:** Die AP im AV-Knoten sind denen des Sinusknotens ähnlich. Bevor er jedoch seine Erregungsschwelle erreichen kann, wird er normalerweise durch das vom Sinusknoten ausgehende AP erregt.

▶ **Merke.** Der **AV-Knoten** hat die niedrigste Leitungsgeschwindigkeit und kann deshalb bei tachykarden Herzrhythmusstörungen (zusätzliche ektope Erregungen, Vorhofflimmern) als Frequenzfilter fungieren.

▶ **Merke.**

**His-Bündel und Purkinje-Fasern:** Die Aktionspotenziale entstehen hier über dieselben Mechanismen wie im Arbeitsmyokard (s. u.).

**His-Bündel und Purkinje-Fasern:** Die AP entstehen hier auf dieselbe Weise wie im Arbeitsmyokard (s. u.).

### AP-Entstehung im Arbeitsmyokard

Für die Entstehung der 200 – 400 ms langen Aktionspotenziale in den Zellen des Ventrikelmyokards bzw. der etwa 150 ms langen Aktionspotenziale des Vorhofmyokards spielt die zeitliche Abfolge der Aktivierung folgender drei Ionenströme (Abb. **4.5**) durch spannungsaktivierte Kanäle eine wichtige Rolle:

- $Na^+$-Einstrom (→ Depolarisation)
- transienter $Ca^{2+}$-Einstrom (→ verzögerte Repolarisation = Plateauphase)
- $K^+$-Ausstrom (→ schnelle Repolarisation).

### AP-Entstehung im Arbeitsmyokard

AP des Arbeitsmyokards (Abb. **4.5**) dauern im Ventrikel etwa 200 – 400 ms und im Vorhof ca. 150 ms an.

▶ **Merke.** Durch die **Plateauphase** unterscheidet sich das Aktionspotenzial in den Zellen des **Arbeitsmyokards** fundamental vom Aktionspotenzial in den Skelettmuskel- und Nervenzellen.

▶ **Merke.**

**4.5 Ionenleitfähigkeiten**

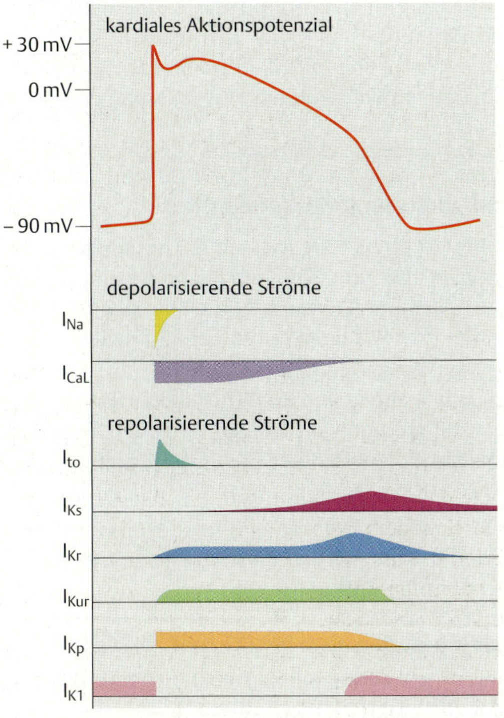


Schematischer Zeitverlauf der de- und repolarisierenden Ströme während des kardialen Aktionspotenzials.

4.5

**Depolarisationsphase:** Der steile Aufstrich des AP der Arbeitsmyokardzellen ist durch einen schnellen $Na^+$-Einstrom ($I_{Na}$) bedingt. Das AP erreicht seine maximale Amplitude bei +30 mV. Denjenigen Anteil des Aktionspotenzials, bei dem das Membranpotenzial positiv ist, bezeichnet man als **Overshoot**.

**Depolarisationsphase:** Wird bei einer initialen Depolarisation durch eine bereits erregte Nachbarzelle der Schwellenwert von –55 mV erreicht, öffnen sich rasch, aber nur für kurze Zeit, zahlreiche, hauptsächlich an den Glanzstreifen lokalisierte, spannungsgesteuerte, „schnelle" $Na^+$-Kanäle ($I_{Na}$, Nav1.5, *SCN5A*, $Na^+$-Kanäle des kardialen Typs), die das Membranpotenzial in Richtung des $Na^+$-Gleichgewichtspotenzials (+60 mV) treiben (= Aufstrich des AP). Das Aktionspotenzial erreicht seine maximale Amplitude allerdings schon bei +30 mV. Denjenigen Anteil des Aktionspotenzials, bei dem das Membranpotenzial positiv ist, bezeichnet man als **Overshoot**.

**Erste schnelle und kurze Repolarisationsphase:** Transiente $K^+$-Auswärtsströme sorgen für die erste schnelle Repolarisation der Membran.

**Erste schnelle und kurze Repolarisationsphase:** Sie folgt der Depolarisation und wird durch einen transienten $K^+$-Auswärtsstrom ($I_{to}$, Kv1.4, *KCNA4* und Kv4.3, *KCND3*) verursacht. Diese kurzfristige Repolarisation wird durch einen $Cl^-$-Einstrom unterstützt (ein einwärts gerichteter Anionenstrom stellt elektrisch einen Auswärtsstrom dar!).

**Plateauphase:** Der langsame $Ca^{2+}$-Einstrom über spannungsgesteuerte $Ca^{2+}$-Kanäle ist für die Plateauphase und die entsprechend lange Dauer des AP verantwortlich. Außerdem spielt er eine entscheidende Rolle bei der Auslösung von Herzmuskelkontraktionen (s. S. 81).

**Plateauphase:** Durch die Depolarisation werden spannungsgesteuerte $Ca^{2+}$-Kanäle (L-Typ-$Ca^{2+}$-Kanäle, *CACNA1C*, Dihydropyridinrezeptoren DHPR) aktiviert. Es kommt zu einem langsamen $Ca^{2+}$-Einstrom ($I_{Ca}$), der der Repolarisation durch die zuvor beschriebenen Auswärtsströme entgegenwirkt und das Membranpotenzial so auf etwa 0 mV konstant hält. Dieser langsame $Ca^{2+}$-Einstrom ist also für das charakteristische Plateau und die entsprechend lange Dauer des Aktionspotenzials verantwortlich. Er spielt außerdem eine entscheidende Rolle bei der Auslösung von Herzmuskelkontraktionen (s. S. 81).

**„Endgültige" Repolarisation:** Das Ruhepotenzial wird durch verschiedene $K^+$-Auswärtsströme ($I_{Kur}$, $I_{Kr}$, $I_{Ks}$ und in der späten Repolarisationsphase v. a. $I_{K1}$ und $I_{Kp}$) wiederhergestellt.

**„Endgültige" Repolarisation:** Die „endgültige" Repolarisation erfolgt durch spannungsaktivierte $K^+$-Auswärtsströme durch ultra-schnell ($I_{Kur}$, Kv1.5, *KCNA5*), schnell ($I_{Kr}$, HERG, *KCNH2*) oder langsam ($I_{Ks}$, KvLQT1, Heteromer aus *KCNQ1* und *KCNE1*) aktivierte $K^+$-Kanäle. In der späten Repolarisationsphase trägt v. a. $I_{K1}$ (Kir2.1, *KCNJ2*, s. auch S. 76) und $I_{Kp}$ (TASK-1, *KCNK3*) zum endgültigen Erreichen des Ruhepotenzials bei.

► Klinik.

► Klinik. Als **Long-QT-Syndrom** bezeichnet man eine Herzrhythmusstörung, bei der die Zeit vom Beginn der Ventrikelerregung bis zum Abschluss der Repolarisation (sog. **QT-Dauer** bzw. **QT-Intervall**, s. S. 85) verlängert ist. Die Betroffenen haben dadurch ein erhöhtes Risiko für Kammerflattern bzw. -flimmern (s. S. 89). Insgesamt sind derzeit 7 Formen des LQT-Syndroms bekannt. Die meisten werden durch $K^+$-Kanal-Defekte (am häufigsten sind *KCNQ1* und *KCNH2* betroffen, s.o.) hervorgerufen, die zu einer gestörten Repolarisation und damit zur Verlängerung der AP im Kammermyokard führen.

### Mechanismen zur Aufrechterhaltung von Ionengradienten

Die Aufrechterhaltung der Ionengradienten erfolgt durch die **$Na^+$-$K^+$-Pumpe**, die **$Ca^{2+}$-ATPase** und den **$Na^+$-$Ca^{2+}$-Austauscher**.

## Mechanismen zur Aufrechterhaltung von Ionengradienten

Die Konzentrationsverschiebungen für $Na^+$ und $K^+$, die nach einem Aktionspotenzial auftreten, sind im Vergleich zu den extra- und intrazellulären Ionenkonzentrationen minimal. Dennoch müssen über einen längeren Zeitraum betrachtet die Ionenkonzentrationen durch die Aktivität der **$Na^+$-$K^+$-Pumpe** natürlich aufrechterhalten werden.

Die freie $Ca^{2+}$-Konzentration kann sich während eines Aktionspotenzials in den Herzzellen allerdings um mehrere Größenordnungen ändern (von 50–100 nM in den μM-Bereich). Die freie $Ca^{2+}$-Konzentration wird durch die **$Ca^{2+}$-ATPasen** und den **$Na^+$-$Ca^{2+}$-Austauscher** wieder auf ihre Ausgangswerte gebracht: Der aufgebaute $Na^+$-Gradient wirkt dabei als treibende Kraft für den sekundär aktiven $Na^+$-$Ca^{2+}$-Austauscher, der $Ca^{2+}$ entgegen seines Konzentrationsgradienten aus der Zelle heraustransportiert.

► Klinik.

► Klinik. Das Herzglykosid **Digitalis** inhibiert in geringen Dosen die $Na^+$-$K^+$-Pumpe am Herzen und damit auch den $Na^+$-$Ca^{2+}$-Austauscher, wodurch die $Ca^{2+}$-Konzentration in den Herzmuskelzellen erhöht wird und es zu einem positiv inotropen Effekt kommt (s. S. 20). Digitalis hat allerdings Nebeneffekte auf den AV-Knoten und erniedrigt dessen Überleitungsgeschwindigkeit mit der Gefahr der Entstehung eines AV-Blockes, s. S. 91.

▶ Merke. Zusammen mit den $Ca^{2+}$-ATPasen im sarkoplasmatischen Retikulum (SR) und der Plasmamembran bildet der $Na^+$-$Ca^{2+}$-Austauscher den wesentlichen Mechanismus, der $Ca^{2+}$ aus dem Zytosol der Herzzellen entfernt, damit diese nach einer Kontraktion wieder erschlaffen können.

▶ Merke.

### Refraktärphase

Refraktärphase

▶ Definition.

- Die **absolute Refraktärphase** ist diejenige Zeit während und kurz nach einem AP, in der unabhängig von der Reizstärke in der Herzmuskelzelle kein erneutes AP ausgelöst werden kann, da die $Na^+$-Kanäle inaktiviert sind (s. u.).
- Die **relative Refraktärphase** schließt an die absolute Refraktärphase an und ist diejenige Zeit, in der noch nicht wieder alle $Na^+$-Kanäle aktivierbar sind und die Reizschwelle noch erhöht ist. Während dieser Phase ausgelöste AP sind von kleinerer Amplitude und kürzerer Dauer (vgl. hierzu S. 32).

▶ Definition.

#### Natriumsystem

Die durch Depolarisation geöffneten schnellen $Na^+$-Kanäle gehen innerhalb kurzer Zeit (wenige ms) in den **geschlossen-inaktivierten Zustand** über. Um wieder in den **geschlossen-aktivierbaren Zustand** zurückkehren zu können, sind negative Membranpotenziale im Rahmen der Repolarisation erforderlich: Ab einem Membranpotenzial von ca. −40 mV ist nur ein Teil der $Na^+$-Kanäle noch refraktär (relative Refraktärzeit), ab ca. −70 mV sind die ausgelösten AP wieder normal ausgeprägt. Während der relativen Refraktärzeit ausgelöste AP mit entsprechend kleinerer Amplitude werden zwischen benachbarten Zellen nur langsam fortgeleitet und erregen das Arbeitsmyokard nur inhomogen. Dadurch können sog. kreisende Erregungen (s. S. 89) entstehen, die wiederum zu Herzrhythmusstörungen führen können.

Natriumsystem

Um aus dem **geschlossen-inaktivierten Zustand** wieder in den **geschlossen-aktivierbaren Zustand** zurückkehren zu können, sind negative Membranpotenziale im Rahmen der Repolarisation erforderlich: Ab einem Membranpotenzial von ca. −40 mV ist nur ein Teil der $Na^+$-Kanäle noch refraktär (relative Refraktärzeit), ab ca. −70 mV sind die ausgelösten AP wieder normal ausgeprägt.

#### Kalziumsystem

Die schon bei geringer Depolarisation auf etwa −50 mV öffnenden **T-Typ-$Ca^{2+}$-Kanäle** (low-voltage-activated) aktivieren und inaktivieren sehr schnell. Die **L-Typ-$Ca^{2+}$-Kanäle** hingegen öffnen erst bei Membranpotenzialen positiver als −20 mV (high-voltage-activated) und inaktivieren auch sehr viel langsamer (in ca. 100 ms unter physiologischen Bedingungen). Um das $Ca^{2+}$-System wieder in den aktivierbaren Zustand zu überführen, müssen die Zellen repolarisieren. Allerdings wird dies im Vergleich zum $Na^+$-System schon bei weniger negativen Membranpotenzialen erreicht.

Kalziumsystem

Die Aktivierung und Inaktivierung der Kanäle des $Ca^{2+}$-Systems ist typabhängig (L- bzw. T-Typ), sie regenerieren aber in jedem Falle früher als die des $Na^+$-Systems.

▶ Merke. Die Qualität der Aktionspotenziale verändert sich im Verlauf der relativen Refraktärzeit: Der Aufstrich von unmittelbar nach der absoluten Refraktärzeit ausgelösten AP wird überwiegend vom $Ca^{2+}$-Einstrom getragen. Erst in späteren Phasen der relativen Refraktärzeit wird der Kationeneinstrom der schnellen Depolarisation wieder vom $Na^+$-System ausgeführt.

▶ Merke.

## 4.2.5 Elektromechanische Koppelung

4.2.5 Elektromechanische Koppelung

▶ Definition. Als **elektromechanische Koppelung** bezeichnet man die Übersetzung eines an der Herzmuskelzelle ankommenden elektrischen Signals (Aktionspotenzial) in eine mechanische Aktion (Kontraktion).

▶ Definition.

Ausgangspunkt dieser Signalkaskade sind die im transversalen tubulären System (T-Tubuli) lokalisierten **L-Typ-$Ca^{2+}$-Kanäle**, (*CACNA1C*, **Dihydropyridinrezeptoren, DHPR**), die bei Depolarisation der Membran öffnen und $Ca^{2+}$ aus dem Extrazellulärraum in das Zellinnere einströmen lassen (Abb. **4.6a**). Das einströmende $Ca^{2+}$ aktiviert wiederum **$Ca^{2+}$-Kanäle (Ryanodinrezeptoren, RyR2)** in der Membran des sarkoplasmatischen Retikulums, über die dort gespeichertes $Ca^{2+}$ ins Zytoplasma freigesetzt wird. Diese $Ca^{2+}$-induzierte $Ca^{2+}$-Freisetzung erhöht zusammen mit dem Einstrom

Nach Aktivierung von **DHPR und Ryanodinrezeptoren** strömt $Ca^{2+}$ aus dem Extrazellulärraum und dem sarkoplasmatischen Retikulum ins Zytoplasma (Abb. **4.6a**). Dadurch steigt die intrazelluläre $Ca^{2+}$-Konzentration von $10^{-7}$ mol/l auf etwa $10^{-5}$ mol/l an.

Ca²⁺ löst analog den Vorgängen im Skelettmuskel eine Interaktion von Aktin und Myosin aus.

Die Offenwahrscheinlichkeit der L-Typ-$Ca^{2+}$-Kanäle kann über eine cAMP-abhängige Proteinkinase A erhöht werden. Die zelluläre **cAMP-Konzentration** wird über die membranständige Adenylatzyklase reguliert.

**▶ Merke.**

An der **Absenkung der intrazellulären $Ca^{2+}$-Konzentration** auf die Ausgangskonzentration sind folgende Transporter beteiligt (Abb. **4.6b**):
- die im sarkoplasmatischen Retikulum lokalisierte $Ca^{2+}$-ATPase **SERCA**,
- die im Sarkolemm lokalisierte $Ca^{2+}$-ATPase **PMCA** und
- ein **$Na^+$-$Ca^{2+}$-Austauscher**.

**Phospholamban** hemmt die Aktivität der SERCA. Die cAMP-abhängige PKA phosphoryliert Phospholamban, welches dadurch die SERCA nicht mehr hemmt.

von $Ca^{2+}$ aus dem Extrazellulärraum die in Ruhe vorliegende $Ca^{2+}$-Konzentration von $10^{-7}$ mol/l auf etwa $10^{-5}$ mol/l. Dieser Konzentrationsanstieg erfolgt innerhalb weniger Millisekunden, wobei die $Ca^{2+}$-Ionen entlang ihres jeweiligen elektrochemischen Gradienten diffundieren.
Analog zu den Vorgängen im Skelettmuskel (s. S. 59) bindet $Ca^{2+}$ an Troponin C und löst eine Interaktion von Aktin und Myosin aus, die den Herzmuskel kontrahieren lässt.
Die Offenwahrscheinlichkeit der L-Typ-$Ca^{2+}$-Kanäle kann über eine cAMP-abhängige Proteinkinase A erhöht werden (s. Tab. **4.4**, S. 102). Die zelluläre Konzentration des **cAMP** wird über die membranständige Adenylatzyklase reguliert, die ihrerseits durch die Aktivierung von Membranrezeptoren gesteuert wird.

**▶ Merke.** Der wichtigste Auslöser der elektromechanischen Koppelung ist die Erhöhung der zytosolischen $Ca^{2+}$-Konzentration. Aufgrund der $Ca^{2+}$-abhängigen Koppelung zwischen DHPR und RyR ist für die Auslösung einer Kontraktion (anders als in der Skelettmuskulatur, wo eine direkte Protein-Protein-Wechselwirkung zwischen DHPR und RyR besteht) extrazelluläres $Ca^{2+}$ für die Kontraktion erforderlich.

Die **Absenkung der intrazellulären $Ca^{2+}$-Konzentration** auf die Ausgangskonzentration dauert deutlich länger als der Anstieg, da $Ca^{2+}$ durch einen primär aktiven Transport über die im sarkoplasmatischen Retikulum lokalisierte $Ca^{2+}$-ATPase (Sarcoplasmic Endoplasmic Reticulum Calciumtransporting ATPase, **SERCA**) und durch eine $Ca^{2+}$-ATPase im Sarkolemm (Plasma Membrane $Ca^{2+}$-ATPase, **PMCA**) aus dem Zytoplasma hinaus befördert werden muss (Abb. **4.6b**). Zusätzlich wird $Ca^{2+}$ durch **$Na^+$-$Ca^{2+}$-Austauscher** in den Extrazellulärraum transportiert. Dazu bedarf es eines $Na^+$-Gradienten, der von der $Na^+$-$K^+$-ATPase aufrechterhalten wird. Zur Erhöhung der Kontraktionskraft des Herzens durch Hemmung der $Na^+$-$K^+$-ATPase durch Digitalisglykoside s. *Klinik* S. 20.
Die Wiederaufnahme von $Ca^{2+}$ kann über die Aktivität der SERCA reguliert werden, welche durch **Phospholamban** (= regulatorisches Protein an der $Ca^{2+}$-ATPase) gehemmt wird. Phospholamban wiederum wird cAMP-abhängig phosphoryliert und somit inhibiert. Eine Phosphorylierung von Phospholamban steigert demnach die Aktivität der SERCA und somit die Effektivität der Senkung der $Ca^{2+}$-Konzentra-

**4.6 Elektromechanische Koppelung**

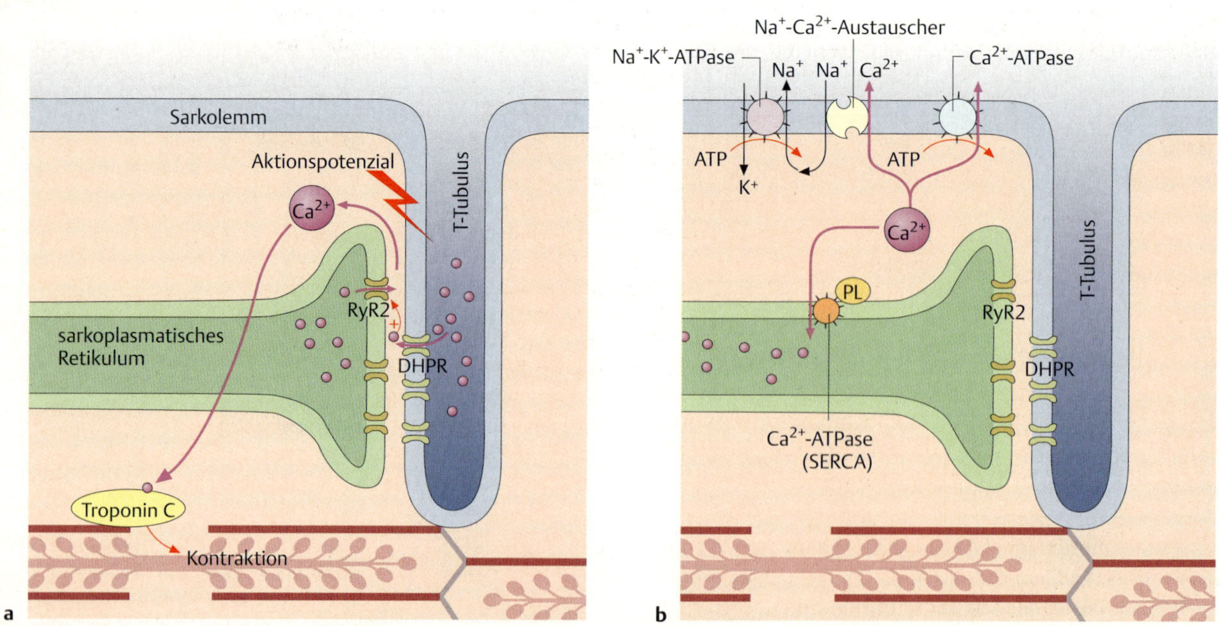


**a** Anstieg der intrazellulären $Ca^{2+}$-Konzentration und nachfolgende Muskelkontraktion.
**b** Absenkung der intrazellulären $Ca^{2+}$-Konzentration durch Ausschleusen der $Ca^{2+}$-Ionen über die Zellmembran der Herzmuskelzelle oder Wiederaufnahme in das sarkoplasmatische Retikulum.

tion im Zytoplasma. Dadurch kommt es zu einer beschleunigten mechanischen Relaxation des Herzmuskels (s. Tab. **4.4**, S. 102). Durch die erhöhte Aktivität der SERCA steigt die $Ca^{2+}$-Konzentration im sarkoplasmatischen Retikulum, was wiederum für nachfolgende Herzzyklen positiv inotrop (Kontraktilität des Herzmuskels ↑, s. auch Tab. **4.4**, S. 102) wirkt.

▶ **Merke.** Die Kontraktionskraft des Herzmuskels kann nur auf der subzellulären Ebene (Regulation durch Sympathikus und Parasympathikus, s. Tab. **4.4**, S. 102, und Frank-Starling-Mechanismus, s. S. 100) verändert werden, da anders als im Skelettmuskel keine Rekrutierung motorischer Einheiten und auch keine tetanische Aufsummierung von Einzelzuckungen erfolgen kann.

▶ Merke.

### 4.2.6 Elektrokardiogramm (EKG)

Das EKG ist eine nichtinvasive Untersuchungsmethode zur Erfassung von Rhythmus, Frequenz und Lage des Herzens. Anhand des EKG können außerdem Störungen der Erregungsbildung, -ausbreitung und -rückbildung, lokale Mangeldurchblutung (z. B. im Rahmen einer koronaren Herzkrankheit, KHK, s. S. 105) oder Schädigung (z. B. bei Myokardinfarkt, s. S. 92) oder eine Hypertrophie (= Vergrößerung durch Zunahme des Zellvolumens) der Herzmuskulatur festgestellt werden.
In den nachfolgenden Abschnitten werden die physikalischen Grundlagen des EKG, die einzelnen EKG-Phasen (s. S. 84) und die verschiedenen Möglichkeiten der EKG-Ableitung (s. S. 85) erläutert.

4.2.6 Elektrokardiogramm (EKG)

Im EKG lassen sich Rhythmus, Frequenz, Lage und morphologische Veränderungen des Herzens erkennen. Außerdem können Störungen der Erregungsbildung, -ausbreitung und -rückbildung festgestellt werden.

Nachfolgend werden die physikalischen Grundlagen, die einzelnen Phasen (s. S. 84) und die verschiedenen Ableitmethoden des EKG (s. S. 85) erläutert.

#### Physikalische Grundlagen

Bei der Entstehung von Aktionspotenzialen verändert sich das Membranpotenzial der Herzmuskelzellen. Die Oberfläche einer elektrisch erregten Zelle ist im Gegensatz zur benachbarten noch nicht erregten Herzmuskelzelle negativ geladen. Zwischen diesen beiden unterschiedlich geladenen Zellen (→ **Dipol**) entsteht somit ein **elektrisches Feld**. Die elektrischen Felder, die sich durch die bei der Erregungsausbreitung entstehenden Ladungsverschiebungen ergeben, können an der Körperoberfläche im EKG gemessen werden. (Es wird also nicht die in den einzelnen Herzmuskelzellen durch das AP hervorgerufene Potenzialänderung gemessen – hierzu wären intrazelluläre Elektroden erforderlich!).

Physikalische Grundlagen

Die **elektrischen Felder**, die sich durch die bei der Erregungsausbreitung entstehenden Ladungsverschiebungen an der Oberfläche der Herzmuskelzellen (→ **Dipol**) ergeben, können an der Körperoberfläche im EKG gemessen werden.

**4.7 Entstehung von Potenzialdifferenzen als Grundlage des EKG**

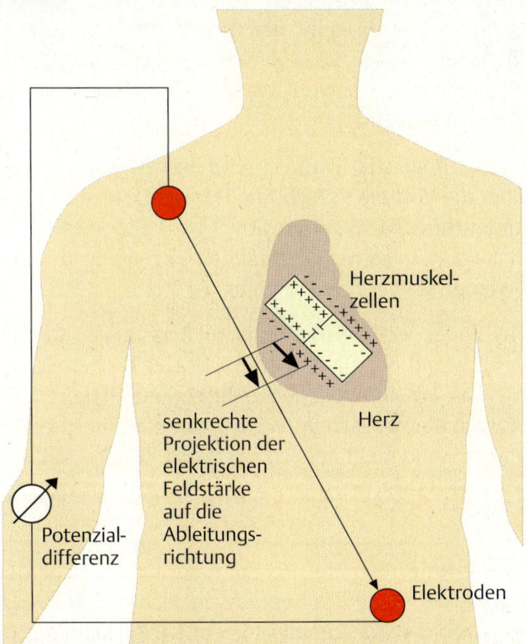


Exemplarisch sind zwei Herzmuskelzellen gezeigt, von denen die erste bereits depolarisiert wurde, während sich die zweite noch im Ruhezustand befindet. Die senkrechte Projektion des Vektors der elektrischen Feldstärke auf die Ableitrichtung ergibt die Größe der Potenzialdifferenz in dieser EKG-Ableitung (in diesem Fall ist es die II. Einthovenableitung, s. S. 85)

4.7

Die Spitze des **Feldstärkevektors** im elektrischen Feld zeigt von der erregten zur nicht erregten Zelle (Abb. **4.7**).

Die durch gleichzeitige Erregung zahlreicher Herzmuskelzellen entstehenden Einzelvektoren summieren sich zum **Summenvektor** des gesamten Herzens. Die senkrechte Projektion des Summenvektors auf die Ableitrichtung ergibt die Größe der **Potenzialdifferenz** in dieser Ableitung (Abb. **4.7**).

Innerhalb des elektrischen Felds wirkt die sog. **elektrische Feldstärke** als gerichtete Kraft. Die Spitze des zugehörigen **Kraftvektors** zeigt in Richtung der positiven Ladung, also von der erregten zur nicht erregten Zelle (Abb. **4.7**).
Da sich die Erregung über das funktionelle Synzytium des Herzens gleichmäßig ausbreitet, sind immer zahlreiche Herzmuskelzellen gleichzeitig erregt. Sämtliche Einzelvektoren summieren sich zum **Summenvektor** des gesamten Herzens, der entsprechend umso größer ist, je mehr einzelne Dipole in die Summation eingehen. Die senkrechte Projektion des Summenvektors auf die Ableitrichtung ergibt die Größe der **Potenzialdifferenz** in dieser EKG-Ableitung (Abb. **4.7**).

▶ Merke.

**▶ Merke.** Erregte und nicht erregte Bereiche bilden einen Dipol mit einer Potenzialdifferenz, die als Summenvektor der Potenzialdifferenzen der Einzelzellen beschrieben werden kann.

Sobald die Erregungsausbreitung aufhört, wird keine Potenzialdifferenz mehr gemessen.

Sobald die Erregungsausbreitung beendet ist, gleichen sich die extrazellulären Ladungen an den Zelloberflächen sofort aus und es wird keine Potenzialdifferenz mehr gemessen.

▶ Merke.

**▶ Merke.** Für das EKG gilt:

- Die Ausbreitungsrichtung der elektrischen Erregung im Herzen muss eine vektorielle Komponente in der Ableitungsrichtung haben, damit in dieser Ableitung eine Potenzialdifferenz gemessen werden kann. Steht der Summenvektor der Ausbreitung senkrecht auf einer Ableitungsrichtung, so wird in dieser Ableitung keine Potenzialdifferenz gemessen.
- Nur während der Erregungsausbreitung können Potenzialdifferenzen gemessen werden. Statische Potenziale gleichen sich sofort aus.
- Es können nur Erregungsvorgänge im gesamten Vorhof- oder Ventrikelmyokard gemessen werden, da eine ausreichend große Anzahl an Zellen gleichzeitig depolarisiert oder repolarisiert werden muss, damit die entstehenden Potenzialdifferenzen groß genug sind, um messbar zu sein.
- Das Vorzeichen der Potenzialdifferenz ist so festgelegt, dass ein positiver Ausschlag in der EKG-Ableitung die Richtung von erregten zu nicht erregten Bereichen widerspiegelt.

Phasen des EKG

Im EKG lassen sich typische Phasen unterscheiden, die die elektrische Aktivierung einzelner Herzbereiche widerspiegeln (Abb. **4.8**). Zwischen Wellen oder Zacken gelegene Abschnitte bezeichnet man als **Strecken**, solche, die sowohl Wellen oder Zacken als auch Strecken umfassen, als **Intervalle**.

### Phasen des EKG

Im EKG lassen sich typische, immer wiederkehrende Phasen unterscheiden, die die elektrische Aktivierung einzelner Herzbereiche widerspiegeln (Abb. **4.8**). Die Amplituden der charakteristischen Zacken bzw. Wellen korrelieren – unter Berücksichtigung der Richtung der Vektoren – mit der Anzahl der Muskelzellen, die erregt werden. Die zwischen den Wellen oder Zacken gelegenen Abschnitte bezeichnet man als **Strecken**. Abschnitte, die sowohl Wellen oder Zacken als auch Strecken umfassen, werden **Intervalle** genannt.

**P-Welle:** Die Erregungsausbreitung über die Vorhöfe wird im EKG als P-Welle sichtbar.

**P-Welle:** Die Erregungsausbreitung über die Vorhöfe wird im EKG als P-Welle sichtbar. Da sich die Erregung über die Vorhöfe in Richtung Herzspitze ausbreitet, ist die P-Welle in Ableitung II nach Einthoven (s. S. 85) positiv.
Sind die Vorhöfe vollständig erregt, ist keine Potenzialdifferenz mehr messbar, weshalb am Ende der P-Welle wieder die Nulllinie erreicht wird.

**PQ-Strecke:** Während der Dauer der PQ-Strecke (= Ende der P-Welle bis Beginn der Q-Zacke) breitet sich die Erregung über den AV-Knoten, das His-Bündel, den rechten und linken Kammerschenkel und die Purkinje-Fasern aus.
Das **PQ-Intervall** (= P-Welle + PQ-Strecke) dauert normalerweise **<200 ms**.

**PQ-Strecke:** Den Abschnitt vom Ende der P-Welle bis zum Beginn der Q-Zacke bezeichnet man als PQ-Strecke. Während der Dauer der PQ-Strecke breitet sich die Erregung über den AV-Knoten, das His-Bündel, den rechten und linken Kammerschenkel und die Purkinje-Fasern aus. Da sich im Vorhof- und Kammermyokard während dieser Zeit der Erregungszustand nicht ändert, zeigt das EKG eine Nulllinie.

Das sog. **PQ-Intervall** (= P-Welle + PQ-Strecke) dauert normalerweise **weniger als 200 ms**.

**QRS-Komplex:** Die Erregungsausbreitung über die Herzkammern entspricht dem QRS-Komplex im EKG.

**QRS-Komplex:** Die Erregungsausbreitung über die Herzkammern entspricht dem QRS-Komplex im EKG. Zunächst werden Teile des Septums in Richtung Herzbasis erregt, was im EKG als **Q-Zacke** sichtbar wird. Die nachfolgende **R-Zacke** bildet die Erregung der Herzmuskulatur von subendo- nach subepikardial und von der

4.8 **Anteile der EKG-Kurve**

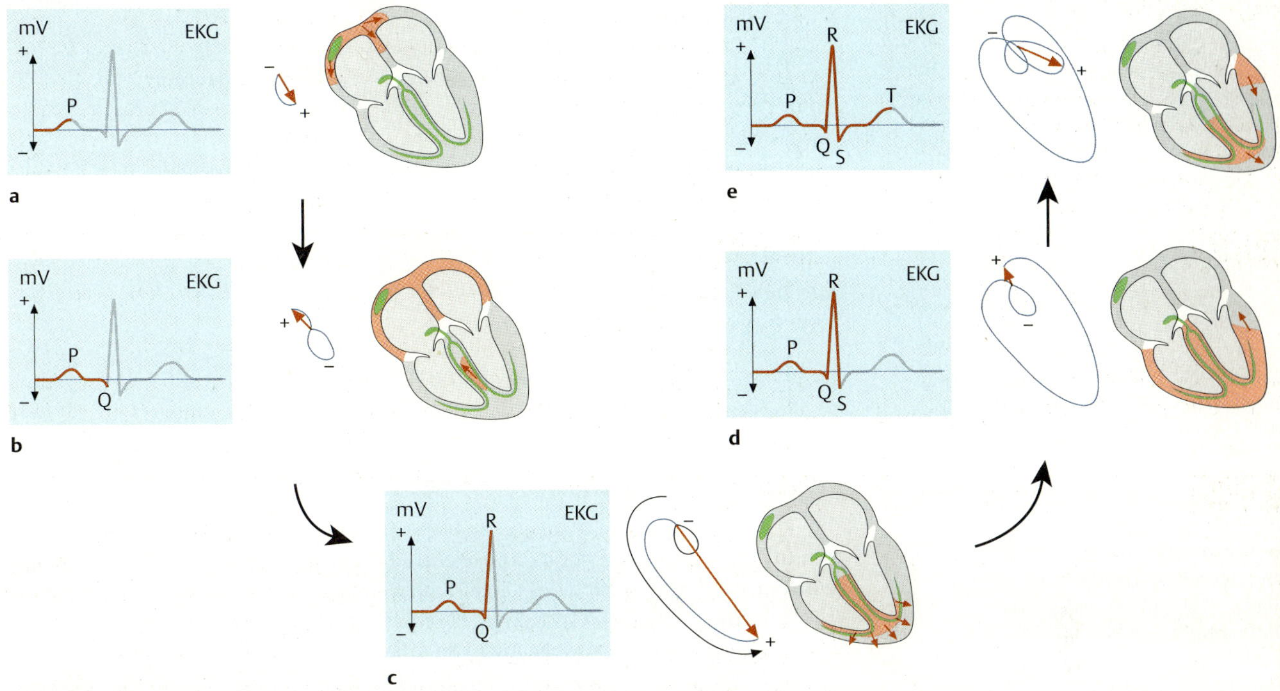


Die Abbildung zeigt den sequenziellen Ablauf des EKG mit den Entsprechungen in der Erregungsausbreitung (hellrot = erregte Anteile). Durch Summation der Einzelvektoren erhält man die Summenvektoren (= Pfeile in den Vektorschleifen), die die Richtung der Erregungsausbreitung während der jeweiligen Phase anzeigen. Verbindet man die Spitzen sämtlicher Summenvektoren über den gesamten Herzzyklus, erhält man die sog. **Vektorschleife**.

Herzbasis in Richtung Herzspitze ab. Zum Schluss wird der subepikardiale Anteil der Herzmuskulatur an der Basis des linken Ventrikels depolarisiert, was im EKG der **S-Zacke** entspricht. Die Dauer des QRS-Komplexes beträgt normalerweise **50 – 90 ms**. Bei der Aktivierung der Ventrikel von endokardial nach epikardial (→R-Zacke) entsteht die größte Potenzialänderung des gesamten Erregungszyklus. Die Richtung des dazugehörigen Summenvektors entspricht der **elektrischen Herzachse**. Diese stimmt wiederum weitgehend mit der **anatomischen Herzachse** überein, weshalb man an ihr den Lagetyp des Herzens (s. S. 87) abschätzen kann.
Die **Repolarisation der Vorhöfe** erfolgt zeitgleich mit der Depolarisation der Ventrikel, ist aber im EKG nicht sichtbar, da sie durch die bei der Ventrikeldepolarisation hervorgerufenen Potenzialdifferenzen überdeckt wird.

**ST-Strecke:** Während der ST-Strecke sind die Ventrikel komplett erregt. Das EKG verläuft während dieser Phase entsprechend isoelektrisch.

**T-Welle:** Die von der Herzspitze ausgehende und in Richtung Herzbasis fortschreitende Repolarisierung ist im EKG als T-Welle erkennbar.
Die Zeit vom Beginn der Ventrikelerregung bis zum Abschluss der Repolarisation wird als **QT-Dauer** (= **QT-Intervall**) bezeichnet. Sie sollte bei einer Frequenz von 60 Schlägen pro Minute nicht länger als 400 ms andauern.

## Möglichkeiten der EKG-Ableitung

Je nach Lokalisation der EKG-Elektroden unterscheidet man zwischen **Extremitäten- und Brustwandableitungen**. Mithilfe der Extremitätenableitungen (nach **Einthoven** bzw. **Goldberger**) misst man Potenzialdifferenzen in der Frontalebene, die Brustwandableitung nach **Wilson** erfasst Potenzialdifferenzen in der Horizontalebene.

### Extremitätenableitung nach Einthoven

Bei der Standardableitung nach Einthoven (Abb. **4.9**) wird die Potenzialdifferenz zwischen rechtem und linkem Arm **(Einthoven I)**, zwischen rechtem Arm und linkem Bein **(Einthoven II)** oder zwischen linkem Arm und linkem Bein **(Eintho-**

Die Dauer des QRS-Komplexes beträgt normalerweise **50 – 90 ms**.

Bei der Aktivierung der Ventrikel von endo- nach epikardial entsteht die größte Potenzialänderung. Die Richtung des dazugehörigen Summenvektors entspricht der **elektrischen** und auch weitgehend der **anatomischen Herzachse** (s. S. 87).
Die **Repolarisation der Vorhöfe** ist im EKG nicht sichtbar.

**ST-Strecke:** Während der ST-Strecke sind die Ventrikel komplett erregt.

**T-Welle:** Die von der Herzspitze zur Herzbasis fortschreitende Repolarisierung ist im EKG als T-Welle erkennbar.
Das **QT-Intervall** sollte bei einer Frequenz von 60 Schlägen pro Minute nicht länger als 400 ms andauern.

**Möglichkeiten der EKG-Ableitung**

Je nach Lokalisation der EKG-Elektroden unterscheidet man zwischen **Extremitäten- und Brustwandableitungen**.

**Extremitätenableitung nach Einthoven**

Bei dieser **bipolaren Ableitungsform** werden Potenzialdifferenzen zwischen folgendermaßen positionierten Elektroden gemessen (Abb. **4.9**):

4.9

**4.9 Extremitätenableitung nach Einthoven**

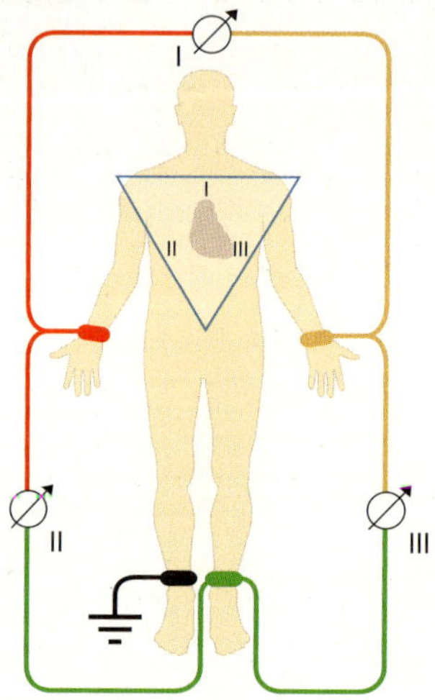


Gemessen werden die jeweiligen Potenzialdifferenzen zwischen rechtem und linkem Arm sowie linkem Bein. Eine zusätzliche Erdungselektrode am rechten Bein verbessert das Signal-Rausch-Verhältnis.

- **Einthoven I**: Am rechten und linken Arm
- **Einthoven II**: Am rechten Arm und linken Bein
- **Einthoven III**: Am linken Arm und linken Bein.

Die Anordnung der Elektroden kann vereinfacht in Form des gleichseitigen **Einthoven-Dreiecks** (Abb. **4.9**) dargestellt werden.
Zur Bestimmung des Lagetyps s. S. 87.

**ven III)** gemessen. Eine zusätzliche Elektrode am rechten Bein dient als **Erdungselektrode** zur Verbesserung des Signal-Rausch-Verhältnisses. Da bei diesen Ableitungen jeweils an beiden Elektroden Potenzialschwankungen messbar sind (= zwei differente Elektroden), spricht man von einer **bipolaren Ableitungsform**.

Die Anordnung der Elektroden kann vereinfacht in Form des gleichseitigen **Einthoven-Dreiecks** (Abb. **4.9**) dargestellt werden. Durch die Konstruktion des R-Vektors im Einthoven-Dreieck lässt sich die elektrische Herzachse bestimmen, die weitgehend mit der anatomischen Herzachse übereinstimmt. Weitere Informationen hierzu finden Sie unter „Bestimmung des Lagetyps" auf S. 87.

### Extremitätenableitung nach Goldberger

Hierbei werden je zwei Extremitätenelektroden zu einer indifferenten Elektrode verschaltet, die Potenzialänderung wird dann an der verbliebenen differenten Elektrode gemessen (**unipolare Ableitung**, Abb. **4.10**).

So erhält man die unipolaren Extremitätenableitungen **aVR**, **aVL** und **aVF**.

Die Winkelhalbierenden im Einthoven-Dreieck entsprechen den Ableitungsrichtungen bei der Ableitung nach Goldberger.

Die Goldberger-Ableitung wird zur Konstruktion des sog. **Cabrera-Kreises** benötigt (s. S. 87).

### Extremitätenableitung nach Goldberger

Bei der Ableitung nach Goldberger (Abb. **4.10**) werden jeweils zwei der wie bei der Einthoven-Ableitung positionierten Extremitätenelektroden über hochohmige Widerstände zu einer indifferenten Elektrode zusammengeschaltet und die Potenzialänderung an der verbliebenen differenten Elektrode gemessen. Es handelt sich also um eine **unipolare Ableitung**.
Legt man die differente Elektrode am rechten Arm an, erhält man die Ableitung **aVR** (aV steht für „augmented voltage" = verstärkte Spannung; diese kommt durch eine spezielle Verschaltung der Elektroden zustande), am linken Arm entsprechend **aVL** und am linken Bein **aVF**.
Die Winkelhalbierenden im Ableitungsdreieck nach Einthoven entsprechen den Ableitungsrichtungen bei der Ableitung nach Goldberger.
Die Extremitätenableitung nach Goldberger wird zur Konstruktion des sog. **Cabrera-Kreises** benötigt und spielt somit ebenfalls eine wichtige Rolle bei der Bestimmung des **Lagetyps** (s. S. 87).

**4.10 Extremitätenableitung nach Goldberger**

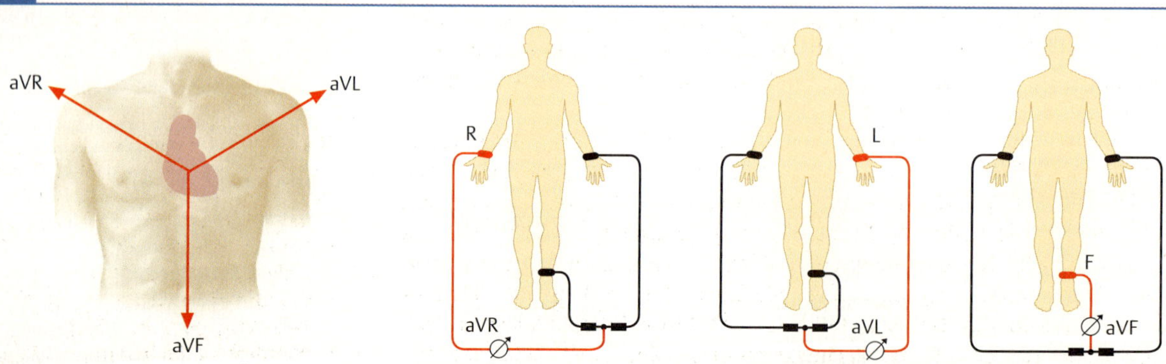

4.11 Brustwandableitung nach Wilson

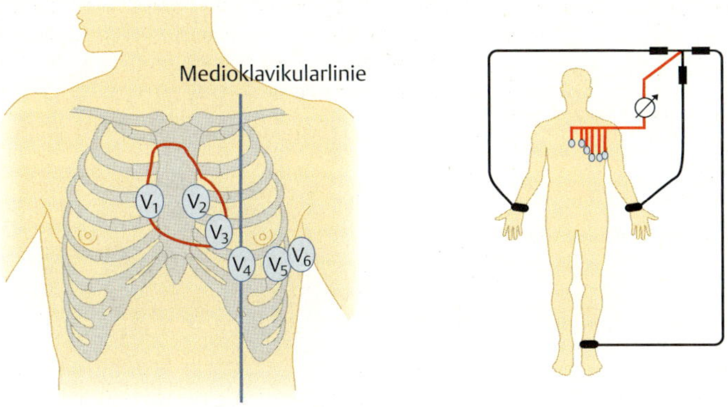


4.11

### Brustwandableitung nach Wilson

Bei dieser **unipolaren Ableitungsform** werden an sechs genau definierten Stellen um den vorderen und linkslateralen Thorax in Höhe des Herzens Elektroden (V1–V6) angebracht (Abb. **4.11**). Diese stellen die Projektion der Erregungsausbreitung in der Horizontalebene dar. Dabei sind V1–V6 differente Elektroden, als Referenzpunkt (indifferente Elektrode) dienen jeweils die 3 hochohmig miteinander verschalteten Extremitätenelektroden, die einen virtuellen Referenzpunkt in der Thoraxmitte bilden. Der Vektor ist positiv, wenn er von der Thoraxmitte auf die Ableitstelle zuläuft, und negativ, wenn er sich von ihr fortbewegt.

Zusammen mit den Extremitätenableitungen ermöglicht die Ableitung nach Wilson die dreidimensionale Beurteilung der Erregungsausbreitung im Herzen und ist somit z. B. für die Diagnostik eines Herzinfarkts wichtig.

### Brustwandableitung nach Nehb

Um genauere Informationen über die Erregungsausbreitung im Bereich der Herzhinterwand zu bekommen (z. B. bei Verdacht auf Hinterwandinfarkt), kann man eine bipolare Ableitung nach Nehb durchführen. Dazu platziert man zwei Elektroden auf die Thoraxvorderseite und eine auf die Thoraxhinterseite. Die drei Ableitungen D, A und I beschreiben auf Herzhöhe ein Dreieck in der Horizontalebene.

## Bestimmung des Lagetyps

Um den Lagetyp des Herzens zu bestimmen, trägt man die Amplituden der R-Zacken aus mindestens zwei unterschiedlichen Ableitungen auf die entsprechende Seite des Einthoven-Dreiecks auf. R-Zacken mit positiver Amplitude werden in Richtung des Pluspols aufgetragen, solche mit negativer Amplitude in Richtung des Minuspols. Nun zieht man durch die Spitzen der R-Zacken zur Ableitrichtung senkrechte Linien. Wo sich diese Linien im Dreiecksinnern schneiden, liegt die Spitze des **Summenvektors**. Da dieser der **elektrischen Herzachse** entspricht, die wiederum beim Gesunden weitgehend mit der **anatomischen Herzachse** übereinstimmt, kann man aus dem Winkel, den der Vektor mit der Horizontalen bildet, den **Lagetyp** des Herzens bestimmen. Im sog. **Cabrera-Kreis** (Abb. **4.12**) wird dem ermittelten Winkel ein entsprechender Lagetyp zugeordnet. Der Cabrera-Kreis entsteht durch Parallelverschiebung der Winkelhalbierenden aus der Goldberger-Ableitung und der drei Seiten des Einthoven-Dreiecks. Der Mittelpunkt des Cabrera-Kreises ist durch den Ursprung der Vektorschleife definiert.

Der Lagetyp des Herzens kann auf eine pathophysiologische Veränderung hinweisen. Der **Indifferenztyp** (+30 bis +60°) ist bei Erwachsenen und Jugendlichen physiologisch. Der **Steiltyp** (+60 bis +90°) ist bei Kindern und Asthenikern normal, er kann aber auch bei Rechtsherzbelastung auftreten. Der **Linkstyp** (−30 bis +30°) ist bei Erwachsenen >40 Jahre physiologisch, kann aber auch z. B. durch Linksherzhypertrophie, Linksherzbelastung oder Zwerchfellhochstand (z. B. in der Schwangerschaft) bedingt sein. Der **Rechtstyp** (+90 bis +120°) ist bei Kleinkindern normal, bei Erwachsenen tritt er z. B. bei Rechtsherzhypertrophie oder -belastung auf.

**Brustwandableitung nach Wilson**

Hierbei handelt es sich um eine **unipolare Ableitungsform**, wobei die an der vorderen und linkslateralen Brustwand angebrachten Elektroden V1–V6 gegen eine aus den drei zusammengeschalteten Extremitätenelektroden gebildete indifferente Referenzelektrode gemessen werden (Abb. **4.11**).

Zusammen mit den Extremitätenableitungen ermöglicht diese Ableitung die dreidimensionale Beurteilung der Erregungsausbreitung im Herzen.

**Brustwandableitung nach Nehb**

Hierbei handelt es sich um eine bipolare Ableitung, mit der man genauere Informationen über die Erregungsausbreitung im Bereich der Herzhinterwand bekommen kann.

**Bestimmung des Lagetyps**

Hierzu trägt man die Amplituden der R-Zacken aus mindestens zwei unterschiedlichen Ableitungen auf die entsprechende Seite des Einthoven-Dreiecks auf (positive Amplitude in Richtung Pluspol und umgekehrt). Der Schnittpunkt der zur Ableitungsrichtung senkrechten Linien durch die Spitzen der R-Zacken markiert die Spitze des **Summenvektors**. Aus dem Winkel, den dieser Vektor und die Horizontale einschließen, bestimmt man mithilfe des **Cabrera-Kreises** den **Lagetyp** des Herzens (Abb. **4.12**).

Der Lagetyp des Herzens kann auf eine pathophysiologische Veränderung hinweisen. Man unterscheidet folgende Typen:

- **Indifferenztyp** (+30 bis +60°)
- **Steiltyp** (+60 bis +90°)
- **Linkstyp** (−30 bis +30°)
- **überdrehter Linkstyp** (< −30°)
- **Rechtstyp** (+90 bis +120°)
- **überdrehter Rechtstyp** (> +120°).

**4.12 Bestimmung des Lagetyps mithilfe des Cabrera-Kreises**

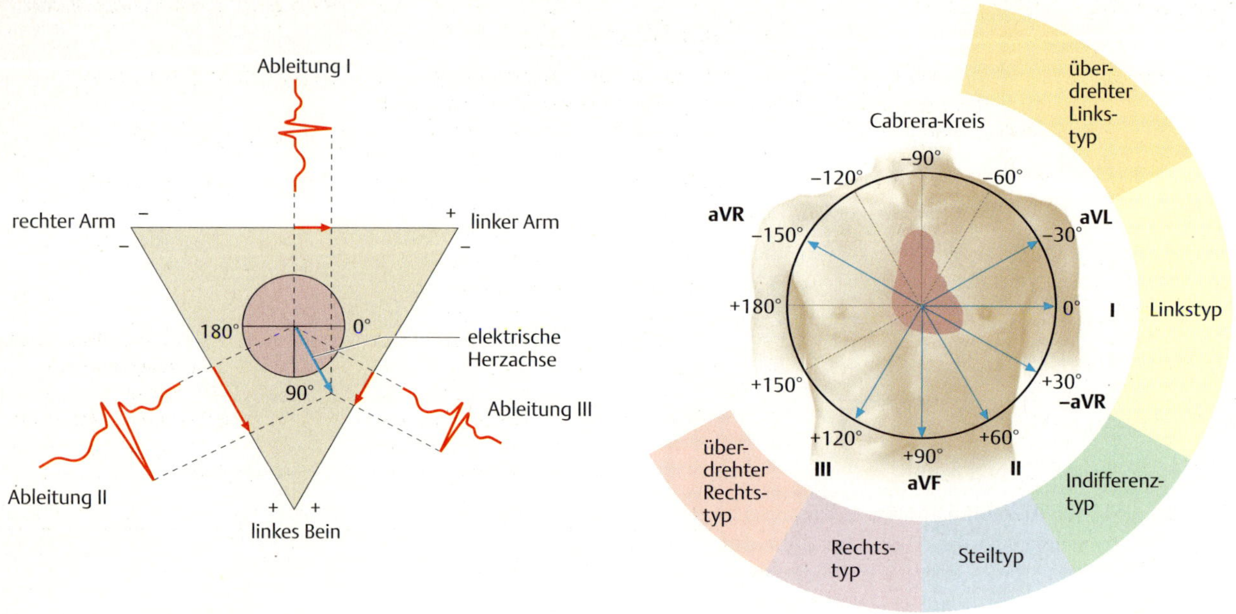


**Überdrehte Rechts-** (>+120°) **oder Linkstypen** (<–30°) sind (nahezu) immer pathologisch und können u.a. durch eine Rechts- bzw. Linksherzhypertrophie oder einen Infarkt bedingt sein.

## Herzrhythmusstörungen im EKG

### Bradykarde Herzrhythmusstörungen

**▶ Definition.** Als Bradykardie bezeichnet man ein Absinken der **Herzfrequenz** auf **<60/min.**

Bradykardien kommen häufig unter physiologischen Bedingungen als **Sinusbradykardien** vor (z.B. bei Sportlern → erhöhter Vagotonus). Zu den pathologischen Ursachen von Bradykardien gehören Störungen im Erregungsleitungssystem (z.B. bei Sick-Sinus-Syndrom, Syn.: Sinusknotensyndrom). Oftmals sind Bradykardien auch medikamentös bedingt (z.B. durch Betablocker, s.S. 395, bzw. Herzglykoside, s.S. 20).

### Tachykarde Herzrhythmusstörungen

**▶ Definition.** Als Tachykardie bezeichnet man eine Steigerung der **Herzfrequenz** auf **>100/min.**

Nach ihrem Entstehungsort unterscheidet man:
- supraventrikuläre Tachykardien (hierzu gehören die Sinustachykardie und Tachykardien mit Ursprung in den Vorhöfen und im AV-Knoten) und
- ventrikuläre Tachykardien (Ursprung in den Herzkammern).

**Supraventrikuläre Tachykardien:** Zu den Auslösern einer **Sinustachykardie** gehören gesteigerte Sympathikusaktivierung (z.B. bei sportlicher Aktivität oder Aufregung), Fieber, Hyperthyreose (=Schilddrüsenüberfunktion, s.S. 367), Medikamente (z.B. Sympathomimetika, s.S. 395), Genussmittel wie z.B. Kaffee oder auch Drogen (z.B. Kokain). Im **EKG** zeigt sich eine Vorhoffrequenz von 100–180 Schlägen/min, die atrioventrikuläre Überleitung erfolgt i.d.R. im Verhältnis 1:1.

Herzrhythmusstörungen im EKG
Bradykarde Herzrhythmusstörungen
▶ Definition.
Bradykardien kommen häufig unter physiologischen Bedingungen als **Sinusbradykardien** vor. Weitere mögliche Ursachen sind Störungen im Erregungsleitungssystem oder verschiedene Medikamente.
Tachykarde Herzrhythmusstörungen
▶ Definition.
Nach ihrem Entstehungsort unterscheidet man:
- supraventrikuläre Tachykardien und
- ventrikuläre Tachykardien.
**Supraventrikuläre Tachykardien:** Bei der **Sinustachykardie** zeigt sich im EKG eine Vorhoffrequenz von 100–180 Schlägen/min, die atrioventrikuläre Überleitung erfolgt i.d.R. im Verhältnis 1:1.

**4.2 Typische EKG-Befunde bei Vorhofflattern/-flimmern und Kammerflattern/-flimmern**

| *Rhythmusstörung* | *EKG-Befund* *Frequenz* | *Morphologie* | *Konsequenz für die Hämodynamik* |
|---|---|---|---|
| **Vorhofflattern** | 250–350 Schläge/min (Kammerfrequenz: abhängig von Überleitungsverhältnis) | sägezahnartige Flatterwellen, dazwischen keine isoelektrische Linie, meist schützender AV-Block II° (meist 2:1 oder 3:1, s. S. 91), schmale Kammerkomplexe | HZV um max. 20 % verringert |
| **Vorhofflimmern** | 350–600 Schläge/min (Kammerfrequenz: meist 80–150 Schläge/min) | fehlende P-Wellen, absolute Kammerarrhythmie (Tachyarrhythmia absoluta) durch unregelmäßige AV-Überleitung →unregelmäßige RR-Intervalle, i.d.R. schmale Kammerkomplexe, Flimmerwellen | HZV um ca. 20 % verringert |
| **Kammerflattern** | 250–350 Schläge/min | keine ST-Segmente identifizierbar (Haarnadelkurve) | kann von einer akuten Linksherzinsuffizienz bis zum kardialen Schock (s. auch S. 158) reichen |
| **Kammerflimmern** | >350 Schläge/min | QRS-Komplexe entweder nicht identifizierbar oder niedrigamplitudig, unregelmäßig und mit wechselnder Morphologie | hyperdynamischer Kreislaufstillstand |

Auch sog. **kreisende Erregungen** können Tachykardien auslösen. Diese entstehen z. B. bei verzögerter Erregungsausbreitung in Teilen des Ventrikelmyokards. Hat die Erregung dieses Areal durchlaufen, kann es zu einem Wiedereintritt („reentry") der Erregung in bereits nicht mehr refraktäre Bereiche kommen. Folge sind Partialkontraktionen in den betroffenen Regionen, die den synchronen Ablauf der Herzaktionen stören und zu Tachykardien (z. B. **AV-Reentry-Tachykardie**) führen können. Da die Herzmuskelzellen während der T-Welle inhomogen refraktär sind, können während dieser sog. **vulnerablen Phase** besonders leicht kreisende Erregungen ausgelöst werden (z. B. auch durch einen Stromstoß). Bei der AV-Reentry-Tachykardie sind im **EKG** entweder keine P-Wellen vorhanden oder aber sie sind im QRS-Komplex verborgen. Die Frequenz beträgt ca. 140–290 Schläge/min, die atrioventrikuläre Überleitung erfolgt i.d.R. im Verhältnis 1:1.

Bei der durch sog. **kreisende Erregungen** ausgelösten **AV-Reentry-Tachykardie** sind im EKG entweder keine P-Wellen vorhanden oder aber sie sind im QRS-Komplex verborgen. Die Frequenz beträgt ca. 140–290 Schläge/min, die atrioventrikuläre Überleitung erfolgt i.d.R. im Verhältnis 1:1.

**Ventrikuläre Tachykardien (VT):** VT werden meist durch Reentry-Mechanismen, z. B. infolge eines Herzinfarkts, verursacht (s.o.). Außerdem können sie Folge einer abnormen Aktivität fokaler arrhythmogener Areale bei normal strukuriertem Herzen sein oder medikamentös (z. B. durch Antiarrhythmika) ausgelöst werden. Im **EKG** zeigt sich eine regelmäßige Tachykardie mit einer Frequenz von 100–200 Schlägen/min mit breiten deformierten Kammerkomplexen (QRS >120 ms).

**Ventrikuläre Tachykardien:** VT werden meist durch Reentry-Mechanismen verursacht. Im **EKG** zeigt sich eine regelmäßige Tachykardie mit einer Frequenz von 100–200 Schlägen/min mit breiten deformierten Kammerkomplexen (QRS >120 ms).

### Flattern und Flimmern

Anhand der Frequenz und der Lokalisation der Herzrhythmusstörung unterscheidet man:
- Vorhofflattern und -flimmern
- Kammerflattern und -flimmern.

Bei der Entstehung und Aufrechterhaltung von Flattern oder Flimmern spielen **Reentry-Mechanismen** (s.o.) eine wichtige Rolle. Ursache sind meist **organische Herzerkrankungen** wie z. B. die koronare Herzkrankheit (KHK, s. S. 105) oder Klappenvitien (Veränderungen im Bereich der Herzklappen, s. auch S. 96). Auch **Elektrolytstörungen** können Flattern oder Flimmern auslösen. Kammerflattern oder -flimmern kann außerdem im Rahmen von Stromunfällen hervorgerufen werden, indem ein **Stromstoß** in der vulnerablen Phase (s.o.) auf den Körper trifft.
Tab. **4.2** gibt einen Überblick über die typischen **EKG-Befunde** und die Konsequenzen für die Hämodynamik. Abb. **4.13** zeigt beispielhafte **EKG-Ausschnitte** der verschiedenen Rhythmusstörungen.

### Flattern und Flimmern

Man unterscheidet:
- Vorhofflattern und -flimmern
- Kammerflattern und -flimmern.

Zu den Ursachen gehören **organische Herzerkrankungen** und **Elektrolytstörungen**. Kammerflattern oder -flimmern kann auch durch **Stromunfälle** ausgelöst werden. Bei der Entstehung und Aufrechterhaltung spielen **Reentry-Mechanismen** (s. o.) eine wichtige Rolle.

Tab. **4.2** zeigt typische **EKG-Befunde** und Konsequenzen für die Hämodynamik, Abb. **4.13** verschiedene Rhythmusstörungen.

**4.13 Vorhofflattern/-flimmern und Kammerflattern/-flimmern im EKG**

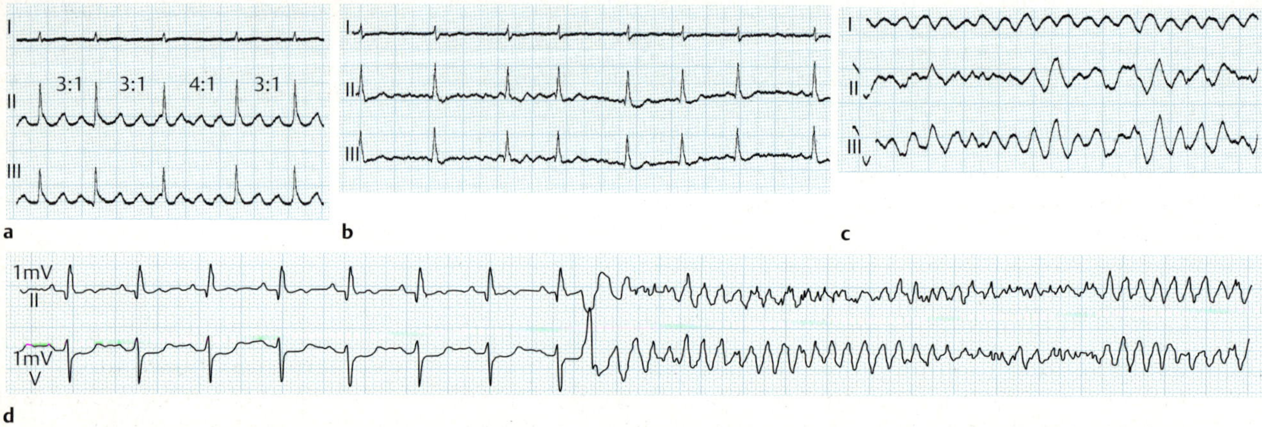


**a Vorhofflattern** mit wechselnder AV-Überleitung. Mittlere Kammerfrequenz 83 S/min, QRS-Dauer 80 ms, QT-Zeit 360 ms.
**b Absolute Arrhythmie bei Vorhofflimmern.** Unregelmäßige RR-Intervalle, P-Wellen nicht erkennbar, grobes bis feines Flimmern der Grundlinie, mittlere Kammerfrequenz ca. 82 S/min, QRS-Dauer 95 ms, QT-Zeit 320 ms.
**c Kammerflattern** (Kammerfrequenz ca. 250 S/min).
**d** Übergang vom Sinusrhythmus zum **Kammerflimmern**.

## Extrasystolen

**▶ Definition.**

Extrasystolen kommen sehr häufig vor – auch bei Herzgesunden. Sie können z. B. durch emotionale Erregung, Alkohol, Koffein, Nikotin, einen erhöhten Vagotonus, Herzerkrankungen oder eine Hypokaliämie ausgelöst werden.

## Extrasystolen

**▶ Definition.** Eine Extrasystole ist eine Herzaktion, die vom normalen Sinusrhythmus abweicht.

Extrasystolen sind sehr häufig. Bei herzgesunden Menschen können Extrasystolen z. B. durch emotionale Erregung, Alkohol, Koffein, Nikotin oder einen erhöhten Vagotonus ausgelöst werden. Weitere Ursachen für Extrasystolen sind Herzerkrankungen (z. B. eine Myokarditis oder KHK, s. S. 105) oder extrakardiale Faktoren, wie z. B. eine Hypokaliämie.
Je nach Ursprungsort unterscheidet man supraventrikuläre und ventrikuläre Extrasystolen:

### Supraventrikuläre Extrasystolen (SVES)

SVES können durch eine fokal gesteigerte Autonomie in den Herzmuskelzellen oberhalb der Ventrikel ausgelöst werden.

Im **EKG** zeigt sich bei Vorhof-SVES eine **deformierte P-Welle**, bei AV-Knoten-SVES liegt die P-Welle vor, im oder hinter dem QRS-Komplex. Der **QRS-Komplex** ist **normal**. Durch die SVES wird der Sinusknoten in seinem Takt zurückversetzt.

### Supraventrikuläre Extrasystolen (SVES)

SVES können infolge einer durch eine fokal gesteigerte Autonomie in den Herzmuskelzellen oberhalb der Ventrikel ausgelösten vorzeitigen Depolarisation entstehen.
Im **EKG** zeigt sich bei Vorhof-SVES eine **deformierte P-Welle**, bei AV-Knoten-SVES liegt die P-Welle vor, im oder hinter dem QRS-Komplex (→ retrograde Erregung). Der **QRS-Komplex** ist in beiden Fällen **normal**. Durch die vorzeitige retrograde Depolarisation wird der Sinusknoten in seinem Takt zurückversetzt, so dass der Abstand zwischen der prä- und postextrasystolischen Herzaktion kleiner ist als ein doppeltes normales Intervall **(nicht kompensatorische Pause)**.

### Ventrikuläre Extrasystolen (VES)

VES entspringen unterhalb der Bifurkation des His-Bündels.

Im EKG zeigen sich **verbreiterte deformierte QRS-Komplexe**.

Zwischen der prä- und der postextrasystolischen Herzaktion liegt in der Regel ein doppeltes normales Intervall **(kompensatorische Pause)**.

### Ventrikuläre Extrasystolen (VES)

VES haben ihren Ursprung unterhalb der Bifurkation des His-Bündels.

Im EKG zeigen sich **verbreiterte deformierte QRS-Komplexe**. Monomorphe (= gleichartig deformierte) VES haben denselben Ursprungsort (= monotop). Polymorphe (= unterschiedlich geformte) VES sind meist verschiedenen Ursprungs (= polytop). Wechseln sich immer eine VES und ein Normalschlag ab, bezeichnet man diesen Rhythmus als **Bigeminus.** Folgt auf je zwei VES (= Couplet) immer ein Normalschlag, spricht man von einem **Trigeminus.** Drei oder mehr aufeinanderfolgende VES bezeichnet man als **Salve.**
Da die auf die VES folgende normale Erregung meist auf refraktäres Kammermyokard trifft, führt erst die nachfolgende Erregung wieder zu einer Kontraktion **(kompensatorische Pause)**. Deshalb entspricht der Abstand zwischen der prä- und der postextrasystolischen Herzaktion einem doppelten normalen Intervall.

### Erregungsleitungsstörungen

Je nach Lokalisation der Erregungsleitungsstörung unterscheidet man folgende Blockbilder:

- **Sinuatrialer (SA-)Block:** Hier ist je nach Grad des Blocks die Erregungsleitung zwischen Sinusknoten und Vorhofmyokard verzögert oder (intermittierend) unterbrochen.
- **Atrioventrikulärer (AV-)Block:** Je nach Grad des Blocks ist die Erregungsleitung zwischen Vorhöfen und Kammern verzögert oder (intermittierend) unterbrochen. Mögliche Ursachen und typische EKG-Veränderungen werden in den folgenden Textabschnitten näher erläutert.
- **Intraventrikuläre Blockierungen** (Syn.: Schenkelblock, faszikuläre Blockierung): Je nach Grad des Blocks ist die Erregungsleitung im Verlauf eines oder mehrerer Kammerschenkel verzögert oder (intermittierend) unterbrochen.

**Erregungsleitungsstörungen**

Je nach Lokalisation der Erregungsleitungsstörung unterscheidet man folgende Blockbilder:

- sinuatrialer (SA-)Block
- atrioventrikulärer (AV-)Block (s. u.)
- intraventrikuläre Blockierungen.

#### Atrioventrikulärer (AV-)Block

Ein AV-Block tritt am häufigsten bei älteren Menschen als Folge degenerativer Veränderungen des Herzens (z.B. bei koronarer Herzkrankheit oder nach Herzinfarkt) auf. Daneben spielen entzündliche (→ Myokarditis) und medikamentös-toxische (z.B. bei Überdosierung von Antiarrhythmika oder Digitalispräparaten, s. S. 20) Faktoren eine Rolle.
Man unterscheidet folgende Schweregrade des AV-Blocks (Abb. **4.14**):

**AV-Block I°:** Hier findet noch eine regelmäßige Überleitung der Erregung auf die Kammern statt, allerdings ist die PQ-Zeit auf > 200 ms verlängert (Abb. **4.14 a**).

**AV-Block II°:** Beim AV-Block II° wird nicht jede Vorhoferregung auf die Kammern übergeleitet (= intermittierende Leitungsunterbrechung).

- Beim **Typ 1** (**Wenckebach-Periodik**, früher Mobitz 1) verlängert sich bei gleich bleibendem Abstand zwischen zwei P-Wellen das PQ-Intervall sukzessive, bis der QRS-Komplex schließlich einmal ausfällt (d. h. die AV-Überleitungskapazität nimmt bis zur kompletten AV-Blockierung ab). Dieser Ablauf wiederholt sich periodisch (Abb. **4.14 b**).
- Beim **Typ 2** (**Mobitz**, früher Mobitz 2) handelt es sich um eine regelmäßig oder unregelmäßig vorkommende komplette Blockierung der AV-Überleitung (Abb. **4.14 c**). Wird z. B. regelmäßig jede zweite Erregung übergeleitet, spricht man von einem **2:1-Block**, wird nur jede dritte Erregung übergeleitet, von einem **3:1-Block**, etc.

**AV-Block III°:** Von einem AV-Block III° spricht man, wenn die Erregungsüberleitung auf die Kammern vollständig unterbrochen ist (= **totaler Block**) und sich Vorhöfe und Kammern völlig unabhängig voneinander in ihrem jeweiligen Eigenrhythmus kontrahieren. P-Welle und Kammerkomplex stehen in keinem festen Verhältnis mehr zueinander und können sich sogar überlagern (Abb. **4.14 d**).

**Atrioventrikulärer (AV-)Block**

Ein AV-Block tritt am häufigsten bei älteren Menschen als Folge degenerativer Veränderungen des Herzens auf. Außerdem spielen entzündliche und medikamentös-toxische Faktoren eine Rolle.

Man unterscheidet folgende Schweregrade (Abb. **4.14**):
**AV-Block I°:** Regelmäßige Überleitung bei Verlängerung der PQ-Zeit auf > 200 ms.

**AV-Block II°:**

- Beim **Typ 1 (Wenckebach-Periodik)** verlängert sich bei gleich bleibendem Abstand zwischen zwei P-Wellen das PQ-Intervall sukzessive, bis der QRS-Komplex schließlich einmal ausfällt.
- Beim **Typ 2 (Mobitz)** handelt es sich um eine regelmäßig oder unregelmäßig vorkommende komplette Blockierung der AV-Überleitung.

**AV-Block III°:** Hier ist die Erregungsüberleitung auf die Kammern vollständig unterbrochen. Vorhöfe und Kammern kontrahieren sich völlig unabhängig voneinander in ihrem jeweiligen Eigenrhythmus.

**4.14 EKG-Veränderungen bei AV-Block**

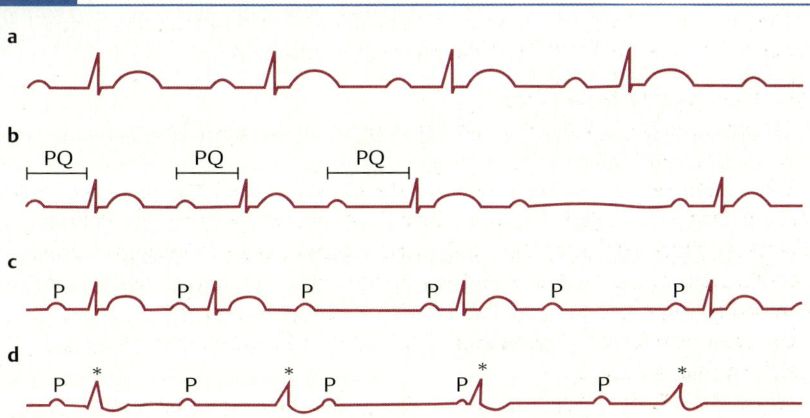


**a** AV-Block I°.
**b** AV-Block II° Typ 1 (Wenckebach).
**c** AV-Block II° Typ 2 (Mobitz).
**d** AV-Block III°.

4.15

**4.15 EKG-Veränderungen bei Hyperkaliämie**

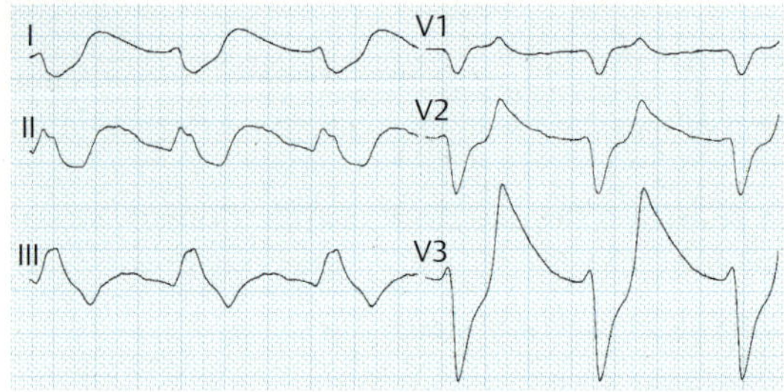


Spätes EKG bei Hyperkaliämie (Serum-$K^+$ 6,8 mmol/l): Sinusrhythmus (90 S/min), P-Wellen abgeflacht und kaum erkennbar, QRS-Komplexe verbreitert und deformiert (QRS-Dauer 220 ms), hochpositive zeltförmige T-Wellen.

Je nach Lokalisation der Leitungsunterbrechung übernehmen entweder sekundäre oder tertiäre Schrittmacherzentren die Schrittmacherfunktion. Setzt der Kammerersatzrhythmus nach einem akut auftretenden **totalen Block** erst mit einer gewissen Verzögerung ein, kann es zu einem sog. **Adam-Stokes-Anfall** kommen.

Je nach Lokalisation der Leitungsunterbrechung übernehmen entweder sekundäre oder tertiäre Schrittmacherzentren die Schrittmacherfunktion. Dementsprechend beträgt die Kammerfrequenz ca. 40 Schläge/min (sek. Schrittmacher) oder sogar weniger (tertiärer Schrittmacher, s. Tab. **4.1**, S. 77). Setzt der Kammerersatzrhythmus nach einem akut auftretenden totalen Block erst mit einer gewissen Verzögerung ein, kann der durch die Asystolie bedingte Sauerstoffmangel im Gehirn zu einem sog. **Adam-Stokes-Anfall** führen. Je nach Dauer des Herzstillstands reichen die möglichen Symptome von Schwindel über Bewusstlosigkeit und zerebrale Krampfanfälle bis hin zum irreversiblen Hirnschaden.

### Herzrhythmusstörungen bei Hyperkaliämie

Eine Hyperkaliämie (= **Serum-$K^+$ > 5,5 mmol/l**) führt zu Störungen der Erregungsausbreitung.

Typische EKG-Befunde sind AV-Blockierungen, verbreiterte QRS-Komplexe, spitze (zeltförmige) T-Wellen (Abb. **4.15**) und ventrikuläre Arrhythmien.

Das Membranpotenzial hängt im Wesentlichen von der $K^+$-Konzentration im Plasma ab (s. S. 18). Von einer Hyperkaliämie (s. auch S. 325) spricht man ab einem **Serumkaliumspiegel** von **> 5,5 mmol/l**.
Eine Hyperkaliämie führt über die Depolarisation von Myozyten zu Störungen der Erregungsausbreitung. Im EKG finden sich AV-Blockierungen, verbreiterte QRS-Komplexe und spitze (zeltförmige) T-Wellen (Abb. **4.15**). Es können ventrikuläre Extrasystolen und Kammerflimmern bis hin zur Asystolie (= Herzstillstand) auftreten.

### Herzrhythmusstörungen bei Myokardinfarkt

Ursache eines Herzinfarkts ist meist eine koronare Herzkrankheit, die zu einer hochgradigen Stenose oder zum Gefäßverschluss führt. Im Versorgungsgebiet dieses Gefäßes entsteht folglich eine **ischämische Myokardnekrose**.

Ursache eines Herzinfarkts ist meist eine koronare Herzkrankheit (= Atherosklerose in den Koronarien), die zu einer hochgradigen Stenose (= Gefäßverengung) oder sogar zum Gefäßverschluss führt. Daraufhin kann die Herzmuskulatur im Versorgungsgebiet des betroffenen Gefäßes nicht mehr (ausreichend) mit Sauerstoff versorgt werden und geht zugrunde. Ein Herzinfarkt ist also eine **ischämische Myokardnekrose**.

Je nach Lokalisation, Art, Schwere und Alter des Infarkts und in Abhängigkeit von der Ableitrichtung lassen sich im EKG typische Veränderungen erkennen, die durch Potenzialdifferenzen zwischen gesundem und geschädigtem Gewebe entstehen.

Anhand der ST-Strecke unterscheidet man:

- **STEMI (= ST-Hebungs-Infarkt):** Die verschiedenen Stadien eines transmuralen STEMI sind durch typische EKG-Veränderungen gekennzeichnet:
  **akutes Stadium**: wenige Minuten andauerndes „Erstickungs-T", anschließend Ausbildung einer ST-Streckenhebung (Abb. **4.16 a**),
  **Zwischenstadium**: Rückgang der ST-Streckenhebung, R-Verlust, Ausbildung einer breiten tiefen Q-Zacke, T-Welle wird negativ,
  **chronisches Stadium**: evtl. weiterhin negatives T, meist lebenslang tiefe Q-Zacke.

Neben Anamnese und Laboruntersuchungen spielt das EKG bei der Diagnostik eine wichtige Rolle. Je nach Lokalisation, Art, Schwere und Alter des Infarkts und in Abhängigkeit von der Ableitrichtung lassen sich typische EKG-Veränderungen erkennen. Diese Veränderungen sind durch Potenzialdifferenzen zwischen gesundem und geschädigtem Gewebe zu erklären. Sie entstehen dadurch, dass die Zellen im geschädigten Gewebe depolarisiert werden und nicht mehr erregt werden können.
Anhand der ST-Strecke unterscheidet man folgende zwei Infarktarten:

- **STEMI (= ST-Hebungs-Infarkt):** Im EKG lassen sich die verschiedenen Stadien eines transmuralen STEMI unterscheiden:
  Im **akuten Stadium** (= frischer Infarkt) kommt es zunächst zu einer nur wenige Minuten andauernden T-Überhöhung (sog. Erstickungs-T). Anschließend kommt es zur Ausbildung einer ST-Streckenhebung und einer gegenüberliegenden ST-Streckensenkung (Abb. **4.16 a**).
  Im **Zwischenstadium** geht die ST-Streckenhebung zurück und durch den Verlust von Muskelgewebe wird die R-Zacke, die normalerweise die Q-Zacke überlagert, kleiner. Infolge des sog. R-Verlusts bildet sich eine breite tiefe Q-Zacke (= pathologisches Q) aus. Die T-Welle wird negativ.
  Im **chronischen Stadium** (= alter Infarkt) kann sich das terminal negative T entweder normalisieren oder auch weiter fortbestehen. Während die ST-Änderungen in der Regel nur transient sind, bleibt eine tiefe Q-Zacke nach transmuralem Herzinfarkt meist lebenslang erhalten.

**4.16 EKG-Veränderungen nach Myokardinfarkt**

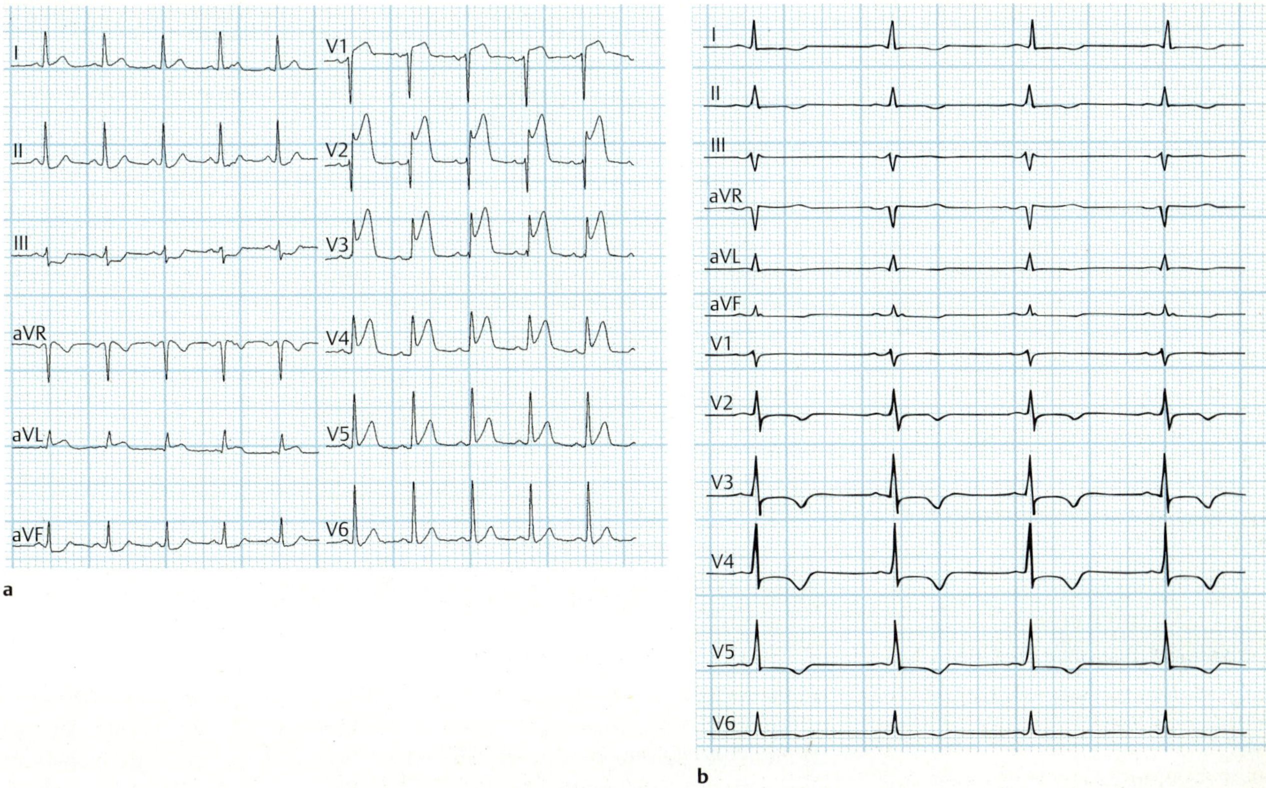


**a STEMI** (ST-Hebungs-Infarkt) der Vorderwand. Das EKG zeigt monophasische ST-Streckenhebungen in V1–V5.
**b NSTEMI** (Nicht-ST-Hebungs-Infarkt) der Vorderwand. Man erkennt T-Negativierungen in den Ableitungen I, II, aVL, aVF sowie V2–V6. Die ST-Strecken sind normal.

- **NSTEMI (= Nicht-ST-Hebungs-Infarkt):** Hier zeigt sich keine pathologische Q-Zacke, und die ST-Strecke ist entweder normal oder gesenkt (Abb. **4.16 b**). In den meisten Fällen findet sich ein gleichschenklig negatives T (sog. T-Negativierung).

- **NSTEMI (= Nicht-ST-Hebungs-Infarkt):** Die ST-Strecke ist entweder normal oder gesenkt (Abb. **4.16 b**). Meist findet sich ein gleichschenklig negatives T.

**► Klinik.** Störungen im Reizbildungs- oder -leitungssystem können mit temporären oder permanenten **Herzschrittmachern** kompensiert werden, die eine künstliche Erregung erzeugen. Zu den möglichen Indikationen für eine Schrittmacherimplantation gehören eine unzureichende Frequenzsteigerung bei Belastung und Bradykardien mit klinischer Symptomatik (z. B. Sinusbradykardie, AV-Block Grad II–III). Schrittmacher bestehen aus einem streichholzschachtelgroßen Gehäuse mit entsprechender Elektronik, einer Batterie sowie ein oder zwei Leitungen mit Elektroden und werden unter örtlicher Betäubung subkutan implantiert. Die Elektroden werden über die V. subclavia vorgeschoben und im rechten Vorhof und/oder Ventrikel platziert, um dort depolarisierende Impulse von etwa 3 V und 0,5 ms Dauer abzugeben. Neuere Herzschrittmacher sind nicht mehr an eine feste Aktivitätsfrequenz gebunden, sondern können sich den physiologischen Anforderungen anpassen. Außerdem sind heutige Geräte programmierbar und erlauben sowohl das Ablesen der Schrittmacherfunktion sowie eine Umprogrammierung des Betriebsmodus über einen Telemetriekopf, der auf die Haut über den Schrittmacher gelegt wird. Die Lebensdauer der verwendeten Lithium-Jod-Batterien beträgt etwa 10 Jahre. Patienten, die einen Schrittmacher haben, dürfen sich nicht in die Nähe starker elektromagnetischer Felder (z. B. MRT) begeben, können ansonsten – abgesehen von regelmäßigen Kontrollen – aber ein völlig normales Leben führen.

**► Klinik.**

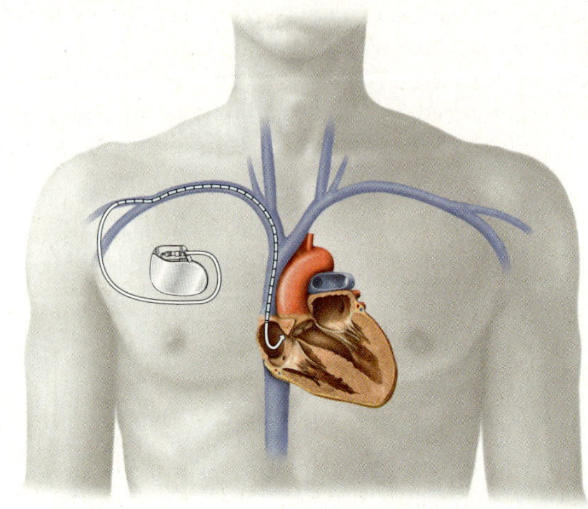

4.17 Herzschrittmacher

4.3 Mechanik der Herzaktion

4.3.1 Phasen des Herzzyklus

Folgende vier Phasen ergeben zusammen einen Herzzyklus:
**Systole:**
- Anspannungsphase
- Austreibungsphase

**Diastole:**
- Entspannungsphase
- Füllungsphase.

Systole

Anspannungsphase

Sobald der Ventrikeldruck den Vorhofdruck überschreitet, schließen sich die AV-Klappen (Punkt A in Abb. **4.18**). Bei gleich bleibendem Volumen wird bei geschlossenen Klappen Druck im Ventrikel aufgebaut (=**isovolumetrische Anspannungsphase**).

▶ Merke.

Austreibungsphase

Übersteigt der Ventrikeldruck den Aortendruck, **öffnen** sich die **Taschenklappen** (Punkt B in Abb. **4.18**). und die **auxotone Austreibungsphase** beginnt.

Der Ventrikeldruck erreicht sein Maximum, während bereits die ersten Herzmuskelzellen wieder repolarisiert wurden (also während der T-Welle).

# 4.3 Mechanik der Herzaktion

## 4.3.1 Phasen des Herzzyklus

Ein Herzzyklus setzt sich aus Systole und Diastole zusammen, wobei auf die Diastole im Ruhezustand etwa zwei Drittel der Gesamtdauer des Herzyklus entfallen. Während der **Systole** werden nacheinander Anspannungs- und Austreibungsphase durchlaufen. Anschließend folgen Entspannungs- und Füllungsphase, die gemeinsam die **Diastole** bilden. Die Bezeichnungen der einzelnen Phasen beziehen sich jeweils auf Vorgänge, die in den Ventrikeln ablaufen.

### Systole

#### Anspannungsphase

Während der elektrischen Erregung der Ventrikel (QRS-Komplex) beginnen sich die Kammern zu kontrahieren. Dadurch steigt der intraventrikuläre Druck an. Sobald der Ventrikeldruck den Vorhofdruck überschreitet, schließen sich die AV-Klappen (Punkt A in Abb. **4.18**). Da nun **sämtliche Klappen geschlossen** sind, kontrahieren sich die Ventrikel um ein konstantes Füllungsvolumen (=isovolumetrische Kontraktion), was zu einem steilen Druckanstieg führt. Man spricht deshalb auch von der **isovolumetrischen Anspannungsphase**.

▶ Merke. Durch den Druckanstieg während der Anspannungsphase wird eine **potenzielle Energie** aufgebaut, die in der nachfolgenden Austreibungsphase in **kinetische Energie** umgesetzt werden kann.

#### Austreibungsphase

Überschreitet der Ventrikeldruck den Druck in der Ausflussbahn (Aorta und Truncus pulmonalis), **öffnen** sich die **Taschenklappen** (Punkt B in Abb. **4.18**), und die Austreibungsphase beginnt. Da sich während der Kontraktion sowohl Druck als auch Volumen ändern, bezeichnet man diese Phase auch als **auxotone Austreibungsphase**.

Nachdem sich die Erregung über die Kammern ausgebreitet hat, kontrahiert das Myokard zunehmend, und der Ventrikeldruck steigt weiter an. Sein Maximum erreicht er allerdings erst während der T-Welle, also während bereits die ersten Herzmuskelzellen wieder repolarisiert wurden. Das liegt daran, dass $Na^+$-$Ca^{2+}$-Austauscher und $Ca^{2+}$-ATPasen das $Ca^{2+}$ nicht sofort nach der Repolarisation bereits wieder aus dem Zytosol herausgepumpt haben können.

Während der systolischen Kontraktion der Kammermuskulatur wird die **Ventilebene** des Herzens **herzspitzenwärts** gezogen. Dadurch entsteht in den Vorhöfen ein Sog, der Blut aus den herznahen Venen in die Vorhöhe fließen lässt.

Pro Herzaktion werden etwa 70 (= **Schlagvolumen**) der ca. 130 ml Blut, die sich im linken Ventrikel befinden (= **Füllungsvolumen**), in den Körperkreislauf ausgeworfen. Die Stromstärke in der Aorta erreicht ihr Maximum bereits kurz nach Beginn der Austreibungsphase.

Während der Systole bewegt sich die **Ventilebene herzspitzenwärts** und fördert so den Bluteinstrom in die Vorhöfe.

Das **Schlagvolumen** beträgt ca. 70 ml, das **Füllungsvolumen** ca. 130 ml.

▶ **Merke.** Das Verhältnis von Schlagvolumen zu Füllungsvolumen bezeichnet man als **Ejektionsfraktion** (Normalwert: Ca. 60 % bzw. 0,6).

▶ **Merke.**

## Diastole

### Entspannungsphase

Die Erschlaffung der Herzmuskelzellen ist durch den Abfall der zytosolischen $Ca^{2+}$-Konzentration (während der T-Welle) bedingt. Sinkt der Ventrikeldruck unter den Druck in der Ausflussbahn, werden die **Taschenklappen** wieder **geschlossen** (Punkt C in Abb. **4.18**). Unmittelbar vor dem Schluss der Aortenklappe ist der Blutstrom aufgrund des Druckabfalls kurzzeitig umgekehrt (sog. **Reflux**; entspricht dem negativen Anteil der Stromstärke-Kurve in Abb. **4.18**). Dabei kommt es zu einer kleinen Druckoszillation in der Aorta.

Da während der Entspannungsphase sämtliche Klappen geschlossen sind, erfolgt die Erschlaffung des Kammermyokards **isovolumetrisch** (Restvolumen: im Normalfall ca. 60 ml).

**Diastole**

**Entspannungsphase**

Sinkt der Ventrikeldruck unter den Druck in der Ausflussbahn, werden die **Taschenklappen** wieder **geschlossen** (Punkt C in Abb. **4.18**).

Kurz vor dem Schluss der Aortenklappe kommt es zu einem kurzzeitigen **Reflux** (negativer Anteil der Stromstärke-Kurve in Abb. **4.18**).

Die Erschlaffung erfolgt somit **isovolumetrisch** (Restvolumen: im Normalfall ca. 60 ml).

**4.18 Herzzyklus**

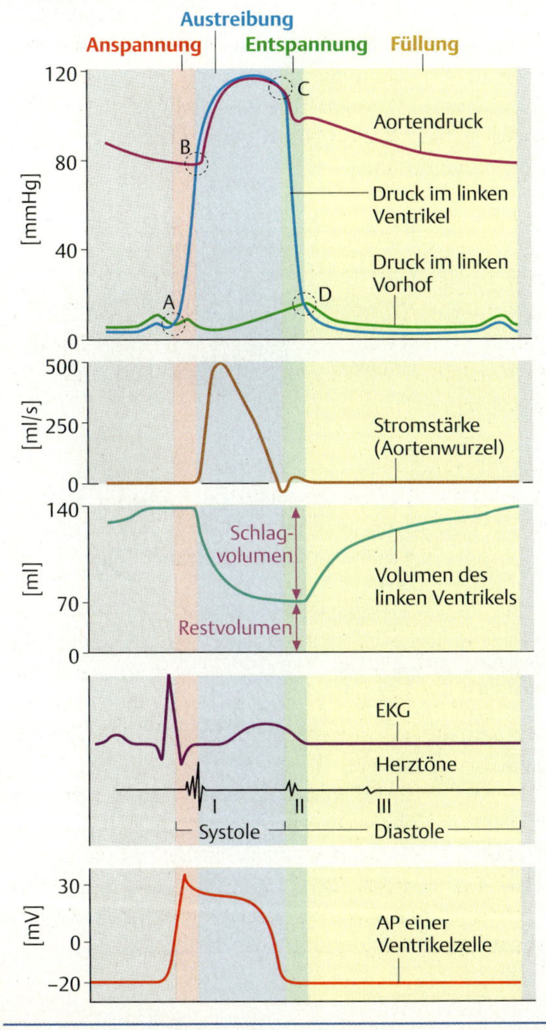


**4.18**

**Füllungsphase**

Sinkt der Ventrikeldruck unter den Vorhofdruck, **öffnen** sich die **AV-Klappen** (Punkt D in Abb. **4.18**), und die Füllung beginnt.

Die **Ventilebene** kehrt wieder in ihre **Ausgangsposition** zurück und erleichtert so die Ventrikelfüllung.

▶ Merke.

Die Vorhofkontraktion am Ende der Füllungsphase liefert einen zusätzlichen Beitrag zur Ventrikelfüllung (ca. 10–20 %).

### Füllungsphase

Sinkt der Ventrikeldruck unter den Vorhofdruck, **öffnen** sich die **AV-Klappen** (Punkt D in Abb. **4.18**), und das Blut strömt von den Vorhöfen in die Kammern. Die Ventrikelfüllung ist während des ersten Drittels der Diastole am effektivsten.
Die **Ventilebene**, die während der Systole in Richtung Herzspitze gezogen wurde, kehrt mit zunehmender Erschlaffung des Herzens wieder in ihre **Ausgangsposition** zurück. Dabei stülpt sie sich passiv über das Blutvolumen und erleichtert so die Ventrikelfüllung.

▶ **Merke.** Der sog. **Ventilebenenmechanismus** spielt eine ganz entscheidende Rolle bei der Ventrikelfüllung.

Am Ende der Füllungsphase kontrahieren sich die Vorhöfe, um das in ihnen enthaltene Blutvolumen vollständig in die Kammern zu pumpen. Mit ca. 10–20 % liefert die Vorhofkontraktion allerdings nur einen geringen zusätzlichen Beitrag zur Ventrikelfüllung. Mit dem Schluss der AV-Klappen beginnt der nächste Herzzyklus.

4.3.2 Herztöne und Herzgeräusche

**Herztöne**

Die Phasen der Herzaktivität verursachen sog. Herztöne, die mit einem Stethoskop über dem Thorax abgehört werden können.

Tab. **4.3** gibt einen Überblick über deren Entstehung, Vorkommen, Auskultationsstellen und Klangqualität.

**Herzgeräusche**

Herzgeräusche werden von Verwirbelungen im Blutstrom verursacht, die meist aufgrund von Klappenveränderungen (Stenosen oder Insuffizienzen) entstehen.

## 4.3.2 Herztöne und Herzgeräusche

### Herztöne

Die Phasen der Herzaktivität verursachen sog. Herztöne (im physikalischen Sinne sind es Geräusche, da sie nicht aus reinen Sinusschwingungen bestehen) die mit einem Stethoskop über dem Thorax abgehört werden können **(Auskultation)**.
Tab. **4.3** gibt einen Überblick über Entstehung, Vorkommen, Auskultationsstellen und Klangqualität der verschiedenen Herztöne.

### Herzgeräusche

Herzgeräusche werden von Verwirbelungen im Blutstrom verursacht und sind pathologisch. Diese Verwirbelungen entstehen meist aufgrund von Klappenveränderungen (Stenosen oder Insuffizienzen). Auch Direktverbindungen zwischen dem Hoch- und dem Niederdrucksystem (z. B. ein persistierender Ductus arteriosus Botalli [PDA], s. S. 160) erzeugen Herzgeräusche.

**4.3 Die verschiedenen Herztöne**

| *Herzton* | *Entstehung* | *Vorkommen* | *Auskultationsstelle (s. auch Abb. 4.19)* | *Klangqualität* |
|---|---|---|---|---|
| **1. HT** | wird durch den Schluss der AV-Klappen und die Anspannung der Ventrikel um das inkompressible Blut zu Beginn der Systole verursacht (sog. Anspannungston) | physiologisch | am deutlichsten im 5. ICR | relativ lang und dumpf |
| **2. HT** | wird durch den Schluss der Taschenklappen zu Beginn der Diastole verursacht | physiologisch | ▪ Aortenklappe: 2. ICR rechts parasternal<br>▪ Pulmonalklappe: 2. ICR links parasternal | kürzer und heller als der 1. HT |
| **3. HT** | entsteht während der Kammerfüllung (sog. diastolischer ventrikulärer Füllungston) | ▪ bei Kindern und Jugendlichen physiologisch<br>▪ bei Erwachsenen Ausdruck eines diastolisch vergrößerten Füllungsvolumens, z. B. bei Herzinsuffizienz oder Mitralinsuffizienz | 4.–5- ICR links parasternal | tieffrequent, leise |
| **4. HT** | wird durch die Vorhofkontraktion ausgelöst (sog. Vorhofton) | ▪ bei Kindern und Jugendlichen physiologisch<br>▪ bei Erwachsenen bei besonderer Belastung des Vorhofs bei erhöhtem Ventrikeldruck; ist relativ selten | über der Herzspitze (5. ICR links i. d. Medioklavikularlinie) | tieffrequent, leise |

HT = Herzton; ICR = Interkostalraum

4.19 Herzklappen

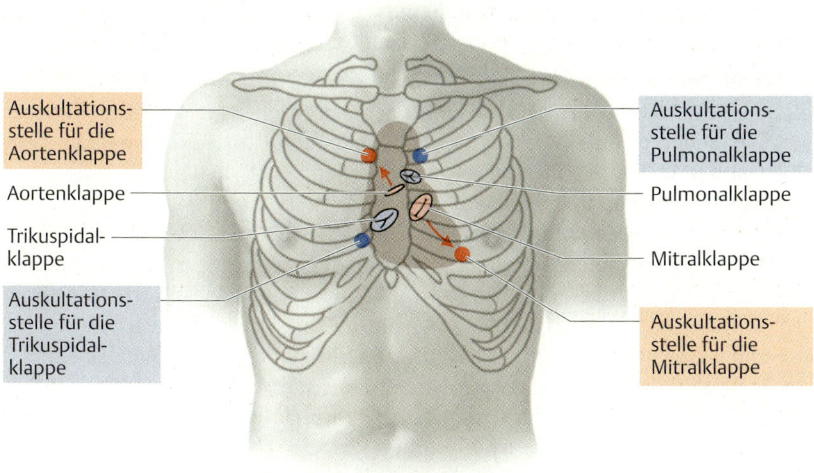


Projektion der Herzklappen auf die Thoraxwand. Die Stellen, an denen die Klappen bei der klinischen Untersuchung optimal abgehört werden können (Auskultationsstellen), sind entsprechend markiert.

Herzgeräusche werden anhand ihrer Lautstärke, des Zeitpunkts, zu dem sie auftreten (systolisch oder diastolisch), ihrer Frequenz und der Art des Geräuschs (band- oder spindelförmig, Crescendo oder Decrescendo) charakterisiert.
**Systolische Herzgeräusche** werden durch Insuffizienzen (= unvollständigen Verschluss) der AV-Klappen oder Stenosen (= Verengung) der Semilunarklappen hervorgerufen. Stenosen der AV-Klappen oder Insuffizienzen der Semilunarklappen verursachen **diastolische Herzgeräusche**.
Die Auskultationsstellen der Herzklappen sind in Abb. **4.19** dargestellt.

## 4.3.3 Druck-Volumen-Veränderungen während des Herzzyklus

Der Zusammenhang zwischen der Wandspannung K und dem Innendruck $P_{tm}$ im Herzen wird quantitativ durch das **Laplace-Gesetz** beschrieben. Hierbei wird das Herz idealisiert als Hohlkugel angenommen.
Nach dem Laplace-Gesetz gilt:

$$K = P_{tm} \times \frac{r}{2d}$$

wobei K = Wandspannung, $P_{tm}$ = transmuraler Druck, r = Ventrikelradius und d = Wanddicke ist.
Die Wandspannung ist die Kraft, die auf einen Wandquerschnitt einwirkt. Der transmurale Druck ist die Druckdifferenz zwischen Innen- und Außenseite der Hohlkugel. Während der Systole wird der Ventrikelradius kleiner und die Wanddicke nimmt zu. Entsprechend verringert sich nach dem Laplace-Gesetz die Wandspannung. Folglich können kleinere bzw. teilweise entleerte Herzen mit relativ geringem Kraftaufwand relativ hohe Drücke erzielen. Sie arbeiten also effektiver als übermäßig gefüllte bzw. vergrößerte Herzen (z. B. bei dilatativer Kardiomyopathie).

Herzgeräusche werden anhand von Lautstärke, Zeitpunkt des Auftretens, Frequenz und Art des Geräuschs charakterisiert.

**Systolische Herzgeräusche** entstehen bei Insuffizienzen der AV-Klappen oder Stenosen der Semilunarklappen, **diastolische Geräusche** entsprechend umgekehrt.

Die Auskultationsstellen der Herzklappen zeigt Abb. **4.19**.

### 4.3.3 Druck-Volumen-Veränderungen während des Herzzyklus

Der Zusammenhang zwischen der Wandspannung K und dem Innendruck $P_{tm}$ im Herzen wird quantitativ durch das **Laplace-Gesetz** beschrieben.

Danach gilt:

$$K = P_{tm} \times \frac{r}{2d}$$

Während der Systole wird der Ventrikelradius kleiner und die Wanddicke nimmt zu. Entsprechend verringert sich nach dem Laplace-Gesetz die Wandspannung. Kleinere bzw. teilweise entleerte Herzen können folglich mit relativ geringem Kraftaufwand relativ hohe Drücke erzielen.

▶ Klinik.

▶ Klinik. Bei ständiger starker Druck- oder Volumenbelastung kann das Herz mit einer andauernden strukturellen Veränderung reagieren.

Eine **chronische Druckbelastung** besteht dann, wenn das Herz beispielsweise im Rahmen einer Klappenstenose (z.B. Aortenklappen- oder Mitralklappenstenose) oder einer arteriellen Hypertonie ständig gegen einen erhöhten Druck anpumpen muss. Als Folge vergrößern sich die einzelnen Muskelzellen gleichmäßig (= **konzentrische Herzhypertrophie**), wobei die Herzinnenräume ihre ursprüngliche Größe beibehalten. Die Gesamtzahl der Herzmuskelzellen bleibt ebenfalls konstant.

Von einer **chronischen Volumenbelastung** spricht man, wenn das Füllungsvolumen ständig erhöht ist. Bei einer Aortenklappeninsuffizienz ist beispielsweise das enddiastolische Füllungsvolumen erhöht, da während der Diastole zusätzlich zum Blutvolumen aus dem Vorhof noch Blut aus der Aorta in den Ventrikel zurückströmt. Bei einer Mitralinsuffizienz ist das Volumen im linken Vorhof chronisch erhöht. Als Folge einer solchen Belastung entsteht zusätzlich zur Hypertrophie auch noch eine Dilatation des Herzmuskels (= **exzentrische Hypertrophie**).

Im sog. kompensierten Stadium kann das Herz durch diese Anpassungsmechanismen seine Funktion zunächst noch erfüllen und die strukturellen Veränderungen haben keine hämodynamische Relevanz. Dekompensiert das Herz jedoch unter der Belastung, treten Symptome einer Herzinsuffizienz auf:

- Ist das rechte Herz betroffen (= **Rechtsherzinsuffizienz**), staut sich das Blut in den Körperkreislauf zurück und es entstehen u.a. Ödeme in den unteren Extremitäten (s.S. 141).
- Ist das linke Herz betroffen (= **Linksherzinsuffizienz**), staut sich das Blut im Lungenkreislauf. Als Folge entsteht häufig ein Lungenödem (s.S. 132), wodurch die Patienten unter Atemnot leiden. Bei der Auskultation der Lunge kann man feuchte Rasselgeräusche hören.

**Das „Sportlerherz":** Durch die ständige starke Belastung kommt es zu einer gleichmäßigen Größenzunahme der Herzmuskelzellen und somit auch des Ventrikelradius. Damit das Herzzeitvolumen konstant bleibt, sinkt die Schlagfrequenz.

**Das „Sportlerherz":** Durch die ständige starke Belastung kommt es zu einer gleichmäßigen Größenzunahme der Herzmuskelzellen – es handelt sich in diesem Fall um eine „physiologische hypertrophe Anpassung". Die Herzmasse kann dabei von den normalen 300–350 g auf bis zu 500 g anwachsen. Durch die Zunahme der Wanddicke und Vergrößerung des Ventrikelradius wird pro Herzaktion ein größeres Blutvolumen gepumpt. Damit das Herzzeitvolumen konstant bleibt, sinkt die Schlagfrequenz.

### Arbeitsdiagramm des Herzens

Im sog. Arbeitsdiagramm des Herzens (Abb. **4.20**) werden die Druck- und Volumenänderungen während eines Herzzyklus durch die in den nachfolgenden Abschnitten beschriebenen **vier Kurven** repräsentiert.

## Arbeitsdiagramm des Herzens

Um die Herzarbeit während eines Herzzyklus zu veranschaulichen, kann man die Druck- und Volumenänderungen in ein Druck-Volumen-Diagramm eintragen und erhält so das sog. Arbeitsdiagramm des Herzens (Abb. **4.20**). Die Druck- und Volumenänderungen werden durch folgende **vier Kurven** repräsentiert.

4.20

**4.20 Arbeitsdiagramm des linken Ventrikels**

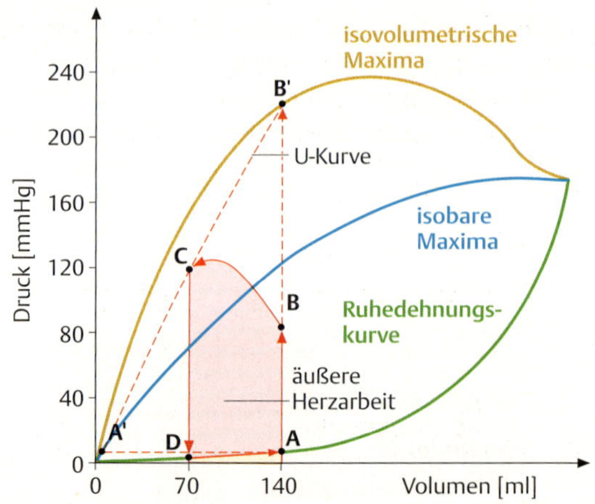


Die Strecke A–B entspricht der **isovolumetrischen Anspannungsphase,** die Strecke B–C der **auxotonen Austreibungsphase,** die Strecke C–D der **isovolumetrischen Entspannungsphase** und die Strecke D–A der **Füllungsphase.** Die Fläche, die von diesen Strecken umschrieben wird, entspricht der vom Herzen während eines Herzzyklus geleisteten **Druck-Volumen-Arbeit.**

- Ruhedehnungskurve
- Kurve der isovolumetrischen Maxima
- Kurve der isotonen (=isobaren) Maxima
- Kurve der Unterstützungsmaxima (U-Kurve).

Die während des Pumpens noch zusätzlich aufzubringende **Beschleunigungsarbeit** ist im Vergleich zur Druck-Volumen-Arbeit unter Normalbedingungen sehr gering (ca. 1% der Gesamtarbeit).
Die Bedeutung der o.g. Kurven wird in den nachfolgenden Abschnitten erläutert.

Im Vergleich zur Druck-Volumen-Arbeit ist die **Beschleunigungsarbeit** normalerweise sehr gering.

### Ruhedehnungskurve

Die Ruhedehnungskurve beschreibt die passiven Dehnungseigenschaften des Herzmuskels während der Diastole. Mit zunehmender Dehnung der Herzmuskelfasern ist ein immer stärkerer Druck notwendig, um das Volumen des Herzens weiter zu vergrößern. Dementsprechend verläuft die Ruhedehnungskurve zunächst flach und steigt mit zunehmendem Volumen immer steiler an.

**Ruhedehnungskurve**

Die Ruhedehnungskurve beschreibt die passiven Dehnungseigenschaften des Herzmuskels während der Diastole.

### Kurve der isovolumetrischen Maxima

Ausgehend von einem beliebigen Punkt der Ruhedehnungskurve kann man den maximalen Druck bestimmen, den das Herz bei konstantem Füllungsvolumen (also bei geschlossenen Herzklappen) aufbauen kann (B' in Abb. **4.20**). Wiederholt man dies für sämtliche Punkte der Ruhedehnungskurve, erhält man die Kurve der isovolumetrischen Maxima.
Da während des Herzzyklus die isovolumetrische Anspannungsphase bei Überschreiten des Drucks in der Ausflussbahn in die auxotone Austreibungsphase übergeht (Strecke B–C in Abb. **4.20** bzw. S. 94), kann eine rein isovolumetrische Kontraktion zur Bestimmung der isovolumetrischen Maxima nur unter experimentellen Bedingungen durchgeführt werden.

**Kurve der isovolumetrischen Maxima**

Die Kurve der isovolumetrischen Maxima gibt den jeweiligen maximalen Druck an, den das Herz bei konstanten Füllungsvolumina aufbauen kann (B' in Abb. **4.20**).

Eine rein isovolumetrische Kontraktion zur Bestimmung der isovolumetrischen Maxima kann nur unter experimentellen Bedingungen durchgeführt werden.

### Kurve der isotonen Maxima

Die Kurve der isotonen (= isobaren) Maxima erhält man, indem man ausgehend von jedem Punkt der Ruhedehnungskurve das maximale Schlagvolumen bestimmt, das bei konstantem Druck ausgeworfen werden kann. In Abb. **4.20** kennzeichnet A' den Endpunkt einer isobaren Kontraktion.

**Kurve der isotonen Maxima**

Diese Kurve gibt die maximalen Schlagvolumina bei jeweils konstantem Druck an.

### Kurve der Unterstützungsmaxima

Um die auxotone Kontraktion des Herzens im Arbeitsdiagramm darzustellen, bestimmt man zunächst ausgehend von einem Punkt auf der Ruhedehnungskurve das dazugehörige isotonische und isovolumetrische Maximum. Die Verbindungslinie zwischen diesen beiden Punkten bezeichnet man als Kurve der Unterstützungsmaxima (Strecke A'–B' in Abb. **4.20**). Auf ihr liegt – in Abhängigkeit vom systolischen Blutdruck in der Ausflussbahn – der Endpunkt der auxotonen Austreibungsphase.

**Kurve der Unterstützungsmaxima**

Die Kurve der Unterstützungsmaxima ist die Verbindungslinie zwischen dem isotonischen und dem isovolumetrischen Maximum eines Punktes der Ruhedehnungskurve (Strecke A'–B' in Abb. **4.20**). Sie spiegelt die auxotone Kontraktion des Herzens wider.

## Bestimmung des Herzzeitvolumens

Das Herzzeitvolumen (HZV = Schlagvolumen × Frequenz) lässt sich mithilfe des **Fick'schen Prinzips** bestimmen. Dazu benötigt man folgende Messgrößen:

- die ins Kapillarblut aufgenommene $O_2$-Menge ($\dot{V}_{O_2}$) und
- die $O_2$-Konzentration im arteriellen ($C_{aO_2}$) und gemischt-venösen Blut ($C_{vO_2}$).

Demnach ist:

$$\dot{V}_{O_2} = \dot{Q} \times (C_a - C_v)_{O_2}$$

wobei $\dot{Q}$ die Lungendurchblutung darstellt und in etwa mit dem Herzzeitvolumen identisch ist.
Daraus folgt:

$$HZV = \frac{\dot{V}_{O_2}}{(C_a - C_v)_{O_2}} \text{ [l/min]}$$

**Bestimmung des Herzzeitvolumens**

Das Herzzeitvolumen (HZV = Schlagvolumen × Frequenz) lässt sich mithilfe des **Fick'schen Prinzips** bestimmen.

$$HZV = \frac{\dot{V}_{O_2}}{(C_a - C_v)_{O_2}} \text{ [l/min]}$$

Die aufgenommene $O_2$-Menge kann mittels Spirometrie bestimmt werden, die arteriovenöse Konzentrationsdifferenz muss durch Messung im arteriellen und zentralvenösen Mischblut ermittelt werden (auf Intensivstationen erfolgt diese Messung z.B. mit sog. Picco-Kathetern [Pulse Contour Cardiac Output, dt. Pulskontur-Herzzeitvolumen]).

Der **Herzindex** ist das HZV bezogen auf die Körperoberfläche [m²].

Das Herzzeitvolumen bezogen auf die Körperoberfläche [m²] bezeichnet man als **Herzindex**.

4.4 Steuerung der Herztätigkeit

Die Leistung des Herzens muss an den jeweiligen Bedarf des Körpers angepasst werden. Das ausgeworfene Blutvolumen kann dabei von 5–6 l/min auf bis zu 25 l/min gesteigert werden.

Die Herztätigkeit wird über den **Frank-Starling-Mechanismus** (s. u.) und Strukturen des **vegetativen Nervensystems** (s. S. 101) reguliert.

## 4.4 Steuerung der Herztätigkeit

Die Leistung des Herzens muss sich sowohl an kurzfristige Druck- und Volumenschwankungen als auch an den jeweiligen Bedarf der zu versorgenden Gewebe bei unterschiedlicher körperlicher Belastung anpassen. Das in den Körperkreislauf ausgeworfene Blutvolumen beträgt in Ruhe etwa 5–6 l/min, kann aber unter Belastung auf bis zu 25 l/min gesteigert werden.

Die Herztätigkeit wird über folgende Mechanismen reguliert:

- **Frank-Starling-Mechanismus** (s. u.)
- Strukturen des **vegetativen Nervensystems** (Sympathikus und Parasysmpathikus mit den Neurotransmittern Noradrenalin bzw. Acetylcholin, s. S. 101).

Frank-Starling-Mechanismus

Über den Frank-Starling-Mechanismus ist das Herz in der Lage, sich schnell an eine erhöhte Vorlast (s. u.) oder eine erhöhte Nachlast (s. S. 101) anzupassen.

### Frank-Starling-Mechanismus

Über den sog. Frank-Starling-Mechanismus ist das Herz in der Lage, seine Tätigkeit kurzfristig sowohl an ein erhöhtes enddiastolisches Füllungsvolumen (→ erhöhte Vorlast, s. u.) als auch an einen erhöhten mittleren Aortendruck (→ erhöhte Nachlast, s. S. 101) anzupassen.

Erhöhung der Vorlast

Ein erhöhter venöser Rückstrom führt zu einem erhöhten enddiastolischen Füllungsvolumen (→ stärkere Vordehnung des Herzens = **Vorlast/preload** ↑). Im Arbeitsdiagramm verschieben sich dadurch der Punkt A und somit der gesamte Herzzyklus nach rechts (Abb. **4.21a**). Sowohl das Schlagvolumen als auch die geleistete Druck-Volumen-Arbeit sind größer geworden.

### Erhöhung der Vorlast

Ein erhöhter venöser Rückstrom (z.B. aufgrund starker Muskelaktivität) lässt mehr Blut in den rechten Ventrikel zurückfließen, wodurch schließlich auch das enddiastolische Füllungsvolumen im linken Ventrikel ansteigt. Dadurch wird das Herz verstärkt vorgedehnt, was man als eine Erhöhung der **Vorlast (= preload)** bezeichnet. Im Arbeitsdiagramm verschiebt sich dadurch der Punkt A, der das Ende der Füllungsphase bzw. den Beginn der Anspannungsphase markiert, nach rechts ($A_x$, Abb. **4.21a**). Zeichnet man nun ausgehend von $A_x$ das zugehörige Arbeitsdiagramm, erkennt man, dass sich durch den Anstieg der Vorlast der gesamte Herzzyklus im Diagramm nach rechts verschoben hat. Sowohl das Schlagvolumen des Herzens als auch die geleistete Druck-Volumen-Arbeit sind größer geworden.

**4.21 Frank-Starling-Mechanismus**

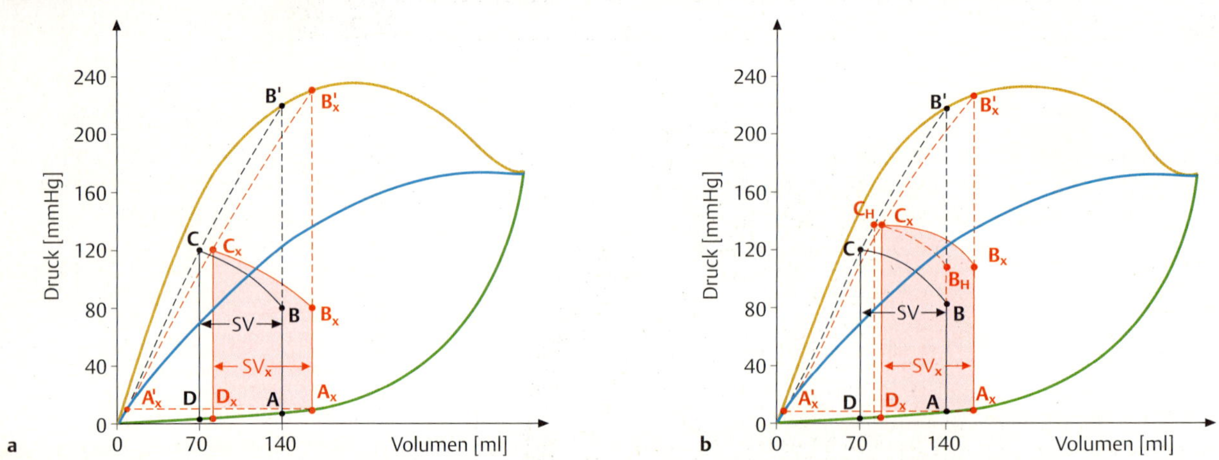


**a** Arbeitsdiagramm des linken Ventrikels bei **gesteigerter Vorlast**: Durch das im Vergleich zum Normalzustand gesteigerte enddiastolische Füllungsvolumen ($A_x$) wird das Herz stärker vorgedehnt, was eine Erhöhung des Schlagvolumens (SV) zur Folge hat.

**b** Arbeitsdiagramm des linken Ventrikels bei **gesteigerter Nachlast**: Durch den Anstieg des Aortenmitteldrucks steigt zunächst das Restvolumen (gestricheltes Diagramm). Dies führt in der nächsten Diastole zu einem erhöhten enddiastolischen Füllungsvolumen ($A_x$) und somit zu einer Vergrößerung des Schlagvolumens auf den ursprünglichen Wert.

▶ **Merke.** Ausgelöst durch eine Erhöhung der Vorlast kann das Herz sein Schlagvolumen so weit steigern (= Frank-Starling-Mechanismus), dass venöser Rückstrom und Ejektionsvolumen in ihren Mengen wieder übereinstimmen. **Fazit:** Wenn mehr hereinkommt, wird auch mehr herausgepumpt ($SV_x$ > SV).

▶ Merke.

Die zunehmende Kraftentwicklung bei steigender Vordehnung lässt sich auf zellulärer Ebene durch eine veränderte Sensitivität der Myofilamente für $Ca^{2+}$ erklären. Eine verstärkte Überlappung der kontraktilen Elemente spielt dabei nur eine untergeordnete Rolle.

Die zunehmende Kraftentwicklung bei steigender Vordehnung ist auf zellulärer Ebene v. a. durch eine veränderte Sensitivität der Myofilamente für $Ca^{2+}$ zu erklären.

### Erhöhung der Nachlast

Über den Frank-Starling-Mechanismus kann das Herz kompensatorisch auf einen erhöhten Auswurfwiderstand (= **Nachlast** bzw. **afterload**) reagieren: Steigt der Mitteldruck in der Aorta an (z. B. aufgrund einer arteriellen Hypertonie, s. auch S. 129), kann zunächst lediglich ein kleineres Schlagvolumen ausgeworfen werden, weshalb ein größeres Restvolumen im Ventrikel verbleibt. Im Arbeitsdiagramm verschiebt sich die Strecke B–C entsprechend der Druckerhöhung nach oben (→ Strecke $B_H - C_H$) und die U-Kurve wird schneller erreicht (Abb. **4.21b**). Bei der nächsten Ventrikelfüllung kommt es aufgrund des erhöhten Restvolumens zu einem erhöhten enddiastolischen Füllungsvolumen und einer entsprechenden Rechtsverschiebung des Arbeitsdiagramms. Dadurch steigt das Schlagvolumen wieder auf den ursprünglichen normalen Wert an.

Erhöhung der Nachlast

Steigt der Mitteldruck in der Aorta an, kann zunächst lediglich ein kleineres Schlagvolumen ausgeworfen werden, weshalb ein größeres Restvolumen im Ventrikel verbleibt (→ Verschiebung der Strecke B–C nach oben, Abb. **4.21b**). Bei der nächsten Ventrikelfüllung ergibt sich folglich ein erhöhtes enddiastolisches Füllungsvolumen, wodurch das Schlagvolumen wieder auf den ursprünglichen normalen Wert ansteigt.

▶ **Merke.** Der aus einer Erhöhung der Nachlast (afterload) resultierende Anstieg des enddiastolischen Füllungsvolumens (also Vorlast ↑) führt dazu, dass trotz des erhöhten Druckniveaus das normale Schlagvolumen befördert werden kann (= Frank-Starling-Mechanismus). **Fazit:** Das HZV kann trotz angestiegenem Druck in der Aorta konstant gehalten werden ($SV_x$ = SV).

▶ Merke.

## Einfluss des vegetativen Nervensystems auf die Herztätigkeit

Einfluss des vegetativen Nervensystems auf die Herztätigkeit

### Vegetative Innervation des Herzens

Das Herz wird von Sympathikus und Parasympathikus innerviert (Abb. **4.22**) und in seiner Tätigkeit reguliert:
- Der **Sympathikus** innerviert über die Nn. cardiaci cervicales und die Rr. cardiaci thoracici sämtliche Anteile des Herzens. Als Neurotransmitter dient v. a. **Noradrenalin (NA)**. Der außerdem nachgewiesene Transmitter Neuropeptid Y (NPY) spielt eine untergeordnete Rolle.

Vegetative Innervation des Herzens

Das Herz wird von Sympathikus und Parasympathikus innerviert (Abb. **4.22**) und in seiner Tätigkeit reguliert:
- Der **Sympathikus** innerviert sämtliche Anteile des Herzens. Als Neurotransmitter dient v. a. **Noradrenalin (NA)**.

**4.22 Vegetative Innervation des Herzens**

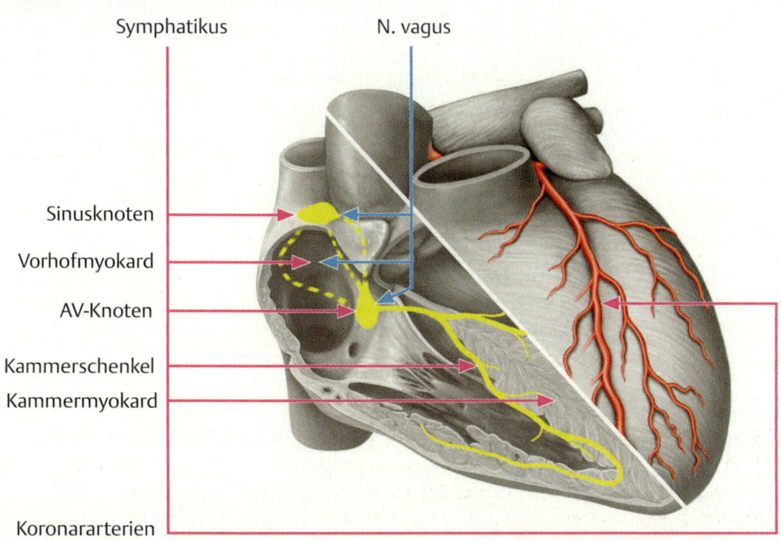


4.22

**4.4 Wirkungen des vegetativen Nervensystems auf das Herz**

| *System* | *Wirkung* | *Mechanismus* |
|---|---|---|
| **Sympathikus** | **positiv inotrop** (= Kontraktilität des Herzens ↑) | Die positiv inotrope Wirkung des Sympathikus ist durch eine Erhöhung der zytoplasmatischen $Ca^{2+}$-Konzentration bedingt: Noradrenalin (NA) aktiviert v. a. $\beta_1$- und $\beta_2$-Adrenorezeptoren in der Membran der Herzmuskelzellen. Über stimulatorische G-Proteine ($G_s$-Proteine) wird ein Anstieg des cAMP-Spiegels ausgelöst. Dies ermöglicht:<br>▪ die cAMP-abhängige Phosphorylierung spannungsaktivierter $Ca^{2+}$-Kanäle (L-Typ-$Ca^{2+}$-Kanäle) in der Plasmamembran der Herzmuskelzellen, wodurch sich deren Offenwahrscheinlichkeit erhöht.<br>▪ die cAMP-abhängige Phosphorylierung von Phospholamban. Dies hat eine Enthemmung der sarkoplasmatischen $Ca^{2+}$-ATPase SERCA (s. S. 82) zur Folge, wodurch die $Ca^{2+}$-Konzentration im sarkoplasmatischen Retikulum ansteigt. Beim nächsten Herzzyklus wird entsprechend mehr $Ca^{2+}$ freigesetzt. |
| | **positiv chronotrop** (= Herzfrequenz ↑) | NA → Aktivierung von β-Adrenorezeptoren in der Herzmuskelzellmembran → $G_s$-Proteine → cAMP-Spiegel ↑ (s.o.). Über eine Proteinkinase verstärkt cAMP wiederum den Schrittmacherstrom $I_f$ (s. S. 78). Dadurch wird das Schwellenpotenzial schneller erreicht und somit eine höhere Frequenz an Aktionspotenzialen ermöglicht. |
| | **positiv dromotrop** (= Überleitungsgeschwindigkeit am AV-Knoten ↑) | NA → Aktivierung von β-Adrenorezeptoren in der Herzmuskelzellmembran → $G_s$-Proteine → cAMP-Spiegel ↑ → Offenwahrscheinlichkeit spannungsaktivierter $Ca^{2+}$-Kanäle ↑ (s.o.). Der dadurch verstärkte $Ca^{2+}$-Einstrom führt zu einem schnelleren Aufstrich des Aktionspotenzials und damit zu einer erhöhten Überleitungsgeschwindigkeit im AV-Knoten. |
| | **positiv lusitrop** (= Relaxationsgeschwindigkeit des Arbeitsmyokards ↑) | NA → Aktivierung von β-Adrenorezeptoren in der Herzmuskelzellmembran → $G_s$-Proteine → cAMP-Spiegel ↑ → Phosphorylierung von Phospholamban → Enthemmung der sarkoplasmatischen $Ca^{2+}$-ATPase SERCA (s.o.). Diese fördert den Rücktransport des $Ca^{2+}$ ins sarkoplasmatische Retikulum und lässt die Muskelzellen dadurch schneller relaxieren. |
| **Parasympathikus** | **negativ inotrop** (= Kontraktilität des Herzens ↓) | Acetylcholin (ACh) aktiviert muskarinische ACh-Rezeptoren (v. a. M2-Rezeptoren). Über inhibitorische G-Proteine ($G_i$-Proteine) wird der cAMP-Spiegel gesenkt. Dadurch wird die oben beschriebene cAMP-abhängige Phosphorylierung spannungsaktivierter $Ca^{2+}$-Kanäle verhindert, woraufhin die Offenwahrscheinlichkeit dieser Kanäle abnimmt und die intrazelluläre $Ca^{2+}$-Konzentration sinkt.<br>Die negativ inotrope Wirkung des Parasympathikus kommt v. a. im Vorhof zum Tragen und spielt in der Kammer eine eher untergeordnete Rolle. |
| | **negativ chronotrop** (= Herzfrequenz ↓) | Die Aktivierung der M2-Rezeptoren durch ACh inhibiert über $G_i$-Proteine das cAMP-System und erniedrigt somit auch den Schrittmacherstrom $I_f$ (s. S. 78). Dadurch wird das Schwellenpotenzial später erreicht und die AP-Frequenz nimmt ab.<br>Außerdem aktivieren die βγ-Untereinheiten von $G_i$ einen acetylcholinabhängigen $K^+$-Kanal, der durch Hyperpolarisation die spontane diastolische Depolarisation und das Aktionspotenzial im Sinusknoten verzögert. |
| | **negativ dromotrop** (= Überleitungsgeschwindigkeit am AV-Knoten ↓) | ACh → Aktivierung von M2-Rezeptoren → $G_i$-Proteine → cAMP-Spiegel ↓ → Offenwahrscheinlichkeit spannungsaktivierter $Ca^{2+}$-Kanäle ↓ (s.o.). Dadurch wird der Aktionspotenzialaufstrich verlangsamt und die Überleitungsgeschwindigkeit im AV-Knoten nimmt ab.<br>Außerdem aktivieren die βγ-Untereinheiten von $G_i$ einen acetylcholinabhängigen $K^+$-Kanal, der durch Hyperpolarisation den Aufstrich des Aktionspotenzials im AV-Knoten verzögert und dadurch dessen Überleitungsgeschwindigkeit herabsetzt. |

- Der **Parasympathikus** innerviert Sinusknoten, AV-Knoten und Vorhöfe. Neurotransmitter ist **Acetylcholin (ACh)**.

- Der **Parasympathikus** innerviert über die aus dem N. vagus hervorgehenden Rr. cardiaci cervicales und thoracici den Sinusknoten, den AV-Knoten und die Vorhöfe. Neurotransmitter der parasympathischen Fasern ist **Acetylcholin (ACh)**. Eine parasympathische Regulation der Ventrikel ist ebenfalls möglich, spielt jedoch nur eine untergeordnete Rolle.

**Sensorische Afferenzen:** Über sensorische Afferenzen von **A- und B-Sensoren** in den Vorhöfen werden Sympathikus und Parasympathikus über die aktive Muskelspannung und den passiven Dehnungszustand des Herzens informiert.

**Sensorische Afferenzen:** In den Vorhöfen sind Mechanosensoren, die sog. A- und B-Sensoren, lokalisiert. **A-Sensoren** erfassen die aktive Muskelspannung, **B-Sensoren** den passiven Dehnungszustand des Herzens. Ihre Aktivierung führt über sensorische Afferenzen, die mit dem N. vagus in die sympathischen und parasympathischen Kerne im ZNS ziehen, zu einer Hemmung des Sympathikus und einer Aktivierung des Parasympathikus.

### Wirkungen des vegetativen Nervensystems auf das Herz

Sympathikus und Parasympathikus beeinflussen die Kontraktilität des Herzens (=**Inotropie**), die Herzfrequenz (=**Chronotropie**) und die Überleitungsgeschwindigkeit am AV-Knoten (=**Dromotropie**). Der Sympathikus wirkt zudem noch auf die Relaxationsgeschwindigkeit des Arbeitsmyokards (=**Lusitropie**).

Hinsichtlich der Chronotropie überwiegt im Ruhezustand der Effekt des Parasympathikus. Da bei trainierten Sportlern der Vagotonus erhöht ist, haben sie oftmals eine sehr niedrige (bradykarde) Herzfrequenz.

Tab. **4.4** gibt einen Überblick über Wirkungen und Wirkmechanismen von Sympathikus und Parasympathikus am Herzen. Die zellulären Abläufe sind in Abb. **4.23** dargestellt.

**Wirkungen des vegetativen Nervensystems auf das Herz**

Sympathikus und Parasympathikus beeinflussen **Inotropie**, **Chronotropie** und **Dromotropie**, der Sympathikus hat zudem noch einen positiv **lusitropen** Effekt.

Hinsichtlich der Chronotropie überwiegt im Ruhezustand der Effekt des Parasympathikus.

Tab. **4.4** und Abb. **4.23** zeigen, wie Sympathikus und Parasympathikus am Herzen wirken.

**4.23 Intrazelluläre Signalkaskaden bei der Steuerung der Herztätigkeit durch Sympathikus und Parasympathikus**

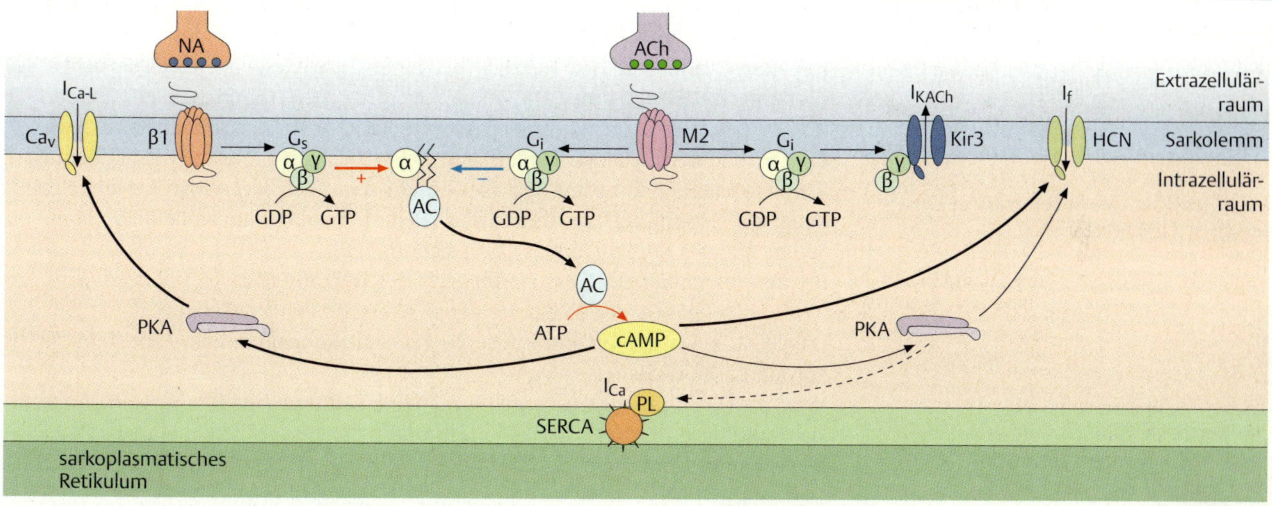


$I_{Ca-L}$ = L-Typ-Kalziumstrom, $I_{KACh}$ = ACh-aktivierter Kaliumstrom, $I_f$ = Schrittmacherstrom (funny-Strom), $Ca_v$ = spannungsgeschalteter Kalziumkanal, Kir3 = einwärts gerichteter Kaliumkanal, HCN = hyperpolarisationsaktivierter, durch zyklische Nukleotide geschalteter Kationenkanal, $G_i$ = inhibitorisches G-Protein, $G_s$ = stimulierendes G-Protein, $\beta_1$ = $\beta_1$-adrenerger Rezeptor, M2 = muskarinerger Rezeptor, AC = Adenylatzyklase, PL = Phospholamban, cAMP = zyklisches Adenosinmonophosphat, PKA = cAMP-abhängige Proteinkinase, SERCA = Sarcoplasmic Endoplasmic Reticulum Calciumtransporting ATPase (sarkoplasmatische Kalzium-ATPase).

**4.24 Arbeitsdiagramm des Herzens nach Sympathikusaktivierung**

**4.24**

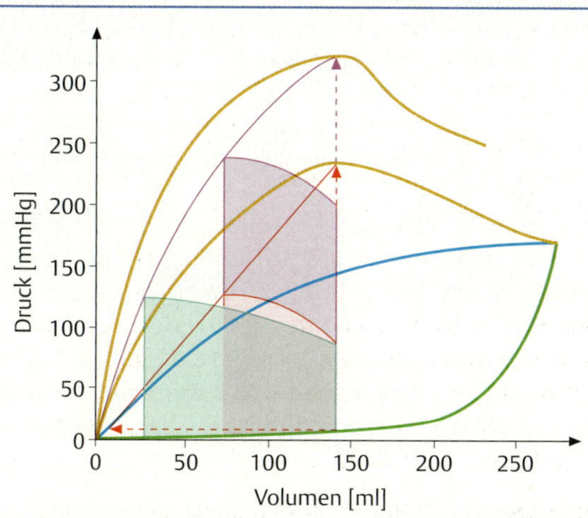


Im Vergleich zum Ruhezustand ist die vom Herzen geleistete Druck-Volumen-Arbeit unter Sympathikuseinfluss erhöht. Es kann entweder ein größeres Schlagvolumen gegen einen gleichbleibenden Aortendruck (hellblaue Fläche) oder das gleiche Schlagvolumen gegen einen erhöhten Aortendruck (helllila Fläche) ausgeworfen werden.

**Darstellung der Sympathikuswirkung im Arbeitsdiagramm:** Unter Sympathikuseinfluss wird die Kurve der isovolumetrischen Maxima und somit auch die Kurve der Unterstützungsmaxima steiler und höher (s. Abb. **4.24**, S. 103).

**Darstellung der Sympathikuswirkung im Arbeitsdiagramm:** Unter dem Einfluss des Sympathikus wird die Kurve der isovolumetrischen Maxima und somit auch die Kurve der Unterstützungsmaxima steiler und höher. Das bedeutet, dass entweder ein größeres Schlagvolumen gegen einen gleichbleibenden Aortendruck oder das gleiche Schlagvolumen gegen einen erhöhten Aortendruck ausgeworfen werden kann (s. Abb. **4.24**, S. 103).

4.5 Durchblutung und Stoffwechsel des Herzens

4.5.1 Sauerstoffbedarf des Herzens und Koronardurchblutung

Sauerstoffbedarf des Herzens

Der Sauerstoffbedarf des Herzens beträgt in körperlicher Ruhe 25 ml $O_2$/min. Die Sauerstoffextraktionsrate im Koronarsystem liegt in Ruhe bereits bei 70 %. Ein erhöhter $O_2$-Bedarf unter körperlicher Belastung wird daher fast ausschließlich über eine Steigerung des Koronarflusses (s. u.) sichergestellt.

$O_2$-Bedarf des Herzens = $AVD_{O_2} \times$ KBF; [ml $O_2$/min].

## 4.5 Durchblutung und Stoffwechsel des Herzens

### 4.5.1 Sauerstoffbedarf des Herzens und Koronardurchblutung

#### Sauerstoffbedarf des Herzens

Der Sauerstoffbedarf des Herzens bei einem Erwachsenen in körperlicher Ruhe beträgt etwa 25 ml $O_2$/min. Das entspricht ca. 10 % des Gesamtsauerstoffbedarfs des Körpers. Bei körperlicher Anstrengung wird das Herz stärker belastet, was mit einem erhöhten Sauerstoffbedarf einhergeht. Da die Sauerstoffextraktionsrate im Koronarsystem in Ruhe mit 70 % aber bereits sehr hoch liegt, wird eine ausreichende Sauerstoffversorgung bei erhöhtem Bedarf nahezu ausschließlich über eine Steigerung des Koronarflusses (s. u.) sichergestellt.
Bei der Berechung des Sauerstoffbedarfs des Herzens gilt:

$$O_2\text{-Bedarf des Herzens} = AVD_{O_2} \times \text{KBF}; \ [\text{ml } O_2/\text{min}].$$

Dabei ist $AVD_{O_2}$ die arteriovenöse $O_2$-Konzentrationsdifferenz, KBF steht für den koronaren Blutfluss.

Wird die $O_2$-Zufuhr experimentell unterbunden, tritt nach 6 – 10 min der Herzstillstand ein. Nach > 30 min treten irreversible Zellschäden auf.

Wird die $O_2$-Zufuhr experimentell für längere Zeit unterbunden (Anoxie), nimmt die Kontraktionskraft ab, bis nach 6 – 10 Minuten der Herzstillstand eintritt. Dauert der anoxische Zustand länger als 30 Minuten an, treten irreversible Zellschädigungen auf.

► Merke.

> ► **Merke.** Die Zeit von der Unterbrechung der Koronardurchblutung bis zum Eintreten irreversibler struktureller Veränderungen am Myokard bezeichnet man als **Wiederbelebungszeit.**

Die Wiederbelebungszeit ist für die einzelnen Organe sehr unterschiedlich.

Die Wiederbelebungszeit ist für die einzelnen Organe sehr unterschiedlich und variiert zwischen 10 min (Neuronen) und 30 min (Skelettmuskel).

Koronardurchblutung

Die Koronardurchblutung beträgt in Ruhe ca. 70 – 80 ml/min/100 g Gewebe und kann unter Belastung auf das 4 – 5-fache gesteigert werden.

#### Koronardurchblutung

Die Koronardurchblutung beträgt in Ruhe ca. 70 – 80 ml/min/100 g Gewebe. Es werden also etwa 5 % des Herzzeitvolumens allein für die Blutversorgung des Herzens benötigt. Unter Belastung kann die Koronardurchblutung auf des 4 – 5-fache gesteigert werden.

► Merke.

> ► **Merke.** Die Differenz zwischen Ruhe- und Maximaldurchblutung bezeichnet man als **Koronarreserve.**

Die Blutversorgung des **linken Ventrikels** ist durch Kompression der Koronargefäße während der Systole stark vermindert. Der **rechte Ventrikel** wird aufgrund der hier niedrigeren Druckverhältnisse kontinuierlich durchblutet.

Die Blutversorgung des **linken Ventrikels** ist während der Systole stark vermindert, da die Koronargefäße durch die Kontraktion der Arbeitsmuskulatur stark komprimiert werden. Der **rechte Ventrikel** wird aufgrund der hier niedrigeren Druckverhältnisse kontinuierlich durchblutet.
Eine Steigerung der Herzfrequenz wird vor allem durch die Verkürzung der Diastolendauer erreicht, was sich mittelbar nachteilig auf die linksventrikuläre Koronardurchblutung auswirkt.

**Regulation der Koronardurchblutung:** Folgende Faktoren haben hier eine entscheidende Bedeutung:
- lokale Metaboliten (s. S. 146)
- vom Endothel freigesetzte Substanzen (NO, $PGI_2$, s. S. 147)

**Regulation der Koronardurchblutung:** Die Durchblutung der Koronarien kann durch folgende Faktoren reguliert werden:
- lokale Metaboliten, wie z. B. $H^+$, $K^+$ und $CO_2$ (s. S. 146)
- vom Endothel freigesetzte Substanzen, wie NO und Prostaglandin $I_2$ ($PGI_2$) (s. S. 147)

- sympathische Fasern (mit Noradrenalin als Neurotransmitter, s.S. 150) bzw. parasympathische Fasern (mit Acetylcholin als Neurotransmitter, s.S. 151)
- Hormone, wie z.B. die Katecholamine Adrenalin und Noradrenalin (s.S. 151) oder Angiotensin II (s.S. 320)
- lokal-mechanisch durch einen Anstieg des Blutdrucks (Autoregulation, s.S. 149).

- sympathische bzw. parasympathische Fasern (s.S. 150 bzw. S. 151)
- Hormone (z.B. Katecholamine, s.S. 388, oder Angiotensin II, s.S. 319).
- Autoregulation (s.S. 149).

► Klinik. Eine Einschränkung der Koronardurchblutung durch eine in den Koronarien lokalisierte Atherosklerose bezeichnet man als **koronare Herzkrankheit (KHK)**. Es handelt sich dabei um die häufigste Todesursache in den westlichen Industrieländern.
Durch die verminderte Durchblutung der betroffenen Koronarie(n) entsteht ein Missverhältnis zwischen Sauerstoffbedarf und -angebot in der dazugehörigen Herzmuskulatur (Koronarinsuffizienz). Der durch die unzureichende Durchblutung bedingte Sauerstoffmangel im Myokard (Myokardischämie) kann sich auf folgende verschiedene Arten manifestieren:

- Angina pectoris (=Thoraxschmerzen bei reversibler Myokardischämie, die häufig zunächst nur unter Belastung auftreten)
- Myokardinfarkt (=ischämische Myokardnekrose, s. auch S. 92)
- Herzrhythmusstörungen
- plötzlicher Herztod.

Für Informationen zur Therapie einer solchen Stenose s. Klinik S. 189.

► Klinik.

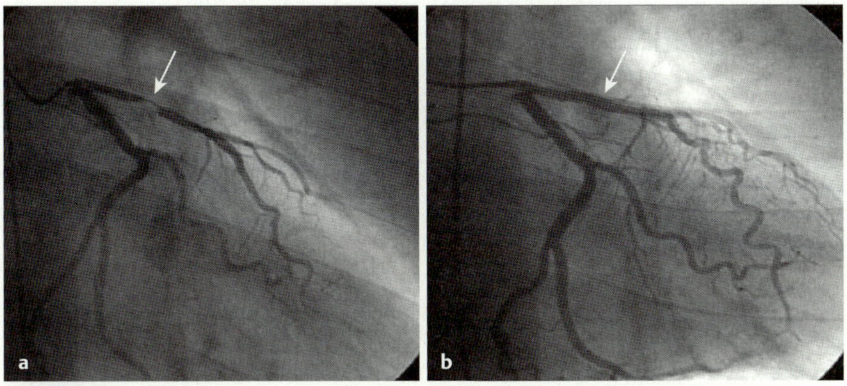


4.25 **Verengte (a) und nach Einsetzen einer Endoprothese (sog. Stent) wieder eröffnete Koronargefäße (b)** (Aufnahme von PD Dr. S. Maier)

## 4.5.2 Energetik und Stoffwechsel des Herzens

4.5.2 Energetik und Stoffwechsel des Herzens

### Energiebedarf des Herzens

Etwa 75% des Energiebedarfs entfallen auf die in der elektromechanischen Koppelung (s.S. 81) ablaufenden Prozesse. Ca. 15–20% der Energie werden für die Aufrechterhaltung der Struktur benötigt, auf die elektrische Erregung entfällt ca. 1% des Energieverbrauchs.

Energiebedarf des Herzens

Verteilung:

- elektromechanische Koppelung (s.S. 81): ca. 75%
- Aufrechterhaltung der Struktur: ca. 15–20%
- elektrische Erregung: ca. 1%.

### Substrate des kardialen Energiestoffwechsels

Unter Ruhebedingungen bilden Fettsäuren mit einem Anteil von etwa 40% den Hauptbestandteil der energieliefernden Substrate, gefolgt von Glukose mit einem Anteil von ca. 30% und Laktat mit ca. 20%. Zu einem geringen Anteil (ca. 7%) tragen Aminosäuren, Ketonkörper und Pyruvat zur Energieversorgung bei. Die jeweiligen Anteile der einzelnen Energielieferanten variieren jedoch in Abhängigkeit von ihrer Konzentration im Blut und der körperlichen Belastung.

Substrate des kardialen Energiestoffwechsels

Zur Deckung seines Energiebedarfs verstoffwechselt das Herz v.a. Fettsäuren, Glukose und Laktat.

▶ Merke.



▶ **Merke.** Bei körperlicher Belastung wird vom Herzen bevorzugt das dann vermehrt anfallende Laktat zur Energieproduktion verstoffwechselt.

### Stoffwechselwege

Die Zellen des Arbeitsmyokards sind reich an Mitochondrien. Diese erzeugen durch **oxidative Phosphorylierung** ATP.

Als ATP-Speicher dient in den Myozyten v.a. **Kreatinphosphat**.

Die **anaerobe glykolytische ATP-Synthese** spielt nur eine untergeordnete Rolle.

Für detaillierte Informationen zum Fettsäure-, Laktat- und Glukosestoffwechsel s. Lehrbücher der Biochemie.

4.6 Das Herz als endokrines Organ

**ANP (atriales natriuretisches Peptid)** wird bei Dehnung der Vorhöfe von den Herzzellen ins Blut abgegeben und führt über eine Natriurese/Diurese zu einer Erniedrigung des Plasmavolumens.

Neben ANP wird von den Vorhofmyozyten bei verstärkter Dehnung in geringem Umfang auch **BNP (brain natriuretic peptide)** freigesetzt, das ebenfalls natriuretisch und damit blutdrucksenkend wirkt. Bei chronischer Belastung werden beide Peptide auch vom Ventrikel sezerniert.

Die Peptidfreisetzung kann zusätzlich durch Endothelin, Angiotensin II und Zytokine stimuliert werden.

### Stoffwechselwege

Die Zellen des Arbeitsmyokards sind reich an Mitochondrien. Diese erzeugen durch **oxidative Phosphorylierung** ATP und sichern so den Energiebedarf des Herzens. ATP wird nach Bedarf durch die Myozyten produziert, jedoch kaum als solches gespeichert.

Als ATP-Speicher dient in den Myozyten v.a. **Kreatinphosphat**. Das Enzym Kreatinkinase katalysiert die Gleichgewichtsreaktion zwischen Kreatinphosphat und ATP. Bei hypoxischen Mangelsituationen kann aus dem Kreatinphosphat schnell Energie mobilisiert und ATP synthetisiert werden.

Die **anaerobe glykolytische ATP-Synthese** spielt – verglichen mit dem Skelettmuskel – nur eine untergeordnete Rolle.

Detaillierte Informationen zum Fettsäure-, Laktat- und Glukosestoffwechsel finden Sie in Lehrbüchern der Biochemie.

## 4.6 Das Herz als endokrines Organ

In den myoendokrinen Zellen v.a. des rechten Vorhofs wird das aus 28 Aminosäuren bestehende Peptidhormon **ANP (atriales natriuretisches Peptid)** zunächst als Pro-ANP gebildet und in Vesikeln gespeichert. Bei einer vermehrten Dehnung der Vorhöfe (z.B. bei erhöhtem zentralvenösem Volumen) wird ANP freigesetzt. Durch Steigerung der glomerulären Filtrationsrate und Hemmung der Aldosteronfreisetzung führt es zu einer vermehrten Salz- und Wasserausscheidung (s. auch S. 318) und somit zu einer Reduktion des Plasmavolumens. Werden die Vorhöfe weniger stark gedehnt, nimmt auch die ANP-Freisetzung ab (negative Rückkopplung).

Neben ANP wird von den Vorhofmyozyten bei verstärkter Dehnung des Atriums in geringem Umfang auch das aus 32 Aminosäuren bestehende **BNP (brain natriuretic peptide)** freigesetzt. Dieses Peptid wurde zuerst aus dem Schweinehirn isoliert und wirkt wie das ANP natriuretisch und damit blutdrucksenkend. Bei chronischer Belastung werden beide Peptide auch vom Ventrikel sezerniert. Da die BNP-Konzentration im Blut mit dem Schweregrad einer Herzinsuffizienz korreliert, wird sie auch als diagnostischer Marker verwendet. Dabei ist zu beachten, dass der Normbereich der BNP-Konzentration von Geschlecht und Alter abhängt.

Die Peptidfreisetzung kann zusätzlich durch Endothelin, Angiotensin II und Zytokine (Interleukin-1$\beta$ und TNF-$\alpha$) stimuliert werden.

## ▸ ver$_k$lin$_i$kte Vorklinik: Akuter Myokardinfarkt

**Anamnese:** Die notfallmäßige Einweisung des 54-jährigen Landwirts Herrn Oberhuber ins Krankenhaus erfolgte aufgrund eines starken Schmerzes „auf der Brust", der sich bei genauerer Nachfrage als hinter dem Brustbein beginnend und bis in die Unterkiefergegend hochziehend lokalisieren ließ. Dieser war plötzlich aufgetreten, als der Patient nach Genuss reichhaltiger Speisen am Büffet bei einer Familienfeier kurz das Restaurant verließ, um Zigaretten zu holen. Einen Schmerz in dieser Intensität hatte Herr Oberhuber nie zuvor verspürt, und er berichtete bei Eintreffen des Notarztes von einem mit dem Schmerz einhergehenden beklemmenden Angstgefühl. Auf die Frage nach Beschwerden ähnlichen Charakters berichtet der Patient, seit er nur noch den Fahrstuhl nehme, um in seine Wohnung (3. Stock) zu gelangen, habe er keine Probleme mehr gehabt. Vorher sei es beim Treppensteigen einmalig zu einem Engegefühl in der Brust gekommen, v. a. aber bekam er dabei des Öfteren schlecht Luft.

Bei der Eruierung von **Risikofaktoren** für einen Herzinfarkt, gibt der Patient an, dass weder ein Diabetes noch Bluthochdruck (arterielle Hypertonie) oder erhöhte Blutfettwerte (Hypercholesterinämie) bekannt wären. Er raucht jedoch seit ca. 25 Jahren mindestens eine Schachtel Zigaretten pro Tag (25 „pack years"). Sein Vater ist mit 49 Jahren an einem „Herzschlag" plötzlich gestorben.

**Körperliche Untersuchung** (Angabe der jeweiligen Normwerte in Klammern): 54-jähriger leicht adipöser Patient in reduziertem Allgemeinzustand. Blutdruck 135/80 mmHg (< 130/85 mmHg), Puls 108/min (50 – 100/min). Herztöne rein, keine pathologischen Geräusche. Über beiden Lungen sind basal vereinzelt feinblasige feuchte Rasselgeräusche auskultierbar. Die Leber ist etwas vergrößert ca. 4 cm unter dem Rippenbogen in der Medioklavikularlinie palpabel. Ansonsten unauffälliger Untersuchungsbefund.

**Laboruntersuchungen** (Angabe der jeweiligen Normwerte in Klammern): Kardiales Troponin T 3,7 µg/l (< 0,03 µg/l), CK (Creatinphosphokinase) 314 U/l (< 170 U/l), CK-MB-Aktivität 35 U/l (< 24U/l), LDH (Laktatdehydrogenase) 123 U/l (< 247U/l), aPTT (aktivierte partielle Thromboplastin-Zeit) 57 s (27 – 40 s), Gesamtcholesterin 245 mg/dl (< 200 mg/dl), LDL-Cholesterin 197 mg/dl (< 160 mg/dl), HDL-Cholesterin 40 mg/dl (≥ 35 mg/dl), Triglyzeride 380 mg/dl (< 150 mg/dl).

**EKG:** Absolute Arrhythmie, 65/min, ST-Hebung in den Ableitungen II, III, aVF, V1, V2 und Vr1 – Vr6.

**Röntgenaufnahme des Thorax a.-p. im Liegen:** Diskrete Zeichen einer Lugenstauung, weitere wegweisende pathologische Befunde finden sich nicht.

**Transthorakale Echokardiografie (TEE):** Hypo- bis Akinesie (eingeschränkte Beweglichkeit) inferior, mittelgradig eingeschränkte linksventrikuläre Funktion, im Farbdoppler keine Vitien (Herzklappenfehler) nachweisbar.

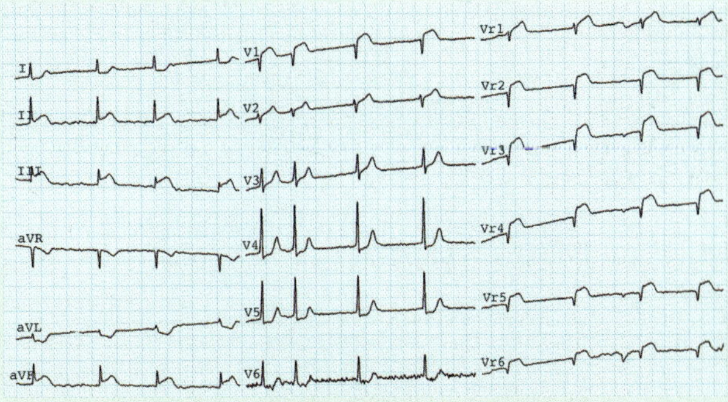

**EKG-Befund bei Hinterwandinfarkt.**

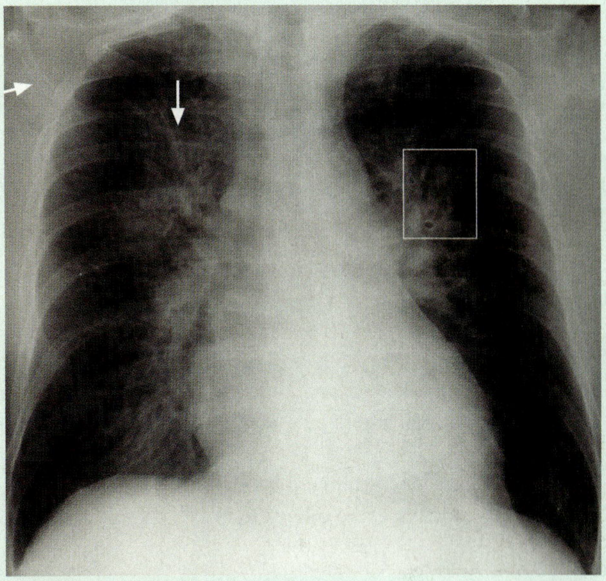
**Vermehrte Gefäßzeichnung bis in die Peripherie reichend als Zeichen der Lungenstauung.**

**Koronarangiografie (Herzkatheteruntersuchung):** Nachweis eines Verschlusses der Arteria coronaria dextra.

**Verlauf:** Im Zuge der schnellstmöglich nach Aufnahme durchgeführten Herzkatheteruntersuchung wird der Verschluss der rechten Herzkranzarterie aufgedehnt (Ballondilatation). Die Kontrollangiografie zeigt ein vollständig aufgeweitetes Gefäß.

Zur Minimierung der Risikofaktoren wird der Patient über den negativen Einfluss des Nikotinkonsums aufgeklärt und eine lipidsenkende Therapie (HMG-CoA-Reduktase-Hemmer) begonnen. Bereits am Tag nach der Behandlung fühlt sich Herr Oberhuber wieder recht gut. Nach 8 Tagen wird er in eine Rehabilitationsklinik zur Anschlussheilbehandlung verlegt.

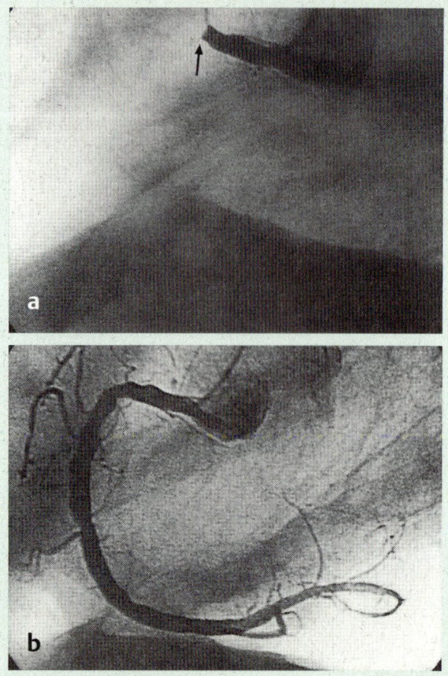


**a** Nachweis eines proximalen Verschlusses der rechten Koronararterie. **b** Kontrollangiografie nach Ballondilatation; vollständig aufgeweitetes Gefäß mit Darstellung aller Seitenäste.

**Fragen mit physiologischem Schwerpunkt:**

1. In der Rehabilitationsklinik wird bei Herrn Oberhuber erneut ein EKG abgeleitet. Auffälligste Befunde sind nun – neben einem mittlerweile erfreulicherweise wieder vorhandenen Sinusrhythmus – eine Abnahme der R-Zacke, eine tiefe Q-Zacke sowie eine sog. T-Negativierung in den Ableitungen II, III und aVF. Die im akuten Stadium vorhandenen ST-Strecken-Hebungen haben sich bereits zurückgebildet. Wie kommt es zu diesen Veränderungen?

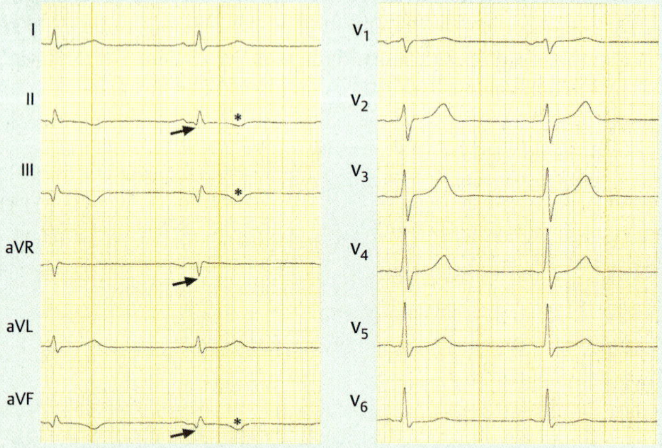


**EKG bei abgelaufenem Infarkt im sog. Folgestadium**; Pfeile zeigen auf die tiefen Q-Zacken, Sterne kennzeichnen die T-Negativierungen.

2. Auch im normalen EKG gibt es Abschnitte, in denen sich keine elektrische Aktivität ableiten lässt, sie liegen auf der 0 mV-Linie. Welche sind das und wie kommt es hierzu?
3. Warum können Sie anhand der Infarktzeichen im EKG in den Ableitungen II, III und aVF auf die Lokalisation des Infarktes schließen?
4. Das Thoraxröntgenbild und die Auskultation der Lungen geben Hinweise auf eine Lungenstauung. Welcher pathophysiologische Mechanismus ist hier die Ursache?

**Antwortkommentare:**

**Zu 1.** Der QRS-Komplex des EKGs repräsentiert die Erregung der Herzkammern. Veränderungen dieses Komplexe weisen also Störungen der elektrischen Aktivität in diesem Bereich hin. In der Folge eines Herzinfarkts gehen die im Bereich der verschlossenen Herzkranzarterie liegenden Herzmuskelfasern zugrunde. Die an der elektrischen Aktivität teilnehmende Herzmuskelmasse nimmt ab, die R-Zacke im EKG verliert an Höhe. Die tiefe Q-Zacke ist Ausdruck einer veränderten Erregungsrichtung im Infarktgebiet: In den untergegangenen Herzmuskelfasern lassen sich keine Potenzialdifferenzen mehr ableiten, sie stellen sich im EKG als elektrisch tot dar. In dem Moment, in der dieser Bereich der Herzkammer eigentlich erregt (depolarisiert) werden sollte, dreht sich der Summenvektor zur gegenüberliegenden, gesunden Seite, da nur hier ein Vektor abgegriffen werden kann (sog. Zwischen- bzw. Folgestadium des Myokardinfarkts, s. S. 92).

**Zu 2.** Gemeint sind die PQ- und die ST-Strecke. Sie repräsentieren den Moment der vollständigen Vorhof- (PQ) bzw. Kammererregung (ST). Da sich Potenzialdifferenzen nur im Grenzbereich zwischen erregtem und unerregtem Gewebe ableiten lassen, bleiben Phasen vollständiger Herzmuskelerregung im EKG „unsichtbar" (vgl. hierzu S. 85).

**Zu 3.** Abhängig von der Lokalisation des Myokardinfarktes lassen sich die Infarktzeichen im EKG in bestimmten Ableitungen nachweisen. Die Herzinfarktlokalisation bzw. die veränderten Ableitungen entsprechen dabei dem Versorgungsgebiet der von dem Verschluss betroffenen Koronararterie. Betrachtet man den Cabrera-Kreis (s. S. 88) mit den Einthoven- und Goldberger-Ableitungen, lässt sich erkennen, dass die Ableitungen II, III und aVF die Ventrikelhinterwand repräsentieren. Sie liegen im Versorgungsgebiet der rechten Koronararterie. Genauso kann man aus infarkttypischen EKG-Zeichen in den Ableitungen aVL, I und V1–V4 auf einen Myokardinfarkt im anteroseptalen Bereich des Herzmuskels schließen.

**Zu 4.** Durch die untergegangene Herzmuskelmasse nimmt die Kontraktilität des linken Ventrikels ab. Das Schlagvolumen ist reduziert, das endsystolische Blutvolumen nimmt zu. Es kommt zu einem „Stau" des Blutes vor dem linken Ventrikel. Durch die Überfüllung steigt der hydrostatische Druck im linken Vorhof und im pulmonalen Gefäßbett an. Folge ist ein Austritt von Flüssigkeit aus den gestauten Lungenkapillaren in das Interstitium und die Alveolen. Abhängig von dem Ort des hauptsächlichen Flüssigkeitsaustritts spricht man von einem interstitiellen oder einem alveolären Lungenödem (s. S. 132). Typische klinische Symptome des alveolären Lungenödems sind Rasselgeräusche insbesondere über den basalen Lungenabschnitten, Luftnot (Dyspnoe) und ein gestörter Gasaustausch.

# Blutkreislauf

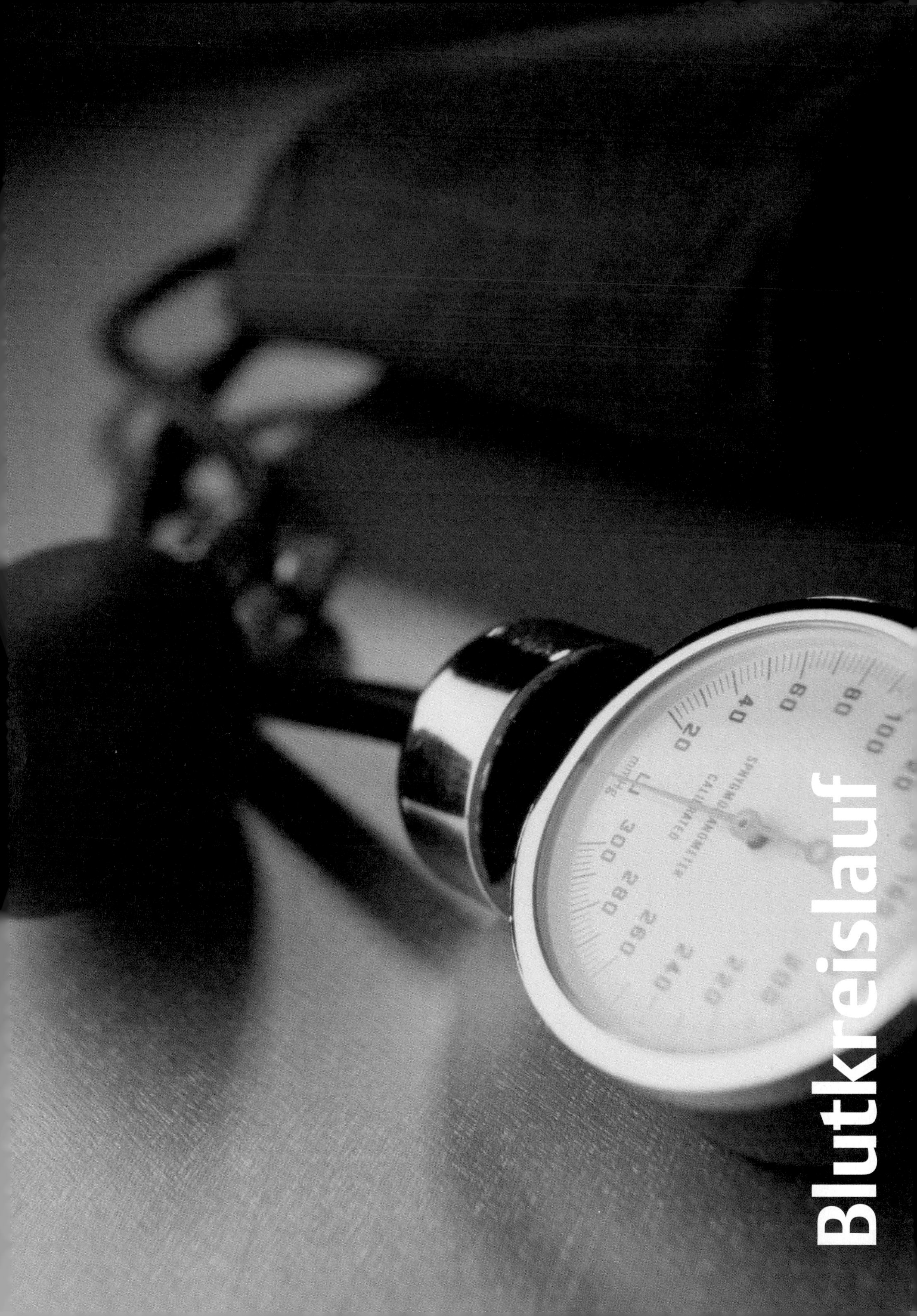

# 5 Blutkreislauf



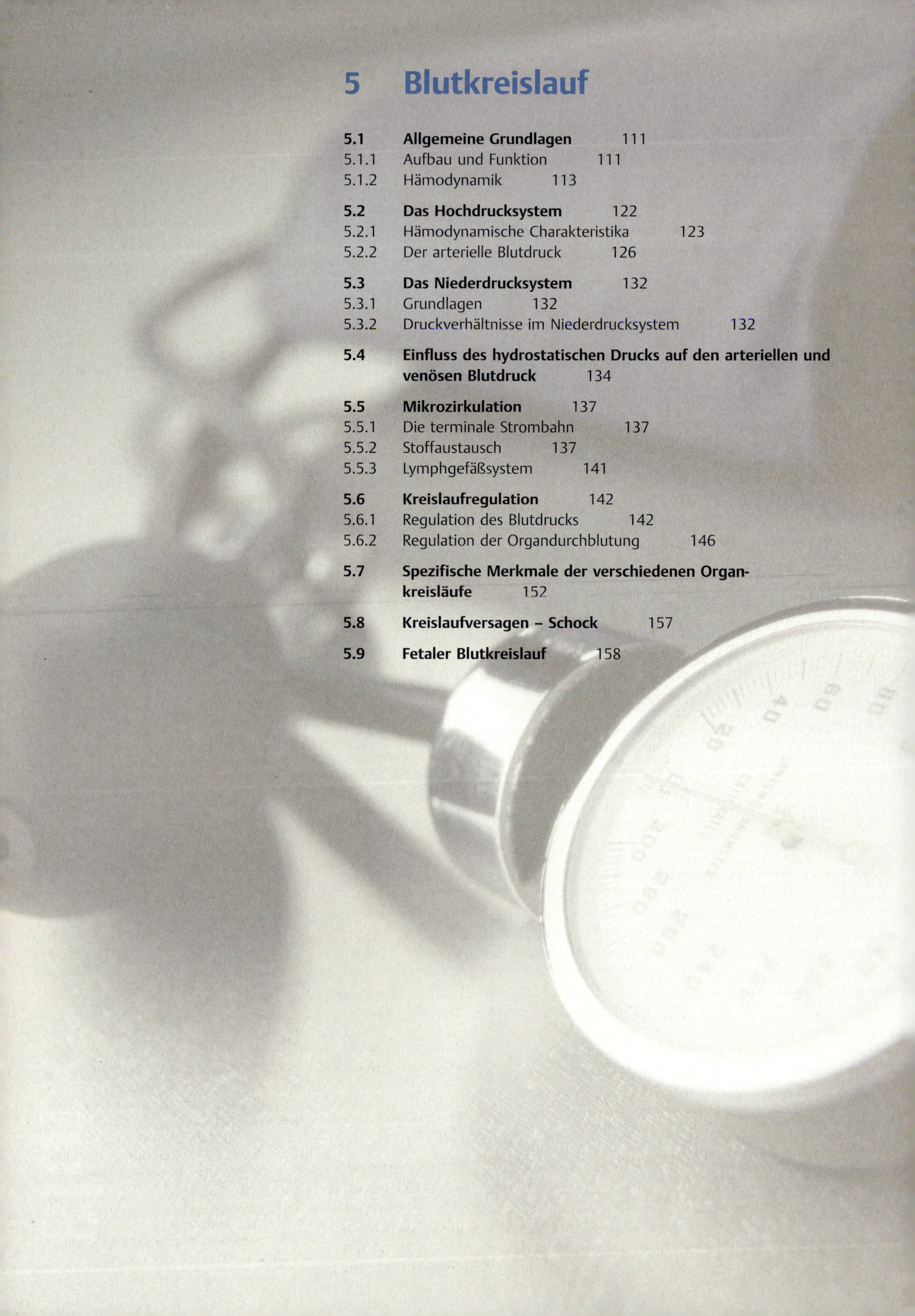

# 5 Blutkreislauf

## 5.1 Allgemeine Grundlagen

### 5.1.1 Aufbau und Funktion

Der Blutkreislauf des Menschen (Abb. **5.2**) dient dem aktiven und passiven Transport von Atemgasen und Nähr- bzw. Abfallstoffen. Damit ist er eine wesentliche Grundlage der Versorgung aller Organe und damit der Aufrechterhaltung sämtlicher Körperfunktionen.

▶ **Merke.** Wird diese Transportfunktion auch nur geringfügig gestört oder kann das Herz-Kreislauf-System seine Funktion nicht mehr ausreichend erfüllen, kann es zur Störung und u.U. sogar zum Ausfall wesentlicher Funktionen kommen.

▶ **Klinik.** Bei einem **Hirninfarkt** kommt es durch einen Gefäßverschluss zu einer akuten Durchblutungsstörung mit nachfolgendem Untergang von Hirngewebe in dem durch das betroffene Gefäß versorgten Gebiet (Abb. **5.1**). Je nach Lokalisation und Ausmaß der Schädigung kann es zu neurologischen Ausfällen wie Bewusstseinsstörungen, Sprachstörungen, (halbseitigen) Paresen und Sensibilitätsstörungen oder auch zum Tod kommen.

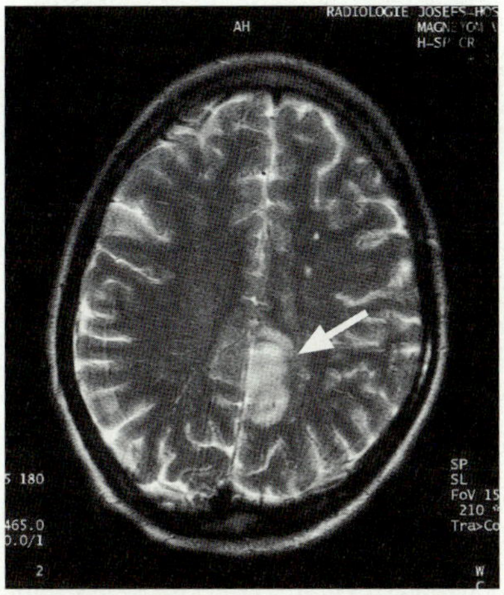

**5.1 Hirninfarkt**

MRT-Aufnahme eines ca. 8 Stunden alten Infarkts im hinteren A.-cerebri-anterior-Stromgebiet links (Pfeil).

Beim **Herzinfarkt (Myokardinfarkt)** kommt es aufgrund einer verengten oder verschlossenen Koronararterie (s. Abb. **4.25**, S. 105) zu einer unzureichenden Durchblutung des Herzmuskels und dadurch zu einer Gewebeschädigung (ischämische Myokardnekrose). Klinisch zeigen sich meist sog. Angina-pectoris-Beschwerden (heftige Thoraxschmerzen, typischerweise mit Ausstrahlung in den linken Arm), wobei ca. 15 – 20 % aller Herzinfarkte „stumm“, d. h. ohne Schmerzsymptomatik verlaufen. Weitere typische Symptome sind Schwäche, Angst, Herzrhythmusstörungen bis hin zu Kammerflimmern, Zeichen einer Herzinsuffizienz (s. S. 98) und vegetative Begleitsymptome (Übelkeit, Schwitzen, u. a.).

Das **Kreislaufsystem** (Abb. **5.2**) besteht aus zwei hintereinander geschalteten Teilkreisläufen:
- **Körperkreislauf** (= großer Kreislauf) und
- **Lungenkreislauf** (= kleiner Kreislauf).

Das Herz, das funktionell in rechtes und linkes Herz unterteilt wird, verbindet beide Kreisläufe und treibt sie als „Pumpe“ an, so dass man auch vom **Herz-Kreislauf-System** spricht. Das rechte Herz pumpt Blut über die Lungenarterien in die Lungen, damit dort das sauerstoffarme, kohlendioxidreiche Blut Sauerstoff ($O_2$) aufnehmen und Kohlendioxid ($CO_2$) abgeben kann **(Lungenkreislauf)**. Das linke Herz pumpt das sauerstoffreiche Blut dann über die Aorta und die großen **Arterien**, die als

5 Blutkreislauf

5.1 Allgemeine Grundlagen

5.1.1 Aufbau und Funktion

Der Blutkreislauf des Menschen (Abb. **5.2**) ist ein effektives Transportsystem für Atemgase, Nährstoffe, Metaboliten und Abfallprodukte.

▶ Merke.

▶ Klinik.

Das **Kreislaufsystem** (Abb. **5.2**) besteht aus zwei hintereinander geschalteten Teilkreisläufen (**Körperkreislauf und Lungenkreislauf**). Herz und Blutgefäße haben innerhalb dieses Systems verschiedene Funktionen:
- das **Herz**, das funktionell in rechtes und linkes Herz unterteilt wird, dient als Hauptantriebspumpe
- die **Arterien** sind Verteilungssystem und Druckreservoir
- die **Kapillaren** dienen dem Stoffaustausch zwischen Blut und Gewebe

5.2

## 5.2 Blutkreislauf des Menschen – Übersicht

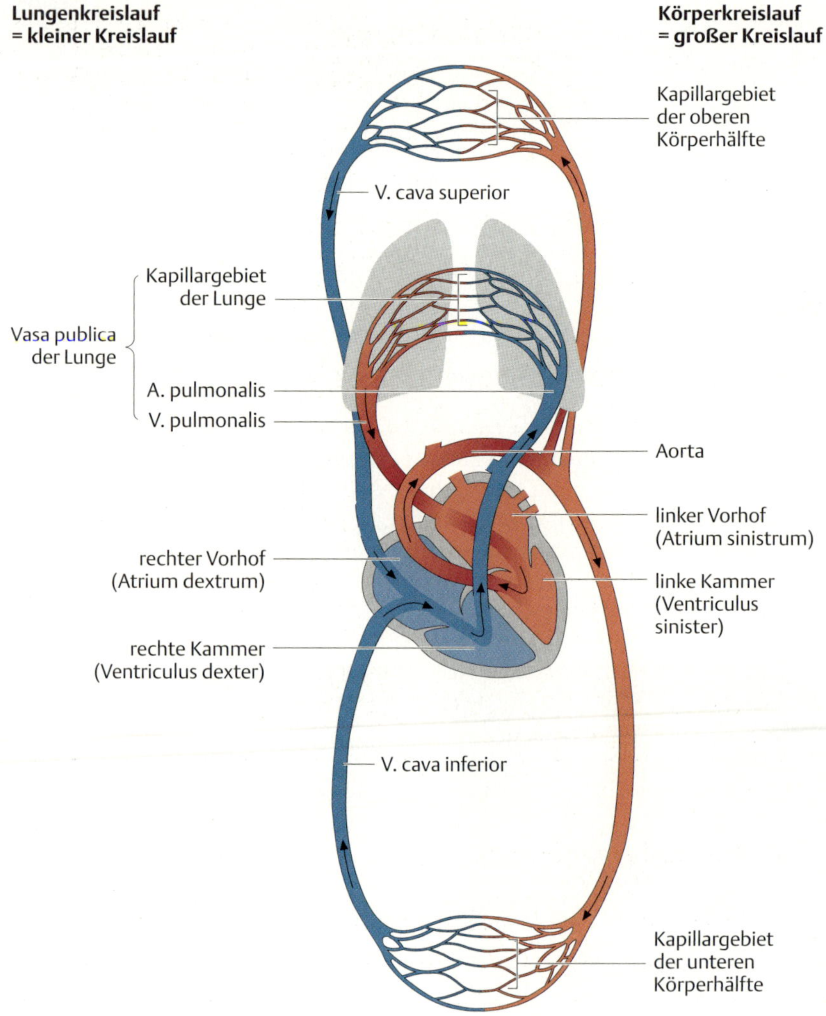


- die **Venen** fungieren als Blutreservoir und Sammelsystem.

**Funktionell** unterscheidet man
- Hochdrucksystem und
- Niederdrucksystem.

Das **Hochdrucksystem** (s. S. 122) besteht aus dem linkem Ventrikel (in der Systole) und den arteriellen Gefäßen.

Das **Niederdrucksystem** (s. S. 132) besteht aus Kapillaren und Venen, rechtem Herzen, Lungenkreislauf, linkem Vorhof und linkem Ventrikel (in der Diastole).

Abb. **5.3** zeigt die Verteilung des Blutvolumens auf Hoch- und Niederdrucksystem.

Druckreservoir dienen, in den Körper **(Körperkreislauf)** zu den Arteriolen und **Kapillaren.** In den Kapillaren findet der Austausch zwischen Blut und Gewebe hinsichtlich $O_2$, $CO_2$ und anderer Stoffe statt. Das Blut aus den Kapillaren sammelt sich in den Venolen und **Venen** und fließt dann wieder zum rechten Herz.
**Funktionell** lässt sich der Blutkreislauf unterteilen in
- Hochdrucksystem und
- Niederdrucksystem.

Zum **Hochdrucksystem** (s. S. 122) gehören der linke Ventrikel (nur in der Systole) und die arteriellen Gefäße, also Aorta und nachfolgende Arterien bis hin zu den Arteriolen. Es enthält nur ca. 15 % des gesamten Blutvolumens und stellt als Druckspeicher die Blutversorgung der verschiedenen Organe sicher.
Zum **Niederdrucksystem** (s. S. 132) gehören die Kapillaren, sämtliche Venen, das rechte Herz, der Lungenkreislauf, der linke Vorhof und der linke Ventrikel (während der Diastole). Es enthält ca. 85 % des Blutvolumens und dient als Blutreservoir.
Einen Überblick über die Verteilung des Blutvolumens auf Hoch- und Niederdrucksystem gibt Abb. **5.3**.

5.3 und Niederdrucksystem des menschlichen Blutkreislaufs

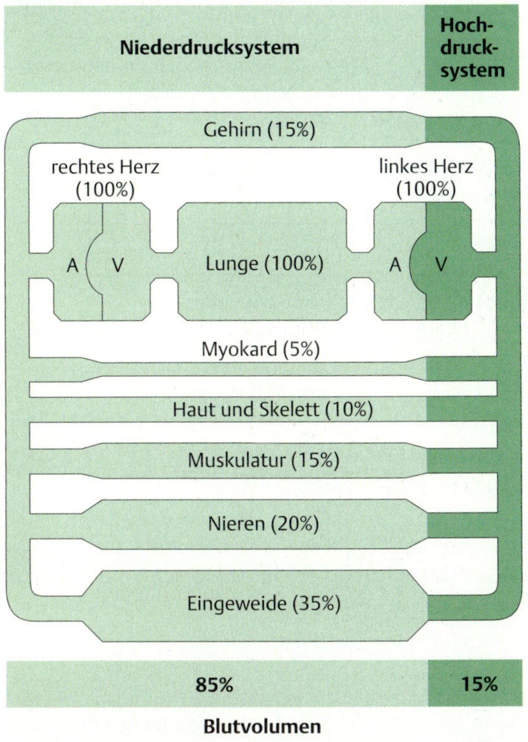


Dargestellt sind die prozentualen Anteile der verschiedenen Organe am Herzminutenvolumen (HMV) unter Ruhebedingungen.

## 5.1.2 Hämodynamik

### Wesentliche hämodynamische Parameter

Für Flüssigkeiten, die in einem Rohrsystem fließen, gelten bestimmte physikalische Gesetzmäßigkeiten. Diese sind zum Teil auch auf den Blutstrom durch das Kreislaufsystem übertragbar.
Von Bedeutung sind dabei vor allem folgende Parameter:
- Stromstärke und Strömungsgeschwindigkeit,
- Strömungswiderstand,
- (Blut-)Druck und
- Strömungsform.

### Stromstärke und Strömungsgeschwindigkeit

► Definition.

- Die **Stromstärke $\dot{V}_y$** bezeichnet das pro Zeiteinheit Δt durch das System transportierte Volumen ΔV und ist somit das Maß für die Durchblutung:
$$\dot{V}y = \frac{\Delta V}{\Delta t}\ [l/min]$$
- Die **Strömungsgeschwindigkeit v [m/s]** ist die jeweilige Geschwindigkeit, mit der sich die einzelnen Flüssigkeitsteilchen bewegen. Mit $\bar{v}_q$ bezeichnet man die über den Querschnitt des Gefäßes gemittelte Strömungsgeschwindigkeit.

$\dot{V}_y$ ist abhängig vom:
- Strömungswiderstand R [mm Hg × min × $l^{-1}$] oder [kPa × min × $l^{-1}$] (s. S. 114) und der
- Druckdifferenz $\Delta p = p_1 - p_2$ zwischen zwei Abschnitten im Blutkreislauf.

Nach dem **Ohm-Gesetz** gilt: $\dot{V}y = \frac{\Delta p}{R}$

5.3

5.1.2 Hämodynamik

Wesentliche hämodynamische Parameter

Gewisse physikalische Gesetzmäßigkeiten für ein Rohrsystem lassen sich auf das Kreislaufsystem übertragen. Folgende Parameter sind dafür von Bedeutung:
- Stromstärke und Strömungsgeschwindigkeit,
- Strömungswiderstand,
- (Blut-)Druck und
- Strömungsform.

Stromstärke und Strömungsgeschwindigkeit

► Definition.

Nach dem **Ohm-Gesetz** gilt:
$$\dot{V}y = \frac{\Delta p}{R}$$

5.4

5.4 **Kontinuitätsgleichung**

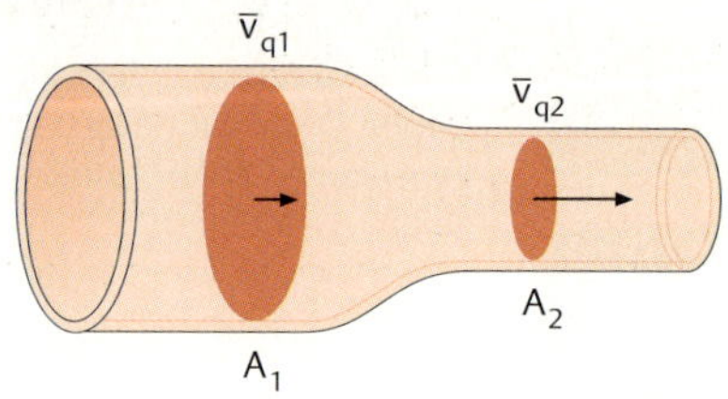


Bei kleiner werdendem Gefäßquerschnitt ($A_2 < A_1$) muss die über dem jeweiligen Querschnitt gemittelte Strömungsgeschwindigkeit zunehmen ($\bar{v}_{q_2} > \bar{v}_{q_1}$).

▶ Merke.

▶ **Merke.** Die **Stromstärke** einer Flüssigkeit wird umso größer,
- je größer die Druckdifferenz Δp („treibende Kraft") und
- je kleiner der Strömungswiderstand R ist.

Nach der **Kontinuitätsgleichung** für strömende Flüssigkeiten (Abb. **5.4**) gilt:
$\dot{V}_y = A \times \bar{v}_q = \text{konstant}$

Nach der **Kontinuitätsgleichung** (Abb. **5.4**) muss die Stromstärke in jedem Abschnitt des Kreislaufsystems unabhängig vom jeweiligen Gefäßquerschnitt A jederzeit konstant sein:

$$\dot{V}_y = A \times \bar{v}_q = \text{konstant}$$

Um die Stromstärke bei Veränderung des Gefäßquerschnitts konstant zu halten ($\dot{V}_y \sim r^4$!, s. S. 118), muss sich die mittlere Strömungsgeschwindigkeit also entsprechend verändern:

▶ Merke.

▶ **Merke.**
- Bei gleich bleibender Stromstärke verhält sich die **mittlere Strömungsgeschwindigkeit** im jeweiligen Abschnitt des Kreislaufsystems umgekehrt proportional zum Gefäßquerschnitt (Abb. **5.4**).
- Dies gilt auch für miteinander verbundene Gefäße, bei denen der jeweilige Gesamtquerschnitt der Gefäße in den verschiedenen Abschnitten des Gefäßverlaufs variiert. So ist z. B. der Gesamtquerschnitt der Kapillaren deutlich größer als derjenige der Aorta, sodass die Geschwindigkeit des Blutstroms (s. Abb. **5.8**, S. 118) im Kapillarbereich sehr viel langsamer wird.

### Strömungswiderstand

Für den **Strömungswiderstand R** gilt:
$R = \frac{8 \times \eta \times l}{\pi \times r^4}$

### Strömungswiderstand

Der **Strömungswiderstand R** wird durch mehrere Faktoren beeinflusst, was sich in folgender Formel widerspiegelt:

$$R = \frac{8 \times \eta \times l}{\pi \times r^4}$$

dabei ist η = Viskosität der Flüssigkeit (s. S. 119), r = Gefäßradius und l = Gefäßlänge.

▶ Merke.

▶ **Merke.** Der Strömungswiderstand verhält sich umgekehrt proportional zur vierten Potenz des Gefäßradius:

$$R \sim \frac{1}{r^4}$$

und je größer der Strömungswiderstand ist, desto steiler ist bei Konstanz der Stromstärke der Druckabfall im Gefäßverlauf.

**1. Kirchhoff-Gesetz** für **hintereinander** geschaltete Widerstände (Abb. **5.5**):
$R_{gesamt} = R_1 + R_2 + ... + R_n$

Der **Gesamtwiderstand $R_{gesamt}$** eines Kreislaufsystems setzt sich aus den Einzelwiderständen der einzelnen Gefäßabschnitte zusammen:
**$R_{gesamt}$** eines Kreislaufsystems hängt von den Einzelwiderständen der einzelnen Gefäßabschnitte ab:
- **1. Kirchhoff-Gesetz:** Der Gesamtwiderstand **hintereinander** (in Reihe) geschalteter Einzelwiderstände ist die Summe der Einzelwiderstände (Abb. **5.5**):

$$R_{gesamt} = R_1 + R_2 + R_3 + ... + R_n$$

**5.5 1. Kirchhoff-Gesetz**

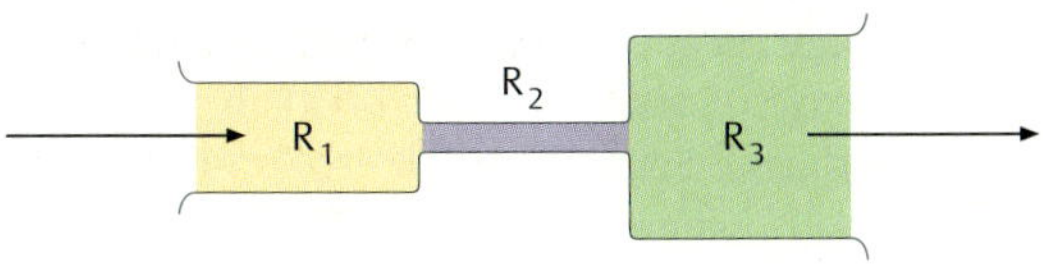


Für hintereinander geschaltete Widerstände gilt:
$R_{gesamt} = R_1 + R_2 + R_3 + ... + R_n$

**5.6 2. Kirchhoff-Gesetz**

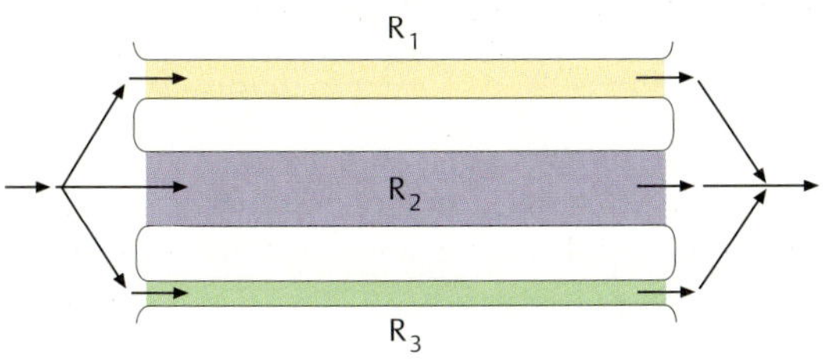


Für parallel geschaltete Widerstände gilt:
$\frac{1}{R_{gesamt}} = \frac{1}{R_1} + \frac{1}{R_2} + ... + \frac{1}{R_n}$

**2. Kirchhoff-Gesetz** für **parallel** geschaltete Widerstände (Abb. **5.6**):
$\frac{1}{R_{gesamt}} = \frac{1}{R_1} + \frac{1}{R_2} + ... + \frac{1}{R_n}$

- **2. Kirchhoff-Gesetz:** Der Kehrwert des Gesamtwiderstands **parallel** geschalteter Widerstände (wie im Blutgefäßsystem aufgrund der Verzweigungen) ist die Summe der Kehrwerte der Einzelwiderstände (Abb. **5.6**):
$$\frac{1}{R_{gesamt}} = \frac{1}{R_1} + \frac{1}{R_2} + ... + \frac{1}{R_n}$$
Der Kehrwert des Widerstands eines Gefäßes beschreibt dessen Leitfähigkeit. Somit addieren sich bei parallel geschalteten Gefäßen die Leitfähigkeiten der einzelnen Gefäße und folglich sinkt deren Gesamtwiderstand.

**▶ Merke.**

- Der Gesamtwiderstand **in Reihe** geschalteter Gefäße ist **größer** als der Widerstand jedes einzelnen Gefäßes.
- Der Gesamtwiderstand **paralle**l geschalteter Gefäße ist **kleiner** als der Widerstand jedes einzelnen Gefäßes.
- Der Gesamtwiderstand wird umso kleiner, je mehr Gefäße parallel geschaltet sind.

**▶ Klinik.** Beim Verschluss eines parallel geschalteten Arterienastes im Rahmen einer **Lungenembolie** kommt es zur Erhöhung des Gesamtwiderstands in den noch durchgängigen Gefäßen und damit zu einem Bluthochdruck in den Lungenarterien **(pulmonale Hypertonie)**.

Mithilfe des Ohm-Gesetzes kann der Gesamtwiderstand in Körperkreislauf **(totaler peripherer Widerstand, TPW)** und Lungenkreislauf **(LKW)** mit nachfolgender Formel berechnet werden:
$$R = \frac{\Delta p}{\dot{V}_y}$$

Gesamtwiderstand **im Körperkreislauf = totaler peripherer Widerstand (TPW):** Er kann mit dem Ohm-Gesetz (s. S. 113) berechnet werden:
$$\text{Aus } \dot{V}_y = \frac{\Delta p}{R} \text{ ergibt sich } R = \frac{\Delta p}{\dot{V}_y}$$
Bei einer Blutstromstärke $\dot{V}_y$ (entspricht dem sog. Herzzeitvolumen, HZV) von etwa 5 l/min in Ruhe (s. S. 73) und einer Druckdifferenz Δp von etwa 97 mm Hg zwischen Aorta (mit einem mittleren Aortendruck von 100 mm Hg; $p_{art\text{-}sys} = 120$ mm Hg, $p_{art\text{-}dia} = 80$ mm Hg) und rechtem Vorhof ($p_v = 2-4$ mm Hg) ergibt sich:
$$\mathbf{TPW} = \frac{97\ \text{mmHg}}{5\ \text{l/min}} \approx \mathbf{20\ mmHg \times min/l}$$

**Gesamtwiderstand im Lungenkreislauf = Lungenkreislaufwiderstand (LKW):** Bei einer Druckdifferenz Δp von etwa 7 mm Hg zwischen der Pulmonalarterie (mittlerer Druck 12 mm Hg) und dem linken Vorhof (ca. 5 mm Hg) ergibt sich analog (vgl. Berechnung des TPW): **LKW ≈ 1,4 mm Hg × min/l.**

Der TPW ist ca. 15-mal größer als der LKW. Um dasselbe Blutvolumen gegen einen wesentlich höheren Widerstand anpumpen zu können, benötigt der linke Ventrikel eine im Vergleich zum rechten Ventrikel deutlich größere Muskelmasse.

Der Widerstand im Lungenkreislauf ist also deutlich (ca. 15-mal) geringer als der Widerstand im Körperkreislauf, so dass der linke Ventrikel im Vergleich zum rechten Ventrikel die gleiche Blutmenge gegen einen wesentlich größeren Strömungswiderstand transportieren muss. Dafür ist ein deutlich größerer Energieaufwand notwendig, was sich an der im Seitenvergleich größeren Ausdehnung und Muskelmasse des linken Ventrikels widerspiegelt.

▶ Klinik.

▶ Klinik. Bei **Arteriosklerose** (s. Abb. **6.16**, S. 189) nimmt durch Ablagerungen in den Blutgefäßen die Gesamtquerschnittsfläche, durch die das Blut strömen kann, ab. Folglich ist der TPW erhöht. Um das Herzzeitvolumen bei diesem erhöhten TPW auf etwa 5 l/min zu halten, muss der Blutdruck entsprechend dem Ohm-Gesetz ansteigen, was letztlich zu pathologischem Bluthochdruck **(Hypertonie)** führen kann.

### Blutdruck

Der **Blutdruck** als treibende Kraft für den Blutstrom ist abhängig von Stromstärke $\dot{V}_y$ und Widerstand R:

$$\Delta p = \dot{V}_y \times R$$

### Blutdruck

Der Blutdruck ist die treibende Kraft für den Blutstrom und spielt daher eine wichtige Rolle im Kreislaufsystem. Er ist abhängig von Stromstärke und Widerstand im Kreislaufsystem. Nach dem Ohm-Gesetz gilt: $\Delta p = \dot{V}_y \times R$

Ausführliche Informationen zum Druck finden Sie in den Kapiteln Hochdrucksystem (s. S. 122) und Niederdrucksystem (s. S. 132).

### Strömungsformen

**Laminare Strömung** (Abb. **5.7a**): Hierbei fließen die Teilchen parallel zueinander, wobei ihre Geschwindigkeit zur Gefäßmitte hin mit abnehmendem Reibungswiderstand immer weiter zunimmt. Nur bei der laminaren Strömung gilt:

$$\dot{V}_y \sim \Delta p$$

### Strömungsformen

**Laminare Strömung** (Abb. **5.7a**): Hier fließen sämtliche Flüssigkeitsteilchen parallel zum Gefäßverlauf und verschieben sich somit auch parallel zueinander. Dabei bilden sich konzentrische Schichten von Teilchen, die sich jeweils mit der gleichen Geschwindigkeit bewegen. Die äußerste Schicht fließt am langsamsten, weil sich dort die bewegten Flüssigkeitsmoleküle an der ruhenden Gefäßwand reiben und dadurch abgebremst werden. Die Geschwindigkeit nimmt von außen nach innen mit jeder nachfolgenden Schicht teleskopartig immer weiter zu und ist in der Mitte des Gefäßes schließlich am höchsten, da der Reibungswiderstand hier am geringsten ist. Nur bei der laminaren Strömung gilt:

$$\dot{V}_y \sim p_1 - p_2, \text{ also } \dot{V}_y \sim \Delta p$$

▶ Merke.

▶ Merke. Bei laminarer Strömung bleibt der Strömungswiderstand bei steigender Stromstärke konstant.

**Turbulente Strömung** (Abb. **5.7b**): Die Teilchen fließen nicht mehr parallel zueinander sondern verwirbelt. Dabei gilt:

$$\dot{V}_y \sim \sqrt{\Delta p}$$

**Turbulente Strömung** (Abb. **5.7b**): Die Geschwindigkeit einer turbulenten Strömung nimmt in Richtung Strömungsmitte ab, da Turbulenzen zur Verwirbelung der Flüssigkeitsmoleküle führen, wodurch Reibungen entstehen, die dem System Energie entziehen. Die Flüssigkeitsbewegung ist bei gleicher Druckdifferenz viel langsamer. Bei der turbulenten Strömung gilt:

$$\dot{V}_y \sim \sqrt{p_1 - p_2}; \text{ also } \dot{V}_y \sim \sqrt{\Delta p}$$

▶ Merke.

▶ Merke. Bei turbulenter Strömung nimmt der Widerstand mit steigender Stromstärke zu.

Ursachen für Turbulenzen sind Unebenheiten, Kanten oder Festkörper in der fließenden Strömung oder auch Gefäßverengungen und eine stark verringerte Blutviskosität η.

Ursachen für turbulente Strömungen sind Unebenheiten, Kanten oder Festkörper in der fließenden Strömung, wie z. B. sehr scharfe Gefäßbiegungen, Gefäßauflagerungen („Verkalkungen") oder auch Gefäßverengungen (Stenosen) und eine stark verringerte Blutviskosität η (z. B. bei schwerer Anämie).

▶ Merke.

▶ Merke. Zur Erhöhung der Stromstärke sind bei turbulenter Strömung größere Druckdifferenzen nötig.

*Beispiel:* Um die Stromstärke bei laminarer Strömung zu verdoppeln, muss die Druckdifferenz verdoppelt werden, bei turbulenter Strömung muss sie vervierfacht werden.

**5.7 Strömungsformen – Geschwindigkeitsprofile**

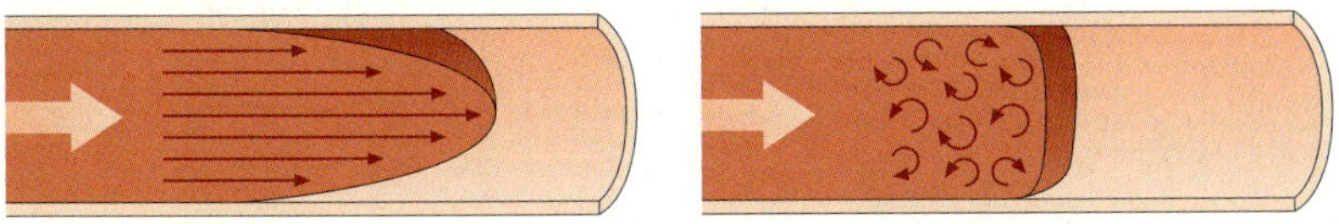

a $\dot{V} \sim p_1 - p_2$ b $\dot{V} \sim \sqrt{p_1 - p_2}$

**a** Bei laminarer Strömung nimmt die Strömungsgeschwindigkeit in Richtung Gefäßmitte zu.
**b** Bei turbulenter Strömung flacht das Strömungsprofil in Richtung Gefäßmitte ab.

Die **Reynoldszahl Re** dient der Abschätzung der Strömungsform nach folgender Formel:

$$Re = \frac{2 \times r \times \rho \times v}{\eta}$$

Dabei ist η = Viskosität der Flüssigkeit (s. S. 119); r = Gefäßradius; ρ = Dichte der Flüssigkeit; v = Strömungsgeschwindigkeit der Flüssigkeit.
Bei einer Reynoldszahl über 2000 – 2200 (bei großem Radius, hoher Dichte, hoher Strömungsgeschwindigkeit oder geringer Viskosität) kommt es meist zu turbulenten Strömungen.

Die **Reynoldszahl Re** dient der Abschätzung der Strömungsform nach folgender Formel:

$$Re = \frac{2 \times r \times \rho \times v}{\eta}$$

Bei Re > 2000 – 2200 kommt es meist zu turbulenten Strömungen.

**Besonderheiten im Blutkreislauf:** Im Blutkreislauf kommen außer während der Austreibungsphase in den herznahen Gefäßen (Aorta und A. pulmonalis) unter **physiologischen** Bedingungen nur **laminare** Strömungen vor. Darüber hinaus auftretende turbulente Strömungen sind immer pathologisch.

**Besonderheiten im Blutkreislauf:** Im Blutkreislauf kommen unter **physiologischen** Bedingungen außer in der Aorta und der A. pulmonalis ausschließlich **laminare** Strömungen vor.

▶ **Merke.** Jede laminare Strömung kann in eine turbulente Strömung übergehen, wenn die Strömungsgeschwindigkeit ansteigt.

▶ **Merke.**

Dies kann man sich gut am Beispiel eines Wasserhahns vor Augen führen: Ist er leicht aufgedreht, kommt es zu einer laminaren Strömung, dreht man ihn weiter auf, geht der Wasserfluss in eine turbulente Strömung mit entsprechender Geräuschentwicklung über. Dasselbe gilt für das Blutgefäßsystem: Auch hier kommt es – unter pathologischen Bedingungen – zu Turbulenzen und damit zu Strömungsgeräuschen.

Beispiel Wasserhahn:
- leicht aufgedreht: laminare Strömung
- stärker aufgedreht: turbulente Strömung mit Geräuschentwicklung.

▶ **Klinik.** Bei der **peripheren arteriellen Verschlusskrankheit (pAVK)**, einer Sonderform der Arteriosklerose (s. S. 189), kommt es aufgrund von Verengungen, z. B. in der A. femoralis oder A. poplitea, zu turbulenten Strömungen. Über den betroffenen Arterien kann man dann mit dem Stethoskop u. U. ein **Strömungsgeräusch** hören. Allerdings ist ein nicht hörbares Geräusch kein Beweis für fehlende Verengungen, da es sowohl bei sehr gering ausgeprägter als auch bei hochgradiger Stenose bzw. bei einem Gefäßverschluss nicht mehr nachweisbar ist.

▶ **Klinik.**

Unter physiologischen Bedingungen kann man im Blutgefäßsystem die Strömungsgeschwindigkeit des arteriellen Blutflusses durch Abdrücken der Blutgefäße erhöhen und damit Turbulenzen erzeugen. Dies macht man sich z. B. bei der **Blutdruckmessung nach Riva-Rocci** zunutze (s. S. 131).
Die mit dem Stethoskop hörbaren **Geräusche** entstehen dadurch, dass Flüssigkeitsmoleküle sich nicht mehr nur parallel zueinander bewegen (wie bei einer laminaren Strömung), sondern auch quer zur Ausbreitungsrichtung der Flüssigkeit, wobei sie aufeinander und auch gegen die Gefäßwand prallen.
Abb. **5.8** bietet eine Übersicht über die Zusammenhänge zwischen Druck, Strömungsgeschwindigkeit und Gesamtquerschnittsfläche in den verschiedenen Abschnitten des Kreislaufsystems.

Durch Abdrücken von Gefäßen werden Turbulenzen verursacht, die eine Geräuschentwicklung mit sich bringen, die man bei der **Blutdruckmessung** (s. S. 131) nutzt.

Die auskultierbaren **Geräusche** enstehen, wenn sich Flüssigkeitsmoleküle auch quer zur Ausbreitungsrichtung der Flüssigkeit bewegen.

Die Zusammenhänge von Druck, Strömungsgeschwindigkeit und Gesamtquerschnitt im menschlichen Kreislaufsystem zeigt (Abb. **5.8**)

**5.8 Schematische Darstellung des Zusammenhangs zwischen Strömungsgeschwindigkeit, Blutdruck und Gefäßquerschnittsfläche im Kreislaufsystem**

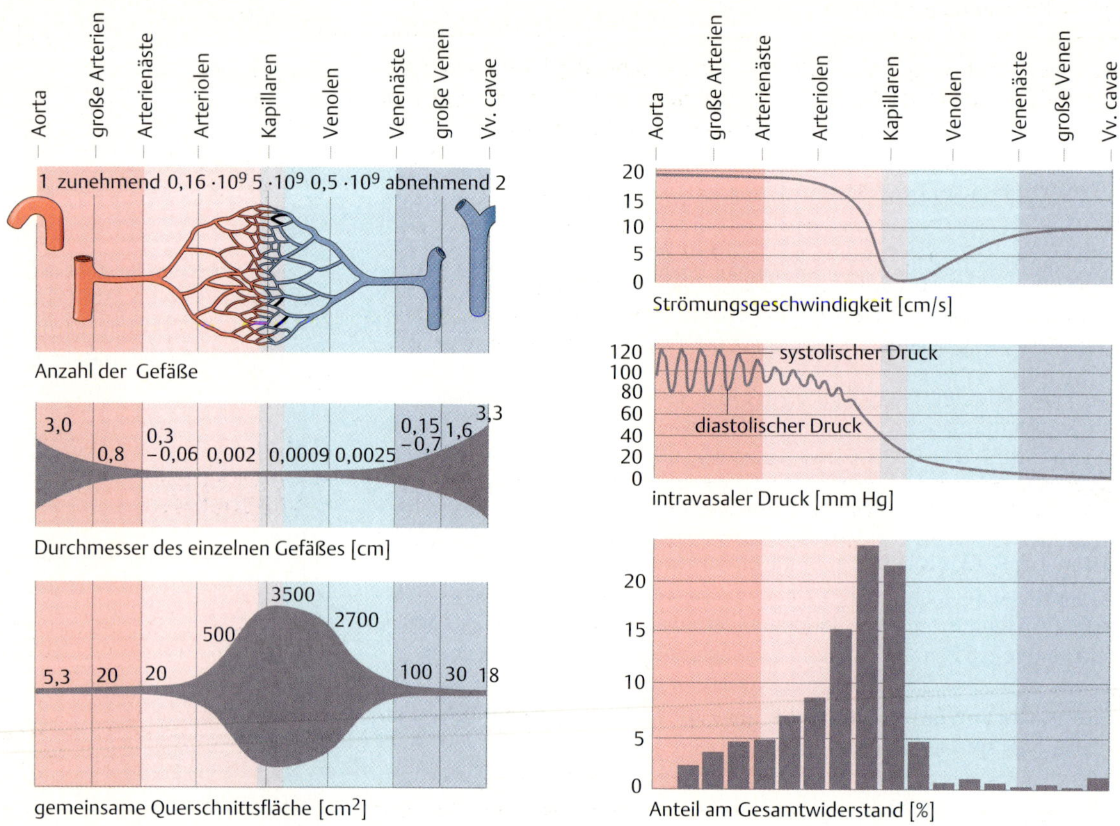


**Gesamtquerschnittsfläche, Strömungsgeschwindigkeit:** Die Gesamtquerschnittsfläche der Blutgefäße ist im Bereich der Kapillaren, sowohl in der Peripherie als auch in den Lungen, am größten und die Strömungsgeschwindigkeit (nach der Kontinuitätsgleichung) am niedrigsten. Die Strömungsgeschwindigkeit fällt also von 20 cm/s in der Aorta bis auf 0,03 cm/s in den Kapillaren ab und steigt in der Vena cava wieder auf Werte um die 10 cm/s an (analog im Lungenkreislauf).

**Druckverlauf im Körperkreislauf:** In der Aorta und entlang der großen und mittleren Arterien fällt der Blutdruck nur geringfügig ab; der Strömungswiderstand in diesen Gefäßen muss also relativ niedrig sein. Zur Peripherie hin nimmt der Druckabfall immer weiter zu mit einem Maximum in den Arteriolen. Entsprechend ist dort der Strömungswiderstand am größten – die Arteriolen werden deshalb auch als **Widerstandsgefäße** bezeichnet. Sie spielen eine wesentliche Rolle bei der Durchblutung, denn durch aktive Veränderung ihrer Blutgefäßdurchmesser haben sie großen Einfluss auf den Strömungswiderstand und damit auch auf die Durchblutung.

### Wichtige hämodynamische Einflussgrößen

Dazu gehören:
- Gefäßradius,
- Viskosität und
- Elastizität der Blutgefäße.

#### Gefäßradius

Der Gefäßradius ist von entscheidender Bedeutung für
- den Strömungswiderstand: $R \sim \frac{1}{r^4}$ und
- die Stromstärke: $\dot{V}_y \sim r^4$ **(Hagen-Poiseuille-Gesetz)**.

## Wichtige hämodynamische Einflussgrößen

Zu den wichtigen hämodynamischen Einflussgrößen auf die o.g. Parameter gehören:
- der Gefäßradius,
- die Viskosität und
- die Elastizität der Blutgefäße.

### Gefäßradius

Der Gefäßradius ist von entscheidender Bedeutung für
- den **Strömungswiderstand** R (s. S. 114): $R \sim \frac{1}{r^4}$ und
- die **Stromstärke** $\dot{V}_y$: Setzt man die Gleichung für den Strömungswiderstand in die Gleichung für das Ohm-Gesetz ein, erhält man das (allerdings nur für laminare Strömungen gültige) **Hagen-Poiseuille-Gesetz:**

$$\dot{V}_y = \frac{\Delta p \times \pi \times r^4}{8 \times \eta \times l}$$

Daraus folgt, dass sich die Stromstärke proportional zur vierten Potenz des Radius verhält: $\dot{V}_y \sim r^4$.

▶ Merke. Stromstärke und Strömungswiderstand hängen vor allem vom Gefäßradius ab: Kleine Änderungen des Gefäßdurchmessers führen zu einer großen Veränderung der Durchblutungssituation.

▶ Merke.

**Beispiel:** Bei einer Erweiterung des Gefäßradius um 20% sinkt der Strömungswiderstand bereits auf weniger als die Hälfte ab. Die Durchblutung (Stromstärke) würde damit (bei gleicher Druckdifferenz) auf mehr als das Doppelte ansteigen.

▶ Klinik. Eine **Gefäßverengung** (Stenose) führt entweder zu einer Reduktion der Durchblutung oder – bei konstant bleibender Durchblutung – zu einem Anstieg des Blutdrucks. Bei der Therapie mit sog. Vasodilatatoren, z.B. Nitropräparaten (s.S. 148) und $Ca^{2+}$-Antagonisten, kommt es über die Erschlaffung der Blutgefäßmuskulatur zu einer **Gefäßerweiterung** (Dilatation). Dies führt entweder zu einer Erhöhung der Durchblutung oder – bei konstant gehaltener Durchblutung – zu einer Erniedrigung des Blutdrucks.

▶ Klinik.

### Viskosität

Viskosität

▶ Definition. Die **Viskosität η** beschreibt die Stärke der Reibung innerhalb einer Flüssigkeit, die auftritt, wenn die einzelnen Teilchen der Flüssigkeit gegeneinander verschoben werden (Abb. **5.9**).

▶ Definition.

Daher ist die Viskosität von Art und Stärke der zwischen den benachbarten Teilchen wirkenden **Kohäsionskräfte** (Anziehungskräfte) abhängig.
Sie geht in
- das **Hagen-Poiseuille-Gesetz** zur Bestimmung der Stromstärke $\dot{V}_V$ bei laminaren Strömungen (s.S. 116) und
- die Formel der **Reynoldszahl** (s.S. 117) zur Abschätzung der Strömungsart

mit ein und wird in [mPa × s] oder als Quotient aus effektiver Viskosität (s.u.) und Plasma-Viskosität (1,2 mPa × s) angegeben.
Bei vielen Flüssigkeiten ist die Viskosität in Abhängigkeit von der jeweiligen Zusammensetzung eine Konstante, die nur von der Temperatur beeinflusst wird. Anschauliche Beispiele hierfür sind warmer/kalter Honig bzw. warmes/kaltes Öl, hier gilt: Je wärmer, desto dünnflüssiger bzw. je kälter, desto visköser. Blut bildet eine Ausnahme. Seine Viskosität wird neben Temperatur und Zusammensetzung (s.u.) auch noch von den Strömungsbedingungen bestimmt.

Sie ist von Art und Stärke der **Kohäsionskräfte** zwischen den Flüssigkeitsteilchen abhängig.
Die Viskosität geht ein in
- das **Hagen-Poiseuille-Gesetz** und
- die Formel der **Reynoldszahl**.

Bei vielen Flüssigkeiten ist die Viskosität in Abhängigkeit von der jeweiligen Zusammensetzung eine Konstante, die nur von der Temperatur beeinflusst wird. Eine Ausnahme bildet hierbei das Blut.

▶ Merke. Die Viskosität von Blut ist variabel. Da sie je nach Strömungsbedingungen unterschiedliche Werte annehmen kann, spricht man von der jeweiligen **effektiven** bzw. **apparenten** (scheinbaren) **Viskosität des Blutes**.

▶ Merke.

5.9 **Viskosität**

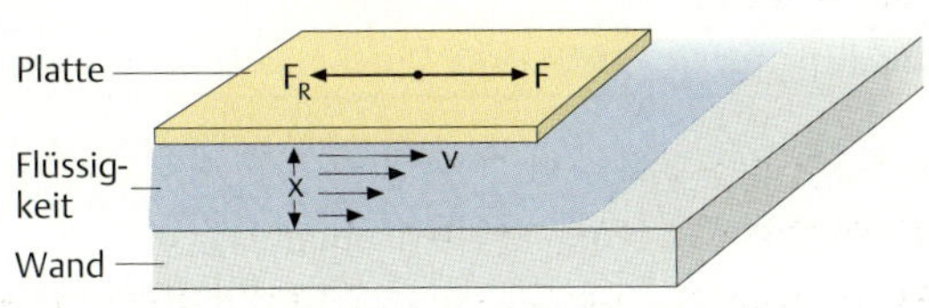


Die Viskosität hängt von der Stärke der Kohäsionskräfte zwischen Flüssigkeitsmolekülen ab. Sie ist für jede Flüssigkeit spezifisch. Zur Veranschaulichung: Wird eine Platte mit der Fläche A in einer Flüssigkeit verschoben, dann bedarf es einer Kraft F, um die Platte mit einer konstanten Geschwindigkeit v im Abstand x von einer Wand zu verschieben. Diese Kraft F ist proportional zur Plattenfläche A, zur Geschwindigkeit v und umgekehrt proportional zum Abstand x:
$F = \eta \times A \times \frac{v}{x}$. η beschreibt dabei die Stärke der Reibung oder auch Viskosität.

5.9

Die **Viskosität des Blutes** ist abhängig von:
- **Temperatur**: je höher, desto visköser, aber im Körper weitgehend konstant
- **Hämatokrit**: je höher, desto visköser

Neben der **Temperatur**, die aber innerhalb des Körpers weitgehend konstant ist, haben folgende Faktoren Einfluss auf die **Blut-Viskosität**:

- **Anteil der zellulären Bestandteile am gesamten Blutvolumen (Hämatokrit):** Je mehr Zellen sich im Blutplasma befinden, desto visköser wird Blut.
  **Beispiel**: Bei einem normalen Hämatokrit (s. S. 166) von 45 % ist die Viskosität des Blutes bei 37 °C (ca. 3 mPa × s) etwa 4-mal so groß wie die von Wasser (ca. 0,7 mPa × s). Eine Erhöhung des Hämatokrit zur Verbesserung der $O_2$-Transportrate geht also immer mit einer Erhöhung der Viskosität des Blutes einher. Für das Herz, das den erhöhten Widerstand (R ~ η, s. S. 114) überwinden muss, um die Durchblutung aufrechtzuerhalten, bedeutet das eine Mehrbelastung (s. S. 98).

► Klinik.

► **Klinik.** Beim Doping mit **Erythropoietin (EPO)** wird die Bildungsrate an roten Blutkörperchen erhöht. Dadurch steigt die Gesamtzahl der roten Blutkörperchen im Blut und somit auch der Hämatokrit, was zu einer Erhöhung der Viskosität des Blutes und damit zu einer höheren Belastung des Herzens führt.

- **Strömungsgeschwindigkeit:** je langsamer, desto visköser

- **Strömungsgeschwindigkeit:** Bei **niedriger Strömungsgeschwindigkeit** nimmt die Viskosität des Blutes zu, da sich die Erythrozyten reversibel zu sog. Geldrollen (rouleaux) zusammenlagern (s. Abb. **6.4** S. 169). Dazu tragen hochmolekulare Plasmaproteine wie z. B. Fibrinogen bei (s. u.). Bei sehr niedriger Strömungsgeschwindigkeit kann die Viskosität dadurch so stark ansteigen, dass es zum Durchblutungsstillstand (Stase) kommt.
  Bei **hohen Strömungsgeschwindigkeiten** nimmt die Viskosität ab, da die „Geldrollen" auseinandergewirbelt werden und jeder Erythrozyt für sich alleine durch das Blutgefäß strömt.

- **Vorhandensein bestimmter Plasmaproteine**: Können über eine Erythrozytenaggregation zur Erhöhung der Viskosität führen.
- **Durchmesser der Blutgefäße** (Minimum bei ca. 8 µm Gefäßdurchmesser).

- **Plasmaproteine:** Auch verschiedene Plasmaproteine können zur Erythrozyten-Aggregation und damit zu einer Erhöhung der Viskosität führen. Dazu gehören z. B. Fibrinogen, $\alpha_2$-Makroglobulin und γ-Globuline, die bei Entzündungen vermehrt vorkommen (s. S. 180).
- **Gefäßradius** (Abb. **5.10**)**:** Die Viskosität von Blut erreicht ein Minimum (etwa in Höhe der Viskosität von Blutplasma), wenn der Innendurchmesser des Blutgefäßes annähernd so klein ist wie der Durchmesser eines Erythrozyten (ca. 6–8 µm). In diesem Fall fließen die Erythrozyten hauptsächlich hintereinander in der Mitte des Gefäßes im schnellen Axialstrom („Axialmigration"). In der zellarmen und langsameren Randströmung sinkt der Reibungswiderstand ab, so dass die in der Mitte fließenden Erythrozyten nahezu reibungslos daran entlang gleiten. Erythrozyten sind normalerweise so flexibel und verformbar, dass sie auch Kapillaren durchqueren können, die deutlich kleiner sind als ihr statischer Durchmesser. Dennoch gibt es auch Kapillaren, die so klein sind, dass dort – zumindest zeitweise – nur Plasma hindurchfließt (sog. Plasma-Skimming).

► Merke.

► **Merke.** Die Abnahme der effektiven Viskosität mit sinkendem Gefäßdurchmesser bezeichnet man als **Fåhraeus-Lindqvist-Effekt** (Abb. **5.10**).

5.10

**5.10 Abhängigkeit der Viskosität vom Durchmesser des Blutgefäßes**

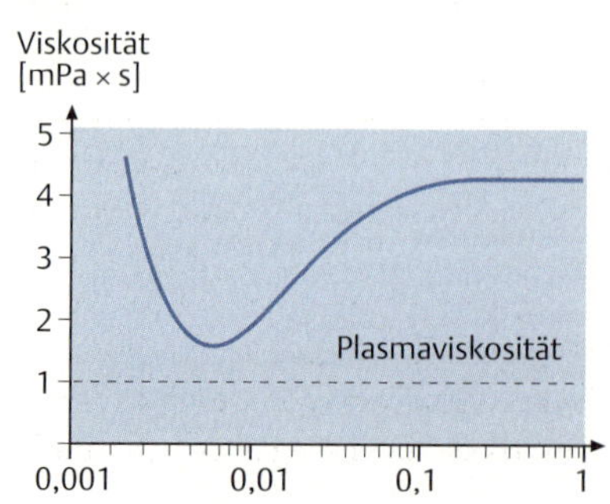


Die Viskosität des Blutes sinkt mit Abnahme des Gefäßradius und erreicht ihr Minimum bei einem Durchmesser von ca. 6–8 µm **(Fåhraeus-Lindqvist-Effekt)**. Nimmt der Gefäßradius weiter ab, steigt die Viskosität wieder an.

**▶ Klinik.** Um die Durchblutung beispielsweise im Rahmen eines akuten Hörsturzes zu verbessern, werden therapeutisch sog. **Rheologika** eingesetzt. Diese Substanzen verbessern die Fließeigenschaften des Blutes u.a. über eine Verbesserung der Erythrozytenverformbarkeit und über eine Hemmung der Erythrozyten- und Thrombozytenaggregation, was letztlich zu einer Senkung der Blutviskosität führt.

▶ Klinik.

### Elastizität der Blutgefäße

Bei der Beschreibung der Gesetzmäßigkeiten des Blutstroms durch das Kreislaufsystem muss man auch die Elastizität der Blutgefäße beachten. Je elastischer ein Blutgefäß ist, desto leichter wird es seinen Durchmesser vergrößern, wenn der Druck im Gefäßinnern erhöht wird.

**Elastizität der Blutgefäße**

Die Gesetzmäßigkeiten des Blutstroms durch das Kreislaufsystem werden außerdem durch die Elastizität der Gefäße beeinflusst.

**▶ Merke.** Wie viel Blut ein Blutgefäß aufnehmen kann, wird durch den dort herrschenden Druck und die Elastizität des Blutgefäßes bestimmt.

▶ Merke.

Die **Elastizität eines Gefäßes** lässt sich beschreiben durch:
- Compliance C und
- Volumenelastizitätskoeffizient E'.

**Einflussgrößen der Elastizität sind**
- Transmuraldruck $p_t$ und
- Wandspannung $S_w$.

**Compliance C:** Sie beschreibt die Elastizität bzw. Volumendehnbarkeit eines Gefäßes und ist definiert als der Quotient aus Volumenänderung eines Gefäßes und entsprechender Druckänderung:

$$C = \frac{\Delta V}{\Delta p} \text{ [ml/Pa]}$$

**Volumenelastizitätskoeffizient E':** Den Kehrwert der Compliance bezeichnet man als Volumenelastizitätskoeffizient. Folglich ist

$$E' = \frac{\Delta p}{\Delta V} \text{ [Pa/ml]}$$

Die **Gefäßelastizität** lässt sich beschreiben durch:
- Compliance C und
- Volumenelastizitätskoeffizient E'.

**Einflussgrößen** sind
- Transmuraldruck $p_t$ und
- Wandspannung $S_w$.

**Compliance C:** Sie ist definiert als der Quotient aus Volumenänderung eines Gefäßes und entsprechender Druckänderung:

$$C = \frac{\Delta V}{\Delta p} \text{ [ml/Pa]}$$

**Volumenelastizitätskoeffizient E':**

$$E' = \frac{\Delta p}{\Delta V} \text{ [Pa/ml]}$$

**▶ Merke.** Je größer **E'** ist, desto geringer ist die Dehnbarkeit (Elastizität) des Gefäßes und umgekehrt.

▶ Merke.

E' ist in Arterien ungefähr 200-mal größer als in Venen. Verglichen mit Arterien können Venen ihren Durchmesser also wesentlich leichter vergrößern und damit das in ihnen transportierte Blutvolumen erhöhen. Aufgrund der Fähigkeit, viel Blut aufnehmen zu können, werden Venen auch als „**Kapazitätsgefäße**" bezeichnet.
Eine weitere Konsequenz aus dieser unterschiedlichen Dehnbarkeit ist, dass man verschieden große Volumina benötigt, um den arteriellen bzw. venösen Druck zu steigern. Um beispielsweise in beiden Systemen den Druck um jeweils 5 mmHg anzuheben, müssten in den Arterien lediglich 5 ml Blut zugefügt werden, in den Venen dagegen 1000 ml.

E' ist in den Arterien ungefähr 200-mal größer als in den Venen. Aufgrund der Fähigkeit, viel Blut aufnehmen zu können, werden Venen auch als „**Kapazitätsgefäße**" bezeichnet.

Aufgrund der unterschiedlichen Dehnbarkeit ist in Arterien ein deutlich geringeres zusätzliches Volumen nötig als in Venen, um den Druck um das gleiche Maß zu steigern.

**Transmuraldruck $p_t$:** Er ist der wichtigste Faktor bei der Bestimmung der Aufdehnung der Blutgefäße und ist definiert als die Differenz zwischen Gefäßinnendruck $p_i$ und Gefäßaußendruck $p_a$:

$$p_t = p_i - p_a \text{ [mmHg]}$$

**Transmuraldruck $p_t$:** Er ist definiert als die Differenz zwischen Gefäßinnendruck $p_i$ und Gefäßaußendruck $p_a$:

$$p_t = p_i - p_a \text{ [mmHg]}$$

**▶ Merke.** In den meisten **Arterien** ist $p_i$ wesentlich größer als $p_a$, sodass dort annäherungsweise $p_t = p_i$ gilt und der Transmuraldruck $p_t$ somit mehr oder weniger unabhängig vom Gefäßaußendruck $p_a$ ist.

▶ Merke.

Dieser Zusammenhang gilt allerdings nicht für die Arterien der **Herz-** und **Skelettmuskulatur**. Während einer Muskelkontraktion kann $p_a$ hier sogar so stark ansteigen, dass der Außendruck den Innendruck übersteigt ($p_a > p_i$) und ein Blutgefäß kollabiert.
Im Gegensatz zu den Arterien ist der Transmuraldruck $p_t$ des **Niederdrucksystems** auf Grund des relativ geringen Gefäßinnendrucks $p_i$ stark abhängig von Verände-

In Arterien der **Herz-** und **Skelettmuskulatur** kann $p_a$ jedoch so stark ansteigen, dass ein Blutgefäß kollabiert.

Im **Niederdrucksystem** ist $p_t$ aufgrund des geringen $p_i$ stark abhängig von $p_a$.

rungen des Gefäßaußendrucks $p_a$. Daher wirken sich Veränderungen im Gefäßaußendruck $p_a$, die man z.B. beim Atemzyklus (s. S. 230) beobachten kann, auf den Füllungszustand der Gefäße aus.

**Wandspannung $S_W$:** Durch den Transmuraldruck wird die Wandspannung $S_W$ erzeugt, die das Blutgefäß tangential auseinanderzieht. Nach dem **Laplace-Gesetz** gilt:

$$S_W = p_t \times \frac{r}{d}$$

**Wandspannung $S_W$:** Gefäße werden durch den in ihnen herrschenden Transmuraldruck gedehnt. Dadurch wird eine sog. Wandspannung $S_W$ erzeugt, die das Blutgefäß tangential (also in Richtung ihres Umfangs) auseinanderzieht und der die Komponenten der Gefäßwand standhalten müssen. Neben dem Transmuraldruck $p_t$ hängt die Wandspannung noch vom Radius r und von der Dicke d des Blutgefäßes ab. Nach dem **Laplace-Gesetz** gilt:

$$S_W = p_t \times \frac{r}{d}$$

▶ Merke.

▶ Merke. In Gefäßen mit großem Durchmesser und hohen Transmuraldrücken $p_t$, wie z.B. der Aorta, wird eine besonders hohe Wandspannung $S_W$ erreicht. Dieser großen Wandspannung $S_W$ wirkt die Dicke d der Blutgefäßwand entgegen. Um bei zunehmendem Radius die Wandspannung möglichst gering zu halten, muss auch die Wanddicke zunehmen. Da in Arterien ein höherer Transmuraldruck herrscht als in Venen gleichen Durchmessers, benötigen sie entsprechend dickere Gefäßwände, um die Wandspannung möglichst klein zu halten.

▶ Klinik.

▶ Klinik. **Aneurysmen** sind umschriebene pathologische Aufdehnungen von Arterien, die entweder angeboren (dann v.a. im Bereich der basalen Hirnarterien) oder erworben (z.B. im Rahmen eines Bluthochdrucks, einer Arteriosklerose, einer chronischen Entzündung der Gefäßwand oder eines Traumas) sein können. Aneurysmen kommen v.a. in Gefäßen mit hohen Transmuraldrücken vor. Bereits ein minimaler Defekt in einem dieser Gefäße führt dazu, dass es sich aufgrund des hohen Transmuraldrucks weiter ausdehnt als im intakten Zustand (Abb. **5.11**). Durch die zusätzliche Aufdehnung steigt jedoch die Wandspannung, die wiederum zu einer weiteren Aufdehnung des Gefäßes führt. Dies kann sich so weit aufschaukeln, dass es zum Platzen des Gefäßes (Gefäßruptur) und somit u.U. zu einer lebensbedrohlichen Blutung kommt.

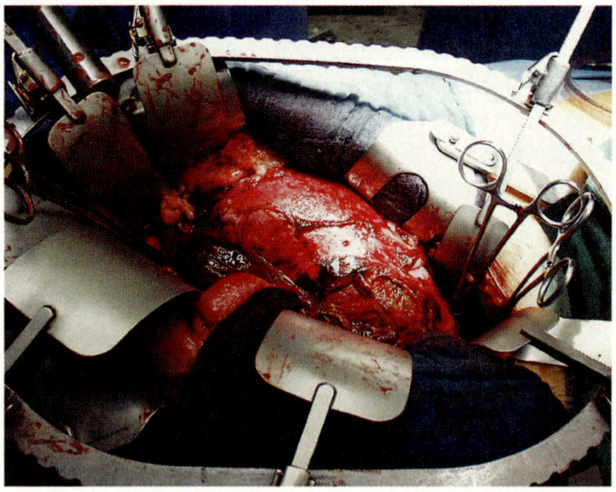

**5.11 Operationsbefund eines Bauchaortenaneurysmas**

5.2 Das Hochdrucksystem

In Ruhe und unter physiologischen Bedingungen beträgt das Herzschlagvolumen ungefähr 70 ml, was einen Blutdruckanstieg von ca. 80 mm Hg diastolisch auf ca. 120 mm Hg systolisch bewirkt.

## 5.2 Das Hochdrucksystem

Das Hochdrucksystem (= linker Ventrikel während der Systole und arterielle Gefäße) enthält ca. 15 % des gesamten Blutvolumens (s. Abb. **5.3**, S. 113). In Ruhe und unter physiologischen Bedingungen wirft der linke Ventrikel pro Herzaktion ein Schlagvolumen von ungefähr 70 ml in die Aorta aus, was zu einem Blutdruckanstieg von ca. 80 mm Hg (diastolisch) auf ca. 120 mm Hg (systolisch) führt.

## 5.2.1 Hämodynamische Charakteristika

### Windkesseleffekt

Aorta und große Arterien sind elastisch. Während der Systole dehnen sie sich unter der Volumenbelastung aus und speichern so ungefähr die Hälfte des Schlagvolumens und damit auch einen Teil der Energie, die vom Herzen aufgebracht wurde, um das Blut ins Hochdrucksystem zu pumpen. In der Diastole wird dieses Blutvolumen dann durch passive Rückstellung des gedehnten Gefäßes wieder abgegeben und weitertransportiert. Diesen Mechanismus, durch den der vom Herzen diskontinuierlich geförderte Blutstrom in einen kontinuierlichen Blutfluss umgewandelt wird, bezeichnet man als **Windkesseleffekt** (Abb. **5.12**).

**▶ Merke.** Je größer das Schlagvolumen ist, desto größer ist der systolische Blutdruckanstieg im Windkessel und damit auch die Blutdruckamplitude.

Der **Begriff „Windkesseleffekt“** stammt ursprünglich aus der Zeit der handbetriebenen Feuerwehrspritzen. Der Windkessel war dort ein mit Luft gefüllter Behälter, der sich zwischen Handpumpe und Feuerwehrschlauch befand. Die Handpumpe transportierte pulsatorisch Wasser in den Behälter, in dem dadurch der Luftdruck anstieg. Durch diesen erhöhten Luftdruck konnte nun das Wasser weitgehend kontinuierlich durch den Feuerwehrschlauch gedrückt werden. Der durch die Pumpe erzeugte diskontinuierliche Wasserstrom wurde somit durch den Windkessel in einen kontinuierlichen Strahl verwandelt.

**Altersabhängigkeit des Windkesseleffekts:** Im Alter nimmt die Elastizität der Aorta ab. Ursache ist ein Umbau der Arterienwand, bei dem elastisches durch kollagenes Gewebe ersetzt wird. Außerdem senken arteriosklerotische Ablagerungen die Aortenelastizität. Dadurch nimmt der Windkesseleffekt ab und die vom linken Ventrikel zu beschleunigende Blutflüssigkeitssäule wird entsprechend größer. Um das Blutvolumen dennoch zu beschleunigen, muss das Herz einen wesentlich höheren Druck aufbringen, was eine erhebliche Mehrbelastung des Herzens bedeutet.

**▶ Merke.** Der sog. **Windkesseleffekt** dient
1. der Entlastung des Herzens und
2. der Umwandlung des vom Herzen diskontinuierlich geförderten Blutstroms in einen kontinuierlichen Blutfluss.

**5.12 Windkesseleffekt der Aorta**

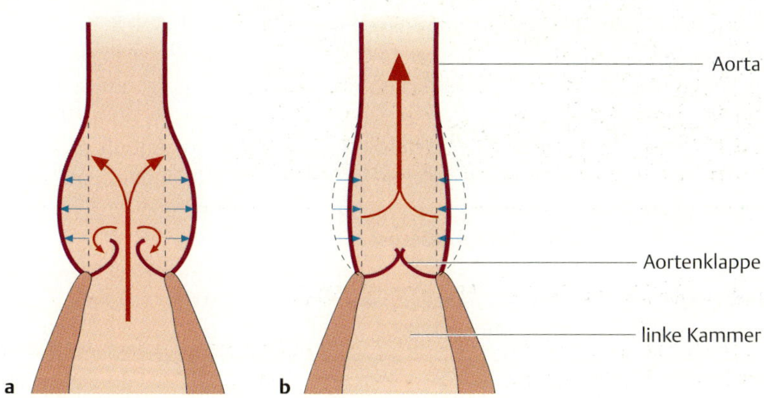


**a** Während der Systole wird zunächst ca. die Hälfte des Schlagvolumens gespeichert.
**b** Gegen Ende der Systole und während der Diastole wird dieses Blutvolumen dann weitertransportiert.

### 5.2.1 Hämodynamische Charakteristika

**Windkesseleffekt**

Indem sich Aorta und große Arterien während der Systole dehnen und ungefähr die Hälfte des Schlagvolumens speichern, um dieses in der Diastole wieder abzugeben, wird der vom Herzen diskontinuierlich geförderte Blutstrom in einen kontinuierlichen Blutfluss umgewandelt (**Windkesseleffekt**, Abb. **5.12**).

**▶ Merke.**

Der **Begriff „Windkesseleffekt“** stammt ursprünglich aus der Zeit der handbetriebenen Feuerwehrspritzen.

**Altersabhängigkeit des Windkesseleffekts:** Im Alter nimmt die Elastizität der Aorta und damit der Windkesseleffekt ab. Ursachen:
- Umbau der Arterienwand (Ersatz von elastischem durch kollagenes Gewebe)
- arteriosklerotische Ablagerungen.

**▶ Merke.**

**5.12**

## Druckpuls

▶ Definition.

▶ Definition. Unter **Druckpuls** versteht man eine Kurvendarstellung, die die rhythmischen Veränderungen des Blutdrucks während Systole und Diastole widerspiegelt.

In den verschiedenen Bereichen des arteriellen Systems nimmt der Druckpuls jeweils eine charakteristische Form an:

**Herznah** kommt es durch den kurzzeitigen Rückwärtsstrom des Blutes gegen Ende der Systole zu einer kleinen **Inzisur** in der Druckpulskurve (s. Abb. **5.14a**, S. 126).

**Herzfern** (v. a. in den distalen Beinarterien wie z. B. der A. tibialis posterior) findet man eine sog. **dikrote Welle**: Durch Abnahme der Gefäßelastizität in der Peripherie und Überlagerung der reflektierten und der ursprünglichen Druckwelle (sog. **Pulswelle**, s. u.) kommt es zu einer Überhöhung der ursprünglichen Druckpulskurve. Die reflektierte Welle wird wiederum an der Aortenklappe reflektiert, um anschließend erneut in die Peripherie zu laufen und dort einen zweiten, allerdings flacheren Gipfel auszubilden (s. Abb. **5.14b**, S. 126).

**Pulswelle und Pulswellengeschwindigkeit:** Beim Auswurf des Herzschlagvolumens in die Aorta wird aufgrund der Massenträgheit des dort bereits vorhandenen Blutes eine Druck- bzw. **Pulswelle** ausgelöst, die sich über das gesamte arterielle System fortpflanzt (Abb. **5.13**).

▶ Merke.

Zu einer **Zunahme der Pulswellengeschwindigkeit** kommt es folglich
- mit Abnahme des Gefäßdurchmessers (→ beim Jugendlichen herznah ca. 5–6 m/s, in der Peripherie ca. 8–12 m/s),
- durch Abnahme der Gefäßelastizität und
- im Rahmen einer Arteriosklerose.

▶ Merke.

## Strompuls

▶ Definition.

In den verschiedenen Bereichen des arteriellen Systems nimmt der Druckpuls u. a. aufgrund der unterschiedlichen Elastizität der Blutgefäße jeweils eine charakteristische Form an:

**Herznah:** Fällt gegen Ende der Systole der Ventrikeldruck unter den Aortendruck, kommt es zu einem kurzzeitigen Rückwärtsströmen des Blutes, das aber durch den Schluss der Aortenklappen sofort beendet wird. In der Druckpulskurve führt dies zu einer kleinen **Inzisur** (s. Abb. **5.14a**, S. 126).

**Herzfern:** In den herzfernen Gefäßen kann man diese Inzisur nicht mehr erkennen, da sie zunehmend „weggedämpft" wird. Hier findet man stattdessen eine sog. **dikrote Welle** (s. Abb. **5.14b**, S. 126), die v. a. in den distalen Beinarterien wie z. B. der A. tibialis posterior deutlich ausgeprägt ist. Da Querschnitte, Wanddicken und Elastizität der Gefäße im Verlauf des arteriellen Systems variieren, kommt es zu Änderungen des Gefäßwiderstands und dadurch auch zur Reflexion von Druckwellen (sog. **Pulswellen**, s. u.). In die Peripherie verlaufende und reflektierte Pulswellen überlagern sich. Die rückläufige Pulswelle trägt dadurch zunächst zu einer Überhöhung der ursprünglichen Pulswelle bei, wird schließlich am linken Herzen (an der Aortenklappe) erneut reflektiert, läuft wieder in Richtung Peripherie und bildet dort einen zweiten, allerdings flacheren Gipfel aus (= **dikrot**). Durch die Abnahme der Gefäßelastizität (→ Wellenwiderstand ↑) und die Überlagerung von Pulswellen kommt es in der Peripherie zu einem Anstieg des systolischen Blutdrucks von ca. 120 mm Hg im Aortenbogen auf 160 mm Hg in der A. tibialis posterior.

**Pulswelle und Pulswellengeschwindigkeit:** Beim Auswurf des Herzschlagvolumens in die Aorta kommt es im Anfangsteil des Gefäßes aufgrund der Massenträgheit des dort bereits vorhandenen Blutes zu einem Druckanstieg und zu einer Aufdehnung der Aorta, die die vorübergehende Speicherung des zusätzlichen Blutvolumens ermöglicht. Durch die passive Rückstellung des gedehnten Gefäßes wird das gespeicherte Blut weiter in Richtung Peripherie befördert, wo sich die gleichen Vorgänge ständig wiederholen. Auf diese Weise pflanzt sich eine Druck- bzw. **Pulswelle** über das gesamte arterielle System fort (Abb. **5.13**).
Die **Ausbreitungsgeschwindigkeit der Pulswelle** ist viel größer als die Strömungsgeschwindigkeit des Blutes (s. S. 126).

▶ Merke. Die Pulswellengeschwindigkeit ist umso höher, je kleiner das Gefäßlumen und je steifer die Gefäßwand ist.

Zu einer **Zunahme der Pulswellengeschwindigkeit** kommt es folglich
- mit **sinkendem Gefäßdurchmesser** in Richtung Peripherie (→ in den herznahen Gefäßen beträgt sie beim Jugendlichen ca. 5–6 m/s und steigt auf ca. 8–12 m/s in der Peripherie),
- durch die durch Umbau der Arterienwand (Abnahme des Anteils an elastischem Gewebe und Zunahme des kollagenen Gewebes) mit zunehmendem Alter **abnehmende Gefäßelastizität** und
- auch im Rahmen einer **Arteriosklerose**.

▶ Merke. Pulswellengeschwindigkeit und Strömungsgeschwindigkeit sind nicht identisch – also bitte nicht verwechseln!

## Strompuls

▶ Definition. Unter **Strompuls** versteht man eine Kurvendarstellung der Blutströmungsgeschwindigkeit im Hochdrucksystem.

**5.13 Schematische Darstellung der Ausbreitung einer Pulswelle im arteriellen System**

5.13

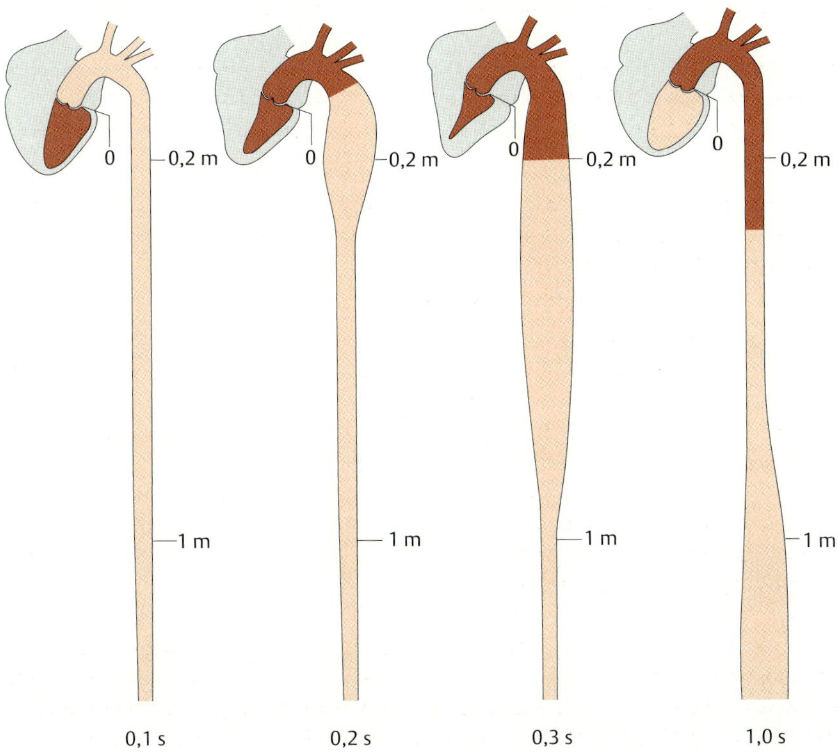


Die Geschwindigkeit der Pulswelle ist weit höher als die Strömungsgeschwindigkeit des Schlagvolumens.

Die Unterschiede in der Strömungsgeschwindigkeit zwischen Systole und Diastole sind in der Aorta am stärksten ausgeprägt. Dort werden innerhalb des ersten Drittels der **Systole** Stromstärken von bis zu 600 ml/s erreicht, was einer Strömungsgeschwindigkeit von 1 – 1,5 m/s entspricht. Dabei steigt die Reynoldszahl in der Regel so stark an, dass es zur Ausbildung einer turbulenten Blutströmung (s. S. 116) kommt. Bis zum Ende der Systole fällt die Strömungsgeschwindigkeit dann steil ab (Abb. **5.14c**). Die kleine Inzisur am Ende der Systole kommt durch die kurzzeitige Rückwärtsströmung des Blutes in Richtung der Taschenklappen zustande.

Die maximale Strömungsgeschwindigkeit in den herzferneren Arterien nimmt zur **Peripherie** hin ab. Die Rückwärtsströmung des Blutes gegen Ende der Systole bzw. zu Beginn der **Diastole** ist in der Peripherie deutlicher ausgeprägt (Abb. **5.14d**).

Die Unterschiede in der Strömungsgeschwindigkeit zwischen Systole und Diastole sind in der Aorta am stärksten ausgeprägt. Während des ersten Drittels der **Systole** werden hier Strömungsgeschwindigkeiten von ca. 1 – 1,5 m/s erreicht, die dann bis zum Ende der Systole steil abfallen (Abb. **5.14c**).

Die maximale Strömungsgeschwindigkeit in den herzferneren Arterien nimmt zur **Peripherie** hin ab (Abb. **5.14d**).

**► Merke.** Ursachen für die **Zunahme der Druckpulsamplitude** in der Peripherie während der Systole sind:

- Überlagerungen von Druckwellen entgegengesetzter Laufrichtung
- Abnahme der Elastizität der Blutgefäße in Richtung Peripherie.

Ursache für die **Abnahme der Strömungsgeschwindigkeit** in der Peripherie während der Systole ist die Zunahme des Gesamtquerschnitts der Gefäße (s. auch Kontinuitätsgleichung, S. 114).

► Merke.

5.14

**5.14 Druckpuls und Strompuls**

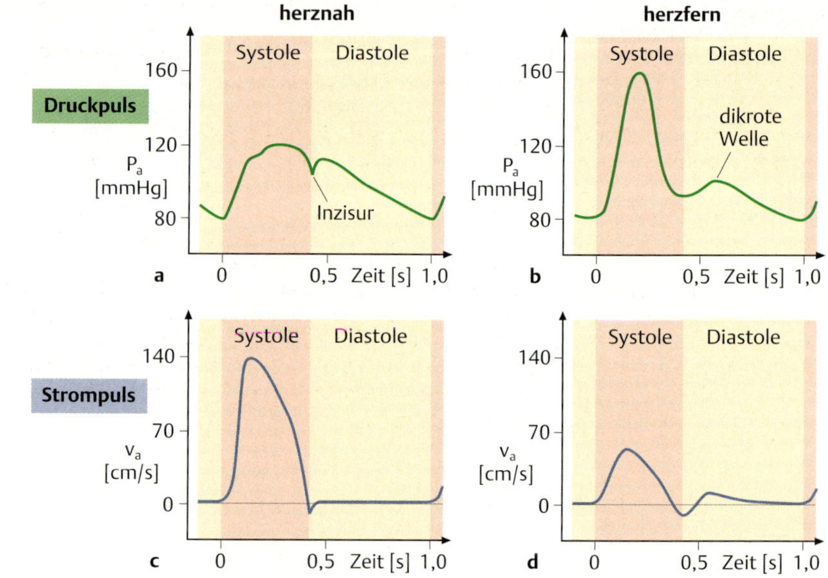


**a** Charakteristische Form des **Druckpulses** in einem **herznahen Gefäß**: Die kleine **Inzisur** in der Druckpulskurve entsteht durch den kurzzeitigen Rückwärtsstrom des Blutes am Ende der Systole.
**b** Charakteristische Form des **Druckpulses** in einem **herzfernen Gefäß**: Der höhere Gipfel der **dikroten Welle** entsteht zum einen durch die Abnahme der Gefäßelastizität in der Peripherie (→ Wellenwiderstand ↑) und zum anderen durch Überlagerung der ursprünglichen Druckwelle mit der reflektierten Druckwelle. Die reflektierte Welle wird an der Aortenklappe erneut reflektiert, läuft anschließend wieder in die Peripherie und bildet dort den flacheren Gipfel der dikroten Welle aus.
**c** Charakteristische Form des **Strompulses** in einem **herznahen Gefäß**: Die Strömungsgeschwindigkeit $v_a$ steigt während des ersten Drittels der Systole auf ein Maximum von 1 – 1,5 m/s an. Die kleine Inzisur entsteht durch den kurzzeitigen Rückwärtsstrom des Blutes am Ende der Systole.
**d** Charakteristische Form des **Strompulses** in einem **herzfernen Gefäß**: Die maximale Strömungsgeschwindigkeit $v_a$ ist in herzfernen Arterien kleiner als in herznahen. Die Rückwärtsströmung des Blutes am Übergang von der Systole zur Diastole ist in herzfernen Arterien deutlicher ausgeprägt.

5.1

**5.1 Unterschiede zwischen Druck- und Strompuls**

| | *Druckpuls* | *Strompuls* |
|---|---|---|
| **Ausbreitungsgeschwindigkeit** | Pulswellengeschwindigkeit | Strömungsgeschwindigkeit |
| **herznah** | 5 – 6 m/s | 1 – 1,5 m/s |
| **herzfern** | 8 – 12 m/s | 0,1 m/s |

5.2.2 Der arterielle Blutdruck

Grundlagen

► Definition.

## 5.2.2 Der arterielle Blutdruck

### Grundlagen

**► Definition.**

- **Systolischer Blutdruck** = Blutdruck während der Systole; Wert am höchsten Punkt der Druckpulskurve (s. S. 124).
- **Diastolischer Blutdruck** = Blutdruck während der Diastole; Wert am niedrigsten Punkt der Druckpulskurve (s. S. 124).
- **Blutdruckamplitude** = Differenz zwischen systolischem und diastolischem Blutdruck. Abb. **5.17** gibt einen Überblick über die Blutdruckamplituden in den verschiedenen Abschnitten des Kreislaufsystems.

Der Blutdruck wird in mm Hg angegeben.

Einheit des Blutdrucks: mm Hg.

► Exkurs. **Die Einheit „mm Hg"**

► Exkurs.

In der Medizin wird der Druck in der historischen Einheit „mm Hg" (Millimeter Quecksilbersäule) angegeben, die ihren Ursprung in folgender Druckmessmethode hat:
An einem mit Flüssigkeit gefüllten U-Rohr kann man Druckunterschiede zwischen den beiden Schenkeln anhand der Verschiebung der Flüssigkeitssäule messen (Abb. **5.15**). Möchte man verschiedene Druckmessungen miteinander vergleichen, schließt man den einen Schenkel des U-Rohres, erzeugt dort ein Vakuum und kann somit im anderen Schenkel vergleichend absolute Drücke messen. Verwendet man Wasser, kann man den Druck in „$mH_2O$" (Meter Wassersäule) ablesen. Allerdings ist die Messapparatur dann ziemlich groß und unhandlich, da man beispielsweise zur Messung des Atmosphärendrucks eine ca. 10 m hohe Wassersäule benötigt. Um eine möglichst kleine und handliche Apparatur zu erhalten, ist eine sehr viel schwerere Flüssigkeit erforderlich. Hier hat sich das Quecksilber bewährt, dessen spezifisches Gewicht ca. 14-mal größer als das von Wasser ist. Es hat außerdem den Vorteil, dass man den Meniskus der Flüssigkeit gut in einem Glasröhrchen ablesen kann (Abb. **5.16**). Die Höhe des Drucks entspricht demjenigen Druck, den eine Quecksilbersäule der angezeigten Höhe [mm] ausübt. 760 mm Hg entsprechen dem normalen Atmosphärendruck von 1 atm oder 101 325 Pascal.

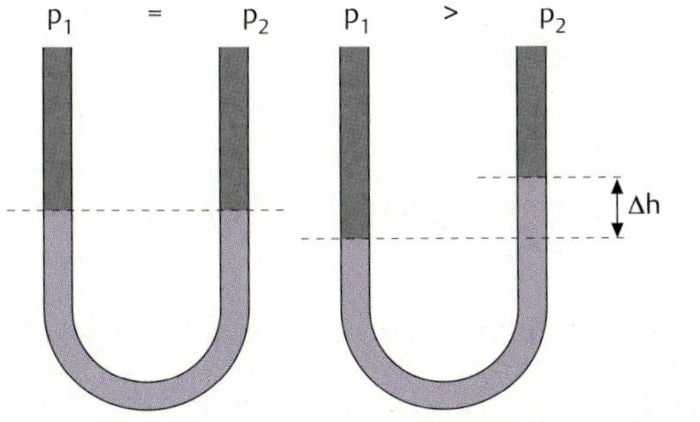


**5.15 Messung von Druckunterschieden mithilfe eines U-Rohres**

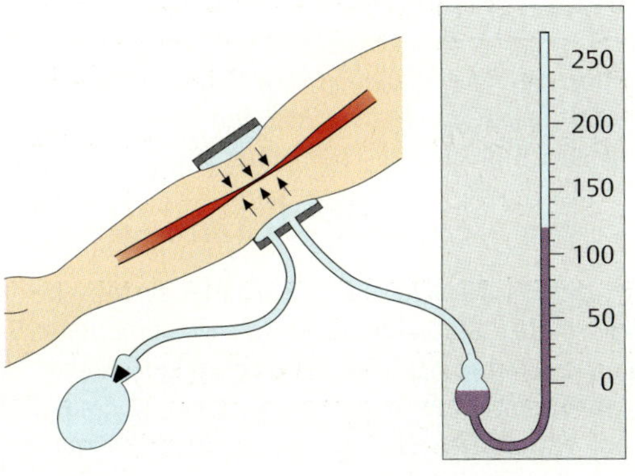


**5.16 Blutdruckmessung anhand einer Quecksilbersäule**

Spricht man vereinfacht vom Blutdruck, meint man damit in der Regel den systolischen und diastolischen arteriellen Blutdruck im Körperkreislauf.
Die zeitliche Veränderung des Blutdrucks eines gesunden, jungen Erwachsenen in den herznahen Gefäßen (z. B. Aorta) unter Ruhebedingungen ist in Abb. **5.14a** (s. S. 126) dargestellt: Der Blutdruck steigt von ca. 80 mm Hg am Ende der Diastole **(diastolischer Blutdruck)** innerhalb von ca. 300 ms auf den systolischen Maximalwert von ca. 120 mm Hg **(systolischer Blutdruck)** an. Bis zum Ende der Diastole fällt er wieder auf ca. 80 mm Hg ab. Tab. **5.2** zeigt die klinische Einteilung des Blutdrucks des JNC (Joint National Committee on Detection, Education and Treatment of High Blood Pressure). Diese Einteilung entspricht der von der Deutschen Hochdruckliga verwendeten Klassifikation.

Der Blutdruck eines gesunden jungen Erwachsenen steigt von ca. 80 mm Hg am Ende der Diastole **(diastolischer Blutdruck)** innerhalb von ca. 300 ms auf den systolischen Maximalwert von ca. 120 mm Hg **(systolischer Blutdruck)** an, um bis zum Ende der Diastole wieder auf ca. 80 mm Hg abzufallen (Abb. **5.14a**, S. 126).

**5.17 Schematische Darstellung der Druckverteilung im Hoch- und Niederdrucksystem**

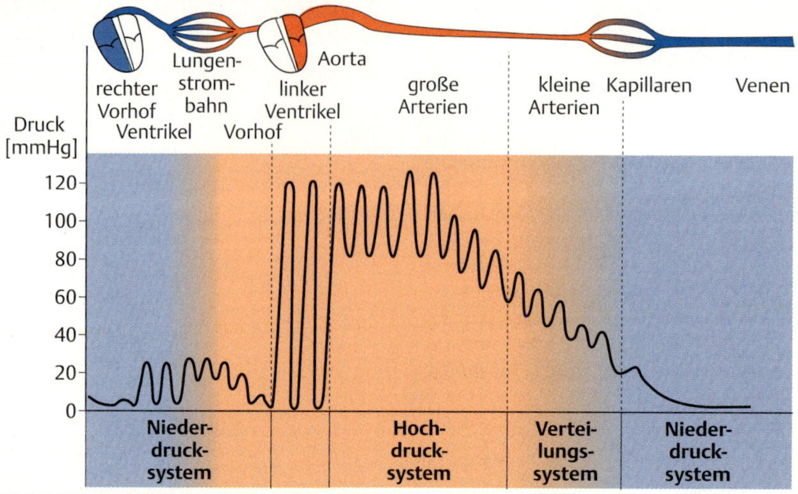


Der linke Ventrikel gehört in der Systole zum Hoch- und in der Diastole zum Niederdrucksystem.

**Tageszeitliche Blutdruckschwankungen:** Tagsüber zeigt sich ein biphasischer Verlauf, nachts sinkt der Blutruck um 10–20 mm Hg ab („**Dipper**").

**Tageszeitliche Blutdruckschwankungen:** Normalerweise zeigen die Blutdruckwerte über 24 Stunden einen biphasischen Verlauf mit Gipfeln früh am Vormittag und am späten Nachmittag. Nachts fallen die Blutdruckwerte um ca. 10–20 mm Hg ab. Dieser Normalfall des nächtlichen Absinkens wird als „**Dipper**" bezeichnet (engl. to dip → absinken).

▶ Klinik.

▶ **Klinik.** Fehlt der nächtliche Blutdruckabfall bzw. sinkt der Blutdruck nachts um < 10 mm Hg ab, spricht man vom sog. „**Non-Dipper**". Ursache können sekundäre Hypertonie-Formen (s. S. 129) oder aber auch Schlafstörungen (→nachfragen!) sein.

**Arterieller Mitteldruck:** Dieser gibt die Größe des Blutdrucks als treibende Kraft im Kreislauf an und entspricht in den herznahen Arterien nahezu dem arithmetischen Mittel von systolischem und diastolischem Blutdruck.

**Altersabhängigkeit des Blutdrucks:** Der normale systolische und diastolische Blutdruck durchläuft eine altersabhängige Entwicklung (Abb. **5.18**). Aufgrund der abnehmenden Gefäßelastizität steigt v. a. der systolische Wert allmählich immer weiter an.

**Arterieller Mitteldruck:** Dieser gibt die Größe des Blutdrucks als treibende Kraft im Kreislauf an. Er stimmt in den herznahen Arterien nahezu mit dem arithmetischen Mittel von systolischem und diastolischem Blutdruck überein, in den herzfernen Arterien ist er etwas niedriger. Korrekt berechnet wird er, indem man das Flächenintegral unter der Druckpulskurve (s. S. 124) durch die Pulsdauer dividiert.

**Altersabhängigkeit des Blutdrucks:** Der normale systolische und diastolische Blutdruck durchläuft eine altersabhängige Entwicklung (Abb. **5.18**): Ausgehend vom Normwert von 75/50 mm Hg beim Neugeborenen steigt er kontinuierlich an und erreicht beim gesunden Menschen zwischen dem 20. und 40. Lebensjahr einen Häufigkeitsgipfel bei 120/80 mm Hg. Mit zunehmendem Alter steigt aufgrund der abnehmenden Gefäßelastizität v. a. der systolische Wert allmählich immer weiter an.

5.2

**5.2 Einteilung des Blutdrucks nach JNC (gültig für Erwachsene)**

| *Blutdruck* | *systolisch [mm Hg]* | *diastolisch [mm Hg]* |
|---|---|---|
| optimal | < 120 | < 80 |
| normal | < 130 | < 85 |
| hoch normal | 130–139 | 85–89 |
| leichte Hypertonie (Stadium I) | 140–159 | 90–99 |
| mittelschwere Hypertonie (Stadium II) | 160–179 | 100–109 |
| schwere Hypertonie (Stadium III) | ≥ 180 | ≥ 110 |
| isolierte systolische Hypertonie | ≥ 140 | < 90 |

**Merke:** Eine Zuordnung zu einem der Bereiche darf erst nach mehrmaliger Blutdruckmessung (s. S. 130) zu unterschiedlichen Zeiten erfolgen.
Von einer Blutdruckerniedrigung **(Hypotonie)** spricht man bei einem systolischen Blutdruck < 100 mm Hg (s. S. 129).

**5.18 Veränderung des diastolischen und systolischen Blutdrucks mit dem Alter**

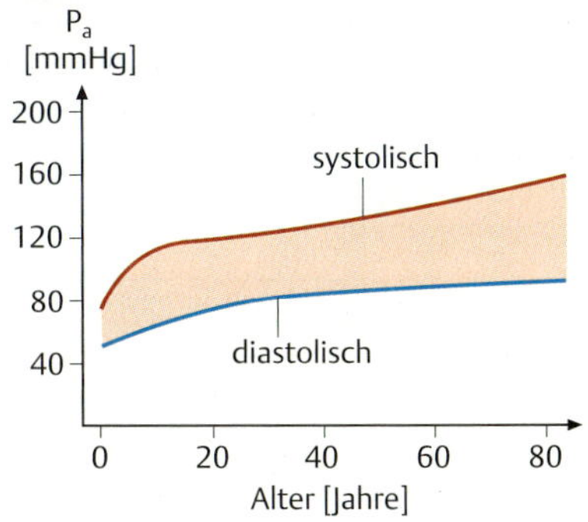


5.18

Die in Tab. **5.2** genannten Normwerte für den systolischen und diastolischen Blutdruck gelten jedoch auch im Alter und ein erhöhter Blutdruck sollte wegen seiner möglichen Komplikationen therapiert werden.

Ein erhöhter Blutdruck sollte wegen seiner möglichen Komplikationen auch im Alter konsequent therapiert werden.

► Klinik. **Arterielle Hypertonie (Bluthochdruck):** Von einer arteriellen Hypertonie spricht man, wenn bei wiederholten Blutdruckmessungen in der ärztlichen Praxis Blutdruckwerte **≥140/90 mmHg** gemessen werden (s. auch Tab. **5.2**). Man unterscheidet hierbei die essenzielle (primäre) Hypertonie (>90% der Hypertonien) von der sekundären Hypertonie (<10% der Hypertonien). Bei der **essenziellen Hypertonie** spielen neben einer genetischen Disposition u. a. auch Ernährungsfaktoren, Konstitution (Pykniker), endokrine Faktoren und Stress eine Rolle, ihre Ursache ist letztlich jedoch unbekannt. Eine **sekundäre Hypertonie** tritt als Folge einer anderen Erkrankung, wie z. B. einer Nierenarterienstenose (sog. renale Hypertonie, s. S. 298), einer Aortenisthmusstenose oder als sog. endokrine Hypertonie im Rahmen einer Stoffwechselerkrankung (z. B. beim primären Hyperaldosteronismus, s. S. 377), auf.
Zu den möglichen **Symptomen** der Hypertonie gehören u. a. Kopfschmerzen, Ohrensausen, Belastungsdyspnoe und Unruhe, allerdings können Personen mit Bluthochdruck auch lange Zeit beschwerdefrei sein. Da ein zu hoher Blutdruck durch die erhöhte Belastung des Herzkreislaufsystems zu zahlreichen schwerwiegenden **Komplikationen**, wie z. B. Arteriosklerose, zerebrale Ischämie (ischämischer Hirninfarkt/Insult/„Schlaganfall"), Schädigung des Herzens (sog. hypertensive Herzerkrankung) und Blutungen (z. B. hämorrhagischer Hirninfarkt/Insult/„Schlaganfall"), führen kann, sollte er unbedingt therapiert werden. Die **Therapie** der sekundären Hypertonie besteht in der Behandlung der Grunderkrankung. Zu den symptomatischen Therapiemöglichkeiten des Bluthochdrucks gehört neben Allgemeinmaßnahmen (Gewichtsnormalisierung, sportliche Aktivitäten, salzarme Diät, Beseitigung bzw. Behandlung kardiovaskulärer Risikofaktoren wie Diabetes mellitus, Hypercholesterinämie, Rauchen und übermäßiger Alkoholkonsum) die medikamentöse Therapie. Hier kommen u. a. Diuretika (s. S. 307), β-Rezeptorantagonisten (s. S. 395), ACE-Hemmer, Angiotensin II-Rezeptorantagonisten (s. S. 322) und Kalziumantagonisten (s. S. 29) zum Einsatz.
**Hypotonie:** Von einer Blutdruckerniedrigung (Hypotonie) spricht man bei einem systolischen Blutdruck **<100 mmHg**. Auch hierbei unterscheidet man eine essenzielle (primäre) von einer sekundären Form. Die **essenzielle Hypotonie** ist die häufigste Form und tritt bevorzugt bei (sehr) schlanken jungen Frauen auf. Die **sekundäre Form** kann medikamentös, endokrin, kardiovaskulär, durch Volumenmangel oder längere Immobilisation verursacht sein. Solange es nicht zu Leistungsminderungen oder zerebraler Minderdurchblutung kommt, hat eine arterielle Hypotonie keinen Krankheitswert. Eine weitere Form ist die **orthostatische Hypotonie**, bei der es nach plötzlichem Aufstehen aus dem Liegen aufgrund eines Blutdruckabfalls zu Schwindel und Sehstörungen bis hin zum Kollaps kommen kann. Die **Therapie** der sekundären Hypotonie besteht in der Beseitigung der Ursache. Die primäre Hypotonie (bzw. die dadurch bedingten Beschwerden) kann ggf. durch Allgemeinmaß-

► Klinik.

nahmen (erhöhte Volumenzufuhr, Kreislauftraining, Sport und Kompressionsstrümpfe und ggf. vermehrte Kochsalzzufuhr) und medikamentöse Therapie (u.a. Sympathomimetika) behandelt werden. Da sich ein niedriger Blutdruck prinzipiell aber gefäßschonend und dadurch letztlich positiv auf die Lebenserwartung auswirkt, sollte die Indikation zu einer medikamentösen Therapie sehr zurückhaltend gestellt werden.

► Exkurs.

► Exkurs. **Verhalten des Blutdrucks bei körperlicher Anstrengung (z.B. Sport).**
Bei körperlicher Belastung steigt der systolische Blutdruck durch Aktivierung des Sympathikus (s.S. 150) an. Der diastolische Blutdruck bleibt annähernd konstant oder sinkt sogar ab, da durch Dilatation der Blutgefäße in der arbeitenden Skelettmuskulatur der totale periphere Widerstand gleich bleibt oder sogar kleiner wird. Insgesamt ergibt sich daraus ein Anstieg des arteriellen Mitteldrucks bei körperlicher Belastung.
Bei Armarbeit beobachtet man einen stärkeren Blutdruckanstieg als bei Beinarbeit, da die Dilatation der Widerstandsgefäße in den Armen den totalen peripheren Widerstand weniger stark absenken kann als die Dilatation der Widerstandsgefäße in den Beinen.
Bei älteren Menschen, die oftmals bereits in Ruhe einen erhöhten Blutdruck aufgrund von weniger elastischen und evtl. arteriosklerotisch veränderten Blutgefäßen haben (s.S. 189) und deshalb stärkere Blutdruckanstiege schlechter kompensieren können, kommt es aus diesem Grund bei vermehrter Armarbeit (z.B. beim Rasenmähen) häufiger zu Herzinfarkten oder Schlaganfällen als bei Beinarbeit.

**Messung des Blutdrucks**

Der Blutdruck kann entweder **direkt** durch Punktion einer Arterie oder **indirekt** (nach Riva-Rocci) gemessen werden.

**Direkte Blutdruckmessung** (Abb. **5.19**): Bei dieser invasiven Methode wird ein Katheter in eine Arterie vorgeschoben, über die der Blutdruck kontinuierlich über einen größeren Zeitraum gemessen werden kann. Dabei werden Blutdruckwellen unterschiedlicher Ordnung aufgezeichnet:
- **Blutdruckwellen 1. Ordnung** entstehen durch die Blutdruckschwankungen während Systole und Diastole.
- **Blutdruckwellen 2. Ordnung** sind respiratorische Blutdruckschwankungen.
- **Blutdruckwellen 3. Ordnung** (sog. Traube-Hering-Mayer-Wellen, THM-Wellen) spiegeln die Funktion des blutdruckregulierenden Systems wider.

## Messung des Blutdrucks

Die Messung des Blutdrucks kann auf folgende Arten erfolgen:
- **direkt** durch Punktion einer Arterie (= „blutige" Methode),
- **indirekt** nach Riva-Rocci (= „unblutige" Methode).

**Direkte Blutdruckmessung** (Abb. **5.19**): Mithilfe dieser invasiven Methode kann der Blutdruck kontinuierlich über einen größeren Zeitraum gemessen werden. Dazu wird ein Katheter direkt in eine Arterie vorgeschoben und der Druck über ein Manometer gemessen, das sich entweder direkt an der Katheterspitze befindet oder außerhalb des Körpers an den Katheter angeschlossen wird. Über einen Druckwandler werden die mechanischen Druckschwankungen in elektrische Signale umgewandelt, die dann registriert werden. Dabei werden Blutdruckwellen unterschiedlicher Ordnung aufgezeichnet:
- **Blutdruckwellen 1. Ordnung** entstehen durch die Blutdruckschwankungen während Systole und Diastole.
- **Blutdruckwellen 2. Ordnung** sind synchron zur Atmung verlaufende langsamere Schwankungen des gesamten Druckniveaus (sog. respiratorische Blutdruckschwankungen). Diese atemsynchronen Schwankungen sind durch eine Mitinnervation des Kreislaufzentrums durch das Atemzentrum (→ Stimulation des Kreislaufzentrums bei Inspiration) und die atemabhängigen intrathorakalen Druckschwankungen bedingt.
- **Blutdruckwellen 3. Ordnung** (sog. Traube-Hering-Mayer-Wellen, THM-Wellen) entstehen vermutlich dadurch, dass der Blutdruck vom Organismus innerhalb einer gewissen Schwankungsbreite um den Sollwert reguliert wird. Sie spiegeln also die Funktion des blutdruckregulierenden Systems wider.

5.19

5.19 **Direkte Blutdruckmessung (Blutdruckwellen)**

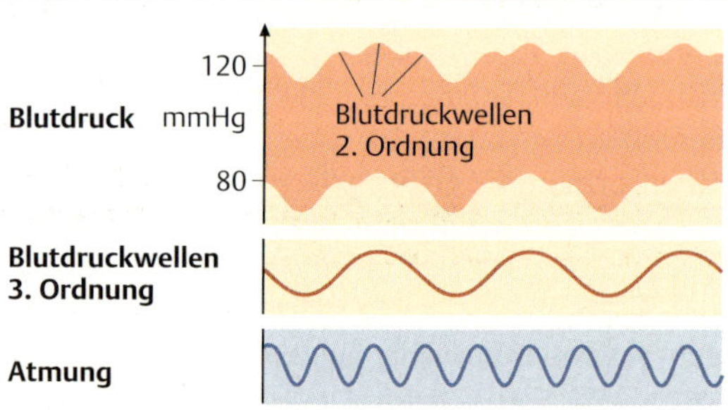


Blutdruckwellen **1. Ordnung** entstehen durch Blutdruckschwankungen während der Herzaktion, diejenigen **2. Ordnung** sind respiratorische Schwankungen. Blutdruckwellen **3. Ordnung** (sog. THM-Wellen) entstehen durch Schwankungen um den Sollwert des blutdruckregulierenden Systems.

**5.20 Indirekte Messung des Blutdrucks (Riva Rocci)**

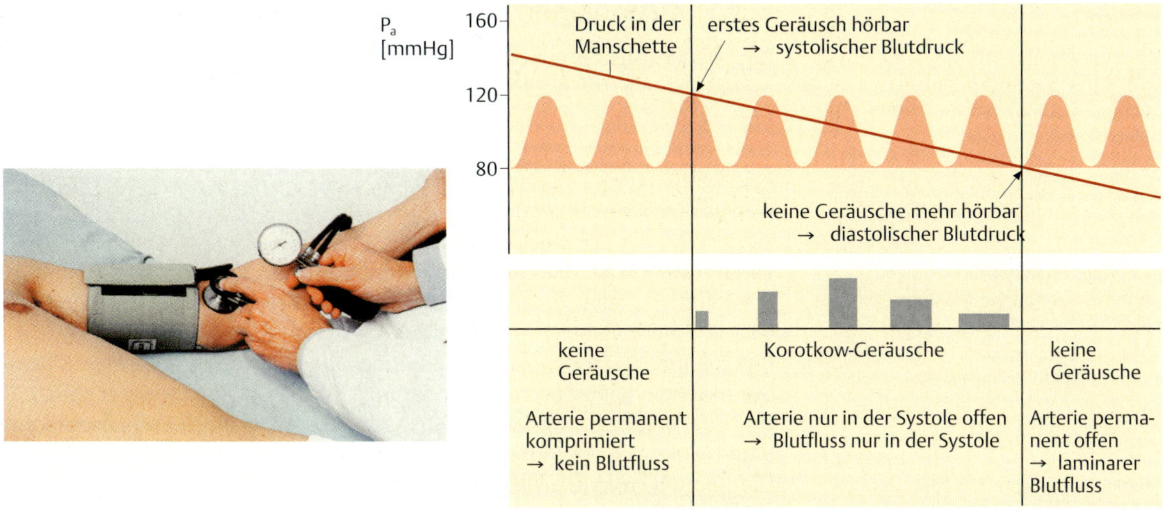


Derjenige Manschettendruck, bei dem erstmals Strömungsgeräusche auftreten, entspricht dem **systolischen Blutdruck**, derjenige Manschettendruck, bei dem die Geräusche verschwinden, entspricht dem **diastolischen Blutdruck**.

Beim Gesunden ist die Amplitude der Blutdruckwellen 2. und 3. Ordnung in der Regel nicht größer als 5 mm Hg bzw. im Stehen bis 20 mm Hg. Blutdruckwellen 3. Ordnung mit größerer Amplitude sind Zeichen einer labilen Blutdruckregulation.

**Indirekte Blutdruckmessung nach Riva-Rocci** (Abb. **5.20**): Hierbei macht man sich die Geräuschentwicklung von turbulent strömendem Blut zunutze. Dazu legt man in Herzhöhe eine pneumatische Manschette am Oberarm an und pumpt diese auf einen deutlich übersystolischen Wert (unter physiologischen Bedingungen also auf > 120 mm Hg) auf, so dass die Durchblutung unterbunden wird. Anschließend lässt man den Manschettendruck langsam ab und hört mit dem in der Ellenbeuge auf die A. brachialis aufgesetzten Stethoskop auf das Auftreten sog. **Korotkow-Geräusche** (benannt nach Nikolai S. Korotkow, russischer Chirurg, 1874 – 1920). Diese entstehen, sobald der Druck in der Manschette unter den systolischen Blutdruck fällt, wodurch jeweils während der Systole kurzzeitig Blut durch das Gefäß strömt, was aufgrund von Turbulenzen die o. g. Geräusche erzeugt. Derjenige Druckwert, den man beim **ersten Auftreten dieser Geräusche** auf dem Manometer abliest, entspricht dem **systolischen Blutdruck**. Im weiteren Verlauf werden die Geräusche zunächst lauter und dann wieder leiser. Fällt der Manschettendruck schließlich unter den diastolischen Druck, ist die Arterie ständig geöffnet und es fließt kontinuierlich laminar Blut, so dass keine Geräusche mehr entstehen. Beim **Verschwinden der Korotkow-Geräusche** liest man also den **diastolischen Blutdruck** ab.

**Fehlermöglichkeiten:**

- **Anlegen der Manschette auf falscher Höhe** → man sollte darauf achten, dass die Manschette auf Herzhöhe angelegt wird, um Messfehler durch hydrostatische Effekte zu vermeiden. So nimmt der Blutdruck im arteriellen System oberhalb des Herzens mit der Höhe der Blutsäule ab und unterhalb des Herzens entsprechend zu.
- **Wahl der falschen Manschettenbreite** → die Manschettenbreite sollte ungefähr dem halben Armumfang entsprechen (Standardmanschette für Erwachsene: 12 cm). Bei zu schmalen Manschetten muss ein zu hoher Druck aufgewendet werden, um die Arterie zu komprimieren, was zu falsch hohen Messwerten führt. Bei zu breiten Manschetten verhält es sich umgekehrt.

Beim Gesunden ist die Amplitude der Blutdruckwellen 2. und 3. Ordnung in der Regel nicht größer als 5 mm Hg bzw. im Stehen bis 20 mm Hg.

**Indirekte Blutdruckmessung nach Riva-Rocci** (Abb. **5.20**) mithilfe einer pneumatischen Oberarmmanschette: Beim langsamen Ablassen des Manschettendrucks von einem zunächst deutlich übersystolischen Wert hört man auf das Auftreten sog. **Korotkow-Geräusche**:
Beim **ersten Auftreten von Strömungsgeräuschen** liest man den **systolischen Blutdruck** ab, beim **Verschwinden der Geräusche** den **diastolischen Blutdruck**.

**Fehlermöglichkeiten:**

- **Anlegen der Manschette auf falscher Höhe** → Manschette zur Vermeidung hydrostatischer Verfälschung auf Herzhöhe anlegen.
- **Wahl der falschen Manschettenbreite** → die Manschettenbreite sollte dem halben Armumfang entsprechen. Zu schmale Manschetten führen zu falsch hohen Messwerten und umgekehrt.

5.3 Das Niederdrucksystem

# 5.3 Das Niederdrucksystem

5.3.1 Grundlagen

## 5.3.1 Grundlagen

Das Niederdrucksystem (s. Abb. 5.3, S. 113) enthält **ca. 85 % des gesamten Blutvolumens**, die sich auf ein intra- und ein extrathorakales Blutvolumen verteilen.

Das Niederdrucksystem (s. Abb. **5.3**, S. 113) enthält **ca. 85 % des gesamten Blutvolumens**, wovon sich etwa 30 % in den großen Venen, weniger als 10 % in den Kapillaren und ca. 50 % in den Venolen und kleinen Venen befinden. Das Blutvolumen des Niederdrucksystems verteilt sich auf ein
- intrathorakales Blutvolumen und ein
- extrathorakales Blutvolumen.

Das **intrathorakale Blutvolumen** setzt sich aus den Volumina des rechten Herzens, der intrathorakalen Venen und des Lungengefäßsystems zusammen und beträgt **ca. 40 %** des Blutvolumens des Niederdrucksystems.

Das **intrathorakale Blutvolumen** setzt sich aus den Volumina des rechten Herzens, der intrathorakalen Venen und des Lungengefäßsystems zusammen und beträgt **ca. 40 %** des Blutvolumens des Niederdrucksystems (also etwa ein Drittel des gesamten Blutvolumens). Zu den Faktoren, die die Größe des intrathorakalen Blutvolumens beeinflussen, gehören u. a. Veränderungen der Gefäßdurchmesser durch Kontraktion oder Dilatation, Variationen im hydrostatischen Druck und Schwankungen des Blutvolumens durch Blutentnahmen oder -verluste.

Die im Lungenkreislauf befindliche Blutmenge bezeichnet man auch als **zentrales Blutvolumen**. Es enthält im Normalfall ein Volumen **< 600 ml** und spielt bezüglich der Füllung des linken Ventrikels eine Pufferrolle.

Die im Lungenkreislauf befindliche Blutmenge bezeichnet man auch als **zentrales Blutvolumen**, das somit also Teil des intrathorakalen Blutvolumens ist. Es enthält im Normalfall ein Volumen **< 600 ml** und spielt bezüglich der Füllung des linken Ventrikels eine Pufferrolle, indem es je nach dessen Leistung in gewissen Grenzen entweder vermehrt Blut speichern oder aber auch abgeben kann, ohne dass der Druck im Lungenkreislauf wesentlich verändert wird.

► Klinik.

► **Klinik.** Bei einer **Linksherzinsuffizienz** (s. S. 98) kann es zu einem sog. Rückwärtsversagen (backward failure), also einer Stauung des venösen Blutes vor dem linken Herzen kommen. Dabei wird die Pufferkapazität des zentralen Blutvolumens überschritten und es kommt zu einer Lungenstauung mit einem Anstieg des Pulmonalarterienmitteldrucks auf > 20 mm Hg **(pulmonale Hypertonie)**, was schließlich zur Ausbildung eines **Lungenödems** (Flüssigkeitsübertritt in das Lungeninterstitium und die Alveolen) führt. Symptome einer Linksherzinsuffizienz mit Lungenstauung sind u. a. Dyspnoe (anfangs nur bei Belastung, mit Krankheitsfortschritt auch Ruhedyspnoe), Orthopnoe (Einsatz der Atemhilfsmuskulatur durch aufrechte Haltung des Oberkörpers), nächtlicher Husten mit Orthopnoe, Zyanose und Nykturie (vermehrtes nächtliches Wasserlassen durch Rückresorption von Ödemen).

Das **extrathorakale Blutvolumen** macht **ca. 60 %** des Blutvolumens des Niederdrucksystems aus.

Das **extrathorakale Blutvolumen** macht **ca. 60 %** des Blutvolumens des Niederdrucksystems (also ca. 50 % des gesamten Blutvolumens) aus. Beim Übergang vom Liegen zum Stehen kann dieses Blutvolumen um ca. 600 ml zunehmen.

5.3.2 Druckverhältnisse im Niederdrucksystem

## 5.3.2 Druckverhältnisse im Niederdrucksystem

Im gesamten Niederdrucksystem herrscht normalerweise ein **mittlerer Blutdruck** von **< 20 mm Hg**.

Im gesamten Niederdrucksystem (Kapillaren, Venen, rechtes Herz, Lungenkreislauf, linker Vorhof und linker Ventrikel [während der Diastole]) herrscht normalerweise ein **mittlerer Blutdruck** von **< 20 mm Hg**. In den Venolen beispielsweise liegt der mittlere Blutdruck bei 15 – 20 mm Hg, in den intrathorakalen Venen und im rechten Vorhof fällt er auf bis zu 2 – 4 mm Hg.

Bei einem **akuten Herzstillstand** kommt es zu einem Druckausgleich zwischen Hoch- und Niederdrucksystem. Der dann herrschende **statische Blutdruck** beträgt **6 – 8 mm Hg**.

Bei einem **akuten Herzstillstand** gleicht sich (am liegenden Menschen) der zwischen Hoch- und Niederdrucksystem bestehende Druckgradient innerhalb weniger Sekunden aus. Der dann im gesamten Kreislaufsystem herrschende sog. **statische Blutdruck** liegt bei **6 – 8 mm Hg**. Da er ein Maß für den Füllungszustand der Gefäße ist, wird er auch als **mittlerer Füllungsdruck** bezeichnet.

**5.21 Zeitverlauf des Venenpulses im Vergleich zu EKG, Aortendruck und Druck im linken Ventrikel**

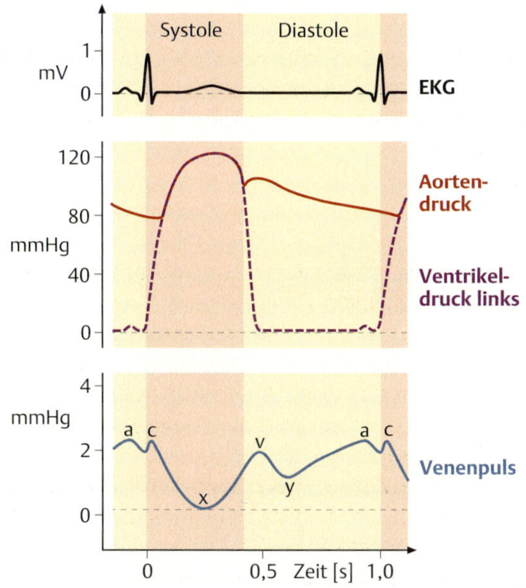


**a-Welle:** zeigt den durch die Vorhofkontraktion bedingten Druckanstieg;
**c-Welle:** während der Anspannungsphase des Ventrikels kommt es durch das Vorwölben der Trikuspidalklappe in den rechten Vorhof zu einem kurzen Druckanstieg;
**x:** während der Austreibungsphase kommt es zu einer Verschiebung der Ventilebene mit Druckabfall im rechten Vorhof bis zum Minimum x, was einen Ansaugeffekt bewirkt;
**v-Welle:** während der Entspannungsphase des Ventrikels steigt der Druck im Vorhof, solange die AV-Klappe noch geschlossen ist, mit zunehmender Füllung an,
**y:** um nach Öffnung der Klappe infolge des Bluteinstroms in den Ventrikel wieder abzufallen.
Anschließend steigt der Druck im rechten Vorhof mit zunehmender Ventrikelfüllung allmählich wieder bis zur nächsten Vorhofkontraktion (a-Welle) an.

## Der zentrale Venendruck (ZVD)

**▶ Definition.** Der in den herznahen intrathorakalen Venen und im rechten Vorhof herrschende mittlere Blutdruck beträgt ca. 2–4 mmHg und wird als **zentraler Venendruck (ZVD)** oder **zentralvenöser Druck** bezeichnet.

### Der Venenpuls

**▶ Definition.** Unter **Venenpuls** versteht man eine Kurvendarstellung der zur Herzaktion synchronen Druck- und Volumenschwankungen in den herznahen Venen.

Der **Venenpuls** (Abb. **5.21**) spiegelt den Druckverlauf im rechten Vorhof während der Herzaktion wider und wird in der Regel in liegender Position an der V. jugularis abgeleitet. Dabei ergibt sich eine Pulskurve mit charakteristischen Merkmalen.

### Atemabhängigkeit des zentralen Venendrucks

Der zentrale Venendruck schwankt atemabhängig:
- Während der **Inspiration** sinkt der intrathorakale Druck und somit auch der Druck in den herznahen Venen ab, was den venösen Rückstrom des Blutes in Richtung Herz fördert.
- Umgekehrt steigt der intrathorakale Druck und damit auch der Druck in den herznahen Venen während der **Exspiration**, wodurch der venöse Rückstrom entsprechend reduziert wird.

**▶ Klinik.** Bei Herzinsuffizienz kann der **zentrale Venendruck (ZVD)** auf 20–30 mmHg ansteigen. Den ZVD kann man direkt intravasal über einen zentralen Venenkatheter messen. Als nichtinvasive Methode zur Abschätzung des ZVD gilt die **Begutachtung der Halsvenen** (Abb. 5.22): Sind diese bei Oberkörperhochlagerung um >45° weiterhin gefüllt, weist dies auf einen erhöhten ZVD hin. Eine weitere Methode ist das Anheben des Handrückens (bei gestrecktem Arm) über Herzniveau, wobei eine persistierende Blutfüllung ebenfalls einen erhöhten ZVD anzeigt: Bei derjenigen Höhe, auf der die Venen kollabieren, herrscht ein Venendruck von

Der zentrale Venendruck (ZVD)

▶ Definition.

Der Venenpuls

▶ Definition.

Der **Venenpuls** (Abb. **5.21**) spiegelt den Druckverlauf im rechten Vorhof während der Herzaktion wider.

**Atemabhängigkeit des zentralen Venendrucks**

Der zentrale Venendruck schwankt atemabhängig:
- Bei **Inspiration** sinkt der ZVD, was den venösen Rückstrom fördert.
- Bei **Exspiration** steigt der ZVD und der venöse Rückstrom wird entsprechend reduziert.

▶ Klinik.

0 mm Hg. Aus dem Höhenunterschied zum Herzvorhof kann man dann den ZVD abschätzen.

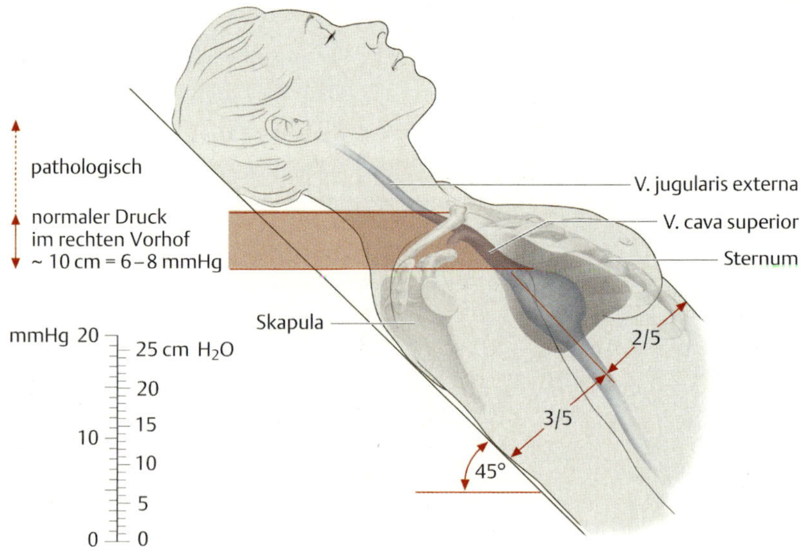


5.22 **Abschätzen des ZVD**

Normalerweise sind die Jugularvenen bei 45°-Oberkörperhochlagerung nicht mehr gefüllt. Eine weiterhin bestehende Füllung deutet auf einen erhöhten ZVD hin.

**5.4 Einfluss des hydrostatischen Drucks auf den arteriellen und venösen Blutdruck**

Aufgrund der Schwerkraft wirken am stehenden Menschen **hydrostatische Drücke** auf das Blutkreislaufsystem und beeinflussen Blutdruck und Verteilung des Blutvolumens (Abb. **5.23**).
Im Liegen ist der Einfluss der Schwerkraft vernachlässigbar gering.
Die Körperebene, in der sich die Druckverhältnisse bei Lagewechsel nicht ändern, bezeichnet man als **Indifferenzebene**.

**▶ Merke.**

Der hydrostatische Druck steigt vom Herzen nach distal um ca. 75 mm Hg/m Blutsäule an.

**Veränderungen im venösen System beim Übergang vom Liegen zum Stehen:**
- In den **Fußvenen** steigt der mittlere Druck auf ca. 90 mm Hg an, wodurch ca. 500 ml Blut in den Beinen versacken.
- Durch Verlagerung von Blut in die unteren Extremitäten sinkt der mittlere Druck in **Herzhöhe** auf ca. 0 mm Hg.
- Die **Halsvenen** kollabieren durch unter dem Einfluss des hydrostatischen Drucks, weshalb hier ein mittlerer Druck von 0 mm Hg herrscht.

## 5.4 Einfluss des hydrostatischen Drucks auf den arteriellen und venösen Blutdruck

Aufgrund der Schwerkraft wirken am stehenden Menschen **hydrostatische Drücke** auf das Blutkreislaufsystem, die in den verschiedenen Körperregionen den Blutdruck und die Verteilung des Blutvolumens beeinflussen (Abb. **5.23**). Den im Stehen herrschenden Blutdruck bezeichnet man als **orthostatischen Druck**. Dieser hängt im jeweiligen Gefäßabschnitt vom mittleren Druck und dem dort wirkenden hydrostatischen Druck ab.
Im Liegen ist der Einfluss der Schwerkraft dagegen vernachlässigbar gering.
Diejenige Körperebene, in der sich die Druckverhältnisse bei Lagewechsel nicht ändern, bezeichnet man als **Indifferenzebene**. Sie liegt ca. 5–10 cm unterhalb des Zwerchfells. Hier bleibt der Venendruck bei Lagewechsel konstant bei 5–10 mm Hg.

**▶ Merke.** Oberhalb der Indifferenzebene sind die Drücke im Stehen niedriger als im Liegen, unterhalb sind sie höher.

Der hydrostatische Druck steigt vom Herzen zu den Beinvenen hin um ca. 75 mm Hg pro Meter Blutsäule an.

**Veränderungen im venösen System beim Übergang vom Liegen zum Stehen:**
- In den **Fußvenen** steigt der mittlere Druck durch den hydrostatischen Druck auf ca. 90 mm Hg an. Diese Druckbelastung führt zu einer Aufdehnung der Venen mit einer nachfolgenden Volumenverlagerung von ungefähr 500 ml Blut in die unteren Körperregionen.
- Durch die Blutverlagerung in die unteren Extremitäten kommt es zu einem Absinken des mittleren venösen Drucks auf **Herzhöhe** von ungefähr 5 mm Hg auf ca. 0 mm Hg.
- Im Bereich der **Halsvenen** nimmt der mittlere Druck durch den Einfluss des hydrostatischen Druckes so weit ab, dass die Druckwerte negativ würden, wären die Gefäßwände starr. Da die elastischen Venen jedoch kollabieren, herrscht hier ein

5.23 Arterielle und venöse mittlere Blutdrücke beim stehenden Menschen

5.23

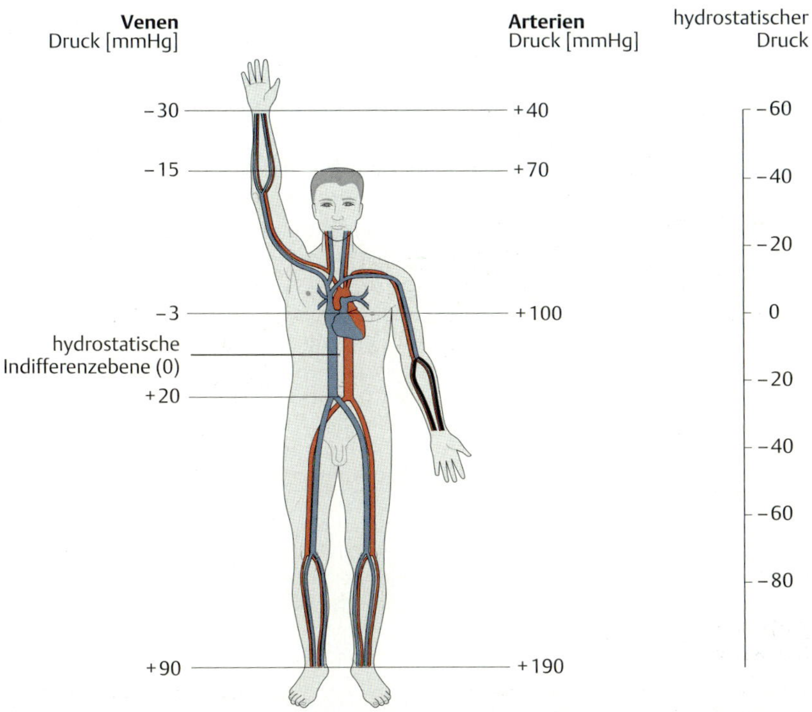


mittlerer Druck von 0 mm Hg. Folge ist eine Erhöhung des venösen Strömungswiderstandes.

- Da die starren Sinus der **Kopfvenen** ein Kollabieren der Gefäße verhindern, misst man hier negative mittlere Drücke. Im Sinus sagittalis beispielsweise beträgt der Druck etwa –10 mm Hg. Durch die Erhöhung des venösen Strömungswiderstandes aufgrund der kollabierten Halsvenen nimmt der mittlere venöse Druck in den Kopfgefäßen nicht ganz so stark ab, wie es aufgrund des hydrostatischen Druckes eigentlich zu erwarten wäre.

- Da die starren Sinus der **Kopfvenen** ein Kollabieren der Gefäße verhindern, misst man hier negative mittlere Drücke. Im Sinus sagittalis beispielsweise beträgt der Druck etwa –10 mm Hg. Die Erhöhung des venösen Strömungswiderstandes aufgrund der kollabierten Halsvenen verhindert ein weiteres Absinken des Druckes.

**Veränderungen im arteriellen System beim Übergang vom Liegen zum Stehen:**
- Durch den hydrostatischen Druck steigt der mittlere Druck in den **Fußarterien** bis auf etwa 190 mm Hg an.
- Im **Kopf** sinkt der mittlere arterielle Druck durch den Einfluss des hydrostatischen Drucks auf ca. 70 mm Hg ab.

**Veränderungen im arteriellen System beim Übergang vom Liegen zum Stehen:**
- In den **Fußarterien** steigt der mittlere Druck auf ca. 190 mm Hg an,
- in den **Kopfvenen** sinkt er auf ca. 70 mm Hg.

**Veränderungen in den Beinvenen beim Gehen:** Beim Gehen kontrahiert sich die Oberschenkel- und Wadenmuskulatur, wodurch die Beinvenen komprimiert werden und das darin enthaltene Blut herzwärts gepresst wird (sog. **Muskelpumpe**). Durch die Venenklappen wird ein Zurückströmen des venösen Blutes in die Peripherie verhindert. Dies führt zu einem Absinken des Venendrucks, wobei aus dem arteriellen System ständig Blut nachströmt, was den Druck wieder anhebt. Dennoch ist der mittlere venöse Druck in den Bein- und Fußvenen bei Gehen insgesamt geringer als beim Stehen.

**Veränderungen in den Beinvenen beim Gehen:**
Beim Gehen kontrahiert sich die Oberschenkel- und Wadenmuskulatur, wodurch die Beinvenen komprimiert werden und das darin enthaltene Blut herzwärts gepresst wird (sog. Muskelpumpe). Dies führt zu einem Absinken des mittleren Venendrucks.

▶ Klinik. Bei der **chronisch-venösen Insuffizienz (CVI)** ist die Wirkung der Muskelpumpe aufgrund von insuffizienten Beinvenenklappen nur eingeschränkt effektiv, was zu einer venösen Hypertonie führt. Durch die venöse Abflussstörung und die nachfolgende Störung der Mikrozirkulation (s. S. 137) kommt es im Verlauf zu Venen- und Hautveränderungen. Zur Verbesserung des venösen Abflusses entstehen Umgehungskreisläufe, die schließlich zu **Varizen (Krampfadern)** werden können. Eine CVI kann u. a. aufgrund von angeborenen Defekten der Venenklappen oder sekundär, z. B. nach einer tiefen Beinvenenthrombose (Verschluss einer tiefen Beinvene durch ein Blutgerinnsel) auftreten. Anhand der klinischen Symptome wird die CVI in 3

▶ Klinik.

Stadien unterteilt, wobei sich die Symptome v. a. im Bereich der Unterschenkel und Füße zeigen. Im *Stadium I* treten u. a. reversible Ödeme und dunkelblau hervortretende Hautvenen am medialen und lateralen Fußrand (Corona phlebectatica) auf, zu *Stadium II* gehören u. a. persistierende Ödeme, eine rotbraune Hyperpigmentierung der Haut im Unterschenkelbereich bzw. die sog. Atrophie blanche (atrophierte depigmentierte Hautareale i.d.R. oberhalb der Sprunggelenke) und im *Stadium III* entstehen schließlich Ulzera (offene Hautgeschwüre). Zur Therapie gehören: Vermeiden von Sitzen und Stehen (behindern den venösen Abfluss), Bewegen und Hochlagern der Beine (fördern den venösen Abfluss), Tragen von Kompressionsstrümpfen und Behandlung eventueller Ulzera.

► Exkurs.

► Exkurs. **Apparative diagnostische Verfahren zur Darstellung der Durchblutung**

**Doppler-Sonografie:** Mithilfe der Doppler-Sonografie kann man Strömungsgeschwindigkeit und Richtung der Blutströmung in Gefäßen ermitteln. Dazu sucht man mit einem Schallkopf, der neben einer Schallquelle auch ein Hochfrequenzmikrophon enthält, das zu untersuchende Gefäß auf. Je größer die Eindringtiefe des Schalls sein soll, desto niederfrequenter muss der Schallkopf gewählt werden. Der Schall wird von den strömenden Erythrozyten reflektiert, wodurch sich seine Frequenz verändert: Strömt das Blut auf die Schallquelle zu, ist die reflektierte Schallfrequenz (Echo) höher als die der Schallquelle, strömt das Blut von der Schallquelle weg, ist die reflektierte Schallfrequenz niedriger. Diese durch die relative Bewegung von Schallquelle und Empfänger verursachte Änderung der Schallfrequenz bezeichnet man als **Dopplereffekt** (so benannt nach seinem Entdecker C.J. Doppler). Aus der Frequenz des Doppler-Signals, das durch Überlagerung von Schallwelle und Echo entsteht, können Strömungsgeschwindigkeit und Strömungsrichtung des Blutstroms berechnet werden. Neben dem akustischen Signal können diese Informationen auch in einer Zeit-Geschwindigkeits-Kurve (Spektral-Doppler-Kurve) dargestellt werden.

**Duplexsonografie:** Hierbei handelt es sich um eine Kombination aus Spektral-Doppler-Kurve und Ultraschall-Schnittbild. Bei diesem Schnittbild kann es sich entweder um eine konventionelle Sonografie (B-Bild) oder um eine Farbdoppler-Sonografie handeln. Bei der Farbdoppler-Sonografie werden Strömungsgeschwindigkeit und -richtung farbkodiert und dem B-Bild überlagert (Abb. **5.24**). Dabei bedeutet „rot“, dass das Blut auf den Schallkopf zu fließt und „blau“, dass es sich vom Schallkopf entfernt. Die Strömungsgeschwindigkeit wird durch unterschiedliche Farbabstufungen erkennbar gemacht. Diese Methode dient u. a. in der Angiologie und Gefäßchirurgie der Diagnostik von arteriellen und venösen Gefäßerkrankungen oder auch in der Gynäkologie zur Beurteilung der Durchblutung von Nabelschnur, Plazenta und Uterus.

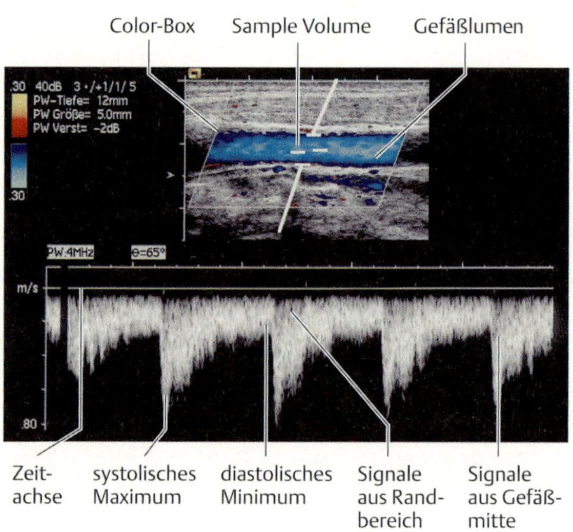


**5.24 Duplexsonogramm**

In der oberen Abbildungshälfte sieht man das Farb-Doppler-Sonogramm einer A. carotis communis. Das „Sample Volume“ markiert, wo Flussrichtung und -geschwindigkeit abgeleitet wurden. Die untere Abbildungshälfte zeigt das dazugehörige Spektral-Doppler-Sonogramm (Abszisse = Zeitachse, Ordinate = Flussgeschwindigkeit).

**Digitale Subtraktionsangiografie (DSA)**: Bei dieser Methode macht man zunächst eine Leeraufnahme (Röntgenbild ohne Kontrastmittel), bevor man über einen Katheter Kontrastmittel appliziert und erneut röntgt. Da die Aufnahmen digital vorliegen, kann nun die Leeraufnahme von der Kontrastmittelaufnahme subtrahiert werden, so dass auf dem endgültigen Bild ausschließlich die kontrastmittelgefüllten Gefäße zu sehen sind (Abb. **5.25**). Eventuell vorliegende Stenosen oder Gefäßverschlüsse können so sichtbar gemacht werden.

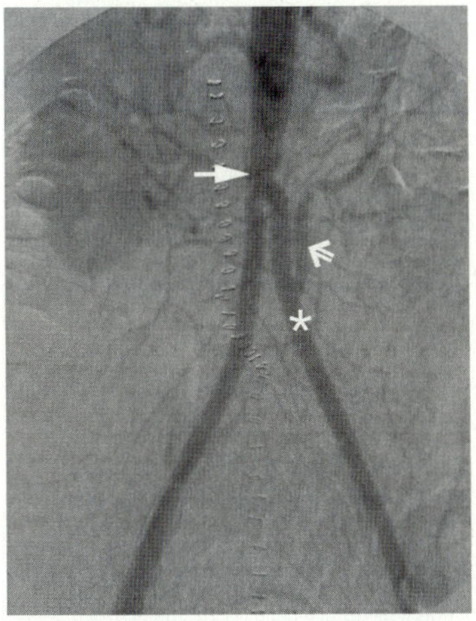

**5.25 Digitale Subtraktionsangiografie (DSA)**

Die i. v.-DSA wurde zur postoperativen Kontrolle einer aortobifemoralen Gefäßprothese angefertigt. An der proximalen Anastomose liegt eine geringe Einschnürung vor (Pfeil). Der Doppelpfeil zeigt auf die gut durchblutete A. mesenterica, die mit dem linken Prothesenschenkel verbunden wurde (Stern).

# 5.5 Mikrozirkulation

5.5 Mikrozirkulation

► **Definition.** Die **Mikrozirkulation** ist der in der sog. terminalen Strombahn (s. u.) ablaufende Teil des Blutkreislaufs, in dem der Stoffaustausch zwischen Blut und Interstitium stattfindet.

► Definition.

## 5.5.1 Die terminale Strombahn

5.5.1 Die terminale Strombahn

► **Synonym.** Endstrombahn.

► **Synonym**

In der sog. terminalen Strombahn (Abb. **5.26**) fließt das Blut von den Arteriolen über Kapillaren oder Metarteriolen (von denen wiederum Kapillaren abgehen) in postkapilläre Venolen und schließlich in die Venolen. Die Metarteriolen und ihre direkten kapillären Fortsätze bilden dabei die sog. **Hauptstrombahn**. Am Übergang von der Metarteriole in die Kapillare gibt es in manchen Organen einen aus Muskelzellen gebildeten sog. **präkapillären Sphinkter**, über den die Durchblutung der Kapillaren reguliert werden kann.
Die verschiedenen Gefäßtypen der terminalen Strombahn haben in Abhängigkeit von ihren Aufgaben einen unterschiedlichen Wandaufbau (Tab. **5.3**).

Die Metarteriolen bilden mit ihren direkten kapillären Fortsätzen die sog. **Hauptstrombahn. Präkapilläre Sphinkteren** regulieren die Kapillardurchblutung (Abb. **5.26**).

Tab. **5.3** beschreibt Aufgaben und Wandaufbau der verschiedenen Gefäße.

## 5.5.2 Stoffaustausch

5.5.2 Stoffaustausch

Der Stoffaustausch erfolgt in den Kapillaren und postkapillären Venolen. Die Kapillaren bieten mit ihrem großen Gesamtquerschnitt, der entsprechend niedrigen Strömungsgeschwindigkeit und der großen Austauschfläche ideale Voraussetzungen für den Stoffaustausch.

Der Stoffaustausch erfolgt in den Kapillaren und postkapillären Venolen.

### Diffusion

Diffusion

Der Hauptteil des Stoffaustauschs zwischen Blut und interstitiellem Gewebe erfolgt mittels Diffusion. Die pro Zeiteinheit transportierte Stoffmenge ist dabei proportional zu Konzentrationsdifferenz und Austauschfläche (Fick'sches Gesetz, s. S. 8).

Der Hauptteil des Stoffaustauschs zwischen Blut und interstitiellem Gewebe erfolgt mittels Diffusion.

5.26

**5.26 Die terminale Strombahn**

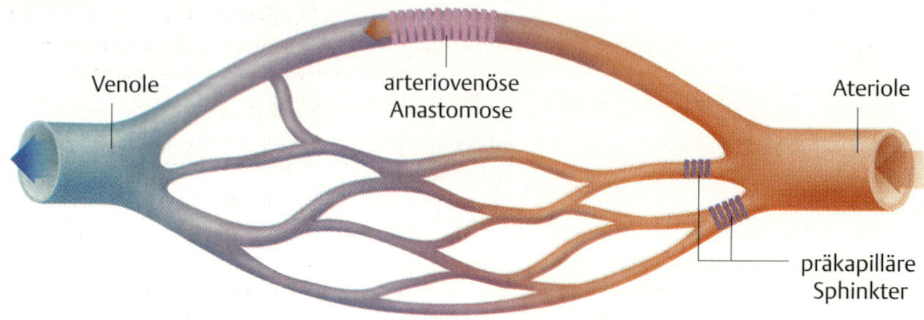


**5.3 Die terminale Strombahn**

| *Gefäßtyp* | | *Vorkommen* | *Durchmesser* | *Wandaufbau* | *Aufgabe* |
|---|---|---|---|---|---|
| **Arteriolen** | | | 40 – 80 µm | besitzen glatte Muskulatur → kontraktil | können den Blutzufluss in die terminale Strombahn beeinflussen |
| **Metarteriolen** | | | 8 – 20 µm | der Anteil an glatter Muskulatur nimmt mit zunehmender Entfernung von der Arteriole ab | bilden zusammen mit ihren direkten kapillären Fortsätzen die Hauptstrombahn und dienen dem Stoffaustausch |
| **Kapillaren** | | | 4 – 8 µm | enthalten keinerlei Muskulatur → nicht kontraktil, bestehen ausschließlich aus einer Endothelzellschicht (s. u.) und der umgebenden Basalmembran | dienen dem Stoffaustausch (s. u.) |
| | *kontinuierlich* | Herz-/Skelettmuskulatur, Fett-/Bindegewebe, ZNS, Lunge | | die Interzellulärspalten des Endothels sind teilweise durch Tight junctions verschlossen | lassen hauptsächlich Wasser und kleine hydrophile Moleküle wie Glukose und Harnstoff bis zur Größe von Plasmaproteinen passieren |
| | *fenestriert* | Niere, Magen-Darm-Trakt, Drüsengewebe | | zwischen den Endothelzellen befinden sich ca. 50 – 60 nm breite Poren (= Fenestrae) bei erhaltener Basalmembran | sind für Wasser und kleine hydrophile Moleküle 100 – 1000-mal durchlässiger als die Kapillaren vom kontinuierlichen Typ |
| | *diskontinuierlich* | Leber, Milz, Knochenmark | | die Kapillarwand einschließlich Basalmembran ist von 0,1 – 1 µm breiten Spalten unterbrochen | lassen auch Proteine u. a. Makromoleküle und korpuskuläre Elemente passieren |
| **postkapilläre Venolen** | | | 8 – 30 µm | bestehen aus Endothel, Basalmembran, kollagenen Fasern und einer Umhüllung mit Perizyten (sog. Rouget-Zellen) | dienen dem Stoffaustausch |
| **Venolen** | | | 30 – 50 µm | enthalten zunehmend glatte Muskulatur | Blutabfluss |
| **arteriovenöse Anastomosen** (Kurzschlussverbindungen zwischen Arteriolen und Venolen) | | z. B. in Lunge und Haut | | enthalten zahlreiche Muskelfasern, durch deren Kontraktion die Anastomosen vollständig verschlossen werden können | dienen im Bereich der Akren der Thermoregulation: indem sie sich bei Kälte verschließen, wird ein unnötiger Wärmeverlust vermieden |

5.27 **Durchblutungslimitierter Stoffaustausch**

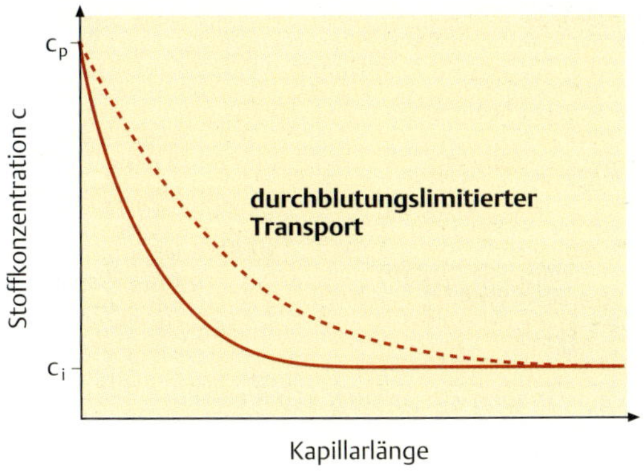


Der Stoffaustausch nimmt mit steigender Durchblutung zu. Die durchgezogene Linie beschreibt die Plasmakonzentration gut permeabler Substanzen. Da hier rasch ein Gleichgewicht zwischen Plasmakonzentration ($c_p$) und interstitieller Konzentration ($c_i$) eintritt, ist nur ein Teil der Kapillaren am Stoffaustausch beteiligt. Bei erhöhter Durchblutung (gestrichelte Linie) können auch distalere Kapillarbereiche am Stoffaustausch teilnehmen, wodurch dieser insgesamt ansteigt.

### Austausch lipidlöslicher Stoffe

Lipidlösliche Stoffe, wie z. B. die Blutgase $O_2$ und $CO_2$, Narkosegase, Steroide und auch Alkohol, können gut transzellulär durch die Plasmamembran diffundieren (einfache Diffusion, s. S. 8). Dazu steht ihnen die gesamte Oberfläche der Kapillaren und postkapillären Venolen zur Verfügung und ihre Transportrate hängt nur davon ab, wie viel des jeweiligen Stoffes an die Austauschfläche heran transportiert wird. Die Transportrate ist also durchblutungsabhängig, weshalb man auch von einem **durchblutungslimitierten Transport** (Abb. **5.27**) spricht.

### Austausch wasserlöslicher Stoffe

Wasser und wasserlösliche Stoffe, wie z. B. Ionen, Glukose und Proteine, sind bei der transzellulären Passage des Gefäßendothels auf Transporter angewiesen (erleichterte Diffusion, s. S. 9). Außerdem können sie parazellulär, also durch Spalten und Poren zwischen den Endothelzellen diffundieren. Dabei ist die Transportrate von der Anzahl und Größe dieser Spalten, also vom Typ des Kapillarendothels (kontinuierlich, fenestriert, diskontinuierlich, s. auch Tab. **5.3**) abhängig. Bei weniger permeablen Stoffen (z. B. hochmolekulare Proteine) ist der **Transport diffusionslimitiert** (Abb. **5.28**). Hier führt eine Steigerung der Durchblutung auch nicht zu einem vermehrten Stoffaustausch, da die Verweildauer des Blutes in der Kapillare verkürzt ist.

Auf diesem parazellulären Weg diffundieren im gesamten Kreislaufsystem ca. 80 000 l Wasser pro Tag zwischen Blut und Interstitium durch die Kapillarwand, wobei der Nettoflux verschwindend gering ist (d. h. die Menge Wasser, die vom

**Austausch lipidlöslicher Stoffe**

Lipidlösliche Stoffe (z. B. $O_2$, $CO_2$, Narkosegase, Steroide und Alkohol) können transzellulär über die gesamte Oberfläche der Kapillaren und postkapillären Venolen diffundieren. Die Transportrate ist durchblutungsabhängig **(durchblutungslimitierter Transport**, Abb. **5.27)**.

**Austausch wasserlöslicher Stoffe**

Wasser und wasserlösliche Stoffe (z. B. Ionen, Glukose und Proteine) können durch Spalten und Poren zwischen den Endothelzellen diffundieren. Dabei ist die Transportrate von der Anzahl und Größe dieser Spalten, also vom Typ des Kapillarendothels (Tab. **5.3**) abhängig. Bei weniger permeablen Stoffen (z. B. hochmolekulare Proteine) ist der **Transport diffusionslimitiert** (Abb. **5.28**).
Auf diesem Weg diffundieren im gesamten Kreislaufsystem ca. 80 000 l Wasser pro Tag zwischen Blut und Interstitium durch die Kapillarwand (Nettoflux verschwindend gering). Glukose hat einen Nettoflux von ca. 400 g/d

5.28 **Diffusionslimitierter Stoffaustausch**

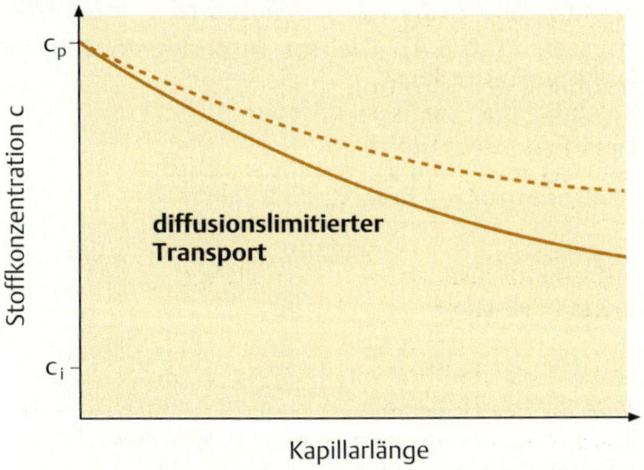


Der Stoffaustausch ist durchblutungsunabhängig. Die durchgezogene Linie beschreibt die Plasmakonzentration wenig permeabler Substanzen. Hier ist die Plasmakonzentration ($c_p$) am Ende des Kapillarbetts nicht im Gleichgewicht mit der Konzentration im Interstitium ($c_i$). Bei erhöhter Durchblutung (gestrichelte Linie) findet keine Erhöhung des Stoffaustauschs statt, da der Substanz aufgrund der verkürzten Passagedauer weniger Zeit bleibt, um durch die Gefäßwand zu diffundieren.

**5.29 Austauschprozesse in Kapillaren**

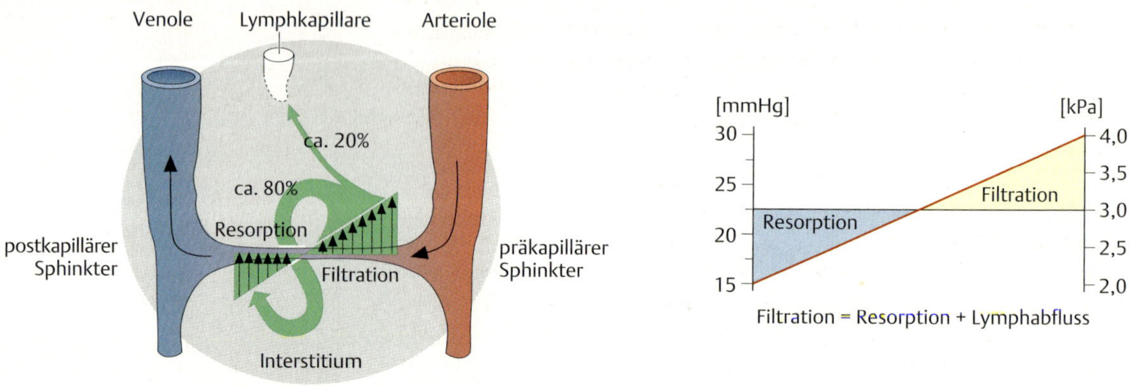


bei einem täglichen Austausch von ca. 20 000 g.

Gefäß in das Interstitium diffundiert, entspricht nahezu der Menge, die umgekehrt vom Interstitium in das Gefäß diffundiert). Von den ca. 20 000 g Glukose, die pro Tag ausgetauscht werden, verbleiben etwa 400 g im Gewebe (Nettoflux = 400 g/d).

#### Filtration und Reabsorption

Zusätzlich zur Diffusion erfolgt der Flüssigkeitsaustausch auch noch durch Filtration und Reabsorption, zwischen denen unter physiologischen Bedingungen ein Gleichgewicht besteht.

## Filtration und Reabsorption

Der Flüssigkeitsaustausch zwischen Gefäß und Interstitium erfolgt neben der Diffusion auch noch mittels Filtration (ca. 8 l/d) und Reabsorption (Abb. **5.29**). Unter physiologischen Bedingungen werden ungefähr 80 % des Filtrats (ca. 4–6 l/d) reabsorbiert, die verbleibenden 20 % (ca. 2–3 l/d) fließen über Lymphgefäße (s. S. 142) ab.

Filtration und Reabsorption sind abhängig vom hydrostatischen (p) und onkotischen (kolloidosmotischen, π) Druck in Kapillare (Kap) und Interstitium (Int).

Triebkraft der Filtration ist der **effektive Filtrationsdruck**
$p_{eff} = \Delta p - \Delta\pi = (p_{Kap} - p_{Int}) - (\pi_{Kap} - \pi_{Int})$

Für das pro Zeiteinheit filtrierte Volumen gilt:
$\dot{V}_y = p_{eff} \times K = (p_{Kap} - p_{Int} - \pi_{Kap} + \pi_{Int}) \times K$ (**Starling-Filtrationsformel**).

Triebkraft des Flüssigkeitstransports mittels Filtration ist der **effektive Filtrationsdruck**

$$p_{eff} = \Delta p - \Delta\pi = (p_{Kap} - p_{Int}) - (\pi_{Kap} - \pi_{Int})$$

Das pro Zeiteinheit filtrierte Volumen lässt sich mithilfe der **Starling-Filtrationsformel** berechnen:

$$\dot{V}_y = p_{eff} \times K = (p_{Kap} - p_{Int} - \pi_{Kap} + \pi_{Int}) \times K,$$

wobei K = Filtrationskoeffizient.

Der intrakapilläre hydrostatische Druck $p_{Kap}$ fällt mit zunehmender Entfernung von den Arteriolen von ca. 30 auf 15–20 mmHg ab, wodurch im arteriellen Schenkel des Kapillarbetts die Filtration und im venösen Schenkel die Reabsorption (Abb. **5.29**) überwiegt.

Tab. **5.4** zeigt, wie verschiedene Faktoren $p_{eff}$ und somit auch $\dot{V}_y$ beeinflussen.

Der intrakapilläre hydrostatische Druck $p_{Kap}$ fällt mit zunehmender Entfernung von den Arteriolen von ca. 30 mmHg auf 15–20 mmHg ab, während der intrakapilläre onkotische Druck $\pi_{Kap}$ annähernd konstant bleibt und $p_{Int}$ und $\pi_{Int}$ unter normalen Bedingungen sehr gering sind. Durch die Abnahme des $p_{Kap}$ überwiegt im arteriellen Schenkel des Kapillarbetts die Filtration und im venösen Schenkel die Reabsorption (Abb. **5.29**).

Verschiedene Faktoren wie der arterielle und venöse Druck, der Plasmaproteingehalt, der Lymphabfluss und die Kapillarpermeabilität können über eine Veränderung des hydrostatischen bzw. onkotischen Drucks in Kapillaren bzw. Interstitium $p_{eff}$ und somit auch $\dot{V}_y$ beeinflussen (Tab. **5.4**). Die rot hinterlegten Kästchen markieren die Ursachen einer Erhöhung der Filtration.

5.4

**5.4 Einfluss verschiedener Faktoren auf $p_{eff}$ bzw. $\dot{V}_y$**

| *Beeinflussender Faktor* | *Veränderung* | | *Auswirkung* | | *$p_{eff}/\dot{V}_y$* | |
|---|---|---|---|---|---|---|
| arterieller und venöser Druck | ↑ | ↓ | $p_{Kap}$ ↑ | $p_{Kap}$ ↓ | ↑ | ↓ |
| Plasmaproteingehalt | ↑ | ↓ | $\pi_{Kap}$ ↑ | $\pi_{Kap}$ ↓ | ↓ | ↑ |
| Kapillarpermeabilität | ↑ | ↓ | $\pi_{Int}$ ↑ | $\pi_{Int}$ ↓ | ↑ | ↓ |

► Klinik. Wird das Gleichgewicht zwischen Filtration und Reabsorption zugunsten der Filtration gestört, kommt es zur Ausbildung von Flüssigkeitsansammlungen **(Ödemen)** im Interstitium. Ursachen hierfür können u. a. eine Erhöhung des $p_{Kap}$ z. B. im Rahmen einer (Rechts-)Herzinsuffizienz (s. u.), ein Absinken des $\pi_{Kap}$ infolge schwerer Leberschädigung, erhöhter renaler Eiweißausscheidung (Proteinurie) oder Proteinmangelernährung (s. S. 179) oder eine gesteigerte Kapillarpermeabilität im Rahmen einer Entzündung (s. u.) sein.

Im Rahmen einer **Herzinsuffizienz** (s. S. 98) kommt es durch den Rückstau des Blutes vor dem rechten Herzen zu einem Anstieg des venösen Drucks. Durch die Erhöhung des $p_{Kap}$ wird vermehrt Flüssigkeit ins Interstitium filtriert und weniger rückresorbiert. Da diese Flüssigkeit nicht ausreichend über das Lymphsystem abtransportiert werden kann, kommt es zur Ausbildung sog. **kardialer Ödeme**. Besonders ausgeprägt sind diese Ödeme in den abhängigen Körperpartien, v. a. im Bereich der Fußrücken und prätibial (Abb. **5.30**), da der hydrostatische Druck dort am größten ist. Sie kommen immer beidseits vor.

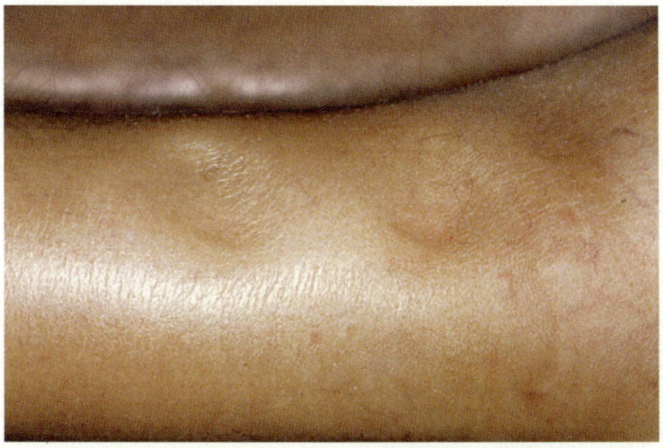

5.30

**Prätibiales Ödem bei dekompensierter Herzinsuffizienz**

Drückt man mit den Fingerkuppen auf das ödematös veränderte Gewebe, bleiben deutlich sichtbare Dellen zurück.

Bei **Entzündungen**, **allergischen Reaktionen** und **Verbrennungen** werden lokal verschiedene Mediatoren, wie z. B. Histamin und Bradykinin, freigesetzt, die über eine Erhöhung der intrazellulären $Ca^{2+}$-Konzentration eine Kontraktion der Endothelzellen bewirken. Dadurch entstehen größere Lücken zwischen den Endothelzellen, durch die vermehrt Proteine vom Plasma ins Interstitium gelangen. Dementsprechend steigt der onkotische Druck im Interstitium an und fällt in der Kapillare ab, was zu einer vermehrten Filtration und dadurch zur Bildung von proteinreichen Ödemen führt.

► Klinik.

## 5.5.3 Lymphgefäßsystem

Jeden Tag werden ca. 2 – 3 l Flüssigkeit mehr filtriert als reabsorbiert (Abb. **5.29**). Diese sog. Lymphflüssigkeit muss gemeinsam mit Proteinen und anderen Stoffen, die nicht mehr direkt in den Kreislauf gelangen können, über die Lymphgefäße zurück in den Blutkreislauf befördert werden.

**Lymphabflusswege:** Das Lymphgefäßsystem beginnt mit blind endenden Lymphkapillaren, die sich zu immer größeren Lymphgefäßen vereinigen und schließlich als Ductus thoracicus in den linken bzw. als Ductus lymphaticus dexter in den rechten Venenwinkel münden. Auf ihrem Weg passiert die Lymphe zahlreiche Lymphknoten.

**Mechanismen des Lymphtransports:** Das Endothel der Lymphkapillaren ist mit seinen ≥14 nm breiten Spalten besonders durchlässig. Dadurch kann die interstitielle Flüssigkeit mit all ihren Inhaltsstoffen in die Lymphkapillaren gelangen. Semilunarklappen (sind ab einem Lymphgefäßdurchmesser von 100 µm vorhanden und ähneln den Venenklappen im Blutgefäßsystem) verhindern den Rückstrom der Lymphe in die Peripherie und gewährleisten so gemeinsam mit der glatten Lymphgefäßmuskulatur, die sich ca. 10 – 15-mal pro Minute rhythmisch kontrahiert, einen gerichteten Transport der Lymphe zum venösen System. Unterstützt wird der Transport durch Kontraktionen der Skelettmuskulatur (analog zur Wirkung der

### 5.5.3 Lymphgefäßsystem

Täglich werden ca. 2 – 3 l Flüssigkeit mehr filtriert als reabsorbiert (Abb. **5.29**), die über die Lymphbahnen zurück ins venöse System befördert werden müssen.

**Lymphabflusswege:** Lymphkapillaren vereinigen sich zu immer größeren Gefäßen und münden nach Passage zahlreicher Lymphknoten als Ductus thoracicus/Ductus lymphaticus dexter in den linken/rechten Venenwinkel.

**Mechanismen des Lymphtransports:** Die interstitielle Flüssigkeit gelangt durch ≥14 nm breite Spalten zwischen den Endothelzellen in die Lymphkapillaren. Durch Semilunarklappen, rhythmische Kontraktionen (10 – 15/min) der glatten Lymphgefäßmuskulatur und unterstützt durch Kontraktionen der Skelettmuskulatur wird der gerichtete Transport der Lymphe zum venösen System gewährleistet.

Muskelpumpe im Venensystem): Bei der Kontraktion steigt der Druck auf die Lymphgefäße, die Gefäße werden komprimiert und die Lymphe wird weitertransportiert.

**Zusammensetzung der Lymphe:** Lymphe entspricht in ihrer Zusammensetzung weitgehend der interstitiellen Flüssigkeit – es gibt aber v. a. bezüglich der Proteinkonzentration regionale Unterschiede. Durch Reabsorption von Wasser in den Lymphknoten hat postnodale Lymphe eine höhere Proteinkonzentration als pränodale. Da die Lymphe u. a. auch Fibrinogen enthält, ist sie gerinnungsfähig. Weitere Bestandteile der Lymphe sind Elektrolyte und Chylomikronen.

**Zusammensetzung der Lymphe:** Lymphe entspricht in ihrer Zusammensetzung weitgehend der interstitiellen Flüssigkeit. Allerdings gibt es v.a. bei der Proteinkonzentration deutliche regionale Unterschiede: Der Proteingehalt der Sammellymphe im Ductus thoracicus beträgt ca. 3–4% (30–40 g/l; also ca. die Hälfte im Vergleich zum Proteingehalt des Blutes), im Bereich der Leber kann die Proteinkonzentration jedoch auf bis zu 50 g/l ansteigen. Da in den Lymphknoten Wasser in die dortigen Kapillaren reabsorbiert wird, hat postnodale Lymphe eine höhere Proteinkonzentration als pränodale. Da die Lymphe u.a. auch Fibrinogen enthält, ist sie gerinnungsfähig. Neben Proteinen enthält Lymphe auch Elektrolyte und Chylomikronen. Letztere transportieren aus fettreicher Nahrung aufgenommene Triglyzeride ins Blut.

▶ Klinik.

▶ **Klinik.** Bei einer Störung des Lymphabflusses staut sich die Flüssigkeit im Interstitium, die Folge sind sog. **Lymphödeme** (Abb. **5.31**). Ursachen **primärer Lymphödeme** (ca. 10% der Fälle) sind Entwicklungsstörungen im Bereich der Lymphgefäße. **Sekundäre Lymphödeme** (mit ca. 90% weitaus häufiger) entstehen im Rahmen von Tumorerkrankungen, nach Operationen (durch Unterbrechung des Lymphabflussweges, z.B. durch Entfernung von Lymphknoten bei Tumorerkrankungen), Bestrahlung oder Traumen oder durch Entzündungen von Lymphgefäßen (Lymphangitis) – bei all diesen Erkrankungen/Ursachen kommt es zum Verlust bzw. Verschluss von Lymphgefäßen und durch den behinderten Lymphabfluss zum Rückstau. Die Ödeme sind typischerweise nur im Anfangsstadium eindrückbar, später aufgrund einer einsetzenden Fibrosierung nicht mehr.

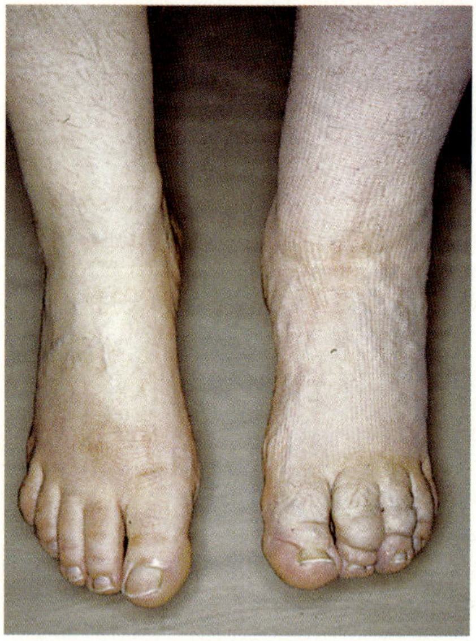

**5.31 Lymphödem**

Anders als z. B. beim hydropischen Ödem im Rahmen einer Herzinsuffizienz (Abb. **5.30**) sind hier auch die Zehen betroffen.

5.6 Kreislaufregulation

5.6.1 Regulation des Blutdrucks

Zur Anpassung des Blutdrucks an die jeweiligen Anforderungen muss der Körper zunächst den Ist-Zustand erfassen, um ihn anschließend auf den jeweiligen Soll-Zustand anpassen zu können. Dazu besitzt der Körper an verschiedenen Stellen unterschiedliche Arten von Rezeptoren.

# 5.6 Kreislaufregulation

## 5.6.1 Regulation des Blutdrucks

Der Blutdruck (s. S. 126) spielt als treibende Kraft der Blutzirkulation für die Aufrechterhaltung des Kreislaufs und damit für den Stoffaustausch eine essenzielle Rolle. Deshalb ist seine Regulation von entscheidender Bedeutung. Zur Anpassung des Blutdrucks an die jeweiligen Anforderungen muss der Körper zunächst den Ist-Zustand erfassen, um ihn anschließend auf den jeweiligen Soll-Zustand anpassen zu können. Dazu besitzt der Körper an verschiedenen Stellen Sensoren, die ihm über

5.32 **Übersicht über die Lokalisation von Presso (Baro)-, Chemo- und Volumenrezeptoren**

5.32

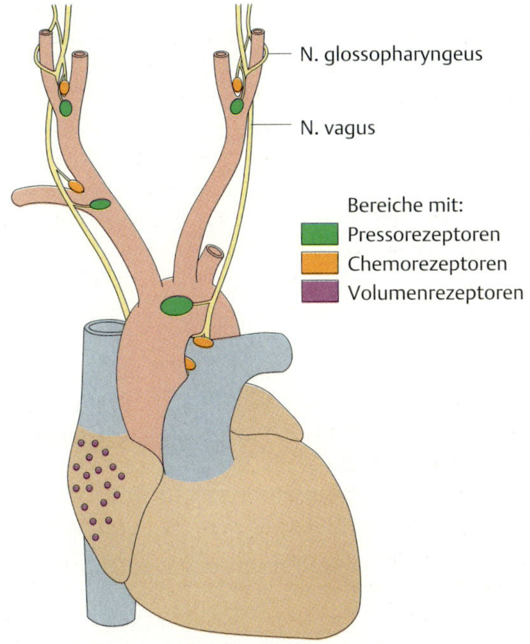


die Messung verschiedener Parameter (z.B. Gefäßwandspannung, Blutgaspartialdrücke, Stoffkonzentrationen) Rückschlüsse auf den Blutdruck oder das Ausmaß der Durchblutung ermöglichen.

## Kurzfristige Regulation

Die kurzfristige Blutdruckregulation läuft größtenteils nerval über sog. Kreislaufreflexe ab. Diese Mechanismen treten **innerhalb von wenigen Sekunden** ein, sind zu Beginn der Reaktion stark wirksam und schwächen sich im Verlauf immer weiter ab. Beteiligte Sensoren sind **Pressorezeptoren** (Barorezeptoren, Druckrezeptoren) und **Chemorezeptoren**, die u.a. im Bereich der Aorta und der Arteria carotis lokalisiert sind, und **Volumenrezeptoren** im rechten Vorhof (Abb. **5.32**).

### Presso-/Volumenrezeptoren

Die funktionell wichtigsten arteriellen Pressorezeptoren (Barorezeptoren, Druckrezeptoren) befinden sich in der Wand von Aortenbogen und Karotissinus (Abb. **5.32**). Außerdem gibt es Volumenrezeptoren im Bereich der Herzvorhöfe (kardiale Dehnungsrezeptoren, s.S. 102).

Da sie nicht nur auf den absoluten Druck reagieren, sondern auch auf die Geschwindigkeit, mit der sich der Druck ändert, gehören Pressorezeptoren zu den **Proportional-Differenzial-Rezeptoren (P-D-Rezeptoren)**. Ihre Reaktion ist also nicht nur dem jeweiligen Reiz (Blutdruckanstieg/-abfall) proportional (P-Komponente), sondern wird auch durch den Differenzialquotienten $\frac{\Delta p}{\Delta t}$ ($\Delta p$ = Druckdifferenz, $\Delta t$ = Zeitintervall) bestimmt (D-Komponente).

**Reaktion auf Druckanstieg:** Presso- und Volumenrezeptoren werden bei einer Druckerhöhung durch die damit verbundene Dehnung der Gefäßwände bzw. des Vorhofs erregt. Daraufhin werden ihre Impulse über den N. glossopharyngeus (IX) und den N. vagus (X) in die medullären Kreislaufzentren weitergeleitet (erste Umschaltung im Ncl. tractus solitarii, dann weiter in ventrolaterale Medulla bzw. Ncl. ambiguus) und aktivieren so den efferenten Parasympathikus bei gleichzeitiger Aktivitätsminderung des efferenten Sympathikus. Dadurch sinken die Herzfrequenz und der Tonus der Widerstandsgefäße sowie der totale periphere Widerstand. Die Kapazitätsgefäße können nun mehr Blut aufnehmen, wodurch das zentrale

**Kurzfristige Regulation**

Die kurzfristige Blutdruckregulation läuft größtenteils über Kreislaufreflexe ab und tritt **innerhalb von wenigen Sekunden** ein. Beteiligte Sensoren sind Pressorezeptoren, Chemorezeptoren und Volumenrezeptoren (Abb. **5.32**).

**Presso-/Volumenrezeptoren**

Die funktionell wichtigsten Pressorezeptoren (Abb. **5.32**) befinden sich in der Wand von Aortenbogen und Karotissinus. Im Bereich der Herzvorhöfe gibt es Volumenrezeptoren (s.S. 102).

Da die Pressorezeptoren nicht nur auf den absoluten Druck reagieren, sondern auch auf die Geschwindigkeit, mit der sich der Druck ändert, gehören sie zu den **Proportional-Differenzial-Rezeptoren (P-D-Rezeptoren)**.

**Reaktion auf Druckanstieg:** Presso- und Volumenrezeptoren werden durch Dehnung der Gefäßwände bzw. des Vorhofs bei Druckerhöhung erregt. Ihre Impulse werden in die medullären Kreislaufzentren weitergeleitet, woraufhin der efferente Parasympathikus aktiviert wird. Über eine Senkung der Herzfrequenz und des Tonus der Kapazitätsgefäße sowie des totalen peripheren Widerstands kommt es zu einem Absinken des Blutdrucks.

**5.33 Aktivität von afferenten Pressorezeptoren und efferentem Sympathikus**

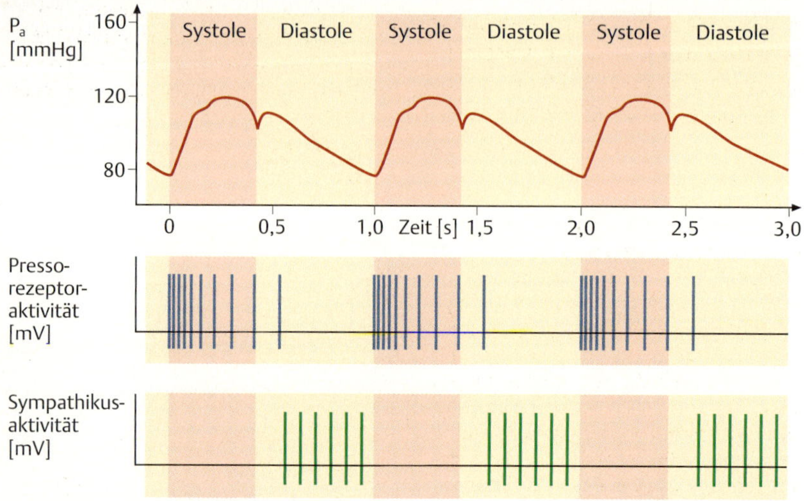


Bei Zunahme des arteriellen Blutdrucks nimmt die Erregung der Pressorezeptoren zu, was zu einer reflektorischen Reduktion der Sympathikusaktivität führt. Dadurch sinken Herzfrequenz, Tonus der Widerstandsgefäße und totaler peripherer Widerstand, wodurch auch der Blutdruck abnimmt.

Blutvolumen und folglich auch das Schlagvolumen absinken. Insgesamt führen diese Mechanismen zu einer Senkung des Blutdrucks.

▶ Merke.

▶ Merke. Pressorezeptoren reagieren am empfindlichsten im physiologisch relevanten Druckbereich zwischen 80 – 180 mm Hg.

Durch die Blutdruckschwankungen im Rahmen der Herzaktion kommt es zu einem **pulssynchronen Ansprechen der Pressorezeptoren** (Abb. **5.33**).

Da jede Herzaktion in der Systole einen Blutdruckanstieg und in der Diastole einen Blutdruckabfall bedeutet, kommt es zu einem **pulssynchronen Ansprechen der Pressorezeptoren** (Abb. **5.33**).

▶ Merke.

▶ Merke. Da sich Pressorezeptoren innerhalb einiger Tage an ein verändertes Blutdruckniveau adaptieren, sind sie im Gegensatz zu den Volumenrezeptoren (Hemmung der ADH-Ausschüttung, s. S. 317) nicht zur langfristigen Blutdruckregulation geeignet.

▶ Exkurs.

▶ Exkurs. **Experiment Karotisdruckversuch**

Dass die Aktivität der Pressorezeptoren über die Modulation des efferenten Sympathikus die Herzfrequenz variiert, kann man durch folgendes **Experiment** nachweisen: Bei einer Versuchsperson wird zunächst in Ruhe, anschließend unter **Druck auf den Karotissinus** (Cave: Nur unilateral drücken – sonst besteht die Gefahr eines massiven Blutdruckabfalls mit Bewusstlosigkeit!) kontinuierlich der Puls gemessen. Während der „Massage" des Karotissinus kommt es zu einem Abfall der Herzfrequenz: Lag der Ruhepuls beispielsweise bei ca. 80/min, sinkt er im Verlauf des Experiments auf ca. 60/min ab.

▶ Klinik.

▶ Klinik. Beim **Karotis-Sinus-Syndrom** liegt eine pathologische Überempfindlichkeit der Pressorezeptoren im Bereich der Karotisgabel vor. Hier kann bereits eine Berührung des Halses (z. B. beim Rasieren), ein enger Kragen oder eine Drehung des Kopfes (z. B. beim Rückwärtsfahren) über eine Aktivierung der Pressorezeptoren zu einer so starken Hemmung des Sympathikus führen, dass sowohl Herzkraft als auch Herzfrequenz deutlich abfallen. In Kombination mit einer Dilatation der peripheren Blutgefäße kann der Blutdruck dabei so weit absinken, dass es zum kurzzeitigen Bewusstseinsverlust (Synkope) kommt. Ursache dieser Überempfindlichkeit könnte die Sklerotisierung der Gefäßwand der A. carotis sein.

**Reaktion auf Druckabfall:** Die Verlagerung von Blut (ca. 500 ml) in die Beine beim Aufstehen aus dem Liegen bedeutet eine Reduktion der Vorlast, wodurch Schlagvolumen und Blutdruck absinken. Innerhalb von

**Reaktion auf Druckabfall:** Beim Übergang vom Liegen zu aufrechter Körperhaltung (= Orthostase) kommt es durch die Verlagerung von ca. 500 ml Blut in die untere Extremität zu einer Reduktion der Vorlast. Dadurch sinken zunächst das Schlagvolumen und der Blutdruck ab. Innerhalb von 1 – 2 s setzt daraufhin folgender Reflex ein: Die verringerte Impulsfrequenz der Pressorezeptoren bewirkt eine erhöhte Sympathikusaktivierung und eine Reduktion der Aktivität des Parasympathikus. Dies führt zu einem Anstieg von Herzfrequenz, Kontraktilität und totalem peripherem Widerstand. Durch Konstriktion der Kapazitätsgefäße werden die Vorlast und damit auch das Schlagvolumen wieder erhöht. Diese Mechanismen führen gemeinsam zu einem raschen Blutdruckanstieg, wodurch eine unzureichende Durchblutung des Gehirns mit Schwindelanfällen oder sogar Bewusstseinsverlust verhindert wird.

1–2 s wird daraufhin über die verringerte Impulsfrequenz der Pressorezeptoren der Sympathikus vermehrt aktiviert, woraufhin Herzfrequenz, Kontraktilität und TPW ansteigen. Gemeinsam mit einer Vorlasterhöhung durch Vasokonstriktion führt dies zu einem raschen Blutdruckanstieg.

► Exkurs. **Experiment Valsalva-Pressversuch**

Der Valsalva-Pressversuch dient der Überprüfung der Blutdruckregelung und zeigt den Einfluss des intrathorakalen Drucks auf den Blutdruck. Man lässt einen Probanden nach tiefer Inspiration möglichst lange pressen (am besten gegen ein Manometer zur besseren Abschätzung des intrathorakalen Drucks) und misst gleichzeitig Blutdruck und Herzfrequenz (Abb. **5.34**). Durch das Pressen wird kurzzeitig der venöse Rückfluss zum Herzen gesteigert (= Vorlaststeigerung), wodurch es über den Frank-Starling-Mechanismus (s. S. 100) zu einer Verbesserung der Kontraktilität mit einer Erhöhung des Schlagvolumens kommt. Gleichzeitig sinken die Aktivität des Sympathikus und damit auch die Herzfrequenz kurzzeitig ab. Presst die Versuchsperson nun weiter, wird der venöse Rückstrom zum Herzen gehemmt (= Vorlastsenkung), wodurch es zu einem Absinken von Kontraktilität und Schlagvolumen und zu einem Blutdruckabfall kommt. Dies wird jedoch über eine verminderte Impulsrate der Pressorezeptoren mit nachfolgender Sympathikusaktivierung kompensiert. Hört der Proband jetzt auf zu pressen, sinkt der intrathorakale Druck ab und der venöse Rückstrom zum Herzen normalisiert sich wieder. Da der Sympathikus anfangs noch verstärkt aktiviert ist, steigen systolischer und diastolischer Blutdruck zunächst an, bis sich das System wieder eingependelt hat und sich Blutdruck und Herzfrequenz wieder normalisieren. Bei latenter Herzinsuffizienz oder auch bei Störungen der am Reflexbogen beteiligten Strukturen des vegetativen Nervensystems fällt der Blutdruck beim Pressen stärker ab und der anschließende Blutdruckanstieg bleibt aus.

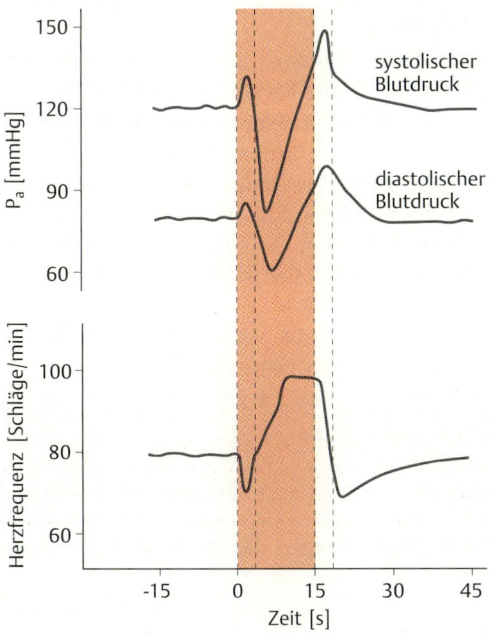


**5.34 Valsalva-Test**

Der intrathorakale Druck wurde während des rot unterlegten Zeitraums für 15 s durch Pressen gegen ein Manometer erhöht.

► Exkurs.

### Chemorezeptoren

Die peripheren Chemosensoren befinden sich im Bereich des Aortenbogens (Glomus aorticum) und der Karotisgabel (Glomus caroticum, s. Abb. **5.32**, S. 143). Sie registrieren den Sauerstoffpartialdruck ($P_{O_2}$), den Kohlendioxidpartialdruck ($P_{CO_2}$) und den pH-Wert. Periphere Chemorezeptoren dienen in erster Linie – gemeinsam mit den zentralen Chemorezeptoren im Bereich der Medulla oblongata, die den $P_{CO_2}$ und den pH-Wert messen – der Atmungsregulation (s. S. 254). Außerdem stimulieren sie über afferente Fasern sympathische Nervenzellen in der ventrolateralen Medulla oblongata und bewirken darüber eine Steigerung von Herzfrequenz und Herzminutenvolumen.

**Chemorezeptoren**

Die peripheren Chemosensoren befinden sich im Bereich von Aortenbogen und Karotisgabel (s. Abb. **5.32**, S. 143) und registrieren den $P_{O_2}$, den $P_{CO_2}$ und den pH-Wert. Im Rahmen der Blutdruckregulation stimulieren sie sympathische Nervenzellen in der ventrolateralen Medulla oblongata und bewirken so eine Steigerung von Herzfrequenz und Herzminutenvolumen.

5.5

| 5.5 | Mechanismen der langfristigen Blutdruckregulation |
|---|---|
| ***Blutdruck*** | ***Mechanismus*** |
| ↑ | Druckerhöhung → Dehnungsrezeptoren im rechten Vorhof → **Hemmung der ADH-Freisetzung** (ADH = antidiuretisches Hormon) aus dem Hypophysenhinterlappen → vermehrte Wasserausscheidung → Blutdrucksenkung (= **Henry-Gauer-Reflex**)<br>Vorhofdehnung → **Freisetzung von ANP** (= antinatriuretisches Peptid) → vermehrte Natrium- und damit auch Wasserausscheidung über die Niere → Blutdrucksenkung (s. S. 318) |
| ↓ | Reduktion der Nierendurchblutung/Natriummangel/Hypovolämie → Freisetzung von Renin aus den juxtaglomerulären Zellen → **Aktivierung des Renin-Angiotensin-Aldosteron-Systems** (RAAS) → Natrium-/Wasserretention und Vasokonstriktion → Blutdruckanstieg (s. S. 319) |

### Langfristige Regulation

Die Mechanismen der langfristigen Blutdruckregulation greifen in den Wasser- und Elektrolythaushalt ein und beeinflussen so den Blutdruck über das Blutvolumen. Die Sensoren für die Messung des Blutdrucks befinden sich an verschiedenen Stellen im Körper, wirken letztlich aber immer auf die Niere, was dort zur Anpassung der Wasserausscheidung führt. Details sind deshalb im Nieren-Kapitel ab S. 315 beschrieben, Tab. **5.5** gibt einen Überblick.

**Langfristige Regulation**

Die Mechanismen der langfristigen Blutdruckregulation greifen in den Wasser- und Elektrolythaushalt ein und beeinflussen so den Blutdruck über das Blutvolumen (Tab. **5.5**). Details sind im Nieren-Kapitel ab S. 315 beschrieben.

## 5.6.2 Regulation der Organdurchblutung

Die Durchblutung eines Organs hängt vom systemarteriellen Druck und vom Strömungswiderstand im jeweiligen Organ ab. Die Regulation der Organdurchblutung erfolgt über eine Anpassung des Gefäßdurchmessers. Dabei kann man zwei unterschiedliche Anpassungsmechanismen unterscheiden:

- bei Blutdruckveränderungen wird der Durchmesser der Widerstandsgefäße so angepasst, dass die Durchblutung des Organs konstant gehalten wird – oder
- bei konstantem Blutdruck wird der Durchmesser der Widerstandsgefäße so angepasst, dass die Durchblutung den veränderten Bedarf des Organs deckt.

In den nachfolgenden Textabschnitten werden die verschiedenen **lokalen und zentralen Mechanismen** beschrieben, die über eine Veränderung des Gefäßdurchmessers die Durchblutung regulieren. Tab. **5.6** gibt einen Überblick über die Mechanismen der Durchblutungsregulation.

**5.6.2 Regulation der Organdurchblutung**

Die Durchblutung eines Organs hängt vom systemarteriellen Druck und vom Strömungswiderstand im jeweiligen Organ ab. Reguliert wird die Organdurchblutung über eine Anpassung des Gefäßdurchmessers. Diese Anpassung kann so erfolgen, dass die Durchblutung entweder bei Blutdruckveränderungen konstant gehalten wird, oder bei konstantem Blutdruck den veränderten Bedarf eines Organs decken kann.

Tab. **5.6** gibt einen Überblick über die Mechanismen der Durchblutungsregulation.

### Lokale Steuerung

**▶ Definition.** Als **lokale Steuerung** bezeichnet man die im Organ selbst ablaufenden Mechanismen der Durchblutungsregulation.

**Lokale Steuerung**

**▶ Definition.**

#### Lokal-metabolische Regulation

**Prinzip:** Hierbei werden die Konzentrationen verschiedener durch den Stoffwechsel beeinflusster Faktoren, wie z. B. $P_{O_2}$, $P_{CO_2}$, pH, Laktat, $K^+$, $HPO_4^-$, ADP, AMP oder Adenosin, gemessen. Über eine Anpassung der Durchblutung können dann vermehrt angefallene Substanzen abtransportiert und verbrauchte Stoffe nachgeliefert werden. Auf diese Weise kann ein für die Zellfunktion optimales chemisches Milieu aufrechterhalten werden.

**Wirkung:** Zu einer **Vasodilatation** mit entsprechender Steigerung der Durchblutung führt u. a.:

- der **Anstieg** von $P_{CO_2}$, Laktat, $K^+$, $HPO_4^-$, ADP, AMP, Adenosin, Osmolarität und einigen Hormonen, wie z. B. Bradykinin
- die **Reduktion** von $P_{O_2}$ und pH (= Anstieg der $H^+$-Konzentration).

**Lokal-metabolische Regulation**

**Prinzip:** Hierbei wird über die Konzentrationen verschiedener durch den Stoffwechsel beeinflusster Faktoren die Durchblutung zur Aufrechterhaltung eines für die Zellfunktion optimalen chemischen Milieus angepasst.

**Wirkung:** Zu einer **Vasodilatation** führt u. a.

- der **Anstieg** von $P_{CO_2}$, Laktat, $K^+$, $HPO_4^-$, ADP, AMP, Adenosin, Osmolarität und einigen Hormonen
- die **Reduktion** von $P_{O_2}$ und pH.

**5.6 Mechanismen der Durchblutungsregulation**

| *Mechanismus* | | *über* | | *Effekt* |
|---|---|---|---|---|
| **lokale Steuerung** | *lokal-metabolisch* | **Anstieg** von: $P_{CO_2}$, Laktat, $K^+$, $HPO_4^-$, ADP, AMP, Adenosin, Osmolarität und einige Hormone, wie z. B. Bradykinin | | Vasodilatation |
| | | **Reduktion** von: $P_{O_2}$ und pH (= Anstieg der $H^+$-Konzentration) | | Vasodilatation |
| | *lokal-chemisch* | Stickstoffmonoxid (NO) | | Vasodilatation über eine Erhöhung von cGMP |
| | | Endothelin 1 (ET-1) | | Vasokonstriktion über $ET_A$-Rezeptoren (überwiegen in Arterien); Vasodilatation über $ET_B$-Rezeptoren (überwiegen im Niederdrucksystem) |
| | | Endothelium-derived hyperpolarizing factor (EDHF) | | Vasodilatation über Hemmung eines Anstiegs der intrazellulären $Ca^{2+}$-Konzentration |
| | | Prostazyklin (Prostaglandin $I_2$, $PGI_2$) | | Vasodilatation über eine Erhöhung von cAMP |
| | *lokal-mechanisch (myogen)* (= Autoregulation) | Bayliss-Effekt (s. S. 149) | | Vasokonstriktion |
| **zentrale Steuerung** | *nerval* | Sympathikus (mit Noradrenalin als Neurotransmitter) | | über $\alpha_1$-Rezeptoren: Vasokonstriktion; über $\beta_2$-Rezeptoren: Vasodilatation |
| | | Parasympathikus | | Vasodilatation |
| | *hormonal* | zirkulierende Katecholamine: | Adrenalin (in physiologischer Konzentration) | über $\beta_2$-Rezeptoren Dilatation der Gefäße der Skelettmuskulatur; über $\alpha_1$-Rezeptoren Konstriktion fast sämtlicher übriger Gefäßmuskulatur |
| | | | Noradrenalin | hauptsächlich Vasokonstriktion (über $\alpha_1$-Rezeptoren); über $\beta_2$-Rezeptoren Dilatation der Koronarien |
| | | Angiotensin II | | Vasokonstriktion |

### Lokal-chemische Regulation

Das Endothel der Blutgefäße wirkt über die Produktion verschiedener vasoaktiver Substanzen selbst an der Durchblutungsregulation mit. Dazu gehören Stickstoffmonoxid (NO), Endothelin 1 (ET-1), Endothelium-derived hyperpolarizing factor (EDHF) und Prostazyklin (Prostaglandin $I_2$, $PGI_2$), deren Wirkungen in den nachfolgenden Abschnitten beschrieben werden.

**Stickstoffmonoxid NO:** Bevor man NO in diesem Zusammenhang als solches identifiziert hatte, sprach man vom **Endothelium-derived relaxing factor (EDRF)**.
Die **Freisetzung** von NO aus den Endothelzellen wird über folgende Mechanismen ausgelöst:

- **Mechanische Belastung** des Endothels: Bei einer Steigerung des Blutflusses (z. B. bei körperlicher Arbeit) steigt die Schubspannung (Kraft, die in Abhängigkeit von der Strömungsgeschwindigkeit auf das Endothel wirkt). Je höher die Blutströmung ist, desto höher ist auch die Schubspannung und desto mehr NO wird freigesetzt.
- **Bindung verschiedener Substanzen**, wie z. B. Bradykinin, einige Prostaglandine, Histamin oder Acetylcholin, an **Rezeptoren** in der Endothelzellmembran.

In beiden Fällen wird die **Aktivität der $Ca^{2+}$-Kanäle erhöht**. Das einströmende $Ca^{2+}$ aktiviert wiederum eine NO-Synthase, die durch Oxidation aus der Aminosäure Arginin das kurzlebige (Halbwertszeit im Sekundenbereich) NO-Radikal abspaltet. **NO** diffundiert zu den glatten Gefäßmuskelzellen und aktiviert dort die zytosolische Guanylatzyklase. Über die Erhöhung von **cGMP** kommt es zur Erschlaffung der Gefäßmuskulatur und damit zur **Vasodilatation** (Abb. 5.35). Außerdem hemmt NO die Thrombozytenaggregation und bewirkt über eine Erhöhung der Kaliumleitfähigkeit in den glatten Muskelzellen eine **Hyperpolarisation**, die die Erschlaffung der glatten Muskulatur ebenfalls fördert.

**Lokal-chemische Regulation**

Das Endothel der Blutgefäße wirkt über die Produktion verschiedener vasoaktiver Substanzen wie NO, ET-1, EDHF und $PGI_2$ selbst an der Durchblutungsregulation mit.

**NO** wurde, bevor man es in diesem Zusammenhang als solches identifiziert hatte, als **EDRF** bezeichnet.
Die **Freisetzung** von NO aus den Endothelzellen wird über **mechanische Belastung** des Endothels und **Substanzen** (z. B. Bradykinin, einige Prostaglandine, Histamin oder Acetylcholin), die an **Rezeptoren** in der Endothelzellmembran binden, ausgelöst.

In beiden Fällen wird die **Aktivität der $Ca^{2+}$-Kanäle erhöht**. Einströmendes $Ca^{2+}$ aktiviert eine NO-Synthase und das so entstehende NO aktiviert in den glatten Gefäßmuskelzellen die zytosolische Guanylatzyklase. Die Erhöhung von **cGMP** führt zur **Vasodilatation** (Abb. **5.35**). Außerdem fördert es die Vasodilatation durch Erhöhung der Kaliumleitfähigkeit **(Hyperpolarisation)**.

5.35 **Durchblutungsregulation mittels NO-Freisetzung aus der Endothelzelle**

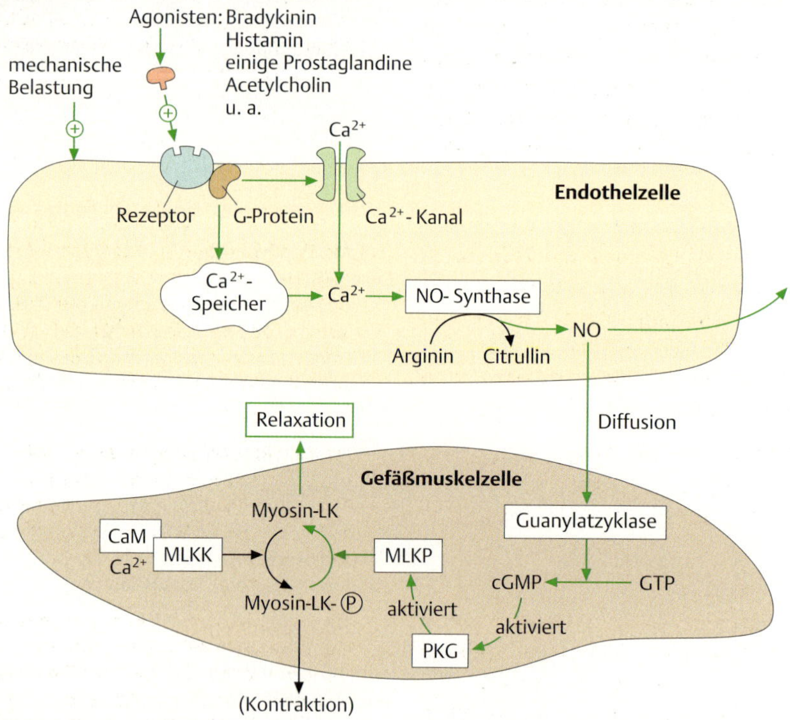


Eine Vielzahl von Reizen löst in der Gefäßendothelzelle eine Erhöhung der $Ca^{2+}$-Konzentration mit nachfolgender Freisetzung von NO aus. NO diffundiert in die Gefäßmuskelzelle und aktiviert dort die Guanylatzyklase, die zur Freisetzung von cGMP aus GTP führt. cGMP aktiviert die Proteinkinase G (PKG), die daraufhin die Myosin-Leichte-Ketten-Phosphatase (MLKP, s. auch Abb. **5.36**) aktiviert. MLKP dephosphoryliert die Myosin-Leichte-Kette wodurch es zur Erschlaffung der Gefäßmuskelzelle kommt → **Dilatation** des Blutgefäßes (s. auch S. 150).

▶ **Klinik.**

▶ **Klinik.** Über Pharmaka wie **Nitroprussid (NO)** oder **organische Nitrate** kann man dem Körper von außen (exogen) NO zuführen. Aus den organischen Nitraten muss das NO zunächst enzymatisch freigesetzt werden, bevor es über eine Aktivierung der Guanylatzyklase zu einer Erhöhung von cGMP und dadurch zur Vasodilatation führt. Nitrate werden u.a. bei **akuten Angina-pectoris-Anfällen** (= [Thorax]schmerzen aufgrund von Minderdurchblutung des Myokards, s. S 105) im Rahmen einer **koronaren Herzkrankheit** (KHK, Atherosklerose in den Herzkranzarterien) eingesetzt. Sie verbessern durch Vasodilatation die Durchblutung der Koronarien und senken über eine Reduktion des Schlagvolumens den $O_2$-Verbrauch des Herzens. Nitroprussid ist eine stark antihypertensiv wirksame Substanz und wird deshalb nur unter intensivmedizinischer Kontrolle eingesetzt.

**Endothelin 1 (ET-1)** wird hauptsächlich im Gefäßendothel synthetisiert und freigesetzt.

**Endothelin 1 (ET-1):** Hierbei handelt es sich um ein Peptid aus 21 Aminosäuren, das hauptsächlich im Blutgefäßendothel synthetisiert und freigesetzt wird. Andere Gewebe, wie z.B. Nerven- oder Nierenzellen, können ähnliche Peptide (ET-2 und ET-3) herstellen.

Seine **Freisetzung** wird ausgelöst über:
- pathologische Erhöhung des Perfusionsdrucks
- $PGF_{2\alpha}$.

Die **Freisetzung** von ET-1 aus der Endothelzelle wird über folgende Mechanismen ausgelöst:
- pathologische Erhöhung des Perfusionsdrucks (z.B. im Pulmonalkreislauf)
- über $PGF_{2\alpha}$ (z.B. aus Endothelzellen des ovariellen Gelbkörpers → durch Reduktion der Durchblutung des Gelbkörpers geht dieser schließlich zugrunde, s. S 224).

Je nach Rezeptorbesatz der Gefäßmuskelzelle kann ET-1 eine **kontrahierende** (über $ET_A$-Rezeptoren) oder **dilatierende** (über $ET_B$-Rezeptoren) **Wirkung** haben.

Bindet ET-1 an einen **$ET_A$-Rezeptor**, kommt es über Aktivierung der Phospholipase C zur **Vasokonstriktion** (Abb. **5.36**, S. 150).

Je nach Rezeptorbesatz der Gefäßmuskelzelle kann ET-1 eine **kontrahierende** (über $ET_A$-Rezeptoren) oder **dilatierende** (über $ET_B$-Rezeptoren) **Wirkung** haben. Arterien besitzen hauptsächlich $ET_A$-Rezeptoren, wohingegen in den Gefäßen des Niederdrucksystems mehr $ET_B$-Rezeptoren auf der Gefäßmuskulatur exprimiert werden. Bindet ET-1 an einen **$ET_A$-Rezeptor**, wird mithilfe eines G-Proteins die Phospholipase C aktiviert (ähnlich der Aktivierung des $\alpha_1$-Rezeptors durch Noradrenalin, s.S 150). Über $IP_3$ (Inositoltriphosphat → $Ca^{2+}$-Freisetzung) und DAG (Diazylglyzerol → Aktivierung der Proteinkinase C) kommt es daraufhin zur **Vasokonstriktion**. Nähere Informationen s. Abb. **5.36**, S. 150.

Unter physiologischen Bedingungen spielt ET-1 aber eine untergeordnete Rolle bei der Durchblutungsregulation. Dies liegt wahrscheinlich daran, dass die Konzentration von ET-1 im Blutplasma zu gering ist, um eine generalisierte Wirkung zu entfalten. Unter pathophysiologischen Bedingungen, z.B. im Rahmen eines kardiogenen Schocks (s.S. 158) oder eines akuten Nierenversagens (s. S 314), bei denen auch eine Schädigung des Gefäßendothels vorliegt, ist die Konzentration von ET-1 im Blutplasma allerdings so stark erhöht, dass die oben beschriebenen Effekte beobachtet werden können.

Die funktionelle Bedeutung von ET-1 kommt allerdings erst unter pathophysiologischen Bedingungen (z. B. im Rahmen eines kardiogenen Schocks oder eines akuten Nierenversagens) zum Tragen.

**Endothelium-derived hyperpolarizing factor (EDHF):** EDHF besteht hauptsächlich aus Epoxy-Arachidonsäure (er wird Cytochrom-P450-abhängig aus Arachidonsäure hergestellt) und wird über eine Erhöhung der Blutströmung bzw. Schubspannung freigesetzt. Er bewirkt eine **Vasodilatation**, indem er durch Öffnen von $K^+$-Kanälen in glatten Muskelzellen eine Hyperpolarisation induziert, was die Öffnung potenzialgesteuerter $Ca^{2+}$-Kanäle verhindert. Dadurch bleibt der für die Vasokonstriktion wichtige Anstieg der intrazellulären $Ca^{2+}$-Konzentration aus.

**Endothelium-derived hyperpolarizing factor (EDHF)** besteht v. a. aus Epoxy-Arachidonsäure. Er wird über eine Erhöhung der Blutströmung freigesetzt und bewirkt eine **Vasodilatation**, indem er durch Induktion einer Hyperpolarisation die Öffnung potenzialgesteuerter $Ca^{2+}$-Kanäle verhindert.

**Prostazyklin (Prostaglandin $I_2$, $PGI_2$):** $PGI_2$ entsteht mithilfe der Zyklooxygenase aus Arachidonsäure. Es wird im intakten Endothel über eine Erhöhung der Blutströmung bzw. Schubspannung freigesetzt. Seine vasodilatierende Wirkung geht auf die Aktivierung der Adenylatzyklase zurück. Diese bewirkt eine Erhöhung von cAMP, das entspannend auf die Gefäßmuskulatur wirkt.

**Prostazyklin (Prostaglandin $I_2$, $PGI_2$)** entsteht aus Arachidonsäure. Es wird über einen Anstieg der Blutströmung freigesetzt und wirkt über eine Erhöhung von cAMP **vasodilatierend**.

**Weitere vasoaktive Substanzen:** Zu den **nicht vom Endothel produzierten**, sondern aus dem Arachidonsäurestoffwechsel stammenden vasoaktiven Substanzen gehören:
- **Thromboxan**: Es stammt aus Thrombozyten und wirkt vasokonstriktorisch.
- Verschiedene **Prostaglandine (PGD, PGE, PGF)**: Diese werden aus Immunzellen oder verletztem bzw. zerstörtem Gewebe freigesetzt. Prostaglandine der D- und E-Gruppe wirken vasodilatierend, die der F-Gruppe wirken vasokonstriktorisch.

**Zu den nicht vom Endothel produzierten vasoaktiven Substanzen gehören:**
- **Thromboxan**: Stammt aus Thrombozyten und wirkt vasokonstriktorisch
- **Prostaglandine**: PGD und PGE wirken vasodilatierend, PGF wirkt vasokonstriktorisch.

▶ Klinik. **Acetylsalicylsäure (ASS, z.B. Aspirin)** wird als Thrombozytenaggregationshemmer bei verschiedenen Durchblutungsstörungen eingesetzt. Über eine irreversible Hemmung der Zyklooxygenase hemmt es die Thromboxan-Synthese in den Thrombozyten und wirkt somit vasodilatatorisch. Gleichzeitig hemmt es auch (allerdings in geringerem Maße) die Prostazyklin-Synthese.

▶ Klinik.

## Lokal-mechanische (myogene) Regulation (Autoregulation)

**Prinzip:** Hierbei wird die Durchblutung direkt über die Gefäßmuskulatur reguliert. Eine **Blutdruckerhöhung** würde bei gleich bleibendem Gefäßdurchmesser zu einer Erhöhung der Durchblutung des Organs führen. Tatsächlich wird aber durch den erhöhten Blutdruck das Gefäß gedehnt, wodurch Gefäßradius r und Wandspannung $S_W$ ansteigen. Darauf reagiert die Gefäßmuskulatur mit **Kontraktion**, wodurch sich Radius und Wandspannung wieder verringern und die Durchblutung letztlich konstant gehalten wird.

**Lokal-mechanische (myogene) Regulation (Autoregulation)**

**Prinzip:** Hierbei wird die Durchblutung direkt über die Gefäßmuskulatur reguliert: Die Erhöhung von Gefäßradius r und Wandspannung $S_W$ bei **Blutdruckanstieg löst eine Kontraktion der Gefäßmuskulaur aus**, so dass die Durchblutung letztlich konstant gehalten wird.

▶ Merke. Die reaktive Kontraktion der glatten Gefäßmuskulatur bei Anstieg des intravasalen Drucks bezeichnet man als **Bayliss-Effekt**.
**Ausnahme:** Eine Sonderstellung nehmen in diesem Zusammenhang die **Lungengefäße** ein, die sich erweitern, wenn sich der Blutdruck und damit der Transmuraldruck erhöht (s.S. 152).

▶ Merke.

Der Regulationsmechanismus des Bayliss-Effekts ist allerdings nur in einem begrenzten Bereich des arteriellen Blutdrucks funktionsfähig. Für die Niere liegt er beispielsweise zwischen 70–160 mmHg, für das Gehirn zwischen 50–120 mmHg. Außerhalb dieser Bereiche verhalten sich die Widerstandsgefäße des jeweiligen Organs druckpassiv, d.h. bei Zunahme des Drucks dehnen sie sich und umgekehrt. Besonders bedeutsam ist der Effekt für Organe, wie z.B. **Niere** oder **Gehirn**, deren Durchblutung weitgehend unabhängig vom Aktivitätszustand des Körpers in relativ engen Grenzen konstant gehalten werden muss. Auch in den **Beinarteriolen** wird so beim Übergang vom Liegen zum Stehen der Filtrationsdruck weitgehend konstant gehalten, wodurch der Entstehung von Ödemen in den Beinen vorgebeugt wird.

Der Regulationsmechanismus des **Bayliss-Effekts** ist allerdings nur in einem begrenzten Bereich des arteriellen Blutdrucks funktionsfähig.

Besonders bedeutsam ist der Effekt für Organe wie z. B. **Niere** oder **Gehirn** oder auch die **Arteriolen der unteren Extremität**.

**5.36 Auslösung einer Vasokonstriktion durch Besetzung von $\alpha_1$-Rezeptoren mit Noradrenalin**

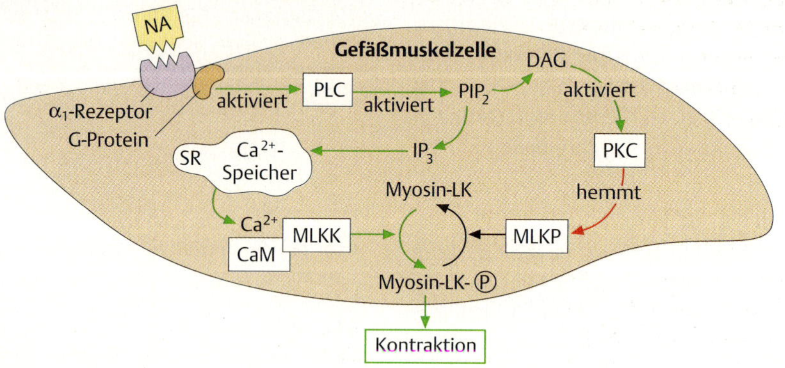


Noradrenalin (NA) aktiviert über die Bindung an einen **$\alpha_1$-Rezeptor** ein G-Protein, das daraufhin Phospholipase C (PLC) aktiviert. PLC spaltet Phosphatidylinositolbisphosphat ($PIP_2$) in Diacylglycerol (DAG) und Inositol-3-Phosphat ($IP_3$). $IP_3$ diffundiert zum sarkoplasmatischen Retikulum (SR) und setzt dort über $IP_3$-Rezeptoren $Ca^{2+}$ frei. Dadurch kann Calmodulin (CaM, $Ca^{2+}$-bindendes Protein) mit der Myosin-Leichte-Ketten-Kinase (MLKK) einen Komplex eingehen, der eine Phosphorylierung der Myosin-Leichte-Kette (Myosin-LK) mit nachfolgender Kontraktion bewirkt. DAG verstärkt diese Wirkung, indem es die Proteinkinase C (PKC) aktiviert, welche die Myosin-Leichte-Ketten-Phosphatase (MLKP) hemmt (s. auch S. 67).

### Zentrale Steuerung

Die Organdurchblutung wird auch zentral über **nervale** und **hormonale** Mechanismen gesteuert.

## Zentrale Steuerung

Neben den bisher in diesem Kapitel beschriebenen lokalen Mechanismen wird die Organdurchblutung auch noch zentral gesteuert: **Nerval** über das vegetative Nervensystem (s. u.) oder **hormonal**, z. B. über Katecholamine (Adrenalin, Noradrenalin) oder Angiotensin II (s. S. 319).

#### Nervale Regulation

**Prinzip:** Die Organdurchblutung wird über vegetative Nervenfasern (fast ausschließlich **sympathische Fasern** mit **Noradrenalin** als Transmitter) gesteuert.

- Die **Besetzung von $\alpha_1$-Rezeptoren** mit Noradrenalin (Abb. **5.36**) führt über die Aktivierung der Phospholipase C zur **Vasokonstriktion.**
- Die **Besetzung von $\beta_2$-Rezeptoren** mit Noradrenalin (Abb. **5.37**) führt über Erhöhung der cAMP- und Reduktion der $Ca^{2+}$-Konzentration zur **Vasodilatation.**

**Ruhetonus:** Der Sympathikus reguliert auch in Ruhe den Tonus der Blutgefäße.

### Nervale Regulation

**Prinzip:** Die Organdurchblutung wird über vegetative Nervenfasern gesteuert, die die Blutgefäße umgeben. Dabei handelt es sich fast ausschließlich um **sympathische Fasern** (Einfluss des Parasympathikus s. S. 151), die mit ihrem Neurotransmitter **Noradrenalin** (NA) v. a. $\alpha_1$- oder $\beta_2$-Rezeptoren besetzen:

- Durch **Besetzung von $\alpha_1$-Rezeptoren** mit Noradrenalin wird mithilfe eines G-Proteins die Phospholipase C aktiviert (Abb. **5.36**). Über $IP_3$ (Inositoltriphosphat → $Ca^{2+}$-Freisetzung) und DAG (Diazylglyzerol → Aktivierung der Proteinkinase C) kommt es daraufhin zur **Vasokonstriktion.**
- Die **Besetzung von $\beta_2$-Rezeptoren** mit Noradrenalin führt über ein G-Protein zur Aktivierung der Adenylatzyklase (Abb. **5.37**). Dadurch kommt es zum intrazellulären Anstieg der cAMP-Konzentration und zur Reduktion der $Ca^{2+}$-Konzentration im Zytoplasma mit nachfolgender **Dilatation** der Blutgefäße.

**Ruhetonus:** Auch unter Ruhebedingungen sind **Blutgefäße leicht kontrahiert.** Dieser sog. Ruhetonus ist bei Arterien und Arteriolen stärker ausgeprägt als bei Venen und Venolen und variiert auch in den verschiedenen Organen. Verursacht wird der Ruhetonus durch vasokonstriktorische Impulse der die Blutgefäße umgebenden sympathischen Nervenfasern und durch verschiedene lokale Einflüsse.

**5.37 Auslösung einer Vasodilatation durch Besetzung von $\beta_2$-Rezeptoren mit Noradrenalin**

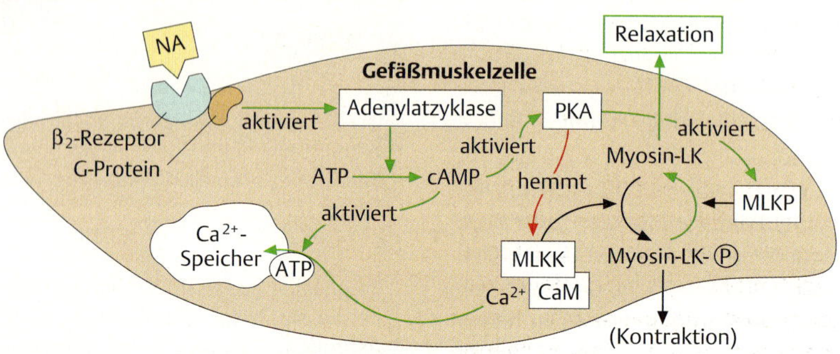


Die Besetzung von **$\beta_2$-Rezeptoren** mit Noradrenalin (NA) führt über ein G-Protein zur Aktivierung der Adenylatzyklase und damit zum Anstieg der cAMP-Konzentration. cAMP aktiviert die Proteinkinase A, die über eine Hemmung der Myosin-Leichte-Ketten-Kinase (MLKK) sowie eine Aktivierung der Myosin-Leichte-Ketten-Phosphatase (MLKP) zur Erschlaffung der Gefäßmuskulatur und somit zur Vasodilatation führt. Unterstützt wird dieser Vorgang durch eine cAMP-abhängige Aktivierung der $Ca^{2+}$-ATPase. Diese entfernt $Ca^{2+}$ aus dem Zytoplasma und verhindert dadurch die Komplexbildung von $Ca^{2+}$-Calmodulin mit der MLKK (s. auch Abb. **5.36** und S. 67).

▶ **Definition.** Als **Basaltonus** bezeichnet man denjenigen Tonus, den ein Gefäß allein aufgrund der spontanen Aktivität seiner Wandmuskulatur (im Gegensatz zum Ruhetonus also ohne hormonale oder nervale Einflüsse) besitzt.

▶ Definition.

Da die hormonalen Einflüsse auf den Gefäßtonus unter normalen Bedingungen nur sehr gering sind, bezeichnet man den Basaltonus oftmals auch als Tonus nach Ausschaltung der Innervation.

Der Basaltonus wird oftmals auch als Tonus nach Ausschaltung der Innervation bezeichnet.

▶ **Klinik.** Im Rahmen eines Hirnstamm- oder Rückenmarktraumas kann es durch Wegfall der nervalen Durchblutungsregulation zu einer Gefäßweitstellung mit dadurch vermindertem venösen Rückstrom und starkem Blutdruckabfall kommen. Die Betroffenen können dadurch in einen sog. **neurogenen Schock** (= durch eine Störung der nervalen Regulation bedingtes Kreislaufversagen, S. 158) geraten.

▶ Klinik.

Die **nervale Durchblutungsregulation über parasympathische Nervenfasern** spielt u. a. in den **Genitalorganen** eine Rolle: Parasympathische Neuronen führen (vermutlich über Acetylcholin, das Neuropeptid VIP [= vasoactive intestinal peptide] und NO) zur Relaxation der Gefäßmuskulatur der die Schwellkörper versorgenden Arterien und damit zur **Erektion** (s. S. 429). Auch bei der Weitstellung der **Koronarien** spielen parasympathische Nervenfasern eine Rolle (s. S. 105). In den meisten anderen Körperregionen wird die Vasodilatation allerdings über lokale und hormonelle Funktionen geregelt.

Die **nervale Durchblutungsregulation über parasympathische Nervenfasern** spielt u. a. in den **Genitalorganen** (s. S. 429) und bei der **Koronardurchblutung** (s. S. 105) eine Rolle.

### Hormonale Regulation

Zu den verschiedenen an der Durchblutungsregulation beteiligten Hormonen gehören
- die Katecholamine **Adrenalin** und **Noradrenalin** (aus dem Nebennierenmark) und
- **Angiotensin II** (s. S. 319).

#### Hormonale Regulation

Zu den an der Durchblutungsregulation beteiligten Hormonen gehören **Adrenalin**, **Noradrenalin** (aus dem NNM) und **Angiotensin II** (s. S. 319).

Die Katecholamine Adrenalin und Noradrenalin werden aus dem Nebennierenmark in den Blutkreislauf abgegeben. Sie spielen die größte Rolle bei der hormonalen Steuerung der Durchblutungsregulation:
- **Adrenalin** wirkt in physiologischer Konzentration über $\beta_2$-Rezeptoren dilatatorisch auf die Gefäße der Skelettmuskulatur und über $\alpha_1$-Rezeptoren vasokonstriktorisch auf nahezu sämtliche übrige Gefäßmuskulatur. In hohen Konzentrationen wirkt Adrenalin auch auf die Gefäße der Skelettmuskulatur vasokonstriktorisch (über $\alpha_1$-Rezeptoren).
- **Noradrenalin** wirkt hauptsächlich vasokonstriktorisch (über die Bindung an $\alpha_1$-Rezeptoren). Außerdem wirkt es über $\beta_2$-Rezeptoren vasodilatatorisch auf die Koronarien (s. S. 105).

- **Adrenalin** wirkt in physiologischer Konzentration über $\alpha_2$-Rezeptoren dilatatorisch auf die Gefäße der Skelettmuskulatur und über $\alpha_1$-Rezeptoren vasokonstriktorisch auf nahezu sämtliche übrige Gefäßmuskulatur.
- **Noradrenalin** wirkt hauptsächlich vasokonstriktorisch (über die Bindung an $\alpha_1$-Rezeptoren).

In den meisten Geweben kommen sowohl α- als auch β-Rezeptoren vor. Ob es zur Vasokonstriktion oder -dilatation kommt, richtet sich nach der Anzahl der verschiedenen Rezeptoren und dem Mengenverhältnis von Adrenalin und Noradrenalin. So verringt sich z. B. die Durchblutung von Niere, Splanchnikus und Haut über $\alpha_1$-Rezeptoren, während man im Skelettmuskel und in der Leber eine Durchblutungssteigerung über $\beta_2$-Rezeptoren beobachtet.

Je nach Rezeptorbesatz und Mengenverhältnis zwischen Adrenalin und Noradrenalin entscheidet sich, ob es zur Vasokonstriktion oder -dilatation kommt.

▶ **Klinik.** Als **funktionelle Hyperämie** bezeichnet man eine Steigerung der Durchblutung zur Anpassung an eine erhöhte Stoffwechsellage, z. B. bei Entzündungen. Sie wird über die lokal-metabolische, -chemische, -mechanische, nervale und hormonale Regulation (s. S. 605) gewährleistet.
Als **reaktive Hyperämie** (Syn.: postokklusive oder postischämische Hyperämie) bezeichnet man den kurzzeitigen Durchblutungsanstieg nach einer kurzen Unterbrechung der Durchblutung **(Ischämie)**. Das Ausmaß der Durchblutungssteigerung hängt von der Dauer der Unterbrechung der Durchblutung und der Stoffwechselaktivität des betroffenen Gewebes ab. Bei **länger (> 30 s) andauernden Ischämien** scheint die Anhäufung von Stoffwechselprodukten zusammen mit einer Reduktion des $P_{O_2}$ die Durchblutungssteigerung auszulösen. Bei **kurzen (< 30 s) Ischämien** erfolgt die Steigerung der Durchblutung eher über die Reduktion des Transmuraldrucks

▶ Klinik.

und die damit verbundene myogene Reaktion der Gefäßwand. In beiden Fällen spielt die Freisetzung von NO eine wesentliche Rolle.

5.7 Spezifische Merkmale der verschiedenen Organkreisläufe

Abb. **5.38** gibt einen vergleichenden Überblick über die unterschiedliche Gesamtdurchblutung der verschiedenen Organe.

## 5.7 Spezifische Merkmale der verschiedenen Organkreisläufe

Abb. **5.38** gibt einen vergleichenden Überblick über die unterschiedliche Gesamtdurchblutung der verschiedenen Organe – jeweils unter Ruhebedingungen und die maximal mögliche Steigerung.

Lunge

**Durchblutung:** Durch die Lunge fließt das gesamte Herzminutenvolumen (ca. **5 l/min in Ruhe**). Bei der Durchblutung der Lunge unterscheidet man folgende zwei Gefäßsysteme:
- den eigentlichen **Pulmonalkreislauf**, der dem Gasaustausch dient (= **Vasa publica**) und
- die **Bronchialgefäße (Rr. bronchiales)**, die der Eigenversorgung der Lunge dienen (= **Vasa privata**).

### Lunge

**Durchblutung:** Die Lunge ist das einzige Organ des Körpers, durch welches das gesamte Herzminutenvolumen (ca. **5 l/min in Ruhe**) fließt. Bei der Durchblutung der Lunge unterscheidet man folgende zwei Gefäßsysteme:
- Der eigentliche **Pulmonalkreislauf** besteht aus den **Aa. und Vv. pulmonales** und den zwischen ihnen liegenden **Kapillaren**. Er dient dem Gasaustausch. Die Gefäße des Pulmonalkreislaufs bezeichnet man daher als **Vasa publica**.
- Die **Bronchialgefäße (Rr. bronchiales)** entspringen dem Körperkreislauf und versorgen die Lunge mit sauerstoffreichem Blut. Da sie der Eigenversorgung der Lunge dienen, bezeichnet man sie als **Vasa privata**. Ein Teil des Blutes der Bronchialvenen gelangt nicht über die Venen des Körperkreislaufs (V. azygos/hemiazygos → V. cava) in den rechten Ventrikel, sondern mit dem Blut aus den Pulmonalvenen direkt in den linken Vorhof. Daher muss das linke Herz ein um ca. 1 % größeres Herzzeitvolumen bewältigen als das rechte.

**Pulmonaler Druck:** Der **mittlere arterielle Druck** im Lungenkreislauf liegt wegen des niedrigen Strömungswiderstands bei **10 – 15 mm Hg**. Ein **Anstieg des intravasalen Drucks** führt zu einer Erweiterung der Lungengefäße. Über die Senkung des Strömungswiderstands wird der Blutdruck im Lungenkreislauf nahezu konstant gehalten. Umgekehrt reagieren die Pulmonalgefäße auf eine **Senkung der Durchblutung** mit einer Vasokonstriktion.

**Pulmonaler Druck:** Der **mittlere arterielle Druck** im Lungenkreislauf liegt bei **10 – 15 mm Hg** (systolisch: 20 – 25 mm Hg, diastolisch: 9 – 12 mm Hg). Ursache dieses niedrigen Drucks ist der geringe Strömungswiderstand im Lungenkreislauf (ca. 10 % des Gesamtwiderstands im Körperkreislauf; Ursache ist die Verteilung des Blutvolumens der A. pulmonalis auf zahlreiche parallel geschaltete Kapillaren → 2. Kirchhoff-Gesetz, s. S. 115). Verglichen mit der Aorta haben die Arterien nur eine geringfügige Windkesselfunktion (s. S. 123). Bei einem **Anstieg des intravasalen Drucks** reagieren die Pulmonalgefäße nicht mit Vasokonstriktion (wie sonst „üblich" = Bayliss-Effekt, S. 149), sondern dehnen sich, was den Strömungswiderstand im Lungenkreislauf senkt. Umgekehrt reagieren die Pulmonalgefäße auf eine **Senkung der Durchblutung** mit einer Vasokonstriktion. Dieses Verhalten bezeichnet man als „druckpassiv". Über diese Anpassung des Strömungswiderstandes an die Durchblutung wird der

5.38

**5.38 Vergleich der Gesamtdurchblutung der verschiedenen Organe**

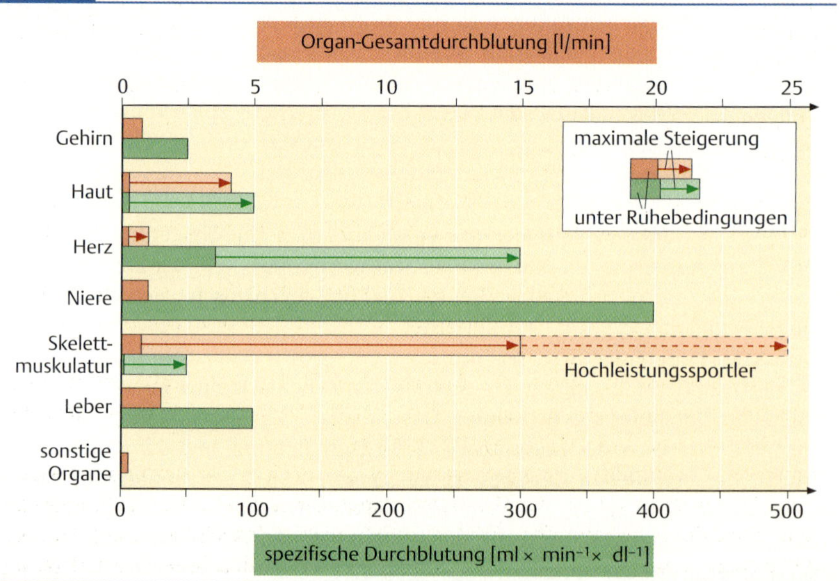

Blutdruck im Lungenkreislauf nahezu konstant gehalten. Selbst bei einer Zunahme des Herzminutenvolumens bei körperlicher Belastung steigt der arterielle Druck im Lungenkreislauf nur unwesentlich an.

▶ **Merke.** Die Blutgefäße des Lungenkreislaufs reagieren druckpassiv und halten so den intrapulmonalen Druck nahezu konstant.

**Einfluss des hydrostatischen Drucks:** Aufgrund des niedrigen arteriellen Drucks im Lungenkreislauf hat der hydrostatische Druck hier einen größeren Einfluss als im Körperkreislauf. Der apikale Teil der Lunge wird unter Ruhebedingungen im Stehen kaum durchblutet. Der geringfügige Druckanstieg bei körperlicher Belastung reicht jedoch aus, um die apikalen Lungenanteile gleichmäßig zu durchbluten, wodurch sich auch die für den Gasaustausch zur Verfügung stehende Fläche vergrößert.

**Einfluss von $P_{O_2}$:** Bei einem Abfall des $P_{O_2}$ kontrahieren sich die Pulmonalgefäße. Diese sog. **hypoxische Vasokonstriktion (Euler-Liljestrand-Mechanismus**, s. S. 245**)** bewirkt, dass schlecht belüftete Lungenabschnitte, in denen kein effektiver Gasaustausch möglich ist, nicht unnötig stark durchblutet werden. Die Perfusion wird somit also der Ventilation angepasst, was die Effektivität des Gasaustausches erhöht. Die hypoxische Vasokontriktion wird über $O_2$-sensitive $K^+$-Kanäle auf den pulmonalen Gefäßmuskelzellen vermittelt, die sich bei Hypoxie schließen. Folge ist eine Depolarisation, die zur Öffnung spannungsgesteuerter L-Typ-$Ca^{2+}$-Kanäle mit nachfolgendem $Ca^{2+}$-Einstrom in die Gefäßmuskelzellen führt. Durch den Anstieg der intrazellulären $Ca^{2+}$-Konzentration kommt es zur Vasokonstriktion (s. auch Abb. **5.36**, S. 150).

▶ **Klinik.** Bei einem **Aufenthalt in großen Höhen** (z. B. im Gebirge), wo der $P_{O_2}$ generell reduziert ist, kann es zur Kontraktion sämtlicher Lungenblutgefäße kommen. Dadurch steigt der Druck im Lungenkreislauf massiv an, was über eine erhöhte Filtration von Flüssigkeit aus den Lungenkapillaren zur Ausbildung eines sog. Höhenödems führt.

## Gehirn

**Durchblutung:** Durch das Gehirn fließen ca. 750 ml Blut/min (**50 ml** × **min⁻¹** × **dl⁻¹**, s. Abb. **5.38**, S. 152), also **15 % des Herzminutenvolumens**. Zwar ist die **Gesamtdurchblutung des Gehirns nahezu konstant,** die verschiedenen Hirnregionen werden jedoch nicht alle gleich stark durchblutet. So wird beispielsweise die graue Substanz 3 – 5-mal stärker durchblutet als die weiße und in funktionell stark aktivierten Hirnarealen misst man deutliche regionale Durchblutungssteigerungen.

▶ **Merke.** Während die regionale Durchblutung des Gehirns in Abhängigkeit von der dort herrschenden Aktivität schwankt, ist die Gesamtdurchblutung des Gehirns nahezu konstant.

**$O_2$-Ausschöpfung:** Im Gehirn herrscht eine sog. Luxusperfusion – nur ca. $^1/_3$ des Sauerstoffs wird entnommen.

**Regulation der Durchblutung:** Die Hirndurchblutung wird über lokal-metabolische, -chemische und -mechanische Mechanismen reguliert, die nachfolgend beschrieben werden:

- **$K^+$:** Innerhalb eines aktiven Hirnareals wird bei jedem Aktionspotenzial durch $K^+$-Ausstrom in der Repolarisationsphase $K^+$ im Interstitium angehäuft und löst eine Dilatation der Hirngefäße aus.
- **$H^+$** fällt vermehrt an, wenn der Sauerstoffbedarf das Sauerstoffangebot überschreitet und bewirkt über eine verminderte Aktivität spannungsgesteuerter $Ca^{2+}$-Kanäle eine Erweiterung der Hirngefäße.
- **Adenosin:** Bei erhöhtem Energieverbrauch fällt vermehrt Adenosin an, welches über Adenosintransporter aus der Zelle gelangt. Durch Bindung an G-Protein-gekoppelte Adenosinrezeptoren auf den Gefäßmuskelzellen löst es eine Erhöhung der intrazellulären cAMP-Konzentration aus, was letztlich zu einer Vasodilatation der Hirngefäße führt (vgl. Abb. **5.37**, S. 150).

▶ **Merke.**

**Einfluss des hydrostatischen Drucks:** Der apikale Teil der Lunge wird unter Ruhebedingungen im Stehen kaum durchblutet. Erst durch den Druckanstieg bei Belastung werden auch die Lungenspitzen perfundiert.

**Einfluss von $P_{O_2}$:** Ein Abfall des $P_{O_2}$ führt zu einer Kontraktion der Pulmonalgefäße (= **hypoxische Vasokonstriktion, Euler-Liljestrand-Mechanismus**, s. S. 245). Dieser Mechanismus wird über $O_2$-sensitive $K^+$-Kanäle auf den pulmonalen Gefäßmuskelzellen vermittelt, die sich bei Hypoxie schließen.

▶ **Klinik.**

**Gehirn**

**Durchblutung:** Durch das Gehirn fließen ca. 750 ml Blut / min (**50 ml** × **min⁻¹** × **dl⁻¹**, s. Abb. **5.38**, S. 152), also **15 % des Herzminutenvolumens**. Dabei wird die graue Substanz 3 – 5-mal stärker durchblutet als die weiße.

▶ **Merke.**

**$O_2$-Ausschöpfung:** Nur ca. $^1/_3$ des $O_2$ wird entnommen.

**Regulation der Durchblutung:** erfolgt lokal-metabolisch, -chemisch und -mechanisch:

- **$K^+$:** Eine interstitielle Anhäufung von $K^+$ während der Repolarisationsphasen führt zur Dilatation der Hirngefäße.
- **$H^+$** fällt bei $O_2$-Mangel an und wirkt über eine ↓ Aktivität spannungsgesteuerter $Ca^{2+}$-Kanäle vasodilatierend.
- **Adenosin** fällt bei erhöhtem Energieverbrauch vermehrt an und wirkt über eine Erhöhung der cAMP-Konzentration in der Gefäßmuskelzelle vasodilatierend.

▶ Merke.

▶ **Merke.** Nur ein **interstitieller** Anstieg von $K^+$, $H^+$ und Adenosin führt zu einer Relaxation der glatten Gefäßmuskulatur und damit zur Vasodilatation. Eine intravasale Erhöhung dieser Substanzen ist nahezu wirkungslos, da die Blut-Hirn-Schranke für diese Substanzen kaum durchlässig ist.

- **NO:** Von Neuronen freigesetztes NO wirkt vasodilatatorisch.
- **$CO_2$-Partialdruck ($P_{CO_2}$):** Eine **Erhöhung** des $P_{CO_2}$ führt zu einer **Vasodilatation** mit nachfolgender Durchblutungssteigerung. **Umgekehrt** führt ein **Abfall** des $P_{CO_2}$ zur Vasokonstriktion.

- **NO:** Das von Neuronen freigesetzte NO wirkt ebenfalls vasodilatatorisch.
- **$CO_2$-Partialdruck ($P_{CO_2}$):** Der Anstieg des $P_{CO_2}$ ist einer der wichtigsten Faktoren bei der Regulation der Hirndurchblutung. Eine **Erhöhung** des $P_{CO_2}$ führt zu einer **Vasodilatation** mit nachfolgender Durchblutungssteigerung. Der eigentliche Auslöser dabei ist jedoch die $H^+$-Ionenkonzentration, die über die folgende Gleichung unmittelbar mit dem $P_{CO_2}$ korreliert:
$$CO_2 + H_2O \leftrightarrow H_2CO_3 \leftrightarrow H^+ + HCO_3^-$$
Da $CO_2$ die Blut-Hirn-Schranke passieren kann, steigt bei einer Erhöhung der intravasalen $CO_2$-Konzentration die interstitielle $CO_2$-Konzentration ebenfalls an, wodurch sich das Gleichgewicht zugunsten von $H^+$ und $HCO_3^-$ verschiebt. Die Erhöhung der interstitiellen $H^+$-Ionenkonzentration hat wiederum eine Dilatation der Hirngefäße zur Folge. Umgekehrt führt ein **Abfall** des $P_{CO_2}$ zur **Vasokonstriktion.**

- **Mechanische Regulation:** In einem Druckbereich zwischen 50 – 120 mm Hg kommt es bei Druckanstieg zu Vasokonstriktion (= **Bayliss-Effekt**, S. 149).

- **Mechanische Regulation:** In einem Druckbereich zwischen 50 – 120 mm Hg reagiert die Gefäßmuskulatur auf eine Erhöhung des intravasalen Drucks mit Vasokonstriktion, um die Durchblutung konstant zu halten (= **Bayliss-Effekt**, S. 149).

▶ Klinik.

▶ **Klinik.** Bei **Hyperventilation** (= über den Bedarf gesteigerte alveoläre Ventilation) wird vermehrt $CO_2$ abgeatmet. Das führt zu einem Abfall des $P_{CO_2}$ bei normalem oder erhöhtem $P_{O_2}$. Da auch der interstitielle $P_{CO_2}$ im Gehirn sinkt, kommt es über eine Konstriktion der Widerstandsgefäße im Gehirn zu einer Abnahme der Hirndurchblutung und damit zum $O_2$-Mangel im Gehirn. Mögliche Folgen sind Schwindel, Bewusstseinstrübungen und Bewusstlosigkeit. Als Akuttherapie kann kurzfristig in eine Plastiktüte ein- und ausgeatmet werden. Dadurch wird die Atemluft mit $CO_2$ angereichert und der $P_{CO_2}$ steigt wieder an.
**Erhöhter Hirndruck:** Steigt der Blutdruck in den Hirngefäßen zu stark an, kann es zur Ausbildung von **Ödemen** (= Flüssigkeitsansammlung im Gewebe, S. 141) oder **Blutungen** kommen. Da Gehirn und Liquor kaum komprimierbar sind und vom knöchernen Schädel umgeben werden, gibt es kaum Spielraum für Volumenzunahmen → der Hirndruck (= **intrakranieller Druck**) steigt. Durch den erhöhten Druck werden die Hirngefäße komprimiert. Die dadurch verschlechterte Durchblutung führt über einen $O_2$-Mangel im Gewebe zu Zellschwellung mit weiterer Erhöhung des Hirndrucks. Dies kann letztlich zur irreversiblen Schädigung des Gehirns und zum Tod führen.

Haut

**Durchblutung:** Die Durchblutung der Haut ist abhängig von der Thermoregulation. In Ruhe und bei Behaglichkeitstemperatur beträgt sie ca. 100 ml/min/m² Körperoberfläche (s. Abb. **5.38**, S. 152), kann jedoch bei Bedarf auf ca. 2 l/min/m² gesteigert werden.

## Haut

**Durchblutung:** Die Durchblutung der Haut in Ruhe und bei normaler Umgebungstemperatur (= thermische Indifferenz) liegt bei ca. 10 % (ca. 500 ml/min, s. Abb. **5.38**, S. 152) des gesamten Herzminutenvolumens. Allerdings hängt die Hautdurchblutung stark von der Thermoregulation ab: Von ca. 100 ml/min/m² Körperoberfläche bei Behaglichkeitstemperatur in Ruhe kann die Durchblutung bei körperlicher Arbeit und/oder Hitze auf ca. 2 l/min/m² Körperoberfläche ansteigen. Umgekehrt kann die Durchblutung bei Kälte lokal auf ein Minimum reduziert werden.

**$O_2$-Ausschöpfung:** Diese ist bei der Haut bei stärkerer Durchblutung gering, bei Minimalperfusion höher.

**$O_2$-Ausschöpfung:** Die Haut hat bei stärkerer Durchblutung eine geringe $O_2$-Ausschöpfung, da ihre hohe Durchblutung in diesem Fall der Wärmeabgabe dient. Bei Minimalperfusion ist die $O_2$-Ausschöpfung höher.

**Regulation der Durchblutung:** Je nach Körperregion gibt es hier unterschiedliche Mechanismen:

**Regulation der Durchblutung:** Die Durchblutungsregulation erfolgt in den verschiedenen Körperregionen durch unterschiedliche Mechanismen:

- **Akren und distale Extremitäten:** Hier wird die Durchblutung über **sympathisch-vasokonstriktorische Nervenfasern** reguliert. Das freigesetzte Noradrenalin bewirkt v.a. über $\alpha_1$-Rezeptoren eine Kontraktion der glatten Gefäßmuskultur. Zur Vasodilatation kommt es umgekehrt über eine Hemmung dieser Nervenfasern. Durch Öffnen oder Schließen der in den Akren besonders zahlreich vorkommenden **arteriovenösen Anastomosen** kann die Durchblutung hier in Abhängigkeit von der Umgebungstemperatur zwischen 1 – 100 ml/min/dl Gewebe variieren.
- **Proximale Extremitäten und Rumpf:** Zur Vasodilatation kommt es hier überwiegend indirekt über **Bradykinin**, das im Rahmen der Erregung der cholinerg innervierten Schweißdrüsen freigesetzt wird.

**Auswirkungen von Temperaturschwankungen auf die allgemeine Kreislaufsituation:**

- **Wärme bei körperlicher Ruhe:** Bei Wärme wird die Haut im Rahmen der Thermoregulation stärker durchblutet. Dadurch wird der venöse Rückstrom zum Herzen vermindert, der totale periphere Widerstand sinkt (2. Kirchhoff-Gesetz, S. 115) und es kommt zu einem **Blutdruckabfall**. Daraufhin wird der Sympathikus aktiviert, was einen Anstieg von Herzfrequenz (positiv chronotrop) und Herzzeitvolumen bewirkt. Da langes Stehen über den hydrostatischen Druck den venösen Rückstrom zum Herzen weiter erschwert, wird der Kreislauf noch zusätzlich belastet. In der Folge kommt es häufig zum Kreislaufkollaps.
- **Wärme bei körperlicher Aktivität:** Normalerweise wird bei körperlicher Aktivität die Durchblutung der Haut reduziert. Bei Wärme werden die Hautgefäße jedoch dilatiert (→ Wärmeabgabe), weshalb der Muskulatur entsprechend weniger Blutvolumen zur Verfügung steht. Dadurch sind bereits normale Aktivitäten (z.B. Gehen) bei Hitze für den Körper eine erhöhte Belastung. Folglich kann **bei gleichzeitiger Wärme- und Arbeitsbelastung weniger Leistung** erbracht werden als bei thermischer Indifferenz.
- **Kälte:** Hier verhalten sich die Regulationsmechanismen genau umgekehrt wie bei Wärme und körperlicher Ruhe (s.o.).

### Herz

Zur Durchblutung des Myokards s. S. 104.

### Niere

Zur Durchblutung der Niere s. S. 292.

### Skelettmuskulatur

**Durchblutung:** In Ruhe beträgt die Durchblutung der Skelettmuskulatur ca. **2 – 3 ml × min⁻¹ × dl⁻¹** (s. Abb. **5.38**, S. 152), was **ungefähr 15 %** (ca. 0,75 l/min) des Herzminutenvolumens entspricht. Bei maximaler körperlicher Belastung kann die Durchblutung bis auf das 20-Fache der Ruhedurchblutung (also ca. 15 l/min) ansteigen.

**$O_2$-Ausschöpfung:** Von den rund 20 ml $O_2$/100 ml Blut können im arbeitenden Muskel $^2/_3$ (also 12 ml/dl) bis $^3/_4$ (also 15 ml/dl) und im Extremfall sogar 80 – 90 % entnommen werden. Das bewirkt einen Abfall des gemischt-venösen $O_2$-Gehalts in den zentralen Venen, im rechten Herzen und in der A. pulmonalis auf bis zu 20 – 40 %.

> **▶ Merke.** Die maximale Sauerstoffbeladung des arteriellen Blutes beträgt unter Normalbedingungen 200 ml/l. Unter Ruhebedingungen misst man in den zentralen Venen, im rechten Herzen und in der A. pulmonalis einen gemischt-venösen $O_2$-Gehalt von 70 – 80 %. Unter körperlicher Belastung sinkt dieser auf 20 – 40 % ab, da der Anteil des sauerstoffarmen Blutes aus der Muskulatur zunimmt.

**Regulation der Durchblutung:** Je nach Aktivierungszustand wird die Durchblutung der Skelettmuskulatur über unterschiedliche Mechanismen reguliert:

- In **Ruhe** hat die Skelettmuskulatur einen geringen Sauerstoffbedarf und muss folglich nur schwach durchblutet werden. Dies wird durch den bei der Skelettmuskulatur stark **ausgeprägten Basaltonus** gewährleistet.

- **Akren und distale Extremitäten:** Hier wird die Durchblutung über **sympathisch-vasokonstriktorische Nervenfasern** reguliert. Durch Öffnen bzw. Schließen **arteriovenöser Anastomosen** kann die Durchblutung je nach Umgebungstemperatur zwischen 1 – 100 ml/min/dl Gewebe variieren.
- **Proximale Extremitäten und Rumpf:** Zur Vasodilatation kommt es hier überwiegend indirekt über **Bradykinin**.

**Auswirkungen von Temperaturschwankungen:**

- **Wärme bei körperlicher Ruhe:** Die vermehrte Durchblutung der Haut führt zur Senkung von venösem Rückstrom und TPW und damit zum **Blutdruckabfall**. Im Rahmen der Thermoregulation kommt es durch Sympathikusaktivierung zum Anstieg von Herzfrequenz (= positiv chronotrop) und Herzzeitvolumen.
- **Wärme bei körperlicher Aktivität:** Bei gleichzeitiger Wärme- und Arbeitsbelastung kann **weniger Leistung** erbracht werden als bei thermischer Indifferenz.
- **Kälte:** Die Regulationsmechanismen laufen umgekehrt wie bei Wärme ab.

**Herz**

Zur Durchblutung des Myokards s. S. 104.

**Niere**

Zur Durchblutung der Niere s. S. 292.

**Skelettmuskulatur**

**Durchblutung:** In Ruhe beträgt die Durchblutung der Skelettmuskulatur ca. **2 – 3 ml × min⁻¹ × dl⁻¹** (s. Abb. **5.38**, S. 152) und kann unter maximaler körperlicher Belastung auf das 20-Fache ansteigen.

**$O_2$-Ausschöpfung:** Von den rund 20 ml $O_2$/100 ml Blut können im arbeitenden Muskel $^2/_3$ (also 12 ml/dl) bis $^3/_4$ (also 15 ml/dl) und im Extremfall sogar 80 – 90 % entnommen werden.

**▶ Merke.**

**Regulation der Durchblutung:** Die Regulation der Skelettmuskeldurchblutung erfolgt je nach Aktivierungszustand über unterschiedliche Mechanismen:

- in **Ruhe** über den Basaltonus

- bei **körperlicher Arbeit** v. a. über lokalchemische und -metabolische Faktoren
- im Rahmen von **Anspannung und Emotionen** auch über nervale und humorale Regulationsmechanismen.

- Bei **körperlicher Arbeit** erfolgt eine Steigerung der Durchblutung **v. a. über lokalchemische und -metabolische Faktoren**. So führen die Erhöhung von $K^+$-Konzentration, Osmolarität, $P_{CO_2}$ und Laktat, die Ausschüttung von NO und ein Absinken des $P_{O_2}$ zu einer Vasodilatation und damit über eine Senkung des Strömungswiderstandes zu einer Verbesserung der Durchblutung.
- Im Rahmen von **Anspannung und Emotionen** wird die Durchblutung auch über **nervale Regulationsmechanismen** beeinflusst: Hierbei überwiegt die über $\beta_2$-Rezeptoren ausgelöste Vasodilatation die über $\alpha_1$-Rezeptoren ausgelöste Vasokonstriktion. Außerdem kommt es zur Ausschüttung von **Adrenalin und Noradrenalin** aus dem Nebennierenmark, die über $\beta_2$-Rezeptoren ebenfalls vasodilatatorisch wirken.

**Durchblutung bei Muskelarbeit:** Bei dynamischer Muskelarbeit, bei der ständig zwischen An- und Entspannung des Muskels abgewechselt wird, kommt es wesentlich weniger schnell zur Ermüdung als bei statischer Muskelarbeit.

**Durchblutung bei Muskelarbeit:** Bei Kontraktion der Skelettmuskulatur werden die Gefäße komprimiert. Dauerkontraktionen, die weniger als die Hälfte der maximal möglichen Kontraktion erreichen, führen nach anfänglicher Reduktion der Durchblutung dazu, dass sich die Durchblutung schließlich auf einem höheren Niveau einpendelt. Wird nun die Muskulatur entspannt, kommt es im Sinne einer reaktiven Hyperämie (s. S. 151) zu einer weiteren Durchblutungssteigerung. Bei zu starker Dauerkontraktion kommt es jedoch zu einer Verminderung der Durchblutung. Aus diesem Grund ermüdet der Muskel bei dynamischer Muskelarbeit mit ständig wechselnder An- und Entspannung des Muskels (z. B. beim Ausdauersport) wesentlich langsamer als bei statischer Muskelarbeit (z. B. beim Kraftsport).

### Splanchnikuskreislauf

Zum Splanchnikuskreislauf gehört die Durchblutung von
- Magen-Darm-Trakt,
- Pankreas,
- Milz und
- Leber.

### Splanchnikuskreislauf

Zum Splanchnikuskreislauf (= Durchblutung der Abdominalorgane) gehört die Durchblutung von
- Magen-Darm-Trakt,
- Pankreas,
- Milz und
- Leber.

Insgesamt befinden sich im Splanchnikuskreislauf **ca. 20 % des gesamten Blutvolumens**. Allerdings kann die Durchblutung z. B. bei stärkeren Blutverlusten zugunsten des zentralen Blutvolumens stark reduziert werden (**„Zentralisation“**).

Insgesamt befinden sich im Splanchnikuskreislauf **ca. 20 % des gesamten Blutvolumens**. Die Durchblutung steigt lokal jeweils in denjenigen Bereichen an, die gerade aktiv an der Verdauung beteiligt sind. Die **Durchblutungsregulation** erfolgt deshalb hauptsächlich über lokal-metabolische Mechanismen (s. S. 146). Bei körperlicher Arbeit, beim Übergang vom Liegen zum Stehen (Orthostase) oder auch bei stärkeren Blutverlusten kann die Durchblutung hier über sympathische Vasokonstriktion zugunsten des zentralen Blutvolumens stark reduziert werden (= **„Zentralisation“**).

**$O_2$-Ausschöpfung:** In den verschiedenen Teilkreisläufen finden sich große Unterschiede in der $O_2$-Ausschöpfung.

**$O_2$-Ausschöpfung:** In den verschiedenen Teilkreisläufen finden sich große Unterschiede in der $O_2$-Ausschöpfung, die hier nicht weiter ausgeführt werden sollen.

### Leber

**Durchblutung:** Von den o.g. Organen wird die Leber mit **ca. 100 ml × min⁻¹ × dl⁻¹** (s. Abb. **5.38**, S. 152) am besten durchblutet, da sie Blut über die **A. hepatica** und aus Magen-Darm-Trakt, Pankreas und Milz über die **V. portae** zugeleitet bekommt.

### Leber

**Durchblutung:** Von den o.g. Organen ist die Leber mit **ca. 100 ml** $\times$ **min$^{-1}$** $\times$ **dl$^{-1}$** (s. Abb. **5.38**, S. 152), also **ca. 30 %** (etwa 1,5 l/min) des Herzminutenvolumens, das am besten durchblutete Organ. Sie bekommt aus zwei verschiedenen Quellen Blut zugeführt:
- Die **A. hepatica** (25 % der Gesamtdurchblutung der Leber) versorgt als nutritives Gefäß (Vas privatum) die Leber mit $O_2$-reichem Blut. Bei einem Ausfall der arteriellen Versorgung kommt es zum Untergang von Hepatozyten (= Lebernekrose).
- Über die **V. portae** (= funktionelles Gefäß, Vas publicum) wird der Leber $O_2$-ärmeres nährstoffreiches Blut aus Magen-Darm-Trakt, Pankreas und Milz zugeleitet. Dies macht die übrigen 75 % der Leberdurchblutung aus.

**Regulation der Durchblutung:** Diese erfolgt in der Leber durch **Änderung ihrer arteriellen Blutversorgung**: Möglicherweise führt eine Zunahme der Pfortaderdurchblutung über einen vermehrten Abtransport des intrahepatisch produzierten vasodilatierenden **Adenosins** zur Vasokonstriktion. Durch Abnahme des arteriellen Zuflusses sinkt die Gesamtdurchblutung.

**Regulation der Durchblutung:** Die Gesamtdurchblutung der Leber wird über eine **Modulation ihrer arteriellen Blutversorgung** reguliert: Bei Zunahme der Pfortaderdurchblutung werden die arteriellen Gefäße kontrahiert. Dadurch wird der arterielle Zufluss in die Leber verringert und die Gesamtdurchblutung nimmt ab. Eine mögliche Ursache dieser Regulation könnte mit der gleichmäßigen intrahepatischen Produktion von **Adenosin** zusammenhängen: Wird das vasodilatierende Adenosin über die erhöhte Pfortaderdurchblutung ausgewaschen, kommt es folglich zu einer Vasokonstriktion mit Abnahme des arteriellen Zuflusses und damit der Gesamtdurchblutung der Leber.

► **Klinik.** **Blutdruckveränderungen im Körperkreislauf** können die Durchblutung der Leber ebenfalls modifizieren. So kommt es z. B. im Rahmen einer **Rechtsherzinsuffizienz** zu einem venösen Rückstau, der bis in die Leber **(Stauungsleber)** oder darüber hinaus in die Milz reichen kann. Aufgrund des erhöhten hydrostatischen Drucks wird Flüssigkeit in die Bauchhöhle filtriert, wo sie sich ansammelt (= **Aszites**, „Wasserbauch“, s. S. 10).

Bei **Leberzirrhose** (= narbige Schrumpfung der Leber) wird die Gefäß- und Läppchenstruktur der Leber zerstört. Dadurch steigt der Strömungswiderstand in der Leber an, das Blut staut sich in der Pfortader und es kommt zum **Pfortaderhochdruck** (= portale Hypertension = Erhöhung des portalvenösen Drucks auf **> 12 mmHg**). Daraufhin bilden sich Umgehungskreisläufe (= Kollateralkreisläufe) über die portocavalen Anastomosen (= Verbindungsgefäße zwischen Ästen der V. portae und der V. cava superior bzw. inferior) aus, wie z. B. **Ösophagusvarizen** (= stark erweiterter Venenplexus des Ösophagus) oder auch das im Bereich der Bauchhaut sichtbare sog. **Caput medusae** (Abb. **5.39**). Eine gefährliche Komplikation von Ösophagusvarizen sind massive, oft lebensbedrohliche Blutungen.

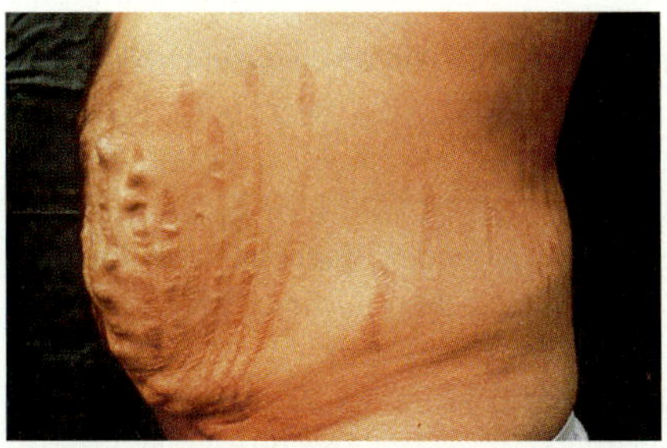

**5.39** **Caput medusae bei alkoholischer Leberzirrhose**

► Klinik.

## 5.8 Kreislaufversagen – Schock

5.8 Kreislaufversagen – Schock

► **Definition.** Als **Schock** bezeichnet man ein Kreislaufversagen mit kritischer Verminderung der Organdurchblutung, das zu einer Schädigung des Gewebes aufgrund von Sauerstoffmangel (= Hypoxie) und metabolischen Störungen führen kann.

► Definition.

### Ursachen und Entstehungsmechanismus

Ein Kreislaufschock entsteht aufgrund von **Volumenverlusten** (→ Volumenmangelschock, s. S. 158), **kardialem Pumpversagen** (→ kardiogener Schock, s. S. 158) oder **Abfall des totalen peripheren Widerstandes** (→ neurogener, anaphylaktischer oder septischer Schock, s. S. 158). Der dadurch verursachte **Blutdruckabfall** führt zur Aktivierung des Sympathikus mit Ausschüttung von Katecholaminen (Adrenalin, Noradrenalin), die eine Steigerung der Herzfrequenz und periphere Vasokonstriktion bewirken. Dadurch wird die Durchblutung der peripheren Körperbereiche zugunsten der zentralen, lebenswichtigen Organe (Gehirn, Herz und Lunge) weiter reduziert (= **Zentralisation**). Aufgrund des sinkenden Kapillardrucks strömt anfangs noch interstitielle Flüssigkeit in die Kapillaren ein, wodurch das intravasale Volumen wieder etwas ansteigt (= Autotransfusion). Dauert der Schockzustand an, nimmt die Sympathikusaktivität durch zunehmenden Sauerstoffmangel ab und es fallen immer mehr vasodilatierende Metaboliten an. Dadurch kann die Zentralisation nicht mehr aufrecht erhalten werden. Während der Tonus der Venolen zunächst noch erhalten bleibt, erweitern sich die Arteriolen, wodurch eine Blutströmung nicht mehr möglich ist und es zu einem weiteren Blutdruckabfall (= **Dezentralisation**) kommt. Durch den anhaltenden Sauerstoffmangel kommt es zu einer Schädigung von Gewebe (= Nekrosen) und auch Endothel, was eine Permeabilitätssteigerung mit vermehrtem Flüssigkeitsaustritt ins Interstitium zur Folge hat. Dadurch steigt die Viskosität des Blutes stark an und die Erythrozyten aggregieren (= Sludge-Phänomen), bis das Blut schließlich gerinnt **(intravasale Thrombosierung)**. Dieser Zustand

### Ursachen und Entstehungsmechanismus

Ein Kreislaufschock entsteht aufgrund von **Volumenverlusten**, **kardialem Pumpversagen** oder **Abfall des totalen peripheren Widerstandes** (Formen des Schocks, s. S. 158). Durch den damit verbundenen **Blutdruckabfall** kommt es über Sympathikusaktivierung zu Herzfrequenzsteigerung und peripherer Vasokonstriktion. Die Durchblutung der peripheren Körperbereiche wird zugunsten der zentralen, lebenswichtigen Organe (Gehirn, Herz und Lunge) weiter reduziert (= **Zentralisation**). Später kommt es aufgrund des zunehmenden Sauerstoffmangels zu Abnahme der Sympathikusaktivität und vermehrtem Anfall vasodilatierender Metaboliten und damit zu einem weiteren Blutdruckabfall (= **Dezentralisation**). Eine hypoxische Endothelschädigung bewirkt über einen vermehrten Flüssigkeitsaustritt eine Zunahme der Blutviskosität bis hin zur irreversiblen **intravasalen Gerinnung (Thrombosierung)**.

ist nicht mehr reversibel und es können so die Funktionen mehrerer Organe gleichzeitig ausfallen (= **Multi-Organ-Versagen, MOV**).

**Symptome bei Schock**

Dazu gehören Hypotonie, Tachykardie, Tachy- und Dyspnoe, Hautblässe, Kaltschweißigkeit, Unruhe und Oligurie bzw. Anurie.

### Symptome bei Schock

Dazu gehören Hypotonie, Tachykardie (= erhöhte Herzfrequenz), Tachy- und Dyspnoe (=hohe Atemfrequenz mit subjektiv empfundener Atemnot), Hautblässe, Kaltschweißigkeit, Unruhe und Oligurie bzw. Anurie (= reduzierte bzw. eingestellte Harnproduktion).

▶ Merke.

▶ Merke. Der sog. **Schockindex = Puls/systolischer Blutdruck $RR_{syst}$** kann zur Abschätzung des Schweregrads des Schocks dienen. Ein Schockindex >1 (normal: 0,5–0,66) bedeutet Schockgefahr. Bei einem hypovolämischen Schock bedeutet dies einen Volumenverlust von ca. 30–40%.

**Formen des Schocks**

Anhand der verschiedenen Ursachen unterscheidet man folgende Formen des Schocks:
- hypovolämischer Schock (=Volumenmangelschock)
- kardiogener Schock
- neurogener Schock
- anaphylaktischer Schock
- septischer Schock.

### Formen des Schocks

Anhand der verschiedenen Ursachen unterscheidet man folgende Formen des Schocks:
- **Hypovolämischer Schock (= Volumenmangelschock):** Dieser entsteht durch Abnahme des Blutvolumens, z. B. bei Blutverlusten, Erbrechen, Diarrhö (= Durchfall) oder Diabetes insipidus (s. S. 318), wodurch direkt ein Blutdruckabfall erzeugt wird.
- **Kardiogener Schock:** Aufgrund eines Pumpversagens des Herzens kann hier der Blutdruck nicht mehr aufrechterhalten werden. Ursachen dafür können ein Herzinfarkt oder auch eine Verlegung der Lungenstrombahn sein.
- **Neurogener Schock:** Ursache des neurogenen Schocks ist der Ausfall der nervalen Kreislaufregulation durch Verletzungen (z. B. Querschnittslähmung) oder Erkrankungen des ZNS. In der Folge kommt es zur Dilatation der Widerstands- und Kapazitätsgefäße mit Blutdruckabfall. Auch bei einer Spinalanästhesie fällt im anästhesierten Bereich die nervale Kreislaufregulation aus, wodurch es zum Schock kommen kann.
- **Anaphylaktischer Schock:** Im Rahmen von anaphylaktischen Reaktionen kann es zur peripheren Vasodilatation mit entsprechendem Blutdruckabfall kommen.
- **Septischer Schock:** Im Rahmen von Infektionen v. a. mit gramnegativen Bakterien kann es zur Freisetzung bestimmter Mediatoren kommen, die zu einer Erweiterung der peripheren Blutgefäße und damit zum Blutdruckabfall führen.

**5.9 Fetaler Blutkreislauf**

## 5.9 Fetaler Blutkreislauf

**Merkmale des fetalen Blutkreislaufs**

**Charakteristische Merkmale** des fetalen Blutkreislaufs (Abb. **5.40 a**) sind:
- noch nicht belüftete und nur gering durchblutete Lungen
- Gasaustausch und Versorgung mit Nährstoffen über die Plazenta (zum Plazentakreislauf s. S. 439)
- rechter und linker Ventrikel arbeiten parallel, um das Blut im Körper zu verteilen
- Rechts-links-Shunt über das offene Foramen ovale
- Übertritt von Blut aus dem Truncus pulmonalis über den Ductus arteriosus Botalli in die Aorta.

### Merkmale des fetalen Blutkreislaufs

Das pränatale Blutkreislaufsystem (Abb. **5.40 a**) unterscheidet sich in einigen anatomischen und funktionellen Besonderheiten vom postnatalen Kreislaufsystem, da es anderen Anforderungen gerecht werden muss. **Charakteristische Merkmale** sind:
- noch nicht belüftete und nur gering durchblutete Lungen
- Gasaustausch und Versorgung mit Nährstoffen über die Plazenta (zum Plazentakreislauf s. S. 439)
- rechter und linker Ventrikel arbeiten parallel, um das Blut im Körper zu verteilen (im Gegensatz zum postnatal hintereinander geschalteten Herz- und Lungenkreislauf)
- Rechts-links-Shunt über das offene Foramen ovale
- Übertritt von Blut aus dem Truncus pulmonalis über den Ductus arteriosus Botalli in die Aorta.

Über die V. umbilicalis gelangt sauerstoffreiches Blut aus der Plazenta größtenteils über den **Ductus venosus Arantii** in die V. cava inferior. Dort vermischt es sich mit dem sauerstoffarmen Blut aus der unteren Körper-

Über die unpaare V. umbilicalis der Nabelschnur gelangt sauerstoff- und nährstoffreiches Blut aus der Plazenta größtenteils über den **Ductus venosus Arantii** in die V. cava inferior, wo es sich mit dem sauerstoffarmen Blut aus der unteren Körperhälfte vermischt. Ein kleinerer Teil des Blutes aus der Plazenta fließt über die V. portae hepatis und die Vv. hepaticae in die V. cava inferior, wobei die darin enthaltenen Nährstoffe durch die Leber verstoffwechselt werden. Das Mischblut aus der V. cava inferior fließt in den rechten Vorhof und von dort aus fast vollständig über das **Foramen ovale** in den linken Vorhof. Nach Übertritt in den linken Ventrikel gelangt es schließlich in die Aorta und somit in den Körperkreislauf. So wird gewährleistet, dass insbesondere der Kopfbereich des Fetus mit möglichst sauerstoffreichem Blut versorgt wird. Das sauerstoffarme Blut der V. cava superior gelangt vom rechten Vorhof über den rechten Ventrikel in den Truncus pulmonalis. Da in den kollabierten Gefäßen der noch nicht entfalteten Lunge ein großer Widerstand herrscht, fließt nur ein kleiner Teil des Blutes durch die Lungengefäße und dann zum linken Vorhof zurück. Der Großteil gelangt über den distal der Abgänge der den Kopf und die Extremitäten versorgenden Gefäße mündenden **Ductus arteriosus Botalli** in die Aorta und weiter in die Peripherie. Über die aus den Aa. iliacae abgehenden Aa. umbilicales gelangt schließlich ein Teil des Blutes (ca. 60 %) über die Nabelschnur zurück in die Plazenta, wo es am Gasaustausch teilnimmt und mit Nährstoffen versorgt wird, der Rest fließt weiter in die unteren Körperabschnitte, um später in der V. cava inferior wieder mit sauerstoffreichem Blut aus der V. umbilicalis durchmischt zu werden.

hälfte und fließt zunächst weiter in den rechten Vorhof und von dort aus fast vollständig über das **Foramen ovale** in den linken Vorhof. Vom linken Ventrikel gelangt es schließlich in die Aorta und somit in den Körperkreislauf. Das sauerstoffarme Blut der V. cava superior gelangt vom rechten Vorhof über den rechten Ventrikel in den Truncus pulmonalis und fließt dann größtenteils über den distal der Abgänge der den Kopf und die Extremitäten versorgenden Gefäße mündenden **Ductus arteriosus Botalli** in die Aorta und weiter in die Peripherie. Über die Aa. umbilicales (aus Aa. iliacae) gelangt ein Teil des Blutes zurück zur Plazenta, der Rest fließt weiter in die unteren Körperabschnitte.

**▶ Merke.** Die **Nabelschnur** enthält (Abb. **5.40 a**):
2 Arterien (= Aa. umbilicales), die sauerstoffarmes Blut führen und
1 Vene (= V. umbilicalis), die sauerstoffreiches Blut führt.

**▶ Merke.**

Der systemarterielle Mitteldruck des Fetus beträgt nur etwa 50 – 60 mmHg (zum Vergleich: Beim Erwachsenen ca. 100 mmHg). Dies liegt daran, dass der Körper- und Plazentakreislauf (s. auch S. 439) des Fetus parallel geschaltet sind, wodurch nach dem 2. Kirchhoff-Gesetz (s. S. 115) der periphere Widerstand entsprechend kleiner ist.

Der systemarterielle Mitteldruck des Fetus beträgt nur etwa 50 – 60 mmHg.

**▶ Klinik.** Die normale **fetale Herzfrequenz** beträgt am Ende der Schwangerschaft 120 – 160 bpm (beats per minute, Schläge pro Minute). Ein Absinken der fetalen Herzfrequenz (Bradykardie) ist Ausdruck eines $O_2$-Mangels (reflektorische Abnahme der Herzfrequenz über fetale Chemorezeptoren in Aortenbogen und Karotisgabel).

**▶ Klinik.**

## Umstellung des Kreislaufs mit/nach der Geburt

Mit der Geburt ändern sich die Anforderungen an das kindliche Kreislaufsystem, weshalb es zu entsprechenden **Umstellungsreaktionen** kommt (Abb. **5.40 b**):

- Wegfall des plazentaren Kreislaufs
- Belüftung der Lunge und Lungenatmung
- Differenzierung des Kreislaufs in Hoch- und Niederdrucksystem
- Verschluss von Ductus arteriosus Botalli und Foramen ovale.

Mit dem Einsetzen der Atmung entfalten sich die Lungen, werden dadurch belüftet und übernehmen den Gasaustausch. Durch den steigenden $P_{O_2}$ in den Pulmonalarterien dilatieren diese sofort. Dadurch sinkt der Strömungswiderstand und die Durchblutung der Lunge steigt stark an. Da der Druck in der A. pulmonalis jetzt unter dem Aortendruck liegt, kommt es zur Strömungsumkehr im Ductus arteriosus, der nun von sauerstoffreichem Blut durchflossen wird. Durch den erhöhten $P_{O_2}$ und eine verminderte Synthese gefäßdilatierender Prostaglandine im Gefäßendothel kommt es zur Kontraktion der glatten Muskelzellen des **Ductus arteriosus**, der dadurch zunächst funktionell verschlossen wird (der endgültige Verschluss durch Vernarbung zum **Ligamentum arteriosum** erfolgt in der Regel bis zum Ende des ersten Lebensjahres). Durch das nach der Lungenpassage vermehrt in den linken Vorhof zurückfließende Blut liegt der Druck im linken Vorhof über dem im rechten. Da dadurch das Septum primum gegen das Septum secundum gepresst wird, kommt es zum funktionellen Verschluss des **Foramen ovale** (eine völlige Verwachsung des **Foramen ovale** wird erst nach einigen Jahren erreicht, zurück bleibt die **Fossa ovalis**). Erreicht das sauerstoffreiche Blut die Aa. umbilicales, kommt es dort zur Gefäßkontraktion. Mit der Abnabelung fällt der Plazentakreislauf vollständig weg. Dadurch steigt der periphere Widerstand bei gleich bleibendem Herzminutenvolumen deutlich an, was zu einem Blutdruckanstieg des Neugeborenen führt.

### Umstellung des Kreislaufs mit/nach der Geburt

Zu den **Umstellungsreaktionen** (Abb. **5.40 b**) gehören:

- Wegfall des plazentaren Kreislaufs
- Belüftung der Lunge und Lungenatmung
- Differenzierung in Hoch- und Niederdrucksystem
- Verschluss von Ductus arteriosus Botalli und Foramen ovale.

Mit dem Einsetzen der Atmung übernehmen die Lungen den Sauerstoffaustausch, die Pulmonalarterien dilatieren, der Strömungswiderstand sinkt und die Durchblutung steigt. Durch die Änderung der Druckverhältnisse kommt es zur Strömungsumkehr im **Ductus arteriosus** und nachfolgend durch Anstieg des $P_{O_2}$ und Abnahme der Prostaglandinsynthese zu dessen funktionellem Verschluss. Durch den vermehrten Blutrückstrom aus dem Lungenkreislauf kommt es zum Druckanstieg im linken Vorhof und dadurch zum funktionellen Verschluss des **Foramen ovale**. Nach Wegfall des Plazentakreislaufs steigt der periphere Widerstand und damit der Blutdruck des Neugeborenen.

5.40 **Prä- und postnataler Blutkreislauf**

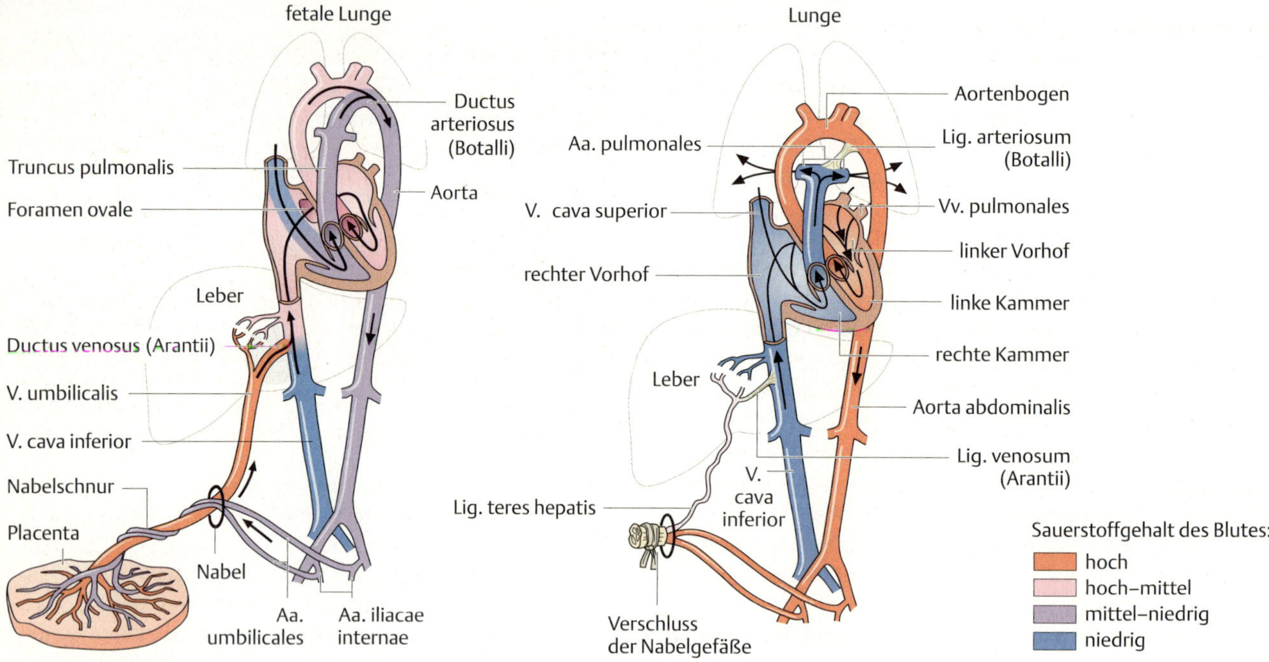


**a Fetaler Blutkreislauf.** **b Umstellung nach der Geburt.**

▶ Klinik.

▶ Klinik. Die **Vorhofseptumdefekte (VSD)** machen ungefähr 10 % der angeborenen Herzfehler aus. Zu diesen gehört auch das **offene Foramen ovale**. Kommt es nach der Geburt nicht zu dessen funktionellem Verschluss, strömt Blut vom linken in den rechten Vorhof (Links-rechts-Shunt). Dies bedeutet eine erhöhte Volumenbelastung des rechten Vorhofs, des rechten Ventrikels und der Pulmonalgefäße. Vorhofseptumdefekte sind zunächst meist symptomlos. Bei mittelgroßen Defekten treten in der Regel erst im Jugendlichen- und Erwachsenenalter deutliche klinische Symptome wie Palpitationen (= subjektiv als unangenehm empfundenes Herzklopfen; Ursache sind meist supraventrikuläre Rhythmusstörungen) und eingeschränkte körperliche Belastbarkeit auf. Bei großen Defekten kann es bereits im Kindesalter zu eingeschränkter Belastbarkeit, Infektanfälligkeit und Gedeihstörungen kommen. Diagnostisch wegweisend ist ein typischer Auskultationsbefund. Bei einem Shuntvolumen von über 30 % ist die Indikation zum operativen Verschluss des Defekts gegeben, der – auch wenn keine Symptomatik besteht – möglichst im Kleinkindesalter erfolgen sollte.

Weitere 10 % der angeborenen Herzfehler entfallen auf den **persistierenden Ductus arteriosus Botalli (PDA)**. Verschließt sich der Ductus arteriosus nach der Geburt nicht, kommt es, während sich der pulmonale Widerstand in den ersten Lebenswochen auf den Normwert absenkt, zu einem zunehmenden Links-rechts-Shunt von der Aorta über den Ductus arteriosus in die Pulmonalarterien. Bei einem großen Ductus bedeutet dies eine zunehmende Volumenbelastung des linken Herzens (Vorhof und Ventrikel) und eine Minderversorgung des Körperkreislaufs mit reduzierter körperlicher Belastbarkeit, Dyspnoe, Trinkschwäche, Gedeihstörungen und kalten Händen und Füßen. Auskultatorisch findet man ein typisches Herzgeräusch („Maschinengeräusch“). Bei Früh- und Neugeborenen wird beim hämodynamisch relevanten Ductus ein medikamentöser Verschluss mit Indometacin (Prostaglandin-Synthesehemmung) angestrebt. Misslingt dies, erfolgt der operative Verschluss. Bei einem kleinen Ductus kann zunächst abgewartet werden, ob er sich noch im Säuglingsalter spontan verschließt, ansonsten werden wegen eines erhöhten Endokarditisrisikos (= Risiko, eine Entzündung des Endokards zu bekommen) auch kleine Ductus operativ verschlossen.

## ▸ verklinikte Vorklinik: Leberzirrhose

**Anamnese:** Der 56-jährige Hans Gerber wurde notfallmäßig aufgenommen. Er erinnert sich lediglich an plötzlich beginnende Übelkeit beim Fernsehen am Nachmittag, die mit starkem Schwindelgefühl einherging. Seine Ehefrau berichtet, sie habe ihn Richtung Toilette schwanken sehen, was sie jedoch schon gewohnt sei, da ihr Mann – wie an diesem Tag auch – häufig „einen über den Durst" trinken würde, seit er vor sieben Jahren seinen Arbeitsplatz verloren hat. Auch berichtet sie über häufigeres Erbrechen ihres Mannes, das jedoch diesmal anders gewesen sei. Sie schildert, das Erbrochene erinnerte vom Aussehen her an Kaffeesatz. Besonders besorgniserregend sei ihr der Zustand ihres Mannes vorgekommen, als sie ihm wieder auf die Beine helfen wollte, nachdem er kurz vor Erreichen des Badezimmers zusammengesunken war: Sein bleiches Gesicht sei schweißbedeckt gewesen und sie habe erhebliche Kraft aufbringen müssen, um ihn aufrecht hinzusetzen. Er selbst sei kaum in der Lage gewesen, sich aufzurichten. Dies veranlasste Frau Gerber auch, den Rettungsdienst zu alarmieren.

**Körperliche Untersuchung** (Angabe der jeweiligen Normwerte in Klammern):

- **Herz-Kreislauf-System:** Systolischer Blutdruck 90 mm Hg (90 – 130 mm Hg), Puls der A. radialis nur schwach mit einer Frequenz von 112/min (50 – 100/min) palpabel, unterhalb des Leistenbandes A. femoralis beidseits kräftig zu tasten.
- **Abdomen:** Prall gebläht, perkutorisch beidseitige Flankendämpfung als Hinweis auf Aszites (Flüssigkeitsansammlung in der Bauchhöhle), in der Nähe des Bauchnabels einige dicke geschlängelte Krampfadern (Caput medusae, s. Abb. **5.39**, S. 157), auf der Haut im Thoraxbereich mehrere kleine rötliche „Gefäßsternchen" (Spider naevi).
- **Extremitäten:** Längerer Druck auf die Knöchelregion hinterließ eine tiefe Delle (Knöchelödeme).

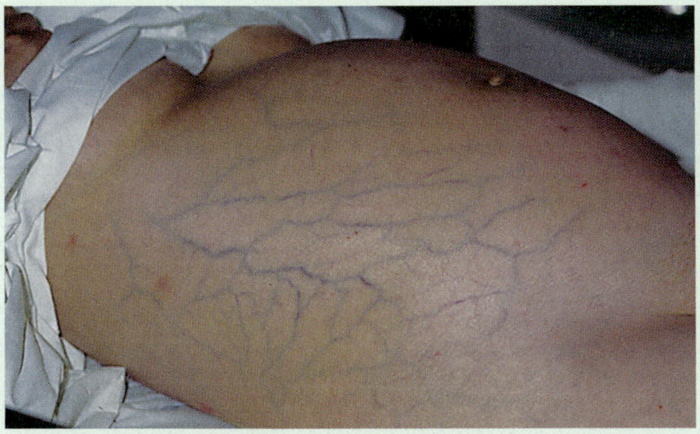

**Durch Flüssigkeit gebläht wirkendes Abdomen** mit ersten Anzeichen eines Caput medusae.

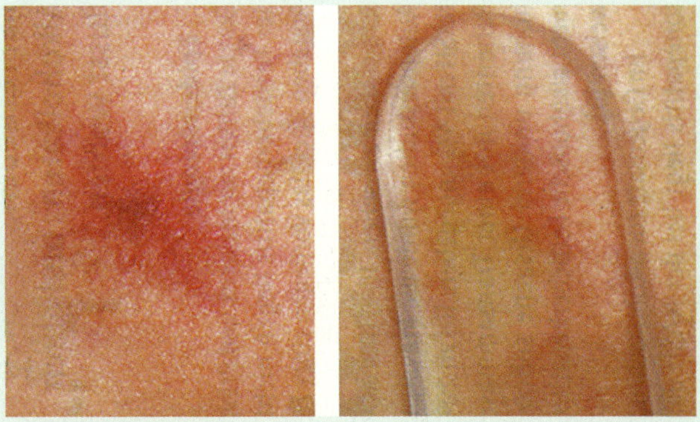

**Spider naevi.** Bei Druck mit dem Glasspatel lässt sich das zentrale Gefäß ausdrücken; lässt man den Druck nach, füllt sich das Gefäß wieder.

**Laboruntersuchungen** (Angabe der jeweiligen Normwerte in Klammern): Hämoglobin 10,3 g/dl (14 – 18 g/dl), MCV (mittleres Erythrozytenvolumen) 102 fl (80 – 96 fl), spontane Thromboplastinzeit nach Quick 33 % (70 – 130 %), AST (Aspartataminotransferase) 178 U/l (< 35 U/l) bzw. 2,97 µkat/l, ALT (Alaninaminotransferase) 123 U/l (< 45 U/l) bzw. 2,05 µkat/l, γ-GT 459 U/l (< 55 U/l) bzw. 7,65 µkat/l, Bilirubin 2,8 mg/dl (< 1,1 mg/dl), Albumin 3,2 g/dl (3,5 – 5,3 g/dl).

**Ultraschall-Untersuchung des Abdomens:** In allen Quadranten ist reichlich Aszites nachweisbar. Die Leber zeigt sich mit echoreicher und inhomogener Struktur, die Pfortader ist erweitert. Die Milz ist mit 13 × 9 cm vergrößert (Splenomegalie).

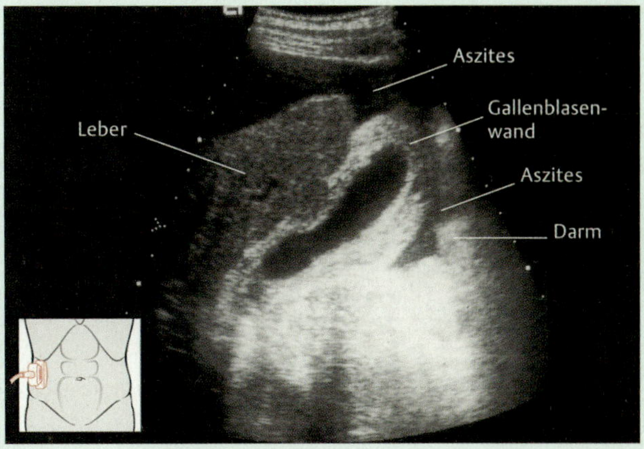


**Typisches Ultraschallbild bei Leberzirrhose** mit inhomogenem Parenchym und höckriger Oberfläche; darüber hinaus erkennbar: Aszites begleitet von einer verdickten Gallenblasenwand.

**Verlauf:** Bei erneutem Erbrechen während der Aufnahmeuntersuchung fiel eine Beimengung von Frischblut auf. In der notfallmäßig durchgeführten **Ösophagogastroduodenoskopie** konnten nach dem Absaugen von reichlich hellroter Flüssigkeit blutende Ösophagusvarizen gefunden und die Blutung mithilfe eines Gummibands (Ligatur) zum Stillstand gebracht werden. Während der anschließenden Überwachung auf der internistischen Intensivstation erhielt der Patient zwei Erythrozytenkonzentrate und zwei Einheiten Frischplasma. Nachdem sich sein Zustand stabilisiert hat, wird der Patient mit der Hauptdiagnose Ösophagusvarizen-Blutung bei Verdacht auf alkoholische Leberzirrhose auf die Normalstation verlegt. Bei Vorliegen einer akuten Blutungsanämie sollte der Hämoglobinwert kontrolliert sowie der Schweregrad der Leberschädigung abgeklärt werden.

**Fragen mit physiologischem Schwerpunkt:**

1. Warum kam es bei dem Patienten zur Bildung von Aszites und Beinödemen?
2. Wie könnte die Therapie eines leberzirrhotisch bedingten Aszites aussehen?

**Antwortkommentare:**

**Zu 1.** Aszites und Ödeme entstehen, wenn Flüssigkeit aus den Gefäßen in die freie Bauchhöhle oder ins Gewebe übertritt. Die Flüssigkeit tritt immer dann über, wenn der effektive Filtrationsdruck erhöht ist, also wenn mehr Flüssigkeit aus dem Gefäß ins Interstitium filtriert als auf umgekehrtem Weg reabsorbiert wird. Entscheidende Faktoren dabei sind hydrostatischer und onkotischer Druck in Gefäß und Interstitium (s. S. 141).

Bei der Leberzirrhose ist die Produktion des Albumins durch die Zerstörung der Leberzellen herabgesetzt, der intravasale onkotische Druck ist deshalb vermindert. Gleichzeitig kann das Blut durch den zirrhotischen Umbau nicht mehr ungehindert durch die Lebergefäße fließen, das Blut staut sich und der hydrostatische Druck in der Pfortader steigt an (portale Hypertension). Die überwiegende Filtration von Flüssigkeit ins Gewebe führt zur intraperitonealen und interstitiellen Flüssigkeitsansammlung.

**Zu 2.** Die Behandlung eines portal bedingten Aszites kann je nach Ausprägung und Dauer des Vorhandenseins von einer Diuretikatherapie (verstärkte Flüssigkeitsausscheidung über die Niere, s. S. 307, unter Kontrolle der Elektrolytwerte) über eine kontrollierte Albuminzufuhr (wenn Serumalbumin < 3 g/dl bzw. wenn medikamentös gesteigerte Diurese bei zudem massiv vorhandenen peripheren Ödemen nicht ausreichend; intravenöse Gabe zur Steigerung des intravasalen onkotischen Drucks; cave: kostenintensiv) bis hin zu einer Punktion des Aszites (sog. Parazentese) oder der operativen Anlage einer die Leberkapillaren umgehenden Kurzschlussverbindung zwischen einem intrahepatischen Pfortaderast und einer Lebervene (TIPS = transjugulärer intrahepatischer portosystemischer Shunt) reichen.

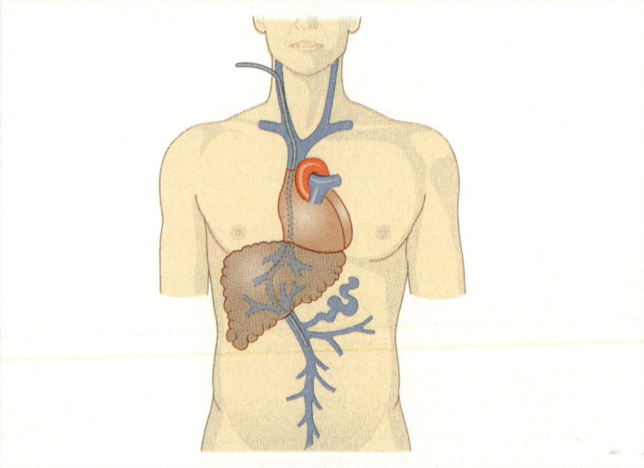

**Transjugulärer intrahepatischer portosystemischer Shunt (TIPS):** Nach Punktion der Halsvene und Schaffung einer Kommunikation zwischen Lebervene und Pfortader wird unter sonografischer und röntgenologischer Kontrolle ein Stent implantiert.

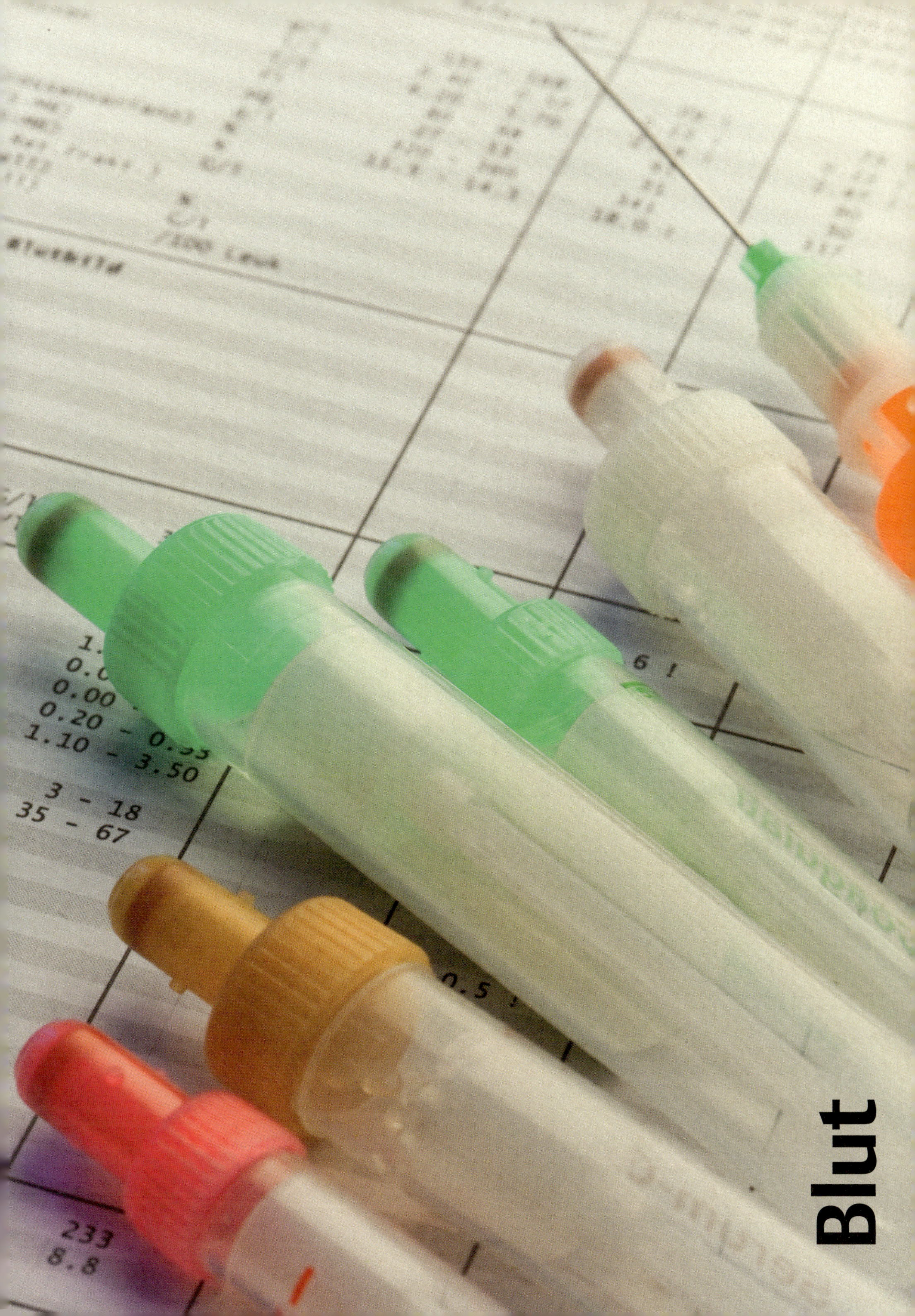

# Blut

# 6 Blut



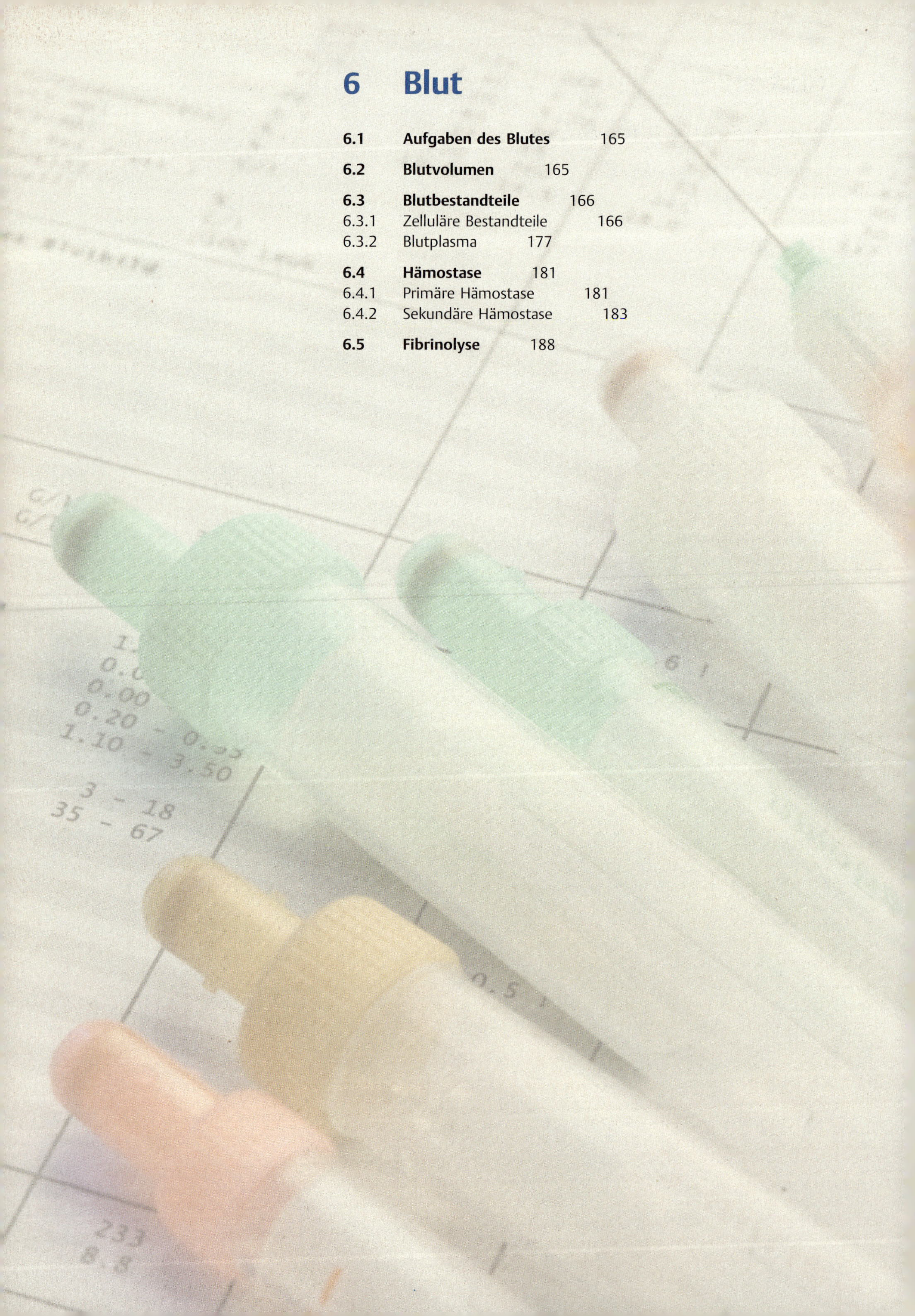

# 6 Blut

## 6.1 Aufgaben des Blutes

Blut ist ein Transport- und Kommunikationsorgan, das vielfältige Aufgaben im Körper erfüllt. Dazu zählen u. a.

- Gastransport (s. S. 167),
- Stofftransport (u. a. Hormone),
- Gerinnungsfunktionen (s. S. 181),
- Abwehrfunktionen (s. S. 176),
- Wärmeregulation und
- Regulation des pH-Werts.

Um diese vielfältigen Aufgaben erfüllen zu können, ist es wichtig, dass sowohl Volumen als auch Bestandteile des Blutes in engen Grenzen konstant gehalten werden.

## 6.2 Blutvolumen

▶ **Definition.**

- **Normovolämie** = normales Blutvolumen von 4–6 l bei ca. 75 ml/kg Körpergewicht, also 6–8 % des Köpergewichts. Bei Frauen ist der Anteil des Blutes am Körpergewicht etwas geringer als bei Männern. Bei jüngeren Kindern ist er höher (8–9 %), im Alter dagegen etwas niedriger.
- **Hypovolämie** = vermindertes Blutvolumen (z. B. bei Anämien, s. S. 172, oder Flüssigkeitsmangel, s. S. 322);
- **Hypervolämie** = erhöhtes Blutvolumen (s. u.).

Akute Blutverluste von bis zu 10 % des gesamten Blutvolumens, wie z. B. eine Blutspende von ca. 500 ml werden in der Regel problemlos verkraftet. Ab einem akuten Blutverlust von > 20 % treten Komplikationen wie Blutdruckabfall, Tachykardie und schließlich Volumenmangelschock auf. Ein akuter Volumenverlust von > 50 % ist in der Regel nicht mehr mit dem Leben vereinbar.

**Bestimmung des Blutvolumens:** Das Blutvolumen kann relativ einfach mithilfe des **Indikator-Verdünnungs-Verfahrens** bestimmt werden. Dazu spritzt man intravenös eine bestimmte Menge einer Indikatorsubstanz mit bekannter Konzentration (z. B. mit radioaktivem Jod markiertes Albumin). Diese hat sich nach ca. 15 min gleichmäßig im Blutkreislauf verteilt. Nun entnimmt man eine Blutprobe und bestimmt darin die Konzentration der Indikatorsubstanz, aus der man mithilfe der folgenden Gleichung das Plasmavolumen (s. u.) errechnen kann:

$$V_{Plasma} \times c_{Plasma} = V_{Indikator} \times c_{Indikator}$$

Das Blutvolumen entspricht dann in etwa dem doppelten Plasmavolumen.
Im klinischen Alltag wird das Blutvolumen allerdings durch Messung des **zentralen Venendrucks** (ZVD, s. S. 133) über einen zentralen Venenkatheter bestimmt.

▶ **Klinik.** Eine Erhöhung des Blutvolumens (z. B. auf > 6 l bei einem 80 kg schweren Mann = **Hypervolämie**) kann z. B. durch eine verminderte Flüssigkeitsabgabe aufgrund von Nieren-, Leber- oder Herzinsuffizienz verursacht sein. Um das vermehrte Blutvolumen zu befördern, muss das Herz eine stärkere Pumpleistung erbringen. Dies geht mit einem erhöhten Energiebedarf einher, wobei es schneller zu einer Mangelversorgung des Herzmuskels und dadurch zu einer (weiteren) Schädigung der Herzmuskulatur kommen kann (s. S. 105).
Eine Erniedrigung des Blutvolumens (= **Hypovolämie**) kann z. B. bei gastrointestinalen Blutungen (häufigste Ursache!), durch Blutverlust nach einem Unfall oder durch eine gestörte Funktion des $Na^+$-$Cl^-$-Transporters im distalen Konvolut der Niere entstehen. In letzterem Fall werden nicht genug $Na^+$ und $Cl^-$ rückresorbiert und dem Körper wird mit dem Salz Wasser entzogen (s. S. 305). Eine Hypovolämie beeinträchtigt sämtliche Blutfunktionen und kann zu einem hypovolämischen Schock (s. S. 158) führen.

6 Blut

6.1 Aufgaben des Blutes

Blut ist primär ein Transport- und Kommunikationsorgan. Darüber hinaus dient es u. a. der Wärmeregulation.

Dazu müssen Blutvolumen und -bestandteile in engen Grenzen konstant gehalten werden.

6.2 Blutvolumen

▶ Definition.

Akute Blutverluste von bis zu 10 % des gesamten Blutvolumens werden in der Regel problemlos verkraftet. Ein akuter Volumenverlust von > 50 % ist in der Regel nicht mehr mit dem Leben vereinbar.

**Bestimmung des Blutvolumens:** Das Blutvolumen kann mit dem **Indikator-Verdünnungs-Verfahren** bestimmt werden. Dabei gilt:

$$V_{Plasma} \times c_{Plasma} = V_{Indikator} \times c_{Indikator}$$

In der Klinik wird das Blutvolumen allerdings durch Messung des **zentralen Venendrucks** (ZVD, s. S. 133) bestimmt.

▶ Klinik.

# 6.3 Blutbestandteile

▶ **Definition.** Blut setzt sich zusammen aus:
- **zellulären Bestandteilen** (37–50%), zu denen Erythrozyten, Leukozyten und Thrombozyten gehören und
- **flüssigem Blutplasma** (50–63%), das im Wesentlichen aus Wasser, darin gelösten Elektrolyten, niedermolekularen Nichtelektrolyten (z.B. Glukose, Harnstoff und Kreatinin) und Proteinen (Albumin, Globuline, Fibrin und Fibrinogen) besteht (Abb. **6.1**).
- Entzieht man dem Plasma Fibrin und Fibrinogen, erhält man **Blutserum**.

▶ **Merke.**
- Blut = Blutzellen + Blutplasma
- Blutplasma = Blut ohne Blutzellen
- Blutserum = Blutplasma ohne Fibrin und Fibrinogen.

## 6.3.1 Zelluläre Bestandteile

### Hämatokrit

▶ **Definition.** Der **Hämatokrit** ist der Anteil aller zellulären Bestandteile (Erythrozyten, Leukozyten und Thrombozyten) am gesamten Blutvolumen.

Als Referenzbereich für den Hämatokritwert **(Maß für das Erythrozytenvolumen)** gilt:
- bei Frauen: 37–46%,
- bei Männern: 41–50%.

Zentrifugiert man ungerinnbar gemachtes Blut (z.B. mit EDTA = Äthylendiamintetraessigsäure), setzen sich die spezifisch etwas schwereren Blutzellen ab (→ Hämatokrit) und das Blutplasma bildet den Überstand. Da die Leukozyten jedoch unter physiologischen Bedingungen nur einen kleinen Anteil am Gesamtvolumen der Blutzellen ausmachen, ist der Hämatokritwert ein **Maß für das Erythrozytenvolumen**. Bei Frauen beträgt der Hämatokrit normalerweise 37–46% und ist damit etwa 10% niedriger als bei Männern (41–50%) (Abb. **6.1**). Eine Veränderung des Hämatokrits kann man u.a. anhand der Blutkörperchensenkungsgeschwindigkeit (BSG) diagnostizieren.

**6.1 Blutbestandteile**

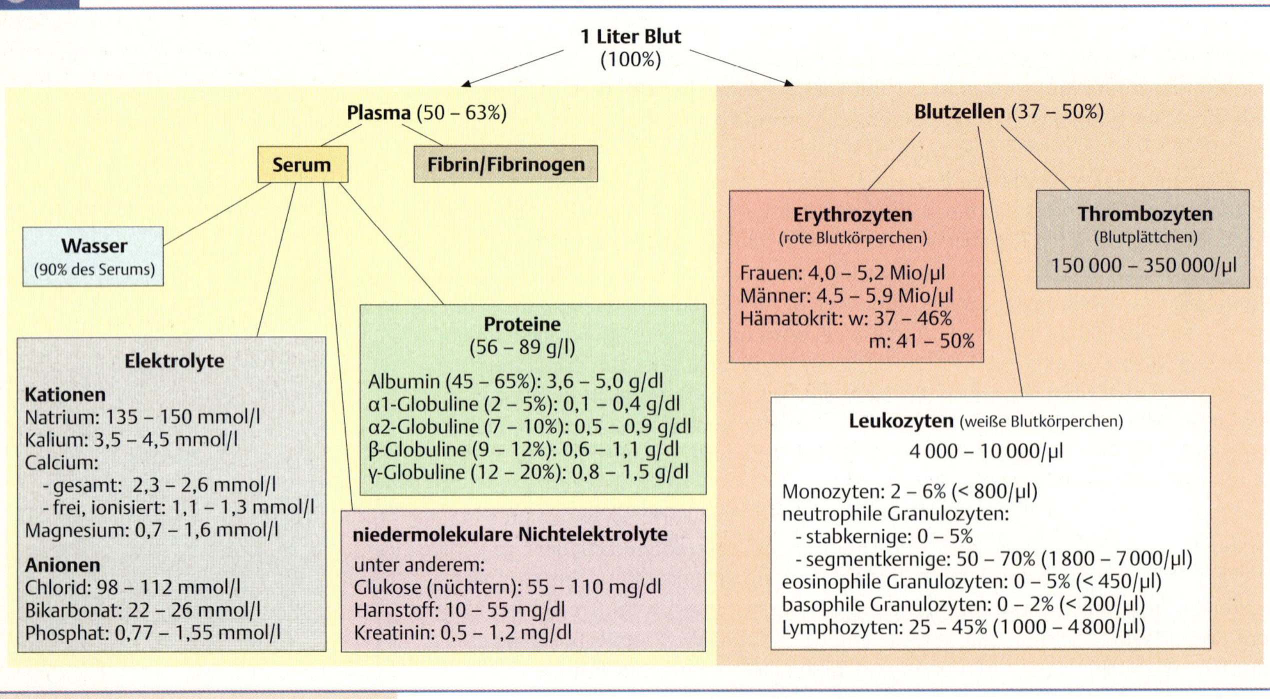

▶ Klinik. Die **Blutkörperchensenkungsgeschwindigkeit BSG** oder **BKS** (Syn.: Erythrozytensedimentationsrate, ESR) nach Westergren beruht auf der reversiblen Aggregation und Sedimentation von Erythrozyten. Bei dieser Untersuchungsmethode werden 0,4 ml einer 3,8 %igen Natriumzitratlösung (verhindert die Blutgerinnung) mit 1,6 ml Venenblut gemischt und in ein 200 mm langes, senkrecht stehendes Glasröhrchen aufgezogen. Nach 1 h liest man ab, wie weit die Erythrozyten aufgrund ihrer gegenüber dem Plasma höheren Dichte abgesunken sind (Abb. **6.2**). Als Referenzbereich des 1-h-Wertes gilt bei Männern bis 15 mm und bei Frauen bis 20 mm (> 50 Jahre bis 20 bzw. 30 mm). Die Bestimmung des 2-h-Wertes ist zwar üblich, bringt aber eigentlich keinen zusätzlichen Informationsgewinn. Sowohl eine Verminderung des Hämatokrits als auch entzündliche Reaktionen, Anämien oder Tumoren können die BSG erhöhen. Ursache der Senkungsbeschleunigung sind häufig Plasmaproteine, die eine Agglutination der Erythrozyten bewirken, wodurch diese schneller absinken. Da es auch unter physiologischen Bedingungen zu einer Erhöhung der BSG kommen kann (z. B. prämenstruell, unter Einnahme von Kontrazeptiva oder in der Schwangerschaft), ist eine alleinige Erhöhung der BSG kein zuverlässiger Krankheitsindikator.

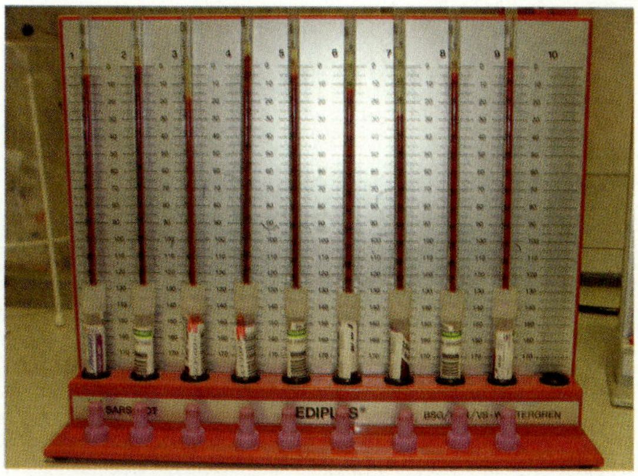

6.2 **Glasröhrchen zum Ablesen der BSG**

▶ Klinik.

## Erythrozyten

▶ **Synonym.** Rote Blutkörperchen.

In 5 l menschlichen Blutes befinden sich etwa $25 \times 10^{12}$ Erythrozyten. Damit machen die Erythrozyten über 95 Vol% der zellulären Fraktion des Bluts aus. Die wichtigste Aufgabe der Erythrozyten ist der **Atemgastransport**. **Hämoglobin**, als wichtigster Bestandteil der Erythrozyten, bindet $O_2$, um es von der Lunge zu den verschiedenen Geweben zu transportieren, und $CO_2$, um es wieder zurück zur Lunge zu befördern. (Der größere Anteil $CO_2$ wird allerdings im Blut gelöst und nicht an Hämoglobin gebunden transportiert.)
Ausführliche Informationen zu Hämoglobin und Atemgastransport finden Sie im Kapitel Atmung ab S. 247.

**Erythrozyten**

▶ **Synonym**

In 5 l menschlichen Blutes befinden sich etwa $25 \times 10^{12}$ Erythrozyten. Ihre wichtigste Aufgabe ist der **Atemgastransport** mittels **Hämoglobin** (s. S. 247).

### Eigenschaften von Erythrozyten

**Form und Größe:** In Ruhe (also auch im Blutausstrich) haben Erythrozyten normalerweise die Form **bikonkaver Scheiben** mit durchschnittlich 2 µm dickem Rand (Abb. **6.3**). Die bikonkave Form vergrößert das Oberflächen-Volumen-Verhältnis der Erythrozyten und dient somit der **Optimierung des Gasaustauschs**. Sie haben einen mittleren Durchmesser von 7,5 µm, wobei sich die Durchmesser aller Erythrozyten als Gauß-Normalverteilung (Glockenkurve) um diesen Mittelwert verteilen. Man bezeichnet diese Verteilung bei den Erythrozyten auch als **Price-Jones-Kurve**.

**Eigenschaften von Erythrozyten**

**Form und Größe:** In Ruhe sind Erythrozyten ca. 2 µm dicke (Rand), **bikonkave Scheiben** mit einem mittleren Durchmesser von 7,5 µm (Abb. **6.3**). Die Abweichungen von diesem Mittelwert bilden eine sog. **Price-Jones-Kurve**. Die Scheibenform optimiert den Gasaustausch.

6.3

## 6.3 Erythrozyten

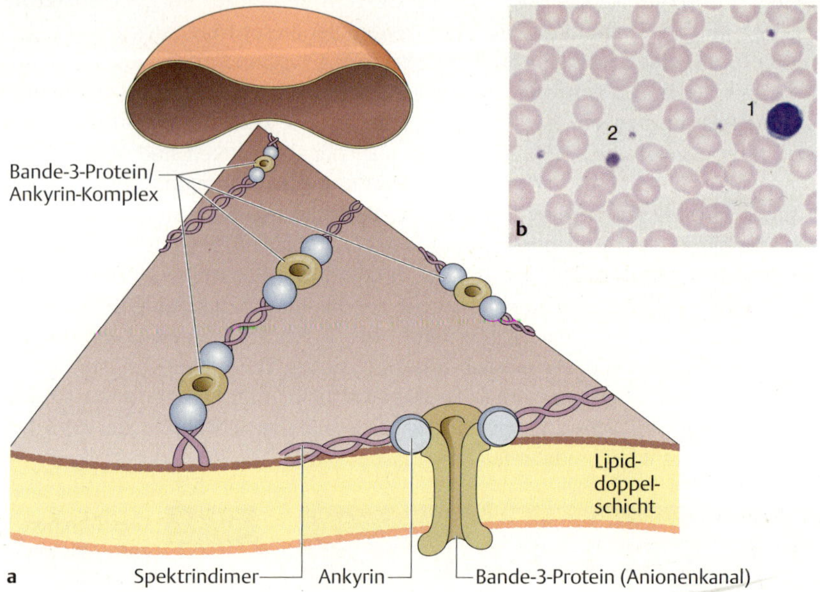


**a** Schematische Darstellung eines Erythrozyten.
**b** Blutausstrich. Neben zahlreichen Erythrozyten sind ein Lymphozyt (1) und einzelne Thrombozyten (2) zu erkennen.

▶ Merke.

▶ **Merke.** Eine Abweichung von dieser **Normozytose** (= normale Zellgröße) nach oben mit einem mittleren Durchmesser > 8 µm wird **Makrozytose**, eine Abweichung nach unten mit einem mittleren Durchmesser < 6 µm) **Mikrozytose** genannt.

▶ Klinik.

▶ **Klinik.** Eine **Mikrozytose** kann Zeichen eines zu geringen Hämoglobingehaltes sein, z. B. bedingt durch einen Eisenmangel.
Eine Häufung von anormal großen Erythrozyten (**Makrozyten**, Megalozyten) oder Vorläuferzellen **(Megaloblasten)** deutet auf Reifungsstörungen hin. Diese können durch Mangel an Vitamin $B_{12}$ oder Folsäure verursacht sein, da beide Vitamine während der Erythrozytenproliferation benötigt werden (s. S. 173).

**Zellorganellen – Besonderheiten:** Erythrozyten besitzen keinen Zellkern, kein endoplasmatisches Retikulum und keine Mitochondrien. Der ATP-Bedarf muss daher durch **anaerobe Glykolyse** gedeckt werden.

**Zellorganellen – Besonderheiten:** Reife Erythrozyten besitzen keinen Zellkern mehr, da dieser bereits vom Normoblasten (= vorletzte Entwicklungsstufe vor dem reifen Erythrozyten, s. S. 169) ausgestoßen wurde. Außerdem fehlen ihnen ein endoplasmatisches Retikulum und Mitochondrien. Deshalb müssen Erythrozyten ihren ATP-Bedarf über **anaerobe Glykolyse** decken und sind somit auf Glukose angewiesen.

**Verformbarkeit:** Die gute Verformbarkeit der Erythrozyten begünstigt ihre Anpassung an verschiedene Strömungsgeschwindigkeiten des Blutes und ermöglicht es ihnen, auch durch kleinste Kapillaren im Blut transportiert zu werden (Abb. **6.4**).

**Verformbarkeit:** Erythrozyten sind stark verformbar, um durch kleinste Blutgefäße hindurch gelangen und sich unterschiedlichen Strömungsgeschwindigkeiten anpassen zu können. Ihre gute Verformbarkeit wird durch das Fehlen von Zellkern und Mitochondrien und die spezielle Struktur ihrer Plasmamembran (s. u.) erleichtert. Im Blutstrom haben Erythrozyten praktisch nie die oben beschriebene bikonkave Form: Bei hoher Blutflussgeschwindigkeit nehmen sie eine rheodynamisch (für die Strömungsdynamik) günstige **Paraboloidform** an, bei langsamer Flussgeschwindigkeit lagern sie sich wie **Geldrollen** zusammen (Abb. **6.4**; s. auch S. 120).

**Membranproteine und Permeabilität:** Das Membranskelett der Erythrozyten wird gebildet aus (Abb. **6.3a**):
- Aktinen
- Spektrinen

**Membranproteine und Permeabilität:** Das Membranskelett der Erythrozyten wird aus **Aktin-**, **Spektrin-** und verschiedenen **Bande-Molekülen** (benannt nach der Bande in der elektrophoretischen Auftrennung) gebildet und durch **Ankyrin** in der Lipiddoppelschicht verankert (Abb. **6.3 a**). Spektrin bildet Oligomere, die als

6.4 Verformbarkeit von Erythrozyten

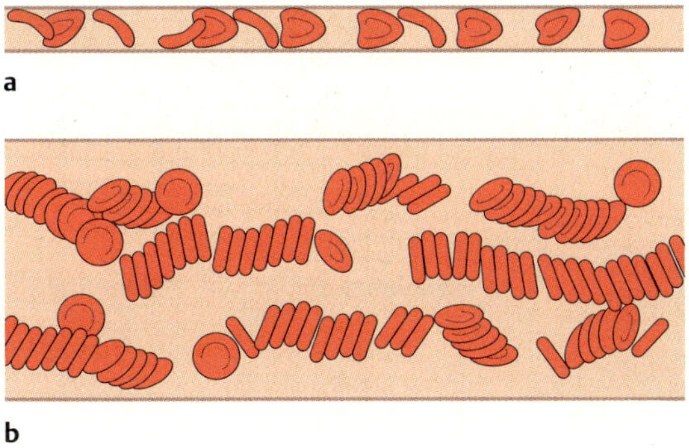

a Hohe Blutflussgeschwindigkeit → **Paraboloidform**.
b Niedrige Blutflussgeschwindigkeit → Bildung von **„Geldrollen"**.

verdrillte Ketten die „Maschen" des Zytoskeletts bilden. Ankyrin verbindet Spektrin mit dem sog. **Bande-3-Protein**. Dieses ist in der Plasmamembran lokalisiert und bildet einen **Anionenkanal**. Bande-3 ist wesentlich dafür verantwortlich, dass die Permeabilität der 10 nm dicken Erythrozytenmembran für Anionen etwa 1 000 000-mal höher ist als für Kationen.
Ein weiteres wichtiges Transportprotein der Erythrozytenmembran ist der Wasserkanal **Aquaporin 1** (s. Abb. **1.2**, S. 5), der eine entscheidende Bedeutung für die osmotischen Eigenschaften der Zellen hat:

- In einem hypertonen Medium verlieren die Erythrozyten Wasser über das Aquaporin 1, woraufhin sich ihre Membran faltet und sie eine Stechapfelform bekommen. Man bezeichnet sie dann als **Echinozyten**.
- In einer hypotonen Lösung verformen sich die Erythrozyten durch Wassereinstrom zu Kugeln **(Sphärozyten)**, was ihre Lebensdauer im Extremfall von üblicherweise 120 Tagen (s. auch S. 171) auf nur 10 Tage verkürzen kann.

- sog. Bande-Molekülen
- Ankyrin

Das **Bande-3-Protein** bildet einen **Anionenkanal** in der Plasmamembran und bewirkt für Anionen eine etwa 1 000 000-mal höhere Membranpermeabilität als für Kationen.
Der Wasserkanal **Aquaporin 1** in der Erythrozytenmembran hat eine entscheidende Bedeutung für die osmotischen Eigenschaften der Zellen:

- hypertones Medium
  → Wasserausstrom
  → **Echinozyten**
- hypotones Medium
  → Wassereinstrom
  → **Sphärozyten**.

Die **osmotische Resistenz** ist ein Maß für die Integrität der Zelle und beschreibt, wie weit die Osmolarität abfallen kann, bevor es durch den Wassereinstrom zum Platzen der Zelle kommt. Die osmotische Resistenz von Erythrozyten liegt normalerweise bei **180 mosmol/l**. Gibt man Erythrozyten in eine hypotone NaCl-Lösung, strömt Wasser entsprechend des osmotischen Gradienten in die Zellen ein, die dadurch allmählich kugelförmig werden und schließlich platzen. Da beim Platzen der Erythrozyten Hämoglobin freigesetzt wird, bezeichnet man den Vorgang als **osmotische Hämolyse**.

Die **osmotische Resistenz** der Erythrozyten liegt bei etwa **180 mosmol/l**. Bei niedrigerer Osmolarität kommt es zur **osmotischen Hämolyse**.

**Farbe:** Die rote Farbe der Erythrozyten und damit des Blutes resultiert aus den charakteristischen Absorptionsbanden des **Hämoglobins**: Desoxygeniertes (venöses) Hämoglobin absorbiert Licht im langwelligen Bereich (bei 555 nm) etwas stärker und im kurzwelligen (400 nm) etwas schwächer als oxygeniertes (arterielles) Hämoglobin. Deshalb erscheint das venöse Blut bläulich-rot und dunkler als das arterielle.

**Farbe:** Die rote Farbe der Erythrozyten und damit des Blutes resultiert aus den charakteristischen Absorptionsbanden des **Hämoglobins**.

## Bildung und Abbau

**Bildung:** Erythrozyten werden über mehrere Entwicklungsschritte im Knochenmark gebildet (Abb. **6.5**). Eine **pluripotente Stammzelle** proliferiert zunächst zu einer **myeloischen Vorläuferzelle** (CFU-GEMM), aus der sich nacheinander unter dem Einfluss verschiedener Wachstumsfaktoren die einzelnen Vorläuferzellen der Erythrozyten entwickeln. Solche Wachstumsfaktoren sind der Stammzellfaktor (SCF), verschiedene Interleukine (IL), der koloniestimulierende Faktor (CSF) sowie Erythropoietin (EPO, s. u.). Bis zu den **Normoblasten** (= vorletztes Stadium vor dem Erythrozyten) besitzen alle Vorläuferzellen der Erythrozyten einen Zellkern. Die Normoblasten stoßen ihren Zellkern aus, woraufhin dieser von Makrophagen phagozytiert wird. 1 – 2 Tage nach ihrer Entkernung enthalten die Zellen allerdings noch RNA und Organellenreste und werden deshalb als **Retikulozyten** bezeichnet. Die Retikulozyten werden mit einer Rate von ca. 2,5 Millionen pro Sekunde (!) aus dem Knochenmark ins Blut ausgeschwemmt, wo sie innerhalb eines weiteren Tages zu **Erythrozyten** reifen.

## Bildung und Abbau

**Bildung:** Erythrozyten werden im Knochenmark unter dem Einfluss verschiedener Wachstumsfaktoren über mehrere Entwicklungsschritte aus einer **pluripotenten Stammzelle** gebildet (Abb. **6.5**). Als **Retikulozyten** (kernlos) werden sie mit einer Rate von ca. 2,5 Millionen pro Sekunde aus dem Knochenmark ins Blut ausgeschwemmt, wo sie innerhalb eines weiteren Tages zu **Erythrozyten** reifen.

**6.5 Schematische Darstellung der Hämatopoese**

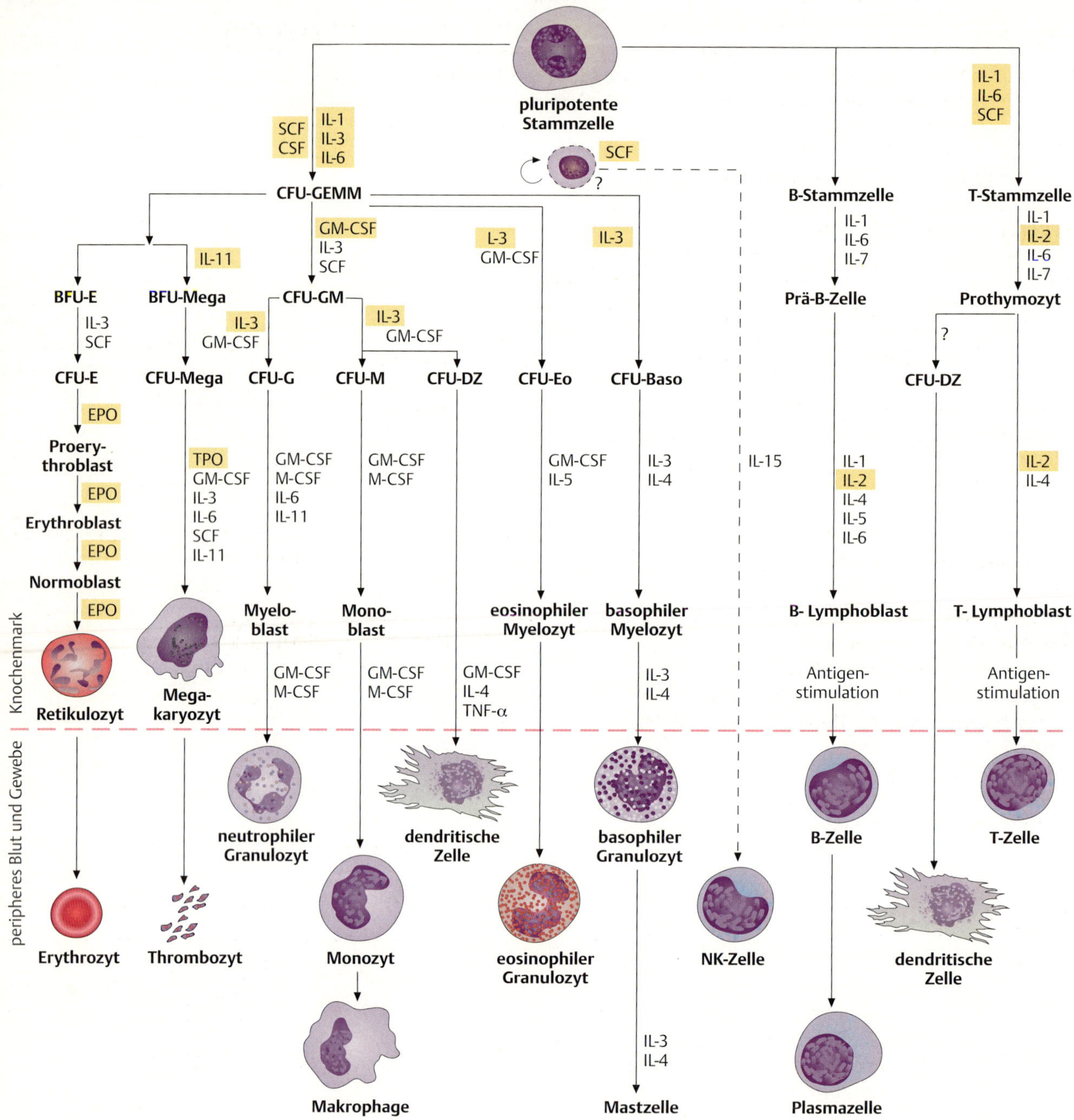


Die gelb hinterlegten Substanzen zählen zu den wichtigen hämatopoetischen Wachstumsfaktoren.

▶ **Klinik.**

▶ **Klinik.** Der Anteil der Retikulozyten im Blut beträgt normalerweise etwa 1 %. Eine Erhöhung als Zeichen einer gesteigerten Blutbildung bezeichnet man als **Retikulozytose**. Festgestellt wird diese durch Auszählung der Retikulozyten im Blutausstrich.

**Regulation der Erythrozytenkonzentration:** Über die Ausschüttung von **Erythropoietin (EPO)** wird die Neubildungsrate der Erythrozyten gesteuert. Ein sinkender $O_2$-Partialdruck in der Nierenrinde induziert eine Aktivitätssteigerung des Transkriptionsfaktors HIF-1, der die Transkriptionsrate des EPO-Gens erhöht. Ohne EPO ist die Bildung der Erythrozyten nicht möglich!

**Regulation der Erythrozytenkonzentration: Erythropoietin (EPO)** ist ein vorwiegend in der Niere, teils auch in der Leber gebildetes Hormon, über dessen Ausschüttung die Bildung von Erythrozyten kontrolliert wird: EPO erhöht die Neubildungsrate der Proerythroblasten und stimuliert alle weiteren Reifungsschritte bis zu den ausgereiften Erythrozyten. Ein sinkender $O_2$-Partialdruck in der Nierenrinde induziert eine Aktivitätssteigerung des Transkriptionsfaktors HIF-1 (hypoxieinduzierter Faktor-1). HIF-1 steigert die Transkriptionsrate des EPO-Gens in spezialisierten Fibroblasten, die in der Nähe der proximalen Tubuli lokalisiert sind (s. S. 314).

Über die vermehrte Freisetzung von EPO wird die Neubildungsrate der Erythrozyten erhöht. Ohne EPO ist die Bildung der Erythrozyten nicht möglich!

▶ **Klinik.** Eine **Zunahme der EPO-Produktion** wird auch bei eingeschränkter Lungenfunktion in großer Höhe beobachtet, was man sich beim **Höhentraining** (Training auf 1000 bis 3000 m Höhe) zunutze macht: Der Abfall des $O_2$-Partialdrucks in der Lunge aufgrund des erniedrigten Luftdrucks (hypobare Hypoxie) hat ein Absinken des arteriellen $O_2$-Partialdrucks und somit eine Steigerung der Bildung und Ausschüttung von EPO zur Folge, die Erythrozytenzahl steigt an. Zurück auf normaler Höhe mit normalem Luftdruck liegen dann – zumindest für eine gewisse Zeit – mehr Sauerstoffträger und somit eine erhöhte Leistungsfähigkeit vor.

▶ **Klinik.**

**Abbau:** Erythrozyten werden nach bis zu **120 Tagen Lebensdauer** überwiegend von Makrophagen durch Phagozytose in Leber, Milz oder Knochenmark abgebaut. Dies erfordert eine **tägliche Neubildungsrate** von etwa **$10^{10}$– $10^{11}$ Erythrozyten.** Der Abbau der Erythrozyten ist noch nicht vollständig verstanden, man geht jedoch davon aus, dass die Aktivität glykolytischer Enzyme bei älteren Erythrozyten sinkt, was zu einer erniedrigten ATP-Produktion, Wasserverlust und Abnahme der Verformbarkeit führt. Welcher dieser Prozesse das Signal zum Abbau liefert, ist unklar.

**Abbau:** Erythrozyten werden nach bis zu **120 Tagen Lebensdauer** überwiegend von Makrophagen durch Phagozytose in Leber, Milz oder Knochenmark abgebaut. Dies erfordert eine **tägliche Neubildungsrate** von etwa **$10^{10}$– $10^{11}$ Erythrozyten.**

### Erythrozytenparameter

Die in Tab. **6.1** dargestellten Erythrozytenparameter sind hilfreich zur Differenzialdiagnostik der ab S. 217 beschriebenen Anämien. Es wird ein Überblick über die verschiedenen Parameter, ihre Berechnung und die jeweiligen Referenzbereiche gegeben.

### Erythrozytenparameter

Tab. **6.1** gibt einen Überblick über die verschiedenen Parameter, ihre Berechnung und die jeweiligen Referenzbereiche.

▶ **Merke.** Anhand ihres **MCH** unterscheidet man
- **normochrome** (normaler Hb-Gehalt),
- **hypochrome** (erniedrigter Hb-Gehalt) und
- **hyperchrome** (erhöhter Hb-Gehalt) Erytrozyten.

Anhand ihres **MCV** unterscheidet man
- **normozytäre** (normale),
- **mikrozytäre** (zu kleine) und
- **makrozytäre** (zu große) Erythrozyten.

▶ **Merke.**

**6.1 Erythrozytenparameter**

| *Parameter* | *Berechnung* | *Referenzbereich* |
|---|---|---|
| **Hb** (Hämoglobin) | | 12–16 g/dl (Frauen)<br>14–18 g/dl (Männer) |
| **Hk** (Hämatokrit) | | 37–46 % (Frauen)<br>41–50 % (Männer) |
| **Erythrozyten** | | 4,0–5,2 × $10^6$/µl (Frauen)<br>4,5–5,9 × $10^6$/µl (Männer) |
| **MCH** (mittleres korpuskuläres Hämoglobin = Hämoglobinmasse/Erythrozyt), wird auch als Färbekoeffizient $\mathbf{Hb_E}$ bezeichnet | $MCH = \frac{\text{Hb-Konzentration}}{\text{Erythrozytenkonzentration}}$ [pg] | 27–34 pg |
| **MCV** (mittleres korpuskuläres Volumen = mittleres Volumen eines Erythrozyten) | $MCV = \frac{\text{Hämatokrit}}{\text{Erythrozytenkonzentration}}$ [fl] | 85–98 fl |
| **MCHC** (mittlere korpuskuläre Hämoglobinkonzentration = intraerythrozytäre Hämoglobinkonzentration) | $MCHC = \frac{\text{Hb} - \text{Konzentration}}{\text{Hämatokrit}}$ [g/dl] | 30–36 g/dl |
| **Retikulozyten** | | 0,4–1,5 % (20 000–75 000/µl) |
| **Erythrozytenmorphologie** | | normozytär |
| **Eisengehalt** | | 3–5 g (davon 75 % an Hb gebunden), normochrom |

## Anämien

▶ Definition.

▶ **Definition.** Als **Anämie** („Blutarmut") bezeichnet man eine Verminderung von Hämoglobinkonzentration (m < 14 g/dl, w < 12 g/dl), Hämatokrit (m < 41 %, w < 37 %) und/oder Erythrozytenzahl.

Es gibt zahlreiche verschiedene Anämieformen, zu deren Charakterisierung die Erythrozytenparameter (Tab. **6.1**) dienen.

Es gibt zahlreiche verschiedene Anämieformen, zu deren Charakterisierung die Erythrozytenparameter (Tab. **6.1**) dienen. Einige Anämieformen gehen mit charakteristischen Formänderungen der Erythrozyten einher.

**Klinik:** Die allgemeinen Symptome einer Anämie (Blässe, Schwäche, Belastungsdyspnoe, Tachykardie, körperliche Leistungsfähigkeit ↓, Konzentrationsstörungen und Kopfschmerzen) sind auf die verschlechterte Sauerstoffversorgung des Gewebes aufgrund des Hb-Mangels zurückzuführen. Je nach Anämieform können noch Symptome hinzukommen, die auf die Ursache der jeweiligen Anämie zurückzuführen sind.

**Klinik.** Die allgemeinen Symptome einer Anämie sind auf die verschlechterte Sauerstoffversorgung des Gewebes aufgrund des Hb-Mangels zurückzuführen. Es können u. a. Blässe von Haut und Schleimhäuten, Schwäche, Belastungsdyspnoe (Atemnot bei körperlicher Belastung), Tachykardie (beschleunigte Herzfrequenz), verminderte körperliche Leistungsfähigkeit, Konzentrationsstörungen und Kopfschmerzen auftreten. Je nach Anämieform können noch Symptome hinzukommen, die auf die Ursache der jeweiligen Anämie zurückzuführen sind. So kommt es beispielsweise bei den sog. hämolytischen Anämien (s. S. 174) durch das beim Abbau der Erythrozyten vermehrt anfallende Bilirubin zu einer Gelbfärbung der Haut (Ikterus).

**Einteilung:** Anämien kann man einteilen (Tab. **6.2** bzw. **6.3**) nach
- MCH und MCV oder nach ihrem
- Entstehungsprinzip.

**Einteilung:** Anämien werden nach folgenden Gesichtspunkten eingeteilt:
- Hb-Gehalt der Erythrozyten (MCH) und Erythrozytenvolumen (MCV) (Tab. **6.2**)
- Entstehungsprinzip (Tab. **6.3**).

**Eisenmangelanämie:** Bei Eisenmangel kann weniger Hb gebildet werden. Dies ist mit 80 % die häufigste Ursache für Anämien.

**Eisenmangelanämie (Syn.: Sideropenische Anämie):** Eisenmangel ist die häufigste Ursache für Anämien (80 % aller Anämien!). Jedes Hämoglobin-Molekül enthält vier

6.2

**6.2 Einteilung der Anämien nach MCH und MCV**

| *hypochrome mikrozytäre Anämie (MCH + MCV ↓)* | *normochrome normozytäre Anämie (MCH + MCV normal)* | *hyperchrome makrozytäre Anämie (MCH + MCV ↑)* |
|---|---|---|
| Eisenmangelanämie<br>Thalassämien | Blutungsanämie<br>hämolytische Anämie<br>aplastische Anämie<br>renale Anämie | megaloblastische Anämie:<br>▪ Vitamin $B_{12}$-Mangel oder<br>▪ Folsäuremangel |
| Infekt-, Entzündungs- oder Tumoranämie | | |

**6.3 Einteilung der Anämien nach dem Prinzip ihrer Entstehung**

| *Entstehungsprinzip* | *Ursache* | | *Anämieform* |
|---|---|---|---|
| **verminderte Erythrozytenproduktion** | Störung im Bereich der hämatopoetischen Stammzelle | | aplastische Anämie, myelodysplastisches Syndrom |
| | Störung der DNA-Synthese | | megaloblastische Anämie durch:<br>– Vitamin-$B_{12}$-Mangel (perniziöse Anämie) oder<br>– Folsäuremangel |
| | Störung der Hb-Bildung | | Eisenmangelanämie |
| | Erythropoietinmangel | | renale Anämie |
| **gesteigerter Erythrozytenabbau (Hämolyse)** | korpuskuläre Ursachen | Membrandefekte | Kugelzellanämie, paroxysmale nächtliche Hämoglobinurie |
| | | Enzymdefekte | Glukose-6-Phosphat-Dehydrogenasemangel-Anämie |
| | | Hb-Defekte | Thalassämie, Sichelzellanämie (s. Abb. **8.23**, S. 252) |
| | extrakorpuskuläre Ursachen | Allo-/Autoimmunhämolyse | Rhesusinkompatibilität, autoimmunhämolytische Anämie (AIHA) durch Wärmeantikörper |
| | | Medikamenteneinnahme | penicillininduzierte Anämie |
| | | Infektionen | malariainduzierte Anämie |
| | | physikalische/chemische Schäden | durch mechanische Belastung ausgelöste Hämolyse, z. B. bei künstlichen Herzklappen |
| **Erythrozytenverlust** | Blutungen | | Blutungsanämie |

**6.6 Hypochrome Erythrozyten (Anulozyten)**

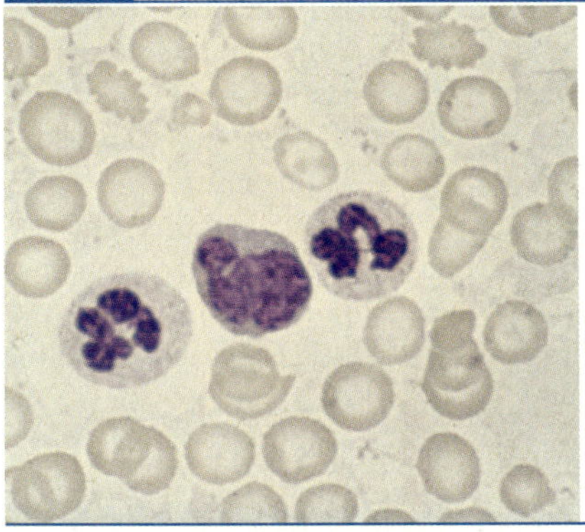

Anulozyten besitzen eine deutlich größere zentrale Aufhellung als normochrome Erythrozyten, da sie weniger Hämoglobin enthalten und entsprechend dünner sind.

6.6

Hämgruppen, die jeweils ein zweiwertiges Eisen-Ion binden. Bei einem Mangel an Eisen wird deshalb weniger Hämoglobin gebildet.

Eisen wird im Wesentlichen im oberen Dünndarm resorbiert. Das resorbierte Eisen wird im Blut an Transferrin (ein $\beta_1$-Globulin) gebunden transportiert und gelangt so ins Knochenmark, wo es von erythroiden Vorläuferzellen aufgenommen und zur Hämoglobinsynthese benutzt wird.

Der Eisenbedarf liegt bei 1–2 mg/d (das entspricht etwa der Menge, die in 2–4 ml Blut enthalten ist). Kleinkinder (10–30 mg/d), Jugendliche (1,5–3 mg/d) und Schwangere (2–4 mg/d) benötigen größere Mengen Eisen.

Mögliche **Ursachen** eines Eisenmangels sind

- akuter oder chronischer Blutverlust,
- ungenügende Zufuhr (z.B. auch durch längerfristige vegetarische Ernährung),
- Resorptionsstörungen,
- Eisenverteilungsstörungen (z.B. im Rahmen von Tumoren, Infekten oder chronischen Entzündungen – hier ist die Abgabe von Eisen aus dem Monozyten-Makrophagen-System gestört),
- Eisentransportstörungen oder
- erhöhter Eisenbedarf (z.B. während einer Schwangerschaft).

Eisen wird im Wesentlichen im oberen Dünndarm resorbiert, im Blut an Transferrin gebunden transportiert und gelangt so ins Knochenmark, wo es zur Hb-Synthese benutzt wird.

Der Eisenbedarf liegt bei 1–2 mg/d, Kleinkinder, Jugendliche und Schwangere benötigen größere Mengen Eisen.

**Ursachen** eines Eisenmangels sind

- akuter/chronischer Blutverlust,
- ungenügende Zufuhr,
- Resorptionsstörungen,
- Eisenverteilungsstörungen,
- Eisentransportstörungen oder
- erhöhter Eisenbedarf.

Bei einer Eisenmangelanämie sind Hb, Erythrozytenzahl (kann anfangs auch noch im unteren Normbereich liegen), Hk, MCH und MCV vermindert. Es handelt sich also um eine **hypochrome mikrozytäre Anämie**. Die hypochromen Erythrozyten werden auch als **Anulozyten** bezeichnet.

Bei einer Eisenmangelanämie sind Hb, Erythrozytenzahl (kann anfangs auch noch im unteren Normbereich liegen), Hk, MCH und MCV vermindert **(hypochrome mikrozytäre Anämie)**.

**Megaloblastäre Anämie:** Auch Reifungsstörungen der Erythrozyten können Anämien verursachen. Dazu gehören die durch **Vitamin $B_{12}$-** und/oder **Folsäuremangel** hervorgerufenen megaloblastären Anämien.

Vitamin $B_{12}$ (Cobalamin, Extrinsic factor) kann im terminalen Ileum nur in Gegenwart des sog. Intrinsic factor (von den Beleg- oder Parietalzellen der Magenschleimhaut gebildetes Glykoprotein) resorbiert werden (vgl. hierzu S. 487). Vitamin $B_{12}$ und Folsäure spielen beide eine wichtige Rolle bei der DNA-Biosynthese: Sie sind u.a. an der Remethylierung von Homocystein zu Methionin beteiligt und wirken als Coenzyme für die Übertragung von Kohlenstoffresten auf Purine und Pyrimidine.

**Megaloblastäre Anämie:** Dazu gehören die durch **Vitamin $B_{12}$-** und/oder **Folsäuremangel** hervorgerufenen Anämien.

Vitamin $B_{12}$ (Cobalamin, Extrinsic factor) kann im terminalen Ileum nur in Gegenwart des sog. Intrinsic factor resorbiert werden. Vitamin $B_{12}$ und Folsäure spielen beide eine wichtige Rolle bei der DNA-Biosynthese.

**6.7 Megalozyten**

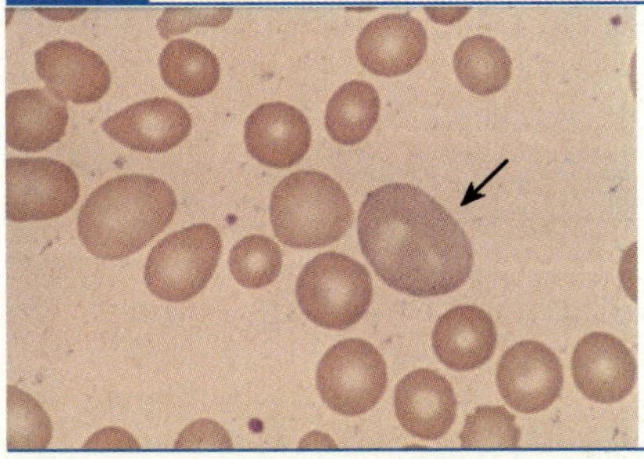

Typische Megalozyten sind oval, groß und haben einen höheren Hämoglobingehalt als normale Erythrozyten. Der Pfeil zeigt auf ein besonders markantes Exemplar.

6.7

Bei Folsäure- und/oder Vitamin-$B_{12}$-Mangel erfolgt zwar eine Reifung der erythroiden Vorläuferzellen, da aber zu wenig DNA für Zellteilung und Vermehrung gebildet wird, entstehen **Megalozyten**. Ins Blut ausgeschwemmte **Megaloblasten** werden schnell abgebaut →die wenigen reifen Erythrozyten enthalten kompensatorisch mehr Hb. Es handelt sich also um **hyperchrome, makrozytäre Anämien**, Hb, Erythrozyten- und Retikulozytenzahl sind erniedrigt, MCHC ist normal.

Bei einem Mangel an Folsäure und/oder Vitamin-$B_{12}$ erfolgt zwar eine Reifung der erythroiden Vorläuferzellen, es wird aber nicht genügend DNA für die Zellteilung und Vermehrung gebildet. Dadurch entstehen zu große Erythrozyten **(Megalozyten)** und es werden große, unreife Vorläuferzellen **(Megaloblasten)** ins Blut ausgeschwemmt, die schnell in Milz und Knochmark durch Phagozytose abgebaut werden. Die wenigen reifen Erythrozyten enthalten kompensatorisch mehr Hämoglobin. Folglich ist nicht nur MCV, sondern auch MCH erhöht. Bei der Vitamin-$B_{12}$-Mangelanämie **(perniziöse Anämie)** und der Folsäuremangelanämie handelt es sich demnach um **hyperchrome, makrozytäre Anämien**. Da die Erythropoese gestört ist, sind Anzahl der Erythrozyten und Retikulozyten im Blut und Hämoglobin erniedrigt, MCHC ist normal.

**Renale Anämie:** Hier kommt es aufgrund eines **Erythropoietinmangels** zu einer Reifungsstörung der Erythrozyten. Die absolute Erythrozytenzahl ist vermindert, die übrigen Erythrozytenparameter sind normal → **normochrome normozytäre Anämie**.

**Renale Anämie:** Bei der renalen Anämie kommt es aufgrund eines **Erythropoietinmangels** zu einer Reifungsstörung der Erythrozyten. Ursache kann z. B. eine chronische Niereninsuffizienz sein. Durch den Mangel an Erythropoietin werden weniger Erythrozyten produziert, weshalb die absolute Erythrozytenzahl vermindert ist. Da die übrigen Erythrozytenparameter normal sind, handelt es sich um eine **normochrome normozytäre Anämie**.

**Hämolytische Anämien** sind durch eine **verkürzte Lebensdauer der Erythrozyten** gekennzeichnet und können korpuskuläre und extrakorpuskulären Ursachen haben. Tab. **6.3** nennt einige Beispiele für die verschiedenen Formen hämolytischer Anämien.

**Hämolytische Anämien:** Hämolytische Anämien sind durch eine **verkürzte Lebensdauer der Erythrozyten** gekennzeichnet. Man unterscheidet korpuskuläre Ursachen (meist angeboren), die auf einer fehlerhaften Struktur oder Funktion der Erythrozyten beruhen, von extrakorpuskulären Ursachen (meist erworben), bei denen zunächst normale Erythrozyten frühzeitig zerstört und aus dem Kreislauf entfernt werden. Tab. **6.3** nennt einige Beispiele für die verschiedenen Formen hämolytischer Anämien.

### Leukozyten

▶ **Synonym**

Zur Gruppe der Leukozyten (Tab. **6.4**) gehören
- **Granulozyten** (neutrophile, eosinophile und basophile),
- **Monozyten,**
- **T- und B-Lymphozyten** und
- **natürliche Killerzellen** (NK-Zellen).

Ihr Durchmesser liegt etwa zwischen 8 – 15 µm.

▶ **Klinik.**

## Leukozyten

▶ **Synonym.** Weiße Blutkörperchen.

Zur Gruppe der Leukozyten gehören
- **Granulozyten** (man unterscheidet neutrophile, eosinophile und basophile Granulozyten, die entsprechend der Anfärbbarkeit ihrer Granula benannt wurden),
- **Monozyten,**
- **T- und B-Lymphozyten** und
- **natürliche Killerzellen** (NK-Zellen; sind ebenfalls Lymphozyten).

Tab. **6.4** gibt eine Übersicht über die verschiedenen Leukozytenarten und ihre Häufigkeit im Blut. Ihr Durchmesser liegt etwa zwischen 8 – 15 µm.

▶ **Klinik.** Bei den meisten Infektionskrankheiten kommt es zu einer sog. **Linksverschiebung** im Differenzialblutbild (s. S. 197). Darunter versteht man das vermehrte Auftreten von nicht ausgereiften (juvenilen) neutrophilen Granulozyten (Metamyelozyten und stabkernige neutrophile Granulozyten) im peripheren Blut.

#### Bildung und Abbau

Leukozyten leiten sich aus **pluripotenten Stammzellen** im Knochenmark ab (Abb. **6.5**):
- **Granulozyten und Monozyten** gehen aus einer myeloischen Stammzelle hervor.
- **T- und B-Lymphozyten und NK-Zellen** gehen aus einer lymphatischen Stammzelle hervor.

▶ **Merke.**

### Bildung und Abbau

Leukozyten leiten sich (ebenso wie Erythrozyten und Thrombozyten) aus **pluripotenten Stammzellen** im Knochenmark ab (Abb. **6.5**):
- **Granulozyten und Monozyten** gehen aus einer myeloischen Stammzelle hervor. Für ihre Reifung spielen neben dem Kolonie-stimulierenden Faktor (CSF, colony stimulating factor) verschiedene Interleukine (insbesondere IL-3) eine wichtige Rolle.
- **T- und B-Lymphozyten und NK-Zellen** gehen aus einer lymphatischen Stammzelle hervor. Ihre Reifung hängt neben CSF v. a. von IL-2 sowie von etlichen anderen Interleukinen (IL-1 – 7) und Wachstumsfaktoren wie TNF-$\alpha$, -$\beta$ und Interferon-$\gamma$ ab.

▶ **Merke.**

**Myeloische Stammzelle** → Granulozyten, Monozyten und dendritische Zellen.
**Lymphatische Stammzelle** → T-/B-Lymphozyten und NK-Zellen.

**6.4 Leukozyten und ihre Häufigkeit im Blut**

6.4

| *Zelltyp* | | *Häufigkeit* | *Anzahl* |
|---|---|---|---|
| **neutrophile Granulozyten** | stabkernige (unreife) | 0–5% | <700/µl |
| 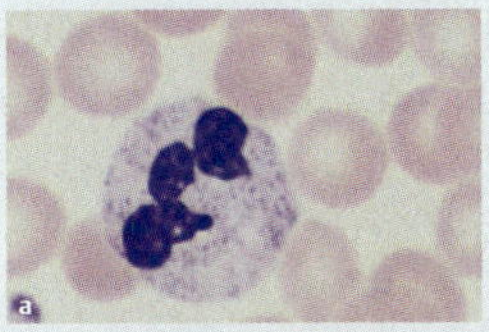 | segmentkernige (reife) | 50–70% | 1800–7000/µl |
| **eosinophile Granulozyten** 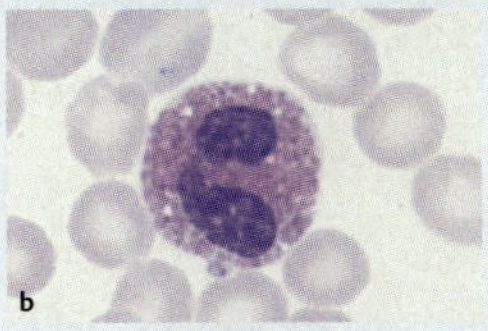 | | 0–5% | <450/µl |
| **basophile Granulozyten** 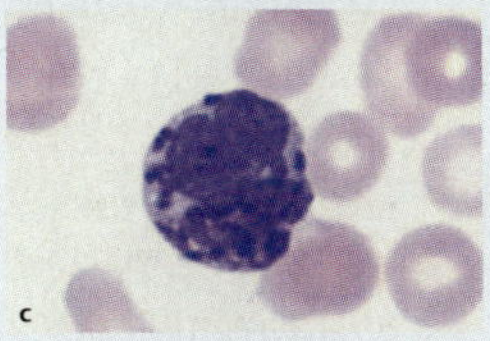 | | 0–2% | <200/µl |
| **Monozyten** 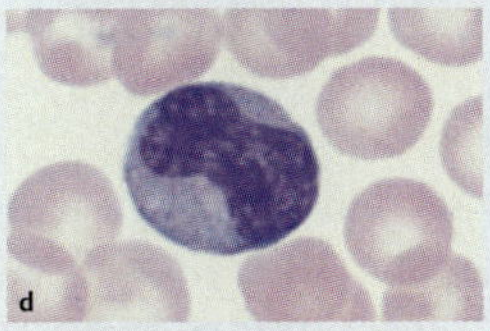 | | 2–6% | <800/µl |
| **Lymphozyten** 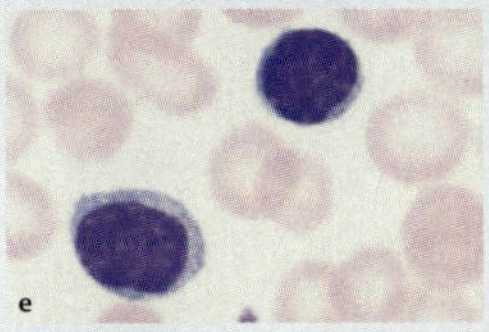 | | 25–45% | 1000–4800/µl |

**▶ Klinik.** Bei einer **Leukämie** („weißes Blut") handelt es sich um die pathologische Vermehrung einer Leukozytenzellreihe durch Expansion eines malignen Zellklons, der sich generalisiert im blutbildenden Knochenmark ausbreitet. Dabei wird die normale Blutzellreifung (Hämatopoese) verdrängt, es kommt zur sog. Panzytopenie, d.h. einem Mangel aller drei Blutzellreihen mit Anämie, Granulozytopenie und Thrombozytopenie und den ensprechenden Folgen, wie z.B. Schwäche, Blässe, bakterielle Infektionen und erhöhte Blutungsneigung. Man unterscheidet nach dem Verlauf akute (hier sind bei Diagnosestellung bereits >50% Lympho- oder Myeloblasten im Knochenmark feststellbar) und chronische Leukämien und je nach betroffenem Zelltyp lymphatische oder myeloische Formen (also **a**kute/**c**hronische **l**ymphatische **L**eukämie: **ALL/CLL**; **a**kute/**c**hronische **m**yeloische **L**eukämie: **AML/CML**).

▶ Klinik.

**Akute Leukämien:** Ursachen können u.a eine Knochenmarkschädigung (z.B. durch Zytostatika oder ionisierende Strahlung) oder genetische Faktoren (z.B. gehäuftes Vorkommen der AML bei Trisomie 21) sein. Der maligne Zellklon expandiert und es werden unreife Blasten ins Blut ausgeschwemmt. Die Leukozytenzahl im Blut kann normal, erhöht oder reduziert sein – die Diagnosestellung erfolgt über die Zahl unreifer Blasten in Blut und Knochenmark (lt. WHO findet man bei akuter Leukämie im Knochenmark einen Blastenanteil >20%). Die akuten Leukämien haben einen rasch progredienten und sehr aggressiven Verlauf und können innerhalb von Monaten zum Tod führen.

**Chronische Leukämien:** Die **CLL** ist die häufigste Leukämie-Form. Sie ist in der Regel eine unheilbare Erkrankung des fortgeschrittenen Lebensalters, kann aber häufig über viele Jahre in Schach gehalten werden. Bei dieser Leukämie-Form kommt es in der Regel zu einer unkontrollierten Proliferation eines maligne entarteten B-Zellklons (T-Zell-CLL ist extrem selten).

Bei der **CML** kommt es aufgrund einer malignen Entartung der pluripotenten Stammzelle zur exzessiven Produktion funktionstüchtiger Granulozyten. Ursache ist in >90% der Fälle eine chromosomale Translokation zwischen Chromosom 9 und Chromosom 22 (Philadelphia-Chromosom), die wahrscheinlich den programmierten Zelltod (Apoptose) dieser Granulozyten verhindert. Der sog. Blastenschub ist die Endphase der CML: Der Blastenanteil im Blut beträgt dabei >30%, die mittlere Überlebenszeit in dieser Phase liegt bei <4–5 Monaten.

Die **Therapie** der Leukämien kann je nach Krankheitsform und Schwere (z.B. Metastasenbildung in anderen Organen) sowohl palliativ als auch kurativ durch aggressive zytostatische Therapie mit oder ohne allogene Knochenmarktransplantation erfolgen.

### Aufgaben

Leukozyten erfüllen wichtige Aufgaben im Rahmen des Immunsystems (s. S. 193).

### Aufgaben

Leukozyten erfüllen wichtige Aufgaben im Rahmen des Immunsystems. Ausführliche Informationen hierzu finden Sie im Kapitel Immunsystem ab S. 193.

## Thrombozyten

Thrombozyten

► **Synonym**

► **Synonym.** Blutplättchen.

### Eigenschaften

Thrombozyten sind bikonkave, kernlose, 0,5–1 µm dicke und 2–4 µm durchmessende Scheiben (s. Abb. **6.12a**, S. 182. Ihre normale Anzahl beträgt **150 000–350 000/µl Blut**. Für die Funktion der Thrombozyten sind sowohl das submembranöse Zytoskelett als auch das granuläre Organellensystem (s. S. 182) entscheidend.

Eigenschaften

Thrombozyten sind bikonkave, kernlose, 0,5–1 µm dicke Scheiben mit einem Durchmesser von 2–4 µm (s. Abb. **6.12a**, S. 182). Die normale Thrombozytenzahl beträgt **150 000–350 000 pro µl Blut**. Für die Funktion der Thrombozyten sind sowohl das submembranöse Zytoskelett (aus Aktin, Filamin und Glykoproteinen) als auch das granuläre Organellensystem (s. S. 182) entscheidend. Zusammen mit den Mikrotubuli stabilisiert das Zytoskelett die Plasmamembran gegen die Scherkräfte der Blutströmung und sorgt dadurch für gute Fließeigenschaften der Thrombozyten.

### Bildung und Abbau

Thrombozyten entstehen durch **Abschnürung aus Megakaryozyten**, welche über verschiedene Vorläuferzellen aus den pluripotenten Stammzellen des Knochenmarks gebildet werden (Abb. **6.5**). Wichtige „thrombozytenspezifische" Wachstumsfaktoren sind **Thrombopoietin** und **IL-11**.

Bildung und Abbau

Thrombozyten entstehen durch **Abschnürung aus Megakaryozyten**, welche über verschiedene Vorläuferzellen aus den pluripotenten Stammzellen des Knochenmarks gebildet werden (Abb. **6.5**). Zusätzlich zu den schon bei der Erythrozytenbildung genannten Wachstumsfaktoren SCF (Stammzellfaktor), IL-1 (Interleukin 1), IL-3, IL-6 und CSF (Kolonie-stimulierender Faktor) spielen für die Bildung der Thrombozyten auch **IL-11** und **Thrombopoietin** eine wichtige Rolle. Diese sind sowohl für die Entstehung der Megakaryozyten als auch für die Abschnürung der Thrombozyten wichtig. Thrombopoietin wird kontinuierlich von Leberzellen und Zellen im proximalen Nierentubulus und in geringer Menge auch im Knochenmark gebildet. Dabei hängt die Thrombopoietin-Konzentration von der Zahl der Megakaryozyten und Thrombozyten ab, da diese Thrombopoietin binden und aufnehmen. Eine geringe Zahl von Megakaryozyten und Thrombozyten führt so automatisch zu einer erhöhten Thrombopoietin-Konzentration im Blut und anderen Geweben. Durch diesen Mechanismus reguliert sich die Thrombozytenzahl selbst und wird normalerweise in einem Bereich von 150 000–350 000 pro µl Blut konstant gehalten.

► **Merke.**

► **Merke.** Eine Erhöhung der Thrombozytenzahl bezeichnet man als **Thrombozytose** (i.d.R. nicht >1 Mio./µl; vorübergehend, reaktiv) bzw. **Thrombozythämie** (anhaltend >600 000/µl), eine Erniedrigung als **Thrombo(zyto)penie** (<150 000/µl).

Nach einer **mittleren Lebensdauer** von **9–10 Tagen** werden sie in der Milz abgebaut.

Nach einer **mittleren Lebensdauer** von **9–10 Tagen** werden Thrombozyten in der Milz abgebaut.

▶ Klinik. Bei einer Erniedrigung der Thrombozytenzahl unter 150 000/µl spricht man von einer **Thrombo(zyto)penie.** Die überwiegende Anzahl der Thrombozytopenien ist erworben. Ursache kann eine gestörte Thrombozytenbildung, -verteilung oder eine reduzierte Lebensdauer der Thrombozyten sein. Zu den **Bildungsstörungen** gehören die verminderte Megakaryozytopoese (also eine aplastische Störung, z.B. bei viralen Infekten, Knochenmarkschädigung durch Zytostatikaapplikation oder Strahlentherapie, Knochenmarkinfiltration durch Leukämie, s. S. 175, oder Karzinommetastasen) und die ineffektive Thrombozytopoese (also eine Reifungsstörung der Megakaryozyten, z.B. bei Vitamin-$B_{12}$- und/oder Folsäuremangel, s. S. 173, oder exzessivem Alkoholkonsum). Eine **verminderte Lebenszeit** der Thrombozyten findet sich u.a. bei der idiopathischen thrombozytopenischen Purpura (Abb. **6.8**), einer Autoimmunerkrankung, bei der Autoantikörper vom IgG-Typ gegen Membranglykoproteine auf der Thrombozytenoberfläche gebildet werden, wodurch die Thrombozyten zerstört werden.
Solange die Anzahl funktionstüchtiger Thrombozyten über 30 000/µl liegt und die plasmatische Gerinnung und die Gefäßfunktion intakt sind, besteht normalerweise keine Blutungsgefahr. Nimmt die Zahl weiter ab, treten die in Abb. **6.8** gezeigten petechialen Einblutungen (kleine punktförmige Kapillarblutungen) in Haut und Schleimhäuten auf. Bei < 10 000 Thrombozyten/µl Blut kommt es häufig zu lebensbedrohenden Blutungen.

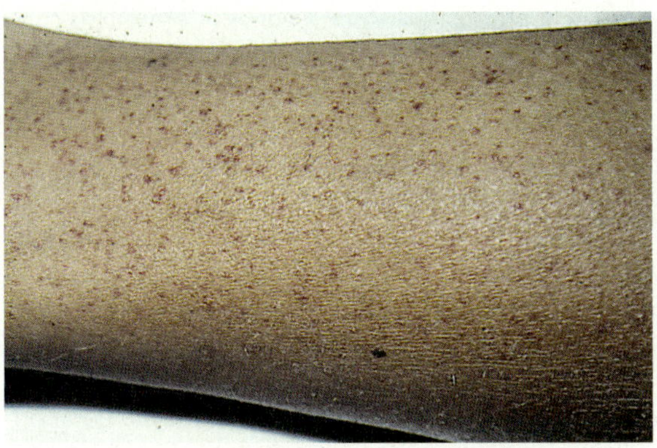

**6.8 Petechien bei idiopathischer thrombozytopenischer Purpura**

Eine **Thrombozytose** ist eine **vorübergehende**, **reaktive** Thrombozytenvermehrung (i.d.R. nicht über 1 Mio./µl), die v.a. nach Splenektomie, größeren Blutverlusten (z.B. nach Entbindungen), Operationen und bei Infektionskrankheiten auftritt.
Als **Thrombozythämie** bezeichnet man eine **andauernde** Erhöhung der Thrombozytenzahl auf > 600 000/µl. Man unterscheidet die essenzielle Thrombozythämie (klonale Proliferation pathologischer Thrombozyten) von der sekundären Thrombozythämie, z.B. bei metastasierendem Karzinom. Auch zur Kompensation von Thrombozytenfunktionsstörungen (Thrombozytopathie, s. S. 183) kann es zu einer vermehrten Thrombozytenproduktion kommen. Aus diesem Grund findet man bei der Thrombozythämie auch oft eine erhöhte Blutungsneigung (sog. hämorrhagische Diathese), da in diesem Fall die Thrombozytenfunktion eingeschränkt ist.

▶ Klinik.

### Aufgaben

Thrombozyten erfüllen wichtige Aufgaben im Rahmen der Hämostase (Blutstillung/-gerinnung). Ausführliche Informationen hierzu finden Sie ab S. 181.

**Aufgaben**

Thrombozyten erfüllen wichtige Aufgaben im Rahmen der Hämostase (s. S. 181).

## 6.3.2 Blutplasma

▶ Definition. **Blutplasma** ist Blut ohne Blutzellen.

Blutplasma ist eine klare, goldgelbe Flüssigkeit (Abb. **6.9**), die zu 90 % aus Wasser und zu 10 % aus Proteinen, Lipiden, Kohlenhydraten, Aminosäuren, Hormonen und Vitaminen besteht.

6.3.2 Blutplasma

▶ Definition.

Es ist klar, goldgelb und besteht zu 90 % aus Wasser und zu 10 % aus Proteinen, Lipiden, Kohlenhydraten, Aminosäuren, Hormonen und Vitaminen (Abb. **6.9**).

6.9

**6.9 Blutplasma**

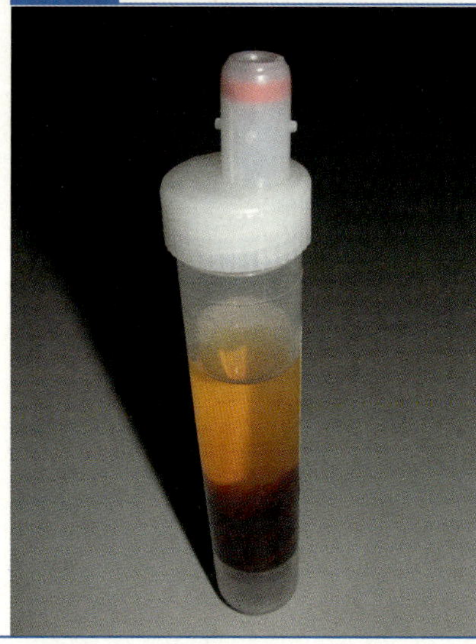

Nach dem Zentrifugieren der zuvor ungerinnbar gemachten Blutprobe befinden sich im unteren Teil des Reagenzglases die Blutzellen, den Überstand bildet das Blutplasma.

Zu den **Aufgaben** des Blutplasmas gehören u. a. Transport-, Puffer-, Gerinnungs- und Abwehrfunktionen und die Aufrechterhaltung des onkotischen Drucks.

Zu den **Aufgaben** des Blutplasmas gehören u. a. Transport-, Puffer-, Gerinnungs- und Abwehrfunktionen sowie die Aufrechterhaltung des onkotischen Drucks. Um diese zahlreichen Aufgaben erfüllen zu können, müssen die verschiedenen Plasmabestandteile in relativ engen Grenzen konstant gehalten werden. Dies spielt insbesondere bei den Elektrolyten eine große Rolle (s. u.).

**Blutplasma**

Die normale **Osmolalität** des Blutplasmas beträgt **etwa 290 mosmol/kg** und wird zu >95 % von $Na^+$ und $Cl^-$ erzeugt.

Da Veränderungen der Elektrolytkonzentrationen Auswirkungen auf Membranpotenziale und Erregungsvorgänge an den verschiedenen Zellen haben, ist ihre Konstanthaltung besonders wichtig. Tab. **6.5** gibt einen Überblick über die **Referenzkonzentrationen**.

Die Konzentration von Elektrolyten und anderen niedermolekularen Blutbestandteilen wird reguliert über:
- Rückresorption über die Niere,
- Aufnahme über den Darm,
- Puffersysteme und
- aktiven und passiven Membrantransport.

## Niedermolekulare Bestandteile

Die normale **Osmolalität** des Blutplasmas beträgt **etwa 290 mosmol/kg** und wird zu über 95 % von $Na^+$ und $Cl^-$ erzeugt. Der osmotische Druck einer solchen isotonischen Lösung beträgt etwa 760 kPa (5700 mm Hg). Das Plasma ist elektrisch neutral, als Anionen fungieren neben $Cl^-$ im Wesentlichen negativ geladene Plasmaproteine.

Da Veränderungen der Elektrolytkonzentrationen Auswirkungen auf Membranpotenziale und Erregungsvorgänge an den verschiedenen Zellen haben, ist ihre Konstanthaltung besonders wichtig. So kann beispielsweise eine Erhöhung der Plasmakonzentration von Kalium (Hyperkaliämie, Serum-$K^+$ >5,0 mmol/l) zu lebensbedrohlichen Herzrhythmusstörungen führen (s. S. 92). Tab. **6.5** gibt einen Überblick über die **Referenzkonzentrationen** wichtiger niedermolekularer Bestandteile des Blutplasmas.

Die Konzentration von Elektrolyten und anderen niedermolekularen Blutbestandteilen (z. B. Glukose, Harnstoff, Kreatinin) wird über verschiedene Mechanismen reguliert:
- Rückresorption über die Niere
- Aufnahme über den Darm (u. a. in Abhängigkeit von der Ernährung)
- Puffersysteme zur Regulation der freien Konzentration von Ionen (z. B. Albumin, das u. a. die Kalziumkonzentration des Blutes puffert)
- aktiver und passiver Transport über die Plasmamembran der Zellen (Blutzellen, Endothelzellen etc.).

**Plasmaproteine**

Die **Konzentration** der Plasmaproteine beträgt **ca. 56–89 g/l**. Sie tragen wegen ihrer geringen molaren Konzentration nur wenig zum osmotischen Druck bei, spielen jedoch eine entscheidende Rolle bei der Erzeugung und Aufrechterhaltung des **kolloidosmotischen Drucks** (normal: **25 mm Hg**).

## Plasmaproteine

Die **Konzentration** der Plasmaproteine beträgt **ca. 56–89 g/l**. Viele Plasmaproteine (z. B. Albumin) werden in der Leber synthetisiert und durch das fenestrierte Endothel im Bereich der Sinusoide der Vv. hepaticae ausgeschwemmt. Wegen ihrer geringen molaren Konzentration tragen die Plasmaproteine nur wenig zum osmotischen Druck bei. Da sie jedoch aufgrund ihrer Größe die Gefäßwand nicht passieren können, spielen sie eine entscheidende Rolle bei der Erzeugung und Aufrechterhaltung des **kolloidosmotischen Drucks** (normal: **25 mm Hg**) und bestimmen somit das Ausmaß des Wasseraustauschs zwischen Blutplasma und Interstitium.

**6.5 Referenzkonzentrationen wichtiger niedermolekularer Bestandteile des Blutplasmas**

| *Bestandteile* | | *Referenzbereich* |
|---|---|---|
| **Kationen** | | |
| Natrium | | 135–150 mmol/l |
| Kalium | | 3,5–4,5 mmol/l |
| Kalzium | gesamt | 2,3–2,6 mmol/l |
| | frei, ionisiert | 1,1–1,3 mmol/l |
| Magnesium (gesamt) | | 1,75–4,0 mg/dl (bzw. 0,7–1,6 mmol/l) |
| **Anionen** | | |
| Chlorid | | 98–112 mmol/l |
| Bikarbonat | | 22–26 mmol/l |
| Phosphat | | 0,77–1,55 mmol/l |
| **Nichtelektrolyte** | | |
| Glukose (nüchtern) | | 55–110 mg/dl (bzw. 3,05–6,1 mmol/l) |
| Harnstoff | | 10–55 mg/dl (bzw. 1,7–9,3 mmol/l) |
| Kreatinin | | 0,5–1,2 mg/dl (bzw. 44–106 µmol/l) |

6.5

► **Klinik.** Da viele Plasmaproteine in der Leber gebildet werden, können Erkrankungen der Leber (Leberzirrhose, Hepatitis, chronischer Alkoholkonsum) zu einem Plasmaproteinmangel mit Werten < 56 g/l **(Hypoproteinämie)** führen. Ein solcher Proteinmangel kann auch durch eine erhöhte Ausscheidung über die Niere (**Proteinurie**, z. B. beim nephrotischen Syndrom) oder den Darm (z. B. bei exsudativer Gastroenteropathie) oder bei erhöhtem Verbrauch (z. B. bei Tumorerkrankungen) zustande kommen. Neben diesen absoluten Hypoproteinämien gibt es auch eine relative Hypoproteinämie, die auf einer Zunahme der Plasmaflüssigkeit beruht. Bei beiden Hypoproteinämieformen ist der **kolloidosmotische Druck erniedrigt**, dadurch wird der **effektive Filtrationsdruck größer** (s. S. 140) und es kommt zur Bildung von Ödemen (s. S. 141), Aszites (s. S. 10) und Pleuraergüssen (Flüssigkeitsansammlung in der Pleurahöhle). Therapeutisch wird versucht, die Ursache der Hypoproteinämie zu beseitigen und eine Diät durchzuführen, um den Eiweißverlust zu kompensieren.
Eine Überproduktion eines oder mehrerer Plasmaproteine oder eine Verminderung des Plasmavolumens (z. B. durch Austrocknen) kann zu einer **Hyperproteinämie** (Proteinmenge > 89 g/l) führen. Der **steigende kolloidosmotische Druck** begünstigt einen Wasserverlust aus dem Interstitium, dem durch Volumengabe entgegengewirkt werden muss.

► Klinik.

Viele Stoffe werden proteingebunden im Blut transportiert. Dazu gibt es für einige Substanzen **spezielle Transportproteine**, wie z. B. Transferrin für $Fe^{3+}$-Ionen und Haptoglobin für freies Hb, andere Stoffe (z. B. Kationen wie $Ca^{2+}$) binden **unspezifisch** an Plasmaproteine, um transportiert zu werden.
Man kann die Plasmaproteine nach ihrer unterschiedlichen Ladung (pH-abhängig) und Größe mittels einer Gelelektrophorese in die verschiedenen, in Tab. **6.6** beschriebenen **Fraktionen** auftrennen (Abb. **6.10**).

Viele Stoffe werden **spezifisch** (z. B. $Fe^{3+}$ an Transferrin) oder **unspezifisch** (z. B. $Ca^{2+}$ an Albumin) **proteingebunden** im Blut transportiert.

Man kann die Plasmaproteine mittels Gelelektrophorese (Abb. **6.10**) in **Fraktionen** (Tab. **6.6**) auftrennen.

**6.10 Gelelektrophorese der Plasmaproteine**

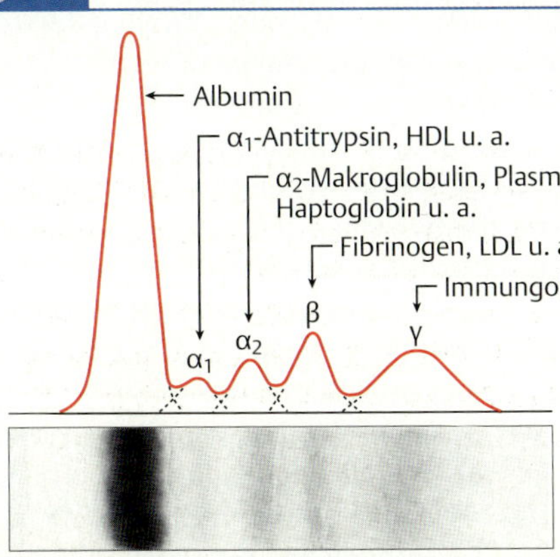


6.10

**6.6 Proteinfraktionen im Blutplasma**

| *Plasmaproteinfraktion* | *Anteil im Serum* | *Protein (Beispiele)* | *Funktion* |
|---|---|---|---|
| **Albuminfraktion** | 45–65 % | Präalbumin (macht 1 % der Albuminfraktion aus) | bindet u. a. Thyroxin |
| | | Albumin | ist für etwa 80 % des kolloidosmotischen Drucks verantwortlich → trägt entscheidend zum effektiven Filtrationsdruck (s. S. 140) und zur Verhinderung der Ödembildung (s. S. 141) bei; transportiert u. a. Ionen, Hormone, Vitamine, Spurenelemente, Nährstoffe, Toxine und Medikamente |
| **$\alpha_1$-Globulin-Fraktion** | 2–5 % | saures $\alpha_1$-Glykoprotein | Akute-Phase-Protein (s. S. 204) |
| | | $\alpha_1$-Antitrypsin<br>$\alpha_1$-Antichymotrypsin | Akute-Phase-Proteine, Proteinase-Inhibitoren → begrenzen den tryptischen Gewebeabbau bei Entzündungen |
| | | Prothrombin (Gerinnungsfaktor II) | Proenzym des Thrombins → Blutgerinnung (s. S. 185) |
| | | $\alpha_1$-Lipoprotein (high density lipoprotein, HDL) | Lipidtransport |
| **$\alpha_2$-Globulin-Fraktion** | 7–10 % | $\alpha_2$-Haptoglobin | bindet freies Hämoglobin (z. B. bei Hämolysen) und schützt es dadurch vor Filtration in der Niere → Vermeidung von Hämglobinverlust und „Verstopfen" der Nierentubuli |
| | | $\alpha_2$-Antithrombin | Gerinnungshemmer |
| | | $\alpha_2$-Makroglobulin | Plasmininhibitor |
| | | Plasminogen | Proenzym des Plasmins → Fibrinolyse (s. S. 188) |
| **β-Globulin-Fraktion** | 9–12 % | Transferrin | Eisentransport |
| | | β-Lipoprotein (low density lipoprotein, LDL). | Lipidtransport |
| | | Fibrinogen (Gerinnungsfaktor I) | Blutgerinnung |
| | | CRP (C-reaktives Protein) | Akute-Phase-Protein (s. S. 204) |
| **γ-Globulin-Fraktion** | 12–20 % | IgA, IgD, IgE, IgG und IgM | Antikörper (Immunglobuline, s. S. 215) |
| | | Lysozym | greift die Bakterienwand an → wichtiges Protein der unspezifischen humoralen Immunabwehr (s. S. 204) |

► Klinik.

► **Klinik.** Störungen des Fettstoffwechsels **(Hyperlipoproteinämien, Hyperlipidämien)** haben eine wichtige klinische Bedeutung, da sie eine große Belastung für das Herz-Kreislauf-System darstellen und zu schweren Komplikationen, wie z. B. einer akuten Pankreatitis, führen können. Man unterscheidet **primäre** (kongenitale, genetisch bedingte) von **reaktiv-physiologischen** (Stoffwechselüberbelastungen, z. B. Hypercholesterinämie unter fett- und cholesterinreicher Ernährung) und **sekundär-symptomatischen** (durch Erkrankungen oder Medikamente induzierte) Formen:
Ein Beispiel für eine **primäre Hyperlipoproteinämie** ist die **familiäre Hypercholesterinämie**, bei der die LDL-Rezeptoren (70 % davon befinden sich auf der Oberfläche der Leberzellen) entweder ganz fehlen, oder in ihrer Anzahl oder Aktivität reduziert sind. Dadurch wird weniger LDL in die Leberzellen aufgenommen und somit weniger LDL-Cholesterin abgebaut. Als Folge steigen die Konzentrationen von LDL, Cholesterin und das Verhältnis von LDL zu HDL im Blutplasma an. Ein Anstieg des **LDL/HDL-Verhältnisses** gilt als wichtiger Risikofaktor für die Entstehung von Herz-Kreislauf-Krankheiten (beschleunigte Arteriosklerose-Entwicklung mit erhöhtem Risiko für koronare Herzkrankheit, Myokardinfarkt und Schlaganfall). Dabei wird sowohl eine Erhöhung des LDL-Spiegels als auch eine Erniedrigung des HDL-Spiegels als mögliche Ursache diskutiert. Die Therapie besteht u. a. in einer medikamentösen Absenkung der Cholesterinwerte, z. B. mithilfe sog. Cholesterinsyntheseenzym-(CSE-)Hemmer.
Ursachen von **sekundär-symptomatischen Hyperlipoproteinämien** sind z. B. Diabetes mellitus, Niereninsuffizienz oder Alkoholismus, die alle eine Lipoproteinerhöhung im Blutplasma nach sich ziehen können. Die Therapie besteht hier in der Behandlung der Ursache, Diät, Gewichtsreduktion und körperlicher Aktivität.

# 6.4 Hämostase

6.4 Hämostase

▶ **Definition.** Unter dem Begriff Hämostase werden sämtliche Prozesse zusammengefasst, die für die Beendigung einer Blutung verantwortlich sind. Man unterscheidet dabei folgende nacheinander ablaufenden Phasen:
- **primäre Hämostase** (= **Blutstillung**) und
- **sekundäre Hämostase** (= **Blutgerinnung**).

▶ Definition.

Die **Blutstillung** einer kleinen Wunde erfolgt normalerweise innerhalb von 1–3 Minuten. Bei dieser primären Hämostase lagern sich auf der Wunde immer mehr Thrombozyten (Blutplättchen) zu einem sog. **weißen Thrombus** zusammen, der die Verletzung abdichtet. Außerdem setzen die Thrombozyten Stoffe (Serotonin, Thromboxan $A_2$) frei, die eine Vasokonstriktion bewirken. Die nachfolgende Aktivierung der **Blutgerinnung** durch Thrombin führt zur Bildung eines Fibrinnetzes. Durch Einlagerung von Blutzellen (u. a. Erythrozyten) entsteht daraus schließlich der sog. **rote Thrombus**, der die Wunde stabil verschließt. Während der sekundären Hämostase beginnt bereits die Wundheilung.

Ziele der **primären Hämostase**:
- Bildung eines Thrombozytenpfropfs (**weißer Thrombus**)
- Vasokonstriktion

Ziele der **sekundären Hämostase**:
- stabiler Wundverschluss durch Bildung eines Fibrinnetzes aus Fibrinogen
- Einlagerung von Blutzellen in das Fibrinnetz → Entstehung des **roten Thrombus**.

## 6.4.1 Primäre Hämostase

6.4.1 Primäre Hämostase

### Thrombozytenadhäsion

Bei einer Verletzung der Endothelwand wird subendotheliales Kollagen freigelegt. Aus dem verletzten Endothel wird der sog. **von-Willebrand-Faktor (vWF)** freigesetzt, der an das subendotheliale Kollagen und gleichzeitig an den Glykoproteinkomplex **GP Ib/IX/V** auf der Thrombozytenoberfläche bindet. Die freigelegten Kollagenstrukturen interagieren zusätzlich direkt (also ohne vWF als Bindeglied) mit **GP Ia/IIa** und **GP VI** auf der Thrombozytenoberfläche. Beide Interaktionen tragen dazu bei, dass die Thrombozyten an der Gefäßwand entlangrollen und schließlich anheften (Abb. **6.11**).

**Thrombozytenadhäsion**

Bei einer Verletzung der Endothelwand wird subendotheliales Kollagen freigelegt. Der daraus freigesetzte **vWF** bindet an Kollagen und **GP Ib/IX/V** auf der Thrombozytenoberfläche. Das Kollagen bindet außerdem direkt an **GP Ia/IIa** und **GP VI**. Durch diese Mechanismen haften die Thrombozyten an der Gefäßwand (Abb. **6.11**).

### Thrombozytenaggregation

Durch die Bindung von **vWF an GP Ib/IX/V** sowie durch das zu diesem Zeitpunkt in geringen Mengen gebildete **Thrombin** (s. S. 184) werden (insbesondere über die Aktivierung der $InsP_3$-$Ca^{2+}$-Kaskade, wobei $InsP_3$ die Freisetzung von $Ca^{2+}$ aus intrazellulären Speichern veranlasst) die Thrombozyten aktiviert. Folgen der **Thrombozytenaktivierung** sind:
- **Formänderung der Thrombozyten** über Aktin-Myosin-Interaktionen: Die bei intaktem Endothel normalerweise als bikonkave Scheiben geformten Thrombozyten bilden bis zu mehrere µm lange **Pseudopodien** aus, die es ihnen ermöglichen,

**Thrombozytenaggregation**

Durch die Bindung von **vWF an GP Ib/IX/V** sowie das zu diesem Zeitpunkt in geringen Mengen gebildete **Thrombin** (s. S. 184) werden die Thrombozyten aktiviert. Folgen sind:
- **Formänderung der Thrombozyten** (Ausbildung von **Pseudopodien**, Abb. **6.12**) über Aktin-Myosin-Interaktionen
- **Aktivierung des** Glykoproteinrezeptors **GP IIb/IIIa** (Abb. **6.11**)

**6.11 Primäre Hämostase**

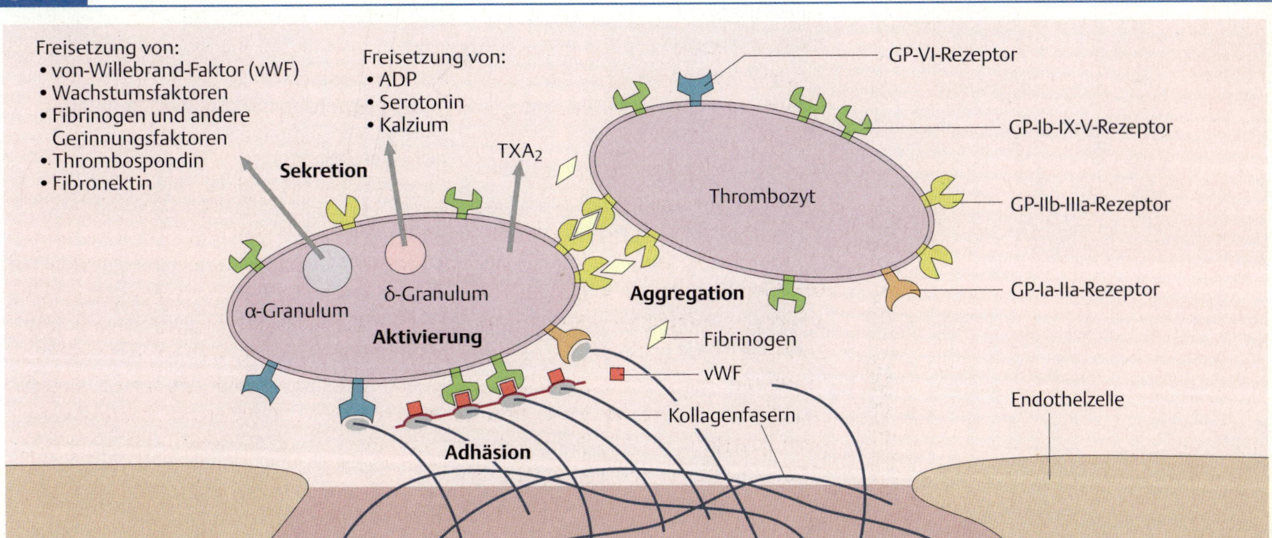

6.12

**6.12 Ruhende und aktivierte Thrombozyten** (mit freundlicher Genehmigung von Prof. Groscurth, München)

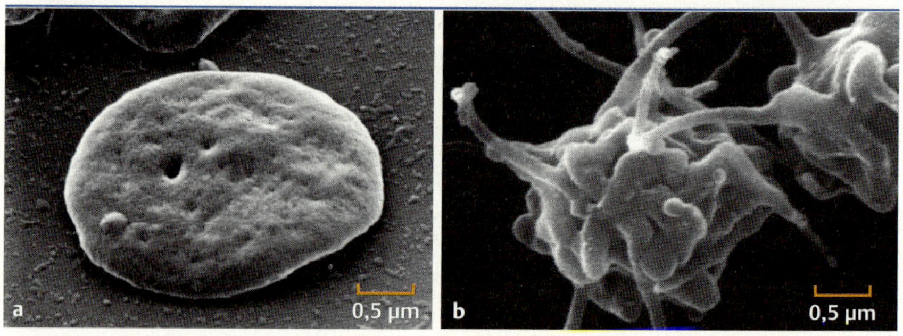


**a** Ruhende Thrombozyten sind bikonkave, 0,5 – 1 µm dicke und 2 – 4 µm durchmessende Scheiben.
**b** Aktivierte Thrombozyten bilden bis zu mehrere µm lange Pseudopodien aus.

- **Ausschüttung von Mediatoren** aus den granulären Organellen (α- und δ-Granula, Abb. **6.11**) der Thrombozyten
- **Freisetzung von Thromboxan $A_2$ ($TXA_2$, Abb. 6.11).**

besser aneinander und am Endothel zu haften (Abb. **6.12**). Durch die teilweise Formauflösung der Thrombozyten wird ein Teil der **negativ geladenen Phospholipide nach außen gekehrt**. Diese Phospholipide sind ein wichtiger Kofaktor für die folgende Blutgerinnungskaskade.

- **Aktivierung des Glykoproteinrezeptors GP IIb/IIIa** auf der Thrombozytenoberfläche, welcher Fibrinogen bindet und dadurch die Thrombozyten vernetzt (Abb. **6.11**). Daraufhin aus den α-Granula ausgeschüttetes **Thrombospondin** verfestigt die Fibrinogenbrücken und macht so die zunächst reversible Vernetzung irreversibel.
- **Ausschüttung von Mediatoren** aus den granulären Organellen (α- und δ-Granula, Abb. **6.11**), die zur Thrombozytenaggregation und -quervernetzung beitragen und günstige Voraussetzungen für die nachfolgende sekundäre Hämostase schaffen. Tab. **6.7** gibt einen Überblick über die Funktionen der verschiedenen Mediatoren.
- **Freisetzung von Thromboxan $A_2$ ($TXA_2$, Abb. 6.11)**: Dieses wird an der Plasmamembran der Thrombozyten ausgehend von Arachidonsäure unter dem Einfluss der $Ca^{2+}$-abhängigen Phospholipase $A_2$ und Zyklooxygenase gebildet, unterstützt die Thrombozytenaggregation und wirkt vasokonstriktorisch.

Thrombozytenadhäsion und -aggregation tragen gemeinsam zur Ausbildung eines weißen Wundverschlusspfropfs **(weißer Thrombus)** bei.

Thrombozytenadhäsion und -aggregation tragen gemeinsam zur Ausbildung eines weißen Wundverschlusspfropfs bei. Dieser sog. **weiße Thrombus** bildet den Abschluss der primären Hämostase. Der Thrombus wird als „weiß" bezeichnet, da er (im Gegensatz zum roten Thrombus, s. S. 183) keine Erythrozyten enthält.

6.7

**6.7 Mediatoren aus granulären Organellen**

| *Mediatoren* | *Funktion* |
|---|---|
| **aus α-Granula** | |
| von-Willebrand-Faktor | Plättchenadhäsion an Kollagen |
| Fibrinogen (Gerinnungsfaktor I) | Thrombozytenaggregation über GP IIb/IIIa; plasmatische Gerinnung |
| Fibronektin | dient der Zellhaftung |
| Thrombospondin | irreversible Vernetzung der Thrombozyten |
| Wachstumsfaktoren (z. B. PDGF, FGF, TGFβ) | wirken mitogen und stimulieren das Wachtum verschiedener Zelltypen (z. B. glatter Muskelzellen im Rahmen der Wundheilung), Vasokonstriktion |
| Gerinnungsfaktoren VIII und V | katalysieren die Gerinnungskaskade (Abb. **6.14**) |
| **aus δ-Granula** | |
| ADP | Thrombozytenaktivierung; Aktivierung der Aggregation; $Ca^{2+}$-Freisetzung aus den δ-Granula |
| $Ca^{2+}$ | Kofaktor für Thrombozytenaktivierung, plasmatische Gerinnung (→ vermittelt die Anheftung der Gerinnungsfaktoren an die Thrombozytenmembran) und Retraktion (s. S. 186) |
| Serotonin | Vasokonstriktion; Thrombozytenaktivierung |

### Vasokonstriktion

Die Verengung verletzter Gefäße (Vasokonstriktion) spielt bei der primären Hämostase ebenfalls eine Rolle. Neben Serotonin und verschiedenen Wachstumsfaktoren aus den α- und β-Granula (Abb. **6.11**) wirkt auch Thromboxan $A_2$ ($TXA_2$) vasokonstriktorisch.

**Vasokonstriktion**

Serotonin, verschiedene Wachstumsfaktoren aus den α- und β-Granula (Abb. **6.11**) und $TXA_2$ wirken durch Vasokonstriktion an der primären Hämostase mit.

► Exkurs. **Methoden zur Überprüfung der primären Hämostase**
Zur Überprüfung der primären Hämostase kann man zunächst die **Blutungszeit** bestimmen, die vorwiegend zur Einschätzung der Thrombozytenfunktion dient. Dabei wird mit einer Lanzette in die Fingerbeere punktiert, anschließend der Finger in warme Kochsalzlösung getaucht und die Zeit bis zum Sistieren der Blutung gemessen. Das Blutungsende sollte nach 1 – 3 Minuten erreicht sein.
Bei verlängerter Blutungszeit folgt die Bestimmung der **Thrombozytenzahl** aus Venen- oder Kapillarblut. Dadurch werden primäre Hämostase und Knochenmarkfunktion beurteilt.
Liegt eine verlängerte Blutungszeit bei normaler Thrombozytenzahl vor, wird als Nächstes die **Thrombozytenfunktion** getestet. Dazu kann man plättchenreiches Plasma aus Zitrat-Vollblut beispielsweise mit sog. Platelet-Function-Analyzern untersuchen. Diese ermöglichen die Bestimmung verschiedenster Thrombozytenparameter wie Adhäsion oder Aggregation durch Extinktionsmessungen oder elektrische Messungen.

► Exkurs.

► Klinik. **Kongenitale Thrombozytopathien** beruhen auf Defekten des Zellstoffwechsels, der Zellorganellen oder der Plasmamembran. Es gibt grundsätzlich keine kausalen, sondern lediglich symptomatische Therapien wie die Gabe von Thrombozytenkonzentraten bei schweren Blutungen. Sportarten mit erhöhtem Verletzungs- und damit Blutungsrisiko oder blutverdünnende Medikamente, wie z.B. Acetylsalicylsäure, sollten gemieden werden.
Die derzeitig am besten charakterisierten Thrombozytopathien sind das Bernard-Soulier-Syndrom sowie die Thrombasthenie. Beide Krankheiten beruhen auf Defekten von Membranrezeptoren in der Thrombozytenmembran. Bei der **Thrombasthenie (Glanzmann-Syndrom)** liegt ein autosomal-rezessiver Defekt des Glykoproteins IIb/IIIa vor. Dadurch wird die Vernetzung der Thrombozyten erschwert, was sich in einer Störung der Thrombozytenadhäsion und -aggregation mit vermehrter Blutungsneigung äußert. Beim ebenfalls seltenen autosomal-rezessiv vererbten **Bernard-Soulier-Syndrom** fehlt der Glykoproteinkomplex GP Ib/IX/V, weshalb die vWF-abhängige Aktivierung und Adhäsion der Thrombozyten gestört ist. Außerdem findet man makrothrombozytäre Zellen (Riesenplättchen) und eine leichte Thrombozytopenie. Dieses Syndrom führt zu einer ausgeprägten Blutungsneigung.

► Klinik.

### Hemmung der Thrombozytenadhäsion und -aggregation an intaktem Endothel

Bei intaktem Endothel liegen die Thrombozyten im Blut als bikonkave Scheiben vor (Abb. **6.12a**). Endothelzellen setzen kontinuierlich **Prostazyklin** und **NO** (das außerdem vasodilatierend wirkt, s.S. 147) frei, welche einer Anheftung und Aggregation der Thrombozyten entgegenwirken.

**Hemmung der Thrombozytenadhäsion und -aggregation an intaktem Endothel**

**Prostazyklin** und **NO** werden aus Endothelzellen freigesetzt und verhindern Anheftung und Aggregation der Thrombozyten.

## 6.4.2 Sekundäre Hämostase

Nach der primären, noch instabilen Abdichtung der Wunde durch den weißen Thrombozytenthrombus wird die **Gerinnungskaskade** (Abb. **6.14**) aktiviert, die letztlich zur Umwandlung von Fibrinogen zu Fibrin und damit zum stabilen Wundverschluss führt.

**6.4.2 Sekundäre Hämostase**

Nach dem noch instabilen primären Wundverschluss durch den Thrombozytenthrombus wird die **Gerinnungskaskade** (Abb. **6.14**) aktiviert.

► Merke. Aufgabe der **Blutgerinnung** ist es, durch Umwandlung von Fibrinogen zu Fibrin ein Netzwerk zu bilden, das gemeinsam mit den darin „gefangenen" Blutzellen (u.a. Erythrozyten, Leukozyten) und dem Thrombozytenthrombus die Wunde stabil verschließt. Das Aggregat aus Fibrin und Blutzellen bezeichnet man als **roten Thrombus** (Abb. **6.13**).

► Merke.

6.13

6.13 Roter Thrombus

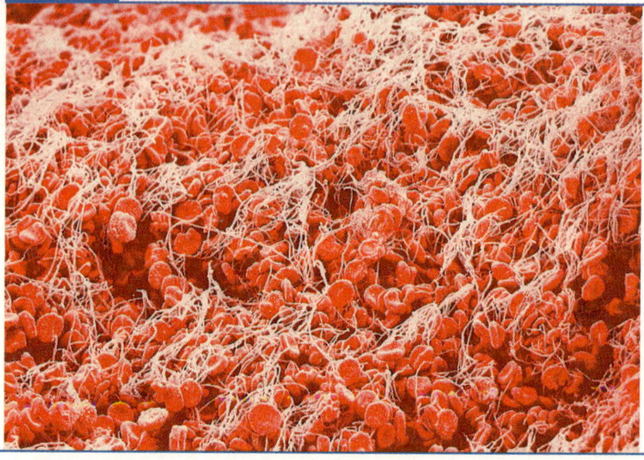

Im Rahmen der sekundären Hämostase entstehendes Aggregat aus Fibrin und Blutzellen (u. a. Erythrozyten und Leukozyten).

**Phasen** der sekundären Hämostase:
- **Aktivierungsphase**: Bildung von Thrombin
- **Koagulationsphase**: Bildung des Fibrinnetzes ausgehend vom Fibrinogen
- **Retraktionsphase**: Kontraktion des Fibrinnetzes unter Beteiligung der Thrombozyten.

Bei der sekundären Hämostase werden nacheinander folgende **Phasen** durchlaufen:
- **Aktivierungsphase**: Diese beinhaltet sämtliche Schritte der Gerinnungskaskade bis zur Bildung des Thrombins.
- **Koagulationsphase**: Während dieser Phase wird mithilfe von Thrombin ausgehend von Fibrinogen das Fibrinnetz gebildet. Durch den Faktor XIIIa (fibrinstabilisierender Faktor) wird das Netz kovalent verknüpft.
- **Retraktionsphase** (s. S. 186): Hier kontrahiert sich das Fibrinnetz unter Beteiligung der Thrombozyten und die Wundränder nähern sich einander an.

**Gerinnungsfaktoren:** Bei einem Großteil der Gerinnungsfaktoren handelt es sich um **Proteasen**, andere haben keine eigene enzymatische Aktivität und dienen z. B. als **Kofaktoren**. Bevor sie ihre jeweiligen Aufgaben erfüllen können, müssen die Gerinnungsfaktoren zunächst aktiviert werden.

**Gerinnungsfaktoren:** Bei einem Großteil der Gerinnungsfaktoren handelt es sich um Proteasen **(Serin-Proteasen)**. Einige Gerinnungsfaktoren haben keine eigene enzymatische Aktivität und dienen z. B. als **Kofaktoren**. Die verschiedenen Gerinnungsfaktoren liegen zunächst in inaktiver Form im Blutplasma vor und müssen erst aktiviert (erkennbar am „a" hinter der römischen Ziffer) werden, um ihre jeweilige Aufgabe erfüllen zu können. Da aktivierte Gerinnungsfaktoren eine große Menge nachgeschalteter Faktoren aktivieren können, verstärkt sich die Kaskade selbst.

▶ Merke.

▶ **Merke.** Die meisten **Gerinnungsfaktoren** werden in der Leber gebildet und abgebaut, wobei ihre Halbwertszeiten im Bereich von Stunden (Faktor VII) bis Tagen (Faktor XIII) liegen. Die Bildung der Faktoren II, VII, IX und X ist Vitamin-K-abhängig.

Tab. **6.8** zeigt die verschiedenen Gerinnungsfaktoren, Abb. **6.14** die Gerinnungskaskade.

Tab. **6.8** gibt eine Übersicht über die verschiedenen Gerinnungsfaktoren, ihren Bildungsort und ihre Funktion. In Abb. **6.14** ist die Gerinnungskaskade schematisch dargestellt.

### Zusammenwirken exogener und endogener Faktoren

Das Gerinnungssystem wird durch **exogene Faktoren** aktiviert. Durch **endogene Faktoren** kann die Blutgerinnung verstärkt werden (Abb. **6.14**).

Nach Gewebsläsionen kommen im Blut zirkulierende Gerinnungsfaktoren mit subendothelialen Zellen in Kontakt. Faktor VII bildet dabei einen Komplex mit dem Membranprotein **Gewebethromboplastin** (Faktor III, Tissue Faktor), der seine volle Aktivität erst durch die $Ca^{2+}$-vermittelte Bindung an Phospholipide der Thrombozytenmembran erlangt **(Gewebethromboplastin-VIIa-$Ca^{2+}$-P-Lip-Komplex)** und daraufhin **Faktor X** aktiviert.

Die Faktoren Xa und Va bilden in Anwesenheit von $Ca^{2+}$ an der Thrombozytenoberfläche den **Xa-Va-$Ca^{2+}$-P-Lip-Komplex**, der als sog.

## Zusammenwirken exogener und endogener Faktoren

Das Gerinnungssystem wird durch **exogene** (sich außerhalb der Gefäßwand befindende, extrinsische, extravasale) **Faktoren** aktiviert. Die **endogenen** (sich innerhalb der Gefäßwand befindenden, intrinsischen, intravasalen) **Faktoren** dienen in erster Linie der Verstärkung der Blutgerinnung (Abb. **6.14**).
Die im Blut zirkulierenden Gerinnungsfaktoren kommen infolge einer Gewebsläsion mit subendothelialen Zellen (z. B. glatte Muskelzellen und Fibroblasten) und deren Membranproteinen in Kontakt. Eine besondere Rolle spielt in diesem Zusammenhang das **Gewebethromboplastin** (**Faktor III**, Tissue Faktor), ein Membranprotein, das nicht auf Endothelzellmembranen vorkommt. Faktor VII (Prokonvertin) bindet an Gewebethromboplastin und wird dadurch aktiviert (Faktor VIIa). Die volle Aktivität erlangt dieser **Gewebethromboplastin-Faktor-VIIa-Komplex** erst durch die $Ca^{2+}$-vermittelte Bindung an Phospholipide auf der Plasmamembran aktivierter Thrombozyten **(Gewebethromboplastin-VIIa-$Ca^{2+}$-P-Lip-Komplex)** und kann daraufhin **Faktor X** (Stuart-Prower-Faktor) aktivieren.
Faktor Xa bildet in Anwesenheit von $Ca^{2+}$ an der Thrombozytenoberfläche einen Komplex mit Faktor Va **(Xa-Va-$Ca^{2+}$-P-Lip-Komplex)**, der als sog. Prothrombinase das inaktive **Prothrombin** (Faktor II) in aktives **Thrombin** (Faktor IIa) überführt. Mit der

**6.8 Übersicht über die verschiedenen Blutgerinnungsfaktoren, ihren Bildungsort und ihre Funktion**

| *Faktor* | *Name* | *Bildungsort* | *Funktion* |
|---|---|---|---|
| I | Fibrinogen | Leber | Vorstufe des Fibrin (→Gerinnselbildung) |
| II | Prothrombin | Leber, Vitamin-K-abhängig | Serin-Protease, Vorstufe des Thrombin |
| III | Gewebethromboplastin | | Kofaktor |
| IV | (ungebundenes) $Ca^{2+}$ | | Kofaktor bei der Aktivierung der meisten Gerinnungsfaktoren |
| V | Proakzelerin bzw. Akzeleratorglobulin | Leber | Bestandteil der Prothrombinase, also Kofaktor bei der Aktivierung von Prothrombin zu Thrombin |
| VI | nicht existent! | | |
| VII | Prokonvertin | Leber, Vitamin-K-abhängig | Serin-Protease, aktiviert als Bestandteil des Gewebethromboplastin-VIIa-$Ca^{2+}$-P-Lip-Komplexes den Faktor X |
| VIII | Antihämophiliefaktor A | | Kofaktor bei der Aktivierung von Faktor X |
| IX | Antihämophiliefaktor B, Christmas-Faktor | Leber, Vitamin-K-abhängig | Serin-Protease, Kontaktfaktor, aktiviert als Bestandteil des IXa-VIIIa-$Ca^{2+}$-P-Lip-Komplexes den Faktor X |
| X | Stuart-Prower-Faktor | Leber, Vitamin-K-abhängig | Serin-Protease, Bestandteil der Prothrombinase → Aktivierung von Prothrombin zu Thrombin |
| XI | Plasma-thromboplastin-antecendent (PTA) | | Serin-Protease, Kontaktfaktor, aktiviert Faktor IX |
| XII | Hageman-Faktor | | Serin-Protease, Kontaktfaktor (wird durch Kallikrein aktiviert), aktiviert Faktor XI |
| XIII | fibrinstabilisierender Faktor | Leber | Transglutaminase, bewirkt die Vernetzung des Fibrins |

**6.14 Sekundäre Hämostase**

6.14

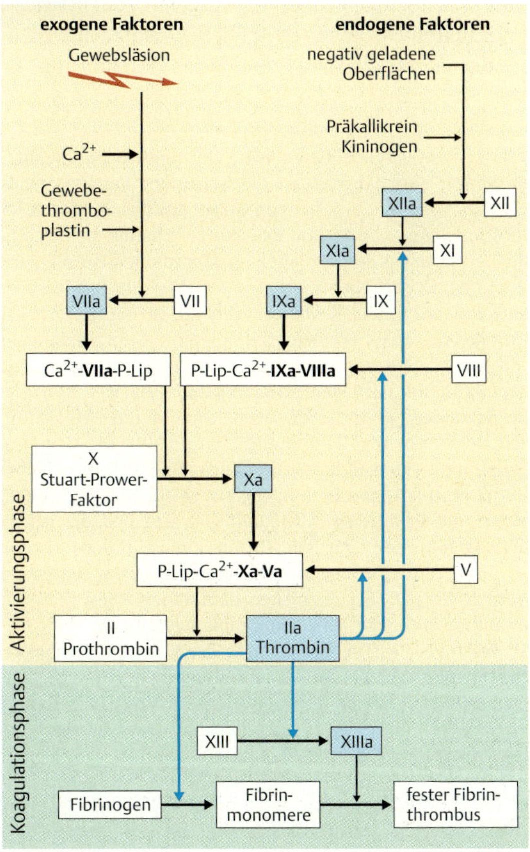


Im Rahmen der sekundären Hämostase spielt **Thrombin** eine zentrale Rolle (blaue Pfeile):

- Abspaltung kurzer Peptidketten von Fibrinogen
- Aktivierung von Faktor V, VIII, XI (positive Rückkopplung) und XIII.

Prothrombinase Prothrombin in **Thrombin** überführt.

Zu den **Aufgaben des Thrombins** gehören:
- **Fibrinogenspaltung** (Beginn der Koagulationsphase)
- **Aktivierung des Faktors XIII** → kovalente Verknüpfung des instabilen Fibrinnetzes
- **Aktivierung von Faktor V** → positive Rückkopplung auf seine eigene Bildung
- **Förderung der Thrombozytenaggregation**
- **Aktivierung der Faktoren XI und VIII** → Bildung des IXa-VIIIa-$Ca^{2+}$-P-Lip-Komplexes → Aktivierung von Faktor X → Thrombinbildung ↑ → Beschleunigung der Blutgerinnung.

Bildung des Thrombins ist die **Aktivierungsphase** der sekundären Hämostase abgeschlossen.

**Aufgaben des Thrombins:** Thrombin als zentraler Faktor der Gerinnungskaskade erfüllt folgende für die Blutgerinnung entscheidende Funktionen:
- **Abspaltung kurzer Peptidketten von Fibrinogen** (Faktor I), wodurch Fibrinmonomere entstehen, die sich zu einem Fibrinnetz zusammenlagern (Beginn der Koagulationsphase),
- **Aktivierung von Faktor XIII** (fibrinstabilisierender Faktor), der eine stabile Quervernetzung des Fibrins bewirkt,
- **Aktivierung von Faktor V**, wodurch es wiederum seine eigene Aktivierung beschleunigt (positive Rückkopplung),
- **Förderung der Thrombozytenaggregation** (Thrombozytenaktivierung ↑ ).
- **Aktivierung der Faktoren XI und VIII**: Der durch Thrombin aktivierte Faktor XI aktiviert wiederum Faktor IX (Antihämophiliefaktor B, Christmas-Faktor). Faktor VIII ist im Blut an vWF gebunden. Bei der primären Hämostase wird er freigesetzt und durch Thrombin aktiviert. Faktor VIIIa bildet an der Oberfläche aktivierter Thrombozyten $Ca^{2+}$-vermittelt einen Komplex mit Faktor IXa. Dieser **IXa-VIIIa-$Ca^{2+}$-P-Lip-Komplex** aktiviert Faktor X. Über die Aktivierung von Faktor X wird wiederum die Thrombinbildung gesteigert (positive Rückkopplung) und somit die Blutgerinnung beschleunigt.

Die Bildung des IXa-VIIIa-$Ca^{2+}$-P-Lip-Komplexes kann auch durch **Präkallikrein** und **Kininogen** (Kontaktfaktoren) ausgelöst werden. Eine rein endogene Aktivierung spielt jedoch nur eine untergeordnete Rolle.

Den Abschluss der sekundären Hämostase bildet die **Retraktionsphase**, die sich nach einigen Stunden an die Koagulationsphase anschließt. Während dieser Phase wird das Fibrinnetz unter Beteiligung von Thrombozyten kontrahiert, wodurch die darin „gefangenen" Zellen (u. a. Leukozyten, Erythrozyten) in den Thrombus eingeschlossen werden und sich die Wundränder einander annähern.

Die Bildung des IXa-VIIIa-$Ca^{2+}$-P-Lip-Komplexes kann auch durch die Kontaktfaktoren **Präkallikrein** und **Kininogen** ausgelöst werden. Eine rein endogene Aktivierung spielt jedoch nur eine untergeordnete Rolle, was auch dadurch ersichtlich wird, dass der Mangel einzelner Faktoren (z. B. XI oder XII) nur zu einer geringen Störung der Hämostase führt.

Den Abschluss der sekundären Hämostase bildet die **Retraktionsphase**, die sich nach einigen Stunden an die Koagulationsphase anschließt. Während dieser Phase wird das Fibrinnetz unter Beteiligung von Thrombozyten kontrahiert. Die Erhöhung der zytoplasmatischen $Ca^{2+}$-Konzentration durch Freisetzung von $Ca^{2+}$ aus intrazellulären Speichern führt in den Thrombozyten zur Aktin-Myosin-Querbrückenbildung und dadurch zu einer Kontraktion, welche im Fibrinnetz „gefangene" Zellen, wie z. B. Leukozyten oder Erythrozyten, mit in den Thrombus einschließt. Zusätzlich wird die Wundheilung durch die mit der Kontraktion verbundene Annäherung der Wundränder begünstigt.

▶ Exkurs. **Methoden zur Diagnostik der Gerinnungsfunktion**

Es gibt verschiedene Tests, die zur Diagnostik von Gerinnungsstörungen und zur Überprüfung der Wirkung gerinnungshemmender Medikamente eingesetzt werden:

Beim **Quick-Test** wird durch Bestimmung der **Thromboplastinzeit** (TPZ) die Funktion des exogenen Systems getestet. Dazu wird in einer Blutplasmaprobe aus Zitrat-Vollblut durch Zugabe von Gewebethromboplastin (Faktor III), $Ca^{2+}$-Ionen und Phospholipiden die Fibrinbildung ausgelöst. Anschließend wird die von der Verfügbarkeit der Gerinnungsfaktoren VII, X, V und II abhängige Gerinnungszeit gemessen und zu einem Referenzplasma (normale Gerinnungszeit ca. 20 Sekunden = Quickwert 100 %) in Relation gesetzt. Je niedriger der Quickwert der Plasmaprobe ist, desto schlechter ist die Gerinnungsfunktion. Beispiel: Ein Quickwert von 50 % sagt aus, dass in der Blutplasmaprobe nur 50 % der Aktivität stattfand, die in der Referenzprobe mit derselben Menge an zugesetztem Thromboplastin erreicht wurde. Ein verminderter Quickwert bedeutet somit ein erhöhtes Blutungsrisiko. Da die von den einzelnen Laboratorien bei diesem Test eingesetzten verschiedenen Thromboplastine jedoch nicht vergleichbar sind, ist auch der Quickwert nicht von Labor zu Labor vergleichbar. Deshalb wird der Quick-Test bereits seit einigen Jahren zunehmend durch die Bestimmung des sog. **INR-Wertes (International Normalized Ratio)** ersetzt. Hier wird ebenfalls die Thromboplastinzeit bestimmt, allerdings sind die eingesetzten Reagenzien, insbesondere das Thromboplastin, international vereinheitlicht worden, und als Referenz dient ein „Normalplasma". So hat man mit dem INR-Wert einen zwischen sämtlichen Laboratorien der Welt vergleichbaren Wert, der unmittelbar angibt, in welchem Verhältnis zum Normalwert die Gerinnung verlangsamt ist. Beispiel: Ein INR-Wert von 2 – 3 bedeutet eine um das 2 – 3fache verlängerte Gerinnungszeit. Quick- und INR-Wert verhalten sich also gegenläufig. Beide Werte werden vor jedem größeren operativen Eingriff, bei möglichen hämorrhagischen Diathesen (erhöhte Blutungsneigung) oder bei Verdacht auf Vitamin-K-Mangel erhoben. Sie dienen ferner als Verlaufskontrolle bei Antikoagulanzientherapien mit Cumarinderivaten – Zielwert ist hier ein INR-Wert von 2 – 3.

Bei der Bestimmung **der partiellen Thromboplastinzeit** (**PTT**, normalerweise ca. 45 Sekunden) wird das endogene System getestet. Dadurch können auch Defekte in den Gerinnungsfaktoren VIII, IX, XI und XII erfasst werden, die keinen Einfluss auf Quick- und INR-Wert haben. Dazu wird eine Blutplasmaprobe mit negativ geladenen Oberflächen, Phospholipiden und $Ca^{2+}$-Ionen in Kontakt gebracht und die Zeit bis zur Fibrinbildung gemessen. „Partielles Thromboplastin" bedeutet hierbei „Phospholipide ohne Gewebefaktor". Die PTT wird vor jedem größeren operativen Eingriff, bei möglichen hämorrhagischen Diathesen und zur Verlaufskontrolle der Heparintherapie bestimmt.

Ein weiterer wichtiger Test ist die Messung der **Plasma-Thrombin-Zeit (PTZ)**, bei der in einer Plasmaprobe die Fibrinbildung durch Zugabe von Thrombin getestet wird. Dieser Test dient dem Nachweis von Heparin im Blut, der Überprüfung der Fibrinogenkonzentration und wird auch als Verlaufskontrolle bei einer Fibrinolyse-Therapie (s. S. 189) eingesetzt.

▶ **Klinik.** Bei allen Gerinnungsfaktoren sind angeborene Synthesedefekte bekannt, die zu einem Mangel oder einem völligen Fehlen von Faktoren führen können. Art und Schwere der daraus resultierenden **Gerinnungsstörungen** sind davon abhängig, welcher Faktor betroffen ist und wie stark seine Funktion eingeschränkt ist.
Mit einer Inzidenz von 1:150 ist das **von-Willebrand-Jürgens (vWJ)-Syndrom** der häufigste Gerinnungsdefekt. Man unterscheidet verschiedene Typen, bei denen der vWF entweder weniger (Typ I und II) oder überhaupt nicht (Typ III, 5% der Fälle) produziert wird. Der Schweregrad der Krankheit korreliert allerdings nicht sehr gut mit der vWF-Konzentration, der Grund dafür ist unklar. Beim vWJ-Syndrom sind sowohl die primäre (→ gestörte Thrombozytenadhäsionsfähigkeit) als auch die sekundäre (→ gestörte plasmatische Gerinnung durch verminderte Aktivität von Faktor VIII, für welches vWF als Trägerprotein dient) Hämostase beeinträchtigt. Die meisten Patienten haben jedoch keine oder nur geringfügige Blutungen, typisch sind Schleimhautblutungen. Bei deutlich erhöhter Blutungsneigung oder zur Prophylaxe bei operativen Eingriffen werden Faktor-VIII/vWF-haltige Konzentrate eingesetzt. Thrombozytenaggregationshemmer sind bei vWJ-Syndrom kontraindiziert.
Die bekannteste **Gerinnungsstörung** ist die **Hämophilie** (Bluterkrankheit). 50% der Fälle werden X-chromosomal-rezessiv vererbt, die andere Hälfte sind Spontanmutationen am X-Chromosom. Folglich sind fast ausschließlich Männer von der Erkrankung betroffen. Man unterscheidet 2 Formen: Hämophilie A (→ Fehlen/Inaktivität von Faktor VIII) und Hämophilie B (→ Fehlen/Inaktivität von Faktor IX). Die Betroffenen leiden unter spontanen großflächigen Blutungen (keine Petechien!), Muskel- und Gelenkblutungen (v.a. Kniegelenk) und Blutungen im Bereich der Harnwege. Bei leichteren Hämophilien kommt es häufig nur zu Nachblutungen nach operativen Eingriffen oder vermehrtem Nasenbluten, so dass die Krankheit in diesen Fällen eher zufällig diagnostiziert wird. Die „Therapie" besteht in der Vermeidung von Blutungen (keine Medikamente, wie z.B. ASS, keine Risikosportarten etc.) und sorgfältiger lokaler Blutstillung bei Verletzungen oder Operationen. In schweren Fällen muss der betroffene Gerinnungsfaktor substituiert werden.

▶ **Klinik.**

## Regulation und Hemmung der Hämostase

### Hemmung der Blutgerinnung in vivo

Die Blutgerinnung ist eine sich selbst verstärkende Kaskade. Um eine generalisierte Gerinnung zu verhindern, wird die enzymatische Aktivität der Serin-Proteasen durch verschiedene körpereigene Proteine kontrolliert, indem diese die Proteasen durch Komplexbildung inaktivieren bzw. deren Spezifität ändern:

- **Antithrombin III (AT III)** ist ein wichtiger physiologischer Gerinnungshemmer, der durch Komplexbildung sowohl Thrombin als auch die Faktoren IXa, Xa, XIa und XIIa hemmt. Ein Mangel an AT III bedeutet ein erhöhtes Thromboserisiko.
  Bindet **Heparin** (Polysaccharid) an AT III, kommt es zu einer Konformationsänderung des AT III, die eine immense Steigerung seiner Affinität gegenüber seinen Substraten bewirkt. Somit kann die Wirkung des AT III durch Heparin um das 1000-Fache gesteigert werden. Heparin wird endogen sowohl aus Mastzellen als auch aus basophilen Granulozyten freigesetzt, die z.B. während der Retraktionphase im Fibrinnetz „gefangen" werden. Das in der Klinik zur Thromboseprophylaxe eingesetzte Heparin wird aus tierischen Geweben (u.a. aus Rinderlunge und Schweinedarmmukosa) gewonnen.
- **Thrombomodulin** und die **Proteine C und S**: Thrombomodulin ist ein Endothelzellrezeptor, der Thrombin bindet und dadurch inaktiviert. Dieser Thrombomodulin-Thrombin-Komplex aktiviert das Glykoprotein Protein C (aPC, aktiviertes Protein C). aPC wiederum ist eine Semi-Protease, die durch Inaktivierung verschiedener Gerinnungsfaktoren die Blutgerinnung hemmt. Für die Wirkung von aktiviertem Protein C sind Faktor V und Protein S als Kofaktoren wichtig.
- **$\alpha_2$-Makroglobulin** kann Thrombin binden und dadurch inaktivieren.

Regulation und Hemmung der Hämostase

Hemmung der Blutgerinnung in vivo

Zur Verhinderung einer generalisierten Blutgerinnung wird die enzymatische Aktivität der Serin-Proteasen durch verschiedene körpereigene Proteine kontrolliert, indem diese die Proteasen durch Komplexbildung inaktivieren bzw. deren Spezifität ändern:

- **Antithrombin III (AT III)** ist ein wichtiger physiologischer Gerinnungshemmer, der durch Komplexbildung sowohl Thrombin als auch die Faktoren IXa, Xa, XIa und XIIa hemmt. In Anwesenheit von **Heparin** kann die Wirkung des AT III um das 1000-Fache gesteigert werden.
- **Thrombomodulin** bindet und inaktiviert Thrombin. Dieser Thrombomodulin-Thrombin-Komplex aktiviert **Protein C** (aPC), welches wiederum durch Inaktivierung verschiedener Gerinnungsfaktoren die Blutgerinnung hemmt. Faktor V und **Protein S** sind Kofaktoren von aPC.
- **$\alpha_2$-Makroglobulin** kann Thrombin binden und dadurch inaktivieren.

▶ Klinik.

▶ Klinik. Als **Thrombose** bezeichnet man den vollständigen oder teilweisen Verschluss eines Gefäßes (Arterie oder Vene) durch ein Blutgerinnsel. Die Thrombosebildung wird durch verlangsamte Blutströmung (z.B. während postoperativer Immobilisierung), Hyperviskosität des Blutes, Hyperkoagulabilität (z.B. durch kongenitale Störungen von Hämostase oder Fibrinolyse), und Schädigungen der Gefäßwand (z.B. im Rahmen einer Arteriosklerose) gefördert. Je nach Indikation gibt es verschiedene Möglichkeiten, die Blutgerinnung medikamentös zu hemmen **(medikamentöse Thromboseprophylaxe)**:

**Heparin** wirkt gerinnungshemmend, indem es durch Bindung an AT III dessen Affinität zu seinen Substraten bis zu 1000fach steigert (s.S. 187). Es wird u.a. (neben Antithrombosestrümpfen und frühestmöglicher Mobilisierung der Patienten) zur postoperativen Thromboseprophylaxe eingesetzt. Heparin wird nur parenteral (nicht oral) appliziert.

**Cumarinderivate** wirken gerinnungshemmend, indem sie die Produktion der Vitamin-K-abhängigen Gerinnungsfaktoren II, VII, IX und X hemmen. Indikationen sind u.a. tiefe Venenthrombosen (→ Prävention von Lungenembolien durch Thromben, die sich aus peripheren Venen lösen = Prävention venöser Thromben) oder Vorhofflimmern (→ Prävention systemischer Embolien).

**Hirudin** ist ein im Speichel des Blutegels vorkommender Hemmstoff der Blutgerinnung. Es bindet selektiv Thrombin, welches dadurch inaktiviert wird. Rekombinantes Hirudin kann aus Hefezellen gewonnen werden und kommt bei heparininduzierter Thrombozytopenie Typ II (HIT II) und thromboembolischen Komplikationen zur Anwendung.

### Hemmung der Blutgerinnung in vitro

**Hierbei kommen die $Ca^{2+}$-Ionenchelatoren** EDTA, $Na^+$-Zitrat und $Na^+$-Oxalat zum Einsatz, die das als Kofaktor für die Blutgerinnung absolut notwendige $Ca^{2+}$ binden.

### Hemmung der Blutgerinnung in vitro

**In vitro (z.B. bei der Messung der Blutsenkungsgeschwindigkeit) wird die Blutgerinnung in der Regel durch $Ca^{2+}$-Ionenchelatoren** gehemmt. Diese binden das für die Gerinnung absolut notwendige freie $Ca^{2+}$, das daraufhin nicht mehr als Kofaktor für die Blutgerinnung zur Verfügung steht. Solche $Ca^{2+}$-Ionenchelatoren sind EDTA (Äthylendiamintetraessigsäure), $Na^+$-Zitrat und $Na^+$-Oxalat.

6.5 Fibrinolyse

- Spaltung von Fibrin in lösliche Peptide, wodurch das Fibrinnetz zerstört wird. Die Spaltprodukte hemmen ihrerseits die Thrombinwirkung und damit die weitere Bildung von Fibrin.
- Spaltung von Fibrinogen, Prothrombin und der Gerinnungsfaktoren V, VIII, IX, XI und XII und damit Hemmung der Blutgerinnung.

## 6.5 Fibrinolyse

Aufgabe der Fibrinolyse ist es, Fibrin wieder abzubauen, nach Gefäßdefekten durch Blutgerinnsel verschlossene Gefäße wieder durchgängig zu machen und die Gerinnungsfähigkeit zu senken. Ziel ist ein Gleichgewicht zwischen Blutgerinnung und Fibrinolyse. Zentraler Aktivator der Fibrinolyse ist das **Plasmin**, eine Protease, die durch proteolytische Aktivierung (s.u.) des im Blutplasma vorhandenen Plasminogens aktiviert wird (Abb. **6.15**). **Aufgaben des Plasmins** sind:

- Spaltung von Fibrin in lösliche Peptide, wodurch das Fibrinnetz zerstört wird. Die Spaltprodukte hemmen ihrerseits die Thrombinwirkung und damit die weitere Bildung von Fibrin.
- Spaltung von Fibrinogen, Prothrombin und der Gerinnungsfaktoren V, VIII, IX, XI und XII und damit Hemmung der Blutgerinnung.

**Plasmin** ist der zentrale Faktor der Fibrinolyse. Seine **Aufgaben** sind:

▶ Merke.

▶ Merke. Plasmin bewirkt nicht nur die Auflösung von Blutgerinnseln, sondern senkt auch noch die Gerinnungsfähigkeit.

**Aktivierung der Fibrinolyse:** An der Aktivierung von Plasminogen zu Plasmin sind beteiligt:

- Gewebe-Plasminogenaktivator (t-PA) und
- Urokinase.

**Aktivierung der Fibrinolyse:** Folgende Faktoren sind an der Aktivierung von Plasminogen zu Plasmin beteiligt:

- **Gewebe-Plasminogenaktivator** (tissue-type plasminogen activator, **t-PA**): Seine Freisetzung aus Endothelzellen wird durch Thrombin aktiviert, was als negative Rückkopplung der Hämostase angesehen werden kann. Er dient der intravaskulären Aktivierung der Plasminogenspaltung.
- **Urokinase**: Sie wird in der Niere gebildet, dient der Auflösung von Fibringerinnseln im Harntrakt (→ extravaskuläre Plasminogenspaltung) und wird wahrscheinlich direkt von Kontaktfaktoren aktiviert.

**6.15 Fibrinolyse**

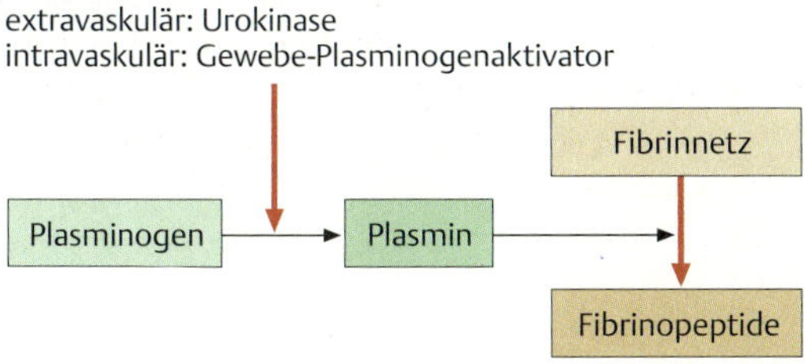


6.15

**▶ Klinik.** Kommt es im Rahmen einer **Atherosklerose** (Abb. **6.16**) der **Herzkranzarterien** (→ koronare Herzkrankheit, KHK) zur Bildung eines Thrombus, der ein Koronargefäß verschließt, wird das dazugehörige Myokardareal nicht mehr mit Sauerstoff versorgt und dadurch geschädigt (= ischämische Myokardnekrose, also durch Sauerstoffmangel bedingter Gewebsuntergang). Man spricht dann von einem **Herzinfarkt (Myokardinfarkt)**. Durch eine rechtzeitige (mechanische oder medikamentöse) Reperfusionstherapie kann das betroffene Gefäß in den meisten Fällen wieder durchgängig gemacht werden:
In kardiologischen Zentren können Thromben mechanisch mithilfe eines **Herzkatheters** beseitigt werden. Dazu wird die Stenose durch Koronarangiografie sichbar gemacht und mittels **Ballondilatation** geweitet, wobei der Thrombus in die Gefäßwand gepresst wird (**PTCA**, Percutaneous Transluminal Coronary Angioplasty). Hierbei handelt es sich um die Methode der 1. Wahl. Um das Gefäß anschließend offen zu halten, werden häufig sog. Stents (Endoprothesen) eingesetzt.
Bei der medikamentösen Reperfusionstherapie **(Lyse-Therapie)** werden u. a. t-PA-Derivate (s.o.) und Streptokinase, ein aus Streptokokken gewonnenes, aufgereinigtes Protein eingesetzt. Streptokinase bildet einen Komplex mit Plasminogen, wodurch weiteres Plasminogen aktiviert und somit die Plasminbildung beschleunigt/erhöht wird. Die Therapie sollte so schnell wie möglich erfolgen (am besten innerhalb der ersten Stunde nach Schmerzbeginn) und führt dann in 70 – 80 % der Fälle zu einer Rekanalisation.

▶ Klinik.

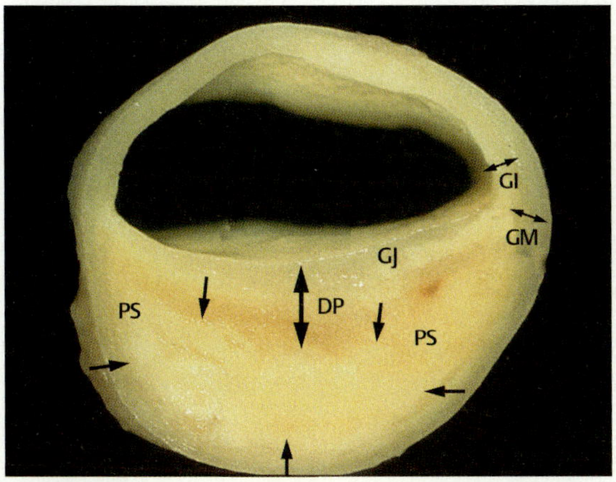


**6.16 Atherotische Lipidplaque**

Makrokopisches Präparat der A. carotis. Die Pfeile grenzen den atheromatösen Fettkern ein. DP = fibröse Deckplatte, PS = Plaqueschulter, GI = Gefäßintima, GJ = Gefäßintima im Plaquebereich (nahezu normalbreit), GM = Gefäßmedia.

**Hemmung der Fibrinolyse:** Physiologisch wird die Plasminaktivierung insbesondere durch **$\alpha_2$-Antiplasmin,** aber auch durch **Plasminogenaktivatorinhibitoren** gehemmt. Therapeutisch können der Serin-Protease-Hemmer **Aproteinin** sowie **ε-Aminocapronsäure** eingesetzt werden. Letztere bildet einen Komplex mit Plasminogen und blockiert seine Fibrinbindungsstelle.

**Hemmung der Fibrinolyse:** Diese erfolgt
- physiologisch durch **$\alpha_2$-Antiplasmin** und **Plasminogenaktivatorinhibitoren** und
- therapeutisch mittels **Aproteinin** und **ε-Aminocapronsäure**.

# Immunsystem

# 7 Immunsystem

# 7 Immunsystem

## 7.1 Einführung

### 7.1.1 Aufgaben des Immunsystems

Die Aufgabe des Immunsystems (immunis = „frei von etwas") ist der Schutz des Körpers vor körperfremden Organismen und Substanzen, die zur Schädigung des Körpers (der Körperzellen) führen können. Dazu muss das Immunsystem zunächst einmal körperfremde Strukturen, sog. **Antigene**, erkennen können, um sie anschließend zu eliminieren.

► **Merke.** Antigene sind (Makro-)Moleküle oder Strukturen, die von Komponenten des spezifischen Immunsystems als „körperfremd" erkannt werden und die Produktion von Antikörpern auslösen (→**Anti**körper **gen**erieren).

Die **Erkennung körperfremder Strukturen** wird durch folgende Mechanismen ermöglicht:

- Körperfremde Organismen, Zellen und Moleküle werden durch **Opsonisierung** (Anlagerung von Faktoren des Komplementsystems oder Antikörpern, wodurch das fremde Material leichter phagozytiert werden kann, s. S. 201) und/oder **Antigenpräsentation** durch MHC-I- oder MHC-II-Rezeptoren (MHC = major histocompatibility complex, Syn.: HLA = human leucocyte antigens, s. S. 205) auf der Oberfläche von antigenpräsentierenden Zellen (Makrophagen oder dendritische Zellen, s. S. 206) als „fremd" erkennbar gemacht. Das Immunsystem kann zwischen gefährlichen und ungefährlichen körperfremden Substanzen unterscheiden. Eine Erklärung für diese Fähigkeit wird derzeit noch diskutiert.
- Monozyten, Makrophagen und Granulozyten exprimieren in ihrer Plasmamembran verschiedene Rezeptoren, die molekulare pathogene Oberflächenstrukturen (z. B. Lipopolysaccharide) erkennen können. Von diesen Rezeptoren sind die sog. **Toll-ähnlichen („Toll-like") Rezeptoren** die bekanntesten. Die insgesamt 10–15 verschiedenen menschlichen Toll-ähnlichen Rezeptoren (TLR) werden in unterschiedlicher Verteilung auf praktisch allen Leukozyten exprimiert. Die Toll-ähnlichen Rezeptoren TLR 1, 2, 4, 5 und 6 erkennen hauptsächlich für Bakterien spezifische Strukturen, während TLR 3, 7, 8 und 9 überwiegend virale Komponenten sowie Nukleinsäurestrukturen erkennen (Tab. **7.1**). Die Aktivierung der meisten TLR induziert die Freisetzung von proinflammatorischen (entzündungsfördernden) Interleukinen und chemotaktisch aktiven Substanzen. Dabei wird als wichtigster Transkriptionsfaktor der Nukleäre Faktor κB (NFκB) aktiviert, welcher eine wichtige Rolle bei Entzündungsprozessen durch die Aktivierung proinflammatorischer Gene spielt.

**7.1 Toll-ähnliche Rezeptoren und ihre Aktivatoren**

| *Toll-ähnlicher Rezeptor* | *Aktivatoren* |
|---|---|
| TLR2 | bakterielle Lipoproteine |
| TLR3 | doppelsträngige virale RNA |
| TLR4 | Lipopolysaccharide durch Bindung an CD14 |
| TLR5 | Flagellin |
| TLR6 | bakterielle Lipoproteine |
| TLR7 | einzelsträngige virale RNA |
| TLR9 | bakterielle DNA (CpG-Repeats) |

### 7.1.2 Aufbau

Das Immunsystem besteht aus einem unspezifischen und einem spezifischen Abwehrsystem. Das **unspezifische Immunsystem** ist allgemein gegen körperfremdes Material gerichtet, während das **spezifische Immunsystem** selektiv bestimmte Oberflächenstrukturen erkennt und somit gezielt ganz bestimmte Fremdstoffe angreifen kann. Beide setzen sich aus einer **zellulären** (an Zellen gebundenen) und

7 Immunsystem

7.1 Einführung

7.1.1 Aufgaben des Immunsystems

Die Aufgabe des Immunsystems ist der Schutz des Körpers vor körperfremden Organismen und Substanzen (sog. **Antigene**), die zur Schädigung des Körpers führen können.

► **Merke.**

Die **Erkennung körperfremder Strukturen** wird durch folgende Mechanismen ermöglicht:

- Markierung körperfremder Organismen, Zellen und Moleküle durch **Opsonisierung** und/oder Antigenpräsentation.
- Monozyten, Makrophagen und Granulozyten exprimieren in ihrer Plasmamembran verschiedene Rezeptoren, die molekulare pathogene Oberflächenstrukturen (z. B. Lipopolysaccharide) erkennen können. Von diesen Rezeptoren sind die sog. **Toll-ähnlichen („Toll-like") Rezeptoren** die bekanntesten. Die Toll-ähnlichen Rezeptoren TLR 1, 2, 4, 5 und 6 erkennen hauptsächlich für Bakterien spezifische Strukturen, während TLR 3, 7, 8 und 9 überwiegend virale Komponenten sowie Nukleinsäurestrukturen erkennen (Tab. **7.1**).

7.1

7.1.2 Aufbau

Das Immunsystem besteht aus einem **unspezifischen** und einem **spezifischen Abwehrsystem**. Beide setzen sich aus einer **zellulären** und einer **humoralen Komponente** zusammen. Tab. **7.2** gibt einen Überblick über

7.2

**7.2 Aufbau des Immunsystems**

| *Immunsystem* | *Komponenten* | |
|---|---|---|
| **unspezifisch** (angeboren) | zellulär | ▪ Granulozyten<br>▪ Monozyten/Makrophagen<br>▪ Mastzellen<br>▪ natürliche Killerzellen (NK-Zellen) |
| | humoral | ▪ Komplementsystem<br>▪ Lysozym<br>▪ Akute-Phase-Proteine<br>▪ Zytokine |
| **spezifisch** (erworben) | zellulär | ▪ B-Lymphozyten<br>▪ T-Lymphozyten |
| | humoral | ▪ Antikörper<br>▪ Zytokine |

die verschiedenen Komponenten des Immunsystems.

Die **primären lymphatischen Organe** haben eine besondere Bedeutung für die Entwicklung und Reifung der Leukozyten, die **sekundären lymphatischen Organe** sind im Wesentlichen für die Generierung einer antigenspezifischen Immunantwort verantwortlich (Abb. **7.1**). **Blut** und **Lymphsystem** dienen im Rahmen des Immunsystems im Wesentlichen

einer **humoralen** (an Faktoren aus dem Blutplasma gebundenen) **Komponente** zusammen. Tab. **7.2** gibt einen Überblick über die verschiedenen Komponenten des Immunsystems.

Immunreaktionen können in fast allen Geweben des menschlichen Körpers ausgelöst werden. Die **primären lymphatischen Organe** (Knochenmark und Thymus) haben eine besondere Bedeutung für die Entwicklung und Reifung der Leukozyten. Zu den **sekundären lymphatischen Organen**, die im Wesentlichen für die Generierung einer antigenspezifischen Immunantwort verantwortlich sind, gehören Lymphknoten, Tonsillen, Milz, Peyer-Plaques (Lymphknötchen im Ileum) und Appendix (Abb. **7.1**). Viele körperfremde Substanzen werden über die Lymphflüs-

7.1

**7.1 Primäre und sekundäre lymphatische Organe**

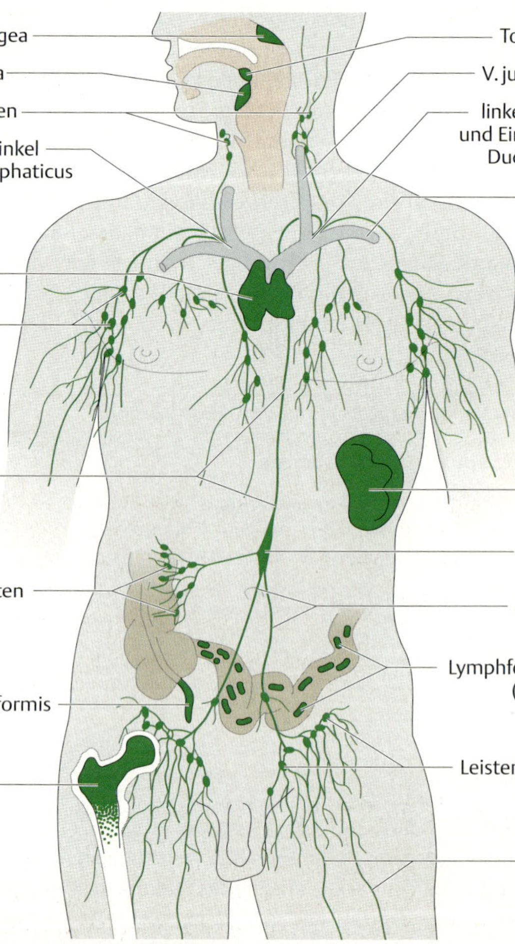

**7.2 Zytokinrezeptoren**

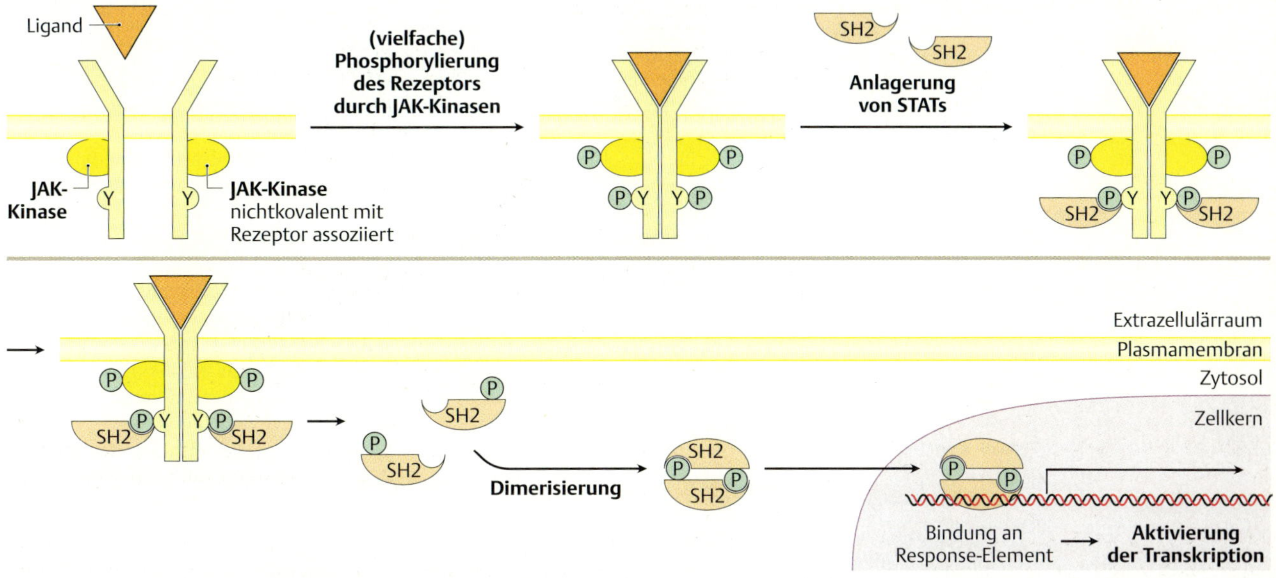


sigkeit zur „Bekämpfung" in die sekundären lymphatischen Organe transportiert. Außerdem dient das **Lymphsystem** gemeinsam mit dem **Blut** als Transporter für Leukozyten und Moleküle zwischen den lymphatischen Organen. Die verschiedenen Komponenten des Immunsystems wirken in der Regel zusammen und sind durch verschiedene Signale miteinander gekoppelt.

### 7.1.3 Steuerung der Immunreaktion – Zytokine

Die Steuerung der verschiedenen Immunreaktionen und die Verständigung zwischen den einzelnen Komponenten des Immunsystems erfolgt u.a. über **Zytokine**. Darunter fasst man folgende Substanzen zusammen:
- Interleukine (IL)
- Chemokine
- Interferone (IFN)
- Tumornekrosefaktoren (TNF)
- transformierende Wachstumsfaktoren
- Hämatopoietine (Erythropoietin, CSF etc.).

Tab. **7.3** gibt einen Überblick über Herkunft, Zielzellen und Wirkungen einiger wichtiger Zytokine.
Die Wirkungen von Zytokinen werden über **Zytokinrezeptoren** vermittelt (Abb. **7.2**). Diese bestehen aus mindestens 2 Ketten, deren zytoplasmatische Regionen sog. Janus-Kinasen (JAK) binden. Bindet ein Zytokin, induziert dies eine Dimerisierung der Ketten, so dass die JAKs nah beieinander liegen und sich durch Phosphorylierung gegenseitig aktivieren. Daraufhin können bestimmte Transkriptionsfaktoren (STATs = signal transducers and activators of transcription) an die phosphorylierten JAKs binden. Sie bilden Dimere und wandern in den Zellkern, um dort eine Transkription auszulösen.

## 7.2 Unspezifisches Immunsystem

Das unspezifische Immunsystem ist **angeboren** und somit von Geburt an einsatzbereit. Es richtet sich allgemein gegen körperfremdes Material und ist nicht wie das spezifische Immunsystem dazu in der Lage, bestimmte Krankheitserreger durch klonale Expansion spezieller Zellen besonders effizient zu bekämpfen (s. S. 211).

als Transportsysteme. Die verschiedenen Komponenten des Immunsystems wirken in der Regel zusammen.

**7.1.3 Steuerung der Immunreaktion – Zytokine**

Zytokine dienen der Verständiung zwischen den einzelnen Komponenten des Immunsystems und steuern die verschiedenen Immunreaktionen.
Zu den **Zytokinen** gehören Interleukine (IL), Chemokine, Interferone (IFN), Tumornekrosefaktoren (TNF), transformierende Wachstumsfaktoren und Hämatopoietine (Erythropoietin, CSF etc.).

Tab. **7.3** gibt einen Überblick über einige wichtige Zytokine.

Die Wirkungen von Zytokinen werden über **Zytokinrezeptoren** vermittelt (Abb. **7.2**).

**7.2 Unspezifisches Immunsystem**

Merkmale des unspezifischen Immunsystems:
- angeboren
- allgemein gegen körperfremdes Material gerichtet → breite Wirkung.

**7.3 Übersicht über wichtige Zytokine**

| *Zytokine* | *wichtige Produzenten* | *wichtige Zielzellen* | *wichtige Wirkungen* |
|---|---|---|---|
| **Interleukine (IL)** | | | |
| IL-1 | aktiviert u. a. Makrophagen, Endothelzellen, Epithelzellen | Gefäßendothel, Leukozyten, Hepatozyten | proinflammatorisch, pyrogen, Kostimulation von Lymphozyten, Aktivierung von Endothelzellen |
| IL-2 | CD4-positive $TH_1$-Zellen (sehr viel), CD8-positive T-Zellen (deutlich weniger) | T-, B-, NK-Zellen | Zellproliferation und Differenzierung, Steigerung der Synthese von IL-1 und Interferonen |
| IL-3 | CD4-positive T-Zellen | Granulozyten, Mastzellen, Monozyten/Makrophagen | Reifung und Differenzierung |
| IL-4 | $TH_2$-Zellen, mononukleäre Phagozyten, Mastzellen | T- und B-Zellen | Zellproliferation, Differenzierung und Aktivierung von Lymphozyten, bei T-Zellen insbesondere zu $TH_2$-Zellen; B-Zellen: Hochregulation von MHC-II, Stimulation der Antikörperproduktion, Klassensprung zu IgG und IgE |
| IL-5 | CD4-positive $TH_2$-Zellen, Mastzellen | eosinophile Granulozyten, Lymphozyten | Aktivierung eosinophiler Granulozyten, Wachstum von Vorläufern eosinophiler Granulozyten, Lymphozytenreifung |
| IL-6 | CD4-positive T-Zellen, B-Zellen, mononukleäre Phagozyten (insbesondere Makrophagen), Fibroblasten, Endothelzellen | proliferierende B-Zellen und Plasmazellen, T-Zellen, Hepatozyten | proinflammatorisch, pyrogen, Synthese von Akute-Phase-Proteinen, Aktivierung von Lymphozyten |
| IL-8 | CD4-positive T-Zellen, mononukleäre Phagozyten (insbesondere Makriphagen), Fibroblasten, Endothelzellen | neutrophile Granulozyten und andere Leukozyten | Aktivierung neutrophiler Granulozyten, wirkt als **Chemokin**: Induktion von Chemokinese, Chemotaxis und Diapedese → Umverteilung von Leukozyten in Entzündungsherde |
| IL-10 | $TH_2$-Zellen | Makrophagen | Hemmung von Makrophagen |
| IL-12 | dendritische Zellen, Makrophagen | T-Zellen, NK-Zellen | Induktion von $TH_1$-Zellen, Steigerung von Wachstum und Zytotoxizität |
| **Chemokine** | | | |
| MCP-1 | CD4-positive T-Zellen, mononukleäre Phagozyten (insbesondere Makrophagen), Fibroblasten, Endothelzellen | | Induktion von Chemokinese und Chemotaxis, Umverteilung von Leukozyten in Entzündungsherde |
| **Tumornekrosefaktoren (TNF)** | | | |
| TNF-α | mononukleäre Phagozyten (insbesondere Makrophagen), T-Helferzellen, Endothelzellen | viele verschiedene | Entzündung, Zytolyse (u. a. Abtöten von Tumorzellen), Aktivierung von Makrophagen, pro-inflammatorisch, Induktion von Apoptose, Lymphozytenreifung, Aktivierung von Endothelzellen |
| TNF-β | CD4-positive T-Zellen, Makrophagen | verschiedene | Abbau von Fettdepots, Lymphozytenreifung, Synthese von GM-CSF, G-CSF, IL-1, IL-6 und Prostaglandin E2 |
| **Interferone (IFN)** | | | |
| IFN-γ | CD4-positive $TH_1$-Zellen, CD8-positive T-Zellen, NK-Zellen | Makrophagen, NK-Zellen, T-Zellen, Epithel- und Endothelzellen | MHC-I- und MHC-II-Induktion; Makrophagenaktivierung; Steigerung der Zytotoxizität von CD8-positiven T-Zellen und NK-Zellen, proinflammatorisch, Lymphozytenreifung |

B-/T-Zellen = B-/T-Lymphozyten;
CD4- bzw. CD8-positive T-Zellen: tragen einen CD4- bzw. CD8-Korezeptor (s. S. 207);
NK-Zellen = natürliche Killerzellen (s. S. 200),
$TH_1$- und $TH_2$-Zellen = unterschiedliche Klassen von T-Helferzellen (s. S. 210).

**Äußere Abwehr:** Um zu verhindern, dass Pathogene überhaupt erst in den Körper gelangen können, besitzt dieser verschiedene Barrieren:
- Haut = epitheliale Barriere
- Schleim in den Atemwegen
- Zilien und Härchen

**Äußere Abwehr:** Ein wichtiger Schutzmechanismus des Körpers ist es zu verhindern, dass Pathogene überhaupt erst in den Körper eindringen können: Krankheitserreger wie Viren, Bakterien, Pilze, Parasiten und Prionen können über Lungen (Atmung), Gastrointestinaltrakt, Vagina, Harnröhre oder über die Haut (Wunden, Insektenstiche), in den menschlichen Körper gelangen. Barrieren wie eine intakte Haut (epitheliale Barriere), Schleim in den Atemwegen, Zilien- oder Härchenbewegung, Husten und Niesen verhindern das Eindringen eventuell schädlicher Substanzen.

**7.3 Verteilung der Granulozyten**

7.3

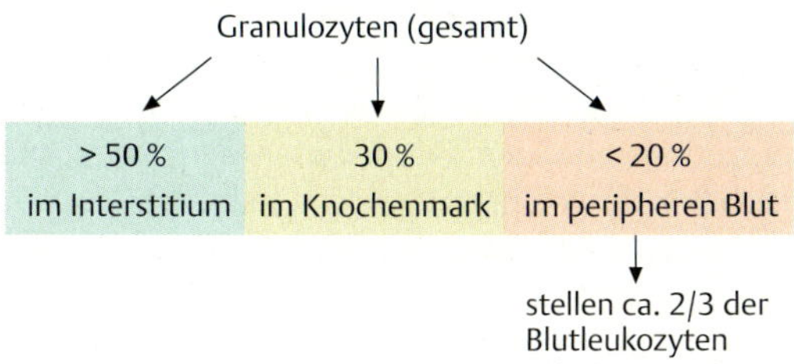


Chemische Barrieren, wie z.B. ein saurer pH-Wert in Magen (durch Salzsäuresekretion der Belegzellen) und Urin, behindern z.B. die Vermehrung von Erregern.

- Husten und Niesen
- chemische Barrieren (z.B. saurer pH-Wert in Magen und Urin).

**Innere Abwehr:** Um dennoch ins Körperinnere gelangte Pathogene oder auch abgestorbene oder entartete körpereigene Zellen beseitigen zu können, stehen der unspezifischen Abwehr die nachfolgend beschriebenen zellulären und humoralen Mechanismen zur Verfügung (s. auch Tab. **7.2**).

**Innere Abwehr:** Um innerhalb des Körpers Pathogene zu beseitigen, stehen zelluläre und humorale Mechanismen zur Verfügung (s. auch Tab. **7.2**).

## 7.2.1 Unspezifisches zelluläres Immunsystem

7.2.1 Unspezifisches zelluläres Immunsystem

### Beteiligte Zellen

Zum unspezifischen zellulären Immunsystem gehören:
- neutrophile Granulozyten
- eosinophile Granulozyten
- basophile Granulozyten und Mastzellen
- Monozyten und Makrophagen
- natürliche Killerzellen (NK-Zellen).

Beteiligte Zellen

Hierzu gehören:
- Granulozyten
- Mastzellen
- Monozyten und Makrophagen
- natürliche Killerzellen.

Granulozyten machen durchschnittlich etwa $^2/_3$ der Leukozyten im Blut aus. Die Granulozyten im Blut bilden jedoch den kleineren Teil der gesamten Granulozytenzahl: Über 50% der Granulozyten befinden sich im interstitiellen Raum und ca. 30% im Knochenmark (Abb. **7.3**). Die wichtigste Funktion des Blutes bezogen auf Granulozyten (und andere Immunzellen) ist somit die Transportfunktion.

Nur ca. 20% der gesamten Granulozytenzahl befinden sich im Blut (Abb. **7.3**), das somit hauptsächlich als Transportmittel der Granulozyten dient.

**▶ Merke.** Ihre Aufgaben verrichten Granulozyten hauptsächlich außerhalb des Blutes und müssen dazu aktiv in den Extravasalraum einwandern (**Emigration**, s. S. 200).

▶ Merke.

### Neutrophile Granulozyten

**Eigenschaften:** Etwa 50% der intravasalen neutrophilen Granulozyten zirkulieren nicht frei im Blut (Abb. **7.4**), sondern haften an Gefäßendothelzellen (v.a. in Lunge und Milz). Von dort können sie bei Bedarf schnell ins Blut freigesetzt werden, weshalb die Zahl der neutrophilen Granulozyten im Blut zu Beginn akuter Infektionen besonders schnell zunimmt. Außerdem kommt es bei Infektionen häufig zu einer sog. Linksverschiebung im Differenzialblutbild (s. S. 174). Die im Blut

Neutrophile Granulozyten

**Eigenschaften:** Ca. 50% der intravasalen neutrophilen Granulozyten haften an Gefäßendothelzellen (Abb. **7.4**) und können bei Bedarf schnell ins Blut freigesetzt werden. Die zirkulierenden neutrophilen Granulozyten stellen 50–70% der Leukozyten im

**7.4 Verteilung der intravasalen neutrophilen Granulozyten**

7.4

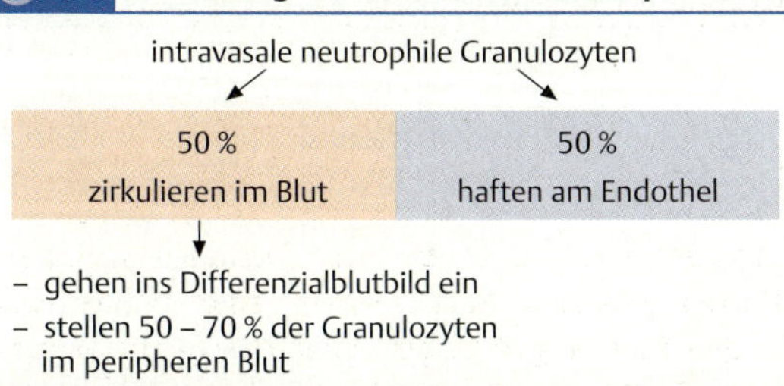

peripheren Blut (s. Abb. **6.1**, S. 166). Sie überleben nur wenige Stunden bis Tage.

zirkulierenden neutrophilen Granulozyten bilden mit 50–70% den größten Prozentsatz aller Leukozyten im peripheren Blut (s. Abb. **6.1**, S. 166). Ihre Lebensdauer beträgt nur wenige Stunden bis Tage.

**Funktion:** Die neutrophilen Granulozyten gehören zu den **Phagozyten**. Sie werden durch sog. **Chemotaxine** angelockt, verlassen daraufhin die Blutbahn und wandern ins Gewebe ein (**Emigration**, s. S. 200), um dort die in aller Regel zuvor durch Antikörper opsonierten (markierten, s. S. 201) Antigene zu **phagozytieren**.

**Funktion:** Die neutrophilen Granulozyten gehören zu den **Phagozyten** („Fresszellen"). Schädigen in den Körper eingedrungene Fremdkörper oder Mikroorganismen das Gewebe, werden sog. **Chemotaxine** ausgeschüttet, welche neutrophile Granulozyten anlocken. Solche Chemotaxine sind z. B. Zytokine, Kinine, Leukotriene, Bestandteile von Bakterien und aktivierte Faktoren des Komplementsystems (s. S. 202). Die neutrophilen Granulozyten verlassen daraufhin die Blutbahn und wandern ins Gewebe ein (**Emigration**, s. S. 200), um dort die in aller Regel zuvor durch Antikörper opsonierten (markierten, s. S. 201) Antigene zu **phagozytieren**.

Neutrophile Granulozyten bauen das phagozytierte Material über verschiedene Mechanismen ab:
- Mithilfe verschiedener **Enzyme** zerstören sie Bakterien und bauen Kollagen ab, um weiteren Leukozyten den Weg ins Gewebe zu erleichtern.
- Sie bilden für Bakterien toxische **Sauerstoffradikale**.

Über Eikosanoide beeinflussen sie die Entzündungsreaktion (s. S. 202).

Neutrophile Granulozyten bauen das phagozytierte Material über verschiedene Mechanismen ab:
- Sie bilden verschiedene **Enzyme**, wie Lysozym (spaltet Zucker), Hydrolasen, Elastasen, Kollagenasen und Proteasen, die Bakterien zerstören und Kollagen abbauen, um weiteren Leukozyten den Weg ins Gewebe zu erleichtern.
- Mithilfe einer NADPH-abhängigen Oxidase bilden sie **Sauerstoffradikale**, die toxisch auf Bakterien wirken.

Aus ihren Granula setzen sie Eikosanoide (Prostaglandine, Thromboxane, Leukotriene) frei und beeinflussen so die Entzündungsreaktion (s. S. 202).

Da neutrophile Granulozyten ihre Energie mithilfe der Glykolyse gewinnen können, ist es ihnen möglich, in **Eiter** (Pus) zu überleben und ihre Funktion zu erfüllen.

Die beim Abbau von phagozytiertem Material entstehende Mischung aus neutrophilen Granulozyten und eingeschmolzenem Gewebe bezeichnet man als **Eiter** (Pus). Da neutrophile Granulozyten ihre Energie mithilfe der Glykolyse gewinnen können (und folglich nicht von einer Energiezufuhr auf dem Blutweg abhängig sind), ist es ihnen möglich, in Eiter zu überleben und ihre Funktion zu erfüllen.

### Eosinophile Granulozyten

**Eigenschaften:** Nur 2–4% der Blutleukozyten sind eosinophile Granulozyten (Abb. **6.1**, S. 166). Ihre Zahl schwankt im Rhythmus der Glukokortikoidsynthese, ihre Lebensdauer beträgt ca. 4–5 d.

### Eosinophile Granulozyten

**Eigenschaften:** Nur 2–4% der Blutleukozyten sind eosinophile Granulozyten (Abb. **6.1**, S. 166). Ihre Zahl ist starken zirkadianen Schwankungen unterworfen, da sie vom Rhythmus der Glukokortikoidsynthese abhängig ist. Eosinophile Granulozyten leben ca. 4–5 Tage.

▶ **Merke.**

▶ **Merke.** Die Zahl der eosinophilen Granulozyten verhält sich umgekehrt proportional zur Glukokortikoidkonzentration (also tagsüber 20% niedriger und um Mitternacht 30% höher als der 24 h-Durchschnitt).

**Funktion:** Sie sind **Phagozyten** und können mit Proteasen, Peroxidasen und Katalasen wirkungsvoll Parasiten und Würmer bekämpfen.

**Funktion:** Eosinophile Granulozyten sind ebenfalls zur **Phagozytose** befähigt. Ihre Ganula enthalten Proteasen, Peroxidasen und Katalasen, wodurch insbesondere Parasiten und Würmer wirkungsvoll bekämpft werden können.

### Basophile Granulozyten und Mastzellen

**Eigenschaften:** Mit einem Anteil von 0–1% sind die **basophilen Granulozyten** die seltensten Granulozyten im Blut (Abb. **6.1**, S. 166). Ihre Lebensdauer beträgt ca. 4–5 d.

### Basophile Granulozyten und Mastzellen

**Eigenschaften:** Mit einem Anteil von 0–1% sind die **basophilen Granulozyten** die seltensten Granulozyten im Blut (Abb. **6.1**, S. 166). Ihre Lebensdauer beträgt ca. 4–5 d. Basophile Granulozyten zirkulieren im Blutstrom und infiltrieren im Rahmen von Entzündungsreaktionen Gewebe.

**Mastzellen** sind größer und enthalten mehr Granula als basophile Granulozyten. Sie sind ortsständig und leben Wochen bis Monate.

**Mastzellen** sind mit den basophilen Granulozyten eng verwandt, unterscheiden sich jedoch morphologisch: Mastzellen sind größer und enthalten mehr Granula. Außerdem zirkulieren sie in der Regel nicht, sondern sind ortsständig in allen durchbluteten Geweben anzufinden. Ihre Lebensdauer beträgt Wochen bis Monate.

**Funktion:** Beide Zellarten können durch IgE-Antikörper (s. S. 218) aktiviert werden und setzen daraufhin aus ihren Granula u. a. Histamin und Heparin frei:
- **Heparin** aktiviert Lipoproteinlipasen (→Serumlipolyse ↑) und hemmt die Blutgerinnung.

**Funktion:** Beide Zellarten können durch IgE-Antikörper (s. S. 218) aktiviert werden und setzen daraufhin aus ihren Granula u. a. Histamin und Heparin frei:
- **Heparin** aktiviert Lipoproteinlipasen, wodurch der Fettstoffwechsel gesteigert wird (**Serumlipolyse** ↑). Wahrscheinlich wird so der Abbau der bei der Zerstörung von Pathogenen vermehrt freigesetzten Fette unterstützt. Außerdem **hemmt** Heparin die **Blutgerinnung** (s. S. 187). So können über den Blutweg u. a. Phagozyten ins Gewebe transportiert werden.

- **Histamin** ist ein wichtiger Entzündungsmediator, der zu einer lokalen **Vasodilatation** und dadurch zu einer Verlangsamung des Blutflusses führt, so dass weitere Leukozyten leichter am Endothel haften bleiben und ins Gewebe eindringen können. Außerdem ist Histamin wesentlich an **allergischen Reaktionen** mit Symptomen wie Hautrötung, Quaddelbildung, Schleimhautschwellung und Bronchokonstriktion beteiligt.

- **Histamin** ist ein wichtiger Entzündungsmediator, wirkt lokal **vasodilatierend** und ist wesentlich an **allergischen Reaktionen** beteiligt.

▶ **Klinik.** Als **Allergie** bezeichnet man eine pathologische Immunantwort, die sich gegen körperfremde, normalerweise jedoch harmlose Strukturen richtet.
Eine sehr häufige allergische Erkrankung ist das **allergische Asthma** (durch allergische Substanzen in der Umwelt oder Arbeitswelt ausgelöstes **Asthma bronchiale**). Dabei handelt es sich um eine entzündliche Erkrankung der Atemwege, die anfallsweise zu Atemnot durch Bronchokonstriktion (Verengung der Atemwege) führt und durch eine zunehmende Empfindlichkeit der Atemwege gegenüber verschiedenen Reizen (bronchiale Hyperreaktivität) gekennzeichnet ist. Beim allergischen Asthma lassen sich in der Regel spezifische IgE-Antikörper (s. S. 218) nachweisen, die nach Allergenexposition (Inhalation) eine Sofortreaktion **(IgE-vermittelte Soforttyp-Reaktion)** und/oder nach 4–12 Stunden eine Spätreaktion auslösen können: IgE bewirkt bei Kontakt mit spezifischen Antigenen die **Degranulation von Mastzellen**, wodurch verschiedene Entzündungsmediatoren (u. a. Histamin) freigesetzt werden, die u. a. eine Bronchokonstriktion auslösen (insbesondere bei der Sofortreaktion). Außerdem sind an den beiden Reaktionen wahrscheinlich auch basophile Granulozyten und andere Leukozyten beteiligt. Bei der medikamentösen Therapie kommen u. a. $\beta_2$-Sympathomimetika (s. S. 395), inhalative und ggf. auch orale Glukokortikoide zum Einsatz.
Der genaue Entstehungsmechanismus von Allergien ist nach wie vor ungeklärt. Neuere Untersuchungsergebnisse deuten allerdings darauf hin, dass eine langsame Adaptierung des Immunsystems an bestimmte Allergene (z. B. bei Neugeborenen an Nahrungsmittelallergene) sehr vorteilhaft bei der Vermeidung von Allergien sein kann.

▶ **Klinik.**

### Monozyten und Makrophagen

**Eigenschaften:** Die **Monozyten** sind mit einem Durchmesser von 12–20 µm die größten mononukleären Zellen im Blut und machen 4–10 % der Blutleukozyten aus (Abb. **6.1**, S. 166).

Monozyten und Makrophagen

**Eigenschaften:** Monozyten (Durchmesser 12–20 µm) machen 4–10 % der Blutleukozyten aus (Abb. **6.1**, S. 166).

▶ **Merke.** Monozyten zeigen die größte **Phagozytoseaktivität** aller Blutzellen.

▶ **Merke.**

Nachdem sie ungefähr 2–3 Tage im Blut zirkuliert sind, wandern die Monozyten ins umgebende Gewebe ein und differenzieren sich dort unter dem Einfluss von Zytokinen, Bestandteilen von Mikroporganismen (z. B. Lipopolysaccheride gramnegativer Bakterienmembranen) oder auch Zell-Zell-Kontakten zu **ortsständigen Makrophagen**. Dabei vergrößern sie sich um das 5–10-Fache und steigern ihre Phagozytoseaktivität. Zu den ortsständigen Makrophagen gehören u. a.
- Mikrogliazellen im ZNS,
- Kupfferzellen in der Leber,
- Alveolarmakrophagen in der Lunge,
- Osteoklasten im Knochen,
- Histiozyten im Bindegewebe und
- Mesangiumzellen in der Niere.

Nachdem sie ungefähr 2–3 Tage im Blut zirkuliert sind, wandern sie ins umgebende Gewebe ein und differenzieren sich dort zu **ortsständigen Makrophagen**. Dabei vergrößern sie sich um das 5–10-Fache und steigern ihre Phagozytoseaktivität. Zu den ortsständigen Makrophagen gehören u. a.
- Mikrogliazellen,
- Kupfferzellen,
- Alveolarmakrophagen,
- Osteoklasten,
- Histiozyten und
- Mesangiumzellen.

▶ **Merke.** Der Übergang von Monozyten zu Makrophagen bezeichnet man als **Makrophagenaktivierung**.

▶ **Merke.**

**Funktion:** Monozyten und Makrophagen bilden zusammen das **mononukleäre Phagozytensystem** (früher: retikulendotheliales System [RES] oder retikulohistiozytäres System). Wichtige Funktionen von Monozyten und Makrophagen sind:
- Erkennung von Oberflächen pathogener Mikroorganismen über Toll-like-Rezeptoren (s. S. 193).

**Funktion:** Monozyten und Makrophagen bilden zusammen das **mononukleäre Phagozytensystem** und haben folgende wichtige Funktionen:

- Erkennung von Oberflächen pathogener Mikroorganismen über Toll-like-Rezeptoren (s. S. 193)
- Phagozytose und Abtötung phagozytierter Mikroorganismen
- Zytokinfreisetzung (IL-1, IL-12, TNF-α und TGF-β) zur Unterstützung einer lokalen Entzündung (s. S. 202)
- Antigenpräsentation über MHC-II-Rezeptor zur Aktivierung von T-Helferzellen (s. S. 209).

- Phagozytose und Abtötung phagozytierter Mikroorganismen durch Lysozym, Peroxidasen und reaktive Sauerstoffmetaboliten.
- Unterstützung einer lokalen Entzündung (s. S. 202) durch Freisetzung von proinflammatorischen Zytokinen, u. a. IL-1, IL-12, TNF-α und TGF-β (s. auch Tab. **7.3**). IL-1 fördert die T-Zellproliferation und – gemeinsam mit TNF-α – eine Aktivierung des Endothels, wodurch die Adhäsion und Diapedese von weiteren Leukozyten am Entzündungsort gesteigert wird. IL-12 und TGF-β wirken sich ebenfalls positiv auf T-Zellaktivierung und -Differenzierung aus.
- Antigenpräsentation über MHC-II-Rezeptoren zur Aktivierung von T-Helferzellen (s. S. 209).

▶ Merke.

▶ **Merke.** Makrophagen stellen somit eine wichtige Verbindung zwischen angeborenem und erworbenem Immunsystem dar.

### Natürliche Killerzellen (NK-Zellen)

**Eigenschaften:** NK-Zellen besitzen einen sog. Fc-Rezeptor, der in seiner Struktur dem konstanten Teil Fc der Antikörper entspricht (s. S. 215).

**Eigenschaften:** NK-Zellen werden auch als $CD3^-$-Lymphozyten bezeichnet, weil ihr Rezeptor im Gegensatz zu den T-Lymphozyten nicht mit dem Oberflächenrezeptor CD3 assoziiert ist. NK-Zellen besitzen einen sog. Fc-Rezeptor, der in seiner Struktur dem konstanten Teil Fc der Antikörper entspricht (s. S. 215).

**Funktion:** NK-Zellen dienen der Bekämpfung infizierter Zellen, die naturgemäß kaum MHC-Moleküle (s. S. 205) exprimieren oder von Viren befallen sind, welche die Präsentation von MHC unterdrücken. Sie können von „gestressten" Zellen exprimierte Membranproteine und antikörpermarkierte Zellen erkennen und schütten Perforine aus, die zur Lyse der Zielzellen führen.

**Funktion:** NK-Zellen dienen der Bekämpfung infizierter Zellen, die entweder naturgemäß kaum MHC-Moleküle (s. S. 205) exprimieren (Erythrozyten und Nervenzellen) oder von Viren befallen sind, die die Präsentation von MHC unterdrücken (z. B. Zytomegalie-Viren, CMV). Dadurch können diese Zellen nicht oder nur erschwert durch T-Lymphozyten erkannt und bekämpft werden. NK-Zellen können jedoch Membranproteine erkennen, die von (z. B. durch Virusbefall) „gestressten" Zellen exprimiert werden. Außerdem erkennen sie antikörpermarkierte Zellen, indem sie diese mit ihren Fc-Rezeptoren binden. Zur Bekämpfung infizierter Zellen schütten NK-Zellen u. a. Perforine aus, was zur Bildung von Löchern in der Zellwand der befallenen Zelle mit nachfolgendem Zelltod führt.

## Emigration und Phagozytose

▶ Definitionen.

▶ **Definitionen.**

- **Emigration** ist die im Rahmen von Entzündungsreaktionen stattfindende Einwanderung von Phagozyten aus dem Blutkreislauf ins Gewebe.
- Als **Phagozytose** bezeichnet man die Aufnahme fester Partikel (Antigene wie Mikroorganismen, Zelltrümmer oder Fremdkörper) in das Zellinnere von Phagozyten (Granulozyten, Monozyten, Makrophagen) mit anschließendem intrazellulärem Abbau (Abb. **7.5**).

▶ Merke.

▶ **Merke.** Die Phagozytose ist der zentrale Mechanismus des unspezifischen zellulären Abwehrsystems.

**Emigration:** Zur Phagozytose müssen zahlreiche Phagozyten aus dem Blutkreislauf ins Gewebe einwandern **(Emigration)**. Dazu setzen bereits vor Ort befindliche Leukozyten verschiedene Entzündungsmediatoren (u. a. Zytokine und Komplementfaktoren) frei, die weitere Phagozyten anlocken **(Chemotaxis)**. Histamin, Bradykinin und Prostaglandine führen zu einer lokalen Vasodilatation mit Verlangsamung des Blutflusses, wobei Zellen vermehrt an die Gefäßwand gedrängt werden **(Margination)**. Durch die Expression von Adhäsionsmolekülen und den verlangsamten Blutfluss können Leukozyten durch Rollen am Endothel anheften **(Adhäsion**, Abb. **7.5)**. Durch **Chemokine** des Endothels werden Leukozyten aktiviert, flachen ab und haften

**Emigration:** Leukozyten „wandern" permanent durch praktisch alle Bereiche des menschlichen Körpers. Um im Rahmen einer Entzündungsreaktion im Gewebe Antigene phagozytieren zu können, müssen zahlreiche Phagozyten aus dem Blutkreislauf ins Gewebe einwandern **(Emigration)**. Dazu setzen Leukozyten, die sich zufällig gerade am Ort der Entzündung befinden, einer Reihe verschiedener Entzündungsmediatoren (u. a. Zytokine, s. Tab. **7.3**, und Komplementfaktoren, s. S. 202) frei, die weitere Phagozyten anlocken **(Chemotaxis)**. Die Entzündungsmediatoren Histamin und Bradykinin (aus Mastzellen oder basophilen Granulozyten, s. S. 198) und Prostaglandine (aus neutrophilen Granulozyten, s. S. 197) führen zu einer lokalen Vasodilatation mit Verlangsamung des Blutflusses, wobei Zellen vermehrt an die Gefäßwand gedrängt werden **(Margination)**. Durch die Freisetzung von TNF-α und IL-1 (aus Makrophagen, s. S. 199) wird die Expression von Adhäsionsmolekülen auf Endothelzellen in der Entzündungsumgebung gefördert, was gemeinsam mit dem verlangsamten Blutfluss die Wahrscheinlichkeit erhöht, dass Leukozyten durch Rollen am Endothel anheften **(Adhäsion)**. Abb. **7.5** zeigt

**7.5 Aktivierung von Leukozyten**

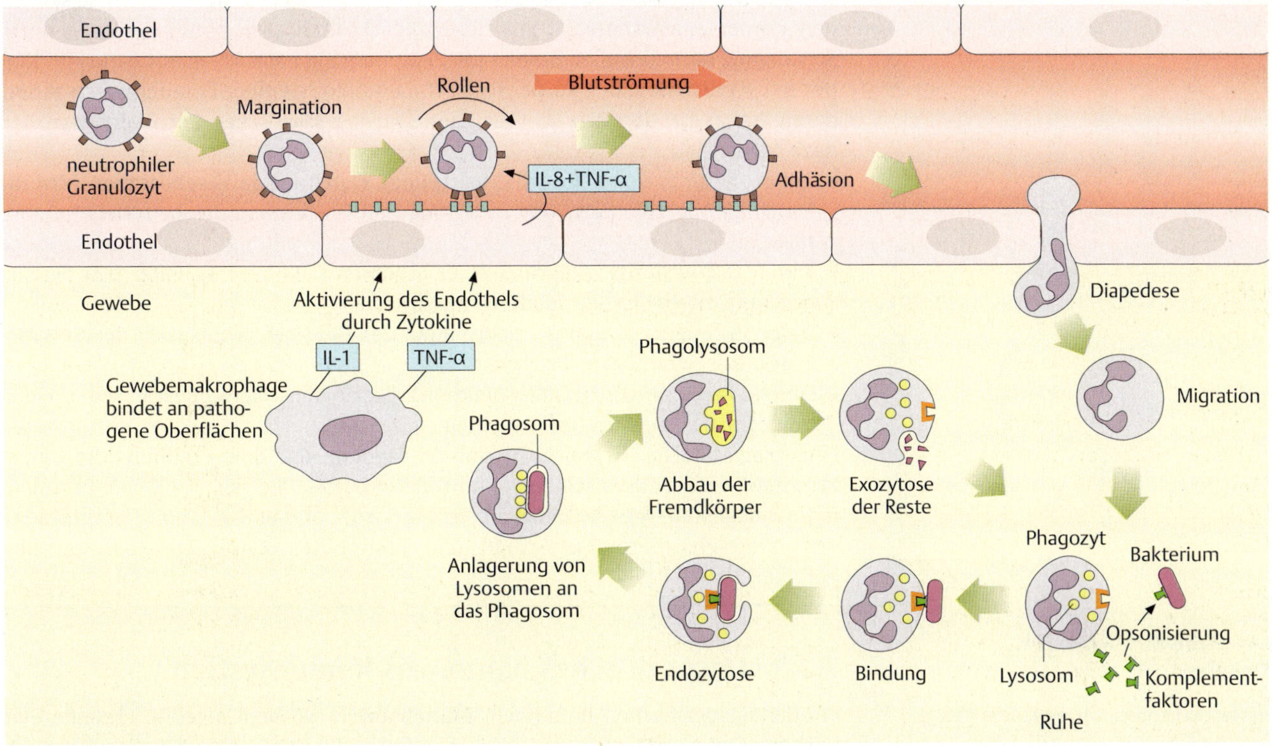


Schematische Darstellung von Adhäsion, Diapedese und Migration eines neutrophilen Granulozyten und anschließender Phagozytose eines opsonierten Fremdkörpers.

diesen Vorgang schematisch am Beispiel eines neutrophilen Granulozyten. Auch das Endothel sezerniert chemotaktisch aktive Substanzen **(Chemokine)**, wie z. B. TNF-α und IL-8. Die Chemokine aktivieren Leukozyten, woraufhin diese ihre Form ändern, abflachen und dadurch besser gegen Abscherung durch den Blutstrom geschützt sind. IL-8 und der Komplementfaktor C5a begünstigen den amöboiden Durchtritt **(Diapedese)** der Leukozyten durch die Gefäßwand ins Gewebe und das nachfolgende Wandern zum Entzündungsort **(Migration)**.

dadurch besser an der Gefäßwand. IL-8 und C5a begünstigen **Diapedese** und **Migration**.

▶ **Merke.** Durch die Sekretion von **Entzündungsmediatoren** verstärkt sich das Immunsystem am Ort der Entzündung selbst.

▶ **Merke.**

**Phagozytose:** Erkennt ein Phagozyt einen opsonierten Fremdkörper, bindet er diesen und endozytiert ihn anschließend, indem er ihn nach und nach mit seinen Pseudopodien (Membranausstülpungen) umschlingt. Den vollständig endozytierten und von der abgeschnürten Plasmamembran umgebenen Fremdkörper bezeichnet man als **Phagosom.** An dieses Phagosom lagern sich Lysosomen an, die verschiedene Enzyme enthalten. Durch Verschmelzung der Zellmembranen von Phago- und Lysosom entsteht das **Phagolysosom**, in dem das aufgenommene Fremdkörpermaterial abgebaut wird. Die Reste werden mittels Exozytose wieder aus dem Phagozyten hinaus befördert, der anschließend erneut zur Phagozytose zur Verfügung steht.

**Phagozytose:** Erkennt ein Phagozyt einen opsonierten Fremdkörper, bindet er diesen und endozytiert ihn anschließend. Der vollständig endozytierte Fremdkörper ist von der abgeschnürten Plasmamembran umgeben. Dieses sog. **Phagosom** verschmilzt mit Lysosomen zum **Phagolysosom**, in dem das aufgenommene Fremdkörpermaterial abgebaut wird.

▶ **Merke.** Unter **Opsonisierung** versteht man die Anlagerung von Antikörpern, Komplementfaktoren oder C-reaktivem Protein an körperfremde Zellen, wodurch diese von Phagozyten leichter erkannt und phagozytiert werden können.

▶ **Merke.**

▶ Klinik.

▶ **Klinik.** Unter einer **Entzündung** versteht man die Antwort des betroffenen Gewebes auf einen schädlichen Reiz. Ein solcher Reiz kann entweder von außen auf den Körper einwirken (z.B. Eindringen von Mikroorganismen) oder auch durch Schädigung körpereigener Zellen (z.B. Zelluntergang nach Myokardinfarkt) im Körper selbst entstehen. Der Körper reagiert daraufhin mit einer Entzündungsreaktion, deren Ziel es ist, den Reiz zu beseitigen. Die sog. **klassischen Entzündungszeichen nach Celsus** sind:

- **Rubor** (Rötung) und **Calor** (Überwärmung): Durch lokale Vasodilatation wird die Durchblutung gefördert, was zu Rötung und Erwärmung des betroffenen Areals führt.
- **Tumor** (Schwellung): Aufgrund einer erhöhten Gefäßpermeabilität tritt Flüssigkeit ins Gewebe aus, das dadurch anschwillt.
- **Dolor** (Schmerz): Durch die Schwellung des Gewebes erhöht sich der Gewebedruck, was Schmerzen verursacht.
- **Functio laesa** (eingeschränkte Funktion): Entzündetes Gewebe ist in seiner Funktion oftmals erheblich beeinträchtigt.

Labordiagnostische Hinweise auf eine Entzündung sind eine Erhöhung der Leukozytenzahl, eine Linksverschiebung im Differenzialblutbild (s.S. 174), eine beschleunigte Blutsenkungsgeschwindigkeit (BSG, s.S. 167) und eine erhöhte Konzentration von Akute-Phase-Proteinen (CRP) und bestimmten Zytokinen (IL-6) im Blut (s.S. 195).

7.2.2 Unspezifisches humorales Immunsystem

Hier spielen folgende Proteine eine wichtige Rolle:
- das Komplementsystem,
- Lysozym und
- Akute-Phase-Proteine.

Komplementsystem

Das Komplementsystem besteht aus mehreren Proteinen, den sog. **Komplementfaktoren C1–C9**, die sich kaskadenartig gegenseitig aktivieren (s.u.). Es nimmt eine zentrale Rolle bei der unspezifischen humoralen Immunabwehr ein.

Funktion

Hierzu gehören:
- Lyse von Krankheitserregern,
- Anlocken/Aktivierung von Leukozyten,
- Steigerung der Gefäßpermeabilität und
- Opsonisierung.

Komplementaktivierung

Es gibt **3 Wege** (Abb. **7.6**):
- **Klassische Aktivierung:** Aktivierung der Kaskade durch Bindung von Antigen-Antikörper-Komplexen an Faktor C1. Über mehrere Zwischenschritte mit Bildung verschiedener Komplexe wird schließlich Faktor C5 proteolytisch gespalten. Das dabei entstehende C5b initiiert die Bildung des sog. **Membranangriffskomplexes**, der eine Pore in der Erregermembran bildet mit nachfolgendem Zelltod.
- **Alternative Aktivierung:** Aktivierung von Faktor C3 durch bakterielle Oberflächen-

## 7.2.2 Unspezifisches humorales Immunsystem

Bei der unspezifischen humoralen Immunabwehr spielen folgende Proteine eine wichtige Rolle:
- das Komplementsystem,
- Lysozym und
- Akute-Phase-Proteine.

### Komplementsystem

Das Komplementsystem nimmt eine zentrale Rolle bei der unspezifischen humoralen Immunabwehr ein. Es besteht aus mehreren Proteinen, den sog. **Komplementfaktoren C1–C9**, die sich kaskadenartig gegenseitig aktivieren (s.u.). Seinen Namen hat es aufgrund der Beobachtung bekommen, dass Antikörper in seiner Anwesenheit Bakterien besser abtöten können, also von Komplement ergänzt bzw. komplementiert werden.

#### Funktion

Zu den Aufgaben des Komplementsystems gehören:
- Lyse von Krankheitserregern (Bildung einer Pore in der Erregermembran, was zu dessen Tod führt),
- Anlocken und Aktivierung verschiedener Leukozyten,
- Steigerung der Gefäßpermeabilität und
- Opsonisierung von Krankheitserregern bzw. Fremdkörpern durch Anlagerung von C3b an Antigen-Antikörper-Komplexe.

#### Komplementaktivierung

Das Komplementsystem kann über die folgenden **drei Wege** aktiviert werden, die in Abb. **7.6** schematisch dargestellt sind:
- **Klassische Aktivierung:** Hier wird Faktor C1 durch Bindung von Antigen-Antikörper-Komplexen an die C1q-Untereinheit aktiviert. Durch eine Konformationsänderung kann C1s daraufhin C2 und C4 proteolytisch spalten. Der Komplex aus C2b und C4b spaltet schließlich C3, wodurch der zentrale Faktor C3b entsteht. Über mehrere Zwischenschritte mit Bildung verschiedener Komplexe wird schließlich Faktor C5 proteolytisch gespalten. Das daraus entstehende C5b initiiert die Bildung des sog. **Membranangriffskomplexes** aus C5b, C6, C7, C8 und 10 bis 16 Molekülen C9. Dieser bildet eine Pore in der Erregermembran, wodurch eine Lyse mit nachfolgendem Erregertod induziert wird.

**7.6 Komplementaktivierung**

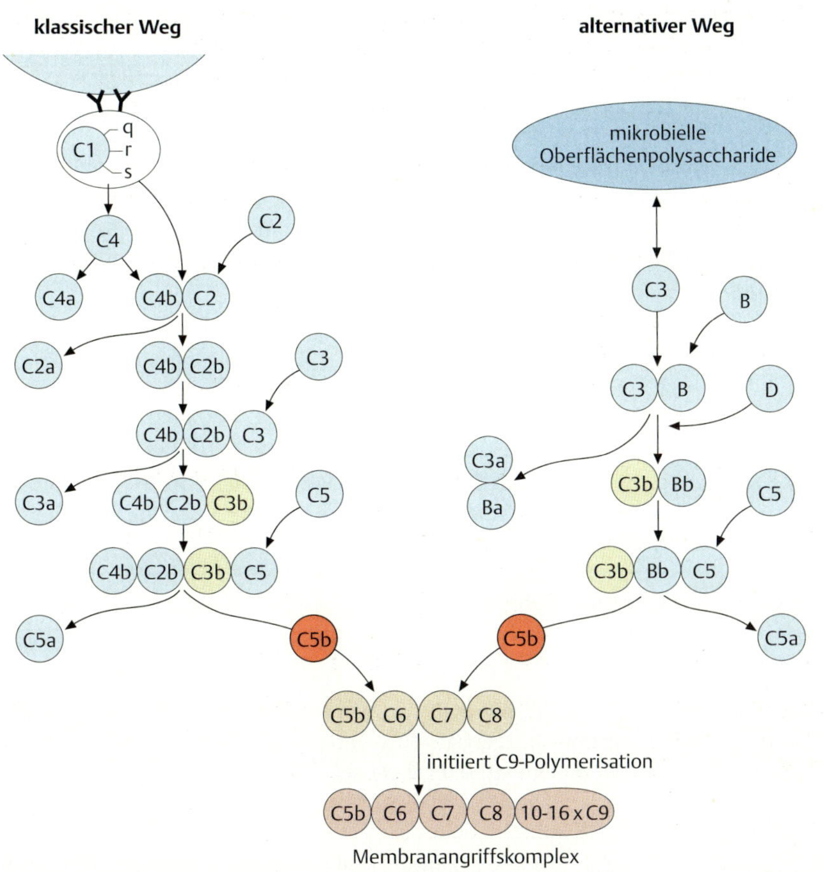


Klassischer und alternativer Weg der Komplementaktivierung durch proteolytische Spaltung der jeweiligen Komplementfaktoren: Bis zur Generierung des Faktors C5b unterscheiden sich die Abläufe des **klassischen** und des **alternativen Weges**. Mit der Entstehung von C5b münden die beiden Wege in eine **gemeinsame Endstrecke**, die zur Bildung des **Membranangriffskomplexes** führt.

- **Alternative Aktivierung:** Hier wird Faktor C3 durch bakterielle Oberflächenpolysaccharide aktiviert. Unter Beteiligung der Kofaktoren B und D spaltet C3b proteolytisch C5. Der weitere Verlauf entspricht dem klassischen Weg: C5b initiiert die Bildung des Membranangriffskomplexes, der zur Entstehung einer Pore in der Erregermembran mit nachfolgendem Zelltod führt.
- **Mannosebindender oder Lektin-Weg:** Dieser Weg wird in akuten Entzündungsphasen aktiviert. Während einer Entzündung werden proinflammatorische mannosebindende Proteine gebildet, die pathogene bakterielle Oberflächen opsonieren (markieren). Dadurch können sie zur Spaltung der Faktoren C2 und C4 führen, was in den **klassischen Aktivierungsweg** mündet.

polysaccharide. Unter Beteiligung der Kofaktoren B und D spaltet C3b C5 → **klassischer Weg**.

- **Mannosebindender/ Lektin-Weg:** Während akuter Entzündungen opsonieren proinflammatorische mannosebindende Proteine pathogene bakterielle Oberflächen und können so zur Spaltung von C2 und C4 führen → **klassischer Weg**.

Die bei der Spaltung der verschiedenen Faktoren entstehenden Untereinheiten, welche die Kaskade anschließend verlassen, werden mit **„a"** bezeichnet. C2a (ein Vorläufer des vasoaktiven C2-Kinins), C3a, C4a und C5a steigern allesamt die **Gefäßpermeabilität**, C3a, C5a und in geringerem Maße auch C4a induzieren als Entzündungsmediatoren die Freisetzung von Histamin und locken Leukozyten an **(Chemotaxis)**.

Die bei der Spaltung der verschiedenen Faktoren entstehenden Untereinheiten C2a, C3a, C4a und C5a steigern die **Gefäßpermeabilität**, C3a, C5a und in geringerem Maße auch C4a setzen Histamin frei und locken Leukozyten an **(Chemotaxis)**.

**▶ Merke.**

- Die **klassische Aktivierung** erfolgt durch Bindung von Antigen-Antikörper-Komplexen – somit verbindet das Komplementsystem das unspezifische mit dem spezifischen Abwehrsystem.
- **Faktor C3b** spaltet C5 proteolytisch und gilt als zentraler Faktor der Komplementkaskade, da hier die klassische und die alternative Aktivierung zusammenlaufen. Außerdem opsoniert C3b auch selbst pathogene Mikroorganismen, die dann von phagozytierenden Leukozyten über den C3b-Rezeptor erkannt und phagozytiert werden.

**▶ Merke.**

- Die in der Kaskade verbleibenden, teilweise proteolytisch aktiven Untereinheiten werden mit **„b"** bezeichnet. Die mit **„a"** bezeichneten Untereinheiten verlassen die Kaskade und haben hauptsächlich chemotaktische und leukozytenaktivierende Funktionen.

Lysozym

**Vorkommen:**
- Freisetzung aus den Granula phagozytierender Zellen
- Nasen- und Rachenschleimhäute
- hochkonzentriert in Tränenflüssigkeit.

**Funktion:** Es spaltet Mukopolysaccharide auf grampositiven Bakterien und macht deren Wand undicht → Zelltod.

### Lysozym

**Vorkommen:** Das Enzym Lysozym wird beim Zerfall phagozytierender Zellen (Granulozyten und Makrophagen) aus deren Granula freigesetzt. Ferner kommt es in den Schleimhäuten des Nasen-Rachen-Raums und in hoher Konzentration in der Tränenflüssigkeit vor. In die Tränenflüssigkeit gelangt es durch transepithelialen Transport.

**Funktion:** Durch Spaltung von Mukopolysacchariden auf der Zellwand grampositiver Bakterien kann es deren Wand undicht machen, woraufhin die Bakterien absterben.

Akute-Phase-Proteine

► Definition.

### Akute-Phase-Proteine

► **Definition.** Unter dem Begriff **Akute-Phase-Proteine** fasst man Plasmaproteine zusammen, die schon früh nach Beginn einer Entzündung in vermehrter Konzentration im Blut zirkulieren.

**Herkunft:** Bei größeren Entzündungsreaktionen wird die Leber durch Zytokine (u. a. IL-6) zur Bildung von Akute-Phase-Proteinen stimuliert.

**Funktion: C-reaktives Protein (CRP)** opsoniert Oberflächenstrukturen auf Bakterien → Aktivierung des Komplementsystems → Lyse.

**Herkunft:** Im Rahmen größerer Entzündungsreaktionen wird die Leber durch Zytokine (u.a. IL-6), die von aktivierten Makrophagen oder auch Fibroblasten freigesetzt werden, zur Bildung von Akute-Phase-Proteinen stimuliert.

**Funktion:** Das **C-reaktive Protein (CRP)** ist der bekannteste Vertreter der Akute-Phase-Proteine. Es opsoniert Oberflächenstrukturen auf Bakterien und kennzeichnet diese für das Komplementsystem, dessen Aktivierung dann zur Lyse der Bakterien führt.

► Klinik.

► **Klinik.** Die Konzentrationsbestimmung von **C-reaktivem Protein (CRP)** im Blut ist in der Klinik eine wichtige Methode zur Diagnostik und Verlaufskontrolle (z.B. unter Antibiotikatherapie) von Entzündungen. Das CRP (Referenzwert <0,5 mg/dl) steigt ca. 6–10 Stunden nach Krankheitsbeginn an und hat eine HWZ von ca. 24 Stunden. Aufgrund der HWZ misst man bei einer bereits wieder rückläufigen Entzündung anfangs noch einen erhöhten (oder evtl. sogar noch ansteigenden) CRP-Wert („CRP hinkt hinterher"). Deshalb ist es wichtig, sich neben dem CRP-Wert auch immer an der klinischen Symptomatik des Patienten zu orientieren (Aussehen, Temperatur etc.). Wichtig zu wissen ist auch, dass akute unkomplizierte Virusinfektionen nicht zu einem CRP-Anstieg führen müssen, andererseits jedoch differenzialdiagnostisch auch maligne Erkrankungen oder ein akuter Herzinfarkt zu einem CRP-Anstieg führen können.
Ein noch sensiblerer Parameter zur Diagnostik von Entzündungen ist das sofort ansteigende **IL-6**, das die CRP-Bildung in der Leber induziert.

7.3 Spezifisches Immunsystem

Das spezifische (erworbene) Immunsystem wird verzögert aktiv, erkennt selektiv bestimmte Oberflächenstrukturen und kann diese durch klonale Vermehrung spezieller Zellen (s. S. 211) gezielt angreifen. Außerdem entwickelt es Gedächtniszellen (→ Immunität, s. S. 219).

Es besitzt einen zellulären und einen humoralen Anteil (s. auch Tab. **7.2**, S. 194).

## 7.3 Spezifisches Immunsystem

Während das unspezifische (angeborene) Immunsystem eine schnelle Immunantwort gegen ein breites Spektrum von Pathogenen ermöglicht, wird das spezifische (erworbene) Immunsystem verzögert aktiv. Es besitzt jedoch eine hohe Spezifität: Es erkennt selektiv bestimmte Oberflächenstrukturen und kann diese durch klonale Vermehrung spezieller Zellen (s. S. 211) ganz gezielt angreifen. Eine weitere wichtige Fähigkeit des spezifischen Immunsystems ist die Entwicklung von sog. Gedächtniszellen (→ Immunität, s. S. 219).
Dem spezifischen Immunsystem stehen die nachfolgend beschriebenen zellulären und humoralen Mechanismen zur Verfügung (s. auch Tab. **7.2**, S. 194).

## 7.3.1 Spezifisches zelluläres Immunsystem

Für die spezifische zelluläre Immunabwehr sind die **T-Lymphozyten** verantwortlich. Sie besitzen auf ihrer Oberfläche antigenspezifische Rezeptoren (T-Zell-Rezeptoren, TZR, s. S. 207), mit denen sie Antigene erkennen können, die ihnen über sog. MHC-Moleküle (s. u.) präsentiert werden. Durch Bindung an die MHC-Moleküle werden die T-Lymphozyten aktiviert, woraufhin sie proliferieren (klonale Expansion, s. S. 211) und sich in T-Helferzellen oder zytotoxische T-Zellen (T-Killerzellen) differenzieren (s. S. 209).

**7.3.1 Spezifisches zelluläres Immunsystem**

Hierfür sind die **T-Lymphozyten** verantwortlich, die sog. T-Zell-Rezeptoren (TZR, s. S. 207) besitzen, mit denen sie spezifisch auf MHC-Molekülen (s. u.) präsentierte Antigene erkennen können. Daraufhin proliferieren sie und differenzieren sich zu T-Helfer- und T-Killerzellen (s. S. 209).

**▶ Klinik.** Die T-Zell-abhängige Immunantwort ist einer der zentralen Prozesse der erworbenen Immunabwehr. Da über die T-Zellen auch die B-Zellen aktiviert werden, liegt ohne T-Zell-Funktionalität (z. B. bei Fehlen der MHC-Moleküle und Defekten von Bestandteilen der T-Zell-Rezeptoren, s. u. bzw. S. 207) ein **schwerer kombinierter Immundefekt („severe combined immunodeficiency", SCID)** vor. Betroffene Kinder werden gleich in den ersten Lebenswochen durch schwere und rezidivierende Infektionen durch „normale" Krankheitserreger oder Opportunisten (fakultativ pathogene Mikroorganismen, die bei Immunschwäche Krankheiten hervorrufen können; häufig Keime der Normalflora) auffällig. Ohne Maßnahmen zur Verhinderung von Infektionen führt dieser Immundefekt innerhalb des ersten Lebensjahres zum Tod.

**▶ Klinik.**

### MHC(major histocompatibility complex)-Moleküle

**MHC(major histocompatibility complex)-Moleküle**

**▶ Synonym.** HLA(human leucocyte-associated antigens)-Moleküle.

**▶ Synonym**

#### Synthese und Aufgabe

MHC-Moleküle sind Multi-Protein-Komplexe, die permanent im **rauen endoplasmatischen Retikulum** (rER) synthetisiert werden. In einem sog. Loading compartment (welches wahrscheinlich ein Teil des ER ist) binden sie Teilstrukturen von Antigenen, die zuvor phagozytiert und in einem Endolysosom (entsteht durch Verschmelzung von Endosomen mit Lysosomen) in ihre Bestandteile zerlegt wurden (Abb. **7.7**). So entstehen sog. **MHC-Antigen-Komplexe**, die in Vesikeln an die Zelloberfläche gelangen und dort präsentiert werden. Nur wenn sie über MHC-

**Synthese und Aufgabe**

MHC-Moleküle sind Multi-Protein-Komplexe, die permanent im **rER** synthetisiert werden und Teilstrukturen von Antigenen binden (Abb. **7.7**). Diese **MHC-Antigen-Komplexe** gelangen in Vesikeln an die Zelloberfläche, wo sie präsentiert werden. Nur so können **T-Zellen** diese Antigene erkennen, binden mit ihrem antigenspezifischen Rezeptor (s. S. 207)

**7.7 Antigenprozessierung und MHC-II-Präsentation**

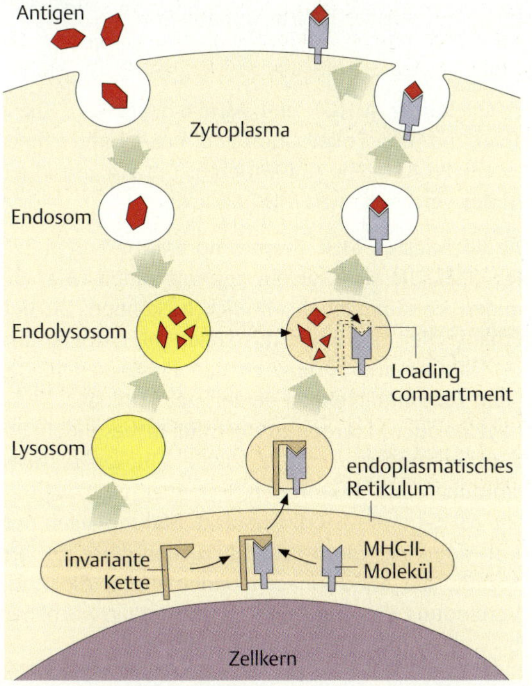


Antigene werden phagozytiert und im Endolysosom in Peptide zerlegt (= Antigenprozessierung). Antigenfragmente, die im „Loading compartment" ein passendes MHC-Molekül binden, werden automatisch an die Zelloberfläche gebracht und dort für T-Zellen präsentiert.

**7.7**

**7.8 Struktur der MHC-Moleküle**

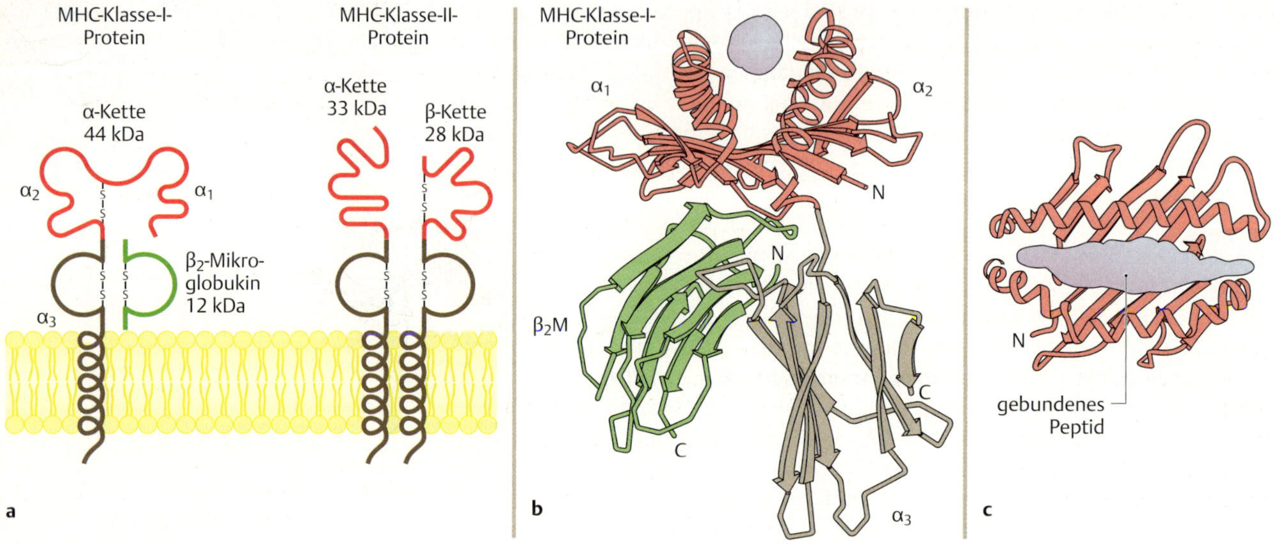


**a** Schematische Darstellung. **b** Seitenansicht eines MHC-I-Moleküls. **c** Aufsicht auf ein MHC-I-Molekül.

an den MHC-Antigen-Komplex und werden dadurch **aktiviert**.

Moleküle präsentiert werden, können **T-Zellen** die jeweiligen Antigene erkennen, binden mit ihrem antigenspezifischen Rezeptor (s. S. 207) an den MHC-Antigen-Komplex und werden dadurch **aktiviert**.

Durch die enorme Anzahl von Polymorphismen in der Bindungsstelle der MHC-Moleküle können zahlreiche verschiedene Antigene gebunden werden.

Die große Vielfalt der möglichen Bindungen von Antigenen an MHC-Moleküle kommt durch die enorme Anzahl von Polymorphismen in der Bindungsstelle der MHC-Moleküle zustande, welche durch eine Vielzahl verschiedener Allele bedingt ist.

▶ Merke.

▶ Merke. Die **MHC-Moleküle** binden Antigene und dienen an der Zelloberfläche im Wesentlichen als Liganden für die antigenspezifischen T-Zell-Rezeptoren (TZR, s. S. 207). Durch Bindung von MHC-Antigen-Komplexen werden die T-Zellen aktiviert.

MHC-Moleküle bestimmen wesentlich die Verträglichkeit eines Transplantats zwischen Individuen einer Spezies (**Histokompatibilität**, s. S. 212).

Die MHC-Moleküle wurden erstmals bei genetischen Untersuchungen zur Transplantatabstoßung entdeckt: Sie bestimmen wesentlich die Verträglichkeit eines Transplantats zwischen Individuen einer Spezies (**Histokompatibilität**, s. S. 212).

## Arten von MHC-Molekülen

Es gibt zwei Arten von MHC-Molekülen: **MHC-I** und **MHC-II** (Abb. **7.8**, Tab. **7.4**).

## Arten von MHC-Molekülen

Es gibt zwei Arten von MHC-Molekülen: **MHC-I** und **MHC-II** (Abb. **7.8**). Diese unterscheiden sich in ihrem Aufbau und ihrer Lokalisation und haben unterschiedliche Zielzellen, denen sie die jeweiligen Antigene präsentieren. Tab. **7.4** gibt einen Überblick über die Eigenschaften der verschiedenen MHC-Moleküle.

**MHC-II-präsentierende Zellen:** Die wichtigsten MHC-II-antigenpräsentierenden Zellen sind die **dendritischen Zellen (DZ)**. Makrophagen und B-Zellen besitzen ebenfalls MHC-II-Moleküle.

**MHC-II-präsentierende Zellen:** Die wichtigsten MHC-II-antigenpräsentierenden Zellen sind die **dendritischen Zellen (DZ)**, die sich sowohl aus myeloiden (u. a. aus Makrophagen) als auch lymphoiden Vorläuferzellen entwickeln können. Zu den myeloiden DZ zählen die Langerhanszellen der Epidermis sowie interstitielle und mukosale DZ. Die lymphoiden DZ ähneln morphologisch den Plasmazellen. Der Ursprung der follikulären DZ in den Lymphfollikeln ist derzeit noch unklar.

DZ nehmen Antigene über Phagozytose oder Makropinozytose auf. Bei einer Entzündung wird durch proinflammatorische Zytokine über eine weitere Reifung der DZ die Expression von MHC-I und MHC-II verstärkt.

DZ nehmen Antigene über Phagozytose oder Makropinozytose auf. Insbesondere bei einer Entzündung wird durch proinflammatorische Zytokine (Tumor-Nekrose-Faktor α [TNF-α] und koloniestimulierende Faktoren [CSF]) über eine weitere Reifung der DZ die Expression von MHC-I und MHC-II verstärkt. Makrophagen und B-Zellen besitzen ebenfalls MHC-II-Moleküle: Die B-Zellen brauchen diese für den Kontakt mit T-Helferzellen (s. S. 213), die Makrophagen bilden durch die Antigenpräsentation eine wichtige Verbindung des angeborenen mit dem erworbenen Immunsystem.

**7.4 Eigenschaften von MHC-I- und MHC-II-Molekülen**

| | | *MHC-I* | *MHC-II* |
|---|---|---|---|
| **Genloci** | | HLA-A, HLA-B, HLA-C | HLA-DR, HLA-DP, HLA-DQ |
| | | Für jeden Genlocus existieren in der Bevölkerung so viele verschiedene Allele, dass kaum ein Mensch einem anderen exakt bezüglich des Gesamtmusters der MHC-Komplexe gleicht. | |
| **Aufbau** | | α-Kette mit vier verschiedenen Teilbereichen:<br>▪ polymorphe Peptidbindungsstelle (Domäne 1 und 2)<br>▪ extrazelluläre nicht polymorphe Domäne 3 mit CD8-Bindungsstelle<br>▪ Transmembranregion<br>▪ zytoplasmatische Domäne.<br>Die α-Kette ist zusätzlich nicht-kovalent an $\beta_2$-Mikroglobulin gebunden. | Heterodimer aus einer α- und einer β-Kette. Beide Ketten sind an der Bindung des Antigens beteiligt und bestehen aus je einer<br>▪ polymorphen Peptidbindungsstelle (Domäne $\alpha_1$ bzw. $\beta_1$)<br>▪ extrazellulären nicht polymorphen Domäne $\alpha_2$ und $\beta_2$ mit CD4-Bindungsstelle (an $\beta_2$)<br>▪ Transmembranregion<br>▪ zytoplasmatischen Domäne. |
| **Lokalisation** | | auf fast allen kernhaltigen Zellen und Thrombozyten;<br>kaum auf Erythrozyten und Nervenzellen | auf dendritischen Zellen (s. S. 206), Monozyten, Makrophagen, B-Lymphozyten |
| **präsentierte Antigene** | | Antigene, die durch Proteinabbau im Zytosol entstehen (<30 AS lang) | durch Endozytose in Vesikel (Endosomen) aufgenommene Antigene (<30 AS lang) |
| **Zielzelle der Ag-Präsentation** | | $CD8^+$-T-Zellen | $CD4^+$-T-Zellen |
| **Effekt** | 1. Antigenkontakt der Zielzellen (s. S. 209) | Aktivierung von $CD8^+$-T-Zellen → Differenzierung zu zytotoxischen T-Zellen (T-Killerzellen) | Aktivierung von $CD4^+$-T-Zellen → Differenzierung zu T-Helferzellen ($T_H$-Zellen) |
| | 2. Antigenkontakt der Zielzellen (s. S. 212) | Freisetzung von Zytotoxinen durch die zytotoxischen T-Zellen → Abtötung befallener Zellen | $T_H$-Zell-abhängige Aktivierung von B-Lymphozyten → Differenzierung zu Plasmazellen → Produktion von Antikörpern;<br>$T_H$-Zell-abhängige Aktivierung von Makrophagen |

## T-Zell-Rezeptor (TZR)

Die T-Zellen tragen auf ihrer Oberfläche einen antigenspezifischen Rezeptor, den sog. T-Zell-Rezeptor (TZR), mit dem sie an die verschiedenen MHC-Antigen-Komplexe binden können. Zusätzlich zum TZR exprimieren sie einen der Korezeptoren CD4 und CD8 (s. S. 209).

### Aufbau und Funktion

Der TZR ist ein Heterodimer aus normalerweise einer α- und einer β-Transmembrandomäne, welches mit einem Homodimer aus ζ-Ketten sowie dem Oberflächenrezeptor CD3 (bestehend aus einer γ-, einer δ- und zwei ε-Ketten) assoziiert ist (Abb. **7.9**). Die α- und β-Untereinheiten dieses **TZR/CD3-Rezeptorkomplexes** bilden den zentralen variablen Anteil der Antigen-Bindungsstelle, mit dem das Antigen erkannt und gebunden wird. Die peripheren Anteile interagieren bei Bindung eines MHC-Antigen-Komplexes mit dem MHC-Komplex.
Eine kleine Minderheit von T-Zellen, die statt eines αβ-Heterodimers ein γδ-Heterodimer besitzt, hat wahrscheinlich hauptsächlich regulatorische Funktionen.

### Synthese

Die aus dem Knochenmark ausgetretenen T-Vorläuferzellen besitzen noch keinen TZR und auch noch keine CD4- und CD8-Korezeptoren. Sie werden zunächst auf dem Blutweg in den Thymus transportiert, wo sie reifen und geprägt werden: Während die T-Zellen in der subkapsulären Zone des Thymus proliferieren, beginnt auch die **TZR-Synthese** mittels Gen-Rekombination. Die unterschiedliche Anordnung der sog. V-, D- und J-Gensegmente, aus denen die variablen Domänen der α- und β-Ketten aufgebaut sind, bedingt eine Vielzahl verschiedener TZR. Die Gensegmente werden dabei zufällig (antigenunabhängig) kombiniert, woraus theoretisch über $10^{15}$ verschiedene TZR, also eine größere Zahl unterschiedlicher TZR als es Antikörper gibt, entstehen können.
Neben den TZR werden in der subkapsulären Zone des Thymus in jeder T-Zelle auch die **CD4- und CD8-Korezeptoren** synthetisiert.

**T-Zell-Rezeptor (TZR)**

T-Zellen tragen auf ihrer Oberfläche einen sog. T-Zell-Rezeptor (TZR) und einen der Korezeptoren CD4 und CD8 (s. S. 209).

**Aufbau und Funktion**

Ein TZR besteht normalerweise aus einem Heterodimer aus einer α- und einer β-Kette (→ bilden die Antigen-Bindungsstelle), einem Homodimer aus ζ-Ketten und dem Oberflächenrezeptor CD3 (**TZR/CD3-Rezeptorkomplex**, Abb. **7.9**). Die peripheren Anteile interagieren bei Bindung eines MHC-Antigen-Komplexes mit dem MHC-Komplex.

**Synthese**

Die aus dem Knochenmark ausgetretenen T-Vorläuferzellen besitzen weder einen TZR noch CD4- und CD8-Korezeptoren. Im Thymus reifen sie und werden geprägt und dort beginnt auch die **TZR-Synthese** mittels Gen-Rekombination (V-, D- und J-Gensegment). Neben den TZR werden in der subkapsulären Zone des Thymus in jeder T-Zelle auch die **CD4- und CD8-Korezeptoren** synthetisiert.

7.9

**7.9 Schematische Darstellung eines T-Zell-Rezeptorkomplexes**

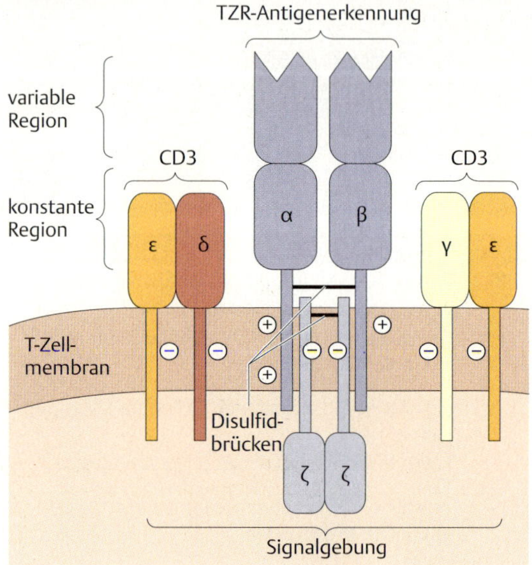


### Reifung der T-Lymphozyten

In der subkapsulären Region des Thymus entstehen zunächst sog. **doppelt positive Thymozyten**, die neben ihrem TZR-CD3-Rezeptorkomplex sowohl CD4 als auch CD8 exprimieren. Diese wandern zur weiteren Selektion in die Rindenregion des Thymus (Abb. **7.10**).

## Reifung der T-Lymphozyten

Aus den T-Vorläuferzellen ohne TZR, CD4 und CD8 (= **doppelt negative Thymozyten**) entstehen in der subkapsulären Region des Thymus zunächst sog. doppelt positive Thymozyten, die neben ihrem TZR-CD3-Rezeptorkomplex sowohl CD4 als auch CD8 exprimieren. Diese **doppelt positiven (CD4$^+$ *und* CD8$^+$) Thymozyten** wandern in die Rindenregion des Thymus, wo sie nacheinander einer positiven und einer negativen Selektion unterzogen werden (Abb. **7.10**). Ablauf und Sinn dieser Maßnahmen werden in den nachfolgenden Abschnitten besprochen.

### Positive Selektion

Hierbei wird geprüft, ob bei der Gen-Rekombination (s. S. 207) TZR entstanden sind, die **körpereigene MHC-Moleküle erkennen und binden** können. Thymozyten, die das nicht können werden eliminiert.

Im Laufe der positiven Selektion verlieren die Thymozyten entweder CD4 oder CD8 (→ **einfach positive Thymozyten**).

### Positive Selektion

Hierbei wird geprüft, ob bei der Gen-Rekombination (s. S. 207) TZR entstanden sind, die **körpereigene MHC-Moleküle erkennen und binden** können. Nur diejenigen Thymozyten, deren TZR dazu in der Lage sind, dürfen überleben (positive Selektion), da nur sie später erkennen können, ob das Antigen von einem körpereigenen MHC-Molekül präsentiert wird. Die übrigen Thymozyten werden eliminiert.
Im Laufe der positiven Selektion verlieren die Thymozyten entweder CD4 oder CD8 und werden dann als **einfach positive (CD4$^+$- *oder* CD8$^+$-) Thymozyten** bezeichnet.

### Negative Selektion

Hierbei wird geprüft, ob Thymozyten **ohne kostimulatorische Signale** (s. S. 210) **körpereigene Antigene erkennen**, die ihnen über MHC-I und -II präsentiert werden. Wenn ja, werden sie der Apoptose zugeführt.

### Negative Selektion

Bei der anschließenden negativen Selektion wird geprüft, ob Thymozyten **körpereigene Antigene erkennen**, die ihnen über MHC-I und -II im Wesentlichen von dendritischen Zellen präsentiert werden, **obwohl** die für die Aktivierung der Thymozyten eigentlich notwendigen **kostimulatorischen Signale** (s. S. 210) **fehlen**. Erkennen sie diese MHC-Antigen-Komplexe, werden die Thymozyten der Apoptose (sog. programmierter Zelltod) zugeführt.

▶ Merke.

▶ **Merke.** Durch die negative Selektion soll sichergestellt werden, dass das Immunsystem keine körpereigenen Strukturen angreift, es wird also eine sog. **Selbsttoleranz** induziert.

So selektionierte Thymozyten verlassen den Thymus über efferente Lymphgefäße und wandern in Lymphknoten, wo sie **naive (ruhende) T-Lymphozyten (T-Zellen)** auf ihre Aktivierung warten.

Die so selektionierten Thymozyten reifen weiter, verlassen den Thymus schließlich als **reife, naive Thymozyten** über efferente Lymphgefäße und wandern in die sekundären lymphatischen Organe, wo sie als **naive (ruhende) T-Lymphozyten (T-Zellen)** auf ihre Aktivierung warten.

**7.10 Entwicklung von T-Lymphozyten**

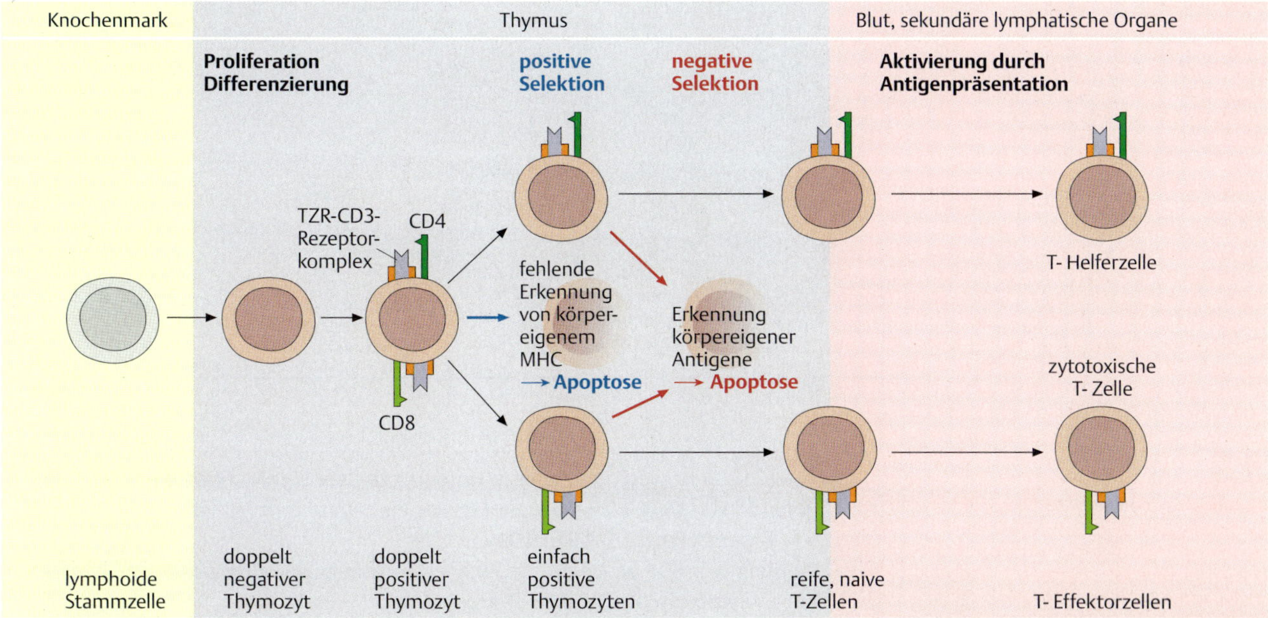


► **Klinik.** Unter **Autoimmunität** versteht man eine gegen körpereigene Strukturen gerichtete Immunreaktion (→ Bildung von entsprechenden Lymphozyten und Antikörpern) aufgrund einer nicht funktionierenden Selbsttoleranz. Die Entstehung von **Autoimmunerkrankungen** ist weitgehend unverstanden. Normalerweise werden T-Zellen, die gegen eigene Strukturen reagieren würden, bei der Reifung im Thymus eliminiert. Man nimmt an, dass infolge von Infektionen die **Selbsttoleranz ausgeschaltet** werden kann. Dies wäre denkbar, wenn während der Entzündung körperähnliche oder körpereigene Strukturen von dendritischen Zellen zusammen mit kostimulatorischen Signalen präsentiert würden. Eine weitere mögliche Ursache könnte das Versagen der negativen Selektion sein. Einige Autoimmunerkrankungen treten familiär gehäuft auf. Dabei hat man festgestellt, dass verschiedene Autoimmunerkrankungen mit spezifischen Eigenschaften des HLA-Systems assoziiert sind.

► **Klinik.**

## Erster Antigenkontakt – Aktivierung der T-Lymphozyten

### Prinzip

Naive Lymphozyten können normalerweise nicht in entzündetes Gewebe auswandern, sondern müssen ihr spezifisches Antigen in den sekundären lymphatischen Organen auf der Oberfläche einer spezialisierten Zelle (DZ, Makrophagen, B-Lymphozyten) an ein MHC-Molekül gebunden präsentiert bekommen. Dazu wandern die antigenpräsentierenden Zellen mit dem MHC-Antigen-Komplex auf ihrer Oberfläche in die sekundären lymphatischen Organe (z. B. Lymphknoten, Abb. **7.11**) ein, wo sie insbesondere in die T-Zell-reichen Areale (v. a. parakortikal) umverteilt werden. Dort kommen sie über Adhäsionsmoleküle mit einer immensen Anzahl von T-Lymphozyten in losen Kontakt, bis sie schließlich auf T-Zellen treffen, die mit ihrem TZR/CD3-Rezeptorkomplex den präsentierten MHC-Antigen-Komplex erkennen und binden. Gleichzeitig binden auch die Korezeptoren CD4 bzw. CD8 an den MHC-Antigen-Komplex: CD4 bindet an MHC-II und CD8 an MHC-I. Infolgedessen werden die naiven (ruhenden) Lymphozyten zur Proliferation angeregt und differenzieren sich weiter (s. Abb. **7.13**, S. 213): Die CD4-positiven Lymphozyten werden zu **T-Helferzellen**, die CD8-positiven zu **zytotoxischen T-Zellen (T-Killerzellen)**. Voraussetzung ist das gleichzeitige Vorhandensein eines zusätzlichen kostimulatorischen Signals (s. S. 210).
Ein Teil der T-Helfer- bzw. T-Killerzellen wird zu sog. **T-Gedächtniszellen** (memory T-cells), die für das „immunologische Gedächtnis" des Körpers wichtig sind (s. S. 218).

Erster Antigenkontakt – Aktivierung der T-Lymphozyten

Prinzip

Naive Lymphozyten müssen ihr spezifisches Antigen an ein MHC-Molekül gebunden präsentiert bekommen. Dazu wandern die antigenpräsentierenden Zellen in die sekundären lymphatischen Organe (z. B. Lymphknoten, Abb. **7.11**), wo sie auf T-Zellen treffen, die mit ihrem TZR/CD3-Rezeptorkomplex den präsentierten MHC-Antigen-Komplex erkennen und binden. Gleichzeitig binden die Korezeptoren CD4 an MHC-II bzw. CD8 an MHC-I. Infolgedessen werden die naiven (ruhenden) Lymphozyten zur Proliferation angeregt und differenzieren sich weiter zu **T-Helferzellen** (CD4⁺) bzw. **zytotoxischen T-Zellen (T-Killerzellen**; CD8⁺**)**. Voraussetzung ist ein zusätzliches kostimulatorisches Signal (s. S. 210 und Abb. **7.13**, S. 213).

Ein Teil der T-Helfer- bzw. T-Killerzellen wird zu sog. **T-Gedächtniszellen** (s. S. 218).

7.11

7.11 **Lymphknoten**

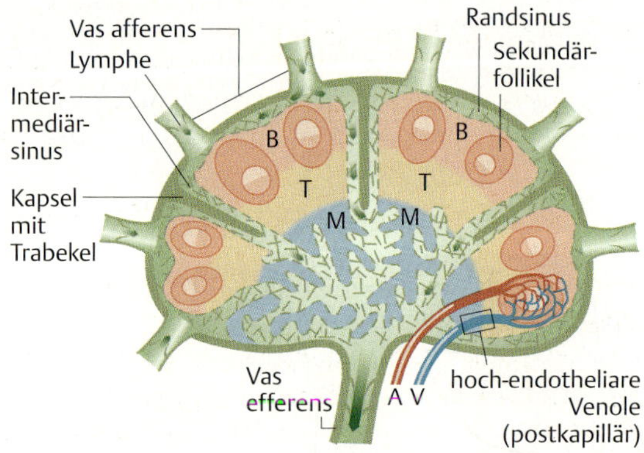


B = B-Zone = Kortex,
T = T-Zone = Parakortex,
M = Markstränge.

► Merke.

► **Merke.** In Anwesenheit eines kostimulatorischen Signals führt die
- Bindung von **MHC-II an CD4** zur Aktivierung von naiven (ruhenden) CD4-positiven Thymozyten zu **T-Helferzellen** und die
- Bindung von **CD8 an MHC-I** zur Aktivierung von naiven CD8-positiven Thymozyten zu **zytotoxischen T-Zellen (T-Killerzellen).**

T-Helferzellen und T-Killerzellen sind sog. **T-Effektorzellen.**

### T-Helferzell-Klassen

Die „bewaffneten" $CD4^+$-T-Effektorzellen (T-Helferzellen) kann man in drei verschiedene Klassen unterteilen: **$TH_0$-, $TH_1$-und $TH_2$-Zellen**.

### T-Helferzell-Klassen

Die „bewaffneten" $CD4^+$-T-Effektorzellen (T-Helferzellen) kann man in drei verschiedene Klassen unterteilen:
- **$TH_0$-Zellen** sind bereits aktivierte, aber (noch) undifferenzierte $CD4^+$-Lymphozyten (also undifferenzierte T-Helferzellen)
- **$TH_1$- und $TH_2$-Zellen** entwickeln sich unter dem Einfluss bestimmter Interleukine aus den $TH_0$-Zellen.

**IL-12** fördert die Differenzierung zu **$TH_1$-Zellen**, während **IL-4** die Differenzierung zu **$TH_2$-Zellen** unterstützt.

Welche T-Helferzellpopulation bevorzugt gebildet wird, hängt wahrscheinlich wesentlich von der Konzentration verschiedener Zytokine in der Umgebung der T-Zellen ab. **IL-12** fördert die Differenzierung zu **$TH_1$-Zellen**, während **IL-4** die Differenzierung zu **$TH_2$-Zellen** unterstützt.

$TH_1$- und $TH_2$-Zellen produzieren unterschiedliche Zytokine (Tab. **7.5**).

$TH_1$- und $TH_2$-Zellen produzieren wiederum selbst unterschiedliche Zytokine (sog. Zytokinmuster). Die hauptsächlich produzierten Zytokine sind in Tab. **7.5** aufgeführt.

### Kostimulation und periphere Toleranz

T-Zellen benötigen zu ihrer Aktivierung ein sog. kostimulatorisches Signal. Am bekanntesten ist der **CD28/B7-Komplex**.

Fehlt das kostimulatorische Signal, werden die T-Zellen inaktiviert (sie werden **anerg**). Die Kostimulation stellt somit einen **Sicherheitsmechanismus** dar, der eine „zu einfache" T-Zell-Aktivierung und dadurch überschießende Immunreaktionen verhindert (→ **periphere Toleranz**).

### Kostimulation und periphere Toleranz

T-Zellen benötigen zu ihrer Aktivierung ein sog. kostimulatorisches Signal. Das bekannteste kostimulatorische Signal ist der **CD28/B7-Komplex**, wobei sich CD28 auf den T-Zellen und der B7-Rezeptor auf den antigenpräsentierenden Zellen befindet. Fehlt das kostimulatorische Signal, werden die T-Zellen nicht aktiviert, sondern inaktiviert (sie werden **anerg**). Man kann sich vorstellen, dass die Kostimulation einen **Sicherheitsmechanismus** darstellt, der eine „zu einfache" T-Zell-Aktivierung und dadurch überschießende Immunreaktionen verhindert. Die T-Zellinaktivierung ermöglicht eine Immuntoleranz bei Lymphozyten, die den Thymus bereits verlassen haben. Man spricht daher von einer **peripheren Toleranz**. Diese spielt wahrscheinlich

7.5

7.5 **T-Helferzell-Klassen**

| *Klasse* | *hauptsächlich produzierte Zytokine* |
|---|---|
| $TH_1$-Zellen | IL-2<br>IFN-γ |
| $TH_2$-Zellen | IL-4<br>IL-5<br>IL-10 |

eine wichtige Rolle für die Hyporeaktivität der T-Zellen im Darmgewebe. Fehlt sie, können unter Umständen schon harmlose Antigene aus der Nahrung Immunreaktionen mit nachfolgender Entzündung auslösen (allergische Reaktionen).

▶ **Klinik.** Die Mechanismen der peripheren Toleranz sind wahrscheinlich auch bei den **chronisch entzündlichen Darmerkrankungen** Morbus Crohn und Colitis ulcerosa relevant:
Beim **Morbus Crohn (Enterocolitis regionalis)** handelt es sich um eine diskontinuierlich segmental auftretende Entzündung des gesamten (!) Verdauungstrakts, die am häufigsten im Bereich des terminalen Ileums und des proximalen Kolons auftritt und die gesamte Darmwand (alle Schichten) betrifft. Zu den Symptomen gehören Bauchschmerzen (meist kolikartig im rechten Unterbauch – wie bei einer Appendizitis), evtl. eine druckschmerzhafte tastbare Resistenz, (meist unblutige) Durchfälle und leicht erhöhte Temperaturen. In der Pathogenese des Morbus Crohn kommt es durch unbekannte Auslöser zur Aktivierung vorwiegend von $TH_1$-Zellen.
Die **Colitis ulcerosa** ist eine chronisch entzündliche Dickdarmerkrankung, die sich kontinuierlich von distal (Rektum) nach proximal ausbreitet und dabei Ulzerationen (Geschwüre, Defekte) der oberen Schleimhautschichten bildet. Die Patienten leiden v.a. unter blutig-schleimigen Durchfällen und Bauchschmerzen (teils Tenesmen, also krampfartige Abdominalschmerzen vor Defäkation). In der Pathogenese der Colitis ulcerosa werden v.a. $TH_2$-Zellen aktiviert.
Auch bei der **glutensensitiven Enteropathie** (**Zöliakie** des Kindes, Abb. **7.12**; **einheimische Sprue** des Erwachsenen) spielt wahrscheinlich eine Störung der peripheren Toleranz eine Rolle. Hier kommt es zu einer Überempfindlichkeitsreaktion gegenüber der Gliadinfraktion des Glutens (Syn.: Klebereiweiß; ein Getreideprotein), die sich u.a. in Durchfällen, Gewichtsverlust und Malabsorption mit entsprechenden Folgen äußern kann.

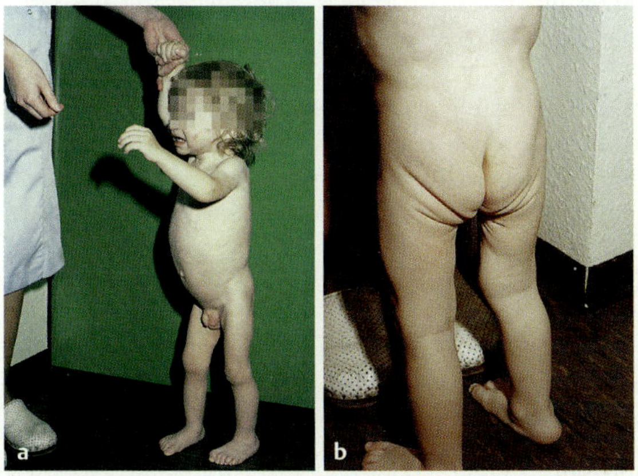


**7.12 18 Monate altes Kind mit Zöliakie**

Ein großes vorgewölbtes Abdomen, magere Extremitäten **(a)** und das sog. Tabaksbeutelgesäß **(b)** gehören zu den Leitsymptomen der Erkrankung.

## Klonale Expansion

Die Aktivierung des TZR/CD3-Komplexes bei vorhandener Kostimulation induziert über verschiedene Tyrosinkinasen eine ganze Reihe intrazellulärer Signalkaskaden. Eine zentrale Rolle spielen die **$IP_3/Ca^{2+}$-Kaskade** und die Aktivierung von **MAP-Kinasen** (Mitogen aktivierte Proteinkinasen). Sie führen durch Aktivierung verschiedener Transkriptionsfaktoren (u.a. Nuclear Factor of Activated T-cells, NFAT) zur Zytokinproduktion. Besonders wichtig ist die Produktion von **IL-2** und dem dazugehörigen IL-2-Rezeptor, da IL-2 durch Bindung an seinen Rezeptor die Proliferation der T-Zellen anregt. Dadurch kommt es zu einer **klonalen Expansion** (Produktion genetisch identischer Nachkommen) **der T-Zellen**, die den MHC-Antigen-Komplex erkannt haben. Diese entwickeln sich ebenfalls zu T-Effektorzellen.

▶ Klinik.

**Klonale Expansion**

Die Aktivierung des TZR/CD3-Komplexes bei vorhandener Kostimulation induziert eine ganze Reihe intrazellulärer Signalkaskaden. Besonders wichtig sind die **$IP_3/Ca^{2+}$-Kaskade** und die Aktivierung von **MAP-Kinasen**, welche die Zytokinproduktion fördern. **IL-2** regt die T-Zell-Proliferation an, es kommt zur **klonalen Expansion der T-Zellen**, die sich dann zu T-Effektorzellen weiterentwickeln.

▶ Klinik.

▶ Klinik. Unter **Transplantation** versteht man die Übertragung von Zellen, Geweben oder Organen eines Spenders auf einen Empfänger. Die Transplantation kann **autogen** (Spender = Empfänger), **iso- bzw. syngen** (zwischen genetisch identischen Individuen, z. B. eineiigen Zwillingen), **allogen** (zwischen genetisch differenten Individuen derselben Spezies) oder **xeno- bzw. heterogen** (zwischen Individuen unterschiedlicher Spezies, z. B. Schwein → Mensch) erfolgen.
Das größte Problem bei der Transplantation stellt die mögliche **Abstoßungsreaktion** dar, bei der es aufgrund der Unterschiede in den Histokompatibilitätsantigenen (HLA, s. S. 205) von Spender und Empfänger zur Infiltration des Transplantats durch T-Zellen kommt. Am häufigsten ist die akute Abstoßung des Transplantats nach 4–5 Tagen. Um akute und längerfristige Abstoßungsreaktionen zu unterdrücken, können verschiedene **antiinflammatorische Medikamente** und **Immunsuppressiva** benutzt werden:
**Kortikosteroide**, wie z. B. Prednisolon, binden in praktisch allen Zellen an Steroidrezeptoren, die auf komplexe Weise die Regulation vieler Gene beeinflussen. Insbesondere hemmen sie eine Reihe von Entzündungsmediatoren. Aufgrund von zahlreichen Nebenwirkungen werden Kortikosteroide nach Transplantationen nur in sehr niedriger Konzentration und in Kombination mit einigen der folgenden Substanzen gegeben.
**Ciclosporin A und FK 506 (Tacrolimus)** sind sehr potente Immunsuppressiva. Sie blockieren die $Ca^{2+}$-abhängige Aktivierung des Transkriptionsfaktors NFAT (nuclear factor of activated T-cells), der für die Expression von IL-2, CSF, TNF-α und anderen Zytokinen sehr wichtig ist. Dadurch wird die T-Zell-Aktivierung stark gehemmt, was Abstoßungsreaktionen entgegenwirkt, aber natürlich auch die T-Zell-abhängige Immunabwehr einschränkt.
**Rapamycin (Sirolimus)** ist ein relativ neues Immunsuppressivum, das einen Arrest von T-Zellen (und anderen Zelltypen) in der G1-Phase des Zellzyklus mit nachfolgender Apoptose induziert. Man nimmt derzeit an, dass Rapamycin mit der Ribosomenfunktion interferiert, der genaue Wirkmechanismus ist noch nicht vollständig geklärt.
Noch unspezifischer wirksam sind die häufig als Immunsuppressiva genutzten **Inhibitoren der Zellteilung**. Diese interferieren oftmals mit der DNA-Synthese (z. B. **Azathioprin** oder **Cyclophosphamid**) und sind toxisch für proliferierende Lymphozyten. Ursprünglich kommen diese Medikamente aus der Krebstherapie.

### Zweiter Antigenkontakt

T-Effektorzellen können im Gegensatz zu den naiven Thymozyten ins Gewebe auswandern.

### Zweiter Antigenkontakt

T-Effektorzellen (T-Helfer- und T-Killerzellen) können im Gegensatz zu den naiven Thymozyten ins Gewebe auswandern. Wird ihnen dort ihr spezifisches Antigen erneut präsentiert, werden sie aktiviert und nehmen ihre jeweiligen Funktionen im Rahmen der Immunabwehr auf:

#### Aktivierung der zytotoxischen T-Zellen (T-Killerzellen)

Wird den T-Effektorzellen ihr spezifisches Antigen erneut präsentiert, werden sie aktiviert, setzen **Perforine** und **Serinproteasen** (= Granzyme) frei (→ Löcher in der Membran der Zielzelle → Zelltod) und exprimieren u. a. den **CD95-Liganden** (→ Apoptose von Zellen mit CD95-Rezeptor).

#### Aktivierung der zytotoxischen T-Zellen (T-Killerzellen)

Treffen zytotoxische T-Zellen auf infizierte Zellen, die ihnen ihr spezifisches Antigen auf einem MHC-I-Molekül präsentieren, binden sie und werden dadurch aktiviert. In der Folge setzen T-Killerzellen **Perforine** und **Serinproteasen** (= Granzyme) frei, die Löcher in der Membran der Zielzelle bilden, wodurch die infizierten Zellen absterben. Perforine haben eine ähnliche Struktur wie der Membranangriffskomplex C5b–C9 (s. Komplementaktivierung S. 202). Außerdem exprimieren zytotoxische T-Zellen membrangebundene Moleküle, wie z. B. den **CD95-Liganden** (Fas-Ligand). Dieser induziert Apoptose in Zellen, die einen CD95-Rezeptor (Fas-Rezeptor) besitzen.

▶ Merke.

▶ Merke. Zytotoxische T-Zellen erkennen, binden und zerstören entartete (Tumorzellen) oder infizierte körpereigene Zellen. Es handelt sich dabei meist um virale Infektionen, da sich Viren innerhalb von Zellen vermehren. Es gibt aber auch einige Bakterien und Parasiten, die sich intrazellulär vermehren.

7.13 T-Zell-Aktivierung und T-Zell-abhängige B-Zell-Aktivierung

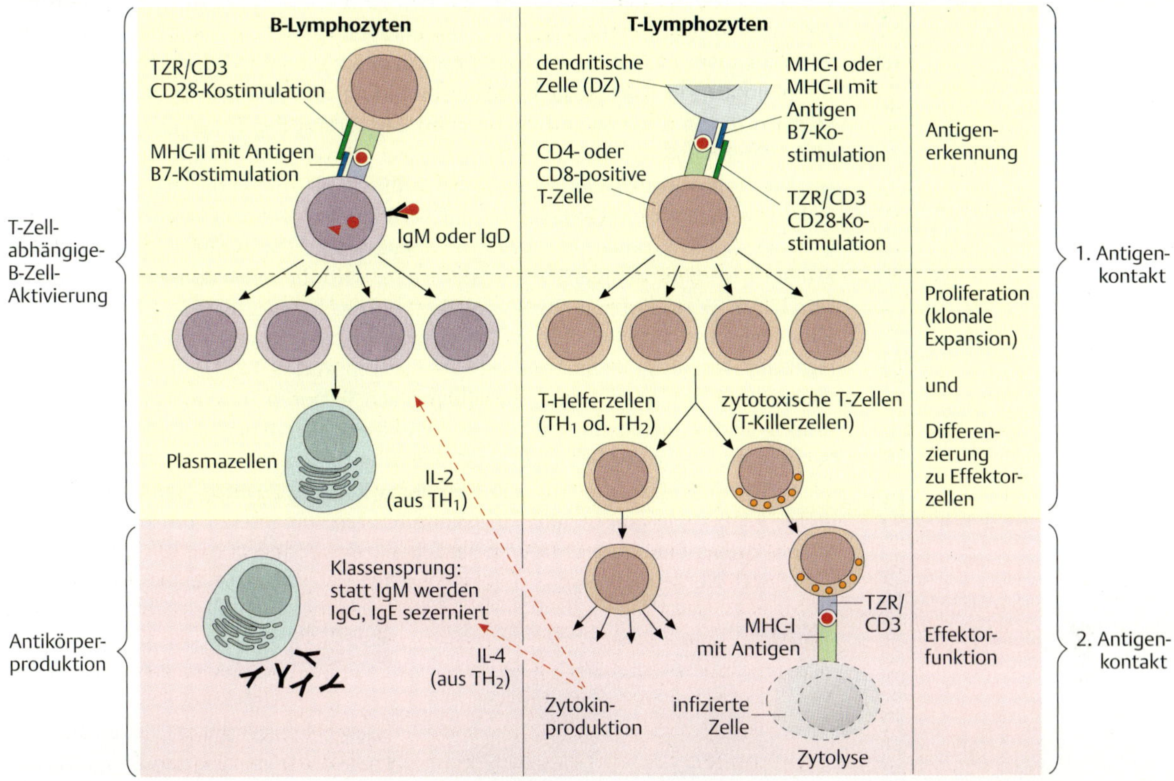


Professionelle antigenpräsentierende Zellen (hier eine dendritische Zelle) aktivieren ruhende (naive) T-Lymphozyten. Daraufhin vermehren sich diese klonal und differenzieren sich zu T-Effektorzellen: Zytotoxische T-Zellen ($CD8^+$) können Zielzellen durch Lyse zerstören, T-Helferzellen ($CD4^+$) unterstützen z. B. B-Lymphozyten dabei, zu proliferieren und optimierte Antikörper zu sezernieren.

Da der CD95-Rezeptor auch auf aktivierten T- und B-Lymphozyten exprimiert wird, können T-Killerzellen durch Induktion von Apoptose über diesen Rezeptor auch **Immunreaktionen beenden**.

Über den CD95-Rezeptor auf aktivierten T- und B-Lymphozyten können T-Killerzellen **Immunreaktionen beenden**.

## T-Zell-abhängige B-Zell-Aktivierung

Das gleiche Antigen, das zuvor bereits von einer Antigen-präsentierenden Zelle (z. B. DZ) erkannt und anschließend als MHC-II-Antigen-Komplex auf deren Oberfläche präsentiert wurde und die Aktivierung von $CD4^+$-Thymozyten zu T-Helferzellen bewirkt hat, kann auch von B-Zellen erkannt werden. Diese nehmen das Antigen über ihren B-Zellrezeptor (= membranständiger Antikörper IgM oder IgD, s. S. 214) auf und präsentieren die Antigenstrukturen anschließend auf MHC-II-Molekülen an der Zelloberfläche. Wird das Antigen nun von den aufgrund der klonalen Expansion (s. S. 211) inzwischen zahlreich vorhandenen „passenden" T-Helferzellen erkannt (bei gleichzeitiger Kostimulation – z. B. durch CD28/B7), kommt es zur Interaktion zwischen T-Helferzellen und B-Zellen (Abb. **7.13**):
Über die Produktion von **IL-2** (s. Tab. **7.5**, S. 210) fördern T-Helferzellen die
- **Proliferation der B-Zellen** (klonale Expansion) und die
- **Differenzierung der B-Zellen** zu Plasmazellen (→ Antikörperbildung).

Außerdem führt die Stimulation von B-Zellen durch T-Helferzellen zu einer **Reifung der Antikörper**, wodurch deren Affinität zu ihrem spezifischen Antigen steigt. Dabei kommt es zum sog. **Klassensprung**, d. h. statt IgM werden von den Plasmazellen im Wesentlichen optimierte IgG und IgE freigesetzt (s. auch S. 217).

### T-Zell-abhängige B-Zell-Aktivierung

B-Zellen können die gleichen Antigene erkennen, aufnehmen und auf MHC-II-Molekülen auf ihrer Oberfläche präsentieren, die bereits zur Aktivierung von $CD4^+$-Thymozyten zu T-Helferzellen geführt haben. Wird das präsentierte Antigen von den aufgrund der klonalen Expansion (s. S. 211) inzwischen zahlreich vorhandenen „passenden" T-Helferzellen erkannt (bei gleichzeitiger Kostimulation – z. B. durch CD28/B7), kommt es zur Interaktion zwischen T-Helferzellen und B-Zellen (Abb. **7.13**): Über **IL-2** (s. Tab. **7.5**, S. 210) fördern T-Helferzellen **Proliferation und Differenzierung** (→ Plasmazellen → Antikörperbildung) **der B-Zellen**.

Außerdem führt die Stimulation der B-Zellen zu einer **Reifung der Antikörper**, dem sog. **Klassensprung** (s. auch S. 217).

► Klinik.

► Klinik. **AIDS** (**a**cquired **i**mmuno**d**eficiency **s**yndrome) wird durch die Lentiviren **HIV-1** und **HIV-2** ausgelöst. Nachdem das Virus in den Körper eingedrungen ist, befällt es antigenpräsentierende Zellen und gelangt so in die T-Zell-reichen parakortikalen Bereiche der regionalen Lymphknoten. Da das HI-Virus CD4 als Korezeptor benutzt (ein Glykoprotein des Virus bindet an das CD4-Molekül), kommt es letztlich zu einer **massiven Infektion und Zerstörung der T-Helferzellen.** Über Blut- und Lymphbahnen wird das Virus in andere primäre und sekundäre lymphatische Organe transportiert. Wenn der tägliche, durch HIV-Infektion und physiologische Apoptose bedingte Verlust von T-Helferzellen von den befallenen lymphatischen Organen durch Produktion naiver Thymozyten oder Expansion von T-Gedächtniszellen nicht mehr kompensiert werden kann, wird die Erkrankung symptomatisch. Durch den Wegfall der für viele spezifische Abwehrreaktionen essenziellen T-Helferzellen, kann sich der Körper im fortgeschrittenen Stadium nicht mehr gegen eigentlich harmlose Infektionen zur Wehr setzen (Abb. **7.14**). Diese sog. opportunistischen Infektionen und auch die Bildung von Tumoren (u. a. maligne Lymphome) führen letztendlich zum Tod. Bis vor wenigen Jahren war die **Therapie** auf die Beherrschung der opportunistischen Infektionen beschränkt. Inzwischen werden antiretrovirale Medikamente (eine Kombination aus Reverse-Transkriptase-Hemmern, Proteasehemmern und Fusionsinhibitoren) eingesetzt, um die Replikation der HI-Viren zu hemmen, wodurch die Lebenszeit verlängert und die Lebensqualität verbessert werden können.

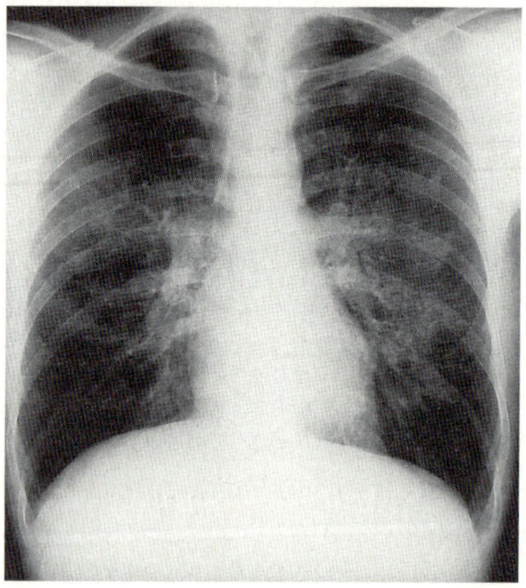

**7.14 Pneumocystis-carinii-Pneumonie im Rahmen einer HIV-Infektion**

Das Röntgenbild wurde in einer frühen Phase der Erkrankung angefertigt. Zu diesem Zeitpunkt zeigt sich eine perihilär betonte interstitielle Zeichnungsvermehrung. Im weiteren Verlauf dehnt sich diese rasch als flächige Verschattung auf die Mittel- und Unterfelder aus.

7.3.2 Spezifisches humorales Immunsystem

B-Lymphozyten

Diese sind für die spezifische humorale Immunabwehr verantwortlich.

## 7.3.2 Spezifisches humorales Immunsystem

### B-Lymphozyten

Für die spezifische humorale Immunabwehr sind die **B-Lymphozyten (B-Zellen)** verantwortlich.

► Exkurs.

► Exkurs. **Ursprung der Bezeichnung „B"-Lymphozyten.**
Ihren Namen haben die B-Lymphozyten von der sog. **Bursa fabricii**, einem auf die Reifung der B-Lymphozyten spezialisierten Organ der Vögel. Das menschliche Knochenmark wird in diesem Zusammenhang auch als Bursa-Äquivalent bezeichnet.

Reifung der B-Lymphozyten

**Antigenunabhängige Reifung:** Die Vorläuferzellen der B-Zellen (Prä-B-Zellen) reifen zunächst antigenunabhängig im Knochenmark zu naiven B-Zellen mit sog. **B-Zell-Rezeptoren (BZR, IgM und IgD)** auf ihrer Oberfläche (Abb. **7.15**).

### Reifung der B-Lymphozyten

**Antigenunabhängige Reifung:** Die Vorläuferzellen der B-Zellen (Prä-B-Zellen) reifen zunächst antigenunabhängig im Knochenmark zu naiven B-Zellen, die auf ihrer Oberfläche sog. **B-Zell-Rezeptoren (BZR)** besitzen (Abb. **7.15**). Dabei handelt es sich um membranständige Antikörper **(IgM und IgD)**, die sich von den löslichen Antikörpern (s. S. 215) nur durch eine Aminosäuresequenz am C-terminalen Ende der H-Kette unterscheiden.

7.15 **Entwicklung von B-Lymphozyten**

7.15

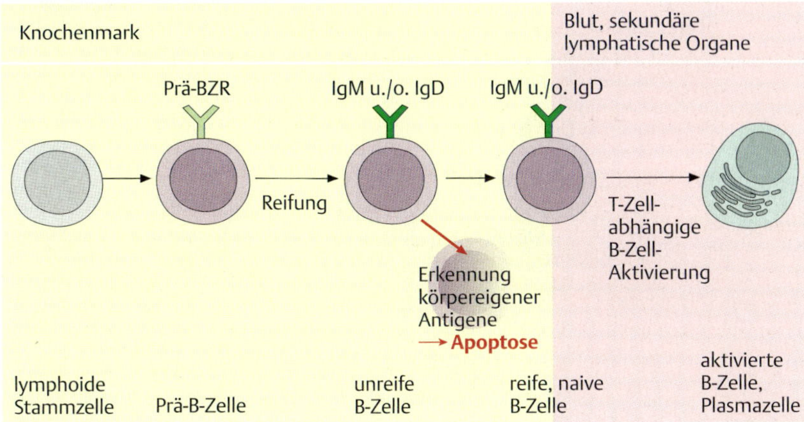


**Antigenabhängige Reifung:** Nachdem die B-Lymphozyten IgM und IgD auf ihrer Oberfläche exprimieren, werden sie den verschiedensten körpereigenen Antigenen im Knochenmark ausgesetzt. Erkennen sie diese, werden sie durch Apoptose eliminiert (negative Selektion, Abb. **7.15**). Dadurch werden Autoimmunkrankheiten verhindert, bei denen Antikörper gegen körpereigene Strukturen gebildet werden **(Selbsttoleranz)**. Die B-Zellen, die nicht ausselektiert werden, wandern als reife B-Zellen in die sekundären lymphatischen Organe.

**Antigenabhängige Reifung:** Nachdem die B-Lymphozyten IgM und IgD auf ihrer Oberfläche exprimieren, werden sie den verschiedensten körpereigenen Antigenen im Knochenmark ausgesetzt. Erkennen sie diese, werden sie durch Apoptose eliminiert (→ **Selbsttoleranz**).

### Aktivierung der B-Lymphozyten

Binden B-Lymphozyten mit ihren Rezeptoren körperfremde Antigene, kommt es zur Sezernierung antigenspezifischer Antikörper. Die Bildung dieser Antikörpern kann über unterschiedliche Mechanismen ausgelöst werden:

- **T-Zell-unabhängige B-Zell-Aktivierung:** Hier wird durch Bindung des Antigens an den BZR direkt die Proliferation und Differenzierung der B-Zelle zu Plasmazellen mit nachfolgender Bildung spezifischer Antikörper ausgelöst. Diese Art der Immunantwort ist allerdings nur relativ schwach ausgeprägt.
- Eine deutlich effizientere Immunantwort erzeugt die **T-Zell-abhängige B-Zell-Aktivierung** (s. auch S. 213): Das Antigen wird zunächst phagozytiert und seine Bestandteile anschließend an MHC-II gebunden auf der B-Zelloberfläche einer „passenden“ T-Helferzelle präsentiert. Nach Bindung an den MHC-II-Antigen-Komplex induziert diese durch Zytokinfreisetzung die Proliferation (klonale Expansion) und Differenzierung der B-Zelle zu Plasmazellen (→ Antikörperproduktion) und B-Gedächtniszellen (→ spielen eine wichtige Rolle beim „immunologischen Gedächtnis“, s. S. 218).

### Aktivierung der B-Lymphozyten

Binden B-Lymphozyten mit ihren Rezeptoren körperfremde Antigene, kommt es zur Sezernierung antigenspezifischer Antikörper:

- **T-Zell-unabhängige B-Zell-Aktivierung:** Hier wird durch Bindung des Antigens an den BZR direkt die Proliferation und Differenzierung der B-Zelle zu Plasmazellen mit nachfolgender Bildung spezifischer Antikörper ausgelöst. Diese Art der Immunantwort ist allerdings nur relativ schwach ausgeprägt.
- Eine deutlich effizientere Immunantwort erzeugt die **T-Zell-abhängige B-Zell-Aktivierung** (s. auch S. 213).

## Antikörper

► **Synonym.** γ-Immunglobuline, Gammaglobuline.

## Antikörper

► **Synonym**

### Aufbau

Alle Antikörper bestehen aus **zwei leichten** („light“) **L-Ketten** und **zwei schweren** („heavy“) **H-Ketten** (Abb. **7.16**). Die schweren Ketten $\alpha$, $\delta$, $\varepsilon$, $\gamma$ und $\mu$ bestimmen die Immunglobulinklassen, die nach diesen Ketten als IgA, IgD, IgE, IgG und IgM bezeichnet werden. Die **konstanten** Teile der schweren Ketten ($C_{H2}$ und $C_{H3}$) werden als **Fc** (kristallisierbares Fragment, **c**rystallizable) bezeichnet. Die **hypervariablen** $V_H$- und $V_L$-Domänen (Antigenbindungsstelle) und die $C_{H1}$- und $C_L$-Domänen bilden zusammen das **Fab** (**a**ntigen-**b**indendes Fragment). Die verschiedenen Ketten sind durch Disulfidbrücken miteinander verbunden.

### Aufbau

Alle Antikörper (Abb. **7.16**) bestehen aus **zwei** leichten **L-Ketten** und **zwei** schweren **H-Ketten** (→ bestimmen die Immunglobulinklassen). Man unterscheidet das **konstante Fc** (kristallisierbares Fragment, $C_{H2}$ und $C_{H3}$) vom **Fab** (**a**ntigen-**b**indendes Fragment), das sich aus den **hypervariablen** $V_H$- und $V_L$-Domänen und den $C_{H1}$- und $C_L$-Domänen zusammensetzt.

**7.16 Antikörper**

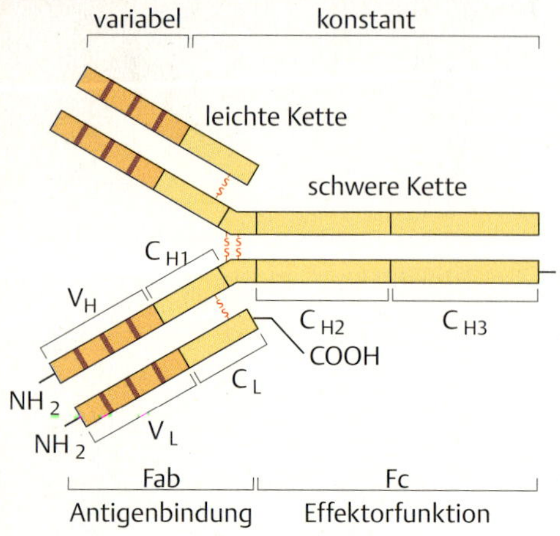


a

| | |
|---|---|
| Fab | antigenbindendes Fragment |
| Fc | kristallisierbares Fragment |
| $V_H$ | variable Domäne der schweren Kette |
| $V_L$ | variable Domäne der leichten Kette |
| $C_{H/L}$ | konstante Domäne der schweren/leichten Kette |

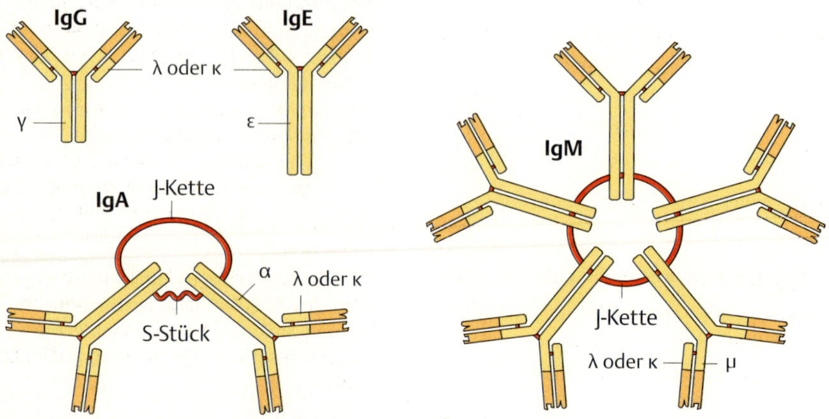


b

**a** Aufbau eines Antikörpers.
**b** Verschiedene Antikörperklassen.

▶ **Merke.** Die hypervariablen $V_H$- und $V_L$-Domänen bilden die Antigenbindungsstelle des Antikörpers.

Jeder einzelne Antikörper bindet potenziell zwei Antigene.

Jeder einzelne Antikörper bindet potenziell zwei Antigene (dimere Antikörper wie IgA entsprechend vier, pentamere Antikörper wie IgM zehn Antigene).

## Antikörpervielfalt

▶ **Merke.** Der Bereich des Antigens, der an die Antigenrezeptoren von B- oder T-Lymphozyten bindet, wird als antigene Determinante oder **Epitop** bezeichnet.

Die verschiedenen Antikörper besitzen **unterschiedliche Antigenbindungsepitope**. Diese entstehen durch verschiedene Mechanismen, die zu Variationen in $V_L$ und $V_H$ führen:

**VDJ-Rekombination:** Die variablen Bereiche der H-Ketten ($V_H$) werden von den Gensegmenten V, D und J, die der L-Ketten ($V_L$) nur von den Segmenten V und J kodiert. Während der Reifung der B-Zellen im Knochenmark findet in antigenunabhängiger Weise die sog. VDJ-Rekombination statt. Theoretisch sind dabei etwa 10 000 Kombinationen möglich.

Um möglichst viele verschiedene Antigene zu erkennen, müssen Antikörper **unterschiedliche Antigenbindungsepitope** besitzen. Dies wird durch verschiedene Mechanismen erreicht, die alle zu Variationen der variablen Bereiche der leichten und schweren Kette ($V_L$ und $V_H$) führen:

**VDJ-Rekombination:** Die variablen Bereiche der H-Ketten ($V_H$) werden von den Gensegmenten V (variable segment), D (diversity segment) und J (joining segment), die der L-Ketten ($V_L$) nur von den Segmenten V und J kodiert. Während der Reifung der B-Zellen im Knochenmark findet in antigenunabhängiger Weise die sog. VDJ-Rekombination statt. Dabei werden die Gensegmente V, D und J, die auf den Chromosomen 2, 14 und 22 lokalisiert sind, in allen möglichen Kombinationen in $V_L$ und $V_H$ arrangiert und verknüpft. Theoretisch sind dabei etwa 10 000 Kombinationen möglich (zurzeit sind etwa 66 V- × 26 D- × 6 J-Gene bekannt), allerdings können nicht alle Kombinationen miteinander verknüpft werden.

7.17 Antikörperfunktion

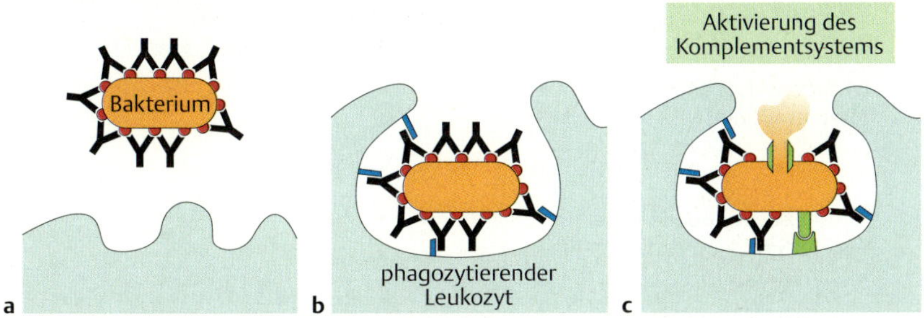


**a** Neutralisierung eines Bakteriums durch Anlagerung von Antikörpern.

**b** Phagozytose eines opsonierten Bakteriums durch einen Leukozyten.

**c** Lyse eines Bakteriums nach Aktivierung des Komplementsystems.

7.17

**Kombination von H- und L-Ketten:** Durch unterschiedliche Kombination der verschiedenen $V_L$ und $V_H$ entstehen letztlich weit über 1 000 000 verschiedene Antigenbindungsstellen.

**Klassensprung:** Die antigenabhängige B-Zellreifung außerhalb des Knochenmarks (z. B. in Lymphknoten) führt auch dazu, dass statt dem initial gebildeten IgM von den Plasmazellen die auf Affinität modifizierbaren IgG und IgE sezerniert werden. Diesen T-Zell-abhängigen Prozess bezeichnet man auch als Klassensprung (s. auch S. 213).

**Somatische Hypermutation**: Nach einem Antigenkontakt (s. u.) können die IgG-Antikörper von den B-Zellen durch Punktmutationen in den variablen Bereichen (= somatische Hypermutationen) so modifiziert werden, dass sie das entsprechende Antigen bestmöglich mit der höchsten Affinität erkennen **(Affinitätsreifung)**.

**Kombination von H- und L-Ketten:** Durch unterschiedliche Kombination von $V_L$ und $V_H$ entstehen > 1 000 000 verschiedene Antigenbindungsstellen.

**Klassensprung:** Als solchen bezeichnet man die antigenabhängige B-Zellreifung außerhalb des Knochenmarks, die dazu führt, dass von den Plasmazellen statt dem initial gebildeten IgM IgG und IgE sezerniert werden.

Infolge **somatischer Hypermutation** in den variablen Bereichen der IgG-Ak können diese das entsprechende Antigen bestmöglich mit der höchsten Affinität erkennen **(Affinitätsreifung)**.

▶ **Merke.** Jede B-Zelle ist nach ihrer Reifung im Knochenmark mit für sie charakteristischen IgD und IgM bestückt, die eine spezifische Antigenbindungsstelle (spezifischer B-Zellrezeptor/Antigenrezeptor) besitzen. Durch die Rezeptorvielfalt der B-Zellen und die Möglichkeit einer klonalen Expansion (s. S. 211) wird das Immunsystem in die Lage versetzt, ein bestimmtes Antigen mit hoher Spezifität und Effizienz zu bekämpfen.

▶ Merke.

### Funktionen der Antikörper

Die drei wesentlichen Funktionen (Abb. **7.17**) der sezernierten Antikörper sind:

- **Neutralisation** von Antigenen durch Bindung: Durch die Bindung werden die pathogenen Eigenschaften der Antigene (z. B. Bakterien) blockiert.
- **Opsonisierung:** Durch die Anlagerung von Antikörpern werden Antigene gekennzeichnet und können dadurch von phagozytierenden Leukozyten eliminiert werden.
- **Aktivierung des Komplementsystems** mit nachfolgender Lyse der Bakterien (s. S. 202).

Tab. **7.6** gibt einen Überblick über Eigenschaften und Funktionen der verschiedenen Antikörper.

### Funktionen der Antikörper

Die drei wesentlichen Funktionen (Abb. **7.17**) der sezernierten Antikörper sind:

- **Neutralisation** von Antigenen durch Bindung,
- **Opsonisierung** und
- **Aktivierung des Komplementsystems** mit nachfolgender Lyse der Bakterien (s. S. 202).
  Tab. **7.6** gibt einen Überblick über Eigenschaften und Funktionen der verschiedenen Antikörper.

**7.6 Antikörperfunktionen**

| *Ig-Klasse* | *Konfiguration* | *MG* | *einige wichtige Antikörperfunktionen* | *Komplementaktivierung* *klassischer Weg* | *alternativer Weg* |
|---|---|---|---|---|---|
| **IgG** (macht 80% der Plasma-Antikörper aus) | Monomer | 150 000 | Opsonisierung, (Komplementaktivierung), plazentagängig | + | + (nachfolgend) |
| **IgM** | Pentamer | 970 000 | Neutralisation, Agglutination, Antikörper des AB0-Systems, Antigenerkennung (→ IgM als Monomer auf B-Zellmembran) | + | + (nachfolgend) |
| **IgA** | Monomer im Plasma | 160 000 | Neutralisation, lokale Abwehr auf Schleimhäuten (Speichel, Magen, Darm) | – | + |
| | Dimer in Sekreten | 320 000 | | | |
| **IgE** | Monomer | 188 000 | geringe Konzentration im Plasma, Bindung an Mastzellen und basophile Granulozyten | – | – |
| **IgD** | Monomer | 184 000 | geringe Konzentration im Plasma, Antigenerkennung (auf B-Zellmembran) | – | – |

▶ Klinik.

▶ Klinik. Die Bestimmung von Antikörperkonzentrationen im Blut spielt beim Nachweis bestimmter Tumoren eine wichtige Rolle: Das **Plasmozytom (multiples Myelom, Morbus Kahler)**, das zu den sog. niedrigmalignen Non-Hodgkin-Lymphomen gehört, ist der häufigste Tumor von Knochen und Knochenmark. Ein Klon maligne entarteter Plasmazellen breitet sich diffus oder multilokulär in Knochenmark und Knochen aus, zerstört dabei den Knochen durch Stimulation von Osteoklasten und verdrängt die normale Blutbildung. Die Plasmozytomzellen bilden funktionsunfähige Immunglobuline eines Idiotypen **(monoklonale Immunglobuline)** oder nur Leichtketten (sog. **Bence-Jones–Proteine**, in ca. 54% der Fälle IgG, 25% IgA, 1% IgD, 20% Leichtketten). Der Tumor induziert in der Regel eine Reihe unspezifischer Symptome (sog. B-Symptome) wie Müdigkeit, Gewichtsverlust, Nachtschweiß, subfebrile Temperaturen, außerdem Anämie und häufig Knochenschmerzen. In der Diagnostik spielen der Nachweis von monoklonalen Antikörpern und Bence-Jones-Proteinen in Serum und Urin, ein Plasmazellanteil von >15%, osteolytische Herde (z. B. ein sog. „Loch-" oder „Schrotschussschädel"), eine extrem beschleunigte BSG und eine entsprechende Veränderung in der Serumelektrophorese (schmalbasige Vermehrung meist im γ-Bereich, Abb. **7.18**, zum Vergleich s. Abb. **6.10**, S. 179) eine wichtige Rolle. Eine Heilung der Krankheit ist zurzeit nicht möglich, es erfolgt eine individuelle palliative Behandlung mit Kombinationen aus Chemotherapie, Strahlentherapie sowie supportiven Maßnahmen.

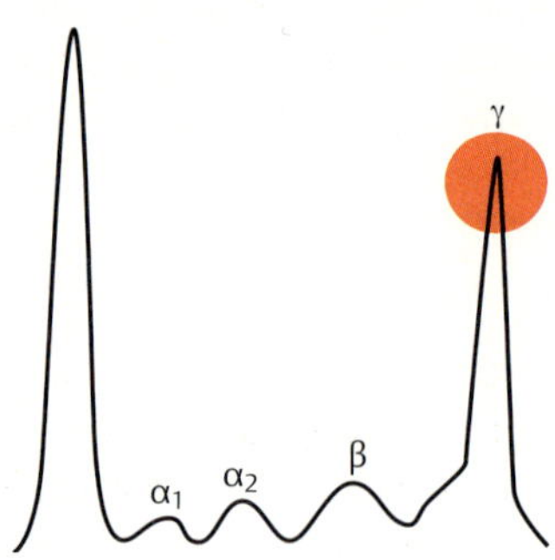


**7.18 Serumelektrophorese bei Plasmozytom**

### Immunologisches Gedächtnis

Ein geringer Teil der T- Effektorzellen und Plasmazellen können als **T- bzw. B-Gedächtniszellen** für viele Jahre im Körper überleben. Bei einer erneuten Infektion mit dem gleichen Antigen können Gedächtniszellen direkt und

## Immunologisches Gedächtnis

Ein geringer Teil der T- Effektorzellen und der antikörperproduzierenden Plasmazellen können als **T- bzw. B-Gedächtniszellen** für viele Jahre im Körper überleben. Auch ohne Antigen-Stimulus lässt sich eine gewisse Antikörperkonzentration nachweisen. Bei einer erneuten Infektion mit der gleichen körperfremden Struktur können Gedächtniszellen direkt vom Erreger und damit sehr viel schneller aktiviert werden als ruhende Lymphozyten, da die Reifungsprozesse bereits abgeschlossen sind. Die Ausschüttung von **IL-4** fördert die Antikörperproduktion der Plasmazellen, so dass wesentlich schneller und effizienter hochaffine Antikörper produziert werden können. Dadurch werden die Antigene so schnell beseitigt, dass entweder keine oder nur abgeschwächte Krankheitssymptome auftreten. Diesen Zustand bezeichnet man als **Immunität**.

damit sehr viel schneller aktiviert werden als ruhende Lymphozyten. Dadurch werden die Antigene so schnell beseitigt, dass entweder keine oder nur abgeschwächte Krankheitssymptome auftreten – der Körper ist **immun**.

▶ Klinik. Mithilfe von **Schutzimpfungen** wird der Körper vor Infektionskrankheiten geschützt (Immunisierung). Man unterscheidet die aktive von der passiven Immunisierung:

Bei der **aktiven Immunisierung** wird durch Gabe von abgeschwächten lebenden, also attenuierten (→ Lebendimpfstoff) oder abgetöteten Erregern (→ Totimpfstoff) oder Toxoiden (inaktivierte Toxine) eine Immunreaktion hervorgerufen, die zur Bildung von B-Gedächtniszellen und damit zur Immunisierung führt. Der Impfschutz besteht hier also nicht sofort. Aktive Impfungen werden z.B. von der STIKO (Ständige Impfkommission am Robert-Koch-Institut) für Kinder zum Schutz vor Masern, Mumps, Röteln, Diphtherie, Pertussis (Keuchhusten), Tetanus, Haemophilus influenzae Typ b, Poliomyelitis (Kinderlähmung), Varizellen (Windpocken) und Hepatitis B empfohlen. Um dabei die Anzahl der Injektionen möglichst gering zu halten, sollten vorzugsweise Kombinationsimpfstoffe verwendet werden.

Bei der **passiven Immunisierung** werden von Spendern gewonnene Gammaglobuline (also „fertige" Antikörper) appliziert, die überwiegend der Klasse IgG angehören. Dieser Impfschutz steht sofort zur Verfügung, so dass z.B. nach Exposition von Krankheitserregern eine Erkrankung verhindert werden kann. Allerdings hält dieser Schutz nur relativ kurz an (IgG haben eine Halbwertszeit von ca. 21 Tagen), da keine Antikörper nachproduziert werden. Beispiel: Bei fehlender oder unzureichender Immunität gegen **Tetanus** (da keine aktive Immunisierung erfolgt war, bzw. die letzte Impfung bereits zu lange her ist) kann man unmittelbar nach einer Verletzung eine passive Immunisierung durchführen: Durch Gabe von humanem Hyperimmunglobulin (Tetagam) können von evtl. in die Wunde gelangten Erregern (Clostridium tetani) gebildete Toxinmoleküle neutralisiert werden.

▶ Klinik.

## 7.4 Blutgruppen

7.4 Blutgruppen

Die verschiedenen Blutgruppensysteme werden durch **gemeinsam vererbte Antigene auf der Erythrozytenmembran** definiert (teilweise sind diese Antigene auch auf anderen Zellen, wie z.B. Endothelzellen, Epithelzellen, Leukozyten zu finden). Das **AB0-** und das **Rhesus-System** sind die wichtigsten Blutgruppensysteme, daneben gibt es noch über 15 weitere, wie z.B. Kell (ca. 91 % der mitteleuropäischen Bevölkerung exprimieren das K(Kell)-Antigen nicht), Lewis, Duffy, Kidd und P. Da das AB0- und das Rhesussystem in der Transfusionsmedizin oder im Rahmen von Schwangerschaften eine wichtige klinische Rolle spielen, werden sie nachfolgend ausführlicher behandelt.

Die verschiedenen Blutgruppensysteme werden durch **gemeinsam vererbte Antigene auf der Erythrozytenmembran** definiert. Das **AB0-** und das **Rhesus-System** sind die wichtigsten Blutgruppensysteme, daneben gibt es noch > 15 weitere.

### 7.4.1 Das AB0-System

7.4.1 Das AB0-System

Die Blutgruppen des AB0-Systems werden durch Zuckerreste (Kohlehydratantigene) determiniert. Diese Antigene A, B und H (Letzteres ist das Antigen der Blutgruppe 0) werden dabei nach Mendel folgendermaßen vererbt: A und B sind kodominant und gegenüber H dominant. Dementsprechend ergeben sich vier verschiedene Blutgruppen (s. auch Tab. **7.7**):

- Blutgruppe A mit den Genotypen AA oder A0,
- Blutgruppe B mit den Genotypen BB oder B0,
- Blutgruppe AB mit dem Genotyp AB und
- Blutgruppe 0 mit dem Genotyp 00.

Die Blutgruppen des AB0-Systems werden durch Zuckerreste (Kohlehydratantigene) determiniert. Die Antigene A und B sind kodominant und gegenüber H (= Antigen der Blutgruppe 0) dominant. Entsprechend gibt es 4 Blutgruppen (s. auch Tab. **7.7**): A (AA, A0), B (BB, B0), AB (AB) und 0 (00).

7.7

**7.7 Eigenschaften der Blutgruppen**

| Blutgruppe | Häufigkeit | Antigen | Plasmaantikörper | möglicher Genotyp | Kommentar |
|---|---|---|---|---|---|
| A | 44 % | A | Anti-B | AA/A0 | |
| 0 | 42 % | H | Anti-A und Anti-B | HH | Da die körpereigenen Gewebe weder Antigen A noch Antigen B synthetisieren, verursachen diese Antikörper keine Immunreaktion. |
| B | 10 % | B | Anti-A | BB/B0 | |
| AB | 4 % | A und B | keine | AB | Es werden keine Antikörper gegen A und B gebildet, da beide Antigene in körpereigenen Geweben enthalten sind. |

Blutgruppe A bedeutet, dass sich das Blutgruppenantigen A auf der Erythrozytenoberfläche befindet, AB, dass A und B vorkommen und 0, dass auf beiden Allelen die Antigene H vorhanden sind.

Gegen die jeweils nicht vorhandenen Antigene A und/oder B werden in den ersten Lebenswochen bis -monaten **Anti-A- bzw. Anti-B-Antikörper** (**Isoagglutinine**, Typ IgM) gebildet, ohne dass das Immunsystem dazu mit Fremdblut in Kontakt gekommen sein muss.

Blutgruppe A bedeutet, dass sich das Blutgruppenantigen A auf der Erythrozytenoberfläche befindet, AB, dass A und B vorkommen, und 0, dass auf beiden Allelen die Antigene H vorhanden sind. H kodiert für eine Glykosyltransferase, der nur die endständigen Zuckerreste von A oder B fehlen.

Gegen die jeweils nicht vorhandenen Antigene A und/oder B werden in den ersten Lebenswochen bis -monaten **Anti-A- bzw. Anti-B-Antikörper** (**Isoagglutinine**, Typ IgM) gebildet, ohne dass das Immunsystem dazu mit Fremdblut in Kontakt gekommen sein muss. Dabei verhindert die negative Selektion von T- und B-Lymphozyten, dass antikörperproduzierende Zellen gegen die auf der Erythrozytenoberfläche exprimierten Antigenstrukturen gebildet werden. Folglich findet man im Blutplasma bei Blutgruppe A Anti-B, bei Blutgruppe B Anti-A und bei Blutgruppe 0 Anti-A und Anti-B (Tab. **7.7**).

▶ Klinik.

▶ **Klinik.** Je nach Indikation können verschiedenen Blutbestandteile transfundiert werden:

- **Erythrozytenkonzentrate (EKs):** bei chronischen oder akuten Anämien
  **Frischplasma (FFP = fresh frozen plasma):** z. B. bei Gerinnungsfaktormangel oder im Rahmen von Austauschtransfusionen
- **Thrombozytenkonzentrate (TKs):** z. B. bei schweren Thrombopenien
- **Vollblut:** z. B. Eigenblutspende vor geplanter Operation, bei Bedarf wird dieses Blut dann bei/nach OP transfundiert.

Bei der Vermischung verschiedener Blutgruppen des AB0-Systems kommt es in der Regel zu **Antigen-Antikörper-Reaktionen** mit Agglutination (Verklumpung) durch Bildung von Antigen-Antikörper-Komplexen (s. S. 218), da die IgM-Antikörper Pentamere sind und daher gleichzeitig an mehrere Erythrozyten binden können. Eine solche Reaktion muss bei einer Bluttransfusion unbedingt vermieden werden, da die Antigen-Antikörper-Komplexe eine Aktivierung des Komplementsystems mit nachfolgender Zerstörung der Erythrozyten bewirken können. Eine solche **intravasale Hämolyse** kann mit Kreislaufschock und Nierenversagen (durch freigesetztes Hämoglobin und dessen Abbauprodukte) einhergehen und ist somit lebensbedrohlich.

Um einen solchen Transfusionszwischenfall zu vermeiden, wird bei Bluttransfusionen in der Regel Blut mit den gleichen AB0- und Rhesus-Merkmalen (s. S. 221) verwendet. Dazu wird im Labor zunächst die Blutgruppe (A, B, AB, 0; Rh, Kell) bestimmt, anschließend werden zwei sog. Kreuzproben durchgeführt: Bei der großen Kreuzprobe **(Major-Test)** werden Spender-Erythrozyten mit Empfänger-Serum, bei der kleinen Kreuzprobe **(Minor-Test)** Spender-Serum mit Empfänger-Erythrozyten vermischt. Kommt es bei einem der beiden Tests zur Agglutination, ist die

Blutkonserve nicht kompatibel und darf folglich nicht transfundiert werden. Unmittelbar vor der Transfusion muss der transfundierende Arzt am Patientenbett nochmals die AB0-Blutgruppen von Spender- und Empfängerblut überprüfen (**Bedside-Test**, Abb. **7.19**), um eventuelle Verwechslungen auszuschließen. Nur in absoluten Notsituationen, wenn z. B. kein passendes Spenderblut für einen Empfänger vorrätig ist oder wenn so schnell transfundiert werden muss, dass die Blutgruppe des Patienten nicht mehr vorher festgestellt werden kann, wird Erythrozytenkonzentrat der **Blutgruppe 0 Rhesus-negativ („Universalspender für Erythrozytenkonzentrat")** transfundiert. Auf diesen Erythrozyten befinden sich nämlich keine A-, B- und D-Antigene. Entsprechend wird bei einer **Blutplasmaspende** Blut der **Blutgruppe AB Rh-positiv** verwendet, dieses enthält wiederum keine Isoagglutinine.

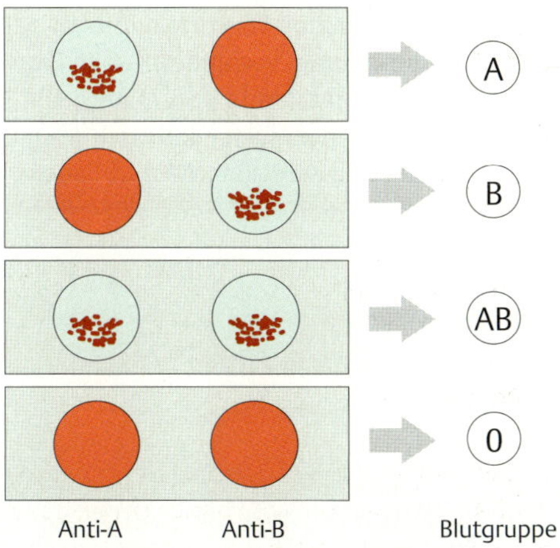


a

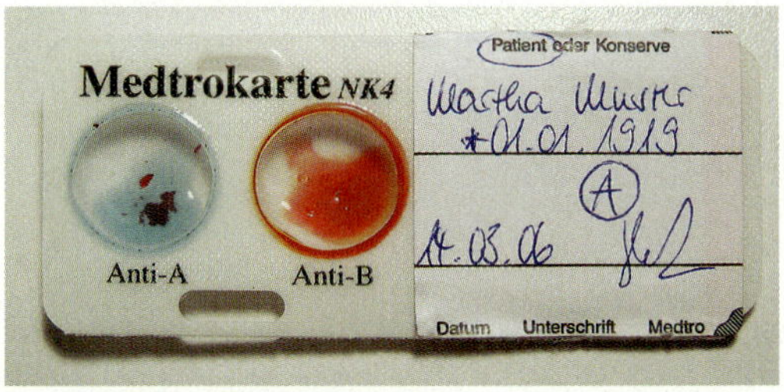


b

**7.19 Bedside-Test**

In den beiden Vertiefungen des Testkärtchens befindet sich Anti-A- bzw. Anti-B-Testserum. Nach Zugabe je eines Tropfen Patientenblutes beobachtet man, ob es zu einer Antigen-Antikörper-Reaktion (→ Verklumpung des Blutes) kommt und kann daraus ableiten, welche Blutgruppe der Patient hat.

## 7.4.2 Das Rhesus-System

Das Rhesus-System wird durch verschiedene Proteinantigene auf der Erythrozytenmembran definiert. Die wichtigsten werden mit den Buchstaben C, $C^w$, D, E, c, e bezeichnet. Der sog. **Rhesusfaktor** wird durch die Expression von **D (Rh-positiv, kurz „Rh")** sowie das Fehlen von **D (Rh-negativ, kurz „rh")** festgelegt. Dabei ist D wie A und B beim AB0-System dominant. Ca. 85 % der Europäer sind Rh-positiv (DD oder Dd), 15 % sind rh-negativ (dd).

Die **Anti-D-Antikörper** werden erst nach Kontakt mit Rh-positiven Erythrozyten gebildet, im Gegensatz zu Anti-A oder Anti-B also erst nach Sensibilisierung. Die Anti-D-Antikörper gehören zu den IgG, die aufgrund spezieller Transportsysteme die Plazentaschranke passieren können.

**7.4.2 Das Rhesus-System**

Dieses wird durch verschiedene Proteinantigene auf der Erythrozytenmembran definiert. Der sog. **Rhesusfaktor** wird durch Expression (Rh-positiv) bzw. Fehlen von D (rh-negativ) festgelegt.

Die **Anti-D-Antikörper** (Typ IgG) werden erst nach Kontakt mit Rh-positiven Erythrozyten gebildet und können die Plazentaschranke passieren.

► **Klinik.** Die Bildung von **Anti-D-Antikörpern** nach Sensibilisierung mit Rh-positiven Erythrozyten kann insbesondere zwischen einer Rh-negativen Schwangeren und ihrem Rh-positiven Kind (→ **Rhesusinkompatibilität**) eine große Bedeutung erlangen: Kommt es beispielsweise bei einer Fehlgeburt, intrauterinen Eingriffen (z. B. Amniozentese, Chorionzottenbiopsie), vorzeitiger Plazentalösung oder unter der Geburt zum Übertritt von Rh-positiven Erythrozyten vom kindlichen in den mütterlichen Kreislauf, wird die Mutter sensibilisiert und bildet Anti-D-Antikörper. In der ersten

► **Klinik.**

Schwangerschaft führt die Rhesusinkompatibilität meist nicht zu Komplikationen, da die Sensibilisierung in der Regel erst unter der Geburt erfolgt. Bei einer erneuten Schwangerschaft mit einem Rh-positiven Kind sind jedoch bereits IgG-Antikörper vorhanden, welche die Plazenta passieren, an fetale Blutgruppenantigene binden und so beim Fetus eine generalisierte Hämolyse auslösen **(Morbus haemolyticus neonatorum)**. Bei Geburt haben die Kinder eine schwere Anämie mit deren Folgen (→ sog. Hydrops congenitus). Im Blut findet man vermehrt Erythroblasten und Retikulozyten, weshalb man die Erkrankung auch als **fetale Erythroblastose** bezeichnet. In sehr schweren Fällen sterben die Kinder noch in den letzten Schwangerschaftswochen.

Zur **Prophylaxe** verabreicht man Rh-negativen Müttern ohne Anti-D-Antikörper in der 28.–30. Schwangerschaftswoche und bei tatsächlich Rh-positivem Kind in den ersten 72 Stunden nach der Geburt eine Standarddosis **Anti-D-Immunglobulin** (z. B. 300 µg Rhesogam bzw. Rhophylac), das Rh-positive Erythrozyten im Mutterblut eliminieren und so die Anti-D-Antikörperbildung verhindern soll. Eine Anti-D-Gabe soll wegen möglichen Blutübertritts vom fetalen in den maternalen Kreislauf u. a. auch nach Abort (Fehlgeburt), Abruptio (Schwangerschaftsabbruch), Extrauteringravidität (EUG), vaginaler Blutung, intrauterinem Eingriff und Bauchtrauma in der Schwangerschaft erfolgen.

# Atmung

# 8 Atmung

# 8 Atmung

## 8.1 Einführung

Alle Zellen des menschlichen Körpers sind auf eine kontinuierliche Zufuhr von Sauerstoff angewiesen. Aus der Sicht der einzelnen Zelle könnte die Sauerstoffversorgung ausschließlich durch **Diffusion** (s. S. 8) der Sauerstoffmoleküle über die Zellmembran erfolgen. Diffusionsvorgänge erfordern keine Zufuhr von äußerer Energie und laufen über kurze Distanzen sehr schnell ab. Bei Einzellern und einfachen mehrzelligen Lebewesen erfolgt die Sauerstoffversorgung tatsächlich nur über diesen Transportweg. Eine ausschließlich per Diffusion ablaufende Sauerstoffversorgung ist jedoch für einen so komplexen Organismus wie den menschlichen Körper nicht möglich, da die Zeit, die für den Transport einer bestimmten Stoffmenge durch reine Diffusion benötigt wird, mit dem Quadrat der Entfernung zunimmt. Tab. **8.1** verdeutlicht anhand einiger wichtiger physiologischer Prozesse diese starke Abhängigkeit der Transportgeschwindigkeit bei Diffusion von der Entfernung.

8 Atmung

8.1 Einführung

Die Zeit, die für den Transport eines Moleküls durch **Diffusion** erforderlich ist, erhöht sich mit dem Quadrat der Entfernung (Tab. **8.1**). Deshalb ist eine ausschließlich per Diffusion ablaufende Sauerstoffversorgung für einen so komplexen Organismus wie den menschlichen Körper nicht möglich.

► **Merke.** Ein Stofftransport ausschließlich durch Diffusion ist nur für Distanzen von $< 10\,\mu m$ in einer physiologisch sinnvollen Zeit möglich.

► **Merke.**

Die Beziehung zwischen der durch Diffusion pro Zeiteinheit transportierten Stoffmenge und der Distanz des Transports wurde 1905 von Albert Einstein quantitativ beschrieben. Sie stellt ein grundsätzliches Problem für eine Reihe von wichtigen Vorgängen bei der Atmung dar, so z. B. bei der Belüftung der Alveolen, dem Gasaustausch über die Alveolarmembran oder dem Transport von Sauerstoff ($O_2$) und Kohlendioxid ($CO_2$) im Blut.

Mithilfe eines Trägermediums können Stoffe hingegen schneller und über große Distanzen transportiert werden (= **Konvektion**, s. S. 10).

Bei der **Atmung** greifen Diffusions- und Konvektionsprozesse eng ineinander:

- Der Gasaustausch zwischen der aus dem Bronchialbaum zuströmenden Luft und der Alveolarluft, zwischen der Alveolarluft und dem Blut sowie zwischen den peripheren Kapillaren und den Gewebezellen erfolgt per **Diffusion**.
- Der Transport von Stoffen mit der durch das Bronchialsystem zu- oder abströmenden Luft und der Gastransport im Blutkreislauf erfolgen per **Konvektion**.

Die **Konvektion** erlaubt einen schnellen Transport über weite Distanzen.

Bei der **Atmung** greifen Diffusions- und Konvektionsprozesse eng ineinander.

## 8.2 Funktionen der Lunge

Die Hauptaufgabe der Lunge besteht darin, für eine ausreichende **Zufuhr von $O_2$** aus der Atmosphäre zu sorgen und gleichzeitig die gesamte Menge an **$CO_2$**, welche aus dem Metabolismus entsteht, **abzugeben**. Dabei unterliegt ihre Tätigkeit einer feinen Regulation durch **Chemorezeptoren**. Diese messen den Partialdruck von $O_2$ ($P_{O_2}$) und von $CO_2$ ($P_{CO_2}$) sowie die $H^+$-Konzentration (pH) im Blut und im Liquor (s. S. 145 bzw. S. 254).

Durch die große Menge an $CO_2$, die permanent abgeatmet werden muss, ist die Lunge auch ganz wesentlich an der **Aufrechterhaltung des Säure-Basen-Gleichgewichts** beteiligt (s. S. 275).

8.2 Funktionen der Lunge

Hauptaufgaben der Lunge sind die **Aufnahme von $O_2$** und die **Abgabe von $CO_2$**.

Die Lunge ist außerdem wesentlich an der **Regulation des Säure-Basen-Haushalts** beteiligt (s. S. 275).

**8.1 Geschwindigkeit des Transports mittels Diffusion (nach Levick)**

| *Entfernung* | *Zeit* | *Weg in vivo* |
|---|---|---|
| 0,1 µm | 0,000 005 s | Synapse |
| 1 µm | 0,0005 s | Kapillarwand |
| 10 µm | 0,05 s | Zelle zu Kapillare |
| 1 mm | 9,26 min | Haut |
| 1 cm | 15,4 h | Ventrikelwand |

Die Zahlen entsprechen der Zeit, die ein Glukosemolekül benötigt, um die angegebene Entfernung durch reine Diffusion zurückzulegen.

8.1

Auch für die **Immunabwehr** spielt die Lunge eine wichtige Rolle.

Im Rahmen einiger Erkrankungen kann die Lunge **endokrin aktiv** werden.

Daneben spielt die Lunge eine wichtige Rolle für die **Immunabwehr**, indem sie Bakterien während der Passage durch das Lungenkapillargebiet eliminiert.
Bei einigen Krankheitsprozessen (z. B. im Rahmen von Tumorerkrankungen) kann die Lunge schließlich auch zu einem **endokrin aktiven** Organ werden.

8.3 Belüftung der Lunge

8.3.1 Funktionelle Anatomie des Bronchialbaums

# 8.3 Belüftung der Lunge

## 8.3.1 Funktionelle Anatomie des Bronchialbaums

Über das **Bronchialsystem** werden die **Alveolen** belüftet, in denen der **Gasaustausch** erfolgt. Die **Typ-I-Pneumozyten** kleiden die Alveolen aus (→„Tapetenzellen“) und sind somit ein wichtiger Teil der Blut-Gas-Schranke, die **Typ-II-Pneumozyten** bilden den Surfactant (s. S. 227).

Die Lunge besteht aus einem hochverzweigten **Bronchialsystem**, an dessen Ende sich die **Alveolen** aufweiten. Die Aufgabe des Bronchialsystems besteht darin, für eine ausreichende und möglichst **gleichförmige Belüftung** der Alveolen zu sorgen. Der eigentliche **Gasaustausch** zwischen der Alveolarluft und dem Blut findet ausschließlich in den Alveolen statt. Diese sind von einer dünnen Zelltapete ausgekleidet, die von den Alveolarepithelzellen (= Pneumozyten) gebildet wird. Man unterscheidet zwei Zelltypen: Die **Typ-I-Pneumozyten** stellen die eigentliche Auskleidung der Alveolen dar (→„Tapetenzellen“) und sind somit ein wichtiger Teil der Blut-Gas-Schranke. Aufgabe der **Typ-II-Pneumozyten** ist die Bildung von Surfactant (s. S. 227).

Der **Bronchialbaum** teilt sich **23-mal** (Abb. **8.1a**). Dadurch entstehen 300 Mio. Alveolen mit einer **Gesamtoberfläche von 80–100 m²**.

Der **Bronchialbaum** der menschlichen Lunge weist **23 Teilungen** auf. Ab der 17. Teilung kommt es zur Ausbildung von Alveolen, wobei insbesondere die letzten Teilungen in zahlreichen Alveolen enden (Abb. **8.1a**). Auf diese Weise entstehen

8.1

**8.1 Anatomie (a) sowie Gesamtquerschnittsfläche und relative Strömungsgeschwindigkeit in den verschiedenen Teilungsgenerationen (b) des Bronchialbaums**

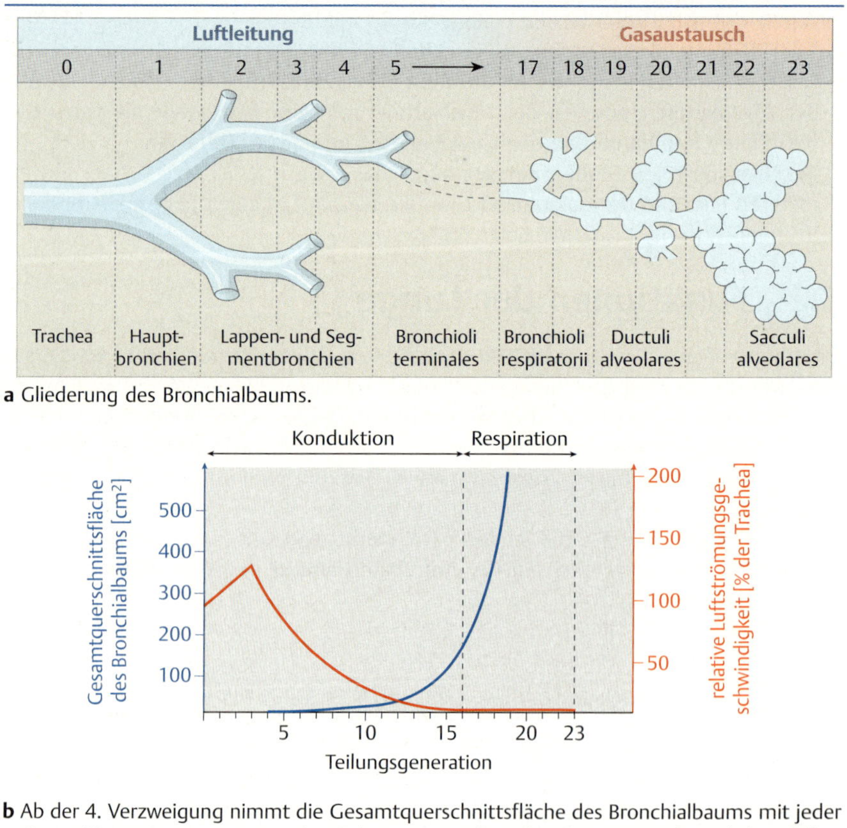


**a** Gliederung des Bronchialbaums.

**b** Ab der 4. Verzweigung nimmt die Gesamtquerschnittsfläche des Bronchialbaums mit jeder weiteren Verzweigung etwa um den Faktor 1,6 zu, die Luftströmungsgeschwindigkeit fällt mit jeder Teilungsgeneration ab. Die sog. **Konduktionszone** reicht bis zur 16. Generation. In den Bronchiolen und Alveolen der 17.–23. Generation findet Stoffaustausch fast ausschließlich per Diffusion statt. Hier erfolgt der Gasaustausch mit dem Blut, weshalb man diesen Bereich als **Respirationszone** bezeichnet.

etwa 300 Mio. Alveolen mit einer **Gesamtoberfläche von 80–100 $m^2$**. Würde die gesamte Lunge dagegen nur aus einer einzigen kugelförmigen Alveole mit einem Volumen von 4 l bestehen, hätte sie lediglich eine Oberfläche von etwa 1/10 $m^2$.

▶ **Merke.** Durch die starke Verzweigung des Bronchialbaums wird eine Erhöhung der effektiven Fläche für den Gasaustausch um den Faktor 1000 erreicht.

▶ **Merke.**

In den ersten 4 Teilungsgenerationen des Bronchialbaums nimmt die Gesamtquerschnittsfläche des Bronchialbaums ab. Da die gesamte Luft, die die Trachea passiert, auch durch die nachfolgenden Bronchien strömt, nimmt daher die **Strömungsgeschwindigkeit** der Luft zunächst bis zu einem Maximum bei der 3. Teilungsgeneration zu (Abb. **8.1b**). Diese Zunahme spielt vermutlich bei der Entfernung von Schleim und Fremdkörpern aus dem Bronchialsystem eine Rolle. Nach der 3. Teilungsgeneration steigt die Gesamtquerschnittsfläche des Bronchialbaums mit jeder weiteren Teilung etwa um den Faktor 1,6 an, weshalb die Strömungsgeschwindigkeit der Luft im weiteren Verlauf kontinuierlich zunächst langsam und dann immer schneller abnimmt. Ab der 17. Teilungsgeneration (respiratorische Bronchiolen) wird die Strömungsgeschwindigkeit schließlich so langsam, dass der weitere Stoffaustausch praktisch nur noch durch Gasdiffusion erfolgt. Dementsprechend stellen die Atemwege der ersten 16 Generationen die **Konduktionszone** (Luftleitung) dar, während die Bronchiolen und Alveolen der 17. bis 23. Teilungsgeneration der **Respirationszone** (Gasaustausch) entsprechen (Abb. **8.1**).

Die **Strömungsgeschwindigkeit** ist in den großen Bronchien am höchsten. In den respiratorischen Bronchiolen kommt die Strömung praktisch zum Erliegen. Die Atemwege bis zur 16. Teilungsgeneration bilden die **Konduktionszone**, die von der 17. bis 23. Teilungszone die **Respirationszone** (Abb. **8.1**).

Die abfallende Strömungsgeschwindigkeit entlang des Bronchialbaums hat einen großen Einfluss auf die **Eindringtiefe von Fremdkörpern**:

- Große Fremdkörper (**> 2 µm** Durchmesser) fallen in der Schleimhaut der **Nase**, des **Rachens** und der **großen Bronchien** aus. Hier befinden sich zahlreiche schleimbildende Becherzellen und ein dichtes Flimmerepithel. Dieses sorgt dafür, dass die Fremdkörper gemeinsam mit dem Bronchialsekret rückwärts in Richtung Epiglottis transportiert werden (mukoziliärer Transport) und schließlich in den Magen gelangen (unspezifische Abwehr, s. S. 196). Außerdem enthält das Bronchialsekret zahlreiche Antikörper (v. a. vom Subtyp IgA), die einer Invasion von Bakterien und Viren über die Bronchialschleimhaut entgegenwirken (spezifische Abwehr, s. S. 218).
- Fremdkörper mit einer Größe zwischen **2** und **0,2 µm** können tiefer in den Bronchialbaum eindringen. Da sie aber auf einen konvektiven Transport angewiesen sind, erreichen sie maximal die 16. Teilungsgeneration **(Bronchiolen)**, d. h. sie gelangen nicht in die Alveolen.
- Noch kleinere, sog. **Schwebeteilchen (< 0,2 µm)** können dagegen auch die **Alveolen** erreichen. Sie werden von den Alveolarmakrophagen phagozytiert (unspezifische Abwehr, s. S. 199). Ein Teil dieser Substanzen bleibt lebenslang im peribronchialen Gewebe liegen und kann dort Krankheiten auslösen (z. B. Silikose, Asbestose).

Die **Eindringtiefe von Fremdkörpern** in die Lunge ist von ihrer Größe abhängig:

- große Fremdkörper fallen in den **oberen Luftwegen** aus
- kleine Fremdkörper erreichen die **Bronchiolen**
- sehr kleine Fremdkörper, sog. Schwebeteilchen, erreichen die **Alveolen**.

▶ **Merke.** Die Strömungsgeschwindigkeit der eindringenden Luft hat einen großen Einfluss auf den Ort der Ablagerung von Fremdkörpern im Bronchialbaum.

▶ **Merke.**

Sämtliche Alveolen bilden einen kommunizierenden Raum. Die kleineren Alveolen haben aufgrund einer höheren **Oberflächenspannung** die Tendenz, sich zusammenzuziehen und die in ihnen enthaltene Alveolarluft in die großen Alveolen zu pressen („Seifenblasen-Phänomen"). Dies wird durch das von den Typ-II-Pneumozyten produzierte sog. **Surfactant** verhindert. Dabei handelt es sich um ein Gemisch aus verschiedenen Phospholipiden, welches die Oberflächenspannung vor allem in den kleinen Alveolen drastisch reduziert.

Kleine Alveolen haben eine höhere **Oberflächenspannung** als große Alveolen und daher die Tendenz, sich zusammenzuziehen. **Surfactant**, das von Alveolarepithelzellen Typ II gebildet wird, reduziert die Oberflächenspannung.

Die verminderte Bildung oder das Fehlen von Surfactant führt zum Kollaps ganzer Lungenabschnitte. Da diese kaum oder nicht mehr belüfteten Abschnitte weiterhin durchblutet werden, führt dies zu einem funktionellen Kurzschluss **(Shunt)** der Durchblutung und der Beimengung von venösem (nicht arterialisiertem) Blut zum Pulmonalvenenblut.

Surfactantmangel kann zum Kollaps ganzer Lungenabschnitte und in der Folge zur Ausbildung eines funktionellen Kurzschlusses der Durchblutung **(Shunt)** führen.

► Klinik.

► Klinik. Surfactant wird vom Fötus bereits ab der 26. Schwangerschaftswoche gebildet, die Produktion ist aber erst etwa ab der 35. Schwangerschaftswoche ausreichend für eine normale Lungenfunktion. Frühgeborene, die kein oder noch nicht ausreichend Surfactant bilden, entwickeln das sog. **Atemnotsyndrom des Frühgeborenen:** Die Kinder werden innerhalb weniger Stunden nach der Geburt zunehmend tachypnoeisch (>60, bis zu 100 Atemzüge/min), zeigen interkostale Einziehungen, Nasenflügeln und exspiratorisches Stöhnen. Durch Schädigung der Alveolar- und Lungenkapillarendothelien gelangen Proteine aus dem Blut in die Alveolen und bilden dort sog. hyaline Membranen, die röntgenologisch nachgewiesen werden können (Abb. **8.2**). Die Kinder müssen sorgfältig überwacht und ihre Blutgase regelmäßig kontrolliert werden. Therapeutisch wird durch kontrollierte $O_2$-Gabe die $O_2$-Sättigung konstant gehalten, ggf. sind Beatmung, Intubation oder die endotracheale Substitution von Surfactant erforderlich.

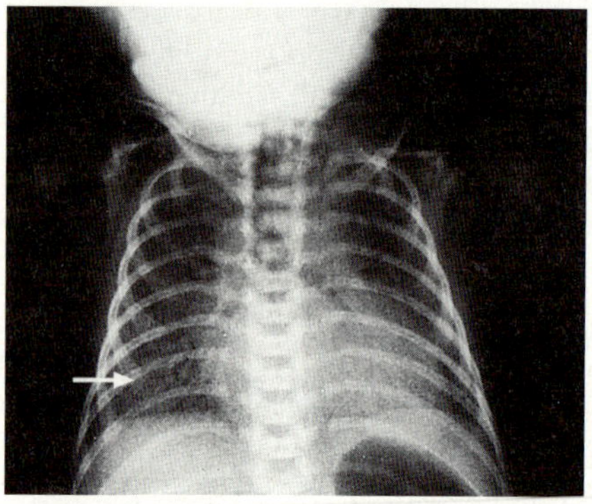

**8.2 Surfactantmangel-Syndrom**

Röntgen-Thorax-Aufnahme mit fleckig-streifigen Veränderungen in den unteren Lungenabschnitten (→).

8.3.2 Atemmechanik

Die Lunge kann nur **indirekt** durch Aufbau eines **Strömungsdrucks** bewegt werden. Wichtigster Atemmuskel ist das Zwerchfell (→ „**Bauchatmung**"). Daneben kommen zahlreiche Thoraxmuskeln zum Einsatz (→ „**Brustatmung**"), wobei die exspiratorisch wirksamen Muskeln nur bei **forcierter Atmung** aktiviert werden.

## 8.3.2 Atemmechanik

Damit Luft in die Lunge strömt, muss eine treibende Druckdifferenz **(Strömungsdruck)** aufgebaut werden. Dies erfolgt, indem das Lungenvolumen vergrößert wird. Da die Lunge selbst über keine Muskeln verfügt, kann sie nur **indirekt** bewegt werden. Von allen Atemmuskeln ist das Zwerchfell (Diaphragma), welches die sog. **Bauchatmung** antreibt, der wichtigste. Zusätzlich kann der Thorax und damit die Lunge über zahlreiche Thoraxmuskeln bewegt werden, die zusammen die sog. **Brustatmung** vermitteln. Hierzu zählen die inspiratorisch wirkenden Mm. scaleni, Mm. intercostales externi, Mm. intercartilaginei und Mm. serrati posteriores und inferiores. Ihre Kontraktion hat eine Aufweitung des Thorax in drei Richtungen zur Folge (Abb. **8.3**). Im Gegensatz zur Einatmung erfolgt die Ausatmung meist durch Entspannung der inspiratorisch wirkenden Muskeln ohne zusätzliche Muskelarbeit (s. S. 231). Bei besonders starker Atemtätigkeit **(forcierte Atmung)** werden aber zusätzlich exspiratorisch wirksame Muskeln aktiviert (Mm. intercostales interni, M. transversus thoracis und M. subcostalis). Aufgrund der dynamischen Atemwegskompression (s. S. 231) führt dies aber zu keiner nennenswerten Steigerung der Exspiration.

Compliance

Lunge und Thorax haben eine sehr unterschiedliche Dehnbarkeit **(Compliance)**:

- Die **Compliance der Lunge** ist vor allem vom Surfactant abhängig und ist bei niedrigen Lungenvolumina sehr groß.
- Die **Compliance des Thorax** wird durch die mechanischen Eigenschaften der Bänder und Muskeln der Thoraxwand bestimmt.

### Compliance

Lunge und Thoraxwand haben sehr unterschiedliche elastische Eigenschaften. Ihre Dehnbarkeit **(Compliance)** wird durch folgende Faktoren bestimmt:

- Für die **Compliance der Lunge** sind neben elastischen Fasern und der Verbindung zwischen Alveolen und übrigem Lungengewebe vor allem die in den Alveolen wirkenden Oberflächenkräfte von großer Bedeutung. Bei einer normalen Produktion von Surfactant (s. S. 227) ist die Compliance der Lunge bei niedrigen Lungenvolumina sehr groß und wird mit zunehmender Füllung immer kleiner.
- Die **Compliance des Thorax** dagegen wird maßgeblich durch die passiven Eigenschaften der Bänder und Muskeln bestimmt und ist im Bereich der **Atemmittellage** (→ natürliche Stellung des Thorax) am größten. Die Compliance des Thorax wird außerdem aktiv durch die Brustwandmuskulatur und das Zwerchfell beeinflusst.

8.3 **Atemmechanik**

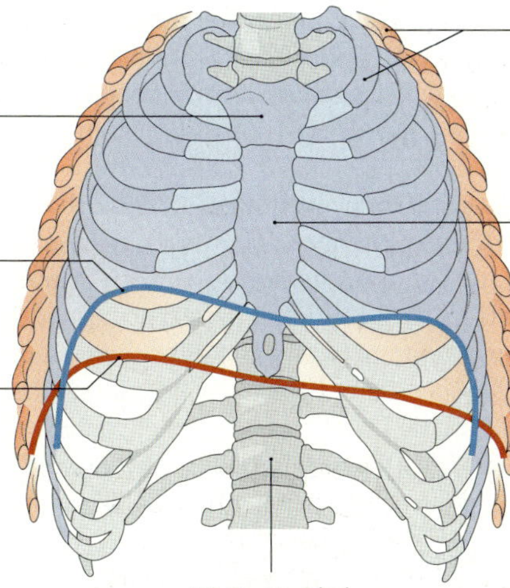


Mechanische Grundlage für die äußere Atmung ist der rhythmische Wechsel von Vergrößerung und Verkleinerung des Thorax und damit des Lungenvolumens. Bei der **Inspiration** (rot) wird durch Vergrößerung des Lungenvolumens ein Unterdruck erzeugt, der ein passives Einströmen der Atemluft nach sich zieht. Bei der **Exspiration** (blau) bewirkt die Verkleinerung des Lungenvolumens ein Hinauspressen der Luft. Bei der Atmung wirken Zwerchfell, Rippen, Thoraxmuskeln und die elastischen Fasern der Lungen zusammen.

Aus diesen unterschiedlichen elastischen Eigenschaften resultieren verschiedene **Druck-Volumen-Kurven** für Lunge und Thoraxwand, die ihre Compliance widerspiegeln (Näheres hierzu s. S. 236 bzw. Abb. **8.11**).
Die **Atemruhelage** stellt sich entsprechend bei demjenigen Volumen ein, bei dem die **passiven Retraktionskräfte** von Lunge und Thorax **exakt im Gleichgewicht** stehen. Sie wird bei Ruheatmung am Ende einer normalen Exspiration und vor Beginn einer erneuten Inspiration erreicht. Unter diesen Bedingungen hat der Thorax die Tendenz, sich auszudehnen, während die Lunge ein kleineres Volumen anstrebt. Aus diesen beiden einander entgegengesetzt wirkenden Kräften resultiert ein **negativer intrapleuraler Druck** von −5 cm $H_2O$. Er gewährleistet eine flexible Anheftung der Lunge an die durch Muskelkraft aktiv bewegbare Thoraxwand.

Hieraus resultieren verschiedene **Druck-Volumen-Kurven** für Lunge und Thoraxwand, die ihre Compliance widerspiegeln (vgl. S. 236 bzw. Abb. **8.11**).
In der **Atemruhelage** befinden sich die **passiven Retraktionskräfte** von Lunge und Thorax **im Gleichgewicht**. Hierdurch entsteht ein **negativer intrapleuraler Druck** von −5 cm $H_2O$, durch den die Lunge flexibel an die Thoraxwand angeheftet wird.

► **Klinik.** Die Wirkung des negativen intrapleuralen Druckes wird besonders anschaulich, wenn es zu einer Eröffnung des intrapleuralen Spalts durch Verletzungen von Thoraxwand oder Lunge kommt. Tritt nämlich Luft von außen oder innen in den Pleuraspalt ein, fällt die Lunge auf der betroffenen Seite aufgrund ihrer Eigenelastizität in sich zusammen, während sich der Thorax etwas ausdehnt. Dieses Krankheitsbild bezeichnet man als **Pneumothorax** (Abb. **8.4**)

► **Klinik.**

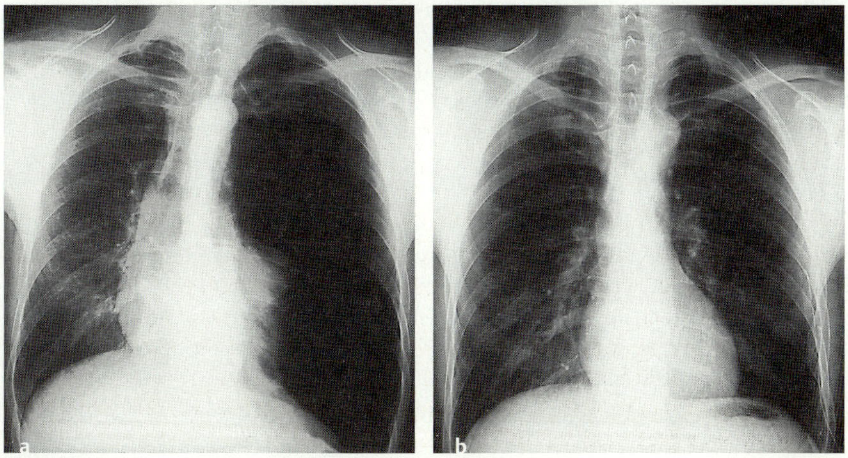


8.4 **Pneumothorax vor (a) und nach (b) Therapie**

**a** Pneumothorax links mit vollständigem Kollaps der linken Lunge. Im Vergleich zur rechten Seite ist der Pleuraspalt massiv erweitert, erscheint tiefschwarz und transparent.
**b** Nach Therapie (mittels eines Drainageschlauchs) ist die linke Lunge wieder entfaltet.

## Atemzyklus

Abb. **8.5** zeigt Lungenvolumen, Alveolardruck, intrapleuralen Druck und Atemstromstärke während eines **Atemzyklus**.

Die **Inspiration** erfordert Muskelarbeit. Der intrapleurale Druck wird dabei negativer und der **transpulmonale Druck** (Alveolardruck – intrapleuraler Druck) größer. Dadurch nimmt das **Lungenvolumen** zu und der **Alveolardruck** wird temporär negativ. Es strömt nun so lange Luft in die Lunge, bis der Alveolardruck wieder dem Druck am Mund entspricht.

8.5

## Atemzyklus

Der typische Verlauf von intrapleuralem Druck, Lungenvolumen, Alveolardruck und Atemstromstärke während einer normalen Ein- und Ausatmung **(Atemzyklus)** ist in Abb. **8.5** dargestellt. Ursächlich für alle dabei eintretenden Änderungen von Lungenvolumen und Atemstromstärke sind Änderungen des **intrapleuralen Drucks**. Dieser kann vom Atemzentrum über die Atemmuskulatur (s. S. 228) direkt beeinflusst werden.

Für die **Einatmung** (Inspiration) ist immer die Zufuhr von Muskelkraft erforderlich. Aufgrund der sich ausweitenden Thoraxwand wird der intrapleurale Druck negativer und damit der **transpulmonale Druck** (Druckdifferenz zwischen Alveolarraum und Pleuraspalt) größer. Da der transpulmonale Druck maßgeblich das Lungenvolumen bestimmt), nimmt auch das **Lungenvolumen** zu. Hierdurch wird der **Alveolardruck** gegenüber dem Druck am Mund vorübergehend negativ, und es strömt so lange Luft in die Lunge, bis sich der Alveolardruck wieder dem Druck am Mund (Atmosphärendruck) angeglichen hat. Die **Atemstromstärke** ist dabei direkt proportional zum Alveolardruck; zusätzlich wird sie durch die Größe des

**8.5 Typische Veränderungen von intrapleuralem Druck, Lungenvolumen, Alveolardruck und Atemstromstärke während eines Atemzyklus**

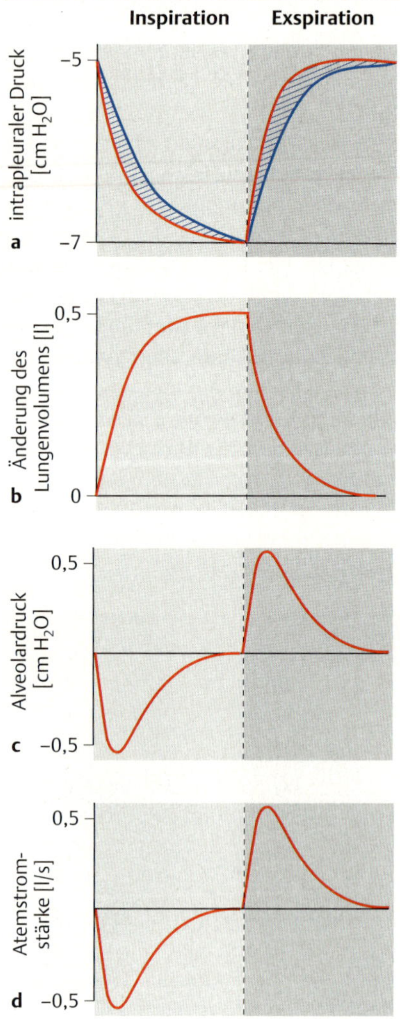


Typische Veränderungen von intrapleuralem Druck **(a)**, Lungenvolumen **(b)**, Alveolardruck **(c)** und Atemstromstärke **(d)** während einer normalen Ein- und Ausatmung in körperlicher Ruhe. Die schraffierte Fläche in **a** gibt die Differenz zwischen transpulmonalem (blaue Kurve) und intrapleuralem Druck (rote Kurve) an; diese entspricht exakt dem Alveolardruck (siehe **c**).

Atemwegswiderstands bestimmt. Der **intrapleurale Druck** erreicht am Ende der Inspiration seinen größten negativen Wert.

Die **Ausatmung** (Exspiration) erfolgt in Ruhe ohne die Beteiligung von Atemmuskeln allein durch die Wirkung elastischer Rückstellkräfte. Während der Exspiration wird der **Alveolardruck** positiv und es kommt zum Ausstrom von Luft (**Atemstromstärke** positiv). Der **intrapleurale Druck** und (als Folge davon) das **Lungenvolumen** kehren zu ihren Ausgangswerten zurück.

Die **Exspiration** in Ruhe erfolgt ohne Atemmuskelbeteiligung. **Alveolardruck** und **Atemstromstärke** sind dabei positiv, **intrapleuraler Druck** und **Lungenvolumen** erreichen wieder ihre Ausgangswerte.

Bei einer starken Zunahme des Atemminutenvolumens, z.B. bei körperlicher Arbeit oder starker Atemnot, wird die Verkleinerung des Thoraxvolumens zusätzlich durch die Wirkung von Bauchwandmuskeln sowie der Mm. intercostales interni, des M. transversus und des M. subcostalis unterstützt **(dynamische Kompression)**. Bei einer solchen **forcierten Exspiration** kann der intrapleurale Druck hohe positive Werte erreichen.

Bei einer **forcierten Exspiration** durch zusätzlichen Einsatz der Atemmuskulatur kommt es zu einer **dynamischen Kompression** der Atemwege.

Die Größe der **Atemstromstärke $\dot{V}$** bei Inspiration und Exspiration ist, analog zum Ohm-Gesetz, von der treibenden Druckdifferenz (**Strömungsdruck**, s.S. 228), also der Differenz zwischen dem Alveolardruck $P_A$ und dem Druck am Mund $P_M$, sowie dem **Atemwegswiderstand $R_L$** (s.u.) abhängig.

Die **Atemstromstärke $\dot{V}$** wird vom **Strömungsdruck** und dem **Atemwegswiderstand** bestimmt.

**▶ Merke.** Obwohl bei forcierter Exspiration auch der Alveolardruck auf ein Vielfaches des normalen Werts erhöht ist, lässt sich die Atemstromstärke bei der Exspiration aufgrund einer **dynamischen Kompression** der Atemwege (v.a. der großen Bronchien) und der damit verbundenen Zunahme des Atemwegswiderstands kaum steigern (Abb. **8.6**).

**▶ Merke.**

Im Gegensatz zur Exspiration lässt sich die Atemstromstärke bei der **Inspiration** durch eine forcierte Atmung steigern, da es parallel zum erhöhten Druckgefälle zwischen Atmosphäre und Alveolarraum zu einer **Erweiterung der Atemwege** kommt.

Bei der **forcierten Inspiration** lässt sich die Atemstromstärke durch **Erweiterung der Atemwege** steigern.

**8.6 Dynamische Atemwegskompression**

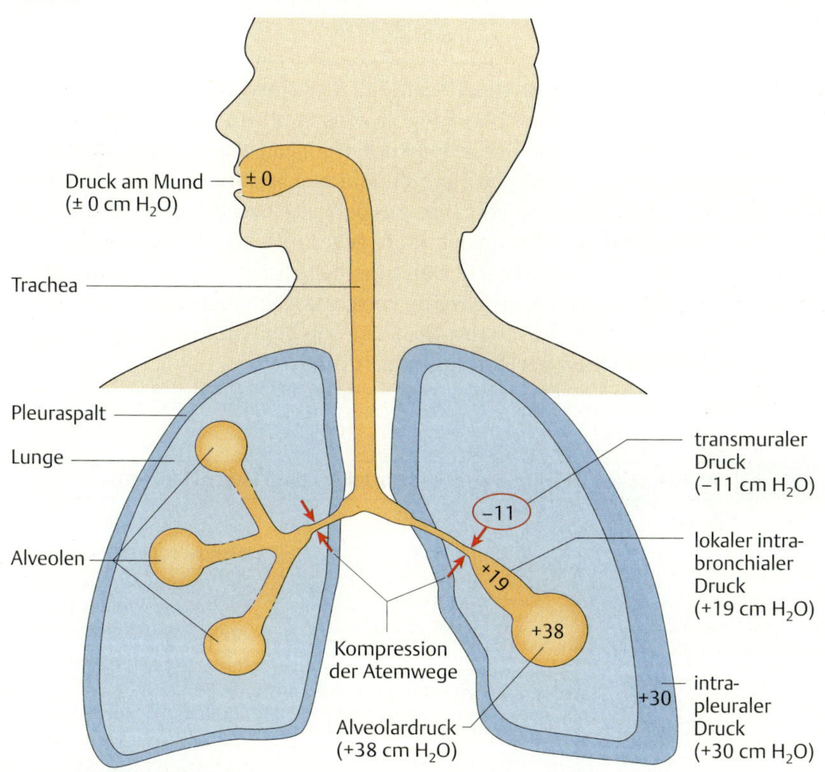


Bei einer starken Erhöhung des intrapleuralen Drucks während der Exspiration (forcierte Exspiration; hier +30 cm $H_2O$) steigt zwar auch der Alveolardruck (hier auf +38 cm $H_2O$). Bis zum Mund fällt der Druck in den Atemwegen aber auf Atmosphärendruck ab (±0 cm $H_2O$). Da der erhöhte intrapleurale Druck auf alle intrathorakalen Atemwege einwirkt, sinkt in gleichem Maße auch der transmurale Druck über die Wände der Bronchien (= Druck in den Atemwegen – intrapleuraler Druck, s.S. 237) und wird schließlich negativ. Die daraus resultierende Einengung der Atemwege erhöht den Atemwegswiderstand im gleichen Maße wie der Alveolardruck zunimmt (sog. **Starling-Resistor**). Dies hat zur Folge, dass die Atemstromstärke trotz steigendem Alveolardruck konstant bleibt.

## Atemwegswiderstand

**▶ Synonym.** Resistance.

Für den Atemwegswiderstand gilt:

$$R_L = \frac{P_A - P_M}{\dot{V}}$$

Der Atemwegswiderstand ist entlang des Bronchialbaums nicht gleichmäßig verteilt. Da sich die Gesamtquerschnittsfläche der Atemwege mit zunehmender Verzweigung stark erhöht, findet sich der **größte Anteil** des gesamten Atemwegswiderstands in den **oberen Atemwegen** einschließlich des Mund- und Rachenraums; am höchsten ist er in der Trachea und den großen Bronchien (s. Abb. **8.1b**, S. 226). Kleine Bronchien und Bronchiolen <2 mm Durchmesser tragen dagegen <20 % zum gesamten Atemwegswiderstand bei.

**▶ Klinik.** Da die meisten Erkrankungen der Bronchien in den kleinen Luftwegen beginnen, führen sie zunächst zu kaum messbaren Erhöhungen des Atemwegswiderstands. Aus einem (noch) normalen Atemwegswiderstand kann also nicht geschlossen werden, dass keine Erkrankung des Bronchialbaums vorliegt.

**Regulation des Atemwegswiderstands:** Der Atemwegswiderstand wird durch das **autonome Nervensystem** reguliert. Er wird bei einer Aktivierung des **Sympathikus** über eine Stimulation von $\beta_2$-Rezeptoren gesenkt. Dieser Mechanismus ist an der Anpassung der Atemstromstärke bei körperlicher Arbeit beteiligt. Umgekehrt erhöht ein gesteigerter **vagaler Tonus** den Atemwegswiderstand.

**▶ Klinik.** Bei der pharmakologischen Notfalltherapie des **Asthma bronchiale** macht man sich die sympathische Innervation zunutze, indem man die $\beta_2$-Rezeptoren über spezifische Agonisten direkt stimuliert und damit eine Abnahme des Atemwegswiderstands erreicht.

Daneben hat das **Lungenvolumen** einen sehr großen Einfluss auf die Größe des Atemwegswiderstands: Mit steigendem Lungenvolumen werden die oberen Luftwege über elastische Fasern aufgeweitet und der Atemwegswiderstand nimmt sehr stark ab (Abb. **8.7**).

**▶ Klinik.** Unter der **Geburt** steigt während der Presswehen der intrapleurale Druck bei der Mutter stark an. Dies kann zu ernsten Kreislaufkomplikationen führen, da der hohe intrapleurale Druck den Rückstrom von venösem Blut zum rechten Ventrikel behindert und damit das Herzzeitvolumen absinkt.
Experimentell lassen sich diese Vorgänge mit dem sog. **Valsalva-Versuch** nachbilden, bei dem ein Proband mit maximaler Kraft gegen die verschlossenen Atemwege ausatmet (s. S. 145). Das umgekehrte experimentelle Manöver – eine maximale inspiratorische Anstrengung bei gleichzeitig verschlossenen Atemwegen – nennt man den **Müller-Versuch**. Mit dem Valsalva-Manöver und dem Müller-Versuch kann man die aktiv entwickelte Kraft der Atemmuskulatur messen.

**8.7 Abhängigkeit des Atemwegswiderstands vom Lungenvolumen**

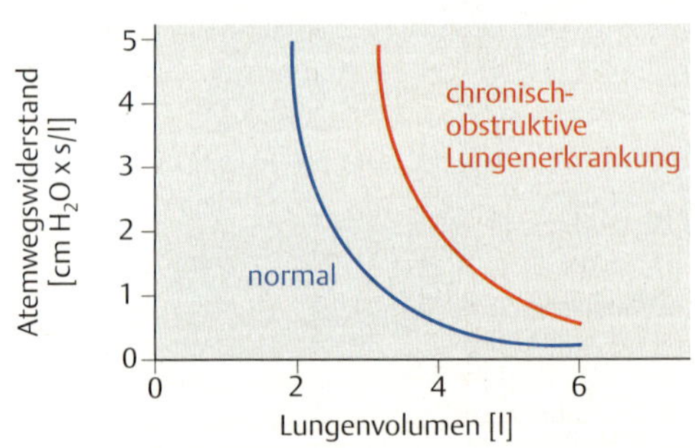


Mit steigendem Lungenvolumen werden die oberen Luftwege über elastische Fasern aufgeweitet und der Atemwegswiderstand nimmt sehr stark ab. Bei einer chronisch-obstruktiven Lungenerkrankung ist die Kurve nach rechts verschoben, also hin zu größeren Lungenvolumina.

### Atemwegswiderstand

▶ Synonym

Für den Atemwegswiderstand gilt:

$$R_L = \frac{P_A - P_M}{\dot{V}}$$

Der Atemwegswiderstand ist in der **Trachea und den großen Bronchien am höchsten** (s. Abb. **8.1**, S. 226). Kleine Bronchien tragen <20 % zum gesamten Atemwegswiderstand bei.

▶ Klinik.

**Regulation des Atemwegswiderstands:** Der Atemwegswiderstand kann aktiv reguliert werden. Dabei führt eine **Sympathikuserregung** zu einer Reduktion und eine **Vaguserregung** zu einer Erhöhung des Widerstands.

▶ Klinik.

Mit steigendem **Lungenvolumen** sinkt der Atemwegswiderstand durch Aufweitung der oberen Luftwege (Abb. **8.7**).

▶ Klinik.

8.7

## 8.3.3 Lungenvolumina und Lungenkapazitäten

8.3.3 Lungenvolumina und Lungenkapazitäten

▶ Definition.

- **Lungenvolumina:** einzeln messbare Atemgrößen
- **Lungenkapazitäten:** Atemgrößen, die sich aus mehreren Lungenvolumina zusammensetzen.

Die nachfolgende Aufzählung sowie Abb. **8.8** geben einen Überblick über die verschiedenen Lungenvolumina und -kapazitäten:

**Totalkapazität (= maximales Lungenvolumen):** Das maximale Gasvolumen der Lunge bezeichnet man als Totalkapazität (**TLC**, total lung capacity).

**Atemzugvolumen (AZV):** Das mit jedem Atemzug ein- und ausgeatmete Volumen ist das Atemzugvolumen. Es beträgt in Ruhe etwa 0,5 l, kann aber bei Belastung auf ein Mehrfaches ansteigen (Vitalkapazität, s. u.). Bei einer Atemfrequenz von etwa 15 Atemzügen pro Minute ergibt sich somit ein **Atemminutenvolumen** in Ruhe von 7,5 l/min.

**Inspiratorisches Reservevolumen (IRV):** Das inspiratorische Reservevolumen ist dasjenige Volumen, das über den normalen Atemzug hinaus maximal eingeatmet werden kann.

**Exspiratorisches Reservevolumen (ERV):** Das exspiratorische Reservevolumen ist dasjenige Volumen, das über die Atemruhelage hinaus maximal ausgeatmet werden kann.

**Vitalkapazität (VC):** Die Vitalkapazität ist die Summe aus Atemzugvolumen, exspiratorischem und inspiratorischem Reservevolumen.

**Residualvolumen (RV):** Auch nach maximaler Exspiration befindet sich in der Lunge noch Luft. Dieses sog. Residualvolumen entspricht der Differenz zwischen dem maximalen Lungenvolumen (TLC) und der Vitalkapazität. Es macht beim Gesunden etwa ein Viertel des Lungenvolumens aus.

**Funktionelle Residualkapazität (FRC):** Das Volumen, das sich bei normaler Atmung am Ende der Ausatmung noch in der Lunge befindet, bezeichnet man als funktionelle Residualkapazität. Sie entspricht der Summe von exspiratorischem Reservevolumen und Residualvolumen.

**Totraumventilation und alveoläre Ventilation:** In Atemruhelage setzt sich das Gasvolumen der Lunge aus dem anatomischen Totraum und dem Alveolarraum zusammen:

- Der **anatomische Totraum** beträgt bei Erwachsenen etwa 150 ml (2 ml/kg Körpergewicht) und erstreckt sich vom Mund bis zur 16. Teilung des Bronchialbaums.

Zur Übersicht s. Abb. **8.8**.

**Totalkapazität (= maximales Lungenvolumen, TLC):** Das Gasvolumen, das sich maximal in der Lunge befinden kann.
**Atemzugvolumen (AZV):** Entspricht dem In- bzw. Exspirationsvolumen. Aus der Atemfrequenz und dem Atemzugvolumen ergibt sich das **Atemminutenvolumen**.

**Inspiratorische Reservevolumen (IRV):** Kann über den normalen Atemzug hinaus eingeatmet werden.

**Exspiratorisches Reservevolumen (ERV):** Kann über die Atemruhelage hinaus ausgeatmet werden.

**Vitalkapazität (VC):** Vitalkapazität = Atemzugvolumen + exspiratorisches + inspiratorisches Reservevolumen.
**Residualvolumen (RV):** Verbleibt nach maximaler Exspiration in der Lunge (= max. Lungenvolumen – Vitalkapazität).

**Funktionelle Residualkapazität (FRC):** Sie entspricht der Summe aus Residualvolumen und expiratorischem Reservevolumen.

**Totraumventilation und alveoläre Ventilation:**

- **Anatomischer Totraum:** Er erstreckt sich vom Mund bis zur 16. Teilung des Bronchialbaums.

**8.8 Lungenvolumina und Lungenkapazitäten**

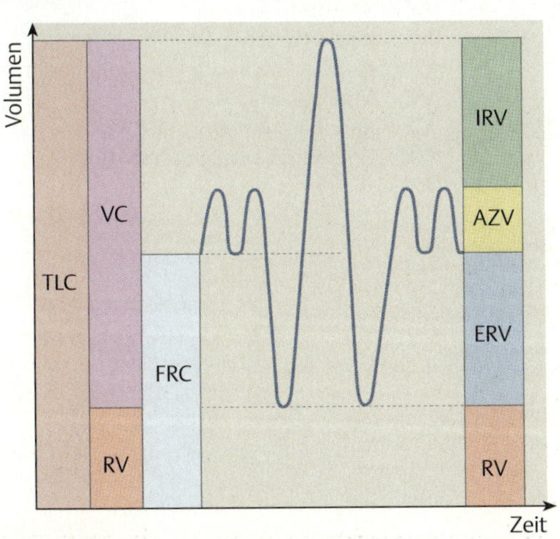


**TLC:** Totalkapazität
**AZV:** Atemzugvolumen
**IRV:** Inspiratorisches Reservevolumen
**ERV:** Exspiratorisches Reservevolumen
**VC:** Vitalkapazität
**RV:** Residualvolumen
**FRC:** Funktionelle Residualkapazität

8.8

- **Alveolarraum:** Er umfasst bei Erwachsenen etwa 3–4 l, hier erfolgt der Gasaustausch.

Hier findet kein Gasaustausch, sondern lediglich Konduktion statt (s. Abb. **8.1**, S. 226).

- Der **Alveolarraum** umfasst bei Erwachsenen etwa 3–4 l. Zwischen dem Gasgemisch im Alveolarraum **(Alveolarluft)** und dem Blut findet der eigentliche Gasaustausch statt.

Nur ein Teil des Atemminutenvolumens trägt zum Austausch der Alveolarluft bei **(alveoläre Ventilation)**.

Da die eingeatmete Luft, bevor sie den Alveolarraum erreicht, zunächst immer den anatomischen Totraum passieren muss **(Totraumventilation)**, trägt nicht das gesamte Atemminutenvolumen zur Belüftung des Alveolarraumes **(alveoläre Ventilation)** bei.

Beispielsweise ergibt sich bei einem Atemzugvolumen von 0,5 l, einem anatomischen Totraum von 0,15 l und einer Atemfrequenz von 15 Atemzüge/min eine Totraumventilation von $15 \times 0{,}15\,l = 2{,}25\,l/min$ und eine alveoläre Ventilation von $15 \times 0{,}35\,l = 5{,}25\,l/min$.

▶ Klinik.

▶ Klinik. Die Totraumventilation ist keineswegs eine fixe Größe. Sie kann bei einer **flachen Atmung** (d. h. einem kleinen Atemzugvolumen) dramatisch zunehmen, sodass der Anteil der alveolären Ventilation am Atemminutenvolumen auf unter 50 % sinkt. Dies kann zu einer **Hypoventilation** (s. S. 259) und einem verminderten Sauerstoffgehalt im Blut (**Hypoxämie**; s. S. 277) führen.

▶ Merke.

▶ Merke. Die Messung eines normalen Atemminutenvolumens ist für sich genommen noch kein Beweis für eine ausreichende alveoläre Ventilation.

8.3.4 Bestimmung der Lungenvolumina und -kapazitäten

### 8.3.4 Bestimmung der Lungenvolumina und -kapazitäten

Spirometrie

Im Rahmen der **Lungenfunktionsprüfung** lassen sich mit der Spirometrie (Abb. **8.9**)
- **statische Größen** (VC, IRV, ERV, AZV) und
- **dynamische Größen** (z. B. Einsekundenausatemkapazität, Atemgrenzwert, s. u.)

#### Spirometrie

Eine wichtige Methode zur **Überprüfung der Lungenfunktion** ist die Spirometrie (Abb. **8.9**). Mit ihrer Hilfe lassen sich
- **statische Größen**, also die Vitalkapazität und ihre Anteile (inspiratorisches und exspiratorisches Reservevolumen, Atemzugvolumen) und
- **dynamische Größen** (z. B. Einsekundenausatemkapazität, Atemgrenzwert, s. u.)

**8.9 Spirometrie**

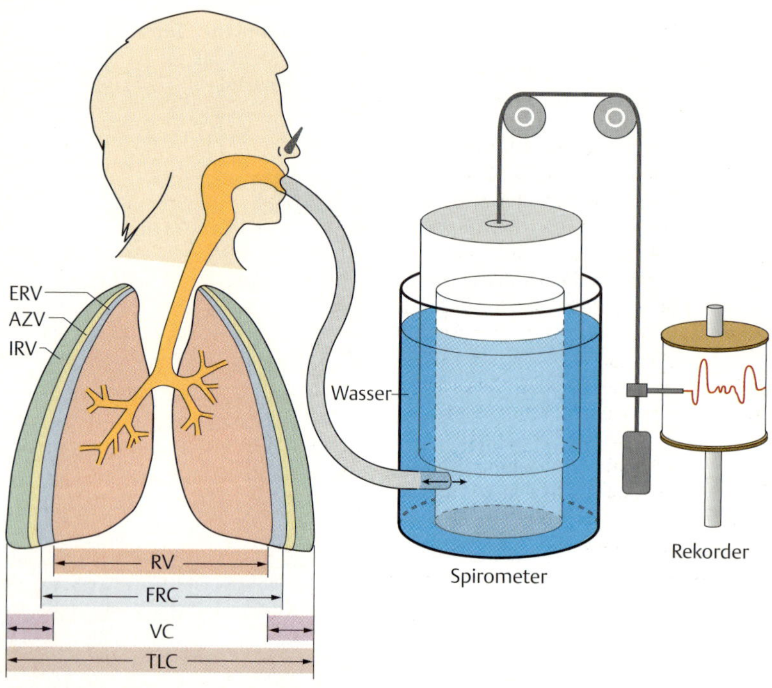


**Aufbau eines einfachen Spirometers:** Der Proband atmet aus einem geschlossenen Volumen Spirometerluft ein und wieder aus. Die Volumenänderungen im Spirometer werden als indirektes Maß für die Änderungen des Lungenvolumens des Probanden aufgezeichnet.

**TLC:** Totalkapazität
**AZV:** Atemzugvolumen
**IRV:** Inspiratorisches Reservevolumen
**ERV:** Exspiratorisches Reservevolumen
**VC:** Vitalkapazität
**RV:** Residualvolumen
**FRC:** Funktionelle Residualkapazität

messen, also diejenigen Atemvolumina, die ein- und ausgeatmet werden. Dazu wird der Mund des Probanden bzw. Patienten über einen Schlauch mit einem geschlossenen Behälter verbunden. Während die Person in den Behälter ein- und ausatmet, werden die **Volumenänderungen** aufgezeichnet. Die Lungenvolumina werden also **indirekt** über die Messung der Raumvolumina des Spirometers erfasst.

**indirekt** messen, indem die Person in einen Behälter ein- und ausatmet und dabei die **Volumenänderungen** aufgezeichnet werden.

### Tiffeneau-Test

Tiffeneau-Test

**▶ Definition.** Dasjenige Volumen, das innerhalb von einer Sekunde forciert ausgeatmet werden kann, bezeichnet man als **absolute Einsekundenkapazität ($FEV_1$).**

▶ Definition.

Sie wird spirometrisch mit dem sog. Tiffeneau-Test bestimmt, bei dem die Person nach maximaler Inspiration so schnell und tief wie möglich ausatmet (**forcierte Exspiration**, Abb. **8.10 a**). Anhand der hieraus resultierenden **Fluss-Volumen-Kurve** der Lunge (Abb. **8.10 b**) lässt sich ein erhöhter Atemwegswiderstand direkt ablesen: Die exspiratorische Atemstromstärke nimmt in diesem Fall nach ihrem Maximum schneller wieder ab und zeigt eine typische Eindellung bei etwa halber Totalkapazität (siehe rote Kurve in Abb. **8.10 b**). Der Tiffeneau-Test wird zur **Diagnostik von obstruktiven Lungenerkrankungen** eingesetzt.
Die Einsekundenkapazität wird meist als **relative Einsekundenkapazität ($rFEV_1$)** bezogen auf die Vitalkapazität angegeben. Sie beträgt normalerweise bei einer $FEV_1$ von 3,2 l und einer Vitalkapazität von 4 l 80 %.

Hierzu atmet die Person ausgehend nach maximaler Inspiration so schnell und tief wie möglich aus (**forcierte Exspiration**, Abb. **8.10 a**). Sie lässt wichtige Rückschlüsse auf den Atemwegswiderstand zu (**Fluss-Volumen-Kurve**, Abb. **8.10 b**).

Die **relative Einsekundenkapazität ($rFEV_1$)** liegt normalerweise bei 80 %.

**8.10 Tiffeneau-Test**

8.10

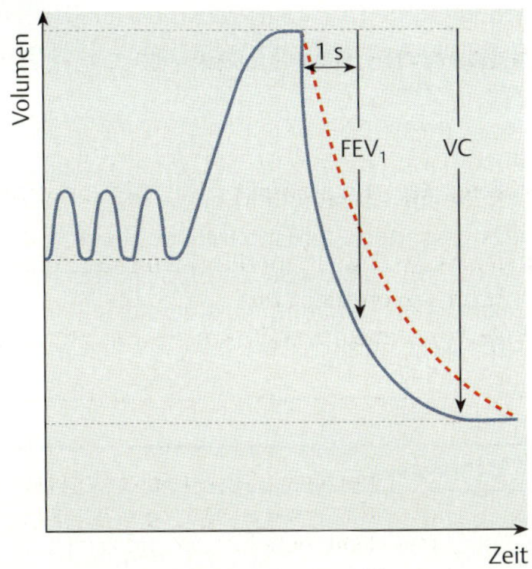


a

**a Forciertes Exspirogramm.** Im Anschluss an eine maximale Inspiration atmet der Proband so schnell wie möglich aus. Das in der ersten Sekunde ausgeatmete Volumen entspricht der **absoluten Einsekundenkapazität ($FEV_1$)**, das Verhältnis von $FEV_1$ zu Vitalkapazität (VC) ergibt die **relative Einsekundenkapazität ($rFEV_1$)**. Blaue Kurve: Lungengesunder; rote gestrichelte Kurve: Patient mit obstruktiver Lungenerkrankung.

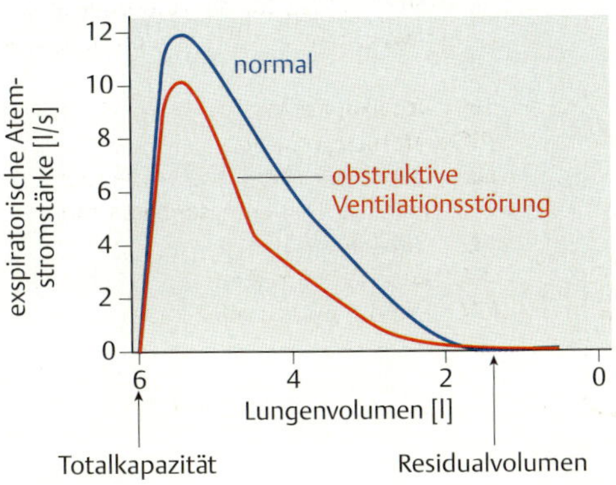


b

**b Fluss-Volumen-Kurven.** Dargestellt sind die Beziehung zwischen Atemstromstärke und Lungenvolumen bei einer lungengesunden Person und einer Person mit einer obstruktiven Ventilationsstörung. Charakteristisch für diese Störung sind eine Reduktion der maximalen exspiratorischen Atemstromstärke und eine beschleunigte Abnahme der exspiratorischen Atemstromstärke nach Erreichen ihres Maximalwerts.

### Atemgrenzwert

▶ **Definition.**

Die Größe des Atemgrenzwertes hängt u.a von Atemfrequenz, Körpergröße und Alter ab und ist bei allen Ventilationsstörungen erniedrigt.

### Atemgrenzwert

▶ **Definition.** Das maximale Atemzeitvolumen, welches eine Person pro Zeiteinheit erreichen kann, wird als **Atemgrenzwert** bezeichnet.

Zur Bestimmung atmet die Person zehn Sekunden lang forciert ein und aus. Das dabei bewegte Gasvolumen wird anschließend auf eine Minute hochgerechnet. Die Größe des Atemgrenzwerts ist von mehreren Faktoren wie Atemfrequenz, Körpergröße und Lebensalter abhängig. Er ist bei allen Ventilationsstörungen erniedrigt.

### Druck-Volumen-Kurve

Die Druck-Volumen-Kurven des Atemapparats werden **spirometrisch** bestimmt. Sie ergeben sich aus den bei unterschiedlichen Lungenvolumina gemessenen Alveolardrücken. Da sie bei entspannter Atemmuskulatur ermittelt werden, bezeichnet man sie auch als **Ruhedehnungskurven**.

Für die separaten Druck-Volumen-Kurven von **Lunge** und **Thorax** ist zusätzlich die Messung des **intrapleuralen Drucks** erforderlich.

Aus der jeweiligen **Druck-Volumen-Kurve** (Abb. **8.11**) kann die **Compliance C** (Dehnbarkeit) der Lunge, des Thorax und des gesamten Atemapparats abgeleitet werden. Sie ist wie folgt definiert:

$$C = \frac{\Delta V}{\Delta P_{tm}}$$

Der Druckwert des gesamten Atemapparats bei einem bestimmten Volumen ist die Summe der Druckwerte von Lunge und Thorax. Die Compliance des gesamten Atemapparats ist immer kleiner als die von Lunge oder Thorax allein **(inverse Beziehung von Compliance und Druck)**.

### Druck-Volumen-Kurve

Auch die Druck-Volumen-Kurven des Atemapparats werden mit dem **Spirometer** bestimmt. Dabei atmet die untersuchte Person ein definiertes Volumen ein- bzw. aus, das Ventil am Spirometer wird geschlossen und die Person entspannt die Atemmuskulatur. Aus den bei unterschiedlichen Lungenvolumina im Spirometerschlauch gemessenen Druckwerten, die bei geöffneter Glottis jeweils dem **Alveolardruck** entsprechen, ergibt sich die Druck-Volumen-Kurve des **gesamten Atemapparats**. Da die Druck-Volumen-Kurven bei entspannter Atemmuskulatur ermittelt werden, bezeichnet man sie auch als **Ruhedehnungskurven**.
Zur Bestimmung der separaten Druck-Volumen-Kurven von **Lunge** bzw. **Thorax** ist zusätzlich die Messung des **intrapleuralen Drucks** (s. S. 229) erforderlich, der mit einer Ösophagussonde ermittelt werden kann.
Aus den jeweiligen **Druck-Volumen-Kurven** (Abb. **8.11**) ergibt sich die **Compliance C** (Dehnbarkeit, s. S. 228) der Lunge, des Thorax und des gesamten Atemapparats. Sie ist definiert als Quotient aus Volumenzunahme (ΔV) und transmuraler Druckdifferenz ($\Delta P_{tm}$) und entspricht der Steigung der Kurve für ein gegebenes Volumen:

$$C = \frac{\Delta V}{\Delta P_{tm}}$$

Der Druck für den gesamten Atemapparat entspricht bei einem bestimmten Volumen der Summe der Druckwerte, die für Lunge und Thorax separat gemessen wurden. Die Druck-Volumen-Kurve des gesamten Atemapparats ergibt sich also aus der Addition der Druck-Volumen-Kurven von Lunge und Thorax. Da der Druck im Nenner in die Berechnung der Compliance (s.o.) eingeht, wird verständlich, warum die Compliance des gesamten Atemapparats immer kleiner ist als die von Lunge

8.11

**8.11 Ruhedehnungskurven des Atemapparats**

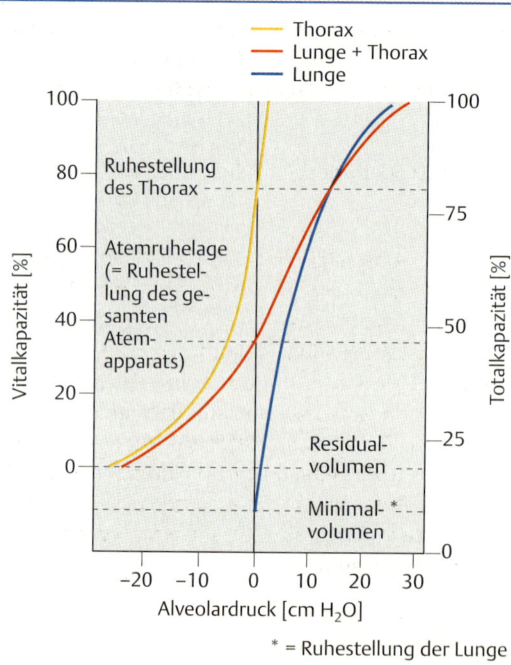


Die Druck-Volumen-Kurve des gesamten Atemapparats ergibt sich aus der Addition der Kurven der Lunge und des Thorax.

oder Thorax allein **(inverse Beziehung von Compliance und Druck)**. Im Bereich der normalen Atemruhelage ist die Compliance von Lunge und Thorax etwa gleich groß, demnach resultiert eine halb so große Compliance des gesamten Atemapparats (s. auch Steilheit der Kurven in Abb. **8.11** bei Alveolardruck = 0 cm $H_2O$).
Der maßgebliche transmurale Druck für die (elastische) Dehnung des **gesamten Atemapparats** ist der intrapulmonale Druck (= Alveolardruck). Der maßgebliche Druck für die Exkursion des **Thorax** allein ist der intrapleurale Druck. Für die **Lunge** allein ergibt sich der maßgebliche transmurale Druck als Differenz aus intrapulmonalem Druck und intrapleuralem Druck.

Maßgeblich für die (elastische) Dehnung sind dabei:
- **gesamter Atemapparat:** intrapulmonaler Druck
- **Thorax:** intrapleuraler Druck
- **Lunge:** Differenz aus intrapulmonalem und intrapleuralem Druck.

## Fremdgasverdünnungsmethoden

**Residualvolumen und funktionelle Residualkapazität** lassen sich nicht allein mittels Spirometrie bestimmen. Hierzu werden die sog. Fremdgasverdünnungsmethoden angewendet. Sie basieren auf dem Prinzip der Erhaltung der Masse und können im Grunde mit jedem nicht toxischen Gas, das nicht zu schnell über die Alveolarmembran in das Blut aufgenommen wird, durchgeführt werden.
In der Praxis verwendet man meist Helium **(Heliumeinwaschmethode):** Zunächst wird im bekannten Volumen des Spirometers ($V_S$) eine bestimmte Heliumkonzentration (z. B. 10 %) eingestellt ($[He_{Start}]$). Dann öffnet man das Ventil am Mund der untersuchten Person und lässt diese so lange Spirometerluft ein- und ausatmen, bis die Heliumkonzentration ein neues Gleichgewicht erreicht hat ($[He_{Ende}]$). Da kein Helium hinzugeführt wurde, das Verteilungsvolumen aber zum Zeitpunkt der Öffnung des Ventils um das Lungenvolumen der Person größer wurde, muss die Heliumkonzentration abfallen. Das Lungenvolumen ($V_L$) lässt sich nun mit der Gleichung

$$V_L = V_S \times \frac{[He_{Start}]}{[He_{Ende}]} - 1$$

berechnen. Wenn das Ventil am Ende einer normalen Ausatmung (Atemmittellage, s. S. 228) geöffnet wird, entspricht $V_L$ der Residualkapazität; wenn das Ventil am Ende einer maximalen Ausatmung geöffnet wird, entspricht $V_L$ dem Residualvolumen.

### Fremdgasverdünnungsmethoden

Zur Bestimmung des Residualvolumens und der funktionellen Residualkapazität werden sog. Fremdgasverdünnungsmethoden angewendet.

Das am häufigsten eingesetzte Verfahren ist die **Heliumeinwaschmethode**. Dabei atmet die Versuchsperson aus dem bekannten Volumen des Spirometers ($V_S$) Luft mit einer bestimmten Heliumkonzentration ($[He_{Start}]$) ein, bis diese im jetzt größeren Verteilungsvolumen abfällt und ein neues Gleichgewicht erreicht hat ($[He_{Ende}]$). Das Lungenvolumen ($V_L$) errechnet sich nun aus der Gleichung

$$V_L = V_S \times \frac{[He_{Start}]}{[He_{Ende}]} - 1$$

Am Ende einer normalen Ausatmung entspricht $V_L$ der FRC; am Ende einer maximalen Ausatmung dem RV.

## Ganzkörperplethysmografie

▶ **Synonym.** Bodyplethysmografie.

Bei Verdacht auf eine obstruktive Ventilationsstörung wird der Atemwegswiderstand (s. S. 232) mithilfe der Ganzkörperplethysmografie (Abb. **8.12**) bestimmt. Dabei befindet sich die untersuchte Person in einer luftdicht verschlossenen Kammer **(Plethysmograf)**, es werden die Änderungen des Kammerinnendrucks (als Maß für den **Strömungsdruck**) sowie die **Atemstromstärke** während der normalen Ruheatmung aufgezeichnet.

### Ganzkörperplethysmografie

▶ **Synonym**

Eine exakte Bestimmung des Atemwegswiderstandes (s. S. 232) erfolgt mit der Ganzkörperplethysmografie (Abb. **8.12**).

## Bestimmung des anatomischen und funktionellen Totraums

### Fowler-Methode

Die Größe des **anatomischen Totraums** lässt sich mithilfe der **Fowler-Methode** abschätzen. Hierbei nimmt die zu untersuchende Person einen tiefen Atemzug reinen Sauerstoffs, so dass der gesamte anatomische Totraum ausschließlich mit Sauerstoff gefüllt ist. Während der anschließenden Ausatmung wird die Stickstoffkonzentration in der ausgeatmeten Luft gemessen. Zu Beginn der Ausatmung beträgt die Stickstoffkonzentration Null, da zunächst nur aus dem anatomischen Totraum ausgeatmet wird. Bei weiterer Ausatmung steigt sie aber an, da die Alveolarluft noch Stickstoff enthält, und erreicht schließlich ein Plateau, welches der Stickstoffkonzentration in der Alveolarluft entspricht. Das ausgeatmete Volumen, bei dem die Stickstoffkonzentration etwa 50 % des Plateauwertes erreicht hat, entspricht annähernd dem anatomischen Totraum.

### Bestimmung des anatomischen und funktionellen Totraums

#### Fowler-Methode

Das Volumen des **anatomischen Totraums** lässt sich mit der **Fowler-Methode** messen. Dazu nimmt die Person zunächst einen tiefen Atemzug reinen Sauerstoffs. Beim anschließenden Ausatmen wird die Stickstoffkonzentration in der Exspirationsluft gemessen. Das ausgeatmete Volumen, bei dem die Stickstoffkonzentration etwa 50 % ihres Plateauwerts erreicht hat, entspricht annähernd dem anatomischen Totraum.

**8.12 Ganzkörperplethysmografie**

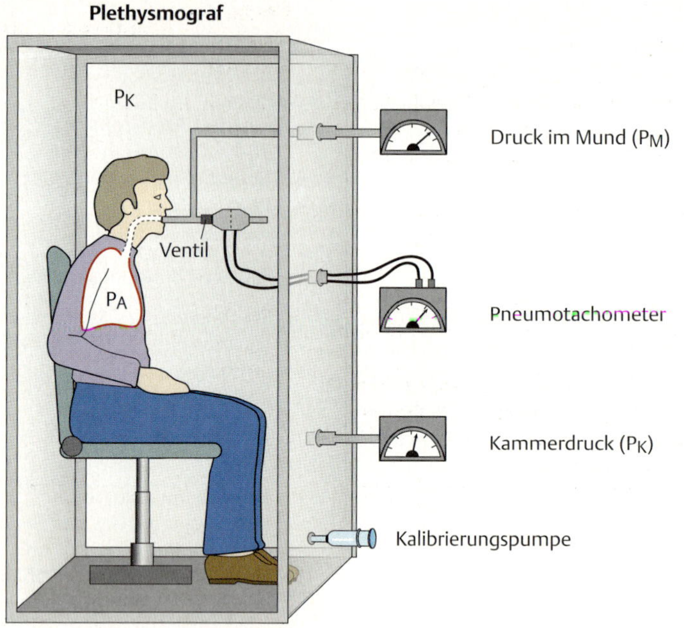


Der Proband sitzt in einem geschlossenen Raum (Plethysmograf) und atmet über ein sog. Pneumotachometer ein und aus. Mithilfe eines Ventils im Pneumotachometer wird zu Beginn der Inspiration die Luftzufuhr unterbrochen.
Durch die Ausweitung des Thorax während der Inspiration sinkt der Alveolardruck ($P_A$), der unter diesen Bedingungen (kein Luftstrom) dem Druck im Mund ($P_M$) entspricht und dort gemessen werden kann. Gleichzeitig wird die Luft im Plethysmograf durch die Ausweitung des Thorax geringfügig komprimiert, wodurch der Luftdruck im Plethysmograf ($P_K$, wird direkt gemessen) geringfügig ansteigt. Nach Messung der Druckwerte wird die Unterbrechung der Luftzufuhr durch Umlegen des Ventils aufgehoben und in die Lunge strömt Luft. Die Atemstromstärke wird mithilfe des Pneumotachometers gemessen. Das Verhältnis von Alveolardruckänderung zu Atemstromstärke entspricht dem Atemwegswiderstand.

### Bohr-Formel

Die Größe des **funktionellen Totraums** kann mithilfe der **Bohr-Formel** berechnet werden:

$$\frac{V_D}{V_T} = \frac{Pa_{CO_2} - PE_{CO_2}}{Pa_{CO_2}}$$

Während der Messung atmet die Person Raumluft. Die abgeatmete Luft wird gesammelt, die darin enthaltene $CO_2$-Menge stammt fast ausschließlich aus dem Körper.

### 8.3.5 Ventilationsstörungen

Man unterscheidet
- obstruktive Ventilationsstörungen von
- restriktiven Ventilationsstörungen (Tab. **8.2**).

### Bohr-Formel

Vom anatomischen Totraum muss der **funktionelle Totraum** unterschieden werden. Der funktionelle Totraum entspricht dem Lungenvolumen, welches nicht zum Gasaustausch beiträgt. Selbst unter physiologischen Bedingungen ist der funktionelle Totraum immer etwas größer als der anatomische Totraum, da sich nie eine vollständige Ventilations-Perfusions-Homogenität einstellt (s. S. 243). Bei Patienten mit Lungenerkrankungen kann der funktionelle Totraum auf sehr große Werte ansteigen). Der funktionelle Totraum kann mithilfe der **Bohr-Formel** abgeschätzt werden. Dabei gilt:

$$\frac{V_D}{V_T} = \frac{Pa_{CO_2} - PE_{CO_2}}{Pa_{CO_2}}$$

wobei $V_D$ der funktionelle Totraum, $V_T$ das Atemzugvolumen, $Pa_{CO_2}$ der arterielle $CO_2$-Partialdruck und $PE_{CO_2}$ der $CO_2$-Partialdruck in der ausgeatmeten Luft ist.
Die Person atmet während der Messung Raumluft ein und die ausgeatmete Luft wird in einem abgeschlossenen Behälter gesammelt. Bei diesem Verfahren macht man sich zunutze, dass die Raumluft nur eine verschwindend geringe Menge an $CO_2$ enthält, die gesamte ausgeatmete $CO_2$-Menge also fast ausschließlich aus dem Körper stammt.

## 8.3.5 Ventilationsstörungen

Man unterscheidet
- obstruktive Ventilationsstörungen von
- restriktiven Ventilationsstörungen.

Einen Überblick über die jeweilige Problematik, mögliche Ursachen und Diagnostik der beiden Formen gibt Tab. **8.2**.

**8.2 Obstruktive und restriktive Ventilationsstörungen**

| *Form* | *Problematik* | *mögliche Ursachen* | *Diagnostik* | | |
|---|---|---|---|---|---|
| | | | *relative Einsekundenkapazität* | *Vitalkapazität* | *Atemgrenzwert* |
| **obstruktive Ventilationsstörung** | Reduktion des Durchmessers der Atemwege → Atemwegswiderstand ↑ → Atemstromstärke ↓ → deutlich verminderte Belüftung des betroffenen Lungensegments | ▪ Verlegung durch Sekret (z. B. bei Mukoviszidose oder Bronchitis)<br>▪ Schwellung der Bronchialschleimhaut (z. B. bei Asthma bronchiale)<br>▪ Zerstörung des peribronchialen Halteapparats (z. B. bei Emphysem) | ↓ auf < 70 % der Norm | normal | ↓ |
| **restriktive Ventilationsstörung** | Einschränkung der aktiven Entfaltung der Lunge während der Inspiration | ▪ Insuffizienz der Atemmuskulatur (z. B. Atemmuskellähmung bei Guillain-Barré-Syndrom)<br>▪ Einschränkung der Thoraxbeweglichkeit (z. B. Rippenserienfraktur, Ankylose)<br>▪ verminderte Dehnbarkeit der Lunge (z. B. Lungenfibrose) | normal | ↓ auf < 80 % der Norm | ↓ |

# 8.4 Alveolärer Gasaustausch

## 8.4.1 Grundlagen der Diffusion

Die pro Zeiteinheit per Diffusion transportierte Stoffmenge $\dot{V}_{Gas}$ ist von zahlreichen Faktoren abhängig, die im **Fick'schen Diffusionsgesetz** entsprechend berücksichtigt werden:

$$\dot{V}_{Gas} = (P_1 - P_2) \times \frac{A}{d} \times D$$

Dabei entspricht $P_1$ dem Partialdruck des Gases im Alveolarraum, $P_2$ dem Gaspartialdruck in der Kapillare, A der Durchtrittsfläche, d der Membrandicke und D dem Diffusionskoeffizienten, in den die Löslichkeit sowie das Molekulargewicht des Gases eingehen.

Diese Gesetzmäßigkeit gilt für alle Gase, die über die Lunge aufgenommen bzw. abgegeben werden.

Da unter physiologischen Bedingungen lediglich die Partialdruckwerte variieren, fasst man den Term

$$\frac{A}{d} \times D$$

auch zu einem Proportionalitätsfaktor, der **Diffusionskapazität $D_L$** der Lunge, zusammen. Die Diffusionskapazität hängt also von der Diffusionsfläche und der Dicke der alveolären Membran ab.

**▶ Klinik.** Klinisch wird die Diffusionskapazität durch einmaliges Einatmen eines mit Kohlenmonoxid angereicherten Gasgemisches bestimmt **(Einatemzug-Kohlenmonoxid-Diffusionskapazität)**. Dabei atmet die untersuchte Person zunächst maximal aus und unmittelbar darauf mit einer maximalen Inspiration ein Gasgemisch ein, das sich aus Kohlenmonoxid (0,3 %) und einem weiteren inerten Gas (meist Helium), das nur extrem langsam ins Blut aufgenommen wird, zusammensetzt. Dann hält sie für 10 s den Atem an und atmet schließlich wieder maximal aus. Nach dem Fick'schen Diffusionsgesetz (s. S. 8) lässt sich aus dem Verhältnis von pro Zeiteinheit aufgenommener Kohlenmonoxidmenge und Änderung des alveolären Partialdrucks von Kohlenmonoxid die mittlere Diffusionskapazität berechnen. Mithilfe des inerten Gases kann das alveoläre Volumen berechnet werden, in dem sich das Gasgemisch verteilt (vgl. S. 237). Die Einatemzug-Kohlenmonoxid-Diffusionskapazität ist vor allem für die Verlaufskontrolle interstitieller Lungenerkrankungen, bei denen es zu starken Einschränkungen der Diffusionskapazität kommen kann, von großer Bedeutung.

8.4 Alveolärer Gasaustausch

8.4.1 Grundlagen der Diffusion

Die pro Zeiteinheit per Diffusion transportierte Stoffmenge $V_{Gas}$ ist von zahlreichen Faktoren abhängig, die im **Fick'schen Diffusionsgesetz** entsprechend berücksichtigt werden:

$$\dot{V}_{Gas} = (P_1 - P_2) \times \frac{A}{d} \times D$$

Die **Diffusionskapazität ($D_L$)** der Lunge wird von der gesamten Diffusionsfläche und der Dicke der alveolären Membran bestimmt:

$$D_L = \frac{A}{d} \times D.$$

**▶ Klinik.**

8.4.2 Physik der Gase

Die **ideale Gasgleichung** beschreibt den Zusammenhang der Größen Druck P, Volumen V, Menge M und Temperatur T eines Gases:

$$P = \frac{M \times T}{V \times R}$$

Alle physiologisch bedeutsamen Gase mit Ausnahme des Wasserdampfes (s. u.) verhalten sich als ideale Gase.

Der Gasdruck wird ausschließlich durch die Anzahl der Moleküle bestimmt.

▶ Merke.

**Wasserdampf** erreicht unter physiologischen Bedingungen seinen **Sättigungsdruck**. Er beträgt 47 mm Hg.

Wichtige **Standardbedingungen** für die **Berechnung von Partialdruckwerten** in Gasgemischen s. Tab. **8.3**.

8.4.3 Typische Partialdruckwerte

In der **Atmosphärenluft auf Meereshöhe** beträgt der $O_2$-Partialdruck 158,8 mm Hg, der $CO_2$-Partialdruck liegt bei 0,2 mm Hg.

In den **oberen Luftwegen** wird die Einatemluft vollständig mit Wasserdampf gesättigt (Tab. **8.4**).

In der **Alveolarluft** beträgt **auf Meereshöhe** beim **Gesunden** der $O_2$-Partialdruck 100 mm Hg und der $CO_2$-Partialdruck 40 mm Hg.

## 8.4.2 Physik der Gase

Gasförmig vorliegende Moleküle erzeugen einen bestimmten Druck. Wenn es sich dabei um ideale Gase handelt, lässt sich dieser Druck anhand der **idealen Gasgleichung** berechnen. Diese beschreibt die Abhängigkeit des vom Gas erzeugten Druckes P von den Größen Gasmenge M, Gasvolumen V und Temperatur T, wobei R der allgemeinen Gaskonstante entspricht:

$$P = \frac{M \times T}{V \times R}$$

Alle physiologisch bedeutsamen Gase, mit Ausnahme des Wasserdampfes (s. u.), verhalten sich als ideale Gase. Da sich unter physiologischen Bedingungen die Temperatur und das Gasvolumen nicht ändern, ist der Gasdruck proportional der Gasmenge.
Hierbei spielt die chemische Zusammensetzung des Gasgemisches keine Rolle – lediglich die Anzahl der Moleküle bestimmt den Gasdruck.

▶ Merke. Der Gesamtdruck eines Gases entspricht der Summe aller Partialdruckwerte der im Gasgemisch enthaltenen Gase (**Dalton-Gesetz**, s. auch S. 4).

Eine wichtige Ausnahme ist der **Partialdruck des Wasserdampfes**. Unter Wasserdampf versteht man den unsichtbaren Anteil des Wassers, der sich in der Gasphase befindet. Dieser beträgt bei 37 °C im Alveolarraum und in den Atemwegen unabhängig vom Gesamtdruck des Gasgemisches 47 mm Hg, da unter physiologischen Bedingungen der Wasserdampfpartialdruck seinen oberen Grenzwert, bei dem der Wasserdampf im Gleichgewicht mit flüssigem Wasser steht **(Sättigungsdruck)**, erreicht.
Aus der idealen Gasgleichung und dem Verhalten des Wasserdampfes ergibt sich, dass für die Berechnung von Partialdruckwerten in Gasgemischen standardisierte Messbedingungen erforderlich sind. In Tab. **8.3** sind verschiedene Standardbedingungen beschrieben.

## 8.4.3 Typische Partialdruckwerte

Die **Atmosphärenluft** setzt sich fast ausschließlich aus den Gasen Stickstoff ($N_2$; 79,1 %) und Sauerstoff ($O_2$; 20,9 %) zusammen. Der Anteil an $CO_2$ ist dagegen verschwindend gering (< 0,03 %). Gemäß dem Dalton-Gesetz ergibt sich also für einen **normalen Luftdruck** von 760 mm Hg (auf Meereshöhe) in der eingeatmeten Luft

- ein Sauerstoffpartialdruck $P_{I_{O_2}}$ von 20,9 / 100 × 760 mm Hg = **158,8 mm Hg**,
- eine Stickstoffpartialdruck $P_{I_{N_2}}$ von 79,1 / 100 × 760 mm Hg = **601 mm Hg** und
- ein Kohlendioxidpartialdruck $P_{I_{CO_2}}$ von 0,03 / 100 × 760 mm Hg = **0,2 mm Hg**.

In den **oberen Luftwegen** wird die eingeatmete Luft vollständig mit Wasserdampf gesättigt. Entsprechend sinken hier die Partialdruckwerte für $O_2$ und $CO_2$ leicht ab (Tab. **8.4**).
Der **Partialdruck im Alveolarraum** ist von folgenden zwei Faktoren abhängig:

- Größe der Frischluftzufuhr (Ventilation)
- Höhe der Lungendurchblutung (Perfusion).

**8.3 Standardisierte Messbedingungen zur Partialdruckbestimmung**

| *Bezeichnung* | *Temperatur* | *Luftdruck* | *Wasserdampfdruck* | *Anwendung* |
|---|---|---|---|---|
| **STPD** (standard temperature pressure dry) | 0 °C | 760 mm Hg | 0 mm Hg | Standardbedingung für physikalische Messungen |
| **BTPS** (body temperature pressure saturated) | 37 °C | Umgebungsluftdruck | 47 mm Hg | Messungen bei Körperbedingungen |
| **ATPS** (ambient temperature pressure saturated) | Spirometertemperatur | Umgebungsluftdruck | Sättigungsdruck bei Spirometertemperatur | Spirometermessungen |

**8.4 $O_2$- und $CO_2$-Partialdruckwerte in den verschiedenen Bereichen der Atemwege**

| *Lokalisation* | *$O_2$-Partialdruck* | *$CO_2$-Partialdruck* |
|---|---|---|
| Atmosphärenluft | 158,8 mm Hg (ca. 21,1 kPa) | 0,2 mm Hg (ca. 0,03 kPa) |
| obere Luftwege | 111,8 mm Hg (ca. 14,9 kPa) | 0,2 mm Hg (ca. 0,03 kPa) bis ~ 40 mm Hg (ca. 5,3 kPa), atmungsabhängig |
| Alveolarraum | ca. 100 mm Hg (ca. 13,3 kPa) | ca. 40 mm Hg (ca. 5,3 kPa) |
| Arteria pulmonalis (gemischtvenöses Blut) | ca. 40 mm Hg (ca. 5,3 kPa) | ca. 46 mm Hg (ca. 6,1 kPa) |
| Vena pulmonalis (arterialisiertes Blut) | ca. 90 mm Hg (ca. 12 kPa) | ca. 40 mm Hg (ca. 5,3 kPa) |

Sämtliche Angaben gelten bei Aufenthalt auf Meereshöhe.

Ein gesunder junger Erwachsener hat bei Ruheatmung auf Meereshöhe einen alveolären $O_2$-Partialdruck $PA_{O_2}$ von etwa 100 mm Hg und einen alveolären $CO_2$-Partialdruck $PA_{CO_2}$ von etwa 40 mm Hg. Da bei Ruheatmung mit jedem Atemzug nur etwa 10 % der Alveolarluft ausgetauscht werden (vgl. Atemminutenvolumen mit Gesamtvolumen des Alveolarraums, s. S. 233), kommt es lediglich zu geringfügigen Schwankungen der Partialdruckwerte der alveolären Gase. Diese Schwankungen können allerdings bei verstärkter Atmung (z. B. während schwerer körperlicher Arbeit) deutlich zunehmen.

Wegen der relativ großen funktionellen Residualkapazität ändern sich diese Werte während eines **Atemzyklus** nur wenig.

Der $O_2$-Partialdruck im **gemischtvenösen Blut der Pulmonalarterie** ($Pv_{O_2}$) beträgt etwa 40 mm Hg, der $CO_2$-Partialdruck ($Pv_{CO_2}$) etwa 46 mm Hg.

Im **arterialisierten Blut der Pulmonalvene** schließlich betragen die Partialdruckwerte für $O_2$ ($Pa_{O_2}$) 90 mm Hg und für $CO_2$ ($Pa_{CO_2}$) 40 mm Hg. Diese Partialdruckwerte gelten ebenfalls für gesunde junge Erwachsene, die sich auf Meereshöhe befinden.

In der **Pumonalarterie** beträgt der $Pv_{O_2}$ ca. 40 mm Hg, der $Pv_{CO_2}$ etwa 46 mm Hg.

In der **Pulmonalvene** liegt der $Pa_{O_2}$ bei 90 mm Hg, der $Pa_{CO_2}$ bei 40 mm Hg.

## 8.4.4 Gasaustausch über die Alveolarmembran

Nach den Diffusionsgesetzen kann ein signifikanter **Gasaustausch** nur in Lungenabschnitten erfolgen, in denen es zu einem engen Kontakt zwischen Blut und Alveolarraum kommt. Im Durchschnitt bildet jede Lungenkapillare über die Alveolarmembran zu etwa drei Alveolen einen solch engen Kontakt. Im Verlauf dieser gemeinsamen **Kontaktstrecke** zwischen Kapillare und Alveolarraum gleichen sich beim Gesunden die kapillären und alveolären Partialdruckwerte vollständig an. Die Änderungen der kapillären Partialdruckwerte sind dabei weitaus größer als die Änderungen in der Alveolarluft, da das Gesamtvolumen des pulmonalen Kapillarbetts mit 70 ml viel kleiner als das des Alveolarraums ist.

Der typische Verlauf der **Sauerstoffaufnahme aus der Alveolarluft** in das Lungenkapillarblut ist in der Abb. **8.13** dargestellt. Zu Beginn der Kontaktstrecke besteht eine große $O_2$-Partialdruckdifferenz zwischen dem Alveolarraum und der Kapillare. Sauerstoff strömt entlang dieses Gradienten in die Kapillare ein, wodurch sich der $O_2$-Partialdruck in der Kapillare kontinuierlich erhöht und die $O_2$-Partialdruckdifferenz zwischen Alveolarraum und Kapillarblut immer kleiner wird, bis sich beide Werte angeglichen haben **(= Diffusionsgleichgewicht)**. Beim Gesunden wird das Diffusionsgleichgewicht bei körperlicher Ruhe nach etwa einem Drittel der Kontaktstrecke erreicht.

**8.4.4 Gasaustausch über die Alveolarmembran**

Im Durchschnitt bildet jede Lungenkapillare mit etwa 3 Alveolen einen engen Kontakt. Entlang dieser **Kontaktstrecke** erfolgt der Gasaustausch bis zum Ausgleich der kapillären und alveolären Partialdruckwerte. Da das Gesamtvolumen des pulmonalen Kapillarbetts mit 70 ml viel kleiner als das des Alveolarraums ist, ändern sich die kapillären Partialdruckwerte weitaus stärker als die in der Alveolarluft.

Nach etwa einem Drittel der Kontaktstrecke wird im Normalfall bei körperlicher Ruhe das **Diffusionsgleichgewicht** erreicht (Abb. **8.13**).

► **Merke.** Die $O_2$-Aufnahme kann nicht durch eine verbesserte Diffusion, sondern nur durch eine erhöhte Durchblutung gesteigert werden. Gleiches gilt für die Abgabe von $CO_2$. Der Gasaustausch ist also aufgrund der hohen Diffusionskapazität der Lunge beim Gesunden **perfusionslimitiert**.

► **Merke.**

Steigt der Sauerstoffbedarf des Körpers (z. B. bei schwerer körperlicher Arbeit), kommt es zu einer Erhöhung des Herzzeitvolumens. Dadurch steigt die Lungendurchblutung an (d. h. es fließt pro Zeiteinheit mehr Blut entlang der Lungenstrombahn, das Blut fließt also schneller) und es kann mehr $CO_2$ abgegeben und $O_2$ aufgenommen werden. Allerdings reduziert sich bei einer erhöhten Lungendurch-

Bei Erhöhungen des Herzzeitvolumens steigt die Strömungsgeschwindigkeit in den Lungenkapillaren und die **Kontaktzeit** sinkt.
Bei großen Steigerungen des Herzzeitvolumens wird die Grenze der Diffusionskapazität erreicht, und es kommt zur **Diffusionslimitierung** der $O_2$-Aufnahme.

**8.13 Verlauf der Sauerstoffaufnahme aus der Alveolarluft**

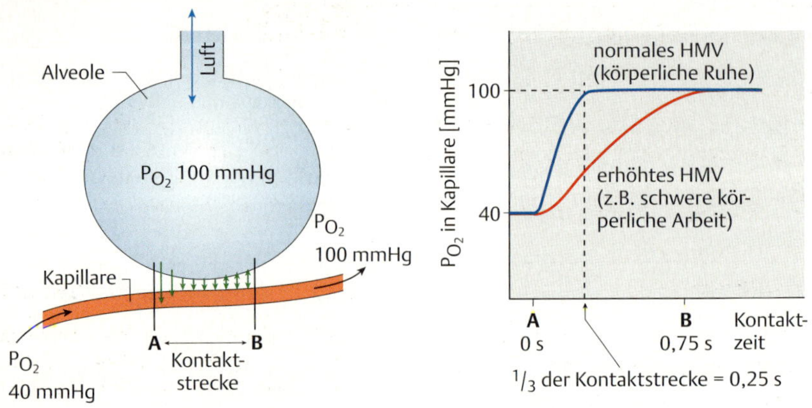


Schematische Darstellung der $O_2$-Aufnahme aus einer Alveole in das Kapillarblut. Die $O_2$-Aufnahme erfolgt nur, wenn Alveole und Lungenkapillare in einen engen Kontakt treten (zwischen A und B = Kontaktsstrecke).
Beim Lungengesunden erreicht bei einem normalen Herzminutenvolumen (HMV) der $P_{O_2}$ im Kapillarblut bereits nach etwa einem Drittel der Kontaktstrecke den alveolären $P_{O_2}$-Wert und es erfolgt im weiteren Verlauf der Kontaktstrecke keine Nettoaufnahme von $O_2$ mehr (Diffusionsgleichgewicht).
Steigt das HMV an (z. B. bei schwerer körperlicher Arbeit), nimmt die Strömungsgeschwindigkeit in den Lungenkapillaren zu, und das Diffusionsgleichgewicht wird erst später erreicht. Da unter diesen Bedingungen pro Zeiteinheit mehr Blut an den Alveolen vorbeiströmt, ist die $O_2$-Aufnahme direkt proportional zur Lungendurchblutung erhöht.

blutung zwangsläufig die **Kontaktzeit** von Blut und Alveolarraum, die unter Ruhebedingungen etwa 0,75 Sekunden beträgt. Da beim Lungengesunden das Diffusionsgleichgewicht bereits nach etwa einem Drittel der Kontaktstrecke erreicht wird, ist die Diffusionskapazität der Lunge aber erst bei einer Steigerung des Herzzeitvolumens um mehr als das 3-Fache erschöpft. Steigt das Herzzeitvolumen darüber hinaus an, ist die $O_2$-Aufnahme in der Lunge **diffusionslimitiert**.

▶ Klinik.

▶ **Klinik.** Unter schwerer Belastung kann bei sehr gut trainierten Hochleistungssportlern der $O_2$-Partialdruck im Blut abfallen. Die Ursache hierfür ist nicht etwa eine Lungenfunktionsstörung, sondern die extreme Erhöhung des Herzzeitvolumens und die daraus resultierende **Diffusionslimitierung** des Gasaustauschs.

Die **Lungenstrombahn** zeigt **keine myogene Antwort**, sondern weitet sich bei steigendem Druck passiv auf (Abb. **8.14**).
Ein übermäßiges Wachstum der Gefäßmuskelzellen führt zur sog. **pulmonalen Hypertonie** (s. S. 132).

Eine effektive Erhöhung der Lungendurchblutung bei Arbeit wird durch das Dehnungsverhalten der Lungengefäße bei Steigerungen des Pulmonalarteriendrucks unterstützt (Abb. **8.14**). Im Gegensatz zu vielen anderen Gefäßgebieten (z. B. Niere, Gehirn) zeigt die Lungenstrombahn **keine myogene Antwort** auf Drucksteigerungen, sondern verringert durch eine **druckpassive Aufdehnung** sogar ihren Widerstand. Eine Einschränkung dieser hohen passiven Dehnbarkeit durch ein übermäßiges Wachstum von Gefäßmuskelzellen führt zur sog. **pulmonalen Hypertonie** (s. S. 132).
Die starke Abhängigkeit des Gasaustauschs von der Lungendurchblutung bedeutet auch, dass die Sauerstoffaufnahme bei einer Einschränkung des Herzzeitvolumens

8.14

**8.14 Abhängigkeit der Lungendurchblutung vom Pulmonalarteriendruck**

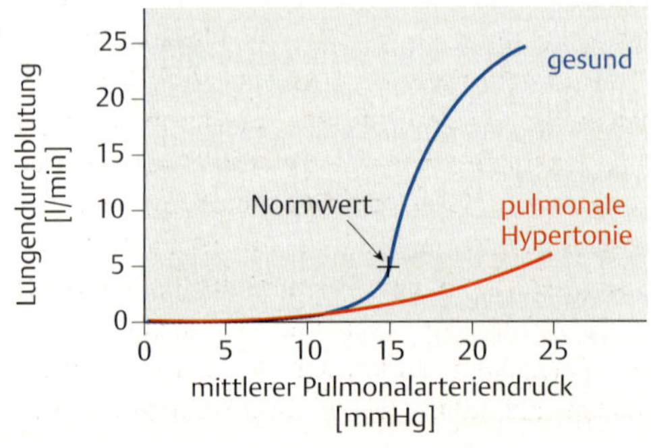


Bei Erhöhung des Pulmonalarteriendrucks (z. B. bei körperlicher Arbeit) reagiert die Lungenstrombahn mit einer Widerstandsverringerung **(druckpassive Aufdehnung)** und konsekutiver effektiver Steigerung der Lungendurchblutung (blaue Kurve). Bei der **pulmonalen Hypertonie** (rote Kurve) ist diese passive Dehnbarkeit eingeschränkt.

**(Herzinsuffizienz)** reduziert ist. Je nach Ausprägung der Herzinsuffizienz kann es dabei zu schweren Atemnotzuständen **(Dyspnoe)** kommen.

▶ **Merke.** Lunge und Herz-Kreislauf-System bilden beim Gasaustausch eine enge funktionelle Einheit.

▶ **Merke.**

Die für den Austausch von $CO_2$ erforderliche Partialdruckdifferenz ist wegen der wesentlich **besseren Löslichkeit von $CO_2$** in der Alveolarmembran viel kleiner als für $O_2$. Deshalb ist bei mäßigen Diffusionsstörungen nur der arterielle $O_2$-Partialdruck erniedrigt, während der arterielle $CO_2$-Partialdruck noch im Normbereich bleibt.

Die Diffusionskapazität der Lunge für $CO_2$ ist wegen seiner **besseren Gewebelöslichkeit** viel größer. Deshalb ist die $CO_2$-Abgabe nur sehr selten diffusionslimitiert.

## 8.4.5 Ventilations-Perfusions-Verhältnis

Ein effektiver Gasaustausch kann nur erfolgen, wenn die Belüftung und die Durchblutung aufeinander abgestimmt sind. Wird eine Alveole sehr gut belüftet aber kaum durchblutet, kann wegen der geringen Durchblutung (geringer Antransport von $CO_2$ und geringe $O_2$-Aufnahmekapazität) insgesamt nur wenig $CO_2$ in die Alveole abgegeben und wenig $O_2$ in das Blut aufgenommen werden. In dieser Alveole liegen die Partialdruckwerte von $O_2$ und $CO_2$ dementsprechend näher an denen der eingeatmeten Luft.
Der umgekehrte Fall tritt ein, wenn eine Alveole sehr gut durchblutet aber kaum belüftet wird: In einer solchen Alveole nähern sich die Partialdruckwerte der Atemgase den gemischtvenösen Partialdruckwerten.
Diese Überlegung verdeutlicht, dass die alveolären Partialdruckwerte und somit aufgrund des Diffusionsgleichgewichts (s. S. 241) auch die Partialdruckwerte im arterialisierten Blut der die Alveole umströmenden Lungenkapillaren keine fixen Größen darstellen, sondern aus einem **dynamischen Verhältnis** von Ventilation und Perfusion resultieren. **Ventilations-Perfusions-Störungen** sind die bei weitem häufigste Ursache für Einschränkungen des Gasaustauschs (s. S. 246).

### 8.4.5 Ventilations-Perfusions-Verhältnis

Die Partialdruckwerte in der Alveole und im arterialisierten Blut resultieren aus einem **dynamischen Gleichgewicht** von Ventilation und Perfusion.

**Ventilations-Perfusions-Störungen** sind die häufigste Ursache für Einschränkungen des Gasaustauschs.

▶ **Merke.** Für einen effektiven Gasaustausch ist eine enge Abstimmung von Belüftung und Durchblutung notwendig.

▶ **Merke.**

Tatsächlich lässt sich eine, wenn auch relativ geringfügige, **Ventilations-Perfusions-Inhomogenität** sogar **unter physiologischen Bedingungen** nachweisen. Messungen im arterialisierten Blut aus unterschiedlichen Segmenten der Lunge haben gezeigt, dass **beim aufrecht stehenden Menschen** der $O_2$-Partialdruck in den apikalen Abschnitten der Lunge sehr viel höher ist als in den basalen Abschnitten. Ursächlich hierfür ist, dass die **Durchblutung** der Lunge im Stehen einen außerordentlich großen **Gradienten von der Lungenspitze zur Lungenbasis** aufweist (Abb. **8.15 b**). Wegen der orthostatischen Druckdifferenz und des relativ niedrigen Pulmonalarteriendrucks wird die Lungenspitze nur intermittierend während der systolischen Druckspitzen (s. S. 126) durchblutet. In den übrigen Phasen ist der hydrostatische Druck in den Kapillaren niedriger als der Alveolardruck. Die Lungenbasis dagegen wird während des gesamten Herzzyklus kontinuierlich durchblutet, weil hier der hydrostatische Druck in den Lungenkapillaren immer größer ist als derjenige in den Alveolen.
Da die Lunge wegen ihres Eigengewichts im Stehen apikal stärker vorgedehnt ist als basal, werden die basalen Lungenabschnitte entsprechend ihrer größeren Compliance (s. Abb. **8.11**, S. 236) besser belüftet, d. h. für die **Ventilation** existiert ebenfalls ein **Gradient von der Lungenspitze zur Lungenbasis** (Abb. **8.15 c**). Dieser ist allerdings weitaus weniger ausgeprägt als der Gradient der Durchblutung. In der Summe bedeutet dies, dass die Lungenspitze zwar absolut schlechter belüftet wird als die Lungenbasis, die Belüftung aber relativ zur Durchblutung sehr hoch ist (Abb. **8.15 d**). An der Lungenbasis ist es genau umgekehrt: Dort ist die Durchblutung relativ zur Belüftung höher. Entsprechend ist in den Alveolen der Lungenspitze der $O_2$-Partialdruck deutlich größer als 100 mmHg, während er an der Lungenbasis darunter liegt. Beim stehenden Menschen sinkt das Ventilations-Perfusions-Verhältnis von etwa 3,3 an der Lungenspitze bis auf 0,6 an der Lungenbasis.

Auch beim **Gesunden** existiert eine leichte **Ventilations-Perfusions-Inhomogenität.** Perfusion und Ventilation haben nämlich unterschiedlich stark ausgebildete Gradienten von der Lungenspitze zur -basis (Abb. **8.15 b, c**).

Dadurch ist die Lungenspitze zwar absolut schlechter belüftet als die Lungenbasis, relativ zur Durchblutung ist die Belüftung aber sehr hoch (Abb. **8.15 d**). Genau umgekehrt verhält es sich an der Lungenbasis.

**8.15 Ventilation und Perfusion in den verschiedenen Lungenabschnitten**

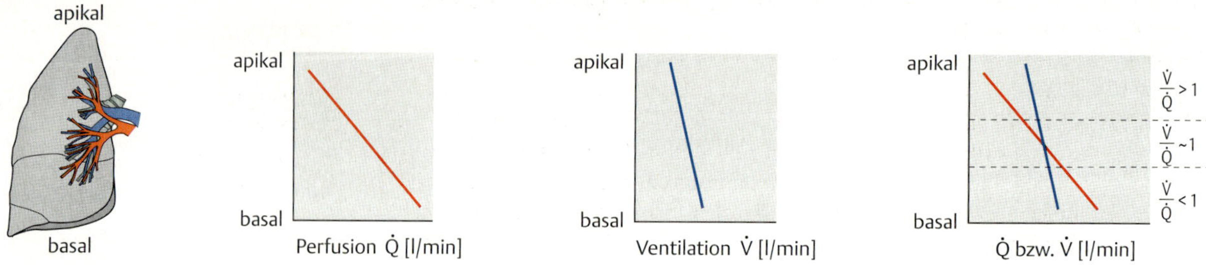


**a** Schematischer Lungenflügel (Topografie). **b** Gradient der Perfusion. **c** Gradient der Ventilation. **d** Ventilations-Perfusions-Gleichgewicht.

Dargestellt sind die Gradienten der Perfusion **(b)** und der Ventilation **(c)** bei stehenden Menschen. Nur in einem relativ schmalen Lungenabschnitt etwa auf Herzhöhe sind die Belüftung und die Durchblutung der Lunge annähernd gleich groß (Ventilations-Perfusions-Gleichgewicht, $\frac{\dot{V}}{\dot{Q}} \sim 1$, siehe mittlerer Bereich in **d**).

▶ **Klinik.**

▶ **Klinik.** Die Partialdruckunterschiede zwischen Lungenspitze und Lungenbasis spielen bei der Pathogenese der **Tuberkulose** eine wesentliche Rolle: Da die Tuberkelbakterien für ihr Wachstum auf einen hohen $O_2$-Partialdruck angewiesen sind, finden sich Erstinfektionen (Primäraffekt) fast ausschließlich in den Lungenspitzen (Abb. **8.16**). Erst wenn durch die Infektion die Körperabwehr geschwächt ist, greift die Tuberkulose auch auf andere Regionen über. Die große Abhängigkeit der Tuberkelbakterien von einem hohen $O_2$-Partialdruck ist auch die Grundlage für die Höhentherapie der Tuberkulose (z. B. Davos – der Ort, von dem sich Thomas Mann zu seinem Roman „Der Zauberberg" inspirieren ließ).

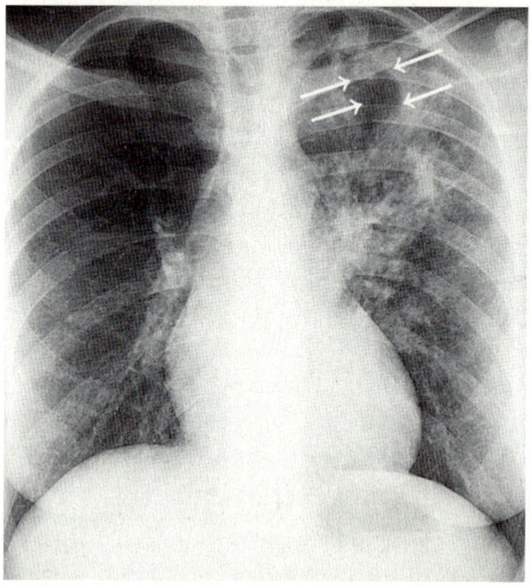

**8.16**

**Tuberkuloseherd (Pfeile) im Bereich der linken Lungenspitze**

Da die hohe Durchblutung der Lungenbasis wesentlich stärker zum gesamten Gasaustausch beiträgt als die sehr niedrige Durchblutung der Lungenspitze, gibt es eine **physiologische alveolär-arterielle $P_{O_2}$- und $P_{CO_2}$-Differenz**.

Aus der physiologischen Ventilations-Perfusions-Inhomogenität resultieren – auch wenn in allen einzelnen Alveolen das Diffusionsgleichgewicht erreicht wurde – leichte Differenzen zwischen den Partialdruckwerten von $O_2$ und $CO_2$ im gemischten (arterialisierten) Pulmonalvenenblut und in der Alveolarluft **(alveolär-arterielle $P_{O_2}$-Differenz** bzw. **alveolär-arterielle $P_{CO_2}$-Differenz)**. Das liegt daran, dass die hohe Durchblutung der Lungenbasis wesentlich stärker zum gesamten Gasaustausch beiträgt als die sehr niedrige Durchblutung der Lungenspitze.

**▶ Merke.** Die physiologische alveolär-arterielle $P_{O_2}$-Differenz beträgt etwa 10 mmHg und ist damit wesentlich größer als die physiologische alveolär-arterielle $P_{CO_2}$-Differenz mit 1 mmHg.

**▶ Merke.**

**▶ Klinik.** Eine starke Zunahme der alveolär-arteriellen $P_{O_2}$-Differenz ist ein charakteristisches Zeichen einer ausgeprägten **Ventilations-Perfusions-Störung** (s. S. 246). Wegen des niedrigen arteriellen $O_2$-Partialdrucks sinkt auch die $O_2$-Sättigung des Hämoglobins im arteriellen Blut deutlich unter den Normalwert von 97 %. Da die Farbe des Blutes vom Grad der $O_2$-Sättigung des Hämoglobins abhängt – bei einer geringen Sättigung ist es bläulich (venös), bei einer hohen Sättigung (hell)rot (arteriell) –, nimmt bei den Betroffenen das arterielle Blut eine bläuliche Farbe an. Eine solche Verfärbung wird auch als **Zyanose** bezeichnet. Je nach Ursache unterscheidet man zentrale und periphere Zyanosen:

- Von einer **zentralen Zyanose** spricht man bei einer *primär verminderten Sättigung* des arteriellen Blutes. Hier sind sowohl die Haut als auch die Zunge zyanotisch (Abb. **8.17 a**). Zu den möglichen Ursachen gehören u. a. Ventilations-Perfusions-Störungen oder die Beimengung von venösem zu arteriellem Blut aufgrund einer arteriovenösen Anastomose (= Shunt).
- **Periphere Zyanosen** entstehen bei vermehrter *peripherer Ausschöpfung* von primär normal $O_2$-gesättigtem Blut. Aufgrund von Vasokonstriktion und vermindertem Blutfluss zeigen die Betroffenen eine zyanotische Haut (bläuliche Lippen, Zunge normal! Abb. **8.17 b**). Mögliche Ursachen sind Schock (s. S. 157), Herzinsuffizienz (s. S. 98) oder auch Kälteexposition.

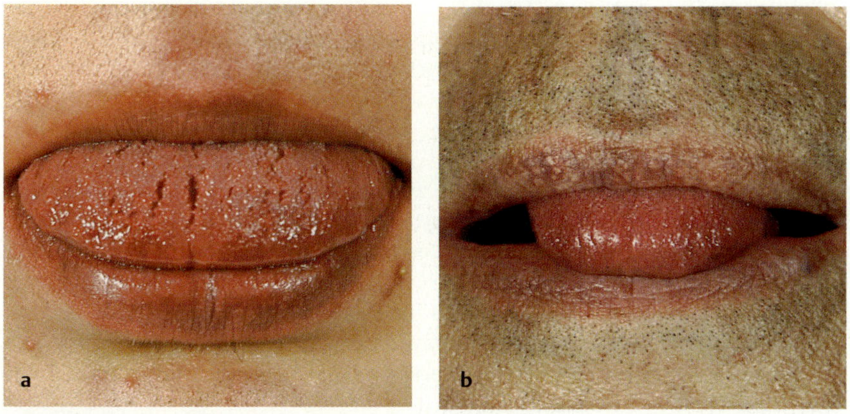


**8.17** **Zentrale (a) und periphere (b) Zyanose**

**▶ Klinik.**

## 8.4.6 Hypoxische Vasokonstriktion

Fällt in einer Alveole aufgrund einer Ventilationsstörung der $O_2$-Partialdruck ab, steigt in dem die Alveole versorgenden Gefäßbett der Tonus der glatten Gefäßmuskulatur (= **hypoxische Vasokonstriktion**) und die Durchblutung fällt ebenfalls ab (**Euler-Liljestrand-Mechanismus**, benannt nach seinen schwedischen Erstbeschreibern Ulf von Euler und Göran Liljestrand). Dadurch wird die lokale Durchblutung der Lunge eng auf die jeweils regionale Ventilation abgestimmt und der Entstehung von Ventilations-Perfusions-Inhomogenitäten wird entgegengewirkt.

Der hypoxischen Vasokonstriktion liegt auf zellulärer Ebene eine durch das Schließen $O_2$-sensitiver Kaliumkanäle verursachte **Abnahme der Kaliumleitfähigkeit** in glatten Gefäßmuskelzellen zugrunde. Diese Kaliumkanäle sind nur bei Vorliegen eines hohen $P_{O_2}$ geöffnet. Schließen sie, depolarisiert das Membranpotenzial der glatten Gefäßmuskelzellen von ca. −50 mV auf ca. −40 mV. Dadurch werden spannungsgesteuerte $Ca^{2+}$-Kanäle geöffnet, es kommt zu einem vermehrten $Ca^{2+}$-Einstrom und damit zu einer Erhöhung des Gefäßmuskeltonus (s. S. 66).

### 8.4.6 Hypoxische Vasokonstriktion

Fällt in einer Alveole der $P_{O_2}$ ab, kommt es im zugehörigen Gefäßbett zu einer Erhöhung des glatten Gefäßmuskeltonus (= **hypoxische Vasokonstriktion**) und damit zu einer Verminderung der Durchblutung **(Euler-Liljestrand-Mechanismus)**.

Dieser Mechanismus wird über **$O_2$-sensitive Kaliumkanäle in glatten Gefäßmuskelzellen** ausgelöst, die bei einem Abfall des $P_{O_2}$ schließen.

▶ **Merke.** Die Anpassung der lokalen Durchblutung der Lunge an die regionale Ventilation erfolgt über die hypoxische Vasokonstriktion.

▶ **Klinik.** Die hypoxische Vasokonstriktion kann auch negative Auswirkungen haben. Bei einem Aufenthalt in großer Höhe beispielsweise sinkt aufgrund des erniedrigten Luftdrucks der $O_2$-Partialdruck in der Atemluft und damit auch im Alveolarraum. Da dies die gesamte Lunge betrifft, steigt in der Lungenstrombahn infolge der hypoxischen Vasokonstriktion der Gefäßwiderstand an. Je nach Ausprägung kann dies bis zur Ausbildung eines **Höhenlungenödems** führen, bei dem vermehrt Flüssigkeit aus den Lungengefäßen in das Lungengewebe und in den Alveolarraum übertritt. Typische Symptome des Höhenlungenödems sind Kurzatmigkeit, Atemnot und Hypoxämie. Hinzu kommt eine starke Rechtsherzbelastung, die insbesondere bei gleichzeitiger Polyzythämie mit erhöhter Blutviskosität in ein akutes Rechtsherzversagen übergehen kann. Bei Vorliegen eines Höhenlungenödems muss die Hypoxie so schnell wie möglich beseitigt werden, zunächst durch Gabe von $O_2$ und dann durch den Abtransport auf tiefere Lagen.

8.4.7 Störung des Gasaustauschs

Störungen des Gasaustauschs **verzögern die Sauerstoffaufnahme** in die Lungenkapillaren (Abb. **8.18**):

- **Mäßige Störungen des Gasaustauschs** sind durch eine Abnahme des $O_2$-Partialdrucks bei körperlicher Belastung gekennzeichnet. In Ruhe ist die vollständige Angleichung der alveolären und kapillären Partialdruckwerte noch gewährleistet.
- **Schwere Störungen des Gasaustauschs** führen bereits unter Ruhebedingungen zu einer Abnahme des $O_2$-Partialdrucks und einer Erhöhung des $CO_2$-Partialdrucks im arteriellen Blut.

## 8.4.7 Störung des Gasaustauschs

Eine Vielzahl von Störungen kann den normalen Verlauf der Sauerstoffaufnahme aus der Alveolarluft in das Lungenkapillarblut beeinträchtigen. In allen diesen Fällen wird die Kurve in Abb. **8.18** nach rechts verschoben und verläuft damit flacher. Die Symptome sind vom Ausmaß der Störung abhängig (Abb. **8.18**):

- Bei einer **mäßigen Störung** (Abb. **8.18**, Kurve 2) reicht die Diffusionskapazität der Lunge noch aus, um in Ruhe eine vollständige Angleichung der alveolären und kapillären Partialdruckwerte zu gewährleisten. Die Betroffenen haben unter Ruhebedingungen keine Einschränkung des Gasaustauschs. Jede Steigerung des Herzzeitvolumens führt aber zu einer Überschreitung der Diffusionskapazität der Lunge und ist daher mit einer Einschränkung des Gasaustauschs verbunden. Aufgrund der besseren Gewebelöslichkeit von $CO_2$ macht sich diese Einschränkung zunächst nur als **Reduktion des arteriellen $O_2$-Partialdrucks** bei körperlicher Belastung (z. B. am Fahrradergometer) bemerkbar.
- Bei **stärkeren Störungen** (Abb. **8.18**, Kurve 3) reicht selbst unter Ruhebedingungen die Kontaktzeit zwischen Kapillarblut und Alveolarraum nicht mehr aus, um einen vollständigen Gasaustausch zu gewährleisten. Folglich haben die Patienten bereits in Ruhe einen reduzierten arteriellen $O_2$-Partialdruck. Außerdem ist hier der arterielle $CO_2$-Partialdruck erhöht.

**8.18 Unterschiedliche Schweregrade von Störungen der Sauerstoffaufnahme aus den Alveolen ins Blut**

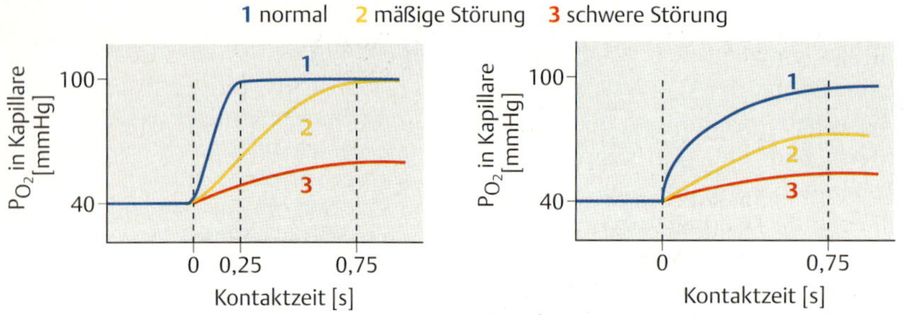


**a** Körperliche Ruhe.

**b** Belastung (z. B. Fahrradergometer).

In Abhängigkeit vom Ausmaß der Störung wird das Diffusionsgleichgewicht in körperlicher Ruhe verzögert (2 = mäßige Störung; kein Abfall des $P_{O_2}$ in körperlicher Ruhe) oder gar nicht (3 = schwere Störung; Abfall des $P_{O_2}$ bereits in körperlicher Ruhe) erreicht **(a)**.
Bei zusätzlicher Steigerung des HMV, z. B. durch Treten auf einem Fahrradergometer, fällt bereits bei einer mäßigen Störung der $P_{O_2}$ ab **(b)**.

**▶ Klinik.** Nach dem Fick'schen Diffusionsgesetz (s. S. 8) können eine Zunahme der Diffusionsstrecke, eine Abnahme der Diffusionsfläche und eine Abnahme der Druckdifferenz zwischen Alveolarraum und Kapillarblut zu einer Störung des Gasaustauschs führen.

- Wichtige Beispiele für eine **Zunahme der Diffusionsstrecke** sind das interstitielle Lungenödem, bei dem die Alveolarmembran aufgeweitet wird, und die Lungenentzündung (Pneumonie).
- Die klinisch bedeutsamste Ursache eines gestörten Gasaustauschs ist die **Abnahme der Diffusionsfläche** als Folge einer Ventilations-Perfusions-Störung (s. S. 246).
- Ursächlich für eine **Abnahme der treibenden Partialdruckdifferenz** ist eine Reduktion des alveolären $O_2$-Partialdrucks, z. B. aufgrund einer verminderten Atemtätigkeit (Hypoventilation) oder einer Abnahme des $O_2$-Partialdrucks in der Atemluft (Aufenthalt in großer Höhe, s. S. 246).

▶ Klinik.

# 8.5 Atemgastransport im Blut und Gewebeatmung

8.5 Atemgastransport im Blut und Gewebeatmung

## 8.5.1 Sauerstofftransport im Blut

8.5.1 Sauerstofftransport im Blut

Prinzipiell wäre es am einfachsten, Sauerstoff im Blut in **physikalisch gelöster Form** zu transportieren. Warum dies quantitativ aber bei Weitem nicht ausreicht, zeigt die nachfolgende Rechnung:

Grundsätzlich gilt, dass die Menge eines Gases, die sich pro Volumeneinheit (V) in physikalisch gelöster Form in einer Flüssigkeit befindet, abhängig vom Partialdruck des Gases ($P_{Gas}$) und dem Löslichkeitskoeffizienten des Gases ($\alpha$) in der Flüssigkeit ist (**Henry-Gesetz**, s. S. 4). Für die Menge an physikalisch gelöstem Sauerstoff im Blut ($M_{O_2}$) gilt also

$$M_{O_2} = P_{O_2} \times \alpha_{O_2} \times V$$

Der **Löslichkeitskoeffizient** beträgt für Sauerstoff bei 37 °C im Blut 0,03 ml/mm Hg/l. Bei einem arteriellen Sauerstoffpartialdruck von 90 mm Hg enthält ein Liter Blut also 2,7 ml Sauerstoff in physikalisch gelöster Form. Der Sauerstoffbedarf in Ruhe beträgt etwa 250 ml pro Minute. Würde also der gesamte Sauerstofftransport im Blut ausschließlich in physikalisch gelöster Form erfolgen, müsste das Herzminutenvolumen in Ruhe fast 100 l betragen.

Das **Henry-Gesetz** beschreibt die Menge eines Gases, die in einer Flüssigkeit pro Volumeneinheit **physikalisch gelöst** werden kann. Sie ist vom Partialdruck des Gases und von seinem Löslichkeitskoeffizienten in der Flüssigkeit abhängig.

$$M_{O_2} = P_{O_2} \times \alpha_{O_2} \times V$$

Ein Liter Blut enthält bei 37 °C lediglich 2,7 ml Sauerstoff in physikalisch gelöster Form. Der Sauerstoffbedarf in Ruhe beträgt aber ca. 250 ml/min.

**▶ Merke.** Die geringe physikalische Löslichkeit von Sauerstoff im Blut macht sauerstoffbindende Moleküle **(Sauerstofftransporter)** notwendig, die Sauerstoff in **chemisch gebundener Form** transportieren (Abb. **8.19**).

▶ Merke.

**8.19 Darstellung von Sauerstoffgehalt und -sättigung im Blut in Abhängigkeit vom Sauerstoffpartialdruck**

8.19

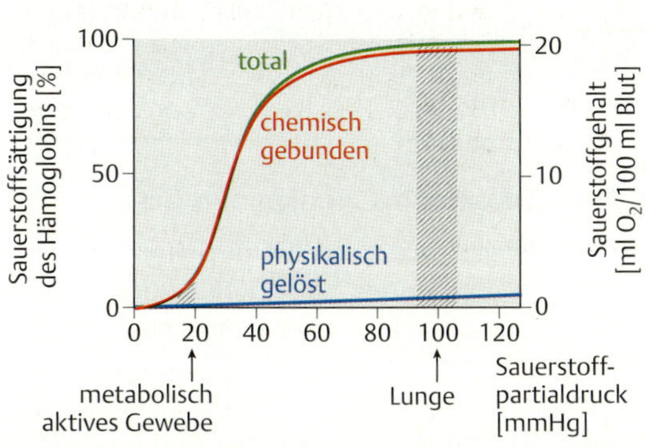


Bei physiologischen $P_{O_2}$-Werten ist der größte Teil des $O_2$ im Blut chemisch an Hämoglobin gebunden. Daher wird der gesamte $O_2$-Gehalt des Blutes (rechte Ordinate) maßgeblich von der $O_2$-Sättigung des Hämoglobins bestimmt (linke Ordinate).
Der $O_2$-Gehalt des Blutes und die $O_2$-Sättigung des Hämoglobins sind niedrig in metabolisch aktiven Geweben und hoch in der Lunge. Schraffierte Fläche = physiologischer Bereich.

Im menschlichen Organismus dient **Hämoglobin** als $O_2$-Transporter. Ein Gramm Hämoglobin kann unter physiologischen Bedingungen 1,34 ml $O_2$ binden (sog. **Hüfner-Zahl**).

Im menschlichen Körper erfüllt das **Hämoglobin** diese Funktion. Theoretisch kann 1 g Hämoglobin 1,39 ml $O_2$ binden. Da selbst beim Gesunden im Blut immer ein kleiner Teil des Hämoglobins nicht bindungsaktiv ist (Methämoglobin, HbCO), geht man in der Praxis bei der Berechnung der $O_2$-Kapazität und des $O_2$-Gehalts des Blutes von einem etwas geringeren Wert von 1,34 ml pro Gramm Hämoglobin, der sog. **Hüfner-Zahl**, aus.

► Exkurs.

► Exkurs. **Sauerstofftransporter bei Tieren**
Der antarktische Eisfisch ist das einzige Wirbeltier, das ohne Sauerstofftransporter auskommt. Alle übrigen Wirbeltiere sind auf Hämoglobin angewiesen.
Der bei Insekten, Spinnen und Krebsen vorkommende Sauerstofftransporter ist blau und heißt Hämocyanin. Vögel benutzen das burgunderrote Hämoerythrin als Sauerstofftransporter.

**8.5.2 Molekulare Physiologie des Hämoglobins**

Jedes Hämoglobinmolekül setzt sich aus **4 Hämgruppen** und **4 Globinuntereinheiten** zusammen.
Die **Sauerstoffbindung** erfolgt an ein zweiwertiges Eisen ($Fe^{2+}$) der Hämgruppe.

Die **Globinuntereinheiten** haben mehrere Funktionen:
- Verhinderung der Autooxidation
- Verminderung der Affinität zu CO, NO, $H_2S$ und $O_2$
- Vermittlung des S-förmigen Verlaufs der $O_2$-Bindungskurve
- Vermittlung der allosterischen Regulation.

## 8.5.2 Molekulare Physiologie des Hämoglobins

Jedes Hämoglobinmolekül besteht aus **vier Hämgruppen** und **vier Globinuntereinheiten**. Die eigentliche **Sauerstoffbindung** erfolgt an das in der Hämgruppe enthaltene Eisenatom, welches sich in der zweiten Oxidationsstufe befindet ($Fe^{2+}$). Die Hämgruppe ist ein Porphyrinderivat und besteht aus Pyrrolringen, die über Methinbrücken miteinander gekoppelt sind. Jede Hämgruppe ist über ihr $Fe^{2+}$-Atom mit einer der vier Untereinheiten des Globins verbunden.
Das **Globin** hat selbst keine sauerstoffbindende Wirkung, erfüllt aber eine Reihe physiologisch überaus wichtiger Funktionen, die in den nachfolgenden Textabschnitten noch näher erläutert werden:
- Es verhindert die **Autoxidation** zweier benachbarter Hämgruppen, indem es sie räumlich trennt.
- Es vermindert die **Affinität** der Hämgruppe zu Kohlenmonoxid (CO), Stickstoffmonoxid (NO), Schwefelwasserstoff ($H_2S$) und Sauerstoff ($O_2$).
- Es vermittelt den typischen **S-förmigen (sigmoidalen) Verlauf** der Sauerstoffbindungskurve.
- Es ermöglicht eine **allosterische Regulation** der Sauerstoffbindung.

**Verhinderung der Autooxidation benachbarter Hämgruppen**

Durch Einbettung der Hämgruppen in die Globine können sich die Hämgruppen nicht mehr ausreichend einander annähern, wodurch die Bildung von Fe-$O_2$-Fe-Brücken und die damit verbundene Oxidation von $Fe^{2+}$ zu $Fe^{3+}$ verhindert wird.

### Verhinderung der Autooxidation benachbarter Hämgruppen

Isolierte Hämgruppen sind nicht in der Lage, Sauerstoff reversibel zu binden. Je zwei isolierte Hämgruppen bilden in Anwesenheit von Sauerstoff eine Fe-$O_2$-Fe-Brücke, wobei das zweiwertige Eisen ($Fe^{2+}$) **irreversibel zu dreiwertigem Eisen ($Fe^{3+}$) oxidiert** wird. Die Bildung der Fe-$O_2$-Fe-Brücken ist aber nur möglich, wenn zwei Hämgruppen sich ausreichend einander annähern können. Dies wird im Körper durch die Einbettung der Hämgruppen in die Globine sterisch verhindert.

► Klinik.

► Klinik. Durch Austausch bestimmter Aminosäuren im Bereich der Sauerstoffbindungsstelle kann auch im intakten Hämoglobin Eisen zu $Fe^{3+}$ oxidiert werden. Solche Hämoglobine werden als **Methämoglobine** (HbM; auch **Hämiglobin**) bezeichnet. Eine Methämoglobinämie kann auch als Folge von Vergiftungen mit Oxidationsmitteln entstehen. Medizinisch bedeutsam sind hierbei vor allem Nitrate und Nitrite, die mit der Nahrung und dem Trinkwasser aufgenommen werden. Im gesunden Organismus überführt die **Methämoglobinreduktase** HbM wieder in normales Hämoglobin. Da Säuglinge eine niedrige Aktivität der Methämoglobinreduktase haben, sind sie durch Nitrate und Nitrite besonders gefährdet.

**Verminderung der Affinität des Hämoglobins zu diversen Gasen**

Die Globinuntereinheiten **reduzieren die Affinität** der Hämgruppe zu CO, NO, $H_2S$ und $O_2$.

### Verminderung der Affinität des Hämoglobins zu diversen Gasen

Einige kleine Moleküle können erheblich leichter an Hämoglobin binden als Sauerstoff. Von praktischer Relevanz sind hierbei vor allem Kohlenmonoxid (CO), Stickstoffmonoxid (NO) und Schwefelwasserstoff ($H_2S$). Atmet man zu hohe Konzentrationen dieser Gase ein, wird Sauerstoff aus seiner Bindung an Hämoglobin verdrängt und es kommt zu schweren Vergiftungen. Durch die Einbettung der Hämgruppen in die Globine wird **die Affinität des Hämoglobins** zu diesen kleinen Molekülen **stark reduziert**. Beispielsweise besitzen isolierte Hämgruppen eine

25 000-fach höhere Affinität zu CO als zu Sauerstoff, während Hämoglobin nur noch eine etwa 300-fach höhere Affinität zu CO hat. Schließlich sind die Globine auch an einer Verminderung der Affinität der Hämgruppen zu $O_2$ beteiligt, indem sie 2,3-Bisphosphoglycerat binden (s. S. 251).

## Entstehung des sigmoidalen Verlaufs der Sauerstoffbindungskurve

Die Affininität von Hämoglobin zu Sauerstoff wird durch die Bindung von Sauerstoff erhöht (kooperativer Effekt). Daraus resultiert der **sigmoidale Verlauf der Sauerstoffbindungskurve** (s. Abb. **8.19**, S. 247). Dieser stellt sicher, dass in der Lunge nahezu alle Hämoglobinmoleküle mit Sauerstoff gesättigt werden und dass das Hämoglobin im Gewebe aufgrund der dort reduzierten Affinität den Sauerstoff relativ leicht wieder abgibt. Die Aufklärung des molekularen Mechanismus der Kooperativität bei der Sauerstoffbindung an Hämoglobin ist vor allem das Verdienst von Max Perutz (Nobelpreisträger für Chemie, 1962), weshalb man ihn auch als **Perutz-Mechanismus** bezeichnet.

Das Prinzip des Perutz-Mechanismus ist in Abb. **8.20** schematisch dargestellt. Hämoglobin kann zwei Konformationszustände annehmen. Wenn keine der vier Hämgruppen $O_2$ gebunden hat, befindet es sich in der sog. **T-Form**, die eine geringe Affinität zu Sauerstoff hat. Der Name T-Form rührt daher, dass in diesem Zustand die Hämgruppen nicht in ihrer typischen flachen (planaren) Form vorliegen, sondern durch die räumliche Anordnung des Globins, in das sie eingebettet sind, verbogen, also gespannt (→ **t**ensed) werden. Bindet nun ein $O_2$-Molekül an eines der $Fe^{2+}$-Atome der vier Hämgruppen, wird die betreffende Hämgruppe in eine flache Konfiguration gezogen. Über eine mechanische Wechselwirkung folgt der gesamte Globinrest dieser Bewegung und überführt auch die anderen drei Hämgruppen von der gebogenen in die planare, entspannte (→ **r**elaxed) **R-Form**. Durch diese räumliche Umorientierung wandern die $Fe^{2+}$-Atome in die Hämebene und werden dadurch für den Sauerstoff wesentlich besser zugänglich. Entsprechend nimmt die Affinität der verbleibenden drei Hämgruppen zu Sauerstoff stark zu.

**Entstehung des sigmoidalen Verlaufs der Sauerstoffbindungskurve**

Die Bindung eines Sauerstoffmoleküls erhöht die Affinität des Hämoglobins für weitere Sauerstoffmoleküle (kooperativer Effekt). Hieraus resultiert der **sigmoidale Verlauf der Sauerstoffbindungskurve** (s. Abb. **8.19**, S. 247), der sowohl die Aufnahme von Sauerstoff in der Lunge als auch die Abgabe von Sauerstoff im Gewebe erleichtert.

Hämoglobin kann in **zwei Konformationszuständen** vorliegen (Abb. **8.20**), einem mit geringer Affinität zu Sauerstoff (**T-Form**) und einem mit hoher Affinität zu Sauerstoff (**R-Form**).
Der Übergang von einer Konformation in die andere wird über eine **Wechselwirkung der Globinuntereinheiten** vermittelt.

**▶ Merke.** Der sigmoidale Verlauf der Sauerstoffbindungskurve bildet nicht die jeweilige Affinität eines einzelnen Hämoglobinmoleküls bei einem gegebenen Sauerstoffpartialdruck ab, sondern beschreibt die **statistische Mittelwertskurve**, die sich für eine Vielzahl einzelner Hämoglobinmoleküle ergibt, die sich jeweils in der T- oder in der R-Form befinden (Abb. **8.20 b**).

**▶ Merke.**

## Allosterische Modulation der Sauerstoffbindungskurve

Neben ihrem sigmoidalen Verlauf spielt die **allosterische** (griechisch: anderer Bereich) **Modulation** der Sauerstoffbindungskurve eine große Rolle bei der Aufnahme von Sauerstoff in der Lunge und seiner Abgabe im Gewebe. Unter allosterischer Modulation versteht man eine Verschiebung der Lage der Sauer-

**Allosterische Modulation der Sauerstoffbindungskurve**

Die Modulation und die Sauerstoffbindung erfolgen an unterschiedlichen Orten des Hämoglobinmoleküls **(allosterischer Effekt**, Abb. **8.21)**.

**8.20 Perutz-Mechanismus**

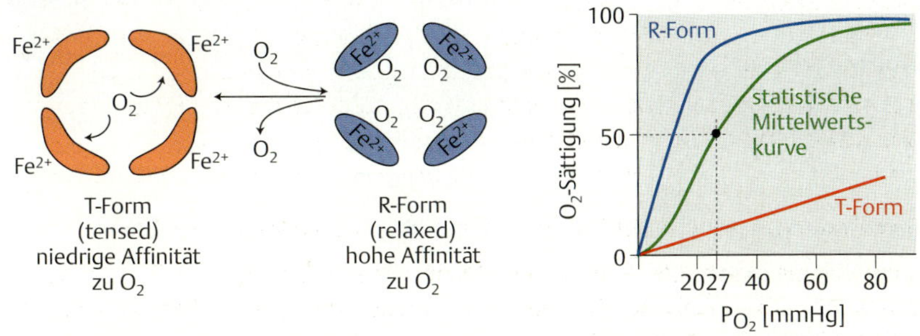


**a** Konformationszustände des Hämoglobins.

**b** Sauerstoffbindungskurve des Hämoglobins.

Die Bindung von $O_2$ induziert den Übergang des Hämoglobins von der weniger $O_2$-affinen (T-Form) in die hoch $O_2$-affine (R-Form) Konformation **(a)**.
Der sigmoidale Verlauf der $O_2$-Bindungskurve des Hämoglobins (grün) kann aus der Überlagerung der beiden hyperbolischen Bindungskurven des T- (rot) und des R-Zustands (blau) abgeleitet werden. Bei sehr niedrigem $P_{O_2}$ nähert sich die $O_2$-Bindungskurve des Hämoglobins der des T-Zustands, bei sehr hohem $P_{O_2}$ der des R-Zustands **(b)**.

stoffbindungskurve durch Modulatoren, die an anderen Orten als der Sauerstoffbindungsstelle mit den Globinuntereinheiten des Hämoglobins interagieren. Die Form der Sauerstoffbindungskurve bleibt dabei unverändert (Abb. **8.21**).

Ein pH-Abfall, ein Anstieg der $CO_2$-Konzentration, eine Temperaturerhöhung oder eine Erhöhung der Konzentration von 2,3-Bisphosphoglycerat (2,3-BPG) führen zu einer Stabilisierung der **T-Form** und somit zu einer **Verschiebung der Sauerstoffbindungskurve nach rechts**.

Die Effekte der allosterischen Modulation der Sauerstoffbindungskurve lassen sich am einfachsten verstehen, wenn man sie im Rahmen des Übergangs von der R- zur T-Form und umgekehrt betrachtet: Alle Modulatoren, welche die **T-Form** stabilisieren, führen zu einer **Rechtsverschiebung der Sauerstoffbindungskurve** (→ Affinität zu $O_2$ ↓). Hierzu zählen

- eine Erhöhung der $H^+$-Konzentration (Senkung des pH),
- eine Erhöhung der $CO_2$-Konzentration,
- eine Temperaturerhöhung und
- eine Erhöhung der Konzentration von 2,3-Bisphosphoglycerat (2,3-BPG).

Modulatoren, die die **R-Form** stabilisieren, führen zu einer **Linksverschiebung der Sauerstoffbindungskurve**. Besonders relevant ist ein pH-Anstieg (s. u.).

Eine Veränderung dieser Modulatoren in umgekehrter Richtung stabilisiert die R-Form und induziert somit eine **Linksverschiebung der Sauerstoffbindungskurve** (→ Affinität zu $O_2$ ↑). Von besonderer Bedeutung ist hierbei ein Anstieg des pH-Werts ($H^+$-Konzentration ↓, s. u.).

### Bohr-Effekt

Dem **Bohr-Effekt** liegt eine Modulation der Sauerstoffbindungskurve durch Änderungen des **pH** und des **$P_{CO_2}$** zugrunde.

### Bohr-Effekt

In den meisten peripheren Kapillargebieten kommt es aufgrund der dort stattfindenden Stoffwechselvorgänge zu einer Anreicherung von $H^+$-Ionen im Blut und einem Anstieg des $P_{CO_2}$. Da beide Faktoren die Sauerstoffbindungskurve nach rechts verschieben, wird die Abgabe von Sauerstoff aus der Bindung an das Hämoglobin erleichtert (Abb. **8.21**).

Je stärker die metabolische Aktivität in einem Gewebe ist, desto leichter wird $O_2$ aus der Hämoglobinbindung freigesetzt (Rechtsverschiebung der $O_2$-Bindungskurve aufgrund einer **quantitativen** Beziehung). Die durch Änderungen des **pH** ausgelösten Effekte sind **physiologisch** wesentlich **wichtiger** als die durch Änderungen des $P_{CO_2}$ vermittelten Effekte.

Die Beziehung zwischen der Stärke der Rechtsverschiebung und den Änderungen der lokalen $H^+$-Konzentration und des lokalen $P_{CO_2}$ ist **quantitativ**. Das bedeutet, dass Sauerstoff umso leichter aus Hämoglobin freigesetzt wird, je stärker das Gewebe metabolisch aktiv ist. Beide Effekte – Abfall des pH und Anstieg des $P_{CO_2}$ – tragen unabhängig voneinander zum Bohr-Effekt bei. Der Einfluss des pH-Wertes erfolgt über eine Titrierung von Seitengruppen des Hämoglobins, der des $P_{CO_2}$ über eine vermehrte Carbaminobindung. Dabei sind die durch **pH**-Änderungen vermittelten Effekte wesentlich ausgeprägter und damit **physiologisch wichtiger** als die durch Änderungen des $P_{CO_2}$ vermittelten Effekte.

▶ **Merke.**

▶ **Merke.** Die Modulation der Sauerstoffbindungskurve durch Änderungen der lokalen $H^+$-Konzentration und des $P_{CO_2}$ wird als **Bohr-Effekt** bezeichnet.

In Wirklichkeit wurde der Bohr-Effekt allerdings gar nicht von Christian Bohr (dem Vater von Niels Bohr) entdeckt, sondern von August Krogh, der bei Bohr im Physiologischen Institut der Universität Kopenhagen als Medizinstudent eine Doktorarbeit durchführte.

**8.21 Allosterische Modulation der $O_2$-Bindungskurve**

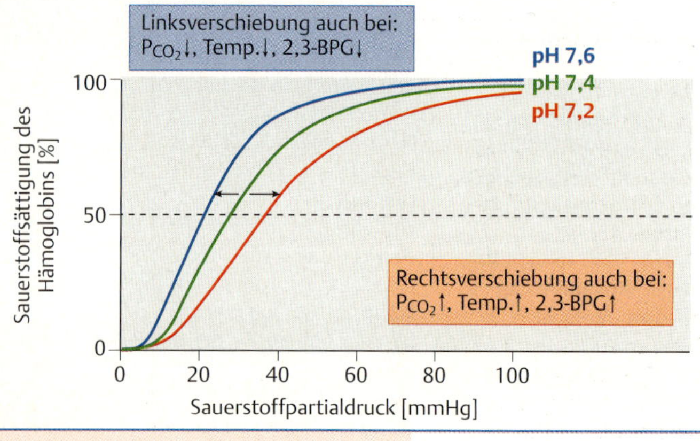


Die physiologische Modulation der $O_2$-Bindungskurve des Hämoglobins erfolgt vor allem über Änderungen des pH, des $P_{CO_2}$, der Temperatur und der Konzentration von 2,3-Bisphosphoglycerat in den Erythrozyten. Dargestellt sind exemplarisch die Effekte einer Senkung des pH-Werts auf 7,2 (Rechtsverschiebung) bzw. einer Erhöhung des pH-Werts auf 7,6 (Linksverschiebung).

Die **molekulare Ursache des Bohr-Effekts** besteht in pH-abhängigen lokalen Veränderungen von ionischen Wechselwirkungen und Wasserstoffbrückenbindungen am Carboxyende der α- und β-Untereinheiten des Hämoglobins. Bei einem Anstieg der lokalen $H^+$-Konzentration (also pH-Wert lokal ↓) wird durch diese Wechselwirkungen zwischen den Globinuntereinheiten die wenig sauerstoffaffine T-Form stabilisiert.

Auf **molekularer Ebene** wird der Bohr-Effekt durch Wechselwirkungen zwischen den Globinen vermittelt.

### Einfluss der Temperatur auf die Sauerstoffbindungskurve

Lokale Temperaturerhöhungen im metabolisch aktiven Gewebe erleichtern über eine **Destabilisierung der Sauerstoffbindung** die Sauerstoffabgabe aus dem Hämoglobin (= **Rechtsverschiebung** der Sauerstoffbindungskurve; Stabilisierung der T-Form, Abb. **8.21**).

**Einfluss der Temperatur auf die Sauerstoffbindungskurve**

Eine Erhöhung der **Temperatur** erleichtert die Abgabe von $O_2$ aus dem Hämoglobin (Abb. **8.21**).

### 2,3-Bisphosphoglycerat (2,3 BPG)

Das organische Phosphat 2,3-BPG wird in großen Mengen bei der **Glykolyse in Erythrozyten** synthetisiert. Da es die Erythrozytenmembran nicht durchdringen kann, werden im Erythrozyten sehr hohe Konzentrationen von 2,3-BPG erreicht. 2,3-BPG bindet **äquimolar** an Hämoglobin, d. h. pro Hämoglobinmolekül kommt es zur Interaktion mit nur einem einzigen 2,3-BPG-Molekül. Dabei bildet Hämoglobin, welches in der T-Form vorliegt, eine weitaus stabilere Bindungstasche für 2,3-BPG aus als Hämoglobin in der R-Form. Bindet nun ein 2,3-BPG-Molekül in der Bindungstasche, wird die **T-Form** zusätzlich **stabilisiert** und es resultiert eine **Rechtsverschiebung** der Sauerstoffbindungskurve (Abb. **8.21** bzw. Abb. **8.22**).

**2,3-Bisphosphoglycerat (2,3 BPG)**

Erythrozyten haben eine **hohe zytosolische Konzentration** von 2,3-BPG.
2,3-BPG bindet **äquimolar** an Hämoglobin und stabilisiert dadurch die T-Form – es resultiert daraus eine **Rechtsverschiebung** der $O_2$-Bindungskurve (Abb. **8.21** bzw. Abb. **8.22**).

Die **Reduktion der Sauerstoffaffinität** von Hämoglobin ist die wichtigste Funktion von 2,3-BPG. In Abwesenheit von 2,3-BPG wird die halbmaximale Sättigung von Hämoglobin bereits bei einem Sauerstoffpartialdruck von nur ca.12 mmHg erreicht (Abb. **8.22**). Unter diesen Bedingungen würde eine signifikante Sauerstofffreisetzung aus Hämoglobin erst bei so niedrigen $P_{O_2}$-Werten erfolgen, dass eine normale Körperfunktion nicht mehr aufrechtzuerhalten wäre.

Die wichtigste Funktion von 2,3-BPG besteht in einer **Reduktion der Sauerstoffaffinität** des Hämoglobins.

Eine Modulation der erythrozytären 2,3-BPG-Konzentration spielt auch bei der **Adaptation an mittlere geografische Höhen** (2000 – 4000 m) eine wichtige Rolle (s. S. 261).

Eine Modulation der erythrozytären 2,3-BPG-Konzentration ist auch für die **Höhenadaptation** relevant (s. S. 261).

**▶ Merke.** Die hohe 2,3-BPG-Konzentration im Erythrozyt ist eine notwendige Voraussetzung dafür, dass Hämoglobin als Sauerstofftransporter funktionieren kann.

**▶ Merke.**

### Genetische Effekte

Modulationen des Verlaufs der Sauerstoffbindungskurve können auch genetische Ursachen haben: Durch Austausch einzelner Aminosäuren in den Globinresten oder durch Bildung anderer Globinuntereinheiten wird die Sauerstoffaffinität des Hämoglobins verändert. Ein besonders wichtiges Beispiel hierfür ist das **fetale Hämoglobin** (HbF). Im Gegensatz zum Erwachsenenhämoglobin (HbA), das aus zwei α- und zwei β-Untereinheiten aufgebaut ist, enthält HbF zwei α- und zwei γ-

**Genetische Effekte**

Durch Austausch einzelner Aminosäuren in den Globinresten oder durch Bildung anderer Globinuntereinheiten kommt es zu Veränderungen der Sauerstoffaffinität des Hämoglobins. **Fetales Hämoglobin** beispielsweise besteht aus zwei α- und zwei γ-Untereinheiten und hat eine erhöhte Affinität zu Sauerstoff.

**8.22 Einfluss von 2,3-Bisphosphoglycerat auf die Sauerstoffbindungskurve**

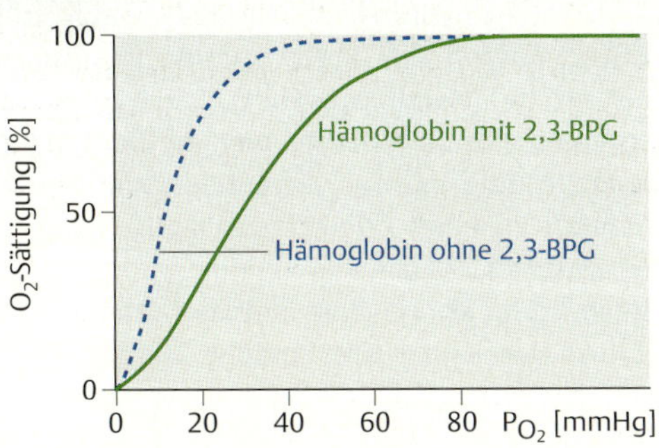


Für die Lage der normalen $O_2$-Bindungskurve ist eine hohe Konzentration von 2,3-Bisphosphoglycerat (2,3-BPG) in den Erythrozyten erforderlich (grüne Kurve).
In Abwesenheit von 2,3-BPG ist die $O_2$-Bindungskurve stark nach links verschoben (halbmaximale Sättigung bei einem $P_{O_2}$ von etwa 12 mm Hg), sodass die $O_2$-Abgabe aus dem Hämoglobin erschwert ist (blaue Kurve).

**8.22**

Untereinheiten. Die γ-Untereinheit hat eine geringere Affinität zu 2,3-BPG, wodurch die R-Form stabilisiert wird. Das Ergebnis ist eine **Linksverschiebung der Sauerstoffbindungskurve** des HbF **um 4 mmHg** gegenüber dem HbA (Affinität zu $O_2 \uparrow$). Diese Differenz ist eine wesentliche Grundlage für den Gasaustausch zwischen dem fetalen und dem mütterlichen Blut in der Plazenta.

Änderungen der Sauerstoffaffinität des Hämoglobins entstehen auch als Folge **evolutionärer Adaptation** an große Höhen.

Eine genetisch bedingte Linksverschiebung der Sauerstoffbindungskurve durch veränderte Globinreste findet sich auch bei **ethnischen Gruppen**, die über lange Zeiträume in geografischer Isolation auf großer Höhe gelebt haben. Ein Beispiel hierfür sind die **Sherpa des Himalaya**.

▶ Klinik.

▶ **Klinik.** Klinisch lassen sich zahlreiche Erkrankungen unterscheiden, die durch Mutationen im Hämoglobin verursacht werden. Sie werden unter dem Begriff **Hämoglobinopathien** zusammengefasst. Relativ häufige Hämoglobinopathien sind die Sichelzellanämie (Abb. **8.23**) und die Thalassämie (s. S. 172).

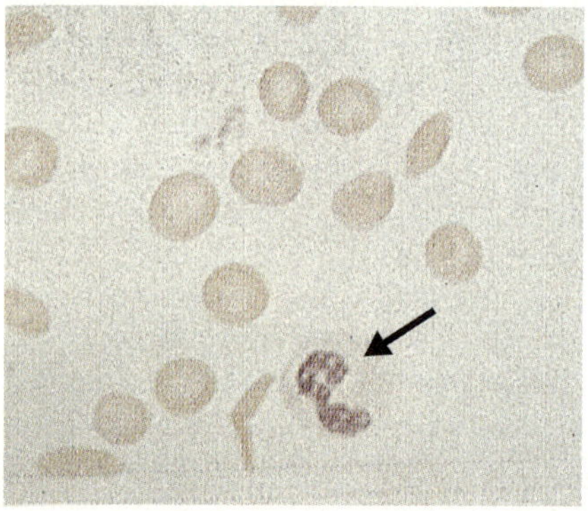

8.23

**Sichelzelle (Pfeil) und normale Erythrozyten im Blutausstrich**

Eine pathophysiologisch besonders instruktive Mutante des Hämoglobins ist das **Yakima-Hämoglobin**. Hier ist ähnlich wie beim HbF die Sauerstoffbindungskurve nach links verschoben. Träger des Yakima-Hämoglobins haben eine erhöhte Konzentration von roten Blutkörperchen (Hkt ↑) und eine höhere Hämoglobinkonzentration im Blut. Als Folge dieser Veränderungen treten bei den Betroffenen gehäuft **Thrombosen** (s. S. 188) und **erhöhte Blutdruckwerte** auf. Pathophysiologisch lassen sich all diese Veränderungen auf die erschwerte Sauerstoffabgabe aus dem Hämoglobin in der Körperperipherie zurückführen.

**8.5.3 Gasaustausch im peripheren Gewebe**

Der Gasaustausch im peripheren Gewebe wird durch **Partialdruckdifferenzen** zwischen dem Kapillarblut und der extrazellulären Flüssigkeit angetrieben.
Im Erythrozyten wird ein Großteil des eintretenden $CO_2$ durch die **Carboanhydrase** in $H^+$ und $HCO_3^-$ umgewandelt. $HCO_3^-$ wird über den **Hamburger-Shift** wieder aus dem Erythrozyten ausgeschleust (Abb. **8.24**). Der pH-Abfall erleichtert die Freisetzung von $O_2$ (**Bohr-Effekt**, s. S. 250).
Aufgrund des **Haldane-Effekts** kann desoxygeniertes Hämoglobin 0,6 Mol $H^+$ pro Mol Hämoglobin mehr aufnehmen als oxygeniertes Hämoglobin.

## 8.5.3 Gasaustausch im peripheren Gewebe

Wesentliche Triebkraft für den Gasaustausch in der Körperperipherie sind die **Partialdruckdifferenzen** von $CO_2$ und $O_2$ zwischen dem zuströmenden arteriellen Blut und dem umliegenden Gewebe. Im Gewebe wird durch oxidative Phosphorylierung unter Verbrauch von $O_2$ (lokaler $P_{O_2} \downarrow$) $CO_2$ gebildet (lokaler $P_{CO_2} \uparrow$) und die lokale $H^+$-Konzentration steigt (pH ↓). Als Folge des Konzentrationsgradienten strömt $CO_2$ in die Kapillare (Abb. **8.24**). Dort geht es z. T. **physikalisch in Lösung**, diffundiert aber überwiegend in die Erythrozyten. Im Erythrozyten wird ein Teil des eintretenden $CO_2$ über eine **Carbaminobindung** an Hämoglobin gebunden. Der größere Teil wird unter Einfluss der im Erythrozyten in großer Menge vorhandenen **Carboanhydrase (CA)** zu Kohlensäure ($H_2CO_3$) hydratisiert, welches spontan in $H^+$ und Bikarbonat ($HCO_3^-$) zerfällt. $HCO_3^-$ verlässt den Erythrozyten im Austausch gegen Chlorid über einen Anionenaustauscher **(Hamburger-Shift)**. Durch die aus der Kohlensäure entstehenden $H^+$-Ionen kommt es zu einer leichten Ansäuerung des Erythrozyten und damit in Zusammenwirkung mit der vermehrten Bindung von $CO_2$ an Hämoglobin (Carbaminobindung) zu einer erleichterten Freisetzung von Sauerstoff (**Bohr-Effekt**, s. S. 250). Desoxygeniertes Hämoglobin wiederum bindet $H^+$ leichter als oxygeniertes Hämoglobin, d. h. es ist eine stärkere Base. Dieses Phänomen wird auch als **Haldane-Effekt** bezeichnet. Die Bindung von ca. 0,6 Mol $H^+$ führt zur Freisetzung von 1 Mol $O_2$ aus Hämoglobin.

8.24 **Gasaustausch im peripheren Gewebe**

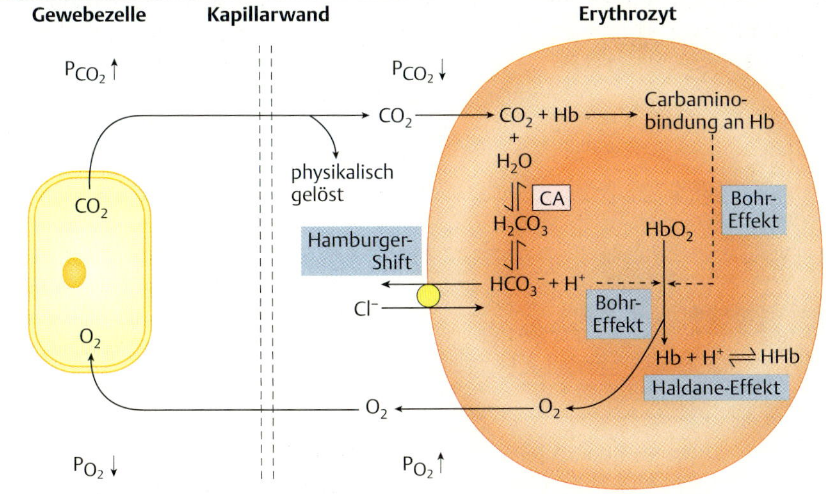


Der Gasaustausch im peripheren Gewebe wird durch den erhöhten $P_{CO_2}$ angetrieben. Hierdurch kommt es zu einer vermehrten Aufnahme von $CO_2$ und zu einem Abfall des pH-Werts im Erythrozyt, wodurch die $O_2$-Abgabe erleichtert wird **(Bohr-Effekt)**. Das desoxygenierte Hämoglobin kann besser $H^+$ binden **(Haldane-Effekt)**; zusätzlich wird $HCO_3^-$ aus dem Erythrozyt transportiert **(Hamburger-Shift)**. Beide Effekte reduzieren die Bildung der Produkte aus dem Zerfall von $H_2CO_3$ und erhalten damit den Gradienten für die Aufnahme von $CO_2$ aufrecht.
Hb/HHb deutet die Pufferwirkung des Hämoglobins an. $HbO_2$ = oxygeniertes Hämoglobin, CA = Carboanhydrase.

► **Merke.** Beim **Gasaustausch im peripheren Gewebe** greifen zwei Mechanismen ineinander und verstärken sich gegenseitig:
- Durch die Carbaminobindung von $CO_2$ und die fortlaufende Eliminierung der Produkte der Hydratisierung von $CO_2$ (Ausschleusen von Bikarbonat über den Hamburger-Shift, Bindung von $H^+$ an Hämoglobin über den Haldane-Effekt) wird ein **kontinuierlicher Gradient für $CO_2$** vom Kapillarblut in den Erythrozyten erzeugt.
- Durch die Carbaminobindung von $CO_2$ und den Abfall des intrazellulären pH wird über den Bohr-Effekt die **Abgabe von Sauerstoff aus Hämoglobin** erleichtert.

► **Merke.**

## 8.5.4 $CO_2$-Transport im Blut

Der $CO_2$-Transport im Blut erfolgt auf drei Arten:
- 90% der Gesamtmenge an $CO_2$ in Form von **Bikarbonat** ($HCO_3^-$), welches sowohl im Erythrozyten als auch im Plasma vorliegt (davon ca. $^2/_3$ im Plasma und ca. $^1/_3$ im Erythrozyten),
- 6% der Gesamtmenge in der **Carbaminoform** an Hämoglobin gebunden,
- 4% der Gesamtmenge **physikalisch gelöst**.

**8.5.4 $CO_2$-Transport im Blut**

$CO_2$ wird im Blut in 3 Formen transportiert:
- als Bikarbonat (90%),
- an Hämoglobin gebunden (Carbaminobindung; 6%),
- physikalisch gelöst (4%).

Das aus den Kapillaren zum rechten Herzen zurückströmende Blut enthält etwa 10% mehr $CO_2$ als das arterielle Blut. Diese **arteriovenöse Differenz** entspricht der Menge an $CO_2$, die entlang der Kapillaren aus dem Gewebe ins Blut aufgenommen wurde und stellt den eigentlichen dynamischen Teil des $CO_2$-Transports im Blut dar. Mengenmäßig spielt hierbei der Transport von $CO_2$ in der Carbaminobindung (20%) und in physikalisch gelöster Form (10%) eine größere Rolle als von der Verteilung im Gesamtblut zu erwarten wäre – nur 70% werden als $HCO_3^-$ transportiert.

Die von den Kapillaren aufgenommene zusätzliche Menge an $CO_2$ wird zu 70% als Bikarbonat, zu 20% in der Carbaminobindung und zu 10% in physikalisch gelöster Form transportiert.

## 8.5.5 $O_2$- und $CO_2$-Transport im Vergleich

**Sauerstoff** wird praktisch ausschließlich (zu 99%) an Hämoglobin gebunden transportiert. Der $O_2$-Transport ist deshalb von der Hämoglobinkonzentration abhängig. Wenn sämtliche Hämoglobinmoleküle mit $O_2$ gesättigt sind, ist eine weitere Steigerung des Sauerstoffgehalts im Blut kaum noch möglich und die Sauerstoffbindungskurve erreicht ihr Plateau. Im Gegensatz dazu lässt sich die Menge an **$CO_2$** im Blut prinzipiell beliebig weiter steigern, indem die Bikarbonatkonzentration erhöht wird. Dementsprechend verlaufen die **$O_2$- und $CO_2$-Bindungskurven** sehr unterschiedlich (Abb. **8.25**).
Da die **$CO_2$-Bindungskurve** im Bereich der physiologischen Partialdruckwerte sehr viel **steiler** ist als die $O_2$-Bindungskurve, genügen wesentlich kleinere Änderungen

**8.5.5 $O_2$- und $CO_2$-Transport im Vergleich**

Im Gegensatz zu Sauerstoff ist der **$CO_2$-Gehalt** des Blutes **nicht sättigbar** (Abb. **8.25**).

8.25 **Verlauf der $O_2$- und der $CO_2$-Bindungskurve**

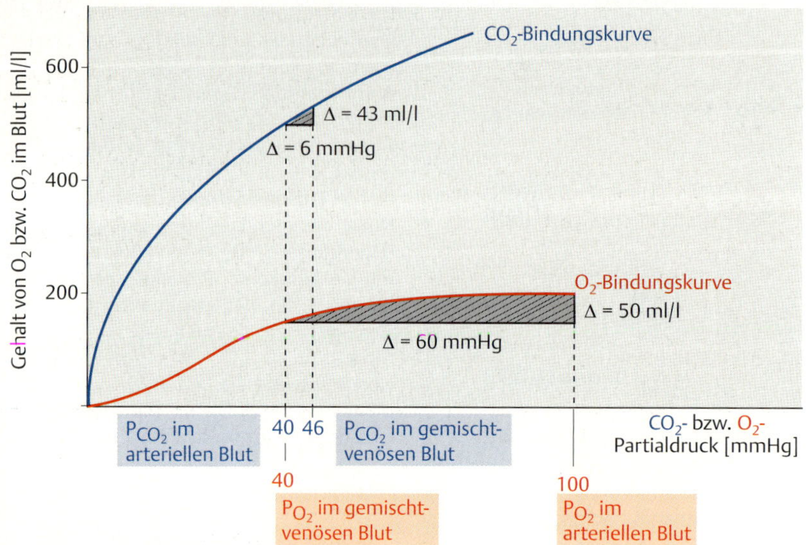


Die $O_2$-Bindungskurve verläuft im Bereich physiologischer Partialdruckwerte des Blutes viel flacher als die $CO_2$-Bindungskurve. Entsprechend sind viel größere Änderungen des $P_{O_2}$ erforderlich, um den $O_2$-Gehalt des Blutes zu ändern.

Die **$CO_2$-Bindungskurve** verläuft im physiologisch relevanten Bereich viel **steiler** als die $O_2$-Bindungskurve.

des Partialdrucks (Δ = 6 mmHg), um $CO_2$ im Gewebe aufnehmen bzw. $CO_2$ in der Lunge abgeben zu können als dies für den $O_2$-Transport der Fall ist (Δ = 60 mmHg).

8.6 Atmungsregulation

8.6.1 Rhythmogenese und Atemantriebe

Anforderungen an die Mechanismen der Atmungsregulation:
- Sicherstellung einer regelmäßigen Atemaktivität
- kontinuierliche Anpassung der alveolären Ventilation an $O_2$-Bedarf und $CO_2$-Produktion des Organismus.

Nervenzellverbände in der **rostro-ventrolateralen Medulla oblongata** bilden den **Rhythmusgenerator** der Atmung (s. S. 257). Seine Aktivität wird über mehrere chemische und nicht chemische **Atemantriebe** beeinflusst.

8.6.2 Zelluläre Mechanismen der Chemorezeption

Die chemischen Atemantriebe werden über periphere und **zentrale Chemorezeptoren** registriert.
Alle chemosensitiven Zellen haben eine eingeschränkte Fähigkeit zur Regulation ihres zytosolischen pH-Werts.

# 8.6 Atmungsregulation

## 8.6.1 Rhythmogenese und Atemantriebe

Die Mechanismen der Atmungsregulation müssen v. a. folgenden Anforderungen gerecht werden:
- Es muss sichergestellt werden, dass in regelmäßigen Abständen Ein- und Ausatembewegungen erfolgen (Rhythmogenese der Atemaktivität).
- Die alveoläre Ventilation muss kontinuierlich an den $O_2$-Bedarf und die $CO_2$-Produktion des Organismus angepasst werden.

Obwohl beide Prozesse eng ineinander greifen, liegen ihnen unterschiedliche physiologische Mechanismen zugrunde:
- Die **Rhythmogenese** erfolgt in rhythmisch aktiven Nervenzellverbänden, die sich in der **rostro-ventro-lateralen Medulla oblongata** befinden. In ihrer Gesamtheit bezeichnet man sie auch als **Atemzentrum** bzw. **Rhythmusgenerator** (s. S. 257).
- Die Aktivität des Rhythmusgenerators wird durch mehrere **Atemantriebe** beeinflusst. Eine besonders wichtige Rolle spielen die sog. chemischen Atemantriebe $P_{O_2}$, $P_{CO_2}$ und pH-Wert, die über verschiedene Chemorezeptoren erfasst werden (s. u.). Außerdem wirken das Ausmaß der Lungendehnung, die Aktivität der Skelettmuskulatur, Emotionen, die Körpertemperatur und Zuströme aus höheren kortikalen Zentren als Atemantriebe (s. S. 257).

## 8.6.2 Zelluläre Mechanismen der Chemorezeption

An der Messung der chemischen Atemantriebe sind **periphere** und **zentrale Chemorezeptoren** beteiligt.

Im Gegensatz zu fast allen anderen Zellen des Körpers verfügen sowohl die peripheren als auch die zentralen chemorezeptiven Neurone über eine nur sehr **eingeschränkte Fähigkeit zur Regulation ihres zytosolischen pH-Werts.** Diese Eigenschaft ist eine wesentliche Voraussetzung dafür, dass sie als $P_{CO_2}$- und pH-Sensoren funktionieren können.

**8.5 Zelluläre Vorgänge bei der Chemorezeption in den Glomuszellen**

| *chemischer Atemantrieb* | *Vorgänge in der Glomuszelle* | | |
|---|---|---|---|
| $P_{O_2}$ | sinkt der arterielle $P_{O_2}$ unter einen kritischen Wert, **schließen $P_{O_2}$-sensitive $K^+$-Kanäle** | → **Depolarisation des Membranpotenzials** | Entstehung von **$Ca^{2+}$-Aktionspotenzialen** → zytosolische **$Ca^{2+}$-Konzentration ↑** → vermehrte Freisetzung von **exzitatorischen Neurotransmittern** (z. B. Dopamin, Acetylcholin, ATP und Substanz P) → Depolarisation der postsynaptischen Membran → **Aktivität der Sinusnerven ↑** |
| $P_{CO_2}$ | steigt der arterielle $P_{CO_2}$, gelangt vermehrt $CO_2$ in die Glomuszelle → **pH-Wert ↓** | durch die erhöhte $H^+$-Konzentration wird $Ca^{2+}$ von den Bindungsstellen an $Ca^{2+}$-aktivierten $K^+$-Kanälen verdrängt → **Depolarisation des Membranpotenzials** | |
| pH-Wert* | sinkt der arterielle pH-Wert, werden weniger $H^+$ aus den Glomuszellen transportiert → **pH-Wert in der Glomuszelle ↓** | | |

* Die Senkung des zytosolischen pH-Werts aufgrund eines pH-Abfalls im arteriellen Blut wird über Änderungen der Aktivität von Säure-Basen-Transportern in der Zellmembran vermittelt und läuft wesentlich langsamer ab als über den Einfluss des $P_{CO_2}$.

## Periphere Chemorezeptoren

Als periphere Chemorezeptoren bezeichnet man die sog. **Typ-I-** oder **Glomuszellen**, die sich an der dorsalen Seite der Gabelung der Arteria carotis communis **(Glomus caroticum)** und entlang des Aortenbogens **(Glomera aortica)** befinden. Sie reagieren auf Änderungen von $P_{O_2}$, $P_{CO_2}$ und pH-Wert im arteriellen Blut (Tab. **8.5**).
Die an der Chemorezeption beteiligten Mechanismen erfordern eine **hohe Stoffwechselaktivität** der Glomuszellen. Tatsächlich verbrauchen die Glomuszellen etwa 2–3-mal mehr Sauerstoff als die Nervenzellen des Gehirns. Gleichzeitig erhalten die peripheren Chemorezeptoren aber die **höchste spezifische Durchblutung** im gesamten Organismus: Sie beträgt pro Gramm Gewebe etwa das 40-Fache der Gehirndurchblutung.

**▶ Merke.** Durch die starke Durchblutung der Glomera carotica und aortica wird sichergestellt, dass die hohe Stoffwechselaktivität der Glomuszellen das lokale chemische Milieu praktisch nicht verändert und somit die von ihnen gemessenen Werte den arteriellen Werten entsprechen.

## Zentrale Chemorezeptoren

Bei den zentralen Chemorezeptoren handelt es sich um relativ weit über den **Hirnstamm** verteilte Neurone. Diese können nicht direkt durch Änderungen des pH-Wertes im arteriellen Blut beeinflusst werden, da die Blut-Hirn-Schranke impermeabel für $H^+$-Ionen und starke Säuren ist. Bei einem Anstieg des arteriellen $P_{CO_2}$ kommt es zunächst zu einem **vermehrten Übertritt von $CO_2$ über die Blut-Hirn-Schranke** in den Liquorraum. Unter dem Einfluss der dort extrazellulär vorhandenen Carboanhydrase wird $CO_2$ hydratisiert. Die Folge ist eine Ansäuerung des Liquors. Die zellulären Vorgänge der zentralen Chemorezeption sind noch nicht vollständig aufgeklärt. Vermutlich sind mehrere unterschiedliche **pH-sensitive Kaliumkanäle** beteiligt, die sowohl auf Änderungen der extrazellulären als auch der zytosolischen $H^+$-Konzentration reagieren können.

**▶ Merke.** Der $P_{O_2}$ kann ausschließlich von den **peripheren Chemorezeptoren** gemessen werden.

### 8.6.3 Integrative Antworten auf Änderungen der chemischen Atemantriebe

Die Einflüsse der chemischen Atemantriebe auf das Atemminutenvolumen und damit die alveoläre Ventilation lassen sich in vivo durch sog. **Antwortkurven** ermitteln. Dabei wird einer der chemischen Atemantriebe gezielt variiert, während die anderen konstant gehalten werden. Die Konzentrationen von $CO_2$ oder $O_2$ in der

**Periphere Chemorezeptoren**

Die sog. **Typ-I-** oder **Glomuszellen** reagieren auf Änderungen von $P_{O_2}$, $P_{CO_2}$ und pH-Wert im arteriellen Blut (Tab. **8.5**).

Die peripheren Chemorezeptoren erhalten die **höchste spezifische Durchblutung** des gesamten Organismus.

**▶ Merke.**

**Zentrale Chemorezeptoren**

Chemosensitive Neurone im **Hirnstamm** bilden die zentralen Chemorezeptoren. $CO_2$ gelangt über die Blut-Hirn-Schranke in den Liquor und wird dort unter Einwirkung einer **Carboanhydrase** in $HCO_3^-$ und $H^+$ umgewandelt. An der Messung des pH-Werts durch die zentralen Chemorezeptoren sind **pH-sensitive Kaliumkanäle** beteiligt.

**▶ Merke.**

**8.6.3 Integrative Antworten auf Änderungen der chemischen Atemantriebe**

Die integrativen Antworten auf die chemischen Atemantriebe lassen sich mit sog. **Antwortkurven** beschreiben. Beispiele solcher Antwortkurven zeigt Abb. **8.26**.

**8.26 Darstellung der Antwortkurven auf isolierte Veränderungen der verschiedenen chemischen Atemantriebe**

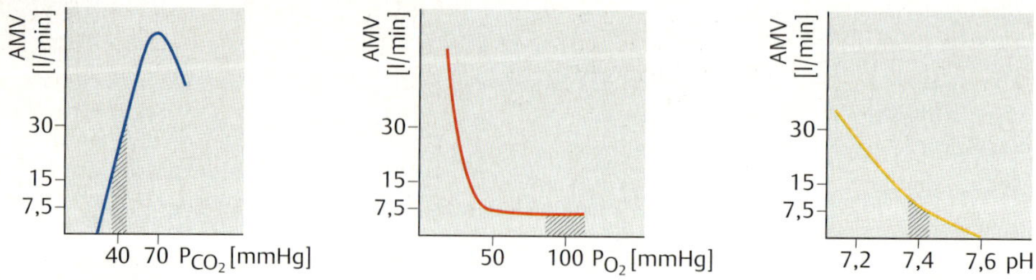


**a** $CO_2$-Antwortkurve. **b** $O_2$-Antwortkurve. **c** pH-Antwortkurve.

Der schraffierte Bereich gibt jeweils die normale physiologische Schwankungsbreite der chemischen Atemantriebe an. AMV = Atemminutenvolumen.

Einatemluft werden durch Atmung aus sog. Douglas-Säcken verändert. Der pH-Wert des Blutes wird durch entsprechende Infusionen beeinflusst. In Abhängigkeit von diesen experimentell erzeugten Werten von $P_{O_2}$, $P_{CO_2}$ oder pH wird dann das Atemminutenvolumen bestimmt. Typische Beispiele solcher Antwortkurven sind in Abb. **8.26** dargestellt.

Die **$CO_2$-Antwortkurve** (Abb. **8.26 a**) besitzt im Bereich der physiologischen $P_{CO_2}$-Werte die größte Steilheit (= größte Empfindlichkeit). Bei $P_{CO_2}$-Werten über 70 mm Hg fällt das AMV als Folge der **narkotischen Wirkung** von $CO_2$ wieder ab.

**Einfluss von Schwankungen des arteriellen $P_{CO_2}$ auf das Atemminutenvolumen**: Die **$CO_2$-Antwortkurve** (Abb. **8.26 a**) ist im Bereich der physiologischen $P_{CO_2}$-Werte besonders steil (= große Empfindlichkeit für $P_{CO_2}$-Änderungen). Das Atemminutenvolumen wird im Mittel um 2 l pro mm Hg $P_{CO_2}$-Zunahme erhöht, wobei allerdings große interindividuelle Schwankungen bestehen. Die Steigerung des Atemminutenvolumens durch Zunahme des $P_{CO_2}$ ist nicht beliebig. Oberhalb eines $P_{CO_2}$ von etwa 70 mm Hg fällt das Atemminutenvolumen als Folge der **narkotischen Wirkung** von $CO_2$ wieder ab.

Die **$O_2$-Antwortkurve** (Abb. **8.26 b**) verläuft im physiologischen Bereich sehr flach (= geringe Empfindlichkeit) und steigt erst bei einem Abfall des $P_{O_2}$ unter 60 mm Hg an. Bei sehr niedrigen $P_{O_2}$-Werten ist die Kurve dann extrem steil, was einer starken Stimulation der Atmung entspricht.

**Einfluss von Schwankungen des arteriellen $P_{O_2}$ auf das Atemminutenvolumen**: Die **$O_2$-Antwortkurve** (Abb. **8.26 b**) verläuft in demjenigen Bereich, in dem der $P_{O_2}$ unter physiologischen Bedingungen variiert, äußerst flach (= geringe Empfindlichkeit für $P_{O_2}$-Änderungen). Erst bei einem Abfall des $P_{O_2}$ unter 60 mm Hg wird die Atmung signifikant stimuliert. Weitere Reduktionen des $P_{O_2}$ sind dann allerdings mit einer sehr starken Stimulation der Atmung verbunden, woraus eine extrem steile Sauerstoffantwortkurve bei sehr niedrigen $P_{O_2}$-Werten resultiert. Isolierte Glomuszellen zeigen eine ganz ähnliche Empfindlichkeit gegenüber Änderungen des Sauerstoffpartialdrucks. Der Verlauf der Sauerstoffantwortkurve spiegelt also die Empfindlichkeit des zellulären Sauerstoffsensors wider.

Der **$O_2$-Atemantrieb** hat zwei wichtige physiologische Funktionen:
- Modulation des $CO_2$-Atemantriebs
- tonische Aktivierung des Rhythmusgenerators.

Der $O_2$-Atemantrieb spielt aber keineswegs nur bei sehr niedrigen $P_{O_2}$-Werten eine Rolle bei der Atmung. Seine wichtigste physiologische Funktion ist die **Modulation des $CO_2$-Atemantriebs**. Dies wird deutlich, wenn man den Verlauf der $CO_2$-Antwortkurve bei unterschiedlichen Sauerstoffpartialdruckwerten betrachtet (Abb. **8.27**): Im Bereich hoher $P_{CO_2}$-Werte wird die **Sensitivität der $CO_2$-Antwortkurve** durch einen Abfall des $P_{O_2}$ erheblich gesteigert, während im Bereich niedriger $P_{CO_2}$-Werte über den $O_2$-Atemantrieb die **tonische Aktivität (Rhythmogenese)** der Atmung aufrecht erhalten wird.

▶ Klinik.

▶ **Klinik.** Eine Aufrechterhaltung der tonischen Aktivität des Rhythmusgenerators über den $O_2$-Atemantrieb ist vor allem bei spontan atmenden, aber bewusstlosen Patienten mit **chronisch erhöhten $P_{CO_2}$-Werten** von großer Bedeutung. Nimmt man solchen Patienten den $O_2$-Atemantrieb, indem man ihnen reinen Sauerstoff zuführt, kann es zum Atemstillstand kommen.

Die **pH-Antwortkurve** (Abb. **8.26 c**) ist für die Regulation des Säure-Basen-Haushalts von großer Bedeutung (s. S. 275).

**Einfluss von Schwankungen des pH-Werts auf das Atemminutenvolumen:** Die **pH-Antwortkurve** verläuft ebenfalls deutlich flacher als die $CO_2$-Antwortkurve (Abb. **8.26 c**). Sie spielt vor allem bei der Regulation des Säure-Basen-Haushalts eine große Rolle (s. S. 275).

**8.27 Modulation des $CO_2$-Atemantriebs durch den Sauerstoffpartialdruck**

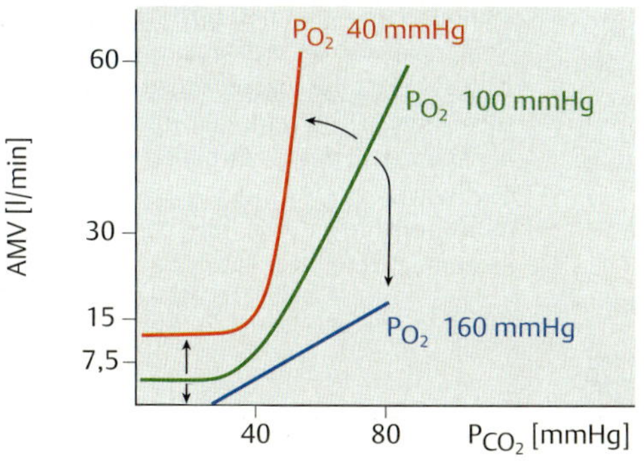


Einfluss des $P_{O_2}$ in der Einatmungsluft auf das Atemminutenvolumen (AMV) bei unterschiedlichen $P_{CO_2}$-Werten.

8.27

## 8.6.4 Nichtchemische Atemantriebe

8.6.4 Nichtchemische Atemantriebe

Die nichtchemischen Atemantriebe spielen im Gegensatz zu den chemischen Atemantrieben eine vergleichsweise untergeordnete Rolle. Sie können sowohl rückgekoppelt als auch nicht rückgekoppelt sein:

- Ein **rückgekoppelter Atemantrieb** erfolgt über die Messung des Dehnungszustands der Wand von Trachea und Bronchien. Dort befinden sich **Lungendehnungsrezeptoren**, die mit steigender Lungendehnung zunehmend aktiviert werden. Die afferenten Bahnen ziehen mit dem Nervus vagus und haben einen inhibitorischen Einfluss auf den Rhythmusgenerator in der Medulla oblongata. Dieser Reflexbogen, der auch als **Hering-Breuer-Reflex** bezeichnet wird, schützt vor einer Lungenüberdehnung. Allerdings setzt der Reflex beim Erwachsenen erst bei Atemzugvolumina ein, die den normalen Bereich deutlich übersteigen.

Der **Hering-Breuer-Reflex** ist ein rückgekoppelter Atemantrieb. Er wird über Lungendehnungsrezeptoren ausgelöst und verhindert eine Überdehnung der Lunge.

► **Klinik.** Zusätzlich zu diesen Lungendehnungsrezeptoren befinden sich im Bronchialbaum weitere Lungenrezeptoren, die nicht direkt an der Regulation der Atmung beteiligt sind, diese aber nachhaltig beeinflussen können. Hierzu zählen Irritationsendigungen, die sich in der Schleimhaut befinden und an der Auslösung des **Hustenreflexes** beteiligt sind. Des Weiteren gibt es sog. J-Rezeptoren, die sowohl mechanisch, z. B. durch Flüssigkeitsansammlungen in der Alveolarwand, als auch chemisch durch sekundäre Entzündungsmediatoren wie Bradykinin und Prostaglandin erregt werden. Ihre Stimulation kann einen **Atemstillstand** und einen **Blutdruckabfall** auslösen.

► **Klinik.**

- **Nichtrückgekoppelte Atemantriebe** werden durch die Körpertemperatur (Anstieg der Körpertemperatur → Atmung ↑), Nozizeptoren (Schmerz → Atmung ↑), Emotionen (Erregung → Atmung ↑, Entspannung → Atmung ↓), Hormone (Adrenalin → Atmung ↑) sowie Zuströme von arteriellen Pressorezeptoren und Afferenzen von Mechanorezeptoren des Bewegungsapparates und der Skelettmuskulatur beeinflusst. Letztere sind besonders wichtig für die **Steigerung der Atmung bei körperlicher Arbeit**. Schließlich kann die Atmung über noch völlig ungeklärte Mechanismen auch **willkürlich** moduliert werden.

Die Atmung wird zusätzlich durch zahlreiche **nichtrückgekoppelte Antriebe** beeinflusst. Dazu zählen Körpertemperatur, Nozizeptoren, Hormone sowie Afferenzen von arteriellen Pressorezeptoren und Mechanorezeptoren des Bewegungsapparates.

## 8.6.5 Der Rhythmusgenerator der Atmung

8.6.5 Der Rhythmusgenerator der Atmung

Klinische Beobachtungen und Experimente an Versuchstieren, bei denen der Hirnstamm auf unterschiedlichen Ebenen vollständig durchtrennt wurde, haben bereits sehr früh gezeigt, dass die an der Generierung des Atemrhythmus direkt beteiligten inspiratorischen (= während der Inspiration aktiven) und exspiratorischen (= während der Exspiration aktiven) Neuronenpopulationen in der Medulla oblongata lokalisiert sind. Im Prinzip könnte die rhythmische Atemaktivität entweder durch **Schrittmacherzellen**, analog den Sinusknotenzellen des Herzens, oder durch ein **oszillierendes Netzwerk**, analog den thalamokortikalen Netzwerken, die dem EEG zugrunde liegen, angetrieben werden. Tatsächlich wurden experimentelle Evidenzen für beide Prinzipien der Rhythmogenese der Atmung gefunden.

An der Rhythmogenese der Atmung sind sowohl **Schrittmacherzellen** als auch **rhythmisch aktive neuronale Netzwerke** beteiligt.
Schrittmacherzellen befinden sich im **Prä-Bötzinger-Komplex** in der Medulla oblongata.
Die rhythmische Aktivität basiert v. a. auf einer **reziproken Hemmung** zwischen dem **frühinspiratorischen** Neuron und dem **postinspiratorischen Neuron** (Abb. **8.28**).

**8.28 Der Rhythmusgenerator der Atmung**

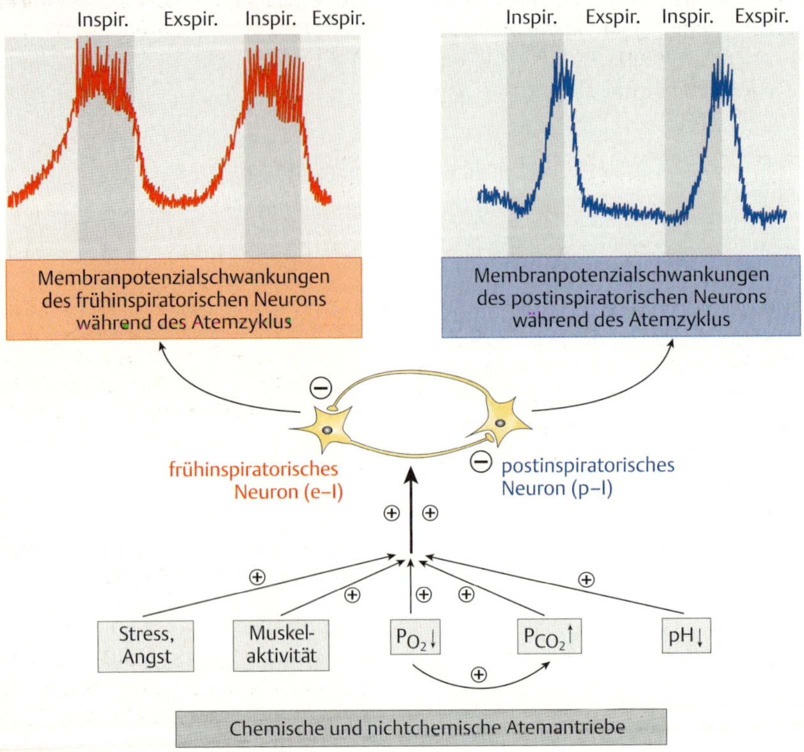


Frühinspiratorische und postinspiratorische Neurone hemmen sich über synaptische Eingänge wechselseitig (reziproke Hemmung), sodass immer nur eine der beiden Neuronenklassen aktiv ist. Sie bilden die primären Oszillatoren der Atmung. Die Aktivität beider Neuronenklassen wird über chemische und nichtchemische Atemantriebe moduliert.

Rhythmisch aktive, einzelne Zellen wurden bei neugeborenen Ratten in der ventralen Medulla oblongata gefunden **(Prä-Bötzinger-Komplex)**. Ihre Rolle für die Rhythmogenese der Atmung scheint aber auf relativ frühe Entwicklungsstadien beschränkt zu sein. Im adulten Tier (und vermutlich auch beim Menschen) wird der **Rhythmusgenerator** wahrscheinlich über eine **komplexe Interaktion von mindestens sechs verschiedenen Neuronenpopulationen**, die sich ebenfalls in der ventralen Medulla oblongata befinden, angetrieben. Dabei kommt der Interaktion zwischen zwei Nervenzellklassen eine herausragende Rolle zu. Es handelt es sich hierbei um das **frühinspiratorische Neuron**, welches zu Beginn der Inspirationsphase seine größte Aktivität aufweist, und das **postinspiratorische Neuron**, welches unmittelbar nach Beendigung der Inspirationsphase schlagartig seine Aktivität steigert und damit die Exspiration einleitet. Diese beiden Neuronenklassen hemmen sich wechselseitig und tragen so wesentlich zur zentralen Rhythmogenese bei (Abb. **8.28**).

Der **zentrale Rhythmusgenerator** muss **tonisch aktiviert** werden. Hierfür sind vor allem die chemischen Atemantriebe wichtig.

Damit die wechselseitige (reziproke) Inhibition nicht zu einer immer weiter abflachenden Aktivierung führt, **muss der zentrale Rhythmusgenerator ständig von außen stimuliert werden**. Diese **tonische Aktivierung** erfolgt vor allem über die chemischen Atemantriebe, aber auch über Afferenzen aus der Skelettmuskulatur und über Zuströme aus anderen Hirnarealen, wie beispielsweise dem limbischen System bei Stress und Angstzuständen. Das Zusammenspiel der chemischen Atemantriebe und der Rhythmogenese ist in Abb. **8.28** zusammengefasst.

▶ **Klinik.**

▶ **Klinik.** In sehr seltenen Fällen fällt der Rhythmusgenerator der Atmung vollständig aus. Dieses Krankheitsbild kann Folge erworbener Hirnstammläsionen sein, ist manchmal aber auch angeboren. Die willkürliche Steuerung der Atmung ist bei den betroffenen Patienten noch intakt. Da ihnen aber jeglicher unwillkürlicher Atemantrieb fehlt, müssen sie im Schlaf beatmet werden. In Anlehnung an eine Erzählung von Giraudoux wird diese Erkrankung auch als **Undines Fluch** bezeichnet.

## 8.6.6 Rolle des arteriellen $P_{CO_2}$ bei der Atmungsregulation

Eine ausreichende Versorgung des Körpers mit Sauerstoff ist lebensnotwendig. Intuitiv würde man deshalb erwarten, dass sich die Atmungsregulation vor allem an der Höhe des $P_{O_2}$ im arteriellen Blut orientiert. Tatsächlich erfolgt aber die **Anpassung der alveolären Ventilation an den Stoffwechselbedarf** über eine **Messung des arteriellen $P_{CO_2}$**.

**8.6.6 Rolle des arteriellen $P_{CO_2}$ bei der Atmungsregulation**

Die **Anpassung der alveolären Ventilation an den Stoffwechselbedarf** erfolgt über eine Messung des arteriellen $P_{CO_2}$.

**▶ Merke.** Der arterielle $P_{CO_2}$ ist die bei der Atmung geregelte Größe.

**▶ Merke.**

Diese zunächst paradox anmutende Situation basiert auf folgendem physiologischen Sachverhalt:

Die **produzierte Menge an $CO_2$** korreliert direkt mit der **Stoffwechselaktivität**. Im Gleichgewichtszustand ist die pro Zeiteinheit produzierte Menge an $CO_2$ **identisch** mit der pro Zeiteinheit **abgeatmeten Menge an $CO_2$**. Wäre dies nicht der Fall, würde der Körper kontinuierlich $CO_2$ ansammeln oder es würde nach einer gewissen Zeit kein $CO_2$ mehr zur Abatmung zur Verfügung stehen. Die pro Zeiteinheit abgeatmete Menge an $CO_2$ ($[\dot{C}O_2]$) entspricht dem Produkt aus **alveolärer Ventilation** ($\dot{V}_A$) und **fraktioneller Konzentration von $CO_2$ im Alveolarraum** ($FA_{CO_2}$):

$$\dot{V}_A \times FA_{CO_2} = [\dot{C}O_2]$$

Beim Lungengesunden ist $FA_{CO_2}$ **direkt proportional** zum arteriellen $P_{CO_2}$ ($Pa_{CO_2}$). Hieraus ergibt sich also

$$\dot{V}_A \times Pa_{CO_2} \sim [\dot{C}O_2]$$

Für eine gegebene Stoffwechselaktivität ($[\dot{C}O_2]$ = konstant) resultiert

$$\dot{V}_A \times Pa_{CO_2} \sim 1$$

Somit gilt:

$$\dot{V}_A \sim \frac{1}{Pa_{CO_2}}$$

Diese Gleichung besagt, dass die **Höhe der alveolären Ventilation** bei einer konstanten Stoffwechselaktivität direkt anhand des **arteriellen $P_{CO_2}$** abgeschätzt werden kann.

Die **produzierte Menge an $CO_2$** ist direkt von der Stoffwechselaktivität abhängig. Im Gleichgewichtszustand **entspricht** die pro Zeiteinheit produzierte Menge an $CO_2$ der pro Zeiteinheit **abgeatmeten Menge an $CO_2$**.

Beim Lungengesunden ist die $FA_{CO_2}$ proportional zum arteriellen $P_{CO_2}$ ($Pa_{CO_2}$).

Bei einer konstanten Stoffwechselaktivität ist die **Höhe der alveolären Ventilation** umgekehrt proportional zum **arteriellen $P_{CO_2}$**:

$$\dot{V}_A \sim \frac{1}{Pa_{CO_2}}$$

**▶ Merke.** Jede Einschränkung der Atmung, z. B. aufgrund einer Pneumonie (Lungenentzündung) oder eines Lungenödems (s. S. 132), führt zwangsläufig zu einem Anstieg des arteriellen $P_{CO_2}$. Umgekehrt ist jede inadäquate Steigerung der alveolären Ventilation über das vom Stoffwechsel benötigte Maß hinaus mit einem Abfall des arteriellen $P_{CO_2}$ verbunden.

**▶ Merke.**

**▶ Klinik.** In der Klinik wird ausschließlich über die Bestimmung des arteriellen $P_{CO_2}$-Wertes entschieden, ob eine **Hyperventilation** (inadäquat hohe alveoläre Ventilation, $P_{CO_2}\downarrow$) oder eine **Hypoventilation** (inädaquat niedrige alveoläre Ventilation, $P_{CO_2}\uparrow$) vorliegt. Die Diagnose einer Hypo- oder Hyperventilation darf niemals ausschließlich anhand der Atemtiefe oder der Atemfrequenz gestellt werden. Eine Hypoventilation kann nämlich beispielsweise auch dann vorliegen, wenn die Atmung beschleunigt **(Tachypnoe)** ist.

**▶ Klinik.**

## 8.6.7 Pathologische Atmungsformen

Neben der normalen rhythmischen Atemaktivität lassen sich eine Vielzahl pathologischer Atmungsformen unterscheiden, die z. T. sehr **charakteristisch für bestimmte Erkrankungen** sind. Nachfolgend werden einige von ihnen exemplarisch vorgestellt (Abb. **8.29**).

**8.6.7 Pathologische Atmungsformen**

Eine veränderte Atmung (pathologische Atmungsform) kann auf **bestimmte Erkrankungen** hinweisen (Abb. **8.29**).

### Kußmaul-Atmung

Hierbei handelt es sich um eine vertiefte und verlangsamte Atmung, die bei metabolischer Azidose als Ausdruck der physiologischen Kompensation auftritt. Die Kußmaul-Atmung wird typischerweise beim diabetischen ketoazidotischen Koma beobachtet. Ihren Namen hat sie ihrem Erstbeschreiber zu verdanken.

**Kußmaul-Atmung**

Hierbei handelt es sich um eine vertiefte und verlangsamte Atmung, die bei metabolischer Azidose (z. B. beim diabetischen ketoazidotischen Koma) auftritt.

8.29 **Pathologische Atmungsformen**

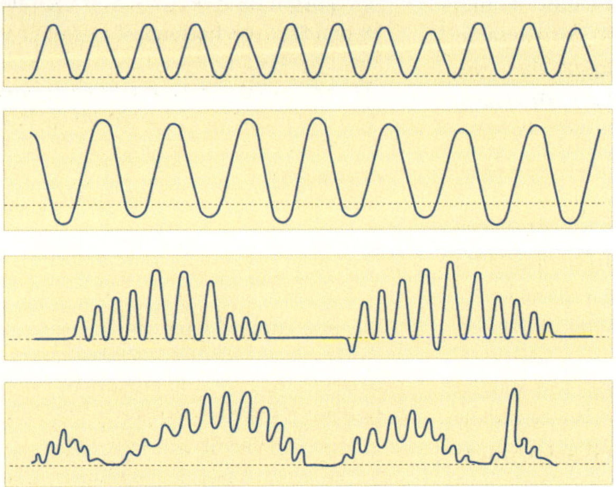


Die Biot-Atmung ähnelt der Cheyne-Stokes-Atmung, ist aber viel unregelmäßiger.

### Cheyne-Stokes-Atmung

Charakteristisch sind eine periodisch schwankende Atemtiefe und Apnoe-Phasen zwischen Phasen mit vertiefter Atmung. Mögliche Ursachen sind Vergiftungen, $O_2$-Mangel oder Herz-Kreislauf-Störungen.

### Biot-Atmung

Hierbei treten unregelmäßige Atembewegungen und apnoeische Phasen auf. Ursache kann eine Hirnschädigung sein. Eine klare Abgrenzung zur Cheyne-Stokes-Atmung ist nicht möglich.

### Schlaf-Apnoe-Syndrom (SAS)

Beim Schlaf-Apnoe-Syndrom, kommt es im Schlaf wiederholt zu längeren Atempausen mit einer Dauer von ≥10 s. Folgen sind u. a. Tagesmüdigkeit und Hypertonieneigung. Zu den Ursachen gehören ein Kollaps der Schlundmuskulatur, eine verminderte Erregbarkeit der Chemorezeptoren oder chronische Lungenerkrankungen.

### Cheyne-Stokes-Atmung

Die Cheyne-Stokes-Atmung tritt im Rahmen von Vergiftungen, $O_2$-Mangel oder Herz-Kreislauf-Störungen auf. Charakteristisch sind eine periodisch schwankende Atemtiefe und Apnoe-Phasen zwischen Phasen mit vertiefter Atmung. Solche Perioden dauern ca. 1 – 3 Minuten an. Eine Spezialform dieser periodischen Atmung ist die **Seufzeratmung**, die häufig präfinal, d. h. während der Sterbephase, auftritt.

### Biot-Atmung

Hierbei handelt es sich um eine weitere periodische Atmungsstörung, die z. B. im Rahmen von Hirnschädigungen (z. B. im Bereich des Stammhirns) oder bei erhöhtem Hirndruck auftritt. Die Atembewegungen sind unregelmäßig und es treten apnoeische Phasen auf. Diese Atmungsstörung ist nicht klar gegen die Cheyne-Stokes-Atmung abzugrenzen.

### Schlaf-Apnoe-Syndrom (SAS)

Epidemiologisch von großem Interesse ist das Schlaf-Apnoe-Syndrom, bei dem es im Schlaf wiederholt zu längeren Atempausen mit einer Dauer von mehr als 10 Sekunden kommt. Patienten mit dieser Störung sind chronisch ermüdet und haben ein deutlich erhöhtes Risiko, eine Hypertonie zu entwickeln. Zu den möglichen Ursachen gehören ein Kollaps der Schlundmuskulatur durch nachlassenden Muskeltonus während des Schlafs (SAS mit Obstruktion der oberen Atemwege), eine verminderte Erregbarkeit der Chemorezeptoren (zentrale Schlafapnoe mit primärer alveolärer Hypoventilation) oder chronische Lungenerkrankungen (sekundäre alveoläre Hypoventilation).

8.7 Adaptation der Atmung

Die bisher beschriebenen adaptiven Mechanismen greifen unter natürlichen Bedingungen häufig in sehr komplexer Weise ineinander und ermöglichen so erstaunliche Anpassungsleistungen.

## 8.7 Adaptation der Atmung

Die in den bisherigen Kapiteln zur Atmung beschriebenen adaptiven Mechanismen sind nur äußerst selten isoliert wirksam. Im Gegensatz zu Laborbedingungen greifen sie unter natürlichen Bedingungen häufig in sehr komplexer Weise ineinander und ermöglichen dadurch erstaunliche Anpassungsleistungen. In den folgenden Abschnitten soll dies an unterschiedlichen Beispielen verdeutlicht werden.

## 8.7.1 Anpassung an mittlere und große Höhen

Sämtliche Partialdruckwerte, die auf S. 240 beispielhaft dargestellt wurden, gelten für einen Atmosphärendruck von 760 mm Hg, also für den Luftdruck auf **Meereshöhe**. Mit steigender Höhe sinkt der Luftdruck jedoch kontinuierlich ab, wobei er sich **alle 5500 m Höhenzunahme** halbiert. Proportional zum Abfall des Luftdrucks sinkt auch der $P_{O_2}$ in der Atmosphärenluft. Auf 2000 m Höhe beträgt er in der **trockenen Atmosphärenluft** (d. h. bei einem Wasserdampfdruck von 0 %) noch etwa 120 mm Hg, auf dem Mount Everest (8845 m Höhe) sinkt er auf nur 53 mm Hg. Hinzu kommt, dass die eingeatmete Luft **vollständig mit Wasserdampf gesättigt** wird und sich dadurch der Luftdruck um weitere 47 mm Hg reduziert. Die Höhe des alveolären $P_{O_2}$ lässt sich anhand der **alveolären Gasgleichung** (Alveolarluftgleichung) abschätzen:

$$P_{A_{O_2}} = \frac{P_{I_{O_2}} - P_{A_{CO_2}}}{RQ}$$

Hierbei stehen $P_{A_{O_2}}$ und $P_{A_{CO_2}}$ jeweils für die alveolären Werte des $O_2$- und $CO_2$-Partialdrucks, $P_{I_{O_2}}$ für den Wert des $P_{O_2}$ in der **wasserdampfgesättigten** Inspirationsluft. RQ ist die Abkürzung für **Respiratorischer Quotient** (s. S. 515). Dieser gibt das Verhältnis von abgeatmeter Menge an $CO_2$ zu verbrauchter Menge an $O_2$ an und ist abhängig von der Zusammensetzung der Nahrung. Bei reiner Kohlenhydraternährung beträgt er genau 1. Bei einer typischen Mischkost aus Kohlenhydraten, Eiweißen und Fetten liegt er bei ca. 0,8.

Setzt man den $P_{O_2}$ in der Atmosphärenluft in die alveoläre Gasgleichung ein und nimmt weiterhin an, dass der **$P_{A_{CO_2}}$ vom Körper konstant bei 40 mm Hg** gehalten wird (d. h. der Metabolismus unverändert ist und die alveoläre Ventilation sich nicht verändert), ergeben sich für einen RQ = 0,8 folgende Werte:

- auf **Meereshöhe** beträgt der $P_{A_{O_2}}$ 150 – 40 mm Hg / 0,8 = **100 mm Hg**
- auf **2000 m** ist er bereits auf 110 – 40 mm Hg / 0,8 = **60 mm Hg** abgesunken
- auf **4500 m** (höchste geografische Höhe, auf der Menschen dauerhaft siedeln) beträgt er nur noch 92 – 40 mm Hg / 0,8 = **42 mm Hg**
- auf **8845 m** schließlich ergäbe sich rechnerisch ein $P_{A_{O_2}}$ von 44 – 40 mm Hg / 0,8 = **–6 mm Hg** (was natürlich in der Praxis nicht möglich ist).

Diese Rechnungen verdeutlichen, dass die Zufuhr von Sauerstoff bei Einatmung von normaler Luft über die Lunge bereits bei mittleren Höhen kritisch wird und bei extremen Höhen auf lebensbedrohlich niedrige Werte abfällt.

Um eine ausreichende Versorgung des Körpers mit Sauerstoff sicherzustellen, werden im Wesentlichen **drei adaptative Mechanismen** aktiviert:

- Erhöhung der Sauerstoffbindungskapazität
- alveoläre Hyperventilation
- Verschiebung der Sauerstoffbindungskurve.

### Erhöhung der Sauerstoffbindungskapazität

Wie auf S. 247 gezeigt, ist die Sauerstoffsättigung des Hämoglobins stark vom **Sauerstoffpartialdruck** abhängig. Die Menge an Sauerstoff, die in 1 ml Blut enthalten ist, wird aber nicht allein vom Sättigungsgrad des Hämoglobins, sondern ganz maßgeblich auch von der Gesamtkonzentration des Hämoglobins bestimmt, welche wiederum die **Sauerstoffkapazität** des Blutes festlegt. Für eine gegebene Sauerstoffsättigung ist die im Blut enthaltene Sauerstoffmenge direkt proportional zur **Hämoglobinkonzentration** (Abb. **8.31**). Die Sauerstoffkapazität des Blutes lässt sich unter Verwendung der **Hüfner-Zahl** berechnen (s. S. 248).

Bei einem längeren Aufenthalt in großer Höhe werden vermehrt Erythrozyten gebildet und es kommt zu einem Anstieg des Hämoglobingehalts im Blut. Die vermehrte Bildung von Erythrozyten und Hämoglobin wird durch das in der Niere gebildete Hormon **Erythropoietin** ausgelöst (s. S. 314). Erythropoietin wirkt bei der Hämatopoese sowohl als Proliferations- als auch als Differenzierungsfaktor für die roten Blutkörperchen.

**8.7.1 Anpassung an mittlere und große Höhen**

Alle **5500 Höhenmeter** halbiert sich der Sauerstoffpartialdruck in der Atmosphärenluft.

Der Sauerstoffpartialdruck in der Alveolarluft lässt sich mit der **alveolären Gasgleichung** berechnen:

$$P_{A_{O_2}} = \frac{P_{I_{O_2}} - P_{A_{CO_2}}}{RQ}$$

Der **Respiratorische Quotient** (RQ) entspricht dem Verhältnis von abgeatmeter $CO_2$-Menge zu verbrauchter $O_2$-Menge. Bei einer typischen Mischkost liegt er bei ca. 0,8.

Bei Einatmung von normaler Luft ist in großen Höhen vor allem die **Aufnahme von Sauerstoff in den Lungen** eingeschränkt.

Die $O_2$-Zufuhr über normale Luft wird bereits bei mittleren Höhen kritisch und sinkt bei extremen Höhen auf lebensbedrohlich niedrige Werte ab.

Drei Mechanismen tragen zur **Höhenadaptation** bei:

- Erhöhung der $O_2$-Bindungskapazität
- alveoläre Hyperventilation
- Verschiebung der $O_2$-Bindungskurve.

**Erhöhung der Sauerstoffbindungskapazität**

Der **Sauerstoffgehalt** des Blutes hängt sowohl vom **Sauerstoffpartialdruck** als auch von der **Hämoglobinkonzentration** ab.

Durch eine vermehrte Ausschüttung des renalen Hormons **Erythropoietin** wird die Bildung von Erythrozyten und Synthese von Hämoglobin gesteigert (s. S. 314).

► Klinik.

► Klinik. Eine Erhöhung der Erythrozytenzahl im Blut **(Erythrozytose, Polyglobulie)** führt zu einem Anstieg der Blutviskosität und somit auch des Strömungswiderstands, was die Bildung von **Thrombosen** (Abb. **8.30**) begünstigt (s. S. 188).

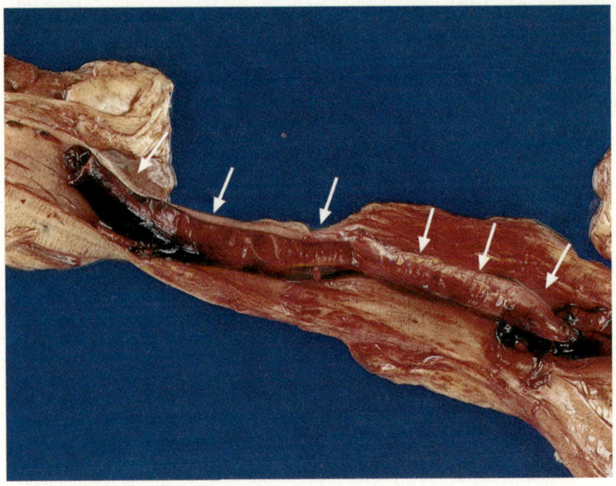

8.30

**Großer Thrombus in einer Beinvene (reseziertes Präparat)**

**Alveoläre Hyperventilation**

Hyperventilation führt zu einem Abfall des alveolären $P_{CO_2}$. Dadurch steigen der **fraktionelle Anteil von Sauerstoff im alveolären Gasgemisch** und damit der alveoläre $P_{O_2}$ an.

## Alveoläre Hyperventilation

Parallel zur Erhöhung der Sauerstoffkapazität des Blutes wird über eine Stimulation der Atmung, bedingt durch den Abfall des arteriellen $P_{O_2}$, eine Hyperventilation induziert. Als Folge der Hyperventilation sinkt der alveoläre $P_{CO_2}$ ab. Auf diese Weise steigen der **fraktionelle Sauerstoffanteil** und damit der $P_{O_2}$ im **alveolären Gasgemisch** an. Der Effekt der Hyperventilation wird mit steigender Höhe immer bedeutsamer. So sinkt der alveoläre $P_{CO_2}$ beim Aufenthalt auf 4500 m auf etwa 30 mmHg, bei einem Aufenthalt auf dem Mount Everest (8845 m) auf 7,5 mmHg ab. Dieser dramatische $P_{CO_2}$-Abfall macht den Aufbau eines physiologisch relevanten $P_{O_2}$ im alveolären Gasgemisch bei einem Aufenthalt in so großer Höhe überhaupt erst möglich.

**Verschiebung der Sauerstoffbindungskurve**

Auf **mittleren Höhen** wird die Sauerstoffbindungskurve über eine vermehrte Bildung von 2,3-BPG nach **rechts** verschoben (→ $O_2$-Abgabe im Gewebe ↑).
In **großen Höhen** wird die Sauerstoffbindungskurve aufgrund der starken Hyperventilation nach **links** verschoben (→ $O_2$-Aufnahme in der Lunge ↑).

## Verschiebung der Sauerstoffbindungskurve

Der dritte wichtige physiologische Mechanismus bei der Höhenadaptation besteht in einer Verschiebung der Sauerstoffbindungskurve (**Bohr-Effekt**, s. S. 250). Interessanterweise kann man hierbei die Wirkung von zwei konkurrierenden Faktoren beobachten. Zum einen steigt die Konzentration von 2,3-BPG im Erythrozyten, wodurch eine **Rechtsverschiebung der Sauerstoffbindungskurve** induziert wird, zum anderen steigt der arterielle pH-Wert aufgrund der Hyperventilation (s. S. 259), wodurch eine **Linksverschiebung der Sauerstoffbindungskurve** hervorgerufen wird. Bei **mittleren Höhen** überwiegt der erste Effekt, mit steigender Höhe wird jedoch die

8.31

8.31 **Abhängigkeit des Sauerstoffgehalts im Blut von der Hämoglobinkonzentration**

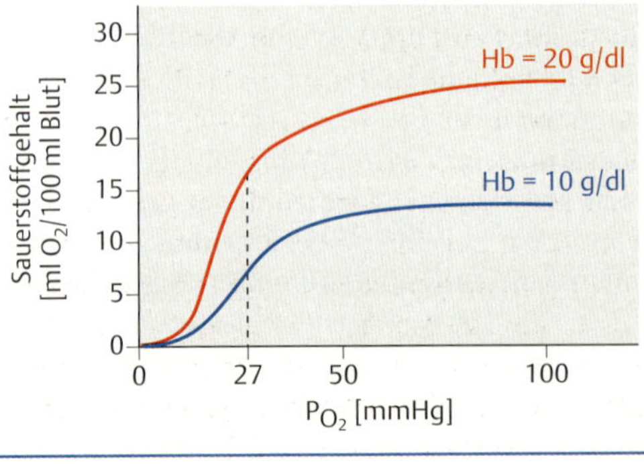


Eine Verdopplung der Hämoglobinkonzentration (Hb) führt bei jedem $P_{O_2}$ zu einer Verdopplung des $O_2$-Gehalts im Blut, ohne dass die $O_2$-Bindungskurve verändert wird (= gleichbleibende halbmaximale Sättigung; siehe gestrichelte Linie).

Hyperventilation immer stärker, woraus schließlich in **extremen Höhen** eine starke Linksverschiebung der Sauerstoffbindungskurve resultiert. Diese zunächst widersprüchlich wirkenden Reaktionen sind für die Sauerstoffversorgung des Körpers sehr sinnvoll (vgl. Abb. **8.19**, S. 247): In **mittlerer Höhe** ist der Sauerstoffpartialdruck in der Lunge noch so hoch, dass eine ausreichende Sättigung des Hämoglobins mit Sauerstoff möglich ist. Unter dieser Bedingung führt eine Rechtsverschiebung zu einer **verbesserten Abgabe des Sauerstoffs** im Gewebe. In **extremen Höhen** dagegen stellt bereits die **Sauerstoffaufnahme in der Lunge** ein überragendes Problem dar. Eine Linksverschiebung der Sauerstoffbindungskurve ermöglicht hier überhaupt erst eine ausreichende Beladung des Hämoglobins mit Sauerstoff in der Lunge.
Bemerkenswerterweise bleibt in **großer Höhe** die metabolische Kompensation der durch die Hyperventilation verursachten respiratorischen Alkalose aus (s. S. 280), sodass die Linksverschiebung der Sauerstoffbindungskurve auch über längere Zeiträume aufrechterhalten werden kann.

In **großer Höhe** wird die respiratorische Alkalose metabolisch nicht kompensiert.

**► Klinik.** Die starke Hyperventilation im Rahmen der Adaptation an **extreme Höhen** hat folgende gefährliche Nebenwirkung: Die Hirndurchblutung hängt sehr stark von der lokalen $H^+$-Konzentration ab. Ein starker Abfall der $H^+$-Konzentration führt zu einer Vasokonstriktion der Hirngefäße und somit zu einer **zerebralen Minderdurchblutung**. Bei Bergsteigern, die sich ohne Sauerstoffmaske für längere Zeiträume in großen Höhen im Himalaya aufgehalten haben, wurden als Folge bleibende Wortfindungs- und Gedächtnisstörungen festgestellt.

**► Klinik.**

## 8.7.2 Tauchen

Beim Tauchen nimmt der **hydrostatische Druck** pro 10 m Wassertiefe um etwa 760 mm Hg zu.

### 8.7.2 Tauchen

Der **hydrostatische Druck** nimmt pro 10 m Wassertiefe um ca. 760 mm Hg zu.

### Tauchen mit Gasflaschen

Bereits bei einer Tauchtiefe von nur 1 m ist der hydrostatische Umgebungsdruck so groß, dass die Atemmuskulatur **keine effektive Inspiration** mehr erzeugen kann. Das bedeutet, dass in Abhängigkeit von der Tauchtiefe der Gesamtdruck der eingeatmeten Luft größer sein muss, als der normale Luftdruck in der Atmosphäre.
Beim Tauchen mit Gasflaschen, die **komprimiertes Gas** enthalten (bei Tauchtiefen bis etwa 40 m verwendet man normale Außenluft, bei größeren Tauchtiefen muss eine andere Gaszusammensetzung, sog. Nitrox- oder Trimixgemische, verwendet werden), wird der Druck der eingeatmeten Luft über Ventile so geregelt, dass er fast exakt dem hydrostatischen Druck der Tauchtiefe entspricht. Unter diesen Bedingungen ist die Atemmechanik (s. S. 228) gegenüber der normalen Atmung nahezu unverändert.
Die Einatmung eines komprimierten Gases birgt jedoch Gefahren:

- **Sauerstoffvergiftung**: Bei extrem hohen Sauerstoffpartialdruckwerten im Blut entstehen Gewebeschäden, wobei v. a. Lunge und Gehirn betroffen sind. Als Folge können u. a. zerebrale Krampfanfälle auftreten. Entscheidend für das Ausmaß der Schädigungen ist hierbei die Höhe des $P_{O_2}$.
- **Inertgasnarkose:** Hohe Stickstoffpartialdruckwerte können aufgrund der hohen Lipidlöslichkeit des Stickstoffs ebenfalls zentralnervöse Störungen hervorrufen. Besonders gefährlich ist der sog. Tiefenrausch, der mit schweren kognitiven Einschränkungen und einer lebensbedrohlichen Euphorie einhergeht.
- **Caisson-Krankheit (Taucherkrankheit, Dekompressionskrankheit):** Aufgrund seiner hohen Lipidlöslichkeit wird Stickstoff in das Körpergewebe aufgenommen. Bei einer Tauchtiefe von 100 m befindet sich etwa 10-mal soviel Stickstoff im Gewebe wie an Land. Steigt man nach einem längeren Tauchgang zu schnell wieder an die Wasseroberfläche, kann der im Gewebe enthaltene Stickstoff nicht mehr rechtzeitig vom Blut aufgenommen werden und es entstehen Stickstoffgasblasen in Gewebe und Blut, die Gasembolien (= Verlegung des Gefäßlumens durch Gasblasen) und Gewebeschäden verursachen können. Besonders gefährlich sind solche Blasen, wenn sie im zentralen Nervensystem entstehen. Typische Folgen einer solchen Dekompressionskrankheit sind Taubheit und Blindheit. In schweren Fällen kann sie sogar zum Tod führen.

### Tauchen mit Gasflaschen

Bereits in 1 m Wassertiefe kann die Atemmuskulatur **keine effektive Inspiration** mehr erzeugen.

Beim Tauchen mit Gasflaschen, die **komprimiertes Gas** enthalten, wird der Druck der eingeatmeten Luft über Ventile so geregelt, dass er fast exakt dem hydrostatischen Druck der Tauchtiefe entspricht.

Beim Tauchen mit komprimierten Gasen drohen spezifische Gefahren:

- **Sauerstoffvergiftung**: Bei hohen $P_{O_2}$-Werten entstehen Gewebeschäden, v. a. in Lunge und Gehirn.
- **Inertgasnarkose**: Hohe $P_{N_2}$-Werte können ebenfalls zentralnervöse Störungen hervorrufen („Tiefenrausch").
- **Caisson-Krankheit (Dekompressionskrankheit):** Bei zu schnellem Auftauchen kann der im Gewebe enthaltene Stickstoff nicht mehr rechtzeitig vom Blut aufgenommen werden. Die entstehenden Gasblasen können Gasembolien und Gewebeschäden verursachen.

### Tauchen mit einem Schnorchel

Beim Tauchen mit Schnorchel **erhöht** sich der **funktionelle Totraum**. Zusätzlich wird der **venöse Rückstrom** zum Herz durch Kompression der Venen **reduziert**.

### Tauchen mit einem Schnorchel

Beim Tauchen mit einem Schnorchel muss immer bedacht werden, dass durch den Schnorchel der **funktionelle Totraum erhöht** wird. Eine ausreichende alveoläre Ventilation setzt hier also eine größere Atemtiefe voraus. Hinzu kommt, dass der erhöhte Wasserdruck nicht nur die Atemmechanik, sondern auch den **venösen Rückstrom zum rechten Herzen** durch eine Kompression der Venen im Bereich des Thorax **behindert**. Dadurch sinkt der Füllungsdruck des rechten Herzens und als Folge des Frank-Starling-Mechanismus (s. S. 100) vermindert sich die Auswurfleistung des Herzens. Deshalb sind Schnorchel immer nur sehr kurz.

► Merke.

► **Merke.** Das Verlängern eines Schnorchelrohres ist lebensgefährlich.

### Apnoetauchen

Eine **Hyperventilation** vor einem Apnoe-Tauchgang kann wegen des verzögerten Einsetzens des $CO_2$-Atemantriebs zu einer lebensbedrohlichen **Hypoxie** führen.

### Apnoetauchen

Natürlich kann man auch tauchen, indem man die Luft anhält (Apnoetauchen). Man sollte aber keinesfalls vor dem Tauchgang **hyperventilieren**, da dies nicht zu einer erhöhten Sättigung des Blutes mit Sauerstoff führt, sondern lediglich den arteriellen $P_{CO_2}$ absenkt. Als Folge setzt der $CO_2$-Atemantrieb für den nächsten Einatmungsvorgang erst sehr viel später ein. Gleichzeitig sinkt aber der arterielle Sauerstoffpartialdruck, der selbst bis etwa 60 mmHg keinen wesentlichen Atemantrieb vermittelt (s. S. 256). Beim Auftauchen sinkt der arterielle Sauerstoffpartialdruck dann aufgrund des fallenden Wasserdruckes noch weiter ab **(Hypoxie)** und es kann zur Bewusstlosigkeit kommen, bevor man die Wasseroberfläche erreicht.

► Klinik.

► **Klinik.** Die adaptiven Mechanismen zur Regulation der Atmung können aber auch zu einer Verstärkung pathophysiologischer Vorgänge führen. Ein Beispiel hierfür ist die Verschiebung der Atemmittellage zu höheren Lungenvolumina bei obstruktiven Ventilationsstörungen wie dem **Asthma bronchiale**. Bei einem akuten Asthmaanfall nimmt aufgrund einer übermäßigen Kontraktion der glatten Bronchialmuskulatur der freie Radius der Atemwege ab und der Strömungswiderstand der Atemwege dramatisch zu. Deshalb ist bei diesen Patienten die Atemmittellage zu einem höheren Volumen hin verschoben. Infolge der größeren Aufweitung des Thorax werden auch die Bronchien geweitet, was der Zunahme des Atemwegswiderstands entgegenwirkt (s. Abb. **8.7**, S. 232). Die größere Vordehnung der Lunge führt aber gleichzeitig wegen der damit einhergehenden Abnahme ihrer Compliance zu einer schlechteren Belüftung der Lungenbasis. Dies verstärkt die Ventilations-Perfusions-Inhomogenität und verschlechtert damit die Sauerstoffaufnahme in das Blut.

## ▸ verklinikte Vorklinik: Lungenembolie

**Anamnese:** Nikola Herrmann kommt wegen akut aufgetretener Atemnot zur stationären Aufnahme. Die Einweisung erfolgte durch den Hausarzt, der trotz Protest der Patientin auf den Krankenhausaufenthalt bestanden hatte.

Die Beschwerden sind am Morgen des Aufnahmetages beim Treppensteigen erstmals aufgetreten. Sonst litt die Patientin allenfalls unter leicht ausgeprägter Belastungsdyspnoe (Atemnot unter Belastung), die nun plötzlich in zuvor unbekanntem Ausmaß aufgetreten und von Schmerzen in der rechten Brustkorbhälfte begleitet ist. Laut Patientin hatten sich die „tief sitzenden" Schmerzen beim Einatmen auf der Treppe noch verstärkt.

In der Vorgeschichte sind bei Frau Herrmann Meniskusprobleme am linken Knie bekannt, weshalb vor 4 Tagen eine Arthroskopie (Gelenkspiegelung) durchgeführt worden war.

**Medikamentenanamnese:** Anti-Baby-Pille seit 7 Jahren, nach der Arthroskopie einmalig 400 mg Ibuprofen gegen Schmerzen. Kein Noxenkonsum (insbesondere kein Nikotin, aber auch kein Alkohol oder andere Drogen).

**Familienanmnese:** In der Familie sind keine frühzeitigen Herzinfarkte, Thrombosen oder Embolien bekannt.

**Körperliche Untersuchung** (Angabe der jeweiligen Normwerte in Klammern): 32-jährige, etwas übergewichtige Patientin; Blutdruck 140/85 mmHg (< 130/85), Puls 112/min (50 – 100), Körperkerntemperatur 37,6 °C (36 – 38), Atemfrequenz 26/min (ca. 12 – 16), pulsoxymetrische Sauerstoffsättigung 89 % (94 – 98 %).

Auffällig ist die Umfangsdifferenz zwischen beiden Unterschenkeln (Umfang links 4 cm größer als rechts), ein Wadendruckschmerz links und leichte Schmerzen bei Druck auf die linke Fußsohle. Schmerzen bei Dorsalextension des linken Fußes verneint die Patientin.

Der weitere körperliche Untersuchungsbefund, insbesondere auch von Lunge und Herz, ist unauffällig.

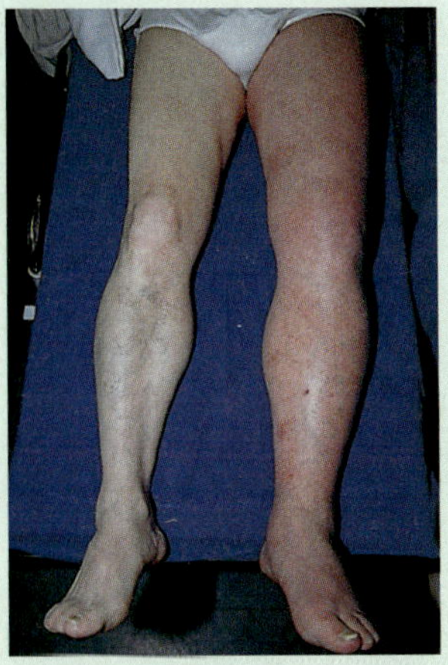

**Ausgeprägtes klinisches Erscheinungsbild bei linksseitiger tiefer Venenthrombose** (beispielhaft, hier männlicher Patient).

**Laboruntersuchungen** (Angabe der jeweiligen Normwerte in Klammern): D-Dimere 2,28 mg/l (< 0,5), CRP (C-reaktives Protein) 0,8 mg/dl (< 0,5), alle anderen Parameter, insbesondere auch Troponin T, im Referenzbereich.

**Arterielle Blutgasanalyse** (BGA): $P_{O_2}$ 51 mmHg (71 – 104), $P_{CO_2}$ 29 mmHg (32 – 43), pH 7,47 (7,37 – 7,45), Base Excess – 1,0 mmol/l (– 2 bis +3)

**12-Kanal-EKG:** Sinusrhythmus, 105/min, Indifferenztyp mit angedeutetem S in Ableitung I und Q in Ableitung III, keine Erregungsrückbildungsstörungen.

**Röntgenaufnahme des Thorax in zwei Ebenen:** Altersentsprechend unauffälliger Befund.

**Ultraschalluntersuchung:** In der Farbduplex-Sonografie der Beinvenen erfolgt der Direktnachweis eines Thrombus im Bereich der V. poplitea und V. femoralis links. Bei der Ultraschalluntersuchung des Herzens (TTE = transthorakale Echokardiografie) zeigt sich ein Normalbefund außer einem leicht erhöht geschätzten pulmonal-arteriellen Druck (ca. 32 mm Hg).

**Perfusionsszintigrafie der Lungen mit $^{99m}$Tc-Albumin-Aggregaten:** Nachweis eines vollständigen Perfusionsausfalls im rechten Lungenmittel- und Lungenunterfeld mit Verdacht auf Verschluss der rechten Mittellappen- und Unterlappenarterie.

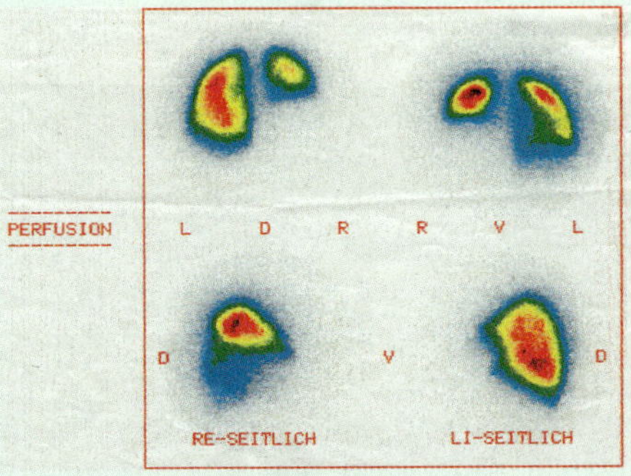


**Perfusionsszintigrafie bei Lungenembolie.**
Darstellung des oben beschriebenen Befunds (D = dorsal, V = ventral).

**Verlauf:** Frau Herrmann wird mit der Diagnose einer tiefen Beinvenenthrombose (tiefe Venenthrombose = TVT) links und Verdacht auf Lungenembolie auf die Intensivstation aufgenommen. Sie wird zunächst mit intravenösem Heparin behandelt, später mit einer anderen gerinnungshemmenden Substanz (Phenprocoumon = z. B. Marcumar®) als Tablette. Bei der weiterführenden Gerinnungsdiagnostik zeigt sich eine Resistenz gegen aktiviertes Protein (APC-Resistenz 1,7; Referenzbereich 2 – 5). Der Verdacht auf eine heterozygote Mutation im Faktor-V-Gen (auch benannt – wie in der Genomforschung üblich – nach dem Ort ihrer Entdeckung, dem niederländischen Ort Leiden, als „Faktor-V-Leiden-Mutation") bestätigt sich in der molekulargenetischen Analyse durch PCR.

**Fragen mit physiologischem Schwerpunkt:**

1. Kennen Sie den Begriff „Virchow-Trias“? Wie lässt sich die bei Frau Herrmann nachgewiesene Faktor-V-Leiden-Mutation hier eingliedern?
2. Was versteht man unter einer respiratorischen Insuffizienz? Welche Formen kennen Sie und welche liegt aktuell bei der Patientin vor?
3. Wie lassen sich die Auffälligkeiten im EKG interpretieren?
4. Bei genauem Hinsehen erkennen Sie bei Frau Herrmann eine bläuliche Verfärbung von Lippen und Zunge. Können Sie sich erklären, wie es zu diesen Veränderungen kommt?

**Antwortkommentare:**

**Zu 1.** Die Virchow-Trias beschreibt die drei wesentlichen thrombosebegünstigenden Faktoren:

- Störungen der Endothelfunktion
- Veränderungen der Blutströmung
- vermehrte Gerinnbarkeit (Hyperkoagulabilität)

Störungen der Endothelfunktion (z.B. im Rahmen von Gefäßentzündungen oder in atherosklerotisch veränderten Gefäßabschnitten) und Veränderungen der Blutströmung (z.B. Wirbelbildung im Bereich von Gefäßengstellen oder eine Stase bei verlangsamtem Blutfluss) führen zu einer vermehrten Thrombozytenaggregation mit nachfolgender Thrombosebildung (s.S. 188). Ist das Gleichgewicht zwischen thrombosefördernden und -hemmenden Faktoren im Blut zugunsten der thrombosefördernden Elemente gestört, kommt es zu einer vermehrten Gerinnbarkeit (Hyperkoagulabilität) mit Thromboseneigung (Thrombophilie). In diese Gruppe gehört die bei der Patientin nachgewiesene Faktor-V-Leiden-Mutation, da aufgrund der Mutation des Blutgerinnungsfaktors sein normalerweise stattfindender Abbau durch das aktivierte Protein C (aPC, s.S. 187) gestört ist („APC-Resistenz“). Erschwerend hinzu kommt bei Frau Herrmann die durch Einnahme der Anti-Baby-Pille zusätzlich gesteigerte Thrombosegefahr. Als letztliche Auslöser für die Bildung der tiefen Beinvenenthrombose sind die Immobilisation und die Blutsperre im Rahmen der Arthroskopie (Stase!) anzunehmen.

**Zu 2.** Bei der respiratorischen Insuffizienz führt eine Störung der Lungenfunktion zu einer verminderten Oxygenierung des arteriellen Blutes (Hypoxämie, s.S. 277). Der $P_{O_2}$-Wert in der Blutgasanalyse (BGA) ist erniedrigt. Abhängig vom $P_{CO_2}$-Wert in der BGA wird zwischen einer respiratorischen Partial- und Globalinsuffizienz unterschieden: Bei einer respiratorischen Partialinsuffizienz kann der $P_{CO_2}$-Wert durch kompensatorische Hyperventilation über längere Zeit konstant oder sogar erniedrigt gehalten werden. Im weiteren Verlauf kann jedoch eine Überforderung der Atemmuskulatur zu einer Hypoventilation führen. Die Zunahme des $CO_2$-Partialdrucks in Alveolen und Blut führt zu einer behinderten $CO_2$-Abgabe, die Folge ist ein genereller Anstieg des $P_{CO_2}$ im Blut mit Entwicklung einer respiratorischen Globalinsuffizienz. Bei der Patientin ist die Atemfrequenz erhöht, der $P_{O_2}$- und auch (noch) der $P_{CO_2}$-Wert sind erniedrigt. Es liegt also die klassische Konstellation einer respiratorischen Partialinsuffizienz vor.

**Zu 3.** Eine akute Lungenembolie kann mit typischen EKG-Veränderungen einhergehen, die durch die plötzliche massive Drucksteigerung im kleinen Kreislauf und damit auch im rechten Herzen bedingt sind (sog. akutes Cor pulmonale). Im EKG spiegelt sich die abrupte Drehung der Herzachse nach rechts und hinten als eine Änderung des Lagetyps wider: weg vom beim Erwachsenen häufigen Linkstyp, je nach Ausprägung bis hin zum überdrehten Rechtstyp. Als charakteristisch für eine Lungenembolie gilt der sog. $S_I$-$Q_{III}$-Typ (McGinn-White-Syndrom), bei dem infolge der akuten Rechtsbelastung u.a. ein tiefes S in Ableitung I und ein ausgeprägtes Q in Ableitung III auftreten. Ferner findet man häufig eine Sinustachykardie (Frequenz = 100/min) und eine Betonung der P-Welle im Sinne eines „P-dextroatriale“ (positive P-Welle in II mit einer Amplitude >0,25 mV). Auch Zeichen eines Rechtsschenkelblocks, Repolarisations- und Rhythmusstörungen sind oft nachweisbar.

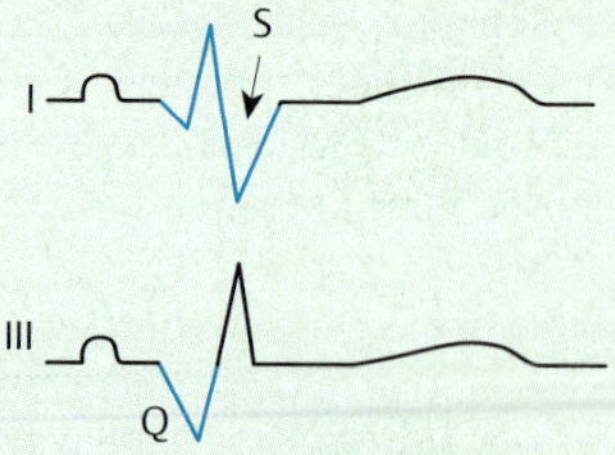


**$S_I$-$Q_{III}$-Typ (McGinn-White-Syndrom)** als typischer EKG-Befund bei Lungenembolie.

**Zu 4.** Bei der bei Frau Herrmann beobachteten Blaufärbung von Lippen und Zunge handelt es sich um eine Zyanose (s.S. 245). Infolge der Lungenembolie kommt es zu einer Perfusionsstörung mit verminderter Oxygenierung des Blutes, die Konzentration des desoxygenierten (nicht mit Sauerstoff beladenen) Hämoglobins ist stark erhöht und die Farbe des Blutes deshalb bläulich. Ist bereits – wie im vorliegenden Fall – die $O_2$-Sättigung im arteriellen Blut vermindert, liegt eine zentrale Zyanose vor. Bei einer peripheren Zyanose wäre hingegen die verminderte $O_2$-Sättigung erst im Kapillarbett bzw. venös nachweisbar.

# Säure-Basen-Haushalt

# 9 Säure-Basen-Haushalt



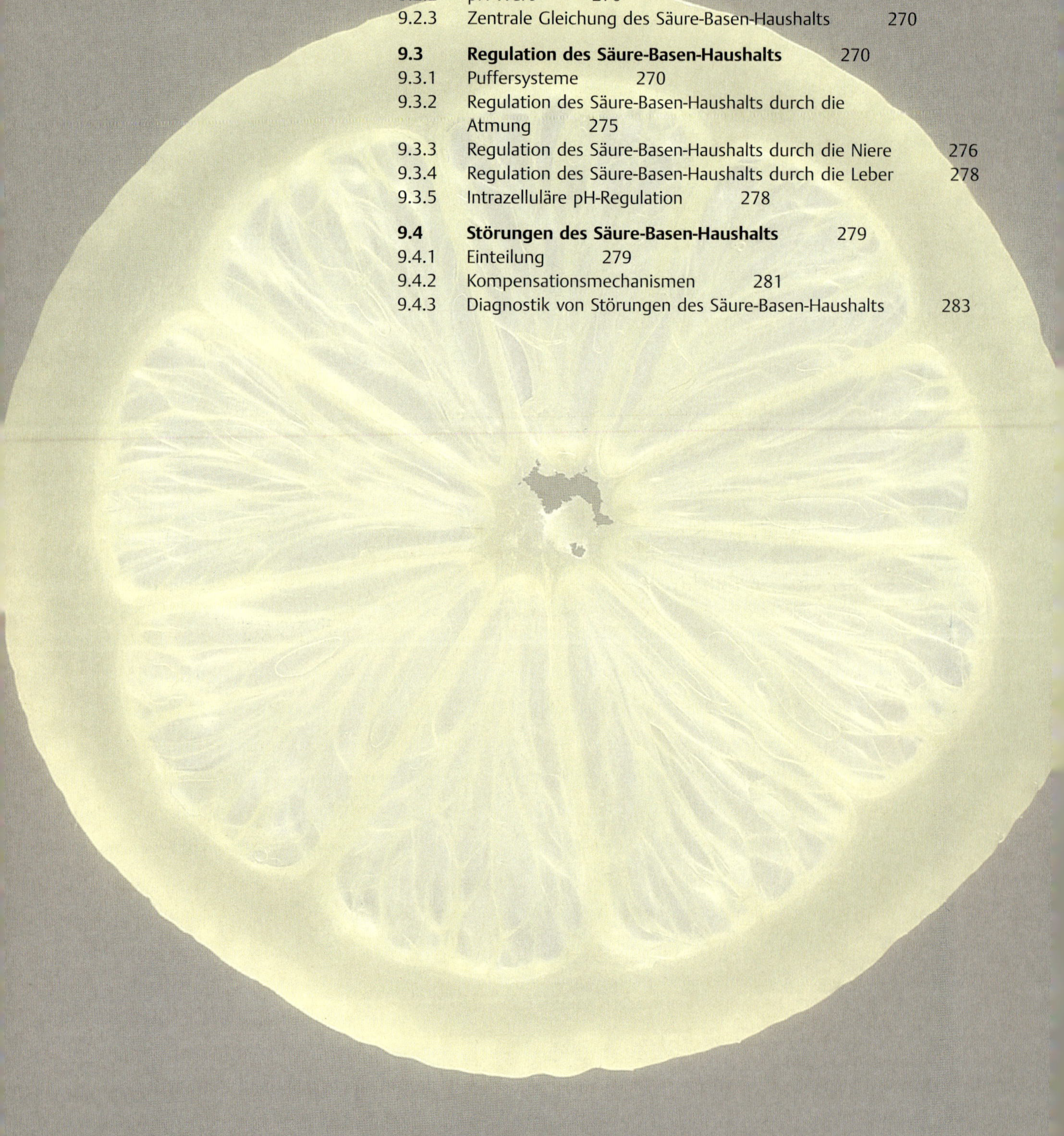

# 9 Säure-Basen-Haushalt

## 9.1 Einführung

Proteine enthalten Seitengruppen, die $H^+$-Ionen entweder abgeben oder binden können. Dadurch können erhebliche **Konformationsänderungen** der Moleküle induziert werden. Viele biochemische Reaktionen und physiologische Prozesse werden deshalb durch Änderungen der extrazellulären $H^+$-Konzentration $[H^+]$ beeinflusst. Quantitativ kann dieser Einfluss stark variieren und in Einzelfällen außerordentlich groß werden: So fällt beispielsweise die Aktivität der Phosphofruktokinase (Schlüsselenzym der Glykolyse) um 90 %, wenn $[H^+]$ um nur wenige nmol/l ansteigt. Auch zahlreiche Ionenkanäle reagieren sensibel auf Änderungen von $[H^+]$, wodurch z. B. die neuronale Erregbarkeit beeinflusst wird. Um solche Interaktionen zu verhindern, muss $[H^+]$ ständig innerhalb enger Grenzen konstant gehalten werden.

Die im normalen Stoffwechsel anfallende Menge an $H^+$-Ionen kann sehr stark variieren. An der **Regulation des Säure-Basen-Haushalts** sind deshalb unterschiedliche Mechanismen beteiligt:

- Die **Puffersysteme** sind für den Ausgleich akut auftretender Schwankungen zuständig (s. S. 270).
- An der längerfristigen Regulierung des Säure-Basen-Haushalts sind vor allem **Atmung** und **Nieren** beteiligt (s. S. 275 bzw. 276). Sie sorgen für eine ausgeglichene Bilanz zwischen den entstehenden sauren und basischen Stoffwechselprodukten und deren Ausscheidung aus dem Körper. Unter bestimmten Bedingungen spielt die **Leber** als Hauptort des Metabolismus von Harnstoff eine Rolle (s. S. 278) und auch auf **zellulärer Ebene** erfolgt eine Regulation des Säure-Basen-Gleichgewichts (s. S. 278).

## 9.2 Chemische Grundlagen

### 9.2.1 Säure-Basen-Gleichgewicht

**▶ Definition.** Nach Brønsted und Lowry gilt:

- Säure = Protonendonator
- Base = Protonenakzeptor.

Die Base bezeichnet man auch als Säureanion ($A^-$). Dementsprechend ergibt sich als **allgemeine Gleichung** für das Säure-Basen-Gleichgewicht:

$$HA\ (\text{Säure}) \rightleftharpoons H^+ + A^-\ (\text{Base})$$

Bei welchen Konzentrationen das korrespondierenden Säure-Basen-Paar im Gleichgewicht steht, hängt von der **apparenten Dissoziationskonstanten K'** ab:

$$[HA] \overset{K'}{\rightleftharpoons} [H^+] + [A^-]$$

K' berücksichtigt im Gegensatz zur kinetischen (oder thermodynamischen) Dissoziationskonstante die tatsächlich existierenden chemischen Bedingungen in der Lösung und bezieht sich daher auf die Konzentrationen statt der Aktivitäten der Reaktionspartner. Die Größe von K' gibt den Dissoziationsgrad des Säure-Basen-Paars an. Nach dem **Massenwirkungsgesetz** lässt sich K' wie folgt berechnen:

$$K' = \frac{[H^+] \times [A^-]}{[HA]}$$

Eine Säure ist umso stärker, je leichter das Säureanion das $H^+$-Ion abgibt. Starke Säuren haben demnach einen hohen K'-Wert, bei schwachen Säuren ist er niedrig.

---

**9 Säure-Basen-Haushalt**

**9.1 Einführung**

Änderungen der extrazellulären $H^+$-Konzentration $[H^+]$ verursachen bei den meisten Proteinen **Konformationsänderungen**, wodurch ihre Funktion erheblich beeinträchtigt werden kann.

Deshalb muss $[H^+]$ innerhalb **enger Grenzen konstant** gehalten werden. Dazu sind komplexe **Regulationsvorgänge** erforderlich, an denen vor allem **Puffersysteme** (→ „kurzfristige/akute" Regulation) und **Lunge**, **Nieren** und **Leber** (→ „längerfristige" Regulation) beteiligt sind.

**9.2 Chemische Grundlagen**

**9.2.1 Säure-Basen-Gleichgewicht**

**▶ Definition.**

Die **allgemeine Gleichung** für das Säure-Basen-Gleichgewicht lautet:

$$HA\ (\text{Säure}) \rightleftharpoons H^+ + A^-\ (\text{Base})$$

Bei welchen Konzentrationen sich dieses Gleichgewicht einpendelt, hängt von der **apparenten Dissoziationskonstanten K'** ab.

K' gibt den Dissoziationsgrad des Säure-Basen-Paars an und lässt sich nach dem **Massenwirkungsgesetz** berechnen:

$$K' = \frac{[H^+] \times [A^-]}{[HA]}$$

Starke Säuren haben einen hohen K'-Wert, bei schwachen Säuren ist er niedrig.

9.2.2 pH-Wert

Für den pH-Wert gilt:
$$pH = -\log_{10} [H^+]$$

Der **Normalwert des pH-Wertes im Plasma** liegt zwischen **7,36 und 7,44**.
Die **Toleranzbreite** für Änderungen der $[H^+]$ beträgt nur **84 nmol/l**.

9.2.3 Zentrale Gleichung des Säure-Basen-Haushalts

Sie beschreibt den wichtigsten Stoffwechselweg zur Generierung von $H^+$-Ionen
$$CO_2 + H_2O \rightleftharpoons H_2CO_3 \rightleftharpoons H^+ + HCO_3^-$$

Die **Carboanhydrase** (CA) beschleunigt die Einstellung des Gleichgewichts zwischen $CO_2$ + $H_2O$ und $H_2CO_3$.

▶ Merke.

9.3 Regulation des Säure-Basen-Haushalts

9.3.1 Puffersysteme

99,99 % aller $H^+$-Ionen sind im Körper an Puffer gebunden.

Als Puffer kann im Prinzip jedes korrespondierende Säure-Basen-Paar dienen. Man unterscheidet
- geschlossene und
- offene Puffersysteme (s. S. 272).

Die grafische Darstellung der Konzentrationen der Reaktionspartner des jeweiligen Puffersystems in Abhängigkeit vom pH-Wert ergibt die sog. **Pufferkurve** (Abb. **9.1**). Die **Steilheit der Pufferkurve** entspricht der **Pufferkapazität** β für den entsprechenden pH-Wert.

## 9.2.2 pH-Wert

Der pH-Wert entspricht dem negativen dekadischen Logarithmus der $H^+$-Konzentration:
$$pH = -\log_{10} [H^+]$$

Unter physiologischen Bedingungen wird $[H^+]$ im arteriellen Plasma **innerhalb sehr enger Grenzen konstant** gehalten:
- der **normale pH des Plasmas** liegt bei **7,4**, was einer $[H^+]$ von ca. 40 nmol/l entspricht
- die **physiologische Schwankungsbreite** beträgt **7,36 – 7,44**
- bei pH-Werten **< 7,36** liegt eine **Azidose** vor, bei pH-Werten **> 7,44** eine **Alkalose**
- pH-Werte im Blut von < 7,0 und > 7,8 sind nicht mehr mit dem Leben vereinbar
- die **Toleranzbreite** gegenüber Schwankungen der $[H^+]$ beträgt lediglich **84 nmol/l** (16 bis 100 nmol/l, also pH 7,0 – 7,8).

Wie eng die Normgrenzen für $[H^+]$ sind, zeigt sich bei einem Vergleich mit der extrazellulären $Na^+$-Konzentration. Diese kann physiologisch von 135 – 145 mmol/l variieren, was einer Schwankungsbreite von 10 mmol/l, also 10 000 000 nmol/l entspricht.

## 9.2.3 Zentrale Gleichung des Säure-Basen-Haushalts

Um die in den nachfolgenden Abschnitten beschriebenen Zusammenhänge verstehen zu können, ist die Kenntnis der zentralen Gleichung des Säure-Basen-Haushalts essenziell. Sie lautet
$$CO_2 + H_2O \rightleftharpoons H_2CO_3 \rightleftharpoons H^+ + HCO_3^-$$
und beschreibt den wichtigsten Stoffwechselweg zur Generierung von $H^+$-Ionen. Der erste Schritt der Reaktion, die Hydratisierung von $CO_2$, läuft spontan nur sehr langsam ab. Im Körper wird dieser Vorgang durch das Enzym **Carboanhydrase** (CA) um den Faktor 10 000 beschleunigt. Die Dissoziation von Kohlensäure in $H^+$ und $HCO_3^-$ läuft ohne enzymatische Hilfe sehr schnell ab.

**▶ Merke.** Die Bildung von $H^+$ und $HCO_3^-$ aus $CO_2$ und $H_2O$ läuft ohne Zufuhr von ATP ab. Somit löst die alleinige Konzentrationserhöhung eines der beiden Edukte ($CO_2$ und $H_2O$) einen Anstieg der Konzentration der Reaktionsprodukte ($H^+$ und $HCO_3^-$) aus.

# 9.3 Regulation des Säure-Basen-Haushalts

## 9.3.1 Puffersysteme

Aus den engen Normgrenzen für $[H^+]$ ergibt sich die Notwendigkeit effizienter Mechanismen zum **Abfangen plötzlich anfallender $H^+$-Ionen**. Im Körper übernehmen dies sog. chemische Puffer. 99,99 % aller $H^+$-Ionen sind an Puffer gebunden.
Ein Puffer muss reversibel $H^+$-Ionen binden und wieder abgeben können. Als Puffer kann im Prinzip jedes korrespondierende Säure-Basen-Paar dienen. Die Kapazität eines Puffersystems hängt vom pH-Wert ab. Man unterscheidet diesbezüglich
- geschlossene Puffersysteme und
- offene Puffersysteme (s. S. 272).

Die grafische Darstellung der Konzentrationen der Reaktionspartner des jeweiligen Puffersystems in Abhängigkeit vom pH-Wert ergibt die sog. **Pufferkurve** (Abb. **9.1**). Die **Steilheit der Pufferkurve** entspricht der **Pufferkapazität** β für den entsprechenden pH-Wert. Diese ist definiert als die Menge an starker Base (z. B. NaOH), die einem Liter einer Lösung zugeführt werden muss, um den pH-Wert um eine pH-Einheit zu erhöhen.

$$\beta = \frac{\Delta \text{ starke Base}}{\Delta \text{ pH}} = \frac{-\Delta \text{ starke Säure}}{\Delta \text{ pH}}$$

## Geschlossene Puffersysteme

Geschlossene Puffersysteme sind dadurch charakterisiert, dass keiner der beiden Reaktionspartner (also weder HA noch $A^-$) aus dem System entweichen kann, d. h. die Summe ihrer Konzentrationen bleibt stets konstant.

**Geschlossene Puffersysteme**

Bei geschlossenen Puffersystemen kann keiner der beiden Reaktionspartner aus dem System entweichen.

**▶ Merke.** Für geschlossene Puffersysteme gilt:

$$[HA] + [A^-] = \text{konstant}$$

**▶ Merke.**

Werden der Pufferlösung $H^+$-Ionen zugeführt, verbinden sich diese mit dem Säureanion und es entsteht die undissoziierte Säure. Dadurch kommt es zu einer Verschiebung des Verhältnisses von Säureanionen zu undissoziierter Säure. Das Verhalten eines Puffersystems bei Zuführung von $H^+$ bzw. $A^-$ zeigt sich also am Konzentrationsverhältnis von Säureanionen zu undissoziierter Säure. Dieses Verhältnis lässt sich durch die **Henderson-Hasselbalch-Gleichung** darstellen, die man durch Logarithmieren und Umformen des **Massenwirkungsgesetzes** erhält. Sie lautet:

$$pH = pK' + \log_{10}\frac{[A^-]}{[HA]}$$

Werden der Pufferlösung $H^+$-Ionen zugeführt, kommt es zu einer Verschiebung des Säure-Basen-Verhältnisses in Richtung der undissoziierten Säure. Dabei gilt:

$$pH = pK' + \log_{10}\frac{[A^-]}{[HA]}$$

Der pK' entspricht dem negativen dekadischen Logarithmus von K':

$$pK' = -\log_{10} K'$$

pK' ist dabei der negative Zehnerlogarithmus von K':

$$pK' = -\log_{10} K'$$

Anhand der Henderson-Hasselbalch-Gleichung lässt sich erkennen, dass eine Zugabe von $H^+$ bzw. $A^-$ besonders dann zu nur sehr kleinen pH-Änderungen der Lösung führt, wenn die Konzentration des Säureanions gleich der Konzentration der undissoziierten Säure ist. In diesem Fall ist

$$\log_{10}\frac{[A^-]}{[HA]} = 0 \quad (\text{da } \log_{10} 1 = 0)$$

Ein geschlossenes Puffersystem puffert bei seinem **spezifischen pK'-Wert** am stärksten.

Dies bedeutet, dass das Puffersystem bei seinem **spezifischen pK'-Wert** besonders gut puffert. Je größer der Unterschied der Konzentrationen von Säureanion und undissoziierter Säure ist, d. h. je weiter der aktuelle pH-Wert der Lösung vom pK'-Wert des Puffersystems entfernt ist, desto geringer ist die Fähigkeit des Puffersystems, $H^+$-Ionen aufzunehmen bzw. abzugeben und damit zur Konstanthaltung des pH-Wertes der Lösung beizutragen.

Hieraus ergibt sich, dass in geschlossenen Puffersystemen die **Pufferkurve** eines beliebigen korrespondierenden Säure-Basen-Paars immer einen **S-förmigen Verlauf** mit einem sehr steilen Bereich in der Nähe des pK'-Wertes und zwei zunehmend flacheren Bereichen bei Abweichungen des pHs um mehr als +1 bzw. – 1 vom pK'-Wert nehmen muss (Abb. **9.1**).

In geschlossenen Puffersystemen verlaufen sämtliche **Pufferkurven S-förmig** mit einem sehr steilen Bereich in der Nähe der jeweiligen pK'-Werte (Abb. **9.1**).

**9.1 Pufferkurve im geschlossenen System**

9.1

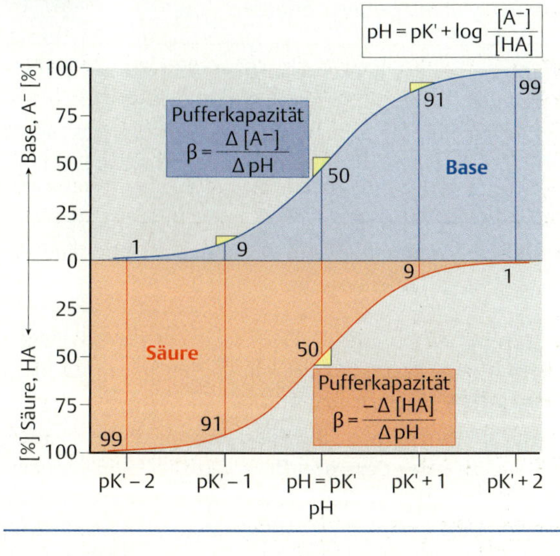


Bei geschlossenen Puffersystemen nimmt die Pufferkurve typischerweise einen S-förmigen Verlauf an. Die Steilheit der Pufferkurve entspricht der Pufferkapazität (β) für den entsprechenden pH-Wert. β ist in pH-Bereichen von pK' ± 1 am größten.

► Merke.

► Merke. Für die **Pufferkapazität β** eines geschlossenen Puffersystems gilt:
- Sie ist nur in der Nähe des jeweiligen pK'-Wertes sehr groß.
- Sie ist direkt proportional zur Konzentration des Puffers.

Im Organismus sind immer mehrere Puffer gleichzeitig aktiv.

Unter physiologischen Bedingungen sind immer mehrere Puffersysteme gleichzeitig aktiv.

► Merke.

► Merke. Die **Gesamtpufferkapazität** einer Lösung mit mehreren geschlossenen Puffersystemen ergibt sich durch Addition der jeweiligen Pufferkurven der einzelnen Systeme.

Die für den Organismus wichtigsten geschlossenen Puffersysteme sind:

Das Protein- und das Phosphat-Puffersystem sind die für den Organismus wichtigsten geschlossenen Puffersysteme.

### Protein-Puffersystem

Das Protein-Puffersystem besteht vor allem aus **Albumin** und **Hämoglobin** und macht ca. **50 % der Gesamtpufferkapazität des Blutes** aus.
Die Pufferfunktion der Proteine ist vorwiegend auf die **Imidazolringe des Histidins** als ionisierbare Seitengruppen zurückzuführen.

### Protein-Puffersystem

Quantitativ macht das Protein-Puffersystem etwa **50 % der Gesamtpufferkapazität des Blutes** aus (20 – 28 mmol/l). Praktisch alle Plasmaproteine können als Puffer fungieren, die größte Bedeutung haben **Albumin** und **Hämoglobin**.

An der Pufferfunktion sind insbesondere die **Imidazolringe des Histidins** als ionisierbare Seitengruppen beteiligt. Der pK'-Wert des Imidazolrings beträgt für freies Histidin 6,0. Bei Histidinresten, die in Proteine integriert sind, lässt sich der pK'-Wert des Imidazolrings nicht exakt angeben, da er durch benachbarte Seitengruppen stark beeinflusst werden kann.

### Phosphat-Puffersystem

Das Phosphat-Puffersystem besteht aus sekundärem und primärem Phosphat:
$$H^+ + HPO_4^{2-} \rightleftharpoons H_2PO_4^-$$
Es ist für die **intrazelluläre pH-Regulation** und die **Ausscheidung von freien $H^+$-Ionen im Urin** (titrierbare Säure) wichtig (s. S. 279 und S. 277).

### Phosphat-Puffersystem

Das Phosphat-Puffersystem besteht aus sekundärem und primärem Phosphat:
$$H^+ + HPO_4^{2-} \rightleftharpoons H_2PO_4^-$$
Obwohl der pK'-Wert des Phosphat-Puffersystems unter physiologischen Bedingungen mit 6,8 nahe am pH-Wert des Blutplasmas von 7,4 liegt, ist seine Bedeutung für die Gesamtpufferung im Blut gering, da seine Konzentration lediglich 1 mmol/l beträgt. Das Phosphat-Puffersystem spielt vor allem bei der **Konstanthaltung des intrazellulären pH-Wertes** und bei der **Ausscheidung von freien $H^+$-Ionen in der Niere** (titrierbare Säure) eine Rolle (s. S. 279 und S. 277).

### Offene Puffersysteme

In offenen Puffersystemen kann eine Komponente des korrespondierenden Säure-Basen-Paars **unabhängig vom pH-Wert konstant** gehalten werden, wodurch die Pufferkapazität steigt (Abb. **9.2**).

## Offene Puffersysteme

Offene Puffersysteme sind dadurch charakterisiert, dass eine Komponente des korrespondierenden Säure-Basen-Paars **unabhängig vom pH-Wert konstant** gehalten werden kann. Dadurch kann die Pufferkapazität eines offenen Systems viel höhere Werte erreichen als die eines geschlossenen (Abb. **9.2**). Der Mechanismus wird anhand des Bikarbonat-Puffersystems genauer erläutert (s. u.).

► Merke.

► Merke. Wird die Konzentration eines der Reaktionspartner nicht nur konstant gehalten, sondern sogar **aktiv** geregelt, kann die Pufferkapazität des Systems noch weiter gesteigert werden. Dies spielt bei der Kompensation von Störungen des Säure-Basen-Haushalts über die Atmung bzw. die Niere eine überragende Rolle (s. S. 282).

Das Bikarbonat- und das Ammonium-Puffersystem (s. S. 274) sind die wichtigsten offenen Systeme.

Das Bikarbonat-Puffersystem und das Ammonium-Puffersystem (s. S. 274) sind die für den Organismus wichtigsten offenen Puffersysteme.

### Bikarbonat-Puffersystem

Das Bikarbonat-Puffersystem besteht aus $CO_2$ und $HCO_3^-$:
$$CO_2 + H_2O \rightleftharpoons H^+ + HCO_3^-$$
Es umfasst ca. **50 % der Gesamtpufferkapazität des Blutes**.

### Bikarbonat-Puffersystem

Das Bikarbonat-Puffersystem besteht aus $CO_2$ und $HCO_3^-$:
$$CO_2 + H_2O \rightleftharpoons H^+ + HCO_3^-$$
Seine Konzentration ist etwa so hoch wie die des Protein-Puffersystems (20 – 28 mmol). Es macht damit ca. **50 % der Gesamtpufferkapazität des Blutes** aus. Der pK'-Wert des $CO_2/HCO_3^-$-Puffersystems liegt mit 6,1 relativ weit vom physiologischen pH-Wert entfernt. Als geschlossenes Puffersystem wäre es deshalb wie das Ammonium-Puffersystem weitgehend wirkungslos (vgl. Abb. **9.1**). Da jedoch die Umgebungsluft beliebige Mengen an $CO_2$ aufnehmen kann, wird die **$CO_2$-**

**9.2 Vergleich der Pufferkapazitäten des offenen und des geschlossenen Bikarbonat-Puffersystems**

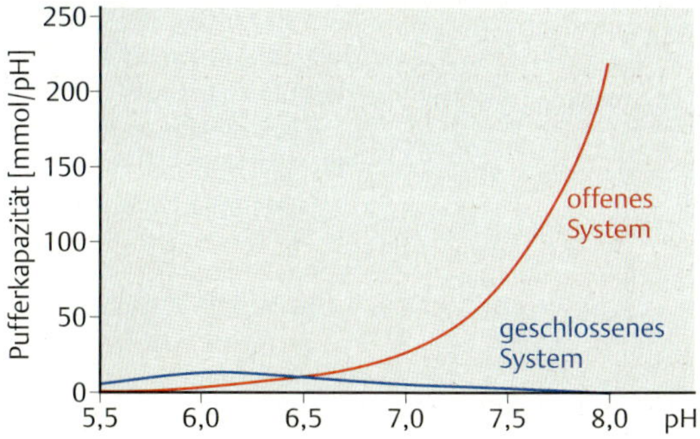


Die Pufferkapazität des **geschlossenen Systems** erreicht am pK' ihr Maximum und nimmt bei Abweichungen zu höheren oder niedrigeren pH-Werten ab. Dagegen steigt die Pufferkapazität des **offenen Systems** mit steigendem pH-Wert exponentiell an (entsprechend der Gleichung $\beta_{offen} = 2{,}3 \times [HCO_3^-]$). Beim physiologischen pH-Wert von 7,4 ist die Pufferkapazität des offenen Bikarbonat-Puffersystems deshalb um ein Vielfaches höher (etwa 55 mmol/pH-Einheit) als die des geschlossenen Systems (etwa 2,6 mmol/pH-Einheit).

**Konzentration** im arteriellen Blut bei entsprechender Anpassung der Atmung **konstant** bei **40 mmHg** gehalten. Dadurch ist die Funktion des Puffersystems im Gegensatz zum geschlossenen Puffersystem nicht durch die Anreicherung eines seiner Reaktionsprodukte (in diesem Fall $CO_2$) limitiert.

Die **Pufferkapazität** des offenen $CO_2/HCO_3^-$-Puffersystems lässt sich mit der Gleichung

$$\beta_{offen} = 2{,}3 \times [HCO_3^-]$$

berechnen. Diese Gleichung ergibt sich aus der ersten Ableitung der Henderson-Hasselbalch-Gleichung (s. S. 271) für das Bikarbonat-Puffersystem, wenn der $P_{CO_2}$ konstant gehalten wird (pH = 6,1 + $\log_{10}$ $[HCO_3^-]/[HA]$ konstant). Da die erste Ableitung die Steigung der Kurve angibt, entspricht dies exakt der Pufferkapazität (s. S. 270). Bei konstantem $P_{CO_2}$ nimmt $[HCO_3^-]$ mit steigendem pH-Wert exponentiell zu. Entsprechend **erhöht sich bei steigendem pH-Wert auch $\beta_{offen}$ exponentiell** (Abb. **9.2**). Die Effektivität des $CO_2/HCO_3^-$-Puffersystems wird also mit steigendem pH-Wert immer größer und gewährleistet so einen besonders wirksamen Schutz gegen eine Alkalose (pH ↑). Umgekehrt nimmt die Kapazität des Bikarbonat-Puffers bei einem Abfall des pH-Wertes ab.

Die **Pufferkapazität des $CO_2/HCO_3^-$-Pufferpaars** wird mit steigendem pH-Wert immer größer. Damit bietet das Bikarbonat-Puffersystem einen optimalen Schutz gegenüber pH-Anstiegen.

► **Klinik.** Die starke Abhängigkeit des offenen $CO_2/HCO_3^-$-Puffersystems vom aktuellen pH-Wert hat wichtige klinische Konsequenzen. Bei einem Anstieg der intrazellulären $H^+$-Konzentration **(zelluläre Azidose)**, z. B. aufgrund einer Ischämie, nimmt gleichzeitig die Effektivität des $CO_2/HCO_3^-$-Puffersystems, welches das funktionell wichtigste intrazelluläre Puffersystem ist, ab.
Eine zelluläre Azidose kann zu einer starken Abnahme der Kontraktilität (im Herzmuskel) und zum Untergang von Nervenzellen führen, wobei die exakten molekularen Mechanismen noch weitgehend unverstanden sind.

► Klinik.

**Das pH/$HCO_3^-$-Diagramm:** Veränderungen im Säure-Basen-Haushalt können anschaulich im pH/$HCO_3^-$-Diagramm dargestellt werden. Dazu werden pH-Werte und $HCO_3^-$-Konzentrationen in einem Koordinatensystem gegeneinander aufgetragen.

Die **Pufferkurve des $CO_2/HCO_3^-$-Pufferpaars** (Abb. **9.3**) erhält man, indem man bei konstantem $P_{CO_2}$ von 40 mmHg unterschiedliche pH-Werte in die Henderson-Hasselbalch-Gleichung einsetzt und so die entsprechende Bikarbonatkonzentration errechnet:

$$pH = 6{,}1 + \log_{10} \frac{[HCO_3^-]}{\alpha \times P_{CO_2}}.$$

Dabei entspricht α dem Löslichkeitskoeffizienten von $CO_2$ im Blut.

Da der $P_{CO_2}$ bei der Berechnung der Pufferkurve **unverändert** bleibt (isobar), bezeichnet man diese Kurve auch als **$P_{CO_2}$-Isobare.** Für andere konstante $P_{CO_2}$-Werte ergeben sich entsprechend verschobene $P_{CO_2}$-Isobaren.

**Das pH/$HCO_3^-$-Diagramm:** Veränderungen im Säure-Basen-Haushalt können anschaulich im pH/$HCO_3^-$-Diagramm dargestellt werden.

Die **Pufferkurve des $CO_2/HCO_3^-$-Pufferpaars** (Abb. **9.3**) erhält man, indem man bei konstantem $P_{CO_2}$ von 40 mmHg unterschiedliche pH-Werte in die Henderson-Hasselbalch-Gleichung einsetzt:

$$pH = 6{,}1 + \log_{10} \frac{[HCO_3^-]}{\alpha \times P_{CO_2}}$$

Die Pufferkurve eines offenen $CO_2/HCO_3^-$-Puffersystems mit konstanten $P_{CO_2}$ bezeichnet man als **$P_{CO_2}$-Isobare**.

9.3

9.3 **Das pH/$HCO_3^-$-Diagramm**

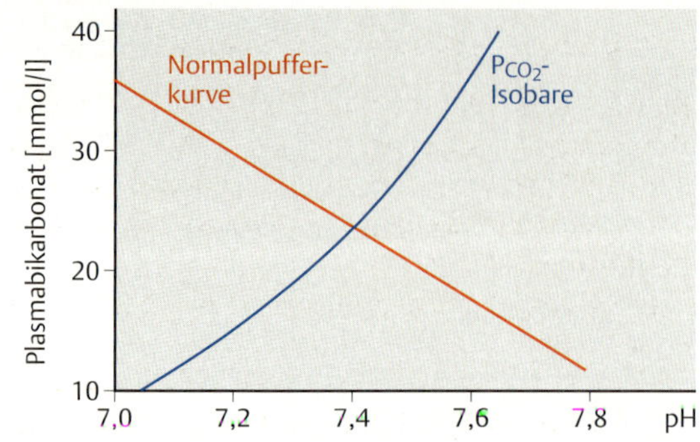


Bei konstantem $P_{CO_2}$ steigt die $HCO_3^-$-Konzentration im Plasma exponentiell mit dem pH-Wert an (**$P_{CO_2}$-Isobare**; Pufferkurve des Bikarbonat-Puffersystems, blau).
Bei Änderungen des $P_{CO_2}$ ändert sich die $HCO_3^-$-Konzentration in dem Ausmaß, wie die vermehrt bzw. vermindert anfallenden $H^+$-Ionen von den Nichtbikarbonatpuffern gebunden bzw. abgegeben werden (**Normalpufferkurve**, rot).

► Merke.

► Merke. Diejenige $HCO_3^-$-Konzentration, die sich in einer Blutprobe mit einem $P_{CO_2}$ von 40 mm Hg, einer Temperatur von 37 °C und einer $O_2$-Sättigung von 100 % **(Standardbedingungen)** einstellt, bezeichnet man als **Standardbikarbonat** (Referenzbereich: 21–26 mmol/l). Für einen Plasma-pH-Wert von 7,4 ergibt sich ein Standardbikarbonat von 24 mmol/l. Alle Standardbikarbonatwerte liegen auf der $P_{CO_2}$-Isobaren von 40 mm Hg.

Bei isolierter Variation des $P_{CO_2}$ werden die Änderungen der freien [$H^+$] von der Summe aller Pufferbasen außer $HCO_3^-$ **(Nichtbikarbonatpuffer)** kompensiert. Dabei bleibt die **Konzentration der Gesamtpufferbasen** ($HCO_3^-$ plus Nichtbikarbonatpuffer) nahezu **unverändert**.

Variiert man den $P_{CO_2}$-Wert, ergibt sich eine grundlegend andere Situation: Bei einer Erhöhung des $P_{CO_2}$ steigt zwar parallel zur $H^+$- auch die $HCO_3^-$-Konzentration an, da aus der Dissoziation von $H_2CO_3$ beide Ionen in äquimolaren Mengen hervorgehen. Das vermehrt gebildete $HCO_3^-$ kann aber hierbei nicht mehr als Puffer dienen, da es selbst aus der Dissoziation der Säure ($H_2CO_3$) hervorgegangen ist. Die vermehrt anfallenden $H^+$-Ionen werden stattdessen von allen anderen Pufferbasen, den sog. **Nichtbikarbonatpuffern**, gebunden. Da die Nichtbikarbonatpuffer nicht alle $H^+$ abpuffern können, fällt der pH leicht ab. Dieser Abfall des pH-Wertes ist umso geringer, je höher die Gesamtkonzentration der Nichtbikarbonatpuffer ist.
Bei der Umwandlung des $CO_2$ entsteht annähernd (aber nicht exakt) genauso viel zusätzliches $HCO_3^-$, wie Nichtbikarbonatpuffer durch Reaktion mit den anfallenden $H^+$-Ionen verbraucht werden. Die dabei auftretenden Änderungen der Konzentration der Gesamtpufferbasen sind allerdings verschwindend gering. So steigt die Konzentration der Gesamtpufferbasen bei einem Abfall des pH-Wertes von 7,4 auf 7,0 um 60 nmol/l an. Dies entspricht bei einer Gesamtpufferbasenkonzentration von 48 mmol/l einer Änderung um 0,000 125 %. Vereinfachend gilt deshalb, dass bei Änderungen des $P_{CO_2}$-Wertes innerhalb pathophysiologisch tolerierbarer Grenzen die **Konzentration der Gesamtpufferbasen** ($HCO_3^-$ plus Nichtbikarbonatpuffer) **unverändert** bleibt.

Im pH/$HCO_3^-$-Diagramm ergibt sich bei $P_{CO_2}$-Variation eine annähernd lineare Beziehung zwischen pH-Wert und [$HCO_3^-$] mit negativer Steigung, die sog. **Normalpufferkurve** (Abb. **9.3**).

Im pH/$HCO_3^-$-Diagramm ergibt sich bei Variationen des $P_{CO_2}$-Wertes eine annähernd lineare Beziehung zwischen pH-Wert und [$HCO_3^-$] mit negativer Steigung, die sog. **Normalpufferkurve** (Abb. **9.3**). Sie verläuft genau entgegengesetzt zur Pufferkurve aller Nichtbikarbonatpuffer.

## Ammonium-Puffersystem

Die Hauptfunktion des Ammonium-Puffersystems ($H^+ + NH_3 \rightleftharpoons NH_4^+$) liegt in der **renalen Ausscheidung von „fixen" Säuren** und der **De-novo-Synthese von $HCO_3^-$** (s. S. 277). Im Blut spielt es keine Rolle als Puffer. Hingegen ist es an der Regulation des intrazellulären pH-Wertes beteiligt.

## Ammonium-Puffersystem

Das Ammonium-Puffersystem besteht aus Ammoniak und Ammonium:

$$H^+ + NH_3 \rightleftharpoons NH_4^+$$

Der pK'-Wert des $NH_3/NH_4^+$-Puffersystems beträgt 9,1, weshalb es bei der Pufferung im Blut keine Rolle spielt. Eine überragende Funktion kommt ihm jedoch bei der **Ausscheidung von „fixen" Säuren** und bei der **De-novo-Generierung von $HCO_3^-$** durch die **Niere** zu (s. S. 277). Darüber hinaus ist es an der Regulation des **intrazellulären pH-Wertes** beteiligt, da $NH_3$ die Zellmembran passieren kann und seine intrazelluläre Konzentration damit praktisch konstant bleibt (offenes Puffersystem, s. S. 272).

## 9.3.2 Regulation des Säure-Basen-Haushalts durch die Atmung

Die Lunge beeinflusst den Säure-Basen-Haushalt über Veränderungen des $P_{CO_2}$.

**Bilanz:** Unter Ruhebedingungen verbraucht der menschliche Organismus etwa 300 ml $O_2$ pro min. Bei einem Respiratorischen Quotienten von 0,82 (s. S. 261 und S. 515), wie er für westeuropäische Mischkost charakteristisch ist, ergibt sich daraus eine Produktion von 250 ml $CO_2$ pro Minute. Dies entspricht einem Anfall von etwa 11 mmol $CO_2$ pro Minute bzw. 16 000 mmol $CO_2$ pro Tag.
Da das entstehende $CO_2$ über die **Lunge** abgeatmet werden kann, bezeichnet man es auch als **„flüchtige" Säure** (Abb. **9.4**).

9.3.2 Regulation des Säure-Basen-Haushalts durch die Atmung

Die Lunge beeinflusst den Säure-Basen-Haushalt über den $P_{CO_2}$.
**Bilanz:** Pro Tag entstehen im Stoffwechsel ca. 16 000 mmol **„flüchtige" Säure** ($CO_2$), die über die **Lunge** abgeatmet werden (Abb. **9.4**).

► **Merke.** Solange die gesamte im Stoffwechsel produzierte Menge an $CO_2$ vollständig über die Lunge abgeatmet wird, hat $CO_2$ keinerlei Einfluss auf den Säure-Basen-Haushalt.

► **Merke.**

Dies ändert sich aber, sobald die Produktion von $CO_2$ größer oder geringer ist als seine Eliminierung. Unter diesen Umständen muss die $CO_2$-Konzentration im Plasma so lange ansteigen (gilt für den Fall Produktion > Eliminierung) bzw. abfallen (gilt für den Fall Produktion < Eliminierung), bis beide Größen wieder im Gleichgewicht sind.

Wird mehr bzw. weniger $CO_2$ produziert als eliminiert, steigt bzw. fällt die $CO_2$-Konzentration im Plasma so lange, bis Produktion und Ausscheidung wieder gleich groß sind.

► **Merke.** Als Folge einer erhöhten $CO_2$-Konzentration steigt die $H^+$-Konzentration (also pH ↓). Umgekehrt hat eine erniedrigte $CO_2$-Konzentration einen Abfall der $H^+$-Konzentration (also pH ↑) zur Folge.

► **Merke.**

**Regulationsmechanismen:** An der Konstanthaltung des $P_{CO_2}$ ist vor allem der **$CO_2$-Atemantrieb** beteiligt (s. S. 256). Darüber hinaus wird die Atmung direkt über Änderungen des pH-Wertes beeinflusst, wobei ein pH-Abfall mit einer Stimulation der Atmung einhergeht. Obwohl die Stärke des **pH-Atemantriebs** relativ zum $CO_2$-Atemantrieb vergleichsweise gering ist, können pH-Änderungen über längere

**Regulationsmechanismen:** Die Konstanthaltung des $P_{CO_2}$ erfolgt vorwiegend durch den **$CO_2$-Atemantrieb** (s. S. 256), aber auch durch den **pH-Atemantrieb** (Abb. **9.5**). Dabei führt ein pH-Abfall zu einer Stimulation des Atemantriebs.

**9.4 Bilanz der Säure-Basen-Produktion**

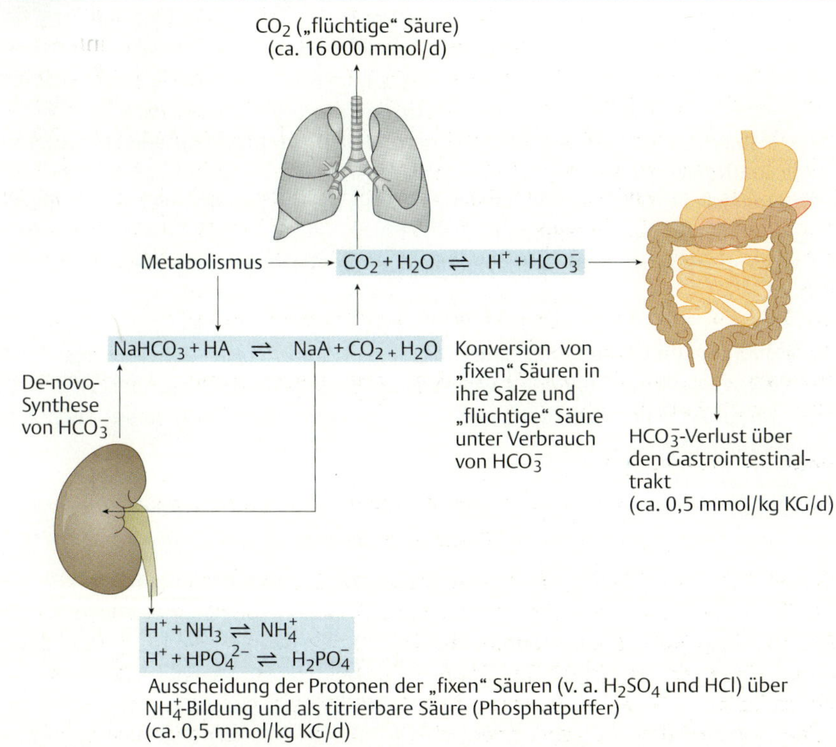


Übersicht über die wichtigsten chemischen Prozesse, die bei der Regulation des Säure-Basen-Gleichgewichts ablaufen.
Die gesamte tägliche Säurebelastung beläuft sich auf etwa 1 mmol/kg KG und setzt sich zusammen aus dem physiologischen Verlust von $HCO_3^-$ über den Gastrointestinaltrakt (ca. 0,5 mmol/kg KG/d) und der Produktion von „fixen" Säuren im Zellmetabolismus (ebenfalls ca. 0,5 mmol/kg KG/d).
HA = starke Säuren (v. a. $H_2SO_4$ und HCl), $A^-$ = Anion der starken Säuren.

9.5

**9.5 Einfluss der Atmung auf die $CO_2/HCO_3^-$-Pufferkurve**

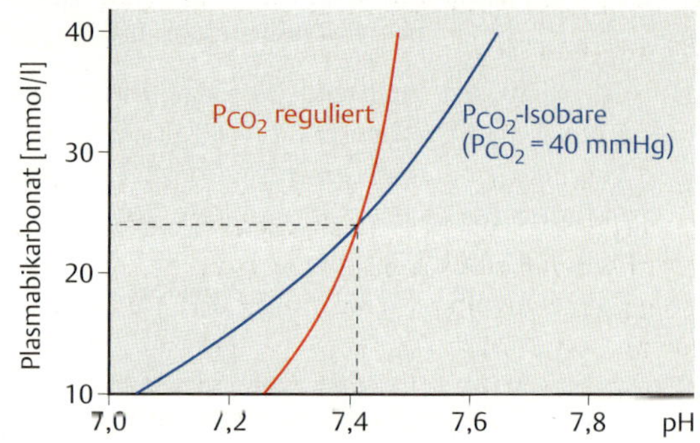


Die Pufferkapazität des offenen Bikarbonat-Puffersystems ($CO_2/HCO_3^-$-Pufferkurve = $P_{CO_2}$-Isobare; vgl. Abb. **9.3**) wird durch respiratorische Kompensationsmechanismen noch größer ($P_{CO_2}$ reguliert).

Zeiträume die alveoläre Ventilation und damit den $P_{CO_2}$ nachhaltig beeinflussen. Hierdurch wird die Pufferkurve des $CO_2/HCO_3^-$-Puffersystems noch **steiler** und damit seine **Pufferkapazität weiter erhöht** (Abb. **9.5**).

**Afferenzen von Mechanorezeptoren** passen die Atemtätigkeit bei körperlicher Arbeit an.

**Afferenzen von Mechanorezeptoren** des Bewegungsapparates und der Skelettmuskulatur kommt eine wichtige Funktion bei der Anpassung der Atmung bei körperlicher Arbeit zu (s. S. 242).

9.3.3 Regulation des Säure-Basen-Haushalts durch die Niere

## 9.3.3 Regulation des Säure-Basen-Haushalts durch die Niere

Die Niere spielt eine wichtige Rolle bei der Regulation der Pufferbasenkonzentration.

Die Niere beeinflusst den Säure-Basen-Haushalt durch Regulation der Pufferbasenkonzentration.

**Bilanz:** Zusätzlich zur „flüchtigen" Säure entsteht eine wesentlich geringere Menge an **„fixen" Säuren**, die über die **Niere** ausgeschieden werden (s. Abb. **9.4**, S. 275).

**Bilanz:** Im Stoffwechsel entstehen auch Säuren, die nicht direkt in Form von $CO_2$ abgeatmet werden können. Man bezeichnet sie deshalb als „nicht flüchtige" oder **„fixe" Säuren**. Sie werden über die **Niere** ausgeschieden (s. Abb. **9.4**, S. 275). Ihr Anteil an der gesamten täglichen Säureproduktion erscheint auf den ersten Blick verschwindend gering. Bei normaler Mischkost entstehen täglich etwa 0,5 mmol/kg KG an „fixen" Säuren. Für einen 60 kg schweren Menschen ergeben sich daraus entsprechend 30 mmol „fixe" Säuren pro Tag. Diese Menge entspricht 0,2 % der Menge an „flüchtiger" Säure. Da die Ausscheidungskapazität der Niere für Säuren aber **sehr viel geringer** ist als diejenige der Lunge für $CO_2$, spielen auch die „fixen" Säuren eine erhebliche Rolle bei der Bilanz des Säure-Basen-Haushalts.

„Fixe" Säuren fallen überwiegend aus dem **Eiweiß- und Nukleinsäurestoffwechsel** an (normal: ca. 0,5 mmol/kg KG/d). Besonders wichtig sind
- **Schwefelsäure ($H_2SO_4$)** und
- **Salzsäure (HCl)**.

„Fixe" Säuren fallen überwiegend aus dem **Eiweiß- und Nukleinsäurestoffwechsel** an. Besonders wichtig sind
- **Schwefelsäure ($H_2SO_4$)** aus dem Metabolismus der schwefelhaltigen Aminosäuren Cystein, Cystin und Methionin und
- **Salzsäure (HCl)** aus dem Metabolismus der Aminosäuren Lysin, Arginin und Histidin.

Der **Verlust von Basen über den Gastrointestinaltrakt** (normal: ca. 0,5 mmol/kg KG/d) trägt zusätzlich zum Gesamtanfall „fixer" Säuren bei.

Zusätzlich zur Produktion von Säuren wird das Säure-Basen-Gleichgewicht durch den **Verlust von Basen über den Gastrointestinaltrakt** belastet. Dieser Verlust beträgt unter physiologischen Bedingungen ebenfalls etwa 0,5 mmol/kg KG/d und trägt zum Gesamtanfall „fixer" Säuren bei.

▶ Merke.

▶ **Merke.** Der physiologische Verlust von $HCO_3^-$ über den Gastrointestinaltrakt sowie die Produktion von „fixen" Säuren und Basen im Zellmetabolismus addieren sich zu einer täglichen Säurebelastung von etwa 1 mmol/kg KG/d.

**Regulationsmechanismen:** Unmittelbar nach ihrem Entstehen werden die starken Säuren **unter Verbrauch von $HCO_3^-$ in ihre Salze und $CO_2$ konvertiert**.

**Regulationsmechanismen:** Unmittelbar nach ihrem Entstehen werden die starken Säuren **unter Verbrauch von $HCO_3^-$ in ihre Salze und $CO_2$ konvertiert**. Für die Umwandlung von Schwefelsäure in Natriumsulfat gilt:

$$H_2SO_4 + 2\ NaHCO_3 \rightleftharpoons Na_2SO_4 + 2\ H_2O + 2\ CO_2$$

Die Umwandlung von Salzsäure zu Kochsalz verläuft nach folgender Gleichung:

$$HCl + NaHCO_3 \rightleftharpoons NaCl + H_2O + CO_2$$

Das bei der Konversion der starken Säuren verbrauchte $HCO_3^-$ muss von der Niere neu generiert werden. Die Salze der starken Säuren werden über den Harn ausgeschieden (Abb. **9.4**). Die wesentlichen daran beteiligten Prozesse sind

- die Produktion und Ausscheidung von $NH_4^+$,
- die Sekretion von $H^+$ und
- die Reabsorption von $HCO_3^-$.

Das verbrauchte $HCO_3^-$ muss von der Niere neu generiert werden (Abb. **9.4**). Dies erfolgt durch Produktion und Ausscheidung von $NH_4^+$, Sekretion von $H^+$ und Reabsorption von $HCO_3^-$.

**Die Produktion und Ausscheidung von $NH_4^+$** besitzt für die gesamte renale Säureausscheidung die größte Bedeutung, da sie **metabolisch reguliert** ist. Die $NH_4^+$-Produktion erfolgt in den Zellen des **proximalen Tubulus**. In ihnen werden aus Glutamin zwei $NH_4^+$ und 2-Oxoglutarat gewonnen, welches dann weiter zu zwei $HCO_3^-$ umgewandelt wird. $NH_4^+$ verlässt die Tubuluszelle entweder über den $Na^+$/$H^+$-Austauscher oder durch Diffusion in Form von $NH_3$ über die luminale Membran, während $HCO_3^-$ über die basolaterale Membran ins Blut übertritt (Abb. **9.6a**; s. S. 278). Wird das auf diese Weise gebildete $NH_4^+$ tatsächlich im Urin ausgeschieden, erfolgt die **De-Novo-Generierung von einem Molekül $HCO_3^-$** pro Molekül $NH_4^+$. Die an diesem Stoffwechselweg beteiligten Enzyme Glutaminase und Glutamatdehydrogenase werden bei **chronischer Azidose** stark induziert, d. h. ihre Expression wird gesteigert.

**Produktion und Ausscheidung von $NH_4^+$:** Die $NH_4^+$-Synthese erfolgt in den Zellen des **proximalen Tubulus** (Abb. **9.6a**). Sie wird bei einer **Azidose** um ein Vielfaches gesteigert. Mit jedem Molekül $NH_4^+$, das mit dem Urin ausgeschieden wird, wird ein Molekül **$HCO_3^-$ neu generiert** und dem Körper zugeführt.

**Sekretion von $H^+$:** Außer im **proximalen Tubulus** werden $H^+$-Ionen vor allem von den **Schaltzellen vom Typ A in das Sammelrohrlumen** sezerniert (s. S. 308). Hier reagieren sie überwiegend mit $NH_3$, welches aus dem Nierenmark in das Sammelrohrlumen diffundiert. Zusätzlich wird titrierbare Säure, vor allem in Form von $H_2PO_4^-$, mit dem Urin ausgeschieden. Nur ein **sehr kleiner Anteil** der $H^+$-Ionen wird als **„freie" $H^+$** ausgeschieden. Selbst bei einem Urin-pH von 4,0 liegen lediglich 0,1 mM als „freie" $H^+$-Ionen vor. Dies bedeutet, dass bei einer Urinmenge von 1 l pro Tag und einem Urin-pH von 4 lediglich 0,1 – 0,2 % der gesamten renalen Säureausscheidung (ca. 50 – 100 mmol/d) in Form von „freien" $H^+$ erfolgt.

**Sekretion von $H^+$:** $H^+$-Ionen werden vor allem im **proximalen Tubulus** und in den **Schaltzellen vom Typ A** des Sammelrohrs sezerniert. Dabei wird nur ein **sehr kleiner Anteil** der $H^+$-Ionen als **„freie" $H^+$** ausgeschieden.

**Reabsorption von $HCO_3^-$:** Neben der Säuresekretion muss die Niere große Mengen an $HCO_3^-$ aus dem Primärharn zurückgewinnen. Etwa **80 %** der Reabsorption von $HCO_3^-$ erfolgt im **proximalen Tubulus**, wobei zunächst eine Umwandlung des $HCO_3^-$ in $CO_2$ erfolgen muss, da die luminale Membran für $HCO_3^-$ impermeabel ist (Abb. **9.6b**). Die Reabsorption von $HCO_3^-$ ist **abhängig vom $P_{CO_2}$ und vom Urin-pH**. Ein hoher $P_{CO_2}$ stimuliert die Reabsorption. Sinkt der Urin-pH unter 6,5, wird praktisch kein $HCO_3^-$ mehr ausgeschieden. Die Netto-Säure-Exkretion entspricht dann der Summe aus ausgeschiedenem $NH_4^+$ und titrierbarer Säure.

**Reabsorption von $HCO_3^-$:** $HCO_3^-$ wird v. a. **(80 %) im proximalen Tubulus** rückresorbiert, wozu es zunächst in $CO_2$ umgewandelt werden muss (Abb. **9.6b**). Die Reabsorption wird durch einen **Anstieg des $P_{CO_2}$** und einen **Abfall des Urin-pH** gesteigert.

**9.6 Regulation des Säure-Basen-Haushalts über die Niere**

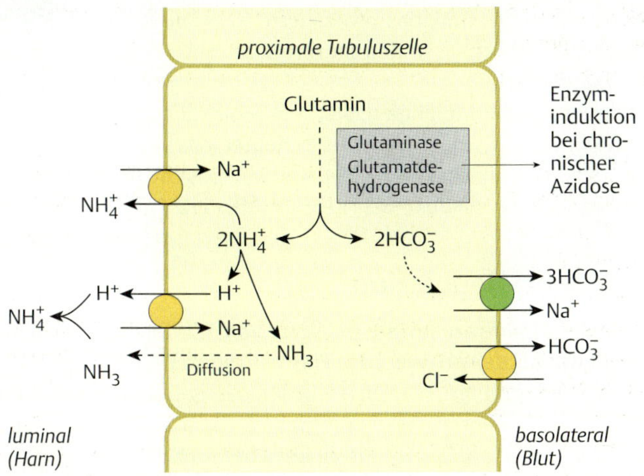


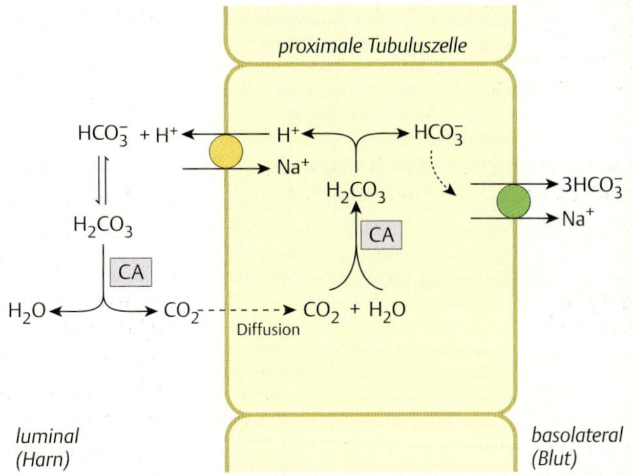


**a** Produktion von $NH_4^+$ und De-novo-$HCO_3^-$ im proximalen Tubulus.

**b** Sekretion von $H^+$ und Reabsorption von $HCO_3^-$ im proximalen Tubulus. CA = Carboanhydrase.

► Klinik.

► Klinik. Der **Anfall an „fixen" Säuren** kann dramatisch steigen, wenn dem Körper nicht genügend Insulin oder Sauerstoff zur Verfügung steht:
Bei einem schlecht eingestellten oder unbehandelten **Typ-1-Diabetes** ist aufgrund des Insulinmangels die Lipolyse gesteigert, wodurch die Plasmakonzentration der Ketonkörper zunimmt. Da es sich bei den Ketonkörpern Acetoacetat und β-Hydroxybutyrat um Säuren handelt, entwickelt sich somit eine nichtrespiratorische (=metabolische) Azidose **(=diabetische Ketoazidose**, s. S. 277**)**. Bei den Betroffenen lässt sich ein Azetongeruch in der Ausatemluft feststellen und durch den Versuch, die Azidose respiratorisch zu kompensieren, kann eine Kußmaul-Atmung (s. S. 259) auftreten. Die durch die Hyperglykämie bedingte osmotische Diurese trägt ebenfalls zur Entwicklung einer nichtrespiratorischen Azidose bei.
Bei einem Sauerstoffmangel im Blut **(Hypoxämie)** – z. B. im Rahmen einer respiratorischen Insuffizienz – fällt vermehrt Laktat an (verstärkte anaerobe Glykolyse), was ebenfalls zur Entwicklung einer nichtrespiratorischen Azidose **(=Laktatazidose)** führt. Zu den typischen Symptomen gehören u. a. Übelkeit und Hyperventilation.
Es kann aber auch unter physiologischen Bedingungen zu einer starken Zunahme der Laktatbildung kommen – z. B. bei anaerober Muskelarbeit.
Normalerweise ist der Anteil der produzierten Basen im Vergleich zur Produktion von Säuren klein. Zu einem **Nettoanfall von „fixen" Basen** kann es bei Aufnahme großer Mengen an Aspartat, Glutamat und Glutamin über die Nahrung kommen. Ein Beispiel hierfür ist eine rein vegetarische Ernährung mit einem hohen Anteil an Sojaprodukten. Als Folge kann sich eine **nichtrespiratorische Alkalose** (s. S. 281) entwickeln.

9.3.4 Regulation des Säure-Basen-Haushalts durch die Leber

Um **$NH_3$ zu entgiften**, verstoffwechselt es die Leber entweder zu Harnstoff oder koppelt es an Glutamat.

Bei der **Harnstoffsynthese** werden **äquimolare Mengen an $HCO_3^-$** umgesetzt. Die **Kopplung an Glutamat** erfolgt **$HCO_3^-$-unabhängig**. Dieser Weg ist für die Kompensation von Azidosen von großer Bedeutung.

Wird $NH_4^+$ nicht mit dem Urin ausgeschieden, wird es in der Leber wieder zu Harnstoff resynthetisiert.

Dabei geht auch das ursprünglich neu gewonnene $HCO_3^-$ wieder verloren, da es mit den entstehenden $H^+$ zu Wasser reagiert. V. a. dadurch erklärt sich die **Azidose bei Niereninsuffizienz**.

9.3.5 Intrazelluläre pH-Regulation

Der **intrazelluläre pH-Wert** liegt mit **7,2** etwas unterhalb des pH-Wertes im Blut.

## 9.3.4 Regulation des Säure-Basen-Haushalts durch die Leber

Eine wichtige Funktion der Leber ist die **Entgiftung von Ammoniak ($NH_3$)**, welches in großen Mengen im Aminosäurestoffwechsel entsteht. Dies kann über folgende zwei Wege erfolgen:
- Bildung von Harnstoff im Harnstoffzyklus (95 %) und
- Umwandlung von Glutamat zu Glutamin (5 %).

Bei der **Synthese von Harnstoff** werden **äquimolare Mengen an $HCO_3^-$** verbraucht. Dagegen ist die **Bildung von Glutamin** durch Kopplung von $NH_4^+$ an Glutamat **unabhängig von $HCO_3^-$**. In der Niere wird Glutamin sowohl von der luminalen als auch der basolateralen Seite in die Zellen des proximalen Tubulus aufgenommen und zu $NH_4^+$ und $HCO_3^-$ metabolisiert (Abb. **9.6a**). Für jedes $NH_4^+$, das auf diese Weise über die Niere den Körper verlässt, wird also ein $HCO_3^-$ neu synthetisiert. Dieser Weg spielt bei der Kompensation von Azidosen eine große Rolle.
Wenn die Nieren nicht in der Lage sind, das produzierte $NH_4^+$ auszuscheiden (z. B. bei Niereninsuffizienz), kehrt es zurück in den Blutkreislauf und wird in der Leber wieder zu Harnstoff metabolisiert.
Bei diesem Prozess entstehen aus 2 Molekülen $NH_4^+$ ein Molekül Harnstoff sowie 2 $H^+$, die dann wiederum mit 2 $HCO_3^-$ reagieren. Das bedeutet, dass die ursprünglich bei der $NH_4^+$-Sekretion (s. o.) gewonnenen $HCO_3^-$ wieder verbraucht werden. Dieser Mechanismus trägt wesentlich zur **Azidose bei Niereninsuffizienz** (s. S. 281) bei.

## 9.3.5 Intrazelluläre pH-Regulation

Die meisten Zellen haben einen **intrazellulären pH-Wert von 7,2**. Der intrazelluläre pH-Wert ist also etwas saurer als der pH-Wert des Plasmas (normal ca. 7,4, s. S. 270). Daher könnte man irrtümlich vermuten, $H^+$-Ionen würden passiv über die Membran in den Extrazellularraum diffundieren. Wie für andere Ionen auch, lässt sich entsprechend der Nernst-Gleichung (s. S. 18) das **elektrochemische Gleichgewichtspotenzial für $H^+$ ($E_H$)** berechnen:

$$E_H = -61{,}5 \times \log_{10} \frac{[H^+]_i}{[H^+]_a}$$

oder

$$E_H = -61{,}5 \times (pH_a - pH_i).$$

9.7 **Intrazelluläre pH-Regulation**

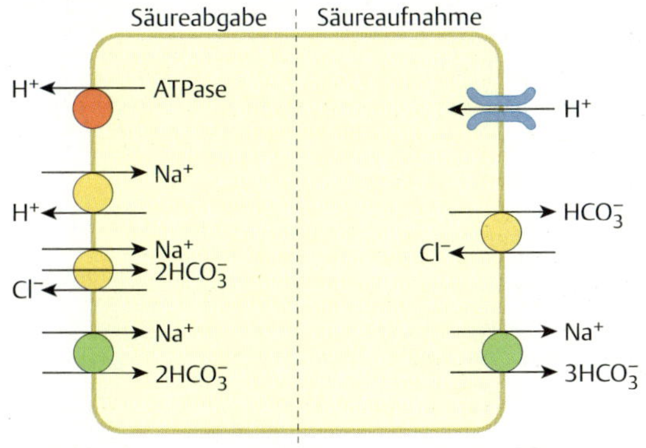


Zelluläre Eintritts- und Austrittswege für Säuren und Basen.

9.7

Unter physiologischen Bedingungen beträgt $E_H$ etwa –12 mV. Da das Membranpotenzial der meisten Zellen aber deutlich negativer als –12 mV ist, strömen kontinuierlich $H^+$-Ionen entlang ihres elektrochemischen Gradienten nach intrazellulär und verursachen damit eine **chronische Säurebeladung** der Zellen.
Die Zellen benötigen deshalb effektive Mechanismen, um die $H^+$-Ionen wieder ausschleusen zu können. Hierzu zählen insbesondere

- der $Na^+/H^+$-Austauscher,
- der $Na^+/HCO_3^-$-Kotransporter und
- ATP-getriebene $H^+$-Pumpen (Abb. **9.7**).

Das **Gleichgewichtspotenzial für H⁺** beträgt etwa –12 mV. Deshalb strömen kontinuierlich $H^+$-Ionen vom Extra- in den Intrazellularraum **(chronische Säurebeladung)**.

Alle Zellen verfügen über effektive Mechanismen, um die $H^+$-Ionen wieder auszuschleusen (Abb. **9.7**).

▶ **Merke.** Bei den pH-sensitiven Zellen der peripheren und zentralen Chemorezeptoren ist die Fähigkeit zur effektiven Konstanthaltung des zytosolischen pH-Wertes stark abgeschwächt (s. S. 254).

▶ Merke.

An der intrazellulären Pufferung akut anfallender $H^+$ sind sowohl die geschlossenen Phosphat- und Protein-Puffersysteme als auch die offenen Ammonium- und Bikarbonat-Puffersysteme beteiligt.

## 9.4 Störungen des Säure-Basen-Haushalts

### 9.4.1 Einteilung

Bei den Störungen des Säure-Basen-Haushalts unterscheidet man nach dem pH-Wert

- **Azidosen** (pH-Wert < 7,36) und
- **Alkalosen** (pH-Wert > 7,44).

Je nach Ursache werden diese weiter in **respiratorische und nichtrespiratorische (metabolische) Störungen** unterteilt. Einen Überblick über die verschiedenen Störungen des Säure-Basen-Haushalts und deren Ursachen gibt Tab. **9.1** (s. S. 280).

9.4 Störungen des Säure-Basen-Haushalts

9.4.1 Einteilung

Bei den Störungen des Säure-Basen-Haushalts unterscheidet man **respiratorische** und **nichtrespiratorische Azidosen** bzw. **Alkalosen**. Einen Überblick über die verschiedenen Störungen und deren Ursachen gibt Tab. **9.1** (s. S. 280).

#### Respiratorische Azidose

Eine respiratorische Azidose entsteht immer bei einer **Hypoventilation**. Ursache hierfür kann z. B. eine respiratorische Insuffizienz, eine Lähmung des Atemzentrums oder auch eine starke Ventilations-Perfusions-Inhomogenität sein. Der Anstieg des $P_{CO_2}$ hat über eine vermehrte Bildung von $H_2CO_3$ eine Erhöhung der $H^+$- und $HCO_3^-$-Konzentration zur Folge. Da die zusätzlich anfallenden $H^+$-Ionen größtenteils an Nichtbikarbonatpuffer binden, sinkt deren Konzentration im selben Maße, wie die aktuelle $HCO_3^-$-Konzentration steigt. Die Gesamtkonzentration der Pufferbasen bleibt also trotz der vermehrten Bildung von $HCO_3^-$ unverändert (BE im Normbereich, s. S. 284), solange keine Kompensation eingesetzt hat (Abb. **9.8** und Abb. **9.9**).

Respiratorische Azidose

Eine respiratorische Azidose entsteht immer bei einer **Hypoventilation**. Als Folge der Erhöhung des $P_{CO_2}$ steigt auch $[H^+]$.

**9.1 Übersicht über die Störungen des Säure-Basen-Haushalts** (BE = Basenexzess, s. S. 283)

| *Störung* | *nicht kompensiert (initiale Antwort der Messparameter)* | *kompensiert (Steady-state-Antwort der Messparameter)* | *primäre Ursache* | *als Folge von* |
|---|---|---|---|---|
| **respiratorische Azidose** | pH: ↓<br>$P_{CO_2}$: ↑<br>BE: normal | pH: normal/ ↓<br>$P_{CO_2}$: ↑<br>BE: ↑ | Hypoventilation | verminderter alveolärer Ventilation, reduzierter Diffusionskapazität, Ventilations-Perfusions-Störung |
| **respiratorische Alkalose** | pH: ↑<br>$P_{CO_2}$: ↓<br>BE: normal | pH: normal/ ↑<br>$P_{CO_2}$: ↓<br>BE: ↓ | Hyperventilation | Hypoxie, Angst |
| **nichtrespiratorische Azidose** | pH: ↓<br>$P_{CO_2}$: normal<br>BE: ↓ | pH: normal/ ↓<br>$P_{CO_2}$: ↓<br>BE: ↓ | vermehrter Anfall von Säuren (außer $CO_2$ bzw. $H_2CO_3$), Verlust von Basen | Azidose (Laktatazidose, z. B. bei schwerer Muskelarbeit oder Schock; Ketoazidose, z. B. bei Diabetes mellitus), Niereninsuffizienz, Diarrhö |
| **nichtrespiratorische Alkalose** | pH: ↑<br>$P_{CO_2}$: normal<br>BE: ↑ | pH: normal/ ↑<br>$P_{CO_2}$: ↑<br>BE: ↑ | Verlust von Säuren (außer $CO_2$ bzw. $H_2CO_3$), vermehrter Anfall von Basen | Erbrechen, fehlerhafter Therapie, veganischer Ernährung |

▶ Klinik.

▶ **Klinik.** Wegen der weitaus besseren Diffusionseigenschaften von $CO_2$ im Vergleich zu $O_2$ liegt bei einer respiratorischen Azidose immer gleichzeitig auch eine **Hypoxie**, d. h. ein Abfall des $P_{O_2}$ vor. Das Ausmaß der Hypoxie bestimmt die Therapie.

Respiratorische Alkalose

Eine respiratorische Alkalose entsteht immer bei einer **Hyperventilation**. Als Folge der Erniedrigung des $P_{CO_2}$ sinkt auch [$H^+$].

## Respiratorische Alkalose

Eine respiratorische Alkalose entsteht immer bei einer **Hyperventilation**. Ursache hierfür ist eine Stimulation des Atemzentrums, z. B. direkt durch psychischen Stress oder indirekt durch eine Hypoxie. Der sinkende $P_{CO_2}$ hat über eine verminderte Bildung von $H_2CO_3$ eine Verminderung der Konzentrationen von $H^+$ und $HCO_3^-$ zur Folge. Wie bei der nicht kompensierten respiratorischen Azidose bleibt auch bei der nicht kompensierten respiratorischen Alkalose die Gesamtkonzentration der Pufferbasen unverändert (BE im Normbereich, s. S. 284), da vermehrt $H^+$-Ionen von den Nichtbikarbonat-Puffern abgegeben werden (Abb. **9.8** und Abb. **9.9**).

Nichtrespiratorische Azidose

▶ Synonym

Eine nichtrespiratorische Azidose entsteht meistens bei einem **renalen oder gastrointestinalen Verlust von $HCO_3^-$**. Als Folge der

## Nichtrespiratorische Azidose

▶ **Synonym.** Metabolische Azidose.

Unter dem Begriff nichtrespiratorische Azidose versteht man **alle Formen** von Azidose, bei denen ein **Anstieg des $P_{CO_2}$ als Ursache ausgeschlossen** werden kann. Ihr

9.8

**9.8 Verhältnis der Konzentrationen von Bikarbonatpuffer zu Nichtbikarbonatpuffern in Abhängigkeit vom $P_{CO_2}$**

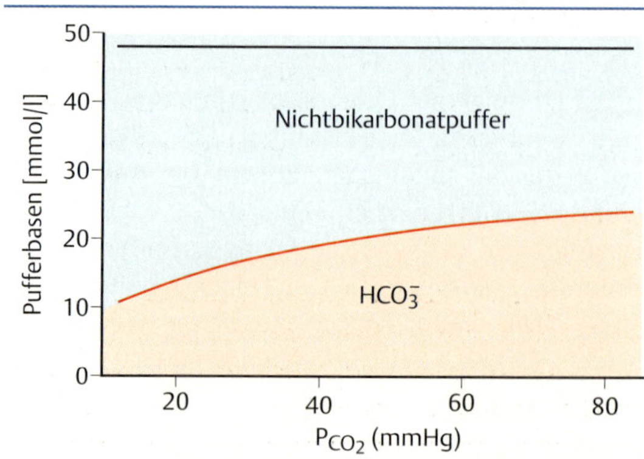


Bei Variationen des $P_{CO_2}$ ändert sich zwar das Verhältnis der Konzentration von $HCO_3^-$- zu Nichtbikarbonat-Pufferbasen, die Konzentration der Gesamtpufferbasen bleibt aber dennoch (annähernd) konstant.

**9.9 Typische Störungen des Säure-Basen-Haushalts**

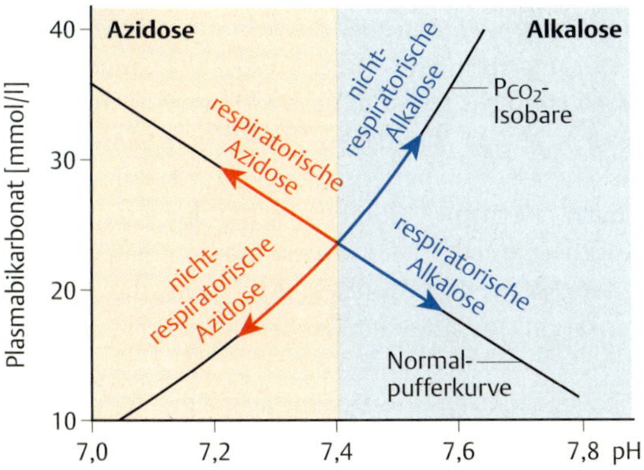


Bei nicht kompensierten **respiratorischen Störungen** ändert sich nur der $P_{CO_2}$, wohingegen die Konzentration der Nichtbikarbonatpufferbasen unverändert bleibt. Diese Störungen verlaufen deshalb entlang der **Normalpufferkurve**.
Bei nicht kompensierten **nichtrespiratorischen Störungen** ändert sich dagegen nur die Konzentration der Nichtbikarbonatpufferbasen, während der $P_{CO_2}$ unverändert bleibt. Diese Störungen verlaufen deshalb entlang der **$P_{CO_2}$-Isobare** von 40 mm Hg (vgl. Abb. **9.3**, S. 284).

liegt meist ein **renaler oder gastrointestinaler Verlust von $HCO_3^-$** zugrunde, z. B. bei Niereninsuffizienz oder Diarrhö. Dementsprechend ist bei einer nicht kompensierten nichtrespiratorischen Azidose die Gesamtkonzentration der Pufferbasen erniedrigt (negativer Basenexzess = Basendefizit, s. S. 284 sowie Abb. **9.8** und Abb. **9.9**). Wegen der sehr schnell einsetzenden respiratorischen Kompensation ist der $P_{CO_2}$ in der Regel ebenfalls erniedrigt (Tab. **9.1**).

erniedrigten Gesamtkonzentration der Pufferbasen steigt [$H^+$].

▶ **Klinik.** Für die klinische Diagnostik von **nichtrespiratorischen Azidosen** ist der Begriff der **Anionenlücke** von großer praktischer Bedeutung. Die Anionenlücke ist definiert als [$Na^+$] – ([$Cl^-$] + [$HCO_3^-$]) im Plasma.
Bei einer Anionenlücke im Normbereich (10 ± 2 mmol/l) ist die Ursache für die Azidose fast immer ein $HCO_3^-$-Verlust bei gleichzeitig kompensatorisch erhöhter [$Cl^-$]. Eine vergrößerte Anionenlücke deutet dagegen auf einen vermehrten Anfall von Säuren hin, z. B. bei einer Ketoazidose bei Diabetes mellitus.

▶ **Klinik.**

### Nichtrespiratorische Alkalose

▶ **Synonym.** Metabolische Alkalose.

Unter dem Begriff nichtrespiratorische Alkalose versteht man **alle Formen von Alkalose, bei denen ein Abfall des $P_{CO_2}$ als Ursache ausgeschlossen** werden kann. Ursache ist meistens ein Anstieg der $HCO_3^-$-Konzentration als Folge einer verminderten renalen $HCO_3^-$-Ausscheidung oder der Verlust von Magensäure durch chronisches Erbrechen (z. B. Bulimie). Bei einer nicht kompensierten nichtrespiratorischen Alkalose ist die Gesamtkonzentration der Pufferbasen erhöht (positiver Basenexzess = Basenüberschuss, s. S. 284 sowie Abb. **9.8** und Abb. **9.9**). Wegen der sehr schnell einsetzenden respiratorischen Kompensation ist der $P_{CO_2}$ in der Regel ebenfalls erhöht (Tab. **9.1**).

**Nichtrespiratorische Alkalose**

▶ **Synonym**

Eine nichtrespiratorische Alkalose entsteht meistens bei einer **reduzierten renalen Ausscheidung von $HCO_3^-$** oder **bei Verlust von Magensäure** durch Erbrechen. Als Folge der erhöhten Gesamtkonzentration der Pufferbasen sinkt [$H^+$].

## 9.4.2 Kompensationsmechanismen

Normalerweise wird der pH-Wert des Blutplasmas innerhalb sehr enger Grenzen (7,36 – 7,44) konstant gehalten. Bei einem plötzlichen Anfall von Säuren oder Basen wird deren Einfluss auf den pH-Wert durch folgende Mechanismen minimiert:
- chemische Pufferung
- respiratorische Kompensationsmechanismen
- renale Kompensationsmechanismen.

**9.4.2 Kompensationsmechanismen**

Der pH-Wert des Blutplasmas wird durch folgende Mechanismen konstant gehalten:
- chemische Pufferung
- respiratorische Kompensation
- renale Kompensation.

▶ **Merke.** Sämtliche Kompensationsmechanismen dienen ausschließlich dazu, die Änderungen des pH-Wertes auf ein Minimum zu reduzieren. Sie sind jedoch **nicht** in der Lage, die Ursache der jeweiligen Störung zu beseitigen!

▶ **Merke.**

Jede Störung des Säure-Basen-Haushalts wird **immer** durch eine Kombination **aller Kompensationsmechanismen** ausgeglichen, sofern sie nicht selbst ursächlich sind.

Ein häufiges Missverständnis ist die Vorstellung, dass eine Kompensation respiratorischer Störungen nur über renale Mechanismen und umgekehrt eine Kompensation nichtrespiratorischer Störungen nur über die Atmung erfolgen kann. Tatsächlich werden bei jeder Störung des Säure-Basen-Haushalts **immer alle Kompensationsmechanismen**, sofern sie nicht selbst die Ursache der Störung sind, aktiviert. Beispielsweise werden nach einem plötzlichen Verlust von Säure durch heftiges Erbrechen sofort $H^+$ aus chemischen Puffern freigesetzt (Kompensation durch chemische Pufferung), nach wenigen Minuten wird der $P_{CO_2}$ durch Hypoventilation erhöht (Kompensation durch die Atmung) und im Verlauf der nächsten Stunden werden in der Niere die Säuresekretion und die $HCO_3^-$-Reabsorption vermindert (Kompensation durch renale Mechanismen).

► Merke.

► **Merke.** An der Korrektur von Störungen des Säure-Basen-Haushalts sind immer chemische, respiratorische und renale Mechanismen gemeinsam beteiligt.

**Kompensation durch chemische Pufferung**

Die **extrazelluläre Pufferung** setzt fast ohne zeitliche Verzögerung ein, die **intrazelluläre Pufferung** innerhalb weniger Minuten.

## Kompensation durch chemische Pufferung

Die chemische Pufferung setzt als Erste ein. Dabei muss man zwischen extrazellulären und intrazellulären Mechanismen unterscheiden, die quantitativ etwa gleich stark zur Kompensation beitragen:

- Die chemische Pufferung durch **extrazelluläre Puffer** erfolgt fast ohne zeitliche Verzögerung. An ihr sind alle physiologischen Puffersysteme beteiligt.
- Die chemische Pufferung über **intrazelluläre Puffer** (s. S. 278) benötigt etwas mehr Zeit, da die Äquilibrierung zwischen Extra- und Intrazellularraum einige Minuten in Anspruch nimmt.

**Kompensation durch die Atmung**

Sie beginnt nach **wenigen Minuten**, erreicht aber erst nach **einigen Stunden** ihre maximale Wirkung.

Die respiratorische Kompensation einer Störung des Säure-Basen-Haushaltes wird über **Chemorezeptoren** vermittelt (s. S. 254):

- nichtrespiratorische Azidose → Hyperventilation ($P_{CO_2}$ ↓)
- nichtrespiratorische Alkalose → Hypoventilation ($P_{CO_2}$ ↑).

## Kompensation durch die Atmung

Die respiratorische Kompensation einer Störung des Säure-Basen-Haushalts setzt innerhalb **weniger Minuten** ein, benötigt aber **einige Stunden**, um ihr volles Ausmaß zu entwickeln.

Die respiratorische Kompensation wird über die **peripheren und zentralen Chemorezeptoren** vermittelt (s. S. 254):

- **Nichtrespiratorische Azidose:** Die erhöhte $[H^+]$ führt durch Stimulation der Chemorezeptoren zu einer **Hyperventilation** mit Absinken des $P_{CO_2}$ auf Werte von bis zu 10–15 mmHg.
- **Nichtrespiratorische Alkalose:** Die erniedrigte $[H^+]$ führt durch Hemmung der Chemorezeptoren zu einer **Hypoventilation**, wobei der $P_{CO_2}$ aufgrund der sich gleichzeitig entwickelnden Hypoxie auf maximal 60 mmHg steigen kann.

Bei älteren Menschen sind diese Grenzen enger.

**Kompensation durch renale Mechanismen**

Die renale Kompensation erfolgt über einen Anstieg der **$NH_4^+$-Produktion und -Ausscheidung** bzw. eine Erhöhung der **$HCO_3^-$-Ausscheidung**. Sie beginnt nach einigen Stunden, erreicht aber erst nach **mehreren Tagen** ihre maximale Wirkung.

## Kompensation durch renale Mechanismen

Die beiden wichtigsten renalen Kompensationsmechanismen sind eine **Erhöhung der $NH_4^+$-Produktion und -Ausscheidung** (bei Azidose) und eine **Erhöhung der $HCO_3^-$-Ausscheidung** (bei Alkalose). Für beide Prozesse muss die Expression spezifischer Membrantransporter und Enzyme verändert werden. Die renale Kompensation beginnt bereits nach einigen Stunden, benötigt aber **mehrere Tage**, um ihre volle Wirkung zu erzielen.

**Azidose:** Die **Ammoniaksynthese** im proximalen Tubulus kann um mehr als das **10-Fache des Normalwerts** gesteigert werden. Dabei entsteht $HCO_3^-$ und die Gesamtmenge an Pufferbasen steigt an.

**Azidose:** Zur Kompensation kann die **Ammoniaksynthese** in den Zellen des proximalen Tubulus auf mehr als das **10-Fache des Normalwerts** steigen und die A-Typ-Schaltzellen des Sammelrohrs sezernieren vermehrt $H^+$. Im gleichen Maße wie die Säure-Ausscheidung über die ausgeschiedene Menge von $NH_4^+$ ansteigt, wird in diesem Prozess $HCO_3^-$ generiert. Gleichzeitig steigt die **Reabsorption von $HCO_3^-$ auf 100 %**. Dadurch steigt die Menge an Gesamtpufferbasen und der Basenexzess (BE, s. S. 283) wird positiv.

**Alkalose:** Die $NH_4^+$-Synthese wird minimiert. Außerdem **sezernieren Schaltzellen** des Sammelrohrs **vermehrt $HCO_3^-$**. Dieses wird vermehrt ausgeschieden und die Gesamtmenge an Pufferbasen sinkt.

**Alkalose:** Zur Kompensation wird die renale Ammoniaksynthese auf ein Minimum reduziert. Zusätzlich **sezernieren die B-Typ-Schaltzellen** des Sammelrohrs (s. S. 308) **vermehrt $HCO_3^-$** und die Reabsorption von $HCO_3^-$ sinkt. Der Basenexzess (BE, s. S. 283) wird also negativ.

**▶ Klinik.** Ein klinisch wichtiger Sonderfall betrifft die renale Kompensation einer **nichtrespiratorischen Alkalose** bei gleichzeitigem Vorliegen eines Volumenmangels. Diese Situation entsteht z.B. bei **heftigem Erbrechen**, bei dem gleichzeitig Säure verloren geht und das extrazelluläre Volumen sinkt. Aus drei Gründen ist die Niere unter diesen Bedingungen nicht in der Lage, die $HCO_3^-$-Ausscheidung zu steigern:

- Aufgrund der durch den Volumenverlust reduzierten glomerulären Filtrationsrate wird weniger $HCO_3^-$ filtriert.
- Durch die maximal stimulierte Natriumreabsorption im proximalen Tubulus ist die $HCO_3^-$-Reabsorption stimuliert, da die Natriumreabsorption über den $Na^+/H^+$-Antiporter direkt an die Säuresekretion gekoppelt ist.
- $H^+$-Sekretion und $HCO_3^-$-Reabsorption sind auch im Sammelrohr wegen des erhöhten Aldosteronplasmaspiegels gesteigert.

Eine **ausreichende Flüssigkeitssubstitution** trägt hier also maßgeblich zur Therapie der Säure-Basen-Störung bei.

## 9.4.3 Diagnostik von Störungen des Säure-Basen-Haushalts

Ziel der Diagnostik von Störungen des Säure-Basen-Haushalts ist die Identifikation der jeweils zugrunde liegenden Ursache, damit eine möglichst kausale Therapie eingeleitet werden kann. Da zahlreiche Erkrankungen zu einer Störung des Säure-Basen-Haushalts führen können, sind eine ausführliche Anamnese und eine gründliche körperliche Untersuchung immer von großer Bedeutung.

### Messparameter

Die laborchemische Untersuchung des Säure-Basen-Status erfolgt im **arterialisierten Blut** (z.B. Kapillarblut aus der Fingerbeere oder dem Ohrläppchen). Zur Diagnostik werden meist **drei Größen** herangezogen:

- **pH-Wert** (s.S 270)
- **$P_{CO_2}$** (als Maß für die Summe der respiratorischen Einflüsse auf das Säure-Basen-Gleichgewicht)
- **Basenexzess** (als Maß für die Summe der nichtrespiratorischen Einflüsse auf das Säure-Basen-Gleichgewicht).

In vielen Kliniken wird anstelle des Basenexzesses das **Standardbikarbonat** (s.S. 274) bestimmt. Hierbei bleiben allerdings alle Nichtbikarbonatpufferbasen unberücksichtigt.

### Basenexzess (BE)

**▶ Synonym.** Base excess, Basenabweichung, Basenüberschuss bzw. Basendefizit.

**▶ Definition.** Unter **Basenexzess** versteht man die Abweichung der Gesamtpufferbasen vom Normwert (48 mmol/l).

Zur Bestimmung des Basenexzesses wird eine arterielle Blutprobe bei 100%iger $O_2$-Sättigung, 37 °C und einem $P_{CO_2}$ von 40 mm Hg mit einer starken Base (NaOH) bzw. starken Säure (HCl) so lange titriert, bis in der Blutprobe ein pH-Wert von 7,4 erreicht wird. Die hinzu gegebene Menge an starker Säure bzw. Base (in mmol) entspricht dem Basenexzess.

**▶ Merke.** Der **Basenexzess** nimmt positive Werte an, wenn die Zugabe von Säure erforderlich ist, um einen pH-Wert von 7,4 zu erreichen. Er wird negativ, wenn Base zugegeben werden muss. Der **Normbereich** des Basenexzess beträgt −3 bis +3 mmol/l.

**▶ Klinik.**

**9.4.3 Diagnostik von Störungen des Säure-Basen-Haushalts**

Die Identifikation der Ursache von Störungen des Säure-Basen-Haushalts ist von großer Bedeutung, damit eine kausale Therapie eingeleitet werden kann.

**Messparameter**

Der Säure-Basen-Status wird im **arterialisierten Blut** anhand von
- **pH-Wert**,
- **$P_{CO_2}$** und
- **Basenexzess** (BE)

bestimmt.

Anstelle des BE wird häufig auch das **Standardbikarbonat** bestimmt. Dabei werden die Nichtbikarbonatpufferbasen nicht erfasst.

**Basenexzess (BE)**

**▶ Synonym**

**▶ Definition.**

Der Basenexzess wird durch Rücktitration einer arteriellen Blutprobe mit starker Base oder Säure zum pH-Wert 7,4 bei 100%iger $O_2$-Sättigung, 37 °C und $P_{CO_2}$ von 40 mm Hg bestimmt.

**▶ Merke.**

### Stufendiagnostik

Die Diagnostik von Störungen des Säure-Basen-Haushalts erfolgt in **drei Schritten**:
1. pH-Bestimmung
2. respiratorische/nichtrespiratorische Störung?
3. kompensatorische Antworten?

## Stufendiagnostik

Störungen des Säure-Basen-Haushalts können anhand des pH-Wertes, des $P_{CO_2}$-Wertes und des Basenexzesses in **drei Schritten** einfach diagnostiziert werden (Abb. **9.10**):
- **1. Schritt:** Bestimmung des pH
- **2. Schritt:** Unterscheidung zwischen respiratorischer und nichtrespiratorischer Störung
- **3. Schritt:** Analyse kompensatorischer Antworten.

### Bestimmung des pH-Wertes

**Als Erstes** wird bestimmt, ob überhaupt eine **Abweichung des pH-Wertes von der Norm** vorliegt.

### Bestimmung des pH-Wertes

Grundsätzlich muss **als Erstes** bestimmt werden, ob überhaupt eine **Abweichung des pH-Wertes von der Norm** vorliegt:
- pH-Wert < 7,36 → Azidose
- pH-Wert > 7,44 → Alkalose.

► **Merke.**

► **Merke.** Selbst bei maximaler Kompensation (sog. vollkompensierte Störung) ist die zugrunde liegende Störung (Azidose oder Alkalose) in der Regel noch an einer leichten Abweichung des pH-Wertes zu erkennen.

### Unterscheidung zwischen respiratorischer und nichtrespiratorischer Störung

Anhand des **$P_{CO_2}$-Wertes** und des **Basenexzesses** wird dann **als Zweites** zwischen einer respiratorisch oder nichtrespiratorisch verursachten Störung des Säure-Basen-Haushalts unterschieden.

### Unterscheidung zwischen respiratorischer und nichtrespiratorischer Störung

**Als Zweites** prüft man anhand des **$P_{CO_2}$-Wertes** und des **Basenexzesses**, ob die Abweichung des pH-Wertes durch eine respiratorische Störung (Änderung des $P_{CO_2}$-Wertes) oder eine nichtrespiratorische Störung (Änderung des Basenexzesses) verursacht wird. Eine **Azidose** kann durch einen Anstieg des $P_{CO_2}$-Wertes oder einen Abfall des Basenexzesses verursacht werden. Eine **Alkalose** kann durch einen Abfall des $P_{CO_2}$-Wertes oder einen Anstieg des Basenexzesses verursacht werden (s. Tab. **9.1**, S. 280).

### Analyse kompensatorischer Antworten

Kompensatorische Antworten werden **als Drittes** untersucht. Je nach pH-Normalisierung spricht man von einer **vollkompensierten** oder einer **teilkompensierten Störung**. Bei einer **kombinierten Störung** liegen nicht kompensierte Änderungen beider Parameter vor.

### Analyse kompensatorischer Antworten

**Als Drittes** untersucht man schließlich, ob bereits eine kompensatorische Antwort des primär nicht betroffenen Systems eingetreten ist. **Respiratorische Störungen** führen zu kompensatorischen Veränderungen des **Basenexzesses**. Umgekehrt führen nichtrespiratorische Störungen zu kompensatorischen Veränderungen des **$P_{CO_2}$-Wertes** (s. Tab. **9.1**, s.S. 280). Wenn der pH-Wert durch die Kompensation annähernd normalisiert wird, spricht man von einer sog. **vollkompensierten Störung**. Ist der pH-Wert trotz der Kompensation noch deutlich vom Normbereich entfernt, liegt eine sog. **teilkompensierte Störung** vor. Wenn keine Kompensation erkennbar ist und sowohl die Abweichung des $P_{CO_2}$-Wertes als auch die Abweichung des Basenexzesses als Ursache der Störung infrage kommen, handelt es sich um eine **kombinierte Säure-Basen-Störung**.

9.10

**9.10 Stufendiagnostik von Störungen des Säure-Basen-Haushalts**

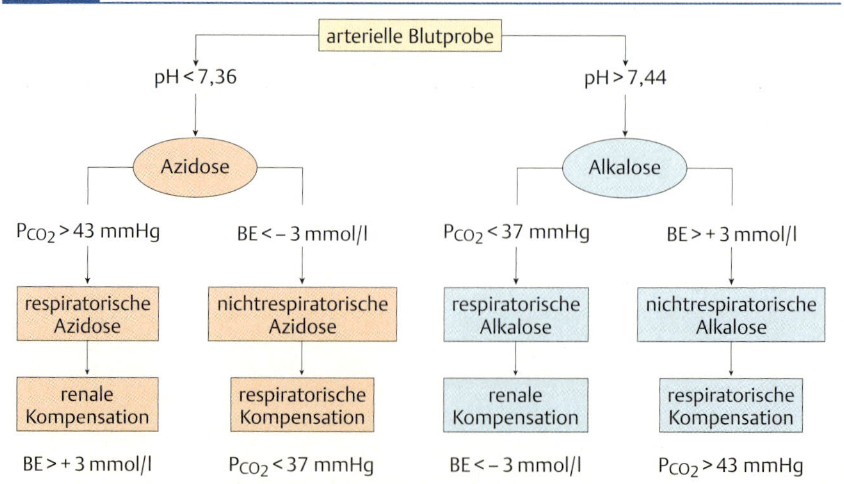

**▶ Merke.** Bei den meisten Patienten liegt entweder eine **kompensierte oder kombinierte Störung** vor. Primäre respiratorische oder nichtrespiratorische Störungen ohne Kompensation sind die Ausnahme.

▶ Merke.

**▶ Klinik.** In seltenen Fällen kann eine kombinierte Störung des Säure-Basen-Haushaltes bestehen, obwohl der pH-Wert im Normbereich liegt. Ein Beispiel hierfür ist eine **Intoxikation mit Acetylsalicylsäure**. Hierbei verursacht die vermehrte Aufnahme von Acetylsalicylsäure sowohl eine nichtrespiratorische Azidose als auch eine respiratorische Alkalose bedingt durch eine zentrale Stimulation des Atemzentrums.

▶ Klinik.

### Grafische Darstellung des Säure-Basen-Status

Eine häufig verwendete zusammenfassende Darstellung von Störungen des Säure-Basen-Haushalts und deren Kompensation ist das **pH-log $P_{CO_2}$-Diagramm** (Abb. **9.11**). Nach Messung des pH-Wertes und des $P_{CO_2}$ lässt sich anhand dieses Diagramms direkt der Säure-Basen-Status ablesen.

**Grafische Darstellung des Säure-Basen-Status**

Das **pH-log $P_{CO_2}$-Diagramm** (Abb. **9.11**) eignet sich zur einfachen Diagnostik von Störungen des Säure-Basen-Haushalts.

**9.11 Störungen des Säure-Basen-Haushalts und deren Kompensation**

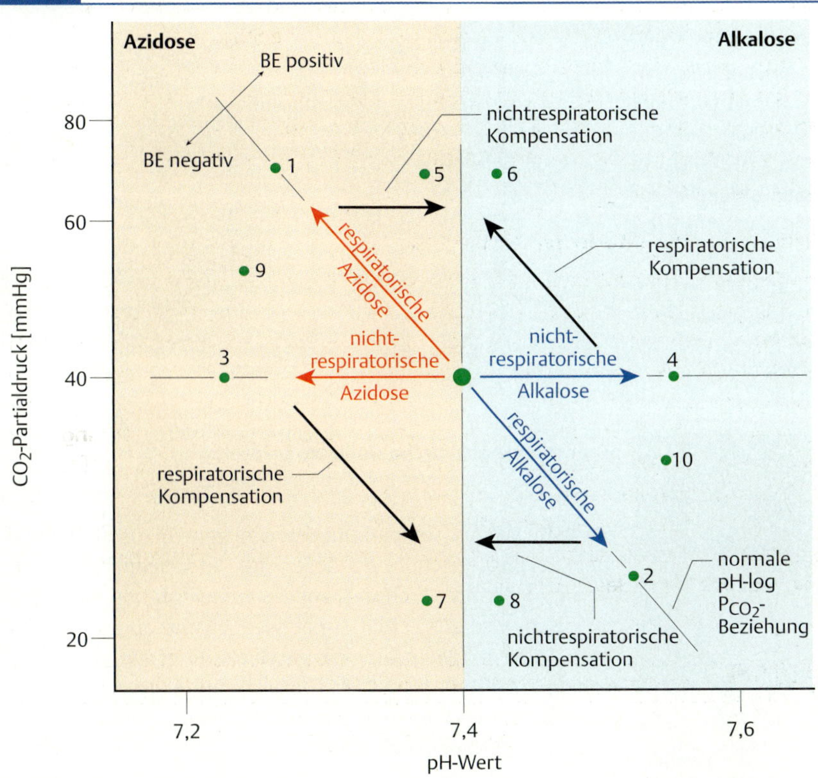


Zusammenfassende Darstellung der Regulationsvorgänge im Säure-Basen-Haushalt. Das halblogarithmische pH-/$P_{CO_2}$-Diagramm zeigt **primäre Störungen** (bunte Pfeile) sowie **kompensatorische Gegenregulationen** (schwarze Pfeile).

**1** rein respiratorische Azidose
**2** rein respiratorische Alkalose
**3** rein nichtrespiratorische Azidose
**4** rein nichtrespiratorische Alkalose
**5** kompensierte respiratorische Azidose
**6** kompensierte nichtrespiratorische Alkalose
**7** kompensierte nichtrespiratorische Azidose
**8** kompensierte respiratorische Alkalose
**9** kombinierte respiratorische und nichtrespiratorische Azidose
**10** kombinierte respiratorische und nichtrespiratorische Alkalose

## ▸ ver$_k$lin$_i$kte Vorklinik: COPD

**Anamnese:** An einem Samstagabend wird Herr Eberhard Brennschmidt vom Notarzt wegen zunehmender Atemnot stationär eingeliefert. Bei Herrn Brennschmidt ist seit über 10 Jahren eine chronisch-obstruktive Lungenerkrankung (COPD = chronic obstructive pulmonary disease) bekannt. Am Donnerstag vor Aufnahme fühlte er sich schwach und leicht „grippig", hat diese Symptome aber nicht ernst genommen. Am Freitag tritt dann verstärkt Husten auf, am Samstag Fieber, starker Husten mit gelb-grünem Sputum und eine zunehmend schlimmer werdende Dyspnoe.

Außer an der COPD leidet Herr Brennschmidt ab und zu unter Gichtanfällen. Trotz der Lungenkrankheit hat er es noch nicht geschafft, das Rauchen aufzugeben.

**Medikamentenanamnese:** Wegen der Gicht nimmt er 300 mg Allopurinol am Tag. Für die COPD hat er ein Sultanol-Spray und ein Dosieraerosol mit Ipratropiumbromid, außerdem Theophyllinkapseln, von denen er zweimal täglich 350 mg schluckt.

**Familienanamnese:** Auch sein Vater war starker Raucher und ist mit 65 Jahren an einem Bronchialkarzinom verstorben.

**Körperliche Untersuchung:** 71-jähriger, adipöser Patient (175 cm, 92 kg) in deutlich reduziertem Allgemeinzustand. Blutdruck 155/85 mmHg (< 130/85 mmHg), Puls 90/min (50 – 100/min), Körperkerntemperatur 38,9 °C (36 – 38 °C). An den Händen fallen Uhrglasnägel und Trommelschlegelfinger auf, die Lippen sind bläulich, der Brustkorb ist fassförmig. Bei der Auskultation sind die Herztöne nur leise zu hören, auch das Atemgeräusch ist auf der linken Seite und der rechten Lungenspitze leise, mit vereinzelt leisem ex- und inspiratorischem Pfeifen. Ab dem rechten Mittelfeld sind feuchte Rasselgeräusche hörbar.

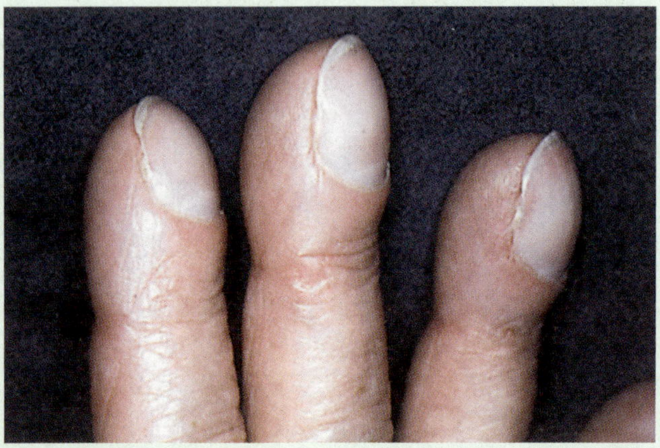

**Trommelschlegelfinger.**

**Laboruntersuchungen** (Angabe der jeweiligen Normwerte in Klammern): Kalium 5,2 mmol/l (3,5 – 5 mmol/l), Albumin 3,3 g/dl (3,6 – 5,5 g/dl), CRP 68 mg/l (< 10 mg/l), Fibrinogen 605 mg/dl (180 – 450 mg/dl), Interleukin-6 86 pg/ml (< 10 pg/ml), Blutsenkung 40/65 mm (< 10/20 mm nach 1 h/2 h). Hämoglobin 18,1 g/dl (13 – 18 g/dl), Leukozyten 16,2 Mio/ml (4 – 11 Mio/ml).

**Differenzialblutbild:** neutrophile Leukozyten 84 % (45 – 74 %), eosinophile L. 0 % (0 – 7 %), basophile L. 0 % (0 – 2 %), Lymphozyten 12 % (16 – 45 %), Monozyten 4 % (4 – 10 %).

Die anderen Laborparameter, insbesondere Natrium, Kreatinin und Harnstoff, liegen im Normbereich.

**Arterielle Blutgasanalyse (BGA):** $P_{O_2}$ 54 mmHg (71 – 104 mmHg), $P_{CO_2}$ 53 mmHg (32 – 43 mmHg), pH 7,33 (7,37 – 7,45), Standardbikarbonat 31 mmol/l (22 – 26 mmol/l), Basenexzess +5 mmol/l (– 3 bis +3).

**12-Kanal-EKG:** Leichte Sinustachykardie (92/min), $S_I$-$S_{III}$-Sagittaltyp, verbreiterte P-Welle, Rechtsherzhypertrophie, keine Erregungsrückbildungsstörungen.

**Röntgenaufnahme des Thorax in zwei Ebenen:** Rechtsverbreitertes Herz, Lungenemphysem in beiden Lungenoberfeldern, im rechten Unter- und Mittellappen großfleckige pneumonische Infiltrate als Zeichen einer Pneumonie der rechten Lunge.

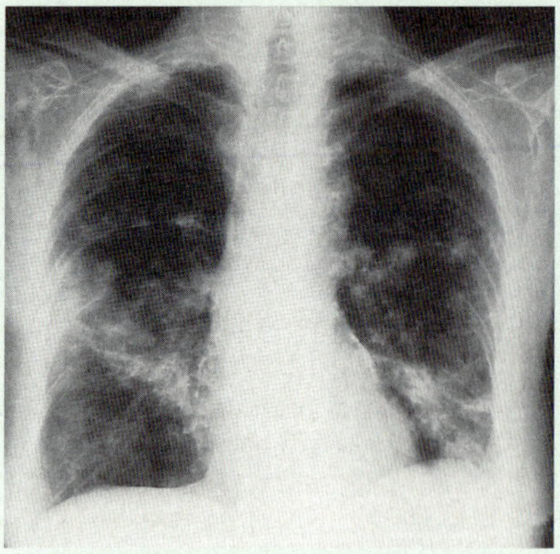

**Bronchopneumonische Infiltrate beidseits.**
Darstellung des oben beschriebenen Befunds.

**Verlauf:** Wegen seines schlechten Allgemeinzustandes und der respiratorischen Azidose mit niedrigem $P_{O_2}$-Wert kommt Herr Brennschmidt auf die Intensivstation. Bronchoskopisch wird aus seiner Lunge viel Schleim abgesaugt und eine Probe zur Mikrobiologie geschickt. Er erhält Infusionen mit dem Antibiotikum Ciprofloxacin, sein Allgemeinzustand wird in der Nacht zunächst weder besser noch schlechter. Da der Interleukin-6-Wert (Entzündungsparameter) am nächsten Morgen gefallen ist, wird die antibiotische Therapie fortgeführt. Als Erreger wird Pseudomonas aeruginosa festgestellt, sensibel auf Ciprofloxacin. Langsam bessern sich der Allgemeinzustand des Patienten und auch alle Entzündungsparameter. Die Genesung verläuft aber schleppend und Herr Brennschmidt bleibt insgesamt drei Wochen stationär. In den nächsten Jahren kommt es wiederholt zu Infektexazerbationen der COPD und die Lungenfunktionen verschlechtern sich. Erst als die Blutgase so schlecht werden, dass die Indikation für eine ständige Sauerstofftherapie besteht, hört Herr Brennschmidt mit dem Rauchen auf.

**Fragen mit physiologischem Schwerpunkt:**

1. Welche Störung des Säure-Base-Haushaltes liegt bei Herrn Brennschmidt genau vor?
2. Der Hb-Wert des Patienten ist mit 18 g/dl deutlich erhöht. Können Sie sich erklären, wie dieser erhöhte Hämoglobinwert mit der Grunderkrankung zusammenhängt?
3. Warum tritt eine Zyanose bei Patienten mit Polyglobulie früher in Erscheinung als bei Patienten mit normalen oder erniedrigten Hb-Werten?
4. Warum muss eine $O_2$-Gabe bei Patienten mit respiratorischer Globalinsuffizienz initial unter Kontrolle der Blutgase erfolgen?

**Antwortkommentare:**

**Zu 1.** Die Blutgasanalyse (BGA) zeigt eine teilkompensierte respiratorische Azidose: Der pH-Wert ist (noch) erniedrigt, der $P_{CO_2}$-Wert, das Standardbikarbonat und der Basenexzess sind erhöht. Primär respiratorische Störungen werden metabolisch (bzw. nichtrespiratorisch) kompensiert (s. S. 281). Die respiratorische Azidose ist eine typische Komplikation bei Patienten mit chronisch-obstruktiver Lungenerkrankung. Während der Inspiration sinkt der intrathorakale Druck, so dass die Atemwege erweitert werden; obstruktive Lungenerkrankungen betreffen daher in erster Linie die Exspiration. Durch den erhöhten Atemwegswiderstand ist für die Ausatmung ein erhöhter Druck notwendig, die Atemarbeit nimmt deutlich zu. Folge ist eine verminderte Abatmung des Stoffwechselproduktes Kohlendioxid, so dass der $CO_2$-Partialdruck ansteigt. Durch eine kompensatorische Hyperventilation kann der Patient den $PCO_2$-Wert eine Zeit lang konstant halten oder sogar senken, mit zunehmender Überforderung der Atemmuskulatur kommt es aber zu einer Hypoventilation mit Hyperkapnie ($PCO_2$-Wert im Blut?) und respiratorischer Azidose.

**Zu 2.** Eine Erhöhung des Hb-Wertes wird als Polyglobulie bezeichnet. Die Hypoxie, also ein sinkender $O_2$-Partialdruck im arteriellen Blut, führt zu einer kompensatorischen Ausschüttung von Erythropoietin in der Niere (s. S. 314). Erythropoietin stimuliert die Ausreifung und Proliferation von Erythrozyten. Klinisch äußert sich eine Polyglobulie durch eine Rötung der Gesichtshaut (Plethora), Schwindel und Kopfschmerzen.

**Zu 3.** Eine Zyanose, also eine Blaufärbung von Haut und Schleimhäuten, entsteht, wenn der Anteil des nichtoxygenierten Hämoglobins auf > 5 g/dl ansteigt (s. S. 248). Der bei Patienten mit Polyglobulie erhöhte Hämoglobinwert führt dazu, dass sich eine Zyanose hier frühzeitig manifestiert. Umgekehrt lässt sich eine Zyanose bei schweren Anämien mit Hb-Werten < 5 g/dl trotz deutlich verminderter $O_2$-Sättigung des arteriellen Blutes klinisch kaum mehr nachweisen.

**Zu 4.** Bei Herrn Brennschmidt ist der $PO_2$-Wert erniedrigt und der $PCO_2$-Wert erhöht, es liegt eine respiratorische Globalinsuffizienz vor (s. „verklinikte Vorklinik"-Fall Lungenembolie, S. 265). Der wichtigste physiologische Atemantrieb ist ein Anstieg des $CO_2$-Partialdrucks (Hyperkapnie, s.o.). Patienten mit respiratorischer Globalinsuffizienz sind allerdings an einen chronisch erhöhten $PCO_2$-Wert adaptiert, sodass die Hyperkapnie nicht mehr als Atemantrieb wirkt. In diesem Fall übernimmt der abnehmende $O_2$-Partialdruck (Hypoxämie) die Funktion des Atemantriebs. Wird dem Patienten jetzt unkontrolliert Sauerstoff zugeführt, fällt auch der letzte Atemantrieb weg, der $PCO_2$-Wert steigt weiter an. Die Patienten werden durch eine akute $CO_2$-Narkose in Lebensgefahr gebracht. Daher gilt: Eine $O_2$-Gabe bei respiratorischer Globalinsuffizienz darf nur unter Kontrolle der Blutgase erfolgen! Zeigt sich in der Blutgasanalyse eine Zunahme der Hyperkapnie, sollte eine kontrollierte Beatmung mit geregelter $O_2$-Aufnahme und $CO_2$-Abgabe durchgeführt werden.

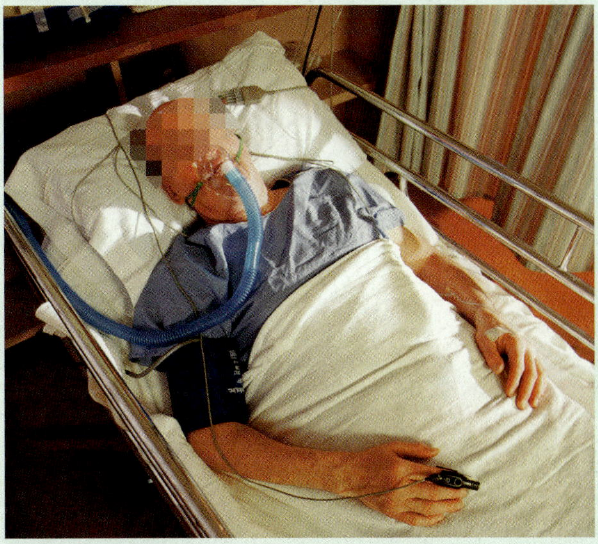

**Beatmeter Patient.**

# Niere und Salz-/Wasserhaushalt

# 10 Niere und Salz-/Wasser-Haushalt

# 10 Niere und Salz-/Wasser-Haushalt

10 Niere und Salz-/Wasser-Haushalt

## 10.1 Funktionen der Niere

10.1 Funktionen der Niere

Die Nieren sind unsere wichtigsten Organe zur **Entfernung wasserlöslicher Endprodukte** des Eiweißstoffwechsels und anderer **toxischer Substanzen** wie beispielsweise Medikamente. Darüber hinaus reguliert die Niere den **Volumenhaushalt** des Körpers, sorgt für die **Konstanthaltung der Elektrolytkonzentration** und ist maßgeblich an der Ausbildung des **Säure-Basen-Gleichgewichts** beteiligt. Somit ist die Arbeit der Nieren mit ihren Auswirkungen unerlässlich für die Funktion der einzelnen Zelle wie auch der gesamten Homöostase unseres Körpers.

Die Nieren dienen der **Entfernung wasserlöslicher Endprodukte** und **Gifte**. Zusätzlich regulieren sie den **Volumen-, Elektrolyt- und Säure-Basen-Haushalt** des Körpers.

Um diese Aufgaben erfüllen zu können, bedarf es eines **komplizierten Aufbaus** des Organs und einer **hohen Spezifität** der einzelnen Zellen, die sich je nach Lokalisation in ihrer Struktur unterscheiden.

**Aufbau** des Organs und **spezifische Zelltypen** ermöglichen die Vielzahl von Aufgaben.

Von der **Filtration** des Plasmas im Glomerulus, bei der pro Tag 180 l des sog. **Primärharns** entstehen, bis zum Urin, der die Niere verlässt, findet eine Reihe notwendiger Änderungen seiner Zusammensetzung statt. Dies geschieht bei der Passage des Harns durch den Tubulus und das Sammelrohr, die zusammen das harnleitende System eines jeden der ca. 1 Mio. Nephrone bilden. Durch **Sekretion** nicht oder nur teilweise filtrierter Substanzen und durch **Resorption** der für den Körper wertvollen Stoffe (wie z. B. Kochsalz, Zucker, Eiweiß und Wasser) werden die Bestandteile des Harns und seine Konzentration verändert.

Der durch **Filtration** entstandene **Primärharn** (ca. 180 l/d) wird durch **Sekretion** und **Rückresorption** im Tubulussystem in seiner Zusammensetzung verändert.

Für diese Vorgänge sind nicht nur **spezifische Transportsysteme** nötig, die sich in den verschiedenen Tubulusabschnitten unterscheiden, sondern auch der Aufbau eines Milieus, das die nötigen Austauschprozesse zwischen den verschiedenen Kompartimenten ermöglicht. Letzteres ist durch das sog. **Gegenstromprinzip** gewährleistet, dessen Grundlage der haarnadelartige Verlauf sowohl des harnleitenden als auch des kapillären Systems bildet. Das bedeutet, dass durch die parallele Anordnung von ab- und aufsteigendem Tubulus die Flussrichtung des Harns auf dem Weg zum Sammelrohr gegenläufig ist. Gleiches gilt für den Blutstrom in den Vasa recta. Hierdurch ist es möglich, einen **osmotischen Konzentrationsgradienten** von ca. 290 mosmol/l in der Nierenrinde zu bis 1300 mosmol/l im papillennahen Mark aufzubauen und aufrechtzuerhalten (s. Abb. **10.10**, S. 311). Mithilfe dieses Gradienten ist eine **Anpassung der Urinkonzentration** an die Bedürfnisse des Körpers innerhalb einer großen Schwankungsbreite möglich.

Dafür werden **spezifische Transportsysteme** entlang des Tubulussystems benötigt. Das sog. **Gegenstromprinzip** des harnleitenden Systems und der versorgenden Blutgefäße ermöglicht den Aufbau eines **osmotischen Konzentrationsgradienten** von Nierenrinde zu Nierenmark (s. Abb. **10.10**, S. 311). Dadurch kann die **Urinkonzentration** an die Bedüfnisse des Körpers **angepasst** werden.

**▶ Merke.** Spezifische Transportsysteme in den unterschiedlichen Tubulusabschnitten und das tubuläre sowie kapilläre Gegenstromprinzip im Nierenmark ermöglichen der Niere Veränderungen des filtrierten Primärharns, die genau auf den Hydratationszustand und den Elektrolythaushalt des Körpers abgestimmt sind.

**▶ Merke.**

Bei der Regulation der Homöostase sind **Hormone** beteiligt, die insbesondere für die **Feinabstimmung** am Ende des intrarenalen harnleitenden Systems wichtig sind.

An der **Regulation** der Homöostase sind **Hormone** beteiligt.

Neben ihrer Funktion als Ausscheidungsorgan ist die Niere als Ort der **Glukoneogenese** und des **Proteinabbaus** auch am Stoffwechsel beteiligt.

Metabolische Aufgaben der Niere sind **Glukoneogenese** und **Proteinabbau**.

Als **endokrines Organ** spielt sie eine Rolle für die Blutbildung (**Erythropoietinsynthese** in der Nierenrinde) und den Knochenstoffwechsel (renale Hydroxylierung des 25-OH-Cholecalciferol zu **Kalzitriol**).

Durch die Bildung von **Erythropoietin** und **Kalzitriol** spielt sie auch als **endokrines Organ** eine Rolle.

## 10.2 Anatomische Grundlagen

10.2 Anatomische Grundlagen

**Größe, Gewicht, Lage:** Die Nieren sind paarig angelegte, bohnenförmige, rotbraune Organe. Eine Niere des **Erwachsenen** ist 10 – 12 cm lang, 5 – 6 cm breit, 4 cm dick und wiegt zwischen 150 – 300 g. Sie liegt zusammen mit der Nebenniere in einem Fettpolster des Retroperitonealraums, der sog. **Fettkapsel**, welche eine wichtige Rolle für die Lageerhaltung der Niere spielt. Da die Fettkapsel gleichzeitig als Speicherfett dient, wird sie bei Hungerzuständen eingeschmolzen, was die Verschieblichkeit der Niere erhöht.

**Größe, Gewicht, Lage:** Eine Niere des **Erwachsenen** ist 10 – 12 cm lang, 5 – 6 cm breit, 4 cm dick und wiegt 150 – 300 g. Sie liegt retroperitoneal zusammen mit der Nebenniere in einem Fettpolster, der sog. **Fettkapsel**, welche eine wichtige Rolle für die Lageerhaltung der Niere spielt.

10.1

**10.1 Anatomischer Aufbau der Niere**

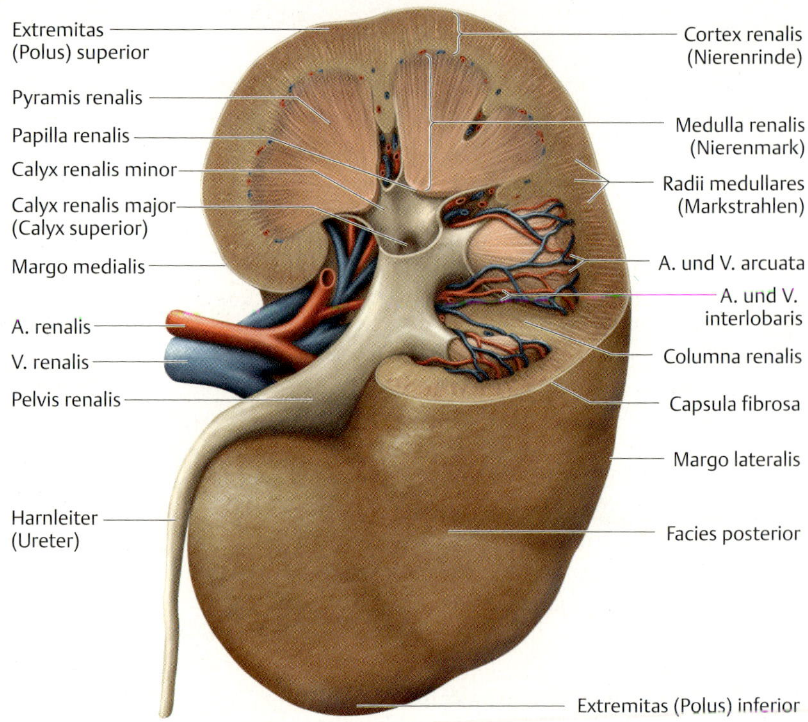


**Aufbau:** Die menschliche Niere besteht aus einer etwa 1 cm breiten rötlichbraun gefärbten **Rinde** (Abb. **10.1**), an die sich nach innen das kegelförmige **Nierenmark** anschließt. Die Markkegel ragen mit ihrer Spitze **(Papille)** in das Nierenbecken vor. An der Oberfläche der Papillen münden die Ductus papillares. Innerhalb der **Markstrahlen** und dem eigentlichen Mark verlaufen alle Blutgefäße (s. u.) und Tubuli in gerader Richtung, während in der übrigen Rinde die Strukturen gewunden sind.

**Aufbau:** Die menschliche Niere besteht aus bis zu 14 keilförmigen, miteinander verschmolzenen Nierenlappen. Diese Lappen werden zur Nierenoberfläche hin durch die etwa 1 cm breite rötlichbraun gefärbte **Rinde** begrenzt (Abb. **10.1**). Nach innen schließt sich für jeden Lappen das kegelförmige **Nierenmark** an. Diese Markkegel ragen mit ihrer Spitze, der Innenzone des Markes **(Papille)**, in das Nierenbecken vor. An der Oberfläche der Papillen münden die Ductus papillares als Endabschnitte des Sammelrohrsystems. Das Nierenmark stülpt sich in gewissen Abständen auch in die Nierenrinde hinein und bildet darin die Markstrahlen. Innerhalb der **Markstrahlen** und dem eigentlichen Mark verlaufen alle Blutgefäße (s. u.) und Tubuli in gerader Richtung, während in der übrigen Rinde die Strukturen gewunden sind (Glomeruli, Tubuli).

**Innervation:** Die nervale Steuerung über **sympathische Fasern** ist wichtig für die Nierendurchblutung (s. S. 294), Reninfreisetzung und Salzresorption.

**Innervation:** Die nervale Steuerung der Niere erfolgt ausschließlich über **sympathische Fasern** und spielt eine wichtige Rolle bei der Regulation der Nierendurchblutung (s. S. 294), der Reninfreisetzung und der Salzresorption.

10.3 Durchblutung der Niere

10.3.1 Nierengefäße

Das Blut gelangt über die **Nierenarterie** und ein nachgeschaltetes Verzweigungssystem (Abb. **10.2**) zu den 1 – 1,5 Mio. **afferenten Arteriolen** einer Niere, welche an ihrem Ende in die **Glomeruli** (s. Abb. **10.3**, S. 295) übergehen; dort wird der **Primärharn** abgefiltert. Aus dem Glomerulus fließt das Blut über die **efferente Arteriole** ab.

## 10.3 Durchblutung der Niere

### 10.3.1 Nierengefäße

Das Blut gelangt über die **Nierenarterie** (A. renalis) und ein nachgeschaltetes Verzweigungssystem (Interlobararterien [Aa. interlobares], Bogenarterien [Aa. arcuatae], Interlobulararterien [Aa. interlobulares], Abb. **10.2**) zu den 1 – 1,5 Mio. **afferenten Arteriolen** (Vasa afferentes) einer Niere, welche an ihrem Ende in kugelförmige Kapillarknäuel, die **Glomeruli** (Nierenkörperchen, s. Abb. **10.3**, S. 295) übergehen. Hier wird der **Primärharn** abgefiltert. Aus den Glomeruli fließt das Blut über **efferente Arteriolen** (Vasa efferentes) ab, welche sich dann in das peritubuläre Kapillarsystem verzweigen und so das Nierenparenchym in Rinde und Mark versorgen.

10.2 Das Nierengefäßsystem

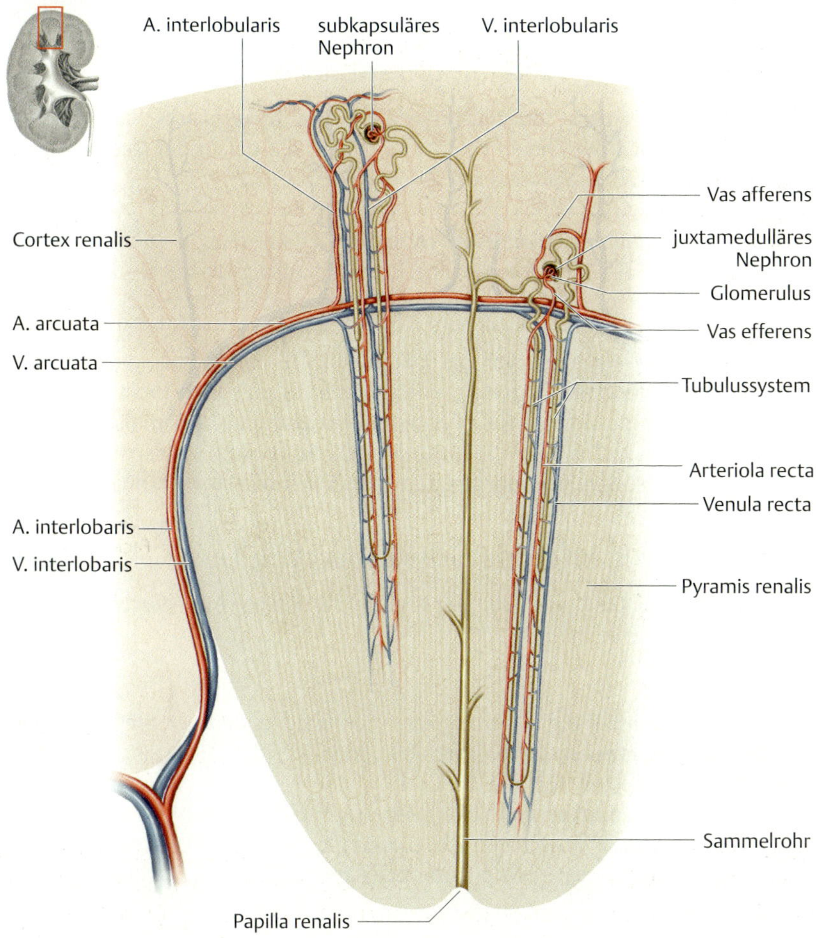


10.2

## 10.3.2 Aufgaben der Nierendurchblutung

Die Durchblutung der Niere
- muss für eine ausreichende **Versorgung mit Nährstoffen** sorgen,
- bestimmt das **Blutvolumen**, das pro Zeiteinheit **filtriert** wird und
- beeinflusst die **Salz- und Wasserresorption.**

Beim Erwachsenen erhalten beide Nieren zusammen normalerweise ca. **20–25% des Herzminutenvolumens** in Ruhe, also ca. 1,0–1,2 l Blut pro Minute. Bei einem Anteil von lediglich 0,4% des Körpergewichts entspricht dies einer sehr **hohen spezifischen Gewebedurchblutung** (Durchblutung pro Gramm Gewebe) von **4 ml** $\times$ **min**$^{-1}$ $\times$ **g**$^{-1}$ (also 400 ml $\times$ min$^{-1}$ $\times$ dl$^{-1}$, vgl. Abb. **5.38**, S. 152).

**► Merke.** Die Besonderheit der Niere ist ein **doppeltes Kapillarnetz**, wobei nur durch das zweite, peritubulär gelegene die **Versorgung** des renalen Gewebes gewährleistet wird. Die vorgeschalteten Glomeruluskapillaren dienen der **Filtration** mit Gewinnung des Primärharns. Diese Aufgabe der Niere erklärt auch die Notwendigkeit einer so hohen spezifischen Gewebedurchblutung.

Somit unterscheidet sich die Niere von anderen Organen dadurch, dass nicht der Sauerstoffbedarf Grund der hohen Durchblutung ist, sondern die notwendige Filtration. Die arteriovenöse $O_2$-Differenz (s. S. 253) ist gegenüber anderen Organen relativ niedrig. Benötigt wird der Sauerstoff insbesondere für primär aktive

### 10.3.2 Aufgaben der Nierendurchblutung

Die Nierendurchblutung bestimmt die **Versorgung mit Nährstoffen**, das pro Zeiteinheit **filtrierte Blutvolumen** und beeinflusst die **Salz- und Wasserresorption**.

Beide Nieren eines Erwachsenen erhalten ca. **20–25% des Herzminutenvolumens** in Ruhe, d. h. ca. 1,0–1,2 l Blut/min. Dies entspricht einer sehr **hohen spezifischen Gewebedurchblutung** von **4 ml** $\times$ **min**$^{-1}$ $\times$ **g**$^{-1}$.

**► Merke.**

Transportprozesse, wie z. B. den Betrieb der ATP-verbrauchenden $Na^+/K^+$-Pumpe, die den für die $Na^+$-Resorption notwendigen transzellulären Gradienten erzeugt.

#### 10.3.3 Intrarenale Verteilung des Blutflusses

Die Blutversorgung des **Nierenmarks** erfolgt ausschließlich über die **efferenten Arteriolen** der juxtamedullären Glomeruli (Abb. **10.2**).

► Merke.

### 10.3.3 Intrarenale Verteilung des Blutflusses

Hervorzuheben ist, dass die Blutversorgung des **Nierenmarks** nur über die **efferenten Arteriolen** derjenigen Glomeruli erfolgt, die tief in der Rinde, nahe an der Rinden-Mark-Grenze (juxtamedullär) liegen (Abb. **10.2**).

► Merke. Aufgrund dieses speziellen Verteilungssystems fließen > **90 % des renalen Blutstroms** nur durch die **Nierenrinde**. Das Mark, das mehr als ein Drittel der Nierenmasse ausmacht, erhält dagegen < 10 % des renalen Blutstroms!

Diese Arteriolen ziehen als **Vasa recta** in Richtung Pyramidenspitze und verzweigen sich im Mark zu **Kapillaren**. Der sich anschließende venöse Schenkel läuft parallel zum arteriellen wieder Richtung Rinde.

Diese postglomerulären Arteriolen der juxtamedullären Glomeruli gabeln sich und verlaufen dann geometrisch streng geordnet geradlinig als **Vasa recta** in Richtung Pyramidenspitze. Eine Verzweigung findet erst zur Bildung der **Kapillaren** statt, die das Parenchym von Außen- und Innenzone des Marks versorgen. Anschließend läuft der jeweilige venöse Schenkel parallel zum arteriellen wieder Richtung Rinde.

#### 10.3.4 Determinanten der Nierendurchblutung

Der **renale Blutfluss (RBF)** wird von ΔP zwischen A. und V. renalis und dem intrarenalen Gefäßwiderstand bestimmt:

$$RBF = \frac{\Delta P}{R}\ [ml/min].$$

**Afferente** und **efferente Arteriolen** sind die wichtigsten Angriffsorte für die Regulation der Nierendurchblutung: Über die Regulierung ihres Widerstands werden **Blutdruck** und **Blutfluss** innerhalb der Glomeruluskapillaren konstant gehalten.

### 10.3.4 Determinanten der Nierendurchblutung

Der **renale Blutfluss (RBF)** wird von der Blutdruckdifferenz (ΔP) zwischen A. und V. renalis und dem intrarenalen Gefäßwiderstand R bestimmt:

$$RBF = \frac{\Delta P}{R}\ [ml/min].$$

Die die Nierendurchblutung bestimmenden Gefäßwiderstände werden hauptsächlich von den **afferenten** und **efferenten Arteriolen** gebildet, diese sind deshalb die wichtigsten Angriffsorte für die Regulation der Nierendurchblutung. Ziel der physiologischen Regulation von afferentem und efferentem Widerstand ist es, primär den **Blutdruck** innerhalb der Glomeruluskapillaren und sekundär den **Blutfluss** durch die Glomeruluskapillaren konstant zu halten.

#### 10.3.5 Regulationsfaktoren des Nierengefäßwiderstands

**Blutdruck:** Der Widerstand der **afferenten Arteriolen** wird wesentlich durch myogene Reaktion auf den **intraluminalen Blutdruck** bestimmt.

► Merke.

### 10.3.5 Regulationsfaktoren des Nierengefäßwiderstands

**Blutdruck**: Der Widerstand der **afferenten Arteriolen** wird ganz wesentlich vom **intraluminalen Blutdruck** bestimmt: Ein Blutdruckanstieg löst eine Konstriktion und damit eine Widerstandserhöhung aus, während es bei einem Blutdruckabfall zur Dilatation der afferenten Arteriolen und somit zu einer Reduktion des Widerstands kommt.

► Merke. Diese sog. **myogene Reaktion (Bayliss-Effekt)** bewirkt, dass sich der renale Perfusionswiderstand in einem Druckbereich von ca. 80 – 160 mm Hg parallel mit dem Perfusionsdruck ändert und damit der renale Blutfluss ($RBF = \frac{\Delta P}{R}$) in diesem Bereich konstant bleibt, was als **Autoregulation** der renalen Durchblutung bezeichnet wird (s. Abb. **10.4**).

Erst bei einem Blutdruckanstieg auf > 160 mm Hg steigt der RBF deutlich an **(Druckdiurese)**.

Bei einem Blutdruckanstieg auf > 160 mm Hg steigt der RBF deutlich an, dies hat eine erhöhte Harnausscheidung zur Folge **(Druckdiurese)**.
Der zelluläre Mechanismus der myogenen Autoregulation beruht darauf, dass mit zunehmendem Druck die Wandspannung in den Arteriolen steigt (**Laplace-Gesetz**, s. S. 97), wodurch mechanosensitive Kationenkanäle geöffnet werden. Deren Aktivierung depolarisiert die glatten Gefäßmuskelzellen und löst über einen Kalziumeinstrom durch L-Typ-Kalziumkanäle eine Kontraktion aus.

**Neurotransmitter: Noradrenalin** induziert über $\alpha_1$-Rezeptoren Gefäßkonstriktion und damit Widerstandserhöhung; **Dopamin** dilatiert über D-1-Rezeptoren die Arteriolen und senkt den Widerstand.

**Neurotransmitter:** Transmitter aus den sympathischen Nierennerven können den Gefäßwiderstand erhöhen – aber auch erniedrigen. So führt **Noradrenalin** über $\alpha_1$-Rezeptoren zur Gefäßkonstriktion und damit Widerstandserhöhung, während **Dopamin** über D-1-Rezeptoren die Arteriolen dilatiert und damit den Widerstand senkt. Bei stärkerer Aktivierung der Nierennerven überwiegt die konstriktorische Wirkung des Noradrenalins.

**10.3 Nierenkörperchen (Glomerulus)**

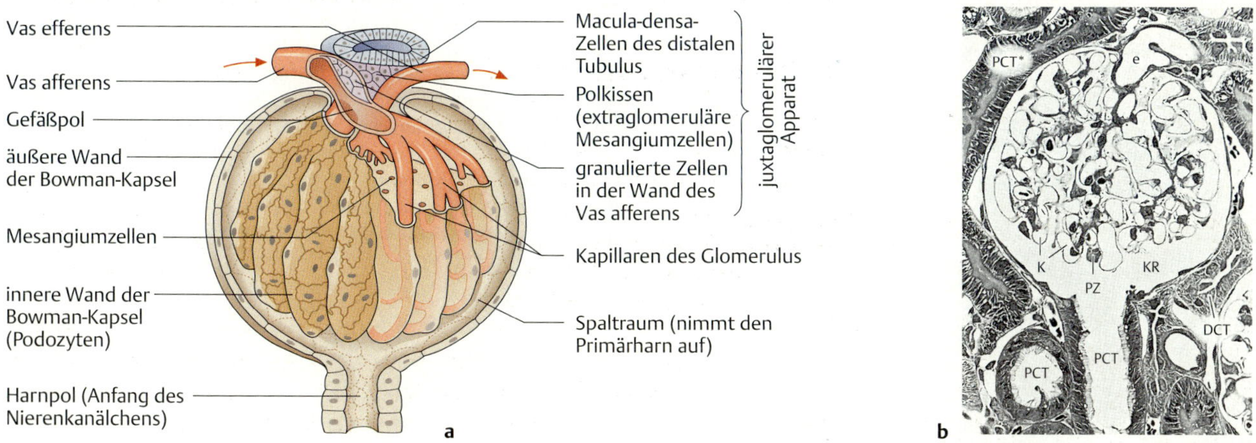


**a Schematische Darstellung** eines angeschnittenen Nierenkörperchens. **b Semidünnschnitt** eines Nierenkörperchens (Ratte, Färbung Hämatoxylin-Säurefuchsin, 300fache Vergrößerung). **DCT** = distaler gewundener Tubulus, **e** = Vas efferens, **K** = Kapillare, **KR** = Kapselraum, **PCT** = proximaler gewundener Tubulus, **PCT*** = proximaler gewundener Tubulus mit kollabiertem Volumen (Fixationsartefakt), **PZ** = Podozyt.

▶ **Klinik.** Ein **Kreislaufschock** (s. S. 157) führt zum einen zu einem Abfall des Blutdrucks, zum anderen durch die mit dem Schockzustand einhergehende Aktivierung des Sympathikus zu einem gleichzeitigen Anstieg des Nierenperfusionswiderstands. In Kombination führt dies zu einer sehr schlechten Durchblutung der Nieren mit der Gefahr eines akuten Nierenversagens. Folgen sind eine deutliche Reduktion der Urinproduktion (Oligurie, evtl. bis hin zur Anurie), bei einer zu spät einsetzenden oder falschen Therapie besteht die Gefahr einer irreversiblen Schädigung des Organs.

▶ **Klinik.**

**Humorale Faktoren:** Die Widerstände der afferenten und efferenten Gefäße werden auch von parakrinen Faktoren sowie von Hormonen beeinflusst:

- Angiotensin II, Serotonin, Endotheline und Thromboxan **erhöhen** den Gefäßwiderstand
- Prostaglandine ($PGE_2$, $PGI_2$), atriales natriuretisches Peptid (ANP) sowie das aus dem Endothel freigesetzte Stickoxid (NO) **senken** den Gefäßwiderstand.

**Humorale Faktoren:**

- Angiotensin II, Serotonin, Endotheline und Thromboxan: **Nierengefäßwiderstand ↑**
- $PGE_2$, $PGI_2$, atriales natriuretisches Peptid (ANP), Stickoxid (NO): **Nierengefäßwiderstand ↓**.

# 10.4 Plasmafiltration

## 10.4.1 Der Glomerulusfilter

**Aufbau eines Glomerulus** (Abb. **10.3**): Die 1 – 1,5 Mio. Glomeruli in jeder Nierenrinde sind die funktionellen Verbindungselemente zwischen dem Blutgefäß- und dem Harnkanalsystem. Sie haben einen Durchmesser von 150 – 300 µm und bestehen aus ca. 30 miteinander anastomosierenden Kapillarschlingen, die aus einer afferenten Arteriole gespeist werden. Ein Glomerulus enthält drei **Zelltypen**:

- gefensterte **Endothelzellen**, welche die Kapillarschlingen innen ausgekleiden,
- **Podozyten**, welche mit langen fußförmigen Fortsätzen als Deckzellen außen auf den Kapillarschlingen aufsitzen, und
- **Mesangiumzellen** im Inneren des Glomerulus, welche der mechanischen Halterung und Stützung der Kapillarschlingen dienen.

**Filtration nach Molekülgröße:** Durch einen **dreilagigen Filter** wird in den Glomeruli aus dem Blutplasma der Primärharn abgefiltert und über die als Trichter wirkende Bowman-Kapsel dem Harnkanalsystem zugeleitet (Tab. **10.1**). Der effektive Porenradius des Glomerulusfilters beträgt ca. 1,5 – 4,5 nm. Es können im Prinzip Moleküle mit einer Masse bis zu 5 kD ungehindert filtriert werden. Darunter fallen

## 10.4 Plasmafiltration

### 10.4.1 Der Glomerulusfilter

**Aufbau eines Glomerulus** (Abb. **10.3**): Die 1 – 1,5 Mio. Glomeruli haben jeweils einen Durchmesser von 150 – 300 µm und bestehen aus anastomosierenden Kapillarschlingen, die aus einer afferenten Arteriole gespeist werden. Ein Glomerulus enthält drei **Zelltypen**:

- gefensterte Endothelzellen,
- Podozyten und
- Mesangiumzellen.

**Filtration nach Molekülgröße:** Durch einen **3-lagigen Filter** wird in den Glomeruli aus dem Blutplasma der Primärharn abgefiltert und über die Bowman-Kapsel dem Harnkanalsystem zugeleitet (Tab. **10.1**). Durch die-

≡ 10.1

≡ 10.1 **Aufbau des glomerulären Filters**

| *Filter* | *Beschreibung* |
|---|---|
| **Endothelzellen** | Die ca. 50–100 nm durchmessenden **Poren der Endothelzellen** im Kapillarinneren verhindern den Durchtritt von Blutzellen. |
| **Basalmembran** | Die dreischichtige ungefähr 300 nm dicke **Basalmembran an der Außenseite der Kapillaren** ist ein mechanischer Filter für Stoffe, deren relative Molekülmasse größer als 400 kD ist. |
| **Podozyten** | Die **Fortsätze der Podozyten** stehen mit verbreiterten Füßchen unmittelbar auf der Basalmembran und lassen zwischen sich Schlitze frei, welche in vivo schmäler als 5 nm sind. |

sen Filter können im Prinzip Moleküle mit einer Masse bis zu 5 kD ungehindert filtriert werden.

Stoffwechselendprodukte (wie Harnstoff, Kreatinin, Harnsäure etc.), aber auch für den Körper wertvolle Substanzen (wie Wasser, Zucker, Aminosäuren, Peptide, Elektrolyte etc.).

▶ Klinik.

▶ **Klinik.** Eine akute Störung der Glomerulusfilterfunktion ist kennzeichnend für die **Glomerulonephritis**, welche verschiedene Ursachen (z. B. Diabetes mellitus, Entzündungen) haben kann. Dabei steht entweder die vermehrte Eiweißausscheidung **(nephrotisches Syndrom)** oder die Ausscheidung von Blutzellen **(nephritisches Syndrom)** im Vordergrund.

**Filtration nach Ladung:** Die **negativ geladene Glykokalix** der Podozytenfortsätze beeinflussen die Moleküldurchlässigkeit noch zusätzlich hinsichtlich der Ladung. Negativ geladene Moleküle (z. B. Plasmaeiweiße) treten schwerer als solche mit positiver Ladung in die Schlitze zwischen den negativ geladenen Podozytenfortsätzen ein.

**Filtration nach Ladung:** Die Fußfortsätze der Podozyten sind von einer dicken **negativ geladenen Glykokalix** (Glykoproteine, Glykolipide) überzogen, welche die Moleküldurchlässigkeit durch die Filtrationsschlitze zusätzlich je nach Ladung der Stoffe beeinflusst. Damit spielt neben der mechanischen Einschränkung durch die Molekülgröße auch die Nettoladung der Moleküle eine wichtige Rolle für die Filtrierbarkeit: Negativ geladene Moleküle gelangen schwerer durch die Schlitze zwischen den Podozytenfortsätzen hindurch als positiv geladene. Das ist funktionell besonders für die Filtration von Plasmaproteinen relevant, da diese in der Regel eine negative Ladung tragen, was zusätzlich zu ihrer Größe ihre Filtrierbarkeit reduziert.

### 10.4.2 Regulation der glomerulären Filtration

Durch die Druckdifferenz zwischen dem Kapillarlumen und der Bowman-Kapsel werden ca. 20 % des hindurchfließenden Plasmavolumens als Primärharn abfiltriert. Diese **glomeruläre Filtrationsrate (GFR)** entspricht ca. 125 ml/min.

$$GFR = KF \times p_{eff} \text{ [ml/min bzw. l/d]}$$

(KF = Filtrationskoeffizient, $p_{eff}$ = effektiver Filtrationsdruck).

Physiologischer Regelfaktor der GFR ist der **effektive Filtrationsdruck**, der sich aus der Differenz der hydrostatischen Drücke (Blutdruck) und der Differenz der onkotischen Drücke zwischen dem Kapillarinneren und der Bowman-Kapsel ergibt:

$$p_{eff} = \Delta p - \Delta\pi.$$

Im Normalfall beträgt der mittlere effektive Filtrationsdruck im Glomerulus 5 mm Hg (0,7 kPa). Der mittlere effektive Filtrationsdruck und in Folge die GFR hängen ganz wesentlich von $p_{Kap}$ und $\pi_{Kap}$ am Eintritt in das Glomerulus ab (Tab. **10.2**).

Der onkotische Druck des Plasmas wird hauptsächlich von **Albumin** bestimmt und ist im Normalfall weitgehend konstant. Wesentlich variabler ist hingegen der Blutdruck, welcher den hydrostatischen Druck in den Kapillaren bestimmt.

## 10.4.2 Regulation der glomerulären Filtration

Aufgrund der Druckdifferenz zwischen dem Kapillarlumen und der Bowman-Kapsel werden etwa 20 % des hindurchfließenden Plasmavolumens als wässriger, zellfreier, eiweißarmer Primärharn abfiltriert. So werden beim Erwachsenen im Normalfall in beiden Nieren zusammen ca. 125 ml Plasma-Ultrafiltrat pro Minute als Primärharn erzeugt. Hierbei handelt es sich um die sog. **glomeruläre Filtrationsrate (GFR).**

Die GFR ergibt sich als Produkt aus dem **Filtrationskoeffizienten** (KF) der Nieren und dem **effektiven Filtrationsdruck** ($p_{eff}$):

$$GFR = KF \times p_{eff} \text{ [ml/min bzw. l/d]}.$$

Der **effektive Filtrationsdruck** ist der physiologische Regelfaktor der GFR. In seine Berechnung gehen die Differenz der hydrostatischen Drücke zwischen dem Kapillarlumen und dem Innenraum der Bowman-Kapsel ($p_{Kap} - p_{Bowman}$) und die Differenz der entsprechenden durch die Eiweißmoleküle bedingten onkotischen Drücke ($\pi_{Kap} - \pi_{Bowman}$) ein:

$$p_{eff} = \Delta p - \Delta\pi$$

Im Normalfall beträgt der mittlere effektive Filtrationsdruck im Glomerulus 5 mm Hg (0,7 kPa). Der mittlere effektive Filtrationsdruck und in Folge die GFR hängen ganz wesentlich von $p_{Kap}$ und $\pi_{Kap}$ am Eintritt in das Glomerulus ab (Tab. **10.2**). Mit zunehmender Flüssigkeitsfiltration im Verlauf der Glomeruluskapillare steigt der kolloidosmotische Druck an, so dass der effektive Filtrationsdruck am Ende der Kapillare gegen Null geht (am Anfang der Glomeruluskapillare liegt $p_{eff}$ ungefähr bei 15 mm Hg).

Der onkotische Druck des Plasmas wird hauptsächlich von **Albumin** bestimmt, welches in der Leber gebildet wird. Solange die Syntheseleistung der Leber normal ist und Albumin nicht über defekte Glomeruli in den Harn verloren geht, ist daher der onkotische Druck des Plasmas konstant. Wesentlich variabler ist hingegen der Blutdruck, welcher den hydrostatischen Druck in den Kapillaren bestimmt (vgl. Tab. **10.2**).

**10.2 Einflussfaktoren auf den Filtrationsdruck bzw. die GFR**

| *Einflussfaktor* | *Auswirkung* | *mögliche Ursachen (Beispiele)* |
|---|---|---|
| $p_{Kap}$ | | |
| Erhöhung | Hyperfiltration → GFR ↑ | Bluthochdruck |
| Erniedrigung | Hypofiltration → GFR ↓ | Blutdruckabfall (Kreislaufschock) |
| $\pi_{Kap}$ | | |
| Erhöhung | Hypofiltration → GFR ↓ | Dehydratation |
| Erniedrigung | Hyperfiltration → GFR ↑ | Störung der Albuminsynthese |

$p_{Kap}$ = hydrostatischer Druck in den Kapillaren; $\pi_{Kap}$ = onkotischer Druck in den Kapillaren

10.2

Neben dem Filtrationsdruck und dem Filtrationskoeffizienten der einzelnen Glomeruli hängt die GFR wesentlich von der Gesamtzahl der filtrierenden Glomeruli ab. Eine anhaltend reduzierte GFR weist auf eine Verminderung der Zahl funktionstüchtiger Glomeruli hin.

Eine anhaltend reduzierte GFR weist auf eine Verminderung der Zahl funktionstüchtiger Glomeruli hin.

▶ **Klinik.** Die Messung der GFR durch Bestimmung der **Kreatinin-Clearance** (s. S. 331) ist eine klinisch wichtige Untersuchungsmethode. Über die Bestimmung der **Serumkreatinin-Konzentration** lässt sich in der klinischen Routine indirekt Information über die GFR gewinnen, da der Serumkreatininspiegel mit der GFR korreliert. Erst wenn die GFR um >50% reduziert ist, steigt der Serumkreatininspiegel über die obere Normgrenze.

▶ Klinik.

## 10.4.3 Konstanthaltung des Filtrationsdrucks

Die Nierenfunktion des Menschen ist auf eine gleichbleibende Filtrationsleistung (GFR) ausgelegt. Deshalb haben sich verschiedene **Mechanismen** entwickelt, um möglichen Schwankungen der GFR durch Änderungen des Blutdrucks und damit von $p_{Kap}$ entgegenzusteuern:

- **Myogene Autoregulation:** Dabei wird der Konstriktionszustand der afferenten Arteriolen vom Blutdruck in der Nierenarterie bestimmt (Abb. **10.4**).
- **Tubuloglomeruläres Feedback (TGF):** Die Macula-densa-Zellen des juxtaglomerulären Apparats wirken an der Konstanthaltung der GFR mit, indem sie bei einer erhöhten Filtrationsrate die damit verbundene Zunahme der Natriumchloridkonzentration detektieren und ein vasokonstriktorisches Signal an die afferenten Arteriolen senden. Über diesen Mechanismus soll die GFR an die Resorptionskapazität des Tubulussystems angepasst werden. Dementsprechend wird das Signal bei erhöhter GFR vermehrt und bei reduzierter GFR vermindert freigesetzt.

**10.4.3 Konstanthaltung des Filtrationsdrucks**

Die folgenden **Mechanismen** steuern möglichen, durch Änderungen des Blutdrucks bedingten Schwankungen der GFR entgegen:

- **myogene Autoregulation** der afferenten Arteriolen (Abb. **10.4**)
- **tubuloglomeruläres Feedback (TGF)** durch die Macula-densa-Zellen des juxtaglomerulären Apparats
- **Freisetzung von Renin** aus den Epitheloidzellen des juxtaglomerulären Apparats mit Bildung des Vasokonstriktorhormons Angiotensin II.

**10.4 Konstanthaltung des Filtrationsdrucks**

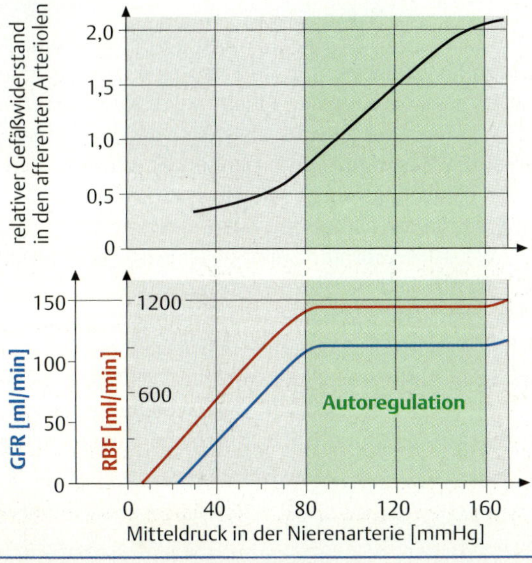


Bei zunehmender Drucksteigerung zwischen 80–160 mm Hg führen die Mechanismen der renalen Autoregulation zur Erhöhung des renalen **Gefäßwiderstandes.** Infolgedessen bleibt der **renale Blutfluss (RBF)** bei Schwankungen des arteriellen Mitteldrucks weitgehend unverändert. Dies führt zu einer ebenfalls konstanten **glomerulären Filtrationsrate (GFR).**

10.4

- **Renin, Angiotensin II:** Sinkt der arterielle Blutdruck unter den Bereich der myogenen Autoregulation (s.o.), sezernieren die Epitheloidzellen des juxtaglomerulären Apparats am glomerulären Ende der afferenten Arteriolen das in ihnen gespeicherte **Renin.** Über das Renin-Angiotensin-Aldosteron-System (s.S. 319) führt Renin zur Bildung des vasokonstriktorischen Hormons **Angiotensin II.** Angiotensin II bewirkt systemisch eine Erhöhung des arteriellen Blutdrucks („das Blut kommt mit erhöhtem Druck in der Niere an") und in der Niere eine Konstriktion vor allem der efferenten Arteriolen („der Abfluss des Blutes aus dem Glomerulus wird erschwert"). Diese beiden Effekte führen gemeinsam zu einem Wiederanstieg des hydrostatischen Drucks in den Glomeruluskapillaren und damit zur Aufrechterhaltung der GFR.

▶ Klinik.

▶ Klinik. Die Stenosierung (=Verengung bis hin zum kompletten Verschluss) einer oder beider Nierenarterien durch arteriosklerotische Plaques oder durch fibromuskuläre Dysplasie (=Proliferation der glatten Muskulatur und des fibrösen Gewebes von Media und Intima) führt zu einer chronisch gesteigerten Reninsekretion mit nachfolgender Entwicklung eines Bluthochdrucks (= **renovaskuläre Hypertonie**).

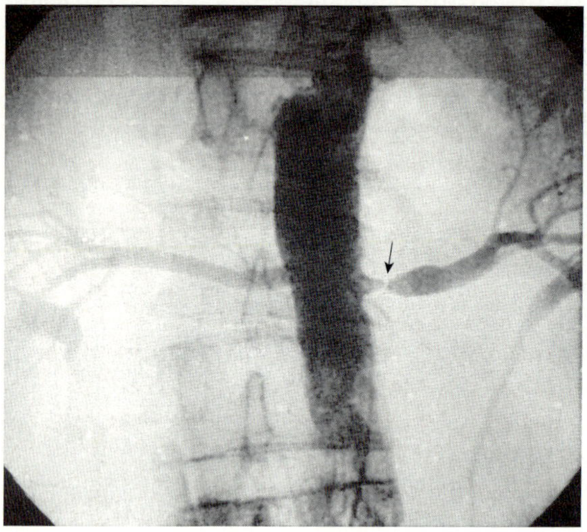

10.5

**Angiografische Darstellung einer Nierenarterienstenose (Pfeil)**

10.5 Resorption und Sekretion von Stoffen durch die Tubuluszellen

# 10.5 Resorption und Sekretion von Stoffen durch die Tubuluszellen

10.5.1 Das Tubulussystem

Unter den im Glomerulus frei filtrierten Stoffen finden sich neben zahlreichen kleinen Molekülen, die für den Körper noch sehr wertvoll sind, niedermolekulare wasserlösliche Stoffwechselendprodukte v. a. des Eiweiß- und des Nukleinsäurestoffwechsels.

Im **Tubulussytem** werden die wertvollen Stoffe rückresorbiert und die giftigen möglichst effizient ausgeschieden.

Man unterscheidet dabei die **absolute** von der **fraktionellen Harnausscheidung** eines Stoffes.

## 10.5.1 Das Tubulussystem

Zahlreiche Moleküle wie Aminosäuren, Oligopeptide, Zucker, Salze und natürlich auch Wasser werden im Glomerulus zunächst frei filtriert, sind aber für den Organismus weiterhin notwendig. Außerdem werden niedermolekulare wasserlösliche Stoffwechselendprodukte vor allem des Eiweiß- und des Nukleinsäurestoffwechsels (z.B. Kreatinin, Harnstoff, Harnsäure und Oxalsäure) filtriert, deren Akkumulation im Körper zu einer Vergiftung führen würde.
Im Kanalsystem **(Tubulussystem)**, das an das Glomerulus anschließt, müssen die für den Organismus wertvollen Stoffe rückresorbiert und gleichzeitig die giftigen Stoffwechselendprodukte möglichst effizient ausgeschieden werden.
Man unterscheidet die **absolute** von der **fraktionellen Harnausscheidung** eines Stoffes. Letztere gibt an, welcher Anteil der glomerulär filtrierten Menge eines Stoffes letztendlich im Urin erscheint. So werden z.B. täglich ca. 180 Liter Wasser glomerulär filtriert, aber nur ca. 1,5 Liter Urinwasser ausgeschieden (=absolute Harnausscheidung). Die fraktionelle Ausscheidung von Wasser beträgt entsprechend $\frac{1,5}{180} \approx 0,01$, also ca. 1 %.

Bedeutsam ist in diesem Zusammenhang auch die sog. **Clearance**, die angibt, welches „fiktive" Plasmavolumen pro Zeiteinheit (z. B. pro Minute) in der Niere vollständig von einem bestimmten Stoff gereinigt wurde. Die Clearance C errechnet sich dabei als

$$C = \frac{K_{Urin} \times \dot{V}_{Urin}}{K_{Plasma}}$$

wobei K die Konzentrationen des Stoffes in Urin und Plasma und $\dot{V}_{Urin}$ die Urinflussrate angeben. Dabei ist zu beachten, dass die Clearance eines Stoffes nicht nur von der glomerulären Filtration, sondern auch davon abhängt, ob er im Tubulussystem noch resorbiert bzw. sezerniert wird.

Die sog. **Clearance** gibt an, welches „fiktive" Plasmavolumen pro Zeiteinheit (z. B. pro Minute) in der Niere vollständig von einem bestimmten Stoff gereinigt wurde:

$$C = \frac{K_{Urin} \times \dot{V}_{Urin}}{K_{Plasma}}$$

► **Klinik.** In der klinischen Praxis kann zur Diagnostik der Nierenfunktion beispielsweise die **Inulin-Clearance** betrachtet werden. Das Saccharid Inulin ist plasmalöslich und wird nur durch Filtration im Glomerulus in den Harn ausgeschieden. Das Plasmavolumen, das pro Zeiteinheit von Inulin gereinigt wurde, entspricht somit der GFR. Die fraktionelle Ausscheidung von Inulin ist 1. Da die intravenöse Dauerinfusion von Inulin relativ aufwendig ist, wird die Inulin-Clearance jedoch nur selten bestimmt. Wesentlich weniger aufwendig ist die Beurteilung der glomerulären Filtration anhand der **Kreatinin-Clearance** (s. S. 331).

► **Klinik.**

Der im Glomerulus erzeugte Primärharn wird dem Harnkanalsystem zur weiteren Aufbereitung bis zum Endharn zugeleitet. Das System der Harnkanälchen besteht aus **Nephronen** und **Sammelrohrsystem**, die sich ontogenetisch separat entwickeln.

Das Harnkanalsystem, besteht aus **Nephronen** und **Sammelrohrsystem**, die sich ontogenetisch separat entwickeln.

**Bestandteile eines Nephrons** (Abb. **10.6**):

- Jedes Nephron beginnt in der Nierenrinde an einem Nierenkörperchen mit einer trichterförmigen Erweiterung der **Bowman-Kapsel**. Eine Niere enthält deshalb genauso viele Nephrone wie Glomeruli (1 – 1,5 Mio.).
- Die Bowman-Kapsel verjüngt sich zum **proximalen Tubulus**, dem dicksten Abschnitt des Nephrons, der fast die Hälfte der gesamten Nephronlänge ausmacht. Er besteht aus einem längeren Anfangsteil, der in der Rinde zunächst ein Konvolut bildet und dann in einen kürzeren geraden Teil übergeht, welcher bereits im Nierenmark bzw. in den Markstrahlen verläuft. Er ist bis zu 2 cm lang und trägt auf der apikalen Membran zahlreiche (6 000 – 7 000 pro Zelle) 1 µm lange Mikrovilli zur Oberflächenvergrößerung. Dieser Bürstensaum ist von einer Glykokalix bedeckt und enthält verschiedene Enzyme wie z. B. Peptidasen, alkalische Phosphatase, Carboanhydrase. In den Zellen des proximalen Tubulus befinden sich zahlreiche Lysosomen und Peroxisomen, die dem Abbau aufgenommener Peptide und Lipide dienen.
- Der gerade Abschnitt des proximalen Tubulus ist der Anfangsteil einer u-förmigen („haarnadelförmigen") Tubulusschleife **(Henle-Schleife)**, welche entweder bereits in der Außenzone des Marks (kurze Schleife) oder erst in der Papille (lange Schleife) des Marks wendet. Der proximale Tubulus verjüngt sich dabei zu einem dünnen Tubulusabschnitt, dem sog. **dünnen absteigenden Teil der Henle-Schleife.**
  - Bei **kurzen Schleifen** kehrt der dünne absteigende Teil direkt in den **dicken aufsteigenden Teil der Henle-Schleife** um.
  - Bei **langen Schleifen** reicht der dünne absteigende Teil der Henle-Schleife unterschiedlich tief in die Papille hinein, kehrt dort in den **dünnen aufsteigenden Teil der Henle-Schleife** um und geht an der Grenze der Innen- und Außenzone des Marks in den **dicken aufsteigenden Teil der Henle-Schleife** über.
- Der dicke aufsteigende Teil der Henle-Schleife läuft geradlinig zu demjenigen Glomerulus zurück in die Nierenrinde, aus dem das Nephron entspringt, und legt sich an den vaskulären Pol des Nierenkörperchens an. Diese Kontaktstelle bezeichnet man als **Macula densa**.
- Beim nächsten Tubulusabschnitt handelt es sich um das **Konvolut des distalen Tubulus**.
- Ihm folgt schließlich das gerade Endstück des Nephrons, das als **Verbindungstubulus** Nephron und Sammelrohrsystem miteinander verbindet.

**Bestandteile eines Nephrons** (Abb. **10.6**): Jedes Nephron beginnt in der Nierenrinde an einem Nierenkörperchen mit einer trichterförmigen Erweiterung der **Bowman-Kapsel**. Die Bowman-Kapsel verjüngt sich zum **proximalen Tubulus**. Er besteht aus einem längeren Anfangsteil, der zuerst als Konvolut in der Rinde liegt, und dann in einen kürzeren geraden Teil übergeht. Auf der apikalen Membran befinden sich zahlreiche Mikrovilli zur Oberflächenvergrößerung. Dieser **Bürstensaum** enthält wichtige Enzyme (z. B. Peptidasen, alkalische Phosphatase, Carboanhydrase). Der gerade Abschnitt des proximalen Tubulus ist bereits der Anfangsteil der **Henle-Schleife** im Nierenmark. Der proximale Tubulus verjüngt sich zu einem dünnen Tubulusabschnitt, dem sog. **dünnen absteigenden Teil der Henle-Schleife**. Dieser wendet und kehrt als **dünner aufsteigender Teil** (nur bei langen Schleifen), gefolgt von einem **dicken aufsteigenden Teil der Henle-Schleife** in die Nierenrinde zurück. Der dicke aufsteigende Teil der Henle-Schleife berührt seinen Ursprungsglomerulus an dessen vaskulärem Pol **(Macula densa)** und geht in das **Konvolut des distalen Tubulus** über. Daran schließt sich das gerade Endstück des Nephrons an, welches als **Verbindungstubulus** das Nephron mit dem Sammelrohrsystem verbindet.

10.6

10.6 **Nephron und Sammelrohrsystem**

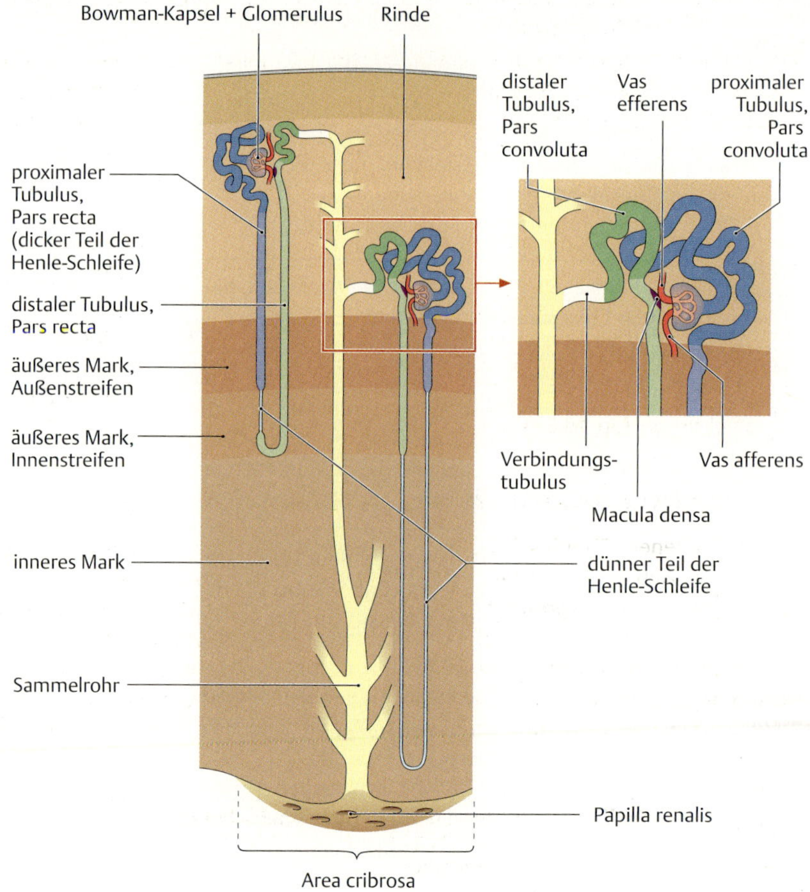


Nephrone sind je nach Länge der Henle-Schleife 3–4 cm lang.

**Sammelrohrsystem** (Abb. **10.6**): Je 8–10 Nephrone münden in die ca. 2 cm langen Sammelrohre. Diese ziehen aus der Rinde zur Papillenspitze und münden als 10–20 Ductus papillares einer Nierenpyramide in das Nierenbecken.

10.5.2 Kompartimentierung des Niereninterstitiums

Das Harnkanalsystem durchzieht je zweimal Nierenrinde und Nierenmark. Die Anordung der Henle-Schleife im Nierenmark und der Verlauf der Vasa recta ermöglichen den Harn- bzw. Blutfluss nach dem sog. **Gegenstromprinzip**. Dabei können die auszutauschenden Substanzen „im Kurzschluss" vom absteigenden zum aufsteigenden Schenkel transportiert werden. Über die gesamte Länge der Gegenstromanlage herrscht somit ein **Diffusionsgradient** (s. S. 311).

Die Nephrone eines Menschen haben je nach Länge der Henle-Schleife eine Gesamtlänge von 3–4 cm.

**Sammelrohrsystem** (Abb. **10.6**): Zwischen 8–10 Nephrone münden in die einzelnen Sammelrohre, die aus der Rinde in Richtung Papillenspitze ziehen. In der Innenzone des Marks konvergieren alle Sammelrohre zu immer größeren Röhren – bis hin zu den 10–20 Ductus papillares einer Pyramide, die schließlich in das Nierenbecken einmünden. Sammelrohre haben eine Länge von durchschnittlich 2 cm.

## 10.5.2 Kompartimentierung des Niereninterstitiums

Das Harnkanalsystem durchzieht zweimal die Nierenrinde (proximaler und distaler Tubulus) und zweimal das Nierenmark (Henle-Schleife und Sammelrohr). Die Anordung der Henle-Schleife im Nierenmark und der Verlauf der Vasa recta (= ab- und aufsteigende Blutgefäße des Nierenmarks) ermöglichen den Harnfluss bzw. Blutfluss nach dem sog. **Gegenstromprinzip**. Die in gegenläufiger Fließrichtung in geringem Abstand parallel zueinander verlaufenden Strukturen können sich gegenseitig bei ihren Austauschvorgängen mit dem Interstitium beeinflussen. Das Prinzip beruht darauf, dass die auszutauschenden Substanzen nicht über die Gesamtlänge der parallel verlaufenden Strukturen geführt werden, sondern sozusagen im Kurzschluss direkt vom absteigenden zum aufsteigenden Schenkel transportiert werden. Infolgedessen herrscht über die gesamte Länge dieser Gegenstromanlage ein **Diffusionsgradient** (s. S. 311).

Das Harnkanalsystem wechselt in seinem Verlauf durch Nierenrinde und -mark jeweils die **Umgebungsbedingungen im Extrazellulärraum** hinsichtlich Sauerstoffkonzentration und Osmolarität:

- Zwischen Rinde und Mark bestehen wesentliche Unterschiede in den **$O_2$-Partialdrücken**. Aufgrund der Kombination aus relativ geringer Durchblutung des Nierenmarks und Gegenstromdiffusion in den Vasa recta nimmt die $O_2$-Versorgung von der Nierenrinde bis zur Papille hin ab. Entsprechend ist der mittlere $O_2$-Druck in der Rinde am höchsten (ca. 80 mmHg) und fällt zur Papillenspitze hin bis auf ca. 10 mmHg ab.
- Die **Osmolarität des Interstitiums** beträgt in der Rinde 290 mosmol/l und steigt bis zur Papillenspitze auf 1300 mosmol/l an (s. Abb. **10.10**, S. 311). Dieser Anstieg der Osmolarität beruht zur einen Hälfte auf einem Anstieg der interstitiellen NaCl-Konzentration und zur anderen Hälfte auf einem Anstieg der interstitiellen Harnstoffkonzentration vor allem in der Papille. Der für die Wasserresorption der Niere außerordentlich wichtige Osmolaritätsgradient entsteht durch das Zusammenspiel der in Tab. **10.5** (s. S. 312) genannten Faktoren.

Das Harnkanalsystem wechselt in seinem Verlauf durch Nierenrinde und -mark die **Umgebungsbedingungen im Extrazellulärraum**:

- In der Nierenrinde ist der **$O_2$-Partialdruck** hoch (ca. 80 mmHg) und fällt bis zur Papillenspitze auf ca. 10 mmHg ab.
- Die **Osmolarität des Interstitiums** beträgt in der Rinde 290 mosmol/l und steigt bis zur Papillenspitze auf 1300 mosmol/l an (Anstieg der interstitiellen NaCl- und Harnstoffkonzentrationen, s. Abb. **10.10**, S. 311).

## 10.5.3 Funktionsspezifität der Nephronabschnitte

Die verschiedenen Tubulusabschnitte erfüllen jeweils spezifische Funktionen (Tab. **10.3** und Abb. **10.7**). Die dafür notwendigen **Funktionsproteine** werden deshalb auch **streng lokalisiert exprimiert.** Dies gilt nicht nur für die **zelluläre** Expression als solche, sondern auch für die **subzelluläre** Lokalisation der Funktionsproteine: Der selektive Einbau entweder in die **luminale** (= in Richtung Tubuluslumen) oder die **basolaterale** (= in Richtung Blutbahn) Zellmembran bestimmt das Funktionsverhalten der verschiedenen Tubuluszellen.

10.5.3 Funktionsspezifität der Nephronabschnitte

Die verschiedenen Tubulusabschnitte erfüllen jeweils spezifische Funktionen (Tab. **10.3** und Abb. **10.7**) und haben dafür **streng lokalisiert exprimierte Funktionsproteine**: Sowohl hinsichtlich der **gesamtzellulären** wie auch **subzellulären** Lokalisation **(luminal, basolateral)**.

**10.3 Kardinalfunktionen der einzelnen Nephronabschnitte**

| *Abschnitt* | *Aufgabe* |
|---|---|
| proximaler Tubulus | **Resorption von:**<br>▪ Elektrolyten (u. a. $Na^+$, $K^+$, $Ca^{2+}$, $Mg^{2+}$, $Cl^-$, $HCO_3^-$)<br>▪ Wasser<br>▪ Zuckern<br>▪ Aminosäuren und Oligopeptiden<br>▪ Harnstoff<br>▪ Urat<br>**Resorption und Sekretion von:**<br>▪ (an)organischen Säurenanionen (z. B. Oxalat)<br>▪ Basenkationen<br>**Sekretion von:**<br>▪ Protonen ($H^+$)<br>▪ Ammoniak ($NH_3$)<br>▪ Harnsäure<br>Glukoneogenese |
| dünner absteigender Teil der Henle-Schleife | **Resorption** von Wasser |
| dünner aufsteigender Teil der Henle-Schleife | **Resorption** von $Na^+$ und $Cl^-$ |
| dicker aufsteigender Teil der Henle-Schleife | **Resorption** von $Na^+$, $K^+$, $Ca^{2+}$, $Mg^{2+}$ und $Cl^-$ |
| distaler Tubulus (gewundener Teil) | **Resorption** von $Na^+$, $Ca^{2+}$, $Mg^{2+}$, $Cl^-$ und Wasser |
| Verbindungstubulus und Sammelrohr | **Resorption von:**<br>▪ $Na^+$ (und $Cl^-$)<br>▪ Wasser<br>▪ Harnstoff<br>**Resorption und Sekretion** von $H^+$ und $HCO_3^-$<br>**Sekretion** von $K^+$ |

10.3

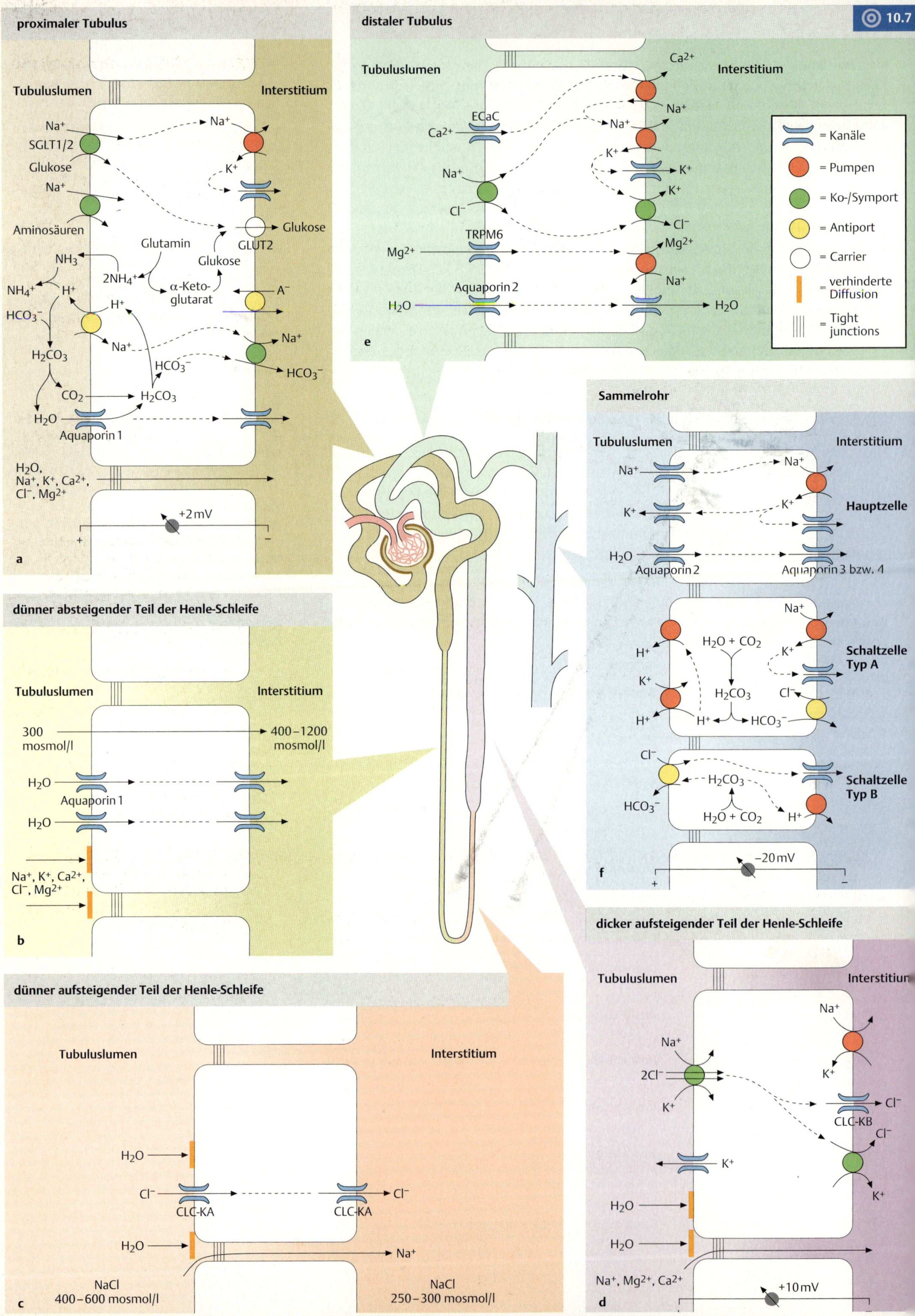
10.7
proximaler Tubulus
Tubuluslumen
Interstitium
Na+
SGLT1/2
Glukose
Na+
Aminosäuren
K+
Glukose
GLUT2
Glutamin
Glukose
NH3
NH4+
H+
2NH4+
α-Keto-glutarat
A−
HCO3−
H+
Na+
Na+
H2CO3
HCO3−
HCO3−
CO2
H2CO3
H2O
Aquaporin 1
H2O, Na+, K+, Ca2+, Cl−, Mg2+
+2 mV
+
−
a
distaler Tubulus
Tubuluslumen
Interstitium
Ca2+
ECaC
Ca2+
Na+
Na+
K+
K+
Na+
K+
Cl−
Cl−
TRPM6
Mg2+
Mg2+
Na+
Aquaporin 2
H2O
H2O
e
= Kanäle
= Pumpen
= Ko-/Symport
= Antiport
= Carrier
= verhinderte Diffusion
= Tight junctions
Sammelrohr
Tubuluslumen
Interstitium
Na+
Na+
K+
K+
Hauptzelle
H2O
Aquaporin 2
Aquaporin 3 bzw. 4
Na+
H+
H2O + CO2
K+
Schaltzelle Typ A
K+
H2CO3
Cl−
H+
H+
HCO3−
Cl−
H2CO3
Schaltzelle Typ B
HCO3−
H2O + CO2
H+
−20 mV
+
−
f
dünner absteigender Teil der Henle-Schleife
Tubuluslumen
Interstitium
300 mosmol/l
400–1200 mosmol/l
H2O
Aquaporin 1
H2O
Na+, K+, Ca2+, Cl−, Mg2+
b
dicker aufsteigender Teil der Henle-Schleife
Tubuluslumen
Interstitium
Na+
Na+
2Cl−
K+
K+
Cl−
CLC-KB
Cl−
K+
K+
H2O
H2O
Na+, Mg2+, Ca2+
+10 mV
d
dünner aufsteigender Teil der Henle-Schleife
Tubuluslumen
Interstitium
H2O
Cl−
CLC-KA
CLC-KA
Cl−
H2O
Na+
NaCl 400–600 mosmol/l
NaCl 250–300 mosmol/l
c

**Beispiel:** Bei der tubulären Natriumresorption haben die verschiedenen Tubuluszellen unterschiedliche luminale Transportsysteme entwickelt; allen gemeinsam ist jedoch die in der basolateralen Membran lokalisierte **$Na^+$-$K^+$-ATPase**, die das aus der Tubulusflüssigkeit eintretende Natrium wieder in die Blutbahn zurückpumpt (s. S. 304).

**Beispiel:** $Na^+$-$K^+$-ATPase an der basolateralen Membran.

## 10.5.4 Ausscheidung harnpflichtiger Substanzen

**Ammoniak:** Das als toxisches Abbauprodukt des Aminosäurestoffwechsels entstehende Ammoniak wird in der Leber teils im **Harnstoff** (s. u.) und teils im **Glutamin** fixiert (s. S. 308). Im proximalen Tubulus der Niere wird Glutamin durch die Glutaminase zu Glutamat desaminiert, welches durch die Glutamatdehydrogenase weiter zu α-Ketoglutarat desaminiert werden kann (Abb. **10.7a**). Die dabei anfallenden $NH_4^+$-Ionen dienen sowohl der renalen Ammoniak- als auch der Säureausscheidung (s. S. 308). Bei (nicht renaler) Azidose kann die Ammoniakbildung deutlich (um den Faktor 10) gesteigert werden und hat somit einen bedeutenden Anteil an der pH-Regulation.

**Ammoniak** wird in der Leber teils im **Harnstoff** und teils im **Glutamin** fixiert. Im proximalen Tubulus der Niere wird Glutamin durch die Glutaminase zu Glutamat desaminiert (Abb. **10.7a**). Dabei anfallende $NH_4^+$-Ionen dienen der renalen Ammoniak- und Säureausscheidung.

**Harnstoff:** Er ist das quantitativ wichtigste Endprodukt des Proteinstoffwechsels und wird in der Leber synthetisiert. Harnstoff wird glomerulär frei filtriert und zu 50 % im proximalen Tubulus durch Diffusion wieder reabsorbiert. Je geringer die Diureserate ist (also je mehr $H_2O$ rückresorbiert wird), desto stärker ist die Konzentrationssteigerung für Harnstoff im Tubulussystem und damit auch die passive Harnstoffrückdiffusion (umgekehrt gilt: Diureserate ↑ → Harnstoff-Clearance ↑ ).
Für die Nierenfunktion ist der Harnstofftransport über spezifische Transporter in den Membranen der Zellen des papillären Sammelrohrs sehr wichtig. Harnstoff gelangt so aus dem Sammelrohr in das Interstitium der Papille, wobei hier Konzentrationen bis zu 600 mmol/l akkumulieren können. Diese hohen interstitiellen Harnstoffkonzentrationen tragen ganz wesentlich zur Fähigkeit der Niere bei, den Urin zu konzentrieren (s. S. 312).

**Harnstoff** wird glomerulär frei filtriert und zu 50 % im proximalen Tubulus durch Diffusion wieder reabsorbiert.

Im Bereich der Papille gelangt Harnstoff über spezifische Transporter aus dem Sammelrohr in das Interstitium. Die dabei möglichen hohen Harnstoff-Konzentrationen bis zu 600 mmol/l tragen wesentlich zur Fähigkeit der Niere bei, den Urin zu konzentrieren (s. S. 312).

**Oxalat** ist ein Produkt des Aminosäurestoffwechsels, wird glomerulär frei filtriert und im proximalen Tubulus (PT) sowohl sezerniert als auch rückresorbiert. Da die Sekretion die Reabsorption jedoch deutlich übersteigt, wird letztlich sogar mehr Oxalat ausgeschieden, als glomerulär filtriert wird.

**Oxalat** wird glomerulär frei filtriert und im PT sezerniert und reabsorbiert. Da Sekretion > Reabsorption, wird letztlich mehr Oxalat ausgeschieden als glomerulär filtriert.

**Harnsäure** ist ein Endprodukt des Purin-Stoffwechsels, wird glomerulär frei filtriert und im unteren Bereich des proximalen Tubulus sezerniert. Letztlich werden jedoch lediglich 10 % der filtrierten Harnsäure ausgeschieden, da im proximalen Tubulus > 90 % der filtrierten Harnsäure als Urat rückresorbiert werden.

**Harnsäure** wird glomerulär frei filtriert, im unteren Bereich des PT auch sezerniert. Im PT werden > 90 % als Urat rückresorbiert, nur 10 % werden ausgeschieden.

**Kreatinin** ist ein Endprodukt des Energiestoffwechsels und wird deshalb ständig in das Blut abgegeben. Es wird glomerulär frei filtriert und passiert das Tubulussystem weitgehend unverändert. Aus diesem Grund kann seine renale Ausscheidung zur Beurteilung der glomerulären Filtrationsrate (GFR) herangezogen werden: Dazu wird aus 0,5 ml Serum und 24-h-Sammelurin die **Kreatinin-Clearance** bestimmt (Formel zur Berechnung s. S. 331). Eine verminderte Clearance zeigt eine Abnahme der GFR an und umgekehrt.
Geht man davon aus, dass Kreatinin mit annähernd konstanter Rate aus der Muskulatur freigesetzt wird, hat eine reduzierte renale Clearance eine erhöhte Plasmakreatininkonzentration zur Folge. Erhöhte Plasmakonzentrationen von Kreatinin sind also bereits ein Anzeichen für eine Reduktion der glomerulären Filtration. Allerdings muss beachtet werden, dass auch Muskelarbeit zu einem kurzfristigen Anstieg der Plasmakreatininkonzentration führen kann.

**Kreatinin** wird glomerulär frei filtriert und passiert das Tubulussystem fast unverändert. Seine renale Ausscheidung **(Kreatinin-Clearance)** dient der Beurteilung der glomerulären Filtrationsrate (GFR).

▶ Klinik.

▶ Klinik. Bei niereninsuffizienten Patienten wird die **Dialyse** zur künstlichen Elimination von akkumulierten harnpflichtigen Substanzen, Wasser und Elektrolyten verwendet. Bei der **Hämodialyse** wird Blut außerhalb des Körpers über semipermeable Membranen geleitet, durch welche die zu eliminierenden Stoffe in eine externe Elektrolytlösung (Dialysat) diffundieren. Bei der **Peritonealdialyse** wird der Peritonealraum wiederholt mit hypertonen (Zucker-)Lösungen gespült. Dabei dient das Peritoneum selbst als semipermeable Membran (s. S. 6), durch welche die auszuscheidenden niedermolekularen Stoffe wandern.

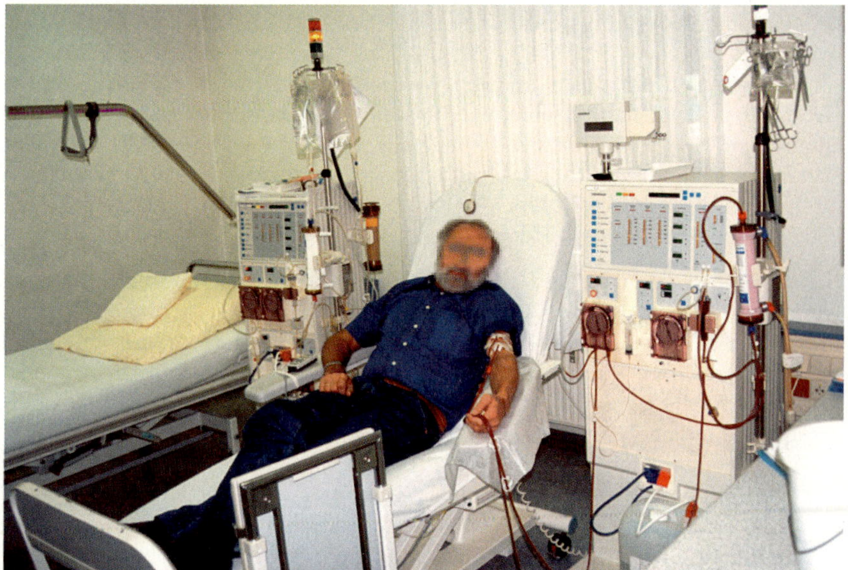

10.8 **Patient während der Dialyse**

10.5.5 Natriumresorption

Das glomerulär filtrierte $Na^+$ (23 mol/d) wird zu >99 % rückresorbiert (s. Tab. **10.4**, S. 307).

## 10.5.5 Natriumresorption

Das glomerulär filtrierte Natrium (23 mol pro Tag) wird zu etwa 65 % im proximalen Tubulus, zu 25 % im aufsteigenden Teil der Henle-Schleife, zu 7 % im distalen Tubulus und zu 3 % im Verbindungstubulus/Sammelrohr rückresorbiert (s. Tab. **10.4**, S. 307).

▶ Merke.

▶ Merke. Im Normalfall wird weniger als 1 % des filtrierten Natriums mit dem Urin ausgeschieden.

**Allgemeines Prinzip:** Allgemeine Triebkraft für die $Na^+$-Resorption ist das zelleinwärts gerichtete Konzentrationsgefälle für $Na^+$ zwischen Tubulusflüssigkeit und -zelle. Dieses Gefälle wird durch die Aktivität der **$Na^+$-$K^-$-ATPase** in der basolateralen Membran erzeugt und aufrechterhalten.

**Allgemeines Prinzip:** Allgemeine Triebkraft für die $Na^+$-Resorption ist das zelleinwärts gerichtete Konzentrationsgefälle für Natrium zwischen der Tubulusflüssigkeit und der Tubuluszelle. Dieses Konzentrationsgefälle wird durch die Aktivität der **$Na^+$-$K^-$-ATPase** erzeugt und aufrechterhalten, welche in der basolateralen Membran der Tubuluszellen lokalisiert ist. Während eines Funktionszyklus pumpt sie 3 Natriumionen aus der Zelle in das Interstitium und gleichzeitig 2 Kaliumionen aus dem Interstitium in die Tubuluszelle.

**$Na^+$-Resorption im proximalen Tubulus** (s. Abb. **10.7a**, S. 302): Hier erfolgt die **aktive** transzelluläre $Na^+$-Resorption hauptsächlich im apikalen **Kotransport** mit Zuckern, Aminosäuren und Säureanionen sowie im apikalen Austausch mit Protonen (**$Na^+$-$H^+$-Austauscher**, Abb. **10.9**). Der proximale Tubulus generiert ständig zahlreiche Protonen aus Kohlensäure ($H_2CO_3$), welche durch die Aktivität der **Carboanhydrase** gebildet wird. Das dabei gleichzeitig entstehende Hydrogenkarbonat wird basolateral zusammen mit Natrium ausgeschleust (**$1Na^+$-$3HCO_3^-$-Kotransport**).

**$Na^+$-Resorption im proximalen Tubulus:** Hier erfolgt die (sekundär) **aktive** transzelluläre $Na^+$-Resorption hauptsächlich im apikalen (= an der dem Harn zugewandten Zellmembran) **Kotransport** mit Zuckern, Aminosäuren und Säureanionen (s. u.) sowie im apikalen Austausch mit Protonen (s. Abb. **10.7a**, S. 302).
Der **$Na^+$-$H^+$-Austauscher** transportiert pro eintretendem $Na^+$-Ion ein Proton aus der Tubuluszelle in die Tubulusflüssigkeit. Da dieser Austauschprozess für eine quantitativ relevante $Na^+$-Resorption schnell erschöpft wäre, müssen im proximalen Tubulus permanent zahlreiche Protonen für den Austausch gebildet werden (Abb. **10.9**). Dabei spielt der $Na^+$-$H^+$-Austauscher selbst eine wichtige Rolle:

- Protonen, die bei der $Na^+$-Resorption in das Tubuluslumen gelangt sind, verbinden sich dort mit dem filtrierten Hydrogenkarbonat ($HCO_3^-$, die Konzentration beträgt ca. 25 mmol/l) des Primärharns zu **Kohlensäure** ($H_2CO_3$).

**10.9 Na⁺-H⁺-Austausch im proximalen Tubulus**

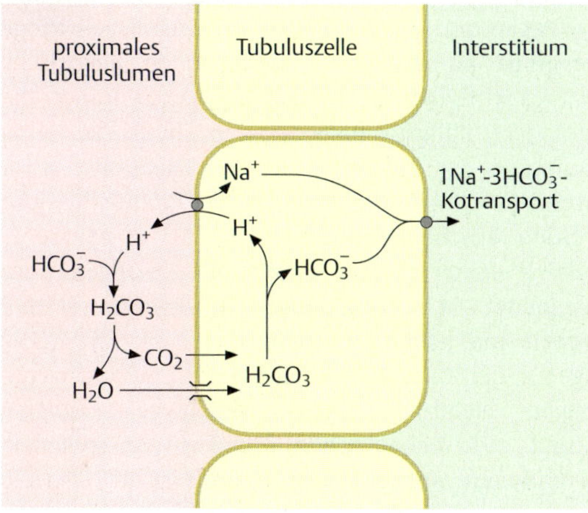


- In der luminalen Bürstensaummembran wird die Kohlensäure durch **Carboanhydrase** (Typ IV) rasch in $CO_2$ und $H_2O$ zerlegt.
- Das so entstandene $CO_2$ diffundiert durch die Zellmembran in die Tubuluszelle, wo es durch eine zytosolische **Carboanhydrase** erneut zu Kohlensäure hydratisiert wird, welche spontan in $H^+$ und $HCO_3^-$ dissoziiert.
- Damit stehen nun wieder $H^+$-Ionen für den $Na^+$-$H^+$-Austausch zu Verfügung. Das Hydrogencarbonat wird basolateral zusammen mit $Na^+$ ausgeschleust **($1Na^+$-$3HCO_3^-$-Kotransport).**

Darüber hinaus gibt es im proximalen Tubulus auch noch eine nicht selektive, passive $Na^+$-Resorption durch den starken parazellulären Wasserfluss (**Solvent drag**, s. S. 10).

$Na^+$ wird außerdem nicht selektiv per **Solvent drag** (s. S. 10) resorbiert.

**$Na^+$-Resorption im dünnen aufsteigenden Teil der Henle-Schleife:** In diesem Abschnitt findet praktisch kein aktiver Transport statt. Über die in der luminalen und basolateralen Tubuluszellmembran zahlreich vorhandenen **Chloridkanäle (CLC-KA)** verlässt $Cl^-$ das Tubuluslumen. $Na^+$ diffundiert entlang seines Konzentrationsgradienten durch die in diesem Bereich für Kationen permeablen Tight junctions aus der aufkonzentrierten Tubulusflüssigkeit in das Interstitium (s. Abb. **10.7c**, S. 302).

**$Na^+$-Resorption im dünnen aufsteigenden Teil der Henle-Schleife:** Hier wird Natrium parazellulär **passiv** resorbiert. Treibende Resorptionskraft hierfür ist die Resorption von Chlorid durch spezielle **Chloridkanäle** (s. Abb. **10.7c**, S. 302).

**$Na^+$-Resorption im dicken aufsteigenden Teil der Henle-Schleife:** Hier wird Natrium über einen **$Na^+$-$K^+$-$2Cl^-$-Kotransport** in der luminalen Membran resorbiert (s. Abb. **10.7d**, S. 302). Dass $K^+$ in der Tubulusflüssigkeit eine wesentlich geringere Konzentration als $Na^+$ und $Cl^-$ aufweist, limitiert diesen Transport deshalb nicht, weil ein Großteil der $K^+$-Ionen durch die zahlreichen in der luminalen Membran gelegenen $K^+$-Kanäle gleich wieder zurück in die Tubulusflüssigkeit diffundiert. Effektiv werden durch diesen Kotransport also letztlich 1 $Na^+$-Ion und 2 $Cl^-$-Ionen aus der Tubulusflüssigkeit resorbiert. Die $Na^+$-Ionen gelangen mithilfe der **$Na^+$-$K^+$-ATPase** aus der Tubuluszelle ins Interstitium. Ein Großteil der $Cl^-$-Ionen diffundiert über spezifische **Chloridkanäle (CLC-KB)** ins Interstitium, ein kleiner Anteil über einen KCl-Symport. Der $Na^+$-$K^+$-$2Cl^-$-Kotransport erzeugt eine transepitheliale lumenpositive Potenzialdifferenz von bis zu +10 mV, die einen **parazellulären Transport** von Kationen ($Na^+$, $Mg^+$, $Ca^+$, $NH_4^+$) ins Interstitium zur Folge hat.

**Na+-Resorption im dicken aufsteigenden Teil der Henle-Schleife:** Diese erfolgt über einen **$Na^+$-$K^+$-$2Cl^-$-Kotransport** in der luminalen Membran (s. Abb. **10.7d**, S. 302). Dabei rezirkuliert $K^+$ durch spezielle Kanäle in der luminalen Membran, so dass effektiv 1 $Na^+$- und 2 $Cl^-$-Ionen aus der Tubulusflüssigkeit resorbiert werden. Die $Na^+$-Ionen werden basolateral durch die **$Na^+$-$K^+$-ATPase** herausgepumpt, die $Cl^-$-Ionen verlassen die Zelle über spezifische **Chloridkanäle**. Das so entstehende transepitheliale lumenpositive elektische Potenzial treibt Kationen ($Na^+$, $Mg^+$, $Ca^+$, $NH_4^+$) **parazellulär** ins Interstitium.

**$Na^+$-Resorption im Konvolut des distalen Tubulus:** Dort wird Natrium über einen luminalen **NaCl-Kotransport** resorbiert (s. Abb. **10.7e**, S. 302). Triebkraft ist auch hier das Konzentrationsgefälle für Natrium zwischen Tubulusflüssigkeit und Tubuluszelle. $Na^+$ wird anschließend basolateral durch die $Na^+$-$K^+$-Pumpe ins Interstitium transportiert. Dadurch gelangt auch das für den KCl-Symport benötigte $K^+$ in die Zelle, über den die $Cl^-$-Ionen die Tubuluszelle in Richtung Interstitium verlassen.

**Na+-Resorption im Konvolut des distalen Tubulus:** Natrium wird über einen luminalen **NaCl-Kotransport** resorbiert (s. Abb. **10.7e**, S. 302).

**$Na^+$-Resorption im Überleitungsstück und im Sammelrohr:** Natrium wird über spezifische **$Na^+$-Kanäle** in der luminalen Membran der Hauptzellen resorbiert (s. Abb. **10.7f**, S. 302). Die Resorption (ohne begleitendes Anion) erfolgt damit elektrogen, was zu einem starken lumennegativen transepithelialen Potenzial (–20 bis –30 mV) führt. Dieses Potenzial führt in Kombination mit Kaliumkanälen in der luminalen Membran der Hauptzellen zum Austritt von Kalium in die Tubulusflüssigkeit, so dass Natriumresorption und Kaliumsekretion eng gekoppelt sind. Die Natriumresorption (und gleichzeitig die Kaliumsekretion) wird hier durch das Nebennierenrinden-Hormon **Aldosteron** stimuliert (s. S. 320).

**$Na^+$-Resorption im Überleitungsstück und im Sammelrohr:** Hier wird Natrium über spezifische **$Na^+$-Kanäle** in der apikalen Membran der Hauptzellen resorbiert (s. Abb. **10.7f**, S. 302). Da diese Resorption ohne Chlorid und damit elektrogen erfolgt, käme dieser Vorgang wegen des Aufbaus einer entsprechenden elektrischen Spannung schnell zum Erliegen. Dies wird dadurch umgangen, dass die Hauptzellen in ihrer apikalen Membran zahlreiche Kaliumkanäle besitzen, durch die Kalium diese Zellen verlassen kann. Aufgrund der elektrochemischen Triebkräfte strömt Natrium also in die Zelle, während Kalium im Gegenzug in die Tubulusflüssigkeit diffundiert. Die $Na^+$-Ionen werden anschließend durch die **$Na^+$-$K^+$-ATPase** ins Interstitium transportiert, wobei $K^+$-Ionen in die Tubuluszelle gelangen. Somit finden in den Hauptzellen netto eine $Na^+$-Resorption und eine $K^+$-Sekretion statt. Da beide Vorgänge elektrisch gekoppelt sind, haben Abweichungen in der $Na^+$-Resorption entsprechende Abweichungen in der $K^+$-Sekretion zur Folge. Insgesamt werden jedoch aufgrund unterschiedlicher elektrochemischer Triebkräfte (= Differenz zwischen Membranpotenzial und elektrochemischen Gleichgewichtspotenzial) mehr $Na^+$-Ionen resorbiert als $K^+$-Ionen ausgeschieden. Daraus ergibt sich eine negative Potenzialdifferenz von –20 bis –30 mV zwischen Tubuluslumen und Interstitium.
Das in der Nebennierenrinde gebildete Hormon **Aldosteron** reguliert Anzahl und Aktivität von $Na^+$-Kanälen und $Na^+$-$K^+$-ATPase in den Hauptzellen (s. S. 320).

#### 10.5.6 Chloridresorption

Das glomerulär filtrierte Chlorid (19 mol/d) wird zu etwa 99 % rückresorbiert (s. Tab. **10.4**, S. 307).

## 10.5.6 Chloridresorption

Das glomerulär filtrierte Chlorid (19 mol/Tag) wird zu etwa 65 % im proximalen Tubulus und zu 35 % im aufsteigenden Teil der Henle-Schleife und im distalen Tubulus rückresorbiert (s. Tab. **10.4**, S. 307). In Abhängigkeit von der Stoffwechsellage wird Chlorid zudem in den Sammelrohren im Austausch gegen Bikarbonat sezerniert bzw. resorbiert (s. S. 278 und Abb. **10.7f**, S. 302).

▶ **Merke.**

▶ **Merke.** Im Normalfall werden weniger als 1 % des filtrierten Chlorids mit dem Urin ausgeschieden.

Die Chloridresorption steht aus Gründen der Elektroneutralität in direktem Zusammenhang mit der $Na^+$-Resorption – abgesehen von der Situation im Sammelrohr (s. S. 305 und Abb. **10.7f**, S. 302). Im proximalen Tubulus wird Chlorid hauptsächlich parazellulär resorbiert (**Solvent drag**, s. Abb. **10.7a**, S. 302). Chlorid wird darüber hinaus **passiv** im dünnen aufsteigenden Teil der Henle-Schleife sowie sekundär aktiv über den **$Na^+$-$K^+$-$2Cl^-$-Kotransport** im dicken aufsteigenden Teil der Henle-Schleife und über den **NaCl-Kotransport** im Konvolut des distalen Tubulus resorbiert (s. Abb. **10.7c**, **d** und **e**, S. 302).

Die Chloridresorption steht aus Gründen der Elektroneutralität in direktem Zusammenhang mit der $Na^+$-Resorption – abgesehen von der Situation im Sammelrohr. Die transzelluläre Resorption von Natrium im proximalen Tubulus senkt zum einen die Osmolarität der Tubulusflüssigkeit und führt zum anderen initial zur Akkumulation von negativen Überschussladungen in der Tubulusflüssigkeit und damit zu einer negativen Potenzialdifferenz zwischen Tubuluslumen und Interstitium (–2 mV). Um die Osmolaritätsdifferenz auszugleichen, strömt Wasser durch spezifische Wasserkanäle (Aquaporin 1) in der Membran der proximalen Tubuluszellen sowie durch die Interzellularverbindungen zwischen den Zellen aus dem Tubuluslumen in das Interstitium (s. Abb. **10.7a**, S. 302). Dieser starke parazelluläre Wasserstrom reißt zahlreiche Ionen – darunter auch Chlorid – mit sich **(Solvent drag)**.
Chlorid wird darüber hinaus **passiv** im dünnen aufsteigenden Teil der Henle-Schleife sowie sekundär aktiv über den **$Na^+$-$K^+$-$2Cl^-$-Kotransport** im dicken aufsteigenden Teil der Henle-Schleife und über den **NaCl-Kotransport** im Konvolut des distalen Tubulus resorbiert (s. Abb. **10.7c**, **d** und **e**, S. 302).

#### 10.5.7 Kaliumresorption und -sekretion

Etwa 90 % des glomerulär filtrierten $K^+$ werden rückresorbiert (Tab. **10.4**, S. 307).

## 10.5.7 Kaliumresorption und -sekretion

Das glomerulär filtrierte Kalium (0,7 mol/Tag) wird zu etwa 65 % im proximalen Tubulus und zu 25 % im aufsteigenden Teil der Henle-Schleife rückresorbiert (Tab. **10.4**, S. 307).

▶ **Merke.**

▶ **Merke.** Bei normaler Ernährung werden etwa 10 % des filtrierten Kaliums mit dem Urin ausgeschieden.

**Resorption:** Passiv im proximalen Tubulus per „**Solvent drag**", aktiv im dicken aufsteigenden Teil der Henle-Schleife über den **$Na^+$-$K^+$-$2Cl^-$-Kotransport** (s. Abb. **10.7a**, **d**, S. 302).

**Resorption:** Im Bereich des proximalen Tubulus wird Kalium passiv über den parazellulären Wasserfluss **(Solvent drag)** resorbiert (s. Abb. **10.7a**, S. 302). Diese parazelluläre Resorption wird noch unterstützt durch ein leicht lumenpositives

Potenzial (+ 2 mV) der Tubulusflüssigkeit. Im Bereich des dicken aufsteigenden Teils der Henle-Schleife wird Kalium über den **$Na^+$-$K^+$-$2Cl^-$-Kotransport** resorbiert (s. Abb. **10.7 d**, S. 302).

**Sekretion:** Im Sammelrohr hingegen findet im Gegenzug zur $Na^+$-Resorption eine $K^+$-Sekretion statt, die durch **Aldosteron** geregelt wird (s. Abb. **10.7 f**, S. 302).

**Sekretion:** Im Sammelrohr durch **Aldosteron** geregelte $K^+$-Sekretion im Gegenzug zur $Na^+$-Resorption (s. Abb. **10.7 f**, S. 302).

## 10.5.8 Kalzium- und Magnesiumresorption

10.5.8 Kalzium- und Magnesiumresorption

► **Merke.** Im Normalfall werden weniger als 5 % des filtrierten Kalziums und weniger als 5 % des filtrierten Magnesiums mit dem Urin ausgeschieden (Tab. **10.4**).

► Merke.

**Kalzium:** Glomerulär filtriertes Kalzium wird zu etwa 65 % im **proximalen Tubulus** (parazellulär über Solvent drag, s. Abb. **10.7a**, S. 302), zu etwa 25 % im aufsteigenden Teil der Henle-Schleife (parazellulär getrieben durch lumenpositives Potenzial, s. Abb. **10.7d**, S. 302) und zu etwa 5 – 10 % im distalen Tubulus (transzellulär über spezifische Transportsysteme wie ECaC = epithelial calcium channel, s. Abb. **10.7e**, S. 302) rückresorbiert. Die fraktionelle Kalziumausscheidung beträgt somit < 5 %.

**Kalzium:** Glomerulär filtriertes $Ca^{2+}$ wird v. a. im **proximalen Tubulus** rückresorbiert (s. Abb. **10.7a**, S. 302).

► **Klinik.** Die Gabe sog. **Schleifendiuretika** (z. B. Furosemid) zur Steigerung der Wasserausscheidung bei Bluthochdruck (s. S. 129) oder Ödemen (s. S. 141) führt zu einer Hemmung des $Na^+$-$K^+$-$2Cl^-$-Carriers in der Henle-Schleife, was einen Anstieg der fraktionellen Kalziumausscheidung zur Folge hat.

► Klinik.

**Magnesium:** Glomerulär filtriertes Magnesium wird zu etwa 15 % im proximalen Tubulus (parazellulär, s. Abb. **10.7 a**, S. 302) und zu 75 % im **dicken aufsteigenden Teil der Henle-Schleife** (parazellulär, s. Abb. **10.7 d**, S. 302) rückresorbiert. Das distale Konvolut resorbiert weitere 5 – 10 % über aktive Transporter (TRPM6 = transient „receptor potential"-Ionenkanal der Melastatin-Unterfamilie, s. Abb. **10.7e**, S. 302).

**Magnesium:** Glomerulär filtriertes $Mg^{2+}$ wird hauptsächlich im **dicken aufsteigenden Teil der Henle-Schleife** rückresorbiert (s. Abb. **10.7 d**, S. 302).

## 10.5.9 Protonensekretion und Bikarbonatresorption

10.5.9 Protonensekretion und Bikarbonatresorption

Im Stoffwechsel des Menschen entstehen täglich je nach Nahrungszusammensetzung 50 – 100 mmol **nichtflüchtige Säuren**, deren **Protonen** über die Niere ausgeschieden werden müssen.

- Davon wird etwa die Hälfte von Tubulus- und Sammelrohrzellen nach luminal **sezerniert**, dort vorwiegend durch **Phosphatpuffer** des Harns gebunden und in dieser Form ausgeschieden.
- Die andere Hälfte wird als Ammoniumionen **($NH_4^+$)** in die Tubulusflüssigkeit abgegeben (s. u.).

Die **Protonen nichtflüchtiger Säuren** werden über die Nieren ausgeschieden:

- etwa 50 % werden **sezerniert** und durch **Phosphatpuffer** des Harns gebunden
- etwa 50 % werden in Form von **$NH_4^+$** abgegeben.

**10.4 Ionentransport entlang der verschiedenen Nephronabschnitte**

10.4

| | Blutplasma | proximaler Tubulus | Henle-Schleife | distaler Tubulus und Sammelrohr | Einflüsse |
|---|---|---|---|---|---|
| $Na^+$ | 100 % | 35 % | 10 % | < 1 % | Angiotensin II, Aldosteron, ANP |
| $K^+$ | 100 % | 35 % | 10 % | ca. 10 % | Aldosteron, pH |
| $Ca^{2+}$ | 100 % | 35 % | 10 % | < 5 % | PTH, Kalzitonin |
| $Mg^{2+}$ | 100 % | 85 % | 10 % | < 5 % | PTH, Kalzitonin |
| $Cl^-$ | 100 % | 35 % | 15 % | < 1 % | in Abhängigkeit von $Na^+$ |
| $HCO_3^-$ | 100 % | 5 % | ca. 5 % | 0 % | Alkalose |

Die Tabelle gibt an, wie viel [%] von der ursprünglich filtrierten Stoffmenge am Ende de jeweiligen Abschnitts noch im Harn vorhanden ist und durch welche Faktoren der Ionentransport beeinflusst wird.

▶ Merke.

▶ Merke. Bei einem durchschnittlichen Urin-pH von 5,5 (er kann bei Azidose bis auf 4,5 absinken und bei Alkalose bis auf pH 8,2 ansteigen) werden nur etwa **5 µmol $H^+$ pro Tag in freier Form** ausgeschieden.

Sekretionsmechanismen für Protonen und Pufferung durch Phosphat

**Sekretionsmechnismen:**
- **Proximaler Tubulus:** Hier werden Protonen über die Aktivität des **$Na^+$-$H^+$-Austauschers** aus der Tubuluszelle in die Tubulusflüssigkeit hinausbefördert (s. Abb. **10.7 a**, S. 302 sowie Abb. **10.9**, S. 305). Parallel mit der Abgabe von Protonen wird dabei $HCO_3^-$ resorbiert (Tab. **10.4**, S. 307).
- **Schaltzellen des Sammelrohres** (s. Abb. **10.7 f**, S. 302)**: Typ-A-Zellen** sezernieren über luminale Protonenpumpen **Protonen** in den Tubulus. **Typ-B-Zellen** sezernieren über einen luminalen $Cl^-/HCO_3^-$-Austauscher **$HCO_3^-$** in die Tubulusflüssigkeit. Der Säure-Basen-Haushalt des Körpers bestimmt, welcher Typ der Schaltzellen dominiert.

**Phosphatpuffer:** $HPO_4^{2-} + H^+ \leftrightharpoons H_2PO_4^{2-}$ (pK 6,8) ist das wichtigste Puffersystem des Urins. Im sauren Endharn wird der Großteil der Protonen gebunden ausgeschieden.

Ausscheidung als Ammoniumionen

In weiterer Pufferform werden Protonen als **Ammoniumionen** ($NH_4^+ \leftrightharpoons NH_3 + H^+$) in die Tubulusflüssigkeit abgegeben. Diese Ammoniumionen enstehen im **proximalen Tubulus** durch Desaminierung von Glutamin (s. Abb. **10.7 a**, S. 302).

Im **dicken aufsteigenden Teil der Henle-Schleife** werden $NH_4^+$-Ionen auch über den $Na^+$-$K^+$-$2Cl^-$-Kotransporter resorbiert.

Daraus ergeben sich für die renale Regulation des Säure-Basen-Haushalts folgende Möglichkeiten zum „Einsparen" von **$HCO_3^-$**:
- Ausscheiden eines **$H^+$-Ions**
- Ausscheiden eines **$NH_4^+$-Ions**.

10.5.10 Resorption und Sekretion von Säureanionen und Basenkationen

**Anionen:** Kleine **organische** und **anorganische Anionen** werden in der Regel über **sekundär aktive $Na^+$-gekoppelte Symporter** im **proximalen Tubulus** aus dem Tubuluslu-

### Sekretionsmechanismen für Protonen und Pufferung durch Phosphat

**Sekretionsmechanismen:**
- **Proximaler Tubulus:** Hier werden Protonen über die Aktivität des **$Na^+$-$H^+$-Austauschers** aus der Tubuluszelle in die Tubulusflüssigkeit hinausbefördert (s. Abb. **10.7 a**, S. 302 sowie Abb. **10.9**, S. 305). Parallel mit der Abgabe von Protonen entsteht in der Zelle **$HCO_3^-$** (über die Carboanhydrase, s. S. 304), welches die Tubuluszelle basolateral über einen $Na^+$-gekoppelten elektrogenen Symport (3 $HCO_3^-$ + 1 $Na^+$) verlässt, womit effektiv $NaHCO_3$ (95 % des filtrierten $HCO_3^-$, s. Tab. **10.4**, S. 307) resorbiert wird.
- **Schaltzellen des Sammelrohres:** Funktionell gibt es zwei Typen von Schaltzellen, die reversibel ineinander übergehen können (s. Abb. **10.7 f**, S. 302):
  - **Typ-A-Zellen** sezernieren luminal **Protonen** in den Tubulus
  - **Typ-B-Zellen** sezernieren luminal **$HCO_3^-$** in den Tubulus.

  Welcher Schaltzellen-Typ dominiert, entscheidet der Säure-Basen-Haushalt des Körpers:

  **Typ-A-Zellen** tragen in ihrer luminalen Membran Protonenpumpen. Die bei der Dissoziation von Kohlensäure entstehenden Protonen werden aus der Zelle ins Tubuluslumen sezerniert. Das zurückbleibende $HCO_3^-$ wird im Austausch gegen Chlorid ins Interstitium transportiert.

  Indem die Positionen der charakteristischen Transportsysteme ausgetauscht werden, wird aus einer A-Zelle eine **Typ-B-Zelle**, bei der der $Cl^-/HCO_3^-$-Austauscher in der luminalen Membran und die Protonenpumpe in der basolateralen Membran liegt.

**Phosphatpuffer:** Das wichtigste Puffersystem des Harns ist das Phosphat bzw. das Pufferpaar $HPO_4^{2-} + H^+ \leftrightharpoons H_2PO_4^-$ (pK 6,8). Im sauren Endharn (pH durchschnittlich 5,5, s.o.) sind die über o.g. Mechanismen sezernierten $H^+$-Ionen fast vollständig gebunden und werden so ausgeschieden.

### Ausscheidung als Ammoniumionen

Wie oben bereits erwähnt, wird die andere Hälfte der renal auszuscheidenden Protonen als **Ammoniumionen ($NH_4^+$)** in die Tubulusflüssigkeit abgegeben. Diese Ammoniumionen enstehen im **proximalen Tubulus** durch Desaminierung von Glutamin zu Glutamat und nochmaliger Desaminierung zu α-Ketoglutarat unter der Wirkung der Enzyme Glutaminase und Glutamatdehydrogenase (s. Abb. **10.7 a**, S. 302).

$NH_4^+$-Ionen werden im **dicken aufsteigenden Teil der Henle-Schleife** auch anstelle von $K^+$ mit dem $Na^+$-$K^+$-$2Cl^-$-Kotransporter resorbiert und so im Nierenmark akkumuliert. Hier diffundieren sie direkt in das Sammelrohr, das für $NH_3$ und $NH_4^+$ durchlässig ist und kürzen so zum Teil den Weg durch die Rinde ab.

Auf diese Weise hat die Niere die Möglichkeit, bei Bedarf über zwei Wege **$HCO_3^-$** „einzusparen" und damit regulatorisch in den Säure-Basen-Haushalt (s. S. 282) einzugreifen:
- Einsparung eines $HCO_3^-$-Ions mit dem Ausscheiden eines im Phosphat-Puffersystem des Harns gebundenen **$H^+$-Ions**
- Einsparung eines $HCO_3^-$-Ions, das durch die Ausscheidung eines **$NH_4^+$-Ions** über o.g. Mechanismus nicht für die Harnstoffsynthese in der Leber zur Verfügung steht.

## 10.5.10 Resorption und Sekretion von Säureanionen und Basenkationen

**Anionen:** Kleine **organische** (z. B. Azetat, Laktat, Zitrat) und **anorganische Anionen** (z.B. Phosphat, Sulfat) werden in der Regel über **sekundär aktive $Na^+$-gekoppelte Symporter** ($Na^+$-Monocarboxylat-Kotransporter, $Na^+$-Dicarboxylat-Kotransporter, $Na^+$-Phosphat-Kotransporter) im **proximalen Tubulus** aus dem Tubuluslumen resorbiert. Diese Transportvorgänge sind teilweise hormonell reguliert. Am bekanntesten ist hierfür die Hemmung des Phosphattransportes durch **Parathormon** (PTH), was eine wichtige Rolle für die Homöostase der Plasmakalziumkonzentration spielt (s. S. 325).

men resorbiert, dies wird z. T. hormonell (z. B. durch **PTH**) reguliert.

Im **proximalen Tubulus** werden größere organische Anionen, darunter zahlreiche Medikamente, auch sezerniert, wobei der polyspezifische **Anionenaustauscher OAT1** (organic anion transporter) eine wichtige Rolle spielt.

**Kationen** (z. B. biogene Amine, Cholin, verschiedene Medikamente) werden im **proximalen Tubulus** in der Regel sezerniert, wofür der polyspezifische **Uniporter OCT2** (organic cation transporter 2) von Bedeutung ist. Nur zum Teil werden Kationen hier auch resorbiert.

Im **proximalen Tubulus** werden größere organische Anionen auch sezerniert (u. a. über der den polyspezifischen **Anionenaustauscher OAT1**).

**Kationen**, wie z. B. Cholin, biogene Amine und Medikamente, werden im **proximalen Tubulus** in der Regel sezerniert, z. B. durch den polyspezifischen **Uniporter OCT2**.

**► Klinik.** Die renalen **Transportsysteme** zur Sekretion organischer Säuren und Basen sind **polyspezifisch,** sie akzeptieren also Substanzen unterschiedlicher Struktur als Substrat. Fremdstoffe (wie z. B. Medikamente oder Drogen), die ja sehr häufig organische Säuren oder Basen sind, werden oftmals über den proximalen Tubulus in den Urin sezerniert. Da jedoch sämtliche Transportsysteme ein Transportmaximum haben, können Fremdstoffe die Ausscheidung körpereigener Abfallstoffe behindern und zur Retention harnpflichtiger Substanzen im Körper führen.

**► Klinik.**

## 10.5.11 Resorption von Zuckern

**Im proximalen Tubulus** befinden sich spezielle Zuckertransportmoleküle **(Carrier)** in der luminalen und basolateralen Membran.

Für das Monosaccharid **Glukose** existieren zwei $Na^+$-gekoppelte Kotransportsysteme in der luminalen Membran. Im Anfangsbereich des proximalen Tubulus dominiert der **SGLT2** (sodium dependent glucose transporter 2), welcher ein Zuckermolekül zusammmen mit einem $Na^+$-Ion transportiert (s. Abb. **10.7 a**, S. 302). Dieses Transportsystem besitzt eine hohe Kapazität. Vor allem gegen Ende des proximalen Tubulus findet sich der **SGLT1**, ein hochaffiner Monosaccharidtransporter mit relativ geringer Kapazität, welcher für ein Glukosemolekül die Triebkraft von zwei $Na^+$-Ionen nutzt. SGLT1 stellt sicher, dass normalerweise die gesamte filtrierte Glukose aus dem Primärharn rückresorbiert wird und der Endharn (Urin) somit glukosefrei ist (→ Glukose-Clearance = null). Die resorbierte Glukose gelangt durch erleichterte Diffusion mithilfe des spezifischen natriumunabhängigen Uniporters **GLUT2** (glucose transporter 2) ins Interstitium.

Auch Galaktose und Fruktose werden im proximalen Tubulus reabsorbiert. Während **Galaktose** ebenfalls $Na^+$-abhängig (über den **SGLT1**, s. o.) resorbiert wird, erfolgt die Resorption von **Fruktose** über einen $Na^+$-unabhängigen Uniporter **(GLUT5)**.

### 10.5.11 Resorption von Zuckern

**Glukose** wird im **proximalen Tubulus** über zwei luminale $Na^+$-gekoppelte Kotransportsysteme resorbiert. Der **SGLT1** (2 $Na^+$ + 1 Glukose) resorbiert mit hoher Affinität, aber mit geringer Kapazität, während der **SGLT2** (1 $Na^+$ + 1 Glukose) mit geringer Affinität, aber hoher Kapazität transportiert (s. Abb. **10.7 a**, S. 302). Im Normalfall wird die gesamte filtrierte Glukose aus dem Primärharn rückresorbiert, so dass der Endharn (Urin) glukosefrei ist. Die resorbierte Glukose gelangt durch erleichterte Diffusion mithilfe des spezifischen natriumunabhängigen Uniporters **GLUT2** ins Interstitium.

Im proximalen Tubulus wird **Galaktose** über den **SGLT1** und **Fruktose** über einen Na-unabhängigen Uniporter **(GLUT5)** resorbiert.

**► Klinik.** Wenn die Glukosekonzentration im Plasma (Normalwert 5 mmol/l) 10 mmol/l übersteigt (sog. **Nierenschwelle**), dann überschreitet die filtrierte Glukosemenge die **maximale Transportkapazität** der $Na^+$-gekoppelten Kotransportsysteme und Glukose erscheint im Endharn **(Glukosurie)**. Eine Glukosurie tritt häufig bei der Zuckerkrankheit **(Diabetes mellitus)** auf, bei der aufgrund eines absoluten oder relativen Insulinmangels ein erhöhter Blutglukosespiegel besteht (s. S. 404). Da Zucker osmotisch aktive Teilchen sind, ist eine Zuckerausscheidung auch von einem erhöhten Urinvolumen und damit Wasserverlust (Durst!) begleitet.

**► Klinik.**

## 10.5.12 Resorption von Proteinen und Aminosäuren

Aminosäuren – ob in freier Form oder als Bestandteil von Polypeptiden und Proteinen – werden nach glomerulärer Filtration im **proximalen Tubulus** praktisch vollständig reabsorbiert.

### 10.5.12 Resorption von Proteinen und Aminosäuren

Freie Aminosäuren, Polypeptide und Proteine werden im **proximalen Tubulus** praktisch vollständig reabsorbiert.

▶ **Merke.**

▶ **Merke.** Die tägliche Eiweißausscheidung liegt unter 30 mg!

**Filtrierte Proteine, Oligo- und Polypeptide** werden durch **Peptidasen** im Bürstensaum zerlegt. Je nach Größe werden die Bruchstücke über **Endozytose** (Pinozytose) oder einen **protonengekoppelten Transport** in die proximale Tubuluszelle aufgenommen.

**Freie Aminosäuren:** Anionische und neutrale Aminosäuren werden über **$Na^+$-gekoppelte Transportsysteme** der luminalen Membran in die Zellen aufgenommen (s. Abb. **10.7a**, S. 302). Für kationische Aminosäuren und Cystin gibt es einen **$Na^+$-unabhängigen Transporter**.

**Filtrierte Proteine, Oligo- und Polypeptide** werden durch **Peptidasen** im Bürstensaum in Bruchstücke zerlegt. Größere Bruchstücke werden über **Endozytose** (Pinozytose) in die proximale Tubuluszelle aufgenommen und dort lysosomal in einzelne Aminosäuren aufgespalten. Di- und Tripeptide werden direkt über einen **protonengekoppelten Transport** in die proximale Tubuluszelle aufgenommen.

Für **freie Aminosäuren**, welche durch glomeruläre Filtration und durch luminalen Proteinabbau in den proximalen Tubulus gelangen, stehen unterschiedliche Transportmechanismen zur Verfügung. **Anionische** (Glutamat, Aspartat) und **neutrale Aminosäuren** (Alanin, Glycin etc.) werden durch **$Na^+$-gekoppelte Transportsysteme** der luminalen Membran in die Zellen aufgenommen (s. Abb. **10.7a**, S. 302). Für die Resorption **kationischer Aminosäuren** (Arginin, Glutamin, Lysin, Ornithin) und **Cystin** gibt es einen **$Na^+$-unabhängigen Transporter**.

#### 10.5.13 Resorption von Wasser (Harnkonzentrierung)

Die täglich glomerulär filtrierten 180 Liter werden vor allem im proximalen Tubulus rückresorbiert (65 %).

### 10.5.13 Resorption von Wasser (Harnkonzentrierung)

Das glomerulär filtrierte Wasser (180 Liter täglich) wird zu etwa 65 % im proximalen Tubulus, zu 20 % im dünnen absteigenden Teil der Henle-Schleife und zu 14 % im Konvolut des distalen Tubulus und im Verbindungstubulus/Sammelrohr rückresorbiert.

▶ **Merke.**

▶ **Merke.** Im Normalfall wird nur weniger als 1 % des filtrierten Wassers mit dem Urin ausgeschieden.

#### Proximaler Tubulus

Die Wasserresorption im proximalen Tubulus erfolgt **transzellulär** durch spezifische **Wasserkanäle** (Aquaporin 1) und **parazellulär** (s. Abb. **10.7a**, S. 302). Beim parazellulären Wasserfluss werden gelöste Stoffe mitgerissen **(Solvent drag)**.

#### Proximaler Tubulus

Durch die transzelluläre Resorption von $Na^+$ und anderen osmotisch wirksamen Molekülen (z. B. Zucker, s. u.) im proximalen Tubulus sinkt die Osmolarität der Tubulusflüssigkeit gegenüber dem Niereninterstitium ab. Zum Osmolaritätsausgleich strömt Wasser zum einen **transzellulär** durch spezifische **Wasserkanäle** (Aquaporin 1) in der Membran der proximalen Tubuluszellen und zum anderen **parazellulär** aus dem Tubuluslumen in das Interstitium (s. Abb. **10.7a**, S. 302). Dieser starke parazelluläre Wasserfluss reisst gleichzeitig Ionen entsprechend ihrer Konzentration mit **(Solvent drag)**.

#### Henle-Schleife und distaler Tubulus

**Henle-Schleife:**
- **Dünner absteigender Teil:** Hier wird Wasser aus der Tubulusflüssigkeit entzogen (s. Abb. **10.7 b**, S. 302).
- **Gesamter aufsteigender Teil:** Dieser Abschnitt ist wasserundurchlässig (s. Abb. **10.7 c**, **d**). Elektrolyte werden resorbiert, Wasser kann nicht nachströmen – die Tubulusflüssigkeit wird hypoton (100 mosmol/l).

**Distaler Tubulus:** Zum Osmolaritätsausgleich strömt Wasser aus dem Tubulus in das Interstitium und wird so resorbiert (s. Abb. **10.7 e**, S. 302).

#### Henle-Schleife und distaler Tubulus

**Henle-Schleife:**
- **Dünner absteigender Teil:** Das Tubulusepithel enthält hier spezifische Wasserkanäle (Aquaporin 1, s. Abb. **10.7 b**, S. 302). Da das Interstitium von Nierenmark und Papille hyperton gegenüber dem Plasma ist, wird hier Wasser aus der Tubulusflüssigkeit entzogen.
- **Gesamter aufsteigender Teil:** Dieser Abschnitt der Henle-Schleife ist wasserundurchlässig (s. Abb. **10.7 c**, **d**). Da Elektrolyte resorbiert werden, ohne dass Wasser nachströmen kann, wird die Tubulusflüssigkeit hypoton (100 mosmol/l).

**Distaler Tubulus:** Das Epithel dieses Konvolutes in der Nierenrinde ist wie der dünne absteigende Teil der Henle-Schleife ebenfalls gut wasserdurchlässig. Zum Osmolaritätsausgleich strömt Wasser aus dem Tubulus in das Interstitium und wird so resorbiert (s. Abb. **10.7 e**, S. 302).

#### Verbindungstubulus und Sammelrohr

Durch die **Hauptzellen** des Verbindungstubulus und des Sammelrohrs wird die endgültige Urinosmolarität eingestellt. Entscheidend ist ein osmotischer Gradient zwischen dem Niereninterstitium und der Tubulusflüssigkeit, wodurch ein zunehmender Sog auf das Wasser im Tubulus entsteht.

#### Verbindungstubulus und Sammelrohr

Durch die **Hauptzellen** des Verbindungstubulus und des Sammelrohrs wird die Wasserresorption fein reguliert und damit die endgültige Urinosmolarität eingestellt. Die Sammelrohre durchziehen dabei auf ihrem Weg von der Rinde zur Papillenspitze Bereiche zunehmender Osmolarität (s. u.). Dadurch entsteht ein immer größerer osmotischer Gradient zwischen Niereninterstitium und Tubulusflüssigkeit und der Sog auf das Wasser im Tubulus nimmt entsprechend zu. Da die Interzellularkontakte im Sammelrohr wasserimpermeabel sind, kann das Wasser lediglich transzellulär aus dem Tubulus ins Interstitium diffundieren.

 

Die Diffusion durch die luminale und basolaterale Membran erfolgt dabei durch spezielle Wasserkanäle (**Aquaporine**, s. Abb. **10.7 f**, S. 302). Die in der luminalen Membran der Hauptzellen gelegenen Wasserkanäle heißen Aquaporin 2. In der basolateralen Membran findet man die Aquaporine 3 und 4. Durch die Anzahl an Aquaporin 2 wird die transzelluläre Wasserdiffusion limitiert. Der Einbau dieser Kanäle in die luminale Membran wird vor allem durch das antidiuretische Hormon (**ADH**, s. S. 317) reguliert.
Bei maximalem Wasserdurchfluss durch die Sammelrohrzellen kann der Harn fast die Osmolarität des Niereninterstitiums erreichen, welche an der Papillenspitze bis zu 1300 mosmol/l beträgt. Je geringer die Wasserdurchlässigkeit der Sammelrohrzellen ist, umso weniger Wasser wird resorbiert, umso weniger konzentriert ist der Endurin und umso grösser ist das produzierte Urinvolumen (Diurese). Die osmotische Konzentration des Urins kann dabei auf 50 mosmol/l absinken.

Die Diffusion durch die luminale und basolaterale Membran erfolgt dabei durch spezielle Wasserkanäle (**Aquaporine**, s. Abb. **10.7 f**, S. 302). Der Einbau dieser Wasserkanäle in die luminale Membran wird vor allem durch das antidiuretische Hormon (**ADH**, s. S. 318) reguliert.

Bei maximalem Wasserdurchfluss durch die Sammelrohrzellen kann der Harn fast die Osmolarität des Niereninterstitiums erreichen, welche an der Papillenspitze bis zu 1300 mosmol/l beträgt.

▶ **Merke.** ADH kontrolliert mit seiner Aktivität ca. 10 % der glomerulär filtrierten Wassermenge.

▶ **Merke.**

Bei maximaler Sekretion von ADH kann das Urinvolumen auf ca. 0,7 l/d reduziert werden (= **maximale Antidiurese**). Im Gegensatz dazu kann durch massive Suppression von ADH das Urinvolumen auf 20 l/d ansteigen (= **maximale Diurese**, z. B. bei Diabetes insipidus, s. S. 318).

In Abhängigkeit vom ADH-Spiegel kann eine **maximale Antidiurese** (0,7 l Urin/d) bzw. **maximale Diurese** (20 l Urin/d) erreicht werden.

### Intrarenaler Osmolaritätsgradient

Die entscheidende Triebkraft für die Wasser-Rückresorption ist ein **Osmolaritätsgradient** zwischen Papillenspitze und Nierenrinde im Interstitium der Niere (Abb. **10.10**). Das Interstitium der Nierenrinde ist mit einer Osmolarität von ca. 290 mosmol/l etwa plasmaisoton. Im Außenstreifen der Außenzone des Marks steigt sie leicht auf 400 mosmol/l an, im Innenstreifen der Außenzone liegt sie im Mittel bei 600 mosmol/l. In der Innenzone des Marks beträgt die Osmolarität durchschnittlich 1000 mosmol/l und an der Papillenspitze sogar 1300 mosmol/l.

### Intrarenaler Osmolaritätsgradient

Der **Osmolaritätsgradient** zwischen Papillenspitze (bis zu 1300 mosmol/l) und Niererinde (mit ca. 290 mosmol/l plasmaisoton, Abb. **10.10**) bildet die Triebkraft für die Wasser-Rückresorption.

**10.10 Intrarenaler Osmolaritätsgradient**

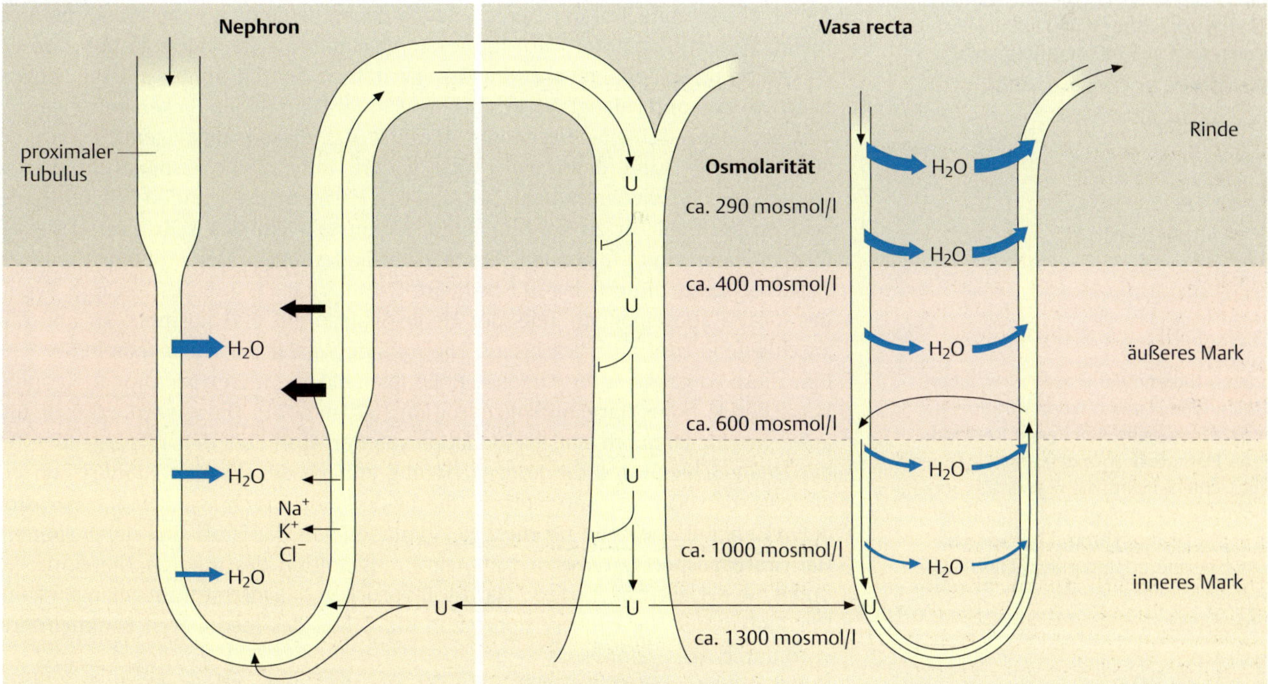


Die im Nierenmark parallel verlaufenden Strukturen (arterielle und venöse Vasa recta, ab- und aufsteigende Teile der Henle-Schleife, Sammelrohre) ermöglichen im Interstitium die Entstehung eines **kortikomedullären Osmolaritätsgradienten** von 290 – 1300 mosmol/l, der die Wasserresorption aus der Henle-Schleife und dem Sammelrohr bedingt.

**10.5 Aufbau des Osmolaritätsgradienten**

| *Mechanismus* | *Effekt* |
|---|---|
| ▪ **Gegenstromsystem des Harnflusses** durch haarnadelförmige Henle-Schleife mit gegenläufiger Fließrichtung | **Akkumulierung der Osmolyte** im Nierenmark mit zunehmender Länge der Schleife |
| ▪ **Gegenstromsystem des Blutflusses** durch haarnadelförmigen Verlauf der Vasa recta mit gegenläufiger Fließrichtung in Nierenmark und Papille | **Verhinderung der Auswaschung** des Osmolaritätsgradienten durch die Durchblutung |
| ▪ **Salzresorption** bei gleichzeitiger Wasserundurchlässigkeit (dicker aufsteigender Teil der Henle-Schleife) | **Hypertonizität des umliegenden Interstitiums** im Vergleich zur Tubulusflüssigkeit |
| ▪ **Zirkulation des Harnstoffs** zwischen dünnem aufsteigendem Teil der Henle-Schleife und papillärem Sammelrohr | **Zusätzliche Osmolaritätssteigerung** des Interstitiums bei gleichzeitiger „passiver" NaCl-Resorption |

▶ **Merke.** Der **Osmolaritätsgradient** zwischen Papillenspitze und Nierenrinde bildet eine wichtige Voraussetzung dafür, dass Osmolarität und Gesamtvolumen des Extrazellulärraums in einem weiten Bereich unabhängig von der täglichen Trinkmenge und (nahezu) unabhängig von der Osmolarität der aufgenommenen Flüssigkeiten konstant gehalten werden können.

Zu den für die Ausbildung des Osmolaritätsgradienten wesentlichen Faktoren siehe Tab. **10.5**.

Bei der Ausbildung des Osmolaritätsgradienten spielen vier Faktoren eine wesentliche Rolle (siehe Tab. **10.5**).

Im wasserimpermeablen dicken aufsteigenden Teil der Henle-Schleife besteht eine **Osmolaritätsdifferenz von ca. 200 mosmol/l** zwischen Tubulusflüssigkeit und umgebendem Interstitium.

Da im wasserimpermeablen dicken aufsteigenden Teil der Henle-Schleife ein effektiver NaCl-Transport ($Na^+$-$K^+$-$2Cl^-$-Kotransport) stattfindet, kann hier in jedem Bereich eine **Osmolaritätsdifferenz von etwa 200 mosmol/l** zwischen Tubulusflüssigkeit und umgebendem Interstitium aufgebaut werden.

Das Prinzip der **Gegenstrommultiplikation** ermöglicht, dass die durch NaCl bedingte Osmolarität der Tubulusflüssigkeit am Beginn des dicken aufsteigenden Teils der Henle-Schleife bis auf 600 mosmol/l ansteigt und dann infolge der Resorption kontinuierlich bis zur Nierenrinde auf 100 mosmol/l abfällt.

Nur wenn die NaCl-Konzentration des Harns bereits bei dessen Eintritt in den dicken aufsteigenden Teil der Henle-Schleife erhöht ist, können hier noch höhere interstitielle Osmolaritäten erzeugt werden. Dies wird durch das Prinzip der **Gegenstrommultiplikation** erreicht: Die Pars recta des proximalen Tubulus und der dünne absteigende Teil der Henle-Schleife haben beide eine hohe Wasserpermeabilität. Dadurch kann der Harn in diesen Abschnitten gegenläufig zu dem von der dicken Henle-Schleife generierten Osmolaritätsgradienten immer stärker konzentriert werden und gelangt folglich als hypertoner Harn in den dicken aufsteigenden Teil der Henle-Schleife. Durch die Aktivität des dicken aufsteigenden Teils der Henle-Schleife kann dann eine noch höhere interstitielle Osmolarität erzeugt werden, welche wiederum dazu beiträgt, den Harn im absteigenden Teil der Henle-Schleife noch stärker zu konzentrieren. So entsteht ein sich selbst verstärkender Mechanismus mit folgenden Osmolaritätsänderungen der Tubulusflüssigkeit: Zunächst steigt die durch NaCl bedingte Osmolarität im Tubulus bis zum Beginn des dicken aufsteigenden Teils der Henle-Schleife auf 600 mosmol/l an und fällt anschließend kontinuierlich bis zur Nierenrinde wieder auf 100 mosmol/l ab.

Im inneren Nierenmark (Papille) herrschen zusätzlich hohe Harnstoffkonzentrationen (600 mmol/l), welche durch eine **Rezirkulation von Harnstoff** über den aufsteigenden Teil der Henle-Schleife, die Konzentrierung im absteigenden Sammelrohrsystem und die Diffusion in das Interstitum über spezielle Harnstofftransportsysteme aufrechterhalten wird.

Eine diese Vorgänge unterstützende Rolle spielt die im inneren Nierenmark (Papille) herrschende hohe Harnstoffkonzentration (600 mmol/l). Diese wird erreicht und aufrechterhalten durch eine **Rezirkulation von Harnstoff** über den aufsteigenden Teil der Henle-Schleife und die Konzentrierung entlang des distalen Tubulus und des absteigenden Sammelrohrsystemes, die beide keine Durchlässigkeit für Harnstoff aufweisen. Entscheidend für diese Rezirkulation von Harnstoff sind dabei spezielle **Harnstofftransportsysteme** in Sammelrohrabschnitten des inneren Nierenmarkes, durch die der aufkonzentrierte Harnstoff zurück in das Interstitium gelangen kann. Der Einbau der Harnstofftransporter in die Zellen des medullären Sammelrohres wird durch ADH gefördert.

Durch die haarnadelförmige Anordnung der **Vasa recta** sowie durch den relativ geringen Blutfluss durch diese Gefäße wird gewährleistet, dass die Osmolyte (NaCl und Harnstoff) im Interstitium verbleiben.

Durch die haarnadelförmige Anordnung der **Vasa recta** sowie durch den relativ geringen Blutfluss durch diese Gefäße wird gewährleistet, dass die Osmolyte (NaCl und Harnstoff) im Interstitium verbleiben. Aufgrund der hohen Wasserpermeabilität der Vasa recta (→ Aquaporin 1) wird den absteigenden Gefäßen entsprechend

**10.6 Ursachen für Störungen des intrarenalen Osmolaritätsgradienten**

| *Ursache* | *Auswirkung* |
|---|---|
| ▪ **erhöhte Durchblutung in den Vasa recta**, z. B. unter Einnahme von Vasodilatatoren | Auswaschung des Osmolaritätsgradienten |
| ▪ **Zunahme der tubulären Perfusion**, z. B. aufgrund von nicht resorbierbaren Osmolyten wie Zucker | verminderter Aufbau eines Osmolaritätsgradienten |
| ▪ **verminderte ADH-Konzentration und -Wirkung**, z. B. aufgrund eines Sekretionsdefekts von ADH in der Hypophyse (Diabetes insipidus centralis) oder einer reduzierten ADH-Wirkung in der Niere (Mutationen in Aquaporin 2, Diabetes insipidus renalis) | verminderte Aufkonzentrierung von Harnstoff im Sammelrohr und damit im Niereninterstitium |
| ▪ **Hemmung des $Na^+$-$K^+$-$2Cl^-$-Kotransportsystems des dicken aufsteigenden Teils der Henle-Schleife**, z. B. durch Einnahme von Schleifendiuretika | verminderter Aufbau des Osmolaritätsgradienten und unzureichende Harnkonzentrierung |

10.6

dem Osmolaritätsgradienten in ihrem Verlauf durch das Mark in die Papille zunehmend Wasser entzogen, wodurch sich die Osmolarität des Kapillarblutes der des Interstitiums angleicht. Der antiparallele Blutrückstrom durch die aufsteigenden Vasa recta **(Gegenstromsystem)** verhindert, dass Wasser im äußeren Nierenmark und in der Papille akkumuliert.

### Störungen des Osmolaritätsgradienten

Bei einer Störung des Osmolaritätsgradienten (Tab. **10.6**) kommt es zu Störungen der Wasserresorption und damit zu einer verstärkten Diurese.

Störungen des Osmolaritätsgradienten

Störungen des Osmolaritätsgradienten (Tab. **10.6**) führen zu verstärkter Diurese.

# 10.6 Energiestoffwechsel der Niere

## 10.6.1 Determinanten des renalen Energieverbrauchs

Der proximale Tubulus, der dicke aufsteigende Teil der Henle-Schleife und das Konvolut des distalen Tubulus besitzen eine **hohe Dichte an Mitochondrien**, was auf den hohen Bedarf an oxidativ erzeugter Energie in Form von ATP hinweist. Diese Energie wird vor allem zum Betrieb der **$Na^+$-$K^+$-ATPase** verwendet, die in der basalen Membran sitzt und den für den Natriumtransport wichtigen transzellulären Natriumgradienten aufrechterhält.

10.6 Energiestoffwechsel der Niere

10.6.1 Determinanten des renalen Energieverbrauches

Die Energie wird vor allem zum Betrieb der **$Na^+$-$K^+$-ATPase** verwendet, welche in der basalen Membran sitzt und den für den transzellulären Natriumtransport wichtigen Natriumgradienten aufrechterhält.

▶ **Merke.** Der Energieverbrauch der Niere korreliert mit der tubulären $Na^+$-Resorption und damit indirekt mit der filtrierten $Na^+$-Menge. Im Normalzustand entfallen ca. 80 % des Energieumsatzes allein auf den $Na^+$-Transport.

▶ Merke.

## 10.6.2 Sauerstoffversorgung der Niere

In der Niere wird Energie in Form von ATP v. a. durch **oxidative Phosphorylierung** – also unter $O_2$-Verbrauch – erzeugt. Bei normaler GFR liegt der $O_2$-Verbrauch der Niere bei **0,06 ml × min$^{-1}$ × g$^{-1}$**. Da die Nierendurchblutung ungefähr 1,2 l/min (4 ml × min$^{-1}$ × g$^{-1}$) beträgt, werden also nur etwa 7 % (0,015 ml $O_2$/ml Blut) des antransportierten Sauerstoffes entnommen und die $O_2$-Sättigung des Hämoglobins im Nierenvenenblut liegt noch bei 93 % (das entspricht einem $pO_2$ von ca. 60 mmHg). Da die Sauerstoffversorgung innerhalb der Niere inhomogen ist, sinkt der $O_2$-Druck im schlecht durchbluteten Nierenmark trotz des hohen Sauerstoffdrucks im nierenvenösen Blut bis auf 10 mmHg ab. Die Inhomogenität in der Durchblutung der verschiedenen Nierenbereiche zeigt sich auch in der ca. 20-fachen Differenz des spezifischen (also gewichtsbezogenen) $O_2$-Verbrauchs zwischen Rinde (0,09 ml × min$^{-1}$ × g$^{-1}$) und Papille (0,004 ml × min$^{-1}$ × g$^{-1}$).

10.6.2 Sauerstoffversorgung der Niere

In der Niere wird Energie in Form von ATP v. a. durch **oxidative Phosphorylierung** – also unter $O_2$-Verbrauch – erzeugt. Der $O_2$-Verbrauch der Niere beträgt bei normaler GFR **0,06 ml × min$^{-1}$ × g$^{-1}$**. Da die Nierendurchblutung ungefähr 1,2 l/min (4 ml × min$^{-1}$ × g$^{-1}$) beträgt, werden also nur etwa 7 % (0,015 ml $O_2$/ml Blut) des antransportierten Sauerstoffes entnommen. Im schlechter durchbluteten Nierenmark sind Sauerstoffdruck und Sauerstoffverbrauch deutlich niedriger als in der Nierenrinde.

#### 10.6.3 Substrate der Energiegewinnung

Wichtigste Substrate für die oxidative Phosphorylierung in der Niere sind v. a. **Fettsäuren**, **β-Hydroxybutyrat** und **Acetoacetat**. Der proximale Tubulus kann Glukose nicht verstoffwechseln, dafür aber aus Glutamin über α-Ketoglutarat Glukose neu bilden (Glukoneogenese).

▶ Klinik.

### 10.6.3 Substrate der Energiegewinnung

Die Niere verwendet v.a. **Fettsäuren**, **β-Hydroxybutyrat** und **Acetoacetat** als Substrate für die oxidative Phosphorylierung. Der proximale Tubulus ist nicht zur Glykolyse fähig. Der dazu erforderliche Stoffwechselweg ist erst im weiteren Verlauf ausgebildet und nimmt zum distalen Nephron hin in seiner Aktivität weiter zu. Im proximalen Tubulus findet stattdessen Glukoneogenese statt. Als Ausgangssubstrat dient α-Ketoglutarat, das neben Ammoniumionen durch zweifache Deamidierung aus Glutamin entsteht.

▶ **Klinik.** Das Fehlen des glykolytischen Stoffwechselweges und damit die Möglichkeit der anaeroben Energiegewinnung im proximalen Tubulus hat allerdings nachteilig zur Folge, dass diese Zellen unbedingt auf Sauerstoff zur Energiegewinnung angewiesen sind. Sie reagieren deshalb sehr empfindlich auf eine unzureichende Sauerstoffversorgung **(akutes Nierenversagen)**.

#### 10.7 Nierenhormone

#### 10.7.1 Renin

Renin wird von den Epitheloidzellen des **juxtaglomerulären Apparates** sezerniert (Funktion s. RAAS, S. 319).

#### 10.7.2 Erythropoietin (EPO)

Erythropoietin wirkt als **Mitogen**, als **Differenzierungs-** und als **Überlebensfaktor** auf die Erythropoese. EPO wird in **Niere**, **Leber** und **Gehirn** gebildet (bei Feten v. a. in der Leber, bei Erwachsenen v. a. in der Niere). In der Niere wird EPO von **Fibroblasten** in der Nierenrinde gebildet.

**Regulation der EPO-Sekretion:** EPO wird nicht gespeichert, seine Neubildungsrate wird hauptsächlich vom $O_2$-Transport des Blutes bestimmt (Tab. **10.7**):
- $O_2$-Zufuhr ↓ → EPO ↑
- $O_2$-Zufuhr ↑ → EPO ↓.

Zwischen der Hb-Konzentration und der Plasma-EPO-Konzentration besteht ein inverser Zusammenhang. Die EPO-Bildung wird über den zellulären **Sauerstoffdruck** reguliert. Als Mediator spielt dabei **HIF** (hypoxia inducible factor) eine Rolle, der bei Hypoxie vermehrt entsteht und die EPO-Bildung stimuliert.

10.7

## 10.7 Nierenhormone

### 10.7.1 Renin

Renin wird von den Epitheloidzellen des **juxtaglomerulären Apparates** sezerniert. Renin wirkt als Protease und ist das Schlüsselhormon des sog. Renin-Angiotensin-Aldosteron-Systems (RAAS, s. S. 319).

### 10.7.2 Erythropoietin (EPO)

Erythropoietin ist der wichtigste humorale Regulator der Erythropoese, wo es als **Mitogen**, als **Differenzierungsfaktor** und als **Überlebensfaktor** für erythroid determinierte Vorläuferzellen im Knochenmark wirkt. EPO wird in der **Niere**, in der **Leber** und im **Gehirn** gebildet. Während es bei Feten noch hauptsächlich in der Leber produziert wird, bilden ab dem Kindesalter die Nieren ca. 90 % des gesamten EPO im Körper. In der Niere wird EPO von einer speziellen **Fibroblastenpopulation** zwischen den proximalen Tubuli in der Nierenrinde gebildet.

**Regulation der EPO-Sekretion:** EPO wird nicht gespeichert, seine Neubildungsrate wird hauptsächlich vom $O_2$-Transport des Blutes (negative Rückkopplung) bestimmt (Tab. **10.7**):
- Eine **verminderte $O_2$-Zufuhr** zur Nierenrinde **stimuliert** die EPO-Bildung,
- eine **erhöhte $O_2$-Zufuhr** zur Nierenrinde **unterdrückt** die EPO-Bildung.

Zwischen der Hämoglobinkonzentration (oder dem Hämatokrit, als einfach messbarem Labormarker) und der Plasma-EPO-Konzentration besteht somit ein inverser Zusammenhang. Die EPO-Bildung in den Nierenfibroblasten wird direkt vom zellulären **Sauerstoffdruck** reguliert, welcher vom Verhältnis von $O_2$-Antransport (arterieller $O_2$-Druck und Hämoglobinkonzentration) und $O_2$-Verbrauch (durch die Resorptionstätigkeit der proximalen Tubuli) abhängt. Als Mediator spielt dabei der **Transkriptionsfaktor HIF** (hypoxia inducible factor) eine wichtige Rolle, welcher in der Zelle bei Hypoxie vermehrt entsteht und die Erythropoietinbildung stimuliert.

**10.7 Faktoren mit Einfluss auf die renale EPO-Bildung**

| *Auslöser* | *mögliche Ursache* | *Effekt auf EPO-Bildung* |
|---|---|---|
| arterielle Hypoxie | Höhenaufenthalt, Lungenfunktionsstörungen | stimuliert |
| Anämie (Hb ↓) | Blutverlust, Störung der Erythropoese | stimuliert |
| Polyzythämie | Polycythaemia vera | hemmt |

▶ **Klinik.** Bei degenerativen Nierenerkrankungen (z. B. chronische Niereninsuffizienz) ist die Regulation der EPO-Bildung u.U. deutlich gestört, was zu einer Anämie **(renale Anämie)** führen kann. Menschliches EPO wird inzwischen gentechnisch hergestellt und zur effektiven Therapie der renalen Anämie eingesetzt. Leider wird gentechnisch produziertes EPO auch zur Leistungssteigerung im Hochleistungssport (v. a. Radfahrer, Skilangläufer) missbraucht. Dies kann lebensgefährliche Konsequenzen haben, da durch den künstlich induzierten Anstieg des Hämatokrits die Viskosität des Blutes und damit der Kreislaufwiderstand zunimmt, was zum Herzversagen führen kann.

▶ Klinik.

## 10.7.3 1,25-Dihydroxycholecalciferol (Kalzitriol)

1,25-Dihydroxycholecalciferol ist die biologisch aktive Form von Vitamin $D_3$. Es ist wichtig für den Kalziumstoffwechsel des Organismus, und seine Entstehung wird durch **Parathormon (PTH)** gefördert und kontrolliert (s. S. 326). Aus Cholesterin entsteht in der Leber biologisch inaktives 25-Hydroxycholecalciferol, welches an ein spezielles Plasmaprotein gebunden zur Niere transportiert wird. Dort wird es zunächst glomerulär filtriert und anschließend im proximalen Tubulus resorbiert. In den **Zellen des proximalen Tubulus** wird 25-Hydroxycholecalciferol durch eine **1α-Hydroxylase** zum biologisch aktiven 1,25-Dihydroxycholecalciferol (Kalzitriol) hydroxyliert und wieder ins Blut abgegeben.

**10.7.3 1,25-Dihydroxycholecalciferol (Kalzitriol)**

Aus Cholesterin entsteht in der Leber biologisch inaktives 25-OH-Cholecalciferol. Dieses wird in den **Zellen des proximalen Tubulus** durch eine **1α-Hydroxylase** (stimuliert durch **PTH**) zum biologisch aktiven 1,25-Dihydroxycholecalciferol hydroxyliert und wieder ins Blut abgegeben. Kalzitriol ist als biologisch aktive Form von Vitamin $D_3$ wichtig für den Kalziumstoffwechsel (s. S. 325).

## 10.7.4 Prostaglandine

Auch in der Niere werden aus **Arachidonsäure** Prostaglandine gebildet. Prostaglandine sind v. a. lokal wirksame Steuerfaktoren. In der Niere fördert insbesondere **$PGE_2$** die **Durchblutung** (v. a. die des Nierenmarks) und die **Reninsekretion** (und damit auch die Natriumresorption). Im distalen Nephron hemmen Prostaglandine die **Natriumresorption** und im Sammelrohr zusätzlich noch die **Wasserresorption.** Unter welchen Bedingungen der eine oder der andere Effekt zum Tragen kommt, ist noch unklar.

**10.7.4 Prostaglandine**

Prostaglandine sind vorwiegend lokal wirksame Steuerfaktoren. In der Niere fördern sie – insbesondere **$PGE_2$** – die **Durchblutung** (vor allem des Nierenmarks) und die **Reninsekretion.** Im distalen Nephron hemmen sie die **Natrium-** und im Sammelrohr auch noch die **Wasserresorption.**

# 10.8 Wasser- und Elektrolythaushalt

## 10.8.1 Wasserräume des Körpers

Wasser ist der Hauptbestandteil des menschlichen Körpers: Bei Frauen macht es 50 % des Körpergewichts (KG) aus, bei Männern 60 %. Da Frauen mehr Fettgewebe aufweisen als Männer, der Wassergehalt des Fettgewebes jedoch nur 10–20 % beträgt (zum Vergleich: Gehirn, Lunge, Leber und Skelettmuskulatur haben einen Wasseranteil von 70–80 %), besitzen Frauen einen etwas geringeren Gesamtwassergehalt. Der Wasserbestand ist außerdem altersabhängig (Tab. **10.8**).
Das Körperwasser (KW) verteilt sich auf zwei große Räume: Den **Intrazellulärraum** (IZR) und den **Extrazellulärraum** (EZR), welche nochmals unterteilt werden (Tab. **10.9**).

**10.8 Wasser- und Elektrolythaushalt**

**10.8.1 Wasserräume des Körpers**

Wasser ist der Hauptbestandteil des menschlichen Körpers. Sein Anteil am Körpergewicht (KG) korreliert invers mit der Fettmasse und ist bei Frauen (mit ca. 50 %) geringer als bei Männern (ca. 60 %). Zur Altersabhängigkeit des Wassergehalts s. Tab. **10.8.**

Das Körperwasser (KW) verteilt sich zu ca. $^2/_3$ auf den **Intrazellulärraum** (IZR) und zu $^1/_3$ auf den **Extrazellulärraum** (EZR), s. Tab. **10.9.**

**10.8 Wassergehalt des Körpers in Abhängigkeit vom Lebensalter**

| *Alter* | *Wassergehalt (Anteil am Körpergewicht)* |
|---|---|
| Säugling | ca. 75 % |
| erstes Lebensjahr | ca. 60–65 % |
| Erwachsene | 60 % (Männer), 50 % (Frauen) |
| Senioren | <60 % (Männer), <50 % (Frauen) |

10.8

**10.9 Wasserräume des Körpers**

| | |
|---|---|
| **Intrazellulärraum (IZR)** | im Mittel 60–65 % des KW (Schwankungsbereich 55–75 %) |
| **Extrazellulärraum (EZR)** | im Mittel 35–40 % des KW (Schwankungsbereich 25–45 %) |
| ▪ *intravasaler Raum* (Plasmavolumen) | ca. 25 % des EZR |
| ▪ *interstitieller Raum* | ca. 75 % des EZR |
| – *transzellulärer Raum* (Liquor, Flüssigkeit in serösen Höhlen etc.) | ca. 2 % des KW<br>ca. 5 % des EZR |

KW = Körperwasser

10.8.2 Wasserzufuhr und -abgabe

Der **obligate Wasserverlust** über Atmung, Schwitzen, Urin und Kot **(ca. 2 l/d)** beim Erwachsenen wird bei normalen Ess- und Trinkgewohnheiten sogar eher überkompensiert. Bei höheren oder zusätzlichen Flüssigkeitsverlusten (z. B. Stillen, Blutverlust, Durchfall, starkes Schwitzen) kann es zu Wasserdefiziten kommen, wenn die Zufuhr nicht entsprechend gesteigert wird.

▶ Merke.

▶ Merke.

10.8.3 Regulation des Wasser- und Elektrolythaushalts

Osmoregulation

▶ Definition.

Der Wasserhaushalt des Körpers wird hauptsächlich über die **Osmolarität (normal 290–295 mosmol/l)** der Extrazellulärflüssigkeit geregelt. Entscheidend für die Einstellung des osmotischen Gleichgewichts zwischen EZR und IZR sind die Osmolyte, welche die sog. **effektive Osmolarität** bestimmen (Tab. **10.10**).

Die Osmolarität wird ständig durch die **Osmorezeptoren** des **Hypothalamus** kontrolliert, die Änderungen der Osmolarität des EZR mit hoher Sensitivität erfassen.

## 10.8.2 Wasserzufuhr und -abgabe

Ein gesunder Erwachsener (z. B. 70 kg KG) hat einen **obligaten Wasserverlust** (Atmung, Schwitzen, Urin und Kot) von **ca. 2 Litern pro Tag**. Zur Wahrung der Wasserbilanz muss dieses Volumen auch wieder aufgenommen werden. Bei normalen Ess- und Trinkgewohnheiten nimmt man täglich 1,5–3,0 l Wasser auf und generiert ca. 300 ml Oxidationswasser, so dass man sich etwas im Wasserüberschuss befindet. Wenn die Bilanz bei höheren oder zusätzlichen Flüssigkeitsverlusten (z. B. Stillen/Milchproduktion, Blutverlust, Erbrechen, Durchfall, gesteigerte Diurese, Ödeme, starkes Schwitzen) erhalten bleiben soll, muss die Zufuhr entsprechend erhöht werden.

▶ Merke. Die in den Magen-Darm-Trakt abgegebenen Verdauungssekrete (täglich 5–10 l) gehen nicht in die Bilanz mit ein, weil sie wieder reabsorbiert werden. Sie sind aber bei Erbrechen oder Durchfall von Bedeutung.

Der tägliche absolute Wasserverlust und die Wasserzufuhr nehmen vom Säuglingsalter zum Erwachsenalter zu. Bezogen auf das Körpergewicht ist der Flüssigkeitsbedarf eines Säuglings allerdings höher als der von Erwachsenen; Gründe sind der vermehrte Stoffwechselumsatz und die noch nicht ausgereifte Konzentrierfähigkeit der Nieren.

▶ Merke. Der Mensch kann wochenlang auf die Zufuhr von Nahrungsstoffen verzichten, aber nur wenige Tage auf die Zufuhr von Wasser und Elektrolyten.

## 10.8.3 Regulation des Wasser- und Elektrolythaushalts

### Osmoregulation

▶ Definition. Die **Osmoregulation** sorgt für die Aufrechterhaltung des osmotischen Gleichgewichts zwischen Intra- und Extrazellulärraum.

Der Wasserhaushalt des Körpers wird ganz wesentlich über die Osmolarität der Extrazellulärflüssigkeit geregelt. Die normale **Osmolarität** der Körperflüssigkeiten liegt bei **ca. 290–295 mosmol/l**. Da Unterschiede in den osmotischen Drücken zwischen Intra- und Extrazellulärraum kompensatorische Wasserströme zur Folge hätten, ist die Volumenkontrolle des IZR unmittelbar an die Osmoregulation gebunden. Entscheidend für die Einstellung des osmotischen Gleichgewichts zwischen EZR und IZR sind jene Substanzen, welche die sog. **effektive Osmolarität** bestimmen (Tab. **10.10**).
Die Osmolarität wird ständig durch die **Osmorezeptoren** des **Hypothalamus** kontrolliert, die Änderungen der Osmolarität des EZR mit hoher Sensitivität erfassen. Im Normalfall werden Wasseraufnahme und Wasserausscheidung zur Konstanthaltung der Plasmaosmolarität so gesteuert, dass sie miteinander im Gleichgewicht sind.

**10.10 Die effektive Osmolarität bestimmende Osmolyte**

| EZR = Extrazellulärraum | IZR = Intrazellularraum |
|---|---|
| ▪ $Na^+$ (140 mmol/l) | ▪ $K^+$ (150 mmol/l) |
| ▪ $Cl^-$ (105 mmol/l) | ▪ organische Phosphate |
| ▪ $HCO_3^-$ (25 mmol/l) | ▪ Proteine |

Da der Wasserhaushalt des Körpers mit der Konzentration der für die Osmolarität ausschlaggebenden Elektrolyte eng verknüpft ist und auch die Regulationsmechanismen der einzelnen Parameter letztendlich zusammenhängen, werden im Folgenden Wasser-, Natrium- und Kaliumhaushalt zusammen abgehandelt (zur Bilanz und Funktion einzelner Elektrolyte s. S. 322).

Eine entscheidende Rolle hierbei spielt das Natrium, da
- es als wichtigstes Osmolyt im EZR direkt die Wasserverteilung zwischen den verschiedenen Kompartimenten beeinflusst
- seine Ausscheidung von der „Verfügbarkeit" freien Wassers abhängig ist
- es in engem Zusammenhang mit der intrazellulären Kaliumkonzentration steht ($Na^+$-$K^+$-Pumpe, Wirkung des Aldosterons an Sammelrohrzellen, s. u.).

Der Wasserhaushalt ist eng mit den für die Osmolarität ausschlaggebenden Elektrolyten verknüpft. Daher wird er zusammen mit dem Natrium und Kaliumhaushalt abgehandelt. Eine entscheidende Rolle hierfür spielt Natrium.

## Kopplung von Natrium- und Wasserausscheidung

Die Mechanismen zur Konservierung von Natrium sind im Organismus stark ausgeprägt, so dass es unter physiologischen Bedingungen und bei normaler Kost nicht zu einem signifikanten Natriummangel kommt. Da die tägliche Natriumzufuhr in Mitteleuropa deutlich über dem Natriumbedarf liegt, ist für die Konstanz des Extrazellulärvolumens (das ja vom Natriumbestand des Körpers bestimmt wird) entscheidend, dass überschüssiges Kochsalz fortlaufend renal eliminiert wird. Bei maximaler Konzentration des Endharns (1300 mosmol/l, s. auch S. 311) kann die NaCl-Konzentration im Endharn höchstens 200 mmol/l (also 400 mosmol/l) betragen – der Rest ist Harnstoff. Größere NaCl-Mengen können lediglich über ein erhöhtes Urinvolumen und somit über eine gesteigerte Zufuhr von salzfreiem Wasser ausgeschieden werden.

Ein gutes Beispiel hierfür ist das Trinken von **Meerwasser**, welches NaCl in einer Konzentration von 450 mmol/l enthält. Das mit dem Meerwasser aufgenommene Salz kann nur durch zusätzliche Aufnahme von mindestens 1 l salzfreiem Wasser pro l Meerwasser ausgeschieden werden. Mit reinem Meerwasser kann man nicht überleben.

**Kopplung von Natrium- und Wasserausscheidung**

Die natriumkonservierenden Mechanismen des Organismus sind stark ausgeprägt. Deshalb ist unter physiologischen Bedingungen und bei normaler Kost ein signifikanter Natriummangel sehr selten. Bei einer Natriumzufuhr über dem Natriumbedarf muss überschüssiges Kochsalz über die Niere ausgeschieden werden. Um das über ein erhöhtes Urinvolumen zu gewährleisten, muss auch mehr getrunken werden.

## Kontrolle des Natriumbestands über das Extrazellulärvolumen

Wie oben bereits erwähnt, macht das Natrium mit einer Konzentration von etwa 140 mmol/l etwa die Hälfte der Gesamtosmolarität im Extrazellulärraum aus (letztere liegt ja bei ca. 290 mosmol/l).

**Kontrolle des Natriumbestands über das Extrazellulärvolumen**

Im EZR macht Natrium mit einer Konzentration von etwa 140 mmol/l etwa die Hälfte der Gesamtosmolarität des EZR aus.

▶ **Merke.** Da sich der Extrazellulärraum und der Intrazellulärraum im osmotischen Gleichgewicht befinden, wird der Bestand an Natrium letztendlich über die Größe des Extrazellulärraums geregelt.

▶ Merke.

## Hormone als Regulatoren

### Antidiuretisches Hormon (ADH)

▶ **Synonym.** Vasopressin.

**Grundlagen:** ADH ist der zentrale hormonelle Regulator der extrazellulären Osmolarität (Abb. **10.11**), wird im Hypothalamus (Ncl. paraventricularis und Ncl. supraopticus) gebildet und aus dem Hypophysenhinterlappen sezerniert. ADH ist ein Polypeptid aus 9 Aminosäuren mit einem Molekulargewicht von etwa 1000 und ensteht durch Proteolyse aus einem größeren Vorläuferprotein, dem Pro-Vasopressin.

**Hormone als Regulatoren**

**Antidiuretisches Hormon (ADH)**

▶ **Synonym**

**Grundlagen:** ADH ist der zentrale hormonelle Regulator der extrazellulären Osmolarität (Abb. **10.11**), wird im Hypothalamus (Ncl. paraventricularis und Ncl. supraopticus) gebildet und aus dem Hypophysenhinterlappen sezerniert.

10.11

10.11 **Regulation der extrazellulären Osmolarität durch ADH**

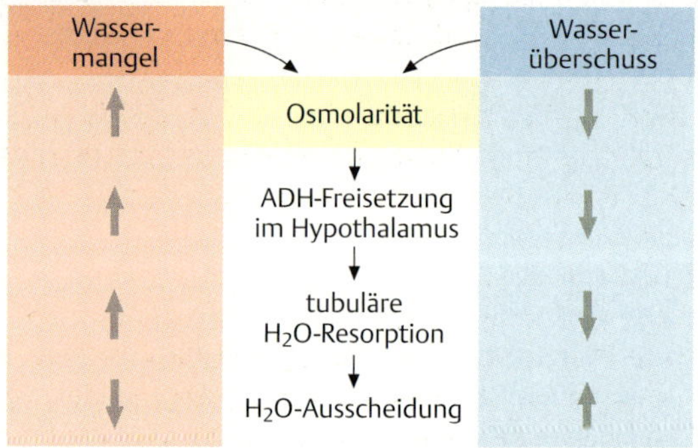


Veränderungen der Osmolarität können von Neuronen des Hypothalamus wahrgenommen werden. Bei einem Anstieg der Osmolarität wird durch Freisetzung von antidiuretischem Hormon (ADH) aus der Neurohypophyse die Wasserresorption im tubulären System stimuliert.

**Wirkungen:**
- **Über V1-Rezeptoren** löst ADH eine Kontraktion der glatten **Gefäßmuskelzellen** mit nachfolgendem Blutdruckanstieg aus.
- **Über V2-Rezeptoren** in der **Niere** stimuliert ADH über die Bildung von Wasserkanälen die Wasserrückresorption im Sammelrohrsystem.

**Wirkungen:**
- **Über V1-Rezeptoren:** An den **Gefäßen** löst ADH (Vasopressin; daher die Benennung der Rezeptoren) eine Kontraktion der glatten Muskelzellen aus, was zu einem Blutdruckanstieg durch eine Erhöhung des Kreislaufwiderstands führt.
- **Über V2-Rezeptoren:** In der **Niere** stimuliert ADH die Wasserrückresorption im Sammelrohrsytem: Nach Bindung von ADH an V2-Rezeptoren kommt es über eine Aktivierung der Adenylatzyklase zum Einbau von Wasserkanälen (Aquaporine 2) in die luminale Membran der Sammelrohrzellen (vgl. S. 311).

Die **Halbwertszeit** des zirkulierenden ADH ist kurz (ca. 5 min).

► Klinik.

► Klinik. **Störungen der ADH-Funktion:**
- Beim sog. **Diabetes insipidus centralis** kann die Neurohypophyse kein ADH mehr sezernieren. Als Folge des fehlenden ADH-Effekts auf die Wasserreabsorption in der Niere (s. o.) werden große Volumina hypotonen Harns ausgeschieden, wobei im Extremfall Werte bis zu 40 l/Tag beobachtet wurden. Ursache der Erkrankung sind hauptsächlich benigne oder maligne Tumoren der Hypophyse oder des Gehirns. In 40 % der Fälle kann eine Ursache für das Krankheitsbild nicht gefunden werden (sog. idiopathischer Diabetes insipidus). Der Defekt kann die Osmorezeptoren im Hypothalamus, die ADH-Biosynthese oder die ADH-Sekretion betreffen. Die Behandlung der Erkrankung erfolgt durch ADH-Substitution.
- Der ADH-resistente sog. **Diabetes insipidus renalis** ist eine seltene, meist X-chromosomal vererbte Krankheit. Bei ihr liegt der Defekt in den Tubulusepithelien, die entweder keinen intakten ADH-Rezeptor besitzen oder Mutationen in den Aquaporinen tragen, wodurch die Sammelrohre selbst bei sehr hohen ADH-Konzentrationen die Wasserresorption nicht steigern können. ADH-Substitution hilft hier nicht!
- Als funktionelles Spiegelbild zum Diabetes insipidus centralis ist das **Syndrom der inappropriaten ADH-Bildung (SIADH-Syndrom)** bekannt. Aufgrund von Schädel-Hirn-Traumen, Entzündungen oder Tumoren kommt es zu einer Überproduktion von ADH, was zu einer verstärkten renalen Wasserresorption mit abnehmender Plasmanatriumkonzentration (Verdünnungshyponatriämie, hypotone Hyperhydratation) führt.

### Atriales natriuretisches Peptid (ANP)

**Grundlagen:** Das atriale natriuretische Peptid (ANP) wird in den myoendokrinen Zellen des Herzmuskels synthetisiert (v. a. im Vorhofmyokard).

**Wirkungen von ANP:** ANP führt zur Relaxation der glatten Arteriolenmuskulatur und fördert damit die Nierendurchblutung und konsekutiv die Wasser- und Salzausscheidung

### Atriales natriuretisches Peptid (ANP)

**Grundlagen:** Das atriale natriuretische Peptid (ANP) wird in **myoendokrinen Zellen des Herzmuskels** synthetisiert und in Sekretvesikeln gespeichert, die sich vorwiegend im **rechten Vorhof**, daneben aber auch im linken Vorhof und nur ganz vereinzelt im Herzkammergewebe befinden. Bei einer vermehrten Dehnung der Vorhöfe (z. B. bei erhöhtem zentralvenösem Volumen) wird ANP freigesetzt.

**Wirkungen:**
- an **Gefäßen**: Eine Hauptwirkung von ANP besteht in einer **Relaxation** der glatten Muskulatur der Arteriolen, wobei dieser Effekt an den **renalen präglomerulären**

**Blutgefäßen** (Vas afferens) sehr ausgeprägt ist. Dies führt zu einer **Erhöhung der glomerulären Filtrationsrate** und zu einer Steigerung der Nierenmarkdurchblutung, was prinzipiell die renale Wasser- und Salzausscheidung erhöhen kann (Abb. **10.13**).

- **Hemmung der Aldosteronfreisetzung** durch einen direkten Effekt auf die Nebennierenrinde und indirekt durch Hemmung der Reninfreisetzung. Eine deutliche natriuretische Wirkung von ANP ist nur bei stimuliertem **RAAS** (s. u.) zu beobachten.

### Renin-Angiotensin-Aldosteron-System (RAAS)

**Grundlagen:** Das von den Epitheloidzellen des **juxtaglomerulären Apparates** sezernierte Renin spaltet als Protease im Plasma aus dem hauptsächlich in der Leber gebildeten Glykoprotein **Angiotensinogen** nur ein N-terminales Dekapeptid ab. Dieses **Angiotensin I** (ANG I) wird durch das **Angiotensin-I-Converting-Enzym** (ACE, ebenfalls eine Protease) sehr schnell um zwei Aminosäuren zum Oktapeptid **Angiotensin II** (ANG II) verkürzt (Abb. **10.12**). Wegen ihrer hohen Aktivität an Konversionsenzym spielen hierbei die Endothelzellen der Lunge und der Niere eine besonders wichtige Rolle. ANG II stimuliert die Synthese des Mineralokortikoids Aldosteron in der Zona glomerulosa der Nebennierenrinde. Die Wirkungen von ANG II und Aldosteron als eigentliche Hormone des Systems münden in der Kontrolle des **Blutdrucks**, des **Extrazellulärvolumens** und des **Natrium-** sowie **Kaliumhaushalts** zusammen.

in der Niere (Abb. **10.13**).
Darüber hinaus hemmt ANP die Freisetzung von Renin (Niere) und Aldosteron (Nebennierenrinde).

#### Renin-Angiotensin-Aldosteron-System (RAAS)

Renin wird von den Epitheloidzellen des **juxtaglomerulären Apparates** sezerniert. Es spaltet als Protease im Plasma aus dem **Angiotensinogen** das **Angiotensin I** (ANG I) ab, welches durch das **Angiotensin I-Converting-Enzym** (ACE) zum **Angiotensin II** (ANG II) verkürzt wird (Abb. **10.12**). ANG II stimuliert die Synthese des Mineralokortikoids **Aldosteron** in der Nebennierenrinde. Gemeinsam kontrollieren sie **Blutdruck**, **Extrazellulärvolumen** und **Natrium-/Kaliumhaushalt**.

**10.12 Renin-Angiotensin-Aldosteron-System (RAAS)**

10.12

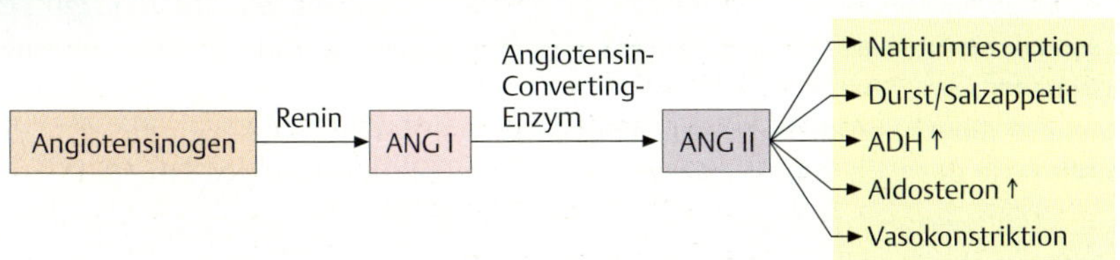


**10.13 Regulation des Extrazellulärvolumens durch RAAS und ANP**

10.13

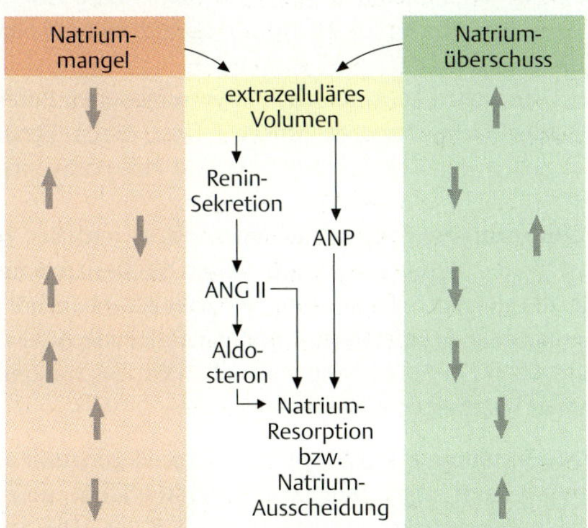


Das extrazelluläre Volumen ist von der Natriumkonzentration im Blut abhängig, welche durch das Renin-Angiotensin-Aldosteron-System **(RAAS)** und die Ausschüttung von atrialem natriuretischem Peptid **(ANP)** kontrolliert wird.

**Wirkung von Angiotensin II**
- Vasokonstriktion → RR ↑
- Salzappetit, Durstgefühl ↑
- ADH-Freisetzung ↑
- $Na^+$-Resorption ↑ und $K^+$-Sekretion ↑ (z. T. über Stimulation der Aldosteronsynthese).

**Wirkung von Angiotensin II:**
Angiotensin II bewirkt eine Zunahme des Natriumbestands und damit eine Zunahme des Extrazellulärvolumens.
- **Gefäße**: Kontraktion der glatten Muskelzellen → Blutdruck ↑ durch Vasokonstriktion
- **Zentral:** Auslösung von Salzappetit und Durstgefühl → Natrium- und Wasseraufnahme ↑
- **Hypophysenhinterlappen:** Stimulation der ADH-Freisetzung → Wasserreabsorption in den Sammelrohren der Niere ↑
- **Niere**: $Na^+$-Resorption ↑ (direkt im proximalen Tubulus, indirekt über Aldosteron)
- **Nebennierenrinde** (Zona glomerulosa): Stimulation der Aldosteronsynthese →$Na^+$-Resorption ↑ und $K^+$-Sekretion ↑.

**Wirkung von Aldosteron:**
- $Na^+$-Resorption ↑ **(Niere und Jejunum)**
- $K^+$-, $H^+$-, NH4$^+$-Sekretion ↑ **(Niere)**
- $Na^+$-Ausscheidung ↓ (**Schweiß- und Speicheldrüsen**).

**Wirkung von Aldosteron**:
Aldosteron wirkt in seinen Zielzellen durch Aktivierung und vermehrte Biosynthese einer Reihe von Proteinen (Natriumkanal, Natrium-Protonen-Austauscher, $Na^+$-$K^+$-ATPase und Enzyme des Citratcyclus):
- **Niere** (in Verbindungstubuli und Sammelrohren):
  → $Na^+$-Resorption ↑, parallel dazu
  → $K^+$-, H+-, $NH_4^+$-Sekretion ↑ → Serum-$K^+$-Konzentration ↓
- **Schweiß- und Speicheldrüsen:** $Na^+$-Ausscheidung ↓
- **Jejunum:** → $Na^+$-Resorption ↑.

### Einflussfaktoren der Hormonsekretion

Um auf die jeweiligen Bedürfnisse des Körpers reagieren zu können, gibt es verschiedene Einflussfaktoren, die eine Freisetzung der o.g. Hormone fördern oder vermindern (Tab. **10.11**). Am Beispiel des ADH sollen sie nachfolgend dargestellt werden.
Durch Änderung der ADH-Konzentration im Plasma kann der Organismus rasch auf Änderungen des Wasserbestands bzw. der Osmolarität reagieren und dadurch verhindern, dass es zu unerwünschten Volumenänderungen im IZR kommt.

**Osmolarität:** Bereits im Normalzustand wird ADH sezerniert. Änderungen der Osmolarität um nur 1 % führen bereits zu messbaren Änderungen der ADH-Sekretion. Gemessen wird der osmotische Druck über
- **spezifische Osmorezeptoren** des Hypothalamus und über
- **Osmorezeption** der ADH-sezernierenden Zellen im Ncl. supraopticus und Ncl. paraventricularis selbst.

**Blutdruck-/Extrazellulärvolumen:** Über Erfassung dieser Größen kann die ADH-Freisetzung unabhängig von der Osmolarität reguliert werden. Wichtig sind in diesem Zusammenhang
- **Presso-/Barorezeptoren des Hochdrucksystems** im Bereich des Karotissinus sowie des Aortenbogens sowie
- **Volumenrezeptoren des Niederdrucksystems** (in Vorhöfen/großen Venen).

## Einflussfaktoren der Hormonsekretion

Um auf die jeweiligen Bedürfnisse des Körpers reagieren zu können, gibt es verschiedene Einflussfaktoren, die eine Freisetzung der o.g. Hormone fördern oder vermindern. Am Beispiel des ADH sollen sie nachfolgend dargestellt werden. Eine Übersicht über verschiedene Einflussfaktoren auf die Hormone, die für die Homöostase des Salz- und Wasserhaushalts eine Rolle spielen, gibt Tab. **10.11**.

Da die Halbwertzeit des zirkulierenden ADH als Peptidhormon mit ca. 5 Minuten recht kurz ist, wirken sich Änderungen der ADH-Freisetzung schnell auf die ADH-Konzentration im Plasma aus. Der Organismus kann damit sehr rasch auf Änderungen des Wasserbestands beziehungsweise der Osmolarität reagieren und dadurch verhindern, dass es zu unerwünschten Volumenänderungen im IZR kommt.

**Osmolarität:** Im Normalfall liegt die Schwelle für die ADH-Freisetzung bei ca. 275 – 280 mosmol/l, weshalb auch bereits im Normalzustand ADH sezerniert wird. Änderungen der Osmolarität um nur 1 % führen bereits zu messbaren Änderungen der ADH-Sekretion.
- Der osmotische Druck wird kontinuierlich in verschiedenen Bereichen des **Hypothalamus** durch **spezifische Osmorezeptoren** erfasst, deren Signale auf die ADH-produzierenden Zellen des Ncl. supraopticus und Ncl. paraventricularis konvergieren.
- Die neurosekretorischen Zellen des **Ncl. supraopticus** und **Ncl. paraventricularis** sind auch selbst an der **Osmorezeption** beteiligt. Sie besitzen mechanosensitive Kationenkanäle, die sich bei Schrumpfung der Zelle öffnen (erhöhter osmotischer Druck im EZR) und eine Depolarisation und nachfolgende ADH-Freisetzung auslösen. Umgekehrt führt ein Abfall des osmotischen Drucks zur Zellschwellung und dadurch bedingten Inaktivierung der Ionenkanäle.

**Blutdruck/Extrazellulärvolumen:** Durch die nachfolgend genannten Rezeptoren im Herz-Kreislauf-System kann unabhängig von der Osmolarität die ADH-Freisetzung (sowohl die Freisetzungsschwelle als auch das Ausmaß der ADH-Antwort) reguliert werden. Hierzu integrieren ADH-bildende Zellen Signale, die Auskunft über den **Füllungszustand des EZR** bzw. den **Blutdruck** geben und durch nachstehend genannte Rezeptoren erfasst werden:
- **Presso-/Barorezeptoren des Hochdrucksystems** liegen im Bereich des Karotissinus sowie des Aortenbogens und erfassen den Druck im Gefäßsystem (s. S. 143).

- **Volumenrezeptoren des Niederdrucksystems** sind v.a. in den Vorhöfen des Herzens und in den großen Venen lokalisiert und reagieren auf Dehnung durch ein erhöhtes Extrazellularvolumen.

Neben den hier genannten und in Tab. **10.11** aufgeführten Auswirkungen ist von der Höhe des Blutdrucks auch die renale Natriumausscheidung abhängig. Dabei nimmt man an, dass es vor allem Änderungen des Blutdrucks in den Vasa recta und damit verbunden Änderungen des hydrostatischen Drucks im Interstitium des Nierenmarks sind, welche die tubuläre Natriumreabsorption beeinflussen. Eine Erhöhung des Blutdrucks führt so zur Natriurese **(Drucknatriurese)**.

▶ Klinik. Man nimmt an, dass bei Menschen mit einer sog. **essenziellen Hypertonie** (Bluthochdruck) die renalen Mechanismen zur Förderung der Salzausscheidung weniger effektiv sind und deshalb kompensatorisch der Blutdruck gesteigert werden muss, um in Form der Drucknatriurese NaCl auszuscheiden.

▶ Klinik.

**Gegenseitige Beeinflussung von Hormonen:** Neben dem wohl bekanntesten Beispiel der Stimulation der Aldosteronproduktion durch Angiotensin II (RAAS, s. S. 319) beeinflussen sich auch andere an der Regulation des Wasser- und Elekrolythaushalts beteiligte Hormone gegenseitig. Oft sind die Mechanismen bisher nicht geklärt. Auf die ADH-Freisetzung wirkt Angiotensin II stimulierend, wahrscheinlich über eine Wirkung auf die ADH-bildenden Zellen des N. supraopticus und N. paraventricularis. Am Hypophysenhinterlappen selbst stimulieren Acetylcholin, Nikotin und Morphin die ADH-Freisetzung; Adrenalin und Ethanol sind dagegen Hemmstoffe.

**Gegenseitige Beeinflussung von Hormonen:** Die Mechanismen für die Wechselwirkung der Hormone untereinander sind z. T. noch nicht geklärt.
Die ADH-Freisetzung wird durch Angiotensin II, Acetylcholin, Nikotin und Morphin stimuliert, durch Adrenalin und Ethanol hingegen gehemmt.

▶ Klinik. Die hemmende Wirkung von **Alkohol** auf die ADH-Freisetzung führt zu einer erhöhten Wasserausscheidung über die Niere und nachfolgend zu einem „Nachdurst".

▶ Klinik.

Häufig sind also auch andere Substanzen, Transmitter o.Ä. als Stimulatoren oder Hemmstoffe beteiligt. Indirekt können weiterhin die einer Hormonwirkung folgenden Prozesse über o.g. Mechanismen wiederum ausschlaggebend für die Sekretion eines anderen Hormons sein. Die Wechselwirkungen sind z.T. von erheblicher Relevanz. Beispielsweise ist eine deutliche natriuretische Wirkung von ANP nur bei einem stimulierten RAAS zu beobachten. Auf diese Weise ergibt sich ein fein abgestimmtes System, durch das die Homöostase des Wasser- und Elektrolythaushalts optimal aufrechterhalten wird.
Die Anpassung bei pathologischen Verhältnissen zeigt, wie die Regulation auf veränderte Ausgangssituationen reagieren kann (Tab. **10.11**).

Durch die Vielzahl an Wechselwirkungen ergibt sich ein fein abgestimmtes System, durch das die Homöostase des Wasser- und Elektrolythaushalts optimal aufrechterhalten wird (Tab. **10.11**).

**10.11 Einflussfaktoren auf Hormone, die den Wasser- und Elektrolythaushalt regulieren**

| *Einflussfaktor* | *Renin* | *Angiotensin II* | *Aldosteron* | *ADH* | *ANP* |
|---|---|---|---|---|---|
| **osmotischer Druck ↑** | ↓ | ↓ | ↓ | ↑ | (↑) |
| **osmotischer Druck ↓** | ↑ | ↑ | ↑ | ↓ | (↓) |
| **Blutdruck ↑** | ↓ | ↓ | ↓ | ↓ | ↑ |
| **Blutdruck ↓** | ↑ | ↑ | ↑ | ↑ | ↓ |
| **Extrazellularvolumen ↑** (isoton) | ↓ | ↓ | ↓ | ↓ | ↑ * |
| **Extrazellularvolumen ↓** (isoton) | ↑ | ↑ | ↑ | ↑ | ↓ |
| **Sympathikus ↑** | ↑ | ↑ | ↑ | ? | ↑ * |
| **Besonderheit** | | | ↑ wenn $K^+$ ↑<br>↓ wenn $K^+$ ↓ | ↓ durch Ethanol<br>↑ durch Nikotin | |

* = Effekt über Anstieg des Vorhofdrucks

► Klinik.

► Klinik. Bei einer Stenose der Nierenarterie (vgl. Abb. **10.5**, S. 298) löst der dadurch bedingte intrarenale Druckabfall eine Steigerung der Reninproduktion und -freisetzung aus, die nachfolgend über eine Steigerung der Angiotensin-II-Konzentration im Blut und aufgrund der vasopressorischen und natriumretinierenden Wirkung dieses Hormons zu einer ausgeprägten Hypertonie (sog. **renale Hypertonie**) führt.
Die Wirkungen von ANG II können sehr effektiv durch Medikamente gehemmt werden, welche entweder die Bildung von ANG II durch die Hemmung des Angiotensin-I-Conversions-Enzyms **(ACE-Hemmer)** verhindern oder ANG-II-Rezeptoren blockieren **(AT-Rezeptor-Blocker)**. Diese Medikamentengruppe wird sehr effektiv bei Patienten mit Bluthochdruck eingesetzt. Eine weitere Indikation ist die unerwünschte Überaktivierung des Renin-Angiotensin-Systems, z. B. bei Herzinsuffizienz.

**Durstgefühl**

Das Durstgefühl wird wesentlich über hypothalamische Osmorezeptoren ausgelöst, darüber hinaus auch durch Angiotensin II. Die Schwelle für die Auslösung des Durstgefühls liegt nur 5 – 10 mosmol/l über der für die ADH-Freisetzung.

### Durstgefühl

Auch das Durstgefühl spielt eine wesentliche Rolle für den Ausgleich signifikanter osmotischer Schwankungen. Für die Auslösung des Durstgefühls spielen **hypothalamische Osmorezeptoren** eine wichtige Rolle. Außerdem fördert **Angiotensin II** die Entstehung von Durst. Die Schwelle für die Entstehung des Durstgefühls liegt nur 5 – 10 mosmol/l über der für die ADH-Freisetzung. Das dadurch ausgelöste Trinken verhindert, dass die extrazelluläre Osmolytkonzentration über den physiologischen Bereich (290 – 295 mosmol/l) ansteigt.

**10.8.4 Störungen des Wasserhaushalts**

Störungen des Wasserhaushalts werden primär als De- bzw. Hyperhydratation bezeichnet. Beide **primären Hydratationsstörungen** werden darüber hinaus noch nach dem Verhalten der Osmolytkonzentration (hauptsächlich Natrium!) im Extrazellulärraum in hyper-, iso- und hypotonen Hydratationsstörungen unterschieden (Tab. **10.12**).

## 10.8.4 Störungen des Wasserhaushalts

Störungen des Wasserhaushalts werden primär als De- bzw. Hyperhydratation bezeichnet (s. u.). Beide **primären Hydratationsstörungen** werden dann noch weitergehend nach dem Verhalten der Osmolytkonzentration im Extrazellulärraum in hyper-, iso- und hypotone Hydratationsstörungen unterschieden, welche meist hinweisgebend für die zugrunde liegende Störung sind (Tab. **10.12**). Da Natrium das Hauptosmolyt des Extrazellulärraumes ist, werden Hydratationsstörungen auch oft im Zusammenhang mit der extrazellulären Natriumkonzentration (normal 140 mmol/l) betrachtet.

► Definition.

► Definition

- **Dehydratation:** Wasserbestand des Körpers ist erniedrigt
- **Hyperhydratation:** Wasserbestand des Körpers ist erhöht
- **isoton:** Osmolarität der Extrazellulärflüssigkeit ist normal
- **hypoton:** Osmolarität der Extrazellulärflüssigkeit ist erniedrigt
- **hyperton:** Osmolarität der Extrazellulärflüssigkeit ist erhöht.

**10.8.5 Natrium: Bilanz und Funktion**

**Gesamtnatriumbestand** des Menschen: Er liegt bei 55 – 60 mmol/kg KG (95 % EZR, 5 % IZR). 30 – 40 % davon sind im Knochen gebunden.

## 10.8.5 Natrium: Bilanz und Funktion

**Gesamtnatriumbestand** des Menschen: Er liegt bei 55 – 60 mmol/kg Körpergewicht und verteilt sich zu **95 % auf den Extrazellulärraum** und zu 5 % auf den Intrazellulärraum. 30 – 40 % des Natriums sind im Knochen gebunden, weshalb nur 60 – 70 % des Körpernatriums rasch austauschbar sind.

**10.12 Störungen des Wasserhaushalts**

| *Störung* | *mögliche Ursachen* | *Symptomatik* |
|---|---|---|
| **Dehydratation** | | Zeichen der „Austrocknung": trockene Schleimhäute, Durst, wenig Urin, Blutdruckabfall, Herzfrequenzsteigerung, trockene und faltige Haut, reduzierte Venenfüllung |
| ▪ hypoton (hyponatriämisch) | Wassertrinken im Kreislaufschock, Aldosteronmangel | |
| ▪ isoton | Blutung, Durchfall, Erbrechen | |
| ▪ hyperton (hypernatriämisch) | ADH-Mangel, starkes Schwitzen | |
| **Hyperhydratation** | | Blutdruckanstieg, gestaute Halsvenen, Atemschwierigkeiten/Luftnot, Ödeme |
| ▪ hypoton (hyponatriämisch) | Infusion hypotoner Lösungen | |
| ▪ isoton | Herzinsuffizienz, Niereninsuffizienz | |
| ▪ hyperton (hypernatriämisch) | Trinken von Meerwasser | |

**10.13 Funktionelle Bedeutung von Natrium**

- $Na^+$ ist das quantitativ wichtigste (osmotisch wirksame) Kation des Extrazellulärraums (EZR)
- $Na^+$ bestimmt im Wesentlichen die Osmolarität des EZR und reguliert darüber Wasserverschiebungen zwischen dem intra- und extrazellulären Kompartiment
- $Na^+$ ist der entscheidende Faktor bei der Entstehung von Aktionspotenzialen bei den meisten erregbaren Zellen
- Der steile $Na^+$-Gradient an der Zellmembran bedingt eine Reihe von sekundär aktiven Prozessen

10.13

**Natriumaufnahme und obligater Verlust:** Normalerweise führt man mit der Nahrung täglich 5–20 g NaCl (70–350 mmol) meist als Würzzusatz (z. B. in Brot, Wurst, Käse, Fertiggerichten etc.) zu. Diese Menge liegt über dem täglichen Bedarf, der durch den obligaten Verlust über Schweiß, Urin und Stuhl entsteht (ca. 3 g/Tag).

Zur funktionellen Bedeutung des Natriums s. Tab. **10.13**.

**Natriumaufnahme und obligater Verlust:** Die normale tägliche Zufuhr liegt bei 5–20 g NaCl (70–350 mmol) und ist damit höher als der Bedarf durch obligate Verluste über Schweiß, Urin, Stuhl (ca. 3 g/Tag).

Zur funktionellen Bedeutung des Natriums s. Tab. **10.13**.

## 10.8.6 Störungen des Natriumhaushalts

10.8.6 Störungen des Natriumhaushalts

► Klinik. **Hypernatriämie:** Eine Natriumüberladung des Körpers entsteht in der Regel durch einen **Hyperaldosteronismus**, der primär durch eine Überfunktion der Nebennierenrinde = NNR (z. B. NNR-Adenome, ACTH-Überfunktion) oder sekundär durch eine Überaktivierung des Renin-Angiotensin-Systems (z. B. bei Herzinsuffizienz, Nierenarterienstenose) hervorgrufen wird. Auswirkungen einer Natriumüberladung können Ödeme und Bluthochdruck sein.
**Hyponatriämie:** Natriummangelzustände können bei starker Schweißproduktion, bei Verlusten aus dem Magen-Darm-Trakt durch Erbrechen, Durchfälle, Einnahme von Diuretika oder gesteigerte Sekretion im Magen-Darm-Trakt (Darminfektionen, wie z. B. Cholera) und bei Hypoaldosteronismus auftreten. Eine verminderte Biosynthese und Sekretion von Mineralokortikoiden, speziell von Aldosteron, ist ein relativ seltenes Krankheitsbild. Mögliche Ursachen sind eine allgemeine Nebenniereninsuffizienz (Morbus Addison) sowie gelegentlich ein sog. adrenogenitales Syndrom (s. S. 451). Es kommt zu einem Salzverlustsyndrom mit Hyponatriämie und Hyperkaliämie. Da bei Natriummangelzuständen Wasser in der Regel nur aus dem Extrazellulärraum entzogen wird, kann sich u.U. schnell ein bedrohlicher Volumenmangelzustand einstellen (→ hypovolämischer Schock, s. auch S. 158).

► Klinik.

## 10.8.7 Kalium: Bilanz und Funktion

10.8.7 Kalium: Bilanz und Funktion

**Gesamtkaliummenge** des Körpers: Sie liegt bei 40–50 mmol/kg Körpergewicht (d. h. 3,5 Mol bei einer Person mit 70 kg KG), wovon sich **98 % im Intrazellulärraum** befinden. Die intrazelluläre Kaliumkonzentration weist zwischen den verschiedenen Geweben Unterschiede auf, die durchschnittliche Kaliumkonzentration liegt bei 140 mmol/l. Die Kaliumkonzentration des Blutplasmas beträgt demgegenüber im Mittel nur 4 mmol/l (Normbereich 3,5–5,5 mmol/l), so dass der Gesamtbestand an extrazellulärem Kalium nur 60–80 mmol beträgt.

**Gesamtkaliummenge:** Die Gesamtkaliummenge des Körpers liegt bei 40–50 mmol/kg Körpergewicht, wovon sich **98 % im Intrazellulärraum** (140 mmol/l) befinden. Die Kaliumkonzentration des Blutplasmas beträgt demgegenüber im Mittel nur 4 mmol/l.

**Kaliumaufnahme und obligater Verlust:** Der Erwachsene nimmt täglich zwischen 50 und 150 mmol Kalium (im Mittel 65 mmol) auf, welches praktisch ubiquitär in Nahrungsmitteln enthalten ist, wobei manche Gemüse und Früchte (z. B. Bananen) höhere Konzenrationen aufweisen können. Dem stehen obligate tägliche Kaliumverluste (über Schweiß, Stuhl und Urin) von nur 25 mmol gegenüber. Die Konstanz des Kaliumbestandes erfordert deshalb zwingend eine Elimination des nahrungsbedingten Kaliumüberschusses, die hauptsächlich über die Niere (zu 90 %) und den Gastrointestinaltrakt (zu 10 %) erfolgt.

**Kaliumaufnahme und obligater Verlust:** Der Erwachsene nimmt täglich 50–150 mmol Kalium (im Mittel 65 mmol) auf und hat einen obligaten Kaliumverlust von nur 25 mmol/d. Der nahrungsbedingte Kaliumüberschuss wird v. a. über die Niere eliminiert.

Kalium wird mit der Nahrung aufgenommen.

Wenn wir mit der Nahrung Kalium aufnehmen, wird ein großer Teil davon zunächst in den Intrazellulärraum überführt. Der im Extrazellulärraum verbleibende Rest wird unmittelbar über die Nieren ausgeschieden.

Das während der Nahrungsaufnahme freigesetzte **Insulin** aktiviert die $Na^+$-$K^+$-ATPase v. a. in Leber und Muskel, wodurch diese vermehrt Kalium aufnehmen und so eine Überflutung des Extrazellulärraums mit Kalium verhindern. Mit Abklingen der Insulinwirkung verlässt Kalium die Zellen wieder und wird über die Niere ausgeschieden.

Das während der Nahrungsaufnahme freigesetzte **Insulin** stimuliert die $Na^+$-$K^+$-ATPase-Aktivität v. a. in Leber und Muskel, die damit zusätzlich Kalium aufnehmen, womit eine Überflutung des Extrazellulärraumes mit Kalium vermieden wird. Mit Abklingen der Insulinwirkung verlässt Kalium die Zellen wieder und wird über die Niere ausgeschieden. Diese Wirkung von Insulin erklärt auch, warum Insulinmangel (bei Diabetes mellitus) zu einer Hyperkaliämie führen kann.

▶ Klinik.

▶ Klinik. Bei einem **Typ-1-Diabetes** (s. S. 403) bedingt der akute Insulinmangel eine verminderte Aufnahme von $K^+$ in die Zelle und damit den Anstieg der $K^+$-Konzentration im Extrazellulärraum. Dies kann zu einer ausgeprägten Hyperkaliämie führen, die durch die gleichzeitige Verabreichung von Insulin und Glukose therapiert werden kann.

Die **renale Kaliumausscheidung** kann bis auf 500 mmol/d gesteigert werden (mittlere Aufnahme 65 mmol/d).

Die **Kaliumsekretion** in den Verbindungstubuli und Sammelrohren der Niere kann in einem weiten Bereich unterschiedlichen enteral aufgenommenen Kaliummengen angepasst werden (Steigerung der renalen Kaliumausscheidung von im Mittel ca. 65 mmol/Tag bis auf 500 mmol/Tag möglich!), so dass es nicht zu pathologischen Änderungen der Plasmakaliumkonzentration kommt.

**Aldosteron** ist dabei der Hauptregulator, indem es indirekt über die Natriumresorption die Kaliumsekretion im Sammelrohr steuert. Die Sekretion von Aldosteron aus der Nebennierenrinde wird sehr empfindlich durch einen Anstieg der Kaliumkonzentration stimuliert.

Dabei ist **Aldosteron** ein Hauptregulator, indem es indirekt über die Natriumresorption die Kaliumsekretion steuert. Die Sekretion von Aldosteron aus der Nebennierenrinde wird neben Angiotensin II (s. S. 319) auch direkt und sehr empfindlich (Veränderungen der Plasmakonzentration um 5 % sind bereits wirksam!) durch einen Anstieg der Kaliumkonzentration stimuliert. Bei erhöhter Kaliumzufuhr steigt unter der Wirkung von Aldosteron die $Na^+$-$K^+$-ATPase-Aktivität und damit die Kaliumsekretionsrate in den Sammelrohren an.

Wegen der pH-Sensitivität der $K^+$-Kanäle im Sammelrohr führt eine **Alkalose** zur verstärkten Kaliumsekretion und eine **Azidose** zu einer Kaliumretention.

Da die Aktivität der $Na^+$-$K^+$-ATPase in den Sammelrohren auch durch die Protonenkonzentration reguliert wird, führt eine **Alkalose** zu verstärkten Kaliumverlusten und eine **Azidose** (z. B. Ketoazidose bei entgleistem Diabetes mellitus) zu einer Verminderung der Kaliumsekretion und damit zur Kaliumretention.

Ebenso bedeutend in diesem Zusammenhang ist die pH-Abhängigkeit der apikalen $K^+$-Kanäle des Sammelrohres, deren Permeabilität bei Erhöhung der Protonenkonzentration reduziert ist und damit die distale Kaliumausscheidung vermindert.

Zur funktionellen Bedeutung des Kaliums s. Tab. **10.14**.

Zur funktionellen Bedeutung des Kaliums s. Tab. **10.14**.

10.14

**10.14 Funktionelle Bedeutung des Kaliums**

- $K^+$ ist die entscheidende Determinante bei der Ausbildung des Ruhemembranpotenzials
- $K^+$ hat entscheidende Bedeutung bei der Ausbildung von Aktionspotenzialen (→ ein negatives Ruhemembranpotenzial ist Voraussetzung für elektrische Erregbarkeit!)
- $K^+$ ist zur Aktivierung verschiedener Enzyme (z. B. Enzyme der Proteinbiosynthese oder Glykogensynthese) notwendig
- $K^+$ ist das quantitativ wichtigste (osmotisch wirksame) Kation des Intrazellulärraumes und somit für die Regulation des Zellvolumens relevant
- Kalium und Protonen können gegeneinander zwischen Intra- und Extrazellulärraum ausgetauscht werden – $K^+$ trägt dadurch zur Regulation des zellulären pH-Wertes bei

## 10.8.8 Störungen des Kaliumhaushalts

▶ Klinik. **Hyperkaliämien** ($K^+$ >5,5 mmol/l) entwickeln sich bei Niereninsuffizienz, Hypoaldosteronismus, Gewebeverletzungen, Hämolyse und ausgeprägten Azidosen (s. S. 324). Klinisch können Herzrhythmussörungen bis hin zum Herzstillstand auftreten, typischer EKG-Befund ist eine hohe, „zeltförmige" T-Welle, s. Abb. **4.15**, S. 92).

Bei kaliumarmer Ernährung kann die tägliche renale Kaliumausscheidung bis auf ca. 8 – 10 mmol herabgesetzt werden. Voraussetzung für die Entwicklung einer **Hypokaliämie** ($K^+$ <3,5 mmol/l) sind deshalb in der Regel neben einer reduzierten Zufuhr auch verstärkte Verluste über die Niere oder den Magen-Darm -Trakt (Diarrhö). Massive Fehlernährung (z. B. bei Anorexia nervosa, Alkoholismus) und verstärkte renale Ausscheidung (Hyperaldosteronismus, Diuretika, genetische Salzverlustsyndrome) sind typische Ursachen für einen Kaliummangel. Chronischer Kaliummangel hat degenerative Veränderungen in Myokard und Skelettmuskulatur zur Folge, die entsprechende funktionelle Störungen (z. B. Muskelschwäche, Lähmungen) nach sich ziehen können. Typische EKG-Befunde sind die Abflachung der T-Welle und das Auftreten einer sog U-Welle.

▶ Merke. Die Kontrolle der Kaliumverteilung zwischen Intra- und Extrazellulärraum muss sehr genau erfolgen, da ein Anstieg der Plasmakaliumkonzentration auf 8 mmol/l oder höher zu lebensbedrohlichen Störungen der Erregungsbildung und -fortleitung im Herzen (bis hin zum Herzstillstand!) führen kann.

10.8.8 Störungen des Kaliumhaushalts

▶ Klinik.

▶ Merke.

## 10.8.9 Kalzium- und Phosphathaushalt

Kalziumphosphat ($CaPO_4$) ist der wichtigste Baustein von Knochen und Zähnen.

**Gesamtkalziummenge des Körpers:** Der $Ca^{2+}$-Bestand des Körpers ist etwa zehnmal größer als der von $Na^+$ oder $K^+$. Die **Gesamtkalziumkonzentration** im Plasma beträgt 2,5 mmol/l, wovon über die Hälfte an Protein gebunden ist. Die **Konzentration an ionisiertem $Ca^{2+}$** liegt bei 1,3 mmol/l in der extrazellulären Flüssigkeit und bei ca. 100 µmol/l in der intrazellulären Flüssigkeit.

**Kalziumaufnahme und -verlust:** Erwachsene müssen täglich 0,8 g, Kinder, Schwangere und Stillende bis zu 1,5 g Kalzium mit der Nahrung aufnehmen. Davon wird aber nur etwa ein Drittel im Darm resorbiert, der Rest geht mit dem Stuhl verloren. Nur ionisiertes Kalzium wird glomerulär frei filtriert und anschließend in den proximalen Tubuli, Henle-Schleifen und distalen Tubuli zu 99 % wieder resorbiert. Pro Tag werden normalerweise 150 – 450 mg Kalzium mit dem Urin ausgeschieden.

**Phosphatkonzentration im Plasma:** Phosphat wird in der Niere frei filtriert und anschließend v. a. im proximalen Tubulus wieder resorbiert. Bei erhöhter Plasmakonzentration steigt die Phosphatausscheidung, ebenso im Rahmen einer Azidose. Die fraktionelle Phosphatausscheidung liegt bei 5 – 20 %.

### Hormonelle Regulation des Kalzium- und Phosphathaushalts

Die Konstanthaltung der extrazellulären $Ca^{2+}$-Konzentration wird hauptsächlich über folgende drei Hormone bewirkt:

- **Parathormon (PTH)** aus den Nebenschilddrüsen,
- **Kalzitonin** aus den C-Zellen der Schilddrüse und
- **Kalzitriol** (1,25-Dihydroxycholecalciferol, Vitamin-D-Hormon).

Ein Abfall der Kalziumkonzentration aktiviert die Sekretion von PTH und (indirekt) von Kalzitriol und hemmt die Sekretion von Kalzitonin. Umgekehrt hemmt ein Anstieg der Kalziumkonzentration die Freisetzung von PTH und stimuliert die Sekretion von Kalzitonin.

10.8.9 Kalzium- und Phosphathaushalt

$CaPO_4$ ist der wichtigste Baustein von Knochen und Zähnen.
**Gesamtkalziummenge:** Die Gesamtkalziumkonzentration im Plasma beträgt 2,5 mmol/l, wovon über die Hälfte an Protein gebunden ist. Die Konzentration an ionisiertem $Ca^{2+}$ liegt extrazellulär bei 1,3 mmol/l und intrazellulär bei ca. 100 µmol/l .
**Kalziumaufnahme und -verlust:** Es müssen ca. 0,8 (Erwachsene) bis 1,5 g (Kinder, Schwangere, Stillende) $Ca^{2+}$ pro Tag aufgenommen werden (ca. ein Drittel wird im Darm resorbiert). Nur ionisiertes $Ca^{2+}$ wird glomerulär frei filtriert und zu 99 % wieder resorbiert. 150 – 450 mg/d $Ca^{2+}$ werden mit dem Urin ausgeschieden.

**Phospatkonzentration im Plasma:** Phosphat wird glomerulär frei filtriert und v. a. im proximalen Tubulus wieder resorbiert (fraktionelle Ausscheidung ca. 5 – 20 %).

Hormonelle Regulation des Kalzium- und Phosphathaushalts

**Parathormon (PTH)** aus den Nebenschilddrüsen, **Kalzitonin** aus den C-Zellen der Schilddrüse und **Kalzitriol** (Vitamin-D-Hormon) sorgen für die Konstanz der Plasmakalziumkonzentration.

Ein Abfall der Kalziumkonzentration aktiviert die Sekretion von PTH und (indirekt) von Vitamin-D-Hormon und hemmt die Sekretion von Kalzitonin.

**PTH-Wirkungen:** Mobilisierung von **Kalziumphosphat** aus den Knochen, Steigerung der **$Ca^{2+}$-Resorption** in der Henle-Schleife, Hemmung der Phosphatresorption im proximalen Tubulus, Stimulation der Bildung von **Kalzitriol** im proximalen Tubulus (Abb. **10.14**).

Durch die Mobilisierung von Kalziumphosphat aus den Knochen wird die Konzentration an ionisiertem $Ca^{2+}$ im Blut zwar schnell, aber nur kurzzeitig wieder erhöht. Die gesteigerte renale Phosphatausscheidung verhindert ein Ausfallen des Kalziumphosphats.

Die Wirkung von PTH wird durch **Kalzitriol** unterstützt, welches
- die $Ca^{2+}$-Resorption im Darm erhöht (über **Kalbindin**),
- die $Ca^{2+}$-Resorption in der Niere stimuliert,
- die Phosphatresorption fördert und
- langfristig auch dafür sorgt, dass $CaPO_4$ wieder in den Knochen eingebaut wird (Abb. **10.14**).

**Kalzitonin** senkt die $Ca^{2+}$-Konzentration im Plasma, indem es den $CaPO_4$ Einbau in den Knochen fördert und die $Ca^{2+}$-Resorption aus dem Darm hemmt.

**PTH hat drei Hauptwirkungen** (Abb. **10.14**):
- Es mobilisiert **Kalziumphosphat** aus den Knochen,
- es steigert die **$Ca^{2+}$-Resorption** in der Henle-Schleife bei gleichzeitiger starker Hemmung der **Phosphatresorption** im proximalen Tubulus und
- es stimuliert die Bildung von **Kalzitriol** (1,25-Dihydroxycholecalciferol) im proximalen Tubulus.

Durch die Mobilisierung von Kalziumphosphat aus den Knochen wird die Konzentration an ionisiertem $Ca^{2+}$ im Blut schnell wieder erhöht. Der Gefahr einer Ausfällung des mobilisierten Kalziumphosphats außerhalb des Knochens wird durch die gesteigerte renale Phosphatausscheidung begegnet. Die Wirkung von PTH hält allerdings nur kurz an (Halbwertszeit 20 Minuten) und reicht nicht aus, um einen bestehenden $Ca^{2+}$-Mangel wieder auszugleichen.
Dies übernimmt das **Kalzitriol** (Abb. **10.14**):
- Es besitzt zwar selbst nur eine Halbwertszeit von mehreren Stunden, hat aber durch die Induktion von **Kalbindin** (= $Ca^{2+}$-bindendes und -transportierendes Protein im Darmepithel) eine um ein Vielfaches verlängerte Wirkungszeit. Da das mit der Nahrung aufgenommene $Ca^{2+}$ im Darm nur teilweise resorbiert wird, ist unter der langfristigen Kalzitriol-Wirkung das $Ca^{2+}$-Angebot besser ausnutzbar.
- Kalzitriol hat außerdem eine resorptionssteigernde Wirkung in der Henle-Schleife, so dass vermehrt aufgenommenes $Ca^{2+}$ nicht gleich wieder über die Niere verlorengehen kann.
- Vitamin-D-Hormon fördert zudem die Phosphatresorption und sorgt langfristig dafür, dass $CaPO_4$ wieder in den Knochen eingebaut wird.

Die Freisetzung von **Kalzitonin** wird durch einen Anstieg der Plasmakalziumkonzentration stimuliert. Es hat eine ebenso kurze biologische Halbwertszeit wie PTH, ist aber schwächer wirksam. Kalzitonin senkt die $Ca^{2+}$-Konzentration im Plasma, indem es den $CaPO_4$-Einbau in den Knochen fördert und die $Ca^{2+}$-Resorption aus dem Darm hemmt. Seine Wirkung auf die Niere, wo es in der Henle-Schleife die Resorption fördert, im distalen Konvolut aber hemmt, scheint für die Regulation des $Ca^{2+}$-Haushalts kaum eine Bedeutung zu haben.

10.14

**10.14 Schema zur hormonellen Regulation des Kalzium- und Phosphathaushalts**

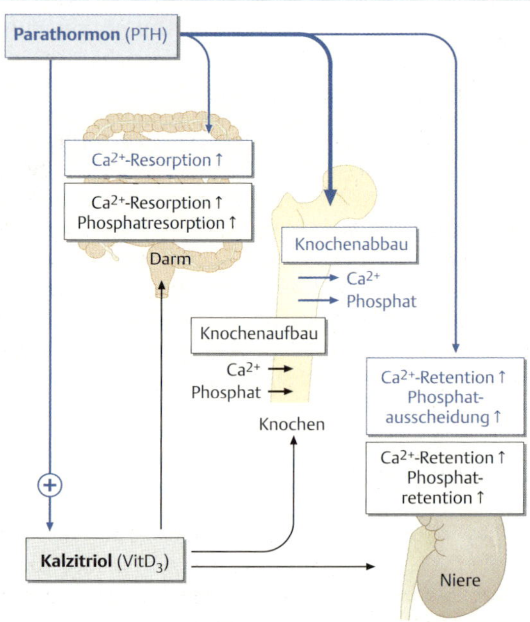

► Klinik. Ein Mangel an Kalzitriol (z.B. bei Mangelernährung oder Lichtmangel) führt über eine vermehrte Freisetzung von PTH zu einer verstärkten Freisetzung von $Ca^{2+}$ aus den Knochen und zu einer erhöhten Phosphatausscheidung. Bei Kindern hat dies eine gestörte Mineralisierung der Wachstumsfugen (= **Rachitis**) sowie eine unzureichende Mineralisierung von Spongiosa und Kortikalis (= **Osteomalazie**) zur Folge. Bei Erwachsenen kommt es aufgrund des bereits erfolgten Epiphysenschlusses lediglich zu einer Osteomalazie. Neben allgemeinen Symptomen wie Trinkunlust, mangelnder Gewichtszunahme, erhöhter Infektanfälligkeit, Bewegungsarmut und Schwitzen kommt es bei den betroffenen Kindern u.a. zu folgenden Skelettveränderungen: Kraniotabes (= ungenügende Verkalkung der Parietal- und Okzipitalknochen), rachitischer Rosenkranz (= Auftreibungen an den Knorpel-Knochen-Grenzen im Bereich der vorderen Rippenenden und am Ende der Röhrenknochen, Abb. **10.15**) und Caput quadratum. Aufgrund der Rachitisprophylaxe mit Vitamin-D-Präparaten ist das Krankheitsbild bei uns allerdings selten geworden.

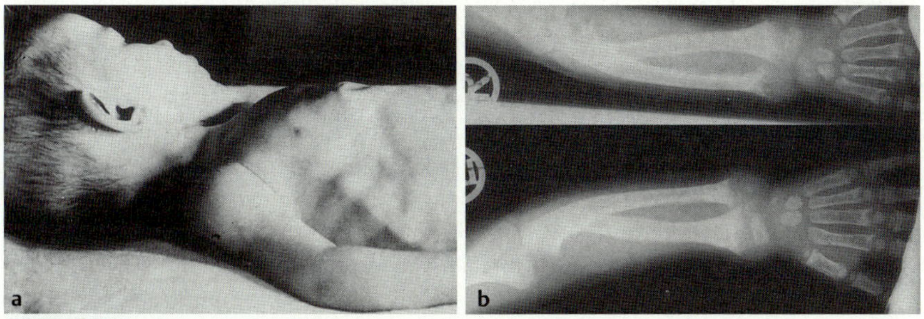

**10.15 Typische Skelettveränderungen bei Vitamin-D-Mangel-Rachitis**

**a** rachitischer Rosenkranz.
**b** epiphysäre Auftreibungen der distalen Radius- und Ulnametaphyse.

► Klinik.

## 10.8.10 Magnesiumhaushalt

**Gesamtmagnesiummenge des Körpers:** Im Körper eines Erwachsenen mit einem Durchschnittsgewicht von 70 kg findet man etwa 20 g Magnesium, die im Organismus ungleich verteilt vorliegen: Nur ca. 1 % befindet sich im Extrazellulärraum, der größte Teil verteilt sich auf Knochen (ca. 65 %) und Zellen (Skelettmuskel ca. 27 %, andere Zelltypen ca. 7 %). Die Magnesiumkonzentration im Blutplasma beträgt normalerweise ca. 0,85 mmol/l.

**Magnesiumaufnahme und -verlust:** Als vorwiegend in den Zellen befindliche Substanz wird Magnesium – wie Kalium – überwiegend mit zellreicher Nahrung zugeführt. Ein Erwachsener nimmt durchschnittlich 0,3 – 0,35 g/d zu sich. Magnesium wird im Darm ähnlich wie $Ca^{2+}$ nur langsam resorbiert. Normalerweise bleiben zwei Drittel des mit der Nahrung aufgenommenen Magnesiums unresorbiert im Stuhl zurück. Die **enterale Resorption** ist durch D-Hormon, Parathormon und Somatotropin steigerbar. Unter Kalzitonin und Aldosteron ist sie eingeschränkt.
Auf die **renale Magnesiumresorption** im proximalen Tubulus und dicker aufsteigender Henle-Schleife wirken Kalzitriol fördernd und Kalzitonin hemmend.

### 10.8.10 Magnesiumhaushalt

**Gesamtmagnesiummenge des Körpers:** Im Körper eines 70 kg schweren Erwachsenen findet man etwa 20 g Magnesium: Davon befinden sich ca. 1 % im EZR, ca. 65 % im Knochen, ca. 34 % intrazellulär, die Konzentration im Blutplasma beträgt normalerweise ca. 0,85 mmol/l.

**Magnesiumaufnahme und -verlust:** Magnesium wird im Darm nur langsam zu etwa 30 % resorbiert. Die **enterale Resorption** ist durch D-Hormon, Parathormon und Somatotropin steigerbar, durch Kalzitonin und Aldosteron reduzierbar.
Auf die **renale Magnesiumresorption** im proximalen Tubulus und dicker aufsteigender Henle-Schleife wirken Kalzitriol fördernd und Kalzitonin hemmend.

# 10.9 Der Endharn (Urin)

Der gesunde Mensch bildet in Abhängigkeit von Alter und Geschlecht täglich zwischen 500 und 2000 ml Urin. Das Urinvolumen wird dabei durch die Flüssigkeits- und Nahrungsaufnahme sowie durch extrarenale Flüssigkeitsabgabe mit Schweiß (Klima), Atmung und Stuhl (Durchfälle) beeinflusst.
Die **Osmolalität des Urins**, welche methodisch über die Gefrierpunktserniedrigung bestimmt wird, hängt von Konzentration und Art aller gelösten Stoffe ab. Sie liegt bei ausgeglichener Flüssigkeitsbilanz zwischen 1015 und 1022 mosmol/kg Lösungsmittel ($H_2O$ = 1000 mosmol/kg), sinkt bei extremer Harnverdünnung auf

### 10.9 Der Endharn (Urin)

Der gesunde Mensch bildet in Abhängigkeit von Alter und Geschlecht täglich 500 – 2000 ml Urin.

Die **Osmolalität des Urins** liegt bei ausgeglichener Flüssigkeitsbilanz zwischen 1015 und 1022 mosmol/l $H_2O$. Der Urin ist normalerweise sauer (pH 6).

Er enthält etwa 60 g Trockensubstanz pro Tag, welche sich aus Elektrolyten und harnpflichtigen Substanzen (v. a. Harnstoff) zusammensetzt.

1001 mosmol/kg Lösungsmittel (50 mosmol/l $H_2O$) und steigt bei extremer Konzentrierung bis auf etwa 1040 mosmol/kg Lösungsmittel (1300 mosmol/l $H_2O$). Die normale Farbe erhält der Urin hauptsächlich durch den Gehalt an Urochromen, welche dem Hämoglobinabbau entstammen. Der Urin ist bei normaler Kost sauer (pH 6,0; Normalbereich 5,6 – 7,0).

Die **chemische Zusammensetzung des Urins** wird durch Menge und Zusammensetzung der Nahrung (pflanzliche und/oder tierische Kost) sowie Alter und Geschlecht des Menschen bestimmt. Der täglich von den Nieren ausgeschiedene Urin enthält durchschnittlich etwa 60 g (50 – 72 g) Trockensubstanz. Neben Elektrolyten ($Na^+$, $K^+$, $Cl^-$, Phosphat; Menge je nach Nahrungszufuhr) enthält der Urin die sog. **harnpflichtigen Substanzen** (s. auch S. 303) wie Harnstoff (ca. 30 g), Harnsäure (2 g), Kreatinin (1 g), Oxalsäure, Ammoniak, aber auch Spuren von Stoffen, welche der vollständigen Resorption im Tubulussystem „entkommen" sind (z. B. Aminosäuren bis zu 3 g/d, Glukose bis zu 180 mg/d, Proteine bis zu 30 mg/d).

▶ Merke.

▶ **Merke.** Da die Ausscheidung der im Urin gelösten Stoffe im Laufe eines Tages erhebliche Schwankungen zeigen kann (z. B. die Phosphatausscheidung), sind für quantitative chemische Analysen Durchschnittsproben des **24 h-Urins** erforderlich.

▶ Klinik.

▶ **Klinik.** Das Auftreten zu hoher Konzentrationen von Spurenstoffen wie z. B. Glukose oder Protein im Urin ist immer ein Warnzeichen, welches auf einen Stoffwechseldefekt oder einen Nierendefekt hinweist. Zur schnellen Diagnose solcher grober Störungen wurden deshalb Teststreifen entwickelt, welche im Farbindikatorverfahren verschiedene Konzentrationsbereiche von bestimmten Stoffen anzeigen können (s. Abb. **1.1**, S. 5). Neben der Teststreifenanalytik im Urin erlaubt auch die mikroskopische Untersuchung des Urins auf Zellen (Erythrozyten und Leukozyten) sowie auf das Auftreten von Proteinaggregaten als sog. Proteinzylinder eine rasche Übersichtsdiagnostik.

10.10 Funktion der ableitenden Harnwege

## 10.10 Funktion der ableitenden Harnwege

10.10.1 Nierenbecken und Harnleiter

### 10.10.1 Nierenbecken und Harnleiter

Der **Ureter** ist etwa 30 cm lang und hat einen Durchmesser von 4 – 7 mm.

Die Muskulatur von Nierenbecken und Harnleiter besitzt eine elektrische Automatizität, die **peristaltische Kontraktionswellen** erzeugt, welche den Harn zur Harnblase transportieren.

Nierenkelche, Nierenbecken und Harnleiter (Ureter) gehören zu den ableitenden Harnwegen (s. Abb. **10.1**, S. 392). Der **Ureter** ist etwa 30 cm lang und hat einen Durchmesser von 4 – 7 mm.

Ausgehend von Schrittmacherzellen im Anfangsbereich des Ureters besitzt die Muskulatur der ableitenden Harnwege eine elektrische Automatizität, die 2 – 6 **peristaltische Kontraktionswellen** pro Minute erzeugt. Dadurch wird der Harn mit einer Geschwindigkeit von 2 – 6 cm/min in Richtung Harnblase transportiert.

▶ Klinik.

▶ **Klinik.** Eine Dilatation des Ureters erhöht die Frequenz der Kontraktionswellen. Aus diesem Grund führen eingeklemmte Nierensteine zu einer Hyperperistaltik, die mit äußerst starken Schmerzen einhergeht (→ **Nierenkolik**, s. S. 328).

10.10.2 Harnblase

### 10.10.2 Harnblase

Durch die Verschlussfunktion der Blasenwandmuskulatur wird ein **Reflux** von keimbelastetem Blasenurin in die Ureteren verhindert.

Die Harnblase dient der Zwischenspeicherung des kontinuierlich produzierten Urins. Sie hat beim Erwachsenen ein Fassungsvermögen von bis zu 1 l. Ab bei einer Füllung von 150 – 300 ml kann schon der Drang zur Blasenentleerung auftreten.

Die distalen Enden der beiden Ureteren durchziehen den Harnblasenfundus in einem Abstand von 4 – 5 cm von hinten oben nach medial unten. Dadurch kann die Blasenwandmuskulatur als Verschluss wirken und einen **Reflux** von keimbelastetem Blasenurin verhindern.

In der Harnblase wird der von den Nieren kontinuierlich (ca. 1 ml/min) produzierte Urin aufgefangen und zwischengespeichert. Beim Erwachsenen hat die Blase ein Fassungsvermögen von bis zu 1 l. Da bei einer Füllung von 150 – 300 ml jedoch bereits ein Drang zur Blasenentleerung auftritt, wird das maximale Fassungsvermögen normalerweise nicht ausgeschöpft.

Funktionell unterscheidet man Füllungsphase **(Kontinenz)** und Entleerungsphase **(Miktion)**.

Während der **Kontinenzphase** bleibt die Urethra durch eine tonische Eigenaktivität ihrer Sphinkteren verschlossen. Durch die maschenartige Anordnung ihrer Muskulatur und ihren hohen Gehalt an elastischen Fasern ist die Harnblase sehr dehnbar. Deshalb hat ein Anstieg des Volumens nur einen relativ geringen Druckanstieg zur Folge.

Funktionell unterscheidet man Füllungsphase **(Kontinenz)** und Entleerungsphase **(Miktion)**.

Die Blasenwand besitzt während der **Kontinenzphase** eine hohe Dehnbarkeit, weshalb ein Anstieg des Volumens nur einen relativ geringen Druckanstieg zur Folge hat.

**► Klinik.** Chronische Harnabflussstörungen aus der Niere erzeugt durch Steine im Nierenbecken oder im Ureter oder durch Ureterstenosen führen zu einem Druckanstieg im Nierenbecken, der längerfristig zur Atrophie des Nierenparenchyms **(Hydronephrose)** führen kann.

**► Klinik.**

Die für die **Harnblasenentleerung** relevanten Mechanismen werden ab S. 578 beschrieben.

Zur **Harnblasenentleerung** s. S. 578.

## ▸ verklinikte Vorklinik: Nierenversagen

**Anamnese:** An einem heißen Vormittag im Sommer wird Theresa Walter wegen akuter Verwirrtheit von ihren Verwandten ins Krankenhaus gebracht. Die sonst geistig noch völlig klare 88-Jährige hatte auf ihrer Terrasse gesessen und immer wieder nach ihrem vor 15 Jahren verstorbenen Ehemann gerufen. Bisher konnte sie sich und ihren Haushalt noch selber versorgen.

In der Vorgeschichte sind an Krankheiten nur eine Hepatitis A in den 1940er-Jahren und eine schwere rechtsseitige Pneumonie in den 1950er-Jahren bekannt. Außerdem besteht eine zunehmend schlimmer werdende Arthrose in beiden Händen.

**Medikamentenanamnese:** Bei Bedarf nimmt sie gegen die Arthroseschmerzen Diclofenac 75 mg, in den letzten zwei Wochen fast täglich.

**Familienanamnese:** Beide Eltern sind im Zweiten Weltkrieg gestorben, zwei Schwestern sind ebenfalls über achtzig und noch sehr rüstig.

**Körperliche Untersuchung:** (Angabe der jeweiligen Normwerte in Klammern): 88-jährige, normalgewichtige Patientin (154 cm, 51 kg) in leicht reduzierten Allgemeinzustand, Blutdruck 90/60 mmHg (< 130/85 mmHg), Puls 88/min (50 – 100/min), Körperkerntemperatur 38,1 °C (36 – 38 °C). Das korrekte Datum fällt ihr nicht ein, sie versteht nicht, warum sie ins Krankenhaus gebracht worden ist und möchte, dass ihr Mann sie abholt. Zu ihrer Person ist sie orientiert. Auffällig sind eine trockene Zunge und stehende Hautfalten, die übrige körperliche Untersuchung ist bis auf ein 2/6-Systolikum mit Punctum maximum im 2. ICR rechts unauffällig.

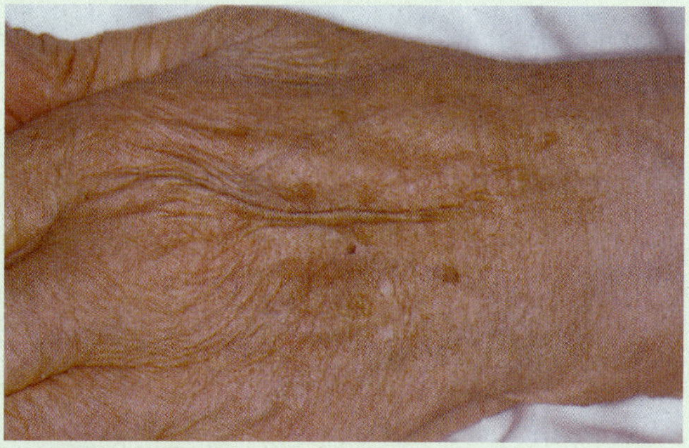

**Stehende Hautfalten bei Exsikkose.**

**Laboruntersuchungen** (Angabe der jeweiligen Normwerte in Klammern): Kalium 5,8 mmol/l (3,5 – 5 mmol/l), Natrium 134 mmol/l (135 – 145 mmol/l), Chlorid 95 mmol/l (98 – 112 mmol/l), Harnstoff 128 mg/dl (10 – 55 mg/dl), Harnsäure 9,1 mg/dl (2,5 – 7 mg/dl), Kreatinin 3,4 mg/dl (0,5 – 1,4 mg/dl). Die übrigen Laborparameter, einschließlich Blutzucker und TSH sind im Normbereich.

Im Urin ist die Osmolalität 748 mOsm/l (750 – 1400 mOsm/l) und das spezifische Gewicht 998 g/l (1002 – 1035 g/l).

**12-Kanal-EKG:** normfrequenter Sinusrhythmus, Linkstyp, keine Rhythmusstörungen, keine Erregungsrückbildungsstörungen.

**Röntgenaufnahme des Thorax in zwei Ebenen:**

*Am Aufnahmetag:* Leicht elongierter und verkalkter Aortenbogen, diskret linksverbreitertes Herz, ansonsten altersentsprechend unauffälliger Befund.

*In der Nacht zum 2. Tag:* Beidseits basale Verschattung mit kleinem Pleuraerguss links, Verdacht auf kardiopulmonale Stauung mit Lungenödem beidseits basal.

*Am 4. Tag:* Keine Stauungszeichen oder Verschattung mehr.

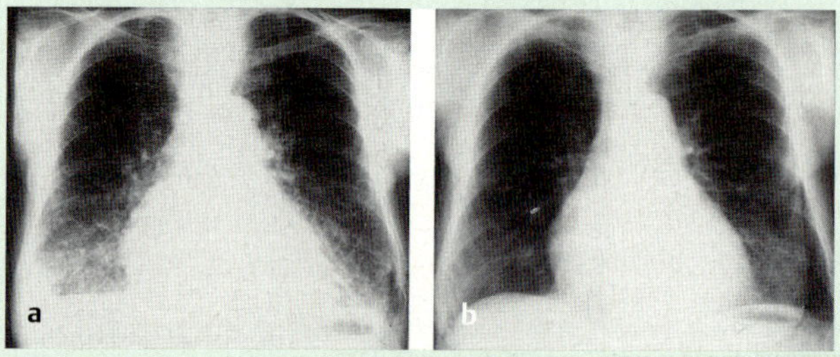


**a** Lungenödem mit beidseitiger Verschattung (v. a. basal) und Pleuraerguss; **b** Zustand nach kardialer Rekompensation.

**Verlauf:** Frau Walter wird mit der Diagnose eines beginnenden prärenalen Nierenversagens bei Volumenmangel wegen Exsikkose stationär aufgenommen. Sie bekommt Infusionen mit NaCl 0,9 %, scheidet in den nächsten sechs Stunden aber zunächst nur 120 ml Urin aus. Die Patientin ist sehr müde und schläft viel, am späten Abend scheint sie schwerer zu atmen. Im daraufhin gemachten Röntgenbild zeigt sich ein Lungenödem. Frau Walter erhält eine Infusion von 500 mg Furosemid in 250 ml NaCl 0,9 % – und die Diurese springt endlich an: In den nächsten 24 Stunden produziert die Niere 2,5 l Urin. Unter ständiger Elektrolyt- und Flüssigkeitsbilanzierung normalisiert sich die Nierenfunktion allmählich. Am 4. Tag ist die Patientin wieder voll orientiert und wach. Die Werte der Elektrolyte, Harnstoff, Harnsäure und Kreatinin sinken. Bei der Entlassung nach zweieinhalb Wochen liegen sie nur noch knapp oberhalb des Referenzbereiches. Zu Hause nimmt Frau Walter weiterhin täglich 20 mg Furosemid oral. Wegen ihrer Arthroseschmerzen ist sie jetzt auf das Schmerzmittel Tramadol eingestellt und braucht das nierenschädigende Diclofenac nicht mehr zu nehmen. Eine Verwirrtheit trat während des stationären Aufenthaltes nicht mehr auf.

**Fragen mit physiologischem Schwerpunkt:**

1. In der Blutgasanalyse (BGA) zeigt sich ein pH von 7,39, eine Bikarbonatkonzentration von 20 mmol/l, ein negativer Basenexzess und ein $P_{CO_2}$ von 26 mmHg. Wie wird diese Konstellation bezeichnet und wie ist der wahrscheinliche Entstehungsmechanismus bei Frau Walter?
2. Eine Einschränkung der glomerulären Filtrationsrate (GFR) ist der wesentliche Parameter zur Einschätzung der Nierenfunktion. Wie wird diese im klinischen Alltag bestimmt?
3. Wenn die Niereninsuffizienz einen chronischen Verlauf nimmt, entwickeln viele Patienten eine Anämie. Wodurch kommt diese zustande?
4. Nebenbefundlich fiel in der körperlichen Untersuchung von Frau Walter ein 2/6-Systolikum mit Punctum maximum im 2. ICR rechts auf – was könnte sich hinter diesem Befund verbergen?

**Antwortkommentare:**

**Zu 1.** Die Befunde der Blutgasanalyse weisen auf das Vorliegen einer vollkompensierten metabolischen (nichtrespiratorischen) Azidose hin: Der pH-Wert liegt im Normbereich, die Bikarbonatkonzentration und der $CO_2$-Partialdruck sind erniedrigt. Ursache ist eine gestörte renale Säureausscheidung durch die insuffiziente Niere. Metabolisch ausgelöste Veränderungen des pH-Wertes lösen im Organismus sofort respiratorische Kompensationsmechanismen aus, um den pH-Wert zu normalisieren. Wichtigstes Regulationssystem ist dabei der Kohlensäure-Bikarbonat-Puffer. Die überschüssigen $H^+$-Ionen werden durch Bikarbonat abgepuffert, die Bikarbonatkonzentration und die Pufferbasenkonzentration (negativer Baseexzess) sinken. Nach der Reaktion $HCO_3^- + H^+$ entstehen $CO_2$ und $H_2O$. Die Elimination der überschüssigen Protonen und damit der Ausgleich des pH-Wertes erfolgt durch eine vermehrte Abatmung von $CO_2$. Der erniedrigte pH-Wert stimuliert über zentrale Chemorezeptoren das Atemzentrum und das Atemzeitvolumen nimmt zu (s. S. 275).

**Zu 2.** Zur Bestimmung der glomerulären Filtrationsrate (GFR) wird in der Regel die Clearance der harnpflichtigen Substanz Kreatinin gemessen. Kreatinin eignet sich für die Bestimmung der GFR, da es zwar glomerulär filtriert, tubulär allerdings kaum rückresorbiert oder sezerniert wird (s. S. 303). Seine Konzentration im Endharn entspricht also annähernd derjenigen im Primärharn (Glomerulumfiltrat). Die GFR berechnet sich dabei wie folgt:

$$GFR = \frac{Kreatinin_{(Urin)}}{Kreatinin_{(Plasma)}} \times Urinzeitvolumen$$

Im klinischen Alltag ergeben sich bei dieser Art der Bestimmung allerdings einige Probleme: Vorraussetzung zur Bestimmung der Kreatinin-Clearance ist eine 24-stündige Urinsammlung. Diese ist zum einen zeitaufwendig und – gerade für ältere Menschen – schwierig zu bewältigen. Unvollständige Sammlungen sowie eine zu lange oder zu kurze Sammelperiode können das Ergebnis verfälschen. Zum anderen ist die Kreatininkonzentration abhängig von der Muskelmasse, dem Geschlecht und Alter der Patienten, so dass diese Faktoren in die Bewertung des Ergebnisses mit einbezogen werden müssen.

Seit einiger Zeit werden daher Näherungsformeln eingesetzt, mit deren Hilfe die GFR ohne großen Aufwand bestimmt werden kann. Die bekannteste Näherungsformel ist die Cockroft-Gault-Formel, in der auch das Körpergewicht (KG) – und damit die Muskelmasse – sowie Alter und Geschlecht des Patienten Berücksichtigung finden (für Frauen muss der Faktor 0,85 ergänzt werden).

$$GFR \approx \frac{(140 - Alter) \times KG}{72 \times Kreatinin_{(Plasma)}} (\times\ 0{,}85\ [\text{für Frauen}])$$

**Zu 3.** In der Niere werden unterschiedliche Hormone gebildet, unter anderem das Erythropoietin. Dieses stimuliert im Knochenmark die Proliferation und Ausreifung der Erythrozyten (s. S. 314). Bei Abnahme der inkretorischen Nierenfunktion kommt es zu einem Erythropoietin-Mangel. Folge ist eine Störung der Erythropoese mit resultierender renaler Anämie.

Zu **4.** Systolische und diastolische Herzgeräusche können neben zahlreichen weiteren Ursachen (wie Septumdefekten oder v. a. bei Kindern und Jugendlichen physiologisch vorkommenden Geräuschen) hinweisend auf einen Klappenfehler sein. Bei einem systolischen – also während der Austreibungsphase im Herzzyklus stattfindenden – Geräusch wäre dabei entweder an eine Stenose im Bereich der Semilunarklappen (Verengung der Aorten- und Pulmonalklappe) oder eine Insuffizienz der AV-Klappen (Undichtigkeit der Trikuspidal- oder Mitralklappe) zu denken. Die Stelle am Thorax, an der man das Geräusch am lautesten hört, gibt jedoch einen wichtigen Hinweis auf den wahrscheinlichen Schädigungsort – im vorliegenden Fall von Frau Walter würde man mit dem Punctum maximum im 2. ICR deshalb am ehesten eine Stenose der Aortenklappe vermuten (vgl. Abb. **4.19**, S. 97). Die letztendliche Diagnosesicherung kann echokardiografisch, d. h. mithilfe eines Herzultraschalls, erfolgen.

# Hormonelle Regulation

# 11 Hormonelle Regulation

# 11 Hormonelle Regulation

## 11.1 Grundlagen

Einzellige Organismen müssen alle lebensnotwendigen Entscheidungen autonom treffen: Sie schützen sich gegen Veränderungen der Umweltbedingungen durch Veränderungen der Zellwand, passen den Stoffwechsel den zur Verfügung stehenden Nahrungsquellen an und leiten bei ausreichendem Nahrungsangebot und hinreichender Zellgröße die Zellteilung ein.

Ganz anders ist die Situation bei Vielzellern. Die einzelnen Zellen höherer Organismen haben sich weitgehend spezialisiert. Dies ermöglicht zwar komplexe Leistungen wie die Informationsverarbeitung des Gehirns, erfordert aber auch ein exakt reguliertes Zusammenspiel zwischen Zellen und Organen, z. B. in folgenden Bereichen:

- Viele metabolische und biosynthetische Leistungen sind spezialisierten Organen vorbehalten. Selbst ein so essenzieller biochemischer Prozess wie die Synthese von Glukose ist beim Menschen auf Leber (und Niere) beschränkt, obwohl auch andere Organe wie das Gehirn auf Glukose als Energielieferant angewiesen sind. Die **Versorgung mit lebensnotwendigen Metaboliten** muss daher organisiert werden.
- Nach außen kann sich der Organismus an unterschiedliche Bedingungen von Temperatur und Feuchtigkeit anpassen, ist aber auf eine exakte **Konstanthaltung des inneren Milieus**, z. B. der Osmolarität und Ionenzusammensetzung, angewiesen.
- Biochemische und physiologische Prozesse müssen an **veränderte Umweltbedingungen** (z. B. Stress) **angepasst** werden.
- **Wachstum und Differenzierung** des Organismus müssen reguliert werden.

Um dies zu gewährleisten, ist ein aufwendiger Informationsaustausch zwischen den Zellen erforderlich.

Die Zelltypen vielzelliger Organismen haben sich weitgehend auf bestimmte Aufgaben spezialisiert. Dies erfordert ein exakt reguliertes Zusammenspiel zwischen den Zellen und Organen.

Dazu ist ein aufwendiger Informationsaustausch zwischen den Zellen erforderlich.

### 11.1.1 Prinzipien der Signalübertragung zwischen Zellen

Es gibt verschiedene Möglichkeiten der Signalübertragung zwischen Zellen:

- Gap junctions,
- Zell-Zell- und Zell-Matrix-Interaktion und
- extrazelluläre Signalübertragungsmoleküle.

**Gap junctions:** Dies sind regulierbare Poren in der Zellmembran, durch die Metaboliten und Signalübertragungsmoleküle direkt von Zelle zu Zelle gelangen können (s. S. 14).

**Zell-Zell- und Zell-Matrix-Interaktion:** Strukturen wie z. B. die Adherens junctions, Fokalkontakte und Hemidesmosomen dienen nicht nur der Verankerung von Zellverbänden. Sie bestehen aus Proteinkomplexen, an deren zytoplasmatischer Seite außer Zytoskelettproteinen wie Aktin und Intermediärfilamenten auch Kinasen (z. B. MAP-Kinasen und Tyrosinkinasen wie die Src-Kinase) und andere Signalmoleküle aktiviert werden, die für die Zellfunktion und die Aufrechterhaltung der apikal-basalen Polarität unentbehrlich sind. Ohne diese Signale werden nicht transformierte Zellen apoptotisch.

Pathophysiologisch bedeutsam ist beispielsweise die Aktivierung von Blutplättchen, wenn zelluläre Rezeptoren der Integrin-Familie an Kollagen der subendothelialen Matrix binden.

**Extrazelluläre Signalübertragungsmoleküle:** Dieser Mechanismus ist am vielseitigsten einsetzbar. Die signalgebende Zelle sezerniert Faktoren, die an Rezeptoren der Empfängerzelle binden. Je nach Reichweite des Signals können so lokal begrenzte Effekte erzeugt werden oder auch Signale an weit entfernte Orte übermittelt werden. Man unterscheidet drei unterschiedliche Formen der Signalübermittlung durch extrazelluläre Signalmoleküle (Abb. **11.1**):

11 Hormonelle Regulation

11.1 Grundlagen

11.1.1 Prinzipien der Signalübertragung zwischen Zellen

Es gibt verschiedene Möglichkeiten der Signalübertragung zwischen Zellen:

**Gap junctions** sind regulierbare Poren, die den Transfer kleiner Moleküle zwischen Zellen ermöglichen.

**Zell-Zell- und Zell-Matrix-Interaktion:** Proteinkomplexe verbinden die Zellen miteinander bzw. mit der extrazellulären Matrix. Sie aktivieren darüber hinaus Signalmoleküle, die für die Zellfunktion essenziell sind.

Die Zell-Matrix-Interaktion ist auch pathophysiologisch bedeutsam, z. B. bei der Aktivierung von Blutplättchen.

**Extrazelluläre Signalübertragungsmoleküle:** Man unterscheidet drei Formen der Signalübermittlung durch extrazelluläre Signalmoleküle (Abb. **11.1**):

**11.1 Möglichkeiten der Signalübermittlung durch extrazelluläre Signalmoleküle**

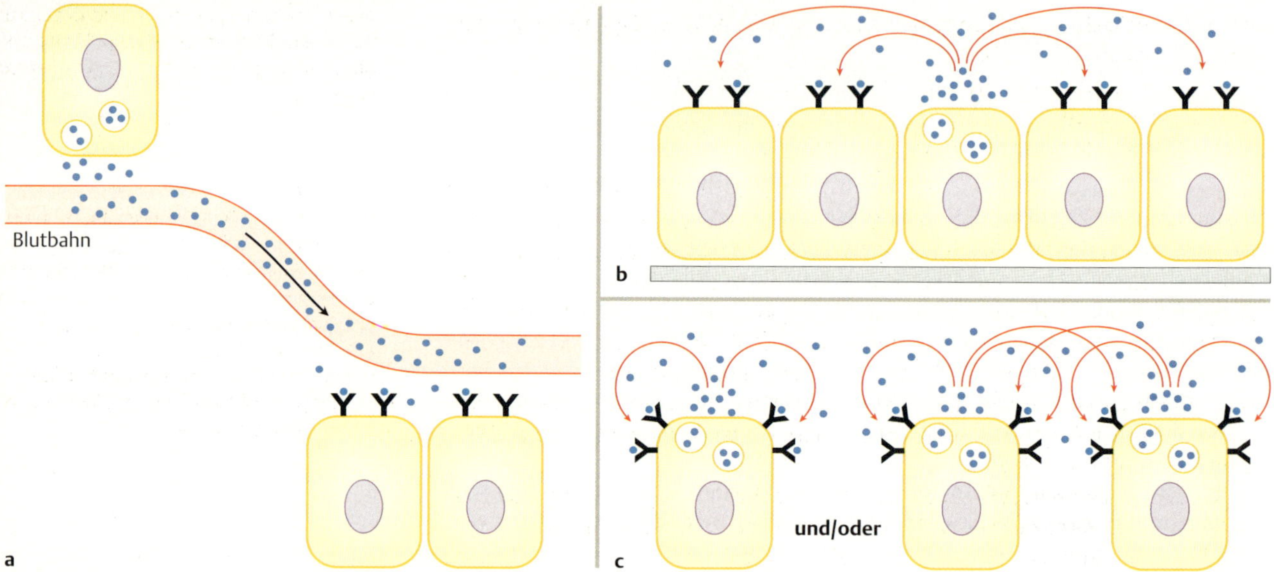


**a Endokrine Sekretion:** Der Botenstoff wird an die Blutbahn abgegeben und erreicht so entfernte Zielgewebe.
**b Parakrine Sekretion:** Aufgrund von Diffusionsbarrieren im Extrazellulärraum oder seiner kurzen Halbwertszeit hat das Signalmolekül nur eine begrenzte Reichweite.
**c Autokrine Sekretion:** Die sezernierende Zelle besitzt selbst einen Rezeptor für das Signalmolekül.

- **Endokrine Signalübermittlung:** Der Botenstoff wird an die Blutbahn abgegeben.
- **Parakrine Signalübermittlung:** Der Botenstoff hat aufgrund von Diffusionsbarrieren oder einer kurzen Halbwertszeit nur eine kurze Reichweite.
  **Spezialfälle:**
  - Signalübertragung durch Neurotransmitter im Nervensystem
  - luxtakrine Signalübermittlung (membrangebundenes Signalmolekül).
- **Autokrine Signalübermittlung:** Das Signal wirkt auf die sezernierende Zelle selbst oder auf räumlich eng benachbarte Zellen des gleichen Typs.

11.1.2 Extrazelluläre Signalmoleküle: Hormone und Zytokine

- **Endokrine Signalübermittlung:** Ein Botenstoff wird an die Blutbahn abgegeben und kann mit dem Blutkreislauf entfernte Zielgewebe erreichen. Dies ist z. B. bei den „klassischen Hormonen" der Fall.
- **Parakrine Signalübermittlung:** Das sezernierte Signalmolekül besitzt nur eine geringe Reichweite, die Wirkung ist daher lokal begrenzt. Dies kann durch eine kurze Halbwertszeit bedingt sein, häufig ist aber auch die Diffusion durch Bindung an Zelloberflächen oder die extrazelluläre Matrix stark behindert. Beispiele hierfür sind zahlreiche Wachstumsfaktoren, die an Proteoglykane der Zelloberfläche oder der extrazellulären Matrix binden.
  **Spezialfälle:**
  - *Signalübertragung durch Neurotransmitter im Nervensystem:* Dabei werden Moleküle vom präsynaptischen Nervenende in den synaptischen Spalt sezerniert; diese binden vorzugsweise an postsynaptische Rezeptoren einer weiteren Nervenzelle (oder der neuromuskulären Endplatte).
  - *Iuxtakrine Signalübermittlung:* Hier wird das Signalmolekül nicht sezerniert, sondern ist membrangebunden und kann somit nur mit Rezeptoren der Nachbarzellen interagieren.
- **Autokrine Signalübermittlung:** Die sezernierende Zelle besitzt gleichzeitig den Rezeptor für das Signalmolekül, so dass das Signal die sezernierende Zelle selbst aktiviert. Das Signal kann aber auch innerhalb einer Gruppe gleichartiger, räumlich eng benachbarter Zellen (z. B. Lymphozyten in Lymphknoten) wirken, was streng genommen eine parakrine Signalwirkung darstellt, wobei jedoch Sender und Empfänger gleichartige Zellen sind.

## 11.1.2 Extrazelluläre Signalmoleküle: Hormone und Zytokine

Entsprechend ihrer unterschiedlichen Wirkungsschwerpunkte können die extrazellulären Signalmoleküle in zwei große Gruppen unterteilt werden, wobei allerdings Überschneidungen auftreten: **Hormone** und **Zytokine**.

**Hormone** („Botenstoffe"): Sie sind Hauptgegenstand dieses Kapitels und regulieren v. a.

- den **Stoffwechsel** und die physiologischen Parameter (z. B. Glukosespiegel und Kalziumkonzentration im Blut)
- die **Anpassung** des Organismus an Änderungen der Umwelt
- das **Sexualverhalten**
- das **Wachstum** (nur zusammen mit Zytokinen).

**Hormone** regulieren v. a. Stoffwechselprozesse, die Anpassung des Organismus an veränderte Umweltbedingungen und das Sexualverhalten. Zusammen mit den Zytokinen regulieren einige Hormone auch Wachstumsprozesse.

**Zytokine:** Dabei handelt es sich um Proteine, die von vielen Zelltypen gebildet werden und überwiegend parakrin oder autokrin wirken. Im Gegensatz zu den Hormonen regulieren Zytokine in erster Linie grundlegende Zellfunktionen wie Homöostase, Größenwachstum, Proliferation und Differenzierung.

- Diejenigen Zytokine, deren Wirkungen den Organismus generell betreffen, werden meist als **Wachstumsfaktoren** bezeichnet (z. B. FGF = fibroblast growth factor, PDGF = platelet-derived growth factor, NGF = nerve growth factor).
- Als **Hämatopoetine** werden diejenigen extrazellulären Signalmoleküle bezeichnet, die speziell Wachstum und Differenzierung der hämatopoetischen Zellen regulieren (s. Abb. **6.5**, S. 170).
- Als **Zytokine des Immunsystems** fasst man die Signalmoleküle zusammen, die Proliferation, Differenzierung und Funktion von Zellen des Immunsystems regulieren (z. B. die Interleukine, s. S. 195), wobei Überschneidungen mit der Gruppe der Hämatopoetine vorkommen. Diese Gruppe wird häufig als Zytokine im engeren Sinne bezeichnet.

**Zytokine** regulieren v. a. das Größenwachstum von Zellen sowie ihre Proliferation und Differenzierung.
Die Zytokine lassen sich funktionell grob einteilen in

- **Wachstumsfaktoren**
- **Hämatopoetine**
- **Zytokine des Immunsystems** (diese Gruppe wird häufig als Zytokine im engeren Sinne bezeichnet).

## Wirkprinzip

Hormone und Zytokine binden an spezifische Rezeptoren auf der Zelloberfläche (beide Signalstoffe) oder im Zellinneren (nur einige Hormone, s. S. 339), die daraufhin aktiviert werden und das Signal intrazellulär weiterleiten (s. S. 342).

### Wirkprinzip

Hormone aktivieren Rezeptoren auf der Zelloberfläche oder im Zellinneren, Zytokine durchweg Zelloberflächenrezeptoren.

## Einteilung der Hormone

**Glanduläre Hormone:** Zu dieser Gruppe gehören die „klassischen Hormone". Sie werden **in endokrinen Drüsen gebildet** und erreichen die Zielzelle auf dem Blutweg. Beispiele für endokrine Drüsen sind die Hypophyse und die Langerhans-Inseln des Pankreas (Tab. **11.1**).

**Aglanduläre Hormone:** In dieser Gruppe werden die **nicht in endokrinen Drüsen** gebildeten Hormone zusammengefasst. Darunter fallen (Tab. **11.1**):

- **Hormone**, die **in endokrinen Zellen oder Zellgruppen gebildet** und in die Blutbahn abgegeben werden. Einige Beispiele sind in Tab. **11.1** aufgeführt. Interessanterweise sind auch Organe, die man nicht in diesem Kontext vermuten würde, in der Lage, Hormone zu produzieren. So synthetisieren Herzmuskelzellen der Vorhöfe atriales natriuretisches Peptid (ANP), Fettzellen Leptin und einige weitere Hormone.
- **Gewebshormone,** auch **Mediatoren** genannt: Sie werden parakrin sezerniert und wirken vorwiegend lokal. Nur bei starker Stimulation gelangen nennenswerte Mengen in den Blutkreislauf. Zu den Mediatoren gehören Peptide wie die Kinine, Fettsäurederivate wie die Prostaglandine und selbst so exotisch wirkende Substanzen wie Stickstoffmonoxid (NO).

### Einteilung der Hormone

**Glanduläre Hormone:** Sie werden **in endokrinen Drüsen gebildet** und erreichen die Zielzellen auf dem Blutweg (Beispiele s. Tab. **11.1**).

**Aglanduläre Hormone:** Sie stammen **aus Zellen, die nicht Teil endokriner Drüsen** sind. Zu ihnen zählen (Tab. **11.1**):

- Hormone, die **in endokrinen Zellen oder Zellgruppen** gebildet und in die Blutbahn abgegeben werden
- **Gewebshormone**, auch **Mediatoren** genannt, die überwiegend lokal wirken.

## Generelle Eigenschaften von Hormonen

Hormone gehören sehr unterschiedlichen Substanzklassen (Strukturtypen) an (s. Abb. **11.2**, S. 340) und weisen daher unterschiedliche substanzspezifische Eigenschaften auf (s. Tab. **11.2**, S. 341). So unterscheiden sie sich z. B. in ihrer **Wasserlöslichkeit**:

- **Hydrophile Hormone** – der weitaus größte Teil der Hormone –, darunter die Peptidhormone, Aminosäurederivate und Prostaglandine, benötigen auf dem Blutweg in der Regel **keine Transportvehikel**. Sie können die hydrophobe Doppelschicht der Plasmamembran der Zielzelle nicht durchdringen und binden daher an **Rezeptoren auf der Zelloberfläche**. Die Signaltransduktion erfolgt durch Aktivierung bereits vorhandener intrazellulärer Signal- und Effektormoleküle (z. B. Kinasen, Kalzium), so dass die **Wirkung innerhalb von Minuten** einsetzt. Hormon-Rezeptor-Komplexe können endozytiert und anschließend abgebaut werden (lysosomaler Abbau von Rezeptoren und Peptidhormonen), was zu der **kurzen Halbwertszeit im Plasma** beiträgt.

### Generelle Eigenschaften von Hormonen

Hormone gehören unterschiedlichen Substanzklassen (Strukturtypen) an (s. Abb. **11.2**, S. 340) und weisen daher unterschiedliche substanzspezifische Eigenschaften auf (s. Tab. **11.2**, S. 341). Sie unterscheiden sich z. B. in ihrer **Wasserlöslichkeit**:

- Die meisten Hormone (Peptidhormone, Aminosäurederivate, Prostaglandine) sind **hydrophil**. Sie werden meist frei im Blut transportiert. Sie binden an Rezeptoren auf der Zelloberfläche und aktivieren innerhalb von Minuten Signalprozesse in der Zelle. Die Plasmahalbwertszeit ist in der Regel recht kurz.

≡ 11.1

**≡ 11.1 Hormone und ihre Syntheseorte (Beispiele)**

| *Organ/Gewebe* | *Hormone/Neuropeptide* |
|---|---|
| **endokrine Drüsen** | |
| Hypophyse | luteinisierendes Hormon (LH), follikelstimulierendes Hormon (FSH), adrenokortikotropes Hormon (ACTH), thyreoideastimulierendes Hormon (TSH), Wachstumshormon (GH), Prolaktin |
| Langerhans-Inseln (Pankreas) | Insulin, Glukagon |
| Schilddrüse | Thyroxin, Triiodthyronin |
| C-Zellen der Schilddrüse | Kalzitonin |
| Nebenschilddrüse | Parathormon |
| Nebennierenrinde | Mineralokortikoide, Glukokortikoide, Androgene |
| Nebennierenmark | Adrenalin, Noradrenalin |
| Ovar (Theka-, Granulosa-Zellen) | Östrogene, Gestagene |
| Testis (Leydig-Zwischenzellen) | Androgene |
| Plazenta (Synzytiotrophoblast) | humanes Choriongonadotropin (HCG), Progesteron, Östrogene |
| **endokrine Zellgruppen/Einzelzellen** | |
| Hypothalamus | Releasing-Hormone (z. B. Gonadotropin-, Kortikotropin- oder Thyreotropin-Releasing-Hormon), Release-Inhibiting-Hormone (Somatostatin, Prolaktin-Release-Inhibiting-Hormon), ADH (= Adiuretin, Vasopressin), Oxytozin |
| Zirbeldrüse | Melatonin |
| Herzvorhöfe | atriales natriuretisches Peptid (ANP) |
| Gastrointestinaltrakt | gastrointestinale Hormone (z. B. Gastrin, Cholezystokinin, Sekretin) |
| Leber | insulinähnliche Wachstumsfaktoren (IGFs), Kininogen*, Angiotensinogen* |
| Niere | Erythropoietin (EPO), Renin** |
| Fettgewebe | Leptin |
| **Gewebshormone (Mediatoren)** | |
| Endothelzellen, Thrombozyten, Leukozyten, Magen-Darm-Trakt, Niere und viele andere Gewebe | Prostaglandine |
| Leukozyten, Mastzellen | Leukotriene |
| Mastzellen | Histamin |
| Endothel, Nerven, Makrophagen | Stickstoffmonoxid (NO) |
| Endothel-Oberfläche (wirkt als Aktivator) | Bradykinin und Kallidin (entstehen durch Proteolyse aus Kininogen) |
| Endothel-Oberfläche der Lunge | Angiotensin II (entsteht durch Proteolyse aus Angiotensin I, katalysiert durch das Angiotensin-Converting-Enzyme) |
| ZNS, Darm | Serotonin |
| alle Gewebe | Adenosin |

* Vorstufen von Kininen bzw. Angiotensin
** Angiotensin-I-Produktion durch Proteolyse von Angiotensinogen

- **Hydrophobe Hormone** hingegen werden überwiegend **an Plasmaproteine gebunden** transportiert. Die Plasmaproteinbindung schützt sie vor Abbau und Filtration über die Niere, weshalb ihre Halbwertszeit in der Regel höher ist als die hydrophiler Hormone.
  Im Gegensatz zu den hydrophilen Hormonen **binden** hydrophobe Hormone an **intrazelluläre Rezeptoren**, die **ligandenaktivierte Transkriptionsfaktoren** darstellen und die Transkription hormonsensitiver Gene aktivieren oder in einigen Fällen auch reprimieren (unterdrücken). Die **Wirkung** dieser Hormone setzt **mit** einer **Verzögerung** von 1–2 Stunden ein, da zunächst die mRNA synthetisiert werden muss und anschließend die entsprechenden Proteine gebildet werden müssen. Die meisten hydrophoben Hormone können jedoch auch schnelle Effekte auslösen, die durch noch unzureichend charakterisierte Zelloberflächenrezeptoren oder durch Aktivierung zytoplasmatischer Proteine vermittelt werden.
  Die hydrophoben Hormone können auf mehreren Wegen in die Zielzellen gelangen:
  1. Sie können
     - durch die Plasmamembran **diffundieren** (Kortisol)
       oder
     - mithilfe von **Transportproteinen** durchgeschleust werden (Schilddrüsenhormone).

     Um aus dem Blutplasma in die Zelle gelangen zu können, muss das Hormon von seinem Trägerprotein im Blut abdissozieren, d. h. es muss frei vorliegen. Die Konzentration an freiem Hormon hängt von der Stärke der Bindung an sein Plasmaträgerprotein ab und von der Konzentration des Trägerproteins. Die Konzentration an freiem Hormon lässt sich nach dem Massenwirkungsgesetz berechnen, $K_D$ ist die Dissoziationskonstante des Komplexes:

     $$\left[\text{Hormon}\right]_{\text{frei}} + \left[\begin{matrix}\text{Träger-}\\ \text{protein}\end{matrix}\right]_{\text{frei}} \underset{}{\overset{K_D}{\rightleftharpoons}} \left[\begin{matrix}\text{Hormon-Träger-}\\ \text{Komplex}\end{matrix}\right]$$

     Je höher die Konzentration an Trägerprotein und je stabiler der Komplex (d. h. je höher die Affinität des Trägerproteins) ist, desto niedriger ist die Konzentration an freiem Hormon und umgekehrt. Da die Konzentration an Trägerprotein z. T. unter hormoneller Kontrolle steht oder bei Leberfunktionsstörungen (die meisten Trägerproteine werden in der Leber gebildet) erniedrigt sein kann, kann die freie Hormonkonzentration im Blut schwanken. In der Regel ist die Schwankung aber nur vorübergehend, da über Rückkopplungsmechanismen (s. u.) die Konzentration an freiem Hormon nachreguliert wird. Pharmakologisch bedeutsam ist, dass viele (lipidlösliche) Pharmaka die Hormone von ihren Bindungsstellen kompetitiv verdrängen und so ihre Plasmakonzentration erhöhen können.
  2. Inzwischen ist gesichert, dass Komplexe aus Hormonen und ihren Trägerproteinen durch **Endozytose** aufgenommen werden können, nachdem sie an Proteine aus der LDL-Rezeptorfamilie angedockt haben. Auf diese Weise können Zellen gezielt Hormone aufnehmen. Nach lysosomalem Abbau der Trägerproteine stehen die freien Liganden zur Verfügung.

- **Hydrophobe Hormone** werden überwiegend an Plasmaproteine gebunden transportiert und so vor Abbau geschützt. Ihre Plasmahalbwertszeit ist daher meist größer als die der hydrophilen Hormone. Hydrophobe Hormone werden in die Zelle aufgenommen – mittels Diffusion oder Carrier oder im Komplex mit ihrem Plasmatransportprotein – und aktivieren ligandenaktivierte Transkriptionsfaktoren. Die Wirkung tritt daher mit einer Latenzzeit von 1–2 Stunden ein.

**Peptidhormone:** Diese Hormone, zu denen auch Insulin und Glukagon gehören, werden am rauen endoplasmatischen Retikulum synthetisiert. Das Syntheseprodukt, das sog. **Präprohormon**, wird im endoplasmatischen Retikulum modifiziert zum **Prohormon** und dann im Golgi-Apparat zur reifen Form, dem **Hormon**, prozessiert. Anschließend wird es in sekretorischen Vesikeln gespeichert. Auf einen extrazellulären Stimulus hin, der zum Anstieg der intrazellulären $Ca^{2+}$-Konzentration führt, fusionieren die Vesikel mit der Plasmamembran und setzen ihren Inhalt frei (Exozytose).

**Peptidhormone:** Sie werden am rauen endoplasmatischen Retikulum synthetisiert, in sekretorischen Vesikeln gespeichert und bei Bedarf durch Exozytose sezerniert.

Peptidhormone sind **hydrophil** und werden in der Regel frei im Blut transportiert; ihre Konzentration ist sehr niedrig ($10^{-10}$ bis $10^{-12}$ mol/l). In einigen Fällen sind sie auch an spezielle Bindungsproteine gebunden (z. B. IGF an IGF-Bindungsproteine), dies dient aber der Regulation der Halbwertszeit und der Verfügbarkeit für die Rezeptorbindung und wäre für den Transport nicht notwendig. Die Halbwertszeit von Peptidhormonen im Blut liegt im Bereich von wenigen Minuten bis zu einigen Stunden (s. Tab. **11.2**, S. 341).

Peptidhormone sind **hydrophil** und werden in der Regel frei im Blut transportiert.

11.2

### 11.2 Hormon-Substanzklassen (Strukturbeispiele)

**a Peptidhormone**

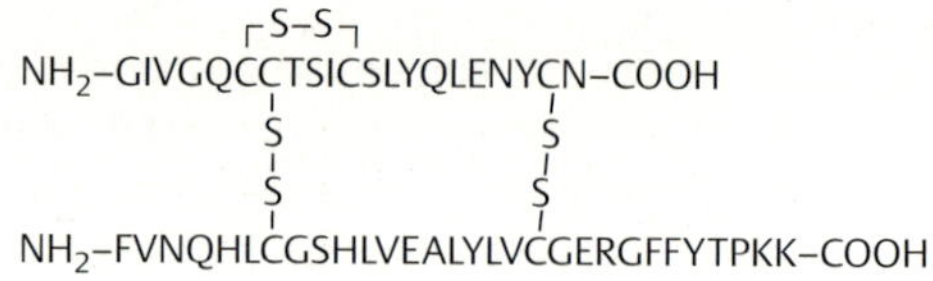

**Insulin**

**b Aminosäurederivate**

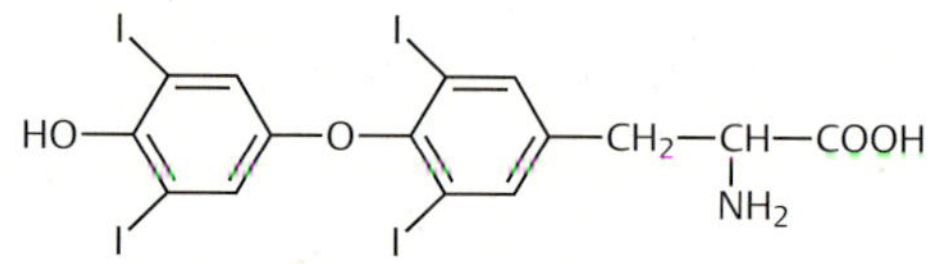

**Thyroxin**

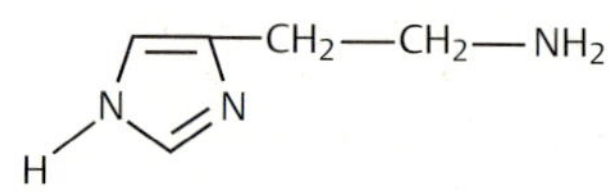

**Histamin**

**c Steroide**

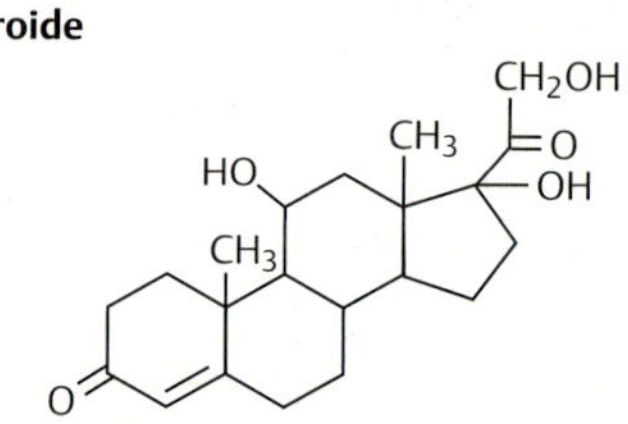

**Kortisol**

**d Lipidderivate**

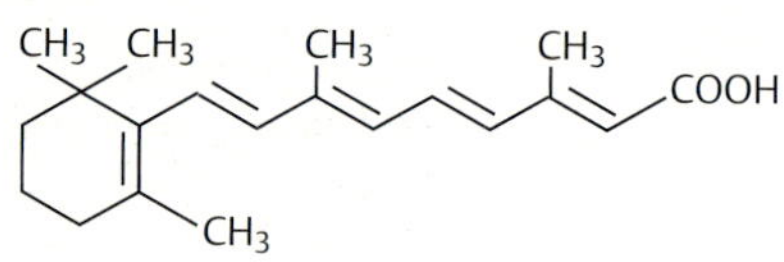

**Retinsäure**

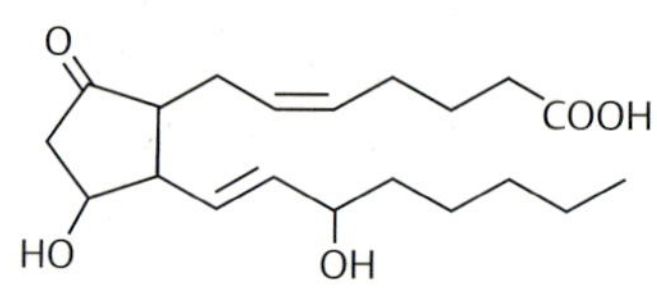

**Prostaglandin $E_2$**

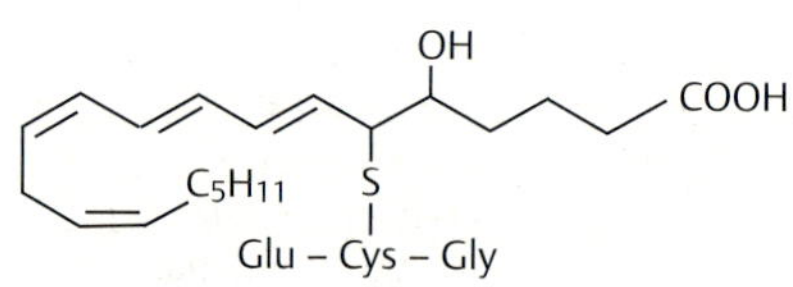

**Leukotrien $C_4$**

Der Abbau erfolgt durch Proteolyse.

Der Abbau erfolgt durch Proteolyse in der Leber oder in den Zielorganen (Endozytose und lysosomaler Abbau).

**Aminosäure-Abkömmlinge:** Die Biosynthese erfolgt aus den entsprechenden Aminosäurevorstufen. Die Hormone werden wie die Peptidhormone in Vesikeln gespeichert und durch Exozytose sezerniert (Ausnahme: Schilddrüsenhormone, Tab. **11.2**).

**Aminosäure-Abkömmlinge:** Zu dieser Gruppe gehören die endokrin sezernierten Katecholamine, die Schilddrüsenhormone sowie zahlreiche Gewebshormone (z. B. Histamin und Serotonin). Die Biosynthese erfolgt durch Modifikation der entsprechenden Aminosäurevorstufen. Die Hormone werden wie die Peptidhormone in Vesikeln gespeichert und bei Bedarf freigesetzt. Eine Ausnahme stellen die Schilddrüsenhormone dar, die – noch eingebunden in das Vorläuferprotein Thyreoglobulin – im Follikellumen gespeichert werden. Bei Bedarf werden sie nach Endozytose und Proteolyse im Lysosom freigesetzt und direkt sezerniert.

**Mit Ausnahme der Schilddrüsenhormone** sind die Aminosäurederivate **hydrophil** und benötigen daher keine Transportvehikel.

**Mit Ausnahme der Schilddrüsenhormone** sind die Aminosäurederivate **hydrophil** und benötigen daher keine Transportvehikel. Die Schilddrüsenhormone jedoch werden im Komplex mit Albumin oder speziellen Transportproteinen transportiert (Tab. **11.2**). Die Halbwertszeiten sind recht unterschiedlich: Bei den Katecholaminen

**11.2 Hormon-Substanzklassen: Wesentliche Charakteristika**

| *Substanzklasse* | *Beispiele (ausgewählte Strukturbeispiele s. Abb. 11.2)* | *Wasserlöslichkeit* | *Transport im Blut* | *Halbwertszeit* | *Rezeptorlokalisation* | *Latenzzeit bis zum Wirkungseintritt* |
|---|---|---|---|---|---|---|
| **Peptidhormone** | ▪ Insulin<br>▪ Glukagon<br>▪ Wachstumshormon | hoch (hydrophil) | i.d.R. ungebunden | Insulin: 5 – 15 min<br>Glukagon: 3 – 6 min<br>Wachstumshormon: 20 – 50 min | Plasmamembran | Minuten |
| **Aminosäurederivate** | ▪ Adrenalin | hoch (hydrophil) | ungebunden | < 2 min | Plasmamembran | Minuten |
| | ▪ Histamin | hoch (hydrophil) | ungebunden | ca. 5 min | Plasmamembran | Minuten |
| | ▪ Thyroxin | gering (hydrophob) | frei: < 0,1 %; gebunden an Albumin (ca. 15 %), thyroxinbindendes Globulin (TBG) (ca. 75 %) oder thyroxinbindendes Präalbumin (TBPA) (ca. 10 %) | 7 Tage | Zellkern | 1 – 3 Stunden |
| **Steroide** | ▪ Kortisol<br>▪ Aldosteron<br>▪ Östradiol<br>▪ Testosteron | sehr gering (stark hydrophob) | überwiegend im Komplex mit Plasmaproteinen: Kortisol (90 % Eiweißbindung) und Aldosteron (60 % Eiweißbindung) an Transkortin, Östradiol (> 95 % Eiweißbindung) und Testosteron (98 % Eiweißbindung) an Albumin und sexualhormonbindendem Protein (SHBG) | Kortisol: 90 min<br>Aldosteron: 20 min<br>Östradiol: 60 – 90 min<br>Testosteron: ca. 12 – 50 min | Zytosol, Zellkern | für nicht genomische Wirkungen: Minuten für genomische Wirkungen: 1 – 2 Stunden |
| **Lipidderivate** | ▪ Prostaglandine<br>▪ Leukotriene | gering (schwach hydrophil) | wirken lokal! Falls sie in den Kreislauf gelangen, sind sie praktisch vollständig an Albumin gebunden | Sekunden bis Minuten | Plasmamembram | Minuten |
| | ▪ Retinsäure | gering (hydrophob) | Retinol binding protein (RBP) | 40 min | Zellkern | 1 – 2 Stunden |

liegt sie im Minutenbereich, bei den Schilddrüsenhormonen jedoch im Bereich von wenigen Tagen (Tab. **11.2**). Die lange Halbwertszeit der Schilddrüsenhormone ist zum großen Teil durch den Schutz vor Abbau aufgrund der Bindung an Plasmaproteine bedingt.

Die Inaktivierung der meisten Aminosäure-Abkömmlinge erfolgt durch Oxidation der Aminogruppe durch Mono- bzw. Diamino-Oxidasen zu den entsprechenden Aldehyden, gefolgt von der weiteren Oxidation der Aldehydgruppen zu Carbonsäuren durch Aldehyddehydrogenasen. Bei Schilddrüsenhormonen hingegen ist der wichtigste Schritt die Entfernung der Iodatome durch Deiodasen (s. S. 366).

Die Inaktivierung erfolgt u. a. durch Oxidation der Aminogruppe durch Aminooxidasen.

**Steroidhormone:** Die Steroidhormone leiten sich vom **Cholesterin** ab. Sie sind **hydrophob** und können **nicht gespeichert** werden.

**Steroidhormone:** Diese Hormongruppe (Gluko-, Mineralokortikoide, Sexualhormone) leitet sich vom **Cholesterin** ab. Die Steroidhormone sind **hydrophob** und können daher **nicht** in Vesikeln **gespeichert** werden. Sie würden sich in die Membran einlagern und sie dadurch schädigen und auch durch die Membran entweichen. Das zur Biosynthese benötigte Cholesterin wird als Ester mit Fettsäuren in Form von Lipidtröpfchen gelagert. Bei Bedarf wird Cholesterin durch Hydrolyse der Ester freigesetzt und zu den Hormonen umgewandelt, die durch die Plasmamembran in den Extrazellulärraum und ins Blut diffundieren. Als lipophile Hormone werden auch sie im Komplex mit Plasmaproteinen transportiert (Tab. **11.2**), die zudem die Bioverfügbarkeit und Lebensdauer regulieren. Die Halbwertszeit liegt im Stundenbereich (Tab. **11.2**).

Die Inaktivierung erfolgt u. a. durch Hydroxylierung und anschließende Sulfatierung oder Glukuronidierung.

An der Inaktivierung der Steroidhormone sind je nach Hormontyp unterschiedliche Enzyme beteiligt. Eine wichtige Reaktion ist die Hydroxylierung mit Cytochrom-P450-abhängigen Monooxygenasen mit anschließender Sulfatierung und Glukuronidierung zur besseren Wasserlöslichkeit.

**Sonstige:**
- **Prostaglandine** und **Leukotriene** leiten sich von Arachidonsäure ab.
- **Retinsäure** entsteht durch Oxidation von Vitamin A.
- **Stickstoffmonoxid (NO)** wird aus der Guanidinogruppe von Arginin gebildet.

**Sonstige:** Die bisher aufgeführten Hormonklassen machen den größten Teil der Hormone aus, daneben gibt es aber noch meist lokal wirkende Hormone, die anderen Strukturtypen angehören:
- Die **Prostaglandine** und **Leukotriene** sind Derivate der hydrophoben Arachidonsäure, werden durch die verschiedenen Modifikationen jedoch wasserlöslich.
- **Retinsäure**, ein lebensnotwendiger morphogenetischer Faktor in der Embryonalentwicklung und essenziell für die Regeneration von Epithelien, leitet sich wie das für den Sehprozess notwendige Retinal von Vitamin A ab.
- Aus der Reihe fällt **Stickstoffmonoxid (NO)**, das aus der Guanidinogruppe von Arginin gebildet wird und lokal wichtige Funktionen bei der Makrophagenfunktion, Relaxation der glatten Muskulatur und Lernprozessen ausübt.

### Signaltransduktionsmechanismen

Signaltransduktionsmechanismen

▶ Definition.

▶ **Definition.** Als **Signaltransduktion** bezeichnet man die Weiterleitung einer von einem Hormon oder Zytokin kodierten Information über die Zellmembran hinweg in die Zielzelle. In dieser werden entsprechende **metabolische und physiologische Antworten** (Aktivierung bzw. Inaktivierung von Enzymen und Ionenkanälen) ausgelöst oder die **Transkription von Zielgenen** aktiviert oder seltener reprimiert (unterdrückt).

#### Signaltransduktion der Hormone

Signaltransduktion der Hormone

Sie erfolgt über
- **Rezeptoren in der Plasmamembran** (hydrophile Hormone) oder
- **intrazelluläre Rezeptoren** (hydrophobe Hormone).

**Rezeptoren in der Plasmamembran:** Es gibt drei Grundtypen:

- **G-Protein-gekoppelte Rezeptoren** sind die **häufigsten** Hormonrezeptoren. Sie aktivieren heterotrimere G-Proteine, bestehend aus einer α- und einer βγ-Untereinheit (Abb. **11.3**). Bei der Aktivierung erfolgt ein Austausch von GDP gegen GTP in der α-Untereinheit und Dissoziation in die α- und die βγ-Untereinheit. **Am bekanntesten** sind die **Wirkungen der aktivierten α-Untereinheiten**: Je nach Typ aktivieren oder inhibieren diese die Adenylatzyklase oder aktivieren die Phospholipase Cβ. Zum Teil nehmen auch die βγ-Untereinheiten an der Signaltransduktion teil.

Hormonwirkungen werden durch zwei Arten von Rezeptoren vermittelt:
- **Rezeptoren in der Plasmamembran** binden hydrophile Hormone.
- **Intrazelluläre Rezeptoren** binden hydrophobe (lipophile) Hormone.

**Rezeptoren in der Plasmamembran:** Es können drei Grundtypen unterschieden werden:
- **G-Protein-gekoppelte Rezeptoren:** Sie sind die **am weitesten verbreiteten** Hormonrezeptoren. Die Bindung des Hormons an einen Rezeptor aus der Superfamilie der 7-Transmembranhelices-Rezeptoren führt zur Konformationsänderung des Rezeptors und infolgedessen zur Aktivierung eines heterotrimeren G-Proteins, bestehend aus einer α- und einer βγ-Untereinheit (Abb. **11.3**). Die Aktivierung bewirkt einen Austausch von GDP durch GTP in der α-Untereinheit und eine Dissoziation in die α-Untereinheit und die βγ-Untereinheit. G-Proteine aktivieren eine Vielzahl von Signalwegen. **Am bekanntesten** sind die **Wirkungen der aktivierten α-Untereinheiten: Stimulatorische Gα-Proteine** aktivieren über die Adenylatzyklase und cAMP die Proteinkinase A (z. B. nach Bindung von Adrenalin an β-Adrenozeptoren), während **inhibitorische Giα-Proteine** die Adenylatzyklase hemmen und so zum Abfall des cAMP-Spiegels führen (z. B. nach Bindung von Adrenalin an $\alpha_2$-Adrenozeptoren). **Phospholipase-C-aktivierende Gαq-Proteine** führen zur Steigerung der $Ca^{2+}$-Freisetzung aus dem endoplasmatischen Retikulum und zur Aktivierung der Proteinkinase C (z. B. nach Bindung von Adrenalin an $\alpha_1$-Adrenozeptoren). Auch die βγ-Untereinheiten können an der Signaltransduktion

11.3 Signaltransduktion durch heterotrimere G-Proteine

11.3

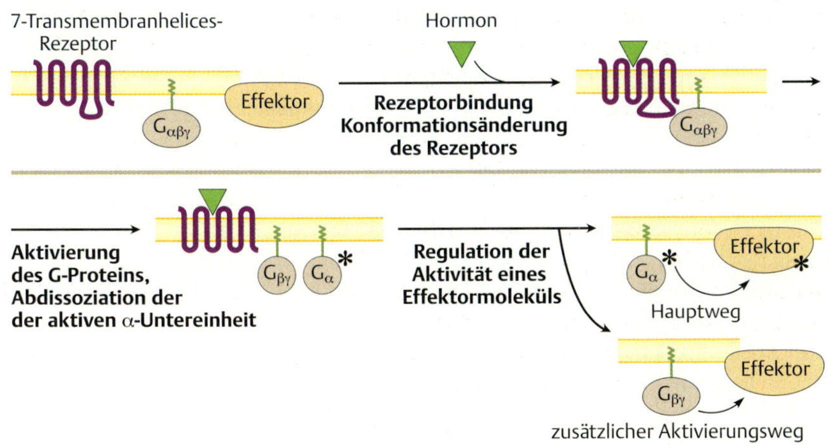


teilnehmen und z.B. die Adenylatzyklase inhibieren, die Phospholipase Cβ aktivieren oder die Aktivität von Ionenkanälen regulieren (z.B. nach Bindung von Acetylcholin an Muskarin-$M_2$-Rezeptoren).

- **Ligandenaktivierte Ionenkanäle:** Ionenkanäle in der Plasmamembran werden extrazellulär am häufigsten durch Neurotransmitter aktiviert. Z.B. aktivieren die stimulierenden Neurotransmitter Acetylcholin und Glutamat Kationenkanäle, während der inhibitorische Transmitter Glycin Chloridkanäle öffnet.
  Die Aktivität vieler Ionenkanäle kann von der zytosolischen Seite her durch cAMP, cGMP, Phosphorylierung und andere Mechanismen reguliert werden. Einen wichtigen Beitrag zur Signaltransduktion von Hormonen liefert die Aktivierung intrazellulärer $Ca^{2+}$-Kanäle im endoplasmatischen und sarkoplasmatischen Retikulum durch den Second Messenger $IP_3$.

- **Ligandenaktivierte Ionenkanäle** werden am häufigsten durch Neurotransmitter aktiviert.

- **Enzymgekoppelte Rezeptoren:** Ligandenbindung führt zur Aktivierung von Guanylatzyklasen, Rezeptor-Tyrosinkinasen oder rezeptorassoziierten Tyrosinkinasen. Dieser Signaltransduktionsweg wird nur von wenigen Hormonen benutzt, insbesondere von Insulin (Steigerung der Tyrosinkinaseaktivität der zytoplasmatischen Domäne des Rezeptors), Wachstumshormon, Prolaktin, Leptin (Aktivierung einer rezeptorassoziierten Tyrosinkinase) und ANP (Aktivierung der Guanylatzyklaseaktivität der zytoplasmatischen Rezeptordomäne). Mit Ausnahme der Guanylatzyklasen stellen diese Rezeptoren jedoch die typischen Zytokinrezeptoren dar (s.u.).

- **Enzymgekoppelte Rezeptoren:** Nur wenige Hormone aktivieren Guanylatzyklasen (ANP), Rezeptor-Tyrosinkinasen (Insulin) oder rezeptorassoziierte Tyrosinkinasen (z.B. Prolaktin).

**Intrazelluläre Rezeptoren:** Dies sind **ligandenaktivierte Transkriptionsfaktoren**, die sich im Zytosol oder im Zellkern befinden. Der Ligand, ein lipophiles Hormon wie die Steroid- und Schilddrüsenhormone, gelangt durch die Plasmamembran in die Zelle (s.o.) und bindet an seinen Rezeptor. Der Hormon-Rezeptor-Komplex bindet im Zellkern an regulatorische Promotorelemente der hormonabhängigen Gene und aktiviert (oder reprimiert) so die Transkription dieser Gene. Dieser sog. genomische Effekt tritt mit einer Verzögerung von 1–2 Stunden ein.

**Intrazelluläre Rezeptoren:** Lipophile Hormone binden an **ligandenaktivierte Transkriptionsfaktoren** im Zytosol oder Zellkern. Der Hormon-Rezeptor-Komplex bindet an Promotorelemente der hormonabhängigen Gene und aktiviert (oder reprimiert) so die Transkription dieser Gene.

### Signaltransduktion der Zytokine

Die Signaltransduktion der Zytokine erfolgt stets über **Rezeptoren in der Plasmamembran**, die Signale an die Zellen weiterleiten. Die typischen Zytokinrezeptoren sind Rezeptor-Tyrosinkinasen, rezeptorassoziierte Tyrosinkinasen und Rezeptor-Serin/Threoninkinasen.

### Signaltransduktion der Zytokine

Sie erfolgt über **Rezeptoren der Plasmamembran** (Rezeptor-Tyrosinkinasen, rezeptorassoziierte Tyrosinkinasen oder Rezeptor-Serin/Threoninkinasen).

### Regulation der Signaltransduktion

Eine starke Stimulierung der Zielzelle führt häufig dazu, dass die Wirkung eines Hormons abgeschwächt wird **(Desensitisierung)**. Die Mechanismen der Desensitisierung unterscheiden sich naturgemäß je nach Signaltransduktionsweg. Da die meisten Hormone über **G-Protein-gekoppelte Rezeptoren** wirken, sollen hier einige

### Regulation der Signaltransduktion

Eine starke Stimulierung der Zielzelle kann zur Abnahme der Hormonwirkung **(Desensitisierung)** führen. **Beispiele** für Mechanismen im

Zusammenhang mit **G-Protein-gekoppelten Rezeptoren** sind:
- **Rezeptor-Inaktivierung** mittels Phosphorylierung durch eine Kinase
- Einleitung von **Endozytose** und **Abbau** des Rezeptors durch z. B. **Arrestin**
- **Inaktivierung der α-Untereinheit** von G-Proteinen durch z. B. RGS-Proteine
- **Inaktivierung der Second Messengers** (z. B. cAMP durch Phosphodiesterasen).

**Beispiele** aufgeführt werden:
- Aktivierte G-Proteine können Kinasen stimulieren, die den aktiven **Rezeptor** phosphorylieren und dadurch **inaktivieren**. Im Falle der β-adrenergen Rezeptoren ist dies v. a. die β-adrenerge Rezeptor-Kinase (βARK).
- Weiterhin kann ein **Arrestin** genanntes Protein an den Rezeptor andocken und die **Endozytose** und den nachfolgenden **lysosomalen Abbau** einleiten.
- Intrazellulär können sog. RGS-Proteine, die die Hydrolyse von GTP zu GDP beschleunigen, zur **Inaktivierung der aktiven α-Untereinheiten** führen.
- Auch auf der Ebene der **Second Messengers** kann eine Regulation erfolgen, z. B. durch **Hydrolyse** von cAMP durch Phosphodiesterasen.

► Merke.

► Merke. Internalisierung und nachfolgender lysosomaler Abbau des Rezeptors spielen bei allen Signaltransduktionswegen eine große Rolle bei der **kurzfristigen** Desensitisierung. **Langfristig** kann die Biosynthese der Rezeptoren auf Transkriptionsebene herunterreguliert werden.

Auch die **Biosynthese der Hormone** unterliegt einer **negativen Rückkopplung** (s. S. 345).

Auch die **Biosynthese der Hormone** (z. B. der Schilddrüsenhormone, Steroidhormone, Adrenalin) unterliegt einer **negativen Rückkopplung** (s. S. 345).

### Ursachen von Hormonstörungen

Die Ursache einer gesteigerten oder verminderten Hormonwirkung kann auf jeder Ebene des Hormonhaushalts liegen: von der Hormonsynthese bis zum Abbau, vom Rezeptor bis zur Signaltransduktion.

Eine **gesteigerte Hormonwirkung** findet sich z. B., wenn die Hormonsynthese verstärkt ist, weil sich die hormonproduzierenden Zellen vermehrt haben – kontrolliert **(Hyperplasie)** oder unkontrolliert **(Tumor)**. Eine weitere Ursache einer verstärkten Hormonwirkung sind **Autoimmunerkrankungen**, bei denen aktivierende Autoantikörper gebildet werden.

Ursache einer **verminderten Hormonwirkung** ist z. B. die **Zerstörung des Drüsengewebes**, etwa durch Autoimmunprozesse. Weitere Ursachen sind ein **genetischer Defekt der Rezeptorstruktur** oder der **Signaltransduktion**.

## Ursachen von Hormonstörungen

Hormonstörungen treten auf, wenn eine gesteigerte oder eine verminderte Hormonwirkung vorliegt. Die Störung kann alle Ebenen des Hormonhaushalts betreffen: Biosynthese, Ausschüttung, Transport oder Ausscheidung/Abbau des Hormons, die Rezeptorzahl oder -aktivität oder die intrazelluläre Signaltransduktion. Hier können daher nur einige Beispiele angeführt werden.

Eine **gesteigerte Hormonwirkung** findet sich z. B., wenn die Hormonbiosynthese verstärkt ist, weil sich die hormonproduzierenden Zellen vermehrt haben: Entweder auf einen Stimulus hin, d. h. kontrolliert **(Hyperplasie)**, oder aufgrund einer malignen Entartung, d. h. unkontrolliert **(Tumor)**. So kommt es bei unbehandelter Nebennierenrindeninsuffizienz (Morbus Addison, s. S. 385) zu einer Hyperplasie der ACTH-produzierenden Zellen der Hypophyse, die bei adäquater Therapie verschwindet. Bei einem Hypophysenadenom hingegen wird das Hormon, das die betroffenen Zellen herstellen, unabhängig vom tatsächlichen Bedarf synthetisiert, ebenso beim autonomen Adenom der Schilddrüse (s. S. 408) oder beim Phäochromozytom (s. S. 395). **Autoimmunerkrankungen** können ebenfalls Ursache einer gesteigerten Hormonwirkung sein, wenn Antikörper gebildet werden, die den Hormonrezeptor aktivieren (Morbus Basedow, s. S. 372). Symptome treten auf, wenn die Regelmechanismen überfordert sind.

Ursache einer **verminderten Hormonwirkung** ist z. B. die **Zerstörung des Drüsengewebes**, etwa durch Autoimmunprozesse (z. B. Diabetes mellitus Typ 1 [s. S. 403], Hashimoto-Thyreoiditis). **Genetische Defekte der Rezeptorstruktur** führen zu primären Hormonresistenzen (z. B. bei Steroidhormonen, PTH, ADH, Wachstumshormon, Insulin, TSH). Der fortgeschrittene Diabetes mellitus Typ 2 stellt ein Beispiel dar, bei dem sowohl eine stark verminderte Insulinausschüttung aus den B-Zellen des Pankreas durch Zerstörung des chronisch überlasteten Drüsengewebes vorliegt als auch eine **gestörte Signaltransduktion** (s. S. 403).

### Hormonelle Regelkreise

Hormonelle Regelkreise sind erforderlich, um die Homöostase der Körperfunktionen unter verschiedenen Bedingungen wie Arbeit oder Stress aufrechtzuerhalten.

Man unterscheidet
- **einfache**, d. h. vom ZNS unabhängige Rückkopplung und
- vom **ZNS gesteuerte** Rückkopplung.

## Hormonelle Regelkreise

Hormone müssen in der Lage sein, metabolische und physiologische Parameter (z. B. Blutzuckerspiegel, Ionenmilieu) konstant zu halten oder den Bedürfnissen anzupassen (z. B. durch Erhöhung des Grundumsatzes). Das Gleiche gilt auch für die Regulation psychischer Verhaltensweisen (z. B. Stressbewältigung, Sexualverhalten). Die exakte Regelung der Hormonausschüttung erfordert effiziente Rückkopplungsmechanismen. Auf molekularer Ebene erfolgt die Rückkopplung (Feedback) durch eine Reihe von Mechanismen. Es können die Hormonbiosynthese, -ausschüttung, Rezeptoraktivität und Signaltransduktion variiert werden.

Je nachdem, wie komplex die Anpassungsleistung ist, kommt einer der beiden folgenden **Rückkopplungsmechanismen** zum Einsatz:
- **einfache**, d. h. von Einflüssen des ZNS unabhängige Rückkopplung
- vom **ZNS gesteuerte** Rückkopplung.

11.4 Technischer Regelkreis

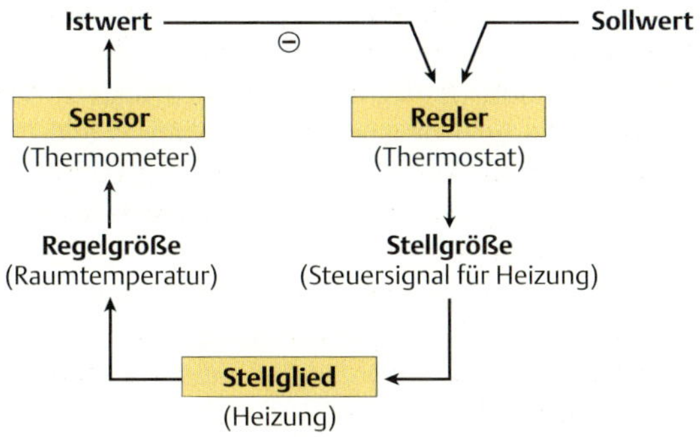


Gezeigt ist das Schema eines einfachen technischen Regelkreises, z. B. für die Konstanthaltung der Raumtemperatur. In diesem Zusammenhang ist die Raumtemperatur die **Regelgröße**. Der **Regler** ist ein Thermostat, das über ein Thermometer **(Sensor)** Information über die gemessene Temperatur **(Istwert)** erhält, mit dem eingestellten **Sollwert** vergleicht und über ein Steuersignal **(Stellgröße)** ein Signal an die Heizung **(Stellglied)** gibt, um die Raumtemperatur **(Regelgröße)** anzupassen. Das Steuersignal korrigiert über das Stellglied eine Abweichung vom Istwert in entgegengesetzter Richtung (Θ: negative Rückkopplung).

11.4

▶ Exkurs. **Regelkreise**

Ein Regelkreis ist ein geschlossenes Rückkopplungssystem zu einer bestimmten **Regelgröße**. Die Terminologie ist technischen Regelkreisen entnommen, das Schema eines einfachen technischen Regelkreises ist in Abb. **11.4** erläutert.

Auf einen **hormonellen Regelkreis**, die Konstanthaltung des Blutzuckerspiegels durch Insulin, angewendet, stellt demnach der Blutzuckerspiegel die **Regelgröße** dar, die B-Zelle des Pankreas ist der **Regler**. Dieser schüttet Insulin **(Stellgröße)** aus, wenn die vom **Sensor** (ebenfalls die B-Zelle, diesmal aber der „Glukose-Rezeptor", d. h. die zur Glukosekonzentration proportionale ATP-Produktion, s. S. 397) gemessene Glukosekonzentration **(Istwert)** höher ist als der **Sollwert**. Über sog. **Stellglieder** (z. B. Skelettmuskel und Fettgewebe, die insulinabhängig Glukose aufnehmen und verwerten) kann gegengesteuert und der Istwert dem Sollwert angenähert werden. Umgekehrt wird die Insulinsekretion gehemmt, wenn der Istwert der Glukose niedriger ist als der Sollwert.

▶ Exkurs.

## Einfache Rückkopplung

Einfache Rückkopplung

▶ Definition. Hierbei wird die Hormonkonzentration durch einen **hormonabhängigen Parameter**, meist ein Stoffwechselparameter, reguliert. In erster Linie dient diese Regelung dazu, Stoffwechselparameter wie die Glukosekonzentration oder physiologische Parameter konstant zu halten.

▶ Definition.

**Normalerweise handelt es sich um Regelkreise mit negativer Rückkopplung:** Die Konzentration des Parameters verhält sich umgekehrt proportional zur Hormonkonzentration: *Anstieg der Parameterkonzentration → Abnahme der Hormonkonzentration (und umgekehrt).*

Die **Norm** sind Regelkreise mit **negativer Rückkopplung**, d. h. umgekehrter Proportionalität von Parameter- und Hormonkonzentration.

▶ Merke. **Negativ rückgekoppelte Regelkreise** haben zum Ziel, den Sollwert wiederherzustellen. Sie wirken also **stabilisierend** – nur durch diese Art der Regulation kann auf Dauer eine stabile Lage gesichert werden.

▶ Merke.

Ein „einfaches" Beispiel für eine negative Rückkopplung ist die im obigen Exkurs angeführte Regulation des Blutzuckerspiegels durch Insulin.

Ein Beispiel ist die Regulation des Blutzuckerspiegels durch Insulin.

▶ Merke. Bei biologischen Regelkreisen handelt es sich aber meist nicht um einfache, sondern um **vernetzte Regelkreise**, d. h. mehrere Regelkreise arbeiten aufeinander abgestimmt zusammen.

▶ Merke.

Die Regulation des Blutzuckerspiegels ist recht komplex, da die glukoseabhängige Insulinsekretion durch weitere Faktoren moduliert wird und an der Regelung neben Insulin noch weitere Hormone wie Glukagon (Abb. **11.5a**) beteiligt sind.

Beispielsweise führt die Abnahme des Blutglukosespiegels zu einer vermehrten Ausschüttung von Glukagon, welches die Glukoseausschüttung aus der Leber stimuliert (Abb. **11.5a**), so dass zwei Regelkreise miteinander interagieren. Die Regelung des Blutzuckerspiegels gestaltet sich durch weitere Faktoren noch komplexer: Neben Insulin und Glukagon haben noch andere Hormone Einfluss auf den Glukosespiegel, z. B. Glukokortikoide, Katecholamine und Thyroxin. Darüber hinaus wird die Insulinsekretion über die primäre Regulation durch Glukose hinaus noch durch weitere Parameter (Fettsäuren, Aminosäuren, Parasympathikus) beeinflusst.

Einige Prozesse, z. B. die ADH-Sekretion, werden durch nervale Afferenzen von peripheren Rezeptoren gesteuert.

Neben der Rückkopplung auf humoralem Weg werden einige Prozesse auch durch nervale Afferenzen von peripheren Rezeptoren gesteuert. Ein Beispiel ist die Regulation der ADH-Sekretion aus der Hypophyse durch Osmo- und Pressorezeptoren.

**In einigen Fällen findet sich eine positive Rückkopplung:** Parameter- und Hormonkonzentration verhalten sich proportional zueinander.

**Die negative Rückkopplung ist zwar der Normalfall, in einigen Fällen ist aber eine positive Rückkopplung erforderlich:** Parameter- und Hormonkonzentration verhalten sich proportional zueinander: *Anstieg der Parameterkonzentration → Anstieg der Hormonkonzentration.*

► Merke.

► Merke. Bei Regelkreisen mit **positiver Rückkopplung** kommt es zu einer Verstärkung der Änderung, wodurch beispielsweise eine schnelle Erhöhung der Hormonkonzentration möglich wird. Diese ist aber zeitlich eng begrenzt. Regelkreise mit positiver Rückkopplung wirken **destabilisierend** und würden deshalb auf Dauer zu einer Katastrophe führen.

Ein Beispiel ist der starke Anstieg der Östrogenkonzentration in der Mitte des Menstruationszyklus, der einen starken Anstieg der GnRH-Konzentration induziert.

Ein Beispiel für eine positive Rückkopplung ist der starke Anstieg der Östrogenkonzentration in der Mitte des Menstruationszyklus, der einen starken Anstieg der Ausschüttung von Gonadotropin-Releasing-Hormon (GnRH) aus dem Hypothalamus induziert (s. S. 354). Streng genommen handelt es sich aber nicht mehr um eine einfache Rückkopplung, da Hypothalamus und Hypophyse involviert sind (s. u.).

### Steuerung über das ZNS (neuroendokrines System)

Steuerung über das ZNS (neuroendokrines System)

Prozesse wie die Anpassung des Organismus an Stresssituationen erfordern die Verarbeitung humoraler und nervaler Afferenzen durch das ZNS mit nachgeschalteter Regulation der Aktivität endokriner Drüsen.

► Merke.

► Merke. Die endokrine Sekretion wird durch ein hierarchisch organisiertes neuroendokrines System kontrolliert.

Wichtigstes Beispiel ist das **hypothalamisch-hypophysäre System** (Abb. **11.5b**). Hypothalamische Releasing-Hormone stimulieren die Sekretion von Hormonen aus der Adenohypophyse, die die Abgabe der Effektorhormone aus peripheren endokrinen Drüsen bewirken. Die Effektorhormone wirken via negative Rückkopplung auf Hypothalamus und Hypophyse zurück.

Das wichtigste Beispiel eines neuroendokrinen Systems ist das **hypothalamisch-hypophysäre System** (Abb. **11.5b**; ausführlicher ab S. 347): Der Hypothalamus sezerniert Releasing-Hormone, die die Ausschüttung von Hormonen aus der Adenohypophyse stimulieren. Diese wiederum stimulieren in peripheren endokrinen Organen die Abgabe der Hormone, die den eigentlichen Effekt bewirken (effektorische Hormone = Effektorhormone). Die effektorischen Hormone hemmen über eine negative Rückkopplung an Hypothalamus und Hypophyse ihre Synthese und schließen so den Regelkreis. **Der zu regulierende Parameter ist die Hormonkonzentration.**

Im Gegensatz zur einfachen Rückkopplung verarbeitet der Hypothalamus Informationen aus höheren Hirnzentren und passt die Ausschüttung der Releasing-Hormone entsprechend an.

Bis hierhin handelt es sich um eine einfache Rückkopplung, wenn auch die negative Rückkopplung auf zwei hierarchisch übereinander gelegene Ebenen (Hypothalamus und Hypophyse) zurückwirkt. Der Hypothalamus erhält aber zusätzlich über humorale und nervale Afferenzen Informationen von höheren Gehirnzentren und passt die Ausschüttung der Releasing-Hormone entsprechend an.

► Merke.

► Merke. Einen solchen Regelkreis, an dem zentrale neuroendokrine und periphere endokrine Organe beteiligt sind, bezeichnet man als **Hormon- oder endokrine Achse.**

Ein Beispiel für die Hypothalamus-Hypophysen-Nebennierenrinden-Achse ist die Freiset-

Ein Beispiel für die Hypothalamus-Hypophysen-Nebennierenrinden-Achse ist die Freisetzung von Kortikotropin-Releasing-Hormon (CRH) aus dem Hypothalamus.

**11.5 Rückkopplungsmechanismen**

11.5

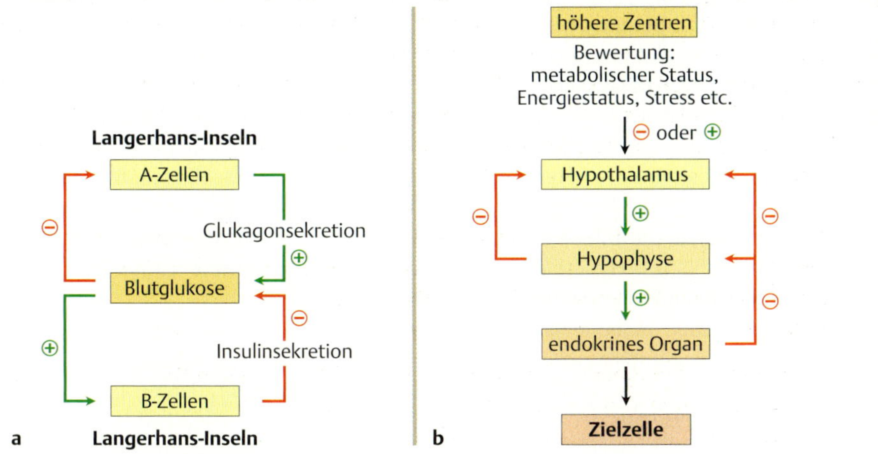


**a Einfache Rückkopplung** am Beispiel der Regulation des Blutzuckerspiegels durch Insulin und Glukagon.
**b Steuerung der endokrinen Sekretion durch das ZNS:** Hypothalamisch-hypophysäres System (vereinfacht).

Die Höhe der CRH-Konzentration hängt wesentlich davon ab, wie der Stressor subjektiv eingeschätzt wird (s. S. 385); hier hat also der Hypothalamus Informationen höherer Zentren verarbeitet. CRH stimuliert die ACTH-Sekretion der Hypophyse, und ACTH stimuliert die Ausschüttung von Kortisol aus der Nebennierenrinde. Kortisol inhibiert anschließend die Freisetzung von CRH und ACTH.

zung von Kortikotropin-Releasing-Hormon (CRH) aus dem Hypothalamus.

## 11.2 Hypothalamisch-hypophysäres System: Integration von ZNS und endokrinem System

**Funktion:** Viele vegetative Funktionen wie Konstanthaltung des inneren Milieus, Erhaltung der Arbeitsbereitschaft des Körpers, Wachstum und Fortpflanzung erfordern die Verarbeitung multipler Signale, z. B. von Informationen über die Konzentration von Metaboliten und Elektrolyten, den Füllungszustand der Energiespeicher oder das Vorliegen von Stressoren. Die Umsetzung in physiologisch adäquate Antworten erfordert ein strikt koordiniertes Zusammenwirken neuronaler und endokriner Systeme.

Der **Hypothalamus** stellt den wichtigsten Verknüpfungspunkt zwischen Nervensystem und endokrinem System dar und **kommuniziert mit der Peripherie** zur Erhaltung der Homöostase
1. **nerval** über efferente Bahnsysteme
sowie
2. mit **chemischen Signalmolekülen über die Hypophyse**.

Die **Hypophyse** sezerniert unter Kontrolle des Hypothalamus eine Reihe von Hormonen, die entweder
- direkt auf die Effektororgane wirken **(nichtglandotrope Hormone** oder **Effektorhormone)**

oder
- endokrine Drüsen zur Hormonproduktion stimulieren **(glandotrope Hormone)**.

**Funktionelle Anatomie:** Der Hypothalamus ist mit der Hypophyse auf zwei Wegen verbunden (Abb. **11.6**):

### 11.2 Hypothalamisch-hypophysäres System: Integration von ZNS und endokrinem System

**Funktion:** Die Konstanthaltung des inneren Milieus und viele andere vegetative Funktionen erfordern ein strikt koordiniertes Zusammenwirken neuronaler und endokriner Systeme.

Der **Hypothalamus** ist der wichtigste Verknüpfungspunkt beider Systeme. Er **kommuniziert** mit der Peripherie **nerval** und mittels **chemischer Signale die Hypophyse**.

Die **Hypophyse** sezerniert unter Kontrolle des Hypothalamus
- **Effektorhormone**, die direkt auf periphere Effektororgane wirken,
- **glandotrope Hormone**, die endokrine Drüsen aktivieren.

**Funktionelle Anatomie:** Der Hypothalamus kommuniziert

1. mit der **Adenohypophyse** über den **hypophysären Portalkreislauf**: zwei Kapillarnetze, die durch venöse sog. Portalgefäße verbunden sind (Abb. **11.6a**). Die Axone von Neuronen aus medialen Hypothalamuskernen sezernieren Steuerhormone in das erste Kapillarnetz. Von dort gelangen die Hormone in die Adenohypophyse und regulieren hier die Bildung glandotroper und nichtglandotroper Hormone. Hypothalamus, Hypophyse und periphere endokrine Drüsen bilden eine **endokrine Achse**.
   Im Bereich der **Eminentia mediana** ist die **Blut-Hirn-Schranke unterbrochen**, so dass Hormone das Kapillarendothel in beide Richtungen passieren können.
2. mit der **Neurohypophyse** über **Axone**, deren Endigungen dort bei Bedarf Oxytozin und ADH ins Blut (A. hypophysialis inf.) freisetzen (Abb. **11.6b**).

1. Hypothalamus und **Adenohypophyse** (Hypophysenvorderlappen) kommunizieren über den **hypophysären Portalkreislauf**. Dieser besteht aus einem Kapillarnetz im Bereich der Eminentia mediana – gebildet von den Aa. hypophysiales superiores beider Körperhälften –, einem zweiten Kapillarnetz in der Adenohypophyse und venösen sog. Portalgefäßen, die die beiden Netze verbinden (Abb. **11.6a**). Die Axone von Neuronen aus medialen Hypothalamuskernen (z. B. Ncl. dorsomedialis und Ncl. ventromedialis) enden an den Kapillaren der Aa. hypophysiales superiores und sezernieren Steuerhormone (s. u.) in die Gefäßschlingen. Die Hormone gelangen über die Portalgefäße und das zweite Kapillarnetz in die Adenohypophyse, wo sie die Bildung von glandotropen und nichtglandotropen Hormonen regulieren (s. u.). Hypothalamus, Hypophyse und periphere endokrine Drüsen bilden also eine **endokrine Achse** (s. S. 346).
   Das Endothel im Bereich der **Eminentia mediana** ist fenestriert, die **Blut-Hirn-Schranke** also **unterbrochen**. Dadurch können hydrophile Hormone hier die Blut-Hirn-Schranke in beide Richtungen passieren, z. B. können Angiotensin und Leptin auf diese Weise aus der Peripherie ins ZNS gelangen. Für viele Hormone, z. B. die kurzlebigen Katecholamine, ist dieser Mechanismus ohne Bedeutung, da so keine physiologisch relevanten Mengen in das ZNS gelangen.
   Es gibt noch (wenige) weitere Kapillarsysteme mit fenestriertem Endothel im ZNS (z. B. die Area postrema im Boden des IV. Ventrikels); sie werden als **zirkumventrikuläre Organe** zusammengefasst.
2. Die rostralen Hypothalamuskerne Ncl. supraopticus und Ncl. paraventricularis (Abb. **11.6b**) entsenden **Axone** in die **Neurohypophyse** (Hypophysenhinterlappen). Speichervesikel in den Endigungen dieser Axone setzen bei Bedarf zwei Hormone (Oxytozin und ADH, s. u.) in das Kapillarnetz der A. hypophysialis inferior frei.

#### 11.2.1 Hypothalamus

Der Hypothalamus verarbeitet Informationen aus übergeordneten Hirnzentren und der Peripherie und beeinflusst einerseits die Aktivität von Sympathikus und Parasympathikus, andererseits die Aktivität neurosekretorischer Zellen im rostralen und medialen Hypothalamus.

Es gibt zwei Gruppen neurosekretorischer Zellen:

- Die Neurone der **kleinzelligen Kerngebiete** sezernieren Hormone in den **hypophysären Portalkreislauf** (Abb. **11.6a**), die in der **Adenohypophyse** die Bildung und Ausschüttung von Hormonen steuern (daher „**Steuerhormone**"; stimulierende = **Releasing-Hormone**, hemmende = **Release-Inhibiting-Hormone**).
- Die Neurone der **großzelligen Kerngebiete** bilden die **Effektorhormone ADH** und **Oxytozin**, die nach **axonalem Transport** in die **Neurohypophyse** ins Blut (A. hypophysialis inf.) freigesetzt werden (Abb. **11.6b**).

## 11.2.1 Hypothalamus

Der Hypothalamus empfängt Informationen aus übergeordneten Hirnzentren wie Kortex, limbisches System und Thalamus, besitzt aber auch Temperatur- und Osmorezeptoren und erhält durch nervale Afferenzen und Metaboliten wie Fettsäuren und Glukose Informationen aus der Peripherie. Die Informationen werden verarbeitet und beeinflussen einerseits die Aktivität von Sympathikus und Parasympathikus – hierfür sind Kerngebiete im lateralen Hypothalamus zuständig – und andererseits die Aktivität von neurosekretorischen Zellen im rostralen und medialen Hypothalamus.

Die neurosekretorischen Zellen lassen sich nach morphologischen und funktionellen Gesichtspunkten in zwei Gruppen einteilen:

- Die Neurone der **kleinzelligen Kerngebiete** des medialen Hypothalamus (z. B. Ncl. ventro- und dorsomedialis und der kleinzellige Anteil des Ncl. paraventricularis) produzieren Hormone, die über den **hypophysären Portalkreislauf** in die **Adenohypophyse** gelangen (Abb. **11.6a**) und dort die Bildung und Ausschüttung von Hormonen steuern, nämlich stimulieren **(Releasing-Hormone)** oder hemmen **(Release-Inhibiting-Hormone)**. Releasing- und Release-Inhibiting-Hormone werden daher als **Steuerhormone** zusammengefasst und die sie produzierenden Neurone auch als hypophysiotrope Zellen bezeichnet.
- Die Neurone der **großzelligen Kerngebiete** des rostralen Hypothalamus – Ncl. supraopticus und der großzellige Anteil des Ncl. paraventricularis – synthetisieren die **Effektorhormone antidiuretisches Hormon (ADH = Adiuretin, Vasopressin)** und **Oxytozin**. Diese gelangen durch **axonalen Transport** (Tractus supraopticohypophysialis, Abb. **11.6b**) in die **Neurohypophyse** und werden bei Bedarf aus den Axonendigungen in das Kapillarnetz der A. hypophysialis inferior abgegeben.

Im Hypothalamus werden darüber hinaus noch weitere Neuropeptide gebildet. Wichtige Vertreter sind die schmerzhemmenden Enkephaline sowie Peptide, die die Nahrungsaufnahme regulieren, z. B. Neuropeptid Y und α-MSH.

#### Steuerhormone: Releasing- und Release-Inhibiting-Hormone

### Steuerhormone: Releasing- und Release-Inhibiting-Hormone

► Definition.

► **Definition.** **Releasing-Hormone** *stimulieren*, **Release-Inhibiting-Hormone** *hemmen* die Bildung und Freisetzung von Hormonen der Adenohypophyse.

**11.6 Hypothalamisch-hypophysäres System**

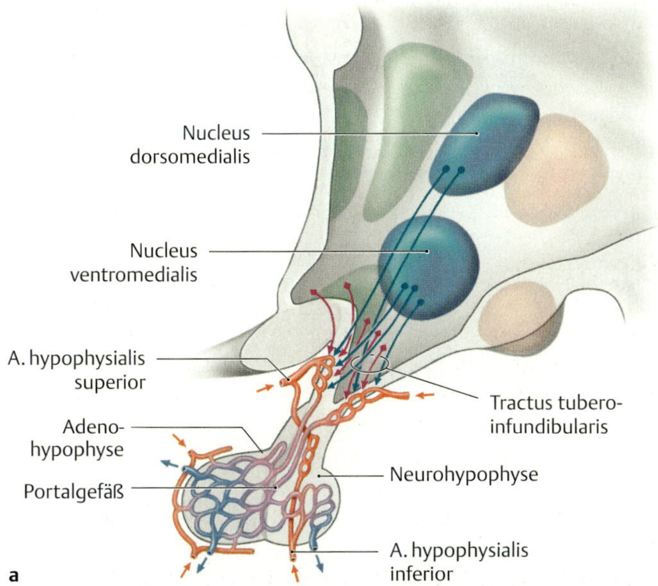


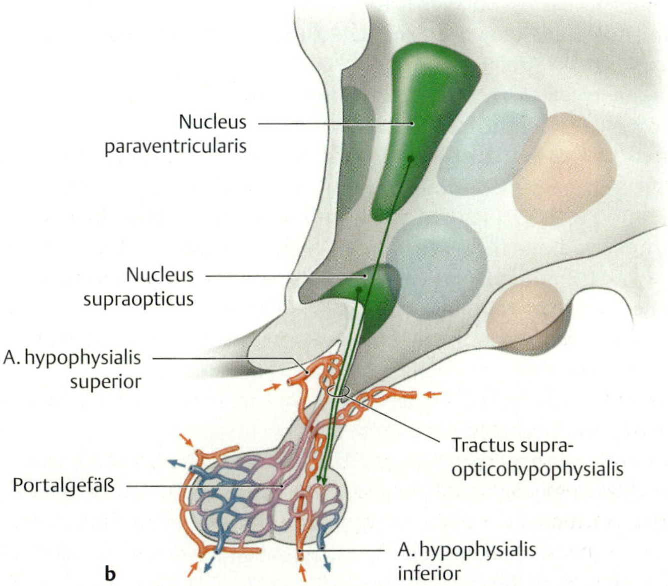


**a Verbindungen zwischen den kleinzelligen Kerngebieten des medialen Hypothalamus und der Adenohypophyse:** Die Axone der Neurone aus kleinzelligen Kerngebieten bilden den Tractus tuberoinfundibularis. Ihre Nervenendigungen setzen Steuerhormone in den hypophysären Portalkreislauf (gespeist aus den Aa. hypophysiales superiores) frei, die in der Adenohypophyse die Bildung und Ausschüttung von Hormonen stimulieren (Releasing-Hormone) oder hemmen (Release-Inhibiting-Hormone).
**b Verbindungen zwischen den großzelligen Kerngebieten des rostralen Hypothalamus und der Neurohypophyse:** Die Axone der Neurone aus großzelligen Kerngebieten bilden den Tractus supraopticohypophysialis, der in die Neurophypophyse zieht. Hier setzen die Axonendigungen bei Bedarf die Effektorhormone ADH und Oxytozin in das Kapillarnetz der A. hypophysialis inferior frei.

**11.7 Releasing- und Release-Inhibiting-Hormone und ihre Funktion**

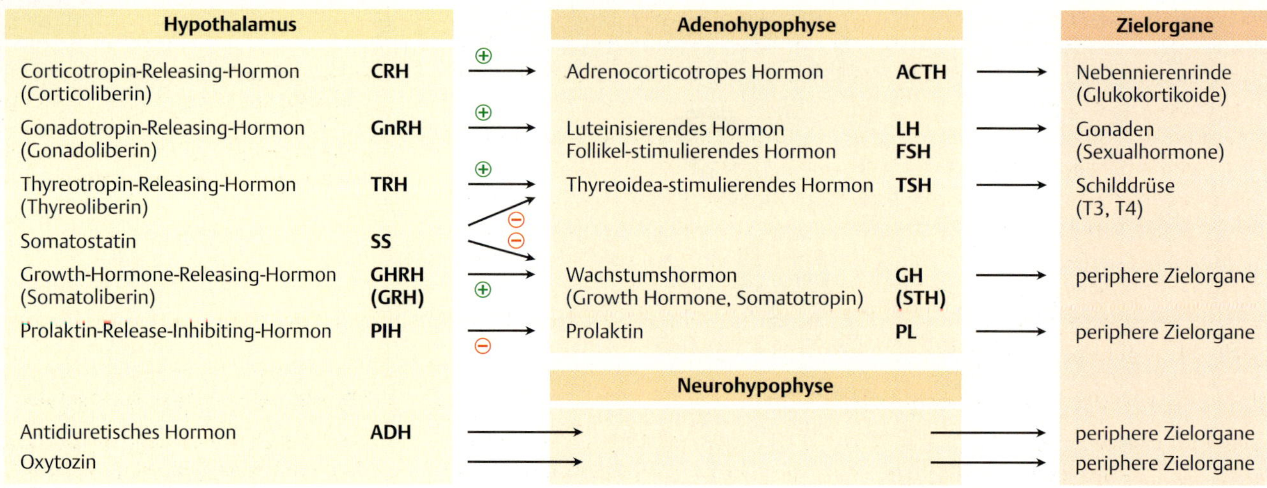


**Releasing-Hormone:** Die Neurone der kleinzelligen hypothalamischen Kerngebiete synthetisieren die vier kurzen Peptidhormone **CRH**, **GnRH**, **TRH** und **GHRH**, die in der Adenohypophyse die Bildung und Freisetzung von ACTH, LH und FSH, TSH und GH stimulieren (Abb. **11.7**).

**Releasing-Hormone:** Die Neurone der kleinzelligen Kerngebiete des Hypothalamus produzieren vier Releasing-Hormone: **Kortikotropin (CRH)-, Gonadotropin (GnRH)-, Thyreotropin (TRH-) und Growth-Hormone-Relasing-Hormon (GHRH)**. Es sind kurze Peptidhormone (3–40 Aminosäuren), die durch proteolytische Prozessierung aus längeren Vorläufermolekülen freigesetzt werden. Anschließend werden sie in den Axonendigungen der Neurone gespeichert und bei Stimulierung des Neurons (durch Neurotransmitter) freigesetzt. Sie binden an ihre Zielzellen der Adenohypophyse über G-Protein-gekoppelte Rezeptoren und stimulieren die Bildung und Freisetzung von ACTH, LH und FSH, TSH bzw. Wachstumshormon (GH) (Abb. **11.7**).

Releasing-Hormone werden **pulsatil** und mit einer für das jeweilige Hormon charakteristischen **tageszeitlichen Rhythmik** sezerniert.

Relasing-Hormone werden nicht kontinuierlich, sondern **pulsatil** (typische Abstände zwischen 1 und 3 Stunden) und mit einer für das jeweilige Hormon charakteristischen **tageszeitlichen Rhythmik sezerniert**. Beispiele:
- **CRH** wird unter normalen, d. h. stressfreien Bedingungen in Pulsen abgegeben, die die höchste Amplitude in den frühen Morgenstunden besitzen.
- **GHRH** wird in Pulsen abgegeben, die einer geringen basalen Sekretion überlagert sind. Frequenz und Amplitude der Pulse sind nachts am höchsten.
- **GnRH** wird in Pulsen sezerniert, deren Abstand beim Mann etwa 2 Stunden, bei der Frau in Abhängigkeit vom Menstruationszyklus zwischen 90 Minuten und einigen Stunden beträgt.
- Die **TRH**-Sekretion steigt abends an und ist zwischen Mitternacht und den frühen Morgenstunden am höchsten.

Die **stoßweise Freisetzung** ist **physiologisch relevant**: **GnRH** kann auf Dauer die Gonadotropinsekretion der Adenohypophyse nur dann messbar stimulieren, wenn es pulsatil in genügend hoher Konzentration sezerniert wird. Die Änderung der Rhythmik ist für den Ablauf des Menstruationszyklus essenziell.

Wie diese Rhythmik zustande kommt, ist noch unklar, jedoch ist die **stoßweise Freisetzung physiologisch relevant**. Die Wirksamkeit des durch GHRH freigesetzten GH wird gesteigert, pulsatile – nicht aber kontinuierliche – Gabe von CRH und GHRH wirkt sich auf die Tiefschlafphase aus. Am wichtigsten ist jedoch die Rhythmik der **GnRH-Sekretion**. GnRH kann auf Dauer nur dann die Gonadotropinsekretion der Adenohypophyse messbar stimulieren, wenn es pulsatil in genügend hoher Konzentration sezerniert wird. Die Änderung der Rhythmik ist für den Ablauf des Menstruationszyklus essenziell (s. S. 424).
Ein Grund für die pulsatile Sekretion könnte sein, dass sie eine Adaptation, d. h. eine Abschwächung der Hormonwirkung durch negative Rückkopplung, verhindert.

**▶ Klinik.**

**▶ Klinik.** Bei Essstörungen wie Anorexie oder Ausübung einer Leistungssportart, die mit niedrigem Körpergewicht einhergeht (z. B. Turnen, Eiskunstlauf, Marathon), kommt es zu einer **Störung der pulsatilen GnRH-Sekretion**. Bei Frauen ist eine **hypothalamisch bedingte Ovarialinsuffizienz** die Folge: Die Freisetzung von FSH und LH sinkt und mit ihr die Östrogensekretion, weshalb die Monatsblutungen unregelmäßig auftreten oder ausbleiben (sog. Amenorrhö). Normalisiert sich das Körpergewicht oder wird die Dauer oder Intensität des Trainings vermindert, wird GnRH wieder pulsatil freigesetzt und die Zyklusstörung verschwindet.

**Release-Inhibiting-Hormone:** Den vier Releasing-Hormonen stehen zwei Release-Inhibiting-Hormone gegenüber:

- **Somatostatin** hemmt die Freisetzung von Wachstumshormon und von TSH aus der Adenohypophyse (Abb. **11.7**). Somatostatin wird außer im Hypothalamus auch in den D-Zellen des Pankreas, des Magenantrums und des Darms gebildet. Im Pankreas hemmt es die Freisetzung von Glukagon und Insulin, im Magen die Freisetzung von Gastrin und damit die HCl-Sekretion (pH <3 im Magenantrum → Somatostatinsekretion ↑, s. S. 485) und im Darm die Motilität.
- **Prolaktin-Release-Inhibiting-Hormon** (**PIH,** s. S. 361): Zumindest die Hauptaktivität von PIH ist mit **Dopamin** identisch.

**Release-Inhibiting-Hormone:**

- **Somatostatin** hemmt die Freisetzung von Wachstumshormon und TSH (Abb. **11.7**).
- **Prolaktin-Release-Inhibiting-Hormon (PIH)** ist mit **Dopamin** identisch.

## Effektorhormone: ADH und Oxytozin

Antidiuretisches Hormon (ADH) und Oxytozin werden in den Zellkörpern der großzelligen Kerngebiete des Hypothalamus aus verwandten Vorläuferpeptiden herausgeschnitten. Ihre Primärstruktur ist sehr ähnlich (Abb. **11.8**). Je nachdem, von welchem Bereich des Neurons sie sezerniert werden, lassen sich **zentrale** und **periphere Wirkungen** unterscheiden:

- Ein Teil des synthetisierten ADH bzw. Oxytozins wird aus dem **Zellkörper** und dessen **Dendriten** direkt ins **Interstitium des Hypothalamus** abgegeben, aktiviert Rezeptoren auf Neuronen des Hypothalamus und benachbarter Hirnregionen und wirkt demnach zentral (s. u.).
- Der Rest des synthetisierten ADH bzw. Oxytozins gelangt durch **axonalen Transport** in die **Neurohypophyse**, wird bei Bedarf aus den Nervenendigungen in die **Blutbahn** (Kapillarnetz der A. hypophysialis inferior) abgegeben und wirkt auf die peripheren Zielgewebe (s. u.).

**Effektorhormone: ADH und Oxytozin**

Antidiuretisches Hormon (ADH) und Oxytozin (Abb. **11.8**) werden in den Zellkörpern der großzelligen Hypothalamuskerngebiete aus verwandten Vorläuferpeptiden herausgeschnitten.

- Ein Teil des ADH bzw. Oxytozins wird vom **Zellkörper** bzw. von **Dendriten** ins **Interstitium des Hypothalamus** sezerniert.
- Der Rest gelangt durch **axonalen Transport** in die **Neurohypophyse** und dort aus Axonendigungen ins **Blut**.

### Zentrale Wirkungen

Der ins Interstitium des Hypothalamus freigesetzte ADH- bzw. Oxytozin-Pool ist an der **Feinregulation neuroendokriner Prozesse** und des **emotionalen und sozialen Verhaltens** beteiligt, ebenso an der **Regulation stressinduzierter Reaktionen**: ADH scheint Angst, Stress und Aggressionen zu fördern, während Oxytozin Angst und Stress verringert.

**ADH** wird nicht nur in Neuronen der großzelligen, sondern auch der **kleinzelligen Kerngebiete** des Hypothalamus gebildet (also in den Zellen, die auch CRH synthetisieren) und von hier aus in den hypophysären Portalkreislauf abgegeben. In der Adenohypophyse unterstützt es die Wirkung von CRH bei der **Freisetzung von ACTH.**

**Oxytozin** reguliert die **Paarbildung** und **soziale Kontakte** positiv und stimuliert nach der Geburt die **mütterliche Fürsorge** für das Neugeborene.

**Zentrale Wirkungen**

ADH und Oxytozin sind an der **Feinregulation neuroendokriner Prozesse**, des **emotionalen und sozialen Verhaltens** und an der **Stressbewältigung** beteiligt.

**ADH** aus Neuronen der **kleinzelligen Kerngebiete** des Hypothalamus unterstützt CRH bei der **Freisetzung von ACTH**.

**Oxytozin** stimuliert die **Paarbildung, soziale Kontakte** und die **mütterliche Fürsorge**.

### Periphere Wirkungen

**Antidiuretisches Hormon (ADH = Adiuretin, Vasopressin)** hat, wie es seine Bezeichnungen andeuten, zwei periphere Wirkorte; die Wirkung wird durch zwei verschiedene G-Protein-gekoppelte Vasopressinrezeptoren vermittelt:

- Am **Sammelrohr-Epithel der Niere** aktiviert ADH V2-Rezeptoren und **verstärkt** so die **Wasserresorption**, die Harnausscheidung nimmt ab. Der Mechanismus dieser wichtigsten Funktion des Hormons ist im Detail ab S. 320 beschrieben.
- Auf der **glatten Gefäßmuskulatur** aktiviert ADH V1-Rezeptoren, es kommt zur Kontraktion. Als Folge **steigt** der **Blutdruck** (s. S. 318).

**Periphere Wirkungen**

**ADH** hat zwei periphere Wirkorte:

- Über V2-Rezeptoren **verstärkt** es die **Wasserresorption im Sammelrohr der Niere.**
- Über V1-Rezeptoren bewirkt es die **Kontraktion der glatten Gefäßmuskulatur**, wodurch der **Blutdruck steigt.**

**11.8 Primärstruktur von ADH und Oxytozin**

**ADH:** Cys – Tyr – Phe – Gln – Asn – Cys – Pro – Arg – Gly – $NH_2$ (S–S-Brücke zwischen Cys 1 und Cys 6)

**Oxytozin:** Cys – Tyr – Ile – Gln – Asn – Cys – Pro – Leu – Gly – $NH_2$ (S–S-Brücke zwischen Cys 1 und Cys 6)

**11.8**

**Oxytozin** bewirkt eine **Kontraktion**
- **des Uterus**, insbesondere unter der Geburt, sowie
- **der Milchgänge** in der Laktationsphase.

Auslöser für die Oxytozinsekretion ist die Aktivierung von Dehnungsrezeptoren des Uterus bzw. der Vagina beim Tiefertreten des kindlichen Kopfes unter der Geburt bzw. der Brustwarze beim Stillen (neuroendokrine Reflexbögen).

**Oyxtozin** hat **zwei periphere Wirkorte:** Die Aktivierung des G-Protein-gekoppelten Oxytozinrezeptors auf der **glatten Muskulatur**
- **des Uterus**, insbesondere unter der Geburt, führt zur Uteruskontraktion (Wehen) – „insbesondere", weil die im Schwangerschaftsverlauf steigende Östrogenkonzentration zur Hochregulation der Oxytozinrezeptoren führt. Die Oxytozinsekretion unter der Geburt beruht auf der Aktivierung von Dehnungsrezeptoren des Uterus bzw. der Vagina beim Tiefertreten des kindlichen Kopfes. Die Impulse der afferenten Neurone regen die oxytozinproduzierenden Zellen im Hypothalamus zur Sekretion an (neuroendokriner Reflexbogen).
- **der Milchgänge** in der Laktationsphase führt zu deren Kontraktion und dadurch zur Milchejektion. Auslöser für die Oxytozinsekretion ist die Aktivierung von Dehnungsrezeptoren der Brustwarze beim Stillen (neuroendokriner Reflexbogen).

► Klinik.

► Klinik. Oxytozin wird in der **Geburtshilfe** eingesetzt, um Wehen einzuleiten oder – bei Wehenschwäche oder Störungen der Plazentalösung – Wehen zu verstärken. Um Überdosierung, d. h. zu starke Wehen bis hin zur Dauerkontraktion des Uterus zu vermeiden, wird Oxytozin mittels Infusionspumpe zugeführt. Dabei wird die Dosis von einem niedrigen Niveau aus schrittweise erhöht, bis die gewünschte Wirkungsstärke erreicht ist. Die Stärke der Uteruskontraktionen und die Herztätigkeit des Fetus werden registriert (Kardiotokografie).

### 11.2.2 Hypophyse

Die Hypophyse besteht entwicklungsgeschichtlich aus **zwei Anteilen:**
- Die aus der **ektodermalen** Rathke-Tasche entstandene **Adenohypophyse** bildet und sezerniert glandotrope Hormone (unter Kontrolle von Releasing-Hormonen) sowie Effektorhormone.
- Die **Neurohypophyse** ist **neuronalen** Ursprungs(!) und Speicherort für die hypothalamischen Effektorhormone ADH und Oxytozin.

## 11.2.2 Hypophyse

Die Hypophyse besteht entwicklungsgeschichtlich aus **zwei Anteilen**, die in der Embryonalentwicklung zusammenwachsen. Die Adenohypophyse (Hypophysenvorderlappen) leitet sich von einer **ektodermalen** Ausstülpung des Rachendaches (Rathke-Tasche) ab, die Neurohypophyse (Hypophysenhinterlappen) entsteht aus einer Ausbuchtung des Zwischenhirns, ist also **neuronalen** Ursprungs. Dazwischen liegt ein rudimentär angelegter Mittellappen.
Die Abstammung erklärt die unterschiedlichen **Funktionen** des Vorder- und Hinterlappens:
- Die **Adenohypophyse** synthetisiert und sezerniert glandotrope Hormone – unter Kontrolle von Releasing-Hormonen des Hypothalamus – sowie Effektorhormone. Die verschiedenen hormonproduzierenden Zellen der Adenohypophyse entstehen während der Embryonalentwicklung aus distinkten Vorläuferzellen. Sie sind je nach Typ in bestimmten Bereichen konzentriert oder liegen dispergiert vor. Jede Zelle produziert in der Regel jeweils nur ein Hormon.
- Die **Neurohypophyse** ist der Speicherort für die im Hypothalamus gebildeten Effektorhormone ADH und Oxytozin.

#### Hormone der Adenohypophyse

##### Glandotrope Hormone

ACTH, LH, FSH und TSH regen periphere endokrine Drüsen zur Bildung der Effektorhormone an.
**ACTH** fördert die **Biosynthese** und die **Ausschüttung von Glukokortikoiden** in der Nebennierenrinde. ACTH entsteht durch Proteolyse des **Vorläuferproteins Proopiomelanocortin (POMC)**. Dieses wird nicht nur in der Adenohypophyse, sondern auch im Hypothalamus gebildet, aber anders proteolytisch gespalten (Abb. **11.9**).

### Hormone der Adenohypophyse

#### Glandotrope Hormone

ACTH, LH, FSH und TSH gelangen über die Blutbahn zu peripheren endokrinen Drüsen und regen diese zur Bildung der Effektorhormone an.

**ACTH** fördert die **Biosynthese** und die **Ausschüttung von Glukokortikoiden** in der Nebennierenrinde (s. S. 379). Gebildet wird es in den kortikotropen Zellen (nach Stimulation durch CRH) durch Proteolyse des **Vorläuferproteins Proopiomelanocortin (POMC)** (Abb. **11.9**). Dabei entstehen neben ACTH noch weitere Peptide, die auch in den sekretorischen Vesikeln verpackt werden. POMC wird auch in anderen Hirnarealen (Hypophysenmittellappen, Hypothalamus) und sogar peripher (Plazenta, Haut) gebildet. Dort entsteht durch gewebsspezifisch regulierte Proteolyse jedoch kein ACTH. Im Hypothalamus und im Hypophysenmittellappen wird POMC durch die Prohormonkonvertase 1 (PC1) und zusätzlich durch die PC2 gespalten in (β-)Endorphine, melanozytenstimulierendes Hormon (MSH) und andere Peptide (Abb. **11.9**). Endorphine sind die Liganden von endogenen Opiatrezeptoren, während MSH im ZNS an der Regulation des Essverhaltens beteiligt ist und in der Peripherie die Melaninbiosynthese stimuliert.

**11.9 Gewebsspezifische Prozessierung von Proopiomelanocortin (POMC)**

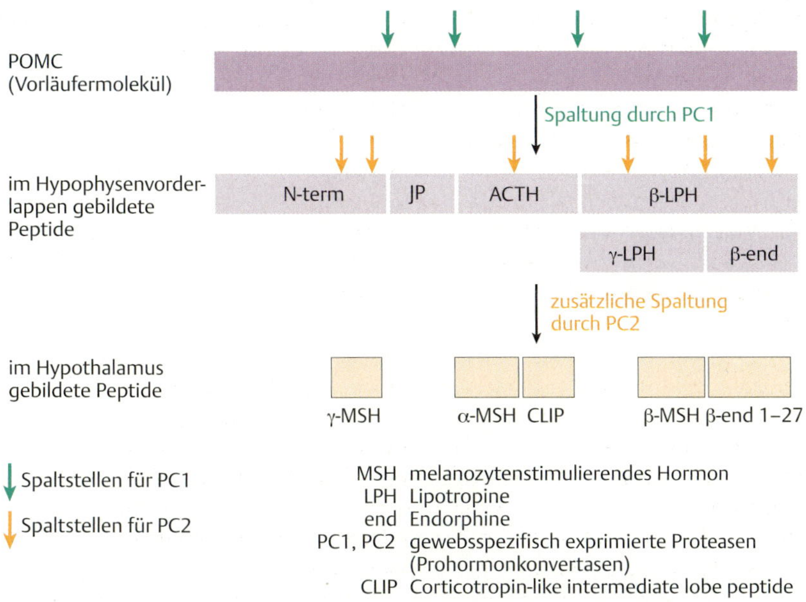


Die Spaltung von POMC durch die gewebsspezifisch exprimierten Proteasen Prohormonkonvertase 1 und 2 (PC1 und PC2) erzeugt im Hypothalamus und in den kortikotropen Zellen des Hypophysenvorderlappens unterschiedliche Peptide.

**LH, FSH und TSH** sind **dimere Proteine** aus einer gemeinsamen α-Untereinheit und einer für jedes Hormon spezifischen β-Untereinheit.
**LH** und **FSH** wirken auf die Gonaden – daher ihr Synonym **„Gonadotropine"**:

- Beim Mann stimuliert LH die Biosynthese von Androgenen in den Leydig-Zwischenzellen, FSH ist für die Spermatogenese in den Sertoli-Zellen wichtig (s. S. 415).
- Bei der Frau spielen beide Hormone eine Rolle bei der Biosynthese von Östrogenen und Gestagenen, bei der Follikelentwicklung und der Ovulation (s. S. 415).

**TSH** stimuliert die Proliferation der Epithelzellen der Schilddrüsenfollikel und regt sie zur Synthese der Schilddrüsenhormone T3 und T4 (s. S. 365) an.

### Effektorhormone

**Wachstumshormon** und **Prolaktin** werden in den Blutkreislauf abgegeben und entfalten direkt an den peripheren Zielgeweben ihre Wirkung. Sie werden auf S. 355 bzw. S. 360 abgehandelt.

### Hormone der Neurohypophyse

Zu den Details bezüglich **ADH** und **Oxytozin** s. S. 350.

## 11.2.3 Rückkopplungsmechanismen

Das Hypothalamus-Hypophyse-Zielorgan-System ist vielfachen Rückkopplungs (Feedback)-Regulationen unterworfen (Abb. **11.10**). Die glandotropen Hormone (ACTH, LH, FSH und TSH) hemmen durch ein **„Short-Loop-Feedback"** die neurosekretorischen Zellen des Hypothalamus. Die Effektorhormone der Zielorgane (Glukokortikoide, Sexualhormone, Schilddrüsenhormone) inhibieren durch ein **„Long-Loop-Feedback"** die Hormonsekretion aus Hypothalamus und Hypophyse (Details s. S. 379, 413 bzw. 365). In beiden Fällen resultiert eine **negative Rückkopplung**, die für die Aufrechterhaltung eines stabilen Systems unbedingt erforderlich ist.

---

**LH, FSH und TSH** bestehen aus einer gemeinsamen und einer hormonspezifischen Untereinheit.
**LH** und **FSH** wirken auf die Gonaden (**„Gonadotropine"**).

- Beim Mann stimuliert LH die Androgensynthese, FSH ist für die Spermatogenese wichtig.
- Bei der Frau regulieren sie die Östrogen- und Gestagensynthese, die Follikelreifung und die Ovulation.

**TSH** stimuliert die Proliferation des Schilddrüsenepithels und die Synthese der Schilddrüsenhormone.

**Effektorhormone**

Details zu **Wachstumshormon** und **Prolaktin** s. S. 355 bzw. S. 360

**Hormone der Neurohypophyse**

Zu **ADH** und **Oxytozin** s. S. 350.

**11.2.3 Rückkopplungsmechanismen**

Eine **negative Rückkopplung** (Abb. **11.10**) existiert beim

- **„Short-Loop-Feedback"**: Die glandotropen Hormone hemmen die neurosekretorischen Zellen des Hypothalamus.
- **„Long-Loop-Feedback"**: Die Effektorhormone hemmen die Hormonsekretion aus Hypothalamus und Hypophyse.

11.10

**11.10 Regulation des hypothalamisch-hypophysären Systems durch negative Rückkopplung**

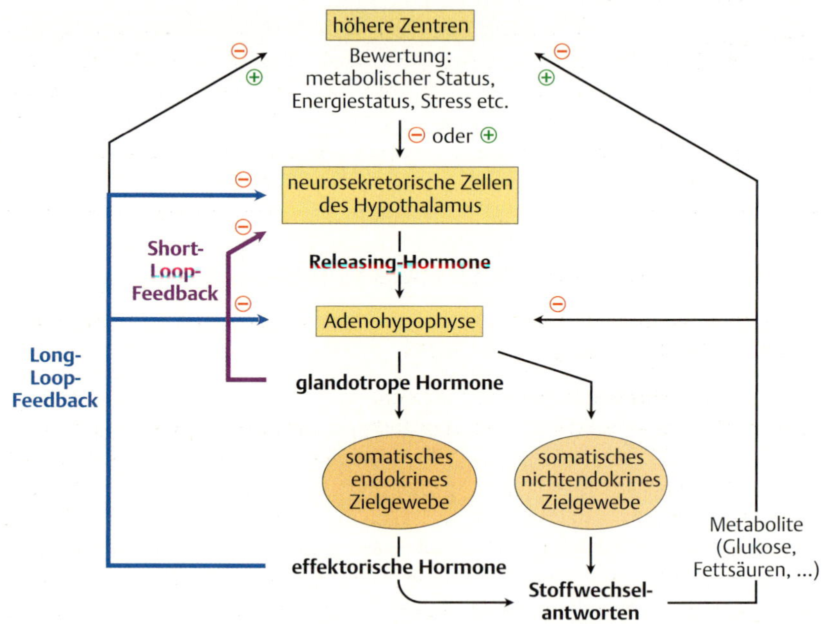


Die Rückkopplung wird durch viele Faktoren **moduliert**, v.a. durch Signale aus **höheren Gehirnzentren** und **metabolische Signale**.

Sind die Effektorhormone lipophil und überwinden daher die Blut-Hirn-Schranke (z.B. die o.g. Hormone), können sie auch direkt die **Aktivität höherer Gehirnzentren beeinflussen**, die diese Rückmeldung mit anderen Informationen (z.B. Energiestatus, metabolischer Status, Stress) verrechnen und Signale an die hypophysiotropen Zellen des Hypothalamus weiterleiten. Auch die durch die Effektorhormone hervorgerufenen **Stoffwechselantworten** (z.B. hohe oder niedrige Glukose- oder Fettsäurekonzentration) können die Aktivität von Hypophyse und Hypothalamus beeinflussen.

**Kurzfristig** kann eine **positive Rückkopplung** resultieren:
- Die positive Rückkopplung zwischen **Östrogenen und GnRH** führt zur **Ovulation**.
- Bei **Fehlregulationen der Stressantwort** kommt es zu einer **kortisolinduzierten CRH-Ausschüttung**.

Da die verschiedenen Prozesse fördernd oder hemmend wirken können, gestaltet sich die Regulation zum Teil sehr komplex. **Kurzfristig** kann sogar eine **positive Rückkopplung** resultieren. Beispiele:

- Am bekanntesten ist die positive Rückkopplung zwischen **Östrogenen und GnRH**, die zur **Ovulation** führt: In der Mitte des Menstruationszyklus **steigt** die **Plasmaöstrogenkonzentration** stark an. Im Hypothalamus gibt es wenigstens zwei Typen von Neurone, die Östrogenrezeptoren vom Typ ERα aktivieren und zu GnRH-Neurone projizieren. Beide benutzen vermutlich Kisspeptin als Neurotransmitter. Während die einen Neurone die negative Rückkopplung bewirken, **aktivieren** andere Neurone oberhalb eines Schwellenwerts **Östrogenrezeptoren vom Typ ERα**. Die Folge ist ein **Anstieg der GnRH-Ausschüttung**, die wiederum eine massive LH-Ausschüttung und dadurch die Ovulation induziert (s.S. 422). Die GnRH-Neurone selbst exprimieren diesen Östrogenrezeptor nicht, es handelt sich also um einen indirekten Effekt.
- Ein weiteres Beispiel einer positiven Rückkopplung ist die über die Mandelkerne vermittelte **kortisolinduzierte CRH-Ausschüttung bei Fehlregulationen der Stressantwort** (s.S. 387).

# 11.3 Wachstumshormon

► **Synonym.** Growth Hormone, Somatotropin, somatotropes Hormon (STH).

► **Definition.** Das **Wachstumshormon (GH)** ist ein 22 kDa großes Protein, das in der Adenohypophyse gebildet wird. Es fördert und koordiniert das postnatale Körperwachstum. Diese Wirkungen werden in erster Linie über insulinähnliche Wachstumsfaktoren (IGFs) vermittelt. Daneben besitzt GH auch metabolische Funktionen, insbesondere stimuliert es im postabsorptiven Zustand die Lipolyse.

## 11.3.1 Regulation der Biosynthese

Die Biosynthese und Sekretion von GH wird durch zahlreiche fördernde oder hemmende Faktoren reguliert (Abb. **11.11**).

**Synthese- bzw. sekretionsfördernde Faktoren:**

- **Growth-Hormone-Releasing-Hormon** (**GHRH**, Somatoliberin): Das hypothalamische Hormon bindet an einen G-Protein-gekoppelten Rezeptor auf den somatotropen Zellen der Adenohypophyse und stimuliert ihr Wachstum sowie die Transkription und Sekretion von GH. Die Sekretion von GHRH ist altersabhängig: Während der Pubertät ist sie am höchsten und nimmt im Alter wieder ab. GHRH wird in Pulsen abgegeben, die einer geringen basalen Sekretion überlagert sind. Frequenz und Amplitude der Pulse sind nachts am höchsten. Dies ist physiologisch wichtig, da somit insulinantagonistische Wirkungen minimiert werden (s. S. 359).
  GHRH-Neurone (wie auch die antagonistischen Somatostatinneurone, s. u.) besitzen Rezeptoren für viele Neurotransmitter (z. B. Acetylcholin und Noradrenalin), die ihre Aktivität modulieren, aber in der Regel nicht primär regulieren.
- **Ghrelin:** Das Peptid Ghrelin ist **neben GHRH der stärkste Stimulus** der GH-Ausschüttung. Die Wirkung dieses Peptids wird durch einen G-Protein-gekoppelten Rezeptor vermittelt, der in der Hypophyse, im Hypothalamus und anderen Gehirnregionen exprimiert wird. Es wirkt sowohl direkt an den somatotropen Zellen (synergistisch mit GHRH) als auch indirekt über den Hypothalamus (u. a. durch Aktivierung der GHRH-Ausschüttung). Die Hauptquelle des im Plasma zirkulierenden Ghrelins ist der Magen, der im Hungerzustand vermehrt Ghrelin sezerniert. In einer fettsäuremodifizierten Form kann es die Blut-Hirn-Schranke durchdringen. Es wird aber auch im Hypothalamus und anderen Gehirnregionen gebildet. Ob funktionelle Unterschiede zwischen den beiden aus unterschiedlichen Quellen stammenden Ghrelin-Formen hinsichtlich der GH-Ausschüttung bestehen, ist noch nicht klar.
- **Schilddrüsenhormone** steigern die Biosynthese des Wachstumshormons. Hierauf beruht ein großer Teil ihrer entwicklungsfördernden Effekte.
- **Östrogene und Testosteron:** v. a. in der Pubertät.
- **Aminosäuren:** Arginin, aber auch einige andere Aminosäuren wie Methionin, Phenylalanin und Lysin (alles essenzielle, für die Proteinsynthese wichtige Aminosäuren!) sind starke Stimulatoren der GH-Sekretion. Ein Wirkmechanismus scheint die Hemmung der Somatostatinsekretion zu sein. Außerdem aktiviert ein ausreichendes Angebot an (essenziellen) Aminosäuren die Proteinsynthese auf noch nicht endgültig geklärten Wegen und wirkt generell synergistisch mit anabolen Hormonen, darunter auch Insulin.
- Auch eine **Abnahme des Blutglukosespiegels** (unter 60 mg/dl), **körperliche Aktivität** und **Tiefschlaf** fördern die GH-Synthese und -Sekretion.

**Synthese- bzw. sekretionshemmende Faktoren** sind u. a.

- das im Hypothalamus und in den D-Zellen des Pankreas, Magens und Darms gebildete **Somatostatin** (auf Somatostatinneuronen laufen viele inhibierende Einflüsse zusammen),
- **GH** selbst und die durch GH induzierten **insulinähnlichen Wachstumsfaktoren (IGFs)** (negative Rückkopplung an Hypothalamus [GH und IGFs stimulieren die

11.3 Wachstumshormon

► Synonym

► Definition.

11.3.1 Regulation der Biosynthese

Es gibt zahlreiche fördernde oder hemmende Faktoren (Abb. **11.11**).

**Synthese- bzw. sekretionsfördernde Faktoren:**

- **Growth-Hormone-Releasing-Hormon (GHRH)** stimuliert die Biosynthese und Ausschüttung von GH. GHRH wird v. a. nachts in Pulsen abgegeben.
  GHRH-Neurone besitzen Rezeptoren für viele Neurotransmitter, so dass eine zusätzliche Kontrolle durch höhere Hirnzentren erfolgt.
- **Ghrelin** ist **neben GHRH der stärkste Stimulus** der GH-Ausschüttung. Es wird im Magen, aber auch im ZNS gebildet.
- **Schilddrüsenhormone**
- **Östrogene und Testosteron**: v. a. in der Pubertät
- Arginin und einige andere **Aminosäuren**
- **Abnahme des Blutglukosespiegels** (unter 60 mg/dl) **körperliche Aktivität** und **Tiefschlaf**.

**Synthese- bzw. sekretionshemmende Faktoren:**

- Somatostatin
- GH und IGFs
- längerfristig erhöhte Kortisolspiegel
- Fettsäuren.

11.11

**11.11 Regulation der GH-Sekretion**

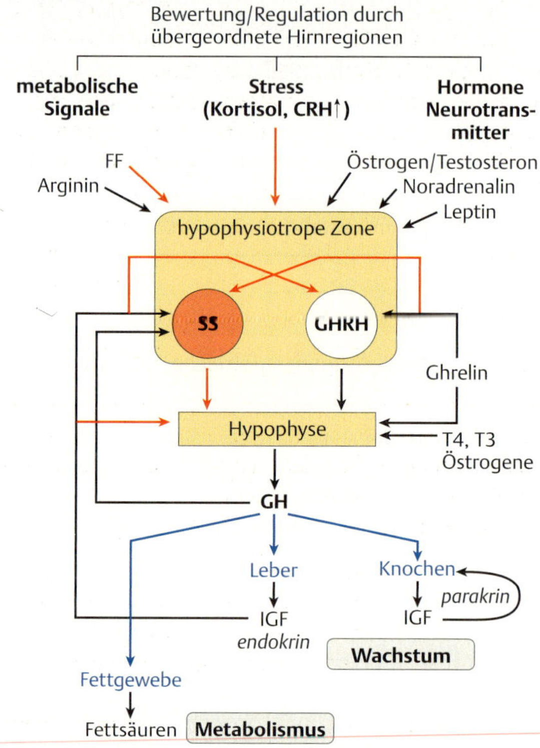


FF = freie Fettsäuren, SS = Somatostatin, GHRH = Growth-Hormone-Releasing-Hormon, GH = Wachstumshormon, IGF = insulinähnliche Wachstumsfaktoren.
Rote Pfeile: inhibierend, schwarze Pfeile: aktivierend.

Somatostatinausschüttung, IGFs hemmen zusätzlich die GHRH-Neurone] bzw. Hypophyse [IGFs]),

- **längerfristig erhöhte Kortisolspiegel** (Kortisol in physiologischen Konzentrationen hingegen stimuliert die Biosynthese von GH,
- **Fettsäuren:** Sie werden durch GH vermehrt aus Triacylglycerinen freigesetzt, wodurch sich ein weiterer negativer Rückkopplungsmechanismus ergibt. Obwohl die hemmende Wirkung von Fettsäuren wichtig und gesichert ist, ist der Mechanismus noch unklar. Beschrieben wurden sowohl eine direkte Wirkung an den GH-produzierenden Zellen als auch eine somatostatinvermittelte Wirkung.

**Zusammenfassend** lässt sich feststellen:

- Eine **Schlüsselstellung** für die GH-Sekretion besitzen die **hemmenden Somatostatin- und die aktivierenden GHRH-Neurone**.
- Viele **Hormone** regulieren die GH-Sekretion **direkt** über die GH- und/oder GHRH-produzierenden Zellen oder **indirekt** über höhere Hirnregionen.
- **Metaboliten** können ebenfalls auf indirektem Wege die GH-Ausschüttung regulieren.

**Zusammenfassend** lässt sich feststellen:

- GHRH, GH und IGFs bilden einen negativ gekoppelten Regelkreis (Abb. **11.11**). Eine **Schlüsselstellung** für die GH-Sekretion aus der Adenohypophyse besitzen die **hemmenden Somatostatin**- und die **aktivierenden GHRH-Neurone**, auf denen die meisten der hemmenden und stimulierenden Faktoren zusammenlaufen.
- Viele **Hormone** regulieren die GH-Sekretion, z. B. die Schilddrüsenhormone. Die Wirkungen erfolgen z. T. **direkt** über die GH- und/oder die GHRH-produzierenden Zellen, z. T. aber auch **indirekt** über höhere Hirnregionen, die über Hypothalamuskerne mit den Somatostatin- und GHRH-Neuronen kommunizieren. Auf diese Weise wird z. B. bei lang andauerndem Stress mit erhöhten Kortisolwerten die GH-Sekretion gehemmt.
- **Metaboliten** wie Aminosäuren und Fettsäuren wirken positiv bzw. negativ. Der metabolische Status, oder weiter gefasst, der Energiezustand, wird z. T. auch indirekt über hypothalamische Neurone wie NPY-Neurone (s. S. 468) registriert mit nachfolgender Regulation der Somatostatin- und GHRH-Ausschüttung.

## 11.3.2 Molekulare Wirkungen

**Signaltransduktionsweg von GH:** Das Wachstumshormon übt seine Wirkung über **Rezeptoren mit assoziierter Tyrosinkinase** aus (Abb. **11.12**). Die Bindung von GH an den Rezeptor führt zur Dimerisierung des Rezeptors und zur Aktivierung der mit dem Rezeptor konstitutiv (ständig) assoziierten Tyrosinkinase JAK2. Diese phosphoryliert die zytoplasmatische Rezeptordomäne an mehreren Tyrosinresten, die nun Proteine mit SH2-Domänen binden können. Die wichtigste Reaktion ist die Bindung des Proteins STAT5 (signal-transducer and activator of transcription 5). Es wird phosphoryliert und bildet nun Dimere, die in den Kern transportiert werden und die Transkription von GH-abhängigen Genen bewirken. Eine der wichtigsten Wirkungen des Wachstumshormons besteht in der STAT5-vermittelten **Induktion der insulinähnlichen Wachstumsfaktoren** (**IGFs**, s. u.).

**► Merke.** Die IGFs vermitteln die Mehrzahl der GH-Effekte.

Neben dem STAT5-Weg wird durch Bindung von weiteren Proteinen mit SH2-Domänen eine Reihe von anderen Effektormolekülen aktiviert, z. B. die MAP-Kinasen, Proteinkinase C und die IRS-Proteine. Letztere sind v. a. bekannt aufgrund ihrer Schlüsselfunktion bei der Insulin-Signaltransduktion (s. S. 399).

**Insulinähnliche Wachstumsfaktoren (IGFs):** Die IGFs, die früher auch als Somatomedine bezeichnet wurden, werden in zwei Varianten, **IGF-I** und **IGF-II**, gebildet. Wie der Name sagt, sind die IGFs homolog zu Insulin, d. h., sie sind strukturell ähnlich aufgebaut und leiten sich in der Evolution von einem gemeinsamen Vorläufer-Gen ab.

Im Gegensatz zu Insulin liegen IGFs im Blut bis zu 99 % (!) als Komplexe mit Plasmaproteinen, den **IGF-Bindungsproteinen** (IGFBP-1 bis -6), vor, deren Expression z. T. ebenfalls durch GH kontrolliert wird. So wird die Halbwertszeit im Blut von einigen Minuten auf mehrere Stunden erhöht und die Bioverfügbarkeit reguliert (diskutiert wird z. B. eine IGFBP-subtypspezifische Modulation der Bindung an IGF-I-Rezeptoren und zusätzliche Signaltransduktion über IGFBP).

IGF-I und IGF-II binden an den gleichen **IGF-I-Rezeptor**, eine **Rezeptortyrosinkinase**. Der Rezeptor ist homolog zum Insulinrezeptor, in hohen Konzentrationen kann

11.3.2 Molekulare Wirkungen

**Signaltransduktionsweg von GH:** Das Wachstumshormon übt seine Wirkung über **Rezeptoren mit assoziierter Tyrosinkinase** aus (Abb. **11.12**). Ligandenbindung aktiviert die Tyrosinkinaseaktivität der JAK2-Kinase, die den Transkriptionsfaktor STAT5 phosphoryliert und so aktiviert. STAT5 vermittelt die **Induktion der insulinähnlichen Wachstumsfaktoren** (**IGFs**, s. u.).

**► Merke.**

**Insulinähnliche Wachstumsfaktoren (IGFs):** **IGF-I** und **IGF-II** sind mit Insulin strukturell und funktionell verwandt.

IGFs liegen im Blut als Komplexe mit **IGF-Bindungsproteinen** vor, die ihre Bioverfügbarkeit regulieren.

IGF-I und IGF-II binden an den gleichen **IGF-I-Rezeptor**, eine **Rezeptortyrosinkinase**, die

**11.12 Signaltransduktionsweg des Wachstumshormons (GH)**

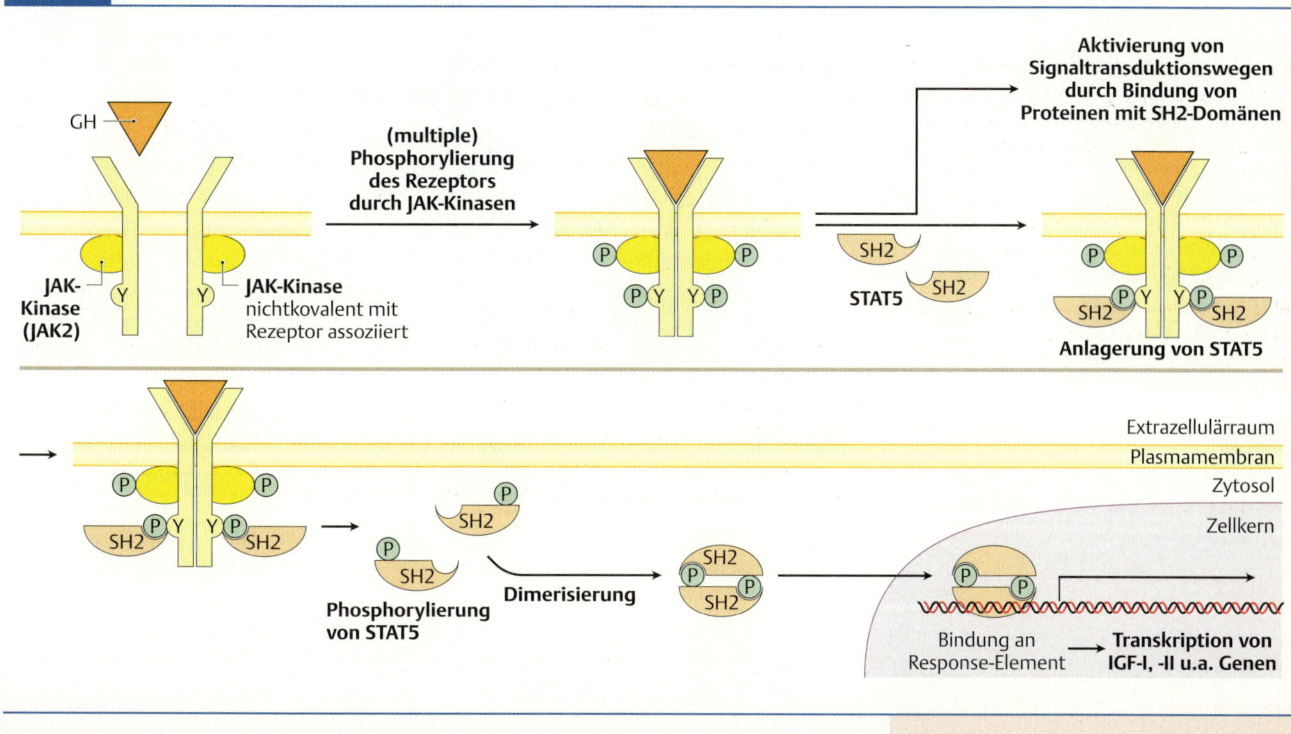

sehr große Strukturähnlichkeit zum Insulinrezeptor besitzt und ähnliche Signaltransduktionswege aktiviert. Der **IGF-II-Rezeptor** ist ein **Clearance-Rezeptor**.

IGF-und IGF-II werden in vielen Geweben zeitlebens produziert. Dabei reguliert GH die postnatale Expression von IGF-I stärker als die von IGF-II.

auch Insulin selbst an den IGF-I-Rezeptor binden. Durch IGFs werden weitgehend die gleichen Signaltransduktionsmechanismen aktiviert wie durch Insulin. Insbesondere spielen die IRS-Proteine und die Proteinkinase B eine große Rolle (s. S. 399). Neben dem IGF-I-Rezeptor gibt es den (strukturell nicht verwandten) **IGF-II-Rezeptor**. Die Bindung von IGF-II an diesen Rezeptor führt zur Endozytose und zum Abbau von IGF-II. Er dient also nicht der Signaltransduktion, sondern als **Clearance-Rezeptor**.
Sowohl IGF-I als auch IGF-II wird in vielen Geweben zeitlebens produziert. Dabei reguliert GH die postnatale Expression von IGF-I stärker als die von IGF-II. Über die Funktion von IGF-I ist weit mehr bekannt als über die von IGF-II. In der Literatur wird IGF-II vielfach als embryonaler Wachstumsfaktor bezeichnet, dessen Expression nach der Geburt herunterreguliert wird. Dies ist zwar bei Nagern, nicht aber beim Menschen der Fall.

#### 11.3.3 Zelluläre Wirkungen

Es lassen sich unterscheiden:
- **anabole** Wirkungen – Förderung des postnatalen Wachstums – und
- **metabolische** Wirkungen.

## 11.3.3 Zelluläre Wirkungen

Die Wirkungen des GH/IGF-Systems können grob in zwei Kategorien eingeteilt werden:
- Förderung des postnatalen Wachstums = **anabole** Wirkungen
- **metabolische** Wirkungen.

▶ Merke.

▶ **Merke.** Für das **pränatale Wachstum** spielt GH keine große Rolle, dieses wird durch **IGF-I und IGF-II** reguliert, deren **Expression in diesem Lebensabschnitt nicht unter Kontrolle von GH steht.**
**GH** ist für das **postnatale** (Skelett-)**Wachstum** erforderlich, ein GH-Mangel führt zum Zwergwuchs (s. u.).

#### Anabole Wirkungen

Die Förderung des postnatalen Wachstums wird **überwiegend durch IGFs** vermittelt. Ca. 75 % der im Blut zirkulierenden IGFs werden unter Kontrolle von GH in der Leber gebildet und erreichen ihre Zielzellen auf dem Blutweg **(endokrine Wirkung)**. Für die Skelettbildung sind unter dem Einfluss von GH lokal gebildete IGFs essenziell **(parakrine Wirkung)**.

### Anabole Wirkungen

Die Förderung des postnatalen Wachstums wird **überwiegend durch IGFs** vermittelt. Ca. 75 % der im Blut zirkulierenden IGFs werden unter Kontrolle von GH in der Leber gebildet. Daher ging man früher davon aus, dass die Leber das zentrale Organ für die GH-Wirkung ist: Die Stimulierung von GH-Rezeptoren induziert nach dieser Somatomedin-Hypothese die Synthese von IGFs, die von der Leber sezerniert werden und auf dem Blutweg die Zielzellen erreichen **(endokrine Wirkung)**. Nach dieser Hypothese kommt der Leber eine bedeutende Rolle bei der Versorgung vieler peripherer Organe mit dem Wachstumsfaktor zu. Allerdings zeigen Mäuse, bei denen das IGF-I-Gen selektiv in der Leber ausgeschaltet wird, keine nennenswerten Defekte der Skelettbildung. Daher muss man davon ausgehen, dass unter Einfluss von GH an den Erfolgsorganen lokal gebildete IGFs für viele Prozesse essenziell sind, insbesondere für die Skelettbildung **(parakrine Wirkung)**.

**Skelett:** GH stimuliert in der Wachstumszone der Röhrenknochen die **Proliferation und Reifung von Chondrozyten**, in erster Linie indirekt **über IGFs**. Das Längenwachstum der Röhrenknochen endet mit der Pubertät, die **positive Regulation der Knochendichte** ist aber **lebenslang** zu beobachten.

**Skelett:** Während des Längenwachstums stimuliert GH in der Wachstumszone der Röhrenknochen die **Proliferation und Reifung von Chondrozyten**, in erster Linie indirekt **über IGFs**, aber auch direkt. Weiterhin werden die Proliferation und Differenzierung von **Osteoblasten** und die Differenzierung und Aktivierung von **Osteoklasten** stimuliert. Die Tätigkeit der beiden Zelltypen wird so koordiniert, dass eine positive Knochenbilanz entsteht und gleichzeitig der Knochen zur Anpassung an veränderte mechanische Belastungen umgebaut wird. Das Längenwachstum der Röhrenknochen endet mit der Pubertät, die **positive Regulation der Knochendichte** ist aber praktisch **lebenslang** zu beobachten.

▶ Klinik.

▶ **Klinik.** Bei **Akromegalie** wird zu viel GH produziert. Ursache ist meist ein Adenom der Hypophyse. Adenome im Jugendalter führen zum Riesenwuchs (Gigantismus). Nach der Pubertät sind die Epiphysenfugen geschlossen, so dass lediglich Knorpel, Weichteile und Knochen, z. B. Schädelknochen, Hand- und Fußknochen, weiter wachsen, was den Patienten das charakteristische Aussehen verleiht (Abb. **11.13**). Wenn möglich, wird das Adenom operativ entfernt. Ergänzend, oder wenn eine Operation nicht möglich ist, können Medikamente verabreicht werden. Die größten Erfolgschancen haben Analoga von Somatostatin (z. B. Octreotid; hemmen die GH-Sekretion, s. S. 355).

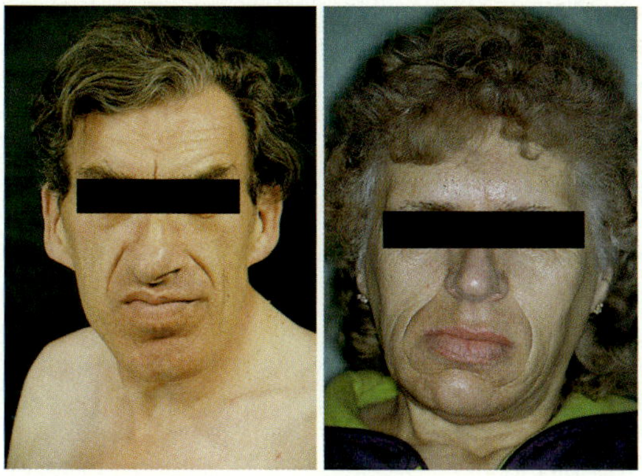

11.13

**Vergrößerung und Vergröberung des Gesichtsschädels bei Akromegalie**

Auffallend sind die prominenten Supraorbitalwülste und der vergrößerte Unterkiefer.

► Exkurs. **Regulation des Knochenwachstums**

GH und IGFs sind zwar für das Knochenwachstum notwendig, aber alleine nicht ausreichend. Das Längenwachstum der Knochen ist durch eine charakteristische Abfolge von Ruhe, Proliferation und Hypertrophie der Chondrozyten gekennzeichnet, die schließlich apoptotisch werden und durch Osteoblasten ersetzt werden. Die verschiedenen Differenzierungsschritte müssen strikt reguliert und koordiniert werden. Dabei spielen zum einen parakrin wirkende Faktoren eine Rolle, nämlich Ihh (indian hedgehog), PTHrP (parathormone-related peptide) sowie Wachstumsfaktoren aus den BMP (bone morphogenetic proteins)- und den FGF (fibroblast growth factor)-Familien. Zum anderen sind neben GH und IGFs noch weitere Hormone beteiligt, z. B. die Schilddrüsenhormone, Androgene und Östrogene sowie Hormone des Kalziumhaushalts (Parathormon, Kalzitonin, Kalzitriol).

► Exkurs.

**Skelettmuskulatur:** GH bewirkt in jedem Lebensalter eine überwiegend durch IGFs vermittelte **Vergrößerung der Muskelmasse**. Daher wird GH leider auch als Dopingmittel missbraucht.

**Skelettmuskulatur:** GH bewirkt in jedem Alter eine v. a. IGF-vermittelte **Vergrößerung der Muskelmasse**.

**Innere Organe:** GH/IGFs fördern das **Wachstum innerer Organe**. Erhöhte GH-Spiegel führen zu Splanchnomegalie (Vergrößerung von Leber, Niere, Milz und anderen Organen). GH/IGFs sind im adulten Organismus an der **Gewebehomöostase** und **Regenerationsprozessen** beteiligt, z. B. konnte für IGF-I eine neuroprotektive Funktion nachgewiesen werden.

**Innere Organe:** GH/IGFs fördern das **Wachstum innerer Organe** und sind beim Erwachsenen an der **Gewebehomöostase** und **Regenerationsprozessen** beteiligt.

## Metabolische Wirkungen

Metabolische Wirkungen

Neben seiner Hauptfunktion, der Wachstumsförderung, hat GH zahlreiche metabolische Wirkungen. Manche von ihnen, z. B. die Förderung der Proteinsynthese, bilden die Grundlage der wachstumsfördernden Wirkung.

**Proteinstoffwechsel:** GH **fördert**, vermittelt durch IGF-I, die **Aufnahme von Aminosäuren** in die Zelle und stimuliert die **Proteinbiosynthese**. Es resultiert eine positive Stickstoffbilanz.

**Proteinstoffwechsel:** GH fördert über IGF-I die **Aminosäureaufnahme** und die **Proteinsynthese**.

**Kohlenhydrat- und Fettstoffwechsel:** Hier wirkt GH – unabhängig von IGFs – **antagonistisch zu Insulin**:

- Es stimuliert die Freisetzung von Glukose aus der Leber und **hemmt** die **Glukoseverwertung**. Infolgedessen steigt der Blutglukosespiegel. GH-Mangel führt bei Kindern zu Hypoglykämie in Nüchternperioden.
- Mit einer Latenzzeit von 2 – 3 Stunden **stimuliert** GH die **Lipolyse** und die **Verwertung von Fettsäuren**. Viele GH-defiziente Erwachsene zeigen Fettsucht mit einer Bevorzugung der viszeralen Fettgewebes. (Auf diese Weise kann die katecholamininduzierte Lipolyse, die ja mit einer – z. T. unerwünschten – Aktivierung des sympathischen Nervensystems einhergeht, reduziert werden.)

Der Metabolismus wird also zugunsten der Lipidoxidation verschoben, während Glukose eingespart wird.

**Kohlenhydrat- und Fettstoffwechsel:** GH wirkt **antagonistisch zu Insulin**:

- Es fördert die Glukosefreisetzung aus der Leber und **hemmt** die **Glukoseverwertung**.
- Es **stimuliert** die **Lipolyse** und die Verwertung von Fettsäuren.

  Der Metabolismus wird also zugunsten der Lipidoxidation verschoben und Glukose eingespart.

GH verursacht eine **Insulinresistenz**. Ihre molekularen Ursachen sind noch nicht genau bekannt, zumindest teilweise ist der erhöhte Fettsäurespiegel verantwortlich. Die Insulinresistenz führt aber nur bei stark erhöhten GH-Spiegeln, z. B. bei Akromegalie oder falsch dosierter GH-Gabe, zu einer Erhöhung des Risikos für

GH verursacht eine **Insulinresistenz**. Zumindest teilweise ist die Erhöhung des Fettsäurespiegels hierfür verantwortlich. **Normalerweise** ist der **GH-Spiegel** aber nur dann **er-**

**höht (nachts!)**, **wenn** der **Insulinspiegel niedrig** ist.

Typ-2-Diabetes. **Normalerweise** ist der **GH-Spiegel** nur dann **erhöht** (v.a. **nachts**, s.S. 355), **wenn** der **Insulinspiegel niedrig** ist. Gleichzeitig erhöhte Spiegel beider Hormone kommen unter physiologischen Bedingungen nicht vor.

**Rolle von GH beim Fasten:** Fasten führt zu einer Zunahme der GH-Sekretion. Bei **längerem** Fasten werden die **Synthese** und die Wirkung **der IGFs gehemmt**.

**Rolle von GH beim Fasten:** Fasten führt zu einer Erhöhung der GH-Ausschüttung. Dies erscheint zunächst paradox, da es nicht mit der wachstumsfördernden Wirkung von GH in Einklang steht. In der Tat führt **längerfristiges** Fasten auch zu einer **Abnahme der IGF-Produktion** und zu einer Hemmung der IGF-Signaltransduktion.

Der Metabolismus wird zugunsten der Lipidoxidation verschoben, die auftretende Insulinresistenz führt zur Einsparung von Glukose. Daher muss **weniger Protein** zur Glukoneogenese **abgebaut** werden.

Die Sekretion von GH ist begleitet von einer Abnahme der Insulinkonzentration. Gleichzeitig wird der Metabolismus zugunsten der Lipidoxidation verschoben, wie oben bereits erwähnt wurde. Die Insulinresistenz führt zu einer verminderten Oxidation von Glukose, so dass weniger Glukose neu synthetisiert werden muss. Daraus resultiert ein verringerter Abbau der Proteinspeicher. Daher kann man als die natürliche Domäne von GH die **Proteineinsparung während des Fastens** ansehen. In diesem Zusammenhang ist Insulinresistenz vermutlich sogar eine sinnvolle metabolische Anpassung. Ohne GH werden Proteinspeicher vermehrt abgebaut, was sich in einer verstärkten Harnstoffausscheidung äußert.

**Rolle von GH bei Stress: Akut** mobilisiert GH Energiereserven. Bei **chronischem** Stress hemmen Glukokortikoide die GH-Sekretion und führen zu Wachstumsstörungen.

**Rolle von GH bei Stress:** Bei **akutem** Stress führt das Wachstumshormon durch verstärkte Lipolyse zur **Mobilisierung von Energiereserven**. Bei **langfristigem** Stress **hemmen** hohe Konzentrationen an Glukokortikoiden die **GH-Ausschüttung** und verursachen so Wachstumsstörungen.

▶ Klinik.

▶ **Klinik.** Mangel an GH führt zu **proportioniertem Minderwuchs**. Er ist relativ häufig (1:4000). Die häufigste Ursache ist eine GHRH-Synthesestörung. Das Geburtsgewicht ist normal, die Wachstumsrate in den ersten beiden Lebensjahren ebenfalls. Nach dem 2. Lebensjahr jedoch verlangsamt sich das Wachstum deutlich, begleitet von Übergewicht (aufgrund der fehlenden lipolytischen Wirkung, s. o.). Die Therapie besteht in der Gabe von GH. Früher wurde GH aus menschlichen Spenderhypophysen gewonnen; nach Einnahme des Hormons traten einige Fälle von Creutzfeldt-Jakob-Erkrankung auf, die auf Kontamination des Hormons mit Prionen zurückzuführen ist. Heute verabreicht man daher gentechnisch hergestelltes GH.

11.4 Prolaktin (PRL)

## 11.4 Prolaktin (PRL)

▶ Definition.

▶ **Definition.** **Prolaktin** ist ein 23 kDa großes Protein, das in den laktotropen Zellen der Adenohypophyse gebildet wird. Es induziert bei Schwangeren die Differenzierung der Brustdrüse zur Milchdrüse und ist für die Milchproduktion essenziell.

11.4.1 Regulation der Biosynthese

### 11.4.1 Regulation der Biosynthese

**Synthese- bzw. sekretionsfördernde Faktoren (Abb. 11.14):**
- Ein **starker Sekretionsreiz** ist die Stimulation von Dehnungsrezeptoren der Brustwarze beim **Stillen**.
- **Starke Sekretionsreize** sind auch **Stress** und **Östrogene**. Letztere fördern das Wachstum der laktotropen Zellen und hemmen die Dopaminausschüttung im Hypothalamus.
- Hypothalamische Hormone **(TRH, Angiotensin II, VIP, Substanz P, Endorphine und ADH)** stimulieren ebenfalls die PRL-Ausschüttung.

**Synthese- bzw. sekretionsfördernde Faktoren:** Ein eigenes Releasing-Hormon scheint nicht zu existieren. Allerdings wird die Sekretion von Prolaktin durch folgende Faktoren positiv beeinflusst (Abb. **11.14**):
- Ein **starker Sekretionsreiz** ist die Stimulation von Dehnungsrezeptoren der Brustwarze beim **Stillen**: Auf die Impulse der afferenten Neurone hin setzen die hypothalamischen dopaminergen Neurone kein Dopamin mehr frei, so dass die Hemmung der Prolaktinsynthese und -sekretion entfällt.
- **Starke Sekretionsreize** sind auch **Stress** und **Östrogene**. Letztere stimulieren das Wachstum und die Proliferation der laktotropen Zellen und regen sie zur Synthese und Sekretion von Prolaktin an. Im Hypothalamus hemmen Östrogene das dopaminerge System und fördern so die Prolaktinbildung. Da die Östrogenspiegel im Lauf der Schwangerschaft stetig steigen, nimmt auch die Prolaktinkonzentration deutlich zu. Hypertrophie und Hyperplasie der laktotropen Zellen bleiben auch während der Laktationsphase bestehen (Mechanismus s.o.).

11.14 Regulation der Prolaktinsekretion

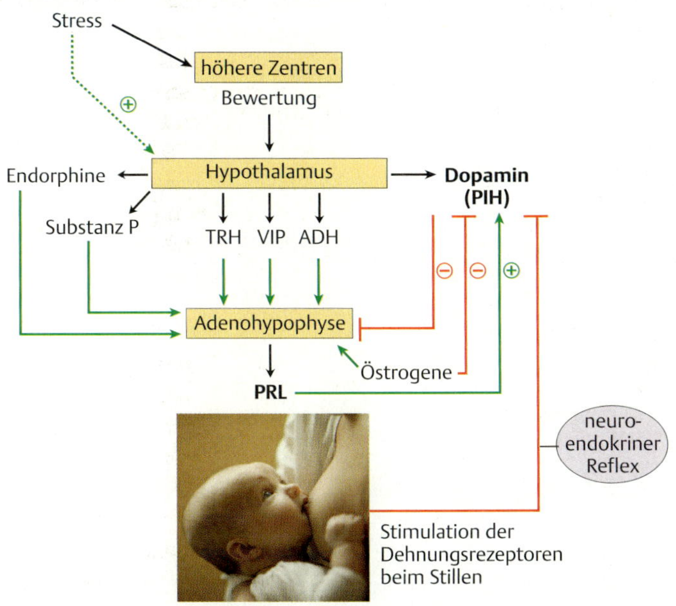


11.14

- Eine Reihe von hypothalamischen Hormonen, darunter **TRH**, **Angiotensin II**, **vasoaktives intestinales Peptid** (VIP), **Substanz P**, **Endorphine** und **ADH**, stimuliert ebenfalls die Prolaktinausschüttung.

Die Rolle des erst kürzlich entdeckten, in Hypothalamus und Hirnstamm gebildeten Prolaktin-Releasing-Peptids (PrRP) hingegen ist noch weitgehend unklar.

**Synthese- bzw. sekretionshemmende Faktoren (Abb. 11.14):** Prolaktin stimuliert die Synthese des hypothalamischen **Prolaktin-Release-Inhibiting-Hormons (PIH)**, dessen Hauptaktivität **mit Dopamin identisch** ist, und hemmt so seine eigene Biosynthese **(Short-Loop-Feedback)**: Prolaktin bindet an Rezeptoren dopaminerger hypothalamischer Neurone, worauf diese Neurone Dopamin synthetisieren und in den hypophysären Portalkreislauf (s. S. 347) sezernieren. In der Adenohypophyse aktiviert Dopamin spezifische Rezeptoren auf den laktotropen Zellen und hemmt die Synthese und die Sekretion von Prolaktin.

**Synthese- bzw. sekretionshemmende Faktoren** (Abb. **11.14**):
Prolaktin stimuliert die Synthese des **Prolaktin-Release-Inhibiting-Hormons (PIH)**, dessen Hauptaktivität mit **Dopamin** identisch ist, und hemmt so die eigene Biosynthese **(Short-Loop-Feedback)**.

## 11.4.2 Molekulare und zelluläre Wirkungen

Die Aminosäuresequenz von Prolaktin ist homolog zu den Sequenzen von Wachstumshormon und von humanem Plazenta-Laktogen (HPL), und Prolaktin bindet wie diese an einen **Rezeptor mit assoziierter Tyrosinkinase** (vgl. Abb. **11.12**, S. 357). Dieser Rezeptor ist praktisch auf allen Organen/Geweben exprimiert, was bereits auf eine breite biologische Funktion seiner Liganden hindeutet.
Am bekanntesten und am besten untersucht sind die folgenden, normalerweise nur für Frauen bedeutsamen Eigenschaften von Prolaktin:

- Entwicklung/Wachstum der Brustdrüse **(Mammogenese)**,
- Synthese der Milch **(Laktogenese)** und
- Sekretion der Milch **(Galaktopoese)**.

Dabei wirkt Prolaktin zusammen mit anderen Hormonen, insbesondere Wachstumshormon, Östrogenen, Progesteron, Glukokortikoiden und Schilddrüsenhormonen.

**Mammogenese:** Für die Entwicklung der Brustdrüse ist Prolaktin v. a. in der Schwangerschaft erforderlich, und zwar für die Proliferation und Ausdifferenzierung der Drüsenendstücke und der zugehörigen Ganganteile (Abb. **11.15**): Es bewirkt die

11.4.2 Molekulare und zelluläre Wirkungen

Prolaktin bindet wie die nahen Verwandten Wachstumshormon und HPL an einen **Rezeptor mit assoziierter Tyrosinkinase** (vgl. Abb. **11.12**, S. 357).

Prolaktin fördert insbesondere
- die Entwicklung bzw. das Wachstum der Brustdrüse **(Mammogenese)**,
- die Synthese der Milch **(Laktogenese)** und
- die Sekretion der Milch **(Galaktopoese)**.

**Mammogenese:** In der Schwangerschaft bewirkt Prolaktin die Proliferation und Ausdifferenzierung der Drüsenendstücke und der zugehörigen Ganganteile (Abb. **11.15**).

11.15

11.15 **Feinbau der nichtlaktierenden und der laktierenden Brustdrüse**

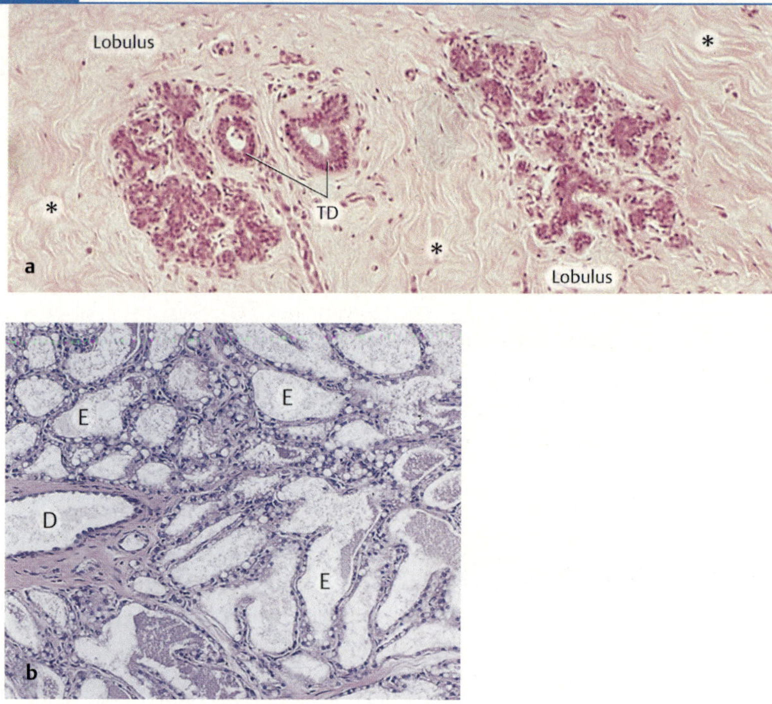


**a Nichtlaktierende Brustdrüse (Mensch):** Zwischen zwei Drüsenläppchen (Lobuli) mit ihren Drüsenendstücken liegt reichlich Bindegewebe (*). Auch die Drüsenendstücke sind von Bindegewebe umgeben. TD: Terminalduktus.
**b Laktierende Brustdrüse (Rhesusaffe):** Vorherrschend ist eine große Zahl von Drüsenendstücken (E) mit weitem Lumen; Bindegewebe ist nur um einen Ductus lactiferus (D) herum deutlich zu sehen.

Differenzierung der Brustdrüse zur Milchdrüse. Für die Brustentwicklung in der Pubertät besitzt es hingegen nach morphologischen Kriterien keine große Bedeutung.

**Laktogenese:** Prolaktin regt die **Synthese von Milchproteinen, Milchfett und Laktose an.**

**Laktogenese:** Prolaktin regt die Epithelzellen der Drüsenendstücke an, Glukose und einige Aminosäuren aus dem Extrazellulärraum aufzunehmen und Milchproteine (z. B. Kasein, Laktalbumin) sowie Milchfett und Laktose zu synthetisieren.

**Galaktopoese:** Das Saugen des Kindes an der Brustwarze führt zur Sekretion von
- **Prolaktin** → Milchproduktion und
- **Oyxtozin** → Milchaustritt.

**Galaktopoese:** Auslöser der anhaltenden Milchsekretion ist das Saugen des Kindes an der Brustwarze:
- Die Ausschüttung von **Prolaktin** hält die Milchproduktion aufrecht,
- die Ausschüttung von **Oxytozin** (aus der Neurohypophyse) stimuliert die Kontraktion der Myoepithelzellen und fördert so den Milchaustritt.

**Weitere Funktionen:** Hohe Prolaktinspiegel hemmen die Ovulation.

**Weitere Funktionen:** Prolaktin übt einen wichtigen Einfluss auf den weiblichen Reproduktionszyklus aus. **Hohe Prolaktinspiegel hemmen die Ovulation**, was physiologisch während der Stillphase von Bedeutung ist. Die Mechanismen sind z. T. noch umstritten, generell wird aber der Hemmung der GnRH-Sekretion durch
- Prolaktin (viele GnRH-Neurone haben Prolaktinrezeptoren) und
- die hohen Dopaminspiegel (Prolaktin steigert die Dopaminsynthese, s. Abb. **11.14**)

die größte Bedeutung beigemessen.
Normale Prolaktinspiegel hingegen unterstützen die Gonadenfunktion. Tierexperimentelle Untersuchungen lassen vermuten, dass Prolaktin für den normalen Reproduktionsablauf bei der Frau wichtig ist.

Prolaktin moduliert immunologische Prozesse und fördert die Stressbewältigung.

In den letzten Jahren wurde eine Reihe weiterer Funktionen für Prolaktin nachgewiesen. So kann das Hormon – bei Mann und Frau – **immunologische Prozesse modulieren**, da es Proliferation, Differenzierung und Apoptose von Immunzellen beeinflussen kann. Bei verschiedenen Arten von körperlichen und psychischen Belastungen wird eine Erhöhung des Prolaktinspiegels beobachtet (bei Mann und Frau). Prolaktin reduziert Ängstlichkeit und hemmt die Hypothalamus-Hypophysen-Nebennierenrinden-Achse; Wirkort hierbei ist der Hypothalamus. Diese Effekte könnten bei der Frau der Stressreduzierung in der Schwangerschaft und Laktationsphase dienen.

► Klinik. **Erhöhte Prolaktinspiegel (Hyperprolaktinämie)** sind in ca. 50% der Fälle durch Tumoren der laktotropen Zellen **(Prolaktinome)** bedingt. Andere Ursachen sind die Einnahme zentral wirkender Dopaminrezeptor-Antagonisten (Neuroleptika) und chronische Nierenerkrankungen. Bei Frauen verursacht die Hyperprolaktinämie häufig **Zyklusstörungen** (zunächst Verkürzung der Lutealphase, schließlich Ausbleiben der Ovulation = Amenorrhö). Beim Mann führt sie zu **Impotenz** und Inhibition der Gonadenfunktion, die Testosteronspiegel sind erniedrigt. Die Ursachen für diese Wirkungen liegen aber vermutlich in der Störung der pulsatilen Sekretion von LH und FSH durch hohe Prolaktinspiegel. Ein Fehlen von Prolaktin hingegen scheint keinen großen Einfluss auf den männlichen Reproduktionstrakt zu besitzen.

► Klinik.

## 11.5 Schilddrüsenhormone (Thyroxin und Triiodthyronin)

11.5 Schilddrüsenhormone (Thyroxin und Triiodthyronin)

Die beiden wichtigsten Schilddrüsenhormone sind die beiden **iodhaltigen** Hormone **3,3',5,5'-Tetraiodthyronin (Thyroxin, T4)** und **3,3',5-Triiodthyronin (T3)** (Abb. **11.16**). Sie sind für das Wachstum und die Entwicklung des Körpers während der Embryonalentwicklung und in der frühen Kindheit notwendig und regulieren eine Reihe homöostatischer Funktionen wie Energie- und Wärmeproduktion.
Die Schilddrüse produziert noch ein weiteres Hormon. In den parafollikulären Zellen wird das Peptidhormon **Kalzitonin** gebildet, das ein ganz anderes Wirkspektrum hat. Es ist an der Regulation des $Ca^{2+}$-Haushalts beteiligt (s. S. 326).

Die beiden wichtigsten Schilddrüsenhormone, **Tetraiodthyronin (Thyroxin, T4)** und **Triiodthyronin (T3)** (Abb. **11.16**), regulieren die Entwicklung des Embryos und kleinen Kindes sowie u. a. Energie- und Wärmeproduktion.
**Kalzitonin** ist an der Regulation des $Ca^{2+}$-Haushalts beteiligt (s. S. 326).

### 11.5.1 Biosynthese, Transport, Aktivierung und Abbau

11.5.1 Biosynthese, Transport, Aktivierung und Abbau

#### Biosynthese

Die Schilddrüsenhormone werden von den **Epithelzellen der Schilddrüsenfollikel** gebildet. Biosynthetisch aktive Zellen sind kubisch bis hochprismatisch, inaktive Zellen dagegen flach (Abb. **11.17**). Die Hormone werden in einer **proteingebundenen Form** im Follikellumen als sog. Kolloid gespeichert und bei Bedarf freigesetzt.
Tri- und Tetraiodthyronin sind Tyrosinderivate. Ihre **Synthese** erfolgt **an Tyrosinresten** des in der Schilddrüse gebildeten Proteins **Thyreoglobulin**, das in das Follikellumen sezerniert wird. Die einzelnen Biosyntheseschritte laufen **an der Außenseite der luminalen Plasmamembran** ab (Abb. **11.18**):

Biosynthese

T3 und T4 werden von den **Follikelepithelzellen** gebildet und in einer **proteingebundenen Form** als sog. Kolloid (Abb. **11.17**) im Follikellumen gespeichert.

Die **Synthese** erfolgt **an Tyrosinresten** des in das Follikellumen sezernierten Proteins **Thyreoglobulin**. Die Syntheseschritte laufen **an der Außenseite der luminalen Plasmamembran** ab (Abb. **11.18**):

**11.16** **Struktur der Schilddrüsenhormone Triiodthyronin (T3) und Tetraiodthyronin (T4)**

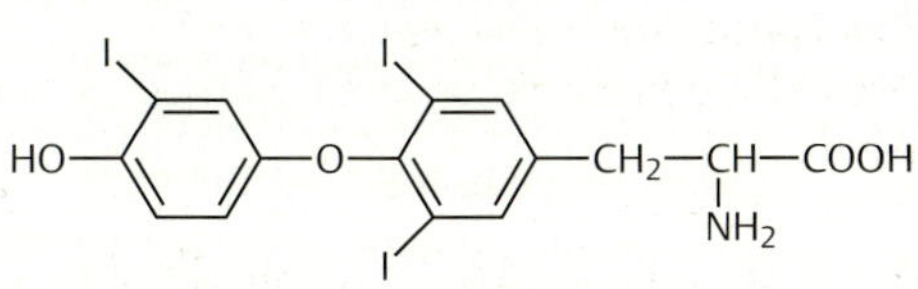

**Triiodthyronin (T3)**

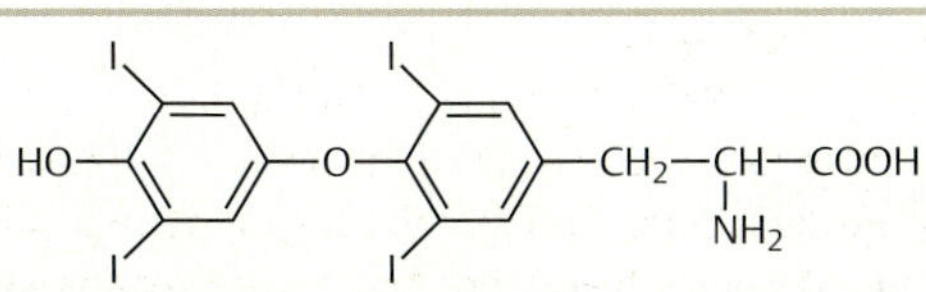

**Thyroxin (T4)**

11.16

11.17

### 11.17 Form der Follikelepithelzellen in Abhängigkeit von ihrem Funktionszustand

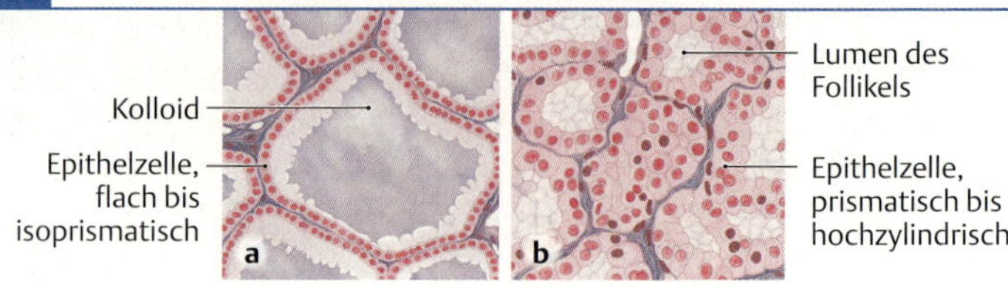


**a** inaktiver (Speicher-)Zustand (der Follikel enthält große Mengen Kolloids).
**b** aktiver (sezernierender) Zustand.

11.18

### 11.18 Biosynthese der Schilddrüsenhormone

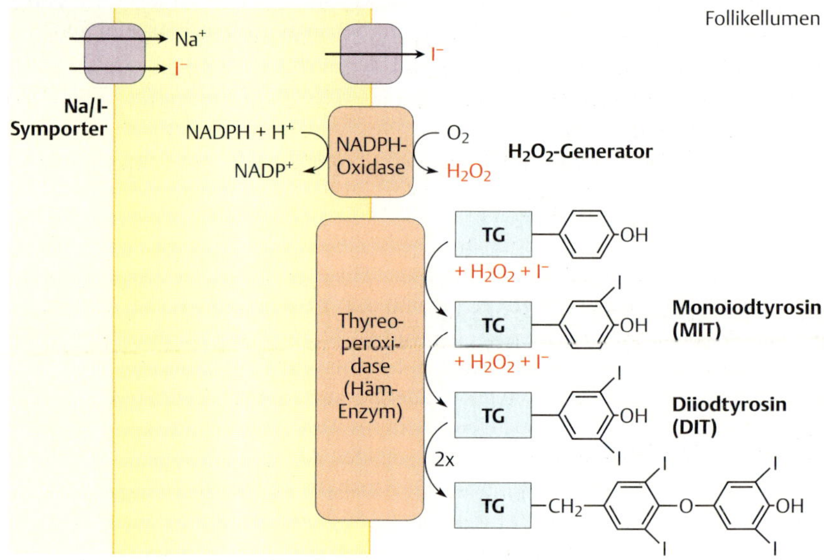


TG = Thyreoglobulin

- **aktiver Transport von Iodid** in die Zelle, passiver Transport durch **Pendrin** ins Lumen
- Oxidation von Iodid durch eine **NADPH-Oxidase**
- Iodierung von Tyrosinresten zu **Mono-** und **Diiodtyrosin (MIT, DIT)** durch die **Thyreoperoxidase**
- Kopplung zu **proteingebundenem T3 bzw. T4** durch die **Thyreoperoxidase**
- **Pinozytose** und **lysosomaler Abbau von Thyreoglobulin** mit Freisetzung von T3 und T4. Iod unvollständiger Syntheseprodukte wird durch Deiodasen zurückgewonnen. Die Follikelepithelzellen **sezernieren zu ca. 90 % T4 und 10 % T3.**

- Das für die Biosynthese erforderliche **Iodid** wird basolateral **aktiv** durch einen spezifischen $Na^+/I^-$-Symporter in die Zelle **aufgenommen** und dort angereichert. Auf der apikalen Seite wird es durch **Pendrin**, einen $I^-/Cl^-$-spezifischen Ionenkanal, ins Follikellumen transportiert (passiver Transport).
- Um mit Tyrosinresten von Thyreoglobulin reagieren zu können, muss **Iodid oxidiert** werden. Eine **NADPH-Oxidase** stellt das dazu benötigte **$H_2O_2$** zur Verfügung.
- Das Häm-Enzym **Thyreoperoxidase** katalysiert dann die Iodierung von Tyrosinringen des Thyreoglobulins (elektrophile Substitution). Dabei entstehen **Monoiod-** und **Diiodtyrosin-Derivate (MIT, DIT)**.
- Die iodierten aromatischen Ringe von MIT oder DIT werden anschließend auf DIT übertragen, so dass **proteingebundenes T3 bzw. T4** entsteht. Diese Reaktion wird ebenfalls von der **Thyreoperoxidase** katalysiert.
- Bei Bedarf wird **Thyreoglobulin** durch **Pinozytose** wieder in die Zelle aufgenommen und in den **Lysosomen** vollständig proteolytisch **abgebaut**, wobei die freien Aminosäuren des Thyreoglobulins und die Schilddrüsenhormone T3 und T4 entstehen. Dabei werden auch die Zwischenprodukte MIT und DIT (s.o.) freigesetzt, aus denen das wertvolle Iod durch Deiodasen (s. S. 366) zurückgewonnen wird. Ein Thyreoglobulinmolekül liefert im Schnitt drei bis fünf T4-Moleküle, jedoch nur jedes fünfte Thyreoglobulin ein T3-Molekül. Ein geringer Teil des T4 wird in der Schilddrüse (bei normaler Drüsenfunktion) zu T3 umgewandelt, so dass **ca. 90 % T4 und 10 % T3 sezerniert** werden.

► Klinik. Auf der Funktion des $Na^+/I^-$-Symporters fußt die **Schilddrüsenszintigrafie**: Hierbei wird das mit $^{99m}$Technetium (Tc) markierte, in seiner Größe mit Iodid vergleichbare Pertechnetat oder mit $^{123}$I markiertes Natriumiodid i.v. appliziert. Nach ca. 20 min bzw. einigen Stunden misst eine Gammakamera die Aufnahme von $^{99m}$Tc-Pertechnetat bzw. $^{123}$I-Natriumiodid in die Schilddrüse. Das Verfahren wird v.a. eingesetzt, um die **Funktion sonografisch auffälliger Drüsenanteile** (s. S. 531) **zu untersuchen**. Zeigt der Drüsenanteil eine verstärkte Aufnahme (warmer Knoten), ist die Hormonproduktion hier von der Hypothalamus-Hypophysen-Schilddrüsen-Achse abgekoppelt (autonomes Adenom, s. S. 531). Ist die $^{99m}$Tc-Pertechnetat- bzw. $^{123}$I-Natriumiodid-Aufnahme in einem Drüsenanteil verringert (kalter Knoten), besteht der Verdacht auf ein Karzinom und das Gewebe muss untersucht werden.
Bei der **Radioiodtherapie** wird radioaktiv markiertes Iod ($^{131}$Iod) eingesetzt. Das Therapieprinzip beruht darauf, dass der $Na^+/I^-$-Symporter ausschließlich in der Schilddrüse vorkommt. Da er das radioaktiv markierte Iodid insbesondere in solchen Follikelepithelzellen anreichert, die verstärkt Hormone produzieren (z. B. Zellen eines autonomen Adenoms), schädigt es auch insbesondere diese Zellen und **beendet** so die **hormonelle Überproduktion**.
Bei **Schilddrüsenüberfunktion** ist der Einsatz iodhaltiger Röntgenkontrastmittel kontraindiziert, denn die zusätzliche Iodzufuhr verstärkt die Überfunktion. Müssen trotzdem iodhaltige Kontrastmittel verwendet werden, z. B. bei einem Notfall-CT, kann man den **$Na^+/I^-$-Symporter mit Perchlorat blockieren.**
**Thioamidthyreostatika** wie Carbimazol oder Thiamazol **hemmen die Thyreoperoxidase**, verhindern also die Iodierung der Tyrosinreste des Thyreoglobulins. Sie werden bei Schilddrüsenüberfunktion als Folge eines Morbus Basedow (s. S. 372) eingesetzt oder bei Vorliegen eines autonomen Adenoms, um vor der Entfernung des Adenoms (chirurgisch oder mittels Radioiodtherapie) die Schilddrüsenfunktion zu normalisieren.

► Klinik.

## Regulation der Biosynthese

Die Synthese der Schilddrüsenhormone wird durch Hypothalamus – via TRH – und Hypophyse – via TSH – reguliert (endokrine Achse, Abb. **11.19**):

- **Stimulation der Biosynthese:** Bei niedriger Konzentration der Schilddrüsenhormone im Plasma ist auch ihre Konzentration in der Umgebung der hypothalamischen neurosekretorischen Zellen erniedrigt. Als Folge sezernieren diese das kurze Peptid **TRH**, das in der Adenohypophyse die **Sekretion von TSH** stimuliert. Außerdem stimuliert TRH die **Synthese von TSH**, um die Speicher wieder aufzufüllen. (TRH ist darüber hinaus auch ein starker Stimulator der Prolaktinbiosynthese, s. Abb. **11.14**, S. 361).
  **TSH** bindet an einen G-Protein-gekoppelten Rezeptor an den Epithelzellen der Schilddrüse. Es **stimuliert** die Transkription und z. T. auch die Aktivität der für die **Hormonbiosynthese** erforderlichen Proteine und **fördert das Wachstum der Epithelzellen.**
- **Hemmung der Biosynthese:** Eine hohe T4- und T3-Konzentration hemmt die Biosynthese von TRH und TSH auf Transkriptionsebene **(negative Rückkopplung)**. Da nur T3 biologisch aktiv ist (s. u.), wird T4 im ZNS in das aktive T3 (s. u.) umgewandelt, im Hypothalamus und im hypophysären Portalkreislauf ist die T3-Konzentration erhöht. T3 hemmt die Transkription der mRNA des TRH-Vorläufermoleküls, aus dem das reife TRH herausgeschnitten wird.
  **Somatostatin** hemmt die Freisetzung von TSH.

Die Konzentration der Schilddrüsenhormone muss den physiologischen Erfordernissen angepasst werden (s. u.). Daher wird die hypothalamische TRH-Bildung auch durch höhere Hirnregionen moduliert. Ein starker Stimulus ist z. B. ein Kältereiz, während Fasten und Leptinmangel oder Infektionen inhibierend wirken.

► Klinik. Ist die TSH-Konzentration längere Zeit erhöht (z. B. bei Iodmangel), führt die wachstumsfördernde Wirkung des TSH auf die Follikelepithelzellen zu einer Größenzunahme der Schilddrüse und es bildet sich ein Kropf (**Struma**, s. S. 532).

► Klinik.

### Regulation der Biosynthese

Hypothalamus, Hypophyse und Schilddrüse bilden eine endokrine Achse (Abb. **11.19**):

- **Stimulation der Biosynthese: TRH**, ein kurzes Peptid, fördert die **Synthese und Sekretion von TSH** aus der Adenohypophyse.
  **TSH stimuliert** die Bildung der für die **Hormonbiosynthese** erforderlichen Proteine und fördert das **Wachstum der Epithelzellen**.
- **Hemmung der Biosynthese:** Die Schilddrüsenhormone hemmen die Synthese von TRH und TSH aus Hypothalamus bzw. Hypophyse auf Transkriptionsebene **(negative Rückkopplung)**.
  **Somatostatin** hemmt die Freisetzung von TSH.

Die TRH-Bildung wird auch durch höhere Hirnregionen moduliert. Stimulierend sind Kältereize, hemmend wirken u. a. Fasten, Leptinmangel oder Infektionen.

11.19

**11.19 Die Hypothalamus-Hypophysen-Schilddrüsen-Achse**

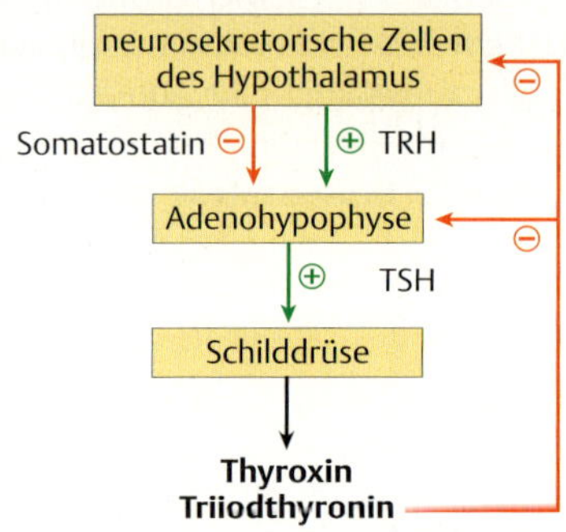


TRH = Thyreotropin-Releasing-Hormon, TSH = thyreoideastimulierendes Hormon.

Transport im Blut

▶ Merke.

Die wichtigsten Transportproteine sind das **thyroxinbindende Globulin (TBG)**, das **thyroxinbindende Präalbumin (TBPA)** und **Albumin**. Die Bindung an Plasmaproteine resultiert in einer extrem langen Halbwertszeit (T3: ca. 1 Tag, T4: 7 Tage) und schafft eine stabile Konzentration an zirkulierendem Hormon. Variationen in der Transportproteinkonzentration verändern die **Gesamtkonzentration** an T3 und T4, die physiologisch relevante **Konzentration an freiem Hormon** aber wird mit Verzögerung wieder auf den ursprünglichen Wert eingestellt.

## Transport im Blut

**▶ Merke.** Weniger als 1 % der Schilddrüsenhormone liegt frei im Blut vor, dieser Anteil ist biologisch aktiv. Vorherrschend ist die Bindung an Trägerproteine.

Die wichtigsten Transportproteine sind das **thyroxinbindende Globulin (TBG)**, das **thyroxinbindende Präalbumin (TBPA)** und **Albumin**. Die Bindung an Plasmaproteine resultiert in einer für eine niedermolekulare Substanz extrem langen Halbwertszeit (ca. 1 Tag für T3, 7 Tage für T4) und schafft eine stabile Konzentration an im Blutplasma zirkulierendem Hormon. Durch verschiedene physiologische und pathophysiologische Faktoren kann die Konzentration der Transportproteine verändert werden. So ist bei einer **Leberzirrhose** der Spiegel vieler Plasmaproteine, darunter die T4,T3-Transportproteine, verringert; **Östrogene** hingegen (Schwangerschaft, Einnahme oraler Kontrazeptiva) erhöhen die **TBG-Konzentration**. Mit der Änderung der Konzentration der Transportproteine ändert sich natürlich unmittelbar der Anteil an freiem T3/T4 (nach dem Massenwirkungsgesetz: Protein ↑ = freies Hormon ↓ und umgekehrt). Da der freie Hormonanteil der über die TRH-TSH-Hormonachse regulierte Parameter ist, wird der ursprüngliche Anteil an freiem T3/4 mit einer gewissen Verzögerung wiederhergestellt. Insgesamt ändert sich jedoch der Gesamtpool an Schilddrüsenhormonen, d. h. die Größe des Hormonreservoirs.

Aktivierung und Abbau

## Aktivierung und Abbau

In der Schilddrüse wird hauptsächlich T4 (ca. 100 nmol/Tag) gebildet.

▶ Merke.

**▶ Merke.** T4 selbst ist biologisch kaum aktiv (seine Rezeptorbindungsaktivität ist etwa 10-fach niedriger als die von T3) – biologisch aktiv ist v. a. T3.

Das im Blut häufigere T4 stellt ein Prohormon dar, aus dem **gewebsspezifisch exprimierte Deiodasen** biologisch aktives T3 bilden.

Das im Blut häufigere T4 stellt praktisch ein Prohormon dar, aus dem **gewebsspezifisch exprimierte Deiodasen** biologisch aktives T3 bilden. Dies ist biologisch sinnvoll, da verschiedene Gewebe unterschiedliche Mengen an Schilddrüsenhormonen benötigen. So benötigt das braune Fettgewebe bei starkem Kältereiz eine Menge an T3, die für andere Gewebe bereits toxisch wäre.

Da Deiodasen **intrazellulär** lokalisiert sind, entfaltet dieses T3 sofort seine Wirkung. V.a. die Leber kann T3 auch in den Extrazellulärraum abgeben.

Deiodasen sind **intrazelluläre Enzyme**. Neu gebildetes T3 befindet sich also zunächst einmal in der Zelle und entfaltet dort seine Wirkung. T3 kann aber auch wieder in den Extrazellulärraum abgegeben werden. Dies trifft v. a. auf die Leber zu, sie ist die Hauptquelle des T3 im Blutplasma.

Deiodasen vom **Typ I und Typ II** wandeln **T4 in T3** um (Abb. **11.20**).

Die **Umwandlung von T4 in T3** wird durch zwei verschiedene Deiodasen, **Typ I und Typ II**, bewerkstelligt (Abb. **11.20**). Typ-I-Enzyme finden sich in hoher Konzentration in Leber, Niere und Schilddrüse, Typ-II-Enzyme u. a. in Gehirn, Hypophyse und braunem Fettgewebe.

Die Deiodase vom **Typ III** wandelt **T4** in das **transkriptionell inaktive rT3** um (Abb. **11.20**).

Eine dritte Deiodase, **Typ III**, die in vielen Geweben, jedoch kaum in Leber, Niere, Schilddrüse und Hypophyse exprimiert ist, spaltet ein Iodatom vom **inneren Ring von T3 und T4** ab und führt damit zur Bildung von **rT3** (aus **T4**, Abb. **11.20**) bzw. von 3,5-T2 (aus T3). Diese Metaboliten sind **nicht in der Lage, die Transkription** abhängiger Gene **zu aktivieren** und daher als **Abbauprodukte** aufzufassen. Zusätzlich

**11.20 Aktivierung und Inaktivierung von T4**

11.20

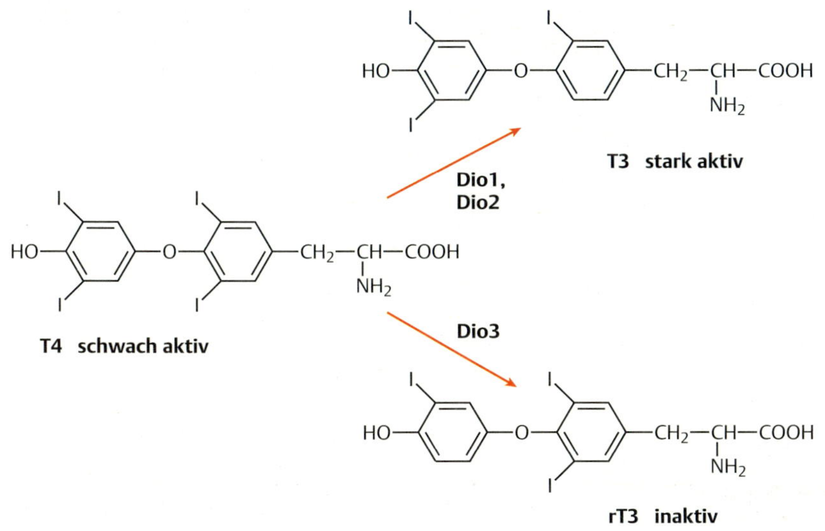


Dio1 = Deiodase Typ I, Dio2 = Deiodase Typ II, Dio3 = Deiodase Typ III.

scheint die Typ-III-Deiodase aber auch Zellen vor zu hohen Konzentrationen an T3 zu schützen: rT3 hemmt die Deiodasen vom Typ I und Typ II. Die Aktivität des Enzyms ist bei Schilddrüsenüberfunktion erhöht.

► **Merke.** Das biologisch nur schwach wirksame T4 wird durch die gewebsspezifischen Deiodasen Typ I und Typ II in das biologisch aktive T3 umgewandelt. Eine dritte Deiodase Typ III hat den entgegengesetzten Effekt und inaktiviert T3 und T4.

► Merke.

Zur Elimination (über die Galle) können die Abbauprodukte der Schilddrüsenhormone durch Sulfatierung oder Glukuronidierung in eine besser wasserlösliche Form umgewandelt werden.

Die Metaboliten von T3 und T4 werden (sulfatiert oder glukuronidiert) über die Galle eliminiert.

► **Klinik.** Die **Bestimmung von TSH** liefert eine zuverlässige **orientierende Diagnose einer Störung der Schilddrüsenfunktion.** Da die TSH-Konzentration einer negativen Kontrolle durch Hypothalamus und Hypophyse unterliegt (Abb. **11.19**), ist
- bei einer Schilddrüsenunterfunktion **(Hypothyreose)** der **TSH-Wert erhöht,**
- bei einer Schilddrüsenüberfunktion **(Hyperthyreose)** der **TSH-Wert erniedrigt.**

Beispiele für häufige Formen von Unterfunktion und Überfunktion beim Erwachsenen und Neugeborenen s. S. 369 und 372.

► Klinik.

Die TSH-Messung alleine ist jedoch nicht in der Lage, Störungen der Schilddrüsenfunktion zu erkennen, die auf der **Ebene von Hypothalamus und Hypophyse** vorliegen (relativ selten). Hier ist die **zusätzliche Bestimmung von T3 und T4** erforderlich:
- Ein **verminderter TSH-Wert** (z. B. fehlende Stimulierung der Hypophyse durch den Hypothalamus, Defekte in der Hypophyse) führt zu einer **Abnahme von T3/T4** (durch ungenügende Stimulierung der Schilddrüse).
- Ein **erhöhter TSH-Wert** (z. B. durch TRH-produzierende Tumoren des Hypothalamus, Adenome der Hypophyse) führt zu einer **Zunahme von T3/T4** (übermäßige Stimulierung der Schilddrüse).

Im Allgemeinen ist die Bestimmung der **Gesamtkonzentration** von T3/T4 (= freies plus proteingebundenes Hormon) ausreichend. Wenn jedoch die Konzentration der Transportproteine verändert ist (s. S. 339) oder die Hormone durch Medikamente aus ihrer Plasmaproteinbindung verdrängt werden, muss zusätzlich die Konzentration an **freiem T3 bzw. T4** bestimmt werden, denn dies ist die physiologisch relevante Größe.

## 11.5.2 Molekulare Wirkungen

Als lipophile Hormone können die Schilddrüsenhormone durch die Zellmembran diffundieren. In den letzten Jahren wurden jedoch auch mehrere Proteine beschrieben, die in der Lage sind, die Hormone durch die Zellmembran zu transportieren (Transporter für organische Ionen und Aminosäuren sowie der spezifische T4/T3-Transporter MCT). Die Schilddrüsenhormone gehören wie die Steroidhormone und Vitamin D zu den Hormonen, die durch Bindung an **ligandenaktivierte Transkriptionsfaktoren** die Transkription hormonabhängiger Gene regulieren (s. S. 343). T3 reguliert die Genexpression durch Bindung an die Hormonrezeptoren **TRα** und **TRβ**, die von verschiedenen Genen kodiert werden und zusätzlich in verschiedenen Spleißvarianten existieren können. Die Hormon-Rezeptor-Komplexe binden an spezifische Promotorregionen (TREs, thyroid hormone response elements) und aktivieren oder reprimieren die Transkription. Daher resultiert eine **Latenz von einigen Stunden bis zum Wirkungseintritt.**

Zusätzlich zu diesen klassischen genomischen Wirkungen sind einige **nicht genomische Wirkungen** bekannt, die aufgrund einer **Latenz bis zum Wirkungseintritt von unter 30 Minuten** erkannt werden können (dieses Zeitintervall ist für Transkription und Translation zu kurz). Nicht genomische Wirkungen sind z. B. die Regulation des Transports von Kationen ($Na^+$, $Ca^{2+}$), Aktivierung der Proteinkinasen A und C in einigen Zellen, Regulation der Aktinpolymerisation (wichtig u.a für die Neuronenwanderung in der Embryonalentwicklung) und die Aktivierung von MAP-Kinasen in der Angiogenese.

**11.5.2 Molekulare Wirkungen**

Die Schilddrüsenhormone können als lipophile Hormone durch die Zellmembran diffundieren oder gelangen durch carriervermittelten Transport in die Zelle. Sie binden an die beiden **ligandenaktivierten Transkriptionsfaktoren TRα** und **TRβ**. Da sie auf Transkriptionsebene wirken, vergehen **einige Stunden bis zum Wirkungseintritt**.

Daneben sind auch einige **nicht genomische Wirkungen** bekannt **(Wirkungseintritt in <30 min)**.

## 11.5.3 Zelluläre Wirkungen

Praktisch **alle Organe** besitzen Rezeptoren für Schilddrüsenhormone und eine Vielzahl von Genen wird nur in Gegenwart von Schilddrüsenhormonen exprimiert **(permissiver Effekt)**.

Die Wirkungen der Schilddrüsenhormone lassen sich grob in zwei Gruppen einteilen:

- **Regulation von Wachstumsprozessen** (insbesondere im Embryonalstadium und der frühen Kindheit)
- **Anpassung** von Organ- und Gewebefunktionen und Stoffwechselprozessen **an Umweltbedingungen**.

**11.5.3 Zelluläre Wirkungen**

Schildrüsenhormone wirken auf fast **alle Organe** und sind **permissiv** für die Transkription vieler Gene.

Sie regulieren **Wachstumsprozesse** und **passen** den Stoffwechsel **an Umweltbedingungen an**.

### Regulation von Wachstumsprozessen

Die Schilddrüsenhormone sind essenziell für das Körperwachstum. Sie beeinflussen es zum einen **indirekt**, indem sie die **Synthese des Wachstumshormons stimulieren**, zum anderen regulieren sie Wachstumsprozesse **direkt**:

- Beim Knochenwachstum sind sie an der **Differenzierung von Chondrozyten** (z. B. in der Epiphysenfuge), **Osteoblasten** und **Osteoklasten** beteiligt und stimulieren die Vaskularisierung der Epiphysenfuge.
- Auch die **Entwicklung des Gehirns** ist von der Aktivität der Schilddrüsenhormone abhängig. Sie fördern das Axonwachstum, die Verzweigung von Dendriten und die Bildung der Myelinscheiden.
- Schilddrüsenhormone beeinflussen zahlreiche weitere Organe bzw. Systeme (mit entsprechenden Defekten bei einem Mangel an Schilddrüsenhormonen):
  - **Darm:** postnatale Reifung (Kryptenbildung, Enzymexpression im Bürstensaum)
  - **Skelettmuskulatur:** Muskelaufbau
  - **Immunsystem:** Entwicklung der B- und T-Zellen
  - **Auge:** Entwicklung der Photorezeptoren
  - **Ohr:** Entwicklung des Innenohrs
  - **Leber, Herz:** multiple Funktionen
  - **Reproduktionstrakt** (Sexualentwicklung, -funktion): Zyklussteuerung, sexuelle Aktivität, Fertilität.

**Regulation von Wachstumsprozessen**

Schilddrüsenhormone sind u. a. beteiligt an der

- **Synthese des Wachstumshormons** wodurch sie indirekt viele Wachstumsprozesse regulieren
- **Skelettentwicklung**
- **Gehirnentwicklung**
- **Entwicklung zahlreicher weiterer Organe** (Darm, Skelettmuskulatur, Immunsystem, Auge, Ohr, Leber, Herz, Reproduktionstrakt).

▶ Klinik. Eine Störung der Organanlage (Schilddrüsenektopie) oder genetische Defekte im Bereich der Biosynthese und/oder der Signaltransduktion der Schilddrüsenhormone führen zur **angeborenen Hypothyreose**. Um diese frühzeitig zu diagnostizieren, wird bei Neugeborenen routinemäßig die TSH-Plasmakonzentration bestimmt. Wird der Defekt nicht rechtzeitig erkannt und behandelt, ist **Kretinismus die Folge**. Kennzeichen sind Entwicklungsverzögerungen des Zentralnervensystems (geistige Schwerbehinderung), Sprachstörungen, Schwerhörigkeit, Missbildungen des Skeletts (verkürzte Extremitäten, tiefsitzende Nasenwurzel, Minderwuchs), trockene Haut und eine dicke Zunge (Abb. **11.21**).

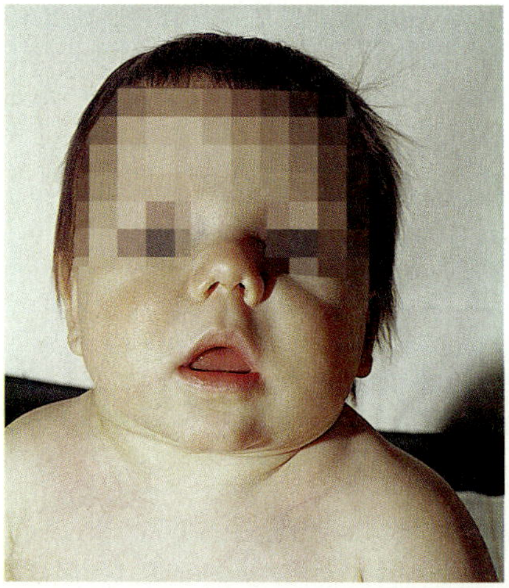

11.21

**3-jähriger Junge mit angeborener Hypothyreose infolge Schilddrüsenektopie**

Typische Befunde sind die tiefsitzende Nasenwurzel, die große Zunge und die ausdruckslose Mimik. Das Kind weist eine psychomotorische Retardierung auf und ist kleinwüchsig.

▶ Klinik.

## Anpassung des Organismus an Umweltbedingungen

Die Schilddrüsenhormone passen Organ- und Gewebefunktionen sowie Stoffwechselprozesse an Veränderungen der Umwelt an.

### Anpassung von Organ- und Gewebefunktionen

**Herz und Gefäße:** Schilddrüsenhormone **steigern** das **Herzzeitvolumen** durch Steigerung von Herzfrequenz und Kontraktionskraft. Grundlage ist u. a. eine **Verstärkung der Wirkung von Katecholaminen**: Schilddrüsenhormone steigern die **Expression β-adrenerger Rezeptoren** bei gleichzeitiger Hemmung der Expression von α-Rezeptoren. Die Steigerung der Expression der $Ca^{2+}$-ATPase im sarkoplasmatischen Retikulum führt zu einer schnelleren Wiederaufnahme des $Ca^{2+}$ in das sarkoplasmatische Retikulum und so zu einer schnelleren Relaxation des Myokards. Ebenso wird die Expression von einigen Ionenkanälen und der $Na^+/K^+$-ATPase gesteigert. Die Schilddrüsenhormone fördern die Expression einer Myosin-Isoform, die eine schnellere Verkürzung der Filamente ermöglicht.
Zusätzlich **senken** die Schilddrüsenhormone den **peripheren Gefäßwiderstand** (Arteriolen) und ergänzen so die positive Wirkung auf das Herz. Im Gegensatz zu den gut dokumentierten Wirkmechanismen am Herzen sind die Mechanismen, die zur Senkung des peripheren Widerstands führen, noch recht unklar. Eine Rolle spielen die Neubildung von Kapillaren und wahrscheinlich auch gefäßerweiternde Metaboliten, die aus dem gesteigerten Stoffwechsel der Skelettmuskulatur stammen. Berichte über die direkte Regulation der Bildung gefäßerweiternder Substanzen (z. B. NO, NO-Synthase) sind noch kontrovers.

**Lunge, Atmung:** Die Steigerung des Herzzeitvolumens wird durch eine **Stimulation des Atemzentrums** ergänzt, so dass das gesteigerte Herzzeitvolumen mit einer gesteigerten Lungenventilation einhergeht (→ Oxygenierung ↑).

**Skelettmuskel:** Schilddrüsenhormone führen zur Verschiebung der Expression von „langsamen“ Myosin-Isoformen zugunsten von „schnellen“ Isoformen, die eine höhere ATPase-Aktivität und eine höhere Kontraktionsgeschwindigkeit besitzen. Ferner stimulieren sie – wie beim Herzmuskel – die Expression von Ca-ATPasen im

Anpassung des Organismus an Umweltbedingungen

Anpassung von Organ- und Gewebefunktionen

**Herz und Gefäße:** Schilddrüsenhormone **steigern** das **Herzzeitvolumen** u. a. durch eine **Verstärkung der Wirkung von Katecholaminen**: Sie steigern die **Expression β-adrenerger Rezeptoren** und hemmen die Expression von α-Rezeptoren. Zudem bewirken sie durch vermehrte Bildung verschiedener Moleküle eine schnellere Kontraktion und Relaxation des Myokards.

Schilddrüsenhormone **senken** den peripheren **Gefäßwiderstand**.

**Lunge, Atmung:** Das Atemzentrum wird stimuliert, die Lungenventilation nimmt zu (→ Oxygenierung ↑).

**Skelettmuskel:** Die Myosin-Expression verschiebt sich von „langsamen“ zu „schnellen“ Isoformen. Die Expression von Ca-ATPasen im SR nimmt zu.

sarkoplasmatischen Retikulum. Sowohl eine Unter- als auch eine Überfunktion der Schilddrüse führt zu Muskelschwäche (s. S. 372).

► Merke.

► Merke. Schilddrüsenhormone **verstärken die Wirkung der Katecholamine** auf die Herz- und Skelettmuskulatur sowie das Fettgewebe, indem sie die **Expression β-adrenerger Rezeptoren stimulieren** und damit die Zahl dieser Rezeptoren auf der Zellmembran erhöhen. Bei Hyperthyreose können deshalb Herzrhythmusstörungen auftreten.

**Weitere Organe:** Die Motilität des **Darms** nimmt zu, ebenso in der **Niere** die EPO-Bildung, die Filtration und die Reabsorption.

**Weitere Organe:** Schilddrüsenhormone
- steigern die Motilität des **Darms** und
- fördern in der **Niere** die Erythropoietinbildung, den Blutfluss, die glomeruläre Filtrationsrate und die tubuläre Reabsorption.

### Anpassung von Stoffwechselprozessen

### Anpassung von Stoffwechselprozessen

Die Schilddrüsenhormone besitzen die wichtige Funktion, die Stoffwechselaktivität den physiologischen Erfordernissen anzupassen. Sie sind maßgeblich an der Regulation des Grundumsatzes und der Wärmeproduktion beteiligt.

► Merke.

► Merke. Schilddrüsenhormone **fördern sowohl anabole als auch katabole Reaktionen.** Dies erscheint zunächst paradox, ist aber biologisch sinnvoll: Die katabolen Reaktionen liefern Energie, und parallel dazu füllen die anabolen Reaktionen die Energiespeicher auf, damit kein Mangel an „Brennstoff" entsteht.

**Lipid- und Kohlenhydratstoffwechsel:**
- Induktion **anaboler Enzyme** der Lipogenese, Glukoneogenese und Glykogensynthese sowie des Glukosetransports

**Lipid- und Kohlenhydratstoffwechsel: Anabol** wirkend induzieren Schilddrüsenhormone Enzyme der **Lipogenese** (z. B. die Acetyl-CoA-Carboxylase, die Fettsäuresynthase und das Malatenzym), Enzyme der **Glukoneogenese** und der **Glykogensynthese**, steigern die Expression des Glukosetransporters GLUT-4 und fördern die Glukoseresorption im Darm.

- Induktion **kataboler Enzyme** der Lipolyse und Glykogenolyse
- verstärkte Expression β-adrenerger Rezeptoren und mitochondrialer Enzyme.

**Katabol** wirkend steigern sie die **Lipolyse**, **Glykogenolyse** und **Glukoseverwertung**. Dies erfolgt z. T. durch Induktion der entsprechenden Enzyme (z. B. der Glykogenolyse), zum großen Teil aber durch Steigerung der Expression von β-adrenergen Rezeptoren und somit durch **Verstärkung der Wirkungen von Adrenalin und Noradrenalin.**
Der Energiebereitstellung dient auch die verstärkte Expression von Enzymen des Zitratzyklus und der Atmungskette in den Mitochondrien.

**Proteinstoffwechsel:** Schilddrüsenhormone **fördern** sowohl den **Proteinaufbau** als auch den **-abbau**.

**Proteinstoffwechsel:** Einerseits **fördern** Schilddrüsenhormone die **Transkription und Translation von Proteinen**, Letzteres u. a. durch Steigerung der Biosynthese von Ribosomen und Translationsinitiationsfaktoren. Andererseits stimulieren sie den **Proteinabbau** – sie steigern die Aktivität des Ubiquitin/Proteasom-Systems – und den **Abbau der verzweigtkettigen Aminosäuren.**

**Regulation des Grundumsatzes:** Schilddrüsenhormone **steigern** die **Stoffwechselaktivität**, d. h. auch den **Sauerstoffverbrauch**, und die **Aktivität der $Na^+/K^+$-ATPase**.

**Regulation des Grundumsatzes:** Wie oben beschrieben, setzen Schilddrüsenhormone anabole und katabole Reaktionen in Gang. Sie **steigern** also die **Stoffwechselaktivität** und mit ihr den **Sauerstoffverbrauch** und den **Grundumsatz**, d. h. den Energiebedarf in Ruhe und im Nüchternzustand. Mit dieser Wirkung steht in Einklang, dass sie auch die **Aktivität der $Na^+/K^+$-ATPase steigern**, die ja die treibende Kraft für den Transport vieler Metaboliten in die Zelle ist.

► Merke.

► Merke. Für die Homöostase unseres Organismus ist eine exakte Balance zwischen anabolen und katabolen Reaktionen erforderlich. Erreicht wird sie durch Regulation der Ausschüttung der Schilddrüsenhormone und periphere Aktivierung von T4 zu T3.

Beim **Fasten sinkt** der **Serum-T3-Spiegel** und es resultiert ein Energiespareffekt ($O_2$-Verbrauch und Herzfrequenz ↓).
Bei **Energiezufuhr** dagegen steigt der Energieumsatz.

Beim **Fasten** z. B. **sinkt** der **Serum-T3-Spiegel** (T4 bleibt weitgehend unverändert) und mit ihm der Sauerstoffverbrauch und die Herzfrequenz. Insgesamt resultieren ein **Energiespareffekt** und eine **positive Stickstoffbilanz** durch verminderte Proteolyse. Umgekehrt wird bei reichlicher **Nahrungszufuhr** der **Energie- und Proteinumsatz gefördert.**

▶ **Klinik.** Wie wichtig die exakte Konzentration an Schilddrüsenhormonen ist, erkennt man auch an den Folgen einer Schilddrüsenüber- bzw. -unterfunktion: **Überfunktion** führt zum Abbau von Protein und Lipidspeichern und dadurch zu **Gewichtsabnahme**, **Unterfunktion** bewirkt das Gegenteil: **Gewichtszunahme** und verminderte Aktivität v.a. des Fettstoffwechsels mit **Hypertriglyzeridämie**. Bei Unterfunktion kann der Grundumsatz bis zu etwa 40 % reduziert werden, bei massiver Überfunktion bis auf fast das Doppelte gesteigert werden.

▶ Klinik.

**Steigerung der Wärmeproduktion (Thermogenese):** Die Schilddrüsenhormone sind bei allen Vertebraten wichtig für Wachstum und Differenzierung, steigern aber nur in homöothermen Organismen (solchen, die ihre Körpertemperatur konstant halten können) die Stoffwechselaktivität und die Wärmeproduktion. Kältereize sind ein starker Stimulus der Hormonausschüttung. Die Schilddrüsenhormone **wirken zusammen mit den Katecholaminen**, die die kurzfristige Wärmeproduktion regeln. Die Wärmeproduktion erfordert einen hohen Energieaufwand. Homöotherme Organismen besitzen einen etwa 4- bis 5-fach höheren Sauerstoffverbrauch (= Energieverbrauch) als gleich große poikilotherme Organismen. Ein großer Teil der Wärme wird durch eine „energieverschwendende" Stoffwechsellage erzeugt, z.B. ist für die gleiche Kraftentwicklung bei der Muskelkontraktion beim Frosch ca. dreimal weniger ATP nötig als beim Menschen. Die geringere Effizienz hat aber den Vorteil, dass nur ein Teil der Wärmeproduktion hormonell geregelt werden muss.

**Steigerung der Wärmeproduktion (Thermogenese):** Die Schilddrüsenhormone **wirken zusammen mit den Katecholaminen**, die die kurzfristige Wärmeproduktion regeln. Ein Teil der Wärme wird durch die im Vergleich zu Invertebraten „energieverschwendende" Stoffwechsellage erzeugt.

Für die Thermogenese sind mehrere Faktoren verantwortlich, wenn auch ihr Anteil z.T. noch umstritten ist:

- Beim **Neugeborenen** ist die Thermogenese durch das **braune Fettgewebe** von großer Bedeutung. Der Mechanismus ist gut untersucht. Die **Entkopplung der Atmungskette** durch das von den Schilddrüsenhormonen zusammen mit den Katecholaminen induzierte **Thermogenin (UCP1)** führt zur vermehrten Wärmeproduktion (s. S. 522). Beim Erwachsenen spielt das braune Fettgewebe nur eine untergeordnete Rolle.
- Auch **außerhalb des braunen Fettgewebes** liefert eine **partielle Entkopplung der Atmungskette** in den Mitochondrien einen wichtigen Beitrag: Schilddrüsenhormone können die Wärmeproduktion auf Kosten der ATP-Produktion steigern. Der Mechanismus ist noch ungeklärt. Zwar hat man UCP1-verwandte Proteine in den Mitochondrien vieler Gewebe nachgewiesen, jedoch dienen sie nach bisherigen Erkenntnissen nicht der Wärmeproduktion. Wahrscheinlich beruht die Hormonwirkung auf UCP-unabhängigen „Protonen-Lecks" in der Atmungskette sowie einer verminderten Protonen-Pumpaktivität der einzelnen Komplexe der Atmungskette.
- Wärme kann auch durch **Einstrom von Ionen durch „Leck-Kanäle"** in der Plasmamembran und **Rückpumpen durch die $Na^+/K^+$-ATPase** erzeugt werden. Allerdings ist der eindeutige Nachweis für diesen häufig zitierten Mechanismus bisher noch nicht gelungen.
- Eine große Bedeutung wird dem **$Ca^{2+}$-Cycling im Skelettmuskel** zugeschrieben: Die Freisetzung von $Ca^{2+}$ aus dem sarkoplasmatischen Retikulum, die Aktivierung metabolischer Reaktionen durch $Ca^{2+}$ und das Rückpumpen ins sarkoplasmatische Retikulum durch die $Ca^{2+}$-ATPase können einen erheblichen Beitrag zur Thermogenese leisten.
- Darüber hinaus induzieren Schilddrüsenhormone die Expression einer **Isoform der $Ca^{2+}$-ATPase**, die mehr ATP für einen Transportvorgang verbraucht, also **weniger effizient** ist, dafür aber mehr Wärme produziert.

Die Thermogenese wird durch mehrere Faktoren reguliert:

- **Entkopplung der Atmungskette durch** Thermogenin (UCP1) in den Mitochondrien des **braunen Fettgewebes** des Neugeborenen
- **partielle Entkopplung der Atmungskette** in den Mitochondrien **außerhalb des braunen Fettgewebes**
- evtl. Einstrom von Ionen durch **„Leck-Kanäle"** in der Plasmamembran und Rückpumpen durch die **$Na^+/K^+$-ATPase**
- **$Ca^{2+}$-Cycling im Skelettmuskel** ($Ca^{2+}$-Freisetzung aus dem SR, Aktivierung metabolischer Reaktionen durch $Ca^{2+}$, Rückpumpen ins SR)
- Expression einer **„ineffizienteren"** Isoform der **$Ca^{2+}$-ATPase**

▶ **Klinik.** Für eine Beteiligung von $Ca^{2+}$ spricht auch das klinische Bild der **malignen Hyperthermie**: Unter Narkose steigt bei genetisch disponierten Patienten der zytosolische $Ca^{2+}$-Gehalt, und die Körpertemperatur nimmt lebensbedrohliche Werte an. Der Grund ist häufig ein mutierter Ryanodinrezeptor, der bei leichter Senkung des Membranpotenzials (Narkose) vermehrt $Ca^{2+}$ freisetzt (s. S. 527).

▶ Klinik.

- Die **gleichzeitige Aktivierung kataboler und anaboler Wege** führt z.T. zu **„sinnlosen Zyklen"** (futile cycles), indem z.B. Glukose durch Glukoneogenese gebildet und gleich wieder abgebaut wird. Auf diese Weise kann jedoch Energie in Form

- gleichzeitige Aktivierung kataboler und anaboler Wege **(„sinnlose Zyklen")**.

von Wärme gewonnen werden, allerdings macht ihr Beitrag zur Wärmeproduktion insgesamt nicht mehr als 15 % aus.

▶ Klinik.

**▶ Klinik.** Eine Unterfunktion der Schilddrüse (Hypothyreose) ist angeboren (s. S. 369) oder erworben. Häufige Ursachen einer **erworbenen primären Hypothyreose** sind **Iodmangel** und **Autoantikörper gegen Schilddrüsenhormone.** Das Fehlen der negativen Rückkopplung durch die Schilddrüsenhormone führt zur verstärkten TSH-Synthese. Durch die erhöhte TSH-Konzentration wird das Wachstum der Schilddrüse stimuliert und es bildet sich ein Kropf **(Struma).** Der Mangel an Schilddrüsenhormonen ruft eine Vielzahl von (wenig spezifischen) Symptomen hervor: leichte Ermüdbarkeit, Konzentrationsschwäche, Muskelschwäche, depressive Verstimmung, verringerte Herzleistung, Anämie, Gewichtszunahme, Verstopfung, Neigung zu Frieren und Nierenfunktionsstörungen. Ein häufiges Symptom ist das **Myxödem**. Die Haut ist – v. a. an den Extremitäten und im Gesicht – teigig geschwollen, kühl, trocken und rau. Die Patienten sehen müde (hängende Augenlider, Abb. **11.22**) und aufgeschwemmt aus. Die Ursache ist eine Ablagerung von Glykosaminoglykanen im Interzellulärraum infolge eines verminderten Abbaus.

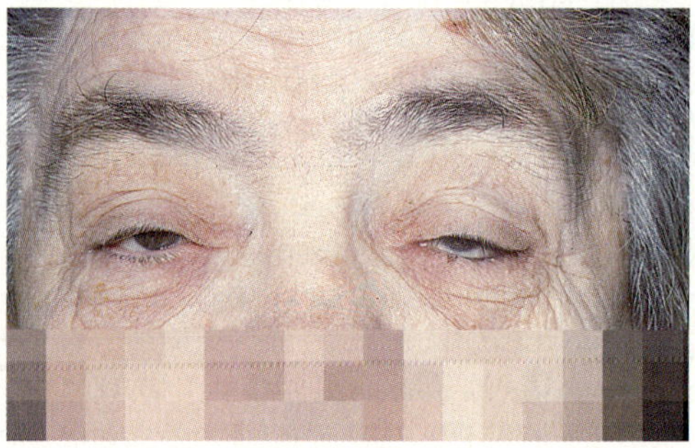

**11.22**

**Patientin mit Hypothyreose**

Die Gesichtshaut ist teigig geschwollen (= Myxödem; Augensäcke!), die Augenlider hängen herab.

Eine **Überfunktion der Schilddrüse (Hyperthyreose)** ist häufig durch eine **Autoimmunerkrankung** bedingt. Es lassen sich Autoantikörper nachweisen, die u. a. gegen den **TSH-Rezeptor** gerichtet sind **(Morbus Basedow).** Diese Antikörper binden an den TSH-Rezeptor, aktivieren ihn und führen so zu Struma und erhöhter Produktion von Schilddrüsenhormonen. Eine charakteristische, aber nicht immer vorhandene Begleiterscheinung ist das Hervortreten des Augapfels (**Exophthalmus**, Abb. **11.23**). Es ist durch Kreuzreaktion von Antikörpern mit Epitopen auf den Augenmuskeln und dem Bindegewebe des Auges bedingt, was zum Einwandern von Leukozyten und vermehrter Synthese von Proteoglykanen durch Orbita-Fibroblasten führt. Die sonstigen, durch die Hormonüberproduktion bedingten Symptome sind wenig spezifisch: Tachykardie, Nervosität, Schlaflosigkeit, Neigung zu Schwitzen, Wärmeintoleranz und Gewichtsverlust.

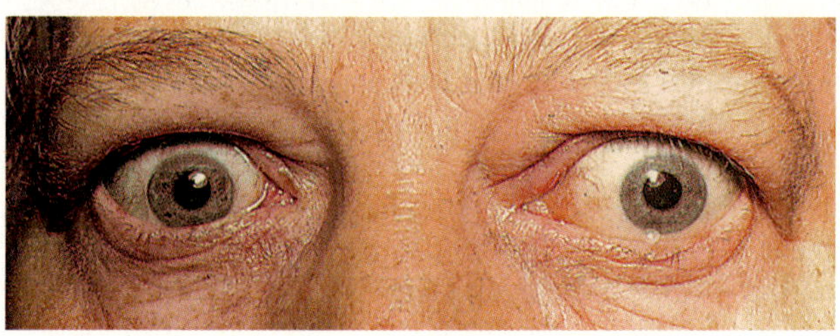

**11.23**

**Exophthalmus bei Morbus Basedow**

Durch die Lidretraktion ist am oberen Hornhautrand ein Teil der weißen Sklera sichtbar (Dalrymple-Zeichen).

# 11.6 Hormone der Nebennierenrinde

## 11.6.1 Überblick

Die Nebennierenrinde besteht aus drei Schichten, die sich sowohl morphologisch als auch funktionell, z. B. in Bezug auf ihre Enzymausstattung, unterscheiden (Abb. **11.24**). Jede Schicht produziert eine Gruppe lebenswichtiger Steroidhormone:

- Die Hormone der an die Kapsel angrenzenden Zona glomerulosa, die **Mineralokortikoide** – wichtigster Vertreter: Aldosteron –, steigern v. a. in der Niere die $Na^+$-Resorption und die Sekretion von $K^+$ und $H^+$, spielen also eine wichtige Rolle in der Regulation des Salz- und des Wasserhaushalts und damit des Blutdrucks. Ähnlich wirkt Aldosteron auf den Ionentransport im Darm und in den Schweißdrüsen.
- Die in der Zona fasciculata gebildeten **Glukokortikoide** – wichtigster Vertreter: Kortisol – tragen diesen Namen aufgrund ihrer Fähigkeit, den Blutzuckerspiegel anzuheben. Sie haben aber noch viele weitere metabolische und physiologische Funktionen.
- Insbesondere in der an das Nebennierenmark grenzenden Zona reticularis werden **Androgene**, v. a. Dehydroepiandrosteron und Androstendion, gebildet. Sie sind in erster Linie Vorstufen für die Synthese anderer Sexualhormone: In peripheren Geweben mit der entsprechenden Enzymausstattung werden sie in die biologisch weit aktiveren Hormone Testosteron und Östrogene umgewandelt. Beim Mann ist der Beitrag der Nebennierenrinde zur Testosteronproduktion gegenüber dem Hoden nur gering, bei der Frau macht er ca. 50 % aus.

**11.6 Hormone der Nebennierenrinde**

**11.6.1 Überblick**

In der Nebennierenrinde werden produziert (Abb. **11.24**):

- **Mineralokortikoide** (in der Zona glomerulosa)
- **Glukokortikoide** (in der Zona fasciculata)
- **Androgene** (v. a. in der Zona reticularis).

Im Gegensatz zu den **Mineralokortikoiden**, deren Synthese unter Kontrolle des **Renin-Angiotensin-Systems** steht, wird die Synthese der **Glukokortikoide und Androgene** durch das glandotrope Hypophysenhormon **ACTH** stimuliert. ACTH ist auch für die Lebensfähigkeit der Zellen notwendig. Die Zonae fasciculata und reticularis atrophieren ohne Stimulation durch ACTH und hypertrophieren bei zu hohen ACTH-Spiegeln.

**Mineralokortikoide** werden unter Kontrolle des **Renin-Angiotensin-Systems** gebildet. Die Synthese der **Glukokortikoide und Androgene** wird durch **ACTH** stimuliert.

► Exkurs. **Weitere Hormone der Nebennierenrinde**

Interessanterweise werden in der Nebennierenrinde noch weitere Steroidhormone gebildet, sog. **kardiotone Steroide** (Cardenolide, Bufadienolide), darunter Quabain (g-Strophanthin) und Digoxin, deren Kohlenstoffgerüste mit denen der bekannten Herzglykoside aus Digitalis und anderen Pflanzen identisch sind (!). Bei vielen Patienten mit essenzieller Hypertonie wurden erhöhte Werte an Quabain gefunden, kardiotone Steroide könnten somit an der Entstehung dieser Krankheit beteiligt sein. Die Biosynthese ist noch nicht geklärt und bisher liegen auch noch zu wenige Daten vor, um die physiologische und pathophysiologische Bedeutung dieser Steroide beurteilen zu können.

► Exkurs.

### Biosynthese

**Ausgangssubstanz** der Hormone der Nebennierenrinde ist **Cholesterin** (dessen Sterangerüst für die Bezeichnung „Steroidhormone“ verantwortlich ist). Das Cholesterin stammt zu etwa 80 % aus LDL, das über den LDL-Rezeptor endozytiert wird, ein kleiner Teil wird auch de novo synthetisiert. Die hormonproduzierenden Zellen speichern Cholesterin in Form von Cholesterinestern, die als morphologisch sichtbare Lipidtröpfchen in der Zelle gelagert werden. Bei Bedarf wird Cholesterin zur Hormonbiosynthese durch die Cholesterinesterase (Cholesterinester-Hydrolase) wieder freigesetzt. Für die Steroidbiosynthese muss Cholesterin aus dem Zytosol zur inneren Mitochondrienmembran gelangen. Freie Diffusion des lipophilen Moleküls durch die Lipidmembran ist nicht ausreichend, vielmehr sind für den Cholesterintransport mehrere Proteine erforderlich; der Mechanismus ist erst teilweise bekannt. Der erste Schritt in der Biosynthese aller Steroidhormone ist die Umwandlung von Cholesterin zu **Pregnenolon**. Dabei spaltet das Enzym Desmolase (P450scc) die Bindung zwischen den C-Atomen C-20 und C-22. Trotz der Vielfalt der Steroidhormone sind für ihre Synthese nur wenige Reaktionstypen erforderlich: Bis auf wenige Ausnahmen sind die beteiligten Enzyme Mitglieder der Familie der **Cytochrom-P450-Enzyme**, die eine Vielfalt von Hydroxylierungen und Oxidationen katalysieren (Abb. **11.24**).

**Biosynthese**

Die Hormone der Nebennierenrinde leiten sich vom **Cholesterin** ab. Cholesterin wird aus Cholesterinestern (Speicherform) freigesetzt und mithilfe von Proteinen ins Mitochondrium transportiert, wo der erste Schitt, die Bildung von **Pregnenolon**, erfolgt. Für die Synthese der Steroidhormone sind v. a. Mitglieder der Familie der **Cytochrom-P450-Enzyme** verantwortlich, die eine Vielfalt von Hydroxylierungen und Oxidationen katalysieren (Abb. **11.24**). Mutationen der Gene dieser Enzyme führen zu charakteristischen klinischen Erscheinungsbildern (s. *Klinik*, S. 375).

**11.24 Steroidhormon-Biosynthese in der Nebennierenrinde (Übersicht über die wichtigsten Wege)**

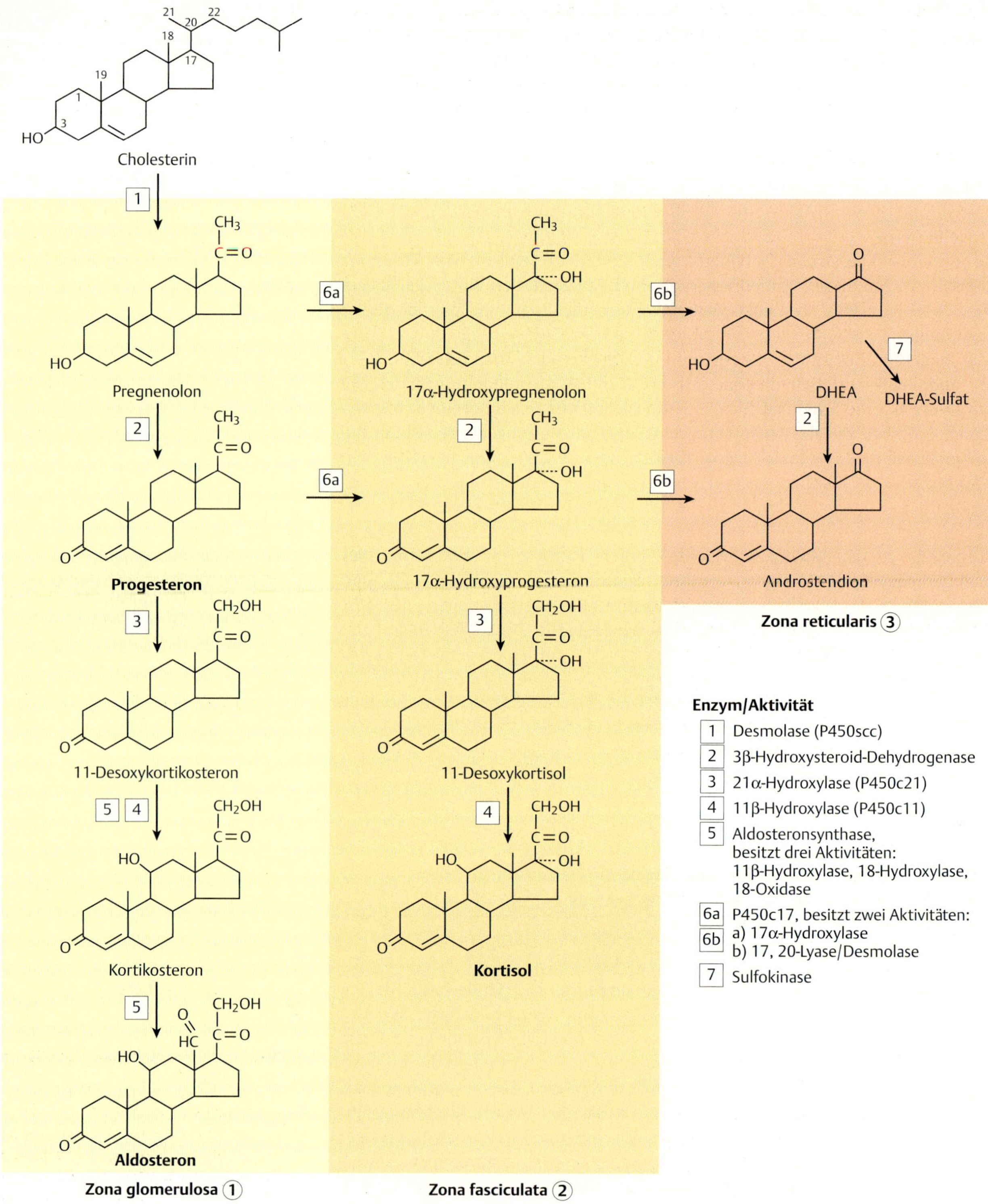


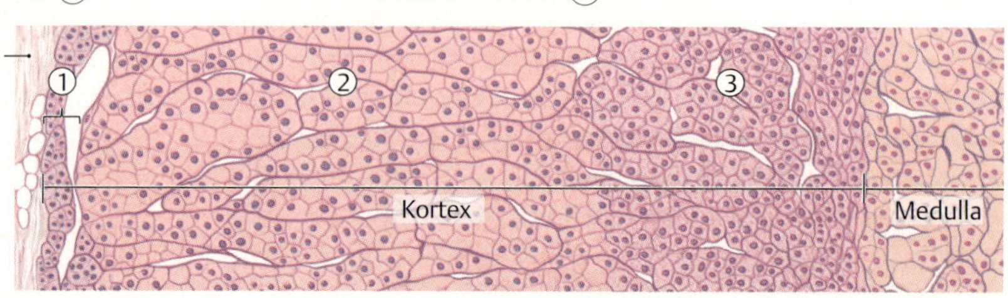

► **Klinik.** Das **adrenogenitale Syndrom (AGS)** beruht auf einem autosomal-rezessiv vererbten Mangel eines Enzyms der Steroidhormonbiosynthese:
Am häufigsten (>90% der Fälle) ist ein Mangel der **21α-Hydroxylase**, der mit einer Häufigkeit von ca. 1:12000 auftritt (und damit in etwa so häufig ist wie die Phenylketonurie). Dieser Defekt beeinträchtigt oder unterbindet die beiden in Abb. **11.24** als Schritt 3 bezeichneten Reaktionen, die Biosynthese von Kortisol und Aldosteron ist gestört. Die Schwere der Erkrankung hängt von der Art der Mutation ab:

- In ca. **75%** der Fälle beeinträchtigt die Mutation die Enzymaktivität so stark, dass sowohl die **Kortisol- als auch die Aldosteronsynthese** betroffen ist.
- In ca. **25%** der Fälle führt die Mutation praktisch nur zu einer Einschränkung der **Kortisolsynthese.** Eine Restaktivität des Enzyms von wenigen Prozent reicht aus, um die Umsetzung von Progesteron und somit die Synthese einer ausreichenden Menge an Aldosteron zu ermöglichen. Die Neugeborenen weisen daher nicht den fatalen Salzverlust der häufigeren Variante auf.

In beiden Fällen ist die **Synthese von Androgenen gesteigert**, da diese vom Enzymmangel nicht betroffen sind (Abb. **11.24**). Niedrige Kortisolspiegel stimulieren die **ACTH-Freisetzung**, woraufhin alle Zonen der Nebennierenrinde hypertrophieren und die Androgensynthese nochmals verstärkt wird. Bei ausgeprägtem Enzymmangel wirkt sich die erhöhte Androgenkonzentration bereits pränatal aus: Das äußere Genitale weiblicher Neugeborener ist in unterschiedlichem Ausmaß virilisiert (von Klitorishypertrophie bis zu Penis mit leerem Skrotum).
Ist der Enzymmangel nicht stark ausgeprägt (d.h., die Kortisol- und Aldosteronspiegel sind unauffällig), treten deutliche Symptome oder Befunde u.U. erst nach einigen Jahren auf **(Late-Onset-AGS).** Durch die erhöhte Androgenkonzentration sind das **Längenwachstum beschleunigt und der Epiphysenschluss verfrüht**, Mädchen leiden zudem unter Hirsutismus (männlicher Behaarungstyp) und Zyklusstörungen. Diese „nicht klassische“ Form des AGS tritt relativ häufig auf (ca. 1:350), das Krankheitsbild dürfte unterdiagnostiziert sein.
Eine weitere Form des adrenogenitalen Syndroms (Häufigkeit nur ca. 1:100000) beruht auf einem Mangel an **11β-Hydroxysteroid-Dehydrogenase**. Damit sind die in Abb. **11.24** als Schritt 4 bezeichneten Reaktionen gestört. Dies führt wie bei der häufigeren Form des 21α-Hydroxylase-Mangels zum Ausfall von Kortisol und Aldosteron und zu erhöhter Androgenproduktion mit den damit verbundenen Symptomen und Befunden. Zusätzlich ist ein erhöhter Blutdruck zu beobachten, da sich das Zwischenprodukt **11-Desoxykortikosteron** anreichert, welches eine schwache **mineralokortikoide** Wirkung besitzt.
Störungen der **3β-Hydroxysteroid-Dehydrogenase** (Schritt 2 in Abb. **11.24**) oder ein **gestörter Import von Cholesterin** ins Mitochondrium (insbesondere der Ausfall eines StAR genannten Transportproteins) führen zu Defekten in der Biosynthese aller drei Steroidhormontypen. Wegen der fehlenden Rückkopplung führt die verstärkte ACTH-Ausschüttung aber auch in diesen Fällen zur Hyperplasie der Nebennierenrinde.

► **Klinik.**

## Sekretion, Transport und Inaktivierung

Die Steroidhormone werden als lipophile, membrangängige Hormone nicht gespeichert, sondern **diffundieren** nach der Biosynthese aus der Zelle **in die Blutbahn**, wo sie **im Komplex mit Plasmaproteinen transportiert** werden. So wird Kortisol v.a. an das Protein **Transkortin (=Cortisol-Binding-Globulin, CBG)** gebunden transportiert. Die **Inaktivierung** der Hormone erfolgt zum großen Teil durch Hydrierung der Doppelbindung, Reduktion der Karbonylgruppe an C3 zum Alkohol, Veresterung mit Glukuronsäure oder Sulfat. Diese Reaktionen finden v.a. in der **Leber** statt, so dass bei therapeutischer, oraler Gabe von Steroidhormonen ein großer Teil nach der Resorption schon im ersten Durchgang **(„first pass effect“)** inaktiviert wird. Die Ausscheidung der Abbauprodukte erfolgt über Leber und Niere (konjugierte Verbindungen, Umsetzung mit Glukuronsäure).

### Sekretion, Transport und Inaktivierung

Die Steroidhormone werden als lipophile Hormone **nicht gespeichert**, sondern nach der Biosynthese in die Blutbahn abgegeben, wo sie **im Komplex mit Plasmaproteinen** (v.a. **CBG**) transportiert werden. Die Hormone werden v.a. in der **Leber** metabolisch **inaktiviert („first pass effect“)**, zu besser wasserlöslichen Substanzen umgesetzt (Glukuronidierung, Sulfatierung) und über die Niere ausgeschieden.

11.6.2 Mineralokortikoide

▶ Definition.

Regulation der Biosynthese

Der wichtigste **Stimulator** der Biosynthese ist **Angiotensin II**, ein weiterer eine **erhöhte $K^+$-Konzentration**.

Molekulare Wirkungen

Aldosteron besitzt
- **nicht genomische**, schnelle (innerhalb von **Minuten** eintretende) Wirkungen,
- **genomische Wirkungen** mit einer **Latenzzeit** (meist im Stundenbereich).

Nicht genomische Wirkungen

Aldosteron stimuliert innerhalb weniger Minuten
- viele **Transportreaktionen**, die längerfristig durch die genomischen Wirkungen aufrechterhalten werden,
- die **Proteinkinase C** und **ERK-Kinasen**.

Genomische Wirkungen

Aldosteron aktiviert den **Mineralokortikoidrezeptor (Typ-I-Rezeptor)**, der hochaffin auch Kortisol bindet. Die **11β-Hydroxysteroid-Dehydrogenase 2 oxidiert Kortisol** in der Niere zu **Kortison**, so dass Aldosteron an den Rezeptor binden kann.

Die **frühen genomischen Effekte** von Aldosteron beruhen auf der **Induktion der Kinase SGK**, die den **Abbau der Natrium- und Kaliumkanäle EnaC bzw. ROMK** und der **$Na^+/K^+$-ATPase verhindert**.

## 11.6.2 Mineralokortikoide

▶ **Definition.** Mineralokortikoide sind Steroidhormone der Nebennierenrinde mit $Na^+$-Einspareffekt. Der wichtigste Vertreter ist Aldosteron. Es bewirkt eine **Steigerung der Resorption von $Na^+$**, v.a. in den Epithelzellen der **Verbindungstubuli und Sammelrohre** der Niere, aber auch im Epithel der Schweiß- und Speicheldrüsen sowie des Kolons. Parallel dazu **scheidet** das Epithel der Verbindungstubuli und Sammelrohre **vermehrt $K^+$, $H^+$ und $NH_4^+$ aus**.

### Regulation der Biosynthese

Der wichtigste **Stimulator** der Biosynthese ist **Angiotensin II** (s. S. 319). Ein weiterer Stimulus ist eine **erhöhte** extrazelluläre **Kaliumkonzentration**. ACTH hingegen ist nur schwach wirksam, es wirkt überwiegend auf die Kortisolproduktion (s. S. 352). Auch Substanzen mit β-adrenerger Wirkung verstärken die Aldosteronsekretion.

### Molekulare Wirkungen

Aldosteron besitzt sowohl **nicht genomische** Wirkungen, die erst in den letzten Jahren besser charakterisiert wurden und innerhalb **weniger Minuten** auftreten, als auch die seit langem bekannten **genomischen Wirkungen**, die eine **Latenzzeit** von mindestens 30 Minuten bis 1 Stunde besitzen, da RNA transkribiert und Proteine neu synthetisiert werden müssen. Die folgende Darstellung bezieht sich v.a. auf die Niere, das wichtigste Zielorgan von Aldosteron. Nach gegenwärtigem Kenntnisstand sind für die Wirkungen an anderen Organen, insbesondere dem Kolon, ähnliche Mechanismen verantwortlich.

### Nicht genomische Wirkungen

Die Mechanismen nicht genomischer Aldosteronwirkungen sind noch weitgehend unbekannt, jedoch wurde eine Reihe von Effekten sicher nachgewiesen:
- Innerhalb von wenigen Minuten steigt in den Hauptzellen des distalen Nephrons die zytosolische **$Ca^{2+}$**-Konzentration, die Aktivierung von **$Na^+/H^+$-Antiportern** erhöht den zytoplasmatischen pH-Wert. Apikale ENaC-Kanäle **($Na^+$-Resorption)** und basolaterale ATP-abhängige **$K^+$-Kanäle** werden ebenfalls aktiviert. Mit Verzögerung von einigen Minuten folgt die Aktivierung der **$Na^+/K^+$-ATPase** und der **Protonen-ATPase**. Auffällig ist, dass diese Moleküle auch durch genomische Wirkung aktiviert werden (s.u.). Vermutlich sollen daher die **nicht genomischen Wirkungen eine schnelle Reaktion** auslösen, die durch genomische Wirkungen dann in eine länger dauernde Stimulation übergeht.
- Weiterhin aktiviert Aldosteron innerhalb weniger Minuten die **Proteinkinase C** und **ERK-Kinasen**. Letzere sind v.a. als Effektormoleküle von Wachstumsfaktoren bekannt. Da ERK-Kinasen Transkriptionsfaktoren phosphorylieren und aktivieren, könnten sie die genomischen Wirkungen ergänzen.

### Genomische Wirkungen

Aldosteron bindet an den zytosolischen **Mineralokortikoidrezeptor**, einen ligandenaktivierten Transkriptionsfaktor, der auch Kortisol bindet, und zwar mit hoher Affinität (er ist identisch mit dem Kortisol-**Typ-I-Rezeptor**). Da Kortisol in der Zelle in erheblich höherer Konzentration vorliegt als Aldosteron, muss es einen Mechanismus geben, der die Verdrängung von Aldosteron vom Rezeptor verhindert. Er besteht darin, dass in den aldosteronsensitiven Zellen der Niere **Kortisol** durch die **11β-Hydroxysteroid-Dehydrogenase 2 (11β-HSD2) zu Kortison oxidiert** wird (s. S. 380), das nicht an den Rezeptor bindet.
Die genomischen Wirkungen von Aldosteron setzen bereits nach einer halben Stunde ein (für genomische Wirkungen ungewöhnlich schnell!). Diese **frühen Effekte** beruhen auf der äußerst schnellen Expression der sog. **SGK (serum- and glucocorticoid-inducible kinase)**. Diese Kinase phosphoryliert und inaktiviert die Ubiquitin-Ligase Nedd4–2. Sie **verhindert** dadurch den **Abbau der Natrium- und Kaliumkanäle EnaC bzw. ROMK** in der luminalen Plasmamembran sowie der **$Na^+/$**

11.25 **Mechanismus der Aldosteronwirkung an Epithelzellen der Verbindungstubuli und Sammelrohre der Niere**

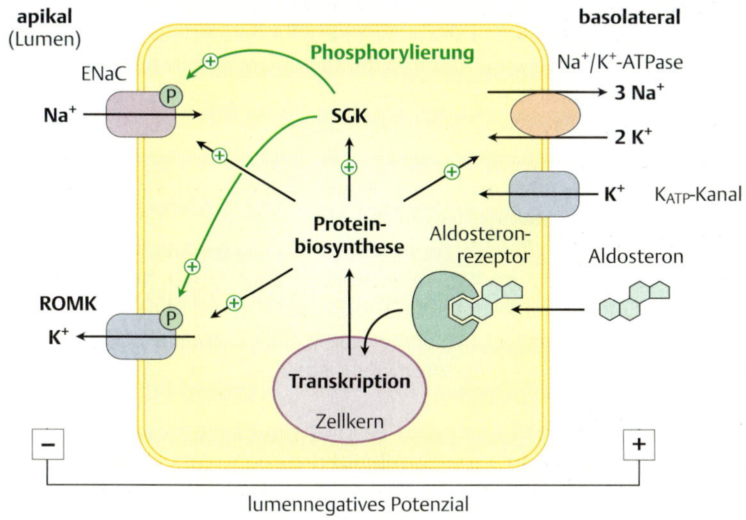


SGK = serum- and glucocorticoid-inducible kinase, ENaC = Natriumkanal, ROMK = renal outer medullary $K^+$-channel. Einzelheiten s. Text.

11.25

$K^+$**-ATPase** auf der basolateralen Seite. Zusätzlich aktiviert SGK den Kanal EnaC auch direkt durch Phosphorylierung (Abb. **11.25**).

Mit einer Latenzzeit von mehreren Stunden **(späte Effekte)** stimuliert Aldosteron die **Biosynthese von ENaC, ROMK** und der $Na^+/K^+$**-ATPase** (Abb. **11.25**). Durch die frühen und späten Effekte resultiert eine simultane Aktivierung des apikalen Eintritts und der basolateralen Sekretion von $Na^+$ und eine Erhöhung der Ausscheidung von $K^+$-Ionen. Zusätzlich werden einige mitochondriale Enzyme verstärkt transkribiert, um die Energieversorgung der sezernierenden Zellen zu gewährleisten.

Einen wesentlichen Beitrag zur Steigerung der Ausscheidung von $H^+$-Ionen liefern die Aktivierung und die Transkription der $H^+$-ATPase und vermutlich auch des $Cl^-/HCO_3^-$-Austauschers.

Die **späten Effekte** der Aldosteronwirkung beruhen auf der **Induktion von ENaC, ROMK,** $Na^+/K^+$**-ATPase** (Abb. **11.25**) und mitochondrialen Enzymen. Die Aktivierung und die Transkription der $H^+$-ATPase und des $Cl^-/HCO_3^-$-Austauschers steigern die $H^+$-Sekretion.

► **Klinik.** Der **primäre Hyperaldosteronismus (Conn-Syndrom)** ist in zwei Dritteln der Fälle durch eine beidseitige Hyperplasie der Nebennierenrinde, in einem Drittel durch ein aldosteronproduzierendes Adenom der Nebennierenrinde bedingt. Klassischer Leitbefund ist die **hypokaliämische Hypertonie**, wobei die Hypokaliämie durch die verstärkte $K^+$-Sekretion zustande kommt, der Blutdruckanstieg durch die Zunahme der Extrazellulärflüssigkeit bei $Na^+$-Retention (verringerte Ausscheidung von Wasser). Allerdings kommt eine **normokaliämische Hypertonie** deutlich häufiger vor und wird mittlerweile als eigenständige Form des primären Hyperaldosteronismus angesehen.

Ein **sekundärer Hyperaldosteronismus** ist durch Stimulation des Renin-Angiotensin-Aldosteron-Systems (RAAS) bedingt. Sie findet sich z. B. bei fortgeschrittener, mit Ödemen einhergehender Herzinsuffizienz, denn durch die Ödeme ist das effektive zirkulierende Volumen reduziert; der Blutdruck ist deshalb nicht erhöht.

**Hypoaldosteronismus** kommt am häufigsten im Rahmen einer Nebenniereninsuffizienz (Morbus Addison) vor (s. S. 385). Bei Säuglingen kann er als Folge eines 21α-Hydroxylase-Mangels auftreten (s. S. 375).

► **Klinik.**

## Zelluläre Wirkungen

**Niere:** Aldosteron wird auf zwei unterschiedliche Stimuli hin sezerniert: **Volumenmangel** und **Hyperkaliämie**. Im ersten Fall stimuliert es vorrangig die Natriumresorption der Tubuluszellen (zusammen mit Chlorid), im zweiten Fall die $K^+$-Sekretion. Beide Prozesse sind daher nicht strikt miteinander gekoppelt.

### Zelluläre Wirkungen

**Niere:** Bei **Volumenmangel** stimuliert Aldosteron v. a. die NaCl-Resorption, bei **Hyperkaliämie** v. a. die $K^+$-Sekretion.

▶ Merke.

▶ Merke. $Na^+$-Resorption und $K^+$-Sekretion können unter physiologischen Bedingungen teilweise entkoppelt werden.

Die Mechanismen hierfür wurden bei Untersuchungen der Pathophysiologie des **Pseudohypoaldosteronismus Typ II** z. T. aufgeklärt, bei dem eine **hyperkaliämische Hypertonie** besteht: Aldosteron ist in ein Netzwerk von Kinasen, darunter die **Wnk-Kinasen**, eingebunden. Das Zusammenwirken dieser Faktoren reguliert die Balance zwischen $Na^+$-Resorption und $K^+$-Sekretion.

- **Volumen-/NaCl-Mangel** fördert die $Na^+$-Resorption über den $Na^+/Cl^-$-Symporter (NCC) im distalen Tubulus (Pars convoluta) bei gleichzeitiger **Hemmung des ROMK-Kanals**.
- **Hyperkaliämie** führt zur teilweisen Inaktivierung der elektroneutralen NaCl-Resorption, wodurch im Sammelrohr mehr $Na^+$ für den elektrogenen Transport zur Verfügung steht. Der Natriumeinstrom über ENaC erzeugt ein **lumennegatives Potenzial** (Abb. **11.25**); **$K^+$ folgt dem Potenzialgradienten**. Durch **Aktivierung von ENaC und ROMK** verstärkt Aldosteron die NaCl-Absorption bei gleichzeitiger $K^+$-Sekretion.

Allerdings waren die Mechanismen, die eine getrennte Regulierung erlauben, bis vor kurzem völlig unbekannt. In den letzten Jahren wurden jedoch große Fortschritte erzielt. Ein Durchbruch war die Aufklärung der Pathophysiologie des **Pseudohypoaldosteronismus Typ II**, einer seltenen angeborenen Nierenerkrankung, gekennzeichnet durch eine **Hyperkaliämie** aufgrund einer gestörten $K^+$-Sekretion, paradoxerweise verbunden mit einer **Hypertonie** aufgrund einer gesteigerten $Na^+$-Retention. Diese Erkrankung beruht auf Mutationen von Genen, die für sog. **Wnk-Kinasen** kodieren (ihnen fehlt ein in anderen Kinasen konservierter Lysin [K]-Rest, daher der Name „**w**ith **n**o **K**"). Diese Kinasen sind in ein Netzwerk mit anderen Signalwegen integriert, ihre Aktivität wird wenigstens teilweise durch Aldosteron und Elektrolyte reguliert. Eine Reihe von Untersuchungen zeigt, dass durch das Zusammenwirken dieser Faktoren die Balance zwischen $Na^+$-Resorption und $K^+$-Sekretion verschoben wird.

- **Volumen-/NaCl-Mangel** fördert die elektroneutrale $Na^+$-Resorption über den $Na^+/Cl^-$-Symporter (NCC) im distalen Tubulus (Pars convoluta). Dieser Symporter wird durch Aldosteron aktiviert (z.T. durch vermehrte Insertion in die Plasmamembran). Zusätzlich wird unter diesen Bedingungen der **ROMK-Kanal** im Sammelrohr z.T. **inaktiviert** (verminderte Präsenz an der Plasmamembran), so dass weniger $K^+$ ausgeschieden wird.
- **Aktivierung der Aldosteronsynthese durch $K^+$-Ionen** hingegen führt zur teilweisen Inhibition von NCC. Damit steht in den folgenden Segmenten des Nephrons (Sammelrohr) mehr $Na^+$ für den elektrogenen Transport zur Verfügung (Abb. **11.25**): Der Natriumeinstrom über ENaC erzeugt ein **lumennegatives Potenzial** (die luminale Seite weist im Vergleich zur basolateralen Seite, wo die $Na^+/K^+$-ATPase wirkt, ein niedrigeres Membranpotenzial auf), **Kalium folgt als positives Ion dem Potenzialgradienten**: $K^+$ gelangt durch Eintritt über die $Na^+/K^+$-ATPase und einen basolateral gelegenen ATP-abhängigen $K^+$-Kanal ($K_{ATP}$) in die Zelle und auf der apikalen Seite über den **ROMK-Kanal** ins Lumen des Sammelrohrs. Da durch Aldosteron **ENaC und ROMK aktiviert** werden (s.o. und Abb. **11.25**), wird die NaCl-Absorption gesteigert, bei gleichzeitiger $K^+$-Sekretion.

**Kolon:** Über ENaC kann auch im distalen Kolon $Na^+$ resorbiert werden.

**Kolon:** Im proximalen Kolon überwiegt die elektroneutrale Resorption von $Na^+Cl^-$, die elektrogene $Na^+$-Resorption (über ENaC) ist auf das distale Kolon beschränkt. Bei hohen Aldosteronkonzentrationen und natriumarmer Kost können so beträchtliche Mengen dieses Kations resorbiert werden.

**Herz und Gefäßendothel:** Aldosteron führt – **unabhängig von einem Bluthochdruck** – zur Hypertrophie und zu fibrotischen Veränderungen des Herzmuskels sowie zu Funktionsstörungen des Gefäßendothels.

**Herz und Gefäßendothel:** Aldosteron besitzt am Herzen Wirkungen, die **unabhängig von einem Bluthochdruck** sind. Hohe Aldosteronspiegel führen zu Hypertrophie des Herzmuskels und zur Fibrose. Es handelt sich hierbei um eine direkte Wirkung des Hormons an den Muskelzellen und den Fibroblasten (u.a. Aktivierung von Kinasen und TGFβ). Weiterhin führt Aldosteron zu Funktionsstörungen des Endothels (z.B. Schwellung der Zellen durch $Na^+$-Einstrom, Produktion vasokonstriktorischer Faktoren, Empfindlichkeit gegen Entzündungen).

11.6.3 Glukokortikoide

▶ Definition.

### 11.6.3 Glukokortikoide

▶ Definition. **Glukokortikoide** (Kortisol, Kortison, Kortikosteron) sind Steroidhormone der Nebennierenrinde, deren primäre Stoffwechselwirkung die Mobilisierung von Energiespeichern ist (z.B. Glykogen → Anhebung der Glukosekonzentration im Blut, daher auch der Name Glukokortikoide). Sie helfen, physiologische Funktionen an Belastung anzupassen und sind zur Bewältigung von Stresssituationen erforderlich. Sie regulieren aber auch in Ruhe viele Körperfunktionen (z.B. Immunsystem, Steigerung der Aufmerksamkeit) und sind im Embryonalstadium für die Entwicklung vieler Organe (z.B. Lunge, Herz, Immunsystem) wichtig. In hohen Dosen (bei therapeutischer Gabe, starkem Stress) führen sie allerdings zur Erschöpfung und zu psychischen Störungen. Wichtigster Vertreter ist das Kortisol.

## Regulation der Biosynthese

Die Biosynthese der Glukokortikoide wird **positiv reguliert** durch **CRH** (Kortikotropin-Releasing-Hormon) und **ADH** aus dem Hypothalamus sowie **ACTH** aus der Hypophyse (Abb. **11.26**). Die CRH-Sekretion wird durch **Katecholamine** aus noradrenergen Neuronen im ZNS stimuliert. Katecholamine stimulieren auch die Synthese und Ausschüttung von ACTH aus der Hypophyse. **Hemmend** wirkt **Kortisol** (negative Rückkopplung, Abb. **11.26**).

**CRH** ist ein 41 Aminosäuren langes Peptid, das im Hypothalamus – im kleinzelligen Anteil des Ncl. paraventricularis – gebildet wird. Die Neurone sezernieren CRH überwiegend in den hypophysären Portalkreislauf, über den es zur Adenohypophyse gelangt und die **Synthese und Sekretion von ACTH stimuliert** (Details zur Synthese von ACTH s. S. 352). Einige Neurone projizieren zu noradrenergen Zellen des Hirnstamms (Locus coeruleus). Dort wirkt CRH als Transmitter und vermittelt die stressinduzierte **Aktivitätssteigerung des Sympathikus**. CRH wird zusätzlich noch in verschiedenen anderen Hirnarealen gebildet, u. a. im limbischen System und im Hirnstamm. CRH- und noradrenerge Neurone stimulieren sich gegenseitig.

In den kleinzelligen Kerngebieten des Hypothalamus – z. T. in den gleichen Neuronen, die CRH produzieren, – wird auch **ADH** gebildet. Dieses ADH wird im Gegensatz zu dem ADH aus dem Ncl. supraopticus bzw. dem großzelligen Anteil des Ncl. paraventricularis ebenfalls in den hypophysären Portalkreislauf abgegeben. Es **fördert die Biosynthese und Sekretion von ACTH**, wirkt also **synergistisch mit CRH**. Beide Hormone binden an G-Protein-gekoppelte Rezeptoren in der Adenohypophyse und steigern die ACTH-Freisetzung über Proteinkinase-A- (im Falle von CRH) bzw. Phospholipase-C- (im Falle von ADH) abhängige Mechanismen.

**ACTH fördert die Biosynthese und Sekretion von Kortisol** in der Nebennierenrinde. Es stimuliert die Expression der zur Kortisolbildung erforderlichen Enzyme und die Ausschüttung des Hormons, so dass bereits nach wenigen Minuten der Kortisolspiegel im Blut ansteigt.

**Kortisol** hemmt durch **negative Rückkopplung** über Hypothalamus und Hypophyse seine eigene Biosynthese (Abb. **11.26**).

Die Kortisolbildung unterliegt einem ausgesprochenen **zirkadianen Rhythmus**, der auf die Rhythmik der CRH-Sekretion zurückzuführen ist. Unter normalen, d. h. stressfreien Bedingungen wird CRH (wie auch ADH) in Pulsen abgegeben, die die höchste Amplitude in den frühen Morgenstunden besitzen. Daher sind auch die Plasmakortisolspiegel am Morgen am höchsten (ca. 800 nM) und nehmen zum Abend hin ab (ca. 200 nM um Mitternacht). Die Kortisolbildung kann in gewissem Umfang auch konditioniert werden, z. B. in Erwartung einer Mahlzeit, die zu bestimmten Zeiten eingenommen wird. Durch Stress (körperlich oder psychisch) kann die Kortisolausschüttung auf das Zehnfache gesteigert werden und im Extremfall den normalen zirkadianen Rhythmus überdecken.

**Regulation der Biosynthese**

Hypothalamus **(CRH, ADH)**, Adenohypophyse **(ACTH)** und Nebennierenrinde **(Kortisol)** bilden eine endokrine Achse (Abb. **11.26**). **Katecholamine** stimulieren die CRH- und die ACTH-Sekretion.

**CRH** stimuliert die Synthese und Sekretion von **ACTH**, es vermittelt aber auch die stressinduzierte **Aktivierung des Sympathikus**.

**ADH** aus kleinzelligen Kerngebieten des Hypothalamus wirkt **synergistisch mit CRH** bei der **Synthese und Sekretion** von **ACTH**.

**ACTH fördert die Biosynthese und Sekretion von Kortisol** in der Nebennierenrinde.

**Kortisol** hemmt seine eigene Synthese durch **negative Rückkopplung** (Abb. **11.26**).

Die Kortisolbildung unterliegt einem **zirkadianen Rhythmus:** Die Plasmaspiegel sind morgens am höchsten und in der Nacht am niedrigsten.

**11.26 Regulation der Kortisolsekretion**

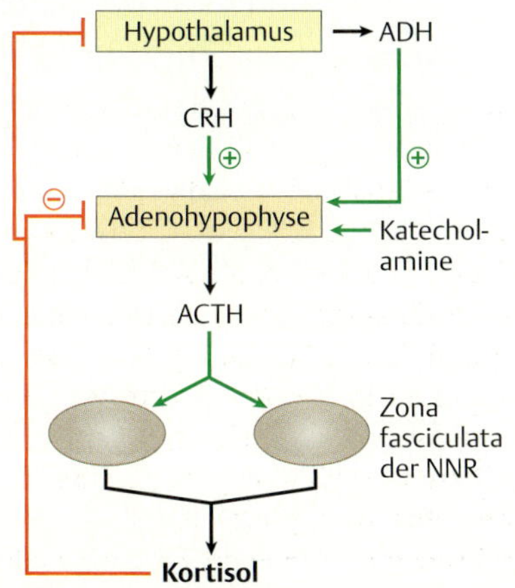


11.26

▶ Klinik.

▶ Klinik. Zur **Diagnose von Störungen der endokrinen Achse Hypothalamus–Hypophyse–Nebennierenrinde** werden ACTH- und Kortisolspiegel gemessen sowie ACTH- und Dexamethason-Stimulations- bzw. Suppressionstests durchgeführt.

**Kortisolbestimmung:** Sie wird aus **Blutproben** oder neuerdings auch aus dem **Speichel** vorgenommen. Normalerweise wird weniger als 1% des Kortisols unverändert im Urin ausgeschieden. Bei hohen Konzentrationen (Überschreitung der Bindekapazität von CBG), wie beim Cushing-Syndrom (s. S. 384), lässt sich Kortisol jedoch sehr gut im **Urin** nachweisen. Aufgrund der zirkadianen Rhythmik ist eine einzelne Kortisolmessung nicht sehr aussagekräftig. Daher sollten Messungen zu **verschiedenen Tageszeiten** durchgeführt werden.

**ACTH-Stimulationstest:** Durch diesen Test lässt sich eine Nebennierenrindeninsuffizienz diagnostizieren. Injektion von ACTH bewirkt keine adäquate Kortisolausschüttung.

**Dexamethason-Suppressionstest**: Dexamethason ist ein synthetisches, hoch wirksames Glukokortikoid. Dexamethason inhibiert bei intakter endokriner Achse die Ausschüttung von ACTH, so dass der Plasmakortisolspiegel abfällt.

Die zirkadiane Rhythmnik der Kortisolausschüttung ist aber nicht nur für die Diagnostik, sondern auch für die **Therapie** relevant. Muss bei Nebennierenrindeninsuffizienz ein Kortisolpräparat gegeben werden, sollte die höchste Einzeldosis morgens eingenommen werden. Dosen in den späten Abendstunden sollten möglichst vermieden werden.

**Interkonvertierung von Kortisol und Kortison**

Das Enzym **11β-HSD2** wandelt Kortisol in Kortison um (Abb. **11.27**), das nicht an den Mineralokortikoidrezeptor bindet. In der Niere wird so verhindert, dass Kortisol anstelle von Aldosteron an den Mineralokortikoidrezeptor andockt. Das Enzym **11β-HSD1** wandelt Kortison in Kortisol um.

## Interkonvertierung von Kortisol und Kortison

Die Plasmakonzentration an Kortisol entspricht nicht unbedingt der Konzentration im Gewebe, da Kortisol enzymatisch in Kortison umgewandelt werden kann und umgekehrt. Dies ist von Bedeutung, weil Kortisol eine hohe Affinität, Kortison dagegen eine niedrige Affinität zum Mineralokortikoidrezeptor in der Niere (s. u.) hat – Kortisol ist also biologisch aktiv, Kortison biologisch inaktiv. Die $NAD^+$-abhängige 11β-Hydroxysteroid-Dehydrogenase 2 (**11β-HSD2**) katalysiert die Bildung von Kortison, die NADPH-abhängige 11β-Hydroxysteroid-Dehydrogenase 1 (**11β-HSD1**) hingegen katalysiert die umgekehrte Reaktion, führt also zur Erhöhung der Kortisolkonzentration (Abb. **11.27**). Die beiden Enzyme werden gewebsspezifisch gebildet. Die 11β-HSD1 wird stark in Leber, Fettgewebe und ZNS exprimiert. Auch die Haut exprimiert dieses Enzym, so dass Kortisonsalben wirksam sind. Die 11β-HSD2 hingegen kommt in recht hohen Konzentrationen in der Niere vor und verhindert hier, dass Kortisol anstelle von Aldosteron an den Mineralokortikoidrezeptor bindet (s. u.).

11.27

**11.27 Interkonvertierung von Glukokortikoiden**

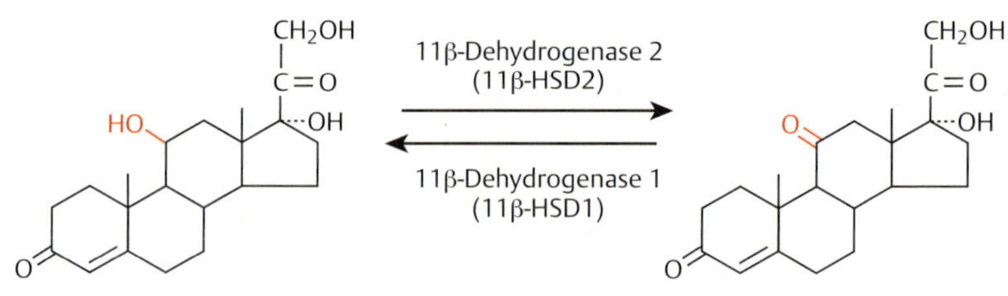


**biologisch aktive 11-Hydroxysteroide**
- Kortisol
- Kortikosteron

**biologisch inaktive 11-Ketosteroide**
- Kortison
- 11-Dehydrokortikosteron

▶ **Klinik.** Ein Bestandteil der **Lakritze (Glycyrrhinsäure)** hemmt 11β-HSD2, ermöglicht somit den freien Zugang von Kortisol zum Mineralokortikoidrezeptor in der Niere und führt so (allerdings nur bei übermäßigem Genuss von Lakritze) zu Hypokaliämie und Bluthochdruck. Den gleichen Effekt hat auch ein genetisch bedingter Mangel an 11β-HSD2.

▶ **Klinik.**

## Molekulare Wirkungen

Kortisol kann als lipophiles Hormon durch die Zellmembran diffundieren und bindet an zytosolische Rezeptoren, die **ligandenaktivierte Transkriptionsfaktoren** darstellen: Mit Hormon beladen, bilden sie Homodimere, werden in den Zellkern transportiert und binden an Promotorsequenzen kortisolabhängiger Gene. Meistens **aktivieren**, in einigen Fällen reprimieren sie auch deren **Transkription**. Es gibt auch Fälle, in denen monomere Hormon-Rezeptor-Komplexe an aktive Transkriptionsfaktoren binden und diese so inaktivieren.

Kortisol bindet an zwei unterschiedliche Rezeptoren:

- Der **Typ-I-Rezeptor** besitzt eine hohe Affinität zu Kortisol und wird auch **Mineralokortikoidrezeptor (MR)** genannt, da er ursprünglich als Rezeptor für Aldosteron charakterisiert wurde. Da die Kortisolkonzentration in der Zelle normalerweise erheblich höher als die Aldosteronkonzentration ist, kann Aldosteron im Allgemeinen nur wirken, wenn Kortisol durch die 11β-HSD2 in Kortison umgewandelt wird.
- Der **Typ-II-Rezeptor** hingegen ist spezifisch für Kortisol und heißt daher auch **Glukokortikoidrezeptor (GR)**. Er bindet Kortisol aber mit einer geringeren Affinität als der Typ-I-Rezeptor. Typ-II-Rezeptor-vermittelte Reaktionen scheinen besonders für die Stressreaktionen in Gegenwart hoher Kortisolkonzentrationen verantwortlich zu sein.

Wie bei anderen intrazellulären Hormonrezeptoren auch, ist inzwischen eine Reihe von nicht genomischen, auf molekularer Ebene weitgehend unverstandenen Wirkungen beschrieben, z. B. Stimulierung der Differenzierung von Fettzellen, Hemmung der glukoseinduzierten Insulinausschüttung, Hemmung von entzündlichen Reaktionen. Z. T. werden also in Minuten Reaktionen ausgelöst, die den zeitverzögerten genomischen Wirkungen (s. u.) ähnlich sind.

### Molekulare Wirkungen

Kortisol bindet intrazellulär an **ligandenaktivierte Transkriptionsfaktoren**. Der Hormon-Rezeptor-Komplex wird in den Zellkern transportiert und **stimuliert** (oder reprimiert) die **Transkription** kortisolregulierter Gene.

Kortisol bindet an zwei unterschiedliche Rezeptoren:

- Der **Typ-I-Rezeptor**, auch **Mineralokortikoidrezeptor (MR)** genannt, besitzt eine hohe Affinität zu Kortisol.
- Der **Typ-II-Rezeptor**, auch **Glukokortikoidrezeptor (GR)** genannt, ist spezifisch für Kortisol, bindet es aber mit einer geringeren Affinität als der Typ-I-Rezeptor.

Zusätzlich zu den genomischen Wirkungen wurden auch nicht genomische, schnell einsetzende Wirkungen beschrieben.

## Zelluläre Wirkungen

Die zellulären Wirkungen der Glukokortikoide lassen sich grob unterteilen in

- **Reifung von Organen,** insbesondere in der Embryonalentwicklung,
- **Stoffwechselwirkungen:** Mobilisierung von Energiespeichern, Energieversorgung bei Nahrungskarenz,
- **physiologische Wirkungen an Organen:** Die meisten Organe besitzen Rezeptoren für Glukokortikoide. Am bekanntesten sind die Wirkungen auf das Herz-Kreislauf-System, das Immunsystem und das ZNS.

### Zelluläre Wirkungen

Sie lassen sich grob unterteilen in

- **Reifung von Organen**, v. a. in der Embryonalentwicklung
- **Stoffwechselwirkungen**
- **physiologische Wirkungen an Organen**.

### Pränatale Wirkungen: Förderung der Organreifung

Kortisol stimuliert die Reifung u. a. von Lunge, Niere, Herz und Gefäßsystem sowie die Bildung von Fettzellen. Mäuse mit inaktiviertem Glukokortikoidrezeptor sterben unmittelbar nach der Geburt aufgrund nicht funktionsfähiger Lungen, insbesondere wird kein Surfactant gebildet. Die Leber zeigt eine verminderte Fähigkeit zur Glukoneogenese. Das Nebennierenmark ist nicht ausgebildet, und folglich wird kein Adrenalin produziert. Die Erythropoese und die Differenzierung der Thymozyten sind bei den Knock-out-Mäusen ebenfalls gestört.

#### Pränatale Wirkungen: Förderung der Organreifung

Kortisol fördert die Reifung vieler Organsysteme, z. B.

- der Lunge (Bildung von Surfactant)
- des Nebennierenmarks
- des Immunsystems (Erythropoese, Thymozytendifferenzierung).

### Stoffwechselwirkungen

Im Gegensatz zu seiner essenziellen Funktion in der Embryonalentwicklung ist Kortisol im adulten Organismus **unter Ruhebedingungen nicht unbedingt erforderlich**. Mäuse sind nach Entfernen der Nebennieren unter Laborbedingungen durchaus lebensfähig, wenn der Aldosteronverlust kompensiert wird. Kortisol ist allerdings **notwendig**, wenn der Körper **Belastungen** ausgesetzt wird. Dazu gehören Nahrungsmangel, schwere körperliche Arbeit, aber auch psychischer Stress. In

#### Stoffwechselwirkungen

Kortisol ist **notwendig**, wenn der Körper **Stress** ausgesetzt wird. Es ermöglicht dem Körper, sich an Belastungen anzupassen. **(„Stresshormon").** **Langfristig** erhöhte Kortisolspiegel führen aber zu **Erschöpfungszuständen**, die den Körper schädigen.

dieser Hinsicht sind die Wirkungen des als „**Stresshormon**" bekannten Kortisols also positiv einzustufen. Allerdings können bei lang andauernder Erhöhung des Kortisolspiegels Erschöpfungszustände und Fehlregulationen eintreten, die den Körper schädigen, so dass unter diesen Bedingungen die negativen Wirkungen überwiegen (s. S. 387).

**Kohlenhydratstoffwechsel:** Kortisol **fördert** die **Glukoneogenese**. Zur Zwischenspeicherung der Glukose wird die **Glykogensynthese** aktiviert.

**Kohlenhydratstoffwechsel:** Die bekannteste metabolische Funktion von Kortisol ist die **Anhebung des Blutzuckerspiegels**. In dieser Hinsicht ist Kortisol ein **Antagonist zu Insulin**. Auch bei Nahrungskarenz muss der Blutzuckerspiegel zur Versorgung der glukoseabhängigen Organe im Normbereich gehalten werden. Dies gelingt nicht allein durch Einsparung von Glukose in Organen, die nicht obligat auf diesen Nährstoff angewiesen sind. Vielmehr muss die Glukoneogenese aktiviert werden. Kortisol **stimuliert** (zusammen mit Glukagon) **Schlüsselenzyme der Glukoneogenese**, v. a. die Phosphoenolpyruvat-Carboxykinase (PEPCK). Außerdem induziert und aktiviert Kortisol die **Glykogensynthase**, so dass die gebildete Glukose in der Leber in Form von Glykogen zwischengespeichert werden kann.

**Proteinstoffwechsel:** Glukokortikoide **fördern** den **Abbau der Proteinspeicher** zugunsten der Glukoneogenese.

**Proteinstoffwechsel:** Ein Problem stellt die Bereitstellung der Substrate für die Glukoneogenese dar. Die Fettdepots liefern nur einen geringen Beitrag, da lediglich der Glyzerinanteil der Triglyzeride als Ausgangsstoff verwertet werden kann, nicht aber die (geradzahligen) Fettsäuren. Der einzige Speicher, der bei Nahrungskarenz für längere Zeit die Glukosehomöostase sichern kann, sind die Proteine. Glukokortikoide **fördern** den **Abbau der Proteinspeicher**.

Der Aminstickstoff der abgebauten Proteine wird als Harnstoff ausgeschieden. Die Stickstoffbilanz ist negativ.

Damit die freigesetzten Aminosäuren in die Glukoneogenese eingespeist werden können, induzieren Glukokortikoide Aminotransferasen in der Leber. Der Aminstickstoff wird für die Glukoneogenese nicht benötigt und in Form von Harnstoff ausgeschieden, wodurch eine negative Stickstoffbilanz entsteht.

**Fettstoffwechsel:** Kortisol **fördert** die **Lipolyse**, indem es die **Adrenalinwirkung steigert** und die **Expression lipolytischer Enzyme** fördert.

**Fettstoffwechsel:** Ergänzend **fördert** Kortisol die **Lipolyse**. Kortisol wirkt dabei **permissiv**. Es stimuliert also nicht direkt den enzymatischen Abbau der Triglyzeride in den Fettspeichern, sondern steigert den Fettabbau, indem es

- die Wirkung von **(Nor-)Adrenalin** erhöht: Im Fettgewebe wird die Expression von $\beta_2$-Rezeptoren gesteigert, die von $\alpha_2$-Rezeptoren verringert. Als Folge steigt der cAMP-Spiegel und die Lipolyse wird stimuliert.
- die Transkription und die Aktivierung der **Lipoproteinlipase** stimuliert,
- die Expression der **hormonsensitiven Lipase** steigert und
- die Expression der **Fettsäuresynthase** hemmt.

**Längerfristig** erhöhte Kortisolspiegel führen paradoxerweise zu **Gewichtszunahme** und einer **Verlagerung der Fettdepots** zugunsten von **viszeralem Fettgewebe**.

Ist der **Kortisolspiegel längerfristig stark erhöht**, z. B. bei Glukokortikoid-Langzeittherapie, kommt es paradoxerweise zu **Gewichtszunahme** und einer **Verlagerung der Fettdepots** zugunsten von **viszeralem Fettgewebe** (s. S. 384 bzw. S. 408). Dies liegt daran, dass die kortisolbedingte Erhöhung der Blutglukosekonzentration die Insulinsekretion stimuliert. Unter dem Einfluss von Insulin werden die aus dem Fettgewebe freigesetzten Fettsäuren (Kortisolwirkung) und die aus Glukose neu gebildeten Fettsäuren (Insulinwirkung) zum großen Teil wieder in Fettdepots eingebaut. Dies wird vermutlich dadurch begünstigt, dass Kortisol die Differenzierung von Fettzellen fördert. Letztlich bewirkt also die gleichzeitige Anwesenheit von zwei Hormonen, die normalerweise in unterschiedlichen Situationen (Stress/Nahrungsmangel bzw. Nahrungszufuhr) ausgeschüttet werden, eine Dysregulation des Stoffwechsels.

Die erhöhten Glukose- und Fettsäurespiegel sind Risikofaktoren für Diabetes mellitus Typ 2.

Die kortisolbedingt erhöhten Glukose- und Fettsäurespiegel begünstigen das Entstehen eines Diabetes mellitus Typ 2 (s. S. 409).

### Physiologische Organwirkungen

**Herz-Kreislauf-System:** Kortisol erhöht die Kontraktionskraft des Herzens und steigert den Blutdruck durch **Verstärkung der Wirkung von Katecholaminen** und **Angiotensin II**, Zusätzlich stimuliert Kortisol die Biosynthese von Katecholaminen.

**Herz-Kreislauf-System:** Kortisol erhöht die Kontraktionskraft des Herzens und steigert den Blutdruck. Die Herz-Kreislauf-Wirkungen beruhen auf einer **Verstärkung der Wirkung von Katecholaminen und Angiotensin II** (z. B. durch Erhöhung der Zahl der Hormonrezeptoren und Verstärkung der nachgeschalteten Signaltransduktion). Zusätzlich stimuliert Kortisol die Katecholaminbiosynthese, indem es die beteiligten Enzyme induziert (s. S. 389). Darüber hinaus verringert es die Biosynthese von Prostazyklin und NO, die beide die Vasodilatation fördern. Bei sehr hohen Kortisolspiegeln kommt noch die blutdrucksteigernde Wirkung der vermehrten

Salzresorption in der Niere hinzu, da Kortisol nicht mehr hinreichend durch das Enzym 11β-HSD2 in Kortison umgewandelt werden kann und so Aldosteronwirkung vortäuscht (s. auch Klinik-Link Cushing-Syndrom).

**Immunsystem:** Bekannt ist v.a. die bei therapeutisch **hohen Glukokortikoiddosen** auftretende **immunsuppressive Wirkung**, die z.B. zur Verhinderung der Gewebeabstoßung nach Transplantationen und bei der Behandlung von Autoimmunerkrankungen ausgenutzt wird. Die gleiche Wirkung kann man auch bei **chronischem, starkem Stress** beobachten. Hohe Konzentrationen von Kortisol u.a. Glukokortikoiden hemmen

- die Synthese und Freisetzung von Mediatoren wie Zytokinen (z.B. Interleukine, TNF-α), Histamin und NO,
- die Expression von MHC-Klasse-II-Proteinen und
- die Proliferation/Aktivierung von T- und B-Zellen und fördern deren Apoptose,
- die Rekrutierung von Leukozyten zum Entzündungsherd.

**Immunsystem: Hohe** Glukokortikoiddosen werden zur **Suppression des Immunsystems** eingesetzt. Auch hohe Kortisolspiegel bei **chronischem, starkem Stress** haben diese Wirkung. Glukokortikoide hemmen die Biosynthese von Interleukinen und anderen Zytokinen und Mediatoren. Sie wirken auch direkt auf Leukozyten und Lymphozyten.

Im peripheren Blut bewirken sie eine Umverteilung der Leukozyten: Man findet weniger Makrophagen, eosinophile und basophile Leukozyten, dafür mehr Neutrophile.

Im Gegensatz zu den immunsuppressiven Wirkungen erhöhter Kortisolwerte haben **basale Spiegel keine negativen Auswirkungen** auf das Immunsystem; es gibt sogar einige Befunde, die auf eine Steigerung der Widerstandsfähigkeit gegen Infektionen hindeuten. Selbst Dosen, wie sie bei akuten Stressreaktionen auftreten können, stimulieren die Transkription von Interleukinen, wenn sie *vor* einer Infektion gegeben werden.

**Basale** Kortisolspiegel haben **keine negativen Auswirkungen** auf das Immunsystem.

Die **physiologische Funktion** der Glukokortikoide besteht v.a. darin, ein **Überschießen der Immunreaktion** zu **verhindern**: Während der Immunabwehr wird die Expression von Interleukinen gesteigert. Interleukine stimulieren die Kortisolbiosynthese durch indirekte Wirkung auf den Hypothalamus und direkte Wirkung auf die Hypophyse. Kortisol hemmt dann die Biosynthese der Interleukine, so dass die **Immunantwort begrenzt** wird. Wie wichtig diese negative Rückkopplung ist, zeigt sich z.B. im Tierversuch: In Abwesenheit von Glukokortikoiden kommt es zu Überreaktionen auf bakterielle Toxine (z.B. das Lipopolysaccharid gramnegativer Bakterien), die bis zum septischen Schock führen können. Auch Menschen mit primärer Nebennierenrindeninsuffizienz (Morbus Addison, s.u.), d.h. mit niedrigem Kortisolspiegel, neigen zu allergischen Reaktionen (z.B. allergischem Asthma). Die Stimulation der Apoptose von T-Zellen, die bei hohen Kortisolspiegeln exzessiv ist, dient unter physiologischen Bedingungen vermutlich dazu, autoreaktive T-Zellen (die bei der polyklonalen Stimulierung auf ein Antigen hin entstehen können) und wenig aktive T-Zellen zu eliminieren.

Die **physiologische Funktion** der Glukokortikoide besteht v.a. darin, ein **Überschießen der Immunreaktion** zu **verhindern**.

**Entzündungsreaktionen:** Kortisol hemmt Entzündungsprozesse, was auch therapeutisch ausgenutzt wird. Wichtige Mediatoren von Entzündungsreaktionen sind die Prostaglandine. Kortisol hemmt deren Biosynthese, indem es

- die Synthese des Proteins **Lipokortin induziert**, das die **Phopholipase $A_2$ hemmt.** Dadurch wird die Freisetzung der Arachidonsäure (Ausgangssubstanz der Prostaglandinsynthese) aus Membranen unterbunden.
- die **Transkription der Phospholipase $A_2$ und** der induzierbaren **Zyklooxygenase II** (COX-2) **hemmt.**

Da Prostaglandine auch die Schmerzempfindlichkeit steigern, wirkt Kortisol bei Entzündungen auch schmerzlindernd.

Kortisol hemmt eine Reihe weiterer entzündungsfördernder Prozesse, z.B. die Histaminfreisetzung. Einen wesentlichen Anteil an der Entzündungshemmung besitzt auch die Inhibition der Rekrutierung von Leukozyten zum Entzündungsherd, wodurch eine Brücke zu den immunologischen Reaktionen geschlagen wird (s.o).

**Entzündungsreaktionen:** Kortisol hemmt Entzündungsprozesse durch Hemmung der Prostaglandinsynthese:

- Es **induziert** die Synthese des Proteins **Lipokortin**, das die **Phopholipase $A_2$ hemmt.**
- Es **hemmt** die **Transkription der Phospholipase $A_2$ und** der induzierbaren **Zyklooxygenase II** (COX-2).

Darüber hinaus hemmt Kortisol weitere entzündungsfördernde Prozesse.

**Knochen:** Kortisol **bremst** das **Längenwachstum** von Röhrenknochen.

**Knochen:** Kortisol **bremst** das **Längenwachstum** von Röhrenknochen, indem es die Differenzierung von Knorpelzellen in der Epiphysenfuge verzögert und und die Proliferation von Osteoblasten hemmt. Die physiologische Bedeutung dieser Wirkung ist unklar.

**Hohe Kortisoldosen** führen zu **Osteoporose** und **hemmen** die Produktion von **Bindegewebe**.

**Hohe Kortisoldosen** führen zu **Osteoporose** und **hemmen** die Produktion von **Bindegewebe**, worauf auch die Verringerung der Körpergröße bei langfristig immunsupprimierten Patienten (z. B. nach einer Herztransplantation) beruht.

**ZNS:** Kortisol **steigert** die **Aufmerksamkeit** über Typ-I-Rezeptoren, führt aber in **hohen Dosen** (Aktivierung von Typ-II-Rezeptoren) zu **Missstimmung und Depression.**

**ZNS:** Als hydrophobe Moleküle passieren Glukokortikoide die Blut-Hirn-Schranke und **aktivieren** auf Neuronen im ZNS

- **MR (=Typ-I)-Rezeptoren**, wodurch **Aufmerksamkeit** und Lernbereitschaft steigen,
- **in hohen Konzentration auch GR (=Typ-II)-Rezeptoren**, was vermutlich für das Auftreten von Missstimmung **(Dysphorie)**, **Depression** und Lernschwierigkeiten verantwortlich ist.

Kortisol **stimuliert** den **Appetit**.

Glukokortikoide **stimulieren den Appetit**, vermutlich durch Wirkungen im Ncl. paraventricularis.

▶ Klinik.

▶ Klinik. **Längerfristig stark erhöhte Kortisolspiegel** sind für das **Cushing-Syndrom** verantwortlich. Die häufigste Ursache ist eine Glukokortikoid-Langzeittherapie, z. B. bei einer Autoimmunerkrankung oder nach einer Organtransplantation. Weitere Ursachen sind Tumoren, z. B. (nach absteigender Häufigkeit angeordnet) ein

- ACTH-produzierendes Adenom der Hypophyse (s. S. 408): In diesem Fall spricht man vom **zentralen Cushing-Syndrom** oder vom **Morbus Cushing**.
- kortisolproduzierendes Adenom oder Karzinom der Nebennierenrinde,
- kleinzelliges Bronchialkarzinom, das ACTH produziert.

Das Cushing-Syndrom wird zweckmäßigerweise in eine **ACTH-abhängige** und eine **ACTH-unabhängige Form** unterteilt: Im ersten Fall führen erhöhte ACTH-Spiegel zu einer Hyperplasie der Zonae fasciculata und reticularis mit erhöhten Kortisol- und Androgenspiegeln. Im zweiten Fall supprimieren erhöhte Kortisolspiegel die ACTH-Sekretion; durch erhöhte Androgenspiegel hervorgerufene Effekte sind selten. Einige der häufigeren Symptome sind in Tab. **11.3** aufgelistet.

**11.3 Cushing-Syndrom**

| *Symptome* | *Ursache* |
|---|---|
| Gewichtszunahme, Zunahme des Bauchumfangs, Mondgesicht, Büffelnacken (s. S. 408) | Kortisolwirkung, erhöhte Blutglukosespiegel → Insulinsekretion ↑ → Neubildung viszeraler Fettdepots |
| Bluthochdruck | Kortisolwirkung, verstärkte Wirkung von Katecholaminen und Angiotensin II, Aktivierung des Mineralokortikoidrezeptors (s. u.) |
| Ödeme | stark erhöhte Kortisolspiegel → Sättigung der 11β-HSD2, die in der Niere Kortisol in Kortison umwandelt → Kortisol aktiviert den Mineralokortikoidrezeptor → $Na^+$- und Wasserretention |
| Hirsutismus, Amenorrhö, Virilismus | meist durch erhöhte Androgenspiegel aufgrund erhöhter ACTH-Werte verursacht |
| transparente Haut, Striae distensae (s. S. 408), Muskelschwäche | Kortisolwirkung, verstärkte Proteolyse |
| Osteoporose | Kortisolwirkung, Hemmung der Osteoblastenproliferation → Knochenabbau überwiegt |
| verminderte Glukosetoleranz, Diabetes mellitus Typ 2 | Kortisolwirkung, Stimulation der Glukoneogenese → erhöhte Blutglukosespiegel |
| Dysphorie, Depression | Aktivierung von Glukokortikoidrezeptoren auf Neuronen im ZNS |

► Klinik. **Stark verminderte Kortisolspiegel** findet man bei der **primären Nebennierenrinden-Insuffizienz (Morbus Addison)**. Sie betrifft alle Schichten der Nebennierenrinde. Die Symptome sind unspezifisch. **Hypokortisolismus** führt u.a. zu Schwäche, Müdigkeit, Übelkeit und Hypotonie, **Hypoaldosteronismus** bewirkt $Na^+$- und Flüssigkeitsverlust (Blutdruck ↓), zusätzlich Hyperkaliämie und metabolische Azidose. Eine Hyperpigmentierung v.a. sonnenlichtexponierter Haut beruht auf der enthemmten ACTH-Produktion (fehlende negative Rückkopplung durch Steroidhormone). ACTH (und sein Spaltprodukt αMSH) stimulieren die Melaninbiosynthese in der Haut.
In Stresssituationen (z.B. Infektion, Trauma, Operation) kann es zu einer lebensbedrohlichen **Addison-Krise** kommen. Sie äußert sich durch Blutdruckabfall bis hin zum Kreislaufschock, Erbrechen, Fieber und eine durch Hypoglykämie bedingte Bewusstseinstrübung bis hin zum Koma.
Die **sekundäre Nebennierenrinden-Insuffizienz** ist durch ACTH-Mangel gekennzeichnet. Die häufigste Ursache ist zu schnelles Absetzen von Kortisol nach einer Langzeittherapie (→ Abnahme der ACTH-Sekretion → Atrophie der Zonae fasciculata und reticularis, die sich nach Absetzen von Kortisol nur langsam erholt).

► Klinik.

### Glukokortikoide und Stress

Der Begriff „Stress" wird umgangssprachlich recht unkritisch verwendet. Es gibt keine einheitliche Definition von Stress. Meist wird Stress als ein Zustand objektiv bedrohter oder auch als bedroht empfundener Homöostase definiert. Es gibt eine Vielzahl von **Stressfaktoren (Stressoren)**, die man grob in zwei Gruppen einteilen kann, wobei durchaus Überschneidungen vorkommen können:

- **physikalische Stressoren** wie Schmerz, Infektionen, Kälte oder Hitze, Hypoxie, Hunger/Nahrungskarenz, schwere körperliche Arbeit, Blutverlust. Sie stellen eine objektive Bedrohung für den Körper dar und werden **über sensorische Systeme dem ZNS mitgeteilt**.
- **emotionale Stressoren** wie ungewohnte Umgebung, Leistungsdruck, Furcht, Angst, Ärger, Lärm, Spannungen in der Familie oder am Arbeitsplatz. Sie werden primär **im limbischen System** (Hippocampus, Mandelkerne) und im präfrontalen Kortex bewertet und **verarbeitet**.

Nimmt das Gehirn ein Ereignis nach Verarbeitung der sensorischen, kognitiven und emotionalen Signale als stressreich wahr, werden verschiedene physiologische Reaktionen und Verhaltensweisen in Gang gesetzt. Dabei ist es **zweitrangig**, ob eine **echte reale Bedrohung** vorliegt oder nur die **Angst vor einer Bedrohung**, die möglicherweise sogar nur eingebildet ist. Überraschenderweise bewirken die meisten Stressoren bemerkenswert **ähnliche Reaktionen**:

- **Steigerung von Aufmerksamkeit,** Wachsamkeit, Informationsaufnahme und -verarbeitung, Verbesserung des Erinnerungsvermögens und der kognitiven Fähigkeiten
- **Mobilisierung von Energiereserven**, um die Gehirn- und Muskelfunktion aufrechtzuerhalten oder zu verstärken
- **Steigerung der Atemfrequenz** und **Aktivierung des Herz-Kreislauf-Systems**
- **Modulation der Immunfunktionen** (langfristig Hemmung),
- **Hemmung vegetativer Funktionen** wie Sexualtrieb und Hunger
- **Retention von Wasser** (durch renale und vaskuläre Mechanismen) im Falle eines Blutverlusts.

Insgesamt werden Sauerstoff und Nährstoffe zum Gehirn und den unmittelbar notwendigen Organen/Geweben umverteilt, während die bei akutem Stress entbehrlichen oder sogar hinderlichen vegetativen Funktionen gebremst werden. Praktisch alle **Körperfunktionen** werden durch ein komplexes Netzwerk von Hormonen und neuronalen Verschaltungen **auf einem neuen Niveau einreguliert**, das im Normalfall so ausgelegt ist, dass Intensität und Dauer der Stressreaktion perfekt an die jeweilige Situation angepasst sind **(„Allostase")**.
Die **zentralen Effektorsysteme** der Stressantwort liegen im Hypothalamus und im Hirnstamm. Dazu gehören die **CRH- und ADH-sezernierenden Neurone** des kleinzelligen Anteils des Ncl. paraventricularis und die **noradrenergen Neurone**

#### Glukokortikoide und Stress

Stress lässt sich als ein Zustand objektiv bedrohter oder auch als bedroht empfundener Homöostase definieren.

**Stressfaktoren (Stressoren)** lassen sich grob einteilen in

- **physikalische** Stressoren: Sie werden **über sensorische Systeme dem ZNS mitgeteilt**.
- **emotionale** Stressoren: Sie werden primär **im limbischen System** und im präfrontalen Kortex bewertet und **verarbeitet**.

Die meisten Stressoren bewirken bemerkenswert **ähnliche Reaktionen**:

- Steigerung der Aufmerksamkeit
- Mobilisierung von Energiereserven
- Steigerung der Atemfrequenz und Aktivierung des Herz-Kreislauf-Systems
- Modulation der Immunfunktionen
- Hemmung vegetativer Funktionen
- Wasserretention (bei Blutverlust).

Bei Stress werden die Körperfunktionen auf ein **neues**, der jeweiligen Belastung entsprechendes **Niveau einreguliert („Allostase")**.

Die **zentralen Effektorsysteme** der Stressantwort liegen im Hypothalamus **(CRH- und ADH-sezernierende** kleinzellige **Neurone)**

und im Hirnstamm (**noradrenerge Neurone** des Locus coeruleus).
Die primären **peripheren** Effektoren sind **Kortisol, Adrenalin** und **Noradrenalin**.

des zentralen sympathischen Systems (Locus coeruleus). Durch Aktivierung der endokrinen Hypothalamus-Hypophyse-Nebennierenrinde-Achse und des sympathischen/adrenomedullären Systems werden **peripher** die primären Effektoren **Kortisol, Adrenalin und Noradrenalin** aktiviert. Parallel werden aber auch parasympathische Efferenzen reguliert, z. B. solche, die die Darmreaktion auf Stress steuern.
Von großer Bedeutung für die Steigerung des Blutdrucks und der Umverteilung des Blutflusses zu Gehirn und anderen lebenswichtigen Organen ist weiterhin die Aktivierung des Renin-Angiotensin-Systems, insbesondere bei Blutverlust. Daneben werden aber auch Oxytozin (s. S. 351) und Prolaktin (s. S. 360) aus der Neuro- bzw. Adenohypophyse ausgeschüttet.

**Akute Stressreaktion:** Binnen weniger Sekunden wird der Sympathikus aktiviert und **Noradrenalin** aus sympathischen Neuronen freigesetzt. Außerdem werden die Hormone **CRH**, **ADH**, **Oxytozin** und **Adrenalin** ausgeschüttet. Mit Verzögerung steigt der Glukokortikoidspiegel im Blut. **Glukokortikoide** haben **keinen Einfluss** auf den Ablauf **der akuten Stressreaktion**, sie sind aber erforderlich, um
- die CRH-Ausschüttung wieder zu normalisieren **(negative Rückkopplung)** und
- den Organismus **an höhere Belastungen zu adaptieren**.

**Akute Stressreaktion:** Bei einer typischen akuten Stressreaktion (z. B. die bekannte „Fight or Flight"-Reaktion) wird binnen weniger Sekunden durch Aktivierung des Sympathikus **Noradrenalin** aus den Enden der sympathischen Nervenfasern (und in geringerer Menge aus dem Nebennierenmark) ausgeschüttet, außerdem **Adrenalin** aus dem Nebennierenmark, werden **CRH** und **ADH** aus den kleinzelligen Kerngebieten des Hypothalamus in den hypophysären Portalkreislauf freigesetzt und **Oxytozin** aus der Neurohypophyse ausgeschüttet. Mit einer **Verzögerung von einigen Minuten steigt der Glukokortikoidspiegel** im Blut an, das Maximum ist nach ca. 30 Minuten bis 1 Stunde erreicht. Bei einer akuten Stresssituation (im Tierreich dauert ein Angriff eines Räubers auf ein Beutetier im Schnitt weniger als 1 Minute) haben die **Glukokortikoide** also **keinen Einfluss** auf den Ablauf des Geschehens. Sie sind allerdings notwendig, um in einer **negativen Rückkopplung** die CRH-Ausschüttung auf normale Werte zurückzusetzen. Außerdem ermöglichen sie aufgrund ihres **permissiven Effekts auf die Sympathikuswirkungen** die **Adaptation des Organismus an höhere Belastungen**. Bei erneutem Stress (im Tierreich z. B. erneuter Angriff eines Räubers) ist der Organismus besser vorbereitet. Viele Stressoren sind vorhersehbar, so dass es schon im Vorfeld zu einer erhöhten Ausschüttung von Kortisol zur besseren Bewältigung kommt.

**Länger andauernder Stress:** Die **andauernde Aktivierung der Hypothalamus-Hypophyse-Nebennierenrinde (HHN)-Achse** führt zu längerfristig erhöhten Kortisolwerten, bei denen die **negativen Kortisolwirkungen** (s. Tab. **11.3**, S. 384) **an Gewicht gewinnen**.

**Länger andauernder Stress:** Bei länger andauerndem Stress wie schwerer körperlicher Arbeit, Nahrungskarenz oder ungewohnten/belastenden Situationen (z. B. fremde Umgebung, Examina) resultiert eine **länger andauernde Aktivierung der Hypothalamus-Hypophyse-Nebennierenrinde (HHN)-Achse** mit **erhöhten Kortisolwerten**. Hier **gewinnen** die **negativen Wirkungen** des Hormons (s. Tab. **11.3**, S. 384) **an Gewicht**. Die Bewältigung von Stresssituationen ist aber eine so überlebenswichtige Fähigkeit, dass diese vorübergehend negativen Auswirkungen in Kauf genommen werden.

▶ Merke.

▶ **Merke.** Der menschliche Organismus ist allerdings darauf ausgelegt, dass Stress von vorübergehender Dauer ist und sich eine Erholungsphase anschließt, in der die Rückkehr zur normalen Homöostase möglich ist.

Unter diesen Bedingungen ist Stress für den Organismus vermutlich nicht schädlich.

▶ Merke.

▶ **Merke.** Ganz wesentlich für die Stressbewältigung ist die individuelle Bewertung der Situation.

**„Eustress"** ist als **positiv** zu bewerten. **„Disstress" schädigt** den Organismus: Werden die Anpassungsmöglichkeiten des Organismus überfordert, macht sich eine Reihe gesundheitsschädigender Kortisolwirkungen bemerkbar, z. B.
- Symptome des Cushing-Syndroms
- Immunsuppression
- Wachstumsstörungen (bei Kindern)
- Schilddrüsenunterfunktion
- Fortpflanzungsfähigkeit und Sexualtrieb ↓.

So kann z. B. eine Bergwanderung als angenehm oder als großer Stress empfunden werden, je nach der persönlichen körperlichen und psychischen Verfassung. Geringer Stress kann für den Organismus sogar positiv sein, wenn nämlich die Belastung verkraftet und nach der individuellen Einschätzung als kontrollierbar/beherrschbar eingeschätzt wird **(„Eustress")**. Stress von einer Intensität und Dauer, die die Adaptionsmöglichkeiten überschreiten **(„Disstress")**, ist dagegen **gesundheitsschädlich**:
- Es treten die in Tab. **11.3** (S. 384) aufgeführten Symptome des Cushing-Syndroms auf.
- Immunreaktionen werden supprimiert.
- Die Ausschüttung von Wachstumshormon wird gehemmt (CRH stimuliert die Somatostatinausschüttung, Kortisol inhibiert die GH- und IGF-Wirkungen). **Kin-**

**der**, die unter **dauerhaftem psychischem Stress** stehen **oder unterernährt** sind, leiden an **Wachstumsstörungen**.
- Die Schilddrüsenfunktion wird gehemmt (Hemmung der TSH-Bildung und der Konvertierung von T4 zu T3).
- Fortpflanzungsfähigkeit und Sexualtrieb werden vermindert (CRH hemmt die GnRH-Freisetzung, Kortisol hemmt die GnRH-Neurone im Hypothalamus, die Hypophyse und die Gonadenfunktion).

Typisch für **chronischen Stress** ist eine **Hyperaktivierung der HHN-Achse**. Basale und stressinduzierte Sekretion von Kortisol sind erhöht. Dies ist zumindest teilweise auf eine **Abschwächung der negativen Rückkopplung** von Kortisol auf die CRH-Ausschüttung aus dem Hypothalamus zurückzuführen. Glukokortikoide üben ihre Wirkung aber nicht nur am Hypothalamus aus, sondern auch an übergeordneten Hirnstrukturen. So führt die Aktivierung von MR (Typ-I)-Rezeptoren am Hippocampus zur Hemmung der HHN-Achse. Bei chronischem Stress ist die **Funktion des Hippocampus häufig gestört** und somit auch seine **Hemmung der HHN-Achse vermindert** (= HHN-Achse wird aktiviert). Außerdem induzieren Glukokortikoide die **CRH-Expression in den zentralen Mandelkernen**, was mit einer verstärkten Stressempfindlichkeit und Fehlregulationen (z. B. Furcht, Angst, **Depression**) in Verbindung gebracht wird.

Typisch für **chronischen Stress** ist eine **Hyperaktivierung der HHN-Achse**. Diese beruht z. T. auf einer **abgeschwächten negativen Rückkopplung** von Kortisol auf die CRH-Sekretion. Glukokortikoide üben ihre Wirkung aber nicht nur am Hypothalamus aus, sondern auch an übergeordneten Hirnstrukturen. So induzieren sie die **CRH-Expression in den zentralen Mandelkernen**, was mit Fehlregulationen wie **Depression** in Verbindung gebracht wird.

Chronischer Stress führt nicht immer zu einer Aktivierung der HHN-Achse, **manchmal** wird die **HHN-Achse** auch **gehemmt.** Dies ist durch eine reduzierte Ausschüttung von CRH und Noradrenalin gekennzeichnet. Die Ursachen für diese Fehlregulation sind noch weitgehend ungeklärt. Beispiele sind das chronische Erschöpfungssyndrom und das Fibromyalgiesyndrom (s. u.). Verringerte CRH-Ausschüttung wird auch nach Aufgabe des Rauchens beobachtet.

In **einigen Fällen**, z. B. bei chronischem Erschöpfungssyndrom oder Fibromyalgiesyndrom, wird die **HHN-Achse** auch **gehemmt**.

**► Klinik.** Als **chronisches Erschöpfungssyndrom** (Chronic Fatigue Syndrome, CFS) bezeichnet man einen länger als 6 Monate dauernden Erschöpfungszustand, der durch Ruhe nicht zu lindern ist und mit weiteren Symptomen einhergeht, z. B. Konzentrations- und Schlafstörungen, Kopf-, Muskel- oder Gelenkschmerzen oder Druckschmerzhaftigkeit von Hals- oder Achsellymphknoten. Definitionsgemäß müssen Erkrankungen, die die o.g. Beschwerden auslösen können, ausgeschlossen sein.

Ein **Fibromyalgiesyndrom** liegt vor, wenn der Patient länger als 3 Monate Schmerzen in mehreren Körperregionen hat, nämlich
- im Bereich der Wirbelsäule oder des vorderen Brustkorbs
- und im Bereich beider Körperhälften
- und in Arealen sowohl ober- als auch unterhalb der Taille.

**► Klinik.**

**Stressoren** können also zu ganz **unterschiedlichen Reaktionen** führen. Dies hängt z. T. von **genetischen Faktoren** ab. Bei starker Belastung können an der „schwächsten Stelle" des komplexen Regelkreises Funktionsstörungen auftreten – an individuell unterschiedlichen Gehirnarealen (z. B. Hippocampus oder Mandelkerne). Zum großen Teil sind aber **positive und negative Erfahrungen** für unterschiedliche Reaktionen verantwortlich. Insbesondere in der Kindheit weist das Stress-System eine große Plastizität auf. Aus dem Zusammenspiel von genetischer Veranlagung und erworbenen Faktoren resultiert eine große Bandbreite an Empfindlichkeit gegenüber Stressoren und an Fehlregulationen. Eine häufig beobachtete Fehlregulation ist eine **mangelnde Adaptation an wiederholte Stressoren des gleichen Typs**. Beispielsweise werden bei einer Rede vor einem großen Publikum vermehrt Stresshormone freigesetzt. Mit der Zahl der Auftritte wird in der Regel die Stressantwort immer schwächer. Dies trifft auf viele alltägliche Tätigkeiten, z. B. Autofahren, zu. Bei manchen Menschen tritt jedoch keine Gewöhnung ein, so dass an sich belanglose Reize zu Gesundheitsstörungen führen können.

Stressoren können zu **unterschiedlichen Reaktionen** führen, je nach genetischer Prädisposition und persönlichen Erfahrungen. Häufig fehlt eine Adaptation an an sich harmlose Stressoren.

## 11.6.4 Androgene

Dehydroepiandrosteron und Androstendion sind in erster Linie Vorstufen der biologisch weit aktiveren Hormone Testosteron bzw. Östrogene (s. S. 420 bzw. S. 416).

### 11.6.4 Androgene

Dehydroepiandrosteron und Androstendion fungieren v. a. als Vorstufen von Testosteron bzw. Östrogenen (s. S. 420 bzw. S. 416).

11.7 Hormone des Nebennierenmarks: Adrenalin und Noradrenalin

# 11.7 Hormone des Nebennierenmarks: Adrenalin und Noradrenalin

▶ Definition.

▶ **Definition.** **Adrenalin** und **Noradrenalin** sind Amine, die in den chromaffinen Zellen des Nebennierenmarks aus Tyrosin gebildet und in Gefahrensituationen, bei Kälte, Hitze, körperlicher Arbeit oder psychischer Belastung in die Blutbahn freigesetzt werden. Sie steigern die Aktivität des Herz-Kreislauf-Systems und mobilisieren Energiespeicher und ermöglichen so „Fight or Flight"-Reaktionen (Angriff oder Flucht). Bei längerfristigen Belastungen wirken sie synergistisch mit den Glukokortikoiden.

**Quellen von (Nor-)Adrenalin:** Außer in seiner Hauptquelle, dem Nebennierenmark, wird **Adrenalin** in einigen Neuronen des ZNS gebildet. **Noradrenalin** ist v. a. als Transmitter des sympathischen Nervensystems und im ZNS von Bedeutung.
Peripher gebildetes Adrenalin bzw. Noradrenalin kann die Blut-Hirn-Schranke praktisch nicht überwinden, wodurch die zentralen (nor-)adrenergen Neurone vor stark schwankenden Konzentrationen geschützt werden.

**Quellen von (Nor-)Adrenalin:** Das Nebennierenmark ist die quantitativ wichtigste Quelle von **Adrenalin**, es kommt aber noch als Transmitter an verhältnismäßig wenigen Synapsen im ZNS vor (Neurone in der Medulla oblongata). **Noradrenalin** hingegen wird peripher nicht nur im Nebennierenmark, sondern v. a. in postganglionären sympathischen Neuronen gebildet und wirkt dort als Transmitter. Im ZNS ist Noradrenalin der Neurotransmitter noradrenerger Neurone (z. B. Locus coeruleus).
Peripher gebildetes Adrenalin bzw. Noradrenalin hat praktisch keine zentralen Wirkungen, da es die Blut-Hirn-Schranke nur in geringem Umfang überwinden kann. Aufgrund der kurzen Halbwertszeit (s. u.) ist die Menge, die das ZNS über die zirkumventrikulären Organe erreicht, nicht ausreichend. Dopa hingegen, ein Zwischenprodukt der Biosynthese von (Nor-)Adrenalin (s. u.), kann über einen Carrier ins ZNS transportiert und dort in Dopamin umgewandelt werden. (Ein carriervermittelter Transport von Noradrenalin aus dem ZNS heraus in die Blutkapillaren zur Entfernung überschüssigen Transmitters ist ebenfalls möglich.)

▶ Definition.

▶ **Definition.** Mit Dopamin, das in dopaminergen Neuronen des ZNS als Transmitter fungiert, werden Adrenalin und Noradrenalin als Katecholamine zusammengefasst (abgeleitet von der chemisch verwandten Substanz 1,2-Dihydroxybenzol [= engl. catechol]).

Die Neurone des Sympathikus und das Nebennierenmark werden als **sympathoadrenerges System** zusammengefasst.
Das Nebennierenmark hilft, bei Stress die Homöostase zu erhalten, ist aber im Gegensatz zum Sympathikus **nicht lebensnotwendig**.

Die chromaffinen Zellen, der vorherrschende Zelltyp des Nebennierenmarks, sind fortsatzlose Ganglienzellen, die von präganglionären sympathischen Neuronen innerviert werden. Sie können somit als modifizierte postganglionäre sympathische Neurone aufgefasst werden. Deshalb werden die Neurone des Sympathikus und das Nebennierenmark als **sympathoadrenerges System** zusammengefasst. Da beide Komponenten parallel aktiviert werden, ist die Zuordnung der Wirkungen nicht immer leicht. Wie man von Patienten mit einer Unterfunktion des Nebennierenmarks und von Mäusen, denen das Nebennierenmark entfernt wurde, weiß, ist das Nebennierenmark im Gegensatz zum Sympathikus **nicht unbedingt lebensnotwendig**. Es hilft aber, bei Stress die Homöostase zu erhalten.

11.7.1 Biosynthese, Sekretion, Inaktivierung und Abbau

## 11.7.1 Biosynthese, Sekretion, Inaktivierung und Abbau

Biosynthese

Die Biosynthese von Noradrenalin (Abb. **11.28**) geht von **Tyrosin** aus und verläuft über **Dopa** und **Dopamin**.

### Biosynthese

Im ersten Schritt der Biosynthese (Abb. **11.28**) wird **Tyrosin** durch die Tyrosinhydroxylase, eine Monooxygenase, zu 3,4-Dihydroxyphenylalanin **(Dopa)** umgewandelt. Durch das Enzym Dopadecarboxylase wird anschließend das biogene Amin **Dopamin** gebildet. Die Dopadecarboxylase besitzt eine breite Substratspezifität für aromatische Aminosäuren und ist auch an der Biosynthese von Serotonin, Histamin und Tyramin beteiligt.

Im Nebennierenmark wird ca. 80 % des **Noradrenalins** durch das Enzym Phenylethanolamin-N-Methyltransferase in **Adrenalin** umgewandelt. Noradrenalin und Adrenalin werden zusammen mit ATP in Sekretgranula (chromaffine Granula) gespeichert.

Während Dopamin in den dopaminergen Neuronen des ZNS bereits das Endprodukt darstellt, geht die Synthese in den noradrenergen postganglionären sympathischen Neuronen und im Nebennierenmark weiter. Die Dopamin-β-Hydroxylase führt in einer Vitamin-C- und $Cu^{2+}$-abhängigen Reaktion eine weitere Hydroxylgruppe ein, wodurch **Noradrenalin** entsteht. Dies ist das Hauptprodukt in **noradrenergen Neuronen**, im **Nebennierenmark** werden jedoch etwa 80 % des Noradrenalins durch das Enzym Phenylethanolamin-N-Methyltransferase zu **Adrenalin** umgesetzt. Beide Hormone werden zusammen mit ATP, das als Co-Transmitter fungiert, in Sekretgranula (chromaffine Granula) gespeichert.

11.28 **Biosynthese der Katecholamine**

11.28

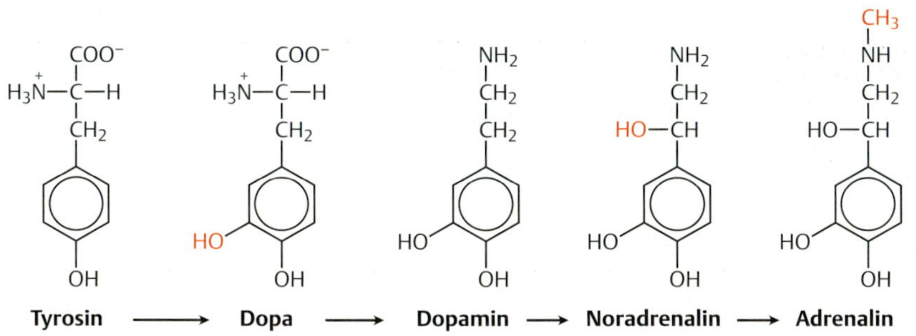


▶ **Merke.** Das Nebennierenmark sezerniert Adrenalin und Noradrenalin im Verhältnis 4 : 1.

▶ Merke.

## Regulation der Biosynthese

Stimuli der Katecholaminbiosynthese sind Gefahrensituationen, Kälte, Hitze, körperliche Arbeit und psychische Belastung. Sie bewirken **im ZNS** die Freisetzung von **CRH,** das zwei Effektorsysteme steuert:

- CRH aktiviert die **Hypothalamus-Hypophyse-Nebennierenrinde (HHN)-Achse** (s. S. 1627).
- CRH stimuliert noradrenerge Neurone des Locus coeruleus im Hirnstamm und aktiviert so das **sympathoadrenerge System.**

Diese Effektorsysteme regulieren zusammen die Biosynthese von Adrenalin und Noradrenalin (Abb. **11.29**):

- **Sympathikus-Aktivierung** führt über die Ausschüttung von Acetylcholin (der obligate präganglionäre Transmitter des Sympathikus) zur Sekretion von Adrenalin (s. u.). Gleichzeitig **stimuliert** Acetylcholin – zusammen mit weiteren, in den präganglionären Nervenenden gespeicherten peptidergen Transmittern – die **Transkription** von Enzymen der Katecholaminbiosynthese, v. a. der **Tyrosinhydroxylase** (geschwindigkeitsbestimmende Reaktion) und der **Dopamin-β-Hydroxylase**. Die Mechanismen sind erst teilweise bekannt.
- Das parallel über die HHN-Achse gebildete **Kortisol** gelangt auf dem Blutweg in das benachbarte Nebennierenmark und stimuliert dort die **Transkription insbesondere der Phenylethanolamin-N-Methyl-Transferase**, also den letzten Schritt der Adrenalinbiosynthese.

### Regulation der Biosynthese

Die Biosynthese der Katecholamine wird reguliert durch

- Aktivierung der **Hypothalamus-Hypophyse-Nebennierenrinde (HHN)-Achse** → Ausschüttung von Kortisol,
- Aktivierung des **sympathoadrenergen Systems.**

Zusammen regulieren diese Effektorsysteme die **Transkription** von Enzymen für die Katecholaminbiosynthese (Abb. **11.29**):

- **Sympathikus-Aktivierung** induziert v. a. die **Tyrosinhydroxylase** (geschwindigkeitsbestimmende Reaktion) und die **Dopamin-β-Hydroxylase**.
- **Kortisol** induziert v. a. die **Phenylethanolamin-N-Methyl-Transferase**.

11.29 **Regulation der Katecholaminbiosynthese**

11.29

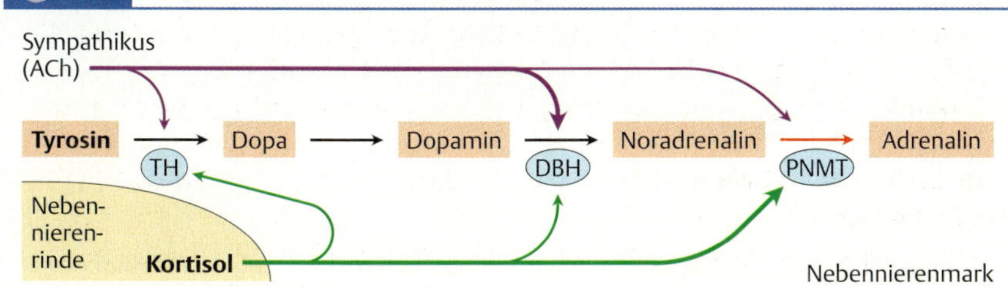


Kortisol ist ein starker Induktor der Phenylethanolamin-N-Methyl-Transferase (PNMT) und ein schwacher Induktor der Tyrosinhydroxylase (TH) und der Dopamin-β-Hydroxylase (DBH). Durch die Aktivitätssteigerung des Sympathikus und damit durch die Freisetzung von Acetylcholin (ACh) aus präganglionären sympathischen Neuronen werden v. a. die Tyrosinhydroxylase und die Dopamin-β-Hydroxylase induziert. Kortisol und Sympathikus ergänzen sich daher in ihrer Wirkung.

Die Dopadecarboxylase wird nicht oder nur wenig reguliert. Dieses Enzym ist nämlich in recht hoher Konzentration vorhanden, die Decarboxylierung von Dopa daher nicht geschwindigkeitslimitierend. Das Enzym wird auch für andere Reaktionen benötigt, es besitzt eine breite Spezifität für die Decarboxylierung von aromatischen Aminosäuren (s.o).

Zusätzlich wird **kurzfristig** die **Aktivität der** beteiligten **Enzyme erhöht**.

Neben der langfristigen Regulation auf Transkriptionsebene wird auch eine **kurzfristige Erhöhung der Biosyntheseaktivität** der Katecholamine innerhalb von Minuten beobachtet, z.T. durch Phosphorylierung der Tyrosinhydroxylase. Dies gestattet, entleerte Vesikel möglichst schnell wieder aufzufüllen, gefolgt von einer längerfristigen Adaptation.

**Sekretion**

Acetylcholin aus präganglionären sympathischen Neuronen führt über Aktivierung nikotinischer Rezeptoren zum $Ca^{2+}$-Einstrom in die chromaffinen Zellen und zur Exozytose von Adrenalin und Noradrenalin. Obwohl **Adrenalin und Noradrenalin im Verhältnis 4:1 aus dem Nebennierenmark ausgeschüttet** werden, beträgt das Verhältnis der beiden Hormone **im Blutplasma 1:5**.

## Sekretion

Die Aktivitätssteigerung des Sympathikus hat die Freisetzung von Acetylcholin aus präganglionären sympathischen Neuronen zur Folge. Acetylcholin aktiviert nikotinische Rezeptoren (s.S. 564) auf den chromaffinen Zellen und führt so zur Depolarisation der Plasmamembran. Daraufhin öffnen sich spannungsabhängige $Ca^{2+}$-Kanäle in der Plasmamembran. Der $Ca^{2+}$-Einstrom in die chromaffine Zelle führt zur Exozytose von Adrenalin bzw. Noradrenalin. Obwohl **Adrenalin und Noradrenalin im Verhältnis 4:1 aus dem Nebennierenmark ausgeschüttet** werden, beträgt das Verhältnis der beiden Hormone **im Blutplasma 1:5**. Der höhere Plasmaspiegel an Noradrenalin ist auf die Freisetzung aus noradrenergen postganglionären sympathischen Nervenenden zu erklären.

**Inaktivierung und Abbau**

**In der Blutbahn** zirkulierendes Adrenalin und Noradrenalin werden innerhalb von Minuten **enzymatisch inaktiviert** durch (Abb. **11.30**)
- **Methylierung** durch COMT
- **Oxidation der Aminogruppe** zum Aldehyd durch MAO
- **Oxidation des Aldehyds** (durch eine Dehydrogenase) zur **Vanillinmandelsäure**, die mit dem **Urin** ausgeschieden wird.

## Inaktivierung und Abbau

**In der Blutbahn** zirkulierendes Adrenalin und Noradrenalin haben nur eine Halbwertszeit von wenigen Minuten, da sie sehr schnell **enzymatisch inaktiviert** werden. Der Abbau erfolgt durch (Abb. **11.30**)
- **Methylierung** von Adrenalin und Noradrenalin zu den 3-Methoxy-Verbindungen durch die Catecholamin-O-Methyltransferase **(COMT)**,
- **Oxidation** der Aminogruppe zur Aldehydgruppe durch die Monoaminoxidase **(MAO)**. Das Enzym existiert in zwei Isoformen: MAO-A ist in der Peripherie vorherrschend, während MAO-B v.a. im ZNS exprimiert wird, es macht dort ca. 80% der MAO-Aktivität aus.
- **Oxidation** der Aldehydgruppe zur Carbonsäure durch eine Dehydrogenase, wodurch **Vanillinmandelsäure** (3-Methoxy-4-hydroxymandelsäure) entsteht, die mit dem **Urin** ausgeschieden wird.

MAO und COMT sind nicht nur am Abbau von Adrenalin und Noradrenalin beteiligt, sondern auch am Abbau von Serotonin und Dopamin (s. *Klinik*, S. 391).

Der **Abbau** erfolgt **intrazellulär**. Die Aufnahme der im Blut zirkulierenden Katecholamine in die Zelle erfolgt über **Kationentransporter (OCT-Transporter)**.

Die **abbauenden Enzyme** sind **intrazellulär** lokalisiert und kommen in praktisch allen Geweben vor. Besonders reich an MAO und COMT sind jedoch Leber, Intestinaltrakt und Niere.

11.30

**11.30 Abbau der Katecholamine am Beispiel von Adrenalin**

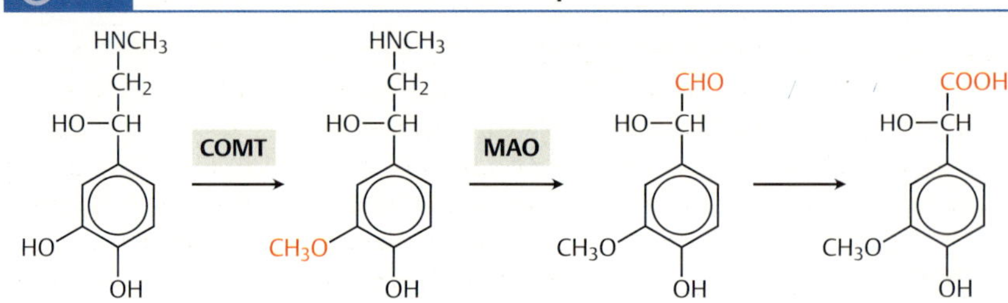


**Adrenalin** | **3-Methoxy-adrenalin** | **3-Methoxy-4-hydroxymandel-säurealdehyd** | **3-Methoxy-4-hydroxy-mandelsäure (Vanillin-mandelsäure)**

**COMT:** Catechol-O-Methyltransferase (Methylgruppendonor: S-Adenosylmethionin)
**MAO:** Monoaminoxidase

Noradrenalin wird analog abgebaut.

Die intrazelluläre Lokalisation der abbauenden Enzyme erfordert den **Transport** der nicht membranpermeablen Hormone **durch die Zellmembran**. Dieser erfolgt durch relativ unspezifische organische **Kationentransporter (OCT-Transporter)**. Z.T. werden die Katecholamine natürlich auch durch Endozytose der Ligand-Rezeptor-Komplexe in die Zelle aufgenommen und anschließend inaktiviert.

Im Gegensatz zur Entfernung aus dem Blut ist der wichtigste Mechanismus zur Entfernung von **Noradrenalin aus dem synaptischen Spalt** die **Wiederaufnahme (=Reuptake) in das postganglionäre sympathische Axon** durch spezifische Transportsysteme, die nicht mit den oben genannten Transportern identisch sind. Im Axon wird Noradrenalin erneut in Vesikeln gespeichert oder abgebaut (s.o.).

Der wichtigste Mechanismus zur Entfernung von **Noradrenalin aus dem synaptischen Spalt** ist die **Wiederaufnahme (Reuptake)** in das postganglionäre sympathische Axon.

▶ **Klinik.** Hemmstoffe für MAO und COMT werden in der Klinik zur Therapie von **Morbus Parkinson** (Verlust dopaminerger Neurone, s.S. 745) und von **Depressionen** (v.a. noradrenerge und serotonerge Neurone sind betroffen, s.S. 793) eingesetzt. Hemmung der abbauenden Enzyme kann die Konzentration dieser Transmitter in Neuronen des ZNS erhöhen.

**COMT-Inhibitoren** (Entacapon, Tolcapon, beides kompetitive Hemmstoffe) werden nur zur Behandlung von Morbus Parkinson eingesetzt und auch nur in Verbindung mit Dopamin-Vorläufermolekülen wie Dopa (Dopa wird über die Blut-Hirn-Schranke transportiert und im ZNS zu Dopamin umgewandelt). COMT-Inhibitoren verhindern die periphere Inaktivierung von Dopa, so dass mehr davon ins Gehirn gelangt, sind alleine aber praktisch wirkungslos.

**MAO-Inhibitoren** werden für beide Erkrankungen eingesetzt. Da Hemmstoffe, die beide MAO-Isoformen (s.o.) hemmen, mehr Nebenwirkungen haben, werden selektive Inhibitoren bevorzugt: Zur Behandlung von Morbus Parkinson werden MAO-B-Hemmer eingesetzt (z.B. Selegilin oder Rasagilin, die das Enzym irreversibel blockieren), da diese Isoform für die Inaktivierung von Dopamin am wichtigsten ist. Zur Behandlung von Depressionen werden MAO-A-Hemmer verwendet (z.B. der reversibel wirkende Wirkstoff Moclobemid). MAO-Hemmer sind in erster Linie bei schweren Depressionen indiziert.

▶ **Klinik.**

## 11.7.2 Molekulare Wirkungen

Adrenalin und Noradrenalin binden an drei verschiedene **G-Protein-gekoppelte Rezeptoren** (s.S. 40), die adrenergen Rezeptoren, und aktivieren verschiedene intrazelluläre Second-Messenger-Systeme:

- **$\alpha_1$-Rezeptoren:** Sie aktivieren die **Phospholipase Cβ** (PLCβ). Diese hydrolysiert Phosphatidylinositol-bisphosphat, wodurch **Diacylglycerin** (DAG) und **Inositoltrisphosphat** ($IP_3$) entstehen. DAG aktiviert die Proteinkinase C, $IP_3$ bewirkt die Freisetzung von $Ca^{2+}$ aus dem endoplasmatischen Retikulum.
- **$\alpha_2$-Rezeptoren:** Sie aktivieren inhibitorische G-Proteine, die die **Adenylatzyklase hemmen** und so eine Senkung des cAMP-Spiegels bewirken. Daneben können inhibitorische G-Proteine aber noch weitere Reaktionen wie die Aktivierung der Phospholipase Cβ auslösen. Diese Reaktionen sind auf Wirkungen der freigesetzten βγ-Untereinheiten zurückzuführen.
- **β-Rezeptoren:** Die β-Rezeptoren lassen sich in drei Subtypen ($\beta_1$, $\beta_2$ und $\beta_3$) mit unterschiedlicher Gewebeverteilung und unterschiedlichen pharmakologischen Eigenschaften unterteilen, was für die selektive Hemmung wichtig ist. Alle β-Rezeptoren **aktivieren die Adenylatzyklase**, so dass der cAMP-Spiegel in der Zelle steigt. cAMP aktiviert die **Proteinkinase A**. Außerdem kann cAMP Ionenkanäle der HCN-Familie aktivieren, die z.B. am Herzen den Schrittmacherstrom regulieren. Durch Bindung an das Protein EPAC (exchange protein directly activated by cAMP) aktiviert cAMP u.a. den Ryanodinrezeptor, wodurch $Ca^{2+}$ aus intrazellulären Speichern freigesetzt wird, und hemmt den ATP-abhängigen $K^+$-Kanal in der Plasmamembran der B-Zellen des Pankreas, wodurch die Exozytose von Insulin stimuliert wird (s.S. 398).

### 11.7.2 Molekulare Wirkungen

Adrenalin und Noradrenalin binden an drei verschiedene **G-Protein-gekoppelte**, sog. adrenerge **Rezeptoren**:

- **$\alpha_1$-Rezeptoren** aktivieren die **Phospholipase Cβ** → Aktivierung der Proteinkinase C via DAG und $Ca^{2+}$-Freisetzung via $IP_3$.
- **$\alpha_2$-Rezeptoren** aktivieren inhibitorische G-Proteine → **Senkung des cAMP-Spiegels**; die freigesetzten βγ-Untereinheiten können zusätzliche Reaktionen auslösen.
- **β-Rezeptoren** aktivieren die Adenylatzyklase → **cAMP↑** → Aktivierung der **Proteinkinase A** (PKA). PKA ist der wichtigste Effektor, cAMP hat aber auch eigene Funktionen (z.B. Aktivierung von Ionenkanälen).

Adrenalin und Noradrenalin zeigen **unterschiedliche Affinitäten** zu den adrenergen Rezeptoren. **Beide** Hormone **aktivieren $\alpha_1$- und $\alpha_2$- Rezeptoren**, wobei die Affinität von Noradrenalin etwas höher ist als die von Adrenalin. Beide Hormone besitzen in etwa die **gleiche Affinität** zu den **$\beta_1$-Rezeptoren** (wobei die Affinität von Adrenalin

Sowohl **Adrenalin** als auch **Noradrenalin** aktiviert **$\alpha_1$-, $\alpha_2$- und $\beta_1$-Rezeptoren**, während **$\beta_2$-Rezeptoren** nur durch **Adrenalin** stark aktiviert werden.

etwas höher ist), während die **$\beta_2$-Rezeptoren** eine **viel höhere Affinität zu Adrenalin** aufweisen als zu Noradrenalin. $\beta_3$-Rezeptoren besitzen die geringste Affinität zu Adrenalin und Noradrenalin.

Die durch die verschiedenen Second Messenger-Systeme vermittelten Wirkungen von Adrenalin und Noradrenalin treten sehr **schnell** ein. Durch PKA-abhängige Phosphorylierung des Transkriptionsfaktors **CREB** stimulieren die Katecholamine aber auch die **Transkription** cAMP-abhängiger Gene.

Durch Aktivierung der verschiedenen Second-Messenger-Systeme lösen Adrenalin und Noradrenalin **schnelle** metabolische und physiologische **Anpassungsreaktionen** aus (s. u.). Zusätzlich **aktivieren** sie aber auch die **Transkription** von Genen. Die via β-Rezeptoren aktivierte Proteinkinase A phosphoryliert im Zellkern den **Transkriptionsfaktor CREB** (cAMP-response element binding protein). CREB bindet konstitutiv an spezifische Response-Elemente, **CRE** (cAMP-responsive element) auf der DNA, stimuliert aber nur nach Phosphorylierung die Transkription cAMP-abhängiger Gene.

### 11.7.3 Zelluläre Wirkungen

Es lassen sich **metabolische Wirkungen** und **Wirkungen auf Organsysteme** unterscheiden.

Die zellulären Wirkungen der Katecholamine lassen sich grob in zwei Gruppen einteilen:

1. **metabolische Wirkungen:** Mobilisierung von Energiespeichern,
2. **Wirkungen auf Organsysteme:** Regulation des Herz-Kreislauf-Systems und der Kontraktion der glatten Muskulatur von Organen.

Eine Übersicht gibt Tab. **11.4**.

Eine Übersicht über einige wichtige Funktionen und die beteiligten Rezeptoren gibt Tab. **11.4**.

#### Metabolische Wirkungen

Adrenalin und Noradrenalin förden die **Energiebereitstellung** auf Kosten der **Fettdepots** und des **Glykogens**.

Als Hormone, die vermehrt unter Belastung ausgeschüttet werden, fördern Adrenalin und Noradrenalin Reaktionen, die der **Energiebereitstellung** dienen, v. a. auf Kosten der **Fettdepots** und des **Glykogens**.

**Glukosestoffwechsel:** Aktivierung von **β-Rezeptoren** stimuliert den **Glykogenabbau in Leber und Muskel**, aber nur die Leber gibt die Glukose ins Blut ab.

**Glukosestoffwechsel:** Die Bindung an **β-Rezeptoren** stimuliert den **Glykogenabbau in Leber und Muskel** (durch PKA-abhängige Aktivierung der Glykogenphosphorylasekinase und der Glykogenphosphorylase). Zusätzlich kann der Glykogenabbau durch

11.4

**11.4 Expressionsorte und Wirkungen adrenerger Rezeptoren**

| *Organ* | *Wirkungen* | |
|---|---|---|
| | *α-Rezeptoren* | *β-Rezeptoren* |
| **Herz**: Sinus- und AV-Knoten, Arbeitsmyokard | | $\beta_1$ positiv chrono-, dromo-, inotrop |
| **Blutgefäße**: glatte Muskulatur | $\alpha_1$ Vasokonstriktion (Haut, Gastrointestinaltrakt) | $\beta_2$ Vasodilatation (Herzkranzgefäße, Skelettmuskel) |
| **Bronchien**: glatte Muskulatur | $\alpha_1$ Kontraktion | $\beta_2$ Relaxation |
| **Gastrointestinaltrakt**: glatte Muskulatur | $\alpha_1$ Kontraktion der Sphinkteren<br>$\alpha_2$ Relaxation | $\beta_2$ Relaxation der gesamten glatten Muskulatur → Hemmung der Peristaltik |
| **Harnblase**: glatte Muskulatur | $\alpha_1$ Kontraktion des inneren Schließmuskels (Blasenhals)<br>$\alpha_2$ Relaxation | $\beta_2$ Relaxation der gesamten Wandmuskulatur |
| **Skelettmuskel**: Glykogenolyse | | $\beta_2$ Stimulation |
| **Leber**: Glykogenolyse | $\alpha_1$ Stimulation | $\beta_2$ Stimulation |
| **Fettgewebe:** Lipolyse<br>▪ weißes Fettgewebe<br>▪ braunes Fettgewebe | <br>$\alpha_2$ Hemmung<br>$\alpha_2$ Hemmung | <br>$\beta_{1,2(3)}$ Stimulation<br>($\beta_{1,2}$), $\beta_3$ Stimulation |
| **Niere**: Reninfreisetzung | | $\beta_1$ Stimulation |
| **Pankreas**:<br>▪ Insulinfreisetzung<br>▪ Glukagonfreisetzung | <br>$\alpha_2$ Hemmung<br> | <br>$\beta_2$ Stimulation<br>$\beta_2$ Stimulation |

die Aktivierung von $\alpha_1$-**Rezeptoren** stimuliert werden (Aktivierung der Glykogenphosphorylasekinase durch $Ca^{2+}$). Der **Muskel** verwendet die freigesetzte Glukose nur für den **Eigenbedarf**, während die **Leber** einen großen Teil ins **Blut** abgibt und so einem Abfall des Blutzuckerspiegels entgegenwirkt.
Parallel wird durch Aktivierung der β-Rezeptoren die **Glykolyse** in der **Leber gehemmt**. Dies erfolgt durch cAMP-abhängige Regulation der Konzentration von Fruktose-2,6-bisphosphat, des wichtigsten allosterischen Regulators der Phosphofruktokinase 1 (PFK-1). Im **Muskel** hingegen wird die Glykolyse **nicht beeinträchtigt**, da hier die Konzentration von Fruktose-2,6-bisphosphat nicht cAMP-abhängig reguliert wird.

Aktivierung der β-Rezeptoren **hemmt** die **Glykolyse** in der **Leber**.

Die **Glukoneogenese** wird über β-Rezeptoren **stimuliert**, und zwar durch Steigerung sowohl der Aktivität der beteiligten Enzyme als auch ihrer Expression (Letzteres über einen CREB-abhängigen Mechanismus).

Aktivierung der β-Rezeptoren **stimuliert** die **Glukoneogenese**.

Die Wirkungen auf den Glukosestoffwechsel werden v.a. durch **Adrenalin** verursacht. Blutzuckerabfall stimuliert die Adrenalinausschüttung aus dem Nebennierenmark.

**Fettstoffwechsel:** Im Fettgewebe **steigern** Adrenalin und Noradrenalin die **Lipolyse**, indem sie an $\beta_1$-, $\beta_2$- und/oder $\beta_3$-adrenerge Rezeptoren binden und die Proteinkinase A aktivieren. Diese wiederum **aktiviert** die **hormonsensitive Lipase**. Welche Rezeptorsubtypen involviert sind, ist speziesabhängig. Beim **Menschen** werden im weißen Fettgewebe v.a. $\beta_1$- und $\beta_2$-**Rezeptoren** aktiviert, im braunen Fettgewebe auch die adipozytenspezifischen $\beta_3$-**Rezeptoren**, bei der Ratte dominieren in beiden Fettdepots die $\beta_3$-Rezeptoren. Nicht alle Fettdepots sind gleich gut der Lipolyse zugänglich. Die Zugänglichkeit hängt von der Zahl der $\alpha_2$-**Rezeptoren** ab (z.B. sind bei Frauen die Fettdepots an den Hüften besonders reich an $\alpha_2$-Rezeptoren). Bei niedrigen Adrenalin- bzw. Noradrenalinkonzentrationen werden nur die $\alpha_2$-Rezeptoren aktiviert, so dass die Freisetzung von Fettsäuren gehemmt wird. Erst bei höheren Konzentrationen wird die Lipolyse über β-Rezeptoren gesteigert. Die Lipolyse kann sowohl durch Erhöhung des Sympathikotonus gesteigert werden – besonders reich an postganglionären sympathischen Fasern ist das braune Fettgewebe – als auch durch Adrenalin bzw. Noradrenalin aus dem Nebennierenmark.

**Fettstoffwechsel:** Adrenalin und Noradrenalin **steigern** die **Lipolyse**, indem sie **über β-Rezeptoren** die **hormonsensitive Lipase** aktivieren.
Über $\alpha_2$-Rezeptoren wird die **Lipolyse gehemmt**.

Parallel zum Abbau der Fettdepots wird durch Aktivierung von $\alpha_2$-Rezeptoren die **Insulinausschüttung gehemmt**, so dass es nicht zur insulinstimulierten Wiederauffüllung der Energiedepots kommt.

Aktivierung von $\alpha_2$-Rezeptoren **hemmt** die **Insulinausschüttung**.

**Thermogenese:** Plötzliche Kälteexposition führt zur Aktivitätssteigerung des Sympathikus und dadurch zu peripherer Vasokonstriktion und zum **Kältezittern** – unkoordinierten Muskelkontraktionen, die im Verlauf von Stunden oder wenigen Tagen an Bedeutung verlieren, da sie zunehmend durch die zitterfreie Wärmebildung ersetzt werden.

**Thermogenese:** Plötzliche Kälteexposition führt zum **Kältezittern**, das zunehmend durch zitterfreie Wärmebildung ersetzt wird.

Am besten untersucht ist die **zitterfreie Wärmebildung (Thermogenese) im braunen Fettgewebe**, das beim Menschen allerdings nur beim Neugeborenen eine große Rolle spielt. Beim Erwachsenen ist es nur noch rudimentär ausgeprägt: Zahlreiche Fettzellen mit Eigenschaften des braunen Fettgewebes sind im weißen Fettgewebe verteilt. (Nor-)Adrenalin stimuliert über $\beta_1$-, $\beta_2$- und $\beta_3$-Rezeptoren die **Lipolyse**. Synergistisch wirken die $\alpha_1$-Rezeptoren, die alleine jedoch keinen Effekt haben. Somit werden freie Fettsäuren als Substrate für die Energiegewinnung zur Verfügung gestellt. Die beim mitochondrialen Abbau der Fettsäuren über β-Oxidation, Zitratzyklus und Atmungskette gewonnene Energie wird nur zum Teil zur Produktion von ATP verwendet. Der größte Teil wird durch **Entkopplung der Atmungskette** in **Wärme** umgewandelt. Die innere Mitochondrienmembran enthält ein **Entkopplerprotein (Thermogenin = UCP1)**, welches auf noch nicht genau bekanntem Wege durch Fettsäuren aktiviert wird.

Bei der **zitterfreien Wärmebildung (Thermogenese) im braunen Fettgewebe** wird die beim mitochondrialen **Abbau der Fettsäuren** gewonnene Energie durch **Entkopplung der Atmungskette** in Wärme umgewandelt. Dazu ist das Entkopplerprotein **Thermogenin (UCP1)** erforderlich.

Die Thermogenese im braunen Fettgewebe erfordert den **Synergismus** von **Noradrenalin** und **Schilddrüsenhormonen** (Abb. **11.31**). Noradrenalin steigert über einen CREB-abhängigen Mechanismus die **Expression von UCP1 und der Deiodase 2**, die T4 in biologisch aktives T3 umwandelt (s. S. 366). Durch Wirkung der Deiodase werden lokal hohe Konzentrationen an T3 erzeugt. Dieses steigert zum einen die Transkription von Genen, die für die adrenerge Signaltransduktion erforderlich sind, zum anderen verstärkt es synergistisch mit Noradrenalin die Transkription von UCP1.

Die Thermogenese im braunen Fettgewebe erfordert den **Synergismus** von **Noradrenalin** und **Schilddrüsenhormonen** (Abb. **11.31**).

11.31

**11.31 Thermogenese im braunen Fettgewebe: Synergismus von Noradrenalin (Sympathikus) und Schilddrüsenhormonen**

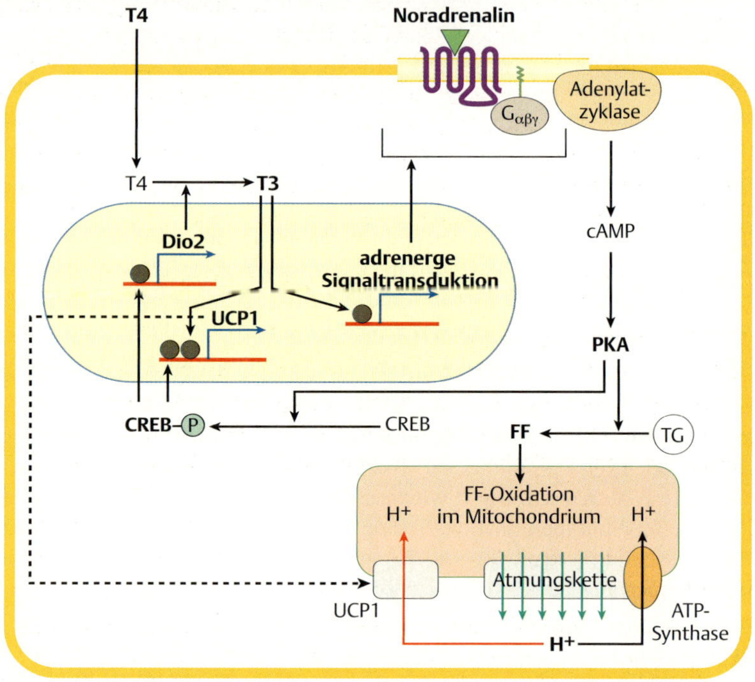


Dio2 = Deiodase 2, UCP1 = Uncoupling protein 1 = Thermogenin, TG = Triglyzerid, FF = freie Fettsäuren.

### Wirkungen auf Organsysteme

**Myokard:** Aktivierurng von **$\beta_1$-Rezeptoren** wirkt **positiv chronotrop, dromotrop** und **inotrop**.

**Glatte Gefäßmuskulatur:** Die Aktivierung von **$\alpha_1$-Rezeptoren** führt zur **Vasokonstriktion**, die Aktivierung von **$\beta_2$-Rezeptoren** zur **Vasodilatation**.

Adrenalin und Noradrenalin besitzen unterschiedliche Wirkungen auf Blutdruck und Herzfrequenz:

- **Noradrenalin** erhöht den Blutdruck, die Herzfrequenz sinkt.
- **Adrenalin** (in niedrigen Dosen) senkt den Blutdruck, die Herzfreqenz kann ansteigen. In hohen Dosen bewirkt Adrenalin ebenfalls einen Blutdruckanstieg.

## Wirkungen auf Organsysteme

In erster Linie sind die Wirkungen auf den Herzmuskel und auf die glatte Muskulatur von Organen und Gefäßen zu nennen. Je nach Rezeptortyp treten unterschiedliche, z.T. sogar antagonistische Effekte auf.

**Myokard:** Die Aktivitätssteigerung des Sympathikus wirkt über **$\beta_1$-Rezeptoren** auf den Zellen des Sinus- bzw. AV-Knotens bzw. des Arbeitsmyokards **positiv chronotrop, dromotrop und inotrop** und führt so zu einer Zunahme des Herzzeitvolumens. Die Mechanismen sind ab S. 102 erläutert.

**Glatte Gefäßmuskulatur:** Die Blutgefäße enthalten überwiegend $\alpha_1$- oder $\beta_2$-Rezeptoren. Die Aktivierung von **$\alpha_1$-Rezeptoren** führt zur **Vasokonstriktion**, die Aktivierung von **$\beta_2$-Rezeptoren** zur **Vasodilatation**. Die meisten Gefäße (z.B. Haut und Darm) weisen $\alpha_1$-Rezeptoren auf, werden also verengt. Die Herzkranzgefäße und die Gefäße der Skelettmuskulatur dagegen weisen $\beta_2$-Rezeptoren auf, werden also erweitert. Somit wird die Blutversorgung zugunsten der arbeitenden Muskulatur verschoben.

**Adrenalin** und **Noradrenalin** besitzen **unterschiedliche** Wirkungen auf Blutdruck und Herzfrequenz:

- **Noradrenalin** aktiviert vornehmlich die $\alpha_1$-Rezeptoren, da es nur geringe Affinität zu den $\beta_2$-Rezeptoren besitzt. Daher wird der periphere **Gefäßwiderstand gesteigert**, der **arterielle Blutdruck** wird **erhöht**. Dennoch **sinkt** die **Herzfrequenz**, da eine reflektorisch über Barorezeptoren ausgelöste Erhöhung des Parasympathikotonus dominiert.
- **Adrenalin** hingegen aktiviert – in kleiner und mittlerer Dosis – die $\beta_2$-Rezeptoren der Blutgefäße der Skelettmuskulatur und anderer Gefäße, so dass der periphere **Widerstand** leicht **sinkt** und die reflektorische Aktivierung des Parasympathikus ausbleibt. Die **Herzfrequenz** kann daher durch Aktivierung der $\beta_1$-Rezeptoren **ansteigen**. In hoher Dosis oder bei Blockade der $\beta_2$-Rezeptoren aktiviert Adrenalin auch $\alpha_1$-Rezeptoren und bewirkt so eine Vasokonstriktion aller Gefäße.

▶ Klinik. Das **Phäochromozytom** ist ein seltener (Häufigkeit 1–2 : 100 000), katecholaminproduzierender Tumor der chromaffinen Zellen, der meist im Nebennierenmark (selten extraadrenal, z. B. im sympathischen Grenzstrang) lokalisiert ist. Der Tumor kommt sporadisch oder familiär gehäuft vor und ist meist gutartig. Er schüttet kontinuierlich oder schubweise Adrenalin und/oder Noradrenalin aus und geht deshalb mit dauerhaftem oder anfallsartig auftretendem (paroxysmalen) Bluthochdruck einher. Bei paroxysmaler Hormonsekretion leiden die Betroffenen u. a. unter plötzlich einsetzenden, heftigen pulssynchronen Kopfschmerzen mit Schweißausbruch, Herzrasen oder Herzrhythmusstörungen. Das Phäochromozytom ist eine seltene Ursache des Bluthochdrucks. Dennoch ist es wichtig, es zu diagnostizieren, da

1. die hypertensiven Krisen zu Schlaganfall oder Herzinfarkt führen und tödlich verlaufen können,
2. 10 % der Tumoren maligne sind.

Die Diagnose wird durch Bestimmung der Vanillinmandelsäure-Konzentration im 24-h-Urin gestellt und der Tumor mittels Sonografie, Computertomografie und Szintigrafie lokalisiert. Der Tumor wird operativ entfernt, nachdem durch Gabe des nichtselektiven α-Blockers Phenoxybenzamin der Blutdruck normalisiert wurde.

▶ Klinik.

**Niere:** Noradrenalin (Sympathikusaktivierung) **steigert** die **Reninsekretion** (s. Tab. **10.11**, S. 321), wodurch der Blutdruck angehoben wird.

**Glatte Organmuskulatur:** Die **Bronchien** werden durch Aktivierung $\beta_2$-adrenerger Rezeptoren **erweitert**, wodurch eine bessere Sauerstoffversorgung erreicht wird. **Verdauungsprozesse** jedoch werden **gehemmt**. Die gesamte Wandmuskulatur von **Darm und Harnblase relaxiert** ($\alpha_2$-, $\beta_2$-Rezeptoren), Schließmuskeln hingegen kontrahieren sich ($\alpha_1$-Rezeptoren).

**Niere:** Sympathikusaktivierung **steigert** die **Reninsekretion**, wodurch der Blutdruck steigt.
**Glatte Organmuskulatur:** Die **Bronchien** ($\beta_2$-Rezeptoren) werden **erweitert**, die Wandmuskulatur von **Darm und Harnblase relaxiert** ($\alpha_2$-, $\beta_2$-Rezeptoren). Schließmuskeln kontrahieren sich ($\alpha_1$-Rezeptoren).

▶ Klinik. **Medikamentöse Behandlung von Störungen des sympathischen Nervensystems**: Pharmaka, die die Wirkung des Sympathikus an den Erfolgsorganen imitieren (= Agonisten) oder inhibieren (= Antagonisten), zählen zu den am häufigsten verordneten Medikamenten. Der therapeutische Einsatz von Noradrenalin und Adrenalin selbst ist beschränkt, da sie bei oraler Gabe nur wenig resorbiert und bereits im Darm zum größten Teil inaktiviert werden. Daher werden Wirkstoffe verwendet, die besser resorbiert werden und eine längere Halbwertszeit im Plasma besitzen. Zudem ist eine selektive Wirkung an den verschiedenen Rezeptortypen erforderlich, um unerwünschte oder sogar gefährliche Nebenwirkungen zu minimieren.

**Adrenozeptor-Agonisten:** Je nach Angriffspunkt unterscheidet man:

- **α-Adrenozeptor-Agonisten:** Die derzeit eingesetzten Substanzen wirken sowohl auf $\alpha_1$- als auch auf $\alpha_2$-Rezeptoren. Sie werden zur **Vasokonstriktion** eingesetzt, u. a. als Nasentropfen/Sprays zur lokalen Schleimhautabschwellung bei Schnupfen (z. B. Phenylephrin und Imidazoline).
- **β-Adrenozeptor-Agonisten:** Agonisten mit **Wirkung auf $\beta_1$- und $\beta_2$-Rezeptoren** (z. B. Orciprenalin) werden in der **Kardiologie** bei Bradykardien eingesetzt. Sie wirken positiv chronotrop, dromotrop und inotrop. **$\beta_2$-selektive Agonisten** (z. B. Fenoterol) hingegen werden zur Therapie des Bronchialasthmas (Erweiterung der Bronchien) oder zur Hemmung vorzeitiger Wehen eingesetzt. Durch Einsatz dieser selektiven Agonisten konnten die kardialen Nebenwirkungen vermindert werden.

**Adrenozeptor-Antagonisten** haben genau entgegengesetzte Wirkung:

- **α-Adrenozeptor-Antagonisten (α-Blocker)** hemmen die Katecholaminwirkung an glatten Muskeln. $\alpha_1$-selektive Blocker werden u. a. zur Prophylaxe von Vasospasmen (Raynaud-Phänomen) eingesetzt (z. B. Prazosin) sowie bei Prostatahyperplasie zur Entspannung der glatten Muskulatur und zur Erniedrigung des Auslasswiderstands der Blase (z. B. Tamsulosin).
- **β-Adrenozeptor-Antagonisten (β-Blocker):** Einer der ersten klinisch einsetzbaren β-Blocker war Propanolol, das allerdings auf $\beta_1$- und $\beta_2$-Rezeptoren wirkt. Therapeutisch interessant ist aber v. a. die Blockade von $\beta_1$-Rezeptoren (z. B. durch Atenolol). $\beta_1$-selektive Blocker wirken am **Herzen** negativ chronotrop, dromotrop

▶ Klinik.

und inotrop (s. S. 102). Sie werden bei **koronarer Herzkrankheit, Rhythmusstörungen und Herzinsuffizienz** eingesetzt: Die Senkung der Herzfrequenz und der Kontraktilität mindert den Sauerstoffverbrauch, die negativ dromotrope Wirkung ist bei Tachyarrhythmien erwünscht. Der Einsatz bei Herzinsuffienz scheint zunächst paradox, ist aber dadurch gerechtfertigt, dass im späten Stadium die chronische Aktivierung des adrenergen Systems die Progression der Insuffizienz fördert.

11.8 Pankreashormone

Neben exokrinen Drüsenzellen enthält das Pankreas vier Zelltypen endokriner Drüsenzellen. Diese sezernieren

- **Glukagon** (A-Zellen),
- **Insulin** (B-Zellen),
- **Somatostatin** (D-Zellen),
- **pankreatisches Polypeptid** (PP-Zellen).

## 11.8 Pankreashormone

Neben seiner Rolle als Verdauungssekrete sezernierende exokrine Drüse erfüllt das Pankreas eine lebensnotwendige Funktion als endokrine Drüse. Die endokrinen Zellen sind in den Langerhans-Inseln lokalisiert. Es handelt sich um Zellaggregate, in denen vier hormonsezernierende Zelltypen nachweisbar sind:

- In den **A-Zellen** wird **Glukagon**, in den **B-Zellen Insulin** produziert. Diese Hormone sind die Hauptregulatoren des Glukosestoffwechsels (s. u.).
- Die **D-Zellen** bilden **Somatostatin**, das die Sekretion mehrerer Hormone hemmt, darunter Insulin, Glukagon, Wachstumshormon, TSH, Gastrin und VIP. Es wird außer im Pankreas auch in Magen, Darm und Hypothalamus (s. S. 351 bzw. S. 485) synthetisiert.
- Die **PP-Zellen** produzieren das **pankreatische Polypeptid (PP)**. Es hemmt die exokrine Pankreassekretion und die Kontraktion der Gallenblase.

Die B-Zellen stellen mit ca. 70 – 80 % den Hauptzelltyp dar, gefolgt von den A-Zellen mit ca. 20 %. Die Zusammensetzung der einzelnen Inseln variiert allerdings in Abhängigkeit von ihrer Position im Pankreas. Die verschiedenen Zellen stehen in engem Kontakt und sind z. T. über Gap junctions miteinander verbunden, was für die Regulation der Insulin- und Glukagonsekretion von Bedeutung sein könnte. Vermutlich wird über Gap junctions die Sekretion der Hormone synchronisiert. Somatostatin wird in den D-Zellen in Mengen gebildet, die ausreichen würden, um die Insulinausschüttung vollständig zu inhibieren. Allerdings ist die Blutversorgung so angelegt, dass der größte Teil des Somatostatins die B-Zellen nicht erreicht.

11.8.1 Insulin

▶ Definition.

### 11.8.1 Insulin

▶ **Definition.** **Insulin** ist ein Peptidhormon, das in den B-Zellen des Pankreas gebildet wird. Es senkt die Blutglukosekonzentration und fördert die Bildung von Energiespeichern (Glykogen, Triglyzeride) und das Zellwachstum. Es ist ein anaboles Hormon.

Struktur und Biosynthese

Insulin besteht aus einer **A-** und einer **B-Kette,** die durch **Disulfidbrücken** verbunden sind (Abb. **11.32a**).

Am rauen ER wird **Präproinsulin** (eine einzige Polypeptidkette) synthetisiert, beim Transport ins Lumen des ER entsteht unter Abspaltung des Signalpeptids **Proinsulin**. Durch Herausschneiden des **C-Peptids** wird das **reife Insulin** gebildet (Abb. **11.32b**).

Insulin wird zusammen mit dem abgespaltenen C-Peptid in Form von kompakten Zink-Komplexen in sekretorischen Granula gespeichert und gemeinsam mit ihm freigesetzt.

#### Struktur und Biosynthese

Insulin ist aus **zwei Peptidketten** aufgebaut, einer **A-Kette** mit 21 Aminosäuren und einer **B-Kette** mit 30 Aminosäuren, die durch **zwei Disulfidbrücken** verbunden sind (Abb. **11.32a**).

Die Synthese erfolgt wie bei allen Peptidhormonen am rauen endoplasmatischen Retikulum. Zunächst wird ein **einkettiges Vorläufermolekül (Präproinsulin)** gebildet. Dieses wird unter Abspaltung des Signalpeptids – wodurch **Proinsulin** entsteht – in das Lumen des endoplasmatischen Retikulums transportiert und gefaltet. Proinsulin durchläuft den Golgi-Apparat und wird dabei proteolytisch prozessiert: Ein Teil des Peptids, das sog. **C-Peptid**, wird **abgespalten**, so dass das reife Hormon **Insulin** entsteht (Abb. **11.32b**). Die Prozessierung ist für die biologische Aktivität essenziell und wird von einer Protease aus der Familie der Prohormon-Konvertasen durchgeführt.

Insulin wird zusammen mit dem abgespaltenen C-Peptid in Form von kompakten Zink-Komplexen in sekretorischen Granula gespeichert und gemeinsam mit ihm freigesetzt. Bis vor kurzem wurde angenommen, dass das C-Peptid selbst keine biologische Aktivität besitzt. Inzwischen konnte aber gezeigt werden, dass das C-Peptid die

**11.32 Primärstruktur (a) und Biosynthese (b) von Insulin**

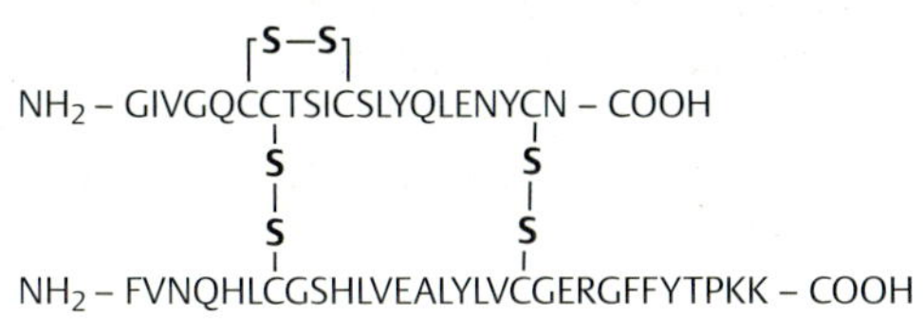


a

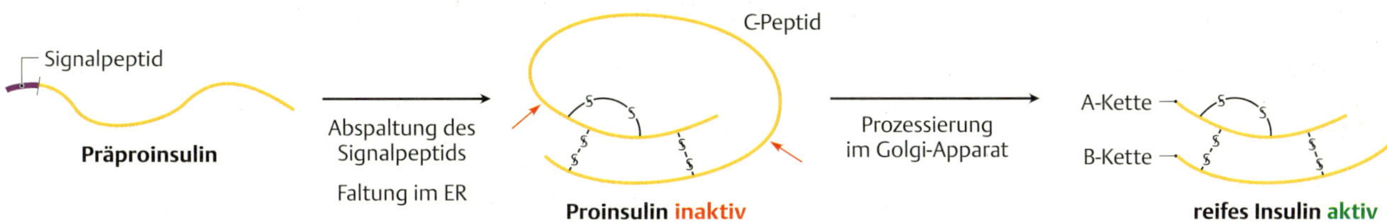


b

Ein kritischer Schritt der Biosynthese ist die proteolytische Abspaltung des C-Peptids: Durch sie entsteht aus dem einkettigen, inaktiven Proinsulin das zweikettige, biologisch aktive Insulin. ER: endoplasmatisches Retikulum.

Nierenfunktion verbessert und die Aktivität bzw. Expression der endothelialen NO-Synthase, der $Na^+/K^+$-ATPase und von neurotrophen Faktoren erhöht. Es ist allerdings noch unklar, welche biologische Relevanz diese Befunde besitzen.

▶ Klinik. Da das **C-Peptid** in der gleichen Menge wie Insulin freigesetzt wird, aber eine lange Halbwertszeit (> 30 min) im Blut besitzt, kann seine Blutkonzentration herangezogen werden zur **Diagnostik von**

- **Insulinmangel:** Bei B-Zell-Verlust (meist infolge eines Autoimmunprozesses → Diabetes Typ 1, s. S. 403) gibt die Plasmakonzentration des C-Peptids Aufschluss über die Insulin-Restsekretion.
- **Insulinüberschuss:** Die Plasmakonzentration des C-Peptids liefert Hinweise darauf, ob eine Unterzuckerung durch übermäßige Insulinproduktion bedingt ist, ob also ein (pro)insulinproduzierender B-Zell-Tumor des Pankreas (Insulinom) vorliegt.

▶ Klinik.

## Sekretion

Sekretion

▶ Merke. Der primäre Stimulus für die Ausschüttung von Insulin ist ein hoher Blutglukosespiegel.

▶ Merke.

Der Mechanismus der Insulinsekretion ist recht gut untersucht. Eine **Schlüsselstellung** besitzt ein **ATP-abhängiger $K^+$-Kanal**. Er wird durch ATP gehemmt. Die Abnahme der Kaliumleitfähigkeit führt zur Depolarisation der Zellmembran. Als Folge öffnen sich spannungsabhängige $Ca^{2+}$-Kanäle, $Ca^{2+}$ strömt ein und löst die Exozytose aus (Abb. **11.33**).

Eine Schlüsselstellung im Mechanismus der glukoseinduzierten Insulinsekretion besitzt ein **durch ATP gehemmter $K^+$-Kanal** (Abb. **11.33**).

Ein hoher ATP-Spiegel in der Zelle stimuliert also die Freisetzung von Insulin, ein niedriger ATP-Spiegel hemmt sie. Die Korrelation zwischen dem extrazellulären Glukoseangebot und dem ATP-Spiegel in der B-Zelle wird wie folgt erreicht: Glukose gelangt mithilfe des GLUT2-Transporters in die B-Zelle (Abb. **11.33**) und wird durch die Glukokinase phosphoryliert. Sowohl der Transporter als auch das Enzym haben große Michaelis-Menten-Konstanten, d. h. eine geringe Affinität zu Glukose. Sie setzen diese also der Plasmaglukosekonzentration entsprechend um. Anschließend wird die Glukose über Glykolyse, Zitratzyklus und Atmungskette vollständig unter ATP-Gewinnung abgebaut, so dass insgesamt die **ATP-Bildung** tatsächlich **dem Blutglukosespiegel proportional** ist.

Die Aufnahme der Glukose über GLUT2, die Phosphorylierung durch die Glukokinase und der aerobe Abbau zu $CO_2$ und $H_2O$ sind so reguliert, dass die **ATP-Bildung dem Blutglukosespiegel proportional** ist. Deshalb wird der ATP-abhängige $K^+$-Kanal bei hohem Blutglukosespiegel gehemmt, die Zellmembran depolarisiert und Insulin freigesetzt (Abb. **11.33**).

▶ Klinik. Der ATP-abhängige $K^+$-Kanal wird auch durch **Sulfonylharnstoffe** gehemmt. Diese werden bei Insulinresistenz (verminderter Insulinwirkung auf die Zielzellen → Diabetes Typ 2, s. S. 403) zur Steigerung der Insulinsekretion verabreicht.

▶ Klinik.

11.33

11.33 **Mechanismus der glukoseinduzierten Insulinsekretion**

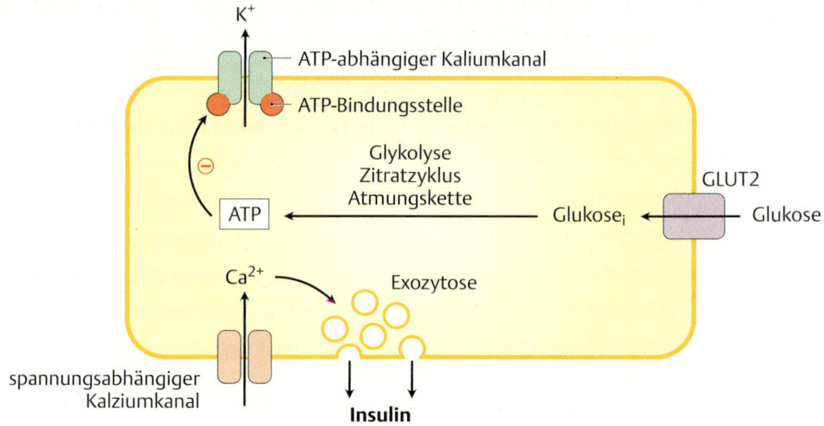


## Regulation der Sekretion

**Glukose** ist der **primäre Stimulus** der **induzierten Insulinsekretion**. Diese wird aber durch weitere Faktoren moduliert.

Man unterscheidet eine **basale Insulinsekretion** (Sekretion im Nüchternzustand) und eine **induzierte Insulinsekretion**. Der **primäre** Stimulus der induzierten Insulinausschüttung ist **Glukose**, die Sekretion wird aber auch durch zahlreiche weitere Faktoren beeinflusst.

**Sekretionsfördernd** wirken
- Aminosäuren
- Fettsäuren
- Enterohormone (GLP-1)
- erhöhter Parasympathikotonus
- Adrenalin ($\beta_2$-Rezeptoren).

**Sekretionsfördernd** wirken z.B.
- **Aminosäuren** (v.a. Arginin und Leucin). Der stimulierende Einfluss von Aminosäuren wird verständlich, wenn man berücksichtigt, dass Insulin ein anaboles Hormon ist, das auch die Proteinbiosynthese steigert. Der Mechanismus der Sekretionsförderung durch Aminosäuren ist noch unbekannt.
- **freie Fettsäuren**, z.T. durch Aktivierung G-Protein-gekoppelter Rezeptoren auf den B-Zellen. Langfristig erhöhte Fettsäurespiegel wirken allerdings hemmend (s.S. 404).
- **Enterohormone** wie das glukagonähnliche Peptid 1 (GLP-1, s.S. 407), die ebenfalls G-Protein-gekoppelte Rezeptoren aktivieren. Sie sind dafür verantwortlich, dass die orale Gabe einer bestimmten Glukosemenge zu einer stärkeren Insulinausschüttung führt als die parenterale Verabreichung derselben Menge.
- die **Erhöhung des Parasympathikotonus:** Aus postganglionären parasympathischen Neuronen freigesetztes Acetylcholin aktiviert muskarinische Acetylcholinrezeptoren auf B-Zellen.
- **Adrenalin** (aus dem Nebennierenmark): Es aktiviert $\beta_2$-Rezeptoren.

**Sekretionshemmend** wirken
- erhöhter Sympathikotonus
- Somatostatin.

**Sekretionshemmend** wirken
- die **Erhöhung des Sympathikotonus**, d.h. die neuronale Freisetzung von Noradrenalin, das $\alpha_2$-adrenerge Rezeptoren auf den B-Zellen aktiviert,
- **Somatostatin** aus den D-Zellen des Pankreas.

Die sekretionsfördernde Wirkung der stimulierenden Faktoren beruht auf einer **Stimulierung der Exozytose** durch Aktivierung der PLC$\beta$ und cAMP/PKA-abhängiger Mechanismen.

Die Wirkungen der sekretionsfördernden Faktoren lassen sich (zumindest teilweise) auf folgende Mechanismen zurückführen:
- **Aktivierung der Phospholipase C$\beta$**, d.h. Bildung der Second Messenger $IP_3$ und DAG. $IP_3$ führt zur Freisetzung von $Ca^{2+}$ aus dem endoplasmatischen Retikulum, was eine Steigerung der Exozytose bewirkt. Zusätzlich aktiviert DAG die Proteinkinase C, die Proteine der Exozytose-Maschinerie phosphoryliert und dadurch aktiviert. Durch diesen Mechanismus lässt sich die sekretionsfördernde Wirkung des Parasympathikus erklären.
- **Erhöhung des cAMP-Spiegels und Aktivierung der Proteinkinase A.** Letztere aktiviert (ähnlich wie die Proteinkinase C) an der Exozytose beteiligte Proteine. Außerdem phosphoryliert sie $Ca^{2+}$-Kanäle und erhöht so deren Offenwahrscheinlichkeit. Proteinkinase-A-unabhängig bindet cAMP an das Protein EPAC (exchange protein directly activated by cAMP). Auf diese Weise aktiviert cAMP den Ryano-

dinrezeptor (→ $Ca^{2+}$-Freisetzung aus intrazellulären Speichern) und hemmt den ATP-abhängigen $K^+$-Kanal der B-Zellen. Beides stimuliert die Exozytose von Insulin. Auf diesem Mechanismus beruht die Wirkung von freien Fettsäuern, GLP-1 und die von Adrenalin über $\beta_2$-Rezeptoren.

**Senkung des cAMP-Spiegels** (Aktivierung inhibitorischer G-Proteine, z. B. über $\alpha_2$-adrenerge Rezeptoren und Somatostatin) hingegen führt zur Hemmung der Insulinausschüttung.

Sekretionshemmend wirkt eine **Senkung des cAMP-Spiegels**.

## Inaktivierung und Abbau

Insulin hat im Blut nur eine Halbwertszeit von einigen Minuten. Seine Wirkung wird v. a. durch Endozytose des Insulin-Insulinrezeptor-Komplexes beendet. Der Endozytose folgt der Abbau in den Lysosomen.

### Inaktivierung und Abbau

Der Abbau erfolgt durch Endozytose und lysosomalen Abbau des Insulin-Insulinrezeptor-Komplexes.

## Molekulare Wirkungen

Insulin bindet im Gegensatz zu den meisten anderen Hormonen an einen Rezeptor, der zur Familie der **Rezeptortyrosinkinasen** gehört. Der Insulinrezeptor besteht aus **vier Untereinheiten** (Abb. **11.34 a**):

- **zwei** extrazellulär gelegenen **α-Untereinheiten**, die zusammen ein Insulinmolekül binden, und
- **zwei** membrandurchspannenden **β-Untereinheiten**, die Tyrosinkinaseaktivität besitzen.

### Molekulare Wirkungen

Der Insulinrezeptor ist eine **Rezeptortyrosinkinase**. Er ist ein **Tetramer** aus (Abb. **11.34 a**)

- zwei insulinbindenden **α-Untereinheiten** und
- zwei **β-Untereinheiten** mit zytosolischer Tyrosinkinaseaktivität.

Die Bindung von Insulin an den Insulinrezeptor führt zur **Aktivierung der Kinasedomänen** durch Autophosphorylierung und zur Phosphorylierung von Tyrosinresten außerhalb der Kinasedomänen, die nun als Andockstellen für **phosphotyrosinbindende Proteine** dienen (Abb. **11.34 a**). Das für die Signaltransduktion von Insulin wichtigste phosphotyrosinbindende Protein ist das **Insulinrezeptorsubstrat (IRS)**. Nach Bindung an den phosphorylierten Rezeptor wird es durch die Kinasedomänen des Rezeptors an mehreren Stellen phosphoryliert, wodurch noch **weitere Andockstellen** für phosphotyrosinbindende Proteine entstehen.

Die Bindung von Insulin an den Rezeptor **aktiviert** die **Tyrosinkinasedomänen**. Sie phosphorylieren Tyrosinreste des Rezeptors, an denen nun **phosphotyrosinbindende Proteine** andocken, insbesondere das **Insulinrezeptorsubstrat (IRS)**. Phosphoryliert dient es als Andockstelle für weitere Proteine (Abb. **11.34 a**).

Für die **wachstumsstimulierende Wirkung** des Insulins ist die Aktivierung des **Ras-Signalwegs** von Bedeutung. Der Ras-Weg ist ein Signalweg, der durch viele Wachstumsfaktoren aktiviert wird, Zellproliferation und Differenzierung reguliert und bei Fehlregulation an der Entstehung von Tumoren beteiligt ist. Insulin aktiviert den Ras-Weg über das Protein GRB2, das an phosphorylierte Tyrosinreste der zytosolischen Rezeptordomänen selbst oder des IRS binden kann und ein weiteres, SOS genanntes Protein aktiviert, welches im Komplex mit GRB2 vorliegt.

Für die **wachstumsstimulierende Wirkung** des Insulins ist die Aktivierung des **Ras-Signalwegs** von Bedeutung.

Für die **metabolischen Wirkungen** hingegen ist der Ras-Weg nicht essenziell, hier sind andere Signalwege erforderlich, insbesondere die Aktivierung der **Proteinkinase B (PKB)**: An einen der phosphorylierten Tyrosinreste des rezeptorgebundenen **IRS** bindet die Phosphatidylinositol-3-phosphat-Kinase **(PI3-Kinase)**, die dazu führt, dass die Proteinkinase B zur Plasmamembran rekrutiert und dort **durch Phosphorylierung aktiviert** wird. Die aktivierte **Proteinkinase B ist das zentrale Effektormolekül** für die metabolischen Insulinwirkungen (Abb. **11.34 b**).

Von zentraler Bedeutung für die **metabolischen Wirkungen** ist die Signalkette **IRS–PI3-Kinase–Proteinkinase B (PKB)**.

Die aktive Proteinkinase B phosphoryliert zahlreiche Effektorproteine:

- Die **Phosphodiesterase 3B** wird durch Phosphorylierung **aktiviert** und **senkt** den **cAMP-Spiegel** in der Zelle.
- Die **Glykogensynthasekinase 3 (GSK3)** wird durch Phosphorylierung **inaktiviert**, so dass die **Hemmung der Glykogensynthase entfällt**.
- PKB-abhängige Phosphorylierung von Proteinen ist auch, zusammen mit anderen Faktoren, an der **Fusion der GLUT4-Vesikel mit der Plasmamembran** (Translokation, Details s. u.) und der **Stimulation der Translation**, also der **Proteinbiosynthese** beteiligt (s. u.).

Die PKB vermittelt zahlreiche Schlüsselreaktionen der Insulinwirkung (Abb. **11.34 b**). Die PKB ist – zusammen mit anderen Signalwegen – auch an der **Translokation von GLUT4** und der Stimulation der **Proteinbiosynthese** beteiligt.

► Klinik. **Insulinmangel** erzeugt das Krankheitsbild des **Diabetes mellitus**. Dabei handelt es sich um eine Gruppe von Stoffwechselstörungen mit Erhöhung der Blutzuckerkonzentration bzw. einer gestörten Verwertung von zugeführten Kohlenhydraten. Ursache ist ein absoluter oder relativer Insulinmangel. Zu weiteren Details siehe den ausführlichen Exkurs zum Thema auf S. 403.

► Klinik.

11.34

**11.34 Signaltransduktion durch Insulin**

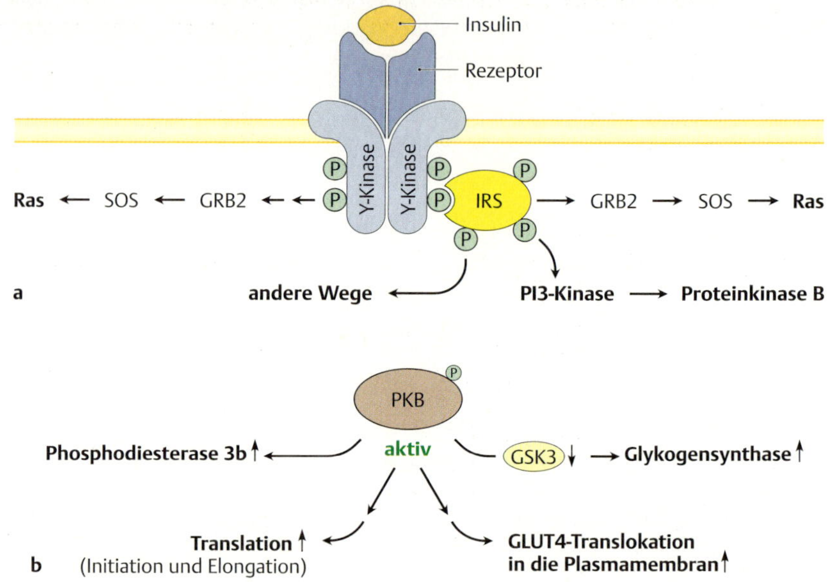


**a Signaltransduktionswege**. IRS = Insulinrezeptorsubstrat, Y-Kinase = Tyrosinkinase.
**b Wichtige Folgereaktionen der Aktivierung der Proteinkinase B (PKB)**. GSK3 = Glykogensynthasekinase 3.

**Zelluläre Wirkungen**

Die wichtigsten **insulinabhängigen** Organe sind **Leber, Skelettmuskel und Fettgewebe**.

## Zelluläre Wirkungen

Insulin beeinflusst den Stoffwechsel fast aller Gewebe. **Insulinunabhängig** sind im Wesentlichen nur **Erythrozyten, Niere und Darmmukosa**. Die wichtigsten **insulinabhängigen**, d. h. insulinempfindlichen Organe bzw. Gewebe sind **Leber, Skelettmuskel und Fettgewebe**.

▶ Merke.

**▶ Merke.** Generell stimuliert Insulin anabole Stoffwechselwege und hemmt katabole Stoffwechselwege.

Man unterscheidet **schnelle** und **langsame Stoffwechselwirkungen** des Insulins.

Die **metabolischen Wirkungen** des Insulins lassen sich unterteilen in
- **schnelle**, durch Aktivierung bereits vorhandener Proteine verursachte Wirkungen und
- **langsame**, durch Stimulation oder Hemmung der Enzymsynthese (Enzyminduktion bzw. -repression) verursachte Wirkungen.

**Schnelle Stoffwechselwirkungen**

▶ Merke.

### Schnelle Stoffwechselwirkungen

**▶ Merke.** Insulin steigert die Aufnahme von Ausgangssubstanzen und die Aktivität von Enzymen anaboler Stoffwechselwege und hemmt die Aktivität von Enzymen kataboler Stoffwechselwege.

**Senkung des Blutzuckerspiegels:** Insulin **stimuliert** den **Einbau von GLUT4-Transportern** in die Plasmamembran von **Skelettmuskel-** und **Fettzellen** (**Translokation**, Abb. **11.35**) und führt so zur schnellen Senkung des Blutzuckerspiegels.

**Senkung des Blutzuckerspiegels:** Insulin **steigert** die **Glukoseaufnahme in Skelettmuskel- und Fettzellen**, indem es den **Einbau von GLUT4-Glukosetransportern in die Plasmamembran stimuliert**. GLUT4-Transporter haben eine hohe Affinität zu Glukose, arbeiten also bei physiologisch relevanten Blutglukosespiegeln mit nahezu maximaler Geschwindigkeit. Bei niedrigen Insulinspiegeln ist die Mehrzahl der GLUT4-Transporter in zytoplasmatischen Vesikeln gespeichert. Insulin bewirkt die Fusion der Vesikel mit der Plasmamembran (**Translokation**, Abb. **11.35**). Dadurch steigt die GLUT4-Dichte in der Plasmamembran und damit die Glukoseaufnahme in die – zahlreich vorhandenen – Skelettmuskel- und Fettzellen um ein Vielfaches. Infolgedessen sinkt der Blutzuckerspiegel innerhalb von Minuten.

**11.35 Insulinabhängige Verteilung von GLUT4-Glukosetransportern zwischen Plasmamembran und zytoplasmatischen Vesikeln**

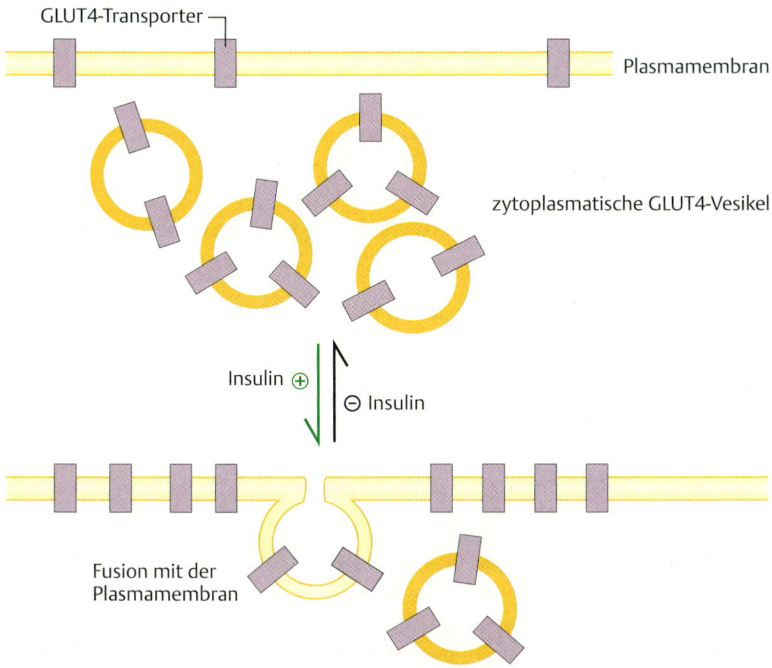


11.35

**In der Leber** spielt dieser Mechanismus keine Rolle, denn Leberzellen nehmen Glukose hauptsächlich über **GLUT2-Transporter** auf. Deren Affinität zu Glukose ist niedrig, so dass Glukose ihrer extrazellulären Konzentration entsprechend aufgenommen und anschließend verstoffwechselt wird.

Die **Leber** nimmt Glukose hauptsächlich über den niedrig affinen **GLUT2-Transporter** auf.

**Stimulation der Glukoseverwertung:** In der Leber und im Skelettmuskel **fördert** Insulin die **Glykolyse** und die **Glykogensynthese** und **hemmt** die **Glykogenolyse**. In der Leber **hemmt** es zusätzlich die **Glukoneogenese**. Diese Wirkungen beruhen z. T. auf dem erhöhten Glukoseangebot (über GLUT4 im Skelettmuskel), v. a. aber auf **Veränderungen der Aktivität der Schlüsselenzyme**.
Zum einen aktiviert Insulin die **Proteinphosphatase 1**, diese dephosphoryliert

- die **Glykogensynthase** und aktiviert sie dadurch,
- die **Glykogenphosphorylase** und inaktiviert sie dadurch,
- die **Glykogensynthasekinase 3 (GSK3)** und inaktiviert sie, wodurch eine erneute Phosphorylierung der Glykogensynthase verhindert wird.

Zum anderen **aktiviert** Insulin in der Leber die **Phosphodiesterase 3B** (s. Abb. **11.34b**, S. 400). Die Abnahme des cAMP-Spiegels in der Leberzelle hemmt die Proteinkinase A. Dadurch wird der Glykogenabbau inhibiert (die Glykogen-phosphorylasekinase wird durch Phosphorylierung inaktiviert) und die Glykolyse aktiviert (Aktivierung der Phosphofruktokinase-1 durch den PFK-2-abhängigen Mechanismus).

**Stimulation der Glukoseverwertung:** In Leber und Skelettmuskel wird die **Glukoseverwertung und -speicherung** gesteigert, die **Glukoneogenese** in der Leber gehemmt. Dies erfolgt durch

- Dephosphorylierung (= Aktivierung) der Schlüsselenzyme durch die von Insulin aktivierte **Proteinphosphatase 1** und
- Senkung des cAMP-Spiegels in Leberzellen durch die von Insulin aktivierte **Phosphodiesterase 3B**.

**Stimulation der Fettsäuresynthese und Fettspeicherung:** Im Fettgewebe und in der Leber **verstärkt** Insulin die **Fettsäuresynthese**: Durch Steigerung der Glukoseaufnahme, Steigerung der Glykolyse und Aktivierung der Pyruvat-Dehydrogenase wird **vermehrt Acetyl-CoA als Ausgangsstoff** für die Fettsäuresynthese und über den Pentosephospatweg **vermehrt NADPH** für die Reduktionsschritte **bereitgestellt**. Zusätzlich wird das Schlüsselenzym der Fettsäuresynthese, die **Acetyl-CoA-Carboxylase**, **aktiviert**. Parallel blockiert das von der Acetyl-CoA-Carboxylase gebildete Malonyl-CoA den Fettsäuretransport in die Mitochondrien (Hemmung der Carnitin-Acyltransferase), so dass der **Abbau der Fettsäuren gehemmt** wird.
Im Fettgewebe **hemmt** Insulin die Konkurrenzreaktion zur Fettsäuresynthese, die **Lipolyse**. Dies ist auf eine Senkung des cAMP-Spiegels (durch Aktivierung der Phosphodiesterase 3B, s.o.) zurückzuführen, die zu einer Verminderung der Aktivität der hormonsensitiven Lipase führt.

**Stimulation der Fettsäuresynthese und Fettspeicherung:** Der Abbau der Glukose liefert **vermehrt Substrate** für die Fettsäuresynthese, und das **Schlüsselenzym der Fettsäuresynthese** (Acetyl-CoA-Carboxylase) wird **aktiviert**. Der **Abbau der Fettsäuren** in den Mitochondrien wird **gehemmt**.

Die **Lipolyse** wird **gehemmt** (Senkung des cAMP-Spiegels durch die Phosphodiesterase 3B).

Durch **Aktivierung der Lipoproteinlipase** werden mehr Fettsäuren für die Triglyzeridsynthese bereitgestellt. Der **Fettsäuretransport** in die Adipozyten wird aktiviert.

Am Gefäßendothel **aktiviert** Insulin die **Lipoproteinlipase**. Die aus den Lipoproteinen freigesetzten Fettsäuren werden im Fettgewebe mit Glyzerin verestert, dienen also der Anlage von Fettdepots. Die Aufnahme von Fettsäuren wird durch Translokation von **Fettsäure-Transportproteinen** zur Plasmamembran der Adipozyten erleichtert.

**Stimulation der Aminosäure- und der Kaliumaufnahme:** Insulin fördert die Aufnahme von Aminosäuren in Skelettmuskelzellen.

**Stimulation der Aminosäure- und der Kaliumaufnahme:** Insulin **fördert** die **Aufnahme von Aminosäuren** und damit indirekt die Proteinbiosynthese **in Skelettmuskelzellen**. Als Mechanismen der gesteigerten Aufnahme von Aminosäuren werden die Stimulation des Einbaus von zytoplasmatischen Transporter-Vesikeln in die Plasmamembran und v.a. die Verhinderung der Ubiquitinierung, d.h. des Abbaus der Transporter im Proteasom, diskutiert.

Insulin stimuliert die **$Na^+/K^+$-ATPase** (wichtiger Mechanismus zur Zwischenspeicherung von $K^+$).

In Leber und Skelettmuskel **stimuliert** Insulin die **$Na^+/K^+$-ATPase**, was bei erhöhter metabolischer Aktivität der Zelle erforderlich ist. Die Aktivierung der $Na^+/K^+$-ATPase stellt auch einen wichtigen Mechanismus zur Zwischenspeicherung von $K^+$ nach Mahlzeiten dar (Kalium wird vermehrt in die Zelle aufgenommen).

### Langsame Stoffwechselwirkungen

Es handelt sich um längerfristige Regulationsmechanismen auf **Transkriptionsebene**.

Die schnellen Stoffwechseleffekte des Insulins werden durch längerfristige Regulationsmechanismen auf **Transkriptionsebene** ergänzt (Förderung der Transkription = Induktion, Hemmung der Transkription = Repression).

► Merke.

► Merke. Insulin fördert die Transkription von Enzymen anaboler Stoffwechselwege und hemmt die Transkription von Enzymen kataboler Stoffwechselwege.

Im **Fettgewebe** und im **Skelettmuskel** induziert Insulin GLUT4 und fördert so die **Glukoseaufnahme**. In der **Leber** und im **Fettgewebe** induziert es Enzyme der **Glykolyse**, des Pentosephosphatwegs und der **Fettsäuresynthese**.

Im **Fettgewebe** und im **Skelettmuskel** induziert Insulin GLUT4 und fördert so die **Glukoseaufnahme**. In der **Leber** und im **Fettgewebe** induziert es Enzyme der **Glykolyse** (z.B. Glukokinase in der Leber), des Pentosephosphatwegs (z.B. Glukose-6-phosphat-Dehydrogenase) und der **Fettsäuresynthese** (z.B. Acetyl-CoA-Carboxylase, Fettsäuresynthase).
Einige Mechanismen der Transkription der Enzyme zur Fettsäuresynthese sind recht gut untersucht. Die Promotoren der entsprechenden Gene müssen **gleichzeitig** die beiden folgenden Transkriptionsfaktoren binden:

- **ChREBP** (carbohydrate response element binding protein), das durch einen nur von **Glukose** abhängigen Mechanismus **aktiviert** wird,
- **SREBP1c** (sterol response element binding protein 1c). Die Bezeichnung „SREBP" rührt daher, dass der zuerst gefundene Transkriptionsfaktor dieser Gruppe die Cholesterinbiosynthese stimuliert. SREBP-Proteine sind jedoch an der Transkription fast aller Enzyme für Lipidsynthesen beteiligt. SREBP1c wird durch **Insulin induziert** und auch **aktiviert**.

Insulin kann also nur dann die Transkription aktivieren, wenn genügend Glukose vorhanden ist, was physiologisch sinnvoll ist.
Dies sind lediglich die am besten bekannten Beispiele. Man kann davon ausgehen, dass Insulin die Transkription von Proteinen in allen insulinempfindlichen Organen steigert. Im Muskel z.B. induziert Insulin den GLUT4-Transporter und verschiedene Transporter für Aminosäuren, in den Endothelzellen die Lipoproteinlipase.

Insulin **reprimiert** Enzyme der **Glukoneogenese** und des **Abbaus von Fettspeichern**.

Insulin **reprimiert** Enzyme der **Glukoneogenese** und des **Abbaus von Fettspeichern** und **antagonisiert** so die Wirkung von **Glukagon und Adrenalin**, die die Bildung dieser Enzyme fördern. Dies erfolgt u.a. durch Proteinkinase-B-abhängige Phosphorylierung (= Inaktivierung) der für die Transkription erforderlichen Transkriptionsfaktoren FOXA2 und FOXO1.

### Wachstumsfördernde Wirkung

Insulin stimuliert die **Proteinbiosynthese**.

Als anaboles Hormon stimuliert Insulin nicht nur die Expression von Enzymen für die Anlage von Energiespeichern. Es **fördert** auch ganz allgemein die **Proteinbiosynthese**, u.a. indem durch die Proteinkinase B ein Protein (eIF-4E-Bindeprotein) phosphoryliert und so inaktiviert wird, das im unphosphorylierten Zustand die Initiation der Translation hemmt.

Die Aktivierung des **Ras-Weges** durch Insulin ist ein starker Indikator dafür, dass dieses Hormon **Wachstums- und Differenzie-**

Die Aktivierung des **Ras-Weges** durch Insulin ist ein starker Indikator dafür, dass dieses Hormon **Wachstums- und Differenzierungsprozesse** reguliert. Insulin besitzt mitogene Eigenschaften, wenn es in vitro unter verschiedenen experimentellen

Bedingungen und in Tiermodellen getestet wird. Ein weiteres Indiz für die wachtumsfördernde Wirkung von Insulin ist z.B., dass Kinder mit Insulinmangel kleiner sind als gleichaltrige gesunde Kinder. Es bleibt allerdings noch zu klären, ob Insulin seine wachstumsfördernde Wirkung über seinen eigenen Rezeptor entfaltet oder über den IGF-I-Rezeptor (der nicht nur durch IGF, sondern auch durch höhere Konzentrationen von Insulin aktiviert wird). Zusätzlich kann Insulin an Hybridrezeptoren aus dem IGF-I- und dem Insulinrezeptor binden.

**rungsprozesse** reguliert. Es ist noch unklar, ob Insulin seine wachstumsfördernde Wirkung über seinen eigenen Rezeptor, den IGF-1-Rezeptor oder Hybridrezeptoren entfaltet.

Ein Problem stellt die **erhöhte Insulinkonzentration** im Blut dar, insbesondere beim fortgeschrittenen Diabetes mellitus Typ 2. Die Insulinresistenz betrifft nämlich nicht die wachstumsfördernden Eigenschaften des Insulins. Werden Gewebe langfristig unphysiologisch hohen Insulindosen ausgesetzt, kann dies zu pathologischen Gewebeveränderungen beitragen. So geht man davon aus, dass eine Progression der Arteriosklerose und der Retinopathie z.T. durch direkte Effekte von Insulin an der Gefäßwand begünstigt wird und so beim Typ-2-Diabetiker zum schnellen Fortschreiten der Gefäßschäden beiträgt.

Eine **erhöhte Insulinkonzentration** im Blut kann trotz metabolischer Insulinresistenz unerwünschte Wachstumsprozesse fördern und so z.B. zur Progression von Gefäßschäden beitragen.

Die Problematik unerwünschter Wachstumswirkungen wird auch bei der Entwicklung synthetischer Insuline, die z.T. eine längere Wirkung und höhere Affinität zum Insulinrezeptor haben, sehr ernst genommen. Sie weisen z.T. hinsichtlich der Zellproliferation und Hemmung der Apoptose Eigenschaften auf, die sich vom normalen Insulin unterscheiden. Bei den bisher eingesetzten Präparaten sind umfangreichen Studien zufolge diese Unterschiede aber nicht klinisch relevant.

► **Klinik.** Ein wichtiges Beispiel dafür, dass Insulin trotz metabolischer Insulinresistenz pathogenetisch relevante Prozesse stimuliert, ist das **polyzystische Ovarialsyndrom (PCOS)**. Diese Erkrankung ist durch Hyperandrogenismus und Anovulation mit Zyklus- und Fertilitätsstörungen gekennzeichnet. Bei entsprechend disponierten Frauen verstärkt eine Hyperinsulinämie u.a. die Produktion von Androgenen, bei gleichzeitiger Hemmung des Androgenbindeproteins, so dass die freie Androgenkonzentration ansteigt. Die Mechanismen dieser Insulinwirkung sind allerdings noch nicht genau bekannt.

► **Klinik.**

► **Exkurs.** **Diabetes mellitus**

**Insulinmangel** erzeugt das Krankheitsbild des **Diabetes mellitus**. Ein manifester Diabetes liegt vor, wenn

- typische Symptome vorliegen und der Gelegenheits-Blutzuckerwert ≥200 mg/dl bzw. 11,1 mmol/l im venösen Plasma oder kapillären Vollblut beträgt,
- oder der Nüchtern-Blutzuckerspiegel bei ≥126 mg/dl (≥7 mmol/l) im venösen Plasma bzw. ≥110 mg/dl (≥6,1 mmol/l) im kapillären Vollblut liegt
- oder im oralen Glukosetoleranztest (OGTT, Belastung des Körpers mit großer oral zugeführter Glukosemenge) 2 Stunden nach Glukosezufuhr der Blutzucker ≥200 mg/dl bzw. 11,1 mmol/l im venösen Plasma oder kapillären Vollblut beträgt.

Nach der Pathogenese unterscheidet man **zwei Erkrankungsformen:**

- Bei **Typ-1-Diabetes** liegt eine **verminderte oder fehlende Insulinsekretion** vor, da die B-Zellen – meist aufgrund einer Autoimmunerkrankung – zerstört sind.
- Bei **Typ-2-Diabetes** ist die **Insulinwirkung** auf die Zielzellen **vermindert**.

**Typ-1-Diabetes** wird auch juveniler Diabetes genannt, da er sich in der Regel im Kindes- oder Jugendalter manifestiert. Aufgrund des absoluten Insulinmangels treten die Symptome (s.u.) schlagartig auf. Diabetes Typ 1 macht weniger als 10% der Diabetes-Fälle aus.

In über 90% der Fälle liegt ein **Typ-2-Diabetes** vor. Er manifestiert sich meist nicht vor dem 40.–50. Lebensjahr und wird daher häufig auch Altersdiabetes genannt. Allerdings erkrankten in den letzten Jahren auch zunehmend jüngere Menschen. Der Diabetes mellitus Typ 2 entwickelt sich schleichend und ist im typischen Fall mit Adipositas, Bluthochdruck, Arteriosklerose und Hypertriglyzeridämie verbunden, die gemeinsam als **metabolisches Syndrom** bezeichnet werden. In den westlichen Industrieländern und zunehmend in den Schwellenländern korreliert die Inzidenz von Typ-2-Diabetes mit Änderungen im Lebensstil (z.B. Verzehr ballaststoffarmer, aber kalorienreicher Kost, Bewegungsarmut). Zur Zeit sind etwa 5% der Bevölkerung der westlichen Industrieländer von Typ-2-Diabetes betroffen.

**Pathogenese:** Als Risikofaktor für Typ-2-Diabetes spielt die **genetische Veranlagung** eine Rolle – so besteht für Kinder von Eltern mit Typ-2-Diabetes ein deutlich erhöhtes Erkrankungsrisiko. Wichtiger dürften allerdings **nicht genetische Risikofaktoren** sein: Eine wesentliche Rolle im Entstehungsmechanismus des Diabetes mellitus Typ 2 spielen

- **Insulinresistenz**
- und/oder eine **Funktionsstörung der B-Zellen.**

In der Regel besteht zunächst eine **Insulinresistenz:** Normalerweise insulinempfindliche Gewebe zeigen eine verminderte Reaktion auf Insulin, die zum großen Teil auf einer **Hemmung der Insulinsignaltransduktion beruht** (s.u).

Auffällig ist, dass die Insulinresistenz den Glukose- und Lipidstoffwechsel nicht in gleichem Umfang betrifft. Schon im **Frühstadium** ist der **Glukosestoffwechsel betroffen (Hyperglykämie)**, während die **Fähigkeit, Lipide zu speichern, noch normal** ist. Dadurch können die Fettdepots noch zunehmen, mit den weiter unten aufgeführten Konsequenzen. Erst wenn die Insulinwirkung stark nachlässt, wird die Lipolyse aktiviert.

Die Insulinresistenz wird kompensiert durch eine Erhöhung der Insulinausschüttung **(Hyperinsulinämie)** und eine **Vergrößerung der B-Zellmasse**.

Im Laufe der Jahre kommt eine **Funktionsstörung der B-Zellen** hinzu: Insulin kann nicht mehr in der erforderlichen Menge sezerniert werden. Insbesondere das fortgeschrittene Erkrankungsstadium ist durch eine **zunehmende Degeneration von B-Zellen** gekennzeichnet. Die zugrunde liegenden Mechanismen sind noch umstritten, aber die erhöhten Glukose- und Fettsäurespiegel tragen sicher wesentlich zur Schädigung der B-Zellen bei **(Glukotoxizität, Lipotoxizität)**.

In **seltenen Fällen** (ca. 1% der Diabetes-Typ-2-Fälle) führen **genetische Defekte** zu einem Auftreten bereits im Kindes- oder Jugendalter (**MODY**=Maturity Onset diabetes of the Young, heute auch als Diabetes Typ 3 bezeichnet). Als Ursachen wurden u.a. Defekte der Glukokinase und von Transkriptionsfaktoren identifiziert, die die Expression B-Zell-spezifischer Gene regulieren.

**Enstehung der Insulinresistenz**: Pathophysiologisch bedeutsam sind erhöhte Plasmakonzentrationen an Aminosäuren, Glukose und Fettsäuren (an tierischem Protein, Kohlenhydraten und fettreiche Ernährung), aber auch längerfristig erhöhte Konzentrationen insulinantagonistischer Hormone wie Kortisol (hohe Kortisolspiegel bei Stress).
Als eine der Hauptursachen **allgemein akzeptiert** ist die Rolle von **vermehrtem viszeralen Fettgewebe**. Die **Insulinresistenz** der Zellen des viszeralen Fettgewebes **nimmt mit ihrer Größe**, d.h. der Menge an gespeicherten Triglyzeriden **zu**; sie setzen vermehrt Fettsäuren frei. Die Folge ist eine **erhöhte Plasmakonzentration an freien Fettsäuren**. Freie Fettsäuren bewirken eine **Dysregulation des Glukosestoffwechsels** (Hemmung der Glukoseaufnahme in die Skelettmuskulatur, Stimulation der Glukoneogenese in der Leber), hemmen langfristig die Insulinsekretion und führen sogar zur **Apoptose von B-Zellen** (Lipotoxizität, s.o.).
Viele Untersuchungen belegen, dass durch Erhöhung der Konzentration an freien Fettsäuren vermehrt metabolische „Nebenprodukte" gebildet werden, v.a. Diacylglycerin, das die **Proteinkinase C aktiviert**. Diese kann die **Insulinsignaltransduktion hemmen**, indem sie das Insulinrezeptorsubstrat (IRS) an Serin- oder Threoninresten (also „falschen" Aminosäuren) phosphoryliert und so inaktiviert. Pathogenetisch von Bedeutung sind außerdem **vom Fettgewebe sezernierte Zytokine**.
**Normales Fettgewebe** sezerniert eine Reihe von Hormonen, v.a. **Adiponektin** und **Leptin**. Beide Hormone werden als **„Anti-Diabetes"-Hormone** angesehen, da sie u.a. die Fettverwertung steigern und die Insulinwirkung im Skelettmuskel und in der Leber erhöhen. Beim Diabetiker hingegen ist der Organismus resistent gegen die Wirkung von Leptin und die Adiponektinsynthese reduziert.
**Hypertrophiertes viszerales Fettgewebe** hingegen **sezerniert** verstärkt **Hormone, die charakteristisch für Entzündungsreaktionen** sind (tatsächlich ist dieses Fettgewebe auch stark durch Makrophagen infiltriert), z.B. TNF-α (tumor necrosis factor α) und Interleukin-6. Die **Signaltransduktion dieser Hormone interferiert ebenfalls mit der des Insulins**.

**Klinik:** Bei **Typ-1-Diabetes** kommt es wegen des nahezu völligen **Fehlens von Insulin** bei gleichzeitiger **Enthemmung der insulinantagonistischen Hormone Glukagon** (s.u.) **und Adrenalin** zu charakteristischen Symptomen:

- **Hyperglykämie:** Der insulinabhängige GLUT4-vermittelte Glukosetransport in Skelettmuskel und Fettgewebe findet nur in geringem Umfang statt. Zusätzlich wird die normalerweise durch Insulin supprimierte Glukoneogenese enthemmt, so dass noch zusätzlich Glukose gebildet wird. (Insulin hemmt normalerweise die Glukagonsekretion.) Es können Plasmaglukosekonzentrationen bis etwa 800 mg/dl erreicht werden.
- **verstärkte Lipolyse und Hemmung der Triglyzeridsynthese:** Da Insulin die Lipolyse hemmt, ist bei Insulinmangel die Lipolyse gesteigert. Die Konzentration an freien Fettsäuren nimmt so stark zu, dass die Mitochondrien das beim Abbau von Fettsäuren gebildete Acetyl-CoA nicht mehr abbauen können. Der Acetyl-CoA-Überschuss wird zur **Ketonkörpersynthese** verwendet. Die Plasmakonzentration der Ketonkörper (Acetoacetat, β-Hydroxybutyrat und Aceton) nimmt zu, so dass es zur **metabolischen Azidose** kommen kann (Acetacetat und β-Hydroxybutyrat sind Säuren). Typische Symptome sind der Obstgeruch des Atems (hervorgerufen durch Aceton) und tiefe Atemzüge (Kußmaul-Atmung, s. S. 259). Die gesteigerte Lipolyse bei verminderter Fetteinlagerung ist ein Grund für den Gewichtsverlust, der bei Patienten mit Typ-1-Diabetes trotz erhöhter Nahrungsaufnahme auftritt.
- **Glukosurie, Ketonurie:** Lipolyse und Hemmung der Glukoseverwertung führen zur Ausscheidung von **Glukose** und **Ketonkörpern im Urin**, da die Niere nicht in der Lage ist, die anfallenden Mengen vollständig rückzuresorbieren (ab einer Plasmaglukosekonzentration von 180 mg/dl „wird die Nierenschwelle überschritten", S. 309). Da beide Substanzen osmotisch wirksam sind, werden große Mengen an **Wasser mit ausgeschieden**. Da die Ketonkörper als Salze vorliegen, kommt ein starker **Verlust von Natrium und Kalium** hinzu. Pro Tag können bis zu 8 l Wasser und bis zu etwa 400 mmol/l Natrium und Kalium ausgeschieden werden. Der Flüssigkeitsverlust erklärt das starke Durstgefühl der Patienten.
- **Hyperkaliämie:** Bei Insulinmangel entfällt die Stimulation der $Na^+$/$K^+$-ATPase, so dass weniger $K^+$ in die Zelle aufgenommen wird und die Kaliumkonzentration im Plasma steigt.
- **verstärkte Proteolyse:** Dieser Effekt ist durch Wegfall der Stimulation der Proteinbiosynthese durch Insulin, d.h. ein Überwiegen des Proteinabbaus zu erklären. Er trägt zur Magerkeit von Patienten mit Typ-1-Diabetes bei.
- **Coma diabeticum:** Bei **akutem Insulinmangel** können die o.g. Fehlregulationen bis zum lebensbedrohlichen Coma diabeticum führen. Der Flüssigkeitsverlust führt zu einer Verringerung des Blutvolumens mit zerebraler und renaler **Minderdurchblutung**. Intrazelluläre **Dehydratation**, begleitet von **Elektrolytverschiebungen** (Kaliumverlust der Zelle) und **Sauerstoffmangel** sind wesentlich für die Ausfallserscheinungen des Gehirns (Bewusstseinstrübung, nur in 10% der Fälle Bewusstlosigkeit).

Bei **Diabetes Typ 2** treten im Anfangsstadium, bei dem lediglich eine Insulinresistenz vorliegt (die aber durch einen auffälligen OGTT leicht zu erkennen ist), meist keine deutlichen Symptome auf, sondern erst in fortgeschrittenem Stadium, nämlich bei zunehmender Degeneration der B-Zellen.

Wird Diabetes mellitus (egal welchen Typs) nicht richtig behandelt oder hält sich ein Patient nicht an die erforderlichen Maßnahmen, können **irreversible Spätfolgen** auftreten.
Eine häufige Spätfolge sind **Mikroangiopathien** aufgrund von Endothelschäden, insbesondere der Kapillaren am Augenhintergrund (diabetische Retinopathie [s. S. 309], kann zur Erblindung führen), im Gehirn und in den Vasa vasorum der peripheren Nerven (→ Sensibilitätsstörungen = diabetische Polyneuropathie).
Man kennt inzwischen eine Reihe von pathogenen Mechanismen. Auf die **Aktivierung der Proteinkinase C** durch Diacylglycerin wurde weiter oben schon hingewiesen. Sie bewirkt eine Reihe negativer Effekte, z.B. Erhöhung der Gefäßpermeabilität und Induktion proinflammatorischer Gene. Viele Schäden sind aber auch direkt durch das **große Glukoseangebot** bedingt. Es führt dazu, dass Glukose in normalerweise untergeordnete Reaktionswege eingespeist wird:

- Glukose wird vermehrt zu den osmotisch wirksamen Substanzen Sorbit und Fruktose umgesetzt, mit nachfolgender **osmotischer Schädigung der Zelle**. Zusätzlich wird die Zelle geschädigt, weil die Reduktion von Glukose zu Sorbitol große Mengen an NADPH verbraucht, das somit nicht mehr zur **Entgiftung von $H_2O_2$ und anderen Peroxiden** zur Verfügung steht, zumal solche Stoffe bei einer diabetischen Stoffwechsellage vermehrt gebildet werden.
- Zwar keine Reaktion an Gefäßen, aber dennoch klinisch äußerst relevant ist die **Ansammlung von Sorbit und Fruktose in der Augenlinse** mit nachfolgender Wassereinlagerung, die zur **Trübung** der Linse (**diabetische Katarakt**, Abb. **11.36**) führt.
- Durch das erhöhte Glukoseangebot kommt es zur **nicht enzymatischen Glykierung von Proteinen**, d.h. zur Modifikation von Proteinen mit Glukose oder Glukosederivaten, unter Bildung von sog. **Advanced Glykosylation Endproducts (AGEs)**. Die Glykierung beeinträchtigt die Funktion dieser Proteine. So verursacht die Glykierung von Basalmembranproteinen eine Verdickung und eine **Funktionsstörung der Basalmembranen in den Nierenglomeruli** (→ vermehrte Ausscheidung von Albumin im Urin). Die **Bindung von AGEs an Rezeptoren der Endothelzellen** kann **Entzündungen** auslösen.

- Aus Glukose wird vermehrt **N-Acetylglukosamin (GlcNac)** gebildet. Inzwischen ist gesichert, dass viele Proteine durch GlcNac modifiziert werden. U.a. werden auf diese Weise Transkriptionsfaktoren aktiviert, die die Expression von **fibrinolytischen Proteinen inhibieren**, und Faktoren aktiviert, die die **Atherosklerose fördern**.

Diabetiker besitzen ein hohes Risiko, an **Arteriosklerose** (sog. **Makroangiopathie** des Diabetikers) zu erkranken. Folgen der Arteriosklerose (Herzinfarkt, Schlaganfall) sind für ca. 80% der Todesfälle infolge von Diabetes mellitus verantwortlich. Die Arteriosklerose ist z.T. auf die Hemmung der Lipoproteinlipase und dem daraus resultierenden verlangsamten Abbau der Lipoproteine zurückzuführen. Zusätzlich spielt die osmotische Schädigung der Endothelzellen (s.o.) eine Rolle.

**Diagnostik:** Wichtigste diagnostische Maßnahme ist die Bestimmung des Nüchtern-Blutzuckerspiegels; in Zweifelsfällen kommt der orale Glukosetoleranztest (OGTT) zum Einsatz (s. Anfang des Exkurses).
Bei längerfristig erhöhter Blutglukosekonzentration wird auch Hämoglobin nichtenzymatisch glykiert (s.o), wobei **$HbA_{1c}$** entsteht. Daher lässt sich durch Konzentrationsbestimmung des $HbA_{1c}$ messen, ob sich Patienten mit Diabetes mellitus Typ 2 an die Verhaltensregeln halten bzw. ob die Therapie anschlägt (Normwert Nicht-Diabetiker < 6,0% [methodenabhängig] bzw. < 42 mmol/mol [neues, methodenunabhängiges Referenzmessverfahren]; bei der Therapie eines Diabetikers wird ein Wert von < 6,5% angestrebt).

**Therapie:** Bei **Diabetes mellitus Typ 1** muss **Insulin substituiert** werden. Inzwischen werden fast nur noch Insuline eingesetzt, die in großer Menge auf biotechnologischem Weg über eine Expression in Escherichia coli oder in Hefen gewonnen werden. Auch das **normale Humaninsulin**, das für therapeutische Zwecke auf dem Markt ist, wird auf diese Weise produziert. Nach Injektion in das Unterhautfettgewebe liegt Insulin zunächst in Form von Hexameren vor. Diese dissoziieren mit der Zeit zunächst in Dimere und schließlich in Monomere, die in das Blut und zu den Zielorganen gelangen. Die Wirkung tritt nach etwa 15–30 Minuten ein, erreicht nach etwa 1 Stunde ein Maximum und endet nach 4–6 Stunden. Grundsätzliches Ziel jeder Insulintherapie ist die Vermeidung der Komplikationen sowohl eines überhöhten Glukosespiegels (s. Spätfolgen) als auch einer gefährlichen Hypoglykämie. Um dieses Ziel zu erreichen, werden heute in der Regel verschiedene Insuline in Kombination eingesetzt.
Im Pankreas wird Insulin unter physiologischen Bedingungen kontinuierlich in geringer Menge sezerniert, die Sekretion bei Bedarf aber erheblich gesteigert. In der modernen Diabetestherapie wird versucht, dieses Muster im Rahmen der sog. **Basis-Bolus-Therapie** zu imitieren. Für die Basistherapie wird der Körper einmal täglich mit einem lang wirkenden **Basalinsulin** versorgt. Dabei werden Analoga des Insulins eingesetzt, die nur sehr langsam in Monomere dissoziieren und entsprechend langsam in das Blut gelangen. Bereits seit 2000 ist als Basalinsulin das Analogon Glargin (z. B. Lantus) zugelassen. In der A-Kette dieses Analogons ist das Aspartat der Position 21 gegen Glyzin ausgetauscht, die B-Kette ist um zwei Arginine verlängert. Ein neueres lang wirkendes Analogon ist das Detemir (z. B. Levemir). Seine längere Wirkungsdauer ist bedingt durch die kovalente Bindung einer Fettsäure (Myristinsäure) an die Aminosäure Lysin in Position 29 der B-Kette. Zum anderen gibt es für diesen Einsatzzweck intermediär wirkende NPH-Verzögerungsinsuline (Neutrales Protamin-Insulin Hagedorn), die allerdings mindestens zweimal am Tag injiziert werden müssen. In Ergänzung zum Basalinsulin wird vor Mahlzeiten zudem – je nach Bedarf – ein **Bolus aus normalem Humaninsulin** oder ein besonders **schnell wirkendes Insulin-Analogon** injiziert, dessen Hexamere aufgrund geringfügiger Änderungen in der Aminosäuresequenz besonders leicht dissoziieren. So sind in dem Lispro (z. B. Humalog) genannten Insulin die Aminosäuren Prolin und Lysin der Position 28 und 29 der B-Kette gegeneinander ausgetauscht. Schnell wirksame Insulin-Analoga sind auch Aspart (z. B. NovaRapid) und Glulisin (z. B. Apidra).

Im Frühstadium des **Diabetes Typ 2** ist eine **Umstellung der Ernährungs- bzw. Lebensgewohnheiten** als Therapie häufig ausreichend. Reichen diese Maßnahmen nicht aus, beträgt also der $HbA_{1c}$-Wert nach 3 Monaten immer noch > 7% (53 mmol/mol) bei jüngeren Patienten – bei älteren werden zum Schutz vor hypoglykämischen Gehirnschäden auch Werte bis 8% toleriert –, werden zusätzlich Medikamente eingesetzt bzw. wird Insulin injiziert. Die Medikamente der Wahl sind:

- **Metformin:** Es führt zum Abfall des Glukosespiegels im Blut, primär durch Hemmung der hepatischen Glukoneogenese und Glykogenolyse und durch eine leichte Verbesserung der Glukoseaufnahme in den Skelettmuskel. Einige Studien zeigen, dass Metformin zusätzlich den Fettstoffwechsel normalisiert. Die Wirkung von Metformin beruht auf der **Aktivierung der AMP-Kinase.**
- **Thiazolidindione:** Sie aktivieren den Transkriptionsfaktor PPARγ und fördern die Differenzierung von Fibroblasten zu Adipozyten sowie die Transkription von Genen für die Synthese und Speicherung von Lipiden. Sie reduzieren so die Konzentration der freien Fettsäuren und verringern die Insulinresistenz. Ihre Wirkung führt zur Steigerung der Glukoseaufnahme in den Skelettmuskel und zur Hemmung der Glukoneogenese in der Leber.
- **Sulfonylharnstoffe:** Sie stimulieren die Insulinsekretion, indem sie den ATP-abhängigen $K^+$-Kanal des Sensormechanismus der B-Zellen hemmen.

**11.36 Cataracta intumescens bei Diabetes mellitus Typ 2**

11.36

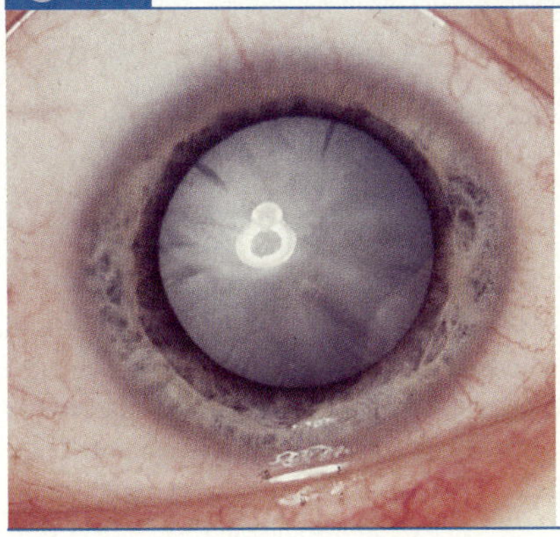

Rasche Vergrößerung der Linse aufgrund von Wassereinlagerung. Die Linse glänzt seidig.

11.8.2 Glukagon

## 11.8.2 Glukagon

▶ Definition.

▶ **Definition.** **Glukagon** ist ein Peptidhormon aus 29 Aminosäuren, das in den A-Zellen des Pankreas gebildet wird. Es erhöht die Blutglukosekonzentration und ist somit der direkte Antagonist des Insulins.

Biosynthese, Sekretion und Abbau

### Biosynthese, Sekretion und Abbau

**Biosynthese:** Durch gewebsspezifische Proteolyse entsteht aus dem Vorläuferprotein **Präproglukagon im Pankreas Glukagon**, im **Darm** die **glukagonähnlichen Peptide** (s. *Exkurs*, S. 407).

**Biosynthese:** Glukagon entsteht aus einem 180 Aminosäuren langen Vorläufermolekül **(Präproglukagon)**. Aus diesem können durch gewebsspezifische Prozessierung verschiedene Produkte entstehen: Im **Pankreas** schneiden spezifische Proteasen fast ausschließlich das **Glukagonpeptid**, im **Darm** dagegen die **glukagonähnlichen Peptide** heraus (s. *Exkurs*, S. 407). Glukagon wird in sekretorischen Vesikeln gespeichert.

**Sekretion:** Der **primäre Sekretionsstimulus** ist eine **Abnahme des Glukosespiegels**. Der zugrunde liegende Mechanismus ist noch nicht vollständig geklärt. Eine wichtige Rolle scheint Insulin zu spielen, aber auch ein direkter Einfluss von Glukose ist wahrscheinlich.

**Sekretion:** Der **primäre Sekretionsstimulus** ist eine **Abnahme des Glukosespiegels**. Der Mechanismus ist noch nicht geklärt. Diskutiert werden eine

- **direkte Wirkung** von Glukose auf die A-Zellen
- **indirekte Wirkung** über Insulin (s. u.)
- Registierung des Glukosespiegels durch **glukoseempfindliche Neurone im Hypothalamus** und Regulation der A-Zellen durch das vegetative Nervensystem.

Diese Mechanismen schließen sich nicht gegenseitig aus. Neuere Befunde lassen kaum Zweifel, dass der Regulation durch Insulin eine große Bedeutung zukommt. Die A-Zellen sind hohen Insulinkonzentrationen ausgesetzt und besitzen Insulinrezeptoren. Aktivierung dieser Rezeptoren hemmt die Glukagonsekretion. Die Hemmung wird durch γ-Aminobuttersäure (GABA), die zusammen mit Insulin aus den B-Zellen sezerniert wird, noch verstärkt (Hyperpolarisation der Zellmembran durch Aktivierung von Chloridkanälen). Dieser Mechanismus trägt vermutlich auch zur Hyperglukagonämie bei Diabetes mellitus Typ 2 bei (verminderte Hemmung der Glukagonsekretion aufgrund der gestörten Insulinsignaltransduktion).
Ein direkter Einfluss der Glukose auf die Glukagonsekretion scheint aufgrund von Untersuchungen an isolierten A-Zellen aber auch wahrscheinlich.

Ein weiterer **starker Stimulus** der Glukagonsekretion ist **Arginin** (proteinreiche Mahlzeit). Zusätzliche Stimuli sind **Katecholamine** aus dem Nebennierenmark und das **vegetative Nervensystem**.

Ein weiterer **starker Stimulus** der Glukagonsekretion ist die Aminosäure **Arginin** (proteinreiche Mahlzeit). Da bei proteinreichen Mahlzeiten auch Insulin ausgeschüttet wird, wird auf diese Weise vermutlich einem Abfall des Blutglukosespiegels vorgebeugt.
Zusätzliche Stimuli sind **Katecholamine** aus dem Nebennierenmark, Aktivierung des **Sympathikus** und auch des **Parasympathikus**.

Ein **starker Hemmstoff** der Glukagonsekretion (neben Insulin) ist **Somatostatin**.

Ein **starker Hemmstoff** (neben dem oben diskutierten Insulin) ist das **Somatostatin** (aus den D-Zellen des Pankreas). Auch das gastrointestinale Hormon GLP-1 (s. *Exkurs*, S. 407) hemmt die Glukagonsekretion. Dies ist vermutlich ein indirekter Effekt, da GLP-1 die Insulinsekretion steigert. GLP-1-Rezeptoren auf den A-Zellen wurden bisher nicht nachgewiesen. Insgesamt scheint der Einfluss gastrointestinaler Hormone auf die Glukagonsekretion gering zu sein.

**Abbau:** Glukagon wird überwiegend in der Leber proteolytisch abgebaut.

**Abbau:** Die Halbwertszeit von Glukagon liegt wie die von Insulin bei ca. 5 Minuten. Es wird überwiegend in der Leber durch Proteolyse abgebaut, z. T. aber auch über die Niere ausgeschieden.

Molekulare und zelluläre Wirkungen

### Molekulare und zelluläre Wirkungen

Glukagon bindet an einen G-Protein-gekoppelten Rezeptor und **stimuliert** die **Adenylatzyklase** → Aktivierung der **Proteinkinase A**.

In der **Leber (nicht im Muskel!)** wird der **Glykogenabbau gesteigert**, die **Glykogensynthese gehemmt**. Die **Glykolyse** in der Leber wird **gehemmt**, so dass die **Glukose sezerniert** werden kann.

Der Glukagonrezeptor gehört zur Familie der **G-Protein-gekoppelten Rezeptoren**. Die Bindung des Hormons führt zur **Stimulation der Adenylatzyklase**, d. h. zur Erhöhung des cAMP-Spiegels und dadurch zur **Aktivierung der Proteinkinase A**.
In der **Leber (nicht im Muskel!)** wird der **Glykogenabbau gesteigert** (PKA-abhängige Aktivierung der Phosphorylasekinase und der Glykogenphosphorylase) und die **Glykogensynthese gehemmt** (PKA-abhängige Phosphorylierung der Glykogensynthase). Glukagon **hemmt** die **Glykolyse**, indem es die Aktivität des Schrittmacherenzyms Phosphofruktokinase reduziert: Der erhöhte cAMP-Gehalt führt zum vermehrten Abbau von Fruktose-2,6-bisphosphat, des allosterischen Aktivators der Phosphofruktokinase. Die aus Glykogen freigesetzte **Glukose** wird daher nicht in der Leber verstoffwechselt, sondern **ins Blut abgegeben**, so dass der Blutglukosespiegel steigt.

Fruktose-2,6-bisphosphat ist gleichzeitig allosterischer Inhibitor der Fruktose-1,6-Bisphosphatase, eines der Schlüsselenzyme der Glukoneogenese. Deshalb führt der vermehrte Abbau von Fruktose-2,6-bisphosphat zur **Stimulation der Glukoneogenese**. Zusätzlich werden durch cAMP-abhängige Aktivierung des Transkriptionsfaktors CREB (s. S. 393) Enzyme für die Glukoneogenese verstärkt transkribiert.
Auch im Fettgewebe sind Glukagonrezeptoren nachweisbar. Glukagon scheint jedoch keine größere Rolle bei der Aktivierung der Lipolyse zu spielen.

Glukagon **stimuliert** die **Glukoneogenese**, u. a. durch cAMP-abhängige Induktion von Schlüsselenzymen.

► Exkurs. **Glukagonähnliche Peptide**

Wie bereits erwähnt, wird das Glukagon-Vorläufermolekül im Darm unter Bildung der glukagonähnlichen Peptide GLP-1 und GLP-2 prozessiert. Die beiden Peptide werden bei Nahrungsaufnahme v. a. im **distalen Ileum** und im **Kolon** gebildet.

**GLP-1** (Glucagon-like Peptide 1) verstärkt die **Freisetzung und Expression von Insulin** nach oraler Glukoseaufnahme und hemmt so indirekt die Glukagonausschüttung aus dem Pankreas. Auf diese Weise trägt GLP-1 zu einer **Senkung des Blutglukosespiegels** bei (auch bei Diabetes mellitus!). GLP-1 stimuliert auch die Proliferation der Langerhans-Inseln. Außerdem hemmt es – z. T. durch Aktivierung afferenter Fasern des N. vagus – die Magenentleerung und den Appetit; eine Vagotomie (d. h. eine operative Durchtrennung von Ästen des N. vagus) blockiert diese Wirkungen.

**GLP-2** hemmt die Magensaftsekretion und die Kontraktionswellen des Darms, begünstigt aber v. a. die Proliferation des Darmepithels. Es ist also ein **trophischer Faktor des Darmepithels**.

► Exkurs.

## 11.9 Gastrointestinale Hormone

Gastrin, Sekretin und Cholezystokinin sind ab S. 474 besprochen.

11.9 Gastrointestinale Hormone

s. S. 474.

## 11.10 Hormone mit Wirkung auf den Wasser- und Elektrolythaushalt

11.10 Hormone mit Wirkung auf den Wasser- und Elektrolythaushalt

### 11.10.1 Regulator des Wasserhaushalts: Antidiuretisches Hormon (ADH)

s. S. 317.

11.10.1 Regulator des Wasserhaushalts: Antidiuretisches Hormon (ADH)

s. S. 317.

### 11.10.2 Regulatoren des Natriumhaushalts

11.10.2 Regulatoren des Natriumhaushalts

#### Renin-Angiotensin-Aldosteron-System (RAAS)

Zu Renin und Angiotensin s. S. 319, zu Aldosteron s. S. 376.

Renin-Angiotensin-Aldosteron-System (RAAS)

Zu Renin und Angiotensin s. S. 376, zu Aldosteron s. S. 319.

#### Atriales natriuretisches Peptid (ANP)

s. S. 318.

Atriales natriuretisches Peptid (ANP)

s. S. 318.

### 11.10.3 Regulatoren des Kaliumhaushalts

Zu Aldosteron s. S. 376, zu Insulin s. S. 396.

11.10.3 Regulatoren des Kaliumhaushalts

Zu Aldosteron s. S. 376, zu Insulin s. S. 396.

### 11.10.4 Regulatoren des Kalzium- und Phosphathaushalts

Parathormon, Kalzitonin und Kalziferole sind ab S. 325 besprochen.

11.10.4 Regulatoren des Kalzium- und Phosphathaushalts

s. S. 325.

# ▸ verklinikte Vorklinik: Cushing-Syndrom (Morbus Cushing)

**Anamnese:** Annemarie Hartmann kommt mit Beschwerden zum Hausarzt, die seit Monaten langsam schlimmer wurden und deren Beginn sie gar nicht mehr genau angeben kann. Obwohl sie regelmäßig schwimmen und spazieren gehe, habe sie acht Kilogramm zugenommen – sie habe ständig Appetit. Besonders am Bauch habe sie zugenommen, sogar Schwangerschaftsstreifen hätten sich dort gebildet. Auch ihr Gesicht werde immer runder. Die Wechseljahre seien bei ihr vorbei, aber in letzter Zeit sei sie ständig gereizt und schnell erschöpft und könne nur schlecht schlafen. Sie habe schon überlegt, ob sie jetzt eine „Midlife-Crisis" bekomme. Aber eigentlich sei sie immer ein ausgeglichener Mensch gewesen und psychische Belastungen habe sie auch jetzt nicht.
In der Vorgeschichte sind an Krankheiten nur eine Hepatitis A in den 1940er-Jahren und eine schwere rechtsseitige Pneumonie in den 1950er-Jahren bekannt. Außerdem besteht eine zunehmend schlimmer werdende Arthrose in beiden Händen. In der Vorgeschichte ist nur eine Entfernung der Gallenblase wegen Gallensteinen bekannt.
**Medikamentenanamnese:** Frau Hartmann nimmt keinerlei Medikamente, nur ab und zu Acetylsalicylsäure 500 mg gegen Kopfschmerzen. In letzter Zeit muss sie diese öfter nehmen, ungefähr einmal pro Woche.
**Familienanamnese:** Ihre Mutter, die mit 78 Jahren gestorben ist, litt an Diabetes mellitus Typ 2.

**Körperliche Untersuchung:** (Angabe der jeweiligen Normwerte in Klammern): 57-jährige, adipöse Patientin (162 cm/74 kg) in gutem Allgemeinzustand. Blutdruck 165/100 mm Hg (<130/85 mm Hg), Puls 84/min (50–100/min), Körpertemperatur 37 °C (36–38 °C). Das Gesicht ist aufgedunsen und rund, auf der Oberlippe sieht man den Ansatz eines Schnurrbartes. Auffällig sind einige „Schwangerschaftsstreifen" (Striae distensae) auf der Bauchhaut, außerdem imponieren Bauch und Oberkörper dick und kräftig im Vergleich zu den eher dünnen Extremitäten. Die weitere körperliche Untersuchung ist unauffällig.

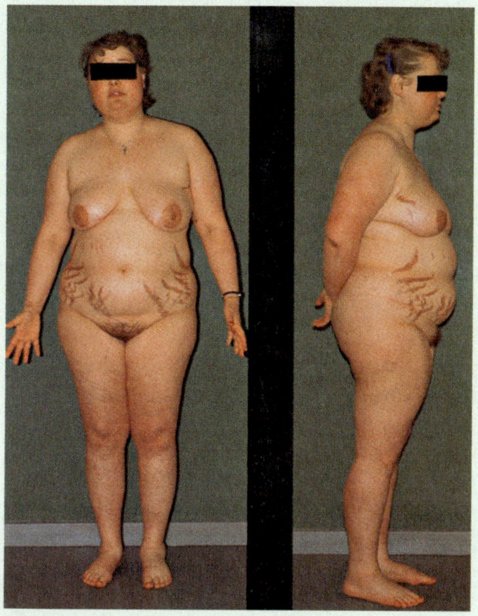

**Patientin mit Cushing-Syndrom.** Typisch sind das aufgedunsene Gesicht, die „Stammfettsucht" und die Striae distensae.

**Laboruntersuchungen** (Angabe der jeweiligen Normwerte in Klammern): Nüchternblutzucker 128 mg/dl (55–110 mg/dl), Cholesterin 289 mg/dl (<200 mg/dl), Triglyzeride 179 mg/dl (<150 mg/dl), Leukozyten 11,4 Mio./ml (4–11 Mio./ml), Natrium 144 mmol/l (135–145 mmol/l), Kalium 3,6 mmol/l (3,5–5 mmol/l). Harnstoff und Kreatinin und alle anderen Parameter im Normbereich.
**Zusätzliche Laboruntersuchungen:** freies Kortisol im 24-Stunden-Urin 267 µg/d (<100 µg/d), Plasma-ACTH 96 ng/l (9–52 ng/l).
**12-Kanal-EKG:** normofrequenter Sinusrhythmus, Linkstyp, keine Erregungsrückbildungsstörungen.

**Röntgenaufnahme des Thorax in zwei Ebenen:** altersentsprechend unauffälliger Befund.
**Sonografie des Abdomens:** beidseitige Hyperplasie der Nebennierenrinde, fehlende Gallenblase (nach Cholezystektomie), ansonsten unauffälliger Befund.
**MRT der Sellaregion:** scharf begrenzte, homogene Raumforderung im Hypophysenvorderlappen, etwa 0,9 cm. Verdacht auf ein Mikroadenom der Hypophyse. Ansonsten unauffälliger Befund.

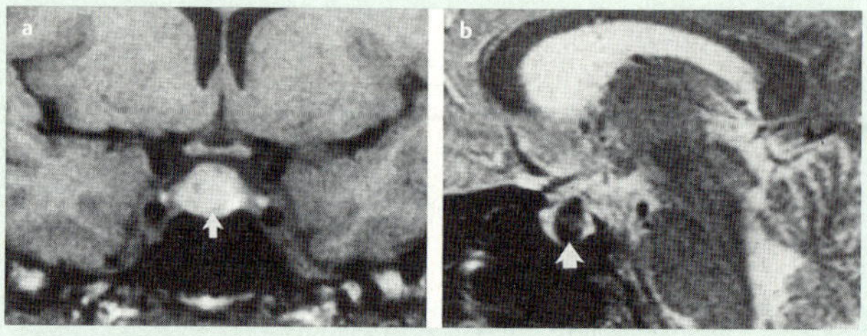


**ACTH-produzierendes Mikroadenom der Hypophyse.** MRT-Befund im Koronar- **(a)** und im Sagittalschnitt **(b)**.

**Verlauf:** Wegen der neu aufgetretenen Hypertonie macht der Hausarzt zunächst eine 24-Stunden-Blutdruckmessung und eine Ultraschalluntersuchung des Abdomens, um die Nieren zu kontrollieren. Als er dort die Hyperplasie der Nebennierenrinde sieht und sich in der Langzeit-Blutdruckmessung eine durchgehende Hypertonie mit Spitzen bis zu 190/110 mm Hg zeigt, weist er die Patientin mit Verdacht auf ein Cushing-Syndrom ins Krankenhaus ein. Der erhöhte Kortisol-Wert im 24-Stunden-Urin bestätigt die Diagnose. Als man auch einen erhöhten ACTH-Wert im Plasma feststellt, wird Frau Hartmanns Hypophyse kernspintomografisch untersucht, und hier findet sich der Verursacher ihrer Beschwerden: Ein Mikroadenom, das ACTH bildet. Frau Hartmann hat ein zentrales Cushing-Syndrom (Morbus Cushing). Nach mikrochirurgischer transsphenoidaler Operation mit Entfernung des Mikroadenoms bilden sich sämtliche Symptome wieder zurück.

**Fragen mit physiologischem Schwerpunkt:**

1. Wo würden Sie das Problem vermuten, wenn das Kortisol – wie in diesem Fall – pathologisch erhöht ist, das ACTH jedoch erniedrigt gewesen wäre?
2. Weshalb bekommen Cushing-Patienten unbehandelt häufig einen Diabetes mellitus?
3. Warum muss man bei einer langzeittherapeutischen Gabe von Glukokortikoiden wie Kortisol (z.B. zur Behandlung rheumatischer Erkrankungen) immer an eine Osteoporoseprophylaxe denken?
4. Woran erkennt man eine Osteoporose klinisch?

**Antwortkommentare:**

**Zu 1.** Der Kortisolspiegel im Blut wird über einen Feedbackmechanismus zwischen Hypothalamus, Hyophyse und Nebennierenrinde reguliert (s. Abb. **11.26**, S. 379). Sinkende Kortisolspiegel führen zu einer vermehrten Ausschüttung von CRH im Hypothalamus und ACTH in der Hypophyse. Die Folge ist eine Stimulierung der Kortisolsynthese. Umgekehrt wird die Freisetzung dieser Hormone durch einen erhöhten Kortisolspiegel gehemmt. Die Konstellation „pathologisch erhöhtes Kortisol und erniedrigtes ACTH" spricht für eine ACTH-unabhängige, autonome Kortisolproduktion. Die negative Rückkopplung hat funktioniert: Das ACTH ist erniedrigt – dennoch bleibt der Kortisolwert erhöht. Dies kann z.B. bei Vergrößerung der Nebennierenrinde oder einem kortisolproduzierenden Nebennierenrindentumor der Fall sein. Die häufigste Ursache im klinischen Alltag ist allerdings die exogene Kortisolzufuhr im Rahmen einer Steroidtherapie.

**Zu 2.** Kortisol gehört zu den kontrainsulinären Hormonen, die zu einem Anstieg des Blutglukosespiegels führen (s. S. 382). Niedrige Blutglukosespiegel stimulieren beim Gesunden über eine vermehrte hypothalamische bzw. hypophysäre CRH- und ACTH-Ausschüttung die Kortisolproduktion. Kortisol verhindert u.a. die Glukoseaufnahme in die Muskelzellen, so dass der extrazelluläre Glukosespiegel steigt. Durch die unphysiologisch erhöhten Kortisolspiegel bei Patienten mit Cushing-Syndrom wird die Glukoseaufnahme in die Muskelzelle auch bei normalen Glukosespiegeln gehemmt. Folge ist der sog. Steroiddiabetes.

**Zu 3.** Das Kortisol bewirkt im Darm eine Hemmung der Kalziumresorption, gleichzeitig hemmt es die Osteoblastenproliferation in den Knochen (s. S. 384) und fördert die Kalziumausscheidung in der Niere – der Kalziumspiegel im Serum sinkt. Um ihn auszugleichen, löst der Körper mit Hilfe von Parathormon (PTH) Kalzium aus dem Knochen. Bei Gaben von Kortisol in höheren Dosen über längere Zeit kommt es so zum Verlust von Knochenmasse und damit zur Osteoporose.

Zu **4.** Eine Osteoporose kann lange Zeit unerkannt bleiben. Sie kann sich durch Knochenschmerzen bemerkbar machen, dabei handelt es sich meist um Rückenschmerzen. Bei einigen Patienten wird sie erst erkannt, wenn der Knochenabbau so weit vorangeschritten ist, dass es zu Knochenbrüchen kommt. Typisch sind Spontanfrakturen von Extremitäten ohne adäquates Trauma und Wirbelbrüche, die sich in einem Zusammensinken der Wirbelkörper äußern. Rundrücken, „Tannenbaum"-Zeichen (von der Wirbelsäule aus schräg nach unten verlaufende Hautfalten) und „Schrumpfen" (Verringerung der Körpergröße um mehr als 5 cm) sind äußerlich sichtbare Zeichen einer Osteoporose, die man besonders oft bei älteren Frauen beobachten kann.

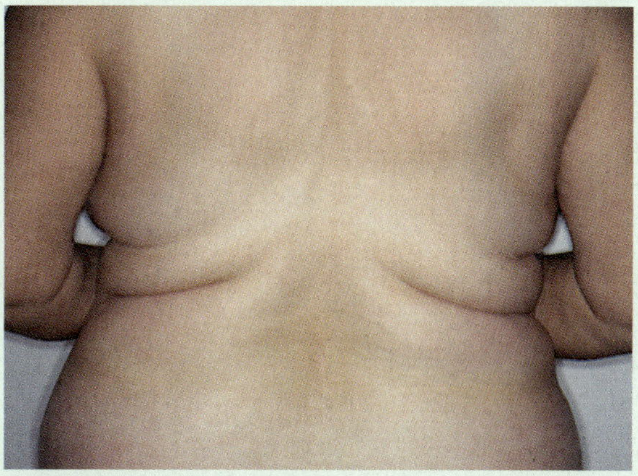

**„Tannenbaum"-Zeichen.** Charakteristische Falten im Lendenbereich aufgrund der Körpergrößenminderung bei osteoporotischen Wirbelkörperfrakturen.

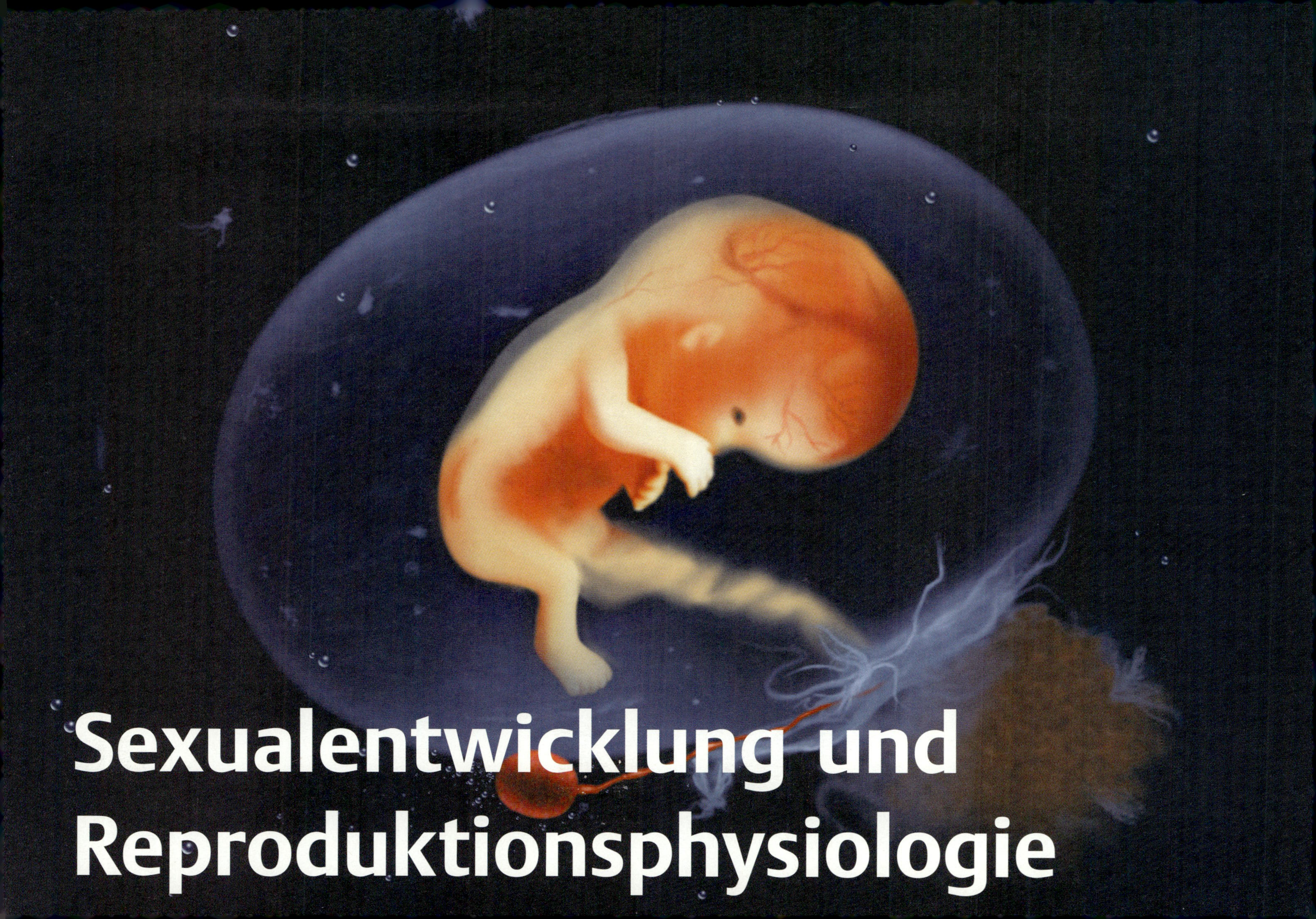

# Sexualentwicklung und Reproduktionsphysiologie

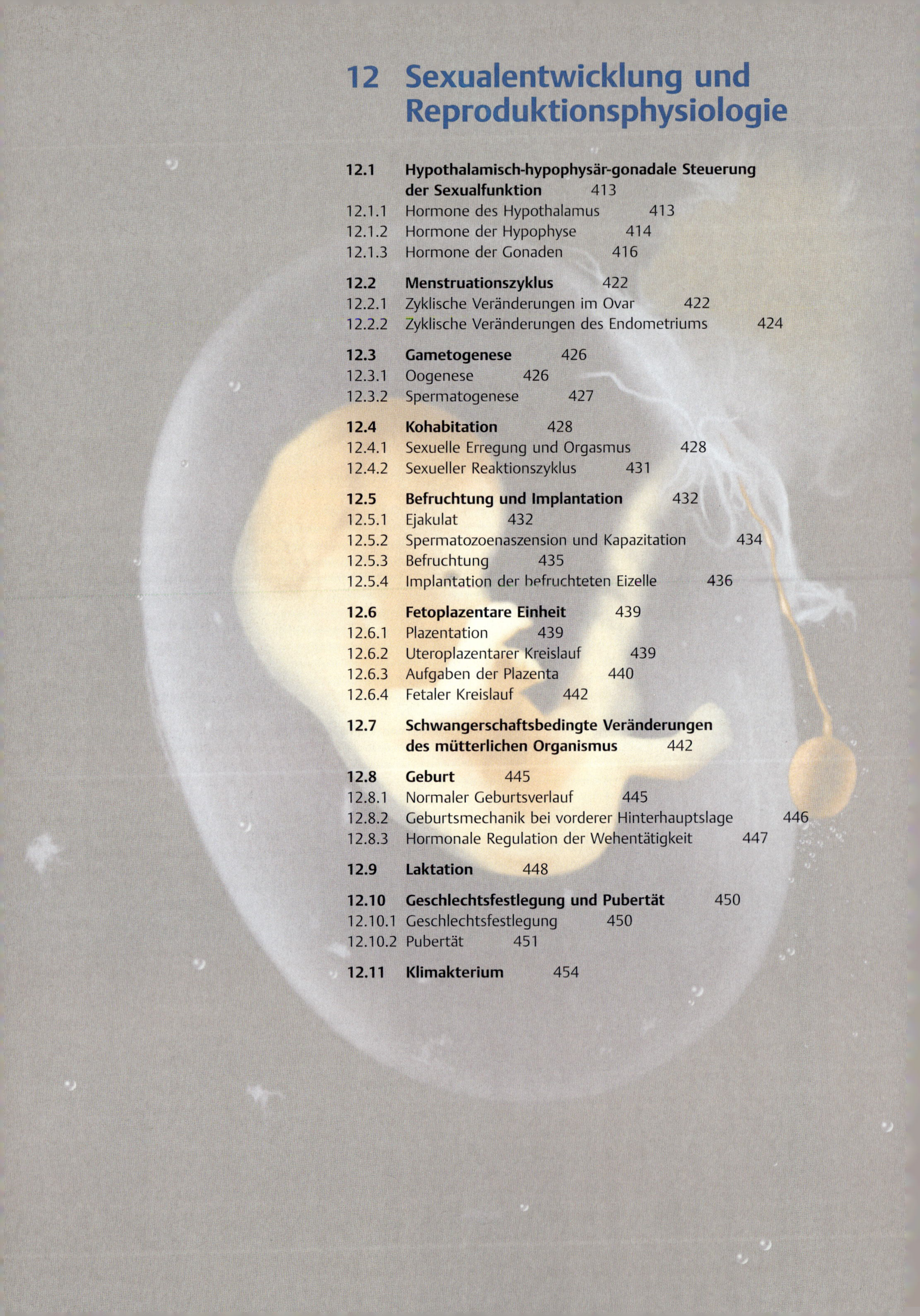

# 12 Sexualentwicklung und Reproduktionsphysiologie

# 12 Sexualentwicklung und Reproduktionsphysiologie

## 12.1 Hypothalamisch-hypophysär-gonadale Steuerung der Sexualfunktion

Die Sexualfunktion des Menschen wird über den sog. hypothalamisch-hypophysär-gonadalen Regelkreis (Abb. **12.1**) gesteuert: Das im Hypothalamus gebildete GnRH (s.u.) gelangt durch das Pfortadersystem direkt in den Hypophysenvorderlappen (Adenohypophyse) und regt dort die Synthese und Ausschüttung der gonadotropen Hormone (LH und FSH, s.S. 414) an. LH und FSH gelangen über die Blutbahn in die Gonaden (Ovar und Testis) und entfalten dort ihre jeweiligen geschlechtsspezifischen Wirkungen (s.Tab. **12.1**, S. 415). Die in verschiedenen Strukturen von Ovarien und Testes gebildeten Sexualsteroide (Östrogene, Progesteron und Testosteron, s.S. 416, S. 418 bzw. S. 420) werden ins Blut abgegeben. Durch den Anstieg der peripheren Spiegel an Sexualsteroiden wird die Synthese der Steuerhormone in übergeordneten Regelzentren gehemmt (**negative Rückkopplung** bzw. **negatives Feedback**). Steigt bei der Frau der periphere Östrogenspiegel kurz vor dem Eisprung stark an (s.S. 417), kehrt sich diese negative Rückkopplung in einen positiven Feedback-Effekt um. Folglich wird die GnRH-Produktion stimuliert und die Gonadotropinspiegel steigen sehr schnell an (FSH- und LH-Peak, s.S. 422).

### 12.1.1 Hormone des Hypothalamus

#### Gonadotropin-Releasing-Hormon (GnRH)

▶ **Synonym.** Gonadoliberin, FSH/LH-Releasing-Hormon, Luliberin.

**Funktion:** GnRH ist ein Peptidhormon (Dekapeptid), das die Neusynthese der Gonadotropine (FSH und LH, s.S. 414) im Hypophysenvorderlappen induziert.

**Bildung und Sekretion:** GnRH wird im Hypothalamus gebildet. Unter physiologischen Bedingungen wird das Hormon unter dem Einfluss verschiedener Neurotransmitter **pulsatil** (stoßweise) aus den Axonen der Neurone des Hypothalamus freigesetzt und gelangt über das hypothalamo-hypophyseale Portalsystem in den Hypophysenvorderlappen. Diese pulsatile Form der GnRH-Ausschüttung setzt erst mit der Pubertät ein. In welchen Abständen GnRH sezerniert wird, ist **zyklusabhängig**: Während der Follikelphase erfolgt die Ausschüttung in Intervallen von ca. 60–90 Minuten, in der 2. Zyklushälfte und auch beim Mann ca. alle 2–4 Stunden (Abb. **12.2**). Die Ausschüttung der Gonadotropine erfolgt entsprechend der GnRH-Sekretion ebenfalls stoßweise.

▶ **Merke.** Die stoßweise Form der Ausschüttung ist für die Wirkung des GnRH eine unabdingbare Voraussetzung: Eine kontinuierliche Freisetzung oder eine Freisetzung in kürzeren zeitlichen Intervallen führt zum Zusammenbruch des hormonellen Regelkreises zwischen Hypothalamus, Hypophyse und Gonaden und damit zum Funktionsausfall des Ovars (s. *Klinik*, S. 414).

**Steuerung der Sekretion:** Die Freisetzung von GnRH wird v.a. über die **Hormonspiegel** im Blut reguliert (Rückkopplung, s. Abb. **12.1**):
- niedrige Gonadotropinspiegel und niedrige periphere Sexualhormonspiegel stimulieren die GnRH-Ausschüttung
- hohe Östrogen-, Androgen- und Gestagenspiegel haben v.a. einen hemmenden Effekt auf die Freisetzung von GnRH.

Die GnRH-Ausschüttung wird zudem über eine Reihe von Neurotransmittern (Dopamin, Adrenalin, Serotonin) und Endorphinen moduliert, die durch **zentralnervöse Faktoren** freigesetzt werden: Psychischer Stress, Leistungssport, Mangelernäh-

12 Sexualentwicklung und Reproduktionsphysiologie

12.1 Hypothalamisch-hypophysär-gonadale Steuerung der Sexualfunktion

Die Sexualfunktion des Menschen wird über den sog. hypothalamisch-hypophysär-gonadalen Regelkreis (Abb. **12.1**) gesteuert: Das im Hypothalamus gebildete GnRH (s.u.) regt Synthese und Ausschüttung der gonadotropen Hormone des Hypophysenvorderlappens (LH und FSH, s.S. 414) an. LH und FSH entfalten in den Gonaden ihre geschlechtsspezifischen Wirkungen (s. Tab. **12.1**, S. 415). Über den Blutspiegel der von Ovarien und Testes gebildeten Sexualsteroide (Östrogene, Progesteron und Testosteron, s.S. 416, S. 418 bzw. S. 420) wird wiederum die GnRH-Synthese im Hypothalamus reguliert **(Rückkopplung)**.

12.1.1 Hormone des Hypothalamus

Gonadotropin-Releasing-Hormon (GnRH)

▶ Synonym

**Funktion:** GnRH induziert die Neusynthese von FSH und LH (Gonadotropine, s.S. 414) im Hypophysenvorderlappen.

**Bildung und Sekretion:** GnRH wird im Hypothalamus gebildet. Ab der Pubertät wird GnRH **pulsatil** freigesetzt. In welchen Abständen GnRH sezerniert wird, ist **zyklusabhängig**: Während der Follikelphase erfolgt die Ausschüttung in Intervallen von ca. 60–90 Minuten, in der 2. Zyklushälfte und auch beim Mann ca. alle 2–4 Stunden (Abb. **12.2**).

▶ Merke.

**Steuerung der Sekretion:** Die Freisetzung von GnRH wird v.a. über die **Hormonspiegel** im Blut reguliert (Rückkopplung, s. Abb. **12.1**).

Außerdem beeinflussen **zentralnervöse Faktoren** die GnRH-Ausschüttung.

12.1

12.1 **Regelkreis**

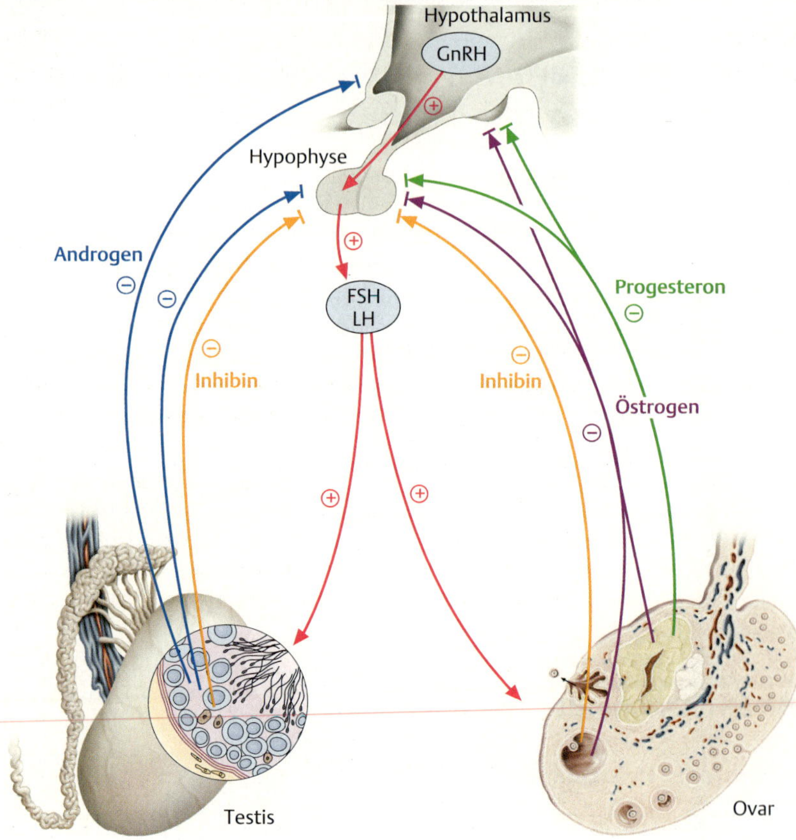


rung mit Gewichtsverlust (z. B. auch Anorexia nervosa) führen zu einer Mindersekretion von GnRH aus dem Hypothalamus.

► Klinik.

► **Klinik.** **GnRH-Analoga** (z. B. Goserelin, Leuprorelin, Triptorelin) entsprechen in ihrer Wirkung dem vom Hypothalamus produzierten GnRH. Da für die Funktion der Hypophyse eine pulsatile Freisetzung von GnRH unabdingbare Voraussetzung ist, kommt es bei Verabreichung von GnRH als Depotpräparat nach einer initial vermehrten Ausschüttung von FSH und LH aus den jeweiligen Speichern (sog. „flare-up"-Effekt, engl. to flare up = aufflammen) zu einer Verminderung der Gonadotropinausschüttung. Dadurch wird die ovarielle Östrogensynthese unterdrückt und der Östrogenspiegel im Blut sinkt ab. Ein so ausgelöster Östrogenmangel ist z. B. bei der Therapie von **Mammakarzinomen**, deren Wachstum durch Östrogene unterstützt wird (sog. hormonrezeptorpositive Mammakarzinome), erwünscht.

**Oxytozin**

Informationen hierzu finden Sie auf S. 351.

### Oxytozin

Informationen hierzu finden Sie auf S. 351.

**12.1.2 Hormone der Hypophyse**

Bildungsort, Funktion, Bildung und Ausschüttung von FSH und LH sind in Tab. **12.1** dargestellt.

## 12.1.2 Hormone der Hypophyse

Tab. **12.1** gibt einen Überblick über Bildungsort, Funktion, Bildung und Ausschüttung der Gonadotropine FSH und LH.

**12.1 Die Gonadotropine LH und FSH**

| | *follikelstimulierendes Hormon (FSH)* | *luteinisierendes Hormon (LH)* |
|---|---|---|
| **Synonym** | Follitropin | Lutropin |
| **Substanz** | Glykoprotein | Glykoprotein |
| **Bildungsort** | Hypophysenvorderlappen | Hypophysenvorderlappen |
| **Funktion** | ♀: ▪ fördert (gemeinsam mit LH) die Follikelreifung und somit auch die ovarielle Östrogensynthese<br>♂: ▪ fördert über die Sertoli-Zellen die Spermatogenese (s. S. 428) | ♀: ▪ unterstützt (gemeinsam mit FSH) die Follikelreifung und somit auch die ovarielle Östrogensynthese ▪ induziert die Ovulation ▪ induziert die Umwandlung des Follikels in einen Gelbkörper und fördert somit die Gestagensynthese (s. S. 424)<br>♂: ▪ erhöht die Abgabe von Testosteron aus den Leydig-Zwischenzellen des Hodens (s. S. 420) |
| **Bildung und Sekretion** | ▪ wird durch GnRH stimuliert und erfolgt pulsatil<br>▪ niedrige Blutspiegel an Sexualsteroiden stimulieren die FSH-Freisetzung<br>▪ hohe Blutspiegel an Sexualsteroiden und das Proteohormon Inhibin (s. S. 421) hemmen die FSH-Freisetzung (negative Rückkopplung)<br>**Ausnahme:** der präovulatorisch hohe Östrogenspiegel (Abb. **12.2**) fördert die FSH-Freisetzung (positive Rückkopplung) | ▪ wird durch GnRH stimuliert und erfolgt pulsatil<br>▪ niedrige Blutspiegel an Sexualsteroiden stimulieren die LH-Freisetzung<br>▪ hohe Blutspiegel an Sexualsteroiden hemmen die LH-Freisetzung (negative Rückkopplung)<br>**Ausnahme:** der präovulatorisch hohe Östrogenspiegel (Abb. **12.2**) fördert die LH-Freisetzung (positive Rückkopplung) |
| **Normalwerte** | ♀: ▪ Pubertät: 2–3 mIE/ml ▪ Geschlechtsreife: – Follikelphase: 2–10 mIE/ml – Ovulationsphase: 8–20 mIE/ml – Lutealphase: 2–8 mIE/ml ▪ Postmenopause: >20 mIE/ml<br>♂: ▪ 1–8 mIE/ml | ♀: ▪ Pubertät: 10 mIE/ml ▪ Geschlechtsreife: – Follikelphase: 3–15 mIE/ml – Ovulationsphase: 8–20 mIE/ml – Lutealphase: 2–8 mIE/ml ▪ Postmenopause: 20–100 mIE/ml<br>♂: ▪ 1–12 mIE/ml |

▶ Klinik. Es gibt verschiedene **Ursachen für zu niedrige FSH- und LH-Spiegel**: Bei einer fehlenden oder gestörten GnRH-Sekretion des Hypothalamus wird auch die Gonadotropinbildung in der Hypophyse nur unzureichend stimuliert. Daraus resultieren extrem niedrige FSH- und LH-Spiegel. Folge dieser Fehlfunktion in der Steuerung des Hormonhaushalts ist eine Störung des normalen Zyklus im Eierstock, die unterschiedlich stark ausgeprägt sein kann: Die Menstruationsblutungen treten entweder nur noch sehr selten auf (Oligomenorrhö) oder bleiben völlig aus (Amenorrhö), da – je nach Schweregrad der Störung – zwar noch Follikel heranreifen und nur der Eisprung ausbleibt oder überhaupt keine Follikel mehr heranreifen. Die Östrogenspiegel sind entsprechend sehr niedrig. Man bezeichnet diesen Zustand als Ovarialinsuffizienz. Da die Ursache in den erniedrigten Gonadotropinspiegeln zu suchen ist, spricht man von einer **hypogonadotropen Ovarialinsuffizienz**. Auslöser einer solchen Störung können Stresssituationen, eine ungesunde Gewichtsverminderung (Anorexia nervosa, Bulimie) oder auch intensiver Leistungssport sein. Es kann aber auch eine Schädigung der Hypophyse vorliegen, z. B. durch Tumoren mit Ausfall der endokrin aktiven Zellen oder in seltenen Fällen durch eine akute Durchblutungsverminderung (Sheehan-Syndrom).

Bei einer **hypergonadotropen Ovarialinsuffizienz** sind die Östrogenspiegel ebenfalls stark erniedrigt, die FSH- und LH-Spiegel jedoch stark erhöht. Zu einer solchen Störung im Hormonhaushalt kann es z. B. im Rahmen der sog. Wechseljahre kommen: Mit Beginn der Perimenopause ist die Follikelreserve deutlich abgesunken, die Eierstöcke beginnen zu schrumpfen und die Produktion der Sexualhormone vermindert sich drastisch. Aufgrund der erniedrigten peripheren Konzentration an Sexualsteroiden kommt es zu einer verstärkten Sekretion von FSH und LH aus der Hypophyse. Klinisch manifestiert sich die hypergonadotrope Ovarialinsuffizienz durch eine sekundäre Amenorrhö und die typischen Wechseljahresbeschwerden (u. a. Hitzewallungen, s. S. 454). Kommt es bereits vor der Menopause zu einer

▶ Klinik.

gestörten ovariellen Steroidbiosynthese mit konsekutiv gesteigerter Gonadotropinsekretion, können z. B. eine Behandlung mit Chemotherapeutika oder ionisierenden Strahlen, Autoimmunerkrankungen oder auch verschiedene chromosomale Störungen (z. B. Ullrich-Turner-Syndrom, s. S. 453) die Ursache sein.

**12.1.3 Hormone der Gonaden**

Hierzu gehören v. a. verschiedene Steroidhormone **(Sexualsteroide)**, daneben auch **Inhibin**. Beide Geschlechter bilden in unterschiedlichen Mengen sowohl männliche (Androgene) als auch weibliche Sexualhormone (Östrogene und Gestagene). Hormonbildung und -ausschüttung werden durch Hypothalamus und Hypophyse gesteuert. Sexualsteroide wirken sowohl innerhalb der Gonaden als auch auf extragonadale Zielorgane.

## 12.1.3 Hormone der Gonaden

Zu den Hormonen der Gonaden (Keim- oder Geschlechtsdrüsen, also Testes und Ovarien) gehören verschiedene Steroidhormone **(Sexualsteroide)** und **Inhibin**. Bei ersteren unterscheidet man zwischen männlichen (Androgene) und weiblichen Sexualsteroiden (Östrogene und Gestagene). Beide Geschlechter bilden in unterschiedlichen Mengen sowohl männliche als auch weibliche Sexualhormone. Hormonbildung und -ausschüttung werden durch Hypothalamus und Hypophyse gesteuert.

Sämtliche Sexualsteroide leiten sich vom Sterangerüst des **Cholesterins** ab. Ihre verschiedenartige biologische Wirkung ist durch Unterschiede in der chemischen Struktur bedingt.

Neben ihrer für die Bereitstellung befruchtungsfähiger Ei- und Samenzellen (Oogenese bzw. Spermatogenese) unverzichtbaren Funktionen innerhalb der Gonaden wirken die Hormone auch in extragonadalen Zielorganen.

▶ Merke.

▶ **Merke.** Die Sexualsteroide werden im Blut größtenteils an Bluteiweiße gebunden transportiert. Biologisch aktiv ist jedoch nur der nicht an Transportproteine gebundene, freie Anteil.

**Hormone des Ovars**

- In den **Thekazellen** werden v. a. **Androgene** synthetisiert (s. S. 419).
- In den **Granulosazellen** erfolgt die Konversion der androgenen Präkursoren in **Östrogene**. Außerdem wird hier **Inhibin** gebildet (s. S. 419).
- Im **Copus luteum** wird **Progesteron** synthetisiert (s. S. 418).

### Hormone des Ovars

Die Synthese und Sekretion der Sexualsteroide erfolgt in den inneren (Granulosazellen) und äußeren Zellschichten (Thekazellen) des Follikels sowie im Gelbkörper (Corpus luteum):

- In den **Thekazellen** werden v. a. **Androgene** wie Androstendion und Testosteron synthetisiert (s. S. 419).
- In den **Granulosazellen** erfolgt die Konversion der androgenen Präkursoren in **Östrogene** (s. u.). Außerdem wird hier das **Inhibin** gebildet (s. S. 419).
- Im **Copus luteum** wird **Progesteron** synthetisiert (s. S. 418).

**Östrogene**

▶ **Synonym**

Die wichtigsten natürlichen Östrogene sind:

- Östradiol-17-β ($E_2$),
- Östron ($E_1$) und
- Östriol ($E_3$).

### Östrogene

▶ **Synonym.** Follikelhormon.

Unter dem Oberbegriff „Östrogen" werden ca. 30 verschiedene Hormone zusammengefasst. Die wichtigsten natürlichen Östrogene sind:

- Östradiol-17-β ($E_2$),
- Östron ($E_1$) und
- Östriol ($E_3$).

▶ Merke.

▶ **Merke.** Östradiol ist das Östrogen mit der stärksten biologischen Aktivität.

**Synthese, Sekretion und Transport im Blut:** Androstendion und Testosteron werden in den Granulosazellen zu Östron und Östradiol aromatisiert. Östrogene werden bei der Frau zudem in der Nebennierenrinde, während der Schwangerschaft in der Plazenta (s. S. 441) und in der Menopause im Binde-, Fett- und Muskelgewebe (s. S. 454) synthetisiert.

**Synthese, Sekretion und Transport im Blut:** Die in den Thekazellen des Follikels unter dem Einfluss von LH gebildeten $C_{19}$-Steroide Androstendion und Testosteron gelangen durch Diffusion in die Granulosazellen und werden unter dem Einfluss von FSH (FSH bindet an die Granulosazellen und bewirkt die Enzyminduktion der Aromatase) zu den Östrogenen Östron und Östradiol aromatisiert. Östrogene werden bei der Frau zudem in der Nebennierenrinde synthetisiert. Während der Schwangerschaft ist auch die Plazenta an der Östrogenproduktion (→ Östriol) beteiligt (s. S. 441). Außerhalb der Schwangerschaft entsteht Östriol aus der Umwandlung von anderen Östrogenen beispielsweise im Fettgewebe. Während/nach dem Klimakterium werden Androgene im Binde-, Fett- und Muskelgewebe zu Östrogenen aromatisiert (s. S. 454).

Die Bildung und Freisetzung der Östrogene wird durch FSH und LH stimuliert. Die Ausschüttung der Gonadotropine wird über den Östrogenspiegel im Blut reguliert:

- Ansteigende periphere Östradiolspiegel wirken bis zu einem bestimmten Schwellenwert inhibierend auf die Gonadotropinfreisetzung (negatives Feedback bzw. **negative Rückkopplung**).
- Überschreitet die Östrogenkonzentration im Blut einen bestimmten Schwellenwert, wird die Gonadotropinfreisetzung im Sinne eines positiven Feedbacks stimuliert **(positive Rückkopplung)**. Aus diesem Grund löst der präovulatorisch hohe Östrogenspiegel den LH- bzw. FSH-Peak aus (s. Abb. **12.2**, S. 423).

Die Bildung und Freisetzung der Östrogene wird durch FSH und LH stimuliert. Die Ausschüttung der Gonadotropine wird über den Östrogenspiegel im Blut reguliert.

Nur ca. 1–3 % der Östrogene liegen in freier, biologisch aktiver Form vor. Der größte Teil ist an Bluteiweiße (sexualbindendes Globulin und Albumin) gebunden und somit inaktiv.

Nur ca. 1–3 % der Östrogene liegen in freier, biologisch aktiver Form vor.

**Funktion:** Östrogene haben zahlreiche verschiedene Wirkungen auf den weiblichen Körper:

- Steuerung von Wachstum und Differenzierung der primären weiblichen Geschlechtsmerkmale (Uterus, Ovarien und Vagina)
- während der Pubertät: Ausbildung der typischen sekundären weiblichen Geschlechtsmerkmale (Brustentwicklung, hohe Stimme und weibliches Behaarungs- und Fettverteilungsmuster)
- während der ersten Hälfte des Menstruationszyklus: Förderung der Eizellreifung und Vorbereitung der Gebärmutterschleimhaut auf die Einnistung einer möglichen Schwangerschaft (Proliferationsphase, s. S. 425)
- präovulatorisch: Öffnung des Muttermundes, Zunahme von Menge und Anzahl und Abnahme der Viskosität des Zervixschleims, damit die Spermien in die Gebärmutter gelangen können
- endokrine Wirkungen in extragonadalen Zielorganen (Tab. **12.2**)
- während der Schwangerschaft:
  - Vorbereitung des Uterus auf die Geburt durch Stimulierung von Durchblutung und Wachstum des Uterus und Ausbildung von Gap junctions zwischen den Myometriumzellen
  - Stimulierung des Wachstums der Brustdrüse (direkt und durch Stimulierung der Prolaktinsekretion, s. S. 448)
  - Stimulierung der Progesteronsynthese in der Plazenta.

**Funktion:** Östrogene haben verschiedene Wirkungen auf den weiblichen Körper:

- Steuerung von Wachstum/Differenzierung der primären weiblichen Geschlechtsmerkmale
- Ausbildung der typischen sekundären weiblichen Geschlechtsmerkmale
- Förderung der Eizellreifung und Proliferation des Endometriums (s. S. 425)
- präovulatorisch: Öffnung des Muttermundes, Zunahme von Menge und Anzahl und Abnahme der Viskosität des Zervixschleims
- endokrine Wirkungen in extragonadalen Zielorganen (Tab. **12.2**)
- während der Schwangerschaft:
  - Vorbereitung des Uterus auf die Geburt
  - Stimulierung des Brustdrüsenwachstums
  - Stimulierung der Progesteronsynthese in der Plazenta.

**Metabolismus:** Die **Halbwertszeit** der Östrogene liegt bei ca. 20 Minuten. Sie werden in der Leber durch Konjugation an Schwefel- oder Glukuronsäure abgebaut. Dadurch entstehen wasserlösliche Verbindungen, die größtenteils über die Niere – und zwar hauptsächlich in Form von Östriol – ausgeschieden werden.

**Metabolismus:** Die **Halbwertszeit** der Östrogene liegt bei ca. 20 min. Sie werden in der Leber abgebaut und anschließend größtenteils über die Niere ausgeschieden.

**Normwerte:** Die Östrogenkonzentration im Blut schwankt in Abhängigkeit von Lebensphase und Zyklus (s. Tab. **12.3**, S. 419).

**Normwerte:** S. Tab. **12.3**, S. 419.

**12.2 Extragenitale Effekte von Östrogenen**

12.2

| *Wirkort* | *Wirkung* |
|---|---|
| Haut und Schleimhäute | regenerativer Effekt: Anregung der Hauterneuerung, Förderung der Hautdurchblutung<br>Beeinflussung des Kollagengehalts im Bindegewebe |
| Muskulatur und Knochen | anabole Wirkung, Stimulation der Osteoblasten (→ Knochenaufbau) |
| Fettstoffwechsel | positiver Einfluss: Abnahme von Gesamtcholesterin und LDL-Cholesterin, Zunahme des HDL-Cholesterins (→ hinsichtlich kardiovaskulärem Risiko günstiges HDL/LDL-Verhältnis) |
| Gehirn/Psyche | psychotrope Wirkung: Stimmungsaufhellung und Aktivitätssteigerung |

▶ Klinik.

▶ **Klinik.** In der Menopause werden Androgene der Nebennierenrinde im Binde-, Fett- und Muskelgewebe zu Östrogenen aromatisiert. Steigt nun das Körpergewicht an, wird auch vermehrt Androstendion zu Östrogenen umgewandelt. Da Östron zudem im Fettgewebe gespeichert wird (also Bioverfügbarkeit ↑), steigt bei Adipositas der Östrogenspiegel an. Eine verlängerte bzw. verstärkte Östrogeneinwirkung kann zu einer Hyperplasie des Endometriums (= Verdickung der Gebärmutterschleimhaut durch Zunahme der Zellzahl) und letztendlich zur Entstehung eines **Endometriumkarzinoms** (Syn.: **Korpuskarzinom**) führen.
Bei einer kontinuierlichen Östrogenzufuhr von außen besteht in Abhängigkeit von der Einnahmedauer folglich ebenfalls ein deutlich erhöhtes Risiko für ein Endometriumkarzinom. Deshalb werden Hormonersatztherapien bei menopausalen Frauen (s. S. 455) auch nicht als kontinuierliche Östrogenmonotherapien, sondern in kombinierter Form (also mit Kombinationspräparaten, die sowohl Östrogene als auch Gestagene enthalten) durchgeführt. Eine alleinige Östrogentherapie ist nur bei Frauen nach Hysterektomie (Entfernung der Gebärmutter) zulässig.

### Gestagene

▶ **Synonym**

Die natürlichen Gestagene sind:
- Progesteron (wichtigster Vertreter)
- 20-α-Hydroxyprogesteron
- 17-α-Hydroxyprogesteron.

### Gestagene

▶ **Synonym.** Gelbkörperhormon.

Die natürlichen Gestagene sind:
- Progesteron,
- 20-α-Hydroxyprogesteron und
- 17-α-Hydroxyprogesteron.

Wichtigster Vertreter der Gestagene ist das **Progesteron**, auf dessen Eigenschaften in den nachfolgenden Abschnitten näher eingegangen wird.

**Synthese, Sekretion und Transport im Blut:** Progesteron wird bei der Frau im Gelbkörper bzw. in der Plazenta (s. S. 442) gebildet. Geringe Mengen werden auch in der NNR produziert.

**Synthese, Sekretion und Transport im Blut:** Progesteron wird bei der Frau im Gelbkörper (Corpus luteum) bzw. während der Schwangerschaft in der Plazenta (s. S. 442) gebildet. Geringe Progesteronmengen werden bei Erwachsenen beiderlei Geschlechts auch in der Nebennierenrinde (NNR) produziert.

Die Ausschüttung von Progesteron wird durch LH stimuliert.

Nur ca. 2 % liegen in freier, biologisch aktiver Form vor.

Die Ausschüttung von Progesteron wird durch LH stimuliert. Progesteron wirkt negativ rückkoppelnd auf die Gonadotropinfreisetzung.
Zum Transport im Plasma wird Progesteron v. a. an Cortisol bindendes Globulin und Albumin gebunden. Nur ca. 2 % liegen in freier, biologisch aktiver Form vor.

**Funktion** (s. Abb. **12.2**, S. 423)**:**
- Erhöhung der Basaltemperatur während der zweiten Zyklushälfte
- postovulatorisch: Verschluss des Muttermunds, Zervixschleim: Menge ↓, Viskosität ↑
- sekretorische Transformation des Endometriums (s. S. 425) und Gykogeneinlagerung in die Dezidua
- während der Schwangerschaft:
  - Schutz der Schwangerschaft durch Erhalt des Endometriums (s. S. 437) und Herabsetzen des Uterustonus
  - Vorbereitung der Brustdrüsen auf die Laktation (s. S. 448)
  - kurz vor der Geburt: Induktion der Bildung von Oxytozinrezeptoren im Uterus (s. S. 447).

**Funktion:** Das während der zweiten Zyklushälfte dominierende Progesteron hat zahlreiche Wirkungen auf den weiblichen Körper (s. Abb. **12.2**, S. 423):
- Beeinflussung des Wärmeregulationszentrums → Erhöhung der Basaltemperatur um etwa 0,4 C bis 0,6 °C während der zweiten Zyklushälfte (biphasischer Temperaturverlauf)
- postovulatorisch: Verschluss des Muttermunds, Abnahme der Menge und Zunahme der Viskosität des Zervixschleims
- Vorbereitung der Gebärmutter auf eine mögliche Schwangerschaft durch sekretorische Transformation des Endometriums (Voraussetzung für die Nidation, s. S. 425) und Gykogeneinlagerung in die Dezidua
- während der Schwangerschaft:
  - Aufrechterhaltung der bestehenden Schwangerschaft durch Verhinderung von regressiven Veränderungen des Endometriums (s. S. 437) und Herabsetzen des Uterustonus (Ruhigstellung der Gebärmutter) → „Schwangerschaftsschutzhormon"
  - Vorbereitung der Brustdrüsen auf die Milchproduktion und -abgabe (Laktation, s. S. 448)
  - kurz vor der Geburt: Induktion der Bildung von Oxytozinrezeptoren in der Uterusmuskulatur (relevant für die Auslösung von Wehen, s. S. 447).

Es ist außerdem Intermediärprodukt der Androgen- und Östrogenensynthese.

Progesteron dient zudem als Intermediärprodukt für die Bildung von Androgenen und Östrogenen.

12.3 Normwerte der Östrogen- und Gestagenkonzentrationen im Blut

| *Lebens-/Zyklusphase* | | *Östrogene* | *Gestagene* |
|---|---|---|---|
| Pubertät | | 30 pg/ml | 0–2 ng/ml |
| Geschlechtsreife | Follikelphase (s. S. 422) | 30–350 pg/ml | <1 ng/ml |
| | Lutealphase (s. S. 424) | > 150 pg/ml | >12 ng/ml |
| Postmenopause | | 15–20 pg/ml | <1 ng/ml |

12.3

▶ **Klinik.** Die Tatsache, dass etwa zwei Tage nach dem Eisprung die Körpertemperatur infolge der Progesteronwirkung um ca. 0,4 bis 0,6 °C ansteigt, kann folgendermaßen zur **Verhütung** genutzt werden:
Vor dem Aufstehen wird immer zur gleichen Zeit nach mindestens 6 Stunden Nachtruhe die Körpertemperatur gemessen. Geschlechtsverkehr erfolgt nur während der sicher unfruchtbaren Tage zwischen dem 3. Tag nach dem **Temperaturanstieg** (dieser hat stattgefunden, wenn die Temperatur an 3 aufeinanderfolgenden Tagen ≥0,2 °C höher liegt als an 6 vorangegangenen Tagen!) und der nächsten Regelblutung. Im statistischen Mittel werden 1–3 von 100 Frauen innerhalb eines Jahres schwanger, wenn sie mit dieser Methode verhüten (sog. **Pearl-Index** von 1–3; dieser Index erlaubt eine Beurteilung der Sicherheit verschiedener Verhütungsmethoden: z. B. beträgt er bei Einnahme oraler Kontrazeptiva mit Östrogen- und Gestagenwirkung [s. S. 424] <1 %).
Mit der Temperaturmessung kann man zwar den Zeitpunkt des Eisprungs nicht voraussagen, aber mit ziemlicher Sicherheit feststellen, ob er stattgefunden hat. Je mehr Zyklen hindurch gemessen wird, desto zuverlässiger kann auch eine Prognose gewagt werden, wann der Eisprung wohl stattfinden wird, was z. B. bei bestehendem Kinderwunsch relevant ist.

▶ Klinik.

**Metabolismus:** Gestagene werden in der Leber abgebaut und konjugiert. Die Halbwertszeit von Progesteron beträgt <5 Minuten. Es wird in Pregnandiol abgebaut (wasserlöslicher Metabolit) und so über die Niere ausgeschieden.

**Metabolismus:** Gestagene werden in der Leber in Pregnandiol abgebaut und anschließend über die Niere ausgeschieden.

**Normwerte:** Die Gestagenkonzentration im Blut schwankt in Abhängigkeit von Lebensphase und Zyklus enorm (Tab. **12.3**).

**Normwerte:** s. Tab. **12.3**.

## Androgene

Androgene sind $C_{19}$-Steroid-Derivate des Pregnenolons ($C_{21}$-Steroid), die durch Abspaltung einer $C_2$-Gruppe entstehen.
Wichtigster Vertreter der Androgene ist das **Testosteron**. Die höchste biologische Wirksamkeit hat Dihydrotestosteron (DHT). Weniger wirksame Androgene sind Dehydroepiandrosteron (DHEA), Dehydroepiandrosteronsulfat (DHEA-S) und Androstendion.

Androgene sind $C_{19}$-Steroid-Derivate des Pregnenolons ($C_{21}$-Steroid). Wichtigster Vertreter ist das **Testosteron**. Die höchste biologische Wirksamkeit hat Dihydrotestosteron (DHT).

**Synthese, Sekretion und Transport im Blut:** Testosteron wird bei der Frau in den Thekazellen des Ovars und in der Nebennierenrinde (NNR) gebildet. Die Synthese wird durch LH kontrolliert. Nur ca. 1–3 % des Testosterons liegt im Blut in freier Form vor; der größte Teil ist an Bluteiweiße (sexualbindendes Globulin und Albumin) gebunden.

**Synthese, Sekretion und Transport im Blut:** Testosteron wird bei der Frau unter LH-Kontrolle in den Thekazellen des Ovars und in der NNR gebildet. Im Blut ist der größte Teil an Eiweiße gebunden.

**Funktion:** Androgene dienen bei der Frau v. a. als Vorstufen für die Östrogensynthese.

**Funktion:** Androgene dienen bei der Frau v. a. als Vorstufen für die Östrogensynthese.

**Metabolismus:** Die Halbwertszeit des Testosterons liegt bei ca. 5 Minuten. Es wird über den Urin als Glucuronid- bzw. Sulfatkonjugat ausgeschieden.

**Normwert:** Der Testosteronblutspiegel liegt bei Frauen bei bis zu 0,86 µg/ml.

**Metabolismus:** Testosteron (HWZ ca. 5 min) wird in konjugierter Form über den Urin ausgeschieden.
**Normwert:** ≤0,86 µg/ml Blut.

## Inhibin

▶ **Synonym.** Follikulostatin.

▶ Synonym

**Synthese und Sekretion:** Inhibin ist ein dimeres Glykoprotein, das aus jeweils einer α- sowie einer von zwei möglichen β-Untereinheiten (A oder B) besteht und

**Synthese und Sekretion:** Das dimere Glykoprotein wird unter dem stimulierenden Einfluss von FSH und LH v. a. in den ovariellen Granulosazellen gebildet und in die Follikelflüssigkeit sowie in die venösen Gefäße des Ovars sezerniert.

dementsprechend als Inhibin A oder B bezeichnet wird. Inhibin wird unter dem stimulierenden Einfluss von FSH und LH in den ovariellen Granulosazellen gebildet und in die Follikelflüssigkeit sowie in die venösen Gefäße des Ovars sezerniert. Während der Schwangerschaft findet auch in der fetoplazentaren Einheit eine Inhibinproduktion statt.

**Funktion:** Inhibin hemmt die FSH-Freisetzung (→ Follikelatresie, s. S. 422).

**Funktion:** Durch die hemmende Wirkung auf die hypophysäre FSH-Freisetzung (negativer Rückkopplungsmechanismus) spielt es eine wichtige Rolle für die Follikelatresie im Rahmen der Selektion des dominanten Follikels (s. S. 422).

## Hormone der Testis

### Androgene

Androgene sind die männlichen Sexualhormone. Die wichtigsten Vertreter sind das **Testosteron** und sein Metabolit **5-α-Dihydrotestosteron** (5-α-DHT).

Als Androgene bezeichnet man die männlichen Sexualhormone, deren wichtigste Vertreter das **Testosteron** sowie sein Metabolit, das **5-α-Dihydrotestosteron (5-α-DHT)** sind. Beides sind stark wirkende Androgene. **Androstendion** hat eine schwache, **Dehydroepiandrostendion** eine mäßig starke androgene Wirkung.

**Synthese, Sekretion und Transport im Blut:** Testosteron wird v. a. in den **Leydig-Zwischenzellen** des Hodens synthetisiert. Ein geringer Anteil wird in der Nebennierenrinde gebildet.

Die Testosteronsekretion erfolgt zirkadian (Maximum am Morgen). Sie wird durch die Gonadotropine FSH und LH reguliert.

Der größte Teil des Testosterons ist an Plasmaeiweiße gebunden.

**Synthese, Sekretion und Transport im Blut:** Testosteron wird zum überwiegenden Teil in den **Leydig-Zwischenzellen** des Hodens synthetisiert. Ein geringer Anteil wird in der Nebennierenrinde gebildet. Im Blut zirkulierendes Testosteron wird in der Prostata, den Samenbläschen und in vielen Anhangsorganen der Haut zu dem biologisch wesentlich aktiveren 5-α-DHT reduziert.
Die Testosteronsekretion erfolgt zirkadian mit einem Maximum am Morgen. Sie wird durch die Gonadotropine FSH und LH reguliert. Ihre Synthese und Freisetzung wird durch die pulsatile Abgabe von GnRH aus dem Hypothalamus veranlasst.
LH stimuliert die Leydig-Zwischenzellen, wodurch die Konversionsrate von Cholesterol zu Androgenen erhöht wird. FSH kann zusätzlich die LH-Aktivität erhöhen und so die Testosteronsynthese stimulieren. Die Freisetzung von LH wird durch eine negative Rückkopplung (negatives Feedback) des Testosterons reguliert: Hohe Testosteronkonzentrationen hemmen die GnRH-Pulsfrequenz und -amplitude, dies wirkt inhibitorisch auf die LH- und – in höherer Konzentration – auch auf die FSH-Sekretion. Die FSH-Sekretion wird zudem durch eine negative Rückkopplung über Inhibin kontrolliert.
Der größte Teil des Testosterons zirkuliert nicht frei im Blut, sondern ist an Plasmaeiweiße gebunden (sexualbindendes Globulin, Albumin).

**Funktion:** Androgene
- fördern die Differenzierung der primären männlichen Fortpflanzungsorgane
- sind für die Ausbildung der sekundären Geschlechtsmerkmale verantwortlich
- sind für die Spermatogenese notwendig
- sind anabol wirksam
- stimulieren Erythropoese und Appetit
- haben eine entscheidende Funktion für das psychosexuelle männliche Geschlechtsverhalten
- sind für das aggressivere Verhalten von Männern verantwortlich.

**Funktion:** Androgene haben zahlreiche verschiedene Wirkungen auf den männlichen Organismus: Sie
- fördern die Differenzierung der primären männlichen Fortpflanzungsorgane (→ die Leydig-Zellen des embryonalen Hodens produzieren Testosteron, das für die Differenzierung des Wolff-Ganges verantwortlich ist; s. S. 451)
- sind für die Ausbildung der sekundären Geschlechtsmerkmale, wie z. B. den männlichen Behaarungstyp (Bartwuchs, Körperbehaarung), die vermehrte Fettproduktion und -sekretion der Haut (Seborrhö) und den Stimmbruch (s. S. 453), verantwortlich
- sind intratestikulär für die Spermatogenese notwendig
- sind anabol wirksam, d. h. sie fördern das Knochen- und Muskelwachstum und sind für das im Vergleich zur Frau stärkere Muskel- und Knochenwachstum des Mannes verantwortlich
- stimulieren die Erythropoese (→ höherer Anteil an Erythrozyten und höherer Hb-Wert bei Männern) und Appetit
- haben eine entscheidende Funktion für das psychosexuelle männliche Geschlechtsverhalten (→ sind für den koordinierten Ablauf der Reflexkette mitverantwortlich)
- sind für das aggressivere Verhalten von Männern verantwortlich.

**Metabolismus:** Die Halbwertszeit des Testosterons beträgt beim erwachsenen Mann ca. 12 min. Es wird v. a. über die Leber abgebaut und anschließend über die Niere und z. T. auch über die Galle ausgeschieden.

**Metabolismus:** Die Halbwertszeit des Testosterons beträgt beim erwachsenen Mann ca. 12 Minuten. Testosteron wird hauptsächlich über die Leber abgebaut. Durch Konjugation und Glukuronidierung werden die verschieden Androgenmetaboliten in wasserlösliche Formen umgewandelt und anschließend über den Urin und zu einem geringen Teil auch über die Galle ausgeschieden.

**Normwert:** Der Testosteronblutspiegel liegt beim Mann normalerweise zwischen 2,7 und 10,7 μg/l.

**Normwert:** 2,7 – 10,7 μg/l Blut.

▶ **Klinik.** **Anabolika (anabole Steroide)** sind künstlich hergestellte Hormone, die chemisch mit dem männlichen Sexualhormon Testosteron verwandt sind. Anabolika fördern bei gleichzeitigem intensivem körperlichen Training den Eiweißaufbau in der Muskulatur und senken den Körperfettanteil. Dadurch kommt es zur Zunahme von Muskelmasse und Muskelkraft. Durch die androgene Restwirkung der Anabolika wird der körpereigene hormonelle Regelkreis empfindlich gestört, was bei **Männern** zur Schrumpfung der Hoden, Störungen der Spermatogenese und im ungünstigsten Fall zu Unfruchtbarkeit führen kann. Außerdem kann eine Feminisierung des männlichen Phänotyps beobachtet werden (z. B. Entstehung einer Gynäkomastie = beidseitige Vergrößerung der männlichen Brustdrüse). Bei **Frauen** kann es dagegen zu Virilisierungserscheinungen kommen (tiefere Stimme, verstärkte Körperbehaarung, Rückbildung der Brüste, Vergrößerung der Klitoris und Störungen des Menstruationszyklus). Werden Anabolika bereits im **jugendlichen Alter** eingenommen, kommt es zu einer Verknöcherung der Wachstumsfuge und damit zu einem Stopp des Größenwachstums. Weitere geschlechts- und altersunabhängige Nebenwirkungen sind Lebererkrankungen (z. B. Hepatitis) und ein erhöhtes Herzinfarktrisiko. Bei regelmäßigem Gebrauch von Anabolika in hoher Dosierung kann es zu Wesensveränderungen kommen. Nach Absetzen der Anabolika werden sehr häufig schwere Depressionen beobachtet.
In der **Medizin** können anabole Steroide beispielsweise bei allgemeiner körperlicher Schwäche bei älteren Menschen oder Tumorpatienten (bei sog. Tumorkachexie) durch ihren anabolen und appetitsteigernden Effekt sinnvoll zum Einsatz kommen.

▶ **Klinik.**

### Östrogene

Das wichtigste biologisch aktive Östrogen beim Mann ist **Östradiol**.

**Synthese, Sekretion und Transport im Blut:** Beim Mann werden im Hoden (Leydig-Zwischenzellen) nur ganz geringe Mengen an Östrogenen synthetisiert. 80 % der im männlichen Organismus nachweisbaren Östrogene entstehen in peripheren Geweben (insbesondere Fettgewebe) durch Aromatisierung von Androgenen. Die Regulation der Sekretion über eine negative Rückkopplung erfolgt wahrscheinlich ähnlich wie bei der Frau. Zum Transport im Blut s. S. 417.

**Funktion:** Östrogene sind beim Mann neben dem Testosteron mitverantwortlich für die Regulation der Gonadotropinsekretion, die durch sie herabgesetzt wird. Darüber und über eine direkte Hemmung der Synthese von Testosteron im Hoden sowie seiner Umwandlung in das stärker wirksame Dihydrotestosteron in der Prostata beeinflussen sie die Androgenbiosynthese. Die Spermatogenese wird durch hohe Östrogenspiegel gehemmt, wohingegen niedrige Konzentrationen wahrscheinlich für ihren korrekten Ablauf erforderlich sind.
Auch beim männlichen Geschlecht sind Östrogene essenziell für die Knochenreifung und -mineralisation und stimulieren in der Pubertät das Längenwachstum. Ob sie in der geringen Konzentration weitere extragenitale Effekte wie bei der Frau haben, ist nicht eindeutig geklärt.

**Metabolismus:** Durch Umwandlung in der Leber entstehen hydrophile Metabolite, die renal ausgeschieden werden.

**Normwert:** 25 – 85 pmol/l (7 – 23 ng/l).

#### Östrogene

Der wichtigste Vertreter beim Mann ist **Östradiol**.
**Synthese, Sekretion und Transport im Blut:** Beim Mann entsteht der Großteil an Östrogenen v. a. im Fettgewebe durch Aromatisierung von Androgenen. Negative Rückkopplung und Transport im Blut (s. S. 417).

**Funktion:** Beim Mann bewirken Östrogene über verschiedene Mechanismen eine verminderte Androgenbiosynthese. Die Spermatogenese wird konzentrationsabhängig beeinflusst. Der wichtigste extragenitale Effekt ist auch beim männlichen Geschlecht ihr positiver Einfluss auf den Knochenstoffwechsel und das Knochenwachstum in der Pubertät.

**Metabolismus:** Hydrophile Metabolite werden renal ausgeschieden.

**Normwert:** 25 – 85 pmol/l.

### Inhibin

**Synthese und Sekretion:** Das dimere Glykoprotein Inhibin wird beim Mann in den Sertoli-Zellen des Hodens gebildet. Seine Sekretion wird direkt durch FSH und indirekt (über Testosteron) durch LH stimuliert.

**Funktion:** Auch beim Mann hemmt Inhibin die Sekretion von FSH (negative Rückkopplung) und damit die Spermatogenese. Beim männlichen Embryo unterstützt es außerdem die Rückbildung der Müller-Gänge (s. S. 451).

#### Inhibin

**Synthese und Sekretion:** Inhibin wird in den Sertoli-Zellen des Hodens gebildet und gonadotropinabhängig sezerniert.

**Funktion:** Neben Hemmung der FSH-Sekretion beeinflusst Inhibin beim männlichen Embryo die Rückbildung der Müller-Gänge (s. S. 451).

12.2 Menstruationszyklus

Anhand der hormonell gesteuerten Veränderungen von Ovar (s. u.) und Endometrium (s. S. 424) unterscheidet man verschiedene Zyklusphasen (Abb. **12.2**).

## 12.2 Menstruationszyklus

Der Menstruationszyklus wird anhand der hormonell gesteuerten Veränderungen im Ovar (s. u.) und der parallel dazu ablaufenden Veränderungen des Endometriums (s. S. 424) in verschiedene Phasen eingeteilt. Einen Überblick über die in den verschiedenen Phasen ablaufenden Veränderungen gibt Abb. **12.2**.

12.2.1 Zyklische Veränderungen im Ovar

Bei einer durchschnittlichen (regelhaften) Zykluslänge von 28 Tagen erfolgt die **Ovulation** am 14. Zyklustag. Da die erste Zyklusphase (Follikelphase) jedoch individuell variiert, kann der gesamte **Zyklus zwischen 21 und 35 Tagen** andauern.

### 12.2.1 Zyklische Veränderungen im Ovar

Im Ovar der geschlechtsreifen Frau reift unter dem Einfluss der Gonadotropine (s. S. 415) in zyklischen Abständen eine befruchtungsfähige Eizelle heran. Bei einer durchschnittlichen (regelhaften) Zykluslänge von 28 Tagen erfolgt der Eisprung **(Ovulation)** am 14. Zyklustag. Da die Reifung der Follikel vom Primordialfollikel bis hin zum sprungreifen Graaf-Follikel (Follikelphase) jedoch individuell variieren kann, kann die **Zykluslänge zwischen 21 und 35 Tagen** andauern.

▶ Merke.

**▶ Merke.** Die zweite Zyklusphase **(Gelbkörper- oder Lutealphase)** umfasst unabhängig von der Zykluslänge relativ konstant 14 Tage.

Mit der nachlassenden Funktion des Gelbkörpers sinkt die Progesteronkonzentration und die **Menstruationsblutung** wird ausgelöst („Progesteronentzugsblutung").

Im Verlauf der zweiten Zyklusphase lässt die Funktion des Gelbkörpers nach. Dies hat einen Abfall der Progesteronkonzentration zur Folge, wodurch schließlich die **Menstruationsblutung** ausgelöst wird. Aus diesem Grund bezeichnet man die Blutung auch als **Progesteronentzugsblutung**.

▶ Merke.

**▶ Merke.** Obwohl der Zyklus mit dem Einsetzen der Menstruationsblutung endet, wird der **1. Tag der Blutung** als **1. Zyklustag** bezeichnet. Der letzte Zyklustag – bei regelhafter Zykluslänge der 28. Tag – ist dementsprechend der Tag vor der nächsten Menstruationsblutung.

Follikelphase

In der frühen Follikelphase steigt die FSH-Konzentration weiter an (Abb. **12.2**).

#### Follikelphase

Das im Hypothalamus gebildete GnRH (s. S. 413) regt im Hypophysenvorderlappen die Synthese und Ausschüttung von LH und FSH an. Der Anstieg der FSH-Konzentration beginnt bereits in der späten Lutealphase des vorausgehenden Zyklus (Abb. **12.2**) und setzt sich in der frühen Follikelphase des folgenden Zyklus fort.

Ab einem bestimmten Schwellenwert beginnen mehrere Primordialfollikel zu reifen. Die Rekrutierung dieser **Follikelkohorte** ist am 3.–4. Zyklustag abgeschlossen. Bis zum 7. Zyklustag erfolgt die Selektion des **dominanten Follikels**, der sich im weiteren Verlauf bis zum sprungreifen **Graaf-Follikel** weiterentwickelt, während sich die übrigen zurückbilden. Der mit dieser Weiterentwicklung verbundene **Anstieg der Östradiolkonzentration** ermöglicht die Proliferation des Endometriums (s. S. 425).
Die **Progesteronkonzentration** ist während der Follikelphase **niedrig**.

Wenn die FSH-Konzentration einen bestimmten Schwellenwert überschreitet, treten mehrere Primordialfollikel in den Prozess der Follikelreifung ein. Die Rekrutierung dieser Eizellen, der sog. **Follikelkohorte**, erfolgt in der späten Lutealphase und ist am 3.–4. Zyklustag abgeschlossen. Durch den Anstieg der Östrogene im Plasma sinkt die FSH-Konzentration ab (negatives Feedback, Abb. **12.2**). Die Follikel stellen mit Ausnahme des sog. **dominanten Follikels** ihr weiteres Wachstum ein (**Follikelatresie**; dies geschieht wohl durch relativ höhere intrafollikuläre Östradiolspiegel und Inhibinsekretion). Die Selektion des dominanten Follikels ist bis zum 7. Zyklustag abgeschlossen. Die Weiterentwicklung des dominanten Follikels zum tertiären und schließlich zum sprungbereiten **Graaf-Follikel** ist mit einem **Anstieg der Östradiolkonzentration** im Serum verbunden.
Unter dem Einfluss der Östrogene wird die Gebärmutterschleimhaut wieder aufgebaut (Proliferationsphase, s. S. 425). Die **Progesteronkonzentration** ist während der Follikelphase **niedrig**.

Ovulation

Nach Erreichen der Follikelreife wird durch den hohen Östradiolspiegel der **LH-Peak** ausgelöst (Abb. **12.2**). Dazu trägt auch die während der Follikelphase angestiegene Inhibinkonzentration bei.

Der LH-Peak löst die Ovulation (ca. 10 – 12 h später) sowie die Bildung des Corpus luteum aus und initiiert die 2. Reifeteilung der Oozyte (s. S. 427). Mit Beginn des LH-Anstiegs nimmt die Progesteronkonzentration zu.

#### Ovulation

Nach Erreichen der Follikelreife sorgen maximale Östradiolkonzentrationen über einen positiven Feedback-Mechanismus für eine schubartige LH-Freisetzung aus der Hypophyse (Abb. **12.2**). Zur Ausbildung dieses sog. **LH-Peaks** trägt auch die im Laufe der Follikelreifung steigende Inhibinkonzentration bei (unterstützt durch Östradiol hemmt es selektiv FSH, s. auch S. 420).
Der LH-Peak löst die 10 – 12 Stunden später eintretende Ovulation aus, initiiert die zweite Reifeteilung der Oozyte (s. S. 427) und löst die Luteinisierung der Granulosazellen des Follikels (= Umwandlung in das Corpus luteum) aus. Mit Beginn des präovulatorischen LH-Anstiegs nimmt die Progesteronkonzentration zu.

**12.2 Hormonverlauf und morphologische Veränderungen im Zyklus**

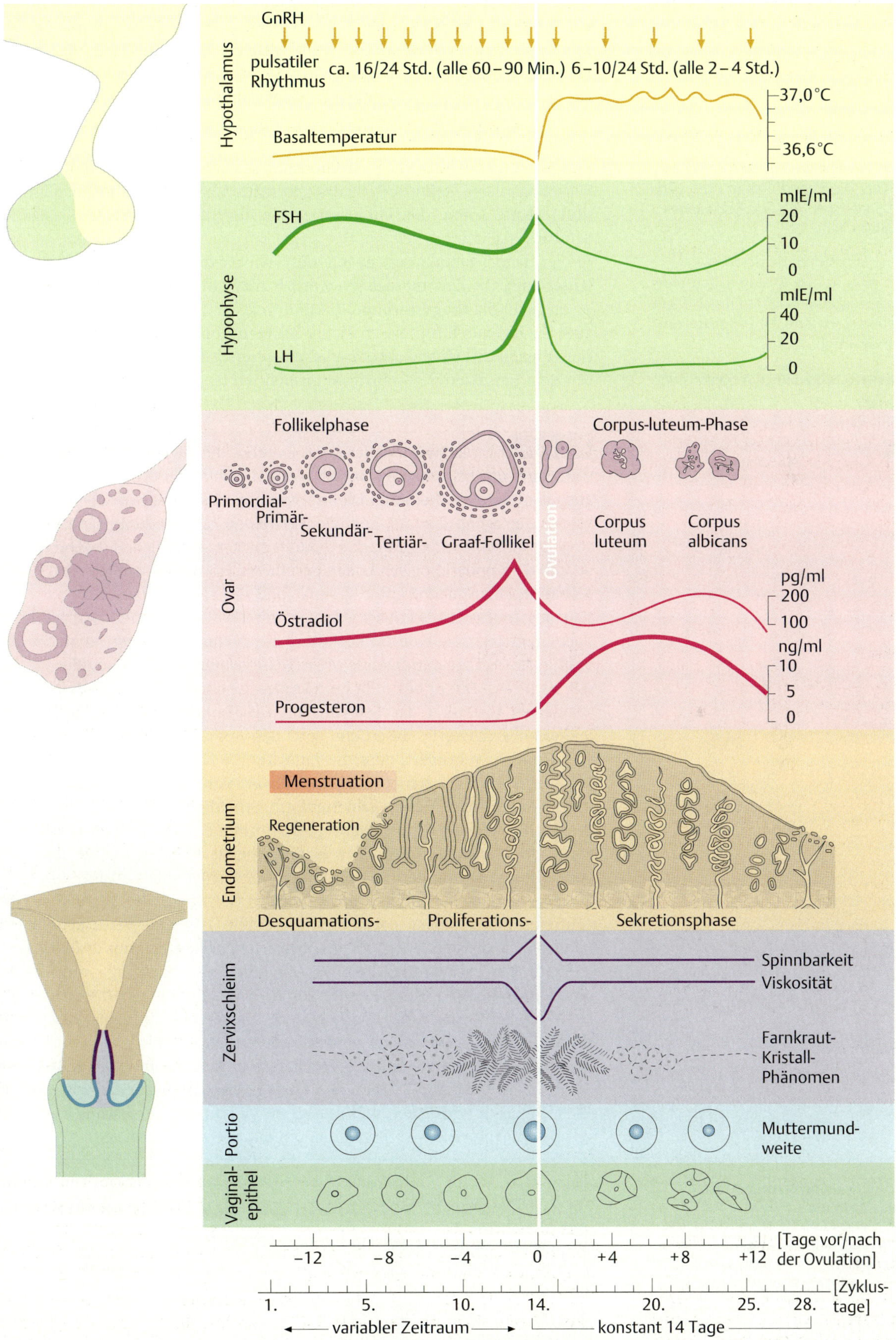


Den präovulatorisch hohen Östrogenspiegel kann man durch das sog. **Farnkrautphänomen** nachweisen: Zu diesem Zeitpunkt entnommenes Zervikalsekret sieht nach dem Trocknen unter dem Mikroskop betrachtet aus wie Farnkraut.

**Lutealphase**

▶ **Synonym**

Etwa 7 – 8 d nach dem LH-Anstieg ist die **maximale Progesteronkonzentration** erreicht. Der Östradiolspiegel steigt erst langsam an (→ **LH- und FSH-Spiegel** ↓ ) und fällt dann wieder ab.

Progesteron bewirkt die sekretorische Transformation (s. S. 425) und Erhaltung des Endometriums, damit sich ggf. eine Schwangerschaft einnisten kann.

Erfolgt keine Einnistung, degeneriert der Gelbkörper etwa am 26. Zyklustag **(Luteolyse)**, die Granulosazellen werden durch Bindegewebszellen ersetzt und die **Progesteronproduktion sinkt** ab.

Mit der **Menstruationsblutung** beginnt der nächste Zyklus.

▶ **Klinik.**

## Lutealphase

▶ **Synonym.** Corpus-luteum-Phase, Gelbkörperphase.

Etwa 7 – 8 Tage nach dem LH-Anstieg entfaltet das Corpus luteum seine **maximale Progesteronsynthese**.

Die Östradiolkonzentration steigt zunächst langsam an, was einen **Abfall der LH- und FSH-Spiegel** (negatives Feedback) zur Folge hat, und fällt gegen Ende des Zyklus wieder ab.

Progesteron überführt das Endometrium des Uterus aus der Proliferations- in die Sekretionsphase (sekretorische Transformation, s. S. 425), erhält das Endometrium und schafft somit die Voraussetzungen für die erfolgreiche Einnistung einer Schwangerschaft.

Erfolgt keine Einnistung, degeneriert der Gelbkörper etwa am 26. Zyklustag **(Luteolyse)**, die Granulosazellen werden nach und nach durch Bindegewebszellen ersetzt und die **Progesteronproduktion sinkt** ab. Der abfallende Progesteronspiegel zum Zyklusende hin führt zu einem leichten Anstieg der FSH- und LH-Konzentration, eine neue Follikelkohorte wird rekrutiert (s.o.).

Mit dem Einsetzen der **Menstruationsblutung** beginnt der nächste Zyklus.

▶ **Klinik.** Mittels **hormoneller Kontrazeptiva**, die allgemein als **„die Pille“** bekannt sind, kann der Eisprung verhindert werden. Aus diesem Grund bezeichnet man sie auch als **Ovulationshemmer**. Die meisten oralen Kontrazeptiva (mit Ausnahme der reinen Gestagenpräparate, den sog. Minipillen, s. u.) enthalten Östrogene und Gestagene (Kombinationspräparate). Durch die kontinuierliche Einnahme der Hormone und die unphysiologisch hohen peripheren Hormonspiegel werden Synthese und Sekretion der Gonadotropine gesenkt und der LH-Peak (s. S. 422) zur Zyklusmitte fällt aus (negatives Feedback). Die in der Pille enthaltenen Östrogene bewirken dabei in erster Linie eine Stabilisierung des Zyklus und sorgen somit für eine regelmäßig alle 28 Tage einsetzende Menstruationsblutung. Zwischenblutungen treten i. d.R. nicht auf. Die in der Pille enthaltenen Gestagene führen zudem zu einer verminderten Viskosität des Schleims im Gebärmutterhals, was die Aszension der Spermien erschwert. Außerdem wird der Aufbau des Endometriums durch die Gestagene so verändert, dass die Einnistung einer eventuell zur Befruchtung gekommenen Eizelle noch zusätzlich erschwert wird. Hormonelle Kontrazeptiva sind mittlerweile nicht nur in Tablettenform erhältlich, sondern auch in Form eines „Verhütungspflasters“ (hier werden die Hormone über die Haut resorbiert) und in Form eines Kunststoffrings, der in die Scheide eingeführt wird, dort 3 Wochen verbleibt und kontinuierlich Hormone an die Schleimhaut abgibt.

Die sog. **Minipillen** enthalten ausschließlich Gestagene. Die Vorteile dieser „östrogenfreien Pillen“ liegen darin, dass die durch Östrogene verursachten Nebenwirkungen (z. B. Brustspannen) nicht auftreten. Allerdings kommt es darunter häufiger zu Blutungsunregelmäßigkeiten. Die Minipille muss jeden Tag – ohne die bei Kombinationspräparaten übliche Pause von 6 – 7 Tagen – eingenommen werden. „Ältere“ Minipillen (Wirkstoff: Levonorgestrel) müssen täglich möglichst exakt zur gleichen Uhrzeit eingenommen werden und können den Eisprung meist nicht unterdrücken. Sie wirken über die o.g. Mechanismen kontrazeptiv. Die neueren Präparate (Wirkstoff: Desogestrel) haben den Vorteil, dass sie zusätzlich den Eisprung praktisch immer unterdrücken und mit bis zu 12 Stunden Verspätung ohne Wirkungsverlust eingenommen werden können (kontrazeptive Sicherheit ↑ ).

**12.2.2 Zyklische Veränderungen des Endometriums**

Am Endometrium unterscheidet man das **Stratum basale** (ca. 1 mm dick) vom im Zyklusverlauf wechselnd dicken **Stratum functionale**. Letzteres wird bei der Menstruationsblutung abgestoßen. Die anschließende Regeneration erfolgt in **3 Phasen:**

## 12.2.2 Zyklische Veränderungen des Endometriums

Am Endometrium lässt sich funktionell das **Stratum basale**, eine etwa 1 mm starke Schicht, vom darüber liegenden, im Zyklusverlauf wechselnd dicken **Stratum functionale** unterscheiden. Das Stratum functionale wird bei der Menstruationsblutung abgestoßen, die Regeneration erfolgt aus dem Stratum basale. Die Veränderungen, die das Stratum functionale während eines *regelhaften* Zyklus durchläuft, werden in die in den nachfolgenden Abschnitten beschriebenen **3 Phasen** unterteilt.

## Desquamationsphase

Die Desquamationsphase umfasst den **1.–4. Zyklustag**. Sie ist durch eine starke Erweiterung der Spiralarterien gekennzeichnet, die ihre Ursache im steigenden Östrogenspiegel hat. Folge sind Blutungen in das bereits vorgeschädigte Gewebe (→ischämische Phase, s.u.) und die anschließende Abstoßung (Desquamation) des Stratum functionale. Mit der Menstruationsblutung, die sowohl arterielles als auch venöses Blut enthält, wird also auch Gewebsdetritus (zerfallene Gewebszellen) ausgestoßen. Durch eine vorübergehende Steigerung der gewebsgebundenen Fibrinolyse im Endometrium bleibt das Menstruationsblut flüssig und koaguliert nicht. Der Blutverlust beträgt im Durchschnitt 35–50 ml.

Noch während der Menstruation beginnt bereits die **Regeneration**: Vom Drüsengrund wachsen Epithelzellen an die Oberfläche vor und bedecken die Oberfläche des Endometriums.

### Desquamationsphase

Die Desquamationsphase umfasst den **1.–4. Zyklustag**. Wegen des steigenden Östrogenspiegels erweitern sich die Spiralarterien und es kommt zu Blutungen in das bereits durch $O_2$-Mangel (s.u.) vorgeschädigte Gewebe. Das Stratum functionale wird schließlich zusammen mit venösem und arteriellem Blut (insg. ca. 35–50 ml) ausgestoßen.

Noch während der Menstruation beginnt die **Regeneration** des Stratum functionale.

## Proliferationsphase

Die Proliferationsphase (= **östrogene Phase**) dauert ungefähr vom **5.–14. Zyklustag**. Unter dem ansteigenden Östrogenspiegel während der ersten Zyklushälfte (Follikelphase, s. S. 422) proliferiert das Endometrium: Die Epithelzellen vermehren sich, die Drüsentubuli verlängern und schlängeln sich, die Bindegewebszellen vermehren sich und schwellen ödematös an. Dadurch verdickt sich das **Endometrium** bis zur Zyklusmitte hin auf **ca. 10–12 mm** (Abb. **12.3a**). In die verdickende Uterusschleimhaut wachsen Spiralarterien ein.

### Proliferationsphase

Die Proliferationsphase (= **östrogene Phase**) dauert ungefähr vom **5.–14. Zyklustag**. Unter Östrogeneinfluss proliferiert das Endometrium und verdickt sich so bis zur Zyklusmitte auf **ca. 10–12 mm** (Abb. **12.3a**). Es wachsen Spiralarterien in die Schleimhaut ein.

## Sekretionsphase

Die Sekretionsphase (= **gestagene Phase** bzw. **Lutealphase**) umfasst den **15.–28. Zyklustag**. Unter dem Progesteroneinfluss kommt es in der Corpus-luteum-Phase zur Umwandlung des Endometriums in ein sekretorisches Epithel **(sekretorische Transformation)**: Es kommt zu einem starken Längenwachstum der Drüsen und insbesondere zu einer Zunahme der Schlängelung der Drüsen im basalen Bereich. Die Drüsen sezernieren vermehrt glykogenreichen Schleim. Die Gefäße werden ebenfalls länger, schlängeln sich stärker und dehnen sich schließlich bis unter die Oberfläche des Endometriums aus. Die Stromazellen nehmen unter dem Einfluss des Progesterons eine epitheloide Form an, lagern Glykogen und Fett ein und werden dicht aneinander gepresst. Dieser sog. Dezidualisierungsprozess dient der Vorbereitung der Schleimhaut auf die Einnistung einer befruchteten Eizelle. Insgesamt wird das Endometrium dicker und erreicht sein Maximum um den 16. Zyklustag mit 10–15 mm Dicke (Abb. **12.3b**).

Etwa ab dem 25. Zyklustag kommt es durch den Progesteronabfall am Zyklusende intermittierend zu Kontraktionen der Muskulatur der Spiralgefäße. Das Gewebe wird folglich schlechter durchblutet (Ischämie) und der daraus resultierende Sauerstoffmangel im Gewebe führt – in Zusammenwirkung mit den aus infiltrierenden Leukozyten freigesetzten proteolytischen Enzymen – zu einer Schädigung der Schleimhaut. Man bezeichnet diese Zyklusphase auch als **ischämische Phase**, an die sich die Desquamationsphase (s.o.) anschließt.

### Sekretionsphase

Die Sekretionsphase (= **gestagene Phase** bzw. **Lutealphase**, Abb. **12.3b**) umfasst den **15.–28. Zyklustag**. Unter Progesteroneinfluss kommt es zur **sekretorischen Transformation** des dicker werdenden Endometriums: Drüsen und Gefäße werden länger und schlängeln sich. Die Stromazellen verformen sich, lagern Glykogen und Fett ein und werden dicht aneinander gepresst. Durch diesen Dezidualisierungsprozess wird die Schleimhaut auf die Einnistung einer befruchteten Eizelle vorbereitet.

Etwa ab dem 25. Zyklustag kommt es durch den Progesteronabfall intermittierend zu Kontraktionen der Spiralgefäßmuskulatur. $O_2$-Mangel (→ **ischämische Phase**) und proteolytische Enzyme aus einwandernden Leukozyten schädigen die Schleimhaut.

**12.3 Sonografische Darstellung des Endometriums in verschiedenen Zyklusphasen**

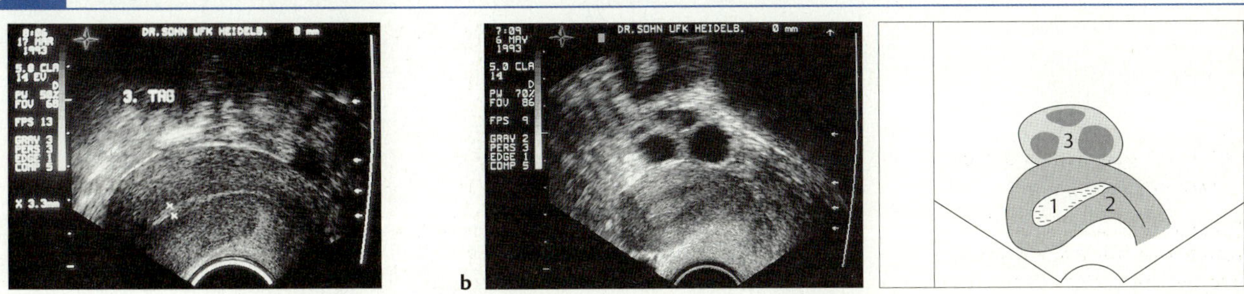


**a** Beginn der Proliferationsphase: strichförmiges Endometrium mit einer Dicke von ca. 3 mm (Markierung durch + +)
**b** In der Sekretionsphase hat die Dicke des Endometriums deutlich zugenommen, was mithilfe der Schemazeichnung gut nachvollziehbar ist (1 = Endometrium, 2 = Myometrium, 3 = Ovar).

12.3 Gametogenese

Hierunter versteht man die Entwicklung von unreifen Keimzellen mit diploidem Chromosomensatz zu reifen Keimzellen (= Gameten; haploid; Abb. 12.4).

► Merke.

Die Gametogenese wird über Hypothalamus, Hypophyse und in den Gonaden ablaufende Prozesse gesteuert.

12.3.1 Oogenese

In den Gonaden differenzieren sich Urkeimzellen zu Oogonien (Abb. 12.4). Diese vermehren sich durch Mitose bis zum 5. Embryonalmonat auf ca. 6–7 Mio., bis zur Geburt degeneriert allerdings ein Großteil dieser Oozyten.

12.4

## 12.3 Gametogenese

Der Begriff Gametogenese beschreibt die Bildung und Entwicklung reifer Keimzellen (Gameten) mit einfachem (haploidem) Chromosomensatz aus unreifen Keimzellen mit doppeltem (diploidem) Chromosomensatz bei männlichen und weiblichen Individuen (Abb. **12.4**).

► **Merke.** Während die Gametogenese beim Mann in der Pubertät mit der Produktion funktionsfähiger Spermien im Hoden beginnt und bis ins hohe Alter andauert, beginnt die Gametogenese bei der Frau bereits in der embryonalen Phase, wird während der Pubertät fortgesetzt und sistiert im mittleren Lebensalter mit dem Klimakterium.

Die Gametogenese wird von den übergeordneten Zentren Hypothalamus und Hypophyse sowie durch lokale, in den Gonaden ablaufende Prozesse gesteuert.

### 12.3.1 Oogenese

Die Entwicklung der Keimzellen erfolgt bei der Frau in den Ovarien und beginnt bereits in der Embryonalphase mit dem Einwandern der **Urkeimzellen** in die Gonadenanlage. Die Urkeimzellen differenzieren sich zu **Oogonien** (Abb. **12.4**), die sich durch rasche mitotische Teilungen bis zum 5. Embryonalmonat auf ca. 6–7 Mio. vermehren. Anschließend setzt ein Prozess der Zelldegeneration ein und die

**12.4 Schematische Darstellung von Oogenese und Spermatogenese**

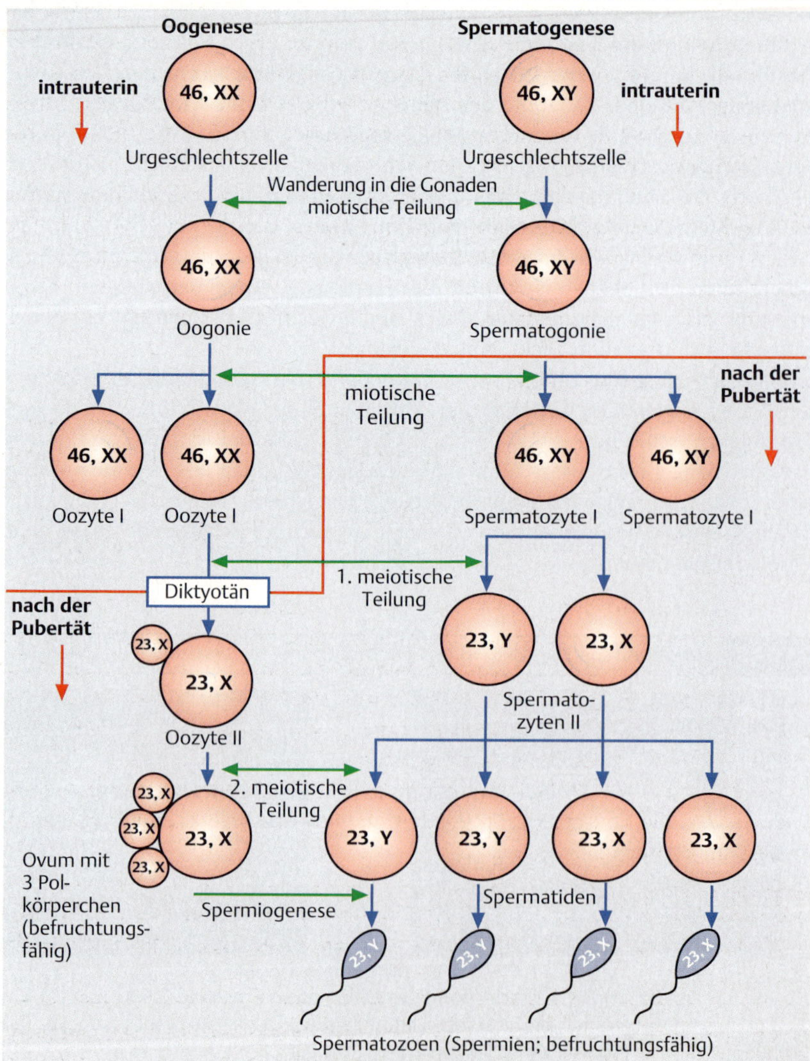

Mehrzahl der Oogonien geht bis zur Geburt zugrunde. Zwischen dem 3. und 7. Embryonalmonat entwickelt sich ein Teil der Oogonien zu **primären Oozyten** (Oozyten I) weiter. Zum Zeitpunkt der Geburt befinden sich diese im Diktyotänstadium (also zwischen Prophase und Metaphase) der 1. Reifeteilung (= 1. meiotische Teilung) und treten nun in ein Ruhestadium ein. Man bezeichnet diesen Vorgang auch als **Arretierung im Diktyotän**.

Zwischen dem 3. und 7. Embryonalmonat entwickelt sich ein Teil der Oogonien zu **primären Oozyten** (Oozyten I) weiter. Zum Zeitpunkt der Geburt treten diese in ein Ruhestadium ein (**„Arretierung im Diktyotän“**).

Durch Ausbildung einer Epithelzellschicht um die primäre Oozyte entsteht der sog. **Primordialfollikel**. Bis zum Erreichen der Geschlechtsreife wird die Mehrzahl der primären Oozyten atretisch: Zum Zeitpunkt der Geburt enthält das Ovar ca. 400 000 – 500 000, bis zum Beginn der Pubertät nur noch ca. 40 000 Primordialfollikel.

Ein Großteil der **Primordialfollikel** (= primäre Oozyte + umgebende Epithelzellschicht) degeneriert bis zum Beginn der Pubertät.

Mit dem Einsetzen der Pubertät beginnt in jedem Ovarialzyklus die Reifung der Primordialfollikel über das Stadium des **Primär-, Sekundär- und Tertiärfollikels** zum sprungreifen **Graaf-Follikel**.

Mit dem Einsetzen der Pubertät reifen in jedem Ovarialzyklus Primordialfollikel zum sprungreifen **Graaf-Follikel.**

Erst einige Stunden vor der Ovulation wird die 1. meiotische Reifeteilung (→ Trennung der homologen Chromosomen) fortgesetzt und kurz vor der Ovulation abgeschlossen: Die Chromosomenpaare ordnen sich zwischen den beiden Polen des Spindelapparates in der Äquatorialebene an, bewegen sich in die Peripherie der Eizelle und verdichten sich wieder. Das Zellplasma teilt sich und es resultieren – anders als bei der Spermatogenese (s. u.) – zwei ungleich große Zellen mit jeweils halbem (haploidem) Chromosomensatz. Die große sekundäre Oozyte (Oozyte II) enthält nahezu das gesamte Zytoplasma. Die kleinere Zelle bezeichnet man als erstes Polkörperchen.

Erst einige Stunden vor der Ovulation wird die 1. meiotische Reifeteilung (→ Trennung der homologen Chromosomen) fortgesetzt und unmittelbar vor dem Eisprung beendet. Es resultieren eine große sekundäre Oozyte (Oozyte II), die nahezu das gesamte Zytoplasma enthält, und ein kleines Polkörperchen.

Die 2. meiotische Reifeteilung (→Teilung der Chromatiden) schließt sich unmittelbar an die 1. Reifeteilung an. Sie wird aber nur vollendet, wenn die Oozyte befruchtet wird (s. S. 436). Die Teilung erfolgt wie bei der oben beschriebenen 1. Reifeteilung asymmetrisch, so dass am Ende eine große sekundäre Oozyte (Durchmesser: 100 – 120 µm) und zwei, bzw. falls das erste Polkörperchen ebenfalls die 2. Reifeteilung vollzogen hat, drei Polkörperchen vorliegen. Die Polkörperchen haben zwar alle einen kompletten haploiden Chromosomensatz (23 + X), enthalten aber kaum Zytoplasma und degenerieren folglich.

Die 2. meiotische Reifeteilung (→ Teilung der Chromatiden) schließt sich unmittelbar an die 1. Reifeteilung an. Sie wird aber nur vollendet, wenn die Oozyte befruchtet wird (s. S. 436).

▶ **Merke.** Die im Stadium der 1. Reifeteilung arretierten Oozyten sind über einen Zeitraum von 40 und mehr Jahren allen auf das Ovar einwirkenden potenziell mutagenen Umwelteinflüssen ausgesetzt!

▶ **Merke.**

## 12.3.2 Spermatogenese

### 12.3.2 Spermatogenese

Die Entwicklung der Keimzellen erfolgt beim Mann in den Hoden. Die männlichen Keimzellen treten – im Gegensatz zur Oogenese (s.o.) – erst in der Pubertät in die Phase von Zellvermehrung und Reifeteilungen ein. Die Spermatogenese ist ein kontinuierlicher Vorgang, bei dem verschiedene Stadien durchlaufen werden. Der gesamte Entwicklungsprozess eines Spermiums nimmt beim Mann **ca. 90 Tage** in Anspruch.

Die Keimzellentwicklung erfolgt beim Mann im Hoden, beginnt in der Pubertät und ist ein kontinuierlicher Vorgang, der **etwa 90 Tage** in Anspruch nimmt.

Ort der Samenzellbildung sind die stark aufgeknäulten, 30 – 70 cm langen Hodenkanälchen, die **Tubuli seminiferi contorti**. Diese sind von lockerem Bindegewebe umgeben, dass die **Leydig-Zwischenzellen** (s. u.) enthält. Die Wand der Hodenkanälchen wird von einem mehrschichtigen Keimepithel aus Sertoli- und Keimzellen gebildet. Die **Sertoli-Zellen** stützen das Keimepithel und dienen der Ernährung und dem Schutz der Samenzellen.

Die Spermatogenese erfolgt in den Hodenkanälchen **(Tubuli seminiferi contorti)**, deren Wand von einem mehrschichtigen Keimepithel aus Keim- und **Sertoli-Zellen** gebildet wird. Letztere stützen das Keimepithel und ernähren und schützen die Samenzellen.

Die Basalmembran der Tubuli seminiferi contorti wird von den **Spermatogonien** (Abkömmlinge der Urkeimzellen) gesäumt, die das Ausgangsstadium der Spermatogenese in den Gonaden bilden.

Die Spermatogenese geht von den an der Basalmembran liegenden **Spermatogonien** aus.

▶ **Merke.** Jede im Rahmen der Spermatogenese neu entstehende Zellgeneration entfernt sich weiter von der Basalmembran und nähert sich dem Lumen der Hodenkanälchen.

▶ **Merke.**

Der Bestand an Spermatogonien wird durch mitotische Teilung aufrechterhalten. Die Spermatogonien bilden eine Stammzellpopulation, aus der neue Spermatogo-

Die Spermatogonien bilden eine Stammzellpopulation, aus der neue Spermatogonien

12.5

**12.5 Aufbau eines Spermatozoons**

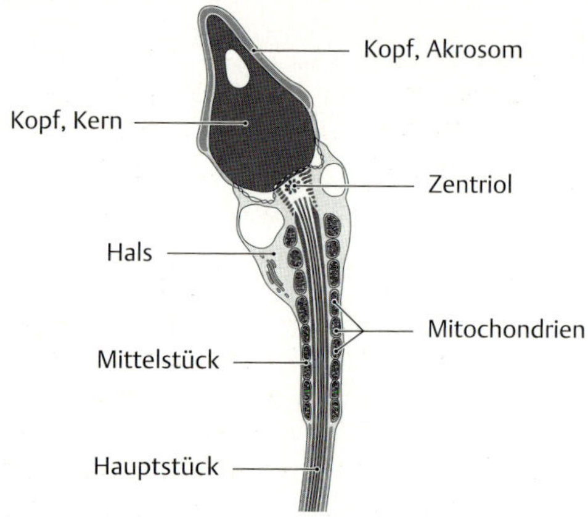


Ein Spermatozoon ist ca. 60 µm lang. Das Akrosom („Kopfkappe") enthält zahlreiche Enzyme, denen bei der Kapazitation und beim Befruchtungsvorgang große Bedeutung zukommen (s. S. 433). Im Kopf liegt der Zellkern, der das genetische Material enthält. Der Spermienschwanz besteht aus Hals-, Mittel-, Haupt- und Endstück. Die im Mittelstück liegenden Mitochondrien stellen Energie für die Geißelbewegungen zur Verfügung, durch die sich das Spermium fortbewegt.

und **primäre Spermatozyten** hervorgehen. Letztere treten in die 1. meiotische Reifeteilung ein, wobei zwei **sekundäre Spermatozyten** (22 + X und 22 + Y) entstehen.

nien und **primäre Spermatozyten** (Spermatozyten I) hervorgehen. Letztere treten in den Prozess der 1. meiotischen Reifeteilung ein. Die Prophase der ersten Reifeteilung kann dabei bis zu 22 Tage dauern. Infolge der 1. meiotischen Reifeteilung einer primären Spermatozyte entstehen zwei **sekundäre Spermatozyten** (Spermatozyten II), die jeweils nur noch über 23 Chromosomen verfügen (22 + X und 22 + Y).

Die sekundären Spermatozyten treten sofort in die 2. meiotische Reifeteilung ein, aus der zwei **Spermatiden** hervorgehen.

Die sekundären Spermatozyten treten sofort nach ihrer Entstehung in die 2. meiotische Reifeteilung ein, aus der zwei **Spermatiden** resultieren. Die Spermatiden liegen am weitesten lumenwärts in den Tubuli.

Letzter Schritt ist die **Spermiogenese**, bei der sich die Spermatiden zu **Spermatozoen** (**Spermien**, Abb. **12.5**) differenzieren.

Den letzten Schritt der Spermatogenese stellt die **Spermiogenese** dar, die Differenzierung der Spermatiden zu **Spermatozoen** (**Spermien**, Abb. **12.5**). Die wesentlichen Schritte dabei sind die Akrosombildung (Bildung der „Kopfkappe" des Spermiums, die Kondensation des Kernchromatins und die Geißelbildung.

Diese werden über die Hodenkanälchen in ca. 8 – 17 d in den **Nebenhoden (Epididymis)** transportiert. Währenddessen erlangen sie die Fähigkeit zur Motilität und Befruchtung der Oozyten.

Nach Abschluss der Differenzierung treten die noch wenig beweglichen Spermatozoen in das Lumen der Hodenkanälchen ein und werden in den **Nebenhoden (Epididymis)** weitertransportiert. Der Nebenhoden dient der funktionellen Ausreifung und Speicherung der Spermatozoen bei niedriger Skrotaltemperatur (2 °C weniger als die Körpertemperatur). Die Passage der Spermatozoen durch den Nebenhoden nimmt ca. 8 – 17 Tage in Anspruch und ist wesentlich für den Erwerb der Fähigkeit zur Motilität und Befruchtung der Oozyten.

Die Spermatogenese wird durch FSH und Testosteron reguliert (s. S. 415 bzw. 420). Auch Regulations- und Kommunikationsmechanismen zwischen Leydig-, Sertoli- und Keimzellen spielen eine Rolle.

Die Bildung der männlichen Keimzellen wird durch FSH und Testosteron reguliert (s. S. 415 bzw. 420), zudem sind lokale, parakrine Regulations- und Kommunikationsmechanismen zwischen Leydig-, Sertoli- und Keimzellen in den Prozess der Spermatogenese involviert.

12.4 Kohabitation

# 12.4 Kohabitation

12.4.1 Sexuelle Erregung und Orgasmus

## 12.4.1 Sexuelle Erregung und Orgasmus

Prozesse beim Mann

### Prozesse beim Mann

In den nachfolgenden Abschnitten werden die bei sexueller Erregung ablaufenden Prozesse Erektion, Emission und Ejakulation erläutert.

Zu den nur beim Mann im Rahmen sexueller Erregung ablaufenden Prozessen gehören:
- Erektion,
- Emission und
- Ejakulation.

► Merke.

► Merke. Emission und Ejakulation gehören beide zur Orgasmusphase (s. S. 432).

Bei beiden Geschlechtern bei sexueller Erregung ablaufende Prozesse werden auf S. 431 erläutert.

Zu den geschlechtsunabhängigen Abläufen im Rahmen sexueller Erregung s. S. 431

**Erektion:** Vom Genitalbereich (insbesondere von der Glans penis) und den erogenen Zonen (= besonders sensible Hautareale) werden über den N. pudendus Afferenzen zum **Erektionszentrum** im Sakralmark (**S2–4**, Centrum genitospinale) und zum **Ejakulationszentrum** im Lumbalmark (**L2–3**) geleitet (Abb. **12.6**). Auch visuelle oder imaginäre Reize können auf die neuronalen Rezeptoren in diesen Zentren stimulierend wirken.

Über die Nn. splanchnici pelvici (Nn. erigentes), den Plexus hypogastricus inferior und die Nn. cavernosi werden efferente Impulse zu den **parasympathischen** Nervenendigungen in die **Corpora cavernosa (Schwellkörper)** geleitet. Dort wird Stickstoffmonoxid (NO) freigesetzt, der wichtigste Neurotransmitter bei der Entstehung einer Erektion. **NO** wirkt vasodilatierend (gefäßerweiternd). Folglich steigt die Blutzufuhr aus den Aa. helicinae in die dilatierten Kavernen der Corpora cavernosa. Die gefüllten Kavernen drücken gegen die den Schwellkörper umgebende Tunica albuginea und komprimieren so die drainierenden Venen, wodurch der venöse Blutabfluss stark reduziert wird.

**Erektion:** Vom Genitalbereich (v. a. von der Glans penis) und den erogenen Zonen werden über den N. pudendus Afferenzen zum **Erektionszentrum (S2–4)** und zum **Ejakulationszentrum (L2–3)** geleitet (Abb. **12.6**).

Über die Nn. splanchnici pelvici, den Plexus hypogastricus inferior und die Nn. cavernosi werden efferente Impulse zu den **parasympathischen** Nervenendigungen in die **Corpora cavernosa (Schwellkörper)** geleitet. Dort wird das vasodilatierend wirkende Stickstoffmonoxid **(NO)** freigesetzt.

► **Merke.** Die **Erektion des Penis** wird durch einen verstärkten arteriellen Bluteinstrom in die erweiterten Kavernen der Corpora cavernosa bei gleichzeitig durch Kompression der Venen reduziertem Blutausstrom verursacht.

► **Merke.**

Auch das **Corpus spongiosum** (an der Unterseite des Penis verlaufender Schwellkörper, der distal in die Glans penis übergeht) wird verstärkt durchblutet und versteift sich dadurch. Hier ist die Tunica albuginea jedoch nicht so straff ausgebildet wie bei den Corpora cavernosa, so dass der venöse Abfluss nicht zu sehr beeinträchtigt wird und die im Corpus spongiosum verlaufende Urethra permanent durchgängig bleibt.

Es gibt Hinweise, dass neben den o.g. parasympathischen Efferenzen u.U. auch der Sympathikus an der Entstehung von Erektionen beteiligt ist, jedoch ist seine Rolle dabei noch ungeklärt.

Auch das **Corpus spongiosum** wird verstärkt durchblutet und versteift sich dadurch. Aufgrund der hier weniger straffen Tunica albuginea wird der venöse Abstrom nicht zu sehr beeinträchtigt, so dass die Urethra durchgängig bleibt.

**Emission:** Überschreitet das Erregungsniveau eine bestimmte Schwelle, werden thorakolumbale sympathische Efferenzen aktiviert. Diese lösen eine Kontraktion von Epididymis, Ductus deferens, Glandula vesiculosa (Bläschendrüse, Syn.: Glandula seminalis; veraltet: Vesicula seminalis = Samenbläschen) und Prostata aus. Folge sind die der Ejakulation unmittelbar vorausgehende Teilentleerung der Prostata, die Emission von Samenzellen (Spermien) aus dem Ductus deferens und von Samenflüssigkeit aus der Bläschendrüse in den hinteren Teil der Harnröhre (= Emission).

**Emission:** Hierunter versteht man die der Ejakulation unmittelbar vorausgehende Teilentleerung der Prostata und die Beförderung von Spermien aus dem Ductus deferens und von Samenflüssigkeit aus der Bläschendrüse in den hinteren Teil der Harnröhre.

**Ejakulation:** Die Ejakulation wird durch Afferenzen aus Prostata und Urethra interna ausgelöst. Werden diese Afferenzen während der Emission stimuliert, werden über **sympathische** Efferenzen aus dem Lumbalmark (L2–3) reflektorisch rhythmische Kontraktionen des Ductus deferens, der Glandulae seminales und der Mm. bulbo- und ischiocavernosus ausgelöst. Durch diese Kontraktionen werden Spermien und Samenflüssigkeit (beide zusammen bilden das Ejakulat) aus der Urethra ausgestoßen (= Ejakulation).

**Ejakulation:** Diese wird reflektorisch über Afferenzen aus Prostata und Urethra interna ausgelöst. Durch **sympathisch** vermittelte rhythmische Kontraktionen von Ductus deferens, Glandulae seminales und Mm. bulbo- und ischiocavernosus wird das Ejakulat aus der Urethra ausgestoßen.

► **Merke.** Um einen Rückfluss des Ejakulats in die Harnblase (sog. **retrograde Ejakulation**) zu verhindern, kontrahiert sich der glatte M. sphincter internus der Harnblase.

► **Merke.**

Die Ejakulation wird von rhythmischen Kontraktionen im Beckenboden- und Penisbereich sowie im Rumpf- und im Beckengürtel begleitet.

Während der Ejakulation kontrahieren sich auch Beckenboden, Penis, Rumpf- und Beckengürtel rhythmisch.

► **Merke.** Die **Erektion** wird durch den Parasympathikus, die **Ejakulation** durch den Sympathikus vermittelt.

► **Merke.**

12.6

**12.6 Vegetative Innervation und Reflexbögen des männlichen Genitales**

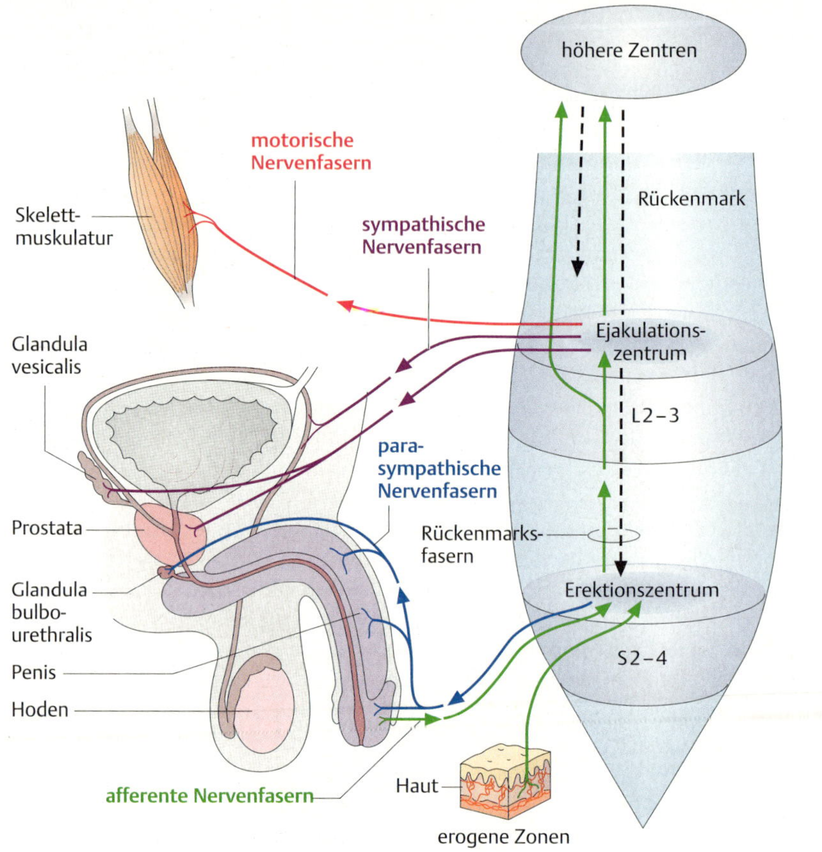


## Prozesse bei der Frau

Vom Genitalbereich (v.a. von der Klitoris) und den erogenen Zonen werden über den N. pudendus Afferenzen zum Erektionszentrum (S2–4) geleitet (Abb. **12.7**).

Die **parasympathisch** vermittelte Erweiterung der genitalen Blutgefäße bewirkt eine **Schwellung von Klitoris und Labia minora**. Es kommt zur **Lubrikation**.

Bei zunehmender venöser Stauung bildet sich die orgastische Manschette aus. Schließlich steigen afferente Impulse ins Lendenmark auf, wodurch **sympathische** Efferenzen aktiviert werden, die in der Orgasmusphase rhythmische **Kontraktionen der orgastischen Manschette** und des Uterus auslösen. Der Uterus vergrößert sich und richtet sich auf, wodurch im hinteren Vaginaldrittel ein Raum zur Aufnahme des Spermas entsteht.

Der weibliche Orgasmus ist zudem mit starken Allgemeinreaktionen (s.u.) verbunden.

Nach dem Orgasmus bildet sich die venöse Stauung zurück. Der Uterus kehrt zu seiner normalen Größe und Position zurück.

## Prozesse bei der Frau

Vom Genitalbereich (insbesondere von der Klitoris) und den erogenen Zonen werden über den N. pudendus Afferenzen dem in der Sakralregion gelegenen Erektionszentrum zugeleitet (Abb. **12.7**). Auch visuelle oder imaginäre Reize können auf die neuronalen Rezeptoren in diesen Zentren stimulierend wirken.

In Analogie zu den Vorgängen beim Mann bewirkt die **parasympathisch** vermittelte Erweiterung der genitalen Blutgefäße eine **Schwellung von Klitoris und Labia minora**. Letztere vergrößern sich durch den verstärkten Bluteinstrom um das Zwei- bis Dreifache. Außerdem kommt es zur Transsudation einer mukoiden Flüssigkeit, welche die Vagina gleitfähig macht. Diese sog. **Lubrikation** entsteht aufgrund einer allgemeinen venösen Stauung in der Vaginalwand.

Gleichzeitig kommt es zu einer Verlängerung und Erweiterung der Vagina. Bei zunehmender Erregung bildet sich infolge der venösen Stauung die sog. orgastische Manschette aus, d.h. das äußere Vaginaldrittel verengt sich stark. Bei anhaltender Stimulation steigen afferente Impulse ins Lendenmark auf, wodurch **sympathische** Efferenzen aktiviert werden, die in der Orgasmusphase rhythmische **Kontraktionen der orgastischen Manschette** auslösen. Diese Kontraktionen erfolgen mit zunehmendem Abstand ca. drei- bis fünfzehnmal hintereinander. In denselben Abständen wie die Vagina kontrahiert sich auch der Uterus und die Muskulatur des Beckenbodens. Venöse Stauung und Kontraktionen bewirken, dass sich der Uterus vergrößert und aufrichtet, so dass sich im hinteren Vaginaldrittel vor der Zervix ein Raum zur Aufnahme des Spermas bildet.

Während des Orgasmus kann sich auch die Analmuskulatur kontrahieren. Außerdem ist der weibliche Orgasmus wie der des Mannes mit starken Allgemeinreaktionen (s.u.) verbunden.

Nach dem Orgasmus bildet sich die Vasokongestion (venöse Stauung) zurück, wodurch die großen und kleinen Schamlippen wieder ihre ursprüngliche Form

12.7 Vegetative Innervation und Reflexbögen des weiblichen Genitales

12.7

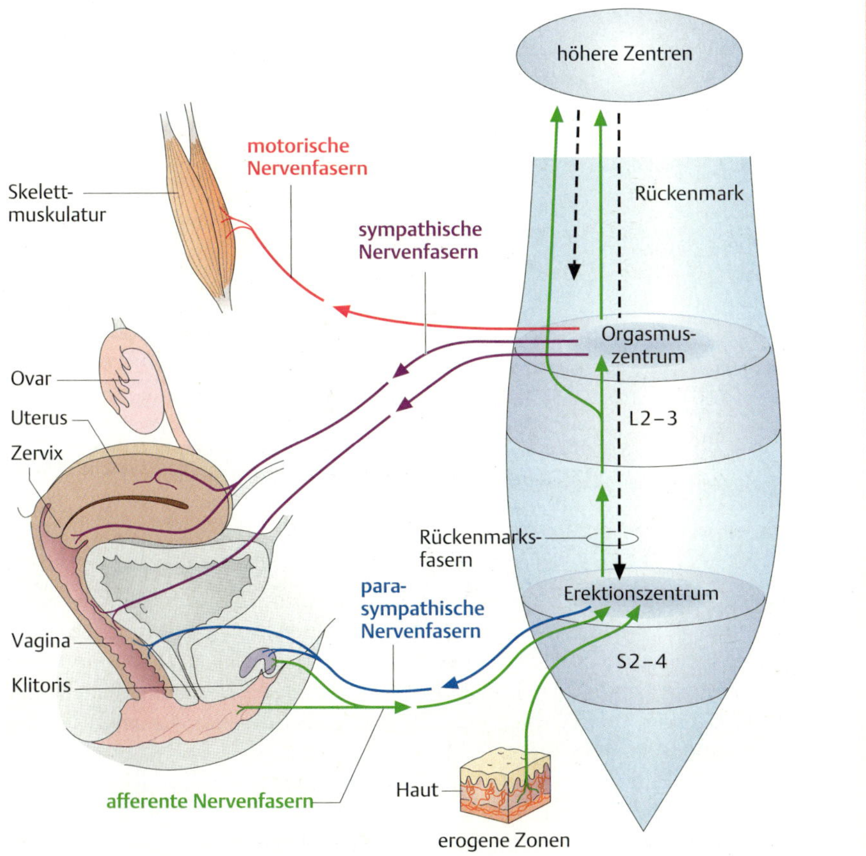


annehmen. Der Uterus kehrt zu seiner normalen Größe zurück und sinkt aus seiner aufgerichteten Position in das kleine Becken zurück.

### Prozesse bei beiden Geschlechtern

Sexuelle Erregung und Orgasmus gehen bei Mann und Frau mit Zeichen **starker Sympathikuserregung** einher. Dies zeigt sich durch:

- Steigerung der Herzfrequenz auf bis zu 180 Schläge/min
- Erhöhung der Atemfrequenz auf bis zu 40 Atemzüge/min
- Anstieg des diastolischen Blutdrucks um 20–50 mm Hg
- Erhöhung des systolischen Blutdrucks um 40–100 mm Hg
- Dilatation der Pupillen
- willkürliche und unwillkürliche Kontraktionen der Skelettmuskulatur
- evtl. Rötungen im Bereich der Haut (sog. Sexflush).

## 12.4.2 Sexueller Reaktionszyklus

Nach **Masters und Johnson** werden beim Geschlechtsverkehr **4 Phasen** des sexuellen Reaktionszyklus unterschieden (Abb. **12.8**):

- **Erregungsphase:** Herzfrequenz, Blutdruck und Atemfrequenz steigen an und die allgemeine Muskelanspannung nimmt zu. Außerdem kann es zu einer Rötung der Haut kommen, die im Bereich des Unterleibs beginnt, auf Nacken und Gesicht, gelegentlich auch auf Schultern und Schenkel übergreift (Sexflush). Bei der Frau kommt es zum Anschwellen von Klitoris und Schamlippen und zur Erektion der Mamillen, beim Mann zur Erektion des Penis. Die Annahme, dass Frauen auf sexuelle Reize langsamer reagieren, ist nicht zutreffend.

#### Prozesse bei beiden Geschlechtern

Sexuelle Erregung und Orgasmus gehen mit folgenden Zeichen **starker Sympathikuserregung** einher:

- Steigerung von Herz- und Atemfrequenz
- Anstieg des systolischen und diastolischen Blutdrucks
- Pupillendilatation
- Skelettmuskelkontraktionen
- evtl. Sexflush.

#### 12.4.2 Sexueller Reaktionszyklus

Nach **Masters und Johnson** unterscheidet man **4 Phasen** (Abb. **12.8**):

**Erregungsphase:**

- Anstieg von Blutdruck, Herz- und Atemfrequenz
- Zunahme der allgemeinen Muskelanspannung
- evtl. Sexflush
- ♀: Anschwellen von Klitoris und Schamlippen und Erektion der Mamillen
- ♂: Erektion des Penis.

**12.8 Sexueller Reaktionszyklus**

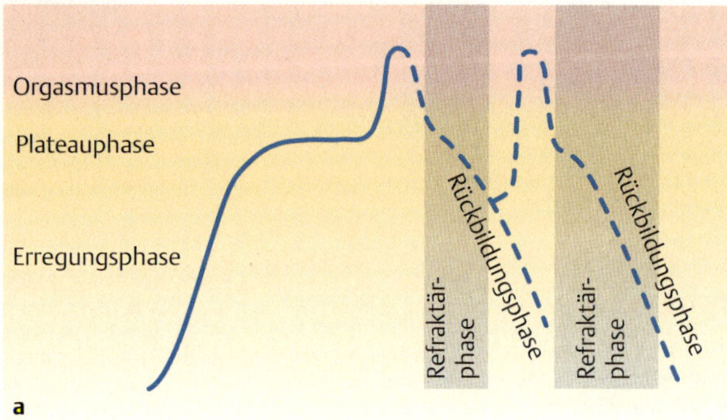


**a** Beim **Mann** ist der sexuelle Reaktionszyklus relativ regelhaft. Die sog. Refraktärphase mit verminderter Erregbarkeit verlängert sich mit zunehmender Anzahl an Orgasmen.

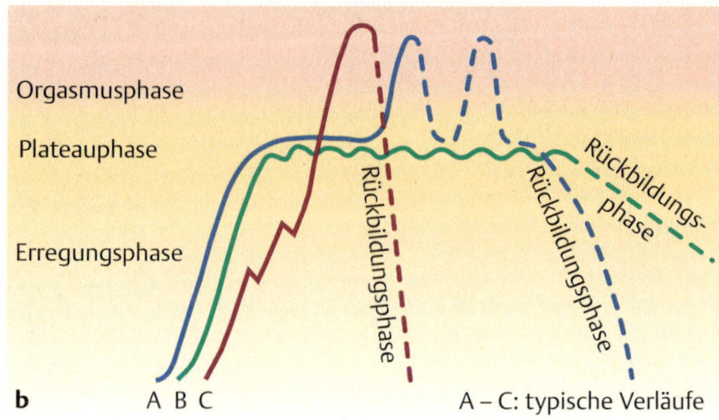


**b** Bei der **Frau** kann der Ablauf des sexuellen Reaktionszyklus erheblich variieren: Eine Abfolge mehrerer Orgasmen in kurzen Abständen (blau) ist ebenso möglich wie das Ausbleiben einer ausgeprägten Plateauphase (rot). Auch ein sexueller Reaktionszyklus ohne Orgasmus (grün) kann als erfüllend empfunden werden.

**Plateauphase:**
- weitere Zunahmen der allgemeinen Muskelanspannung
- weiterer Anstieg von Blutdruck, Herz- und Atemfrequenz
- ♀: Auseinanderweichen der Labia majora, Lubrikation der Vagina und Ausbildung der orgastischen Manschette
- ♂: Sekretabsonderung aus den Cowper-Drüsen.

**Orgasmusphase:**
- ♀: Kontraktionen der orgastischen Manschette
- ♂: Ejakulation
- unwillkürliche Kontraktionen der Analregion
- maximale Steigerung von Blutdruck, Herz- und Atemfrequenz.

**Rückbildungsphase:**
- Normalisierung von Blutdruck, Herz- und Atemfrequenz
- Abschwellen von Klitoris, Schamlippen und Mamillen (♀) bzw. des Penis (♂).

- **Plateauphase:** Es kommt zu einer weiteren Zunahme der allgemeinen Muskelanspannung. Auch Blutdruck, Herz- und Atemfrequenz steigen weiter an.
  Bei der Frau weichen die äußeren Schamlippen (Labia majora) auseinander und es kommt zur Lubrikation der Vagina. Mit zunehmender Erregung bildet sich die sog. **orgastische Manschette** (Lumenverengung des äußeren Vaginaldrittels durch lokale venöse Stauung) aus.
  Beim Mann wird Sekret aus den Cowper-Drüsen abgesondert, um die Urethra für das Ejakulat gleitfähig zu machen.
- **Orgasmusphase:** Es treten unwillkürliche Muskelkontraktionen der Genital- und Analregion auf: Charakteristisch für den Orgasmus der Frau sind Kontraktionen der orgastischen Manschette, beim Mann kommt es zu Kontraktionen der vorderen Beckenmuskulatur und zur Ejakulation. In der Orgasmusphase kommt es zu einer maximalen Steigerung von Herz-, Kreislauf- und Atmungstätigkeit.
- **Rückbildungsphase:** Die Rückbildungsphase ist durch die Normalisierung von Blutdruck, Herz- und Atemfrequenz gekennzeichnet.
  Bei der Frau schwellen Klitoris, Schamlippen und Mamillen ab. Beim Mann erschlafft der Penis.

**► Merke.**

**► Merke.** Während dem Orgasmus beim Mann eine ausgeprägte Phase stark verminderter Erregbarkeit (Refraktärphase) folgt, können bei der Frau mehrere Orgasmen kurz hintereinander ablaufen (Abb. **12.8**).

12.5 Befruchtung und Implantation

12.5.1 Ejakulat

Das Ejakulat setzt sich aus Samenzellen (Spermien) und Samenflüssigkeit (Seminalplasma) zusammen (Tab. **12.4**).

Das Ejakulat ist normalerweise weißlich-milchig-grau, riecht kastanienblütenartig.

Normwerte der Ejakulatuntersuchung s. Tab. **12.5**.

# 12.5 Befruchtung und Implantation

## 12.5.1 Ejakulat

Das Ejakulat setzt sich aus Samenzellen (Spermien) und Sekreten der akzessorischen Geschlechtsdrüsen (Samenflüssigkeit, Seminalplasma) zusammen. Tab. **12.4** gibt einen Überblick über die Anteile der verschiedenen Bestandteile.
Das Ejakulat hat normalerweise eine weißlich-milchig-graue (gelegentlich auch gelbliche) Färbung und einen typischen kastanienblütenartigen Geruch. Nach der Ejakulation koaguliert das Sekret zunächst, um sich nach ca. 5 bis 30 Minuten wieder zu verflüssigen (Liquefizierung). Das Ejakulatvolumen beträgt normalerweise 2 – 6 ml.
Tab. **12.5** gibt die Normwerte der Ejakulatuntersuchung wieder.

12.4 Zusammensetzung des Ejakulats

| *Bestandteile* | *Anteil* | *Funktion* |
|---|---|---|
| **Samenzellen** (Spermien) | ca. 5 % | Befruchtung der reifen Eizelle |
| **Samenflüssigkeit** (Seminalplasma) bestehend aus | ca. 95 % | |
| ▪ Sekret der Glandulae vesiculosae | ▪ ca. 70 % | ▪ das fruktosehaltige, alkalische Sekret schützt die Spermien vor dem sauren Scheidenmilieu und dient als Energielieferant<br>▪ verhindert eine frühzeitige Fertilisierungsfähigkeit der Spermien |
| ▪ Prostatasekret | ▪ ca. 25 % | ▪ das dünnflüssige, milchige Sekret enthält verschiedene Substanzen, welche die Motilität der Spermien fördern<br>▪ verhindert eine frühzeitige Fertilisierungsfähigkeit der Spermien |

12.4

12.5 Normwerte der Ejakulatuntersuchung

| *Merkmal* | *Normwert* |
|---|---|
| Ejakulatvolumen pro Samenerguss | ≥ 2,0 ml |
| pH-Wert | 7,2 – 8,0 |
| Spermienkonzentration | ≥ 20 Mio./ml Ejakulat |
| Gesamtspermienzahl | ≥ 40 Mio./Ejakulat |
| Motilität (Beweglichkeit) | > 25 % schnell progressive Spermien der Kategorie a oder<br>> 50 % progressiv bewegliche Spermien der Kategorie a + b<br>a: linear-progressiv = schnelle Vorwärtsbewegung<br>b: progressiv = langsame, ungeordnete Vorwärtsbewegung<br>c: nicht progressiv = nur lokale Beweglichkeit, Kreisschwimmer<br>d: immotil = keine Beweglichkeit |
| Morphologie | ≥ 15 % mit normaler Form |
| Anteil der lebenden Spermien | ≥ 75 % vitale Zellen, die keinen Farbstoff im Eosin-Test aufnehmen |
| Leukozyten | < 1 Mio./ml Ejakulat |
| Rundzellen | < 1 Mio./ml Ejakulat |
| a-Glukosidase | > 11 mU/Ejakulat |
| Fruktose | > 13 µmol/Ejakulat |
| Verflüssigungszeit | ca. 30 min, max. 1 h |
| Geruch | kastanienblütenartig |

12.5

▶ **Klinik.** Zentraler Bestandteil der Fruchtbarkeitsuntersuchung des Mannes ist die Beurteilung der Spermien unter dem Mikroskop. Dazu gewinnt der Mann nach mindestens 2 und maximal 7 sexuell enthaltsamen Tagen („Karenzzeit") Samenflüssigkeit durch Masturbation. Die Karenzzeit ist unbedingt einzuhalten, da ein zu kurzer Abstand zum letzten Verkehr die Spermienzahl negativ beeinflussen kann und eine zu lange Wartezeit die Beweglichkeit der Samenfäden verschlechtert. Das Ejakulat wird auf Vorhandensein, Anzahl, Morphologie und Beweglichkeit der Samenzellen untersucht. Die Qualität des Spermas wird in einem Spermiogramm dokumentiert (Normalwerte s. Tab. **12.5**). Die Ursache einer eingeschränkten Zeugungsfähigkeit des Mannes liegt in den meisten Fällen in einer zu geringen Sper-

▶ Klinik.

mienkonzentration im Ejakulat (<20 Mio. Spermien/ml Ejakulat = **Oligozoospermie**). Weitere Gründe können eine eingeschränkte Spermienmotilität **(Asthenozoospermie)** oder ein erhöhter Anteil fehlgebildeter Spermien **(Teratozoospermien)** sein. Unter einem **OAT-Syndrom (Oligoasthenoteratozoospermie)** versteht man das gleichzeitige Vorliegen aller genannten Störungen. In einigen Fällen ist die Fruchtbarkeitsstörung des Mannes so erheblich, dass man nur einzelne oder gar keine Samenfäden im Ejakulat findet. Oft befinden sich allerdings befruchtungsfähige Spermien im Nebenhoden oder Hoden, die durch einen chirurgischen Eingriff entnommen werden können. Die Zahl der so gewonnenen Spermien ist zwar zu gering, um eine konventionelle **IVF-Behandlung** (= In-vitro-Fertilisation; hier werden Spermien und Eizelle in einer Petrischale zusammengebracht und die befruchtete Eizelle anschließend wieder in die Gebärmutter eingeführt) durchzuführen. Durch die Einführung der intrazytoplasmatischen Spermatozoen-Injektion **(ICSI)** kann aber auch Paaren geholfen werden, deren Kinderwunsch wegen einer sehr schlechten Spermaqualität unerfüllt blieb: Das Prinzip der ICSI liegt darin, dass ein Spermium unter dem Mikroskop mittels einer sehr feine Pipette direkt in die Eizelle eingespritzt wird (Abb. **12.9**).

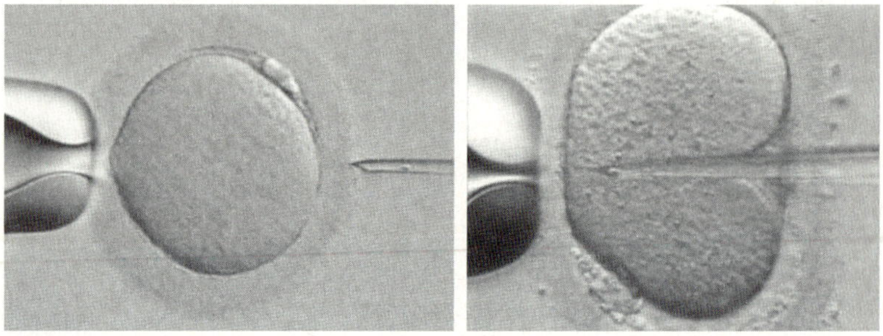

**12.9** **Intrazytoplasmatische Spermatozoen-Injektion (ICSI)**

12.5.2 Spermatozoenaszension und Kapazitation

▶ Definition.

Die Passage der Spermien durch den weiblichen Genitaltrakt erfolgt relativ rasch. Von oftmals >100 Mio. Samenfäden gelangen letztlich meist <1000 an den Befruchtungsort im Eileiter.

Die verschiedenen Bedingungen auf dem Weg zur Tube und die damit einhergehenden Veränderungen der Spermien werden nachfolgend erläutert.

Vagina

Das alkalische Seminalplasma schützt die Spermien vor dem **sauren Scheidenmilieu** und erhält so deren Motilität.

Zervikalkanal

Die Zusammensetzung des alkalischen Mucus variiert zyklusabhängig (s. S. S. 417 bzw. 418).

## 12.5.2 Spermatozoenaszension und Kapazitation

▶ **Definition.**

- Als **Spermatozoenaszension** bezeichnet man die „Wanderung" der Spermien von der Vagina über den Uterus in die Tube.
- Die **Kapazitation** ist der während der Passage des weiblichen Genitaltrakts ablaufende Reifungs- und Umbauprozess, durch den die Spermien die Fähigkeit zur Befruchtung erlangen.

Der Transport von Spermatozoen durch den weiblichen Genitaltrakt vollzieht sich relativ rasch (bis zum Erreichen des ersten Eileiterabschnitts vergehen ca. 4–6 Stunden, erste Spermien können allerdings bereits nach 30 min den Eileiter erreichen). Von oftmals mehr als 100 Millionen Samenfäden gelangen letztlich meist weniger als 1000 an den Befruchtungsort im Eileiter. Bei ihrer Passage durch den weiblichen Genitaltrakt werden die Spermien von chemischen Substanzen geleitet, die von der Eizelle ausgehen.
In den nachfolgenden Textabschnitten wird erläutert, wie sich die Spermien auf ihrem Weg zur Tube verändern und welche Bedingungen sie in den einzelnen Abschnitten des weiblichen Genitaltrakts vorfinden.

### Vagina

Nach der Ejakulation befinden sich zahlreiche Spermien im hinteren Scheidengewölbe direkt vor dem Gebärmutterhals. Das alkalische Seminalplasma schützt die Spermien vor dem **sauren Scheidenmilieu** und erhält so deren Motilität.

### Zervikalkanal

Der in den zervikalen Krypten der **Zervix** sezernierte Mucus stellt ein **alkalisches, „spermienfreundliches" Milieu** dar. Die Zusammensetzung des Mucus variiert zyklusabhängig unter dem Einfluss der gonadalen Hormone (s. S. 417 bzw. 418), so dass dieser nur um den Zeitpunkt der Ovulation für Spermien durchlässig ist. Der zervikale Schleimpfropf (**„Mucus-Barriere"**) wirkt als Filter, der nur normal geformte und gut motile Spermien passieren lässt.

Die **„Mucus-Barriere"** ist nur um den Zeitpunkt der Ovulation für Spermien durchlässig und lässt nur normal geformte und gut motile Spermien passieren.

**▶ Merke.** Die aktive Passage der Zervix ist für die Selektion der Spermien von Bedeutung.

**▶ Merke.**

Der Zervikalkanal hat zudem die Funktion eines **Reservoirs** außerhalb des aggressiven Vaginalmilieus: Die vielfach gefältelte Schleimhaut der Krypten dient als „Vorratslager" für die Samenfäden, die dann im Verlauf von bis zu 3 Tagen freigesetzt werden.

Die Schleimhautkrypten des Zervikalkanals dienen als **Spermienreservoir**, aus dem über max. 3 d kontinuierlich Spermien freigesetzt werden.

**▶ Merke.** Da die Befruchtungsfähigkeit der Eizelle nach der Ovulation nur ca. 12 (–24) h anhält, steigt durch die allmähliche Freisetzung der Spermien aus den Schleimhautkrypten die Wahrscheinlichkeit einer Befruchtung.

**▶ Merke.**

Während der Passage des Zervikalkanals werden die Spermien nach und nach von der Samenflüssigkeit befreit. Das Zervixsekret begünstigt die **Kapazitation**, d. h. den biochemischen Umbauprozess, bei dem u. a. die akrosomale Plasmamembran und die mit ihr assoziierten Proteine so reorganisiert und modifiziert werden, dass sich Fluidität und Permeabilität der Membran ändern.

Während der Passage des Zervikalkanals werden die Spermien nach und nach von der Samenflüssigkeit befreit. Das Zervixsekret begünstigt die **Kapazitation**.

**▶ Merke.** Der Kapazitationsprozess stellt die Voraussetzung für die nachfolgende Akrosomalreaktion (s. u.) dar.

**▶ Merke.**

Parallel zu den Veränderungen in der akrosomalen Region der Spermatozoenmembran kommt es zu einer qualitativen Veränderung des Bewegungsmusters kapazitierter Spermien, zur sog. **Hyperaktivierung**: Das Bewegungsmuster ändert sich dahingehend, dass die Spermien sich nun mit stark gekrümmten, peitschenartigen Schwanzschlägen und häufigen Richtungswechseln, verbunden mit einer starken Seitwärtsbewegung des Kopfes, fortbewegen.

Parallel zur Kapazitation werden die Spermien **hyperaktiv** und bewegen sich nun mit stark gekrümmten, peitschenartigen Schwanzschlägen und häufigen Richtungswechseln, verbunden mit einer starken Seitwärtsbewegung des Kopfes, fort.

#### Cavum uteri und Tuba uterina

Im Cavum uteri setzen die Spermien – unterstützt durch Kontraktionen der Gebärmutter – ihre tubenwärts gerichtete Bewegung fort und erreichen schließlich den Ort der Befruchtung, die Ampulla tubae uterinae.

Cavum uteri und Tuba uterina

Unterstützt durch Uteruskontraktionen „wandern" die Spermien weiter in Richtung Ampulla tubae uterinae.

### 12.5.3 Befruchtung

Die Befruchtung der **Eizelle** findet in der Pars ampullaris des Eileiters statt. Die Wahrscheinlichkeit für eine Befruchtung der Eizelle ist in den ersten 12 Stunden nach der Ovulation am höchsten, kann in seltenen Fällen aber auch noch innerhalb von 24 Stunden nach dem Eisprung erfolgen.
Die **Spermatozoen** können bis zu 72 Stunden im weiblichen Genitaltrakt überleben und befruchtet werden. Das **Befruchtungsoptimum** liegt jedoch am 1. Tag nach der Kohabitation.

12.5.3 Befruchtung

Die Befruchtung der **Eizelle** findet in der Pars ampullaris des Eileiters statt. Die Wahrscheinlichkeit für eine Befruchtung ist in den ersten 12 h nach der Ovulation am höchsten.

Die **Spermatozoen** können bis zu 72 h im weiblichen Genitaltrakt überleben. **Befruchtungsoptimum**: 1. Tag nach der Kohabitation.

#### Akrosomreaktion

Akrosomreaktion

**▶ Definition.** Als **Akrosomreaktion** bezeichnet man die Verschmelzung der Zytoplasmamembran des Spermiums in dessen Kopfbereich mit der äußeren Membran des Akrosoms.

**▶ Definition.**

Die Akrosomreaktion ist unabdingbare Voraussetzung für die Befruchtung der Eizelle und ist nur bei vollständig kapazitierten Samenzellen möglich (s. o.). Ausgelöst wird sie durch den Kontakt von Proteinen an der Oberfläche des Spermiums mit Proteinen der Zona pellucida. Infolge der Akrosomreaktion werden **Enzyme** (u. a. Hyaluronidase und Akrosin) aus dem Akrosom freigesetzt, mit deren Hilfe das Spermium die **Zona pellucida auflösen** und durchdringen und so in den perivitellinen Spalt gelangen kann (Abb. **12.10**).

Die Akrosomreaktion wird beim Kontakt des Spermiums mit der Zona pellucida ausgelöst. Infolge der Akrosomreaktion werden **Enzyme** aus dem Akrosom freigesetzt, mit deren Hilfe das Spermium die **Zona pellucida auflösen** und durchdringen kann (Abb. **12.10**).

12.10

**12.10 Auflösung der Zona pellucida durch akrosomale Enzyme (1) und Imprägnation (2)**

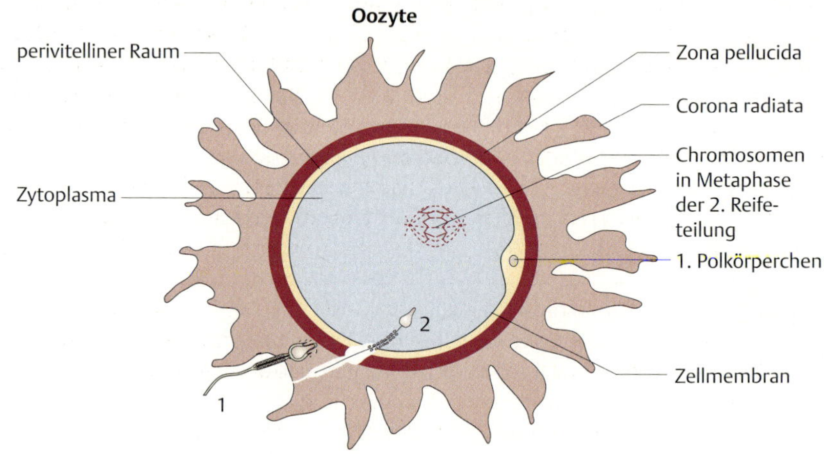


### Kortikalreaktion

Nach Andocken des Spermiums verändert sich die Membranoberfläche. Kortikalgranula, die sich auf der Innenseite der Eizellmembran befinden, entleeren ihren Inhalt in den perivitellinen Spalt, wodurch die Zona pellucida „gehärtet" wird. Dadurch wird verhindert, dass weitere Spermien die schon befruchtete Eizelle penetrieren (sog. **Polyspermieblock**).

### Kortikalreaktion

Das Erkennen der Eizelle und die Anheftung des Spermiums an die Eizellmembran funktioniert auf molekularer Ebene über in der Zellmembran eingelagerte Proteine mit großer gegenseitiger Affinität. Das Andocken des Spermiums löst an der Eizellmembran eine rasche Depolarisationswelle aus, woraufhin sich die Membranoberfläche verändert. Kleinste Vesikel (Kortikalgranula) die sich auf der Innenseite der Eizellmembran befinden, entleeren ihren Inhalt in den perivitellinen Spalt. Die Zona pellucida wird dadurch „gehärtet", wodurch verhindert wird, dass weitere Spermien die schon befruchtete Eizelle penetrieren (sog. **Polyspermieblock**).

### Imprägnation und Konjugation

Durch das Verschmelzen beider Membranen gelangen der innerhalb des Spermiums gelegene Kern und das Zentrosom ins Zytoplasma der Eizelle (**Imprägnation**, Abb. **12.10**). Sobald sich das Spermium innerhalb der **Oozyte** befindet, wird die 2. Reifeteilung der Eizelle fortgesetzt. Durch **Konjugation** der beiden haploiden Chromosomensätze entsteht die diploide **Zygote**.

Ca. 24 h nach der Befruchtung – also bereits im Eileiter – beginnen die Furchungsteilungen, wodurch schließlich eine Ansammlung von etwa 30 kugeligen Zellen **(Blastomeren)** entsteht, die man als **Morula** bezeichnet. Jedes der bei den Furchungsteilungen entstehenden Blastomere ist nur noch halb so groß wie die Zelle, aus der es hervorgeht.

### Imprägnation und Konjugation

Durch das Verschmelzen beider Membranen gelangen der innerhalb des Spermiums gelegene Kern mit der hoch kondensierten DNS sowie das quer zwischen Kern und Schwanzansatz gelegene Zentrosom ins Zytoplasma der Eizelle (**Imprägnation**, Abb. **12.10**). Das im Kern gelegene Erbmaterial wird dekondensiert und gibt die paternalen Chromosomen frei. Sobald sich das Spermium innerhalb der **Oozyte** befindet, wird die 2. Reifeteilung der Eizelle fortgesetzt und mit dem Ausschleusen des zweiten Polkörperchens beendet. Maternaler und paternaler haploider Chromosomensatz formieren sich zu zwei Vorkernen (Pronuclei), die miteinander verschmelzen **(Konjugation)**. Es entsteht die diploide **Zygote**.
Ca. 24 Stunden nach der Befruchtung – also bereits im Eileiter – beginnt die imprägnierte Eizelle mit der ersten Furchungsteilung, einem Vorgang, der sich ca. alle 12 Stunden wiederholt. Die dabei entstehenden Teilungsstadien werden in Abhängigkeit von der Anzahl n der **Blastomeren** als n-Zell-Stadium bezeichnet. So entsteht schließlich eine Ansammlung von etwa 30 kugeligen Zellen (Blastomeren), die wegen Ihrer Ähnlichkeit mit einer Maulbeere als **Morula** bezeichnet wird. Da die einzelnen Zellen alleine durch Furchung der Zygote entstanden sind und sich allesamt innerhalb der nicht dehnbaren Zona pellucida befinden, weisen sie kein Größenwachstum auf, sondern jede neue Zelle ist nur noch halb so groß wie die Zelle, aus der sie hervorgeht.

### 12.5.4 Implantation der befruchteten Eizelle

### Hormonelle Veränderungen des Endometriums

Hat eine Befruchtung stattgefunden, wird die Lutealfunktion mithilfe eines dem LH ähnlichen Hormons, dem **β-HCG (humanes Cho-**

## 12.5.4 Implantation der befruchteten Eizelle

### Hormonelle Veränderungen des Endometriums

Während der Sekretionsphase (ca. 15. bis 28. Zyklustag, s. S. 425) differenziert sich das Endometrium unter der Wirkung des Progesterons. Infolge der normalerweise gegen Ende des Zyklus eintretenden Rückbildung des Corpus luteum und des damit verbundenen Abfalls des Progesteronspiegels würde das Endometrium geschädigt und abgestoßen werden (s. S. 425) und es könnte keine Implantation erfolgen. Hat jedoch eine Befruchtung stattgefunden, wird die Lutealfunktion mithilfe eines dem LH ähnlichen Hormons, dem vom Trophoblasten (s. u.) synthetisierten **β-HCG (humanes Choriongonadotropin)**, erhalten. Das Corpus luteum wandelt sich in das sog. **Corpus luteum graviditatis** um und wird durch β-HCG zu vermehrter und weiter andauernder Progesteron-(und auch Östrogen-)synthese und -sekretion angeregt. Dadurch bleiben die normalerweise auftretenden regressiven Veränderungen des Endometriums aus und die Schwangerschaft kann sich einnisten.

Mit der 8.–10. Schwangerschaftswoche wird die Schwangerschaft vom Corpus luteum unabhängig, da jetzt die inzwischen gut ausgebildete Plazenta die Progesteronproduktion übernimmt (s. S. 442).

**riongonadotropin)**, erhalten. Das Corpus luteum wandelt sich in das sog. **Corpus luteum graviditatis** um und wird durch β-HCG zu vermehrter und weiter andauernder Progesteronsynthese und -sekretion angeregt. Dadurch bleiben die normalerweise auftretenden regressiven Veränderungen des Endometriums aus und die Schwangerschaft kann sich einnisten.

Mit der 8.–10. Schwangerschaftswoche übernimmt die Plazenta die Progesteronproduktion (s. S. 442).

**▶ Klinik.** β-HCG ist zur Aufrechterhaltung der Schwangerschaft von entscheidender Bedeutung. Mittels **β-HCG-Bestimmung** kann immunologisch eine Schwangerschaft nachgewiesen werden:

- Im Serum ist β-HCG frühestens (9–)11 d nach der Konzeption messbar.
- Der Nachweis im Urin (handelsüblicher Schwangerschaftstest) ist ungefähr zum Zeitpunkt des Ausbleibens der Periodenblutung möglich.

Fallende β-HCG-Blutspiegel während des ersten Trimenons können u. a. auf einen Abort hindeuten.

**▶ Klinik.**

## Implantation

Etwa am Ende des 4. Tages nach der Befruchtung erreicht die Morula das Cavum uteri. Die äußersten Zellen der nach wie vor in der Zona pellucida eingeschlossenen Morula beginnen nun, sich zu einem nach außen dichten Zellverband zusammenzuschließen. Die Zellen flachen ab und werden kleiner (Kompaktierung). Im Inneren der jetzt als **Blastozyste** bezeichneten Morula formiert sich eine Höhle, in die Flüssigkeit einströmt (sog. **Blastozystenhöhle**, Abb. **12.11a**). Der Zellmantel, der die Blastozystenhöhle umrahmt, wird als **Trophoblast** bezeichnet. Aus dem Trophoblasten entstehen später die Eihäute und die kindlichen Anteile der Plazenta.

Die zwei bis vier innersten Zellen der früheren Morula entwickeln sich zum **Embryoblasten**, aus dem sich später der eigentliche Embryo entwickeln wird. Die Zellen dieses Embryoblasten konzentrieren sich an einer Seite der Blastozyste, dem sog. embryonalen Pol.

Etwa am Ende des fünften Tages „schlüpft“ die Blastozyste – unterstützt durch die Wirkung lytischer Enzyme und Ausdehnungskontraktionen – aus der sie umhüllenden Zona pellucida heraus (hatching) und lagert sich mit dem embryonalen Pol an die Schleimhaut des Uterus an. Die Adhäsion der Blastozyste an das Endometrium kommt durch Oberflächenglykoproteine zustande, der spezifische Mechanismus ist jedoch nicht im Detail bekannt. Noch bevor der Trophoblast mit dem Endometrium in Kontakt tritt, differenziert er sich in den außen gelegenen **Synzytiotrophoblasten** und in den inneren **Zytotrophoblasten**. Der Synzytiotrophoblast besitzt lytische Enzyme und sezerniert Faktoren, die es ihm ermöglichen, durch enzymatische Auflösung von mütterlichen Zellen tief in die Schleimhaut einzudringen. Der Synzytiotrophoblast durchquert auch die Basallamina und dringt in das darunter liegende Stroma ein, welches in Kontakt mit den uterinen Blutgefäßen steht. Mit der Implantation der Blastozyste in das Endometrium entwickelt sich der Synzytiotrophoblast schnell. Die vollständig eingenistete Blastozyste ist vollständig vom Synzytiotrophoblasten umgeben (Abb. **12.11b**).

Die Uterusschleimhaut reagiert auf die Implantation mit der sog. **Dezidualreaktion**. Die Umwandlung des Endometriums in die Dezidua ist gekennzeichnet durch die Vergrößerung der Stromazellen, die Einlagerung von Fett und Glykogen, die Einwanderung von immunkompetenten Zellen und die Ausbildung einer spezifischen extrazellulären Matrix. Nach wenigen Tagen ist das Schleimhautepithel über dem eingenisteten Keim wieder geschlossen.

Während der zweiten Woche nach der Befruchtung entwickeln sich im Synzytiotrophoblasten **extrazytoplasmatische Vakuolen**. Diese konfluieren zu **Lakunen** und

### Implantation

Nach der Ankunft im Cavum uteri entwickelt sich die Morula zur **Blastozyste** weiter. Die **Blastozystenhöhle** im Inneren der Blastozyste wird vom sog. **Trophoblasten** umrahmt (Abb. **12.11a**).

Die zwei bis vier innersten Zellen der früheren Morula entwickeln sich am sog. embryonalen Pol der Blastozyste zum **Embryoblasten** weiter.

Etwa am Ende des 5. Tages „schlüpft“ die Blastozyste aus der sie umhüllenden Zona pellucida heraus und lagert sich mit dem embryonalen Pol an die Uterusschleimhaut an. Noch bevor der Trophoblast mit dem Endometrium in Kontakt tritt, differenziert er sich in den außen gelegenen **Synzytiotrophoblasten** und in den inneren **Zytotrophoblasten**. Der Synzytiotrophoblast dringt mithilfe von Enzymen in das Endometrium ein, durchdringt die Basallamina und kommt im darunterliegenden Stroma schließlich in Kontakt mit den uterinen Gefäßen. Die vollständig eingenistete Blastozyste ist vollständig vom Synzytiotrophoblasten umgeben (Abb. **12.11b**).

Die Uterusschleimhaut reagiert auf die Implantation mit der sog. **Dezidualreaktion**. Nach wenigen Tagen ist das Schleimhautepithel über dem eingenisteten Keim wieder geschlossen.

Während der 2. Woche nach der Befruchtung entstehen im Synzytiotrophoblasten **extrazytoplasmatische Vakuolen**, die zu **Lakunen**

**12.11 Implantation der Blastozyste**

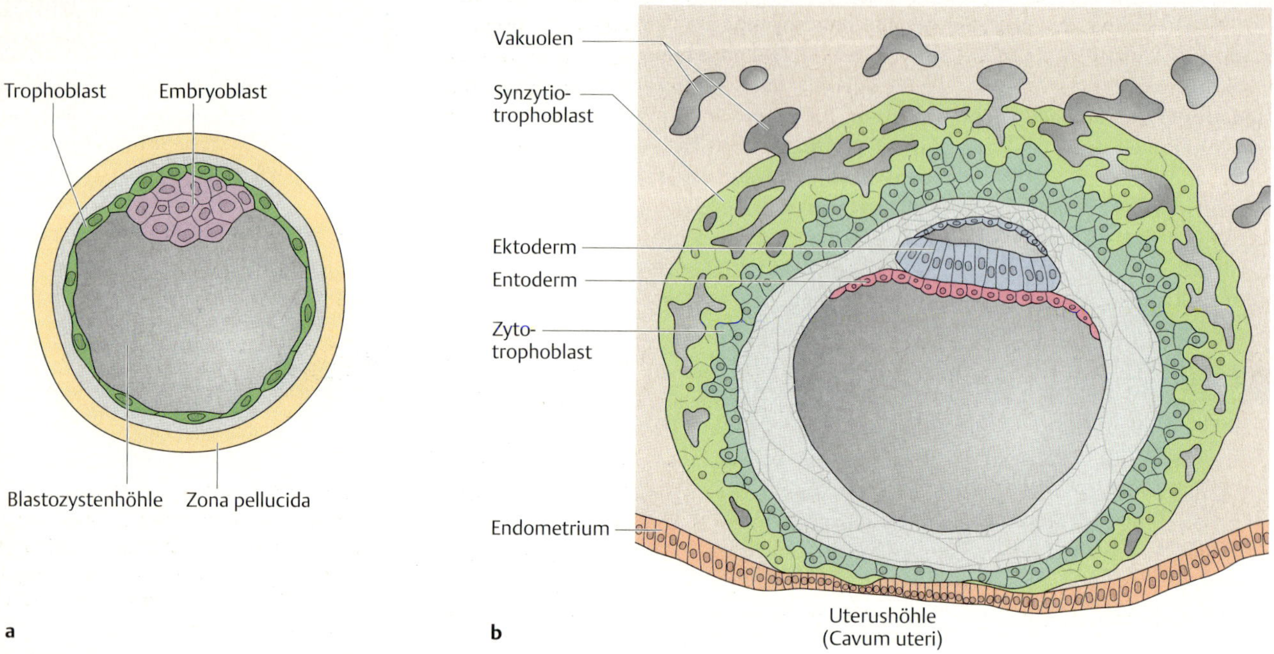


Schematisches Schnittbild durch die Blastozyste vor **(a)** und nach **(b)** Implantation.

konfluieren und später mit mütterlichem Blut gefüllt werden (s. u.).

werden später mit mütterlichem Blut gefüllt, das aus den durch die lytische Synzytiotrophoblast-Aktivität arrodierten Gefäßen stammt (s. u.).

▶ Merke.

▶ **Merke.** Die **Implantation ist abgeschlossen**, sobald sich Trophoblast und Endometrium morphologisch als untrennbare Einheit zu einem System verbunden haben, dessen Aufgabe es ist, den Embryo mit Nährstoffen zu versorgen. Dieser Zustand ist **ca. 9–10 Tage nach der Befruchtung** erreicht. Die Implantation findet normalerweise in der superioren und posterioren Wand des Corpus uteri statt.

▶ Klinik.

▶ **Klinik.** **Postkoitalpillen („Pille danach", „Morning after pill")** sind Hormonpräparate, die bis zu 72 h nach ungeschütztem Geschlechtsverkehr oral verabreicht werden können, um eine Schwangerschaft zu verhindern. Bei der Wirkung der Postkoitalpille scheinen folgende verschiedenen Mechanismen zusammenzuwirken, die alle vor der Implantation der Oozyte in den Uterus intervenieren: Ovulationshemmung, Hemmung des Transports der Oozyte/des Spermiums durch die Tube, Interferenz mit der Befruchtung und Veränderungen des Endometriums.
Bei den älteren Präparaten handelte es sich zumeist um Östrogen-Gestagen-Kombinationspräparate. Neuere Präparate (z. B. Unofem®) enthalten nur Gestagen (1 Tablette mit 1,5 mg Levonorgestrel) und scheinen besser verträglich zu sein (typische Nebenwirkungen wie Übelkeit und Erbrechen treten seltener auf). Je früher die Postkoitalpille nach dem ungeschützten Geschlechtsverkehr eingenommen wird, desto sicherer kann eine Schwangerschaft verhindert werden.
Ist die Frist für die Anwendung einer Postkoitalpille bereits verstrichen (d. h. sind mehr als 72 Stunden nach dem ungeschützten Verkehr vergangen), kann durch Einsetzen eines **Intrauterinpessars („IUP danach")** ebenfalls noch eine Schwangerschaft verhindert werden.
Bis zum 49. Zyklustag (d. h. bis Ende der 7. Woche post menstruationen) ist es möglich, eine **Schwangerschaft medikamentös zu unterbrechen**. Bei dem hierzu seit 1999 in Deutschland zugelassenen Medikament Mifegyne® (Wirkstoff: Mifepriston-RU486) handelt es sich um ein synthetisches Steroidmolekül, dessen sehr starke Anti-Progesteron-Eigenschaft (Progesteronantagonist) auf einer kompetitiven Hemmung der Progesteronrezeptoren beruhen. Das Medikament hebt die biologi-

sche Wirkung von Progesteron auf, die Entwicklung des Embryos wird gestört und der Embryo stirbt ab. Das Medikament wird als Einmaldosis unter Aufsicht eines ermächtigten Arztes verabreicht. 36–48 h danach wird ein Prostaglandinpräparat verabreicht. Dieses erhöht die Rate der erfolgreichen Schwangerschaftsunterbrechungen auf ca. 95–97 % und beschleunigt die Ausstoßung des Embryos durch Erweichung der Zervix.

# 12.6 Fetoplazentare Einheit

## 12.6.1 Plazentation

**▶ Definition.** Unter **Plazentation** versteht man die Bildung der Plazenta – von der Entstehung der Primärzotten aus dem Trophoblasten bis zur Ausbildung der Tertiärzotten.

Aufgrund seines raschen Wachstums braucht der sich in den ersten Wochen durch einfache Diffusion ernährende Embryo schnell ein leistungsfähigeres Austauschsystem. Dies wird durch die Entwicklung der Plazenta erreicht. Für den uteroplazentaren Kreislauf essenzielle Bestandteile der Plazenta sind der intervillöse Raum und die Zotten, deren Entwicklung in den nachfolgenden Abschnitten beschrieben wird.

**Intervillöser Raum:** Die in der 2. Woche nach der Befruchtung im Synzytiotrophoblasten entstehenden Vakuolen vergrößern sich beständig und konfluieren schließlich zu Lakunen (s.o.). Durch seine lytische Aktivität arrodiert der Synzytiotrophoblast maternale Gefäße, woraufhin sich die Lakunen mit mütterlichem Blut füllen. Am Ende der Schwangerschaft kommunizieren die Lakunen untereinander und bilden ein einziges zusammenhängendes System, das durch den Synzytiotrophoblasten begrenzt und intervillöser Raum genannt wird (Abb. **12.12a**).

**Zotten:** Etwa 2 Wochen nach der Befruchtung dringen Zellen des Zytotrophoblasten in den Synzytiotrophoblasten ein. Dadurch entstehen die primären Trophoblastzotten, die frei in den von mütterlichem Blut durchströmten Lakunen enden. Durch in die Zotten vordringendes mesenchymales Gewebe entwickeln sich zunächst die Sekundärzotten, durch weitere Differenzierung des Zottenmesoblastes zu Bindegewebe und Blutgefäßen entstehen schließlich die sog. Tertiärzotten (Abb. **12.12a**). Die Reifung der Tertiärzotten dauert bis zum Ende der Schwangerschaft. Dabei wird die Zottenwandung immer dünner und die Vaskularisierung nimmt zu. Durch eine kontinuierliche Reduktion von Zottendurchmesser und Trophoblastdicke verringert sich die fetomaternale Diffusionsstrecke beim Stoffaustausch (s. u.).

## 12.6.2 Uteroplazentarer Kreislauf

Das sauerstoff- und nährstoffarme fetale Blut strömt über die Aa. umbilicales in das Gefäßsystem der Plazentazotten, die in den intervillösen Raum hineinragen. Dort werden sie permanent von mütterlichem, nährstoff- und sauerstoffreichem Blut aus den Aa. uterinae umspült. Gas- und Stoffaustausch erfolgen über die Zottenwand, die den kindlichen vom mütterlichen Kreislauf trennt (Plazentaschranke, s. u.). Das angereicherte Blut gelangt aus den Zotten über die Nabelschnurvene in den kindlichen Kreislauf und versorgt diesen mit Sauerstoff und Nährstoffen.

**▶ Merke.** Die Nabelschnur enthält **1 Nabelvene** (V. umbilicalis), die sauerstoffreiches Blut von der Plazenta zum Fetus transportiert, und **2 Nabelarterien** (Aa. umbilicales), die sauerstoffarmes Blut vom Fetus zur Plazenta befördern.

12.6 Fetoplazentare Einheit

12.6.1 Plazentation

**▶ Definition.**

Durch die Entwicklung der Plazenta entsteht für den rasch wachsenden Embryo ein leistungsfähiges Austauschsystem. Nachfolgend wird die Entwicklung der für den uteroplazentaren Kreislauf essenziellen Plazentabestandteile beschrieben.

**Intervillöser Raum:** Als intervillösen Raum (Abb. **12.12a**) bezeichnet man die miteinander verbundenen, mit mütterlichem Blut gefüllten Lakunen, die aus Vakuolen im Synzytiotrophoblasten hervorgegangen sind.

**Zotten:** Etwa 2 Wochen nach der Befruchtung dringen Zellen des Zytotrophoblasten in den Synzytiotrophoblasten ein. Dadurch entstehen die primären Trophoblastzotten, die frei in den von mütterlichem Blut durchströmten Lakunen enden. Infolge weiterer Differenzierungs- und Reifungsprozesse entstehen daraus sog. Tertiärzotten (Abb. **12.12a**). Über die Zottenwand erfolgt der fetomaternale Stoffaustausch (s. u.).

12.6.2 Uteroplazentarer Kreislauf

Das $O_2$- und nährstoffarme fetale Blut strömt über die Aa. umbilicales in die Plazentazotten, die von mütterlichem, nährstoff- und $O_2$-reichem Blut umspült werden. Nach erfolgtem Gas- und Stoffaustausch über die Zottenwand (Plazentaschranke, s. u.) fließt das Blut über die Nabelschnurvene zurück in den kindlichen Kreislauf.

**▶ Merke.**

**12.12 Plazenta**

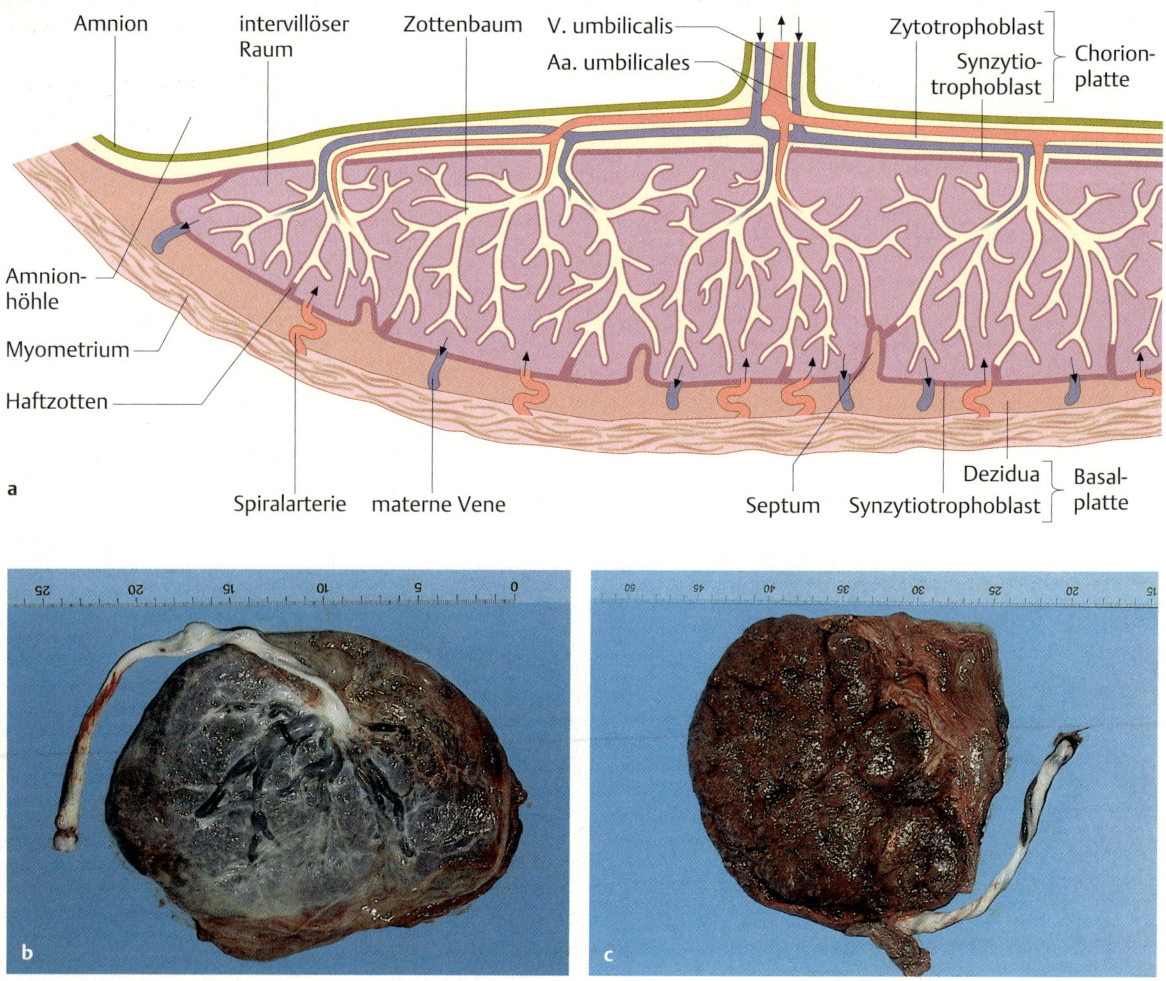


**a** Schematische Darstellung eines Querschnitts durch die Plazenta.
**b Fetale Seite der Plazenta.** Unter dem weißlich trüben Amnionepithel, das für die Fruchtwasserbildung zuständig ist, erkennt man die sich verzweigenden Nabelschnurgefäße.
**c Maternale Seite der Plazenta.** Die Oberfläche besteht aus 15–20 Kotyledonen, die von einer dünnen Dezidua-Schicht bedeckt sind. Die Furchen zwischen den einzelnen Kotyledonen kennzeichnen die Ansätze der Plazentasepten (vgl. **a**).

## 12.6.3 Aufgaben der Plazenta

### Stoffaustausch

Über die Plazenta werden Gase, Nähr- und Abfallstoffe zwischen Mutter und Kind ausgetauscht. All diese Substanzen müssen die aus mehreren Schichten bestehende Zottenwand (sog. **Plazentaschranke**) passieren, die verhindert, dass mütterliches und kindliches Blut miteinander in Berührung kommen. Für den Transport der verschiedenen Stoffe stehen unterschiedliche Mechanismen zur Verfügung (s. auch S. 7):

- **Diffusion** zum passiven Transport von Gasen, wie z. B. $O_2$ oder $CO_2$
- **erleichterte Diffusion** mithilfe eines membranständigen Transportproteins zum Transport von Stoffen, wie z. B. Glukose oder Laktat
- **aktiver, ATP verbrauchender Transport** u. a. von Aminosäuren oder Elektrolyten
- **Pinozytose** zur Beförderung hochmolekularer Stoffe, wie z. B. Proteine, Fette oder Immunglobuline über die Zottenwand.

12.6.3 Aufgaben der Plazenta

Stoffaustausch

Für den Transport der verschiedenen Gase, Nähr- und Abfallstoffe über die **Plazentaschranke** stehen unterschiedliche Mechanismen zur Verfügung (s. auch S. 7):

- **Diffusion** (z. B. für $O_2$ oder $CO_2$)
- **erleichterte Diffusion** mithilfe eines membranständigen Transportproteins (z. B. für Glukose oder Laktat)
- **aktiver, ATP verbrauchender Transport** (u. a. für Aminosäuren oder Elektrolyte)
- **Pinozytose** (z. B. für Proteine, Fette oder Immunglobuline).

## Endokrine Funktion

Die Plazenta deckt einen Großteil des Hormonbedarfs während der Schwangerschaft.

### Humanes Choriongonadotropin (HCG)

**Verlauf:** HCG wir in der Frühschwangerschaft in rasch ansteigenden Mengen vom Trophoblasten synthetisiert (s. S. 437). Der HCG-Spiegel im Blut verdoppelt sich zunächst ca. alle 48 Stunden bis zum Erreichen des Maximums in der 10. Schwangerschaftswoche (SSW). Danach ist ein stetiger Abfall zu verzeichnen, bis nach ca. 18 Schwangerschaftswochen ein Plateau erreicht ist, das bis zum Geburtstermin bestehen bleibt.

**Funktion:** HCG stimuliert
- die Progesteron-(und auch Östrogen-)synthese und -sekretion durch das Corpus luteum graviditatis, bis die Plazenta in der 8.–10. SSW selbst die Bildung der Steroidhormone übernimmt (s. auch S. 437).
- in der fetalen NNR die Produktion von DHEA (Dehydroepiandrosteron, s. S. 373), DHEA-S u. a. Steroiden.
- die Leydig-Zwischenzellen des männlichen Hodens und fördert damit die Testosteronsekretion.

### Humanes Plazentalaktogen (HPL)

**Verlauf:** HPL ist ab etwa der 8. SSW im mütterlichen Blut nachweisbar. Im Verlauf der Schwangerschaft nimmt die Konzentration stetig zu, bis ca. in der 36. SSW ein Plateau erreicht wird.

**Funktion:** HPL
- gleicht strukturell dem hypophysären Wachstumshormon und beeinflusst wie dieses Wachstum und Entwicklung.
- verursacht durch Lipolyse einen Anstieg freier Fettsäuren, die vom maternalen Organismus als Energiesubstrat verwendet werden können. Die eingesparte Glukose steht dem Fetus zur Verfügung.
- stimuliert die Entwicklung der Brüste und bereitet im Zusammenspiel mit den Steroidhormonen die Laktation vor (s. S. 448).

### Corticotropin-Releasing-Hormon (CRH)

**Verlauf:** Die im maternalen Blut messbare Konzentration steigt etwa ab Mitte des zweiten Trimenons an und erreicht mit Beginn der Wehentätigkeit Maximalwerte.

**Funktion:** CRH
- stimuliert die ACTH-Sekretion der fetalen Hypophyse mit der Folge einer verstärkten Kortisolbildung in der fetalen NNR (→ Kortisol fördert die Reifung der fetalen Lungen).
- fördert die Produktion von DHEA und DHEA-S (Vorstufen der Steroidhormonsynthese, s. u.) in der fetalen NNR.
- fördert die Prostaglandinsynthese in Plazenta, Dezidua, Amnion und dem dazwischen liegenden Chorion.

### Steroidhormone

Die Plazenta ist bei der Produktion der Steroidhormone auf die Zulieferung der Vorstufen aus dem mütterlichen und kindlichen Kreislauf angewiesen, da die Plazenta – anders als Hoden, Nebennierenrinde oder Ovar – nicht über das steroidale Enzym 17α-Hydroxylase verfügt, das die Umwandlung der $C_{21}$-Steroide in $C_{19}$-Steroide gewährleistet.

#### Östrogene

**Synthese:** Das in der Schwangerschaft hauptsächlich synthetisierte Östrogen ist Östriol. Die Vorstufen der Östriolsynthese (DHEA, DHEA-S) werden in der fetalen Nebennierenrinde gebildet und schließlich von der Plazenta zu Östron, Östradiol und v. a. Östriol umgewandelt.

**Verlauf:** Die Östron-, Östradiol- und Östriolproduktion steigt bis zum Geburtstermin hin kontinuierlich an.

---

**Endokrine Funktion**

Die Plazenta deckt einen Großteil des Hormonbedarfs während der Schwangerschaft.

**Humanes Choriongonadotropin (HCG)**

**Verlauf:** Der HCG-Spiegel im Blut verdoppelt sich bis zur 10. SSW ca. alle 48 h und fällt anschließend bis zum Erreichen eines Plateaus in der 18. SSW kontinuierlich ab. Das Plateau bleibt bis zur Geburt erhalten.

**Funktion:** HCG stimuliert
- die Progesteron-(und auch Östrogen-)synthese und -sekretion durch das Corpus luteum graviditatis.
- in der fetalen NNR die Produktion von DHEA, DHEA-S u. a. Steroiden.
- die Leydig-Zwischenzellen (Testosteronsekretion ↑).

**Humanes Plazentalaktogen (HPL)**

**Verlauf:** Die Konzentration nimmt ab ca. der 8. SSW bis zum Erreichen eines Plateaus in der 36. SSW stetig zu.

**Funktion:** HPL
- beeinflusst Wachstum und Entwicklung
- wirkt lipolytisch
- stimuliert die Entwicklung der Brüste und bereitet im Zusammenspiel mit den Steroidhormonen die Laktation vor (s. S. 448).

**Corticotropin-Releasing-Hormon (CRH)**

**Verlauf:** Die Konzentration steigt ca. ab Mitte des 2. Trimenons an.

**Funktion:** CRH
- stimuliert die ACTH-Sekretion der fetalen Hypophyse →Kortisolbildung in der fetalen NNR ↑ (fetale Lungenreifung ↑)
- fördert die Produktion von DHEA und DHEA-S (s. u.) in der fetalen NNR
- fördert die Prostaglandinsynthese.

**Steroidhormone**

Die Plazenta ist bei der Produktion der Steroidhormone auf die Zulieferung der Vorstufen aus dem mütterlichen und kindlichen Kreislauf angewiesen.

**Östrogene**

**Synthese:** Das in der Schwangerschaft hauptsächlich synthetisierte Östriol entsteht in der Plazenta durch Umwandlung von Vorstufen aus der fetalen NNR.

**Verlauf:** Die Östrogensynthese steigt bis zur Geburt kontinuierlich an.

**Funktion:** S. S. 417.

**Progesteron**

**Synthese:** Anders als bei der Östrogensynthese ist der Fetus nicht an der Produktion beteiligt; das Progesteron wird ausschließlich aus mütterlichem Cholesterin synthetisiert.

**Verlauf:** Die Progesteronspiegel steigen bis zum dritten Trimenon kontinuierlich an.

**Funktion:** S. S. 418.

### 12.6.4 Fetaler Kreislauf

Fetaler Kreislauf und postpartale Umstellungsreaktionen s. S. 158.

## 12.7 Schwangerschaftsbedingte Veränderungen des mütterlichen Organismus

Siehe Tab. **12.6** und S. 448 (Veränderungen der Brustdrüse).

**Funktion:** S. S. 417.

**Progesteron**

**Synthese:** Nachdem die Konzentration des HCG (s.o.) ab der 10. SSW allmählich nachlässt, wird die Progesteronproduktion von der Plazenta übernommen („luteoplazentärer Shift"). Anders als bei der Östrogensynthese ist der Fetus nicht an der Produktion beteiligt, das Progesteron wird ausschließlich aus mütterlichem Cholesterin synthetisiert.

**Verlauf:** Die Progesteronspiegel im Blut steigen bis zum dritten Trimenon kontinuierlich an.

**Funktion:** S. S. 418.

### 12.6.4 Fetaler Kreislauf

Informationen zum fetalen Kreislauf und den Umstellungsreaktionen nach der Geburt finden Sie ab S. 158.

## 12.7 Schwangerschaftsbedingte Veränderungen des mütterlichen Organismus

Neben den bereits angesprochenen Vorgängen im mütterlichen Organismus kommt es infolge der hormonellen Umstellung während der Schwangerschaft zu einer Reihe weiterer Veränderungen (Tab. **12.6**; zu Veränderungen der Brustdrüse s. S. 448).

**12.6 Veränderungen des mütterlichen Organismus während der Schwangerschaft**

| | |
|---|---|
| **genitale Veränderungen** | |
| **Vulva, Vagina, Perineum** | ▪ verstärkte Vaskularisierung und Durchblutung → livide Verfärbung der Vagina **(Chadwick-Zeichen)** und bei entsprechender Disposition evtl. schmerzhafte Varizenbildung durch den erhöhten venösen Druck<br>▪ Hypertrophie der vaginalen glatten Muskelzellen → Anpassung an die zu erwartende Dehnung<br>▪ verstärkte Besiedelung mit Laktobazillen → vermehrte Umwandlung von Glykogen in Milchsäure mit Zunahme der Scheidensekretion |
| **Uterus mit Zervix** | ▪ Gewichts- und Größenzunahme:<br>– Hypertrophie und Verlängerung der Muskelzellen mit gleichzeitig gesteigerter Ausbildung von Gap junctions zwischen den einzelnen Myometriumzellen (s. S. 417) → Vervielfachung des Gesamtgewichts der Gebärmutter um den Faktor 12–20 (am Beginn der Schwangerschaft ca. 70–80 g; am Ende der Schwangerschaft ohne Inhalt ca. 1000–1500 g)<br>– von außen – über die Bauchdecke der Schwangeren – messbare Größenzunahme; der Höhenstand des Fundus uteri lässt annäherungsweise auf das Wachstum des Kindes in der Gebärmutter rückschließen<br>▪ starke Ausdehnung der Muskulatur im Bereich des Isthmus uteri → der funktionell eigentlich dem Verschlussapparat des Uterus zugehörige Bereich wird etwa ab dem dritten Schwangerschaftsmonat als **„unteres Uterinsegment"** in das Corpus uteri mit einbezogen<br>▪ im Bereich des Gebärmutterhalses kommt es bis zum Geburtstermin durch proteolytische Spaltung und vermehrte Wassereinlagerung (s. u.) innerhalb des Bindegewebes zur Reorganisation der Kollagenfibrillen („Auflockerung") des Gewebes; sog. **Zervixreifung**) → ermöglicht die spätere Eröffnung des Muttermundes zum Zeitpunkt der Geburt in relativ kurzer Zeit (Prostaglandine, s. S. 418)<br>▪ Vermehrung von Blut- und Lymphgefäßen → Gewährleistung einer adäquaten Versorgung der sich vergrößernden Gebärmutter; Ödembildung (s.o.) und livide Verfärbung im Zervixbereich<br>▪ Hypertrophie und Hyperplasie der zervikalen Drüsen → Verschluss der Zervix durch einen Schleimpfropf kurz nach der Konzeption; Abgang des dicken Schleims zu Beginn der Wehentätigkeit bzw. kurz vor Geburtsbeginn, häufig unter Beimengung von Blut (sog. **„Zeichnen"**) |

**12.6 Fortsetzung**

| extragenitale Veränderungen | |
|---|---|
| **Körpergewicht** | ▪ normale **Gewichtszunahme** insgesamt ca. 9 – 18 kg mit ungleichmäßigem Verlauf:<br>– bis zur ca. 10.– 12. SSW: keine nennenswerte Gewichtszunahme; teilweise sogar Gewichtsabnahme durch schwangerschaftsbedingte Übelkeit und Erbrechen<br>– ca. ab der 10.– 12. SSW: Gewichtszunahme von im Mittel 250 – 400 g pro Woche<br>– im letzten Schwangerschaftsdrittel: wöchentliche Gewichtszunahme von normaler Weise 400 – 500 g; die Zunahme von mehr als 500 – 600 g pro Woche kann ein Hinweis auf verstärkte Ödembildung sein, die unbedingt weiter abgeklärt werden muss (insbesondere in Verbindung mit einer Hypertonie und Proteinurie, s. S. 444).<br>▪ ursächlich für die Gewichtszunahme:<br>– in der ersten Schwangerschaftshälfte überwiegend Veränderungen des mütterlichen Organismus (Fettdepot, Blut, Gewebeflüssigkeit, Zunahme von Gebärmutter- und Brustgewebe)<br>– in der zweiten Schwangerschaftshälfte v. a. kindliche Faktoren verantwortlich (Fetus, Fruchtwasser, Plazenta) |
| **Atmung** | ▪ **Hyperventilation:** Anstieg der Ventilation um ca. 40 % bei Steigerung des Gesamtsauerstoffverbrauchs um ca. 20 %<br>– Mechanismus: Bei nahezu gleichbleibender Atemfrequenz kommt es zu einem Anstieg des Atemzugvolumens → Steigerung des Atemminutenvolumens um ca. 50 % → leicht erhöhte arterielle $O_2$-Spannung bei erniedrigtem $CO_2$-Partialdruck im mütterlichen Blut → vergrößertes Diffusionsgefälle zwischen kindlichem und mütterlichem Blut ermöglicht einen $CO_2$-Transfer in den mütterlichen Kreislauf; die mütterliche respiratorische Alkalose wird durch eine vermehrte Bikarbonatausscheidung über die Niere fast vollständig kompensiert.<br>– vermutete Ursache: veränderter respiratorischer Kontrollmechanismus des ZNS, wahrscheinlich infolge des erhöhten Progesteronspiegels<br>▪ **Dyspnoe:** mehr oder weniger ausgeprägt bei mehr als der Hälfte aller Frauen im Verlauf der Schwangerschaft (größtenteils bei körperlicher Belastung, jedoch auch in Ruhe); bedingt durch verschiedene Veränderungen der Lungenfunktionsparameter (gegen Ende der Schwangerschaft v. a. durch Abnahme der funktionellen Residualkapazität infolge des Zwerchfellhochstands bei zunehmender Uterusgröße) |
| **Herz-Kreislauf-System** | ▪ **venöses System:** ab der Frühschwangerschaft Vasodilatation durch Tonusabnahme der glatten Muskulatur unter Progesteroneinfluss → Abnahme des peripheren Gefäßwiderstands, insbesondere auch in den utero-plazentaren Gefäßen (die resultierende Verminderung des effektiv zirkulierenden Blutvolumens wird durch die Volumenzunahme des Blutes (s. u.) und das gesteigerte Herzzeitvolumen ausgeglichen)<br>Typische resultierende Beschwerden:<br>– Varizen im Bereich der unteren Körperhälfte (Beine, Vulva- und Vaginalbereich, Hämorrhoiden)<br>– sog. Vena-Cava-Kompressionssyndrom (im 3. Trimenon auftretende Verminderung des venösen Rückstroms zum Herzen in Rückenlage → Tachykardie, Blutdruckabfall mit Übelkeit und u.U. fetaler Hypoxie)<br>▪ **Blutdruck:** physiologischer Abfall des mittleren arteriellen Blutdrucks in der ersten Schwangerschaftshälfte durch Erniedrigung des diastolischen Wertes um ca. 15 mm Hg (infolge der Abnahme des peripheren Widerstands) bei kaum veränderten systolischen Werten<br>▪ **Herzzeitvolumen:** Anstieg um ca. 40 – 50 % (Beginn der Steigerung: ca. 5. SSW; Maximum: nach der 20.– 24. SSW)<br>– Zunahme der Herzfrequenz (um ca. 10 – 15 Schläge/Minute)<br>– Zunahme des Schlagvolumens |
| **Blut** | ▪ **Blutvolumen und Erythrozyten:** Insgesamt erhöht sich die Blutmenge im Laufe der Schwangerschaft um ca. 30 – 40 %. Verantwortlich sind u. a. erhöhte Renin- und Aldosteronaktivitäten, die zu folgenden Veränderungen führen:<br>– Erhöhung des Plasmavolumens<br>– Zunahme der Erythrozytenzahl<br>Die Erhöhung des Plasmavolumens überwiegt die gesteigerte Erythropoese → **physiologische Blutverdünnung** (Schwangerschaftshydrämie) mit relativer Abnahme von:<br>– Erythrozytenzahl<br>– Hämoglobinkonzentration (Hb): unterer Grenzwert der physiologischen Verdünnungsanämie ist ca. 11 g/dl; bei einem weiteren Absinken des Hb-Wertes: Anämie (am häufigsten Eisenmangelanämie, die sich trotz einer um ca. 30 % gesteigerten Eisenresorption in der Schwangerschaft meist nicht vermeiden lässt)<br>– Hämatokrit (HKT)<br>▪ **Leukozyten:** Anstieg (physiologische Schwangerschaftsleukozytose): Werte zwischen 10 000 – 15 000/$mm^3$ sind als normal zu betrachten<br>▪ **Thrombozyten:** minimaler Abfall der Thrombozytenzahl ist möglich, jedoch sinkt sie physiologischerweise meist nicht unter die untere Normgrenze (pathologischer Abfall im Rahmen eines HELLP-Syndroms s. S. 445)<br>▪ **Blutgerinnung:** erhöhte Gerinnungsbereitschaft bzw. verbesserte Gerinnungsfähigkeit (Hyperkoagulabilität), bedingt durch:<br>– stetige Zunahme einiger plasmatischer Gerinnungsfaktoren (Fibrinogen, Faktor VII, VIII, IX und X)<br>– verminderte fibrinolytische bzw. gerinnungshemmende Aktivität des Plasmas:<br>↓: Plasminogenaktivator, Antithrombin III, Protein S;<br>↑: $\alpha_2$-Antiplasmin, Plasminogenaktivatorinhibitor-1 und -2<br>Durch die Kombination dieser Veränderungen des Gerinnungssystems und lokaler anatomischer Besonderheiten (verlangsamte Strömungsgeschwindigkeit durch zunehmendes Wachstum des Uterus, Gefäßerweiterung) steigt das Thromboserisiko in der Schwangerschaft um ca. den Faktor 5 an. |

**12.6 Fortsetzung**

| | |
|---|---|
| **Niere, ableitende Harnwege, Salz-/Wasserhaushalt** | ▪ **Nieren:** vermehrte Durchblutung infolge der intravasalen Volumenzunahme bzw. des gesteigerten Herzzeitvolumens → gesteigerte glomuläre Filtrationsrate bei gleichzeitig unveränderter Rückresorption. Neben vermehrtem Harndrang mit häufigem Wasserlassen **(Pollakisurie)** sind mögliche Folgen erhöhte Konzentrationen im Urin von:<br>– Glukose (intermittierend auftretende physiologische **Schwangerschaftsglukosurie** bei Ausscheidung von >150 mg Glukose im 24-Stunden-Urin)<br>– v. a. niedermolekularen Proteinen (physiologische **Schwangerschaftsproteinurie** bei Werten bis 150 µg/24 h)<br>Zusammen mit dem meist auch erhöhten pH-Wert begünstigt die veränderte Zusammensetzung des Urins Harnwegsinfektionen!<br>▪ **ableitende Harnwege:**<br>– **Tonusverlust** der glatten Muskulatur unter Progesteroneinfluss (vgl. Progesteronwirkung am Uterus) → Weitstellung des Harnleiters und des Nierenbeckenkelchsystems → Begünstigung einer potenziellen Keimaszension mit Erhöhung des Risikos für eine schwangerschaftsbedingte Nierenbeckenentzündung **(Pyelitis gravidarum)**<br>– Verdrängungserscheinungen durch zunehmendes Wachstum des Uterus → Kompression der Harnblase → Verstärkung der Pollakisurie (s.o.)<br>▪ **Salz-/Wasserhaushalt:** Anstieg des Plasmaspiegels von Aldosteron auf das ca. 5-Fache (Gegenregulationsmechanismus zur erhöhten Natriumausscheidung infolge der gesteigerten glomulären Filtrationsrate, s.o.) |
| **Glukosestoffwechsel** | ▪ Herabsetzung der Insulinempfindlichkeit<br>– mögliche Ursachen: als Insulinantagonisten wirksame Schwangerschaftshormone wie beispielsweise humanes Plazentalaktogen (HPL, s. S. 441) oder Kortisol<br>– Auswirkung: postprandial länger andauernde Erhöhung des Blutzuckerspiegels → vermehrter Übertritt von Glukose über die Plazentaschranke → Deckung des steigenden fetalen Glukosebedarfs<br>▪ erhöhte mütterliche Insulinproduktion und -ausschüttung: Kompensationsmechanismus zur o.g. Insulinresistenz<br>▪ mögliche pathologische Folgen: eine bereits vor der Schwangerschaft latent vorhandene diabetogene Stoffwechsellage kann evident werden **(Gestationsdiabetes)** |
| **Haut** | ▪ mögliche **vermehrte Pigmentierung** bestimmter Hautpartien, ausgelöst durch eine verstärkte Produktion von MSH (melanozytenstimulierendes Hormon):<br>– Brustwarze und Warzenvorhöfe<br>– Vulvabereich, Analregion<br>– Bauchnabel und Mittellinie unterhalb des Bauchnabels **(Linea fusca)**<br>– Gesicht: bräunliche, schmetterlingsförmige Verfärbung der Haut im Stirn-, Wangen- und Kinnbreich (sog. **Chloasma uterinum**) bezeichnet.<br>▪ mögliches Auftreten sog. „Schwangerschaftsstreifen" **(Striae gravidarum)**: streifenförmige Spaltbildungen der Haut, die sich zunächst (durch die durchscheinenden Gefäße der Unterhaut) bläulich-rötlich darstellen und als weißliche, schmale Narben nach der Geburt bestehen bleiben<br>– Lokalisation: v. a. im Bauch-, Becken- und Brustbereich<br>– Ursache: übermäßige Hautdehnung bei Umfangs-/Gewichtszunahme und Flüssigkeitseinlagerung<br>▪ **vermehrte Durchblutung** aufgrund des gesteigerten mütterlichen Stoffwechsels, dem Stoffwechsel der Plazenta und des kindlichen Wachstums (→ Wärmeableitung); insbesondere die Hände fühlen sich während der Schwangerschaft wärmer an |

▶ Klinik.

▶ **Klinik.** Im Rahmen der **Schwangerenvorsorge** ist es wichtig, physiologische von pathologischen Veränderungen zu unterscheiden und Letztere möglichst früh zu erkennen. Dies ist durch einfache Untersuchungen möglich, die wichtige Hinweise auf schwangerschaftsbedingte Erkrankungen liefern können. Dazu gehören stetige Kontrollen von Blutdruck und Gewicht sowie die regelmäßige Durchführung eines Urin-Schnelltests: Neben Anzeichen für einen **Harnwegsinfekt** (Nitrit, Leukozyten) lassen sich darüber hinaus u. a. auch Zucker und Eiweiß im Urin nachweisen. Eine wiederholte Glukosurie kann Hinweis auf einen **Schwangerschaftsdiabetes** sein und sollte durch einen oralen Glukosetoleranztest (oGTT) abgeklärt werden. Der Nachweis von mehr als einer Spur Eiweiß im Urin-Schnelltest (≥ 1 +) – insbesondere bei gleichzeitig erhöhtem Blutdruck – ist als abklärungsbedürftig anzusehen. Das Auftreten dieser Symptomkonstellation (Hypertonie und Proteinurie) nach der 20. Schwangerschaftswoche bei zuvor normalen Blutdruck- und Eiweißwerten im Urin wird als **Präeklampsie** bezeichnet. Die Ursache für dieses potenziell bedrohliche Krankheitsbild, bei dem u. a. Gefäßschäden eine Rolle spielen, ist nicht endgültig geklärt. Es kann sehr unterschiedlich ausgeprägt sein – möglich sind eine lediglich geringe Beeinträchtigung des subjektiven Befindens sowie eine milde Hypertonie bis hin zum Vollbild der Erkrankung mit Leber- und Nierenbeteiligung (s. u.). Die früher zum Erkrankungsbild gerechneten Ödeme haben keinen diagnostischen Stellenwert mehr, da sie bei einem Großteil der Schwangeren auch ohne

pathologische Bedeutung nachzuweisen sind. Eine Sonderform der Präeklampsie ist das sog. **HELLP-Syndrom** (**H**ämolysis, **E**levated **L**iver Enzymes and **L**ow **P**latelets; Platelets = Thrombozyten) mit Leberbeteiligung und Gerinnungsstörung. Es äußert sich v. a. durch rechtsseitige Bauchschmerzen, Übelkeit und ausgeprägte Anämie. Kommt es zu neurologischen Symptomen als Zeichen einer ZNS-Beteiligung, sind diese als Warnsymptome für den Übergang in eine **Eklampsie** (zusätzliches Auftreten von tonisch-klonischen Krämpfen) zu werten.
Die Therapie der Erkrankung hängt von mehreren Faktoren ab. Bei leichteren Formen der Präeklampsie ist zunächst eine symptomatische Behandlung und Prophylaxe von Krampfanfällen angezeigt. Letztlich kann jedoch nur die Beendigung der Schwangerschaft die Patientin heilen. Der Zeitpunkt dafür wird abhängig von der Ausprägung des Krankheitsbildes und dem Alter des Kindes gewählt; beim HELLP-Syndrom muss allerdings in den meisten Fällen eine sofortige Entbindung erfolgen.

## 12.8 Geburt

12.8 Geburt

**▶ Definition.** Als **normale Geburt** bezeichnet man die am Ende der Schwangerschaft erfolgende spontane Geburt eines normal großen Kindes aus vorderer Hinterhauptslage (s. u.).

▶ Definition.

**Geburtstermin:** Die regelhafte Schwangerschaftsdauer (bei regelmäßigem 28-tägigem Zyklus) beträgt 40 Wochen post menstruationem (gerechnet wird ab dem 1. Tag der letzten Periodenblutung). Am errechneten Geburtstermin (ET) entbinden nur ca. 4 % aller Frauen, bei 66 % aller Frauen erfolgt die Entbindung 10 Tage vor oder nach diesem Termin.

**Geburtstermin:** Am ET (40 Wochen post menstruationem, gerechnet ab dem 1. Tag der letzten Periodenblutung) entbinden nur ca. 4 % aller Frauen, bei 66 % erfolgt die Entbindung 10 d vor oder nach dem ET.

**Einflussfaktoren auf den Geburtsverlauf:** Der Verlauf einer Geburt wird durch verschiedene Faktoren beeinflusst, die zum einen vom Kind und zum anderen von der Mutter ausgehen:

- Das **Kind** nimmt durch seine Körpermaße, seine Lage innerhalb der Gebärmutter, die Stellung seines Rückens und seine Kopfhaltung Einfluss auf den Geburtsverlauf.
- Zu den von der **Mutter** ausgehenden Einflussfaktoren gehören die Beschaffenheit und Form des Geburtskanals, Geburtswiderstände (Nachgiebigkeit bzw. Rigidität des mütterlichen Gewebes, muskulärer Kontraktionszustand) und die Qualität der Wehentätigkeit.

**Einflussfaktoren auf den Geburtsverlauf:**

- **Kind:** Körpermaße, Lage innerhalb der Gebärmutter, Stellung seines Rückens, Kopfhaltung
- **Mutter:** Beschaffenheit und Form des Geburtskanals, Geburtswiderstände, Qualität der Wehentätigkeit.

### 12.8.1 Normaler Geburtsverlauf

12.8.1 Normaler Geburtsverlauf

Der Geburtsbeginn kann sich durch Abgang von blutigem Schleim oder Fruchtwasser (Blasensprung) oder durch das Einsetzen regelmäßiger Wehen ankündigen.
Die Geburt wird in folgende **3 Phasen** unterteilt:

- Eröffnungsperiode
- Austreibungsperiode
- Nachgeburtsperiode.

Der Geburtsbeginn kann sich durch Schleimabgang (blutig), Blasensprung oder regelmäßige Wehen ankündigen.
Man unterscheidet **3 Phasen**:

- Eröffnungsperiode
- Austreibungsperiode
- Nachgeburtsperiode.

**Eröffnungsperiode:** Die Eröffnungsperiode ist durch den Beginn regelmäßiger Wehentätigkeit (ca. alle 3 – 6 min) gekennzeichnet. Durch die Kontraktionen steigt der Druck im Inneren der Gebärmutter und der kindliche Kopf wird gegen die Zervix gepresst. Infolgedessen öffnet und verkürzt sich der Gebärmutterhals. Die Dehnung der Zervix führt reflektorisch zur Freisetzung von Oxytozin (Ferguson-Reflex, s. u.). Bei Erstgebärenden dauert die Eröffnungsperiode ca. 8 – 12 Stunden, bei Mehrgebärenden ca. 4 Stunden. Am Ende der Eröffnungsperiode ist der Muttermund vollständig geöffnet und der kindliche Kopf steht mit gerader Pfeilnaht im längsovalen Beckenausgang (Abb. **12.13a, b, c III**). Der Blasensprung erfolgt zumeist bei vollständig eröffnetem Muttermund (rechtzeitiger Blasensprung).

**Eröffnungsperiode:** Diese beginnt mit regelmäßigen Wehen (ca. alle 3 – 6 min). Der kindliche Kopf wird gegen die Zervix gepresst, die sich dadurch öffnet und verkürzt. Reflektorisch kommt es zur Freisetzung von Oxytozin (s. u.). Bei Erstgebärenden dauert die Eröffnungsperiode ca. 8 – 12 h, bei Mehrgebärenden ca. 4 h. Am Ende ist der Muttermund vollständig geöffnet und der kindliche Kopf steht mit gerader Pfeilnaht im Beckenausgang (Abb. **12.13a, b, c III**).

**Austreibungsperiode:** Die Austreibungsperiode beginnt bei vollständig eröffnetem Muttermund und endet mit der Geburt des Kindes. In dieser Phase werden die Wehen reflektorisch durch Kontraktionen der Bauchmuskulatur und des Zwerchfells unterstützt. Dieser Vorgang kann willkürlich gefördert werden (sog. Mitpressen).

**Austreibungsperiode:** Diese beginnt bei vollständig eröffnetem Muttermund und endet mit der Geburt des Kindes. Die Wehen werden reflektorisch durch Kontraktionen von Bauchmuskulatur und Zwerchfell unterstützt.

**Nachgeburtsperiode:** Diese beginnt mit dem Abnabeln des Kindes und endet mit der Geburt der Plazenta.

12.8.2 Geburtsmechanik bei vorderer Hinterhauptslage

Aufgrund der Anatomie des weiblichen Beckens sind einige Drehungen des kindlichen Kopfes notwendig:

Die Einstellung in den **Beckeneingang** erfolgt quer, wobei der kindliche Rücken nach links (I. Lage, Abb. **12.13a, b, c I**) oder nach rechts (II. Lage) zeigen kann.

Um die eher kreisförmige **Beckenmitte** passieren zu können, wird der kindliche Kopf zunehmend gebeugt (Kopfumfang ↓). Infolge einer 90°-Drehung (Abb. **12.13a, b, c II und III**) zeigen kindlicher Rücken und Hinterhaupt nach vorne (**vordere Hinterhauptslage**) und die Pfeilnaht steht gerade im Beckenausgang.

**Nachgeburtsperiode:** Diese letzte Phase des Geburtsvorgangs beginnt mit der vollständigen Geburt des Kindes und endet mit der Geburt der Plazenta.

## 12.8.2 Geburtsmechanik bei vorderer Hinterhauptslage

Um sich den vorgegebenen Platzverhältnissen im weiblichen Becken bestmöglich anzupassen, sind einige Drehungen und Bewegungen des kindlichen Kopfes notwendig:

- Die Einstellung in den **Beckeneingang** erfolgt quer, d. h. die Pfeilnaht steht im queren Durchmesser des querovalen Beckeneingangs, wobei der kindliche Rücken entweder nach links (I. Lage, Abb. **12.13a, b, c I**) oder nach rechts (II. Lage) zeigen kann.
- Um die eher kreisförmige **Beckenmitte** passieren zu können, wird der kindliche Kopf zunehmend gebeugt, was zu einer Verkleinerung des Kopfumfanges führt. Zudem erfolgt eine erste Drehung um die kindliche Körperlängsachse um 90° (Abb. **12.13a, b, c II und III**), so dass der kindliche Rücken und das Hinterhaupt nun nach vorne in Richtung des mütterlichen Schambeins zeigen (sog. **vordere Hinterhauptslage**). Die Pfeilnaht steht nun gerade im Beckenausgang.

**12.13 Geburtsmechanik bei vorderer Hinterhauptslage**

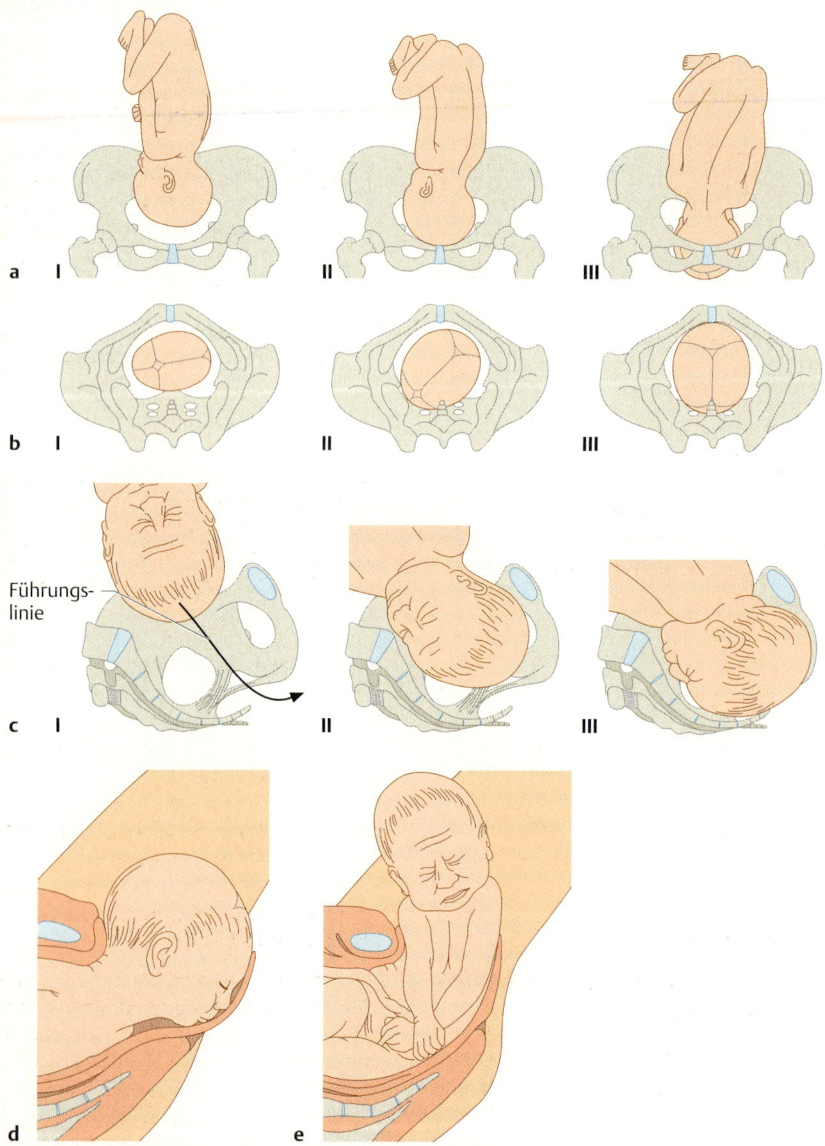


Bis der kindliche Kopf auf Beckenausgangsebene steht, muss das Kind eine 90°-Drehung um seine Längsachse machen. **a** zeigt diese Drehbewegung in drei Teilabbildungen **(I, II, III)** in der Ansicht von ventral, **b** von kaudal und **c** von rechts lateral. **d** zeigt das sog. Durchschneiden des kindlichen Kopfes (→ Pfeilnaht steht senkrecht). In Teilabbildung **e** hat sich das Kind erneut um 90° gedreht und die Schultern haben in Längsausrichtung den Beckenausgang passiert.

- Beim Austritt aus dem längsovalen **Beckenausgang** streckt sich der Kopf des Kindes zunehmend, wobei das mütterliche Schambein als „Anstemmpunkt“ dient (Abb. **12.13d**). Es werden nacheinander Hinterhaupt, Vorderhaupt, Stirn, Gesicht und Kinn über dem Damm geboren.
  Zu diesem Zeitpunkt passen die Schultern genau in den querovalen Beckeneingang hinein. Es muss nun eine zweite Drehung um 90° erfolgen (zumeist zurück in die ursprüngliche Stellung), damit die kindlichen Schultern längs die Beckenhöhle passieren und längs im Beckenausgang stehen. Diese zweite Drehung ist an der äußeren Drehung des bereits geborenen kindlichen Kopfes erkennbar. Schließlich wird zuerst die vordere, dann die hintere Schulter (Abb. **12.13e**) schnell gefolgt vom restlichen Körper des Babys geboren.

## 12.8.3 Hormonale Regulation der Wehentätigkeit

Zur Wehentätigkeit kommt es, wenn kontraktionsfördernde Faktoren gegenüber den kontraktionshemmenden überwiegen.

### Hemmung der Wehentätigkeit

Während des längsten Teils der Schwangerschaft befindet sich der Uterus im „Ruhezustand“. Für die Hemmung der myometranen Spontanaktivität sind u.a. folgende humorale und parakrine Faktoren verantwortlich:

- Progesteron (s.S. 418)
- Relaxin
- Stickstoffmonoxid (NO)
- Prostacyclin ($PGI_2$).

### Auslösung der Wehentätigkeit

In der zweiten Schwangerschaftshälfte treten zunächst vereinzelte, leichte, lokal begrenzte Kontraktionen des Uterus auf, die zum Geburtstermin hin an Intensität und Häufigkeit zunehmen. Bei den Geburtwehen handelt es sich um kraftvolle, koordinierte, rhythmische Kontraktionen, die sich ausgehend von sog. Schrittmacherzellen im Fundusbereich durch zahlreiche Gap junctions über den gesamten Uterus ausbreiten.
Ausgelöst werden die Wehen durch sog **Uterotonika**, zu denen u.a.

- Oxytozin und
- Prostaglandine wie $PGE_2$ und $PGF_{2\alpha}$

gehören.

**Oxytozin:** Oxytozin ist ein im Hypothalamus gebildetes Peptidhormon, das im Hypophysenhinterlappen gespeichert wird. Die Freisetzung erfolgt über zum Hypothalamus gelangende Impulse von Dehnungsrezeptoren im Bereich des unteren Uterinsegmentes und der Zervix, die durch den tiefertretenden kindlichen Kopf stimuliert werden. Ein weiterer Bildungsort ist die Dezidua.
Die Wirkung des Hormons wird über einen im Myometrium befindlichen Oxytozinrezeptor vermittelt. Bei Bindung kommt es zu einer Erhöhung der intrazellulären Konzentration von Kalziumionen und schließlich zu Kontraktionen der Uterusmuskulatur.
Außerdem stimuliert Oxytozin die Prostaglandinbildung (s.u.). (Zur Bedeutung des Oxytozins bei der Laktation s.S. 449)

**Prostaglandine:** Die ebenfalls wehenfördernden Prostaglandine werden in allen intrauterinen Geweben gebildet. Ihre Synthese wird durch Oxytozin und Östrogene stimuliert.

### Voraussetzungen für eine effektive Wehentätigkeit

Damit überhaupt effektive Wehen entstehen können, muss der Uterus entsprechend vorbereitet sein. Dabei spielen folgende Hormone eine entscheidende Rolle:

- Östrogene
- Prostaglandine.

Beim Austritt aus dem längsovalen **Beckenausgang** streckt sich der Kopf des Kindes zunehmend (Abb. **12.13d**). Es werden nacheinander Hinterhaupt, Vorderhaupt, Stirn, Gesicht und Kinn geboren. Damit die Schultern den Beckenausgang passieren können, muss eine erneute 90°-Drehung erfolgen. Schließlich wird zuerst die vordere, dann die hintere Schulter (Abb. **12.13e**) schnell gefolgt vom restlichen Körper des Babys geboren.

**12.8.3 Hormonale Regulation der Wehentätigkeit**

**Hemmung der Wehentätigkeit**

Während des längsten Teils der Schwangerschaft befindet sich der Uterus im „Ruhezustand“. Für die Hemmung der myometranen Spontanaktivität sind u.a. Progesteron, Relaxin, NO und $PGI_2$ verantwortlich.

**Auslösung der Wehentätigkeit**

Bei den Geburtwehen handelt es sich um kraftvolle, koordinierte, rhythmische Kontraktionen, die sich ausgehend von sog. Schrittmacherzellen im Fundusbereich durch zahlreiche Gap junctions über den gesamten Uterus ausbreiten.

Ausgelöst werden die Wehen durch die sog. **Uterotonika**, zu denen u.a. Oxytozin und Prostaglandine ($PGE_2$, $PGF_{2\alpha}$) gehören.

**Oxytozin:** Die Freisetzung aus dem Hypothalamus erfolgt über Impulse von Dehnungsrezeptoren im Bereich des unteren Uterinsegmentes und der Zervix, die durch den tiefertretenden kindlichen Kopf stimuliert werden.
Die Wirkung des Hormons wird über einen im Myometrium befindlichen Oxytozinrezeptor vermittelt.

Oxytozin stimuliert zudem die Prostaglandinbildung (s.u.). (Bezüglich der Laktation s.S. 449)
**Prostaglandine:** Ihre Bildung wird durch Oxytozin und Östrogene stimuliert.

**Voraussetzungen für eine effektive Wehentätigkeit**

Damit überhaupt effektive Wehen entstehen können, muss der Uterus durch Östrogene und Prostaglandine entsprechend vorbereitet werden:

**Östrogene:** Durch den Spiegelanstieg kurz vor der Geburt werden vermehrt Gap junctions im Myometrium gebildet, so dass sich die Kontraktionen schnell und koordiniert über den gesamten Uterus fortpflanzen können. Außerdem werden verstärkt Oxytozinrezeptoren exprimiert.

**Östrogene:** Der kurz vor der Geburt stattfindende steile Anstieg des Östrogenspiegels bewirkt:

- eine gesteigerte Ausbildung von Gap junctions zwischen den einzelnen Myometriumzellen. Infolgedessen können sich die Kontraktionen schnell und koordiniert über den gesamten Uterus fortpflanzen.
- eine verstärkte Expression von Oxytozinrezeptoren in der Uterusmuskulatur. Dadurch kann Oxytozin kraftvolle Wehen auslösen (s.o.).

**Prostaglandine** bewirken die Zervixreifung, wodurch sich der Muttermund infolge der Wehentätigkeit schneller öffnet.

**Prostaglandine:** Zum Ende der Schwangerschaft hin kommt es unter dem Einfluss der Prostaglandine (s.o.) zu einer „Erweichung" des zervikalen Bindegewebes (sog. Zervixreifung). Dadurch öffnet sich der Muttermund infolge der Wehentätigkeit schneller.

12.9 Laktation

## 12.9 Laktation

▶ Definition.

▶ **Definition.** Als **Laktation** bezeichnet man die Produktion und Sekretion von Muttermilch durch die weibliche Brustdrüse (Abb. **12.14**).

Die im Rahmen der Lakation ablaufenden Prozesse werden nachfolgend erläutert.

In den nachfolgenden Abschnitten werden die verschiedenen physiologischen Prozesse erläutert, die im Rahmen der Laktation ablaufen.

Laktogenese

### Laktogenese

▶ Definition.

▶ **Definition.** Als **Laktogenese** bezeichnet man die während der Schwangerschaft erfolgende Volumenzunahme (Proliferation) und Differenzierung des Brustdrüsengewebes zur Vorbereitung auf die Milchproduktion und -sekretion.

Die Steuerung der Wachstums- und Differenzierungsprozesse in der Brustdrüse werden v.a. durch Östrogen, Progesteron, humanes Plazentalaktogen (HPL) und Prolaktin gesteuert:

Die während der Schwangerschaft in der Brustdrüse ablaufenden Ausdifferenzierungs- und Wachstumsprozesse werden in erster Linie von den plazentaren Hormonen Östrogen, Progesteron und HPL (humanes Plazentalaktogen) und dem aus der Adenohypophyse freigesetzten Prolaktin gesteuert:

**Proliferation:** Ab dem 2. Schwangerschaftsmonat führen die steigenden Östrogen-, Progesteron- und Prolaktinspiegel zu einer Zunahme des Drüsengewebes.

**Proliferation des Drüsengewebes:** Bereits ab dem 2. Schwangerschaftsmonat kommt es durch die ansteigenden Östrogen- und Progesteronspiegel sowie durch Prolaktin zu einer starken Proliferation des Drüsengewebes bei relativer Abnahme des Binde- und Fettgewebes.

**Differenzierung:** In der 2. Schwangerschaftshälfte wandeln sich die Milch sezernierenden Zellen der Alveolen unter dem Einfluss von Prolaktin und HPL in ein präsekretorisches Epithel um. Ab dem 8. Schwangerschaftsmonat wird Kolostrum gebildet.

**Differenzierung des Drüsengewebes:** Die Differenzierung der Drüsen vollzieht sich in der 2. Schwangerschaftshälfte unter dem Einfluss von Prolaktin und HPL. Die Milch sezernierenden Zellen der Alveolen wandeln sich in ein präsekretorisches Epithel um und bilden etwa ab dem 8. Schwangerschaftsmonat geringe Mengen an Vormilch (Kolostrum). Die vollständige Ausdifferenzierung wird durch die hohen Progesteronspiegel aber noch verhindert (s.u.).

Galaktogenese

### Galaktogenese

▶ Definition.

▶ **Definition.** Unter **Galaktogenese** versteht man das Ingangkommen der Milchproduktion und -sekretion nach der Entbindung.

Für die Galaktogenese ist **Prolaktin** verantwortlich, dessen Blutspiegel um die Geburt sein Maximum erreicht. Die Milchbildung setzt aber erst ca. 3–5 Tage nach der Geburt ein, wenn die Blockade der Prolaktinrezeptoren durch den postpartalen Abfall der Östrogen- und Progesteronspiegel aufgehoben ist und sich die Drüsenzellen umgewandelt haben.

Für das Ingangkommen der Laktation ist **Prolaktin** verantwortlich: Der Prolaktinspiegel steigt bereits ab der 8. Schwangerschaftswoche unter dem Einfluss von Progesteron und Östrogen stetig an und erreicht sein Maximum etwa um den Geburtszeitpunkt. Die **Prolaktinrezeptoren** werden jedoch gleichzeitig durch die hohen Hormonspiegel (v.a. durch Progesteron) blockiert. Die eigentliche Milchbildung setzt deshalb erst ca. 3–5 Tage nach der Geburt ein, wenn die Östrogen- und Progesteronspiegel durch den Wegfall der Plazenta abgesunken sind und sich die alveolären Zellen von präsekretorischen Drüsenzellen in aktiv Milch bildende und freisetzende Drüsenzellen umgewandelt haben.

**12.14 Makroskopischer (a) und mikroskopischer (b) Aufbau der Mamma**

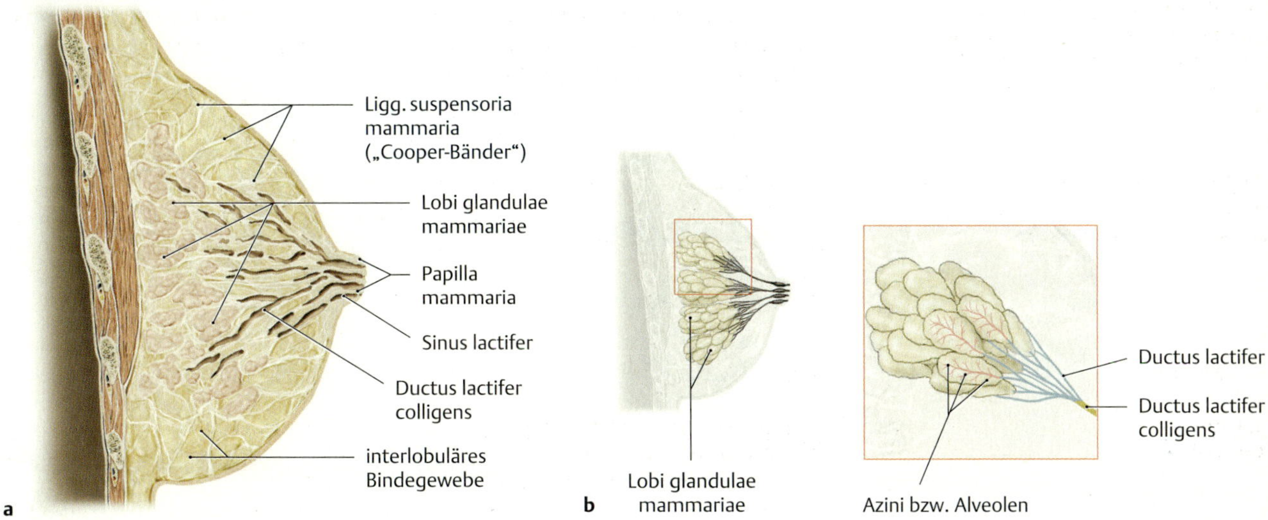


**a** Das Drüsengewebe gliedert sich in ca. 15–20 Einzeldrüsen (Lobi glandulae mammariae), die jeweils mit einem eigenen Hauptausführungsgang (Milchgang, Ductus lactifer colligens) trichterförmig über einer im Bereich der Brustwarzenbasis gelegenen Ausweitung (Milchsäckchen oder -seen, Sinus lactiferi) in die Brustwarze (Mamille) münden.
**b** Jeder Ductus lactifer colligens verzweigt sich in eine variable Anzahl von Ducti lactiferi, die schließlich in die von Milch sezernierenden Zellen ausgekleideten Azini bzw. Alveolen (mit dem Einsetzen der Milchbildung werden die Azini als Alveolen bezeichnet) münden.

▶ **Klinik.** Etwa am 3.–5. postpartalen Tag beginnen die Drüsenzellen infolge der Wirkung des Prolaktins, die sog. Übergangsmilch (die „reife“ Frauenmilch wir erst ca. 14 Tage nach der Geburt des Kindes sezerniert) zu bilden. Die Milchproduktion steigt nun rasch an, was mit einer verstärkten Durchblutung der Brust und einer vermehrten Zirkulation von Lymphflüssigkeit verbunden ist. Typische Zeichen dieses sog. **Milcheinschusses** sind pralle, z.T. schmerzhafte Mammae mit deutlicher Venenzeichnung und knotig palpablem Drüsenkörper. Manchmal wird der Milcheinschuss auch von leichtem Fieber begleitet.

▶ Klinik.

## Galaktopoese

Galaktopoese

▶ **Definition.** Als **Galaktopoese** bezeichnet man die Aufrechterhaltung von Milchproduktion und -sekretion.

▶ Definition.

Die Aufrechterhaltung der Laktation wird reflektorisch durch die Interaktion zwischen Mutter und Kind gesteuert:

- **Milchbildungsreflex**: Durch das Saugen des Kindes an der Brustwarze (→kindlicher Such- und Saugreflex) gelangen bei der Mutter Impulse zum Hypothalamus, die die PIF(Prolactin-Inhibiting-Factor)-Ausschüttung kurzzeitig unterdrücken. Durch den daraufhin ansteigenden **Prolaktinspiegel** im Blut werden die Milch bildenden Zellen stimuliert. Gefördert wird dieser sog. **Milchbildungsreflex** durch frühzeitiges (sofort nach der Geburt) und häufiges Saugen des Kindes und die damit verbundene weitgehende Entleerung der Brust.
- **Milchflussreflex:** Durch das Saugen des Kindes an der Brustwarze wird bei der Mutter das Hormon **Oxytozin** aus der Neurohypophyse ausgeschüttet. Oxytozin stimuliert die Myoepithelzellen in den Milchgängen, wodurch sich diese kontrahieren und die Milch von den Alveolen in die Ausführungsgänge gepresst wird (Milchejektion).

Die Galaktopoese wird über folgende Reflexe gesteuert:

- **Milchbildungsreflex:** Durch das Saugen des Kindes an der Brustwarze wird bei der Mutter kurzzeitig die PIF-Ausschüttung unterdrückt. Folglich steigt der Prolaktinspiegel an und die Milch bildenden Zellen werden stimuliert. Fördernd wirken frühzeitiges und häufiges Saugen.
- **Milchflussreflex:** Durch das Saugen des Kindes an der Brustwarze steigt bei der Mutter der Oxytozinspiegel. Oxytozin führt zur Kontraktion der Milchgänge und somit zur Milchejektion.

▶ Klinik.

▶ Klinik. Das beim Stillen ausgeschüttete Oxytozin regt die Gebärmutter zu Kontraktionen an, die man als **Nachwehen** bezeichnet. Diese dienen der Blutstillung (durch die Kontraktion werden Blutgefäße komprimiert) und der Rückbildung des Uterus.

12.10 Geschlechtsfestlegung und Pubertät

12.10.1 Geschlechtsfestlegung

Geschlechtsdeterminierung

Die genetische Geschlechtsdeterminierung erfolgt zum Zeitpunkt der Befruchtung durch Paarung entsprechender Keimzellen (→XX bzw XY).

Die Ausprägung des männlichen oder weiblichen Geschlechts wird entscheidend durch die auf dem auf dem Y-Chromosom liegende **sexdeterminierende Region (SRY)** bestimmt. SRY kodiert für den **Testis determinierenden Faktor (TDF)**, welcher die Expression jener Gene kontrolliert, die über geschlechtsspezifische Ausbildung der Gonaden entscheiden.

# 12.10 Geschlechtsfestlegung und Pubertät

## 12.10.1 Geschlechtsfestlegung

### Geschlechtsdeterminierung

Die genetische Geschlechtsdeterminierung erfolgt zum Zeitpunkt der Befruchtung durch Paarung entweder zweier Keimzellen mit je einem X-Chromosom (→XX = weiblich) oder solcher mit einem X- und einem Y-Chromosom (→XY = männlich).
Aussschlaggebend für die Ausprägung des männlichen oder weiblichen Geschlechts ist v. a. die An- oder Abwesenheit der **sexdeterminierenden Region (SRY)** im distalen Bereich des kurzen Arms auf dem Y-Chromosom. Dieses Gen kodiert für den **Testis determinierenden Faktor (TDF)**. TDF ist ein Transkriptionsfaktor und kontrolliert die Expression sog. Selektorgene, die über die geschlechtsspezifische Ausbildung der Gonaden entscheiden: Bei Anwesenheit des TDF kommt es zur Entwicklung frühembryonaler Hoden. Über die dort produzierten Hormone wird die weitere geschlechtsspezifische Differenzierung gesteuert (s. u.). Fehlen das SRY-Gen bzw. der TDF, entwickelt sich ein weiblicher Phänotyp. Für die Gonadogenese scheinen darüber hinaus auch weitere (sowohl x-chromosomale als auch autosomale) Gene von Bedeutung zu sein.

Geschlechtsdifferenzierung

Nach Differenzierung der Gonaden beeinflussen dort gebildete Hormone die weitere Entwicklung der Genitalgänge und der äußeren Geschlechtsorgane.

Vorher entstehen indifferente Anlagen:
- **Gonaden:** Ca. in der 6. SSW wandern die Urkeimzellen in die Genitalleisten und es bilden sich Keimstränge aus.
- **Genitalgänge:** Zunächst sind geschlechtsunabhängig pro Seite ein **Wolff-Gang** (Urnierengang) und ein **Müller-Gang** vorhanden.

### Geschlechtsdifferenzierung

Im Rahmen der geschlechtsspezifischen Entwicklung differenzieren sich als Erstes die Gonaden, die verschiedene Hormone produzieren. Diese gonadalen Hormone wiederum beeinflussen die weitere Entwicklung der Genitalgänge und der äußeren Geschlechtsorgane.
Vor dieser Differenzierung entstehen bei beiden Geschlechtern zunächst noch indifferente Anlagen:
- **Gonaden:** Etwa in der 6. Schwangerschaftswoche erfolgt die Einwanderung der Urkeimzellen in die beiden Genitalleisten sowie die Ausbildung der Keimstränge in den zunächst noch indifferenten Gonadenanlagen.
- **Genitalgänge:** Bis etwa zur 8. Schwangerschaftswoche sind beim männlichen und weiblichen Embryo zwei Genitalgänge auf jeder Seite vorhanden:
  - **Wolff-Gang** (Urnierengang, Ductus mesonephridicus) und
  - **Müller-Gang** (Ductus paramesonephridicus).

▶ Merke.

▶ Merke. Bei regelrechtem Ablauf differenzieren sich die Wolff-Gänge zu den männlichen und die Müller-Gänge zu den weiblichen Genitalwegen.

- Sinus urogenitalis, Genitalhöcker, -falten und -wülste.

- Als weitere indifferente Anlagen bestehen der Sinus urogenitalis, Genitalhöcker, -falten und -wülste (s. Lehrbücher der Anatomie), aus denen u. a. Anteile des äußeren Genitales hervorgehen.

Die wesentlichen geschlechtsspezifischen Differenzierungsvorgänge werden in den folgenden Abschnitten getrennt beschrieben.

Männliche Geschlechtsdifferenzierung

Unter Anwesenheit des TDF (s.o.) entwickeln sich zunächst frühembryonale Hoden. Zwei Zelltypen, die neben den späteren Spermatogonien bestehen, bilden die für die weitere Differenzierung der männlichen Geschlechtsorgane wichtigen Hormone:

### Männliche Geschlechtsdifferenzierung

Unter Anwesenheit des TDF (s.o.) entwickeln sich zunächst frühembryonale Hoden: Etwa ab der 7. Schwangerschaftswoche proliferieren die Keimstränge, dringen tief in das Mark der Gonadenanlage ein und werden zu Hodensträngen, die neben den späteren Spermatogonien auch Stützzellen **(Sertoli-Zellen)** enthalten. Die Zwischenzellen **(Leydig-Zellen)** entwickeln sich dagegen im Mesenchym der Gonadenanlage.

Die beiden letztgenannten Zelltypen produzieren Hormone, die für die weitere Differenzierung der männlichen Geschlechtsorgane wichtig sind:

- In den Sertoli-Zellen gebildetes **Anti-Müller-Hormon** (AMH) und **Inhibin** steuern die **Rückbildung der Müller-Gänge**.
- Das von den Leydig-Zellen synthetisierte **Testosteron** ist für die **Differenzierung des Wolff-Ganges** verantwortlich, der beidseits den Ductus epididymidis, den Ductus deferens, den Ductus ejaculatorius und die Glandula vesiculosa bildet.

- In den Sertoli-Zellen gebildetes **Anti-Müller-Hormon** (AMH) und **Inhibin** steuern die **Rückbildung der Müller-Gänge**.
- Das von den Leydig-Zellen synthetisierte **Testosteron** ist für die **Differenzierung des Wolff-Ganges** verantwortlich.

Urethra, Prostata und Glandulae bulbourethrales stammen vom Sinus urogenitalis ab. Aus Genitalhöcker und Genitalfalten entsteht der Penis, aus den Genitalwülsten das Skrotum. Für die Differenzierung des Sinus urogenitalis und des äußeren Genitales ist **Dihydrotestosteron (DHT)** verantwortlich, welches mithilfe des Enzyms 5-Alpha-Reduktase aus Testosteron entsteht.

Für die Differenzierung des Sinus urogenitalis und des äußeren Genitales ist **Dihydrotestosteron (DHT)** verantwortlich.

### Weibliche Geschlechtsdifferenzierung

Bei Abwesenheit des TDF (s.o.) kommt es zur Entwicklung eines Ovars. Die Oogenese (s. S. 426) beginnt ungefähr in der 7. Schwangerschaftswoche: Die eingewachsenen Keimstränge des Ovars degenerieren im Bereich des Marks, bleiben allerdings im Bereich der Rinde erhalten und umgeben die sich dort vermehrenden Keimzellen. Im 4. Schwangerschaftsmonat zerfallen die Rindenstränge in einzelne Zellhaufen und die Epithelzellen umgeben eine bis zwei Urkeimzellen. Die Urkeimzellen differenzieren sich in Oogonien und beginnen mit der ersten Reifeteilung als primäre Oozyte. Aus den Oberflächenepithelzellen entstehen die übrigen Follikelzellen und die Östrogenproduktion beginnt.

Die Ausbildung der weiblichen Genitalien ist durch die Rückbildung des Wolff-Ganges und die **Beibehaltung des Müller-Gangs** charakterisiert. Aus Letzterem entstehen Tuben, Uterus und der obere Teil der Vagina. Aus der unteren Etage des Sinus urogenitalis entwickelt sich das Vestibulum vaginae. Aus den Genitalwülsten, den Genitalfalten und dem Genitalhöcker entstehen die äußeren Genitalien, also die Labia majora und minora sowie die Klitoris.

### Weibliche Geschlechtsdifferenzierung

Bei Abwesenheit des TDF (s.o.) kommt es zur Entwicklung eines **Ovars**. Die Urkeimzellen differenzieren sich in Oogonien und beginnen mit der ersten Reifeteilung als primäre Oozyte. Aus den Oberflächenepithelzellen entstehen die übrigen Follikelzellen und die Östrogenproduktion beginnt.

Die Ausbildung der weiblichen Genitalien ist maßgeblich durch die Rückbildung des Wolff-Ganges und die **Beibehaltung des Müller-Gangs** charakterisiert.

▶ Klinik. **Pseudohermaphroditismus femininus**

Unter diesem Oberbegriff werden sexuelle Differenzierungsstörungen zusammengefasst, bei denen das chromosomale und gonadale Geschlecht weiblich, das äußere Erscheinungsbild jedoch intersexuell bis vollständig maskulin ist. Ursächlich dafür ist eine vermehrte Zufuhr von Testosteron während der Embryonalentwicklung. Die häufigste Ursache des Pseudohermaphroditismus femininus stellt das sog. **adrenogenitale Syndrom (AGS)** dar: Aufgrund verschiedener Enzymdefekte (am häufigsten ist ein 21-Hydroxylase-Mangel) wird zu wenig Kortisol gebildet. Infolgedessen kommt es zu einem Anstieg der ACTH-Ausschüttung (negative Rückkopplung; Versuch des Körpers, für eine ausreichende Glukokortikoidversorgung zu sorgen) mit nachfolgender Nebennierenrindenhyperplasie und vermehrter Umwandlung der anfallenden Stoffwechselprodukte in Androgene. Klinisch manifestiert sich dies in einer Virilisierung des äußeren Genitales, die unterschiedlich stark ausgeprägt sein kann: Die leichteste Form stellt die Klitorishypertrophie dar. In Extremfällen wird das Kind bei Geburt als Junge eingestuft, allerdings ist das Skrotum leer und bei der Sonografie fallen weibliche innere Geschlechtsorgane auf. Manifestiert sich der Defekt erst später (sog. late-onset-AGS), fallen die Patienteninnen vor allem durch Störungen des Pubertätseintritts (prämature Pubarche bei beschleunigtem Längenwachstum mit verfrühtem Epiphysenschluss) oder durch Hirsutismus (verstärkte, dem männlichen Behaarungstyp entsprechende Behaarung bei Frauen) und Zyklusstörungen (Amenorrhö, anovulatorische Zyklen) auf (vgl. hierzu S. 375).

▶ Klinik.

## 12.10.2 Pubertät

Als Pubertät (von lat. pubes = Körper- oder Schambehaarung) bezeichnet man den Zeitraum, der die Stadien der sexuellen und körperlichen Reifung umfasst.

Die normale Pubertät dauert ca. 3 – 6 Jahre. Sie beginnt durchschnittlich mit dem 10. Lebensjahr, wobei sie bei Mädchen um etwa 0,5 – 1,5 Jahre früher einsetzt als bei Jungen. Der Eintritt der Menarche hat sich in den letzten 100 Jahren um ca. zwei Jahre vorverlegt.

### 12.10.2 Pubertät

Als Pubertät bezeichnet man den Zeitraum der sexuellen und körperlichen Reifung.

Die normale Pubertät dauert ca. 3 – 6 Jahre. Sie beginnt durchschnittlich mit dem 10. Lebensjahr (bei Mädchen früher als bei Jungen).

Zusätzlich zur körperlichen und sexuellen Reifung erfolgt während der Pubertät eine starke Prägung der Persönlichkeit.

**Hormonelle Regulation und Auslöser der Pubertät**

**Hormonelle Regulation:**
- **Östrogene** (s. auch S. 417) steuern die Entwicklung der Brust, das Wachstum des Uterus, die Veränderung der Körperproportionen, die Anlagerung von Körperfett und die Reifung der weiblichen Genitalien; sie stimulieren die Osteoblasten.
- **Testosteron** (aus Gonaden und NNR) stimuliert das Wachstum der Gesichts-, Scham- und Körperbehaarung, beeinflusst die Stimmlage, stimuliert das Wachstum von Knochen und Muskulatur, bedingt die Entwicklung männlicher Genitalien und steuert die Ausbildung der sekundären Geschlechtsmerkmale (s. auch S. 420).

Auch **Wachstums- und Schilddrüsenhormone** (s. S. 355 bzw. 363) tragen zu den Veränderungen während der Pubertät bei. Die verstärkte Ausschüttung von **Prolaktin** beeinflusst die Brust- und Gonadenentwicklung.

**Auslöser:** Welche Mechanismen letztendlich die individuellen endokrinen Veränderungen auslösen, ist noch unbekannt. Möglicherweise spielt **Leptin** eine Rolle.

**Körperliche Entwicklung im Verlauf der Pubertät**

**Pubertät bei Mädchen**

Charakteristische Veränderungen sind Brustentwicklung, Entwicklung der Schambehaarung, Auftreten der ersten Menstruation und Wachstumsschub.

**Thelarche:** Das Wachstum der Brustdrüse beginnt normalerweise zwischen dem 8. und 13. Lebensjahr. Zunächst entwickelt sich die sog. **Knospenbrust**, im weiteren Verlauf färbt sich der Warzenhof dunkler. Mit 16 Jahren ist die Brust in der Regel ausgereift.

**Pubarche:** Zwischen dem 8. und 14. Lebensjahr entwickelt sich infolge einer steigenden Androgensekretion aus der Nebennierenrinde (sog. **Adrenarche**) die Schambehaarung.

**Menarche:** Im Alter von 11–13 Jahren setzt bei den meisten Mädchen die erste Regelblutung ein. Anfangs treten gehäuft anovulatorische Zyklen auf.

Die Pubertät ist nicht nur durch eine beschleunigte körperliche und sexuelle Reifung, sondern auch durch eine starke Prägung der Persönlichkeit gekennzeichnet.

## Hormonelle Regulation und Auslöser der Pubertät

**Hormonelle Regulation:** Nach der Geburt sind die Gonaden zunächst weitgehend „ruhig gestellt". Mit Beginn der Pubertät wird durch GnRH (s. S. 413) in der Hypophyse die Bildung und Sekretion der Gonadotropine FSH und LH stimuliert. Infolgedessen werden in den Gonaden Androgene und Östrogene freigesetzt (sog. **Gonadarche**), welche die geschlechtstypische körperliche Entwicklung stimulieren:
- **Östrogene** (s. auch S. 417) steuern die Entwicklung der Brust, das Wachstum des Uterus, die Veränderung der Körperproportionen, die Anlagerung von Körperfett sowie die Reifung der weiblichen Genitalien. Außerdem stimulieren sie die Osteoblasten.
- **Testosteron** stimuliert das Wachstum der Gesichts-, Scham- und Körperbehaarung, beeinflusst die Stimmlage, stimuliert das Wachstum von Knochen und Muskulatur, bedingt die Entwicklung männlicher Genitalien und steuert die Ausbildung der sekundären Geschlechtsmerkmale (s. auch S. 420).

Die vermehrte Aktivierung der Hypophyse ist zudem mit einem Anstieg der Androgenproduktion in der Nebennierenrinde verbunden (sog. **Adrenarche**, ca. 6–8. Lebensjahr). Weiterhin werden in der Hypophyse verstärkt **Wachstums- und schilddrüsenstimulierende Hormone** (s. S. 352) sowie **Prolaktin** ausgeschüttet. Letzteres beeinflusst die Brustentwicklung und die Entwicklung der Gonaden.

**Auslöser:** Welche Mechanismen letztendlich die individuellen endokrinen Veränderungen auslösen, ist noch unbekannt. Als ein mögliches metabolisches Signal betrachtet man **Leptin**, ein in den Fettzellen produziertes Hormon, das bei Vorliegen eines bestimmten Anteils an Körperfett in Bezug auf das Gesamtkörpergewicht möglicherweise ein Signal im Hypothalamus freisetzt.

## Körperliche Entwicklung im Verlauf der Pubertät

### Pubertät bei Mädchen

Bei den Mädchen treten während der Pubertät folgende körperlichen Veränderungen auf:
- Brustentwicklung
- Entwicklung der Schambehaarung
- Auftreten der ersten Menstruation
- Wachstumsschub (s. u.).

**Brustentwicklung (Thelarche):** Das Wachstum der Brustdrüse ist meist das erste nach außen hin sichtbare Zeichen der Pubertät und beginnt normalerweise zwischen dem 8. und 13. Lebensjahr. Zunächst entwickelt sich die sog. **Knospenbrust**, die sich durch eine leichte Erhebung der Brust und der Brustwarze sowie durch eine sich vergrößernde Areola auszeichnet. Im weiteren Verlauf der Brustentwicklung färbt sich der Warzenhof durch vermehrte Pigmentierung immer dunkler. Mit 16 Jahren ist die Brust in der Regel ausgereift. Die reife Brust zeichnet sich durch eine abgeflachte Areola aus, die sich nicht mehr von der Kontur der Brust abhebt.

**Entwicklung der Schambehaarung (Pubarche):** Zwischen dem 8. und 14. Lebensjahr entwickelt sich infolge einer steigenden Androgensekretion aus der Nebennierenrinde (sog. **Adrenarche**) die Schambehaarung. Zunächst kommt es zu einem spärlichen Wachstum von langen, leicht pigmentierten, geraden oder nur ganz leicht gekräuselten Haaren an der Basis der großen Labien. Die klassische feminine Verteilungsform zeichnet sich durch eine dreieckförmige Verteilung der Haare mit horizontalem Abschluss und Übergang auf die Innenseite der Oberschenkel aus.

**Auftreten der ersten Monatsblutung (Menarche):** Im Alter von 11 bis 13 Jahren setzt bei den meisten Mädchen die erste Regelblutung ein. Anfänglich ist die Periodenblutung zumeist noch unregelmäßig, da gehäuft anovulatorische Zyklen auftreten. Nach durchschnittlich 6–24 Monaten tritt die Blutung dann in regelmäßigen Abständen auf.

**Wachstumsschub:** Der Wachstumsschub setzt zumeist zwischen 9,5 und 14,5 Jahren ein und dauert ca. 2 Jahre an. Er ist v. a. durch eine große Zunahme des allgemeinen Längenwachstums gekennzeichnet: Es werden Spitzenwachstumsgeschwindigkeiten von bis zu 8 cm pro Jahr erreicht.

**Wachstumsschub:** Er setzt meist zwischen 9,5 und 14,5 Jahren ein, dauert ca. 2 Jahre und ist v. a. durch eine starkes Längenwachstum gekennzeichnet (bis zu 8 cm pro Jahr).

### Pubertät bei Jungen

Bei den Jungen treten während der Pubertät folgende körperlichen Veränderungen auf:

- Wachstum von Hoden und Penis
- Entwicklung von Scham-, Achsel- und Barthaaren
- Stimmbruch
- Auftreten erster Ejakulationen
- Wachstumsschub.

Charakteristische Veränderungen sind Wachstum von Hoden und Penis, Entwicklung von Scham-, Achsel- und Barthaaren, Stimmbruch, Auftreten erster Ejakulationen und Wachstumsschub.

**Wachstum von Hoden und Penis:** Bei Knaben ist zunächst eine Vergrößerung von Hoden und Hodensack zu verzeichnen. Anschließend vergrößert sich der Penis, wobei zunächst das Längenwachstum dominiert (das maximale Längenwachstum des Penis erfolgt mit ca. 16 Jahren).

**Wachstum von Hoden und Penis:** Das Wachstum von Hoden und Hodensack geht dem Peniswachstum voraus. Bei Letzterem dominiert zunächst das Längenwachstum.

**Entwicklung von Scham-, Achsel- und Barthaaren:** Im Alter von 11,5 bis 15 Jahren wachsen die ersten Schamhaare zunächst spärlich an der Basis des Penis und breiten sich schließlich zunächst in vertikaler, dann in horizontaler Richtung über den Unterleib und bis auf die Oberschenkel aus. Dabei werden die Haare zunehmend dunkler und lockiger.
Etwa 2 Jahre später beginnt das Wachstum von Achsel- und Barthaaren. Letztere sprießen zunächst über der Oberlippe.

**Entwicklung von Scham-, Achsel- und Barthaaren:** Die ersten Schamhaare wachsen ca. ab dem Alter von 11,5 Jahren. Das Wachstum der Achsel- und Barthaare beginnt ca. 2 Jahre später.

**Stimmbruch:** Zwischen dem 14. und 15. Lebensjahr kommt es zum Stimmbruch, der durch eine hormonabhängige Vergrößerung des Kehlkopfes und eine Verlängerung der Stimmbänder hervorgerufen wird. Die kindlich hohe Stimme des Jungen verändert sich allmählich zur tieferen männlichen Stimme. Da diese Entwicklung langsam verläuft, kommt es immer wieder zu Schwankungen der Stimme, was zu einem für den Stimmbruch charakteristischen „Krächzen" führt.

**Stimmbruch:** Zwischen dem 14. und 15. Lebensjahr kommt es zum Stimmbruch, der durch eine hormonabhängige Vergrößerung des Kehlkopfes und eine Verlängerung der Stimmbänder hervorgerufen wird.

**Auftreten der ersten Ejakulation (Spermarche):** Zwischen dem 9. und 15. Lebensjahr kommt es zur meist durch Masturbation hervorgerufenen ersten Ejakulation. Bei einem kleinen Teil der Jungen tritt diese erste Ejakulation unwillkürlich während der Nacht auf (nächtliche Pollution).

**Spermarche:** Die erste Ejakulation tritt zwischen dem 9. und 15. Lebensjahr auf und ist meist willkürlich hervorgerufen.

**Wachstumsschub:** Bei Jungen beginnt der Wachstumsschub durchschnittlich mit ca. 14 Jahren (also 2 Jahre später als bei den Mädchen) und dauert ca. 2 Jahre an.

**Wachstumsschub:** Bei Jungen beginnt der Wachstumsschub durchschnittlich mit ca. 14 Jahren und dauert ca. 2 Jahre an.

**▶ Klinik.** Wenn sich bei einem Mädchen bis zum 14. Lebensjahr noch keine sekundären Geschlechtsmerkmale entwickelt haben oder wenn bis zum 16. Lebensjahr noch keine Menarche aufgetreten ist, liegt eine sog. **Pubertas tarda** vor. Der häufigste Grund für einen verzögerten Pubertätsbeginn ist eine konstitutionelle Entwicklungsverzögerung. Davon sind als weitere mögliche Ursachen funktionelle oder organische Läsionen im Bereich von Hypothalamus, Hypophyse oder Ovar abzugrenzen. Auch Systemerkrankungen, wie z. B. die Hämochromatose (Eisenspeicherkrankheit), Mangelernährung (z. B. im Rahmen einer Magersucht) oder Leistungssport, können Ursachen einer Pubertas tardas sein.
Die häufigste gonadale Ursache der Pubertas tarda stellt das **Ullrich-Turner- Syndrom** (Karyotyp 45, X0) dar. Hier unterbleibt die Differenzierung der bipotenten Urgonade zur reifen weiblichen Gonade, was eine gonadale Insuffizienz zur Folge hat (→primäre Amenorrhö und fehlende Entwicklung der sekundären Geschlechtsmerkmale). Weitere charakteristische Merkmale des Ullrich-Turner-Syndroms sind Minderwuchs und in einigen Fällen ein sog. Pterygium colli (Flügelfell). Auch Fehlbildungen im kardiovaskulären System (z. B. Aortenisthmusstenose) und im Bereich der Nieren (z. B. ein- oder beidseitige Doppelnieren) können mit dem Turnersyndrom vergesellschaftet sein. Die Diagnose wird durch Hormonbestimmung (→erhöhte FSH- und LH-Konzentrationen im Serum) und Karyotypisierung gesichert. Die Therapie besteht in einer oftmals lebenslangen Substitution von Östrogenen, wodurch ein Wachstum von Uterus und Brust erreicht und einer Osteoporose vorgebeugt wird.

**▶ Klinik.**

## 12.11 Klimakterium

**▶ Definition.** Als Klimakterium (sog. **Wechseljahre**) bezeichnet man die gesamte Übergangsphase vom Ende der vollen Geschlechtsreife bis zum Senium der Frau (ca. 45.–60. Lebensjahr).

Etwa ab dem 45. Lebensjahr kommt es zum langsamen Nachlassen der endokrinen Funktion der Eierstöcke. Dieser Prozess dauert mehrere Jahre und wird in verschiedene Phasen eingeteilt:

- **Prämenopause** = der ca. 4–5 Jahre umfassende Zeitraum vom Beginn der ersten klimakterischen Beschwerden (s. u.) bis zur letzten Menstruationsblutung.
- **Menopause** = die letzte von den Eierstöcken gesteuerte Menstruationsblutung, die durchschnittlich um das 52. Lebensjahr herum auftritt.
- **Postmenopause** = der Zeitraum ab einem Jahr nach der Menopause.

### Organische Ursachen des Klimakteriums

Als histopathologisches Korrelat der Alterung und endokrinen Minderfunktion des Ovars findet sich eine zunehmende Sklerose der ovariellen Gefäße sowie eine Verarmung an Follikeln. Folge des Follikelmangels ist eine insuffiziente Östradiolproduktion. Reaktiv steigen FSH und LH an (negatives Feedback, s. S. 415). Den Hauptteil der „Menopausegonadotropine" bildet FSH, dessen Konzentration im Mittel um mehr als das 6-Fache ansteigt.

### Somatische und vegetative Veränderungen und deren Symptome

**Mit Beginn des Klimakteriums** kommt es zum Auftreten von Blutungsunregelmäßigkeiten. Außerdem treten vegetative Symptome und auch psychische Veränderungen auf, die unter dem Begriff **„klimakterisches Syndrom"** zusammengefasst und der sinkenden Östrogenkonzentration im Serum zugeschrieben werden. Zu den Symptomen gehören u. a. Hitzewallungen, die oftmals mit Schweißausbrüchen einhergehen (besonders nachts), Herzrasen, Kopfschmerzen, Minderung der Leistungskraft, Antriebsarmut, Stimmungsschwankungen, Depressionen, Schlafstörungen und gesteigerte Nervosität.

**Später** kommt es zum endgültigen Sistieren der Blutungen und durch den Östrogenmangel zu organischen Veränderungen, die v. a. die Zielorgane der Östrogene betreffen:

- **Uterus:** Der Zyklus endet bei den meisten Frauen nicht mit einer letzten normalen Menstruationsblutung, sondern die Prämenopause ist zumeist durch **vielfältige Blutungsstörungen** gekennzeichnet.
  Es kann beispielsweise infolge des Überangebots an FSH (s. o.) zu einem Ausbleiben des Eisprungs (Anovulation) und einem Fortbestehen der Follikel (Follikelpersistenz →Bildung von Follikelzysten) kommen. In den Follikeln wird die Östrogenproduktion weiter fortgesetzt und die Progesteronproduktion bei stark eingeschränkter Luteinisierungskapazität hinausgezögert, Folge ist eine überschießender Proliferation und ungenügende sekretorische Transformation des Endometriums mit Auftreten einer **Hypermenorrhö** (verstärkte Regelblutung).
  Die nachlassende ovarielle Funktion kann sich beispielsweise auch in **prämenstruellen Zusatzblutungen** äußern (durch Corpus-luteum-Insuffizienz).
- **Vagina, Vulva:** Die Schleimhaut wird dünner, empfindlicher und trockener, wodurch u. a. auch die Infektanfälligkeit ansteigt. Aufgrund der Schleimhautveränderungen besteht häufig ein **Pruritus vulvae** (Juckreiz im Bereich der Vulva). Durch Abnahme der Gewebselastizität kommt es zu Schrumpfungsprozessen, die Schmerzen beim Geschlechtsverkehr nach sich ziehen **(Dyspareunie)**.
- **Mammae:** Im Klimakterium tritt eine zunehmende Involution der Brustdrüse ein, das Bindegewebe bildet sich immer weiter zurück und die Läppchen degenerieren (kleinzystische Läppchendegeneration).
- **Haut:** Die Elastizität der Haut nimmt ab, die Haut wird dünner, es kommt zur vermehrten Faltenbildung. Das Hautrelief kann unregelmäßiger werden, es kann zum Auftreten von Hyperpigmentierungen und vermehrten Gefäßektasien kommen.

---

12.11 Klimakterium

**▶ Definition.**

Etwa ab dem 45. Lebensjahr kommt es zum langsamen Nachlassen der endokrinen Funktion der Eierstöcke. Man unterscheidet folgende Phasen:

- Prämenopause
- Menopause
- Postmenopause.

**Organische Ursachen des Klimakteriums**

Histopathologisches Korrelat des Klimakteriums ist eine zunehmende Sklerose der ovariellen Gefäße und eine Verarmung an Follikeln. Folge ist ein Östrogenmangel mit reaktivem Anstieg von FSH (ca. 6-fach!) und LH.

**Somatische und vegetative Veränderungen und deren Symptome**

**Mit Beginn des Klimakteriums** treten Blutungsunregelmäßigkeiten sowie vegetative Symptome und psychische Veränderungen auf, die unter dem Begriff **„klimakterisches Syndrom"** zusammengefasst werden.

**Später** sistieren die Blutungen und es kommt durch den Östrogenmangel zu organischen Veränderungen:

- **Uterus:** Der Zyklus endet bei den meisten Frauen nicht mit einer letzten normalen Menstruationsblutung, sondern es kommt zu **vielfältigen Blutungsstörungen**, wie z. B. Hypermenorrhö oder prämenstruelle Zwischenblutungen.
- **Vagina, Vulva:** Die Schleimhaut wird dünner, empfindlicher und trockener. Daher besteht oftmals ein **Pruritus vulvae**. Durch Abnahme der Gewebselastizität kommt es zu Schrumpfungsprozessen (→ **Dyspareunie**).
- **Mammae:** Es kommt zu einer zunehmenden Involution von Drüsen- und Bindegewebe.
- **Haut:** Die Elastizität der Haut nimmt ab, die Haut wird dünner und es bilden sich vermehrt Falten. Evtl. treten Hyperpigmentierungen und vermehrt Gefäßektasien auf.

- **Knochen:** Während und unmittelbar nach der Menopause kommt es unter anderem aufgrund der nachlassenden Östrogenbildung zu einem beschleunigten Knochendichteverlust **(Osteoporose)**, wodurch sich das Frakturrisiko erhöht.
  Weitere Ursachen der Osteoporose – neben einer hereditären Komponente – sind beispielsweise Rauchen, Alkoholgenuss, alimentärer Kalziummangel, konstitutionelle Faktoren sowie Bewegungsmangel. Symptome der Osteoporose in Form von Schmerzen wechselnder Intensität und Lokalisation treten zumeist erst spät auf und werden durch Frakturen und Wirbelkörpereinbrüche, subperiostale Blutungen oder Subluxation kleiner Wirbelgelenke und Fehlstellungen hervorgerufen. Im Laufe des Seniums kann es zu einer deutlichen Reduktion der Körpergröße sowie zur Bildung eines Rundrückens („Witwenbuckel") kommen.
- **Kardiovaskuläres System:** Östrogene sind neben anderen Hormonen und Zytokinen in den lokalen Stoffwechsel von Gefäßendothelien und den diese umgebenden Gefäßwänden eingebunden. Östrogene beeinflussen zudem positiv den Fettstoffwechsel (Erhöhung des HDL) sowie die Blutgerinnung. Östrogenmangel stellt deshalb – neben einer Vielzahl von exogenen Faktoren – einen endogenen Risikofaktor für die Atherosklerose (s. auch S. 189) dar.

- **Knochen:** Während und unmittelbar nach der Menopause kommt es u. a. aufgrund der nachlassenden Östrogenbildung zu einem beschleunigten Knochendichteverlust **(Osteoporose)** und somit zu einem Anstieg des Frakturrisikos.
  Im Laufe des Seniums kann es zu einer deutlichen Reduktion der Körpergröße sowie zur Bildung eines Rundrückens („Witwenbuckel") kommen.
- **Kardiovaskuläres System:** Der Östrogenmangel stellt – neben einer Vielzahl von exogenen Faktoren – einen endogenen Risikofaktor für die Atherosklerose (s. auch S. 189) dar.

### Häufigkeit, Ausprägung und Dauer der Beschwerden

**Die Häufigkeit** der o.g. Symptome variiert individuell beträchtlich. Unter den verschiedenen Erscheinungen des Klimakteriums spielen die vasomotorischen Symptome wie Hitzewallungen (bei ca. 70% der Frauen), Schwitzen (ca. 55%) und Schwindel (ca. 45%) die größte Rolle.

Die **Ausprägung** der Beschwerden ist großen Schwankungen unterworfen und hängt sowohl von körperlichen als auch von psychischen und sozialen Bedingungen der einzelnen Frau ab:
- Ca. ⅓ der Frauen hat kaum oder keine Beschwerden,
- ca. ⅓ hat leichte bis mittlere Beschwerden und
- ca. ⅓ mittlere bis starke Beschwerden.

Auch die **Dauer** der Beschwerden variiert stark: Manche Frauen leiden nur 6 Monate an typischen Beschwerden, andere über einen Zeitraum von 3–5 Jahren.

### Häufigkeit, Ausprägung und Dauer der Beschwerden

**Häufigkeit:** Die vasomotorischen Symptome wie Hitzewallungen (bei ca. 70% der Frauen), Schwitzen (ca. 55%) und Schwindel (ca. 45%) spielen die größte Rolle.

Die **Ausprägung** der Beschwerden schwankt je nach körperlichen, psychischen und sozialen Bedingungen der einzelnen Frauen zwischen gar nicht/kaum, leicht–mittelstark, mittelstark–stark (je ca. ⅓).

Die Beschwerden können zwischen 6 Monaten und 3–5 Jahren **andauern**.

**▶ Klinik.** Der Nutzen der **Hormonersatztherapie bei klimakterischen Beschwerden** gerät aufgrund der damit verbundenen Nebenwirkungen (Erhöhung des Risikos für Thrombosen, Brustkrebs, Schlaganfall und koronare Herzkrankheit) immer wieder in Diskussion. Akzeptierte Indikationen für den Beginn einer Hormonersatztherapie stellen u.a. starke, anderweitig nicht behandelbare klimakterische Beschwerden sowie das Climacterium praecox dar. Die Behandlung soll so kurz wie möglich und mit dem niedrigstmöglich dosierten Präparat erfolgen. Zur Anwendung kommen dabei Östrogen-Gestagen-Kombinationspräparate, die entweder sequenziell (z.B. 10 Tage Östrogenmonotherapie, anschließend 10–14 Tage Östrogen- + Gestagentherapie) oder kontinuierlich (tägliche Einnahme einer fixen Kombination von Östrogen und Gestagen) verabreicht werden:
- Die **sequenzielle Therapie** kommt meist in der Perimenopause zur Anwendung: Die Frauen haben im Anschluss an die zweite Phase des Kombinationspräparates weiterhin ihre Periodenblutung.
- Die **kontinuierliche Therapie** kommt insbesondere dann zum Einsatz, wenn die Menopause bei Therapiebeginn ≥ 12 Monate zurückliegt. Darunter kommt es zu keinen weiteren Regelblutungen mehr.

Die Präparate können oral und transdermal (Pflaster) verabreicht werden. Das Gestagen ist erforderlich, um eine Transformation des Endometriums zu erreichen und so eine **Endometriumhyperplasie** zu verhindern, die mit einem erhöhten Risiko für ein Endometriumkarzinom einhergeht.
In den letzten Jahren werden in der Behandlung klimakterischer Beschwerden zunehmend sog. **Phytoöstrogene** (z.B. bestimmte Isoflavone), also pflanzliche Stoffe mit östrogenähnlicher Struktur eingesetzt, die wie schwache Östrogene oder Antiöstrogene wirken können.

**▶ Klinik.**

# Ernährung, Verdauung und Absorption, Leber

# 13 Ernährung, Verdauung und Absorption, Leber

# 13 Ernährung, Verdauung und Absorption, Leber

## 13.1 Ernährung

Eine **gesunde Ernährung** ist eine wichtige Voraussetzung für ein gesundes Leben. Von einer gesunden Ernährung spricht man dann, wenn die zugeführten Nahrungsmittel den täglichen Bedarf an Energieträgern, Wasser, Mineralstoffen, Vitaminen und Spurenelementen decken.
Als ungefähre Richtlinie für eine gesunde Ernährung gilt:

- Vollkornprodukte anstelle von Produkten aus Getreide, welches von Kleie bzw. Keimling befreit wurde
- wenig Fleisch
- regelmäßig Fisch
- mehrmals täglich Obst und Gemüse
- viele Ballaststoffe
- wenig Zucker
- ungesättigte Fettsäuren aus Pflanzen und Fischen.

Wie groß der Energiebedarf eines Menschen ist, warum Produkte aus Vollkorn vorgezogen werden sollen, wie viele Vitamine, Mineralstoffe und Spurenelemente zugeführt werden sollen und worin diese enthalten sind, wozu Ballaststoffe benötigt werden und weshalb ungesättigte Fettsäuren den gesättigten vorzuziehen sind, wird in den nachfolgenden Abschnitten erläutert.

### 13.1.1 Energiebedarf

Energie wird in Joule (J) gemessen. 4,2 J entsprechen 1 Kalorie (cal). Ein normal aktiver Erwachsener hat einen **Energiebedarf** von etwa **8820 kJ bzw. 2100 kcal pro Tag**. In Abhängigkeit vom Lebensalter, vom Geschlecht und v. a. von der körperlichen Aktivität kann der Energiebedarf jedoch stark schwanken. Bei schwerer körperlicher Belastung kann er sich beispielsweise verdoppeln, ein Schwerstarbeitender benötigt sogar bis zu 21 000 kJ/Tag.

**Energiequellen der Nahrung:**

- **Kohlenhydrate** (physiologischer Brennwert: Ca. 17 kJ/g bzw. 4,1 kcal/g),
- **Proteine** (ca. 17 kJ/g bzw. 4,1 kcal/g) und
- **Fette** (ca. 39 kJ/g bzw. 9,3 kcal/g).

Informationen zur Bestimmung des Energiegehalts der Stoffe (→ direkte Kalorimetrie) bzw. des Energieumsatzes des Körpers (→ indirekte Kalorimetrie) finden Sie ab S. 514.

### 13.1.2 Nahrungsbestandteile

Zu den Bestandteilen der Nahrung gehören neben Kohlenhydraten, Proteinen und Fetten Vitamine, Mineralstoffe, Spurenelemente, Ballaststoffe und Wasser.
Substanzen, die der Körper nicht selbst synthetisieren kann und die deshalb in bestimmten Mindestmengen zugeführt werden müssen, bezeichnet man als **essenzielle Nahrungsbestandteile**.

▶ **Merke.** Zu den **essenziellen Nahrungsbestandteilen** gehören

- die Vitamine (s. Tab. **13.1**, S. 462),
- die Mineralstoffe (s. Tab. **13.2**, S. 463),
- bestimmte Spurenelemente (s. Tab. **13.3**, S. 464),
- die essenziellen Fettsäuren (Linolsäure und Linolensäure) und
- die essenziellen Aminosäuren (Valin, Leucin, Isoleucin, Phenylalanin, Tryptophan, Methionin, Threonin und Lysin).

13 Ernährung, Verdauung und Absorption, Leber

13.1 Ernährung

Von einer **gesunden Ernährung** spricht man dann, wenn die zugeführten Nahrungsmittel den täglichen Bedarf an Energieträgern, Wasser, Mineralstoffen, Vitaminen und Spurenelementen decken.

13.1.1 Energiebedarf

Der Energiebedarf kann in Abhängigkeit vom Lebensalter, vom Geschlecht und v. a. von der körperlichen Aktivität stark schwanken. Bei einem normal aktiven Erwachsenen beträgt er etwa **8820 kJ bzw. 2100 kcal pro Tag** (4,2 J = 1 cal).

**Energiequellen der Nahrung:**

- **Kohlenhydrate** (ca. 17 kJ/g bzw. 4,1 kcal/g)
- **Proteine** (ca. 17 kJ/g bzw. 4,1 kcal/g)
- **Fette** (ca. 39 kJ/g bzw. 9,3 kcal/g).

Zur Bestimmung des Energiegehalts der Stoffe bzw. des Energieumsatzes des Körpers s. S. 514.

13.1.2 Nahrungsbestandteile

Hierzu gehören Kohlenhydrate, Proteine, Fette, Vitamine, Mineralstoffe, Spurenelemente, Ballaststoffe und Wasser.
**Essenzielle Nahrungsbestandteile** sind Substanzen, die der Körper nicht selbst synthetisieren kann.

▶ Merke.

Kohlenhydrate, Proteine und Fette sind zur Energiegewinnung weitgehend untereinander austauschbar (sog. **Isodynamie der Nahrungsstoffe**). Da sie aber noch weitere Funktionen erfüllen (s. u.), ist eine ausgewogene Zufuhr dieser Substanzen erforderlich.

Kohlenhydrate, Proteine und Fette sind zur Energiegewinnung weitgehend untereinander austauschbar (sog. **Isodynamie der Nahrungsstoffe**). Allerdings erfüllen die verschiedenen Stoffe noch weitere Funktionen, wozu die chemische Struktur der Substanzen relevant ist (s. u.). Da der Organismus die verschiedenen Energielieferanten nicht beliebig ineinander umwandeln kann, ist eine ausgewogene Zufuhr dieser Substanzen erforderlich.

### Kohlenhydrate

Mit der Nahrung werden sowohl verdaubare als auch nicht verdaubare (**Ballaststoffe**, s. S. 465) Kohlenhydrate aufgenommen. Die nachfolgenden beiden Abschnitte beziehen sich auf die **verdaubaren Kohlenhydrate**. Diese werden als Mono-, Oligo- oder Polysaccharide aufgenommen.

Kohlenhydrate sind wichtige Bestandteile der Ernährung. Mit der Nahrung werden sowohl verdaubare als auch nicht verdaubare Kohlenhydrate aufgenommen. Letztere, zu denen u. a. die Zellulose gehört, machen einen Großteil der sog. **Ballaststoffe** aus (s. S. 465). Die nachfolgenden beiden Abschnitte beziehen sich auf die **verdaubaren Kohlenhydrate**. Diese können als Mono- (z. B. Fruktose und Glukose), Oligo- (z. B. die Disaccharide Saccharose und Laktose) oder Polysaccharide aufgenommen werden.

**Funktion:** Kohlenhydrate sind die wichtigsten **Energielieferanten** der Zellen.

**Funktion:** Kohlenhydrate sind die wichtigsten **Energielieferanten** der Zellen. Das Gehirn beispielsweise deckt seinen Energiebedarf nahezu ausschließlich über Glukose.

**Bedarf:** Es gibt keine absolute Bedarfsgrenze, da der Energiebedarf theoretisch auch ausschließlich über Proteine und Fette gedeckt werden könnte. Eine kohlenhydratfreie Ernährung wäre allerdings aufgrund der Gefahr einer Ketoazidose (vgl. S. 277) unbekömmlich.

**Bedarf:** Da bei unzureichender Kohlenhydratzufuhr Proteine zu Glukose verstoffwechselt werden (Glukoneogenese) und der Energiebedarf somit theoretisch ausschließlich über Proteine und Fette gedeckt werden könnte, gibt es für Kohlenhydrate keine absolute Bedarfsgrenze. Eine kohlenhydratfreie Ernährung wäre allerdings unbekömmlich, da die kompensatorische Vermehrung von Proteinabbau und Lipolyse durch Anreicherung von Ketonkörpern eine Azidose verursachen würde (vgl. S. 277).

► Merke.

► Merke. Unter **normalen Bedingungen** sollten ca. **55–60%** des Energiebedarfs durch Kohlenhydrate gedeckt werden.

Bei einem **akut erhöhten Energiebedarf** (z. B. beim Sport) sollte v. a. der Kohlenhydratanteil erhöht werden.

Bei einem **akut erhöhten Energiebedarf** – z. B. beim Sport – sollte v. a. der Anteil der leicht und somit schnell verdaubaren Kohlenhydrate an der Ernährung erhöht werden.

### Proteine

**Funktion:** Proteine dienen als **Energielieferanten**, sind die wichtigste Quelle **essenzieller Aminosäuren** und versorgen den Körper mit den **anorganischen Stickstoffverbindungen** zur Synthese von Proteinen, Aminoalkoholen, Purinen und Pyrimidinen.

**Funktion:** Proteine dienen zum einen als **Energielieferanten**, zum anderen der Zufuhr **essenzieller Substanzen:**

- Sie sind die wichtigste Quelle für die **acht essenziellen Aminosäuren** (s.o.).
- Sie liefern die **anorganischen Stickstoffverbindungen**, die der Organismus für die Synthese von Proteinen, Aminoalkoholen (= Bestandteile von Phospholipiden), Purinen und Pyrimidinen benötigt.

**Bedarf:** Das **absolute Proteinminimum** der Ernährung liegt bei ca. 20 g/d (entspricht der täglichen **Verschleiß- = Abnutzungsrate**).

**Bedarf:** Bei einer zwar energetisch ausreichenden, jedoch proteinfreien Ernährung fällt die Stickstoffausscheidung im Urin (= Maß für den Proteinstoffwechsel) bis auf 3,6 g/Tag ab. Dies entspricht der kontinuierlichen **Verschleißrate (= Abnutzungsrate)** des Körpers. Daraus ergibt sich eine tägliche Abnutzungsrate von ca. 20 g Protein (Proteine haben einen Stickstoffanteil von ca. 16%). Diese wird als das **absolute Proteinminimum** der Ernährung angesehen. Nimmt man allerdings nur diese 20 g Protein/d zu sich, bleibt die Stickstoffbilanz negativ, d. h. es wird mehr Stickstoff ausgeschieden als aufgenommen.

► Merke.

► Merke. Erst bei einer täglichen Proteinaufnahme von **30–40 g** erreicht man eine ausgeglichene Stickstoffbilanz, weshalb diese Menge als **Bilanzminimum** bezeichnet wird.
Das **Proteinoptimum** der Ernährung liegt bei **1 g/kg** Körpergewicht.
Unter normalen Bedingungen sollten **10–15%** des Energiebedarfs über Proteine gedeckt werden.

### Fette

Nahrungsfette werden größtenteils in Form von **Triglyzeriden** (ca. 90%), aber auch als Phospholipide, Cholesterin, Cholesterinester und Sphingolipide aufgenommen.

**Funktion:** Fette sind wichtige **Energiespeicher**. Außerdem erleichtern sie wesentlich die **Absorption der fettlöslichen Vitamine** A, D, E und K.

**Bedarf:** Aus energetischen Gründen ist es wünschenswert, den Fettgehalt der Nahrung zu reduzieren (Richtwert s. *Merke*). Allerdings sind einige Fettstoffe **essenziell**, nämlich die **fettlöslichen Vitamine** A, D, E und K (s. Tab. **13.1**) und die beiden mehrfach ungesättigten Fettsäuren **Linolsäure** (18 : 2 $\Delta^{9,12}$) und **α-Linolensäure** (18 : 3 $\Delta^{9,12,15}$). Linol- und Linolensäure sind Vorstufen von Lipidsignalmolekülen (z. B. Arachidonsäure: 20 : 4 $\Delta^{5,8,11,14}$) und strukturelle Komponenten der Zellmembran. Täglich sollten 6,5 g Linolsäure aufgenommen werden, das sind ca. 2% des täglichen Energiebedarfs. Es wird empfohlen, Linolsäure und α-Linolensäure in einem Mengenverhältnis von 5 : 1 aufzunehmen. Dementsprechend sollte man täglich 1,3 g α-Linolensäure zu sich nehmen. Quellen mehrfach ungesättigter Fettsäuren sind pflanzliche Öle und Fisch.

Fette werden größtenteils in Form von **Triglyzeriden** (ca. 90 %) aufgenommen.

**Funktion:** Sie sind wichtige **Energiespeicher** und erleichtern wesentlich die **Absorption der fettlöslichen Vitamine**.
**Bedarf:** Der tägliche Bedarf an den **essenziellen**, mehrfach ungesättigten Fettsäuren **Linol- und α-Linolensäure** liegt bei 6,5 g (Linolsäure) bzw. 1,3 g (α-Linolensäure). Quellen sind pflanzliche Öle und Fisch. Zu den **fettlöslichen Vitaminen** s. Tab. **13.1**.

► **Merke.** Unter **normalen Bedingungen** sollten nicht mehr als **25–30%** des Energiebedarfs über Fette gedeckt werden. Es wird empfohlen, die Nahrungsfette zu jeweils einem Drittel als mehrfach ungesättigte, einfach ungesättigte und gesättigte Fette zu sich zu nehmen.

► **Merke.**

Bei lange andauernder körperlicher Belastung **(Schwerstarbeit)** sollte v. a. der Fettanteil an der Ernährung steigen. Kohlenhydrate sind zur Deckung des vermehrten Energiebedarf in diesem Fall insofern weniger geeignet, als der Verdauungstrakt durch das große Volumen zu stark belastet würde.

Bei lange andauernder körperlicher Belastung **(Schwerstarbeit)** sollte v. a. der Fettanteil an der Ernährung steigen.

### Vitamine

Tab. **13.1** gibt eine Übersicht über die Quellen, den täglichen Bedarf und die Funktionen der verschiedenen fett- und wasserlöslichen Vitamine. Außerdem werden Erkrankungen bzw. Symptome aufgeführt, die bei unzureichender bzw. übermäßiger Vitaminzufuhr auftreten können.

Tab. **13.1** gibt einen Überblick über Quellen, täglichen Bedarf, Funktionen, Mangel- und Überschusserscheinungen.

► **Klinik.** Erkrankungen bzw. Symptome, die durch übermäßige Zufuhr von Vitaminen ausgelöst werden, nennt man **Hypervitaminosen**. Die Vitamin-Überversorgung ist i.d.R. durch Überdosierung von Vitaminpräparaten bedingt. Bei übermäßiger Zufuhr wasserlöslicher Vitamine wird der Überschuss im Urin ausgeschieden, überschüssige fettlösliche Vitamine dagegen akkumulieren im Körper. Deshalb kommen Hypervitaminosen v. a. bei fettlöslichen Vitaminen und hier insbesondere bei Vitamin A und D vor (Tab. **13.1**). Da Vitamin-A-Überschuss beim Embryo u. a. zu Fehlbildungen des Skeletts führen kann, dürfen Schwangere keine hochdosierten Vitamin-A-Präparate einnehmen und sollen auf den Verzehr von Leber (= Vitamin-A-Speicher) verzichten. Bei allen Hypervitaminosen bilden sich die Symptome i.d.R. vollständig zurück, sobald das Vitaminpräparat abgesetzt wird.

► **Klinik.**

13.1 **Fettlösliche und wasserlösliche Vitamine**

| *Vitamin* | *Quellen* | *täglicher Bedarf** | *(Haupt-)Funktionen* | *Mangelerscheinungen* | *Symptome/Befunde bei Überdosierung* |
|---|---|---|---|---|---|
| **fettlösliche Vitamine** | | | | | |
| **Vitamin A** (Retinol) | Fisch, Leber, Eier, Vollmilch, Butter, Gemüse | ♂ 1,0 mg ♀ 0,8 mg | Bildung des Sehfarbstoffs, Wachstumsfaktor v. a. in Epithelien | Nachtblindheit, Xerophthalmie (fehlender Epithelschutz → Austrocknen der Schleimhäute → Verhornung der Kornea → Erblindung), trockene Haut | Kopfschmerzen, Knochen- und Gelenkschmerzen, Haarausfall, trockene Haut und Schleimhäute, Blutungen |
| **Vitamin $D_3$** (1,25-Dihydroxycholecalciferol) | Salzwasserfisch, weniger auch in Fleisch, Milch und Butter | 5 µg | Kalziumabsorption in Darm und Niere ↑, Phosphatabsorption im Darm ↑ | Rachitis (s. auch S. 327), Osteomalazie (= erhöhte Weichheit der Knochen wg. Mineralstoffmangel) | Hyperkalzämie (→Übelkeit, Erbrechen, gesteigerte Diurese, starker Durst), Kalkablagerungen in Gefäßen, Hyperkalzurie, Nierensteine |
| **Vitamin E** (Tocopherol) | Eier, pflanzliche Öle, Weizenkeime | ♂ 13–15 mg ♀ 12 mg | Antioxidanz → schützt ungesättigte Fettsäuren in Membranlipiden | Hämolyseneigung | bei Zufuhr sehr hoher Dosen Übelkeit, Erbrechen, Schwindel |
| **Vitamin K** $K_1$=Phyllochinon (aus Pflanzen) $K_2$=Menachinon (von **Darmbakterien** synthetisiert) | Blattgemüse, Fleisch | ♂ 70–80 µg ♀ 60–65 µg | Kofaktor zur Bildung der plasmatischen Gerinnungsfaktoren II, VII, IX und X | Einblutungen in die Haut, Nasen-/Zahnfleischbluten, Blutungen im Gastrointestinaltrakt | sehr selten: Hämolyse, Thrombose |
| **wasserlösliche Vitamine** | | | | | |
| **Vitamin $B_1$** (Thiamin) | ungeschältes Getreide (Vollkorn), Nüsse, Schweinefleisch | ♂ 1,0–1,3 mg ♀ 1,0 mg | Koenzym von Pyruvat-Dehydrogenase, α-Ketoglutarat-Dehydrogenase und Transketolase | Beri-Beri (→ u. a. Übelkeit, Erbrechen, Müdigkeit, Muskelschwund, evtl. neurologische Symptomatik, Herzinsuffizienz und Ödeme), Wernicke-Enzephalopathie | selten (z. B. bei langzeittherapeutischer Anwendung): Kopfschmerzen, Schweißausbrüche, Urtikaria |
| **Vitamin $B_2$** (Riboflavin) | Milch, Gemüse | ♂ 1,2–1,5 mg ♀ 1,2 mg | in den Koenzymen der Flavoproteine enthalten | u. a. Wachstumsstörungen, Gewichtsverlust, Durchfälle, Exantheme, rissige Haut | keine |
| **Vitamin $B_3$** (Niacin=Nicotinsäure) | Fleisch, Fisch kann im Körper aus Tryptophan (essenzielle AS) gebildet werden | ♂ 13–17 mg ♀ 13 mg | Bestandteil von $NAD^+$ und $NADH^+$ | Pellagra (→ **D**ermatitis mit Hyperpigmentierung sonnenexponierter Hautbereiche und Rhagadenbildung, **D**iarrhö, evtl. **D**emenz) | bei Einnahme von >3 g können Übelkeit, Erbrechen, Durchfall, Appetitlosigkeit, Hautrötung und Juckreiz auftreten |
| **Vitamin $B_6$** (Pyridoxin) | Weizen, Mais, Leber, Fisch, Walnüsse | ♂ 1,4–1,6 mg ♀ 1,2 mg | Bestandteil des Pyridoxalphosphats (=wichtiges Koenzym im Aminosäurestoffwechsel) | unspezifisch: u. a. Infektanfälligkeit, Wachstumsstörungen, Dermatitis; zentralnervöse Störungen wg. GABA-Mangels | selten: Gangstörungen, Abnahme des Temperatur- und Tastempfindens |
| **Vitamin $B_{12}$** (Cobalamin) | Leber, Fleisch, Fisch, Eier, Milch | 3 µg | Koenzym in der Aminosäuresynthese | perniziöse Anämie (s. auch S. 174), funikuläre Myelose (=Zerfall der Markscheiden der Hinter-/Seitenstränge → Sensibilitätsstörungen i. B. der distalen Extremitäten, spastische Lähmungen der Beine mit Reflexabschwächung) | keine |
| **Pantothensäure** | Eier, Leber, Hefe | 6 mg | Bestandteil des Koenzym A | Müdigkeit, Schwäche, Parästhesien der Extremitäten (burning feet syndrome), Dermatitis, Haarausfall, Enteritis, Nebenniereninsuffizienz | keine |

**13.1 Fortsetzung**

| *Vitamin* | *Quellen* | *täglicher Bedarf** | *(Haupt-)Funktionen* | *Mangelerscheinungen* | *Symptome/Befunde bei Überdosierung* |
|---|---|---|---|---|---|
| **Folsäure** | grünes Blattgemüse | 0,4 mg | Koenzym bei der Übertragung von C1-Gruppen und der Nukleinsäuresynthese | Appetit- und Gewichtsverlust, Schwäche, Kopfschmerzen, megaloblastäre Anämie, bei Folsäuremangel der Mutter während der Schwangerschaft Neuralleistendefekte beim Neugeborenen | Schlaflosigkeit, Nervosität |
| **Vitamin C** (Ascorbinsäure) | Obst, Gemüse | 100 mg Raucher: 150 mg | Antioxidanz | leichter Mangel → Infektanfälligkeit ↑, Schwäche, Müdigkeit; lang anhaltender Mangel → Skorbut | selten: Übelkeit, Blähungen oder Diarrhö, Risiko für Nierensteine ↑ |
| **Vitamin H** (Biotin) | Eigelb, Leber, Tomaten | 30 – 60 µg | Koenzym der Fettsäuresynthese | Dermatitis, Depression, Muskelschmerzen und Hyperästhesie | keine |

* von der Deutschen Gesellschaft für Ernährung (DGE) für Erwachsene empfohlene Werte (der tägliche Bedarf bezieht sich auf einen 70 kg schweren Mann)

### Mineralstoffe

Tab. **13.2** gibt einen Überblick über die Quellen, den täglichen Bedarf und die Funktionen der verschiedenen Mineralstoffe. Außerdem werden Erkrankungen bzw. Symptome aufgeführt, die bei zu geringer Zufuhr auftreten können.

**Mineralstoffe**

Tab. **13.2** gibt einen Überblick über Quellen, täglichen Bedarf, Funktionen und Mangelerscheinungen.

**13.2 Mineralstoffe**

| *Mineralstoff* | *Quellen* | *täglicher Bedarf** | *Funktionen* | *Mangelerscheinungen* |
|---|---|---|---|---|
| **Chlorid** | Kochsalz | 830 mg | ▪ zusammen mit Natrium wichtig für das extrazelluläre, also v. a. das intravasale Flüssigkeitsvolumen und damit für die Höhe des Blutdrucks | Hypotonie |
| **Natrium** | Kochsalz | 550 mg | ▪ ist das wesentliche extrazelluläre Kation<br>▪ der $Na^+$-Gradient über die Zellmembran treibt viele Transporter an und ist für die Erregbarkeit von Nerven- und Muskelzellen wichtig<br>▪ ausschlaggebend für das extrazelluläre, also v. a. das intravasale Flüssigkeitsvolumen und damit für die Höhe des Blutdrucks | Hypotonie |
| **Kalium** | saftige Früchte, Fleisch | 2000 mg | ▪ ist das wesentliche intrazelluläre Kation und deshalb ausschlaggebend für das Zellvolumen<br>▪ der $K^+$-Gradient ist für die Erregbarkeit von Nerven- und Muskelzellen wichtig | Muskelschwäche, Obstipation, Arrhythmien, Polyurie, Polydipsie |
| **Kalzium** | Milchprodukte | 1 g | ▪ der $Ca^{2+}$-Gradient über die Zellmembran ist für die Erregbarkeit von Nerven- und Muskelzellen wichtig<br>▪ intrazellulärer Signalstoff<br>▪ Kofaktor vieler Enzyme<br>▪ Bestandteil der Blutgerinnungskaskade<br>▪ Bestandteil des Knochen- und Zahnminerals | akut: Hyperreflexie, Parästhesien, Tetanie: Krämpfe der Hände (Pfötchenstellung) und Füße (Spitzfußstellung)<br>chronisch: erhöhte Membranerregbarkeit, Depression, Psychose, Osteoporose |

**13.2 Fortsetzung**

| *Mineralstoff* | *Quellen* | *täglicher Bedarf** | *Funktionen* | *Mangelerscheinungen* |
|---|---|---|---|---|
| **Magnesium** | Vollkorn, Milch, Fleisch, Gemüse, Obst | 350 mg | ▪ elektrische Stabilisierung der Zellmembran (wie Kalzium)<br>▪ Kofakter vieler Enzyme | Hyperreflexie, Parästhesien, Tetanie (s. Kalzium), Arrhythmien; bei ausgeprägtem Mangel Depression |
| **Phosphat** | in allen Nahrungsmitteln enthalten | 700 mg | ▪ Bestandteil von Membranen, Nukleinsäuren und des Knochen- und Zahnminerals<br>▪ ermöglicht Phosphorylierungsreaktionen und damit die Bereitstellung von ATP sowie die Regulation von Enzymen | selten bei parenteraler Ernährung: Muskelschwäche, Herzinsuffizienz, zerebrale Krampfanfälle, Knochenabbau |
| **Schwefel** | Fleisch | 300 mg | ▪ Bestandteil von Proteinen | unbekannt |

* von der Deutschen Gesellschaft für Ernährung (DGE) für Erwachsene empfohlene Werte (der tägliche Bedarf bezieht sich auf einen 70 kg schweren Mann)

## Spurenelemente

Tab. **13.3** gibt einen Überblick über Quellen, täglichen Bedarf, Funktionen und Mangelerscheinungen.

## Spurenelemente

Tab. **13.3** gibt einen Überblick über die Quellen, den täglichen Bedarf und die Funktionen der verschiedenen Spurenelemente. Außerdem werden Erkrankungen bzw. Symptome aufgeführt, die bei zu geringer Zufuhr auftreten können.

**13.3 Spurenelemente**

| *Spurenelement* | *Quellen* | *täglicher Bedarf** | *Funktionen* | *Mangelerscheinungen* |
|---|---|---|---|---|
| **Chrom** | Fleisch, Eier, Haferflocken | 30 – 100 µg | ▪ steigert die Glukosetoleranz | insulinresistente Hyperglykämie |
| **Eisen** | Fleisch, Getreide | 10 – 15 mg | ▪ Transport von $O_2$ (im Hämoglobin) und Elektronen (Kofaktor vieler Redoxenzyme, z. B. der Zytochrome der Atmungskette) | Eisenmangelanämie **(sehr häufig)** |
| **Fluor** | Fisch, fluoridiertes Kochsalz, z. T. auch Trinkwasser | ♂ 3,8 mg<br>♀ 3,1 mg | ▪ Bestandteil des Knochen- und Zahnminerals, festigt Knochen und Zähne | Karies |
| **Iod** | Fisch, Milch | 180 – 200 µg | ▪ Bestandteil der Schilddrüsenhormone | Schilddrüsenunterfunktion, Struma |
| **Kobalt** | Nüsse, Vollkornprodukte, Hülsenfrüchte, Leber | k.A. (Bedarf wird durch Zufuhr von Vitamin $B_{12}$ gedeckt!) | ▪ Bestandteil von Vitamin $B_{12}$ (= Cobalamin) | unbekannt |
| **Kupfer** | Getreide, Nüsse, Fisch, Innereien | 1 – 1,5 mg | ▪ Bestandteil von Oxidasen, z. B. des Komplex IV der Atmungskette und der Ferrioxidase I (= Caeruloplasmin, oxidiert $Fe^{2+}$ zu $Fe^{3+}$, das im Komplex mit Apoferritin [= Ferritin] gespeichert wird) | Anämie, Leukozytopenie, Osteoporose |
| **Mangan** | Gemüse, Hülsenfrüchte | 2 – 5 mg | ▪ Bestandteil von Enzymen | unbekannt |
| **Molybdän** | Hülsenfrüchte | 50 – 100 µg | ▪ Bestandteil von Enzymen | unbekannt |
| **Selen** | Fisch, Fleisch, Eier | 30 – 70 µg | ▪ Bestandteil von Selenocystein, der 21. Aminosäure, die in den Deiodasen Typ I und Typ II vorkommt (wandeln das biologisch kaum aktive T4 in das biologisch aktive T3 um) | Schilddrüsenunterfunktion, Muskelschwäche, Herzmuskelschwäche |
| **Zink** | Fleisch, Milch- und Vollkornprodukte | ♂ 10 mg<br>♀ 7 mg | ▪ Bestandteil vieler Enzyme und Transkriptionsfaktoren<br>▪ am Kollagenstoffwechsel beteiligt<br>▪ wird im Komplex mit Insulin gespeichert | Dermatitis, Appetitverlust, Durchfall, Haarausfall, Konzentrationsstörungen, Depression |

* von der Deutschen Gesellschaft für Ernährung (DGE) für Erwachsene empfohlene Werte (der tägliche Bedarf bezieht sich auf einen 70 kg schweren Mann)

## Ballaststoffe

▶ **Definition.** **Ballaststoffe** sind Nahrungsbestandteile pflanzlichen Ursprungs, die im Dünndarm nicht verdaut werden können.

Dabei handelt es sich größtenteils um nicht verdaubare Kohlenhydrate (meist Polysaccharide), wie z.B. **Zellulose** (deren Zuckermoleküle sind β-1,4-glykosidisch verknüpft und können deshalb nicht von den menschlichen Verdauungsenzymen gespalten werden), **Pektine** oder **Chitin**. Auch das in höheren Pflanzen enthaltene **Lignin**, welches eine steroidähnliche Struktur hat, gehört zu den Ballaststoffen. Ballaststoffe können z.T. im Dickdarm fermentiert und zu absorbierbaren Fettsäuren abgebaut werden (s.S. 499).

**Funktion:** Ballaststoffe fördern das Sättigungsgefühl, indem sie das Füllvolumen des Magens erhöhen und die Magenentleerung verlangsamen. Durch Verlangsamung der Glukoseabsorption im Dünndarm verringern sie den Blutglukosespiegel, durch eine Reduktion der Cholesterinabsorption senken sie die Plasmacholesterinkonzentration. Außerdem verkürzen Ballaststoffe durch eine Vergrößerung des Darmvolumens und die damit verbundene Dehnung der Darmwand die Passagezeit durch das Kolon.

▶ **Klinik.** Eine ballaststoffarme Ernährung kann zu **Obstipation** führen und zur Entwicklung einer **Divertikulose** (Ausstülpungen der Darmwand, Abb. **13.1**, die sich infolge von Stuhlretention entzünden können → **Divertikulitis)** beitragen. Außerdem steigt bei ballaststoffarmer Ernährung das Risiko, an einem **kolorektalen Karzinom** zu erkranken.

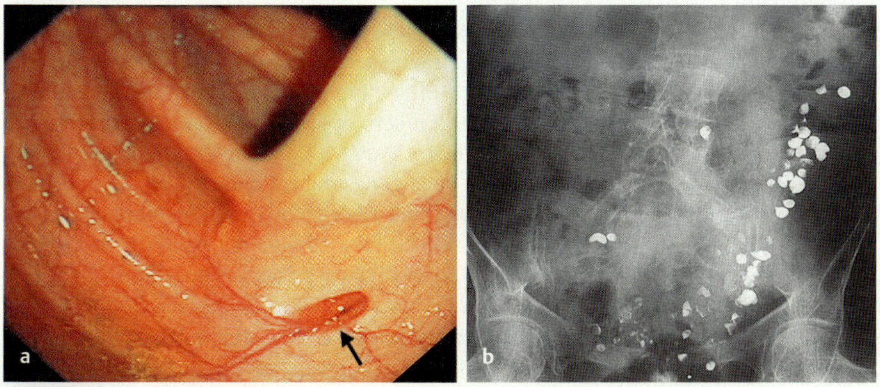


**13.1 Divertikulose**

**a Endoskopisches Bild:** Sigmadivertikel mit Schleimhautgefäßen (Pfeil).
**b Röntgen-Kontrastaufnahme:** Mit Kontrastmittel gefüllte Kolondivertikel im Bereich des Colon descendens und sigmoideum.

**Bedarf: Pro Tag** sollten **mindestens 30 g** Ballaststoffe aufgenommen werden. Die wichtigsten Ballaststofflieferanten sind Vollkornprodukte (ein Großteil der im Getreide enthaltenen Ballast-, Mineralstoffe, Vitamine und Öle ist in den Schalen der Körner enthalten), Obst, Gemüse und Hülsenfrüchte.

## Wasser

Je nach Alter und Ernährung beträgt der Wasseranteil des Körpers zwischen 75% (Neugeborenes) und 55% (Greis). Wasser ist somit der Hauptbestandteil des Körpers (vgl. hierzu S. 301).

**Funktion:** Wasser dient in Zellen wie im Extrazellularraum als Lösungsmittel für polare Stoffe: Es ist sowohl Substrat als auch Produkt biochemischer Reaktionen. Als Hauptbestandteil des Blutes ist es Transport- und Kühlmittel.

**Bedarf:** Der Bedarf orientiert sich am Verlust. Täglich scheidet der Körper ca. 2,5 l Wasser aus: ca. 1,5 l mit dem Urin, 0,1 l mit dem Stuhl, 0,5 l mit dem Schweiß und 0,5 l mit der Ausatmungsluft. Diese Ausscheidungsmengen können je nach

### Ballaststoffe

▶ **Definition.**

Im Dickdarm können Ballaststoffe wie **Zellulose, Pektine, Chitin** oder **Lignin** z.T. fermentiert und zu absorbierbaren Fettsäuren abgebaut werden (s.S. 499).

**Funktion:** Zu den Funktionen der Ballaststoffe gehören:
- Sättigungsgefühl ↑
- Blutglukosespiegels und Plasmacholesterinkonzentration ↓
- Passagezeit des Stuhls durch das Kolon ↓.

▶ **Klinik.**

**Bedarf:** Mind. **30 g/d**. Die wichtigsten Ballaststofflieferanten sind Vollkornprodukte, Obst, Gemüse und Hülsenfrüchte.

### Wasser

Wasser ist der Hauptbestandteil des Körpers (je nach Alter 55–75%).

**Funktion:** Wasser ist Lösungs-, Transport- und Kühlmittel sowie Substrat und Produkt biochemischer Reaktionen.

**Bedarf:** Um den **durchschnittlichen** Wasserverlust von 2,5 l auszugleichen, müssen **pro Tag 1,5 l Wasser** aufgenommen werden (0,9 l werden mit der Nahrung zugeführt, 0,3 l entstehen durch oxidative Stoffwechselvorgänge).

13.1.3 Inadäquate Ernährung

▶ Definition.

**Mangelernährung:** Mögliche Ursachen in der westlichen Welt sind heute v. a. einseitige/extreme Ernährung, Erkrankungen des Magen-Darm-Trakts oder psychische Erkrankungen (z. B. Bulimie, Anorexia nervosa). Tab. **13.1**, **13.2** und **13.3** zeigen Folgen einer unzureichenden Vitamin-, Mineralstoff- oder Spurenelementzufuhr.

**Überernährung:** Eine gleichbleibende oder gesteigerte Energieaufnahme (meist mit einem zu hohen Fettanteil) bei Bewegungsmangel führt langfristig zu Übergewicht.

Ein wichtiger Faktor bei der Entstehung von Übergewicht ist der **Alkoholkonsum**.

▶ Merke.

Mithilfe des sog. **Body-Mass-Index (BMI)** lässt sich das Körpergewicht beurteilen (Tab. **13.4** und Abb. **13.2**):

$$BMI = \frac{\text{Körpergewicht [kg]}}{(\text{Körpergröße [m]})^2}$$

13.4

Lebensbedingung stark variieren. In großer Höhe beispielsweise können durch die trockene Luft und die selbst bei leichten Tätigkeiten große Anstrengung mehrere Liter Wasser mit der Ausatmungsluft ausgeschieden werden.
Mit der Nahrung nimmt man im Durchschnitt 0,9 l Wasser auf, und im Stoffwechsel entstehen 0,3 l Oxidationswasser. Um den **durchschnittlichen** Wasserverlust von 2,5 l auszugleichen, muss man also **1,5 l Flüssigkeit pro Tag** trinken.
Wasser zu trinken ist gesund. Viele übliche Getränke enthalten jedoch enorme Energiemengen (Alkohol oder Zucker) und müssen deshalb unbedingt in der Energiebilanz berücksichtigt werden.

### 13.1.3 Inadäquate Ernährung

**▶ Definition.** Unter **inadäquater Ernährung** versteht man sowohl Mangel- als auch Überernährung. Die beiden Formen können nicht nur isoliert, sondern auch gleichzeitig auftreten (z. B. Vitaminmangel bei bestehender Fettleibigkeit).

**Mangelernährung:** Früher waren u. a. Hungersnöte, Kriege oder Vitamin-C-Mangel bei Seefahrern (Skorbut) Ursachen einer Mangelernährung. In der westlichen Welt tritt Mangelernährung heute v. a. aufgrund von einseitigen oder extremen Ernährungsgewohnheiten (z. B. mangelnde Vitaminzufuhr, vegane Ernährung), bei Erkrankungen des Magen-Darm-Trakts (z. B. Morbus Crohn) oder im Rahmen von psychischen Erkrankungen (z. B. Bulimie, Anorexia nervosa) auf. Mangelerscheinungen, die aufgrund einer unzureichenden Zufuhr von Vitaminen, Mineralien oder Spurenelementen auftreten, sind in den Tab. **13.1**, **13.2** und **13.3** (s. o.) aufgeführt.

**Überernährung:** In der westlichen Welt stellt die Überernährung heute ein weitaus häufigeres Problem dar. In den USA beispielsweise sind etwa 55 % der Menschen übergewichtig, 22 % adipös. Schwere Fettleibigkeit **(Adipositas)** ist eine ernstzunehmende Gefahr für die Gesundheit, da sie mit einem erhöhten Risiko, z. B. an Diabetes mellitus oder einem Herzinfarkt zu erkranken, einhergeht. Übergewicht ist meist durch eine gleichbleibende oder gesteigerte Energieaufnahme (häufig mit einem zu hohen Fettanteil) in Kombination mit Bewegungsmangel bedingt.
Ein wichtiger Faktor bei der Entstehung von Übergewicht ist der **Alkoholkonsum**. Ein halber Liter Bier beispielsweise enthält ca. 20 g Alkohol mit einem Energiegehalt von etwa 600 kJ. Dies entspricht ca. 7 % des täglichen Energiebedarfs.

**▶ Merke.** Der Energiebedarf sollte zu weniger als 10 % durch Alkohol gedeckt werden.

Mithilfe des sog. **Body-Mass-Index (BMI)** lässt sich das Körpergewicht beurteilen (Tab. **13.4** und Abb. **13.2**):

$$BMI = \frac{\text{Körpergewicht [kg]}}{(\text{Körpergröße [m]})^2}$$

**13.4 Body-Mass-Index (BMI)**

| ***BMI (kg/m²)*** | ***Beurteilung*** |
|---|---|
| <16 | kritisches Untergewicht |
| 16–18,4 | Untergewicht |
| 18,5–24,9 | Normalgewicht |
| 25–29,9 | Übergewicht |
| 30–34,9 | Adipositas Grad I |
| 35–39,9 | Adipositas Grad II |
| ≥40 | Adipositas Grad III |

**13.2 BMI-Bestimmung aus Körpergewicht [kg] und Körpergröße [cm]**

| Körpergröße [cm] \ Körpergew. (kg) | 40 | 45 | 50 | 55 | 60 | 65 | 70 | 75 | 80 | 85 | 90 | 95 | 100 | 105 | 110 | 115 | 120 | 125 | 130 | 135 | 140 | 145 | 150 | 155 | 160 |
|---|---|---|---|---|---|---|---|---|---|---|---|---|---|---|---|---|---|---|---|---|---|---|---|---|---|
| 140 | 20 | 23 | 26 | 28 | 31 | 33 | 36 | 38 | 41 | 43 | 46 | 48 | 51 | 54 | 56 | 59 | 61 | 64 | 66 | 69 | 71 | 74 | 77 | 79 | 82 |
| 142 | 20 | 22 | 25 | 27 | 30 | 32 | 35 | 37 | 40 | 42 | 45 | 47 | 50 | 52 | 55 | 57 | 60 | 62 | 64 | 67 | 69 | 72 | 74 | 77 | 79 |
| 144 | 19 | 22 | 24 | 27 | 29 | 31 | 34 | 36 | 39 | 41 | 43 | 46 | 48 | 51 | 53 | 55 | 58 | 60 | 63 | 65 | 68 | 70 | 72 | 75 | 77 |
| 146 | 19 | 21 | 23 | 26 | 28 | 30 | 33 | 35 | 38 | 40 | 42 | 45 | 47 | 49 | 52 | 54 | 56 | 59 | 61 | 63 | 66 | 68 | 70 | 73 | 75 |
| 148 | 18 | 21 | 23 | 25 | 27 | 30 | 32 | 34 | 37 | 39 | 41 | 43 | 46 | 48 | 50 | 53 | 55 | 57 | 59 | 62 | 64 | 66 | 68 | 71 | 73 |
| 150 | 18 | 20 | 22 | 24 | 27 | 29 | 31 | 33 | 36 | 38 | 40 | 42 | 44 | 47 | 49 | 51 | 53 | 56 | 58 | 60 | 62 | 64 | 67 | 69 | 71 |
| 152 | 17 | 19 | 22 | 24 | 26 | 28 | 30 | 32 | 35 | 37 | 39 | 41 | 43 | 45 | 48 | 50 | 52 | 54 | 56 | 58 | 61 | 63 | 65 | 67 | 69 |
| 154 | 17 | 19 | 21 | 23 | 25 | 27 | 30 | 32 | 34 | 36 | 38 | 40 | 42 | 44 | 46 | 48 | 51 | 53 | 55 | 57 | 59 | 61 | 63 | 65 | 67 |
| 156 | 16 | 18 | 21 | 23 | 25 | 27 | 29 | 31 | 33 | 35 | 37 | 39 | 41 | 43 | 45 | 47 | 49 | 51 | 53 | 55 | 58 | 60 | 62 | 64 | 66 |
| 158 | 16 | 18 | 20 | 22 | 24 | 26 | 28 | 30 | 32 | 34 | 36 | 38 | 40 | 42 | 44 | 46 | 48 | 50 | 52 | 54 | 56 | 58 | 60 | 62 | 64 |
| 160 | 16 | 18 | 20 | 21 | 23 | 25 | 27 | 29 | 31 | 33 | 35 | 37 | 39 | 41 | 43 | 45 | 47 | 49 | 51 | 53 | 55 | 57 | 59 | 61 | 63 |
| 162 | | 17 | 19 | 21 | 23 | 25 | 27 | 29 | 30 | 32 | 34 | 36 | 38 | 40 | 42 | 44 | 46 | 48 | 50 | 51 | 53 | 55 | 57 | 59 | 61 |
| 164 | | 17 | 19 | 20 | 22 | 24 | 26 | 28 | 30 | 32 | 33 | 35 | 37 | 39 | 41 | 43 | 45 | 46 | 48 | 50 | 52 | 54 | 56 | 58 | 59 |
| 166 | | 16 | 18 | 20 | 22 | 24 | 25 | 27 | 29 | 31 | 33 | 34 | 36 | 38 | 40 | 42 | 44 | 45 | 47 | 49 | 51 | 53 | 54 | 56 | 58 |
| 168 | | 16 | 18 | 19 | 21 | 23 | 25 | 27 | 28 | 30 | 32 | 34 | 35 | 37 | 39 | 41 | 43 | 44 | 46 | 48 | 50 | 51 | 53 | 55 | 57 |
| 170 | | 16 | 17 | 19 | 21 | 22 | 24 | 26 | 28 | 29 | 31 | 33 | 35 | 36 | 38 | 40 | 42 | 43 | 45 | 47 | 48 | 50 | 52 | 54 | 55 |
| 172 | | | 17 | 19 | 20 | 22 | 24 | 25 | 27 | 29 | 30 | 32 | 34 | 35 | 37 | 39 | 41 | 42 | 44 | 46 | 47 | 49 | 51 | 52 | 54 |
| 174 | | | 17 | 18 | 20 | 21 | 23 | 25 | 26 | 28 | 30 | 31 | 33 | 35 | 36 | 38 | 40 | 41 | 43 | 45 | 46 | 48 | 50 | 51 | 53 |
| 176 | | | 16 | 18 | 19 | 21 | 23 | 24 | 26 | 27 | 29 | 31 | 32 | 34 | 36 | 37 | 39 | 40 | 42 | 44 | 45 | 47 | 48 | 50 | 52 |
| 178 | | | 16 | 17 | 19 | 21 | 22 | 24 | 25 | 27 | 28 | 30 | 32 | 33 | 35 | 36 | 38 | 39 | 41 | 43 | 44 | 46 | 47 | 49 | 50 |
| 180 | | | | 17 | 19 | 20 | 22 | 23 | 25 | 26 | 28 | 29 | 31 | 32 | 34 | 35 | 37 | 39 | 40 | 42 | 43 | 45 | 46 | 48 | 49 |
| 182 | | | | 17 | 18 | 20 | 21 | 23 | 24 | 26 | 27 | 29 | 30 | 32 | 33 | 35 | 36 | 38 | 39 | 41 | 42 | 44 | 45 | 47 | 48 |
| 184 | | | | 16 | 18 | 19 | 21 | 22 | 24 | 25 | 27 | 28 | 30 | 31 | 32 | 34 | 35 | 37 | 38 | 40 | 41 | 43 | 44 | 46 | 47 |
| 186 | | | | 16 | 17 | 19 | 20 | 22 | 23 | 25 | 26 | 27 | 29 | 30 | 32 | 33 | 35 | 36 | 38 | 39 | 40 | 42 | 43 | 45 | 46 |
| 188 | | | | 16 | 17 | 18 | 20 | 21 | 23 | 24 | 25 | 27 | 28 | 30 | 31 | 33 | 34 | 35 | 37 | 38 | 40 | 41 | 42 | 44 | 45 |
| 190 | | | | | 17 | 18 | 19 | 21 | 22 | 24 | 25 | 26 | 28 | 29 | 30 | 32 | 33 | 35 | 36 | 37 | 39 | 40 | 42 | 43 | 44 |
| 192 | | | | | 16 | 18 | 19 | 20 | 22 | 23 | 24 | 26 | 27 | 28 | 30 | 31 | 33 | 34 | 35 | 37 | 38 | 39 | 41 | 42 | 43 |
| 194 | | | | | 16 | 17 | 19 | 20 | 21 | 23 | 24 | 25 | 27 | 28 | 29 | 31 | 32 | 33 | 35 | 36 | 37 | 39 | 40 | 41 | 43 |
| 196 | | | | | 16 | 17 | 18 | 20 | 21 | 22 | 23 | 25 | 26 | 27 | 29 | 30 | 31 | 33 | 34 | 35 | 36 | 38 | 39 | 40 | 42 |
| 198 | | | | | | 17 | 18 | 19 | 20 | 22 | 23 | 24 | 26 | 27 | 28 | 29 | 31 | 32 | 33 | 34 | 36 | 37 | 38 | 40 | 41 |
| 200 | | | | | | 16 | 18 | 19 | 20 | 21 | 23 | 24 | 25 | 26 | 28 | 29 | 30 | 31 | 33 | 34 | 35 | 36 | 38 | 39 | 40 |

Untergewicht – Normalgewicht – Präadipositas – Adipositas (WHO I, WHO II, WHO III)

## 13.1.4 Regulation von Nahrungsaufnahme und Energiereserven

Die Gefühle **Hunger** und **Sattheit** regulieren die Nahrungsaufnahme und somit auch die Energiereserven des Organismus. Ziel ist es, das Körpergewicht in einem gewissen Rahmen konstant zu halten (Körpersollgewicht). Nahrungsaufnahme und Energiereserven werden über Regelkreise gesteuert, an denen folgende Strukturen als Regulationszentren beteiligt sind:

- Hypothalamus: sog. **Hungerzentrum** (laterale Hypothalamusfelder und Perifornikalregion), sog. **Sattheitszentrum** (Ncl. ventromedialis und Ncl. paraventricularis) und **Ncl. arcuatus**.
- Medulla oblongata: **Ncll. tractus solitarii**.

Neben den Neuronen dieser Regulationszentren und ihren Transmittern sind verschiedene neuronale und hormonelle Signale aus dem Gastrointestinaltrakt an der Steuerung von Nahrungsaufnahme und Energiereserven beteiligt. Die Informationen aus dem Hunger- bzw. Sattheitszentrum und der Körperperipherie laufen letztlich in den Ncll. tractus solitarii zusammen. Dieser integriert die eingehenden Informationen und leitet schließlich eine entsprechende Reaktion ein. Die Verknüpfungen zwischen den einzelnen Komponenten sind in Abb. **13.3** dargestellt, die Zusammenhänge werden in den nachfolgenden beiden Abschnitten näher erläutert.

### Regulation der Nahrungsaufnahme – Kurzzeitregulation

Die Nahrungsaufnahme wird über verschiedene neuronale und hormonelle Afferenzen aus dem Gastrointestinaltrakt kontrolliert:

**Bedeutung mechanischer Reize:** Nahrungsaufnahme führt zu einer **Dehnung** von Magen und Dünndarm. Dieses mechanische Signal wird von Mechanosensoren in den Magen- bzw. Dünndarmwänden registriert und über vagale Afferenzen an die Ncll. tractus solitarii sowie über sympathische Afferenzen an den Hypothalamus weitergeleitet (Abb. **13.3**). Im Hypothalamus wirkt der Sympathikus über β-Adrenozeptoren hemmend auf Neurone des „Hungerzentrums". Umgekehrt vermittelt ein leerer, sich kontrahierender Magen Hungergefühl.

**13.1.4 Regulation von Nahrungsaufnahme und Energiereserven**

**Hunger** und **Sattheit** regulieren die Nahrungsaufnahme und somit auch die Energiereserven des Organismus. An der Regulation sind folgende in Hypothalamus und Medulla oblongata gelegenen Strukturen beteiligt: **„Hungerzentrum"**, **„Sattheitszentrum"**, **Ncl. arcuatus** und **Ncll. tractus solitarii**.

Außerdem sind verschiedene neuronale und hormonelle Signale aus dem Gastrointestinaltrakt an der Steuerung von Nahrungsaufnahme und Energiereserven beteiligt. Sämtliche Informationen aus Hunger- und Sattheitszentrum und Körperperipherie werden in den Ncll. tractus solitarii integriert (Abb. **13.3**).

**Regulation der Nahrungsaufnahme – Kurzzeitregulation**

Die Regulation erfolgt über neuronale und hormonelle Afferenzen aus dem Gastrointestinaltrakt:
**Bedeutung mechanischer Reize:** Die nahrungsbedingte Dehnung von Magen und Dünndarm wird von Mechanosensoren erfasst und über vagale und sympathische Afferenzen an die Ncll. tractus solitarii und den Hypothalamus weitergeleitet (Abb. **13.3**) und vermittelt so ein Sattheitsgefühl.

**Bedeutung chemischer Reize:** Verschiedene chemische Signale beeinflussen die Nahrungsaufnahme über die Ncll. tractus solitarii oder den Hypothalamus. Solche Signale können Nahrungsbestandteile sein, die direkt auf das ZNS einwirken (z. B. **Glukose**), oder durch Nahrungsbestandteile freigesetzte Mediatoren, wie z. B. **CCK** (Cholezystokinin), **PYY** (Neuropeptid YY), **GLP-1** (Glucagon-like peptide 1) und **Ghrelin** (Abb. **13.3**).

**Bedeutung chemischer Reize:** Verschiedene chemische Signale beeinflussen die Nahrungsaufnahme über die Ncll. tractus solitarii oder den Hypothalamus. Solche Signale können Nahrungsbestandteile sein, die direkt auf das ZNS einwirken (z.B. Glukose), oder durch Nahrungsbestandteile freigesetzte Mediatoren, wie z.B. CCK, PYY, GLP-1 und Ghrelin (Abb. **13.3**):

- Ein Anstieg des **Blutglukosespiegels** stimuliert zum einen das „Sattheitszentrum“ und hemmt die Orexin-Neurone im „Hungerzentrum“. Daraufhin stellt sich ein Sattheitsgefühl ein. Umgekehrt erzeugt eine Hypoglykämie ein Hungergefühl.
- **CCK** (Cholezystokinin) wird von endokrinen Zellen des Dünndarms sezerniert, nachdem diese mit Nahrungsbestandteilen in Kontakt gekommen sind. Es wirkt über die Ncll. tractus solitarii hemmend auf die Nahrungsaufnahme.
- **PYY** (Neuropeptid YY) wird von endokrinen Zellen des Ileums und des Kolons sezerniert und postprandial für einige Stunden vermehrt freigesetzt. Es hemmt die Nahrungsaufnahme, indem es zum einen **NPY** (Neuropeptid Y)**/AgRP** (Agouti-related-Peptide)**-Neurone** im Ncl. arcuatus hemmt und zum anderen den Ncll. tractus solitarii direkt Sattheit signalisiert.
- **GLP-1** (Glucagon-like peptide 1) ist ein Peptidhormon, das aus L-Zellen des Ileums freigesetzt wird und über die Ncll. tractus solitarii hemmend auf die Nahrungsaufnahme wirkt.
- **Ghrelin** stimuliert die Nahrungsaufnahme, indem es NPY/AgRP-Neurone im Ncl. arcuatus erregt, die wiederum Orexin- und MCH (Melanin-concentrating-hormone)-Neuronen im „Hungerzentrum“ aktivieren. Seine Freisetzung aus endokrinen Zellen des Magen-Darm-Trakts nimmt bei Nahrungszufuhr ab. Ghrelin ist das erste bekannte Hungerhormon.

**Regulation der Energiereserven – Langzeitregulation**

Das Fettgewebe ist die größte Energiereserve des Körpers. Zur Einhaltung des Körpersollgewichts muss die Fettmasse reguliert werden. Dies erfolgt über die Hormone **Leptin** und **Insulin**, welche im Blut in einer dem Fettgewebsvolumen proportionalen Konzentration vorliegen. Sie fördern die Umstellung von einer anabolen auf eine katabole Stoffwechsellage indem sie **α-MSH-Neurone** im **Ncl. arcuatus** erregen. α-MSH stimuliert Neurone im **„Sattheitszentrum“**, deren Transmitter **Oxytozin**, **CRH** und **TRH** über die **Ncll. tractus solitarii** die Nahrungsaufnahme hemmen und den Energieumsatz erhöhen (Abb. **13.3**).

Die ebenfalls im **Ncl. arcuatus** lokalisierten **NPY/AgRP-Neurone** werden durch Leptin, Insulin und α-MSH gehemmt, wodurch die Entstehung eines Hungergefühls unterbunden wird. α-MSH hemmt das „Hungerzentrum“ auch direkt (Abb. **13.3**).

## Regulation der Energiereserven – Langzeitregulation

Da das **Fettgewebe** die größte Energiereserve des Körpers darstellt und Veränderungen des Körpergewichts v. a. auf Schwankungen der Fettmasse beruhen, muss zur Einhaltung des Körpersollgewichts die Fettmasse des Körpers reguliert werden. Dies erfolgt über das vom Fettgewebe sezernierte Peptidhormon **Leptin** und das in den B-Zellen der Langerhans-Inseln des **Pankreas** produzierte **Insulin**. Leptin und Insulin liegen im Blut in einer dem Fettgewebsvolumen proportionalen Konzentration vor und fördern die Umstellung von einer anabolen (Nahrungsaufnahme ↑, Energiereserven ↑) auf eine katabole Stoffwechsellage (Nahrungsaufnahme ↓, Energiereserven ↓). Dazu erregen sie über spezielle Leptin- und Insulinrezeptoren Neurone im **Ncl. arcuatus**, die α-Melanozyten-stimulierendes Hormon (**α-MSH**; entsteht durch Abspaltung aus Proopiomelanocortin, POMC) enthalten. α-MSH stimuliert Neurone im **„Sattheitszentrum“**, deren Transmitter **Oxytozin**, Corticotropin-Releasing-Hormon (**CRH**, Kortikoliberin) und Thyreotropin-Releasing-Hormon **(TRH)** über die **Ncll. tractus solitarii** eine Hemmung der Nahrungsaufnahme und eine Erhöhung des Energieumsatzes bewirken (Abb. **13.3**).

Die ebenfalls im **Ncl. arcuatus** lokalisierten **NPY/AgRP-Neurone**, deren Erregung zur Aktivierung von **Orexin-** und **MCH** (Melanin-Concentrating-Hormon)-Neuronen im **„Hungerzentrum“** führt, werden durch Leptin, Insulin und α-MSH gehemmt. Somit wird die Entstehung eines Hungergefühls unterbunden. α-MSH hat zudem auch noch einen direkten hemmenden Effekt auf das „Hungerzentrum“ (Abb. **13.3**).

► **Klinik.**

► **Klinik.** **Übergewicht** und **Adipositas** haben eine deutliche genetische Komponente. Bisher konnten 11 veränderte Gene identifiziert werden, deren Einzeldefekt mit einer Adipositas einhergeht. Beispiele sind ein Defekt im Gen des Leptins, des Leptinrezeptors oder des Melanocortinrezeptors 4 (vermittelt den hemmenden α-MSH-Effekt auf das Hungerzentrum, Abb. **13.3**, bzw. siehe auch „Obesity Gene Map Database“ → http://obesitygene.pbrc.edu). Diese Gendefekte sind jedoch extrem selten und damit nicht verantwortlich für die gegenwärtige Übergewicht-Epidemie, es scheinen viele weitere Zielgene beteiligt zu sein. Dies spiegelt das individuell sehr unterschiedliche Risiko, Übergewicht zu entwickeln, wider.

**13.3 Regulation von Nahrungsaufnahme und Energiereserven des Organismus**

13.3

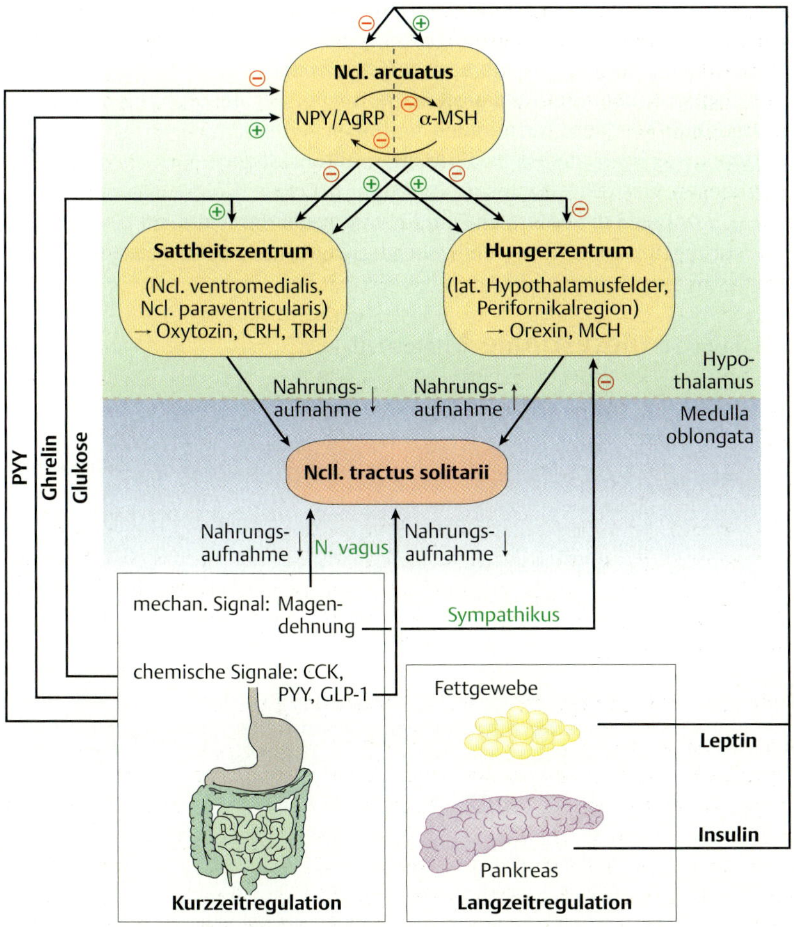


α-MSH = α-Melanozyten-stimulierendes Hormon, CCK = Cholezystokinin, CRH = Corticotropin-Releasing-Hormon, GLP-1 = Glucagon-like peptide 1, MCH = Melanin-Concentrating-Hormon, PYY = Neuropeptid YY, TRH = Thyreotropin-Releasing-Hormon.

### 13.1.5 Regulation der Flüssigkeitsaufnahme

Die Flüssigkeitsaufnahme wird in Abhängigkeit von der Plasmaosmolarität über das Durstgefühl (s. S. 322 bzw. 790) und die Ausschüttung von antidiuretischem Hormon (ADH, s. S. 317) gesteuert. Dabei spielen die im Hypothalamus lokalisierten Osmorezeptoren eine wichtige Rolle.

**13.1.5 Regulation der Flüssigkeitsaufnahme**

Die Flüssigkeitsaufnahme wird anhand der Plasmaosmolarität über Durstgefühl (s. S. 322 bzw. 790) und Ausschüttung von ADH (s. S. 317) gesteuert.

## 13.2 Verdauung

13.2 Verdauung

▶ **Synonym.** Digestion.

▶ Synonym

▶ **Definition.** Als **Verdauung** bezeichnet man den Abbau von Nahrungsbestandteilen im Gastrointestinaltrakt zu niedermolekularen Verbindungen, die anschließend ins Blut oder in die Lymphe aufgenommen werden können (**Absorption**, s. S. 501).

▶ Definition.

Für die Verdauung spielen die **gastrointestinale Motilität** (s. u.), die Bildung und Abgabe von Verdauungssekreten durch Mundspeicheldrüsen, Magen, Pankreas und Leber (**gastrointestinale Sekretion**, s. S. 481) und die im intestinalen Bürstensaum

An der Verdauung sind gastrointestinale Motilität (s. u.), Bildung und Abgabe von Verdauungssekreten (s. S. 481) und intestinale Bürstensaumenzyme (s. S. 498) beteiligt.

verankerten Verdauungsenzyme (**membranassoziierte Verdauung**, s. S. 498) eine wichtige Rolle.

▶ Klinik.

▶ Klinik. Ist die Aufspaltung von Nahrungsbestandteilen gestört (z. B. nach Magenresektion, bei exokriner Pankreasinsuffizienz oder bei einem Mangel an Gallensäuren), spricht man von **Maldigestion**. Störungen der Absorption von Nahrungsspaltprodukten aus dem Darmlumen und/oder deren Abtransport über den Blut- bzw. Lymphweg bezeichnet man als **Malabsorption**. Mögliche Ursachen hierfür sind Erkrankungen des Dünndarms (z. B. Morbus Crohn, Colitis ulcerosa, Zöliakie, s. S. 211), Störungen der enteralen Durchblutung oder der enteralen Lymphdrainage. Beide Störungen werden unter dem Oberbegriff **Malassimilation** zusammengefasst.

13.2.1 Gastrointestinale Motilität

## 13.2.1 Gastrointestinale Motilität

Funktionen der gastrointestinalen Motilität

Die aufgenommene Nahrung wird mithilfe der gastrointestinalen Motilität durch den Verdauungstrakt transportiert, mechanisch zerkleinert und mit den verschiedenen Verdauungssekreten gemischt. Nicht verdaubare Nahrungsbestandteile werden nach aboral transportiert und ausgeschieden.

### Funktionen der gastrointestinalen Motilität

Die aufgenommene Nahrung wird mithilfe der gastrointestinalen Motilität durch den Verdauungstrakt transportiert. Dabei werden die Nahrungsbestandteile durch die Darmbewegungen mechanisch zerkleinert und mit den verschiedenen Verdauungssekreten (Speichel, s. S. 481, Magensaft, s. S. 483, Pankreassekret, s. S. 490, Galle, s. S. 494) gemischt, die sie weiter aufspalten. Die Motilität des Gastrointestinaltrakts gewährleistet zudem, dass nicht verdaubare Nahrungsbestandteile nach aboral transportiert und schließlich ausgeschieden werden.

▶ Merke.

▶ Merke. Nahrungszusammensetzung und gastrointestinale Motilität bestimmen gemeinsam die **Passagezeiten** durch die verschiedenen Abschnitte des Verdauungstrakts: Der Speisebrei befindet sich nur ca. 10 s im Ösophagus, bis zu 3 h im Magen, bis zu 7 h im Dünndarm und bis zu 70 h im Kolon. Daraus ergibt sich eine **Gesamtverweildauer** von etwa **1 – 3 d** (Abb. **13.4**).

13.4

**13.4 Verdauungstrakt und jeweilige Passagezeiten**

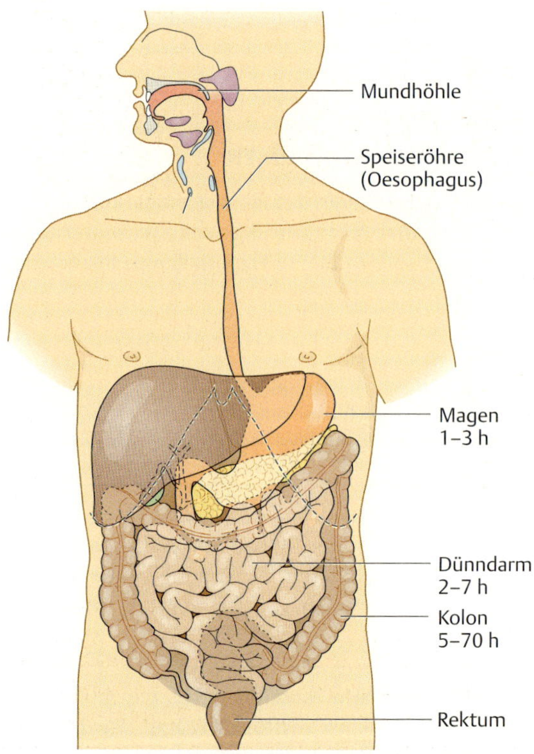

## Funktionelle Anatomie des Gastrointestinaltrakts

**Wandaufbau: Quergestreifte Muskulatur** findet sich im Oropharynx und oberen Ösophagus. Auch der M. sphincter ani externus besteht aus quergestreifter Muskulatur. Die Wände des übrigen Magen-Darm-Trakts enthalten mehrere Schichten **glatter Muskulatur** (Abb. **13.5**): Die zur Schleimhaut zugehörige Muscularis mucosae (Lamina muscularis mucosae), die innere Ringmuskulatur (Stratum circulare) und die äußere Längsmuskelschicht (Stratum longitudinale). Jede Muskelschicht ist ein funktionelles Synzytium in dem die glatten Muskelzellen über Gap junctions elektrisch und metabolisch miteinander verbunden sind (s. auch S. 64).

**Sphinkteren:** Der Gastrointestinaltrakt wird durch sechs Sphinkteren in funktionelle Abschnitte unterteilt:

- Der **obere Ösophagussphinkter** reguliert den Eintritt der Nahrung und hilft Luft- und Nahrungswege zu trennen.
- Der **untere Ösophagussphinkter** trennt den sauren Mageninhalt von der Speiseröhre. Bei einer Störung seiner Verschlussfunktion kann es durch Rückfluss von Mageninhalt zu Sodbrennen oder Refluxösophagitis kommen (s. S. 486).
- Der **Pylorus** reguliert den Durchtritt des Speisenbreis **(Chymus)** in das Duodenum und ermöglicht so eine erfolgreiche weitere Verdauung im Dünndarm.
- Die **Ileozökalklappe** trennt das keimarme Dünndarmlumen vom bakteriell besiedelten Dickdarmlumen.
- Der **M. sphincter ani internus** (glatte Muskulatur) dient dem unwillkürlichen Verschluss des Anus.
- Der **M. sphincter ani externus** (quergestreifte Muskulatur) dient dem willkürlichen Verschluss des Anus.

Welche Funktionen die verschiedenen durch die Sphinkteren voneinander getrennten Abschnitte im Rahmen der Motilität, Sekretion und Absorption haben, wird in den jeweiligen Teilkapiteln beschrieben.

**Funktionelle Anatomie des Gastrointestinaltrakts**

**Wandaufbau: Quergestreifte Muskulatur** findet sich im Oropharynx und oberen Ösophagus. Auch der M. sphincter ani externus besteht aus quergestreifter Muskulatur. Die Wände des übrigen Magen-Darm-Trakts weisen mehrere Schichten **glatter Muskulatur** auf (Abb. **13.5**). Jede Muskelschicht ist ein funktionelles Synzytium (s. auch S. 64).

**Sphinkteren:** Der Gastrointestinaltrakt wird durch folgende sechs Sphinkteren in funktionelle Abschnitte unterteilt:

- oberer Ösophagussphinkter
- unterer Ösophagussphinkter
- Pylorus
- Ileozökalklappe
- M. sphincter ani internus
- M. sphincter ani externus.

Die Aufgaben der verschiedenen Abschnitte bei Motilität, Sekretion und Absorption werden in den jeweiligen Teilkapiteln beschrieben.

**13.5 Aufbau der Magenwand**

13.5

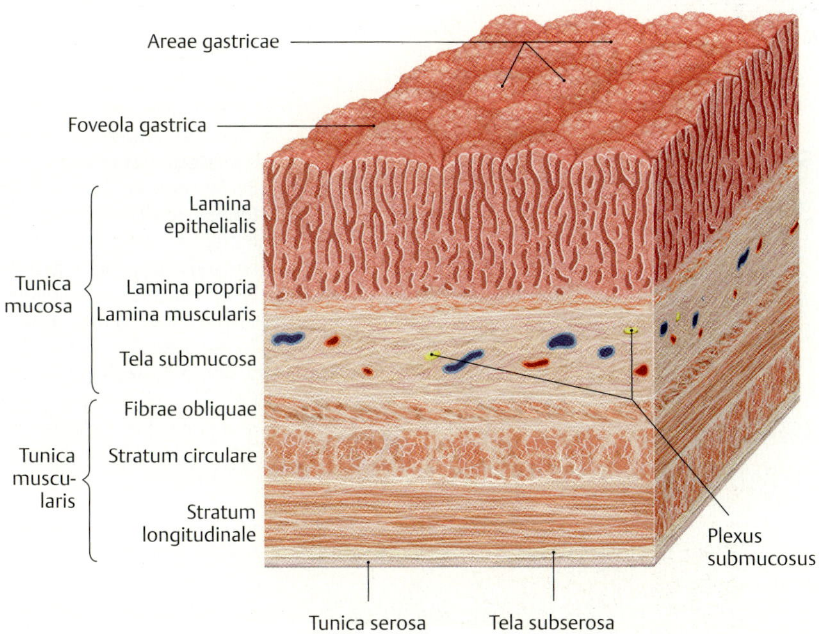


Der Aufbau der Magenwand stimmt mit dem Wandaufbau der Hohlorgane des übrigen Gastrointestinaltrakts weitgehend überein, weshalb er hier exemplarisch dargestellt ist. Im übrigen Gastrointestinaltrakt ist die Tunica muscularis nicht dreischichtig wie beim Magen, sondern besteht lediglich aus dem Stratum circulare und dem Stratum longitudinale.

### Steuerung der gastrointestinalen Motilität

Abgesehen von der Nahrungsaufnahme und der Defäkation (s. S. 475 bzw. 480) erfolgt die Steuerung unwillkürlich.

## Steuerung der gastrointestinalen Motilität

Abgesehen von der Nahrungsaufnahme (→Kauen und Schlucken, s. S. 475) und der Defäkation (s. S. 480) wird die Motorik des Magen-Darm-Trakts unwillkürlich gesteuert. Dabei spielen Schrittmacherzellen, die einen langsamen basalen elektrischen Rhythmus erzeugen, und verschiedene Transmitter und Hormone eine wichtige Rolle.

### Steuerung der gastrointestinalen Motilität

Interstitielle **Cajal-Zellen** lösen einen **basalen elektrischen Rhythmus** aus. Die Frequenz dieser langsamen Potenzialwellen (**Slow waves**, Abb. **13.6**) unterscheidet sich in den verschiedenen Darmabschnitten:
- Magen: ca. 3/min
- Dünndarm: ca. 12/min
- Kolon: ca. 8/min.

Bei Überschreiten eines Schwellenwerts entstehen $Ca^{2+}$-getragene **Spike-Potenziale**, die je nach Frequenz zu einer mehr oder weniger starken phasischen Kontraktion der Wandmuskulatur führen (Abb. **13.6**).

### Steuerung der gastrointestinalen Motilität durch Schrittmacherzellen

Ab dem distalen Magen findet man in allen Darmabschnitten **langsame Potenzialwellen** (Abb. **13.6**). Schrittmacherzellen dieser **Slow waves** sind interstitielle **Cajal-Zellen**, die zwischen der Ring- und der Längsmuskulatur ein Netzwerk bilden. Über Gap junctions werden diese unterschwelligen Depolarisationen elektrotonisch auf benachbarte glatte Muskelzellen weitergeleitet. Jeder Darmabschnitt hat einen typischen **basalen elektrischen Rhythmus**: Im Magen beträgt die Frequenz der langsamen Potenzialwellen ca. 3/min, im Dünndarm ca. 12/min und im Kolon ca. 8/min.

Überschreitet die Depolarisation – z. B. bei Wanddehnung oder unter dem Einfluss von Hormonen oder Transmittern (ACh) – einen bestimmten Schwellenwert, öffnen sich spannungsgesteuerte $Ca^{2+}$-Kanäle, wodurch eine Abfolge sog. **Spike-Potenziale** ($Ca^{2+}$-Aktionspotenziale) ausgelöst wird (Abb. **13.6**). In Abhängigkeit von der Frequenz dieser Spikes kommt es zu einer mehr oder weniger starken phasischen Kontraktion der Wandmuskulatur.

### Nervale Steuerung der gastrointestinalen Motilität

Die gastrointestinale Motilität wird über das **enterische Nervensystem** gesteuert, dessen Aktivität von Sympathikus und Parasympathikus moduliert wird. Auch viszerale Afferenzen spielen eine wichtige Rolle:

### Nervale Steuerung der gastrointestinalen Motilität

Der Verdauungstrakt verfügt über ein eigenes Nervensystem, das sog. **enterische Nervensystem**, das für die Steuerung seiner motorischen und auch sekretorischen Funktionen verantwortlich ist. Die Aktivitäten des enterischen Nervensystems werden durch Sympathikus und Parasympathikus moduliert. Außerdem spielen viszerale Afferenzen eine wichtige Rolle bei der Steuerung der gastrointestinalen Motilität:

13.6

**13.6 Steuerung der gastrointestinalen Motilität durch Schrittmacherzellen**

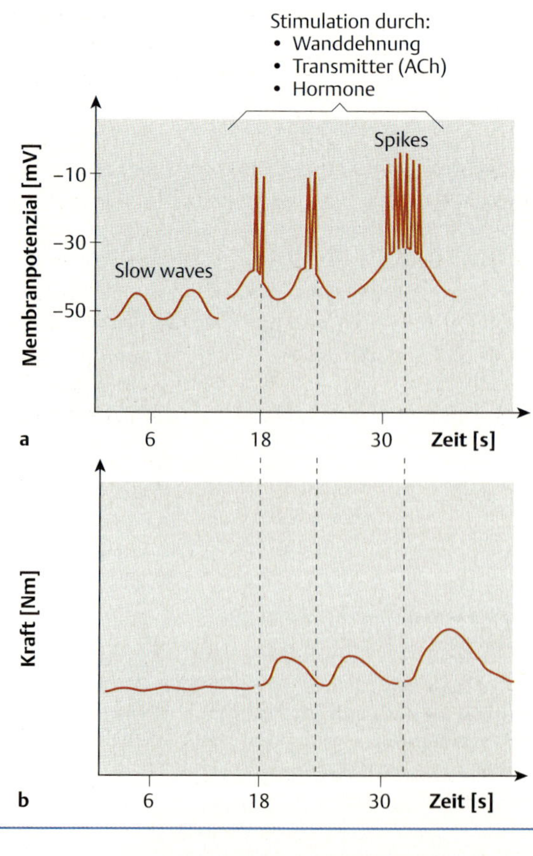


Spontane **Membranpotenzialschwankungen** (Slow waves) der glatten Muskulatur des Magen-Darm-Trakts (oben, **a**), unten das zugehörige **Mechanogramm (b)**. Bei Überschreiten einer Potenzialschwelle werden $Ca^{2+}$-getragene Spike-Potenziale ausgelöst. Der $Ca^{2+}$-Einstrom löst dann eine tonische Kontraktion aus. Werden viele Spike-Potenziale ausgelöst, strömt entsprechend mehr $Ca^{2+}$ ein und löst eine größere tonische Kontraktion aus.

**Enterisches Nervensystem (intrinsische Innervierung):** Das enterische Nervensystem umfasst zwei Nervenplexus:

- **Plexus myentericus (Auerbach)** zwischen der inneren Ring- und der äußeren Längsmuskelschicht.
- **Plexus submucosus (Meissner)** zwischen der inneren Ringmuskelschicht und der Submukosa.

Beide sind eng miteinander verflochten.

**Enterisches Nervensystem (intrinsische Innervierung):** Das enterische Nervensystem umfasst zwei miteinander verflochtene Nervenplexus: Den **Plexus myentericus (Auerbach)** und den **Plexus submucosus (Meissner)**.

► Merke.

- Die Efferenzen des **Plexus myentericus** enden v.a. an den glatten Muskelzellen der Längs- und Ringmuskelschicht und der Gefäße und sind dadurch wesentlich an der **Regulation von Motilität und Durchblutung** beteiligt.
- Hauptaufgabe des **Plexus submucosus** ist die **Steuerung der Sekretion** des Epithels.

► Merke.

Das enterische Nervensystem kann die gastrointestinale Motilität autonom regulieren (daher auch die Bezeichnung „enterisches Gehirn"). Wird beispielsweise ein Darmsegment durch den Darminhalt gedehnt, wird dies über sensorische Mechanorezeptoren vom Plexus submucosus registriert und über Interneurone an den Plexus myentericus weitergeleitet. Dieser bewirkt daraufhin, dass sich der Darmabschnitt oberhalb des Bolus kontrahiert, während sich die Wandmuskulatur unterhalb des Bolus entspannt. Auf diese Weise wird der Speisebrei nach aboral weitertransportiert. Ähnliches gilt auch für die Überwindung der Sphinkteren. Eine proximal zum Sphinkter gelegene Stimulation (Dilatation) führt zu dessen Öffnung.

Das enterische Nervensystem kann die gastrointestinale Motilität autonom regulieren (daher auch die Bezeichnung „enterisches Gehirn").

**Sympathikus und Parasympathikus (extrinsische Innervierung):** Die **sympathischen Fasern** zur Innervation des Gastrointestinaltrakts entspringen den thorakolumbalen Abschnitten des Rückenmarks und werden in den prävertebralen Ganglien (z.B. im Ganglion coeliacum) auf postganglionäre Fasern umgeschaltet. Bei der synaptischen Übertragung auf die Effektorzellen (v.a. erregende Neurone des enterischen Nervensystems, z.T. aber auch direkt Muskelzellen) dient Noradrenalin als Transmitter.
Ösophagus, Magen, Dünndarm, proximaler Dickdarm, Leber, Gallenblase und Pankreas werden über den N. vagus von **parasympathischen Fasern** aus der Medulla oblongata innerviert. Die distalen Dickdarmabschnitte sowie Sigma, Rektum und Analregion werden über die Nn. splanchnici pelvini parasympathisch aus dem Sakralmark innerviert. Neurotransmitter ist hier Acetylcholin.

**Sympathikus und Parasympathikus (extrinsische Aktivierung):** Die **sympathischen Fasern** zur Innervation des Gastrointestinaltrakts entspringen dem thorakolumbalen Rückenmark und werden in den prävertebralen Ganglien auf postganglionäre Fasern umgeschaltet. Die **parasympathische Innervation** erfolgt über den N. vagus bzw. die Nn. splanchnici pelvini.

► Merke. Sympathikus und Parasympathikus wirken modulierend auf das enterische Nervensystem: Der **Sympathikus** hat einen *hemmenden* Einfluss auf die Darmmotilität, der **Parasympathikus** einen *fördernden*.

► Merke.

**Viszerale Afferenzen:** Die sensorischen Nervenendigungen der viszeralen Afferenzen liegen frei in der Darmwand und fungieren als Mechano-, Chemo- und Nozizeptoren. Die viszeralen Afferenzen verlaufen mit den extrinsischen Nervenfasern zum ZNS und ermöglichen so u.a. die Entstehung **vagovagaler Reflexe**, welche v.a. die Motilität von Ösophagus und Magen (rezeptive Relaxation/Akkommodationsreflex, s.S. 477) steuern.

**Viszerale Afferenzen:** Sie leiten mechanische, chemische oder Schmerzreize zum ZNS weiter und ermöglichen so u.a. die Entstehung **vagovagaler Reflexe** (rezeptive Relaxation/Akkommodationsreflex (s.S. 477).

**Humorale Steuerung der gastrointestinalen Motilität**

An der Steuerung der gastrointestinalen Motilität sind viele verschiedene Hormone beteiligt. Die wichtigsten sind in Tab. **13.5** aufgeführt.

## Humorale Steuerung der gastrointestinalen Motilität

An der Steuerung der gastrointestinalen Motilität sind viele verschiedene Hormone beteiligt. Die wichtigsten Vertreter sind mit Syntheseort, Regulation der Freisetzung und Wirkung in Tab. **13.5** aufgeführt.

**13.5 Hormone und Transmitter zur Steuerung der gastrointestinalen Motilität und der Freisetzung von Verdauungssekreten**

| *Substanz* | *Syntheseort* | *Regulation der Freisetzung* | *Wirkung* |
|---|---|---|---|
| **Neurotransmitter** | | | |
| **Acetylcholin (ACh)** | N. vagus | autonomes Nervensystem (erhöhter Parasympathikotonus → Freisetzung ↑) | HCl-Sekretion ↑<br>Pankreassaftsekretion ↑ |
| **Noradrenalin** | Sympathikus | ACh | Darmmotorik ↓ |
| **ATP** | enterisches Nervensystem, Sympathikus | ACh | moduliert Darmmotorik |
| **Stickstoffmonoxid (NO)** | enterisches Nervensystem | ACh | Darmmotorik ↓ |
| **Gastrin-releasing peptide (GRP)** | N. vagus | autonomes Nervensystem (erhöhter Parasympathikotonus → Freisetzung ↑) | Gastrinfreisetzung ↑ |
| **vasoaktives intestinales Peptid (VIP)** | enterisches Nervensystem | ACh | Sekretion von Wasser und Elektrolyten in Pankreassaft und Galle ↑<br>Dickdarmsekretion ↑<br>Durchblutung ↑<br>Gastrinsekretion ↓ |
| **Hormone (endokrine oder parakrine Signalübermittlung)** | | | |
| **Gastrin** | G-Zelle (Antrum) | ▪ Freisetzung ↑ durch erhöhten Parasympathikotonus, Dehnung der Magenwand, Peptide<br>▪ Freisetzung ↓ durch Somatostatin (das bei pH im Magenantrum <3 freigesetzt wird, s. u.), GIP und VIP | HCl-Sekretion ↑ |
| **Sekretin** | S-Zelle (Duodenum) | pH <4 im Duodenum, N. vagus, Nährstoffe im Duodenum | Pankreassaftsekretion ↑<br>HCl-Sekretion ↓ |
| **Cholezystokinin (CCK)** | I-Zelle (Duodenum) | Freisetzung ↑ durch Fette im Duodenum | Kontraktion der Gallenblase<br>Kontraktion des Magenantrums → Magenentleerung ↓<br>HCl-Sekretion ↓<br>Pankreassaftsekretion ↑ |
| **Gastric inhibitory peptide (GIP)** | K-Zelle (Duodenum und Jejunum) | Glukose, Aminosäuren und emulgiertes Fett im Duodenum | Insulinsekretion ↑<br>Magenmotilität ↓<br>HCl-Sekretion ↓ |
| **Somatostatin (SIH)** | D-Zelle (Antrum) | Freisetzung ↑ bei pH im Magenantrum <3 | HCl-Sekretion ↓ |
| **Motilin** | M-Zelle (Duodenum) | Freisetzung ↑ bei pH-Abfall im Duodenum, Nährstoffe im Duodenum | Magenmotilität ↑ |
| **Ghrelin** | P/D1 Zelle (Antrum) | Freisetzung ↑ bei leerem Magen | Hungerhormon (ZNS) (s. Abb. **13.3**, S. 469) |
| **Glucagon-like peptide 1 (GLP-1)** | L-Zelle (Duodenum) | Nährstoffe im Duodenum (v. a. Glukose, aber auch Fett und Aminosäuren) | Insulinfreisetzung ↑ |
| **Histamin** | ECL-Zelle | Freisetzung ↑ durch erhöhten Parasympathikotonus und Gastrin | HCl-Sekretion ↑ |
| **Prostaglandin $E_2$ ($PGE_2$)** | Belegzellen (Magenfundus, -korpus) | Freisetzung ↑ bei Absinken des pH-Werts | HCl-Sekretion ↓<br>$HCO_3^-$-Sekretion ↓ |

## Motilitätsmuster im Gastrointestinaltrakt

In den verschiedenen Abschnitten des Gastrointestinaltrakts treten typische Bewegungsmuster auf (Tab. **13.6**).

**Motilitätsmuster im Gastrointestinaltrakt**

In den verschiedenen Abschnitten treten typische Bewegungsmuster auf (Tab. **13.6**).

**13.6 Motilitätsmuster im Gastrointestinaltrakt**

| *Motilitätsmuster* | *Entstehung* | *Vorkommen* | *Funktion* |
|---|---|---|---|
| **propulsive Peristaltik** | Kontraktion der Ringmuskulatur und gleichzeitige Erschlaffung der Längsmuskulatur in einem Darmsegment, das einen zu transportierenden Bolus enthält, während weiter aboral zum gleichen Zeitpunkt die Ringmuskulatur erschlafft und die Längsmuskulatur kontrahiert ist → durch wellenförmige Fortsetzung dieses Procederes über den gesamten Verdauungstrakt wird der Bolus von oral nach aboral transportiert | Ösophagus, Magen, Dünndarm, Dickdarm | Transport des Speisebreis/Darminhalts von oral nach aboral |
| **nicht propulsive Peristaltik** | lokale Kontraktionen der Ringmuskulatur, die sich nur über eine kurze Strecke fortpflanzen | Dünndarm | Durchmischung des Darminhalts; langsamer Weitertransport des Darminhalts |
| **Segmentationsbewegungen** | gleichzeitige Kontraktion von Ringmuskulatur in benachbarten Darmbereichen | Dünn-/Dickdarm | Durchmischung des Darminhalts; Chymus mit dem absorbierenden Darmepithel in Kontakt bringen |
| **Pendelbewegungen** | Längsverschiebung der Darmwand über den Darminhalt durch rhythmische Kontraktionen der Längsmuskulatur | Dünn-/Dickdarm | Durchmischung des Darminhalts; Chymus mit dem absorbierenden Darmepithel in Kontakt bringen |
| **tonische Dauerkontraktion** | dauerhaft anhaltende Kontraktion der Ringmuskulatur | Sphinkteren | Unterteilung des Gastrointestinaltrakts in funktionelle Abschnitte/Verschluss |
| **Akkommodation** | Erweiterung der Hohlorgans ohne Druckanstieg (vagovagaler Reflex) | Magenfundus, Colon ascendens, Rektum | gibt der Nahrung den nötigen Platz |

## Schlucken

Beim Schlucken handelt es sich um einen Reflex, der vom Schluckzentrum in der Medulla oblongata gesteuert wird.

- **Orale Phase:** Die Einleitung des Schluckakts erfolgt **willkürlich**, indem die Zunge einen Bissen (Speisebolus) in Richtung Rachen schiebt.
- **Pharyngeale Phase:** Erreicht der Bolus den Rachen, werden Mechanorezeptoren aktiviert, die ihre afferenten Impulse über die Nn. glossopharyngeus und laryngeus superior an das Schluckzentrum weiterleiten und so den eigentlichen Schluckreflex auslösen. Dieser läuft dann **unwillkürlich** und nach folgendem festen Schema ab: Damit keine Nahrung in die Atemwege gelangt, werden diese durch Anheben des Gaumensegels (→ der weiche Gaumen legt sich an die Hinterwand des Pharynx an) und Abdeckung des Kehlkopfs durch die Epiglottis verschlossen. Nun erschlafft der obere Ösophagussphinkter und infolge des Druckanstiegs im Pharynx gelangt der Speisebolus in den Ösophagus (Ende der pharyngealen Phase).
- **Ösophageale Phase:** Die Dehnung des oberen Ösophagus löst eine **peristaltische Welle** aus, die sich über die gesamte Speiseröhre nach distal fortpflanzt und den Bolus weitertransportiert. Kurz nach Beginn des Schluckreflexes erschlafft auch der untere Ösophagussphinkter, sodass der Speisebolus in den Magen gelangen kann. Durch eine gleichzeitige Erschlaffung des Magenfundus wird der Übertritt des Speisebreis in den Magen noch erleichtert (sog. rezeptive Relaxation, s. S. 476). Erreicht die Peristaltik den unteren Ösophagussphinkter, verschließt sich dieser wieder und der Schluckakt ist beendet.

**Schlucken**

Schlucken ist ein Reflex, der vom Schluckzentrum in der Medulla oblongata gesteuert wird. Die sog. **orale Phase**, während der ein Bissen in Richtung Rachen befördert wird, läuft **willkürlich** ab. Der nachfolgende eigentliche Schluckreflex (**pharyngeale** und **ösophageale Phase**) ist ein **unwillkürliches** Ereignis: Nach Verschließen der Atemwege erschlafft der obere Ösophagussphinkter und der Bolus gelangt in die Speiseröhre. Dort wird eine **peristaltische Welle** ausgelöst, die den Bolus nach aboral transportiert. Kurz nach Beginn des Schluckreflexes erschlafft auch der untere Ösophagussphinkter, sodass der Speisebolus in den Magen gelangen kann. Dies wird durch eine gleichzeitige Erschlaffung des Magenfundus erleichtert (rezeptive Relaxation, s. S. 476). Erreicht die Peristaltik den unteren Ösophagussphinkter, verschließt sich dieser wieder (Abb. **13.8**).

**Volumen- und pH-Clearance:** Gelangt Mageninhalt in den Ösophagus, wird er durch eine peristaltische Welle in den Magen zurückbefördert **(Volumen-Clearance)**. Der saure Ösophagusbereich wird durch den nachfließenden $HCO_3^-$-haltigen Speichel abgepuffert **(pH-Clearance)**.

In Abb. **13.8** sind die Druckverhältnisse in den verschiedenen Abschnitten des Ösophagus während des Schluckakts dargestellt.

**Volumen- und pH-Clearance:** Fließt doch einmal Mageninhalt zurück in den Ösophagus („saures Aufstoßen"), wird dieser unerwünschte Ösophagusinhalt reflektorisch durch eine peristaltische Welle in den Magen zurückbefördert. Man spricht hierbei von der sog. **Volumen-Clearance**. Der $HCO_3^-$-haltige Speichel, der bei den nachfolgenden Schluckereignissen in den distalen Öophagus gelangt, puffert den verbliebenen sauren Ösophagusbereich ab **(pH-Clearance)**.

▶ Merke.

▶ **Merke.** **Volumen-** und **pH-Clearance** schützen den Ösphagus nach erfolgtem Reflux.

▶ Klinik.

▶ **Klinik.** Bei der sog. **Achalasie** fehlt die schluckreflektorische Erschlaffung des unteren Ösophagussphinkters aufgrund einer Degeneration inhibitorischer Neurone im enterischen Nervensystem des unteren Ösophagus. Die Erkrankung manifestiert sich meist im mittleren Lebensalter. Typische Symptome sind Schluckstörungen, die die Betroffenen häufig zum Nachtrinken zwingen, und Regurgitation aufgenommener Speisen. Außerdem können retrosternales Völlegefühl und selten auch krampfartige Schmerzen auftreten. Die Diagnostik umfasst Anamnese, Röntgen-Ösophagusbreischluck (Abb. **13.7**), Ösophagoskopie (mit Gewinnung von Biopsaten zum Ausschluss eines Tumors) und Ösophagusmanometrie. Therapiemethode der Wahl ist die Ballondilatation, welche eine ca. 70%ige Erfolgsquote aufweist.

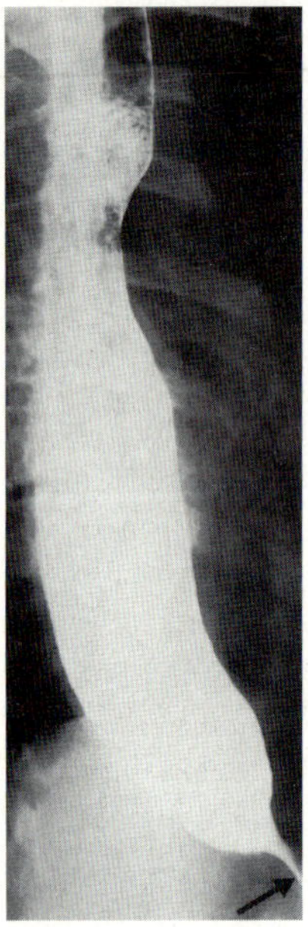

**13.7 Achalasie**

Auf dem Röntgenbild (sog. Breischluck) erkennt man eine filiforme Engstellung im Bereich des distalen Ösophagus (Pfeil). Proximal der Stenose ist das Lumen der Speiseröhre erheblich erweitert (sog. Sektglasform). Anhand der Erweiterung der Speiseröhre unterscheidet man drei Schweregrade der Erkrankung (hier Stadium III).

### Magenmotilität

Der Magen ist in **zwei funktionelle Regionen** aufgeteilt: Einen proximalen und einen distalen Abschnitt.

## Magenmotilität

Aufgabe der Magenmotilität ist es, die aufgenommene Nahrung zu speichern, zu durchmischen, zu zerkleinern und weiterzutransportieren. Dafür ist der Magen in **zwei funktionelle Regionen** aufgeteilt: Einen proximalen und einen distalen Abschnitt.

#### Proximaler Magen

Dieser Teil dient der Speicherung der aufgenommenen Nahrung. Er besitzt die Fähigkeit zur **rezeptiven** und **adaptativen Relaxation (Akkommodation)**. Mithilfe dieser beiden **vagovagalen Reflexe** wird der Übertritt der Nahrung vom Ösophagus in den Magen erleichtert und der Magen kann sich dem auf-

### Proximaler Magen

Der proximale Magen (Fundus und oberer Teil des Korpus) ist der speichernde Teil. Er hat keine oszillierende motorische Spontanaktivität, erzeugt also keine Peristaltik. Er besitzt die Fähigkeit zur **rezeptiven Relaxation**, d.h. er erleichtert den Übertritt des Speisebreis aus dem Ösophagus in den Magen, indem er bei Erregung von Dehnungsrezeptoren in Pharynx und Larynx erschlafft. Dehnungsrezeptoren im proximalen Magen ermöglichen zudem eine Anpassung an das

13.8 **Zeitlicher Verlauf der Druckänderungen im Ösophagus während eines Schluckakts**

13.8

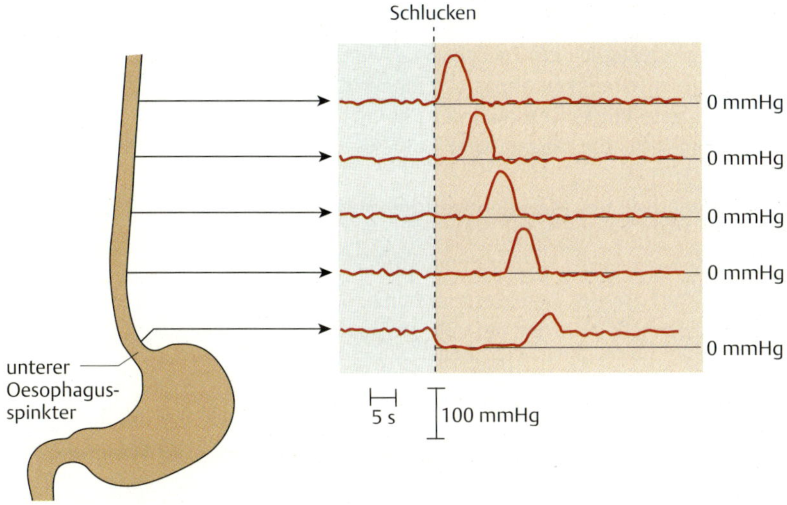


Eine propulsive Peristaltikwelle ist deutlich erkennbar. Der Druck im Bereich des unteren Ösophagussphinkters fällt zu Beginn des Schluckens ab und zeigt damit das Öffnen dieses Sphinkters an.

aufgenommene Nahrungsvolumen, sodass auch größere Mahlzeiten im Magen Platz finden können, ohne dass der intraluminale Druck sofort ansteigt. Diesen Vorgang bezeichnet man als **adaptive Relaxation** oder **Akkommodation**. Bei diesem Mechanismus handelt es sich um einen **vagovagalen Reflex**.

genommenen Volumen anpassen, ohne dass der intraluminale Druck sofort ansteigt.

### Distaler Magen

Der distale Magen (untere zwei Drittel von Korpus und Antrum) ist für die Durchmischung, die Zerkleinerung und den Weitertransport der aufgenommenen Nahrung zuständig.

**Durchmischung und Zerkleinerung:** Im mittleren Teil des Korpus („Schrittmacherzone") befinden sich **Schrittmacherzellen** (s. S. 472), von denen peristaltische Wellen ausgehen. Die Frequenz der Peristaltik beträgt relativ konstant **ca. 3/min**, die Stärke der Wellen kann jedoch variieren. Durch die Peristaltik wird der Speisebrei in Richtung Antrum und Pylorus gedrängt und dabei immer stärker zusammengepresst. Trifft er nun auf den verschlossenen Pylorus, wird der Speisebrei mit großer Wucht zurück in den proximalen Magen befördert (jetstromartige Retropulsion), was eine Durchmischung und Zerkleinerung des Mageninhalts zur Folge hat.

**Magenentleerung:** Die Entleerung des Magens wird neurohumoral gesteuert:

- **fördernd** auf die Magenentleerung wirken der **N. vagus**, der die Kontraktilität des Magens erhöht und eine Relaxation des Pylorus verursacht, und das von den M-Zellen im Dünndarm sezernierte **Motilin**
- **hemmend** wirken der **Sympathikus** und die gastrointestinalen Hormone **CCK**, **Sekretin**, **GIP** und **Gastrin** (s. auch Tab. **13.5**, S. 474).

Verschiedene Faktoren beeinflussen die **Geschwindigkeit der Magenentleerung** und gewährleisten so, dass die Verdauungs- und Absorptionskapazität des Dünndarms nicht überlastet wird:

- **Größe und Konsistenz** der aufgenommenen Nahrung: Feste und grobe Nahrungsbestandteile verweilen länger im Magen als feine Partikel oder Flüssigkeiten. Während der digestiven Phase können nur Partikel mit einem Durchmesser von ≤7 mm den Pylorus passieren. Je kleiner die Partikel sind, desto schneller treten sie vom Magen in den Dünndarm über. Unverdauliche größere Nahrungsbestand-

### Distaler Magen

Dieser Teil ist für Durchmischung, Zerkleinerung und Weitertransport der Nahrung zuständig.

**Durchmischung und Zerkleinerung:** Die von den **Schrittmacherzellen** des mittleren Korpusbereichs erzeugte Peristaltik (**ca. 3/min**) schleudert den Chymus wiederholt gegen den verschlossenen Pylorus, wodurch die Nahrungsbestandteile durchmischt und zerkleinert werden.

**Magenentleerung:** Die Steuerung erfolgt neurohumoral:

- der **N. vagus** und **Motilin** fördern die Magenentleerung
- der **Sympathikus**, **CCK**, **Sekretin**, **GIP** und **Gastrin** (s. auch Tab. **13.5**, S. 474) wirken hemmend.

Folgende Faktoren beeinflussen die **Geschwindigkeit der Magenentleerung**:

- **Größe und Konsistenz** der aufgenommenen Nahrung

- **Osmolarität, pH-Wert und Zusammensetzung** des in den Dünndarm gelangten Chymus.

teile werden erst während der interdigestiven Phase durch kräftige Kontraktionswellen aus dem Magen in das Duodenum befördert.

- **Osmolarität, pH-Wert und Zusammensetzung** des in den Dünndarm gelangten Chymus: Der Dünndarm, der mit entsprechenden Chemosensoren ausgestattet ist, gibt diesbezüglich ein Feed-back an den Magen, woraufhin dieser seine Entleerungsgeschwindigkeit anpasst: Je höher die Osmolarität und je saurer der pH-Wert ist, desto länger verbleibt der Chymus im Magen. Von den Energielieferanten haben Fette die längste und Kohlenhydrate die kürzeste Verweildauer im Magen.
  Die Verzögerung der Magenentleerung wird v. a. über **CCK** und **Sekretin** vermittelt.

▶ Merke.

▶ Merke. Fett ist der potenteste Hemmer der Magenentleerung. Aus diesem Grund löst fettreiche Nahrung ein Völlegefühl aus und „liegt schwer im Magen".

▶ Klinik.

▶ Klinik. **Erbrechen** (Emesis, Vomitus) ist ein Schutzreflex, der den Körper daran hindern soll, körperschädigende Substanzen aufzunehmen. Die **Steuerung** erfolgt über das sog. **Brechzentrum**, das von der in der Medulla oblongata lokalisierten Area postrema gebildet wird und somit Bestandteil der Formatio reticularis ist. Da das Brechzentrum nicht durch die Blut-Hirn-Schranke geschützt ist, können schädigende Substanzen direkt auf die Neuronen einwirken. Erbrechen kann viele verschiedene **Auslöser** haben: Intoxikationen (z. B. durch Alkohol oder verdorbene Lebensmittel), bestimmte Medikamente, hormonelle Umstellung im Rahmen einer Schwangerschaft, Hirndruckanstieg (z. B. durch eine Blutung), Stimulation des Vestibularorgans (Reisekrankheit), starke Schmerzen, psychische Einflüsse (z. B. Ekelgefühl) oder auch mechanische Stimulation des Oropharynx (z. B. erzwungenes Erbrechen bei Bulimie, um die Absorption von Nahrungsbestandteilen zu verhindern). Das Erbrechen folgt einem geregelten, teils willkürlich, teils unwillkürlich gesteuerten **Ablauf** und wird von vegetativen Symptomen wie Übelkeit, Blässe, vermehrtem Speichelfluss, Schweißausbrüchen und Tachykardie begleitet. Nach tiefer Inspiration kommt es zum Verschluss von Oropharynx und Glottis. Nach Erschlaffen der Magenmuskulatur und des unteren Ösophagussphinkters kontrahiert sich das Zwerchfell und die Bauchdecke spannt sich an. Durch den Anstieg des intraabdominalen Drucks und eine Kontraktion des Antrums entleert sich der Mageninhalt retrograd in den Ösophagus, der obere Ösophagussphinkter relaxiert und der Mageninhalt wird im Schwall aus dem Mund befördert. Durch eine Tonussteigerung in Duodenum und Jejunum und eine Umkehr der dortigen Peristaltik gelangt bei erschlafftem Pylorus Dünndarminhalt samt Galle in den Magen und wird mit erbrochen. Bei schwerem oder chronischem Erbrechen kann es durch den massiven Verlust von Magensäure zu einer **metabolischen Alkalose** (s. auch S. 281), durch den Verlust großer Flüssigkeitsmengen zu einer **Hypovolämie** und durch den Kaliumverlust zu einer **Hypokaliämie** kommen.

### Darmmotilität

#### Dünndarmmotilität

Die Dünndarmmotilität weist während der digestiven und der interdigestiven Phase jeweils charakteristische Muster auf.

**Digestive Phase:** Über Schrittmacherzellen (s. S. 475) werden **Segmentations- und Pendelbewegungen** ausgelöst, die den Darminhalt durchmischen und mit dem Epithel in Kontakt bringen; zudem wird der Weitertransport des Darminhalts nach distal gefördert.

## Darmmotilität

### Dünndarmmotilität

Die Dünndarmmotilität weist während der digestiven und der interdigestiven Phase jeweils charakteristische Muster auf und ist dadurch optimal an die jeweiligen Anforderungen angepasst.

**Digestive Phase:** Während der Verdauungsphase werden über Schrittmacherzellen (s. S. 472) **Segmentations- und Pendelbewegungen** ausgelöst, die in erster Linie der Durchmischung des Darminhalts dienen und den Chymus mit dem Darmepithel in Kontakt bringen (s. auch Tab. **13.6**, S. 475). Die Segmentationsbewegungen haben zudem eine leicht propulsive Komponente und tragen so zur Verschiebung des Darminhalts nach distal bei. Die Frequenz der Schrittmacherzellen nimmt von ca. 12/min im Duodenum auf ca. 8/min im Ileum ab.

Die Segmentations- und Pendelbewegungen werden von einer **propulsiven Peristaltik** überlagert, die vom enterischen Nervensystem gesteuert wird. Auslöser ist der durch den Chymus erzeugte Dehnungsreiz, der von Mechanosensoren erfasst wird. Im betroffenen Darmabschnitt kontrahiert sich die Ringmuskulatur bei gleichzeitiger Relaxation der Längsmuskulatur. Umgekehrt relaxiert im distal liegenden Darmsegment die Ringmuskulatur, sodass sich das Darmlumen erweitert, und die Längsmuskulatur kontrahiert sich. Dadurch wird der Darminhalt nach distal verschoben.

In Abhängigkeit von der Nahrungszusammensetzung (s. auch S. 470) wird der Darminhalt durch die von Schrittmacherzellen und enterischem Nervensystem erzeugte Motilität in ca. 2 – 10 h bis zum Zökum transportiert. Die Motilität wird zudem durch **Sympathikus** und **Parasympathikus** moduliert (s. S. 473).

**Interdigestive Phase:** Die interdigestive Phase gliedert sich in mehrere Abschnitte: Nach einer ca. 1-stündigen Ruhepause **(Phase 1)** treten für ca. 30 min zunächst noch ungerichtete Kontraktionen auf **(Phase 2)**. Daraufhin wandern für ca. 15 min motorische Wellen, sog. **MMC (Migrating Motor Complex)**, über den Dünndarm **(Phase 3)**. Es handelt sich dabei um kräftige peristaltische Wellen, die im Magen (Antrum) oder Duodenum beginnen und meist vor dem Kolon erlöschen. Ihre Frequenz beträgt ca. 3/min und wird von den Cajal-Zellen (s. S. 472) bestimmt, wobei das vegetative Nervensystem einen modulierenden Einfluss hat. Aufgabe der MMC ist es, unverdaute Reste aus dem Dünndarm zu entfernen und ein überschießendes Bakterienwachstum zu verhindern. In der darauffolgenden **4. Phase** nimmt die Aktivität wieder ab, bis sich schließlich wieder die Ruhephase einstellt. Beim Übergang von der 2. in die 3. Phase scheint **Motilin** eine wichtige Rolle zu spielen (Tab. **13.5**, s. S. 474). Der Übergang von der interdigestiven in die digestive Phase wird vom **N. vagus** gesteuert.

**Ileozökaler Übergang:** Die Ileozökalklappe ist ein reguliertes Ventil, welches täglich ca. 2 l flüssigen Dünndarminhalts in das Zökum hindurchlässt. Es ist verschlossen und öffnet sich durch Drucksteigerungen im Ileum. Eine Drucksteigerung im Zökum verursacht den Verschluss der Klappe. Damit regelt der peristaltische Darmtransport selbst das Öffnen und Schließen der Ileozökalklappe. Dieses gewährleistet, dass der keimreiche Dickdarminhalt vom keimarmen Dünndarminhalt getrennt wird.

▶ **Klinik.** Nach einer Magenresektionsoperation (Billroth II) kann es im blind endenden duodenalen Abschnitt zu einer bakteriellen Überwachsung kommen (**Blindsacksyndrom**, blind loop syndrome). Es kommt dabei zum bakteriellen Abbau der Gallensäuren mit **Gallensäureverlustsyndrom**, schmerzhaften Blähungen, Durchfall und Erbrechen. Dieses muss je nach Ursache behandelt werden.

### Dickdarmmotilität

Die Dickdarmmotilität dient dem Transport und der Speicherung des Darminhalts. Es überwiegen **nicht propulsive Peristaltik** und **Segmentationsbewegungen**, die von Schrittmacherzellen (s. auch S. 472) erzeugt werden. Die wichtigste Schrittmacherzone ist im Colon transversum lokalisiert. Von dort aus pflanzen sich Kontraktionen der Ringmuskulatur langsam sowohl nach aboral als auch nach oral (retrograde Peristaltik) fort. Deshalb werden die Fäzes v. a. in Zökum, Colon ascendens und Rektum gespeichert, wo sich der Durchmesser des Darmlumens mittels adaptiver Relaxation (Akkommodation, s. S. 477) der Stuhlmenge anpasst. Zwischen den durch die Kontraktionen der Ringmuskulatur entstehenden Einschnürungen bilden sich Aussackungen, die man als **Haustren** bezeichnet (Abb. **13.9**). Die Längsmuskelschicht des Kolons verläuft in drei isolierten, verdickten Bändern **(Tänien)**. Diese sind dauerhaft kontrahiert und verkürzen so die Dickdarmlänge, wodurch die Haustrenbildung wiederum gefördert wird.

---

Die Segmentations- und Pendelbewegungen werden von einer **propulsiven Peristaltik** überlagert, die vom enterischen Nervensystem gesteuert wird. Auslöser ist der durch den Chymus erzeugte Dehnungsreiz, der von Mechanosensoren erfasst wird.

Der Darminhalt wird in ca. 2 – 10 h bis zum Zökum transportiert, **Sympathikus** und **Parasympathikus** wirken dabei modulierend.

**Interdigestive Phase:** Man unterscheidet 4 Abschnitte:
- **Phase 1:** Ruhephase (ca. 1 h)
- **Phase 2:** ungerichtete Kontraktionen (ca. 30 min)
- **Phase 3:** kräftige, durch Cajal-Zellen ausgelöste Peristaltik (sog. **MMC**; ca. 15 min) zur Reinigung des Dünndarms
- **Phase 4:** Rückkehr zur Ruhephase.

Beim Übergang von der 2. in die 3. Phase scheint **Motilin** eine wichtige Rolle zu spielen. Der **N. vagus** leitet von der interdigestiven in die digestive Phase über.

**Ileozökaler Übergang:** Pro Tag passieren ca. 2 l Chymus die Ileozökalklappe, die den keimarmen Dünndarm vom keimreichen Dickdarm trennt. Sie öffnet und schließt sich als Reaktion auf Drucksteigerung im Ileum bzw. Zökum.

▶ **Klinik.**

### Dickdarmmotilität

Sie dient dem Transport und der Speicherung des Darminhalts. **Nicht propulsive Peristaltik** und **Segmentationsbewegungen** überwiegen. Die Kontraktionen der Ringmuskulatur wandern langsam nach antero- und retrograd, wodurch die Fäzes v. a. in Zökum, Colon ascendens und Rektum gespeichert werden. Die Wandausbuchtungen zwischen kontrahierter Ringmuskulatur heißen **Haustren** (Abb. **13.9**). Die Längsmuskulatur verläuft in drei verdickten Bändern **(Tänien)**.

Etwa zwei- bis viermal pro Tag kommt es zu sog. **Massenbewegungen**, welche die Fäzes bis ins Rektosigmoid transportieren. Die Massenbewegungen werden vom autonomen Nervensystem kontrolliert und treten gehäuft nach Nahrungsaufnahme auf **(„gastrokolischer Reflex")**.

Insgesamt dauert die Passage durch den Dickdarm je nach Nahrungszusammensetzung durchschnittlich **1–3 Tage**.

Etwa zwei- bis viermal pro Tag entstehen sog. **Massenbewegungen**, welche die Fäzes bis ins Rektosigmoid transportieren. Zunächst verstreichen die Haustren und Tänien. Anschließend kontrahiert sich ein Darmabschnitt über mehrere Zentimeter und bildet den Beginn einer Kontraktionswelle, die sich nach distal über den gesamten Dickdarm fortpflanzt. Diese Massenbewegungen werden vom autonomen Nervensystem kontrolliert und treten gehäuft nach der Nahrungsaufnahme auf **(„gastrokolischer Reflex")**.
Durch das Überwiegen der nicht propulsiven Peristaltik ergibt sich eine lange **Passagezeit** von – je nach Nahrungszusammensetzung – durchschnittlich **1–3 Tagen**. Ballaststoffreiche Nahrung beispielsweise beschleunigt die Passage durch den Dickdarm.

**Defäkation:** Eine Dehnung des Rektums führt zur reflektorischen Relaxation des **M. sphincter ani internus**. Tritt Stuhl in den oberen Analkanal ein, steigt der Tonus des **M. sphincter ani externus** an (→ Stuhldrang). Soll die Defäkation erfolgen, muss der äußere Sphinkter bewusst entspannt werden, andernfalls kontrahiert sich der innere Sphinkter erneut. Zur Defäkation müssen beide Sphinkteren und die Beckenbodenmuskulatur erschlaffen, das Rektosigmoid muss sich kontrahieren. Bauchpresse und Hockstellung wirken unterstützend.

**Defäkation:** Eine zunehmende Füllung des Rektums wird durch Dehnungsrezeptoren in der Darmwand erfasst. Über einen lokalen Reflex wird daraufhin eine Relaxation des **M. sphincter ani internus** verursacht, dessen Ruhetonus über sympathische α-adrenerge Efferenzen aufrechterhalten wird. Nun tritt Stuhl in den oberen Analkanal ein, was einen Tonusanstieg des **M. sphincter ani externus** und das Gefühl des Stuhldrangs bewirkt. Wird der Stuhldrang nun willentlich unterdrückt, setzt der Defäkationsreflex nicht ein, der M. sphincter ani internus kontrahiert sich erneut und das Rektum passt sich dem erhöhten Volumen an. Soll die Defäkation erfolgen, muss der äußere Sphinkter bewusst entspannt werden. Zur Defäkation müssen beide Sphinkteren und die Beckenbodenmuskulatur erschlaffen und das Rektosigmoid muss sich gleichzeitig reflektorisch kontrahieren. Unterstützt wird die Defäkation durch Bauchpresse (Anspannung der Bauchdecke und Zwerchfellkontraktion) und Hockstellung.

► Merke.

► **Merke.** Das **tägliche Stuhlvolumen** beträgt bei ausgewogener Ernährung ca. 100–200 ml. Die Anzahl der Defäkationen **(Stuhlfrequenz)** kann zwischen 3-mal pro Tag und 3-mal pro Woche variieren.

13.9

**13.9 Röntgendarstellung des Dickdarms**

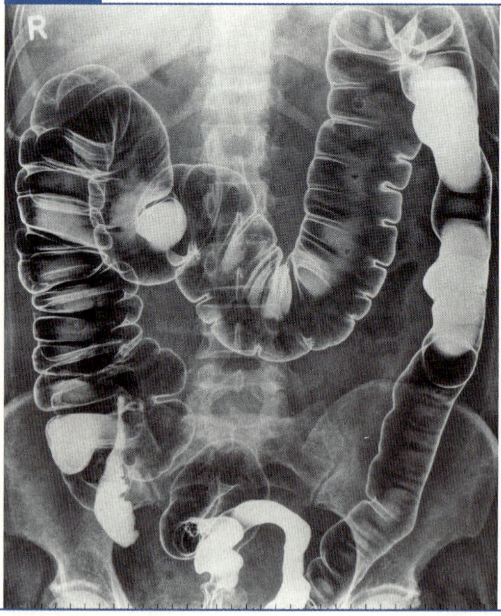


Nachdem über ein Darmrohr zunächst röntgendichtes Kontrastmittel verabreicht sowie anschließend Luft „insuffliert" wurde (Doppelkontrast), lassen sich die Haustren des Kolonrahmens sehr gut erkennen.

► Klinik.

► **Klinik.** Beim **M. Hirschsprung** (Syn.: **Megacolon congenitum**) fehlen in verschiedenen Bereichen proximal des Anus (Hauptlokalisation ist der rektosigmoidale Übergang) die intramuralen Ganglienzellen der Plexus myentericus und submucosus. Im betroffenen Darmabschnitt überwiegt die Wirkung des Parasympathikus, weshalb der Abschnitt dauerhaft kontrahiert ist. Proximal der Stenose ist das Darmlumen massiv erweitert (→„Megakolon“, Abb. **13.10**). Die Erkrankung geht mit Obstipation und Erbrechen einher. Zur Diagnostik gehören Sonografie, Kolon-Kontrasteinlauf, Rektummanometrie und Schleimhautbiopsie. Die Therapie besteht in der Resektion des betroffenen Darmabschnitts.

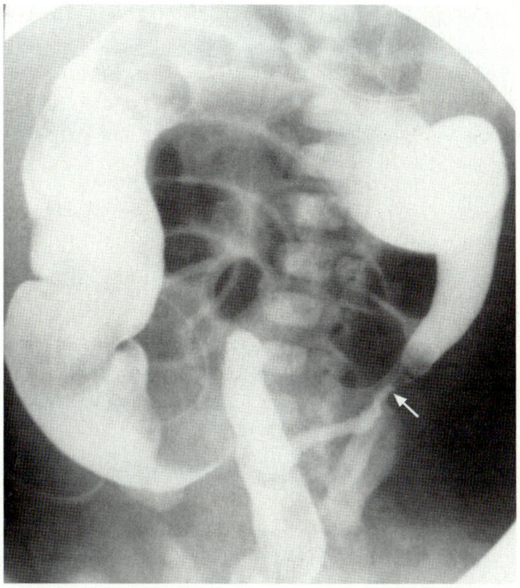

13.10

**Morbus Hirschsprung**

Kolondarstellung (sog. Kontrasteinlauf) in Rechtsseitenlage bei einem 1 Tag alten Mädchen: Man erkennt ein enges Segment, das vom Übergang Rektum/Sigma bis zum Beginn des Colon descendens reicht (Pfeil). Proximal der Stenose staut sich der Darminhalt.

## 13.2.2 Gastrointestinale Sekretion

Der Verdauungsprozess setzt voraus, dass dem Nahrungsbrei im Verlauf seiner Passage durch den Gastrointestinaltrakt spezifische Verdauungssekrete zugeführt werden. Die erstaunliche Menge von **ca. 8 l Verdauungssekret**, die **pro Tag** in den Magen-Darm-Trakt sezerniert wird, setzt sich aus den Sekreten der Speicheldrüsen, des Magens, des exokrinen Pankreas, der Leber (Galle) und des Dünndarms zusammen. Die jeweiligen Inhaltsstoffe und Mengen sind in Tab. **13.7** angegeben. Das Epithel des Magen-Darm-Trakts ist zum Schutz vor Magensäure und Verdauungsenzymen von einer Schleimschicht überzogen, die von den Becherzellen gebildet wird.

**13.2.2 Gastrointestinale Sekretion**

Dem Speisebrei werden im Verlauf der Magen-Darm-Passage **täglich** insgesamt **ca. 8 l Verdauungssekrete** zugeführt, die von den Speicheldrüsen, vom Magen, vom exokrinen Pankreas, von der Leber und vom Dünndarm sezerniert werden (Tab. **13.7**). Die Becherzellen sezernieren Schleim zum Schutz des Epithels.

### Speichel

Pro Tag werden **0,5 – 1,5 l Speichel** produziert. Davon entstammen ca. 70 % den Glandulae submandibulares, ca. 25 % den Glandulae parotideae und ca. 5 % den Glandulae sublinguales.

**Speichel**

Pro Tag werden **0,5 – 1,5 l Speichel** produziert (größter Anteil daran: Glandulae submandibulares, ca. 70 %).

#### Zusammensetzung und Funktion

**Zusammensetzung:**

- **Wasser** (99 %),
- **Elektrolyte** (die wichtigsten sind $Na^+$, $K^+$, $Cl^-$ und $HCO_3^-$; der jeweilige Gehalt variiert in Abhängigkeit von der Sekretionsrate des Speichels, s. u.),
- **Muzine** (Glykoproteine, bilden die Grundsubstanz des Schleims),
- **Enzyme** (Amylase, Lipase, Lysozym, u. a.) und
- **Immunglobuline** (v. a. IgA)

**Zusammensetzung und Funktion**

**Zusammensetzung:** Wasser, Elektrolyte (s. u.), Muzine, Enzyme und Immunglobuline.

**Funktion:** Er feuchtet die Mundhöhle an und dient als Lösungsmittel für die im Mundraum mechanisch zerkleinerte Nahrung und erleichtert so das Sprechen, Kauen und Schlucken. Da die Geschmacksrezeptoren ihre Aufgabe nur in flüssigem Milieu erfüllen können, ermöglicht der Speichel das Schmecken (s. S. 713). **Lysozym** und **Immunglobulin A** haben Abwehrfunktionen gegen Mikroorganismen und tragen zur Mundhygiene bei. Die **α-Amylase** spaltet α-1,4-glykosidische Bindungen in den Stärkemolekülen und leitet so deren Verdauung ein (s. S. 499). Die im Speichel enthaltene Lipase (sog. **Zungengrundlipase**) dient der Hydrolyse von Lipiden (s. S. 500).

**Funktion:** Befeuchtung der Mundhöhle, Lösungsmittel für die Nahrung. Dadurch erleichtert er das Sprechen, Kauen und Schlucken und ermöglicht das Schmecken. **Lysozym** und **Immunglobulin A** dienen der Abwehr und tragen zur Mundhygiene bei, die **α-Amylase** leitet die Verdauung der Stärke ein (s. S. 499). Die sog. **Zungengrundlipase** ist an der Hydrolyse von Lipiden beteiligt (s. S. 500).

13.7

**13.7 Inhaltsstoffe und Menge der Verdauungssekrete**

| *Sekret* | *Wichtige Inhaltsstoffe* | *Sekretmenge pro Tag (Liter)** |
|---|---|---|
| **Speichel** | ▪ Muzine<br>▪ Elektrolyte: $Na^+$, $Cl^-$, $K^+$, Bikarbonat ($HCO_3^-$)<br>▪ Enzyme: z. B. α;-Amylase (= Ptyalin), Lipase, Lysozym<br>▪ Immunglobuline (v. a. IgA) | 0,5 – 1,5 |
| **Magensaft** | ▪ Salzsäure (HCl)<br>▪ Intrinsic factor<br>▪ Pepsin (Proteasen) bzw. das Vorläufermolekül Pepsinogen<br>▪ Muzine<br>▪ $HCO_3^-$ | 2 |
| **Pankreassekret** | ▪ Proteasen<br>▪ Peptidasen<br>▪ α-Amylase<br>▪ Lipasen<br>▪ Cholesterin-Esterase<br>▪ RNasen und DNasen<br>▪ $HCO_3^-$ | 1,5 – 2 |
| **Galle** | ▪ Gallensäuren<br>▪ Cholesterin<br>▪ Lezithin<br>▪ Gallenfarbstoffe (v. a. Bilirubin; Abbauprodukte von Hämgruppen) | 0,5 – 1 |
| **Dünndarmsekret** | ▪ Muzine<br>▪ $HCO_3^-$ | 1 – 2 |

* Die genauen Mengen der verschiedenen Sekrete werden von der Ernährung bestimmt und können erheblich schwanken.

### Bildung und Osmolarität

In den Drüsenazini wird ein plasmaisotoner **Primärspeichel** gebildet, dessen Ionenzusammensetzung weitgehend der des Blutes entspricht. Mithilfe des $Na^+$-$2Cl^-$-$K^+$-Symporters wird $Cl^-$ zunächst basolateral in Zelle aufgenommen, um diese anschließend durch apikale $Cl^-$-Kanäle wieder zu verlassen **(„Pump-leak-Prinzip")**. $Na^+$ und $H_2O$ folgen parazellulär (Abb. **13.11a**).

Bevor er in die Mundhöhle sezerniert wird, wird der Primärspeichel in den Ausführungsgängen der Drüsen noch **modifiziert**: $Na^+$ und $Cl^-$ werden resorbiert, $K^+$ und $HCO_3^-$ werden in geringen Mengen sezerniert (Abb. **13.11b**).

### Bildung und Osmolarität

In den Drüsenazini wird ein plasmaisotoner **Primärspeichel** gebildet, dessen Ionenzusammensetzung weitgehend der des Blutes entspricht. Die in der basolateralen Membran gelegene $Na^+/K^+$-ATPase sorgt für einen zelleinwärts gerichteten $Na^+$-Gradienten (Abb. **13.11a**). So kann mithilfe des $Na^+$-$2Cl^-$-$K^+$-Symporters auf der basolateralen Seite Chlorid in die Zelle aufgenommen werden (sekundär aktiver Transport). $Cl^-$ reichert sich in der Zelle an und kann diese in einem zweiten Schritt durch apikale (dem Lumen zugewandte) $Cl^-$-Kanäle wieder verlassen **(„Pump-leak-Prinzip")**. Das dabei entstehende lumennegative transepitheliale Potenzial bewirkt einen parazellulären Transport von $Na^+$ und den trans- und parazellulären Transport von Wasser in das Lumen.

Bevor er in die Mundhöhle sezerniert wird, wird der Primärspeichel in den Ausführungsgängen der Drüsen noch **modifiziert**: $Na^+$ und $Cl^-$ werden resorbiert, $K^+$ und $HCO_3^-$ werden in geringen Mengen sezerniert (Abb. **13.11b**). Bei einer geringen Sekretionsrate geht die Osmolarität des Speichels durch die Salzresorption auf ca. ⅓ (also etwa 100 msomol/l) zurück. Steigt die Sekretionsrate des Primärspeichels an, nähert sich die Osmolarität des Speichels der des Plasmas an, da aufgrund der erhöhten Durchflussrate weniger Zeit für die Salzresorption bleibt und die maximale Kapazität der Absorption im Ausführungsgang erreicht wird.

► Merke.

**► Merke.** Unter Basalbedingungen ist der Speichel hypoton und hat einen leicht sauren pH-Wert (pH 6,5 – 6,9). Unter stimulierten Bedingungen nähert sich die Osmolarität des Speichels der des Plasmas an, bleibt jedoch hypoton. Der pH-Wert kann bis auf 8,0 ansteigen.

13.11 Speichelsekretion

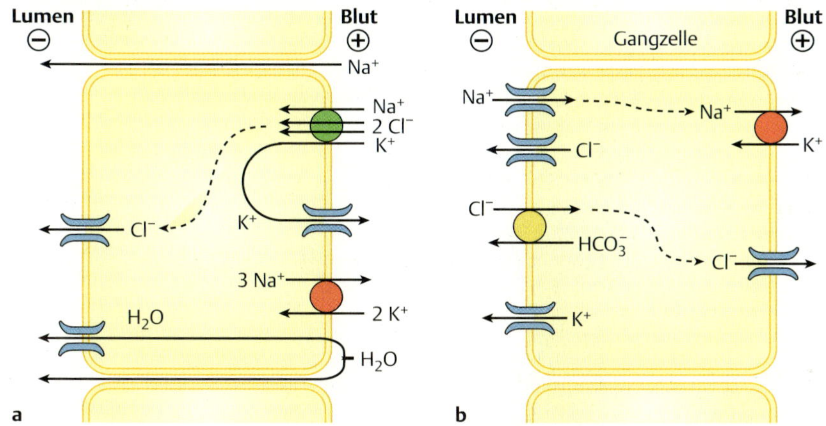


**a Bildung des Primärspeichels in den Drüsenazini:** Das an der basolateralen Membran sekundär aktiv in die Azinuszelle transportierte $Cl^-$ verlässt die Zelle durch apikale $Cl^-$-Kanäle („Pump-leak-Prinzip"), $Na^+$ folgt parazellulär und $H_2O$ kann trans- und parazellulär folgen.
**b Modifikation des Primärspeichels in den Ausführungsgängen der Drüsen:** $Na^+$ und $Cl^-$ werden resorbiert, während $K^+$ und $HCO_3^-$ in geringen Mengen sezerniert werden.

### Steuerung der Sekretion

Die Speichelsekretion wird **reflektorisch** gesteuert. Unter basalen Bedingungen werden ca. 0,5 l Speichel pro Tag sezerniert. Eine Steigerung der Speichelsekretion kann durch folgende Faktoren ausgelöst werden:
- **psychische Einflüsse** (z. B. Anblick von Nahrung, Appetit)
- **Geruchs- oder Geschmacksempfindungen** (v. a. Säure stimuliert die Sekretion eines dünnflüssigen Speichels)
- Kontakt der Mundschleimhaut mit der **aufgenommenen Nahrung/Kaubewegungen**.

Entsprechend der differenzierten Innervation der Drüsen durch das vegetative Nervensystem kann die **Zusammensetzung** des Speichels variieren:
- Durch Aktivierung des **Parasympathikus** wird von allen Speicheldrüsen vermehrt dünnflüssiger, glykoproteinarmer Speichel sezerniert, was mit einer erhöhten Durchblutung der Drüsen einhergeht. Transmitter ist ACh.
- Eine Aktivierung des **Sympathikus** bewirkt durch Stimulation der Glandulae submandibulares die Sekretion eines wasserarmen und somit viskösen, muzinreichen Speichels. Transmitter ist Noradrenalin.

## Magensaft

Pro Tag werden etwa 2 l Magensaft produziert. Die Menge des pro Zeiteinheit sezernierten Magensafts und dessen Zusammensetzung variieren in Abhängigkeit von Nahrungsaufnahme und Verdauung (s. S. 489). Während der **interdigestiven Phase** werden nur ca. 15 % derjenigen Sekretmenge freigesetzt, die bei maximaler Stimulation während der **digestiven Phase** sezerniert wird.
Die hinsichtlich der Funktion **wesentlichen Bestandteile** des Magensafts sind
- Magensäure (Salzsäure, HCl, s. S. 484),
- Intrinsic factor (s. S. 487),
- Pepsin (bzw. Pepsinogen, s. S. 488),
- Muzine (s. S. 488) und
- Bikarbonat ($HCO_3^-$, s. S. 489).

In der Magenmukosa finden sich mehrere Drüsenarten, die an der Sekretion der verschiedenen Magensaftbestandteile beteiligt sind: Mukoide Drüsen in Kardia und Pylorus, Fundusdrüsen und Korpusdrüsen. Die **Fundus- und Korpusdrüsen** sind aus folgenden Zellarten aufgebaut (Abb. **13.12**):

13.11

### Steuerung der Sekretion

Die Speichelsekretion wird **reflektorisch** gesteuert. **Psychische Einflüsse** (Anblick von Nahrung, Appetit), **Geruchs-/Geschmacksempfindungen**, Kontakt der Mundschleimhaut mit **Nahrung** und **Kaubewegungen** steigern die Speichelsekretion.

Durch Aktivierung des **Parasympathikus** (ACh) wird von allen Speicheldrüsen vermehrt dünnflüssiger, glykoproteinarmer Speichel sezerniert. Eine Aktivierung des **Sympathikus** (Noradrenalin) bewirkt die Sekretion eines wasserarmen und somit viskösen, muzinreichen Speichels.

### Magensaft

Pro Tag werden etwa 2 l Magensaft sezerniert. Die Menge des pro Zeiteinheit sezernierten Magensafts und dessen Zusammensetzung variieren in Abhängigkeit von Nahrungsaufnahme und Verdauung (**inter-/digestive Phase**, s. S. 489).
Funktionell **wesentliche Bestandteile** sind: Magensäure (HCl, s. S. 484), Intrinsic factor (s. S. 487), Pepsin (bzw. Pepsinogen, s. S. 488), Muzine (s. S. 488) und $HCO_3^-$ (s. S. 489).

An der Sekretion des Magensafts sind mukoide Drüsen in Kardia und Pylorus, Fundus- und Korpusdrüsen beteiligt. Die **Fundus-/Korpusdrüsen** sind aus **Oberflächenepithelzellen** (→ Muzin und $HCO_3^-$), regenerativen

13.12

13.12 **Aufbau der Fundus- und Korpusdrüsen**

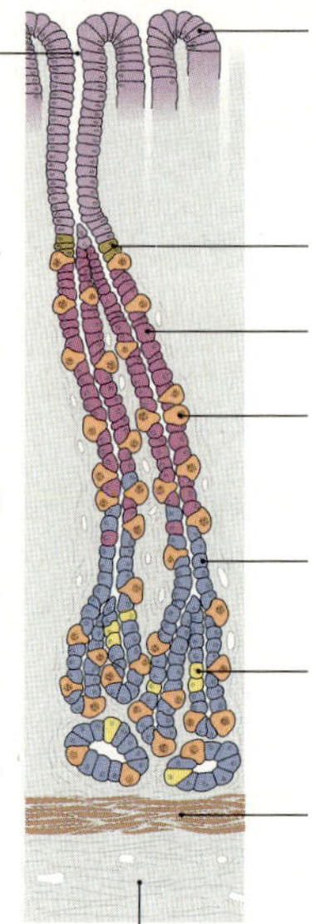


Stammzellen, **Nebenzellen** (→ Muzin), **Belegzellen** (Parietalzellen; → HCl und Intrinsic factor), **Hauptzellen** (→ Pepsinogen) und endokrinen Zellen aufgebaut (Abb. **13.12**).

- **Oberflächenepithelzellen** (sezernieren **Muzin** und $\mathbf{HCO_3^-}$)
- regenerative Stammzellen
- **Nebenzellen** (sezernieren **Muzin**)
- **Belegzellen** (Parietalzellen; sezernieren **HCl** und **Intrinsic factor**)
- **Hauptzellen** (sezernieren **Pepsinogen**)
- endokrine Zellen.

### Salzsäure (HCl)

**Funktionen:** Denaturierung von Eiweiß, Abtöten von Bakterien, pH-Optimierung für die Aktivierung von Pepsinogen zu Pepsin, Anregung der Pankreassekretion.

**Mechanismus der HCl-Sekretion:** Nach Stimulation durch ACh, Gastrin und Histamin (s. u.) verschmelzen zahlreiche Tubulovesikel mit der apikalen Belegzellmembran (Abb. **13.13a**), wobei die in der Vesikelmembran enthaltenen Protonenpumpen und Kanäle in die Belegzellmembran eingebaut werden. Die **$H^+$/$K^+$-ATPase** pumpt $H^+$ im Austausch gegen $K^+$ aus der Belegzelle hinaus (Abb. **13.13b**). Eine ausreichende apikale $K^+$-Konzentration wird über $K^+$-Kanäle gewährleistet. Die Protonen werden im Zytoplasma mithilfe der **Carboanhydrase** aus $CO_2$ und $H_2O$ gewonnen, das dabei entstehende $HCO_3^-$ verlässt die Zelle im Austausch gegen $Cl^-$ auf der basolateralen Seite. Die Chloridionen durchqueren die Belegzelle und folgen den $H^+$-Ionen über apikale $Cl^-$-Kanäle in das Magenlumen.

### Salzsäure (HCl)

**Funktionen:** Die im Magensaft enthaltene Salzsäure denaturiert das mit der Nahrung aufgenommene Eiweiß, tötet Bakterien ab, schafft das für eine optimale Aktivierung von Pepsinogen zu Pepsin nötige saure Milieu (s. S. 488) und regt die Pankreassekretion nach Übertritt des Chymus in das Duodenum an.

**Mechanismus der HCl-Sekretion:** Die Stimulierung der **Belegzellen** durch ACh, Gastrin und Histamin (s. u.) bewirkt eine eindrucksvolle Veränderung der Zellmorphologie: Unter der apikalen (dem Lumen zugewandten) Membran der Belegzellen, die deren Ausführungsgänge (Canaliculi) begrenzt, liegen im nicht stimulierten Zustand zahlreiche Tubulovesikel. Nach Stimulation verschmelzen diese Vesikel innerhalb von Sekunden mit der apikalen Membran, wodurch sich deren Oberfläche um das 50- bis 100-Fache vergrößert und in zahlreiche Falten legt (Abb. **13.13a**). Die in der Membran der Tubulovesikel enthaltenen Protonenpumpen und Ionenkanäle werden bei der Verschmelzung in die Membran der Belegzelle integriert. Die gastrische **$H^+$/$K^+$-ATPase** pumpt Protonen im Austausch gegen $K^+$ aus der Belegzelle hinaus (Antiport), apikale $K^+$-Kanäle sorgen für eine ausreichende $K^+$-Konzentration im Lumen (Abb. **13.13b**). Die Protonen werden im Zytoplasma mithilfe der **Carboanhydrase** aus $CO_2$ und $H_2O$ gewonnen ($CO_2 + H_2O \rightleftharpoons H^+ + HCO_3^-$). Das dabei entstehende Bikarbonat verlässt die Zelle im Austausch gegen $Cl^-$ auf der basolateralen Seite ($HCO_3^-$/$Cl^-$-Antiport). Auf dem Höhepunkt dieses Vorgangs kann man eine deutliche Alkalisierung des venösen Magenblutes feststellen. Die Chloridionen durchqueren die Belegzelle und folgen den $H^+$-Ionen über apikale $Cl^-$-Kanäle ins Magenlumen. $Cl^-$ gelangt also (wie auch bei der Speichelsekretion) über einen sog. Pump-leak-Mechanismus (s. S. 482) aus dem Interstitium ins Magenlumen.

13.13 HCl-Sekretion

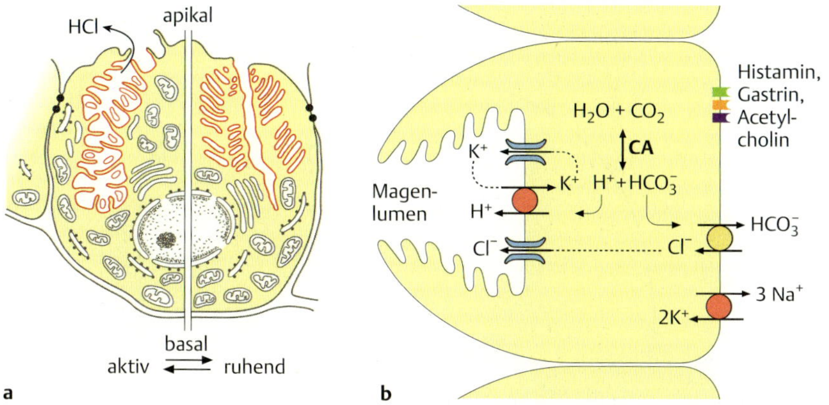


**a Belegzelle vor und nach Stimulation:** Nach Einlagerung zahlreicher Tubulovesikel in ihre apikale Membran weist die stimulierte Belegzelle eine deutlich vergrößerte Oberfläche auf, wodurch sich die Wand des Canaliculus stark fältelt.
**b Mechanismus der HCl-Sekretion**. CA = Carboanhydrase.

13.13

▶ **Merke.** Pro sezerniertem $H^+$-Ion wird ein $Cl^-$-Ion in das Magenlumen abgegeben.

▶ **Merke.**

**Stimulation der HCl-Sekretion:** Die HCl-Sekretion wird in Abhängigkeit von Nahrungsaufnahme und Verdauung) durch Acetylcholin (ACh), Gastrin und Histamin stimuliert (Abb. **13.14**). Für alle drei Agonisten finden sich spezifische Membranrezeptoren auf der Belegzelle. Bei der Stimulation durch **ACh** handelt es sich um eine **direkte Stimulation**: Vagale Efferenzen setzen ACh frei, welches direkt an **muskarinerge ($M_3$-)Rezeptoren** der Belegzelle bindet und über einen Anstieg der intrazellulären $Ca^{2+}$-Konzentration eine vermehrte Säuresekretion bewirkt.
Gastrin und Histamin werden von zwischengeschalteten Zellen freigesetzt, weshalb es sich um eine **indirekte Stimulation** der Belegzellen handelt:

- **Gastrin** wird von spezialisierten endokrinen Zellen der Schleimhaut des Magenantrums und des Duodenums (G-Zellen) freigesetzt. Es bindet an Gastrinrezeptoren **($CCK_b$)** der Belegzellen und bewirkt – wie ACh – über einen Anstieg der intrazellulären $Ca^{2+}$-Konzentration eine vermehrte Säuresekretion. Die Stimulation der Gastrinsekretion aus antralen G-Zellen erfolgt von basolateral und luminal: Auf der Blutseite setzen vagale Efferenzen **GRP** (Gastrin-releasing peptide) frei, welches die Gastrinfreisetzung stimuliert. Auf der luminalen Seite wirken verdaute Proteine und Aminosäuren stimulierend auf die Gastrinsekretion (Abb. **13.14**).
- **Histamin** wird aus den ECL-Zellen (enterochromaffin-like cells) der Magendrüsen freigesetzt, stimuliert Histamin-$H_2$-Rezeptoren (kurz: **$H_2$-Rezeptoren**) der Belegzellen und bewirkt über einen Anstieg der intrazellulären cAMP-Konzentration einen Anstieg der Säuresekretion. Die ECL-Zellen werden über vagale Efferenzen (ACh) und Gastrin zur Histaminsekretion stimuliert und tragen entsprechend $M_3$- und $CCK_b$-Rezeptoren auf ihrer Oberfläche (Abb. **13.14**).

**Stimulation der HCl-Sekretion: ACh** wird von vagalen Efferenzen freigesetzt, bindet direkt an **$M_3$-Rezeptoren** der Belegzelle und bewirkt über einen Anstieg der intrazellulären $Ca^{2+}$-Konzentration eine vermehrte Säuresekretion (Abb. **13.14**).
**Gastrin** bindet an **$CCK_b$-Rezeptoren** der Belegzellen und bewirkt über einen Anstieg der intrazellulären $Ca^{2+}$-Konzentration eine vermehrte Säuresekretion. Die Freisetzung von Gastrin aus antralen G-Zellen wird basolateral über **GRP** aus vagalen Efferenzen und luminal über verdaute Proteine und Aminosäuren stimuliert (Abb. **13.14**).
**Histamin** wird aus den ECL-Zellen der Magendrüsen freigesetzt, stimuliert **$H_2$-Rezeptoren** der Belegzellen und bewirkt über einen Anstieg der intrazellulären cAMP-Konzentration einen Anstieg der Säuresekretion. Die ECL-Zellen werden über vagale Efferenzen (ACh) und Gastrin zur Histaminsekretion stimuliert (Abb. **13.14**).

**Hemmung der HCl-Sekretion:** Hemmende Faktoren sind wesentlich für eine zeitlich koordinierte und feinregulierte Magensäuresekretion. Im Vordergrund steht dabei das in den D-Zellen der Magenschleimhaut gebildete **Somatostatin**. Es hat eine **direkte** Wirkung an den Belegzellen: Es senkt dort die zytosolische cAMP-Konzentration und antagonisiert so die Wirkung von Histamin (endokrin). Zum anderen hat Somatostatin eine **indirekte** Wirkung, indem es die Gastrinfreisetzung aus direkt benachbarten G-Zellen hemmt (parakrin) und auch die Histaminfreisetzung aus den ECL-Zellen vermindert (endokrin). Somatostatin freisetzende D-Zellen des Antrums werden durch ein saures Milieu (pH <3) stimuliert. Neuronale und hormonelle Signale stimulieren die D-Zellen im Korpus.

**Hemmung der HCl-Sekretion:** Ein pH-Wert <3 stimuliert D-Zellen der Magenantrumschleimhaut. Diese sezernieren **Somatostatin**, welches **direkt** auf die Belegzellen wirkt (cAMP ↓ → Wirkung von Histamin aufgehoben) und **indirekt** die Gastrin- und Histaminsekretion hemmt.

13.14

13.14 **Stimulation der HCl-Sekretion**

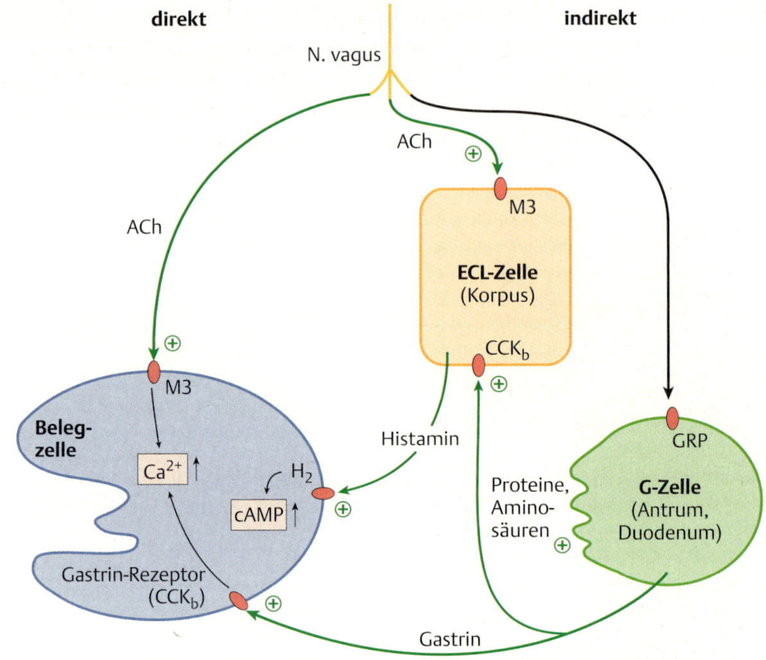


Die HCl-Sekretion wird zum einen direkt vom N. vagus (ACh, via M3-Rezeptor), zum anderen indirekt durch das von zwischengeschalteten G-Zellen freigesetzte Gastrin (via $CCK_b$) und das von ECL-Zellen sezernierte Histamin (via $H_2$-Rezeptor) stimuliert. ACh und Gastrin bewirken über einen Anstieg der intrazellulären $Ca^{2+}$-Konzentration eine vermehrte Säuresekretion, Histamin über eine Erhöhung der intrazellulären cAMP-Konzentration. GRP = Gastrin-releasing peptide.

Die Magensäuresekretion wird zudem über folgende gastrointestinale Hormone reguliert, die aufgrund der im Chymus enthaltenen Lipide, des sauren pH-Werts und der Hyperosmolarität in Duodenum bzw. Jejunum sezerniert werden: **Sekretin**, **GIP**, **CCK**, **VIP** und **PGE$_2$** (s. auch Tab. **13.5**, S. 474).

Die Magensäuresekretion wird zudem über verschiedene endokrine Rückkopplungsmechanismen aus Duodenum und Jejunum reguliert, die durch die im Chymus enthaltenen Lipide, den Abfall des pH-Werts und den Anstieg der Osmolarität in diesen Dünndarmabschnitten aktiviert werden (s. auch Tab. **13.5**, S. 474):

- **Sekretin:** hemmt die Gastrinsekretion, fördert die Somatostatinsekretion
- **GIP:** hemmt die Gastrinsekretion
- **CCK:** wirkt direkt hemmend an der Belegzelle (wahrscheinlich über kompetitive Hemmung von Gastrin durch Bindung an den $CCK_b$-Rezeptor)
- **VIP:** hemmt die Gastrinsekretion
- **PGE$_2$:** wirkt direkt hemmend an der Belegzelle, reduziert die Histamin- und Gastrinsekretion.

Bei stark lipidhaltigem Darminhalt hemmen auch **Neurotensin** und **Peptid YY** die HCl-Sekretion.

Bei stark lipidhaltigem Darminhalt wirken auch die in Ileum und Kolon gebildeten Hormone **Neurotensin** und **Peptid YY** hemmend auf die HCl-Sekretion.

► Klinik.

► Klinik. Ist der Verschlussmechanismus des unteren Ösophagussphinkters (UÖS) gestört (z. B. zu geringer Verschlussdruck oder Erschlaffung des UÖS außerhalb des Schluckakts), kommt es zum Rückfluss von saurem Mageninhalt in die Speiseröhre. Diese sog. **gastroösophageale Refluxkrankheit** macht sich bei den Betroffenen u. a. durch Sodbrennen, Luftaufstoßen, Schluckbeschwerden und Druckgefühl hinter Sternum und Processus xiphoideus bemerkbar. Das aggressive Refluat löst Entzündungen der Ösophagusschleimhaut aus **(Refluxösophagitis**, Abb. **13.15)**. Je nach Stadium können kleine isolierte Schleimhauterosionen, aber auch große, mit diversen Komplikationen verbundene Ulzerationen auftreten. Bei der **Therapie** der Refluxösophagitis spielt die medikamentöse Hemmung der Säuresekretion eine wichtige Rolle:

- Mittel der 1. Wahl sind die sog. **Protonenpumpeninhibitoren** (**PPI**; z.B. Pantoprazol, Omeprazol). Bei ausreichender Dosierung erreichen sie durch Blockade der $H^+/K^+$-ATPase eine totale Säuresuppression.
- Mittel der 2. Wahl sind die sog. **$H_2$-Antagonisten** bzw. $H_2$-Antihistaminika (z.B. Cimetidin, Ranitidin), die durch Blockade der $H_2$-Rezeptoren auf den Belegzellen die Stimulierung der Säuresekretion durch Histamin hemmen. Bei einer mittleren Dosierung kann so eine 50%ige Säuresuppression erreicht werden.

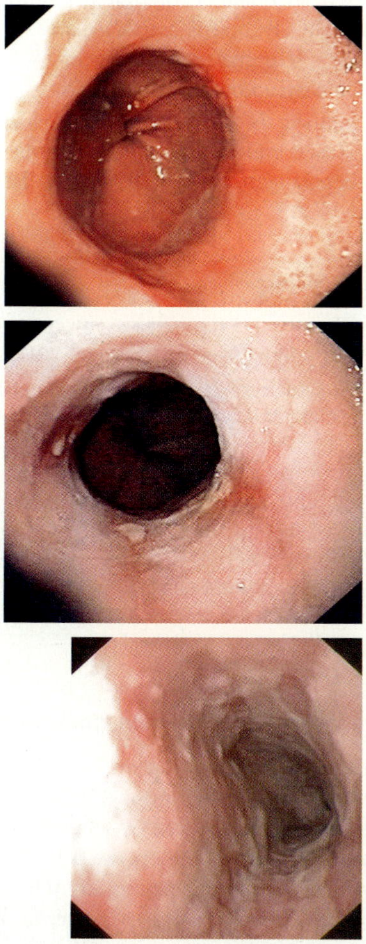

**a** Refluxösophagitis 1. Grades mit fleckförmiger Rötung.

**b** Refluxösophagitis 2. Grades mit fibrinbedeckten Schleimhautdefekten (Ulzerationen).

**c** Refluxösophagitis 3. Grades mit ausgedehnten Nekrosestraßen und beginnender Einengung.

**13.15 Refluxösophagitis**

## Intrinsic factor (IF)

Der ebenfalls von den **Belegzellen** gebildete Intrinsic factor (IF) ist ein für die **Vitamin-$B_{12}$-Absorption** essenzielles Glykoprotein: Nach Aufnahme mit der Nahrung bildet das für die DNA-Synthese unentbehrliche Vitamin $B_{12}$ (Cobalamin, extrinsic factor) zunächst mit dem im Speichel enthaltenen Haptocorrin (R-Protein) einen magensaftresistenten Komplex. Dieser wird im oberen Dünndarm durch Pankreasenzyme gespalten. Das Vitamin $B_{12}$ bindet daraufhin an den Intrinsic factor und kann nun im Ileum mittels Endozytose ins Blut aufgenommen werden. Im Blut wird Vitamin $B_{12}$ an Transcobalamin gebunden zur Leber, zum Knochenmark und zu anderen schnell proliferierenden Geweben transportiert. Die Sekretion von IF aus den Belegzellen wird wie die Sekretion der Magensäure durch Acetylcholin, Gastrin und Histamin stimuliert.

### Intrinsic factor (IF)

Der sog. Intrinsic factor (IF) ist ein für die **Vitamin-$B_{12}$-Absorption** essenzielles Glykoprotein und wird wie die Magensäure von den **Belegzellen** gebildet. Die Sekretion wird wie bei Magensäure durch Acetylcholin, Gastrin und Histamin stimuliert.

▶ Klinik.

▶ Klinik. Die zur Verminderung der HCl-Sekretion eingesetzten $H_2$-Antagonisten (s.o.) hemmen auch die Sekretion des IF. Diese unerwünschte Nebenwirkung ist bei den Protonenpumpeninhibitoren (s.o.) nicht vorhanden.

▶ Klinik.

▶ Klinik. Die **atrophische Gastritis** (Typ A) ist eine Autoimmunerkrankung, bei der Autoantikörper gegen Belegzellen und Intrinsic factor gebildet werden. Der dadurch bedingte **Vitamin-$B_{12}$-Mangel** führt zur Entstehung einer **perniziösen Anämie** (s. auch S. 174), bei der die Betroffenen neben den allgemeinen Anämiesymptomen (s.S. 172) an gastrointestinalen Symptomen (z.B. „Hunter-Glossitis"=glatte rote Zunge und Zungenbrennen aufgrund einer Atrophie der Zungenpapillen, Abb. **13.16**) und an verschiedenen neurologischen Symptomen, wie z.B. Störungen des Vibrationsempfindens, Gangunsicherheit (spinale Ataxie), schmerzhafte Missempfindungen (Parästhesien) an Händen und Füßen und Lähmungserscheinungen, leiden können. Die Therapie besteht in der lebenslangen, meist parenteralen Substitution von Vitamin $B_{12}$.

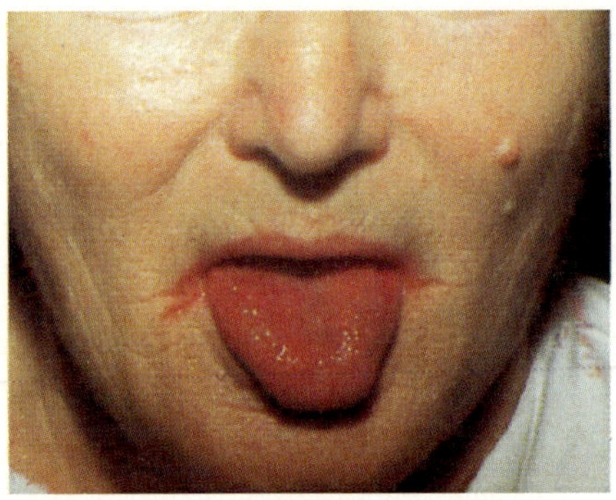

13.16

**Hunter-Glossitis**

Die glatte, rote Zunge ist typisch für das Vollbild der Vitamin-$B_{12}$-Mangelanämie.

### Pepsinogene

Hiermit wird eine Gruppe **proteolytischer Proenzyme** bezeichnet.

**Freisetzung:** Pepsinogene werden parallel zu HCl mittels Exozytose aus den **Hauptzellen** der Magendrüsen freigesetzt (s. S. 484). Der wichtigste Stimulator für die Freisetzung ist **ACh**, aber auch **Sekretin**, **VIP**, **Adrenalin**, **Gastrin** und **CCK** wirken stimulierend.

**Aktivierung und Inaktivierung:** Pepsinogene werden durch **Magensäure** zu wirksamen, eiweißspaltenden Pepsinen aktiviert: Bei pH-Werten zwischen 5 und 3 noch langsam, <3 zunehmend schneller. **Pepsine** wirken optimal zwischen pH 1,8 und 3,5 und tragen in diesem Bereich maßgeblich zur Aktivierung der Pepsinogene bei. Im alkalischen Milieu werden Pepsine irreversibel inaktiviert.

### Pepsinogene

Der Begriff Pepsinogene umschreibt eine Gruppe von **proteolytischen Proenzymen**.

**Freisetzung:** Die Pepsinogensekretion aus den **Hauptzellen** der Magendrüsen ist wie die HCl-Sekretion aus den Belegzellen abhängig von Nahrungsaufnahme und Verdauung (s.S. 484). Die in Vesikeln gespeicherten Pepsinogene werden mittels Exozytose, also Verschmelzung der Vesikelmembran mit der Zellmembran, in das Magenlumen freigesetzt. Wichtigster Stimulator für die Freisetzung ist **ACh** aus vagalen Efferenzen. Auch **Sekretin**, **VIP**, **Adrenalin**, **Gastrin** und **CCK** stimulieren die Freisetzung von Pepsinogenen.

**Aktivierung und Inaktivierung:** Durch die **Magensäure** werden Pepsinogene zu wirksamen, eiweißspaltenden Pepsinen aktiviert. Die Aktivierung erfolgt bei einem pH-Wert zwischen 5 und 3 noch langsam, bei pH-Werten <3 mit zunehmender Geschwindigkeit. Die eiweißspaltenden **Pepsine** haben ihr Wirkoptimum bei einem pH-Wert zwischen 1,8 und 3,5 und spielen in diesem Bereich eine maßgebliche Rolle bei der Aktivierung der Pepsinogene (sog. Autoaktivierung). Da die von Pepsinen gespaltenen Proteine stimulierend auf die Gastrinsekretion wirken (s.S. 485), tragen Pepsine selbst zur Herstellung eines optimalen pH-Werts bei.
Ab einem pH-Wert von 3,5 werden Pepsine zunächst reversibel, im alkalischen Bereich schließlich irreversibel inaktiviert.

### Muzine und Bikarbonat

Muzine (Schleim) und Bikarbonat bilden gemeinsam mit der apikalen Zellmembran eine effektive **mukosale Barriere** zum Schutz der Magenschleimhaut.

**Muzine: ACh, chemische/mechanische Reizung** und **$PGE_2$** stimulieren Nebenzellen, Oberflächenepithelzellen und mukoide Drüsen in Kardia und Pylorus zur Muzinsekretion.

### Muzine und Bikarbonat

Muzine (Schleim) und Bikarbonat bilden gemeinsam mit einer intakten apikalen Zellmembran eine effektive **mukosale Barriere** zum Schutz der Magenschleimhaut vor chemischen (neben Magensäure und Pepsin z.B. auch Ethanol, etc.) und mechanischen Reizen.

**Muzine:** Nebenzellen, Oberflächenepithelzellen und mukoide Drüsen im Bereich der Kardia und des Pylorus sezernieren Muzine (Glykoproteine) und bilden so einen ca. 100 µm dicken Schleimfilm, der die gesamte Magenschleimhaut überzieht. Die schützende Muzinschicht, die zudem als Gleitfilm dient, ist ständig chemischen und mechanischen Angriffen ausgesetzt und muss entsprechend ständig regeneriert werden. Die Muzinsekretion wird durch **ACh** (N. vagus), lokale **mechanische** und **chemische Reizung** und Prostaglandin $E_2$ **($PGE_2$)** stimuliert.

Der so entstehende ca. 100 µm dicke Schleimfilm überzieht die gesamte Magenschleimhaut und wird ständig regeneriert.

**Bikarbonat:** Oberflächenepithelzellen sezernieren $HCO_3^-$, das zuvor über einen basolateralen $Na^+$-2 $HCO_3^-$-Symporter in die Zellen aufgenommen wurde, in die ihnen aufliegende strömungsfreie Flüssigkeits- bzw. Schleimschicht (sog. Unstirred layer). So entsteht ein pH-Gradient von pH 7 an der Zelloberfläche und pH <2 im Magenlumen. Pepsine, die bis in den Unstirred layer gelangen, werden inaktiviert, $H^+$-Ionen, die in diese Schicht eindringen, werden abgepuffert. Die $HCO_3^-$-Sekretion wird parasympathisch über **ACh** stimuliert. Außerdem führt eine drohende Ansäuerung über **lokale Reflexe** und die Freisetzung von **$PGE_2$** zu einer vermehrten $HCO_3^-$-Sekretion.

**Bikarbonat:** Oberflächenepithelzellen sezernieren $HCO_3^-$in den sog. Unstirred layer. So entsteht ein pH-Gradient von pH 7 an der Zelloberfläche und pH <2 im Magenlumen. Gelangen Pepsine oder $H^+$-Ionen in den Unstirred layer, so werden sie inaktiviert bzw. abgepuffert. **ACh**, verschiedene **lokale Reflexe** und **$PGE_2$** stimulieren die $HCO_3^-$-Sekretion.

▶ Merke. **Prostaglandin $E_2$ ($PGE_2$)** spielt eine wesentliche Rolle beim Schutz der Magenschleimhaut, da es die Säuresekretion hemmt, die Muzin- und $HCO_3^-$-Sekretion fördert und die mukosale Durchblutung steigert.

▶ Merke.

▶ Klinik. Verschiedene periphere **Analgetika**, wie z.B. Acetylsalicylsäure, Ibuprofen oder Diclofenac, können die Magenschleimhaut schädigen und zu Magengeschwüren **(Ulcera,** Abb. **13.17)** führen, indem sie das Enzym Cyclooxygenase 1 (COX 1) und somit auch die Prostaglandinsekretion hemmen.

▶ Klinik.

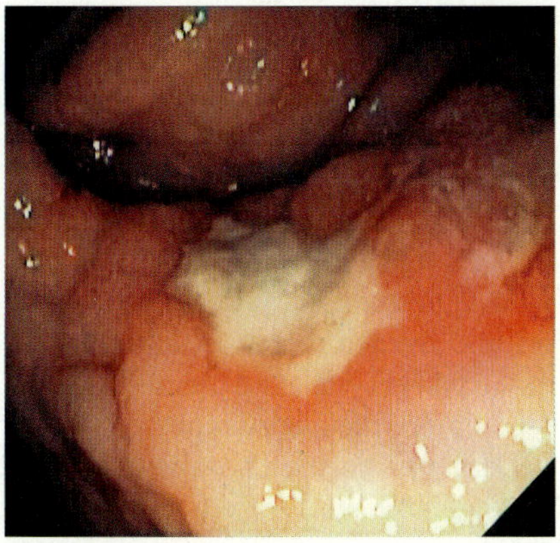

13.17

**Magengeschwür (Ulcus ventriculi)**

Endoskopisches Bild eines fibrinbedeckten Magengeschwürs.

## Phasen der Magensaftsekretion

In Abhängigkeit von Nahrungsaufnahme und Verdauung unterscheidet man bei der Magensaftsekretion die interdigestive von der digestiven Phase. Während der **interdigestiven Phase** (Nüchternphase) werden pro Minute nur etwa 0,2 ml Magensaft sezerniert (sog. Basalsekretion). Das Sekret ist plasmaisoton und NaCl-haltig und der pH-Wert schwankt interindividuell zwischen 3 und 7. Während der **digestiven Phase** steigt die Magensaftsekretion auf ca. 3 ml/min an und der pH-Wert des Sekrets fällt infolge der gesteigerten HCl- und Pepsinogensekretion auf <2 ab. Die digestive Phase gliedert sich anhand der beteiligten Strukturen in eine kephale, eine gastrale und eine intestinale Phase, welche sich zeitlich z.T. überschneiden:

## Phasen der Magensaftsekretion

Während der **interdigestiven Phase** werden nur ca. 0,2 ml Magensaft/min sezerniert. Dieser ist plasmaisoton und NaCl-haltig und sein pH-Wert liegt zwischen 3 und 7. Während der **digestiven Phase** steigt die Magensaftsekretion auf ca. 3 ml/min an, der pH-Wert fällt auf <2 ab. Die digestive Phase gliedert sich in eine kephale, eine gastrale und eine intestinale Phase, welche sich zeitlich z.T. überschneiden:

**Kephale Phase:** Diese Phase wird durch die Vorstellung, den Anblick, den Geruch und den Geschmack einer appetitlichen Mahlzeit ausgelöst. Der N. vagus stimuliert die Magensaftsekretion zum einen durch direkte Wirkung auf Beleg- und Hauptzellen, zum anderen indirekt durch Stimulation von ECL-Zellen zur Histaminsekretion, durch GRP-vermittelte Freisetzung von Gastrin aus G-Zellen (s. S. 485) und durch Hemmung der Somatostatinfreisetzung aus D-Zellen. Die kephale Phase ist für ca. 30–40 % der maximalen Magensaftsekretion verantwortlich.

**Kephale Phase:** Auslöser dieser Phase sind Vorstellung, Anblick, Geruch und Geschmack einer Mahlzeit. Die Sekretion wird direkt und indirekt über den N. vagus gesteuert (s. auch S. 485). Die kephale Phase ist für ca. 30–40 % der maximalen Magensaftsekretion verantwortlich.

**Gastrische Phase:** Die Dehnung des Magens stimuliert über einen vagovagalen Reflex und durch Aktivierung lokaler enterischer Reflexbögen die Magensaftsekretion. Auch die durch die Proteinverdauung bedingte Stimulation der G-Zellen (s. S. 485) spielt während dieser Phase eine wichtige Rolle. Die gastrische Phase hat mit ca. 50 – 60 % den größten Anteil an der maximalen Sekretion.

**Gastrische Phase:** Mit dem Übertritt der Nahrung in den Magen beginnt die gastrische Phase. Die Magensaftsekretion wird nun über die Dehnung des Magens und einen damit verbundenen vagovagalen Reflex aufrechterhalten. Dabei laufen die bereits bei der kephalen Phase beschriebenen Mechanismen ab. Durch die Magendehnung werden zudem lokale Reflexbögen des enterischen Nervensystems aktiviert, die über postganglionäre cholinerge Neurone stimulierend auf Beleg- und ECL-Zellen wirken. Auch die durch die Proteinverdauung bedingte Stimulation der G-Zellen zur Gastrinfreisetzung (s. S. 485) spielt während dieser Phase eine wichtige Rolle. Die gastrische Phase hat mit ca. 50 – 60 % den größten Anteil an der maximalen Sekretion.

**Intestinale Phase:** Die im Chymus enthaltenen Proteinabbauprodukte stimulieren die Gastrinfreisetzung aus duodenalen G-Zellen und damit die Sekretion der Beleg- und Hauptzellen. Auch endokrine Signale spielen eine Rolle. Mit ca. 10 % hat diese Phase den geringsten Anteil an der maximalen Magensaftsekretion.

**Intestinale Phase:** Mit dem Übertritt des jetzt flüssigen Nahrungsbreis in das Duodenum beginnt die intestinale Phase. Die darin enthaltenen Proteine und Proteinabbauprodukte stimulieren die Gastrinfreisetzung aus duodenalen G-Zellen und damit die Magensaftsekretion der Beleg- und Hauptzellen. Außerdem spielen noch nicht genau identifizierte endokrine Signale eine Rolle. Mit ca. 10 % hat die intestinale Phase den geringsten Anteil an der maximalen Magensaftsekretion.

### Pankreassekret

Das exokrine Pankreas produziert täglich ca. 1,5 – 2 l eines plasmaisotonen alkalischen Sekrets. Der größte Teil (ca. 4 ml/min) wird während der **digestiven Phase** sezerniert (s. S. 478).
Die funktionell wichtigsten Bestandteile des Pankreassekrets sind
- **hydrolytische Enzyme** (> 20) und
- **Bikarbonat**.

## Pankreassekret

Das exokrine Pankreas produziert täglich etwa 1,5 – 2 l eines plasmaisotonen alkalischen Sekrets. Der größte Teil (ca. 4 ml/min) wird während der **digestiven Phase** sezerniert (s. S. 478). Während der **interdigestiven Phase** werden pro Minute nur etwa 0,2 ml Sekret abgegeben (sog. Basalsekretion).
Die funktionell wichtigsten Bestandteile des Pankreassekrets sind
- die mehr als 20 verschiedenen **hydrolytischen Pankreasenzyme**, die der Aufspaltung der verschiedenen Nährstoffe dienen, und
- **Bikarbonat**, das zum einen den sauren Chymus neutralisiert und so die Duodenalschleimhaut schützt und zum anderen den pH-Wert optimiert, sodass die Pankreasenzyme ihre volle Wirkung entfalten können.

#### Enzymsekretion

Die Enzyme/Proenzyme sind in Vesikeln unter der apikalen Membran der **Azini** gespeichert und werden mittels **Exozytose** in den Drüsenausführungsgang sezerniert. Zum Schutz des Pankreas vor der Selbstverdauung werden proteolytische Enzyme und Phospholipase A als **inaktive Vorstufen** freigesetzt (Tab. **13.8**) und erst im Darmlumen durch Trypsin aktiviert. Der im Pankreassekret enthaltene **Trypsininhibitor** schützt die Proenzyme im Pankreasgangsystem vor vorzeitig aktiviertem Trypsin.

### Enzymsekretion

Die Enzyme bzw. Proenzyme (Zymogene) sind in Vesikeln (Zymogengranula) unter der apikalen Membran der **Azini** gespeichert und werden mittels **Exozytose** in den Drüsenausführungsgang sezerniert. Um das Pankreas während der Passage der Enzyme durch die Ausführungsgänge vor der Selbstverdauung zu schützen, werden die proteolytischen Enzyme (Endo-/Exopeptidasen) und die Phospholipase A als **inaktive Vorstufen** freigesetzt (Tab. **13.8**). Im Duodenum wird Trypsinogen durch die von der Schleimhaut sezernierte Enteropeptidase (Enterokinase) zu Trypsin aktiviert, welches wiederum die noch inaktiven Enzymvorstufen aktiviert. Ein weiterer Schutzmechanismus des Pankreas vor der Selbstverdauung ist der im Pankreassekret enthaltene **Trypsininhibitor**, der die Aktivierung der Proenzyme durch vorzeitig im Pankreasgangsystem aktiviertes Trypsin verhindert.

**13.8 Pankreasenzyme (Auswahl)**

| *Gruppe* | | *Enzym* | *Proenzym* | *Substrate* |
|---|---|---|---|---|
| **proteolytisch wirkende Enzyme** | **Endopeptidasen** (bilden Oligopeptide durch Spaltung innerer Bindungen) | Trypsin<br>Chymotrypsin<br>Elastase | Trypsinogen<br>Chymotrypsinogen<br>Proelastase | basische Peptidbindungen<br>aromatische Peptidbindungen<br>Elastin |
| | **Exopeptidasen** (bilden Aminosäuren durch Spaltung terminaler Bindungen) | Carboxypeptidasen<br>Aminopeptidasen | Procarboxypeptidasen<br>Proaminopeptidasen | C-terminale Aminosäuren<br>N-terminale Aminosäuren |
| **kohlenhydratspaltende Enzyme** | | α-Amylase | | Stärke, Glykogen (1,4-α-Glykosidbindungen) |
| **fettspaltende Enzyme (Lipasen)** | | Lipase<br>Phospholipase A<br>Cholesterin-Esterase | <br>Prophospholipase A<br> | Triazylglyzerole<br>Phospholipide<br>Lipidester (z. B. Cholesterinester, 2-Monoglyzeride) |
| **nukelolytisch wirkende Enzyme (Ribonukleasen)** | | Ribonukleasen<br>Desoxyribonukleasen | | RNA<br>DNA |

► Merke. Kohlenhydratspaltende Enzyme (z.B. α-Amylase), Lipase, Cholesterin-Esterase und Ribonukleasen werden bereits in ihrer **aktiven Form** sezerniert (Tab. **13.8**).

► Merke.

► Klinik. Bei einer **akuten Pankreatitis** werden die Pankreasenzyme bereits im Pankreas aktiviert, was die Selbstverdauung des Organs zur Folge hat und zur völligen Zerstörung des Pankreas führen kann (Abb. **13.18**). Die häufigsten Ursachen sind Gallenwegserkrankungen, die den Abfluss des Sekrets behindern (Choledochussteine, Stenosierung der Papilla Vateri), und Alkoholabusus. Zu den selteneren Ursachen gehören Genmutationen, Medikamente, Traumata und Virusinfektionen (z.B. Mumps, Hepatitis). Typischerweise wird eine akute Pankreatitis durch große, fettreiche Mahlzeiten oder Alkoholexzesse ausgelöst. Die Erkrankung äußert sich in der Regel in akuten heftigen Oberbauchschmerzen, die oftmals gürtelförmig ausstrahlen. Weitere Symptome können Übelkeit, Erbrechen, Meteorismus, Fieber, Hypotonie und Schock sein. Im Labor lässt sich ein Anstieg der Pankreasenzyme im Serum feststellen (Lipase!). Die Patienten müssen engmaschig, bei mittel-/schweren Verläufen intensivmedizinisch, überwacht werden. Die Therapie besteht in der Ruhigstellung des Pankreas (Nahrungskarenz, parenterale Volumen-, Elektrolyt- und Kaloriensubstitution), Schmerztherapie, ggf. Antibiose. Sind die Gallenwege durch einen Stein verlegt, muss dieser z.B. endoskopisch entfernt werden.

► Klinik.

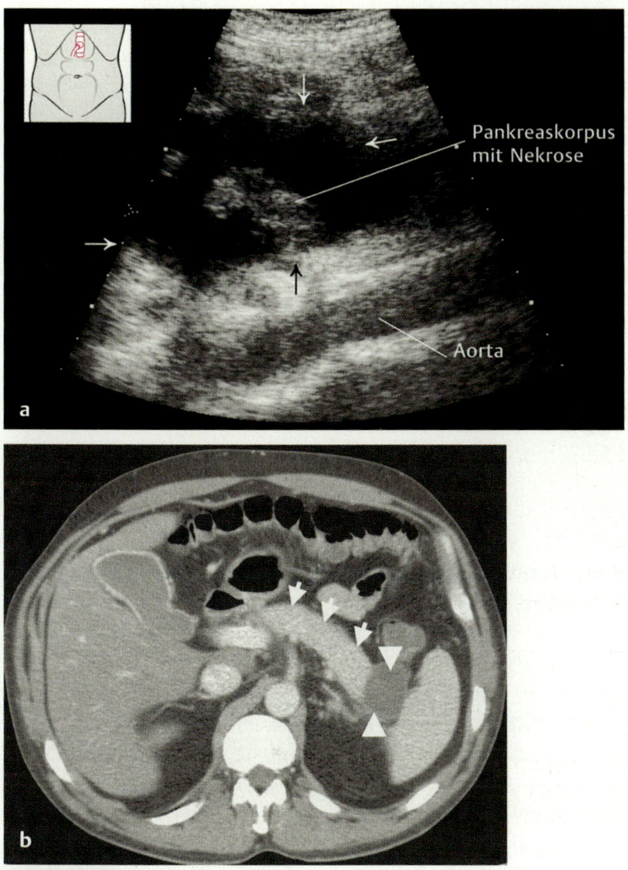


13.18 **Akute Pankreatitis**

**a Sonografie:** Pankreaskorpus mit großer Nekrosezone; die Pfeile markieren das Ausmaß der Entzündung.
**b Computertomografie:** Pankreaskorpus und -schwanz sind geschwollen (Ödem, weiße Pfeile). Am Pankreasschwanz findet sich eine sog. Pankreaspseudozyste (weiße Pfeilspitzen).

Eine **chronische Pankreatitis** wird in ca. 80% der Fälle durch chronischen Alkoholabusus verursacht. Die Schädigung des Pankreas führt zu rezidivierenden Oberbauchschmerzen, Maldigestion mit Gewichtsabnahme, Meteorismus, Fettstühlen (Steatorrhö) und Diarrhö, Ikterus und im fortgeschrittenen Stadium bei ca. einem Drittel der Betroffenen zu Insulinmangeldiabetes infolge Zerstörung des endokrinen Pankreas. Die Therapie erfolgt kausal (z. B. Alkoholabstinenz) und symptomatisch (Ruhigstellung des Pankreas wie bei der akuten Pankreatitis, Schmerztherapie, ggf. Substitution der Pankreasenzyme, ggf. Insulinzufuhr, etc.).

**Sekretion von Elektrolyten und Wasser**

Die **Azini** sezernieren ein $Cl^-$-reiches Primärsekret. Während der digestiven Phase werden vom **Pankreasgangepithel** große Mengen eines $HCO_3^-$-reichen Sekrets sezerniert (s. u.), wodurch der pH-Wert des Pankreassekrets bis auf 8,2 ansteigt.

► **Merke.**

### Sekretion von Elektrolyten und Wasser

Hauptanionen des Pankreassekrets sind $Cl^-$ und $HCO_3^-$, Hauptkationen sind $Na^+$ und $K^+$. Die **Azini** sezernieren ein $Cl^-$-reiches Primärsekret, in dem die Pankreasenzyme gelöst sind. Während der digestiven Phase werden vom **Pankreasgangepithel** große Mengen eines $HCO_3^-$-reichen Sekrets sezerniert (s. u.), wodurch der pH-Wert des Pankreassekrets bei maximaler Sekretion bis auf 8,2 ansteigt.

► **Merke.** Während die Konzentrationen von $Na^+$ und $K^+$ unabhängig von der Sekretionsrate konstant bleiben, verändern sich die von $Cl^-$ und $HCO_3^-$ exakt gegenläufig zueinander: Mit zunehmender Sekretionsrate nimmt die $Cl^-$-Konzentration ab, während die $HCO_3^-$-Konzentration ansteigt (Abb. **13.19**). Das Pankreassekret ist stets isoton zum Blutplasma.

13.19

**13.19 Elektrolytkonzentrationen im Pankreassekret in Abhängigkeit von der Sekretionsrate**

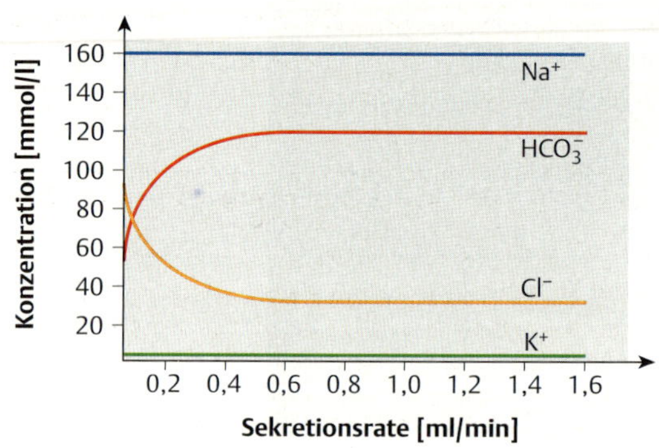


**Mechanismus der $NaHCO_3$-Sekretion durch das Pankreasgangepithel** (Abb. **13.21**)**:** Aus dem Blut wird $HCO_3^-$ **direkt** über einen $Na^+$-gekoppelten $HCO_3^-$-Kotransporter oder **indirekt** als $CO_2$ aufgenommen. $CO_2$ reagiert mit $H_2O$ zu $H_2CO_3$, das in $HCO_3^-$ + $H^+$ dissoziiert. $HCO_3^-$ gelangt via **$Cl^-/HCO_3^-$-Antiporter**, die für die Funktion des Antiporters erforderlichen $Cl^-$-Ionen durch den **CFTR-Kanal** in das Ganglumen. $Na^+$ und Wasser folgen.

**Mechanismus der $NaHCO_3$-Sekretion durch das Pankreasgangepithel** (Abb. **13.21**)**:** Aus dem Blut wird $HCO_3^-$ **direkt** über einen $Na^+$-gekoppelten $HCO_3^-$-Kotransporter (pNBCe1) oder **indirekt** als $CO_2$ aufgenommen. Eine intrazelluläre Carboanhydrase bildet aus $CO_2$ und $H_2O$ $H_2CO_3$, das in $HCO_3^-$ und ein $H^+$ dissoziiert. Das Bikarbonat verlässt die Gangzelle über einen **luminalen $Cl^-/HCO_3^-$-Antiporter**. Das $H^+$ wird über einen basolateralen $Na^+/H^+$-Antiporter entfernt. Für die Funktion des $Cl^-/HCO_3^-$-Antiporters müssen ausreichend $Cl^-$-Ionen im Ganglumen vorhanden sein. Diese werden über einen spezifischen Chloridkanal (**CFTR**, Cystic Fibrosis Transmembrane Regulator) in das Lumen sezerniert. Die Chloridsekretion generiert ein lumennegatives elektrisches Potenzial. $Na^+$ folgt, der elektrischen Potenzialdifferenz entsprechend, und strömt parazellulär in das Ganglumen. Wasser folgt dann sekundär der aktiven Salzsekretion.

► Klinik. Bei der **Mukoviszidose** (zystische Fibrose, CF; s. *Klinik*, S. 11) ist dieser Chloridkanal aufgrund von Mutationen im Bereich des CFTR-Gens defekt. Infolgedessen sezernieren die exogenen Drüsen einen zähen Schleim. Die Zähflüssigkeit des Schleims erschwert seinen Transport durch die Kinozilien im Lungenepithel und begünstigt das Wachstum von Bakterien. Typisch für Mukoviszidose sind Infektionen der Lunge durch Pseudomonas aeruginosa (Abb. **13.20**).

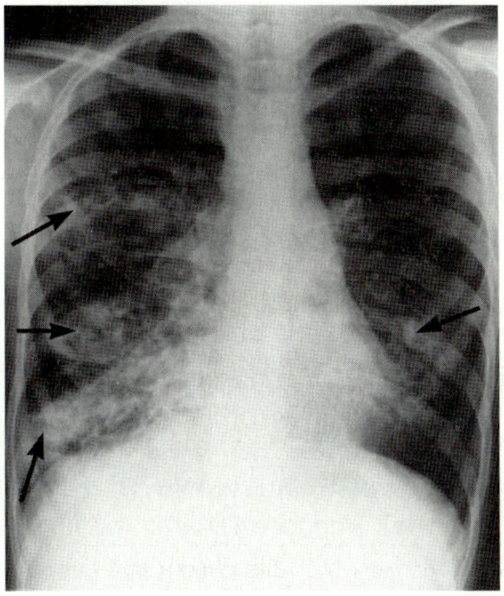

13.20

**Pseudomonas-Pneumonie**

Pseudomonas-Pneumonie mit Abszessen (Pfeile) bei einem 14-jährigen Mädchen mit Mukoviszidose.

► Klinik.

Auch das von den stromaufwärts gelegenen Azini sezernierte $Cl^-$ wird entlang des Weges durch das Gangsystem gegen $HCO_3^-$ ausgetauscht, wodurch das Primärsekret modifiziert wird.

Über den $Cl^-/HCO_3^-$-Antiporter wird das Primärsekret modifiziert.

13.21 **Mechanismus der $NaHCO_3$-Sekretion in den Ausführungsgängen des Pankreas**

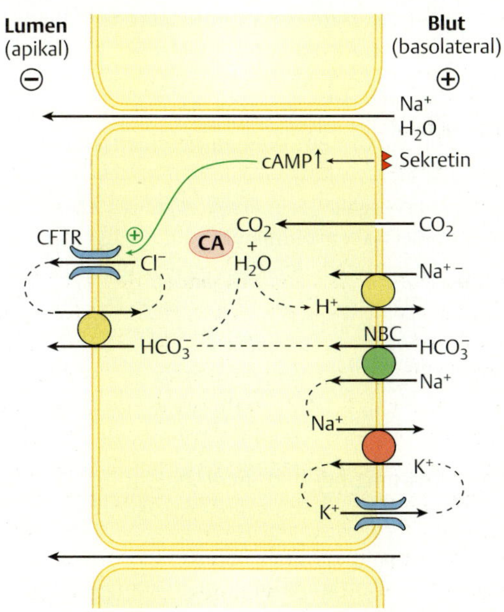


Bikarbonat wird aus dem Blut mithilfe eines $Na^+$-gekoppelten $HCO_3^-$-Kotransporters (pNBCe1, hier: NBC) oder als $CO_2$ aufgenommen. Aus dem Zellinneren gelangt $HCO_3^-$ über einen **$Cl^-/HCO_3^-$-Antiporter** ins Ganglumen, $Na^+$ folgt passiv parazellulär. Der für die Funktion des $Na^+/H^+$-Antiporters erforderliche Ionengradient wird durch die **$Na^+/K^+$-ATPase** geschaffen. CFTR: Cystic Fibrosis Transmembrane Regulator.

13.21

## Steuerung der Sekretion

**Stimulierung der Sekretion:** Das exokrine Pankreas wird ähnlich wie der Magen neurohumoral gesteuert und man unterscheidet ebenfalls drei Phasen:

- Die **kephale Phase** wird durch die Vorstellung, den Anblick, den Geruch und den Geschmack einer appetitlichen Mahlzeit ausgelöst. Über den **N. vagus** wird eine

## Steuerung der Sekretion

**Stimulierung der Sekretion:** Die Sekretion wird neurohumoral stimuliert und man unterscheidet 3 Phasen:

- In der **kephalen Phase** wird über den N. vagus ein deutlicher Anstieg der Pankreassekretion (insbesondere der Enzymsekretion) ausgelöst.
- Magendehnung und damit verbundener vagovagaler Reflex und vermutlich auch Gastrin sind für den Anstieg der Sekretion während der **gastrischen Phase** verantwortlich.
- Während der **intestinalen Phase** steigt die Pankreassekretion am stärksten an. Vermittelt wird dies durch Sekretin und Cholezystokinin, die infolge des Übertritts des sauren Chymus in das Duodenum freigesetzt werden. Auch vagovagale Reflexe tragen zur Sekretionssteigerung bei.

► Merke.

deutliche Steigerung der Pankreassekretion – insbesondere der Enzymsekretion – ausgelöst.

- Die **gastrische Phase** beginnt mit dem Eintritt der Nahrung in den Magen. Durch die Magendehnung und einen damit verbundenen **vagovagalen Reflex** und vermutlich auch über die Ausschüttung von **Gastrin** wird die Pankreassekretion verstärkt.
- Die **intestinale Phase** ist für die größte Steigerung der Pankreassekretion verantwortlich und beginnt mit dem Übertritt des sauren Chymus in das Duodenum. Aufgrund des sauren pH-Werts sezernieren die S-Zellen der Dünndarmschleimhaut **Sekretin**, welches das Gangepithel zur Sekretion eines bikarbonatreichen Sekrets stimuliert (Abb. **13.21**). Die im Chymus enthaltenen Fettsäuren, Peptide und Aminosäuren stimulieren die I-Zellen der Dünndarmschleimhaut zur Ausschüttung von **Cholezystokinin** (CCK) und damit die Enzymsekretion. **Vagovagale Reflexe** tragen ebenfalls zur Sekretionssteigerung bei.

► Merke. Die **Azinuszellen** werden v.a. über **ACh** (N. vagus) und **CCK** zur Sekretion der **Pankreasenzyme** stimuliert.
Das **Pankreasgangepithel** wird v.a. durch **Sekretin** zur Sekretion eines **bikarbonatreichen Sekrets** stimuliert.

**Hemmung der Sekretion:** Verschiedene **gastrointestinale Hormone** und der **Sympathikus** wirken hemmend.

**Hemmung der Sekretion:** Neben verschiedenen **gastrointestinalen Hormonen** (Somatostatin, Glukagon, pankreatisches Polypetid, Peptid YY) wirkt auch der **Sympathikus** hemmend auf die Pankreassekretion.

### Galle

Die Leber produziert pro Tag ca. 1 l **Lebergalle** (s. S. 495). Während der interdigestiven Phase wird das Primärsekret in der Gallenblase gespeichert und konzentriert (**Blasengalle**, s. u.). Deshalb wird nur etwa 0,5 l Galle ins Duodenum abgegeben.

Die Leber produziert pro Tag ca. 1 l Gallenflüssigkeit **(Lebergalle)**. Davon werden ca. 80 % gallensäureabhängig bzw. -unabhängig von den Hepatozyten und ca. 20 % vom Gallengangepithel sezerniert (s. S. 495). Während der interdigestiven Phase wird das Primärsekret in der Gallenblase gespeichert und konzentriert (**Blasengalle**, s. u.). Deshalb wird letztlich nur etwa 0,5 l Galle ins Duodenum abgegeben.

#### Zusammensetzung der Galle

Die funktionell wichtigsten Bestandteile der Galle sind **Gallensäuren** (Gallensalze), **Cholesterin**, Phospholipide **(Lezithin)** und Gallenfarbstoffe (Hämoglobinabbauprodukte, v. a. **Bilirubin**).

Die funktionell wichtigsten Bestandteile der Galle sind **Gallensäuren** (Gallensalze), **Cholesterin**, Phospholipide (**Lezithin**) und Gallenfarbstoffe (Hämoglobinabbauprodukte, v. a. **Bilirubin**). Hauptanionen der Galle sind $Cl^-$ und $HCO_3^-$, Hauptkationen sind $Na^+$ und $K^+$. Außerdem enthält die Galle verschiedene fettlösliche Substanzen (z. B. Steroidhormone, Fremdstoffe), die auf diesem Weg ausgeschieden werden.

► Merke.

► Merke. In der Gallenblase wird die Lebergalle (Primärsekret) durch Absorption von NaCl und $H_2O$ konzentriert, wobei das Gallenvolumen bis auf ca. 10 % des Ausgangsvolumens reduziert wird. In der so entstehenden Blasengalle sind Gallensäuren, Cholesterin, Lezithin und Bilirubin entsprechend bis zu 10-mal stärker konzentriert als in der Lebergalle. Da diese Substanzen in sog. Mizellen eingeschlossen sind (s. u.), ist die Blasengalle dennoch plasmaisoton.

#### Funktionen der Galle

Die Galle dient der Fettverdauung der Entgiftung des Körpers.

Die Galle trägt wesentlich zur Fettverdauung bei und dient zudem der Entgiftung des Körpers.

**Fettverdauung: Gallensäuren** wirken als **Detergenzien**. Mit Triglyzeriden, Monoglyzeriden, Cholesterin, Fettsäuren, fettlöslichen Vitaminen und Phospholipiden (v. a. Lezithin) bilden sie sog. **gemischte Mizellen** (Durchmesser: <50 nm; s. Abb. **13.24**, S. 500). Durch das günstige Oberflächen-Volumen-Verhältnis der Mizellen können Pankreaslipasen leichter mit ihren Substraten in Kontakt kommen (s. S. 500). Ihre geringe Größe ermöglicht es den Mizellen zudem, unmittelbar an das Dünndarmepithel heranzutreten, was für die Absorption entscheidend ist (s. S. 503).

**Fettverdauung: Gallensäuren** enthalten ein lipophiles Cholesteringerüst und einen hydrophilen Aminosäurerest. Sie sind also amphiphil und können somit als **Detergenzien** (Emulgatoren) wirken. Übertrifft ihre Konzentration in wässriger Lösung eine Schwelle von ca. 1–2 mmol/l, bilden die Gallensäuremoleküle sog. **Mizellen** (Molekülaggregate). Darin sind die hydrophilen Gruppen nach außen zur wässrigen Umgebung hin ausgerichtet, die lipophilen (hydrophoben) Anteile zeigen ins Innere der Mizelle. Im Rahmen der Fettverdauung bilden Gallensäuren mit Triglyzeriden, Monoglyzeriden, Cholesterin, langkettigen Fettsäuren, fettlöslichen Vitaminen und Phospholipiden (v. a. Lezithin) sog. **gemischte Mizellen** (s. Abb. **13.24**, S. 500), deren Durchmesser weniger als 50 nm beträgt. Die Bildung solcher gemischter Mizellen spielt eine wichtige Rolle bei der Fettverdauung: Durch die

Verbesserung des Oberflächen-Volumen-Verhältnisses können die Pankreaslipasen leichter mit ihren Substraten in Kontakt kommen (s. S. 500). Außerdem können die kleinen Mizellen unmittelbar an das Dünndarmepithel herantreten, was für die Absorption der Lipolyseprodukte entscheidend ist (s. S. 503).

**Entgiftung:** Über die Galle entledigt sich der Körper verschiedener lipophiler Substanzen (z. B. Steroidhormone, Medikamente, Bilirubin, s. S. 496). Dazu werden diese Stoffe zunächst in der Leber metabolisiert und anschließend mit hydrophilen Substanzen (z. B. Glukuronsäure, Glutathion) konjugiert. Dadurch werden sie wasserlöslich und können über die Galle ausgeschieden werden.

**Entgiftung:** Über die Galle scheidet der Körper verschiedene lipophile Substanzen aus. Dazu werden diese Stoffe in der Leber metabolisiert und mit hydrophilen Substanzen konjugiert und so wasserlöslich gemacht.

### Gallesekretion

**Funktionelle Anatomie der Gallenwege:** Zwischen den apikalen (kanalikulären) Membranen benachbarter Hepatozyten befinden sich durch Tight junctions abgedichtete **Gallenkanälchen (Canaliculi biliferi)**, in die die von den Leberzellen produzierte Galle sezerniert wird. Hepatozyten und Gallenkanälchen sind durch den Disse-Raum von den **Lebersinusoiden** (Kapillaren) getrennt, deren Wände aus Kupffer-Zellen und gefenstertem Endothel bestehen (Abb. **13.23a**).
Die Gallenkanälchen bilden untereinander ein Netzwerk und transportieren die Gallenflüssigkeit entgegen der Blutflussrichtung in den Sinusoiden in die in der periportalen Trias verlaufenden **Ductus biliferi interlobulares** (Abb. **13.23b**). Über den Ductus hepaticus dexter bzw. sinister gelangt die Galle schließlich in den **Ductus hepaticus communis**, in welchen nach kurzem Verlauf der Ausführungsgang der Gallenblase **(Ductus cysticus)** mündet. Im weiteren Verlauf wird der Gang als **Ductus choledochus** bezeichnet. Er mündet zumeist mit dem Ductus pancreaticus auf der Ampulla Vateri in das Duodenum.
Während der interdigestiven Phase ist der Ausgang des Ductus choledochus durch den Sphinkter Oddi verschlossen. Die Galle gelangt über den Ductus cysticus in die **Gallenblase**, wo sie gespeichert und dabei konzentriert wird (s. S. 494). Die Gallenblase hat ein Fassungsvermögen von ca. 50 ml.

### Gallesekretion

**Funktionelle Anatomie der Gallenwege:** Zwischen benachbarten Hepatozyten befinden sich durch Tight junctions abgedichtete **Gallenkanälchen (Canaliculi biliferi)**, in die die Galle sezerniert wird (Abb. **13.23a**). Die Canaliculi transportieren die Galle in die **Ductus biliferi interlobulares** (Abb. **13.23b**). Über den Ductus hepaticus dexter/sinister gelangt die Galle in den **Ductus hepaticus communis**. Nach Einmündung des **Ductus cysticus** bezeichnet man den Gang als **Ductus choledochus**. Dieser mündet meist mit dem Ductus pancreaticus auf der Ampulla Vateri in das Duodenum.

Während der interdigestiven Phase ist der Ausgang des Ductus choledochus durch den Sphinkter Oddi verschlossen und die Galle wird in der **Gallenblase** gespeichert (ca. 50 ml).

**Sekretionsmechanismen:** Die Hepatozyten sezernieren über gallensäureabhängige und gallensäureunabhängige Mechanismen das Primärsekret der Lebergalle. Dieses wird durch das von den intrahepatischen Gallengängen produzierte $HCO_3^-$-reiche Sekret zur endgültigen Lebergalle modifiziert.

**Sekretionsmechanismen:** An der Gallesekretion sind hepatozytäre und cholangiozytäre Mechanismen beteiligt.

> **▶ Merke.** Die Lebergalle wird zu je 40 % über gallensäureabhängige bzw. -unabhängige Mechanismen von den Hepatozyten produziert, die übrigen 20 % werden von den intrahepatischen Gallengängen sezerniert.

**▶ Merke.**

**Gallensäureabhängige hepatozytäre Sekretion:** In den Hepatozyten werden die aus Cholesterin synthetisierten **primären Gallensäuren** (Cholsäure, Chenodesoxycholsäure) und die über den enterohepatischen Kreislauf (s. u.) zurück in die Hepatozyten gelangten **sekundären Gallensäuren** (Desoxycholsäure, Lithocholsäure) zunächst mit den Aminosäuren Glyzin oder Taurin konjugiert. Die dabei entstehenden wasserlöslichen Gallensäuren **Taurocholat** und **Glykocholat** werden unter ATP-Verbrauch **(primär aktiv)** in die Gallenkanälchen sezerniert. Wasser und $Na^+$-Ionen folgen so lange osmotisch nach, bis das Primärsekret plasmaisoton ist. Die Aufnahme der sekundären Gallensäuren aus dem Pfortaderblut in die Hepatozyten erfolgt sekundär aktiv über einen $Na^+$-abhängigen Symporter. Der dazu erforderliche Ionengradient wird über die $Na^+/K^+$-ATPase aufrechterhalten (Abb. **13.23a**).

**Gallensäureabhängige hepatozytäre Sekretion:** Die in den Hepatozyten aus Cholesterin synthetisierten **primären Gallensäuren** und die **sekundären Gallensäuren** aus dem enterohepatischen Kreislauf (s. u.) werden mit Glyzin oder Taurin konjugiert. Die dabei entstehenden wasserlöslichen Gallensäuren **Taurocholat** und **Glykocholat** werden unter ATP-Verbrauch **(primär aktiv)** in die Gallenkanälchen sezerniert. Wasser und $Na^+$ folgen osmotisch nach (Abb. **13.23a**).

> **▶ Merke.** Das ausgeschiedene Gallevolumen ist von der Menge der sezernierten Gallensäuren abhängig, da diese einen osmotischen Wasserfluss nach sich ziehen, der dafür sorgt, dass das Primärsekret plasmaisoton ist.

**▶ Merke.**

**Gallensäureunabhängige hepatozytäre Sekretion:** Von entscheidender Bedeutung ist hierbei die Sekretion von Bikarbonat und Bilirubin in die Gallenkanälchen. Wasser und $Na^+$-Ionen folgen osmotisch nach, sodass ein plasmaisotones Primärsekret entsteht:

**Gallensäureunabhängige hepatozytäre Sekretion:** Hierbei sind Bikarbonat und Bilirubin von entscheidender Bedeutung:
- **Bikarbonat** wird **sekundär aktiv** in die Gallenkanälchen sezerniert (Abb. **13.23a**).

- **Bilirubin** wird nach Konjugation mit Glukuronsäure als wasserlösliches direktes Bilirubin **primär aktiv** in die Gallenkanälchen sezerniert.

Wasser und $Na^+$-Ionen folgen ihnen osmotisch nach, sodass ein plasmaisotones Primärsekret entsteht.

- **Bikarbonat** wird **sekundär aktiv** in die Gallenkanälchen sezerniert. Der Mechanismus gleicht dem im Pankreasgangepithel (s. S. 402) und ist in Abb. **13.23a** vereinfacht dargestellt. Gallensäuren, Glukagon und VIP stimulieren die Bikarbonatsekretion in die Gallenkanälchen.
- Das orange-rote **Bilirubin** entsteht über die grüne Zwischenstufe Biliverdin beim Hämoglobinabbau und verleiht der Galle ihre typische Farbe. Aufgrund seiner Wasserunlöslichkeit **(„indirektes Bilirubin“)** wird es im Blut an Albumin gebunden transportiert. In den Leberzellen wird es größtenteils an Glukuronsäure gekoppelt und als konjugiertes **(direktes)** und somit wasserlösliches **Bilirubin primär aktiv** in die Gallenkanälchen sezerniert.

▶ Klinik.

▶ **Klinik.** Steigt das Gesamtbilirubin im Serum auf >2 mg/dl bzw. >34 µmol/l an, lagert es sich im Gewebe ab, wodurch es zu einer Gelbverfärbung zunächst der Skleren (ab ca. 2,5 mg/dl erkennbar, Abb. **13.22**), bei stark erhöhten Bilirubinwerten auch der Haut und Schleimhäute kommt (sog. **Ikterus**, Gelbsucht). Pathophysiologisch unterscheidet man 3 Formen:

- **Prähepatischer Ikterus** (hämolytischer Ikterus): Bei einem vermehrten Anfall von Bilirubin, z. B. im Rahmen einer Hämolyse, wird die Ausscheidungskapazität der Leber für Bilirubin überlastet. Dadurch kommt es zu einem deutlichen Anstieg des unkonjugierten **(indirekten) Bilirubins** im Serum und der Urobilinogenkonzentration im Urin. Der Stuhl ist normal gefärbt.
- **Hepatischer Ikterus**: Ursache eines hepatischen Ikterus ist eine Schädigung des Leberparenchyms, die eine Störung des Transports, der Konjugation oder der Sekretion von Bilirubin zur Folge hat. Entsprechend findet man einen Anstieg des unkonjugierten **(indirekten)** und konjugierten **(direkten) Bilirubins** im Serum, im Urin sind Bilirubin und Urobilinogen erhöht. Der Stuhl ist entfärbt (hell).
- **Posthepatischer Ikterus** (Verschlussikterus, cholestatischer Ikterus): Bei einer Abflussstörung im Gallengangsystem (z. B. durch einen Gallenstein oder Tumor) können sämtliche gallepflichtigen Substanzen ins Blut übertreten. Es kommt zu einem deutlichen Anstieg des konjugierten **(direkten) Bilirubins** im Serum und der Bilirubinkonzentration im Urin, der dadurch eine bierbraune Farbe annimmt. Der Stuhl ist entfärbt.

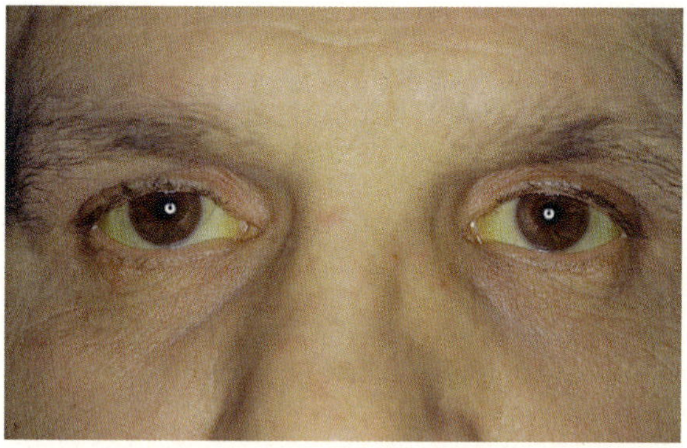

**13.22 Ikterus**

Ikterisch verfärbte Konjunktiven bei alkoholtoxischer Hepatitis (hepatischer Ikterus); das Serumbilirubin lag bei 6,5 mg/dl.

**Cholesterin, Steroidhormone, Lezithin** und verschiedene **körperfremde Stoffe** (z. B. Medikamente) werden ebenfalls primär aktiv sezerniert.

**Cholangiozytäre Sekretion (gallensäureunabhängig):** Das Gallengangepithel sezerniert analog zum Pankreasgangepithel unter dem Einfluss von **Sekretin** (s. S. 494) ein $HCO_3^-$-reiches Sekret. Dadurch steigt die Menge an isotoner Galleflüssigkeit und die Galle wird alkalisch (s. Abb. **13.19**, S. 492).

**Cholesterin,** Steroidhormone, Phospholipide **(Lezithin)**, verschiedene **Medikamente** und andere **körperfremde Stoffe** werden ebenfalls primär aktiv in die Gallenkanälchen sezerniert.

**Cholangiozytäre Sekretion (gallensäureunabhängig):** Das Gallengangepithel sezerniert analog zur Sekretion im Pankreasgangepithel unter dem Einfluss von **Sekretin** (s. S. 494) ein $HCO_3^-$-reiches Sekret. Der Anstieg der Bikarbonatkonzentraton geht wie beim Pankreassekret (s. Abb. **13.19**, S. 492) mit einer Abnahme der $Cl^-$-Konzentration einher. Somit steigert die cholangiozytäre Sekretion nicht nur die Menge an isotoner Galleflüssigkeit, sondern führt zudem zu einer Alkalisierung der Galle.

13.23 Gallesekretion

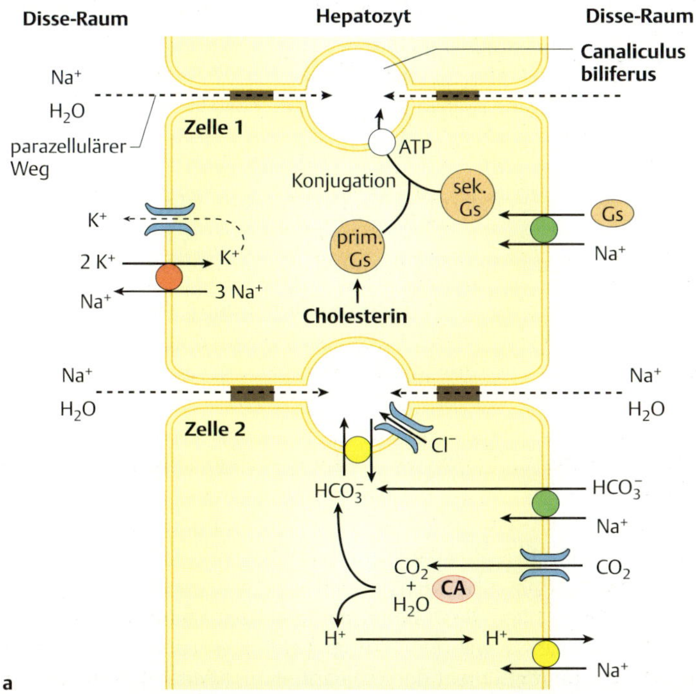


a **Mechanismen der Gallesekretion:** In Zelle 1 ist die gallensäureabhängige hepatozytäre Sekretion dargestellt, in Zelle 2 die gallensäureunabhängige. Gs = Gallensäuren, prim. = primär, sek. = sekundär, CA = Carboanhydrase.

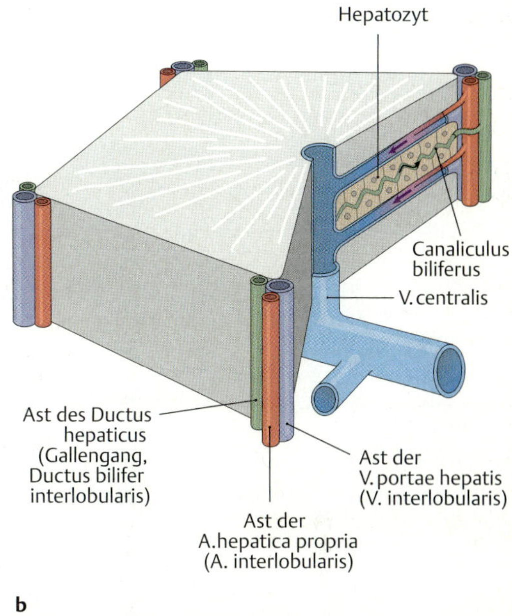


b **Aufbau eines Zentralvenenläppchens:** Die Galle wird entgegen der Blutflussrichtung in den Lebersinusoiden in den Ductus bilifer interlobularis transportiert.

## Enterohepatischer Kreislauf

**Gallensäuren:** Für die im Ileum stattfindende Fettverdauung reicht der im Körper vorhandene Gallensäurevorrat von ca. 2–4 g nicht aus. Aus diesem Grund werden über 95 % der Gallensäuren nach Abschluss der Fettverdauung im terminalen Ileum über einen $Na^+$-Symporter (sekundär aktiv) ins Blut resorbiert. Über das Pfortaderblut gelangen sie zurück in die Leber, werden von den Hepatozyten aufgenommen und nach Glukuronidierung erneut in die Gallenkanälchen sezerniert (Abb. **13.23a**) und stehen somit wieder für die Verdauung zur Verfügung. Dieser **enterohepatische Kreislauf** wird in Abhängigkeit von der Nahrungszusammensetzung **ca. 6- bis 12-mal täglich** durchlaufen. Nur ca. 200–600 mg Gallensäuren werden pro Tag mit dem Stuhl ausgeschieden und müssen entsprechend neu synthetisiert werden.

**Bilirubin:** Das mit der Galle in den Dünndarm sezernierte konjugierte (direkte) Bilirubin wird v. a. im Dickdarm schrittweise zu Urobilinogen, Urobilin, Sterkobilinogen und Sterkobilin abgebaut. **Ca. 20 %** der Bilirubinabbauprodukte werden im unteren Ileum und im Dickdarm resorbiert und über das Pfortaderblut erneut zur Leber transportiert, wo sie in die Hepatozyten aufgenommen und anschließend wieder in die Gallenkanälchen sezerniert werden **(enterohepatischer Kreislauf)**. Der große Rest wird v. a. über den Stuhl ausgeschieden, der dadurch seine charakteristische Farbe bekommt. Ein kleiner Teil wird über die Nieren eliminiert **(Urobilinogen)** und sorgt für die gelbe Färbung des Harns.

## Steuerung der Gallesekretion

Der Übertritt von Chymus aus dem Magen ins Duodenum hat zum einen eine Steigerung der Gallesekretion in der Leber und zum anderen eine Kontraktion der Gallenblase zur Folge.

**Steuerung der hepato- und cholangiozytären Sekretion:** Die Gallesekretion setzt sich zusammen aus einer konstanten basalen Sekretion (gallensäureabhängige Kompo-

### Enterohepatischer Kreislauf

**Gallensäuren:** Über 95 % der Gallensäuren werden im terminalen Ileum resorbiert (sekundär aktiv) und gelangen über das Pfortaderblut zurück in die Leber. Dort werden sie von den Hepatozyten aufgenommen und nach Glukuronidierung erneut in die Gallenkanälchen sezerniert (Abb. **13.23a**). Dieser **enterohepatische Kreislauf** wird **ca. 6- bis 12-mal täglich** durchlaufen. Nur ca. 200–600 mg Gallensäuren werden pro Tag mit dem Stuhl ausgeschieden.

**Bilirubin: Ca. 20 %** der Bilirubinabbauprodukte werden im unteren Ileum und im Dickdarm resorbiert und über das Pfortaderblut erneut zur Leber transportiert, wo sie in die Hepatozyten aufgenommen und anschließend wieder in die Gallenkanälchen sezerniert werden **(enterohepatischer Kreislauf)**. Der Rest wird v. a. über den Stuhl, zu einem kleinen Teil auch über die Nieren ausgeschieden **(Urobilinogen)**.

### Steuerung der Gallesekretion

Gelangt Chymus ins Duodenum, steigt die Gallesekretion und die Gallenblase kontrahiert sich.

**Steuerung der hepato- und cholangiozytären Sekretion:** Die Gallesekretion in der Leber wird v. a. durch **Gallensäuren** (→ gallensäureabhängige hepatozytären Sekretion, s. S. 495) und **Sekretin** (→ cholangiozytäre hepatische Sekretion, s. S. 496) stimuliert.

nente der Leber) und dem Anteil, der durch die Gallengänge hinzugeführt wird (gallensäureunabhängig):

- Je mehr **Gallensäuren** mit dem Pfortaderblut zur Leber gelangen, desto mehr werden in die Hepatozyten aufgenommen und können nach Konjugation wieder in die Gallenkanälchen sezerniert werden. Entsprechend groß ist der osmotische Wasser- und $Na^+$-Strom in die Gallenkanälchen und damit auch das über diesen gallensäureabhängigen hepatozytären Mechanismus (s. S. 495) sezernierte Gallevolumen.
- Das von den S-Zellen des Dünndarms sezernierte **Sekretin** stimuliert die Bildung eines $HCO_3^-$-reichen Sekrets im Gallengangepithel (cholangiozytäre hepatische Sekretion, s. S. 496). Es hat keinen Einfluss auf die Gallensäuresekretion.

**Steuerung der Gallenblasenkontraktion:** Die Kontraktion wird v. a. durch **CCK** vermittelt. Wichtigster Freisetzungsreiz sind Fette im Duodenum. Der **N. vagus (ACh)** stimuliert ebenfalls zur Kontraktion.

**Steuerung der Gallenblasenkontraktion:** Die Kontraktion der Gallenblase wird v. a. durch **Cholezystokinin (CCK)** vermittelt. Wichtigster Freisetzungsreiz für CCK aus den I-Zellen des Dünndarms sind Fette im Duodenum. Der **N. vagus (ACh)** stimuliert die Gallenblasenkontraktion ebenfalls, spielt aber eine geringere Rolle als CCK.

**Sekretion in Dünn- und Dickdarm**

**Dünndarmsekret**

Der Dünndarm sezerniert ca. 1 l eines bikarbonat- und muzinreichen Sekrets pro Tag.

**Funktion:** Muzine schützen die Schleimhaut vor dem sauren pH und den Verdauungsenzymen und dienen als Gleitschicht. Bikarbonat neutralisiert den sauren pH-Wert.

**Beteiligte Zellen:**
- **Brunner-Drüsen des Duodenums:** Sezernieren einen alkalischen Schleim
- **Krypten-Epithelzellen:** sezernieren Bikarbonat und eine plasmaisotone NaCl-Lösung
- **Becherzellen:** sezernieren Muzine.

**Steuerung der Sekretion:** Die Dünndarmsekretion wird über **lokale Reflexe** und verschiedene **gastrointestinale Hormone** gesteuert.

**Dickdarmsekret**

Der Dickdarm sezerniert geringe Mengen eines plasmaisotonen, bikarbonat-, muzin- und kaliumreichen Sekrets. Die Sekretion wird durch Gallensäuren und verschiedene, meist lokale Agonisten (VIP, $PGE_2$, Adenosin) stimuliert.

**13.2.3 Aufschluss der Nahrungsbestandteile**

Am Aufschluss der Nahrungsbestandteile sind **intraluminale** (gastrointestinale Motilität, Verdauungssekrete) und **membranassoziierte Verdauungsmechanismen** (Bürstensaumenzyme) beteiligt.

**Kohlenhydrate**

**Verdaubare Kohlenhydrate:** Von den täglich aufgenommenen Kohlenhydraten sind ca. 60 % Stärke, ca. 30 % Saccharose und Laktose und ca. 5–10 % Fruktose und Glukose.

## Sekretion in Dünn- und Dickdarm

### Dünndarmsekret

Der Dünndarm sezerniert pro Tag ca. 1 l eines bikarbonat- und muzinreichen Sekrets.

**Funktion:** Die Muzine überziehen die Dünndarmschleimhaut als sog. Unstirred layer (s. S. 489) und schützen sie so vor dem sauren pH-Wert des Chymus und den Verdauungsenzymen. Außerdem dient der Schleimfilm als Gleitschicht im Rahmen der Motilität des Dünndarms. Das sezernierte Bikarbonat trägt zur Neutralisierung des sauren Chymus bei.

**Beteiligte Zellen:** Folgende Zellen sind an der Sekretion beteiligt:
- **Brunner-Drüsen des Duodenums:** Sezernieren einen alkalischen Schleim (Bikarbonat wird über einen apikalen $HCO_3^-/Cl^-$-Antiporter freigesetzt, CFTR-abhängig)
- **Krypten-Epithelzellen:** sezernieren Bikarbonat analog zum Pankreasgangepithel (s. Abb. **13.21**, S. 493) sowie eine plasmaisotone NaCl-Flüssigkeit ($Cl^-$ gelangt durch einen CFTR-Kanal ins Lumen, $Na^+$ folgt parazellulär).
- **Becherzellen:** sezernieren Muzine.

**Steuerung der Sekretion:** Die Dünndarmsekretion wird über **lokale Reflexe** (Efferenzen des enterischen Nervensystems aktivieren die Drüsenzellen) und verschiedene **gastrointestinale Hormone** (z. B. CCK, Sekretion, Gastrin) gesteuert.

### Dickdarmsekret

Der Dickdarm sezerniert geringe Mengen eines plasmaisotonen, bikarbonat-, muzin- und kaliumreichen Sekrets. $HCO_3^-$ wird über einen $HCO_3^-/Cl^-$-Antiporter (CFTR-abhängig) sezerniert (wie in den Brunner-Drüsen des Duodenums und im Pankreas). $K^+$ gelangt über einen $K^+$-Kanal, dessen Aktivität durch Aldosteron gesteigert wird, ins Darmlumen. Die Dickdarmsekretion wird durch Gallensäuren und viele verschiedene, meist lokale Agonisten stimuliert (VIP, $PGE_2$, Adenosin).

## 13.2.3 Aufschluss der Nahrungsbestandteile

Ziel der Verdauung ist es, die hochmolekularen Nahrungsbestandteile (Kohlenhydrate, Proteine und Lipide) zu absorbierbaren niedermolekularen Substraten zu zerkleinern. Dabei spielt neben der **intraluminalen Verdauung**, an der die Motilität des Verdauungstrakts und die von Speicheldrüsen, Magen, Pankreas und Leber freigesetzten Verdauungssekrete beteiligt sind, auch die sog. **membranassoziierte Verdauung** durch verschiedene im intestinalen Bürstensaum lokalisierte Enzyme eine Rolle.

### Kohlenhydrate

**Verdaubare Kohlenhydrate:** Bezogen auf eine durchschnittliche „westliche" Diät bestehen ca. 60 % der pro Tag aufgenommenen Kohlenhydrate aus dem Polysaccharid Stärke. Die Disaccharide Saccharose und Laktose machen etwa 30 % der aufgenommenen KH aus, die übrigen ca. 5–10% entfallen auf die Monosacharide Fruktose und Glukose.

▶ **Merke.** Da über die Dünndarmschleimhaut nur Monosaccharide absobiert werden können, müssen Di- und Polysaccharide in ihre Einzelkomponenten **Glukose, Fruktose** und **Galaktose** zerlegt werden.

▶ **Merke.**

Die Kohlenhydratverdauung beginnt bereits im Mund durch die im Speichel enthaltene **α-Amylase** und wird im Dünndarm durch die pankreatische α-Amylase fortgesetzt. Die durch Spaltung der α-1,4-glykosidischen Bindungen der Stärkemoleküle entstandenen Oligosaccharide werden von den **Bürstensaumenzymen** Laktase, Maltase und Saccharase-Isomaltase zu den Monosacchariden Glukose, Fruktose und Galaktose hydrolysiert.

Stärke wird in Mund und Dünndarm durch **α-Amylase** in Oligosaccharide zerlegt. Diese werden anschließend von den **Bürstensaumenzymen** Laktase, Maltase und Saccharase-Isomaltase zu Glukose, Fruktose und Galaktose hydrolysiert.

▶ **Klinik.** **Laktasemangel** führt zu Milchunverträglichkeit, da die aufgenommene Laktose (Milchzucker) nicht zu Glukose und Galaktose hydrolysiert werden kann. Da Laktose nicht gespalten wird, handelt es sich um eine **Maldigestion.** Gleichzeitig wird auch weniger Glukose gebildet und weniger Glukose ins Blut aufgenommen, d. h. es besteht auch eine **Malabsorption.** Laktose bindet Wasser im Darmlumen und löst so Durchfälle aus **(osmotisch bedingte Diarrhö).** Im Kolon wird Laktose bakteriell in $CO_2$, $H_2$ und Milchsäure zersetzt, wodurch es zu Blähungen und Tenesmen (Bauchkrämpfen) kommt.

▶ **Klinik.**

**Nicht verdaubare Kohlenhydrate:** Nicht verdaubare Kohlenhydrate, wie z. B. Zellulose, gehören zu den **Ballaststoffen** (s. S. 465) und können nicht von den Verdauungsenzymen gespalten werden. Allerdings können sie im Dickdarm von den dort angesiedelten Bakterien fermentiert und zu absorbierbaren kurzkettigen Fettsäuren (z. B. Essig-, Propion- und Buttersäure) abgebaut werden. Dabei entstehen außerdem Wasserstoff ($H_2$), Kohlendioxyd ($CO_2$) und Methan ($CH_4$), die einen großen Teil der Darmgase ausmachen. Die Bakterien des Kolons sind nahezu ausschließlich Anaerobier und ihre Konzentration beträgt ca. $10^{11}$–$10^{12}$/ml. Damit sind mindestens 30% des Trockengewichts der Fäzes bakteriellen Ursprungs.

**Nicht verdaubare Kohlenhydrate:** Sie gehören zu den **Ballaststoffen** (s. S. 465) und können nicht von den Verdauungsenzymen gespalten, aber von den im Kolon angesiedelten Anaerobiern (ca. $10^{11}$–$10^{12}$/ml) fermentiert und zu absorbierbaren kurzkettigen Fettsäuren abgebaut werden. Dabei entstehen außerdem die Darmgase $H_2$, $CO_2$ und $CH_4$.

## Proteine

Bezogen auf eine durchschnittliche „westliche" Diät werden nur etwa 50% der im Dünndarm verdauten Proteine mit der Nahrung aufgenommen. Die andere Hälfte stammt aus Verdauungssekreten oder abgeschilferten Enterozyten („Recycling" wichtiger Bausteine).

**Proteine**

Nur ca. 50% der im Dünndarm verdauten Proteine werden mit der Nahrung aufgenommen, der Rest stammt aus Verdauungssekreten oder abgeschilferten Enterozyten.

▶ **Merke.** Um im Dünndarm effektiv absorbiert werden zu können, müssen Proteine zunächst zu **Aminosäuren, Di- und Tripeptiden** verdaut werden.

▶ **Merke.**

Die Eiweißverdauung beginnt im Magen. Hier werden die Proteine von der Magensäure denaturiert (sofern dies nicht bereits bei der Nahrungszubereitung geschehen ist) und durch **Pepsine** (s. S. 488) angedaut. Pepsine haben mit 10–15% allerdings nur einen kleinen Anteil an der Proteinverdauung. Von entscheidender Bedeutung sind die im **Pankreassekret** enthaltenen Endo- und Exopeptidasen (s. S. 490), die im Darmlumen ca. 70% der Proteine zu Oligopeptiden und ca. 30% zu Aminosäuren zerlegen. Durch **membranständige Oligopeptidasen** (Bürstensaumenzyme, z. B. **Aminopeptidase**) werden die Oligoproteine weiter zu Aminosäuren, Di- und Tripeptiden verdaut.

Im Magen werden die Proteine von der Säure denaturiert und durch **Pepsine** (s. S. 488) angedaut. Entscheidend sind die im **Pankreassekret** enthaltenen Endo- und Exopeptidasen (s. S. 490), die im Darmlumen ca. 70% der Proteine zu Oligopeptiden und ca. 30% zu Aminosäuren zerlegen. Die weitere Verdauung erfolgt durch **membranständige Oligopeptidasen** (z. B. Aminopeptidase).

▶ **Klinik.** Ein **Mangel an Pepsinen** – z. B. nach Gastrektomie oder im Rahmen eines Salzsäuresekretionsdefekts **(Achlorhydrie)** – wird durch die proteolytische Funktion des Dünndarms kompensiert, sodass die Proteinverdauung weiterhin gewährleistet ist.

▶ **Klinik.**

## Lipide

Nahrungsfette bestehen zu etwa 90% aus Triglyzeriden mit meist langkettigen Fettsäuren. Die übrigen ca. 10% setzen sich aus Cholesterin, Cholesterinestern,

**Lipide**

Nahrungsfette bestehen zu etwa 90% aus Triglyzeriden, die übrigen 10% sind Cholesterin, Cholesterinester, Phospho-/Sphingolipide und fettlösliche Vitamine.

Bei der Lipidverdauung werden die Fette in immer kleinere Tröpfchen zerteilt und durch **Emulgatoren** stabilisiert. Dadurch vergrößert sich die Angriffsfläche der Verdauungsenzyme und die Fetttröpfchen können zur Absorption nahe an die Bürstensaummembran herantreten (s. S. 503).

An der Verdauung und Emulgierung der Nahrungsfette beteiligte Mechanismen:

- **Mechanische Zerkleinerung und Durchmischung:** Diese beginnt im Mund (Kauen) und wird in Magen (Peristaltik des Magens s. S. 476) und Dünndarm (Dünndarmperistaltik, s. S. 478) fortgeführt.
- **Enzymatische Verdauung: Zungengrundlipase** und **Magenlipase** spalten gemeinsam etwa 15–30 % der Nahrungsfette. Die Hauptarbeit übernimmt die **Pankreaslipase** in Anwesenheit von **Kolipase** und **Gallensäuren**. Letztere ermöglichen die Bildung gemischter **Mizellen** (s. S. 494 und Abb. **13.24**) und vergrößern so die Angriffsfläche der Pankreaslipase. Die Kolipase dient der Aktivierung der Pankreaslipase. Aktivierte Pankreaslipase spaltet in Triglyzeriden v. a. Esterbindungen in Position 1 und 3, wodurch 2-Monoglyzeride entstehen. Ein geringerer Teil der Triglyzeride wird zu freien Fettsäuren und Glycerin abgebaut.
  Weitere fettverdauende Enzyme sind die **Cholesterin-Esterase** und die **Phospholipase A$_2$**.

Phospholipiden (v. a. Lezithin), Sphingolipiden und fettlöslichen Vitaminen (A, D, E, K) zusammen.

Im Rahmen der Lipidverdauung entsteht nach und nach eine immer feinere **Emulsion**, d. h. die Fette werden in immer kleinere Tröpfchen zerteilt und dabei durch Emulgatoren (u. a. Fettsäuren, Monoglyzeride, Cholesterin, Phospholipide und v. a. Gallensäuren, s. S. 494) stabilisiert. Durch das Zerkleinern der Fette vergrößert sich deren Oberfläche und damit die Angriffsfläche der Verdauungsenzyme. Und je kleiner die Fetttröpfchen sind, desto näher können sie zur Absorption an die Bürstensaummembran herantreten (s. S. 503).

An der Verdauung und Emulgierung der Nahrungsfette sind folgende Mechanismen beteiligt:

- **Mechanische Zerkleinerung und Durchmischung:** Die mechanische Zerkleinerung und Durchmischung der Nahrungsfette beginnt bereits im Mund. Fortgeführt wird sie im Magen, dessen Peristaltik den Chymus wiederholt gegen den Fundus „schleudert“, wodurch die Nahrungsfette in kleinere Tröpfchen zerschlagen und emulgiert werden (s. S. 476). Auch die Dünndarmperistaltik trägt zur Durchmischung des Chymus und damit zur Emulgierung der Lipide bei (s. S. 478).
- **Enzymatische Verdauung:** Die enzymatische Fettverdauung beginnt ebenfalls im Mund. Da die im Speichel enthaltene Lipase (sog. **Zungengrundlipase**) auch bei niedrigen pH-Werten aktiv ist, entfaltet sie auch im Magen ihre Wirkung und übernimmt gemeinsam mit der **Magenlipase** etwa 15–30 % der Fettverdauung. Im alkalischen Dünndarmmilieu werden beide Lipasen proteolytisch inaktiviert. In Anwesenheit von **Kolipase** und **Gallensäuren** übernimmt nun die **Pankreaslipase** die Hauptarbeit. Alle drei Substanzen sind maßgeblich an der Optimierung der Emulsion beteiligt: Die Gallensäuren ermöglichen die Bildung winziger gemischter **Mizellen** (s. S. 494 und Abb. **13.24**), wodurch sich die Kontaktfläche zwischen wässriger und Fettphase vergrößert, an der die Pankreaslipase die Triglyzeride hydrolysiert. Bevor diese aber überhaupt als Verdauungsenzym wirken kann, muss sie zunächst durch Komplexbildung mit der ebenfalls im Pankreassekret enthaltenen Kolipase aktiviert werden. Die aktivierte Pankreaslipase spaltet in den Triglyzeriden v. a. Esterbindungen in Position 1 und 3, wodurch 2-Monoglyzeride entstehen. Ein geringerer Teil der Triglyzeride wird zu freien Fettsäuren und Glycerin abgebaut.
  Weitere an der Fettverdauung beteiligte Enzyme sind die **Cholesterin-Esterase**, die Cholesterinester in Cholesterin und freie Fettsäuren spaltet und noch zahlreiche andere Lipidester hydrolysiert, und die **Phospholipase A$_2$**, die Phospholipide in Lysophospholipide und Fettsäuren aufspaltet.

▶ Merke.

▶ **Merke.** Damit sie im Dünndarm absorbiert werden können, müssen Nahrungsfette in **Monoglyzeride**, **Fettsäuren**, **Cholesterin** und **Lysophospholipide** zerlegt werden. Das quantitativ wichtigste Enzym bei der Fettverdauung ist die Pankreaslipase. Speichel- und Magenlipase verdauen nur ca. 15–30 % der Lipide.

13.24

**13.24 Schematische Darstellung einer gemischten Mizelle**

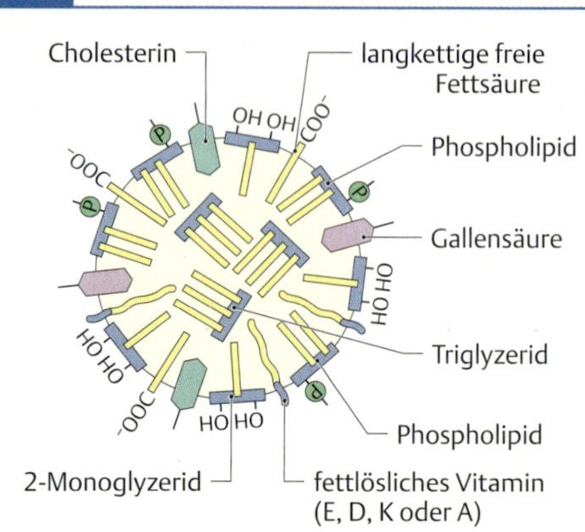


Gelb: hydrophobe Gruppen, blau: hydrophile Gruppen.

# 13.3 Absorption

Kohlenhydrate, Proteine und Fette werden fast ausschließlich im Dünndarm absorbiert, Wasser und Elektrolyte auch im Kolon. Die enorme Absorptionsleistung des Dünndarms wird durch Falten, Zotten (Villi) und Mikrovilli auf ca. 200 $m^2$ vergrößerte Oberfläche ermöglicht. Treibende Kraft der meisten intestinalen Transportvorgänge ist der $Na^+$-Gradient, den die in der basolateralen Enterozytenmembran lokalisierte $Na^+/K^+$-ATPase erzeugt.

Die Stoffaufnahme aus dem Darmlumen kann prinzipiell auf zwei Wegen erfolgen:

- Für den **transzellulären Stofftransport** sind meist spezielle Membrantransportproteine erforderlich. Auf diesem Weg können Substanzen auch entgegen ihres chemischen Gradienten absorbiert werden.
- Beim **parazellulären Transport** werden Substanzen entlang eines osmotischen oder elektrochemischen Gradienten zwischen den Zellen hindurch absorbiert. Das Ausmaß dieses Transports ist u.a. von der Durchlässigkeit der Schlussleisten abhängig, deren Porengröße entlang des Darms von proximal nach distal abnimmt.

**13.3 Absorption**

Kohlenhydrate, Proteine und Fette werden fast ausschließlich im Dünndarm absorbiert, Wasser und Elektrolyte auch im Kolon. Treibende Kraft ist meist die basolateral lokalisierte $Na^+/K^+$-ATPase.

Die Stoffaufnahme aus dem Darmlumen kann **trans- oder parazellulär** erfolgen. Das Ausmaß des parazellulären Transports ist u. a. von der Durchlässigkeit der Schlussleisten abhängig, deren Porengröße von proximal nach distal abnimmt.

## 13.3.1 Kohlenhydratabsorption

Kohlenhydrate können nur in Form von **Monosachariden** in die Enterozyten aufgenommen werden. Der Großteil der Monosaccharide wird im **Duodenum** und im **Jejunum** absorbiert. Nur ein sehr kleiner Teil der verdauten Kohlenhydrate erreicht den Dickdarm und wird hier von anaeroben Bakterien verstoffwechselt.

**Absorptionsmechanismus:** Für die Absorption der Monosaccharide gibt es im Dünndarm zwei apikale Transportproteine (Abb. **13.25**). **Glukose** und **Galaktose** werden sekundär aktiv mithilfe des $Na^+$-Symporters SGLT1 (Sodium Glucose Transporter 1) in die Enterozyten aufgenommen. **Fruktose** hingegen gelangt mittels erleichterter Diffusion durch den Uniporter GLUT5 (Glucose Transporter 5) in die Darmzellen. Alle drei Monosacharide verlassen die Enterozyten auf der basolateralen Seite mithilfe des Uniporters GLUT2 (Glucose Transporter 2) und gelangen so in den Blutkreislauf. Triebkraft ist das Konzentrationsgefälle zwischen Zytosol und Interstitium, es handelt sich also um eine erleichterte Diffusion.

**13.3.1 Kohlenhydratabsorption**

Der Großteil der **Monosaccharide** wird im **Duodenum** und im **Jejunum** absorbiert.

**Absorptionsmechanismus:** Kohlenhydrate können nur als **Monosacharide** absorbiert werden. **Glukose** und **Galaktose** werden sekundär aktiv mithilfe des $Na^+$-Symporters SGLT1 in die Enterozyten aufgenommen, **Fruktose** über erleichterte Diffusion durch den Uniporter GLUT5 (Abb. **13.25**). Alle drei verlassen die Enterozyten auf der basolateralen Seite mithilfe des Uniporters GLUT2 (erleichterte Diffusion).

**13.25 Absorption von Monosacchariden**

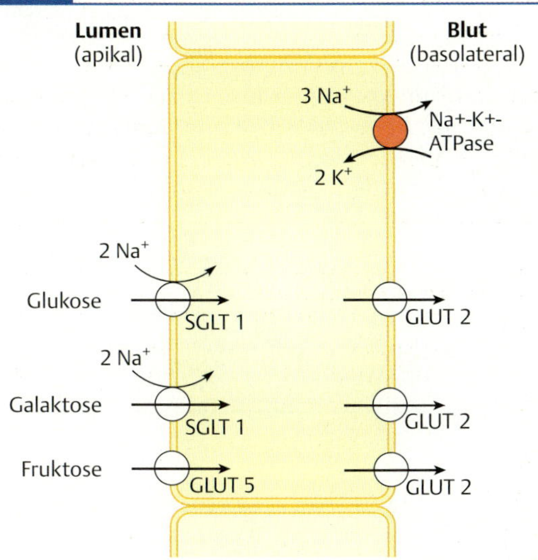


13.25

### 13.3.2 Proteinabsorption

Ca. **80–90 %** der Proteinspaltprodukte werden im **Duodenum** und **Jejunum** absorbiert. Nur etwa 10 % der Nahrungseiweiße gelangen ins Kolon und werden dort bakteriell abgebaut.

## 13.3.2 Proteinabsorption

Voraussetzung für eine effektive Absorption von Nahrungsproteinen, ist deren Verdauung zu **Aminosäuren, Di- und Tripeptiden**. Ca. **80–90 %** der Proteinspaltprodukte werden im **Duodenum** und **Jejunum** absorbiert. Nur etwa 10 % der Nahrungseiweiße gelangen ins Kolon und werden dort bakteriell abgebaut. Letztlich werden nur ca. 4 % des mit den Nahrungsproteinen aufgenommenen Stickstoffs über den Stuhl ausgeschieden.

**Absorptionsmechanismus:** Aminosäuren, Di- und Triglyzeride können nicht frei über Membranen diffundieren (Abb. **13.26**):

- **Aminosäuren:** Aufnahme in die Enterozyten über verschiedene $Na^+$-Symporter **(sekundär aktiver Transport)**; verlassen die Zelle auf der basolateralen Seite mithilfe verschiedener Transportproteine **(erleichterte Diffusion)**.
- **Di- und Tripeptide:** Aufnahme mithilfe des apikalen $H^+$-Oligopeptid-Symporters **PepT1 (tertiär aktiver Transport)**, verlassen nach Spaltung in Aminosäuren die Enterozyten über spezifische basolaterale Transportproteine **(erleichterte Diffusion)**; wenige Oligopeptide gelangen auch ohne weitere zytoplasmatische Spaltung ins Blut.

**Absorptionsmechanismus:** Die bei der Verdauung der Proteine entstandenen Aminosäuren, Di- und Triglyzeride können – ebenso wie die Monosaccharide – nicht frei über Membranen diffundieren (Abb. **13.26**):

- Für die Aufnahme von **Aminosäuren** in die Enterozyten steht eine Vielzahl verschiedener $Na^+$-Symporter zur Verfügung **(sekundär aktiver Transport)**. So gibt es beispielsweise spezielle Transporter für neutrale Aminosäuren, andere sind auf kationische Aminosäuren spezialisiert. Auf der basolateralen Seite verlassen die Aminosäuren die Zelle mithilfe verschiedener Transportproteine **(erleichterte Diffusion)**.
- **Di- und Tripeptide** werden mithilfe des apikalen $H^+$-Oligopeptid-Symporters **PepT1** in die Enterozyten aufgenommen. Die dafür notwendigen Protonen werden durch den $Na^+/H^+$-Antiporter **NHE3** ins Lumen befördert. NHE3 wird wiederum von dem chemischen $Na^+$-Gradienten angetrieben, den die in der basolateralen Membran gelegene **$Na^+/K^+$-ATPase** erzeugt. Die Aufnahme der Di- und Tripeptide in die Enterozyten ist somit ein **tertiär aktiver Transport**. Im Zytosol werden die Oligpeptide durch Peptidasen in Aminosäuren aufgespalten und verlassen die Zelle anschließend über spezifische basolaterale Transportproteine **(erleichterte Diffusion)**. Einige wenige Oligopeptide können auch ohne weitere zytoplasmatische Spaltung ins Blut gelangen.

**Säuglinge** können Proteine aus der Muttermilch **unverdaut** mittels Pinozytose absorbieren. **Erwachsene** können unverdaute Proteine nur in **ganz geringen Mengen** absorbieren (→immunologische Auseinandersetzung mit der Umwelt).

**Säuglinge** können Proteine aus der Muttermilch **unverdaut** mittels **Pinozytose** absorbieren. Für die **passive Immunisierung** des Säuglings ist dies von außerordentlicher Bedeutung. Nach 6 Monaten wird dieser Mechanismus allerdings weitgehend unwirksam. **Erwachsene** können unverdaute Proteine nur in **ganz geringen Mengen** absorbieren. Dies scheint für die immunologische Auseinandersetzung mit der Umwelt eine Rolle zu spielen.

13.26

**13.26 Absorption von Aminosäuren, Di- und Tripeptiden**

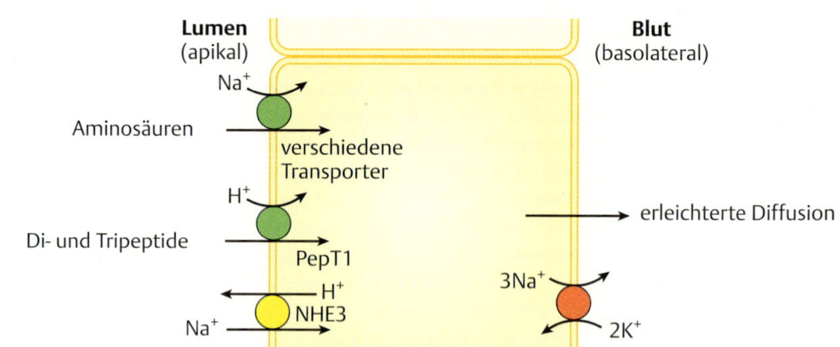


### 13.3.3 Lipidabsorption

**Ca. 95 %** der Lipidspaltprodukte werden im **Duodenum** und im **Anfangsteil des Jejunums** aufgenommen. Kurzkettige Fettsäuren werden teilweise auch erst im Kolon absorbiert.

## 13.3.3 Lipidabsorption

**Ca. 95 %** der Lipidspaltprodukte (Monoglyzeride, Fettsäuren, Cholesterin, Lysophospholipide) werden im **Duodenum** und im **Anfangsteil des Jejunums** aufgenommen. Kurzkettige Fettsäuren werden teilweise auch erst im Kolon absorbiert.
Bei durchschnittlicher Fettzufuhr werden pro Tag ca. 5–7 g Fett mit dem Stuhl ausgeschieden.

**Absorptionsmechanismus:** Die Bildung der Mizellen ermöglicht es den darin enthaltenen Lipolyseprodukten, mit der Enterozytenmembran in Kontakt zu treten. Die Mizellen werden jedoch nicht komplett in die Enterozyten aufgenommen, sondern zerfallen und setzen die in ihnen enthaltenen Lipolyseprodukte frei. Über welche Mechanismen die einzelnen Moleküle anschließend absorbiert werden, ist noch nicht in allen Einzelheiten geklärt. **Langkettige Fettsäuren** und **Cholesterin** gelangen wohl überwiegend mithilfe von Transportproteinen durch die apikale Enterozytenmembran hindurch. Auch **Monoglyzeride** und **Lysophospholipide** werden vermutlich mittels Transportproteinen absorbiert. **Glycerin, kurz- und mittelkettige Fettsäuren** können ohne Mizellenbildung absorbiert werden. Sie liegen im Darmlumen frei gelöst vor und diffundieren durch die Enterozytenmembran hindurch.

Im Zytosol werden die Fettsäuren durch Übertragung auf Koenzym A aktiviert und mit den anderen Lipolyseprodukten ins glatte endoplasmatische Retikulum (ER) transportiert. Dort werden aus den Einzelkomponenten Triglyzeride resynthetisiert, Cholesterin wird erneut verestert und Lysophospholipide werden wieder zu Phospholipiden umgewandelt (Abb. **13.27**). Triglyzeride, Phospholipide, Cholesterinester, Cholesterin und fettlösliche Vitamine verbinden sich mit Apolipoproteinen aus dem rauen ER zu **Chylomikronen**, die anschließend im Golgi-Apparat in sekretorische Vesikel verpackt werden. Durch Verschmelzung der Vesikel mit der basolateralen Enterozytenmembran gelangen die Chylomikronen, die aufgrund ihrer Größe (durchschnittlich 75 – 1200 nm) nicht direkt ins Blut übergehen können, in die **Lymphbahn**. Über den Ductus thoracicus gelangen sie zum linken Venenwinkel, wo sie in die V. subclavia sinistra gespült werden.

Glycerin, kurz- und mittelkettige Fettsäuren die nicht zur Resynthese von Triglyzeriden verwendet werden, gehen an der basolateralen Membran direkt ins **Pfortaderblut** über (Abb. **13.27**).

**Absorptionsmechanismus:** Nach Kontakt mit der Enterozytenmembran zerfallen die Mizellen. **Langkettige Fettsäuren** und **Cholesterin** gelangen wohl v. a. mithilfe von Transportproteinen in die Enterozyten. Auch **Monoglyzeride** und **Lysophospholipide** werden vermutlich transportiert. **Glycerin, kurz- und mittelkettige Fettsäuren** liegen im Darmlumen frei gelöst vor und passieren die apikale Enterozytenmembran mittels Diffusion.

Nach Aktivierung der Fettsäuren durch Koenzym A werden aus den Lipolyseprodukten im glatten ER Triglyzeride, Cholesternester und Phospholipide resynthetisiert (Abb. **13.27**). Triglyzeride, Phospholipide, Cholesterinester, Cholesterin und fettlösliche Vitamine verbinden sich mit Apolipoproteinen aus dem rauen ER zu **Chylomikronen**. Aufgrund ihrer Größe (durchschnittlich 75 – 1200 nm) können diese nicht direkt ins Blut übergehen, sondern werden in die **Lymphbahn** abgegeben.

Glycerin, kurz- und mittelkettige Fettsäuren die nicht zur Triglyzeridensynthese verwendet werden, gehen direkt ins **Pfortaderblut** über (Abb. **13.27**).

**13.27 Absorption von Lipiden**

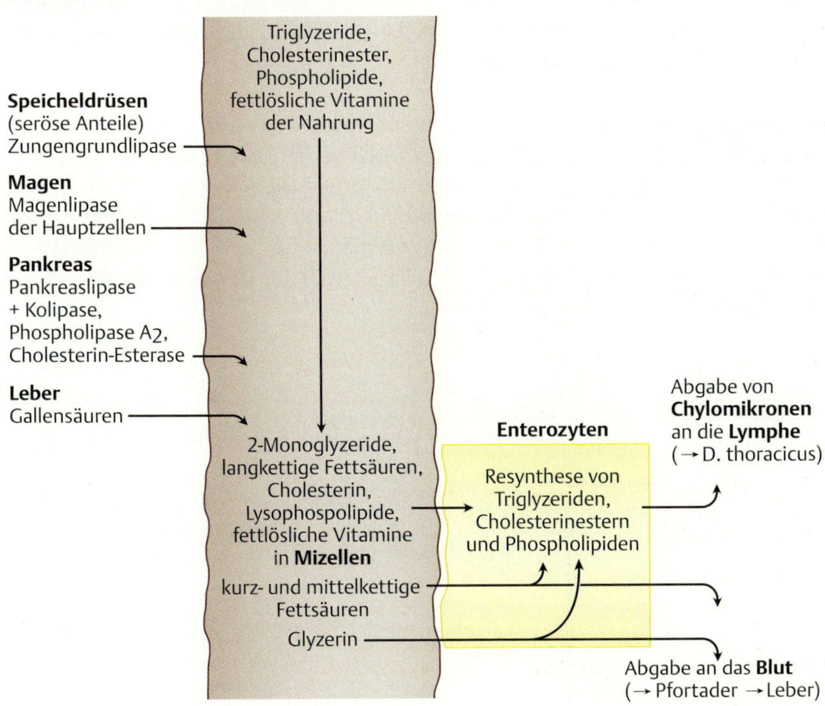


13.27

13.3.4 Absorption von Mineralstoffen

**Natrium:** Ca. 75 % der 30 g $Na^+$, die pro Tag mit Verdauungssekreten und Nahrung in den Darm gelangen, werden im Dünndarm rückresorbiert, 24 % im Dickdarm. Ca. 1 % geht mit dem Stuhl verloren.
$Na^+$ wird trans- und parazellulär absorbiert.

## 13.3.4 Absorption von Mineralstoffen

**Natrium:** Alle Verdauungssekrete (ca. 8 l/d) enthalten isoplasmatische $Na^+$-Konzentrationen (Ausnahme: Speichel im Mund ist hypoton). Das entspricht ca. 25 g $Na^+$. Dazu addiert sich die tägliche Menge an $Na^+$ aus der Nahrung (aus Kochsalz). Eine normale europäische Diät enthält ca. 10 g NaCl/d. Insgesamt gelangen also 30 g Na+ in das Darmlumen. Ungefähr 75 % davon werden im Dünndarm rückresorbiert, 24 % im Dickdarm, und der kleinste Teil (ca. 1 %) geht mit dem Stuhl verloren.
$Na^+$-Ionen werden sowohl trans- als auch parazellulär absorbiert.

▶ Merke.

▶ Merke. Voraussetzung für sämtliche transzellulären Mechanismen der $Na^+$-Absorption aus dem Darmlumen in die Enterozyten ist die Aufrechterhaltung eines ins Zellinnere gerichteten **chemischen $Na^+$-Gradienten** durch die in der basolateralen Membran lokalisierte primär aktive $Na^+/K^+$-ATPase (Abb. **13.28**).

Die **transzelluläre $Na^+$-Absorption** erfolgt über folgende **sekundär aktive** Mechanismen:
- **nährstoffgekoppelt** (s. S. 501 bzw. 500) – am wichtigsten in der digestiven Phase –,
- elektroneutral über einen **$Na^+/H^+$-Antiporter** – stimuliert durch $HCO_3^-$-reiche Sekrete –,
- elektroneutral durch parallel arbeitende **$Na^+/H^+$- und $Cl^-/HCO_3^-$-Antiporter** (Abb. **13.28**) – am wichtigsten in der interdigestiven Phase – und
- elektrogen durch einen epithelialen **$Na^+$-Kanal** (ENaC) – stimuliert durch **Aldosteron**.

Die **transzelluläre $Na^+$-Absorption** erfolgt über 4 verschiedene **sekundär aktive** Mechanismen:
- V.a. im Duodenum, aber auch in den übrigen Dünndarmabschnitten wird $Na^+$ **nährstoffgekoppelt** absorbiert (z.B. im Symport mit Glukose und Galaktose, s. S. 501, oder mit Aminosäuren, s. S. 502). In der digestiven Phase ist dies der wichtigste Mechanismus.
- Im Duodenum und im Jejunum ist ein elektroneutraler **$Na^+/H^+$-Antiporter** für die Aufnahme von $Na^+$ aus dem Darmlumen verantwortlich. Die $HCO_3^-$-reichen Sekrete aus Pankreas, Galle und Dünndarm stimulieren diesen Aufnahmemechanismus.
- In der interdigestiven Phase ist die elektroneutrale NaCl-Absorption durch parallel arbeitende **$Na^+/H^+$- und $Cl^-/HCO_3^-$-Antiporter** im Ileum und im proximalen Kolon von quantitativ größter Bedeutung (Abb. **13.28**). Dieser Mechanismus wird durch cAMP, cGMP und $Ca^{2+}$ gehemmt und ist somit für die Entstehung von sekretorischer Diarrhö relevant (s. u.).
- Im distalen Kolon wird $Na^+$ durch einen **epithelialen $Na^+$-Kanal** (ENaC) aufgenommen. Dabei wird eine Nettoladung transportiert – es handelt sich also um einen elektrogenen Transport. Wie auch im distalen Nephron wird dieser Mechanismus durch **Aldosteron** stimuliert.

Die **parazelluläre $Na^+$-Absorption** erfolgt im Duodenum und Jejunum. Da Tight junctions schwach ausgeprägt sind, fließt Wasser parazellulär und reißt kleine gelöste Moleküle mit. Triebkraft für den **Solvent drag** ist der sekundär aktive $Na^+$-Transport.

Die **parazelluläre $Na^+$-Absorption** erfolgt im oberen Teil des Dünndarms (Duodenum und Jejunum). Dort ist die Epithelschicht zwischen den Zellen relativ undicht, Tight junctions sind schwach ausgeprägt (wie am proximalen Tubulus). Deshalb kann Wasser zwischen den Zellen hindurchfließen und reißt dabei kleine gelöste Moleküle mit **(Solvent drag)**. Über diesen Mechanismus wird ein wesentlicher Teil des $Na^+$ im oberen Dünndarm resorbiert. Triebkraft für den Solvent drag ist der sekundär aktive $Na^+$-Transport.

13.28

**13.28 NaCl-Absorption in Ileum und proximalem Kolon**

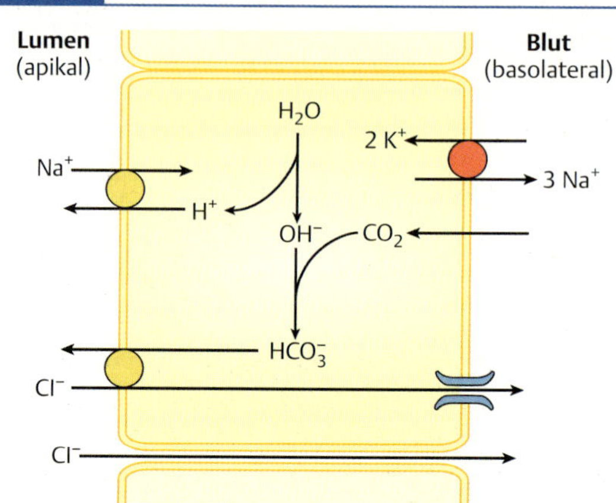

▶ **Klinik.** Verschiedene **bakterielle Toxine** können **sekretorische Durchfälle** hervorrufen: Choleratoxin und hitzelabiles E.-coli-Toxin bewirken einen Anstieg der cAMP-Konzentration in den Enterozyten, hitzestabiles E.-coli-Toxin einen Anstieg der cGMP-Konzentration, die Toxine von Yersinien und Clostridium difficile bewirken eine Erhöhung der intrazellulären $Ca^{2+}$-Konzentration. cAMP, cGMP und $Ca^{2+}$ hemmen die NaCl-Absorption (s.o.) und stimulieren die $Cl^-$-Sekretion im Darm. Die dadurch deutlich gesteigerte Nettosekretion löst Diarrhöen aus. Da die Nährstoff-gekoppelte $Na^+$-Absorption kaum von cAMP und $Ca^{2+}$ beeinflusst wird, bleibt dieser Mechanismus bei gastrointestinalen Infektionen durch die o.g. Bakterien aktiv. Aus diesem Grund ist die **orale Rehydratation** mittels NaCl-Glukose-Lösungen eine effektive und noch dazu kostengünstige Behandlungsmethode sekretorischer Diarrhöen.

▶ **Klinik.**

**Chlorid:** $Cl^-$ wird im oberen Dünndarm v.a. passiv und parazellulär absorbiert. Im Ileum und im Kolon erfolgt die Absorption größtenteils sekundär aktiv über einen $Cl^-/HCO_3^-$-Antiporter. Die parazelluläre Absorption spielt hier aufgrund der dichteren Schlussleisten eine untergeordnete Rolle.

**Chlorid:** $Cl^-$ wird im oberen Dünndarm v. a. passiv und parazellulär absorbiert. Im Ileum und Kolon erfolgt die Absorption v. a. sekundär aktiv über einen $Cl^-/HCO_3^-$-Antiporter.

**Kalium:** Im Jejunum und im Ileum wird $K^+$ v.a. passiv parazellulär absorbiert (Solvent drag). In Abhängigkeit von der $K^+$-Konzentration im Blut wird im distalen Kolon ein Teil der vom Kryptenepithel sezernierten $K^+$-Ionen mithilfe der kolonischen $H^+/K^+$-ATPase vom Oberflächenepithel wieder absorbiert (primär aktiv).

**Kalium:** Im Jejunum und im Ileum wird $K^+$ v. a. passiv parazellulär absorbiert. Im distalen Kolon erfolgt die $K^+$-Absorption mithilfe der kolonischen $H^+/K^+$-ATPase.

**Kalzium:** Täglich wird vor allem über Milchprodukte etwa 1 g $Ca^{2+}$ aufgenommen. Davon werden ca. 500 mg/d im Dünndarm absorbiert. Gleichzeitig werden mit den verschiedenen Sekreten 325 mg/d dem Darmlumen zugeführt. Die Nettoresorption beträgt also nur 175 mg/d. Der größte Anteil des aufgenommenen $Ca^{2+}$ wird also mit dem Stuhl wieder ausgeschieden. Im Duodenum wird $Ca^{2+}$ aktiv über einen apikalen $Ca^{2+}$-Kanal in die Zelle aufgenommen. Anschließend wird es an Calbindin gebunden zur basolateralen Membran transportiert und dort über einen $3Na^+/Ca^{2+}$-Antiporter oder eine $Ca^{2+}$-ATPase hinausbefördert. Die aktive $Ca^{2+}$-Absorption wird durch Vitamin $D_3$ stimuliert. Der Hauptanteil der intestinalen $Ca^{2+}$-Absorption geschieht passiv (parazellulär) im Jejunum und Ileum.

**Kalzium:** Täglich wird etwa 1 g $Ca^{2+}$ aufgenommen, wovon netto ca. 175 mg/d im Dünndarm absorbiert werden. Der Hauptanteil der intestinalen $Ca^{2+}$-Absorption geschieht passiv (parazellulär) im Jejunum und Ileum.

**Magnesium:** Von den pro Tag mit der Nahrung zugeführten 300 – 400 mg Magnesium werden nur ca. 30 – 40 % aufgenommen. Ein Teil des Magnesiums im Darmlumen entstammt ähnlich wie das Kalzium den verschiedenen Sekreten. Magnesium wird im Duodenum passiv, im Jejunum aktiv resorbiert.

**Magnesium:** Nur ca. 30 – 40 % des durchschnittlich mit der Nahrung aufgenommenen $Mg^{2+}$ werden absorbiert: Im Duodenum passiv, im Jejunum aktiv.

**Phosphat:** Im Dünndarm wird mithilfe eines $Na^+$-Symporters pro Tag ca. 1 g anorganisches Phosphat absorbiert (sekundär aktiv). In der Nahrung sind neben anorganischen auch organische Phosphate enthalten. Um absorbiert werden zu können müssen diese zunächst zu anorganischen Phosphaten hydrolysiert werden. Die Phosphatabsorption wird durch Vitamin $D_3$ stimuliert (s. Tab. **13.1**, S. 462).

**Phosphat:** Im Dünndarm wird mithilfe eines $Na^+$-Symporters pro Tag ca. 1 g anorganisches Phosphat absorbiert (sekundär aktiv). Die Phosphatabsorption wird durch Vitamin $D_3$ stimuliert (s. Tab. **13.1**, S. 462).

**Sulfat:** Der täglich benötigte Schwefel wird in Form des anorganischen Sulfatanions ($SO_4^{2-}$) über einen $Na^+$-gekoppelten Sulfattransporter in die Epithelzellen von Jejunum und Ileum aufgenommen. Andere Sulfattransporter scheinen auch noch beteiligt zu sein.

**Sulfat:** Schwefel wird in Form von $SO_4^{2-}$ u. a. über einen $Na^+$-gekoppelten Sulfattransporter in die Epithelzellen von Jejunum und Ileum aufgenommen.

### 13.3.5 Absorption von Wasser

Der Darm – insbesondere der Dünndarm mit seiner durch Falten, Zotten (Villi) und Mikrovilli stark vergrößerten Oberfläche – kann enorme Mengen an Wasser resobieren: Von den ca. 8,0 l Flüssigkeit, die täglich in den Dünndarm gelangen, treten nur noch etwa 2 l ins Kolon über. Letztlich werden pro Tag nur etwa 100 ml Wasser mit dem Stuhl ausgeschieden.

Die Wasserabsorption erfolgt sowohl **para- als auch transzellulär** und ist an den Transport wasserlöslicher Substanzen gekoppelt. Da die Durchlässigkeit der Schlussleisten nach distal kontinuierlich abnimmt, sinkt auch das Ausmaß der Wasserabsorption in Richtung Kolon. Das leicht permeable Dünndarmepithel kann keinen osmotischen Gradienten aufbauen: Bei hyperosmolarem Darminhalt strömt zum Ausgleich innerhalb kurzer Zeit Wasser ins Darmlumen, wodurch Durchfälle

13.3.5 Absorption von Wasser

Von den ca. 8,5 l Flüssigkeit, die täglich in den Dünndarm gelangen, treten nur noch etwa 2 l ins Kolon über. Letztlich werden pro Tag nur etwa 100 ml Wasser mit dem Stuhl ausgeschieden.

Die Wasserabsorption erfolgt sowohl **para- als auch transzellulär** und ist an den Transport wasserlöslicher Substanzen gekoppelt. Da die Durchlässigkeit der Schlussleisten nach distal kontinuierlich abnimmt, sinkt auch das Ausmaß der Wasserabsorption in Richtung Kolon. Im Gegensatz zum Dünndarm kann im

Dickdarm über der apikalen Membran ein osmotischer Gradient aufgebaut und somit ein hyperosmolarer Stuhl ausgeschieden werden.

ausgelöst werden können (z. B. osmotisch bedingte Diarrhö bei Laktasemangel, s. S. 499). Umgekehrt wird bei hypoosmolarem Darminhalt Wasser absorbiert. Im deutlich weniger permeablen Kolon, in dem zudem die Darmbakterien osmotisch wirksame Substanzen bilden, entsteht über der apikalen Membran ein osmotischer Gradient, sodass letztlich ein hyperosmolarer Stuhl ausgeschieden wird.

13.3.6 Absorption sonstiger Nahrungsbestandteile

Vitamine

**Wasserlösliche Vitamine:** Bei Zufuhr physiologischer Mengen (s. Tab. **13.1**, S. 462) werden die meisten wasserlöslichen Vitamine mittels spezifischer Carrier in die Dünndarmenterozyten aufgenommen.

**Fettlösliche Vitamine (A, D, E, K)** werden mit den Lipiden absorbiert (s. S. 461).

Eisen

Von den durchschnittlich pro Tag mit der Nahrung aufgenommenen 10–15 mg Eisen werden nur ca. 10–20 % absorbiert: **freies Eisen** mithilfe eines $Fe^{2+}/H^+$-Symporters, **Häm** mittels Endozytose. Die Eisenabsorbtion findet vorwiegend im oberen Dünndarm statt.

13.4 Leber

Die Leber ist das Schlüsselorgan des Stoffwechsels und erfüllt zahlreiche Aufgaben (Tab. **13.9**).

## 13.3.6 Absorption sonstiger Nahrungsbestandteile

### Vitamine

**Wasserlösliche Vitamine:** Bei Zufuhr physiologischer Mengen (s. Tab. **13.1**, S. 462) werden die meisten wasserlöslichen Vitamine mittels spezifischer Carrier in die Dünndarmenterozyten aufgenommen:

- **Vitamin C, Biotin** (Vitamin H) und **Pantothensäure** werden sekundär aktiv über einen $Na^+$-Symporter absorbiert.
- **Niacin** (Nicotinsäure, Vitamin $B_3$) wird durch einen $H^+$-Symporter aufgenommen.
- **Vitamin $B_1$ und $B_2$** werden ebenfalls mittels spezifischer Carrier absorbiert.
- **Vitamin $B_6$** gelangt durch erleichterte Diffusion in die Enterozyten.
- **Folsäure** (Folat) liegt in der Nahrung als Folat-Polyglutamat vor und wird nach Hydrolyse durch Bürstensaumpeptidasen über einen Folat-Monoglutamat/$OH^-$-Antiporter absorbiert.
- **Vitamin $B_{12}$** wird im Ileum, an Intrinsic factor gekoppelt, durch rezeptorvermittelte Endozytose aufgenommen (s. S. 488).

**Fettlösliche Vitamine:** Die fettlöslichen Vitamine **(A, D, E, K)** werden zusammen mit den Lipiden absorbiert (s. S. 461).

### Eisen

Von den durchschnittlich pro Tag mit der Nahrung aufgenommenen 10–15 mg Eisen werden nur ca. 10–20 % absorbiert. Dies geschieht über folgende Mechanismen:

- **Freies Eisen** wird im Duodenum sekundär aktiv mithilfe eines apikalen $Fe^{2+}/H^+$-Symporters aufgenommen.
- **Häm** wird im gesamten Dünndarm mittels Endozytose aufgenommen.

# 13.4 Leber

Die Leber ist das Schlüsselorgan unseres Stoffwechsels. Sie erfüllt eine enorme Vielfalt an Aufgaben (s. auch Lehrbücher der Biochemie). In Tab. **13.9** sind die wichtigsten Funktionen aufgeführt.

**13.9 Überblick über die wichtigsten Funktionen der Leber**

| *Funktion* | | *Erläuterung* |
|---|---|---|
| **Biotransformation** | | Die Leber metabolisiert und entgiftet endogene (z. B. Häm) und exogene Stoffe (z. B. Medikamente), sodass diese über Galle oder Urin ausgeschieden werden können. |
| **Verstoffwechselung von Nahrungsbestandteilen** | ▪ **Kohlenhydrate** | Die Leber ist zu Glykogensynthese, Glukoneogenese, Glykogenolyse und Glykolyse befähigt. |
| | ▪ **Proteine** | Die Leber synthetisiert Plasmaproteine (z. B. Gerinnungsfaktoren, Albumin), nicht essenzielle Aminosäuren und Harnstoff (Ammoniakstoffwechsel) und baut Aminosäuren ab. |
| | ▪ **Lipide** | Die Leber ist für Synthese und Abbau von Triglyzeriden, Phospholipiden und Lipoproteinen zuständig. Sie synthetisiert zudem Ketonkörper, Fettsäuren und Cholesterin. |
| **Gallesekretion** | | Die in der Leber produzierte Galle (s. S. 494) ist für die Fettverdauung im Darm nötig. Außerdem entledigt sich der Körper über die Gallenflüssigkeit verschiedener lipophiler Substanzen (z. B. Steroidhormone, Medikamente, Bilirubin, s. S. 496). |
| **Abwehr** | | Die zahlreichen, in den Lebersinusoiden lokalisierten Kupffer-Sternzellen (Makrophagen) phagozytieren Fremdstoffe wie z. B. Bakterien. Außerdem produziert die Leber verschiedene für die Abwehr relevante Plasmaproteine. |
| **Hormon- und Vitaminsynthese** | | Die Leber ist u. a. an der Synthese von Erythropoietin und Thrombopoietin, an der Hydroxylierung von Vitamin $D_3$ und an der Umwandlung von Thyroxin (T4) in Triiodthyronin (T3) beteiligt. |
| **Speicherung** | | Die Leber speichert u. a. Eisen, Kupfer, Lipide, einige Vitamine (A, $B_{12}$), Folsäure und Glykogen. |
| **Erythropoese/Erythrozytenabbau** | | Die Leber ist pränatal (vom 2. Embryonalmonat bis zum 6. Fetalmonat) an der Blutbildung beteiligt. Nach der Geburt übernimmt sie die Ausscheidung von Bilirubin (→ Bilirubin wird mithilfe der Glukuronyltransferase mit Glukuronsäure konjugiert und so wasserlöslich gemacht, s. S. 496) und spielt somit eine wichtige Rolle beim Hämoglobinabbau. |

## ▸ ver$_k$lin$_i$kte Vorklinik: Karzinoid

**Anamnese:** Rudolf Olschewski wird vom Hausarzt ins Krankenhaus eingewiesen weil sein bisher gut eingestellter Bluthochdruck sich trotz Medikamentenerhöhung nicht normalisiert. Bei der Aufnahme erzählt er, dass er seit etwa vier Monaten ab und zu unter Durchfall leide und auch 7 kg abgenommen habe. Manchmal würde es in seinem Bauch heftig rumoren und zwicken. Von Zeit zu Zeit rausche ihm auch das Blut so in den Kopf, dass sein Gesicht knallrot anliefe. Sein Hausarzt hätte das auf den schlecht eingestellten Blutdruck geschoben.

**Medikamentenanamnese:** Gegen den Bluthochdruck nimmt er Hydrochlorthiazid 25 mg und Metoprolol zweimal täglich 100 mg

**Familienanamnese:** Der Vater ist mit 64 Jahren an einem Schlaganfall verstorben.

**Körperliche Untersuchung:** (Angabe der jeweiligen Normwerte in Klammern): 61-jähriger, schlanker Patient (174 cm, 68 kg) in gutem Allgemeinzustand, Blutdruck 160/95 mmHg (< 130/85 mmHg), Puls 92/min (50 – 100/min), Körpertemperatur 37,2 °C (36 – 38 °C), leichter Druckschmerz im rechten Unterbauch, die Leber ist vergrößert tastbar (4 cm in Medioklavikularlinie unter dem Rippenbogen), lebhafte Darmgeräusche über allen Quadranten, der sonstige Untersuchungsbefund, einschließlich Herz und Lunge, ist unauffällig.

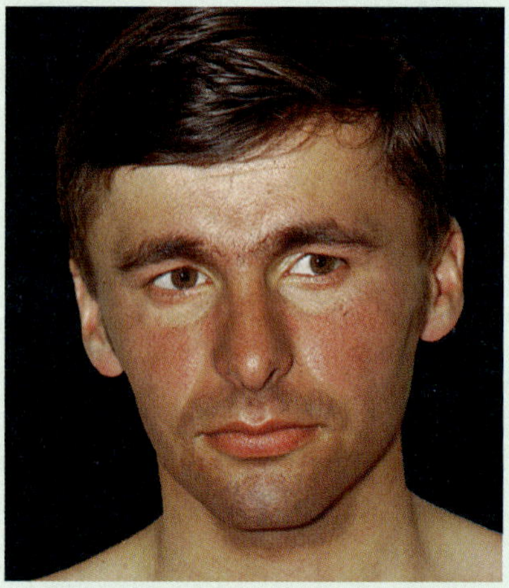

**Patient mit metastasierendem Dünndarmkarzinoid.** Die hier sichtbare Rötung des Gesichts tritt typischerweise anfallsartig auf (sog. „Flush-Symptomatik").

**Laboruntersuchungen** (Angabe der jeweiligen Normwerte in Klammern): CRP 17,5 mg/dl (< 0,5 mg/dl), Hämoglobin 11,8 g/dl (13 – 18 g/dl), Ferritin 272 ng/ml (20 – 280 ng/ml), Gesamtprotein 56 g/l (60 – 80 g/l), Albumin 32 g/l (35 – 55 g/l)

**Zusätzliche Laboruntersuchung:** 5-Hydroxyindolessigsäure im 24-Stunden-Urin 127 mg (< 10 mg).

**12-Kanal-EKG:** Leichte Sinustachykardie (94/min), Indifferenztyp, keine Erregungsrückbildungsstörungen.

**Sonografie des Abdomens:** In der gesamten Leber multiple echoreiche und echoarme Raumforderungen, die Leber ist insgesamt vergrößert.

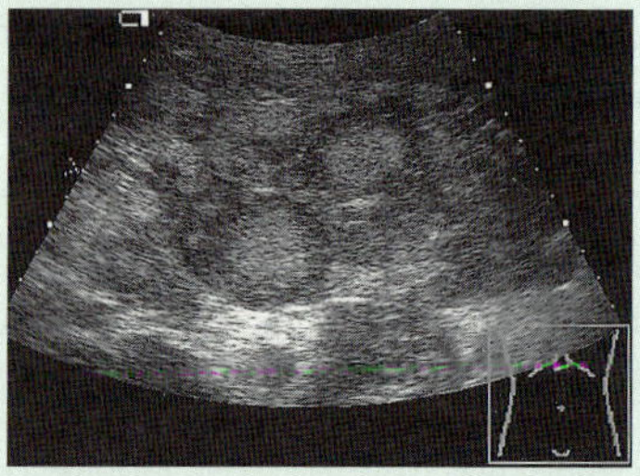

**Lebermetastasen.** Die Lebersonografie zeigt mehrere Metastasen unterschiedlicher Größe und Struktur (echoarme und echoreiche Anteile).

**Röntgenaufnahme des Thorax in zwei Ebenen:** Altersentsprechend unauffälliger Befund.

**Kolo-Ileoskopie:** Im terminalen Ileum, etwa 7 cm von der Ileozökalklappe, multiple tumoröse Schleimhautveränderung, Durchmesser ungefähr 1 – 1,5 cm, bis etwa 12 cm von der Ileozökalklappe reichend.

**Verlauf:** Ursprünglich wird Herr Olschewski zur Blutdruckeinstellung stationär aufgenommen. Nachdem schon bei der körperlichen Untersuchung eine vergrößerte Leber auffällt, zeigen sich in der Sonografie überraschend multiple Lebermetastasen. Auf der Suche nach dem Primärtumor findet man in der Kolo-Ileoskopie im terminalen Ileum multiple tumoröse Schleimhautveränderungen. Die Histologie ergibt ein bösartiges Karzinoid – ein Tumor, der aus den Zellen des APUD-Systems hervorgeht. Als APUD-System bezeichnet man periphere endokrine Zellen, deren gemeinsames Merkmal die Aufnahme und Decarboxylierung von Aminvorstufen ist (Amin Precursor Uptake and Decarboxylation).
Wegen der multiplen Lebermetastasen kann Herr Olschewski nicht mehr operiert werden. Stattdessen wird er mit dem Depotsomatostatin Octreotid s.c. behandelt (vgl. S. 358). Das lindert gut die Beschwerden des „Flush", den Durchfall und normalisiert auch seinen Blutdruck, kann die Grunderkrankung aber natürlich nicht heilen. Herr Olschweski verstirbt anderthalb Jahre später an dem metastasierten Tumor.

**Fragen mit physiologischem Schwerpunkt:**

1. Unter welcher Art der Diarrhö leidet Herr Olschewski?
2. Wie kann man allgemein Diarrhöen anhand ihrer Pathophysiologie einteilen? Nennen Sie für jedes Beispiel auslösende Ursachen!
3. Diarrhöen dieser Art können zu Störungen des Elektrolythaushaltes führen. Um welche Störungen handelt es sich? Wie kommt es dazu?

**Antwortkommentare:**

**Zu 1.** Herr Olschewski leidet unter einer durch Serotonin ausgelösten sekretorischen Diarrhö. Das durch den Tumor im Übermaß gebildete Serotonin führt über eine Aktivierung der Adenylatzyklase zu einem Anstieg von cAMP in den Zellen der Dünndarmmukosa. Folge ist eine verstärkte Sekretion von Elektrolyten und Flüssigkeit in das Darmlumen (s. S. 505).

**Zu 2.** Drei verschiedene Pathomechanismen können zum Entstehen einer Diarrhö führen:
Eine osmotische Diarrhö kann beispielsweise auf der Grundlage einer Kohlenhydratmalabsorption entstehen: Durch den hohen osmotischen Druck innerhalb des Darmlumens strömt Flüssigkeit aus den Gefäßen ins Lumen (vgl. osmotische Diarrhö bei Laktasemangel, s. S. 499).
Eine sekretorische Diarrhö entsteht durch die Aktivierung der Adenylatzyklase (s.o.). Auslöser können beispielsweise bestimmte bakterielle Toxine (z. B. Choleratoxin), Hormone oder Laxanzien (Abführmittel) sein.
Eine exsudative Diarrhö entsteht durch eine Schädigung der Darmschleimhaut. Typisch sind Blut- und Schleimbeimengungen. Exsudative Diarrhöen treten z. B. bei einer Infektion mit enteroinvasiven Bakterien, chronisch-entzündlichen Darmerkrankungen (Morbus Crohn und Colitis ulcerosa) oder im Rahmen eines Kolonkarzinoms auf.

**Zu 3.** Durch den Verlust von Flüssigkeit über den Stuhl kommt es ohne adäquate Rehydratation (z. B. durch Trinken oder bei ausgeprägter Symptomatik Infusionstherapie) zu einer Dehydratation des Patienten. In Normalfall gehen bei einer Diarrhö sowohl Wasser als auch Salz verloren. Das Extrazellulärvolumen ist vermindert, das Intrazellulärvolumen bleibt hingegen gleich. In diesem Fall spricht man von einer isotonen Dehydratation (s. Tab **10.12**, S. 322). Wird bei einer isotoner Dehydratation zu viel hypotone Flüssigkeit substituiert, kann es zu einer hypotonen Dehydratation kommen. Wasser strömt aus den Gefäßen in die Zellen, es entstehen intrazelluläre Ödeme. Das Extrazellulärvolumen ist vermindert und das Intrazellulärvolumen vergrößert. Aufgrund des verminderten Extrazellulärvolumens wird ADH ausgeschüttet und in der Niere wird Wasser rückresorbiert. Durch den diarrhöbedingten $Na^+$-Verlust verbleibt das Wasser aber nicht in den Gefäßen, sondern strömt ins Gewebe. Besser geeignet zur Rehydratation ist eine isotone Flüssigkeit mit ausreichend Elektrolyten und Zucker.

# Energie- und Wärmehaushalt

# 14 Energie- und Wärmehaushalt

# 14 Energie- und Wärmehaushalt

## 14.1 Energiehaushalt

Der Körper ist ein hochkomplexes und hochgeordnetes System. Um diese Ordnung aufrechtzuerhalten (bzw. um die Entropiezunahme, die Zunahme der Unordnung, zu verhindern), benötigt der Körper Energie. Auch für zu verrichtende Arbeit sowie für Auf- und Abbauprozesse benötigt der Körper Energie. Diese Energie stammt ursprünglich aus der Nahrung.

Der Körper benötigt Energie für zu verrichtende Arbeit, für Auf- und Abbauprozesse. Diese Energie gewinnt der Körper durch den Abbau der Nährstoffe.

▶ **Definition.** Der **Energiehaushalt** betrachtet die Energiebilanz, also die Differenz zwischen Energieaufnahme durch die Nahrung und dem Energieverbrauch durch geleistete Arbeit, Wärmeproduktion oder andere Prozesse.

### 14.1.1 Allgemeine Grundlagen

Zur genaueren Betrachtung des Energiehaushalts müssen zunächst die Begriffe „Energie" und „Wärme" definiert werden.

#### Energie

▶ **Definition.** **Energie** im streng physikalischen Sinne ist die Fähigkeit eines Systems, Arbeit zu verrichten. Energie kann in verschiedenen Formen gespeichert werden (z.B. kinetische Energie, thermische Energie, elektrische Energie). Die Einheit der Energie, das **Joule** [J], ist identisch mit der Einheit der Arbeit.

#### Wärme

▶ **Definition.** **Wärme** ist eine spezielle Energieform, da sie mit der ungeordneten Bewegung, der sog. Wärmebewegung der Moleküle, unmittelbar verknüpft ist. Die Temperatur ist dabei ein Maß für die kinetische Energie der Moleküle. Eine heute zwar noch häufig verwendete, aber veraltete spezielle Maßeinheit für die Energieform Wärme ist die **Kalorie** [cal].

▶ **Merke.** Der Umrechnungsfaktor der Kalorie zur SI-Einheit Joule, das sog. Wärmeäquivalent, beträgt 4,187, d.h. **1 cal = 4,187 J**.

### 14.1.2 Energiequellen

Energiequellen in der Nahrung mit unterschiedlichem Energiegehalt sind
- **Kohlenhydrate**,
- **Fette** und
- **Proteine**.

Energiequellen in der Nahrung sind:
- **Kohlenhydrate,**
- **Fette** und
- **Eiweiße**.

Deren **physikalische Brennwerte** können im Kalorimeter bestimmt werden (Tab. **14.1**).

Der Energiegehalt der verschiedenen Nährstoffe wird gemessen, indem man identische Mengen jeweils separat unter Sauerstoffatmosphäre vollständig zu Wasser und $CO_2$ in einem Kalorimeter (geschlossene, isolierte Brennkammer) verbrennt und die dabei freiwerdende Energie in Form von Wärmezunahme ermittelt. Man erhält so die **physikalischen Brennwerte** für die unterschiedlichen Nährstoffe (Tab. **14.1**).

▶ **Merke.** Fette setzen bei der Verbrennung bezogen auf ihr Gewicht ungefähr doppelt so viel Energie frei wie Kohlenhydrate oder Proteine.

Die **physiologischen (=biologischen) Brennwerte** der Nährstoffe geben die Energie an, die bei der Verbrennung der Nährstoffe im Organismus entsteht. Auch hier kann man die Brennwerte mittels direkter oder indirekter Kalorimetrie (s. S. 514) messen. Ein Vergleich der physikalischen mit den physiologischen Brennwerten der

Die **physiologischen Brennwerte** entsprechen für Kohlenhydrate und Fette weitgehend den physikalischen. Für Proteine ist der

14.1

14.1 Physiologische und physikalische Brennwerte verschiedener Nährstoffe

| *Substrat* | *physiologisch* | *physikalisch* |
|---|---|---|
| Fette | 39,0 kJ/g | 39,8 kJ/g |
| Ethanol | 29,0 kJ/g | 29,0 kJ/g |
| Proteine | 17,2 kJ/g | 23,2 kJ/g |
| Kohlenhydrate | 17,2 kJ/g | 17,6 kJ/g |
| Glukose | 15,7 kJ/g | 15,7 kJ/g |

physiologische Brennwert kleiner als der physikalische (Tab. **14.1**).

Nährstoffe (Tab. **14.1**) ergibt, dass diese für Kohlenhydrate, Fette und Ethanol mehr oder weniger identisch sind, da diese Substrate im Körper mit Sauerstoff vollständig zu Wasser und $CO_2$ abgebaut werden. Im Gegensatz dazu ist der physiologische Brennwert für Proteine kleiner als der physikalische, weil sie im Körper nicht nur für die Energiegewinnung genutzt und damit nicht vollständig verbrannt werden, sondern als immer noch energiereiche Substanzen (z.B. Harnstoff) über die Nieren ausgeschieden werden.

14.1.3 Energieumsatz

## 14.1.3 Energieumsatz

Messung

### Messung

Kalorimetrie

#### Kalorimetrie

Der Energieverbrauch einer Testperson kann über die **direkte** (über Wärmeabgabe) oder über die **indirekte** (über $O_2$-Verbrauch) **Kalorimetrie** bestimmt werden.

Der Energieverbrauch einer Testperson kann direkt über deren Wärmeabgabe im Kalorimeter (s.S. 513) bestimmt werden **(direkte Kalorimetrie)**. Dieses Verfahren ist allerdings ziemlich aufwendig (große, abgeschlossene und isolierte Kammer etc.), sodass in der Praxis der Energieverbrauch eines Menschen meist indirekt über den Verbrauch an Sauerstoff ermittelt wird **(indirekte Kalorimetrie)**. Dieses Vorgehen macht sich den Umstand zunutze, dass zur Verbrennung von Nährstoffen immer Sauerstoff benötigt wird. Deshalb kann man die Energieausbeute der Nährstoffe auch aus dem Sauerstoffverbrauch ableiten.

**Beispiel:** Für die Verbrennung von 1 Mol Glukose (= 180 g) werden 134,4 l $O_2$ benötigt. Es werden dabei 2868 kJ Energie frei.

**Beispiel:** Für die Verbrennung von 1 Mol Glukose (180 g) gilt:

$$C_6H_{12}O_6 + 6\ O_2 \rightleftharpoons 6\ CO_2 + 6\ H_2O + 2868\ kJ$$

Das Molvolumen eines jeden Gases beträgt unter Standardbedingungen 22,4 l. Damit werden zur Verbrennung von 1 Mol Glukose 6 × 22,4 l = 134,4 l $O_2$ benötigt. Wichtige Größen im Zusammenhang mit der Bestimmung des Energieumsatzes sind das Kalorische Äquivalent und der Respiratorische Quotient.

Kalorisches Äquivalent

#### Kalorisches Äquivalent

▶ Synonym

▶ **Synonym.** Energetisches Äquivalent.

▶ Definition.

▶ **Definition.** Das sog. **Kalorische Äquivalent (KÄ)** eines Substrats ist das Verhältnis aus der bei der vollständigen Oxidation freiwerdenden Energie und der hierfür notwendigen Sauerstoffmenge.

$$KÄ = \frac{\text{Energiefreisetzung}}{\text{Sauerstoffverbrauch}} = \frac{\Delta E}{\dot{V}_{O_2}}\ [kJ/l\ O_2]$$

Das **Kalorische Äquivalent** für die Verbrennung von **Glukose** beträgt 21,4 kJ/l $O_2$, für Fette 19,6 kJ/l $O_2$ und für Proteine 18,8 kJ/l $O_2$ (Tab. **14.2**).

Das **Kalorische Äquivalent** für **Glukose** errechnet sich also wie folgt:

$$KÄ_{Glukose} = \frac{2868\ kJ}{134{,}4\ l\ O_2} = 21{,}4\ kJ/l\ O_2$$

Ähnliche Werte (Tab. **14.2**) erhält man für die Verbrennung von Fetten (19,6 kJ/l $O_2$) und Proteinen (18,8 kJ/l $O_2$).

Näherungsweise wird mit einem **Mittelwert** für das KÄ von **20 kJ/l $O_2$** gerechnet, da nicht genau bekannt ist, welches Substrat gerade verbrannt wird.

Da nicht genau bekannt ist, welches Substrat der Körper zu einem bestimmten Zeitpunkt verbrennt und welches Kalorische Äquivalent entsprechend für die Bestimmung des Energieverbrauchs herangezogen werden muss, wird mit einem **Mittelwert** gerechnet. Bei gemischter Kost beträgt dieser ca. **20 kJ/l $O_2$**.

14.2 **Kalorisches Äquivalent (KÄ) und Respiratorischer Quotient (RQ) beim Abbau verschiedener Nahrungsstoffe**

| *Substrat* | *KÄ [kJ/l $O_2$]* | *RQ* |
|---|---|---|
| Kohlenhydrate | 21,4 | 1,0 |
| Fett | 19,6 | 0,7 |
| Proteine | 18,8 | 0,85 |
| gemischte Kost | ca. 20 | ca. 0,82 |

14.2

► **Merke.** Das Kalorische Äquivalent dient der Bestimmung des Energieverbrauchs mittels indirekter Kalorimetrie und beträgt im Mittel (bei gemischter Kost) ca. 20 kJ/l $O_2$.

► Merke.

Unter Gleichgewichtsbedingungen lässt sich das Substrat, welches gerade verbrannt wird, allerdings auch abschätzen. Dazu benötigt man den Respiratorischen Quotienten (RQ).

Mithilfe des **Respiratorischen Quotienten** kann man das Substrat abschätzen, welches aktuell verbrannt wird.

### Respiratorischer Quotient

Respiratorischer Quotient

► **Definition.** Der **Respiratorische Quotient (RQ)** gibt das Verhältnis von abgeatmeter $CO_2$-Menge zu aufgenommener $O_2$-Menge an.

$$RQ = \frac{CO_2\text{-Abgabe}}{O_2\text{-Aufnahme}} = \frac{\dot{V}_{CO_2}}{\dot{V}_{O_2}}$$

► Definition.

Für die oben beschriebene Gleichung für die Verbrennung von 1 Mol Glukose werden 6 Mol $O_2$ verbraucht, wobei gleichzeitig 6 Mol $CO_2$ entstehen. Der $\mathbf{RQ_{Gluk}}$ beträgt in diesem Fall **1**.

Etwas anders ist der Fall für die Fettverbrennung. Hier ein Beispiel:

$$C_{57}H_{110}O_6 + 81{,}5\ O_2 \rightleftharpoons 57\ CO_2 + 55\ H_2O + \text{Energie}$$

Verglichen mit Glukose wird pro Fettmolekül bei der Verbrennung wesentlich mehr $O_2$ verbraucht (der prozentuale $O_2$-Anteil am Molekül ist kleiner als bei Glukose). Der RQ für die Fettverbrennung beträgt also

$$RQ_{Fett} = \frac{57}{81{,}5} = 0{,}7$$

Der RQ für die Proteinverbrennung liegt zwischen dem der Fettverbrennung und dem der Kohlenhydratverbrennung ($\mathbf{RQ_{Prot} = 0{,}85}$).

Der **Mittelwert** des Kalorischen Äquivalents von ca. 20 kJ/l $O_2$ entspricht einem **RQ** von etwa **0,82**. Dieser Wert ergibt sich bei normaler mitteleuropäischer Kost. Die Werte für das Kalorische Äquivalent und den RQ der verschiedenen Nahrungsbestandteile sind in Tab. **14.2** zusammengefasst.

Da der RQ aber nicht nur von der Art des verbrannten Substrats, sondern auch von verschiedenen anderen Faktoren abhängt, ist er nur ein ungefähres Maß für die Abschätzung, welches Substrat gerade verbrannt wird. So können die Atmung (bei Hyperventilation wird bei gleich bleibender $O_2$-Aufnahme vermehrt $CO_2$ abgeatmet, der RQ steigt an), die Nahrungszusammensetzung (bei Kohlenhydratmast kann er Werte bis 1,4 annehmen) und die Stoffwechselsituation (bei Diabetes mellitus oder bei Hunger sinkt er bis auf 0,66) den RQ erheblich beeinflussen.

Der **RQ** für die Verbrennung von **Glukose** beträgt **1**.

Der **RQ** für die **Fettverbrennung** beträgt **0,7**, für die **Proteinverbrennung** liegt er mit **0,85** zwischen den Werten für Glukose und Fett (Tab. **14.2**).

Der **mittlere RQ** bei normaler mitteleuropäischer Kost beträgt ca. **0,82**.

Der RQ kann von verschiedenen Störvariablen beeinflusst werden und ist daher nur ein ungefähres Maß für die Abschätzung des vorwiegend verbrannten Substrats.

## Grundumsatz

Grundumsatz

► **Synonym.** Basaler Energieumsatz, basal metabolic rate.

► **Synonym**

► **Definition.** Der **Grundumsatz** (GU) ist der Energieumsatz, den ein gesunder Erwachsener normalerweise mindestens aufweist und der zur Aufrechterhaltung der Organfunktionen notwendig ist.

► Definition.

**Standardbedingungen für die Grundumsatzbestimmung:**
- Messung morgens
- in geistiger und körperlicher Ruhe
- nüchtern
- bei Indifferenztemperatur
- bei normaler Körpertemperatur.

Der Grundumsatz für einen 70 kg schweren **Mann** beträgt **ca. 7100 kJ/d** (entspricht etwa 85 Watt). Bei **Frauen** liegen die Werte ca. 10 % niedriger, also **ca. 6300 kJ/d** (etwa 75 Watt).

Für die Bestimmung des Grundumsatzes wurden **Standardbedingungen** definiert:
- Er wird morgens,
- in geistiger (keine mentale Arbeit) und körperlicher (liegend) Ruhe,
- nüchtern (12 h ohne Nahrungsaufnahme),
- bei Indifferenztemperatur (Behaglichkeitstemperatur) und
- bei normaler Körpertemperatur gemessen.

Der Grundumsatz beträgt für einen 70 kg schweren **Mann ca. 7100 kJ/d**, das entspricht etwa 85 Watt. Bei **Frauen** liegen die Werte ungefähr 10 % niedriger, also **ca. 6300 kJ/d** bzw. etwa 75 Watt. Der Grundumsatz kann nach folgender Formel abgeschätzt werden:

$$\text{Männer: GU} = 100\,\text{kJ} \times \text{Körpergewicht [kg]}$$
$$\text{Frauen: GU} = 100\,\text{kJ} \times \text{Körpergewicht [kg]} \times 0{,}9$$

### Einflussfaktoren auf den Grundumsatz

**Tageszyklische Schwankungen:** Diese sind vermutlich auf die Nahrungsaufnahme zurückzuführen **(postprandiale Energieumsatzsteigerung)**. Der Energieumsatz ist vormittags am höchsten, nachts und ganz früh morgens am niedrigsten.

**Tageszyklische Schwankungen:** Diese Schwankungen stehen vermutlich mit der Nahrungsaufnahme in Verbindung (postprandiale Energieumsatzsteigerung oder auch nahrungsinduzierte Thermogenese, „diet induced thermogenesis", DIT). Vormittags ist der Energieumsatz am höchsten, nachts und ganz früh morgens (vor dem Frühstück!) am niedrigsten. Dies ist auch der Grund dafür, dass man den Grundumsatz nach 12-stündiger Nahrungskarenz definiert hat. Ein Teil der **postprandialen Energieumsatzsteigerung** ist auf die durch eine Mahlzeit induzierten Verdauungsvorgänge (Aufschluss der Nahrung und Resorption, besonders von Proteinen) zurückzuführen, der größere Teil jedoch auf eine Erhöhung der Stoffwechselaktivität (über Sympathikusaktivierung). Diese Erhöhung wird hauptsächlich über Rezeptoren an der Magenwand induziert und nur zum geringen Teil über das subjektive Gefühl der Nahrungsaufnahme.

**Körperliche und geistige Anstrengung:** Muskelarbeit erhöht den Energieumsatz durch ATP-Verbrauch. Bei geistiger Arbeit erhöht sich reflektorisch der Muskeltonus und damit der Energieumsatz.

**Körperliche und geistige Anstrengung:** Muskelarbeit verbraucht ATP (s. S. 60) und erhöht damit den Energieumsatz. Deshalb muss der Grundumsatz im Liegen, also bei körperlicher Ruhe, gemessen werden. Auch geistige Arbeit steigert den Energieumsatz, indem sich der Muskeltonus reflektorisch erhöht (das Gehirn verbraucht dagegen nur unwesentlich mehr Energie).

**Umgebungs- und Körpertemperatur:** Bei einem Abfall der Außentemperatur beginnt der Körper zu frieren. Dabei wird der Energieumsatz im Muskel erhöht und mehr Wärme produziert.

**Umgebungs- und Körpertemperatur:** Bei einem gesunden Erwachsenen stehen Wärmeabgabe und Wärmeproduktion im Gleichgewicht (s. S. 520). Wird die Außentemperatur z. B. erniedrigt, wird vermehrt Wärme abgegeben und der Körper beginnt zu frieren. Dieses Frieren wiederum erhöht den muskulären Energieumsatz (dabei entsteht Wärme), um die Wärmeproduktion der Wärmeabgabe wieder anzupassen.

**Körpergröße und Gewicht:** Diese beiden Parameter bestimmen die **Größe der Körperoberfläche** einer Person, über die der größte Teil der **Wärmeabgabe** erfolgt. Je größer der Wärmeverlust über die Körperoberfläche, desto höher der Grundumsatz. Wichtig hierbei ist v. a. das Verhältnis der Oberfläche zum Volumen eines Körpers. Dieses ist bei einem kleinen Körper größer, sodass dieser bezogen auf sein Gewicht mehr Wärme verliert als ein großer Körper.

**Körpergröße und Gewicht:** Der Grundumsatz ist abhängig von der Körpergröße und dem Gewicht einer Person. Diese beiden Parameter bestimmen die **Größe der Körperoberfläche**, über die der überwiegende Teil der **Wärmeabgabe** einer Person erfolgt. Bei Personen gleichen Gewichts verliert die größere also über die größere Oberfläche mehr Wärme, was wiederum den Grundumsatz erhöht. Ähnlich verhält es sich bei Personen, die gleich groß, aber unterschiedlich schwer sind. Schwere Personen haben bei gleicher Körpergröße eine größere Oberfläche und deshalb einen erhöhten Grundumsatz. Ein wichtiger Aspekt dabei ist das Verhältnis der Oberfläche zum Volumen eines Körpers. Dieses Verhältnis wird größer, je kleiner ein Organismus ist. Anders ausgedrückt ist die Oberfläche eines kleinen Körpers im Verhältnis zu seinem Volumen größer als bei einem großen Körper. Damit verlieren kleine Körper bezogen auf ihr Gewicht mehr Wärme als große, denn der Wärmeverlust geschieht an der Oberfläche des Körpers, wohingegen die Wärmeproduktion im Inneren des Körpers abläuft (s. S. 521).

**Körperzusammensetzung:** Der Grundumsatz hängt ab vom Verhältnis der **fettfreien Masse (FFM)** zur **Fettmasse (FM)** einer Person. Die FFM ist der stoffwechselaktive Körperanteil und bestimmt daher den Grundumsatz. Bei Männern ist der FFM-Anteil ca. 10 % größer als bei Frauen.

**Körperzusammensetzung:** Je mehr stoffwechselaktive Körperzellmasse eine Person hat, desto höher ist ihr Energieverbrauch. Die stoffwechselaktive Masse, auch **fettfreie Masse (FFM)**, besteht aus der Skelettmuskulatur, dem Skelett und den inneren Organen. Sie macht bei Männern 85 bis 90 % des Körpergewichts aus, bei Frauen 75 bis 80 %. Es besteht ein linearer Zusammenhang zwischen der FFM und dem Energieverbrauch. Ihr gegenübergestellt wird die weitgehend stoffwechselinaktive Fettmasse (FM).

**Alter:** Kinder haben einen höheren Grundumsatz, zum einen weil sie kleiner sind und dadurch bezogen auf ihr Gewicht mehr Wärme abgeben (s.o.), zum anderen weil sie für das Wachsen zusätzliche Energie benötigen. Der Grundumsatz nimmt im Alter zunehmend ab. Dies hängt unter anderem damit zusammen, dass sich die Zusammensetzung des Körpers im Alter verändert, z.B. durch Reduktion der Muskelmasse und damit Reduktion der FFM.

**Alter:** Kinder haben einen höheren Grundumsatz als Erwachsene. Mit zunehmendem Alter nimmt der Grundumsatz ab.

**Geschlecht:** Bei Männern ist der Grundumsatz etwa 10 bis 20% höher als bei Frauen. Zum einen sind Männer meist größer und schwerer, zum anderen haben sie einen höheren FFM-Anteil (s.o.).

**Geschlecht:** Männer haben einen höheren Grundumsatz als Frauen.

**Hormone:** Adrenalin, Noradrenalin, Progesteron und Thyroxin erhöhen den Grundumsatz.

**Hormone:** Adrenalin, Noradrenalin, Progesteron und Thyroxin erhöhen den Grundumsatz.

► **Klinik.** Bestimmte Erkrankungen können den **Grundumsatz** verändern. So ist er *erhöht* bei Hyperthyreose (Schilddrüsenüberfunktion, s. „verklinikte Vorklinik"-Fall, S. 531), Fieber, Verbrennungen und Verletzung und *erniedrigt* bei Hypothyreose (Schilddrüsenunterfunktion) und beim Kreislaufschock. Der Verdacht auf eine Schilddrüsendysfunktion war früher eine Indikation für die Bestimmung des Grundumsatzes. Heute wird die Schilddrüsenfunktion v.a. über die Messung der Schilddrüsenhormone im Blut beurteilt.
Auch bei fortgeschrittenem Tumorleiden oder anderen „konsumierenden" Erkrankungen ist der Grundumsatz *erhöht*. Dies erklärt die häufig zu beobachtende Kachexie, d.h. das stark abgemagerte und ausgezehrte Aussehen bei den betroffenen Patienten.

► **Klinik.**

### Organbeteiligung am Grundumsatz

Wie in Abb. **14.1** zu sehen ist, haben **Skelettmuskulatur**, **Gehirn** und **Leber** einen relativ hohen Anteil am Grundumsatz. Bei Männern macht die Skelettmuskulatur den größten Teil des Grundumsatzes aus, weil bei ihnen die Skelettmuskulatur ca. 44% des Körpergewichts ausmacht, bei Frauen hingegen nur ca. 33%.
Betrachtet man jedoch den **organspezifischen Energieverbrauch** (Energieverbrauch pro Organgewicht und Zeit) gemessen am spezifischen $O_2$-Verbrauch (Tab. **14.3**), so erkennt man sehr leicht, dass die inneren Organe einen wesentlich höheren spezifischen Energieverbrauch aufweisen als die Skelettmuskulatur, zumindest in Ruhe. Der spezifische Energieverbrauch von Herz, Niere, Gehirn und Leber ist in Ruhe ca. 10–20-mal höher als derjenige der Skelettmuskulatur. Dennoch ist ein Hauptanteil am Gesamtgrundumsatz auf die Skelettmuskulatur zurückzuführen (Abb. **14.1**), da ihre Masse im Vergleich zu der der inneren Organe und des Gehirns deutlich größer ist.

### Organbeteiligung am Grundumsatz

Den Hauptanteil des Grundumsatzes verbrauchen **Skelettmuskulatur**, **Gehirn** und **Leber**.

Der **organspezifische Energieverbrauch** (Energieverbrauch pro Organgewicht und Zeit) ist am höchsten in den inneren Organen (Herz, Leber, Niere) und dem Gehirn.

**14.1 Organanteile am Grundumsatz bei Erwachsenen im Alter zwischen 22 und 31 Jahren**

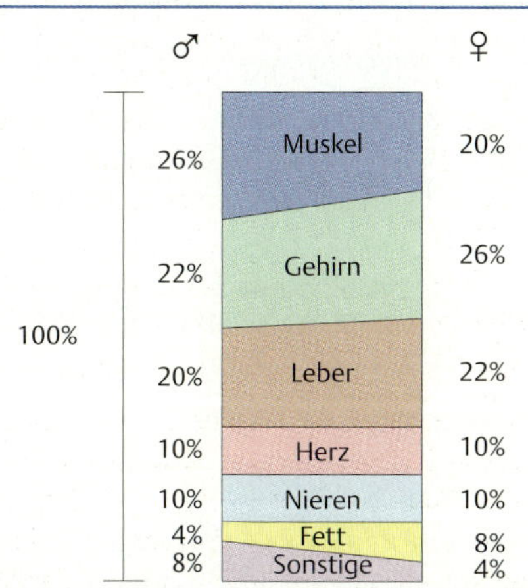


14.1

14.3

**14.3 Organspezifischer $O_2$-Verbrauch bzw. Energieverbrauch in Ruhe**

| *Organ* | *organspezifischer $O_2$-Verbrauch [ml/g/min]* | *organspezifischer Energieverbrauch [kJ/kg/d]* |
|---|---|---|
| Herz (Ruhe) | 0,07 | ca. 2000 |
| Herz (max. Belastung) | 0,4 | ca. 12 000 |
| Niere | 0,06 | ca. 1700 |
| Gehirn | 0,04 | ca. 1100 |
| Leber | 0,03 | ca. 900 |
| Skelettmuskel (Ruhe) | 0,004 | ca. 110 |
| Skelettmuskel (max. Belastung) | 0,2 | ca. 6000 |
| Fett | 0,0007 | ca. 20 |

Ruheumsatz

▶ Synonym

Der **Ruheumsatz** einer Person liegt ca. 5% höher als der Grundumsatz. Anders als beim Grundumsatz sind bei ihm die Definitionskriterien nicht so streng gefasst, sodass er eine einfach zu bestimmende und daher praktikable Größe ist.

## Ruheumsatz

▶ **Synonym.** Ruheenergieverbrauch, resting energy expenditure (REE).

Der **Ruheumsatz** einer Person ist nicht ganz so streng definiert wie der Grundumsatz. Auch der Ruheumsatz wird nüchtern bestimmt, allerdings ist hier die Zeitdauer ohne Nahrungsaufnahme nur 8 h. Auch die übrigen Definitionskriterien des Grundumsatzes müssen bei der Bestimmung des Ruheumsatzes nicht ganz so strikt eingehalten werden wie die absolute geistige und körperliche Ruhe sowie Körper- und Umgebungstemperatur. Der Ruheumsatz ist daher eine einfach zu bestimmende und dadurch praktikable Größe, die etwa 5% über dem Grundumsatz liegt.

Arbeitsumsatz

▶ Synonym

▶ Definition.

## Arbeitsumsatz

▶ **Synonym.** Aktivitätsabhängiger Energieverbrauch, physical activity energy expenditure (PAEE).

▶ **Definition.** Unter **Arbeitsumsatz** versteht man den Gesamtenergieumsatz während Arbeit. Er entspricht also der Summe aus dem Grundumsatz und dem zur Arbeitsverrichtung zusätzlich erforderlichen Energieumsatz.

Der Arbeitsumsatz hängt ab von der Art und Dauer der ausgeführten Aktivität (Tab. **14.4**).

Der **Freizeitumsatz** eines nicht körperlich arbeitenden Menschen ist etwa 30% höher als sein Grundumsatz. Ausgehend vom Freizeitumsatz können die Energietagesumsätze bei

Der Arbeitsumsatz ist abhängig von der Art und Dauer der Aktivität. Tab. **14.4** listet verschiedene Aktivitäten und deren Energieverbrauch pro Stunde auf.
Aufgrund unterschiedlicher körperlicher Beanspruchung ergeben sich für verschiedene Berufe bzw. Tätigkeiten ganz unterschiedliche Gesamtenergieumsätze pro Tag (Tab. **14.5**). Ausgangswert ist dabei der sog. **Freizeitumsatz**, der dem Energieumsatz

14.4

**14.4 Gesamtenergieverbrauch bei verschiedenen Aktivitäten**

| *Aktivität* | *Energieverbrauch in kJ/h [kcal/h]* |
|---|---|
| Schlafen | ca. 300 (ca. 70) |
| Ruhe | ca. 400 (ca. 95) |
| Sitzen | ca. 500 (ca. 120) |
| Spazierengehen (3 km/h) | ca. 900 (ca. 210) |
| Gehen (5 km/h) | ca. 1200 (ca. 280) |
| Gehen (7 km/h) | ca. 2000 (ca. 480) |
| Laufen (9 km/h) | ca. 2500 (ca. 600) |
| Laufen (15 km/h) | ca. 3200 (ca. 760) |
| Laufen, Marathon (19,5 km/h) | ca. 4300 (ca. 1030) |
| Treppensteigen | ca. 4600 (ca. 1100) |
| Radfahren (flach, 10 km/h) | ca. 800 (ca. 190) |
| Radfahren (flach, 20 km/h) | ca. 2000 (ca. 480) |
| Radfahren (flach, 30 km/h) | ca. 4500 (ca. 1070) |
| Schwimmen (28 m/min) | ca. 1650 (ca. 400) |
| Skilanglauf (6 km/h) | ca. 2800 (ca. 670) |
| Skilanglauf (10 km/h) | ca. 3800 (ca. 910) |

14.5 **Energietagesumsätze bei verschiedenen Berufen**

| *Tätigkeit* | *Energietagesverbrauch in MJ/d [kcal/d]* |
|---|---|
| sitzende Tätigkeit (Schüler) | ca. 10 (ca. 2400) |
| leichte Muskelarbeit (Lehrer) | ca. 12 (ca. 2870) |
| mäßige Muskelarbeit (Briefträger) | ca. 13 (ca. 3100) |
| starke Muskelarbeit (Maler) | ca. 14 (ca. 3340) |
| starke Muskelarbeit (Bauarbeit) | ca. 15 (ca. 3580) |
| Schwerstarbeit (Bergbau) | ca. 21 (ca. 5000) |

eines nicht körperlich arbeitenden Menschen entspricht. Bei Männern beträgt dieser ca. 9,6 MJ/d, bei Frauen ca. 8,4 MJ/d. Somit liegen die Werte ungefähr 30 % über den entsprechenden Grundumsätzen.

verschiedenen Berufen und Tätigkeiten betrachtet werden (Tab. **14.5**).

### Wirkungsgrad äußerer Arbeit

Wirkungsgrad äußerer Arbeit

▶ **Definition.** Unter **äußerer Arbeit** versteht man die Arbeit, die eine Person außerhalb des eigenen Körpers verrichtet, also etwa ein Gewicht heben oder ein Pedal am Fahrrad treten etc.

Wird äußere Arbeit verrichtet, dann steigt der Gesamtenergieverbrauch an. Die Differenz zwischen dem Gesamtenergieverbrauch vor und während der Muskelarbeit ergibt die verbrauchte Energie für die geleistete Arbeit. Aus dem Verhältnis der geleisteten Arbeit (z. B. am Fahrradergometer) und der verbrauchten Energie (über die Zunahme des $O_2$-Verbrauchs während der Arbeit) lässt sich der **Wirkungsgrad η** (sprich: Eta) bestimmen. Dieser beträgt für isolierte Muskelarbeit maximal 35 %. Bei Ganzkörperbelastungen (wie z. B. Laufen) ist der Wirkungsgrad noch schlechter (ca. 25 %), weil außer dem Muskel, der Arbeit leistet, auch andere Organe wie Herz und Lunge vermehrt Energie verbrauchen. Die restliche verbrauchte Energie wird in Wärme umgesetzt.

Der **Wirkungsgrad η** gibt denjenigen Anteil des Energieumsatzes an, der in äußere Arbeit umgesetzt wird.
Für die isolierte Muskelarbeit beträgt der Wirkungsgrad weniger als 35 %, bei Ganzkörperbelastungen sogar nur ca. 25 %.

▶ **Exkurs.** **Wirkungsgrad und Energiebereitstellung**
Der Grund für den hohen Energieverlust bei äußerer Arbeit liegt zum Großteil in der Energiebereitstellung, denn der Muskel kann zur Kontraktion nur ATP verwenden. ATP ist aber im Muskel nur in geringen Mengen vorhanden und muss bei längeren Aktivitäten ständig nachproduziert werden. Bei dieser ATP-Bereitstellung geht viel Energie verloren. Dieser Energieverlust wird deutlich, wenn man z. B. die Energiebereitstellung aus 1 Mol Glukose (1 Mol Glukose liefert 36 Mol ATP) näher betrachtet:

$$C_6H_{12}O_6 + 6\,O_2 \rightleftharpoons 6\,CO_2 + 6\,H_2O + 2868\,kJ$$

Der Energieunterschied zwischen 1 Mol ADP und 1 Mol ATP liegt bei ca. 30,5 kJ, d. h. aus dem Energieinhalt von 1 Mol Glukose (2868 kJ) werden lediglich ca. 1100 kJ (36 × 30,5 kJ) an Energie in ATP umgesetzt. Für den Wirkungsgrad ergibt sich daraus:

$$\frac{1100\,kJ}{2868\,kJ} \approx 0{,}39$$

Allein für die Energiebereitstellung, also noch ohne jegliche Muskelkontraktion, ist der Wirkungsgrad nur etwa 39 %. Anhand dieser Beispielrechnung wird sofort deutlich, weshalb der Wirkungsgrad für die isolierte Muskelarbeit nicht mehr als 35 % betragen kann.

## 14.2 Wärmehaushalt und Temperaturregulation

14.2 Wärmehaushalt und Temperaturregulation

Der Mensch gehört wie alle Säuger und Vögel zu den gleichwarmen (homoiothermen) Lebewesen.

Der Mensch gehört zu den gleichwarmen (homoiothermen) Lebewesen.

▶ **Definition.** **Homoiotherm** bedeutet, dass die Körpertemperatur weitgehend konstant ist und sich, zumindest unter physiologischen Bedingungen, nicht (oder nur gering) an die Umgebungstemperatur anpasst.

Bei wechselwarmen **(poikilothermen)** Lebewesen passt sich die Körper- der Umgebungstemperatur an.

Zur Aufrechterhaltung der konstanten Körpertemperatur muss der Körper Energie aufwenden. Der Vorteil der homoiothermen Lebensweise liegt u. a. in einer Beschleunigung biochemischer Prozesse durch die höhere Reaktionstemperatur und einer konstanten Aktivität auch bei unterschiedlichen Umgebungstemperaturen.

Andere Tiere, wie z.B. Fische oder Reptilien, sind wechselwarme **(poikilotherme)** Lebewesen, deren Körpertemperatur sich der Umgebungstemperatur anpasst.

Der Mensch hat eine Körpertemperatur, die in der Regel über der Umgebungstemperatur liegt. Er muss daher Energie aufwenden, um diese Körpertemperatur aufrechtzuerhalten. Hierzu benötigt er einen Regelmechanismus, der zumindest die Körperkerntemperatur (s. S. 524) einstellt. Diese beiden vermeintlichen Nachteile der homoiothermen Lebewesen müssen aber im Vergleich zu den Vorteilen (z.B. Beschleunigung von chemischen Reaktionen im Körper bei höheren Temperaturen, keine Aktivitätsunterschiede bei unterschiedlichen Umgebungstemperaturen etc.) evolutionär gesehen klein gewesen sein. Die Körperkerntemperatur von homoiothermen Lebewesen beträgt nicht mehr als 44 °C (zwischen 30 °C und 44 °C). Wahrscheinlich ist dies darauf zurückzuführen, dass einige Proteine (Enzyme) bei höheren Temperaturen bereits irreversibel denaturieren und dadurch der Zellstoffwechsel nicht mehr regulär ablaufen kann.

14.2.1 Körpertemperatur

## 14.2.1 Körpertemperatur

Temperaturverteilung („Topografie")

Der Mensch besitzt einen homoiothermen (gleichwarmen) **Körperkern** und eine poikilotherme (wechselwarme) **Körperschale**.

### Temperaturverteilung („Topografie")

Selbst bei gleichwarmen Lebewesen ist die Temperaturverteilung innerhalb des Körpers abhängig von der Umgebungstemperatur (Abb. **14.2**). Zum einen gibt es einen echten homoiothermen **Körperkern**, bestehend aus dem Kopf- und Rumpfinneren, in dem die Temperatur unter physiologischen Bedingungen tatsächlich konstant ist. Zum anderen gibt es eine poikilotherme **Körperschale**, bestehend aus der Haut und den Extremitäten, deren Temperatur sich je nach Umgebungstemperatur verändert.

Der **Sollwert der Körperkerntemperatur** liegt im Mittel bei **37 °C**, ist jedoch z. T. größeren Schwankungen unterworfen.

Der **Sollwert der Körperkerntemperatur** beträgt im Mittel **37 °C** (98,6 °F). Dieser Wert unterliegt jedoch z.T. größeren Schwankungen. Beispielsweise kann die Körperkerntemperatur während schwerer körperlicher Arbeit (z.B. Marathonlauf) physiologischerweise bei ca. 40 °C (104 °F) liegen. Auch emotionale Belastung („Lampenfieber") kann die Körperkerntemperatur ansteigen lassen.

Die Umrechnung der Temperaturangabe von Grad Celsius ($T_C$) in Grad Fahrenheit ($T_F$) erfolgt über die Formel

$$T_F = \frac{T_C \times 9}{5} + 32$$

Einflussfaktoren auf die Körpertemperatur

Die Körperkerntemperatur stellt sich als Gleichgewicht zwischen Wärmebildung und Wärmeabgabe ein und ist abhängig von folgenden Faktoren:

- **Tageszyklus** (Abb. **14.3a**)
- **Umgebungstemperatur**
- **Menstruationszyklus** (Abb. **14.3b**)

### Einflussfaktoren auf die Körpertemperatur

Aus dem Gleichgewicht zwischen Wärmebildung und Wärmeabgabe ergibt sich die Körperkerntemperatur (s. o.). Da sie verschiedenen Einflussfaktoren unterworfen ist, wurden zur besseren interindividuellen Vergleichbarkeit und zur besseren Reproduzierbarkeit bei ein und demselben Probanden **standardisierte Messbedingungen** der Körperkerntemperatur definiert:

- Messung zu einer **bestimmten Uhrzeit**, da die Körpertemperatur tageszyklischen Schwankungen unterliegt (Abb. **14.3a**)
- Messung bei **konstanter Umgebungstemperatur**

14.2

**14.2 Temperaturverteilung innerhalb des Körpers bei zwei unterschiedlichen Umgebungstemperaturen $T_{U1}$ und $T_{U2}$**

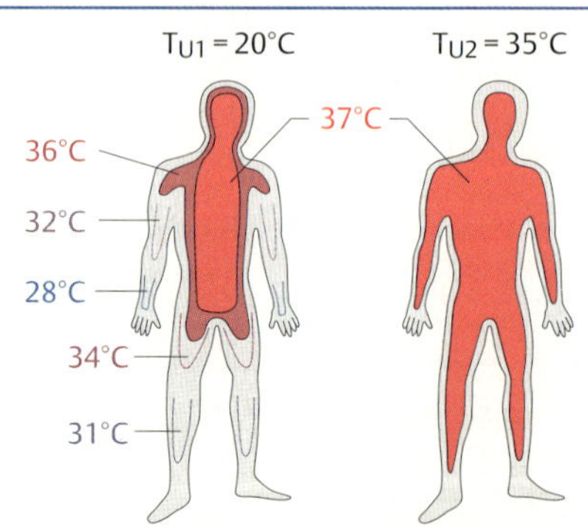

**14.3 Abhängigkeit der Körperkerntemperatur**

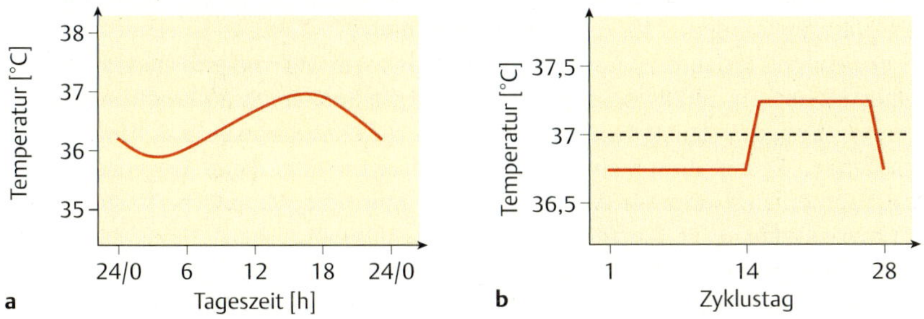


**a** vom Tageszyklus. **b** vom Menstruationszyklus.

- **definierte Messtiefe** (v.a. bei rektaler Messung)
- **Berücksichtigung der Zyklusphase**, da die Körperkerntemperatur bei Frauen auch vom Menstruationszyklus abhängt (Abb. **14.3b**). Sie steigt zu Beginn der 2. Hälfte (Tag 14) des Menstruationszyklus um etwa 0,5 °C im Durchschnitt an, um am Ende des Menstruationszyklus (Tag 28) wieder auf den ursprünglichen Wert abzufallen. Dies liegt an der Freisetzung von Progesteron in der zweiten Hälfte des Menstruationszyklus und der damit verbundenen Steigerung des Grundumsatzes (s. S. 418).

Diese spiegeln sich auch in den **standardisierten Messbedingungen** (Messung zu einer bestimmten Uhrzeit, bei konstanter Umgebungstemperatur, mit definierter Messtiefe und unter Berücksichtigung der Zyklusphase) wider.

**► Klinik.** Typische Stellen zur Temperaturmessung sind rektal, oral (sublingual), im Ohr und axillär. Die rektale Messung ergibt den exaktesten und auch höchsten Wert. Die oral gemessene Temperatur liegt ungefähr 0,5 °C niedriger. Zur Messung im Ohr wird ein Infrarotthermometer in den Gehörgang bis nahe ans Trommelfell eingebracht. Allerdings ist diese Messmethode oft ungenau, sodass zur präzisen Bestimmung der Körperkerntemperatur auf etablierte Verfahren (am ehesten rektal) zurückgegriffen werden sollte. Noch ungenauer ist die axilläre Temperaturmessung mit Abweichungen von über 1 °C und Einstellzeiten von bis zu 30 min.

## 14.2.2 Wärmebildung

Die Körperkerntemperatur stellt sich als Gleichgewicht zwischen der Wärmebildung und der Wärmeabgabe ein. Wärme wird im Körper auf unterschiedliche Weise produziert. In Ruhe erfolgt über die Hälfte der Wärmebildung in den **inneren Organen** des Körperkerns (Abb. **14.4a**). Es handelt sich dabei um sog. Abwärme, die bei metabolischen Um- und Aufbauprozessen entsteht, die Energie (ATP) benötigen. Bei der Bereitstellung von ATP (z. B. aus Glukose) wird aufgrund des niedrigen

**14.2.2 Wärmebildung**

Die Wärme des Körpers wird gebildet:
- in inneren Organen (Abb. **14.4**)
- über Muskelarbeit
- über thermoregulatorische Wärmebildung.

**14.4 Relativer Anteil der Organe an der Wärmebildung**

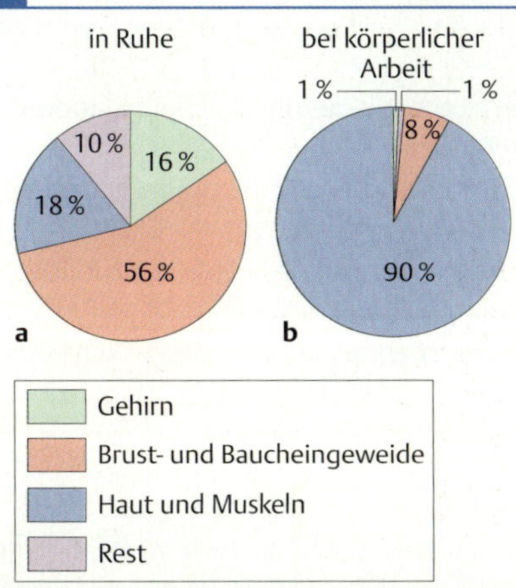


**a** in Ruhe.
**b** bei körperlicher Arbeit.

Wirkungsgrads viel Energie in Form von Abwärme frei (s. S. 519). Bei körperlicher Arbeit nimmt die Wärmebildung um ein Vielfaches zu, wobei nun der Hauptanteil der Wärmebildung im **Muskel** erfolgt (Abb. **14.4b**).

Ist zur Aufrechterhaltung der Kerntemperatur mehr Wärme erforderlich, als beim Ruhestoffwechsel anfällt, so muss die zusätzliche Energie vom Körper bereitgestellt werden. Zunächst kann dies durch willkürliche Bewegungen (z. B. Umherlaufen) geschehen. Reicht dies nicht aus, so werden unwillkürliche Gegenregulationsmaßnahmen zur Wärmeproduktion, die sog. **thermoregulatorische Wärmebildung**, in Gang gesetzt:

Zur **thermoregulatorischen Wärmebildung** gehören:
- **Kältezittern:** Zusätzlich zu den **tonischen Muskelfasern** werden beim Kältezittern auch die **phasischen Muskelfasern** aktiviert. Diese kontrahieren sich diskontinuierlich.
- **Zitterfreie Wärmebildung:** Sie geschieht im braunen Fettgewebe und spielt nur bei **Neugeborenen** eine bedeutende Rolle. Dieses Gewebe kann adrenerg über eine Entkopplung der oxidativen Phosphorylierung Wärme produzieren.

- **Kältezittern:** Es entsteht durch Kälteeinwirkung und die damit einhergehende Erregung der Kaltrezeptoren der Haut. Reflektorisch werden dadurch zunächst die **tonischen Muskelfasern** aktiviert. Diese kontrahieren sich kontinuierlich, was bereits zu einem erhöhten Energieverbrauch noch ohne sichtbares Zittern führt. Bleibt die Kälteeinwirkung über einen längeren Zeitraum bestehen oder fällt die Temperatur weiter ab, dann werden auch die **phasischen Muskelfasern** aktiviert. Diese Muskelfasern kontrahieren sich diskontinuierlich mit einer Kontraktions- und Erschlaffungsphase. Das Kältezittern wird so sichtbar („Schüttelfrost") oder hörbar („Zähneklappern").
- **Zitterfreie Wärmebildung**: Diese findet im braunen Fettgewebe statt. Wegen des hohen Gehalts an braunem Fettgewebe bei Neugeborenen (etwa 5% der Körpermasse) spielt dieser Mechanismus bei der **Thermoregulation von Neugeborenen** eine größere Rolle als bei Erwachsenen, denn Erwachsene haben nur noch sehr wenig braunes Fettgewebe (Nacken, Schulterblatt, Nierenlager, Ferse). Das braune Fettgewebe ist stark durchblutet und vegetativ über den Sympathikus innerviert. Überträgerstoff (Transmitter) ist Adrenalin, das seine Wirkung über β-Adrenozeptoren entfaltet. Es zeichnet sich durch einen hohen Gehalt an Mitochondrien und Enzymen des oxidativen Stoffwechsels aus. Außerdem besitzt es auf der inneren Mitochondrienmembran ein membranständiges Protein UCP-1 (uncoupling protein-1), auch **Thermogenin** genannt, welches die oxidative Phosphorylierung zur Herstellung von ATP entkoppelt, sodass dabei nur Wärme, aber kein ATP mehr entsteht. Thermogenin selbst ist ein $H^+$-Transporter. Durch diesen Transporter wird verhindert, dass sich ein Protonengradient an der inneren Mitochondrienmembran aufbauen kann, der normalerweise zur ATP-Erzeugung benutzt wird.

14.2.3 Wärmeabgabe und -aufnahme

**Wärmeabgabe** geschieht über die Körperschale und hängt von zahlreichen Faktoren ab.

## 14.2.3 Wärmeabgabe und -aufnahme

Die **Wärmeabgabe** geschieht über die Körperschale und ist abhängig von:
- Umgebungstemperatur
- Kleidung
- Luftbewegung
- Hautdurchblutung
- Oberfläche
- Schwitzen
- Atmung.

**Äußerer Wärmestrom** = Wärmeabgabe über die Körperschale.

Der **Wärmetransport** vom Körperkern zur Körperschale (= **innerer Wärmestrom**) kann über **Konduktion** oder **Konvektion** erfolgen.

Die Wärmeabgabe über die Körperschale (= Körperoberfläche) wird auch als **äußerer Wärmestrom** bezeichnet.

Der **Wärmetransport** vom Körperkern zur Körperoberfläche (= **innerer Wärmestrom**) kann prinzipiell auf zwei verschiedene Arten erfolgen:
- Durch **Konduktion** (= Wärmediffusion) wird die Wärme durch ein ruhendes Medium geleitet.
- Durch **Konvektion** wird die Wärme über ein bewegtes Medium (z. B. Blut) geleitet.

► Merke.

► Merke. Beim Menschen kommt dem Wärmetransport durch **Konvektion** die größte Bedeutung zu.

Mechanismen der Wärmeabgabe

**Strahlung:** 50 – 60 % der Gesamtwärmeabgabe erfolgt durch Strahlung.

### Mechanismen der Wärmeabgabe

**Strahlung:** Wärme wird von der Körperoberfläche hauptsächlich über **Strahlung** abgegeben (50 – 60 % der Gesamtwärmeabgabe). Wärmestrahlung ist wie Licht elektromagnetische Strahlung und benötigt deshalb kein leitendes Medium wie z.B. Luft. Sie ist im engeren Sinne nur abhängig von der Eigentemperatur und nur indirekt abhängig von der Umgebungstemperatur.

**Konduktion und Konvektion:** Etwa 20% der Gesamtwärme werden über Konduktion und Konvektion (s.S. 522) abgegeben. Dabei spielt die sog. **Grenzschicht** eine besondere Rolle. Sie bildet sich zwischen der Haut einer bestimmten Temperatur und der Luft einer bestimmten Temperatur aus. Je dicker diese Grenzschicht ist, desto weniger Wärme wird abgegeben. Kleidung erhöht über einen Isoliereffekt die Grenzschicht. Ist die Grenzschicht ruhend, erfolgt die Wärmeabgabe nur konduktiv. Wind reduziert die Grenzschicht, u.a. weil jetzt auch konvektiv Wärme abgegeben wird (s. hierzu auch Exkurs, s.u.). Wärmeverluste entstehen auch über den Respirationstrakt in Form der trockenen Wärmeabgabe der Atmung. Dieser Effekt spielt beim Menschen nur eine untergeordnete Rolle und kommt nur zum Tragen bei einer Außentemperatur unter 37 °C, da die eingeatmete Luft hierfür kälter sein muss als die ausgeatmete Luft (ca. 37 °C).

**Konduktion und Konvektion:** Ca. 20% der Körperwärme werden über Konduktion und Konvektion abgegeben. Von großer Bedeutung ist hier die sog. **Grenzschicht** zwischen Haut und Luft. Je dicker diese Grenzschicht, desto weniger Wärme wird abgegeben. Außerdem ist in einer ruhenden Grenzschicht der Wärmeverlust geringer als in einer bewegten, da hier nur konduktiv und nicht zusätzlich auch konvektiv Wärme abgegeben wird.

**▶ Merke.** Die Wärmeabgabe in Wasser ist um ein Vielfaches (ca. 200-mal) höher als in Luft. Dies ist einerseits auf die größere Wärmeleitfähigkeit von Wasser (ca. 20-mal größer als Luft) und andererseits auf die viel kleinere Grenzschicht in Wasser (ca. 10-mal kleiner als in Luft) zurückzuführen. Selbst bei Wassertemperaturen von ca. 25 °C wird ein Körper, der sich längere Zeit in Wasser aufhält, daher unterkühlen und im Extremfall sogar erfrieren (s.S. 528).

▶ Merke.

**Verdunstung (= Evaporation):** Weitere 20 bis 30% der Gesamtwärmeabgabe erfolgen über Verdunstung. Ein Teil davon **(Perspiratio insensibilis)** ist nicht regulierbar und nur abhängig von der Hauttemperatur und dem Partialdruck des Wassers in der Luft. Die Perspiratio insensibilis setzt sich zusammen aus der **Wasserdampfabgabe über die Expirationsluft** (= feuchte Wärmeabgabe der Atmung, ca. 1l/24 h) und der **Diffusion von Wasser durch die Haut**. Der regulierbare Teil **(Perspiratio sensibilis)** besteht aus der **thermischen Schweißsekretion** in den (ekkrinen) Schweißdrüsen, die durch den Sympathikus innerviert werden. Zunächst wird dabei ein isotoner Primärschweiß gebildet, der in den Drüsengängen durch NaCl-Rückresorption modifiziert wird, sodass schließlich ein hypotoner Schweiß entsteht. Die Produktion des Schweißes an sich ist thermoregulatorisch wirkungslos, nur über dessen Verdunstung und die damit verbundene Entstehung von Verdunstungskälte kann der Körper abgekühlt werden. Emotionales Schwitzen über apokrine Duftdrüsen, z.B. in den Achselhöhlen, ist thermoregulatorisch ohne Bedeutung.

**Verdunstung (= Evaporation):** Die **Perspiratio insensibilis** ist der nicht regulierbare Anteil der Verdunstung und setzt sich zusammen aus der Wasserdampfabgabe über die Ausatemluft und der Diffusion von Wasser durch die Haut.
Die **Perspiratio sensibilis** ist der regulierbare Anteil der Verdunstung und gleichbedeutend mit der Schweißsekretion.

**▶ Merke.** Die Schweißdrüsen werden vom **Sympathikus** innerviert. Der Überträgerstoff (Transmitter) ist hier aber **Acetylcholin** und nicht, wie bei den allermeisten anderen sympathisch versorgten Endorganen, Noradrenalin.

▶ Merke.

**▶ Exkurs. Windchill und Hitzeindex**

Die konvektive Abführung von warmer Luft der Grenzschicht durch die Luftzirkulation sowie die damit einhergehende Erhöhung der Verdunstungsrate ist für den sog. **Windchill** (aus dem Englischen von wind = Wind und chill = Kühle) verantwortlich. Der Begriff beschreibt den Unterschied zwischen der tatsächlich gemessenen Lufttemperatur und der subjektiv empfundenen Temperatur in Abhängigkeit von der Windgeschwindigkeit. Der Windchill-Effekt kommt nur bei Temperaturen unter 10 °C zum Tragen. Zum Beispiel wird eine gemessene Temperatur von 0 °C bei einer Windgeschwindigkeit von 20 km/h gleich empfunden wie eine Lufttemperatur von ca. -5 °C bei Windstille. Die erhöhte Wärmeabgabe durch Wind ist z.B. beim Ski- oder Radfahren von besonderer Bedeutung (Fahrtwind!) und kann dazu führen, dass der Körper schneller auskühlt.
Der sog. **Hitzeindex** beschreibt eine dem Windchill ähnliche Situation für Temperaturen über 20 °C. Darunter versteht man den Unterschied zwischen der tatsächlich gemessenen Lufttemperatur und der subjektiv empfundenen Temperatur in Abhängigkeit von der relativen Luftfeuchtigkeit. Die Wärmeabgabe durch Verdunstung erfolgt umso effektiver, je trockener die Luft ist. Im Falle einer vollständigen Sättigung der Luft mit Wasserdampf kann keine Wärme mehr durch Verdunstung abgegeben werden. Eine bestimmte Temperatur wird deshalb in Kombination mit einer hohen Luftfeuchtigkeit subjektiv als wesentlich unangenehmer empfunden (schwüle Hitze) und belastet den Kreislauf stärker als trockene Hitze.

▶ Exkurs.

14.2.4 Temperaturregulation

▶ Synonym

## 14.2.4 Temperaturregulation

▶ **Synonym.** Thermoregulation.

### Normothermie

Der Körper verfügt über Regelmechanismen, die es ihm ermöglichen, die Körpertemperatur in engen Grenzen konstant zu halten.

Um die physiologische Körperkerntemperatur von im Mittel 37 °C in engen Grenzen konstant halten zu können, muss der Körper über Regelmechanismen verfügen. Wird der Körper zu warm, muss vermehrt Wärme abgegeben und die eigene Wärmebildung gedrosselt werden. Wird er zu kalt, muss vermehrt Wärme produziert und die Wärmeabgabe reduziert werden.

**Regelkreis der Temperaturregulation (Abb. 14.5)**: Sensoren im Körperkern und in der Körperschale melden dem **Hypothalamus** einen **Istwert** der Temperatur, der mit einem internen **Sollwert** verglichen wird.

**Effektoren** der Thermoregulation sind:
- Hautdurchblutung
- Muskeltonus
- Schwitzen.

**Regelkreis der Temperaturregulation:** Das **Regelzentrum** der Thermoregulation liegt im **Hypothalamus** (Abb. **14.5**). Hier werden Signale von zentralen Temperatursensoren und peripheren Thermorezeptoren (Kalt- und Warmrezeptoren) in der Haut integriert, ein **Istwert** der Körpertemperatur generiert und mit einem internen **Sollwert** verglichen.
Dem Körper stehen im Wesentlichen drei „Stellschrauben" **(Effektoren)** für die Thermoregulation zur Verfügung:
- Hautdurchblutung
- Muskeltonus
- Schwitzen.

Je nach Ergebnis dieses Temperaturabgleichs wird entweder vermehrt Wärme produziert oder abgegeben.

Ist der Istwert zu niedrig, wird die Wärmeabgabe gedrosselt, zunächst über eine Reduktion der Hautdurchblutung. In einem zweiten Schritt kann dann gegebenenfalls die Wärmebildung über eine Zunahme des Muskeltonus oder sogar über Muskelzittern erhöht werden. Bei zu hohem Istwert wird zunächst die Wärmeabgabe über eine Zunahme der Hautdurchblutung erhöht. Reicht dies nicht aus, wird die Schweißsekretion erhöht.

**Thermoregulationsbereich:** Die **thermoneutrale Zone** ist der Temperaturbereich, in dem die Körperkerntemperatur allein durch die Veränderung der Hautdurchblutung reguliert werden kann. Sie ist abhängig von der Dicke des Subkutangewebes und der Höhe des Ruheumsatzes (Abb. **14.6**).

Der Thermoregulationsbereich von unbekleideten Neugeborenen liegt bei Lufttemperaturen > 23 °C, unbekleidete Erwachsene können ihre Körperkerntemperatur noch bei Lufttemperaturen zwischen 0 – 5 °C regulieren.

**Thermoregulationsbereich:** Der Temperaturbereich, in dem nur über eine Veränderung der Hautdurchblutung die Körperkerntemperatur reguliert werden kann, nennt sich **thermoneutrale Zone**. Sie liegt beim unbekleideten Erwachsenen je nach Menge an Unterhautfettgewebe und Höhe des Ruheumsatzes in einem Umgebungstemperaturbereich von 15 bis 33 °C. Außerhalb der thermoneutralen Zone muss zusätzliche Stoffwechselenergie aufgebracht werden, um die Körperkerntemperatur aufrechtzuerhalten (Abb. **14.6**).
Erwachsene können ihre Körperkerntemperatur auch bei Umgebungstemperaturen zwischen 0° und 5 °C regulieren, wohingegen der Thermoregulationsbereich bei Neugeborenen bei Temperaturen über 23 °C liegt. Dies ist sowohl auf die schlechte Wärmeisolierung (dünne Haut, wenig subkutanes Fettgewebe) von Neugeborenen

14.5

**14.5 Regelmechanismus zur Einstellung der Körperkerntemperatur**

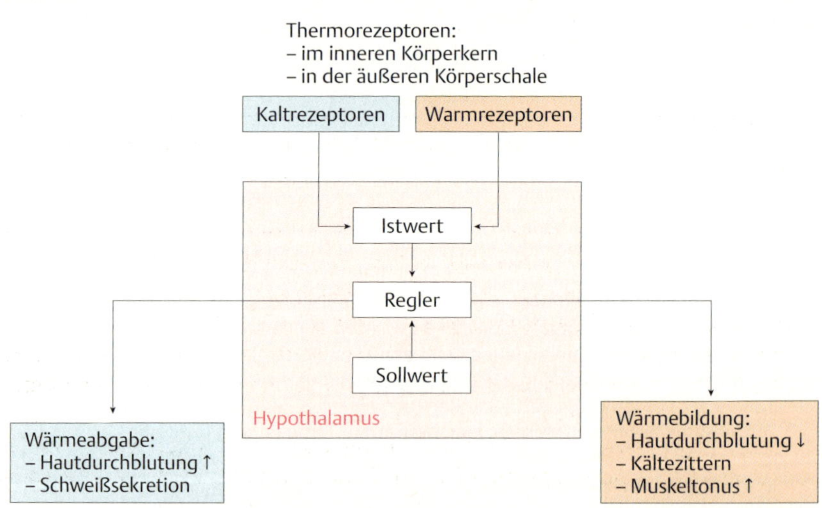

**14.6 Energieverbrauch in Abhängigkeit von der Außentemperatur $T_U$ der Luft**

14.6

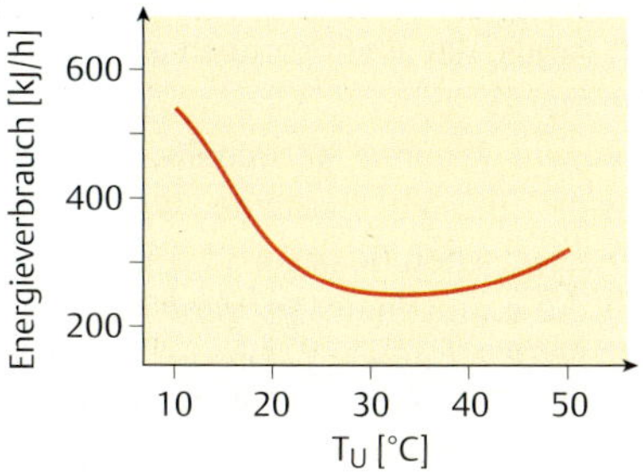


als auch auf das im Vergleich zu Erwachsenen ungünstigere Verhältnis von Körperoberfläche zu Körpervolumen (beim Neugeborenen ca. 3-mal größer) zurückzuführen. Da die Wärmeabgabe an der Körperoberfläche erfolgt, haben Körper mit relativ größerer Oberfläche einen stärkeren Wärmeverlust zu verzeichnen (s. S. 522).

► **Klinik.** Wegen der großen Gefahr der **Unterkühlung** sind Wärmeverluste bei Neugeborenen unbedingt zu vermeiden, z. B. durch Trockenhalten des Kindes, Versorgung unter der Wärmelampe und genauer Einstellung der Badewassertemperatur. Bei unreifen Frühgeborenen reichen solche Maßnahmen allein nicht aus, sie müssen in einen **Inkubator** („Brutkasten", Abb. **14.7**) gebracht werden.

► Klinik.

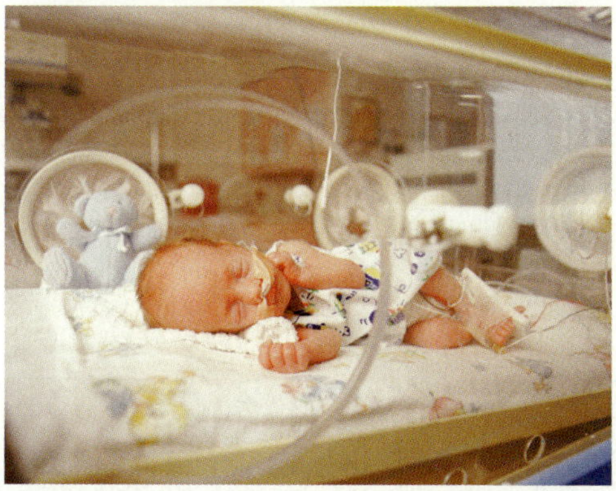

**14.7 Inkubator**

Außerdem hängen die Wärmeabgabe und der damit verbundene Mehrverbrauch an Energie nicht nur von der Temperatur der umgebenden Luft ab, sondern auch noch von der Luftfeuchtigkeit und der Bewegung der Luft, also der Windstärke (s. hierzu auch *Exkurs*, S. 523).

Die Wärmeabgabe in Luft hängt auch von der Luftfeuchtigkeit und der Windstärke ab.

## Fieber

Fieber

► **Definition.** Unter **Fieber** versteht man die Erhöhung der Körperkerntemperatur ausgelöst durch eine Erhöhung des Sollwerts im Hypothalamus durch sog. Pyrogene.

► Definition.

Der Körper reagiert auf die **Sollwertverstellung**, als sei es ihm zu kalt. Er drosselt die Wärmeabgabe bei gleichzeitiger Erhöhung der Wärmeproduktion (Schüttelfrost).
Es gibt exogene und endogene **Pyrogene** (fieberauslösende Stoffe):

- **Exogene Pyrogene** sind z. B. Viren, Bakterientoxine und (Lipo-)Polysaccharide. Sie stimulieren Granulozyten und Makrophagen zur Freisetzung von endogenen (körpereigenen) Pyrogenen.
- **Endogene Pyrogene** sind Zytokine wie z. B. Interleukin-1-β, Interleukin 6, Tumornekrosefaktor α und Interferon. Diese Mediatoren können über zwei alternative

Infolge der **Sollwertverstellung** drosselt der Körper die Wärmeabgabe und erhöht die Wärmebildung (Schüttelfrost).
**Pyrogene** sind fieberauslösende Stoffe:

- **Exogene Pyrogene** sind z. B. Viren, Bakterientoxine und (Lipo-)Polysaccharide.
- Die Bildung von **endogenen Pyrogenen** wird durch exogene stimuliert. Sie gehören zu den Zytokinen und können u. a. über eine Erhöhung der **Prostaglandin-$E_2$-Pro-**

**duktion** die Zellen im Hypothalamus modulieren.

Mechanismen auf die Zielzellen im **Hypothalamus** einwirken und dadurch den Sollwert der Körpertemperatur verstellen:

- **Stimulation von Afferenzen des N. vagus**, der über Kerngebiete in der Medulla oblongata zum Hypothalamus projiziert.
- **Stimulation des Organum vasculosum laminae terminalis**, das mit seinen fenestrierten Kapillaren als Sensor für die Zytokine wirkt. Monozyten, Endothel- und Gliazellen dieser anatomischen Struktur in unmittelbarer Nähe zum Hypothalamus werden durch die endogenen Pyrogene aktiviert und zur Produktion von **Prostaglandin $E_2$** ($PGE_2$) angeregt. Dieses diffundiert dann entweder zu den Zielzellen im Hypothalamus oder aktiviert Neurone, die zum Hypothalamus ziehen.

► Merke.

► Merke. Eine direkte Beeinflussung der hypothalamischen Zellen durch endogene Pyrogene ist wegen der Blut-Hirn-Schranke und der Größe der Zytokinmoleküle normalerweise nicht möglich.

► Klinik.

► Klinik. $PGE_2$ wird im Körper durch das Enzym Cyclooxygenase („COX") aus Arachidonsäure freigesetzt. So erklärt sich auch die fiebersenkende Wirkung von sog. **antipyretischen Medikamenten** wie Acetylsalicylsäure (z. B. Aspirin) oder Paracetamol. Diese bewirken nämlich eine Hemmung der Cyclooxygenase („COX-Hemmer") und somit auch eine Hemmung der endogenen Prostaglandinproduktion.

► Exkurs.

► Exkurs. **Anapyrexie**

Anapyrexie ist (patho-)physiologisch betrachtet das exakte Gegenteil von Fieber. Auch hier ist die Thermoregulation im Hypothalamus verändert, allerdings liegt in diesem Fall eine Erniedrigung des Sollwertes der Kerntemperatur vor. Der Körper reagiert darauf, als sei es ihm zu warm. Er drosselt die Wärmebildung bei gleichzeitiger Erhöhung der Wärmeabgabe. Dadurch wird die Körperkerntemperatur gesenkt und der Organismus verbraucht weniger Energie und somit auch weniger Sauerstoff. Dieses Phänomen beobachtet man z. B. bei Hypoxie. Vermutlich versucht der Organismus, durch eine Reduktion der Körperkerntemperatur den Sauerstoffverbrauch zu drosseln. Es wird angenommen, dass verschiedene Substanzen, auch Kryogene genannt, bei der Anapyrexie eine Rolle spielen, wie z. B. NO, ADH, Laktat, Adenosin, Histamin und auch endogene Opioide.

Hyperthermie

Allgemeine Grundlagen

► Definition.

## Hyperthermie

### Allgemeine Grundlagen

► Definition. **Hyperthermie** ist eine Erhöhung der Körperkerntemperatur, die durch ein Missverhältnis zwischen Wärmebildung und Wärmeabgabe **ohne** Verstellung des Sollwerts im Hypothalamus entsteht.

**Mögliche Ursachen:**

- erhöhte Wärmezufuhr von außen,
- gesteigerte intrakorporale Wärmebildung,
- erniedrigte Wärmeabgabe.

**Mögliche Ursachen:**

- erhöhte Wärmezufuhr von außen (z. B. durch Hitzeexposition),
- gesteigerte Wärmebildung im Körper (z. B. durch verstärkte Muskelarbeit) und/oder
- erniedrigte Wärmeabgabe (z. B. durch Reduktion der Schweißsekretion in der Wüste bei Wassermangel oder bei einem Saunabesuch, s. hierzu auch Exkurs, S. 523).

► Merke.

► Merke. Hyperthermie ist nicht gleichbedeutend mit Fieber, da es bei ihr nicht zu einer Sollwertverstellung der Körperkerntemperatur im hypothalamischen Regulationszentrum kommt. Fieber hingegen ist durch eine Erhöhung des Sollwerts charakterisiert.

### Hyperthermiebedingte Erkrankungen

**Hitzekollaps:** Beim Hitzekollaps handelt es sich um ein **reines orthostatisches Kreislaufversagen** unter Hitzebelastung. Um die Erhöhung der Körperkerntemperatur auszugleichen, wird einerseits die Schweißsekretion erhöht und andererseits die Hautdurchblutung verstärkt. Dies geschieht durch eine Dilatation der Hautgefäße, die einen Blutdruckabfall und dadurch eine Minderdurchblutung des Gehirns zur Folge haben kann. Die möglichen klinischen Symptome reichen von Schwindel bis hin zur Ohnmacht.

**Hitzschlag:** Ein Hitzschlag ist ein lebensbedrohliches Krankheitsbild, das bei länger anhaltender Erhöhung der **Körperkerntemperatur** auf Werte **über 41 °C** auftreten kann. In diesem Fall ist die Temperaturregulation im Hypothalamus dahingehend beeinträchtigt, dass trotz erhöhter Körperkerntemperatur die Wärmeabgabe nicht verstärkt wird. Es kommt nicht zur Dilatation der Hautgefäße und auch die Schweißsekretion ist nicht verstärkt, sondern sogar vermindert.

**▶ Merke.** Daher ist die Haut einer Person mit Hitzschlag im Gegensatz zum Hitzekollaps heiß und trocken!

Die Symptome des Hitzschlags sind Schwindel, Desorientiertheit und Verwirrtheit bis hin zum Delirium. Manchmal kommen auch Krämpfe hinzu. Die Symptome sind auf Permeabilitätsänderungen in den kleinsten Hirngefäßen zurückzuführen, die vermutlich aufgrund lokaler Entzündungen entstehen, wie sie auch für Ischämien beschrieben sind. In der Folge wird vermehrt Wasser aus diesen Gefäßen ins Interstitium des Gehirns filtriert, sodass mitunter **Hirnödeme** entstehen, die rasch zum Tode führen können.

**▶ Klinik.** Die Gefahr eines Hitzschlags wird erhöht, wenn die Schweißsekretion und damit die Wärmeabgabe reduziert ist. Dies ist z. B. der Fall bei Gabe von Acetylcholinantagonisten (z. B. bei Nieren- und Gallenkoliken, zur Beschleunigung der Herzaktion oder bei Morbus Parkinson, s. S. 752), bei Behandlung mit Diuretika (s. S. 307) oder bei Hautkrankheiten mit Schweißdrüsendysfunktion (z. B. Sklerodermie, Radiodermatitis, bestimmte Erbkrankheiten).

**Sonnenstich:** Der Sonnenstich ist dem Hitzschlag ähnlich, allerdings liegt bei ihm nur eine **lokale Erwärmung des Gehirns** mit Hitzestau und Reizung der Hirnhäute vor. Dies kommt in der Regel durch starke Sonneneinstrahlung auf Kopf und Nacken zustande. Die Symptome sind ein heißer Kopf bei gleichzeitig kühler Körperhaut, Übelkeit und Nackensteifigkeit (Meningismus). Besonders gefährdet sind Kleinkinder und Säuglinge.

### Therapie der Hyperthermie

Die Therapie der Hyperthermie erfolgt schweregradabhängig und reicht von **einfachen Allgemeinmaßnahmen** (Verbringen der betroffenen Person an einen kühlen Ort, ausreichend Wasserzufuhr) **bis hin zu** einer extern induzierten Erhöhung der Wärmeabgabe, z. B. durch ein **Bad in eiskaltem Wasser**.

**▶ Klinik.** Bei der **Malignen Hyperthermie (MH)** kommt es bei Personen mit entsprechender Veranlagung im Rahmen von Narkosen mit Inhalationsnarkotika (Halothan, Enfluran, Isofluran, Desfluran, Sevofluran) oder sog. depolarisierenden Muskelrelaxanzien (Succinylcholin) zu einem raschen Anstieg der Körpertemperatur. Dies ist auf eine seltene erblich bedingte Störung im Stoffwechsel des Skelettmuskels zurückzuführen, die mit einer exzessiven Stoffwechselsteigerung einhergeht. Vermutlich wird der **Ryanodinrezeptor**, ein spezialisierter Ionenkanal, der $Ca^{2+}$ aus dem sarkoplasmatischen Retikulum freisetzt (s. S. 59), aufgrund einer Mutation durch die oben genannten Medikamente geöffnet. Dadurch steht vermehrt $Ca^{2+}$ im Zytoplasma zur Verfügung und es kommt zur krampfartigen Kontraktion der Skelettmuskulatur. Darüber hinaus führt der erhöhte Energiebedarf infolge der Stoffwechselsteigerung zur Übersäuerung (Laktatazidose) der Muskeln, weil der hohe Sauerstoffbedarf im Muskel nicht mehr gedeckt werden kann. Unbehandelt führt die MH-Krise innerhalb kurzer Zeit zum Tod. Die **Therapie** besteht in einer

**Hyperthermiebedingte Erkrankungen**

**Hitzekollaps:** Der Hitzekollaps ist ein **reines Kreislaufversagen**. Um vermehrt Wärme abgeben zu können, wird die Hautdurchblutung so sehr verstärkt, dass es zu deutlichen Blutdruckabfällen mit möglicher Minderdurchblutung des Gehirns kommt.

**Hitzschlag:** Zum Hitzschlag kommt es bei länger anhaltender Erhöhung der **Körperkerntemperatur** auf Werte **über 41 °C**. Die Wärmeabgabe durch Schweißsekretion ist aufgrund einer gestörten Temperaturregulation im Hypothalamus vermindert.

**▶ Merke.**

Durch Permeabilitätsveränderungen in den kleinsten Hirngefäßen können **Hirnödeme** entstehen. Ein Hitzschlag ist daher ein lebensbedrohliches Krankheitsbild.

**▶ Klinik.**

**Sonnenstich:** Ein Sonnenstich entsteht durch **lokale Erwärmung des Gehirns** (starke Sonneneinstrahlung auf Kopf und Nacken). Häufig betroffen sind Kleinkinder und Säuglinge.

**Therapie der Hyperthermie**

Therapeutisch wird schweregradabhängig vorgegangen. Die Möglichkeiten reichen von **Allgemeinmaßnahmen bis hin zum Eiswasserbad**.

**▶ Klinik.**

sofortigen Beendigung der Narkose, aktiven Kühlmaßnahmen sowie der Gabe von Dantrolen. Dieses blockiert die Freisetzung des $Ca^{2+}$ aus dem sarkoplasmatischen Retikulum. Bei Verdacht auf MH (z.B. bei positiver Familienanamnese) sollte vorbeugend eine definitive Abklärung mithilfe eines sog. In-vitro-Kontrakturtests angestrebt werden. Dazu muss den Patienten vor dem Narkoseeingriff eine kleine Gewebeprobe aus der Oberschenkelmuskulatur entnommen und das Kontraktionsverhalten in Anwesenheit von Inhalationsnarkotika in vitro untersucht werden. Bestätigt sich der Verdacht auf MH, müssen **unbedenkliche Narkosemittel** (z.B. Benzodiazepine, Barbiturate, Propofol und nicht depolarisierende Muskelrelaxanzien wie Atracurium oder Vecuronium) eingesetzt werden.

## Hypothermie

### Allgemeine Grundlagen

**▶ Definition:** Bei einer **Hypothermie** beträgt die Körperkerntemperatur weniger als 35 bis 36 °C.

**Ursache:** Auch hier liegt ein gestörtes Gleichgewicht zwischen Wärmebildung und Wärmeabgabe vor, wobei in diesem Fall die Wärmeabgabe überwiegt und dadurch die Körpertemperatur absinkt. Es werden verschiedene Stadien unterschieden.

### Klinische Schweregrade

**Milde Hypothermie (Stadium I, 32–35 °C):** Bei Absinken der Körperkerntemperatur auf Werte zwischen 32 und 35 °C werden autonome Gegenregulationsmechanismen in Gang gesetzt. Einerseits wird die Wärmeabgabe durch Verminderung der Hautdurchblutung minimiert, die Haut ist daher weiß oder zyanotisch. Andererseits wird die Wärmeproduktion durch Kältezittern, gesteigerten Sauerstoffverbrauch, Erhöhung der Herzfrequenz (Tachykardie) mit konsekutiver Steigerung des Blutdrucks und des Herzminutenvolumens maximal angekurbelt. Oft beobachtet man bei den Patienten unter diesen Umständen Verwirrtheit und Desorientiertheit, unangemessenes Verhalten („paradoxal undressing") und eine gesteigerte Diurese (Kältediurese).

**Moderate Hypothermie (Stadium II, 28–32 °C):** Bei Körperkerntemperaturen zwischen 28 und 32 °C treten vermehrt Bewusstseinsstörungen, Schläfrigkeit und Apathie bis hin zum Koma auf. Das Kältezittern verschwindet und der Sauerstoffverbrauch nimmt ab. Der Körper kann deshalb keine zusätzliche Wärme mehr erzeugen und sich aus eigener Kraft nicht mehr wiedererwärmen.

**Schwere Hypothermie (Stadium III, 24–28 °C):** Ist der Körper noch weiter abgekühlt (Körperkerntemperatur zwischen 24 und 28 °C), sind die Patienten bewusstlos, Muskeln und Gelenke sind starr, der Puls ist kaum tastbar (Bradykardie), der Blutdruck erniedrigt (Hypotonie) und die Atmung ist vermindert (Bradypnoe). Es kann jederzeit zu einem tödlichen Herzversagen durch Kammerflimmern kommen.

**Reversibler hypothermer Kreislaufstillstand (Stadium IV, <24 °C):** Bei Körperkerntemperaturen unter 24 °C kommt es kurz vor dem Tod zunächst zum Atemstillstand mit konsekutivem Herz-Kreislauf-Stillstand.

**Irreversibler hypothermer Kreislaufstillstand (Stadium V <22 °C):** Bei Körperkerntemperaturen unter 22 °C kommt es primär zum Herzstillstand durch Asystolie.

Besonders häufig beobachtet man Hypothermien bei Menschen, die sich in kaltem Wasser befinden. Die Behaglichkeitstemperatur für Wasser für unbekleidete Erwachsene beträgt 36 bis 37 °C (vgl. Behaglichkeitstemperatur für Luft zwischen 27 und 31 °C). In Wasser existiert einerseits so gut wie keine isolierende Grenzschicht mehr und andererseits besitzt es eine wesentlich höhere Wärmeleitfähigkeit als Luft (s.S. 523), sodass die Wärme des Körpers effektiv durch Konduktion und Konvektion ins Wasser abgegeben werden kann. Bei Wassertemperaturen unterhalb der Behaglichkeitstemperatur sind unbekleidete Menschen deshalb schnell von Unterkühlung bedroht und können sich nicht beliebig lange in Wasser aufhalten bzw. überleben.

---

**Hypothermie**

**Allgemeine Grundlagen**

**Ursache:** Bei Hypothermie ist die Körperkerntemperatur erniedrigt, da entweder zu viel Wärme abgegeben oder zu wenig gebildet wird.

**Klinische Schweregrade**

**Stadium I:** Bei Körpertemperaturen zwischen 32 und 35 °C kommt es zu autonomen Gegenregulationsmaßnahmen, die die Wärmeabgabe verringern (Verminderung der Hautdurchblutung) und die Wärmebildung steigern (Kältezittern, gesteigerter $O_2$-Verbrauch, Tachykardie). Die Betroffenen sind oft desorientiert und zeigen ein unangemessenes Verhalten.

**Stadium II:** Bei Temperaturen zwischen 28 und 32 °C kann sich der Körper aus eigener Kraft nicht mehr erwärmen. Es treten vermehrt Bewusstseinsstörungen bis hin zum Koma auf.

**Stadium III:** Bei Temperaturen zwischen 24 und 28 °C sind die Patienten bewusstlos. Man beobachtet Bradykardien, Hypotonie und Bradypnoe. Jederzeit kann es zum Herzversagen durch Kammerflimmern kommen.

**Stadium IV:** Bei Temperaturen unter 24 °C entwickelt sich zunächst ein Atem- und dann ein Herz-Kreislauf-Stillstand.

**Stadium V:** Bei Körpertemperaturen unter 22 °C kommt es primär zum Herzstillstand.

Die Überlebenszeit in Wasser hängt von der Wassertemperatur ab. Da in Wasser praktisch keine isolierende Grenzschicht (s. S. 523) existiert und die Wärmeleitfähigkeit von Wasser sehr hoch ist, kann die Wärme effektiv ans umgebende Wasser abgegeben werden. Folge ist eine rasche Unterkühlung und eine deutlich verkürzte Überlebenszeit bei Wassertemperaturen unter 36 °C (Behaglichkeitstemperatur).

**Beispiel:** Bei einer Wassertemperatur ($T_W$) von 20 °C beträgt die Überlebenszeit **einer unbekleideten Person** ca. 15 h. Ist die Wassertemperatur niedriger, gibt der Körper mehr Wärme ab und die Überlebenszeit verkürzt sich. Für eine Wassertemperatur von nur 10 °C beträgt die Überlebenszeit nur noch 1 h, bei einer Wassertemperatur von 0 °C sogar nur noch 12 min.

**Beispiel:** Bei einer Wassertemperatur ($T_W$) von 20 °C überleben unbekleidete Menschen maximal 15 h, bei $T_W$ = 10 °C nur 1 h und bei $T_W$ = 0 °C nur 12 min.

### Therapie der Hypothermie

Stadienabhängig reichen die therapeutischen Maßnahmen von **Allgemeinmaßnahmen** bei milden Hypothermien (z.B. Entfernung nasser Kleidung, Zudecken des Betroffenen, langsame Wiedererwärmung mit einer Wärmflasche) bis hin zur Wiedererwärmung durch extrakorporale Zirkulation **(Hämodialyse)** bei ausgeprägten Hypothermien.

Wiedererwärmungsversuche per Hämodialyse zeichnen sich durch folgende **Vorteile** aus:

- Die Erwärmung erfolgt **effektiver**, weil sie vom Körperkern ausgeht und nicht nur über die Körperschale induziert wird.
- Gleichzeitig kann der **Säure-Basen-Haushalt kontrolliert** werden. Dies ist vor allem deshalb von Bedeutung, weil bei der Wiedererwärmung eine Azidose entsteht (saure Stoffwechselmetaboliten aus den Zellen gelangen in den Extrazellularraum).
- **Elektrolytveränderungen** können **korrigiert** werden, die aufgrund der verminderten Aktivität der $Na^+/K^+$-Pumpe während der Hypothermie entstanden sind.

### Therapie der Hypothermie

Abhängig vom Schweregrad von **Allgemeinmaßnahmen** bis hin zur Wiedererwärmung durch extrakorporale Zirkulation **(Hämodialyse)**.

Die **Vorteile** der Wiedererwärmung per Hämodialyse liegen in einer **effektiveren**, weil vom Körperkern ausgehenden Erwärmung sowie in der Möglichkeit, gleichzeitig den **Säure-Basen-Haushalt kontrollieren** und **Elektrolytveränderungen korrigieren** zu können.

▶ **Merke.** Bei Erwärmen der Körperschale allein kann es zum sog. **Wiedererwärmungsschock** kommen.

▶ **Merke.**

Man beobachtet in diesem Fall, dass sich die Körperkerntemperatur – trotz oder gerade wegen der Erwärmung der Körperschale – paradoxerweise plötzlich um ca. 1 °C erniedrigt. Vermutlich kommt diese Abkühlung dadurch zustande, dass durch den Erwärmungsversuch Blutgefäße in der noch kalten Körperschale eröffnet werden, wodurch kaltes Blut aus der Peripherie in den Körperkern fließt. Dies kann dann ein Kammerflimmern auslösen, und zwar insbesondere dann, wenn zusätzlich die oben genannte Azidose und/oder andere Elektrolytveränderungen vorliegen.

Beim **Wiedererwärmungsschock** erniedrigt sich während des Erwärmungsversuchs über die Körperschale paradoxerweise die Körperkerntemperatur um ca. 1 °C, vermutlich aufgrund einer Vasodilatation in der noch kalten Körperperipherie mit Rückfluss von kaltem Blut in den Körperkern. So kann es zum Kammerflimmern kommen.

## 14.2.5 Akklimatisation

14.2.5 Akklimatisation

▶ **Definition.** Unter **Akklimatisation** versteht man die Eigenschaft des menschlichen Körpers, sich sowohl an Kälte als auch an Wärme anzupassen.

▶ **Definition.**

### Kälteakklimatisation

**Verhaltensanpassung:** Es gibt mehrere Adaptationsmechanismen, die es dem Menschen ermöglichen, sich in Kälte aufzuhalten. Am effektivsten ist dabei natürlich die Auswahl geeigneter Kleidung.

**Physiologische Körperreaktionen:** Auch die Mechanismen der Temperaturregulation (s. S. 524) spielen bei der Kälteakklimatisation eine Rolle, die einerseits zu einer Drosselung der Wärmeabgabe und andererseits zu einer Steigerung der Wärmebildung durch Erhöhung des Energieumsatzes führen. Bei Personen, die sich häufiger extremer Kälte aussetzen, kann die Hautdurchblutung überdies stärker gedrosselt werden als bei Kontrollpersonen. Dadurch wird deren Wärmeabgabe vermindert. Diese Mechanismen sind jedoch keine „echten" Adaptationsvorgänge im Sinne einer Anpassung an Kälte.

**Toleranzadaptationen:** Echte Adaptationsvorgänge, sog. Toleranzadaptationen, beobachtet man im Gegensatz dazu bei verschiedenen Völkergruppen (australische Ureinwohner, finnische Lappen, Indianer auf Feuerland). Zusätzlich zu den o.g. physiologischen Körperreaktionen tritt bei ihnen z.B. das Muskelzittern erst bei niedrigeren Außen- bzw. Kerntemperaturen auf als bei Kontrollpersonen. Damit wird eine Abkühlung der Körperkerntemperatur um 1 ° bis 2 °C toleriert, ohne dass direkt Gegenregulationsmechanismen einsetzen.

### Kälteakklimatisation

**Verhaltensanpassung:** Die effektivste Methode der Adaptation an Kälte ist eine entsprechend warme Kleidung.

**Physiologische Körperreaktionen:** Die Mechanismen der Temperaturregulation führen zu einer Drosselung der Wärmeabgabe und einer Steigerung der Wärmebildung. Außerdem kann auch bei häufiger Kälteexposition die Hautdurchblutung stärker gedrosselt und dadurch die Wärmeabgabe in der Kälte vermindert werden. Dies sind jedoch keine „echten" Adaptationsvorgänge.

**Toleranzadaptationen:** Bei echter Kältetoleranzadaptation wird eine moderate Erniedrigung der Körperkerntemperatur, vor allem durch Absenkung der Zitterschwelle, toleriert.

## Wärmeakklimatisation

**Verhaltensanpassung:** Die effektivste Methode der Adaptation an Wärme ist eine Verhaltensanpassung hinsichtlich der Einteilung der Tagesarbeitszeit, der Flüssigkeits- und Salzaufnahme sowie der Bekleidung.

**Physiologische Körperreaktionen:** Personen, die an Wärme angepasst sind, schwitzen leichter und effektiver (hypotoner Schweiß). Dadurch wird der Körper besser gekühlt und Elektrolytverluste werden vermindert. Dies gilt auch für Trainierte. Außerdem ist der Plasmaproteingehalt im Blut vermehrt, so dass konsekutiv das Plasmavolumen zunimmt und dadurch das Kreislaufsystem, auch bei Belastung, entlastet wird.

**Toleranzadaptationen:** Erhöhung der Schweißsekretionsschwelle bei Völkern in den Tropen.

## Wärmeakklimatisation

**Verhaltensanpassung:** Auch bei der Wärmeakklimatisation haben die effektivsten Anpassungsmechanismen mit unserem Verhalten zu tun. So wird in wärmeren Ländern, z.B. während der heißen Tagesstunden, auf körperliche Arbeit verzichtet und diese Aktivitäten auf die kühleren Abend- oder Nachtstunden verlegt. Der gesteigerte Wasser- und Salzverlust infolge vermehrten Schwitzens muss in warmen Gegenden durch zusätzliche Wasser- und Salzaufnahme ausgeglichen werden. Darüber hinaus sollte die Kleidung zum einen luft- und damit auch wasserdampfdurchlässig sein, damit der Schweiß verdunsten kann, zum anderen sollte sie weit geschnitten sein, damit Luft am Körper entlang zirkulieren kann.

**Physiologische Körperreaktionen:** Bei wärmeakklimatisierten, aber auch bei trainierten Personen zeigen sich Veränderungen in der Schweißproduktion. Die einzelne Schweißdrüse arbeitet dabei effektiver und die Auslöseschwelle für die Schweißsekretion ist herabgesetzt. Außerdem ist der Elektrolytgehalt des Schweißes beim Wärmeadaptierten reduziert, der Schweiß ist also hypoton und weniger konzentriert. Dies hat den Vorteil, dass Elektrolytverluste reduziert werden (Gefahr der Hyponatriämie und Hypokalzämie wird vermindert) und dass der Schweiß besser verdunsten kann. Durch die vermehrte Schweißproduktion und die veränderte Schweißzusammensetzung wird die Kühlung der Haut durch Schwitzen effizienter. Überdies beobachtet man eine Erhöhung des Plasmaproteingehalts. Dies hat zur Folge, dass weniger Wasser in der Niere filtriert wird. Dadurch erhöht sich der Wasseranteil des Blutplasmas und der Hämatokrit sinkt. Insgesamt nimmt das Plasmavolumen um 10 bis 20% zu. Dieser positive Effekt auf das Herz-Kreislauf-System ermöglicht eine Reduktion der Herzfrequenz in Ruhe und somit einen langsameren Anstieg der Körperkerntemperatur bei Belastung, da das Herz weniger Wärme produziert.

**Toleranzadaptationen:** Eine Erhöhung der Schweißsekretionsschwelle, eine echte Hitzetoleranzadaptation, wurde u.a. bei in den Tropen lebenden Völkern beobachtet.

## ▸ verklinikte Vorklinik: Hyperthyreose

**Anamnese:** Seit Wochen plagen Andrea Wohlmeier eine innere Unruhe und Schlafstörungen, die sie schließlich zum Hausarzt führen. Manchmal sei sie so nervös, dass ihr Herz schlagen würde wie wild und ihre Hände anfingen leicht zu zittern. In ihrer Wohnung müsse sie ständig die Fenster aufreißen, weil ihr sonst zu warm sei. Auf Nachfragen bestätigt sie, dass sie in letzter Zeit häufiger Stuhlgang hat, ungefähr vier Mal am Tag. Obwohl sie viel isst, hat sie 3 kg Gewicht verloren. Frau Wohlmeier nimmt keinerlei Medikamente und ihre Familienanamnese ist leer.

**Körperliche Untersuchung** (Angabe der jeweiligen Normwerte in Klammern): 39-jährige, normalgewichtige Patientin (168 cm, 61 kg) in gutem Allgemeinzustand. Blutdruck 155/65 mmHg (<130/85 mmHg), Puls 104/min (50 – 100/min), Körperkerntemperatur 37,9 °C (36 – 38 °C). Die Haut ist warm und leicht feucht, auffällig ist ein feinschlägiger Tremor beider Hände. Die Schilddrüse ist vergrößert tastbar und beim Zurückneigen des Kopfes der Patientin auch sichtbar vergrößert, bei der Auskultation hört man über allen Abschnitten ein leises Schwirren. Bei der Auskultation des Herzens fallen vereinzelte Extrasystolen auf. Der übrige körperliche Befund ist unauffällig.

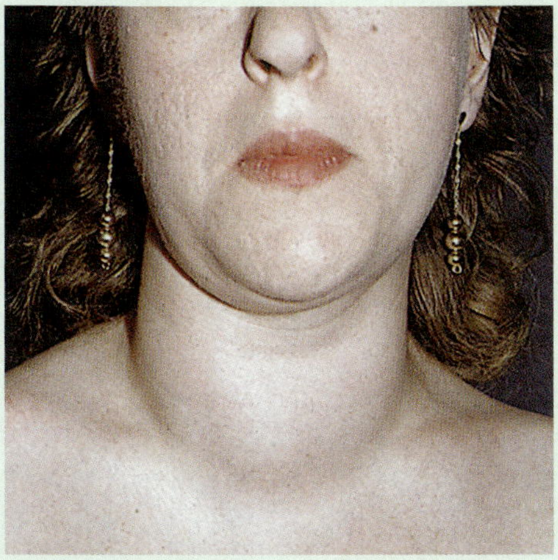

**Deutlich erkennbare Struma.**

**Laboruntersuchungen** (Angabe der jeweiligen Normwerte in Klammern): TSH 0,06 mU/l (0,4 – 4 mU/l), Thyroxin T4 23 µg/dl (5 – 12 µg/dl), Triiodthyronin T3 260 ng/dl (70 – 190 ng/dl), freies Thyroxin (fT4) 3,2 ng/dl (1 – 2,3 ng/dl), freies Triiodthyronin (fT3) 5,7 ng/l (2,5 – 4,4 ng/l).
Alle anderen Laborparameter im Normbereich.
Autoantikörper gegen TSH-Rezeptoren und gegen Schilddrüsenperoxidase negativ.
**12-Kanal-EKG:** Sinustachykardie (103/min), Indifferenztyp, vereinzelt supraventrikuläre Extrasystolen, keine Erregungsrückbildungsstörungen.

**Sonografie der Schilddrüse:** Multifokale echoarme, wenige auch echoreiche Knoten verteilt über die gesamte Schilddrüse, Schilddrüse insgesamt vergrößert.

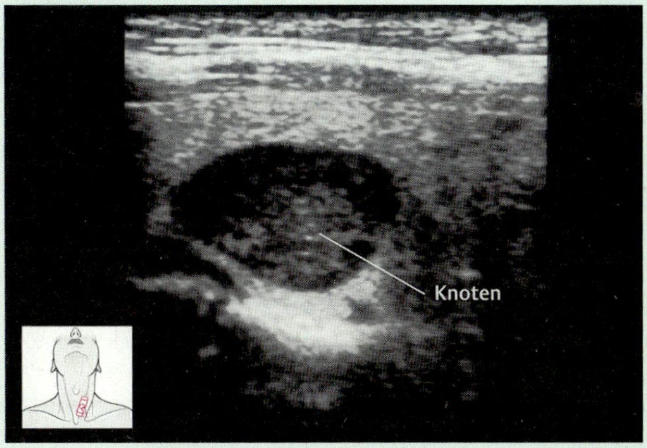


**Sonografisch echoarmer Schilddrüsenknoten.**

**Technetium-Schilddrüsenszintigrafie:** Autonomes Adenom mit vermehrter Nuklidaufnahme und Suppression des umliegenden Schilddrüsengewebes.

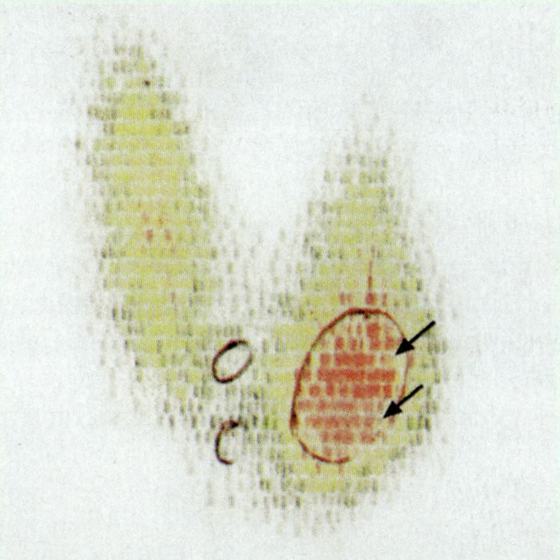

**Schilddrüsenszintigrafie:** Autonomes Adenom (Pfeile) mit supprimierter Darstellung des restlichen Drüsengewebes.

**Verlauf:** Durch die Laborwerte und die Technetium-Schilddrüsenszintigrafie kann bei Frau Wohlmeier eine Struma mit funktioneller Autonomie der Schilddrüse nachgewiesen werden. Die gesamte Diagnostik und Therapie werden ambulant bei einer Internistin durchgeführt. Sie stellt die Patientin mit einem Thyreostatikum auf eine euthyreote Stoffwechsellage ein – es reichen als Erhaltungstherapie 20 mg Carbimazol pro Tag, damit die Werte für T3, T4 und fT3, fT4 wieder im Normbereich liegen. Da Frau Wohlmeier durch das Thyreostatikum stark unter Hautreaktion und Haarausfall leidet, entscheidet sie sich nach einem Jahr Therapie zur Operation. Es wird eine subtotale Schilddrüsenresektion durchgeführt, ohne dass Komplikationen auftreten. Nach der Strumektomie ist Frau Wohlmeier nun mit einer Hormonsubstitution von 75 µg Levothyroxin (T4) pro Tag vollkommen beschwerdefrei.

**Fragen mit physiologischem Schwerpunkt:**

1. Frau Wohlmeier klagt über ein ständiges Hitzegefühl, ihre Körperkerntemperatur liegt mit 37,9 °C an der oberen Normwertgrenze (38 °C). Wie hängen diese Symptome mit ihrer Grunderkrankung zusammen?
2. Wie hängen die Extrasystolen im EKG und die erhöhte Blutdruckamplitude (155/65 mmHg) mit der Hyperthyreose zusammen?
3. Warum lässt sich wie bei Frau Wohlmeier bei hyperthyreotischen Patienten gelegentlich ein Schwirren über der Schilddrüse auskultieren?

**Antwortkommentare:**

**Zu 1.** Schilddrüsenhormone haben eine stoffwechselaktivierende Wirkung und führen auf diese Weise zur Wärmeproduktion mit Steigerung des Grundumsatzes und der Körperkerntemperatur (s. S. 370). Die Erhöhung der Körperkerntemperatur wird im Temperaturzentrum des Hypothalamus registriert. Weichen Ist- und Soll-Wert voneinander ab, werden verschiedene autonome „Wärmeabwehrmechanismen" aktiviert, um Ist- und Soll-Wert wieder anzugleichen (s. Abb. **14.5**, S. 524): Über eine vermehrte Durchblutung der Muskulatur kommt es zu einem gesteigerten Wärmetransport aus dem Körperkern an die Körperoberfläche. Vasodilatation der Hautgefäße und die Verdunstung von Schweiß fördern die Wärmeabgabe an die Umgebung. Damit dem Organismus durch die vermehrte Schweißbildung nicht auch wichtige Elektrolyte verloren gehen, nimmt der Elektrolytgehalt des Schweißes ab.

**Zu 2.** Schilddrüsenhormone sensibilisieren die Zielorgane für die Wirkung der Katecholamine (s. S. 369). Am Herzen führt dies über eine vermehrte Expression von β-Rezeptoren zu einer Steigerung von Erregbarkeit, Kontraktilität und Herzfrequenz. Die gesteigerte Erregbarkeit kann – wie bei Frau Wohlmeier – zu einer ektopen, d. h. nicht im Sinusknoten generierten Erregungsbildung außerhalb des normalen Sinusrhythmus führen (= Extrasystolie, s. S. 90). Extrasystolen können unbemerkt bleiben, teilweise aber auch als unangenehmes „Herzstolpern" empfunden werden.

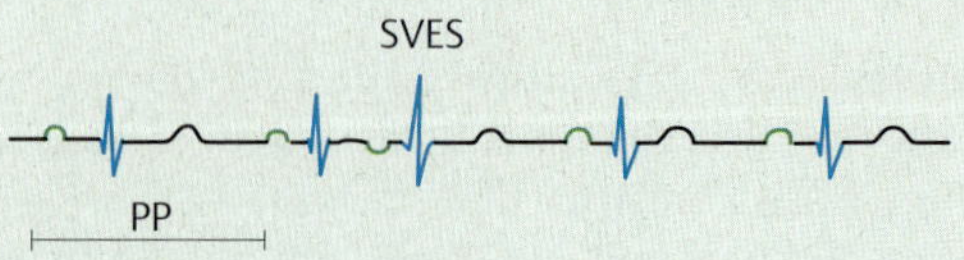


**Supraventrikuläre Extrasystole.** Vorzeitig einfallende, häufig deformierte P-Welle; Form und Breite des QRS-Komplexes sind hingegen unauffällig, da der Ursprung oberhalb des AV-Knotens liegt und die Erregung über das spezifische Erregungsleitungssystem auf die Kammern übergeleitet wird.

Eine häufige Komplikation bei Patienten mit Hyperthyreose ist die Auslösung eines Vorhofflimmerns mit absoluter Arrhythmie (s. Abb. **4.13**, S. 90), dies ist wahrscheinlich die Ursache für das von Frau Wohlmeier beschriebene „wild schlagende Herz".

Die vergrößerte Blutdruckamplitude (Differenz zwischen systolischen und diastolischen Blutdruckwerten) entsteht durch die Kombination aus erhöhtem Schlagvolumen und peripherer Vasodilatation (s. Frage 1) mit Versacken des Blutes im Niederdrucksystem.

**Zu 3.** Das Schwirren ist Ausdruck einer gesteigerten Blutströmung in den Schilddrüsengefäßen. Bei der Hyperthyreose ist die Durchblutung der Schilddrüse etwa um den Faktor 5 gesteigert, so dass es zum Auftreten von tast- oder auskultierbaren Strömungsphänomenen kommen kann.

# Arbeits-, Sport- und Leistungsphysiologie

# 15 Arbeits-, Sport- und Leistungsphysiologie

# 15 Arbeits-, Sport- und Leistungsphysiologie

Die Arbeits-, Sport- und Leistungsphysiologie beschreibt die lokalen und systemischen Veränderungen im Körper, die im Rahmen von körperlicher Arbeit oder auch bei Bewegungsmangel auftreten und ermöglicht so eine Beurteilung der Arbeits- und Leistungsfähigkeit eines Menschen.
Für die körperliche Leistungsfähigkeit ist die Fähigkeit der Muskulatur zur Kontraktion von entscheidender Bedeutung. Die Stärke der Muskelkontraktion hängt in hohem Maße von der Bereitstellung des Energielieferanten ATP (s. auch S. 60) ab. Damit bei Dauerleistungen eine effiziente Bereitstellung von ATP gewährleistet ist, muss die Muskulatur ausreichend mit Sauerstoff versorgt werden. Außerdem muss der Abtransport der Stoffwechselprodukte ($H^+$ und $CO_2$) gesichert sein. Hierfür spielen Lungenfunktion und Herz-Kreislauf-System eine entscheidende Rolle.

15 Arbeits-, Sport- und Leistungsphysiologie

Die Arbeits-, Sport- und Leistungsphysiologie beschreibt die lokalen und systemischen Veränderungen im Körper, die bei körperlicher Arbeit oder Bewegungsmangel auftreten.

## 15.1 Allgemeine Grundlagen

Um die Arbeits- und Leistungsfähigkeit des Körpers beurteilen zu können, müssen zunächst die Begriffe „Arbeit" und „Leistung" definiert werden:

15.1 Allgemeine Grundlagen

### 15.1.1 Arbeit

15.1.1 Arbeit

**▶ Definition.** Die körperliche **Arbeit** W ist das Produkt aus der Kraft F [N oder kg × m/s²] und der Wegstrecke s [m], auf der diese Kraft wirkt:

$$W = F \times s \text{ [J oder N} \times \text{m oder kg} \times \text{m}^2/\text{s}^2]$$

**▶ Definition.**

Im einfachsten Fall ist F die **Gewichtskraft** eines Körpers oder Objekts, das um die Wegstrecke s hochgehoben wird. Die Gewichtskraft eines Objekts setzt sich aus dessen Masse m [kg] und der Erdbeschleunigung g (9,81 m/s²) zusammen:

$$F = m \times g$$

**Beispiel:** Ein Gewicht der Masse 50 kg hat auf der Erde eine Gewichtskraft von etwa 500 N (50 kg × 9,81 m/s²). Eine Person, die dieses Gewicht einen halben Meter hochhebt, verrichtet eine sog. **Hubarbeit** von ca. 250 J (500 N × 0,5 m). In diesem Beispiel ist es zunächst einmal unerheblich, wie schnell dieser Vorgang abläuft.
Würde die Person das Gewicht nur halten und nicht anheben, würde sie im streng physikalischen Sinne keine Arbeit verrichten. Für die Person bzw. für den Muskel, der dieses Gewicht halten muss, ist die Anstrengung aber fast identisch, sodass auch in diesem Fall von Arbeit und zwar von der sog. **statischen Arbeit** oder **Haltearbeit** gesprochen wird. Die Muskellänge bleibt hierbei konstant.

Im einfachsten Fall ist F die **Gewichtskraft** eines Objekts, das um die Wegstrecke s hochgehoben wird. F setzt sich aus Masse und Erdbeschleunigung zusammen:

$$F = m \times g$$

**Beispiel:** 50 kg haben auf der Erde eine Gewichtskraft von etwa 500 N. Eine Person, die dieses Gewicht einen halben Meter hochhebt, verrichtet eine sog. **Hubarbeit** von ca. 250 J.
Hält die Person das Gewicht lediglich, verrichtet sie eine sog. **statische Arbeit** bzw. **Haltearbeit**. Hierbei bleibt die Muskellänge konstant.

**▶ Merke.** Eine Muskelkontraktion ohne Veränderung der Muskellänge bezeichnet man als **isometrische Kontraktion** (s. auch S. 61).

**▶ Merke.**

Statische und dynamische Arbeit werden primär vom Skelettmuskel geleistet. Knochen, Bänder und Sehnen sind für die Durchführung der Arbeit zwar ebenfalls von Bedeutung, die aktive Kraft wird jedoch über die Querbrückenbindung der Myosin- und Aktinfilamente der Skelettmuskulatur erzeugt (s. S. 60).
Der Muskel setzt chemische Energie in Form von ATP in eine äußere Arbeit um. Folglich ist die Stärke der Muskelkontraktion in hohem Maße vom Vorhandensein und der Neubereitstellung von ATP abhängig. Im Falle der statischen Arbeit (Haltearbeit) stellt gerade die Neubereitstellung von ATP ein besonderes Problem dar, denn durch die Muskelkontraktion werden die Blutgefäße komprimiert und somit der arterielle Blutstrom vermindert. Bei einer **Kontraktion von 30 – 70 % der Maximalkraft** ist die **Durchblutung komplett unterbunden**, sodass auf diesem Weg kein ATP nachgeliefert werden kann. Da auch der schnelle Abbau von Glukose (Glykolyse) nur wenig neues ATP liefert, sind die ATP-Reserven schnell aufgebraucht und der Muskel kann keine Kraft mehr entwickeln.

Statische und dynamische Arbeit werden primär vom Skelettmuskel geleistet. Die aktive Kraft wird über die Querbrückenbindung der Myosin- und Aktinfilamente (s. S. 60) erzeugt.

Die Muskelkontraktion hängt vom Vorhandensein und der Neubereitstellung von ATP ab.
Bei einer **Kontraktion von 30 – 70 % der Maximalkraft** ist die **Durchblutung komplett unterbunden**, sodass auf diesem Weg kein ATP nachgeliefert werden kann.

15.1

**15.1 Haltezeit in Abhängigkeit von der Gewichtskraft**

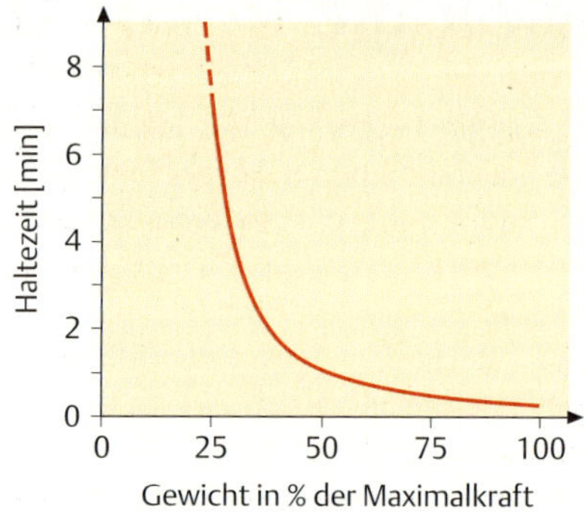


Die **Haltezeit** (= Zeit, die ein Muskel ein bestimmtes Gewicht halten kann) ist gegen das **Gewicht in % der Maximalkraft** (= Kraft, die ein Muskel aufwendet, wenn er eine Last gerade noch halten, jedoch nicht mehr anheben kann, s. u.) aufgetragen. Je schwerer die Last ist, desto kürzer kann sie gehalten werden.

▶ Merke.

▶ **Merke.** Wie lange man ein Gewicht halten kann **(Haltezeit)**, ist von der Schwere des Gewichts – also der **Gewichtskraft** – abhängig (Abb. **15.1**).

15.1.2 Leistung

## 15.1.2 Leistung

▶ Definition.

▶ **Definition.** Die **Leistung P** ist die pro Zeit geleistete Arbeit:

$$P = \frac{W}{t} \text{ [Watt (W), J/s oder kg} \times \text{m}^2/\text{s}^3\text{]}$$

**Beispiel:** Leistet eine Person innerhalb einer halben Sekunde eine Hubarbeit von 250 J, hat sie eine Leistung von 500 Watt vollbracht.

**Beispiel:** Leistet eine Person innerhalb einer halben Sekunde eine Hubarbeit von 250 J (vgl. Bsp. S. 535), hat sie eine Leistung von 500 Watt (250 J / 0,5 s) vollbracht. Benötigt sie 5 Sekunden, um das Gewicht hochzuheben, beträgt die Leistung „nur" 50 Watt.

Die Leistung eines Muskels hängt von der Schnelligkeit der Muskelkontraktion ab, die wiederum abhängig von der Last ist.

Das Beispiel zeigt, dass die Leistung eines Muskels – bei gleicher Last – von der Schnelligkeit der Muskelkontraktion abhängig ist. Die Schnelligkeit der Muskelkontraktion hängt wiederum von der zu überwindenden Last ab.

Je weniger ein Muskel belastet ist, desto schneller kann er sich kontrahieren (sog. **Hill-Hyperbel**, Abb. **15.2**).

Wird ein Muskel überhaupt nicht belastet, ist seine **Verkürzungsgeschwindigkeit** maximal **($v_{max}$)**. Mit zunehmender Belastung nimmt die Verkürzungsgeschwindigkeit ab. Je weniger ein Muskel also belastet ist, desto schneller kann er sich kontrahieren. Dieser Zusammenhang ist in Abb. **15.2** dargestellt (sog. **Hill-Hyperbel**).

Kann der Muskel eine Last gerade noch halten **(isometrische Muskelaktivität)**, bezeichnet man die von ihm dabei aufgewendete Kraft als **Maximalkraft**. Bei nachträglicher Erhöhung der Last kann der Muskel maximal das 1,6-Fache seiner Maximalkraft aufwenden, um die Gesamtlast zu halten.
Das Produkt aus Muskelkraft und Verkürzungsgeschwindigkeit bezeichnet man als **Leistung der Muskelkontraktion** (Abb. **15.2**).

Kann der Muskel eine Last gerade noch halten, aber nicht mehr anheben, sich also nicht mehr verkürzen **(= isometrische Muskelaktivität)**, bezeichnet man die Kraft, die der Muskel dabei aufwendet, als **Maximalkraft**. Wird der Muskel nun über seine Maximalkraft hinaus belastet, indem man z. B. noch weitere Gewichte auf die bereits bestehende Last legt, kann der Muskel maximal das 1,6-Fache seiner Maximalkraft aufwenden, um die Gesamtlast zu halten.
Das Produkt aus Muskelkraft und Verkürzungsgeschwindigkeit bezeichnet man als **Leistung der Muskelkontraktion** (Abb. **15.2**):

$$\text{Leistung} = \frac{\text{Arbeit}}{\text{Zeit}} = \frac{\text{Kraft} \times \text{Weg}}{\text{Zeit}} = \text{Kraft} \times \text{Geschwindigkeit}$$

▶ Merke.

▶ **Merke.** Die **maximale Muskelleistung** wird erreicht, wenn der Muskel etwa 30 % seiner Maximalkraft aufbringen muss.

15.2 **Verkürzungsgeschwindigkeit des Muskels in Abhängigkeit von der Last**

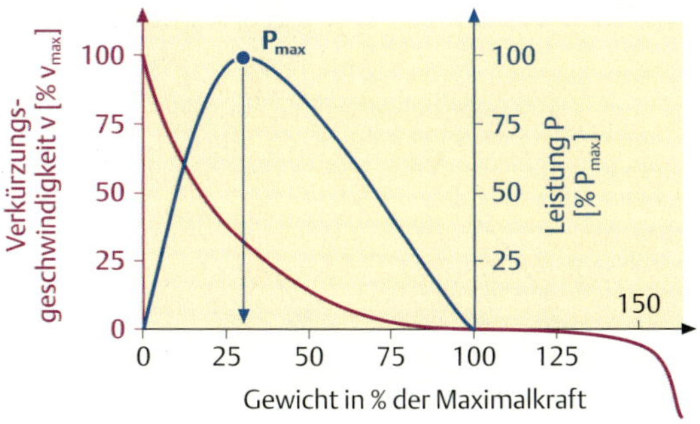


Die in Abhängigkeit von der **Last** (Gewichtskraft in % der Maximalkraft) erbrachte **Leistung P** errechnet sich anhand folgender Formel aus der jeweiligen **Verkürzungsgeschwindigkeit v**: Leistung P = Kraft F × Geschwindigkeit v.

15.2

## 15.2 Energiegewinnung

Damit sich der Skelettmuskel kontrahieren kann, muss zum einen die intrazelluläre $Ca^{2+}$-Konzentration ansteigen. Zum anderen muss ausreichend ATP vorhanden sein:

- **$Ca^{2+}$** wird aus dem sarkoplasmatischen Retikulum (SR) ausgeschüttet, wohin es anschließend rasch zurückgepumpt wird, sodass es für die nächste Kontraktion erneut zur Verfügung steht.
- Das energiereiche **ATP** wird während des Kontraktionszyklus verbraucht. Da das unter Ruhebedingungen im Muskel vorhandene ATP den Energiebedarf bei maximaler Anstrengung lediglich für wenige Sekunden **(max. 4 s)** deckt, muss ATP bei Bedarf neu generiert werden. Hierfür stehen verschiedene, unterschiedlich effektive, anaerobe oder aerobe Mechanismen zur Verfügung, die in den nachfolgenden Abschnitten näher erläutert werden. Abb. **15.3** gibt einen Überblick über die prozentualen Anteile im zeitlichen Verlauf.

**15.2 Energiegewinnung**

Damit sich der Skelettmuskel kontrahieren kann, muss zum einen die intrazelluläre **$Ca^{2+}$**-Konzentration ansteigen, zum anderen muss ausreichend **ATP** vorhanden sein.

### 15.2.1 Energiegewinnung ohne Sauerstoff (anaerob)

Zu den anaeroben Mechanismen der Energiegewinnung gehören

- die Verstoffwechselung von Kreatinphosphat (**alaktazid**, also ohne Herstellung von Milchsäure) und
- die anaerobe Glykolyse (**laktazid**, also über die Herstellung von Milchsäure).

Durch Abbau des im Organismus im Ruhezustand vorhandenen ATP, durch Verstoffwechselung von Kreatinphosphat und über die anaerobe Glykolyse kann der Energiebedarf für kurzzeitige Leistungen, wie z. B. einen 400 m-Lauf oder 100 m Schwimmen, gedeckt werden.

**15.2.1 Energiegewinnung ohne Sauerstoff (anaerob)**

Über den Abbau des in Ruhe im Organismus vorhandenen ATP, die Verstoffwechselung von Kreatinphosphat **(alaktazid)** und die anaerobe Glykolyse **(laktazid)** kann der Energiebedarf für kurzzeitige Leistungen, wie z. B. einen 400 m-Lauf oder 100 m Schwimmen, gedeckt werden.

#### ATP-Gewinnung mittels Kreatinphosphat

Kreatinphosphat (KP) steht mit ATP in direktem Gleichgewicht:

$$KP + ADP \rightleftharpoons K + ATP$$

Bei körperlicher Anstrengung wird ATP zu ADP und P verstoffwechselt. Zur schnellen Erneuerung der ATP-Reserven wird das energiereiche Phosphat des Kreatinphosphats sofort und sauerstoffunabhängig auf ADP übertragen. Über diesen Mechanismus kann für **20 – 30 s** ausreichend ATP für eine maximale Muskelkontraktion generiert werden (Abb. **15.3**).

**ATP-Gewinnung mittels Kreatinphosphat**

Wird bei körperlicher Anstrengung ATP verstoffwechselt, wird zur schnellen Erneuerung der ATP-Reserven energiereiches Phosphat von Kreatinphosphat auf ADP übertragen. So kann für **20 – 30 s** ausreichend ATP für eine maximale Muskelkontraktion generiert werden (Abb. **15.3**).

#### ATP-Gewinnung mittels anaerober Glykolyse

Wenn die schnell zur Verfügung stehenden energiereichen Phosphate Kreatinphosphat und ATP aufgebraucht sind, muss ATP neu synthetisiert werden. Dazu wird zunächst Glukose im Zytoplasma zu Pyruvat abgebaut, welches anschließend unter anaeroben Bedingungen zu Laktat (Milchsäure) umgewandelt wird. Die Energieausbeute bei der anaeroben Glykolyse ist mit **2 Molekülen ATP pro Molekül Glukose** allerdings sehr gering und deckt den Energiebedarf lediglich für **ca. 1 min** (Abb. **15.3**). Die weitere Versorgung des Muskels mit ATP kann nur noch über den oxidativen Abbau von Kohlenhydraten und Fettsäuren (s. S. 538) gewährleistet werden.

**ATP-Gewinnung mittels anaerober Glykolyse**

Glukose wird zunächst im Zytoplasma zu Pyruvat abgebaut, welches anschließend unter anaeroben Bedingungen zu Laktat (Milchsäure) umgewandelt wird. Die Energieausbeute ist mit **2 Molekülen ATP pro Molekül Glukose** allerdings sehr gering und deckt den Energiebedarf lediglich für **ca. 1 min** (Abb. **15.3**).

15.3

15.2.2 Energiegewinnung mit Sauerstoff (aerob)

Über die **aerobe Glykolyse** und den **aeroben Fettsäureabbau** kann der Energiebedarf für Leistungen, die mehrere Minuten oder sogar Stunden **(Ausdauerleistungen)** andauern, gedeckt werden.

**ATP-Gewinnung mittels aerober Glykolyse**

Die aerobe Glykolyse ist der Hauptenergielieferant für Leistungen, die etwa zwischen 2 min und 1 – 2 h andauern (Abb. **15.3**). Zunächst wird nur im Muskel Glykogen zu Glukose abgebaut, nach ca. 10-minütiger Belastung auch in der Leber. Die Glukose wird im Muskel weiter zu Pyruvat bzw. zu $CO_2$ und $H_2O$ abgebaut. Pro Molekül Glukose entstehen so **ca. 32 Moleküle ATP**.

**ATP-Gewinnung mittels aeroben Fettsäureabbaus**

Dieser Mechanismus gewinnt im Verlauf einer Ausdauerleistung zunehmend an Bedeutung. Fettsäuren werden im Mitochondrium in Anwesenheit von $O_2$ zu $H_2O$ und $CO_2$ abgebaut **(β-Oxidation)**. So können über mehrere Stunden hinweg (Abb. **15.3**) große Mengen ATP hergestellt werden.

15.3 Anpassung physiologischer Parameter unter körperlicher Belastung

15.3.1 Veränderungen im Laktatstoffwechsel

**Laktatkonzentration im Blut**

**In Ruhe** beträgt die Laktatkonzentration im Blut **ca. 1 mmol/l**. Bei Belastung steigt sie in Abhängigkeit von Belastungsausmaß und Trainingszustand der Person an.

**15.3 Prozentualer Anteil der bei kontinuierlicher Arbeit im zeitlichen Verlauf verwendeten Energiequellen**

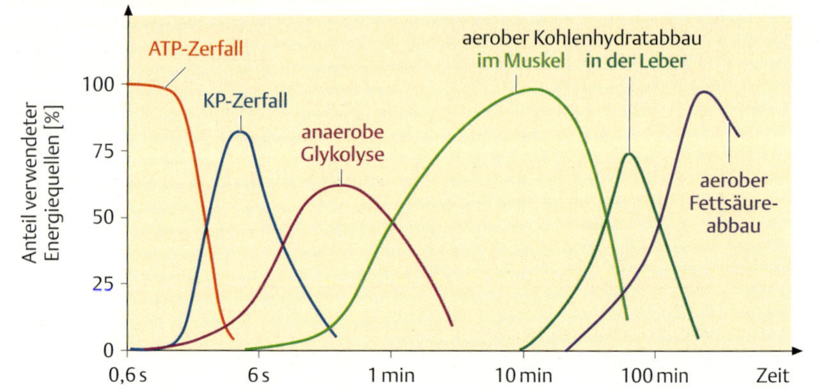


## 15.2.2 Energiegewinnung mit Sauerstoff (aerob)

Zur den aeroben Mechanismen der Energiegewinnung gehören

- die **aerobe Gykolyse** und
- der **aerobe Fettsäureabbau**.

Über diese beiden Mechanismen kann der Energiebedarf für Leistungen, die mehrere Minuten oder sogar Stunden **(Ausdauerleistungen)** andauern, gedeckt werden.

### ATP-Gewinnung mittels aerober Glykolyse

Der Hauptenergielieferant für Leistungen, die ungefähr zwischen 2 min und 1 – 2 h andauern, ist die aerobe Glykolyse. Zunächst wird lediglich im Muskel Glykogen zu Glukose abgebaut. Nach ungefähr 10-minütiger Belastung wird auch in der Leber Glykogen zu Glukose abgebaut (Abb. **15.3**). Die Glukose wird im Muskel weiter zu Pyruvat verstoffwechselt, welches in den Mitochondrien in Anwesenheit von Sauerstoff zu Wasser und Kohlendioxid abgebaut wird. Pro Molekül Glukose entstehen bei der aeroben Glykolyse **ca. 32 Moleküle ATP** (pro $NADH/H^+$ entstehen ca. 2,5, pro $FADH_2$ ca. 1,5 Moleküle ATP).

### ATP-Gewinnung mittels aeroben Fettsäureabbaus

Im Verlauf einer Ausdauerleistung gewinnt der aerobe Fettsäureabbau als Energiequelle zunehmend an Bedeutung. Bei der **β-Oxidation** im Mitochondrium werden die Fettsäuren in Anwesenheit von Sauerstoff zu Wasser und Kohlendioxid abgebaut. Auf diese Weise können über mehrere Stunden hinweg (Abb. **15.3**) große Mengen ATP hergestellt werden. Beim vollständigen Abbau einer $C_{16}$-Fettsäure beispielsweise entstehen netto ca. 106 Moleküle ATP.

# 15.3 Anpassung physiologischer Parameter unter körperlicher Belastung

## 15.3.1 Veränderungen im Laktatstoffwechsel

### Laktatkonzentration im Blut

**In Ruhe** beträgt die Laktatkonzentration im Blut **ca. 1 mmol/l**. Bei Belastung steigt die Konzentration in Abhängigkeit von Belastungsausmaß und Trainingszustand der Person an. Bei geringer Belastung wird die nötige Energie v. a. über aerobe Mechanismen gewonnen, wobei zunächst nur wenig Laktat anfällt. Bei schwerer Belastung reichen die aeroben Mechanismen zur Energiegewinnung nicht mehr aus ($O_2$-Mangelversorgung durch ständige Muskelkontraktion oder begrenzte $O_2$-

**15.4 Abhängigkeit der Laktatkonzentration im Blut von der Belastung**

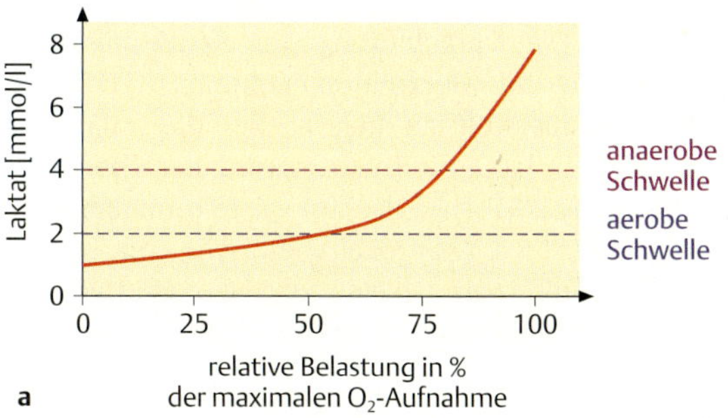


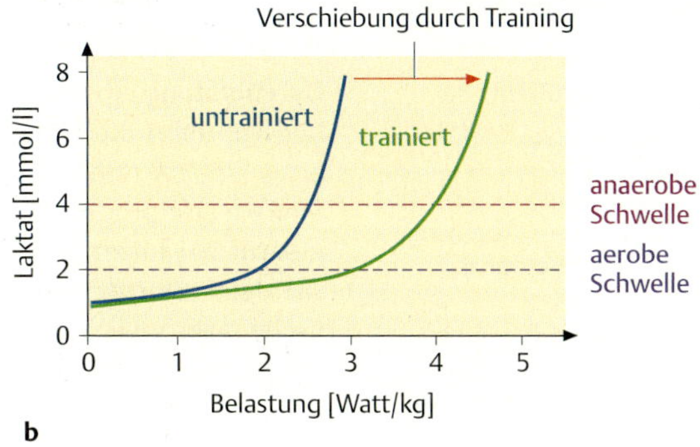


**a** Die Kurve steigt bei niedrigen Belastungen zunächst fast linear an, zeigt bei ca. 65 % der maximalen Belastung (also 65 % der maximalen $O_2$-Aufnahme, s. S. 543) einen Knick und verläuft anschließend wesentlich steiler. Da die Belastung hier auf die maximale $O_2$-Aufnahme normalisiert wurde (→ relative Belastung), gilt die Kurve sowohl für trainierte als auch für untrainierte Personen.

**b** Der Anstieg der Blutlaktatkonzentration ist von der absoluten Belastung und vom Trainingszustand einer Person abhängig. Trainierte Personen erreichen die Dauerleistungsgrenze (aerobe Schwelle) erst bei wesentlich stärkerer Belastung als Untrainierte.

Aufnahme, s. S. 543) und der Muskel muss zusätzliche Energie über anaerobe Mechanismen gewinnen. Dadurch steigt die Laktatkonzentration im Blut weiter an. Wird eine Leistung bis hin zur Erschöpfung erbracht, können Laktatspiegel von 10–15 mmol/l erreicht werden.

Eine Laktatkonzentration von bis zu **2 mmol/l** (sog. **aerobe Schwelle**) spricht dafür, dass ausreichend Energie über aerobe Mechanismen bereitgestellt werden kann. Da die Belastung unter diesen Bedingungen über einen langen Zeitraum tolerierbar ist, bezeichnet man diese Konzentration auch als **Dauerleistungsgrenze**. Bei Konzentrationen zwischen 2–4 mmol/l wird die Energie über aerobe und anaerobe Mechanismen gewonnen. Ab der sog. **anaeroben Schwelle** von **4 mmol/l** muss zusätzliche Energie über anaerobe Mechanismen bereitgestellt werden – hier ist kaum noch eine weitere Leistungssteigerung zu erwarten. Trainierte Personen erreichen die beiden Schwellen deutlich später als untrainierte Personen, sind also stärker belastbar. Das liegt daran, dass trainierte Personen bei gleicher Belastung weniger Laktat bilden und das anfallende Laktat zudem besser verwerten können als untrainierte Personen. Der Zusammenhang zwischen Blutlaktatkonzentration, Belastung und Trainingszustand ist in Abb. **15.4** dargestellt.

Bei einer Laktatkonzentration von bis zu **2 mmol/l** (sog. **aerobe Schwelle** oder **Dauerleistungsgrenze**) wird ausreichend Energie über aerobe Mechanismen bereitgestellt und die Belastung kann über lange Zeit toleriert werden. Ab der sog. **anaeroben Schwelle** von **4 mmol/l** muss zusätzliche Energie über anaerobe Mechanismen bereitgestellt werden – hier ist kaum noch eine weitere Leistungssteigerung zu erwarten. Trainierte Personen erreichen die beiden Schwellen deutlich später als untrainierte Personen, sind also stärker belastbar (Abb. **15.4**).

### Laktatverwertung

Laktat wird in Skelettmuskulatur, Leber und Herzmuskel weiter abgebaut:

- **Skelettmuskulatur:** Das in den weißen Fasern produzierte Laktat diffundiert in die roten Muskelfasern (sog. Laktat-Shuttle), wo es je nach Stoffwechsellage weiterverwertet wird: Ist ausreichend Glykogen vorhanden, wird Laktat vermehrt oxidiert und dem Zitratzyklus zugeführt. Sind die Glykogenvorräte erniedrigt, wird Laktat v. a. zur Glukoneogenese verwendet.
- **Leber:** Laktat, das über den Blutweg in die Leber gelangt, wird ebenfalls der Glukoneogenese zugeführt. Ist die Durchblutung der Leber bei starker Belastung zugunsten der Skelettmuskulatur reduziert, kann in der Leber entsprechend weniger Laktat abgebaut werden, was wiederum einen Anstieg der Laktatkonzentration im Blut zur Folge haben kann.
  Trainierte Personen haben häufig ein höheres Lebergewicht als untrainierte und können somit mehr Laktat abbauen.
- **Herzmuskel:** Hier wird Laktat zu Pyruvat oxidiert und anschließend in die Mitochondrien aufgenommen, wo es zu $CO_2$ und $H_2O$ oxidiert wird.

### Laktatverwertung

Laktat kann in folgenden Organen über unterschiedliche Mechanismen weiter abgebaut werden:

- **Skelettmuskulatur** (rote Fasern): Bei ausreichenden Glykogenvorräten: Laktat → Zitratzyklus; bei erniedrigten Gykogenvorräten: Laktat → Glukoneogenese
- **Leber:** Laktat → Glukoneogenese
- **Herzmuskel:** Oxidation des Laktats zu Pyruvat und dann weiter zu $CO_2$ und $H_2O$.

► **Merke.** Der Herzmuskel spielt die wichtigste Rolle beim Abbau des bei schwerer Arbeit anfallenden Laktats.

► **Merke.**

15.3.2 Anpassungsreaktionen des Herz-Kreislauf-Systems

Anpassungsreaktionen im Bereich der Gefäße

**Durchblutung der Skelettmuskulatur:** Bei körperlicher Belastung wird die Durchblutung der Skelettmuskulatur v. a. über lokal-chemische und -metabolische Faktoren gesteigert. Auf nervalem und humoralem Weg wird zudem über $\beta_2$-Rezeptoren eine Vasodilatation ausgelöst (s. S. 150.

**Durchblutung der Haut:**
- Sympathische **Vasokonstriktion** der peripheren (Haut-)Blutgefäße zu Beginn einer körperlichen Belastung unter normothermen Bedingungen.
- **Vasodilatation** (Sympathikushemmung) der (Haut-)Blutgefäße zur Thermoregulation bei Wärmeproduktion ↑ durch körperliche Belastung.

**Durchblutung des Splanchnikusgebiets (ausgenommen Niere):** Diese nimmt zugunsten der Skelettmuskulatur ab (Sympathikusaktivierung).

**Durchblutung der Niere:** Aufgrund des Bayliss-Effekts (s. S. 294) ist die Nierendurchblutung von der körperlichen Belastung nahezu unabhängig.

**Durchblutung des Herzmuskels:** Sie kann unter Belastung auf das 4–5-Fache des Ruhewerts ansteigen (s. S. 152). Die Durchblutungsregulation erfolgt über lokale Metaboliten. Eine zentrale Rolle spielt hierbei Stickstoffmonoxid (NO).

Anpassung der Kreislaufparameter

Herzfrequenz

Bei **Leistungen unterhalb der Dauerleistungsgrenze** steigt die Herzfrequenz zunächst an, bleibt dann über einen längeren Zeitraum konstant (**„steady state"**, s. Abb. **15.5a**) und fällt nach Beendigung wieder auf den Ruhewert ab (Erholungsphase).
Bei **Leistungen oberhalb der Dauerleistungsgrenze** steigt die Herzfrequenz kontinuierlich weiter an (Ermüdungsanstieg, s. Abb. **15.5b**) und die Belastung muss schließlich abgebrochen werden.

▶ Merke.

Die während der Erholungsphase noch über der Ruhefrequenz liegende Anzahl an Herzschlägen bezeichnet man als **Erholungspulssumme** (Abb. **15.5**).

## 15.3.2 Anpassungsreaktionen des Herz-Kreislauf-Systems

### Anpassungsreaktionen im Bereich der Gefäße

**Durchblutung der Skelettmuskulatur:** Die Durchblutung der Skelettmuskulatur beträgt unter Ruhebedingungen ca. 15 % des Herzminutenvolumens (HMV) also etwa 750 ml/min. Um den nötigen Sauerstoff zu liefern und die anfallenden Stoffwechselprodukte abzutransportieren, kann die Durchblutung der Skelettmuskulatur bei maximaler Belastung auf das 20-Fache, also auf ca. 15 l/min ansteigen. Die dazu erforderliche Vasodilatation wird v. a. über lokal-chemische und -metabolische Faktoren ausgelöst (s. S. 146). Außerdem spielen nervale und humorale Regulationsmechanismen (→ Auslösung einer Vasodilatation über $\beta_2$-Rezeptoren, s. S. 150) eine Rolle.

**Durchblutung der Haut:** Normalerweise werden zu Beginn einer körperlichen Belastung die peripheren (Haut-)Blutgefäße zugunsten einer Mehrdurchblutung der Skelettmuskulatur **kontrahiert** (Sympathikusaktivierung). Dieser Mechanismus wird allerdings gehemmt, wenn der Körper vermehrt Wärme abgeben muss, z. B. bei Hitze oder körperlicher Belastung und einer damit einhergehenden Erhöhung der Wärmeproduktion. Dann kommt es zur Durchblutungssteigerung in den Hautgefäßen (**Vasodilatation**, s. S. 522), d. h. ein Teil des Blutvolumens dient nun der Thermoregulation und steht nicht mehr der Muskulatur für die zu verrichtende Arbeit zur Verfügung. Dies erklärt, warum bei gleichzeitiger Wärme- und Arbeitsbelastung weniger Leistung erbracht werden kann.

**Durchblutung des Splanchnikusgebiets (ausgenommen Niere):** Die Durchblutung wird bei körperlicher Belastung durch Sympathikusaktivierung zugunsten der Skelettmuskeldurchblutung reduziert. Die verminderte Durchblutung der Leber kann einen Anstieg der Laktatkonzentration im Blut zur Folge haben.

**Durchblutung der Niere:** Die Nierendurchblutung ist von der körperlichen Belastung nahezu unabhängig. Aufgrund des Bayliss-Effekts (s. S. 294) bleibt der renale Blutfluss bei einem mittleren systemarteriellen Blutdruck zwischen 70 – 160 mm Hg konstant (sog. **Autoregulation**).

**Durchblutung des Herzmuskels:** Bei körperlicher Belastung kann die Koronardurchblutung auf das 4 – 5-Fache des Ruhewerts (ca. 70 – 80 ml/min/100 g Gewebe) ansteigen (s. S. 152). Die Durchblutung des Herzens wird über lokale Metaboliten reguliert, wobei insbesondere Stickstoffmonoxid (NO) aus dem Koronarendothel von Bedeutung ist.

### Anpassung der Kreislaufparameter

#### Herzfrequenz

Die Herzfrequenz nimmt bei körperlicher Belastung zu:
- Wird eine **Leistung unterhalb der Dauerleistungsgrenze** (→ nicht ermüdend, je nach Trainingszustand z. B. 75 Watt) erbracht, steigt die Herzfrequenz ausgehend von einem Ruhewert von ca. 70 Schlägen/min zunächst an und bleibt dann über einen längeren Zeitraum konstant (**„steady state"**, in Abb. **15.5a** bei ca. 100 Schlägen/min). Nach Beendigung fällt die Herzfrequenz wieder auf ihren Ruhewert ab (sog. Erholungsphase).
- Bei **Leistungen oberhalb der Dauerleistungsgrenze** (→ ermüdend, z. B. 150 Watt) stellt sich kein „steady state" ein, sondern die Herzfrequenz steigt kontinuierlich weiter an (Abb. **15.5b**). Dieser sog. **Ermüdungsanstieg** führt nach einer gewissen Zeit dazu, dass die Belastung abgebrochen werden muss.

▶ **Merke.** Bei maximaler Belastung kann die Herzfrequenz auf 180 – 200 Schläge/min ansteigen.

Die Anzahl der Herzschläge, die während der Erholungsphase noch über der Ruhefrequenz liegen, bezeichnet man als **Erholungspulssumme** (Abb. **15.5**).

15.5 **Anpassung der Herzfrequenz an unterschiedlich schwere Belastungen**

15.5

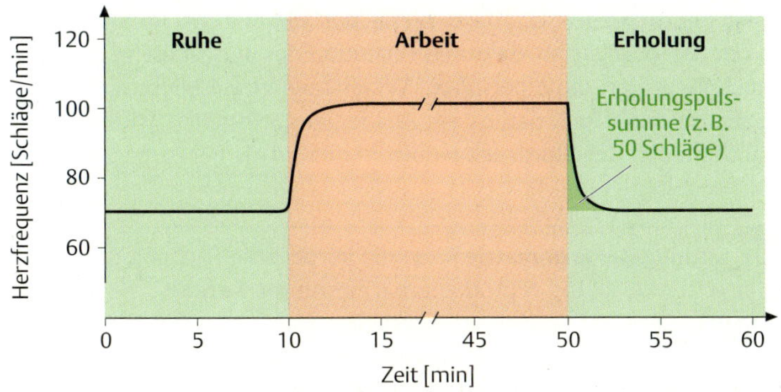


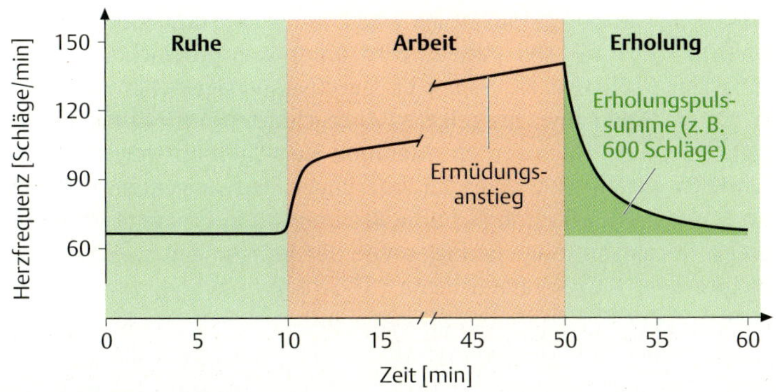


**a** Dargestellt ist die Herzfrequenz in Ruhe, bei Erbringen einer Leistung unterhalb der Dauerleistungsgrenze und während der anschließenden Erholungsphase: Die Herzfrequenz steigt während der Belastung zunächst an, bleibt dann aber konstant **(„steady state")**. Die Erholungspulssumme ist gering.
**b** Dargestellt ist die Herzfrequenz in Ruhe, bei Erbringen einer Leistung oberhalb der Dauerleistungsgrenze und während der anschließenden Erholungsphase: Die Herzfrequenz steigt während der Belastung immer weiter an **(Ermüdungsanstieg)**. Die Erholungspulssumme ist deutlich höher als bei geringer Belastung.

▶ **Merke.** Die **Erholungspulssumme** ist ein Maß für die Belastung: Nach einer schweren, ermüdenden Leistung ist die Erholungspulssumme wesentlich größer als nach einer leichten, nicht ermüdenden Leistung.

▶ Merke.

### Schlagvolumen

Das Schlagvolumen steigt in Abhängigkeit vom Trainingszustand bei Belastung an:
- bei **untrainierten Personen** von ca. 70 ml auf ca. 100 ml
- bei **ausdauertrainierten Personen** von ca. 140 ml auf ca. 190 ml.

Ursache dieser Zunahme sind:
- die **Konstriktion der Kapazitätsgefäße** und die damit einhergehende **vermehrte Füllung der Ventrikel** (Erhöhung der Vorlast → Frank-Starling-Mechanismus, s. S. 100) und
- die **positiv inotrope Wirkung des Sympathikus** (s. S. 102).

### Herzminutenvolumen

Das Herzminutenvolumen (HMV = Schlagvolumen × Herzfrequenz, s. S. 99) steigt bei untrainierten Personen unter Belastung von ca. 5 l/min in Ruhe auf bis zu 15 l/min an. Bei ausdauertrainierten Personen können 25 – 30 l/min erreicht werden.

**Schlagvolumen**

Das Schlagvolumen steigt bei **Untrainierten** von ca. 70 auf ca. 100 ml und bei **Trainierten** von ca. 140 auf ca. 190 ml an.

Ursachen dieser Zunahme sind die **Konstriktion der Kapazitätsgefäße** (→ Vorlast ↑; s. auch S. 100) und die **positiv inotrope Wirkung des Sympathikus** (s. S. 102).

**Herzminutenvolumen**

Das Herzminutenvolumen steigt bei Untrainierten von ca. 5 auf bis zu 15 l/min und bei Trainierten auf 25 – 30 l/min an.

### Blutdruck

Der systolische Blutdruck steigt bei körperlicher Belastung an, während der diastolische Blutdruck annähernd konstant bleibt oder sogar absinkt. Insgesamt ergibt sich daraus ein Anstieg des arteriellen Mitteldrucks.

Bei Beinarbeit steigt der Blutdruck weniger stark an als bei Armarbeit (s. S. 130).

▶ Klinik.

### Blutdruck

Der systolische Blutdruck steigt bei körperlicher Belastung infolge der Sympathikusaktivierung an. Im Gegensatz dazu bleibt der diastolische Blutdruck annähernd konstant oder sinkt sogar ab, da durch Dilatation der Blutgefäße in der arbeitenden Skelettmuskulatur der totale periphere Widerstand gleich bleibt oder sogar kleiner wird. Insgesamt ergibt sich daraus ein Anstieg des arteriellen Mitteldrucks.
Bei Beinarbeit steigt der Blutdruck weniger stark an als bei Armarbeit (s. S. 130).

▶ **Klinik.** Mithilfe der **Ergometrie** kann die körperliche Leistung unter kontrollierter und dosierter Belastung reproduzierbar bestimmt werden.
Die Ergometrie wird im klinisch-medizinischen Bereich zumeist in Form eines **Belastungs-EKG**s zur Diagnostik und Verlaufsbeurteilung kardiologischer Erkrankungen (v. a. der KHK, s. S. 105) eingesetzt und dient dabei auch der Risiko- und Prognoseabschätzung. Sie erfolgt hier in der Regel auf einem stationären Fahrrad (Fahrradergometer, Abb. **15.6**). Der Patient wird unter kontinuierlicher EKG-Ableitung und engmaschiger Blutdruckmessung bis zu einer vorgegebenen Leistungsgrenze oder bis zum Auftreten eines festgelegten Abbruchkriteriums (körperliche Erschöpfung, Angina-pectoris-Beschwerden, Atemnot, Herzrhythmusstörungen, Ischämiezeichen im EKG, extreme Blutdruckveränderungen) mit steigenden Wattzahlen belastet. Ein Belastungs-EKG ermöglicht die Bestimmung der maximalen körperlichen Belastbarkeit (relativ zur Sollleistung) sowie der Belastungsschwelle, ab der klinische Beschwerden, EKG-Veränderungen (ST-Strecken-Veränderungen, Herzrhythmusstörungen) oder Blutdruckentgleisungen auftreten. Aus den Ergebnissen ergibt sich unter Umständen die Notwendigkeit zu weiteren diagnostischen Maßnahmen, wie z. B. eine Koronarangiografie (Herzkatheter) oder Myokardszintigrafie.
In der Sportmedizin dient die Ergometrie der Bestimmung des Leistungsstands von Sportlern und wird auf einem der Sportart des Betreffenden möglichst nahen Sportgerät (Fahrradergometer, Laufbandergometer, Ruderergometer, Schwimmkanal etc.) durchgeführt. Anhand der Ergebnisse kann die Trainingsplanung gestaltet werden.

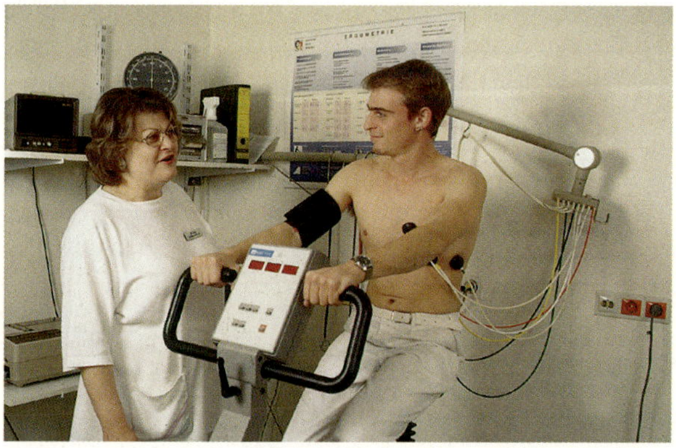

15.6

**Fahrradergometrie zur kardialen Untersuchung unter Belastung**

### 15.3.3 Anpassungsreaktionen des respiratorischen Systems

#### Atemminutenvolumen

In Ruhe beträgt das AMV **6–8 l/min**. Bis zum Erreichen der anaeroben Schwelle steigt es proportional zur Belastung an, oberhalb der Dauerleistungsgrenze nimmt es überproportional zu und erreicht schließlich Werte **> 100 l/min** (Abb. **15.7**).

## 15.3.3 Anpassungsreaktionen des respiratorischen Systems

### Atemminutenvolumen

In **Ruhe** beträgt das Atemminutenvolumen (AMV = Atemzugvolumen × Atemfrequenz) **6–8 l/min**. Bis zum Erreichen der anaeroben Schwelle (s. S. 543) steigt das AMV proportional zur Belastung (und damit zur $O_2$-Aufnahme) an (→ Hyperpnoe). Oberhalb der Dauerleistungsgrenze nimmt das AMV überproportional zu (→ Hyperventilation) und erreicht schließlich Werte **> 100 l/min**, beim Ausdauertrainierten bis zu **200 l/min** (Abb. **15.7**).

**15.7 Abhängigkeit des Atemminutenvolumens (AMV) von der Belastung** 15.7

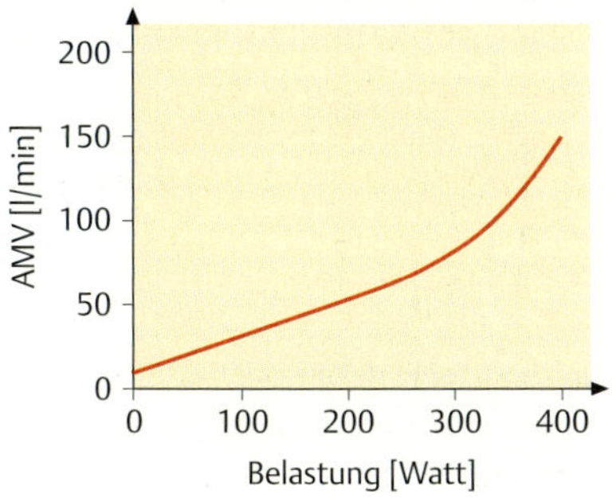


Bis zum Erreichen der anaeroben Schwelle steigt das AMV proportional zur Belastung an, oberhalb der Dauerleistungsgrenze nimmt es überproportional zu.

Der Erhöhung des AMV liegt eine Aktivierung des Atemzentrums in der Medulla oblongata zugrunde (s. S. 254). Der **proportionale Anstieg des AMV unterhalb der Dauerleistungsgrenze** wird über

- kortikale Mitinnervation (→ bei der zentralen Aktivierung der für die Bewegung relevanten Muskeln wird das Atemzentrum mitinnerviert),
- Chemorezeptoren in der Muskulatur (→ metabolischer Antrieb aus der arbeitenden Muskulatur) und
- Mechanorezeptoren in der Muskulatur

ausgelöst.

Der **proportionale Anstieg des AMV unterhalb der Dauerleistungsgrenze** wird über

- kortikale Mitinnervation,
- Chemo- und
- Mechanorezeptoren in der Muskulatur ausgelöst.

Der **überproportionale Anstieg des AMV oberhalb der anaeroben Schwelle** wird durch die metabolische Azidose ausgelöst, die wiederum aufgrund des vermehrten Laktatanfalls in der arbeitenden Muskulatur entsteht.

Der **überproportionale Anstieg des AMV oberhalb der anaeroben Schwelle** wird durch die metabolische Azidose (Laktat ↑) ausgelöst.

### Sauerstoffaufnahme

Damit der im Rahmen der Belastung gesteigerte $O_2$-Bedarf gedeckt werden kann, muss die $O_2$-Aufnahme von ihrem **Ruhewert** von **ca. 250 ml/min** entsprechend ansteigen.

**Sauerstoffaufnahme**

Unter **Ruhebedingungen** beträgt die $O_2$-Aufnahme **ca. 250 ml/min.**

**Belastung unterhalb der anaeroben Schwelle** (Abb. **15.8a**): Bis sich ein **„steady state“** zwischen $O_2$-Bedarf und -Aufnahme eingestellt hat, vergehen etwa 2–3 min. Während dieser Zeit ist die $O_2$-Aufnahme also kleiner als der $O_2$-Bedarf. Diese Differenz wird als **$O_2$-Defizit** bezeichnet und kommt dadurch zustande, dass die nötige Energie zu Beginn der Belastung über anaerobe Mechanismen zur Verfügung gestellt wird und erst nach einer gewissen Zeit Sauerstoff zur Energiegewinnung verbraucht wird. Während der Erholungsphase fällt die $O_2$-Aufnahme rasch auf ihren Ruhewert ab. In der frühen Erholungsphase ist die $O_2$-Aufnahme größer als der $O_2$-Bedarf. Diese Differenz wird als **$O_2$-Schuld** bezeichnet und ist darauf zurückzuführen, dass die Energiespeicher, die zu Beginn der Belastung anaerob zur Verfügung gestellt wurden, jetzt wieder über aerobe Energiegewinnung aufgefüllt werden.

**Unterhalb der anaeroben Schwelle** (Abb. **15.8a**): Unter Belastung steigt die $O_2$-Aufnahme bis zum Erreichen eines **„steady state“** an und fällt während der Erholungsphase rasch wieder auf den Ruhewert ab. Bis zum Erreichen des steady state ist die $O_2$-Aufnahme kleiner als der $O_2$-Bedarf **($O_2$-Defizit)**. In der frühen Erholungsphase ist die $O_2$-Aufnahme größer als der $O_2$-Bedarf **($O_2$-Schuld)**.

**Belastung oberhalb der anaeroben Schwelle** (Abb. **15.8b**): In diesem Fall kann der $O_2$-Bedarf überhaupt nicht gedeckt werden, da dieser die maximale $O_2$-Aufnahmefähigkeit übertrifft. Die Arbeit muss abgebrochen werden. Nach der Belastung ist die **$O_2$-Schuld** wesentlich größer als bei einer Belastung unterhalb der anaeroben Schwelle. Die vermehrte $O_2$-Aufnahme dient hier nicht nur dazu, energiereiche Phosphate zu bilden, sondern auch zur Verstoffwechselung des vermehrt angefallenen Laktats.

**Belastung oberhalb der anaeroben Schwelle** (Abb. **15.8b**): Hier kann der $O_2$-Bedarf nicht gedeckt werden, da dieser die maximale $O_2$-Aufnahmefähigkeit übertrifft. Nach der Belastung ist die **$O_2$-Schuld** wesentlich größer als bei einer Belastung unterhalb der anaeroben Schwelle.

15.8

**15.8 Sauerstoffaufnahme vor, während und nach Belastung unter- und oberhalb der Dauerleistungsgrenze**

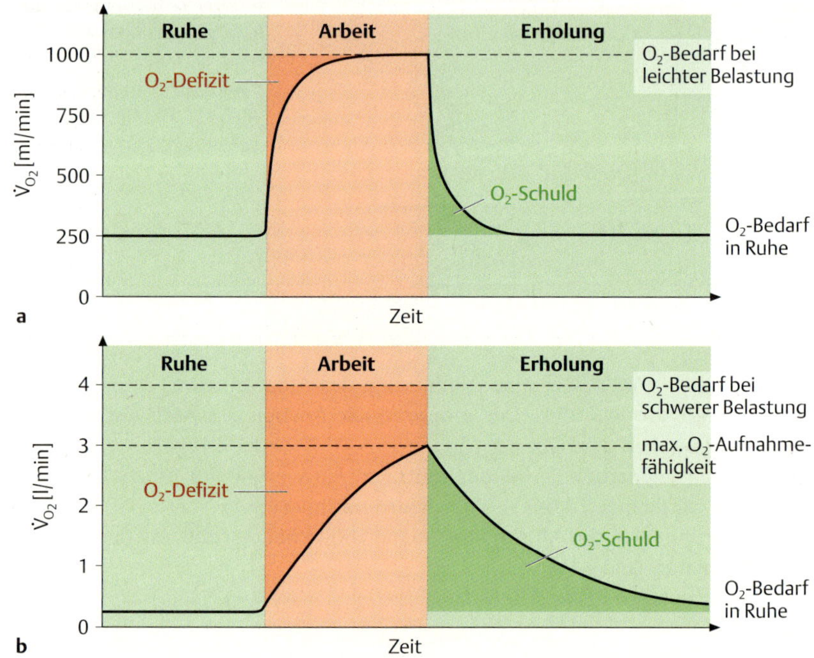


**a** Bei einer Belastung unterhalb der anaeroben Schwelle (Dauerleistungsgrenze) wird innerhalb einer gewissen Zeitspanne ein **„steady state"** zwischen $O_2$-Bedarf und -Aufnahme erreicht.
**b** Bei einer Belastung oberhalb der anaeroben Schwelle (Dauerleistungsgrenze) wird kein „steady state" erreicht, da der $O_2$-Bedarf die maximale $O_2$-Aufnahmefähigkeit übertrifft. Die $O_2$-Schuld ist hier wesentlich größer, da zusätzliche Energie für den Abbau des vermehrt angefallenen Laktats bereitgestellt werden muss.

15.4 Leistungsmessung und -beurteilung

Um Leistungen messen und beurteilen zu können, hat man verschiedene Testverfahren entwickelt.

## 15.4 Leistungsmessung und -beurteilung

Um Leistungen messen und beurteilen zu können, hat man verschiedene Testverfahren entwickelt. Es gibt Tests zur Messung der anaeroben Leistungen und solche zur Beurteilung der aerob erbrachten Leistungen.

15.4.1 Anaerobe Tests

Schnellkrafttest

Zur Messung der Schnellkraft kann man den **vertikalen Sprung** nutzen (Abb. **15.9**). Getestet wird hierbei die frühe Komponente der anaeroben Leistung.

Die **Leistung P** kann folgendermaßen berechnet werden:

$$P = \frac{\text{Kraft} \times \text{Weg}}{\text{Zeit}} = \frac{\text{Masse} \times \text{Beschleunigung} \times \text{Weg}}{\text{Zeit}}$$

$$P = \frac{M\,[\text{kg}] \;\times\; 9{,}81\,[\text{m/s}^2] \;\times\; \Delta h\,[\text{m}]}{t\,[\text{s}]}$$

### 15.4.1 Anaerobe Tests

#### Schnellkrafttest

Als **Schnellkraft** bezeichnet man die Fähigkeit des Skelettmuskels, in kurzer Zeit eine hohe Spannung zu generieren. Zur Messung der Schnellkraft kann man den **vertikalen Sprung** nutzen. Getestet wird hierbei die frühe Komponente der anaeroben Leistung – man erhält also Informationen darüber, wie groß der Vorrat an energiereichen Phosphaten (ATP und Kreatinphosphat, s. S. 537) ist.
Die **Leistung P** kann folgendermaßen berechnet werden:

$$P = \frac{\text{Kraft} \times \text{Weg}}{\text{Zeit}} = \frac{\text{Masse} \times \text{Beschleunigung} \times \text{Weg}}{\text{Zeit}}$$

wobei die Masse M das Gewicht der Person in kg ist und die Beschleunigung sich auf die Erdbeschleunigung g = 9,81 m/s² bezieht.

$$P = \frac{M\,[\text{kg}] \;\times\; 9{,}81\,[\text{m/s}^2] \;\times\; \Delta h\,[\text{m}]}{t\,[\text{s}]}$$

dabei ist Δh die Differenz zwischen der Sprunghöhe und der Reichhöhe in Metern (Abb. **15.9**).

**15.9 Vertikaler Sprung als Schnellkrafttest**

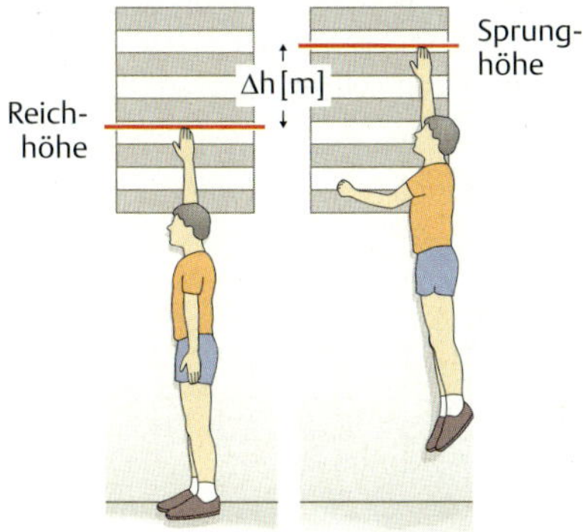


Die Reichhöhe (links) wird im Stand mit ausgestrecktem Arm gemessen. Anschließend springt der Proband aus dem Stand entlang der Wand in die Höhe, wobei er in die Knie gehen und die Arme mitschwingen darf. Die Sprunghöhe (rechts) wird an der Wand abgelesen.

Die Zeit t ergibt sich aus der Formel für den freien Fall ($s = \frac{1}{2} \times g \times t^2$). Entsprechend ergibt sich

$$t = \sqrt{\frac{2 \times \Delta h}{9{,}81}} = 0{,}45 \times \sqrt{\Delta h}\ [s]$$

Somit ist

$$P = 21{,}6\ [m/s^3] \times M\ [kg] \times \sqrt{\Delta h}\ [m]$$

$$P = 21{,}6 \times M \times \sqrt{\Delta h}\ [kg \times m^2/s^3]$$

$$P = 21{,}6\ \times M \times \sqrt{\Delta h}\ [Watt]$$

**Beispiel:** Eine 73 kg schwere Person springt 40 cm hoch. In diesem Fall hat sie folgende Leistung vollbracht:

$$P = 21{,}6 \times 73 \times \sqrt{0{,}4}\ [kg \times m^2/s^3) \approx 1000\ Watt.$$

Der Mittelwert für 20–25-jährige Testpersonen beträgt ca. 700 Watt (♀) bzw. 1100 Watt (♂).

### Maximalkrafttest

**Isometrische Maximalkraft:** Die isometrische Maximalkraft wird dann aufgewendet, wenn ein Gewicht bei maximalem Willenseinsatz gerade noch 2–3 s lang gehalten (isometrisch – also keine Längenänderung des Muskels) werden kann.

**Dynamische Maximalkraft**: Die dynamische Maximalkraft spielt beim Krafttraining eine bedeutende Rolle. Sie wird als **1 Repetitionsmaximum (1 RM)** bestimmt. Das ist diejenige Last, die eine Versuchsperson gerade noch einmal überwinden kann. Aus der linearen Beziehung zwischen Last und Anzahl der Wiederholungen (bei < 15 Wiederholungen) kann man das 1RM durch Extrapolieren zweier Belastungsversuche mit 3–6 bzw. 8–12 Wiederholungen ermitteln (Abb. **15.10**).

**15.10 Bestimmung der dynamischen Maximalkraft durch 2 Belastungsversuche**

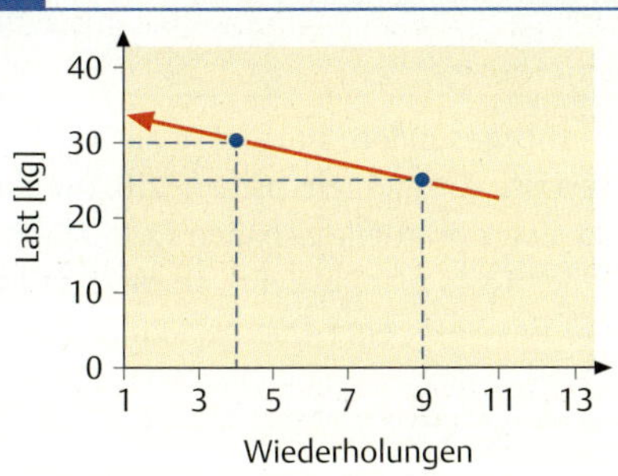


In diesem Beispiel fanden 9 Wiederholungen mit 25 kg und 4 Wiederholungen mit 30 kg statt. Daraus ergibt sich ein 1RM von ca. 33 kg.

15.9

$$t = \sqrt{\frac{2 \times \Delta h}{9{,}81}} = 0{,}45 \times \sqrt{\Delta h}\ [s]$$

Daraus ergibt sich
$P = 21{,}6\ \times M \times \sqrt{\Delta h}\ [Watt]$

**Beispiel:**
$P = 21{,}6 \times 73 \times \sqrt{0{,}4}\ [kg \times m^2/s^3) \approx 1000\ Watt$

Mittelwert für 20–25-jährige Testpersonen: ca. 700 Watt (♀) bzw. ca. 1100 Watt (♂).

### Maximalkrafttest

**Isometrische Maximalkraft:** Sie wird dann aufgewendet, wenn ein Gewicht bei maximalem Willenseinsatz gerade noch 2–3 s lang gehalten werden kann.
**Dynamische Maximalkraft:** Sie wird als **1 Repetitionsmaximum (1RM)** bestimmt, welches aufgrund des linearen Zusammenhangs zwischen Last und Wiederholungszahl durch Extrapolieren zweier Belastungsversuche ermittelt werden kann (Abb. **15.10**).

15.10

### „Einbeiniger Steptest“

Damit kann die spätere Komponente der anaeroben Leistung (anaerobe Glykolyse) überprüft werden.

Die **Leistung** wird folgendermaßen berechnet:

$$P = \frac{\text{Kraft} \times \text{Weg}}{\text{Zeit}} = \frac{\text{Masse} \times \text{Beschleunigung} \times \text{Weg}}{\text{Zeit}}$$

$$P = \frac{M\,[kg] \times 9{,}81\,[m/s^2] \times n \times \Delta h\,[m]}{t\,[s]}$$

n = Anzahl der Wiederholungen, Δh = Kastenhöhe, t = 60 s.

Für das **Hochsteigen** ergibt sich:

$$P_{hoch} = \frac{9{,}81\,[m/s^2] \times M\,[kg] \times n \times \Delta h\,[m]}{60\,[s]}$$

Für das **Heruntersteigen** gilt:

$$P_{runter} = \frac{1}{3} \times P_{hoch}$$

Die **Gesamtleistung**

$$P_{ges} = P_{hoch} + P_{runter} = 1{,}33 \times P_{hoch}$$

**Beispiel**

Mittelwert für 20–25-jährige Testpersonen: ca. 330 Watt (♀) bzw. ca. 450 Watt (♂).

### „Einbeiniger Steptest“

Mit dem „einbeinigen Steptest“ kann die spätere Komponente der anaeroben Leistung (anaerobe Glykolyse) überprüft werden. Dazu muss eine Versuchsperson innerhalb von 60 s so oft wie möglich mit demselben Bein auf einen 30–40 cm hohen Kasten steigen.

Die **Leistung** wird folgendermaßen berechnet:

$$P = \frac{\text{Kraft} \times \text{Weg}}{\text{Zeit}} = \frac{\text{Masse} \times \text{Beschleunigung} \times \text{Weg}}{\text{Zeit}}$$

wobei die Masse M das Gewicht der Person in kg ist und die Beschleunigung sich auf die Erdbeschleunigung $g = 9{,}81\ m/s^2$ bezieht.

$$P = \frac{M\,[kg] \times 9{,}81\,[m/s^2] \times n \times \Delta h\,[m]}{t\,[s]}$$

dabei ist n die Anzahl der Wiederholungen, Δh ist die Kastenhöhe und die Zeit ist auf 60 s festgelegt.

Beim **Hochsteigen** wird also folgende Leistung erbracht:

$$P_{hoch} = \frac{9{,}81\,[m/s^2] \times M\,[kg] \times n \times \Delta h\,[m]}{60\,[s]}$$

Die Leistung, die beim **Heruntersteigen** erbracht wird, beträgt ca. ⅓ der beim Hochsteigen vollbrachten Leistung:

$$P_{runter} = \frac{1}{3} \times P_{hoch}$$

Für die **Gesamtleistung** gilt somit:

$$P_{ges} = P_{hoch} + P_{runter} = 1{,}33 \times P_{hoch}.$$

**Beispiel:** Eine 73 kg schwere Versuchsperson schafft 48 Steps pro Minute bei einer Kastenhöhe von 40 cm. Daraus ergibt sich:

$$P_{ges} = \frac{1{,}33 \times 9{,}81\,[m/s^2] \times 73\,[kg] \times 48 \times 0{,}4\,[m]}{60\,[s]}$$

$$P_{ges} = \frac{1{,}33 \times 9{,}81 \times 73 \times 48 \times 0{,}4}{60}\,[kg \times m^2/s^3]$$

$$P_{ges} \approx 300\ \text{Watt}$$

Der Mittelwert für 20–25-jährige Testpersonen beträgt ca. 330 (♀) bzw. 450 Watt (♂).

### Wingate-Test

Es soll auf einem Fahrradergometer nach Erreichen einer Tretfrequenz von ca. 140/min 30 s lang mit möglichst hoher Frequenz gegen eine bestimmte Bremskraft angetreten werden. Dabei kann man auf den **maximalen Kreatinphosphatabbau** und die Fähigkeit zur **anaeroben Glykolyse (Ermüdungsresistenz)** rückschließen.

Bestimmt man anschließend die Blutlaktatkonzentration, lässt sich zudem noch die **laktazide Energiegewinnung** abschätzen.

### Wingate-Test

Der Test wird an einem drehzahlabhängigen Fahrradergometer durchgeführt. Die Versuchsperson soll zunächst eine Tretfrequenz von ca. 140/min erreichen. Dann wird in Abhängigkeit von Geschlecht und Alter eine bestimmte Bremskraft zugefügt, gegen die die Person 30 s antreten und dabei die Tretfrequenz weiterhin möglichst hoch halten soll. Alle 5 s wird aus Tretfrequenz und Belastung die aktuelle Leistung berechnet. Die höchste Leistung (Peak power) wird normalerweise in den ersten 5 s erreicht und gilt als Maß für den **maximalen Kreatinphosphatabbau.** Aus dem nachfolgenden Leistungsabfall kann man auf die Fähigkeit zur **anaeroben Gykolyse** (sog. **Ermüdungsresistenz**) rückschließen.

Bestimmt man im Anschluss an den Test noch die Blutlaktatkonzentration (s. u.), lässt sich außerdem die **laktazide Energiegewinnung** abschätzen.

▶ Merke.

▶ **Merke.** Der **Wingate-Test** darf nur von gesunden, möglichst auch trainierten Personen durchgeführt werden, da er gewisse Gesundheitsrisiken (z. B. Überlastung des kardiovaskulären Systems) birgt. Da sich eventuelle Schäden (z. B. Angina pectoris, s. S. 105) auch erst nach Abschluss des Tests manifestieren können, ist es nicht möglich, anhand des Befindens während des Tests eine Überbelastung sicher auszuschließen.

### Laktatsenketest

Im **ersten Stufentest** wird der Blutlaktatspiegel der Testperson auf 10 mM/l erhöht, indem z. B. die Wattzahl auf einem Ergometer

### Laktatsenketest

Dieser Test hat sich zur Bestimmung der **anaeroben Schwellenleistung** bewährt. Im Prinzip handelt es sich hierbei um zwei aufeinanderfolgende Stufentests, die von einer 8-minütigen Pause unterbrochen werden. Sinn des **ersten Stufentests** ist es, den Blutlaktatspiegel der Testperson auf 10 mM/l zu erhöhen. Dazu wird auf einem Ergometer so lange stufenweise die Watt-Zahl bzw. auf einem Laufband die Geschwindigkeit erhöht, bis der Test abgebrochen werden muss. Beim anschließenden **zweiten Stufentest** wird bei jeder erreichten Stufe die Laktatkonzentration im Blut der Testperson bestimmt. Da zu Beginn des zweiten Stufentests noch relativ niedrige Leistungen erbracht werden müssen, wird zunächst mehr Laktat eliminiert als produziert, sodass die Blutlaktatkonzentration erst einmal absinkt. Im weiteren Verlauf des Tests muss eine immer größere Leistung erbracht werden. Die Laktatproduktion übersteigt somit die -elimination und die Blutlaktatkonzentration steigt wieder an. Die am Umkehrpunkt der Blutlaktatkonzentration (sog. **Laktatsenke**) erbrachte Leistung entspricht der individuellen anaeroben Schwellenleistung.

so lange stufenweise erhöht wird, bis der Test abgebrochen werden muss. Beim anschließenden **zweiten Stufentest** wird bei jeder erreichten Stufe die Laktatkonzentration im Blut der Testperson bestimmt. Zu Beginn des zweiten Stufentests übersteigt die Laktatelimination die -produktion, später überwiegt die Laktatproduktion. Die am Umkehrpunkt **(Laktatsenke)** erbrachte Leistung entspricht der individuellen **anaeroben Schwellenleistung**.

## 15.4.2 Aerobe Tests

### Bestimmung der maximalen Sauerstoffaufnahme

Da jegliche aerobe Leistung im menschlichen Körper an Sauerstoff gekoppelt ist, kann man allein durch Messung der maximalen $O_2$-Aufnahme die **maximale aerobe Leistungsfähigkeit** einer Person einschätzen. Es gibt folgende Möglichkeiten, die maximale $O_2$-Aufnahme zu bestimmen:

- über den $O_2$-Verbrauch
- über die maximale Herzfrequenz.

**$O_2$-Verbrauch:** Zur Bestimmung der maximalen $O_2$-Aufnahme über den $O_2$-Verbrauch wird am Fahrradergometer (s. S. 542) stufenweise die Leistung erhöht (Stufentest) und dabei kontinuierlich der $O_2$-Verbrauch gemessen (Abb. **15.11**):

- **Unterhalb der anaeroben Schwelle** existiert ein linearer Zusammenhang zwischen $O_2$-Aufnahme und Leistung, wobei die $O_2$-Aufnahme gleich dem $O_2$-Bedarf ist.
- **Ab der anaeroben Schwelle** nimmt die $O_2$-Aufnahme weniger stark zu als der $O_2$-Bedarf, die Kurve flacht ab und erreicht schließlich einen Plateauwert, die **maximale $O_2$-Aufnahme**. Ein weiterer Leistungsanstieg kann nur noch über anaerobe Mechanismen generiert werden, weshalb es zu einem Anstieg der Laktatkonzentration im Blut kommt.

**Maximale Herzfrequenz:** Zur Bestimmung der maximalen $O_2$-Aufnahme über die maximale Herzfrequenz wird am Fahrradergometer (s. S. 542) stufenweise die Leistung erhöht (Stufentest) und dabei kontinuierlich die Herzfrequenz gemessen.

15.4.2 Aerobe Tests

**Bestimmung der maximalen Sauerstoffaufnahme**

Anhand der maximalen $O_2$-Aufnahme kann man die **maximale aerobe Leistungsfähigkeit** einer Person einschätzen. Die max. $O_2$-Aufnahme kann über den $O_2$-Verbrauch oder die maximale Herzfrequenz bestimmt werden.

**$O_2$-Verbrauch:** Messung des $O_2$-Verbrauchs im Stufentest am Fahrradergometer (Abb. **15.11**):

- **Unterhalb der anaeroben Schwelle** steigt die $O_2$-Aufnahme linear mit der Leistung an, die $O_2$-Aufnahme entspricht dem $O_2$-Bedarf.
- Ab der **anaeroben Schwelle** nimmt die $O_2$-Aufnahme weniger stark zu. Ist die **maximale $O_2$-Aufnahme** erreicht, kann ein weiterer Leistungsanstieg nur noch anaerob generiert werden.

**Maximale Herzfrequenz:** Hier wird kontinuierlich die Herzfrequenz eines Probanden auf einem Fahrradergometer gemessen, wo-

**15.11** Sauerstoffverbrauch in Abhängigkeit von der Belastung

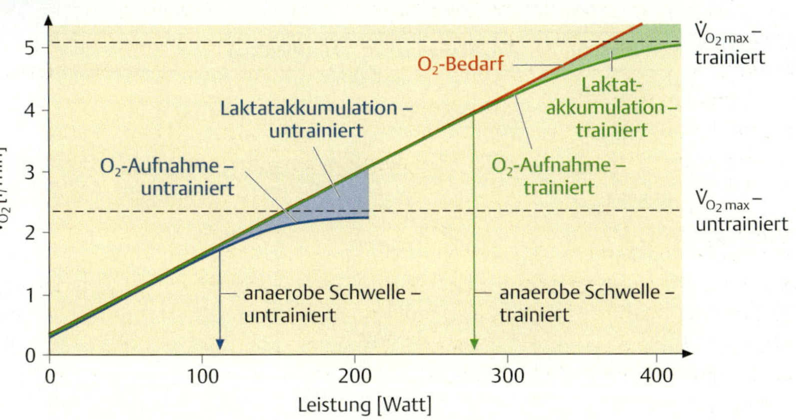


Unterhalb der anaeroben Schwelle besteht ein linearer Zusammenhang zwischen $O_2$-Aufnahme und Leistung, wobei die $O_2$-Aufnahme dem $O_2$-Bedarf entspricht. Ab der anaeroben Schwelle kann die $O_2$-Aufnahme den $O_2$-Bedarf nicht mehr decken. Ein weiterer Leistungsanstieg muss folglich über anaerobe Mechanismen generiert werden. Untrainierte Personen erreichen die anaerobe Schwelle deutlich früher als trainierte.

**15.11**

15.12

**15.12 Bestimmung des maximalen Sauerstoffverbrauchs über die maximale Herzfrequenz**

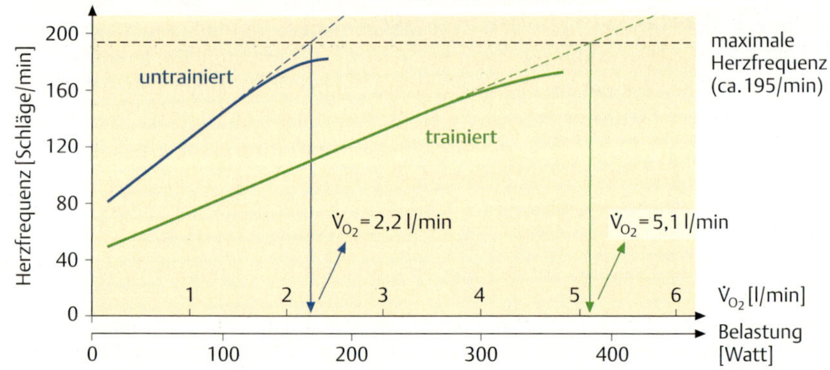


Trainierte Personen können bei maximaler Herzfrequenz deutlich mehr Sauerstoff aufnehmen und somit auch einer entsprechend höheren Belastung standhalten als untrainierte.

bei stufenweise die Leistung erhöht wird (Stufentest). Die Herzfrequenz steigt zunächst linear zur $O_2$-Aufnahme an, nimmt jedoch immer langsamer zu, je näher sie ihrem Maximum kommt.

Zur Ermittlung der maximalen $O_2$-Aufnahme s. Abb. **15.12**.

**Bestimmung der Arbeitskapazität 170 ($PWC_{170}$)**

Möchte man eine Person nicht maximal belasten, kann man ihre **aerobe Leistungsfähigkeit** abschätzen, indem man die bei einer bestimmten Herzfrequenz (170/min, 150/min, 130/min) erbrachte Leistung (= **Pulse work capacity,** $PWC_{170}$, $PWC_{150}$, $PWC_{130}$) bestimmt (Abb. **15.13**). Die PWC ist von Alter, Größe, Gewicht und Trainingszustand der Versuchsperson abhängig.

Grundlage dieses Tests ist die Tatsache, dass die Herzfrequenz zunächst linear zur $O_2$-Aufnahme ansteigt. Je näher die Herzfrequenz jedoch ihrem Maximum kommt, desto langsamer steigt sie an. Dieser Zusammenhang ist für zwei Individuen in Abb. **15.12** dargestellt.

Die maximale $O_2$-Aufnahme kann durch Extrapolieren des linearen Teils der Kurve bis zur maximalen Herzfrequenz ermittelt werden.

### Bestimmung der Arbeitskapazität 170 ($PWC_{170}$)

Möchte man eine Person nicht maximal belasten, kann man ihre **aerobe Leistungsfähigkeit** abschätzen, indem man die bei einer bestimmten Herzfrequenz (170/min, 150/min, 130/min – je nach individueller Leistungsfähigkeit) erbrachte Leistung (= **Pulse work capacity**, $PWC_{170}$, $PWC_{150}$, $PWC_{130}$) bestimmt (Abb. **15.13**). Man macht sich hierbei die Tatsache zunutze, dass die Herzfrequenz im submaximalen Bereich linear mit der Belastung ansteigt und die bei einer bestimmten Herzfrequenz erbrachten Leistungen somit vergleichbar sind. Die PWC ist von Alter, Größe, Gewicht und Trainingszustand der Versuchsperson abhängig. Der $PWC_{170}$-Sollwert für eine 25-jährige, 170 cm große Frau beträgt 143 Watt, der eines 25-jährigen, 185 cm großen Mannes 208 Watt. Hochtrainierte Personen können doppelt so hohe Werte erzielen.

15.13

**15.13 Bestimmung der Arbeitskapazität 170 ($PWC_{170}$)**

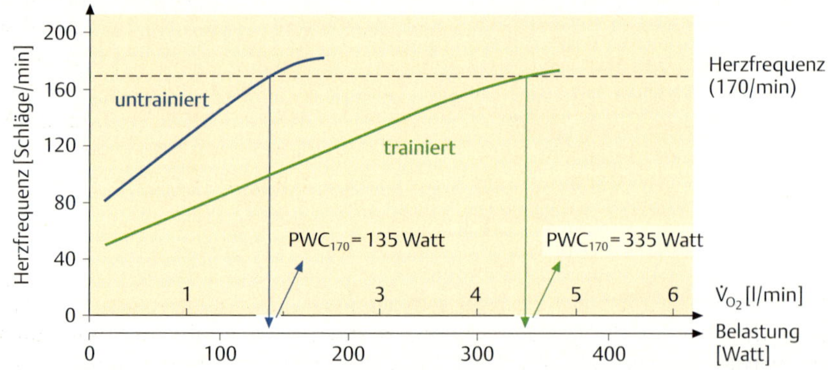

### Ermittlung der Herzfrequenzreserve (HFR)

► **Definition.** Die **Herzfrequenzreserve** ist die Differenz zwischen der Herzfrequenz in Ruhe und der maximalen Herzfrequenz.

Indem man den Herzfrequenzanstieg bei einer bestimmten Belastung in Prozent der individuellen Herzfrequenzreserve ausdrückt, kann man die Leistungsfähigkeit einer Person einschätzen:

- **Beispiel 1:** Eine Person mit einem Ruhepuls von 75 und einer maximalen Herzfrequenz von 195/min hat folglich eine HFR von 120 Schlägen/min. Ein Herzfrequenzanstieg auf 185/min bei einer Belastung von 150 Watt entspricht 92% der maximalen HFR ([185 – 75]/120), d.h. 150 Watt sind für diese Person eine harte Belastung.
- **Beispiel 2:** Eine Person mit einem Ruhepuls von 55 und einer maximalen Herzfrequenz von 195/min hat folglich eine HFR von 140 Schlägen/min. Ein Herzfrequenzanstieg auf 120/min bei einer Belastung von 150 Watt entspricht 46% der maximalen HFR ([120 – 55]/140), d.h. 150 Watt sind für diese Person eine moderate Belastung.

► **Klinik.** Ein weiterer interessanter physiologischer Parameter ist die **Herzfrequenzvariabilität** oder **Herzratenvariabilität (HRV)**. Sie ist eine Messgröße der neurovegetativen Aktivität und der autonomen Funktion des Herzens und beschreibt die Fähigkeit des Gesunden, seine Herzfrequenz ständig geringfügig anzupassen. Sie lässt sich aus der Schwankungsbreite der RR-Intervalle im EKG bestimmen. Eine Einschränkung der HRV **(„HRV-Starre")** ist ein Hinweis auf eine Dysfunktion des vegetativen Nervensystems. Klinisch findet die Bestimmung der HRV z.B. Anwendung in der Risikoabschätzung der diabetischen autonomen Neuropathie und der koronaren Herzkrankheit (KHK). Bei beiden Erkrankungen ist das vegetative Nervensystem direkt bzw. indirekt geschädigt, was zur Reduktion der HRV führt. In den letzten Jahren hat die Analyse der HRV auch in Sportwissenschaft und Sportmedizin Einzug erhalten. So wurden u.a. die Auswirkungen sportlichen Trainings auf die HRV untersucht. Dabei wurde nachgewiesen, dass regelmäßiges aerobes Ausdauertraining nicht nur mit einer Absenkung des Ruhepulses, sondern auch mit einer Erhöhung der HRV einhergeht, was den Nutzen regelmäßigen ausdauerorientierten Sporttreibens belegt. Jüngste Erkenntnisse deuten darüber hinaus an, dass die HRV für die Leistungsdiagnostik und Trainingssteuerung eine praktikable nicht invasive Methode darstellen könnte.

## 15.4.3 Time trial

Time trial bedeutet:

- Verrichtung einer vorgegebenen Arbeit in möglichst kurzer Zeit oder
- Verrichtung einer möglichst großen Arbeit in einer vorgegebenen Zeit.

Da untrainierte Personen ihre Leistungsfähigkeit schlecht einschätzen können und deshalb oftmals entweder bereits vor Testende ermüden oder aber sich zu Beginn des Tests zu stark schonen, müssen die Testpersonen für ein reproduzierbares Testergebnis trainiert sein. Ein weiterer Nachteil des Tests besteht darin, dass er nicht standardisiert, sondern persönlich variierbar ist. So kann eine Testperson z.B. bei einem Test zuerst langsam beginnen und dann immer schneller werden oder umgekehrt. Dadurch sind die Messergebnisse der Atmungs- und Kreislaufparameter zwischen verschiedenen Tests nicht vergleichbar.

### Gehtest

Hierbei handelt es sich um einen einfach durchzuführenden, sehr realitätsnahen Time-trial-Test, der häufig in der Klinik angewendet wird, um die **Ausdauerleistung von Patienten** zu ermitteln. Man lässt den Patienten dazu in 6 bzw. 12 min (je nach individueller Leistungsfähigkeit) eine möglichst große Gehstrecke zurücklegen. Die Bewertung erfolgt durch Abgleich des Ergebnisses mit dem einer gesunden Person (diese kann in 6 min ca. 750 m bzw. in 12 min 1,5 km gehen).

**Ermittlung der Herzfrequenzreserve (HFR)**

► Definition.

Indem man den Herzfrequenzanstieg bei einer bestimmten Belastung in Prozent der individuellen Herzfrequenzreserve ausdrückt, kann man die Leistungsfähigkeit einer Person einschätzen.

► Klinik.

**15.4.3 Time trial**

Hier soll entweder eine vorgegebene Arbeit in möglichst kurzer Zeit oder eine möglichst große Arbeit in einer vorgegebenen Zeit verrichtet werden.

Um reproduzierbare Testergebnisse zu erzielen, müssen die Testpersonen trainiert sein.

**Gehtest**

Der Gehtest (max. Gehstrecke in 6 bzw. 12 min) ist ein Test zur Beurteilung der **Ausdauer von Patienten**.

# 15.5 Training

15.5 Training

Training dient dazu, die (sportliche) Leistungsfähigkeit zu erhalten bzw. zu verbessern. In den verschiedenen Sportarten werden unterschiedliche Komponenten der Leistungsfähigkeit trainiert.

Training dient dazu, die (sportliche) Leistungsfähigkeit zu erhalten bzw. zu verbessern. In den verschiedenen Sportarten werden unterschiedliche Komponenten der Leistungsfähigkeit trainiert. So sind beispielsweise in Ball- und Spielsportarten die koordinativen und taktisch-kognitiven Komponenten der Leistungsfähigkeit von besonderer Wichtigkeit, während z.B. bei reinen Laufsportarten (z.B. Marathon) die Ausdauer im Vordergrund steht.

## 15.5.1 Belastung

15.5.1 Belastung

Man unterscheidet eine äußere von einer inneren Belastung (= Beanspruchung).

Training erfolgt durch Belastung. Man unterscheidet
- eine äußere Belastung von
- einer inneren Belastung (= Beanspruchung).

### Äußere Belastung

Äußere Belastung

▶ Definition.

▶ **Definition.** Die **äußere Belastung** ist die von einer Person absolut geleistete Arbeit.

Sie ist bei Personen, die das gleiche Training absolvieren, gleich groß.

Das **Ausmaß** der äußeren Belastung richtet sich nach
- Trainingsinhalten bzw. Trainingsart
- Belastungsdauer
- Anzahl der Wiederholungen
- Anzahl der Serien
- Trainingshäufigkeit
- Dauer einer Trainingseinheit
- Belastungsintensität.

Die äußere Belastung ist bei verschiedenen Personen, die das gleiche Training absolvieren, gleich groß.
Das **Ausmaß** der äußeren Belastung richtet sich nach
- Trainingsinhalten bzw. Trainingsart (z.B. Lauf-, Zirkel- oder Krafttraining)
- Belastungsdauer (z.B. 40 min)
- Anzahl der Wiederholungen
- Anzahl der Serien (z.B. 3 × 12 Wiederholungen)
- Trainingshäufigkeit (Trainingseinheiten pro Woche)
- Dauer einer Trainingseinheit
- Intensität der Belastung (z.B. Last in % des 1RM [s. S. 545] oder Laufgeschwindigkeit in km/h).

### Innere Belastung (Beanspruchung)

Innere Belastung (Beanspruchung)

▶ Definition.

▶ **Definition.** Die Wirkung einer äußeren Belastung auf den Organismus bezeichnet man als **innere Belastung** oder **Beanspruchung**.

Je nach Trainingszustand wirkt die gleiche äußere Belastung auf verschiedenen Individuen unterschiedlich. Der **Grad der Beanspruchung** bei vorgegebener Belastung ist ein Maß für die Leistungsfähigkeit einer Person.

Die Beanspruchung einer Person kann anhand des subjektiven Empfindens und durch Beobachtung, Erfassung von Stoffwechselparametern, Messung von Herz-Kreislauf-Parametern und Überprüfung der Atemfunktion eingeschätzt werden.

Je nach Trainingszustand wirkt die gleiche äußere Belastung auf verschiedenen Individuen unterschiedlich. Der **Grad der Beanspruchung** bei vorgegebener Belastung ist ein Maß für den Trainingsgrad und die aktuelle Leistungsfähigkeit einer Person. So können beispielsweise Krankheiten oder auch Umweltbedingungen zu einer erhöhten Beanspruchung des Organismus führen.

Zu den **Methoden zur Erfassung** der Beanspruchung einer Person gehören:
- Abfrage des subjektiven Empfindens (Atemnot, Herzbeschwerden etc.)
- Beobachten von Auffälligkeiten (Schwitzen, Gesichtsfarbe etc.)
- Erfassung von Stoffwechselparametern (z.B. $O_2$-Verbrauch, Blutlaktatkonzentration)
- Evaluierung des Herz-Kreislauf-Systems (Herzfrequenz, Blutdruck)
- Überprüfen des Atmungssystems (Ventilation, Atemfrequenz etc.).

## 15.5.2 Kraft

15.5.2 Kraft

Krafttraining dient der **Verbesserung der neuromuskulären Koordination** und der **Vergrößerung des Muskelquerschnitts**.

Die Trainierbarkeit der Kraft ist **geschlechts- und altersabhängig**.

Krafttraining dient der **Verbesserung der neuromuskulären Koordination** (Synchronisation der motorischen Einheiten) und der **Vergrößerung des Muskelquerschnitts** (Hypertrophie). Die allgemeine aerobe Ausdauer wird durch Krafttraining nicht erhöht.
Die Trainierbarkeit der Kraft ist **geschlechts- und altersabhängig**: Das optimale Alter für Krafttraining liegt zwischen 15 und 25 Jahren, wobei Männer aufgrund ihres höheren Testosteronspiegels bessere Ergebnisse erzielen können als Frauen. Bei Kindern ist Kraft nur in geringem Ausmaß trainierbar.

**15.1 Änderung physiologischer Parameter durch Krafttraining**

| *Ziel* | *Muskelhypertrophie* | *Verbesserung der neuromuskulären Aktivierung (= Synchronisation motorischer Einheiten)* | *Kraft und Ausdauer* |
|---|---|---|---|
| **Methode** | submax. Kontraktion | submax. Kontraktion | halbmax. Kontraktion |
| **Intensität (Last in % 1RM)** | 60–85 % | 90–100 % | 50–60 % |
| **Wiederholungen** | 6–20 | 1–3 | 20–40 |
| **Ausführung** | langsam bis zügig | explosiv | langsam bis zügig |
| **Wirkung auf** | | | |
| ▪ Maximalkraft | +++ | ++ | + |
| ▪ Schnellkraft | | +++ | |
| ▪ Kraftausdauer | + | + | +++ |
| ▪ Muskelmasse | +++ | + | + |
| ▪ FT-Massenanteil* | | + | |
| ▪ Enzymaktivität* | ++ | | ++ |
| ▪ Kapillarisierung* | + | | + |

* **FT-Massenanteil** = Anteil an schnellen Muskelfasern (fast-twitch); **Enzymaktivität**: hier sind die für die ATP-Erzeugung (Glykolyse, oxidative Phosphorylierung) relevanten Enzyme gemeint; **Kapillarisierung** der trainierten Muskulatur.

Kraft kann prinzipiell auf folgende zwei Arten trainiert werden:

- isometrisches Krafttraining (= Muskelanspannung ohne Verkürzung) oder
- dynamisches Krafttraining (= Muskelverkürzung bei gleicher Belastung, s. S. 545).

Kraft kann isometrisch oder dynamisch (s. S. 545) trainiert werden.

**Isometrisches Krafttraining:** Beim isometrischen Krafttraining ist der Trainingseffekt optimal, wenn das Gewicht etwa 50–70 % der Maximalkraft entspricht und 3–10 s lang gehalten wird. Zu Beginn des Krafttrainings ist die Kraftzunahme auf eine Synchronisation motorischer Einheiten zurückzuführen. Erst im weiteren Trainingsverlauf nimmt der Muskeldurchmesser zu (Hypertrophie). Deshalb wird diese Trainingsform verstärkt beim Bodybuilding eingesetzt. Der **Vorteil** dieses Trainings liegt darin, dass gezielt bestimmte Muskelgruppen trainiert werden können (z. B. in der Rehabilitation). Da die Gelenke während der Belastung nicht bewegt werden, ist diese Form des Trainings gelenkschonend. **Nachteilig** ist, dass die Koordinationsfähigkeit nicht trainiert wird, was sich bei Anwendung von dynamischer Kraft bemerkbar macht.

**Isometrisches Krafttraining:** Der Trainingseffekt ist optimal, wenn das Gewicht etwa 50–70 % der Maximalkraft entspricht und 3–10 s lang gehalten wird. Die Kraftzunahme erfolgt durch Synchronisation motorischer Einheiten und Muskelhypertrophie. Das Training ist gelenkschonend, die Koordinationsfähigkeit kann durch isometrische Belastung allerdings nicht trainiert werden.

**Dynamisches Krafttraining:** Beim dynamischen Krafttraining werden nur dann Trainingseffekte erzielt, wenn mit Belastungen gearbeitet wird, die mehr als 70 % der Maximalkraft entsprechen. Die Kraftzunahme beruht wie beim isometrischen Krafttraining auf einer Synchronisation motorischer Einheiten und einer Hypertrophie der Skelettmuskelzellen. Durch die Wiederholung der Bewegungen entstehen neuronale Verknüpfungen, d. h. es werden Bewegungsmuster erlernt und somit die Koordinationsfähigkeit gesteigert. **Nachteilig** ist, dass bei dieser Trainingsform die Gelenke belastet werden.
Der Trainingsablauf muss dem jeweiligen Trainingsziel angepasst werden (Tab. **15.1**).

**Dynamisches Krafttraining:** Hier werden nur dann Trainingseffekte erzielt, wenn mit Belastungen gearbeitet wird, die mehr als 70 % der Maximalkraft entsprechen. Die Kraftzunahme erfolgt ebenfalls durch Synchronisation motorischer Einheiten und Muskelhypertrophie. Es wird außerdem die Koordinationsfähigkeit gesteigert.

Der Trainingsablauf muss dem jeweiligen Trainingsziel angepasst werden (Tab. **15.1**).

## 15.5.3 Schnelligkeit

Wie schnell eine Kontraktion erfolgen kann, hängt in hohem Maße vom Muskelfasertyp ab: Muskeln mit einem hohen Anteil an schnellen Muskelfasern können schneller kontrahieren als solche, die zu einem großen Teil aus langsamen Muskelfasern bestehen. Bislang konnte noch nicht nachgewiesen werden, dass durch entsprechendes Training („Schnelligkeitstraining") der Anteil an schnellen Muskelfasern erhöht werden kann. Umgekehrt weiß man jedoch inzwischen, dass durch Ausdauertraining der Anteil an schnellen Muskelfasern reduziert wird (s. u.): Bei Sprintern sind ca. 70–80 % der Muskelfasern schnelle Fasern, während es bei untrainierten Personen ca. 60 % und bei Ausdauersportlern sogar lediglich ca. 40 % sind.

**15.5.3 Schnelligkeit**

Muskeln mit einem hohen Anteil an schnellen Muskelfasern können schneller kontrahieren als solche, die zu einem großen Teil aus langsamen Muskelfasern bestehen. Bei Sprintern sind ca. 70–80 % der Muskelfasern schnelle Fasern, während es bei untrainierten Personen ca. 60 % und bei Ausdauersportlern sogar lediglich ca. 40 % sind.

**15.2 Körperliche Veränderungen durch Ausdauertraining**

| | Nichtsportler | Ausdauersportler |
|---|---|---|
| **Herzfrequenz** (HF), Ruhe → max. | ca. 80/min → 180 – 200/min | ca. 40/min → 180 – 200/min |
| **Schlagvolumen** (SV), Ruhe → max. | ca. 70 ml → ca. 100 ml | ca. 140 ml → ca. 190 ml |
| **Herzminutenvolumen** (HMV), Ruhe → max. | ca. 6 l/min → ca. 15 l/min | ca. 6 l/min → 25 – 30 l/min |
| **Herzvolumen** | ca. 700 ml | ca. 1400 ml |
| **Herzgewicht** | ca. 300 g | ca. 500 g |
| **Atemminutenvolumen** (AMV), Ruhe → max. | 6 – 8 l/min → > 100 l/min | 6 – 8 l/min → 200 l/min |

Man nimmt an, dass hier abgesehen vom Training auch genetische Faktoren eine Rolle spielen.

Außerdem nimmt man an, dass auch genetische Faktoren das Verhältnis von schnellen zu langsamen Muskelfasern beeinflussen.

15.5.4 Ausdauer

Die Ausdauer ist die am besten zu trainierende Größe. Man unterscheidet zwei Ausdauerarten.

**Allgemeine anaerobe Ausdauer:** Die allgemein anaerobe Ausdauer wird über erschöpfende, dynamische Belastungen im Minutenbereich trainiert – häufig in Form eines sog. **Intervalltrainings**. Sie ist abhängig vom Glykogengehalt des Muskels, von der Pufferkapazität des Organismus sowie von der subjektiven Toleranz gegenüber unangenehmen Empfindungen (metabolische Azidose).

**Allgemeine aerobe Ausdauer:** Diese wird über die Ausführung möglichst vieler Muskelkontraktionen mit ca. 20 – 30 % der Maximalkraft trainiert. Um effektiv zu sein, sollte das Training zwischen 1 – 6 h/d betragen.
**Lokale Veränderungen:** Anzahl der schnellen Muskelfasern ↓, Anzahl der langsamen Muskelfasern ↑, Enzyme des oxidativen Stoffwechsels ↑, glykolytische Enzyme ↓, Myoglobingehalt ↑.
**Systemische Veränderungen:** s. Tab. **15.2**. Außerdem: Blutvolumen und Erythrozytenzahl ↑, $O_2$-Bindungskurve verläuft steiler, stärkerer Effekt des pH-Werts auf die $HbO_2$-Bindung (s. S. 250).

▶ Klinik.

## 15.5.4 Ausdauer

Die Ausdauer ist die am besten zu trainierende Größe. Man unterscheidet folgende zwei Ausdauerarten:
- allgemeine **anaerobe** Ausdauer
- allgemeine **aerobe** Ausdauer.

**Allgemeine anaerobe Ausdauer:** Die allgemein anaerobe Ausdauer wird über erschöpfende, dynamische Belastungen im Minutenbereich trainiert. Dabei werden häufig mehrere dieser Belastungen hintereinander durchgeführt, unterbrochen von kurzen Intervallen ohne oder mit geringer Belastung (sog. **Intervalltraining**). Die allgemeine anaerobe Ausdauer ist vom Glykogengehalt des Muskels, von der Pufferkapazität des Organismus und nicht zuletzt von der subjektiven Toleranz gegenüber unangenehmen Empfindungen (metabolische Azidose) abhängig. Durch das Training werden all diese Parameter verbessert. Dies gilt auch für die Toleranz gegenüber Übelkeit: Während sich eine untrainierte Person bei/nach einer anaeroben Belastung auf Grund eines kurzfristigen Blut-pH-Werts von 7,0 (metabolische Azidose) übergeben muss, kann eine trainierte Person kurzfristig sogar pH-Werte von bis zu 6,8 tolerieren.

**Allgemeine aerobe Ausdauer:** Die allgemeine aerobe Ausdauer wird über die Ausführung möglichst vieler Muskelkontraktionen mit ca. 20 – 30 % der Maximalkraft trainiert. Um effektiv zu sein, sollte das Training zwischen 1 – 6 h/d betragen. Dieses Training wird langfristig sowohl lokale wie auch systemische Veränderungen physiologischer Parameter zur Folge haben:
- **Lokale Veränderungen:** Die Anzahl der schnellen Muskelfasern verringert sich bei gleichzeitiger Zunahme der langsamen Fasern. Die Konzentrationen von Enzymen des oxidativen Stoffwechsels steigen an, während die Konzentration glykolytischer Enzyme abfällt. Außerdem kann es zu einem Anstieg des Myoglobingehalts des Muskels kommen.
- **Systemische Veränderungen:** Zusätzlich zu den in Tab. **15.2** aufgeführten Veränderungen steigen Blutvolumen und Erythrozytenzahl an, wodurch der Hämatokrit weitgehend unverändert bleibt. Die $O_2$-Bindungskurve an das Hämoglobin (Hb) ist bei Ausdauertrainierten steiler als bei untrainierten Personen, der Effekt des pH-Werts auf die $HbO_2$-Bindung (s. S. 250) ist bei Ausdauertrainierten ebenfalls stärker ausgeprägt.

▶ **Klinik.** Nicht nur Leistungssportler, sondern auch immer mehr Freizeit-/Breitensportler sind an sportärztlichen Untersuchungen interessiert. Ein **sportmedizinischer Leistungstest** ermöglicht die objektive Einschätzung der sportlichen Leistungsfähigkeit und die gezielte Trainingssteuerung. Er sollte bei einem ausgebildeten und qualifizierten Sportmediziner durchgeführt werden (s.a. Empfehlungen der Deutschen Gesellschaft für Sportmedizin und Prävention e.V., www.dgsp.de).
Zu einem sportmedizinischen Leistungstest gehören in der Regel:
- sportmedizinische Anamnese
- körperliche Untersuchung

- Laboruntersuchungen (Leberwerte, Nierenwerte, Lipidstatus, Blutzucker, Elektrolyte)
- Ruhe-EKG
- Belastungstest mit (Fahrrad-)Ergometrie (s. S. 542) und Laktatmessung (zur Bestimmung der aeroben und anaeroben Schwelle), alternativ evtl. Spiroergometrie (Messung bestimmter Atemgasparameter, wie z. B. $O_2$-Aufnahme, $CO_2$-Angabe und Atemfrequenz, unter körperlicher Belastung, Abb. **15.14**)
- ggf. Lungenfunktionstest und Echokardiografie
- ggf. Körperfettmessung.

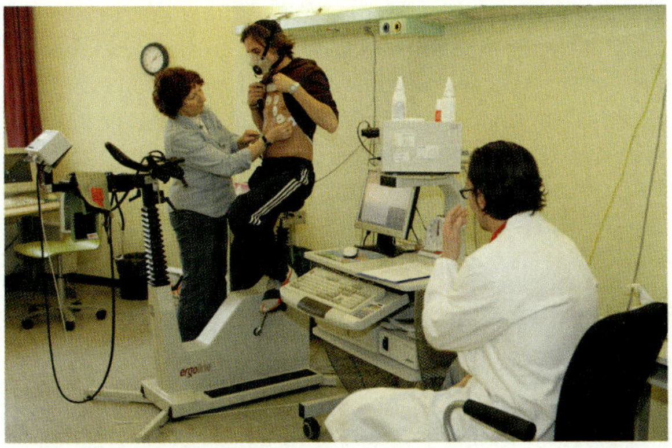

15.14

**Spiroergometrie**

## 15.5.5 Ermüdung

15.5.5 Ermüdung

▶ Definition. **Ermüdung** ist die arbeitsbedingte Abnahme der Leistungsfähigkeit.

▶ Definition.

Wird die Ermüdung subjektiv als so stark empfunden, dass die Muskelkontraktion abgebrochen werden muss, spricht man von **Erschöpfung**.
Man unterscheidet folgende zwei Typen von Ermüdung:

- periphere (physische) Ermüdung
- zentrale (psychische) Ermüdung.

Ist die Ermüdung so stark, dass die Kontraktion abgebrochen werden muss, spricht man von **Erschöpfung**.
Man unterscheidet die periphere (physische) von der zentralen (psychischen) Ermüdung.

**Periphere (physische) Ermüdung:** Diese Form der Ermüdung tritt bei schwerer körperlicher Belastung oberhalb der Dauerleistungsgrenze (s. S. 539) auf. Die Verminderung der Kontraktilität ist hier auf folgende „periphere" Faktoren zurückzuführen:

- Anhäufung von Laktat im Muskel → pH-Wert ↓ → Enzymaktivität ↓
- $K^+$-Mangel in der Muskulatur infolge der hohen Innervationsfrequenz
- Glykogenmangel im Muskel → ATP-Synthese ↓
- Anstieg der Muskeltemperatur → Enzymaktivität ↓
- Anstieg der Körperkerntemperatur (wegen mangelnder Kühlung)
- Flüssigkeitsmangel → Reduktion der Muskeldurchblutung durch Abnahme des Herzzeitvolumens/Blutdrucks.

**Periphere (physische) Ermüdung:** Diese Form der Ermüdung tritt bei schwerer körperlicher Belastung oberhalb der Dauerleistungsgrenze (s. S. 539) auf. Ursachen sind folgende „periphere" Faktoren:

- pH-Wert ↓ durch Laktatanhäufung
- $K^+$-Mangel in der Muskulatur
- Glykogenmangel im Muskel
- Muskeltemperatur ↑
- Körperkerntemperatur ↑
- Flüssigkeitsmangel.

**Zentrale (psychische) Ermüdung:** Diese Form der Ermüdung tritt bei monotonen Arbeiten (Motivation ↓), komplexen Bewegungsabläufen, die hohe Anforderungen an die Koordinationsfähigkeit stellen, und auch bei anstrengenden geistigen Tätigkeiten (z. B. Geschicklichkeits-/Konzentrationsübungen) auf. Ursache kann eine **Hypoglykämie** sein, die zu einer Beeinträchtigung des Nervenzellstoffwechsels führt. Außerdem kann die **Skelettmuskulatur selbst hemmend** auf das Zentralnervensystem wirken, um so eine Überbeanspruchung der Muskulatur zu verhindern. Durch Aktivierung des Sympathikus (z. B. bei Gefahr) oder Einnahme bestimmter Medikamente (Doping, s. u.) kann dieser hemmende und somit schützende Mechanismus jedoch überwunden werden. Dadurch steigt zwar die Leistungsfähigkeit wieder an, es kann jedoch zur Überbelastung – unter Umständen sogar mit Todesfolge – kommen.

**Zentrale (psychische) Ermüdung:** Die zentrale Ermüdung geht auf zentrale Prozesse zurück (evtl. Motivation ↓), die einerseits auf eine Veränderung des Nervenstoffwechsels **(Hypoglykämie)**, andererseits auf **hemmende Effekte der Muskulatur selbst** zurückzuführen sind. Sympathikusaktivierung (z. B. bei Gefahr) oder auch Medikamente (Doping, s. u.) können diese hemmenden Effekte überwinden.

► Klinik.

► Klinik. **Muskelkater** tritt etwa 6–24 h nach einer anstrengenden Belastung auf und ist durch feine Schädigungen (sog. **Mikroläsionen**) von Myofibrillen und Sarkolemm bedingt. Entgegen der früheren Lehrmeinung ist der Muskelkater nicht auf eine zu hohe Laktatkonzentration zurückzuführen (diese hat sich bis zum Auftreten des Muskelkaters ja bereits längst wieder normalisiert). Die zerstörten Proteine werden in zahlreiche kleinere Moleküle abgebaut, deren osmotische Wirkung einen Wassereinstrom und somit eine **Schwellung der Muskelzelle** verursacht. Durch die Schwellung werden nozizeptive Nervenzellen (s. S. 604) aktiviert, welche wiederum das zentrale nozizeptive System aktivieren und so die Schmerzempfindung auslösen. Außerdem kommt es infolge der Zerstörung von Muskelfaserzellmembranen zur Anreicherung von Proteinen im Extrazellulärraum, die dort normalerweise nicht vorkommen und deshalb eine **Immunantwort** induzieren. Aktivierte Makrophagen und Mastzellen setzen Histamin, Prostaglandine und Bradykinin im Gewebe frei. Insbesondere **Bradykinin** kann nozizeptive Nervenzellen erregen. Die Aktionspotenzialentstehung in den nozizeptiven Zellen wird noch dadurch erleichtert bzw. verstärkt, dass bei der Entstehung von Aktionspotenzialen in den beteiligten Muskelfasern und infolge der Zerstörung von Zellmembranen **$K^+$-Ionen** in den Extrazellulärraum gelangen und dort depolarisierend auf die nozizeptiven Nervenzellen wirken.
Sowohl die Schwellung als auch die schmerzbedingte Muskelanspannung verringern die Durchblutung der Muskulatur. Dadurch wird der Abtransport der schmerzinduzierenden Substanzen erschwert und der Schmerz noch verstärkt. Leichte Muskelarbeit führt zu einer Durchblutungssteigerung und kann so zu einer Reduktion der Muskelschmerzen führen.

15.6 Doping

## 15.6 Doping

► Definition.

► Definition. **Doping** ist der Versuch, durch Anwendung von Substanzen aus verbotenen Wirkstoffgruppen oder mittels verbotener Methoden eine Leistungssteigerung zu erzielen.

Diese Substanzklassen und Methoden sind in der weltweit gültigen **Dopingliste** aufgeführt. Einen Überblick gibt Tab. **15.3**.

Die Einnahme der Dopingsubstanzen ist mit diversen gesundheitlichen Risiken verknüpft und kann letztlich auch zum Tod führen. Es werden während und außerhalb von Wettkämpfen regelmäßig Dopingkontrollen durchgeführt.

Diese Substanzklassen und Methoden sind in der seit dem 1.1.2004 existierenden, einheitlichen, weltweit gültigen **Dopingliste** aufgeführt. Einen Überblick über Substanzklassen, Methoden und deren Effekte auf den Organismus gibt Tab. **15.3**.
Die Einnahme der Dopingsubstanzen ist mit diversen gesundheitlichen Risiken verknüpft und kann letztlich auch zum Tod führen. Um zu verhindern, dass sportliche Resultate unter dem Einfluss von Dopingmitteln erzielt werden, werden während und auch außerhalb von Wettkämpfen regelmäßig Dopingkontrollen durchgeführt.

Weitere Informationen zum Thema Doping finden Sie unter http://www.dopinginfo.de.

**15.3 Laut Dopingliste verbotene Substanzklassen und Methoden und deren erwünschte Effekte**

| | *erwünschter Effekt* | *im Wettkampf verboten* | *auch außerhalb des Wettkampfs verboten* | *bei bestimmten Sportarten generell verboten* |
|---|---|---|---|---|
| **Substanzen** | | | | |
| **Stimulanzien** (z. B. Amphetamine, Koffein, Cocain, Ecstasy) | allgemeine Leistungsförderung | + | | |
| **Anabolika** | Förderung des Muskelaufbaus → Kraftaufbau | + | + | |
| **Peptidhormone** (z. B. Erythropoietin, Somatotropin) | ▪ **Epo:** Erhöhung der Erythrozytenzahl (s. S. 314) → Ausdauer ↑<br>▪ **Somatotropin:** allgemeine Leistungssteigerung | + | + | |
| **Narkotika** | Schmerzempfinden ↓ | + | | |
| **Cannabinoide** | Entspannung, leichte Euphorie | + | | |
| **$\beta_2$-Agonisten** | sympathomimetisch (s. S. 570) | + | + | |
| **maskierende Substanzen** (z. B. Diuretika oder Plasmaexpander) | ▪ **Diuretika** (z. B. Furosemid): Beeinflussung der Ausscheidung unerlaubter Substanzen über den Urin → bei Dopingkontrollen können diese Substanzen nicht mehr im Urin nachgewiesen werden | | | z. B. in Sportarten mit Gewichtsklassen oder beim Skispringen |
| | ▪ **Plasmaexpander** | + | + | |
| **Glukokortikoide** | euphorisierende Wirkung | + | | |
| **Antiöstrogene** | Hemmung von Östrogenproduktion/-wirkung | + | + | |
| **Alkohol** | Hemmung der sympathischen Erregung | | | z. B. im Motorsport, Bogenschießen oder Skisport |
| **β-Blocker** | beruhigende Wirkung | | | neben den beim Alkohol genannten u. a. auch beim Schießen oder Bobfahren |
| **Methoden** | | | | |
| **Blutdoping** | Erhöhung der Erythrozytenzahl → Ausdauer ↑ | + | + | |
| **Gendoping** | Leistungssteigerung durch Verwendung von Genen, Genbestandteilen oder Zellen | + | + | |
| **Manipulation** (chemisch, physikalisch oder pharmakologisch) | Verhinderung des Nachweises von Dopingmitteln im Urin | + | + | |

# Vegetatives Nervensystem

# 16 Vegetatives Nervensystem



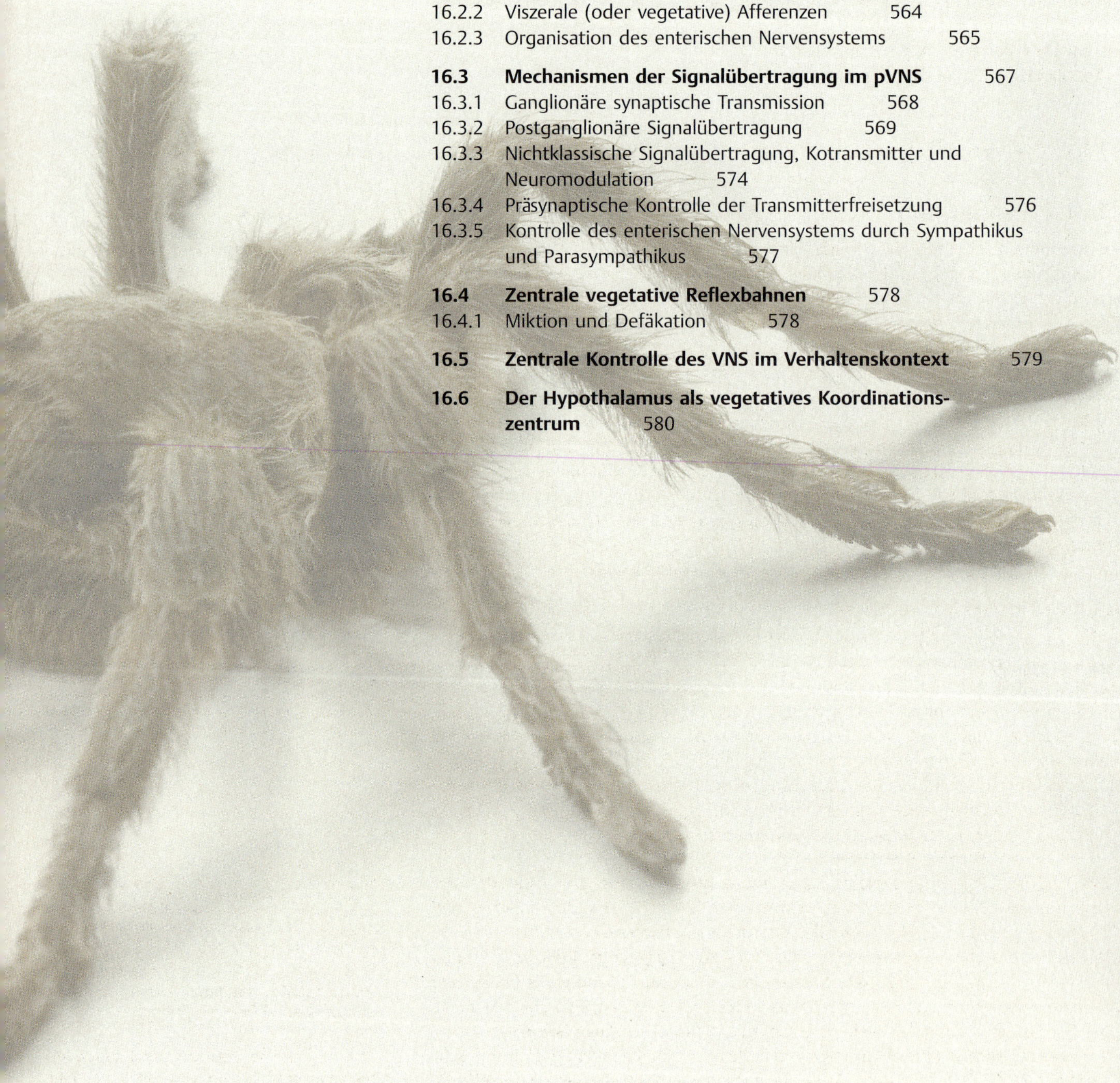

# 16 Vegetatives Nervensystem

16 Vegetatives Nervensystem

„Und bei gewissen Reizen also, zum Exempel: Sie schämen sich mächtig, da spielt diese Verbindung, und die Gefäßnerven nach dem Gesichte spielen, und dann dehnen und füllen die dortigen Blutgefäße sich, daß Sie einen Kopf kriegen wie ein Puter, ganz hochgeschwollen von Blut sind Sie da und können nicht aus den Augen sehen. Dagegen in anderen Fällen, Gott weiß, was Ihnen bevorsteht, was ganz gefährlich Schönes möglicherweise, da ziehen die Blutgefäße der Haut sich zusammen, und die Haut wird blaß und kalt [...]. Aber das Herz läßt der Sympathikus ordentlich trommeln."
„So kommt das also", sagte Hans Castorp.
(Th. Mann, Der Zauberberg, Humaniora)

## 16.1 Grundlagen

16.1 Grundlagen

### 16.1.1 Einführung

16.1.1 Einführung

Der Organismus ist aufgrund sich verändernder Bedingungen auf Anpassungsvorgänge zur **Konstanterhaltung des inneren Milieus** angewiesen: Diese steuert das ZNS über **endokrine** Systeme **(langsam)** bzw. über **neuronale** Regelvorgänge **(schnell)**. Die schnellen Anpassungsvorgänge sind Funktionen des **vegetativen Nervensystems (VNS)**.

Eigene motorische Aktivität sowie eine sich verändernde Umwelt setzen den Organismus wechselnden Bedingungen aus, denen er sich jeweils anpassen muss, um die optimale Funktion seiner Organe zu gewährleisten. Dazu notwendig ist die **Konstanterhaltung des inneren Milieus**, also des die Zellen umgebenden, durch sie selbst geschaffenen und kontrollierten Mediums. Diese **Anpassungsvorgänge** werden, ebenso wie die skeletomotorischen Funktionen, vom Zentralnervensystem gesteuert, und zwar einerseits über neuronale, andererseits über endokrine Systeme. Die **endokrinen** Systeme wirken dabei relativ **langsam** (viele Minuten bis Tage), während die **neuronal** vermittelten Regelvorgänge sehr **schnell** sind (Sekunden bis wenige Minuten). Beispiele für solche neuronal vermittelten Anpassungen sind die Konstanterhaltung der Durchblutung, z. B. des Gehirns bei Lagewechseln (vgl. S. 153), oder die Anpassung des Pupillendurchmessers an veränderte Beleuchtungsbedingungen (vgl. S. 634). Solche schnellen Anpassungsvorgänge sind Funktionen des **vegetativen Nervensystems (VNS)**.

### 16.1.2 Definition und Terminologie

16.1.2 Definition und Terminologie

**▶ Definition.** Die der Wahrnehmung und dem Verhalten dienenden, mit dem Tiersein eng verknüpften Leistungen des Organismus werden als animalisch und das diesen Außenbeziehungen dienende Nervensystem als **animalisches Nervensystem** bezeichnet. Demgegenüber werden die inneren Leistungen des Organismus, die unmittelbar der Aufrechterhaltung des Lebens dienen, mit dem Ausdruck vegetativ (lat. vegetare = beleben) gekennzeichnet und das diese inneren Verhältnisse regelnde Nervensystem **vegetatives Nervensystem** genannt.

Das VNS ist z. B. an der Regelung der Pumpleistung des Herzens, der Organdurchblutung, des Wärmehaushalts sowie des Intermediärstoffwechsels beteiligt.
Viele schnelle Anpassungsreaktionen sind als sog. **vegetative Reflexe** organisiert (z. B. Miktion, Defäkation, s. S. 578).

Das VNS hat einen relativ hohen Grad an Autonomie gegenüber bewusster Kontrolle und wird daher auch als **autonomes Nervensystem** bezeichnet.

**Animalisches** Nervensystem und **somatisches** Nervensystem sind Synonyma.

Das VNS ist z. B. an der Regelung der Pumpleistung des Herzens (s. S. 101), der Organdurchblutung (s. S. 150), des Wärmehaushalts (s. S. 519), der äußeren und inneren Sekretion (s. S. 335) sowie des Intermediärstoffwechsels beteiligt.
Weiter vermittelt und kontrolliert das VNS sog. **vegetative Reflexe**, wie den Pressorezeptorenreflex (s. S. 143), Miktion (s. S. 578) und Defäkation (s. S. 578), die reflektorischen Komponenten des Sexualverhaltens (Erektion, Ejakulation) sowie die Anpassung von Pupillenweite und Linsenkrümmung im Auge (s. S. 628).
Die vegetativen Regulationsvorgänge und Reflexe unterliegen nicht oder nur in sehr geringem Maße der bewussten Kontrolle, ebenso wie bei den vegetativen Reflexen die Afferenzen oft nicht in das Bewusstsein vordringen. Dies hat J. N. Langley 1898 zu der Bezeichnung des VNS als **autonomes Nervensystem** geführt, die im englischen Schrifttum vorherrschend ist (Autonomic Nervous System, ANS).
Die afferenten und efferenten Axone, die das ZNS mit der Leibeswand und der quergestreiften Skelettmuskulatur verbinden und das **periphere animalische Nervensystem** bilden, heißen somatische Nervenfasern. Dies führt anstelle des

Die Nervenfasern des **vegetativen** Nervensystems sind **viszerale** (Eingeweide-)Fasern.

Im **ZNS** sind **vegetative Zentren** lokalisierbar (Medulla oblongata, Hypothalamus, limbisches System).

Das VNS ist im engeren Sinne nur **peripher** und ein rein **efferentes System** (zu viszeralen Afferenzen s. S. 607).

Begriffes animalisches Nervensystem zu dem gebräuchlicheren Ausdruck **somatisches Nervensystem**.

Das **periphere vegetative Nervensystem (pVNS)** besteht dagegen aus **viszeralen** Nervenfasern, welche die glatte Muskulatur der Eingeweide (Viscera) und Gefäße, die Drüsen sowie den Herzmuskel innervieren.

Die Trennung zwischen vegetativem und somatischem Nervensystem ist nur im peripheren Nervensystem ohne Weiteres möglich. Dennoch sind durch Reiz- und Ablationsexperimente sowie durch detaillierte anatomische Studien im **ZNS** (insbesondere im Hirnstamm, im Hypothalamus und in den sog. limbischen Anteilen des Telenzephalon) **Zentren** mit besonderer Zuständigkeit **für vegetative Funktionen** lokalisierbar.

Nach der klassischen Definition des VNS von J. N. Langley (1921) besteht das autonome (vegetative) Nervensystem aus denjenigen Nervenzellen und Nervenfasern, mit deren Hilfe efferente Impulse aus dem ZNS zu solchen Geweben gelangen, bei denen es sich nicht um Skelettmuskelfasern handelt.

In diesem engeren Sinne ist das VNS neben dem somatomotorischen ein zweiter, nämlich viszeromotorischer, Ausgang des ZNS, also ein rein **efferentes, peripheres Nervensystem** für die Eingeweide (zur Einordnung viszeraler Afferenzen s. S. 607).

16.2 Organisation des vegetativen Nervensystems

16.2.1 Efferenzen (pVNS im engeren Sinne)

Im **somatomotorischen System** wird die efferente Verbindung vom ZNS zum Skelettmuskel von nur **einem Neuron** hergestellt und durch nur eine Synapse auf den Effektor vermittelt (Abb. **16.1a**).
Vegetative Efferenzen dagegen bestehen aus **zwei** hintereinander geschalteten **Neuronen** (**präganglionäres** und **postganglionäres** Neuron). Die Umschaltung erfolgt in den vegetativen Ganglien außerhalb des ZNS (Abb. **16.1b**).

16.1

## 16.2 Organisation des vegetativen Nervensystems

### 16.2.1 Efferenzen (pVNS im engeren Sinne)

Im **somatomotorischen System** wird die efferente Verbindung vom ZNS (Rückenmark) zum Skelettmuskel von nur **einem Neuron** (dem Motoneuron des Vorderhorns) hergestellt und durch nur eine Synapse (die motorische Endplatte) auf den Effektor vemittelt (Abb. **16.1a**; Details s. S. 49).

Im Unterschied dazu bestehen die **vegetativen Efferenzen** aus **zwei** über eine erregende Synapse seriell hintereinander geschalteten **Neuronen**. In den vegetativen Ganglien bilden präganglionäre Axone erregende Synapsen an den Dendriten der Ganglienzellen. Die Somata dieser präganglionären Fasern liegen in Rückenmark

**16.1 Somatische (a) und vegetative (b) Efferenzen im Vergleich**

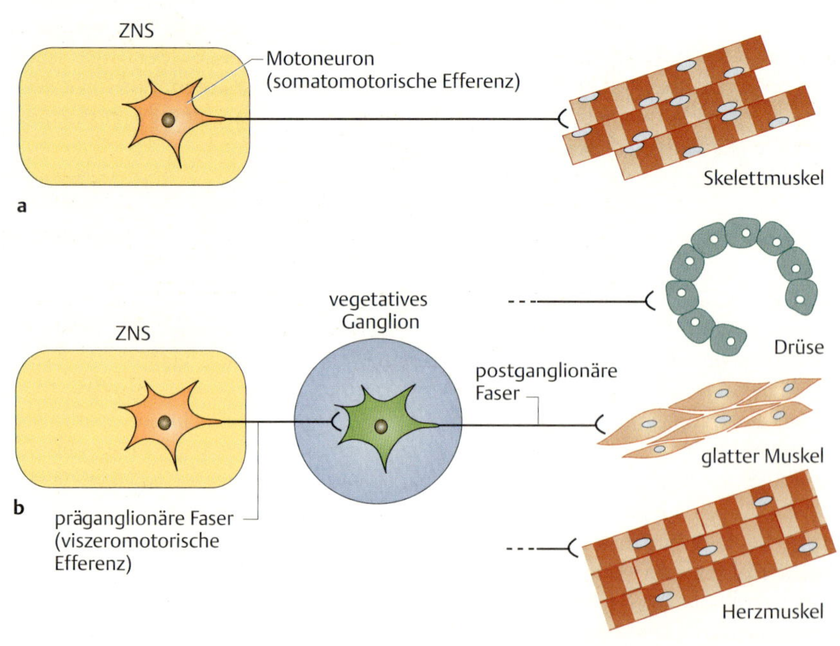

oder Hirnstamm. Die präganglionäre Faser und ihr Zellsoma bilden das **präganglionäre Neuron**. Die Somata der Neurone, die die Endstrecke der vegetativen Efferenz bilden, liegen in den **vegetativen Ganglien** außerhalb des ZNS. Ihre Axone ziehen als nichtmyelinisierte postganglionäre Fasern zu den Erfolgsorganen und Zielgeweben und bilden die vegetativen Nerven. Diese Zellen heißen Ganglienzellen oder **postganglionäre Neurone** (Abb. **16.1b**).

## Sympathikus, Parasympathikus und enterisches Nervensystem

Die Aktivierung unterschiedlicher viszeraler Nervenbahnen zu ein und demselben Erfolgsorgan hat in vielen Fällen **entgegengesetzte Wirkungen**.

**Beispiele:** Eine Stimulation der vom thorakalen Grenzstrang zum Herzen ziehenden Nn. cardiaci thoracici bewirkt eine Beschleunigung des Herzschlags, während eine Reizung der Rami cardiaci des N. vagus den Herzschlag verlangsamt oder einen völligen Herzstillstand auslösen kann (Details s. S. 101). Eine Reizung der Nn. splanchnici lumbales des lumbalen Grenzstrangs bewirkt eine Erschlaffung der Harnblase bei Kontraktion des Sphinkters, während eine Reizung der Nn.

**Sympathikus, Parasympathikus und enterisches Nervensystem**

Aktivierung unterschiedlicher viszeraler Nervenbahnen zum selben Erfolgsorgan hat in vielen Fällen **entgegengesetzte Wirkungen**.

**16.2 Innervation der Organe durch Sympathikus und Parasympathikus**

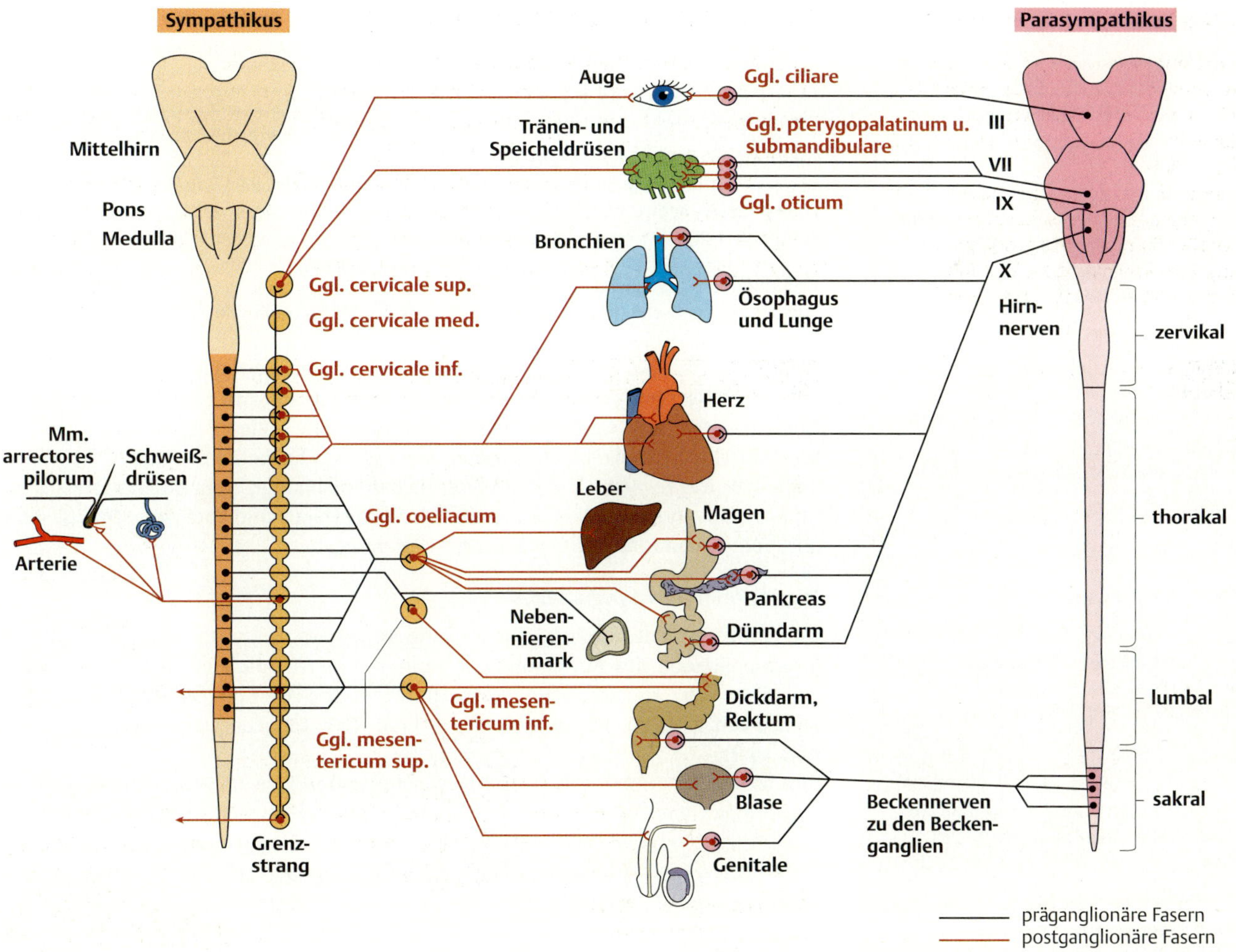

Die gegensätzlichen Wirkungen des VNS beruhen auf den funktionell unterschiedlichen (primär anatomisch definierten) Anteilen, dem Sympathikus **(thorakolumbal)** und Parasympathikus **(kraniosakral)**.

splanchnici pelvini aus dem Sakralmark eine Kontraktion der Harnblase und Erschlaffung des Sphinkters (also Miktion) bewirkt (Details s. S. 578).

Verfolgt man solche gegensätzlich wirkenden vegetativen Fasern zu ihrem präganglionären Ursprung zurück, zeigt sich, dass die Antagonisten aus dem thorakalen und lumbalen Rückenmark einerseits und aus dem Hirnstamm oder dem Sakralmark andererseits stammen. Es gibt demnach ein **thorakolumbales** und ein **kraniosakrales System**, welche an manchen Organen entgegengesetzte Effekte haben.

Diese beiden Teilsysteme sind primär anatomisch definiert, lassen sich aber auch nach ihren Effektormechanismen unterscheiden und reagieren unterschiedlich auf Pharmaka.

▶ Merke.

▶ Merke. Das **thorakolumbale** System wird **Sympathikus**, das **kraniosakrale** System **Parasympathikus** genannt (Details s. u.).

Eine Übersicht über die Organwirkungen von sympathischer und parasympathischer Aktivität geben Abb. **16.2** und Tab. **16.2** (s. S. 561 bzw. S. 573).

- **Wirkung des Sympathikus:** schnelle Mobilisierung und Bereitstellung von Energie **(ergotrop)**
- **Wirkung des Parasympathikus:** Wiederherstellung von Energiereserven, Erholung **(trophotrop)**.

Eine Übersicht über die Innervation der Organe durch Sympathikus und Parasympathikus gibt Abb. **16.2** (s. S. 561), eine Zusammenschau der Wirkungen sympathischer und parasympathischer Aktivität findet sich in Tab. **16.2** (s. S. 573).

Vereinfacht lässt sich sagen, dass die Wirkungen des **Sympathikus** meist auf schnelle Mobilisierung und Bereitstellung von Energie gerichtet sind (**ergotrop**, „fight or flight"), während der **Parasympathikus** die Wiederherstellung von Energiereserven und die Erholung fördert (**trophotrop**, „rest and digest"). Beim direkten Vergleich beider Teilsysteme (s. Tab. **16.2**, S. 573) wird jedoch deutlich, dass ein funktioneller Gegensatz zwar insgesamt vorhanden ist, dass aber eine Innervation sowohl durch Sympathikus wie Parasympathikus mit der Möglichkeit eines funktionellen Antagonismus am Erfolgsorgan nicht so sehr die Regel als vielmehr die Ausnahme ist.

▶ Exkurs.

▶ Exkurs. Da seit Galen (Arzt im 2. Jahrhundert n. Chr.) „Sympathie" im wissenschaftlichen Sprachgebrauch die Tatsache bezeichnet, dass Einwirkung auf einen Teil des Organismus einen anderen Teil in **Mitleiden**schaft zieht („Sympathie der Körperteile"), wurden sämtliche autonomen Reflexe sympathisch genannt und war Sympathikus zunächst der Name für das gesamte periphere VNS. Erst Ende des 19. Jahrhunderts führte John Newport Langley aufgrund der anatomischen Unterschiede und der funktionellen Gegensätzlichkeit der thorakolumbal bzw. kraniosakral entspringenden Anteile des Systems die Unterscheidung in **Sympathikus (thorakolumbal)** und **Parasympathikus**, also „Neben-Sympathikus", **(kraniosakral)** ein.

Neben Sympathikus und Parasympathikus gilt als weiterer Teil des VNS das **enterische Nervensystem (ENS)**. Es besitzt eine starke Autonomie und enge funktionelle Beziehungen zu Sympathikus und Parasympathikus.

Neben Sympathikus und Parasympathikus gilt als weiterer Teil des VNS das **enterische Nervensystem (ENS)**. Hierbei handelt es sich um ein autonomes Nervensystem des Gastrointestinaltrakts und der Gallenblase. Es besteht aus 80–100 Mio. Nervenzellen (ca. ebenso viele wie im Rückenmark) und funktioniert, anders als das restliche VNS, im Wesentlichen unabhängig vom ZNS. Es ist darüber hinaus vollkommen anders organisiert als Sympathikus und Parasympathikus, steht aber mit diesen in enger funktioneller Beziehung.

### Organisation des Sympathikus

### Organisation des Sympathikus

Sympathische präganglionäre Neurone befinden sich in der **Intermediärzone des Rückenmarks** (**Th1–L3**= thorakolumbal).

Die Zellkörper der präganglionären Neurone des Sympathikus liegen in der **Intermediärzone des Rückenmarks** (Columnae intermediolateralis und -medialis) zwischen der an das Seitenhorn angrenzenden weißen Substanz und dem Zentralkanal (Lam. VII in den Segmenten **Th1–L3** [thorakolumbales System], Abb. **16.3**).

Die **präganglionären** Fasern verlassen den Spinalnerv über den **Ramus communicans albus** und treten in ein **paravertebrales Ganglion** ein.

Von Th1 abwärts verläuft beidseits eine segmentale paravertebrale Ganglienkette **(Grenzstrang)**. Zervikal verschmelzen die Ganglien zum Ggl. cervicale superius, medius und inferius **(Zervikalganglien)**.

Die **unterschiedlichen Verläufe** präganglionärer sympathischer Fasern zeigt Abb. **16.3**.

Ihre nicht oder dünn myelinisierten **präganglionären** Fasern verlaufen zunächst mit den somatomotorischen Fasern der Motoneurone in Vorderwurzel und Spinalnerv, verlassen diesen jedoch bald über den **Ramus communicans albus** (weißliche Färbung aufgrund des Myelins) und treten in ein **paravertebrales Ganglion** ein.

Thorakal, lumbal und sakral gibt es für jedes spinale Segment links und rechts je ein sympathisches Paravertebralganglion **(Grenzstrang)**. Zervikal verschmelzen die segmentalen Ganglien zu 2–3 größeren Ganglien **(Zervikalganglien)**: Ggl. cervicale superius, medius und inferior (Letzteres ist häufig mit dem ersten thorakalen Ganglion zum Ggl. stellatum verschmolzen).

Nach Eintritt in den Grenzstrang kann die sympathische Efferenz **verschiedene Verläufe** nehmen (Abb. **16.3**):

16.3 Organisation des Sympathikus

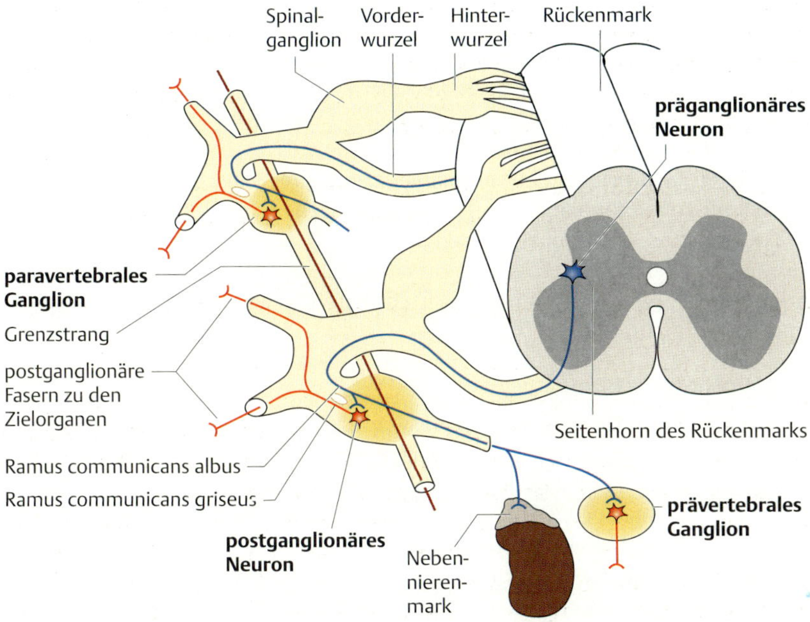


- **Segmentale sympathische Innervation von Kopf (Auge), Rumpfwand und Extremitäten sowie der Thoraxeingeweide:**
  Ausbreitung der präganglionären Fasern zu mehreren, auch höher oder tiefer gelegenen, **paravertebralen Ganglien** (Grenzstrangganglien) und dort Ausbildung von erregenden synaptischen Verbindungen mit jeweils mehreren ganglionären Neuronen (Divergenz). Deren (nicht myelinisierte) postganglionäre Axone ziehen dann als postganglionäre Fasern durch die **Rami communicantes grisei** wieder in die Spinalnerven und versorgen glatte Gefäßmuskulatur, Schweißdrüsen und pilomotorische glatte Muskulatur des entsprechenden Segments.

- Umschaltung auf postganglionäre Neurone in **paravertebralen Ganglien** (Grenzstrangganglien): Kopf (Auge), Rumpfwand Extremitäten, Thoraxeingeweide

**► Klinik.** Die postganglionären Fasern des Ganglion cervicale superius sind u. a. für die Versorgung des Auges zuständig (z. B. Pupillen- und Lidspaltenerweiterung, vgl. S. 635). Bei einer Schädigung dieses Ganglions bzw. präganglionär im Bereich des Halsgrenzstranges (z. B. bei Operationen, Lungenspitzentumor) oder auch zentral kann ein sog. **Horner-Syndrom** entstehen, das durch **Miosis** (Pupillenverengung durch Denervierung des M. dilatator pupillae), **Ptosis** (Herabhängen des Oberlides durch Denervierung des M. tarsalis) sowie **Enophtalmus** (Zurücksinken des Augapfels, M. orbitalis) gekennzeichnet ist (Abb. **16.4**). Hinzutreten kann eine Störung der Schweißsekretion (Anhydrosis) der betroffenen Gesichtshälfte.

**► Klinik.**

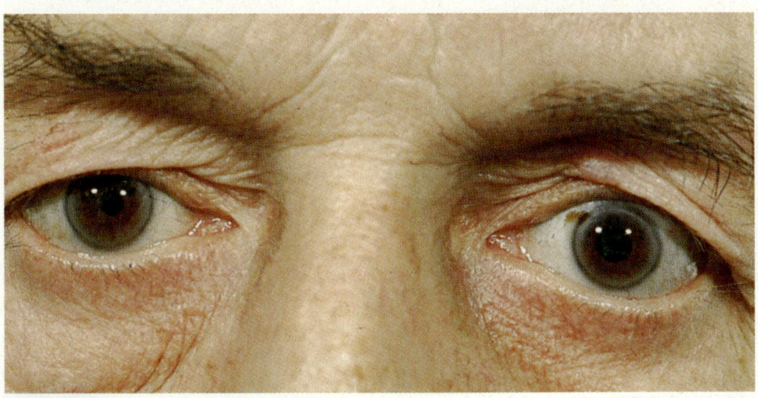

16.4 **Horner-Syndrom rechts**

- Umschaltung auf postganglionäre Neurone in **prävertebralen Ganglien** (mesenterial, hypogastrisch): Baucheingeweide, Niere, Harnblase

- Umschaltung im **Nebennierenmark** auf Chromaffinzellen: humorale Komponente des Sympathikus (Adrenalinfreisetzung).

- **Sympathische Innervation der Bauch- und Beckeneingeweide:** Austritt der präganglionären Faser aus dem Grenzstrang mit einem der Nn. splanchnici (Eingeweidenerven) und Eintritt in eines der vor der Aorta abdominalis jeweils an den Abgängen der großen Gefäße gelegenen, **unpaaren prävertebralen Ganglien** (Ggl. coeliacum, mesentericum inferius et superius, Plexus hypogastricus superior). Erst hier erfolgt die Umschaltung auf postganglionäre Fasern, welche Leber, Intestinum, Niere und Harnblase innervieren.
- **Innervation des Nebennierenmarks:** Präganglionäre Fasern der Nn. splanchnici laufen ohne Umschaltung zum **Nebennierenmark** und innervieren hier die Chromaffinzellen, von denen 80% Adrenalin (20% stattdessen Noradrenalin) produzieren und als Hormon in die Blutbahn freisetzen. Sie können als Analoga postganglionärer sympathischer Ganglienzellen aufgefasst werden. Es handelt sich um eine endokrine (humorale) Komponente des Sympathikus.

**Organisation des Parasympathikus**

Parasympathische **präganglionäre Neurone** finden sich in **Kerngebieten im Hirnstamm** wie auch im ventralen und lateralen Grau des **Sakralmarks** (S2–S4).
Ihre Axone verlassen das ZNS einerseits über die **Hirnnerven (III, VII, IX, X)** und andererseits über die **sakralen Vorderwurzeln** (s. Abb. **16.2**, S. 563).

Die Umschaltung auf **postganglionäre Neurone** erfolgt in den parasympathischen Hirnnervenganglien (Kopf) oder organnahen bzw. intramuralen Ganglien (Thorax, Abdomen, Becken).

### Organisation des Parasympathikus

Die **präganglionären Zellkörper** des Parasympathikus befinden sich einerseits in umschriebenen **Kerngebieten des Hirnstamms** (z. B. Ncl. Edinger-Westphal, Ncl. dorsalis nervi vagi), anderseits im ventralen und lateralen Grau des **Sakralmarks** (S2–S4), dort ebenfalls in der Intermediärzone. Ihre Axone verlassen das ZNS demgemäß einerseits über die **Hirnnerven** und andererseits über die **sakralen Vorderwurzeln**. Die kranial entspringenden Fasern ziehen mit den Hirnnerven **III, VII und IX** (= N. oculomotorius, N. facialis, N. glossopharyngeus) zu den inneren Augenmuskeln und Drüsen des Kopfes und mit dem Hirnnerv **X** (= N. vagus) zu den Eingeweiden von Thorax und Abdomen (ca. 75% aller parasympathischen Fasern verlaufen im N. vagus). Die sakral entspringende Komponente versorgt dagegen über die Nn. splanchnici pelvini die Beckeneingeweide (s. Abb. **16.2**, S. 563).
Die synaptische Umschaltung auf **postganglionäre Neurone** erfolgt ebenfalls in Ganglien. Kranial sind die Ggll. ciliare, pterygopalatinum, oticum und submandibulare gut abgrenzbare Strukturen, während sich die übrigen parasympathischen Ganglien nahe bei den Effektororganen (z. B. Herz, Bronchien) oder in deren Wand befinden.
Im Intestinum übernehmen Neurone des enterischen Nervensystems häufig die Rolle der postganglionären parasymapthischen Neurone, indem sie direkt von präganglionären Fasern innerviert werden (s. u.).

▶ Merke.

▶ **Merke.** Die 2. Neurone des Sympathikus liegen **rückenmarksnah** (und damit relativ organfern), die 2. Neurone des Parasympathikus liegen hingegen **organnah** (und damit relativ rückenmarksfern) oder sogar direkt im Erfolgsorgan. Demzufolge sind die postganglionären Fasern des Sympathikus relativ **lang**, die postganglionären Faser des Parasympathikus relativ **kurz** (s. Abb. **16.3**, S. 563)

**16.2.2 Viszerale (oder vegetative) Afferenzen**

Viszerosensible Afferenzen **von Dehnungs-** und **Chemorezeptoren** in der Wand von Gefäßen und Eingeweiden verlaufen zunächst in viszeralen Nerven. Ihre Zellkörper liegen aber zusammen mit somatischen Afferenzen in Hinterwurzelganglien oder sensiblen Hirnnervenganglien.

## 16.2.2 Viszerale (oder vegetative) Afferenzen

Afferente viszerale (viszerosensible) periphere Fasern, z. B. **von Dehnungs-** und **Chemorezeptoren** der Wand von Gefäßen und Eingeweiden, verlaufen zunächst in viszeralen Nerven und ziehen häufig auch durch vegetative Ganglien bzw. den Grenzstrang. Ihre Zellkörper liegen jedoch zusammen mit denen der somatischen Afferenzen in den Spinal- bzw. afferenten Hirnnervenganglien (Ggl. nodosum sive inferius N. X, Ganglion petrosum sive inferius N. IX) und wie bei somatosensiblen Fasern des protopathischen Systems erfolgt im Hinterhorn des Rückenmarks bzw. im Hirnstamm eine Umschaltung auf spinothalamische Projektionsneurone (s. S. 608).
Weil sie die afferenten Schenkel der vegetativen Reflexe (s. Abschnitt **16.4**) bilden, liegt eine funktionelle Zuordnung der viszerosensiblen Fasern zum VNS nahe. Sie würden dann, abweichend von der klassischen Definition Langleys, einen afferenten Anteil des VNS bilden. Für eine solche Zuordnung sprechen embryologische Gründe sowie neurochemische Unterschiede (Neuropeptidausstattung) zwischen viszeralen und somatischen Afferenzen. Aus den weiter oben genannten anatomischen Gründen und weil viszerale Afferenzen über thalamische und kortikale Projektionen

auch bewusste Empfindungen (wie z.B. Atemnot, Übelkeit, Harndrang oder Schmerz) vermitteln, werden sie jedoch bisher meist ohne klare Zuordnung zu vegetativem oder somatischem Nervensystem als **viszerosensible Afferenzen** behandelt. Eine Einteilung in sympathische und parasympathische Afferenzen ist obsolet.

## 16.2.3 Organisation des enterischen Nervensystems

Dieses „Gehirn des Darmes" (s. auch S. 473) zieht sich als komplexes Netzwerk von Neuronen in der gesamten Wand des Intestinums vom Ösophagus bis zum Rektum (Abb. **16.5**). Es besteht aus dem in der Submukosa liegenden **submukösen** oder **Meissner'schen Plexus** und dem weiter außen (zwischen longitudinaler und radialer Tunica muscularis) befindlichen **myenterischen** oder **Auerbach'schen Plexus**. In beiden Plexus liegen die Somata der Neurone in Ganglien zusammen, die über Faserstränge verbunden sind.

- Die Neurone des **(inneren) Meissner'schen Plexus** innervieren die glatten Muskelzellen der Muscularis mucosae sowie die sekretorischen und resorptiven Epithel- und Drüsenzellen und steuern damit hauptsächlich **Sekretion** und **Absorption**.
- Die Neurone des **(äußeren) Auerbach'schen Plexus** aktivieren v.a. die glatte Muskulatur der Tunica muscularis und sind damit für die Motilität und Peristalitik des Darms verantwortlich.

**16.2.3 Organisation des enterischen Nervensystems**

Dieses „Gehirn des Darmes" besteht aus zwei Plexus: Dem in der Submukosa liegenden **submukösen** oder **Meissner'schen Plexus** und dem zwischen longitudinaler und zirkulärer Muskelschicht befindlichen **myenterischen** oder **Auerbach'schen Plexus**.

- **Meissner (innen):** in der Submucosa; reguliert v.a. Sekretion und Absorption
- **Auerbach (außen):** reguliert v.a. Motilität und Peristaltik des Darms.

**▶ Merke.** Das ENS besitzt einen **hohen Grad an Autonomie** und ist in der Lage, auch ohne Einfluss der anderen Bestandteile des pVNS, Reflexe und Rhythmen zu generieren, wobei **Parasympathikus und Sympathikus modulierende Wirkung** haben.

**▶ Merke.**

**16.5 Organisation des ENS**

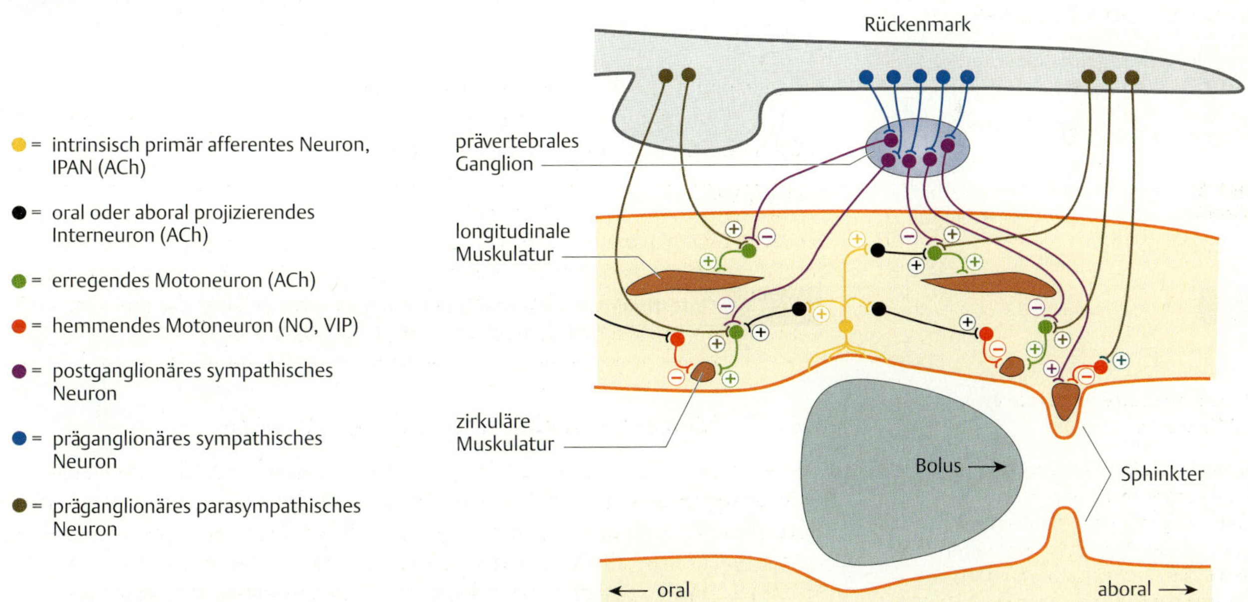


Im ENS ist u.a. der **peristaltische Reflex** organisiert. Dieser geht von den dehnungsempfindlichen intrinsischen primär afferenten Neuronen (gelb) aus, die über Interneurone (schwarz) oralwärts exzitatorische (grün) und nach aboral hin hemmende Motoneurone (rot) zur zirkulären sowie erregende Motoneurone zur longitudinalen Muskulatur aktivieren. Dadurch wird der Bolus nach aboral transportiert.
Parasympathische präganglionäre Neurone (braun) erregen über nikotinische Synapsen die exzitatorischen Motoneurone zur zirkulären und longitudinalen Muskulatur sowie hemmende Motoneurone zu den Sphinkteren. Sympathische postganglionäre Fasern (lila) aus den prävertebralen Ganglien hemmen prä- und postsynaptisch die parasympathische Erregungsübertragung an den parasympathischen Kontakten und aktivieren die Muskulatur der Sphinkteren. Die Innervation der Blutgefäße und sekretorischen Drüsen ist nicht dargestellt.

▶ Klinik.

▶ Klinik. Beim **Morbus Hirschsprung** fehlen die Ganglienzellen des Plexus myentericus. Man spricht auch von einer sog. Aganglionose. Die Folge ist eine schwere Peristaltikstörung mit einer spastischen Verengung des aganglionären Darmabschnitts und einer sekundären Aufdehnung (Dilatation) des proximal Segments gelegenen Darmabschnitts (sog. **Megakolon**; Abb. **16.6**).

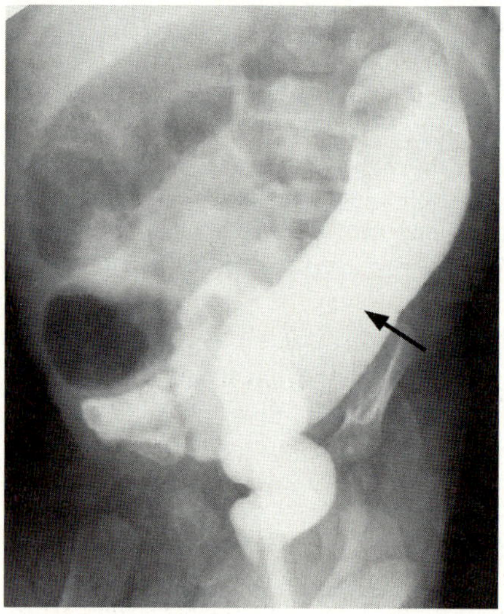

16.6

**Morbus Hirschsprung**

2 Wochen altes Neugeborenes mit Morbus Hirschsprung. Im Röntgenbild mit Kontrastmitteleinlauf ist das aufgeweitete (dilatierte) Darmsegment erkennbar (Pfeil).

Das ENS besitzt außer Motoneuronen und Interneuronen auch **primär afferente Neurone.**

**Intrinsisch primär afferente Neurone (IPAN):**
- chemo- und mechanosensible Afferenzen für **lokale Reflexe** (**peristaltischer Reflex**, Abb. **16.5**).

**Intestinofugale Neurone:**
- enterofugale Projektion in prävertebrale Ganglien: **periphere (intestinointestinale) Reflexe** (distale Relaxation auf proximale Dehnung, Abb. **16.7**).

Das ENS besitzt neben Motoneuronen (zu glatter Muskulatur und Drüsen) sowie Interneuronen auch **primär afferente Neurone** mit chemo-, mechano- und nozizeptiven Nervenendigungen in glatter Muskulatur und Schleimhaut.
Intrinsische primär afferente Neurone (IPAN) bilden den **afferenten Schenkel lokaler Reflexe** für den Transport des Nahrungsbolus (**peristaltischer Reflex** mit Kontraktion der Ringmuskulatur oral des Bolus und aboraler Relaxation analwärts des Bolus sowie im Dickdarm Kontraktion der aboralen longitudinalen Muskulatur, Abb. **16.5**) und für die Anpassung der Absorption und Sekretion von Elektrolyten und Wasser. Andererseits senden enterische Neurone (v.a. des proximalen Kolons) auch **afferente Axone in die prävertebralen** (nicht paravertebralen) **Ganglien** (enterofugale Fasern), die dort synaptisch auf postganglionäre Neurone des Sympathikus

16.7

16.7 **Intestinointestinaler, peripherer Reflex** (nach Janig, McLachlan 1999)

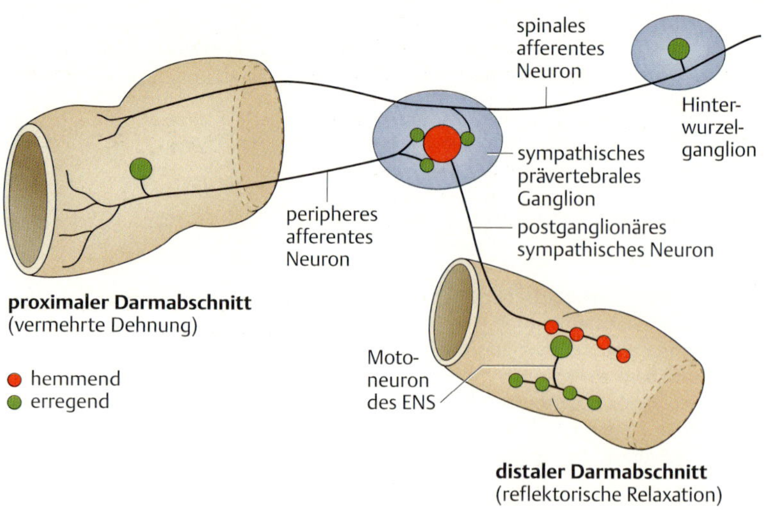


Reflektorische Relaxation eines distalen Dickdarmabschnittes als Antwort auf vermehrte Dehnung eines proximalen Abschnittes.

konvergieren und zu weiter entfernten Darmabschnitten ziehen. Über solche Verbindungen kann es zum Beispiel zur reflektorischen Relaxation eines distalen Dickdarmabschnittes als Antwort auf vermehrte Dehnung eines proximalen Abschnittes kommen (Abb. **16.7**). Diese Reflexphänomene werden ohne Beteiligung von Elementen des ZNS, aber im Unterschied zum lokalen (z.B. peristaltischen) Reflex nicht ausschließlich in der Darmwand organisiert. Man spricht daher auch von **peripheren** oder **intestinointestinalen Reflexen**.

Auf **spinale und höhere Ebene** gelangen afferente Impulse aus dem Darm über primäre viszeral afferente Neurone (s. Abschnitt 16.2.2), deren Zellkörper in den segmentalen Hinterwurzelganglien oder in Hirnnervenganglien liegen. Hierbei ist zu beachten, dass **viszerale Schmerzreize** ausschließlich über spinale Afferenzen geleitet werden, während vagale (N. X) viszerale Afferenzen wohl andere Missempfindungen (z.B. Hustenreiz, Übelkeit), jedoch keinen Schmerz übertragen können.

**Primäre Afferenzen zum Rückenmark:** Zellkörper in Hinterwurzel- bzw. Hirnnervenganglien.
**Leitung intestinaler Schmerzen:** ausschließlich spinal (nicht über Hirnnerven).

## 16.3 Mechanismen der Signalübertragung im pVNS

Im pVNS ist eine Vielzahl verschiedener Mechanismen der chemischen synaptischen Übertragung verwirklicht. Bei der erregenden Übertragung von prä- auf postganglionäres Neuron (**ganglionäre synaptische Transmission**, s.S. 568) ist sowohl in sympathischen wie in parasympathischen Ganglien der Transmitter Acetylcholin. Der **postganglionäre Transmitter** bei der Übertragung (s.S. 569) auf die Zielzellen der postganglionären Fasern ist im Falle des Parasympathikus wiederum **Acetylcholin,** beim Sympathikus dagegen überwiegend **Noradrenalin**; eine Ausnahme bilden sympathische postganglionäre Fasern zu den Schweißdrüsen, die ebenfalls cholinerg sind.

Es gibt weiterhin **kleinmolekulare und Peptid-Kotransmitter** wie Adenosintriphosphat, Stickstoffmonoxyd und die Neuropeptide NPY und VIP, die insbesondere bei der postganglionären Übertragung wichtige Wirkungen haben und in manchen Fällen sogar bedeutender sind als die „klassischen“ Transmitter Acetylcholin und Noradrenalin. Eine kurze Übersicht gibt Tab. **16.1**.

16.3 Mechanismen der Signalübertragung im pVNS

Eine Übersicht der Transmitter und Rezeptoren im VNS gibt Tab. **16.1**.

**16.1 Transmitter und Rezeptoren im vegetativen Nervensystem**

| | *klassische Transmitter/ Rezeptoren* | *nichtklassische kleinmolekulare Transmitter/Rezeptoren* | *Neuropeptidtransmitter/ Rezeptoren* |
|---|---|---|---|
| **Sympathikus** | | | |
| ▪ ganglionär | **ACh**/ nikotinisch, N2 (muskarinisch, M1) | | |
| ▪ postganglionär | **NA**/ α- und β-adrenerg<br>**ACh**/ muskarinisch, M3 (Schweißdrüsen) | Adenosintriphosphat/ P2X-Rezeptor (ionotrop), P2Y-Rezeptor (GPCR) | Neuropeptid Y/ NPY-Rezeptor (GPCR) |
| **Parasympathikus** | | | |
| ▪ ganglionär | **ACh**/ nikotinisch, N2 (muskarinisch, M1) | | |
| ▪ postganglionär | **ACh**/ muskarinisch, M3 | NO/ lösliche Guanylatzyklase (sGC) | vasoaktives intestinales Peptid/ VIP-Rezeptor (GPCR) |

ACh = Acetylcholin, NA = Noradrenalin, NO = Stickstoffmonoxid, GPCR = G-Protein-gekoppelter Rezeptor

16.3.1 Ganglionäre synaptische Transmission

In den vegetativen Ganglien von Sympathikus und Parasympathikus bilden präganglionäre Fasern erregende synaptische Endigungen an postganglionären Neuronen aus. Die Divergenz ist dabei abhängig von der Größe des Innervationsgebietes und der Notwendigkeit einer Feinregulation.

Der Mechanismus der schnellen ganglionären Übertragung ist bei Sympathikus und Parasympathikus identisch: Es handelt sich um **nikotinisch-cholinerge** synaptische Verbindungen.

Die Freisetzung von ACh in den synaptischen Spalt und die Bindung an den nikotinischen Acetylcholinrezeptoren bewirkt ein **schnelles EPSP**.

### 16.3.1 Ganglionäre synaptische Transmission

In den vegetativen Ganglien von Sympathikus und Parasympathikus bilden präganglionäre Fasern erregende synaptische Endigungen an den Dendriten der postganglionären Neurone aus. Dabei ist die Divergenz ähnlich wie bei der Somatomotorik je nach Größe des Innervationsgebietes und Notwendigkeit der Feinregulation unterschiedlich. Das Zahlenverhältnis von präganglionären zu postganglionären Fasern beträgt z. B. im Ziliarganglion 1:4 (Ziele sind hier Iris und Ziliarkörper), während es im Ggl. cervicale superius (dessen postganglionäre Neurone u. a. Gefäße und Schweißdrüsen der gesamten Gesichtshaut innervieren) 1:150 beträgt.

Der wesentliche Mechanismus der ganglionären synaptischen Transmission ist bei Sympathikus und Parasympathikus identisch. Es handelt sich um **nikotinisch-cholinerge** synaptische Verbindungen, die im Prinzip wie die neuromuskuläre Endplatte funktionieren (s. S. 549). Der Neurotransmitter der ganglionären Synapsen ist *immer* **Acetylcholin (ACh)**.

**▶ Merke.** Im parasympathischen wie auch im sympathischen System finden sich in den Synapsen zwischen prä- und postganglionärem Neuron **nikotinerge Rezeptoren**, die durch den Transmitter **Acetylcholin** aktiviert werden.

ACh wird in den synaptischen Spalt (s. S. 38) freigesetzt und bindet anschließend an die nikotinischen Acetylcholinrezeptoren (ligandengesteuerte nichtselektive Kationenkanäle), was ein **schnelles exzitatorisches postsynaptisches Potenzial (EPSP)** bewirkt. Der Mechanismus dieses nikotinisch-cholinergen EPSP ist weitgehend identisch mit dem des Endplattenpotenzials (auch die ganglionäre Transmission wird durch Curare blockiert). Allerdings handelt es sich bei dem Rezeptor um einen speziellen, pharmakologisch abgrenzbaren Subtyp des nikotinischen ACh-Rezeptors (N2-Rezeptor).

**▶ Exkurs.** In den meisten Fällen genügt die **Entladung einer einzigen oder weniger präganglionärer Fasern**, um ein EPSP von einigen 10 mV zu erzeugen, das mit Sicherheit die Aktionspotenzialschwelle überschreitet. Ähnlich wie die neuromuskuläre Übertragung besitzt also auch die ganglionäre Transmission einen **hohen Sicherheitsfaktor**. Alle postganglionären Neurone in paravertebralen **sympathischen** Ganglien sowie die Mehrzahl der postganglionären Neurone der prävertebralen Ganglien haben mindestens einen stets überschwelligen, dominanten Eingang. Ähnliches gilt für die Ganglien des **Parasympathikus**. Dies ermöglicht trotz der beträchtlichen Divergenz der präganglionären Eingänge eine selektive Beeinflussung bestimmter Populationen postganglionärer Neurone, z. B. vermehrte Aktivierung sudomotorischer Neurone zu den Schweißdrüsen und verminderte Aktivierung vasokonstriktorischer Neurone zu den Hautgefäßen zur Thermoregulation bei körperlicher Arbeit. Das präganglionäre Neuron mit den durch dieses dominant erregten postganglionären Neuronen bildet gleichsam in Analogie zur motorischen Einheit (s. S. 57) eine „autonome Einheit", die vom ZNS für bestimmte Aufgaben rekrutiert werden kann.

In den unpaaren **prävertebralen** Ganglien (mesenterial, hypogastrisch) gibt es jedoch eine Untergruppe von Neuronen, die keinen solchen dominanten präganglionären Eingang erhalten, was die **Summation mehrerer Eingänge** nötig macht, um ein Aktionspotenzial auszulösen. Dafür erhalten sie **zusätzlich** nikotinisch-cholinerg und peptiderg (vasoaktives intestinales Polypeptid, **VIP**, s. S. 474) erregende Eingänge von mechanosensitiven Neuronen des ENS sowie einen weiteren peptidergen **(Substanz-P-)**Eingang von Axonkollateralen der nach spinal projizierenden viszeralen Afferenzen (s. Abb. **16.5**, S. 565). Solche Verbindungen sind synaptisches Substrat der auf S. 607 besprochenen **peripheren Reflexe**. Das Zusammenfassen und Verrechnen verschiedenartiger synaptischer Eingänge (Integration) weist bereits auf komplexere Koordinationsleistungen hin und kontrastiert mit der schlichteren „Relais"-Organisation der synaptischen Eingänge der Mehrzahl der vegetativen Ganglienzellen.

► Exkurs. Neben den nikotinischen ACh-Rezeptoren exprimieren die **postganglionären** Neurone auf ihrer somatodendritischen Membran **auch muskarinische Acetylcholinrezeptoren** vom Typ M1 (heptahelikale metabotrope Acetylcholinrezeptoren). Sie sind über G-Proteine negativ an eine bestimmte Klasse von Kaliumkanälen (M-Strom-Kanäle, KCNQ) gekoppelt, indem Gq-vermittelte Aktivierung der Phospholipase C die Konzentration von PIP2 in der Membran verringert, welches wiederum einen wichtigen Kofaktor für die KCNQ-Kanäle darstellt. Daher bewirkt eine Aktivierung muskarinischer Rezeptoren an postganglionären Neuronen eine langsame Depolarisation, die mit einer Abnahme der Membranleitfähigkeit und daher einer Zunahme der Erregbarkeit einhergeht. Das entsprechende **langsame muskarinisch-cholinerge EPSPs** (Abb. **16.8**) lässt sich allerdings nur nach mehrfacher Reizung der präganglionären Fasern nachweisen, sodass dieser Effekt nur bei **hochfrequenter präsynaptischer Aktivität** zum Tragen kommen sollte. Grund ist wahrscheinlich, dass die muskarinischen Rezeptoren nicht unmittelbar gegenüber der präsynaptischen Membran, sondern **extrasynaptisch** lokalisiert sind. Wahrscheinlich ist dieser Mechanismus wichtig, um höhere Entladungsfrequenzen zu erzeugen. In Ruhe weisen z. B. sympathische postganglionäre Neurone eine Entladungsfrequenz von etwa 1 Hz auf, die sich bei Reflexaktivierung oder Stress auf 5 – 10 Hz steigern kann.

► Exkurs.

**16.8 Langsame muskarinisch-cholinerge EPSPs an postganglionären Neuronen**

16.8

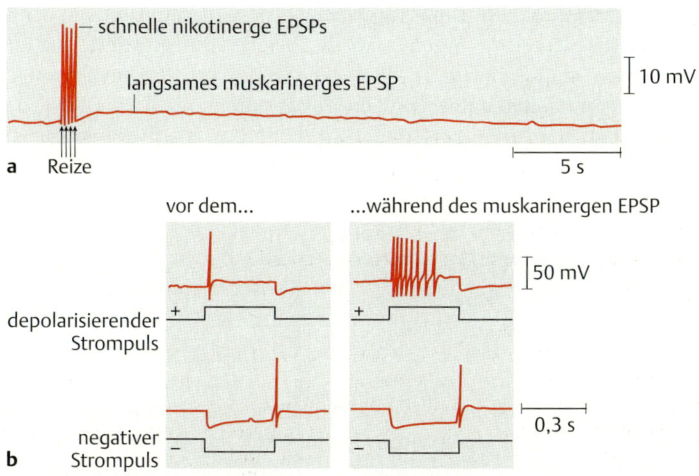


**a** Intrazelluläre Ableitung des Membranpotenzials einer sympathischen Ganglienzelle. Repetitive Reizung der präganglionären Fasern führt zu schnellen nikotinergen EPSPs (Amplituden > 20 mV) gefolgt von einem kleineren, langsamen muskarinergen EPSP (slow EPSP).
**b** Während des langsamen EPSP antwortet die Zelle auf eine definierte Injektion eines depolarisierenden Strompulses mit höherer Aktionspotenzialfrequenz als vor Reizung.
Die Antwort auf einen negativen Strompuls ist ebenfalls vergrößert (erhöhter Eingangswiderstand), weil das langsame EPSP und die erhöhte Erregbarkeit durch Abschalten einer KCNQ-vermittelten K-Leitfähigkeit zustande kommen.

## 16.3.2 Postganglionäre Signalübertragung

16.3.2 Postganglionäre Signalübertragung

Die postganglionäre chemische Signalübertragung zwischen VNS und Zielgewebe findet an **neuroeffektorischen Verbindungen** statt.

Vegetative postganglionäre Fasern bilden häufig keine klassischen Synapsen mit klaren Spezialisierungen (wie enger synaptischer Spalt von ca. 20 nm, postsynaptische Verdichtung) an individuellen Zielzellen, sondern sog. **synapses à distance** aus, deren präsynaptische Membran mindestens 50 bis mehrere 100 nm von der Membran der Zielzellen entfernt im Bindegewebsraum liegt. Man spricht daher von **neuroeffektorischen Verbindungen oder Junktionen**.

Klassische **Transmitter** sind **Noradrenalin** (Sympathikus) und **Acetylcholin** (Parasympathikus).

Die klassischen postganglionären **Transmitter** des VNS sind **Noradrenalin** (Sympathikus) und **Acetylcholin** (Parasympathikus). Diese binden an adrenerge Rezeptoren bzw. muskarinische Acetylcholinrezeptoren. Eine Ausnahme stellt die sympathische Innervation der Schweißdrüsen dar, die ebenfalls cholinerg erfolgt (s. S. 523). **Adrenalin** ist zwar kein Transmitter, sondern ein Hormon, da es aus dem Nebennierenmark in die Blutbahn freigesetzt wird und vor allem metabolische Wirkungen besitzt (Glykogenolyse, Lipolyse). Es zählt jedoch zu den klassischen Überträgerstoffen des Sympathikus.

Nicht klassische **Kotransmitter** und **Neuromodulatoren** sind ATP, NO, NPY und VIP.

Als nicht klassische **Kotransmitter** und **Neuromodulatoren** kommen daneben auch Adenosintriphosphat (ATP), Stickstoffmonoxid (NO) und Peptide (NPY = Neuropeptid Y) und vasoaktives intestinales Peptid (VIP) vor (s. S. 574).

▶ Merke.

▶ Merke. **Noradrenalin** und **Acetylcholin** sind die klassischen postganglionären Transmitter von Sympathikus bzw. Parasympathikus.

Sympathisch adrenerge postganglionäre Signalübertragung

Noradrenalin wird aus Auftreibungen (sog. **Varikositäten**) postganglionärer sympathischer Fasern freigesetzt.

## Sympathisch adrenerge postganglionäre Signalübertragung

Noradrenalin wird aus Auftreibungen (sog. **Varikositäten**, Abb. **16.9**, S. 575) der Endverzweigungen postganglionärer sympathischer Fasern freigesetzt.

▶ Exkurs.

▶ Exkurs. **Noradrenalin** (ein sog. Katecholamin, s. S. 388) wird enzymatisch aus Tyrosin über die Zwischenschritte Dihydroxyphenylalanin (DOPA) und Dopamin synthetisiert und kann seinerseits zu Adrenalin methyliert werden (das Präfix „Nor" bei „Noradrenalin" steht für **N** (Stickstoffatom) **o**hne (Methyl-) **R**est). **Adrenalin** wird aus den Chromaffinzellen des Nebennierenmarks (NNM) als Hormon in die Blutbahn freigesetzt.

Noradrenalin und Adrenalin werden in Vesikeln über einen vesikulären Monoamintransporter (VMAT) im Antiport gegen Protonen transportiert und $Ca^{2+}$-abhängig exozytiert.

Noradrenalin und Adrenalin werden über einen vesikulären Monoamintransporter (VMAT) im Antiport gegen Protonen in die Vesikel transportiert. Die Vesikel in Chromaffinzellen sind sehr viel größer (Durchmesser: 200 nm) als die in den noradrenergen Varikositäten (30 nm). Die Freisetzung erfolgt in beiden Fällen durch $Ca^{2+}$-abhängige, regulierte Exozytose und ist in den Chromaffinzellen ebenso wie an neuronalen Terminalen an die Bildung der SNARE-Komplexe und an die Funktion von Synaptotagmin gebunden (s. S. 45).

Über **90 %** des zirkulierenden Plasma-Noradrenalins stammt aus Varikositäten **sympathischer Nervenendigungen**.

Nicht nur Adrenalin, sondern auch Noradrenalin erscheint im Blut, wofür zu **> 90 %** die Freisetzung aus **sympathischen Nervenendigungen** verantwortlich ist. Unter physiologischen Bedingungen übertrifft die Konzentration von Noradrenalin im peripheren Blut die des Adrenalins um mindestens das 3 – 5-Fache.

Adrenerge Rezeptoren

Adrenerge Rezeptoren sind metabotrope **G-Protein-gekoppelte Rezeptoren (GPCR)**.

### Adrenerge Rezeptoren

Sämtliche bekannten Rezeptoren für Katecholamine sind metabotrope, heptahelikale **G-Protein-gekoppelte Rezeptoren** (auch: **GPCR** für G-Protein-coupled Receptors), sie durchspannen die Zellmembran mit sieben transmembranären Domänen. Die Rezeptoren für Adrenalin und Noradrenalin werden auch als adrenerge Rezeptoren bezeichnet.

▶ Merke.

▶ Merke. Adrenerge Rezeptoren und muskarinische ACh-Rezeptoren sind **metabotrope** Rezeptoren, d. h. sie wirken indirekt über G-Protein-gekoppelte Signalketten. Nikotinische ACh-Rezeptoren dagegen sind **ionotrope** Rezeptoren, also ligandengesteuerte Ionenkanäle.

Man unterscheidet **α- und β-Rezeptoren** ($\alpha_1$-, $\alpha_2$- sowie $\beta_1$-, $\beta_2$- und $\beta_3$-Rezeptoren).

Man unterscheidet 2 große Familien: **α- und β-Rezeptoren**. Während die α-Rezeptoren 2 Klassen ($\alpha_1$ und $\alpha_2$) mit jeweils mehreren Untertypen bilden, sind bei den β-Rezeptoren bisher nur 3 Typen ($\beta_1$, $\beta_2$ und $\beta_3$) identifiziert worden. Physiologisch von größter Bedeutung sind $\alpha_1$- sowie $\beta_1$- und $\beta_2$-Rezeptoren:

- **$\alpha_1$-Rezeptoren:** Sie vermitteln die **Kontraktion der glatten Muskulatur** (s. Tab. **16.2**, S. 573).
  **Signaltransduktion:** G-Protein-vermittelte **Aktivierung** von einerseits **Phospholipase C** (IP3-Kaskade) und andererseits **nicht selektiven Kationenkanälen (ROC)** → Anstieg der intrazellulären $Ca^{2+}$-Konzentration

- **$\alpha_1$-Rezeptoren:** Sie vermitteln alle adrenergen Effekte des Sympathikus, die auf einer **Kontraktion der glatten Muskulatur** beruhen (während alle adrenergen Relaxationen durch den $\beta_2$-Rezeptor vermittelt sind). Dazu zählen: Vasokonstriktion von Arterien und Venen, Kontraktion des M. dilatator pupillae, Kontraktion der Sphinkteren von Intestinum und Blase sowie der inneren Genitalorgane (Ductus deferens, Vesica seminalis, Uterus) und der Gefäße des äußeren Genitale (s. Tab. **16.2**, S. 573).
  **Signaltransduktion:** Auf zellulärer Ebene **aktivieren** alle $\alpha_1$-Rezeptoren über G-Proteine einerseits die **Phospholipase C** (**IP3**-Kaskade, über $G_q$) sowie andererseits sog. rezeptorgesteuerte, $Ca^{2+}$-permeable **nichtselektive Kationenkanäle** (Receptor operated channel, **ROC**; wahrscheinlich Proteine der TRPC-Familie. Beides führt letztlich über eine Erhöhung der intrazellulären $Ca^{2+}$-Konzentration (IP3: Ausstrom aus dem endoplasmatischen Retikulum; ROC: Einstrom von extrazellulär)

und $Ca^{2+}$-Calmodulin-vermittelte Aktivierung der Myosin-Leichtketten-Kinase zur Kontraktion (s. S. 67).

- **$\beta_2$-Rezeptoren:** Sie vermitteln die katecholaminerge **Relaxation der glatten Muskulatur** von Bronchien und Trachea, der Koronararterien und Skelettmuskelarteriolen und der gesamten longitudinalen und zirkulären Muskulatur des Intestinums (s. Tab. **16.2**, S. 573 f.); häufig humoral über Adrenalin, wenn keine oder geringe sympathische Innervation.
  **Signaltransduktion:** Diese Effekte werden zellulär über ein $G_s$-Protein vermittelt, das die **Adenylatzyklase** aktiviert und über den **cAMP**/Proteinkinase-A-Weg die Myosinleichtkettenphosphatase durch Phosphorylierung aktiviert, die glatte Muskelzelle hyperpolarisiert (Aktivierung von Kaliumkanälen) sowie die intrazelluläre $Ca^{2+}$-Konzentration absenkt (Phosphorylierung von Phospholamban mit Aktivierung der endoplasmoretikulären $Ca^{2+}$-ATPase SERCA).
- **$\beta_1$-Rezeptoren:** Sie vermitteln alle fördernden Effekte am Herzen (positive Chronotropie, Dromotropie, Inotropie).
  **Signaltransduktion**: G-Protein-vermittelt über den Adenylatzyklase-cAMP-Weg (s. o.).
- **$\alpha_2$-Rezeptoren:** Sie vermitteln im Wesentlichen die präsynaptische Selbsthemmung der Noradrenalinfreisetzung sowie an manchen Stellen eine prä- und postsynaptisch hemmende Wirkung auf die synaptische Transmission von präganglionären parasympathischen Impulsen (s. S. 568).

- **$\beta_2$-Rezeptoren:** Sie vermitteln die **Relaxation glatter Muskulatur** (s. Tab. **16.2**, S. 573 f.).
  **Signaltransduktion:** $G_s$-Protein-vermittelte Aktivierung der **Adenylatzyklase** (cAMP-Kaskade) → Aktivierung der Myosinleichtkettenphosphatase, Hyperpolarisation (K-Leitfähigkeit) und Senkung der intrazellulären $Ca^{2+}$-Konzentration (Phospholamban, SERCA).
- **$\beta_1$-Rezeptoren:** Sympathikuseffekte am Herzen.
  **Signaltransduktion:** G-Protein-vermittelt über den Adenylatzyklase-cAMP-Weg
- **$\alpha_2$-Rezeptoren:** präsynaptische Hemmung.

Katecholaminrezeptoren vermitteln zudem wichtige **Stoffwechseleffekte** der Sympathikusaktivierung. In der Leber fördert der $\beta_2$-Rezeptor Glykogenolyse und Glukoneogenese, in den Fettzellen die Lipolyse. $\beta$-Rezeptoren fördern auch die Sekretion von Glukagon, während eine sympathische Hemmung der Insulinsekretion durch $\alpha_2$-Rezeptoren beschrieben ist (s. Tab. **16.2**, S. 573 f.).

Katecholaminrezeptoren vermitteln wichtige **Stoffwechseleffekte** (z. B. fördern $\beta_2$-Rezeptoren in der Leber die Glykogenolyse und Glukoneogenese; s. Tab. **16.2**, S. 573 f.).

An dieser Stelle ist **bedeutsam**, dass das als **Hormon** zirkulierende **Adrenalin für $\beta_2$-Rezeptoren** eine **höhere Wirksamkeit** besitzt als Noradrenalin. Wichtige, $\beta_2$-vermittelte glattmuskelrelaxierende Effekte des Sympathikus sind auch deshalb vorwiegend (Bronchialmuskulatur) oder ausschließlich (Koronarien, Arteriolen der Skelettmuskulatur) durch systemische Adrenalinfreisetzung zu erklären, weil eine noradrenerge sympathische Innervation fehlt oder gering ausgeprägt ist. Umgekehrt besitzt zirkulierendes Adrenalin an sympathisch noradrenerg innervierten Zielzellen praktisch keinen Einfluss. Seine Konzentration ist unter physiologischen Bedingungen, selbst bei schwerer körperlicher Arbeit, immer 3 – 5-mal geringer als die des im Plasma zirkulierenden Noradrenalins aus den postganglionären Fasern. Einzig bei Hypoglykämie findet man eine selektive Erhöhung der Adrenalinkonzentration im Plasma. Physiologisch freigesetztes Adrenalin gilt daher primär als metabolisch wirksames Hormon. Die Effekte auf den peripheren Widerstand und die Herzaktion treten demgegenüber in den Hintergrund.

## Sympathisch cholinerge postganglionäre Übertragung

Abweichend von der klassischen und weitgehend zutreffenden Zuordnung (Noradrenalin → postganglionär sympathisch; Acetylcholin → postganglionär parasympathisch) existieren auch postganglionäre sympathische Fasern, die **Acetylcholin** als Transmitter verwenden. Es sind dies die sympathischen Fasern zu den **Schweißdrüsen**. Ihre Aktivierung führt ähnlich wie bei der parasympathischen Aktivierung exokriner Drüsen über postjunktionale M3-Rezeptoren, $G_q$ und Phospholipase-C-Aktivierung zu einem $Ca^{2+}$-Anstieg in der Drüsenzelle, der einen apikalen $Ca^{2+}$-aktivierten $Cl^-$-Kanal und damit die Sekretion aktiviert (s. u.). Der cholinerge Phänotyp dieser Fasern entwickelt sich postnatal unter dem Einfluss des Zielgewebes. Eine besondere, vasodilatatorisch wirksame, cholinerg-sympathische Innervation der arteriellen Gefäße des Skelettmuskels ist für einige Säugerspezies als Möglichkeit der schnellen Anpassung der Muskelperfusion an Belastung beschrieben; ob sie beim Menschen eine Rolle spielt, ist nicht geklärt.

### Sympathisch cholinerge postganglionäre Übertragung

Postganglionäre sympathische Fasern zu den **Schweißdrüsen** sind cholinerg, d. h. **Acetylcholin** ist hier der Transmitter.

**Parasympathische postganglionäre Signalübertragung**

Die klassische postganglionäre parasympathische Übertragung ist **muskarinisch-cholinerg**. Es handelt sich um metabotrope **G-Protein-gekoppelte Rezeptoren** (GPCR).

Man unterscheidet 5 Rezeptortypen **(M1 – M5)**.

- **M2- und M4-Rezeptoren:** Die Signaltransduktion erfolgt über zwei Wege: Einerseits **Hemmung** der **Adenylatzyklase** und andererseits **Aktivierung** eines **Kaliumkanals** (Kir).
- **M1-, M3- und M5-Rezeptoren:** Signalwege wie bei $\alpha_1$-Rezeptoren: G-Protein-vermittelte **Aktivierung** von einerseits **Phospholipase C** (IP3-Kaskade) und andererseits **nichtselektiven Kationenkanälen** → Anstieg der intrazellulären $Ca^{2+}$-Konzentration → **glattmuskuläre** Kontraktion und vermehrte Sekretion **exokriner Drüsen**.

Cholinerg vasodilatierende Effekte: Indirekt über NO und EDHF aus Endothelzellen, vermittelt durch **M3-Rezeptoren**.

Die cholinergen Effekte des Parasympathikus außerhalb des Herzens sind meist **M3-Rezeptor**-vermittelt.

**▶ Klinik.**

## Parasympathische postganglionäre Signalübertragung

Der klassische Mechanismus der postganglionären parasympathischen Übertragung ist **muskarinisch-cholinerg**, d. h. der Transmitter ist Acetylcholin und postjunktional sind muskarinische Acetylcholinrezeptoren verantwortlich. Es handelt sich wie bei der adrenergen Signalübertragung um heptahelikale **G-Protein-gekoppelte Rezeptoren** (GPCR). Sie sind durch **Atropin** blockierbar.
Man unterscheidet 5 Rezeptortypen **(M1 – M5)**.

- **M2- und M4-Rezeptoren:** Hier sind zwei nachgeschaltete zelluläre Transduktionswege bekannt: Einerseits die $G_i$-Protein-vermittelte **Hemmung** der **Adenylatzyklase** mit nachfolgender Senkung des cAMP-Spiegels und z. B. verringerte Aktivierung von HCN-Kanälen, andererseits die G-Protein-vermittelte **Aktivierung** eines **Kaliumkanals** (Kir). An den Schrittmacherzellen des Sinusknotens sind im Anschluss an den M2-Rezeptor beide Signalwege verwirklicht; für die Effekte vagaler Stimulation ist nach derzeitigem Stand der Weg über die Adenylatzyklase wahrscheinlich der wichtigere.
- **M1-, M3- und M5-Rezeptoren:** Sie sind hinsichtlich der nachgeschalteten zellulären Signalwege und Wirkungen den $\alpha_1$-Rezeptoren des adrenergen Systems analog. Sie koppeln wie der $\alpha_1$-Rezeptor jeweils über ein $G_q$-Protein an den **Phospholipase-C**-Signalweg und können ebenfalls **nichtselektive Kationenkanäle** (ROC bzw. TRPC) aktivieren. Beide Mechanismen führen über eine Erhöhung des intrazellulären Kalziums am **glatten Muskel** zur Kontraktion (M. sphincter pupillae, M. ciliaris, Detrusor vesicae, Tracheal-/Bronchialmuskulatur, intestinale Muskulatur) bzw. an **exokrinen Drüsenzellen** (z. B. Speicheldrüsen, Pankreas, Atemwegsdrüsen) zu vermehrter Sekretion.

Die an manchen Gefäßen vorhandene cholinerge Relaxation der glatten Muskulatur (Vasodilatation) wird gegenwärtig als indirekter, endothelvermittelter Effekt erklärt: Acetylcholin wirkt hier über **M3-Rezeptoren** auf Endothelzellen, die durch Aktivierung des PLC-Signalwegs zur Freisetzung von glattmuskelrelaxierenden Faktoren (NO, EDHF) stimuliert werden (vgl. hierzu S. 147). Entfernung des Endothels im In-vitro-Experiment kehrt den Effekt um: Es kommt zur direkten, konstriktorischen Wirkung auf den glatten Muskel.
**M1-Rezeptoren** kommen vor allem an den **ganglionären Synapsen** vor, während M5-Rezeptoren vorwiegend im ZNS exprimiert werden. Daher sind die cholinergen **postganglionären Effekte** des Parasympathikus mit Ausnahme der Wirkungen am Herzen (M2) vor allem **M3-Rezeptor**-vermittelt.
Die cholinerg vermittelten Wirkungen parasympathischer Innervation werden durch Hemmstoffe der Acetylcholinesterase gesteigert. Zu diesen zählen Kampfgifte (Sarin, Tabun) und Insektizide (E605) ebenso wie das Pyridostigmin, das zur Therapie der Myasthenia gravis eingesetzt wird (s. S. 50).

**▶ Klinik.** Insbesondere die unterschiedlichen Adrenozeptor-Familien mit ihren verschiedenen Subtypen ermöglichen gezielte therapeutische Eingriffe mit hoher Selektivität. So gibt es heute z. B. zur Therapie von Herzrhythmusstörungen oder Bluthochdruck **hoch selektive $\beta_1$-Rezeptorantagonisten**, die im Gegensatz zu nicht selektiven β-Blockern keine Zunahme des Atemwegswiderstandes wegen Überwiegens der parasympathischen Bronchokonstriktion mehr bewirken. Ebenso können zur Asthmatherapie **selektive $\beta_2$-Rezeptoragonisten** eingesetzt werden, die weniger kardiale Nebenwirkungen (v. a. Tachykardien) besitzen.

**16.2 Übersicht zu Wirkungen und Übertragungsmechanismen von Sympathikus und Parasympathikus an einzelnen Organen und Geweben**

| | *Sympathikusaktivierung* | | | *Parasympathikusaktivierung* | | |
|---|---|---|---|---|---|---|
| ***Organ/Gewebe*** | ***Überträgerstoff*** | ***Rezeptor/ Transduktion*** | ***Effekt*** | ***Effekt*** | ***Rezeptor/ Transduktion*** | ***Überträger-stoff*** |
| **Herz** | Noradrenalin | $\beta_1$ | Frequenz ↑<br>Kontraktionskraft ↑ | Frequenz ↓<br>Kontraktionskraft ↓<br>(nur Vorhöfe) | $M2/G_i$ | ACh |
| **Blutgefäße** | | | | | | |
| ▪ Arterien | Noradrenalin<br>ATP<br><br>NPY | $\alpha_1/G_q$<br>P2X/Depola-risation<br>$NPY\text{-}R/G_i$ | Vasokonstriktion (Haut und Schleimhaut, Intestinaltrakt, Skelett-muskel) | Vasodilatation (Genitalorgane, Hirnarterien) | sGC/cGMP<br>M3 (Endo-thelzelle)<br>$VIP\text{-}R/G_s$ | NO<br>ACh<br><br>VIP |
| | Adrenalin (aus NNM) | $\alpha;_1/G_q$ | Vasokonstriktion (Haut und Schleimhaut) | | | |
| | | $\beta_2/G_s$ | Vasodilatation (Skelettmuskel) | | | |
| | ACh | M3 | Vasodilatation (Skelettmuskel)* | | | |
| ▪ Venen | Noradrenalin | $\alpha_1/G_q$ | Vasokonstriktion | | | |
| **Magen-Darm-Trakt** | | | | | | |
| ▪ longitudinale Muskulatur | Noradrenalin | $\alpha_2/G_i$ (v. a. präsynaptisch hemmend) | Motilität ↓ | Motilität ↑ | $M3/G_q$ | ACh |
| ▪ zirkuläre Muskulatur (Sphinkteren) | Noradrenalin | $\alpha_1/G_q$ | Kontraktion | Relaxation | sGC/cGMP<br>$VIP\text{-}R/G_s$ | NO<br>VIP |
| **Niere** | Noradrenalin | $\beta_1/G_s$ | Reninsekretion ↑ | | | |
| **Harnblase** | | | | | | |
| ▪ M. detrusor vesicae | Noradrenalin | $\beta_2/G_s$ | Relaxation | Kontraktion | $M3/G_q$<br>P2X/Depola-risation | ACh<br>ATP |
| ▪ glatte Muskulatur von Blasenhals und Urethra („M. sphincter internus“) | Noradrenalin | $\alpha_1/G_q$ | Kontraktion | Relaxation | sGC/cGMP | NO |
| **Genitalorgane** | | | | | | |
| ▪ Ductus deferens, Vesica seminalis, Prostata | Noradrenalin<br>ATP | $\alpha_1/G_q$<br>P2X/Depola-risation | Kontraktion | | | |
| ▪ Uterus | Noradrenalin | $\alpha_1/G_q$ | Kontraktion | | | |
| | ATP | P2X/Depola-risation | | | | |
| | Noradrenalin | $\beta_2/G_s$ | Relaxation (abhängig vom hormonellen Status) | | | |
| **Haut** | | | | | | |
| ▪ Mm. arrectores pilorum | Noradrenalin | $\alpha_1/G_q$ | Kontraktion | | | |
| ▪ Schweißdrüsen | ACh | $M3/G_q$ | Sekretion | | | |

16.2 Fortsetzung

| *Organ/ Gewebe* | *Sympathikusaktivierung* *Überträgerstoff* | *Rezeptor/ Transduktion* | *Effekt* | *Parasympathikusaktivierung* *Effekt* | *Rezeptor/ Transduktion* | *Überträgerstoff* |
|---|---|---|---|---|---|---|
| **Auge** | | | | | | |
| ▪ M. dilatator pupillae ▪ M. tarsalis ▪ M. orbitalis | Noradrenalin | $\alpha_1/G_q$ | Kontraktion ▪ Mydriasis ▪ Lidstraffung ▪ Bulbusprotrusion | | | |
| ▪ M. sphincter pupillae ▪ M. ciliaris | | | | Kontraktion ▪ Miosis ▪ Nahakkomodation | $M3/G_q$ | ACh |
| ▪ Tränendrüsen | | | | Sekretion | $M3/G_q$ | ACh |
| **Tracheal-/ Bronchialmuskulatur** | v. a. Adrenalin (aus NNM) | $\beta_2/G_s$ | Relaxation | Kontraktion | $M3/G_q$ | ACh |
| **exokrine Drüsen des Verdauungstrakts** | | | | | | |
| ▪ Speicheldrüsen | Noradrenalin Noradrenalin | $\alpha_1/G_q$ $\beta_1/G_s$ | seröse Sekretion muköse Sekretion (Exozytose von Proteinen) | seröse Sekretion | $M3/G_q$ | ACh |
| ▪ Magen | | | | Sekretion von HCl | $M3/G_q$ | ACh |
| ▪ Pankreas | | | | Sekretion | $M3/G_q$ | ACh |
| ▪ Darmdrüsen | | | | Sekretion | $M3/G_q$ | ACh |
| **Leber** | Adrenalin (aus NNM) | $\beta_2/G_s$ | Glykogenolyse, Glukoneogenese | | | |
| **Fettzellen** | Adrenalin (aus NNM) | $\beta_2/G_s$ | Lipolyse | | | |
| **braunes Fettgewebe** | Noradrenalin | $\beta_3/G_s$ | Thermogenese | | | |

NNM = Nebennierenmark, * Bedeutung beim Menschen umstritten

### 16.3.3 Nichtklassische Signalübertragung, Kotransmitter und Neuromodulation

Es gibt **nicht adrenerge, nicht cholinerge (NANC)** Übertragungsmechanismen:
- **purinerg** (ATP)
- **peptiderg** (NPY, VIP)
- **nitriderg** (NO).

## 16.3.3 Nichtklassische Signalübertragung, Kotransmitter und Neuromodulation

Eine Blockade von adrenergen oder muskarinergen Rezeptoren unterdrückt nicht alle Wirkungen einer Reizung von Sympathikus oder Parasympathikus. Als verantwortlich für die gegenüber cholinerger und adrenerger Blockade unempfindlichen Wirkungen wurde Anfang der 1960er Jahre ein **nicht adrenerger, nicht cholinerger (NANC)** Übertragungsmechanismus postuliert. Nach dem heutigen Stand verbergen sich dahinter mindestens drei verschiedene Mechanismen: **purinerge**, **nitriderge** und **peptiderge** Transmission.

#### Purinerge Transmission

Übertragung mit Hilfe von **Purinorezeptoren Typ 2** (P2-Rezeptoren), deren Agonist v. a. **ATP** ist.

### Purinerge Transmission

Unter purinerger Transmission wird die Übertragung mithilfe von Nukleotidrezeptoren (**Purinozeptoren des Typs 2**, P2-Rezeptoren) verstanden, deren physiologischer Agonist v. a. das **Purinnukleotid ATP** ist (P1-Rezeptoren sind im Wesentlichen Adenosinrezeptoren). Diese Übertragungsform kommt an den **postganglionären** neuroeffektorischen Verbindungen sowohl von Sympathikus wie von Parasympathikus vor. ATP ist gemeinsam mit Noradrenalin und Acetylcholin in denselben Vesikeln lokalisiert.

16.9 **Purinerge Transmission (P2X-Rezeptoren)**

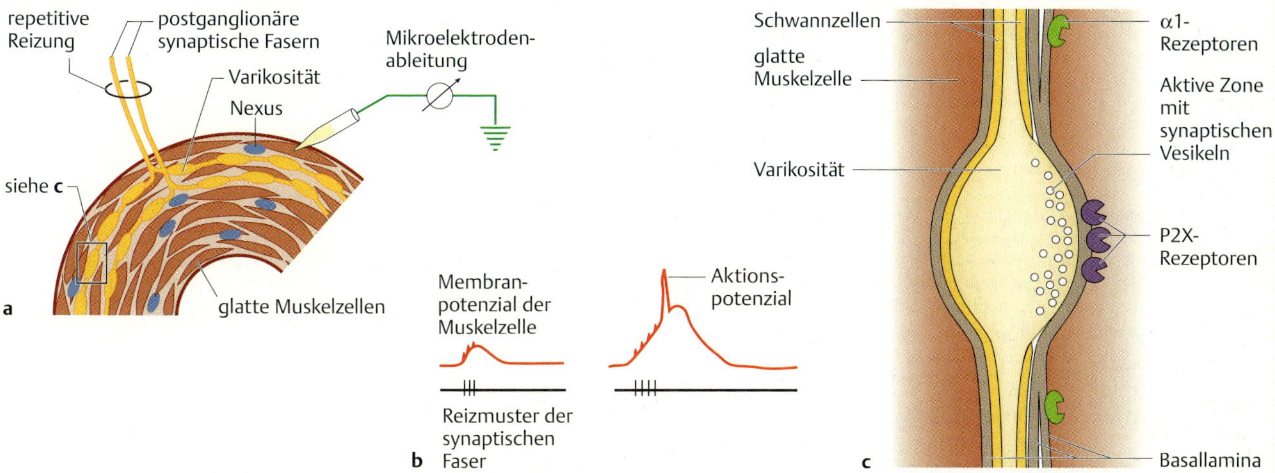


**a** Experimentelle Anordnung zur Mikroelektrodenableitung des Membranpotenzials einer glatten Muskelzelle einer sympathisch innervierten Arteriole.
**b** Repetitive Reizung der postganglionären Fasern führt zu schnellen erregenden postjunktionalen Potenzialen, die zur Auslösung eines $Ca^{2+}$-abhängigen Aktionspotenzials führen können.
**c** Schnelle chemische Übertragung an neuroeffektorischen Verbindungen durch subjunktional angeordnete Purinozeptoren vom Typ P2X.

Es werden zwei Familien von P2-Rezeptoren unterschieden: Die **ionotropen P2X** und die **metabotropen P2Y-Rezeptoren.**

- **P2X-Rezeptoren** sind ligandengesteuerte, nicht selektive Kationenkanäle. Sie vermitteln an neuroeffektorischen Verbindungen des VNS schnelle depolarisierende Potenziale, die einem EPSP oder einem Endplattenpotenzial relativ nahekommen und ihm auch im ionalen Mechanismus (nicht selektive Kationenleitfähigkeit) in etwa entsprechen.
- **P2Y-Rezeptoren** sind demgegenüber klassische heptahelikale G-Protein-gekoppelte Rezeptoren (GPCR) und koppeln mehrheitlich über ein $G_q$-Protein an das Phospholipase-C-System; einige können auch eine Modulation der Adenylatzyklase bewirken.

Unterschieden werden **ionotrope P2X-Rezeptoren** (ligangdengesteuerte nicht selektive Kationenkänale) und **metabotrope P2Y-Rezeptoren** (klassische GPCR).

**P2X-Rezeptoren** sind v.a. an **kontrahierenden Wirkungen** auf die **glatte Muskulatur** beteiligt (sympathisch: z.B. Gefäßmuskulatur, parasympathisch: z.B. M. detrusor vesicae). Bei der sympathischen Innervation der **Arteriolen** ist es vermutlich so, dass die ionotropen P2X-Rezeptoren die **schnelle Komponente** eines postjunktionalen Potenzials, ähnlich einem schnellen EPSP, vermitteln. Über die Depolarisation wird ein $Ca^{2+}$-Einstrom durch spannungsabhängige L-Typ $Ca^{2+}$-Kanäle aktiviert, der zur Kontraktion führt. Die gleichzeitig durch Noradrenalin aktivierten metabotropen $\alpha_1$-Rezeptoren wären für eine **langsamere Potenzialkomponente** (durch Aktivierung von ROC/TRPC-Kanälen) oder für eine von Depolarisation unabhängige, Phospholipase-C/IP3-vermittelte konstriktorische Wirkung (pharmakomechanische Kopplung, s.S. 66) verantwortlich. Zu diesem Schema (Abb. **16.9**) passt die Vorstellung, die P2X-Rezeptoren befänden sich direkt gegenüber der aktiven Zone der Varikosität, während die $\alpha_1$-Rezeptoren weiter peripher (extrasynaptisch) lägen.

## Peptiderge Transmission

Peptiderge Transmission bezeichnet die Rolle von Peptiden als Kotransmitter. Im VNS kommen unterschiedliche Peptide vor; die wichtigsten sind das **vasoaktive intestinale Peptid (VIP)** und das **Neuropeptid Y** (**NPY**, wobei Y für Tyrosin steht). Dabei wird typischerweise VIP aus cholinergen und NPY aus adrenergen Endigungen freigesetzt.

**Peptiderge Transmission**

Hier dienen Peptide als Kotransmitter: **VIP** aus cholinergen und **NPY** aus adrenergen Endigungen.

Peptide befinden sich in speziellen, elektronendichten (dense core) Vesikeln und werden häufig erst bei **höherfrequenter Aktivität** des Axons freigesetzt. Ihre

Ihre Freisetzung erfolgt erst bei **höherfrequenten Impulsen** und ihre Wirkungen an den Zielzellen halten oft länger an.

Neuropeptidrezeptoren sind heptahelikale GPCR. Der NPY-Rezeptor senkt, der VIP-Rezeptor erhöht G-Protein-vermittelt cAMP.

Wirkungen an der Zielzelle sind meist synergistisch mit denen des kleinmolekularen klassischen Transmitters und halten oft länger an. So ist an prima facie „cholinerg" **vasodilatatorischen** Reaktionen oft **VIP** mitbeteiligt, während „noradrenerg"-**vasokonstriktorische** Antworten oft eine durch **NPY** vermittelte Komponente aufweisen. Alle Neuropeptidrezeptoren sind heptahelikale GPCR. Die NPY-Rezeptoren interagieren über $G_i$-Protein hemmend mit der Adenylatzyklase (Senkung des cAMP-Spiegels), die Rezeptoren für VIP haben über $G_s$-Protein den gegenteiligen Effekt.

### Nitriderge Transmission

**NO** ist hier (v. a. parasympathischer) Transmitter. Die Synthese erfolgt $Ca^{2+}$-abhängig aus Arginin.
NO diffundiert frei über Membranen und aktiviert eine zytosolische (lösliche) Guanylatzyklase (= NO-Rezeptor).
NO hat **starke glattmuskelrelaxierende Effekte** (cGMP, PKG, Myosinleichtkettenphosphatase) und ist für die genitale Erektion (Vasodilatation) und die Relaxation von Sphinkteren bedeutsam.

Bei der nitridergen Transmission ist **Stickstoffmonoxyd (NO)** der Transmitter. NO wird in der synaptischen Endigung wahrscheinlich $Ca^{2+}$/Calmodulin-abhängig und daher in Abhängigkeit von der präjunktionalen elektrischen Aktivität durch die NO-Synthase (neuronale Form) aus Arginin synthetisiert.
NO diffundiert passiv über Zellmembranen und aktiviert postjunktional ebenso wie das NO aus Endothelzellen (s. S. 147) eine zytosolische (lösliche) Guanylatzyklase. NO ist ein sehr ungewöhnlicher Transmitter, da es aufgrund seiner Membrangängigkeit weder durch vesikuläre Exozytose freigesetzt wird noch an membranständige Rezeptoren bindet.
NO hat **starke glattmuskelrelaxierende Effekte** über die Aktivierung der löslichen Guanylatzyklase (Bildung von cGMP) und nachfolgend der Proteinkinase G (PKG), mit Aktivierung der Myosinleichtkettenphosphatase. Es wird vor allem aus parasympathischen Nervenendigungen freigesetzt und ist z. B. für die Vasodilatation in den erektilen Geweben des Genitale und der Hirnarterien sowie für die Relaxation des Pylorus bei der Magenentleerung und des Blasen- und Analsphinkters bei Miktion und Defäkation hauptsächlich verantwortlich.

## 16.3.4 Präsynaptische Kontrolle der Transmitterfreisetzung

Sowohl cholinerge als auch adrenerge vegetative Nervenendigungen besitzen häufig präsynaptische Rezeptoren für einige der oben diskutierten Transmitter, über welche die exozytotische Freisetzung reguliert werden kann. Der Begriff **präsynaptisch** ist bei neuroeffektorischen Verbindungen zwar nicht ganz korrekt (besser **präjunktional**), aber gebräuchlich.

### Präsynaptische adrenerge Kontrolle

Präsynaptische Interaktionen (Abb. **16.10**):
- **homotrop:** autoinhibitorische Rückkopplung (Transmitter hemmt eigene Freisetzung)
- **heterotrop:** präjunktionale Hemmung (Transmitter hemmt Freisetzung eines anderen).

Die präsynaptisch hemmenden Effekte von Noradrenalin sind über **$\alpha_2$-Rezeptoren** vermittelt.

Adrenerge Terminalen reagieren auf erhöhte extrazelluläre Noradrenalinkonzentration mit einer Verringerung der Freisetzung im Sinne einer autoinhibitorischen **(homotrop negativen)** Rückkopplung (Abb. **16.10**). Noradrenalin ist auch in der Lage, die Freisetzung von Acetylcholin zu hemmen (**heterotrop präjunktionale** Hemmung). Anatomisches Substrat sind axoaxonische Kontakte zwischen sympathischen und parasympathischen Endigungen. Diese präsynaptisch hemmenden Effekte von Nordrenalin sind über präsynaptische **$\alpha_2$-Rezeptoren** vermittelt und sehr wahrscheinlich vor allem Folge einer G-Protein-vermittelten Hemmung von spannungsabhängigen N-Typ-$Ca^{2+}$-Kanälen und zwar ohne Beteiligung eines diffusiblen Messengers (wie etwa cAMP). So wird der $Ca^{2+}$-Einstrom während des präsynaptischen Aktionspotenzials und damit die Freisetzungswahrscheinlichkeit herabgesetzt.

### Präsynaptische cholinerge Kontrolle

Präsynaptische Interaktionen (Abb. **16.10**): **homotrope** Rückkopplung und **heterotrope** Hemmung (s. o.), hier durch Acetylcholin.

Auch für **Acetylcholin** besteht sowohl die Möglichkeit der autoinhibitorischen **homotropen** Rückkopplung wie der **heterotropen** präsynaptischen Hemmung der Freisetzung von Noradrenalin über verschiedene muskarinische Rezeptoren (Abb. **16.10**).

Diese Mechanismen der präsynaptischen Hemmung sind ähnlich an vielen Stellen des Nervensystems, einschließlich des ZNS, auch mit anderen Rezeptoren verwirklicht (z. B. $GABA_B$-Rezeptor, s. S. 42). Auch fördernde präsynaptische Effekte, zum Beispiel von $\beta$-Rezeptoren, sind beschrieben.

16.10 **Präsynaptische Kontrolle der Transmitterfreisetzung**

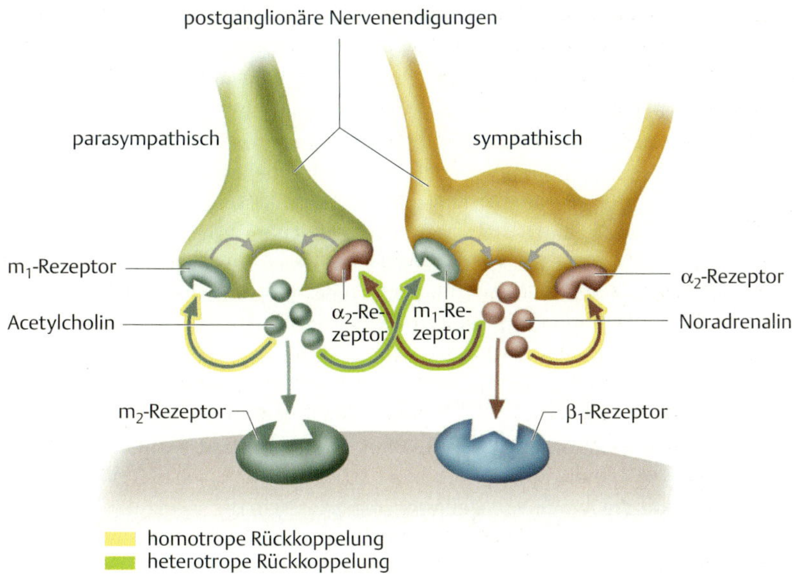


16.10

## 16.3.5 Kontrolle des enterischen Nervensystems durch Sympathikus und Parasympathikus

Die synaptische Verschaltung innerhalb des ENS ist komplex (vgl. hierzu Abb. **16.5**, S. 565). Neben **cholinerg-erregenden Motoneuronen**, die die glatte Muskulatur der Darmwand und Drüsenzellen aktivieren sowie vasodilatatorisch wirken, gibt es auch **hemmende Motoneurone**, welche u. a. NO und VIP als Transmitter verwenden. **Interneurone** können eine Vielzahl von Transmitterphänotypen aufweisen. Experimentell nachgewiesen sind cholinerg-nikotinische, purinerge (P2X- und P2Y-vermittelt), serotonerge (5HT) und glutamaterge Transmissionsmechanismen. Die **intrinsisch-afferenten Neurone**, welche Dehnungsreize und chemische Reize aufnehmen und lokal sowie teilweise in die prävertebralen Ganglien projizieren, sind cholinerg.

Dieses komplizierte Netzwerk wird durch Parasympathikus und Sympathikus kontrolliert: Die **präganglionären parasympathischen** Fasern des N. vagus bilden erregende nikotinisch-cholinerge Synapsen mit Neuronen des Auerbach'schen Plexus, die als postganglionäre Neurone fungieren. Das nachgeschaltete Netzwerk des ENS setzt die Vagusaktivität so um, dass vermehrte Motilität und Sekretion resultieren.

Die **sympathischen** Efferenzen zum Darm treten als **postganglionäre** Fasern in die Darmwand ein und wirken vorrangig durch Hemmung der Übertragung an den Synapsen zwischen den präganglionären parasympathischen Efferenzen und deren Zielzellen im ENS. Dies geschieht einerseits über postsynaptische Hemmung der postganglionären (ENS)-Neurone, andererseits durch präsynaptische Hemmung der Transmitterfreisetzung aus den vagalen Efferenzen.

Beide Phänomene sind **$\alpha_2$-Rezeptor**-vermittelt. Es resultiert eine Erschlaffung der Längsmuskulatur. Dagegen sind die Kontraktion der Sphinkteren und der Arteriolen der Mukosa direkte Effekte der sympathischen Innervation von Zielzellen, die über **$\alpha_1$-Rezeptoren** (und wahrscheinlich auch über P2X-Rezeptoren) vermittelt werden.

Resultate:

- **Parasympathikus:** verstärkte Motilität bei Relaxation der Sphinkteren
- **Sympathikus:** verringerte Motilität bei Kontraktion der Sphinkteren.

**16.3.5 Kontrolle des enterischen Nervensystems durch Sympathikus und Parasympathikus**

Die synaptische Verschaltung innerhalb des ENS ist komplex und wird durch Parasympathikus und Sympathikus kontrolliert (s. Abb. **16.5**, S. 565).

Präganglionäre **parasympathische** Fasern greifen direkt an ENS-Neuronen an, die als postganglionäre Neurone fungieren. Diese Transmission wird über **sympathische** Fasern prä- und postsynaptisch gehemmt ($\alpha_2$-vermittelt), was zu einer Erschlaffung der Ringmuskulatur führt. Die Kontraktion der Sphinkteren und der Arteriolen der Mukosa sind direkte Effekte der sympathischen Innervation ($\alpha_1$-vermittelt).

16.4 Zentrale vegetative Reflexbahnen

Vegetative Reflexe laufen häufig unter Einbindung somatischer Afferenzen oder Efferenzen und willkürlicher Kontrolle ab. Die zentralen vegetativen Reflexe sind aufgrund der ganglionären Umschaltung immer **mindestens disynaptisch**.

## 16.4 Zentrale vegetative Reflexbahnen

Viele wichtige vegetative Regulationsvorgänge werden mithilfe von im ZNS verschalteten und als Reflexbogen organisierten Neuronenketten angestoßen und kontrolliert. Die Umschaltung kann dabei auf verschiedenen Stufen der Neuraxis (also des hierarchisch organisierten ZNS) erfolgen. Die zentral verschalteten vegetativen Reflexe sind aufgrund der ganglionären Umschaltung der Efferenz immer **mindestens disynaptisch**. Es gibt dabei jedoch durchaus monosynaptische Verbindungen zwischen dem viszeral afferenten und dem präganglionären Neuron. Häufig sind vegetative Reflexe in komplexere Verhaltensweisen eingebunden, zu denen typischerweise auch das somatische Nervensystem und willkürliche Kontrolle entscheidend beitragen. Dies ist zum Beispiel bei Miktion und Defäkation der Fall, wobei die willkürliche Kontrolle hier bekanntlich erst im Laufe der postnatalen Entwicklung erlernt werden muss.

16.4.1 Miktion und Defäkation

Defäkation und Miktion sind auf spinaler Ebene gleichsam als **parasympathischer Dehnungsreflex** organisiert. Die Dehnung des Hohlorgans verursacht eine **Kontraktion** der Wandmuskulatur (ACh, ATP) mit **Relaxation** (NO) der inneren (glattmuskulären) Sphinkteren.

### 16.4.1 Miktion und Defäkation

Die reflektorischen (autonomen) Komponenten von **Defäkation und Miktion** sind vegetative Reflexe, die auf spinalem Niveau sehr ähnlich verschaltet sind.

- **Afferenzen** sind die Axone von **Dehnungsrezeptoren** in der Wand der Hohlorgane, die über die Hinterwurzel (Somata in den Hinterwurzelganglien) in das Rückenmark eintreten.
- **Efferenzen** sind die **parasympathischen** Fasern zum glattmuskulären M. sphincter ani internus bzw. zur glatten Muskulatur von Blasenhals und Urethra (nitriderge **Relaxation**; NO) sowie zum Colon descendens, Sigmoid und Rektum bzw. M. detrusor vesicae (**Kontraktion**; ACh, ATP).

In Bezug auf die durch Dehnung der Wand der Hohlorgane ausgelöste Kontraktion derselben könnte man von einem autonomen (vegetativen) Eigenreflex (**Dehnungsreflex**) sprechen.
Dagegen sorgt die konstriktorische **sympathische** Innervation der glattmuskulären Sphinkteren zusammen mit einer ebenfalls sympathisch vermittelten Relaxation der Organwände für die **Kontinenz** von Stuhl und Urin.

► Merke.

► **Merke.** Während der **Parasympathikus** eine Entleerung der Blase bzw. des Enddarms ermöglicht, hemmt der **Sympathikus** diese Entleerung und fördert die Kontinenz.

Bei der **Miktion** ist die spinale Ebene einem **supraspinalen** Reflexbogen **(pontines Miktionszentrum)** untergeordnet (Abb. **16.11**).

Bei der **Miktion** ist unter physiologischen Bedingungen die **spinale** Ebene (unterste zentrale Instanz der Reflexkoordination) einem weiteren, **supraspinal** organisierten Reflexbogen untergeordnet. Dehnungsafferenzen der Blasenwand werden im ventrolateralen Pons auf Höhe des Locus coeruleus auf nach sakral absteigende Fasern umgeschaltet **(pontines Miktionszentrum).** Dieser Reflex bezieht durch eine gleichzeitige Hemmung der sakralen α-Motoneurone zum quergestreiften M. sphincter vesicae externus das somatische Nervensystem mit ein (Abb. **16.11**).

► Klinik.

► **Klinik.** Bei Läsionen des Rückenmarks, die diesen supraspinalen Reflexbogen unterbrechen (z. B. Querschnittslähmung), ist der Miktionsreflex zunächst erloschen (**spinaler Schock**, s. S. 736). Nach einiger Zeit kommt es zur Übernahme der reflektorischen Funktion durch den spinalen Reflex. Bei dieser sog. **spinalen Reflexblase** treten häufige Entleerungen schon bei geringen Füllungsvolumina auf, wobei jeweils ein erheblicher Restharn zurückbleibt (Infektionsgefahr!).

Beim kontinenten Gesunden erfolgt die **Entleerung** von Harnblase und Darm **willkürlich**.

Beim kontinenten Gesunden erfolgt die **Entleerung** von Harnblase und Darm **willkürlich**. Die Afferenzen von den Dehnungsrezeptoren in Blase oder Rektum erzeugen Harn- oder Stuhldrang. Der spinale bzw. pontine Reflex wird willkürlich unterdrückt und die Kontinenz durch willkürliche Kontraktion des jeweiligen externen Sphinkters verstärkt. Die Einleitung der willkürlichen Miktion oder Defäkation beginnt mit der Entspannung des Sphinkters und der „Freigabe“ des Reflexbogens. Zusätzlich wird durch Kontraktion der Bauchdeckenmuskulatur und des Zwerchfells der intraabdominale Druck erhöht und die Beckenbodenmuskulatur entspannt.

16.11 **Regulation der Miktion durch das vegetative Nervensystem**

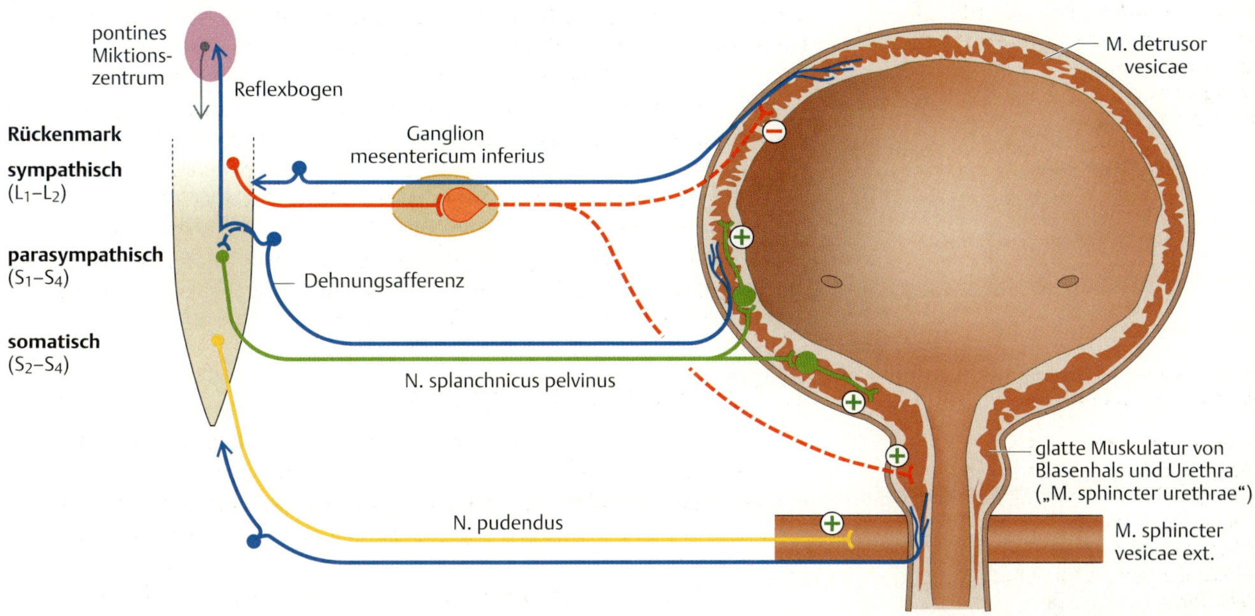


# 16.5 Zentrale Kontrolle des VNS im Verhaltenskontext

16.5 Zentrale Kontrolle des VNS im Verhaltenskontext

Sieht man das VNS als Gesamtheit viszeromotorischer Efferenzen des ZNS, so sind die spinalen präganglionären Neurone als letzte zentrale Station viszerale Motoneurone und bilden mit den von ihnen dominant innervierten Ganglienzellen und den postganglionären Axonen als **vegetative/autonome Einheiten** die **viszeromotorische Endstrecke**. Diese vegetativen Einheiten können einerseits in viszeralen Reflexbögen, andererseits von hierarchisch übergeordneten, viszeromotorischen Kerngebieten auf verschiedenen Niveaus des ZNS rekrutiert und in komplexen vegetativen Reaktionen verhaltensadäquat eingesetzt werden.

Zentrale Neuronengruppen, die direkt oder indirekt über Interneurone Zugriff auf präganglionäre vegetative Nervenzellen haben, findet man sowohl im Rückenmark als auch in Hirnstamm, Dienzephalon und Endhirn. Von dort erhalten präganglionäre Neurone des **Sympathikus** in der Zona intermedia des Thorakal- und Lumbalmarks ebenso wie die **parasympathisch**-präganglionären Neurone des Hirnstamms (Ncl. Edinger-Westphal, Ncl. ambiguus, Ncl. dorsalis n. vagi, Ncl. salivatorius) und im Sakralmark Eingänge. Sie bilden ein sog. **zentrales autonomes (vegetatives) Netzwerk**, das vegetativ-homöostatische Reaktionen aufgrund von afferenten und deszendierenden Einflüssen steuert und die autonomen Reflexe (z. B. den Barorezeptorenreflex [s. S. 143], aber auch Miktion und Defäkation) koordiniert.

Zentrale Neuronengruppen, die Zugriff auf präganglionäre vegetative Nervenzellen haben, findet man in Rückenmark, Hirnstamm, Dienzephalon und Endhirn. Sie bilden ein sog. **zentrales autonomes (vegetatives) Netzwerk**.

Wichtige **integrative Zentren** dieses Netzwerks sind:

- Der **Ncl. tractus solitarii** (auch: Ncl. solitarius), der sowohl allgemein vegetative Afferenzen aus den Hirnnerven als auch gustatorische Afferenzen erhält und mit der nach kaudal anschließenden Area postrema über einen eigenen metabolisch-hormonellen Sensor für Signalstoffe im Blut (wie z. B. Angiotensin II) verfügt. Dieser Kern ist zum Beispiel mit seinen Projektionen zum Ncl. ambiguus und zur kaudalen ventrolateralen Medulla die erste zentrale Station des pressorezeptorischen Reflexbogens. Er projiziert ebenfalls zum Ncl. dorsalis nervi vagi und reguliert so z. B. die Peristaltik des Gastrointestinaltrakts.
- Das **periaquäduktale Höhlengrau (PAG)** des Mittelhirns, das nozizeptive Eingänge aus dem Rückenmark sowie Eingänge aus dem Ncl. tractus solitarii empfängt und mit Projektionen in die vegetativen Areale der medullären Retikulärformation

Wichtige **integrative Zentren** dieses Netzwerks sind:

- **Ncl. tractus solitarii**
- **periaquäduktales Höhlengrau (PAG)**

eine wichtige Rolle bei der verhaltensadäquaten Koordination vegetativer Reaktionen, wie z.B. Umverteilung des Blutflusses von Eingeweiden zur Muskulatur im Rahmen einer Flucht- oder Abwehrreaktion auf schmerzhafte Reize (fight or flight), spielt.

- **Ncl. parabrachialis**
- Der **Ncl. parabrachialis**, der afferente Zuflüsse aus dem Ncl. tractus solitarii erhält und diese Richtung Telenzephalon weiterleitet. Dadurch gewinnen viszerale Afferenzen Einfluss auf das Verhalten.
- **Corpus amygdaloideum**
- Das **Corpus amygdaloideum** (auch: Amygdala), das über den Ncl. parabrachialis viszerosensible und nozizeptive Eingänge, sowie Eingänge aus assoziativen Kortexarealen, aus dem Hippokampus und aus sensorischen Thalamuskernen erhält, und z.B. als Teil konditionierter Verhaltensreaktionen auf äußere Reize (konditionierte Angstreaktion, Schreckstarre) über deszendierende Verbindungen zum Hypothalamus (s.u.) sowie zum PAG auch vegetative Regulationsvorgänge (Herzfrequenzsteigerung) einbezieht.
- **ventroposteriorer Thalamus.**
- Im **ventroposterioren Thalamus** ein bestimmtes Kerngebiet mit kleinen Nervenzellen (ventroposteriorer parvozellulärer Kern), das neben Geschmacksafferenzen aus den Ncll. tractus solitarii auch allgemein viszerosensible Eingänge über den Ncl. parabrachialis erhält und diese zum viszerosensiblen **Inselkortex** weiterleitet, wo neben Geschmackswahrnehmung auch der vegetative Zustand des Organismus somatotopisch repräsentiert ist. Elektrische Stimulation der anterioren Insel kann z.B. Völlegefühl und Übelkeit hervorrufen. Im **anterioren Gyrus cinguli** befindet sich ein korrespondierender viszeromotorischer Kortex, von dem aus über deszendierende Verbindungen zu den o.g. Kerngebieten und zum Hypothalamus (s.u.) vegetative Reaktionen ausgelöst werden können (z.B. Kontraktion der Magenwand, Vasokonstriktion). Läsionen in diesem Kortexareal führen u.a. zu einem Verlust vegetativer Reaktionen auf unangenehme Reize und zu einer Dämpfung im emotionalen Verhalten.

## 16.6 Der Hypothalamus als vegetatives Koordinationszentrum

**16.6 Der Hypothalamus als vegetatives Koordinationszentrum**

**Funktionen** des Hypothalamus sind:
- Volumen- und Osmoregulation
- Thermoregulation
- Regulation der Nahrungsaufnahme
- Regulation des Metabolismus
- Regulation des Schlaf-/Wachverhaltens
- Regulation der Abwehrreaktionen.

Der Hypothalamus ist Zentralorgan für die **Koordination der für die Aufrechterhaltung der Homöostase des inneren Milieus notwendigen vegetativen Anpassungsreaktionen** und ihrer **Abstimmung mit dem Verhalten**. Von hier aus können sowohl die beiden Abteilungen des VNS als auch die Adeno- und Neurohypophyse und somit ein Großteil der endokrinen Drüsen gesteuert werden (s. S. 347). Eine Zerstörung des Hypothalamus führt zum Versagen der Volumen- und Osmoregulation, der Thermoregulation, der Regulation der Nahrungsaufnahme durch Hunger/Sattheit, des Metabolismus, des Schlaf-/Wachverhaltens und der Abwehrreaktionen auf z.B. schmerzhafte Reize sowie selbst der Immunabwehr.

Der Hypothalamus erhält **sensible** (v.a. viszerosensible) und **sensorische Information aus dem gesamten Organismus** und besitzt zusätzlich **intrinsische Sensoren**. Diese neuronalen Verschaltungen ermöglichen einen Abgleich dieser Informationen mit den jeweiligen Sollwerten und ggf. eine Wiederherstellung des Sollzustandes (Homöostase).

Der Hypothalamus erhält **sensible** (v.a. viszerosensible) und **sensorische Information aus dem gesamten Organismus** und besitzt zusätzlich **intrinsische Sensoren**, d.h. Neurone, deren Aktivität von Temperatur, Glukosekonzentration, Osmolarität, Ionenkonzentrationen sowie zirkulierenden Hormonen (Leptin, Insulin, Angiotensin II) abhängt. Seine neuronalen Verschaltungen ermöglichen den Abgleich dieser Informationen mit den jeweiligen Sollwerten. Der Hypothalamus bewirkt bei Abweichungen, anders als beispielsweise bei einfacheren vegetativen Reflexen, nicht lediglich eine Anpassungsreaktion einzelner Organe, sondern aktiviert ein abgestimmtes Muster von Veränderungen, die den Sollzustand wieder herstellen (Homöostase). Aktivierung der temperatursensitiven Neurone des Hypothalamus beispielsweise bewirkt thermoregulatorisches Schwitzen, eine vermehrte Blutzirkulation in den oberflächlichen Hautgefäßen, vermehrte ADH-Freisetzung, um Wasser einzusparen, aber auch Handlungsmotivation, z.B. zum Ausziehen warmer Kleidung.

Ermöglicht wird diese Koordination von Verhalten und vegetativ-endokriner Regulation durch reziproke Verbindungen des Hypothalamus mit den telenzephalen Arealen, die vegetativ-emotionale und kognitive Funktionen haben (Amygdala, Ncll. septi, Ncl. interstitialis der Stria terminalis, Hippokampus [Subiculum] und präfrontaler Kortex) und dem sog. limbischen System zugeordnet werden.

Sinnesphysiologie

# 17 Sinnesphysiologie: Funktionsprinzipien und somatoviszerale Sensibilität

# 17 Sinnesphysiologie: Funktionsprinzipien und somatoviszerale Sensibilität

## 17.1 Funktionsprinzipien von Sinnessystemen

Nervensysteme ermöglichen unter anderem die **Wahrnehmung** von Reizen, die von außen auf den Organismus einwirken **(Exterozeption)** oder in ihm selbst entstehen **(Interozeption)**. Voraussetzung dafür ist die Übersetzung des Reizes (also einer physikalischen Zustandsänderung) in neuronale elektrische Aktivität und letztlich in Impulsfolgen (Aktionspotenzialserien). Diese Übersetzung ist Aufgabe der **Sensoren** oder **Sinnesrezeptoren**.

Über in **afferenten Bahnen verlaufende Axone** werden die durch den Reiz hervorgerufenen Aktionspotenziale in das ZNS geleitet. Dort findet auf unterschiedlichen, hierarchisch gegliederten Niveaus die synaptische Umschaltung auf Neurone zunehmend höherer Ordnung statt. Hier kommt es aber auch zu komplexerer Verarbeitung, z.T. unter Einschluss efferenter („deszendierender") Aktivität.

**▶ Merke.** Die Begriffe **sensibel** und **sensorisch** sowie **Sensibilität** und **Sensorik** werden nicht einheitlich verwendet, sind aber im Wesentlichen synonym. Traditionell werden im Deutschen die somatischen Afferenzen (Haut, Bewegungsapparat) als „sensibel", die Afferenzen aus den speziellen Sinnesorganen (wie z.B. Auge, Ohr) dagegen als „sensorisch" bezeichnet.

Der durch einen Reiz hervorgerufene bewusste primäre Sinneseindruck, die **Empfindung**, ist ebenso wie die bewusste **Wahrnehmung**, die durch weitere assoziative Verarbeitung entsteht, an die Funktion der Großhirnrinde gebunden. Als primär subjektives Phänomen kann das Sinneserlebnis dennoch rational bewertet und erfasst werden, indem man beispielsweise Empfindungsschwellen oder relative Unterschiede zwischen Empfindungen in Beziehung zu den physikalischen Eigenschaften des Reizes setzt (sog. **Eigenmetrik**). Gesetzmäßigkeiten solcher Beziehungen wurden in der 2. Hälfte des 19. Jh. von der **subjektiven Sinnesphysiologie** oder **Psychophysik** beschrieben, die man heute der Wahrnehmungspsychologie zuordnet. In den Bereich der **objektiven Sinnesphysiologie** fallen die Vorgänge, die direkt mit physikalischen Methoden messbar sind (z.B. durch Reize hervorgerufene Potenzialänderung der Sensoren mit nachfolgender Erregung afferenter Nervenfasern oder Änderungen des regionalen Blutflusses bei kortikaler Aktivität über funktionelles MRT, s.S. 768).

### 17.1.1 Sinneskanäle als Basis der Unterscheidung von Modalitäten

#### Subjektive Unterscheidung von Sinnesempfindungen

Die vielleicht wichtigste Eigenschaft von Sinnessystemen ist, dass unterschiedliche Reize verschiedenartige Sinneserlebnisse hervorrufen: Reize derselben Art bewirken im Alltag und unter Normalbedingungen immer wieder gleichartige Empfindungen, die sich subjektiv von Empfindungen andersartiger Reize eindeutig unterscheiden lassen. So löst beispielsweise mechanischer Kontakt der Haut mit einem Gegenstand nur das Erlebnis einer Berührung und keinen visuellen Eindruck aus, während Licht, das derselbe Gegenstand möglicherweise aussendet, keinerlei Tasterlebnis, sondern eben nur Lichtempfindung vermittelt.

Sinneserlebnisse unterscheiden sich in vier verschiedenen Dimensionen voneinander:

- **Ort** (Richtung, Lokalisation, Ausdehnung),
- **Zeitverlauf** (Beginn, Dauer und Ende),
- **Intensität** (schwach, stark) sowie
- **Qualität.**

17 Sinnesphysiologie: Funktionsprinzipien und somatoviszerale Sensibilität

17.1 Funktionsprinzipien von Sinnessystemen

Die Übersetzung von Reizen in neuronale elektrische Aktivität und letztlich in Impulsfolgen (Aktionspotenzialserien) ist Aufgabe der **Sensoren** oder **Sinnesrezeptoren**.

Die Aktionspotenziale werden über **afferente Bahnen** in das ZNS weitergeleitet. Auf unterschiedlichen Niveaus erfolgt hier eine Umschaltung auf Neurone höherer Ordnung und eine komplexere Verarbeitung.

**▶ Merke.**

Die **subjektive Sinnesphysiologie** befasst sich mit der **Empfindung** und **Wahrnehmung** (erfahrungsgeprägt) von **Sinneserlebnissen**. In den Bereich der **objektiven Sinnesphysiologie** fallen die Vorgänge, die direkt mit physikalischen Methoden messbar sind.

17.1.1 Sinneskanäle als Basis der Unterscheidung von Modalitäten

Subjektive Unterscheidung von Sinnesempfindungen

Unterschiedliche Reize rufen verschiedenartige Sinneserlebnisse hervor. Reize derselben Art bewirken im Alltag und unter Normalbedingungen immer wieder gleichartige Empfindungen.

Sinneserlebnisse unterscheiden sich in vier verschiedenen Dimensionen:

- **Ort**
- **Zeitverlauf**
- **Intensität**
- **Qualität.**

**Ort**, **Zeitverlauf** und **Intensität** können zueinander in Beziehung gesetzt werden.

Dabei sind die ersten drei Dimensionen für alle Sinne kongruent: Wir können angeben, ob eine Schallquelle nahe bei oder weit entfernt von einer Lichtquelle ist **(Ort)**, ob ein Lichtsignal vor oder nach einer Berührung auftritt **(Zeitverlauf)**, und können die **Intensität** von Licht- und Schallempfindung in Beziehung zueinander setzen (Hell und Laut = hohe Intensität, Dunkel und Leise = geringe Intensität).

Unterschiedliche **Modalität** lässt Vergleiche sinnlos erscheinen, Unterschied der **Qualität** dagegen erlaubt, Nähe- oder Ähnlichkeitsbeziehungen zwischen Empfindungen anzugeben (Helmholtz).

Die **Qualität** ist dagegen diejenige Dimension der subjektiven Unterscheidung, die Nähe- oder Ähnlichkeitsbeziehungen nicht zwischen allen denkbaren Empfindungen zulässt. Wir können z.B. zwar ohne Weiteres sagen, dass die visuellen Empfindungen Violett und Blau einander ähnlicher sind als Violett und Gelb, aber nicht, ob die Geschmacksempfindung Süß dem Blau oder dem Gelb ähnlicher sei. Nach Hermann von Helmholtz (1821 – 1894) gibt es daher zwei Grade des Unterschieds zwischen Empfindungen: Den tiefgreifenden Unterschied der **Modalität**, der solche Vergleiche sinnlos erscheinen lässt, und den weniger abrupten der **Qualität**, der es erlaubt, Übergänge und Ähnlichkeiten zwischen Empfindungen anzugeben. In jeder Modalität gibt es eine Anzahl Qualitäten; zum Beispiel sind die ineinander übergehenden bzw. zueinander bezüglichen Qualitäten Hell/Dunkel sowie Blau, Rot und Grün der Modalität Sehen zuzuordnen. Ein anderer Begriff für Modalität ist daher auch **Qualitätenkreis**. Manche Modalitäten, wie die des Sehens oder Hörens, lassen sich klar dem jeweils entsprechenden, spezialisierten Sinnesorgan als objektiv-physiologischem Wahrnehmungsapparat zuordnen (Auge, Ohr). Festzuhalten ist jedoch, dass Modalität und Qualität Begriffe der **subjektiven Sinnesphysiologie** sind.

Es sind mindestens acht **Modalitäten** unterscheidbar. Die innerhalb dieser Modalitäten unterscheidbaren Qualitäten werden oft auch als **Submodalitäten** bezeichnet (Tab. **17.1**).

Die konsequente Anwendung der oben dargestellten Helmholtz'schen Unterscheidung führt zu deutlich mehr Modalitäten als die klassischen fünf Sinne **Sehen**, **Hören**, **Riechen**, **Schmecken** und **Fühlen**. Nach allgemeiner Auffassung ist zum Beispiel eine Aufteilung des „Fühlens" in die Modalitäten **Tastsinn**, **Schmerzsinn** und **Temperatursinn** notwendig. Dazu treten noch der **Gleichgewichts**- und der **Lagesinn**, sodass mindestens acht Modalitäten unterscheidbar sind (Tab. **17.1**). Bei Hinzunahme der z.T. schwer abgrenzbaren Modalitäten der Interozeption (z.B. Hunger, Durst) wird klar, dass die Gesamtzahl der Modalitäten nicht klar bestimmbar ist.

Kodierung von Modalitäten über Sinneskanäle

## Kodierung von Modalitäten über Sinneskanäle

Prinzipiell wären zwei Möglichkeiten denkbar, wie elektrische Aktivität in Nervenzellen (d.h. Aktionspotenziale) unterschiedliche Klassen von Empfindungen (Modalitäten) und Qualitäten übermitteln könnte:

- Eine Möglichkeit wäre, dass ein und dasselbe sensorische Neuron **unterschiedliche Aktionspotenzialmuster** feuert, je nachdem ob es beispielsweise durch Druck oder durch Wärme aktiviert wird. Da Aktionspotenziale immer ungefähr gleich lang dauern, würden in dieser Weise die Pausen zwischen den Aktionspotenzialen im Sinne eines Morse-Codes (z.B. -.-. für Druck, ---...---... für Wärme) die jeweilige Modalität kodieren. Die Intensität des Reizes würde durch

17.1

**17.1 Modalitäten und Qualitäten**

| *Modalität* | *Qualitäten (Submodalitäten)* |
|---|---|
| Hören | Frequenz (→ Tonhöhe) |
| Sehen | Farbe, Helligkeit |
| Riechen | verschiedene Gerüche |
| Schmecken | Geschmacksrichtung (süß, sauer salzig, bitter, umami) |
| Tastsinn (spezifische Mechanosensibilität der Haut) | Berührung, Druck, Vibration |
| Schmerzsinn | heller (stechender) Schmerz, dunkler (brennender) Schmerz |
| Temperatursinn | Kälte, Wärme |
| Gleichgewichts- und Lagesinn | Beschleunigung, absolute und relative Lage, Bewegung |

erhöhte Frequenz, also gleichmäßige Verkürzung aller Intervalle, kodiert werden. So könnte eine einzelne Nervenfaser abwechselnd die eine oder die andere Modalität übermitteln. Die Interpretation der neuronalen Aktivität als Hinweis auf die eine oder andere Form der Reizung wäre dann eine Leistung des zentralen Nervensystems **(Mustererkennung)**.
- Die andere Möglichkeit wäre, dass es für jede Modalität **separate Gruppen von Sensoren** bzw. Nervenzellen gibt, die über getrennte Verbindungen jeweils auch spezifisch im ZNS verschaltet sind. So wäre die Zuordnung der neuronalen Aktivität zur einen oder anderen Modalität oder Qualität, also ihre zentrale Interpretation, bereits strukturell dadurch vorgegeben, wohin sie übertragen wird **(Sinneskanal,** s. u.**)**.

Für jede Modalität gibt es **separate Gruppen von Sensoren** bzw. Nervenzellen, die über getrennte Verbindungen jeweils auch **spezifisch** im ZNS verschaltet sind.

Es wurde früh vermutet, dass diese letztere Hypothese die richtige ist: So bewirkt ja z. B. Reizung der Photorezeptoren der Retina nie etwas anderes als Lichtempfindung, auch wenn sie nicht durch Lichteinfall, sondern beispielsweise durch Druck auf das Auge oder durch elektrische Reizung aktiviert werden. Eine frühe Generalisierung dieser Erkenntnis findet sich bei dem Physiologen und Naturphilosophen Johannes Müller, der 1826 das **Gesetz von den spezifischen Energien der Sinnesnerven** (oder kürzer: Gesetz von den spezifischen Sinnesenergien) aufstellte. Der Begriff „spezifische Energie" kommt aus der naturphilosophischen Denktradition und ist aus heutiger Sicht schwer verständlich. Unter „spezifischer Energie" verstand Müller nämlich die Fähigkeit der Sinnesorgane, jede beliebige Reizenergie in nur eine einzige Art von Empfindung zu verwandeln.

**▶ Merke.** Die **Modalität** des Sinneserlebnisses, das ein Reiz hervorruft, wird nicht primär durch die physikalische Beschaffenheit des Reizes bestimmt, sondern durch den **Sinneskanal**, den der Reiz aktiviert.

**▶ Merke.**

Die spezifische Erzeugung von Sinneseindrücken beruht auf ihrer **Verschaltung mit bestimmten Großhirnregionen**, in denen die zugehörigen Modalitäten oder Qualitäten repräsentiert sind.

Tatsächlich beruht diese spezifische Erzeugung von Sinneseindrücken nicht auf einer besonderen Befähigung der Sensoren zur Umwandlung physikalischer Energie in „Sinnesenergie", sondern auf ihrer **Verschaltung mit bestimmten Großhirnregionen**, in denen die zugehörigen Modalitäten oder Qualitäten „repräsentiert" sind. Im Falle der Retina wäre dies der visuelle Kortex. Mit dieser Erkenntnis ist allerdings die Frage, wie aus einem physikalischen Ereignis eine Empfindung bzw. Wahrnehmung wird, keineswegs beantwortet, sondern nur in den Neokortex verschoben.

**▶ Definition.** Die hierarchisch gegliederte Gesamtheit der Sensoren, afferenten und zentralen Neurone, deren Aktivität Empfindungen einer bestimmte Modalität (z. B. Sehen) hervorrufen, bezeichnet man als **Sinneskanal**.

**▶ Definition.**

Die Tatsache, dass die Modalität der Empfindung durch den jeweils aktiven Sinneskanal bestimmt ist, wird durch den englischen Ausdruck „Labelled Line" im Sinne von „Fest verdrahtete Standleitung" besonders anschaulich.

**▶ Klinik.** Ist die Verbindung zwischen Sensor und Kortex gestört, wie bei Läsionen peripherer Nerven, der Hinterwurzeln, des Rückenmarks oder des jeweiligen modalitätsspezifischen Kortexareals selbst, kommt es zu Einschränkungen oder zum Verlust der jeweiligen Empfindungsfähigkeit. Der betroffene Bereich hängt von Lokalisation und Ausmaß der Schädigung ab.

**▶ Klinik.**

Die objektive Sinnesphysiologie hat in manchen Fällen gezeigt, dass die verschiedenen Qualitäten innerhalb einer Modalität auf der unabhängigen Aktivierung verschiedener Sensormechanismen beruhen, wodurch die Einheit der Modalität aufgehoben scheint.
Der Unterschied zwischen den Begriffen Modalität und Qualität wird damit also zum Teil unscharf. Es werden zum Beispiel die Qualitäten des Geschmackssinnes (süß, sauer, bitter, salzig, umami) von manchen Autoren auch schon als eigenständige Modalitäten gesehen. Ähnliches gilt für die unterschiedlichen Qualitäten des Tastsinnes (Druck, Berührung, Vibration).

**Bedeutung des Reizes für Sinnesempfindungen**

Dem **adäquaten Reiz** entspricht auf Seiten des Sensors dessen **spezifische Disposition**. Meist ist der adäquate Reiz derjenige, der mit dem geringsten Energiebetrag den für ihn spezifisch disponierten Sensor und damit den Sinneskanal überschwellig aktiviert.

Die spezifische Disposition des Sensors ordnet seiner Modalität eine adäquate **Reizenergieform** zu.

► Definition.

Dennoch ist die Modalität der Sinnesempfindung nicht durch den Reiz, sondern durch den aktivierten Sinneskanal bestimmt.

Die Qualität einer Sinnesempfindung wird häufig durch **Addition der Intensitäten** bestimmt.

► Klinik.

**17.1.2 Mechanismen der Reizaufnahme und -umwandlung**

Primäre Aufgabe des Sensors oder Sinnesrezeptors ist die Umwandlung der Reizenergie in eine Membranpotenzialänderung bzw. ein Sensorpotenzial **(Transduktion)**. Zur Weiterleitung der Information **(Konduktion)** muss das Sensorpotenzial in Aktionspotenzialserien umgewandelt werden **(Transformation)**.

## Bedeutung des Reizes für Sinnesempfindungen

Einer bestimmten Modalität lässt sich im Allgemeinen eine bestimmte Reizenergieform zuordnen, für welche die Sensoren des zugehörigen Sinneskanals unter normalen Bedingungen, auch aufgrund der anatomischen Gegebenheiten, spezifisch empfindlich sind (z.B. die Netzhaut des Auges für Licht, die Haarzellen des Innenohrs für Schall). Eine Reizung mit dieser, der physiologischen Funktion des Sensors entsprechenden Reizenergieform heißt adäquat. Dem **adäquaten Reiz** entspricht auf Seiten des Sensors dessen besondere Eignung zur Detektion des adäquaten Reizes, seine **spezifische Disposition**. Der adäquate Reiz ist auch meist derjenige, der mit dem geringsten Energiebetrag in der Lage ist, den für ihn spezifisch disponierten Sensor und damit den Sinneskanal überschwellig zu aktivieren.

Der Begriff des adäquaten Reizes bzw. der spezifischen Disposition erlaubt es also, dem Sensor und damit der zugehörigen Modalität eine bestimmte **Reizenergieform** zuzuordnen (**Licht** zu Sehen, **Schall** zu Hören, **Druck** zu Tastsinn.

Aus den Betrachtungen des vorangehenden Abschnittes folgt jedoch, dass Empfindungen einer bestimmten Modalität durch jede Form der Reizung des entsprechenden Sinneskanals hervorgerufen werden können, solange diese in der Lage ist, die zugehörigen Neurone zu aktivieren. Starker Druck auf den Bulbus des Auges erzeugt zum Beispiel Lichtempfindungen durch mechanische Reizung der Retina **(inadäquater Reiz)**.

**► Definition.** Derjenige Reiz, für den der Sensor spezifisch disponiert ist, und auf den er unter normalen Umständen reagiert, wird als **adäquater Reiz** bezeichnet.

Falsch und der ursprünglichen Erkenntnis Johannes Müllers vollkommen entgegengesetzt wäre also der zuweilen anzutreffende Umkehrschluss, dass die Modalität der Empfindung durch die Reizenergie bestimmt würde. Dies ist gerade nicht der Fall, wie die Auslösung von Empfindungen durch inadäquate Reizung zeigt.

Die Qualität einer Sinnesempfindung wird häufig durch **Addition der Intensitäten** bestimmt, mit der spezifische Sensoren eines Sinneskanals gereizt werden. So entsteht beim Gesichtssinn die Farbwahrnehmung aus Addition der Sensoren für Rot, Grün und Blauviolett (gemischte Qualitäten). Für den Geschmackssinn und die Tastwahrnehmung gilt zum Teil Ähnliches. Beim Hörsinn gibt es dagegen für die Qualität der Tonhöhe keine solche Addition. Gleichzeitige Reizung mit verschiedenen Schallfrequenzen wird stattdessen als **konsonant** oder **dissonant** wahrgenommen.

**► Klinik.** Die Möglichkeit, durch **nicht adäquate Reizung** (z.B. elektrische Reizung) gezielt Sinneseindrücke hervorzurufen, nutzt man z.B. zur Therapie der Innenohrtaubheit: Durch direkte Reizung des N. cochlearis über schallgesteuerte Reizelektroden (Kochleaimplantat) kann ein Sprachverständnis hergestellt werden.

## 17.1.2 Mechanismen der Reizaufnahme und -umwandlung

Primäre Aufgabe des **Sensors** oder **Sinnesrezeptors** ist die Umwandlung der Reizenergie in eine Membranpotenzialänderung (Sensor- oder Rezeptorpotenzial). Diese entscheidende Aufgabe der **Transduktion** erfüllen Sinneszellen mithilfe von spezialisierten Membranproteinen in besonderen Abschnitten ihrer Zellmembran. Voraussetzung für die zentrale Verarbeitung sensibler oder sensorischer Information ist deren Weiterleitung **(Konduktion)** über z.T. weite Strecken. Dazu ist die Wandlung des Sensorpotenzials in Aktionspotenzialserien notwendig. Diese **Transformation** geschieht entweder in der Sinneszelle selbst, indem das Sensorpotenzial erregbare Membranabschnitte erreicht und überschwellig depolarisiert **(Generatorpotenzial)**, oder aber nach synaptischer Übertragung von einer nicht erregbaren Sinneszelle auf ein afferentes Neuron.

## Transduktion und Transformation

**▶ Definitionen.** Als **Transduktion** bezeichnet man die Umwandlung der Energie eines Reizes (z. B. Druck) in eine Membranpotenzialänderung des Sensors oder sinnesphysiologischen Rezeptors (Erzeugung eines lokalen, sich dekremental elektrotonisch ausbreitenden **Sensor-, Rezeptor- oder Generatorpotenzials**).
Die sich daran anschließende Umwandlung des Sensorpotenzials in **Aktionspotenzialserien** bezeichnet man als **Transformation**.

### Transduktion: Vom Reiz zum Sensorpotenzial

**Mechanismen:** Der Mensch verfügt über Sensoren (auch Sinnesrezeptoren) für vier Formen physikalischer Energie (s. Abb. **17.1**, S. 588):
- **mechanisch** (z. B. Druck, Schall)
- **chemisch** (molekulare Wechselwirkungen)
- **thermisch** (Wärme, Kälte)
- **elektromagnetisch** (Photonen).

Mechanische Reize (auch der Schall), werden z. B. durch mechanosensible Ionenkanäle transduziert, die sich bei Verformung der Zelle öffnen und eine Leitfähigkeitserhöhung für Kationen induzieren, deren Einstrom die Zelle **depolarisiert** (s. S. 30). Für die Detektion von Photonen in den Sinneszellen der Retina ist eine photochemische Reaktion in einem spezialisierten Protein (Rhodopsin) verantwortlich, die über eine nachgeschaltete Signalkaskade (G-Protein/Phosphodiesterase) die Kationenleitfähigkeit der Membran hemmt. In diesem Falle resultiert ein **hyperpolarisierendes** Sensorpotenzial (s. S. 645). Chemische Reize, wie molekulare Wechselwirkung von Stoffteilchen mit spezifischen Rezeptorproteinen, werden teils über Second-messenger-Kaskaden (z. B. G-Protein-vermittelt), teils über andere Mechanismen transduziert.

**▶ Merke.** Unabhängig von Reizform und Transduktionsmechanismus resultiert immer eine Veränderung des Membranpotenzials der Sensorzelle, d. h. es entsteht ein **Sensorpotenzial**.

**Kodierung der Reizintensität:** Bei der Transduktion bewirkt zunehmende Intensität eines Reizes zunächst einfach eine höhere Amplitude des Sensorpotenzials. So bestimmt beispielsweise an einer mechanosensiblen Nervenendigung die Intensität des mechanischen Reizes die Offenwahrscheinlichkeit der mechanisch gesteuerten Kationenkanäle. Als Folge nehmen bei stärkerer Reizung der depolarisierende Einwärtsstrom und dadurch auch die Amplitude des Sensorpotenzials zu: Man spricht von Amplitudenkodierung oder **Amplitudenmodulation (AM-Signal)**.

### Transformation: Vom Sensorpotenzial zur Aktionspotenzialserie

Das amplitudenmodulierte, elektrotonisch und mit Verlust (dekremental, Längenkonstanten von wenigen mm, s. S. 33) sich ausbreitende Sensorpotenzial ist für die Weiterleitung der sensorisch/sensiblen Information in afferenten Bahnen ungeeignet. Sie wird erst möglich, wenn das Sensorpotenzial in Aktionspotenzialfolgen transformiert wird. Der dabei wirksame allgemeine Mechanismus entspricht der auf S. 30 beschriebenen Entstehung von Aktionspotenzialen durch Aktivierung spannungsabhängiger Ionenkanäle.
Ist bereits die Sinneszelle, die den Sensor bildet, in der Lage, Aktionspotenziale auszubilden, spricht man von einer **primären Sinneszelle**, die dann gleichzeitig das 1. afferente Neuron des Sinneskanals ist. Eine **sekundäre Sinneszelle** bildet Aktionspotenziale nicht selbst, sondern überträgt ihr Sensorpotenzial synaptisch auf das nachgeschaltete primär afferente Neuron. In diesem Fall finden Transduktion und Transformation also in zwei unterschiedlichen Zellen statt.

**Mechanismus bei primären Sinneszellen:** Von der reizempfindlichen Membranregion (z. B. an Riechzellen [s. S. 718] oder der Endigung eines sensiblen Axons der Haut, die mechanisch gesteuerte Kanäle enthält) breitet sich das Sensorpotenzial passiv (elektrotonisch, dekremental) aus. An benachbarten Membranabschnitten,

Transduktion und Transformation

**▶ Definitionen.**

Transduktion: Vom Reiz zum Sensorpotenzial

**Mechanismen:** Es gibt Sensoren für vier Formen physikalischer Energie:
- **mechanisch** (z. B. Druck, Schall)
- **chemisch** (molekulare Wechselwirkungen)
- **thermisch** (Wärme, Kälte)
- **elektromagnetisch** (Photonen).

Die meisten reizinduzierten Potenzialänderungen sind **depolarisierend**, selten hyperpolarisierend.

**▶ Merke.**

**Kodierung der Reizintensität:** Bei stärkerer Reizung nehmen der depolarisierende Einwärtsstrom und dadurch auch die Amplitude des Sensorpotenzials zu **(Amplitudenmodulation, AM-Signal)**.

Transformation: Vom Sensorpotenzial zur Aktionspotenzialserie

Für die Weiterleitung der sensorisch/sensiblen Information muss das Sensorpotenzial in Aktionspotenzialfolgen transformiert werden. Während **primäre Sinneszellen** Aktionspotenziale selbst ausbilden können, sind **sekundäre Sinneszellen** nicht dazu in der Lage.

**Mechanismus bei primären Sinneszellen:** Von der reizempfindlichen Membranregion breitet sich das Sensorpotenzial passiv aus. Bei überschwelliger Reizung kann es an benachbarten Membranabschnitten (mit

17.1

**17.1 Transduktion und Transformation am Beispiel einer mechanosensiblen Primärafferenz**

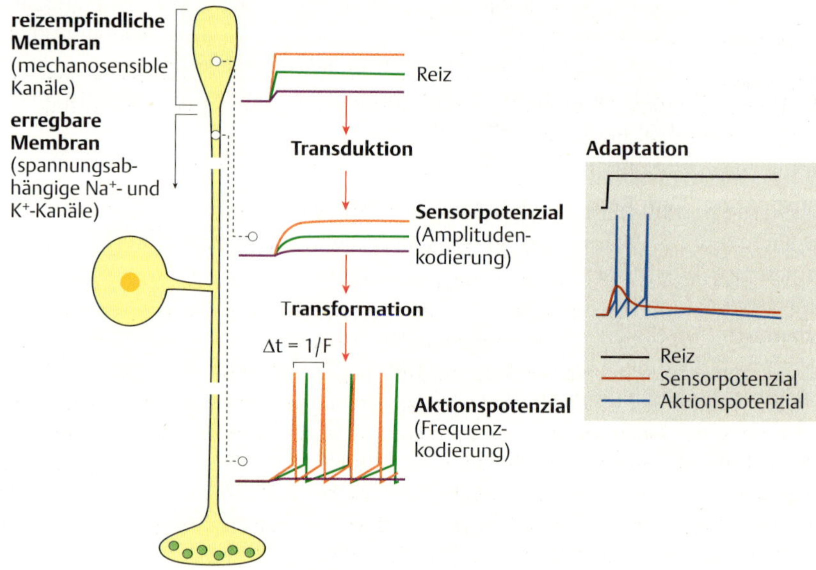


Mechanosensible Ionenkanäle in der peripheren Endigung sind für die **Transduktion** des Reizes in das Sensorpotenzial verantwortlich, während die spannungsabhängige erregbare Membran des Axons die **Transformation** des Sensorpotenzials in Aktionspotenzialserien leistet. Beide Prozesse finden in der gleichen Zelle statt (primäre Sinneszelle).
Die regelmäßig vorhandene Abnahme der Amplitude des Sensorpotenzials sowie der Aktionspotenzialfrequenz bei konstantem Reiz heißt **Adaptation**.

spannungsabhängigen Kanälen) ein Aktionspotenzial generieren (**Generatorpotenzial**, Abb. **17.1**).

die spannungsabhängige $Na^+$-(und $K^+$-)Kanäle enthalten, kann es, sofern überschwellig, Aktionspotenziale generieren (Abb. **17.1**). Somit wird das Sensorpotenzial an der erregbaren Membran zum **Generatorpotenzial**.

**Mechanismus bei sekundären Sinneszellen:** Das Sensorpotenzial bewirkt eine vermehrte oder verminderte Transmitterausschüttung, die postsynaptisch das Membranpotenzial des nachgeschalteten afferenten Neurons moduliert.

**Mechanismus bei sekundären Sinneszellen:** Sekundäre Sinneszellen (z. B. Stäbchen und Zapfen der Retina [s. S. 644], Haarzellen des Innenohrs [s. S. 683 bzw. 698], Geschmackszellen [s. S. 714]) können selbst keine Aktionspotenziale ausbilden. Hier bewirkt das Sensorpotenzial vermehrte oder verminderte Ausschüttung eines Transmitters, der postsynaptisch das Membranpotenzial des nachgeschalteten afferenten Neurons moduliert. **Depolarisierende** Rezeptorpotenziale, z. B. der Haarsinneszellen, verursachen über vermehrte Ausschüttung von Glutamat und Aktivierung ionotroper Glutamatrezeptoren depolarisierende synaptische Potenziale im nachgeschalteten afferenten Neuron. Dagegen verursachen die **hyperpolarisierenden** Rezeptorpotenziale der Photorezeptoren der Retina über die verminderte Ausschüttung von Glutamat je nach Ausstattung der postsynaptischen Membran mit ionotropen oder metabotropen Rezeptoren entweder eine Hyperpolarisation oder eine depolarisierende Antwort in der nachgeschalteten Bipolarzelle.

► Merke.

► **Merke.** Primäre Sinneszellen leisten sowohl Transduktion als auch Transformation, sekundäre Sinneszellen nur die Transduktion.

**Umkodierung der Reizintensität:** Die Reizintensität wird als Impulsfrequenz kodiert; größere Generatorpotenziale rufen dabei Aktionspotenziale in schnellerer Folge hervor **(Frequenzmodulation, FM-Signal)**.

**Umkodierung der Reizintensität:** Da Aktionspotenziale im Gegensatz zu den graduierbaren Sensorpotenzialen gleichförmige Impulse mit Alles-oder-nichts-Charakter sind, kann nach der Transformation die Kodierung der Intensität des Reizes nicht mehr über die Signalamplitude erfolgen. Vielmehr wird sie nun als **Impulsfrequenz** kodiert, indem größere Generatorpotenziale Aktionspotenziale in schnellerer Folge hervorrufen **(Frequenzmodulation, FM-Signal)**. Damit verkürzen sich bei zunehmender Reizintensität und Amplitude des Generatorpotenzials die Abstände zwischen 2 Aktionspotenzialen, d. h. die Impulsfrequenz steigt.

▶ **Merke.** Mit der Stärke der Reizintensität nimmt die **Amplitude** des Sensorpotenzials und die **Frequenz** der Aktionspotenziale zu.

▶ Merke.

## Adaptation

▶ **Definition.** Unter Adaptation versteht man die Gewöhnung oder Anpassung an einen andauernden Reiz.

▶ Definition.

### Adaptation des Sensorpotenzials (Ebene der Transduktion)

Die Beziehung zwischen Reiz und Antwort ist nur in seltenen Fällen über die Zeit konstant. Dies gilt bereits für das Sensorpotenzial. Die meisten Sensoren zeigen ein mehr oder minder ausgeprägtes Adaptationsverhalten (Abb. **17.1**). Das bedeutet, dass die Amplitude des Sensorpotenzials bei gleichbleibender Reizstärke mit der Zeit geringer wird und unter Umständen ganz gegen Null geht. Der Sensor ist damit weniger empfindlich auf gleichbleibende Reize, sondern reagiert stärker auf Änderungen der Reizintensität. Man spricht daher von **Differenzialempfindlichkeit** (**D-Verhalten**, phasische oder dynamische Empfindlichkeit). Reagiert ein Sensor dagegen stärker auf Reize gleichbleibender Intensität (also unabhängig von der Änderung der Reizintensität), so spricht man von **Proportionalempfindlichkeit** (**P-Verhalten**, tonische oder statische Empfindlichkeit).
Verschiedene Sensoren zeigen mehr oder weniger schnelle Adaptation und daher eine unterschiedliche Gewichtung der dynamischen bzw. statischen Empfindlichkeit. Diese Kombination aus **Proportional- und Differenzialempfindlichkeit**, die bei den meisten Sinnesrezeptoren angetroffen wird, wird als **PD-Verhalten** bezeichnet.
Das Adaptationsverhalten liegt zum Teil im Bau des Sensors begründet: So ist in der Struktur des Vater-Pacini'schen-Körperchens (s. Abb. **17.10**, S. 600), einem sehr schnell adaptierenden, spezialisierten Mechanosensor der Haut, ein mechanischer Hochpassfilter zu finden (s. *Exkurs* S. 599).

### Adaptation des Sensorpotenzials (Ebene der Transduktion)

Sensoren zeigen unterschiedliches Adaptationsverhalten (Abb. **17.1**):
- **Differenzialempfindlichkeit** (D-Verhalten, phasische oder dynamische Empfindlichkeit)
- **Proportionalempfindlichkeit** (P-Verhalten, tonische oder statische Empfindlichkeit)
- **proportional-differenziale Empfindlichkeit** (PD-Verhalten, bei den meisten Sensoren).

### Adaptation der Aktionspotenzialfrequenz (Ebene der Transformation)

Da die Amplitude des Sensorpotenzials die Frequenz von Aktionspotenzialen bestimmt (s.o.), bewirkt ein schnell adaptierendes Sensorpotenzial, dass nur bei rascher Zunahme der Reizstärke Aktionspotenziale mit hoher Frequenz (bzw. mit hoher Wahrscheinlichkeit) entstehen. Jedoch bildet das Aktionspotenzialmuster den Verlauf des Rezeptorpotenzials nicht nur passiv ab, sondern auch der Umkodierungsprozess kann adaptives Verhalten zeigen **(Frequenzadaptation)**. Dem liegen wahrscheinlich bestimmte Kaliumleitfähigkeiten der Membran des afferenten Axons zugrunde, deren zunehmende Aktivierung durch das Sensorpotenzial bzw. durch die daraufhin generierten Aktionspotenziale zu einer Verringerung der Membranerregbarkeit führt.

### Adaptation der Aktionspotenzialfrequenz (Ebene der Transformation)

Die Amplitude des Sensorpotenzials bestimmt die Frequenz von Aktionspotenzialen → ein schnell adaptierendes Sensorpotenzial bewirkt, dass nur bei rascher Zunahme der Reizstärke Aktionspotenziale mit hoher Frequenz entstehen. Jedoch bildet das Aktionspotenzialmuster den Verlauf des Rezeptorpotenzials nicht nur passiv ab, sondern auch der Umkodierungsprozess kann adaptives Verhalten zeigen **(Frequenzadaptation)**.

## 17.1.3 Prinzipielle Organisation von Sinneskanälen

17.1.3 Prinzipielle Organisation von Sinneskanälen

### Rezeptive Felder

Morphologisches Substrat der Sinneskanäle (s. S. 585) sind im peripheren Nervensystem neben den Sensoren die afferenten Fasersysteme. Gebildet werden sie von Axonen der primär afferenten Neurone (Primärafferenzen), die entweder einer sekundären Sinneszelle nachgeschaltet oder selbst primäre Sinneszellen sind. Dabei können die Fasern mit einem oder verzweigt mit mehreren Sensoren in Verbindung stehen. Die **Anzahl** und **räumliche Verteilung** dieser Sensoren bestimmt zusammen mit den **Grenzen ihrer Empfindlichkeit** das rezeptive Feld dieser Faser.

**Beispiele:** Die afferente Faser eines Mechanorezeptors der Haut kann mechanisch nur von einem begrenzten Hautareal aus erregt werden. Dieses Hautareal ist ihr rezeptives Feld. Es ist bestimmt durch den Grad der Verzweigung dieser Faser in der Haut, die Anzahl der durch sie innervierten Sensoren und deren **räumlicher** Selektivität (Abb. **17.2**). Rezeptive Felder gibt es auch in **qualitativen** Dimensionen. So ist der Schallfrequenzbereich, in dem eine Faser des N. cochlearis (Hörnerv, Anteil

### Rezeptive Felder

Das rezeptive Feld eines afferenten Neurons ist der **räumliche oder qualitative Bereich** des innervierten Sinnesorgans, in dem ein Reiz die Erregung des Neurons beeinflussen kann.

**Beispiele:**
- **räumliche** rezeptive Felder: Hautareale, Gesichtsfeldbereiche (Abb. **17.2**).
- **qualitative** rezeptive Felder: Schallfrequenzbereiche, chemische Strukturgruppen.

17.2

### 17.2 Rezeptives Feld einer mechanosensiblen Primärafferenz aus der Haut

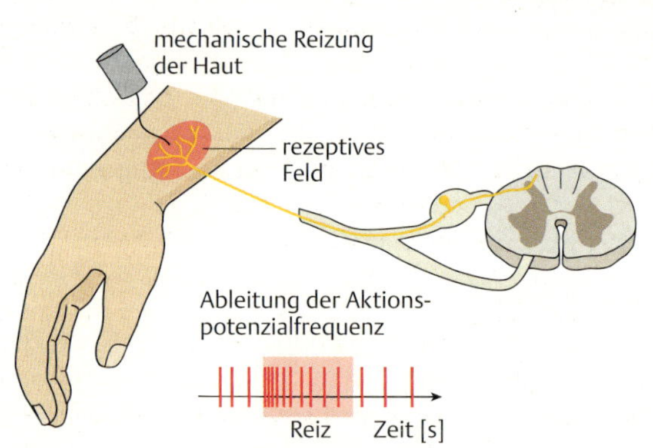


Das Schema zeigt das rezeptive Feld einer einzelnen afferenten Faser als Hautbereich, von dem aus mithilfe eines mechanischen Reizinstruments (sog. Tasthaar nach von Frey) eine Zunahme der Aktionspotenzialfrequenz ausgelöst werden kann (Ableitung mit Nadelelektrode aus dem peripheren Nerven).

des VIII. Hirnnervs) erregbar ist, ihr rezeptives Feld. Da jede Faser des Hörnervs nur eine Haarzelle innerviert, wird ihr rezeptives Feld durch die Frequenzselektivität dieser einen Haarzelle bestimmt. Auch bei den chemischen Sinnen, z.B. beim Geruchssinn, spricht man von rezeptiven Feldern: Sie sind definiert als Variationsbreite der chemischen Strukturen, durch die eine Primärafferenz erregt werden kann.

Die rezeptiven Felder der Primärafferenzen werden als **primäre rezeptive Felder** bezeichnet.

Zur Unterscheidung von den rezeptiven Feldern der nachgeschalteten zentralen Neurone (s.u.) werden die rezeptiven Felder der Primärafferenzen als **primäre rezeptive Felder** bezeichnet.

Die Größe der rezeptiven Felder bestimmt die **Auflösung:** je kleiner die rezeptiven Felder, desto höher die Auflösung (z.B. Zweipunktdiskrimination, s.S. 601).

Die Größe der rezeptiven Felder bestimmt maßgeblich die **Auflösung**, d.h. den kleinsten wahrnehmbaren Unterschied in einer bestimmten Dimension: Je kleiner zum Beispiel die rezeptiven Felder von Hautafferenzen sind, desto besser ist die Fähigkeit, zwei Druckpunkte als räumlich getrennt wahrzunehmen (s.S. 601). Primäre rezeptive Felder sind demnach an den Fingerspitzen besonders klein, am Rumpf dagegen sehr viel größer.

Primäre rezeptive Felder **überlappen** innerhalb einer Modalität. Dies bedingt eine parallele Übermittlung der Reizinformation, die einen gewissen Sicherheitsfaktor bei der Übertragung bewirkt **(Redunanz)**.

Entscheidend für die Funktion der Sinnessysteme ist die Tatsache, dass innerhalb einer Modalität die primären rezeptiven Felder **überlappen** können. Dies bedeutet beispielsweise, dass taktile Information aus einem bestimmten Hautareal nicht nur durch eine, sondern durch mehrere primär afferente Fasern zentralwärts geleitet

### 17.3 Divergenz und Konvergenz sowie laterale Hemmung

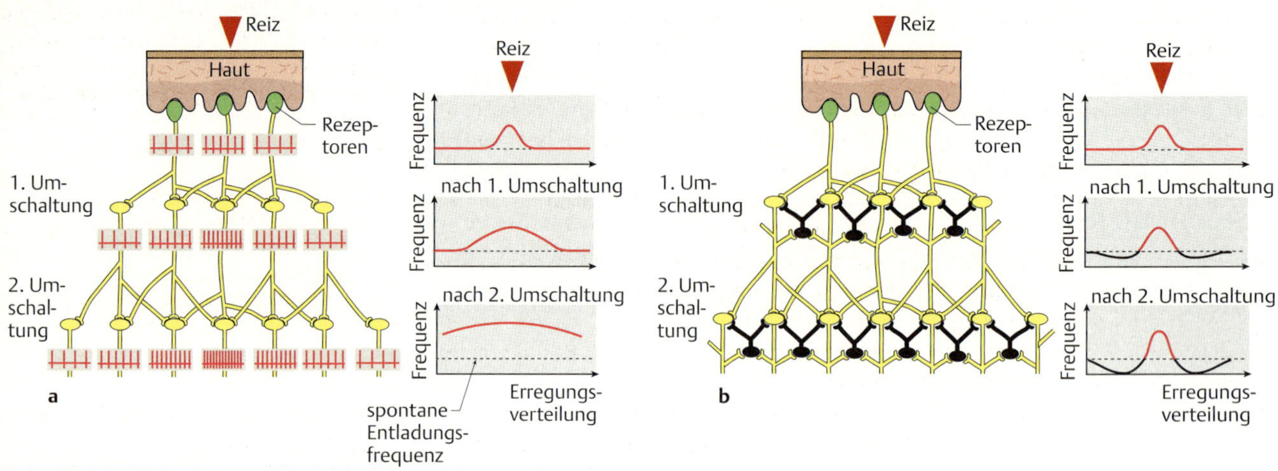


**a** Verbreiterung der rezeptiven Felder von der Primärafferenz nachgeschalteten zentralen Relaisneuronen (gelb) aufgrund von **Divergenz** und **Konvergenz**.
**b** Einschaltung hemmender Interneurone (schwarz, hier als Rückwärtshemmung) zu jeweils benachbarten, somatotopisch angeordneten Relaisneuronen bewirkt durch Subtraktion eine Verschmälerung der effektiven rezeptiven Felder der Relaisneurone (Verschärfung des räumlichen Kontrasts durch **laterale Hemmung**).

wird (parallele Übermittlung). Diese **Redundanz** bewirkt einen gewissen Sicherheitsfaktor bei der Übertragung, d.h. die Schädigung einer afferenten Faser führt nicht zum kompletten Ausfall, z.B. der Sensibilität in einem bestimmten Hautbereich.

Die zentralen Axone der Primärafferenzen bilden jeweils mit mehreren zentralen Neuronen 2. Ordnung glutamaterge exzitatorische Synapsen aus **(Divergenz)**. Bezogen auf das 2. Neuron bedeutet der gleiche Sachverhalt, dass mehrere primäre Afferenzen bei ihm zusammenlaufen **(Konvergenz**, Abb. **17.3 a)**. Das **sekundäre rezeptive Feld** dieses sekundär afferenten Neurons wäre daher zunächst angenähert die Summe aller rezeptiven Felder der darauf konvergierenden Primärafferenzen, d.h. es wäre also zunächst in jedem Fall größer als ein primäres rezeptives Feld dieser Modalität. Die Überlappung der primären rezeptiven Felder (s.o.) ermöglicht jedoch die Einschaltung hemmender Neurone (z.B. **laterale Hemmung**, s.Abb. **17.3 b**, S. 552), die die rezeptiven Felder der Neurone höherer Ordnung wieder kleiner werden lassen (subtraktive Kontrastverschärfung, s.S. 592).

**Divergenz** und **Konvergenz** sowie **laterale Hemmung** (Abb. **17.3**) beeinflussen die Größe der rezeptiven Felder der nachgeschalteten Neurone.

## Hierarchische Ordnung von Neuronen in Sinneskanälen

Auf dem Weg zum sensiblen oder sensorischen Kortexareal wird die neuronale Aktivität über exzitatorische chemische Synapsen mehrfach auf Neurone höherer Ordnung umgeschaltet, die auch als **Relaisneurone** bezeichnet werden. Die letzte Relaisstation vor dem spezifisch sensorischen/sensiblen neokortikalen Areal liegt bei allen Sinnessystemen im **Thalamus**. Bei den somatoviszeralen Afferenzen findet noch vorher mindestens eine weitere Umschaltung im **Hirnstamm** oder **Rückenmark** statt.

Auf allen Stationen findet man bei den spezifischen sensorischen Systemen die Dimensionen der rezeptiven Felder (z.B. Ortskoordinaten der Haut oder des Gesichtsfeldes, auch Schallfrequenzen) in der morphologischen Anordnung der zentralen Neurone abgebildet. Neurone mit benachbarten rezeptiven Feldern liegen dabei anatomisch benachbart. Dadurch kommt es zu einer ortsbezüglichen, **topischen Anordnung** der zentralen Repräsentation der rezeptiven Felder. Je nach der Dimension der rezeptiven Felder spricht man auch von **Somatotopie** (Körperteile, s.S. 618), **Retinotopie** (Gesichtsfeld, Netzhaut, s.S. 659) und **Tonotopie** (Tonhöhen, s.S. 688). Für diese Art der zentralen Repräsentation hat sich auch der Ausdruck „neuronale Karte" (Neuronal Map) eingebürgert.

**Hierarchische Ordnung von Neuronen in Sinneskanälen**

Auf dem Weg zum Kortex erfolgt eine mehrfache Umschaltung auf Neurone höherer Ordnung **(Relaisneurone)**.
Umschaltstellen: **Hirnstamm**, **Rückenmark**, **Thalamus**.

Rezeptive Felder sind zentral **topografisch angeordnet** („neuronale Karte"). Je nach der Dimension der rezeptiven Felder spricht man auch von **Somatotopie** (Körperteile), **Retinotopie** (Gesichtsfeld, Netzhaut) und **Tonotopie** (Tonhöhen).

## Bedeutung inhibitorischer Mechanismen in Sinneskanälen

Anders als in der Peripherie, sind im ZNS auf jeder Stufe der neuronalen Umschaltung **GABAerge** und **glyzinerge** hemmende Mechanismen entscheidend an der Funktion der Sinnessysteme beteiligt.

Der synaptischen Hemmung (s.S. 51) wird dabei zunächst allgemein die Rolle zugeschrieben, die Erregungsausbreitung in Neuronenpopulationen zu begrenzen. **Inhibitorische Interneurone**, deren Axone sich nur innerhalb eines Kerngebietes verzweigen, werden durch Kollateralen entweder der eintretenden afferenten Fasern oder der Ausgangsneurone aktiviert. Sie hemmen dann die Relaiszellen entweder vorwärtsgerichtet oder rückläufig (**Vorwärts-/ Rückwärtshemmung**, s.S. 51). Diese hemmenden Synapsen können dabei sowohl als axosomatische/axodendritische Kontakte über postsynaptische Hemmung wie auch als axoaxonische Kontakte über präsynaptische Hemmung wirken.

Die Wirkungen der inhibitorischen Interneurone in Sinneskanälen sind vielfältig: Sie können die Erregung begrenzen, den dynamischen Antwortbereich eines Eingangs einstellen oder den Verstärkungsfaktor der Umschaltung (= wie viele präsynaptische Aktionspotenziale sind für ein postsynaptisches erforderlich) an die Erfordernisse komplexer Verhaltensreaktionen subtil anpassen.

Für die Funktion der Sinnessysteme sind zwei Aspekte besonders wichtig:

- Über den erregenden Angriff an solchen Interneuronen können sensible/sensorische Eingänge sowohl von **peripher** als auch über **deszendierende** Bahnen von höheren Zentren aus moduliert oder sogar ganz gedrosselt werden.
- Die Einschaltung inhibitorischer Interneurone bewirkt, dass sensorische Neurone höherer Ordnung nicht nur erregende, sondern auch hemmende rezeptive Felder

**Bedeutung inhibitorischer Mechanismen in Sinneskanälen**

Im ZNS sind hemmende Mechanismen **(GABAerge, glyzinerge)** entscheidend an der Funktion der Sinnessysteme beteiligt.

**Inhibitorische Interneurone** werden durch Kollateralen entweder der eintretenden afferenten Fasern oder der Ausgangsneurone aktiviert. Sie hemmen dann die Relaiszellen entweder **vorwärtsgerichtet** oder **rückläufig**.

Wichtig für die Funktion der Sinnessysteme sind zwei Aspekte:

- Hemmende Interneurone können sowohl von **peripher** als auch über **deszendierende** Bahnen aktiviert werden.
- Durch diese **Umfeldhemmung** verkleinert sich bei gleichzeitiger Reizung mehrerer primärer rezeptiver Felder das effektive

rezeptive Feld des zentralen Neurons (Abb. **17.3b**).

haben (Abb. **17.3b**). Werden diese gleichzeitig mit dem erregenden rezeptiven Feld gereizt, fällt die Aktivität des Relaisneurons geringer aus als bei alleiniger Reizung des erregenden rezeptiven Feldes. Häufig sind diese hemmenden Verschaltungen so arrangiert, dass die hemmenden rezeptiven Felder um das Zentrum des erregenden rezeptiven Feldes liegen und es teilweise überlappen. Durch diese **Umfeldhemmung**, die als zweidimensionale Verallgemeinerung der **lateralen Hemmung** gelten kann, verkleinert sich bei gleichzeitiger Reizung mehrerer primärer rezeptiver Felder das effektive rezeptive Feld des zentralen Neurons.

▶ Merke.

▶ Merke. Durch laterale Hemmung oder Umfeldhemmung werden Intensitätsunterschiede in der Aktivierung benachbarter primärer rezeptiver Felder auf zentraler Ebene potenziert. Dies ist ein wichtiges Grundprinzip der **Kontrastverschärfung**.

17.1.4 Subjektive Sinnesphysiologie (Psychophysik)

## 17.1.4 Subjektive Sinnesphysiologie (Psychophysik)

Ein grundlegendes Problem der Sinnesphysiologie ist die Tatsache, dass Wahrnehmungen zunächst gänzlich private Erlebnisse sind. Es ist für den Einzelnen zum Beispiel nicht möglich, ganz sicher zu sein, ob seine Farbempfindung beim Betrachten einer blauen Fläche wirklich dieselbe ist, die ein anderer hat. Möglicherweise empfindet er das, was der Andere beim Anblick einer roten Fläche empfindet, nennt diese Empfindung aber eben „blau". Empfindungen als solche sind also nicht zwischen Individuen (intersubjektiv) mitteilbar.
Die Psychophysik oder subjektive Sinnesphysiologie des 19. Jh. klammerte dieses erkenntnistheoretische Problem gleichsam aus und zeigte, dass regelmäßige und sogar quantifizierbare Korrelationen zwischen objektiven Größen (z. B. Reizstärken, räumliche Abstände) und eigentlich nicht objektivierbaren, subjektiven Empfindungsmitteilungen herstellbar sind. So wurden insbesondere Wahrnehmungsschwellen und Unterschiedsschwellen definiert und mit deren Hilfe Beziehungen zwischen Reizstärke und Empfindungsintensität abgeleitet.

Die geringste Intensität, bei der ein Reiz eine subjektiv noch gerade spürbare Reaktion hervorruft, heißt **Absolutschwelle** (Reizlimen). Wie stark sich eine Reizstärke ändern muss, damit ein Intensitätsunterschied gerade wahrgenommen wird, gibt die **Unterschiedsschwelle** (Differenzlimen) an.

Die geringste Intensität, bei der ein Reiz eine subjektiv noch gerade spürbare Reaktion hervorruft, heißt **Absolutschwelle** (auch Reizschwelle oder Reizlimen = RL). Oberhalb dieser Schwelle stellt sich folgende Frage: Wie stark muss eine Änderung der Reizstärke sein, damit sie gerade als Veränderung der Intensität empfunden wird? Dies ist die **Unterschiedsschwelle** (auch Differenzlimen DL oder just noticeable difference = jnd). Hierbei findet man, dass die Unterschiedsschwelle (in absoluten Einheiten der Reizstärken) für starke Reize größer ist als für schwache: Um zwei Münzen nach ihrem Gewicht zu unterscheiden, genügt eine Differenz von wenigen Gramm, während man zwei Kartoffelsäcke aufgrund solcher geringen Gewichtsunterschiede nicht mehr auseinanderhalten kann. Es hat sich gezeigt, dass es für diesen Sachverhalt eine konstante Beziehung gibt: Wenn 3 g Gewichtsdifferenz bei einem Ausgangsgewicht von 10 g ausreichen, um zwei Gewichte zu unterscheiden, dann braucht man hierfür bei einem Ausgangsgewicht von 1000 g eine Differenz von 300 g.

▶ Merke.

▶ Merke. Um die **Unterschiedsschwelle** zu überschreiten, ist immer ein konstanter Bruchteil des Ausgangsreizes nötig.

Der **Weber-Quotient**

$$c = \frac{\Delta S}{S}$$

beschreibt das Verhältnis von Reizzuwachs zur Ausgangsreizstärke bei der Erzeugung eines eben merklich stärkeren Sinneseindrucks (= **relative Unterschiedsschwelle**, Abb. **17.4**).

Dieses für verschiedene Modalitäten gültige Gesetz hat E. H. Weber 1834 so formuliert:

$$\Delta S = c \times S \text{ oder } c = \frac{\Delta S}{S}$$

Dabei ist $\Delta S$ die Unterschiedsschwelle, c ein konstanter Bruchteil von 1 und S die Ausgangsreizstärke. Die Konstante c (oder $\Delta S/S$) wird als **Weber-Quotient** bezeichnet und beschreibt demnach das Verhältnis von Reizzuwachs zur Ausgangsreizstärke bei der Erzeugung eines eben merklich stärkeren Sinneseindrucks. Man kann den Weber-Quotienten auch als **relative Unterschiedsschwelle** bezeichnen (Abb. **17.4**).
Die Weber-Beziehung gilt allerdings nur bei einer gewissen Entfernung von der Absolutschwelle. Nahe der Schwelle weicht $\Delta S$ zu höheren Werten ab.

## 17.4 Unterschiedsschwelle

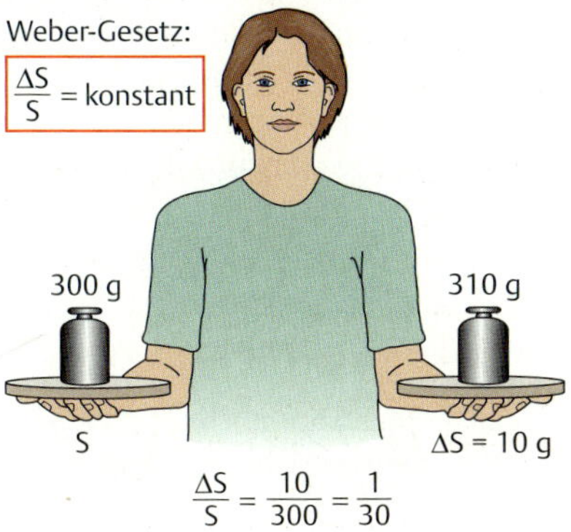


Der eben noch merkliche Unterschied ΔS ist ein konstanter Bruchteil des Ausgangsreizes S (Weber-Gesetz). Der Zusammenhang ist hier veranschaulicht anhand des Vergleichs zweier Gewichte.

Im Anschluss an Weber entwickelte G. Fechner eine **Skala der Empfindungsstärke** mit der Absolutschwelle als Nullpunkt und einer Ordinalskalierung mit „Rangklassen" der Empfindungsstärke (1 = gerade merklich stärker als die Empfindung an der Absolutschwelle, 2 = gerade merklich stärker als 1 und so fort). Der Abstand zwischen den Rangklassen ΔI soll also jeweils eine Unterschiedsschwelle betragen und ist gegeben durch:

$$\Delta I = k \times \frac{\Delta S}{S}$$

mit k als Proportionalitätskontante.

Nach Umschreibung in eine Differenzialgleichung und Integration wird diese Beziehung im **Weber-Fechner-Gesetz** wie folgt dargestellt:

$$I = k \times \log \frac{S}{S_0}$$

wobei $S_0$ die Absolutschwellenreizstärke ist.

**Weber-Fechner-Gesetz:**

$$I = k \times \log \frac{S}{S_0}$$

**► Merke.** Das **Weber-Fechner-Gesetz** besagt: Der Reizzuwachs, der jeweils nötig ist, um eine eben bemerkbare Verstärkung der Empfindung zu erreichen, steigt mit zunehmender Ausgangsreizstärke exponentiell an.

## 17.5 Stevens'sche Potenzfunktionen für verschiedene Modalitäten

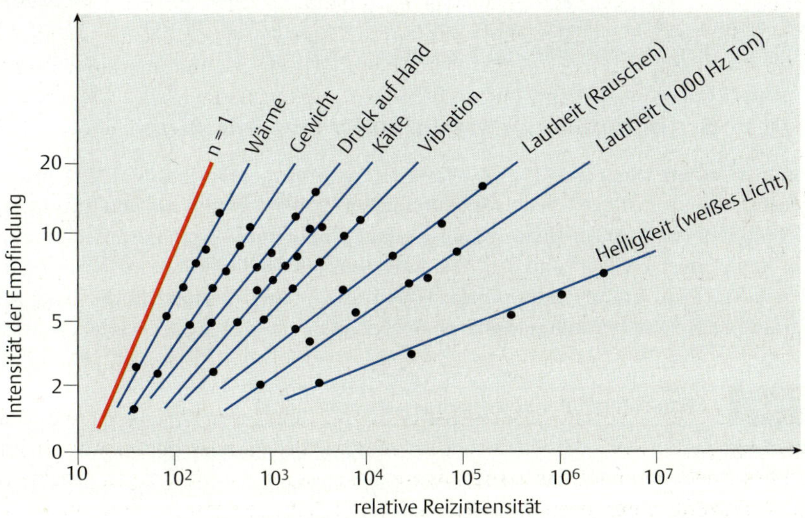


Die Probanden teilten die Intensität ihrer Empfindung durch mehr oder minder starken Handdruck auf ein Kraftmessgerät mit (Ordinate). Die rote Linie zeigt die Steigung einer Geraden mit dem Exponenten 1. Für alle gezeigten Reize wurden Exponenten <1 gefunden.

Die **Stevens-Potenzfunktion**

$$I = k \times \left(\frac{S}{S_0}\right)^n$$

zeigt die Beziehung zwischen Reizstärke und Empfindungsintensität (Abb. **17.5**).

Die Fechner'sche Ordinalskalierung erlaubt keine Aussage über die quantitativen Verhältnisse zwischen den Empfindungsintensitäten (wie z. B. „doppelt so schwer" oder „dreimal so laut"). Eine solche kontinuierliche Rationalskalierung wurde von **Stevens** entwickelt. Sie basiert auf Versuchen mit Probanden, die aufgefordert waren, Testreize in quantitative Relationen („doppelt oder halb so intensiv") zu Kontrollreizen definierter Stärke zu bringen. Diese Messungen zeigten, dass die Beziehung zwischen Reizstärke und Empfindungsintensität folgende Potenzfunktion annimmt:

$$I = k \times \left(\frac{S}{S_0}\right)^n$$

$S_0$ ist hier wieder die Absolutschwellenreizstärke, während der Exponent n von der Modalität abhängt und üblicherweise Werte zwischen 0 und 1 annimmt (Abb. **17.5**).

17.2 Periphere Organisation der somatoviszeralen Sensibilität und Sensormechanismen

## 17.2 Periphere Organisation der somatoviszeralen Sensibilität und Sensormechanismen

▶ Definition.

▶ **Definition.** Somatoviszerale Sensibilität bezeichnet die Gesamtheit der Wahrnehmungsfunktionen der **Haut**, der Strukturen des **Bewegungsapparats** (Muskeln, Gelenke, Sehnen) und der **Eingeweide** mit ihren verschiedenen Modalitäten (Tab. **17.2**).

Die Haut ist das ausgedehnteste Sinnesorgan des Menschen und Träger der **Oberflächensensibilität**.

Dabei ist die Haut mit einer Gesamtoberfläche von ca. 2 $m^2$ das flächenmäßig ausgedehnteste Sinnesorgan des Menschen und Träger der **Oberflächensensibilität**. Der unbehaarten Haut der Hand und der Finger kommt als Tastorgan beim Menschen eine besondere Stellung zu.

Zur **Tiefensensibilität** gehören Empfindungen vorwiegend aus dem Bewegungsapparat. **Propriozeption** ist die Wahrnehmung der Lage und Stellung der Körperteile sowie der Bewegung des Organismus.

Die **Tiefensensibilität** bezeichnet den Teil der bewussten körperlichen Empfindungen vorwiegend aus dem Bewegungsapparat, die nicht an die Haut gebunden sind (z. B. Mechanosensoren in Muskeln und Gelenken). Zur Tiefensensibilität gehört auch der Begriff **Propriozeption**, d. h. die Wahrnehmung der Lage und Stellung der Körperteile sowie der Bewegung des Organismus durch diesen selbst.

**Nozizeption** ist die Wahrnehmung von Schmerz. **Thermorezeption** beinhaltet die Wahrnehmung von Temperaturveränderungen.
**Viszerosensibilität** umfasst sämtliche Empfindungen, die von den Eingeweiden ausgehen.

**Nozizeption** ist die Wahrnehmung mechanischer, thermischer und chemischer Reize, insofern sie Schmerzempfindungen hervorrufen. **Thermorezeption** betrifft die Wahrnehmung nichtnoxischer Temperaturveränderungen.
Die **Viszerosensibilität** schließlich umfasst den großen, modal sehr heterogenen Bereich der von den Eingeweiden ausgehenden Empfindungen. Hier sind Mechanosensibilität (z. B. Füllung des Intestinaltrakts), Chemosensibilität (Atemnot, Übelkeit), Thermosensibilität und Nozizeption vertreten.

17.2.1 Grundlagen der peripheren Organisation

### 17.2.1 Grundlagen der peripheren Organisation

**Primär afferente Neurone:** Ihre Zellkörper liegen in den **Spinalganglien** bzw. in sensiblen **Ganglien der Hirnnerven** V, VII, IX und X. Es handelt sich um **pseudounipolare** Neurone (peripherer und zentraler Fortsatz).

**Primär afferente Neurone:** Die Zellkörper (Somata oder Perikaryen) der primär afferenten Neurone liegen in den **Spinalganglien** (Somatosensibilität von Rumpf und Extremitäten) bzw. in sensiblen **Ganglien der Hirnnerven** V (Somatosensibilität aus dem Kopfbereich), VII, IX und X (größtenteils Viszerosensibilität).
Es handelt sich um **pseudounipolare** Neurone, deren peripherer Fortsatz die afferenten Fasern innerhalb **peripherer** Nerven bildet, während der jeweils **zentrale**

17.2

**17.2 Modalitäten der somatoviszeralen Sensibilität**

| *Modalitäten* | *Qualitäten (Submodalitäten)* |
|---|---|
| Mechanorezeption | Druck, Berührung, Vibration |
| Propriozeption | Muskelkraft, Gelenkstellung |
| Thermorezeption | Wärme, Kälte |
| Nozizeption | Schmerz, Jucken |
| Viszerosensibilität (viele Modalitäten) | alle Wahrnehmungen aus den Eingeweiden |

Fortsatz über die spinale Hinterwurzel das Rückenmark erreicht bzw. mit einem Hirnnerv in den Hirnstamm eintritt. Im Sinne der funktionellen Polarisierung von Neuronen wäre der periphere Fortsatz als Dendrit anzusehen, da er den Informationseingang liefert. Morphologisch und elektrophysiologisch handelt es sich jedoch bei beiden Fortsätzen um Axone, die zur Ausbildung und Fortleitung von Aktionspotenzialen in der Lage sind.

**Periphere Nerven** enthalten afferente **Fasern unterschiedlicher Leitungsgeschwindigkeit** (s. Einteilung Tab. **2.3**, S. 34). Für die somatoviszerale Sensibilität spielen nur Fasern des Typs **Aβ, Aδ und C** nach Erlanger und Gasser eine Rolle. Afferente Fasern aus Muskelspindeln und Golgi-Sehnenorganen (Gruppen Ia, II und Ib nach Lloyd und Hunt) gehören zur Sensomotorik und werden dort besprochen (s. S. 727).

Die Größe der Zellkörper in den Ganglien korreliert jeweils mit dem Durchmesser der zugehörigen Faser im peripheren Nerv, sodass die Relationen innerhalb eines Ganglions zur Zuordnung zum jeweiligen Fasertyp verwendet werden können.

**Segmentale Innervation der Haut:** Die afferenten Fasern eines Spinalnervs, die über die Hinterwurzel in das jeweils zugehörige Rückenmarkssegment eintreten, stam-

**Periphere Nerven** enthalten afferente **Fasern unterschiedlicher Leitungsgeschwindigkeit**. Für die somatoviszerale Sensibilität spielen nur Fasern des Typs Aβ, Aδ und C eine Rolle. Afferente Fasern aus Muskelspindeln und Golgi-Sehnenorganen werden bei der Sensomotorik besprochen (s. S. 727).

**Segmentale Innervation der Haut:** Die afferenten Fasern eines Spinalnervs stammen größtenteils aus zusammenhängenden Ab-

**17.6 Segmentale (radikuläre) Innervation der Haut: Dermatome** 17.6

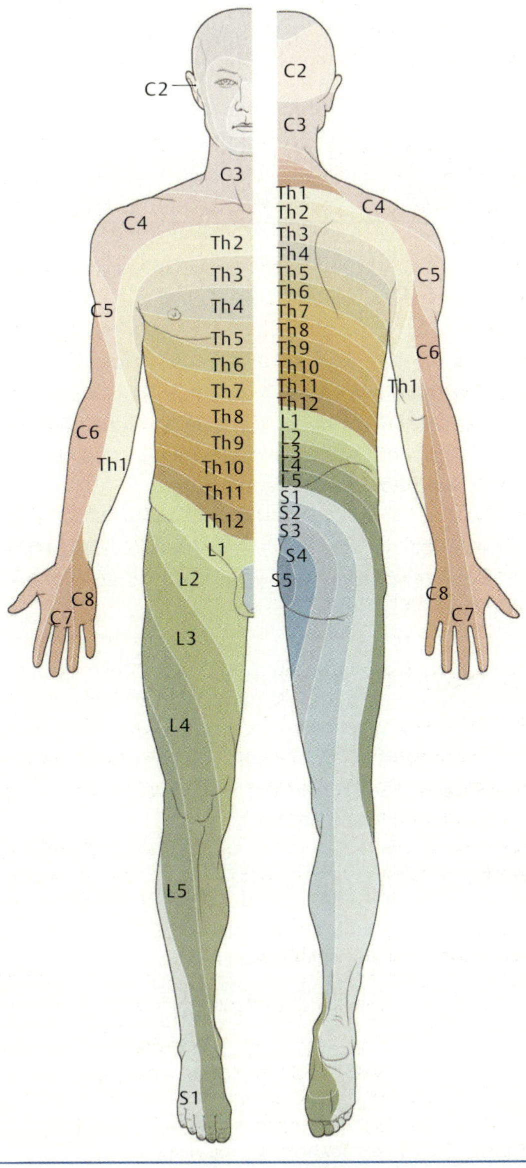


Angegeben sind die zentralen Areale der Dermatome, die vorwiegend aus einem Segment somatosensibel innerviert sind. Wegen der hier nicht gezeigten Überlappung der Dermatome kann eine Spinalwurzelschädigung jedoch nur dann einen völligen Ausfall der Sensibilität in einem Dermatom bewirken, wenn mehrere benachbarte Segmente betroffen sind.

schnitten der Körperoberfläche, den sog. **Dermatomen** (Abb. **17.6**).

men größtenteils aus zusammenhängenden Abschnitten der Körperoberfläche, den sog. **Dermatomen** (Abb. **17.6**). Diese sind nicht vollständig voneinander getrennt, sondern überlappen – und zwar stärker für die Modalitäten des Tastsinnes als für Schmerzreize. Die Dermatome sind am Rumpf ungefähr streifenförmig angeordnet, nehmen an den Extremitäten kompliziertere Formen an und unterscheiden sich dort auch stärker von den kutanen Innervationsgebieten einzelner **peripherer Nerven** bzw. ihrer Hautäste. Grund dafür ist die Bildung von Nervenplexus, bei der sich die afferenten (und auch efferenten) Fasern eines Spinalnervs auf verschiedene periphere Nerven verteilen (s. Lehrbücher der Anatomie).

Da der Spinalnerv des Rückenmarkssegments C1 keine afferenten Fasern führt, beginnt die kraniokaudale Abfolge der Dermatome mit den sensiblen Versorgungsgebieten der Fasern aus C2–C4 für Hinterkopf (C2), Hals und Nacken (C3) sowie Schulter (C4) und endet mit S3–S5 für Genitalien und Anus.

► Klinik.

► **Klinik.** Die Kenntnis der segmentalen Innervation spielt für die neurologische Untersuchung eine bedeutende Rolle, da Empfindungsstörungen oder Schmerzen in einem der Dermatome Rückschlüsse auf Schädigungen im Bereich der zugehörigen Hinterwurzel oder des entsprechenden Rückenmarkssegments hinweisen können (topische Diagnostik). Aufgrund der überlappenden Anordnung der Dermatome kommt es dabei im betroffenen Hautareal überwiegend zu einer herabgesetzten Empfindlichkeit **(Hypästhesie)** für taktile Reize anstelle ihres kompletten Ausfalls **(Anästhesie)**. Leichter nachweisbar ist in der Regel eine **Hyp-** oder **Analgesie** (herabgesetztes bzw. fehlendes Schmerzempfinden), was durch die unterschiedliche Ausprägung der Überlappung erklärbar ist.

Neben der Sensiblität muss immer auch die vom betreffenden Rückenmarkssegment mitversorgte Muskulatur geprüft werden. Zu einer solchen **radikulären Symptomatik** kommt es am häufigsten im Rahmen von Bandscheibenvorfällen, aber auch bei entzündlichen Prozessen (Radikulitis).

17.2.2 Kutane Mechanorezeption

## 17.2.2 Kutane Mechanorezeption

Grundlagen

**Vermittlung der Tastempfindung:** Periphere sensible Axone enden als **freie Nervenendigungen** oder bilden **spezialisierte** oder **korpuskuläre Endigungen**.

### Grundlagen

**Vermittlung der Tastempfindung:** Periphere sensible Axone zur Haut verzweigen sich nach Erreichen der Dermis und enden entweder als **freie Nervenendigungen** oder bilden mit nicht neuronalen Elementen spezialisierte Sensorkörperchen oder Korpuskeln (sog. **spezialisierte** oder **korpuskuläre Endigungen**).

► Merke.

► **Merke.** Alle korpuskulären Endigungen werden von rasch leitenden **Fasern des Typs Aβ** gebildet, während unmyelinisierte **C-Fasern** und schwach myelinisierte **Aδ-Fasern** freie Nervenendigungen bilden.

- **freie Nervenendigungen:** mehrere Modalitäten (Druck, Schmerz, Temperatur, Juckreiz)
- **korpuskuläre Endigungen:** nur Tastempfindungen (niederschwellige Mechanoafferenz).

Während freie Nervenendigungen mehrere Modalitäten, nämlich neben (grobem) Druck auch Schmerz, Temperatur oder Juckempfindung vermitteln können (s. S. 602 und S. 608), führt Reizung der korpuskulären Endigungen von Aβ-Fasern ausschließlich zu Tastempfindungen. Sie sind also spezialisierte Mechanosensoren (Mechanorezeptoren) und reagieren mit geringen Reizschwellen auf jede Art von Deformation der Haut (niederschwellige Mechanoafferenz).

**Epikritische und protopathische Sensibilität:** Tastempfindung durch spezialisierte Mechanosensoren nennt man **epikritisch** (genaue Ortsbestimmung und feine Unterscheidung möglich). Weniger präzise und differenzierte Empfindungen durch groben Druck, Schmerz und Temperatur bezeichnet man als **protopathisch**.

**Epikritische und protopathische Sensibilität:** Die durch spezialisierte, niederschwellige Mechanosensoren vermittelte Tastempfindung wird – einem Vorschlag des Neurologen Henry Head (1905) folgend – als **epikritisch** (= urteilend) bezeichnet. Sie erlaubt eine genaue Ortsbestimmung (Topognosie) und feine Unterscheidung kutaner Reize. Dagegen sind Empfindungen der Modalitäten grober Druck, Schmerz und Temperatur räumlich eher ausgedehnt, unscharf begrenzt und ausstrahlend. Diese weniger präzise und differenzierte Form der Oberflächensensibilität bezeichnete Head als **protopathisch**, um sie gleichsam als eine niedere Vorform echter Wahrnehmung zu kennzeichnen.

## Spezialisierte Mechanosensoren der Haut und zugehörige afferente Fasern

Besonders empfindlich für taktile Stimulation ist die unbehaarte Haut des Menschen, die sog. **Leistenhaut** der Handinnenflächen und der Fußsohlen. Mithilfe feiner Tasthaare nach von Frey (speziell geeichte Stimulationsinstrumente) lässt sich hier zeigen, dass bereits Kräfte von 10 µN bzw. Hautdeformationen von nur 100 nm wahrgenommen werden.

Man findet darüber hinaus eine ungleichmäßig verteilte Empfindlichkeit: An bestimmten Stellen der Hautoberfläche, den sog. **Tastpunkten** (an der Hand etwa 20 pro cm$^2$), liegt Empfindlichkeit für einen Reiz vor, in der Umgebung jedoch nicht. Allerdings besteht keine Übereinstimmung der Tastpunkte mit der Position einzelner Mechanosensoren, deren Dichte wesentlich größer ist.

Man unterscheidet bei den **Mechanosensoren** verschiedene spezialisierte Formen, die sich hinsichtlich ihres Aufbaus (s. Lehrbücher der Histologie), ihrer Lokalisation und ihrer funktionellen Eigenschaften unterscheiden (Tab. **17.3**, Abb. **17.7**).

- **Oberflächlich** liegen hier in der Basalschicht der Epidermis die Merkel'schen Tastscheiben und im Stratum papillare der Dermis die Meissner'schen Körperchen.
- **Tiefer** in der Dermis befinden sich die Ruffini'schen Körperchen und in der Subkutis die (Vater-)Pacini'schen Körperchen.

Die beiden oberflächlich in der Leistenhaut gelegenen Sensorstrukturen sind relativ klein und stehen in besonderer mechanischer Verbindung zu den Hautleisten, sodass sie besonders empfindlich auf lokale Deformationen reagieren: Die **Merkel'schen Tastscheiben** befinden sich üblicherweise in der Mitte der Leiste (der sog. Drüsenleiste), die **Meissner'schen Körperchen** liegen an deren Rand (in den sog. dermalen Papillen).

In der **behaarten Felderhaut** fehlen die Meissner'schen Tastkörperchen. Sie enthält neben einer Variante der Merkel'schen Tastscheiben (hier auch als **Haarscheiben** bezeichnet) auch **Haarfollikelrezeptoren** (Abb. **17.7 b**). Diese werden durch Bewegungen der Haare aktiviert, wie sie zum Beispiel bei leichter Berührung oder durch ein krabbelndes Insekt entstehen.

Darüber hinaus sind in der Haut über manchen Gelenken sog. **Feldrezeptoren** beschrieben worden. Dabei handelt es sich um langsam adaptierende Mechanosensoren, die im Rahmen der Propriozeption für die Wahrnehmung der Gelenkstellung wichtig sind. Ihr morphologisches Korrelat ist nicht geklärt.

Es wird allgemein angenommen, dass bei den spezialisierten Mechanosensoren das **afferente Neuron** eine **primäre Sinneszelle** darstellt. Jedenfalls bei den Meissner'schen, Ruffini'schen und Pacini'schen Spezialisationen bilden jeweils selbst nicht mechanosensible Zellen Stütz- und Dämmungsstrukturen um die eigentlich

### Spezialisierte Mechanosensoren der Haut und zugehörige afferente Fasern

Besonders empfindlich für taktile Stimulation ist die unbehaarte Haut des Menschen, die sog. **Leistenhaut** der Handinnenflächen und der Fußsohlen.

Nur an bestimmten Stellen der Hautoberfläche, den sog. **Tastpunkten** (an der Hand etwa 20 pro cm$^2$), liegt Empfindlichkeit für einen Reiz vor.

Bei den **Mechanosensoren** unterscheidet man verschiedene spezialisierte Formen (Tab. **17.3**, Abb. **17.7**):

- **oberflächlich:** Merkel'sche Tastscheiben, Meissner'sche Körperchen
- **tief:** Ruffini'sche Körperchen, (Vater-)Pacini'sche Körperchen.

**Merkel'sche Tastscheiben** befinden sich in der Mitte der Hautleiste, die **Meissner'schen Körperchen** liegen an deren Rand (in den sog. dermalen Papillen).

In der **behaarten Felderhaut** fehlen die Meissner'schen Tastkörperchen. Sie enthält **Haarscheiben** und **Haarfollikelrezeptoren** (Abb. **17.7 b**).

Man nimmt an, dass bei den spezialisierten Mechanosensoren (Meissner, Ruffini, Pacini) das **afferente Neuron** eine **primäre Sinneszelle** darstellt.

**17.3 Spezialisierte Mechanosensoren der Leistenhaut**

| *Name* | *Lage* | *Adaptation* | *Typ* | *adäquater Reiz* | *rezeptives Feld* |
|---|---|---|---|---|---|
| **oberflächliche Mechanosensoren:** | | | | | |
| **Merkel'sche Tastscheiben** | Epidermis (Stratum basale) | langsam | SA I | **Druck** (*senkrecht* zur Hautoberfläche) | klein |
| **Meißner'sche Körperchen** | Dermis (Stratum papillare) | schnell | RA | **Geschwindigkeit** (Änderungen des Drucks bei Berührungen bzw. Positionsänderungen von Gegenständen) | |
| **tiefe Mechanosensoren:** | | | | | |
| **Ruffini'sche Körperchen** | Dermis (Stratum reticulare) | langsam | SA II | **Druck** bzw. **Dehnung** (*horizontal* im Gewebe) | groß |
| **(Vater-)Pacini'sche Körperchen** | Subkutis | sehr schnell | PC | **Beschleunigung** (besonders bei hochfrequenten Vibrationen) | |

SA = slowly adapting (langsam adaptierend), RA = rapidly adapting (schnell adaptierend), PC = Pacinian Corpuscle (sehr schnell adaptierend)

17.7

17.7 **Spezialisierte Mechanorezeptoren der Haut**

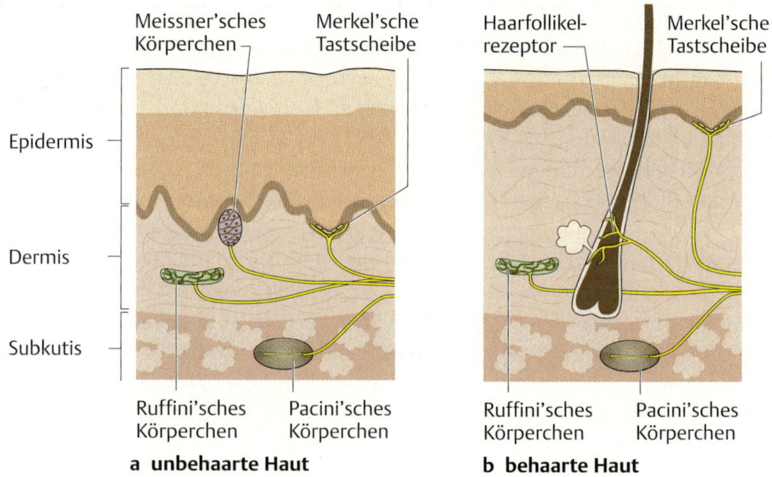


**a Unbehaarte Haut:** In der unbehaarten Leistenhaut (Handfläche, Fußsohle, Lippe) finden sich oberflächlich Meissner'sche Körperchen (RA) und Merkel'sche Tastscheiben (SA I), weiter in der Tiefe Ruffini'sche Körperchen (SA II). Pacini'sche Körperchen findet man in der Subkutis.
**b Behaarte Haut:** Die behaarte Felderhaut weist oberflächlich statt Meissner'schen Körperchen die Haarfollikelrezeptoren auf, die Merkel'schen Tastscheiben treten gruppiert auf.

Merkel'sche Zellen sind möglicherweise **sekundäre Sinneszellen**.

mechanosensible Faserendigung, die z.T. ihrerseits dendritentypische Dornfortsätze (*spines*) aufweist.
In den Merkel'schen Tastscheiben dagegen treten die Nervenfasern mit jeweils einzelnen Merkel'schen Zellen in einer Weise in Kontakt, die an chemische Synapsen erinnert. Merkel'sche Zellen sind neuroendokrine Zellen, die sekretorische Vesikel enthalten und u.a. auch den vesikulären Transporter für den exzitatorischen Transmitter Glutamat exprimieren. Dies und Weiteres spricht dafür, dass **Merkel'sche Zellen** möglicherweise **sekundäre Sinneszellen** und damit die eigentlichen Mechanosensoren sind, deren Sensorpotenzial über synaptische Transmission an die Nervenendigung weitergegeben wird.
Zur Feinstruktur der einzelnen Mechanosensoren s. Lehrbücher der Histologie.

**Adaptationsverhalten:** Die Mechanosensoren zeigen unterschiedliche Adaptationsverhalten (Abb. **17.8**, Tab. **17.3**).
- **Merkel'sche** Tastscheiben: **langsame** Adaptation, **SA I**
- **Ruffini'sche** Körperchen: **langsame** Adaptation, **SA II**
- **Meissner'sche** Körperchen: **schnelle** Adaptation, **RA**
- **Pacini'sche** Körperchen: **sehr schnelle** Adaptation, **PC**.

**Adaptationsverhalten:** Messungen von Aktionspotenzialserien in einzelnen afferenten Aβ-Fasern, die durch selektive Reizung der verschiedenen spezialisierten Mechanosensoren hervorgerufen werden, zeigen unterschiedliches Adaptationsverhalten (Abb. **17.8**, Tab. **17.3**). So zeigen Fasern von Merkel'schen Tastscheiben und von Ruffini'schen Körperchen eine langsame Adaptation, also eine ausgeprägte andauernde, tonisch-proportionale Komponente der Antwort. Sie werden deshalb auch als **slowly adapting fibres** bezeichnet (**SA I** von Merkel'schen Tastscheiben und **SA II** von Ruffini'schen Körperchen). Die von Meissner'schen Körperchen aus erregten Fasern dagegen adaptieren schnell **(rapidly adapting, RA)** und funktionieren als Geschwindigkeitssensoren (1. Ableitung der Reizstärke nach der Zeit). In den Fasern der Pacini'schen Körperchen beobachtet man schließlich eine extrem schnelle Adaptation im Sinne einer Beschleunigungsmessung, d.h. die Geschwindigkeit der Veränderung der Reizstärke (2. Ableitung der Reizstärke nach der Zeit) bestimmt ihr Ansprechen. Diese Fasern feuern typischerweise einmal bei Beginn der mechanischen Belastung und eine weiteres Mal bei Entlastung, nicht jedoch während des anhaltenden Reizes. Sie wirken so im Wesentlichen als Vibrationsdetektoren und bilden eine eigene Gruppe innerhalb der Aβ-Fasern, die als **PC-Fasern** (von Pacinian Corpuscle) bezeichnet wird.
Die Klassifizierung als SA, RA und PC bezieht sich immer auf die zeitliche Dynamik der von einer Faser abgeleiteten elektrischen Aktivität. Es handelt sich um eine elektrophysiologische, nicht eine histologische Einordnung.

**17.8 Rezeptive Felder und Adaptationsverhalten verschiedener mechanosensibler Primärafferenzen**

17.8

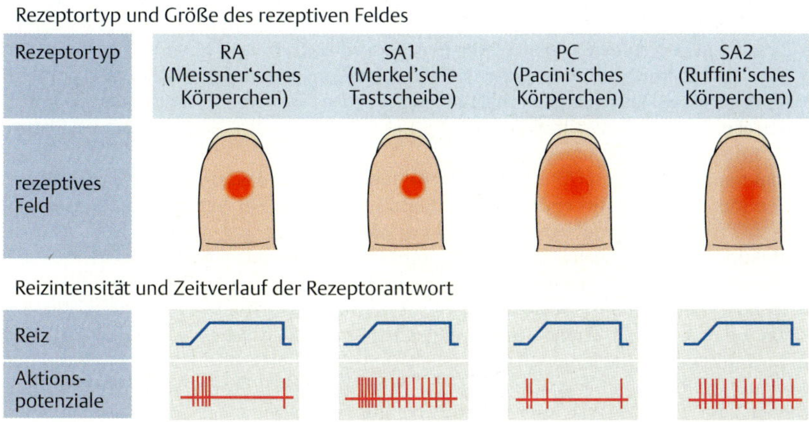


Die verschiedenen Afferenzen unterscheiden sich sowohl nach **Größe des rezeptiven Feldes** (oben) wie nach ihrem **charakteristischen Antwortverhalten auf mechanische Reizung** (unten). Schnell adaptierende Afferenzen antworten nur bei sich ändernder Reizintensität (rampenförmiger Anstieg zu Beginn und abrupter Abfall am Ende), langsam adaptierende zeigen auch erhöhte Impulsraten bei gleichbleibender Reizintensität. Zur Zuordnung der Afferenzen zu den Sensoren siehe auch Tab. **17.3**, S. 597.

**17.9 Vergleich der frequenzabhängigen Empfindlichkeit von RA- und PC-Afferenzen**

17.9

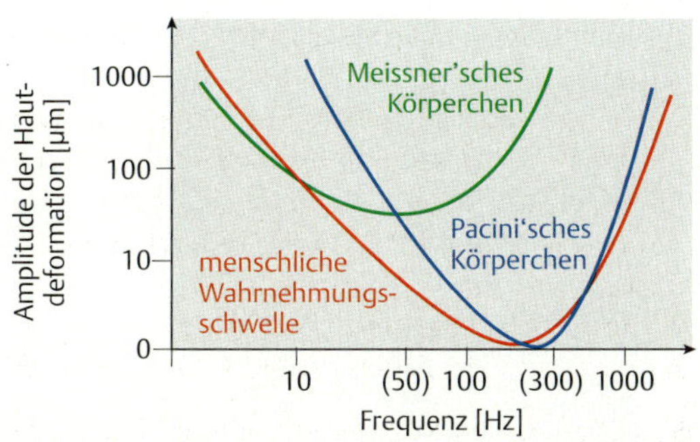


**Meissner'sche Körperchen** sind für Vibrationen zwischen 20 und 50 Hz am empfindlichsten, **Pacini'sche Körperchen** antworten bei höheren Frequenzen empfindlicher. Gemeinsam bestimmen sie die **Frequenzabhängigkeit des Vibrationssinns** des Menschen (rote Kurve).

Auch RA-Fasern von den Meissner'schen Tastkörperchen sind durch Vibrationsreize aktivierbar; ihre höchste Empfindlichkeit liegt jedoch bei 20–50 Hz, während die PC-Afferenzen bei etwa 250 Hz am leichtesten aktivierbar sind (Abb. **17.9**).
Das Pacini'sche Körperchen ist der empfindlichste Sensor, durch den der Mensch beispielsweise in der Lage ist, bei einer Frequenz von 250 Hz Auslenkungen von < 1 µm wahrzunehmen.

► **Merke.** Allgemein weisen schnell adaptierende Mechanosensoren geringere Reizschwellen auf als langsam adaptierende.

► Merke.

► **Exkurs. Elektrophysiologische Phänomene bei Pacini'schen Körperchen**

► Exkurs.

Pacini'sche Körperchen, die sich nicht nur in der Subkutis, sondern z. B. auch im Mesenterium des Darms finden, sind wegen ihrer Größe experimentell gut zugänglich und daher besser als die anderen Sensorstrukturen elektrophysiologisch untersucht.

**Bau und Adaptationsverhalten** (Abb. **17.10**). Beim Pacini'schen-Körperchen ist die mechanisch empfindliche Nervenendigung von einer zwiebelschalenartigen Struktur umgeben. Diese gibt bei länger andauerndem Druck nach und bewirkt damit, dass nur schnelle Änderungen des Druckes die Membran des mechanosensiblen Axons verformen und ein Sensorpotenzial erzeugen (mechanischer Hochpassfilter). Plötzliches Nachlassen des Druckes führt wieder zur Verformung der Membran und zu einem erneuten Sensorpotenzial. Nach Entfernen des Stoßdämpfers wird das Pacini'sche Körperchen zu einem langsam adaptierenden Sensor und die Antwort auf das Nachlassen des Druckes verschwindet. Dies zeigt, dass die Zwiebelschalenstruktur für die **schnelle Adaptation** verantwortlich ist, gleichzeitig aber auch, dass langsame Adaptation von ihr unabhängig funktioniert.

**Transduktion:** Das Sensorpotenzial wird im Rahmen der Transduktion (s. S. 587) an dem myelinfreien Membranabschnitt einer afferenten Aβ-Faser erzeugt, der innerhalb des umgebenden Lamellenkörperchens liegt. Der **molekulare Mechanismus** der spezifischen Mechanotransduktion ist weder beim Pacini'schen Körperchen noch bei anderen Mechanosensoren der Haut im Detail erklärt. Es wird in Analogie zu den Tip links der Haarzellen des Innenohres (s. S. 685) vermutet, dass die **Schaltdomänen** der mechanosensiblen Kanäle der Transduktionsmembran direkt über Proteinstränge entweder an Elementen des Zytoskeletts, wahrscheinlich aber auch der extrazellulären Matrix verankert sind, und dadurch bei Relativbewegungen der Membran zu einem der Verankerungspunkte geöffnet werden. Aufgrund genetischer Untersuchungen bei Invertebraten sind gegenwärtig insbesondere die Mitglieder der Degenerin/ENaC-Genfamilie (ENaC = epithelialer Na-Kanal, s. S. 29) Kandidaten für das molekulare Korrelat der Transduktionskanäle. Bisher fehlen elektrophysiologische Untersuchungen, die bestätigen könnten, dass das Sensorpotenzial nicht durch nichtselektive Kationenleitfähigkeiten (wie z. B. bei erregenden postsynaptischen Potenzialen), sondern durch Öffnung $Na^+$-selektiver Kanäle erzeugt wird.

**Transformation:** Die Transformation (s. S. 587) mit Ausbildung von Aktionspotenzialen geschieht am 1. Ranvier'schen Schnürring der myelinisierten afferenten Faser (auch er liegt noch innerhalb der Lamellenstruktur).

**17.10 Elektrophysiologische Analyse des Pacini'schen Körperchens**

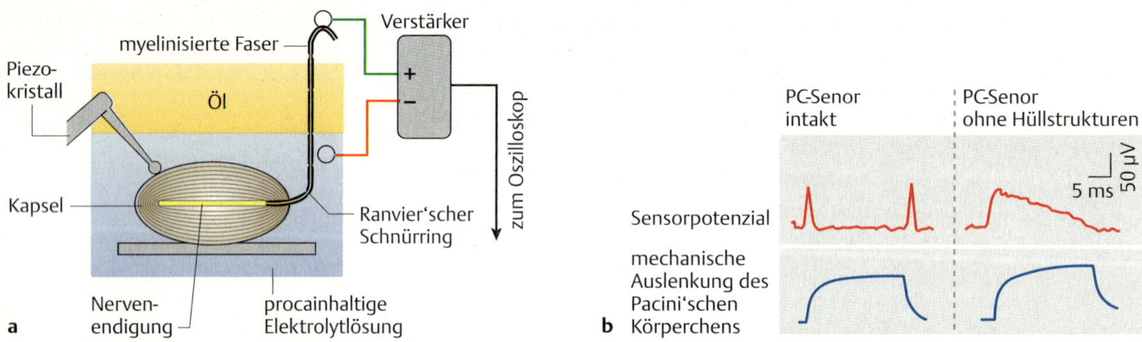


Klassisches Experiment von Loewenstein und Mendelsohn aus den 1960er Jahren, in dem nachgewiesen wurde, dass die extrem rasche Adaptation von PC-Afferenzen durch die mechanischen Eigenschaften der Hüllstruktur des Sensors zustande kommt.

**a Versuchsaufbau:** Ein isoliertes Pacini'sches Körperchen aus dem Mesenterium der Katze wird in einer Elektrolytlösung gehalten, der das Lokalanästhetikum Procain zugesetzt ist, um Aktionspotenziale zu blockieren. Das allein erhaltene Sensorpotenzial wird als Potenzialdifferenz zwischen einer Elektrode in der Elektrolytlösung und einer weiteren an einer entfernten Stelle der Faser abgeleitet, wobei sich zwischen beiden eine elektrisch isolierende Ölschicht befindet, damit möglichst viel Strom durch den Verstärker fließt. Es handelt sich also um eine extrazelluläre Ableitung. Zur kontrollierten mechanischen Stimulation dient ein Piezokristall, dessen Bewegung ebenfalls gemessen wird.

**b Messung:** In dieser Anordnung wird das Sensorpotenzial als etwa 100 µV große Negativierung des Potenzials der Elektrolytlösung sichtbar, die aufgrund der Polarität der Messung (siehe **a**) als positive Ausschläge erscheinen. Gezeigt sind Aufzeichnungen des gemessenen Potenzials (obere Spuren, rot) und der Bewegung des Piezokristalls (untere Spuren, blau). Links das Ergebnis am intakten PC-Sensor mit nur ca. 5 ms dauernden Antworten zu Beginn und am Ende einer Auslenkung. Rechts das Ergebnis am seiner Hülle bis auf einen geringen Rest entkleideten PC-Sensor: Er zeigt nur noch deutlich langsamere Adaptation und keinen Ausschlag am Ende der Auslenkung mehr.

**Größe der rezeptiven Felder:** Variiert je nach Mechanosensor.

**Größe der rezeptiven Felder:** Je nach Mechanosensor variiert die Größe der rezeptiven Felder zugehöriger Afferenzen.

▶ Merke.

▶ Merke. Die **rezeptiven Felder** derjenigen Afferenzen, deren Mechanosensoren in der Tiefe der Haut liegen (PC/Pacini und SA II/Ruffini), sind deutlich größer als diejenigen, deren Sensoren oberflächlich liegen (RA/Meißner und SA I/Merkel; Abb. **17.8**).

Jede **RA- und SA-I-Faser** aus der **oberflächlichen** Haut innerviert jeweils Gruppen von 10–25 benachbarten Meissner'schen Körperchen bzw. Merkel'schen Zellen. Diese Sensoren weisen im Vergleich zu den tiefer gelegenen eine relativ **hohe Dichte** auf, die in **kleinen rezeptiven Feldern** resultiert. Allerdings liegen die Sensoren an der Handinnenfläche etwas weiter auseinander als z.B. an der Fingerbeere. Da jede Faser eine in etwa konstante Zahl von Endigungen besitzt, bewirkt deren Verteilung auf eine größere Fläche auch eine etwas größere Ausdehnung des rezeptiven Feldes der betreffenden Faser. So findet man z.B. an der distalen Hälfte der Fingerbeere rezeptive Felder mit einem mittleren Durchmesser von etwa 1–2 mm, während er an der Handinnenfläche 5–10 mm beträgt. Innerhalb jedes rezeptiven Feldes gibt es mehrere Unterfelder besonders hoher Empfindlichkeit. Sie entsprechen der Position einzelner Sensoren, die durch die verschiedenen Endigungen der gleichen Faser innerviert werden.

**RA- und SA-I-Fasern** aus der **oberflächlichen** Haut innervieren jeweils Gruppen von 10–25 benachbarten Meissner'schen Körperchen bzw. Merkel'schen Zellen. Sie weisen eine relativ **hohe Dichte** auf, die in **kleinen rezeptiven Feldern** resultiert.

▶ Klinik. Die angegebenen Werte können durch Bestimmung der **Zweipunktschwelle** ermittelt werden. Dabei misst man, wie klein der Abstand zweier auf die Haut aufgesetzter Tastspitzen gewählt werden kann, damit diese gerade noch als räumlich getrennt erkannt werden. Die Schwelle unterscheidet sich dabei stark in Abhängigkeit von der Körperregion: An den Fingerbeeren erhält man Werte von etwa 2 mm, an der Handinnenfläche von 10 mm und am Oberschenkel von über 40 mm.

▶ Klinik.

Die **PC- und SA-II-Fasern** innervieren jeweils nur ein einzelnes der **tiefer** gelegenen Pacini'schen bzw. Ruffini'schen Körperchen. Diese Sensoren liegen jedoch weit auseinander, was in **ausgedehnten rezeptiven Feldern** ihrer Fasern resultiert. Jedes dieser Felder weist einen zentralen Ort höchster Empfindlichkeit auf, welcher der Position der Endigung entspricht. Durch die Größe der rezeptiven Felder und ihre tiefe Lage sind diese Sensoren räumlich weniger spezifisch ansprechbar.

**PC- und SA-II-Fasern** innervieren jeweils nur ein einzelnes der **tiefer** gelegenen Pacini'schen bzw. Ruffini'schen Körperchen. Diese Sensoren liegen jedoch weit auseinander, was in **ausgedehnten rezeptiven Feldern** ihrer Fasern resultiert.

**Funktionelle Bedeutung:** Die beschriebenen Charakteristika der Mechanosensoren bedingen auch ihre funktionellen Unterschiede. Die **oberflächlichen Sensoren** (Merkel'sche Tastscheiben und Meissner'sche Körperchen) können z.B. beim Greifen und Betasten eines Gegenstands seine feine Textur sowie die lokal an der Haut angreifende Kraft registrieren. Sie sind daher in Situationen besonders wichtig, in denen Oberflächen abgetastet werden sollen (z.B. Blindenschrift) oder die genaue Rückmeldung der Griffkraft nötig ist, wenn empfindliche Gegenstände mit präziser Kraftsteuerung gehalten werden sollen (z.B. Himbeerenpflücken). Dabei signalisieren die langsam adaptierenden Merkel'schen Tastscheiben die lokale Verteilung des Drucks und damit die Form von Objekten, mit denen die Haut in Kontakt ist, während die schnell adaptierenden Meissner'schen Körperchen die Änderungen des lokalen Drucks und damit also die Positionsänderungen von Gegenständen auf der Haut mitteilen.
Die **tiefer gelegenen Sensoren** (Ruffini'sche und Pacini'sche Körperchen) sind zu präziser lokaler Detektion von Hautdeformationen nicht geeignet. Ihre Aufgabe besteht in der Registrierung von Hautdehnung (Ruffini) sowie Vibration (Pacini).

**Funktionelle Bedeutung:**
Die **oberflächlichen Sensoren** signalisieren die lokale Verteilung des Drucks und damit die Form von Objekten (Merkel) sowie die Änderungen des lokalen Drucks und damit die Positionsänderungen von Gegenständen auf der Haut (Meissner).

Die **tiefer gelegenen Sensoren** sind zur Registrierung von Hautdehnung (Ruffini) sowie Vibration (Pacini) nötig.

## 17.2.3 Propriozeption

Zu den Sensoren der Propriozeption zählen neben den im Kapitel Sensomotorik (s. S. 727) ausführlich besprochenen **Muskelspindeln** und **Golgi-Sehnenorganen** auch **Afferenzen aus den Gelenken** (einerseits freie nozizeptive Endigungen der Fasergruppen III und IV und andererseits hier als Gruppe II klassifizierte Fasern von Ruffini'schen Körperchen). Für den Lagesinn sind jedoch vor allem die Muskelafferenzen verantwortlich. Er ist daher nach Gelenkersatz erhalten.

17.2.3 Propriozeption

Zu den Sensoren der Propriozeption zählen:
- Muskelspindeln
- Golgi-Sehnenorgane
- Afferenzen aus den Gelenken.

(s. Kap. Sensomotorik, S. 727)

## 17.2.4 Thermorezeption

17.2.4 Thermorezeption

### Grundlagen

Grundlagen

Die Wahrnehmung von Kälte und Wärme wird als Thermorezeption bezeichnet. Ihre Mechanismen spielen auch für die unbewusste Thermoregulation (s. S. 524) eine Rolle.

Temperaturempfindung wird klassisch als eine Modalität mit den Qualitäten „kalt" und „warm" aufgefasst. Da es getrennte Sensoren für Kälte und Wärme gibt (s. u.), wird häufig von zwei Submodalitäten gesprochen.

**Lokalisation:** Es gibt **Kalt-** und **Warmpunkte**. Besonders dicht liegen sie im Gesicht.

**Lokalisation:** Ebenso wie im Falle der Mechanorezeption ist die Empfindlichkeit der Haut für thermische Reize räumlich diskontinuierlich. Es gibt also **Kalt-** und **Warmpunkte** sowie dazwischen Areale, die weder auf Kälte noch auf Wärme reagieren. Auch ist die Dichte der Kalt- und Warmpunkte in verschiedenen Hautarealen unterschiedlich. Besonders dicht liegen sie im Gesicht, vor allem in der Mundregion.

Bei großer Intensität gehen Kälte- und Wärmeempfindung in **Schmerz** über.

Charakteristisch ist weiterhin, dass sowohl Kälte- als auch Wärmeempfindung bei großer Intensität in **Schmerzempfindung** übergeht (Hitze wird ab Hauttemperaturen von 45 °C als schmerzhaft empfunden, Kälte unterhalb von 17 °C). Auch sind Kälte- und Wärmeempfindung immer affektiv gefärbt, sodass sie als angenehm oder unangenehm empfunden werden.

Bei konstanten **Indifferenztemperaturen** (31 – 36 °C) bestehen keine Kalt- oder Warmempfindungen, erst bei niedrigeren oder höheren Werten.

Dauerhaft beibehaltene Hauttemperaturen im Bereich zwischen 31 und 36 °C führen nicht zu Kalt- oder Warmempfindungen **(Indifferenztemperaturzone)**. Erst bei niedrigeren oder höheren Werten wird Dauerkälte oder Dauerwärme empfunden **(statische Temperaturempfindungen)**.

**Unterschiedsschwellen:** Sie sind von der Ausgangstemperatur und der Geschwindigkeit der Temperaturänderung abhängig.

**Unterschiedsschwellen:** Die Schwellen für die Empfindung von Temperaturänderungen sind von folgenden Einflussfaktoren abhängig:

- **Ausgangstemperatur:** Bei kälteren Ausgangstemperaturen verschieben sich die Schwellen für die Wahrnehmung von Temperatursprüngen dahingehend, dass Abkühlung bei zunehmend geringeren, Erwärmung erst bei zunehmend größeren Sprüngen empfunden wird. Bei wärmeren Ausgangstemperaturen gilt das Umgekehrte.
- **Geschwindigkeit der Temperaturänderung:** Langsame Änderungen werden im Gegensatz zu schnellen erst bei höheren Abweichungen von der Ausgangstemperatur bemerkt.

Thermosensoren und zugehörige Afferenzen

## Thermosensoren und zugehörige Afferenzen

Die oben beschriebenen psychophysischen Beobachtungen lassen sich gut durch das elektrophysiologisch ermittelte Verhalten der Kalt- und Warmsensoren erklären.

► Merke.

► Merke. Beide Arten von Thermosensoren sind **freie Nervenendigungen**, wobei die Kaltsensoren von **Aδ**-, die Warmsensoren von **C-Fasern** gebildet werden.

**Empfindlichkeitsbereiche (Abb. 17.11a):**

- **Warmsensoren (C)**: Sie erreichen ihre maximale Impulsfrequenz bei 45 °C, die danach wieder absinkt.
- **Kaltsensoren (Aδ)**: Sie erreichen ihre maximale Impulsfrequenz bei 25 °C; ein weiteres Aktivitätsmaximum liegt bei Temperaturen über 45 °C (paradoxe Kälteempfindung).

**Empfindlichkeitsbereiche:** Im Gegensatz zu Mechanosensoren sind beide im Indifferenzbereich (31 – 36 °C) „spontan" aktiv. Bei höheren oder niedrigeren Temperaturen zeigen sie ein unterschiedliches Verhalten (Abb. **17.11a**):

- **Warmsensoren (C)** sind bei Temperaturen unter 30 °C stumm, erhöhen ihre Entladungsfrequenz bei Erwärmung ab etwa 34 °C und erreichen bei 45 °C ihre maximale Impulsfrequenz. Bei noch stärkerer Erwärmung sinkt die Erregbarkeit wieder ab.
- **Kaltsensoren (Aδ)** erhöhen ihre Entladungsrate bei Abkühlung unter die neutrale Hauttemperatur von etwa 34 °C. Sie zeigen bei normalen Hauttemperaturen also bereits spontane Aktivität, die durch Erwärmung gehemmt wird. Ein Frequenzmaximum wird bei etwa 25 °C erreicht. Kaltfasern können bei Temperaturen von über 45 °C ein weiteres Aktivitätsmaximum zeigen: Dies führt zu einer paradoxen Kälteempfindung (z. B. beim Besteigen einer Wanne mit sehr warmem Badewasser).

Unterhalb von ca. 8 °C fällt die Temperatursensibilität komplett aus – auch die Mechanosensibilität und die Schmerzempfindung sind aufgehoben (Kälte ist ein wirksames Lokalanästhetikum). Ursache ist eine erschwerte Aktivierung spannungsabhängiger $Na^+$-Kanäle in den afferenten Fasern.

**Adaptationsverhalten:** Kalt- und Warmsensoren zeigen bei Temperaturänderungen zunächst eine starke Änderung der Impulsrate, die aber bei gleich bleibender Temperatur

**Adaptationsverhalten:** Sowohl Kalt- als auch Warmsensoren zeigen eine ausgeprägte, aber relativ langsame Adaptation. Sie antworten kräftig auf Änderungen der Temperatur in die jeweilige Richtung ihrer Empfindlichkeit. Wenn der neue Wert beibehalten wird, kommt es zu einer Abnahme der Impulsrate über Minuten und

**17.11 Kalt- und Warmsensoren**

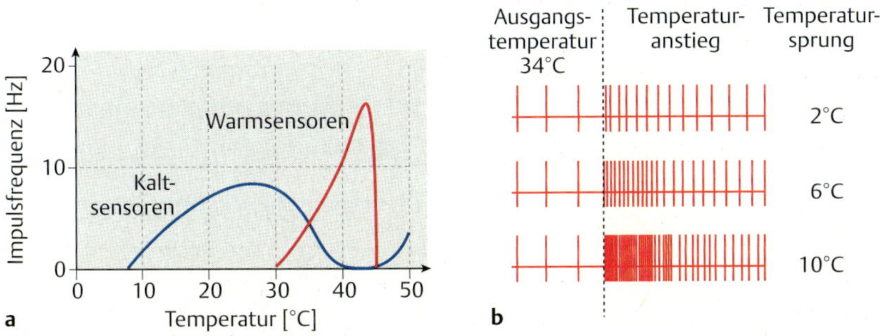


**a** Aktivität der Afferenzen von Kalt- und Warmsensoren in Abhängigkeit von der Temperatur. **b** Aktionspotenzialfrequenz eines Warmsensors bei verschieden großen Temperatursprüngen. Er zeigt PD-Verhalten, reagiert also überproportional auf Veränderung der Temperatur (D), daneben aber auch auf konstante Wärme (P).

17.11

zur Einstellung einer niedrigeren, aber noch über dem Ausgangswert liegenden Frequenz (Abb. **17.11b**). Dies ist typisches **PD-Verhalten** (Proportional- und Differenzialempfindlichkeit, s. S. 589), das durch den **Zwei-Schalen-Versuch nach Weber** eindrucksvoll belegt wird: Man taucht gleichzeitig eine Hand in Wasser von 38 °C und die andere in Wasser von 26 °C. Nach kurzer Zeit flacht der empfundene Temperaturunterschied merklich ab, man empfindet beide Hände als nahezu gleich warm. Dies ist Folge der Adaptation der jeweiligen Rezeptoren. Bringt man nun beide Hände in ein drittes Gefäß mit einer Temperatur von 33 °C, so fühlt sich die vorher erwärmte Hand kalt und die zuvor gekühlte Hand warm an. Es wird also v. a. die **Änderung der Temperatur** wahrgenommen.

wieder langsam abnimmt und sich dem Ausgangswert nähert (**PD-Verhalten**, s. S. 589). Es wird also v. a. die **Änderung der Temperatur** wahrgenommen.

► Exkurs. **Molekularer Mechanismus der Thermorezeption**

Man nimmt an, dass die Aktivierung temperatursensitiver Ionenkanäle aus der Familie der sog. **TRP-Kanäle** (transient receptor potential) Kationeneinströme über die Membran der thermosensiblen Nervenendigung und damit ein depolarisierendes Sensorpotenzial bewirkt.

Der **kälteaktivierbare Ionenkanal** der Kaltsensoren wird als **CMR1** (Cold and Menthol Receptor, auch **TRPM8**) bezeichnet, da er sich auch chemisch durch Menthol aktiveren lässt (daher die Kälteempfindung durch Menthol). Der **hitzeaktivierbare Kanal** kann ebenfalls durch einen Liganden, nämlich durch den scharfen Bestandteil der Pfefferschote (das Vanilloid Capsaicin) geöffnet werden. Man bezeichnet ihn daher als Capsaicin- oder Vanilloid-Rezeptor (**VR1** oder **TRPV1**).

**Nomenklatur:** TRP-Kanäle sind bei Vertebraten Homologe eines Kationenkanals, der im Auge der Fruchtfliege (Drosophila melanogaster) die anhaltende Komponente des (bei Insekten depolarisierenden!) Rezeptorpotenzials der Photorezeptoren vermittelt. Die trp-Mutante von Drosophila, der dieser Kanal fehlt, zeigt nur ein transientes Rezeptorpotenzial, das durch einen anderen, den TRPL-(TRP-like) Kanal, vermittelt wird. TRP-Kanäle werden zunehmend als wichtig für diverse, insbesondere auch sinnesphysiologische Vorgänge erkannt.

► Exkurs.

## 17.2.5 Nozizeption

### Grundlagen

Nozizeption ist die Aufnahme von Reizen, die den Organismus potenziell oder tatsächlich schädigen (lat.: Nocere). Die zugehörige Empfindung ist der **Schmerz**. Der Schmerz stellt insofern eine eigenständige Sinnesmodalität dar, als er nicht etwa durch übermäßige Aktivierung der oben besprochenen, spezialisierten Mechanosensoren zustande kommt. Vielmehr gibt es eigenständige, spezifisch disponierte Sensoren für noxische (d. h. potenziell oder tatsächlich gewebeschädigende) Reize (**Nozizeptoren**, s. u.) und besondere zentrale Verarbeitungsstrukturen für nozizeptive Information (s. S. 611).

**17.2.5 Nozizeption**

**Grundlagen**

Schmerz wird nicht nur durch die übermäßige Aktivierung der spezialisierten Mechanosensoren, sondern vielmehr durch eigenständige, spezifisch disponierte Sensoren für noxische Reize (**Nozizeptoren**, s. u.) vermittelt.

▶ Klinik.

▶ **Klinik.** Als klaren Beweis für einen spezifisch-nozizeptiven Sinneskanal kann man ein sehr seltenes Syndrom **angeborener Schmerzunempfindlichkeit** bei erhaltener epikritischer Somatosensibilität anführen, das auf einer Mutation eines NGF-Rezeptor-Gens (für Nerve Growth Factor = Nervenwachstumsfaktor) mit dem Resultat fehlender Schmerzfasern beruht.

Nozizeptoren und nozizeptive Afferenzen

▶ Synonym

Einteilung

Nozizeptoren sind **freie Endigungen** von schwach myelinisierten Aδ- oder nichtmyelinisierten C-Fasern (Tab. **17.4**).

**Nozizeptive Afferenzen:**
- **Aδ-Schmerzfasern:** 5 – 30 m/s, schnell, heller Schmerz
- **C-Fasern:** < 1 m/s, verzögert, dumpfer Schmerz.

**Nozizeptoren:**
- **Aδ-Nozizeptoren:** modalitätsspezifisch
  - hochschwellig mechanosensibel
  - thermosensibel
- **C-Nozizeptoren:** polymodal.

Die sog. **„stummen Nozizeptoren"** (C-Fasern) in Eingeweiden, Muskeln und Gelenken werden insbesondere durch entzündliche Prozesse oder durch chemische Substanzen sensibilisiert.

## Nozizeptoren und nozizeptive Afferenzen

▶ **Synonym.** Schmerzsensoren und Schmerzfasern oder nozizeptive Fasern.

### Einteilung

Nozizeptoren sind – wie Thermosensoren – **freie Endigungen** von dünnen, entweder schwach myelinisierten **Aδ-** oder nichtmyelinisierten **C-Fasern** (Tab. **17.4**). Diese Fasern werden als **nozizeptive Afferenzen** bezeichnet.

**Nozizeptive Afferenzen:** Die **Aδ-Schmerzfasern** (Leitungsgeschwindigkeit 5 – 30 m/s) vermitteln einen „hellen, scharfen, schnellen" ersten Schmerz, während die Aktivität der **C-Fasern** (Leitungsgeschwindigkeit < 1 m/s) mit größerer Latenz einen dumpfen oder brennenden zweiten Schmerz hervorruft. Im Selbstversuch lassen sich diese beiden Schmerzformen mit einem um das Handgelenk gelegten Gummiband, das man spannt und auf die Haut zurückschnellen lässt, gut unterscheiden.

**Nozizeptoren:** Die **Aδ-Nozizeptoren** bilden einerseits Endigungen, die auf intensive mechanische Belastung reagieren (hochschwellige mechanosensible Nozizeptoren), andererseits solche, die durch extreme Temperaturen (> 45 oder < 5 °C) aktiviert werden (thermosensible Nozizeptoren). Diese sog. **modalitätsspezifischen** (richtiger: monospezifisch disponierten), relativ schnellen Schmerzafferenzen spielen auch bei der Aktivierung von Schutzreflexen (Beugereflex, gekreuzter Streckreflex, s. S. 732) eine wichtige Rolle.
**C-Nozizeptoren** reagieren dagegen auf mehrere Reizformen. Sie werden als **polymodal** bezeichnet (richtiger: polyspezifisch disponiert) und reagieren auf chemische und mechanische Reize ebenso wie auf Hitze oder Kälte. C-Nozizeptoren sind auch für den Juckreiz (Pruritus) verantwortlich. Dabei handelt es sich um besondere Endigungen, die durch Histamin aus aktivierten Mastzellen erregt werden können. Insbesondere C-Nozizeptoren haben wahrscheinlich, auch wegen ihrer polymodalen Disposition, nicht nur nozizeptive Funktionen, sondern vermitteln als kombinierte Chemo-/Thermo- und Mechanosensoren Informationen über den physiologischen Zustand der Gewebe an das ZNS, auch ohne Schmerzempfindungen auszulösen (s. S. 608). Sie zeigen häufig eine langsame Spontanaktivität, die nicht zu bewussten Empfindungen führt.
Insbesondere in den Eingeweiden, Muskeln und Gelenken findet sich eine weitere Gruppe von C-Faser-Schmerzsensoren, die sog. **„stummen Nozizeptoren"**. Sie reagieren normalerweise nicht auf mechanische und thermische Stimuli, werden aber insbesondere durch entzündliche Prozesse oder durch chemische Substanzen sensibilisiert und tragen dann zu einer sekundären Überempfindlichkeit gegenüber solchen Reizen (Hyperalgesie, s. S. 588) bei.

**17.4 Nozizeptoren und nozizeptive Afferenzen zur Vermittlung verschiedener Schmerzempfindungen**

| *Nozizeptoren* | *nozizeptive Afferenzen* | *Schmerz* |
|---|---|---|
| **modalitätsspezifisch*:** *verschiedene* Nozizeptoren reagieren *selektiv* auf bestimmte Reize:<br>▪ **hochschwellige mechanosensible** Nozizeptoren (Reaktion auf intensive mechanische Reize)<br>▪ **thermosensible** Nozizeptoren (Reaktion auf extreme Temperaturen > 45 °C oder < 5 °C) | **Aδ-Fasern** (Leitungsgeschwindigkeit 5 – 30 m/s) | ▪ schnell einsetzend (erster Schmerz)<br>▪ hell, scharf |
| **polymodal*:** *derselbe* Nozizeptor reagiert auf thermische (Hitze > 43 ° C oder Kälte < 15 °C), chemische und mechanische Reizung | **C-Fasern** (Leitungsgeschwindigkeit 0,5 – 1 m/s) | ▪ verzögert einsetzend (zweiter Schmerz)<br>▪ dumpf, brennend |

* Die übliche Bezeichnung der primären Schmerzafferenzen (Aδ, C) als modalitätenspezifisch bzw. polymodal entspricht nicht der eigentlichen Definition der Modalität als subjektivem Kriterium (s. S. 566). Korrekt müsste es heißen: monospezifisch bzw. polyspezifisch disponiert. Modalität beider Systeme ist der Schmerz.

▶ **Klinik.** Durch die Sensibilisierung von Schmerzfasern entsteht zum Beispiel bei **entzündlichen Prozessen in der Zahnpulpa** eine Schmerzempfindung auf mechanische oder thermische Reize hin, die am gesunden Zahn nicht schmerzhaft sind.

▶ Klinik.

## Parakrine Funktionen nozizeptiver Fasern

Nozizeptive Fasern, insbesondere C-Fasern, haben nicht nur afferente, sondern auch parakrine Funktionen (Abb. **17.12**). Sie enthalten sekretorische Vesikel, in denen **Neuropeptide** (u.a. Substanz P und CGRP = Calcitonin Gene related Peptide) gespeichert sind. **Substanz P** erhöht die Permeabilität der Kapillarwände mit der Folge einer ödematösen Schwellung; **CGRP** relaxiert die glatte Gefäßmuskulatur, sodass es zur Hyperämie mit Rötung und Überwärmung kommt. Beide Substanzen können zusätzlich **Histamin** aus Mastzellen freisetzen, das die Wirkungen verstärken kann. Diese Peptide, die im weitesten Sinne allesamt **Entzündungsmediatoren** sind, werden bei Aktivierung der Faser freigesetzt. Daher beobachtet man bei lokaler Applikation eines Schmerzreizes (wie z.B. beim Gummibandversuch, s. S. 604) weitere klassische Zeichen einer Entzündung (s. S. 202) wie Calor (Wärme), Rubor (Röte) und Tumor (Schwellung). Man spricht von **neurogener Entzündung** bzw. von einem **Axonreflex**.

### Parakrine Funktionen nozizeptiver Fasern

Nozizeptive Fasern (v. a. C-Fasern), haben nicht nur afferente, sondern auch parakrine Funktionen (Abb. **17.12**). Sie enthalten sekretorische Vesikel, in denen **Neuropeptide** gespeichert sind (z. B. Substanz P, CGRP = Calcitonin Gene related Peptide). Bei diesen Peptiden handelt es sich in der Regel um Entzündungsmediatoren, die bei Aktivierung der Fasern freigesetzt werden.

## Transduktionsmechanismen an Nozizeptoren

Nozizeptoren zeigen durchgängig **kaum Adaptation**. Die Sensorpotenziale in nozizeptiven Endigungen entstehen über verschiedene Mechanismen, an denen ionotrope und metabotrope Rezeptoren (s. S. 39) beteiligt sind.

**Ionotrope nozizeptive Rezeptoren:** Es sind verschiedene **Kationenkanäle** bekannt, deren Offenwahrscheinlichkeit durch bestimmte Reize erhöht wird, was zur Entstehung eines Sensorpotenzials führen kann (Abb. **17.13 a**).
Primär werden thermisch und/oder mechanisch sensible Kationenkanäle aus der **TRP-Familie** aktiviert. Auch hier sind wahrscheinlich Capsaicin-empfindliche TRPV-Kanäle beteiligt (s.o.).

### Transduktionsmechanismen an Nozizeptoren

Nozizeptoren zeigen **kaum Adaptation**.

**Ionotrope nozizeptive Rezeptoren:** Es sind verschiedene **Kationenkanäle** bekannt (Abb. **17.13 a**):
- Kationenkanäle aus der **TRP-Familie**
- **P2X-Rezeptoren**
- **5HT3-Rezeptoren**

**17.12 Parakrine Funktionen nozizeptiver Afferenzen**

17.12

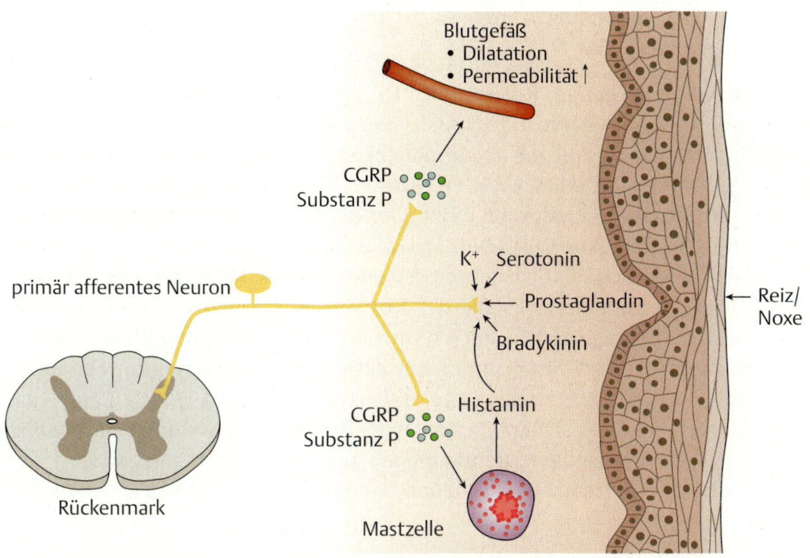


Aktivierte C-Fasern setzen aus ihren peripheren Endigungen Peptide frei, die Mastzellen aktivieren und gefäßerweiternde und -permeabilisierende Wirkungen haben. Dieser sog. **Axonreflex** bewirkt bei hochfrequenter C-Faser-Aktivierung zusätzlich zum Schmerz im Innervationsgebiet der Faser die Entzündungszeichen Rubor, Calor und Tumor (sog. **neurogene Entzündung**). Dies gilt bei Aktivierung der C-Faser durch einen adäquaten Reiz ebenso wie durch eine Schädigung der Faser.

17.13

17.13 **Transduktionsmechanismen an Nozizeptoren**

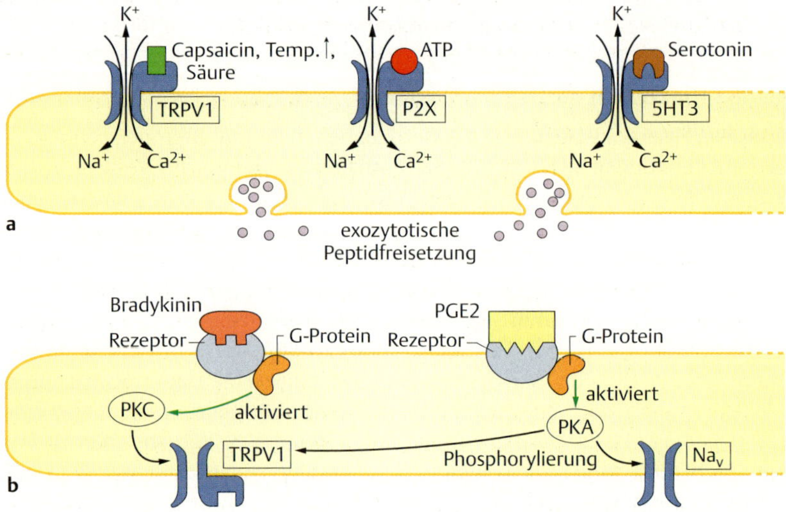


**a Ionotrope Mechanismen** sind wahrscheinlich im Wesentlichen von nicht selektiven, ligandengesteuerten Kationenkanälen (TRPV1, P2X, 5.HT3-Rezeptoren) getragen.
**b Metabotrope Rezeptoren** (PGE2, Bradykinin) verstärken Transduktion und Transformation an Nozizeptoren. $Na_V$ = spannungsabhängiger $Na^+$-Kanal, PKA = Proteinkinase A, PKC = Proteinkinase C.

Daneben werden zwei weitere Ionenkanäle gefunden, die insbesondere für den chemisch vermittelten Transduktionsprozess in den polymodalen C-Faser-Endigungen infrage kommen. Beide sind – wie auch der TRPV-Kanal – nichtselektive Kationenkanäle mit beträchtlicher **$Ca^{2+}$-Leitfähigkeit**.

- Der ionotrope P2-Purinozeptor **(P2X-Rezeptor)** wird durch ATP aktiviert, das aus zerstörten Zellen austritt.
- Der Serotoninrezeptor vom Typ 3 (**5HT3-Rezeptor**, 5-HT = 5-Hydroxytryptamin = Serotonin) wird durch Serotonin aktiviert, das aus aktivierten Thrombozyten, d.h. bei Verletzungen, freigesetzt und auch in entzündetem Gewebe vermehrt gefunden wird.

**Metabotrope nozizeptive Rezeptoren:** Substanzen, die die Empfindlichkeit von Nozizeptoren über **Second-messenger-Systeme** erhöhen (Abb. **17.13 b**):
- **Bradykinin** (G-Protein-vermittelt)
- **Prostaglandine** (G-Protein-vermittelt).

**Metabotrope nozizeptive Rezeptoren:** Es gibt eine Reihe von metabotropen Rezeptoren für Substanzen, die ebenfalls in entzündetem oder verletztem Gewebe freigesetzt werden und die Empfindlichkeit der Nozizeptoren über **Second-messenger-Systeme** erhöhen (Abb. **17.13 b**):

- Das Gewebshormon **Bradykinin** wirkt über einen G-Protein-gekoppelten Rezeptor und die Phospholipase C/IP3/DAG-Kaskade. Letztlich wird dabei durch Aktivierung der Proteinkinase C und Phosphorylierung des TRPV1/Capsaicin-Rezeptor-Proteins die Temperaturschwelle des Nozizeptors gesenkt, sodass Hitzeschmerz dann bereits bei niedrigeren, auch normalen, Temperaturen auftreten kann.
- **Prostaglandine** (v.a. Prostaglandin E2) aktivieren ebenfalls G-Protein-abhängig die Proteinkinase A. Letztere phosphoryliert nicht nur den TRPV1-/Capsaicin-Rezeptor, sondern auch spannungsabhängige $Na^+$-Kanäle, wodurch die Potenzialschwelle für Aktionspotenzialentladungen gesenkt wird. Somit wird über diesen Weg neben dem Transduktions- auch der Transformationsmechanismus beeinflusst.

**Hyperalgesie:** Senkung der Schmerzschwelle.
**Allodynie:** Bereits nichtnoxische Berührungsreize werden als schmerzhaft empfunden.

Beide Mechanismen bewirken eine sog. **periphere Sensibilisierung** mit der Folge der **Hyperalgesie**, d.h. Senkung der Schwelle für noxische Reize. Demgegenüber bezeichnet **Allodynie**, die ebenfalls Folge einer peripheren Sensibilisierung sein kann, einen Zustand, in dem nichtnoxische Berührungsreize als schmerzhaft empfunden werden. Dies ist zum Beispiel beim Sonnenbrand der Fall.

► Klinik. Die analgetische (schmerzlindernde) Wirkung der **nichtsteroidalen Entzündungshemmer** (z. B. Acetylsalicylsäure) wird durch Hemmung der Zyklooxygenase (Schlüsselenzym der Prostaglandinsynthese) erklärt.

► Klinik.

### Schmerzauslösung durch Reizung oder Schädigung peripherer Nerven (neuropathischer Schmerz)

Schmerz lässt sich, ebenso wie andere Sinnesmodalitäten, auch durch Reizung der afferenten Fasern in ihrem Verlauf auslösen. Dabei ist elektrische Reizung peripherer Nerven mit Reizstärken, wie sie z. B. zur Messung der Nervenleitungsgeschwindigkeit verwendet werden, schmerzfrei möglich, weil bei den dünnen Schmerzfasern wegen ihres hohen Längswiderstandes wenig Reizspannung über die Membran abfällt. Man würde zur Aktivierung von nozizeptiven Fasern viel höhere Reizstärken benötigen als für die dickeren mechanosensiblen Fasern.

**Schmerzauslösung durch Reizung oder Schädigung peripherer Nerven (neuropathischer Schmerz)**

Schmerz lässt sich, ebenso wie andere Sinnesmodalitäten, auch durch Reizung der afferenten Fasern in ihrem Verlauf auslösen.

► Klinik. Klinisch wichtig ist der Schmerz, der durch **mechanische Reizung peripherer Nerven** oder der **spinalen Hinterwurzel** entsteht. Dieser Schmerz wird subjektiv stets in das Versorgungsgebiet des betroffenen Nervs bzw. Segments lokalisiert **(projizierter Schmerz)**. Beispiele sind Schmerzen und Missempfindungen an der ulnaren Seite der Hand bei mechanischer Irritation des N. ulnaris am Ellenbogen oder segmentale Schmerzsyndrome bei Druck eines Bandscheibenvorfalls auf die Hinterwurzel. Aδ- und C-Fasern verlaufen in der Hinterwurzel ventrolateral und werden daher von einem Prolaps als Erste erreicht.
Erkrankungen der **peripheren Nerven** sind mögliche Ursache für den sog. **neuropathischen Schmerz**, wie zum Beispiel bei der diabetischen Neuropathie oder der Neuralgie nach einer Neuritis (z. B. Zosterneuritis durch Varizella-Zoster-Viren). Hier werden verschiedene Mechanismen diskutiert, z. B.:
- erhöhte Erregbarkeit mit Spontanentladungen durch veränderte Synthese von Ionenkanälen oder ektope Expression von nozizeptiven Rezeptoren entlang der Faser
- direkte elektrische Kopplung mit vegetativen Efferenzen (ephaptische Erregung, d. h. über elektrische Feldeffekte)
- Aussprossung sowohl zentraler als auch peripherer Faserendigungen.

In höheren Konzentrationen ist Capsaicin in der Lage, C-Fasern zu zerstören. Dieser Effekt wird bei neuropathischen Schmerzsyndromen therapeutisch genutzt (Capsaicinsalbe).

► Klinik.

## 17.2.6 Viszerale Sensibilität

**17.2.6 Viszerale Sensibilität**

Die Eingeweide sind ebenso wie Haut und Bewegungsapparat sensibel innerviert. Viele viszerale Afferenzen erreichen jedoch unter normalen Bedingungen nicht das Bewusstsein.
**Periphere, allgemein-viszerosensible afferente Fasern** verlaufen im Versorgungsgebiet des Sympathikus (den thorakalen und lumbalen Segmenten) gemeinsam mit dessen Fasern; im Bereich der Hirnnerven und des Sakralmarks verlaufen sie mit parasympathischen Fasern (sog. „sympathische" bzw. „parasympathische" Afferenzen, s. S. 561). Sie gehören aber weder funktionell noch morphologisch zu Sympathikus oder Parasympathikus. Die Perikaryen der afferenten Neurone liegen entweder in den Spinalganglien oder in den sensiblen Ganglien der Hirnnerven X, XI und VII.

**Periphere, allgemein-viszerosensible afferente Fasern** verlaufen zwar zusammen mit sympathischen und parasympathischen Fasern, gehören aber weder funktionell noch morphologisch zu diesen beiden Teilen des vegetativen Nervensystems.

Viszerale Afferenzen sind vielfältig an **homöostatischen Regelungsvorgängen** beteiligt. Sie bilden afferente Schenkel vegetativer Reflexbögen, die bei den einzelnen Organen behandelt werden (z. B. Blutdruckregulation, s. S. 142). Manche solcher Afferenzen, besonders aus dem Darm, werden nicht über das ZNS geleitet, sondern sind in vegetativen Ganglien verschaltet. Ihre Zellkörper liegen dann in der Darmwand.

Viszerale Afferenzen sind vielfältig an **homöostatischen Regelungsvorgängen** beteiligt.

Im Zusammenhang mit der somatoviszeralen Sensibilität sind durch viszerale Afferenzen hervorgerufene Wahrnehmungen bedeutsam:
Afferenzen aus der Lunge von Mechano- und Chemorezeptoren spielen z. B. für den Hustenreiz eine Rolle, während das Gefühl der Atemnot (Lufthunger) durch

Chemorezeptoren in Medulla oblongata und im Glomus caroticum bewirkt wird. Die sog. Allgemeingefühle, zu denen auch Hunger, Sattheit und Nausea zählen, sind wahrscheinlich am ehesten durch Wirkungen humoraler Faktoren oder von Stoffwechselprodukten auf Rezeptoren im ZNS begründet.

**Viszerale Nozizeption:** Schmerzen werden durch mechanische (z. B. Dehnungsafferenzen im Darm) oder chemische (z. B. Sauerstoffmangel bei Angina pectoris) Reize ausgelöst.

**Viszerale Nozizeption:** Das Parenchym der meisten inneren Organe (Leber, Niere, Pankreas, Milz, Gehirn) ist nicht schmerzempfindlich. Dagegen enthalten die Organkapseln regelmäßig freie Nervenendigungen, die insbesondere Dehnungsschmerz aus dem Intestinum oder dem Urogenitaltrakt vermitteln. Schmerzen bei Sauerstoffmangel (z.B. bei Angina pectoris oder Herzinfarkt) werden über chemosensible Nozizeptoren vermittelt. Die Aktivität von Dehnungsafferenzen aus dem Rektum und der Blase bewirkt Stuhl- und Harndrang bis hin zu Schmerz. Es ist wahrscheinlich, dass diese Sensoren polymodale C-Fasern sind, die neben mechanischer auch chemische Empfindichkeit für eine Vielzahl von metabolischen Reizen besitzen.

**Homöostatisches neuronal afferentes System:** Darunter werden protopathisch **nozizeptive, thermorezeptive** und **viszerosensible Fasern** zusammengefasst. Ihre Fasern enden gemeinsam in der Lamina I des Hinterhorns, wobei ihre periphere Sensorfunktion und zentrale Verschaltung teilweise überlappen.

**Homöostatisches neuronal afferentes System:** Ebenso wie in den inneren Organen gibt es auch in Muskeln und allen anderen Geweben freie Endigungen z.T. nicht (C, Muskel: Gruppe IV) und z.T. schwach myelinisierter (Aδ) Fasern. Sie sind als Sensoren für eine Vielzahl metabolischer Parameter (lokaler pH-Wert, Sauerstoffspannung, $CO_2$-Konzentration, Glukosekonzentration, Osmolarität) oder für mechanische Belastung (im Skelettmuskel als sog. Ergorezeptoren auch auf die Kontraktion selbst) empfindlich. Diese viszerosensiblen, aber nicht nozizeptiven Fasern enden synaptisch gemeinsam mit nozizeptiven und thermorezeptiven Fasern der Haut in der Lamina I des Hinterhorns, wobei sowohl ihre periphere Sensorfunktion als auch ihre zentrale Verschaltung mindestens teilweise überlappen und nozizeptive, thermorezeptive und viszerozeptive Funktionen nicht getrennt bleiben. Auch deshalb werden **nozizeptive, thermorezeptive** und **viszerosensible Fasern** als homöostatisches afferentes System zusammengefasst, das eine je nach Aktivitätszustand mehr oder weniger bewusste Selbstwahrnehmung des physiologischen inneren Zustandes des Organismus zwischen Wohlgefühl und Schmerz ermöglicht. Dieses bei Primaten besonders ausgeprägte System steht im ZNS mit den vegetativen Zentren und über aufsteigende spinothalamokortikale Verbindungen mit der Inselrinde und dem Gyrus cinguli in enger Verbindung, wo diese Informationen zu einem ständig aktualisierten Bild des „materiellen Selbst" zusammengefügt werden (s. S. 621).

**17.3 Zentrale Organisation der somatoviszeralen Sensibilität**

Abb. **17.14** gibt eine Übersicht über die zentrale Organisation der somatoviszeralen Sensibilität.

**17.3.1 Verschaltungen im Rückenmark und im Hirnstamm**

Nach Eintritt der primär afferenten Fasern in das Rückenmark unterscheidet man zunächst 2 Bahnsysteme (Abb. **17.14**):
- **Hinterstrangsystem:** ungekreuzte primäre Afferenzen der Mechanosensibilität der Haut und primäre propriozeptive Afferenzen
- **Vorderseitenstrang:** gekreuzte Afferenzen des Temperatur- und Schmerzsinns.

## 17.3 Zentrale Organisation der somatoviszeralen Sensibilität

Einen Überblick über die zentrale Organisation der somatoviszeralen Sensibilität bietet Abb. **17.14**.

### 17.3.1 Verschaltungen im Rückenmark und im Hirnstamm

Man unterscheidet nach Eintritt der primär afferenten Fasern in das Rückenmark zunächst zwei Bahnsysteme mit sehr unterschiedlichen Funktionen und ebenso unterschiedlichem Verlauf (Abb. **17.14**):
- Im **Hinterstrangsystem** steigen die primären Afferenzen der **Mechanosensibilität** der Haut (s. S. 596) sowie primär afferente Fasern auf, die Informationen zur Vermittlung der bewussten **Propriozeption** leiten (propriozeptive Afferenzen zum Kleinhirn verlaufen dagegen nach spinaler Umschaltung im Tractus spinocerebellaris). Erst in den Hinterstrangkernen des Hirnstamms erfolgt die Umschaltung auf das 2. Neuron, dessen Fasern im Lemniscus medialis auf die Gegenseite kreuzen (daher auch **lemniskales System**).
- Der **Vorderseitenstrang** leitet die Modalitäten **Schmerz** und **Temperatur** sowie die **viszerale Sensibilität**. Die hier verlaufenden Bahnen werden bereits von Fasern der 2. Neurone gebildet, die größtenteils schon auf Rückenmarksebene gekreuzt haben. Ihre Zellkörper liegen in der grauen Substanz des Hinterhorns.

**17.14 Zentrale Organisation der somatoviszeralen Sensibilität**

17.14

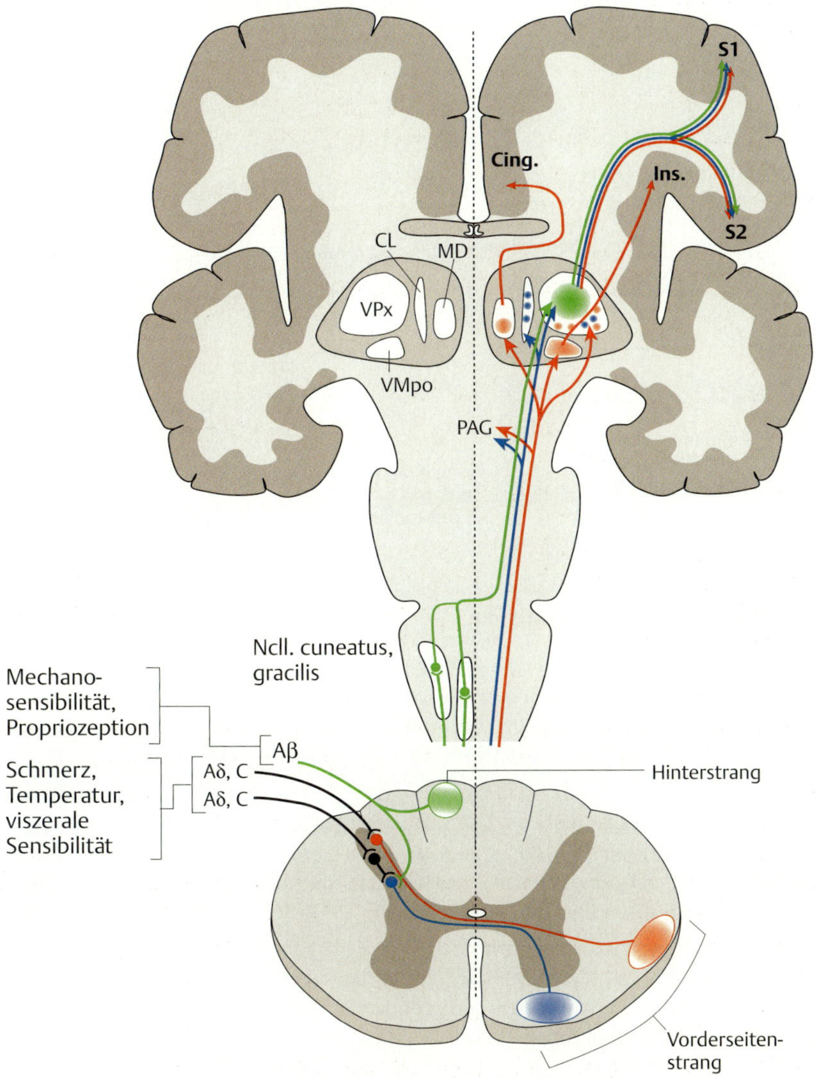


Lemniskales (Hinterstrang-)Sytem (grün) und Vorderseitenstrangsystem (Tr. spinothalamicus anterior, ausgehend von den WDR-Neuronen in Lamina V [blau] und Tr. spinothalamicus lateralis, ausgehend von den Lamina-I-Neuronen [rot]).
PAG = periaquäduktales Höhlengrau, VMpo = Pars posterior des Ncl. ventromedialis, MD = Ncl. mediodorsalis, CL = Ncl. centrolateralis, VPx = ventroposteriorer Kernkomplex), Cing. = Gyrus cinguli, Ins. = Inselkortex, S1, S2 = primärer und sekundärer somatosensibler Kortex, WDR = Wide Dynamic Range. (Details im Text.)

**► Klinik.** Aufgrund dieser Verläufe kommt es bei (klinisch seltener) halbseitiger Durchtrennung des Rückenmarks unterhalb der Läsion zum sog. **Brown-Séquard-Syndrom** (Abb. **17.15**): *Ipsilateral* zur Schädigung sind mechanorezeptive und propriozeptive Reize nicht mehr spürbar, während *kontralateral* Schmerz- und Temperaturempfinden aufgehoben sind **(dissoziierte Empfindungsstörung)**. Aufgrund der zusätzlichen Durchtrennung efferenter Fasern des Rückenmarks (Tractus corticospinalis) ist die ipsilaterale Motorik immer mitbetroffen.

► Klinik.

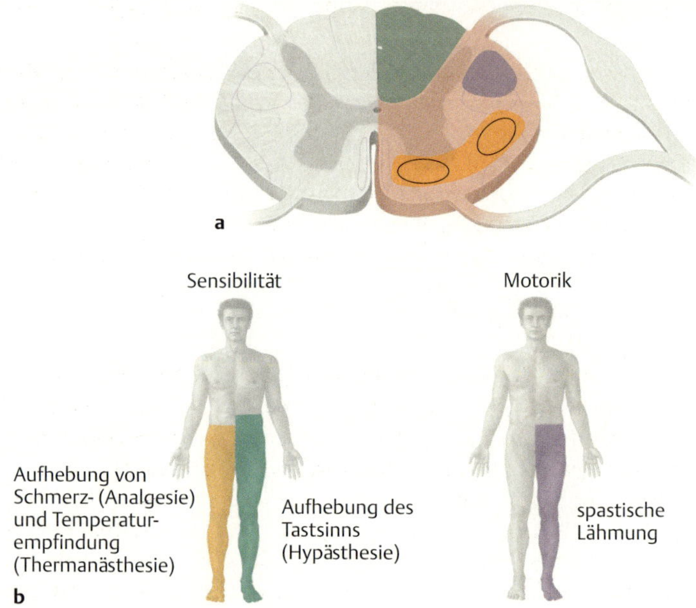


**17.15 Brown-Séquard-Syndrom**

**a Rückenmarksquerschnitt:** Im Rückenmark aszendieren die Fasern des Hinterstrangsystems (für Tastsinn, Vibration und Propriozeption, grün) ipsilateral, während die des Vorderseitenstrangsystems (Schmerz, Temperatur, orange) kontralateral aufsteigen. Die deszendierenden motorischen Bahnen (lila) kreuzen ebenfalls supraspinal, befinden sich also im Rückenmark bereits ipsilateral ihrer Terminationsgebiete.
**b Sensibilität und Motorik:** Bei halbseitiger Durchtrennung des Rückenmarks resultiert daher in den Segmenten distal der Schädigung ipsilateral eine Aufhebung des Tastsinns sowie eine zentrale motorische Lähmung. Kontralateral der Läsion kommt es zur Aufhebung der Schmerz- und Temperaturempfindung. Im lädierten Segment selbst findet man alle sensiblen Qualitäten ausgefallen sowie eine periphere motorische (schlaffe) Lähmung.

Zentrale Synapsen der Primärafferenzen: Glutamaterg-ionotrope Transmission.

Unabhängig vom Ort der Umschaltung bilden alle Primärafferenzen mit ihren jeweiligen zentralen Neuronen erregende Synapsen. Der primäre (schnelle) Transmitter ist **Glutamat**, postsynaptisch finden sich ionotrope Glutamatrezeptoren.

## Hinterstrangsystem

▶ **Synonym.** Lemniskales System (so benannt nach der Kreuzungsstelle der Fasern des 2. Neurons im Lemniscus medialis).

### 1. Neuron

Fasern der **mechanorezeptiven** (niederschwellig) und **propriozeptiven** Afferenzen, ziehen durch die Hinterwurzel in das Rückenmark und steigen dort **ohne Umschaltung** im **ipsilateralen** Hinterstrang zum Hirnstamm auf.

Schnell leitende, dicke myelinisierte **Aβ-Fasern** übermitteln Information von niederschwellig aktivierbaren, **spezialisierten Mechanosensoren** der **Haut** (s. S. 596) sowie der **Muskeln** und der **tiefen Gewebe (Exterozeption und Propriozeption)**. Die zentralen Fortsätze ihrer im Spinalganglion liegenden Zellkörper ziehen durch die Hinterwurzeln in das Rückenmark. Die **mechanorezeptiven** Aβ-Fasern liegen in den Hinterwurzeln dorsomedial und steigen gemeinsam mit den **propriozeptiven** Ia- und Ib-Fasern (s. S. 601) **ohne Umschaltung ipsilateral** im Hinterstrang (Funiculus posterior) auf.

Von kaudal nach kranial lagern sich die in Höhe jedes Rückenmarkssegments hinzutretenden Axone jeweils seitlich an:

- Fasern aus den sakralen, lumbalen und unteren thorakalen Segmenten bilden den medial liegenden **Fasciculus gracilis**,
- die oberen thorakalen und zervikalen Fasern verlaufen lateral im **Fasciculus cuneatus**.

Je nach Körpergröße kann z. B. eine mechanosensible Faser zur Innervation der Fußsohle eine Gesamtlänge von nahezu 2 m erreichen. Die Versorgung des peripheren Sensors und der zentralen Synapse mit den im Zellkörper synthetisierten Proteinen ist also eine beeindruckende Leistung des axonalen Transports (s. S. 25).

Auf Ebene des Rückenmarks entsenden die mechanosensiblen und propriozeptiven Afferenzen darüber hinaus **Kollateralen**, die auf spinale sekundäre Neurone **segmental umgeschaltet** werden. Durch diese Verbindungen kommen z. B. **spinale Reflexe** zustande. Neben den Muskeldehnungs- und Sehnenreflexen, deren afferenter Schenkel durch propriozeptive Fasern gebildet wird (s. S. 730), gibt es auch spinal verschaltete reflektorische Phänomene mit mechanosensiblen Afferenzen, wobei es sich naturgemäß immer um **Fremdreflexe** handelt (z. B. Kremaster- oder Analreflex).

Auf Rückenmarksebene entsenden diese Afferenzen Kollateralen, die auf sekundäre Neurone segmental umgeschaltet werden **(spinale Reflexe, Fremdreflexe)**.

### 2. Neuron

Erst in den ipsilateralen Hinterstrangkernen **(Ncl. gracilis** bzw. **cuneatus)** der Medulla oblongata erfolgt die synaptische **Umschaltung** auf das 2. sensible Neuron. In den Hinterstrangkernen werden die präsynaptischen Afferenzen nicht einfach eins zu eins umgeschaltet, sondern **divergieren** auf verschiedene postsynaptische Neurone. Dabei bleibt die räumliche und zeitliche Präzision ebenso wie die Modalitätsspezifität weitgehend erhalten. Auch hier **modifizieren** bereits hemmende Interneurone den Informationsfluss, was sogar zu einer Verbesserung des räumlichen Kontrastes führen kann (s. S. 591). Außerdem nehmen auch hier schon deszendierende Systeme auf die Weiterleitung Einfluss.

Die Axone der Neurone in den Hinterstrangkernen kreuzen als mediale Schleifenbahn **(Lemniscus medialis)**, um den **kontralateralen Thalamus** zu erreichen. Hier enden sie im Ncl. ventralis posterolateralis **(VPL)**, einem Kern des ventrobasalen thalamischen Kernkomplexes, wo die Umschaltung auf das 3. Neuron stattfindet (s. S. 616).

### 2. Neuron

In den ipsilateralen Hinterstrangkernen **(Ncl. gracilis** bzw. **cuneatus)** der Medulla oblongata erfolgt die synaptische **Umschaltung** auf das 2. sensible Neuron. Anschließend kreuzen die Fasern zur Gegenseite und ziehen als **Lemniscus medialis** zum Thalamus (Ncl. ventralis posterolateralis, **VPL**), wo die Umschaltung auf das 3. Neuron stattfindet.

## Vorderseitenstrangsystem

▶ **Synonym.** Anterolaterales System.

## Vorderseitenstrangsystem

▶ **Synonym**

### 1. Neuron

Dünne, schwach myelinisierte **Aδ-Fasern** sowie die nicht myelinisierten **C-Fasern** ziehen mit der anterolateralen Portion der Hinterwurzel ins Rückenmark. Sie treten hier entweder direkt oder erst nach Ausbildung von Verzweigungen einige Segmente weit nach kaudal oder kranial (Lissauer-Trakt) in das Hinterhorn ein, wo die synaptische Umschaltung erfolgt. Diese Fasern leiten Informationen von

- **modalitätsspezifischen Nozizeptoren** (hochschwellig mechanosensibel und thermosensibel; Aδ-Fasern)
- **polymodalen Nozizeptoren** (C-Fasern)
- nicht noxischen **Thermorezeptoren** (Kälte: Aδ-Fasern bzw. Wärme: C-Fasern)
- **viszerosensiblen** Endigungen (Aδ- und C-Fasern).

### 1. Neuron

- **nozizeptive** Afferenzen:
  - **modalitätsspezifisch (Aδ)** (hochschwellig mechanorezeptiv und thermosensibel)
  - **polymodal (C)**
- **thermorezeptive** Afferenzen (nicht-noxisch).
- **viszerosensible C-Fasern.** Diese ziehen durch die Hinterwurzel zum Hinterhorn des Rückenmarks, wo eine synaptische Umschaltung erfolgt.

### Synaptische Verschaltung im Hinterhorn

**Lokalisation der Synapsen:** Die synaptische Umschaltung auf die Projektionsneurone, deren Axone das Vorderseitenstrangsystem bilden, erfolgt im Hinterhorn des Rückenmarks (Laminae I–VI nach Rexed). An diesen Synapsen spielen neben Glutamat als primärem Transmitter auch die Neuropeptide Substanz P und CGRP (s. S. 605) eine Rolle. Die Umschaltung auf Projektionsneurone kann entweder direkt **monosynaptisch** (nur in Lamina I) oder über **Interneurone** stattfinden und wird z. T. von konvergierenden Eingängen moduliert.

**Die synaptischen Endigungen der Aδ- und C-Faser-Afferenzen** liegen vornehmlich in den beiden äußersten Schichten des Hinterhorns (Lamina I und II). Vor allem C-Fasern finden monosynaptisch Anschluss an Neurone der Zona marginalis **(Lamina I)**. In der Substantia gelatinosa **(Lamina II)** werden C-Fasern zunächst auf exzitatorische Interneurone umgeschaltet, die ihrerseits dann Projektionsneurone in Lamina I und in tiefer gelegenen Schichten **(Lamina V)** kontaktieren.

**Projektionsneurone:** Der Vorderseitenstrang wird vornehmlich von zwei Neuronenpopulationen gebildet: Sie liegen einerseits in **Lamina I**, andererseits in **Lamina V** des Hinterhorns.

### Synaptische Verschaltung im Hinterhorn

**Lokalisation der Synapsen:** Die Umschaltung auf das 2. Neuron erfolgt im Hinterhorn des Rückenmarks (Laminae I–VI). Sie kann entweder direkt **monosynaptisch** (nur in Lamina I) oder über **Interneurone** stattfinden.

**Aδ- und C-Faser-Afferenzen** enden vornehmlich in den beiden äußersten Schichten des Hinterhorns **(Lamina I** und **II)**. In Lamina I werden sie direkt auf Projektionsneurone, in Lamina II auf Interneurone umgeschaltet.

**Projektionsneurone:** Zwei Populationen von Projektionsneuronen werden unterschieden:

- **Lamina I-Neurone:** Zellen reagieren **modalitätsspezifisch** auf noxische (nozizeptiv spezifisch) oder nichtnoxische Reize (Kälte, Wärme, Histamin, sog. **Itch-Neurone**) oder langsame Hautbewegungen (sog. **Sensual-touch-Neurone**).
- **Lamina-V-Neurone:** sind **nicht modalitätsspezifisch** wegen **Konvergenz** nozizeptiver und nicht nozizeptiver von Aδ-, C- und Aβ-Fasern auf sog. **WDR-Neurone** (WDR = Wide Dynamic Range).

- **Lamina-I-Neurone** sind heterogen: Es finden sich Zellen, die **modalitätsspezifisch** auf noxische Reize und solche, die auf nichtnoxische Reize wie Kälte oder Wärme, Histamin (sog. **Itch-Neurone**) oder auf langsam streichende Bewegungen auf der Haut reagieren (sog. **Sensual-touch-Neurone**). Wichtig ist vor allem, dass Projektionsneurone, die ausschließlich auf noxische Reize reagieren (sog. nozizeptiv-spezifische Neurone) weit überwiegend in Lamina I lokalisiert sind.
- **Lamina-V-Neurone** sind dagegen **nicht modalitätsspezifisch**. Auf sie konvergieren v. a. über Interneurone sowohl Aδ- und C-, als auch Aβ-Fasern von niederschwelligen Mechanosensoren der Haut. Demgemäß werden diese Neurone sowohl durch nichtnoxische wie noxische thermische und mechanische Stimuli aktiviert und kodieren daher über einen breiten Intensitätsbereich. Sie werden als **Wide-Dynamic-Range-(WDR-)Neurone** oder **Multirezeptive (MR-)Neurone** bezeichnet. Ihre kutanen rezeptiven Felder umfassen große Teile der Extremität oder Rumpfoberfläche.

Auch in noch tieferen Schichten (Lamina VII, VIII und X) gibt es weitere Projektionsneurone des Vorderseitenstrangs.

**Einfluss konvergierender Eingänge:** Sie ermöglichen die örtliche Zuordnung des Schmerzes sowie die Unterscheidung verschiedener schmerzhafter Reize.

**Einfluss konvergierender Eingänge:** Die Konvergenz von Aβ-, Aδ- und C-Fasern auf WDR-Neurone legt nahe, dass die Afferenzen von niederschwelligen, spezifischen Mechanosensoren, aber auch von Aδ-Rezeptoren für nichtnoxische Kälte schon auf spinaler Ebene in die nozizeptive Verarbeitung mit einbezogen werden. Sie sollen die örtliche Zuordnung des Schmerzes sowie die Unterscheidung verschiedener schmerzhafter Reize ermöglichen.

Diese Vermutung lässt sich experimentell erhärten, wenn die schnell leitenden Mechanoafferenzen des Unterarms selektiv ausgeschaltet werden. Bei **temporärer Ischämie** (durch Verschluss der A. brachialis durch eine Druckmanschette am Oberarm) ist die Mechanosensibilität ausgeschaltet, die Schmerzempfindung jedoch erhalten und sogar gesteigert. Ein Nadelstich, ein Kniff und örtliche Kälteapplikation produzieren jetzt den gleichen brennenden Schmerz, ohne dass der Proband die Stimuli unterscheiden kann. Dies wird durch einen selektiven Ausfall der größeren, metabolisch „anspruchsvolleren“ Aβ-Fasern bei erhaltener Funktion der C-Fasern erklärt, wodurch die mechanosensible Information zur Diskriminierung nozizeptiver Reize fehlt.

**Gate-Control-Theorie:** Hemmung der Schmerzweiterleitung im Hinterhorn durch Aktivierung von Aβ-Fasern.

Die Steigerung der Schmerzempfindlichkeit passt zu der weiteren Vorstellung, dass niederschwellig mechanosensible Afferenzen (Aβ) über inhibitorische Interneurone hemmend auf die zentrale Weiterleitung nozizeptiver Information einwirken können **(Gate-Control-Theorie)**. Auch das als schmerzerleichternd empfundene, reflexartige Schütteln der Hand bei Verbrennung oder das Reiben eines gestoßenen Körperteils könnte man in die Richtung deuten, dass Aktivität in spezifischen Mechanoafferenzen die Schmerzwahrnehmung unterdrückt. Ähnlich wird auch beim Juckreiz die Weiterleitung der C-Faser-vermittelten Missempfindung durch Aktivierung spezifischer Mechanosensoren (Reiben, Kratzen) unterdrückt.

► Klinik.

► Klinik. Man nutzt diesen Effekt darüber hinaus zur Schmerztherapie durch **transkutane elektrische Nervenstimulation (TENS)**, bei der mit kleinen Reizströmen niederschwellige Hautafferenzen des betroffenen Dermatoms stimuliert werden.

**Übertragener Schmerz:** Er tritt als Oberflächen- oder Tiefenschmerz in den Segmenten auf, die auch die viszeral nozizeptiven Afferenzen aus dem jeweiligen Organ empfangen. Die Zonen des übertragenen Schmerzes (sog. **Head'sche Zonen**) sind bei Erkrankung mancher Organe sehr charakteristisch (Abb. **17.16**).

**Übertragener Schmerz:** Lamina-I-Neurone, die auf viszerale Afferenzen reagieren, erhalten in der Regel konvergente Eingänge von C- und Aδ-Fasern aus der Haut oder tieferen somatisch innervierten Geweben (z. B. Muskeln, Faszien). Solche Konvergenz viszeraler und somatisch nozizeptiver Fasern auf das gleiche nozizeptive Projektionsneuron kann das klinisch wichtige Phänomen des **übertragenen Schmerzes** erklären, das man häufig bei Erkrankungen innerer Organe beobachtet. Der übertragene Schmerz tritt demgemäß im somatosensiblen Hautinnervationsgebiet oder auch als Tiefenschmerz in denjenigen Segmenten auf, die auch die viszeral nozizeptiven Afferenzen aus dem jeweiligen Organ empfangen. Die Zonen des übertragenen Schmerzes (sog. **Head'sche Zonen**) sind daher bei Erkrankung mancher Organe sehr charakteristisch. Klassisch ist der Schmerz im linken Schulter-Arm-Bereich bei Myokardinfarkt (Abb. **17.16**).

**Intraspinale Projektionen: Lamina-I-Neurone** projizieren auf spinaler Ebene auf propriospinale Neurone der Somatomotorik

**Intraspinale Projektionen:** Insbesondere **Lamina-I-Neurone** tragen nicht nur zum aufsteigenden Vorderseitenstrangsystem bei, sondern projizieren auf spinaler Ebene

17.16 **Head'sche Zonen**

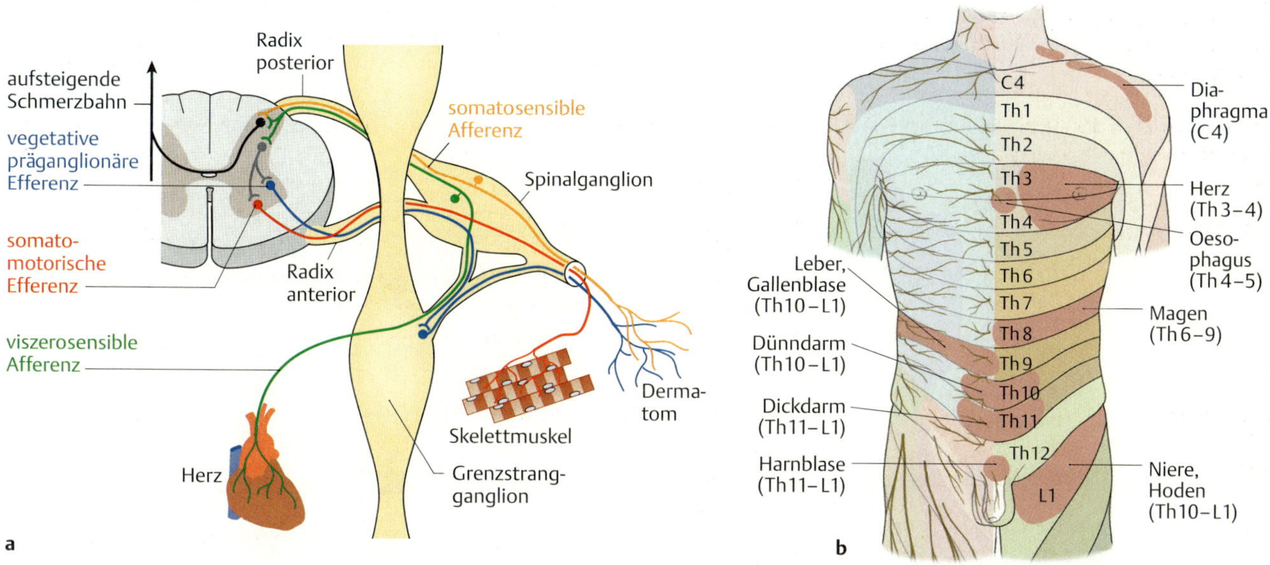


**a Spinale Verschaltung viszerosensibler und somatisch nozizeptiver Afferenzen:** Durch Konvergenz auf gemeinsame Zielneurone in Lamina I kommt es zum Phänomen des **übertragenen Schmerzes**. Ebenfalls gezeigt ist die polysynaptische Umschaltung der viszerosensiblen Afferenz (grün) auf vegetative (blau) und somatoefferente Neurone (rot, Motoneurone), die für vegetative und viszerosomatische Reflexe (Schonhaltungen) verantwortlich sein können.
**b Head'sche Zonen:** Aufgrund der gemeinsamen segmentalen Innervation tritt übertragener Schmerz bei Affektion innerer Organe typischerweise in bestimmten Segmenten auf.

auf propriospinale Neurone der Somatomotorik (s. S. 727) und thorakolumbale präganglionäre Neurone des Sympathikus. Dadurch gewinnen nozizeptive, viszerosensible und thermosensible Afferenzen Einfluss auf somatische und vegetative Efferenzen. Gut bekannt sind durch nozizeptive Afferenzen ausgelöste somatomotorische Reflexe (z. B. Flexorreflex als Schutzreflex, gekreuzter Streckreflex [s. S. 732], aber auch die klinisch häufig problematischen Schonhaltungen).

**Deszendierende Schmerzkontrolle:** Es ist seit Langem bekannt, dass elektrische Stimulation im zentralen Höhlengrau **(periaquäduktale graue Substanz, PAG)** des Mittelhirns eine vorübergehende Analgesie, also Schmerzunempfindlichkeit, auslöst. Die Fasern der PAG-Neurone projizieren erregend zum **Ncl. raphe magnus** der Medulla oblongata, dessen serotoninerge Axone, ebenso wie Fasern aus noradrenergen Kerngebieten (Locus coeruleus, Ncl. tegmentalis lateralis), in das **Hinterhorn** des Rückenmarks deszendieren (Abb. **17.17 a**). **Hemmende Interneurone** des Hinterhorns werden durch diese monoaminergen Projektionen aktiviert. Sie setzen zusätzlich zu ihrem schnellen Transmitter **GABA** auch endogene opioiderge Peptide (insbesondere **Enkephaline**, s. S. 44) frei. Opioide (sowohl exogen applizierte Morphine wie auch Enkephaline) hemmen die glutamaterge Erregungsübertragung von **Nozizeptoren** (Aδ- und C-Fasern) auf ihre Zielneurone in Lamina I und II.
**Opioidrezeptoren** (Typ μ, δ und κ, G-Protein-gekoppelte, metabotrope Rezeptoren) werden sowohl auf den präsynaptischen Endigungen der Afferenzen als auch auf den somatodendritischen Membranen der Zielzellen gefunden (Abb. **17.17 b**). Ihre Aktivierung (physiologisch durch synaptisch freigesetzte Enkephaline, therapeutisch z. B. durch Morphin) führt zu einer Hemmung der synaptischen Exozytose von Glutamat durch verminderten **präsynaptischen** $Ca^{2+}$-Einstrom sowie **postsynaptisch** zu einer Hyperpolarisation durch Aktivierung einer $K^+$-Leitfähigkeit ($K_{ir}$; s. Tab. **2.2**, S. 30).

und thorakolumbale präganglionäre Neurone des Sympathikus. Hierdurch erlangen nozizeptive, viszerosensible und thermosensible Afferenzen Einfluss auf somatische und vegetative Efferenzen.

**Deszendierende Schmerzkontrolle:** Von der **periaquäduktalen grauen Substanz (PAG)** des Mittelhirns projizieren Fasern zum **Ncl. raphe magnus**. Von hier steigen dessen Axone (Serotonin) zusammen mit Fasern aus dem Locus coeruleus (Noradrenalin) zum **Hinterhorn** des Rückenmarks ab, wo **hemmende Interneurone** aktiviert werden (Abb. **17.17 a**).
Transmitter sind **GABA** und opioiderge Peptide (v. a. **Enkephaline**). Endogene Opioide hemmen die Erregungsübertragung von **Nozizeptoren** in Lamina I und II (**prä-** und **postsynaptische** Hemmung, Abb. **17.17 b**).

**17.17 Deszendierende Schmerzkontrolle**

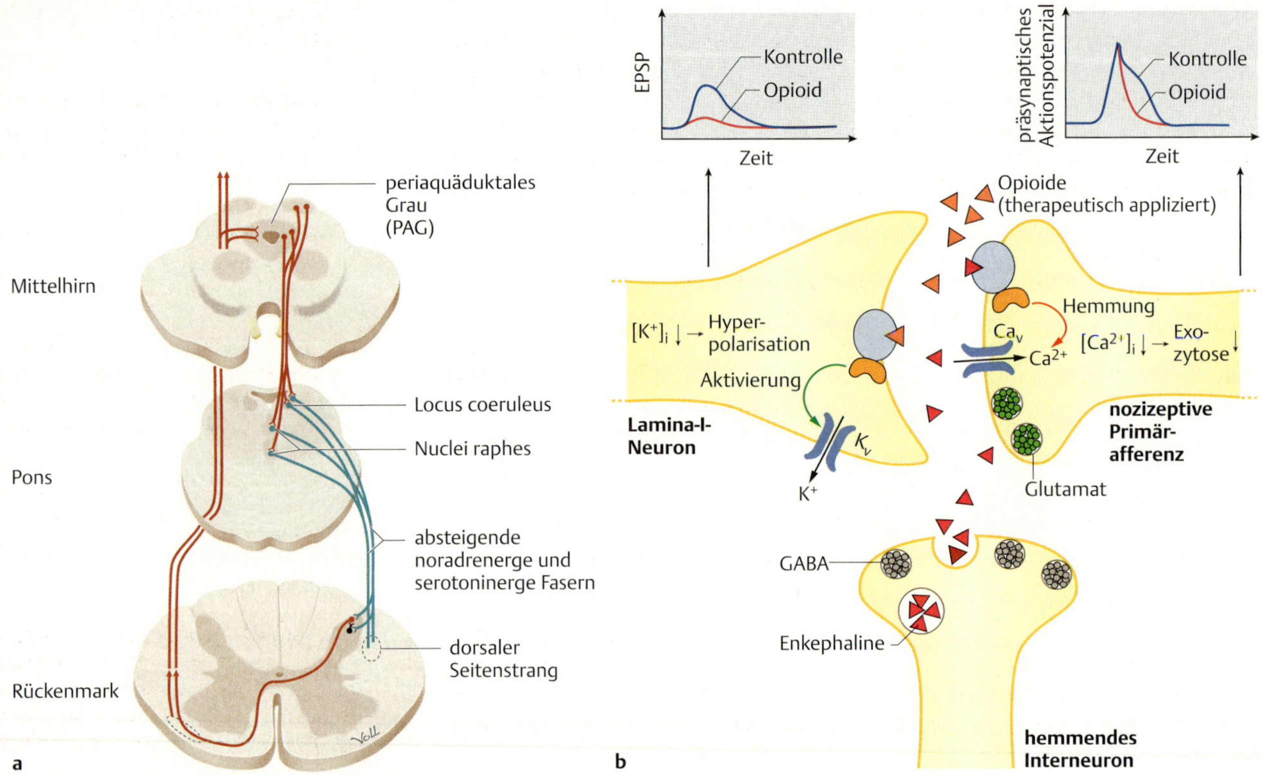


**a** Ncll. raphes und Locus coeruleus projizieren serotoninerg bzw. noradrenerg in das spinale Hinterhorn. Beide Projektionen aktivieren dort hemmende Interneurone. Die raphespinale Projektion wird dabei durch absteigende Fasern aus dem mesenzephalen periaquäduktalen Grau (PAG) aktiviert, das einen besonderen nozizeptiven Eingang erhält (spinomesenzephaler Trakt).
**b** GABAerge hemmende Interneurone des Hinterhorns setzen Enkephaline frei. Diese, ebenso wie therapeutisch applizierte Opioide (Morphin), hemmen die synaptische Übertragung zwischen nozizeptiver Primärafferenz und Lamina-I-Neuron. Präsynaptisch hemmen G-Protein-gekoppelte Opioidrezeptoren die spannungsabhängigen $Ca^{2+}$-Kanäle, postsynaptisch aktivieren sie einen $K^+$-Kanal.

Weil das periaquäduktale Grau des Mittelhirns Ziel einer bedeutenden spinomesenzephalen Projektion nozizeptiver Neurone aus dem Hinterhorn ist (Abb. **17.17a**, s. a. S. 579), ergibt sich eine negative Rückkopplungsschleife, die geeignet ist, die Schmerzwahrnehmung zu dämpfen.

**Synaptische Plastizität:** Bei starken, anhaltenden Schmerzen kann die Stärke der glutamatergen synaptischen Verbindungen zwischen C-Fasern und nozizeptiven Neuronen des Hinterhorns zunehmen **(Wind-up)**.

**Synaptische Plastizität:** Die Verarbeitung nozizeptiver Signale im Hinterhorn des Rückenmarks unterliegt plastischen Veränderungen. Besonders wichtig ist die Tatsache, dass bei starken, anhaltenden Schmerzen die Stärke der glutamatergen synaptischen Verbindungen zwischen C-Fasern und nozizeptiven Neuronen des Hinterhorns zunehmen kann. Dieses als **Wind-up** bezeichnete Phänomen ähnelt der LTP (Langzeitpotenzierung, s. S. 785) an bestimmten kortikalen Synapsen und hängt wie sie von der Aktivierung postsynaptischer NMDA-Rezeptoren durch vorangehende Depolarisation über Glutamatrezeptoren vom AMPA-Typ ab. Das Resultat ist eine **zentrale Sensibilisierung**, die ebenfalls mit Hyperalgesie und Allodynie einhergeht.

► Klinik.

► **Klinik.** Um die Bildung dieses **„Schmerzgedächtnisses“** zu vermeiden, kommen z. B. bei Amputationen von Extremitäten zusätzlich zur Allgemeinnarkose auch Lokalanästhetika zur Nervenblockade oder eine Spinalanästhesie zum Einsatz. Andernfalls besteht das Risiko, dass die intensive nozizeptive Aktivität, die durch Allgemeinnarkose nicht blockiert wird, im Hinterhorn eine zentrale Sensibilisierung bewirkt.

### Fasern der spinalen Projektionsneurone als Bahnen des aufsteigenden Vorderseitenstrangsystems

**Einteilung und Verlauf:** Das aufsteigende Vorderseitenstrang- oder anterolaterale System ist heterogener als das Hinterstrangsystem. Es geht von verschiedenen Projektionsneuronen aus und hat Zielgebiete auf verschiedenen Ebenen des ZNS.

- Der besonders für die bewusste Wahrnehmung von Schmerz, Temperatur und viszeralen Reizen wichtige **spinothalamische Trakt** (Tractus spinothalamicus) wird von den Axonen der Projektionsneurone der **Lamina I** sowie der **WDR-Neurone** (in der **Lamina V**) jeweils nach Kreuzung auf die Gegenseite **(kontralateral)** gebildet. Dabei verlaufen die Axone der **Lamina-I-Neurone**, die 50% der gesamten spinothalamischen Projektion ausmachen, im Funiculus lateralis als **Tractus spinothalamicus lateralis**, während die der **Lamina-V-Neurone** im Funiculus ventralis als **Tractus spinothalamicus ventralis** verlaufen.
- Neurone aus den Laminae VII und VIII bilden den **spinoretikulothalamischen Trakt**. Er steigt zum Teil ungekreuzt im Vorderseitenstrang auf und erreicht die Formatio reticularis der rostralen Medulla oblongata und des Pons. Über polysynaptisch aufsteigende Verschaltungen innerhalb der Formatio reticularis endet diese Projektion schließlich an den intralaminären Kernen des Thalamus (v.a. Ncl. centralis lateralis).

Weitere Fasern insbesondere nozizeptiver Projektionsneurone aus Lamina I und V ziehen z.T. ungekreuzt als **spinomesenzephaler Trakt** in das periaquäduktale Grau (PAG) des Mesenzephalons.

**Funktionelle Bedeutung:** Die **spinoretikulothalamische Bahn** trägt zu einem unspezifischen Projektionssystem bei, das über die Aktivierung des aszendierenden retikulären Aufmerksamkeitssystems (ARAS, s.S. 771) Wachheit und Aufmerksamkeit steuert. Die **spinomesenzephale Bahn** ist wichtig für die deszendierende Schmerzkontrolle (s.S. 613) und vermittelt über weitere Verbindungen zum Hypothalamus vegetative Reaktionen. Darüber hinaus gewinnen manche dieser Fasern über die Ncll. parabrachiales Anschluss an die Amygdala, eine Verbindung, die für die affektive (Angst-)Dimension des Schmerzes wichtig sein könnte (s.S. 788). Der **spinothalamische Trakt** hingegen liefert über den ventroposterioren Komplex des Thalamus Informationen über noxische, thermische und grobe taktile Reize, die Lokalisation und Diskrimination ermöglichen, zu kortikalen Arealen. Auch viszerosensible Afferenzen finden über diesen Trakt Zugang zu kortikaler Verarbeitung und bewusster Wahrnehmung (s.u.).

**▶ Klinik.** Klinisch wichtig ist die **somatotopische Anordnung** der aszendierenden anterolateralen Fasern. Aufgrund der überwiegenden Kreuzung der Axone auf Rückenmarksebene findet sich im Vorderseitenstrang die umgekehrte somatotopische Ordnung wie im Hinterstrang: Fasern aus höheren Segmenten befinden sich medial, die aus kaudalen Segmenten lateral.

## Trigeminales System

Die somatosensiblen Afferenzen aus dem Gesichtsbereich, deren Zellkörper im Ganglion trigeminale (Gasseri) liegen, verlaufen im N. trigeminus (V. Hirnnerv) und treten im Pons in den Hirnstamm ein. Dort erreichen sie verschiedene **Trigeminuskerne:**

- Mechanosensible Fasern (Aβ) enden im **Ncl. principalis nervi trigemini**, der den Hinterstrangkernen entspricht. Nach dortiger Umschaltung kreuzen die Axone der 2. Neurone im Lemniscus trigeminalis und ziehen zum Ncl. ventralis posteromedialis **(VPM)** des Thalamus.
- Aδ- und C-Fasern deszendieren in den **Ncl. spinalis nervi trigemini**, der nach unten kontinuierlich in das Hinterhorn des zervikalen Rückenmarks übergeht und analog aufgebaut ist. Von hier ziehen Axone der jeweiligen Projektionsneurone ebenfalls zum **VPM** und zum **posterioren Thalamuskern**.

---

**Fasern der spinalen Projektionsneurone als Bahnen des aufsteigenden Vorderseitenstrangsystems**

**Einteilung und Verlauf:** Dieses System besteht aus mind. drei Bahnen:

- **spinothalamischer Trakt** (Tractus spinothalamicus): Axone der **Lamina-I-Neurone** sowie der **WDR-Neurone** (in der Lamina V) **kreuzen** im Rückenmark und laufen im Vorderseitenstrang zum **Thalamus**.
  - **Lamina-I-Axone:** Tractus spinothalamicus lateralis
  - **Lamina-V-Axone:** Tractus spinothalamicus ventralis
- **spinoretikulothalamischer Trakt:** Neurone aus den Laminae VII und VIII ziehen (z.T. auch ungekreuzt) zur Formatio reticularis und zu den intralaminären Thalamuskernen.

**spinomesenzephaler Trakt:** Fasern aus den Laminae I und V ziehen z.T. ungekreuzt in das periaquäduktale Grau (PAG).

**Funktionelle Bedeutung der spinoretikulothalamischen und spinomesenzephalen Bahn:** Steuerung von Wachheit und Aufmerksamkeit, vegetative Reaktionen (über Hypothalamus), affektive Komponente (über Amygdala).

Der **spinothalamische Trakt** liefert über spezifische Thalamuskerne Informationen über Schmerz, Temperatur und grobe Berührung, die Lokalisation und Diskrimination ermöglichen.

**▶ Klinik.**

**Trigeminales System**

Die somatosensiblen Afferenzen aus dem Gesichtsbereich laufen im N. trigeminus zum Hirnstamm und erreichen dort verschiedene **Trigeminuskerne:**

- Mechanosensible Fasern (Aβ) enden im **Ncl. principalis nervi trigemini**.
- Aδ- und C-Fasern ziehen zum **Ncl. spinalis nervi trigemini**.

Nach Umschaltung in den Kernen ziehen die Fasern zum Thalamus.

► Klinik.

► Klinik. Der deszendierende Trakt der trigeminalen protopathischen Fasern sowie der spinale Trigeminuskern liegen im Versorgungsgebiet der **A. cerebelli posterior inferior**. Bei einem **Verschluss** dieses Gefäßes kommt es daher zu einem Verlust von Schmerz- und Temperaturempfindung, nicht aber des Berührungssinnes in der ipsilateralen Gesichtshälfte. Dieser Trakt kann wegen seiner oberflächlichen Lage (Tuber cinereum) bei hartnäckigen Trigeminusneuralgien oder Tumorschmerzen chirurgisch durchtrennt werden (sog. Sjöqvist-Traktotomie).

Im Trigeminussystem findet sich folgende Besonderheit: Die pseudounipolaren Somata der propriozeptiven afferenten Fasern (Ia, Ib) der Kaumuskulatur liegen nicht im Ganglion trigeminale, sondern im **Ncl. mesencephalicus nervi trigemini**. Von dort aus erreichen die zentralen Fortsätze den motorischen Trigeminuskern.

17.3.2 Thalamokortikale somatoviszerosensible Systeme

Thalamus

**Termination und Umschaltung des Hinterstrangsystems** Die Fasern des Lemniscus medialis enden in den **Ncll. ventrales posterolateralis (VPL)** und **posteromedialis (VPM)** im **lateralen Thalamus**. Dort besteht eine somatotopische Anordnung sowie ein submodalitätenspezifisches Antwortverhalten. Die somatoviszerosensiblen Informationen werden von hier aus an den **Gyrus postcentralis** (primärer somatosensibler Kortex, S1) weitergeleitet.

## 17.3.2 Thalamokortikale somatoviszerosensible Systeme

### Thalamus

**Termination und Umschaltung des Hinterstrangsystems:** Die Fasern des Tastsinns und der Propriozeption aus dem Lemniscus medialis enden in den **Ncll. ventrales posterolateralis (VPL, spinale Afferenzen) und posteromedialis (VPM, trigeminale Afferenzen).** Diese Kerne im **ventroposterioren Komplex** sind die wichtigsten thalamischen Relaisstationen zum somatosensiblen Kortex und gehören zu den **spezifischen** Thalamuskernen des **lateralen Thalamus**. Die Zielneurone des Hinterstrangsystems können über eine starke Immunreaktivität für das $Ca^{2+}$-bindende Protein Parvalbumin identifiziert werden.
Die Afferenzen sind somatotopisch angeordnet, wobei die segmentale Innervation in ein schalenförmiges Muster umgewandelt ist und dicht innervierte Gebiete (z. B. Fingerbeere) größer repräsentiert sind als spärlich innervierte (z. B. Rückenhaut). Die hier liegenden Neurone besitzen relativ kleine rezeptive Felder und entladen bei kutaner Stimulation selektiv entweder auf Aktivierung von SA-I-, RA- oder Pacini'schen Afferenzen, oder auch von Tastscheiben, Schmerz- oder Temperatursensoren. Die Zellen zeigen also ein submodalitätsspezifisches Antwortverhalten, das dem der primär afferenten Fasern sehr ähnlich ist. Neurone in VPL und VPM empfangen die epikritische, sensorisch-diskriminative (lemniskale) Komponente der somatoviszeralen Sensibilität als getreue Kopie des peripheren Eingangs. Diese leiten sie an den **Gyrus postcentralis** des Neokortex (primär somatosensibler Kortex, S1) weiter.

**Termination und Umschaltung der spinothalamischen Fasern:**

- **Lamina-I-Neurone** terminieren verstreut im **VPL** und **CPI** sowie im **Ncl. ventralis posterior inferior (VPI)** wie auch in der **Pars posterior des Ncl. ventromedialis (VMpo).**
- **Lamina-V-Neurone** terminieren lateral in **VPL, VPM und VPI** sowie medial im **Ncl. centrolateralis**.

**Termination und Umschaltung der spinothalamischen Fasern:** Auch hinsichtlich der Terminationen ist das spinothalamische System sehr viel heterogener als das Hinterstrangsystem. Die Zielneurone der spinothalamischen Fasern liegen in verschiedenen Kerngebieten des Thalamus. Es handelt sich um kleine Zellen, die das $Ca^{2+}$-bindende Protein Calbindin exprimieren.

- **Lamina-I-Neurone** terminieren einerseits verstreut im **VPL** und **CPI** sowie im **Ncl. ventralis posterior inferior (VPI),** andererseits mit einer besonders intensiven, somatotopisch geordneten Projektion in der **Pars posterior des Ncl. ventromedialis (VMpo),** einem kleinen Kerngebiet posterior des VPM und des VPI. Neben diesen Projektionen zum lateralen Thalamus gibt es noch ein medial gelegenes Terminationsgebiet im **ventrokaudalen Teil des Ncl. mediodorsalis (MDvc).**
- **Lamina-V-Neurone** terminieren lateral in **VPL, VPM und VPI** sowie medial im **Ncl. centrolateralis**, einem unspezifischen intralaminären Kern.
  VPL und VPM projizieren zum primären (S1), VPI zum sekundären somatosensiblen Kortex (S2). VMpo, der über Ncl. tractus solitarii und Ncl. parabrachialis auch allgemein viszerale Afferenzen aus den Hirnnerven empfängt, projiziert zum dorsalen Anteil des Inselkortex, MDvc zum anterioren Gyrus cinguli.

Die Neurone aus Lamina I und V scheinen also auf Kerngebiete zum somatosensorischen Kortex zu konvergieren, während die Neurone aus Lamina I über VMpo und MDvc eine selektive, zusätzliche Verbindung zu Insel und Cingulum unterhalten. Dies ist insofern wichtig, als es die Projektion aus Lamina I ist, die neben thermosensiblen, viszerosensiblen und Sensual-touch-Hautafferenzen die Axone der spezifisch-nozizeptiven Neurone des Hinterhorns enthält.

Insbesondere die Definition des VMpo als selbständiger sensibler Thalamuskern, dessen spinothalamische Zuflüsse ausschließlich aus der Lamina I stammen, war lange umstritten, wird aber inzwischen von den meisten Autoren anerkannt. Durch die getrennte Umschaltung dieser Afferenzen einerseits zum Inselkortex und andererseits zum anterioren Cingulum scheint die Schmerz- und Temperaturwahrnehmung aus dem Kontext des Tastsinnes und der Propriozeption herausgelöst und in den engeren Zusammenhang mit homöostatischen viszeralen Afferenzen (s. S. 590) gerückt zu sein.

Die thermo- und nozizeptiven Afferenzen des spinothalamischen Trakts sind damit Teil eines homöostatisch-afferenten, **interozeptiven Systems** mit eigenem Thalamuskern und eigener kortikaler Repräsentation. A.D. Craig, einer der Entdecker des VMpo, bezeichnet daher den **Schmerz** nicht mehr als Wahrnehmung sondern als **„homöostatische Emotion"**.

Die thermo- und nozizeptiven Afferenzen des spinothalamischen Trakts können als Teil eines homöostatisch-afferenten, **interozeptiven Systems** mit eigenem Thalamuskern und eigener kortikaler Repräsentation aufgefasst werden.

**Unspezifische Thalamuskerne:** Die Neurone der unspezifischen **intralaminären Kerne**, die Afferenzen aus den (paläo)spinothalamischen-spinoretikulären aszendierenden Systemen erhalten, haben große rezeptive Felder (oft eine ganze Extremität) und zeigen wenig somatotopische Ordnung. Sie projizieren zu assoziativen Kortexarealen. Diese Verbindungen bilden mit der Projektion vom MDvc zum Cingulum das **mediale thalamokortikale System**. Ihm werden keine Funktionen für die sensorisch-diskriminative Wahrnehmung, sondern eine Zuständigkeit für affektive Komponenten der Nozizeption, aber auch der Thermo- und Viszerosensibilität zugeschrieben.

**Unspezifische Thalamuskerne:** Hier enden die Afferenzen aus dem spinoretikulothalamischen System. Die Kerne projizieren zu assoziativen Kortexarealen und sind Teil des **medialen thalamokortikalen Systems**.

**► Merke.** Kerne des **ventrobasalen Kernkomplexes im lateralen Thalamus** sind zentrale Umschaltstation für somatosensible Afferenzen vor Erreichen des somatosensiblen Kortex im Gyrus postcentralis, wo die Modalitäten des Tastsinns repräsentiert sind. Im ventrobasalen Komplex sind auch spezialisierte Relaiszellen für die thalamokortikale Weiterleitung nozizeptiver, thermosensibler und viszerosensibler Information aus der Lamina I zum Inselkortex enthalten (VMpo).

Dieser stärker **kognitiven** Komponente der Nozizeption und Thermosensibilität steht die stärker affektiv betonte **emotional-motivationelle** Komponente gegenüber, für die ein spezifisches Kerngebiet im **medialen Thalamus** (MDvc) mit Verbindungen zum anterioren **Gyrus cinguli** sowie die unspezifischen Thalamuskerne eine Rolle spielen.

**► Merke.**

**Zentrales Schmerzsyndrom:** Im Gefolge zerebraler Infarkte kann es mit z. T. langer Verzögerung zu einem sog. zentralen Schmerzsyndrom kommen (ca. 5% der Schlaganfallpatienten). Kennzeichnend sind brennende, z. T. unerträgliche, konstante oder intermittierende Schmerzen auf der Körper- oder Gesichtshälfte kontralateral zur Läsion. Sie treten ohne jede nozizeptive Reizung auf, werden oft durch Berührung verstärkt und sind mit weiteren sensiblen Fehlfunktionen, insbesondere der Thermorezeption (z. B. Allodynie auf nicht noxische thermische Reize) assoziiert.

Dieses nach den Erstbeschreibern benannte **Déjérine-Roussy-Syndrom** ist eine Form des sog. zentralen Schmerzes, der bei ischämischen Läsionen im Verlaufe des Tractus spinothalamicus oder im Thalamus selbst auftritt. Die klassische Hypothese zur Pathophysiologie nimmt an, dass eine hemmende Interaktion zwischen diskriminativer (lateraler) und emotioneller (medialer) Komponente der Schmerzwahrnehmung gestört ist. Ein neueres Erklärungsmodell postuliert einen Ausfall eines zentral hemmenden Einflusses von nicht nozizeptiven Kaltafferenzen ($A\delta$) auf nozizeptive Thermoafferenzen. In der Tat verursachen auch beim Gesunden normalerweise nicht schmerzhafte thermische Stimuli brennenden Schmerz, wenn die Aktivierung von $A\delta$-Kaltfasern verhindert wird **(Thunberg'sche Illusion)**.

**Zentrales Schmerzsyndrom:** Hierzu kann es (z. T. verzögert) im Gefolge zerebraler Infarkte kommen. Kennzeichnend sind z. T. unerträgliche, konstante oder intermittierende Schmerzen auf der Körper- oder Gesichtshälfte kontralateral zur Läsion. Die Schmerzen treten ohne nozizeptive Reizung auf und sind mit weiteren sensiblen Fehlfunktionen assoziiert **(Déjérine-Roussy-Syndrom)**.

**Vigilanzabhängige Relaisfunktion:** Die Übertragung der Information in den spezifischen Thalamuskernen ist vom Funktionszustand der Relaiszellen abhängig, der von verschiedenen Faktoren beeinflusst wird, wie z. B. Aktivierung des ARAS (Vigilanzsteuerung), und sich am Grad der Desynchronisation im EEG erkennen lässt (s. S. 766).

**Vigilanzabhängige Relaisfunktion:** Die Übertragung der Information in den spezifischen Thalamuskernen ist vom Funktionszustand der Relaiszellen abhängig (s. S. 766).

**Laterale Hemmung im Thalamus:** Hemmende Rückkopplungsverschaltungen im Bereich der spezifischen Kerne sind für die laterale Hemmung im Sinne einer Kontrastverschärfung verantwortlich und spielen eine entscheidende Rolle bei der Entstehung der thalamisch generierten Rhythmen im EEG (s. S. 766).

**Laterale Hemmung im Thalamus:** Die Axone der thalamokortikalen Relaiszellen der spezifischen Kerne bilden Kollateralen zum Ncl. reticularis thalami, dessen GABAerge Neurone in den VPM auf Relaiszellen mit benachbarten rezeptiven Feldern zurückprojizieren. Diese hemmende Rückkopplungsverschaltung ist für die laterale Hemmung im Sinne einer Kontrastverschärfung (Umfeldhemmung) verantwortlich und spielt außerdem eine entscheidende Rolle bei der Entstehung der thalamisch generierten Rhythmen im EEG (s. S. 766).

### Kortex

Um eine zusammenhängende Wahrnehmung (ein sog. Perzept) zu erreichen, muss im Kortex eine **zentrale Rekombination** oder Zusammenfassung (**Integration**) durch **Konvergenz** somatosensorischer Modalitäten erfolgen.

In der Peripherie funktionieren die somatosensorischen Systeme, insbesondere des Tastsinns, gewissermaßen analytisch. Aufgrund besonderer Sensoren, die für unterschiedliche Reize empfindlich sind, werden die verschiedenen Modalitäten und Submodalitäten des Sinneserlebnisses voneinander getrennt. Diese Trennung, z. B. von propriozeptiven, thermorezeptiven und mechanosensiblen Afferenzen, bleibt auch bei den aufsteigenden Bahnen erhalten. Die Antwortcharakteristika der Neurone 2. und 3. Ordnung (Hinterstrangkerne und Thalamus) lassen sich immer noch sicher nach SA I, SA II, RA und PC klassifizieren wie die der primär afferenten Fasern. Eine **zentrale Rekombination** oder Zusammenfassung (**Integration**) durch eine **Konvergenz** dieser Modalitäten muss nun offensichtlich auf kortikaler Ebene erfolgen, um eine zusammenhängende Wahrnehmung (ein sog. Perzept) herzustellen.

#### Aufbau und Organisation

**Somatosensorische Kortexareale:**
- **primärer somatosensorischer Kortex (S1):** Er umfasst den **Gyrus postcentralis** mit den Brodmann-Arealen 1, 2, 3a und 3b (s. Abb. **17.19**, S. 620).
- **sekundärer somatosensorischer Kortex (S2):** Dieses Rindenfeld ist sehr viel kleiner und befindet sich am oberen Rand der Fissura lateralis (Sylvii) (s. Abb. **17.19**, S. 620).

#### Aufbau und Organisation

**Somatosensorische Kortexareale:**
- **primärer somatosensorischer Kortex (S1):** Er umfasst den **Gyrus postcentralis** mit den Brodmann-Arealen 1, 2, 3a und 3b (s. Abb. **17.19**, S. 620). Jedes dieser Areale erhält thalamokortikale Fasern aus dem ventrobasalen Kernkomplex des Thalamus, wobei die meisten thalamischen Relaiszellen nur eines dieser Areale ansteuern. Dies erklärt die unterschiedlichen Antwortcharakteristika der kortikalen Zielneurone auf periphere Reizung. So reagieren Neurone in den Areae 1 und 3b auf **Mechanoafferenzen** der Haut (RA und SA), Areae 3a und 2 auf **propriozeptive Afferenzen**.
- **sekundärer somatosensorischer Kortex (S2):** Dieses Rindenfeld ist sehr viel kleiner und befindet sich am oberen Rand der Fissura lateralis (Sylvii) (s. Abb. **17.19**, S. 620). Es erhält sowohl Eingänge von S1 (kortikokortikale Fasern) als auch direkte, z. T. bilaterale thalamokortikale Afferenzen. Auch die thalamokortikalen Fasern aus dem Ncl. ventralis post. inf. des Thalamus (VPI) mit den Informationen von WDR-Neuronen aus Lamina V enden hier.

S1 und S2 besitzen eine **ausgeprägte innere Körnerzellschicht** (IV), in der die Sternzellen liegen, an denen die spezifischen thalamokortikalen Afferenzen vornehmlich enden.

**Somatosensorischer Homunculus:** Die einzelnen Körperregionen sind **somatotopisch** im Gyrus postcentralis repräsentiert (Abb. **17.18**). Die Verzerrung der Proportionen ist Ausdruck unterschiedlicher Innervationsdichten.

Wie alle sensorischen Kortexareale besitzen S1 und S2 eine **ausgeprägte innere Körnerzellschicht** (Schicht IV). Hier liegen die Sternzellen (exzitatorische Interneurone), an denen die spezifischen thalamokortikalen Afferenzen vornehmlich enden.

**Somatosensorischer Homunculus:** Die **somatotopische** Repräsentation einzelner Körperregionen im Gyrus postcentralis ist durch neurophysiologische Stimulationsversuche gut bekannt (s. S. 755). Sakrale Segmente finden sich medial in der Mantelkante, lumbale und thorakale zentral, zervikale lateral und die trigeminal innervierten Segmente noch weiter lateral repräsentiert. Gesicht und Hände sind an der lateralen Hemisphäre durch viel größere Areale repräsentiert als z. B. die untere Extremität im Bereich medial der Mantelkante (Abb. **17.18**). Man spricht aufgrund der Verzerrung der Proportionen, die Ausdruck unterschiedlicher Innervationsdichten ist, von einem sensorischen Homunculus (vgl. motorischer Homunculus, Abb. **22.19**, S. 740).

**Kortikale rezeptive Felder:** Neurone des primären somatosensorischen Kortex unterscheiden sich ebenfalls hinsichtlich ihres räumlichen rezeptiven Feldes sowie ihres Adaptationsverhaltens und ihrer Modalitätsspezifität.

**Kortikale rezeptive Felder:** Ableitungen des Entladungsverhaltens kortikaler Neurone mithilfe von Mikroelektroden haben gezeigt, dass sich Neurone des primären somatosensorischen Kortex – genau wie periphere sensorische Fasern – hinsichtlich ihres räumlichen rezeptiven Feldes sowie ihres Adaptationsverhaltens und ihrer Modalitätsspezifität unterscheiden.

**17.18 Somatotope Repräsentation im primären somatosensorischen Kortex (somatosensorischer Homunculus)**

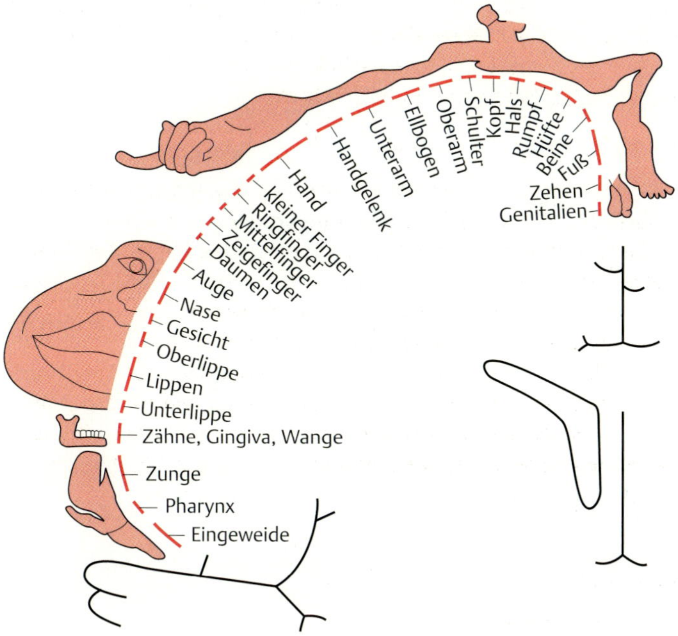


Die Körperteile sind in einer Größe dargestellt, die dem Anteil ihrer Repräsentation an der Kortexoberfläche entspricht. Wegen des starken Ungleichgewichts der Innervationsdichten, z. B. von Lippe und Hand gegenüber dem Rumpf, ergibt sich eine stark verzerrte neuronale Karte.

Die rezeptiven Felder der einzelnen kortikalen Neurone sind deutlich größer als die der Primärafferenzen und umfassen beispielsweise ganze Fingerspitzen oder mehrere benachbarte Finger. Ursache sind Divergenz und Konvergenz in den jeweiligen Umschaltstationen (z. B. Hirnstamm und Thalamus).
Typischerweise erstrecken sich kortikale rezeptive Felder auf Regionen der Haut, die insofern funktionell zusammenhängen, als sie bei motorischer Aktivität (Willkürbewegungen) simultan aktiviert werden. Darüber hinaus sind sie in ihrer Form und Ausdehnung nicht konstant, sondern können durch Erfahrung und Lernvorgänge sowie nach peripheren Läsionen modifiziert werden. Kennzeichnend für kortikale rezeptive Felder ist, ebenso wie auf thalamischer Ebene, eine graduelle Zunahme der Effizienz der Reizung von der Peripherie zum Zentrum des rezeptiven Feldes.

**Kolumnenorganisation:** Neurone des primären somatosensensorischen Kortex sind nach rezeptiven Feldern und nach Modalitäten in Kolumnen angeordnet (s. S. 760), in denen sich die thalamischen Eingänge in geordneter Weise jeweils spezifisch nach Sinnesort und Modalität getrennt auf schmale vertikale Säulen fokussieren.

**▶ Merke.** Alle Neurone innerhalb einer kortikalen Säule antworten auf Reizung einer Klasse peripherer Mechanosensoren aus dem gleichen Innervationsareal.

## Funktionen

**Primärer somatosensorischer Kortex (S1):** Die vier Areale werden von bestimmten Modalitäten dominiert, die z. T. konvergieren (Abb. **17.19**):

17.18

**Kolumnenorganisation**

▶ Merke.

**Funktionen**

**Primärer somatosensorischer Kortex (S1):** Die vier Areale werden von bestimmten Mo-

**17.19 Somatosensorische Areale der Großhirnrinde**

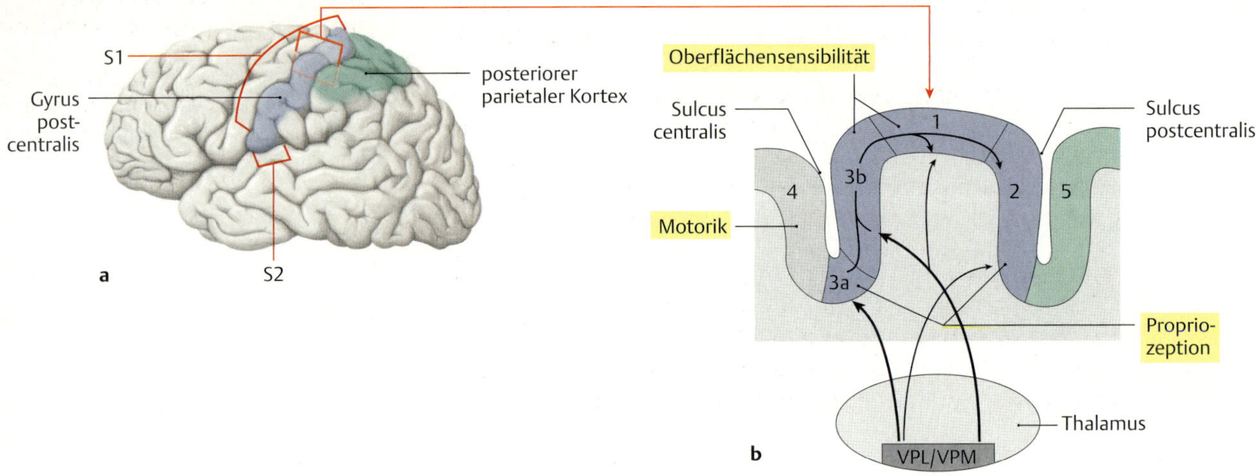


**a** Lage des primären und sekundären somatosensorischen Kortex sowie des posterioren parietalen Kortex.
**b** Querschnitt durch den Gyrus postcentralis und benachbarte Rindengebiete (die angegebenen Zahlen entsprechen den Brodman-Arealen) mit ihren modalitätsspezifischen Eingängen.

dalitäten dominiert, die z. T. konvergieren (Abb. **17.19**):

- **Area 3 a:** Propriozeption
- **Area 3 b:** Mechanoafferenzen der Haut
- **Area 1:** RA-Afferenzen (räumliche Konvergenz)
- **Area 2:** SA- und RA-Afferenzen oder mechanosensible und propriozeptive Afferenzen (intermodale Konvergenz).

In **Area 3a** herrschen propriozeptive Muskeldehnungsafferenzen vor, während **Area 3b** ausschließlich Afferenzen von Mechanosensoren der Haut empfängt, wobei dort RA- und SA-Afferenzen streng in Kolumnen getrennt bleiben.

**Area 1 und 2**, die neben direkten thalamischen Eingängen auch starke assoziative Eingänge aus Area 3b bekommen, sind dagegen bereits durch **Konvergenz** geprägt. In **Area 1** ist diese allerdings mehr räumlicher Natur: RA-Afferenzen dominieren klar, die räumlichen rezeptiven Felder sind jedoch sehr groß (z. B. ganze Finger, Handinnenfläche). In **Area 2** ist die Konvergenz intermodal: Hier konvergieren auf einzelne Kolumnen entweder SA- und RA-Afferenzen oder mechanosensible und propriozeptive Afferenzen.

Diese Konvergenz ermöglicht bereits innerhalb von S1 die neuronale Repräsentation der Orientierung oder Bewegungsrichtung eines mechanischen Stimulus. In nachgeschalteten, „höheren" Kortexarealen setzt sich diese Tendenz zu stärkerer räumlicher und intermodaler Konvergenz fort.

**Sekundärer somatosensorischer Kortex (S2):** Projektionen aus allen Subarealen von S1. Hier finden sich die ersten **bilateralen** rezeptiven Felder.

**Sekundärer somatosensorischer Kortex (S2):** Er erhält Projektionen aus allen Subarealen von S1. Hier finden sich die ersten **bilateralen** rezeptiven Felder, d. h. hier werden bereits über transkallosale Fasern Informationen auch aus der **ipsilateralen Körperhälfte** integriert. Dadurch wird es möglich, eine kohärente neuronale Karte des gesamten Körpers zu erstellen. Außerdem zeigen die Neurone hier bereits sehr stark aufmerksamkeitsabhängige Antworten. S2 vermittelt über Verbindungen zur **Insula** auch den Anschluss somatosensibler Eingänge an das sog. **limbische System** (Amygdala, Hippocampus).

**Posteriorer parietaler Kortex (Area 5 und 7):** Er ist bereits in sehr komplexe Operationen involviert. Die hier auftretenden rezeptiven Felder sind nicht mehr konstant, sondern vom „Kontext" des Reizes abhängig (Abb. **17.19**).

**Posteriorer parietaler Kortex (Area 5 und 7):** Er ist bereits in sehr komplexe Operationen involviert. Neurone in Area 5a und 7b erhalten direkte Eingänge aus Area 2 (Abb. **17.19**) und projizieren zum präzentralen motorischen Areal. Dies weist auf eine Beteiligung an der Kontrolle von Bewegungen aufgrund von Berührungsreizen hin. Insbesondere in Area 7a konvergieren visuelle mit den somatosensorischen Eingängen. Man nimmt an, dass die Funktion dieses Kortexareals in der Reizlokalisation und der gerichteten Aufmerksamkeit auf Stimuli liegt. Die hier auftretenden rezeptiven Felder sind nicht mehr konstant, sondern vom „Kontext" des Reizes abhängig. Der posteriore parietale Kortex nimmt insbesondere beim Übergang von nichtmenschlichen Primaten zum Menschen an Umfang dramatisch zu.

**Dorsaler Inselkortex und anteriores Cingulum:** Der dorsale, posteriore Inselkortex ist insbesondere für die **Integration nozizeptiver**, **thermozeptiver**, **viszerosensibler** und allgemein homöostatischer Eingänge verantwortlich (s. S. 590 und 599). Funktionelle Bildgebungsverfahren (fMRT, s. S. 768) zeigen Aktivität in diesem Areal bei Applikation von Kälte, chronischem Schmerz, Muskelarbeit, respiratorischer Aktivität, Durst, Hunger und Luftnot. Diese Eingänge stammen wahrscheinlich aus der spinalen Lamina I sowie aus dem Ncl. tractus solitarii (Afferenzen der Hirnnerven) und erreichen die Insula über den Thalamus (v.a. VMpo). Dieser Kortexabschnitt ist wahrscheinlich beim Primaten das bedeutendste Integrationszentrum homöostatischer Afferenzen und stellt auf kortikaler Ebene ein interozeptives Bild des „materiellen Selbst" her. Die Insula zeigt ausgeprägte Verbindungen zum **anterioren Cingulum**, einem Kortexareal mit vielfältigen Aufgaben bei Motivation, Emotion und vegetativer Kontrolle. Es erhält seinerseits direkte Zuflüsse von medialen thalamischen Projektionsneuronen (MDvc) des von der spinalen Lamina I und ihren Äquivalenten im trigeminothalamischen System ausgehenden homöostatischen nozithermoviszerosensiblen Systems (s. auch S. 609).

**Dorsaler Inselkortex:** Er ist insbesondere für die **Integration nozizeptiver**, **thermozeptiver**, **viszerosensibler** und allgemein homöostatischer Eingänge verantwortlich.

**Anteriores Cingulum:** Die Insula zeigt eine enge Verbindung zum anterioren Cingulum, einem Kortexareal mit vielfältigen Aufgaben bei Motivation, Emotion und vegetativer Kontrolle (s. auch S. 609).

# Visuelles System – Auge und Sehen

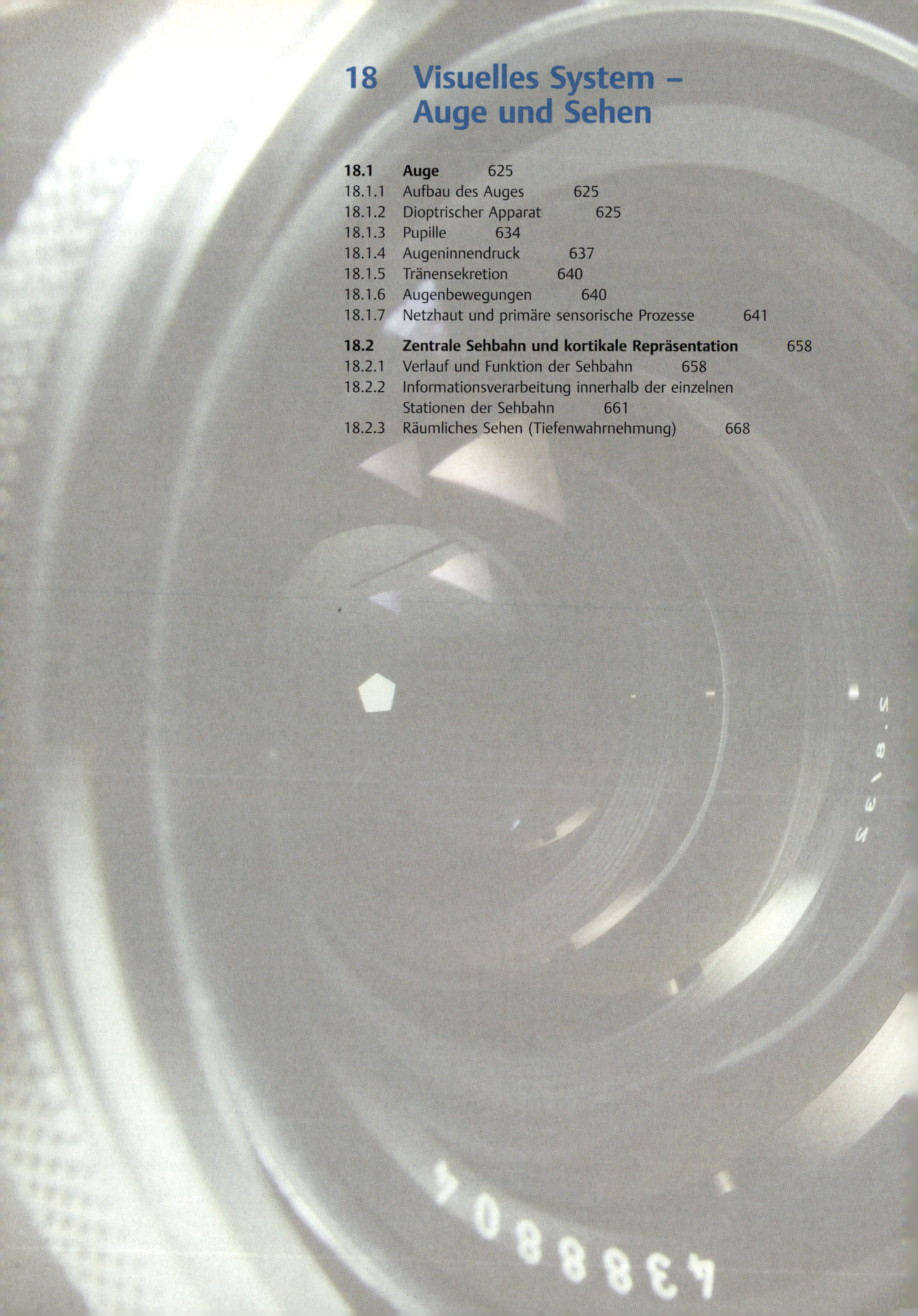

# 18 Visuelles System – Auge und Sehen

# 18 Visuelles System – Auge und Sehen

18 Visuelles System – Auge und Sehen

▶ **Merke.** Der Gesichtssinn – d. h. das Sehen – ist unser wichtigster Fernsinn.

▶ **Merke.**

Kein anderer unserer Sinne liefert uns so viel an sensorischer Information wie das Sehen. Der adäquate Reiz für die lichtempfindlichen Sinneszellen des Auges, die Photorezeptoren, ist das sichtbare Licht: elektromagnetische Strahlung, deren Wellenlänge zwischen 400 und 750 nm liegt. Obgleich dieser Bereich nur einen winzigen Ausschnitt des elektromagnetischen Spektrums darstellt, erschließt uns unser Gesichtssinn eine Welt von Farben, Formen und Texturen. Voraussetzung dafür war die Entwicklung eines Auges, das wie eine Kamera ein Abbild der Umwelt auf der lichtempfindlichen Netzhaut, der Retina, erzeugt.
Sehen ist jedoch mehr als ein rein fotografischer Prozess. Sehen wird ermöglicht, weil ein hochkomplexes Auswertesystem die Datenfülle analysiert, die physiologisch relevante Information extrahiert und interpretiert. Diese Auswertung beginnt bereits in der Netzhaut und wird im Kortex vollendet. Für keinen anderen Sinn steht so viel Großhirnrinde zur Auswertung zur Verfügung wie für das Sehen.

Adäquater Reiz für die Photorezeptoren, die lichtempfindlichen Sinneszellen des Auges, ist das sichtbare Licht in Form von elektromagnetischen Strahlen mit Wellenlängen zwischen 400 und 750 nm.

## 18.1 Auge

18.1 Auge

### 18.1.1 Aufbau des Auges

18.1.1 Aufbau des Auges

Der Augapfel (Bulbus oculi) ist beim Erwachsenen ca. 24 mm lang und liegt geschützt in der knöchernen Augenhöhle (Orbita). Abb. **18.1** zeigt einen Schnitt durch das menschliche Auge.

Der Augapfel ist ca. 24 mm lang und liegt in der Orbita (Abb. **18.1**).

### 18.1.2 Dioptrischer Apparat

18.1.2 Dioptrischer Apparat

▶ **Definition.** Der **dioptrische Apparat** umfasst alle Elemente des Auges, welche zur Lichtbrechung beitragen. Er besteht aus Kornea, Kammerwasser, Linse und Glaskörper (Abb. **18.1**) und verhält sich wie ein zusammengesetztes Linsensystem, welches im Prinzip einer Sammellinse entspricht. Mehrere brechende Medien sind hintereinander geschaltet und erzeugen ein verkleinertes und umgekehrtes Bild auf der Netzhaut (s. Abb. **18.3**, S. 628).

▶ **Definition.**

#### Physikalische Grundlagen der Optik

Physikalische Grundlagen der Optik

Fällt Licht schräg auf die Trennfläche zweier durchsichtiger Körper unterschiedlicher optischer Dichte, ändert es seine Ausbreitungsrichtung – es wird gebrochen. Diese Brechung ist die Grundlage aller Abbildungen durch Linsen.
Nach dem **Snellius-Brechungsgesetz** gilt:

$$\frac{\sin(\text{Einfallswinkel})}{\sin(\text{Ausfallswinkel})} = \frac{n_2}{n_1}$$

dabei steht **n** für die **Brechungsindizes** der optischen Materialien vor ($n_1$) und hinter ($n_2$) der Trennfläche (n für Luft ≈1).

Die Brechung von Lichtwellen beim Übergang zwischen Medien mit unterschiedlicher optischer Dichte ist Grundlage für Abbildungen durch Linsen.
Nach dem **Snellius-Brechungsgesetz** ist:

$$\frac{\sin(\text{Einfallswinkel})}{\sin(\text{Ausfallswinkel})} = \frac{n_2}{n_1}$$

▶ **Merke.** Je größer der Unterschied der **Brechungsindizes**, desto stärker wird der Lichtstrahl abgelenkt.

▶ **Merke.**

Die **optische Achse** ist die Gerade, die durch das Krümmungszentrum von optischen Oberflächen gelegt werden kann (Abb. **18.2**). Auf ihr liegen alle **Kardinalpunkte** (s. u.).
Abb. **18.2a** stellt die physikalischen Grundlagen der Bilderzeugung für eine dicke **Sammellinse** dar. Parallel zur optischen Achse einfallende Strahlen **(Parallelstrahlen)** werden zur optischen Achse hin gebrochen und am Schnittpunkt mit der optischen

Die **optische Achse** ist die durch das Krümmungszentrum von optischen Oberflächen gelegte Gerade (Abb. **18.2**).

In einer dicken **Sammellinse** werden die parallel zur optischen Achse einfallenden Strahlen **(Parallelstrahlen)** zur optischen Achse

18.1

## 18.1 Horizontalschnitt durch das rechte Auge

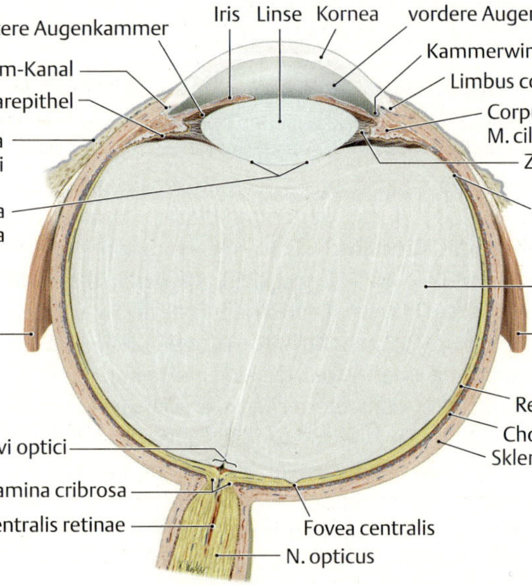


Das Auge ist von der weißen, bindegewebigen Lederhaut (Sklera) umgeben. Im vorderen Teil des Auges geht diese Sklera in die Hornhaut (Kornea) über. Die Regenbogenhaut (Iris) ist ein frontal gestelltes Segel zwischen vorderer und hinterer Augenkammer mit einer zentralen kreisrunden Öffnung (Pupille). Die vordere Augenkammer befindet sich zwischen Kornea und Iris, die hintere zwischen Iris und Linse. Die Linse ist über Zonulafasern mit dem Ziliarmuskel verbunden. Nahe dem Kammerwinkel (d. h. dem spitzen Winkel, den die Kornea am Übergang zur Sklera und die Iris am Übergang zum Ziliarmuskel einschließen) durchzieht der Schlemm-Kanal die Sklera.
Der Raum zwischen Linse und Netzhaut (Retina) wird durch den Glaskörper (Corpus vitreum; 98 % Wasser, Proteoglykane) ausgefüllt. Der Augenhintergrund wird von der Retina ausgekleidet. Die retinale Sehgrube (Fovea centralis) ist die Stelle des schärfsten Sehens. Im Bereich des sog. „blinden Flecks“ (Papilla nervi optici) tritt der Sehnerv (N. opticus) aus dem Auge aus. Hinter der Netzhaut liegen das Pigmentepithel und die Aderhaut (Choroidea).

hin gebrochen (Abb. **18.2a**). Der Schnittpunkt mit der optischen Achse heißt **Brennpunkt F**, der Abstand des Brennpunktes von der Hauptebene (s. u.) **Brennweite f**.

Achse im **Brennpunkt F** gebündelt. Den Abstand dieses Brennpunktes von der Hauptebene (s. u.) bezeichnet man als **Brennweite f** (üblicherweise in Metern angegeben). Je nachdem, ob man von links oder rechts einfallende Strahlen betrachtet, handelt es sich dabei um den vorderen **(F1)** oder den hinteren Brennpunkt **(F2)**. Der von einem Objektpunkt ausgehende, durch den vorderen Brennpunkt einfallende **Brennstrahl** verläuft hinter der Linse wiederum achsenparallel.

Die Brechung der Parallelstrahlen findet in den sog. **Hauptebenen** statt. Die **Hauptpunkte** liegen an den Schnittpunkten der Hauptebenen mit der optischen Achse.

Die genannte Brechung der zur optischen Achse parallel verlaufenden Lichtstrahlen durch die Linse geschieht im Bereich der **Hauptebenen**. Bei dicken Sammellinsen gibt es eine vordere und eine hintere Hauptebene (H und H'), bei dünnen Linsen kann man sie zu einer gemeinsamen Hauptebene zusammenfassen. Die **Hauptpunkte** liegen an den Schnittpunkten der Hauptebenen mit der optischen Achse.

Von jedem Objektpunkt geht ein Strahl zum ersten Knotenpunkt **K** und parallel verschoben vom zweiten Knotenpunkt **K'** zum entsprechenden Bildpunkt **(Zentralstrahl)**.

Weiterhin sind zwei **Knotenpunkte** zu differenzieren: **K** (objektseitig) und **K'** (bildseitig). Von jedem Objektpunkt geht ein Strahl zum ersten Knotenpunkt und parallel verschoben vom zweiten Knotenpunkt zum entsprechenden Bildpunkt **(Zentralstrahl)**.

▶ Merke.

▶ Merke. Im Falle einer dicken Sammellinse ist es demnach möglich, sechs sog. **Kardinalpunkte** zu bestimmen: Je zwei Brenn-, Haupt- und Knotenpunkte.

In Abb. **18.2a** befinden sich vor und hinter der Linse Medien mit gleichem Brechungsindex (z. B. jeweils Luft), in diesem speziellen Fall sind die Hauptpunkte mit den Knotenpunkten (K und K') identisch.

Die **Brechkraft D** einer Linse wird in Dioptrien (dpt) angegeben, sie entspricht dem Kehrwert ihrer Brennweite f:

$$D\,[\text{dpt}] = \frac{1}{f}\,[\text{m}^{-1}]$$

**Beispiel:** Eine Linse mit 50 cm = 0,5 m Brennweite hat also eine Brechkraft von 2 dpt.

Die **Brechkraft D** einer Linse entspricht dem Kehrwert ihrer Brennweite f und wird in Dioptrien (dpt) angegeben:

$$D\,[\text{dpt}] = \frac{1}{f}\,[\text{m}^{-1}]$$

**Beispiel**

▶ **Merke.** Je größer die **Brechkraft** einer Linse, desto kleiner ist der Abstand ihres Brennpunktes zur Linse.

▶ **Merke.**

Mithilfe der **Gegenstandsweite g** (oder Objektweite) wird der Abstand zwischen dem Objekt und der objektseitigen Hauptebene beschrieben. Die **Bildweite b** ist der Abstand zwischen dem Bild und der bildseitigen Hauptebene.
Für die Abbildung eines Gegenstandes gilt vereinfacht:

$$\frac{1}{f} = \frac{1}{b} + \frac{1}{g}$$

Bei einem sehr weit entfernten Gegenstand geht $\frac{1}{g}$ gegen 0 und die Bildweite b wird gleich der Brennweite f.

Die **Gegenstandsweite g** ist der Abstand zwischen Objekt und objektseitiger Hauptebene. Die **Bildweite b** ist der Abstand zwischen Bild und bildseitiger Hauptebene.

Vereinfacht gilt:

$$\frac{1}{f} = \frac{1}{b} + \frac{1}{g}$$

▶ **Merke.** Eine **Sammellinse** ist konvex und bündelt einfallende Strahlen in einem Brennpunkt hinter der Linse, die Brennweite und die Brechkraft einer Sammellinse sind positiv („Plus-Glas“, Abb. **18.2a**).
Demgegenüber „zerstreut“ eine konkave **Zerstreuungslinse** ein parallel einfallendes Lichtbündel. Die Brennweite und die Brechkraft dieser Linse sind negativ („Minus-Glas“), der Brennpunkt ist „virtuell“ (Abb. **18.2b**).

▶ **Merke.**

## Abbildung durch den dioptrischen Apparat des Auges

Beim dioptrischen Apparat des Auges ist die Situation allerdings etwas komplizierter als bei einer Einzellinse, da verschiedene Komponenten mit unterschiedlichen Brechungsindizes kombiniert sind (Abb. **18.3a**). Zusätzlich kann beim Auge die Brechkraft des Systems verändert und das Auge so auf die jeweilige Sehentfernung eingestellt werden (Akkommodation, s. S. 628).
An der Gesamtbrechkraft des ruhenden (= fernakkommodierten) Auges hat die **Kornea** mit 43 dpt den größten Anteil. Ursache hierfür ist zum einen ihre starke Krümmung, zum anderen unterscheidet sich der Brechungsindex des Mediums vor der Kornea (Luft, n = 1) stark von den Brechungsindizes der nachfolgenden optischen Elemente (n > 1,3).
Eine Veränderung der Grenzflächen Luft/Kornea zu Wasser/Kornea, wie es beispielsweise beim **Unterwassersehen** der Fall ist, führt zu einer Abnahme der Brechkraft des Auges um etwa 65 % (Brechungsindex Wasser: 1,33).

### Abbildung durch den dioptrischen Apparat des Auges

Der dioptrische Apparat des Auges ist viel komplizierter: Komponenten mit unterschiedlichen Brechungsindizes sind kombiniert (Abb. **18.3a**) und die Brechkraft kann verändert werden (Akkommodation).

An der Gesamtbrechkraft des ruhenden Auges hat die **Kornea** mit 43 dpt den größten Anteil (starke Krümmung, unterschiedliche Brechungsindizes).

**18.2 Bildentstehung und Kardinalpunkte bei einer Sammellinse (a) und einer Zerstreuungslinse (b)**

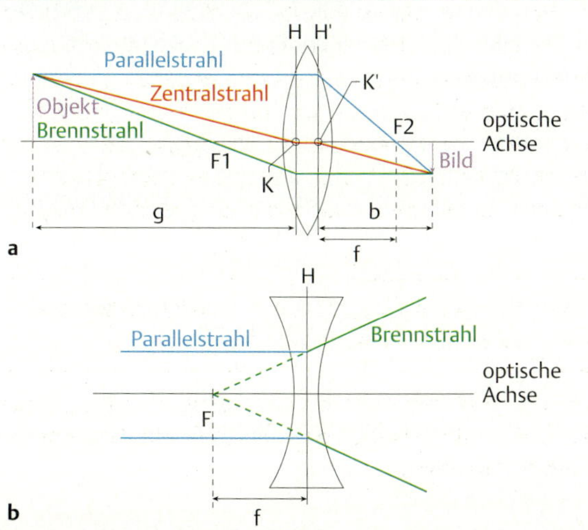


Bei der Sammellinse **(a)** handelt es sich um einen Spezialfall mit identischen Knoten- und Hauptpunkten, da vor und hinter der Linse Medien mit identischem Brechungsindex sind. Bei einer Zerstreuungslinse **(b)** ist der Brennpunkt F „virtuell“.
F1 und F2 = vorderer und hinterer Brennpunkt, H und H' = Hauptebenen, K und K' = objekt- und bildseitiger Knotenpunkt, g = Gegenstandsweite, b = Bildweite, f = Brennweite.

**18.2**

18.3

**18.3 Das „reduzierte Auge"**

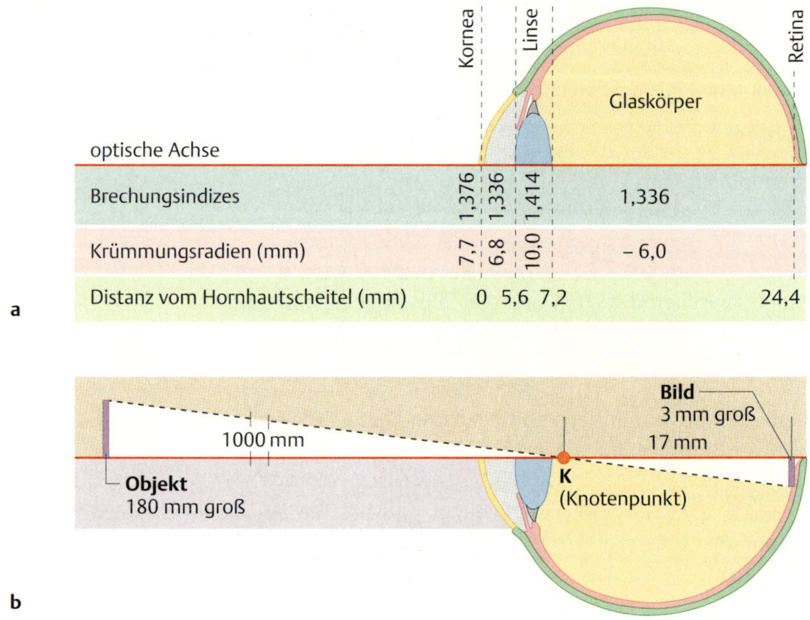


**a Wichtige Kennzahlen** des dioptrischen Systems.
**b** Beim **reduzierten Auge** gibt es nur einen einzigen Knotenpunkt K hinter der Linse: Verbindet man Punkte auf dem Objekt mit den entsprechenden Punkten auf dem Bild auf der Retina, schneiden sich alle Geraden in diesem Knotenpunkt. Dieser liegt nahe am Hinterrand der Linse: 7,4 mm hinter dem Korneascheitel und 17 mm vor der Netzhaut.
Ein Objekt, das 1 m vom Auge entfernt und 18 cm groß ist (entspricht 10° Sehwinkel), wird 3 mm groß auf der Netzhaut abgebildet (180 mm/1000 mm = 3 mm/17 mm). 1° Sehwinkel entspricht also 0,3 mm = 300 µm auf der Netzhaut.

Die **Linse** besitzt fernakkommodiert eine Brechkraft von 19 dpt. Das Kammerwasser zwischen Kornea und Linse reduziert die Brechkraft um ca. 3 dpt.

Die nachgeschaltete **Linse** besitzt im fernakkommodierten Zustand eine Brechkraft von 19 dpt. Zwischen Kornea und Linse gehen allerdings noch einmal aufgrund des dort vorhandenen **Kammerwassers** ca. 3 dpt der Brechkraft „verloren".

▶ Merke.

▶ **Merke.** Das ruhende (= fernakkommodierte Auge) hat eine **Gesamtbrechkraft** von 43 dpt – 3 dpt + 19 dpt = **59 dpt.**

Rechnerisch ist es möglich, den optischen Apparat wie eine Einzellinse zu beschreiben, die auf beiden Seiten Medien mit unterschiedlichen Brechungsindizes vorweist. In diesem Fall braucht man zur Beschreibung alle 6 Kardinalpunkte: F1, F2, H, H' und K und K'.

Im sog. „**reduzierten Auge**" wird die Abbildung durch einen Knotenpunkt am Hinterrand der Linse bestimmt (Abb. **18.3b**).

Da die Knotenpunkte und die Hauptebenen aber sehr nah beieinanderliegen, kann man das Auge auf ein System mit nur einem Knotenpunkt am Hinterrand der Linse, das „**reduzierte Auge**", vereinfachen (Abb. **18.3b**).

Akkommodation

## Akkommodation

▶ Definition.

▶ **Definition.** **Akkommodation** ist die Fähigkeit des Auges, seine Linsenkrümmung und damit seine Brechkraft der Entfernung eines fixierten Gegenstandes anzupassen, sodass es zu einer scharfen Abbildung in der Netzhautebene kommt. Das Auge fokussiert.

Je kugeliger die Linse, desto höher ist ihre Brechkraft. Die Zonulafasern verhindern die „Tendenz zur Kugelform".

Die Linse ist elastisch und tendiert dazu, eine kugelige Gestalt mit hoher Brechkraft anzunehmen. Dies wird durch die Zonulafasern verhindert, die am Äquator der Linsenkapsel ansetzen und an der Sklera bzw. der Choroidea aufgehängt sind (s. Abb. **18.1**, S. 626).

◎ 18.4 **Strahlenverlauf bei Fern- und Nahakkommodation**

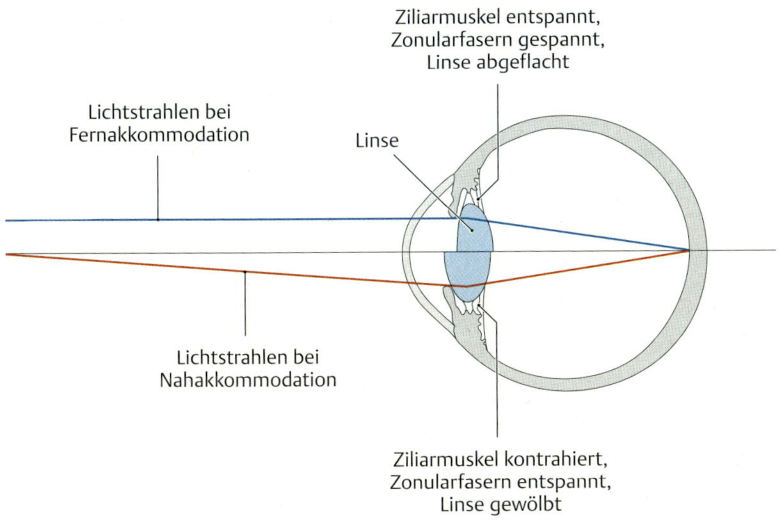


◎ 18.4

**Fernakkommodation:** Durch den Augeninnendruck werden Sklera und Zonulafasern gespannt, was zu einer Abflachung der Linse führt: **Die Brechkraft der Linse verringert sich.** Dies ist der Zustand der Fernakkommodation (Gegenstandsweite, d. h. Abstand zwischen Objekt und Linse/Auge >5 m). Die aus der Ferne parallel ins Auge fallenden Lichtstrahlen werden auf der Retina fokussiert (Abb. **18.4**). Der ringförmige Ziliarmuskel, der die Zugkraft der Zonulafasern reguliert, ist während der Fernakkommodation entspannt.

**Fernakkommodation:** Durch den Augeninnendruck kommt es zu einer Anspannung von Sklera und Zonulafasern, wodurch sich die Linse abflacht. Die **Brechkraft der Linse nimmt dadurch ab**. Der Ziliarmuskel ist hierbei entspannt (Abb. **18.4**).

**Nahakkommodation:** Bei der Nahakkommodation wird der Muskel parasympathisch erregt und kontrahiert wie ein Schließmuskel. Dadurch wird der Zug der Zonulafasern verringert und die Linsenkrümmung nimmt – besonders an der Vorderfläche der Linse – aufgrund ihrer Eigenelastizität zu: **Die Brechkraft der Linse erhöht sich.** Bei maximaler Nahakkommodation steigt die Gesamtbrechkraft des optischen Apparates von 59 dpt auf ca. 74 dpt. Parallel einfallende Strahlen aus der Ferne werden jetzt vor der Retina fokussiert, das Bild aus der Ferne wird unscharf. Strahlen von nahen Objekten werden jedoch scharf auf der Retina abgebildet (Abb. **18.4**).

**Nahakkommodation:** Bei der Nahakkommodation kontrahiert sich der Ziliarmuskel wie ein Schließmuskel (parasympathisch innerviert). Die Zonulafasern erschlaffen dabei und aufgrund der Elastizität der Linse kugelt sich diese ab → ihre **Brechkraft nimmt zu** (Abb. **18.4**).

**Naheinstellungsreaktion:** Bei der Nahakkommodation kommt es neben der **Änderung der Brechkraft** zusätzlich auch zur **Konvergenz** der beiden Augen (s. S. 641) und zur Verengung der Pupille (**Miosis**, s. S. 634). Durch die kleinere Pupillenöffnung wird (analog zum Fotoapparat) die Tiefenschärfe bei der Abbildung naher Objekte erhöht.

**Naheinstellungsreaktion:** Bei Fokussierung eines Objekts in der Nähe kommt es zur **Änderung der Brechkraft** (s.o.), zur **Konvergenz** der beiden Augen und zur Verengung der Pupille **(Miosis)**.

**Akkommodationsruhepunkt:** Neben der parasympathischen Innervation besitzt der Ziliarmuskel eine schwache antagonistische Innervation durch den Sympathikus. Wenn kein Akkommodationsreiz vorliegt, z. B. in vollständiger Dunkelheit, ist der Ziliarmuskel leicht kontrahiert und das Auge eines Normalsichtigen ist auf Entfernungen zwischen 0,5 – 2 m scharf eingestellt (Nachtmyopie, Leerfeldmyopie).

**Akkommodationsruhepunkt:** Bei fehlendem Akkommodationsreiz (z. B. Dunkelheit) ist der Ziliarmuskel leicht kontrahiert und das Auge eines Normalsichtigen ist auf Entfernungen zwischen 0,5 – 2 m scharf eingestellt (Nachtmyopie, Leerfeldmyopie).

▶ **Definition.** Der **Akkommodationsbereich** ist der Abstand zwischen **Fernpunkt** (am weitesten entfernter Punkt, der noch scharf gesehen wird) und **Nahpunkt** (am nächsten gelegener Punkt, der noch scharf gesehen wird). Er wird in Metern angegeben.

▶ Definition.

**Beispiel:** Bei einem normalsichtigen jungen Erwachsenen liegt der Fernpunkt im Unendlichen, der Nahpunkt bei 0,1 m.

**Beispiel**

▶ Definition.

▶ **Definition.** Die **Akkommodationsbreite A** entspricht der maximalen Steigerung der Brechkraft, die das Auge durch Nahakkommodation hervorrufen kann:

$$A\,[\text{dpt}] = \frac{1}{\text{Nahpunkt}}\,[\text{m}^{-1}] - \frac{1}{\text{Fernpunkt}}\,[\text{m}^{-1}] = D_n\,[\text{dpt}] - D_f\,[\text{dpt}]$$

$D_n$ = Brechkraft bei Naheinstellung; $D_f$ = Brechkraft bei Ferneinstellung.

**Beispiel**

**In unserem Beispiel** vom normalsichtigen jungen Erwachsenen gilt also für die Akkommodationsbreite:

$$A = \frac{1}{0{,}1\,\text{m}} - \frac{1}{\infty} = 10\,\text{dpt} - 0\,\text{dpt} = 10\,\text{dpt}$$

Refraktionsanomalien

## Refraktionsanomalien

▶ Definition.

▶ **Definition.** **Refraktionsanomalien** sind pathologische Veränderungen des dioptrischen Systems, die zu einer unscharfen Abbildung eines Objekts auf der Retina führen.

Bei einem normalsichtigen **(emmetropen)** Auge ist das Verhältnis zwischen Brechkraft und Größe des Auges so aufeinander abgestimmt, dass auf der Netzhaut ein scharfes Bild entsteht.

Die scharfe Abbildung auf der Netzhaut setzt eine genaue Abstimmung zwischen Brechkraft und Größe des Auges voraus. Bei der Geburt ist das Auge relativ gesehen zu klein für eine scharfe Abbildung (das scharfe Bild befindet sich analog zur Hyperopie, s. u., hinter der Netzhaut). Das Auge wächst, bis eine scharfe Abbildung ermöglicht ist – es wird normalsichtig **(emmetrop)**. Der vordere Brennpunkt F1 des normalsichtigen Auges liegt bei Jugendlichen etwa 15 mm vor der Kornea.

Bei folgenden Refraktionsanomalien besteht ein Missverhältnis zwischen Brechkraft und Bulbuslänge.

Bei den im Folgenden beschriebenen Refraktionsanomalien besteht ein Missverhältnis zwischen Brechkraft und Bulbuslänge (meist ist die Bulbuslänge verändert). Verändert sich die Bulbuslänge um 0,1 mm, tritt eine merkliche Fehlsichtigkeit von 0,3 dpt auf.

Myopie

### Myopie

▶ Synonym

▶ **Synonym.** Kurzsichtigkeit.

▶ Definition.

▶ **Definition.** Bei der **Myopie** ist der Bulbus im Verhältnis zu lang für die Brechkraft des Auges **(Achsenmyopie)** oder – seltener – die Brechkraft bei normal langem Auge zu stark **(Brechungsmyopie)**. Parallel einfallende Strahlen beim Blick in die Ferne werden vor der Netzhaut fokussiert – auf der Netzhaut entsteht ein unscharfes Bild (Abb. **18.5a**).

Bei der Myopie ist der Fernpunkt aus dem Unendlichen in die Nähe verschoben (**Akkommodationsbereich** ↓), nur bis zu dieser Entfernung können Objekte auch ohne Brille scharf abgebildet werden → „Kurzsichtigkeit“. Weiter entfernte Objekte werden unscharf wahrgenommen.

Durch die erhöhte Brechkraft des myopen Auges wird der Fernpunkt aus dem Unendlichen in die Nähe verschoben. Objekte bis zu dieser Entfernung können auch ohne Brille noch scharf abgebildet werden, woraus die Bezeichnung „Kurzsichtigkeit“ resultiert. Obwohl die **Akkommodationsbreite** beim Myopen normal sein kann, ist der **Akkommodationsbereich** erheblich eingeschränkt.

**Beispiel**

So gilt **beispielsweise** für einen jugendlichen Erwachsenen mit 2 dpt Fehlsichtigkeit:

$$\textbf{Fernpunkt} = \frac{1}{2\,\text{dpt}} = 0{,}5\,\text{m};\ \textbf{Nahpunkt} = \frac{1}{10+2\,\text{dpt}} = \frac{1}{12\,\text{dpt}} = 8\,\text{cm}.$$

Dabei berechnet sich die Brechkraft am Nahpunkt aus den 10 dpt der normalen Akkommodationsbreite plus den 2 dpt Fehlsichtigkeit.

**Korrektur:** Die für die Bulbuslänge zu hohe Brechkraft muss mit Minus-Gläsern (Zerstreuungslinsen, Abb. **18.5 a**) korrigiert werden.
„Kurzsichtigkeit → Minus-Gläser“

**Korrektur:** Da die Brechkraft im Verhältnis zu groß für die Bulbuslänge ist, muss sie durch Linsen mit negativer Brechkraft, also Zerstreuungslinsen oder Minus-Gläsern, bzw. eine Abflachung der Kornea mittels Lasertherapie korrigiert werden (Abb. **18.5 a**). Ohne diese Korrektur sieht der Myope in der Ferne immer unscharf.

▶ Klinik.

▶ **Klinik.** Im Rahmen einer – zumeist erblich bedingten – schnell fortschreitenden Form der Myopie **(maligne Myopie)**, kann es zu einer Ausdünnung der Sklera kommen. Das Glaskörpervolumen wird zu klein für das große Auge und kollabiert. Dabei entstehen z. T. Glaskörperverdichtungen, die die Patienten als „fliegende Mücken“ **(„mouches volantes“)** beschreiben. Das Risiko einer **Netzhautablösung** (Abhebung der inneren Anteile der Netzhaut von ihrer Versorgungsschicht, dem Pigmentepithel, s. S. 643) ist bei der malignen Verlaufsform der Myopie stark erhöht.

## Hyperopie

▶ **Synonym.** Hypermetropie, Weitsichtigkeit.

**▶ Definition.** Bei der **Hyperopie** ist der Bulbus im Verhältnis zur Brechkraft zu kurz – eine scharfe Abbildung ist erst hinter der Netzhaut möglich (Abb. **18.5b**). Ursachen hierfür können ein zu kurzes Auge bei normaler Brechkraft **(Achsenhyperopie)** oder – seltener – eine zu geringe Brechkraft bei normaler Augenlänge **(Brechungshyperopie)** sein.

Der Hyperope muss ständig akkommodieren, um entfernte Objekte scharf auf der Netzhaut abzubilden. Das gelingt v.a. bei Kindern und Jugendlichen noch gut. Manchmal wird die Hyperopie erst bemerkt, wenn die ständige Akkommodationsspannung in Kopfschmerzen resultiert.

Auch die Sicht im Nahbereich ist eingeschränkt, der Nahpunkt also weiter vom Auge entfernt als normal. Sowohl der Nah- als auch der Fernpunkt sind somit vom Auge weggeschoben, der Fernpunkt liegt dabei „jenseits von Unendlich“. Um die **Akkommodationsbreite** bestimmen zu können, müssen Nah- und Fernpunkt jedoch messbar gemacht werden.

**Beispiel:** Ein 30-jähriger Patient ist um 3 dpt weitsichtig. Eine 5 dpt-Linse verschiebt seinen Fernpunkt auf 0,5 m, der Nahpunkt wird bei 0,1 m gemessen. Rechnerisch ergibt sich daraus eine reduzierte Akkommodationsbreite von 8 dpt:

$$A = \frac{1}{0{,}1\,m} - \frac{1}{0{,}5\,m} = 10 - 2\ dpt = 8\ dpt$$

**Korrektur:** Die Hyperopie wird durch Sammellinsen (Plus-Gläser) korrigiert (Abb. **18.5 b**). Lasertherapeutisch ist es möglich, durch Abtragen der kornealen Randbereiche eine stärkere Krümmung und somit eine größere Brechkraft der Kornea zu erzielen.

Eine angeborene Hyperopie kann sich allein durch das natürliche Wachstum des Auges bessern und z.T. sogar wieder ausgeglichen werden (dennoch wird bis zu diesem Zeitpunkt selbstverständlich eine Therapie mittels Sammellinsen durchgeführt).

Hyperopie

▶ Synonym

▶ Definition.

Der Hyperope muss ständig akkommodieren, um entfernte Objekte scharf auf der Netzhaut abzubilden.

Der Nahpunkt ist weiter vom Auge entfernt als beim Normalsichtigen – sowohl Nah- als auch Fernpunkt sind somit vom Auge weggeschoben.

**Beispiel**

**Korrektur:** Die für die Bulbuslänge zu geringe Brechkraft kann mit Plus-Gläsern (Sammellinsen, Abb. **18.5 b**) oder ggf. operativ korrigiert werden.
„Weitsichtigkeit → Plus-Gläser“

**18.5 Strahlenverlauf bei Refraktionsanomalien**

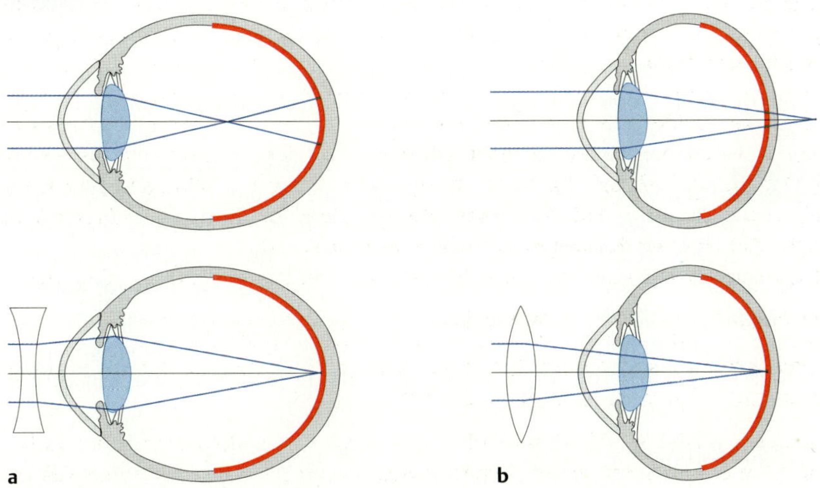


**a** Bei **Myopie** (Kurzsichtigkeit) ist das Auge zu lang. Strahlen aus der Ferne werden vor der Retina abgebildet, es entsteht ein unscharfes Bild. Eine Korrektur mit Zerstreuungslinsen ist möglich.
**b** Bei **Hyperopie** (Weitsichtigkeit) ist das Auge zu kurz, Strahlen aus der Ferne werden erst hinter der Retina fokussiert. Hierbei kann eine Korrektur mit Sammellinsen erfolgen.

18.5

**▶ Klinik.** Bei Ausfall des parasympathisch innervierten Ziliarmuskels oder unter Therapie mit Mydriatika (hemmen die Parasympathikuswirkung, Ziel dabei ist eine Erweiterung der Pupille, s. S. 635) kann es zu einer **Akkommodationslähmung/-parese** kommen.

▶ Klinik.

Eine unkorrigierte Hyperopie oder Presbyopie (s.u.) bzw. die hoch dosierte Gabe von Miotika (steigern die Wirkung des Parasympathikus und führen damit zu einer Verengung der Pupille, s. S. 635) können hingegen einen **Akkommodationskrampf/-spasmus** zur Folge haben.
Beide Krankheitsbilder äußern sich in Kopfschmerzen und Verschwommensehen, die Therapie richtet sich nach der zugrunde liegenden Ursache.

▶ Merke.

▶ **Merke.** Sowohl **Myopie** als auch **Hyperopie** zeichnen sich durch Veränderungen des Fernpunktes und des Nahpunktes aus. Das unterscheidet sie von der **Presbyopie**, bei der in der Regel nur der Nahpunkt weiter vom Auge abrückt (s.u.).

Presbyopie

▶ Synonym

### Presbyopie

▶ **Synonym.** Alterssichtigkeit.

▶ Definition.

▶ **Definition.** Bei der **Presbyopie** ist die Fähigkeit zur Fokussierung des Auges auf den Nahbereich durch einen im Alter zunehmenden Elastizitätsverlust der Linse stark verringert.

Die **Akkommodationsbreite** ist reduziert – der Nahpunkt rückt mit zunehmendem Alter immer weiter vom Auge ab, der Fernpunkt bleibt in der Regel unverändert.

Mit zunehmender Presbyopie nimmt die **Akkommodationsbreite** ab: Während der Nahpunkt mit zunehmendem Alter immer weiter vom Auge abrückt, bleibt der Fernpunkt in der Regel unverändert. Beim Jugendlichen beträgt die Akkommodationsbreite ca. 15 dpt, beim 50-Jährigen nur noch ca. 2 dpt. Der Nahpunkt eines 50-Jährigen liegt bei ca. 50 cm. Beim Lesen werden Bücher oder Zeitungen typischerweise immer weiter vom Auge weggehalten.

**Korrektur:** Plus-Gläser (Sammellinsen).

**Korrektur:** Eine Alterssichtigkeit muss mit Sammellinsen (Plus-Gläsern) korrigiert werden.

▶ Merke.

▶ **Merke.** Presbyopie wird oft fälschlicherweise als „Altersweitsichtigkeit" bezeichnet, ist jedoch klar von der Hyperopie abzugrenzen, da sie verschiedene pathophysiologische Ursachen haben.

Eine Myopie bei gleichzeitiger Presbyopie gleichen sich nicht aus.

Eine Myopie bei gleichzeitiger Presbyopie gleichen sich nicht aus, da sich der **Fernpunkt** des myopen Auges auch bei beginnender Presbyopie nicht verschiebt. Bei einer Myopie von 2 dpt liegt der **Nahpunkt** hingegen auch beim 50-Jährigen noch bei ca. 25 cm. Ältere Myope können deshalb oft noch gut lesen, auch wenn sie keine Brille tragen.

▶ Klinik.

▶ **Klinik.** Bei kombiniertem Auftreten von Presbyopie und Myopie bietet sich die Verwendung von sog. **Gleitsichtgläsern** an: Ausgehend von der optimalen Brechkraft im unteren Nahteil des Glases (Plus-Glas zur Korrektur der Presbyopie) wird ein gleitender Übergang zum oberen Fernteil des Glases (Minus-Glas zur Korrektur der Myopie) hergestellt. Er ermöglicht es, durch Heben und Senken des Kopfes Objekte in unterschiedlicher Entfernung durch den jeweils optimierten Bereich des Glases zu fokussieren und so ein scharfes Bild für jede Entfernung einzustellen.

Abbildungsfehler

▶ Synonym

### Abbildungsfehler

▶ **Synonym.** Aberrationen.

▶ Definition.

▶ **Definition.** **Abbildungsfehler** sind Abweichungen von der idealen optischen Abbildung, die ein unscharfes oder verzerrtes Bild auf der Netzhaut entstehen lassen. Auch ein gesundes Auge weist Aberrationen auf, welche durch physiologische Mechanismen jedoch z.T. korrigiert werden.

**Sphärische Aberration:** Ursache hierfür ist, dass Randstrahlen stärker gebrochen werden

**Sphärische Aberration (Öffnungsfehler, Kugelgestaltfehler):** An einer Linse werden Randstrahlen stärker gebrochen als Strahlen nahe der optischen Achse (Abb. **18.6 a**).

**18.6 Sphärische (a) und chromatische (b) Aberration**

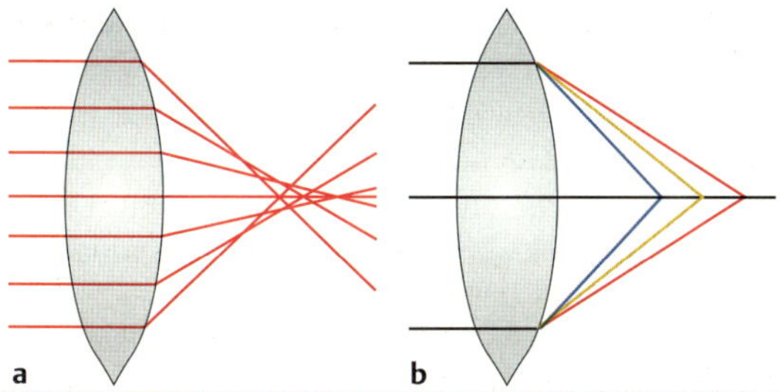


**a Sphärische Aberration:** Randstrahlen werden an einer Linse stärker gebrochen als zentrale Strahlen.
**b Chromatische Aberration:** Langwelliges Licht (Rot) wird schwächer gebrochen als kurzwelliges (Blau).

18.6

Durch eine Verkleinerung der Pupillenöffnung werden Randstrahlen normalerweise ausgeblendet und die sphärische Aberration vermindert, sodass sie für das menschliche Auge kaum eine Rolle spielt.

**Chromatische Aberration (Farbfehler):** Da kurzwelliges Licht (Blau) stärker gebrochen wird als langwelliges Licht (Rot), kann das Retinabild nicht für alle Wellenlängen gleichzeitig scharf sein (Abb. **18.6 b**). Das Auge stellt die Schärfe für die Photorezeptoren ein, die im lang-/mittelwelligen Bereich besonders empfindlich sind. Im Bereich des schärfsten Sehens (s. S. 644) gibt es deshalb nur wenige blauempfindliche Photorezeptoren.

**Astigmatismus (Brennpunktlosigkeit, Stabsichtigkeit):** Die Brechkraft von Kornea und Linse werden durch ihre jeweilige Krümmung bestimmt. Nur wenn die Krümmung (und damit die Brechkraft) in allen Richtungen oder Ebenen (z. B. vertikal oder horizontal) gleich ist, werden Strahlen aus der Ferne im Brennpunkt abgebildet **(sphärisches Auge)**. Ist die Krümmung unterschiedlich, wird der Punkt zu einer Linie („Stab") auseinandergezogen, die umso länger wird, je größer der Unterschied in der Brechkraft ist (brennpunktlos = astigmatisch).
Beim **regulären Astigmatismus** stehen die Ebenen senkrecht zueinander, beim **schiefen Astigmatismus** schräg. Durch die Krafteinwirkung der Augenlider ist die vertikale Krümmung der Hornhaut stärker als die horizontale (**„Astigmatismus nach der Regel"**). Ein **physiologischer Astigmatismus** liegt bei Unterschieden bis 0,5 dpt vor. Abweichungen von mehr als 0,5 dpt müssen durch Zylinderlinsen korrigiert werden. Dem darüber hinaus vorkommenden **irregulären Astigmatismus** liegt meist eine unregelmäßige Korneaoberfläche (Narben) zugrunde (Abb. **18.7 a**). Er kann z. T. durch Kontaktlinsen verbessert werden, da diese wieder eine homogene Oberfläche herstellen (Abb. **18.7 b**).

**Beugung an den Rändern der Pupille und Glaskörpertrübungen:** Licht wird an den Rändern einer Blende, hier der Pupille, gebeugt, dadurch wird die Abbildungsleistung vermindert. Trübungen im Glaskörper, wie sie besonders bei Myopie auftreten (s. S. 630), können ebenfalls zu Störungen im Blickfeld führen (sog. mouches volantes).

als Strahlen nahe der optischen Achse (Abb. **18.6 a**). Durch Verkleinerung der Pupillenöffnung kann dieser Effekt reduziert werden.

**Chromatische Aberration:** Das Retinabild ist nicht für jede Wellenlänge gleich scharf. Das schärfste Bild entsteht im mittel- bis langwelligen Bereich.

**Astigmatismus (Brennpunktlosigkeit):** Bei unterschiedlicher Krümmung von Kornea und Linse wird ein Punkt zu einer Linie auseinandergezogen („brennpunktlos" = astigmatisch).
Die Einwirkung der Augenlider führt dazu, dass die vertikale Krümmung der Hornhaut stärker ist als die horizontale. Dieser sog. **Astigmatismus nach der Regel** gilt bis zu einer Abweichung von 0,5 dpt als physiologisch. Bei stärkeren Abweichungen muss durch Zylinderlinsen korrigiert werden.

**Beugung** an den Rändern der Pupille und **Glaskörpertrübungen** („mouches volantes") können störenden Einfluss haben.

**18.7 Irregulärer Hornhautastigmatismus**

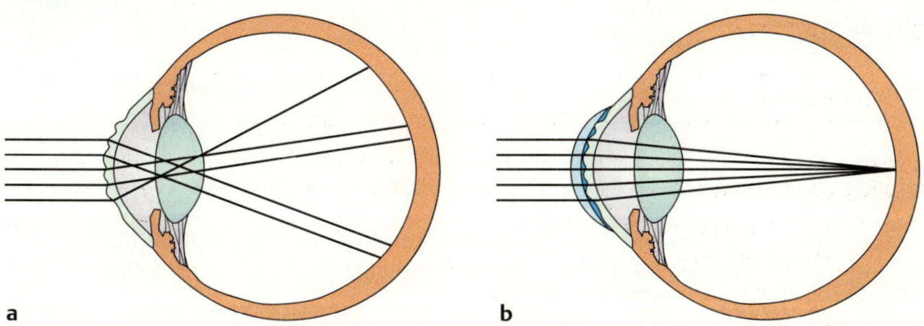


**a** Ursache ist meist eine unregelmäßige Hornhautoberfläche.
**b** Korrekturmöglichkeit durch formstabile Kontaktlinsen.

18.7

**Katarakt (Linsentrübung, grauer Star):** Die Linsentrübung führt zu einer entsprechenden Sehverschlechterung („wie Nebel"); meist ist sie durch eine operative Therapie (Kunstlinse) therapierbar.

**Katarakt (Linsentrübung, grauer Star):** Im Alter kann sich – wahrscheinlich aufgrund von Enzymdefekten, Mangelernährung oder unter dem Einfluss von UV-Licht bzw. dem physiologisch vorkommenden fortschreitenden Wasserverlust der Linse – eine Katarakt entwickeln, die unter Umständen die operative Entfernung der Linse erforderlich macht. Es erfolgt meist ein Ersatz durch eine künstliche Linse.

▶ Klinik.

▶ Klinik. Der Arzt kann eine **Katarakt** mithilfe der Spaltlampe feststellen: Lässt er das Licht direkt in das Auge fallen, sieht er bei klarer Linse einen roten Fundusreflex, bei Linsentrübungen hingegen lediglich graue Schatten (Abb. **18.8**).

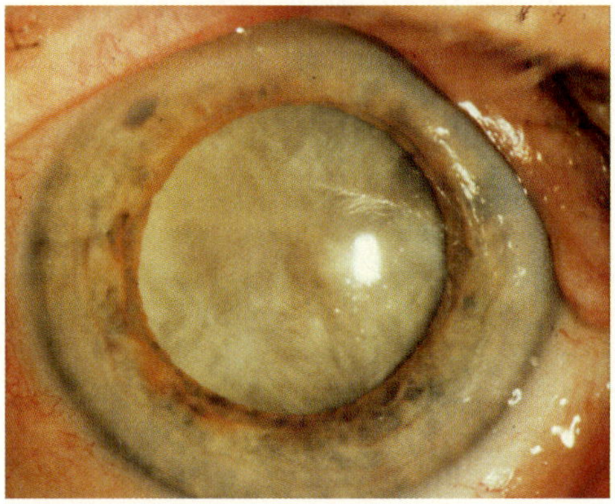

18.8

**Spaltlampenuntersuchung bei Katarakt**

18.1.3 Pupille

## 18.1.3 Pupille

▶ Definition.

▶ **Definition.** Die Iris des Auges dient als Blende, ihre Blendenöffnung ist die **Pupille**.

Der Pupillendurchmesser kann zwischen 2 und 8 mm eingestellt werden – mit folgenden Effekten:
- Reduktion der sphärischen Aberration (s.o.)
- Erhöhung der Tiefenschärfe
- Reduktion der Helligkeit auf der Retina um den Faktor 16.

Der Pupillendurchmesser kann zwischen 2 und 8 mm (d.h. um den Faktor 4) reguliert werden. Eine Verengung der Pupille hat gleichzeitig mehrere Auswirkungen:
- Randstrahlen werden ausgeblendet und dadurch die **sphärische Aberration vermindert**.
- Analog zur Kamera wird bei kleiner Pupille die **Tiefenschärfe erhöht**. Das ist besonders wichtig bei der Abbildung naher Objekte (reflektorische Verengung der Pupille bei der Naheinstellungsreaktion, s. S. 629).
- Durch die Pupillenverengung wird die **Helligkeit** auf der Retina **reduziert**. Die Pupillen werden umso enger eingestellt, je höher die Leuchtdichte (Helligkeit) ist. Die Lichtmenge, die auf die Retina fällt, hängt direkt von der Pupillenfläche und damit quadratisch vom Pupillenradius ab: Mithilfe der Pupille kann die Lichtmenge lediglich um den Faktor 16 (d.h. $4^2$) reduziert werden.

Der Pupillenreflex schützt das Auge bei plötzlich ansteigender Helligkeit vor Blendung.

Nimmt die Helligkeit plötzlich zu, wird der **Pupillenreflex** ausgelöst, um das Auge vor Blendung zu schützen. Bei Dunkelheit hingegen wird die Pupille des Auges weitgestellt, um einen größeren Lichteinfall zu ermöglichen.

Reflexbogen der Pupillenreaktion

### Reflexbogen der Pupillenreaktion

**Afferenz:** Signale der Photorezeptoren → N. opticus → Chiasma opticum → Tractus opticus → Corpus geniculatum laterale → Area pretectalis, Abb. **18.9**).

**Afferenz:** Die afferenten Signale des Reflexbogens beginnen in den Photorezeptoren der Retina, laufen über N. opticus, Chiasma opticum zum Tractus opticus und zweigen im Bereich des Corpus geniculatum laterale zur prätektalen Region des dorsalen Mittelhirns ab (Area pretectalis, Abb. **18.9**).

**Parasympathische Efferenz** (= pupillenkonstriktorische Bahn): Area pretectalis → Edinger-Westphal-Kern → Ganglion ciliare → M. constrictor pupillae → Miosis.

**Parasympathische Efferenz:** Die parasympathische, pupillenkonstriktorische Bahn verläuft von dort aus über den akzessorischen Okulomotoriuskern (Edinger-Westphal-Kern) und das Ganglion ciliare zum M. constrictor pupillae (M. sphincter pupillae). Eine Erregung der parasympathischen Innervation führt zur Verengung der Pupille **(Miosis)**.

**18.9 Reflexbogen der Pupillenreaktion**

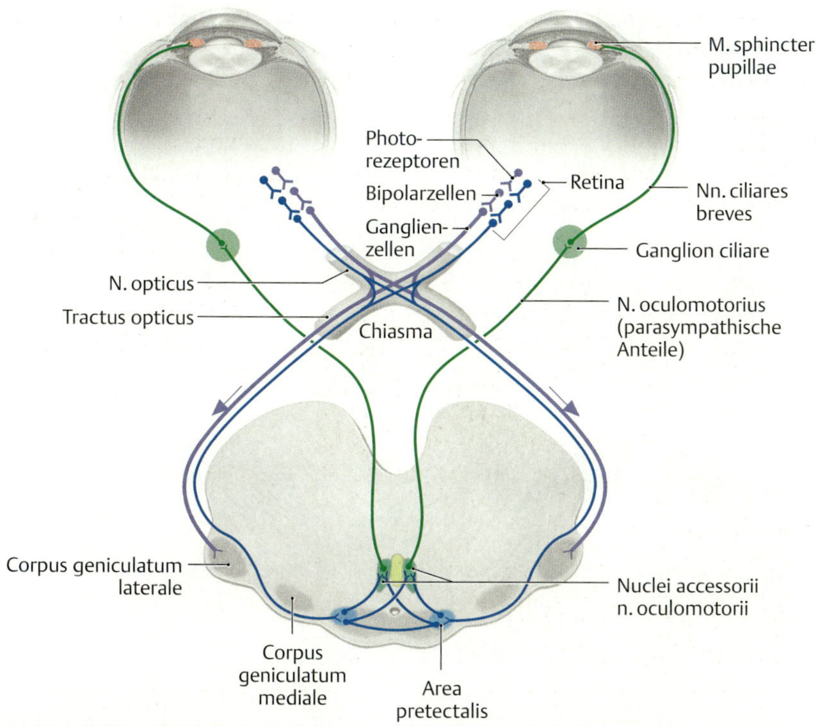


Ausgehend von den Photorezeptoren der Retina zieht der afferente Schenkel des Lichtreflexes als sog. „nichtgenikulärer" Anteil der Sehbahn (blau) nach Verschaltung auf u. a. Bipolar- und Ganglienzellen (vgl. hierzu S. 643) zunächst zusammen dem „genikulären" Anteil (violett) der Sehbahn Richtung Mittelhirn, zweigt dann jedoch vor dem Corpus geniculatum laterale ab und wird in der Area pretectalis umgeschaltet. Die von hier bilateral (entscheidend für die konsensuelle Lichtreaktion!) auf die akzessorischen Okulomotoriuskerne projizierenden Fasern werden auf Neurone verschaltet, die als efferenter Schenkel der Pupillenreaktion (grün) Axone zum Ganglion ciliare entsenden. Hier erfolgt die Umschaltung der parasympathischen Fasern zur Innervation des M. sphincter pupillae.

Da innerhalb des Reflexbogens sowohl auf Höhe des Chiasma opticum als auch im Bereich der akzessorischen Okulomotoriuskerne partiell Fasern auf die Gegenseite kreuzen, verengt sich bei Belichtung eines Auges sowohl die Pupille des beleuchteten Auges **(direkte Lichtreaktion)** als auch die Pupille des anderen Auges **(konsensuelle Lichtreaktion)**. Zur klinischen Überprüfung dieser Lichtreaktionen s. S. 636.

Durch Kreuzung von Fasern reagieren beide Pupillen, auch wenn nur ein Auge beleuchtet wird. Zur direkten und konsensuellen Lichtreaktion s. u.

**Sympathische Efferenz:** Die sympathische, dilatatorische Bahn des Reflexbogens verläuft vom Hypothalamus (der ebenfalls o.g. afferente Informationen erhält) über das ziliospinale Zentrum des Rückenmarks (C8–Th1) und das Ganglion cervicale superius zum M. dilatator pupillae.
Eine Hemmung der parasympathischen Innervation führt zusammen mit der sympathischen Innervation zur Pupillenerweiterung **(Mydriasis)**. Die Sympathikuserregung legt die maximale Pupillenweite fest, die bei Hemmung des Parasympathikus erreicht werden kann.

**Sympathische Efferenz** (= dilatatorische Bahn): Hypothalamus → ziliospinales Zentrum → Ganglion cervicale sup. → M. dilatator pupillae → Mydriasis.

Eine Hemmung der parasympathischen Innervation führt zusammen mit der sympathischen Innervation zur Pupillenerweiterung **(Mydriasis)**.

**▶ Klinik.** Es gibt mehrere Möglichkeiten, pharmakologisch auf die Pupillenweite Einfluss zu nehmen. Dabei wird zwischen **Miotika** (führen zur Verengung der Pupille) und **Mydriatika** (führen zur Erweiterung der Pupille) unterschieden. Darüber hinaus gibt es immer einen „sympathischen" und einen „parasympathischen Ansatz":

- **Miotika:** Parasympatho*mimetika* (Verstärkung der Parasympathikuswirkung, z. B. durch Cholinesterasehemmer, die die Spaltung von Acetylcholin im synaptischen Spalt unterdrücken, wie Physostigmin) oder Sympatho*lytika* (Hemmung der Sympathikus-Wirkung, z. B. durch Blockade der adrenergen Rezeptoren).
- **Mydriatika:** Parasympatho*lytika* (Hemmung der Parasympathikus-Wirkung, z. B. durch muskarinische Acetylcholinrezeptor-Antagonisten wie Atropin) oder Sympatho*mimetika* (Verstärkung der Sympathikus-Wirkung, z. B. durch Aktivierung der adrenergen Rezeptoren mit Epinephrin).

**Miotika** werden beispielsweise zur Glaukomtherapie eingesetzt, da durch eine Verengung der Pupille gleichzeitig der Abfluss des Kammerwassers im Kammerwinkel verbessert wird (s. S. 637). **Mydriatika** dienen u. a. der Weitstellung der Pupille im Rahmen von augenärztlichen Untersuchungen, um einen besseren Einblick in das Augeninnere zu erhalten.

**▶ Klinik.**

18.10

18.10 **Lichtreaktion**

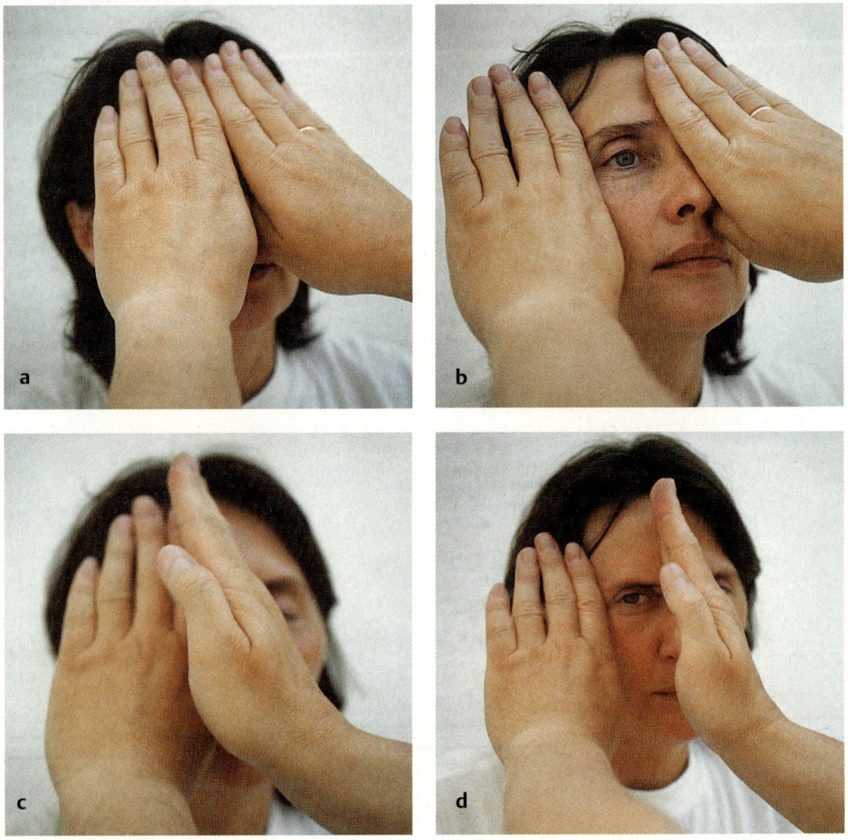

Untersuchung der direkten (**a** und **b**) sowie der indirekten (konsensuellen) Lichtreaktion (**c** und **d**).

Gestörte Pupillenreaktion: Testverfahren

**Direkte Lichtreaktion:** Mithilfe einer Diagnostiklampe wird eine Pupille beleuchtet; diese verengt sich normalerweise nach einer Latenzzeit von ca. 0,2 Sekunden. (Abb. **18.10 a, b**).

**Indirekte Lichtreaktion:** Das beobachtete Auge wird vor direktem Lichteinfall geschützt, das andere wird beleuchtet. Normalerweise verengen sich beide Pupillen (Abb. **18.10 c, d**).

**Swinging-flashlight-Test:** Abwechselnd Beleuchtung des rechten und linken Auges Beurteilung der Pupillenreaktion (Abb. **18.11**).

▶ Klinik.

## Gestörte Pupillenreaktion: Testverfahren

Folgende Untersuchungsverfahren der Pupillenreaktion kommen im klinischen Alltag zum Einsatz:

**Direkte Lichtreaktion:** Bei der Testung der direkten Lichtreaktion bedeckt der Untersucher zunächst beide Augen (Abb. **18.10 a**). Anschließend gibt er eines frei (Abb. **18.10 b**) bzw. leuchtet zusätzlich mithilfe einer Diagnostiklampe hinein. Die beleuchtete Pupille verengt sich normalerweise nach einer Latenzzeit von ca. 0,2 Sekunden.

**Indirekte (konsensuelle) Lichtreaktion:** Bei der Untersuchung der indirekten oder konsensuellen Lichtreaktion schirmt der Arzt das beobachtete Auge von einem direkten Lichteinfall ab (Abb. **18.10 c**) und beleuchtet das andere bzw. gibt es frei (Abb. **18.10 d**). Normalerweise verengen sich dabei beide Pupillen (s.o.).

**Swinging-flashlight-Test:** Hierbei werden im 2-Sekunden-Takt abwechselnd das rechte und das linke Auge beleuchtet und das Ausmaß der Pupillenreaktion beurteilt (Abb. **18.11**).

▶ **Klinik.** Bei einer gestörten Pupillenreaktion kann der Arzt anhand dieser Testverfahren den betroffenen Bereich des Reflexbogens lokalisieren:
Im Falle einer **Störung der afferenten Leitung**, z. B. durch Schädigung des Sehnervs, ist bei Beleuchtung des betroffenen Auges sowohl die direkte als auch die konsensuelle Pupillenreaktion abgeschwächt. Im Swinging-flashlight-Test verengt sich die Pupille des betroffenen Auges im Vergleich zum anderen Auge langsamer und erweitert sich schneller.
Bei einem **völligen Ausfall der Afferenz** kommt es zur sog. amaurotischen Pupillenstarre, d. h. die Pupillen bleiben auch bei starkem Lichteinfall weit. Die konsensuelle Pupillenreaktion bei Beleuchtung des gesunden Auges bleibt aber erhalten.

Bei einer **Störung der efferenten Bahn** lassen sich am betroffenen Auge weder die direkte noch die konsensuelle Pupillenreaktion auslösen. Das Auge auf der gesunden Seite zeigt hingegen sowohl die direkte als auch die konsensuelle Lichtreaktion. Auch bei der **Beurteilung von Bewusstlosigkeit bzw. Narkosetiefe** spielt die Pupillenreaktion eine wichtige Rolle (weite starre Pupillen im tiefsten Stadium).
Beim sog. **Horner-Syndrom** ist der Sympathikus im Bereich des Ganglion cervicale superius blockiert. Es kommt zur typischen **Symptom-Trias:** 1. Da die sympathische Erregung die maximale Pupillenweite bestimmt, ist die Pupille verengt **(Miosis)**. Der parasympathisch innervierte Pupillenreflex kann aber weiterhin durch Licht ausgelöst werden. 2. Das Oberlid, das vom gleichen Ganglion kontrolliert wird, ist abgesenkt **(Ptosis)**. 3. Der Augapfel sinkt in die Orbita zurück **(Enophthalmus)**.

**18.11 Swinging-flashlight-Test**

18.11

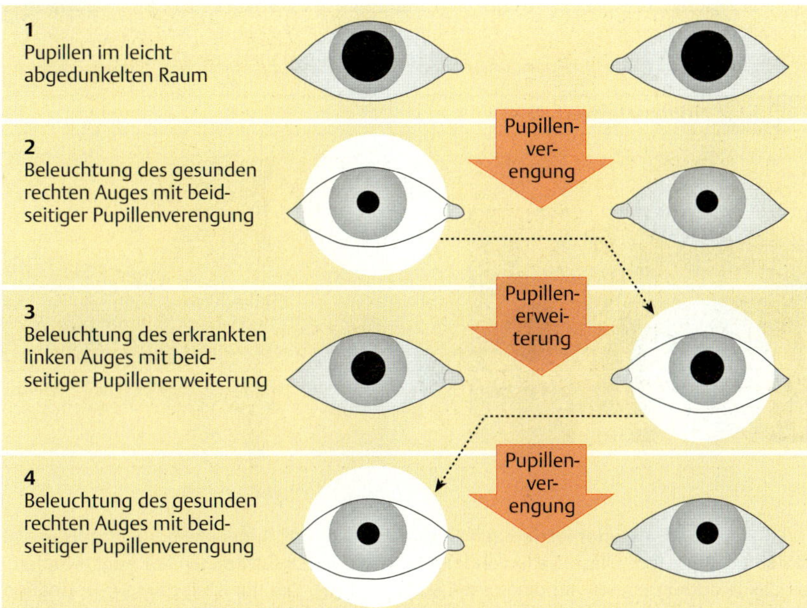


Diagnostik einer afferenten Pupillenstörung des linken Auges.

## 18.1.4 Augeninnendruck

**18.1.4 Augeninnendruck**

**▶ Definition.** Als **Augeninnendruck** wird der auf der Innenwand des Augapfels lastende Druck bezeichnet. Dieser liegt beim Gesunden relativ konstant zwischen **10 – 20 mmHg** (1,33 – 2,66 kPa) und bewirkt u. a. eine gleichmäßige Wölbung der Hornhautoberfläche sowie konstant bleibende Abstände innerhalb des dioptrischen Systems.

**▶ Definition.**

Die Höhe des Augeninnendrucks hängt unmittelbar von der Menge des Kammerwassers ab. Kammerwasser wird kontinuierlich vom zweischichtigen Epithel, das den Ziliarkörper bedeckt, im Bereich der hinteren Augenkammer produziert (2 µl/min) und fließt durch den Schlemm-Kanal in der vorderen Augenkammer ab (Abb. **18.12**). Wenn sich Produktion und Abfluss die Waage halten, bleibt der Augeninnendruck konstant.

Der Ziliarkörper produziert ständig Kammerwasser (2 µl/min). Es gelangt durch die Pupille in die vordere Augenkammer, wo es durch die Spalträume im Kammerwinkel in den Schlemm-Kanal abfließt (Abb. **18.12**).

### Messung des Augeninnendrucks (Tonometrie)

Man kann den Augeninnendruck mittels eines sog. Tonometers bestimmen:
- Bei der **Applanationstonometrie** (Abb. **18.13 a, b**) misst man die Kraft, die notwendig ist, um eine definierte Korneafläche abzuflachen.

**Messung des Augeninnendrucks (Tonometrie)**

Methoden zur Bestimmung des Augeninnendrucks:
- Applanationstonometrie (Abb. **18.13 a, b**)

18.12

## 18.12 Kreislauf des Kammerwassers

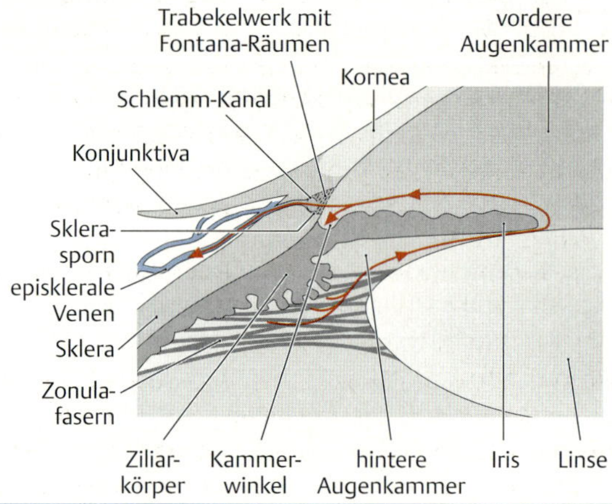


Aus der hinteren Augenkammer im Bereich hinter der Iris gelangt das Kammerwasser durch die Pupille in die vordere Augenkammer, wo es durch die Spalträume im Kammerwinkel in den Schlemm-Kanal abfließt.

18.13

## 18.13 Tonometrieverfahren

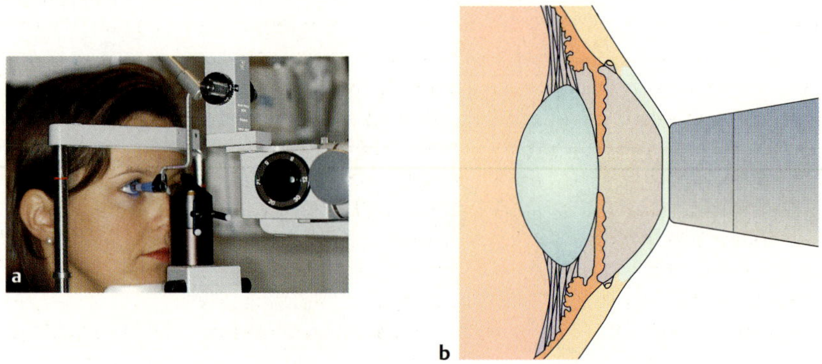


Bei der **Applanationstonometrie nach Goldmann** wird der Augeninnendruck mithilfe einer Spaltlampe gemessen. Nach Gabe von fluorescinhaltigen anästhesierenden Augentropfen wird das Druckkörperchen auf die Kornea aufgesetzt **(a)**. Der zur Abflachung (Applanation) der Kornea auf genau 7,35 $mm^2$ notwendige Druck entspricht dem Augeninnendruck **(b)**.

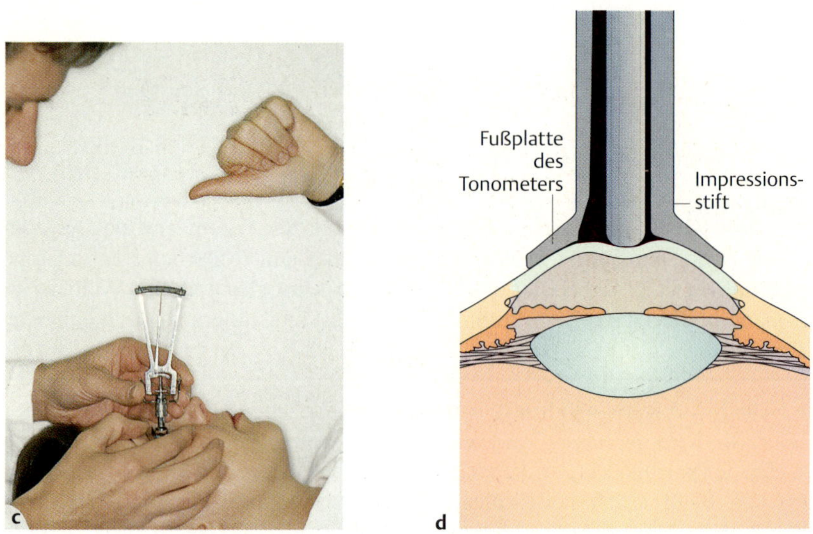


Im Rahmen der **Impressionstonometrie nach Schiötz** wird das Tonometer auf die ebenfalls anästhesierte Kornea aufgesetzt, dabei fixiert der Patient mit dem zweiten Auge seinen Daumen **(c)**. Durch einen Impressionsstift wird die Kornea eingedrückt: Je härter das Auge, desto geringer die Impression und desto geringer der Zeigerausschlag **(d)**.

- Impressionstonometrie (Abb. **18.13 c, d**)

- Bei der **Impressionstonometrie** (Abb. **18.13 c, d**) wird mit einem Stift ein definierter Druck auf die Kornea ausgeübt und der Grad der Eindellung bestimmt.

▶ Klinik.

▶ **Klinik.** Ist die Kammerwasserproduktion erhöht oder der Abfluss des Kammerwassers behindert, steigt der Augeninnendruck an **(Glaukom, grüner Star)**. Das Glaukom kann zur Schädigung der Sehnervenfasern v.a. durch Einklemmung im Bereich der Papilla nervi optici und damit letztendlich zur Erblindung führen (das Glaukom ist die zweithäufigste Ursache für Erblindung in industrialisierten Ländern, 2% der über 40-Jährigen sind betroffen).
Prinzipiell wird zwischen einem **akuten** und einem **chronischen** Glaukom unterschieden:

- Ein **akuter Glaukomanfall** kann z.B. durch eine starke Pupillenerweiterung (Mydriasis) ausgelöst werden. Dabei verdickt sich die Iris und verlegt möglicherweise den Kammerwinkel, das Kammerwasser staut sich. Bei prädisponierten Patienten sind deshalb Mydriatika kontraindiziert! Ein weiterer Auslöser kann der sog. **Pupillarblock** sein, bei dem der Abfluss von Kammerwasser durch die Pupille behindert ist – der Druck in der hinteren Augenkammer erhöht sich und wölbt die periphere Iris nach vorne, was ebenfalls zu einer Verlegung des Kammerwinkels führt (**Winkelblockglaukom,** Abb. **18.14 b**). Eine Steigerung des Augeninnendrucks auf bis zu 70 mmHg ist möglich. Die typischen Symptome sind ein steinhartes, gerötetes Auge mit weiter, reaktionsloser Pupille (Abb. **18.14 a**), plötzlicher, einseitiger Sehverlust, starke Schmerzen sowie Übelkeit und Kopfschmerzen. Der akute Glaukomanfall ist ein Notfall und bedarf der sofortigen augenärztlichen Versorgung!
- Beim **chronischen Offenwinkelglaukom** (der weitaus häufigeren Glaukomform) ist der Kammerwinkel zwar offen, der **Abflusswiderstand** jedoch aufgrund von Veränderungen des Trabekelwerks der Iris **erhöht** (Abb. **18.14 c**). Prädisponiert sind z.B. ältere Menschen oder Diabetiker. Bei ihnen ist das Linsenvolumen vergrößert, sodass die Kontaktoberfläche zwischen Pupillarrand und Linse vergrößert ist. Dies behindert den Abfluss des Kammerwassers. Es treten schleichende Gesichtsfeldausfälle auf (typischerweise ein sog. parazentrales Skotom, s. S. 660, durch den Druck auf den Sehnerv), die meist erst spät bemerkt werden.

**Therapeutisch** werden Miotika und Karboanhydrasehemmer eingesetzt. Miotika verengen die Pupille (s. S. 635) und erweitern so indirekt den Kammerwinkel (→ besserer Abfluss des Kammerwassers). Karboanhydrasehemmer inhibieren die Kammerwasserproduktion. Beim akuten Glaukomanfall müssen zudem symptomatisch Schmerzen und Übelkeit bekämpft sowie ggf. operativ die Ursache der Kammerwinkelverlegung beseitigt werden.

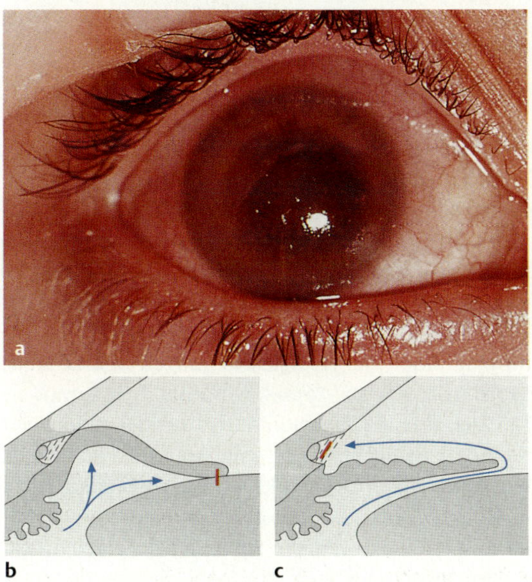


18.14

**Akuter Glaukomanfall (a, b) und chronisches Offenwinkelglaukom (c)**

18.1.5 Tränensekretion

Täglich wird ca. 1 ml Tränenflüssigkeit sezerniert und durch den Lidschlag gleichmäßig auf der Oberfläche des Auges verteilt. Der Flüssigkeitsfilm dient der Reinigung, Befeuchtung und Ernährung der Hornhaut und verbessert die optische Leistung. Die Tränensekretion wird gesteigert durch parasympathische Innervation der Drüse und/oder Fremdkörper zwischen Lidern und Kornea.

## 18.1.5 Tränensekretion

Aus der Tränendrüse über dem Auge wird ständig Tränenflüssigkeit in den Bindehautsack sezerniert (ca. 1 ml pro Tag). Sie ist isotonisch-wässrig und enthält anorganische Salze, Harnstoff, Glukose sowie Immunglobuline und Lysozym (Infektionsschutz). Die Tränenflüssigkeit wird durch den Lidschlag mit Schleim aus den Becherzellen der Bindehaut vermischt und gleichmäßig über die Augenoberfläche verteilt. Der Flüssigkeitsfilm dient der Reinigung, Befeuchtung und Ernährung der Hornhaut und verbessert die optische Leistung. Die Tränensekretion kann durch parasympathische Innervation der Drüse gefördert werden. Auch Fremdkörper zwischen Augenlidern und Kornea lösen über Rezeptoren des N. trigeminus reflektorisch eine erhöhte Tränensekretion aus.

▶ Klinik.

▶ Klinik. Bei Störungen der Tränenproduktion kann es zum sog. „trockenen Auge“ **(Keratoconjunctivitis sicca)** kommen. Durch die Benetzungsstörung von Binde- und Hornhaut entzünden sich diese. Typische Symptome sind Fremdkörpergefühl, Brennen und Rötung. Neben einer verminderten Tränenproduktion kann auch eine veränderte Zusammensetzung des Tränenfilms (z. B. infolge Vitamin-A-Mangel, Smog, Klimaanlagen) oder eine Störung des Lidschlags zum trockenen Auge führen. Therapeutisch werden sog. Tränenersatzmittel in Form von Augentropfen eingesetzt.

18.1.6 Augenbewegungen

## 18.1.6 Augenbewegungen

Die Feinanalyse von Objekten setzt voraus, dass sie in beiden Augen auf der Stelle des schärfsten Sehens, der Fovea centralis (s. Abb. **18.16**, S. 642) abgebildet werden. Dazu sind koordinierte Augenbewegungen notwendig.

Augenmuskeln

Sechs Augenmuskeln werden durch drei Hirnnerven (N. oculomotorius, trochlearis u. abducens) innerviert.

### Augenmuskeln

Sechs quergestreifte Augenmuskeln setzen am Bulbus in antagonistischen Paaren an. Die **Mm. rectus lateralis** und **medialis** bewegen das Auge horizontal nach innen (Adduktion) oder nach außen (Abduktion). Die anderen Muskeln (**Mm. rectus superior** und **inferior** bzw. **Mm. obliquus superior** und **inferior**) haben je nach Bulbusansatz und Blickstellung neben einer hebenden oder senkenden Wirkung zusätzlich eine abduktorische, adduktorische oder rollende Wirkung. Die **Innervation** der Augenmuskeln erfolgt durch folgende drei Hinnerven:

- **N. oculomotorius** (III. Hirnnerv): Mm. rectus superior, inferior und medialis, M. obliquus inferior
- **N. trochlearis** (IV. Hirnnerv): M. obliquus superior
- **N. abducens** (VI. Hirnnerv): M. rectus lateralis.

Konjugierte Augenbewegungen

Konjugierte Augenbewegungen sind **gleichsinnige** Bewegungen:

- **gleitende Augenfolgebewegungen**
- **Sakkade:** schnelle, ruckartige Bewegung
- **Nystagmus:** Kombination aus langsamer Augenfolgebewegung und Rückstellsakkade. Beispiele: **optokinetischer Nystagmus** bei Fixierung von Objekten aus einem fahrenden Zug; **vestibulookulärer Nystagmus** zur Stabilisierung der Augen gegenüber Kopfbewegungen.

### Konjugierte Augenbewegungen

Bei konjugierten Augenbewegungen bewegen sich die Augen **gleichsinnig** (z. B. beide nach rechts).

- Durch **gleitende Augenfolgebewegungen** werden sich langsam bewegende Objekte kontinuierlich auf der Fovea abgebildet.
- **Sakkaden** sind schnelle ruckartige Folgebewegungen bei sich schnell bewegenden Objekten. Sie wechseln sich beim Umherblicken mit Fixierungsperioden ab. Dabei nimmt man nur während der Fixierungsperiode Bilder wahr, während der Sakkaden wird die Wahrnehmung zentral unterdrückt. Sakkaden sind sehr schnell, sie erreichen Geschwindigkeiten von 600 – 700 °/s (Grad pro Sekunde).
- **Nystagmus:** Kombination von langsamen Augenfolgebewegungen und schnellen Rückstellsakkaden. Zum Beispiel tritt ein sog. **optokinetischer Nystagmus** auf, wenn man in einem fahrenden Zug sitzend Objekte in der vorbeiziehenden Landschaft so lange fixiert, bis sie aus dem Blickfeld verschwinden und dann durch eine Rückstellbewegung einen neuen Fixierungspunkt sucht. Der optokinetische Nystagmus bleibt über einen längeren Zeitraum bestehen, d. h. dass es bei konstanter linearer Geschwindigkeit nicht nach wenigen Sekunden zu einer Adaptation kommt. Der **vestibulookuläre Nystagmus** dient zur Stabilisierung der Augen gegenüber Kopfbewegungen. Er wird bei Reizung der Bogengänge ausgelöst (physiologisch durch Bewegungen oder experimentell durch Spülung des äußeren

Gehörgangs mit warmem oder kaltem Wasser → **kalorischer Nystagmus**). Weitere Einzelheiten hierzu, v. a. auch zur diagnostischen Differenzierung der beiden Nystagmusformen, siehe S. 703

## Vergenzbewegungen

Bei **Vergenzbewegungen** ändert sich der Winkel zwischen den Blickachsen der Augen, sie sind **gegensinnig** (die Augen bewegen sich also z. B. beide nach innen). Das Ziel von Vergenzbewegungen ist es, den Winkel der beiden Sehachsen an die Entfernung eines betrachteten Gegenstandes anzupassen: Während die Achsen beim Blick in große Ferne praktisch parallel verlaufen, müssen sie, um ein Objekt in der Nähe fixieren zu können, **konvergieren**. Neben der Konvergenzbewegung umfasst diese **Naheinstellungsreaktion** eine Nahakkommodation und die Verengung der Pupille (s. S. 629). Beim erneuten Blick in die Ferne müssen die Blickachsen wiederum **divergieren**, d. h. auseinanderweichen.

**Vergenzbewegungen**

Bei **Vergenzbewegungen** bewegen sich die Augen **gegensinnig.** Um ein Objekt in der Nähe fixieren zu können, müssen die Augen **konvergieren** (die Augen bewegen sich beide nach innen).
Beim erneuten Blick in die Ferne müssen die Blickachsen wiederum **divergieren** (auseinanderweichen).

## Zufällige Augenbewegungen

Selbst wenn man ein Objekt mit den Augen fixiert, werden unbewusst langsame, kleine Gleitbewegungen (sog. **Drifts**) sowie **Mikrosakkaden** von ca. 1 Winkelminute (= 1/60 °) Auslenkung durchgeführt, damit ständig neue Photorezeptoren gereizt werden. Dadurch wird eine Adaptation der Photorezeptoren (s. S. 654) verhindert. (Setzt man eine Kontaktlinse mit einer Leuchtdiode auf das Auge, wird das Bild der Diode mit den Augenbewegungen mitgeführt. Dieses „stabilisierte Netzhautbild" erlischt nach wenigen Sekunden, weil die Photorezeptoren adaptieren.)

**Zufällige Augenbewegungen**

**Mikrosakkaden** verhindern die ansonsten physiologischerweise einsetzende Adaptation der Photorezeptoren.

## Kontrolle der Augenbewegungen

Die Kontrolle der Augenbewegungen ist sehr komplex: Sakkaden werden über **prämotorische pontine Hirnstammzentren** kontrolliert. Die **Colliculi superiores** (Mittelhirn) koordinieren die Augenbewegungen mit dem visuellen Eingang, d. h. z. B. mit der Bewegung von Objekten. Bewusste Sakkaden werden durch das **frontale Augenfeld** (Teil des prämotorischen Kortex, s. Abb. **22.17**, S. 739) kontrolliert. Die neuronale Kontrolle der langsamen Folgebewegungen involviert Teile des **parietotemporalen Assoziationskortex** (vgl. hierzu S. 756).

**Kontrolle der Augenbewegungen**

Beteiligte Strukturen:
- **pontine Hirnstammzentren:** Sakkaden
- **Colliculi superiores:** Koordination mit optischer Wahrnehmung
- **frontales Augenfeld:** bewusste Sakkaden
- **parietotemporaler Assoziationskortex:** langsame Folgebewegungen.

► **Klinik.** Bei Fehlinnervation der Augenmuskeln oder bei muskulären Fehlstellungen kommt es zum Schielen **(Strabismus)**, teilweise verbunden mit Doppeltsehen (**Diplopie,** s. S. 669).
Bei einer einseitigen Läsion im frontalen Augenfeld können keine bewussten Blickbewegungen auf die gegenüberliegende Seite ausgeführt werden, bei doppelseitiger Läsion fallen alle bewussten lateralen Blickbewegungen aus.

► **Klinik.**

## 18.1.7 Netzhaut und primäre sensorische Prozesse

**18.1.7 Netzhaut und primäre sensorische Prozesse**

### Ophthalmoskopie

Wenn Licht von vorne in das Auge fällt, wird es vom Augenhintergrund (Fundus) reflektiert. Dieses Prinzip wird bei der Betrachtung des Auges durch den Untersucher im Rahmen einer Ophthalmoskopie ausgenutzt, um die Beurteilung der Netzhaut zu ermöglichen. Dabei wird die direkte von der indirekten Ophthalmoskopie unterschieden:

- **Direkte Ophthalmoskopie** (Spiegelung im aufrechten Bild): Der Arzt blickt mit dem Augenspiegel direkt und fernakkommodiert in das ebenfalls fernakkommodierte Auge des Patienten (Abb. **18.15a, b**). Die kombinierte Optik der beiden Augen wirkt wie eine Lupe: Der Arzt sieht einen kleinen Fundusausschnitt im aufrechten, ca. 16-fach vergrößerten Bild.
- **Indirekte Ophthalmoskopie** (Spiegelung im umgekehrten Bild): Hier wird eine Lupe (15 dpt) vor das Patientenauge gehalten (Abb. **18.15c, d**). Die Lupe erzeugt ein reelles Bild der Patientenretina vor dem Patientenauge (Luftbild), das vom Augenarzt betrachtet wird. Er sieht ein nur 4-fach vergrößertes, umgekehrtes Bild der Patientenretina, kann dadurch aber eine größere Retinafläche untersuchen.

**Ophthalmoskopie**

Die Betrachtung des Augenhintergrundes (Fundus) heißt Ophthalmoskopie und ist von großer diagnostischer Bedeutung.

**Formen** der Ophthalmoskopie:
- **Direkte Ophthalmoskopie:** Direkter Blick in das Patientenauge mit dem Augenspiegel → 16-fach vergrößertes, aufrechtes Bild (Abb. **18.15a, b**).
- **Indirekte Ophthalmoskopie:** Blick durch Lupe vor dem Patientenauge; in der Lupe ist ein 4-fach vergrößertes, umgekehrtes Bild der Patientenretina erkennbar. (Abb. **18.15c, d**).

18.15 **Direkte (a, b) und indirekte (c, d) Ophthalmoskopie**

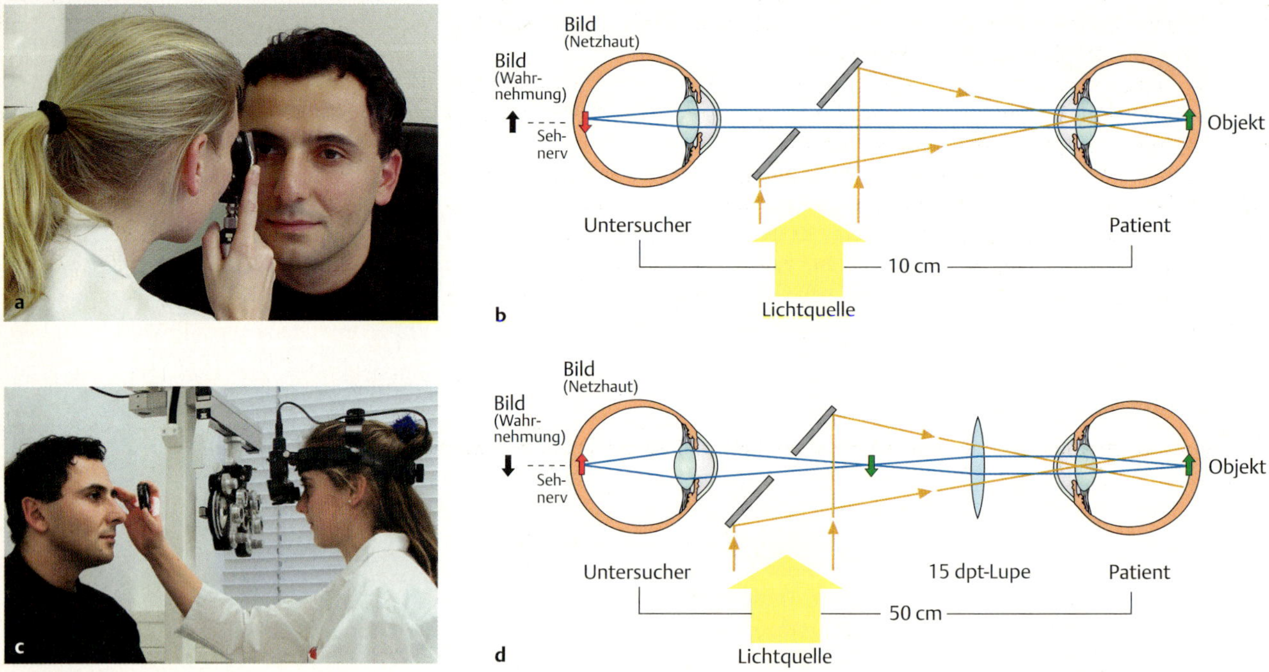


Zwei wichtige Bereiche (Abb. **18.16**):
- **Blinder Fleck (Papilla nervi optici):** Hier verlassen die Axone der Ganglienzellen das Auge.
- **Gelber Fleck (Macula lutea)** mit der blutgefäßfreien Sehgrube **(Fovea centralis)** als Stelle des schärfsten Sehens.

Beim Blick in das Auge fallen zwei Bereiche auf (Abb. **18.16**):
- Der **blinde Fleck (Papilla nervi optici)**, an dem die Axone der Ganglienzellen das Auge verlassen (und die A. und V. centralis retinae ein- bzw. austreten)
- und ca. 15° temporal davon der **gelbe Fleck (Macula lutea)** mit der blutgefäßfreien **Sehgrube (Fovea centralis)**, der Stelle des schärfsten Sehens (s. auch Abb. **18.19**, S. 645).

▶ Merke.

▶ **Merke.** Will der Arzt die **Fovea centralis** untersuchen, sollte der Patient ihm geradeaus ins Auge blicken.

▶ Klinik.

▶ **Klinik.** Der **Augenspiegel** (das Ophthalmoskop) gehört zu den wichtigsten Instrumenten, wenn es darum geht, Gefäßerkrankungen oder neurodegenerative Prozesse zu diagnostizieren, da er einen direkten Blick auf neuronale Strukturen und Gefäße ermöglicht. So können Blutungen oder Veränderungen der Gefäße bei Bluthochdruck ebenso festgestellt werden wie pathologische Veränderungen der Retina oder des Pigmentepithels (z.B. Einlagerung von Drusen bei Makuladegeneration, s. S. 657).

18.16

18.16 **Hintergrund des linken Auges**

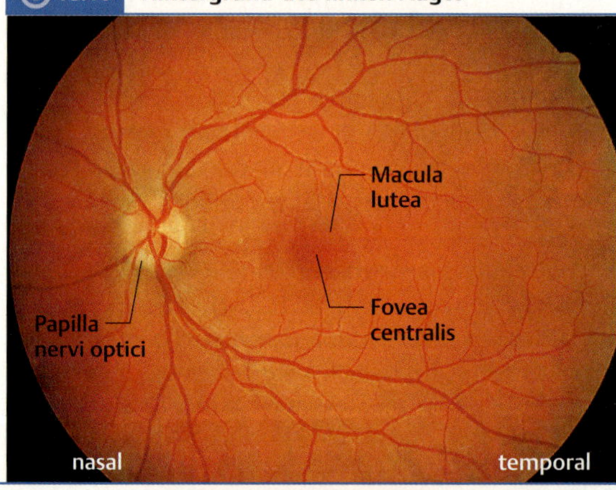


Man erkennt die **Papilla nervi optici** (blinder Fleck) und 15° temporal davon die **Macula lutea** (gelber Fleck) mit der **Fovea centralis** (Sehgrube), der Stelle des schärfsten Sehens.

## Aufbau der Retina

Die Retina entwickelt sich als eine Ausstülpung des Zwischenhirns und ist somit als vorgeschobener Gehirnteil aufzufassen. Sie ist ca. 200 µm dick, anatomisch sehr klar geschichtet und enthält folgende Zelltypen (Abb. **18.17**):

- Die **Photorezeptoren** setzen Lichtreize in elektrische Signale um (Phototransduktion, s.u.). Überraschenderweise liegen die Photorezeptoren auf der lichtabgewandten Seite der Retina (sog. „inverse Retina").
- Ein **neuronales Netzwerk**, bestehend aus **Bipolarzellen**, **Horizontalzellen** und **Amakrinzellen**, dient der ersten Verarbeitung der optischen Information. Die Axone der nachgeschalteten **Ganglienzellen** bilden den N. opticus (II. Hirnnerv) und leiten die Information zentralwärts. Jede Zellklasse kann in mehrere Subtypen aufgegliedert werden, insgesamt gibt es ca. 60 (!) verschiedene Nervenzelltypen in der Retina.

### Aufbau der Retina

Die Retina ist ca. 200 µm dick und durch folgende Zelltypen/Elemente anatomisch sehr klar geschichtet (Abb. **18.17**):

Fünf **Nervenzellklassen:**

- Photorezeptoren
- Bipolarzellen
- Horizontalzellen
- Amakrinzellen
- Ganglienzellen.

Drei Arten von **Gliazellen:**

- Müllerzellen (retinaspezifisch)
- Astrozyten
- Mikroglia.

**18.17 Schematischer Schnitt durch Pigmentepithel und Retina mit den wesentlichen Zellklassen**

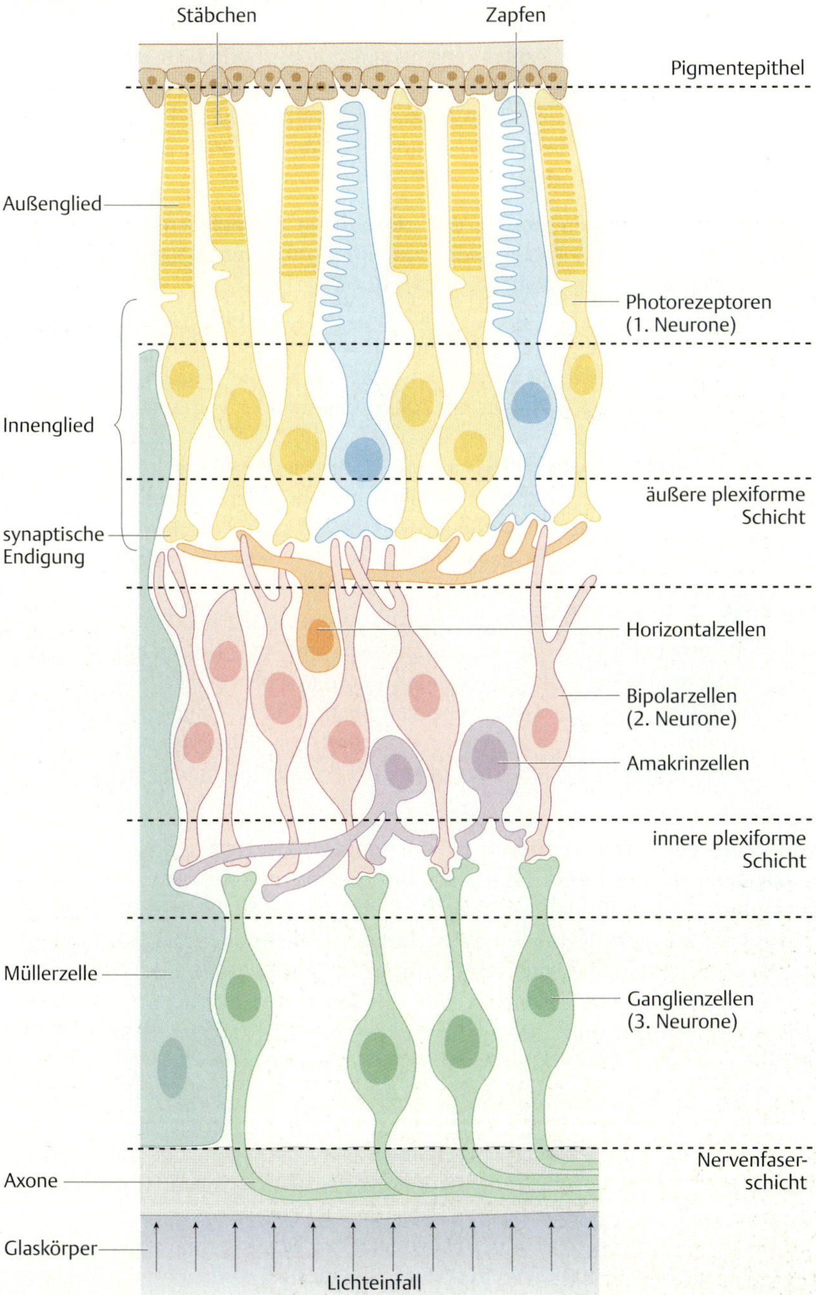


Die Retina besteht aus mehreren Schichten. Auf der lichtabgewandten Seite liegen die Photorezeptoren: Zapfen und Stäbchen. Ihre Außenglieder sind die eigentlichen Lichtsensoren. Bipolarzellen (2. Neurone) übertragen die Information von den Photorezeptoren auf die Ganglienzellen (3. Neurone), deren Axone in der Nervenfaserschicht zur Papilla nervi optici (vgl. Abb. **18.16**) ziehen und dort das Auge verlassen, um zu den visuellen Zentren des Gehirns zu projizieren. Horizontalzellen und Amakrinzellen sorgen für laterale Verschaltungen. Müllerzellen (Glia) durchspannen fast die gesamte Retina.

Hinter den Photorezeptoren liegen (von innen nach außen):

- Pigmentepithel
- Bruch-Membran
- Choroidea.

**Photorezeptoren**

▶ **Synonym**

**Prinzip:** Durch Lichteinfall wird die Phototransduktion ausgelöst = aus Lichtreizen werden elektrische Signale.

**Typen** von Photorezeptoren:

- **Stäbchen:** Die 120 Mio. Stäbchen pro Auge dienen dem Dämmerungs- und Nachtsehen **(skotopisches Sehen)**, liefern aber keine Farbinformation.
- **Zapfen:** Die 6 Mio. Zapfen pro Auge dienen dem Tagessehen **(photopisches Sehen)** und Farbensehen. Es gibt wiederum drei Zapfentypen mit unterschiedlicher spektraler Empfindlichkeit („Blau"-, „Grün"- und „Rot"-Zapfen).

**Aufbau** (Abb. **18.18a**): Photorezeptoren sind **primäre Sinneszellen** mit

- **Innenglied:** Zellkörper, Axon und synaptischer Endfuß
- **Außenglied:** Lichtsensor und Ort der Phototransduktion.

In **Außengliedern der Stäbchen** ist deren Sehpigment **Rhodopsin** in ca. 1000 flache Membransäckchen **(Disks)** eingelagert. Diskmembran und Plasmamembran sind vollständig voneinander getrennt (Abb. **18.18**).

Bei den **Zapfen** befindet sich das Sehpigment (für jede Zapfenart ein typisches **Opsin**) in der Plasmamembran – die Disks sind nicht immer isoliert angeordnet.

**Verteilung der Photorezeptoren in der Retina:** Das Licht muss mehrere Retinaschichten durchdringen, bis es auf die Photorezeptoren trifft. Außer an der Stelle des schärfsten Sehens **(Fovea centralis)** führt dies zur Verschlechterung der Auflösung. (Abb. **18.19**).

Die Fovea centralis enthält ausschließlich **Zapfen** und ist deshalb nachtblind. Die Zapfen sind dort sehr dicht gepackt – ideal für eine maximale Auflösung. In der Peripherie nimmt die Zapfendichte ab.

Die Dichte der **Stäbchen** ist dagegen in der Umgebung der Fovea (parafovealer Bereich) am höchsten, sinkt aber ebenfalls zur Retinaperipherie hin ab.

- Zusätzlich enthält die Retina drei Arten von **Gliazellen**: die retinaspezifischen **Müllerzellen** sowie **Astrozyten** und **Mikroglia**. Oligodendrozyten fehlen in der Retina, die Axone der Ganglienzellen werden erst im N. opticus myelinisiert.
- Hinter den Photorezeptoren liegen von innen nach außen **Pigmentepithel**, **Bruch-Membran** und **Choroidea**.

## Photorezeptoren

▶ **Synonym.** Photosensoren.

**Prinzip:** Die Photorezeptoren enthalten Sehpigmente, deren chemische Konfiguration durch Lichteinfall verändert wird. Dies löst den Signalprozess der Phototransduktion aus, bei der Lichtreize in elektrische Signale umgewandelt werden (s. u.).

**Typen:** Man kann zwei Typen von Photorezeptoren unterscheiden – Stäbchen und Zapfen **(Duplizitätstheorie des Sehens)**:

- **Stäbchen:** In der Retina gibt es ca. **120 Mio. Stäbchen**, die sehr lichtempfindlich und für das Dämmerungssehen und Nachtsehen (**skotopisches Sehen**, s. S. 654) zuständig sind. Mit den Stäbchen lassen sich keine Farben unterscheiden.
- **Zapfen:** Die ca. **6 Mio. Zapfen** sind weniger lichtempfindlich und dienen dem Tagessehen **(photopisches Sehen, s. S. 655)** und **Farbensehen** (s. S. 652). Die Zapfen lassen sich wiederum in drei Typen unterteilen, die sich in der spektralen Empfindlichkeit ihrer Sehpigmente unterscheiden („Blau"-, „Grün"- und „Rot"-Zapfen, **Dreifarbentheorie**).

**Aufbau:** Photorezeptoren werden den **sekundären Sinneszellen** zugerechnet (vgl. hierzu S. 587). Zwei morphologisch und funktionell unterschiedliche Kompartimente lassen sich unterscheiden (Abb. **18.18a**):

- Das **Innenglied** umfasst den Zellkörper, das Axon und den synaptischen Endfuß.
- Das **Außenglied** bildet den eigentlichen Lichtsensor und enthält alle molekularen Komponenten zur Absorption von Licht und zur photoelektrischen Transduktion.

Außen- und Innenglied sind über ein **Zilium** miteinander verbunden.

Im **Außenglied des Stäbchens** sind ca. 1000 flache Membransäckchen, die sog. **Disks**, wie Münzen in einer Geldrolle gestapelt. In ihrer Lipiddoppelschicht ist das Sehpigment der Stäbchen, das **Rhodopsin** (Abb. **18.18b**), eingelagert. An der Basis werden ständig neue Disks nachgebildet, von wo aus sie Richtung Spitze des Außensegments wandern. Die angrenzenden Pigmentepithelzellen phagozytieren jeden Tag ca. 10 % des Außensegments, sodass ein Außensegment in ca. 10 Tagen komplett erneuert wird. In den Stäbchen sind die Diskmembran und die Plasmamembran vollständig voneinander getrennt (Abb. **18.18a**).

Bei den **Zapfen** sind die Disks hingegen nicht immer isoliert angeordnet, die Plasmamembran ist jedoch stapelförmig gefaltet. Das Sehpigment der Zapfen (für jede Zapfenart jeweils ein typisches **Opsin**, s. S. 652) ist hier in der Plasmamembran zu finden.

**Verteilung der Photorezeptoren in der Retina:** Das Licht muss mehrere Retinaschichten durchdringen, bis es auf die Photorezeptoren trifft. Es wird dabei gestreut und die Auflösung verschlechtert sich. An der Stelle des schärfsten Sehens **(Fovea centralis)** sind die inneren Zellschichten zur Seite geschoben, sodass das Licht weniger gestreut auf die Photorezeptoren trifft (Abb. **18.19**).

Um die Auflösung zu maximieren, sind die **Zapfen** der Fovea centralis sehr dicht gepackt (ca. 140 000/$mm^2$). Da die Fovea ausschließlich Zapfen und keine Stäbchen enthält, ist sie nachtblind (skotopisches Zentralskotom, vgl. hierzu S. 656). Außerhalb der Fovea sinkt die Zapfendichte auf wenige 1000/$mm^2$ ab, aber auch in der Retinaperipherie sind immer noch Zapfen zu finden. Sie erlauben der Retinaperipherie das Sehen am Tag. Aufgrund der niedrigen Zapfendichte und der stark konvergenten Verschaltung ist jedoch kein Farbensehen in der Peripherie möglich.

Die Dichte der **Stäbchen** ist in der Umgebung der Fovea (parafovealer Bereich) am höchsten (bis ca. 160 000/$mm^2$) und sinkt ebenfalls zur Retinaperipherie hin ab.

**18.18 Stäbchen**

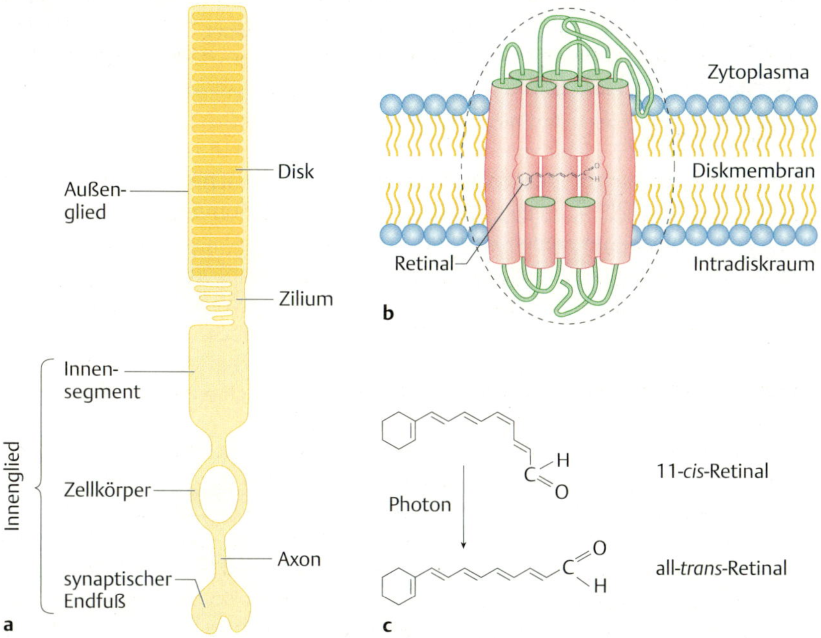


**a** Im Außenglied der Stäbchen sind die Disks stapelförmig angeordnet.
**b** In der Diskmembran (Doppellipidmembran) sitzt das Sehpigment **Rhodopsin**. Es besteht aus einem Protein, das die Membran 7-fach durchspannt, und dem Retinal, das kovalent im Protein gebunden ist.
**c** Bei Lichtabsorption geht das 11-*cis*-Retinal in die gestreckte all-*trans*-Form über und das Rhodopsin wird damit aktiviert (Lichtreaktion, s. S. 646).

**18.19 Fovea centralis**

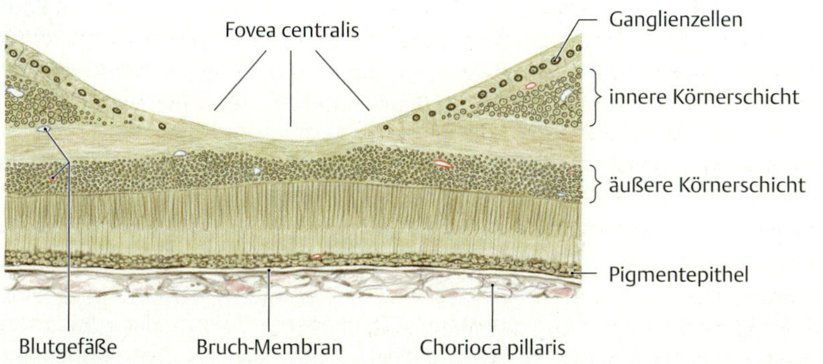


An der Stelle des schärfsten Sehens (Durchmesser ca. 1,5 mm) sind die inneren Retinaschichten an den „Trichterrand“ verlagert, so dass das Licht weniger gestreut auf die Photorezeptoren (ausschließlich Zapfen) trifft.

## Phototransduktion

**▶ Definition.** Im Rahmen der **Phototransduktion** werden Lichtreize in elektrische Signale übertragen: Die Photorezeptoren übersetzen die Lichtreize in eine Änderung ihres Membranpotenzials und geben die Information synaptisch an nachgeschaltete Zellen weiter.

### Rezeptorpotenzial

Bei den meisten Typen von Sinneszellen ist die Plasmamembran im Ruhezustand negativ geladen und wird bei adäquater Reizung depolarisiert. Photorezeptoren der Retina reagieren genau umgekehrt: Sie sind **im Dunkeln depolarisiert** – das Membranpotenzial beträgt lediglich –30 mV bis –40 mV (s. u.). Photorezeptoren setzen in Dunkelheit an ihrem synaptischen Endfuß kontinuierlich den Neurotransmitter Glutamat frei.

Bei **Belichtung** werden die Photorezeptoren **hyperpolarisiert,** d. h. ihre Membranspannung wird negativer und die Zelle setzt in der Folge weniger Transmitter frei. Dies führt in den nachgeschalteten Zellen (Bipolar- und Horizontalzellen) zu Veränderungen des Membranpotenzials.

Phototransduktion

▶ Definition.

Rezeptorpotenzial

Photorezeptoren sind **im Dunkeln depolarisiert** und setzen an ihrer Synapse kontinuierlich den Neurotransmitter Glutamat frei.

Die **Belichtung** führt zur **Hyperpolarisierung** der Photorezeptoren. Auch in nachgeschalteten Bipolar- und Horizontalzellen kommt es zu Veränderungen des Membranpotenzials.

▶ Merke.

▶ Merke. Photorezeptoren reagieren anders als die meisten erregbaren Zellen auf einen adäquaten Reiz nicht mit einer Depolarisation, sondern mit einer Hyperpolarisation – man spricht von einer **„umgekehrten" Lichtantwort**.

▶ Klinik.

▶ Klinik. Bei der **Elektroretinografie (ERG)** wird die elektrische Antwort der Netzhaut auf eine kurze Lichtexposition mithilfe von Kontaktlinsenelektroden aufgezeichnet und damit die adäquate Reaktion auf einen Lichtreiz überprüft. Beim ERG handelt es sich – analog zum aufgezeichneten Summenvektor beim EKG (s. S. 84) – um eine Summenantwort der Netzhaut.
Abb. **18.20 a** zeigt das physiologische Elektroretinogramm eines normalsichtigen Patienten mit den typischen Reizantworten auf einen schwächeren (untere Linie) bzw. stärkeren Lichtreiz (obere Linie). Eine analoge Untersuchung zeigt bei einer Retinopathia-pigmentosa-Patientin (vgl. hierzu S. 657) bei schwachem Lichtreiz keine auslösbare Antwort, bei stärkerem Reizlicht lediglich eine minimale Antwort mit kleiner Amplitude (Abb. **18.20 b**).

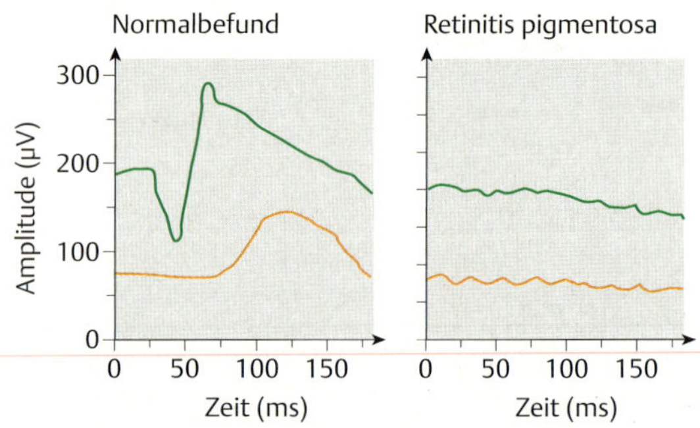


18.20

**Elektroretinogramm**

Im Dunkeln wird cGMP gebildet und bindet an sog. CNG-Kanäle des Außenglieds, wodurch diese sich öffnen. Durch die geöffneten CNG-Kanäle fließt ein depolarisierender **„Dunkelstrom"** von $Na^+$- und $Ca^{2+}$-Ionen in das Außenglied und wirkt dadurch dem Ausstrom von $K^+$ entgegen. Die Zelle wird auf ca. –40mV depolarisiert (Abb. **18.21a**).

Der Photorezeptor verwendet einen intrazellulären Botenstoff (Second messenger), um zwischen der Diskmembran (Lichtabsorption) und der Plasmamembran (Entstehung des elektrischen Signals) zu vermitteln: das **cGMP** (zyklisches Guanosinmonophosphat). cGMP wird im Dunkeln von der Guanylatzyklase gebildet. In der Plasmamembran des Außenglieds gibt es Ionenkanäle, die öffnen, wenn cGMP an sie bindet (cyclic nucleotide-gated, CNG-Kanäle); ähnliche Kanäle kommen auch in den Riechzellen vor, dort werden sie durch cAMP gesteuert (s. S. 719). Durch die im Dunkeln geöffneten CNG-Kanäle fließen $Na^+$- und $Ca^{2+}$-Ionen in das Außenglied der Photorezeptoren. Dieser konstante **„Dunkelstrom"** wirkt dem Ausstrom an $K^+$-Ionen elektrisch entgegen, der normalerweise ein negatives Ruhepotenzial einstellen würde: Die Zelle wird auf etwa –40 mV depolarisiert (Abb. **18.21a**).

Bei der Lichtantwort wird das cGMP abgebaut und konsekutiv schließen die CNG-Kanäle. Der Strom positiver Ionen reduziert sich und die Zelle hyperpolarisiert auf ca. –70mV (Abb. **18.21b**).

Wenn Licht vom Sehpigment absorbiert wird, beginnt eine Kette biochemischer Reaktionen, an deren Ende cGMP abgebaut wird (s. u.). Ohne cGMP schließen die Kanäle und es strömen weniger positive Ionen in die Zelle hinein (Hyperpolarisation). Bei schwachen Lichtreizen schließen nur wenige Kanäle und die Membranspannung wird nur um wenige mV negativer. Bei starken Lichtreizen werden alle Kanäle geschlossen, der $K^+$-Ausstrom überwiegt und die Membranspannung sinkt auf ca. –70 mV ab (Abb. **18.21b**).

### Signalkette der Lichtreaktion

Die Phototransduktion erfolgt über eine G-Protein-gekoppelte Kaskade aus **Rhodopsin** (Rezeptor bei den Stäbchen aus Opsin und 11-*cis*-Retinal), **Transducin** (G-Protein) und **Phosphodiesterase** (Effektor).

### Signalkette der Lichtreaktion

Die Lichtantwort innerhalb der Photorezeptoren wird durch eine **G-Protein-gekoppelte Enzymkaskade** vermittelt, wie sie in ähnlicher Form auch in anderen Sinneszellen (vgl. S. 587) und allgemein bei Signalprozessen vorkommt. Der G-Protein-gekoppelte Rezeptor ist im Falle der Stäbchen das **Rhodopsin**, das G-Protein heißt **Transducin**, der Effektor ist die **Phosphodiesterase** (PDE). Rhodopsin setzt sich aus dem Protein Opsin und dem lichtempfindlichen **11-*cis*-Retinal** (einem Aldehyd des Vitamin A) zusammen. Das trimere Transducin-Molekül besteht aus drei unterschiedlichen Untereinheiten, die α, β und γ genannt werden.

Nach der Absorption eines Lichtquants (Photons) wird das 11-*cis*-Retinal im Rhodopsin zu **all-trans-Retinal** isomerisiert. Anschließend wandelt sich das Rhodopsin über mehrere

Bei der Absorption eines Lichtquants (Photons) wird das Retinal von der gewinkelten 11-*cis*- in die gestreckte **all-*trans*-Form** überführt und das Rhodopsin-

18.21 **Phototransduktion**

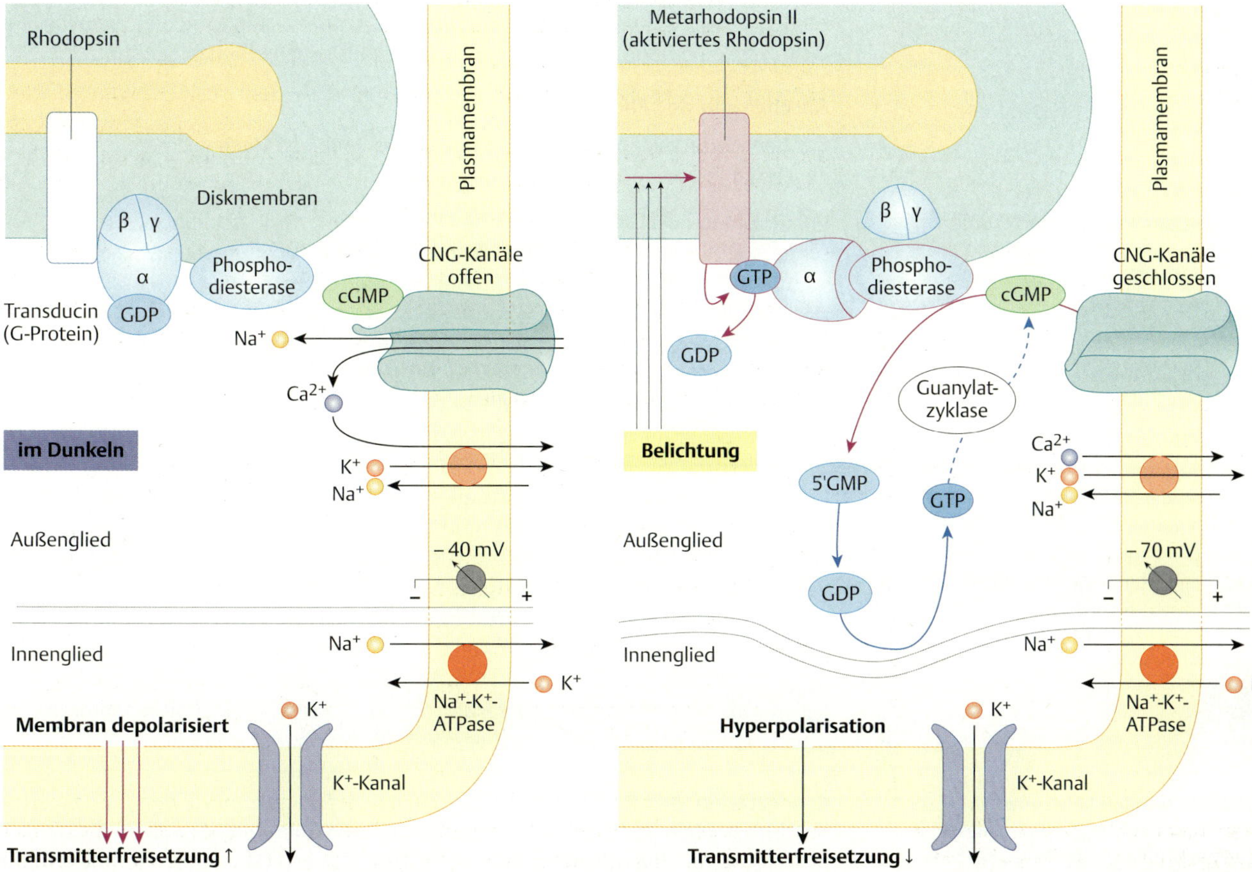


**a** Im Dunkeln. **b** Bei Belichtung.

Molekül damit aktiviert (s. Abb. **18.18c**, S. 645). Das aktivierte Rhodopsin wird über mehrere Zwischenstufen in **Metarhodopsin II** umgewandelt, welches seinerseits das Transducin aktiviert (Abb. **18.21b**). Die α-Untereinheit des Transducins bindet im inaktiven Zustand GDP. Das aktivierte Rhodopsin initiiert dort den Austausch von GDP gegen GTP. In der Folge zerfällt das Transducin in eine aktive α-Untereinheit und eine β-γ-Untereinheit. Die α-Untereinheit aktiviert die Phosphodiesterase, indem sie eine von zwei inhibitorischen γ-Untereinheiten der PDE entfernt. Die PDE spaltet schließlich cGMP-Moleküle zu 5'GMP, welches nun die cGMP-gesteuerten CNG-Kanäle nicht mehr offenhalten kann. Die Kanäle schließen und die Zelle hyperpolarisiert.

Zwei wesentliche Aspekte tragen dazu bei, dass **Stäbchen** als **ideale Photonendetektoren** gelten:

- Das Außenglied eines Stäbchens enthält mehr als 50 Mio. Rhodopsin-Moleküle, dies hat eine **hohe Absorptionswahrscheinlichkeit** zur Folge.
- Die beschriebene Enzymkaskade der Phototransduktion besitzt einen **hohen Verstärkungsgrad**: Ein einzelnes Rhodopsin-Molekül kann bis zu 150 Transducin-Moleküle aktivieren, ein PDE-Molekül bis zu 2000 cGMP-Moleküle in der Sekunde hydrolysieren. Die berechenbare maximale Verstärkung (um den Faktor 300 000) wird in der Zelle zwar nicht erreicht, aber bereits nach Absorption eines Photons schließen so viele Ionenkanäle, dass der Dunkelstrom und damit die Membranspannung messbar verändert werden. Werden 100–300 Photonen absorbiert (dazu sind nur 0,001 % der Rhodopsin-Moleküle notwendig), wird der Dunkelstrom völlig unterbrochen, d. h. die Lichtantwort der Stäbchen sättigt.

Stufen zu **Metarhodopsin II** um. Dieses aktiviert Transducin, das die Phosphodiesterase (PDE) aktiviert. Die aktivierte PDE spaltet cGMP und konsekutiv schließen die CNG-Kanäle → die Zelle hyperpolarisiert.

Stäbchen sind ideale Photonendetektoren:

- **hohe Absorptionswahrscheinlichkeit** durch sehr zahlreiche Rhodopsin-Moleküle.
- hoher **Verstärkungsfaktor** der Signalkaskade Rhodopsin → Transducin → PDE → cGMP-Spaltung.

Die **Signalkaskade in Zapfen** funktioniert prinzipiell genauso wie die in Stäbchen, allerdings sind alle beteiligten Proteine durch Isoformen ersetzt.

Die **Signalkaskade in Zapfen** funktioniert im Prinzip genauso wie die in Stäbchen, allerdings sind alle beteiligten Proteine durch Isoformen ersetzt. Sie sind funktionell ähnlich, werden aber von anderen Genen kodiert. Zapfen reagieren auch bedeutend schneller auf Licht als Stäbchen. Stäbchen müssen aufgrund der schwächeren Lichtreize eine hohe Verstärkung in der Kaskade erzielen – das benötigt Zeit.

### Abschaltung der Phototransduktion

Zur Beendigung der Phototransduktion gibt es mehrere Mechanismen, sie wird aktiv abgeschaltet:

**Versiegelung des Rhodopsins:** Rhodopsin wird phosphoryliert und anschließend durch Arrestin „versiegelt" (→ Transducin kann nicht mehr aktiviert werden).

**Versiegelung des Rhodopsins:** Das Rhodopsin wird phosphoryliert und anschließend durch ein weiteres Protein, das **Arrestin**, „versiegelt", sodass keine weiteren Transducin-Moleküle aktiviert werden können.

▶ Klinik. Arrestin ist auch als **S-Antigen** (für soluble = löslich) bekannt. Es wird beim Absterben der Photorezeptoren freigesetzt und kann zur Bildung von Autoantikörpern führen, die entzündliche Vorgänge in der Retina auslösen und damit zur Erblindung führen können (Autoimmunerkrankung, vgl. hierzu S. 209).

**Regeneration des Rhodopsins:** All-*trans*-Retinal löst sich aus dem Rhodopsinmolekül und wird in das Pigmentepithel transportiert, wo es in 11-*cis*-Retinal umgebaut wird. Nach Transport in das Außensegment wird es mit Opsin zu neuem, lichtempfindlichen Rhodopsin zusammengebaut.

**Regeneration des Rhodopsins***:* Das all-*trans*-Retinal im belichteten Rhodopsin kann kein Licht mehr absorbieren. Es muss wieder in die 11-*cis*-Form zurückgeführt werden. Zuerst löst sich das all-*trans*-Retinal aus dem Rhodopsinmolekül und wird in das Pigmentepithel transportiert. Dort wird es biochemisch in 11-*cis*-Retinal umgebaut, anschließend in das Außensegment zurücktransportiert und mit Opsin zu neuem, lichtempfindlichen Rhodopsin zusammengebaut.

▶ Klinik. Bei einer **Netzhautablösung** (s. S. 630) können die Photorezeptoren nicht mehr mit frischem 11-*cis*-Retinal versorgt werden und degenerieren.

**Regeneration des Dunkelstroms:** Lichtreize führen zur Abnahme der $Ca^{2+}$-Konzentration im Außenglied (s. Abb. **18.21 b**, S. 647) → Aktivierung der Guanylatzyklase → cGMP-Konzentration steigt → CNG-Kanäle öffnen wieder → Dunkelstrom wiederhergestellt.

**Regeneration des Dunkelstroms***:* Durch einen Lichtreiz wird der $Ca^{2+}$-Einstrom durch die cGMP-gesteuerten Ionenkanäle unterbrochen und die intrazelluläre $Ca^{2+}$-Konzentration im Außenglied sinkt (s. Abb. **18.21 b**, S. 647). Dadurch wird wiederum die Guanylatzyklase aktiviert und synthetisiert verstärkt cGMP. Die cGMP-gesteuerten CNG-Kanäle öffnen wieder und der Einstrom von $Na^+$- und $Ca^{2+}$-Ionen stellt das Membranpotenzial und die $Ca^{2+}$-Konzentration wieder auf den Dunkelwert ein.

## Informationsverarbeitung in der Retina

Bereits in der Retina erfolgt eine erste Signalverarbeitung.

Bevor die Lichtinformationen an das Gehirn weitergegeben werden, erfolgt bereits in der Retina eine erste Signalverarbeitung. Diese basiert auf abgestuften Änderungen des Membranpotenzials (elektrotonische Potenziale), synaptischer Übertragung mit chemischen und elektrischen Synapsen und der Erzeugung erregender und hemmender postsynaptischer Potenziale.

▶ Merke. Erst auf der Ebene der **Ganglienzellen** entstehen Aktionspotenziale, die entlang der Axone im N. opticus die Lichtinformation an nachgeschaltete Stationen der Sehbahn (s. S. 658) weitergeben.

### ON- und OFF-Wege

**Zapfen** übertragen die Information auf Zapfen-Bipolarzellen (2. Neuron der Sehbahn) und weiter auf die Ganglienzellen (3. Neuron).

**Zapfen:** Sie übertragen die Information synaptisch auf Zapfen-Bipolarzellen (2. Neuron der Sehbahn), die sie ihrerseits auf die Ganglienzellen (3. Neuron) übertragen. Die Axone der Ganglienzellen leiten die Information zentralwärts. Entlang dieses Weges wird die Information kontinuierlich verarbeitet und verändert.

**Arten von Zapfen-Bipolarzellen:**
- **OFF-Bipolarzellen:** Erregung durch Glutamat, das im Dunkeln freigesetzt wird (Dunkel- bzw. OFF-System).

**Es gibt zwei Arten von Zapfen-Bipolarzellen:**
- Die **OFF-Bipolarzellen** werden durch das Glutamat, das die Zapfen im Dunkeln freisetzen, erregt (Licht-aus = OFF, **Dunkelsystem**). Sie erregen ihrerseits die OFF-Ganglienzellen (Abb. **18.22**, brauner Signalweg).
- Die **ON-Bipolarzellen** besitzen andere Glutamatrezeptoren und werden durch das Glutamat im Dunkeln gehemmt, sind aber im Hellen, wenn kein oder wenig

18.22 Retinale Signalwege (ON- und OFF-Wege)

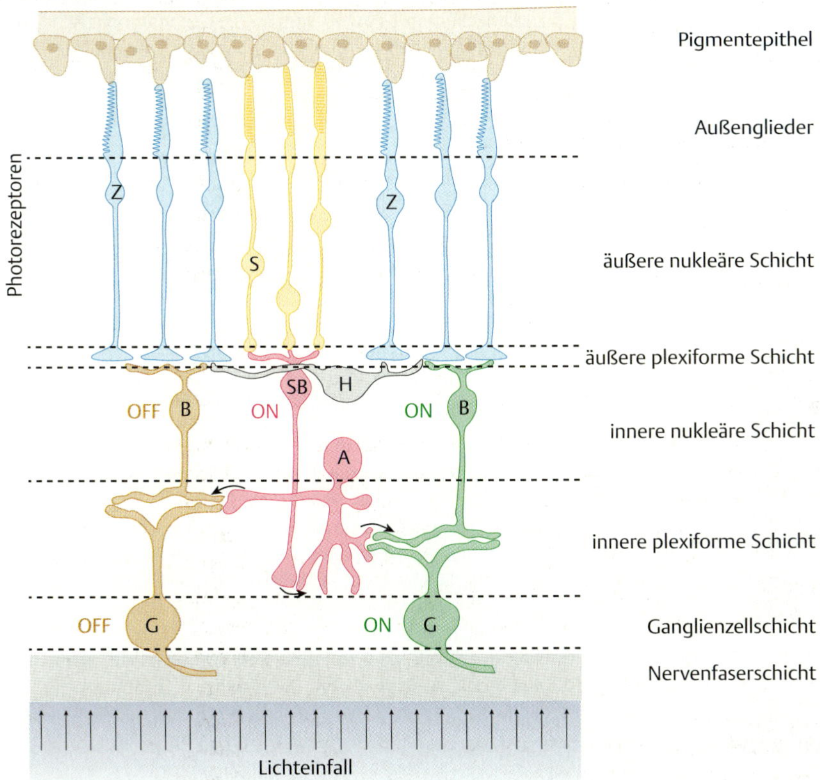


Erläuterung siehe Text. A = Amakrinzelle, B = Bipolarzelle, G = Ganglienzelle, H = Horizontalzelle, S = Stäbchen, SB = Stäbchenbipolarzelle, Z = Zapfen.

18.22

Glutamat freigesetzt wird, erregt (Licht-an = ON, **Hellsystem**). Sie erregen die ON-Ganglienzellen (Abb. **18.22**, grüner Signalweg).

- **ON-Bipolarzellen:** Hemmung durch das im Dunkeln freigesetzte Glutamat (Hell- bzw. ON-System)

Diese **ON-OFF-Dichotomie**, d. h. die Aufteilung in zwei sich ergänzende Systeme, wird durch entsprechende synaptische Verschaltungen bis in die höheren visuellen Zentren beibehalten.

Diese **ON-OFF-Dichotomie** wird als Prinzip bis in höhere Zentren beibehalten.

**Stäbchen:** Stäbchen besitzen nur einen Typ von Bipolarzelle (Stäbchen-Bipolarzelle, SB). Ihre weitere Verschaltung auf Ganglienzellen läuft über den Umweg der Zapfen-Bipolarzellen: Die SB ist eine ON-Bipolarzelle. Sie erregt bei Belichtung eine Stäbchenamakrinzelle (Abb. **18.22**, magentafarbener Signalweg). Die Amakrinzelle speist das Signal über eine elektrische, erregende Synapse in den ON- und über eine chemische, inhibitorische Synapse in den OFF-Weg ein.

**Stäbchen:** Stäbchen besitzen nur einen Bipolarzell-Typ, eine ON-Bipolarzelle.

## Rezeptive Felder

Rezeptive Felder

▶ **Definition.** Das **rezeptive Feld** ist derjenige Netzhautbezirk, über den ein bestimmtes visuelles Neuron (z. B. eine Ganglienzelle) erregt oder gehemmt wird.

▶ Definition.

▶ **Merke.** Kleine rezeptive Felder ermöglichen ein besseres Auflösungsvermögen (Detailanalyse, s. S. 651), als es bei großen rezeptiven Feldern möglich ist. Dafür sind Zellen mit großen rezeptiven Feldern meist kontrastempfindlicher.

▶ Merke.

Die retinalen Horizontalzellen und Amakrinzellen sind für die Übertragung lateraler inhibitorischer Signale verantwortlich, d. h. sie erzeugen einen „Hemmungsbereich" um einen durch einen Reiz erregtes Neuron (**laterale Hemmung**, vgl. hierzu S. 591). Durch Photorezeptoren erregte Horizontalzellen hemmen benachbarte Photorezeptoren, Amakrinzellen wirken in der inneren Retina inhibitorisch.

Horizontalzellen und Amakrinzellen erzeugen eine ausgeprägte **laterale Hemmung**, die zur Kontrastverschärfung beiträgt.

**18.23 Verrechnung erregender und hemmender Informationen im Bereich von rezeptiven Feldern**

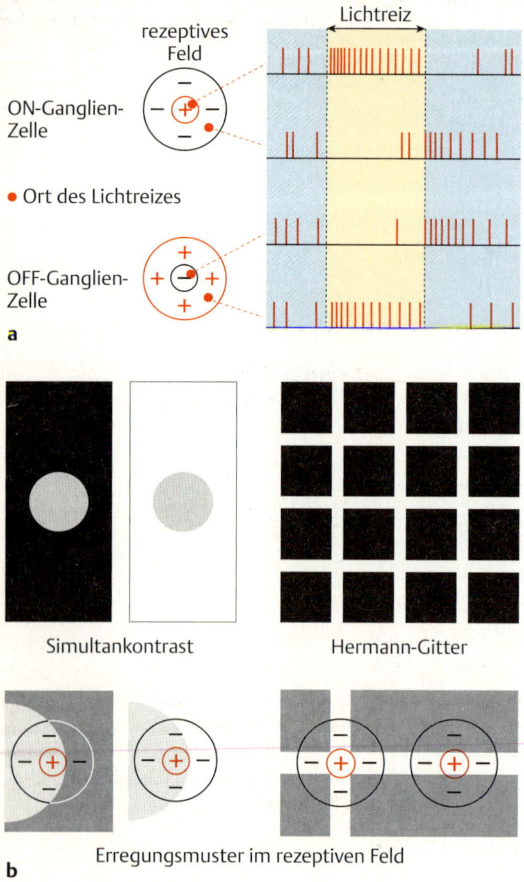


**a** Die meisten Ganglienzelltypen besitzen konzentrische, antagonistische rezeptive Felder: **ON-Ganglienzellen** werden durch „Licht-an" im Zentrum erregt (Entladungsrate steigt), im Umfeld gehemmt (Entladungsrate sinkt), **OFF-Ganglienzellen** reagieren genau umgekehrt.

**b** Bei Belichtung von Zentrum und Umfeld werden Erregung und Hemmung verrechnet, eine Folge ist der **Simultankontrast**: Das graue Feld erscheint auf schwarzem Grund heller als auf weißem Grund. Bei schwarzem Untergrund wird die ON-Zelle in ihrem Umfeld wenig gehemmt und ist deshalb sehr aktiv. Das Feld erscheint uns also hell. Auf weißem Grund wird die Zelle im Umfeld stark gehemmt und ist wenig aktiv – das Feld erscheint uns dunkler.
Beim **Hermann-Gitter** ist die Hemmung an den „Kreuzungen" stärker, deshalb erscheinen sie dunkler als die „Straßen". Der beschriebene Effekt hängt allerdings auch von der Größe der rezeptiven Felder ab: In der Fovea centralis sind die rezeptiven Felder so klein (s. S. 644), dass Zentrum und Umfeld meist gleich belichtet werden und der Effekt verschwindet. Dies wird deutlich, wenn man eine der „Kreuzungen" fixiert.

Die meisten Ganglienzellen besitzen konzentrisch aufgebaute, antagonistische **rezeptive Felder**.

Das Zentrum eines rezeptiven Feldes wird von einem ringförmigen antagonistischen Umfeld umgeben (Abb. **18.23 a**).

Hierdurch tragen Horizontal- und Amakrinzellen wesentlich zur Verschärfung von Kontrasten bei. Durch die laterale Hemmung entstehen auf der Ebene der Bipolar- und Ganglienzellen konzentrisch aufgebaute **rezeptive Felder**.
Das Zentrum eines rezeptiven Feldes wird von einem ringförmigen antagonistischen Umfeld umgeben (Abb. **18.23 a**). Eine **ON-Zentrum-Ganglienzelle** wird z. B. durch Licht im rezeptiven Zentrum erregt, im Umfeld aber gehemmt. Sind Zentrum und Umfeld gleich belichtet, gleichen sich Erregung und Hemmung weitgehend aus und die Zelle reagiert kaum. Dies gilt analog auch für **OFF-Zentrum-Ganglienzellen**.

▶ Merke.

▶ Merke. Durch ihr rezeptives Feld wird die Aktivität der Ganglienzellen unabhängig von der absoluten Helligkeit eines Lichtreizes. Ganglienzellen übermitteln also weniger Information über die Helligkeit als über den Kontrast zwischen Zentrum und Umfeld. Kontraste werden dabei durch das Prinzip der lateralen Hemmung verstärkt.

Eine Helligkeitswahrnehmung entsteht im Gehirn aus Kontrastinformationen (z. B. im Falle des **Simultankontrasts**, Abb. **18.23 b**).

Die Helligkeit, die wir wahrnehmen, wird vom Gehirn aus der Kontrastinformation neu berechnet. Durch diese Kontrastverschärfung erscheinen helle Objekte heller, wenn sie von einer dunklen Fläche umgeben sind (**Simultankontrast**, Abb. **18.23 b**). Das ist die Ursache vieler optischer Täuschungen.

### Ganglienzelltypen

Es gibt mehrere Typen von Ganglienzellen:
- **M-System (magnozelluläres System):** Diese Zellen haben große rezeptive Felder und dienen vor allem der Detektion von **Bewegungen und Entfernungen**.

### Ganglienzelltypen

Es werden 10–15 Ganglienzelltypen unterschieden, zwei davon bilden die Basis wichtiger zentraler Auswertesysteme (vgl. hierzu S. 662).
- **M-System (magnozelluläres System):** Die Zellen des M-Systems (α-Ganglienzellen, Parasolzellen, ca. 10 % aller Ganglienzellen) haben **große rezeptive Felder**. Sie erhalten Informationen von allen Zapfentypen und können deshalb keine Farben unter-

scheiden. Sie reagieren sehr empfindlich und transient, d.h. mit kurzer Erhöhung der Entladungsrate, auf Änderungen der Helligkeit und auf Bewegungsreize. Das magnozelluläre System wertet **Information über Bewegung und Entfernung** aus.

- **P-System (parvozelluläres System):** Die Zellen des P-Systems (β-Zellen, ca. 80% der Ganglienzellen) haben **kleine rezeptive Felder** und zeigen tonische Antworten, d.h. lang anhaltende Veränderungen der Entladungsrate. Sie übertragen Farbinformationen und dienen dem **Farben- und Formensehen.**

- **P-System (parvozelluläres System):** Diese Zellen haben kleine rezeptive Felder und dienen dem **Farben- und Formensehen.**

Andere Ganglienzelltypen sind weniger gut untersucht. Sie umfassen u.a. das koniozelluläre System (s. S. 662), richtungsselektive Ganglienzellen sowie Ganglienzellen, die der Steuerung der zirkadianen Rhythmik dienen.

## Visus (Sehschärfe)

Visus (Sehschärfe)

**▶ Definition.** Der **Visus** entspricht dem Kehrwert des Auflösungsvermögens des Auges. Er ist ein Maß für die Fähigkeit der Netzhaut, zwei Punkte gerade noch als getrennt voneinander wahrzunehmen.

▶ Definition.

**▶ Merke.** Der **Visus** ist durch folgende Formel definiert:

$$V = 1/\alpha \text{ [Winkelminuten}^{-1}]$$

Hierbei entspricht α der Lücke in einem Reizmuster (angegeben in Winkelminuten, 1 Winkelminute = 1/60°), die von einer Versuchsperson gerade noch erkannt wird.

▶ Merke.

Die Sehschärfe ist in der **Fovea centralis** am größten (Visus 1–2), das hat zwei wesentliche Gründe:

- Die **Zapfen** sind dort **dicht gepackt**, ihre Packungsdichte wird nur durch den Durchmesser des Außenglieds (2–2,5 µm) bestimmt.
- Die **Verschaltung** auf die Bipolar- und Ganglienzellen erfolgt in der Fovea nicht konvergent, sondern **1:1**.

Die Sehschärfe ist in der **Fovea centralis** am größten (Visus 1–2) durch:

- hohe Zapfendichte
- 1:1-Verschaltung auf Bipolar- und Ganglienzellen

Eine foveale parvozelluläre Ganglienzelle hat das kleinstmögliche rezeptive Feldzentrum: Den Durchmesser eines Zapfens. Der Abstand von Zapfenmitte zu Zapfenmitte beträgt in der Fovea 2,5–3 µm. Die Auflösung von einer Winkelminute entspricht demzufolge einem Abstand von 5 µm auf der Retina (1° = 300 µm, 1/60° = 5 µm), also dem doppelten Zapfenabstand.

**▶ Merke.** Zwei Punkte können gerade dann noch voneinander getrennt wahrgenommen werden, wenn ein ungereizter Zapfen dazwischenliegt.

▶ Merke.

Zur **Retinaperipherie** hin wird das Photorezeptormosaik weniger dicht und die rezeptiven Felder werden durch die konvergente Verschaltung immer größer. Die Sehschärfe fällt auf ca. 0,1 ab. Die Retinaperipherie dient nicht zur Feinauflösung, sondern als **Alarmsystem**: Wird ein Objekt in der Peripherie wahrgenommen, werden Augenbewegungen ausgelöst, damit das Objekt mit der Fovea centralis analysiert werden kann (s. S. 640).

Das Stäbchensystem weist eine hohe Konvergenz auf (120 Mio. Stäbchen auf ca. 1 Mio. Ganglienzellen), der Visus unter **skotopischen Bedingungen** (s. S. 654) liegt ebenfalls etwa bei 0,1 (in der nachtblinden Fovea bei 0!).

In der **Retinaperipherie** erfolgt die Verschaltung mit großer Konvergenz. Die Retinaperipherie dient nicht zur Feinauflösung, sondern als **Alarmsystem**. In der Retinaperipherie fällt der Visus auf 0,1 ab.

Der Visus beim **skotopischen Sehen** liegt bei ca. 0,1.

**▶ Klinik.** Die Bestimmung des Visus ist wichtiger Bestandteil einer augenärztlichen Untersuchung. Sie gibt Hinweise auf die Sehfähigkeit des Auges. Zahlreiche retinale Erkrankungen wie die **Retinopathia pigmentosa** (s. S. 657) oder die **Makuladegeneration** (s. S. 657) gehen mit einem erheblichen Visusverlust einher.

▶ Klinik.

Man kann die Sehschärfe mit **Zeichen von standardisierter Größe, Helligkeit und Kontrast** bestimmen (Abb. **18.24**), z.B. mit Buchstaben oder mit **Landolt-Ringen**: Bei einer bestimmten Größe und Entfernung des Ringes beträgt die Lücke im Ring 1 Winkelminute. Wird sie erkannt, beträgt der Visus 1. Bei guter Beleuchtung und hohem Kontrast können vor allem Jugendliche Visuswerte bis ca. 2 (0,5 Winkelminuten) erzielen.

Zur Bestimmung der Sehschärfe kommen **Zeichen von standardisierter Größe, Helligkeit und Kontrast** zum Einsatz (Abb. **18.24**).

18.24

18.24 **Standardisierte Zeichen zur Bestimmung des Visus**

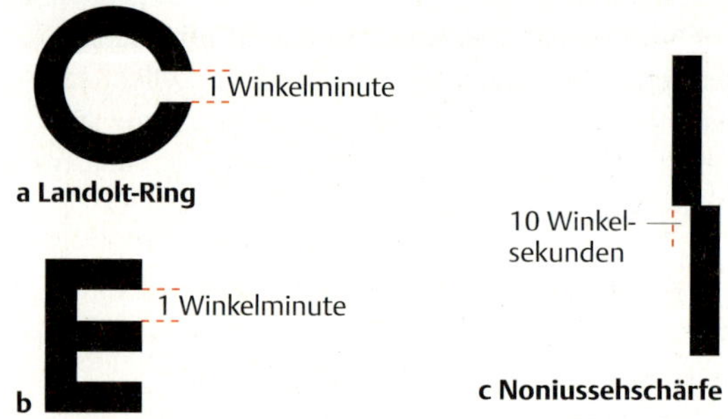


In einer bestimmten Entfernung beträgt die Öffnung im **Landolt-Ring (a)** bzw. einem anderen definiert erstellten Sehzeichen, hier ein E **(b)**, 1 Winkelminute. Bei der **Noniussehschärfe** wird der Sprung in einer Kontur erkannt **(c)**.

Die **Noniussehschärfe** ist die Fähigkeit zu unterscheiden, ob zwei gleichgerichtete gerade Linien etwas gegeneinander verschoben sind.

Als **Noniussehschärfe** bezeichnet man die Fähigkeit zu unterscheiden, ob zwei gleichgerichtete gerade Linien etwas gegeneinander verschoben sind. Die Noniussehschärfe ist 5 – 10-fach größer als der normale Visus (5 – 10 Winkelsekunden). Der Grund für die höhere Noniussehschärfe kann nur in der komplexen Signalverarbeitung in der Retina und im Gehirn liegen.

## Farbensehen

Das sichtbare Spektrum reicht von ca. **400 nm (blauviolett) bis max. 750 nm (rot)**.

Das **sichtbare Spektrum** reicht von **ca. 400 nm (blauviolett) bis max. 750 nm (rot)**, wobei wir für diese hohe Wellenlänge bereits wenig empfindlich sind. Das für uns unsichtbare **ultraviolette Licht** (< 400 nm, zellschädigend!) wird vom optischen Apparat des Auges absorbiert, das **Infrarotlicht** (> 750 nm; zu energiearm, um Sehpigmente gut zu aktivieren, deshalb also auch unsichtbar) im Wesentlichen vom Pigmentepithel.

Parameter der Farbwahrnehmung:
- **Farbton** (ca. 200 Farbtöne)
- **Sättigung** (20 Stufen)
- **Helligkeit** (ca. 500 Abstufungen).

Bei der Wahrnehmung der Farben unterscheidet man
- **Farbton** (ca. 200 Farbtöne, z. B. rot oder grün),
- **Sättigung** (20 Stufen, z. B. blassrot oder tiefrot) und
- **Helligkeit** (ca. 500 Abstufungen).

Die Multiplikation dieser drei Parameter ergibt theoretisch 2 Mio. mögliche Farbwerte.

### Trichromatische Theorie des Farbensehens

Jede Farbe lässt sich durch Mischung aus monochromatischem roten, grünen und blauen Licht erzeugen.
Die Retina enthält **drei Zapfentypen**, die unterschiedliche Sehpigmente mit unterschiedlichen Absorptionsmaxima exprimieren:
- **„Blau-Zapfen"** (kurzwelliger Bereich, Absorptionsmaximum bei 420 nm)
- **„Grün-Zapfen"** (mittelwelliger Bereich, Absorptionsmaximum bei 535 nm)
- **„Rot-Zapfen"** (langwelliger Bereich, Absorptionsmaximum bei 565 nm).

Nach der Theorie von Young, Helmholtz und Maxwell lässt sich jede Farbe durch Mischung aus monochromatischem roten, grünen und blauen Licht erzeugen. Unser Farbsehsystem scheint dieser Theorie zu folgen, denn es weist **drei verschiedene Zapfentypen** auf. Ihre Sehpigmente (Opsine) besitzen unterschiedliche Absorptionsspektren und werden deshalb von Licht einer bestimmten Wellenlänge unterschiedlich stark gereizt (Abb. **18.25**):
- **„Blau-Zapfen"**: Das Absorptionsmaximum liegt bei 420 nm (kurzwelliger Bereich).
- **„Grün-Zapfen"**: Das Absorptionsmaximum liegt bei 535 nm (mittelwelliger Bereich).
- **„Rot-Zapfen"**: Das Absorptionsmaximum liegt bei 565 nm (langwelliger Bereich). Zwar liegt das Absorptionsmaximum eines Rot-Zapfens noch im gelb-grünen Bereich, er ist aber der einzige Zapfen, der rotes Licht gut absorbieren kann.

Diese verschiedenen Absorptionseigenschaften beruhen auf Unterschieden im Aufbau der verschiedenen Zapfentypen.

Diese verschiedenen Absorptionseigenschaften beruhen auf Unterschieden im Aufbau der verschiedenen Zapfentypen: Die drei Zapfenopsine enthalten alle 11-*cis*-Retinal als Chromophor, unterscheiden sich aber in ihrem Proteinanteil. Bei jedem der drei Opsine wird der Proteinanteil durch ein eigenes Gen kodiert. Verantwortlich für die spezifischen Absorptionseigenschaften ist die jeweilige Aminosäuresequenz dieser Proteine.

Die **Absorptionsspektren** der Zapfentypen sind relativ breit. Erst durch die Auswertung der Information aller drei Zapfentypen errechnet unser Gehirn die Farbe.

Die **Absorptionsspektren** der Zapfentypen sind relativ breit und stellen nur eine Wahrscheinlichkeit für die Lichtabsorption dar. Der einzelne Zapfen kann deshalb nicht unterscheiden, ob er durch schwaches Licht mit der Wellenlänge am Absorptionsmaximum oder durch entsprechend stärkeres Licht einer anderen Wellenlänge gereizt wurde. Erst durch Verrechnung der Information aller drei

18.25 **Absorptionsspektren der Stäbchen und der drei Zapfentypen**

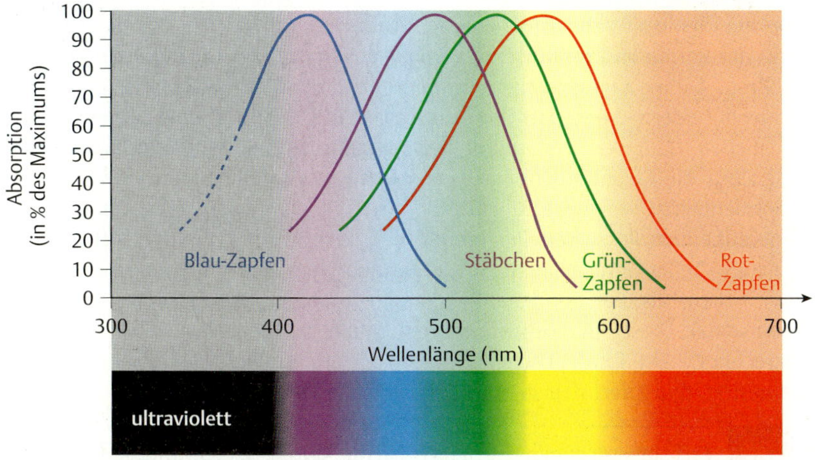


Da die Absorptionskurven sehr breit sind, kann der einzelne Zapfen die Farbe des Lichts nicht unterscheiden. Erst durch Verrechnung der Erregung aller drei Zapfentypen wird die Farbe bestimmt („across the fibre pattern").

18.25

Zapfentypen kann unser Gehirn die Farbe errechnen („across the fibre pattern"). Blaues Licht aktiviert den Blau-Zapfen z. B. sehr gut, den Grün-Zapfen schlechter und den Rot-Zapfen noch schwächer.

**Additive Farbmischung:** Eine additive Farbmischung entsteht, wenn (z. B. beim Fernsehen) auf die gleiche Netzhautstelle Lichtstrahlen verschiedener Wellenlängen fallen. Eine Mischung von roten und grünen Farbanteilen reizt additiv den Rot- und Grünrezeptor, es resultiert die Farbe Gelb. Die Mischung heißt additiv, weil das **resultierende Spektrum größer** ist als die Spektren der Ursprungsfarben. Auf einem weißen Hintergrund entstehen an den Überschneidungsflächen hellere Farben, die Überschneidung der drei Grundfarben ergibt die hellste Farbe Weiß (Abb. **18.26 a**).

**Additive Farbmischung:** Das resultierende Farbspektrum ist größer ist als die Spektren der Ursprungsfarben (Abb. **18.26 a**).

**Subtraktive Farbmischung:** Pigmentfarben absorbieren Photonen einer bestimmten Wellenlänge, das Auge erfasst wiederum nur den reflektierten Anteil. Das **resultierende Spektrum ist kleiner** als die Ausgangsspektren. Mischt man z. B. in der Malerei rotes Pigment (das alles im Spektrum außer den langen Wellenlängen absorbiert) und grünes Pigment (das alles absorbiert außer den niedrigen bis mittleren Wellenlängen), bleiben nur die Wellenlängen übrig, die weder vom roten noch vom grünen Pigment absorbiert wurden: Man erhält Braun oder Grau („unbunt"). Je mehr Pigment gemischt wird, desto dunkler wird die wahrgenommene Farbe, im Extremfall erscheint der entsprechende Bereich schwarz, da alle Photonen absorbiert und keine mehr reflektiert werden (Abb. **18.26 b**).

**Subtraktive Farbmischung:** Das resultierende Farbspektrum ist kleiner als die Spektren der Ursprungsfarben (Abb. **18.26 b**).

## Gegenfarbentheorie

Bereits auf der **Ebene des retinalen Netzwerks** und vor allem im visuellen Kortex werden die Zapfentypen antagonistisch verschaltet. Es entstehen sog. **Gegenfarbenneurone** mit farbantagonistischen rezeptiven Feldern für Rot und Grün, Blau und Gelb sowie Schwarz und Weiß **(Gegenfarbentheorie von Hering)**.

### Gegenfarbentheorie

Durch antagonistische Verschaltung der Zapfentypen entstehen sog. **Gegenfarbenneurone** mit antagonistischen rezeptiven Feldern (Rot–Grün, Blau–Gelb, Schwarz–Weiß).

18.26 **Additive und subtraktive Farbmischung**

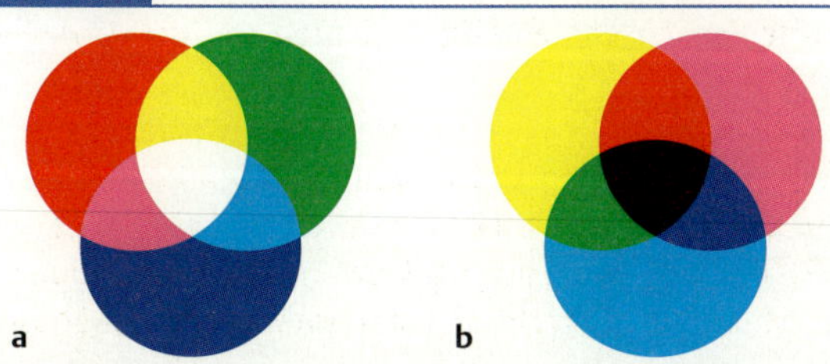


**a** Additive Farbmischung.
**b** Subtraktive Farbmischung.

18.26

### Kries-Zonentheorie

Sie kombiniert die trichromatische und die Gegenfarbentheorie u. a. nach dem **Prinzip der Farbkonstanz**: Wahrgenommene Farben sind unabhängig von spektralen Veränderungen des Sonnenlichts.

### Kries-Zonentheorie

Die Kries-Zonentheorie vereint die trichromatische Theorie auf der Photorezeptorebene und die Gegenfarbentheorie auf der Netzwerkebene. Verrechnungsmechanismen in der Retina und im Kortex tragen erheblich zur Farbwahrnehmung bei.

Wie bereits früher angesprochen wurde, führt die antagonistische Verschaltung in rezeptiven Feldern dazu, dass Kontraste verstärkt und v. a. unabhängig von der tatsächlichen Helligkeit wahrgenommen werden (s. S. 650). In ähnlicher Weise machen uns die Gegenfarbenneurone unabhängig von spektralen Veränderungen des Sonnenlichts, wie sie z. B. während des Tages auftreten: Wir nehmen eine Banane auf einem Porzellanteller immer als gelb auf weißem Grund wahr, obwohl Banane und Teller unter blauem Himmel andere Spektren reflektieren, also andere Farben haben, als bei Sonnenaufgang oder rötlichem Kerzenlicht **(Prinzip der Farbkonstanz)**. Diese Änderungen werden durch die Gegenfarbenneuronen „herausgerechnet“. Ein fotografischer Farbfilm, der diesen „Korrekturmechanismus“ nicht besitzt, registriert dagegen unterschiedliche Farben.

▶ Klinik.

▶ Klinik. **Farbsinnstörungen (Farbenfehlsichtigkeiten, Dyschromasien)** sind zumeist angeboren. Sie können aber auch erworben sein, z. B. bei Erkrankungen der Makula (s. S. 642).

Menschen, bei denen eines der drei Zapfenpigmente, die dem Farbensehen zugrunde liegen, durch einen genetischen Defekt ausfällt, sind nicht farbenblind, da sich auch mit zwei Zapfensystemen noch Farben unterscheiden lassen. Allerdings werden bei bestimmten Farben charakteristische Defizite diagnostiziert:

Man unterscheidet **Protanopie** (*Ausfall* der Rot-Zapfen, Rotblindheit), **Deuteranopie** (*Ausfall* der Grün-Zapfen, Grünblindheit) und **Tritanopie** (*Ausfall* der Blau-Zapfen, Blauviolettblindheit). Von jeder dieser Erkrankungen gibt es auch eine unvollständige Variante, wie z. B. die Rot*schwäche* **(= Protanomalie)**.

**Vollständig farbenblind** sind Menschen, bei denen durch genetische Defekte alle Zapfenpigmente fehlen oder die Zapfen durch Ausfall eines anderen Elements der Signalkaskade nicht funktionell sind **(Stäbchenmonochromasie)**. Da diese Menschen nur über Stäbchensehen verfügen, haben sie einen sehr niedrigen Visus und sind blendempfindlich.

Die Gene für Pigmente der Rot- und Grünzapfen liegen nebeneinander auf dem X-Chromosom **(X-chromosomaler Erbgang)**. Deshalb haben ca. 8 % der Männer, aber nur 0,4 % der Frauen Störungen beim Rot-Grün-Sehen. Sehr selten sind dagegen Tritanopie (1:100 000) und Stäbchenmonochromasie (1:1 Mio.). Farbsinnstörungen können nicht therapiert werden.

### Verfahren zur Farbsinnprüfung

Mit **pseudoisochromatischen Tafeln** (z. B. nach Ishihara, Abb. **18.27a**) sind Farbsinnstörungen relativ einfach **qualitativ** nachweisbar.

Mit einem **Nagel-Anomaloskop** kann eine Farbsinnstörung **quantitativ** eingeschätzt werden (Abb. **18.27b**).

### Verfahren zur Farbsinnprüfung

Mithilfe von **pseudoisochromatischen Tafeln** (z. B. nach Ishihara, Abb. **18.27 a**) lassen sich Farbsinnstörungen relativ einfach **qualitativ** nachweisen. Auf den Tafeln sind Punkte abgebildet, die sich in Farbton und Sättigung, nicht aber in ihrer Helligkeit unterscheiden. In diesem Punktmuster „versteckte“ Zahlen können Menschen mit Farbsinnstörungen nicht erkennen.

Das **Nagel-Anomaloskop** dient dazu, eine Farbsinnstörung **quantitativ** einschätzen zu können. Es handelt sich dabei um eine Prüfscheibe mit zwei Hälften: Einer

**18.27 Farbsinnprüfung**

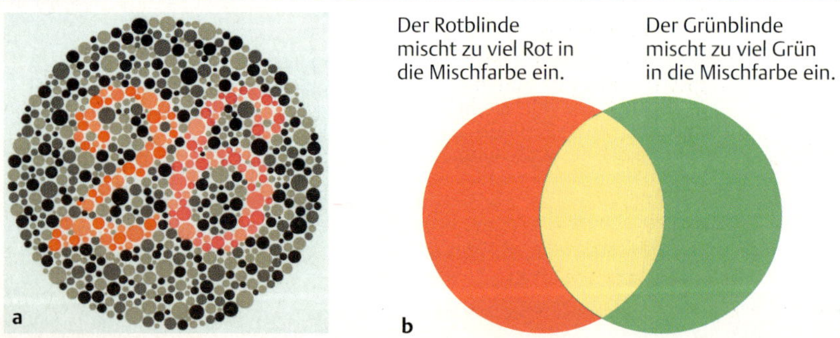


**a** Pseudoisochromatische Farbtafeln nach Ishihara.
**b** Grundlegende Funktionsweise des Nagel-Anomaloskops.

unteren gelben Hälfte, deren Helligkeit durch den Untersucher variiert werden kann und einer oberen Hälfte, mit deren Hilfe man durch Mischen der Farben Rot und Grün den Gelbton der unteren Hälfte nachmischen kann. Ein Grünblinder verwendet hierbei zu viel Grün, ein Rotblinder zu viel Rot (Abb. **18.27 b**).

## Adaptation

Adaptation

▶ Definition. **Adaptation** ist die Fähigkeit der Retina, sich an Lichtintensitäten anzupassen, die sich um mehrere Größenordnungen unterscheiden.

- **Skotopisches Sehen (Nachtsehen):** Hier reagieren **Stäbchen** auf einzelne Photonen, das Rezeptorpotenzial ist jedoch nach Absorption von 100–300 Photonen bereits gesättigt (d. h. dass die Stäbchen auf einen helleren Reiz nicht stärker reagieren würden).
- **Mesopisches Sehen (Dämmerungssehen):** Hier sind **Stäbchen und Zapfen** aktiv. Die Stäbchen sind weniger empfindlich als beim skotopischen Sehen und ihr Arbeitsbereich vergrößert sich (bis auf ca. 1000 Photonen).
- **Photopisches Sehen (Tagessehen):** Hier ist das Stäbchensystem inaktiv, die Wahrnehmung erfolgt nur noch durch das **Zapfensystem**.
  Beim Übergang vom Tages- zum Nachtsehen spricht man von **Dunkeladaptation**, im umgekehrten Fall von **Helladaptation**.

▶ Definition.

### Dunkeladaptation

Dunkeladaptation

Abb. **18.28** zeigt die Entwicklung der Sehschwelle während der Dunkeladaptation. Eine Versuchsperson wird zuerst hellem Licht ausgesetzt. Dann misst man in absoluter Dunkelheit in Abhängigkeit von der Zeit die Lichtintensität, die man braucht, um eine Wahrnehmung auszulösen. Die Schwelle sinkt in den ersten 20 Minuten schnell ab. Danach sinkt sie langsam weiter, bis die Versuchsperson nach ca. 60 Minuten maximal empfindlich ist. Bei einer normalsichtigen Versuchsperson ist die Kurve durch den sog. **Kohlrausch-Knick** charakterisiert: An diesem Punkt ist die Adaptation der Zapfen weitgehend abgeschlossen, eine weitere Steigerung der Empfindlichkeit wird durch die Stäbchen erzielt. Das Maximum der Sehschärfe verschiebt sich nach parafoveal.

Während der Dunkeladaptation steigt die Empfindlichkeit der Retina langsam in zwei Phasen an: Zuerst werden die Zapfen empfindlicher, danach die Stäbchen. Der Übergang ist durch den **Kohlrausch-Knick** charakterisiert (Abb. **18.28**).

▶ Klinik. Bei einer Person ohne Stäbchenfunktion **(Nachtblindheit)** gibt es keinen Kohlrausch-Knick, die Schwellenkurve verläuft auf Höhe der maximalen Zapfenempfindlichkeit weiter (blaue Kurve in Abb. **18.28**).

▶ Klinik.

**18.28 Dunkeladaptation**

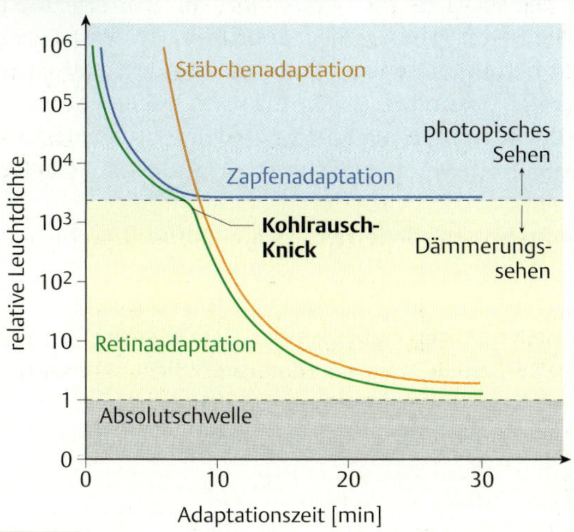


Während der Dunkeladaptation der Retina verringert sich die **Sehschwelle**. Sie gibt an, welche Lichtintensität notwendig ist, damit ein Reiz eine Wahrnehmung auslöst. Diese Intensität wird im Zeitverlauf immer geringer. Die **Adaptation der Retina** (grüne Kurve) setzt sich dabei aus den Adaptationskurven der beiden Photorezeptorsysteme zusammen: Zu Beginn dominiert die der **Zapfen** (blaue Kurve), im weiteren Verlauf die der **Stäbchen** (gelbe Kurve). Der **Kohlrausch-Knick** gibt den Übergang zwischen Zapfen- und Stäbchensystem an.

18.28

Mechanismen zur Verstärkung der Stäbchen-Empfindlichkeit:

- Regeneration des Rhodopsins
- Steigerung des Wirkungsgrades der Phototransduktion (s. S. 645)
- starke Konvergenz (s. S. 691) und schwache laterale Inhibition (s. S. 691).

Ergebnis: Hohe Lichtempfindlichkeit, dafür aber reduzierte zeitliche und räumliche Auflösung.

Mehrere Mechanismen werden kombiniert, um die **maximale Empfindlichkeit des Stäbchensystems** zu erreichen:

- vollständige Regeneration des Rhodopsins (ist erst nach 1 Stunde im Dunkeln abgeschlossen)
- Erhöhung des Wirkungsgrades der Enzymkaskade in der Phototransduktion (s. S. 645)
- starke Konvergenz (s. S. 691), schwache laterale Inhibition (s. S. 691).

Die hohe Empfindlichkeit im Stäbchensystem wird also „erkauft" auf Kosten der **zeitlichen** (Enzymkaskade lange aktiv, langsamer Aufbau des Rezeptorpotenzials) und **räumlichen Auflösung** (starke Konvergenz und schwache laterale Inhibition).

▶ **Merke.**

▶ **Merke.** In der Nacht sind nicht nur „alle Katzen grau", wir sehen sie auch weniger scharf und nehmen sie verzögert wahr.

Die **Flimmerfusionsfrequenz** der dunkeladaptierten Retina (Stäbchen) liegt bei nur 20–30 Hz → schlechte zeitliche Auflösung.

Die schlechte zeitliche Auflösung des Stäbchensystems wird deutlich anhand der niedrigen **Flimmerfusionsfrequenz**: Im Dunkeln können wir nur 20–30 Lichtreize pro Sekunde erkennen, danach verschmelzen die Reize in unserer Wahrnehmung (das entspricht nur etwa der Hälfte der Lichtreize, die im Hellen wahrnehmbar sind, s. S. 657).

Weitere Phänomene bei der Dunkeladaptation:

- **„Eigengrau":** Absolute Dunkelheit bzw. Schwärze können wir nicht wahrnehmen, sondern immer eine scheinbare Resthelligkeit. Ursache ist eine spontane Isomerisierung des Rhodopsins.

Weitere wichtige Phänomene im Rahmen der Dunkeladaptation sind:

- **„Eigengrau":** Selbst in einem vollkommen abgedunkelten Raum nimmt man keine Schwärze, sondern eine scheinbare Resthelligkeit wahr. Der Grund dafür sind spontane Isomerisierungen des Rhodopsins, d. h. Übergänge von der 11-*cis*- in die all-*trans*-Form des Retinals, die wir nicht von den Isomerisierungen unterscheiden können, die durch Photonen induziert werden (s. S. 646). Deshalb kann man auch keine einzelnen Photonen wahrnehmen – der einzelne Photorezeptor registriert sie zwar, wir nehmen sie aber nicht bewusst wahr. Erst wenn 6–10 Photonen binnen einer Sekunde in einem kleinen Retinafeld absorbiert werden, nehmen wir dies als Lichtreiz wahr.

- **Purkinje-Verschiebung:** Beim Übergang zum Dämmerungssehen wird die spektrale Empfindlichkeit auf das Stäbchensystem „umgestellt", dessen Maximum im blaugrünen Bereich liegt.

- **Purkinje-Verschiebung***:* Beim photopischen Sehen wird die spektrale Empfindlichkeit durch alle drei Zapfentypen bestimmt. Die maximale Empfindlichkeit liegt im mittel- bis langwelligen gelb-grünen Bereich, Rot wird gut erkannt. Beim Übergang zum skotopischen Sehen kommt es zur Purkinje-Verschiebung: Die spektrale Empfindlichkeit des dunkeladaptierten Auges folgt der Stäbchenkurve mit dem Maximum im kurzwelligen blau-grünen Bereich und einer geringen Rotempfindlichkeit (s. Abb. **18.25**, S. 653). Roter Mohn wird in der Dämmerung deshalb dunkelgrau, während eine blaue Kornblume hell erscheint.
  Um auch in hellem Licht an das Dämmerungssehen adaptiert zu bleiben, gleichzeitig aber bei möglichst geringer Behinderung schwarz auf weiß Geschriebenes lesen zu können, trägt man am besten rote Brillengläser. Sie schirmen das kurzwellige Licht ab, für das das dunkeladaptierte Auge besonders empfindlich ist.

- **Skotopisches Zentralskotom:** Schwache Lichtreize können mit dem Zapfensystem nicht wahrgenommen werden; in der Fovea centralis (nur Zapfen, keine Stäbchen) kommt es im Dunkeln deshalb zu einem Gesichtsfeldausfall **(Skotom)**.

- **Skotopisches Zentralskotom***:* Die Fovea enthält keine Stäbchen. Lichtreize, die zu schwach sind, um die Zapfen zu erregen, werden deshalb in der Fovea nicht wahrgenommen, es resultiert beim skotopischen Stäbchensehen ein physiologischer zentraler Gesichtsfeldausfall (**Skotom**, s. S. 660). Schwach leuchtende Sterne können z. B. nur wahrgenommen werden, wenn man an ihnen „vorbeischaut" und sie dadurch auf die parafovealen Retinabereiche abbildet, die die lichtempfindlicheren Stäbchen enthalten.
  Ein weiteres natürliches Skotom ist der blinde Fleck (s. S. 642 bzw. S. 659).

### Helladaptation

Mit zunehmender Lichtintensität wird die Retina weniger empfindlich.

### Helladaptation

Bei der Helladaptation wird die Retina mit zunehmender Lichtintensität weniger empfindlich. Es wurde die These aufgestellt, dass das Hintergrundlicht während der Helladaptation kontinuierlich Sehpigment wegbleicht und die verringerte Empfindlichkeit der Photorezeptoren v. a. auf den Verlust des Sehpigments zurückzuführen sei. Dies ist allerdings nur bei sehr hoher Helligkeit der Fall.

Die Helladaptation erfolgt in wenigen Minuten. Die Empfindlichkeit wird im Wesentlichen durch **neuronale Adaptation** herabgesetzt.

Die Empfindlichkeit der Retina sinkt aber bereits dann um den Faktor 100–10 000, wenn weniger als 1 % des Rhodopsins belichtet wurde. Diese Veränderung der Empfindlichkeit wird durch Rückkopplungsmechanismen in den Photorezeptoren selbst und im retinalen Netzwerk bewirkt **(neuronale Adaptation)**:

- Wenn bei Belichtung die $Ca^{2+}$-Konzentration im Außenglied eines **Photorezeptors** absinkt, wird durch regulatorische Proteine (z.B. die Rhodopsinkinase) die Zeitspanne verkürzt, in der die Signalproteine aktiv sind. Der Photorezeptor wird dadurch weniger empfindlich. Signalproteine wie das Transducin scheinen abhängig von der Helligkeit auch vom Außenglied in das Innenglied verlagert zu werden. Dadurch wird die Anzahl der aktivierbaren Signalproteine reduziert. Beide Vorgänge dienen dazu, den Verstärkungsgrad der Enzymkaskade zu reduzieren.
- Auch im **neuronalen Netzwerk der Retina** sind adaptive Prozesse wirksam: Steigt die Helligkeit über einen bestimmten Wert an, schaltet die Retina vom Stäbchensystem zum Zapfensystem um. Das Stäbchensystem wird dann vermutlich unterdrückt.

Die **Flimmerfusionsfrequenz** liegt im Hellen (Zapfen) bei 50 – 60 Hz.

Das Zapfensystem hat eine bessere zeitliche Auflösung als das Stäbchensystem: Die **Flimmerfusionsfrequenz** liegt im Hellen bei 50 – 60 Hz. Die 50 Bilder pro Sekunde beim Fernsehen können noch als ganz leichtes Flimmern wahrgenommen werden. Durch die modernere 100 Hz-Technik wird das Flimmern des Fernsehbildes reduziert.

▶ **Merke.** Sowohl Dunkel- als auch Helladaptation erfolgen jeweils nicht global im ganzen Auge, sondern lokal innerhalb der betroffenen Netzhautbereiche.

▶ **Merke.**

Die Adaptation erfolgt lokal. Dadurch entstehen Nachbilder **(sukkzessiver Kontrast)**.

Fixiert man z.B. einige Zeit ein schwarzes Kreuz auf weißem Grund, adaptieren die Retinastellen, auf die das Kreuz abgebildet wurde, weniger stark als die Retinastellen, die den weißen Hintergrund sahen. Schaut man anschließend auf eine gleichmäßig helle Fläche, nimmt man ein helles Kreuz auf dunklem Grund wahr **(negatives Nachbild** oder **sukzessiver Kontrast)**. Fixiert man farbige Objekte, kommt es zu farbigen Nachbildern in der Komplementärfarbe, z.B. Rot, gefolgt von Grün **(Gegenfarbentheorie)**.

▶ **Merke.** Die Rolle der **Pupille** bei der Adaptation sollte nicht überschätzt werden: Sie kann die Lichtmenge auf der Retina nur um den Faktor 16 verringern (vgl. hierzu S. 634), ermöglicht es aber, bei jedem Adaptationszustand sehr schnell auf Veränderungen der Helligkeit zu reagieren.

▶ **Merke.**

▶ **Klinik.** Es sind weit über 100 Gene bekannt, deren Mutation zu **erblichen Retinaerkrankungen** führt. Viele betroffene Gene kodieren für Proteine in den Photorezeptoren, z.B. Elemente der Phototransduktionskaskade, aber auch Stoffwechsel- oder Strukturproteine. Andere Gene werden im Pigmentepithel exprimiert und kodieren z.B. für Proteine des Retinoidstoffwechsels.
Einige Mutationen haben lediglich eine eingeschränkte Sehleistung zur Folge, wie z.B. die **kongenitale stationäre Nachtblindheit**.
Andere Mutationen dagegen führen zur Degeneration der Photorezeptoren: Unter dem Begriff **Retinopathia pigmentosa** fasst man mehrere Formen erblicher Netzhautdegenerationen zusammen, die unterschiedlichen Erbgängen folgen. Die Krankheit ist durch progredienten Visusverlust, fortschreitende Gesichtsfelddefekte und Nachtblindheit gekennzeichnet. Meist degenerieren zuerst die Stäbchen und sekundär die Zapfen. Diagnostisch wird u.a. eine Ophthalmoskopie durchgeführt (typische Befunde hierbei: hauchdünne Gefäße, eine aufgrund der Optikusatrophie wachsgelbe Papille sowie eine Proliferation des Pigmentepithels, Abb. **18.29 a**) und ein ERG angefertigt (s. Abb. **18.20**, S. 646)
Die **altersbedingte Makuladegeneration (AMD)** ist durch eine im Alter über 60 Jahre auftretende Dysfunktion des Pigmentepithels bedingt. Stoffwechselprodukte werden als Drusen hinter dem Pigmentepithel abgelagert (Abb. **18.29 b**) und schädigen zuerst das Pigmentepithel sowie anschließend die Photorezeptoren.

▶ **Klinik.**

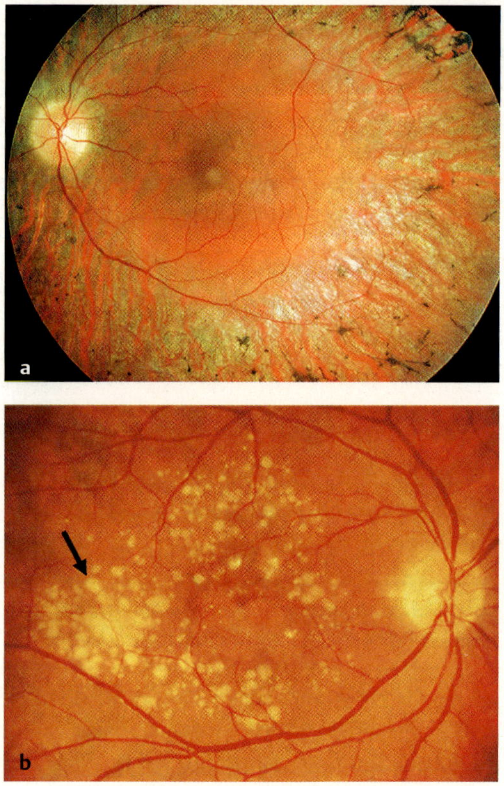

18.29

**Retinopathia pigmentosa (a) und altersbedingte Makuladegeneration (b) mit charakteristischer Drusenbildung (Pfeil)**

18.2 Zentrale Sehbahn und kortikale Repräsentation

18.2.1 Verlauf und Funktion der Sehbahn

Übersicht

Verlauf der Sehbahn: Netzhaut → Thalamus → primäre Sehrinde → sekundäre Sehrinde.

Anatomischer Verlauf

Die Axone der retinalen Ganglienzellen verlaufen im N. optici topologisch geordnet:
- Retina oben = Sehnerv oben
- Retina unten = Sehnerv unten
- Retina nasal = Sehnerv medial
- Retina temporal = Sehnerv lateral.

Im **Chiasma opticum** werden die Fasern der Sehnerven so sortiert, dass jede Gehirnhemisphäre die visuellen Signale der kontralateralen Hälfte des Gesichtsfeldes verarbeitet (s. Abb. **18.32**, S. 661).

# 18.2 Zentrale Sehbahn und kortikale Repräsentation

## 18.2.1 Verlauf und Funktion der Sehbahn

### Übersicht

Das Ausgangssignal der **Netzhaut** – die „visuelle Information“ – wird von den Augen zum **Thalamus** geleitet. Dort wird die Information vorsortiert und an die **primäre Sehrinde** weitergeleitet, wo eine erste Bildanalyse vorgenommen wird. Die weitere Verarbeitung (Objekterkennung, Bewegungsanalyse) geschieht in der **sekundären Sehrinde**.

### Anatomischer Verlauf

Die Axone der Ganglienzellen der **Netzhaut** verlaufen im Sehnerv topologisch geordnet:
- Die Axone aus den **oberen** Bereichen der Netzhaut verlaufen im **oberen** Teil des Sehnervs,
- die Axone aus **unteren** Bereichen **unten**,
- die Axone der **nasal** gelegenen Zellen **medial** und
- die von **temporalen** Ganglienzellen **lateral**.

Die beiden Sehnerven treffen im **Chiasma opticum** aufeinander (s. Abb. **18.32**, S. 661) und werden hier in der Art sortiert, dass jede Gehirnhemisphäre die visuellen Signale der kontralateralen Hälfte des Gesichtsfeldes verarbeitet. Dazu bleiben die Axone der temporal gelegenen Ganglienzellen auf der ipsilateralen Seite, die Axone der nasal gelegenen Zellen kreuzen zur kontralateralen Seite.

Die in dieser Form sortierten Fasern bilden den **Tractus opticus** und enden in den seitlichen Kniehöckern **(Corpus geniculatum laterale, CGL)** des rechten und linken **Thalamus**, sodass jede Seite Fasern aus beiden Augen erhält. Etwa 10 % der Axone, die die CGL verlassen, verlaufen zu Kernen, die die Fokussierung und Bewegung der Augen in den **Nuclei pretectales** (s. S. 634) und **Colliculi superiores** (s. S. 641) sowie lichtinduzierte Körperbewegungen in den **Basalganglien** kontrollieren.

Die restlichen Axone der Thalamuszellen führen durch die Sehstrahlung **(Radiatio optica)** als breit aufgefächertes Fasersystem zur primären Sehrinde (primärer visueller Kortex, **Area striata**). In der primären Sehrinde ist die visuelle Information **retinotop** repräsentiert, wobei allerdings der Netzhautbereich mit der höchsten Dichte von Ganglienzellen, die Fovea centralis, einen weit überproportionalen Teil der Sehrinde beansprucht.

Nach Umschaltung in der primären Sehrinde ziehen die Fasern der Sehbahn weiter zu **sekundären visuellen Kortexarealen** im Okzipital-, Parietal- und Temporallappen.

Die sortierten Fasern bilden den **Tractus opticus**, der im **Corpus geniculatum laterale (CGL)** des rechten und linken **Thalamus** endet. Jede Seite erhält somit Fasern aus beiden Augen. Nach dem CGL verlaufen 10 % der Axone zu Kernen, die für die Bewegung der Augen verantwortlich sind (s. S. 641).

Die restlichen Axone gehen als Sehstrahlung **(Radiatio optica)** zur primären Sehrinde (primärer visueller Kortex, **Area striata**), in der die visuelle Information **retinotop** repräsentiert ist.

Nach Umschaltung in der primären Sehrinde ziehen die Fasern weiter zur **sekundären Sehrinde.**

► **Merke.** Insgesamt verarbeiten die beiden Hemisphären Informationen über die jeweils kontralaterale Umwelt.

► **Merke.**

## Gesichtsfeld

► **Definition.** Das **monokulare Gesichtsfeld** ist der Teil der Umwelt, den wir mit *einem* unbewegten Auge wahrnehmen können, das **binokulare Gesichtsfeld** die Summe aller Orte im Raum, die mit *beiden* unbewegten Augen wahrgenommen werden können.

► **Definition.**

Das gesunde menschliche Auge erfasst einen kegelförmigen Ausschnitt der Umwelt mit einem Raumwinkel (Ω) von etwa 4 sr (steradiant = 1 $m^2/m^2$). Aus der Beziehung $A = \Omega \times r^2$ ergibt sich die vom Auge in der Entfernung r wahrgenommene Fläche A. Das **monokulare Gesichtsfeld** wird nasal bei etwa 60° durch den Nasenrücken begrenzt und reicht temporal etwa 100° zur Seite, nach oben reicht es bis ca. 60°, nach unten bis ca. 70° (Abb. **18.30**). Der Kreuzungspunkt der horizontalen und vertikalen Meridiane des Sehfeldes entspricht der Lage der Fovea centralis. Auf dem horizontalen Meridian liegt etwa 15° temporal der blinde Fleck. Zur genauen Bestimmung des individuellen, monokularen Gesichtsfeldes dient die **Perimetrie** (s. u.).

Das **Gesichtsfeld für Farben** ist kleiner als das Gesichtsfeld für weißes Licht, da in der Peripherie der Netzhaut die Zapfendichte gering ist. Ermittelt man mithilfe der Perimetrie Linien gleicher Lichtempfindlichkeit **(Isopteren)** für grünes, rotes, blaues und weißes Licht, kann man die Einschränkung der Farbgesichtsfelder auf die zentralen, zapfenreichen Bereiche der Retina darstellen (Abb. **18.30**).

Das **monokulare Gesichtsfeld** (eines gesunden Auges) erstreckt sich von ca. 60° nasal nach 100° temporal vom senkrechten Meridian sowie 60° aufwärts und 70° abwärts vom waagerechten Meridian des Gesichtsfelds (Abb. **18.30**). Das individuelle Gesichtsfeld wird mithilfe der **Perimetrie** vermessen (s. u.).

Der Umfang des Gesichtsfeldes ist abhängig von der Farbe des wahrgenommenen Lichtes. **Farbgesichtsfelder** sind wesentlich kleiner als das Gesichtsfeld des weißen Lichtes.

**18.30 Monokulares Gesichtsfeld**

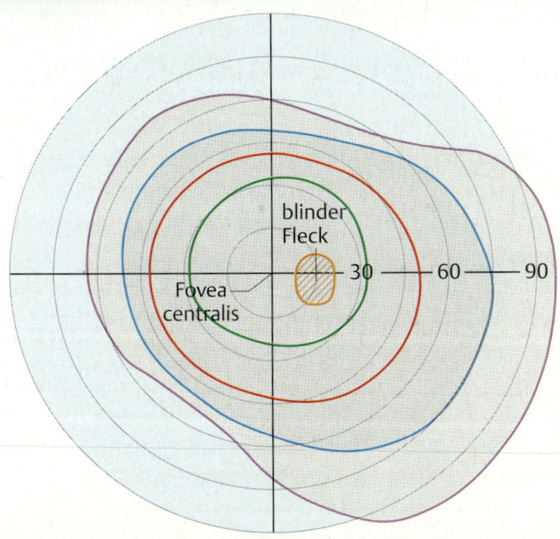


**Perimetrische Vermessung des Gesichtsfeldes des rechten Auges:** Die Blickachse ist auf die Kreuzung der Meridiane gerichtet (entspricht der Fovea centralis). Etwa 15° temporal liegt der blinde Fleck. Die eingezeichneten Linien stellen Isopteren dar, d. h. Linien gleicher Empfindlichkeit für starke, monochromatische (Wahrnehmungsgrenzen für einzelne Farben) oder weiße Lichtreize (äußerste Linie = Grenze des Gesichtfeldes). Die Peripherie des Gesichtsfeldes ist praktisch farbenblind.

**18.30**

18.31

**18.31 Perimetriemethoden**

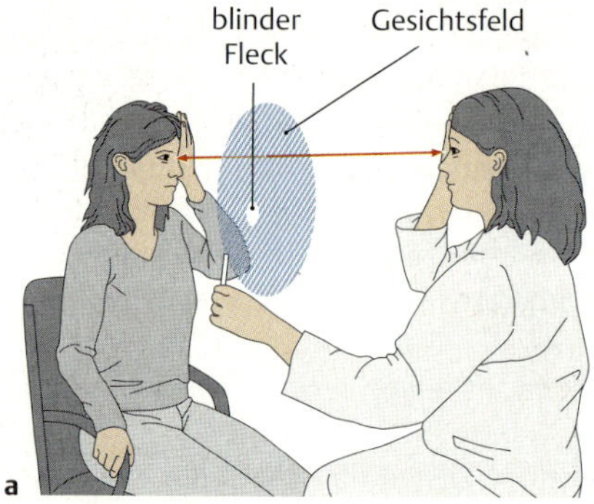


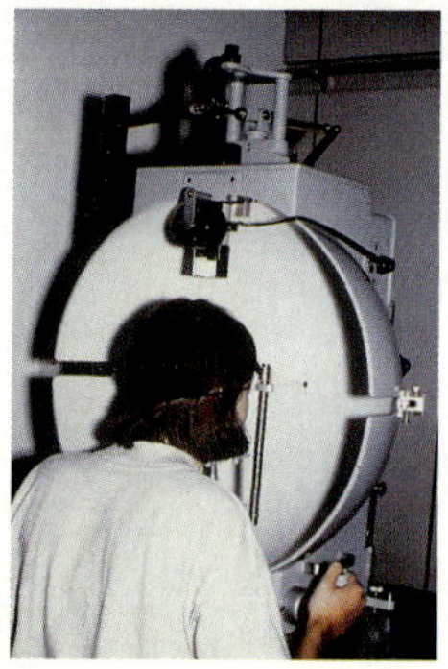


**a** Konfrontationsperimetrie. **b** Halbkugelperimetrie.

**Perimetrie-Methoden:**
- **einfacher Vergleichstest:** Der Untersucher vergleicht seine Wahrnehmungsgrenzen mit denen des Patienten (Abb. **18.31a)**
- **statische Perimetrie:** Erhöhung der Lichtintensität eines unbewegten Punktes im Gesichtsfeld bis zur Wahrnehmung durch den Patienten (Abb. **18.30**)
- **kinetische Perimetrie:** Lichtpunkte bewegen sich von außen in das Zentrum des Gesichtsfeldes. Der Patient gibt an, wann er den Lichtpunkt wahrnimmt

**In der ärztlichen Praxis kommen unterschiedliche Methoden der Perimetrie** zum Einsatz:
- Beim **einfachen Vergleichstest** (auch **Konfrontationsperimetrie** genannt) vergleicht der Arzt seine eigenen Wahrnehmungsgrenzen mit denen des Patienten (Abb. **18.31a**). Mit etwa 50 cm Abstand fixieren sich Arzt und Patient mit dem Testauge, das andere Auge wird abgedeckt. Der Arzt führt ein Objekt von außen in das Gesichtsfeld ein, und der Patient gibt an, wann er das Objekt sieht.
- Bei der **statischen Perimetrie** (auch Profilperimetrie genannt) wird die Lichtintensität eines unbewegten Punktes im Gesichtsfeld so lange erhöht, bis der Patient ihn wahrnimmt. Diese Bestimmung der lokalen Schwellenwerte wird für viele Punkte im Gesichtsfeld durchgeführt und auf einer Meridiandarstellung kartiert (Abb. **18.30**). Punkte gleicher Empfindlichkeit werden durch Linien verbunden **(Isopteren)**.
- Zu der gleichen Isopterenkarte kommt man mit der **kinetischen Perimetrie**. Dazu werden Lichtpunkte verwendet, die einen definierten Leuchtdichteunterschied zum Hintergrund aufweisen. Die Punkte werden von außen her zum Zentrum des Gesichtsfeldes hin bewegt. Es wird ermittelt, an welcher Stelle die Punkte für den Patienten wahrnehmbar werden.

Statische und kinetische Perimetrie werden meist in **Halbkugelperimetern** durchgeführt, d. h. Hohlkugeln, auf deren Innenfläche die Lichttestpunkte projiziert werden können (Abb. **18.31b**).

► Klinik.

**► Klinik.** Die wichtigste Anwendung der Perimetrie ist die Vermessung partieller Ausfälle des Gesichtsfeldes, sog. **Skotome** (griech. Schatten). Skotome sind Teilbereiche des Gesichtsfeldes, in denen die Lichtwahrnehmung reduziert ist oder gänzlich ausfällt (Abb. **18.32**). Aus der genauen Kartierung der Skotome kann der Arzt Aufschluss über pathologische Veränderungen am Auge und an den zentralen Nervenbahnen des visuellen Systems gewinnen. Begrenzte Schädigungen der Netzhaut verursachen begrenzte Skotome, während die Durchtrennung eines Sehnervs die völlige Erblindung des betroffenen Auges **(Amaurose)** zur Folge hat. So weist ein **Ringskotom** auf eine beginnende Retinopathia pigmentosa (s. S. 657) hin, eine **Vergrößerung des blinden Flecks** auf eine Stauungspapille, d. h. eine Schwellung an der Austrittsstelle des Sehnervs aus dem Augapfel. Ein bogenförmiges Skotom um das Zentrum des Gesichtsfelds **(Bjerrum-Skotom)** geht mit einer durch ein Glaukom bedingten Optikusatrophie einher und kann sich im weiteren Krankheitsverlauf über das gesamte nasale Gesichtsfeld ausbreiten **(Rönne-Sprung)**. Großflächige Skotome, die das halbe **(Hemianopsie)** oder das gesamte Gesichtsfeld (**Amaurose**, s. o.) eines Auges betreffen, werden häufig durch Beschädigungen des Nervus opticus, des Chiasma opticum, des Tractus opticus oder der Sehstrahlung verursacht. Solche Beschädigungen können z. B. durch Tumoren entstehen, die die Nervenfasern der Sehbahn komprimieren (z. B. ein Hypophysentumor in Höhe des Chiasma opticum).

**18.32 Verlauf der Sehbahn und Gesichtsfeldausfälle infolge lokaler Unterbrechungen der Sehbahn**

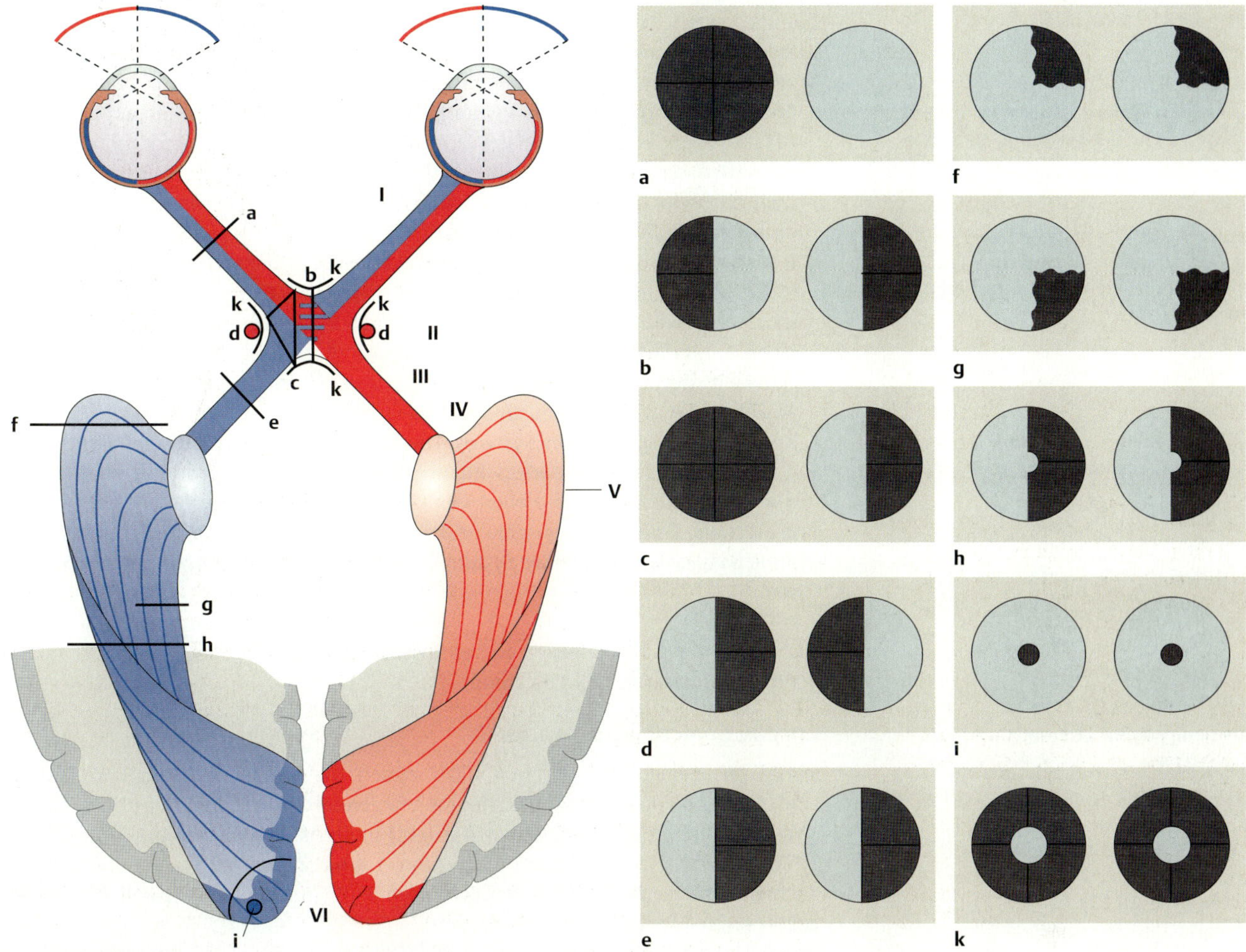


**I Nervus opticus** (Sehnerv)
**II Chiasma opticum** (Sehnervenkreuzung)
**III Tractus opticus**
**IV Corpus geniculatum laterale** (primäres Sehzentrum, lateraler Kniehöcker)
**V Sehstrahlung** (Radiatio optica)
**VI Sehrinde** (kortikales Sehzentrum, Area striata, parastriata und peristriata)

**a** einseitige Amaurose bei Optikusläsion
**b** heteronyme bitemporale Hemianopsie **(Scheuklappenphänomen)** bei Chiasmasyndrom
**c** linksseitige Amaurose und rechtseitiger halbseitiger Gesichtsfeldausfall bei Läsion im Chiasma mit Übergreifen auf den linken Sehnerv
**d** heteronyme binasale Hemianopsie bei doppelseitigem Aneurysma der A. carotis interna
**e** rechtsseitige homonyme Hemianopsie bei linksseitiger Läsion des Tractus opticus
**f** rechtsseitiger Quadrantenausfall oben bei Läsion der Sehstrahlung
**g** rechtsseitiger Quadrantenausfall unten bei Läsion im Bereich der Sehstrahlung
**h** rechtsseitige homonyme Hemianopsie mit Aussparung der Makula bei Läsion im Bereich der Sehstrahlung
**i** Ausfall des zentralen Gesichtsfeldes **(Flimmerskotome)** bei der sog. Migraine ophthalmique
**k** konzentrische Gesichtsfeldeinengung bei **Arachnoidits opticochiasmatica** (umschriebene Meningitis der Arachnoidea im Bereich des Chiasma opticum)

## 18.2.2 Informationsverarbeitung innerhalb der einzelnen Stationen der Sehbahn

Die Augen versorgen das Gehirn mit einer komplexen visuellen Information: Helligkeit, Farbe, Kontrast, Form, Größe, Entfernung und Bewegung sind Einzelaspekte, die umfassend analysiert und mit gespeichertem Wissen abgeglichen werden müssen. Nur durch solche kognitiven Prozesse kann die Bedeutung der visuellen Information erfasst und ein Objekt wahrgenommen werden. Sehen entspricht also nicht – wie bereits angeklungen – einer optischen Vermessung der Umwelt, wie es die Fotografie vermittelt. Sehen ist vielmehr ein Vorgang der Interpretation visueller Signale und ihres Informationsgehaltes. Wie visuelle Wahrnehmung zustande kommt, kann im Verlauf der aufeinanderfolgenden Stationen der Sehbahn verfolgt werden.

**18.2.2 Informationsverarbeitung innerhalb der einzelnen Stationen der Sehbahn**

Sehen ist keine optische „Vermessung" der Umwelt wie die Fotografie, sondern ein Vorgang der Interpretation visueller Signale und ihres Informationsgehaltes.

### Retina

Beim Verlassen der Retina wird die Sehbahn in drei unterschiedliche Systeme aufgeteilt:

- Das **magnozelluläre (M-)System** dient der Verarbeitung von **Bewegungs-** und **Ortsinformation**.
- Das **parvozelluläre (P-)System** ist auf die Verarbeitung von **Form-** und **Farbinformation** spezialisiert.
- Das **koniozelluläre (K-)System** versorgt hauptsächlich **optomotorische Zentren**.

## Retina

Die retinalen Ganglienzellen geben ein Signal weiter, das innerhalb der Netzhaut bereits verarbeitet worden ist (vgl. hierzu S. 648). Morphologisch werden **drei Klassen von Ganglienzellen** unterschieden, die am Anfang von **drei parallelen Verarbeitungskanälen** des visuellen Systems stehen (s. S. 650):

- **M-System (magnozelluläres System):** Große Ganglienzellen stehen am Beginn des magnozellulären Systems, das vor allem zur Analyse von **Bewegung** und **Ortsinformation** dient. Die M-Ganglienzellen haben große rezeptive Felder und sind nicht farbselektiv. Sie besitzen stark myelinisierte Axone und weisen demzufolge eine schnelle Erregungsleitung vor.
- **P-System (parvozelluläres System):** Von kleinen Ganglienzellen geht das parvozelluläre System aus, das auf die visuelle Analyse von **Form** und **Farbe** spezialisiert ist. Die Ganglienzellen des P-Systems haben kleine rezeptive Felder sowie eine höhere räumliche und geringere zeitliche Auflösung als die M-Zellen. Ihre schwach myeliniserten Axone zeigen geringere Leitungsgeschwindigkeit als bei M-Zellen. P-Ganglienzellen sind farbselektiv.
- **K-System (koniozelluläres System):** Hierbei handelt es sich um eine Gruppe von Ganglienzellen mit besonders kleinen Zellkörpern, aber großen Dendritenbäumen. Sehr dünne Axone ziehen vor allem zu den visuellen Reflexzentren (Area pretectalis, Colliculus superior) und zum Hypothalamus (Tractus retinohypothalamicus). Das koniozelluläre System versorgt hauptsächlich **optomotorische Zentren**.

Die Axone der Ganglienzellen ziehen insgesamt jedoch hauptsächlich zum **Corpus geniculatum laterale** des Thalamus.

### Corpus geniculatum laterale

Die Kniehöcker des Thalamus erhalten Axone von Ganglienzellen aus beiden Augen (die temporalen des ipsilateralen Auges und nasalen des kontralateralen Auges). Diese Afferenzen enden dort in **6 verschiedenen Schichten** (Abb. **18.33**).

Im Corpus geniculatum laterale wird die Verarbeitung von **Bewegungsanalyse** (M-System) und **Farb-/Formanalyse** (P-System) anatomisch getrennt. Zudem verarbeitet jede Schicht nur die Information von einem Auge.

**▶ Merke.**

## Corpus geniculatum laterale

Im Corpus geniculatum laterale (CGL) enden die Axone der Ganglienzellen aus beiden Augen (und zwar die temporal gelegenen des ipsilateralen Auges und die nasal gelegenen des kontralateralen Auges) in **sechs** histologisch unterscheidbaren **Schichten** (Abb. **18.33**): In den **Schichten 1 und 2** (ventral) bilden die M-Ganglienzellen ihre Synapsen, in den **Schichten 3–6** (dorsal) die P-Zellen. Dazwischen liegen schmale Schichten des K-Systems.

Jede Schicht nimmt wiederum ausschließlich Fasern aus einem Auge auf. So enden die M-Fasern aus dem ipsilateralen Auge in Schicht 2, die aus dem kontralateralen Auge in Schicht 1.

Im CGL ist also eine **funktionelle Spezialisierung** zu erkennen:

- **Bewegungsanalyse** in den Schichten 1 und 2 **(M-System)**
- Analyse von **Form und Farbe** in den übrigen Schichten **(P-System)**.

Die konzentrischen **rezeptiven Felder** der Ganglienzellen bleiben im CGL erhalten. Die visuelle Information wird aber auch im CGL nicht nur weitergeschaltet, sondern darüber hinaus auch verarbeitet: Insbesondere wird durch **laterale Inhibition** zwischen den postsynaptischen Neuronen eine **Kontrastverstärkung** erreicht. Zudem können Afferenzen aus dem Hirnstamm sowie Rückprojektionen aus dem visuellen Kortex die synaptische Übertragung von Ganglienzellaxonen auf Neurone des CGL modulieren (abschwächen oder verstärken) und damit die **visuelle Wahrnehmung** beeinflussen.

**▶ Merke.** Die Thalamuskerne der Sehbahn (d. h. die CGL) dienen sowohl als Relaisstation als auch zur Kontrolle der weitergeleiteten Information.

**18.33 Sortierung der Informationskanäle im Corpus geniculatum laterale**

18.33

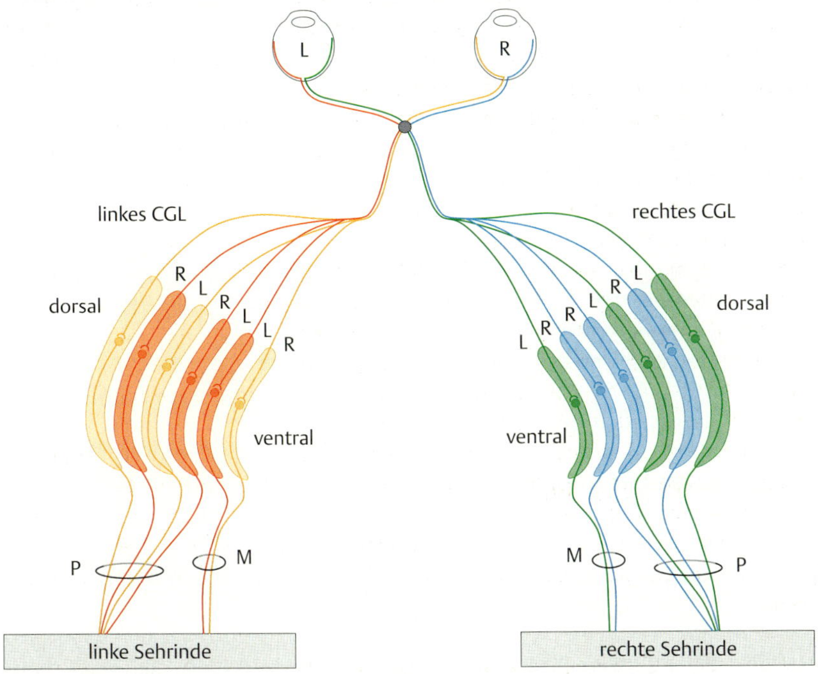


Die Axone der **P-Ganglienzellen** projizieren in die dorsalen vier Schichten des CGL. Dabei nehmen zwei Schichten Axone aus der temporalen Hälfte des ipsilateralen Auges, die beiden anderen Schichten Axone aus der nasalen Hälfte des kontralateralen Auges auf. Die Axone der **M-Ganglienzellen** projizieren in die beiden ventralen Schichten. Axone des P- und M-Systems werden getrennt zur primären Sehrinde weitergeführt. Die synaptischen Verbindungen des **koniozellulären (K-)Systems** liegen zwischen den hier gezeigten Schichten.

## Primärer visueller Kortex

▶ **Synonym.** Primäre Sehrinde, Kortexareal V1, Area striata, Cortex striatum, Area 17 nach Brodmann.

Die primäre Sehrinde liegt im Okzipitallappen des Gehirns. Die Axone aus dem CGL verlaufen durch die Sehstrahlung **(Radiatio optica)** und bilden ihre Synapsen mit Neuronen v. a. in den Schichten 4 und 6 der **sechsfach horizontal geschichteten** primären Sehrinde (Abb. **18.34**). Die Trennung in magno- und parvozelluläre Wege wird dabei aufrechterhalten: Die **P-Zellen** projizieren in die Kortex-Schichten 4A und 4Cβ, die **M-Zellen** in die Schicht 4Cα. (Die Zellen des K-Systems sind vor allem in den Schichten 2 und 3 verschaltet.)
Die Sehrinde einer jeden Hemisphäre verarbeitet – wie das CGL – Information aus *beiden* Augen, aber nur über die jeweils *kontralaterale* Gesichtsfeldhälfte. Dabei werden nahe beieinander liegende Punkte der Netzhaut auch in der Sehrinde nah beieinander verarbeitet **(Retinotopie)**. Die Fovea ist dabei überrepräsentiert – sie beansprucht weit größere Bereiche der Sehrinde als gleich große Areale in der Peripherie der Netzhaut.

**Primärer visueller Kortex**

▶ **Synonym**

Die Neurone des **Corpus geniculatum laterale** erreichen durch die weit aufgefächerte Sehbahn **(Radiatio optica)** die primäre Sehrinde **(Cortex striatum)** im Okzipitallappen des Gehirns. **M- und P-Systeme** bleiben getrennt. Die thalamischen Neurone bilden ihre Synapsen in unterschiedlichen Schichten der Sehrinde (Abb. **18.34**).
Die Sehrinde einer jeden Hemisphäre verarbeitet die Information des jeweils *kontralateralen* Gesichtsfeldes. Dabei werden nahe beieinander liegende Punkte der Netzhaut auch in der Sehrinde nah beieinander verarbeitet **(Retinotopie)**.

▶ **Merke.** In der **Sehbahn** werden zwei getrennte, parallele Verarbeitungssysteme **von der Retina bis zum Kortex** geführt: Das **P-System** mit seiner Spezialisierung für Farben- und Formensehen und das **M-System**, das besonders für die Verarbeitung von Bewegungswahrnehmung ausgelegt ist.

▶ **Merke.**

▶ **Klinik.** Ein vollständiger Verlust des rechten primären visuellen Kortex führt zu einem Ausfall der bewussten Wahrnehmung in der linken Hälfte des Gesichtsfeldes (s. Abb. **18.32**, S. 661).

▶ **Klinik.**

18.34 **Verschaltung zwischen Corpus geniculatum laterale und primärem visuellen Kortex**

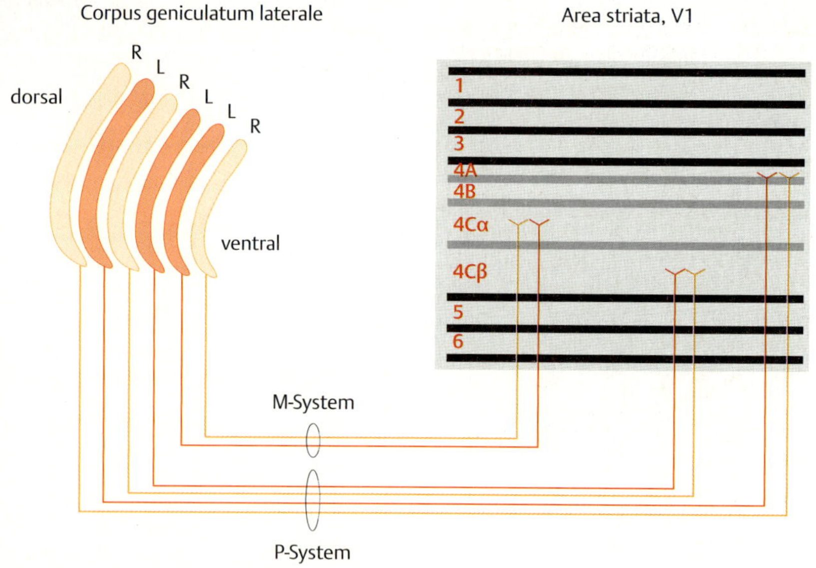


Die visuelle Information vom rechten (R) und linken (L) Auge wird getrennt weitergegeben. Ebenso getrennt bleiben die Axone des M- und P-Systems. Die meisten thalamischen Axone enden in Schicht 4 der primären Sehrinde und bilden dort Synapsen mit kortikalen Neuronen.

Die linienförmigen rezeptiven Felder der Neurone in der Sehrinde sind das Resultat der Zusammenschaltung **(Konvergenz)** von mehreren Thalamusneuronen mit jeweils konzentrischen rezeptiven Feldern (Abb. **18.35**). Die Neurone der primären Sehrinde haben meist längliche rezeptive Felder mit **Orientierungsspezifität**. Sie reagieren am stärksten auf linienförmige Reize.

Auch die Lichtreaktionen von Neuronen in der primären Sehrinde lassen ausgeprägte **rezeptive Felder** erkennen (Abb. **18.35**). Während die rezeptiven Felder der retinalen Ganglienzellen und der CGL-Neurone jedoch die Form konzentrischer Kreise haben, sind die rezeptiven Felder der Kortexneurone meist langgestreckt. Solche Felder entstehen, wenn mehrere CGL-Neurone auf ein Kortex-Neuron zusammengeschaltet werden **(Konvergenz)**: Durch die Überlagerung von mehreren benachbarten, konzentrischen Feldern mit exzitatorischen Zentren entstehen (analog zu den Verschaltungsprinzipien im Bereich der Ganglienzellen, s. S. 650) im Kortex längliche ON-Bereiche, umgeben von einer ovalen OFF-Peripherie.
Neurone mit solchen rezeptiven Feldern zeigen eine **Orientierungsspezifität**, d. h. sie reagieren auf die Ausrichtung von Linien. Die Analyse von Linien ist offenbar ein fundamentaler Verarbeitungsschritt bei der visuellen Wahrnehmung. Unsere

18.35

18.35 **Rezeptive Felder im Verlauf der Sehbahn**

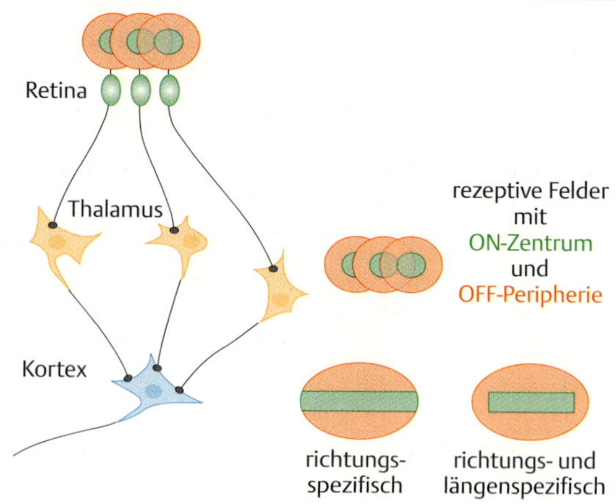


Retinale Ganglienzellen mit konzentrischen rezeptiven Feldern bilden Synapsen mit Neuronen im CGL, die ihrerseits auf ein einzelnes Kortexneuron konvergieren. Im Kortex werden die rezeptiven Felder zu einem linienförmigen Feld kombiniert. Das Kortexneuron reagiert dann am stärksten, wenn eine Linie von einer bestimmten Ausrichtung, Dicke und Länge auf die Retina projiziert wird. Kortex-Neurone, deren rezeptives Feld ein durchgehendes ON-Zentrum aufweist, besitzen lediglich eine **Richtigungsspezifität**. Wird das ON-Zentrum an beiden Enden von OFF-Arealen umgeben, entsteht zusätzlich eine **Längenspezifität**.

**18.36 Vertikale Organisation der primären Sehrinde in Kolumnen**

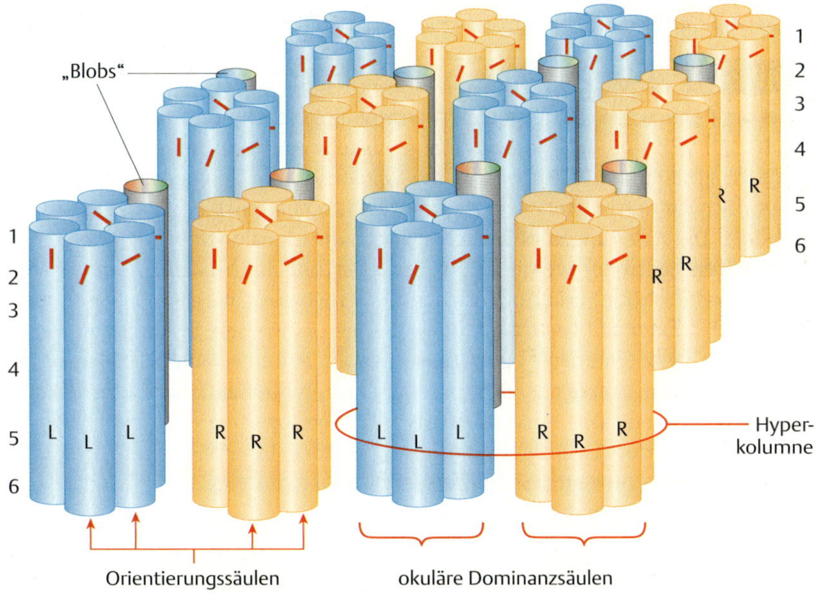


Die Neurone der Sehrinde sind in säulenförmigen Abschnitten organisiert. Jede Säule ist ca. 2 mm hoch und hat einen Durchmesser von ca. 0,5 mm. Die Säulen sind sechsfach geschichtet, wobei Schicht 4 einen Großteil der Eingänge aus dem Thalamus (CGL) aufnimmt (vgl. Abb. **18.34**). In den meisten Säulen reagieren die Neurone bevorzugt auf Linien einer bestimmten Ausrichtung (rote Balken). Diese kortikalen Säulen werden als **Orientierungssäulen** bezeichnet. Die Orientierungssäulen, die die Linieninformation von einem bestimmten Ort der Netzhaut eines Auges verarbeiten, sind zu einer **okulären Dominanzsäule** gebündelt. Darin sind die Orientierungssäulen konzentrisch angeordnet und decken zusammen alle Linienorientierungen ab. Dazu kommen Säulen ohne Orientierungspräferenz **(„Blobs")**, die aber farbselektiv sind und die Farbinformation vermitteln. Für jeden Ort im **binokularen Gesichtsfeld** gibt es zwei okuläre Dominanzsäulen, eine für das linke Auge (blau, L) und eine für das rechte Auge (braun, R). Zusammen mit den dazugehörigen Blobs bilden sie eine **Hyperkolumne**, einen Satz kortikaler Kolumnen, der für *einen* Ort im Gesichtsfeld zuständig ist.

Umwelt wird im Wesentlichen als ein System von Linien (Konturen) erfasst. Linienförmige rezeptive Felder mit inhibitorischen Regionen an beiden Enden des exzitatorischen Linienzentrums zeigen neben einer **Richtungs- auch eine Längenspezifität**, während rezeptive Felder anderer Kortexneurone ausschließlich eine **Richtungsspezifität** vorweisen (Abb. **18.35**).

Neben der beschriebenen horizontalen Schichtung zeigt die primäre Sehrinde auch eine **vertikale Organisation** in **Säulen** oder **Kolumnen**. Sie ist **modular** aufgebaut: Die Information über einen Punkt im binokularen Gesichtsfeld wird im Kortex in zwei Säulen **(okulären Dominanzsäulen)** verarbeitet, die direkt nebeneinanderliegen. Eine ist zuständig für das rechte, die andere für das linke Auge (Abb. **18.36**). Ein Paar solcher Säulen wird als **Hyperkolumne** (auch Positionskolumne) bezeichnet und hat einen Durchmesser von ca. 1 mm, jedes Modul umfasst somit ca. 1 $mm^2$ Kortexfläche.

Die Sehrinde ist **modular** aufgebaut. Jedes Modul umfasst ca. 1 $mm^2$ Kortexfläche und wird als **Hyperkolumne** (auch Positionskolumne) bezeichnet. Sie verarbeitet Information, die das Gehirn von einem kleinen Bereich des binokularen Sehfeldes erhält. Die Hyperkolumne besteht aus zwei **okulären Dominanzsäulen**.

Jede der beiden okulären Dominanzsäulen ist wiederum in einen ganzen Satz von **Orientierungssäulen** untergliedert, von denen jede eine etwas andere Ausrichtung der linienförmigen rezeptiven Felder aufweist.

Jede Dominanzsäule enthält einen Satz von **Orientierungssäulen**.

Neben den Orientierungssäulen enthalten die okulären Dominanzsäulen auch Säulen ohne Richtungsspezifität, die aber eine Farbselektivität aufweisen – diese Säulen werden als **„Blobs"** bezeichnet. Ihre Zellen enthalten besonders viel des mitochondrialen Enzyms Cytochromoxidase und können dadurch histologisch von den Orientierungssäulen unterschieden werden.

Zwischen den Orientierungssäulen eingelagerte **„Blobs"** sind Säulen, deren Neurone keine Richtungsspezifität, sondern Farbspezifität zeigen.

Zusammenfassend sind **Hyperkolumnen** also die Verarbeitungsmodule in der primären Sehrinde. Sie erhalten thalamische Afferenzen sowohl vom P- als auch vom M-System und verarbeiten die visuelle Information *eines* Ortes im Gesichtsfeld.

Das gesamte Gesichtsfeld wird von einer Vielzahl solcher Module abgedeckt, wobei die Fovea centralis auch in diesem Zusammenhang entsprechend ihrer hohen Ganglienzelldichte einen überproportional großen Teil der Sehrinde beansprucht.

▶ Klinik.

▶ **Klinik.** Die Aktivität der primären Sehrinde kann durch Ableitung von **visuell evozierten Potenzialen (VEP)** im Elektroenzephalogramm (EEG) dargestellt werden (Abb. **18.37**). VEP sind Reaktionen auf eine visuelle Reizung. Um ereignisabhängige Signale zu erhalten, wird dem Patienten wiederholt ein definierter visueller Reiz (z. B. ein Schachbrettmuster) – in dem schematischen Beispiel zum Zeitpunkt 0 – vorgeführt. Die Ableitungen elektrischer Spannungssignale vom Hinterhaupt (über der primären Sehrinde) werden dann gemittelt und nach Latenz (Zeit zwischen Stimulus und Reaktion) und Amplitude analysiert (blaue Linie). Starke Veränderungen des VEP können auf bestimmte Erkrankungen hinweisen. So kann eine Verlängerung der Latenz (rote Linie) ein erster Hinweis auf eine **multiple Sklerose (MS, s. S. 36)** sein. Dabei handelt es sich um eine chronisch-entzündliche Entmarkungserkrankung des zentralen Nervensystems, eine Verlängerung der Latenzzeiten der VEP kann auf die durch die Demyelinisierung gestörte Erregungsleitung hinweisen. Typisch im fortgeschrittenen Stadium ist darüber hinaus eine durch axonale Schäden bedingte Reduktion der Amplitude.

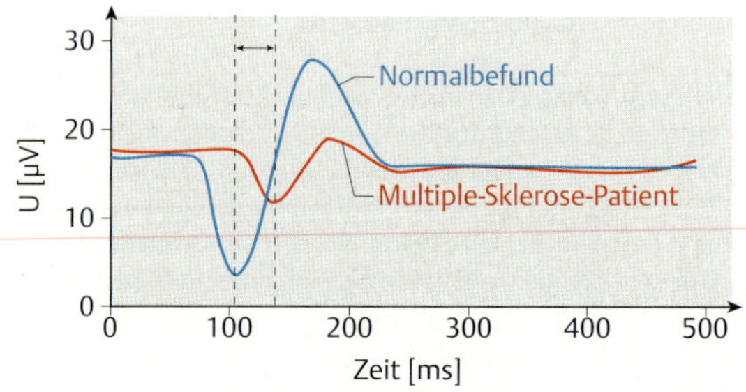


18.37

**Visuell evozierte Potenziale im EEG**

Sekundäre visuelle Kortexareale

▶ Synonym

Aus der primären Sehrinde (Area V1) fließt die visuelle Information in die sekundären visuellen Kortexareale des Okzipitallappens (Areae V2, 3, 4) sowie des Temporal- und des Parietallappens. Dabei wird die Trennung in M-System und P-System aufrechterhalten.

Aufgaben der sekundären visuellen Kortexareale im Okzipitallappen (Abb. **18.39**):
- **Area V2:** Gestalterkennung
- **Area V3:** Gestaltinvarianz bei Bewegung
- **Area V4:** Farberkennung.

Der sekundäre visuelle Kortex im **Temporallappen** wird vom P-System versorgt. Er dient der **Objekterkennung** (Abb. **18.39**).

## Sekundäre visuelle Kortexareale

▶ **Synonym.** Sekundäre Sehrinde.

Sehen ist eine komplexe kognitive Leistung, in der die Einzelaspekte der visuellen Information (Form, Farbe, Bewegung) integriert werden müssen. Bis zur primären Sehrinde (Kortex-Area V1 des Okzipitallappens) wurden diese Einzelaspekte voneinander getrennt gehalten: Form und Farbe im P-System, Bewegung und Ort im M-System, diese Informationen gelangen nun gezielt zu bestimmten Regionen der sekundären Sehrinde.
Bevor die Information den Okzipitallappen verlässt, durchläuft sie noch mehrere Verarbeitungsstationen (Abb. **18.39**):
- Neurone der **Area V2** reagieren auf **Gestaltmuster** und **Scheinkonturen**. Dazu ist es nötig, den Zusammenhang von einzelnen optischen Elementen (z. B. einzelnen Strichen) zu erkennen, sodass die Gestalt (z. B. ein Strichmännchen) sich vom Hintergrund abhebt, also als Ganzes wahrgenommen wird. Bei der Wahrnehmung von Scheinkonturen werden fehlende optische Elemente ersetzt (Abb. **18.38**).
- Wenn sich die Konturen einer wahrgenommenen Gestalt bewegen, führt dies zur Aktivierung von Neuronen in der **Area V3**. Vermutlich sorgt diese Verarbeitungsstation dafür, dass der Gestalteindruck nicht verloren geht, wenn eine Kontur sich bewegt: **Gestaltinvarianz bei Bewegung** – man erkennt weiterhin, dass die einzelnen Komponenten der Gestalt zusammengehören.
- Die farbempfindlichen Neurone aus V1 und V2 projizieren in die **Area V4**. Hier reagieren die Neurone auf Farbsignale: **Oberflächenfarben und Farbkontraste** werden erkannt und als Information zur Objekterkennung weitergegeben.

Aus den okzipitalen visuellen Arealen V1–V4 gelangt die Information über Form und Farbe (P-System) zum **Schläfenlappen** (Abb. **18.39**). Visuelle Zentren im Schläfenlappen dienen damit der **Objekterkennung** („was?“).

**18.38 Wahrnehmung von Scheinkonturen**

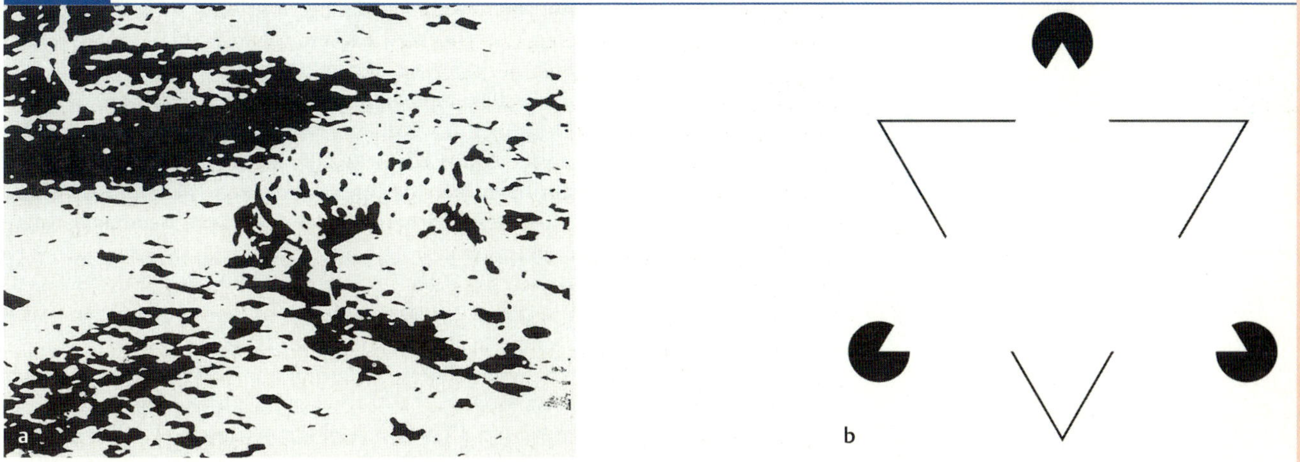


Um eine „Gestalt" zu sehen, müssen wir den Zusammenhang zwischen den einzelnen optischen Elementen (Striche, Flächen) eines Objekts erkennen. Die zusammengehörenden Elemente heben sich dann vom Hintergrund ab und bilden eine Gestalt, wie man am Beispiel des Dalmatiners **(a)** sehen kann. Dabei können fehlende Bildelemente ergänzt werden. Die Gestalt des scheinbaren weißen **Kanizsa-Dreiecks** (**b**, benannt nach Gaetano Kanizsa, italienischer Psychologe und Wahrnehmungsforscher, 1913 – 1993) wird fast vollständig vom ZNS erzeugt.

**18.39 Analyse der visuellen Information in der sekundären Sehrinde**

18.39

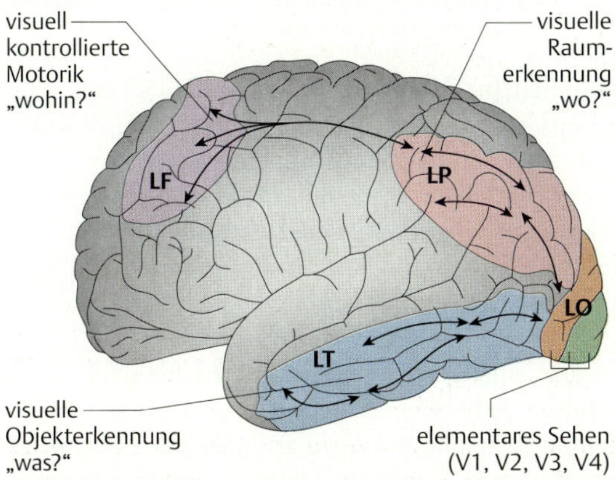


Die grundlegende Analyse der visuellen Information vollzieht sich in den Kortexarealen V1 – V4 des Okzipitallappens (LO). Im Verlauf des P-Systems gelangt die Information über Farbe und Form in den unteren Temporallappen (LT, „was?"). Das M-System verläuft zum Parietallappen (LP) und verarbeitet dort Ort- und Bewegungsinformation („wo?"). Die dort erarbeiteten kognitiven Leistungen dienen zur Orientierung im Raum und sind die Grundlage für visuell kontrollierte Blick-, Greif- und Körperbewegungen, die im Frontallappen (LF) vorbereitet werden („wohin?").

Die Ort- und Bewegungsinformation (M-System) gelangt zum **Scheitellappen** (**Raumerkennung,** „wo?"). Die dort erarbeiteten kognitiven Leistungen dienen zur Orientierung im Raum, und sind die Grundlage für **visuell kontrollierte Blick-, Greif- und Körperbewegungen**, die im **Frontallappen** vorbereitet werden („wohin"?).
In welchen Gehirnzentren diese parallel verarbeiteten Teilaspekte der visuellen Information zusammengeführt werden, wo Objekterkennung, Interpretation und Lokalisierung mit anderen Sinneseindrücken (akustisch, olfaktorisch, taktil) kombiniert und zu einer einheitlichen Wahrnehmung zusammengebunden werden, ist nach wie vor Gegenstand intensiver Forschungsbemühungen.

Der sekundäre visuelle Kortex im **Parietallappen** wird vom M-System versorgt. Er dient der Analyse von **Raum und Bewegung**, diese Information ist wiederum Grundlage für die im **Frontallappen** vorbereitete **visuell kontrollierte Motorik**.

▶ **Klinik.** Eine Vielzahl von Patientenbeschreibungen hat entscheidend dazu beigetragen, die einzelnen Verarbeitungszentren im visuellen System zu identifizieren. Wenn eng begrenzte, lokalisierbare Läsionen im Bereich der Sehrinde vorliegen, kann von spezifischen Ausfallerscheinungen auf die physiologische Funktion der jeweiligen Areale geschlossen werden.

▶ Klinik.

Eine Beeinträchtigung der Farbwahrnehmung kann durch Läsionen in Area V1 entstehen **(kortikale Achromatopsie)**. Durch Schädigungen in Area V4 kann die Farbwahrnehmung oder die Fähigkeit, Objekten Farben zuzuordnen, verloren gehen **(Farbenagnosie, Farbenanomie)**. Unfähigkeit zur Erkennung von Objekten bei vollständiger Wahrnehmung der Einzelkomponenten **(assoziative Objektagnosie)** kann bei Läsionen der visuellen Regionen im Schläfenlappen auftreten. Eine besonders belastende Form dieser Agnosie ist die Unfähigkeit, Gesichter zu erkennen **(Prosopagnosie)**. Wahrnehmungsstörungen von bewegten Objekten **(Akinetopsie, Bewegungsagnosie)** kann durch Läsionen im Scheitellappen verursacht werden. Bewegte Dinge können für diese Patienten „erstarren" und die Stabilität der visuellen Welt kann bei Eigenbewegungen verloren gehen. Einseitige Schädigungen des Scheitellappens können auch zum **visuellen Hemineglekt** führen, dem Verlust der Wahrnehmung einer Körperseite und von Objekten in deren Umgebung.

18.2.3 Räumliches Sehen (Tiefenwahrnehmung)

Für das räumliche Sehen sind v. a. zwei Aspekte von Bedeutung: Erfahrung und binokulares Sehen.

**Erfahrung:** Die Tiefenwahrnehmung bei entfernten Gegenständen beruht auf dem Wissen über Größen etc. und funktioniert auch monokular.

**Binokulares Tiefensehen:** Im Nahbereich ermöglicht die binokulare Stereoskopie eine Tiefenwahrnehmung, bei der beide Netzhautbilder eines Objektes verglichen werden.

Auf dem **Horopter (Sehkreis)** liegen alle Punkte, deren Abbilder auf **korrespondierende Netzhautbereiche** fallen (Abb. **18.40**). Punkte, die außerhalb des Horopters liegen, werden von nicht korrespondierenden Netzhautbildern abgebildet **(Querdisparation)** – dabei entstehen identische, aber nicht deckungsgleiche Bilder **(Diplopie)**. Die **binokulare Fusion** dieser disparaten Bilder in der Sehrinde sorgt dafür, dass nur ein Bild wahrgenommen wird. Durch diese Korrektur der Diplopie ensteht die Tiefenwahrnehmung.

In größerer Entfernung vom Horopter ist die Querdisparation zu groß, eine Fusion ist nicht mehr möglich; es werden zwei getrennte Bilder wahrgenommen.

## 18.2.3 Räumliches Sehen (Tiefenwahrnehmung)

Für die Wahrnehmung räumlicher Zusammenhänge (Größe, Entfernung, Tiefe) bedient sich das visuelle System zweier unterschiedlicher Arten von Information: Erfahrung und binokulares Sehen.

**Erfahrung:** Bei weit entfernten Objekten wird das Wissen über die normale Größe bekannter Objekte ausgewertet und optische Informationen wie Schattenwurf, perspektivische Verkürzung sowie relative Verschiebung **(Parallaxe)** und Bewegungsgeschwindigkeit ausgewertet. Diese Art der Tiefenwahrnehmung funktioniert auch monokular.

**Binokulares Tiefensehen:** Im Nahbereich (insbesondere innerhalb der Reichweite der Hände) kann die Entfernung von Objekten auch ohne Erfahrungswerte ermittelt werden. Dies ermöglicht die **binokulare Stereoskopie**, der Vergleich der beiden Netzhautbilder eines Objektes. Für jede Blickrichtung gibt es zwischen beiden Augen je genau zwei **korrespondierende Netzhautstellen**. Wenn die Augen auf eine bestimmte Entfernung akkommodiert sind, werden alle Punkte in gleicher Entfernung auf diesen korrespondierenden Netzhautpunkten abgebildet – es herrscht der Zustand **normaler Netzhautkorrespondenz.**

Abb. **18.40** veranschaulicht, dass dieser Zustand für alle Punkte auf einer gewölbten Fläche, dem **Horopter (Sehkreis)**, gilt. Liegt ein Punkt außerhalb des Horopters, fallen seine Abbildungen nicht auf korrespondierende Netzhautstellen, es kommt aufgrund der geometrischen Verhältnisse zu einer gegensinnigen Querverschiebung **(Querdisparation)**. Dadurch entstehen zwei identische, aber nicht deckungsgleiche Bilder des Objekts **(Diplopie)**. Ist die Querdisparation gering, verrechnet die Sehrinde die Bildverschiebung und bringt die Bilder in Übereinstimmung **(binokulare Fusion)**, sodass nur ein Bild wahrgenommen wird. Dieser Vorgang führt zur Wahrnehmung von Tiefe: Je größer die notwendige Korrektur der Diplopie, desto größer die Tiefenwahrnehmung – ein dreidimensionales, **stereoskopisches Sehen** wird ermöglicht.

Diese Korrektur funktioniert allerdings nur unweit des Horopters. Ist die Querdisparation zu groß (über die sog. **Panum-Areale** hinaus), werden zwei getrennte Bilder wahrgenommen. In dieser Situation müssen die Augen neu akkommodiert werden, der Horopter wird verschoben und die Tiefenwahrnehmung wieder ermöglicht.

Auf der anderen Seite nimmt mit zunehmender Entfernung eines beobachteten Gegenstandes die Querdisparation insgesamt ab und die binokulare räumliche Tiefenwahrnehmung wird schlechter.

Ein großer Teil des „Sehens" wird durch **Verarbeitungszentren** im ZNS geleistet (neben der Sehrinde sind das Augenmuskelkerne und Formatio reticularis). Dazu gehört die genaue Ausrichtung der beiden Augenachsen genauso wie die Interpretation der visuellen Information. Stellt sich das Auge von der Nähe auf die Ferne ein, kommt es z. B. zu einer Divergenz der beiden Augenachsen (s. S. 641).

**18.40 Korrespondierende Netzhautstellen und Horopter (Sehkreis)**

18.40

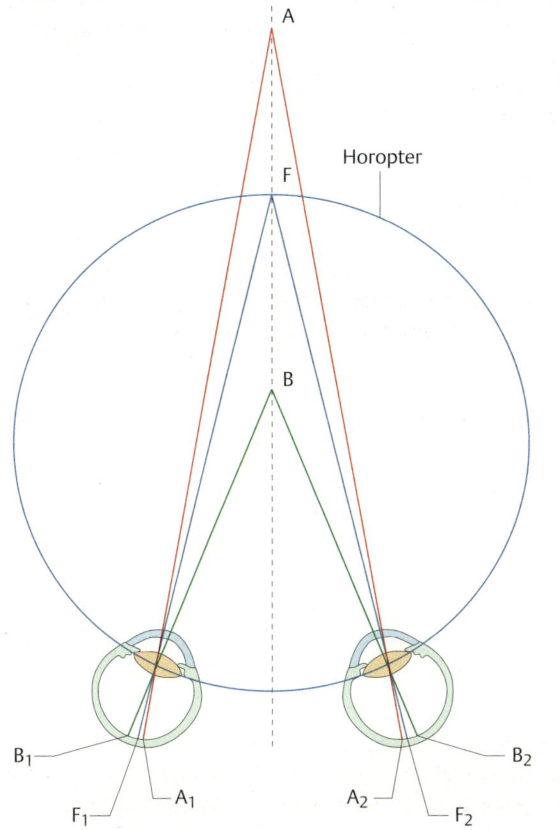


Wenn beide Augen auf ein Objekt (F) akkommodiert sind, fallen die Bilder des Objekts in beiden Augen auf korrespondierende Netzhautbereiche (F1 und F2). Dies führt zur Wahrnehmung eines einzigen Bildes. Bei derselben Akkommodation gilt das für alle Punkte, die auf einem Kreis (genauer: einer Kugeloberfläche) liegen, der F und die beiden Knotenpunkte der Augen schneidet **(Horopter)**.
Bei Punkten, die ein wenig näher oder entfernter liegen (A, B), fallen die Bilder nicht auf korrespondierende Netzhautbereiche. Es entsteht ein Doppelbild **(Diplopie)**, das zur Berechnung von Tiefe genutzt wird.

**▶ Klinik.** Neben den pathologischen Sehstörungen, die auf Läsionen der Sehrinde zurückzuführen sind, können umgekehrt auch Augenfehler die Aktivität der Sehzentren pathologisch verändern. Beim Schielen **(Strabismus)** werden die visuellen Kortexareale mit konstanten Doppelbildern versorgt, weil sich die Blickachsen der beiden Augen aufgrund von Störungen des Gleichgewichts zwischen den Augenmuskeln nicht auf denselben Punkt ausrichten lassen. Die Sehzentren passen sich der Situation an, indem sie eines der Doppelbilder unterdrücken, es kommt während der Entwicklung des Kindes zu einer verminderten Ausdehnung der okulären Dominanzkolumnen (s. S. 665) des unterdrückten Auges. Die dem betroffenen Auge zugeordneten Sehzentren entwickeln eine **Schielamblyopie** – eine erworbene, anhaltende Unfähigkeit zur Gestalterkennung. Diese Entwicklung kann durch gezielte Schielbehandlung (z. B. stunden- oder tageweises Abkleben des führenden Auges, Abb. **18.41**) verhindert werden, wenn frühzeitig nach Erkennen des Strabismus damit begonnen wird.

▶ Klinik.

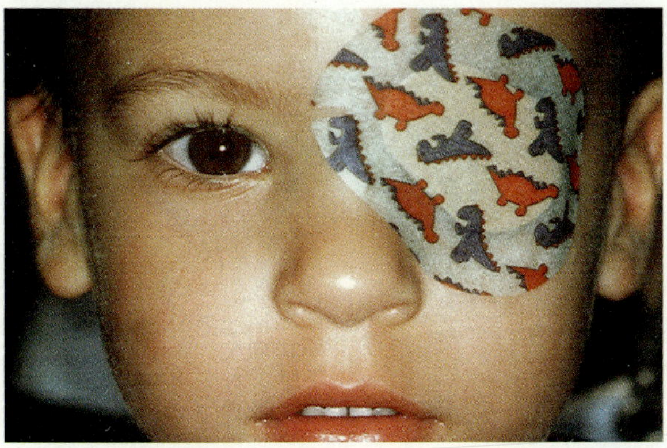

**18.41**

**Amblyopiebehandlung durch Pflasterokklusion**

## ▸ ver$_k$lin$_i$kte Vorklinik: Diabetes mellitus Typ 1 (Ketoazidose)

**Anamnese:** Herr Andreas Kerkhoff wurde durch seine Hausärztin stationär eingewiesen, die er aufgrund eines anhaltenden Schwächegefühls mit erhöhter Müdigkeit und Konzentrationsschwierigkeiten aufgesucht hatte. Am Montagmorgen war es dem 29-jährigen Sportreporter nach einem zur Erholung geplanten Wochenende immer noch nicht besser gegangen. Auf genauere Nachfrage hin hatte er bereits bei der Hausärztin einen Gewichtsverlust von ca. 4 kg im letzten halben Jahr berichtet, jedoch Fieber und nächtliches starkes Schwitzen (Nachtschweiß) verneint. Auch berufliche oder private Belastungssituationen sind nicht zu eruieren.

**Vegetative Anamnese:** Bei der Frage nach Stuhl- und Urinauffälligkeiten erwähnt der Patient, dass er seit einiger Zeit häufiger als früher Wasser lassen müsse. Dem habe er aber keine Bedeutung zugemessen, da er auch viel mehr trinken würde als gewöhnlich. Seit wann dies so sei, könne er nicht angeben, jedoch habe er früher nie ein so starkes Durstgefühl wie in letzter Zeit verspürt. Schlafstörungen verneint er bis auf die Unterbrechung der Nachtruhe durch Toilettengänge.

**Persönliche Anamnese:** Schwerwiegende frühere Erkrankungen sind nicht bekannt, einzige Operation war bisher die Entfernung der Gaumenmandeln im Alter von 8 Jahren wegen immer wiederkehrender eitriger Mandelentzündungen.

**Körperliche Untersuchung** Bis auf einen etwas fruchtigen Geruch der Ausatemluft bei vertiefter Atmung zeigen sich keine auffälligen Befunde. Größe 185 cm, Gewicht 71 kg.

**Laboruntersuchungen** (Angabe der jeweiligen Normwerte in Klammern):

- Blut: Kalium 5,7 mmol/l (3,5–5,0 mmol/l), HbA1c (glykosyliertes Hämoglobin) 7,9 % (4,0–6,0 %), Blutzucker bei Aufnahme 354 mg/dl (46–99 mg/dl) bzw. 19,7 mmol/l (2,5–5,5 mmol/l), pH-Wert bei der Blutgasanalyse aus Kapillarblut 7,15 (7,37–7,43).
- Im Urinstatus (Urinteststreifen, s. Abb. **1.1**, S. 5) Glukose ca. 300 mg/dl (normal: negativ), Ketonkörper ++ (negativ). Mikroalbumin im Urin negativ (negativ).

**Verlauf:** Da die Hausärztin den Patienten nach Messung eines deutlich erhöhten Blutzuckers sowie des auffälligen Teststreifen-Ergebnisses im Urin bereits mit der Diagnose eines Diabetes mellitus Typ 1 eingewiesen hatte, war Herr Kerkhoff schon auf die Einleitung einer Insulintherapie vorbereitet. Auf der internistischen Normalstation ist mit einer Insulinbehandlung nach dem Basis-Bolus-Konzept (s. S. 405) mit einem über 24 h wirkenden Basalinsulin und jeweils direkt zu den Mahlzeiten in individueller Dosierung gespritztem, gentechnisch hergestelltem Insulin (Lispro) begonnen worden.

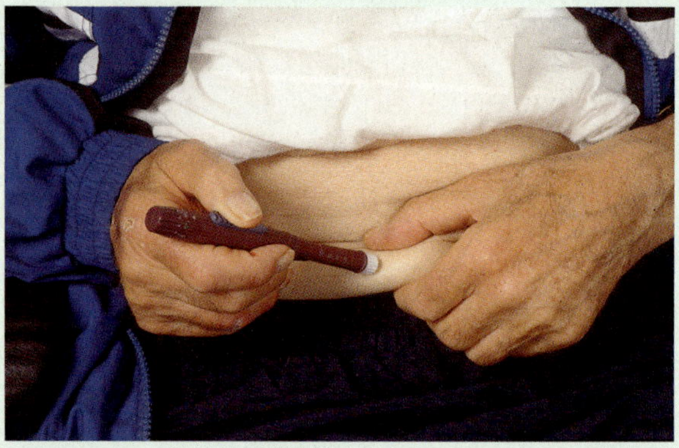

**Insulininjektion mit Insulinpen**; der Pen enthält eine Ampulle mit Insulin. Die individuelle Dosis kann eingestellt werden, die Applikation ist einfach durchführbar.

Während des stationären Aufenthaltes erhält der Patient durch eine Ernährungsberaterin eine Diabetesberatung und -schulung, sodass er den Blutzucker eigenständig messen und die notwendige Dosis des kurz wirksamen Insulins anhand der Höhe des Blutzuckers und der aufgenommenen Nahrungsmenge selbst abschätzen kann.

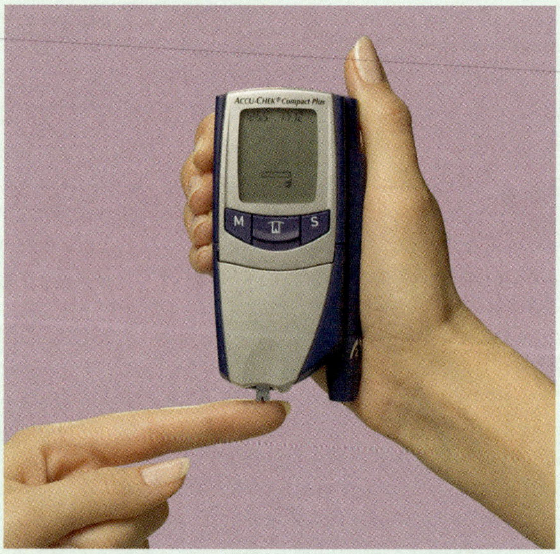


**Blutzucker-Selbstmessung** (beispielhaftes Messgerät). Nach Stich in die Fingerbeere wird ein Tropfen Blut zur Messung auf einen speziellen, in das Gerät eingeführten Teststreifen gegeben (mit freundlicher Genehmigung von Roche Diagnostics).

Darüber hinaus findet eine sorgfältige Aufklärung über Langzeitrisiken der Erkrankung und notwendige Kontrolluntersuchungen statt. Herr Kerkhoff kann nach 10-tägigem Aufenthalt in gutem Allgemeinzustand entlassen werden.

**Fragen mit physiologischem Schwerpunkt:**

1. Wie müssen Sie den erhöhten Kaliumspiegel (Hyperkaliämie) bewerten?
2. Patienten mit Diabetes mellitus klagen häufig über unregelmäßig auftretende Sehstörungen. Wie hängen diese mit der Grunderkrankung zusammen? Welche Komplikation des Diabetes kann zur Erblindung führen?

**Antwortkommentare:**

**Zu 1.** Der im Serum gemessene (extrazelluläre) Kaliumspiegel spiegelt nicht den tatsächlichen Kaliumbestand des Körpers wieder, der sich aus der extra- und intrazellulären Kaliumkonzentration zusammensetzt. Im Normalfall liegt die intrazelluläre Kaliumkonzentration deutlich über der extrazellulären. Für die Aufrechterhaltung dieses Konzentrationsgradienten ist die Aktivität der $Na^+$-$K^+$-ATPase verantwortlich, durch die Kalium in die Zelle transportiert wird. Die Aktivität dieses Transportsystems wird unter anderem durch Insulin stimuliert und durch eine Azidose gehemmt. Bei Patienten mit Diabetes mellitus kommt es durch die osmotische Diurese zu einem renalen Kaliumverlust. Durch den Insulinmangel und die metabolische Azidose bei Diabetikern wird die $Na^+$-$K^+$-ATPase gehemmt (s. S. 404), sodass sich das Kaliumdefizit nur intrazellulär manifestiert. Die im Labor gemessene hohe extrazelluläre Kaliumkonzentration täuscht also über die eigentlich negative Kaliumbilanz hinweg. Substituiert man nun bei Diabetikern Insulin, wird Kalium wieder vermehrt in die Zellen transportiert. Hierbei besteht wiederum die Gefahr einer extrazellulären Hypokaliämie mit daraus resultierenden Herzrhythmusstörungen (s. S. 90) sowie funktionellen Symptomen wie Muskelschwäche und Lähmungen (s. S. 325). Eine Kontrolle der Elektrolytwerte ist deshalb im Rahmen einer solchen initialen Insulintherapie unbedingt erforderlich.

**Zu 2.** Glukose gelangt in Zellen der Augenlinse und wird dort in Sorbit umgewandelt. Dieses kann die Zellmembran nicht passieren und lagert sich intrazellulär ab. Folge ist eine osmotische Einlagerung von Wasser in der Augenlinse, die zu einer Anschwellung der Linse führt. Durch den schwankenden Glukosespiegel beim Diabetiker kommt es zu wechselnden Quellungszuständen der Linse. Der Patient bemerkt diese Veränderungen durch intermittierende Sehstörungen. Die unregelmäßige Hydratation der Linse kann langfristig eine Linsentrübung (Katarakt, s. Abb. **11.36**, S. 405) auslösen.

Zu den häufigsten Spätkomplikationen des Diabetes mellitus gehört die diabetische Retinopathie. Sie ist Folge einer Mikroangiopathie retinaler Gefäße, die zu Ischämien und Einblutungen in die Netzhaut führen kann. Langfristig kommt es außerdem durch die lokale Hypoxie zu einer kompensatorischen Ausschüttung des Proangiogenese-Faktors VEGF, was eine Neubildung dünner, wenig belastbarer Gefäße zur Folge hat. Diese können einreißen, sodass es zu ausgeprägten Netzhaut- und Glaskörperblutungen kommt. Nicht selten führt die diabetische Retinopathie zur Erblindung des Patienten.

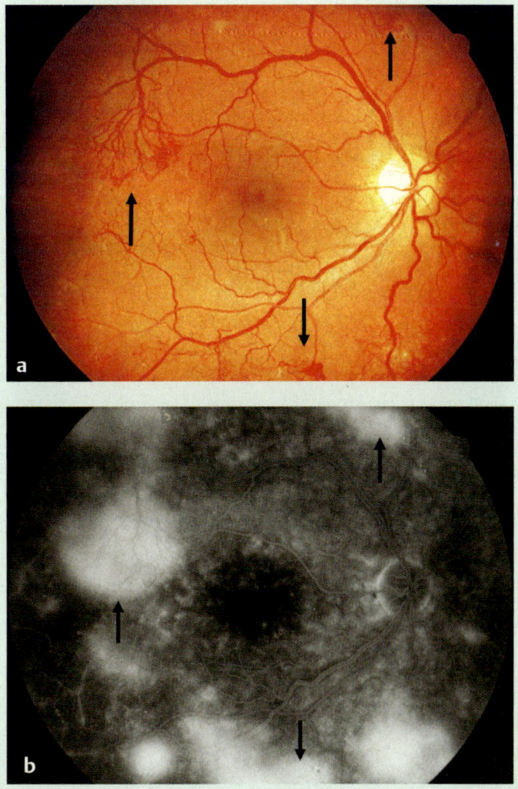


**Diabetische Retinopathie. a** Typische präretinale Neovaskularisationen (Pfeile); **b** Im korrespondierenden angiografischen Bild sieht man im Bereich der Neovaskularisationen austretendes Fluorescin.

# Auditorisches System, Stimme und Sprache

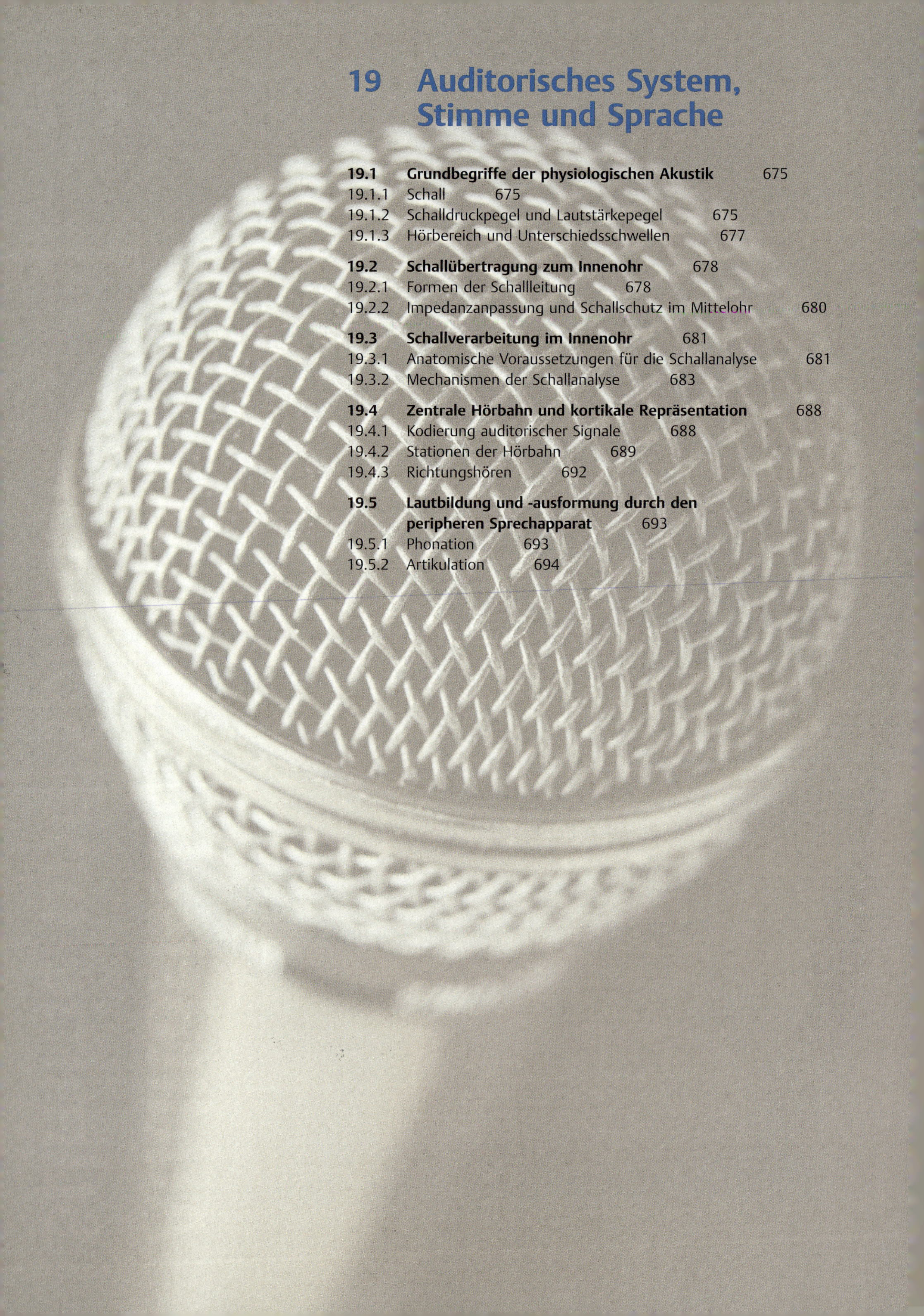

# 19 Auditorisches System, Stimme und Sprache

# 19 Auditorisches System, Stimme und Sprache

Zwischen dem auditorischen System, der Stimme und der Sprache besteht über die Bedeutung für die menschliche Kommunikation ein enger funktioneller Zusammenhang. Neben akustischen Reizen aus der Umwelt werden über den Gehörsinn auch die eigenen Laute und Worte wieder aufgenommen. Mithilfe dieser Rückmeldung kann die Großhirnrinde wiederum steuernd auf den peripheren Prozess des Sprechens einwirken.

**▶ Klinik.** Erkrankungen des auditorischen Systems belasten die Betroffenen schwer und können Ursache für soziale Isolation, bei Kindern auch für tiefgreifende Entwicklungsstörungen sein. Besteht die Gehörlosigkeit von Geburt an, ist es äußerst schwierig, sprechen zu lernen: Taubgeborene können nur mit großen Anstrengungen und unter intensiver Anleitung lernen, sich zu artikulieren.

In diesem Kapitel wird zum einen dargestellt, wie es zur Wahrnehmung relevanter Schallinformation kommt: Von der Analyse der Schallfrequenz und -intensität im Ohr bis zu den Voraussetzungen für die Interpretation von Sprache im zentralen Nervensystem. Zum anderen wird die Erzeugung und Ausbildung von Lauten durch den peripheren Sprechapparat beschrieben. Weitere Informationen zur Sprachbildung und -verarbeitung sowie zum Sprachverständnis als Leistungen der Großhirnrinde sind in Kapitel „Integrative Leistungen des ZNS“ (s. S. 773) zu finden.

## 19.1 Grundbegriffe der physiologischen Akustik

**▶ Definition.** Die **physiologische Akustik** beschäftigt sich mit den physikalischen Eigenschaften des Schalls (Akustik) sowie mit den physiologischen Vorgängen der Schallwahrnehmung, für die auditorische Prozesse vom Ohr bis zur Verarbeitung im zentralen Nervensystem von Bedeutung sind.

### 19.1.1 Schall

Für die physikalische Beschreibung des Schalls werden z.T. andere Einheiten verwendet als für die physiologische Beschreibung der Schallwahrnehmung.
Physikalisch gesehen ist ein **Ton** eine Druckwelle, die durch zwei variable Größen bestimmt wird:

- Die **Frequenz** wird in Schwingungen pro Sekunde (Hz) gemessen. Sie ist ausschlaggebend für die subjektiv empfundene Tonhöhe: Je niedriger die Frequenz ist, desto tiefer wird ein Ton wahrgenommen.
- Die **Amplitude** gibt die **Intensität** an und wird als **Schalldruck** in Pascal gemessen ($1\ Pa = 1\ N/m^2$). Bezogen auf das menschliche Gehör nutzt man als Maße v.a. Schalldruck- und Lautstärkepegel (s. u.).

In der Musik, aber auch beim Sprechen (→ Vokalbildung, s. S. 694) ergibt die Überlagerung mehrerer Töne einen **Klang**, wenn die einzelnen Töne in einem geordneten, harmonischen Verhältnis zueinander stehen. Tonmischungen, die den gesamten Frequenzbereich abdecken können, werden als **Geräusch** bezeichnet.

### 19.1.2 Schalldruckpegel und Lautstärkepegel

Die in der ärztlichen Praxis verwendete physiologische Beschreibung auditorischer Prozesse orientiert sich ausschließlich an der **subjektiven Schallwahrnehmung** des Menschen. Die grundlegende Frage dieses eigenmetrischen (d.h. auf keinem unabhängigen, physikalischen Verfahren beruhenden) Messsystems lautet: Wie laut wird ein Ton gehört, der mit einer bestimmten Frequenz und einem

---

19 Auditorisches System, Stimme und Sprache

Zwischen auditorischem System, Stimme und Sprache besteht über die Bedeutung für die menschliche Kommunikation ein enger funktioneller Zusammenhang.

▶ Klinik.

19.1 Grundbegriffe der physiologischen Akustik

▶ Definition.

19.1.1 Schall

Physikalisch gesehen entstehen **Klänge** und **Geräusche** durch Überlagerung von **Tönen** einer jeweils bestimmten

- **Frequenz** (in Hz) → ausschlaggebend für die Tonhöhe) und
- **Amplitude** (gemessen als **Schalldruck** in Pa) → Angabe der Intensität, für die bezogen auf das menschliche Gehör andere Maße verwendet werden (s. u.).

19.1.2 Schalldruckpegel und Lautstärkepegel

Der Arzt misst die Wahrnehmung von akustischen Signalen. Das physiologische Messsystem orientiert sich an der subjektiv wahrgenommenen **Lautstärke** oder **Lautheit** eines akustischen Signals. Dabei bildet die **Hör-**

**schwelle** gesunder Menschen den Bezugspunkt.

bestimmten Schalldruck auf das Ohr trifft? Dies ist nicht eine Frage nach der objektiven Schallintensität, sondern nach der subjektiv empfundenen **Lautstärke** oder **Lautheit** eines akustischen Signals. Der Bezugspunkt für dieses Messsystem ist die sog. **Hörschwelle** gesunder Menschen und damit der notwendige Schalldruck, bei dem ein Ton oder ein Geräusch mit einer bestimmten Frequenz gerade noch wahrgenommen wird. Jede vom Arzt ermittelte Hörleistung wird als Vielfaches der normalen Hörschwelle angegeben.

Die Einheit des **Schalldruckpegels** ist das **Dezibel** [dB]. Es handelt sich dabei um eine physikalisch eindeutig bestimmbare (objektive) Größe bezogen auf einen willkürlich festgelegten Vergleichswert ($P_0 = 2 \times 10^{-5}$ Pa = Schalldruck der Hörschwelle bei 1 kHz).

Als Einheit für dieses relative Messsystem dient das **Dezibel** (1 Dezibel [dB] = 0,1 Bel), das den **Schalldruckpegel** als Vielfaches der Hörschwelle definiert:

$$\text{Schalldruckpegel} = 20 \log \frac{P_x}{P_0} \ [\text{dB}]$$

$P_0$ ist dabei ein willkürlich festgesetzter Bezugswert ($2 \times 10^{-5}$ Pa), der in etwa dem Schalldruck an der Hörschwelle bei 1 kHz entspricht (Abb. **19.1**). $P_x$ ist der Schalldruck eines akustischen Reizes, dessen Schalldruckpegel bestimmt werden soll. Durch seinen festgesetzten Bezugswert $P_0$ ist der Schalldruckpegel eine physikalisch eindeutig bestimmbare (objektive) Größe. Eine spezifischere Bezeichnung für den Schalldruckpegel ist dB SPL („sound pressure level").

▶ Merke.

▶ **Merke.** Eine Zunahme des Schalldruckpegels um 20 dB bedeutet jeweils eine Verzehnfachung des Schalldrucks.

Zu den spezifischen Schalldruckpegeln wahrnehmbarer Geräusche s. Tab. **19.1**.

Die Energie, mit der akustische Signale auf eine Fläche treffen, werden als **Schallintensität** bzw. **Schallleistungsdichte** bezeichnet [Watt/$m^2$].

Definitionsgemäß entspricht der physiologische subjektive **Lautstärkepegel** (in **Phon**) dem physikalischen Schalldruckpegel bei einer Frequenz von 1 kHz.

Bei anderen Frequenzen weicht die empfundene Lautstärke vom tatsächlichen Schalldruck ab. Die **Isophonen** bezeichnen die Schalldruckpegel, die über den gesamten Frequenzbereich des menschlichen **Hörfeldes** hinweg zur subjektiven Wahrnehmung einer bestimmten Lautstärke nötig sind (Abb. **19.1**).

Tab. **19.1** ordnet jedem Schalldruckpegel ein wahrnehmbares Geräusch zu.

Die Begriffe **Schallintensität** bzw. **Schallleistungsdichte** bezeichnen die Energie, mit der akustische Signale auf eine Fläche (z. B. auf das Trommelfell) treffen. Sie werden in Watt/$m^2$ angegeben und sind dem Quadrat des Schalldrucks proportional: Erhöht sich der Schalldruckpegel um 3 dB ($\Delta SPL = 3$), verdoppelt sich die Schallintensität/Schallleistungsdichte ($\Delta SI$) gemäß $\Delta SI = 10^{\Delta SPL/10}$.

Die vom Arzt ermittelten physiologischen subjektiven **Lautstärkepegel** entsprechen dem physikalischen Schalldruckpegel definitionsgemäß bei einer Tonfrequenz von 1 kHz. Der Lautstärkepegel wird in **Phon** [phon] angegeben.

Bei tieferen oder höheren Frequenzen ändert sich die Empfindlichkeit des auditorischen Systems. So werden bei gleichem Schalldruck Töne um 0,1 kHz wesentlich leiser wahrgenommen als bei 1 kHz. Soll ein Ton von 0,1 kHz genauso laut wahrgenommen werden wie ein Ton von 1 kHz, muss sein Schalldruck um einen bestimmten Betrag erhöht werden. Um eine gleiche Lautstärke für Töne unterschiedlicher Frequenz zu erzielen, muss man jeden Ton mit einem bestimmten Schalldruck anbieten. Auf einem das menschliche **Hörfeld** darstellenden Diagramm der Frequenzabhängigkeit des Schalldruckpegels kann man diesen Zusammenhang erkennen (Abb. **19.1**): Die **Isophone** für einen bestimmten Lautstärkepegel gibt für jede Frequenz denjenigen Schalldruckpegel an, der notwendig ist, um die gleiche subjektive Lautstärkewahrnehmung zu erzielen.

▶ Merke.

▶ **Merke.** Töne mit dem gleichen Phonwert werden als gleich laut empfunden. Dafür ist je nach Frequenz ein unterschiedlicher Schalldruckpegel notwendig.

19.1

**19.1 Schalldruckpegel**

| *Schalldruckpegel [dB SPL]* | *Zunahme um Faktor* | *Geräusch* |
|---|---|---|
| 1 | 1 | Hörschwelle |
| 20 | 10 | ländliche Stille |
| 40 | 100 | leises Gespräch |
| 60 | 1 000 | normales Gespräch |
| 80 | 10 000 | Straßenlärm |
| 100 | 100 000 | Diskothek |
| 120 | 1 000 000 | Schuss, Donner |
| 140 | 10 000 000 | Schmerzschwelle |

**19.1 Hörfeld des Menschen**

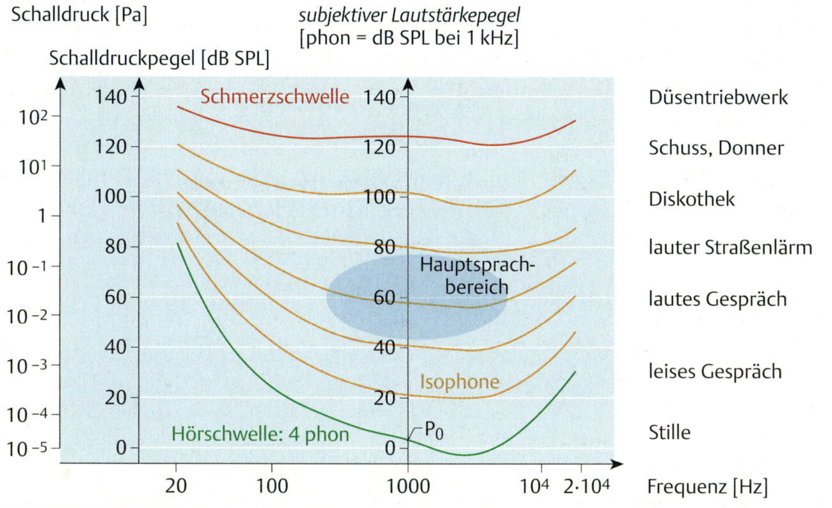


Subjektiver Lautstärkepegel [phon] bei unterschiedlichen Frequenzen [Hz] und Schalldruckpegeln [dB SPL]. Der Normwert für die Hörschwelle liegt bei 4 phon.

▶ **Klinik.** Die Bestimmung der individuellen Leistungsfähigkeit des Gehörs erfolgt durch **audiometrische Methoden**. Dabei werden dem Patienten über einen Kopfhörer Töne mit definierter Frequenz und definiertem Schalldruck angeboten und die subjektive Lautstärke bestimmt:

- Bei der **Schwellenaudiometrie** werden Töne mit sehr geringem Schalldruck verwendet, um die individuelle Hörschwelle des Patienten für jede Frequenz zu ermitteln (unterste Isophone in Abb. **19.1**).
- Moderne Audiometer berücksichtigen die unterschiedliche Empfindlichkeit des Gehörs für unterschiedliche Frequenzen. Bei diesen Geräten wird jeder Ton gemäß den Isophonen eines gesunden Menschen in unterschiedlichen Lautstärken angeboten. Das bei dieser Untersuchung entstehende **Tonaudiogramm** zeigt direkt die Abweichung von den physiologisch normalen Isophonen (s. Abb. **19.2**, S. 679). Eine Abweichung von +20 dB bei einer bestimmten Frequenz bedeutet eine um 90 % reduzierte Hörleistung – ein 10-fach erhöhter Schalldruck ist nötig, um einen Ton dieser Frequenz wahrzunehmen.

  Verschiedene Formen der Schwerhörigkeit zeigen im Audiogramm typische Kurvenverläufe (vgl. Abb. **19.2 b, c**, S. 679): Zum Beispiel nimmt im Alter vor allem die Wahrnehmung im oberen Frequenzbereich (> 5 kHz) ab (s. Abb. **19.9**, S. 687) und kann auch den Hauptsprachbereich einengen, weshalb bei der Altersschwerhörigkeit **(Presbyakusis)** eine Beeinträchtigung des Sprachverständnisses möglich ist.

▶ **Klinik.**

## 19.1.3 Hörbereich und Unterschiedsschwellen

Das Hörfeld eines Menschen umfasst große **Frequenz- und Intensitätsbereiche**, wobei der **Hauptsprachbereich** in der Mitte des Hörfeldes liegt (Tab. **19.2** und Abb. **19.1**).

Auch Unterschiede zwischen Tönen verschiedener Frequenz und Intensität können nicht in allen Bereichen des Hörfeldes gleich gut voneinander unterschieden werden. Die jeweils niedrigste **Unterschiedsschwelle** ist dabei besonders für nacheinander angebotene Töne extrem gering (Tab. **19.2**).

**19.1.3 Hörbereich und Unterschiedsschwellen**

Das menschliche Hörfeld, in dessen Mitte der Hauptsprachbereich liegt (Abb. **19.1**), umfasst große **Frequenz- und Intensitätsbereiche** (Tab. **19.2**). Die jeweils niedrigste **Unterschiedsschwelle** ist v. a. für nacheinander angebotene Töne sehr gering.

**19.2 Hörbereich und Unterschiedsschwellen**

| | Hörbereich | Unterschiedsschwellen* |
|---|---|---|
| **Frequenz** | ▪ gesamter Frequenzbereich umfasst 18 Hz bis 18 kHz<br>▪ maximale Hörempfindlichkeit bei 1–4 Hz<br>▪ Hauptsprachbereich bei 250–4000 Hz | **Frequenz-Unterschiedsschwelle**: bei 1000 Hz ca. 0,3 % (Unterschiede der Tonhöhe von 3 Hz werden wahrgenommen) |
| **Intensität** | ▪ gesamter Bereich umfasst<br>– Schalldruckpegel von <0–130 dB (s.a. Tab. **19.1**, S. 676)<br>– Lautstärkepegel von 4–130 Phon (Lautstärkebereich)<br>▪ Hauptsprachbereich bei 40–80 dB | **Intensitäts-Unterschiedsschwelle**: Unterschiede im Schalldruckpegel von 1 dB können unter optimalen Bedingungen wahrgenommen werden |

* Die hier angegebenen Unterschiedsschwellen beziehen sich auf nacheinander angebotene Töne (sukzessive Unterschiedsschwelle); für gleichzeitig gehörte Töne (simultane Unterschiedsschwelle) gelten höhere Werte.

19.2 Schallübertragung zum Innenohr

19.2.1 Formen der Schallleitung

Ein Schallsignal kann das Innenohr als Ort der Frequenz- und Intensitätsanalyse über zwei Wege erreichen:
- per **Luftleitung** über die schallleitenden Anteile des Ohres (äußerer Gehörgang und Mittelohr, s. Abb. **19.4**, S. 680)
- per **Knochenleitung** – unter Umgehung der schalleitenden Anteile – über den in Schwingung versetzten Schädelknochen.

▶ Klinik.

## 19.2 Schallübertragung zum Innenohr

### 19.2.1 Formen der Schallleitung

Bevor Frequenz und Intensität eines Schallsignals im Innenohr analysiert werden und zu einer Hörempfindung führen können (s. u.), muss das Signal dieses komplex gebaute, flüssigkeitsgefüllte Organ erreichen. Dies kann auf zwei Wegen geschehen:
- per **Luftleitung** über die beiden schallleitenden Anteile des Ohres (äußerer Gehörgang und Mittelohr, s. Abb. **19.4**, S. 680)
- per **Knochenleitung**, d. h. das Innenohr wird – unter Umgehung der beiden schallleitenden Ohr-Anteile – über den in Schwingungen versetzten Schädelknochen stimuliert.

Bei beiden Wegen stellt prinzipiell der Verlust von Schallenergie ein Problem dar, der jedoch auf dem Weg der Luftleitung größtenteils durch das Mittelohr kompensiert werden kann (s. S. 680). Die Knochenleitung dagegen spielt im Rahmen des alltäglichen Hörens eine untergeordnete Rolle, da bei der Übertragung akustischer Schallsignale aus der Umgebung auf den Knochen viel Schallenergie verloren geht. Sie kann aber im Rahmen von Untersuchungen genutzt werden, bei denen ein schwingender Gegenstand direkt auf den Knochen aufgesetzt wird und die getrennte Messung von Knochen- und Luftleitung möglich ist.

▶ Klinik. Vergleicht man die Hörempfindungen dahingehend, über welchen „Weg" das auslösende Signal das Innenohr erreicht hat, ist eine Unterscheidung zwischen Schädigungen der unterschiedlichen Anteile des Ohres möglich:
- Ist nur die Luftleitung gestört, liegt der Schädigungsort in einem der schallleitenden Anteile des Ohres (meist Mittelohr oder äußerer Gehörgang): **Schallleitungsstörung** oder **-schwerhörigkeit**.
- Liegt dagegen die Schädigung im Innenohr selbst oder in nachgeschalteten Stationen der Hörbahn, ist die Hörempfindung in jedem Fall beeinträchtigt (**Schallempfindungsstörung** oder **-schwerhörigkeit**) – unabhängig davon, ob das Schallsignal über Luft- oder Knochenleitung auf das Innenohr übertragen wurde.

Gängige subjektive Hörprüfungen zur Differenzierung von Schallleitungs- und -empfindungsstörungen mithilfe der Bestimmung von Luft- und Knochenleitung sind die oben bereits erwähnte Schwellenaudiometrie sowie die Stimmgabelversuche nach Rinne und Weber:
Bei der **Schwellenaudiometrie** werden dem Patienten Töne nicht nur über einen Kopfhörer vorgespielt (d. h. über Luftleitung vermittelt), sondern anschließend auch über einen auf dem Mastoid aufgesetzten Tongeber (→ Knochenleitung). So entstehen zwei Hörschwellenkurven, die beim Gesunden in etwa deckungsgleich

**19.2 Tonaudiogramm**

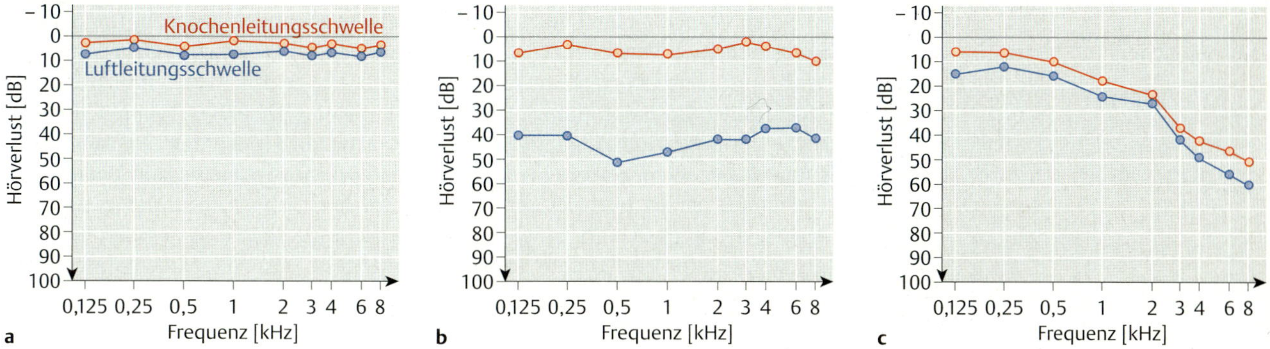


**a** Normalbefund. **b** Befund bei Schallleitungsstörung. **c** Befund bei Schallempfindungsstörung.

sind (Abb. **19.2 a**). Bei *Schallleitungsstörungen* weicht die über Luftleitung ermittelte Kurve gegenüber der Knochenleitungskurve nach unten ab (Abb. **19.2 b**). Liegt eine *Schallempfindungsstörung* vor, verlaufen die beiden Kurven parallel und weichen je nach Schädigungsursache in bestimmten Frequenzbereichen gegenüber der Norm ab (Abb. **19.2 c**).

Beim **Rinne-Versuch** wird eine schwingende Stimmgabel auf das Mastoid aufgesetzt. Sobald der Patient angibt, den über Knochenleitung vermittelten Ton nicht mehr hören zu können, hält man die noch schwingende Stimmgabel direkt vor den äußeren Gehörgang. Im Normalfall wird der nun über die Luftleitung vermittelte Ton dann wieder gehört **(Rinne positiv**, Abb. **19.3 a)**. Dies ist auch bei *herabgesetzter Schallempfindung* der Fall, wobei der Ton kürzer gehört wird. Bei einer *Schallei-*

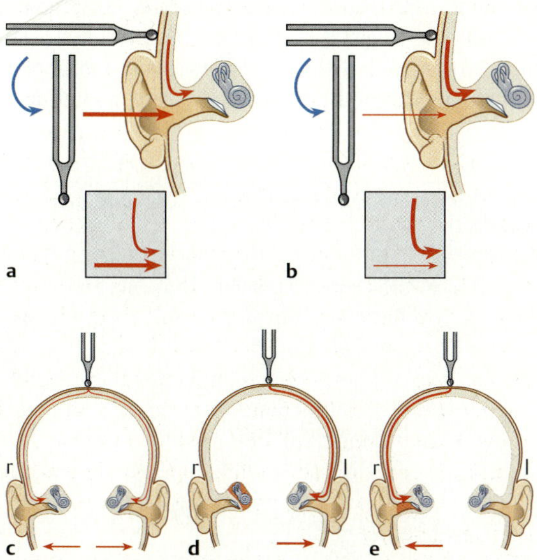


**19.3 Prinzipien der Tests nach Rinne und Weber**

**a Rinne positiv:** Die Luftleitung wird lauter oder länger als die Knochenleitung wahrgenommen (Normalbefund bzw. wenn Ton vergleichsweise kürzer als im normalhörenden kontralateralen Ohr wahrgenommen wird: Hinweis auf Schallempfindungsstörung).
**b Rinne negativ:** Die Knochenleitung wird lauter oder länger als die Luftleitung wahrgenommen (Hinweis auf Schallleitungsstörung).
**c Weber (Normalbefund):** beidseits gleichlaute Wahrnehmung des Tons.
**d Weber (Schallempfindungsstörung):** Lateralisierung in das gesunde linke Ohr.
**e Weber (Schallleitungsstörung):** Lateralisierung in das kranke rechte Ohr.

*tungsstörung* hingegen hört der Patient den Ton aufgrund der beeinträchtigten Luftleitung nicht wieder **(Rinne negativ**, Abb. **19.3 b)**.
Mit dem **Weber-Versuch** nutzt man lediglich die Knochenleitung zur Untersuchung und stellt einen Vergleich zwischen beiden Ohren an: Die schwingende Stimmgabel wird zentral am Oberrand der Stirn auf den Schädel gesetzt, was beim Gesunden zur gleich lauten Hörempfindung in beiden Ohren führt (Abb. **19.3 c**). Während Patienten mit einer *Schallempfindungsstörung* den Ton mit dem gesunden Ohr lauter hören (Abb. **19.3 d**), wird er bei einer einseitigen *Schallleitungsstörung* mit dem kranken Ohr lauter gehört (Abb. **19.3 e**). Das liegt vor allem daran, dass das gesunde Ohr wegen der intensiveren, durch das funktionierende Mittelohr verstärkten Hintergrundgeräusche an höheren Schalldruck angepasst und daher unempfindlicher ist als das kranke.

19.2.2 Impedanzanpassung und Schallschutz im Mittelohr

**Prinzip der Impedanzanpassung:** Das Mittelohr überträgt den Schall vom Außenohr (Luft) zum Innenohr (Perilymphe; Abb. **19.4**). Mechanische Verstärkung durch die Kette der Gehörknöchelchen kompensiert den Energieverlust durch Reflexion **(Impedanzanpassung)**.

Die Paukenhöhle des Mittelohrs ist zum Gehörgang hin durch das Trommelfell verschlossen. Durch die Ohrtrompete (Eustachische Röhre) wird Druckausgleich mit dem Rachenraum erreicht.

Die Kette der **Gehörknöchelchen** (Hammer, Amboss und Steigbügel) übertragen den Schall vom größeren Trommelfell auf das kleine ovale Fenster des Innenohrs (Abb. **19.4**) und erreichen dabei eine etwa **22-fache Verstärkung des Schalldrucks**.

19.4

## 19.2.2 Impedanzanpassung und Schallschutz im Mittelohr

**Prinzip der Impedanzanpassung:** Im Rahmen des normalen Hörvorgangs, bei dem die Knochenleitung nur eine geringe Rolle spielt, muss das Schallsignal hauptsächlich aus der Luft auf das flüssigkeitsgefüllte Innenohr übertragen werden. Da Luft einen wesentlich geringeren Schallwellenwiderstand als Wasser hat, wird beim direkten Übertritt von Schall aus Luft in Wasser ein Großteil der Schallenergie reflektiert und damit nicht übertragen. So ginge beim direkten Übergang vom äußeren Ohr ins Innenohr über 90 % der Schallenergie durch Reflexion verloren. Diesen Verlust mindert das Mittelohr (**Impedanzanpassung**; Impedanz = Gesamtwiderstand), indem es als mechanischer Verstärker zwischen äußerem Gehörgang und Perilymphe des Innenohrs eingeschaltet ist (Abb. **19.4**).
Die luftgefüllte Paukenhöhle des Mittelohrs steht über die Ohrtrompete (Tuba auditiva, Eustachische Röhre, Tube) mit dem Rachen in Verbindung. Diese Verbindung ermöglicht den Ausgleich zwischen Paukenhöhle und äußerem Luftdruck. Zum äußeren Gehörgang hin ist die Paukenhöhle durch das Trommelfell begrenzt, das durch den auftreffenden Schall in Schwingungen versetzt wird.
Die mechanische Verstärkung wird durch die Kette der drei **Gehörknöchelchen** innerhalb der Paukenhöhle geleistet (Abb. **19.4**): Der Hammer (Malleus) nimmt die Schwingungen vom Trommelfell des äußeren Ohres auf und überträgt sie über den Amboss (Incus) auf den Steigbügel (Stapes), der mit seiner Fußplatte über das

**19.4 Lage des Mittelohrs zwischen äußerem Ohr und dem flüssigkeitsgefüllten Innenohr**

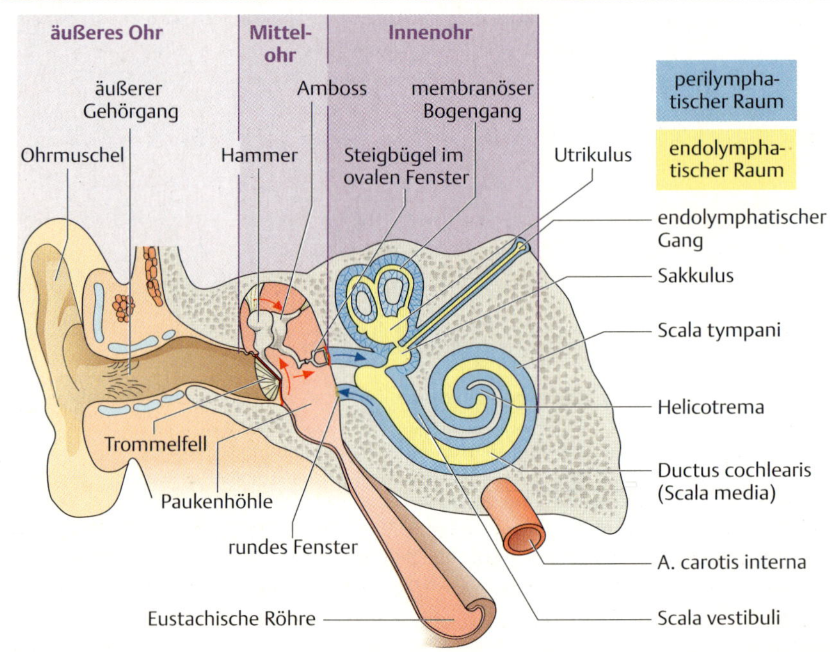

Ligamentum anulare stapedis beweglich im ovalen Fenster des Innenohrs aufgehängt ist.
Die mechanische Schallverstärkung beruht zum einen auf der Hebelwirkung der Gehörknöchelchenkette, zum anderen auf dem Flächenverhältnis von Trommelfell zu Steigbügelplatte bzw. ovalem Fenster. Die Energie des Schallsignals wird vom größeren Trommelfell (ca. 50 $mm^2$) das kleinere ovale Fenster (ca. 4 $mm^2$) übertragen, wobei der **Schalldruck etwa 22-fach verstärkt** wird (Druck = Kraft pro Fläche) und den Energieverlust bei der Übertragung Luft–Wasser weitgehend ausgleicht.

► Klinik. Erkrankungen, die zur Beeinträchtigung der Beweglichkeit von Gehörknöchelchen oder Trommelfell führen, resultieren in einer **Schallleitungsschwerhörigkeit** (s. S. 678). Der eingeschränkten Beweglichkeit können vorübergehende Erkrankungen, wie z. B. akute Mittelohrentzündungen, Ergussbildung oder Tubenkatarrh zugrunde liegen, die z. T. mit Druckänderungen im Mittelohr einhergehen. Ein Beispiel für eine langsam fortschreitende Erkrankung, die zur Schallleitungsschwerhörigkeit führt, ist die **Otosklerose**. Dabei kommt es zur zunehmenden Fixation der Steigbügelplatte durch Bildung von Knochengewebe im Bereich des ovalen Fensters, sodass der über die Gehörknöchelchenkette vermittelte Verstärkermechanismus gestört ist. Bei Vorliegen einer Schallleitungsstörung muss differenzialdiagnostisch aber immer auch an Ursachen gedacht werden, bei denen nicht die mechanischen Prozesse im Mittelohr gestört sind, sondern das Hindernis im äußeren Gehörgang liegt (wie z. B. bei seiner Verstopfung durch Fremdkörper oder Ohrenschmalz = Cerumen obturans).
Neben den auf S. 678 beschriebenen subjektiven Verfahren zur Feststellung einer Schallleitungsschwerhörigkeit (Schwellenaudiometrie und Stimmgabelversuche) kommen – insbesondere bei Kindern – auch objektive Verfahren wie die **Impedanzaudiometrie** zum Einsatz. Vereinfacht gesagt misst man dabei das Echo, das bei Beschallung des Ohres auftritt und maßgeblich durch die Spannung des Trommelfells beeinflusst wird.

► Klinik.

**Schallschutz:** Die Gehörknöchelchen sind schwingend im Mittelohr aufgehängt und werden durch die Auslenkungen des Trommelfells bewegt. Allerdings kann dieser Übertragungsmechanismus auch zum Schallschutz gedämpft werden.
Zwei Mittelohrmuskeln (M. tensor tympani und M. stapedius) greifen an den Gehörknöchelchen an und reduzieren die Effizienz der Schallübertragung.

**Schallschutz:** Mittelohrmuskeln (M. tensor tympani und M. stapedius) dämpfen die Schallübertragung im Mittelohr zum Schutz vor sehr starkem Schall.

► Klinik. Bei Lähmung der Mittelohrmuskeln (z. B. bei einer Schädigung des N. facialis, der den M. stapedius innerviert) kann es zu krankhafter Feinhörigkeit **(Hyperakusis)** kommen.

► Klinik.

## 19.3 Schallverarbeitung im Innenohr

Nachdem die Schallsignale durch die Gehörknöchelchen auf das Innenohr übertragen sind, wird in der **Kochlea** (Schnecke) durch **Frequenz- und Intensitätsanalyse** die Interpretation der akustischen Information vorbereitet.

19.3 Schallverarbeitung im Innenohr

Die **Analyse** des Schalls wird durch die **Kochlea** (Schnecke) des Innenohrs geleistet.

### 19.3.1 Anatomische Voraussetzungen für die Schallanalyse

19.3.1 Anatomische Voraussetzungen für die Schallanalyse

#### Allgemeiner Aufbau des Innenohrs

Das Innenohr (s. Abb. **19.4**, S. 680) besteht aus einem System von knöchernen Hohlräumen, die zusammen als **knöchernes Labyrinth** bezeichnet werden. Seine Gänge und Windungen sind mit **Perilymphe** gefüllt.
Das knöcherne Labyrinth wird von einem analog geformten komplexen System aus Membranschläuchen durchzogen. Dieses Schlauchsystem **(membranöses Labyrinth)** ist mit **Endolymphe** gefüllt, die eine andere Ionenzusammensetzung aufweist als die Perilymphe (zur Bedeutung für die Erregung von Sinneszellen s. S. 685).

Allgemeiner Aufbau des Innenohrs

Das **knöcherne Labyrinth** des Innenohrs ist mit **Perilymphe** gefüllt (s. Abb. **19.4**, S. 680).

Es wird von analog geformten Membranschläuchen **(membranöses Labyrinth)** durchzogen, das **Endolymphe** mit einer anderen Ionenzusammensetzung enthält (s. S. 685).

Von den **mechanosensorischen Organen** in der Wand des membranösen Schlauchsystems ist das **Corti-Organ** (s. u.) für die Analyse des Schalls verantwortlich.

In die Wand des membranösen Schlauchsystems sind an verschiedenen Stellen des Labyrinths **mechanosensorische Organe** eingelassen. Von ihnen ist das **Corti-Organ** (s. u.) im kochleären Anteil des Innenohrs für die Analyse von Schall verantwortlich, während die Makula- und Bogengangsorgane des Vestibularapparats Linear- und Rotationsbeschleunigung messen (s. S. 700 bzw. S. 701).

### Unterteilung der Kochlea

Die spiralförmige Anordnung des membranösen **Schneckengangs** innerhalb des analog geformten knöchernen **Schneckenkanals** ermöglicht die für die Frequenzanalyse im Innenohr erforderliche Länge.

Innerhalb der Kochlea kann man eine Dreiteilung erkennen (Abb. **19.5**): **Scala vestibuli** und **Scala tympani** als Anteile des knöchernen Schneckenkanals sind am **Helicotrema** miteinander verbunden und mit Perilymphe gefüllt. Der dazwischen liegende Schneckengang bildet die mit Endolymphe gefüllte **Scala media**. Sie wird seitlich durch **die Stria vascularis** (→ Produktion der Endolymphe) und oben durch die **Reissner-Membran** begrenzt. Am Boden liegt die **Basilarmembran**, der über ihre gesamte Länge hinweg das **Corti-Organ** aufliegt.

## Unterteilung der Kochlea

Der membranöse **Schneckengang** (Ductus cochlearis) innerhalb des knöchernen **Schneckenkanals** (Canalis spiralis cochleae), ist etwa 33 mm lang. Diese Länge ist Voraussetzung für die Frequenzanalyse und macht die platzsparende, spiralförmige Anordnung erforderlich, die der Kochlea (Schnecke) ihren Namen gegeben hat.

In einem Längsschnitt durch die knöcherne Schneckenachse **(Modiolus)** mit den um sie herum angeordneten Windungen kann man die Anordnung der kochleären Räume erkennen (Abb. **19.5**). Durch die von einem Knochenvorsprung (Lamina spiralis osseae) der Schneckenachse entspringende Basilarmembran und den ihr im seitlichen Anteil aufliegenden Schneckengang kommt es zur Bildung von drei sog. Skalen:

- Die **Scala vestibuli** als oberer Anteil des Schneckenkanals beginnt am **ovalen Fenster**, das zum Mittelohr hin durch die flexibel darin befestigte Steigbügelplatte verschlossen ist. Sie verläuft bis zur Schneckenspitze und geht dort am **Helicotrema** über in die
- **Scala tympani**, den unteren Anteil des Schneckenkanals. Durch diese Verbindung entsteht ein kontinuierlicher mit Perilymphe gefüllter Raum, der wieder an der Schneckenbasis endet. Dort wird die Scala tympani gegenüber dem Mittelohr durch eine Membran im **runden Fenster** abgedichtet.
- Die **Scala media** liegt im äußeren Bereich der Schnecke zwischen den beiden anderen Skalen und wird durch das mit Endolymphe gefüllte Lumen des membranösen Schneckengangs gebildet. Sie ist am Helicotrema verschlossen, aber durch den Ductus reuniens mit dem endolymphatischen System des Vestibular-

19.5

19.5 **Anordnung der kochleären Flüssigkeitsräume**

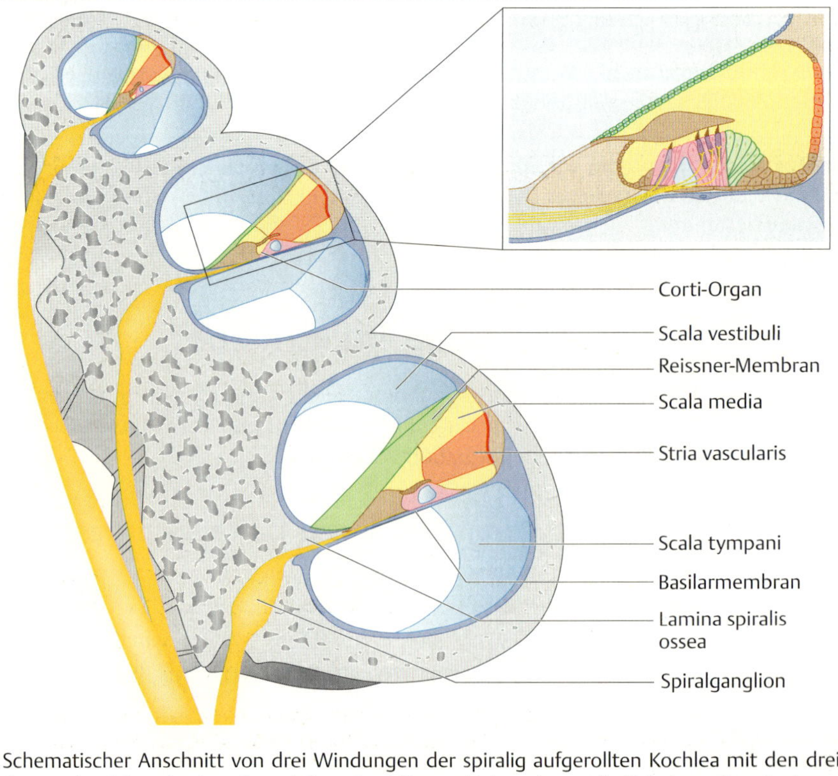


Schematischer Anschnitt von drei Windungen der spiralig aufgerollten Kochlea mit den drei Etagen des Schneckenkanals und dem Corti-Organ. Links gelegen die Spiralganglien, in denen die Zellkörper der afferenten Neuronen liegen, die das auditorische Signal von den Haarzellen über den VIII. Hirnnerv zum Hirnstamm leiten.

organs verbunden (vgl. Abb. **20.1**, S. 698). Nach oben hin wird sie durch die dünne **Reissner-Membran** abgeschlossen. Seitliche Begrenzung ist die **Stria vascularis**, ein spezielles Epithel, durch das die Endolymphe produziert wird. Den Boden des Schneckengangs bildet die **Basilarmembran**, der über ihre gesamte Länge das **Corti-Organ** aufliegt (s. u.).

## 19.3.2 Mechanismen der Schallanalyse

Bei Eintreffen eines Schallreizes muss dieser in der Kochlea in ein Signal umgewandelt werden, das über Neurone des Hörnervs (Teil des VIII. Hirnnervs = N. vestibulocochlearis) nach zentral weitergeleitet werden kann. Der genauen Frequenz- und Intensitätsanalyse des Schallsignals liegen komplizierte Mechanismen zugrunde, die durch den komplexen Bau der Kochlea ermöglicht werden.

### Übertragung des Schalldrucks

Am ovalen Fenster, in dem die Basis des Steigbügels (Stapes) liegt, werden die durch das Mittelohr verstärkten Schallwellen aufgenommen. Da das gesamte Innenohr mit inkompressibler Flüssigkeit gefüllt ist, muss der Schalldruck auch wieder zum Mittelohr hin abgegeben werden; dies geschieht nach Übertragung des Schalldrucks von der Scala vestibuli auf die Scala tympani durch Auswölbung der Membran am runden Fenster. Im Rahmen dieses Vorgangs wird die Basilarmembran zusammen mit allen anderen zwischen Scala vestibuli und Scala tympani liegenden Strukturen in Schwingung versetzt. Diese Schwingungen breiten sich wellenförmig in Richtung Schneckenspitze aus **(Wanderwelle)**. Dabei nehmen Ausbreitungsgeschwindigkeit und Wellenlänge ab, die Amplitude jedoch wird größer, bis es an einem bestimmten Ort entlang der Basilarmembran zu einer maximalen Auslenkung kommt und der Druck an dieser Stelle auf die Scala vestibuli übergeht. An welcher Stelle dieser Druckübergang stattfindet, hängt von den lokalen physikalischen Eigenschaften der Basalmembran ab. Diese ändern sich auf dem Weg Richtung Helicotrema kontinuierlich (Tab. **19.3**) und führen dazu, dass jeder Ton einer bestimmten Frequenz an einem ganz **spezifischen Ort** der Basilarmembran ihre maximale Auslenkung verursacht (Abb. **19.6**). Dies ist genau dort der Fall, wo die ortsspezifische Eigenfrequenz der Basilarmembran mit der Tonfrequenz des Schallereignisses übereinstimmt.

**19.3.2 Mechanismen der Schallanalyse**

In der Kochlea wird der Schallreiz in ein Signal umgewandelt, welches über den auditorischen Anteil des N. vestibulocochlearis nach zentral weitergeleitet wird.

**Übertragung des Schalldrucks**

Nach Aufnahme von Schallwellen über den Stapes im ovalen Fenster wird der Schalldruck von der Scala vestibuli auf die Scala tympani übertragen und führt zur Auswölbung der Membran am runden Fenster. Die dabei erzeugten Schwingungen der Basilarmembran und der ihr aufliegenden Strukturen breiten sich wellenförmig in Richtung Schneckenspitze aus **(Wanderwelle)**. Dabei nehmen Ausbreitungsgeschwindigkeit und Wellenlänge ab, die Amplitude hingegen zu. Der **spezifische Ort** ihrer maximalen Auslenkung, an dem es zur Druckübertragung kommt, hängt von den lokalen physikalischen Eigenschaften der Basalmembran und der Frequenz des eintreffenden Tones ab (Tab. **19.3**).

**19.6 Ausbildung der Wanderwelle und Frequenzselektivität der Basilarmembran**

19.6

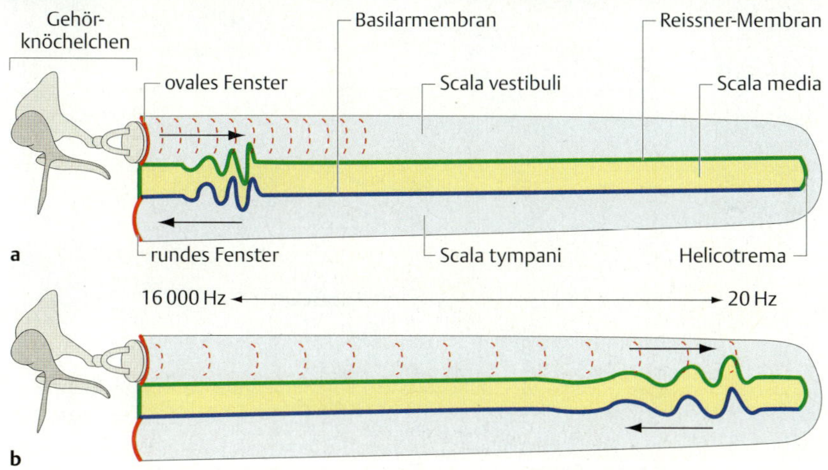


Schematische Darstellung einer „entrollten" Kochlea: Schallwellen hoher Frequenz erzeugen ein Schwingungsmaximum nahe am Mittelohr **(a)**, langwelliger Schall nahe dem Helicotrema **(b)**.

19.3

19.3 **Physikalische Eigenschaften der Basilarmembran und ihre Bedeutung für die Frequenzselektivität**

| *Lokalisation innerhalb der Kochlea* | *Breite und Beschaffenheit der Basilarmembran* | *Schwingungsmaximum der Basilarmembran* |
|---|---|---|
| nahe der Schneckenbasis (bzw. des Stapes im ovalen Fenster) | ▪ 0,1 mm<br>▪ fest und elastisch | bei hohen Tönen (z. B. 16 000 Hz) |
| nahe der Schneckenspitze | ▪ 0,5 mm<br>▪ weich und weniger elastisch | bei tiefen Tönen (z. B. 20 Hz) |

▶ Merke.

▶ **Merke.** Die **Eigenfrequenz** jedes Ortes der Basilarmembran ist der lokalen Elastizität proportional, d. h. Orte hoher Elastizität haben hohe Eigenfrequenzen. Diese **Frequenzselektivität** der Basilarmembran ist die Grundlage der räumlichen Abbildung von Tonfrequenzen, der **Tonotopie**.

Erregung von Sinneszellen

**Lage und Aufbau der Sinneszellen:** Die Sinneszellen der Kochlea liegen als **Haarzellen** im **Corti-Organ** und werden von der Tektorialmembran bedeckt (Abb. **19.7** und S. 687). Sie detektieren Bewegung mit hochempfindlichen **Stereozilien**.

## Erregung von Sinneszellen

**Lage und Aufbau der Sinneszellen:** Zusammen mit der Basilarmembran werden auch die auf ihr liegenden Strukturen in Schwingung versetzt. Dazu zählt das **Corti-Organ**, in dem die kochleären Sinneszellen (eine Reihe **innere** und drei Reihen **äußere Haarzellen**, Abb. **19.7**) unterhalb der Tektorialmembran (s. S. 687) liegen. Sie sind optimiert auf die Detektion kleinster mechanischer Reize und werden erregt durch die infolge eines Schallereignisses einsetzenden Schwingungen, die sie mit ihren hochempfindlichen **Stereozilien** detektieren.

19.7

19.7 **Aufbau des Corti-Organs**

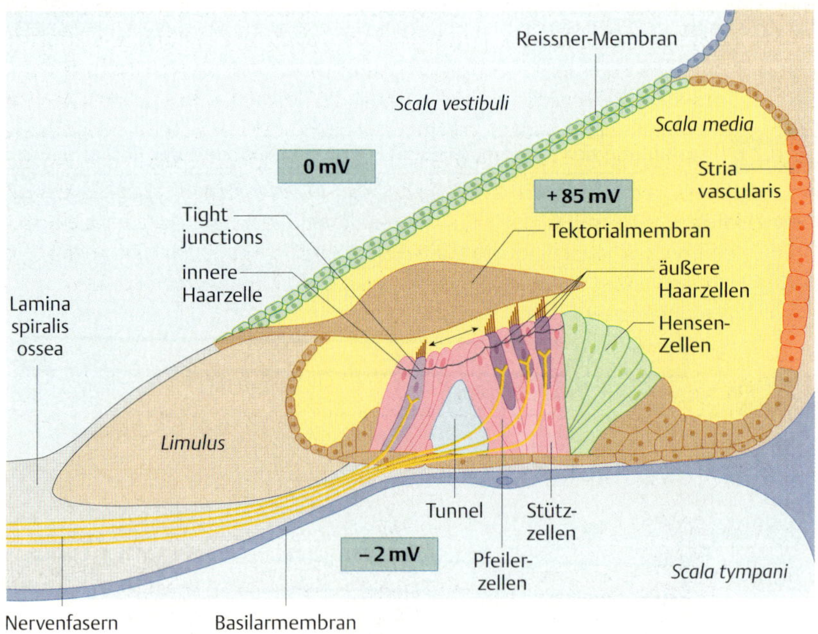


Die Haarzellen sind in insgesamt 4 Reihen (1 Reihe innerer und 3 Reihen äußerer Haarzellen) zwischen Basilar- und Tektorialmembran angeordnet. Ihr unterschiedlicher Kontakt zur Tektorialmembran ist von Bedeutung für die Funktionen, die sie im Rahmen der Schalldetektion übernehmen (s. S. 687): Während die zuerst aktivierten äußeren Haarzellen die Schwingungen der Tektorialmembran lokal verstärken, werden die inneren Haarzellen erst anschließend durch die Strömung der Endolymphe (↔) erregt. Dies führt in der Folge zur Erzeugung eines neuronalen Signals in der nachgeschalteten afferenten Nervenfaser.

Wichtig für das Verständnis ihres Erregungsmechanismus sind nicht nur ihr eigener Aufbau, sondern auch ihre **Umgebungsbedingungen**: Haarzellen sind keine Neurone, sondern Epithelzellen **(sekundäre Sinneszellen)**. Sie bilden mit benachbarten Epithelzellen nahe dem apikalen Zellpol laterale Verbindungen (Tight junctions, Zonulae occludentes), die als Abgrenzung zwischen peri- und endolymphatischem Raum dienen. Aus diesem Grund stehen nur ihre Sensoren (Stereozilien, s. u.) mit Endolymphe der Scala media in Kontakt, die basolaterale Membran aber mit Perilymphe (Abb. **19.8**).

Während die Ionenzusammensetzung der **Perilymphe** derjenigen anderer extrazellulärer Flüssigkeiten entspricht (hohe $Na^+$-, niedrige $K^+$-Konzentrationen), weist die von der Stria vascularis produzierte **Endolymphe** eine hohe $K^+$- und eine geringe $Na^+$-Konzentration auf. Diese letztgenannte Zusammensetzung gleicht in etwa derjenigen im Zellinneren, sodass das $K^+$-Gleichgewichtspotenzial zwischen Intrazellularraum der Haarzellen und der Endolymphe ungefähr 0 mV beträgt.

Gegenüber dem perilymphatischen Raum ist das mit Endolymphe gefüllte Lumen der Scala media positiv geladen (endolymphatisches oder **endokochleäres Potenzial = ca. + 85 mV**, vgl. hierzu *Exkurs*, S. 686 bzw. Abb. **19.7** und Abb. **19.8**).

Haarzellen sind **sekundäre Sinneszellen**, die mit benachbarten Zellen Verbindungen als Abgrenzung zwischen peri- und endolymphatischem Raum bilden. Nur ihre Sensoren (Stereozilien, s. u.) stehen mit Endolymphe in Kontakt, die basolaterale Membran aber mit Perilymphe (Abb. **19.8**).

Diese beiden Flüssigkeiten unterscheiden sich in ihrer Ionenzusammensetzung:
- **Perilymphe**: hohe $Na^+$- und niedrige $K^+$-Konzentrationen
- **Endolymphe**: hohe $K^+$- und geringe $Na^+$-Konzentrationen.

Das $K^+$-Gleichgewichtspotenzial zwischen Haarzellinnerem und Endolymphe beträgt etwa 0 mV, das **endokochleäre Potenzial ca. + 85 mV** (s. *Exkurs*, S. 686 bzw. Abb. **19.7**).

**▶ Klinik.** Als unerwünschte Nebenwirkung beim Einsatz von **Schleifendiuretika** (z. B. Furosemid), die einen $Na^+$-$K^+$-$2Cl^-$-Kotransporter in der Niere hemmen und dadurch zur Entwässerung des Körpers führen (vgl. S. 307), kann darüber hinaus ein an der Sekretion von Endolymphe beteiligter analoger Transporter der Stria vascularis gehemmt werden. In der Folge tritt eine – initial noch reversible – **Taubheit** auf, da der notwendige $K^+$-Konzentrationsgradient zwischen Endo- und Perilymphe nicht mehr aufgebaut werden kann. Die Medikamentengruppe der Schleifendiuretika gilt deshalb (v. a. in höheren Dosierungen) als **ototoxisch**.

**▶ Klinik.**

Die Sensoren der Haarzellen sind jeweils 50 – 120 **Stereozilien** an der apikalen Membran. Diese Stereozilien sind der Länge nach gestaffelt, sodass ihre Länge zu einer Seite jeder Haarzelle hin kontinuierlich zunimmt (Abb. **19.8**).

Die apikalen **Stereozilien** fungieren als Sensoren der Haarzellen und sind der Länge nach gestaffelt (Abb. **19.8**).

**Depolarisation der Sinneszellen:** Der adäquate Reiz für die Erregung der Haarzellen ist eine Auslenkung der Stereozilien in Richtung der längsten Stereozilie. Wird eine Stereozilie auch nur um 1 nm ($10^{-9}$ m) gebogen, öffnen sich Transduktionskanäle (= Kationenkanäle). Der darüber einsetzende **$K^+$-Strom** in die Haarzelle führt zur Depolarisation (Entstehung eines **Sensorpotenzials**, s. S. 587). Der Grund für diese extreme Empfindlichkeit liegt zum einen darin, dass die Transduktionskanäle direkt durch Proteinfäden **(Tip links)** geöffnet werden, die zwischen benachbarten Stereozilien gespannt sind (jede Sterozilie ist mit ihrer nächst-größeren verbunden, aus diesem Grund reagieren beim Eintreffen eines mechanischen Reizes alle Stereozilien gemeinsam, Abb. **19.8**). Zum anderen treibt eine große elektrische Potenzialdifferenz $K^+$-Ionen in die Stereozilien und sorgt damit für ausreichend große $K^+$-Ströme selbst bei geringer Auslenkung (vgl. hierzu *Exkurs*, S. 686).

**Depolarisation der Sinneszellen:** Transduktionskanäle in der Plasmamembran der Stereozilien werden durch **Tip links** geöffnet (Abb. **19.8**). Dies führt über den Einstrom von **$K^+$-Ionen** zur Depolarisation der jeweiligen Zelle (Entstehung eines **Sensorpotenzials**).

**19.8 Aktivierung von Haarzellen**

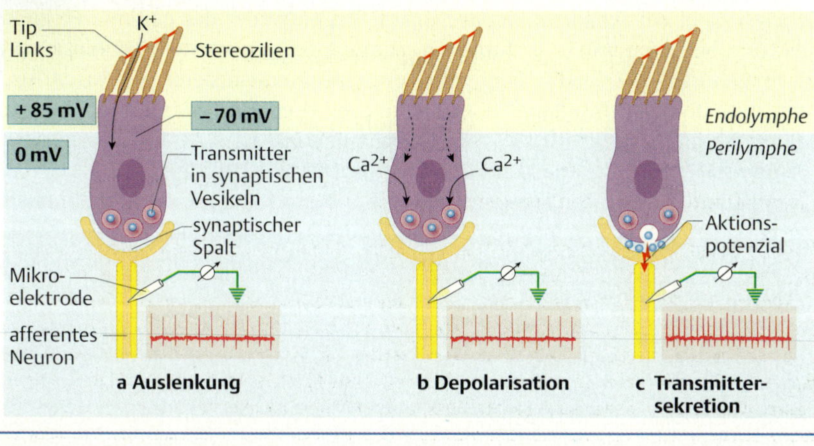


Durch Auslenkung der Stereozilien **(a)** werden Transduktionskanäle geöffnet, über die Kationen in die Zellen strömen. Diese Ionenkanäle liegen nahe der Spitze der Stereozilien und werden durch „Tip links" mechanisch aktiviert. Im Falle der hier dargestellten inneren Haarzelle führen $Ca^{2+}$-Einstrom **(b)** und Transmittersekretion **(c)** zur Erhöhung der Entladungsfrequenz im postsynaptischen afferenten Neuron.

Diese Depolarisation der Haarzelle führt wiederum zur **$Ca^{2+}$**-abhängigen Freisetzung des Neurotransmitters **Glutamat**, die wiederum eine afferente Signaländerung im nachgeschalteten Neuron zur Folge hat.

Hocheffektive Bandsynapsen reagieren selbst auf geringen Depolarisationen mit **$Ca^{2+}$**-abhängiger Freisetzung des Neurotransmitters **Glutamat**, sodass schon eine Depolarisation von 0,1 mV eine messbare afferente Signaländerung im nachgeschalteten Neuron erzeugen kann.

► Exkurs.

► Exkurs. **Triebkraft für Ionenströme an den Haarzellen der Kochlea**
Durch die sekretorische Aktivität der Stria vascularis via $Na^+/K^+$-ATPasen ist die $K^+$-Konzentration in der Endolymphe hoch – es herrscht ein positives elektrisches Potenzial (+85 mV; endokochleäres Potenzial, s.o.). Da die Haarzellen ein negatives Ruhepotenzial haben (etwa –70 mV), treibt ein starkes elektrisches Gesamtpotenzial (85 + 70 = 155 mV) $K^+$-Ionen bei geöffneten Transduktionskanälen in die Stereozilien und die Zelle depolarisiert (Abb. **19.8**).

**Funktion der Sinneszellen:** Die **Transmitterausschüttung** durch **innere Haarzellen** als Folge ihrer Depolarisation (Abb. **19.8**) ermöglicht letztlich die Weiterleitung von Informationen an nachgeschaltete afferente Neurone (→ **Transformation**, s. S. 587). Um jedoch auch bei geringer Lautstärke eine ausreichende Bewegung der Stereozilien innerer Haarzellen zu erreichen, ist eine **kochleäre Verstärkung** durch die **äußeren Haarzellen** vorgeschaltet.

**Funktion der Sinneszellen:** Die durch Öffnung von Transduktionskanälen verursachte Depolarisation hat an den inneren Haarzellen andere Folgen als an den äußeren. Die **Transmitterausschüttung** durch die **inneren Haarzellen** ermöglicht letztlich die Weiterleitung von Informationen an nachgeschaltete afferente Neurone (Abb. **19.8**): Das freigesetzte Glutamat diffundiert über den synaptischen Spalt zum ersten afferenten Neuron der Hörbahn, wo es nach Ausbildung postsynaptischer Potenziale zur Entstehung von Aktionspotenzialen kommt (**Transformation**, s. S. 587). Bei geringer Lautstärke reichen jedoch die schallinduzierten Schwingungen der Basilarmembran nicht aus, um die inneren Haarzellen zu erregen, da der Schalldruck eines Tones an der Hörschwelle nur Vibrationen mit einer Amplitude von ca. 0,1 nm erzeugt (entspricht dem Durchmesser eines Wasserstoffatoms). Um auch bei leisen Tönen eine ausreichende Bewegung der Stereozilien innerer Haarzellen zu erreichen, ist eine **kochleäre Verstärkung** durch die **äußeren Haarzellen** vorgeschaltet.

► Merke.

► Merke. Die **inneren Haarzellen** sind als **eigentliche Sensoren** des auditorischen Systems anzusehen, die nach Registrierung von Schallereignissen die Entstehung neuronaler Signale ermöglichen. Die **äußeren Haarzellen** dienen als **kochleärer Verstärker**: Nur mit ihrer Hilfe können die inneren Haarzellen auch bei niedrigen Schalldruckpegeln erregt werden (→ hohe Schallempfindlichkeit: Detektionsschwelle: $10^{-12}$ W/m$^2$). Durch die lokale Begrenzung der Verstärkungsfunktion wird zudem die Frequenzauflösung, die in der Frequenzselektivität der Basilarmembran ihren Ursprung hat, stark erhöht (→ Frequenzunterschiedsschwelle bis zu ca. 0,3 % im Bereich von 1 kHz, s. S. 678).

► Klinik.

► Klinik. Ein **Ausfall innerer Haarzellen** führt zum kompletten Verlust der Hörfähigkeit. Sind dagegen die **äußeren Haarzellen** geschädigt, kommt es zur Schwerhörigkeit, bei der sowohl die Schallempfindlichkeit als auch die Frequenzauflösung (aufgrund fehlender Verstärkung der Frequenzselektivität einzelner Orte entlang der Basalmembran) deutlich eingeschränkt ist. Letzteres führt dazu, dass die Betroffenen Schwierigkeiten beim Verstehen gesprochener Wörter haben, da hierfür eine feine Diskrimination zwischen Frequenzen im Sprachbereich notwendig ist.
Generell kann bei Schädigungen der Haarzellen entweder das gesamte Frequenzspektrum betroffen sein (z. B. durch bestimmte Medikamente wie Antibiotika oder Schleifendiuretika, s. S. 685) oder auch einzelne Frequenzbereiche. Das Ausmaß kann mithilfe der Schwellenaudiometrie (s. S. 678) ermittelt werden, in der typischerweise die Schwelle für Luft- und Knochenleitung (s. S. 678) herabgesetzt ist:

- Wenn z. B. durch ein **Knalltrauma** bei Gewehrschützen spezifisch die Haarzellen geschädigt sind, die den Frequenzbereich um 2 kHz kodieren, zeigt das Tonaudiogramm bei diesen Patienten einen auf diesen Frequenzbereich begrenzten Hörverlust von 20 – 40 dB („$c^4$-Senke", Abb. **19.9 a**, entsprechend der Bezeichnung für 2 kHz-Töne in der Musik).

- Die **Altersschwerhörigkeit (Presbyakusis)** entsteht vor allem durch Verlust der Haarzellen im schneckenbasisnahen Bereich des Corti-Organs und geht demzufolge mit Einschränkungen der Wahrnehmung von hochfrequenten Tönen einher (Abb. **19.9 b**).

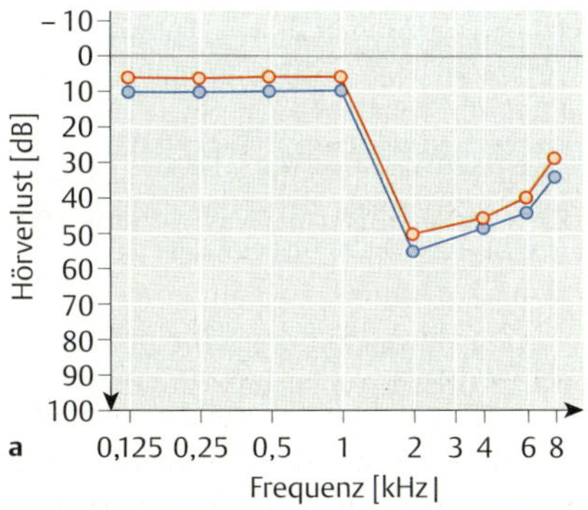


a

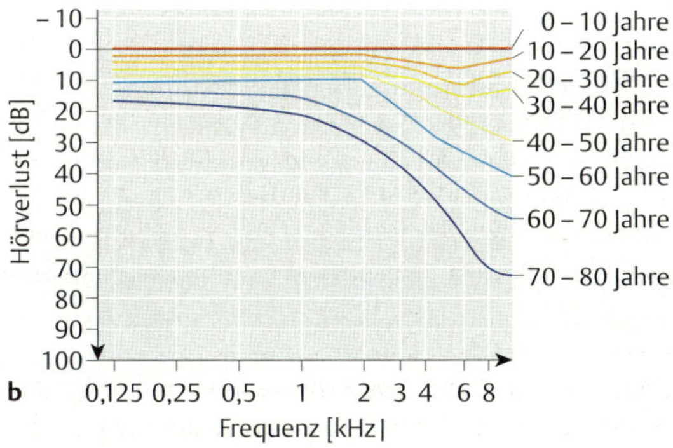


b

19.9

**Tonaudiogramm bei akustischem Trauma (a) und Presbyakusis (b)**

**Mechanismus der kochleären Verstärkung:** Verantwortlich für den kochleären Verstärkungsmechanismus sind folgende Unterschiede der äußeren Haarzellen gegenüber den inneren:

- Ihre längsten Stereozilien stehen im Kontakt mit der gelatinösen Membran, die sich wie eine Decke über dem gesamten Corti-Organ ausbreitet. Diese **Tektorialmembran** liegt den drei Reihen äußerer Haarzellen direkt auf, während sich die Stereozilien der inneren Haarzellen innerhalb eines schmalen Spalts unter der Membran frei bewegen können (Abb. **19.7**, S. 684).
- Bei Depolarisation können sich die äußeren Haarzellen um einige Mikrometer verkürzen. Das Membranprotein **Prestin**, das spannungsabhängige Konformationsänderungen durchführt, befähigt die Zellen dazu, ihre Länge dem Membranpotenzial anzupassen. Über diesen Mechanismus ist eine extrem schnelle Umsetzung von elektrischen Erregungsvorgängen in mechanische Bewegung möglich.

**Mechanismus der kochleären Verstärkung:** Ermöglicht wird die kochleäre Verstärkung durch:

- den Kontakt der äußeren Haarzellen mit der über dem Corti-Organ liegenden **Tektorialmembran** (Abb. **19.7**, S. 684) und
- die Fähigkeit der äußeren Haarzellen, sich infolge der Depolarisation zu verkürzen. Bei dieser extrem schnellen Umsetzung elektrischer Erregungsvorgänge in mechanische Bewegung spielt das Membranprotein **Prestin** eine entscheidende Rolle.

Bei der durch ein eintreffendes Schallsignal ausgelösten lokalen Maximalauslenkung der Basilarmembran verschiebt diese sich relativ zur Tektorialmembran. Dadurch werden die Stereozilien der hier lokalisierten äußeren Haarzellen hin- und hergebogen. Infolgedessen kommt es zu einer rhythmischen Fluktuation des Membranpotenzials, die wiederum durch die Prestinmoleküle in eine rhythmische Längenänderung der äußeren Haarzellen umgesetzt wird.

Die Übertragung dieser Bewegungsenergie auf die Tektorialmembran verstärkt die relative Bewegung von Basilar- und Tektorialmembran um den **Faktor 100–1000**. Bei niedrigen bis mittleren Lautstärkepegeln (bis ca. 60 dB) kommt es erst hierdurch zur Stimulation der lokalen inneren Haarzellen, deren Stereozilien vom Flüssigkeitsstrom zwischen den beiden Membranen bewegt werden. Den äußeren Haarzellen kommt somit eine wichtige Schallverstärkungsfunktion zu, die auf einer positiven mechanischen Rückkopplung beruht. Durch die schallgesteuerte Längen-

Am Ort der maximalen Auslenkung der Basilarmembran verschiebt sie sich relativ zur Tektorialmembran. Infolgedessen kommt es zur spannungsabhängigen rhythmischen Längenänderung hier lokalisierter äußerer Haarzellen.

Dadurch wird die Relativbewegung zwischen Basilar- und Tektorialmembran **bis zu 1000-fach** verstärkt und mit ihr der Flüssigkeitsstrom zwischen beiden Membranen. Bei Lautstärkepegeln bis etwas 60 dB werden die Stereozilien der inneren Haarzellen erst dadurch bewegt und geben diese Schallinformation an nachgeschaltete afferente Neurone der Hörbahn weiter (s. S. 689).

**Otoakustische Emissionen** sind am Außenohr messbare Schallsignale, die durch die rhythmischen Kontraktionen der äußeren Haarzellen verursacht werden.

▶ Klinik.

änderung produzieren sie rhythmische Bewegungen der Endolymphe. Die inneren Haarzellen nehmen als eigentliche Sensoren die Schallinformation auf und leiten sie an nachgeschaltete afferente Neurone der Hörbahn weiter (s. S. 689).
Ein kleiner Teil der von den äußeren Haarzellen erzeugten Signale wird retrograd über Mittelohr und Außenohr nach außen abgestrahlt, wo sie als **otoakustische Emissionen** mit empfindlichen Mikrofonen registriert werden können.

▶ **Klinik.** Die Messung otoakustischer Emissionen gibt Auskunft über die Funktionsfähigkeit der äußeren Haarzellen (Funktionsstörungen der äußeren Haarzellen gelten als eine der Hauptursachen von Innenohrschwerhörigkeit). Da die Registrierung otoakustischer Emissionen nicht von der Mitarbeit des Untersuchten abhängt, kann sie z. B. auch im Rahmen des Hörscreenings von Neugeborenen eingesetzt werden. Bei dieser Untersuchung führt man eine Sonde mit einem empfindlichen Mikrofon in den äußeren Gehörgang ein, worüber jeweils kurz nach einem gesetzten akustischen Reiz („Klick-Laut") die **transitorisch evozierten otoakustischen Emissionen (TEOAE)** registriert werden können.

**Innervation der Sinneszellen:** Entsprechend ihrer jeweiligen Funktion sind die inneren Haarzellen **afferent**, die äußeren Haarzellen dagegen vorwiegend **efferent** innerviert. Die Nervenfasern verlaufen im VIII. Hirnnerv.

**Innervation der Sinneszellen:** An ihrem basalen Pol bilden alle Sinneszellen Synapsen mit Neuronen, wobei sich die Innervation entsprechend der unterschiedlichen Funktion von inneren und äußeren Haarzellen unterscheidet:

- Jede **innere Haarzelle** ist mit etwa 20 **afferenten** Neuronen verbunden, deren Zellkörper im Ganglion spirale cochleae in der knöchernen Wand des Schneckenkanals liegen (s. Abb. **19.5**, S. 682). Die zentralen Fortsätze dieser afferenten Neurone bilden im inneren Gehörgang den Hörnerv (kochleärer oder akustischer Anteil des VIII. Hirnnervs = N. vestibulocochlearis) als Beginn der Hörbahn (s. u.).
- Die **äußeren Haarzellen** werden dagegen hauptsächlich von ebenfalls im VIII. Hirnnerv verlaufenden **efferenten** Fasern innerviert, deren Funktion vermutlich darin besteht, die Wahrnehmung von Hintergrundgeräuschen durch Hemmung der äußeren Haarzellen zu unterdrücken.

19.4 Zentrale Hörbahn und kortikale Repräsentation

19.4.1 Kodierung auditorischer Signale

Über den Hörnerv verlassen die Axone der afferenten Neurone das Innenohr. Sie vermitteln Information über **Frequenz** (→ Tonotopie, Periodizität, Phasenkopplung), **Schallintensität** (→ Entladungsfrequenz) und **Richtung** (→ binaurale Wechselwirkung) an das Stammhirn.

## 19.4 Zentrale Hörbahn und kortikale Repräsentation

### 19.4.1 Kodierung auditorischer Signale

Die auditorischen Signale verlassen das Innenohr über afferente Fasern im rechten und linken Hörnerv. Diese Fasern übermitteln an das zentrale Nervensystem drei Informationen, die zur Wahrnehmung eines Schallereignisses wichtig sind:

- **Frequenzinformation:** Diese kommt dadurch zustande, dass fast alle afferenten Fasern mit nur einer inneren Haarzelle verbunden sind und jede dieser Zellen nur auf einen sehr engen Frequenzbereich reagiert **(Tonotopie)**.
  Im Frequenzbereich bis etwa 4–5 kHz kann das Hörsystem zusätzlich zur Tonotopie auch die **Periodizität** der Aktionspotenziale in den afferenten Nerven auswerten. Wegen der extrem schnellen und präzisen Funktion der Haarzellsynapsen folgt das zeitliche Aktivitätsmuster in den afferenten Nerven den Fluktuationen des Membranpotenzials der inneren Haarzellen, das seinerseits den rhythmischen Auslenkungen der Stereozilien folgt.
  Im Bereich niedriger Frequenzen (< 5 kHz) kann **Phasenkopplung** zwischen der Schallwelle, die auf eine Haarzelle trifft, und der elektrischen Aktivität in den afferenten Nerven dieser Haarzelle auftreten, d. h., dass die Frequenz der Nervenimpulse direkt mit der Frequenz der anregenden Schwingungen übereinstimmt. Diese Eigenschaft kann vom Hörsystem für die Frequenzanalyse genutzt werden.
- **Information zur Schallintensität:** Sie ist in der **Entladungsfrequenz** (Anzahl von Aktionspotenzialen pro Zeiteinheit) der afferenten Neurone kodiert: Je höher der Schalldruck, desto stärker ist die Depolarisation der inneren Haarzellen. Dies führt über die erhöhte Transmitterfreisetzung an der Synapse mit den afferenten Neuronen zu einer erhöhten Aktionspotenzialfrequenz. Da jede Faser der durchschnittlich 20 an einer inneren Haarzelle endenden Neurone eine unterschiedliche Erregungsschwelle hat, wird je nach Schalldruck eine unterschiedliche An-

zahl von Nervenzellen aktiviert. Dieses Prinzip ermöglicht die Erfassung von verschiedenen Schalldruckpegeln über einen so breiten Bereich, wie es das menschliche Ohr gewährleistet (s. S. 676).

- **Richtungsinformation:** Sie wird ermöglicht, indem Unterschiede zwischen auditorischen Signalen aus dem rechten und linken Innenohr zentral verglichen werden (**binaurale Wechselwirkung**, s. S. 692).

Ein Prinzip der auditorischen Verarbeitung im Gehirn ist, dass diese Informationen nicht in separaten Kanälen getrennt verarbeitet werden. Vielmehr ist die zentrale Hörbahn so angelegt, dass viele Aspekte eines Geräuschs gleichzeitig analysiert und als komplexe Information zur nächsten Verarbeitungsebene weitergegeben werden. Letztlich führt diese Art der Informationsverarbeitung dazu, dass ein *einzelnes Neuron* in der Hörrinde nur dann aktiviert wird, wenn ein Geräusch gleichzeitig eine Reihe unterschiedlicher Kriterien erfüllt (z. B. eine bestimmte Frequenz, Lautstärke und Richtung). Für die Analyse komplexer Geräusche – wie Sprache – ist diese Art von integrierter Informationsverarbeitung vermutlich unbedingt erforderlich.

## 19.4.2 Stationen der Hörbahn

Von der ersten Ebene der Hörbahn an ist das Prinzip der Zusammenführung von unterschiedlichen Informationen erkennbar: Die Axone der etwa 20 afferenten Neurone, mit denen eine einzelne innere Haarzelle Synapsen ausbildet (s. o.), ziehen im **Hörnerv** (akustischer Anteil des N. vestibulocochlearis = VIII. Hirnnerv) zu verschiedenen **Kochleariskernen (Ncll. cochleares anterior** und **posterior)**. Dies ist der Beginn eines neuronalen Netzes im Hirnstamm (Abb. **19.10**). Einen Überblick über die verschiedenen Funktionen der einzelnen Stationen der Hörbahn gibt Tab. **19.4**.

**19.4.2 Stationen der Hörbahn**

Die im **Hörnerv** (akustischer Anteil des N. vestibulocochlearis = VIII. Hirnnerv) verlaufenden afferenten Axone enden in den **Kochleariskernen** des Hirnstamms (Abb. **19.10**). Zu den Funktionen der Hörbahn-Stationen siehe Tab. **19.4**.

**19.10 Anatomischer Aufbau der Hörbahn**

19.10

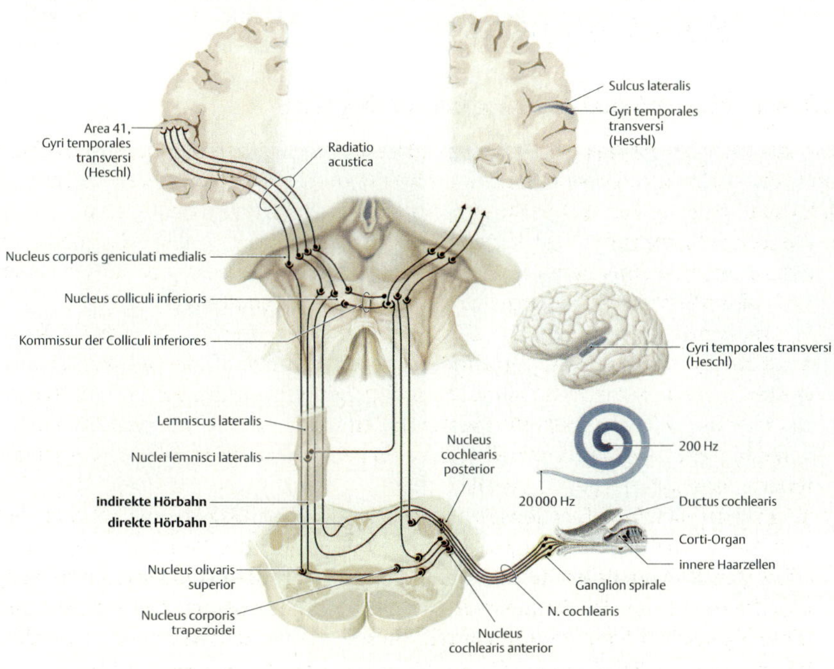


Verlauf der Hörbahn vom Innenohr über den Hirnstamm bis zur Großhirnrinde.

19.4

**19.4 Wesentliche Funktionen der einzelnen Stationen der Hörbahn**

| *Station der Hörbahn* | *physiologische Funktion* |
|---|---|
| **Ncll. cochleares anterior und posterior** | ▪ Aufnahme des über den auditorischen Anteil des **N. vestibulocochlearis** geleiteten afferenten Signals aus dem **Ganglion spirale** der ipsilateralen Kochlea<br>▪ erste Musteranalyse |
| **Ncll. olivares superiores** | ▪ Analyse der zeitlichen Verzögerung und der Intensitätsunterschiede zwischen den Signalen aus beiden Kochleae |
| **Ncl. lemniscus lateralis** | ▪ v. a. Weiterleitung der Axone zu den Colliculi inferiores |
| **Colliculus inferior** | ▪ Ortung von Schallquellen<br>▪ Integration auditorischer mit visuellen und somatosensorischen Informationen<br>▪ Weiterleitung zum Thalamus |
| **Corpus geniculatum mediale** | ▪ Weiterleitung zur primären Hörrinde |
| **primäre Hörrinde** | ▪ mehrdimensionale Verarbeitung der akustischen Information |
| **sekundäre Hörrinde** | ▪ Verknüpfung mit kognitiven Inhalten wie Bedeutung, Erinnerung oder Zusammenhängen |

► Klinik.

► Klinik. Schädigungen im Bereich der Hörbahn bezeichnet man als **retrokochleäre Hörstörungen**. Die häufigste erkennbare Ursache ist ein sog. **Akustikusneurinom**. Hierbei handelt es sich um einen gutartigen Tumor, der von den Schwann-Zellen des VIII. Hirnnervs ausgeht. Durch Kompression des Hörnervs kommt es dabei entweder plötzlich (Hörsturz) oder langsam fortschreitend zur **einseitigen Schallempfindungsstörung**. Auch das Auftreten von auditorischen Empfindungen ohne äußeren Reiz (Tinnitus) ist möglich. Zusätzlich kann es zu vestibulären Symptomen wie Schwindel oder Gleichgewichtsstörungen kommen. Diagnostisch findet man meist neben den für eine Schallempfindungsstörung typischen pathologischen Befunden bei subjektiven Hörprüfungen (s. S. 678) auch eine Latenzverlängerung bei der Ableitung akustisch evozierter Potenziale (s. S. 692). Mittels MRT (Magnetresonanztomografie) lässt sich die Lage des Tumors im inneren Gehörgang oder Kleinhirnbrückenwinkel nachweisen (Abb. **19.11 a**). Je nach Größe des Tumors ist in der Regel eine operative Entfernung angezeigt (Abb. **19.11 b**).

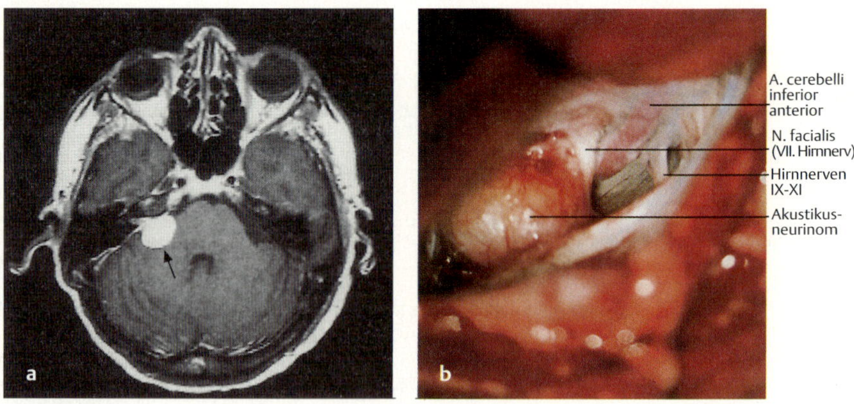


**19.11 MRT-Befund (a) und Operationssitus (b) eines Akustikusneurinoms**

**a** Typischer MRT-Befund eines Akustikusneurinoms: ein im rechten Kleinhirnbrückenwinkel gelegener, stark kontrastmittelaufnehmender Tumor (Pfeil), der dem Felsenbein anliegt.
**b** Beim Blick durch das Operationsmikroskop zeigt sich ein scharf begrenzter, kugelförmiger Tumor des VIII. Hirnnervs, der von einer Kapsel umgeben wird und dem N. facialis unmittelbar anliegt.

Während die Axone nachgeschalteter Neurone aus dem hinteren Kochleariskern alle auf die Gegenseite kreuzen, ziehen aus dem vorderen Kochleariskern sowohl Fasern zu den ipsilateralen als auch zu den kontralateralen **oberen Olivenkernen (Ncll. olivares superiores,** Abb. **19.10)**. Bereits hier werden also Informationen aus beiden Ohren zusammengefasst – die Voraussetzung für das binaurale Hören und die Ermittlung der Richtung einer Schallquelle. Die Richtungsinformation wird anhand von Laufzeitunterschieden berechnet (s. u.).

Von dort laufen Fasern nachgeschalteter Neurone u. a. sowohl zu den ipsi- als auch zu den kontralateralen **oberen Olivenkernen** (Abb. **19.10**), wo die Richtungsinformation aus Laufzeitunterschieden berechnet wird.

Nach unterschiedlichem Faserverlauf (z. T. über die Ncll. lemnisci lateralis als „Zwischenstation“) sind die **unteren Hügel (Colliculi inferiores)** der Vierhügelplatte im Mittelhirn die nächste obligate Umschaltstelle der Hörbahn. Diese Strukturen gehören zum **auditiven Reflexzentrum**, wo Körperbewegungen gesteuert werden, die durch Geräusche ausgelöst werden. In jedem Colliculus inferior übernehmen Neurone das Hörsignal und leiten es ohne Überkreuzung zum Thalamus, wo sie im ipsilateralen **mittleren Kniehöcker (Corpus geniculatum mediale)** enden. Da aber die beiden Colliculi inferiores miteinander verbunden sind, wird auch auf dieser Verschaltungsebene dafür gesorgt, dass jede Hemisphäre Hörinformation aus beiden Ohren erhält. Aus den thalamischen Kernen, die als Verschaltungszentrum der Sinnesinformation auf dem Weg zur Großhirnrinde (und damit zum Bewusstsein) dienen, ziehen die Axone der Hörbahn als **Radiatio acustica** zur **primären Hörrinde** in den **Gyri temporales transversi** des Schläfenlappens.

Die Hörbahn verläuft z. T. über die Schleifenkerne zu den **Colliculi inferiores** der Vierhügelplatte im Mittelhirn. Hier werden schallinduzierte motorische Reflexe gesteuert. Über die mittleren Kniehöcker **(Corpus geniculatum mediale)** des Thalamus erreicht die Hörbahn die **primäre Hörrinde** im Schläfenlappen.

Wie schon eingangs erwähnt, zeigen die Neurone in der primären Hörrinde eine **komplexe Spezialisierung** (Abb. **19.12**). Tonotopie (räumliche Anordnung gemäß der Frequenzselektivität, s. S. 688) ist dabei nur eines von mehreren Kriterien. Manche Neurone werden von Signalen aus beiden Ohren aktiviert (EE-Zellen), andere werden nur vom ipsilateralen Ohr aktiviert, vom kontralateralen aber gehemmt (EI-Zellen, → binaurale Wechselwirkung, s. S. 692). Auch nach ihrer Reaktionsempfindlichkeit (→ Aktivierungsschwelle) und -geschwindigkeit (→ Latenz) können die Neurone der Hörrinde klassifiziert werden.

Die Neurone der primären Hörrinde zeigen neben Tonotopie weitere **Spezialisierungen** (Abb. **19.12**), z. B. binaurale Wechselwirkung, Aktivierungsschwelle und Latenzzeit.

**19.12 Primäre Hörrinde**

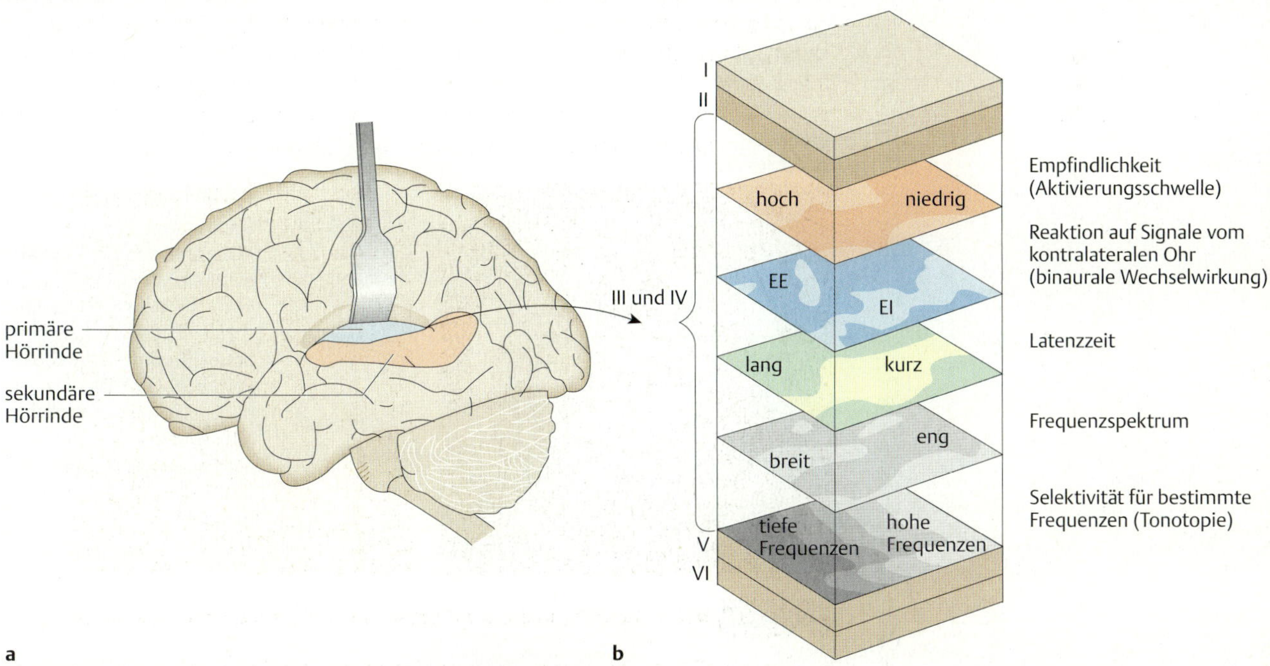


**a Lage der primären Hörrinde im oberen Teil des Schläfenlappens.**
**b Schematische Darstellung der sechs Schichten der Hörrinde.** Die Eingänge aus dem Thalamus münden in den Schichten III und IV, die hier weit auseinandergezogen dargestellt sind. Die Neurone dieser Schichten erhalten komplexe Informationen aus der Hörbahn. Mehrere Parameter kennzeichnen die Eigenschaften dieser Neurone und sind hier grafisch getrennt dargestellt: Empfindlichkeit (Aktivierungsschwelle), Reaktion auf Signale vom kontralateralen Ohr (erregend: EE; inhibierend: EI), Latenzzeit, Breite des Frequenzspektrums, Frequenzselektivität (Tonotopie). Die Funktion eines jeden Neurons in einer Kolumne ist durch eine **Kombination dieser fünf Parameter** gekennzeichnet.

Das von ihnen erzeugte komplexe Signal wird in der **sekundären Hörrinde** mit kognitiven Inhalten assoziiert.

In ihrer Aktivität ist also eine vielschichtige, mehrdimensionale Information verschlüsselt. Diese Information wird von der **sekundären Hörrinde** aufgenommen und mit kognitiven Inhalten (Bedeutung, Erinnerung, Zusammenhänge) verbunden. Erst dadurch kommt die komplexe auditive Wahrnehmung zustande, die das Verständnis von Sprache und Musik ausmacht.

▶ Klinik.

▶ **Klinik.** Die Aktivität der neuronalen Netze, die an der Verarbeitung der Hörinformation beteiligt sind, kann mit Oberflächenelektroden von der Kopfhaut abgeleitet werden. Die gemessenen **akustisch evozierten Potenziale (AEP)** werden durch repetetiv gesetzte gleichartige akustische Reize hervorgerufen (s. S. 767). Die Latenzzeit, die zwischen dem Reiz und dem darauf folgenden Potenzial liegt, ist abhängig von der Lage und Funktionstüchtigkeit der jeweiligen neuronalen Station der Hörbahn im ZNS. Es gibt verschiedene Untersuchungen, die auf der Ableitung akustisch evozierter Potenziale beruht. Am häufigsten kommt die Messung auditorischer Hirnstammpotenziale zum Einsatz **(Brainstem evoked Response Audiometry = BERA)**. Sie eignet sich zur Hörbahndiagnostik bis zur Hirnstammebene und erlaubt als objektive Hörprüfung Rückschlüsse auf die Funktionsfähigkeit des Innenohrs (z. B. bei Neugeborenen und Kleinkindern oder nicht kooperativen Patienten).

19.4.3 Richtungshören

**Koinzidenzdetektoren** im medialen oberen Olivenkern ermitteln die Position von Schallquellen durch Registrierung von **Laufzeitunterschieden ab 0,03 ms**, was einer **Abweichung von 3°** zur Mittellinie entspricht (Abb. **19.13**).

## 19.4.3 Richtungshören

Das Richtungshören beruht größtenteils auf der Detektion geringer **Zeit- und Intensitätsunterschiede** zwischen Signalen, die beim binauralen Hören aus den beiden Innenohren im Hirnstamm eintreffen. Solche Unterschiede kommen dadurch zustande, dass ein von der Seite kommender Ton das ihm zugewandte Ohr früher und mit einem höheren Schalldruck erreicht als das Ohr auf der abgewandten Kopfseite. Die zeitlichen Verzögerungen werden mit erstaunlicher Präzision im **medialen oberen Olivenkern** gemessen. Dazu dient ein System von **Koinzidenzdetektoren**: Diese Neurone werden nur dann aktiviert, wenn sie von den Signalen aus beiden Ohren gleichzeitig erreicht werden. Die Verzögerungsmessung ist so genau, dass **Laufzeitunterschiede von 0,03 ms** detektiert und interpretiert werden können. Diese Verzögerung entsteht, wenn eine Klangquelle nur **3° neben der Mittellinie** liegt (Abb. **19.13**).

19.13

**19.13 Richtungshören durch Analyse der binauralen Laufzeitdifferenz.**

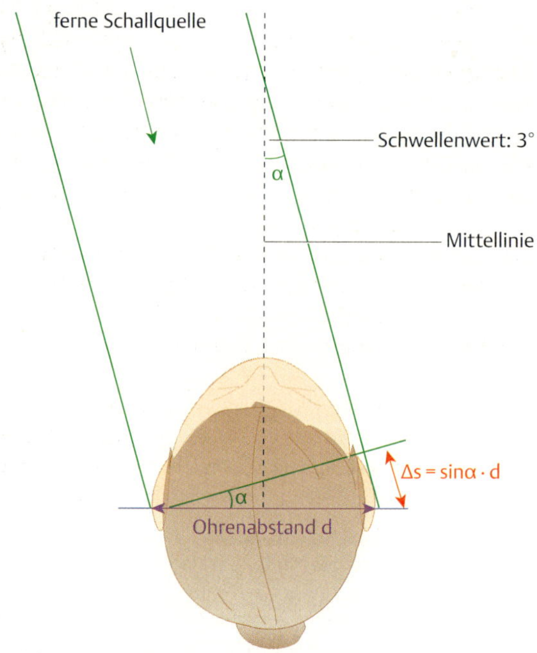


Wenn die Einfallsrichtung des Schalls um α = 3° von der Mittellinie abweicht, entsteht ein Wegunterschied Δs von 1 cm bei einem Ohrabstand von d = 20 cm. Der Schall benötigt für den zusätzlichen Weg von 1 cm Länge 0,03 ms, diese Laufzeitdifferenz wird im medialen oberen Olivenkern registriert und zur Ortung der Schallquelle genutzt.

Darüber hinaus können auch geringste Unterschiede im Schalldruck (s. S. 676) für das Richtungshören ausgewertet werden. Von der Seite kommender Schall wird auf dem Weg durch den Kopf gedämpft (um bis zu 20 dB). Auf das im Schallschatten liegende Ohr wirkt deshalb ein geringerer Schalldruck als auf das der Schallquelle zugewandte Ohr. Diese Schalldruckdifferenz wird in der **lateralen oberen Olive** ausgewertet und zur Schallortung genutzt. Dabei spielt auch eine Rolle, dass mit zunehmender Entfernung von der Schallquelle **hohe Töne stärker gedämpft** werden als tiefe (deshalb werden generell bei der Entfernungsabschätzung auch Geräusche mit einem großen Anteil tiefer Frequenzen als ohrnäher empfunden). Schließlich trägt die **Reflexion an den Ohrmuscheln** zur Unterscheidung bei, ob z. B. die Schallquelle vor oder hinter dem Kopf liegt.

Zusätzliche Richtungsinformation liefert das binaurale Hören aus der Analyse von **Intensitätsunterschieden**.

## 19.5 Lautbildung und -ausformung durch den peripheren Sprechapparat

19.5 Lautbildung und -ausformung durch den peripheren Sprechapparat

Die eigentliche Erzeugung und Ausformung von Lauten ist eine komplexe motorische Aufgabe des peripheren Sprechapparats, die durch zentralnervöse Vorgänge gesteuert wird (s. S. 773). Man unterscheidet beim Sprechen zwei Teilprozesse: **Phonation** und **Artikulation**.

**Phonation** und **Artikulation** sind die beiden Teilprozesse des Sprechens.

### 19.5.1 Phonation

▶ **Definition.** Als **Phonation** bezeichnet man die Erzeugung von Lauten im Kehlkopf durch Vibrationen der Stimmlippen beim Vorbeiströmen der Atemluft.

▶ Definition.

Zur Erzeugung von Tönen wird Luft aus der Luftröhre zwischen den beiden Stimmlippen des Kehlkopfs hindurchgeleitet, bevor sie in den Rachen (s. u.) gelangt. Die einzelnen Komponenten des Kehlkopfs **(Larynx)** sind durch Gelenke miteinander verbunden und können durch Muskeln gegeneinander bewegt werden (Abb. **19.14**). Die engste Stelle des Kehlkopfs **(Glottis)** wird von den **Stimmlippen** gebildet, deren Schleimhaut jeweils u. a. von einem der paarigen **Stimmbänder** unterlagert wird. Sie lassen einen maximal 0,5 – 1 m breiten Spalt, die **Stimmritze** (Rima glottidis) für den Durchtritt der Atemluft frei. Die **Weite der Stimmritze** wird durch zwei Mechanismen bestimmt:

- Die **muskuläre Kontrolle** wird durch fünf Kehlkopfmuskeln übernommen, von denen lediglich ein einziger („Postikus" = M. cricoarytenoideus posterior) die Stimmritze öffnet. Vier Stellmuskeln dagegen bewirken ihre Verengung (M. cricoarytenoideus, M. thyroarytenoideus, M. arytenoidei transversus und obliquus).
- Zusätzlich wirkt der **Luftstrom** selbst nach dem **Bernoulli-Prinzip** auf die Öffnungsweite ein. Nach diesem Prinzip ist in einem Strömungssystem das Produkt von Strömungsgeschwindigkeit und Druck konstant. Da die Stimmritze einen geringeren Durchmesser als die darunter liegende Luftröhre hat, wird die ausgeatmete Luft bei der Passage durch die Stimmritze beschleunigt. Die erhöhte Strömungsgeschwindigkeit wiederum bewirkt einen Druckabfall in der Stimmritze, sodass sich die Stimmlippen infolge des Unterdrucks kurzzeitig passiv schließen und der Luftstrom solange unterbrochen wird. Das abwechselnde Schließen und Öffnen der Stimmritze **(Bernoulli-Schwingungen)** erzeugt Töne.

Zur Erzeugung von Tönen wird Luft aus der Luftröhre durch den Kehlkopf (**Larynx**, Abb. **19.14**) geleitet, bevor sie in den Rachen (s. u.) gelangt.
Die Weite der zwischen den **Stimmlippen** liegenden **Stimmritze** wird durch muskuläre Kontrolle und nach dem **Bernoulli-Prinzip** durch den Luftstrom selbst reguliert.

Töne entstehen also, wenn die Stimmlippen durch die vorbeiströmende Luft in Schwingungen geraten. Dazu wird die Stimmritze zunächst verschlossen und dann durch forciertes Ausatmen geöffnet. Der **subglottische Druck** fluktuiert dabei zwischen ca. 500 Pa (offene Stimmritze) und > 1500 Pa (geschlossene Stimmritze).

Die zu Beginn der Phonation geschlossenen Stimmlippen (**subglottischer Druck** > 1500 Pa im Vergleich zu 500 Pa bei offener Stimmritze) werden durch forciertes Ausatmen geöffnet und geraten in Schwingung.

Zusätzlich ist für die Tonerzeugung die **Spannung der Stimmlippen** von Bedeutung: Je höher die Spannung, desto höher die Frequenz. Der normale Frequenzumfang der menschlichen Stimme beträgt **1,3–2,5 Oktaven**.

Neben der Öffnungsweite der Stimmritze ist für die Tonerzeugung die **Spannung der Stimmlippen** entscheidend. Der Spannapparat aus M. vocalis und M. cricothyroideus beeinflusst die Tonhöhe (Frequenz) des erzeugten Lautes: Je höher die Spannung, desto höher die Frequenz. Der normale Frequenzumfang der menschlichen Stimme beträgt **1,3–2,5 Oktaven**. Töne jeder beliebigen Frequenz können willkürlich erzeugt werden, indem zunächst die Kehlkopfmuskeln voreingestellt werden **(präphonatorische Muskeleinstellung)**. Die erzeugte Frequenz wird dann nach Gehör exakt eingestellt **(auditive Rückkopplung)**.

**19.14 Steuerung der Stimmbänder durch die Kehlkopfmuskulatur**

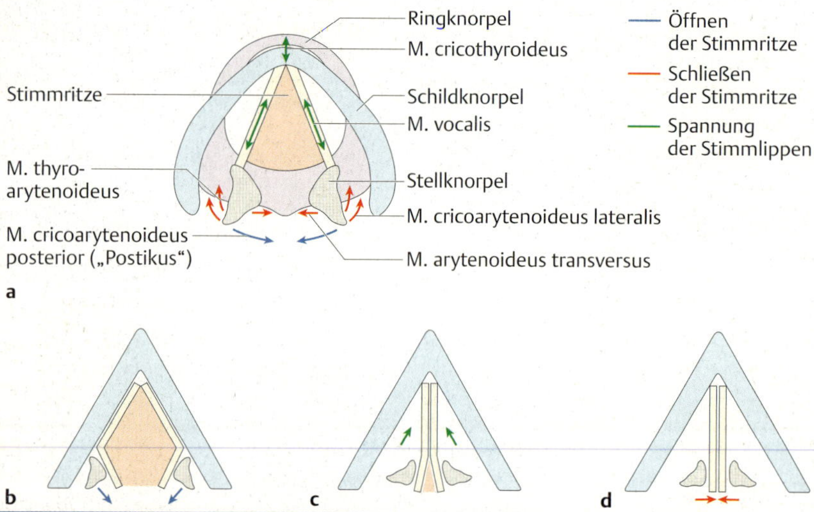


**a** Struktur des Kehlkopfs mit Kehldeckel (Epiglottis) und den zur Phonation beitragenden Muskeln.
**b** Zum Atmen wird die Stimmritze durch Kontraktion des M. cricoarytenoideus posterior („Postikus“) weit geöffnet.
**c, d** Die Kontraktion der anderen Kehlkopfmuskeln führt zur Verengung oder zum vollständigen Verschluss der Stimmritze.

▶ Merke.

▶ **Merke.** Die **Frequenz** der erzeugten Laute wird v.a. durch die **Spannung der Stimmlippen** bestimmt.

Bei jeder spezifischen Stellung und Spannung der Stimmlippen entstehen ein Grundton sowie eine Reihe von Obertönen – ein Klanggemisch.

19.5.2 Artikulation

## 19.5.2 Artikulation

▶ Definition.

▶ **Definition.** Als **Artikulation** bezeichnet man die im Resonanzraum (Rachen, Mund und Nase = sog. **Ansatzrohr**) stattfindende Modulation der im Kehlkopf erzeugten Laute.

Je nach Stellung der Strukturen des Resonanzraums entstehen Vokale oder Konsonanten und dadurch letztlich auch Worte.

**Vokale** sind Klänge, die durch Obertöne charakteristischer Frequenzbereiche geprägt werden **(Formanten)**.

**Konsonanten** werden als Geräusche, die durch unspezifische Zusammensetzung verschiedener Frequenzen entstehen, mithilfe von Zunge, Lippen, Zähnen und Gaumen gebildet.
**Flüstern** ist eine Artikulation ohne Phonation.

Die Schwingungen der Luftsäule, die durch Phonation oberhalb der Glottis entstanden sind, werden durch Bewegungen von Strukturen des Resonanzraums verändert. Je nach Stellung dieser Strukturen entstehen Vokale oder Konsonanten und dadurch letztlich auch Worte.
**Vokale** sind Klänge, die durch Obertöne charakteristischer Frequenzbereiche geprägt werden (z.B. 500 Hz, 1800 Hz, 2400 Hz für „e“). Diese sog. **Formanten** werden unabhängig von den in der Stimmritze erzeugten Tönen im Resonanzraum erzeugt.
**Konsonanten** werden mithilfe von Zunge, Lippen, Zähnen und Gaumen gebildet. Es handelt sich um Geräusche, die durch unspezifische Zusammensetzung verschiedener Frequenzen entstehen.
Eine Artikulation ohne Phonation findet beim **Flüstern** statt: Die Glottis ist geöffnet, Sprache entsteht durch Resonanzschwingungen im Rachen-Nasen-Raum, verursacht durch die ausgeatmete Luft.

Vestibuläres System

# 20 Vestibuläres System



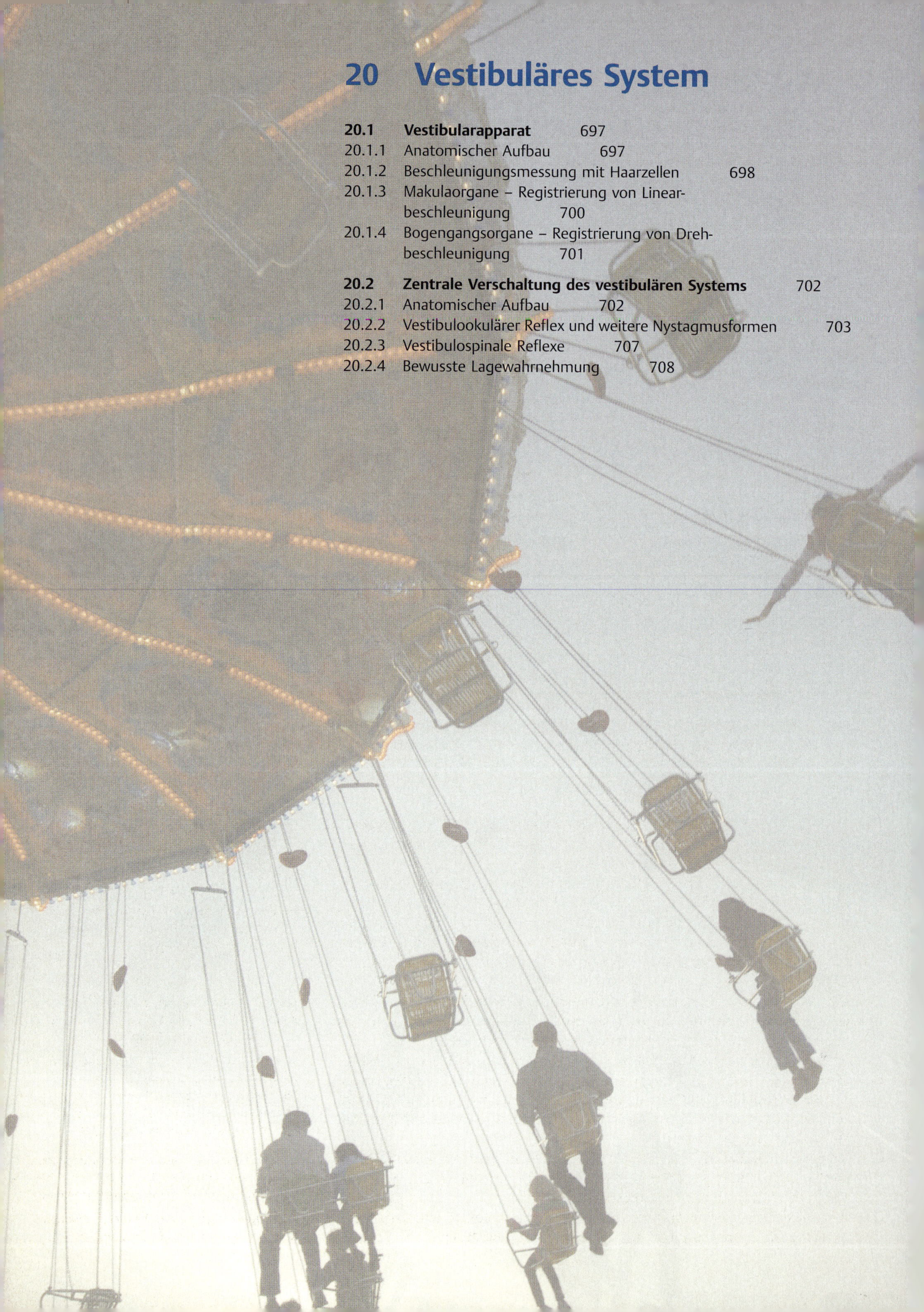

# 20 Vestibuläres System

Um den Körper koordiniert bewegen zu können, benötigt das zentrale Nervensystem Informationen über die Lage des Körpers sowie seine Haltung und Bewegung im Raum. Entscheidende Parameter hierfür sind die eigene **Lage relativ zur Erdoberfläche** („unten" und „oben") sowie jede Art von **Bewegungsänderung**. Während es nicht unbedingt lebensnotwendig ist, „oben" und „unten" genau unterscheiden zu können (wie man bei Astronauten in der Schwerelosigkeit sieht), ist eine hochempfindliche Beschleunigungsmessung absolut entscheidend: Jede noch so geringe Bewegung des Körpers muss schnell und effektiv erkannt und nötigenfalls kompensiert werden.

Sensorische Daten hierzu werden beispielsweise von **Propriorezeptoren** erhoben, die das zentrale Nervensystem über die Stellung der Gelenke informieren (s. S. 601), **Muskelspindeln** und **Sehnenorgane** liefern Daten zum Dehnungszustand der Muskulatur (s. S. 727) und das **visuelle System** analysiert die Körperlage relativ zur Umgebung (s. S. 625).

Die entscheidende Rolle bei der Beurteilung der Lage und des Bewegungszustands unseres Körpers spielt jedoch der **Gleichgewichtssinn**, indem er mithilfe von fünf beschleunigungsempfindlichen Organen (zwei sog. Makula- und drei Bogengangsorgane) die sensorische Information zur Linear- und Winkelbeschleunigung des Kopfes vermittelt.

Im gesunden Organismus werden die Informationen aller beteiligten Sinnesorgane in **Hirnstamm** und **Kleinhirn** integriert und u. a. zur schnellen Planung sinnvoller Bewegungsprogramme in **Kortex**, **Thalamus** und **Hypothalamus** ausgewertet (z. B. Abfangen des Körpers beim Stolpern).

**20 Vestibuläres System**

Die Information über **Lage**, **Haltung** und **Bewegung** des Körpers wird von mehreren Sinnesorganen registriert und zur koordinierten Bewegung des Körpers durch das ZNS ausgewertet.

Sensorische Daten werden geliefert von **Propriorezeptoren** (Stellung der Gelenke), **Muskelspindeln** und **Sehnenorganen** (Dehnungszustand) und vom **visuellen System** (Körperlage relativ zur Umgebung).

Der **Gleichgewichtssinn** liefert für diesen Prozess die sensorische Information zur Linear- und Winkelbeschleunigung des Kopfes.

Die sensorischen Informationen werden in **Hirnstamm** und **Kleinhirn** integriert und in **Kortex**, **Thalamus** und **Hypothalamus** zur Bewegungsplanung analysiert.

**▶ Klinik.** Die Bedeutung des Gleichgewichtssinns im Rahmen dieser koordinativen Verarbeitung erkennt man anhand der Auffälligkeiten, die bei **Schäden am vestibulären Organ** eintreten: Von der subjektiven Falschwahrnehmung von Bewegung (Schwindel bzw. Vertigo, s. S. 699), über Probleme beim Fixieren bewegter Objekte bis zur Unfähigkeit zu gehen oder zu stehen reichen hier die Symptome.

**▶ Klinik.**

## 20.1 Vestibularapparat

### 20.1.1 Anatomischer Aufbau

Der Vestibularapparat besteht aus zwei **Makula-** (Sakkulus und Utrikulus) und drei **Bogengangsorganen** und bildet zusammen mit der für das auditorische System relevanten Kochlea (s. S. 682) das Innenohr (Abb. **20.1**).

Wie die Kochlea wird auch der Vestibularapparat durch ein System von Kammern und Gängen im Schläfenbein des Schädels – genauer gesagt in dessen Felsenbeinanteil (Pars petrosa) – gebildet **(knöchernes Labyrinth)**. Dieser härteste Knochen des Körpers bietet in seinen Hohlräumen eine hinreichend stabile Umgebung für die vestibulären Haarzellen, welche zu den empfindlichsten Sinneszellen des Körpers zählen.

Die Hohlräume werden von fünf Epithelschläuchen durchzogen (**membranöses** oder **häutiges Labyrinth,** Abb. **20.1**), die mit **Endolymphe** gefüllt sind. Dabei handelt es sich um eine Flüssigkeit mit hoher $K^+$-Konzentration (ca. 150 mM).

Auf der Außenseite der Epithelschläuche (d. h. im Raum zwischen ihnen und dem Knochen) befindet sich die **Perilymphe,** welche eine hohe $Na^+$-Konzentration aufweist. Alle vestibulären Epithelschläuche sind miteinander verbunden und auch zwischen dem Lumen des Vestibularapparats und dem der Kochlea besteht über den Ductus reuniens eine Verbindung.

Zwei geräumige Kammern im Vestibularapparat beherbergen die **Makulaorgane** Utrikulus und Sakkulus (s. S. 700), drei ringförmige Schläuche mit je einer Aufweitung (Ampulle) die **Bogengangsorgane** (s. S. 701).

Die drei **Bogengänge** sind in drei verschiedenen Raumebenen angeordnet, dabei sind jeweils spezielle Ausrichtungen zu berücksichtigen (Abb. **20.1**):

**20.1 Vestibularapparat**

**20.1.1 Anatomischer Aufbau**

Der Vestibularapparat besteht aus zwei Makula- und drei Bogengangsorganen und bildet gemeinsam mit der Kochlea das Innenohr (Abb. **20.1**).

Das Felsenbein beherbergt das **knöcherne Labyrinth**; als härtester Knochen des Menschen bietet er eine äußerst stabile Umgebung für die Sinneszellen.

Das im knöchernen Labyrinth befindliche **membranöse Labyrinth** (Epithelschläuche, Abb. **20.1**) ist mit **Endolymphe** gefüllt.

Zwischen knöchernem und membranösem Labyrinth befindet sich die **Perilymphe**.
Alle vestibulären Epithelschläuche sind miteinander und über den Ductus reuniens auch mit der Kochlea verbunden.

Zwei Kammern enthalten die **Makulaorgane** Sakkulus und Utrikulus, die Ampullen der Bogengänge enthalten die **Bogengangsorgane**.

Die **Bogengänge** sind in drei verschiedenen Raumebenen angeordnet (Abb. **20.1**):

20.1

20.1 **Das häutige Labyrinth des Vestibularapparats**

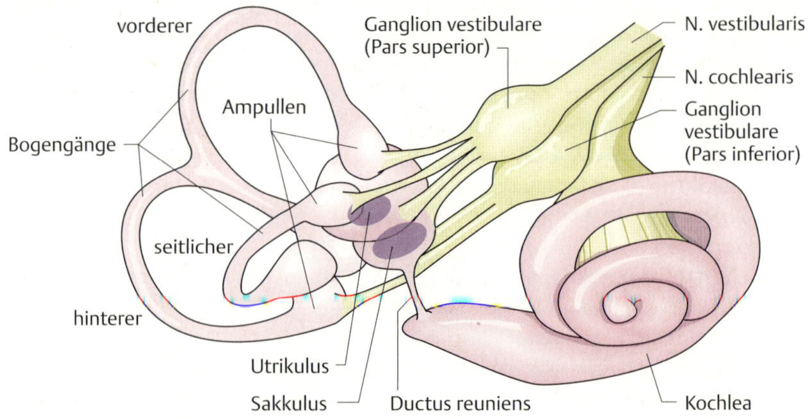


Dargestellt sind die Epithelschläuche, die das knöcherne Labyrinth im Felsenbein durchziehen. Zum Vestibularorgan gehören die beiden größeren Kammern der Makulaorgane Utrikulus und Sakkulus sowie die drei Bogengänge mit ihren Aufweitungen (Ampullen), in denen die Bogengangsorgane angeordnet sind. Die afferenten Neurone der Vestibularorgane haben ihre Zellkörper im Ganglion vestibulare, ihre gebündelten Axone bilden den N. vestibularis. Gemeinsam mit dem N. cochlearis bildet er den VIII. Hirnnerv (N. vestibulocochlearis).

- **seitlicher** („horizontaler") **Bogengang:** um 30° nach vorne angehoben
- **vorderer und hinterer Bogengang:** weitgehend vertikal, aber um 45° zur jeweiligen Schläfe ausgereichtet.

- Der **seitliche** (auch „horizontale") **Bogengang** liegt nicht ganz horizontal, sondern ist um 30° nach vorne angehoben.
- Die weitgehend vertikal angeordneten **vorderen** und **hinteren Bogengänge** sind wiederum nicht genau sagittal/entlang der Längs- bzw. Querachsen ausgerichtet, sondern um etwa 45° zur jeweiligen Schläfe hin ausgelenkt.

20.1.2 Beschleunigungsmessung mit Haarzellen

## 20.1.2 Beschleunigungsmessung mit Haarzellen

► Merke.

► Merke. Sowohl Makula- als auch Bogengangsorgane reagieren auf die **Beschleunigung des Kopfes**. Sie registrieren diesen adäquaten Reiz (s. S. 586) mithilfe von **Haarzellen**, welche die Sinneszellen des vestibulären Systems darstellen.

Die Haarzellen des vestibulären Systems sind **sekundäre Sinneszellen**. Ihr adäquater Reiz ist die Auslenkung einer gelartigen Kappe, in die ihre **Stereozilien** eingelagert sind (Mechanosensoren). Die sensorische Information wird an den N. vestibularis weitergereicht, erst dort kommt es zur Bildung von Aktionspotenzialen. Die Haarzellen selbst sind keine Neurone!

Wie die entsprechenden Zellen der Kochlea handelt es sich bei den Haarzellen des Vestibularorgans um **sekundäre Sinneszellen**, d. h. sie sind selbst keine Neurone, sondern Epithelzellen, die ihre sensorische Information an nachgeschaltete, in diesem Fall im N. vestibularis verlaufende Nervenzellen weiterreichen (erst dort werden Aktionspotenziale gebildet!). Sie fungieren wie die kochleären Sinneszellen als **Mechanosensoren**. Während aber die sensorischen inneren Haarzellen des Corti-Organs die Endolymphströmung messen (s. S. 685), registrieren die Haarzellen im Vestibularapparat die **Verschiebung einer gelartigen Matrix**, in die ihre **Stereozilien** eingebettet sind (Abb. **20.2**).

Durch sog. **Tip links** erfolgt die Öffnung von **Transduktionskanälen** (ähnlich wie bei der Kochlea, s. S. 685).

Die Öffnung von **Transduktionskanälen** (mechanosensitive Kationenkanäle an der Spitze und entlang der Seiten der Stereozilien) durch **„Tip links"** verläuft dabei ähnlich wie in der Kochlea (s. S. 685), wobei die Haarzellen im Vestibularapparat ein zusätzliches **Kinozilium** vorweisen, zu dem sich die Stereozilien hin bzw. von dem sie sich wegneigen.

Die Transduktionskanäle sind auch in Ruhe etwas geöffnet, was zu einer ständigen Transmitterfreisetzung an den **glutamatergen Synapsen** der Haarzellen führt. Die Folge ist eine Ruheaktivität der nachgeschalteten afferenten Neurone (Abb. **20.2a**).

Ein weiterer wichtiger Unterschied zu den inneren Haarzellen des Corti-Organs stellt die im Vestibularapparat vorhandene **Ruheaktivität** dar: Durch eine relativ hohe Grundspannung der Tip links werden die Transduktionskanäle auch im Ruhezustand immer ein bisschen geöffnet (ca. 10 % der Zeit). Dies bewirkt über die einströmenden endolymphatischen $K^+$-Ionen und die resultierende Depolarisation eine ständige Transmitterfreisetzung an den **glutamatergen Synapsen** der Haarzellen. Hierdurch kommt eine erhebliche Ruheaktivität der nachgeschalteten afferenten Neurone zustande (Abb. **20.2a**).

20.2 **Reaktion einer Haarzelle des Vestibularapparats auf Zug und Stauchung ihrer Stereozilien**

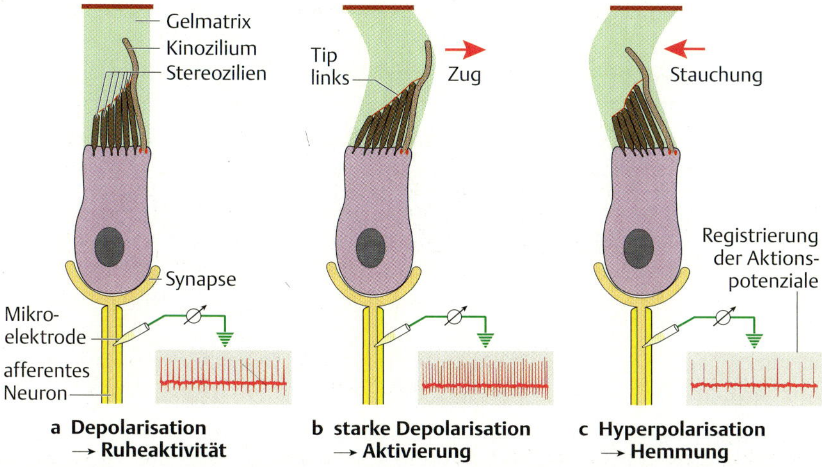


Die Stereozilien und das Kinozilium sind in eine gelartige Matrix eingebettet, die bei Beschleunigung des Kopfes ausgelenkt wird. In Ruhestellung zeigen die Transduktionskanäle der Haarzelle eine Öffnungswahrscheinlichkeit von ca. 10 % und die Freisetzung von Transmittern erzeugt eine messbare Ruheaktivität im afferenten Neuron **(a)**. Auslenkung der Stereozilien in Richtung Kinozilium steigert diese Aktivität **(b)**, Auslenkung in die Gegenrichtung mindert die Ruheaktivität **(c)**. Die Haarzelle ist daher in der Lage, Bewegung in zwei entgegengesetzte Richtungen zu registrieren.

20.2

Entscheidend ist, dass die Haarzellen ausgehend von dieser Ruheaktivität sowohl mit **erhöhter** als auch mit **verminderter Aktivität** reagieren können, je nachdem ob ihre Stereozilien in Richtung Kinozilium **gezogen** (→Transduktionskanäle eher offen, Abb. **20.2b**) oder in Gegenrichtung **gestaucht** werden (→Transduktionskanäle eher geschlossen, Abb. **20.2c**).

Ausgehend von dieser Ruheaktivität kann die Aktivität gesteigert oder reduziert werden (Abb. **20.2b** und **c**).

**▶ Merke.** Aufgrund ihrer **Ruheaktivität** ist jede Haarzelle im Vestibularapparat in der Lage, Bewegungen in zwei einander entgegengesetzte Richtungen zu registrieren.

**▶ Merke.**

In Bezug auf ihre **extreme Empfindlichkeit** gleichen die Haarzellen des Gleichgewichtsorgans wiederum denen des Corti-Organs: Auslenkungen der Stereozilien von weniger als 1 nm reichen aus, um die Aktivität des afferenten Neurons zu verändern. Selbst kleinste Bewegungen des Kopfes können so detektiert und vom Gehirn ausgewertet werden.

Die Haarzellen des Vestibularorgans sind extrem empfindlich und reagieren auf kleinste Bewegungen des Kopfes.

**▶ Klinik.** Durch eine Rückresorptionsstörung der Endolymphe kann es zur Aufblähung des häutigen Labyrinths und damit zu pathologischen Veränderungen an den Sinneszellen kommen **(Morbus Ménière** – benannt nach dem französischen Erstbeschreiber Prosper Ménière, 1799–1862). Die Impulsrate der Zellen verändert sich und löst oft stundenlang anhaltende Schwindelanfälle **(Vertigo)** aus. Darüber hinaus bestehende Hörstörungen **(Tinnitus** oder **Hörverlust)** weisen auf auch in der Scala media des Corti-Organs (s. S. 682) vorhandene Resorptionsprobleme hin. Die Therapie erfolgt zunächst symptomatisch mit Antiemetika (zur Bekämpfung der Übelkeit), Sedativa (Beruhigungsmittel) und durchblutungsfördernden Mitteln wie Betahistin. Bei nicht beherrschbarer Häufung intensiver Anfälle kommen verschiedene operative Maßnahmen infrage (z. B. Durchtrennung bzw. Dränage des Saccus endolymphaticus oder Ausschaltung des Vestibularorgans durch Einbringen von ototoxischen Medikamenten im Bereich des runden Fensters).

**▶ Klinik.**

20.1.3 Makulaorgane – Registrierung von Linearbeschleunigung

▶ Merke.

Beispiel

**Aufbau:** Die beiden Makulaorgane **Sakkulus** und **Utrikulus** vermitteln die Wahrnehmung von Linearbeschleunigung. Sie sind rechtwinklig zueinander angeordnet. Die Haarzellen beider Organe stehen in Kontakt mit einer Otolithenmembran, deren Dichte durch Einlagerung von **Otolithen** erhöht ist (Abb. **20.3a**).

**Funktionsprinzip:** Die Verschiebung der Otolithenmembran gegenüber dem Makulagewebe aktiviert die Haarzellen (Abb. **20.3b**).

Statische Information

**Utrikulus** und **Sakkulus** stehen praktisch im 90°-Winkel zueinander. Bei aufrechter Kopfhaltung werden v. a. die Haarzellen des Sakkulus erregt, bei geneigtem Kopf v. a. die Haarzellen des Utrikulus.

Die Makulaorgane im kontralateralen Vestibularapparat sind spiegelsymmetrisch angeordnet – Aktivierung auf der einen Seite bedeutet Hemmung auf der anderen. Durch Einwirkung der Gravitationskraft entsteht eine **statische Information** über die Lage des Kopfes.

20.3

## 20.1.3 Makulaorgane – Registrierung von Linearbeschleunigung

▶ **Merke.** In den beiden großen Kammern des Vestibularapparats liegen in Form der Makulaorgane die Sinnesorgane zur Erfassung der **Linearbeschleunigung**, d. h. jeder **Änderung der Bewegungsgeschwindigkeit** des Kopfes wird registriert.

**Beispiel:** Bei einer temperamentvollen Autofahrt erfahren wir zunächst eine *positive* Beschleunigung, dann bei konstanter Geschwindigkeit auf der Autobahn *keine* Beschleunigung und schließlich beim Abbremsen eine *negative* Beschleunigung.

**Aufbau:** Die Wahrnehmung dieser Vorgänge vermitteln die beiden Makulaorgane **Utrikulus** (Macula utriculi) und **Sakkulus** (Macula sacculi), die weitgehend rechtwinklig zueinander angeordnet sind. Die etwa 15 000 – 30 000 Haarzellen dieser Organe ragen in eine gelartige Matrix, deren Dichte durch Einlagerung von Calciumcarbonat-Kristallen (**Otolithen**, Ohrensteine, Otokonien) deutlich erhöht wird (Abb. **20.3a**).

**Funktionsprinzip:** Neigt man den Kopf zur Seite, verschiebt sich die **Otolithenmembran** (= Gelmatrix + Otolithen) unter dem Einfluss der Gravitationsbeschleunigung und lenkt dabei die Stereozilien der Haarzellen aus (Abb. **20.3b**). Das resultierende neuronale Signal kann vom Gehirn als Lageänderung des Kopfes interpretiert werden.

### Statische Information

Der **Utrikulus** liegt bei gerader Kopfhaltung weitgehend horizontal, der **Sakkulus** vertikal (sie stehen praktisch im 90°-Winkel zueinander). Bei aufrechter Kopfhaltung werden somit vor allem die Haarzellen der Macula sacculi erregt, während die Haarzellen der Macula utriculi primär bei geneigtem Kopf erregt werden.
In beiden Organen ist die Ausrichtung der Haarzellen aber nicht einheitlich, da jeweils Haarzellen in allen Ausrichtungen der Organebene vorkommen. Demzufolge werden bei jeder Änderung der Kopfneigung sowohl im Utrikulus als auch im Sakkkulus gleichzeitig einige Haarzellen depolarisiert (aktiviert) und andere hyperpolarisiert (gehemmt).
Hinzu kommt, dass die Makulaorgane im kontralateralen Vestibularapparat spiegelsymmetrisch angeordnet sind. Wird also in einem Makulaorgan eine Haarzelle aktiviert, kommt es gleichzeitig zur Hemmung der entsprechenden Haarzelle im kontralateralen Makulaorgan. So entsteht durch die Einwirkung der Gravitationskraft der Erde ein komplexes neuronales Signal, das eine **statische Information** über die Lage des Kopfes relativ zum Erdmittelpunkt erzeugt.

**20.3 Die Otolithenmembran der Makulaorgane**

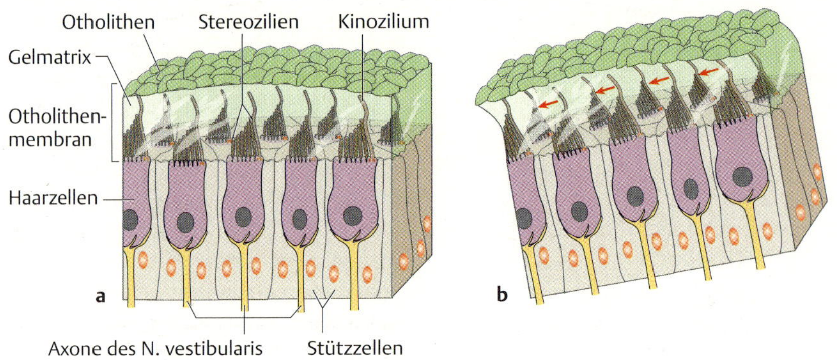


Durch Einlagerung von Calciumcarbonat-Kristallen (Otolithen, 1 – 5 µm) in die Gelmatrix über den Stereozilien wird die Dichte der Otolithenmembran – und damit ihre Massenträgheit – erhöht **(a)**. Beim Auftreten einer Beschleunigung bleibt die Otolithenmembran deshalb hinter der Gewebsoberfläche zurück und lenkt die Stereozilien aus. Eine Neigung des Kopfes bewirkt so eine Verschiebung der Otolithenmembran durch die Gravitationskraft und damit eine entsprechende Stimulation der Haarzellen **(b)**.

### Dynamische Information

Im horizontal beschleunigenden und dann abbremsenden Auto (oder im vertikal beschleunigenden und dann abbremsenden Lift) entsteht zusätzlich noch eine **dynamische Information**: Die Otolithenmembran bleibt aufgrund ihrer Massenträgheit hinter dem beschleunigten Makulagewebe ein wenig zurück und verbiegt dabei die Stereozilien der Haarzellen. Das entstehende afferente Signal informiert das Gehirn über den Beschleunigungsvorgang. Erst wenn eine konstante Geschwindigkeit erreicht ist, gelangen Otolithenmembran und Haarzellen wieder in den Ruhezustand. Die Auslenkung der Stereozilien ist bei diesen Vorgängen äußerst gering, wird aber aufgrund der extremen Empfindlichkeit der Haarzellen zuverlässig registriert.

**Dynamische Information**

Auch während Beschleunigungs- und Abbremsphasen des Kopfes entsteht eine Verschiebung der Otolithenmembran aufgrund ihrer Massenträgheit. Diese zusätzliche **dynamische Information** zur Linearbeschleunigung wird ebenfalls von den Makulaorganen erfasst.

## 20.1.4 Bogengangsorgane – Registrierung von Drehbeschleunigung

20.1.4 Bogengangsorgane – Registrierung von Drehbeschleunigung

► **Merke.** In den Ampullen der drei Bogengänge werden von den Bogengangsorganen **Drehbeschleunigungen** (= Winkelbeschleunigungen) in allen Raumrichtungen registriert.

► Merke.

**Beispiel:** Für die Koordination des Körpers sind Drehbewegungen des Kopfes von entscheidender Bedeutung: Starke horizontale oder vertikale Drehbeschleunigung (Kopfschütteln, Kopfnicken) können Schwindel erzeugen. Moderate Kopfdrehungen, wie sie z. B. bei jedem Schritt vorkommen, werden hingegen vom Gehirn verrechnet, ohne dass die Bewegungskoordination beeinträchtigt wird.

**Beispiel**

**Aufbau:** Die Ampullen der drei Bogengänge besitzen jeweils eine **Crista ampullaris**, auf der etwa 7000 Haarzellen in mehreren Reihen angeordnet sind. Auch ihre Stereozilien sind in eine gelartige Membran eingelagert **(Cupula)**, die den einzigen Verschluss des ansonsten offenen Epithelschlauchs im Bogengang bildet (Abb. **20.4**).

**Aufbau:** In den **Cristae ampullares** der Bogengänge sitzen die Haarzellen. Deren Stereozilien sind in eine Membran **(Cupula)** eingelagert (Abb. **20.4**).

**Funktionsprinzip:** Die Cupula enthält keine Otolithen, sie weist jedoch eine ähnliche Dichte wie die Endolymphe auf, von der sie umgeben ist. Demzufolge kann sie keine statische, sondern nur **dynamische Information** liefern. Die Detektion der Drehbeschleunigung beruht darauf, dass bei einer Drehung des Kopfes die Endolymphe aufgrund ihrer Massenträgheit kurzzeitig hinter der Bewegung von knöchernem Labyrinth und Epithelschlauch zurückbleibt. Da Crista ampullaris und Cupula aber mit dem Epithelschlauch verwachsen sind, steht die Cupula der relativen

**Funktionsprinzip:** Bei Drehbewegungen des Kopfes wird die Cupula ausgelenkt und Haarzellen werden aktiviert (Abb. **20.4**).

**20.4** Antagonistische Aktivierung von Haarzellen in zwei kontralateralen Bogengängen

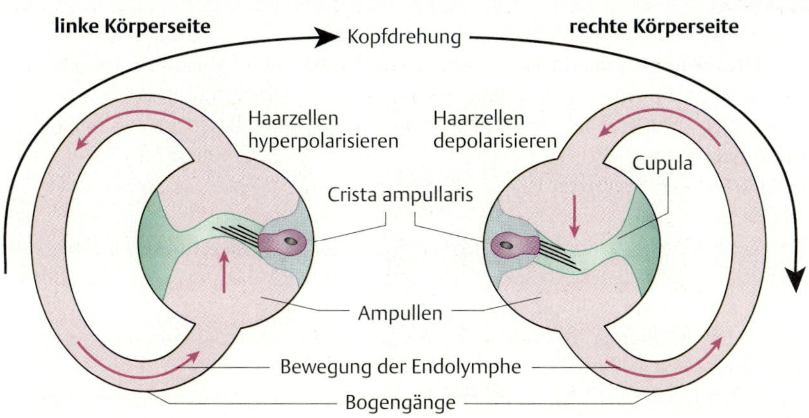


Eine Kopfdrehung nach rechts führt dazu, dass die Endoplymphe, die in beiden Bogengängen trägheitsbedingt hinter der Kopfdrehung zurückbleibt, sich gegenüber dem Epithelschlauch in Gegenrichtung bewegt. Die elastische Cupula steht dieser Bewegung wiederum entgegen, verformt sich und lenkt die Stereozilien der Haarzellen aus. Durch die spiegelsymmetrische Anordnung der kontralateralen Bogengänge werden die Haarzellen links durch Hyperpolarisation gehemmt, rechts aber aufgrund einer Depolarisation aktiviert; es entsteht stets ein antagonistisches neuronales Signal.

**20.4**

Aufgrund der Ausrichtung der drei Bogengänge in drei verschiedene Raumebenen erhält das Gehirn Information über Drehbeschleunigung **in allen Richtungen**.

Jeweils zwei Bogengänge in den beiden kontralateralen Vestibularapparaten bilden ein **funktionelles Paar**, bei dem die beiden Bogengänge jeweils gegensinnige Signale erzeugen.

▶ Klinik.

Verschiebung der Endolymphe im Weg und wird von ihr ausgelenkt (Abb. **20.4**). Dies ist auch hier der adäquate Reiz für die ampullären Haarzellen. Da die Stereozilien der Haarzellen sowohl auf Zug als auch auf Stauchung reagieren können, werden Drehbewegungen in beide Richtungen um die Achse eines Bogengangs registriert.
Die drei rechtwinklig zueinander angeordneten Bogengänge eines Vestibularapparats erfassen Beschleunigungen **in jede Raumrichtung**. Aus dem Abgleich der Signale aus beiden Vestibularorganen kann das Gehirn besonders genaue Bewegungsinformation ableiten.
Jeweils zwei Bogengänge in den beiden kontralateralen Vestibularapparaten bilden dabei ein **funktionelles Paar**: Wenn die Haarzellen im vorderen Bogengang des linken Innenohrs gehemmt werden, werden die des hinteren Bogengangs im rechten Innenohr aktiviert, da diese beiden Bogengänge in derselben Raumebene liegen. Wie auch in den Makulaorganen entstehen durch die spiegelsymmetrische Anordnung der Bogengänge demzufolge antagonistische Signale in den beiden Vestibularapparaten, was zu der hohen Empfindlichkeit des Drehsinns beiträgt.

▶ **Klinik.** Wenn sich Otolithen traumatisch oder spontan (teilweise altersbedingt) ablösen, können diese bei bestimmten Bewegungen, z. B. beim Hinlegen oder beim Drehen des Kopfes, die Bogengangsorgane reizen und damit Schwindel auslösen **(benigner paroxysmaler Lagerungsschwindel)**. Dabei handelt es sich um eine zwar äußerst unangenehme, aber relativ harmlose Form des Schwindels, die anhand spezieller Provokationsmanöver diagnostiziert und durch Kopf- und Körperlagerungsübungen, die die Otolithen aus den Bogengängen heraus in „unschädliche Ruhepositionen" befördern, therapiert werden. Eine dieser Lagerungsübungen ist das sog. „Epley-Manöver" (vereinfacht beschrieben: Mehrere nacheinander ausgeführte 90°-Drehungen des Kopfes um verschiedene Achsen, jeweils in einer der Bogengangsebenen).

20.2 Zentrale Verschaltung des vestibulären Systems

20.2.1 Anatomischer Aufbau

Die afferenten Fasern aus dem **Ganglion vestibulare** enden in den **Vestibulariskernen**.

Die Vestibulariskerne erhalten auch Afferenzen aus dem **visuellen** und dem **somatosensorischen System** sowie aus dem **Kleinhirn** (→ sog. **Integrationskerne**).

**Projektionen der Vestibulariskerne** führen
- zu den Augenmuskelkernen,
- über den Thalamus in den Kortex,
- in das Kleinhirn,
- auf Motoneurone im Rückenmark,
- auf ipsi- und kontralaterale Vestibulariskerne,
- zum Hypothalamus.

## 20.2 Zentrale Verschaltung des vestibulären Systems

### 20.2.1 Anatomischer Aufbau

Der erste Projektionsort des zusammen mit dem Kochlearisnerv als N. vestibulocochlearis das Innenohr verlassenden Vestibularisnervs sind die vier **Vestibulariskerne** in der Medulla oblongata: Ncll. vestibulares superior, inferior, lateralis und medialis (Abb. **20.5**). Jede Nervenfaser der Makula- oder Bogengangsafferenzen, deren Zellkörper im **Ganglion vestibulare** liegt, ist auf **sekundäre vestibuläre Neurone** in den verschiedenen Vestibulariskernen verschaltet.
Die Vestibulariskerne sind **Integrationskerne**, die auch Eingänge aus dem **visuellen** und dem **somatosensorischen System** sowie aus dem **Kleinhirn** erhalten. Die Vestibulariskerne nutzen so neben der Information über Lage und Bewegung des Kopfes auch Information über Körperstellung und über Bewegungen der Umwelt relativ zum Körper.
Die **Neurone der Vestibulariskerne projizieren** selbst wiederum auf folgende Ziele (Abb. **20.5**):
- die wesentliche aufsteigende Projektion erfolgt in die **Augenmuskelkerne** (Kerne der drei Hirnnerven N. oculomotorius (III), N. trochlearis (IV) und N. abducens (VI) zur Kontrolle der Augenbewegungen (s. S. 640)
- über den **Thalamus** in den **Kortex** zur bewussten Wahrnehmung der Lage (s. S. 708)
- über Moosfasern in das **Kleinhirn** zur vestibulären Informationsverarbeitung (s. S. 746)
- absteigend auf **Motoneurone** im Rückenmark, z. B. zur reflektorischen Gleichgewichtserhaltung (s. S. 736)
- auf andere ipsi- und kontralaterale **Vestibulariskerne** zur Verknüpfung der Informationen beider Körperhälften
- zum **Hypothalamus** zur Kontrolle vegetativer Funktionen (s. S. 580).

**20.5 Projektionen des vestibulären Systems**

20.5

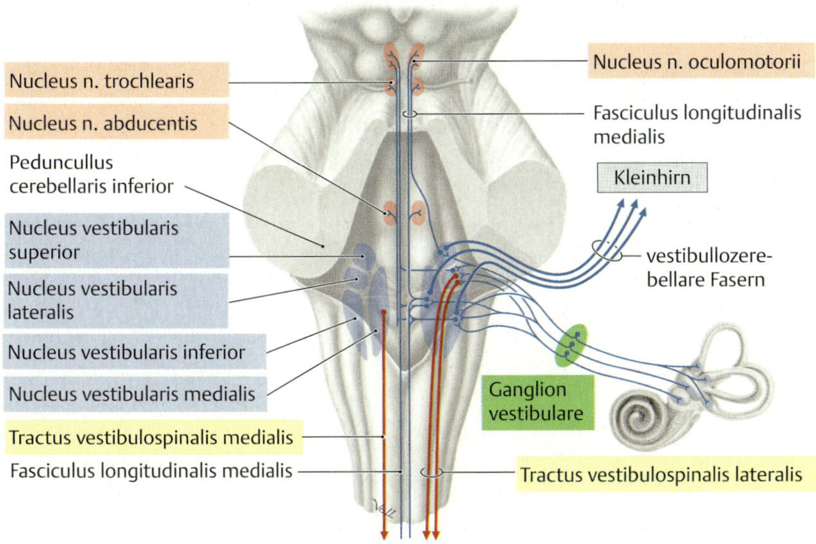


Ausgehend von den vier **Vestibulariskernen** im Hirnstamm (Ncll. vestibulares superior, inferior, medialis und lateralis – blau hinterlegt), in denen die afferenten Neurone aus dem **Ganglion vestibulare** (grün hinterlegt) ihre Synapsen bilden, projiziert das vestibuläre System u. a. in die **Augenmuskelkerne** (rot hinterlegt), das **Kleinhirn** (grau hinterlegt) und das **Rückenmark** (gelb hinterlegt).
Nicht dargestellt sind hier aus Gründen der Übersichtlichkeit die funktionell ebenfalls wesentlichen Projektionen der Vestibulariskerne **untereinander** (ipsi- und kontralateral), über den **Thalamus** zum **Kortex** sowie zum **Hypothalamus**.

► **Klinik.** Starke Erregung des Vestibularsystems oder auch widersprüchliche visuelle und vestibuläre Eindrücke führen oft zu Unwohlsein, Schwindel und Erbrechen in Form von sog. **Kinetosen** (Reise- oder Bewegungskrankheit). Ein typisches Beispiel hierfür ist das Lesen beim Autofahren: Der visuelle Eindruck des ruhenden Buches stimmt dabei nicht mit den vestibulären Informationen über Dreh- und Linearbeschleuigung überein. Bei der Entstehung der Symptome spielen die Projektionen in den Hypothalamus eine wichtige Rolle. Therapeutisch bzw. vorbeugend wird mit Dimenhydrinat ein apothekenpflichtiges Antihistaminikum eingesetzt, welches dem bei Übelkeit im Gehirn vorhandenen Überschuss an Histamin entgegenwirkt.

► Klinik.

## 20.2.2 Vestibulookulärer Reflex und weitere Nystagmusformen

20.2.2 Vestibulookulärer Reflex und weitere Nystagmusformen

► **Definition.** Als **Nystagmus** bezeichnet man ein beidseitiges, willensunabhängiges Augenrucken (Augenzittern) in Form von konjugierten, d. h. gleichsinnigen Augenbewegungen (vgl. hierzu S. 640). Klinisch wird die Richtung des Nystagmus nach der **schnellen Rückstellphase** benannt, auch wenn die langsame Komponente die eigentliche regulatorische Leistung darstellt.

► Definition.

### Vestibulärer Nystagmus

**Prinzip:** Da stabile Bilder wesentlich genauer ausgewertet werden können als bewegte Bilder, besteht eine wesentliche Funktion des Vestibularorgans darin, bei Bewegungen des Kopfes das Bild der Umwelt auf der Retina zu stabilisieren. Wir „halten Blickkontakt zur Umwelt", obwohl wir uns bewegen. Registrieren die Bogengänge eine Kopfdrehung, werden deshalb reflektorisch die Augen entgegengesetzt gedreht **(vestibulookulärer Reflex)**.

### Vestibulärer Nystagmus

**Prinzip:** Auch bei Bewegungen des Kopfes mit Reizung der Bogengänge wird versucht, das Bild der Umwelt auf der Netzhaut zu stabiliseren, z. B. indem die Augen reflektorisch in die der Bewegung entgegengesetzte Richtung gedreht werden **(vestibulookulärer Reflex)**.

20.6

## 20.6 Bilaterale Verschaltung des vestibulookulären Reflexes

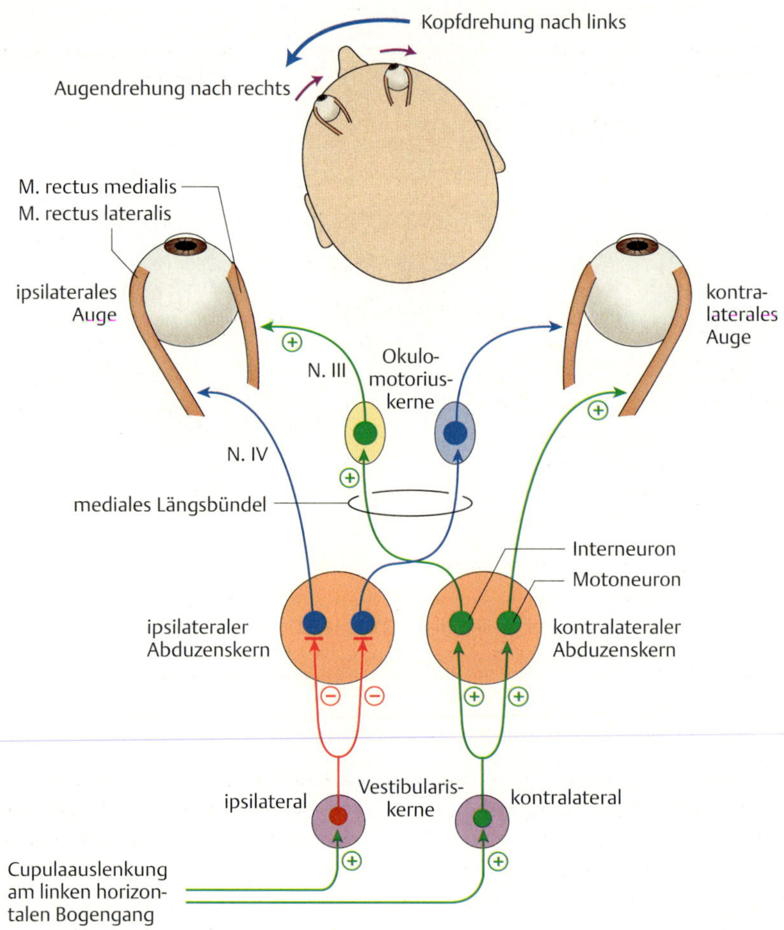


Dargestellt ist die Steuerung kompensatorischer Augenbewegungen nach rechts bei einer Kopfdrehung nach links, die durch die seitlichen (horizontalen) Bogengänge des vestibulären Systems registriert wird.

Die Augen drehen sich entgegen der Drehrichtung des Kopfes, bis ihre Auslenkung anatomisch begrenzt wird. Dann erfolgt eine schnelle Rückstellung in die Mittelstellung **(vestibulärer Nystagmus)**.

Da die Auslenkungen der Augen durch die Orbita anatomisch begrenzt sind, müssen Augenbewegungen bei ausgedehnten Kopfdrehungen in mehreren Schritten kompensiert werden. Jeder Schritt besteht aus einer **kompensatorischen Augenrollbewegung** in Gegenrichtung, gefolgt von einer **schnellen Rückstellung** in die Mittelposition (also in Richtung der Kopfdrehung). Dieses Augenpendeln bezeichnet man als **vestibulären Nystagmus**.

**Reflexverschaltung, Steuerung:** Die Steuerung des vestibulären Nystagmus beruht auf der antagonistischen Aktivität der beiden Vestibularapparate. Über die **Abduzens- und Okulomotoriskerne** koordinieren sie die synchrone Bewegung der beiden Augen (Abb. **20.6**).
Bei einer Kopfdrehung nach links wird der M. rectus lateralis des rechten Auges und der M. rectus medialis des linken Auges aktiviert.

**Reflexverschaltung, Steuerung:** Dreht man den **Kopf nach links,** erhöht sich die Entladungsrate des linken Vestibularnervs (genauer gesagt der Fasern des seitlichen Bogengangs), die des rechten sinkt. Die linke Bogengangsafferenz erregt Neurone des **Vestibulariskerns**, die wiederum Motoneurone und Interneurone im kontralateralen **Abduzenskern** aktivieren (Abb. **20.6**):

- Die Motoneurone aktivieren den M. rectus lateralis des rechten Auges.
- Die Interneurone aktivieren Motoneurone im linken **Okulomotoriuskern**, der den M. rectus medialis des linken Auges aktiviert.

Beide Augen bewegen sich also synchron nach rechts.

Gleichzeitig sinkt die Aktivität der Antagonisten (M. rectus medialis rechts und M. rectus lateralis links).

Da die **rechte Bogengangsafferenz** spiegelbildlich verschaltet ist und ihre Impulsfrequenz abfällt, sinkt die Aktivität der beiden antagonistisch wirkenden Augenmuskeln (M. rectus lateralis des linken Auges und M. rectus medialis des rechten Auges). Die Wirkung ist also insgesamt synergistisch.

**20.7 Übereinstimmung der Zugrichtung der Augenmuskeln mit der Ausrichtung der vertikalen Bogengänge im Vestibularapparat**

20.7

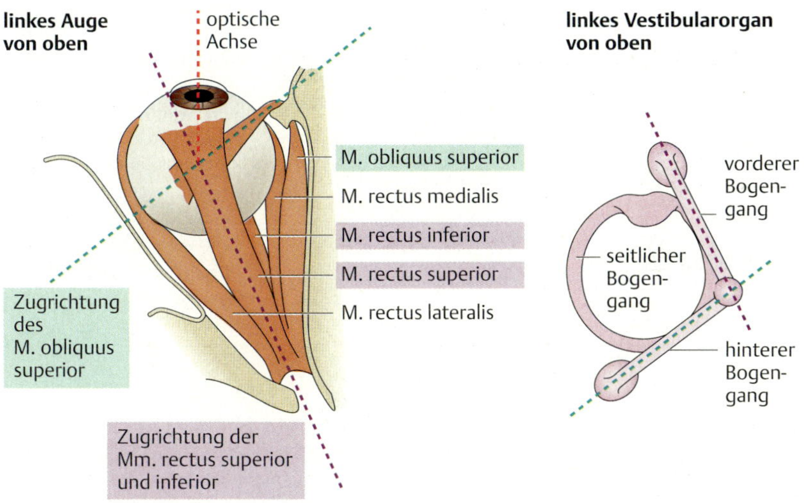


Ipsilateral decken sich die Zugrichtungen der Mm. rectus superior und inferior mit der Ebene des vorderen Bogengangs (entspricht der Ebene des kontralateralen hinteren Bogengangs). Die Zugrichtung des M. obliquus superior deckt sich wiederum ipsilateral mit der Ebene des hinteren Bogengangs (entspricht der Ebene des kontralateralen vorderen Bogengangs).

Dieser Effekt wird noch durch **inhibitorische Bahnen** verstärkt: Die gesteigerte Aktivität der Vestibulariskernneurone hemmt den ipsilateralen Abduzenskern (Abb. **20.6**). Hemmung wird auch durch die **Kommissurenfasern** zwischen den ipsi- und kontralateralen Vestibulariskernen vermittelt.

Eine analoge Verschaltung existiert für die beiden vertikalen Bogengänge. Da die Bogengänge um 45° zur Sagittalebene gedreht sind, stimmen die Ebenen der vorderen und hinteren Bogengänge etwa mit den Zugrichtungen der beiden anderen Augenmuskelpaare überein: So decken sich z. B. die Zugrichtungen der Mm. rectus superior und inferior mit den Ebenen des vorderen Bogengangs im ipsilateralen und des hinteren Bogengangs im kontralateralen Vestibularapparat (Abb. **20.7**).

Die Zugrichtung der Augenmuskeln entspricht der Ausrichtung der vertikalen Bogengänge (Abb. **20.7**).

**► Merke.** Die vestibulookulären Reflexe laufen **unbewusst** ab und sind **sehr effizient**, weil:
- die **Signaltransduktion** im Vestibularorgan **sehr schnell** ist
- die Verschaltung nur über jeweils **zwei Synapsen** erfolgt (Vestibulariskerne und Augenmuskelkerne).

► Merke.

## Optokinetischer Nystagmus

**Prinzip:** Auch das visuelle System trägt dazu bei, das Bild der Umwelt auf der Netzhaut zu stabilisieren (vgl. hierzu S. 640). Der durch rein visuelle Reize und damit unabhängig vom vestibulären System ausgelöste **optokinetische Nystagmus** lässt sich z. B. gut bei Personen beobachten, die aus einem fahrenden Zug blicken: Objekte in der vorbeiziehenden Landschaft werden so lange fixiert, bis sie aus dem Blickfeld verschwinden. Durch eine schnelle Rückstellbewegung suchen die Augen unmittelbar einen neuen Fixierungspunkt.

**Reflexverschaltung, Steuerung:** Das visuelle System ergänzt das Vestibularsystem in idealer Weise, es koppelt direkt in die vorhandenen Schaltkreise ein. Bei anhaltenden gleichmäßigen Rotationsbewegungen ohne Beschleunigung fällt die Aktivität der Bogengangsafferenzen auf den Ruhewert ab und das optokinetische System steuert die kompensatorischen Augenreflexe alleine.

### Optokinetischer Nystagmus

**Prinzip:** Der optokinetische Nystagmus beruht auf visueller Information, unabhängig vom vestibulären System. Objekte werden fixiert, bis sie aus dem Blickfeld verschwinden. Mit einer schnellen Rückstellbewegung wird ein neuer Fixierungspunkt gesucht.

**Reflexverschaltung, Steuerung:** Das optokinetische System ergänzt das vestibuläre, wenn dieses nicht (mehr) aktiv ist, z. B. bei Rotationsbewegungen ohne Beschleunigung.

20.8

20.8 Elektronystagmografie (ENG)

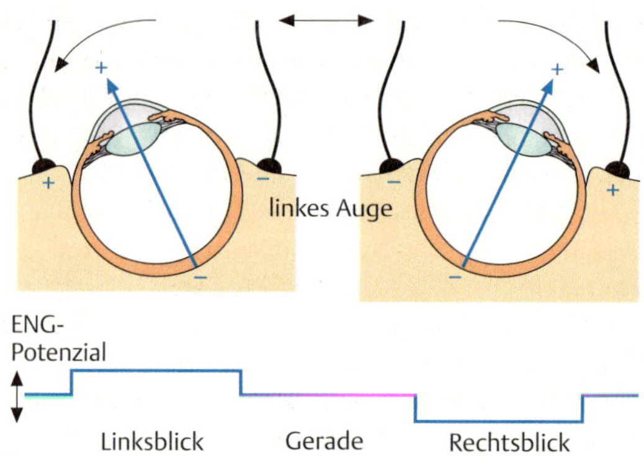


Das **korneoretinale Potenzial** beruht auf einem vorderen positiven und einem hinteren negativen Augenpol – seine Amplitude ändert sich, wenn sich die Augen relativ zu den in Augennähe aufgebrachten Elektroden bewegen. Die Spannungsänderung ist proportional zu Amplitude und Frequenz des möglicherweise bestehenden Nystagmus.

### Endstellnystagmus

Sog. erschöpflicher horizontaler Nystagmus bei extremen seitlichen Blickbewegungen.

## Endstellnystagmus

Bei extremen seitlichen Blickbewegungen kann es physiologischerweise weiterhin zu einem sog. Endstellnystagmus kommen, der auch als „erschöpflicher horizontaler Nystagmus" bezeichnet wird.

### Testverfahren

Die Nystagmusdiagnostik dient der Funktionsprüfung des Vestibularsystems z. B. bei Schwindelbeschwerden.

## Testverfahren

Der Nystagmus ist ein wichtiger Indikator für die Funktion des Vestibularsystems. Durch die im Folgenden beschriebenen Untersuchungsverfahren können peripher-vestibuläre Erkrankungen dokumentiert und verlaufskontrolliert werden, zentrale und periphere Schwindelbeschwerden differenziert und die verschiedenen Nystagmusformen typisiert werden.

**Registrierungsverfahren:**
- **Frenzelbrille:** Durch die stark brechenden Gläser kann der Patient nicht mehr fixieren, sodass man einen ggf. durch Fixation „maskierten" Nystagmus nachweisen kann.
- **Elektronystagmografie (ENG)** (Abb. **20.8**): Ableitung von elektrischen, korneoretinalen Potenzialen als Maß für Augenbewegungen.
- **Videookulografie (VOG):** Mittels einer Brille mit integrierter Kamera können Augenbewegungen registriert werden.

**Registrierungsverfahren:**
- **Frenzelbrille:** Ein Nystagmus lässt sich leicht durch die stark brechende Frenzelbrille beobachten, die gleichzeitig eine Fixation durch den Patienten unterbindet. Diese Fixation eines Umweltpunktes kann einen leichten Nystagmus unterdrücken, durch das Aufsetzen der Brille manifestiert er sich jedoch umso deutlicher.
- **Elektronystagmografie (ENG):** Bei der Elektronystagmografie werden durch Elektroden, die in Augennähe auf der Haut angebracht werden (z. B. sog. Schläfenelektroden), kleine elektrische Potenziale abgeleitet. Sie beruhen auf dem korneoretinalen Potenzial, ihre Amplitude ändert sich, wenn sich die Augen relativ zu den Elektroden bewegen (Abb. **20.8**). Synonym wird in diesem Zusammenhang die Bezeichnung **Elektrookulografie (EOG)** verwendet, die Untersuchung ist jedoch abzugrenzen von der Elektroretinografie (ERG): Dort wird die elektrische Antwort auf einen gezielten Lichtreiz zur Untersuchung von Netzhauterkrankungen registriert (s. S. 646).
- Bei der **Videookulografie (VOG)** trägt der Patient eine Brille, in die eine Infrarotkamera eingebaut ist. Die Kamera zeichnet Pupillenbewegungen auf, die dann durch automatische Bildanalyse ausgewertet werden.

**Stimulationsverfahren** zur Auslösung eines Nystagmus:
- **Rotationsnystagmus (Drehstuhlversuch):** Der Patient wird gedreht; beim Andrehen kommt es zu einem **Rotationsnystagmus** *in Richtung der Drehbewegung*, der nach 10 sek. sistiert (Auslenkung der Cupula geht zurück).
Ein abrupter Stopp der Drehbewegung führt zu einem **postrotatorischen Nystagmus** in die *entgegengesetzte Richtung* (Auslenkung der Cupula in die entgegengesetzte Richtung).

**Stimulationsverfahren:** Ein Nystagmus lässt sich auf unterschiedliche Weise auslösen:
- **Rotationsnystagmus (Drehstuhlversuch):** Der Patient wird auf einem Drehstuhl rotiert. Beim **Andrehen** löst man eine Auslenkung der Cupula aus, die zu einem **Rotationsnystagmus** *in Richtung der Drehbewegung* führt. Der Nystagmus verschwindet innerhalb von 10 Sekunden wieder, weil die Cupula bei konstanter Drehgeschwindigkeit und einem Ausklingen der Relativbewegung wieder in die Ausgangslage zurückkehrt. Stoppt man nun die Rotation abrupt, wird die Cupula aufgrund der Trägheit der Endolymphe in die entgegengesetzte Richtung ausgelenkt. Das wird vom Vestibularsystem als Drehung interpretiert und löst den *entgegengesetzten* **postrotatorischen Nystagmus** aus. Bei einseitiger Labyrinthschädigung kommt es zur Nystagmus-Asymmetrie zwischen den beiden Drehrichtungen, bei beidseitigem Labyrinthausfall ist kein Nystagmus zu beobachten.

- **Optokinetischer Nystagmus:** Er wird üblicherweise ausgelöst, indem man eine sog. Streifentrommel (weiße Trommel mit schwarzen, vertikalen Streifen) im Abstand von ca. 50 cm vor den Augen des Patienten dreht. Der Patient versucht einen Streifen zu fixieren und es kommt dann regelmäßig zu schnellen Rückstellbewegungen. Diese Form des Nystagmus ist *gegen die Bewegung der Umwelt* gerichtet. Störungen des Nystagmus müssen im zentralen vestibulären System liegen, da der periphere Vestibularapparat nicht involviert ist (vgl. S. 705).
- **Kalorischer Nystagmus:** Ausgelöst durch Spülen des äußeren Gehörgangs mit unterschiedlich temperiertem Wasser. Das Spülen mit **warmem (44 °C) Wasser** führt zur Aktivierung (Nystagmus zur *gereizten Seite*), Spülen mit **kaltem (30 °C) Wasser** zur Inhibierung der Bogengangsafferenz (Nystagmus zur *Gegenseite*; begründen lässt sich dies durch Konvektionen der Endolymphe aufgrund von Dichteänderungen (da der Nystagmus auch in Schwerelosigkeit auftritt, werden darüber hinaus auch direkte Einflüsse auf die Sinneszellen vermutet). Im Gegensatz zum Rotationsnystagmus wird beim kalorischen Nystagmus nur einseitig gereizt, es kann also eine seitendifferenzierende Diagnostik erfolgen.
  Je nach Lage des Patienten lassen sich zudem gezielt die einzelnen Bogengänge stimulieren (z. B. beim liegenden Patienten mit 30 ° angehobenem Kopf der damit senkrecht stehende seitliche Bogengang).
  Eine kalorische Reizung des Vestibularsystems erfolgt z. B. auch, wenn bei einem Taucher durch ein verletztes Trommelfell kaltes Wasser ins Innenohr eindringt. Dies kann zum totalen Verlust der Orientierung und zum Ertrinken führen.

- **Optokinetischer Nystagmus:** Eine Streifentrommel wird vor den Augen des Patienten gedreht. Der Patient versucht einen Streifen zu fixieren; schnelle Rückstellbewegungen bestimmen die Nystagmus-Richtung (*gegen die Drehrichtung der Trommel*).
- **Kalorischer Nystagmus:** Dabei wird der äußere Gehörgang mit warmem (44 °C) und kaltem (30 °C) Wasser gespült. **Warmes Wasser** → Aktivierung der Bogengänge → Nystagmus zur *gereizten/gespülten Seite;*

  **Kaltes Wasser** → Hemmung der Bogengänge → Nystagmus zur *Gegenseite*.

▶ Klinik. Ein **Spontannystagmus** in Ruhe und ohne Provokation ist immer pathologisch! Er kann verschiedene Auslöser haben:
- **Reiznystagmus:** bei Reizung des Vestibularapparats (Labyrinth oder N. vestibularis), z. B. durch eine Entzündung (zur erkrankten Seite hin gerichtet)
- **Ausfallnystagmus:** bei Zerstörung oder Läsion eines Vestibularapparats (von der erkrankten Seite weg gerichtet)
- **Zerebellärer Spontannystagmus:** durch Erkrankungen oder Läsionen des Kleinhirns (z. B. durch Intoxikation, Trauma, Tumor etc.). Hierbei kann die Richtung des Nystagmus variieren, sie hängt von der zugrunde liegenden Ursache ab.

Es sollte, wenn immer möglich, eine kausale Therapie unter Beseitigung des Auslösers erfolgen. Falls durch eine Konvergenzbewegung der Augen (vgl. hierzu S. 590) eine Nystagmusberuhigung zu beobachten ist, können entsprechende Prismen verordnet werden.

▶ Klinik.

## 20.2.3 Vestibulospinale Reflexe

Die vestibulospinalen Reflexe werden durch die absteigenden Bahnen des vestibulären Systems im Rückenmark erzeugt (Tractus vestibulospinalis, s. Abb. 22.13, S. 736) und dienen der Stabilisation der Kopfhaltung **(vestibulozervikale Reflexe)** oder der vertikalen Körperhaltung. Der Schwerpunkt unseres Körpers liegt beim Stehen oberhalb der Hüftgelenke, wir befinden uns also in einem labilen Gleichgewicht. Die Rumpf- und Beinmuskulatur muss deshalb ständig und schnell Korrekturbewegungen durchführen, damit wir nicht fallen.

**20.2.3 Vestibulospinale Reflexe**

Die vestibulospinalen Reflexe werden durch die absteigenden Bahnen des vestibulären Systems im Rückenmark erzeugt. Ziel ist die Stabilisation der Kopfhaltung bzw. der aufrechten Körperhaltung.

▶ Merke. Die vestibulospinalen Reflexe tragen wesentlich zur Ermöglichung der **aufrechten Körperhaltung** und des **aufrechten Ganges** bei.

▶ Merke.

Wie wichtig die Information aus dem Vestibularsystem dabei ist, erkennt man daran, dass wir auch ohne visuelle Information (z. B. im Dunkeln) unseren Körper problemlos aufrechthalten und uns bewegen können. Vestibuläre Informationen alleine reichen jedoch dazu nicht immer aus: Wenn wir mit dem Kopf nicken und sich dieser dabei relativ zum Körper bewegt, werden die Gleichgewichtsorgane genauso stimuliert, wie wenn der gesamte Körper nach vorne fällt. Hier spielen die **somatosensorischen Eingänge** der Vestibulariskerne eine wesentliche regulatorische Rolle: Sie speisen propriozeptive Information, z. B. aus dem Halsbereich, aber v. a. auch dem Rumpf und den Extremitäten (die durch das Kopfnicken in ihren Haltung

Die vestibulären Informationen werden durch **somatosensorische Afferenzen** (Hals-, Rumpf-, Extremitätenposition) ergänzt. Durch diese Zusatzinformationen aus der Peripherie wird verhindert, dass rein vestibuläre Informationen zu falschen Reaktionen führen (z. B. dass Kopfnicken als Fallen nach vorne interpretiert wird).

primär unbeeinträchtigt bleiben) in die Reflexe ein und verhindern so mögliche Fehlregulationen, die aufgrund der alleinigen vestibulären Information entstanden wären (s. u.).

▶ Klinik.

▶ Klinik. Auf Grundlage der vestibulospinalen Reflexe kann mithilfe der Messung **vestibulär-evozierter myogener Potenziale (VEMP)** nach Applikation eines starken akustischen Reizes (sog. Clicks oder Bursts) eine Reaktion der Halsmuskulatur abgeleitet und diagnostisch ausgewertet werden, die wiederum spezifisch einer **Sakkulus-Aktivierung** zugeordnet werden kann.
Der Reflexbogen sieht dabei folgendermaßen aus: akustische Reizung des Sakkulus → Vestibularisnerv → Vestibulariskerngebiet → vestibulospinale Bahnen → Tonusänderung der Halsmuskulatur (elektromyografisch registriert).
Veränderungen der charakteristischen Form des abgeleiteten Elektromyogramms (vgl. hierzu S. 69) geben Hinweise auf Störungen im Bereich des Reflexbogens, die es wiederum ermöglichen, Läsionen des Vestibularapparats genauer zu lokalisieren.

20.2.4 Bewusste Lagewahrnehmung

Es gibt keinen primären vestibulären Kortex, sondern ein Netzwerk aus mehreren Kortexarealen verarbeitet vestibuläre, visuelle und somatosensorische Informationen zu einer bewussten Lage- und Bewegungsempfindung.

## 20.2.4 Bewusste Lagewahrnehmung

Die bewusste Wahrnehmung der Körperlage umfasst vor allem die subjektive Feststellung der Lotrechten, aber auch die bewusste Wahrnehmung von Schwindel und anderen Bewegungskrankheiten. In der Großhirnrinde ist für diese bewusste Lagewahrnehmung nicht ein einzelnes Areal zuständig – es gibt keinen primären vestibulären Kortex. Vielmehr verarbeitet ein Netzwerk aus mehreren Kortexarealen vestibuläre, visuelle und somatosensorische Informationen zu einer Lage- und Bewegungsempfindung. Zu den Kortexgebieten, die mit vestibulären Funktionen in Verbindung gebracht werden, zählen der Sulcus intraparietalis, der Sulcus lateralis, der parietoinsuläre Kortex sowie der hintere Inselkortex. Die Funktionen dieser Gebiete sind im Einzelnen noch unverstanden. Aber es ist deutlich, dass die vestibulären Kortexareale das motorische System mit Informationen zur Körperlage versorgen, die einerseits aus der Beschleunigungsmessung im Vestibularorgan, andererseits aber aus der visuellen und propriozeptiven Analyse der Körperhaltung gewonnen worden sind (zu Details s. S. 741).

▶ Klinik.

▶ Klinik. Im Ruhezustand sind die Afferenzen des Vestibularsystems spontan gleichmäßig aktiv. Bei einem plötzlichen, **akuten Ausfall** eines der beiden Labyrinthe wird das Fehlen von Aktivität als starker Drehreiz interpretiert. Die Folge sind Drehschwindel, Nystagmus und Kompensationsbewegungen mit Fallneigung zur kranken Seite. Typisch ist auch die sog. **„Ocular Tilt"-Reaktion**, gekennzeichnet durch eine Neigung des Kopfes zur kranken Seite und die abwärtsgerichtete Schielstellung und Verdrehung des Auges auf der kranken Seite (Abb. **20.9**, vgl. dazu S. 739).

20.9

**„Ocular-Tilt"-Reaktion bei Ausfall des linken Vestibularnervs**

Vertikaldivergenz der Augen (tiefer stehendes linkes Auge bei Fixation des rechten Auges) mit Kopfneigung zur kranken Seite.

Der **chronische Ausfall** eines Labyrinths kann innerhalb einiger Wochen durch die neuronale Plastizität des zentralen Auswertesystems kompensiert werden: Jetzt werden v.a. visuelle und somatosensorische Eingänge stärker einbezogen, die Symptome werden deshalb in diesem Stadium beispielsweise schlimmer, wenn im Dunkeln der visuelle Eingang fehlt.

# Gustatorisches und olfaktorisches System

# 21 Gustatorisches und olfaktorisches System

# 21 Gustatorisches und olfaktorisches System

21 Gustatorisches und olfaktorisches System

Die chemischen Sinne – der Geschmacks- und Geruchssinn – sind die ältesten Sinne des Menschen. Sie sind eng mit dem limbischen System verbunden, das unsere Gefühle und Stimmungen kontrolliert und chemische Reize hedonisch, also als angenehm oder unangenehm, bewertet.

Geschmacks- und Geruchsreize werden hedonisch bewertet.

## 21.1 Der Geschmackssinn

21.1 Der Geschmackssinn

**Funktion:** Der Geschmackssinn dient der Nahrungskontrolle und steuert reflektorische Vorgänge im Bereich des oberen Gastrointestinaltrakts (Speichelsekretion, kephalische Phase der Magensaftsekretion, Würgereflex).

Der Geschmackssinn dient der Überprüfung der Nahrung und steuert Reflexe im oberen Gastrointestinaltrakt.

**▶ Merke.** Streng physiologisch gesehen ist Geschmack nur diejenige Empfindung, die über die gustatorischen Sinneszellen weitergeleitet wird. Geschmackssinn und Geruchssinn wirken aber meist zusammen.

▶ Merke.

Der „Geschmackseindruck" von Speisen und Getränken wird sogar hauptsächlich durch den Geruchssinn vermittelt. Duftstoffe aus der Mundhöhle erreichen die Riechschleimhaut retronasal durch die Choanen und stimulieren dort Geruchszellen („choanales Riechen").

**Geschmacksqualitäten:** Beim Menschen sind 5 Geschmacksqualitäten nachgewiesen (Tab. **21.1**). Die Empfindung **„scharf"** (etwa durch Chilischoten) ist keine Geschmacksqualität, sondern wird durch die direkte Wirkung von Capsaicin an freien Nervenendigungen des Nervus trigeminus (V. Hirnnerv) ausgelöst.

Es gibt **5 Geschmacksqualitäten** (Tab. **21.1**). Die Empfindung **„scharf"** ist keine Geschmacksqualität.

**21.1 Geschmacksqualitäten**

| *Qualität* | *Reiz/Auslöser* | *Funktion* |
|---|---|---|
| **süß** | kalorienreiche Nahrung – Kohlenhydrate und einige Proteine<br>hohe Entdeckungsschwelle (z. B. bei Saccharose 10 000-fach höher als bei Strychnin; s. u.) | ernährungsphysiologisch wichtige Geschmacksempfindungen, die Lust zur Nahrungsaufnahme auslösen |
| **umami** | proteinreiche Nahrung, v. a. die Aminosäure Glutaminsäure bzw. deren Salz Natriumglutamat | |
| **sauer** | unreife Früchte, verdorbene Speisen | Warnsignale mit Schutzfunktion; starker Bittergeschmack löst den Würgereflex aus und schützt uns so vor Vergiftungen |
| **bitter** | giftige Alkaloide in Pflanzen, z. B. Koffein, Nikotin; für Bitterstoffe sind wir am empfindlichsten (z. B. liegt die Entdeckungsschwelle für Strychnin bei 2 mikromolar, d. h. 0,7 mg/l) | |
| **salzig** | hohe Entdeckungsschwelle (z. B. bei Kochsalz 10 000-fach höher als bei Strychnin) | Regulation des menschlichen Wasser- und Mineralhaushaltes. Bei Salzmangel kann sich ein spezifischer „Salzhunger" ausbilden |

21.1

### 21.1.1 Geschmackszellen

**Lokalisation:** Die Geschmackszellen liegen in Geschmacksknospen (innerhalb von Geschmackspapillen) v. a. auf der Zunge (Abb. **21.1**).

**Arten:**
- **Papillae vallatae** (Wallpapillen)
- **Papillae foliatae** (Blätterpapillen)
- **Papillae fungiformes** (Pilzpapillen).

## 21.1.1 Geschmackszellen

**Lokalisation:** Die Geschmackszellen sind in sog. **Geschmacksknospen** zusammengefasst (Abb. **21.1**) und befinden sich vorwiegend in den **Geschmackspapillen** auf der Zunge, aber auch in der Schleimhaut von Wangen, Gaumen, Pharynx und Larynx.

**Arten und Anzahl** (bei Erwachsenen):
- 7–15 **Papillae vallatae** (Wallpapillen) mit je 100–150 Geschmacksknospen am Zungengrund
- 15–30 **Papillae foliatae** (Blätterpapillen) mit je 50–100 Geschmacksknospen am hinteren Seitenrand der Zunge

21.1

21.1 **Geschmacksorgan**

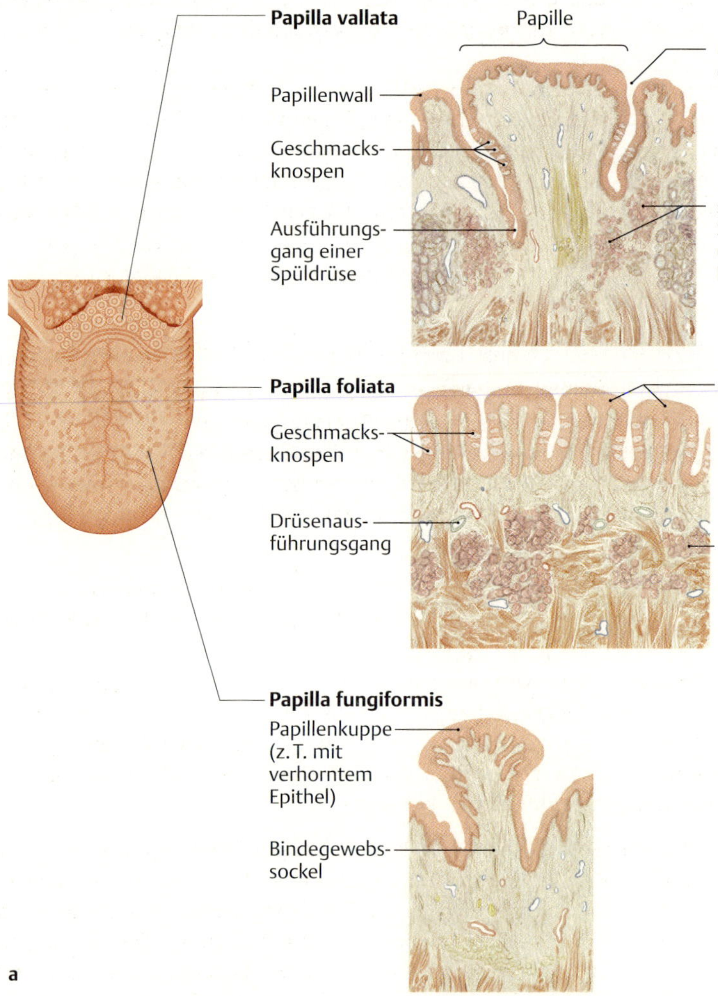


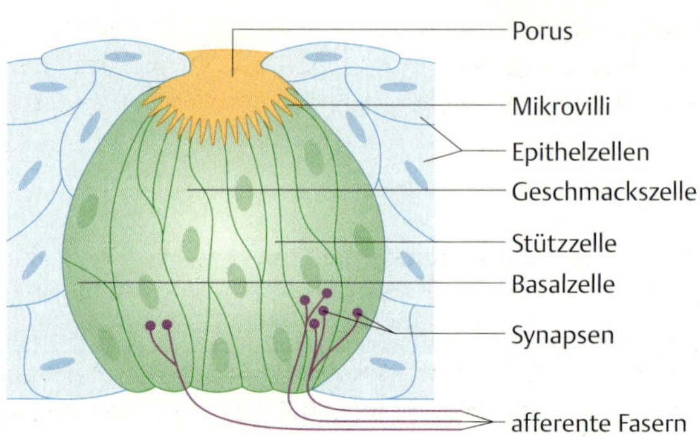


**a** Geschmackspapillen und ihre Verteilung auf der Zunge.
**b** Aufbau einer Geschmacksknospe.

- 150–400 **Papillae fungiformes** (Pilzpapillen) mit je 2–4 Geschmacksknospen auf der Zungenoberfläche.

**Aufbau:** Die Geschmacksknospen enthalten lang gestreckte Zellen, ähnlich angeordnet wie die Schnitze einer Orange (Abb. **21.1 b**). Die meisten dieser Zellen sind Geschmackszellen, daneben gibt es auch Stützzellen und teilungsfähige Basalzellen. Geschmackszellen haben eine **kurze Lebensdauer** von ca. 2 Wochen und werden dann durch Basalzellen ersetzt. Am apikalen Pol der Geschmacksknospe entsteht unter der Epitheloberfläche eine kleine Vertiefung, die **Geschmackspore** (Porus). Jede Geschmackszelle sendet bis zu 50 fingerförmige Ausstülpungen, **Mikrovilli**, in den Porus.

**Aufbau:** Am apikalen Pol einer von Geschmackszellen gebildeten Geschmacksknospe liegt die **Geschmackspore** (Porus); in diesen senden Geschmackszellen bis zu 50 chemosensorische **Mikrovilli**, die dort mit der Nahrung in Kontakt treten (Abb. **21.1b**).

**▶ Merke.** Die Mikrovilli der Geschmackszellen sind der Ort der gustatorischen Transduktion (s. u.) und die molekulare Ausstattung der Mikrovillimembran entscheidet, welche Geschmacksqualität den adäquaten Reiz für eine individuelle Geschmackszelle darstellt.

**▶ Merke.**

Vermutlich enthalten alle Geschmacksknospen Zellen für alle 5 Geschmacksqualitäten. Die weit verbreitete topografische Karte (Zungenspitze: süß; Zungengrund: bitter; Zungenränder: sauer, salzig) beruht auf einem Interpretationsfehler. Richtig scheint zu sein, dass die Wahrnehmungsschwelle für bitter am Zungengrund deutlich niedriger ist als an anderen Stellen. Andere Geschmacksqualitäten ließen sich aber nicht topografisch zuordnen, sodass eine solche Karte nicht gerechtfertigt ist.

## 21.1.2 Reizübermittlung (gustatorische Transduktion)

Die Bindung der Geschmacksstoffe an spezifische Rezeptormoleküle in der Mikrovillimembran löst die gustatorische Transduktion aus, bei der die Geschmackszelle ein Rezeptorpotenzial ausbildet (Depolarisation) und die afferente Nervenfaser synaptisch erregt. Die molekularen Transduktionsmechanismen für die Detektion der einzelnen Geschmacksqualitäten sind noch nicht vollständig erforscht.

**21.1.2 Reizübermittlung (gustatorische Transduktion)**

Geschmacksstoffe binden an Rezeptormoleküle in der Mikrovillimembran und lösen ein Rezeptorpotenzial aus (Depolarisation) mit Weiterleitung in der afferenten Nervenfaser.

**Salzig, sauer:** Die Chemotransduktion für salzig und sauer erfolgt **ionotrop**.

- **Salzig:** $Na^+$-Ionen aus dem Speichel strömen durch Natriumkanäle in der Mikrovillimembran in die Geschmackszelle ein und depolarisieren sie.
- **Sauer:** Diese Empfindung wird durch Protonen ($H^+$) im Speichel ausgelöst. Mehrere unterschiedliche Mechanismen wurden vorgeschlagen, wie Protonen die Aktivität von Ionenkanälen modulieren und damit die Geschmackszellen depolarisieren können. Zum gegenwärtigen Zeitpunkt ist aber keines dieser Modelle für den Sauergeschmack des Menschen bewiesen.

**Salzig, sauer:** Die Signaltransduktion für salzig und sauer ist **ionotrop**: Ionenkanäle werden durch $Na^+$- (salzig) und $H^+$-Ionen (sauer) aktiviert bzw. moduliert.

**Süß, bitter, umami:** Die Transduktion erfolgt **metabotrop**. Die Rezeptormoleküle für Zucker, Bitterstoffe und Aminosäuren gehören zur Klasse der G-Protein-gekoppelten Rezeptoren. Für süß und umami ist jeweils ein Rezeptortyp bekannt, für Bitterstoffe 20–30 Rezeptortypen (Rezeptorvielfalt = bessere Schutzfunktion!). Die Bindung der Geschmacksstoffe an die Rezeptoren aktiviert eine Enzymkaskade, die entgegen früherer Vermutungen für süß, bitter und umami vermutlich gleich abläuft. Sie beinhaltet die **Aktivierung eines G-Proteins** durch den jeweiligen Rezeptortyp und die dadurch ausgelöste Aktivierung von Phospholipase Cβ2 und des Ionenkanals TRPM5, der für die Ausbildung des Rezeptorpotenzials verantwortlich ist.

**Süß, bitter, umami:** Die Transduktion für **süß, bitter und umami** ist **metabotrop**. G-Protein-gekoppelte Rezeptoren aktivieren Phospholipase Cβ2 und den Ionenkanal TRPM5. Auch andere Transduktionswege werden diskutiert.

## 21.1.3 Geschmacksbahn

Die Geschmackszellen sind **sekundäre Sinneszellen**. Sie besitzen kein ableitendes Axon, sondern werden durch nach zentral führende (afferente) Nervenfasern von **drei Hirnnerven** synaptisch versorgt (Tab. **21.2**).

Die Geschmacksnerven ziehen im **Tractus solitarius** zum Nucleus tractus solitarii (= **Nucleus solitarius**) in der **Medulla oblongata** (Abb. **21.2**). Hier werden zahlreiche vegetative Funktionen, die mit der Nahrungsaufnahme (Zungenbewegung, Speichelfluss, Schlucken) oder dem Brechreiz (Husten, Würgen, gustofaziale Reflexe) verbunden sind, reflektorisch verschaltet. Aus der Medulla oblongata verläuft die

**21.1.3 Geschmacksbahn**

Geschmackszellen sind **sekundäre Sinneszellen**, die Synapsen mit drei Hirnnerven ausbilden (Tab. **21.2**).

Die **Geschmacksbahnen** verlaufen über den **Nucleus solitarius** zum **Thalamus** und von dort zum **gustatorischen Kortex.** Zudem verlaufen Geschmacksbahnen in das **limbische System**.

21.2

**21.2 Die Geschmacksbahnen**

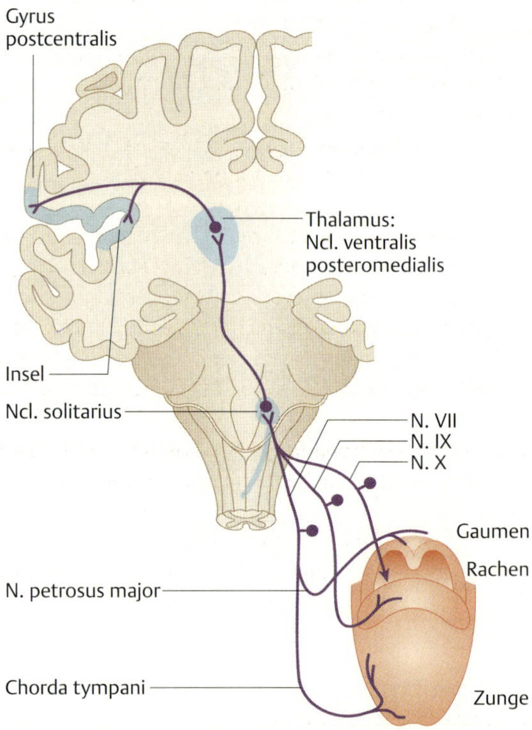


21.2

**21.2 An der Geschmackswahrnehmung beteiligte Hirnnerven**

| *Hirnnerv* | *Versorgungsgebiet* |
|---|---|
| Chorda tympani, ein Ast des N. facialis (N. VII) | vorderer Zungenbereich mit den Pp. fungiformes |
| N. glossopharyngeus (N. IX) | hinterer Zungenbereich mit den Pp. vallatae und foliatae |
| N. vagus (N. X) | Geschmacksknospen im Rachen- und Kehlkopfbereich |

Geschmacksbahn über den **Thalamus** (Nucleus ventrobasalis = Nucleus arcuatus = Nucleus ventralis posterolateralis thalami) zum unteren **Gyrus postcentralis**, zum **Operculum**, zur **Insel (gustatorischer Kortex)** und zum **orbitofrontalen Kortex** (bewusste Wahrnehmung) sowie zum **Hypothalamus** und zur **Amygdala** (emotionale Komponente, hedonische Bewertung).

**Wahrnehmung der Geschmacksqualitäten:** Unter den Geschmackszellen gibt es vermutlich **„Spezialisten"** und **„Generalisten"**. Im ZNS wird das **Aktivitätsmuster** aller Fasern der Geschmacksnerven analysiert.

**Wahrnehmung der Geschmacksqualitäten:** Unter den Geschmackszellen gibt es vermutlich „Spezialisten" und „Generalisten". Während **Spezialisten** nur durch eine Geschmacksqualität aktiviert werden (Geschmackszellen mit Bitterrezeptoren scheinen z. B. keine Süßrezeptoren zu exprimieren), können **Generalisten** auf mehrere Geschmacksqualitäten reagieren. Die **Identifikation der Geschmacksqualität** erfolgt durch Vergleich der Antworten vieler afferenter Fasern, durch die die gustatorische Information zum Gehirn gelangt (across-the-fibre-pattern).

**Plastizität der Geschmackswahrnehmung:** Bei kontinuierlicher Reizung kommt es zur **Adaptation**; salzarme Diät erzeugt Salzhunger.

**Plastizität der Geschmackswahrnehmung:** Ähnlich unseren anderen Sinnen **adaptiert** auch der Geschmackssinn bei kontinuierlicher Reizung – die Geschmacksintensität nimmt ab, die Entdeckungsschwelle wird erhöht. Auch die Körperhomöostase beeinflusst die Geschmackswahrnehmung, z. B. Hunger, Sättigung oder Salzmangel durch z. B. mangelnde Rückresorption von $Na^+$ aus dem Urin, Störungen der Nebenniere – dabei kommt es zu einem ausgeprägten Salzhunger.

▶ Klinik. **Störungen des Geschmackssinnes (Dysgeusie)**
Die Geschmackswahrnehmung kann reduziert **(Hypogeusie)** oder komplett ausgefallen **(Ageusie)** sein. Mögliche Ursachen sind:
- **Schädigung der Geschmackszellen**, z. B. bei Verbrennungen, nach Infektionen, Medikamentennebenwirkungen (Penicillam, L-Dopa)
- **Schädigung der Geschmacksnerven:**
  - Schädigungen des **N. glossopharyngeus**: Da der Nerv den hinteren Zungenbereich („bitter") innerviert, kann durch eine Schädigung (z. B. nach Tonsillektomie) die Bitterempfindung verloren gehen.
  - Schädigungen der **Chorda tympani**: Ihre Fasern ziehen durch das Mittelohr und innervieren den vorderen Zungenbereich. Daher können Läsionen im Mittelohr (z. B. durch Mittelohrentzündungen oder Operationen) Geschmacksstörungen im entsprechenden Versorgungsgebiet verursachen. Auch bei Fazialisparesen werden je nach Lokalisation der Läsion ähnliche Störungen beobachtet.
- **ungenügende Speichelsekretion**, z. B. Xerostomie, Sjögren-Syndrom oder pharmakogen bedingt
- **Rückgang der Geschmacksempfindung:** Im **höheren Lebensalter** geht die Geschmacksempfindung zurück, wahrscheinlich aufgrund einer Reduktion der Geschmacksknospen.

Schmeckstörungen können auch in Form einer veränderten/fehlerhaften Geschmacksempfindung gegenüber einem Schmeckstoff (Parageusie) oder sogar bei Fehlen eines adäquaten Reizes (Phantogeusie) auftreten.

▶ Klinik.

## 21.2 Der Geruchssinn

21.2 Der Geruchssinn

Der (olfaktorisch trainierte) Mensch kann vermutlich einige tausend verschiedene Düfte unterscheiden. Natürlich vorkommende Düfte sind meist Gemische aus vielen verschiedenen Substanzen, von denen eine oder wenige als „Leitindikator" für die Identifikation des Duftes dienen.

**Duftstoffe** – typischerweise kleine, leicht flüchtige Substanzen:
- **Reine Duftstoffe**, die nur durch den N. olfactorius vermittelt werden, z. B. Vanille, Zimt.
- **Duftstoffe mit trigeminaler Komponente:** In der gesamten Nasenhöhle vorhandene freie Nervenendigungen des N. trigeminus (V. Hirnnerv) dienen der Nozizeption, vermitteln aber auch eingeschränkte olfaktorische Funktionen (nasal-trigeminales System). Trigeminusfasern detektieren vor allem stechende und beißende Gerüche, wie z. B. Chlor, Ammoniak, Essigsäure, Eukalyptus, Buttersäure, Salmiak. Das trigeminale System reagiert meist nur auf hohe Stoffkonzentrationen. Nur wenige Duftstoffe reizen das trigeminale und das olfaktorische System bei ähnlichen Konzentrationen, z. B. Eukalyptusöl.
- **Duftstoffe mit Geschmackskomponente** bzw. mit Auslösung von Geschmacksempfindungen (z. B. Chloroform, Pyridin).

**Duftstoffe** sind kleine, leicht flüchtige Substanzen:
- **reine Duftstoffe**, nur durch N. olfactorius vermittelt
- **Duftstoffe mit trigeminaler Komponente**, wobei der N. trigeminus nicht olfaktorische Schmerzreize im Riechepithel registriert
- **Duftstoffe mit Geschmackskomponente**.

▶ Merke. Über das trigeminale System bleibt also noch ein stark reduziertes Riechvermögen erhalten, selbst wenn der N. olfactorius vollständig ausfällt.

▶ Merke.

▶ Klinik. Diese **Substanzpalette von Duftstoffen** kann differenzialdiagnostisch genutzt werden, z. B. um zu prüfen, ob ein Restriechvermögen olfaktorisch oder trigeminal vermittelt ist.

▶ Klinik.

**Funktion:** Über den Geruchssinn erhalten wir Informationen aus großen Entfernungen, auch wenn das Riechvermögen des Menschen schwächer ausgeprägt ist als das vieler Tiere (Mikrosmat). Der Geruchssinn ist wichtig bei der Kontrolle der Nahrung und bei der Einleitung von Verdauungsreflexen (kephale Verdauungsphase, Speichel-, Magensaft- und Pankreassekretion). Er hat eine stark ausgeprägte hedonische Komponente (s. S. 719), die unsere Stimmungen und unser Wohlbefinden beeinflusst. Die Erregungsschwellen für verschiedene Duftstoffe sind sehr

**Funktion:** Der Geruchssinn kontrolliert mit dem Geschmackssinn die Nahrung und steuert Reflexe im oberen Gastrointestinaltrakt. Darüber hinaus hat er eine starke hedonische Komponente.

unterschiedlich und können durch Veränderungen in der Körperhomöostase (z.B. Hunger, Durst, Schwangerschaft) beeinflusst werden.

21.2.1 Riechschleimhaut und Riechzellen

Das **Riechepithel** liegt im oberen Teil der **Nasenhöhle**, direkt unter dem **Siebbein** (Abb. **21.3**) und besteht aus:
- **Riechzellen:** primäre, bipolare Neurone mit chemosensorischen Zilien
- **Basalzellen**
- **Stützzellen**.

## 21.2.1 Riechschleimhaut und Riechzellen

Die Nasenhöhle ist zum größten Teil mit respiratorischer Schleimhaut (Regio respiratoria) ausgekleidet. Nur im oberen Teil der Nasenhöhle findet man die eigentliche Riechschleimhaut (Regio olfactoria, Riechepithel; Abb. **21.3**): Sie ist beim Menschen ca. 5 $cm^2$ groß und enthält 10–30 Millionen Riechzellen. Die Riechschleimhaut ist ein mehrschichtiges Epithel mit drei unterschiedlichen Zelltypen:
- **Riechzellen** sind bipolar aufgebaute, primäre Sinneszellen, d.h. sie besitzen ein eigenes, ableitendes Axon. Sie tragen am apikalen Pol einen einzelnen Dendriten, der zur Oberfläche des Epithels zieht und ca. 5–20 dünne Sinneshaare (Zilien) von ca. 10 µm Länge ausbildet (Abb. **21.3**). Das Epithel ist mit Schleim bedeckt, der von den Bowman-Drüsen gebildet wird. An ihren basalen Enden bilden die Riechzellen dünne Axone aus, die gebündelt als N. olfactorius (I. Hirnnerv, Riechnerv) durch die Löcher der Siebbeinplatte direkt zum Riechkolben im Gehirn ziehen. Riechzellen werden nach einer Lebensdauer von nur einem bis wenigen Monaten ersetzt.
- **Basalzellen:** Sie teilen sich während des gesamten Lebens und entwickeln sich zu reifen Riechzellen.
- **Stützzellen**.

▶ Exkurs.

▶ Exkurs. **Jacobson-Organ**

Das sog. Jacobson-Organ (Vomeronasalorgan, VNO) ist ein eigenständiges sensorisches Epithel, das morphologisch und funktionell vollständig vom Riechepithel getrennt ist. Es befindet sich im unteren Teil der Nasenhöhle, nahe dem Septum, und ist bei Erwachsenen oft verkümmert (Abb. **21.3**). Bei Säugetieren wurde nachgewiesen, dass es Pheromone detektiert, die zur Geschlechterunterscheidung und zum Auslösen von Sexualverhalten dienen. Ob es auch beim Menschen Pheromone gibt, ist immer noch umstritten. Fast alle Gene für Rezeptoren und Transduktionselemente des Jacobson-Organs beim Menschen sind Pseudogene (vgl. S. 719).

21.3

21.3 **Lage und Aufbau des Riechepithels**

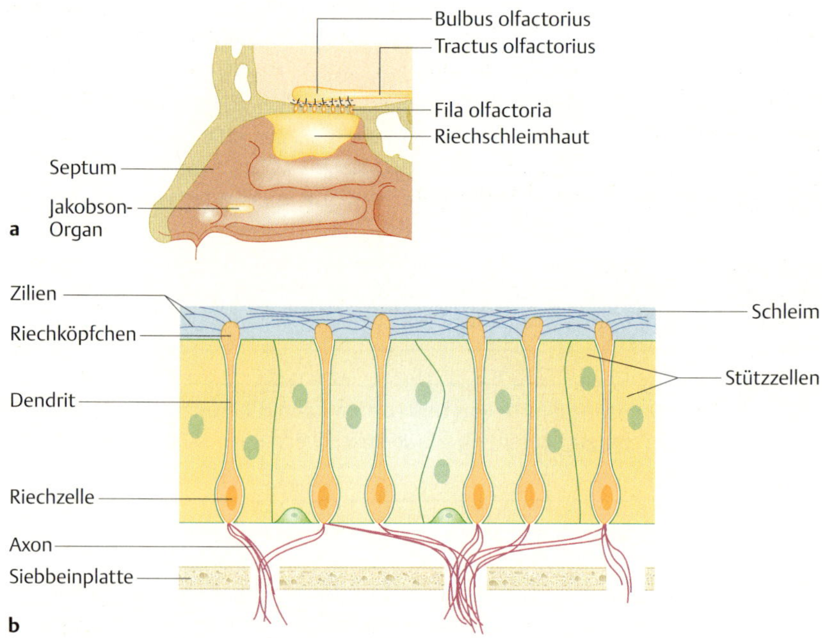


**a** Lage des Riechepithels und des Riechkolbens.
**b** Aufbau des Riechepithels mit Riechzellen und deren sensorischen Zilien.

## 21.2.2 Reizübermittlung (olfaktorische Transduktion)

Die Zilien sind der Ort der chemoelektrischen olfaktorischen Transduktion. Duftstoffe binden an Rezeptormoleküle in der Zilienmembran. Diese Rezeptoren gehören zur großen Genfamilie der **G-Protein-gekoppelten Rezeptoren.** Im menschlichen Genom kodieren ca. 1000 unterschiedliche Gene (ca. 1% unseres Genoms!) für **Duftstoff-Rezeptoren.** Ca. 65% dieser Gene sind allerdings Pseudogene, die zu keinem funktionellen Rezeptorprotein führen. Die hohe Zahl von Pseudogenen ist ein Indikator dafür, dass die Bedeutung des Geruchssinnes in der menschlichen Evolution abgenommen hat. Jede einzelne Riechzelle exprimiert nur jeweils eines der funktionellen Rezeptorgene, d.h. nur einen Rezeptortyp.

**21.2.2 Reizübermittlung (olfaktorische Transduktion)**

Etwa 300 funktionelle Gene kodieren für **Duftstoff-Rezeptoren.** Jede Riechzelle exprimiert nur ein funktionelles Rezeptorgen, d.h. nur einen Rezeptortyp.

**▶ Merke.** Duftstoffrezeptoren sind nicht sehr spezifisch, sondern können durch mehrere Duftstoffe aktiviert werden.

Wenn Duftstoffe an Rezeptoren binden, wird eine Kette biochemischer Reaktionen in den Zilien ausgelöst („Transduktionskaskade", Abb. **21.4**), die das Duftstoff-Signal zunächst verstärkt und dann in einen elektrischen Impuls umwandelt. Der aktivierte Duftstoff-Rezeptor interagiert mit einem G-Protein ($G_{olf}$). Das aktivierte $G_{olf}$ wiederum stimuliert eine Adenylatzyklase (AC), die aus ATP den intrazellulären Botenstoff **cAMP** synthetisiert. In der Zilienmembran befinden sich Ionenkanäle, die durch Bindung von cAMP direkt geöffnet werden (**CNG-Kanäle** = cyclic nucleotide-gated channels). Wenn die CNG-Kanäle öffnen, fließen $Ca^{2+}$-Ionen aus dem Mucus in die Zelle und öffnen **$Ca^{2+}$-aktivierte Chloridkänale.** Ein $Cl^-$-Fluss aus den Zilien bildet dann ein Rezeptorpotenzial (Depolarisation), das schließlich Aktionspotenziale auslöst.

Die Bindung eines Duftstoffes an ein Rezeptorprotein führt zur **Synthese von cAMP** in den Zilien. cAMP aktiviert $Ca^{2+}$-permeable Ionenkanäle **(CNG-Kanäle)** in der Zilienmembran. **$Ca^{2+}$-aktivierte Chloridkanäle** erzeugen das Rezeptorpotenzial (Abb. **21.4**).

## 21.2.3 Riechbahn

Die Axone der Riechzellen ziehen als **N. olfactorius** (gebündelt in **Fila olfactoria**) direkt in das Gehirn und enden im unmittelbar angrenzenden **Bulbus olfactorius** (Abb. **21.3**). In großen synaptischen Komplexen, den **Glomeruli**, werden sie stark konvergent auf die Projektionsneurone des Bulbus, die sog. Mitralzellen und Büschelzellen, verschaltet (Abb. **21.5**). Diese leiten die Information an andere Gehirnareale weiter. Ihre Axone bilden den **Tractus olfactorius** und ziehen zum **Hypothalamus** und zum **limbischen System** (ausgeprägte emotionale und hedonische Komponente des Riechens) sowie zu kortikalen Arealen (**piriformer Kortex** und orbitofrontaler Kortex zur bewussten Wahrnehmung von Gerüchen). Zwei inhibitorische Zellklassen im Bulbus, die periglomerulären Zellen und die Körnerzellen, tragen durch laterale Inhibition und negative Rückkopplung (vergleichbar der Renshaw-Hemmung von α-Motoneuronen, s. S. 733) wesentlich zur Signalverarbeitung bei.

**21.2.3 Riechbahn**

Die Axone von Riechzellen gleicher Duftstoffselektivität konvergieren auf die gleichen **Glomeruli** im Riechkolben (**Bulbus olfactorius**; Abb. **21.5**). In den Glomeruli bilden viele hundert Riechzellenaxone Synapsen mit wenigen **Mitralzellen.** Die Mitralzellen projizieren zum **limbischen System** (emotionale und hedonische Bewertung) und zum **piriformen Kortex** (bewusste Wahrnehmung).
Die **Identifikation von Gerüchen** erfolgt durch Vergleich der Aktivität vieler Fasern.

**21.4 Olfaktorische Signalverarbeitung**

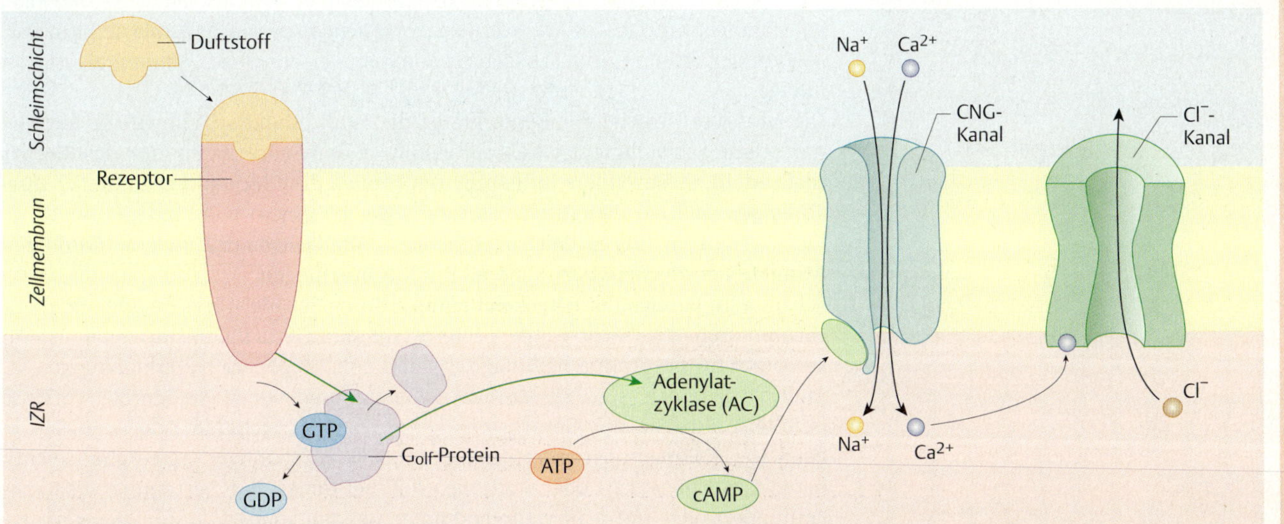

21.5

21.5 **Signalverarbeitung im Bulbus olfactorius** (nach Mori et al. 1999)

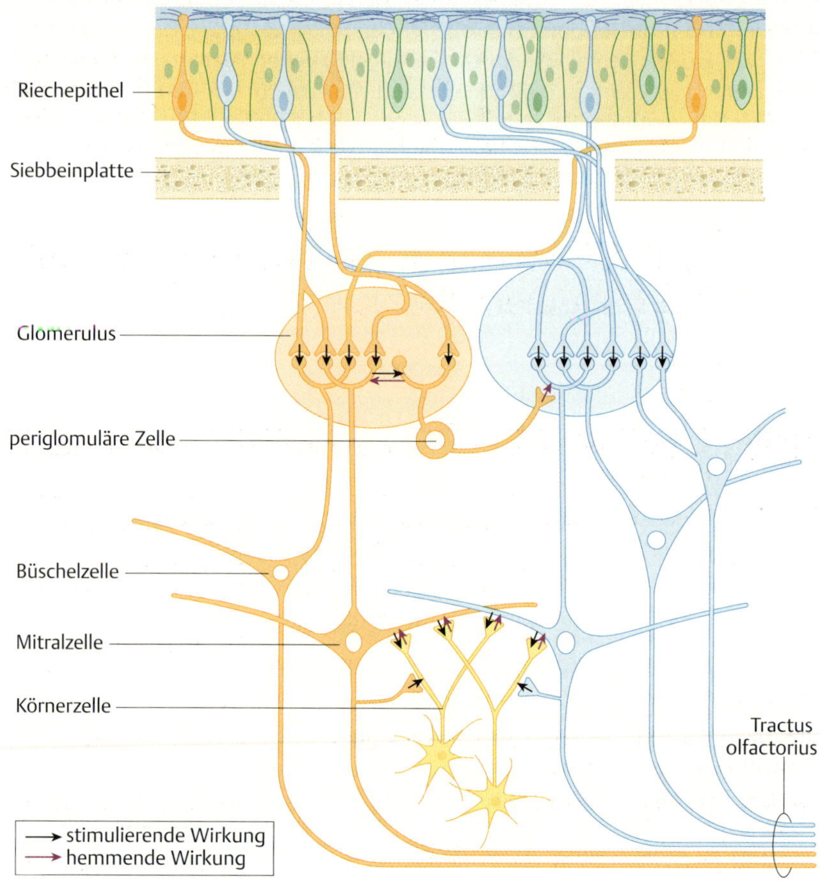


Jeder Duftstoff löst im Bulbus ein charakteristisches oszillierendes Aktivitätsmuster aus. Die **Identifikation von Gerüchen** erfolgt deshalb durch Vergleich der Aktivität vieler Fasern (across-the-fibre-pattern, s. S. 716). Efferente Fasern aus anderen Gehirnarealen enden an den periglomerulären Zellen und Körnerzellen und können so die Informationsverarbeitung im Bulbus modulieren (Habituation, Anpassung an Körperhomöostase).

▶ Klinik.

▶ Klinik. **Störungen des Geruchssinnes (Dysosmien)**

Eine Verminderung des Riechvermögens bezeichnet man als **Hyposmie**, bei einem vollständigen Ausfall des Riechvermögens spricht man von **Anosmie**. Je nach Lokalisation der Störung bzw. Schädigung kommen verschiedene Faktoren als Auslöser infrage.

Die häufigste Ursache der **Hyposmie** ist die akute Rhinitis (Schnupfen); hier wird durch eine Schwellung der Nasenschleimhaut und Sekretproduktion das **Riechepithel verlegt**. Insbesondere Influenzaviren können das **Riechepithel** zusätzlich **direkt schädigen** und bei dauerhafter Störung sogar zu einem vollständigen Ausfall des Riechvermögens führen. Mit zunehmendem Alter vermindert sich, aufgrund einer **Atrophie des Riechepithels**, generell das Riechvermögen.

Schäden im Bereich der **Riechbahn** können durch Schädel-Hirn-Traumen oder auch Hirntumoren verursacht werden. Interessant sind Geruchssinnstörungen als Frühsymptom für bestimmte neurologische und neurodegenerative Erkrankungen, z. B. multiple Sklerose (s. S. 36), Morbus Alzheimer und vor allem Morbus Parkinson (s. S. 745). Ausfälle des Geruchsinns können auch **angeboren** sein, wie dies z. B. beim sog. Kallmann-Syndrom der Fall ist. Sehr viel häufiger treten aber selektive hereditäre Hyposmien oder Anosmien auf, bei denen nur bestimmte Substanzen vermindert oder gar nicht wahrgenommen werden können.

Eine übersteigerte Geruchsempfindlichkeit nennt man **Hyperosmie**. Sie können im Rahmen bestimmter Erkrankungen (Epilepsie, Psychosen), aber auch während der Schwangerschaft auftreten.
Neben diesen bisher genannten quantitativen Geruchsstörungen gibt es auch qualitative Dysosmien, wie z.B. die **Kakosmie**, bei der viele Düfte subjektiv als unangenehm empfunden werden (z.B. Kaffeeduft als Fäulnis- oder Fäkaliengeruch). Ursachen sind Virusinfekte oder psychiatrische Krankheitsbilder (Schizophrenie).

## 21.3 Vergleich zwischen gustatorischem und olfaktorischem System

Siehe Tab. **21.3**.

21.3 Vergleich zwischen gustatorischem und olfaktorischem System

Siehe Tab. **21.3**.

21.3 **Vergleich zwischen gustatorischem und olfaktorischem System (nach K.H. Plattig)**

21.3

| | *gustatorisches System* | *olfaktorisches System* |
|---|---|---|
| **Sinneszellen** | **sekundäre** Sinneszellen mit Mikrovilli, in Geschmacksnospen, vorwiegend auf Papillen der Zunge | **primäre** Sinneszellen mit Zilien im Riechepithel des oberen Nasenraums (auch freie Endigungen des N. trigeminus) |
| **Hirnnerven** | VII, IX, X | I (V) |
| **erste zentralnervöse Umschaltung** | Nucleus tractus solitarii (Hirnstamm) | Bulbus olfactorius |
| **kortikale Repräsentation** | Inselkortex | piriformer Kortex, orbitofrontaler Kortex |
| **Palette adäquater Reize** | klein; nur 5 Grundqualitäten organische oder anorganische, wasserlösliche, nicht flüchtige Stoffe | groß; evtl. einige tausend vorwiegend organische und leicht flüchtige Stoffe |
| **Empfindlichkeit** | für Bitterstoffe hoch, sonst relativ gering | für einige Substanzen sehr hoch |
| **biologische Funktion** | Nahsinn, Nahrungskontrolle, Steuerung der Nahrungsaufnahme, Verdauungsreflexe | Fern- und Nahsinn, Nahrungskontrolle, Verdauungsreflexe, Kommunikation zwischen Individuen, Fortpflanzung |

# Sensomotorik

# 22 Sensomotorik

# 22 Sensomotorik

## 22.1 Einleitung

22 Sensomotorik

22.1 Einleitung

**▶ Definition.** Unter dem Begriff **Sensomotorik** versteht man die Durchführung motorischer Handlungen unter Zuhilfenahme von sensorischer Information über die aktuelle motorische Situation. Hierbei lässt sich die **Stützmotorik**, die der Aufrechterhaltung der Körperhaltung dient, von der **Zielmotorik** unterscheiden, die den Ablauf zielgerichteter, willkürlicher Bewegungen kontrolliert.

▶ Definition.

Vor diesen Leistungen unseres Körpers liegt die Informationsaufnahme, Informationsverarbeitung und Planung motorischer Handlungen durch unser **zentrales Nervensystem (ZNS)**.
Man kann das ZNS in drei verschiedene **hierarchische Ebenen** aufteilen:
- Rückenmark
- Hirnstamm
- kortikale Areale und Regelschleifen.

Diese nehmen in aufsteigender Reihenfolge immer komplexere Aufgaben wahr.

Grundlage für die Sensomotorik ist die Informationsaufnahme, Informationsverarbeitung und Planung motorischer Handlungen durch das **ZNS**.
Dieses lässt sich in drei **hierarchische Ebenen** unterteilen, die für motorische Handlungen unterschiedlicher Komplexität verantwortlich sind: **Rückenmark**, **Hirnstamm** sowie **kortikale Areale und Regelschleifen**.

Im Folgenden soll veranschaulicht werden, welchen Einfluss die verschiedenen, hierarchischen Ebenen des ZNS auf unsere Motorik, also die Bewegung von Muskeln, haben (Abb. **22.1**).
Insgesamt stellt die Bewegung von Muskeln die abschließende Reaktion unseres Körpers auf Umwelteinflüsse dar. Die Abgestuftheit und Zielgerichtetheit dieser Muskelbewegung ist ein wichtiger Gradmesser für die Entwicklungsstufe eines Organismus. So bewegen sich Erwachsene koordinierter als Neugeborene und Menschen koordinierter als z. B. Regenwürmer.

Den Einfluss der verschiedenen hierarchischen Ebenen auf die Motorik zeigt Abb. **22.1**.

Ganz am Ende der Reaktionskette auf Umwelteinflüsse steht die Bewegung von Muskeln. Deren Differenziertheit und Zielgerichtetheit ist dabei ein Maß für den Entwicklungsgrad eines Organismus.

**22.1 Übersicht der an der Sensomotorik beteiligten Strukturen**

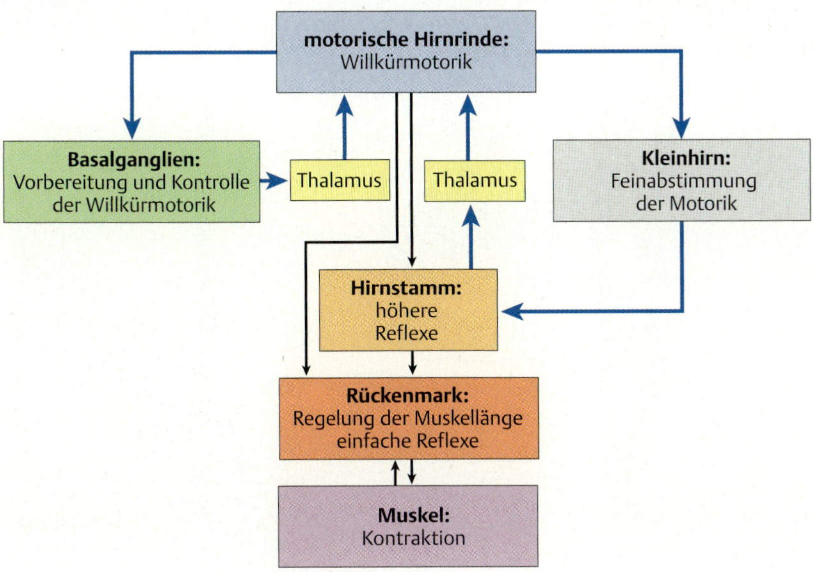


22.1

22.2 Spinale Motorik

22.2.1 Aufbau des Rückenmarks

Die unterste hierarchische Stufe des ZNS stellt das Rückenmark dar, das aus **30 funktionellen Segmenten** besteht. Unterschieden wird zwischen Zervikal-, Thorakal-, Lumbal- und Sakralmark. Die die Armmuskulatur innervierenden Motoneurone entspringen an der **Intumescentia cervicalis**, die die Beinmuskulatur versorgenden an der **Intumescentia lumbalis** (Abb. **22.2**).

Das Rückenmark ist in **weiße Substanz**, die auf- und absteigende Fasern enthält, und **graue Substanz**, die Kerne der Nervenzellen enthält, unterteilt. Sensorische Information erreichen das Rückenmark über die **Hinterwurzel**, motorische Signale verlassen es über die **Vorderwurzel** (s. Abb. **22.3**, S. 727).

22.2

# 22.2 Spinale Motorik

## 22.2.1 Aufbau des Rückenmarks

Auf der untersten hierarchischen Stufe des zentralen Nervensystems befindet sich das Rückenmark. Es besteht aus **30 funktionellen Segmenten** (die wiederum in Zervikal-, Thorakal-, Lumbal- und Sakralbereich aufgeteilt sind) und erstreckt sich vom Foramen magnum bis zum ersten Lendenwirbel. An der zervikalen Verdickung **(Intumescentia cervicalis)** entspringen die Motoneurone der Arm-, an der lumbalen Verdickung **(Intumescentia lumbalis)** die der Beinmuskulatur. Im Querschnitt zeigt das Rückenmark dabei die charakteristische Zweiteilung in **weiße** und **graue Substanz** (Abb. **22.2**).

Die **weiße Substanz** des Rückenmarks enthält die Gesamtheit der auf- und absteigenden Fasern, die zentral gelegene **graue Substanz** die Zellkerne sensorischer und motorischer Neurone. Sensorische Information läuft über die **Hinterwurzel** des jeweiligen Rückenmarkssegments ein (Eingang), während die Signale an die Motorik das Rückenmark über die **Vorderwurzel** verlassen (Ausgang, s. Abb. **22.3**, S. 727).

**22.2 Aufbau des Rückenmarks**

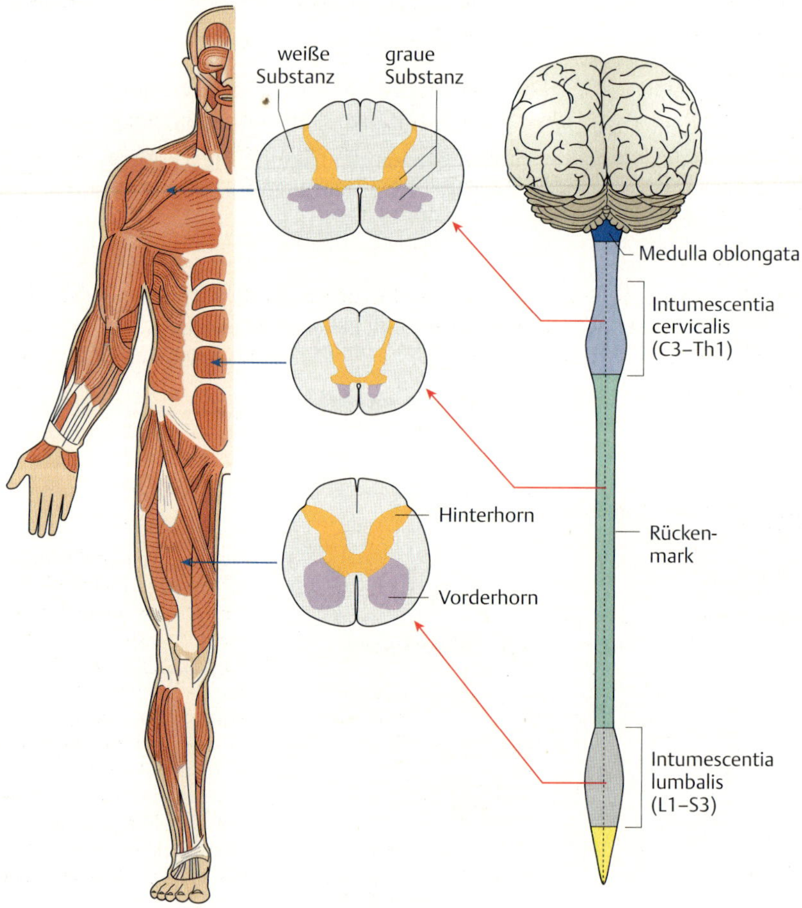


Im Querschnitt ist die typische Verteilung der α-Motoneurone gezeigt, die zur zervikalen und lumbalen Verdickung führt.

## Sensomotorische Efferenzen des Rückenmarks (Ausgang)

### α-Motoneurone

Jede Muskelfaser in unserem Körper wird von einem **α-Motoneuron** innerviert (s. S. 57). Dabei korreliert die Größe der motorischen Einheit mit dem Durchmesser des α-Motoneurons, der im Bereich von 10 – 18 µm liegt.

Üblicherweise sind die kleinen motorischen Einheiten bereits bei geringen Bewegungen und in der Stützmotorik aktiv (**tonische** α-Motoneurone), die größeren motorischen Einheiten werden erst unter größerer Belastung hinzugezogen (**phasische** α-Motoneurone). Wegen dieser **geordneten Rekrutierung** sind Bewegungen bei geringer Belastung feiner koordiniert als Bewegungen unter großer Belastung.

Von großer funktioneller Bedeutung ist die Verteilung der α-Motoneurone im Vorderhorn des Rückenmarks, die sich mit zwei Regeln zusammenfassen lässt (Abb. **22.3**):

- **Proximal-Distal-Regel:** α-Motoneurone, welche die proximal gelegenen Muskeln innervieren, liegen medial, während α-Motoneurone, die die distal gelegenen Muskeln innervieren, lateral liegen.
- **Flexor-Extensor-Regel:** α-Motoneurone, welche Streckmuskeln innervieren, liegen ventral zu solchen, die Beugemuskeln innervieren.

Beide Regeln gelten auch entsprechend für die absteigenden Bahnen, die die α-Motoneurone innervieren (s. S. 735).

**Sensomotorische Efferenzen des Rückenmarks (Ausgang)**

**α-Motoneurone**

Die Innervation jeder Muskelfaser erfolgt durch ein **α-Motoneuron**. Die Größe der motorischen Einheit korreliert mit dessen Durchmesser.

Bewegungen der Stützmotorik werden von kleinen motorischen Einheiten (**tonische** α-Motoneurone) ausgeführt, bei größerem Bewegungsausmaß werden größere motorische Einheiten (**phasische** α-Motoneurone) hinzugezogen **(geordnete Rekrutierung)**.

Die α-Motoneurone in der Vorderwurzel sind gemäß der **Proximal-Distal-** und der **Flexor-Extensor-Regel** verteilt (Abb. **22.3**). Beide Regeln gelten analog auch für die absteigenden Bahnen, die die α-Motoneurone innervieren (s. S. 735).

**▶ Klinik.** Bei einer Läsion des α-Motoneurons, die unmittelbar im Rückenmark oder während seines peripheren Verlaufs bis zum Muskel stattfinden kann, kommt es charakteristischerweise zu einer **schlaffen Lähmung**. Diese steht im direkten Gegensatz zur **spastischen Lähmung** bei Läsionen der supraspinalen Zentren (s. S. 736).

**▶ Klinik.**

### γ-Motoneurone

Neben den α-Motoneuronen bilden die γ-Motoneurone die zweite wichtige Klasse an efferenten Neuronen. Mit einem Durchmesser von 2 – 9 µm sind sie wesentlich kleiner und innervieren ausschließlich die Muskelspindeln der intrafusalen Muskulatur (s. S. 729).

**γ-Motoneurone**

Die im Vergleich zu α-Motoneuronen wesentlich kleineren γ-Motoneurone innervieren die Muskelspindeln der intrafusalen Muskulatur (s. S. 729).

**22.3 Querschnitt des Rückenmarks**

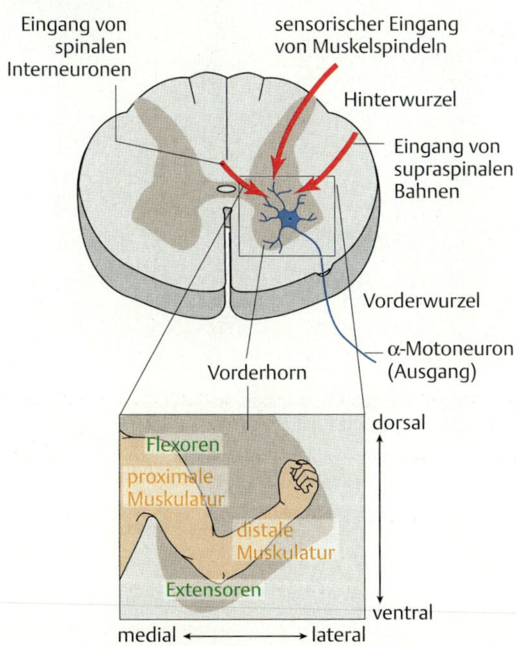


In der oberen Abbildungshälfte sind die wesentlichen **sensomotorischen Afferenzen** (Eingang) und **Efferenzen** (Ausgang) des Rückenmarks dargestellt. Die untere Bildhälfte veranschaulicht die zwei wesentlichen Regeln zur Verteilung der α-Motoneurone im Vorderhorn: die **Proximal-Distal-Regel** (medial ↔ lateral) und die **Flexor-Extensor-Regel** (dorsal ↔ ventral).

**22.3**

**Sensomotorische Afferenzen des Rückenmarks (Eingang)**

α-Motoneurone erhalten dreierlei verschiedene Afferenzen (Abb. **22.3**):

- **erster Eingang:** sensorische Afferenzen der Peripherie (v. a. aus Muskelspindeln und Golgi-Sehnenorganen, aber auch aus Gelenk- und Hautsensoren)
- **zweiter Eingang:** Afferenzen aus supraspinalen Zentren (z. B. Hirnstamm oder Kortex)
- **dritter Eingang:** Afferenzen von exzitatorischen und inhibitorischen Interneuronen im Rückenmark.

**Sensorische Propriozeptoren der Skelettmuskulatur**

In der Skelettmuskulatur gibt es zwei Typen sensorischer Propriozeptoren: **Muskelspindeln** und **Golgi-Sehnenorgane** (Abb. **22.4**).

**Muskelspindeln:** Längliche Bindegewebskapseln mit parallel zur extrafusalen Skelettmuskulatur verlaufenden **intrafusalen Muskelfasern**. Bei Letzteren werden **Kernketten-** und **Kernsackfasern** unterschieden.

## Sensomotorische Afferenzen des Rückenmarks (Eingang)

Die α-Motoneurone werden von drei **Eingangssystemen** innerviert (Abb. **22.3**):

- Der **erste Eingang** erfolgt über sensorische Afferenzen aus der Peripherie: Muskelspindeln und Golgi-Sehnenorgane (s. u.) liefern Informationen über die augenblickliche Muskellänge bzw. -spannung. Darüber hinaus sind Gelenk- und Hautsensoren in die Prozesse der spinalen Sensomotorik integriert.
- Der **zweite Eingang** erfolgt über Afferenzen supraspinaler Zentren (z. B. Hirnstamm, s. S. 736, oder Kortex, s. S. 740), die für die Initiierung und Kontrolle willkürlicher Bewegungen verantwortlich sind.
- Der **dritte Eingang** schließlich erfolgt über exzitatorische und inhibitorische Interneurone im Rückenmark, die eine wichtige Rolle bei der Durchführung einfacher Bewegungen spielen, die vornehmlich vom Rückenmark gesteuert werden (Reflexe, s. S. 730, und Lokomotion, s. S. 734).

### Sensorische Propriozeptoren der Skelettmuskulatur

Das ZNS benötigt zu jeder Phase einer Bewegung Informationen über Änderungen der Muskellänge und Muskelkraft. Die Skelettmuskeln besitzen hierfür **zwei Typen** sensorischer Propriozeptoren: **Muskelspindeln** und **Golgi-Sehnenorgane** (Abb. **22.4**).

**Muskelspindeln:** Hierbei handelt es sich um längliche Bindegewebskapseln mit einem bauchigen Zentrum und spitz zulaufenden Enden. Sie enthalten 3–10 **intrafusale** (fusus, lat. Spindel) Muskelfasern und sind parallel zur **extrafusalen** Skelettmuskulatur angeordnet. Man unterscheidet kurze, dünne **Kernkettenfasern** und lange, in der Mitte verdickte **Kernsackfasern**.

22.4

**22.4 Muskelspindeln und Golgi-Sehnenorgane**

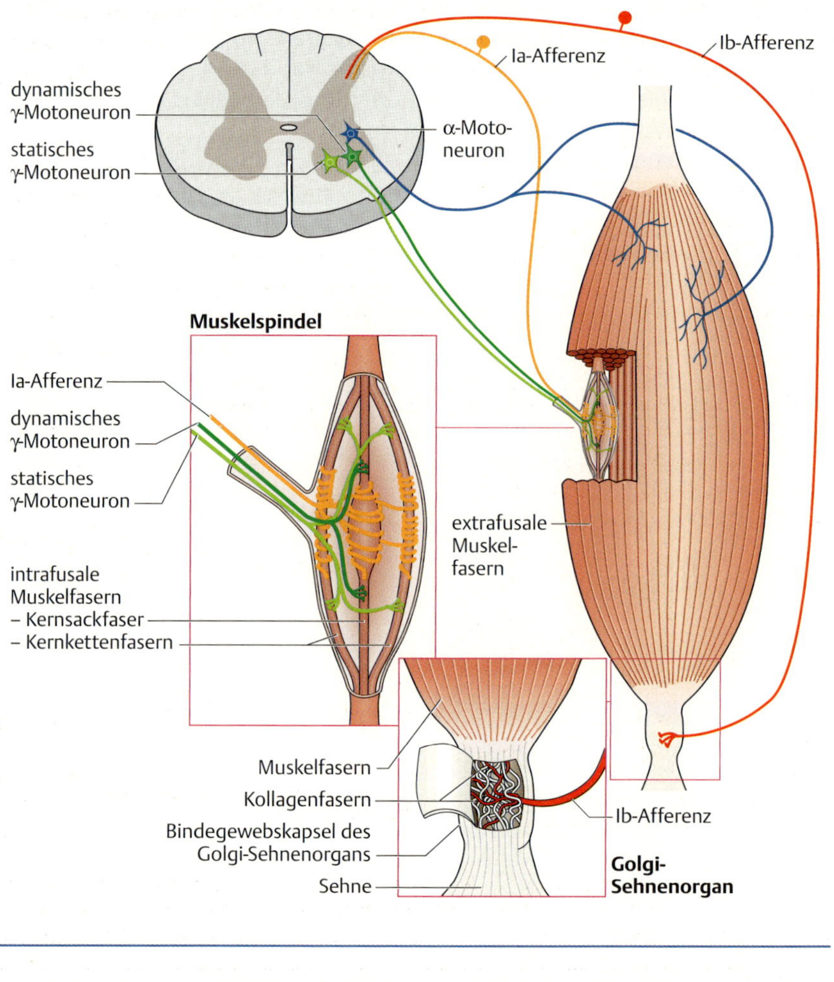

Jede Muskelspindel wird von **Ia-Fasern**, die sich ringförmig-spiralig um den äquatorialen Teil der Muskelspindel winden (anulospirale Endigung), sensibel versorgt. In vielen Muskelspindeln findet sich eine zusätzliche, **sekundäre sensible Innervation** durch dünnere **II-Fasern**, die eine geringere dynamische Empfindlichkeit als Ia-Fasern haben und vornehmlich Kernkettenfasern innervieren. Sowohl Ia- als auch II-Afferenzen werden bei **Dehnung** aktiviert (der adäquate Reiz für die Nervenendigungen ist dabei eine Verlängerung im Bereich der „äquatorialen“ Anteile der intrafusalen Muskelfasern) und liefern somit dem ZNS Information über die **Länge des Muskels**. Bei einer Verkürzung des Muskels nimmt die Impulsrate der Ia- bzw. II-Fasern hingegen ab (s. u.).

Sensibel versorgt werden alle Muskelspindeln von **Ia-Fasern** (anulospirale Endigung). Zusätzlich finden sich z. T. auch **II-Fasern** als sekundäre sensible Innervation. Beide Fasertypen werden bei **Dehnung** aktiviert. Somit liefern sie dem ZNS Informationen über die **Muskellänge**.

Von großer physiologischer Bedeutung ist die efferente Innervation der Enden der Muskelspindeln durch **γ-Motoneurone**, deren Zellkörper ebenfalls im Vorderhorn des Rückenmarks liegen (s.o.). Man unterscheidet **dynamische γ-Motoneurone**, die die dynamische Empfindlichkeit der **Kernsackfasern** steigern (hierdurch können schnelle Längenänderungen besser registriert werden), und **statische γ-Motoneurone**, die vorzugsweise die statische Empfindlichkeit der **Kernkettenfasern** erhöhen. Ohne zentralnervöse Aktivierung der γ-Motoneurone könnte die Muskelspindel während einer durch α-Motoneurone eingeleiteten, willkürlichen Kontraktion der extrafusalen Skelettmuskulatur keinerlei Information über die Muskellänge an das ZNS liefern, da die auf Dehnung reagierenden Ia- und II-Afferenzen inaktiv sind (sog. **Spindelpause**, Abb. **22.5**). Eine Aktivierung der γ-Motoneurone führt jedoch zur Kontraktion der Pole, wodurch Zug auf die äquatoriale Region ausgeübt wird. Diese bleibt somit aktiv und kann über ihre Ia-Afferenzen Informationen über die Länge des Muskels liefern. Die gleichzeitige Aktivierung von α- und γ-Motoneuronen **(α-γ-Koaktivierung)** führt dementsprechend zur Überbrückung der Spindelpause.

Die Enden der Muskelspindeln werden efferent durch **γ-Motoneurone** innerviert, wodurch eine Steigerung der Empfindlichkeit der intrafusalen Fasern möglich ist. Es wird zwischen **dynamischen** und **statischen γ-Motoneuronen** unterschieden.

Die tonische Innervation der Muskelspindeln durch γ-Motoneurone verhindert die Entstehung der sog. **Spindelpause** bei durch α-Motoneurone eingeleiteten Willkürkontraktionen **(α-γ-Koaktivierung)**, in der keine Information über die Muskellänge ans ZNS gesendet würde (Abb. **22.5**).

**Golgi-Sehnenorgane:** Bei der zweiten Form der muskulären Propriozeptoren handelt es sich um Bindegewebskapseln, die in Serie zur extrafusalen Skelettmuskulatur liegen und fächerförmig die kollagenen Faserbündel der Sehnen durchdringen (Abb. **22.4**). Ihre **Ib-Afferenzen** werden bei Änderung der **Muskelspannung** aktiv (der adäquate Reiz hierbei ist die Kompression der Ib-Afferenzen durch die Kollagenfasern während einer Kontraktion des Muskels) und geben diese Spannungsänderung an das ZNS weiter.

**Golgi-Sehnenorgane:** Dies sind in Serie zur extrafusalen Skelettmuskulatur liegende Bindegewebskapseln, die das Sehnengewebe durchdringen (Abb. **22.4**). Sensibel innerviert werden sie von **Ib-Afferenzen**, die bei Änderung der **Muskelspannung** aktiviert werden.

▶ **Merke.** Die **Muskelspindel** ist *parallel* zur extrafusalen Skelettmuskulatur geschaltet und informiert das ZNS über Änderungen der Muskel*länge*, das **Golgi-Sehnenorgan** ist hingegen *in Serie* geschaltet und informiert über Änderungen der Muskel*spannung*. Bei einer *isotonischen* Kontraktion reagieren dementsprechend vor allem die **Muskelspindeln**, bei einer *isometrischen* vornehmlich die **Golgi-Sehnenorgane**.

▶ **Merke.**

**22.5 α-γ-Koaktivierung zur Überbrückung der Spindelpause**

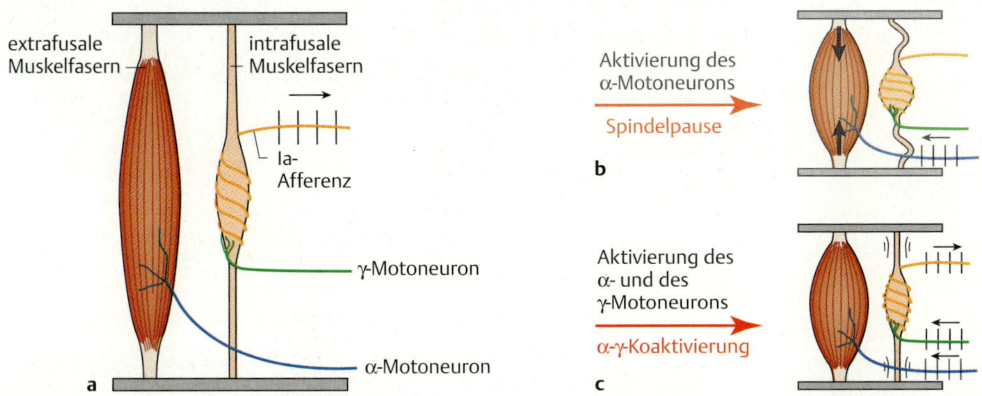


**a** Vor einer Willkürkontraktion ist die Ia-Afferenz des γ-Motoneurons tonisch aktiv und liefert Information über die Muskellänge.
**b** Wäre bei einer Willkürkontraktion nur das α-Motoneuron aktiv, käme es zu einer Inaktivität der Ia-Afferenzen **(Spindelpause)**.
**c** Gleichzeitige Aktivierung von α-Motoneuron und γ-Motoneuron gewährleistet die weitere Aktivität der Ia-Afferenzen.

### Weitere Sensoren

Große Bedeutung für die Propriozeption des Bewegungsapparats kommt auch Haut- und Gelenksensoren zu.

### Weitere Sensoren

Neben Muskelspindeln und Golgi-Sehnenorganen spielen **Haut-** und **Gelenksensoren** eine wichtige Rolle für die Propriozeption des Bewegungsapparats. Insbesondere der Stellungssinn, aber auch der Bewegungs- und der Kraftsinn, werden durch die Aktivität der Dehnungsrezeptoren in der Haut und den Gelenken beeinflusst (s. S. 601).

22.2.2 Funktionen des Rückenmarks

## 22.2.2 Funktionen des Rückenmarks

### Reflexe

**▶ Definition.**

### Reflexe

**▶ Definition.** Ein **Reflex** ist die unbewusste, stereotype Antwort von Effektoren des Körpers auf die Aktivierung von Rezeptoren.

Reflexe sind die einfachste motorische Handlung des menschlichen Körpers und haben einen grundsätzlichen Ablauf:
Reiz → Afferenz → reflexverarbeitendes System → Efferenz.

Reflexe stellen im Prinzip die einfachste motorische Handlung unseres Körpers dar und haben einen grundsätzlichen Verlauf: Der Reiz wird über die **Afferenz** (Rezeptor bzw. Sensor plus afferentes Neuron) in das **reflexverarbeitende System** geleitet (in der Regel das Rückenmark), von wo aus nach entsprechender Signalverarbeitung die **Efferenz** (efferentes Neuron plus Effektor, z. B. Muskel) innerviert wird.

**▶ Merke.**

**▶ Merke.** Liegen Afferenz und Efferenz im gleichen Organ, spricht man von einem **Eigenreflex** (Abb. **22.6 a**), liegen sie in unterschiedlichen Organen, spricht man von einem **Fremdreflex** (Abb. **22.6 b**).

**Monosynaptische Reflexe** laufen nur über eine zentrale Synapse, **polysynaptische Reflexe** über mehrere zentrale Neurone.

Die **phasische Komponente** eines Reflexes ist die unmittelbare Antwort auf den Reiz, die **tonische Komponente** der langsame, in der Regel schwächere Anteil.

Darüber hinaus werden **monosynaptische Reflexe**, die nur eine zentrale Synapse und damit zwei Neurone enthalten, von **polysynaptischen Reflexen** unterschieden, die über mehrere hintereinander geschaltete Neurone verlaufen.
Weiterhin bestehen Reflexe aus einer phasischen und einer tonischen Komponente: Die **phasische Komponente** stellt die unmittelbare Antwort auf den Reiz dar, während der langsame, meistens schwächere Teil als **tonische Komponente** bezeichnet wird.

### Muskeldehnungsreflex

Wird an einem Muskel gezogen, so antwortet dieser mit einer Kontraktion **(Muskeldehnungsreflex)**. Dies ist die einfachste Form eines Reflexes.
Es handelt sich dabei um einen **monosynaptischen Schaltkreis** (Abb. **22.8 a**), d. h. die Ia-Afferenzen der Muskelspindel werden auf das α-Motoneuron umgeschaltet, das denselben Muskel innerviert **(Eigenreflex)**. Beispiele: **Achillessehnen-, Radiusperiost-, Patellarsehnenreflex** (Abb. **22.7**). Interneurone des Rückenmarks haben einen hemmenden Einfluss **(präsynaptische Hemmung)**.
Die Ia-Afferenzen aktivieren direkt α-Motoneurone synergistischer Muskeln, antagonistische Muskeln werden indirekt gehemmt (**reziproke Hemmung,** Abb. **22.8 a**).

### Muskeldehnungsreflex

Der einfachste Reflex ist der **Muskeldehnungsreflex**, ein Antischwerkraft-Reflex. Er geht zurück auf Beobachtungen von C.S. Sherrington (Physiologe in Oxford, 1857 – 1952), dass ein Muskel sich kontrahiert, sobald an ihm gezogen wird.
Die Ia-Afferenzen der Muskelspindel (s. S. 727) laufen über die Hinterwurzel in das Rückenmark und bilden einen **monosynaptischen** Schaltkreis mit dem α-Motoneuron desselben (homonymen) Muskels **(Eigenreflex,** Abb. **22.8 a)**. Beispiele für solche Eigenreflexe sind der **Achillessehnenreflex**, der **Radiusperiostreflex** und der **Patellarsehnenreflex** (Abb. **22.7**). Die Synapse zwischen Ia-Afferenz und α-Motoneuron wird in ihrer Stärke über eine axoaxonale Synapse eines Interneurons inhibiert (**präsynaptische Hemmung**, s. S. 52 bzw. Abb. **2.24**).
Darüber hinaus bilden die Ia-Afferenzen auch Synapsen mit den α-Motoneuronen von **synergistischen Muskeln** sowie mit spinalen Interneuronen, die wiederum die α-Motoneurone **antagonistischer Muskeln** hemmen **(reziproke Hemmung,** Abb. **22.8 a)**.

**22.6** **Signalverlauf bei Eigen- (a) und Fremdreflexen (b)**

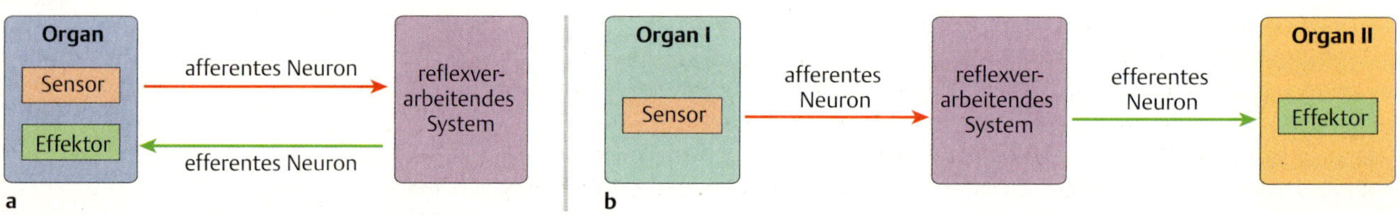

**22.7 Patellarsehnenreflex**

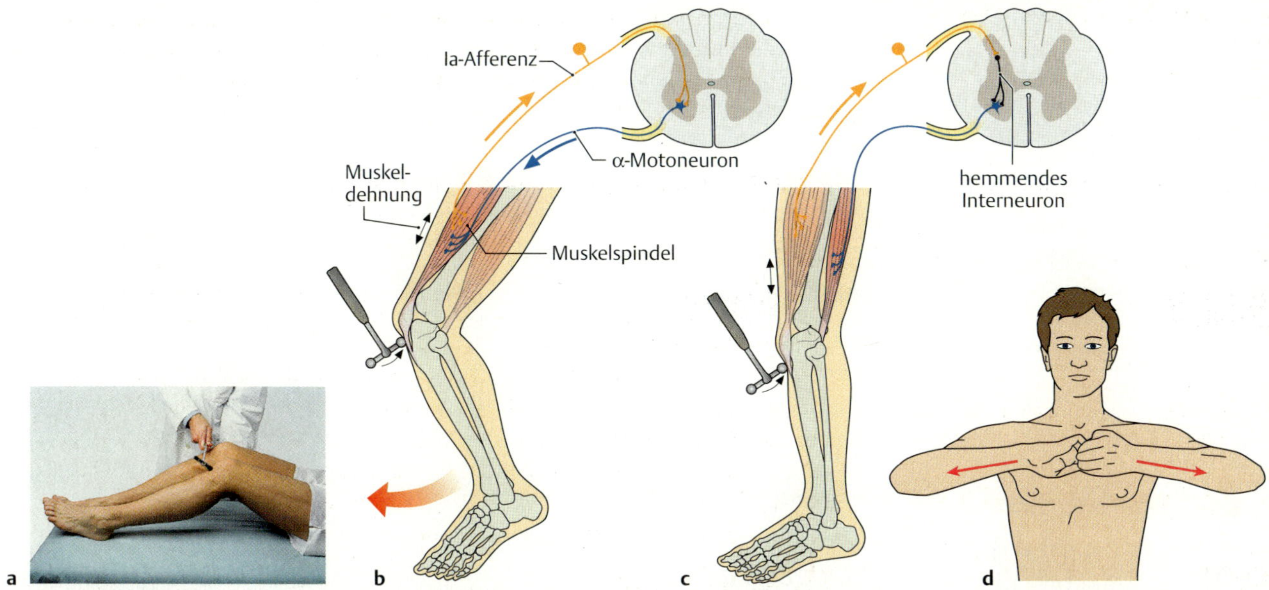


**a Klinisches Bild.**
**b** Ausgelöst durch einen leichten Schlag mit dem Reflexhammer auf das Lig. patellae unmittelbar kaudal der Patella wird der M. quadriceps femoris kurz gedehnt und die in ihm liegende Muskelspindel erregt. Die monosynaptische Verschaltung der Ia-Afferenz mit den α-Motoneuronen desselben Muskels führt zu einer Zuckung des Muskels, es folgt eine Streckbewegung im Kniegelenk **(Eigenreflex).**
**c** Gleichzeitig werden die α-Motoneurone der Antagonisten des M. quadriceps (z. B. der M. biceps femoris) durch eine disynaptische Verschaltung über ein spinales Interneuron gehemmt **(reziproke Hemmung, Fremdreflex).**
**d Jendrassik-Handgriff.**

Diese Verschaltung stellt jedoch lediglich die **phasische Komponente** des Muskeldehnungsreflexes dar. Von großer Wichtigkeit ist auch die **tonische Komponente**, die die langfristige Kontrolle über die Muskellänge darstellt. Diese Kontrolle wird von supraspinalen Zentren vornehmlich über **γ-Motoneurone** (s. S. 727) gesteuert. Die Stärke des Muskeldehnungsreflexes ist dabei von dem Ausmaß der γ-Innervation abhängig.

Neben dieser **phasischen** gibt es auch eine **tonische Komponente** des Muskeldehnungsreflexes: Ausgehend von supraspinalen Zentren wird über **γ-Motoneurone** die Muskellänge kontrolliert.

► **Klinik.** Der in der Klinik zur Überprüfung der Reflexbögen angewandte **Patellarsehnenreflex** (Abb. **22.7a–c**) entspricht der phasischen Komponente des Muskeldehnungsreflexes.
Da jeder Reflex – neben möglichen Defekten der peripheren Nerven oder Muskeln (bei Auffälligkeiten muss immer der **gesamte Reflexbogen** überprüft werden!) – einem bestimmten Bereich des Rückenmarks zugeordnet ist (z. B. Patellarsehnenreflex L2–L4, Achillessehnenreflex L5–S2), kann der Untersucher durch die Auslösung der verschiedenen Reflexe Auskunft über die **Lokalisationshöhe** einer Schädigung im Rückenmark erhalten. Aufgrund einer von Patient zu Patient bestehenden erheblichen Varianz der Stärke einer Reflexantwort wird dabei v. a. auf **Seitendifferenzen** geachtet (hier also z. B. zwischen dem rechten und linken Bein).
Zeigt ein Patient insgesamt eine eher abgeschwächte Reflexantwort, kann diese durch willkürliche Innervation anderer Muskelgruppen verstärkt oder gebahnt werden **(Reflexbahnung)**. Ein typisches Beispiel hierfür ist der sog. **Jendrassik-Handgriff** (Abb. **22.7d**), bei dem der Patient während der Reflexauslösung seine vor der Brust ineinandergehakten Hände auseinanderzieht.
Neben dieser konventionellen Auslösung des Sehnenreflexes durch das Beklopfen der Sehne im Rahmen einer körperlichen Untersuchung (sog. **T-Reflex** – tendo, lat. Sehne) kann der Reflex auch elektrisch im Rahmen einer elektromyografischen Untersuchung (s. S. 69) über Stimulationselektroden ausgelöst werden (sog. **H-Reflex**, benannt nach seinem Entdecker Paul Hoffmann, Physiologe in Freiburg, 1884–1962).

► **Klinik.**

22.8 **Muskeldehnungsreflex (a) und inverser Muskeldehnungsreflex (b)**

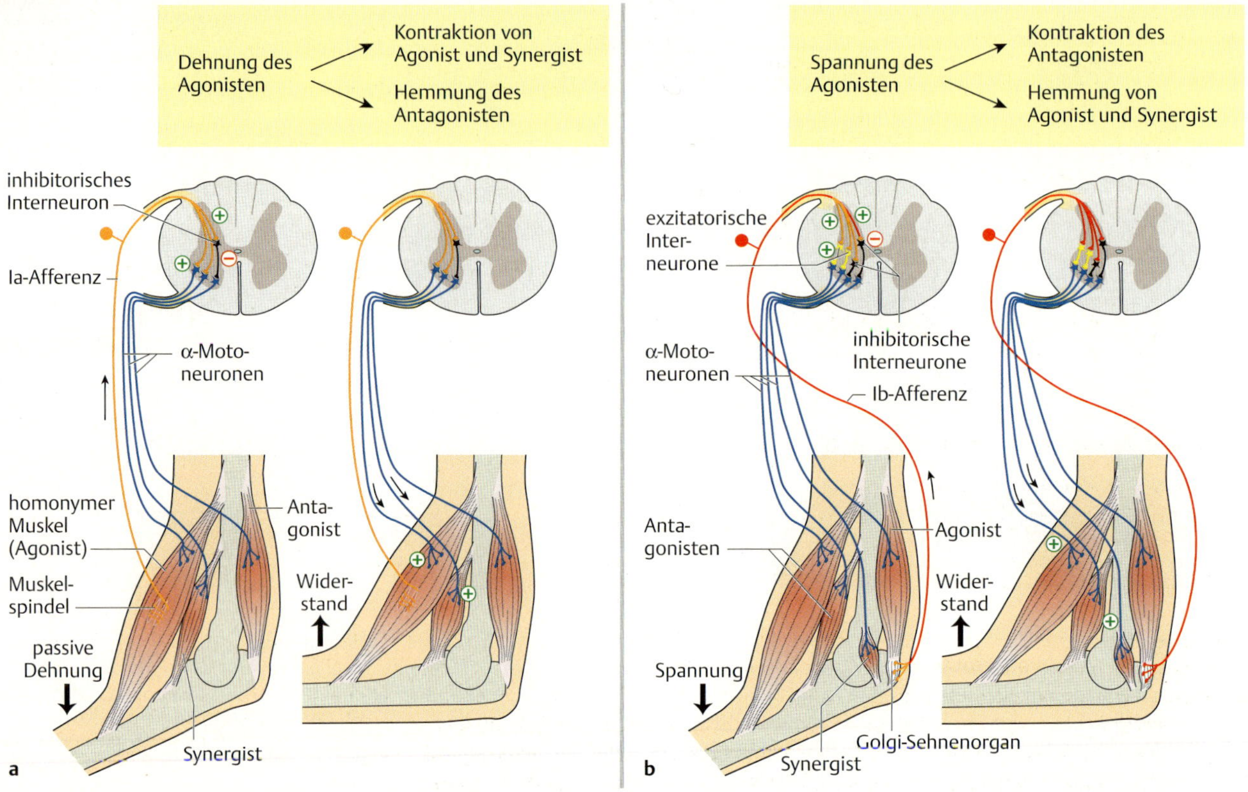


### Inverser Muskeldehnungsreflex

Aktivierung der Ib-Afferenzen der Golgi-Sehnenorgane führt über Interneurone zur Hemmung agonistischer und synergistischer Muskeln **(autogene Hemmung)** und zur Aktivierung antagonistischer Muskeln (Abb. **22.8 b**). Dieser **inverse Muskeldehnungsreflex** ist bedeutend für die Steuerung der Standphase.

### Inverser Muskeldehnungsreflex

Die Aktivierung der Ib-Afferenzen der Golgi-Sehnenorgane führt über ein zwischengeschaltetes Interneuron zur entgegengesetzten Wirkung, nämlich der Hemmung von agonistischem und synergistischem Muskel **(autogene Hemmung)** sowie der Aktivierung der antagonistischen Muskeln (Abb. **22.8 b**). Er wird deshalb auch als **inverser Muskeldehnungsreflex** bezeichnet und dient der Steuerung der Standphase. Er steht – im Vergleich zum Muskeldehnungsreflex – über die Interneurone unter stärkerer Kontrolle sowohl afferenter Signale als auch absteigender Bahnen supraspinaler Zentren (s. S. 734).

### Beugereflex

Die Reflexe der Hautrezeptoren sind **polysynaptisch**. Ein anschauliches Beispiel ist der **Beugereflex**, der z. B. durch das Treten auf eine Reißzwecke ausgelöst werden kann (Abb. **22.9**).

Dabei werden ipsilateral die Flexoren aktiviert und die Extensoren gehemmt **(ipsilateraler Beugereflex)**. Kontralateral ist es genau umgekehrt **(gekreuzter Streckreflex)**. Da dieser Reflex dem Schutz vor schmerzhaften Reizen dient, wird er auch als **nozizeptiver Schutzreflex** bezeichnet.

Als polysynaptischer Fremdreflex unterliegt der Beugereflex einem starken Einfluss übergeordneter Zentren. Weitere Fremdreflexe: **Bauchhaut-, Kremaster-, Anal-, Würgereflex.**

### Beugereflex

Während die Reflexe der Muskelspindeln und Golgi-Sehnenorgane recht einfache Verschaltungsmuster haben, sind die Reflexe vieler Rezeptoren der Haut (z. B. Schmerz-, Thermo-, Mechano-Rezeptoren) aufgrund ihrer **polysynaptischen** Verschaltung komplizierter aufgebaut. Ein typisches Beispiel ist der sog. **Beugereflex**, der im Bereich der unteren Extremität durch das Treten auf eine Reißzwecke ausgelöst werden kann (Abb. **22.9**).

Über vornehmlich exzitatorische Interneurone werden die Flexoren auf der ipsilateralen Seite erregt und die Extensoren gehemmt **(ipsilateraler Beugereflex)**. Gleichzeitig werden ebenfalls über vornehmlich exzitatorische Interneurone die Extensoren auf der kontralateralen Seite erregt und die Beuger gehemmt **(gekreuzter Streckreflex)**, damit dieses Bein nun das Körpergewicht tragen kann. Der Beugereflex dient also dem Schutz vor schmerzhaften oder schädigenden Reizen und wird auch als **nozizeptiver Schutzreflex** bezeichnet.

Beugereflexe sind also polysynaptische Fremdreflexe, die der starken Kontrolle supraspinaler Kerngebiete, insbesondere des dorsalen, retikulospinalen Traktes (s. S. 735), unterliegen. Weitere, klinisch relevante Fremdreflexe sind: **Bauchhautreflex**, **Kremasterreflex**, **Analreflex** und **Würgereflex**.

22.9 **Beugereflex**

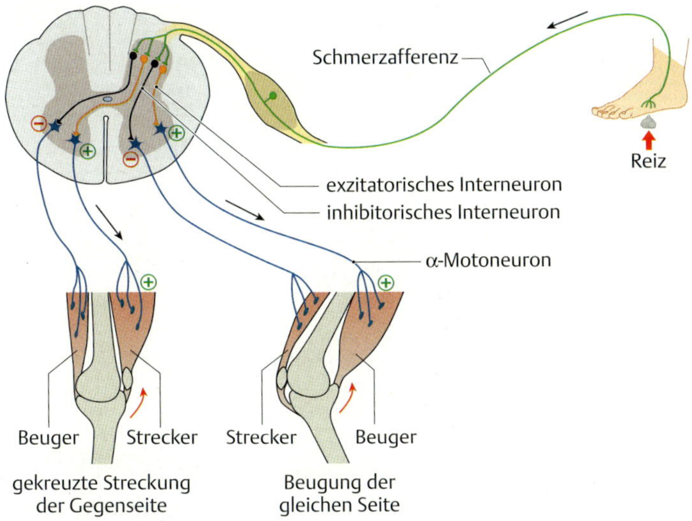


22.9

► **Klinik.** Ebenfalls von großer klinischer Bedeutung ist der sog. **Babinski-Reflex.** Als **Babinski-positiv** bezeichnet man die Dorsalflexion der Großzehe und die fächerartige Spreizung der restlichen Zehen bei Bestreichen der lateralen Fußsohle mit einem spitzen Gegenstand (Abb. **22.10 a**). Bei Neugeborenen ist diese Reaktion aufgrund des noch nicht vollständig ausgereiften ZNS normal, sie verschwindet jedoch nach einigen Lebensmonaten zugunsten einer Krümmung der Zehen nach palmar **(Babinski-negativ)**, die auch bei Erwachsenen anzutreffen ist. Ein positiver Babinski-Reflex bei Erwachsenen deutet als sog. **Pyramidenbahnzeichen** auf eine Störung der deszendierenden Kontrolle (durch Fasern der Pyramidenbahn, s. S. 742) von spinalen Interneuronen hin (Abb. **22.10 b**).

► Klinik.

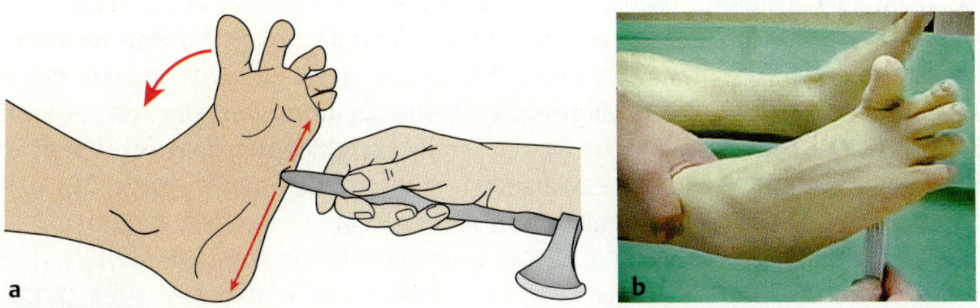

22.10 **Babinski-Reflex**

**a** Auslösetechnik des Reflexes.
**b** Positives Babinski-Zeichen bei einem Patienten mit rechtsseitiger spastischer Hemiparese (= Halbseitenlähmung, s. S. 736).

## Renshaw-Hemmung

Die Renshaw-Hemmung, auch **rekurrente Hemmung**, wird über inhibitorische Interneurone vermittelt. Diese sog. **Renshaw-Zellen** werden durch Axonkollateralen cholinerger α-Motoneurone erregt und projizieren zurück auf das Soma des α-Motoneurons. Da diese Synapse den inhibitorischen Neurotransmitter Glyzin benutzt, wird die Aktivität des α-Motoneurons gedämpft. Gleichzeitig werden Interneurone, die ihrerseits die Aktivität antagonistischer α-Motoneurone hemmen, inhibiert (Abb. **22.11**). Durch diese Enthemmung des Antagonisten entsteht ein Synergismus zur Hemmung des agonistischen α-Motoneurons.

**Renshaw-Hemmung**

Inhibitorische Interneurone, sog. **Renshaw-Zellen**, erhalten Afferenzen von α-Motoneuronen und projizieren inhibitorisch (glyzinerg) auf diese selbst zurück. Man spricht von der Renshaw-Hemmung oder auch von **rekurrenter Hemmung** (Abb. **22.11**).

22.11

**22.11 Renshaw-Hemmung**

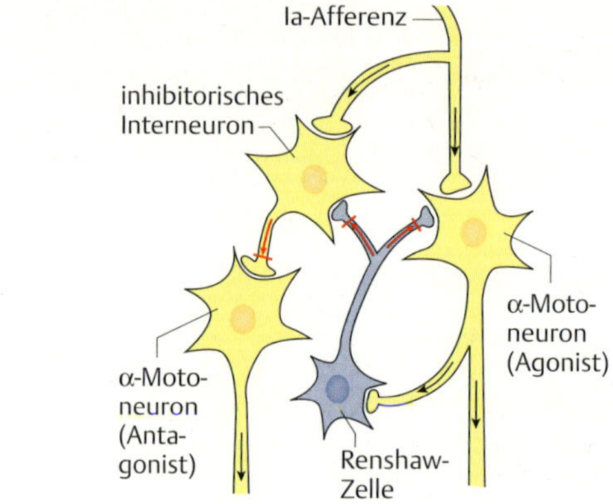


Die Renshaw-Zelle hemmt die Aktivität des sie aktivierenden α-Motoneurons sowie die der inhibitorischen Interneurone antagonistischer α-Motoneurone.

Sie dient dem Schutz vor übermäßiger Kraftentfaltung und wird von supraspinalen Zentren moduliert.

Neben dieser Schutzfunktion vor überschießender Kraftentwicklung kann die tonische Aktivität der α-Motoneurone weiterhin über die Kontrolle der Renshaw-Zellen durch supraspinale Zentren moduliert werden.

#### Lokomotionsgenerator

▶ Definition.

### Lokomotionsgenerator

▶ **Definition.** Unter **elementarer Lokomotion** versteht man die Generierung rhythmischer, wiederkehrender Aktivierungsmuster verschiedener Muskelgruppen.

Grundlage für die elementare Lokomotion ist der **gekreuzte Streckreflex**. Für die Gehbewegungen ist ein rhythmischer Wechsel in den Kontraktionen der Beuge- und Streckmuskeln erforderlich. Das **Halbzentrenmodell** erklärt die Funktionsweise des elementaren **Lokomotionsgenerators** im Rückenmark (Abb. **22.12 a**).

Demnach existiert eine spezifische rhythmusgebende Population von Interneuronen im Rückenmark. Je eine Hälfte fungiert als Halbzentrum für je eine Körperseite. Beuger und Strecker werden abwechselnd aktiviert, da sich die Interneurone reziprok hemmen (Abb. **22.12 a**). Die Dauer der reziproken Hemmung ist dabei durch systemeigene Faktoren begrenzt.

Die molekulare Basis hierfür ist vermutlich das Zusammenwirken von **NMDA-Rezeptoren** und **$Ca^{2+}$-abhängigen $K^+$-Kanälen** in spezifischen Interneuronen des Rückenmarks (Abb. **22.12 b**).

Der **gekreuzte Streckreflex**, bei dem ipsilaterale Muskeln gebeugt und kontralaterale Muskeln gestreckt werden, bildet die Basis für die elementare Lokomotion. Unsere **Gehbewegungen** benötigen einen rhythmischen Wechsel in den Kontraktionen der Beuge- und Streckmuskeln, die in ihrem elementaren Grundrhythmus vom Rückenmark generiert werden können. Die Entstehung dieses **spinalen Lokomotionsgenerators** wird durch das Halbzentrenmodell erklärt (Abb. **22.12 a**).

Das **Halbzentrenmodell** besagt, dass eine spezifische Population von Interneuronen im Rückenmark für die Rhythmusgenerierung zuständig ist. Ein Teil arbeitet als Halbzentrum für die eine Seite, der andere Teil als Halbzentrum für die andere Seite. Die rhythmische Aktivität alterniert zwischen Beuger und Strecker, da sich die Interneurone über weitere, inhibierende Interneurone gegenseitig hemmen (Abb. **22.12 a**). Voraussetzung für das Halbzentrenmodell ist, dass die Dauer der reziproken Hemmung durch systemeigene Faktoren begrenzt wird, die dafür sorgen, dass die Stärke der synaptischen Übertragung mit der Zeit abnimmt.

Diese **systemeigenen Faktoren** sind nach augenblicklicher Vorstellung das Zusammenspiel von **NMDA-Rezeptoren** und **$Ca^{2+}$-abhängigen $K^+$-Kanälen** (Abb. **22.12 b**). Wird die postsynaptische Membran **exzitatorischer Interneurone** depolarisiert, fließen $Na^+$ und $Ca^{2+}$ durch NMDA-Rezeptoren in das Zytoplasma. Die $Ca^{2+}$-Ionen aktivieren $Ca^{2+}$-abhängige $K^+$-Kanäle, die zum $K^+$-Ausstrom und zur Hyperpolarisation der postsynaptischen Membran führen. Daraufhin schließen die NMDA-Rezeptoren, der fehlende $Ca^{2+}$-Einstrom führt zum Schließen der $Ca^{2+}$-abhängigen $K^+$-Kanäle. Eine erneute Depolarisation führt dann zum Beginn eines neuen Zyklus.

#### 22.2.3 Supraspinale Kontrolle über absteigende Bahnen

Zwei **absteigende Bahnsysteme** steuern die Aktivität der α-Motoneurone im Rückenmark und vermitteln damit das komplexe Zusammenspiel supraspinaler Zentren zur Kontrolle **zielgerichteter Bewegungen** (Abb. **22.13**):

## 22.2.3 Supraspinale Kontrolle über absteigende Bahnen

Obwohl der elementare Lokomotionsgenerator im Rückenmark lokalisiert ist, ist für eine **zielgerichtete Bewegung** ein komplexes Zusammenspiel supraspinaler Regionen verantwortlich. Unser Gehirn kontrolliert die Aktivität der α-Motoneurone im Rückenmark über zwei Gruppen **absteigender Bahnen** (Abb. **22.13**), die in den entsprechenden Regionen des Hirnstamms (Nucleus ruber, Formatio reticularis, Ncll. vestibulares und Tectum, s. S. 736) bzw. des Kortex (s. S. 741) entspringen:

22.12 **Der spinale Lokomotionsgenerator**

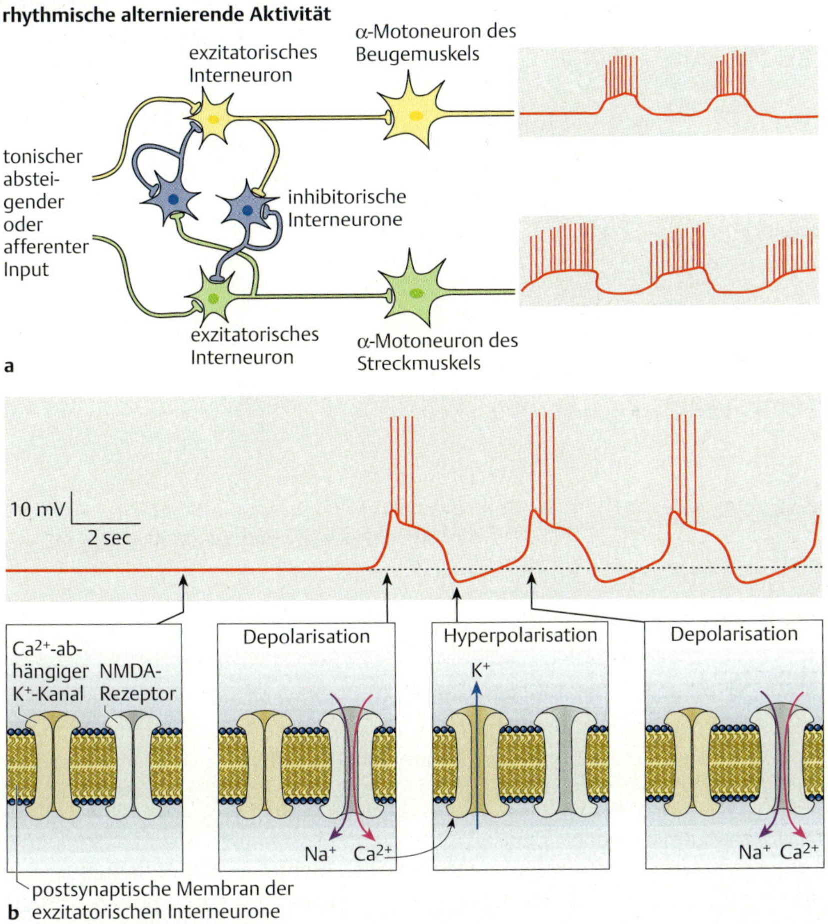


**a Halbzentrenmodell.** Tonische Aktivität absteigender Bahnen oder sensorischer Afferenzen erregt eine Population erregender Interneurone im Rückenmark. Diese erzeugen eine rhythmische Aktivität im Beuger oder Strecker und inhibieren gleichzeitig über inhibitorische Interneurone den Strecker oder Beuger. Systemeigene Faktoren sorgen für eine zeitliche Begrenzung der Erregung (siehe **b**) und somit für eine rhythmische, alternierende Aktivität.
**b Molekulare Mechanismen** an der postsynaptischen Membran der exzitatorischen Interneurone zur Erklärung der rhythmischen, alternierenden Aktivität.

- Die **dorsolateralen Bahnen**, bestehend aus dem **Tractus rubrospinalis, Tractus reticulospinalis lateralis** und dem **Tractus corticospinalis lateralis**, vermitteln *Willkürbewegungen* der Skelettmuskulatur und stehen unter direkter Kontrolle kortikaler Areale. Die dorsolaterale Bahn endet im dorsolateralen Teil der grauen Substanz des Rückenmarks und ist gemäss der Proximal-Distal-Regel (s. S. 727) vornehmlich für die Kontrolle der distalen Arm- und Beinmuskulatur verantwortlich.
- Die **ventromedialen Bahnen**, bestehend aus **Tractus corticospinalis anterior, Tractus reticulospinalis anterior, Tractus vestibulospinalis** und **Tractus tectospinalis**, sind für die *Kontrolle der Haltung* verantwortlich und stehen unter Kontrolle des Hirnstamms. Die ventromediale Bahn endet im ventromedialen Teil der grauen Substanz des Rückenmarks und ist vornehmlich für die Kontrolle der axialen und proximalen Muskulatur verantwortlich.

22.12

- Die **dorsolateralen Bahnen** vermitteln Willkürbewegungen und sind vornehmlich für die Kontrolle der distalen Arm- und Beinmuskulatur verantwortlich.
- Die **ventromedialen Bahnen** sind für die Kontrolle der Haltung verantwortlich und steuern vornehmlich die axiale Rumpfmuskulatur und proximale Muskulatur.

22.13

22.13 **Anordnung der deszendierenden motorischen Bahnen im Rückenmark**

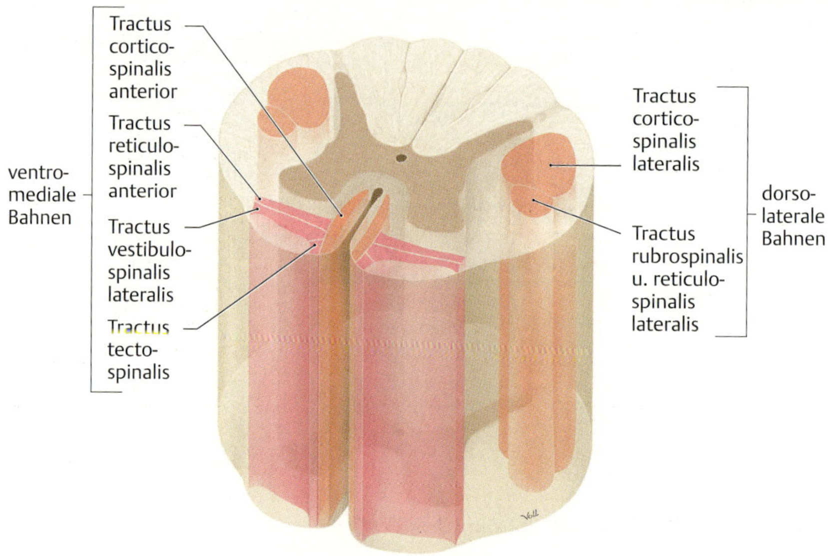


▶ Klinik.

▶ **Klinik.** Da diese supraspinale Kontrolle überwiegend für eine Unterdrückung der motorischen Innervation sorgt, um überschießende Muskelreaktionen zu verhindern, ist das typische klinische Bild ihrer Unterbrechung (ausgelöst durch Läsionen der absteigenden Bahnen bzw. ihrer Ursprünge in höheren Zentren) die **Spastik** mit einer erhöhten Grundspannung der Muskulatur. Im Gegensatz zur schlaffen Lähmung durch Läsionen der α-Motoneurone (s. S. 727) sind dabei die Reflexe eher gesteigert **(Hyperreflexie)**.
Bei kompletter traumatischer Durchtrennung des Rückenmarks (sog. **Querschnittläsion**) sind im kaudalen Versorgungsgebiet zunächst alle Skelettmuskeln schlaff gelähmt und die Reflexe erloschen **(spinaler Schock)**. Davon betroffen sind neben den motorischen auch die sensiblen Funktionen, begleitend treten vegetative Regulationsstörungen (z. B. Blasen- und Mastdarmlähmung, Ausfall der Gefäß- und Kreislaufregulation sowie Störungen der Atmung und Temperaturregulation) auf.
Im Zeitraum von Wochen bis Monaten kommt es dann im Bereich der kaudal verschalteten Reflexbahnen zu einer **Hyperreflexie**, die für spinale Läsionen charakteristisch ist (s. o.). Diese kann zusammen mit der weiterhin vorhandenen **Spastik** äußerst hinderlich für die weitere Versorgung mit Hilfsmitteln, wie beispielsweise mit einem Rollstuhl, sein.

22.3 Hirnstamm und Motorik

22.3.1 Aufbau des Hirnstamms

Zum Hirnstamm zählen (Abb. **22.14**): **Mittelhirn**, **Pons** und **Medulla oblongata**. Wichtige Kerngebiete für die Motorik sind der **Nucleus ruber**, der **medulläre Teil der Formatio reticularis**, die **Vestibulariskerne** sowie der **pontine Teil der Formatio reticularis.** Die absteigenden Bahnen des Hirnstamms fördern je nach Kerngebiet die tonische Aktivität von Extensoren oder von Flexoren.

# 22.3 Hirnstamm und Motorik

## 22.3.1 Aufbau des Hirnstamms

Der Hirnstamm (Abb. **22.14**) besteht aus **Mittelhirn** (Mesencephalon), Brückenhirn **(Pons)** und verlängertem Mark **(Medulla oblongata)**. Er enthält verschiedene Kerngebiete mit folgenden funktionellen Schwerpunkten:

- Der **Nucleus ruber** und der **medulläre Teil der Formatio reticularis** fördern gemäß der Flexor-Extensor-Regel (s. S. 727) über den Tractus rubrospinalis bzw. den Tractus reticulospinalis lateralis überwiegend den Tonus der *Flexoren*.
- Die **Vestibulariskerne** und der **pontine Teil der Formatio reticularis** über den Tractus vestibulospinalis und den Tractus reticulospinalis anterior vornehmlich den Tonus der *Extensoren*.

**22.14 Aufbau des Hirnstamms**

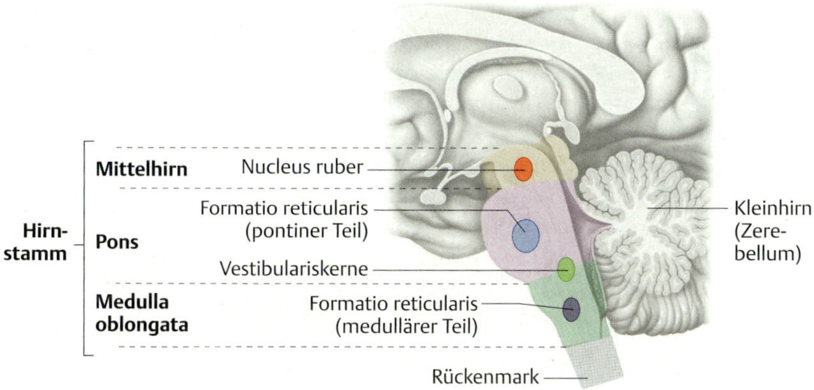


Dargestellt sind die für die Motorik wesentlichen Kerngebiete.

## 22.3.2 Funktionen des Hirnstamms

### Modulation des Lokomotionsgenerators

Wie im entsprechenden Abschnitt auf S. 734 besprochen, ist der elementare Lokomotionsgenerator für einfache Gehbewegungen im Rückenmark lokalisiert. Die **Anpassung der Geschwindigkeit** der Gehbewegung vom langsamen Schreiten bis hin zum schnellen Laufen wird jedoch durch den Hirnstamm kontrolliert. Es erfolgt also im Prinzip eine **Modulation des spinalen Lokomotionsgenerators** durch den Hirnstamm.

22.3.2 Funktionen des Hirnstamms

Modulation des Lokomotionsgenerators

Der Hirnstamm **moduliert** die Aktivität des **spinalen Lokomotionsgenerators**, indem er die **Gehgeschwindigkeit anpasst**.

► Exkurs. **Spinale Katze**

Durch Experimente an sog. **spinalen Katzen** konnte gezeigt werden, dass die Anpassung der rhythmischen Bewegungen der Beinmuskulatur durch die absteigenden Bahnen des Hirnstamms vermittelt wird (Abb. **22.15**).

► Exkurs.

**22.15 Spinale Katze**

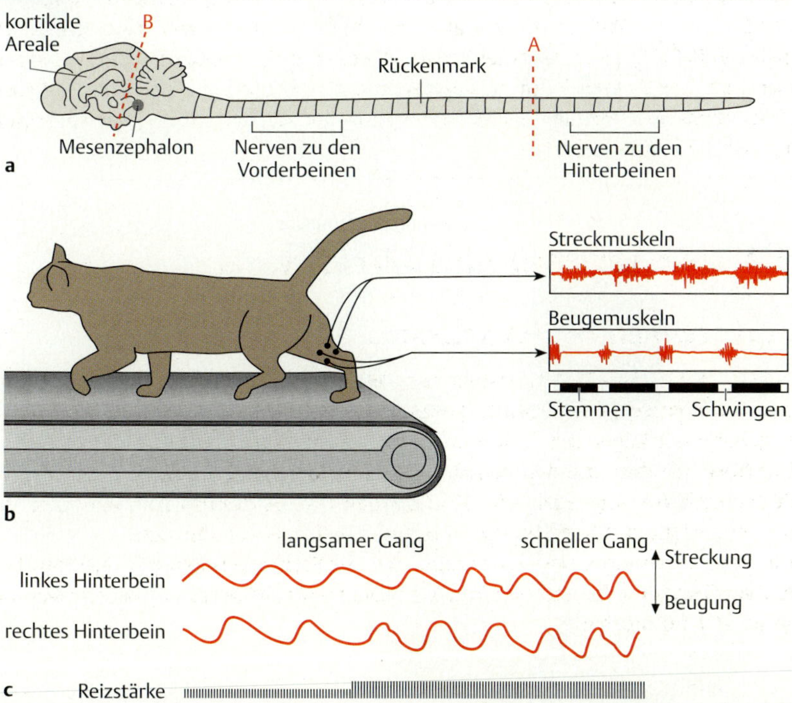


Katzen, deren Rückenmark an der Stelle A durchtrennt wurde **(a)**, können trotz fehlender supraspinaler Kontrolle rhythmische Gehbewegungen durchführen (s. Elektromyogramm, **b**). Nach Isolierung von Rückenmark und Hirnstamm von den kortikalen Arealen (Durchtrennung an der Stelle B, **a**) können spinale Katzen durch elektrische Reizung des Mesenzephalons nicht nur Gehbewegungen durchführen, sondern es können sogar Anpassungen der Geschwindigkeit der Bewegungen vorgenommen werden **(c)**.

## Posturale Reaktionen

Posturale Reaktionen sind für die **Aufrechthaltung des Körpers gegen die Schwerkraft** verantwortlich. Sie werden auch als **Long-Latency-Reflexe** bezeichnet.

Sie können in zwei **supraspinale Reflexformen** unterteilt werden:
- **Haltereflexe**, die den Muskeltonus an Rumpf und Extremitäten regeln.
- **Stellreflexe**, die eine dem Horizont parallele Blickausrichtung gewährleisten.

Als **Beispiel** einer posturalen Reaktion kann der **tonische Nackenreflex** dienen, z. B. beim Fangen eines Balls aus der Luft (Abb. **22.16**). Dabei bewirkt die Kopfwendung eine Erhöhung des Extensortonus der Extremitäten und des Rumpfes auf der ipsilateralen bei gleichzeitiger Reduktion auf der kontralateralen Körperseite. Hierfür ist die Integration von Afferenzen zahlreicher Systeme durch den Hirnstamm erforderlich.

Auch zur Konstanthaltung der Blickrichtung integriert der Hirnstamm Informationen aus mehreren sensorischen Systemen.

Darüber hinaus werden viele sog. **Schutzreflexe** über den Hirnstamm gesteuert, so z. B. der Husten-, Nies-, Würge- oder Kornealreflex.

22.16

## Posturale Reaktionen

Eine weitere, physiologisch außerordentlich wichtige Aufgabe des Hirnstamms ist die **Aufrechthaltung des menschlichen Körpers gegen die Schwerkraft** durch sog. posturale Reaktionen. Diese aktivieren Muskelgruppen meistens von distal nach proximal und werden aufgrund ihrer langen Latenz, die sich durch den Aufbau des posturalen Programms durch supraspinale Zentren erklärt, auch als **Long-Latency-Reflexe** bezeichnet.

Posturale Reaktionen lassen sich in zwei **supraspinale Reflexformen** unterteilen:
- **Haltereflexe** regeln den Muskeltonus an Rumpf und Extremitäten in Abhängigkeit von der Kopfposition und bereiten somit den Körper auf die nächste Bewegung vor.
- **Stellreflexe** stellen die parallele Ausrichtung des Blickes (Summe aus Augen- und Kopfposition) zum Horizont unabhängig von der Körperlage sicher.

Ein **Beispiel** einer posturalen Reaktion ist der **tonische Nackenreflex**, z. B. beim Fangen eines Balls aus der Luft (Abb. **22.16**). Die Kopfbewegung steigert den Extensortonus der Extremitäten und des Rumpfes der ipsilateralen Seite und reduziert ihn gleichzeitig auf der kontralateralen Seite. Zur Erfüllung dieser posturalen Reaktionen erhält der Hirnstamm Afferenzen von den Propriozeptoren in der Halsmuskulatur, den Vestibularorganen und den höheren motorischen Zentren (Kleinhirn, Basalganglien und Kortexareale), verarbeitet diese und gibt wiederum efferente Informationen an das Rückenmark und die dort befindlichen Interneurone sowie α-Motoneurone der entsprechenden Muskelgruppen.

Unabhängig von der Stellung des Kopfes wird die Blickrichtung immer konstant gehalten. Sichergestellt wird dies durch das Zusammenspiel von Rezeptoren im optischen System (optokinetischer Reflex, s. S. 705), im Labyrinth (vestibulookulärer Reflex, s. S. 703) und in der Nackenmuskulatur (zervikookulärer Reflex).

Viele sog. **Schutzreflexe**, die unmittelbar dem Schutz des Körpers bzw. seiner Organe und Gliedmaßen dienen, werden ebenfalls über den Hirnstamm gesteuert. Beispiele hierfür sind Hustenreflex, Niesreflex, Würgereflex und Kornealreflex.

**22.16 Tonischer Nackenreflex beim Fangen eines Balls**

► **Klinik.** Ein charakteristisches klinisches Krankheitsbild für die Funktion des Hirnstamms ist die sog. **Dezerebrierungsstarre**, die z. B. bei traumatischer Durchtrennung des Hirnstamms unmittelbar unterhalb des Nucleus ruber auftritt. Da der Tractus rubrospinalis vornehmlich für den Tonus der distalen Flexormuskulatur verantwortlich ist, beobachtet man durch seinen Wegfall nun eine starke Extension der Extremitäten, Plantarflexion der Füße, Überstreckung des Rückens und Dorsalbeugung des Kopfes.
Weitere pathophysiologisch relevante Erkrankungen bei Ausfall der Hirnstammfunktionen sind beispielsweise die sog. **Ocular-Tilt-Reaction** bei Ausfall eines der beiden Vestibularorgane (bestehend aus einer Neigung des Kopfes zur kranken Seite, einer vertikalen Divergenz der Augenachsen, s. Abb. **20.9**, S. 708, und einem rotatorischem Nystagmus, s. S. 706, in Richtung der Kopfneigung) sowie jeweils isolierte Formen von **Blickparese** (sog. supranukleäre Blicklähmung) oder **Nystagmus** (unwillkürliche, rhythmische Augenbewegungen mit horizontaler, vertikaler oder rotatorischer Schlagrichtung, s. S. 703).

► Klinik.

### Weiterleitung der Kleinhirn-Eingänge

Neben den genannten Funktionen erfüllt der Hirnstamm noch eine weitere, überaus wichtige Aufgabe, indem die überwiegende Mehrzahl an Information für die **Kleinhirnrinde** über seine Kerngebiete geleitet wird. Das Kleinhirn benutzt diese Information für die weitere **Optimierung von Haltung und Bewegung** (vgl. hierzu S. 746).

#### Weiterleitung der Kleinhirn-Eingänge

Der Großteil der afferenten Eingänge in das Kleinhirn wird über den Hirnstamm geleitet.

## 22.4 Planung und Ausführung von Willkürbewegungen

Nachdem im bisherigen Teil des Kapitels v. a. die unwillkürlichen Bewegungen des Körpers (z. B. in Form von Reflexen) behandelt wurden, folgt nun eine Beschreibung der gezielten Planung und Ausführung von bewussten **willkürlichen Bewegungen**. Jede dieser willkürlichen Bewegungen von Muskeln erfordert ein komplexes Zusammenspiel zentralnervöser Areale, die für den **Antrieb**, die **Planung** und die **Programmerstellung** der jeweiligen Bewegung verantwortlich sind. Alle – zeitlich aufeinanderfolgenden – Schritte erfolgen unter kontinuierlicher Zuhilfenahme sensorischer Information und können jederzeit, auch während der Durchführung der Bewegung, korrigiert werden.
An der Motorik beteiligte **Kortexareale** sind:
- der primäre motorische Kortex (Brodmann-Area 4, s. S. 755),
- der supplementär-motorische Kortex (Area 6),
- der prämotorische Kortex (Area 6),
- der primäre somatosensorische Kortex (Area 1–3),
- der posterior-parietale Kortex (Area 5 und 7) sowie
- der frontale Assoziationskortex, der Willkürbewegungen aus dem Verhaltenskontext steuert (Abb. **22.17**).

#### 22.4 Planung und Ausführung von Willkürbewegungen

An der **Willkürmotorik** sind mehrere zentralnervöse Areale beteiligt, die in komplexer Weise zusammenarbeiten.

Sie sind für **Antrieb**, **Planung** und **Programmerstellung** der jeweiligen Bewegung verantwortlich und werden stetig beeinflusst von sensorischen Informationen.

- Der primäre motorische Kortex,
- der supplementär-motorische Kortex,
- der prämotorische Kortex,
- der primäre somatosensorische Kortex,
- der posterior-parietale Kortex sowie
- der frontale Assoziationskortex

sind an der Planung und Ausführung von Willkürbewegungen beteiligt (Abb. **22.17**).

**22.17 Motorische Kortexareale (unter Angabe der jeweiligen Brodman-Area)**

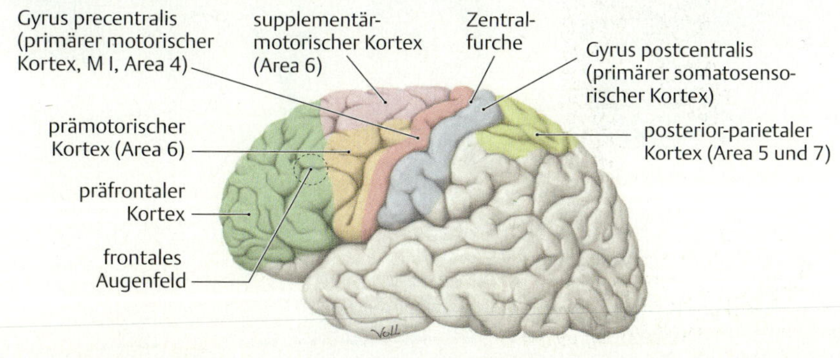


22.17

22.18

**22.18 Regelschleifen zur „Feinjustierung" von Willkürbewegungen**

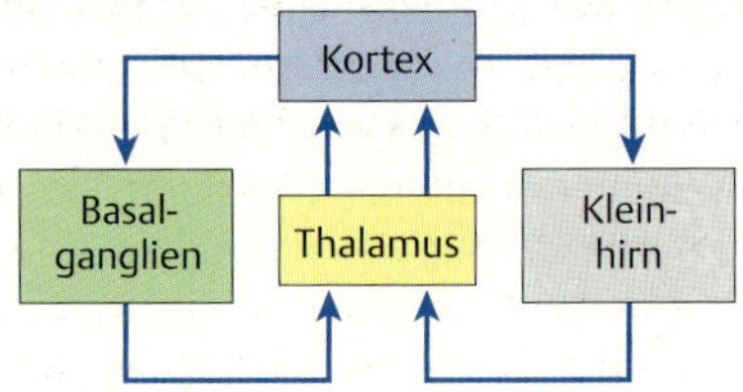


Der Feinabstimmung dienen **Regelschleifen** zwischen Kortex und subkortikalen Strukturen (Abb. **22.18**).

Zwei **Regelschleifen** zwischen Kortex, Kleinhirn und Thalamus bzw. Kortex, Basalganglien und Thalamus sorgen für die „Feinjustierung" der Willkürbewegung (Abb. **22.18**).

22.4.1 Kortex

## 22.4.1 Kortex

Primärer motorischer Kortex

**Aufbau:** Der primäre motorische Kortex (Area 4) im Gyrus precentralis ist **somatotopisch** organisiert (**Homunculus,** Abb. **22.19**).

**Funktion:** Der primäre motorische Kortex ist funktionell in kortikalen Säulen senkrecht zur Schädeloberfläche aufgebaut. Die Auslöseschwelle für die Stimulation von Bewegungen ist hier geringer als im übrigen Kortex.

### Primärer motorischer Kortex

**Aufbau:** Der im Gyrus precentralis liegende motorische Kortex (Area 4) zeigt wie der primäre somatosensorische Kortex (s. S. 618) eine **somatotopische Repräsentation** der Muskulatur der *kontralateralen* Seite **(Homunculus)**. Dabei ist die Hand- und Gesichtsmuskulatur aufgrund ihrer funktionellen und feinmotorischen Bedeutung im Vergleich zur Rumpfmuskulatur stark überrepräsentiert (Abb. **22.19**).

**Funktion:** Die Informationsverarbeitung erfolgt – ebenfalls wie z. B. im primären somatosensorischen Kortex (s. S. 619) – in **kortikalen Säulen** senkrecht zur Schädeloberfläche. Mithilfe der transkraniellen Magnetstimulation (TMS = nicht invasive Technologie, bei der mithilfe starker Magnetfelder Bereiche des Gehirns sowohl stimuliert als auch gehemmt werden können) konnte gezeigt werden, dass die Schwelle zur Auslösung von Bewegungen im primären motorischen Kortex geringer ist als im übrigen Kortex. Darüber hinaus sind die resultierenden Bewegungen weniger komplex, d. h. es sind weniger Muskelgruppen beteiligt.

22.19

**22.19 Motorischer Homunculus**

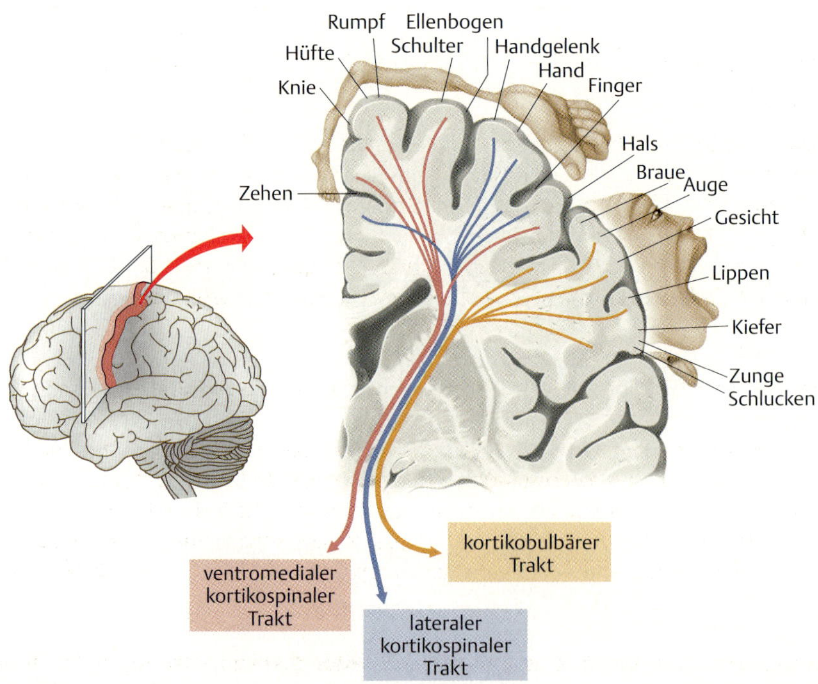

Ausgelöst werden diese Bewegungen durch Aktivität der **Pyramidenzellen (Betz-Zellen)** der Schicht V (s.Abb. **23.3**, S. 758) des primären motorischen Kortex, die etwa 100–150 ms vor einer Bewegung beginnt. Im Elektroenzephalogramm (EEG, s.S. 736) kann diese Aktivität als späte Komponente des sog. **Bereitschaftspotenzials** gemessen werden. Das Bereitschaftspotenzial beginnt etwa eine Sekunde vor Bewegungsbeginn im supplementär-motorischen Kortex.
Da diese Neurone u.a. direkten Input vom primären somatosensorischen Kortex erhalten, kann sich ihr Aktivitätsmuster auch während einer Bewegung ändern, z.B. nach Applikation einer unerwarteten Last (Beispiel: Halten eines Buches bei ausgestrecktem Arm, unerwartet wird ein zweites Buch hinzugelegt).

Auslöser einer Bewegung ist die Aktivität von **Pyramidenzellen (Betz-Zellen)** der Schicht V der Area 4. Die Aktivität kann im EEG als späte Komponente des sog. **Bereitschaftspotenzials** dargestellt werden, das seinen Ausgang vom supplementär-motorischen Kortex nimmt.
Afferenzen aus dem primären somatosensorischen Kortex ermöglichen die Bewegungsanpassung auch während der Ausführung.

▶ **Klinik.** Klinisch wird dieser transkortikale sog. **Long-Loop-Reflex** benutzt, um Erkrankungen des ZNS mit motorischer Symptomatik zu diagnostizieren. Beispielsweise ist beim **Morbus Parkinson** (s.S. 745) die Latenz des Reflexes, die normalerweise zwischen 30–90 ms liegt, deutlich verlängert.

▶ **Klinik.**

## Prämotorischer und supplementär-motorischer Kortex

**Aufbau:** Die unmittelbar rostral zum primären motorischen Kortex liegende **Area 6**, die auch als „höherer motorischer Kortex" bezeichnet wird, wird vom lateral liegenden **prämotorischen Kortex** und vom medial liegenden **supplementär-motorischen Kortex** gebildet (s.Abb. **22.17**, S. 739). Beide Kortexareale besitzen ebenfalls einen somatotopen Aufbau und sorgen für die Erstellung von **komplexen Bewegungen in Raum und Zeit**.

**Funktion:** Der prämotorische Kortex ist präferentiell für die Planung und die **initiale Phase einer Bewegung** unter Zuhilfenahme **sensorischer Information** verantwortlich, der supplementär-motorische Kortex spielt bei **komplexen Bewegungen** unter Beteiligung **vieler, verschiedener Muskelgruppen** eine wichtige Rolle. Dabei aktiviert der prämotorische Kortex vornehmlich **proximal** gelegene Muskeln, während der supplementär-motorische Kortex mehr **distal** gelegene Muskelgruppen aktiviert.
Neben prämotorischem und supplementär-motorischem Kortex ist darüber hinaus der **präfrontale Assoziationskortex** an der Erstellung von Bewegungsprogrammen, insbesondere aus dem Verhaltenskontext, beteiligt.

### Prämotorischer und supplementär-motorischer Kortex

**Aufbau:** Prämotorischer und supplementär-motorischer Kortex teilen sich die **Area 6** und sind für die Erstellung von **komplexen Bewegungen in Raum und Zeit** verantwortlich.

**Funktion:** Während der prämotorische Kortex für die Planung und die **Anfangsphase einer Bewegung** verantwortlich ist und dabei **sensorische Informationen** integriert, spielt der supplementär-motorische Kortex bei **komplexen Bewegungen** eine wichtige Rolle.

Der **präfrontale Assoziationskortex** ist für verhaltensbezogene Aspekte der Erstellung von Bewegungsprogrammen verantwortlich.

▶ **Klinik.** **Läsionen im präfrontalen Kortex** führen zu komplexen Störungen, z.B. in der Raumorientierung, im Sozialverhalten (Reizkontrolle) und im Denkvermögen, die allesamt eine Durchführung motorischer Aufgaben stark erschweren.

▶ **Klinik.**

## Projektionen des Kortex

### Eingang

Sowohl prämotorischer als auch supplementär-motorischer Kortex erhalten Projektionen aus den Areae 5 und 7 des **posterior-parietalen Kortex**, der wiederum Afferenzen aus dem **primären somatosensorischen Kortex** und dem **visuellen Kortex** erhält. Die **Basalganglien** (s.S. 743) projizieren über den **Thalamus** vorwiegend auf den supplementär-motorischen Kortex, während das **Kleinhirn** (s.S. 746), ebenfalls über den **Thalamus**, vorwiegend auf den prämotorischen Kortex projiziert.

### Ausgang

Drei große Projektionssysteme verlassen wiederum die motorischen Areale des Kortex:
- Die **kommissuralen Systeme** kreuzen durch den Balken und die vordere und hintere Kommissur auf das somatotopisch entsprechende Gebiet der Gegenseite,
- die **Assoziationssysteme** verbinden Kortexareale innerhalb einer Hemisphäre und
- die **efferenten Systeme** schließlich projizieren als kortikobulbärer Trakt in subkortikale Kerngebiete und als kortikospinaler Trakt in das Rückenmark (s.Abb. **22.21**, S. 743).

Etwa je ein Drittel der Traktneurone des **efferenten Systems** entspringen den **Areae 4** (primärer motorischer Kortex) bzw. **6** (prämotorischer und supplementär-

### Projektionen des Kortex

#### Eingang

Jeweils über den **Thalamus** projizieren das **Kleinhirn** in den supplementär-motorischen, die **Basalganglien** in den prämotorischen Kortex. Außerdem erhalten beide Kortexareale Afferenzen aus dem **posterior-parietalen Kortex**.

#### Ausgang

Die motorischen Areale des Kortex projizieren über drei große Systeme **(kommissurale, assoziative und efferente Systeme)** in andere, zentralnervöse Gebiete.
Die **efferenten Systeme** lassen sich in kortikobulbären und kortilospinalen Trakt unterteilen (s. Abb. **22.21**, S. 743).

Ca. ⅓ der Neurone des **efferenten Systems** entspringen motorischen Kortexarealen **(Area**

**4 und 6)**, die übrigen Neurone haben ihren Ursprung in somatosensorischen Arealen (v. a. in den **Areae 1 – 3**).

motorischer Kortex). Die restlichen Traktneurone entspringen somatosensorischen Arealen, insbesondere den **Areae 1 – 3** (primärer somatosensorischer Kortex), und regulieren im Hinterhorn der grauen Substanz des Rückenmarks den somatosensorischen Informationsfluss in das zentrale Nervensystem.

Die **Pyramidenbahn** besteht aus **kortikospinalen Axonen** zu den Neuronen des Rückenmarks und **kortikobulbären Axonen** zu den Hinterstrangkernen (s. Abb. **22.21**, S. 743).

Der **kortikobulbäre Trakt** zeigt einen somatotopischen Aufbau und endet in den sensorischen und motorischen Kerngebieten der **Hirnnerven**.

Die im Bereich der Medulla oblongata durch die sog. Pyramiden verlaufenden Axone werden häufig auch als **Pyramidenbahn** bezeichnet. Die Pyramidenbahn besteht aus dem **kortikospinalen Trakt** und **kortikobulbären Axonen** zu den Hinterstrangkernen (s. Abb. **22.21**, S. 743).

Der **kortikobulbäre Trakt** ist somatotopisch gegliedert und endet in den sensorischen und motorischen Kerngebieten der **Hirnnerven**. Die Projektion zum Trigeminuskern (kontralateral und ipsilateral gleich) und zum Fazialiskern (stärker kontralateral als ispilateral) ist bilateral.

▶ Klinik.

▶ Klinik. Demzufolge hängt bei einem einseitigen **Schlaganfall** (ischämischer Hirninfarkt, s. S. 111) im Bereich der **Capsula interna** durch die resultierende Beeinträchtigung der Fazialisinnervation typischerweise der Mundwinkel der kontralateralen Seite herunter, während die obere Gesichtsmuskulatur aufgrund ihrer stärkeren bilateralen Innervation nicht betroffen ist – die Stirn kann beidseitig noch gerunzelt werden (Abb. **22.20**).

22.20

**Typische Klinik einer zentralen Fazialisparese links**

Auch der **kortikospinale Trakt** verläuft in somatotopischer Anordnung. In der Medulla oblongata kreuzen die meisten Axone und bilden den **lateralen Kortikospinaltrakt**. Die übrigen Axone verlaufen als **ventraler Kortikospinaltrakt** ipsilateral und kreuzen erst im Rückenmark. Die Axone enden im **Vorderhorn** der grauen Substanz des Rückenmarks.

Der **kortikospinale Trakt** verläuft ebenfalls in somatotopischer Anordnung durch die Capsula interna und die nachfolgenden Bereiche des ZNS. Auf Höhe der Pyramide der Medulla oblongata kreuzen die meisten Traktneurone und bilden den **lateralen Kortikospinaltrakt**. Ein weitaus geringerer Teil der kortikospinalen Axone verläuft als **ventraler Kortikospinaltrakt** ipsilateral und kreuzt erst im Rückenmark.

Die Axone des Kortikospinaltrakts enden im **Vorderhorn** der grauen Substanz des Rückenmarks, wo sie monosynaptisch die Aktivität von Interneuronen, γ-Motoneuronen und α-Motoneuronen steuern.

▶ Klinik.

▶ Klinik. Eine **isolierte Läsion der Pyramidenbahn** ist extrem selten, führt im Tierexperiment aber zu Störungen der Geschicklichkeit, insbesondere zu diskreten Störungen der Fingermotorik. Charakteristikum ist hier der **Massengriff** (Greifen mit allen Fingern) anstelle eines feinmotorischen **Pinzettengriffs** (Greifen mit Daumen und Zeigefinger).

Weitaus häufiger sind Rupturen oder ischämische Infarkte der inneren Kapsel, die zum sog. **Capsula-interna-Syndrom** führen. Charakteristisch hierfür ist eine schlaffe Lähmung der kontralateralen Körperhälfte **(Hemiplegie)**, später folgt aufgrund der fehlenden supraspinalen Hemmung der Übergang in einen spastischen Zustand mit gesteigerten Eigenreflexen (s. S. 736).

Von großer Bedeutung in diesem Zusammenhang ist weiterhin, dass es durch eine Schädigung im Bereich der Capsula interna aufgrund der dort ebenfalls verlaufenden efferenten Bahnen zu Thalamus, Basalganglien, Hirnstamm und Kleinhirn zu einem **kompletten Zusammenbruch der zentralen motorischen Kontrolle** kommen kann. Je nach Lokalisation der Schädigung sind unterschiedliche Symptomausprägungen nachweisbar.

**22.21 Verlauf und somatotopischer Aufbau der Pyramidenbahn**

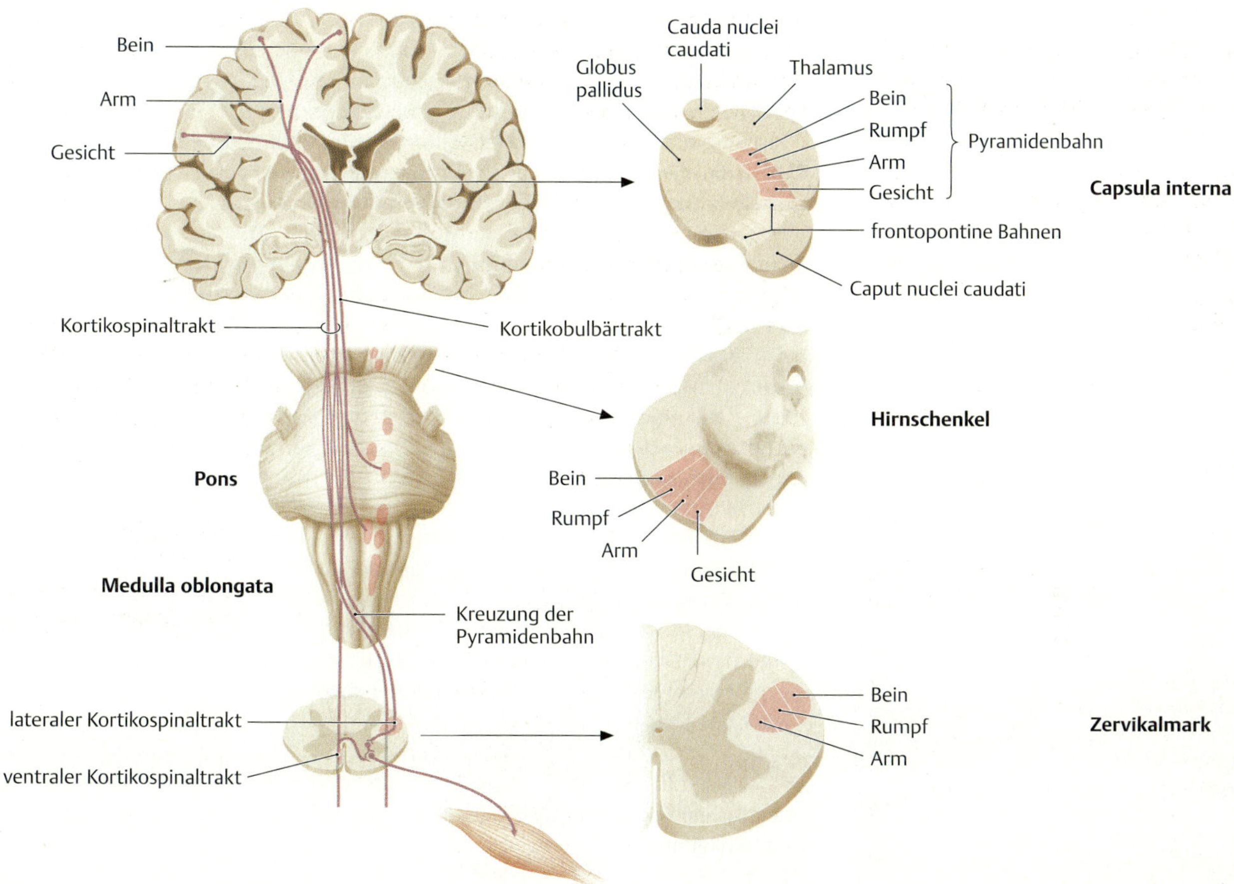


## 22.4.2 Basalganglien

### Aufbau der Basalganglien

Die Basalganglien bestehen aus **vier intern verbundenen Kernen** (Abb. **22.22**):
- Striatum (Nucleus caudatus und Putamen),
- Globus pallidus,
- Substantia nigra und
- Nucleus subthalamicus.

Wichtigste **Neurotransmitter** der Basalganglien sind:
- GABA (inhibitorisch)
- inhibitorisch wirkendes Dopamin
- Glutamat (exzitatorisch)
- exzitatorisch wirkendes Dopamin.

### Projektionen der Basalganglien

Das **Striatum** erhält über exzitatorische Synapsen – mit Glutamat als Transmitter – sämtliche Afferenzen vornehmlich aus **kortikalen Arealen** (Abb. **22.22**). Nach Prozessierung in den überwiegend inhibitorischen Kerngebieten verlässt die Information über die Ausgangskerne im **Globus pallidus** und der **Substantia nigra** die Basalganglien und projiziert über den **Thalamus** zurück in **kortikale Areale**, v. a. in den supplementär-motorischen Kortex.

**22.4.2 Basalganglien**

**Aufbau der Basalganglien**

Zu den Basalganglien gehören folgende **Kerngebiete** (Abb. **22.22**):
- Striatum
- Globus pallidus
- Substantia nigra
- Nucleus subthalamicus.

Die wichtigsten **Neurotransmitter** sind:
- GABA (inhibitorisch)
- Dopamin (inhibitorisch)
- Glutamat (exzitatorisch)
- Dopamin (exzitatorisch).

**Projektionen der Basalganglien**

Die Kerngebiete der Basalganglien erhalten Informationen aus dem **Kortex** und senden diese nach Prozessierung über den Thalamus wieder dorthin zurück **(Regelschleife,** Abb. **22.22)**.

Die Verschaltung der Basalganglien stellt also eine **Regelschleife** dar, die Information aus dem Kortex erhält und wieder dorthin zurücksendet.

**Funktionen der Basalganglien**

Die wichtigste Aufgabe der Basalganglien besteht in der **Austarierung** von **phasischen** und **tonischen Komponenten der Motorik**.

## Funktionen der Basalganglien

Die Basalganglien erfüllen vielfältige Funktionen und sind beteiligt an:

- sensomotorischen Aspekten der Programmerstellung
- motivationsabhängiger Planung von Bewegungen
- Programmselektion und Bereitstellung des motorischen Gedächtnisses.

Dabei sind die Basalganglien v.a. für das **Gleichgewicht** zwischen **phasischen** und **tonischen Komponenten der Motorik** verantwortlich.

Sie projizieren über zwei **Ausgangssysteme**, den **direkten** und **indirekten Weg**, in den **Thalamus** und regeln dessen Aktivität durch **Disinhibition** bzw. **Inhibition** (Abb. **22.22**).

Erklärbar wird diese Funktion durch die zwei **Ausgangssysteme** der Basalganglien, die wie zwei Zügel die rhythmische Aktivität der **Thalamuskerne** entweder fördern oder hemmen:

- Der **direkte Weg** (Abb. **22.22 a**) projiziert über jeweils eine GABAerge Synapse vom Striatum in die Pars interna des Globus pallidus sowie die Pars reticulata der Substantia nigra und von diesen beiden Ausgangskernen ebenfalls jeweils über eine GABAerge Synapse in die Thalamuskerne. Diese Hintereinanderschaltung zweier inhibitorischer Neurone führt zur **Disinhibition**, also einer Steigerung der Aktivität der Thalamuskerne.
- Der **indirekte Weg** (Abb. **22.22 b**) projiziert zunächst über eine GABAerge Synapse in die Pars externa des Globus pallidus und von dort über eine GABAerge Synapse in den Nucleus subthalamicus. Die Efferenzen des Nucleus subthalamicus steigern nun über glutamaterge Synapsen die Aktivität der GABAergen Efferenzen der Pars interna des Globus pallidus und der Pars reticulata der Substantia nigra. Damit ergibt sich für den indirekten Weg eine **Inhibition**, also eine Hemmung der Aktivität der Thalamuskerne.

► Merke.

► **Merke.** Auf dem **direkten Weg** führt also eine Hemmung der Hemmung zu einer **Disinhibition**, auf dem **indirekten Weg** eine Steigerung der Hemmung zu einer **Inhibition** des Thalamus.

**22.22 Verschaltung der Basalganglien**

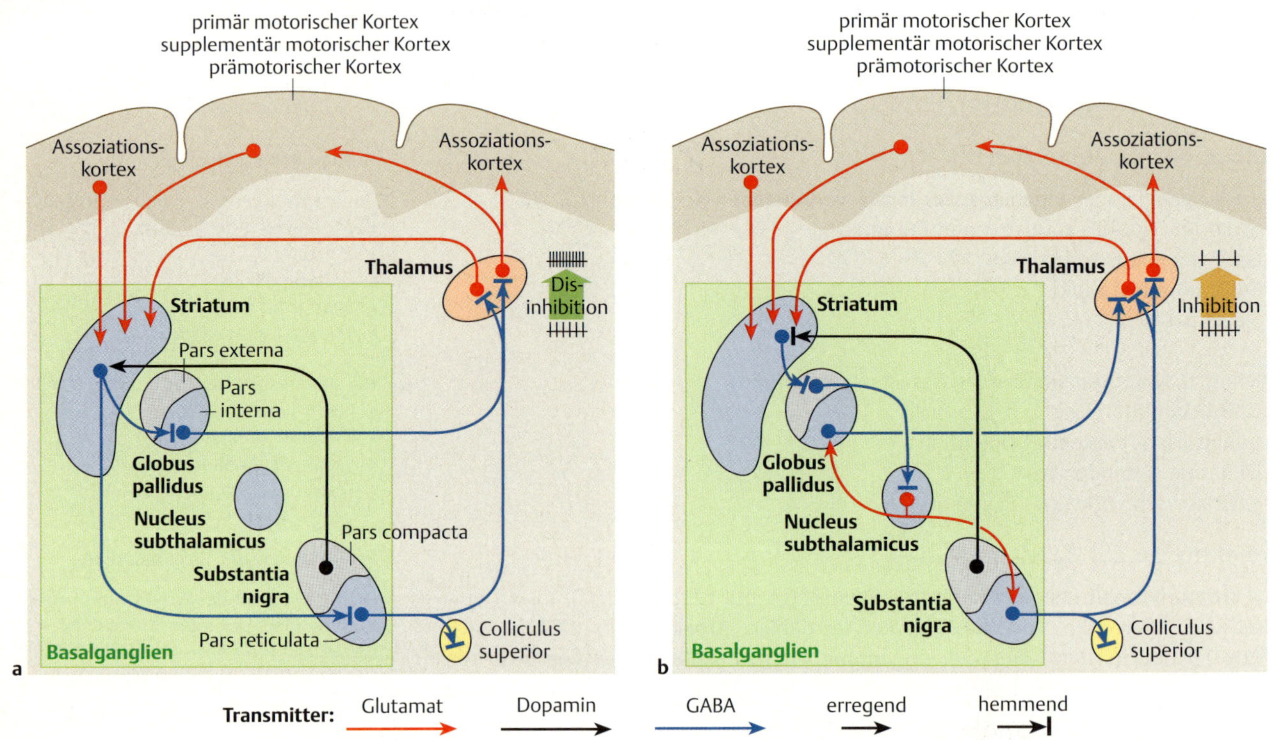


**a direkter Weg (Disinhibition des Thalamus).** **b indirekter Weg (Inhibition des Thalamus).**

Sowohl der direkte als auch der indirekte Weg werden in ihrer Aktivität durch dopaminerge Neurone der Pars compacta der **Substantia nigra**, die zum Striatum ziehen, reguliert. Darüber hinaus können als **Kotransmitter** ausgeschüttete Neuropeptide (Substanz P, Enkephalin, Dynorphin etc.) die Stärke der synaptischen Transmission modulieren.

Beide Wege werden in ihrer Aktivität durch dopaminerge Neurone der **Substantia nigra** reguliert. Auch Neuropeptide können als **Kotransmitter** deren Aktivität beeinflussen.

▶ **Klinik.** Wohl keine andere Hirnregion hat eine so klar umschreibbare und verständliche Pathophysiologie wie die **Basalganglien.** Die Erkrankungen lassen sich prinzipiell in hyperton-hypokinetische und hypoton-hyperkinetische Bewegungsstörungen einteilen:

Charakteristisch für **hyperton-hypokinetische Bewegungsstörungen** sind:
- ein verzögerter Bewegungsbeginn **(Akinese)**,
- eine verlangsamte Bewegungsdurchführung **(Bradykinese)**,
- ein erhöhter Muskeltonus mit gesteigerten tonischen Dehnungsreflexen **(Rigor)** und
- ein **Ruhetremor** (s. Abb. **22.26**, S. 748).

Klassisches Beispiel ist der **Morbus Parkinson**. Bei ihm ist der Rigor durch das sog. **Zahnradphänomen** charakterisiert: Bei passiver Beugung eines Gelenkes beobachtet der Arzt einen wächsernen, periodisch nachgebenden Widerstand. Weitere Parkinson-Symptome sind Gesichtsstarre, Vornüberbeugung des Kopfes und Rumpfes, Winkelstellung der Arme und Beugung der Knie (Abb. **22.23**). Der Morbus Parkinson ist auf einen selektiven Untergang dopaminerger Neurone in der Substantia nigra zurückzuführen. Da Dopamin normalerweise über D1-Rezeptoren fördernd auf den direkten Weg wirkt (Abb. **22.22 a**), werden als Folge der verstärkten Aktivität der Ausgangskerne die Thalamuskerne inhibiert (bzw. weniger stark disinhibiert). Gleichzeitig wirkt Dopamin normalerweise über D2-Rezeptoren inhibierend auf den indirekten Weg. Dopamin-Mangel führt hier zu einer Überaktivität der exzitatorischen Neurone des Nucleus subthalamicus, die sich klinisch im **Rigor** manifestiert. Eine Inhibition des indirekten Wegs führt damit ebenso zu einer verstärkten Aktivität der Ausgangskerne und einer verstärkten Inhibition der Thalamuskerne, was die Bewegungsarmut **(Akinese, Bradykinese)** der Parkinson-Patienten erklärt. Zur Linderung der Symptomatik erhalten Parkinson-Patienten die liquorgängige Dopamin-Vorstufe **L-Dopa**. Sowohl die neurochirurgische Implantation eines regelbaren Stimulators am Ausgang der Basalganglien als auch die Implantation dopaminproduzierender Stammzellen stellen alternative Therapiekonzepte dar. Weitere Inhalte zu diesem Krankheitsbild siehe entsprechenden „verklinikte Vorklinik-Fall", S. 751.

▶ **Klinik.**

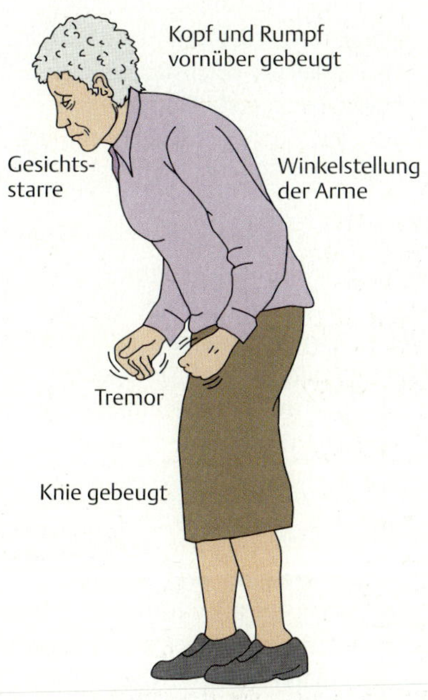


**22.23**

**Klassische Symptome des Morbus Parkinson**

Charakteristisch für **hypoton-hyperkinetische Bewegungsstörungen** ist ein **Bewegungsüberschuss** mit unkontrollierbaren und relativ schnellen Bewegungen der Extremitäten.
Klassisches Beispiel ist hier der sog. Veitstanz **(Chorea Huntington)**. Durch Untergang der GABA/Enkephalin-haltigen Neurone des Striatums, der u.a. auf eine Poly-Glutamin-Region im Huntingtin-Protein zurückzuführen ist, wird die normalerweise vorhandene Inhibiton durch den indirekten Weg abgeschwächt. Demzufolge überwiegt die Disinhibition der Thalamuskerne, was auf kortikaler Ebene zu unerwünschter Aktivierung oder falscher Selektion von Bewegungsprogrammen führt. Chorea-Huntington-Patienten zeigen schnelle Bewegungen von Extremitäten, Rumpf, Kopf und Gesichtsmuskulatur in Begleitung von langsamen, schraubenden Bewegungen der Extremitäten **(Athetose)**. Daneben beobachtet man auch Demenzerscheinungen und Persönlichkeitsstörungen, was den Einfluss der Basalganglien auch auf nicht motorische Kortexareale unterstreicht.
Der **Ballismus** stellt ebenfalls eine hypoton-hyperkinetische Bewegungsstörung dar. Ballismus-Patienten zeigen heftige und schleudernde Bewegungen der Extremitäten. Die Erkrankung ist auf eine Schädigung des Nucleus subthalamicus, meistens durch Verlust der Blutzufuhr nach einem Schlaganfall, zurückzuführen. Dadurch entfällt der erregende Einfluss auf die Ausgangskerne und es überwiegt wie bei Chorea Huntington die Disinhibition der Thalamuskerne.
Im Gegensatz zu Morbus Parkinson und Chorea Huntington sind die molekularen Ursachen, die zur Entstehung von **Dystonien** führen, noch weitgehend unbekannt. Charakteristisch für Dystonie-Patienten sind unwillkürliche und ungewöhnliche Körperhaltungen, die für einige Sekunden bzw. Minuten eingenommen werden.

22.4.3 Kleinhirn

Aufbau des Kleinhirns

Das Kleinhirn besteht aus der **Kleinhirnrinde** und der **weißen Substanz**, in der die **Kleinhirnkerne** (Nucleus fastigii, Nucleus interpositus, Nucleus dentatus) sitzen (Abb. **22.24**).

Die starke Faltung der **Kleinhirnrinde** bewirkt eine enorme **Oberflächenvergrößerung**. Die Kleinhirnrinde lässt sich in drei Bereiche unterteilen:
- **Zerebrozerebellum**
- **Spinozerebellum**
- **Vestibulozerebellum**.

Sie zeigt einen dreischichtigen Aufbau (**22.25**). Von außen nach innen unterscheidet man:
- **Molekularschicht**
- **Purkinjezellschicht**
- **Körnerschicht.**

Wichtigster Neurotransmitter ist das hemmend wirkende **GABA**.

Funktionen und Projektionen des Kleinhirns

Die Informationsverarbeitung in der Kleinhirnrinde (Abb. **22.25**) dient der **Optimierung motorischer Bewegungsabläufe** und ist daher auch für das **motorische Lernen** von zentraler Bedeutung.

## 22.4.3 Kleinhirn

### Aufbau des Kleinhirns

Das Kleinhirn (Abb. **22.24**) sitzt dorsal auf Höhe des Brückenhirns (Pons, vgl. hierzu Abb. **22.14**, S. 737) und besteht aus der **Kleinhirnrinde** und der **weißen Substanz**, die die Kleinhirnkerne **(Nucleus fastigii**, **Nucleus interpositus** und **Nucleus dentatus)** enthält.
Durch zahlreiche Faltungen ist die Oberfläche insbesondere der **Kleinhirnrinde** enorm vergrößert, sodass das Kleinhirn etwa 50% aller Neurone des Gehirns beinhaltet. Die Kleinhirnrinde lässt sich aus physiologischer Sicht in drei Bereiche untergliedern:
- **Zerebrozerebellum:** Besteht aus den lateralen Anteilen der Kleinhirnhemisphären und projiziert über den Nucleus dentatus und Thalamus zurück in den **Kortex**.
- **Spinozerebellum:** Besteht aus den medialen Anteilen der Hemisphären und der Vermis und projiziert über zwei Ausgangskerne, den Nucleus fastigii und den Nucleus interpositus, auf ins **Rückenmark** absteigende Bahnen.
- **Vestibulozerebellum**: Besteht aus dem Lobus flocculonodularis und projiziert auf die **Vestibulariskerne.**

Die Kleinhirnrinde ist dreischichtig aufgebaut (Abb. **22.25**). Die außen liegende **Molekularschicht** enthält die Parallelfasern sowie viele inhibitorische Korb- und Sternzellen. Die **Purkinjezellschicht** enthält die streng zweidimensional aufgebauten Purkinjezellen, während die innen liegende **Körnerschicht** mit $3 \times 10^{10}$ Körnerzellen die größte zusammenhängende Neuronenpopulation im ZNS enthält.
Der wichtigste Neurotransmitter der Kleinhirnrinde ist das inhibitorisch wirkende **GABA**, lediglich die Körnerzellen wirken exzitatorisch und benutzen **Glutamat** als Neurotransmitter.

### Funktionen und Projektionen des Kleinhirns

Das Kleinhirn ist für die **Optimierung von Haltung und Bewegung** sowie für **motorisches Lernen** verantwortlich. Dazu erhält die Kleinhirnrinde Informationen aus zwei **Eingangssystemen**, die sie nach Verarbeitung über das einzige Ausgangssystem, die Purkinje-Zellen (s.u.), an die Kleinhirnkerne der weißen Substanz weiterleitet (Abb. **22.25**):

**22.24 Aufbau und funktionelle Anatomie des Kleinhirns**

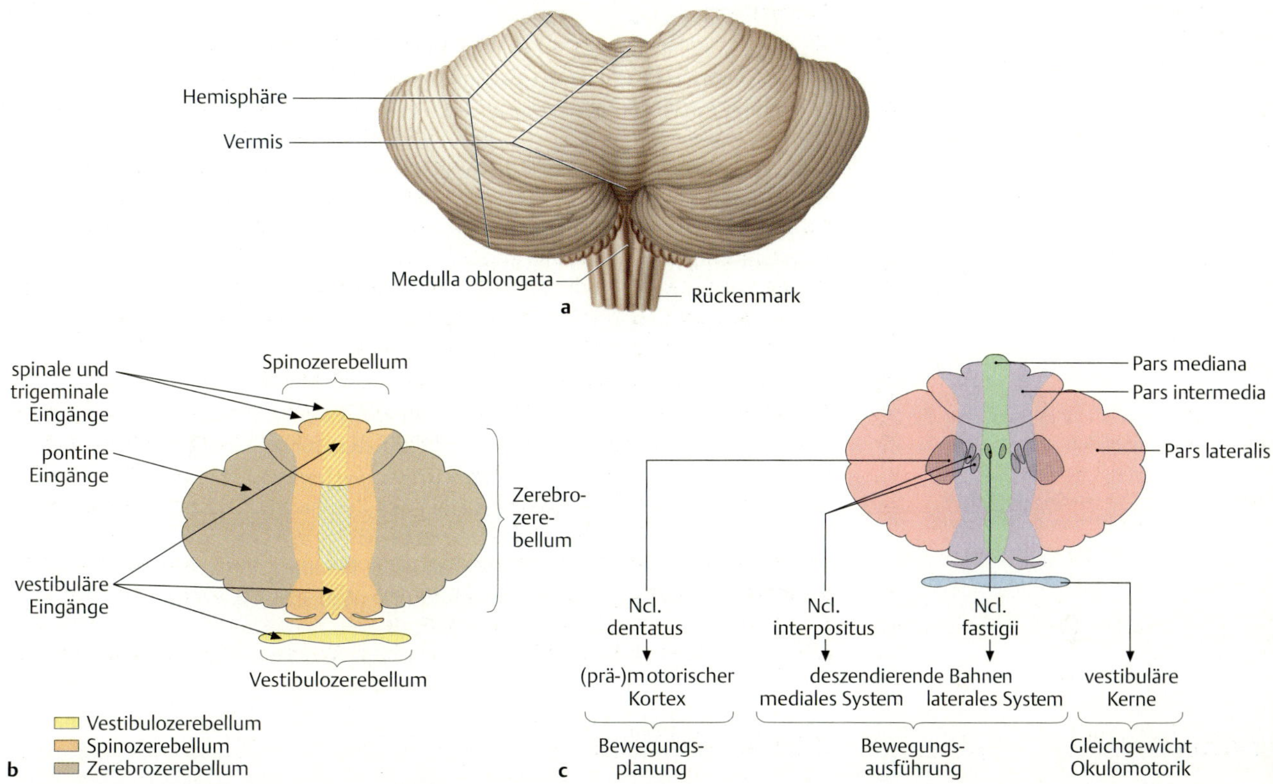


**a** Oberflächenstruktur des Kleinhirns von kranial.
**b** Eingänge des Kleinhirns (in der Mitte des Vermis sind Bereiche mit visuellem und auditorischem Antrieb grau-gelb gestreift gekennzeichnet).
**c** Ausgänge des Kleinhirns zu den verschiedenen motorischen Funktionszentren.

**22.25 Aufbau und Verschaltung der Kleinhirnrinde**

22.25

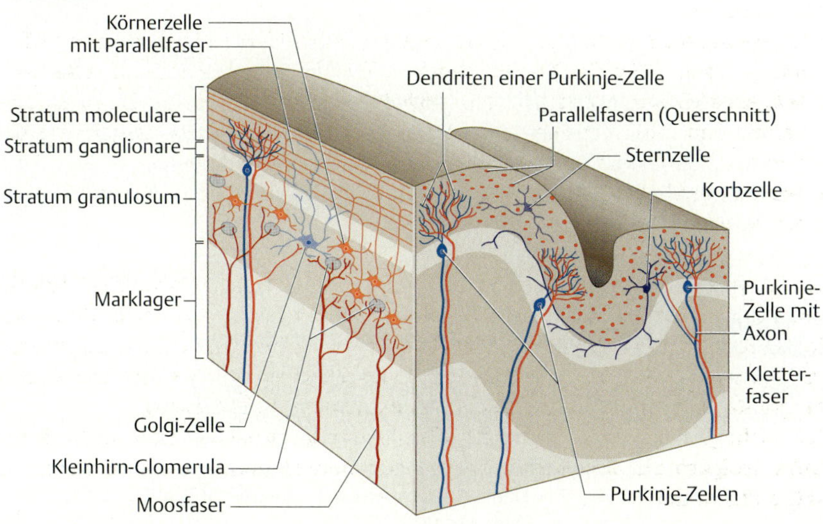


Schematische Darstellung der dreischichtigen Kleinhirnrinde. Exzitatorische Neurone sind rot dargestellt, inhibitorische blau.

Die Kleinhirnrinde besitzt **zwei Eingangssysteme**:

- Das **Moosfasersystem** macht quantitativ den größten Anteil aus und enthält vestibuläre, spinale und pontine Afferenzen. Die Moosfasern bilden Synapsen mit den Körnerzellen, die wiederum über ihre sog. Parallelfasern die Purkinje-Zellen erregen.
- Das **Kletterfasersystem** enthält Afferenzen aus der unteren Olive der Medulla oblongata. Die Kletterfasern sind direkt durch exzitatorische Synapsen mit Purkinjezellen verschaltet.

- Das **Moosfasersystem** stellt das quantitativ größte Eingangssystem dar und enthält vestibuläre (Vestibulozerebellum), spinale (Spinozerebellum) und pontine (Zerebrozerebellum) Afferenzen. Die Moosfasern bilden Synapsen auf den Körnerzellen, die über ihre Axone, die Parallelfasern, Purkinje-Zellen erregen. Eine Purkinje-Zelle erhält Eingänge aus etwa 100 000 Parallelfasern, deshalb ist zur Erzeugung eines Aktionspotenzials eine erhebliche räumliche Summation (s. S. 53) erforderlich.
- Das **Kletterfasersystem** enthält Afferenzen aus der unteren Olive der Medulla oblongata. Eine einzelne Kletterfaser bildet durch Windung um den Dendritenbaum etwa 200 exzitatorische Synapsen mit einer Purkinje-Zelle, sodass bereits ein einzelnes Aktionspotenzial für die überschwellige Erregung der Purkinje-Zelle ausreichend ist.

Durch Zwischenschaltung von Stern-, Korb- und Golgi-Zellen werden durch die beiden Eingangssysteme räumliche und zeitliche Muster im Zerebellum erzeugt.

Einziger Ausgang der Kleinhirnrinde sind die **Purkinje-Zellen**. Sie bilden inhibitorische Synapsen mit den Kleinhirnkernen. Die Kleinhirnrinde ist somit ein riesiges **inhibitorisches System zur Kontrolle der Motorik**.

Die **Purkinje-Zellen** bilden als einziger **Ausgang** der Kleinhirnrinde inhibitorische Synapsen mit den **Kleinhirnkernen**, sodass die Informationsverarbeitung in der Kleinhirnrinde als riesiges, **inhibitorisches System zur Kontrolle der Motorik** betrachtet werden kann. Purkinje-Zellen aus Zerebrozerebellum, Vestibulozerebellum und Spinozerebellum projizieren über Kleinhirnkerne in Kortex, Hirnstamm und Rückenmark und **modulieren** so mit **Planung, Programmerstellung und Durchführung alle Aspekte der Sensomotorik** (Abb. **22.24 b** und **c**).

▶ Klinik.

▶ **Klinik.** Patienten mit **Kleinhirnläsionen** zeigen generell keine Ausfälle bzw. Lähmungen einzelner Muskeln, sondern **unkoordinierte** und **inakkurate Bewegungsabläufe** (Abb. **22.26**). Diesen Verlust der Präzision von Bewegungen, der bei dem Zusammenspiel von Muskeln über mehrere Gelenke besonders ausgeprägt ist, beschreibt man mit dem Sammelbegriff **Ataxie**.

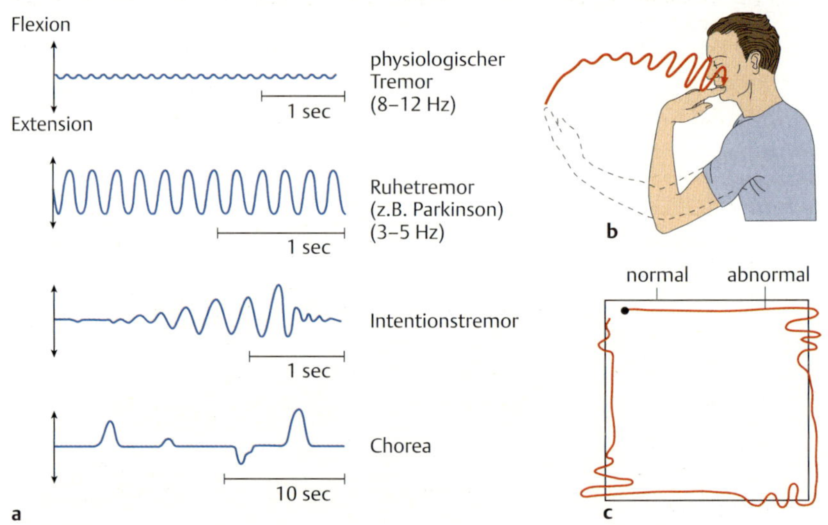


**22.26 Tests zur Differenzierung der verschiedenen Tremorarten**

**a Typische Muskelbewegungen der unterschiedlichen Tremorarten.**
**b Finger-Nase-Versuch:** Der Patient wird aufgefordert, bei geschlossenen Augen mit einer weit ausholenden Bewegung den Zeigefinger auf seine Nasenspitze zu setzen. Bei einer Kleinhirnläsion kommt es, je näher der Finger der Nase kommt, zu einem zunehmenden Tremor **(Intentionstremor)**. Der Finger landet meist aufgrund der gestörten Zielmotorik deutlich neben der Nasenspitze **(Dysmetrie)**.
**c Nachzeichnen eines Vierecks.**

Hinweise auf Kleinhirnerkrankungen sind:
- langsame, undeutliche Sprache **(Dysarthrie)**,
- überschießende oder zu kurze Zielbewegungen mit Korrekturbewegungen **(hypermetrische bzw. hypometrische Dysmetrie)**,
- Unsicherheiten beim Stehen oder Gehen und
- ein Nystagmus (s. S. 703).

Bei der **Extremitätenataxie**, die bei Schädigungen der lateralen Anteile der Hemisphären (Zerebrozerebellum) auftritt, ist ein **Intentionstremor** zu beobachten. Einfache Tests zur Feststellung bzw. Quantifizierung dieses Intentionstremors sind das Führen des Zeigefingers zur Nase (Abb. **22.26 b**) bzw. das Nachzeichnen eines Vierecks (Abb. **22.26 c**).
Spezifische Schädigungen des Vestibulozerebellums führen vornehmlich zu Störungen der Augenmotorik **(Sakkadendysmetrie)**, während Schädigungen des Spinozerebellums vornehmlich zu **Stand- und Gangataxie** führen.

## 22.5 Zusammenfassendes Beispiel sensomotorischer Abläufe

Das komplexe, hierarchische Zusammenspiel zentralnervöser Regionen bei einer Willkürbewegung (Abb. **22.27**) soll anhand eines alltäglichen Beispiels demonstriert werden:
Wir sind in der 90. Minute des deutschen Pokalendspiels, das Spiel steht 0:0 und der Schiedsrichter entscheidet auf Elfmeter für den 1. FC Kaiserslautern. Die subkortikalen Motivationsareale haben dem Schützen den **Handlungsantrieb** für die Ausführung des Elfmeters gegeben. Er legt den Ball auf den Elfmeterpunkt und geht

22.5 Zusammenfassendes Beispiel sensomotorischer Abläufe

Anhand eines alltäglichen Beispiels kann das komplexe, hierarchische Zusammenspiel zentralnervöser Regionen bei einer Willkürbewegung veranschaulicht werden (Abb. **22.27**).

**22.27 Zusammenspiel der sensomotorischen ZNS-Regionen bei Willkürbewegungen**

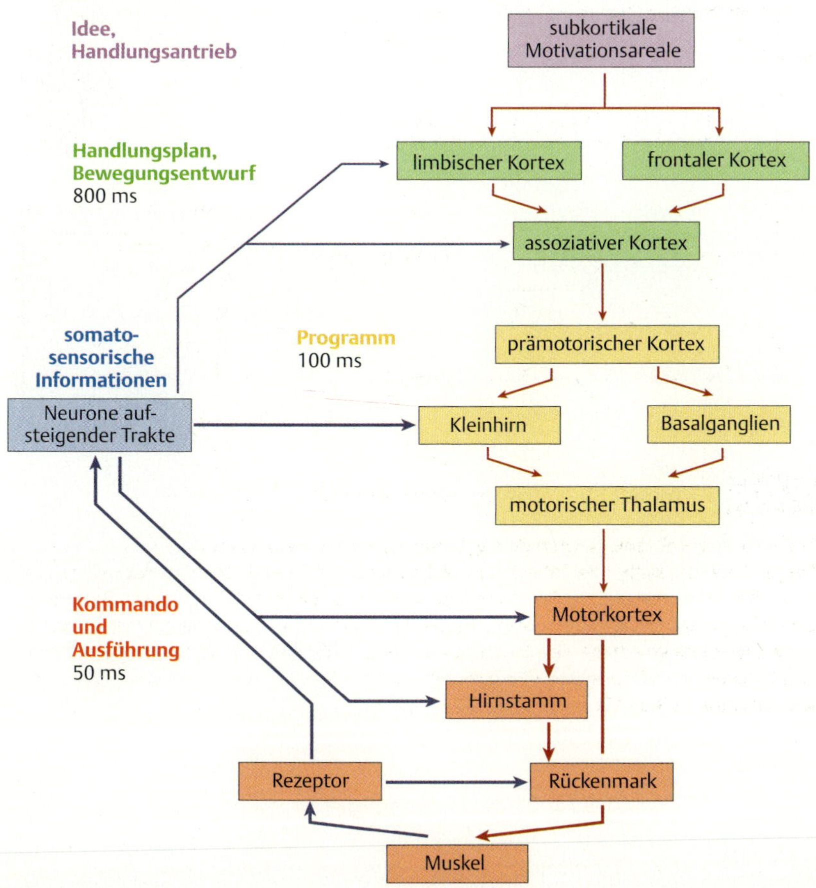


22.27

aus dem Strafraum. Der spinale Lokomotionsgenerator auf Basis des gekreuzten Streckreflexes ist aktiv und wird über absteigende, ventromediale Bahnen moduliert. Der Schütze steht nun außerhalb des Strafraums, seine aufrechte Haltung wird über posturale Reaktionen des Hirnstamms gewährleistet. Der Schiedsrichter pfeift und gibt so die Ausführung des Elfmeters frei. Unter Zuhilfenahme **sensorischer Informationen** (z. B. „Wo steht der Torhüter?") entwickelt der Schütze nun zunächst einen **Bewegungsentwurf** und anschließend ein **Programm**, der prämotorische, supplementär-motorische und präfrontale Kortex zeigen hohe Aktivität. Der Beginn des Anlaufs wird durch die Basalganglienschleife initiiert, Neurone des supplementär-motorischen und unmittelbar darauf des primären motorischen Kortex feuern Aktionspotenziale. Die Anweisungen laufen über dorsolaterale Bahnen in das Rückenmark. Gleichzeitig wird das Kleinhirn über pontine Afferenzen aktiviert und regelt die zeitliche und räumliche Feinkoordination der beteiligten Muskelgruppen. Kortikale Afferenzen zur Formatio reticularis befreien die Antischwerkraftmuskeln von ihrer reflektorischen Kontrolle. Schließlich sorgen die Signale der dorsolateralen Bahnen im Sinne eines **Kommandos** über Interneurone und α-Motoneurone des Rückenmarks für die Kontraktion der Muskeln **(Ausführung)**. Der Schütze läuft an und schießt, der Torhüter hält. Mitspieler und Trainer sind entsetzt, die Zuschauer pfeifen. Glücklicherweise lässt der Schiedsrichter den Elfmeter wiederholen, da sich der Torhüter zu früh bewegte. Das Kleinhirn des Schützen macht nun leichte Modifikationen für die erneute Ausführung des Elfmeters, um den Pokalsieg für sein Team zu sichern.

## ▸ ver$_k$lin$_i$kte Vorklinik: Parkinson-Syndrom (Morbus Parkinson)

**Anamnese:** Bei einem seiner regelmäßigen Hausarzt-Besuche berichtet der 79-jährige Hans Keller zum ersten Mal über Beschwerden, die ihn schon seit Monaten beschäftigen: Er komme nur noch ganz schlecht aus dem Sessel hoch und hätte beim Aufstehen oft das Gefühl, gleich „vornüberzukippen". Auch mit seinen Händen sei etwas nicht in Ordnung: In Ruhe zitterten sie in letzter Zeit öfter und seine sonst so schöne, geschwungene Schrift sei jetzt am Ende eines Briefes klein und fast krakelig. Nach der klinischen Untersuchung weist der Hausarzt den Patienten mit dem Verdacht auf Morbus Parkinson in die Klinik ein.

Herr Keller leidet an einem leicht erhöhten Blutdruck und hatte mit 63 Jahren einen kleinen Schlaganfall im Versorgungsgebiet der linken A. cerebri media, der ohne Folgeschäden geblieben ist. Seitdem er aufgehört hat zu rauchen und als Rentner zur Ruhe gekommen ist, geht es ihm gut. Nur die gutartig vergrößerte Prostata macht sich manchmal bemerkbar.

**Medikamentenanamnese:** Seit dem Schlaganfall nimmt er zur Blutverdünnung 100 mg Acetylsalicylsäure. Der Blutdruck ist mit dem ACE-Hemmer Lisinopril (10 mg/d) eingestellt. Für die Prostata hat er ein pflanzliches Mittel.

In seiner Familie sind keine Parkinson-Erkrankungen bekannt. Seine Mutter ist fast 90 Jahre alt geworden, der Vater starb mit 73 Jahren an einem Schlaganfall, seine Geschwister sind alle einige Jahre jünger als er.

**Körperliche Untersuchung** (Angabe der jeweiligen Normwerte in Klammern): Normalgewichtiger Patient in altersentsprechendem Allgemeinzustand. Blutdruck 140/80 mm Hg (< 130/85 mm Hg), Puls 80/min (50 – 100/min). Alle peripheren Pulse sind tastbar. Die Reflexe sind unauffällig. Auffällig ist ein leichter Tremor der Hände in Ruhe, rechts stärker als links, der bei gezielten Bewegungen verschwindet. Im Vergleich zu früher ist seine Gesichtsmimik weniger lebhaft. Wenn er vom Stuhl aufsteht, kommt er nur schwer und langsam hoch, beugt den Oberkörper vor und trippelt beim Gehen zuerst, bis er sich aufrichtet und normal große Schritte geht. Bei der passiven Streckung der Arme und Beine zeigt sich ein Zahnradphänomen. Ein sehr schnelles Hin- und Herdrehen (Pronation und Supination) der Hände gelingt ihm nicht mehr, die rechte Hand ist dabei noch langsamer als die linke.

Der weitere körperliche Untersuchungsbefund ist bis auf die Prostatahyperplasie unauffällig.

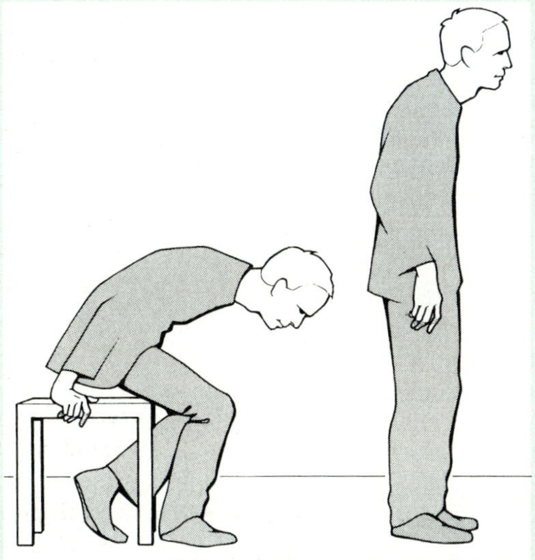

**„Starthemmung"** – der Patient kann sich nur mit viel Mühe vom Stuhl erheben. Für das Parkinson-Syndrom typisch ist auch die gebeugte, sog. gebundene Körperhaltung.

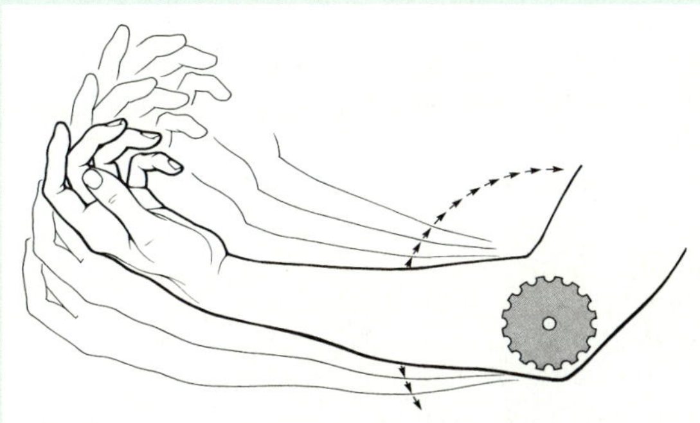

**„Zahnrad-Phänomen"** – bei passiver Gelenkbewegung fällt eine rhythmische Unterbrechung des Dehnungswiderstandes auf.

**Laboruntersuchungen** (Angabe der jeweiligen Normwerte in Klammern): Cholesterin 287 mg/dl (< 250 mg/dl), alle anderen Parameter im Referenzbereich.

**12-Kanal-EKG:** normfrequenter Sinusrhythmus, Linkstyp, keine Erregungsrückbildungsstörungen.

**Röntgenaufnahme des Thorax in zwei Ebenen:** altersentsprechend unauffälliger Befund.

**Elektroenzephalogramm (EEG):** altersentsprechender Befund.

**Computertomografie des Schädels:** diskrete Ventrikelerweiterung und diskrete kortikale Atrophie, am ehesten Ausdruck des Alterungsprozesses.

**Dopamin-Test:** Innerhalb von 24 Stunden erhält der Patient 3 × 20 mg Domperidon und dann 200 mg L-Dopa oral. Danach bessern sich seine Symptome innerhalb der nächsten zwei Stunden diskret, aber deutlich.

**Verlauf:** Durch die klinische Untersuchung und den positiven L-Dopa-Test wird in der Klinik ein Morbus Parkinson diagnostiziert. Herr Keller erhält als Therapie L-Dopa kombiniert mit Benserazid, zunächst einschleichend eine niedrige Dosierung, dann L-Dopa 3 × 125 mg pro Tag. Seine Beschwerden bessern sich unter dieser Medikation deutlich. Nach knapp drei Jahren muss die Dosis erhöht werden auf schließlich 3 × 250 mg pro Tag. Mit 83 Jahren verschlechtert sich der Allgemeinzustand des Patienten nach einer Lungenentzündung, er erleidet kurz darauf einen großen Mediainfarkt links und verstirbt daran.

**Fragen mit physiologischem Schwerpunkt:**

1. Warum gehört die Gruppe der Anticholinergika zur Standardtherapie des Morbus Parkinson?
2. Den Symptomen einer Schizophrenie liegt gegenüber dem Dopaminmangel beim Parkinson-Syndrom eine überschießende Dopaminaktivität zugrunde. Welche therapeutische Möglichkeit ergibt sich hieraus und welche Nebenwirkung einer solchen Therapie können Sie sich vorstellen?

**Antwortkommentare:**

**Zu 1.** Durch den Dopaminmangel kommt es zu einem Ungleichgewicht zwischen dopaminergen und cholinergen Impulsen zugunsten des cholinergen Systems. Symptome dieses cholinergen Übergewichts sind die typischen Parkinson-Symptome Rigor und Tremor (vgl. S. 745). Anticholinergika, wie z.B. Biperidin, werden bei Patienten eingesetzt, bei denen diese Symptome vorherrschen.

**Zu 2.** Die überschießende Dopaminaktivität kann durch den Einsatz von Dopaminrezeptorantagonisten, den sog. Neuroleptika, gemindert werden. Bei Überdosierung besteht wiederum die Gefahr eines relativen Dopaminmangels, der sich durch dieselben klinischen Symptome wie der Morbus Parkinson manifestiert. Diese – nicht seltene – Nebenwirkung einer Neuroleptikatherapie wird daher auch als Parkinsonoid (parkinsonähnlich; medikamentös induziertes Parkinson-Syndrom) bezeichnet.

# Integrative Leistungen des ZNS

# 23 Integrative Leistungen des zentralen Nervensystems

# 23 Integrative Leistungen des zentralen Nervensystems

23 Integrative Leistungen des zentralen Nervensystems

Integrative Leistungen sind höhere Funktionen des zentralen Nervensystems, die insbesondere von der **Großhirnrinde** (Cortex cerebri oder kurz **Kortex**) gesteuert werden. Zu diesen Funktionen zählen u. a. Sprache, Bewusstsein, Lernen, Gedächtnis, Willkürmotorik, Motivation und Emotionen. Diese Funktionen sind für den Menschen von zentraler Bedeutung, was man auch daran erkennt, dass gut zwei Drittel der Gehirnmasse auf die Großhirnrinde entfällt. Das Erlöschen der elektrischen Aktivität im Kortex hat den völligen Ausfall jeglicher bewussten Wahrnehmung und Handlung zur Folge.

## 23.1 Anatomische und funktionelle Organisation der Großhirnrinde

23.1 Anatomische und funktionelle Organisation der Großhirnrinde

### 23.1.1 Makroskopischer Aufbau

Das Großhirn und die stark gefaltete Großhirnrinde gliedern sich in **zwei** annähernd symmetrische **Hemisphären**, die über den Balken (Corpus callosum) miteinander verbunden sind. Der Kortex besteht aus einer wenige Millimeter dünnen, zweidimensionalen Schicht von Neuronen, die durch Faltung eine enorm große Fläche von ca. 2500 cm$^2$ erreicht. Die Ursache für die starke Faltung findet sich vor allem in der Ausdehnung des entwicklungsgeschichtlich jungen Neokortex, der den größten Teil des Kortex bildet. Die Faltungen des Kortex werden als Windungen **(Gyri)** und Furchen (**Sulci**) bezeichnet.

Jede Hemisphäre besitzt **vier kortikale Lappen**. Die Zentralfurche trennt den Frontallappen vom Parietal- und dem weiter kaudal gelegenen Okzipitallappen. Die Lateralfurche definiert die dorsale Begrenzung des Temporallappens.

Aufgrund feiner zytoarchitektonischer Unterschiede hat der Berliner Neurologe Korbinian **Brodmann** 1909 eine weitere Unterteilung in **52 Areale** vorgeschlagen, die bis heute Gültigkeit hat. Wie weiter unten beschrieben, kann man den Brodmann-Arealen heute bestimmte Funktionen zuordnen (Tab. **23.1**).

**23.1.1 Makroskopischer Aufbau**

Die Großhirnrinde gliedert sich in **zwei Hemisphären**, die über den Balken (Corpus callosum) miteinander verbunden sind. Die Faltungen des Kortex werden als Windungen **(Gyri)** und Furchen **(Sulci)** bezeichnet.

Jede Hemisphäre besitzt **vier kortikale Lappen:** Frontal-, Parietal-, Okzipital- und Temporallappen.

Aufgrund zytoarchitektonischer Unterschiede wird der Neokortex in **52 Brodmann-Areale** eingeteilt (Tab. **23.1**).

### 23.1.2 Funktionelle Gliederung

Aufgrund verschiedener funktioneller Eigenschaften unterscheidet man primäre motorische und sensorische Areale **(primäre Rindenfelder)** und flächenmäßig deutlich größere **Assoziationsareale** (Abb. **23.1**). Letztere spielen für integrative Leistungen des zentralen Nervensystems eine bedeutende Rolle. Jeder Lappen der Großhirnrinde enthält sowohl primäre Rindenfelder als auch Assoziationsareale.

**23.1.2 Funktionelle Gliederung**

Jeder Hirnlappen enthält **primäre Rindenfelder** sowie **Assoziationsareale**, die für integrative Leistungen wichtig sind (Abb. **23.1**).

#### Primäre Rindenfelder

Durch elektrische Reizung während offener Hirnoperationen konnten manchen der ursprünglich anatomisch definierten Felder eindeutige funktionelle Aufgaben zugewiesen werden. So beschrieb der Neurochirurg Wilder Penfield in den 50er Jahren des letzten Jahrhunderts folgende Felder:

**Primäre Rindenfelder**

Man unterscheidet folgende primäre Felder:
- primär **somatomotorischer** Kortex (**M**1; Frontallappen)
- primär **somatosensorischer** Kortex (**S**1; Parietallappen)

**23.1 Wichtige Brodmann-Areale und ihre Funktionen**

| *Area* | *Funktion* |
|---|---|
| 1–3 | primär **somatosensorischer** Kortex (S1) |
| 4 | primär **somatomotorischer** Kortex (M1) |
| 6, 8 | **prämotorischer** Kortex |
| 17 | primär **visueller** Kortex (V1) |
| 18 | sekundär **visueller** Kortex (V2) |
| 41 | primär **auditorischer** Kortex (A1) |
| 42 | sekundär **auditorischer** Kortex (A2) |
| 22 (posteriorer Teil) | **sensorisches Sprachzentrum** (Wernicke-Areal) |
| 44, 45 | **motorisches Sprachzentrum** (Broca-Areal) |

23.1

**23.1 Makroskopische und funktionelle Gliederung des Kortex**

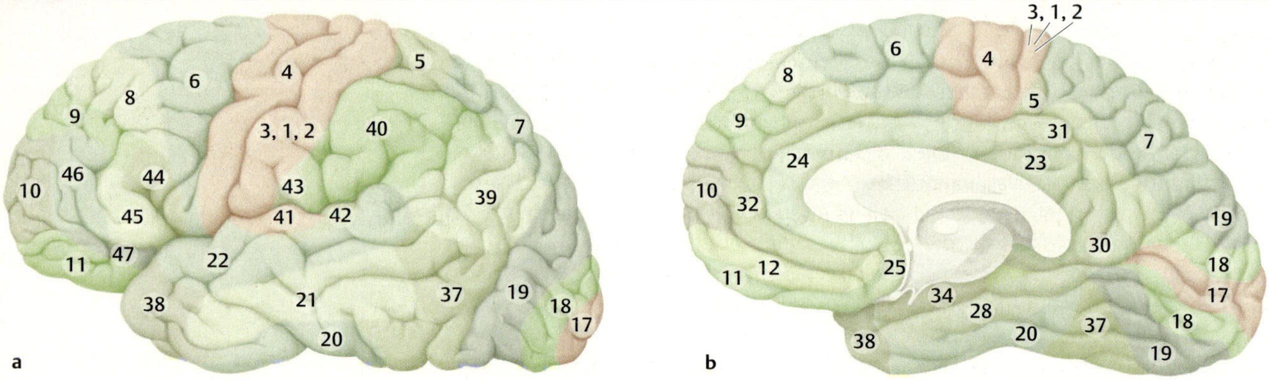


Man unterscheidet **primäre Rindenfelder** (rot) und **Assoziationsfelder** (grün). Dargestellt sind die Lateral- **(a)** und die Mediansicht **(b)**.

- primär **visueller** Kortex (**V**1; Okzipitallappen)
- primär **auditorischer** Kortex (**A**1; Temporallappen).

Elektrische Reizung der primären Rindenfelder führt zu einem Sinneseindruck bzw. zu einer motorischen Reaktion an einem bestimmten Ort in der Körperperipherie. Jede Körperregion wird dabei auf einem bestimmten Kortexareal repräsentiert. Aufgrund des Verlaufs der sensorischen und motorischen Bahnen wird die rechte Körperhälfte im linken Neokortex repräsentiert und umgekehrt (s. **Homunculus**, S. 619 bzw. S. 740).

- primär **somatomotorischer** Kortex (**M**1; Frontallappen)
- primär **somatosensorischer** Kortex (**S**1; Parietallappen)
- primär **visueller** Kortex (**V**1; Okzipitallappen)
- primär **auditorischer** Kortex (**A**1; Temporallappen).

Elektrische Reizung dieser primären Rindenfelder führt zu einem Sinneseindruck bzw. zu einer motorischen Reaktion an einem bestimmten Ort in der Körperperipherie. Jede Körperregion wird dabei auf einem bestimmten Kortexareal repräsentiert, wobei benachbarte Körperbereiche auf benachbarte Kortexbereiche abgebildet werden. Des Weiteren ist aufgrund des Verlaufs der sensorischen und motorischen Bahnen die rechte Körperhälfte im linken Neokortex repräsentiert und umgekehrt. Betrachtet man also z. B. das somatosensorische System, so findet man im linken Gyrus postcentralis (S1, Area 1 – 3) einen sog. **Homunculus** der rechten Körperoberfläche (s. Homunculus, S. 619 bzw. S. 740).

Die genauen axonalen Projektionen und neuronalen Verschaltungen werden in den ersten Lebensjahren entscheidend geprägt. Wenn man weiß, dass Kleinkinder in den ersten Jahren fast ausschließlich mit Mund und Händen spielen, verwundert es nicht, dass diese Körperteile durch überproportional große Bereiche repräsentiert sind. Das kindliche Verhalten führt also dazu, dass Körperregionen mit größerer funktioneller Bedeutung (z. B. Gesicht, Finger) auch stärker im Kortex repräsentiert werden. Ähnliches findet sich für die anderen Sinnessysteme. Die Organisation der primären Rindenfelder wird deshalb als **somatotop** (M1, S1), **retinotop** (V1) und **tonotop** (A1) bezeichnet.

**▶ Merke.**

**▶ Merke.** Aufgrund des Verlaufs der sensorischen und motorischen Bahnen ist die **rechte** Körperhälfte in **primären Rindenfeldern** des **linken** Neokortex repräsentiert und umgekehrt.

### Assoziationsfelder

Mehr als **80 % des Neokortex** sind Assoziationsareale, in denen die neuronalen Informationen entweder aus einem Sinnessystem **(unimodal)** oder aus verschiedenen sensorischen und motorischen Regionen **(polymodal)** integriert und verarbeitet werden.

### Assoziationsfelder

Mehr als **80 % des Neokortex** sind Assoziationsareale. Im Gegensatz zu den primären Feldern lassen sich hier keine motorischen Reaktionen oder Sinneswahrnehmungen durch elektrische Reizung auslösen. Es handelt sich dabei um Areale, die neuronale Informationen entweder aus einem Sinnessystem **(unimodal)** oder aus verschiedenen sensorischen und motorischen Regionen **(polymodal)** abstrahieren, zu sinnvollen Gedanken zusammenfügen und adäquates Verhalten ermöglichen. Unimodale Assoziationsfelder werden je nach Verarbeitungs- und Abstraktionsniveau als sekundäres oder tertiäres Kortexareal bezeichnet.

Der entwicklungsgeschichtliche Zuwachs des Neokortex erfolgte beim Menschen fast ausschließlich zugunsten dieser Assoziationsareale; gegenüber den Menschenaffen haben sich diese Bereiche im Verlauf der Entwicklung um das Dreifache vergrößert. Die primären Rindenfelder haben dagegen bei den höheren Primaten eine vergleichbare Größe.

▶ Klinik. Schädigungen von **primären Rindenfeldern** gehen immer mit Störungen der Sinneswahrnehmungen oder der Motorik einher. Eine Läsion im V1 (z.B. durch Hirninfarkt) führt beispielsweise zur sog. **Rindenblindheit**.
Nach Läsionen in **Assoziationsarealen** kommt es häufig zu Agnosien und Apraxien. Eine **Agnosie** bezeichnet Störungen des Erkennens ohne elementare sensorische Defizite. Läsionen im **posterioren parietalen Assoziationskortex** vor allem der rechten Hemisphäre führen so z.B. zu einer Vernachlässigung bestimmter Umgebungsbereiche oder Köperteile der gegenüberliegenden Seite **(Neglect)**. Diese Agnosie kann im Extremfall so stark ausgeprägt sein, dass die Existenz eines Körperteils geleugnet wird.
Unter **Apraxie** versteht man (analog dazu) Störungen von willkürlichen Bewegungsabläufen bei intakter primärer Motorik.

▶ Klinik.

## Kortikale Asymmetrie und Hemisphärendominanz

Bei genauerem Blick sieht man, dass die Großhirnhemisphären nicht genau symmetrisch sind (Abb. **23.2**). Bei den meisten Menschen ist die linke Lateralfurche länger als die rechte. Dementsprechend ist das linke Planum temporale, der Hauptanteil des sensorischen Sprachareals (Wernicke-Areal), deutlich größer als das rechte. Analog dazu befindet sich auch die motorische Sprachregion (Broca-Areal) ausschließlich im **linken** Frontallappen (s. S. 773 bzw. 774). Man spricht deshalb von der **(sprach)dominanten Hemisphäre**. Die **nicht dominante Hemisphäre** scheint dagegen eher für das Erfassen räumlicher Muster sowie für bildhaftes und phantasievolles Denken spezialisiert zu sein (Tab. **23.2**).
Die relativ starke **zerebrale Lateralisierung** zeigt sich auch darin, dass 80% der Menschen immer zuerst die rechte Hand benutzen, um eine gegebene **manuelle Aufgabe** zu lösen. Die anderen 20% benutzen meistens die linke Hand, und nur sehr wenige sind indifferent bezüglich der Handwahl. Dies steht in starkem Gegensatz zu

**Kortikale Asymmetrie und Hemisphärendominanz**

Bei den meisten Menschen findet man auf der **linken** Seite die **dominante Hemisphäre** mit den sensorischen und motorischen Spracharealen (s. S. 773 bzw. 774). Die linke Lateralfurche ist deshalb länger und das linke Planum temporale größer. Die **nicht dominante Hemisphäre** ist eher für das Erfassen räumlicher Muster und bildhaftes Denken spezialisiert (Tab. **23.2**).

Die relativ starke **zerebrale Lateralisierung** zeigt sich auch darin, dass die **manuelle Feinmotorik** meist mit der rechten Hand, d. h. in der linken Hemisphäre, besser entwickelt ist.

**23.2 Asymmetrie der Großhirnhemisphären**

23.2

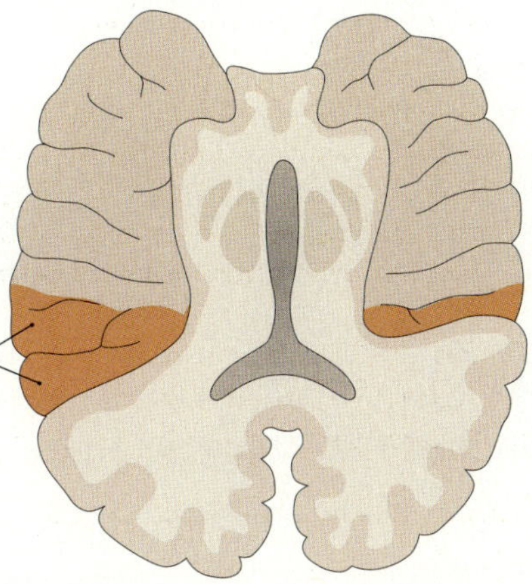


Der Horizontalschnitt durch das Vorderhirn zeigt die Vergrößerung des linken Planum temporale. Hier befindet sich das sensorische Sprachareal (Wernicke-Areal).

**23.2 Funktionen der Großhirnhemisphären**

23.2

| *linke Hemisphäre* | *rechte Hemisphäre* |
|---|---|
| ▪ Repräsentation der rechten Körperhälfte | ▪ Repräsentation der linken Körperhälfte |
| ▪ rechtes Gesichtsfeld | ▪ linkes Gesichtsfeld |
| ▪ lexikalische und semantische Inhalte der Sprache | ▪ emotionale Färbung der Sprache |
| ▪ kausal-logisches Denken | ▪ bildhaft-räumliches Denken |

anderen Primaten, die je nach Aufgabe entweder die rechte oder die linke Hand verwenden, weswegen der Homo sapiens auch als der „einseitige Affe" bezeichnet wird. Typisch menschliche Fähigkeiten gehen anscheinend einher mit einer dramatischen Vergrößerung der Assoziationsareale sowie einer einseitigen funktionellen Spezialisierung einzelner Assoziationsfelder.

23.1.3 Mikroskopische Struktur und Verschaltung

Die Großhirnrinde **(Kortex)** gliedert sich in:
- **Neokortex** (Isokortex): ca. 90 %, entwicklungsgeschichtlich jüngster Teil, 6 Schichten
- **Allokortex:** kein einheitlicher Bauplan (3 – 4 Schichten).

Laminäre Organisation des Neokortex

Von außen nach innen unterscheidet man (Abb. **23.3**):
- I – Molekularschicht
- II – äußere Körnerschicht
- III – äußere Pyramidenschicht
- IV – innere Körnerschicht
- V – innere Pyramidenschicht
- VI – multiforme Schicht.

## 23.1.3 Mikroskopische Struktur und Verschaltung

Der größte und entwicklungsgeschichtlich jüngste Teil der Großhirnrinde, der **Neokortex**, besteht aus 6 charakteristischen Schichten und wird auch als **Isokortex** (griech. isos = gleichförmig) bezeichnet. Dieser Teil des Kortex existiert nur bei Säugetieren. Mit Vögeln und Reptilien haben wir den älteren Paläokortex (z. B. das Riechhirn) und den Archikortex (Hippocampus) gemeinsam. Diese Regionen haben einen anderen Aufbau als der Neokortex (3 – 4 Schichten) und werden deshalb auch unter dem Begriff **Allokortex** („anderer" Kortex) zusammengefasst.

### Laminäre Organisation des Neokortex

Die 6 Schichten des Neokortex sind parallel zur Hirnoberfläche angeordnet und unterscheiden sich hinsichtlich der Häufigkeit und der Art der Nervenzellen. Sie werden von außen nach innen nummeriert (Abb. **23.3**):
- **I – Molekularschicht:** zellarme Schicht, Assoziationsfasern
- **II – äußere Körnerschicht:** kleine Pyramidenzellen
- **III – äußere Pyramidenschicht:** kleine Pyramidenzellen, Ursprung von Assoziationsfasern

23.3

**23.3 Schichtaufbau der Großhirnrinde**

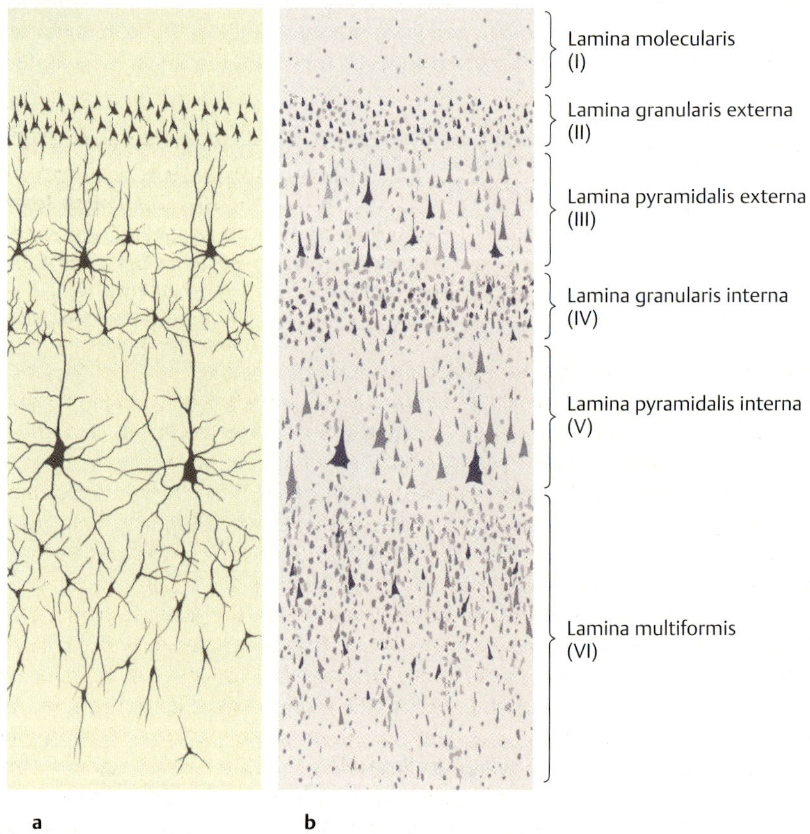


**a** Die Struktur der Neurone im Neokortex erkennt man mithilfe einer **Golgi-Färbung**. Hier werden zufällig einzelne Neurone so markiert, dass die Struktur des Dendritenbaums sichtbar wird.
**b** In der **Nissl-Färbung** werden die Zellkörper aller Zellen markiert.

- **IV – innere Körnerschicht:** Sternzellen, die synaptische Eingänge von spezifischen Thalamuskernen bekommen
- **V – innere Pyramidenschicht:** große Pyramidenzellen, Ursprung von Assoziations- und Projektionsfasern
- **VI – multiforme Schicht:** multiforme Zellen, Ursprung der Projektion in den Thalamus.

Die größten Neuronenpopulationen im Kortex sind erregende **glutamaterge Zellen** (ca. 80%). Hierzu gehören die großen **Pyramidenzellen** in Schicht V, die kleineren **Sternzellen** in Schicht IV sowie die kleinen und mittelgroßen Pyramidenzellen in Schicht II/III. Daneben gibt es im Neokortex noch eine zahlenmäßig kleinere (ca. 20%), aber funktionell sehr vielfältige Population von hemmenden **GABAergen Interneuronen.**

Die größten Neuronenpopulationen im Kortex sind erregende **glutamaterge Zellen** (Pyramidenzellen, Sternzellen). Daneben gibt es noch hemmende **GABAerge Interneurone.**

Die Dicke der einzelnen Schichten kann in verschiedenen Kortexregionen erheblich variieren. So ist z.B. die Schicht IV in den primären sensorischen Rindenfeldern und in Assoziationsarealen deutlich ausgeprägt **(granulärer Kortex)**, in der motorischen Rinde ist sie dagegen stark zurückgebildet **(agranulärer Kortex).** Solche Unterschiede veranlassten Brodmann zu der bereits dargestellten Einteilung in verschiedene Areale (s.S. 755).

Die Schichtung des Neokortex kann regional variieren. Die Schicht IV ist im **granulären Kortex** deutlich ausgeprägt, fehlt aber fast völlig in M1 **(agranulärer Kortex).**

► Exkurs. **GABAerge Interneurone**

Sie besitzen meist glatte Dendriten (ohne Spines) und ein lokal stark verzweigtes Axon mit einem jeweils charakteristischen Projektionsmuster. Die axo-axonischen Interneurone bilden starke hemmende Synapsen mit dem axonalen Initialsegment der Pyramidenzellen. Somata und proximale Dendriten werden vor allem durch **Korbzellen** gehemmt (s. Abb. **23.4**, S. 760) und mittlere sowie distale dendritische Segmente durch eine ganze Reihe weiterer Interneurone, wie z.B. bipolare und multipolare Interneurone sowie **Martinotti-Zellen.** Diese hemmenden Interneurone haben vielfältige Aufgaben. Sie sind unter anderem für laterale Hemmung (s. S. 52) und die zeitliche Synchronisation der Pyramidenzellaktivität verantwortlich.

► Exkurs.

## Kortikale Informationsverarbeitung

### Kortikaler Informationsfluss

Grundsätzlich unterscheidet man Fasersysteme, die die Hirnrinde mit subkortikalen Gebieten (z.B. Thalamus, Rückenmark, Pons) verbinden, sog. **Projektionsfasern,** und Fasersysteme, die kortikale Gebiete miteinander verbinden, sog. **Assoziationsfasern.** Projektionsfasern umfassen sowohl aufsteigende als auch absteigende Fasersysteme. Daneben gibt es aber auch ein dichtes Netzwerk von lokalen axonalen Verzweigungen und synaptischen Verschaltungen benachbarter Pyramidenzellen, die die Grundlage der assoziativen kortikalen Informationsverarbeitung darstellen.

Kortikale Informationsverarbeitung

Kortikaler Informationsfluss

**Projektionsfasern** verbinden den Kortex mit subkortikalen Gebieten, **Assoziationsfasern** sind intrakortikale Verbindungen.

**Synaptische Eingänge und Verschaltungen:** Ein wichtiger Teil der afferenten synaptischen Eingänge im Neokortex kommt aus dem **Thalamus.** In jedem primären Rindenfeld enden thalamokortikale Fasern aus einem spezifischen Thalamuskern, z.B. im primären visuellen Kortex die Axone aus dem Corpus geniculatum laterale und im primären auditorischen Kortex die Axone aus dem Corpus geniculatum mediale. Die thalamischen Projektionsneurone bilden vor allem erregende glutamaterge Synapsen mit Sternzellen in Schicht IV (Abb. **23.4**). Diese erregen die Pyramidenzellen in Schicht II/III, die ihrerseits wieder zu den tiefer gelegenen **Pyramidenzellen der Schicht V** projizieren. Diese bilden die Ausgangsneurone des Neokortex, die in subkortikale Regionen, wie z.B. ins Striatum oder über den langen kortikospinalen Trakt in das Rückenmark, projizieren. Darüber hinaus projizieren die thalamischen Afferenzen auch direkt auf die großen Pyramidenzellen sowie auf hemmende Interneurone. Die multiformen Neurone der Schicht VI bekommen synaptische Eingänge aus den darüber liegenden Schichten sowie aus intralaminären Kernen des Thalamus und projizieren vor allem zurück in den Thalamus, so dass die primären Rindenfelder reziprok mit den spezifischen Thalamuskernen verbunden sind. In ähnlicher Weise stehen die frontalen Assoziationsareale mit dem Ncl. medialis dorsalis und die parietalen und temporalen Assoziationsareale mit dem Pulvinar des Thalamus in reziproker synaptischer Verbindung.

**Synaptische Verschaltungen:** Die synaptischen Eingänge aus den spezifischen **Thalamuskernen** enden auf den Pyramidenzellen und den **Sternzellen** in Schicht IV (Abb. **23.4**). Von hier aus werden **Pyramidenzellen der Schicht II/III** und anschließend die tiefer gelegenen **Pyramidenzellen in Schicht V** erregt. Diese bilden die Ausgangsneurone des Neokortex, die in viele subkortikale Bereiche des ZNS projizieren.

Die meisten erregenden **synaptischen Eingänge** auf Pyramiden- und Sternzellen enden auf kleinen dendritischen **Dornfortsätzen** von ca. 1 µm Länge, die man als

Pyramidenzellen und Sternzellen erhalten tausende von erregenden **synaptischen Eingängen**, die auf dendritischen **Spines** enden.

23.4

**23.4 Synaptische Verbindungen des Neokortex**

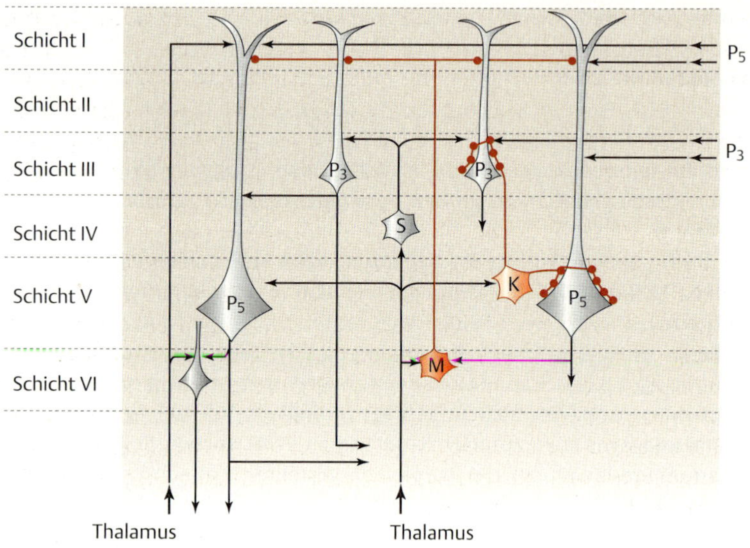


Darstellung der kortikalen Informationsverarbeitung anhand der synaptischen Verbindungen zwischen den Zellen. Die glutamatergen Neurone (grau) bilden exzitatorische Schleifen, die durch hemmende GABAerge Interneurone (rot) moduliert werden.
P3/P5 = Pyramidenzellen in Schicht III oder V; S = Sternzellen; M = Martinotti-Zelle; K = Körnerzelle.

Spine bezeichnet. Dementsprechend sind diese beiden Neuronentypen mit einigen Tausend Spines übersät.

**Kolumnen:** Der kortikale Informationsfluss verläuft in erster Linie innerhalb **vertikaler Säulen**. Es handelt sich dabei um funktionelle **Module**, die als **Kolumnen** bezeichnet werden (Abb. **23.4**).

**Kolumnen:** Der kortikale Informationsfluss verläuft primär innerhalb relativ kleiner **vertikaler Säulen** mit einem Durchmesser von wenigen hundert Mikrometern. Diese Säulen bilden elementare funktionelle **Module** und werden als **Kolumnen** bezeichnet (Abb. **23.4**). Hier reagieren die Neurone aller Schichten im Allgemeinen auf die Erregung eines bestimmten Sinnesrezeptortyps. Im primären visuellen Kortex (V1) wird die kolumnäre Organisation besonders eindrucksvoll durch die Existenz der okularen Dominanzsäulen verdeutlicht (s. Abb. **18.36**, S. 665). Die Kolumnen für jeweils korrespondierende Retinabereiche der beiden Augen liegen direkt nebeneinander und bilden so die ca. 1 $mm^2$ großen Hyperkolumnen.

**Assoziationsfasern:** Die Axone der Pyramidenzellen projizieren auch in benachbarte oder weit entfernte Kolumnen und bilden so die Assoziationsfasern. Axone, die über das Corpus callosum die beiden Hemisphären miteinander verbinden, werden als **Kommissurenfasern** bezeichnet.

**Assoziationsfasern:** Zusätzlich zu dem vertikalen Informationsfluss projizieren die Pyramidenzellen auch in benachbarte Kolumnen und bilden so ein dichtes Netz von Assoziationsfasern. Die Neurone der Assoziationsareale bekommen dadurch synaptische Eingänge aus den jeweiligen primären Rindenfeldern und anderen Assoziationsarealen. Aufsteigende Fasern in Richtung höherer Abstraktion (z. B. V1 → V2 → V3) kommen vor allem aus Schicht III, absteigenden Assoziationsfasern dagegen mehr aus Schicht V. Lange Assoziationsfasern verbinden nicht nur die verschiedenen Hirnlappen, sondern über das Corpus callosum auch die beiden Hemisphären miteinander **(Kommissurenfasern)**.
Tatsächlich gibt es viel mehr Assoziationsfasern als Projektionsfasern. Letztere haben je nach Areal nur einen Anteil von 0,1 – 1 % an der weißen Substanz unterhalb der neuronalen Rindenschichten. Dies lässt bereits erahnen, dass **kortikale Informationsverarbeitung** im Wesentlichen aus Bildung und Aktivierung **assoziativer synaptischer Verbindungen** besteht. Die ontogenetische Reifung der Myelinscheiden der langen Assoziationsfasern findet erst relativ spät im Laufe der Pubertät statt, so dass erst hinterher die volle Leistungsfähigkeit dieses Systems zur Verfügung steht.

**Kortikale Plastizität und Entwicklung:** Ein großer Teil der synaptischen Verbindungen zwischen den Neuronen bildet sich während

**Kortikale Plastizität und Entwicklung:** Ein großer Teil der lokalen synaptischen Verbindungen zwischen den Neuronen und der kolumnären Organisation bildet sich während der Kindheit zwischen dem 1. und 3. Lebensjahr. In diesem Alter ist das

Gehirn besonders anpassungsfähig bzw. plastisch. Besonders wichtig ist hier **assoziative synaptische Plastizität**, d.h. die Synapsen eines Neurons, die wiederholt gemeinsam (koinzident) aktiv sind, werden verstärkt und andere werden dagegen abgeschwächt. Man spricht in diesem Zusammenhang auch von sog. **kritischen Phasen**, in denen z.B. das aufrechte Gehen oder die Muttersprache erlernt werden. Im Laufe der Entwicklung nimmt dann die Plastizität der synaptischen Verbindungen stark ab. Trotzdem bleibt lebenslang eine gewisse Anpassungsfähigkeit der Synapsen vorhanden, die auch noch im erwachsenen Alter Lernprozesse ermöglicht.

der Kindheit durch **assoziative synaptische Plastizität**. Innerhalb von **kritischen Phasen** wird so z.B. das aufrechte Gehen oder die Muttersprache erlernt.

**▶ Klinik.** Eine Schielstellung der Augen kann bei Kleinkindern dazu führen, dass nur die Informationen aus einem Auge im Kortex verarbeitet werden. Da das „nicht passende“ Bild des schielenden Auges keine mit dem starken Auge koinzidenten Signale generiert, können sich die synaptischen Verbindungen des schwächeren Auges nicht entwickeln, so dass die Hyperkolumnen nur die neuronalen Signale des starken Auges prozessieren. Infolgedessen wird das schielende Auge zunehmend schwachsichtig (amblyop); man spricht auch von einer sog. **Schielamblyopie**. Bei früher Erkennung im Alter von wenigen Jahren kann dies relativ erfolgreich durch eine Okklusionstherapie behandelt werden, bei der das starke Auge in regelmäßigen Abständen abgeklebt wird (s.S. 669).

**▶ Klinik.**

### Synaptische Integration

Die Dendriten der **Pyramidenzellen**, besonders in Schicht V, sind enorm lang und weit verzweigt (Abb. **23.5 a**). Sie bilden mehr als 10 000 synaptische Verbindungen und besitzen eine Geometrie, die eine komplexe Integration der hemmenden und erregenden synaptischen Signale erlaubt. Abb. **23.5 b** zeigt zwei EPSPs (exzitatorische/erregende postsynaptische Potenziale, s.S. 31), die nach Reizung präsynap-

### Synaptische Integration

Die **Pyramidenzellen** (besonders der Schicht V) haben weit verzweigte Dendriten, die eine komplexe dendritische Signalverarbeitung ermöglichen (Abb. **23.5**). Auf jede Pyramidenzelle konvergieren mehr als 10 000 erregende und zahlreiche hemmende synaptische Verbindungen.

**23.5 Synaptische Integration in Pyramidenzellen des Neokortex** (nach Schiller et al. 1997)

**23.5**

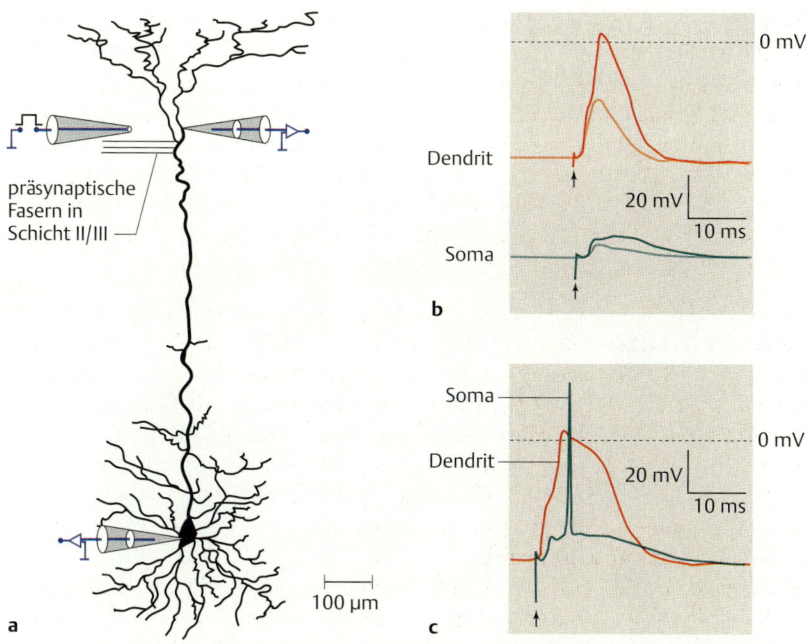


**a** Rekonstruktion einer großen Pyramidenzelle in Schicht V des Neokortex. Bei diesem Neuron wurde das Membranpotenzial gleichzeitig am Soma (links unten) und am apikalen Dendriten (rechts oben) registriert. Die präsynaptischen Fasern wurden mithilfe der Elektrode links oben gereizt.
**b** Zwei dendritische EPSPs, die nacheinander bei schwacher und starker Stimulation mehrerer präsynaptischer Fasern in Schicht II/III registriert wurden. Die starke Stimulation bleibt gerade noch unterschwellig und erzeugt keine Aktionspotenziale am Soma.
**c** Eine weitere leichte Steigerung der Stimulation führt schließlich zu einem Aktionspotenzial im Soma, das simultan zum EPSP im Dendriten registriert wurde.

tischer Fasern direkt im postsynaptischen Dendriten gemessen wurden (rechte Elektrode in Abb. **23.5 a**). Die beiden Reizstärken aktivieren unterschiedlich viele synaptische Eingänge, die aber noch kein Aktionspotenzial in der postsynaptischen Zelle auslösen. Der Kationeneinstrom durch synaptische AMPA- und NMDA-Rezeptoren führt zu einer Depolarisation der postsynaptischen Dendriten, die durch die Aktivierung spannungsabhängiger Kanäle noch verstärkt werden kann. Durch die intrazelluläre Ladungsausbreitung kommt es zu einer elektrotonischen Fortleitung der elektrischen Signale, die aber aufgrund dendritischer $K^+$-Kanäle mit einem starken Abfall der EPSP-Amplitude verbunden ist. Abb. **23.5 c** zeigt eine simultane Ableitung von Dendrit und Soma nach starker Stimulation erregender präsynaptischer Fasern. Man sieht, dass nur ein großes dendritisches EPSP durch die **gleichzeitige Aktivierung sehr vieler erregender Synapsen** zur Entstehung von **Aktionspotenzialen** am axonalen Initialsegment der Pyramidenzellen führt. Dieses besitzt die größte Dichte spannungsabhängiger $Na^+$-Kanäle und damit die niedrigste Schwelle zur Auslösung eines Aktionspotenzials. Einzelne isolierte EPSPs verebben dagegen ohne weitere Konsequenzen.

Die elektrotonische Fortleitung entlang der Dendriten ist mit einem starken Abfall der EPSP-Amplitude verbunden. Nur die **gleichzeitige Aktivität vieler erregender synaptischer Eingänge** führt zur Entstehung eines **Aktionspotenzials** am Axonhügel (Abb. **23.5 c**).

▶ Merke.

▶ **Merke.** Pyramidenzellen sind darauf spezialisiert, viele synaptische Eingänge zu integrieren und nur starke synaptische Erregung mit Aktionspotenzialen zu beantworten.

### Zellensembles

Neuronale Informationen wie z. B. Sinneseindrücke oder Gedanken werden nicht durch einzelne Zellen, sondern durch die **Aktivität von Zellensembles** kodiert. Die Neurone eines Ensembles sind **assoziativ miteinander verknüpft**, so dass die synaptische Erregung einer Teilmenge das gesamte Ensemble aktivieren kann (Abb. **23.6**).

### Zellensembles

Man geht heute davon aus, dass nicht die Aktivität einzelner Nervenzellen die elementare Funktionseinheit für neuronale Information darstellt, sondern die **synchrone Aktivität einer Gruppe von assoziativ miteinander verbundenen Neuronen.** Innerhalb eines solchen Zellensembles (Cell Assembly) sind die Neurone über exzitatorische Synapsen miteinander verknüpft. Das hat zur Folge, dass die Erregung einer Teilmenge von Neuronen ausreicht, um das ganze Zellensemble zu aktivieren. Die Aktivität im gesamten Zellensemble repräsentiert dann schließlich das Objekt

23.6

**23.6 M. C. Escher, Symmetriezeichnung Nr. 67 (Reiter, 1946)**

Bewegt man den Blick über die gelben Flächen, so sieht man Arme, Beine, Zügel und Pferdeschweif, sodass schließlich das Zellensemble „gelber Reiter" aktiviert wird. Beschäftigt man sich mehr mit den roten Flächen, entsteht dagegen ein roter Reiter. (M.C. Escher's „Symmetry Drawing E67 © 2009 The M.C. Escher Company-Holland. All rights reserved.)

im Kortex. Man erkennt das sehr schön bei vielen Bildern von M. C. Escher (Abb. **23.6**).

Ein bestimmtes Neuron kann zu unterschiedlichen Zeiten an der Repräsentation verschiedener Objekte mitwirken. Die eindeutige Kodierung des Objekts wird deshalb durch die zeitlich synchrone Aktivität der Neurone eines bestimmten Ensembles realisiert. Die **rhythmische Aktivität hemmender Interneurone** im γ-Frequenzbereich (ca. 40 Hz) ist hierfür der entscheidende zeitliche Taktgeber. Diese rhythmische Hemmung definiert Zeitfenster von ca. 25 ms, die für die zeitliche Synchronisation der Aktionspotenziale und EPSPs in Zellensembles maßgebend sind. Als Folge dieser Synchronisation entstehen an der Kortexoberfläche **γ-Wellen** (s. Abb. **23.14**, S. 771). So führt z. B. das Hören bedeutungsvoller Sprache zu γ-Oszillationen, nicht aber das Anhören sinnfreier Worte.

Einzelne Neurone können zu verschiedenen Zeiten zu unterschiedlichen Ensembles gehören. Die eindeutige Kodierung eines Objektes wird dadurch erreicht, dass die Neurone eines Ensembles gleichzeitig aktiv ist. Eine **rhythmische Hemmung** durch Interneurone im **γ-Frequenzbereich** (40 Hz) ist hier der entscheidende Taktgeber.

# 23.2 Neurophysiologische Untersuchung zerebraler Aktivität

23.2 Neurophysiologische Untersuchung zerebraler Aktivität

## 23.2.1 Elektroenzephalogramm (EEG)

23.2.1 Elektroenzephalogramm (EEG)

### Entstehung und Ableitung elektrischer Potenziale

Entstehung und Ableitung elektrischer Potenziale

Der synaptische Kationeneinstrom hat nicht nur eine Depolarisation der postsynaptischen Neurone, sondern auch eine winzige **Negativierung des Extrazellulärraumes** zur Folge. Mit dem Abfall der EPSPs ist ein $K^+$-Austrom verbunden, der zu einer kleinen positiven Änderung des extrazellulären Potenzials führt. Die synchrone Aktivierung vieler (ca. 100 000) synaptischer Verbindungen führt deshalb extrazellulär zu einer messbaren **Potenzialänderung**, die man an der Kortexoberfläche als **Elektrokortikogramm (ECoG)** ableiten kann (Abb. **23.7**).

Die synchrone Aktivierung vieler synaptischer Verbindungen führt zu einer messbaren **extrazellulären Potenzialänderung**, die man an der Kortexoberfläche als **Elektrokortikogramm (ECoG)** ableiten kann (Abb. **23.7**).

Die extrazellulären kortikalen Potenziale lassen sich auch auf der Kopfhaut messen. Die Ableitungen werden dann als **Elektroenzephalogramm (EEG)** bezeichnet. Sie sind aufgrund der elektrischen Widerstände der Hirnhäute, des Schädelknochens und der Kopfhaut ca. 10-mal schwächer (Amplituden: 1 – 100 µV). Die Position von 10 – 20 EEG-Elektroden ist entsprechend einer internationalen Konvention normiert und mit Buchstaben (Kopfregion) und Zahlen für Positionen jeweils auf der linken (ungerade) und rechten Seite (gerade) gekennzeichnet (Abb. **23.8 a**).

Auf der Kopfhaut lassen sich die extrazellulären elektrischen Signale als **Elektroenzephalogramm (EEG)** ableiten (Abb. **23.8a**).

Oberflächliche EPSPs, die durch Aktivität von Assoziationsfasern und unspezifischen thalamischen Afferenzen hervorgerufen werden, führen hier zu einer **negativen Potenzialänderung** (Abb. **23.8 b**). Tiefe EPSPs, z. B. an Synapsen der spezifischen thalamokortikalen Afferenzen in Schicht IV, führen dagegen oberflächlich zu $K^+$-Ausstrom und damit zu einer **positiven Potenzialänderung**. Hemmende Synapsen liefern nur einen kleinen Beitrag zu den extrazellulären Signalen. Es ist üblich, negative Ausschläge (oberflächliche EPSPs) nach oben und positive Ausschläge (tiefe EPSPs) nach unten aufzutragen (Abb. **23.8 b**).

Oberflächliche EPSPs führen zu einer **negativen**, tiefe EPSPs zu einer **positiven Potenzialänderung** (Abb. **23.8b**).

**23.7 Entstehung des Elektrokortikogramms (ECoG)**

23.7

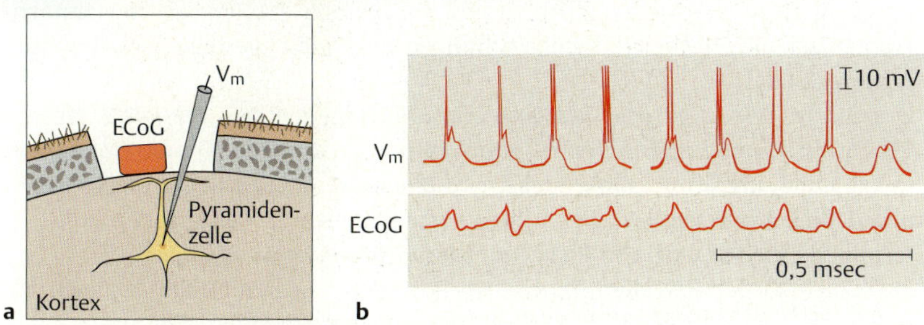


Simultane Registrierung einer intrazellulären Ableitung einer kortikalen Pyramidenzelle und eines ECoGs bei einem narkotisierten Tier **(a)**. Unter leichter Narkose treten typischerweise regelmäßige, synchrone synaptische Aktivierungen vieler Pyramidenzellen auf, die sich dann entsprechend als rhythmische Oszillationen an der Kortexoberfläche widerspiegeln **(b)**.

23.8 Grundlagen des EEG

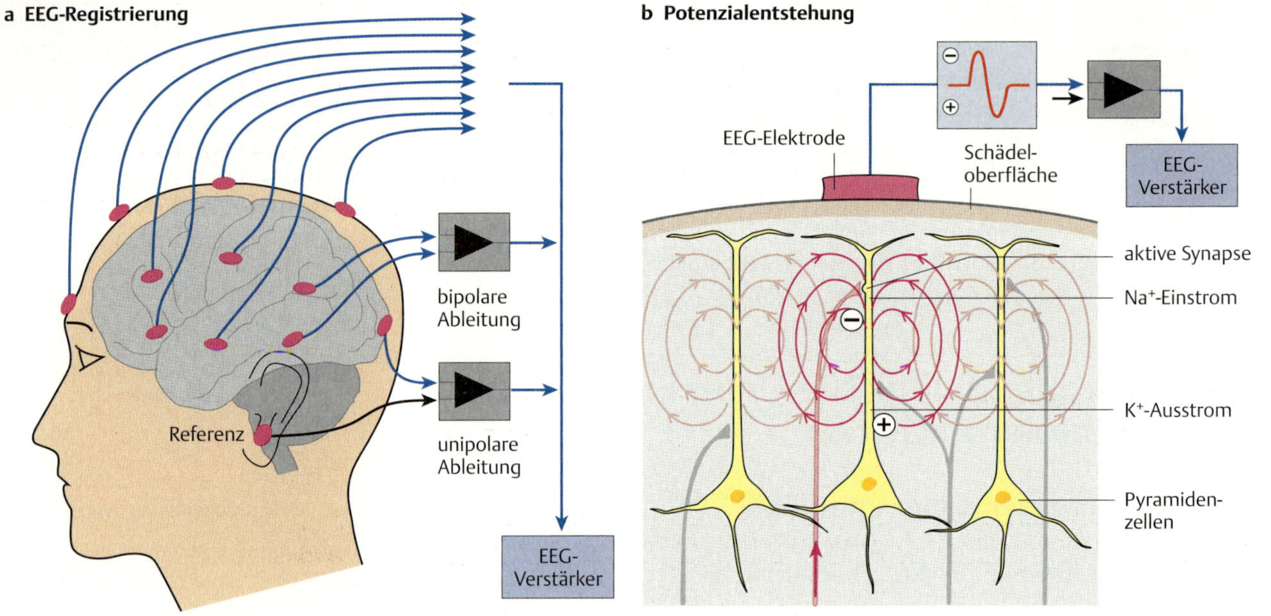


**a EEG-Ableitung:** EEG-Wellen können mithilfe von Elektroden an definierten Positionen der Kopfhaut erfasst werden. Dargestellt ist außerdem eine bipolare Ableitung zwischen zwei Elektroden und eine unipolare Ableitung, bei der eine indifferente Referenzelektrode verwendet wird. **b Potenzialentstehung:** Die synaptisch evozierten Ströme führen zu kleinen extrazellulären Potenzialänderungen, die sich zwischen benachbarten Neuronen aufsummieren und an der Schädeloberfläche registriert werden können.

Man unterscheidet **bipolare** (zwischen zwei EEG-Elektroden) und **unipolare** (indifferente Bezugselektrode) Ableitungen.

Die Potenzialunterschiede zwischen zwei EEG-Elektroden werden als **bipolare** Ableitung bezeichnet. Wird ein Signal gegen eine indifferente Bezugselektrode, z. B. am Ohr gemessen, so handelt es sich um eine **unipolare** Ableitung.

▶ Merke.

▶ Merke. Das EEG registriert extrazelluläre Summenpotenziale, die durch eine große Anzahl **postsynaptischer Ströme** gebildet werden.

### EEG-Frequenzen

Im spontanen EEG kann man periodische elektrische Aktivitäten messen, die je nach Frequenz in **α-, β-, γ-, θ- und δ-Wellen** eingeteilt werden (Abb. **23.9**).

- **α-Wellen** stellen mit 8 – 13 Hz den **Grundrhythmus** des ruhenden Gehirns dar.
- Das Öffnen der Augen führt zur **α-Blockade** und die α-Wellen werden durch die hochfrequenten **β-Wellen** (14 – 30 Hz) abgelöst (Abb. **23.10**).
- **γ-Wellen** (35 – 80 Hz) finden sich ebenfalls über dem wachen Neokortex, sie sind jedoch im Standard-EEG nicht sichtbar.
- Die langsamen **θ-Wellen** (5 – 7 Hz) und **δ-Wellen** (1 – 4 Hz) zeigen sich nur im Schlaf.

## EEG-Frequenzen

Die EEG-Signale, die man spontan an der Kopfhaut ableiten kann, werden entsprechend ihrer Frequenzanteile in **α-, β-, γ-, θ- und δ-Wellen** eingeteilt (Abb. **23.9**).

- Im entspannten Zustand mit geschlossen Augen misst man vor allem **α-Wellen** mit einer Frequenz von 8 – 13 Hz und einer Amplitude von 50 – 100 µV. Dieser **Grundrhythmus** des ruhenden Gehirns hat je nach Elektrodenposition unterschiedliche Amplituden und ist über dem Okzipitallappen am stärksten ausgeprägt. An den verschiedenen Ableitpunkten können EEG-Wellen mit ähnlichen Frequenzen und festen Phasenbeziehungen abgeleitet werden (global **synchronisiertes EEG**).
- Das Öffnen der Augen oder konzentriertes Nachdenken lässt die α-Wellen sofort verschwinden und an ihre Stelle treten die hochfrequenten (14 – 30 Hz) **β-Wellen** mit deutlich kleinerer Amplitude (sog. **α-Blockade**, Abb. **23.10**). Im Gegensatz zu den α-Wellen weisen β-Wellen in den verschiedenen EEG-Elektroden große Unterschiede in Frequenz und Phase auf **(desynchronisiertes EEG)**.
- Zusätzlich zu den β-Wellen finden sich über dem wachen Neokortex auch noch höher frequente **γ-Wellen** (35 – 80 Hz), die jedoch im Standard-EEG aufgrund der üblichen Filterkombinationen nicht sichtbar werden (s. S. 771).
- Die wesentlich langsameren synchronen **θ-Wellen** (ca. 5 Hz) und **δ-Wellen** (1 – 4 Hz) zeigt das EEG nur im **Schlaf** (s. S. 769).

**23.9 Grundrhythmen des EEG**

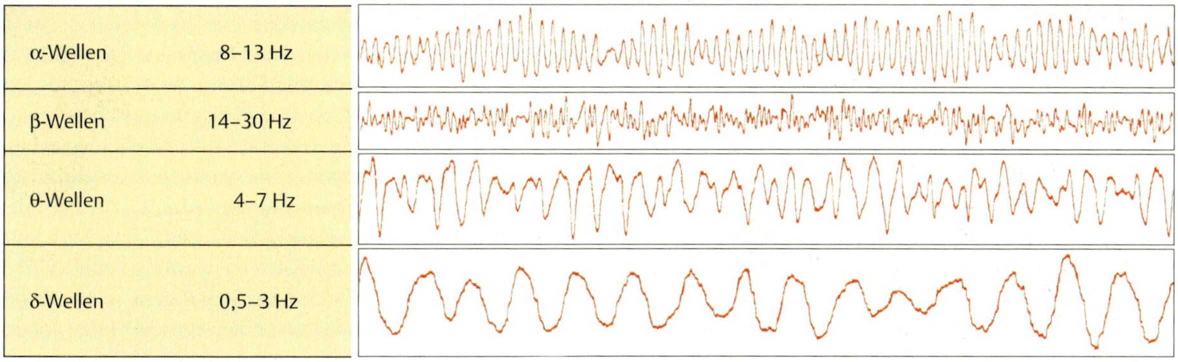


Verschiedene EEG-Registrierungen mit charakteristischen α-, β-, θ-, und δ-Oszillationen.

**23.10 Normales EEG mit geschlossenen und geöffneten Augen (α-Blockade)**

23.10

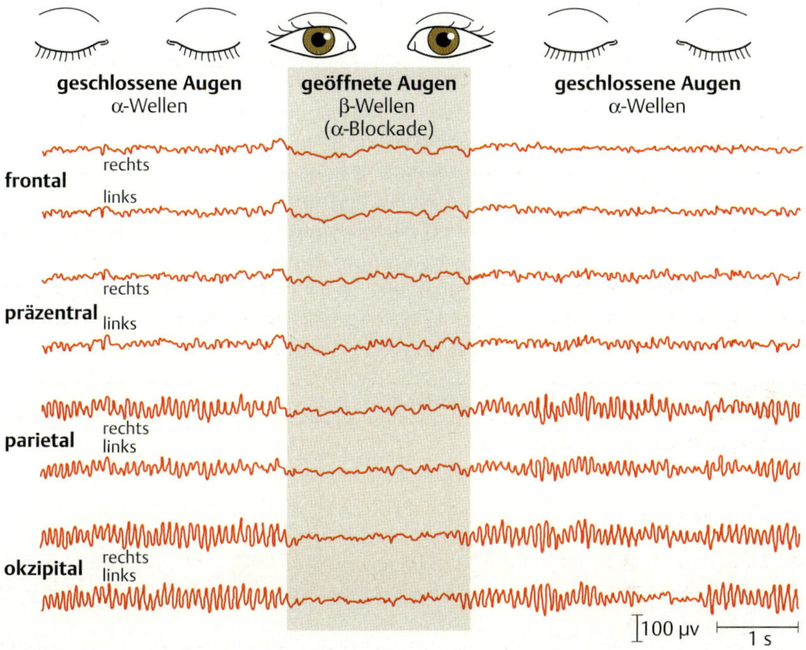


EEG-Ableitungen an verschiedenen Stellen der Kopfhaut. Die α-Blockade beim Öffnen der Augen ist besonders deutlich über den okzipitalen und parietalen Regionen zu sehen (nach Jung 1953).

Man bezeichnet die **α-Blockade** nach dessen Entdecker, dem Psychiater Hans Berger, der 1929 in Jena zum ersten Mal das EEG beim Menschen angewendet hat, auch als **Berger-Effekt**. Da die kleinen β-Wellen bei offenen Augen nicht räumlich synchron auftreten und auch keine feste räumliche Phasenbeziehung aufweisen, handelt es sich bei den β-Oszillationen im physikalischen Sinne eigentlich nicht um Wellen. Trotzdem wird dieser Begriff in der Medizin für alle EEG-Frequenzen verwendet.

► **Merke.** Im Allgemeinen gilt die Faustregel: **Je langsamer die Frequenz, desto größer die Amplitude**. Dementsprechend ist die Amplitude der besonders langsamen δ-Wellen mit über 100 µV am größten.

► Merke.

## Synchronisationsmechanismen

Wie bereits erwähnt, wird im EEG vor allem synchrone synaptische Aktivität sichtbar. Die Synchronisation der synaptischen Aktivität im Bereich der α- **und** δ-**Frequenzen** entsteht hauptsächlich subkortikal im **Thalamus**. Die thalamischen Neurone erzeugen **Schrittmacherpotenziale** ähnlich dem Sinusknoten des Herzens, die dann über die thalamokortikalen Projektionsfasern als synaptische Aktivität den Kortex erreichen (Abb. **23.11**). Deshalb sind α- und δ-Wellen an verschiedenen Stellen der Kortexoberfläche zeitlich miteinander korreliert und synchronisiert.

Während normaler Aufmerksamkeit mit offenen Augen (Abb. **23.10**) befinden sich thalamische Projektionsneurone in einem Zustand, in dem periphere afferente Aktivität im Thalamus verarbeitet und an den Neokortex weiter geleitet wird (**Relay-Mode**, Abb. **23.11**). Reduzierte Aufmerksamkeit oder Schlaf geht mit verminderter neuronaler Aktivität im Hirnstamm einher, was zu einer starken Hyperpolarisation der thalamischen Projektionsneurone führt. Sie befinden sich dann im sog. **Burst-Mode** (Abb. **23.11**) und generieren die δ-Wellen.

Ähnlich wie in den Schrittmacherzellen des Herzens gibt es drei wichtige **Leitfähigkeiten:** die HCN-Kanäle, T-Typ-$Ca^{2+}$Kanäle und $Ca^{2+}$-aktivierte $K^+$-Kanäle, die während der δ-**Wellen** abwechselnd aktiv sind. Die durch Hyperpolarisation aktivierten **HCN-Kanäle** führen zu einer langsamen Depolarisation bis zur Aktivierungsschwelle der **T-Typ-$Ca^{2+}$-Kanäle**. Es folgt ein relativ langsames $Ca^{2+}$-Potenzial, das durch die Inaktivierung der T-Typ-Kanäle und die zunehmende Aktivierung von $Ca^{2+}$-abhängigen $K^+$-Kanälen wieder beendet wird. Ein wichtiger Unterschied zum Sinusknoten besteht allerdings darin, dass zu Beginn des $Ca^{2+}$-Plateaus noch zusätzlich 3 – 8 schnelle **$Na^+$-Aktionspotenziale** generiert werden, die an den Kortex weitergeleitet werden (Abb. **23.11**).

Die etwas höhere Frequenz der α-**Wellen** ist nach heutigem Stand der Forschung vor allem auf eine etwas stärkere Aktivität der Hirnstammneurone und die Beteiligung des **Ncl. reticularis** des Thalamus zurückzuführen. Dieser Kern besteht im Wesentlichen aus einem Netzwerk von **hemmenden GABAergen Neuronen**, die die spezifischen Thalamuskerne wie ein Mantel umschließen. Seine Neurone sind mit den thalamischen Projektionsneuronen wechselseitig synaptisch verschaltet und führen so zu reziproker Hemmung.

**Synchronisationsmechanismen**

Die Synchronisation der synaptischen Aktivität im Bereich der α- **und** δ-**Frequenzen** entsteht hauptsächlich subkortikal durch **Schrittmacherpotenziale** im **Thalamus**. Deshalb sind α- und δ-Wellen an verschiedenen Stellen der Kortexoberfläche zeitlich miteinander korreliert und synchronisiert.

Während wacher Aufmerksamkeit befinden sich die thalamischen Projektionsneurone im **Relay-Mode**, bei reduzierter Aufmerksamkeit oder Schlaf im **Burst-Mode**.

Für den Burst-Mode in den Projektionsneuronen des Thalamus sind besonders drei **Leitfähigkeiten** wichtig. Während der δ-**Wellen** sind HCN-Kanäle, T-Typ-$Ca^{2+}$-Kanäle und $Ca^{2+}$-aktivierte $K^+$-Kanäle abwechselnd aktiv (Abb. **23.11**).

Die etwas höhere Frequenz der α-**Wellen** entsteht durch die reziproke **Hemmung über GABAerge Interneurone** im Ncl. reticularis des Thalamus.

**23.11**

**23.11 Synchronisationsmechanismen**

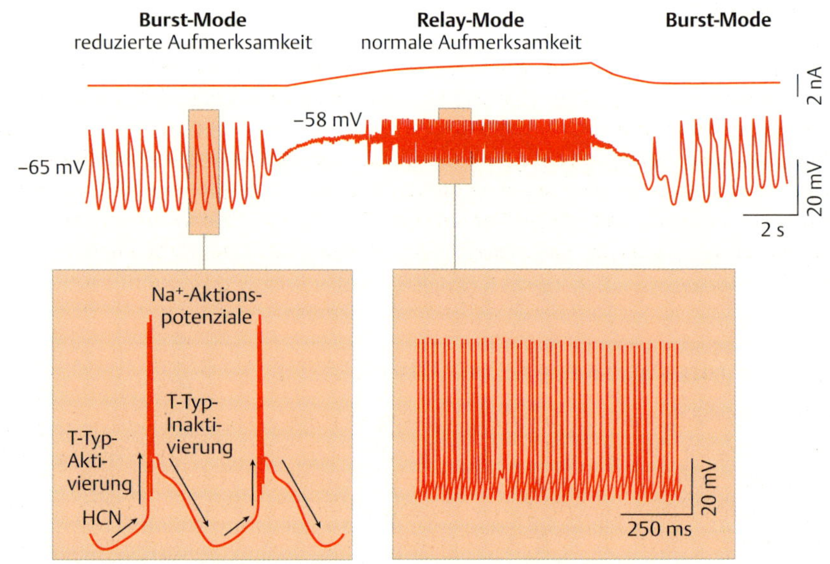


Registrierung des Membranpotenzials eines thalamokortikalen Projektionsneurons mit spontanen Salven von Aktionspotenzialen **(Burst-Mode)**. Das Neuron wird mithilfe einer Strominjektion (oberste Spur) durch die Ableitelektrode von ca. – 80 mV auf – 60 mV depolarisiert. Dies durchbricht den Synchronisationsmechanismus und blockiert die rhythmischen Entladungen (mittlere Spur). Weitere Depolarisation führt zu tonischer Aktionspotenzialgenerierung **(Relay-Mode)** (nach McCornick und Pape 1990).

▶ **Klinik:** Erregung und Hemmung stehen im Kortex normalerweise in einem gut ausbalancierten Gleichgewicht. Ist dieses Gleichgewicht gestört, kommt es zu einer **Epilepsie** (Fallsucht). Dabei entstehen EEG-Wellen mit extrem **hoher Amplitude** und **langsamen Frequenzen**. Diese Wellen sind entweder auf eng umschriebene Kortexbereiche beschränkt (**partielle** oder **fokale** Epilepsie) oder über das ganze Großhirn verteilt (**generalisierte** Epilepsie). Das klinische Erscheinungsbild von Epilepsien ist sehr vielfältig und geht von kurzen Halluzinationen (Aura) oder einem kurzen Bewusstseinsverlust (Absence) bis hin zu schweren Myoklonien am ganzen Körper (Grand Mal). Ein für mehr als 30 min andauernder generalisierter Anfall wird als **Status epilepticus** bezeichnet und ist lebensgefährlich.

▶ Klinik.

## 23.2.2 Ereigniskorrelierte Potenziale (EKP)

Neben den spontanen EEG-Signalen lassen sich im EEG auch sog. ereigniskorrelierte Potenziale (EKP) messen. Sie treten in Erwartung oder als Folge eines bestimmten Ereignisses oder Reizes auf. Ein Beispiel hierfür sind Bereitschaftspotenziale oder Motorpotenziale (s. S. 741), die etwa 100–150 ms vor einer Bewegung eintreten.
Ereigniskorrelierte Potenziale lassen sich auch durch Reizung von Sensoren oder sensorischen Bahnen evozieren. Diese sog. **evozierten Potenziale** haben in der Regel eine relativ kleine Amplitude von ca. 10 µV und gehen leicht in der spontanen Aktivität des EEG unter. Deshalb wiederholt man die Reizung mehrfach, legt die EEG-Signale reizkorreliert übereinander und bildet schließlich den Mittelwert aus den gemachten Versuchen. Evozierte Potenziale lassen sich für viele Arten von Sinnesreizen über den zugehörigen Rindenfeldern messen. Man unterscheidet:

- **akustische (AEP)**
- **somatosensorische (SEP)**
- **visuell evozierte Potenziale (VEP).**

Nach einer kurzen Latenz von 10–50 ms misst man die erste Potenzialänderung (N1) über dem primären Rindenbereich, die als **primär evoziertes Potenzial** bezeichnet wird. Mit einer Latenz von mehr als ca. 200 ms folgen dann die späten Potenzialänderungen, die als **endogene ereigniskorrelierte Potenziale** bezeichnet werden. Sie sind über große Bereiche hinweg auch über den Assoziationskortizes messbar und resultieren aus der kognitiven Verarbeitung und bewussten Wahrnehmung der Reize.

### 23.2.2 Ereigniskorrelierte Potenziale (EKP)

Ereigniskorrelierte Potenziale (EKP) treten in Erwartung oder als Folge eines bestimmten Reizes auf.

EKP, die durch Reizung von Sensoren oder sensorischen Bahnen ausgelöst werden, nennt man **evozierte Potenziale**. Sie haben eine relativ kleine Amplitude und werden erst durch Mittelung vieler aufeinander folgender Versuche sichtbar. Nach Art des Reizes unterscheidet man:

- **akustische (AEP)**
- **somatosensorische (SEP)**
- **visuell evozierte Potenziale (VEP).**

Die späteren Komponenten sind auch über den polymodalen Assoziationskortizes messbar und werden als **endogene ereigniskorrelierte Potenziale** bezeichnet. Sie hängen mit der kognitiven Verarbeitung und der bewussten Wahrnehmung der Reize zusammen.

▶ **Klinik.** Evozierte Potenziale werden in der Klinik unter anderem zur Diagnose von axonalen Leitungsstörungen, wie z. B. bei **multipler Sklerose** (MS), verwendet. Bei dieser Autoimmunerkrankung wandern autoreaktive T-Lymphozyten durch das Endothel in das Hirngewebe ein. Verschiedene Strukturen wie z. B. ein basisches Myelinprotein werden als Antigen erkannt, so dass es zu einer entzündlichen Markscheidenschädigung mit gliöser Vernarbung (Sklerose) kommt. Hierdurch wird die AP-Fortleitung progressiv verlangsamt, was zu einer Zunahme der Latenzen in VEPs und SEPs führt.

▶ Klinik.

## 23.2.3 Magnetenzephalogramm (MEG)

Der gerichtete Stromfluss innerhalb der langen Pyramidenzelldendriten induziert wie jede andere bewegte elektrische Ladung ein Magnetfeld. Dies ist der elementare physikalische Prozess, der auch dem Elektromagneten oder dem Elektromotor zugrunde liegt. Die **Magnetfelder der einzelnen Pyramidenzellen** summieren sich auf und lassen sich an der Kopfhautoberfläche als Magnetenzephalogramm (MEG) ableiten. Man benutzt dazu besonders sensitive und verlustfreie Spulen, die aus supraleitendem Material aufgebaut sind und als SQUID bezeichnet werden (Superconducting Quantum Interference Device). Die lokal generierten Magnetfelder sind zwar klein, werden aber durch Hirnhaut und Schädel nur wenig abgeschwächt. Dies ist vor allem bei höheren Frequenzen ein Vorteil, so dass man im Gegensatz zum EEG eine **Zeitauflösung von bis zu 1 kHz** erreichen kann.

### 23.2.3 Magnetenzephalogramm (MEG)

Der gerichtete Stromfluss innerhalb der langen **Pyramidenzelldendriten** induziert kleine **Magnetfelder**, die sich bei synchroner Aktivität summieren und auf der Kopfhautoberfläche ähnlich dem EEG als Magnetenzephalogramm (MEG) ableiten lassen. Man erreicht mit dieser Technik eine besonders gute **zeitliche Auflösung von bis zu 1 kHz**.

23.2.4 Funktionelle Analyse durch Bildgebung

Das Gehirn ist ständig aktiv und hat auch in Ruhe einen relativ **hohen Stoffwechsel**. Bei bestimmten Aufgaben wird die erregende synaptische Aktivität in manchen Hirnregionen stärker und in anderen schwächer, was mit einer Veränderung der **lokalen Hirndurchblutung** einhergeht. Für diesen Prozess spielen **Astrozyten** eine wichtige Rolle (Abb. **23.12**). Die veränderte Durchblutung bzw. die veränderten Stoffwechselparameter können mithilfe bildgebender Verfahren analysiert werden.

## 23.2.4 Funktionelle Analyse durch Bildgebung

Eine moderne Analyse der kortikalen Signalverarbeitung wird zunehmend mithilfe von bildgebenden Verfahren durchgeführt. Das Gehirn ist immer aktiv, hat ständig einen **hohen Stoffwechsel** und beansprucht auch in Ruhe ca. 20% des gesamten Sauerstoffverbrauchs. Bei bestimmten Aufgaben wird die erregende synaptische Aktivität jedoch in manchen Hirnregionen stärker und in anderen schwächer, was mit einer Veränderung der **lokalen Hirndurchblutung** einhergeht. Für diesen Prozess spielen **Astrozyten** eine wichtige Rolle. Sie nehmen den erregenden Transmitter Glutamat (Glu) aus dem synaptischen Spalt auf und wandeln es in Glutamin (Gln) um. In dieser inaktiven Form wird es in die Neurone zurück transportiert und anschließend wieder für die Füllung der Vesikel verwendet (Abb. **23.12**). Dieser Prozess benötigt Energie in Form von Sauerstoff und Glukose. Die Astrozyten sind über ihre langen Fortsätze mit den Arteriolen und Kapillaren verbunden und induzieren darüber aktivitätsabhängig eine lokale Durchblutungssteigerung.
Erhöhte synaptische Aktivität in einer Hirnregion erzeugt also indirekt eine gesteigerte Durchblutung und dadurch ein vermehrtes Angebot an Glukose und Sauerstoff. Diese veränderten Stoffwechselparameter können mit Hilfe bildgebender Verfahren analysiert werden, um so Rückschlüsse auf die neuronale Aktivität zu ziehen.

Funktionelle Magnet-Resonanz-Tomografie (fMRT)

Die funktionelle Magnet-Resonanz-Tomografie (fMRT) ist eine Methode zur Messung des **BOLD-Signals** (Zunahme des oxygenierten Hämoglobins bei Durchblutungssteigerung). Die Wasserstoffkerne (Protonen) im oxygenierten Hämoglobin verhalten sich in einem starken Magnetfeld anders als die Protonen im desoxygenierten Hämoglobin. Aus dem unterschiedlichen magnetischen Verhalten kann man auf den relativen Gehalt von oxygeniertem zu desoxygeniertem Hämoglobin schließen.

### Funktionelle Magnet-Resonanz-Tomografie (fMRT)

Die mit einer Durchblutungssteigerung einhergehende Zunahme des **oxygenierten Hämoglobins** wird als **BOLD-Signal** (Blood-Oxygen-Level-Dependent-Signal) bezeichnet. Dieses Signal kann mithilfe der funktionellen Magnet-Resonanz-Tomografie **(fMRT)** gemessen werden. Hier werden die magnetischen Eigenschaften von Wasserstoffkernen (Protonen) gemessen. Der positiv geladene Atomkern dreht sich um seine eigene Achse und generiert dadurch einen kleinen magnetischen Dipol. In normalem Gewebe sind die Wasserstoffkerne zufällig orientiert. In einem starken Magnetfeld richten sich die Kerne dagegen alle parallel aus. Strahlt man nun eine hochfrequente elektromagnetische Strahlung von der Seite ein, so ändern die Kerne bei bestimmten Resonanzfrequenzen in charakteristischer Weise ihre Rotation. Nach Abschalten der „Störfrequenzen" relaxieren die Kerne wieder zurück in ihren Ausgangszustand und senden dabei selbst elektromagnetische Strahlung aus. Die Protonen im oxygenierten Hämoglobin tun dies etwas langsamer als die Protonen

23.12

**23.12 Aufnahme von Glutamat durch Astrozyten**

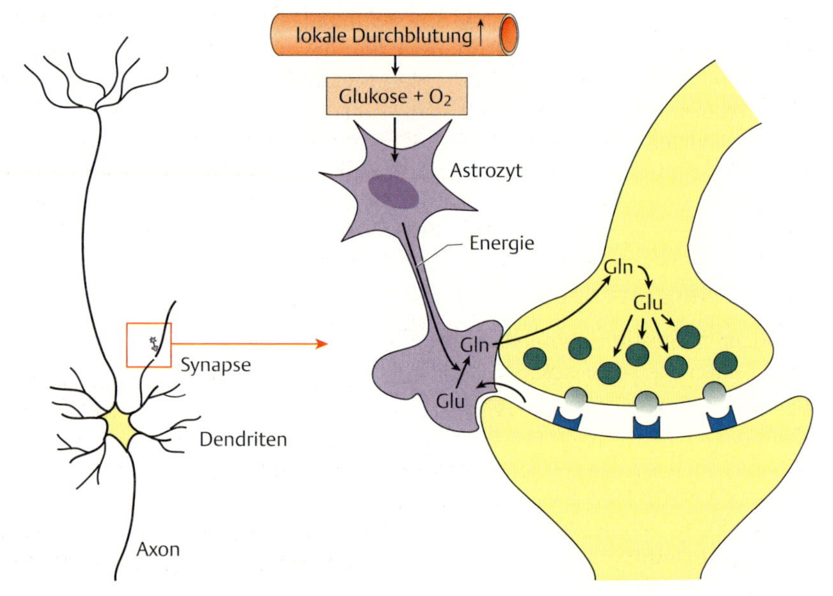


Das Recycling von Glutamat während der synaptischen Transmission wird durch Astrozyten unterstützt. Sie nehmen nicht nur unter Verbrauch von ATP neuronal freigesetztes Glutamat (Glu) aus dem synaptischen Spalt auf, sondern induzieren bei entsprechendem Energieverbrauch eine vermehrte lokale Durchblutung der aktiven Region (nach Gusnard und Raichle).

im desoxygenierten Hämoglobin, so dass man aus dem Zeitverlauf der Emission auf den relativen Gehalt von oxygeniertem zu desoxygeniertem Hämoglobin schließen kann. Die räumliche Auflösung ist mit bis zu 1 mm sehr gut.

### Positronen-Emissions-Tomografie (PET)

Bei der Positronen-Emissions-Tomografie (PET) benutzt man kurzlebige **radioaktive Isotope** biologisch wichtiger Atome ($^{18}F$, $^{15}O$, $^{13}N$, $^{11}C$), um bestimmte Moleküle, wie z. B. **Wasser** oder **Glukose**, radioaktiv zu markieren. Bei diesen Isotopen zerfällt ein Proton des Zellkerns in ein Neutron und ein Positron, das den Kern verlässt und nach wenigen Millimetern mit einem Elektron kollidiert. Diese zwei Teilchen löschen sich unter Emission von zwei Photonen (γ-Strahlen) im Winkel von genau 180° gegenseitig aus. Die beiden Photonen können mithilfe eines Detektorrings registriert werden, so dass man die markierten Moleküle mit einer räumlichen Auflösung von ca. 5 mm und einer zeitlichen Auflösung von ca. 1 s im Gehirn lokalisieren kann (s. Abb. **23.17**, S. 775).

**Positronen-Emissions-Tomografie (PET)**

Bei der Positronen-Emissions-Tomografie (PET) benutzt man **radioaktive Isotope** biologisch wichtiger Atome ($^{18}F$, $^{15}O$, $^{13}N$, $^{11}C$), um bestimmte Moleküle, wie z. B. **Wasser** oder **Glukose**, radioaktiv zu markieren (s. Abb. **23.17**, S. 775).

**▶ Merke.** Aufgrund der Verknüpfung von neuronaler synaptischer Aktivität und Stoffwechselparametern (Wasser, Glukose, Sauerstoff) können mit bildgebenden Verfahren (fMRT, PET) aktive Hirnareale sichtbar gemacht werden.

**▶ Merke.**

## 23.3 Schlafen, Wachen, Aufmerksamkeit

**23.3 Schlafen, Wachen, Aufmerksamkeit**

### 23.3.1 Der zirkadiane Rhythmus

Das menschliche Gehirn ist nicht in der Lage, ununterbrochen und aufmerksam mit der Umgebung zu kommunizieren. Auch wenn Menschen völlig von der Außenwelt abgeschnitten sind, bilden sie einen **stabilen Schlaf-Wach-Zyklus** mit einer Periodendauer von ungefähr einem Tag. Tatsächlich ist die spontane zirkadiane Periodik in Isolation je nach Versuchsperson mit ca. 25–26 h meist etwas länger als ein Tag. Der wichtigste Taktgeber für diesen Rhythmus ist der **Ncl. suprachiasmaticus** (SCN) im anterioren Hypothalamus direkt über dem Chiasma opticum.

Der entscheidende zelluläre **Schrittmacherprozess** besteht in einer periodischen Transkription von bestimmten **„Uhr-Genen"**, wie z. B. PER (period). Die Expression von PER steht unter der Kontrolle der Transkriptionsfaktoren CLOCK und BMAL1. Das PER-Protein hemmt nach Kernimport diese Transkriptionsfaktoren, so dass es durch die negative Rückkopplung in einem 24-stündigen Rhythmus periodisch exprimiert wird. Da auch andere Proteine, wie z. B. RyR2 und $K^+$-Kanäle, unter der Kontrolle von CLOCK, BMAL1 und PER stehen, führt dies zu einer rhythmischen Veränderung der elektrischen Erregbarkeit der SCN-Neurone. Um die elektrische Aktivität den tatsächlichen Tag-Nacht-Verhältnissen anzupassen, bekommt der SCN erregende synaptische Eingänge aus dem Tractus retinohypothalamicus. Die elektrische Aktivität in den Neuronen des SCN führt letztlich zur periodischen Sekretion von Neuropeptiden, die auf die supraventrikuläre Zone des Hypothalamus wirken. Von dort erreichen spezifische Projektionen die schlafinduzierenden Neurone des basalen Vorderhirns und des Hirnstamms.

**23.3.1 Der zirkadiane Rhythmus**

Auch Menschen, die von der Außenwelt abgeschnitten sind, zeigen einen **regelmäßigen Schlaf-Wach-Rhythmus** von ca. 25–26 h. Der wichtigste Taktgeber für diesen Rhythmus ist der **Ncl. suprachiasmaticus** (SCN) im anterioren Hypothalamus.

Der entscheidende zelluläre **Schrittmacherprozess** besteht in einer periodischen Transkription von **„Uhr-Genen"** (z. B. PER). Am Ende der Signalkette steht eine periodische Sekretion von Neuropeptiden, die auf die supraventrikuläre Zone des Hypothalamus wirken. Von dort erreichen spezifische Projektionen die schlafinduzierenden Neurone des basalen Vorderhirns und des Hirnstamms.

### 23.3.2 Wachheit und Schlaf im EEG

Mit dem EEG lassen sich die verschiedenen Phasen von Wachheit und Schlaf sehr genau unterscheiden. Der normale Nachtschlaf besteht aus mehreren **Schlafzyklen** von ca. 1,5 h Dauer, die in einer Nacht 5–6-mal durchlaufen werden. Jeder Schlafzyklus besteht aus einer **Non-REM-** und einer **REM-Phase** (Abb. **23.13 a**).

Die **Non-REM-Phase** umfasst 4 Schlafstadien:

- Während bei geschlossenen Augen im (noch) wachen Zustand vor allem α-Wellen vorherrschen, finden sich im frühen **Schlafstadium I** auch langsamere **θ-Wellen** (4–7 Hz).
- Nach wenigen Minuten erreicht man das **Schlafstadium II** mit den charakteristischen **Schlafspindeln** (~ 10 Hz) und den **K-Komplexen**. Diese K-Komplexe reflektieren Sinneseindrücke, die in dieser leichten Schlafphase noch vom Gehirn wahrgenommen und unbewusst verarbeitet werden.

**23.3.2 Wachheit und Schlaf im EEG**

Der normale Nachtschlaf besteht aus mehreren **Schlafzyklen**, die in einer Nacht mehrfach durchlaufen werden. Jeder Schlafzyklus besteht aus einer **Non-REM-** und einer **REM-Phase** (Abb. **23.13a**).

Die **Non-REM-Phase** umfasst 4 Schlafstadien:

- **Stadium I:** θ-Wellen
- **Stadium II:** Schlafspindeln, K-Komplexe
- **Stadium III:** kleine δ-Wellen, SWS
- **Stadium IV:** große δ-Wellen, SWS.

**23.13 EEG-Profil der Wach-Schlaf-Stadien**

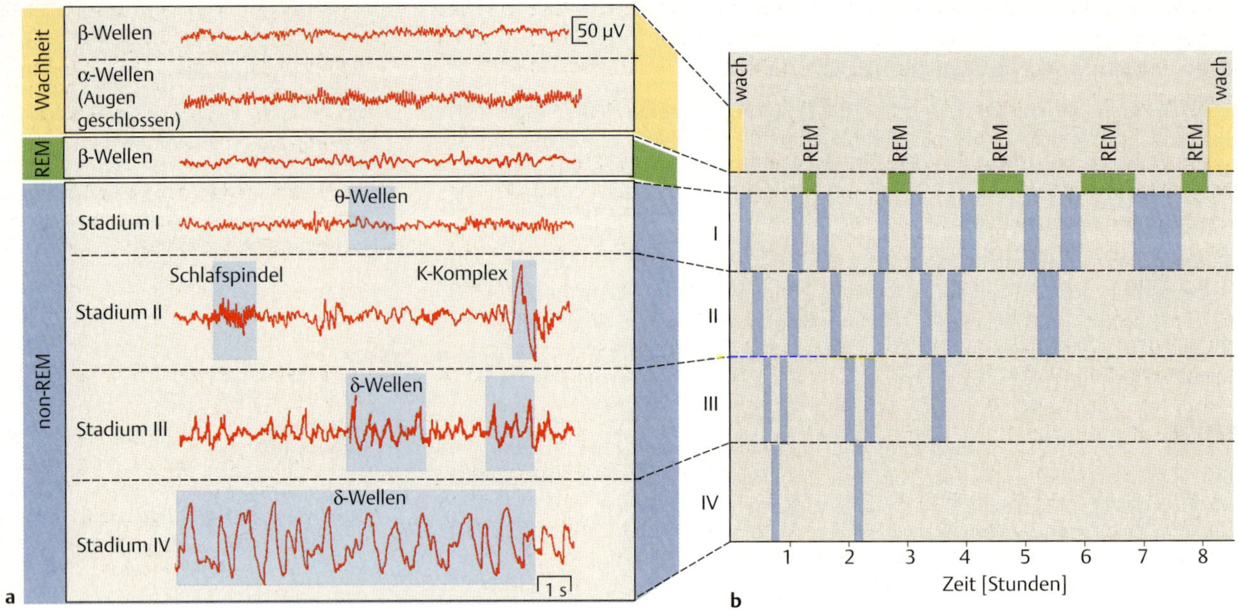


**a** Verschiedene Stadien der Wachheit und des Schlafs (Stadium I–IV) können im EEG des Menschen identifiziert werden. Besonders auffällig sind die größeren Amplituden bei zunehmender Schlaftiefe.
**b** Das Schlafprofil zeigt, dass die verschieden Stadien mehrmals in der Nacht zyklisch durchlaufen werden (REM = Rapid Eye Movement).

- In den **Tiefschlafphasen III** und **IV** sind vor allem langsame **δ-Wellen** (1–4 Hz) zu finden, weswegen man diese Phasen auch als **Slow-Wave-Sleep (SWS)** bezeichnet. Wie bereits oben erwähnt, befinden sich die thalamischen Neurone während der δ-Wellen nicht mehr im Relay-, sondern im **Burst-Mode** (s. S. 766), so dass sensorische Eingänge nur schwer den Kortex erreichen. Hier ist deshalb die Weckschwelle relativ groß.

Die 4 Schlafstadien der Non-REM-Phase bezeichnet man auch als **orthodoxen Schlaf**. Er wird begleitet von einer verstärkten Aktivität des Parasympathikus.

Die Schlafstadien werden anschließend in umgekehrter Reihenfolge durchlaufen (Abb. **23.13 b**).
Die **REM-Phase** wird auch als **paradoxer Schlaf** bezeichnet, da trotz des desynchronisierten EEG (ähnlich dem Wachzustand) die Weckschwelle hoch bleibt. Im REM-Schlaf herrschen β-Wellen vor.

Während des REM-Schlafs steigen Herzfrequenz und Atemfrequenz an. Es bleiben aber noch einige parasympathische Reaktionen, wie z. B. kleine Pupillen **(Schlafmiosis)**, erhalten. **Träume** kommen hier häufig vor.

Insgesamt bezeichnet man die 4 genannten Schlafstadien als synchronisierten oder **orthodoxen Schlaf**. Er wird begleitet von einer verstärkten Aktivität des Parasympathikus, was zu einer niedrigeren Atem- und Herzfrequenz sowie zu einem verminderten Blutdruck führt.
Die Schlafstadien werden anschließend in umgekehrter Reihenfolge durchlaufen (Abb. **23.13 b**), bis nach dem Schlafstadium I wieder ein desynchronisiertes EEG ähnlich dem Wachzustand zu sehen ist. Die Weckschwelle bleibt aber trotzdem hoch, weswegen dieses Stadium auch als **paradoxer Schlaf** bezeichnet wird. Im EEG herrschen β-Wellen vor. Weil dieser paradoxe Schlaf außerdem von schnellen Augenbewegungen begleitet wird, bezeichnet man diese Phase auch als REM-Schlaf **(REM = Rapid Eye Movement)**. Andere Muskeln bewegen sich dagegen kaum, da es während des REM-Schlafs zu einer tonischen Hemmung der spinalen Motoneurone und damit im Allgemeinen zu einer Relaxation der quergestreiften Muskulatur kommt.
Während des REM-Schlafs steigen der Sauerstoffverbrauch und die Durchblutung des Gehirns sowie die Atem- und Herzfrequenz. Es zeigen sich aber auch typische parasympathische Reaktionen, wie z. B. enge Pupillen **(Schlafmiosis)** oder Penis- bzw. Klitoriserektionen. Wenn Probanden im REM-Schlaf geweckt werden, berichten sie besonders häufig von **Träumen**. Dies ist im Non-REM-Schlaf weit seltener der Fall. Eine REM-Phase dauert etwa 10–50 min, danach beginnt wieder Stadium I. Die längeren REM-Phasen findet man vor allem in den frühen Morgenstunden. Im Gegensatz dazu werden die Tiefschlafphasen zunehmend kürzer und verschwinden schließlich ganz.

### 23.3.3 Neuronale Steuerung der Schlafphasen

Wie bereits erwähnt, spielt der Hirnstamm eine entscheidende Rolle bei der Steuerung des Schlaf-Wach-Zyklus. Besonders Schädigungen zwischen Medulla oblongata und Mesenzephalon führen zu schlafähnlichen Zuständen oder Koma. Dort befinden sich vegetative Integrationszentren, die die kortikale Aktivität den körperlichen Bedürfnissen anpassen. Eine wichtige Bedeutung hat die **Formatio reticularis** bzw. das **aufsteigende retikuläre Aktivierungssystem (ARAS)**.

Im **Wachzustand** werden verschiedene Transmittersysteme im Hirnstamm aktiviert, die relativ unspezifisch in den Thalamus und weite Teile des Kortex projizieren. Besonders wichtig sind Acetylcholin aus dem Ncl. tegmentalis und Ncl. parabrachialis, Noradrenalin aus dem Locus coeruleus und Serotonin aus den Raphe-Kernen. All diese Kerngebiete sind vegetative Integrationszentren, die im Allgemeinen die kortikale Aktivität den körperlichen Bedürfnissen anpassen.

Im **Non-REM-Schlaf** fällt die Aktivität dieser Kerne stark ab, so dass die thalamischen Neurone vom Relay-Mode in den Burst-Mode wechseln.

Im **REM-Schlaf** steigt nur die Aktivität der **cholinergen** Neurone wieder an und erreicht ein Niveau ähnlich dem Wachzustand. Die einseitige cholinerge Innervation von Thalamus und Kortex induziert die REM-Phasen und bewirkt die damit verbundene Desynchronisation der δ-Wellen im EEG durch eine tonische Depolarisation der thalamischen Projektionsneurone. Die Steigerung der kortikalen Erregbarkeit über muskarinische Acetylcholin-Rezeptoren unterstützt ähnlich wie im Wachzustand die synaptische Aktivität im β-Frequenzbereich.

### 23.3.4 γ-Oszillationen bei Wachheit und REM-Schlaf

Während aufmerksamer Wachheit misst man im EEG nur desynchronisierte β-Wellen (15 – 30 Hz). Wie bereits erwähnt, besitzt das MEG eine deutlich bessere Zeitauflösung als das EEG, so dass man auch die γ-Oszillationen (35 – 80 Hz) damit gut messen kann. In Abb. **23.14** sieht man die **MEG-Ableitungen** von 37 Sensoren, die auf der rechten Hemisphäre eines wachen Probanden verteilt sind. Aufgrund entsprechender Filterung ist nur die Aktivität im Frequenzbereich von 35 – 45 Hz dargestellt. Man sieht sehr deutlich die kurzzeitige Synchronisation von γ-

**23.3.3 Neuronale Steuerung der Schlafphasen**

Schädigungen im Bereich zwischen Medulla oblongata und Mesenzephalon führen zu schlafähnlichen Zuständen oder Koma. Eine wichtige Bedeutung hat die **Formatio reticularis** bzw. das **aufsteigende retikuläre Aktivierungssystem (ARAS)**.

Im **Wachzustand** führt die Aktivität in den Hirnstammkernen zu einer unspezifischen Erregung thalamischer und kortikaler Neurone.

Im **Non-REM-Schlaf** fällt die Aktivität dieser Kerne stark ab.

Im **REM-Schlaf** kommt es zu einer einseitigen cholinergen Aktivitätssteigerung, die zur Desynchronisation der δ-Wellen führt. Damit verbunden ist eine Steigerung der kortikalen Erregbarkeit, die die synaptische Aktivität im β-Frequenzbereich unterstützt.

**23.3.4 γ-Oszillationen bei Wachheit und REM-Schlaf**

Im **aufmerksamen Wachzustand** und im **REM-Schlaf** findet man über vielen Kortexarealen γ-Oszillationen, die sehr wahrscheinlich für die kognitive Verarbeitung von neuronalen Signalen wichtig sind.
γ-Oszillationen reflektieren die **synchrone synaptische Aktivität** in assoziativ verbundenen **Zellensembles**. Sie lassen sich besonders gut mit dem **MEG** messen (Abb. **23.14**).

**23.14 γ-Oszilationen bei Wachheit und REM-Schlaf**

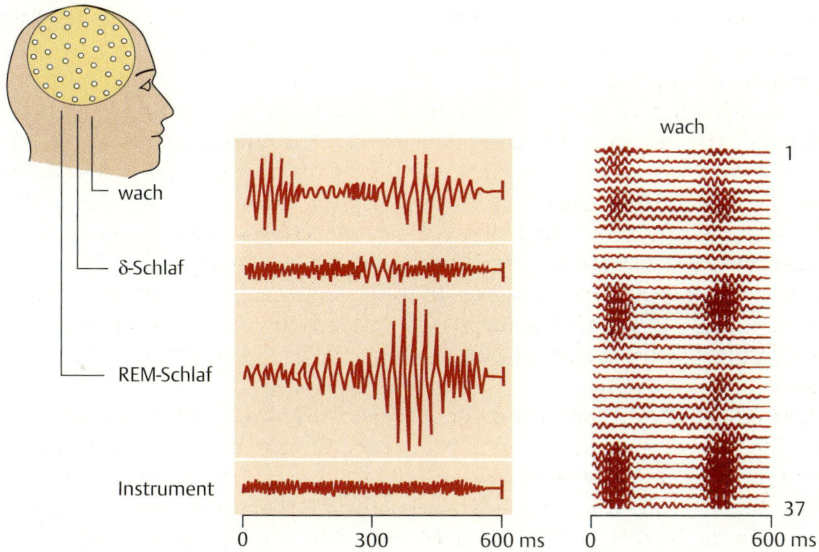


MEG-Ableitung von γ-Oszillationen im Wachzustand und während verschiedener Schlafstadien. Rechts: 37 Spuren der MEG-Ableitung bei Wachheit. Links: Überlagerung der 37 Spuren in verschiedenen Phasen. Im Gegensatz zum REM-Schlaf ist die Amplitude dieser hochfrequenten Oszillationen im δ-Schlaf so klein, dass man das Signal dort kaum vom Instrumenten-Rauschen (unterste Spur) unterscheiden kann (nach Linas und Ribrary 1993).

23.14

Oszillationen in verschiedenen Kortexbereichen. Die enorme räumliche und zeitliche Kohärenz der Oszillationen wird deutlich, wenn man die 37 Spuren direkt überlagert (Abb. **23.14**). Synchrone γ-Aktivität findet man nur im **aufmerksamen Wachzustand** oder während des **REM-Schlafs**, nicht aber im δ-Schlaf. Sie ist über allen Kortexbereichen und insbesondere auch über den Assoziationskortizes messbar. Dies deutet unter anderem darauf hin, dass es sich hier um **synchrone synaptische Aktivität** in assoziativ verbundenen **Zellensembles** handelt, die bestimmte Objekte (z. B. „gelbe Reiter", s. Abb. **23.6**, S. 762) repräsentieren.

**23.3.5 Synchronisationsmechanismus der γ-Oszillationen**

Die hochfrequenten γ-**Wellen** entstehen durch die rhythmische Aktivität von sich wechselseitig **hemmenden kortikalen Interneuronen**. Dies führt zu einer rhythmischen Hemmung der Pyramidenzellen.

## 23.3.5 Synchronisationsmechanismus der γ-Oszillationen

Es kommt sowohl im Tiefschlaf (δ-Wellen) als auch im aufmerksamen Wachzustand (γ-Wellen) zu räumlich kohärenten Oszillationen im Kortex. Bei Wachheit sind die Frequenzen allerdings mehr als 10-mal höher und die Synchronisation erfolgt immer nur für kurze Zeitperioden. Dementsprechend sind die Synchronisationsmechanismen auch völlig andere. Die Synchronisation im höheren γ-Frequenzbereich entsteht vor allem durch die rhythmische Aktivität **kortikaler hemmender Interneurone**. Sie sind einerseits hemmend über GABAerge Synapsen, andererseits aber auch schwach erregend über elektrische Synapsen (Gap junctions) miteinander verbunden. Man geht heute davon aus, dass dieses Netzwerk von sich gegenseitig hemmenden **GABAergen Neuronen** den entscheidenden Taktgeber für die hochfrequenten kortikalen γ-Oszillationen darstellt.

**23.3.6 Altersabhängigkeit des Schlaf-wach-Rhythmus**

Die Schlafdauer und das Schlafprofil ändern sich im Verlauf des Lebens (Abb. **23.15**). Beim Neugeborenen macht der REM-Schlaf noch fast die Hälfte der normalen Schlafzeit aus. Sein Anteil verringert sich aber bis nach der Pubertät auf ca. 20 %.

## 23.3.6 Altersabhängigkeit des Schlaf-wach-Rhythmus

Die Schlafdauer nimmt im Verlauf des Lebens ständig ab (Abb. **23.15**). Auch das Schlafprofil ändert sich deutlich. Während beim Neugeborenen der REM-Schlaf noch fast die Hälfte der normalen Schlafzeit ausmacht, verringert sich dessen Anteil bis nach der Pubertät auf ca. 20 %. Der REM-Schlaf ist bei Kleinkindern besonders wichtig für die Hirnentwicklung. Die meisten kortikalen synaptischen Verbindungen werden in den ersten 2 – 3 Jahren nach der Geburt geknüpft. Nach diesen frühen Lernphasen gehen sowohl die Synaptogenese als auch der REM-Schlaf deutlich zurück. Neuere Befunde zeigen, dass der REM-Schlaf auch im adulten Gehirn für die Gedächtnisbildung von großer Bedeutung ist.

**23.15 Altersabhängigkeit des Schlaf-wach-Rhythmus**

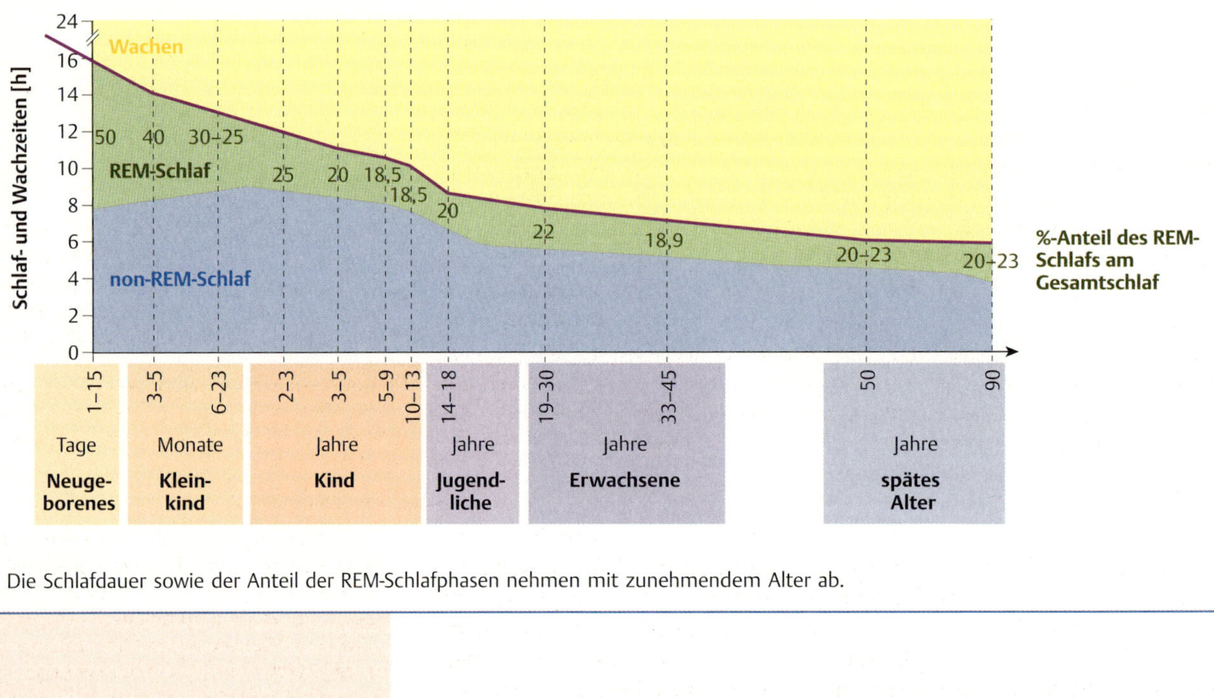


Die Schlafdauer sowie der Anteil der REM-Schlafphasen nehmen mit zunehmendem Alter ab.

# 23.4 Sprache und Bewusstsein

## 23.4.1 Sprache

Sprache ist ein besonders interessantes und wichtiges Beispiel für eine kognitive Funktion, die gut zu studieren ist. Worte bezeichnen eine unendliche Vielzahl von Objekten, Zuständen, Qualitäten, Gefühlen und Begebenheiten. Es gibt fast nichts, was man nicht mit Worten beschreiben oder umschreiben könnte. Deswegen ist Sprache eine komplexe kognitive Leistung, bei der weite Teile der Großhirnrinde involviert sind.

▶ Exkurs. **Entwicklung der Sprache**

Sprache, im Sinne von gesprochener Sprache, ist eine unter den Lebewesen einzigartige Fähigkeit des Homo sapiens, die sich vor ca. 200 000 Jahren entwickelt hat. Auch bei Tieren kann man mehr oder weniger differenzierte Kommunikationsformen beobachten. So können Menschenaffen bis zu 40 Lautäußerungen erzeugen, die eine ganze Reihe unterschiedlicher Bedeutungen haben. Trotzdem ist die Bandbreite der Botschaften stark beschränkt. Dies liegt nicht nur am Bau des Stimmapparates. Versucht man Menschenaffen eine Zeichensprache beizubringen, so kommen sie trotz aufwendiger Übungen nicht über einen Wortschatz von ca. 200 Worten hinaus. Damit bleiben sie weit hinter taubstummen Menschen zurück. Das bedeutet, dass das Gehirn der Tiere mit den deutlich kleineren Assoziationsarealen zu solchen Leistungen nicht in der Lage ist. Im Gegensatz dazu lernen Menschenkinder aller Gesellschaften und Kulturen spontan und spielerisch zu sprechen. Im Alter von ca. einem Jahr sprechen sie die ersten Worte, schon ein halbes Jahr später bilden sie die typischen 2-Wort-Sätze, und im Alter von ca. 4 Jahren sprechen sie mehr oder weniger fließend ihre Muttersprache. Die vollständige grammatikalische Kompetenz wird allerdings parallel zur Reifung der Assoziationsareale erst nach der Pubertät erreicht.

### Sprachverarbeitung im auditorischen Kortex

Sprachlaute gelangen über das Corpus geniculatum mediale in den **primären auditorischen Kortex** (**A1**, Area 41) im Gyrus temporalis superior (vgl. hierzu S. 689). Die Pyramidenzellen im A1 haben **charakteristische Frequenzen**, die ähnlich wie die Haarsinneszellen auf der Basilarmembran tonotop von kaudal (hoch) nach rostral (tief) entlang des A1 angeordnet sind. Im Zusammenhang mit dem visuellen System (V1) wurde bereits von okulären Dominanzsäulen gesprochen. Ganz ähnlich findet man im A1 senkrecht zu der tonotopen Organisation auch sog. binaurale Interaktionsbänder mit abwechselnden Suppressions- und Summationssäulen. Die Pyramidenzellen der Suppressionssäulen reagieren nur auf Töne, die am kontralateralen im Vergleich zum ipsilateralen Ohr **Lautstärke**- oder **Phasenunterschiede** aufweisen. Solche Unterschiede entstehen dadurch, dass der Schall, der aus einer bestimmten Richtung kommt, bis zu den beiden Ohren unterschiedliche Wege zurücklegen muss. Die Neurone des A1 besitzen deshalb eine starke Richtungsselektivität. Da die optimale Signaldifferenz von Band zu Band stetig zunimmt, kodieren verschiedene Bänder für verschiedene Richtungen. Dadurch entsteht letztlich eine **zweidimensionale Organisation** mit der einen Dimension für **Frequenz** und der anderen für die **Raumrichtung**.

Die Umwelt wird aber nicht einfach nur linear auf den Kortex abgebildet, sondern die Pyramidenzellen reagieren bereits auf sehr spezifische Eigenschaften von Schallreizen. So findet man z. B. spezifische **ON-Zellen**, die nur zu Reizbeginn, und **OFF-Zellen**, die erst nach Reizende feuern. Daneben gibt es Neurone, die nur auf **bewegte Schallquellen** reagieren, oder andere, die eine Amplitudenmodulation wahrnehmen. In der **sekundären Hörrinde** (**A2**, Area 42) reagieren die Neurone sogar nur noch auf bestimmte **Tonfolgen, Geräusche, Wortsilben** und **Phoneme**. Dies sind die Lauteinheiten, aus denen Worte zusammengesetzt sind.

### Wernicke-Areal

Der akustische Assoziationskortex (Area 22) befindet sich in direkter Nachbarschaft zur Hörrinde des linken Temporallappens (Abb. **23.16**). Aufgrund der Befunde des deutschen Neurologen Carl Wernicke wird der posteriore Anteil der Area 22 als **sensorisches Sprachareal** bezeichnet. Er beschrieb 1875 einige Patienten, die nach Läsionen in diesem Bereich unter Sprachstörungen (Aphasien) litten. Sie hatten Schwierigkeiten, Worte und kompliziertere Sätze zu verstehen. Des Weiteren konnten sie zwar flüssig sprechen, aber sie machten viele Fehler in der Wahl der

23.4 Sprache und Bewusstsein

23.4.1 Sprache

▶ Exkurs.

**Sprachverarbeitung im auditorischen Kortex**

Die Neurone in der **primären Hörrinde (A1)** reagieren einerseits auf **charakteristische Frequenzen** und andererseits auf **Phasen-** bzw. **Lautstärkeunterschiede** zwischen beiden Ohren. Dies führt zu einer **zweidimensionalen Organisation** mit der einen Dimension für Frequenz und der anderen für die Raumrichtung der Schallquelle.

Die Pyramidenzellen im A1 reagieren außerdem auf sehr spezifische Eigenschaften von Schallreizen. Sie reagieren z. B. nur bei Reizbeginn **(ON-Zellen)**, bei Reizende **(OFF-Zellen)** oder nur auf **bewegte Schallquellen**.

In der **sekundären Hörrinde (A2)** reagieren die Neurone nur noch auf bestimmte **Tonfolgen, Geräusche, Wortsilben** und **Phoneme**.

**Wernicke-Areal**

In direkter Nachbarschaft zum auditorischen Kortex befindet sich das **Wernicke-Areal** (Teilgebiet der Area 22; Abb. **23.16**). In diesem **sensorischen Sprachareal** werden Worte und Sätze aus den Phonemen zusammengesetzt und über die Verbindungen zu anderen Assoziationsarealen mit Bedeutung gefüllt.

23.16

**23.16 Sprachregionen in der linken Hemisphäre**

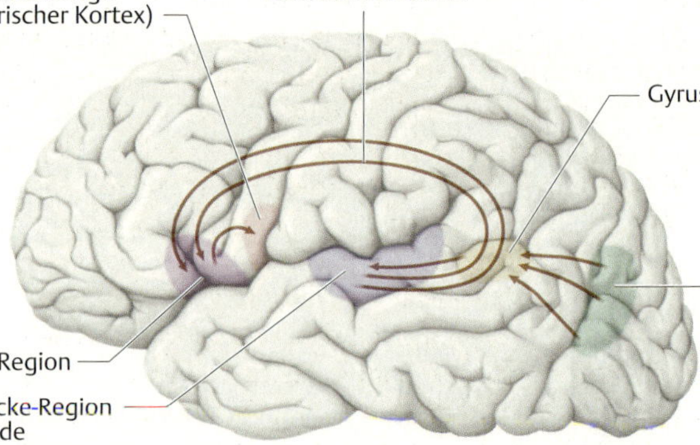


Die Sprachregionen der dominanten Hemisphäre sind schematisch auf der Kortexoberfläche markiert. Das sensorische Sprachareal (Wernicke-Region) und das motorische Sprachareal (Broca-Region) sind über den Fasciculus arcuatus reziprok miteinander verbunden. Die Regionen stehen auch in Verbindung mit polymodalen Assoziationsarealen (wie dem Gyrus angularis), die für die semantischen Inhalte wichtig sind.

Patienten mit einer **Wernicke-Aphasie** haben Schwierigkeiten, Worte und kompliziertere Sätze zu verstehen sowie für ihre Sätze die richtigen Worte zu finden.

Worte und Phoneme. Solche Patienten produzieren typischerweise Neologismen und benutzen viele Umschreibungen, was im Extremfall zu einem vollkommen unverständlichen „Wortsalat" führt. Insgesamt haben Menschen mit einer **Wernicke-Aphasie** sowohl Probleme, Sätze richtig zu verstehen, als auch für eine bestimmte geplante Aussage die richtigen Worte zu wählen.

### Broca-Areal

Das **Broca-Areal** befindet sich in der Area 44 und 45 des Frontallappens (Abb. **23.16**). In diesem **motorischen Sprachareal** werden die motorischen Programme zur Erzeugung von Worten und Sätzen zusammengesetzt.
Eine **Broca-Aphasie** geht mit einer gestörten Artikulation und fehlender Sprachmelodie einher. Wörter sind oft phonematisch entstellt und komplexe Sätze bleiben unverständlich.

## Broca-Areal

Analog zum sensorischen gibt es auch ein **motorisches Sprachzentrum** (Area 44 und 45), das nach dem französischen Neurologen Paul Broca benannt wurde (Abb. **23.16**). Bei einer Läsion des Broca-Areals und angrenzender Regionen ist die Sprache verlangsamt, die Artikulation ist gestört und die Sprachmelodie fehlt. Wörter sind oft phonematisch entstellt und komplexe Sätze bleiben unverständlich, da entscheidende Funktionswörter einfach weggelassen werden. Ganz analog dazu haben die Patienten auch Probleme Sätze zu verstehen, bei denen die Bedeutung von einer komplexen Grammatik abhängt. Bei einer **Broca-Aphasie** liegt also der Schwerpunkt der Sprachprobleme auf der Seite der Sprachproduktion. Trotzdem treten auch hier erhebliche Sprachverständnisprobleme auf.

▶ Merke.

**▶ Merke.** Läsionen im Bereich der **Wernicke**-Region führen zu **sensorischen Aphasien**, Läsionen im Bereich der **Broca**-Region zu **motorischen Aphasien**.

### Bidirektionale Koordination

Das Broca- und Wernicke-Areal sind über den **Fasciculus arcuatus** bidirektional miteinander verbunden (Abb. **23.16**). Beide Regionen werden sowohl für die Sprachproduktion als auch für die Wahrnehmung von Sprache gebraucht und sind deshalb für die **Implementation** von Sprache notwendig. Die anderen Assoziationskortizes **(Gyrus angularis)** sind v. a. für die **inhaltlichen Konzepte** der Sprache verantwortlich.

## Bidirektionale Koordination

Inzwischen weiß man, dass das Broca-Areal und das Wernicke-Areal über den **Fasciculus arcuatus** bidirektional miteinander verbunden sind (Abb. **23.16**). Beide Regionen werden sowohl für die Sprachproduktion als auch für die Wahrnehmung von Sprache gebraucht. Darüber hinaus besteht eine enge Verbindung der beiden Regionen zum **Gyrus angularis** (Area 39), einem polymodalen Assoziationskortex. Er bekommt unter anderem auch optische Informationen, sodass sichtbare Objekte benannt werden können.
Man geht davon aus, dass für eine sinnvolle sprachliche Kommunikation ein großes Netzwerk von verschiedensten kortikalen Regionen nötig ist. Die oben genannten Regionen (Broca und Wernicke) sind dabei mehr für die **Implementation** von Sprache wichtig, während die anderen Assoziationskortizes vor allem für die **inhaltlichen Konzepte** der Sprache verantwortlich sind.

## Hemisphärendominanz der Sprachregionen

Die Sprachregionen sind bei den meisten Menschen in der dominanten (linken) Hemisphäre lokalisiert (s. S. 757). Obwohl eine Verletzung dieser Hemisphäre klar umschriebene Ausfälle zur Folge hat, leistet auch die nicht dominante (rechte) Hemisphäre einen Beitrag zur Sprache. Durchtrennt man bei Patienten mit schweren epileptischen Anfällen den Balken **(Split Brain)**, so können Objekte, die im linken Gesichtsfeld präsentiert werden, d. h. in den rechten V1 projizieren, nicht benannt werden. Bei Gegenständen, die im rechten Gesichtsfeld präsentiert werden, d. h. in den linken V1 projizieren, funktioniert dies dagegen noch sehr gut. Analog dazu können optisch verdeckte Gegenstände nur benannt werden, wenn man sie mit der rechten Hand ertastet, aber nicht mit der linken.

Die rechte Hemisphäre hat also wenig lexikalische oder grammatische Fähigkeiten. Trotzdem zeigt sich bei Läsionen **rechts-frontal**, dass die Patienten nicht in der Lage sind, Sätze **emotional** zu betonen und eine sinnvolle Satzmelodie zu erzeugen. Patienten mit **rechts-parietalen** Läsionen haben dagegen Schwierigkeiten, die Betonung in gehörten Sätzen richtig zu **interpretieren**. Diese Aspekte sind enorm wichtig für Sprache. Patienten mit rechtsseitigen Läsionen haben deshalb oft soziale Kommunikationsprobleme oder auch Schwierigkeiten, Witze zu verstehen.

**Hemisphärendominanz der Sprachregionen**

Die Sprachregionen sind bei den meisten Menschen in der dominanten (linken) Hemisphäre lokalisiert. Durchtrennung des Balkens **(Split Brain)** führt dazu, dass Objekte, die in den rechten V1 projiziert werden, nicht benannt werden können.

Trotzdem sind **rechts-frontale** Regionen für die **emotionale** Betonung und **rechts-parietale** Regionen für die **Interpretation** der Betonung von gehörten Sätzen wichtig.

## Lesen und Schreiben

Im Gegensatz zur gesprochenen Sprache ist die schriftliche Symbolsprache eine junge Erscheinung in der Geschichte der Menschheit. In der westlichen Zivilisation findet man eine allgemeine Alphabetisierung der Bevölkerung gerade mal seit gut 100 Jahren. Es ist deshalb erstaunlich, dass das Lesen und Schreiben von den meisten Kindern doch recht mühelos erlernt wird. Abb. **23.17 a** zeigt eine PET-Aufnahme beim lauten Lesen von Worten. Man findet neben der Broca- und Wernicke-Region vor allem auch eine besonders starke Aktivierung des hinteren **ventrobasalen Temporalkortex**. In diesem Bereich der **Area 37** befindet sich eine **„Leseregion"**, in der die Worte aus Silben und sog. Graphemen zusammengesetzt werden. Wird diese Region nicht adäquat aktiviert (Abb. **23.17 b**), so ist dies mit Lese- und Rechtschreibschwierigkeiten verbunden. Es handelt sich um ein multimodales Assoziationsareal, das mit vielen parietalen und frontalen Regionen in Verbindung steht, wodurch den gelesenen Worten Bedeutung verliehen werden kann.

**Lesen und Schreiben**

Beim Lesen von Worten wird neben der Broca- und Wernicke-Region vor allem auch der hintere **ventrobasale Temporalkortex** aktiviert. In diesem unteren Teil der **Area 37** befindet sich eine **„Leseregion"**, in der die Worte aus Silben und sog. Graphemen zusammengesetzt werden (Abb. **23.17**). Es handelt sich dabei um ein multimodales Assoziationsareal, das mit vielen parietalen und frontalen Regionen in Verbindung steht, wodurch den **gelesenen Worten Bedeutung** verliehen wird.

**23.17 Hirnaktivität (PET) beim Lesen und Schreiben**

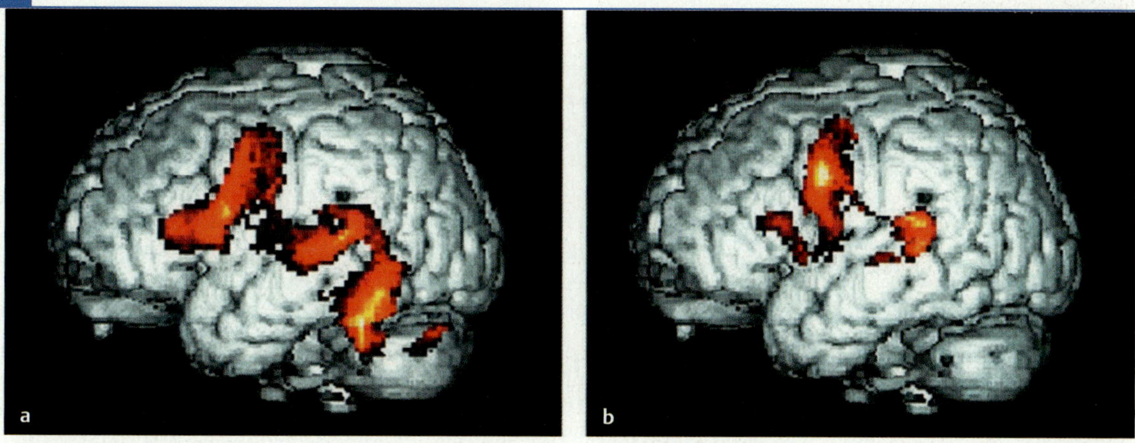


Zur Messung regionaler Unterschiede in der Hirndurchblutung wurde eine geringe Konzentration von radioaktiv markiertem Wasser ($H_2{}^{15}O$) intravenös injiziert. Beim lauten Lesen von einzelnen Wörtern sieht man bei gesunden Probanden eine typische Hirnaktivität **(a)**, bei Probanden mit Lese- und Rechtschreibschwäche (LRS) hingegen einen deutlich abweichenden Befund **(b)**. (Paulesu et al. 2001, Science)

► Klinik.

► Klinik. Das Erlernen der Schriftsprache ist bei manchen Menschen mit großen Schwierigkeiten verbunden. Etwa 5–10% der Schulkinder im Alter von 8–15 Jahren zeigen eine **Dyslexie**, d.h. eine **Lese- und Rechtschreibstörung (LRS)** bei sonst normaler Intelligenz. Diese Dyslexie kann eine Reihe von unterschiedlichen Ursachen haben. Neben Problemen in der auditorischen Sprachverarbeitung scheint bei vielen Betroffenen jedoch vor allem der hintere ventrobasale Temporalkortex unteraktiviert zu sein (Abb. **23.17b**). Das hat zur Folge, dass Worte nicht schnell genug aus Silben zusammengesetzt werden können und damit das „Wortbild" nicht erkannt wird.

Insgesamt wird deutlich, dass **gesprochene Sprache** eine komplexe Interaktion vieler verschiedener Kortexregionen voraussetzt. Die enorme Flexibilität der menschlichen Assoziationskortizes erlaubt zusätzlich das Erlernen einer **schriftlichen Symbolsprache**, deren neurophysiologisches Substrat aufs Engste mit dem der gesprochenen Sprache verwoben ist.

23.4.2 Bewusstsein

Viele kortikale Prozesse laufen unbewusst ab. Man unterscheidet deshalb **unbewusste (implizite)** von **bewusster (expliziter)** Wahrnehmung.

## 23.4.2 Bewusstsein

Obwohl ein intakter Kortex für Bewusstsein notwendig ist, ist nicht jede kortikale Aktivität mit einer **bewussten (expliziten)** Wahrnehmung oder Handlung verbunden. Im Gegenteil, die meisten kortikalen Prozesse laufen **unbewusst (implizit)** ab, und unserer bewussten Wahrnehmung zeigt sich wahrscheinlich nur die Spitze eines Eisbergs.

► Exkurs.

► Exkurs. Der Neurowissenschaftler Benjamin Libet hat in den 60er Jahren des letzten Jahrhunderts an wachen Patienten während offener Hirnoperationen kortikale somatosensorisch evozierte Potenziale (SEPs, s. S. 767) nach Reizung der Haut untersucht. Er konnte zeigen, dass schwache Hautreize zu einem primär evozierten Potenzial führen, auch wenn sie nicht von Patienten bewusst wahrgenommen werden. Hieraus folgt, dass die Erzeugung von Aktionspotenzialen in sensorischen Nerven und zentralen sensorischen Bahnen nicht zwangsläufig zu einer bewussten Empfindung führen muss. Erst wenn durch **stärkere Reizung** eine gewisse Anzahl von Fasern aktiviert wird, kommt es zum **Überschreiten einer Wahrnehmungsschwelle**. Die stärkere überschwellige Reizung führt nicht nur zu größeren, sondern auch zu **länger andauernden SEPs**. Während sich die primäre Potenzialänderung nur über dem somatosensorischen Kortex messen lässt, sind die langsamen späten Komponenten über weite Teile des Neokortex verbreitet.

Unbewusste (implizite) Wahrnehmung

Unbewusste Reizverarbeitung

Auch **ohne bewusste Wahrnehmung** führt die unterschwellige Präsentation von Reizen wie Worte, Gesichter oder Duftstoffen zu einer assoziativen **kortikalen Informationsverarbeitung**, die man anhand des BOLD-Signals im fMRT messen kann (Abb. **23.18**).

### Unbewusste (implizite) Wahrnehmung

#### Unbewusste Reizverarbeitung

Allen Sinnessystemen kann man maskierte oder unterschwellige Reize anbieten, die zwar zu einer **kortikalen Aktivität** führen, aber **nicht explizit wahrgenommen** werden. Maskierung bedeutet, dass die Wahrnehmung eines bestimmten Reizes (z.B. Wort auf einem Bildschirm) durch die zeitlich versetzte Darbietung eines anderen Reizes (z.B. ein Muster) reduziert oder verhindert wird. So führt z.B. das kurze Erscheinen eines Wortes für ca. 30 ms **ohne Maskierung** gerade noch zu einer expliziten Wahrnehmung (Abb. **23.18 a**). Im fMRT zeigt sich hier eine Zunahme des BOLD-Signals in verschiedenen temporalen, parietalen und frontalen Assoziationskortizes. Erscheint aber kurz davor und kurz danach für 70 ms ein komplexes grafisches Muster **(Maskierung)**, so sieht der Proband nur das Muster. Trotzdem führt die Präsentation des maskierten Wortes zu einer Veränderung der kortikalen Aktivität. Abb. **23.18b** zeigt die fMRT-Aufnahme eines Probanden beim unbewussten „Lesen" von maskierten Wörtern mit einer Zunahme des BOLD-Signals im hinteren ventrobasalen Assoziationskortex des Temporallappens (Leseregion). Obwohl der Proband also keine bewusste Empfindung hat und auch kein gesehenes Wort benennen kann, führt die maskierte Präsentation eines Wortes trotzdem zu einer begrenzten kortikalen Informationsverarbeitung. Ganz analog dazu führt die kurze unbewusste Präsentation von ängstlichen Gesichtern zu einer Aktivität in der Amygdala, oder die unterschwellige Präsentation eines Geruchsstoffs zu einer Aktivität im olfaktorischen Kortex, obwohl die Probanden behaupten, nichts zu sehen oder zu riechen.

23.18 **Unbewusste Reizverarbeitung im fMRT**

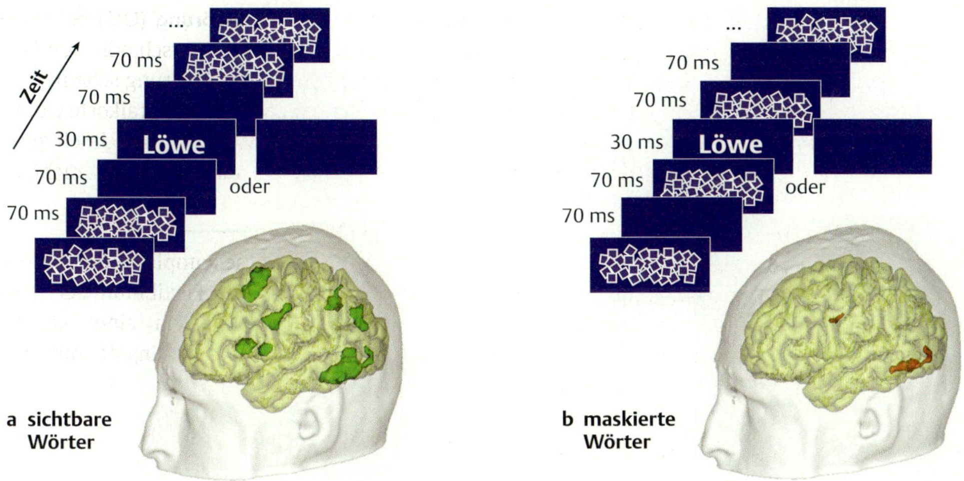


Probanden wird entweder ein einzelnes Wort (z. B. Löwe) oder eine leere Fläche für kurze Zeit (30 ms) gezeigt (bewusste Wahrnehmung, **a**). Wird direkt vor und nach der kurzen Präsentation des Wortes ein Nonsens-Muster präsentiert (Maskierung), so wird das Wort nicht mehr bewusst wahrgenommen **(b)**. Diese verschiedenen Formen der Reizverarbeitung gehen mit der Aktivierung unterschiedlich großer Kortexbereiche einher.

### Unbewusste assoziative Konditionierung

Welche Konsequenzen hat eine kortikale Aktivität, die nicht mit einer bewussten Empfindung einhergeht? Ein kurzer Luftstoß gegen das Augenlid führt zu einem Blinzelreflex. Dieser Blinzelreflex kann aber auch durch Konditionierung auf andere Reize übertragen werden (s. S. 782). Ertönt z. B. immer während einer Sekunde vor dem Luftstoß ein Ton, so bilden sich neue assoziative synaptische Verbindungen und der Proband **„lernt"** nach einigen Wiederholungen diesen Zusammenhang. Die alleinige Präsentation des Tones führt dann schon zu einer unwillkürlichen Blinzelreaktion, auch wenn kein Luftstoß appliziert wird. Man bezeichnet den Ton dann als bedingten oder **konditionierten Stimulus (CS)**. Interessanterweise funktioniert diese Konditionierung auch, wenn der Ton so leise ist, dass der Proband ihn gar nicht bewusst wahrnimmt. Im Tierversuch konnte weiterhin gezeigt werden, dass jede schwache elektrische Reizung in einem Assoziationsareal zu einem konditionierten Stimulus werden kann, wenn sie nur oft genug mit einem unkonditionierten Stimulus (US) gepaart wird. Obwohl also implizite Wahrnehmung keine unmittelbaren Konsequenzen hat, kann die wiederholte Präsentation unterschwelliger Reize sehr wohl **langfristige Konsequenzen für das Verhalten** haben. Es handelt sich hier um eine Form von Gedächtnis, nämlich um implizites Langzeitgedächtnis (s. S. 781). Wenn sich allerdings zwischen dem Tonende und dem Beginn des Luftstoßes eine Pause von ca. 1 s oder mehr befindet, kommt es nur zu einer Konditionierung des Tones, wenn der Proband den Ton auch bewusst wahrnimmt. Man spricht dann von verzögerter Konditionierung.

#### Unbewusste assoziative Konditionierung

Unterschwellige Reize werden unbewusst (implizit) wahrgenommen und können an **Lernprozessen** beteiligt sein. So kann z. B. ein leiser Ton, der nicht explizit gehört wird, zu einem **konditionierten Stimulus** werden, der eine Blinzelreaktion auslöst.
Damit hat die implizite Wahrnehmung zwar keine unmittelbaren Konsequenzen, kann aber sehr wohl **langfristige Konsequenzen für das Verhalten** haben.

## Bewusste (explizite) Wahrnehmung

Der Übergang von unbewusster zu bewusster Wahrnehmung zeigt sich besonders eindrucksvoll bei maskierten Wörtern. Das Weglassen der Maskierung führt hier zu einer dramatischen **Vergrößerung des BOLD-Signals** in verschiedenen Assoziationskortizes (Abb. **23.18 a**). Im farbkodierten EEG (Abb. **23.19**) wird aufgrund der besseren Zeitauflösung deutlich, dass bewusste Wahrnehmung mit einer **verzögerten,** aber **starken Aktivierung des präfrontalen und parietalen Kortex** einhergeht. Man sieht sehr schön eine initiale elektrische Aktivität über dem primären visuellen Kortex, die sich im Verlauf von 300 – 500 ms nach dem Stimulus über den Neokortex ausbreitet. Erst nach dieser Latenz hat ein wahrgenommenes Objekt unser Bewusstsein erreicht. In ähnlicher Weise wurden auch für andere Sinnesmodalitäten sog. späte Komponenten bei der expliziten Wahrnehmung im EEG nachgewiesen.
Daraus kann man schließen, dass bewusste Wahrnehmung mit einer länger anhaltenden globalen elektrischen Aktivität im Neokortex verbunden ist, die insbesondere auch immer präfrontale Regionen aktiviert.

#### Bewusste (explizite) Wahrnehmung

Beim Übergang von unbewusster zu bewusster Wahrnehmung zeigt sich im fMRT eine dramatische **Vergrößerung des BOLD-Signals** in vielen kortikalen Assoziationsarealen (Abb. **23.18 a**). Im farbkodierten EEG (Abb. **23.19**) wird deutlich, dass bewusste Wahrnehmung mit einer **verzögerten,** aber **starken Aktivierung des präfrontalen und parietalen Kortex** einhergeht.

23.19

**23.19 Bewusste (explizite) Reizverarbeitung im farbkodierten EEG**

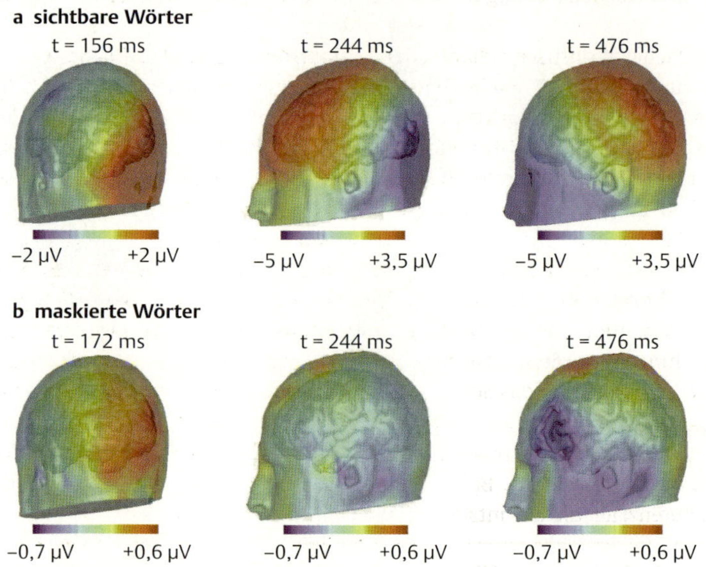


Besonders auffallend gegenüber der impliziten Wahrnehmung maskierter Wörter **(b)** ist eine verzögerte, aber starke Aktivierung des präfrontalen und parietalen Kortex beim Lesen sichtbarer Wörter **(a)**.

## Bewusstseinsstörungen

### Narkose

Der Bewusstseinsverlust während einer Narkose geht mit einer starken **Verminderung der Aktivität im Thalamus** einher. Es kommt weiterhin zum Verschwinden der hochfrequenten γ-Oszillationen. Primär evozierte Potenziale haben leicht verzögerte Latenzen und bleiben auf die primären Rindenfelder beschränkt.

Eine Möglichkeit, die bewusste Wahrnehmung am gesunden Menschen zu beeinträchtigen oder zu unterbrechen, besteht in der Gabe von Injektions- (z. B. Barbiturate) oder Inhalationsnarkotika (z. B. Isofluran), die in vielen Fällen die GABAerge Transmission verstärken oder die Erregbarkeit von Neuronen unspezifisch herabsetzen. Während der Narkose kommt es zu einer **starken Verminderung der Aktivität im Thalamus** und zum Verschwinden der hochfrequenten γ-Oszillationen. Primär evozierte Potenziale lassen sich immer noch ableiten. Die Signale haben leicht verzögerte Latenzen und bleiben im Wesentlichen auf die primären Rindenfelder beschränkt. Die späten Komponenten über den Assoziationsarealen fallen dagegen völlig weg. Narkotika interferieren also weniger mit der Aktivierung primärer Rindenfelder als vielmehr mit der Aktivierung der assoziativen Zellensembles.

### Pathologische Bewusstseinsstörungen

Schädigungen des **Hirnstamms** führen zu sog. quantitativen Bewusstseinsstörungen **(Vigilanzstörungen)**. Nach dem Grad der Vigilanz unterscheidet man:
- **Somnolenz** (Schläfrigkeit)
- **Sopor/Stupor** (keine Spontanbewegung, Reaktion auf Schmerzreize)
- **Koma** (tiefes Koma mit vollständiger Bewusstlosigkeit, ohne jegliche Reaktion auf Schmerzreize).

Eine notwendige Bedingung für einen ungetrübten Bewusstseinszustand ist ein intakter Hirnstamm, der über das ARAS (aufsteigendes retikuläres Aktivierungssystem, s. S. 771) die Erregbarkeit der thalamischen und kortikalen Neurone in einem gesunden Arbeitsbereich hält. Mechanische Kompressionen oder Ischämien im Bereich des **Hirnstamms** führen zu Bewusstseinstörungen **(Vigilanzstörungen)**, die durch den Grad der Wachheit (Vigilanz) definiert sind. Man unterscheidet nach zunehmendem Grad der Bewusstseinsstörung:
- **Somnolenz:** Schläfrigkeit, Patient leicht weckbar
- **Sopor/Stupor:** keine Spontanbewegung, Patient nur durch stärkste Reize weckbar, Abwehrbewegung auf Schmerzreize
- **Koma:** Beim tiefen Koma handelt es sich um eine vollständige Bewusstlosigkeit ohne jegliche Reaktion auf Schmerzreize. Im EEG zeigt sich eine eher langsame, aber diffuse Aktivität im δ-Frequenzbereich (zeitweise auch synchrone, schlafähnliche δ-Wellen). Ähnlich wie bei der Narkose fehlen die späten globalen Komponenten evozierter Potenziale. Die frühen, lokal begrenzten, Komponenten über den primä-

ren Rindenfeldern bleiben dagegen erhalten. Aus diesem Zustand kann der Patient nach einer Normalisierung der Hirnstammaktivität spontan wieder erwachen.

Bei großflächigen diffusen Schäden der Großhirnrinde oder des Thalamus kommt es jedoch zu einem sog. **apallischen Syndrom**, ein Zustand der **Wachheit ohne Bewusstsein**. Die Patienten zeigen einen spontanen Schlaf-Wach-Zyklus, aber kein Zeichen von bewusster Wahrnehmung oder willentlicher Bewegung. Sie reagieren lediglich reflexartig auf schmerzhafte Reize. Dies ist sorgfältig zu unterscheiden vom sog. **Locked-in-Syndrom**, bei dem die Patienten aufgrund von Hirnstammläsionen im Bereich der Medulla oblongata jegliche **motorische Kontrolle** verloren haben. Im EEG zeigen sich aber bei evozierten Potenzialen späte Komponenten (P300), die auf kognitive Prozesse und bewusste Wahrnehmung schließen lassen. Häufig können sich die Patienten noch über Augenbewegungen mit der Umwelt verständigen. Darüber hinaus werden Anstrengungen unternommen, um mithilfe sog. Brain-Machine-Interfaces z. B. das Schreiben von Nachrichten und Briefen zu ermöglichen.

Großflächige diffuse Schäden der Großhirnrinde führen zu einem **apallischen Syndrom**. Dies ist ein Zustand der Wachheit ohne Bewusstsein. Bei dem **Locked-in-Syndrom** sind dagegen kognitive Prozesse und bewusste Wahrnehmung intakt. Die Patienten haben aber aufgrund von Hirnstammläsionen im Bereich der Medulla oblongata jegliche motorische Kontrolle verloren.

▶ Merke. **Evozierte Potenziale** im tiefen **Koma** zeigen nur frühe Signale über den primären Rindenfeldern. Beim **Locked-in-Syndrom** findet man dagegen normale späte Potenziale, die auf intakte kognitive Funktionen hindeuten.

▶ Merke.

Kommt es auch im oberen Hirnstammbereich, z. B. aufgrund großer Läsionen, zum Erliegen der elektrischen Aktivität, so zeigt das EEG keinerlei spontane Signale mehr an. Es handelt sich dann um einen irreversiblen Aktivitätsverlust des Gehirns, weswegen das sog. **Null-Linien-EEG** ein hilfreiches diagnostisches Kriterium für den **Hirntod** ist.

Kommt es im oberen Hirnstammbereich zum völligen Erliegen der elektrischen Aktivität, so zeigt sich ein **Null-Linien-EEG** (Kriterium für den **Hirntod**).

▶ Klinik. Der **Hirntod**, d. h. der vollständige und irreversible Funktionsausfall des Gehirns, wird diagnostiziert, wenn zusätzlich zu den Kriterien des tiefen Komas lichtstarre Pupillen, das Fehlen jeglicher Reflexe und der Ausfall der Spontanatmung festgestellt wird. Je nach Alter des Menschen, muss dieser Zustand über mindestens 12–24 Stunden anhalten. Bei Verdacht auf Hirnstammblutungen muss zusätzlich ein mindestens 30 min dauerndes **Null-Linien-EEG** aufgezeichnet werden. Das EEG wird auch als zusätzliches Kriterium verwendet, um die Wartezeit der finalen Diagnose zu verkürzen.

▶ Klinik.

## 23.5 Lernen und Gedächtnis

Damit der Mensch in seiner Umwelt kommunizieren und sinnvoll agieren kann, muss er nicht nur in der Lage sein, einzelne Objekte wahrzunehmen, sondern er muss auch Dinge miteinander vergleichen und unterscheiden können. Dazu ist es notwendig, auf verschiedenen Zeitskalen Inhalte zu speichern und diese für Vergleiche und Verrechnungen zu einem späteren Zeitpunkt zur Verfügung zu haben. Dies wird durch verschiedene Gedächtnisformen realisiert, die als **sensorisches Gedächtnis** (< 1 s), als **Arbeits**- oder **Kurzzeitgedächtnis** (Sekunden bis Minuten) und als **Langzeitgedächtnis** (Stunden bis Jahre) bezeichnet werden.

23.5 Lernen und Gedächtnis

Je nach Zeitskala unterscheidet man das **sensorische** Gedächtnis, das **Arbeits-** oder **Kurzzeitgedächtnis** und das **Langzeitgedächtnis**.

### 23.5.1 Sensorisches Gedächtnis

Die erste Phase (einige 100 ms), in der unsere Sinnessysteme sowie die primären und sekundären Kortexareale mit der **initialen Verarbeitung von Sinnesreizen** beschäftigt sind, wird oft als sensorisches Gedächtnis bezeichnet. Es handelt sich hier ausschließlich um **unbewusste Prozesse**, die einer bewussten Wahrnehmung vorausgehen. Durch die parallele Verarbeitung in vielen Kortexarealen hat das sensorische Gedächtnis eine enorm große Kapazität. Die elektrische Aktivität vieler Elemente verebbt allerdings ohne weitere Konsequenzen. Lediglich einzelne Elemente sind Teil von unbewussten Konditionierungsprozessen oder erregen unsere Aufmerksamkeit und gelangen daraufhin über oben beschriebene Mechanismen ins Bewusstsein und damit in das Arbeitsgedächtnis.

23.5.1 Sensorisches Gedächtnis

Die erste Phase (einige 100 ms), in der unsere Sinnessysteme sowie die primären und sekundären Kortexareale mit der **initialen Verarbeitung von Sinnesreizen** beschäftigt sind, wird oft als sensorisches Gedächtnis bezeichnet.

23.5.2 Arbeits- oder Kurzzeitgedächtnis

Funktion und Kapazität

Die Fähigkeit, sich mehrere Gedanken nebeneinander für eine Zeitspanne von **Sekunden bis zu wenigen Minuten** zu merken, wird als **Kurzzeit**- oder **Arbeitsgedächtnis** bezeichnet.

Die **Kapazität** dieses Arbeitsspeichers ist auf ca. 5 – 9 verschiedene Inhalte **begrenzt**, wenn diese keine semantischen Bezüge zueinander aufweisen.

Neuronale Grundlagen des Arbeitsspeichers

Der **präfrontale Kortex** spielt für das Arbeitsgedächtnis eine entscheidende Rolle. Wenn ein Gedanke ins Arbeitsgedächtnis eintritt, werden **Neuronengruppen** im präfrontalen Kortex aktiviert und bleiben während der Behaltensdauer von Inhalten **tonisch aktiv**. Diese Neurone halten über reziproke Verbindungen zu anderen Assoziationsarealen und sensorischen Rindenbezirken die Repräsentation der Inhalte verfügbar.

► Klinik.

23.5.3 Langzeitgedächtnis

Lernprozesse und Prägung des Gehirns

Lernen ist gleichbedeutend mit der Veränderung der synaptischen Kommunikation zwischen Nervenzellen und deshalb immer mit einer **Veränderung der biologischen Struktur** des Gehirns verbunden.



## 23.5.2 Arbeits- oder Kurzzeitgedächtnis

### Funktion und Kapazität

Der Mensch kann seine bewusste Aufmerksamkeit nicht nur auf einen Gedanken richten, sondern er ist in der Lage, gleichzeitig mehrere Gedanken oder Bewusstseinsinhalte nebeneinander für eine Zeitspanne von **Sekunden bis zu wenigen Minuten** abrufbereit oder griffbereit zu halten. Man bezeichnet dies als **Kurzzeit**- oder **Arbeitsgedächtnis**. Es handelt sich hier z.B. um die Fähigkeit, sich vorübergehend ein Objekt zu merken, das an einem bestimmten Ort kurz aufgetaucht ist. Im Alltag sind auch bestimmte Wort- oder Zahlenkombinationen sehr wichtig, wie zum Beispiel Telefonnummern, die man sich mühelos für kurze Zeit merken kann. Funktionell ist dies sehr eng mit dem Arbeitsspeicher eines Computers verwandt. Wenn die Stromversorgung des Computers abgeschaltet wird oder beim Menschen ein kurzer Bewusstseinsverlust eintritt, wie z.B. bei einer Gehirnerschütterung, sind die Inhalte des Arbeitsspeichers für immer verloren.
Die **Kapazität** dieses Arbeitsspeichers ist nur sehr **begrenzt**. So kann man sich in der Regel nur ca. 5 – 9 verschiedene Inhalte merken, wenn diese keine semantischen Bezüge zueinander aufweisen. Der Arbeitsspeicher ist letztlich gerade dafür nötig, solche inneren Bezüge, also z.B. Gemeinsamkeiten oder auch logische Widersprüche, durch Vergleiche zu detektieren.

### Neuronale Grundlagen des Arbeitsspeichers

Für diese Funktion spielt der dorsolaterale **präfrontale Kortex** eine wichtige Rolle. Er ist sowohl mit den anderen Assoziationskortizes als auch mit den sekundären Rindenbezirken der verschiedenen Sinnessysteme reziprok gekoppelt. Wenn ein Gedanke ins Arbeitsgedächtnis eintritt, werden **Neuronengruppen** im präfrontalen Kortex aktiviert und bleiben während der Behaltensdauer von Inhalten **tonisch aktiv**. Man geht heute davon aus, dass diese Neurone über reziproke Verbindungen die Repräsentation der Inhalte in den entsprechenden sensorischen Rindenbezirken verfügbar halten. Wegen der limitierten Kapazität des Arbeitsgedächtnisses wird der thalamische Informationsfluss mithilfe direkter Verbindungen vom präfrontalen Kortex zum Ncl. reticularis spezifisch gehemmt. Im Arbeitsspeicher finden sich deshalb nur Inhalte, die selektive Aufmerksamkeit erhalten.
Die Assoziationskortizes sind nicht nur phylogenetisch sehr jung, sondern sie reifen auch während der Ontogenese erst recht spät: Parallel zur Reifung des präfrontalen Kortex beginnt die Funktion des bewussten Arbeitsgedächtnisses mit knapp einem Jahr (7 – 12 Monate) und erreicht die volle Kapazität erst nach der Geschlechtsreife. Kinder haben deshalb je nach Alter eine deutlich reduzierte Speicherkapazität.

► Klinik. **Verletzungen** im Bereich des **präfrontalen Kortex** oder dessen Verbindungen zu den entsprechenden sensorischen Rindenbereichen führen zu einer drastisch **verminderten Speicherkapazität**. Die Patienten werden sehr leicht durch einen neuen Stimulus abgelenkt. Dies hat dann zur Folge, dass sie sich schlecht auf bestimmte Aufgaben konzentrieren können und komplexere Aufgaben gar nicht bewältigen.

## 23.5.3 Langzeitgedächtnis

### Lernprozesse und Prägung des Gehirns

Längerfristige Speicherung von Informationen im Gehirn ist immer mit Lernprozessen verbunden. Fast alles, was Menschen wissen und können, wurde irgendwann im Laufe des Lebens erlernt. Lernen ist gleichbedeutend mit der Veränderung der synaptischen Kommunikation zwischen Nervenzellen und deshalb immer mit einer **Veränderung der biologischen Struktur des Gehirns** verbunden. Die Neurone können ihre synaptischen Verbindungen aktivitätsabhängig anpassen. Man unterscheidet hier frühkindliche Entwicklung, die auch als Prägung bezeichnet wird, von Lernen und Gedächtnis im erwachsenen Alter.

## Prägung und synaptische Plastizität

Synaptische Verschaltungen können während der postnatalen Prägung in sog. kritischen Phasen (s. S. 761) aktivitätsabhängig angepasst werden. Im **erwachsenen Gehirn** sind Plastizitätsprozesse im Allgemeinen zugunsten der Stabilität neuronaler Repräsentationen deutlich reduziert. Es bleibt allerdings ein gewisses Maß an Restplastizität, so dass Erfahrungen in Form von **neuen synaptischen Verbindungen** gespeichert und wieder abgerufen werden können.

## Implizites und explizites Langzeitgedächtnis

Die Funktion und die Eigenschaften des Gedächtnisses sind ursprünglich ein Gebiet der Psychologie. So unterscheiden die Psychologen beim Langzeitgedächtnis zwischen einem **impliziten Verhaltensgedächtnis** und einem **expliziten Wissensgedächtnis** (Abb. **23.20**). Während das Auslesen des Ersteren meist **unbewusst** abläuft, erfordert das Letztere eine **bewusste** Erinnerungsanstrengung.
Das explizite oder auch **deklarative** Gedächtnis wird weiter unterteilt in einen **episodischen** Anteil für konkrete persönliche Erlebnisse und einen **semantischen** Anteil, der allgemeine Fakten und Tatsachen beinhaltet. Dem impliziten Verhaltensgedächtnis werden alle anderen Lernvorgänge zugeordnet.
Die anhaltende Lernfähigkeit des Gehirns ermöglicht es dem Menschen, sich neues Wissen anzueignen, aus Erfahrungen zu lernen und damit schließlich flexibel und zielgerichtet in der Umwelt agieren zu können.

## Implizites Langzeitgedächtnis

Das implizite **Verhaltensgedächtnis** kann bewusst oder unbewusst erlernt werden, wird aber immer **unbewusst abgerufen**. Die Funktionen sind sehr unterschiedlich und die Mechanismen sehr heterogen. Im Alltag laufen ständig implizite Lern- und Erinnerungsprozesse ab. Im Folgenden sollen einige klassische Beispiele genannt werden.

**Priming:** Im Zusammenhang mit der Entstehung von Sprache wurde bereits deutlich, wie komplex die Sinneswahrnehmung im Neokortex organisiert ist. In allen Sinnessystemen werden diese Wahrnehmungsfertigkeiten ständig weiter verfeinert, sodass im Alltag **wichtige komplexe „Muster“** (z. B. Wortsilben) schneller und besser erkannt werden können. Dies wird als Priming bezeichnet.

**Habituation:** Auch die **Gewöhnung** (Habituation) gegenüber wiederkehrenden Reizen ist ein einfacher impliziter Lernvorgang. Wenn der Reiz keine verhaltensbio-

### Prägung und synaptische Plastizität

Im Vergleich zur postnatalen Prägung sind im **erwachsenen Gehirn** Plastizitätsprozesse zugunsten der Stabilität neuronaler Repräsentationen deutlich reduziert. Es bleibt eine Restplastizität, so dass Erfahrungen in Form von **neuen synaptischen Verbindungen** gespeichert werden können.

### Implizites und explizites Langzeitgedächtnis

Man unterscheidet implizites von explizitem Gedächtnis, je nachdem ob es **unbewusst** oder **bewusst erinnert** bzw. abgerufen wird (Abb. **23.20**). Das implizite Gedächtnis wird auch als **Verhaltensgedächtnis**, das explizite dagegen als **Wissensgedächtnis** bezeichnet. Das explizite oder **deklarative** Gedächtnis wird weiter unterteilt in **episodisches** (konkrete Erlebnisse) und **semantisches Gedächtnis** (allgemeine Tatsachen).

### Implizites Langzeitgedächtnis

Das implizite **Verhaltensgedächtnis** kann bewusst oder unbewusst erlernt werden, wird aber immer **unbewusst abgerufen**.

**Priming:** Die Wahrnehmungsfertigkeiten werden ständig verfeinert, so dass im Alltag **wichtige komplexe „Muster“** schneller und besser erkannt werden. Dies wird als Priming bezeichnet.

**Habituation:** **Gewöhnung** gegenüber wiederkehrenden Reizen.

**23.20 Implizites und explizites Langzeitgedächtnis**

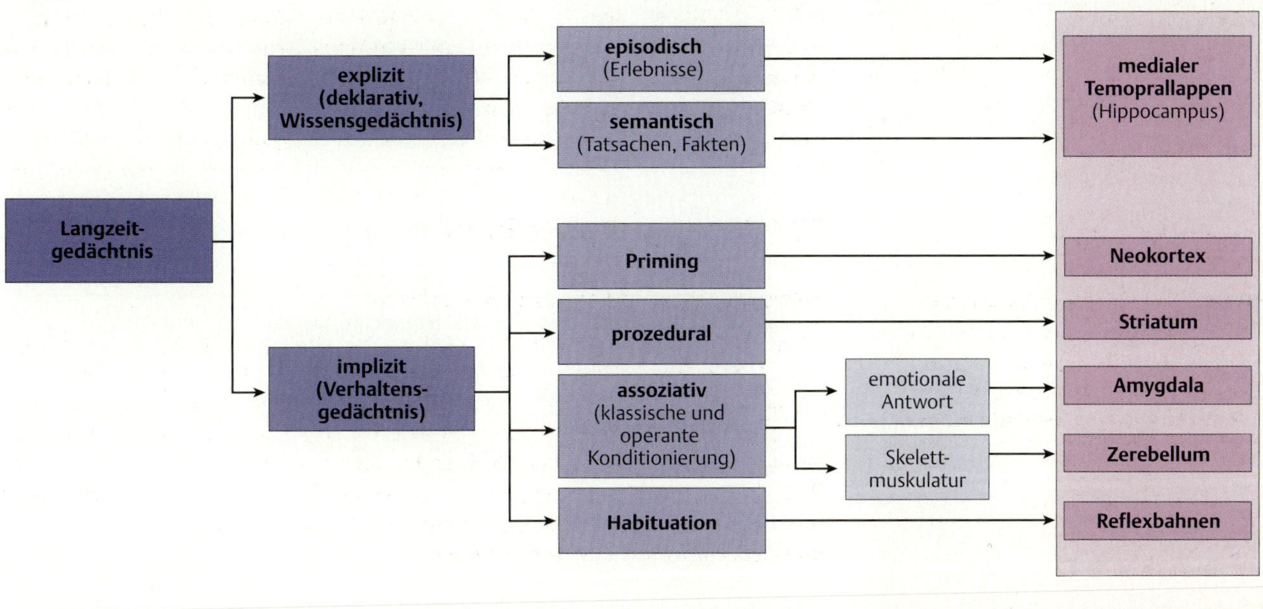


Schematische Darstellung verschiedener Formen des Langzeitgedächtnisses und einzelne Hirnstrukturen, die unter anderem daran beteiligt sind.

logisch bedeutsame Konsequenz für den Körper nach sich zieht (z.B. Schmerz), werden hier Reflexwege abgeschwächt.

**Assoziative Konditionierung:**
- **klassische Konditionierung:** dauerhafte Assoziation eines konditionierten, eher bedeutungslosen Reizes (z. B. ein Ton) mit einem unkonditionierten Reiz wie z. B. ein Luftstoß oder Schmerzreiz
- **operante Konditionierung:** Verstärkung oder Abschwächung eines Verhaltens, das wiederholt mit einem emotional positiven bzw. negativen Reiz gepaart wurde.

**Assoziative Konditionierung:** Ein typisches Beispiel für assoziatives Lernen ist die **klassische Konditionierung**. Der bereits beschriebene konditionierte Blinzelreflex (s. S. 777) gehört in diese Kategorie. Sie beschreibt eine dauerhafte Assoziation eines **konditionierten,** eher bedeutungslosen Stimulus (z.B. ein Ton; **CS**) mit einem verhaltenbiologisch bedeutsamen **unkonditionierten Stimulus** (z.B. Luftstoß, Schmerz; **US**). Das bekannteste Beispiel dafür beschrieb zum ersten Mal der russische Physiologe und Verhaltenforscher Iwan Pawlow. Er trainierte Hunde, bei denen die Gabe von Futter (US) immer mit einem Glockenton (CS) verbunden wurde. Nach mehreren CS-US-Wiederholungen konnte man allein mit dem Glockenton schon einen Speichelfluss des Hundes auslösen (konditionierter Reflex). Ganz ähnlich beschreibt die **operante Konditionierung** die Verstärkung oder Abschwächung eines Verhaltens, das eine emotional positive (appetitive) bzw. negative (aversive) Konsequenz zur Folge hat. Im Unterschied zur klassischen Konditionierung hat der Proband hier die Möglichkeit, auf Reize willkürlich zu reagieren. Die Verstärker führen aber dazu, dass sich letztlich feste **Reiz-Reaktions-Muster** herausbilden. Diese Prozesse benötigen oft die **Amygdala** (Mandelkern), wo synaptische Verknüpfungen bezüglich der emotionalen Reaktionen entstehen, sowie das **Zerebellum**, wo die Verbindungen bezüglich motorischer Reaktionen verfeinert werden.

▶ **Klinik.**

▶ **Klinik.** Negative Verstärkung hat in der Psychiatrie eine große Bedeutung für die Aufrechterhaltung von Vermeidungsverhalten bei **phobischen Störungen** und **Zwangsstörungen**. Die Patienten haben eine Vielfalt an Reiz-Reaktions-Mustern gelernt, nur um einen als aversiv empfundenen Zustand (z.B. enge Räume oder ungewaschene Hände) zu meiden.

**Prozedurales Gedächtnis:** Erlernen **komplexer motorischer Fertigkeiten**. Es handelt sich um fast alle Handgriffe des täglichen Lebens, die zwar automatisch ablaufen, aber von Zeit zu Zeit an eine sich ständig verändernde Umgebung angepasst werden müssen.

**Prozedurales Gedächtnis:** Für das prozedurale Gedächtnis, d.h. das Erlernen **komplexer motorischer Fertigkeiten**, sind vor allem Neokortex, Basalganglien und Zerebellum wichtig. Hier handelt es sich um viele Handgriffe des täglichen Lebens (z.B. Zähne putzen, Schnürsenkel binden), die im Wesentlichen automatisch ablaufen. Während im Kortex einzelne Bewegungsschritte assoziativ erlernt werden, helfen die subkortikalen Kerngebiete dabei, die im Kortex abgespeicherten Bewegungselemente sinnvoll zu einem komplexen Programm aneinanderzureihen. Besonders die Aktivität im Zerebellum wird fortlaufend nachjustiert und angepasst, sodass die Bewegungen geschmeidig ablaufen und an eine sich verändernde Umgebung angepasst werden können.

**Explizites Langzeitgedächtnis**

Für die neuronale Repräsentation expliziter Gedächtnisfunktionen **(Wissensgedächtnis)** spielt der **Temporallappen** eine wichtige Rolle. Eine elektrische Stimulation kann dort alte Erinnerungen auslösen.

## Explizites Langzeitgedächtnis

Erste Hinweise über die neuronale Repräsentation bewusster Gedächtnisfunktionen **(Wissensgedächtnis)** kamen von dem Neurochirurgen Wilder Penfield (1891 – 1976), der bei elektrischer Stimulation im **Temporallappen** bei manchen Patienten alte Erinnerungen auslösen konnte. Den Grundstein für das heutige Wissen über die Funktion des expliziten Gedächtnisses legten jedoch der Neurochirurg William Scoville und die Psychologin Brenda Milner. Sie beschrieben 1957 verschiedene Patienten, die aufgrund einer beidseitigen Läsion des Hippocampus einen selektiven Ausfall von bewussten Gedächtnisleistungen hatten.

▶ **Klinik.**

▶ **Klinik.** Beidseitige Läsionen des Hippocampus und des entorhinalen Kortex führen zu einem Verlust expliziter Gedächtnisfunktionen (Amnesie). Es kommt zu einer **anterograden Amnesie**, d.h. nach der Läsion können keine neuen Gedächtnisinhalte mehr erlernt werden. Die Läsion führt aber auch zu einer partiellen **retrograden Amnesie,** d.h. einem teilweisen Verlust des Erinnerungsvermögens an frühere Erlebnisse.

23.21 **Gedächtnisverlust durch Temporallappenläsion (MRT)**

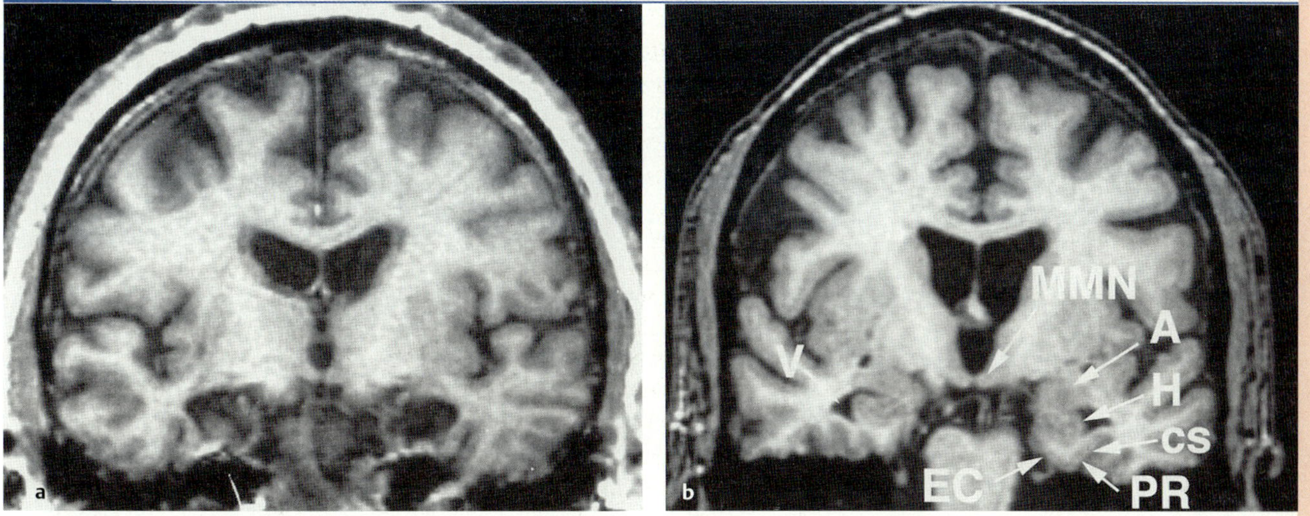


Kernspintomografische Frontalschnitte durch das Gehirn eines Patienten mit einer Temporallappenläsion **(a)** und einer Kontrollperson mit Normalbefund **(b)**. Aufgrund einer schweren Temporallappenepilepsie entfernte man dem Patienten H. M. beidseitig den Hippocampus sowie Teile des entorhinalen Kortex.

H = Hippocampus; EC = entorhinaler Kortex; PR = perirhinaler Kortex; A = Amygdala; CS = kollateraler Sulcus; MMN = Mammillarkörper; V = Seitenventrikel.

► Exkurs. **Der Patient H. M.**

Einer der Patienten von Milner und Scoville war der Amerikaner Henry Molaison (H. M.). Abb. **23.21** zeigt kernspintomografische Frontalschnitte durch das Gehirn von H. M. und einer Kontrollperson. Aufgrund einer Temporallappenepilepsie entfernte man diesem Patienten im Alter von 27 Jahren beidseitig den Hippocampus sowie Teile des entorhinalen Kortex. Diese relativ kleine Läsion hatte fatale Folgen: Bei sonst normaler Persönlichkeit und Intelligenz kam es zu einem gravierenden Verlust des Erinnerungsvermögens. Er hatte eine vollständige anterograde Amnesie seit dem Zeitpunkt der Operation sowie eine partielle retrograde Amnesie über mehrere Jahre vor der Operation. Nach dem neurochirurgischen Eingriff erkannte er weder das Krankenhauspersonal, noch wusste er irgendetwas über seinen mehrmonatigen Krankenhausaufenthalt. Frühere Erlebnisse und vor allem Kindheitserinnerungen waren dagegen intakt. Auch implizite Lernvorgänge wie Priming, assoziative Konditionierung und prozedurales Lernen unterschieden sich nicht von gesunden Kontrollpersonen. Er lebte viele Jahre recht zufrieden in einem Pflegeheim und beschwerte sich nur manchmal darüber, dass das Pflegepersonal angeblich täglich wechselt!

► Exkurs.

**Neuronale Grundlagen des expliziten Gedächtnisses:** Wie verbindet der **Hippocampus** die verschiedenen Aspekte eines Gedächtnisinhaltes miteinander? Wichtig sind dafür vor allem die reziproken neuroanatomischen Verbindungen zwischen Hippocampus und **entorhinalem Kortex**. Der Hippocampus befindet sich an der Innenseite des Temporallappens hinter dem Gyrus parahippocampalis (Area 28, Abb. **23.22**). Über den entorhinalen Kortex im Gyrus parahippocampalis bekommt er neuronale Informationen aus allen wichtigen **kortikalen Assoziationsarealen**. Außerdem besitzt er dichte assoziative Faserverbindungen sowohl in transversaler als auch in rostrokaudaler Richtung und projiziert über den entorhinalen Kortex indirekt wieder zurück in den Neokortex. Auch im erwachsenen Gehirn hat der Hippocampus eine besonders ausgeprägte Fähigkeit zur **synaptischen Plastizität**. Und schließlich ist der Hippocampus die einzige Region im menschlichen Kortex, in der es ständig zur **Neubildung von Nervenzellen** kommt. Diese jungen Neurone sind besonders leicht erregbar und bilden während ihrer Reifung viele neue assoziative synaptische Kontakte.

**Neuronale Grundlagen des expliziten Gedächtnisses:** Der **Hippocampus** bekommt über den **entorhinalen Kortex** neuronale Informationen aus allen wichtigen **kortikalen Assoziationsarealen**, besitzt dichte assoziative Faserverbindungen sowohl in transversaler als auch in rostrokaudaler Richtung und projiziert über den entorhinalen Kortex wieder zurück in den Neokortex (Abb. **23.22**). Charakteristisch sind außerdem eine besonders ausgeprägte Fähigkeit zur **synaptischen Plastizität** und eine bis ins hohe Alter vorkommende **Neubildung von Nervenzellen**.

23.22

23.22 **Lage des Hippocampus und des entorhinalen Kortex**

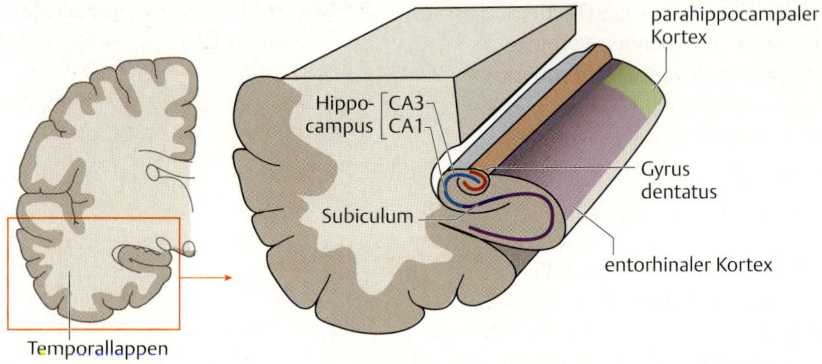


Der Hippocampus befindet sich an der Innenseite des Temporallappens. Er bekommt über den entorhinalen Kortex neuronale Informationen aus allen Assoziationskortizes.

► Klinik.

► **Klinik.** Bei der **Alzheimer-Demenz** kommt zu einer chronisch progredienten Hirnatrophie. Als Ursache für die Degeneration scheint unter anderem die Bildung von extrazellulären amyloiden Plaques aus dem Amyloid-Precursor-Protein (APP) wichtig zu sein. Weiterhin bilden sich intrazellulär sog. Alzheimer-Fibrillen. Die Neurodegenration beginnt oft im Bereich des **entorhinalen Kortex und im Hippocampus**, so dass eine zunehmende Vergesslichkeit zu den frühen Symptomen zählt. Später weitet sich die Degeneration über den gesamten **Neokortex** und die Basalganglien aus, so dass nach und nach alle kognitiven Funktionen betroffen sind (z. B. Antriebsstörungen, Sprachstörungen, Agnosie, Halluzinationen). Am Ende stehen Bettlägerigkeit und hochgradige Pflegebedürftigkeit. Zur Behandlung der Symptome werden **Cholinesterasehemmer** (Antidementiva) gegeben, die nicht nur die kognitiven Fähigkeiten verbessern, sondern auch den progredienten Verlauf verlangsamen.

**Synaptische Verschaltungen im Hippocampus:** Der Hippocampus (Abb. **23.23**) besteht aus den verschiedenen **Subregionen** Gyrus dentatus, CA3 und CA1 (CA = Cornu ammonis).
Die Pyramidenzellen des Hippocampus sind über erregende **glutamaterge Synapsen** miteinander verbunden, die meistens sowohl **AMPA**- als auch **NMDA-Rezeptoren** besitzen.

**Synaptische Verschaltungen im Hippocampus:** Abb. **23.23** zeigt einen transversalen Schnitt durch den Hippocampus mit seinen verschiedenen Subregionen: **Gyrus dentatus**, **CA3** und **CA1** (CA = Cornu ammonis). Die Körnerzellen des Gyrus dentatus bekommen synaptische Eingänge aus dem entorhinalen Kortex und projizieren zu den CA3-Pyramidenzellen. Diese wiederum projizieren nach CA1 und die CA1-Pyramidenzellen über das Subiculum zurück in den entorhinalen Kortex. Ähnlich wie im Neokortex gibt es also auch hier einen gerichteten Informationsfluss, wobei die Körnerzellen ähnlich den Sternzellen in der Schicht IV des Neokortex die Eingangsstation darstellen. In CA3 findet man analog zum Neokortex eine starke assoziative Vernetzung von benachbarten CA3-Pyramidenzellen. Zusätzlich zu den

23.23

23.23 **Synaptische Verschaltungen im Hippocampus**

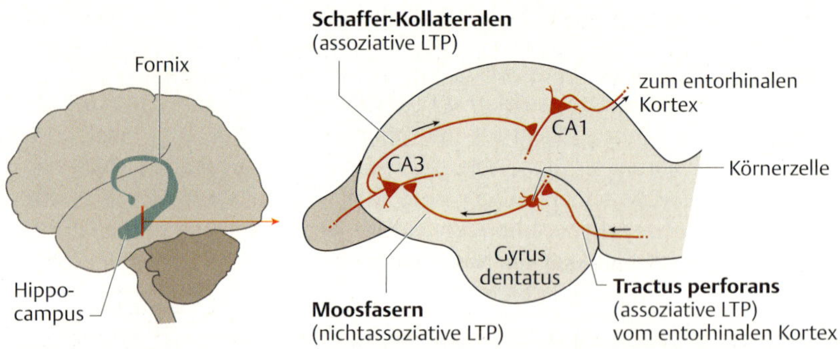


Der Informationsfluss im Hippocampus ist anhand der synaptischen Verschaltungen dargestellt. Körnerzellen, CA3- und CA1-Pyramidenzellen sind über glutamaterge Synapsen miteinander verbunden, die einen sog. trisynaptischen Schaltkreis bilden. LTP = Langzeitpotenzierung (s. S. 785).

in Abb. **23.23** dargestellten synaptischen Verbindungen projizieren die entorhinalen Fasern auch direkt auf CA1- und CA3-Pyramidenzellen, sodass vielseitige Interaktionen möglich sind. Die drei Neuronentypen sind über erregende **glutamaterge Synapsen** miteinander verbunden, die meistens sowohl **AMPA**- als auch **NMDA-Rezeptoren** besitzen. Es handelt sich hierbei um Rezeptorkanäle, die entweder nur für monovalente Kationen (AMPA-R) oder aber bevorzugt für $Ca^{2+}$ (NMDA-R) permeabel sind.

**Kodierung episodischer Gedächtnisinhalte:** Während Lernvorgängen kommt es zwischen Hippocampus und entorhinalem Kortex zur Synchronisation der neuronalen Aktivität im θ- und γ-Frequenzbereich. Dies deutet darauf hin, dass die synchrone Aktivität von Zellensembles hier eine wichtige Rolle spielt. Tatsächlich kann man in Tierexperimenten zeigen, dass sich im Hippocampus Zellensembles für abstrakte Größen wie z. B. Orte **(Ortsfelder)** bilden. Ein neu gelernter Pfad durch ein Labyrinth wird in Form einer sequenziellen Abfolge von Aktionspotenzialen in verschiedenen Ensembles von CA1- und CA3-Pyramidenzellen **(Ortszellen)** repräsentiert. Setzt man z. B. eine Ratte in eine neue Umgebung, bilden sich innerhalb weniger Minuten neue Ortsfelder, die über Wochen und Monate stabil bleiben. Bewegt sich eine Ratte mehrmals entlang eines bestimmten Pfades durch ein Labyrinth, so wird die Abfolge oder Reihenfolge der Orte durch die **Veränderung synaptischer Verbindungen** im Hippocampus niedergelegt. Interessanterweise kann man die Sequenz von Zellensembles während des REM-Schlafs in der Nacht nach dem Training im Hippocampus wiederfinden. Das deutet darauf hin, dass der **Schlaf** für die Konsolidierung von Gedächtnisinhalten wichtig ist.

Im Allgemeinen geht man heute davon aus, dass einzelne Aspekte der Erlebniswelt in den **neokortikalen Assoziationsarealen** erst erkannt und repräsentiert werden. Diese Aspekte werden anschließend **zeitlich und räumlich** geordnet über den Hippocampus miteinander verbunden, so dass sie über diesen wieder abgerufen werden können. Der **Hippocampus** dient sozusagen als **zentraler Weichensteller** für den kortikalen Informationsfluss. Nach einer Zeit von Monaten und Jahren bilden sich dann mehr und mehr Verbindungen innerhalb des Neokortex, sodass viele Gedächtnisinhalte nach dieser Zeit auch ohne den Hippocampus ausgelesen werden können.

**Kodierung episodischer Gedächtnisinhalte:** Im Hippocampus gibt es Ensembles von Pyramidenzellen, die für Orte **(Ortszellen)** und andere abstrakte Größen kodieren. Eine Bewegung durch ein Labyrinth führt zur **sequentiellen Aktivität** aufeinanderfolgender Ensembles von **Ortszellen**. Die sequentielle Aktivität von Ortszellen wird im Hippocampus durch Veränderung der synaptischen Verbindungen gespeichert und kann nach einem Lernvorgang im Hippocampus, z. B. während des **REM-Schlafs**, wieder abgerufen werden.

Einzelne Aspekte der Erlebniswelt werden in den **neokortikalen Assoziationsarealen** repräsentiert und anschließend über den Hippocampus **räumlich und zeitlich** geordnet miteinander verbunden. Anfangs dient der **Hippocampus** dann als **zentraler Weichensteller** für den kortikalen Informationsfluss. Danach findet die Erinnerung zunehmend auch ohne den Hippocampus statt.

## 23.5.4 Molekulare Mechanismen der synaptischen Plastizität

Wie bereits erwähnt, wird jede Art von **Langzeitgedächtnis** durch eine **Veränderung der synaptischen Verbindungen** im Gehirn abgelegt. Wichtige Mechanismen dieser synaptischen Plastizität sind die **Langzeitpotenzierung** (LTP = long-term potentiation) bzw. die **Langzeitdepression** (LTD = long-term depression). Sie sind in verschiedenen kortikalen Regionen recht ähnlich und wurden im Hippocampus besonders gut untersucht.

**23.5.4 Molekulare Mechanismen der synaptischen Plastizität**

Wichtige Mechanismen der synaptischen Plastizität, die dem Langzeitgedächtnis zugrunde liegt, sind die **Langzeitpotenzierung (LTP)** und die **Langzeitdepression (LTD)**.

### Räumliches Gedächtnis und NMDA-Rezeptoren

Erste Hinweise über molekulare Mechanismen, die der expliziten Gedächtnisbildung zu Grunde liegen, kamen von Richard Morris, der bei Ratten zeigen konnte, dass Infusion eines **NMDA-Rezeptorantagonisten** in den Hippocampus zu einem Verlust des räumlichen Gedächtnisses führt. Diese Form von explizitem Gedächtnis kann bei Tieren recht unkompliziert in einem nach Morris benannten Wasserlabyrinth getestet werden. Die Ratten konnten in einem Wasserbecken gezielt zu einer kleinen sichtbaren Plattform schwimmen, um sich dort auszuruhen. Sobald jedoch die Plattform unter der Wasseroberfläche versteckt wurde, waren sie im Gegensatz zu unbehandelten Tieren nicht mehr in der Lage, den Ort der Plattform wiederzufinden.

**Räumliches Gedächtnis und NMDA-Rezeptoren**

Die experimentelle Blockade der **NMDA-Rezeptoren** im Hippocampus führt zu einem Verlust des expliziten Gedächtnisses.

### Langzeitpotenzierung (LTP)

Die Stärke der synaptischen Verbindungen kann aktivitätsabhängig angepasst werden, was man als Langzeitpotenzierung (LTP) bezeichnet. Dies wurde in CA1-Pyramidenzellen in den letzten Jahren sehr genau untersucht. Hier hat sich gezeigt, dass bei kleinen EPSPs vor allem AMPA-Rezeptoren aktiviert werden, nicht aber NMDA-Rezeptoren. Diese werden in der Nähe des Ruhemembranpotenzials durch extrazelluläre $Mg^{2+}$-Ionen blockiert. Erst ab ca. −40 mV fließt ein nennenswerter

**Langzeitpotenzierung (LTP)**

Die Stärke der synaptischen Verbindungen im Hippocampus kann aktivitätsabhängig angepasst werden, was man als Langzeitpotenzierung (LTP) bezeichnet.

Eine **starke Reizung** (10 – 100 Hz) vieler afferenter Fasern für nur wenige Sekunden führt durch Öffnung der **NMDAR-Kanäle** zu einem

**$Ca^{2+}$-Einstrom.** Der intrazelluläre $Ca^{2+}$-Anstieg aktiviert intrazelluläre Signalkaskaden, wodurch die elektrische Erregung in eine **zellbiologische Antwort,** d. h. in eine anhaltende Potentzierung der EPSP-Amplitude, transformiert wird (Abb. **23.24**).

Strom durch diese Rezeptoren, da dann die extrazellulären $Mg^{2+}$-Ionen aus der Kanalpore gedrängt werden. Dies wird im Kortex nie durch ein einzelnes EPSP erreicht, sondern nur durch die kooperative Aktivität vieler synaptischer Eingänge, die gleichzeitig aktiv sind, weswegen der **NMDA-Rezeptor** auch als molekularer Koinzidenzdetektor bezeichnet wird. Eine **starke Reizung** (10 – 100 Hz) von hinreichend vielen afferenten Fasern für nur ca. 1 s führt durch Öffnung der NMDA-Rezeptor-Kanäle zu einem starken **$Ca^{2+}$-Einstrom**. Der intrazelluläre $Ca^{2+}$-Anstieg aktiviert intrazelluläre Signalkaskaden, wodurch die starke elektrische Erregung schließlich in eine anhaltende **zellbiologische Antwort** transformiert wird (Abb. **23.24**).

**Auslösung und frühe Phase der LTP:** Der **$Ca^{2+}$-Sensor** für den LTP-Induktionsprozess ist die **$Ca^{2+}$-Calmodulin-Kinase II (CamKII)**, die sehr schnell die synaptischen AMPA-Rezeptoren phosphoryliert und so für 1 – 3 h nach der Induktion die EPSP-Amplitude vergrößert (Abb. **23.24**).

**Auslösung und frühe Phase der LTP:** Der **$Ca^{2+}$-Sensor** für den LTP-Induktionsprozess ist Calmodulin bzw. die **$Ca^{2+}$-Calmodulin-Kinase II (CamKII)**, die sehr schnell die synaptischen AMPA-Rezeptoren phosphoryliert. Dies erhöht zum einen die Offenwahrscheinlichkeit dieser Rezeptoren, zum anderen werden dadurch auch neue AMPA-Rezeptoren in die postsynaptische Membran eingebaut. Diese wurden vorher in kleinen Vesikeln in die Dendriten transportiert und dort auf Vorrat gehalten. Durch die höhere Rezeptordichte wird schließlich die EPSP-Amplitude vergrößert (Abb. **23.24**). Diese kurzzeitige funktionelle Verstärkung der Synapsen fällt allerdings im Zeitraum von ca. 1 – 3 h wieder auf das Ausgangsniveau zurück.

**Späte Phase der LTP:** Über die Aktivierung einer $Ca^{2+}$-abhängigen Adenylatzyklase wird die cAMP-Signaltransduktion angeregt. Dies führt zur Aktivierung des **cAMP-Response-Element-Binding-Proteins (CREB)** – ein Transkriptionsfaktor, der die Expression einer Vielzahl von Proteinen aktiviert, so dass es schließlich zu **Synapsenwachstum** und strukturell nachweisbaren Veränderungen kommt. Assoziative LTP ist eine typische Eigenschaft einer **„Hebb-Synapse"**.

**Späte Phase der LTP:** Deutlich länger anhaltende Veränderungen werden durch die $Ca^{2+}$-abhängige Aktivierung der Adenylatzyklase erreicht, die durch Bildung von **cAMP** die **Proteinkinase A (PKA)** stimuliert. Am Ende der Signaltransduktion steht die Aktivierung des sog. **cAMP-Response-Element-Binding-Proteins (CREB)**. Hierbei handelt es sich um einen Transkriptionsfaktor, der die Expression einer Vielzahl von Proteinen aktiviert, so dass es schließlich zu **Synapsenwachstum** und strukturell nachweisbaren Veränderungen kommt. Unter anderem wird auch die Transkription von **BDNF** (Brain-derived neurotrophic Factor) aktiviert, der von den postsynaptischen CA1-Pyramidenzellen sezerniert wird und dadurch eine vermehrte Glutamatfreisetzung vermitteln kann. Der Psychologe Donald Hebb hatte bereits 1949 vorausgesagt, dass die wiederholte assoziative Aktivität einer Gruppe von Synapsen letztlich dazu führen muss, dass dadurch der Einfluss jeder einzelnen Synapse aus dieser Gruppe auf die postsynaptischen Zelle größer wird. Synapsen mit dieser Eigenschaft werden deshalb auch als **„Hebb-Synapsen"** bezeichnet.

23.24

**23.24 Langzeitpotenzierung (LTP)**

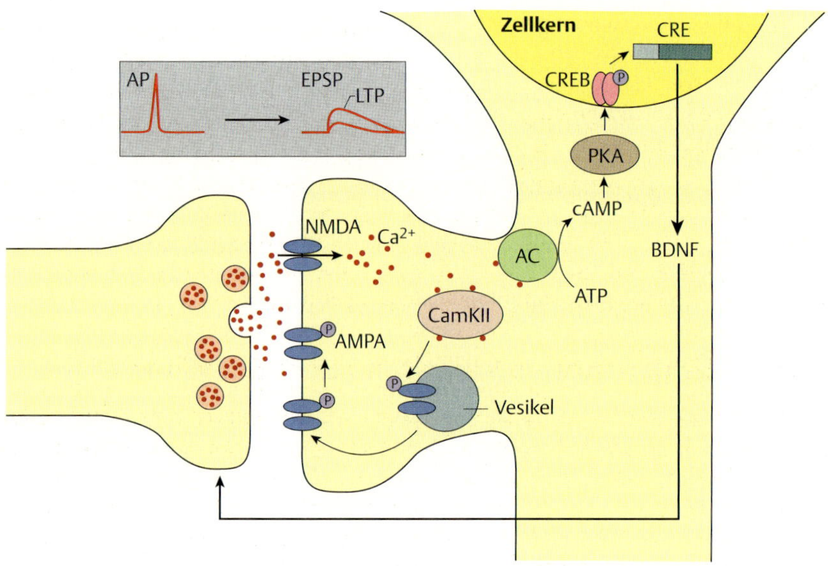


Molekularer Mechanismus der Langzeitpotenzierung erregender synaptischer Potenziale. Rechts oben sieht man ein präsynaptisches Aktionspotenzial (AP) sowie ein durch LTP-Induktion vergrößertes erregendes postsynaptisches Potenzial (EPSP).
CamKII = $Ca^{2+}$-Calmodulin-Kinase II; AC = Adenylatzyklase, PKA = Proteinkinase A; CRE = cAMP-Response-Element; CREB = CRE-Binding-Protein; BDNF = Brain-derived neurotrophic Factor

### Langzeitdepression (LTD)

Analog zur LTP gibt es auch eine **aktivitätsabhängige Abschwächung der synaptischen Verbindungen**, die als Langzeitdepression (LTD) bezeichnet wird. Eine anhaltende asynchrone Aktivität mehrerer präsynaptischer Neurone führt zu einer wiederholten **Aktivierung metabotroper Glutamatrezeptoren (mGluR)**. Auf den Spines der hippocampalen Pyramidenzellen befinden sich vor allem mGluRs, die G-Protein-vermittelt die Phospholipase C und damit die Proteinkinase C (PKC) aktivieren. Die folgende Phosphorylierung der AMPA-Rezeptoren an entsprechenden Serin-Resten führt dazu, dass diese sich aus der postsynaptischen Membran herauslösen. Am Ende der intrazellulären Signalkaskade steht letztlich eine **Reduktion des EPSP-Amplitude**.

### Räumliches Gedächtnis durch synaptische Plastizität

Die oben beschriebenen Mechanismen der synaptischen Plastizität sind elementar wichtig für die expliziten Lernvorgänge. So zeigt sich z. B., dass Tiere mit einer mutierten CamKII kein räumliches Gedächtnis mehr besitzen. Auch Tiere mit genetisch veränderten NMDA-Rezeptoren in CA1-Pyramidenzellen sind nicht in der Lage, sich räumlich zu erinnern. Die oben genannten Prozesse scheinen auch beim Menschen ähnlich abzulaufen. Interessanterweise ist die kortikale Expression der CamKII im Vergleich zu anderen Säugetieren beim Menschen sogar besonders stark, was darauf hindeutet, dass aktivitätsabhängige synaptische Plastizität hier eine besonders große Rolle spielt.

### Hirnentwicklung und Lernen

Die $Ca^{2+}$-abhängige Aktivierung von Proteinkinasen und die aktivitätsabhängige Sekretion von Wachstumsfaktoren, wie z. B. BDNF, spielen einerseits eine wichtige Rolle bei der feinen Abstimmung der synaptischen Verschaltungen während der **postnatalen Entwicklung**, und andererseits aber auch bei der synaptischen Plastizität im **adulten Nervensystem**. Dieselben Mechanismen ermöglichen also sowohl eine starke frühkindliche Prägung, als auch, in abgeschwächter Form, eine ständige Anpassung unseres Verhaltens an den jeweiligen Lebensraum.

## 23.6 Triebverhalten, Motivation und Emotion

### 23.6.1 Motivation durch Triebe

Informationsverarbeitung im Gehirn findet nicht wertfrei statt, sondern dient dem Erreichen bestimmter Ziele, die einerseits auf das Überleben des Individuums und andererseits auf den Erhalt der menschlichen Spezies gerichtet sind. Eine zentrale Rolle spielen hier basale Triebe, d. h. Verhaltensweisen, die der Regelung bestimmter Körperfunktionen dienen. Hierzu gehören Temperaturerhaltung, Hunger, Durst, Schlaf und das Verlangen nach körperlicher Unversehrtheit (Schmerzvermeidung), sog. **homöostatische Triebe**. Neben diesen, auf das einzelne Individuum bezogene Triebe gibt es auch **nicht homöostatische Triebe**, z. B. Sexualtrieb, Bindungstrieb und Explorationstrieb, die auch eine Interaktion mit Artgenossen einschließen. Die Triebe bilden die Voraussetzung für **motiviertes Verhalten**.

### 23.6.2 Zielgerichtetes Verhalten durch Emotionen

Durch die lebenswichtigen Triebe wird ein mehrdimensionales Koordinatensystem aufgespannt, das jeglichem menschlichen Handeln und Tun einen Wert zuweist. Insbesondere gibt es viele natürliche Anreize, die Triebbedürfnisse befriedigen **(appetitive Reize)**. Hierzu gehören z. B. Nahrung und Wasser oder potenzielle soziale und sexuelle Interaktionspartner. Andere Reize oder Konstellationen verhindern dagegen Triebbefriedigung **(aversive Reize)**. Emotionen sind Verhaltensweisen, die dem Individuum helfen, in diesem System zu navigieren. Abhängig von externen und internen Reizen entstehen verschiedene Emotionen, wie z. B. Furcht oder Wut, die aus **vegetativen, neuroendokrinen** und **somatomotorischen Reaktionen** bestehen. Diese Emotionen sind also physiologische Anpassungsreaktionen und Verhaltensmuster, die letztlich der Erfüllung von Trieben dienen. Sie haben immer eine Annäherung an appetitive Reize oder eine Vermeidung von aversiven Reizen zum Ziel.

#### Langzeitdepression (LTD)

Die **aktivitätsabhängige Abschwächung der synaptischen Verbindungen** im Hippocampus wird als Langzeitdepression (LTD) bezeichnet. Eine asynchrone Aktivität mehrerer präsynaptischer Neurone führt zu der wiederholten **Aktivierung metabotroper Glutamatrezeptoren (mGluR)**. Die anschließende Aktivierung der PKC führt schließlich zu einer Endozytose von AMPA-Rezeptoren und zu einer anhaltenden **Reduktion der EPSP-Amplitude**.

#### Räumliches Gedächtnis durch synaptische Plastizität

Genetische Veränderung der CamKII und der NMDA-Rezeptoren im Hippocampus führen zum Verlust des räumlichen Gedächtnisses.

#### Hirnentwicklung und Lernen

Die feine Abstimmung der syn. Verschaltungen während der postnatalen Entwicklung und die syn. Plastizität im adulten Nervensystem verwenden ähnliche molekulare Mechanismen.

#### 23.6 Triebverhalten, Motivation und Emotion

#### 23.6.1 Hunger und Durst

Triebverhalten dient dem Überleben des Individuums und der Erhaltung der Art.

- **Homöostatische Triebe:** Sie dienen der Regelung bestimmter Körperfunktionen (Temperaturerhaltung, Hunger, Durst, Schlaf und Schmerzvermeidung).
- **Nicht homöostatische Triebe:** Sie dienen der Arterhaltung (Sexualtrieb, Bindungstrieb und Explorationstrieb).

#### 23.6.2 Zielgerichtetes Verhalten durch Emotionen

Emotionen sind objektiv beobachtbare Reaktionen und Verhaltensmuster, die eine Annäherung an **appetitive Reize** oder eine Vermeidung von **aversiven Reizen** ermöglichen.

Die **Basisemotionen** Angst, Furcht, Trauer, Abscheu (Wut), Freude und Überraschung findet man in allen menschlichen Kulturen und sogar bei höheren Säugern wieder. Durch die **bewusste Wahrnehmung** von Emotionen entstehen **subjektive Gefühle**.

In der Psychologie definiert man ein Repertoire aus **Basisemotionen**, die man auch als **primäre Emotionen** bezeichnet. Hierzu gehören Angst, Furcht, Trauer, Abscheu (Wut), Freude und Überraschung. Diese findet man nicht nur in allen menschlichen Kulturen, sondern auch bei vielen höheren Säugern wieder. Hier sollte man betonen, dass der Begriff Emotion in den modernen Neurowissenschaften vor allem für objektiv beobachtbare Verhaltensprozesse verwendet wird, die mit viszeralen Reaktionen einhergehen.

Durch die bewusste Wahrnehmung der Emotionen in Zusammenhang mit verschiedenen kognitiven Prozessen entsteht letztlich der subjektive Eindruck eines **Gefühls**. Je nach Emotion empfindet man dieses Gefühl als angenehm (Annäherung) oder unangenehm (Vermeidung). Obwohl wir weit davon entfernt sind, die neurophysiologischen Grundlagen der Emotionen vollständig zu verstehen, sind doch inzwischen einige wichtige Elemente bekannt.

23.6.3 Zentrale Repräsentation von Emotionen

## 23.6.3 Zentrale Repräsentation von Emotionen

Das limbische System

Der Begriff „limbisches System“ ist historisch bedingt und beinhaltet verschiedene Hirnregionen, die Faserverbindungen mit dem Hypothalamus aufzeigen. Nach McLean gehören hierzu:

- Gyrus cinguli
- Hippocampus
- Mammillarkörper
- anteriorer Thalamus
- Septum
- Amygdala
- präfrontaler Kortex.

Nach heutigem Wissen ist diese Liste allerdings höchst unvollständig.

### Das limbische System

Der Physiologe Paul McLean prägte 1952 den Begriff „limbisches System“ und meinte damit eine Gehirnstruktur, in der Emotionen entstehen. Dahinter stand die Idee, dass es sich hier um phylogenetisch alte Hirnregionen handelt, die viszerale Funktionen und affektives Verhalten koordinieren, um das Überleben des Individuums und der Spezies zu garantieren. Daher umfasst das limbische System Gehirnregionen, die mit dem Hypothalamus in Verbindung stehen. Das Zentrum bildet der bereits im 19. Jh. von Paul Broca beschriebene Lobus limbicus – eine ringförmige Anordnung (lat. limbus: Rand, Ring) von Strukturen bestehend aus Gyrus cinguli, Hippocampus, Mammillarkörper und dem Ncl. anterior des Thalamus. Weiterhin zählte McLean noch das Septum, die Amygdala und den präfrontalen Kortex dazu.

Obwohl die Grundidee sehr überzeugend ist und der Begriff immer noch verwendet wird, bringt dieses Konzept aber auch viele Probleme mit sich. Zum einen lässt sich die ursprüngliche anatomische Definition nicht aufrechterhalten, da man inzwischen in vielen zusätzlichen Regionen des ZNS Verbindungen zum Hypothalamus nachweisen konnte. Zum anderen zeigte sich, dass das Herzstück des limbischen Systems, der Hippocampus, als zentrale Koordinationsstelle des expliziten deklarativen Gedächtnisses vor allem an kognitiven Prozessen beteiligt ist. Obwohl der Hippocampus auch eine gewisse Rolle bei der Speicherung emotional gefärbter Gedächtnisinhalte spielt, verhalten sich Patienten mit Hippocampus-Läsionen emotional relativ unauffällig.

Erweiterung des limbischen Systems

Zur emotionalen Informationsverarbeitung werden viele **multiple Subsysteme** benötigt. Elementare Prozesse laufen sowohl in **kortikalen** als auch in **subkortikalen Regionen** parallel zueinander ab. Emotionale und kognitive Prozesse sind meist eng miteinander verzahnt und lassen sich nicht auf einzelne distinkte Hirnregionen reduzieren.

### Erweiterung des limbischen Systems

Nach heutigem Wissen werden emotionale Prozesse sowohl in phylogenetisch alten als auch in jungen Strukturen verarbeitet. Emotionen benötigen eine große Anzahl **multipler Subsysteme.** Meist sind verschiedene **subkortikale** und **kortikale Regionen** beteiligt, wobei mehrere elementare Prozesse parallel zueinander ablaufen. Als Folge globaler kohärenter Neuronenaktivität entsteht die bewusste Wahrnehmung von Gefühlen sehr wahrscheinlich immer parallel zur bewussten Wahrnehmung von anderen kognitiven Inhalten. Dies bedeutet letztlich, dass Kognition, Motivation und Emotion immer gleichzeitig arbeiten und aufs Engste miteinander verwoben sind.

Der Hypothalamus

Elektrische Reizung des **Hypothalamus** löst nicht nur **vegetative** Reaktionen aus, sondern erzeugt auch rudimentäre emotionale Abläufe wie z. B. **Wutreaktionen**, **aggressives Verhalten** oder **Fresssucht**.

Der Hypothalamus besitzt viele afferente und efferente Verbindungen, die wichtig sind, um **Sollwerte** zu messen. Darüber hinaus wird eine detaillierte neuronale Repräsentation des

### Der Hypothalamus

Eine zentrale Rolle spielt der **Hypothalamus**. Er besteht aus drei rostrokaudal verlaufenden Zonen, die als periventrikuläre, mediale und laterale Zone bezeichnet werden. Frühe Tierexperimente zeigten, dass die elektrische Reizung verschiedener Bereiche nicht nur **vegetative Reaktionen**, wie z. B. Blutdruckanstieg, Pupillenerweiterung oder Atembeschleunigung, auslöst, sondern auch **Wutreaktionen, aggressives Verhalten, Beißreflexe** oder **Fresssucht** erzeugen kann. Heute weiß man, dass der Hypothalamus an jeder Art von emotionalem Verhalten beteiligt ist. Um die emotionalen Reaktionen im Zusammenhang mit **homöostatischen** und **nicht homöosatischen Trieben** bewältigen zu können, besitzt der Hypothalamus reichhaltige afferente und efferente Verbindungen zu weiten Teilen des zentralen und peripheren Nervensystems. Sie ermöglichen nicht nur die **Messung von Sollwerten**, sondern auch eine umfassende neuronale Repräsentation des **körperlichen Befindens**. Der Hypothalamus erhält außerdem Afferenzen aus verschiedenen Sinnessystemen, wie z.B. aus dem olfaktorischen Kortex, dem Inselkortex und der Retina. Die efferenten Verbindungen kontrollieren über die Hypophyse den **Hormonhaushalt** und über das **vegetative Nervensystem** den vegetativen Zustand des gesamten Körpers. Darüber hinaus können über Verbindungen zu verschiedenen Hirnstammkernen, z.B. zum zentralen Höhlengrau, **somatomotorische** Verhaltensprogramme initiiert und ausgeführt werden. Schließlich verfügt der Hypothalamus über eine ganze Reihe von Kernen, die relativ unspezifische in weite Teile des Vorderhirns projizieren und dort über die Freisetzung von Oxytozin, Histamin und Orexin die Erregbarkeit und Informationsverarbeitung modulieren.

**körperlichen Befindens** ermöglicht. Über die efferenten Fasern wird der Ablauf der **neuroendokrinen**, **vegetativen** und **somatomotorischen** Reaktionsmuster der Emotionen gesteuert.

### Das Vorderhirn

Obwohl der Hypothalamus mit seinen Verbindungen zu Hirnstamm und Rückenmark durchaus in der Lage ist, triebgesteuertes Verhalten zu organisieren, würde es sich hier immer um instinktives Verhalten handeln. **Instinkte** sind größtenteils genetisch determiniert, so dass Instinktverhalten weitgehend blind für unmittelbare Konsequenzen ist. Um flexibel auf eine sich verändernde Umwelt reagieren zu können, braucht es Anpassungsvermögen und **synaptische Plastizität**, so, wie sie typischerweise im Vorderhirn zu finden ist. Nur so ist **motiviertes Verhalten** möglich, das flexibel langfristigen Zielen folgen kann.

Es gibt zwei große Systeme, die Emotionen erfahrungsabhängig anpassen können: Appetitive und aversive Konditionierung:

- Eine unerwartet **positive** Erfahrung führt zu Verstärkung von Reaktionen, die in Zusammenhang mit einem unerwartet appetitiven Reiz stehen. Es handelt sich hier um eine operante Konditionierung, die in diesem Fall als **appetitive Konditionierung** bezeichnet wird. Hierfür spielt der **Ncl. accumbens** im ventralen Striatum eine zentrale Rolle (vgl. Abb. **23.26**, S. 793). Er erhält erregende Eingänge vorwiegend aus dem präfrontalen Kortex und sendet hemmende Efferenzen in das ventrale Pallidum, das seinerseits hemmend in verschiedene Bereiche des Hypothalamus projiziert. Über diese Inhibition/Disinhibition kann der Ablauf emotionaler Reaktionen reguliert werden.
- Ein unerwartet **negativer** (aversiver) Reiz führt zur Aktivierung eines anderen Systems, das vor allem für **aversive Konditionierung** verantwortlich ist. Eine zentrale Rolle spielt hier die **Amygdala**, die afferente Eingänge aus den spezifischen Kernen des Thalamus und aus dem Neokortex erhält (vgl. Abb. **23.25**, S. 791). Die Afferenzen enden vor allem auf Neuronen des Ncl. lateralis, die in den Ausgangskern (Ncl. centralis) projizieren. Die erregenden efferenten Fasern der Amygdala projizieren über die Stria terminalis direkt in den Hypothalamus und können so ebenfalls den Ablauf emotionaler Reaktionen steuern.

**Das Vorderhirn**

**Motiviertes Verhalten** kann durch **synaptische Plastizität im Vorderhirn** flexibel an wechselnde Bedingungen angepasst werden. Nur so können langfristige Ziele verfolgt werden.

Es gibt zwei große Systeme, die Emotionen durch positive und negative Erfahrungen verändern können:

- Durch **appetitive Konditionierung** wird der Ablauf von Emotionen an unerwartet **positive** Erfahrungen angepasst. Diese Lernvorgänge finden unter anderem im **Ncl. accumbens** statt (vgl. Abb. **23.26**, S. 793).
- Durch **aversive Konditionierung** wird der Ablauf von Emotionen an unerwartet **negative** Erfahrungen angepasst. Diese Lernvorgänge finden vor allem in der **Amygdala** statt (vgl. Abb. **23.25**, S. 791).

## 23.6.4 Hunger und Durst

Beim gesunden Menschen wird das Köpergewicht über Jahre konstant gehalten, so dass es typischerweise um weniger als 1% variiert. Das deutet darauf hin, dass die Nahrungsaufnahme sehr genau geregelt wird. Der viszerosensible **Inselkortex** vermittelt sehr wahrscheinlich ein Gefühl des Hungers und induziert Nahrungssuche und Aufnahme. Die Befriedigung des Bedürfnisses wird dann unter anderem über Geschmacksfasern und mechanoviszerale Afferenzen aus dem Magen-Darm-Trakt signalisiert.

Eine wichtige Rolle für **Hunger und Sattheit** spielt auf molekularer Ebene das Peptid-Hormon **Leptin**, welches von Fettzellen (Adipozyten) als Folge der Lipogenese freigesetzt wird. Dieses „Sattheitssignal" bindet an **Obesity-Rezeptoren** (Ob-R) und erregt so Neurone im Ncl. arcuatus des Hypothalamus. Diese hemmen wiederum ein „Hungerzentrum" im lateralen Hypothalamus, ein Vorgang, der als **Lipostase** bezeichnet wird. Die Neurone des Ncl. arcuatus projizieren außerdem zum Ncl. paraventricularis, wo unter anderem die Peptide Oxytozin und Thyreoliberin (TRH) freigesetzt werden. Als Folge wird der Organismus von einer anabolen auf eine katabole Stoffwechsellage umgestellt. In der Schwangerschaft wird die Expressionsdichte der Ob-R herunter geregelt, so dass es über eine partielle **Leptinresistenz** zur Gewichtszunahme kommt.

**23.6.4 Hunger und Durst**

Die Nahrungsaufnahme wird sehr genau über Hunger und Durst geregelt. Sehr wahrscheinlich vermittelt der viszerosensible **Inselkortex** ein Gefühl des Hungers.

**Hunger und Sattheit:** Das Peptid **Leptin** wird bei Lipogenese aus Adipozyten freigesetzt und wirkt im Hypothalamus als „Sattheitssignal". Leptin bindet **Obesity-Rezeptoren** und führt indirekt zur Hemmung eines „Hungerzentrums" im lateralen Hypothalamus, was man als **Lipostase** bezeichnet.

**Durst:** Zunahme der **Osmolarität** oder Abnahme des **Blutvolumens** führt zur Freisetzung von ADH und induziert Trinkverhalten.

**Durst** entsteht durch erhöhte **Osmolarität** des Blutes in den zirkumventrikulären Organen sowie durch Stimulation von viszerosensiblen Afferenzen als Folge der Abnahme des **Blutvolumens**. Dies führt zur synaptischen Erregung von magnozellulären Neuronen im Ncl. paraventrikularis und supraopticus. Die Freisetzung des **antidiuretischen Hormons** (ADH) führt einerseits zu vermehrter Wasserresorption in der Niere (s. S. 317) und anderseits zu Induktion von Trinkverhalten.

Angenehme Sattheit führt über viszerosensible Fasern zur Freisetzung von **Dopamin** im Ncl. accumbens. Dadurch wird appetitive Konditionierung unterstützt.

Der viszerosensible Kortex projiziert auch in das ventrale tegmentale Areal des Mittelhirns (VTA), um dort nach gutem Essen und Trinken als positives Belohnungssignal eine erhöhte Dopaminfreisetzung im Ncl. accumbens zu induzieren (s. S. 792). **Dopamin** unterstützt die appetitive Konditionierung, so dass damit Verhalten verstärkt wirkt, welches zu angenehmer Sattheit geführt hat.

► Klinik.

► Klinik. Appetitive Konditionierung kann bei Überangebot an Nahrung zu **Essstörungen** führen. In den Industrieländern leiden zurzeit ca. 15 – 20 % der Menschen an **Fettsucht** (**Adipositas**; BMI > 30, s. S. 466). Die Tendenz ist steigend. Da der BMI mit einer ganzen Reihe von Erkrankungen korreliert (z. B. Bluthochdruck, Diabetes mellitus Typ 2, Gelenkerkrankungen), werden präventive und therapeutische Maßnahmen immer wichtiger.

Unter **Magersucht (Anorexie)** versteht man eine psychologisch bedingte Essensverweigerung. Eine potenzielle Fettleibigkeit und die damit verbundene soziale „Unattraktivität" wirkt hier als starker negativer Verstärker. Dies führt zu aversiver Konditionierung und gefährlicher Unterernährung, die bleibende organische Schäden verursachen kann. Die Tatsache, dass soziale Attraktivität stärker wirken kann als Stillen des Hungers, deutet daraufhin, dass soziale Interaktionen in der evolutionären Entwicklung des Menschen eine zentrale Rolle gespielt haben.

23.6.5 Angst und Furcht

Die Emotionen Angst und Furcht dienen dazu, **Gefahren frühzeitig zu erkennen**, um sie zu meiden oder den Körper auf **Flucht oder Kampf** vorzubereiten.

## 23.6.5 Angst und Furcht

Die Emotionen Angst und Furcht dienen der frühen **Erkennung** und der Vorbereitung des Körpers auf **gefährliche Situationen**. Hierfür ist es einerseits wichtig, die bewusste Aufmerksamkeit auf unangenehme und bedrohliche Reize zu richten und so Gefahren möglichst frühzeitig zu vermeiden; anderseits wird der Körper auch mithilfe des vegetativen Nervensystems auf **Flucht oder Kampf** vorbereitet.

Furchtgedächtnis durch assoziative synaptische Plastizität

Die Bildung von **Furchtgedächtnis** entsteht durch assoziative synaptische Plastizität in der **lateralen** und **basalen Amygdala** (Abb. **23.25**). Hier treffen neuronale Informationen aus verschiedenen **Sinnessystemen**, Informationen über **Schmerzreize** und Informationen über den **Kontext** aufeinander.

### Furchtgedächtnis durch assoziative synaptische Plastizität

Wie schafft es das Gehirn, möglichst frühzeitig Hinweise auf kommende unangenehme Situationen zu erhalten? Dies geschieht durch ein sehr effizientes **Furchtgedächtnis,** das mithilfe der **Amygdala** realisiert wird (Abb. **23.25**). Sie besteht im Wesentlichen aus drei Kernen: Ncl. lateralis, Ncl. basalis und Ncl. centralis. Der **laterale Kern** bekommt sensorische Informationen aus dem Thalamus oder aus assoziativen Kortexarealen. Zusätzlich enden hier aber auch afferente Fasern aus dem lateralen und posterioren Thalamus, wo nozizeptive Afferenzen aus dem spinothalamischen Trakt umgeschaltet werden. Die gleichzeitige Aktivierung von **nozizeptiven** und anderen **sensorischen** Afferenzen führt deshalb im lateralen Kern zu NMDA-abhängiger assoziativer synaptischer Plastizität. Dies ist der zelluläre und molekulare Mechanismus der Furchtkonditionierung. Auch eine komplexe Umgebung oder ein bestimmter Kontext kann mit einem „furchtbaren" Ereignis verbunden werden. Die komplexen Informationen erreichen den **basalen Kern** der Amygdala über den Hippocampus. Dies ermöglicht eine sog. **kontextabhängige** Furchtkonditionierung.

Die Veränderung der synaptischen Übertragung in der Amygdala resultiert in einem veränderten Verhalten. Ein **konditionierter Stimulus (CS)** löst dadurch Reaktionen aus, die zuvor in ähnlicher Weise der **unkonditionierte Stimulus (US)** hervorgerufen hat. Weiterhin induziert der CS Abwehrreaktionen, die dazu dienen, den US zu vermeiden. In ähnlicher Art und Weise ist die Amygdala auch an anderen Formen der **aversiven Konditionierung** beteiligt.

Die verstärke synaptische Übertragung hat zur Folge, dass sensorische Reize zum **konditionierten Stimulus (CS)** werden, d. h. die Neurone in der lateralen Amygdala überschwellig erregen können. Diese projizieren unter anderem in den zentralen Kern der Amygdala, der durch seine Verbindungen zum basalen Vorderhirn durch Freisetzung von ACh die Aufmerksamkeit steigert. Außerdem wird wahrscheinlich über die Verbindung zum präfrontalen Assoziationskortex (polymodal) die Aufmerksamkeit selektiv auf den CS fokussiert. Über die efferenten Verbindungen des Ncl. centralis zum Hypothalamus werden zusätzlich verschiedene **endokrine, vegetative** und **somatomorische Reaktionen** (z. B. Freisetzung von Kortisol, Steigerung des Blutdrucks oder einfaches Abwehrverhalten) ausgelöst, ganz ähnlich,

23.25 **Furchtgedächtnis durch aversive Konditionierung**

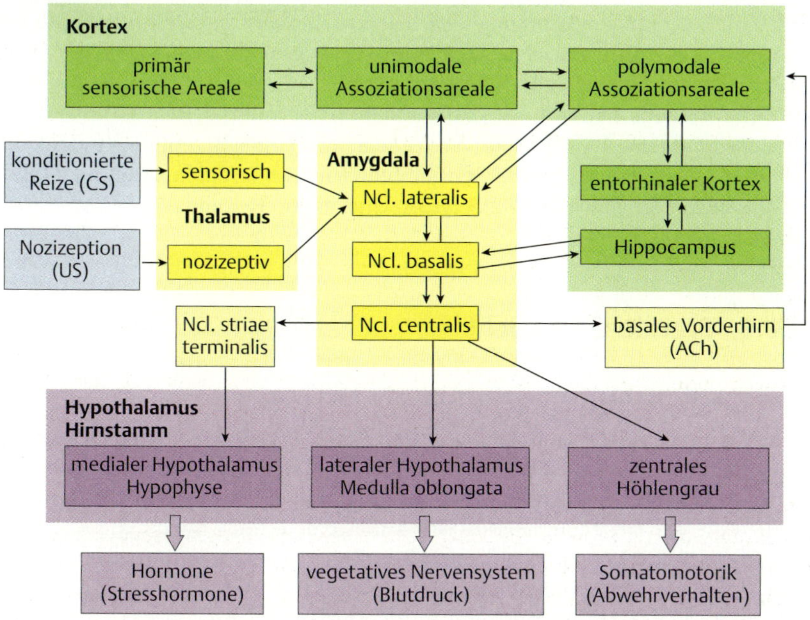


Schema der Informationsverarbeitung bei der Bildung von Furchtgedächtnis und aversiver Konditionierung.

23.25

wie dies zuvor schon der **unkonditionierte Stimulus (US)**, d.h. der Schmerzreiz, getan hat. Durch die Verbindungen zum präfrontalen Neokortex können darüber hinaus komplexe Verhaltensreaktionen koordiniert werden. Durch die synaptische Plastizität in der Amygdala löst also der CS eine Abwehrreaktion aus, die letztlich hilft, den US bestmöglich zu vermeiden.

Diese zellulären Mechanismen in der Amygdala sind wahrscheinlich nicht nur bei Furcht, sondern für jede Form von **aversiver Konditionierung** wichtig. Mithilfe funktioneller Bildgebung kann man neuronale Aktivität während der Präsentation von verschiedenen aversiven Stimuli (z.B. aggressive Gesichter) studieren. Die Aktivität in der Amygdala steigt bei aversiven Stimuli fast immer an. Dies funktioniert auch insbesondere bei maskierten Stimuli, ohne dass der US bewusst wahrgenommen wird.

Lernvorgänge in diesem System werden unter anderem durch **Noradrenalin** aus dem **Locus coeruleus** des Hirnstamms moduliert. Diese Neurone feuern besonders stark unter großer Aufregung oder in Stresssituationen, d.h. die Furchtkonditionierung wird stressabhängig verstärkt. Die Blockade adrenerger Rezeptoren reduziert sowohl die synaptische Plastizität in der Amygdala als auch die Bildung von Furchtgedächtnis. Über diffuse Projektionen in weite Teile des Neokortex und des Hippocampus kann der Locus coerules ganz allgemein synaptische Plastizität erhöhen und so Lernprozesse modulieren.

Die Lernvorgänge in der Amygdala werden durch **Noradrenalin** aus dem **Locus coeruleus** des Hirnstamms moduliert. Je nach **Aufregung** und **Stress** kann dadurch das aversive Verhalten verstärkt werden.

## Löschung des Furchtgedächtnisses

Fasern aus dem medialen präfrontalen Kortex bilden in der Amygdala auch Synapsen mit **GABAergen Interneuronen**. Verhaltensabhängig kommt es dadurch zu einer Hemmung der Projektionsneurone in der lateralen Amygdala. Wird ein CS wiederholt wahrgenommen, ohne dass ein US folgt, wird die Aktivität GABAerger Interneurone verstärkt, so dass es zu einer Hemmung der Angstreaktion kommt. Diese **Löschung** oder **Extinktion** findet allerdings nie vollständig statt, da sie immer **kontextabhängig** ist.

### Löschung des Furchtgedächtnisses

Über die Aktivität **GABAerger Interneurone** können Projektionsneurone der lateralen Amygdala gehemmt werden. Wiederholte Präsentation des CS ohne US führt zur **kontextabhängigen Löschung** oder Extinktion der Angstreaktion.

▶ Klinik.

▶ Klinik. Bei **Angst- und Panikstörungen** kommt es ohne sichtbaren Anlass zu ausgeprägter Angst. Diese tritt meist anfallsweise auf (Panikattacke) und ist immer mit vegetativen Symptomen verbunden. Auslöser sind wahrscheinlich eine abnormal große Anzahl **aversiv konditionierter Reize**, die nicht mehr vermieden werden können. Bildgebende Verfahren (fMRT, PET) zeigen hier eine verstärkte neuronale Aktivität in der Amygdala. Zur akuten pharmakologischen Therapie werden **Benzodiazepine** (Anxiolytika) verwendet, die GABA-Rezeptoren modulieren. Dies führt zu längeren und größeren inhibtorischen Cl-Strömen, unter anderem in der Amygdala. So bewirken Anxiolytika eine akute Hemmung des assoziativen Furchtgedächtnisses.

23.6.6 Freude und Sucht

Ncl. accumbens als Lust- und Motivationszentrum

Ähnlich wie das Neostriatum an der Planung von Bewegungsabläufen mitwirkt, ist der **Ncl. accumbens** im ventralen Striatum zusammen mit dem präfrontalen Kortex an der Entstehung der Motivation beteiligt, die der Bewegung vorausgeht (Abb. **23.26**).

Dopamin als Belohnungssignal

Durch appetitive Konditionierung wird der Ablauf von Emotionen an unerwartet positive Erfahrungen angepasst. Diese Lernvorgänge finden unter anderem im **Ncl. accumbens** statt und werden durch **Dopamin** aus dem

23.26

## 23.6.6 Freude und Sucht

### Ncl. accumbens als Lust- und Motivationszentrum

Ähnlich wie das Neostriatum (Putamen, Ncl. caudatus) an der Planung von Bewegungsabläufen mitwirkt (s. S. 744), ist der **Ncl. accumbens** im ventralen Striatum zusammen mit dem präfrontalen Kortex an der Entstehung der Motivation beteiligt, die der Bewegung vorausgeht. Insbesondere führt die direkte elektrische Stimulation des Ncl. accumbens beim Menschen zu einem Gefühl der Freude und der Lust. Deswegen wurde dieser Kern unter anderem auch als Lustzentrum bezeichnet. Wie bereits erwähnt, bekommt er erregende synaptische Eingänge aus dem **präfrontalen Kortex** und projiziert seinerseits entweder direkt oder indirekt über das ventrale Pallidum in den **Hypothalamus** (Abb. **23.26**). Das ventrale Pallidum projiziert außerdem über den mediodorsalen Kern des **Thalamus** auch indirekt wieder zurück zum präfrontalen Kortex, so dass eine **Rückkopplungsschleife** entsteht, die „Motivationsprogramme" steuern kann und die bewusste Aufmerksamkeit selektiv auf lustvolle Stimuli lenkt.

### Dopamin als Belohnungssignal

Im Ncl. accumbens gibt es zwei Gruppen von **GABAergen Projektionsneuronen**, die zusätzlich zu GABA entweder Substanz P oder Enkephalin freisetzen. Je nach Neuropeptid exprimieren die Zellen entweder **D1-** oder **D2-Dopaminrezeptoren**, die über die Aktivierung von $G_s$- bzw. $G_i$-Proteinen die Adenylatzyklase stimulieren

23.26 **Freude und Lust durch appetitive Konditionierung**

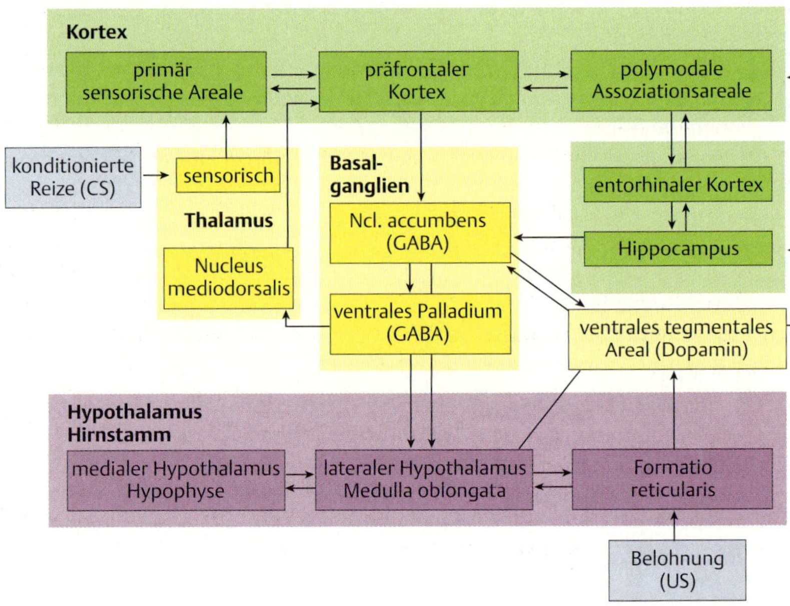


Schema der Informationsverarbeitung bei appetitiver Konditionierung.

oder hemmen. Unerwartet große Belohnung führt zu verstärkter Aktivität in Neuronen des **ventralen tegmentalen Areals (VTA)** im Mesenzephalon. Hierfür sind vor allem Kerne in der mesenzephalen Formatio reticularis (Ncl. tegmentalis pedunculopontinus und laterodorsalis) wichtig. Diese bewerten offensichtlich mithilfe dichter afferenter Faserverbindungen aus dem lateralen Hypothalamus, dem präfrontalen Kortex und sensorischer Kerne der Formatio reticularis den unmittelbaren Belohnungswert eines unkonditionierten Stimulus (US). Die verstärkte Aktivität im VTA führt zu einer vermehrten Freisetzung von Dopamin im Ncl. accumbens. Man unterscheidet hier eine **phasische** und eine **tonische Antwort**. Durch die spontane Aktivität der dopaminergen Neurone (ca. 4 Hz) ergibt sich eine basale Konzentration von ca. 5 – 10 nM, die durch einen Burst von Aktionspotenzialen einiger Fasern kurzzeitig lokal zu Konzentrationen von wenigen µM ansteigen kann **(phasisch)**. Vermehrte Burstaktivität vieler Fasern führt dann zu einer länger anhaltenden Anhebung der basalen Konzentration im gesamten Nukleus **(tonisch)**. Die Aktivierung der Dopaminrezeptoren moduliert nun die synaptische Plastizität und Signalübertragung im Ncl. accumbens. Die tonische Antwort führt zur graduellen Aktivierung der **hochaffinen D2-Rezeptoren** und verstärkt synaptische **Langzeitdepression**. Die phasische Antwort aktiviert vor allem die **niederaffinen D1-Rezeptoren** und verstärkt an diesen Neuronen synaptische **Langzeitpotenzierung**. Dies führt zu spezifischen Veränderungen von Verhaltensprogrammen. Der verstärkende und motivierende Effekt von Nahrungsaufnahme, Trinken oder Sex kann z. B. durch die Gabe von Dopaminrezeptorantagonisten (wie z. B. **Neuroleptika**) stark reduziert bzw. aufgehoben werden.

**ventralen tegmentalen Areal (VTA)** moduliert. Man unterscheidet hier eine **phasische** und eine **tonische Antwort.** Der verstärkende und motivierende Effekt von Nahrungsaufnahme, Trinken oder Sex wird durch Dopaminrezeptorantagonisten (wie z. B. Neuroleptika) stark reduziert.

**► Klinik.** Bei **affektiven Störungen** kommt es zu krankhaften Veränderungen der Stimmung und des Antriebs.

Unter **Depression** versteht man eine gedrückte Stimmung, Hemmung des Antriebs und der kognitiven Fähigkeiten zusammen mit vegetativen Störungen. Das Ausmaß reicht von leicht bedrückter Stimmung bis zum ausweglosen und versteinerten Gefühl der **Emotionslosigkeit**. fMRT-Studien deuten darauf hin, dass eine stark **reduzierte** neuronale **Aktivität** im **präfrontalen Kortex** mit der negativen Gefühlslage einhergeht. Die Gabe von **Serotonin-Wiederaufnahmehemmer** (SSRI) zusammen mit einer Psychotherapie helfen hier oft, die Symptome zu verbessern. Welche Rolle dabei Serotonin spielt, ist bisher unklar.

Im Gegensatz zu Depression ist **Manie** durch eine euphorisch gehobene Stimmungslage gekennzeichnet sowie auffällige Enthemmung und Selbstüberschätzung. Neuere Befunde deuten auf eine Fehlregulation der Aktivität im Ncl. accumbens bei Belohnung hin. Entsprechend werden unter anderem Dopaminrezeptorantagonisten **(Neuroleptika)** zur Therapie der Symptome eingesetzt.

**► Klinik.**

Durch operante Konditionierung wird die Belohnung vorhersehbar. Hier hat sich gezeigt, dass die Feuerrate der dopaminergen Neurone durch die (nun vorhersagbare) Belohung nicht mehr ansteigt. Es ist sogar so, dass ein **Ausbleiben der Belohnung** zu einer **Hemmung der spontanen Dopaminfreisetzung** führt. Hier könnten die direkten hemmenden Projektionen aus dem Ncl. accumbens in das ventrale tegmentale Areal eine Rolle spielen: Verstärkte (konditionierte) Aktivität im Ncl. accumbens wirkt der Exzitation im ventralen tegmentalen Areal entgegen, sodass dadurch die dopaminergen Neurone gehemmt werden. Das erhöhte oder verminderte Dopaminsignal kodiert dadurch letztlich für **positive** und **negative** „Vorhersagefehler"eines Stimulus für Belohnung – ein perfektes Signal zu Modulation von Lernprozessen sowohl im Neokortex als auch im Hippocampus.

Durch operante Konditionierung wird die Belohnung vorhersehbar und die Feuerrate der Dopaminneurone steigt nicht mehr an. Das **Ausbleiben der Belohnung** führt sogar zu einer **Hemmung der spontanen Dopaminfreisetzung**.

Die neuronalen Systeme für appetitive und aversive Konditionierung arbeiten nicht isoliert, sondern durch **Interaktionen** auf verschieden Ebenen, wie z. B. eine direkte Verbindung vom basolateralen Kern der Amygdala zum Ncl. accumbens, in das VTA und den Ncl. tegmentalis pedunculopontinus im Mesenzephalon. Außerdem wird die Aktivität des VTA durch die Aktivität von nozizeptiven Aδ- und C-Fasern (US für aversive Konditionierung) stark gehemmt.

Zwischen den aversiven und appetivien neuronalen Schaltkreisen gibt es zahlreiche **Interaktionen**.

### Sucht

Suchtauslösende Substanzen wie z. B. Kokain, Heroin, Cannabis, Nikotin und Alkohol führen zu einer **Erhöhung der Konzentration von Dopamin im Ncl. accumbens**. Die Suchtgefährdung wird durch Dopaminantagonisten (Neuroleptika) stark reduziert. Das Überangebot von Dopamin führt zu einer Reihe von **Adaptationsprozessen** der zellulären Signaltransduktion, welche dann Suchtverhalten zur Folge haben.

## Sucht

Die meisten suchtauslösenden Substanzen wie z.B. Kokain, Heroin, Cannabis, Nikotin und Alkohol führen im Tierexperiment zu einer messbaren **Erhöhung der Konzentration von Dopamin im Ncl. accumbens**. Andererseits wird die Suchtgefährdung durch Dopaminantagonisten (Neuroleptika) stark reduziert. Dies deutet darauf hin, dass die Dopaminfreisetzung ursächlich am Suchtverhalten beteiligt ist. Obwohl die genauen Mechanismen noch nicht geklärt sind, gibt es Hinweise darauf, dass das chronische Überangebot von Dopamin zu einer Reihe von **Adaptationsprozessen** der zellulären Signaltransduktion führt. Unter anderem ist die physiologisch induzierte Modulation der synaptischen Plastizität durch Dopamin gestört. Die natürlichen appetitiven Reize können im Gegensatz zur künstlichen Droge dann nicht mehr als Belohnungssignale wirken. Dies führt zu einer extremen Form positiv motivierten Verhaltens, was nur noch das zwanghafte Verlangen nach der suchterzeugenden Substanz zur Folge hat.

Sowohl die Erkenntnisse aus der neurobiologischen Grundlagenforschung als auch aus der Klinik zeigen, dass **Emotionen** eine große Rolle für die **Steuerung unserer Aufmerksamkeit** und die **Selektion von Verhaltensprogrammen** spielen. Emotion und Kognition sind dadurch eng miteinander verwoben. Dies stellt besonders für den Psychiater sowohl bei der Diagnose als auch für die Therapie eine große Herausforderung dar.

## ▸ ver$_k$lin$_i$kte Vorklinik: Hirninfarkt

**Anamnese:** Der hausärztliche Notdienst wurde am Sonntagvormittag von einer Frau gerufen, die ihren allein lebenden Bruder hilflos in dessen Wohnung auf dem Boden seines Badezimmers liegend vorgefunden hat. Eine reguläre Erhebung der Eigenanamnese des Patienten ist nicht möglich, da Herr Wehmeier offensichtlich große Mühe mit dem Sprechen hat. Er gibt zwar Laute von sich, diese sind jedoch nicht verständlich. In der **Fremdanamnese** ist zu erfahren, dass der Patient gestern bei Vereinbarung des Treffens am Telefon noch völlig normal geklungen habe. Weiterhin kann die Schwester des Patienten berichten, dass dieser zuckerkrank sei, unter hohem Blutdruck leide und seit Jahrzehnten rauche.

**Körperliche Untersuchung** (Angabe der jeweiligen Normwerte in Klammern): Trotz erschwerter Bedingungen bei der körperlichen Untersuchung zeigt der 57-jährige, stark adipöse Patient einige auffällige Befunde:

- **Herz-Kreislauf-System:** Blutdruck 170/90 mmHg (<130/85 mmHg), Puls 112/min (50–100/min), arrhythmisch, deutliches Pulsdefizit (Pulsfrequenz niedriger als auskultatorische Herzfrequenz).
- **Neurologische Auffälligkeiten:** Bereits bei der Inspektion fällt der hängende Mundwinkel auf der rechten Seite (Zeichen einer Fazialisparese, vgl. Abb. **22.20**, S. 742) auf. Während Herr Wehmeier nach Aufforderung mit der linken Hand Druck ausüben kann, ist dies mit der rechten Hand nicht möglich und auch die aktive Bewegung des rechten Fußes ist eingeschränkt. Beim kräftigen Streichen über den lateralen Rand der rechten Fußsohle mit dem Reflexhammer bewegt sich die große Zehe nach dorsal, die übrigen Zehen werden abgespreizt (positives Babinski-Phänomen rechts, vgl. Abb. **22.10**, S. 733). Dieser Effekt lässt sich auf der linken Seite nicht nachweisen.

**Laboruntersuchungen** (Angabe der jeweiligen Normwerte in Klammern): Gesamtcholesterin 254 mg/dl (<200 mg/dl), LDL-Cholesterin 191 mg/dl (<160 mg/dl), Blutzucker bei Aufnahme 270 mg/dl (60–99 mg/dl) bzw. 15 mmol/l (3,3–5,5 mmol/l), HbA1c 9,3 % (4–6 %).

**12-Kanal-EKG:** Vorhofflimmern mit Kammerfrequenz um 113/min, Linkstyp, Sokolow-Index 3,8 mV, keine spezifischen Erregungsrückbildungsstörungen.

**Native Computertomografie des Schädels:** Linksseitiger Infarkt im Versorgungsgebiet der A. cerebri media.

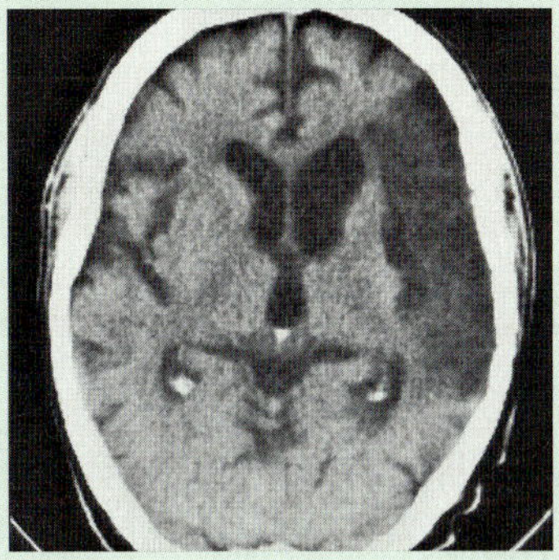

Der Infarkt im Versorgungsgebiet der linken A. cerebri media zeigt sich als dunkler Bereich am rechten Bildrand.

**Verlauf:** Im Verlauf des 14-tägigen stationären Aufenthalts konnte unter regelmäßiger logopädischer Behandlung und begleitender Physio- und Ergotherapie eine deutliche klinische Besserung der Symptomatik erreicht werden. Bei Verlegung zur Weiterbehandlung in eine neurologische Rehabilitationsklinik bestanden noch Wortfindungsstörungen und eine geringgradige Lähmung der rechten Hand.

**Fragen mit physiologischem Schwerpunkt:**

1. Was führt zu dem positiven Babinski-Phänomen am rechten Fuß des Patienten?
2. Welche Form der Aphasie liegt bei dem Patienten vor? Welche Symptome sind für den Ausfall des motorischen und welche für den des sensorischen Sprachzentrums typisch?
3. Was hat es mit dem beim EKG nebenbefundlich beschriebenen Sokolow-Index auf sich?

**Antwortkommentare:**

**Zu 1.** Der Babinski-Reflex ist ein sog. Pyramidenbahn-Zeichen und deutet auf eine Störung der deszendierenden Kontrolle (durch Fasern der Pyramidenbahn) von spinalen Interneuronen hin. Der im Neugeborenenalter noch physiologische, später jedoch pathologische Reflex wird aufgrund der wie im vorliegenden Fall fehlenden supraspinalen Hemmung nicht mehr unterdrückt. Der Reflex tritt am rechten Fuß auf, da die kontrollierenden Bahnen aus dem vom Infarkt betroffenen linksseitigen Kortexgebiet im Bereich der Medulla oblongata auf die Gegenseite kreuzen (weitere Details hierzu s. S. 733).

**Zu 2.** Bei dem Patienten liegt eine motorische Aphasie vor, diese entsteht durch eine Schädigung des motorischen Sprachzentrums (Broca-Areal). Es werden keine oder falsche motorische Befehle an die Zunge und die Kehlkopfmuskeln geleitet. Die Patienten verstehen zwar alles, was andere Leute sagen, können aber selbst nicht ausformulieren, was sie sagen wollen. Bei einer sensorischen Aphasie wäre hingegen das sensorische Sprachzentrum betroffen (Wernicke-Areal). Dabei ist das Sprachverständnis gestört und die Patienten können aus den Worten anderer wie auch ihren eigenen Worten keinen Sinn mehr ableiten. Sie sind zwar in der Lage flüssig zu sprechen, sagen allerdings unsinnige oder unzusammenhängende Worte. Weitere Details hierzu im Abschnitt Sprache (23.3.2) ab S. 773.

**Zu 3.** Der Sokolow-Index (bzw. eigentlich korrekt: Sokolow-Lyon-Index) wurde als Messgröße entwickelt, um im EKG eine linksventrikuläre Hypertrophie identifizieren zu können. Durch Zunahme der linksventrikulären Muskelmasse kommt es in den linksgerichteten Ableitungen I, aVL (vgl. Cabrera-Kreis, s. Abb. **4.12**, S. 88) sowie $V_5$ und $V_6$ zu einer Zunahme der R-Amplituden. Demgegenüber zeigt sich ein umgekehrtes Verhalten in den Ableitungen, die vom linken Ventrikel abgewendet sind: Tiefe S-Zacken in $V_1$–$V_3$, III und aVF. Zur Bestimmung des Sokolow-Lyon-Index werden nun die größte R-Zacke in $V_5$ oder $V_6$ sowie die größte S-Zacke in $V_1$ oder $V_2$ (in mV) bestimmt. Erreicht die Summe von S ($V_1$ oder $V_2$) + R ($V_5$ oder $V_6$) einen Wert = 3,5 mV, ist dies als ein elektrokardiografischer Hinweis auf eine linksventrikuläre Hypertrophie anzusehen.

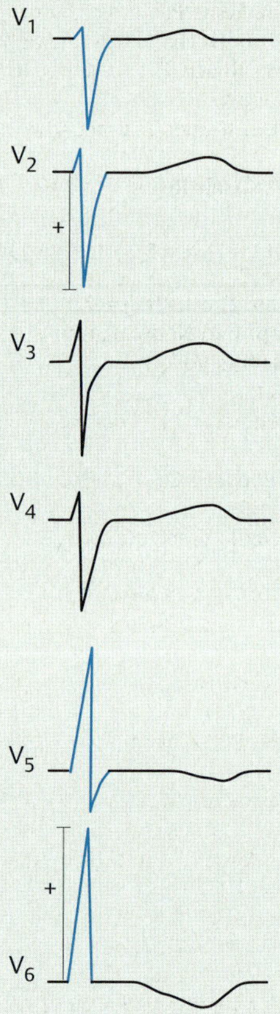


Bestimmung des Sokolow-Lyon-Index bei linksventrikulärer Hypertrophie.

# Quellenverzeichnis

## Abbildungen

**1.1** Füeßl, H.S., Middeke, M.: Duale Reihe Anamnese und Klinische Untersuchung. 3. Aufl., Thieme, Stuttgart 2005
**1.3** nach van den Berg, F.: Angewandte Physiologie 2. 2. Aufl., Thieme, Stuttgart 2005
**1.4** Reiser, M., Kuhn, F.-P., Debus, J.: Duale Reihe Radiologie. 2. Aufl., Thieme, Stuttgart 2006
**1.5** Füeßl, H.S., Middeke, M.: Duale Reihe Anamnese und Klinische Untersuchung. 3. Aufl., Thieme, Stuttgart 2005
**1.6** Sitzmann, F. (Hrsg.): Duale Reihe Pädiatrie. 3. Aufl., Thieme, Stuttgart 2007
**1.9** nach Klinke, R., Pape, H.-C., Silbernagl, S.: Physiologie. 5. Aufl., Thieme, Stuttgart 2005
**2.1** nach Schünke, M., Schulte, E., Schumacher U.: PROMETHEUS-LernAtlas der Anatomie – Kopf und Neuroanatomie. 1. Aufl., Thieme Stuttgart 2006 (Zeichner: Markus Voll)
**2.2** Sitzmann, F.: Duale Reihe Pädiatrie. 3. Aufl., Thieme, Stuttgart 2007
**2.3** Sitzmann, F.: Duale Reihe Pädiatrie. 3. Aufl., Thieme, Stuttgart 2007
**2.4a** Ulfig, N.: Kurzlehrbuch Histologie. 2. Aufl., Thieme, Stuttgart 2005
**2.4b–e** nach Lüllmann-Rauch, R.: Taschenlehrbuch Histologie. 3. Aufl., Thieme, Stuttgart 2009
**2.5a** nach Faller, A.: Der Körper des Menschen. 14. Aufl., Thieme, Stuttgart 2004
**2.6a, b** Rassow, J. et al.: Duale Reihe Biochemie. 2. Aufl., Thieme, Stuttgart 2008
**2.7a, b** nach Silbernagl, Despopoulos: Taschenatlas Physiologie. 7. Aufl., Thieme, Stuttgart 2007
**2.9a** Schünke, M., Schulte, E., Schumacher, U.: PROMETHEUS-LernAtlas der Anatomie – Kopf und Neuroanatomie, 1. Aufl., Thieme, Stuttgart 2006 (Zeichner: Markus Voll)
**2.10** nach Berne et al.
**2.11** Masuhr, K. F., Neumann, M.: Duale Reihe Neurologie. 6. Aufl., Thieme 2007
**2.12** nach Klinke, R., Pape, H.-C., Silbernagl, S.: Physiologie. 5. Aufl., Thieme, Stuttgart 2005
**2.13b** Lüllmann-Rauch, R.: Taschenlehrbuch Histologie. 3. Aufl., Thieme, Stuttgart 2009
**2.17a** nach Südhof 1995
**2.18** Hof, H., Dörries, R.: Duale Reihe Mikrobiologie, 4. Aufl. Thieme, Stuttgart 2009
**2.19** nach Klinke, R., Pape, H.-C., Silbernagl, S.: Physiologie. 5. Aufl., Thieme, Stuttgart 2005
**2.20b** Lüllmann-Rauch, R.: Taschenlehrbuch Histologie. 3. Aufl., Thieme, Stuttgart 2009
**2.21** Masuhr, K. F., Neumann, M.: Duale Reihe Neurologie. 6. Aufl., Thieme 2007
**2.22** van den Berg, F.: Angewandte Physiologie 2. 2. Aufl., Thieme, Stuttgart 2005; nach Klinke, R., Pape, H.-C., Silbernagl, S.: Physiologie. 5. Aufl., Thieme, Stuttgart 2005
**2.23** nach Klinke, R., Pape, H.-C., Silbernagl, S.: Physiologie. 5. Aufl., Thieme, Stuttgart 2005
**2.25a–c** nach Bear, Connors, Paradiso: Neuroscience. 2. Aufl., Lippincott, Williams and Wilkins, 2007
**3.1a–d** nach Aumüller, G. et al.: Duale Reihe Anatomie. 1. Aufl., Thieme, Stuttgart 2006
**3.1e** Lüllmann-Rausch: Taschenlehrbuch Histologie. 3. Aufl., Thieme, Stuttgart 2009
**3.2a** nach Aumüller et al.: Duale Reihe Anatomie. 1. Aufl., Thieme, Stuttgart 2006
**3.2b** nach Aumüller et al.: Duale Reihe Anatomie. 1. Aufl., Thieme, Stuttgart 2006
**3.3a, b** nach Klinke, R., Pape, H.-C., Silbernagl, S.: Physiologie. 5. Aufl., Thieme, Stuttgart 2005
**3.5a** nach Niethard et al.: Duale Reihe Orthopädie. 5. Aufl., Thieme, Stuttgart 2005
**3.5b** Huxley, H.E. The fine structure of striated muscle and its functional significance. The Harvey Lectures, Series 60, Academic Press (Elsevier) 1966
**3.10** nach Hofer et al.: Sono Grundkurs. 5. Aufl., Thieme, Stuttgart 2005
**4.1a, b** Aumüller, G. et al.: Duale Reihe Anatomie. 1. Aufl., Thieme, Stuttgart 2006
**4.2** Reiser, M., Kuhn, F.-P., Debus, J.: Duale Reihe Radiologie. 2. Aufl., Thieme, Stuttgart 2006
**4.3a** Aumüller, G. et al.: Duale Reihe Anatomie. 1. Aufl., Thieme, Stuttgart 2006
**4.3b** mit freundlicher Genehmigung von PD Dr. S. Maier/J. Muck
**4.4** nach Aumüller, G. et al.: Duale Reihe Anatomie. 1. Aufl., Thieme, Stuttgart 2006
**4.13a–c** Hamm, C.W., Willems, S.: Checkliste EKG. 3. Aufl., Thieme, Stuttgart 2007
**4.14a–d** Hamm, C.W., Willems, S.: Checkliste EKG. 3. Aufl., Thieme, Stuttgart 2007
**4.15** Hamm, C.W., Willems, S.: Checkliste EKG. 3. Aufl., Thieme, Stuttgart 2007
**4.16a, b** Hamm, C.W., Willems, S.: Checkliste EKG. 3. Aufl., Thieme, Stuttgart 2007
**4.18** nach Klinke, R., Pape, H.-C., Silbernagl, S.: Physiologie. 5. Aufl., Thieme, Stuttgart 2005
**4.19** nach Schünke, M., Schulte, E., Schumacher, U.: PROMETHEUS-LernAtlas der Anatomie – Hals und Innere Organe. 1. Aufl., Thieme, Stuttgart 2005
**5.1** Reiser, M., Kuhn, F.-P., Debus, J.: Duale Reihe Radiologie. 2. Aufl., Thieme, Stuttgart 2006
**5.2** Aumüller, G. et al.: Duale Reihe Anatomie. 1. Aufl., Thieme, Stuttgart 2006
**5.8** nach Schünke, M., Schulte, E., Schumacher, U.: PROMETHEUS-LernAtlas der Anatomie – Allgemeine Anatomie und Bewegungssystem. 2. Aufl., Thieme, Stuttgart 2007
**5.11** Schulte am Esch, J. et al.: Duale Reihe Anästhesie. 3. Aufl., Thieme, Stuttgart 2007
**5.12a, b** Faller, A., Schünke, M.: Der Körper des Menschen. 14. Aufl., Thieme, Stuttgart 2004
**5.16** nach Trautwein, A., Kreibig, U., Oberhausen, E.: Physik für Mediziner, Biologen, Pharmazeuten. 6. Aufl., de Gruyter, Berlin 2004
**5.20** (Fotografie) Füeßl, H.S., Middeke, M.: Duale Reihe Anamnese und klinische Untersuchung. 3. Aufl., Thieme, Stuttgart 2005
**5.22** Schulte am Esch, J. et al.: Duale Reihe Anästhesie. 3. Aufl., Thieme, Stuttgart 2007
**5.23** nach Schünke, M., Schulte, E., Schumacher, U.: PROMETHEUS-LernAtlas der Anatomie – Allgemeine Anatomie und Bewegungssystem. 2. Aufl., Thieme, Stuttgart 2007
**5.24** Delorme, S., Debus, J.: Duale Reihe Sonographie. 2. Aufl., Thieme, Stuttgart 2005
**5.25** Reiser, M., Kuhn, F.-P., Debus, J.: Duale Reihe Radiologie. 2. Aufl., Thieme, Stuttgart 2006
**5.26** Aumüller, G. et al.: Duale Reihe Anatomie. 1. Aufl., Thieme, Stuttgart 2006
**5.29** nach Schünke, M., Schulte, E., Schumacher, U.: PROMETHEUS-LernAtlas der Anatomie – Allgemeine Anatomie und Bewegungssystem. 2. Aufl., Thieme, Stuttgart 2007
**5.30** Füeßl, H., Middeke, M.: Duale Reihe Anamnese und Klinische Untersuchung. 3. Aufl., Thieme, Stuttgart 2005
**5.31** Füeßl, H., Middeke, M.: Duale Reihe Anamnese und Klinische Untersuchung. 3. Aufl., Thieme, Stuttgart 2005
**5.39** Greten, H.: Innere Medizin. 12. Aufl., Thieme, Stuttgart 2005
**5.40a, b** Aumüller, G. et al.: Duale Reihe Anatomie. 1. Aufl., Thieme, Stuttgart 2006
**6.3a** nach Klinke, R., Pape, H.-C., Silbernagl, S.: Physiologie. 5. Aufl., Thieme, Stuttgart 2005
**6.3b** Theml, H., Diem, H., Haferlach, T.: Taschenatlas der Hämatologie. 5. Aufl., Thieme, Stuttgart 2002
**6.4a, b** van den Berg, F.: Angewandte Physiologie 2. 2. Aufl., Thieme, Stuttgart 2005

**6.6** Dörner, K.: Klinische Chemie und Hämatologie. 6. Aufl., Thieme, Stuttgart 2006
**6.7** Dörner, K.: Klinische Chemie und Hämatologie. 6. Aufl., Thieme, Stuttgart 2006
**6.8** Füeßl, H.S., Middeke, M.: Duale Reihe Anamnese und Klinische Untersuchung. 3. Aufl., Thieme, Stuttgart 2005
**6.10** nach Rassow, J. et al.: Duale Reihe Biochemie. 2. Aufl., Thieme, Stuttgart 2008
**6.12 a, b** mit freundlicher Genehmigung von Prof. P. Groscurth, München
**6.13** Susumu Nishinaga ( Science Photo Library)
**6.14** nach Huppelsberg, J., Walter K., Kurzlehrbuch Physiologie. 2. Aufl., Thieme, Stuttgart 2005
**6.16** Riede, U.-N., Werner, M., Schaefer, H.-E. (Hrsg.): Allgemeine und spezielle Pathologie. 5. Aufl., Thieme, Stuttgart 2004
**Tab. 6.4 a–e** Theml, H., Diem, H., Haferlach, T.: Taschenatlas der Hämatologie. 5. Aufl., Thieme, Stuttgart 2002
**7.1** Schünke, M., Schulte, E., Schumacher, U.: PROMETHEUS-LernAtlas der Anatomie – Allgemeine Anatomie und Bewegungssystem. 2. Aufl., Thieme, Stuttgart 2007
**7.2** Rassow, J. et al.: Duale Reihe Biochemie. 2. Aufl., Thieme, Stuttgart 2008
**7.8** Rassow, J., et al.: Duale Reihe Biochemie. 2. Aufl., Thieme, Stuttgart 2008
**7.11** Aumüller, G. et al.: Duale Reihe Anatomie. 1. Aufl., Thieme, Stuttgart 2006
**7.12 a, b** Sitzmann, F. C. (Hrsg.): Duale Reihe Pädiatrie. 3. Aufl., Thieme, Stuttgart 2007
**7.14** Reiser, M., Kuhn, F.-P., Debus, J.: Duale Reihe Radiologie. 2. Aufl., Thieme, Stuttgart, 2006
**7.16 a, b** Dörries, R.: Duale Reihe Medizinische Mikrobiologie. 3. Aufl., Thieme, Stuttgart 2005
**7.18** Hahn, J.-M.: Checkliste Innere Medizin. 5. Aufl., Thieme, Stuttgart 2007
**7.19 b** Schulte am Esch, J. et al.: Duale Reihe Anästhesie. 3. Aufl., Thieme, Stuttgart 2007
**8.1 a** Aumüller, G. et al.: Duale Reihe Anatomie. 1. Aufl., Thieme, Stuttgart 2006
**8.2** Sitzmann F.C. (Hrsg.): Duale Reihe Pädiatrie. 3. Aufl., Thieme, Stuttgart, 2007
**8.3** Schünke, M., Schulte, E., Schumacher, U.: PROMETHEUS-LernAtlas der Anatomie – Hals und Innere Organe. 1. Aufl., Thieme, Stuttgart 2005
**8.4** Henne-Bruns D. et al.: Duale Reihe Chirurgie. 3. Aufl., Thieme, Stuttgart, 2007
**8.8** nach Duale Reihe Innere Medizin. 2. Aufl., Thieme, Stuttgart 2009
**8.10 a** nach Duale Reihe Innere Medizin. 2. Aufl., Thieme, Stuttgart 2009
**8.16** Duale Reihe Innere Medizin. 2. Aufl., Thieme, Stuttgart 2009
**8.17 a, b** Duale Reihe Innere Medizin. 2. Aufl., Thieme, Stuttgart 2009
**8.23** Duale Reihe Innere Medizin. 2. Aufl., Thieme, Stuttgart 2009
**8.29** nach Duale Reihe Innere Medizin. 2. Aufl., Thieme, Stuttgart 2009
**8.30** Riede, U.-N.et al.: Allgemeine und spezielle Pathologie. 5. Aufl., Thieme, Stuttgart 2004
**9.1** nach Klinke, R., Pape, H.-C., Silbernagl, S.: Physiologie. 5. Aufl., Thieme, Stuttgart 2005
**9.8** nach Klinke, R., Pape, H.-C., Silbernagl, S.: Physiologie. 5. Aufl., Thieme, Stuttgart 2005
**9.11** nach Golenhofen, K.: Schwarze Reihe 1. ÄP Physiologie. 20. Aufl., Thieme, Stuttgart 2008
**10.1** nach Schünke, M., Schulte, E., Schumacher, U.: PROMETHEUS-LernAtlas der Anatomie – Hals und Innere Organe. 1. Aufl., Thieme, Stuttgart 2005 (Zeichner: Markus Voll)
**10.2** nach Schünke, M., Schulte, E., Schumacher, U.: PROMETHEUS-LernAtlas der Anatomie – Hals und Innere Organe. 1. Aufl., Thieme, Stuttgart 2005
**10.3 a** Faller, A., Schünke, M.: Der Körper des Menschen. 14. Aufl., Thieme, Stuttgart 2004
**10.3 b** Lüllmann-Rauch, R.: Taschenlehrbuch Histologie. 2. Aufl., Thieme, Stuttgart 2006
**10.6** nach Schünke, M., Schulte, E., Schumacher, U.: PROMETHEUS-LernAtlas der Anatomie – Hals und Innere Organe. 1. Aufl., Thieme, Stuttgart 2005
**10.14** nach Huppelsberg, J., Walter, K.: Kurzlehrbuch Physiologie. 2. Aufl., Thieme, Stuttgart 2005
**10.15** Sitzmann, F.C. (Hrsg.): Duale Reihe Pädiatrie. 3. Aufl., Thieme, Stuttgart 2007
**11.1** Rassow, J. et al.: Duale Reihe Biochemie. 2. Aufl., Thieme, Stuttgart 2008
**11.2 b–d** nach Rassow, J. et al.: Duale Reihe Biochemie. 2. Aufl., Thieme, Stuttgart 2008
**11.3** nach Rassow, J. et al.: Duale Reihe Biochemie. 2. Aufl., Thieme, Stuttgart 2008
**11.5** nach Rassow, J. et al.: Duale Reihe Biochemie. 2. Aufl., Thieme, Stuttgart 2008
**11.6 a, b** nach Schünke, M., Schulte, E., Schumacher U.: PROMETHEUS-LernAtlas der Anatomie – Kopf und Neuroanatomie. 1. Aufl., Thieme Stuttgart 2006 (Zeichner: Markus Voll)
**11.7** nach Rassow, J. et al.: Duale Reihe Biochemie. 2. Aufl., Thieme, Stuttgart 2008
**11.8** Rassow, J. et al.: Duale Reihe Biochemie. 2. Aufl., Thieme, Stuttgart 2008
**11.10** nach Rassow, J. et al.: Duale Reihe Biochemie. 2. Aufl., Thieme, Stuttgart 2008
**11.12** nach Rassow, J. et al.: Duale Reihe Biochemie. 2. Aufl., Thieme, Stuttgart 2008
**11.13** Rassow, J. et al.: Duale Reihe Biochemie. 2. Aufl., Thieme, Stuttgart 2008
**11.14** Quelle des in der Grafik enthaltenen Fotos: MEV Verlag, Augsburg
**11.15 a, b** Lüllmann-Rauch, R.: Taschenlehrbuch Histologie. 2. Aufl., Thieme, Stuttgart 2006
**11.16** nach Rassow, J. et al.: Duale Reihe Biochemie. 2. Aufl., Thieme, Stuttgart 2008
**11.17** Aumüller, G. et al.: Duale Reihe Anatomie. 1. Aufl., Thieme, Stuttgart 2006
**11.18** Rassow, J. et al.: Duale Reihe Biochemie. 2. Aufl., Thieme, Stuttgart 2008
**11.21** Sitzmann, F.C. (Hrsg.): Duale Reihe Pädiatrie. 3. Aufl., Thieme, Stuttgart 2007
**11.22** Duale Reihe Innere Medizin. 2. Aufl., Thieme, Stuttgart 2009
**11.23** Sachsenweger, M. (Hrsg.): Duale Reihe Augenheilkunde. 2. Aufl., Thieme, Stuttgart 2003
**11.24** Histologische Teilabbildung: Aumüller, G. et al.: Duale Reihe Anatomie. 1. Aufl., Thieme, Stuttgart 2006
**11.25** nach Rassow, J. et al.: Duale Reihe Biochemie. 2. Aufl., Thieme, Stuttgart 2008
**11.28** Rassow, J. et al.: Duale Reihe Biochemie. 2. Aufl., Thieme, Stuttgart 2008
**11.29** Rassow, J. et al.: Duale Reihe Biochemie. 2. Aufl., Thieme, Stuttgart 2008
**11.30** Rassow, J. et al.: Duale Reihe Biochemie. 2. Aufl., Thieme, Stuttgart 2008
**11.32 b** nach Rassow, J. et al.: Duale Reihe Biochemie. 2. Aufl., Thieme, Stuttgart 2008
**11.33** nach Rassow, J. et al.: Duale Reihe Biochemie. 2. Aufl., Thieme, Stuttgart 2008
**11.34 a, b** nach Rassow, J. et al.: Duale Reihe Biochemie. 2. Aufl., Thieme, Stuttgart 2008
**11.36** Sachsenweger, M. (Hrsg.): Duale Reihe Augenheilkunde. 2. Aufl., Thieme, Stuttgart 2003
**12.1** nach Klinke, R., Pape, H.-C., Silbernagl, S.: Physiologie. 5. Aufl., Thieme, Stuttgart 2005
**12.2** nach Breckwoldt, Kaufmann, Pfleiderer: Gynäkologie und Geburtshilfe. 5. Aufl., Thieme, Stuttgart 2007
**12.3 a, b** Sohn, C., Krapfl-Gast, A.S., Schiesser, M.: Checkliste Sonographie in der Gynäkologie und Geburtshilfe, 2. Aufl., Thieme, Stuttgart 2001
**12.4** nach Stauber, M, Weyerstahl, T.: Duale Reihe Gynäkologie und Geburtshilfe. 3. Aufl., Thieme, Stuttgart 2007
**12.5** Schünke, M., Schulte, E., Schumacher, U.: PROMETHEUS-LernAtlas der Anatomie – Hals und Innere Organe. 1. Aufl., Thieme, Stuttgart 2005
**12.6** nach Klinke, R., Pape, H.-C., Silbernagl, S.: Physiologie. 5. Aufl., Thieme, Stuttgart 2005
**12.7** nach Klinke, R., Pape, H.-C., Silbernagl, S.: Physiologie. 5. Aufl., Thieme, Stuttgart 2005
**12.8** nach Stauber, M, Weyerstahl, T.: Duale Reihe Gynäkologie und Geburtshilfe. 3. Aufl., Thieme, Stuttgart 2007
**12.9** mit freundlicher Genehmigung der Serono GmbH
**12.10** nach Stauber, M, Weyerstahl, T.: Duale Reihe Gynäkologie und Geburtshilfe. 3. Aufl., Thieme, Stuttgart 2007
**12.12 a–c** Breckwoldt, Kaufmann, Pfleiderer: Gynäkologie und Geburtshilfe. 5. Aufl., Thieme, Stuttgart 2007
**12.13 a–c** Aumüller, G. et al.: Duale Reihe Anatomie. 1. Aufl., Thieme, Stuttgart 2006 (nach Breckwoldt, Kaufmann, Pfleiderer: Gynäkologie und Geburtshilfe. 5. Aufl., Thieme, Stuttgart 2007)
**12.13 d, e** Breckwoldt, Kaufmann, Pfleiderer: Gynäkologie und Geburtshilfe. 5. Aufl., Thieme, Stuttgart 2007

**12.14 a, b** Schünke, M., Schulte, E., Schumacher, U.: PROMETHEUS-LernAtlas der Anatomie – Allgemeine Anatomie und Bewegungssystem. 2. Aufl., Thieme, Stuttgart 2007
**13.1 a, b** Duale Reihe Innere Medizin. 2. Aufl., Thieme, Stuttgart 2009
**13.2** nach Suter, P.M.: Checkliste Ernährung.3. Aufl., Thieme, Stuttgart 2008
**13.4** nach Schünke, M.: Der Körper des Menschen. 14. Aufl., Thieme, Stuttgart, 2004
**13.5** Schünke, M., Schulte, E., Schumacher, U.: PROMETHEUS-LernAtlas der Anatomie – Hals und Innere Organe. 1. Aufl., Thieme, Stuttgart 2005
**13.8** Reiser, M., Kuhn, F.-P., Debus, J.: Duale Reihe Radiologie. 2. Aufl., Thieme, Stuttgart 2006
**13.9** Schünke, M., Schulte, E., Schumacher, U.: PROMETHEUS-LernAtlas der Anatomie – Hals und Innere Organe. 1. Aufl., Thieme, Stuttgart 2005
**13.10** Reiser, M., Kuhn, F.-P., Debus, J.: Duale Reihe Radiologie. 2. Aufl., Thieme, Stuttgart 2006
**13.12** Schünke, M., Schulte, E., Schumacher, U.: PROMETHEUS-LernAtlas der Anatomie – Hals und Innere Organe. 1. Aufl., Thieme, Stuttgart 2005
**13.13 a** nach Lüllmann-Rauch, R.: Taschenlehrbuch Histologie. 3. Aufl., Thieme, Stuttgart 2009
**13.13 b** nach Huppelsberg, J., Walter K., Kurzlehrbuch Physiologie. 2. Aufl., Thieme, Stuttgart 2005
**13.15 a, b** Duale Reihe Innere Medizin. 2. Aufl., Thieme, Stuttgart 2009
**13.16** Masuhr et al.: Duale Reihe Neurologie. 6. Aufl., Thieme, Stuttgart 2007
**13.17** Duale Reihe Innere Medizin. 2. Aufl., Thieme, Stuttgart 2009
**13.18 a** Delorme, S., Debus, J.: Duale Reihe Sonographie. 2. Aufl., Thieme, Stuttgart 2005
**13.18 b** Reiser, M., Kuhn, F.-P., Debus, J.: Duale Reihe Radiologie. 2. Aufl., Thieme, Stuttgart 2006
**13.20** Sitzmann, F.C. (Hrsg.): Duale Reihe Pädiatrie. 3. Aufl., Thieme, Stuttgart 2007
**13.22** Füeßl, H.S., Middeke, M.: Duale Reihe Anamnese und Klinische Untersuchung. 3. Aufl., Thieme, Stuttgart 2005
**13.23 b** nach Schünke, M., Schulte, E., Schumacher, U.: PROMETHEUS-LernAtlas der Anatomie – Hals und Innere Organe. 1. Aufl., Thieme, Stuttgart 2005
**13.24** nach Rassow, J. et al.: Duale Reihe Biochemie. 2. Aufl., Thieme, Stuttgart 2008
**13.25** nach Rassow, J. et al.: Duale Reihe Biochemie. 2. Aufl., Thieme, Stuttgart 2008
**13.26** nach Rassow, J. et al.: Duale Reihe Biochemie. 2. Aufl., Thieme, Stuttgart 2008
**13.27** nach Rassow, J. et al.: Duale Reihe Biochemie. 2. Aufl., Thieme, Stuttgart 2008
**14.4 a, b** nach Silbernagl, S., Despopoulos, A.: Taschenatlas Physiologie. 7. Aufl., Thieme, Stuttgart 2007
**14.7** Dynamic Graphics
**15.6** Schewior-Popp, S., Sitzmann, F., Ulrich, L.: Thiemes Pflege. 11. Aufl., Thieme, Stuttgart 2009
**15.14** Christoph von Hausen (Göttingen)
**16.4** Siegenthalers Differenzialdiagnose. 19. Aufl., Thieme, Stuttgart 2005
**16.6** Sitzmann, F.C. (Hrsg.): Duale Reihe Pädiatrie. 3. Aufl., Thieme, Stuttgart 2007
**16.7** nach Jänig, Mc. Lachlan 1999
**16.10** nach Schünke, M., Schulte, E., Schumacher U.: PROMETHEUS-LernAtlas der Anatomie – Kopf und Neuroanatomie. 1. Aufl., Thieme Stuttgart 2006
**16.11** nach Klinke, R., Pape, H.-C., Silbernagl, S.: Physiologie. 5. Aufl., Thieme, Stuttgart 2005
**17.5** nach Huppelsberg, J., Walter K., Kurzlehrbuch Physiologie. 2. Aufl., Thieme, Stuttgart 2005
**17.6** Schünke, M., Schulte, E., Schumacher U.: PROMETHEUS-LernAtlas der Anatomie – Kopf und Neuroanatomie. 1. Aufl., Thieme Stuttgart 2006
**17.15 a, b** Schünke, M., Schulte, E., Schumacher U.: PROMETHEUS-LernAtlas der Anatomie – Kopf und Neuroanatomie. 1. Aufl., Thieme Stuttgart 2006
**17.16 b** Schünke, M., Schulte, E., Schumacher U.: PROMETHEUS-LernAtlas der Anatomie – Kopf und Neuroanatomie. 1. Aufl., Thieme Stuttgart 2006 (Zeichner: Karl Wesker)
**17.17 a** nach Aumüller, G. et al.: Duale Reihe Anatomie. 1. Aufl., Thieme, Stuttgart 2006
**17.18** nach Huppelsberg, J., Walter K., Kurzlehrbuch Physiologie. 2. Aufl., Thieme, Stuttgart 2005
**17.19 a** nach Schünke, M., Schulte, E., Schumacher U.: PROMETHEUS-LernAtlas der Anatomie – Kopf und Neuroanatomie. 1. Aufl., Thieme Stuttgart 2006
**18.1** Aumüller et al.: Duale Reihe Anatomie. 1. Aufl., Thieme, Stuttgart 2006
**18.3 a, b** nach Klinke, R., Pape, H.-C., Silbernagl, S.: Physiologie. 5. Aufl., Thieme, Stuttgart 2005
**18.4** nach Schünke, M., Schulte, E., Schumacher U.: PROMETHEUS-LernAtlas der Anatomie – Kopf und Neuroanatomie. 1. Aufl., Thieme Stuttgart 2006
**18.6 a, b** Sachsenweger, M. (Hrsg.): Duale Reihe Augenheilkunde. 2. Aufl., Thieme, Stuttgart 2003
**18.7 a, b** Lang, G.K.: Augenheilkunde. 4. Aufl., Thieme, Stuttgart 2008
**18.8** Lang, G.K.: Augenheilkunde. 4. Aufl., Thieme, Stuttgart 2008
**18.9** nach Aumüller et al.: Duale Reihe Anatomie. 1. Aufl., Thieme, Stuttgart 2006
**18.10 a–d** Sachsenweger, M. (Hrsg.): Duale Reihe Augenheilkunde. 2. Aufl., Thieme, Stuttgart 2003
**18.11** nach Sachsenweger, M. (Hrsg.): Duale Reihe Augenheilkunde. 2. Aufl., Thieme, Stuttgart 2003
**18.12** nach Schünke, M., Schulte, E., Schumacher U.: PROMETHEUS-LernAtlas der Anatomie – Kopf und Neuroanatomie. 1. Aufl., Thieme Stuttgart 2006
**18.13 a–d** Lang, G.K.: Augenheilkunde. 4. Aufl., Thieme, Stuttgart 2008
**18.14 a** Lang, G.K.: Augenheilkunde. 4. Aufl., Thieme, Stuttgart 2008
**18.14 b, c** Schünke, M., Schulte, E., Schumacher U.: PROMETHEUS-LernAtlas der Anatomie – Kopf und Neuroanatomie. 1. Aufl., Thieme Stuttgart 2006
**18.15 a–d** Lang, G.K.: Augenheilkunde. 4. Aufl., Thieme, Stuttgart 2008
**18.16** Lang, G.K.: Augenheilkunde. 4. Aufl., Thieme, Stuttgart 2008
**18.17** nach Klinke, R., Pape, H.-C., Silbernagl, S.: Physiologie. 5. Aufl., Thieme, Stuttgart 2005
**18.19** Schünke, M., Schulte, E., Schumacher U.: PROMETHEUS-LernAtlas der Anatomie – Kopf und Neuroanatomie. 1. Aufl., Thieme Stuttgart 2006
**18.21 a, b** nach Klinke, R., Pape, H.-C., Silbernagl, S.: Physiologie. 5. Aufl., Thieme, Stuttgart 2005
**18.23 b** nach Klinke, R., Pape, H.-C., Silbernagl, S.: Physiologie. 5. Aufl., Thieme, Stuttgart 2005
**18.27 a** Lang, G.K.: Augenheilkunde. 4. Aufl., Thieme, Stuttgart 2008
**18.27 b** Sachsenweger, M. (Hrsg.): Duale Reihe Augenheilkunde. 2. Aufl., Thieme, Stuttgart 2003
**18.28** nach Huppelsberg, J., Walter K., Kurzlehrbuch Physiologie. 2. Aufl., Thieme, Stuttgart 2005
**18.29 a, b** Lang, G.K.: Augenheilkunde. 4. Aufl., Thieme, Stuttgart 2008
**18.30** Sachsenweger, M. (Hrsg.): Duale Reihe Augenheilkunde. 2. Aufl., Thieme, Stuttgart 2003
**18.31 a** Schünke, M., Schulte, E., Schumacher U.: PROMETHEUS-LernAtlas der Anatomie – Kopf und Neuroanatomie. 1. Aufl., Thieme Stuttgart 2006
**18.31 b** Lang, G.K.: Augenheilkunde. 4. Aufl., Thieme, Stuttgart 2008
**18.32** Sachsenweger, M. (Hrsg.): Duale Reihe Augenheilkunde. 2. Aufl., Thieme, Stuttgart 2003
**18.38 a** Gregory, R.L.: The intelligent eye. McGraw-Hill, New York 1970.
**18.40** Sachsenweger, M. (Hrsg.): Duale Reihe Augenheilkunde. 2. Aufl., Thieme, Stuttgart 2003
**18.31 b** Lang, G.K.: Augenheilkunde. 4. Aufl., Thieme, Stuttgart 2008
**19.3 a–e** nach Behrbohm et al.: Kurzlehrbuch HNO. 1. Aufl., Thieme, Stuttgart 2009
**19.4** nach Faller, A.: Der Körper des Menschen. 14. Aufl., Thieme, Stuttgart 2004
**19.10** nach Aumüller et al.: Duale Reihe Anatomie. 1. Aufl., Thieme, Stuttgart 2007 (Zeichner: Markus Voll)
**19.11 a, b** Masuhr et al.: Duale Reihe Neurologie. 6. Aufl., Thieme, Stuttgart 2007
**19.14 a** nach Schünke, M., Schulte, E., Schumacher, U.: PROMETHEUS-LernAtlas der Anatomie – Hals und Innere Organe. 1. Aufl., Thieme, Stuttgart 2005
**20.5** nach Aumüller et al.: Duale Reihe Anatomie. 1. Aufl., Thieme, Stuttgart 2006
**20.6** nach Klinke, R., Pape, H.-C., Silbernagl, S.: Physiologie. 5. Aufl., Thieme, Stuttgart 2005

**20.7** nach Klinke, R., Pape, H.-C., Silbernagl, S.: Physiologie. 5. Aufl., Thieme, Stuttgart 2005
**20.8** Lang, G.K.: Augenheilkunde. 4. Aufl., Thieme, Stuttgart 2008
**20.9** nach Thömke, F.: Augenbewegungsstörungen. 2. Aufl., Thieme, Stuttgart 2008
**21.1 a** nach Schünke, M., Schulte, E., Schumacher U.: PROMETHEUS-LernAtlas der Anatomie – Kopf und Neuroanatomie. 1. Aufl., Thieme Stuttgart 2006
**21.2** nach Klinke, Pape, Silbernagel: Physiologie. 4. Aufl, Thieme, Stuttgart 2003
**21.5** nach Mori et al. 1999
**22.7 a–c** nach Aumüller et al.: Duale Reihe Anatomie. 1. Aufl., Thieme, Stuttgart 2007
**22.7 d** nach Masuhr et al.: Duale Reihe Neurologie. 6. Aufl., Thieme, Stuttgart 2007
**22.9** nach Aumüller et al.: Duale Reihe Anatomie. 1. Aufl., Thieme, Stuttgart 2007
**22.10 a** nach Masuhr et al.: Duale Reihe Neurologie. 6. Aufl., Thieme, Stuttgart 2007
**22.10 b** Masuhr et al.: Duale Reihe Neurologie. 6. Aufl., Thieme, Stuttgart 2007
**22.13** nach Aumüller et al.: Duale Reihe Anatomie. 1. Aufl., Thieme, Stuttgart 2007
**22.17** nach Aumüller et al.: Duale Reihe Anatomie. 1. Aufl., Thieme, Stuttgart 2007
**22.19 b** nach Aumüller et al.: Duale Reihe Anatomie. 1. Aufl., Thieme, Stuttgart 2007
**22.20** Schünke, M., Schulte, E., Schumacher U.: PROMETHEUS-LernAtlas der Anatomie – Kopf und Neuroanatomie. 1. Aufl., Thieme Stuttgart 2006
**22.21** Aumüller et al.: Duale Reihe Anatomie. 1. Aufl., Thieme, Stuttgart 2007
**22.22 a, b** nach Klinke, R., Pape, H.-C., Silbernagl, S.: Physiologie. 5. Aufl., Thieme, Stuttgart 2005
**22.24 a–c** nach Aumüller et al.: Duale Reihe Anatomie. 1. Aufl., Thieme, Stuttgart 2007
**22.25** nach Aumüller et al.: Duale Reihe Anatomie. 1. Aufl., Thieme, Stuttgart 2007
**22.26 b** Aumüller et al.: Duale Reihe Anatomie. 1. Aufl., Thieme, Stuttgart 2007
**22.27** nach Klinke, R., Pape, H.-C., Silbernagl, S.: Physiologie. 5. Aufl., Thieme, Stuttgart 2005
**23.2** Schünke, M., Schulte, E., Schumacher U.: PROMETHEUS-LernAtlas der Anatomie – Kopf und Neuroanatomie. 1. Aufl., Thieme Stuttgart 2006
**23.3** Schünke, M., Schulte, E., Schumacher U.: PROMETHEUS-LernAtlas der Anatomie – Kopf und Neuroanatomie. 1. Aufl., Thieme Stuttgart 2006
**23.5** nach Schiller et al. 1997
**23.6** 2009 The M.C. Escher Company-Holland. All rights reserved.
**23.8** nach Klinke, R., Pape, H.-C., Silbernagl, S.: Physiologie. 5. Aufl., Thieme, Stuttgart 2005
**23.9** nach Masuhr et al.: Duale Reihe Neurologie. 6. Aufl., Thieme, Stuttgart 2007
**23.10** nach Jung 1953
**23.11** nach McCormick und Pape 1990
**23.12** Gusnard und Raichle 2001
**23.13** nach Klinke, R., Pape, H.-C., Silbernagl, S.: Physiologie. 5. Aufl., Thieme, Stuttgart 2005
**23.14** nach Linas und Ribary 1993
**23.16** nach Schünke, M., Schulte, E., Schumacher U.: PROMETHEUS-LernAtlas der Anatomie – Kopf und Neuroanatomie. 1. Aufl., Thieme Stuttgart 2006 (Zeichner: Markus Voll)
**23.17 a, b** Paulesu et al.: 2001, Science 291: 2165–2167
**23.18 a, b** Nature Publishing Group: Dehaene et al. 2001, Nature Neurosci 4:752–758
**23.19 a, b** Nature Publishing Group: Dehaene et al. 2001, Nature Neurosci 4:752–758
**23.21 a, b** Corkin, S. et al.: 1997, J. Neurosci., 17(10):3964–3979

## Abbildungen für verklinikte Vorklinik (vV)-Fälle

**vV 3.1 a–c** Sitzmann, F. (Hrsg.): Duale Reihe Pädiatrie. 3. Aufl., Thieme, Stuttgart 2007
**vV 3.2** Sitzmann, F. (Hrsg.): Duale Reihe Pädiatrie. 3. Aufl., Thieme, Stuttgart 2007
**vV 3.3** nach Grehl H., Reinhardt F.: Checkliste Neurologie, 4. Aufl., Thieme, Stuttgart, 2008
**vV 4.1** Hamm C., Willems S.: Checkliste EKG, 3. Aufl., Thieme, Stuttgart, 2007
**vV 4.2** Reiser, M., Kuhn, F.-P., Debus, J.: Duale Reihe Radiologie. 2. Aufl., Thieme, Stuttgart 2006
**vV 4.3 a+b** Krakau I.: Herzkatheterbuch, 2. Aufl., Thieme, Stuttgart
**vV 4.4** Schuster HP, Trappe HJ: EKG-Kurs für Isabel, 5. Aufl., Thieme, 2009
**vV 5.1** Füeßl, H.S., Middeke, M.: Duale Reihe Anamnese und Klinische Untersuchung. 3. Aufl., Thieme, Stuttgart 2005
**vV 5.2** Füeßl, H.S., Middeke, M.: Duale Reihe Anamnese und Klinische Untersuchung. 3. Aufl., Thieme, Stuttgart 2005
**vV 5.3** Delorme, S., Debus, J.: Duale Reihe Sonographie. 2. Aufl., Thieme, Stuttgart 2005
**vV 5.4** Duale Reihe Innere Medizin. 2. Aufl., Thieme, Stuttgart 2009
**vV 8.1** Thiemes Pflege, 10. Aufl., Thieme, Stuttgart 2004
**vV 8.2** TIM Thiemes Innere Medizin, Thieme, Stuttgart 1999
**vV 8.3** Schuster HP, Trappe HJ: EKG-Kurs für Isabel, 5. Aufl., Thieme, 2009
**vV 9.1** Füeßl, H.S., Middeke, M.: Duale Reihe Anamnese und Klinische Untersuchung. 3. Aufl., Thieme, Stuttgart 2005
**vV 9.2** Reiser, M., Kuhn, F.-P., Debus, J.: Duale Reihe Radiologie. 2. Aufl., Thieme, Stuttgart 2006
**vV 9.3** Dynamic Graphics
**vV 10.1** Füeßl, H.S., Middeke, M.: Duale Reihe Anamnese und Klinische Untersuchung. 3. Aufl., Thieme, Stuttgart 2005
**vV 10.2 a+b** Duale Reihe Innere Medizin. 2. Aufl., Thieme, Stuttgart 2009
**vV 11.1 a+b** Leps, Lohr: Schwarze Reihe Innere Medizin, 14. Aufl., Thieme, Stuttgart 2003
**vV 11.2 a+b** Reiser, M., Kuhn, F.-P., Debus, J.: Duale Reihe Radiologie. 2. Aufl., Thieme, Stuttgart 2006
**vV 11.3** Füeßl, H.S., Middeke, M.: Duale Reihe Anamnese und Klinische Untersuchung. 3. Aufl., Thieme, Stuttgart 2005
**vV 13.1** Siegenthaler W.: Differenzialdiagnose Innerer Krankheiten, 18. Aufl., Thieme, Stuttgart
**vV 13.2** Schmidt G.: Checkliste Sonographie, 3. Aufl., Thieme, Stuttgart, 2005
**vV 14.1** Henne-Bruns D. et al.: Duale Reihe Chirurgie. 3. Aufl., Thieme, Stuttgart, 2007
**vV 14.2** Delorme, S., Debus, J.: Duale Reihe Sonographie. 2. Aufl., Thieme, Stuttgart 2005
**vV 14.3** Reiser, M., Kuhn, F.-P., Debus, J.: Duale Reihe Radiologie. 2. Aufl., Thieme, Stuttgart 2006
**vV 14.4** Schuster HP, Trappe HJ: EKG-Kurs für Isabel, 5. Aufl., Thieme, 2009
**vV 18.1** Rassow, J. et al.: Duale Reihe Biochemie. 2. Aufl., Thieme, Stuttgart 2008
**vV 18.2** Rassow, J. et al.: Duale Reihe Biochemie. 2. Aufl., Thieme, Stuttgart 2008
vV18.3 **a+b** Lang G.: Augenheilkunde, 4. Aufl., Thieme, 2008. S. 314, Abb. 12.16
**vV 22.1** Masuhr, K. F., Neumann, M.: Duale Reihe Neurologie. 6. Aufl., Thieme 2007
**vV 22.2** Masuhr, K. F., Neumann, M.: Duale Reihe Neurologie. 6. Aufl., Thieme 2007
**vV 23.1** Grehl H., Reinhardt F.: Checkliste Neurologie, 4. Aufl., Thieme, Stuttgart, 2008
**vV 23.2** Schuster HP, Trappe HJ: EKG-Kurs für Isabel, 5. Aufl., Thieme, 2009

## Abbildungen für Kapitel-Einstiegsseiten

Kapitel 12, 16, 17, 19: Creativ collection
Kapitel 1, 2, 3, 6, 18, 20, 21, 23: Fotolia.de
Kapitel 10: Imagesource
Kapitel 7, 9: MEV
Kapitel 4, 5, 8, 11, 14, 15, 22: PhotoDisc
Kapitel 13: Shotshop

# Sachverzeichnis

**Halbfette** Seitenzahl: Auf dieser Seite und ggf. auf weiteren Folgeseiten wird das Stichwort ausführlich besprochen.

## A

# B

# F

# G

# I

# L

## M

# N

# S

# T

# U



# V